수
MATHING
매씽

미적분 I

구성과 특징

최다 유형 최다 문항으로 등급 UP!
실전에 강한 유형서, 수매씽

1단계 핵심 개념 이해

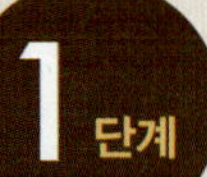

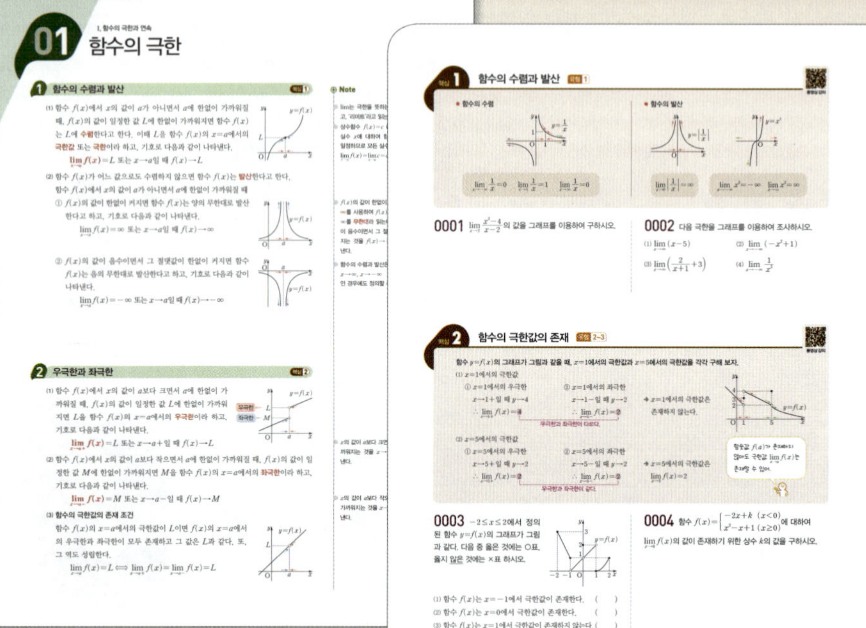

- 중단원의 개념을 정리하고, 핵심 개념에서 중요한 개념을 도식화하여 직관적인 이해를 돕습니다.
  핵심 개념에 대한 설명을 **동영상 강의**로 확인할 수 있습니다.

2단계 유형 학습

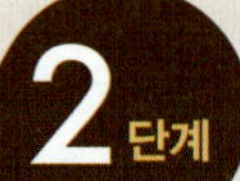

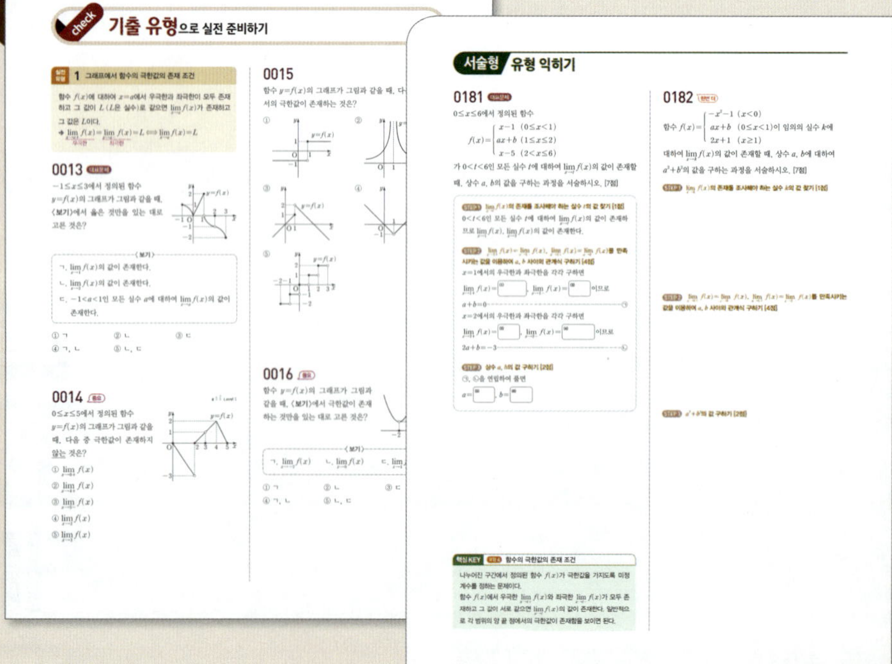

- **실전 유형 / 심화 유형** 세분화된 최적의 내신 출제 유형으로 구성하고, 유형마다 최신 **교육청·평가원 기출문제**를 분석하여 수록하였습니다.
  유형 중 출제율이 높은 **빈출유형**, 여러 개념이나 유형이 복합된 **복합유형**, 최근 출제 경향의 **신유형**은 별도 표기하였습니다.
  유형 문제 중 꼭 풀어 보아야 하는 문항은 **중요**로 표시하였습니다.
  고난도 문항과 **신경향** 문항도 확인할 수 있습니다.

- **서술형 유형 익히기** 내신 빈출 서술형 문제를 대표문제 – 한번 더 – 유사문제의 set 문제로 구성하여 서술형 내신 대비를 철저히 할 수 있습니다. **핵심 KEY**에서 서술형 문항을 분석한 내용을 담았습니다.

이 책의 개발에 참여해 주신 선생님들께 감사드립니다.

집필진

구명석 (대표 저자)

김민철　문지웅　안상철　양병문　오광석
유상민　이지수　이태훈　장호섭

검토진

이름	소속	이름	소속	이름	소속	이름	소속	이름	소속
강갑신	청람학원	김소희	소정학원	박재홍	위너스	유대호	잉글리쉬앤매쓰매니저학원	이호형	고수학(광명)
강대성	블루M수학	김여옥	매쓰홀릭학원	박정한	수학의아침(수내)	유성규	현수학	임성환	로엔스쿨학원
강대희	해법학원	김연경	MTM수학	박종태	김샘학원	유세정	피톤치드학원	임욱근	용문고등학교
강도희	매쓰더퍼스트학원	김영석	서울학원	박종혁	새로남기독학교	유환	도당비전스터디	임은아	일신여자고등학교
강동규	이샘프라임학원	김영운	도안명륜당수학전문학원	박주호	올인원수학전문학원	유희복	엘림학원	임정아	창의력학원
강병덕	청산학원	김영은	케이스학원	박준규	홍인학원	윤관수	김형학원	장영환	인성학원
강병원	이승s수학	김영진	웰입시학원	박준석	교일학원	윤세현	두드림학원	전동철	남림학원
강병주	수마루수학학원	김영진	더퍼스트김진학원	박준형	동량재학원	윤영섭	와이즈만학원	전동호	동쌤수학
강병현	형석고등학교	김영호	멘토수학학원	박지혜	이든영수학원(시흥)	윤영숙	윤영숙수학	전라윤	NPM수학
강서연	수학의아침(수내)	김용환	수학의아침(수내)	박지희	지이수학(에코)	윤우영	일신여자고등학교	전영우	일신여자고등학교
강서은	창덕영수학원	김욱현	우리보습학원	박진철	에듀스터디	윤정수	신사고학원	전응준	엠코드수학과학학원
강성현	에토스학원	김운정	하이언스학원	박진철	세일학원(강북)	윤정인	제이원입시학원	전정현	YB일등급수학학원
강수란	스텝웨이학원	김웅록	이엔엠학원(정자)	박형건	오엠지학원	윤찬노	수학의아침(수내)	전진철	전진철수학
강시현	CL학숙	김원중	강남대성학원	박효숙	히파티아수학	윤현도	SKY수학학원	전희옥	리더스수학
강신준	수학의아침(영통)	김원채	최강멘토	박효진	성남금융고	은대현	탑아이스	정귀영	G1230수학
강은경	씨엔엠학원	김유정	GMT학원	배경미	레드매쓰수학학원	이강화	강승학원	정길식	참된수학학원
강정은	가온에듀	김은찬	엑시엄수학	배규리	정샘학원	이나경	EM스터디학원	정덕영	탑앤탑학원
강평원	스피드TC	김장훈	프로젝트M수학학원	배태선	센텀학원(서창)	이대로	이루다학원	정명헌	유니크수학
강희규	종로학원하늘교육(관평)	김정례	마두/다이렉트	백종훈	자성학원	이대천	수학의봄	정민영	신탄올림영수
고동국	고동국수학학원	김정수	필로매쓰	변국남	변국남수학학원	이동규	에스라이팅,G1230	정청용	고대수학원
고명지	고쌤수학학원	김정은	드림영어하이수학	변윤지	비전고등학교	이동현	트인수학	정한샘	편수학
고문숙	멘토스학원	김제현	국풍2000원탑학원	복경훈	마이엠수학(광명)	이동형	L수학	정환희	릿지수학
고병훈	러셀분당학원	김주혜	엠앤피학원	서경도	서경도수학교습소	이만재	매쓰로드학원	정효석	최상위하다
고택수	김샘학원(정자)	김지안	대송고등학교	서영진	배움수학	이문희	대신스카이학원	제경아	명장학원
고현재	케이스학원	김진선	PGA학원	서유진	세움영수학원	이미숙	더엠포인트	조문완	매쓰홀릭루체테
공영일	의치한학원	김진우	심포니수학학원	서종관	역전타에듀	이상기	유니크학원	조민석	마이엠수학(광명)
공희식	수학의아침(수내)	김진형	PTM학원	성의용	이카루스학원	이상일	수학불패학원	조민아	러닝트리학원
구인숙	해라수학	김태영	굿노닝수학학원	손두원	창현고등학교	이상철	G1230옥길	조상훈	미래탐구학원
구창숙	이룸학원	김한도	개념올플러스학원	손영주	하이스트학원	이석대	수학의아침(수내)	조윤태	와이제이수학학원
구태현	현수학	김현주	오름수학	손전모	THE다원수학송파관	이석현	큐브전문학원	조윤호	조윤호수학학원
권도영	웰입시학원	김현호	수1807	손주령	세종올가학원	이수민	본수학학원	조익제	MVP수학
권성희	청명학원	김호경	테라매스수학학원	송민재	상아탑학원	이순화	이든학원	조정란	낙생고등학교
권소영	에이원	나효명	열린아카데미학원	송연호	RG수학학원	이아름누리	청어람학원	조충현	로하스학원
권오봉	수학사랑	남계준	뉴이스터	송영철	예일학원	이아영	아이비수학학원	진윤지	첨단더매쓰수학
권오신	라미학원	남궁혁	팬더쌤(옥정)	송우찬	송우찬수학	이영철	허브수학학원	진주형	화정/G1230
길기홍	수학의길입시학원	남은혜	수학원	송유림	플러스학원	이요한	소담고등학교	차경나	쌤통수학학원
김경민	바른길수학	노승덕	분석학원	송주원	대치개벽학원	이용범	강현학원	차경화	차경화수학학원
김경진	헤마학원	노원석	페르마	송준하	알고리즘수학	이윤정	신원/브레인수학	차문영	화정/송수학
김규보	더필즈에듀학원	노진효	복대해법수풀림학원	승희석	승쌤수학	이은혜	이은혜영수학원	차영범	차이수학
김단비	올바른수학국어학원	명성일	대성학원(본원)	신재식	노마드학원	이인환	STN수학학원	채수현	밀턴학원
김대균	김대균수학학원	문석배	에이플러스학원	신철오	리처드신학원	이정기	스카이153수학전문학원	천송이	하버드학원
김대순	셀럽영수학원	문세훈	유투엠학원	신형용	브레인터치	이정환	이정환수학	최미선	최선생수학학원
김대원	7차수학	문해기	열정수학영어학원	안기운	신용이지수학	이준철	구주이배	최병희	원탑학원
김대한	현대청운고등학교	박경보	최고챌린저	안병윤	김샘교육	이지영	오늘도영어그리고수학	최수영	MFA수학학원
김대환	수학의아침(영통)	박근복	유씨학원	안현주	청산학원	이창석	핵수학	최수정	이루다학원
김도완	프라매쓰	박기태	포항동지여자고등학교	안혜림	유투엠학원(구월)	이창성	틀세움수학	최안나	시매쓰수학(금천)
김동욱	마스터수학과학학원	박병렬	시그마학원	양성숙	성훈학원	이철호	파스칼	최연우	뼈대수학학원
김동찬	탑씨크리트학원(아산원)	박상우	꿈꾸는학원	양성현	현수학원(덕정)	이충빈	사과나무학원(목동)	최재원	T&D플러스영어수학학원
김동현	수학의아침(수내)	박상현	대치명인학원(대치)	엄한준	수학의아침(광교)	이태경	이태경수학학원	최지영	매쓰플랜죽전
김두중	프린스턴수학학원	박선민	중앙학원	오금석	반석종로학원	이태권	보담학원	최현미	초전중학교
김미란	메이드수학학원(시흥)	박세환	류수학학원	오미진	M&S수학과학학원	이하영	하이클래스수학과학학원	최혜림	수리안학원
김민수	대치원수학	박순찬	찬스수학	오승주	충남고등학교	이현경	마스터수학과학학원	편영광	편선생학원
김민지	수앤리학원	박시연	노마드학원	오현진	마블수학학원	이현상	대성N학원(동대문)	한봉교	자산학원
김민홍	수학의아침(수내)	박시현	수학의아침(수내)	왕하민	베리타스입시학원	이현희	폴리이에듀	한원석	평촌디수인개별지도관
김방래	더프라임	박용현	분석수학	우기홍	우스아카데미	이혜경	이혜경고등수학	한지혜	한샘의약속
김병우	시대인재학원	박원기	강남대성위업	우동훈	헤파학원	이혜영	헤이수학	허영신	지평학원
김보라	뿌리깊은수학	박은정	XY수학영어보습	우진연	지니스영수학원	이호경	고수학	현재명	대성N학원(옥정)
김봉연	프리미엄수학	박은정	박쌤수학	유가영	탑솔루션수학교습소	이호철	제이탑학원	홍성문	홍성문수학학원
김상균	동량재학원	박인영	한수위학원	유남기	의치한학원	이호현	좋은학원		

수매씽으로 등급 UP!

학습 계획을 세우고 매일 실천해 보세요.

	SUNDAY	MONDAY	TUESDAY	WEDNESDAY	THURSDAY	FRIDAY	SATURDAY
DATE	/ D- 단원 유형 ~ 단원 유형	/ D- 단원 유형 ~ 단원 유형	/ D- 단원 유형 ~ 단원 유형	/ D- 단원 유형 ~ 단원 유형	/ D- 단원 유형 ~ 단원 유형	/ D- 단원 유형 ~ 단원 유형	/ D- 단원 유형 ~ 단원 유형
DATE	/ D- 단원 유형 ~ 단원 유형	/ D- 단원 유형 ~ 단원 유형	/ D- 단원 유형 ~ 단원 유형	/ D- 단원 유형 ~ 단원 유형	/ D- 단원 유형 ~ 단원 유형	/ D- 단원 유형 ~ 단원 유형	/ D- 단원 유형 ~ 단원 유형
DATE	/ D- 단원 유형 ~ 단원 유형	/ D- 단원 유형 ~ 단원 유형	/ D- 단원 유형 ~ 단원 유형	/ D- 단원 유형 ~ 단원 유형	/ D- 단원 유형 ~ 단원 유형	/ D- 단원 유형 ~ 단원 유형	/ D- 단원 유형 ~ 단원 유형
DATE	/ D- 단원 유형 ~ 단원 유형	/ D- 단원 유형 ~ 단원 유형	/ D- 단원 유형 ~ 단원 유형	/ D- 단원 유형 ~ 단원 유형	/ D- 단원 유형 ~ 단원 유형	/ D- 단원 유형 ~ 단원 유형	/ D- 단원 유형 ~ 단원 유형
DATE	/ D- 단원 유형 ~ 단원 유형	/ D- 단원 유형 ~ 단원 유형	/ D- 단원 유형 ~ 단원 유형	/ D- 단원 유형 ~ 단원 유형	/ D- 단원 유형 ~ 단원 유형	/ D- 단원 유형 ~ 단원 유형	/ D- 단원 유형 ~ 단원 유형
DATE	/ D- 단원 유형 ~ 단원 유형	/ D- 단원 유형 ~ 단원 유형	/ D- 단원 유형 ~ 단원 유형	/ D- 단원 유형 ~ 단원 유형	/ D- 단원 유형 ~ 단원 유형	/ D- 단원 유형 ~ 단원 유형	/ D- 단원 유형 ~ 단원 유형
DATE	/ D- 단원 유형 ~ 단원 유형	/ D- 단원 유형 ~ 단원 유형	/ D- 단원 유형 ~ 단원 유형	/ D- 단원 유형 ~ 단원 유형	/ D- 단원 유형 ~ 단원 유형	/ D- 단원 유형 ~ 단원 유형	/ D- 단원 유형 ~ 단원 유형

● **복습 필수 문항** 복습이 필요한 문항 번호를 쓰고 시험 전에 훑어 보세요.

오른쪽 QR 이미지를 찍어서 자료를 확인해 보세요.

수매씽 핸드북 3종

자료 제공

개념편

개념을 빠르게 익힐 때는
'개념편'을 이용해 !

유형편

많은 문제를 풀기에 시간이
부족할 때는 모든 유형에 대한
대표문제가 들어 있는
'유형편'을 이용해 !

실전편

모든 준비가 끝났다면
'실전편'으로 내 실력을
확인해 보자 !

수매씽으로 등급 UP!

학습 계획을 세우고 매일 실천해 보세요.

DATE	SUNDAY	MONDAY	TUESDAY	WEDNESDAY	THURSDAY	FRIDAY	SATURDAY
DATE	/ D- 단원 유형 ~ 단원 유형	/ D- 단원 유형 ~ 단원 유형	/ D- 단원 유형 ~ 단원 유형	/ D- 단원 유형 ~ 단원 유형	/ D- 단원 유형 ~ 단원 유형	/ D- 단원 유형 ~ 단원 유형	/ D- 단원 유형 ~ 단원 유형
DATE	/ D- 단원 유형 ~ 단원 유형	/ D- 단원 유형 ~ 단원 유형	/ D- 단원 유형 ~ 단원 유형	/ D- 단원 유형 ~ 단원 유형	/ D- 단원 유형 ~ 단원 유형	/ D- 단원 유형 ~ 단원 유형	/ D- 단원 유형 ~ 단원 유형
DATE	/ D- 단원 유형 ~ 단원 유형	/ D- 단원 유형 ~ 단원 유형	/ D- 단원 유형 ~ 단원 유형	/ D- 단원 유형 ~ 단원 유형	/ D- 단원 유형 ~ 단원 유형	/ D- 단원 유형 ~ 단원 유형	/ D- 단원 유형 ~ 단원 유형
DATE	/ D- 단원 유형 ~ 단원 유형	/ D- 단원 유형 ~ 단원 유형	/ D- 단원 유형 ~ 단원 유형	/ D- 단원 유형 ~ 단원 유형	/ D- 단원 유형 ~ 단원 유형	/ D- 단원 유형 ~ 단원 유형	/ D- 단원 유형 ~ 단원 유형
DATE	/ D- 단원 유형 ~ 단원 유형	/ D- 단원 유형 ~ 단원 유형	/ D- 단원 유형 ~ 단원 유형	/ D- 단원 유형 ~ 단원 유형	/ D- 단원 유형 ~ 단원 유형	/ D- 단원 유형 ~ 단원 유형	/ D- 단원 유형 ~ 단원 유형
DATE	/ D- 단원 유형 ~ 단원 유형	/ D- 단원 유형 ~ 단원 유형	/ D- 단원 유형 ~ 단원 유형	/ D- 단원 유형 ~ 단원 유형	/ D- 단원 유형 ~ 단원 유형	/ D- 단원 유형 ~ 단원 유형	/ D- 단원 유형 ~ 단원 유형
DATE	/ D- 단원 유형 ~ 단원 유형	/ D- 단원 유형 ~ 단원 유형	/ D- 단원 유형 ~ 단원 유형	/ D- 단원 유형 ~ 단원 유형	/ D- 단원 유형 ~ 단원 유형	/ D- 단원 유형 ~ 단원 유형	/ D- 단원 유형 ~ 단원 유형
DATE	/ D- 단원 유형 ~ 단원 유형	/ D- 단원 유형 ~ 단원 유형	/ D- 단원 유형 ~ 단원 유형	/ D- 단원 유형 ~ 단원 유형	/ D- 단원 유형 ~ 단원 유형	/ D- 단원 유형 ~ 단원 유형	/ D- 단원 유형 ~ 단원 유형

● 복습 필수 문항 복습이 필요한 문항 번호를 쓰고 시험 전에 훑어 보세요.

오른쪽 QR 이미지를 찍어서 자료를 확인해 보세요.

오답노트 & 플래너
Wrong Answer Notes & Planner

자료 제공

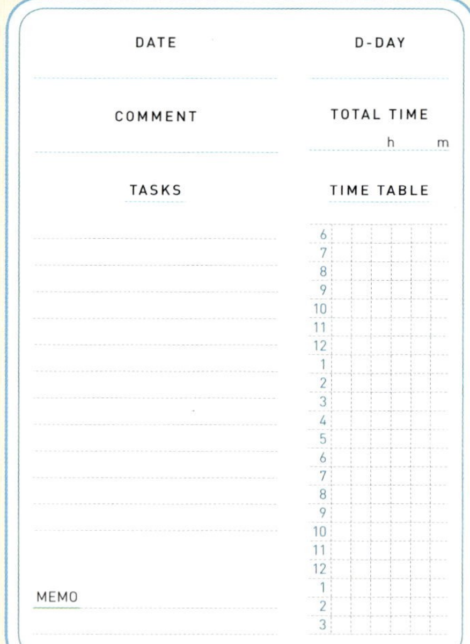

오답노트를 통해 틀린 문제를 다시 풀어 보고
관련된 개념도 살펴보자!

플래너에 하루의 공부 목표를
세워서 알차게 공부해 보자!

01

함수의 극한

01 함수의 극한

❶ 함수의 수렴과 발산 핵심 1

(1) 함수 $f(x)$에서 x의 값이 a가 아니면서 a에 한없이 가까워질 때, $f(x)$의 값이 일정한 값 L에 한없이 가까워지면 함수 $f(x)$는 L에 **수렴**한다고 한다. 이때 L을 함수 $f(x)$의 $x=a$에서의 **극한값** 또는 **극한**이라 하고, 기호로 다음과 같이 나타낸다.

$$\lim_{x\to a} f(x)=L \text{ 또는 } x\to a \text{일 때 } f(x)\to L$$

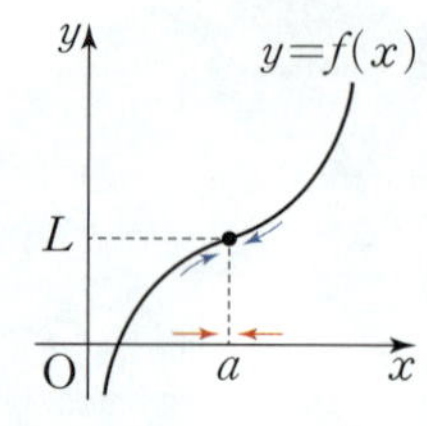

(2) 함수 $f(x)$가 어느 값으로도 수렴하지 않으면 함수 $f(x)$는 **발산**한다고 한다.

함수 $f(x)$에서 x의 값이 a가 아니면서 a에 한없이 가까워질 때

① $f(x)$의 값이 한없이 커지면 함수 $f(x)$는 양의 무한대로 발산한다고 하고, 기호로 다음과 같이 나타낸다.

$$\lim_{x\to a} f(x)=\infty \text{ 또는 } x\to a \text{일 때 } f(x)\to\infty$$

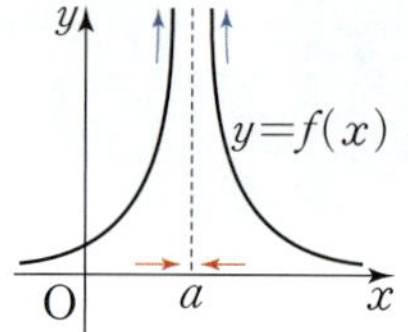

② $f(x)$의 값이 음수이면서 그 절댓값이 한없이 커지면 함수 $f(x)$는 음의 무한대로 발산한다고 하고, 기호로 다음과 같이 나타낸다.

$$\lim_{x\to a} f(x)=-\infty \text{ 또는 } x\to a \text{일 때 } f(x)\to-\infty$$

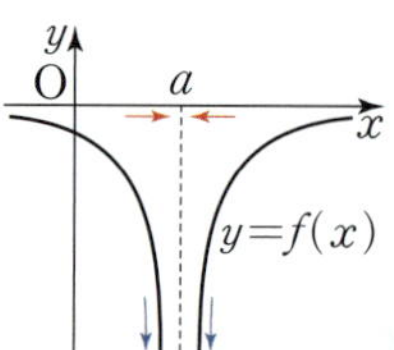

❷ 우극한과 좌극한 핵심 2

(1) 함수 $f(x)$에서 x의 값이 a보다 크면서 a에 한없이 가까워질 때, $f(x)$의 값이 일정한 값 L에 한없이 가까워지면 L을 함수 $f(x)$의 $x=a$에서의 **우극한**이라 하고, 기호로 다음과 같이 나타낸다.

$$\lim_{x\to a+} f(x)=L \text{ 또는 } x\to a+ \text{일 때 } f(x)\to L$$

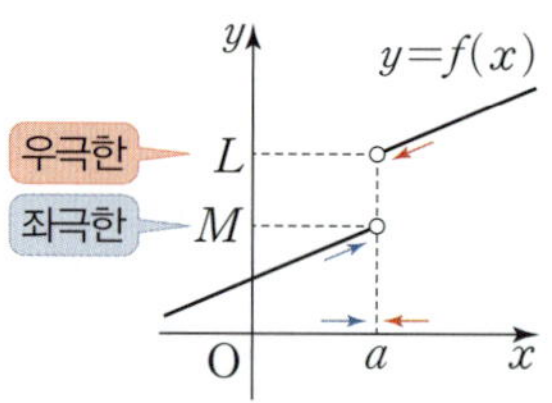

(2) 함수 $f(x)$에서 x의 값이 a보다 작으면서 a에 한없이 가까워질 때, $f(x)$의 값이 일정한 값 M에 한없이 가까워지면 M을 함수 $f(x)$의 $x=a$에서의 **좌극한**이라 하고, 기호로 다음과 같이 나타낸다.

$$\lim_{x\to a-} f(x)=M \text{ 또는 } x\to a- \text{일 때 } f(x)\to M$$

(3) **함수의 극한값의 존재 조건**

함수 $f(x)$의 $x=a$에서의 극한값이 L이면 $f(x)$의 $x=a$에서의 우극한과 좌극한이 모두 존재하고 그 값은 L과 같다. 또, 그 역도 성립한다.

$$\lim_{x\to a} f(x)=L \Longleftrightarrow \lim_{x\to a+} f(x)=\lim_{x\to a-} f(x)=L$$

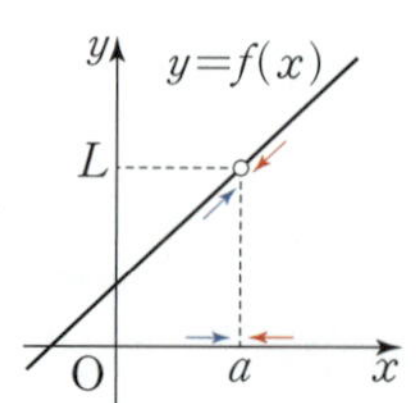

⊕ Note

- $\lim$는 극한을 뜻하는 limit의 약자이고, '리미트'라고 읽는다.
- 상수함수 $f(x)=c$ (c는 상수)는 모든 실수 x에 대하여 함숫값이 항상 c로 일정하므로 모든 실수 a에 대하여 $\lim_{x\to a} f(x)=\lim_{x\to a} c=c$

- $f(x)$의 값이 한없이 커지는 것을 기호 ∞를 사용하여 $f(x)\to\infty$로 나타내고 ∞를 **무한대**라 읽는다. 또, $f(x)$의 값이 음수이면서 그 절댓값이 한없이 커지는 것을 $f(x)\to-\infty$와 같이 나타낸다.
- 함수의 수렴과 발산은 $x\to\infty$, $x\to-\infty$ 인 경우에도 정의할 수 있다.

- x의 값이 a보다 크면서 a에 한없이 가까워지는 것을 $x\to a+$와 같이 나타낸다.

- x의 값이 a보다 작으면서 a에 한없이 가까워지는 것을 $x\to a-$와 같이 나타낸다.

3 함수의 극한에 대한 성질

두 함수 $f(x)$, $g(x)$에 대하여 $\lim\limits_{x \to a} f(x) = L$, $\lim\limits_{x \to a} g(x) = M$ (L, M은 실수)일 때

(1) $\lim\limits_{x \to a} cf(x) = c \lim\limits_{x \to a} f(x) = cL$ (단, c는 상수)

(2) $\lim\limits_{x \to a} \{f(x) + g(x)\} = \lim\limits_{x \to a} f(x) + \lim\limits_{x \to a} g(x) = L + M$

(3) $\lim\limits_{x \to a} \{f(x) - g(x)\} = \lim\limits_{x \to a} f(x) - \lim\limits_{x \to a} g(x) = L - M$

(4) $\lim\limits_{x \to a} f(x)g(x) = \lim\limits_{x \to a} f(x) \times \lim\limits_{x \to a} g(x) = LM$

(5) $\lim\limits_{x \to a} \dfrac{f(x)}{g(x)} = \dfrac{\lim\limits_{x \to a} f(x)}{\lim\limits_{x \to a} g(x)} = \dfrac{L}{M}$ (단, $M \neq 0$)

4 함수의 극한값의 계산 핵심 3~6

(1) $x \to a$일 때 $\dfrac{0}{0}$ 꼴의 극한

→ $\lim\limits_{x \to a} f(x) = 0$, $\lim\limits_{x \to a} g(x) = 0$일 때 $\lim\limits_{x \to a} \dfrac{f(x)}{g(x)}$의 극한

① 분모와 분자가 모두 다항식이면 분모, 분자를 각각 인수분해한 후 공통인수는 약분한다.

② 분모 또는 분자에 근호($\sqrt{\ \ }$)가 포함된 식이 있으면 근호가 있는 쪽을 유리화한 후 약분한다.

(2) $x \to \infty$ 또는 $x \to -\infty$일 때 $\dfrac{\infty}{\infty}$ 꼴의 극한

→ $\lim\limits_{x \to \infty} f(x) = \infty$, $\lim\limits_{x \to \infty} g(x) = \infty$일 때 $\lim\limits_{x \to \infty} \dfrac{f(x)}{g(x)}$의 극한

① 유리함수이면 분모의 최고차항으로 분모, 분자를 각각 나눈다.

② 무리함수이면 근호 밖의 최고차항으로 분모, 분자를 각각 나눈다.

참고 ① (분자의 차수)=(분모의 차수) → 극한값은 최고차항의 계수의 비이다.

② (분자의 차수)<(분모의 차수) → 극한값은 0이다.

③ (분자의 차수)>(분모의 차수) → 극한값은 없다. (발산)

(3) $x \to \infty$일 때 $\infty - \infty$ 꼴의 극한

→ $\lim\limits_{x \to \infty} f(x) = \infty$, $\lim\limits_{x \to \infty} g(x) = \infty$일 때 $\lim\limits_{x \to \infty} \{f(x) - g(x)\}$의 극한

① 다항함수이면 최고차항으로 묶어 $\infty \times a$ ($a \neq 0$인 상수) 꼴로 변형한다.

② 근호가 있으면 유리화하여 $\dfrac{\infty}{\infty}$ 꼴로 변형한다.

5 함수의 극한의 대소 관계

두 함수 $f(x)$, $g(x)$에 대하여 $\lim\limits_{x \to a} f(x) = L$, $\lim\limits_{x \to a} g(x) = M$ (L, M은 실수)일 때 a에 가까운 모든 실수 x에 대하여 다음이 성립한다.

(1) $f(x) \leq g(x)$이면 $\lim\limits_{x \to a} f(x) \leq \lim\limits_{x \to a} g(x)$, 즉 $L \leq M$

(2) 함수 $h(x)$가 $f(x) \leq h(x) \leq g(x)$이고 $L = M$이면 $\lim\limits_{x \to a} h(x) = L$

⊕ **Note**

● 함수의 극한에 대한 성질은
$x \to a+$, $x \to a-$
$x \to \infty$, $x \to -\infty$
일 때도 성립한다.

01

● $\dfrac{0}{0}$, $\dfrac{\infty}{\infty}$, $\infty - \infty$, $\infty \times 0$ 꼴을 부정형(不定形)이라 한다. 부정형의 극한값은 각각의 함수가 수렴하고 분모가 0이 되지 않도록 식을 변형한 후 부정형이 아닌 꼴로 변형하여 계산한다.

● 함수의 극한의 대소 관계는
$x \to a+$, $x \to a-$
$x \to \infty$, $x \to -\infty$
일 때도 성립한다.

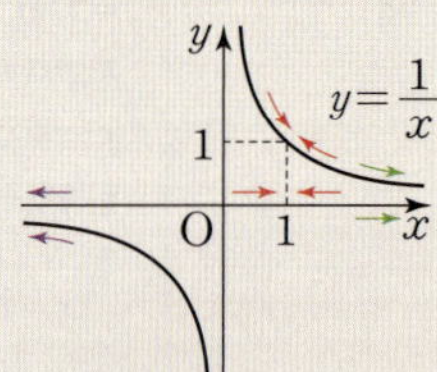

● 함수의 수렴

$$\lim_{x\to-\infty}\frac{1}{x}=0 \qquad \lim_{x\to1}\frac{1}{x}=1 \qquad \lim_{x\to\infty}\frac{1}{x}=0$$

● 함수의 발산

$$\lim_{x\to0}\left|\frac{1}{x}\right|=\infty \qquad \lim_{x\to-\infty}x^3=-\infty \qquad \lim_{x\to\infty}x^3=\infty$$

0001 $\lim\limits_{x\to2}\dfrac{x^2-4}{x-2}$ 의 값을 그래프를 이용하여 구하시오.

0002 다음 극한을 그래프를 이용하여 조사하시오.

(1) $\lim\limits_{x\to\infty}(x-5)$

(2) $\lim\limits_{x\to-\infty}(-x^2+1)$

(3) $\lim\limits_{x\to\infty}\left(\dfrac{2}{x+1}+3\right)$

(4) $\lim\limits_{x\to-\infty}\dfrac{1}{x^2}$

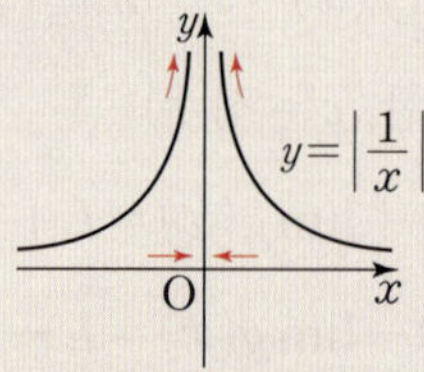
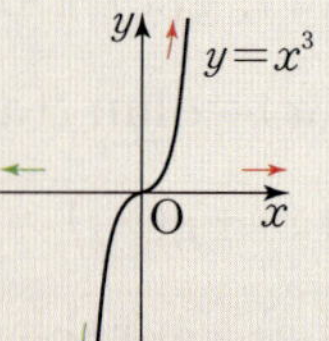

함수 $y=f(x)$의 그래프가 그림과 같을 때, $x=1$에서의 극한값과 $x=5$에서의 극한값을 각각 구해 보자.

(1) $x=1$에서의 극한값

① $x=1$에서의 우극한

$x\to1+$일 때 $y\to4$

$\therefore \lim\limits_{x\to1+}f(x)=4$

② $x=1$에서의 좌극한

$x\to1-$일 때 $y\to2$

$\therefore \lim\limits_{x\to1-}f(x)=2$

우극한과 좌극한이 다르다.

➡ $x=1$에서의 극한값은 존재하지 않는다.

(2) $x=5$에서의 극한값

① $x=5$에서의 우극한

$x\to5+$일 때 $y\to2$

$\therefore \lim\limits_{x\to5+}f(x)=2$

② $x=5$에서의 좌극한

$x\to5-$일 때 $y\to2$

$\therefore \lim\limits_{x\to5-}f(x)=2$

우극한과 좌극한이 같다.

➡ $x=5$에서의 극한값은

$\lim\limits_{x\to5}f(x)=2$

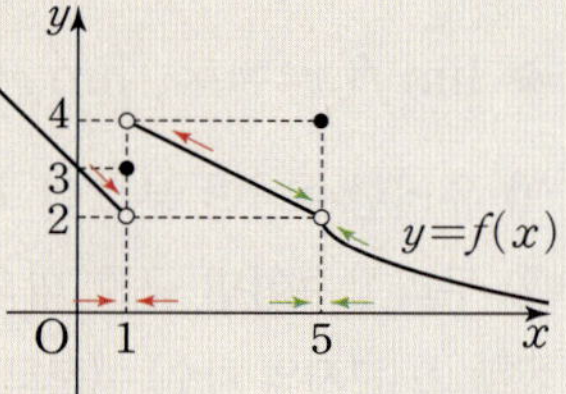

0003 $-2\le x\le2$에서 정의된 함수 $y=f(x)$의 그래프가 그림과 같다. 다음 중 옳은 것에는 ○표, 옳지 <u>않은</u> 것에는 ×표 하시오.

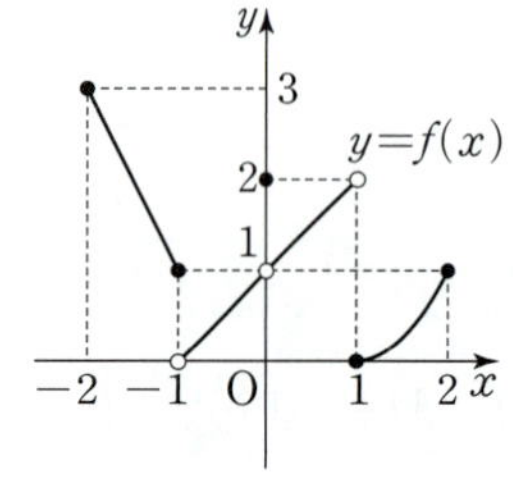

(1) 함수 $f(x)$는 $x=-1$에서 극한값이 존재한다. (　　)

(2) 함수 $f(x)$는 $x=0$에서 극한값이 존재한다. (　　)

(3) 함수 $f(x)$는 $x=1$에서 극한값이 존재하지 않는다. (　　)

0004 함수 $f(x)=\begin{cases}-2x+k & (x<0) \\ x^2-x+1 & (x\ge0)\end{cases}$ 에 대하여

$\lim\limits_{x\to0}f(x)$의 값이 존재하기 위한 상수 k의 값을 구하시오.

핵심 **3** 함수의 극한값의 계산 − $\dfrac{0}{0}$ 꼴　유형 12~13

01

● $\lim\limits_{x\to 1}\dfrac{x^2-1}{x-1}$ 의 값을 구해 보자.

$$\lim\limits_{x\to 1}\dfrac{x^2-1}{x-1}$$

↓　　$x=1$을 대입하면 $\dfrac{0}{0}$ 꼴
　　　→ 분모 또는 분자를 인수분해

$$\lim\limits_{x\to 1}\dfrac{(x+1)(x-1)}{x-1}$$

↓　　공통인수를 약분한 후
　　　극한값을 계산한다.

$$\lim\limits_{x\to 1}(x+1)=2$$

● $\lim\limits_{x\to 4}\dfrac{\sqrt{x}-2}{x-4}$ 의 값을 구해 보자.

$$\lim\limits_{x\to 4}\dfrac{\sqrt{x}-2}{x-4}$$

↓　　$x=4$를 대입하면 $\dfrac{0}{0}$ 꼴
　　　→ 근호가 있는 쪽을 유리화

$$\lim\limits_{x\to 4}\dfrac{(\sqrt{x}-2)(\sqrt{x}+2)}{(x-4)(\sqrt{x}+2)}=\lim\limits_{x\to 4}\dfrac{x-4}{(x-4)(\sqrt{x}+2)}$$

↓　　공통인수를 약분한 후
　　　극한값을 계산한다.

$$\lim\limits_{x\to 4}\dfrac{1}{\sqrt{x}+2}=\dfrac{1}{4}$$

0005 다음 극한값을 구하시오.

(1) $\lim\limits_{x\to 2}\dfrac{x^3-8}{x-2}$

(2) $\lim\limits_{x\to 1}\dfrac{x^2+3x-4}{x-1}$

0006 다음 극한값을 구하시오.

(1) $\lim\limits_{x\to 1}\dfrac{x-1}{\sqrt{x}-1}$

(2) $\lim\limits_{x\to 0}\dfrac{x}{\sqrt{1+x}-\sqrt{1-x}}$

핵심 **4** 함수의 극한값의 계산 − $\dfrac{\infty}{\infty}$ 꼴　유형 14

다음 극한을 조사해 보자.

분모의 최고차항으로 분모, 분자를 각각 나눈다.　　$\lim\limits_{x\to\infty}\dfrac{a}{x^n}=0$ (a는 0이 아닌 상수, n은 자연수)임을 이용한다.

(1) $\lim\limits_{x\to\infty}\dfrac{x+5}{3x^2+2x-1}=\lim\limits_{x\to\infty}\dfrac{\dfrac{1}{x}+\dfrac{5}{x^2}}{3+\dfrac{2}{x}-\dfrac{1}{x^2}}=\dfrac{0+0}{3+0-0}=0$　→ 극한값은 0이다.

$\dfrac{\infty}{\infty}$ 꼴

(2) $\lim\limits_{x\to\infty}\dfrac{x^2+5x+1}{3x^2+2x-1}=\lim\limits_{x\to\infty}\dfrac{1+\dfrac{5}{x}+\dfrac{1}{x^2}}{3+\dfrac{2}{x}-\dfrac{1}{x^2}}=\dfrac{1+0+0}{3+0-0}=\dfrac{1}{3}$　→ 최고차항의 계수의 비가 극한값이다.

$\dfrac{\infty}{\infty}$ 꼴

(3) $\lim\limits_{x\to\infty}\dfrac{x^3-2}{3x^2+2x-1}=\lim\limits_{x\to\infty}\dfrac{x-\dfrac{2}{x^2}}{3+\dfrac{2}{x}-\dfrac{1}{x^2}}=\dfrac{\infty-0}{3+0-0}=\infty$　→ 극한값은 없다.

$\dfrac{\infty}{\infty}$ 꼴

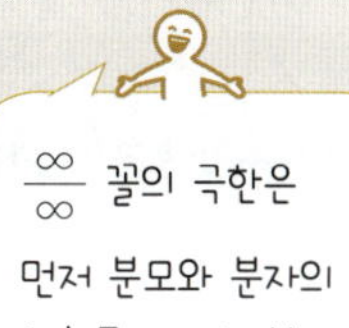

0007 다음 극한을 조사하시오.

(1) $\lim\limits_{x\to\infty}\dfrac{x-5}{2x^2+x+1}$

(2) $\lim\limits_{x\to\infty}\dfrac{4x^3+7}{2x^3+3x^2+4x}$

(3) $\lim\limits_{x\to\infty}\dfrac{2x^3-5x+3}{x^2+1}$

0008 다음 극한값을 구하시오.

(1) $\lim\limits_{x\to\infty}\dfrac{4x}{\sqrt{x^2+2}-1}$

(2) $\lim\limits_{x\to\infty}\dfrac{\sqrt{x^2+1}+2x}{4x}$

다음 극한값을 구해 보자.

근호가 있는 쪽을 유리화한다.　　　　식을 간단히 정리한다.

$$(1)\ \lim_{x\to\infty}(\sqrt{x+1}-\sqrt{x})=\lim_{x\to\infty}\frac{(\sqrt{x+1}-\sqrt{x})(\sqrt{x+1}+\sqrt{x})}{\sqrt{x+1}+\sqrt{x}}=\lim_{x\to\infty}\frac{1}{\sqrt{x+1}+\sqrt{x}}=0$$

∞－∞ 꼴

통분 또는 인수분해한다.

$$(2)\ \lim_{x\to 0}\frac{1}{x}\left(1-\frac{1}{x+1}\right)=\lim_{x\to 0}\left(\frac{1}{x}\times\frac{x}{x+1}\right)=\lim_{x\to 0}\frac{1}{x+1}=1$$

∞×0 꼴

참고 ∞×0 꼴은 통분 또는 유리화하여 $\dfrac{0}{0}$, $\dfrac{\infty}{\infty}$, $\infty\times a$, $\dfrac{a}{\infty}$ (a는 0이 아닌 상수) 꼴로 변형한다.

0009 다음 극한값을 구하시오.

(1) $\lim\limits_{x\to\infty}(\sqrt{x+3}-\sqrt{x-1})$

(2) $\lim\limits_{x\to\infty}(\sqrt{x^2+2x}-x)$

0010 $\lim\limits_{x\to 0}\dfrac{1}{x}\left\{\dfrac{1}{(x+2)^2}-\dfrac{1}{4}\right\}$의 값을 구하시오.

● $\lim\limits_{x\to 2}\dfrac{ax-b}{x^2-4}=\dfrac{1}{2}$일 때, 상수 a, b의 값을 구해 보자.

→ 극한값이 존재한다.

$x\to 2$일 때 극한값이 존재하고 (분모)→0이다. ⟶ $x\to 2$일 때 (분자)→0이다.

분모인 x^2-4에 $x=2$를 대입하면 0이 된다.

분자인 $ax-b$에 $x=2$를 대입하면 $2a-b=0$에서 $b=2a$

b 대신 $2a$를 대입

$$\lim_{x\to 2}\frac{ax-b}{x^2-4}=\lim_{x\to 2}\frac{ax-2a}{x^2-4}=\lim_{x\to 2}\frac{a(x-2)}{(x+2)(x-2)}$$

$$=\lim_{x\to 2}\frac{a}{x+2}=\frac{a}{4}$$

$\dfrac{a}{4}=\dfrac{1}{2}$에서 $a=2$이고,

$b=2a$에서 $b=4$이다.

● $\lim\limits_{x\to\infty}\dfrac{ax^3+bx^2+x}{3x^2+4x}=2$일 때, 상수 a, b의 값을 구해 보자.

→ 극한값이 존재한다.

$x\to\infty$일 때 극한값이 존재하고 (분모)→∞이다. ⟶ $x\to\infty$일 때 (분자)→∞이다.

$x\to\infty$일 때, 분모 $(3x^2+4x)\to\infty$이다.

$x\to\infty$일 때, 분자 $(ax^3+bx^2+x)\to\infty$ 이어야 한다.

극한값이 존재하기 위해서는 $a=0$ ⟵ 분모와 분자의 차수가 같아야 한다. 만약 $a\neq 0$이면 ∞ 또는 －∞로 발산 하므로 극한값이 존재하지 않는다.

$$\lim_{x\to\infty}\frac{ax^3+bx^2+x}{3x^2+4x}=\lim_{x\to\infty}\frac{b+\dfrac{1}{x}}{3+\dfrac{4}{x}}=\frac{b}{3}$$

$\dfrac{b}{3}=2$에서 $b=6$이다.

0011 $\lim\limits_{x\to -1}\dfrac{x^2+ax+b}{x+1}=2$가 성립할 때, 상수 a, b의 값을 각각 구하시오.

0012 $\lim\limits_{x\to\infty}\dfrac{3x^2-4x+1}{ax^3+bx^2}=\dfrac{3}{4}$이 성립할 때, 상수 a, b의 값을 각각 구하시오.

check 기출 유형으로 실전 준비하기

실전 유형 1 그래프에서 함수의 극한값의 존재 조건

함수 $f(x)$에 대하여 $x=a$에서 우극한과 좌극한이 모두 존재하고 그 값이 L (L은 실수)로 같으면 $\lim_{x \to a} f(x)$가 존재하고 그 값은 L이다.

→ $\underbrace{\lim_{x \to a+} f(x)}_{우극한} = \underbrace{\lim_{x \to a-} f(x)}_{좌극한} = L \iff \lim_{x \to a} f(x) = L$

0013 대표문제

$-1 \leq x \leq 3$에서 정의된 함수 $y=f(x)$의 그래프가 그림과 같을 때, 〈보기〉에서 옳은 것만을 있는 대로 고른 것은?

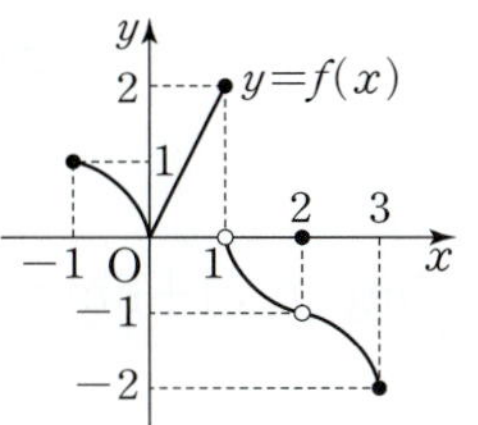

〈 보기 〉

ㄱ. $\lim_{x \to 1} f(x)$의 값이 존재한다.

ㄴ. $\lim_{x \to 2} f(x)$의 값이 존재한다.

ㄷ. $-1 < a < 1$인 모든 실수 a에 대하여 $\lim_{x \to a} f(x)$의 값이 존재한다.

① ㄱ   ② ㄴ   ③ ㄷ

④ ㄱ, ㄴ   ⑤ ㄴ, ㄷ

0014 중요

$0 \leq x \leq 5$에서 정의된 함수 $y=f(x)$의 그래프가 그림과 같을 때, 다음 중 극한값이 존재하지 <u>않는</u> 것은?

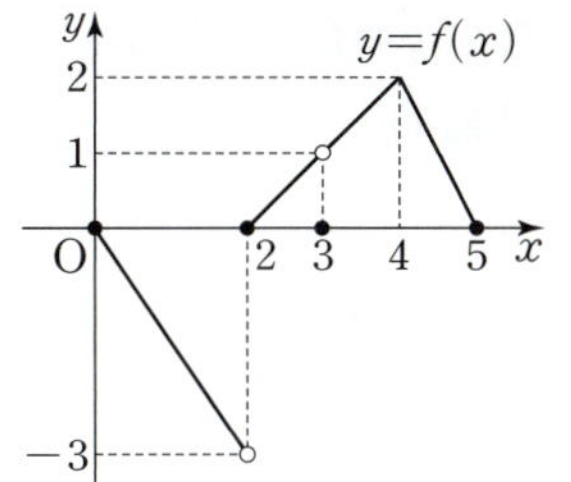

① $\lim_{x \to 0+} f(x)$

② $\lim_{x \to 4+} f(x)$

③ $\lim_{x \to 5-} f(x)$

④ $\lim_{x \to 2} f(x)$

⑤ $\lim_{x \to 3} f(x)$

0015

Level 1

함수 $y=f(x)$의 그래프가 그림과 같을 때, 다음 중 $x=1$에서의 극한값이 존재하는 것은?

① 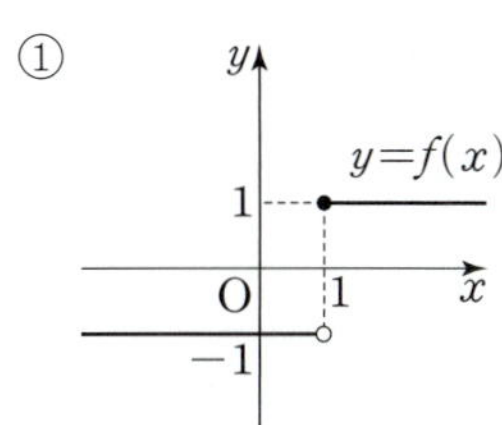   ② 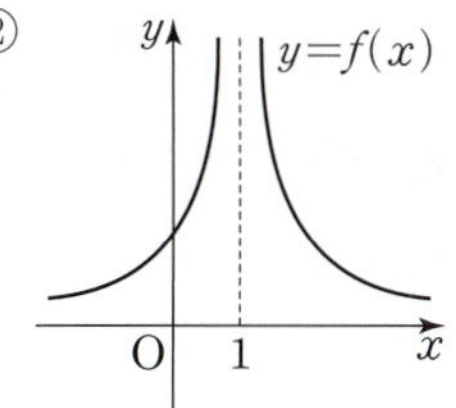

③ 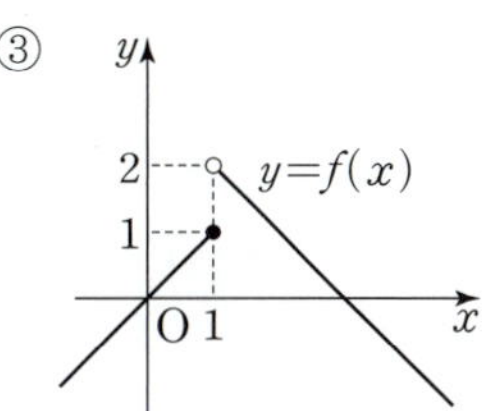   ④ 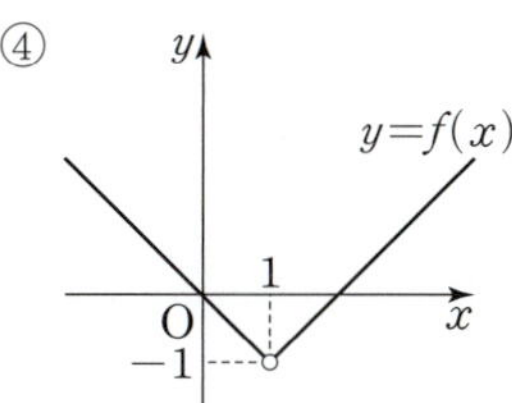

⑤ 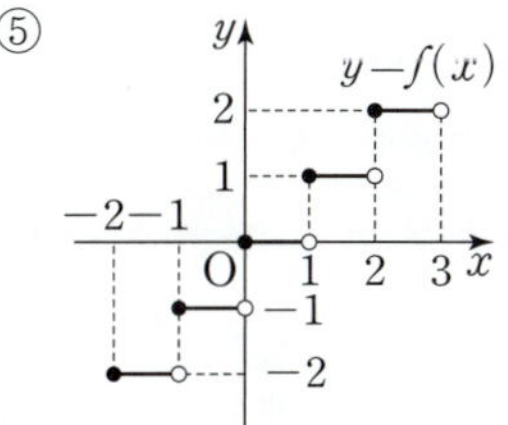

0016 중요

Level 1

함수 $y=f(x)$의 그래프가 그림과 같을 때, 〈보기〉에서 극한값이 존재하는 것만을 있는 대로 고른 것은?

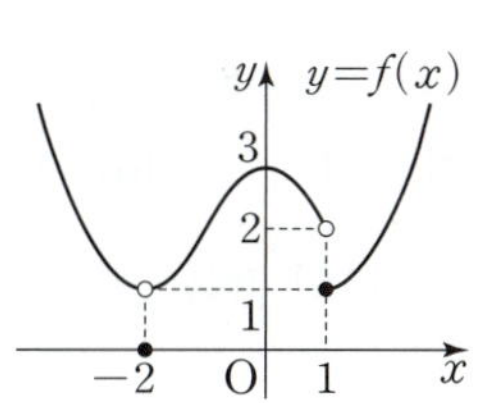

〈 보기 〉

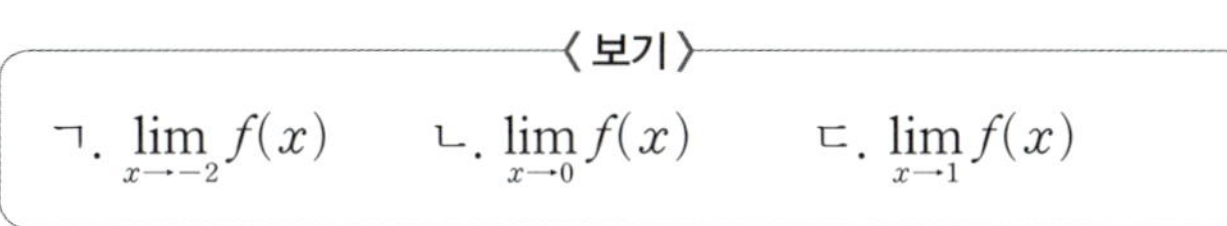

ㄱ. $\lim_{x \to -2} f(x)$ ㄴ. $\lim_{x \to 0} f(x)$ ㄷ. $\lim_{x \to 1} f(x)$

① ㄱ   ② ㄴ   ③ ㄷ

④ ㄱ, ㄴ   ⑤ ㄴ, ㄷ

0017

$-2 \leq x \leq 3$에서 정의된 함수 $y=f(x)$의 그래프가 그림과 같다.

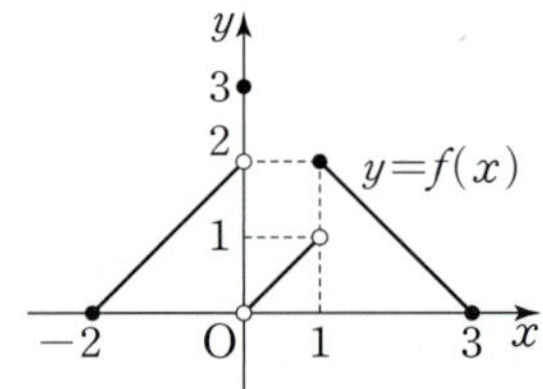

$\lim\limits_{x \to a+} f(x) = \lim\limits_{x \to a-} f(x)$를 만족시키는 정수 a의 값의 합을 구하시오. (단, $-2 < a < 3$)

0018

$-3 < x < 3$에서 정의된 함수 $y=f(x)$의 그래프가 그림과 같다.

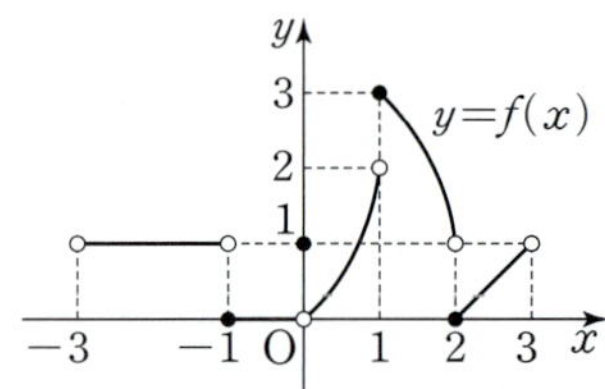

집합 $A = \left\{ a \,\middle|\, \lim\limits_{x \to a+} f(x) \neq \lim\limits_{x \to a-} f(x),\ -3 < a < 3 \right\}$에 대하여 $n(A)$의 값을 구하시오.

(단, $n(A)$는 집합 A의 원소의 개수이다.)

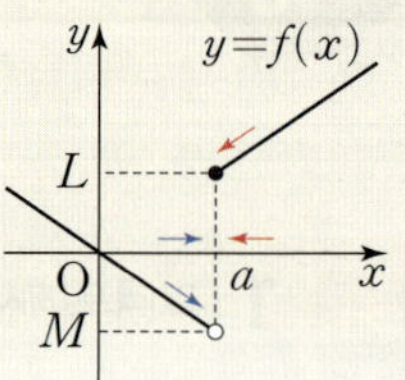

(1) $\lim\limits_{x \to a+} f(x) = L \Leftarrow x=a$에서의 우극한

(2) $\lim\limits_{x \to a-} f(x) = M \Leftarrow x=a$에서의 좌극한

0019 대표문제

함수 $y=f(x)$의 그래프가 그림과 같다.

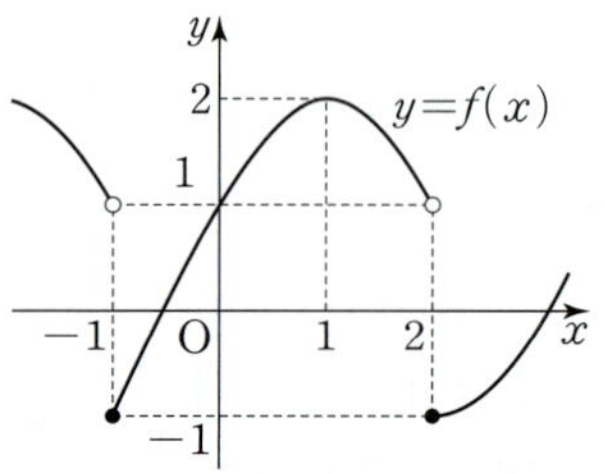

$\lim\limits_{x \to -1-} f(x) + \lim\limits_{x \to 1} f(x) + \lim\limits_{x \to 2+} f(x)$의 값은?

① -2 ② -1 ③ 0

④ 1 ⑤ 2

0020 중요

함수 $y=f(x)$의 그래프가 그림과 같을 때,

$\lim\limits_{x \to -1+} f(x) + \lim\limits_{x \to 1-} f(x) + f(0)$

의 값은?

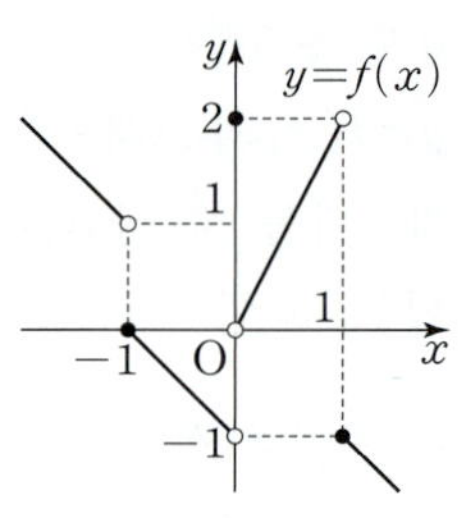

① -1 ② 0

③ 2 ④ 4

⑤ 5

0021

Level 2

$-3<x<3$에서 정의된 함수 $y=f(x)$의 그래프가 그림과 같다. 부등식

$$\lim_{x\to a-}f(x)<\lim_{x\to a+}f(x)$$

를 만족시키는 모든 실수 a의 값의 합을 구하시오.

(단, $-3<a<3$)

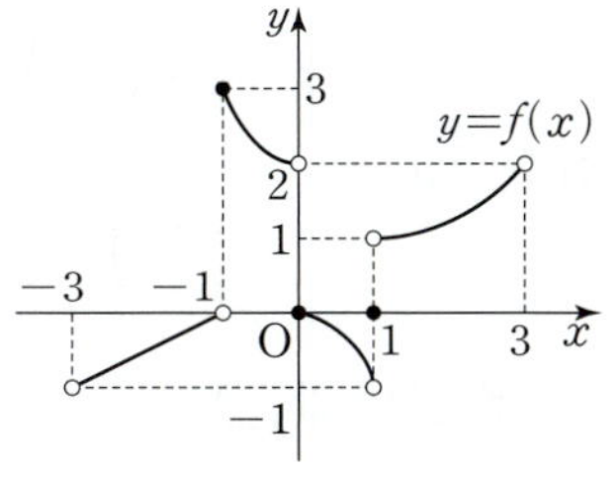

0024 고난도

Level 3

$-2\le x\le 2$에서 정의된 함수 $y=f(x)$의 그래프가 그림과 같을 때, $\lim\limits_{x\to 0-}f(x)+\lim\limits_{x\to 1-}f^{-1}(x)$의 값을 구하시오. (단, $f^{-1}(x)$는 함수 $f(x)$의 역함수이다.)

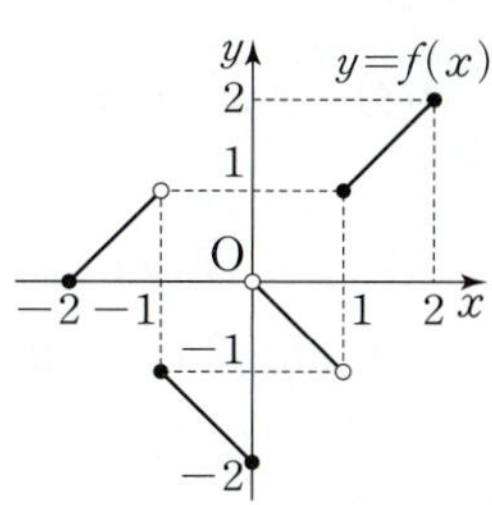

➕ Plus 문제

01

0022 중요

Level 2

$-3\le x\le 3$에서 함수 $y=f(x)$의 그래프가 그림과 같다. 함수 $f(x)$가 모든 실수 x에 대하여 $f(x+6)=f(x)$일 때, $\lim\limits_{x\to -5-}f(x)+\lim\limits_{x\to 9+}f(x)$의 값은?

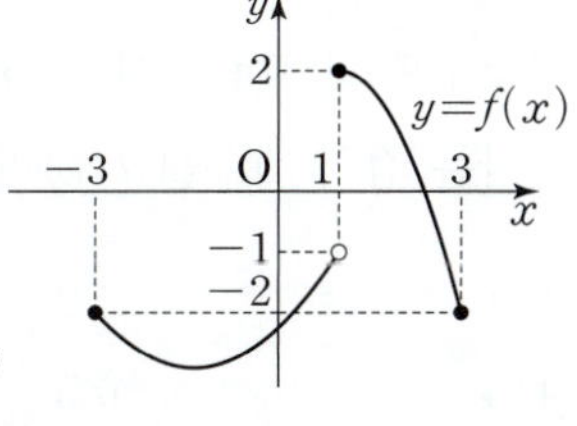

① -3 ② -1 ③ 0

④ 1 ⑤ 3

0025 교육청

Level 1

함수 $y=f(x)$의 그래프가 그림과 같다.

$f(-1)+\lim\limits_{x\to 2+}f(x)$의 값은?

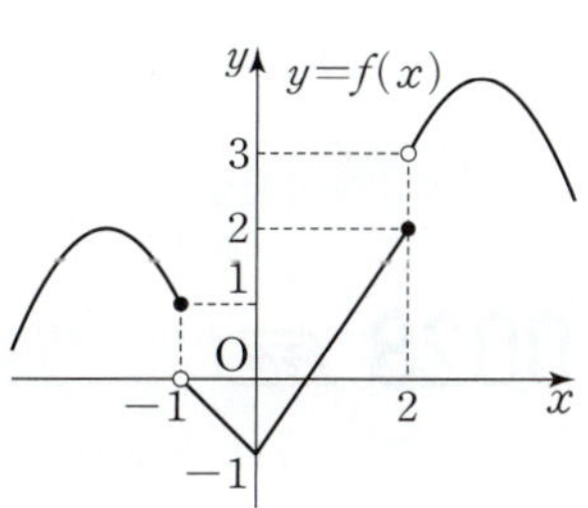

① 1 ② 2

③ 3 ④ 4

⑤ 5

0023

Level 2

정의역이 $\{x\,|\,-3\le x\le 3\}$인 함수 $y=f(x)$의 그래프가 $0\le x\le 3$에서 그림과 같다. 정의역에 속하는 모든 실수 x에 대하여 $f(-x)=f(x)$일 때, $\lim\limits_{x\to -1+}f(x)+\lim\limits_{x\to -2-}f(x)$의 값은?

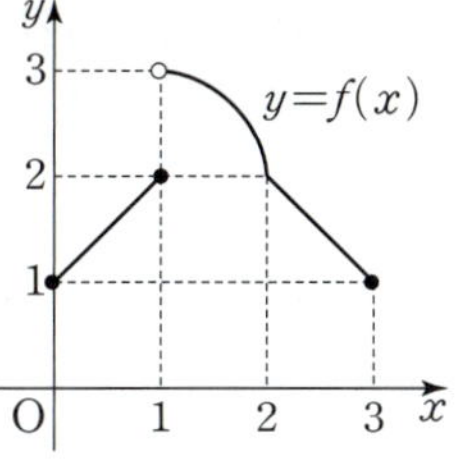

① 1 ② 2 ③ 3

④ 4 ⑤ 5

0026 수능

Level 1

함수 $y=f(x)$의 그래프가 그림과 같다.

$$\lim_{x\to -1-}f(x)+\lim_{x\to 2}f(x)$$

의 값은?

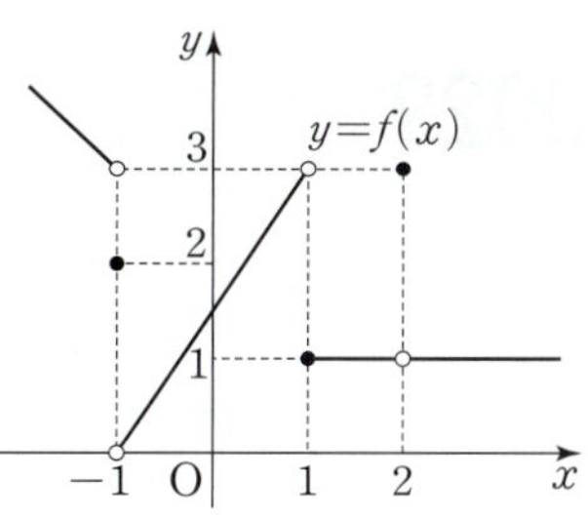

① 1 ② 2

③ 3 ④ 4

⑤ 5

(1) 함수 $f(x)$가 다항함수이면 $\lim\limits_{x \to a} f(x) = f(a)$

(2) $f(x) = \begin{cases} g(x) & (x \geq a) \\ h(x) & (x < a) \end{cases}$ 꼴이면

$\rightarrow \lim\limits_{x \to a+} f(x) = \lim\limits_{x \to a+} g(x), \quad \lim\limits_{x \to a-} f(x) = \lim\limits_{x \to a-} h(x)$

0027 대표문제

함수 $f(x) = \begin{cases} x^2 - 2x + 2 & (x \leq 1) \\ 4 - 2x & (x > 1) \end{cases}$ 에 대하여

$\lim\limits_{x \to 1-} f(x) + \lim\limits_{x \to 1+} f(x)$의 값은?

① -1 ② 0 ③ 1

④ 2 ⑤ 3

0028 중요 ▫▪▫ Level 2

함수 $f(x) = \begin{cases} -x + 2 & (x < 0) \\ x^2 - x + 1 & (0 \leq x < 1) \\ x + 1 & (x \geq 1) \end{cases}$ 에 대하여

$\lim\limits_{x \to 0-} f(x) + \lim\limits_{x \to 1-} f(x) + \lim\limits_{x \to 1+} f(x)$의 값을 구하시오.

0029 ▫▪▫ Level 2

함수 $f(x) = \begin{cases} \sqrt{(x-4)^2} & (x \neq 2) \\ -x^2 + x + 3 & (x = 2) \end{cases}$ 에 대하여

$\lim\limits_{x \to 2-} f(x) + f(2)$의 값은?

① 1 ② 2 ③ 3

④ 4 ⑤ 5

0030 ▫▪▫ Level 2

함수 $f(x) = \begin{cases} -\dfrac{1}{x-2} - 1 & (x < 1) \\ 2 & (x = 1) \\ 1 - \dfrac{1}{x^2} & (x > 1) \end{cases}$ 에 대하여

$\lim\limits_{x \to 1} f(x)$의 값은?

① 0 ② 1 ③ 2

④ 3 ⑤ 5

0031 ▫▫▪ Level 3

실수 t에 대하여 직선 $y = t$가 함수 $y = |x^2 - 4|$의 그래프와 만나는 점의 개수를 $f(t)$라 할 때, $\lim\limits_{t \to 1-} f(t)$의 값은?

① 1 ② 2 ③ 3

④ 4 ⑤ 5

0032 고난도 ▫▫▪ Level 3

x가 양수일 때, x보다 작은 자연수 중에서 소수의 개수를 $f(x)$라 하고, 함수 $g(x)$를

$$g(x) = \begin{cases} f(x) & (x > 2f(x)) \\ \dfrac{1}{f(x)} & (x \leq 2f(x)) \end{cases}$$

이라 하자. 예를 들어 $f\left(\dfrac{7}{2}\right) = 2$이고, $\dfrac{7}{2} < 2f\left(\dfrac{7}{2}\right)$이므로 $g\left(\dfrac{7}{2}\right) = \dfrac{1}{2}$이다. $\lim\limits_{x \to 8+} g(x) = \alpha$, $\lim\limits_{x \to 8-} g(x) = \beta$라 할 때, $\dfrac{\alpha}{\beta}$의 값을 구하시오.

 4 함수의 극한값의 존재 조건

함수 $f(x) = \begin{cases} g(x) \ (x \geq a) \\ h(x) \ (x < a) \end{cases}$ 꼴이면

→ $\lim\limits_{x \to a+} f(x) = \lim\limits_{x \to a+} g(x)$, $\lim\limits_{x \to a-} f(x) = \lim\limits_{x \to a-} h(x)$

$\lim\limits_{x \to a} f(x)$의 값이 존재 $\iff \lim\limits_{x \to a+} g(x) = \lim\limits_{x \to a-} h(x)$

0033 대표문제

함수 $f(x) = \begin{cases} x^2 - x + 1 \ (x \geq 2) \\ -2x + k \ (x < 2) \end{cases}$ 에 대하여 $\lim\limits_{x \to 2} f(x)$의 값이

존재하기 위한 상수 k의 값을 구하시오.

0034

Level 2

함수 $f(x) = \begin{cases} -x + 5 \ \ (|x| \geq 1) \\ x^2 - 2x + 3 \ (|x| < 1) \end{cases}$ 에 대하여 $\lim\limits_{x \to a} f(x)$의

값이 존재하지 <u>않는</u> 실수 a의 값은?

① -2 ② -1 ③ 0

④ 1 ⑤ 2

0035 중요

Level 2

함수 $f(x) = \begin{cases} (x-3)^2 + k \ (x > 1) \\ 3x + 5 \ \ \ \ (x \leq 1) \end{cases}$ 에 대하여 $\lim\limits_{x \to 1} f(x)$의

값이 존재할 때, $f(4)$의 값은? (단, k는 상수이다.)

① 4 ② 5 ③ 6

④ 7 ⑤ 8

0036

Level 2

함수 $f(x) = \begin{cases} -(x-2)^2 + 3 \ (|x| \leq 2) \\ x + 1 \ \ \ \ \ \ \ (|x| > 2) \end{cases}$ 에 대하여 〈보기〉

에서 극한값이 존재하는 것만을 있는 대로 고른 것은?

〈 보기 〉
ㄱ. $\lim\limits_{x \to -2} f(x)$ ㄴ. $\lim\limits_{x \to 0} f(x)$ ㄷ. $\lim\limits_{x \to 2} f(x)$

① ㄱ   ② ㄴ   ③ ㄷ

④ ㄱ, ㄷ   ⑤ ㄴ, ㄷ

0037 중요

Level 2

함수 $f(x) = \begin{cases} x^2 + 2x + 3 \ (x < 0) \\ a \ \ \ \ \ \ \ \ \ (0 \leq x < 2) \\ x + b \ \ \ \ (x \geq 2) \end{cases}$ 가 임의의 실수 k에

대하여 $\lim\limits_{x \to k} f(x)$의 값이 존재할 때, 상수 a, b에 대하여

$a + b$의 값을 구하시오.

0038

Level 2

함수 $f(x) = \begin{cases} -x^2 + 1 \ \ \ (x < k) \\ 0 \ \ \ \ \ \ \ (k \leq x < k+1) \\ (x-a)^2 - 1 \ (x \geq k+1) \end{cases}$ 이 임의의 실수

p에 대하여 $\lim\limits_{x \to p} f(x)$의 값이 존재할 때, 상수 a, k에 대하여

$a + k$의 최댓값은?

① -2 ② 0 ③ 2

④ 4 ⑤ 6

절댓값의 성질을 이용하여 좌극한과 우극한을 구한다.
(1) $x \to 0+$일 때, $x > 0$이므로 $\lim\limits_{x \to 0+} |x| = \lim\limits_{x \to 0+} x = 0$
(2) $x \to 0-$일 때, $x < 0$이므로 $\lim\limits_{x \to 0-} |x| = \lim\limits_{x \to 0-} (-x) = 0$

0039 대표문제

〈보기〉에서 극한값이 존재하는 것만을 있는 대로 고른 것은?

〈 보기 〉

ㄱ. $\lim\limits_{x \to 0} |x|$ ㄴ. $\lim\limits_{x \to 0} x|x|$ ㄷ. $\lim\limits_{x \to 0} \dfrac{|x|}{x}$

① ㄱ ② ㄴ ③ ㄱ, ㄴ
④ ㄱ, ㄷ ⑤ ㄴ, ㄷ

0040 Level 1

함수 $f(x)$에 대하여

$$f(x) = \begin{cases} \dfrac{x^2}{4} & (|x| < 2) \\ 0 & (|x| = 2) \\ -|x| + 4 & (|x| > 2) \end{cases}$$

일 때, $\lim\limits_{x \to a-} f(x) = 2$를 만족시키는 실수 a의 값을 구하시오.

0041 중요 Level 2

함수 $f(x) = \dfrac{x^2 - 3x + 2}{|x - 1|}$에 대하여

$$\lim\limits_{x \to 1-} f(x) = a, \ \lim\limits_{x \to 1+} f(x) = b$$

라 할 때, 실수 a, b에 대하여 $a + b$의 값을 구하시오.

0042 중요 Level 2

$\lim\limits_{x \to 0+} \dfrac{x^2 + x}{|x|} = a$, $\lim\limits_{x \to 1-} \dfrac{x + |x - 1|}{x} = b$라 할 때,

실수 a, b에 대하여 $a + b$의 값은?

① -2 ② -1 ③ 0
④ 1 ⑤ 2

0043 Level 2

함수 $f(x) = \dfrac{\sqrt{x} + 2 - |\sqrt{x} - 2| - 4}{\sqrt{x} - 2}$에 대하여

$\lim\limits_{x \to 4+} f(x) + \lim\limits_{x \to 4-} f(x)$의 값은?

① -2 ② -1 ③ 0
④ 1 ⑤ 2

0044 Level 3

$-3 < x < 3$에서 정의된 함수 $y = f(x)$의 그래프가 그림과 같다.

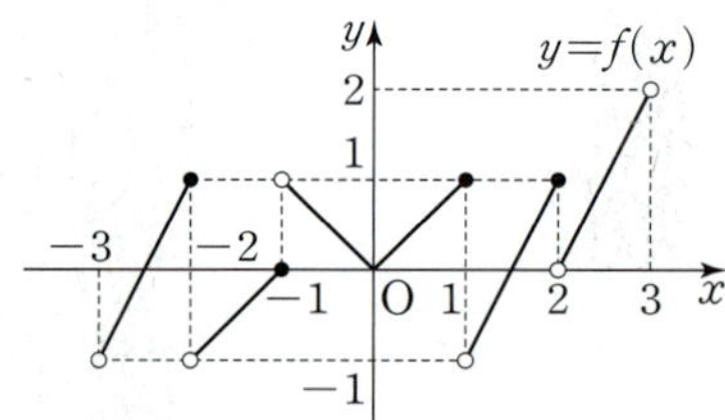

$-3 < n < 3$인 정수 n에 대하여 $\lim\limits_{x \to n} |f(x)|$의 값이 존재하는 모든 정수 n의 값의 합을 a, $\lim\limits_{x \to n} |f(x) - 1|$의 값이 존재하는 모든 정수 n의 개수를 b라 할 때, $a + b$의 값은?

① -2 ② -1 ③ 0
④ 1 ⑤ 2

0045

📶 Level 3

함수 $f(x)=|x-1|$에 대하여

$$\lim_{x\to1}\frac{f(x-k)-f(k+1)}{x-1}=1$$

을 만족시키는 정수 k의 최댓값을 구하시오.

---

 6 가우스 기호를 포함한 함수의 극한값

$[x]$는 x보다 크지 않은 최대의 정수임을 이용하여 좌극한과 우극한을 구한다. 이때 정수 n에 대하여

(1) $x\to n+$일 때, $n<x<n+1$이므로 $\lim\limits_{x\to n+}[x]=n$

(2) $x\to n-$일 때, $n-1<x<n$이므로 $\lim\limits_{x\to n-}[x]=n-1$

0047 대표문제

함수 $f(x)=x-[x]$에 대하여 $\lim\limits_{x\to2+}f(x)+\lim\limits_{x\to2-}f(x)$의 값은? (단, $[x]$는 x보다 크지 않은 최대의 정수이다.)

① -2 ② -1 ③ 0

④ 1 ⑤ 2

0046 고난도

📶 Level 3

$\lim\limits_{x\to0}\dfrac{|x-a|+b}{x}$에 대한 설명으로 〈보기〉에서 옳은 것만을 있는 대로 고른 것은? (단, a, b는 상수이다.)

〈 보기 〉

ㄱ. $a=0$일 때, 극한값이 존재하지 않는다.

ㄴ. $a>0$일 때, $a+b=0$이면 극한값이 존재하지 않는다.

ㄷ. $a<0$일 때, $a-b=0$이면 극한값이 존재하지 않는다.

① ㄱ   ② ㄱ, ㄴ   ③ ㄱ, ㄷ

④ ㄴ, ㄷ   ⑤ ㄱ, ㄴ, ㄷ

0048

📶 Level 1

$\lim\limits_{x\to0+}[x]+\lim\limits_{x\to-1-}[x]$의 값은?

(단, $[x]$는 x보다 크지 않은 최대의 정수이다.)

① -2 ② -1 ③ 0

④ 1 ⑤ 2

0049 중요

📶 Level 2

$\lim\limits_{x\to0+}\dfrac{[x]+1}{x+1}=a$, $\lim\limits_{x\to0-}\dfrac{[x+1]}{x+1}=b$일 때, $a+b$의 값은?

(단, $[x]$는 x보다 크지 않은 최대의 정수이다.)

① -2 ② -1 ③ 0

④ 1 ⑤ 2

0050

다음 중 그 값이 가장 작은 것은?

(단, $[x]$는 x보다 크지 않은 최대의 정수이다.)

① $\displaystyle\lim_{x\to 0-}\frac{[x-1]}{x-1}$ ② $\displaystyle\lim_{x\to 0+}\frac{[x+1]}{x+1}$

③ $\displaystyle\lim_{x\to -1-}\frac{[x]}{|x|}$ ④ $\displaystyle\lim_{x\to 1+}\frac{[x-2]}{[x+1]}$

⑤ $\displaystyle\lim_{x\to 2-}\frac{[x+2]}{x}$

0051 중요

함수 $f(x)=[x]^2+[x]$에 대하여 $\displaystyle\lim_{x\to a}f(x)$의 값이 존재하도록 하는 정수 a의 값은?

(단, $[x]$는 x보다 크지 않은 최대의 정수이다.)

① -3 ② -2 ③ -1

④ 0 ⑤ 1

0052

함수 $f(x)=[x]^2+k[x^2]$에 대하여 $\displaystyle\lim_{x\to -1}f(x)$의 값이 존재하도록 하는 상수 k의 값은?

(단, $[x]$는 x보다 크지 않은 최대의 정수이다.)

① -5 ② -3 ③ 1

④ 3 ⑤ 5

$\displaystyle\lim_{x\to n}f(x-a)$에서 $x-a=t$로 치환한다.

→ $x\to a$일 때 $t\to 0$

→ $\displaystyle\lim_{t\to n-a}f(t)$의 값을 구한다.

0053 대표문제

정의역이 $\{x\,|\,-2\le x\le 2\}$인 함수 $y=f(x)$의 그래프가 그림과 같다. $\displaystyle\lim_{x\to -1}f(x)+\lim_{x\to 1+}f(x-1)$의 값은?

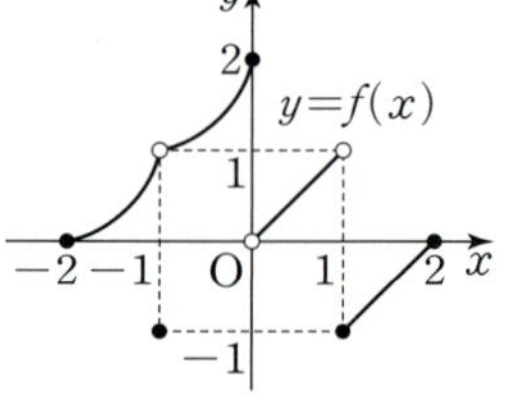

① -2 ② -1

③ 0 ④ 1

⑤ 2

0054

함수 $y=f(x)$의 그래프가 그림과 같다. $\displaystyle\lim_{x\to -1-}f(x)=a$일 때, $\displaystyle\lim_{x\to a+}f(x+3)$의 값을 구하시오.

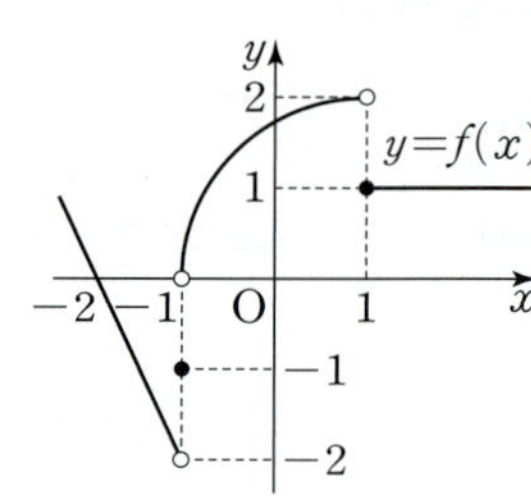

0055 중요

함수 $y=f(x)$의 그래프가 그림과 같다. $\displaystyle\lim_{x\to 0+}f(x+1)+\lim_{x\to 0-}f(-x-1)$의 값은?

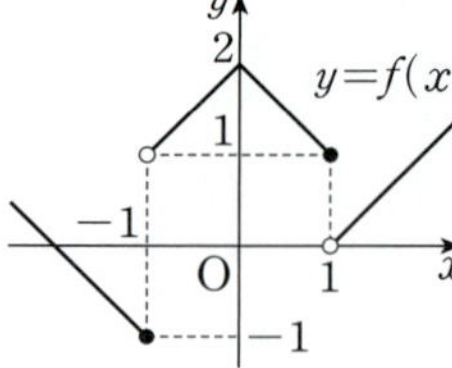

① -2 ② -1

③ 0 ④ 1

⑤ 2

 8 합성함수의 극한

함수 $f(x)$, $g(x)$에 대하여 $\lim\limits_{x \to a+} g(f(x))$의 값은
$f(x)=t$로 놓고 다음을 이용한다.
$x \to a+$일 때
(1) $t \to b+$이면 $\lim\limits_{x \to a+} g(f(x)) = \lim\limits_{t \to b+} g(t)$
(2) $t \to b-$이면 $\lim\limits_{x \to a+} g(f(x)) = \lim\limits_{t \to b-} g(t)$
(3) $t = b$이면 $\lim\limits_{x \to a+} g(f(x)) = g(b)$

0056 대표문제

함수 $y=f(x)$의 그래프가 그림과
같다. $\lim\limits_{x \to 3} f(f(x))$의 값은?

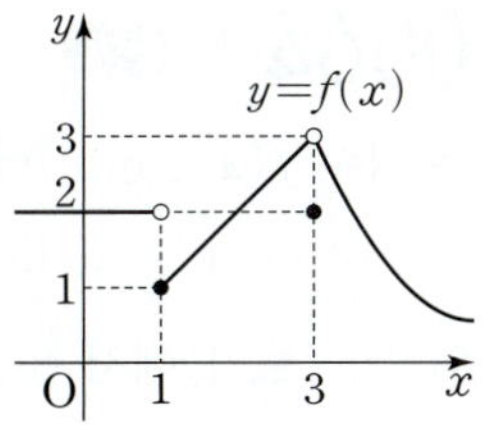

① -1　　　　② 0

③ 1　　　　④ 2

⑤ 3

0057 　Level 2

함수 $y=f(x)$의 그래프가 그림과
같다. $f(0) + \lim\limits_{x \to 0-} f(f(x))$의 값을
구하시오.

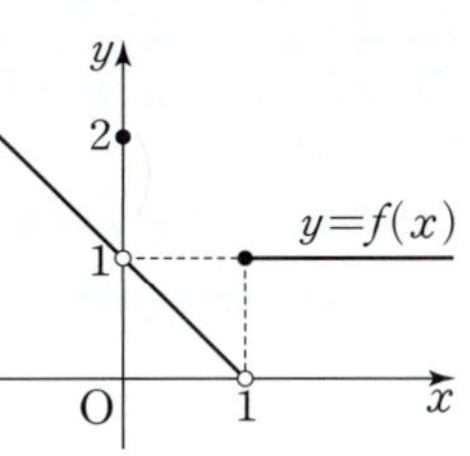

0058 중요　Level 2

함수 $y=f(x)$의 그래프가 그림
과 같다.
$\lim\limits_{x \to 1+} f(-x) + \lim\limits_{x \to 0-} f(f(x))$의
값은?

① -2　　　　② -1

③ 0　　　　④ 1

⑤ 2

0059 　Level 2

함수 $f(x)$에 대하여

$f(x) = \begin{cases} -x & (x < 0) \\ 1 & (0 \le x < 1) \\ x-1 & (x \ge 1) \end{cases}$

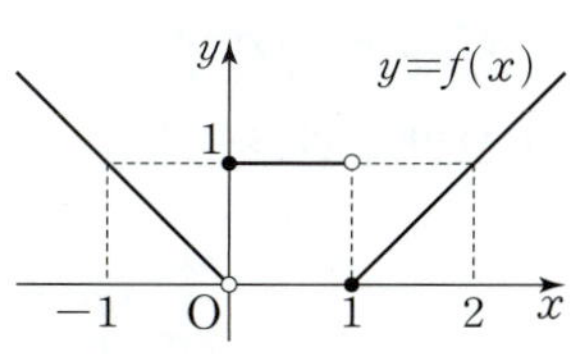

이고, 그 그래프는 그림과 같다. 〈**보기**〉에서 옳은 것만을 있는
대로 고른 것은?

〈 보기 〉
ㄱ. $\lim\limits_{x \to 1} f(x) = 0$　　　　ㄴ. $\lim\limits_{x \to 1+} f(f(x)) = 1$
ㄷ. $\lim\limits_{x \to 2-} f(f(x)) = 1$

① ㄴ　　　　② ㄷ　　　　③ ㄱ, ㄴ

④ ㄱ, ㄷ　　　　⑤ ㄴ, ㄷ

0060 중요　Level 2

$-2 \le x \le 2$에서 정의된 두 함수 $y=f(x)$, $y=g(x)$의 그래프
가 그림과 같다.

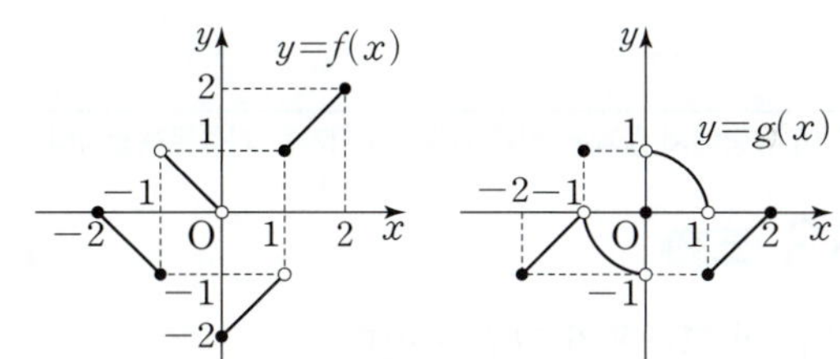

〈**보기**〉에서 극한값이 존재하는 것만을 있는 대로 고른 것은?

〈 보기 〉
ㄱ. $\lim\limits_{x \to 1} g(f(x))$　　　　ㄴ. $\lim\limits_{x \to 0} g(f(x))$
ㄷ. $\lim\limits_{x \to -1} f(g(x))$

① ㄱ　　　　② ㄴ　　　　③ ㄷ

④ ㄱ, ㄴ　　　　⑤ ㄴ, ㄷ

0061

$-2 \leq x \leq 2$에서 정의된 두 함수 $y=f(x)$, $y=g(x)$의 그래프가 그림과 같다.

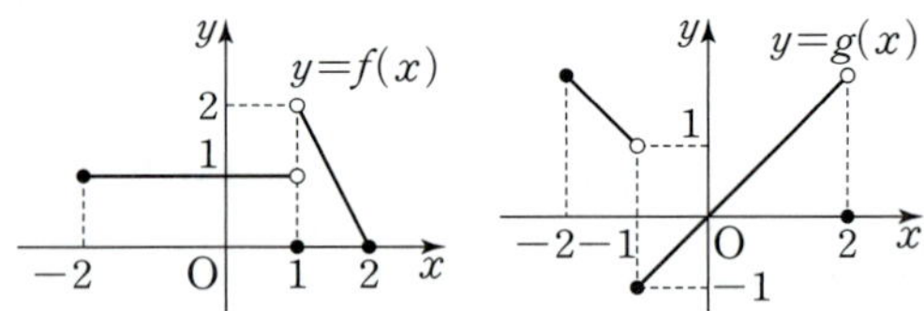

$\displaystyle\lim_{x \to -1+} f(x+2) + \lim_{x \to 1+} g(x-2) + \lim_{x \to 0} (f \circ g)(x)$의 값을 구하시오.

⊕ Plus 문제

0062

두 함수 $f(x)$, $g(x)$에 대하여

$$f(x)=\begin{cases} x^2-x+1 & (x \geq 1) \\ -x^2+x+1 & (x < 1) \end{cases}$$

$$g(x)=\begin{cases} |x^2-1| & (|x| \geq 1) \\ x^2 & (|x| < 1) \end{cases}$$

일 때, $\displaystyle\lim_{x \to 1+} g(f(x))$의 값을 구하시오.

다음은 이 유형에서 출제된 최근 교육청·평가원 기출문제입니다.

0063 교육청

함수 $f(x)$의 그래프가 그림과 같다.

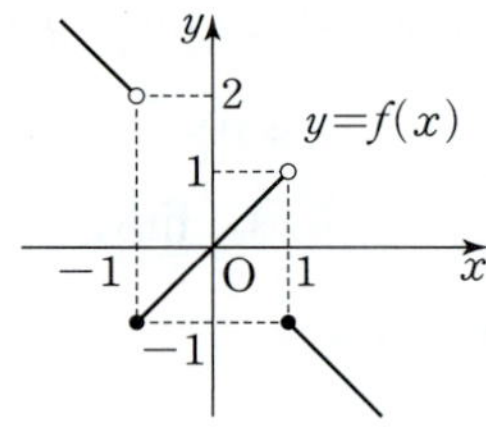

$\displaystyle\lim_{x \to 0+} f(x-1) + \lim_{x \to 1+} f(f(x))$의 값은?

① -2　　　② -1　　　③ 0
④ 1　　　⑤ 2

$\displaystyle\lim_{x \to a} f(x)=L$, $\displaystyle\lim_{x \to a} g(x)=M$ (L, M은 실수)일 때

(1) $\displaystyle\lim_{x \to a} cf(x)=c\lim_{x \to a} f(x)=cL$ (단, c는 상수)

(2) $\displaystyle\lim_{x \to a} \{f(x)+g(x)\}=\lim_{x \to a} f(x)+\lim_{x \to a} g(x)=L+M$

$\displaystyle\lim_{x \to a} \{f(x)-g(x)\}=\lim_{x \to a} f(x)-\lim_{x \to a} g(x)=L-M$

(3) $\displaystyle\lim_{x \to a} f(x)g(x)=\lim_{x \to a} f(x) \times \lim_{x \to a} g(x)=LM$

(4) $\displaystyle\lim_{x \to a} \frac{f(x)}{g(x)}=\frac{\lim_{x \to a} f(x)}{\lim_{x \to a} g(x)}=\frac{L}{M}$ (단, $M \neq 0$)

0064 대표문제

두 함수 $f(x)$, $g(x)$에 대하여

$$\lim_{x \to 1} f(x)=4, \quad \lim_{x \to 1} g(x)=-3$$

일 때, 〈보기〉에서 옳은 것만을 있는 대로 고른 것은?

〈 보기 〉

ㄱ. $\displaystyle\lim_{x \to 1} \{f(x)+g(x)\}=1$

ㄴ. $\displaystyle\lim_{x \to 1} \{3f(x)-2g(x)\}=18$

ㄷ. $\displaystyle\lim_{x \to 1} f(x)g(x)=-12$

① ㄱ　　　② ㄴ　　　③ ㄷ
④ ㄱ, ㄴ　　　⑤ ㄱ, ㄴ, ㄷ

0065

함수 $f(x)$에 대하여 $\displaystyle\lim_{x \to 2} (x+1)f(x)=3$일 때, $\displaystyle\lim_{x \to 2} (x^2-4x-5)f(x)$의 값을 구하시오.

0066

두 함수 $f(x)$, $g(x)$에 대하여 $\displaystyle\lim_{x \to 1} \frac{f(x)}{g(x)}=3$일 때, $\displaystyle\lim_{x \to 1} \frac{f(x)+g(x)}{2f(x)-g(x)}$의 값을 구하시오.

0067

Level 1

함수 $f(x)$에 대하여 $\lim\limits_{x\to 0}\dfrac{f(x)}{x}=1$일 때,

$\lim\limits_{x\to 0}\dfrac{x^2-2f(x)}{x+f(x)}$의 값은?

① -2 ② -1 ③ 0

④ 1 ⑤ 2

0068 (중요)

Level 2

두 함수 $f(x)$, $g(x)$에 대하여

$$\lim\limits_{x\to 0}\{f(x)+g(x)\}=6,\ \lim\limits_{x\to 0}\{f(x)-g(x)\}=4$$

일 때, $\lim\limits_{x\to 0}f(x)g(x)$의 값을 구하시오.

0069

Level 2

두 함수 $f(x)$, $g(x)$에 대하여

$$\lim\limits_{x\to 1}f(x)=3,\ \lim\limits_{x\to 1}\{2f(x)-g(x)\}=4$$

일 때, $\lim\limits_{x\to 1}\dfrac{f(x)+g(x)}{f(x)-g(x)}$의 값은?

① -7 ② $\dfrac{1}{5}$ ③ 1

④ 5 ⑤ 7

0070 (중요)

Level 2

두 함수 $f(x)$, $g(x)$에 대하여

$$\lim\limits_{x\to 1}\{f(x)+2\}=5,\ \lim\limits_{x\to 1}f(x)g(x)=6$$

일 때, $\lim\limits_{x\to 1}\dfrac{(x+2)g(x)}{f(x)}$의 값은?

① 1 ② $\dfrac{3}{2}$ ③ 2

④ $\dfrac{5}{2}$ ⑤ 3

0071

Level 2

두 함수 $f(x)$, $g(x)$에 대하여

$$\lim\limits_{x\to 1}\{f(x)+x\}=3,\ \lim\limits_{x\to 1}\dfrac{g(x)}{f(x)}=2$$

일 때, $\lim\limits_{x\to 1}\dfrac{f(x)}{(x^2+1)\{g(x)-1\}}$의 값은?

① $\dfrac{1}{3}$ ② $\dfrac{2}{3}$ ③ 1

④ $\dfrac{4}{3}$ ⑤ $\dfrac{5}{3}$

0072 (중요)

Level 3

두 함수 $f(x)$, $g(x)$에 대하여

$$\lim\limits_{x\to\infty}f(x)=\infty,\ \lim\limits_{x\to\infty}\{3f(x)-2g(x)\}=1$$

일 때, $\lim\limits_{x\to\infty}\dfrac{7f(x)-g(x)}{2f(x)+3g(x)}$의 값을 구하시오.

➕ **Plus 문제**

0073 교육청
Level 1

함수 $f(x)$에 대하여 $\lim\limits_{x \to \infty} \dfrac{f(x)}{x}=3$일 때,

$\lim\limits_{x \to \infty} \dfrac{2x^2-1}{\{f(x)\}^2+3x^2}$의 값은?

① $\dfrac{1}{6}$ ② $\dfrac{1}{3}$ ③ $\dfrac{1}{2}$

④ $\dfrac{2}{3}$ ⑤ $\dfrac{5}{6}$

0074 수능
Level 2

함수 $f(x)$가 $\lim\limits_{x \to 1}(x+1)f(x)=1$을 만족시킬 때,
$\lim\limits_{x \to 1}(2x^2+1)f(x)=a$이다. $20a$의 값을 구하시오.

0075 교육청
Level 2

두 함수 $f(x)$, $g(x)$가

$$\lim\limits_{x \to 1}\frac{f(x)}{x-1}=8, \quad \lim\limits_{x \to 1}\frac{g(x)}{x^2-1}=\frac{1}{2}$$

을 만족시킬 때, $\lim\limits_{x \to 1}\dfrac{(x+1)f(x)}{g(x)}$의 값을 구하시오.

0076 교육청
Level 3

두 함수 $f(x)$, $g(x)$가

$$\lim\limits_{x \to \infty}\{2f(x)-3g(x)\}=1, \quad \lim\limits_{x \to \infty}g(x)=\infty$$

를 만족시킬 때, $\lim\limits_{x \to \infty}\dfrac{4f(x)+g(x)}{3f(x)-g(x)}$의 값은?

① 1   ② 2   ③ 3

④ 4   ⑤ 5

실전유형 **10** 함수의 극한에 대한 성질 - 그래프

(1) $\lim\limits_{x \to a+}\{f(x)+g(x)\}=\lim\limits_{x \to a-}\{f(x)+g(x)\}$이면
극한값 $\lim\limits_{x \to a}\{f(x)+g(x)\}$가 존재한다.

(2) $\lim\limits_{x \to a+}f(x)g(x)=\lim\limits_{x \to a-}f(x)g(x)$이면
극한값 $\lim\limits_{x \to a}f(x)g(x)$가 존재한다.

0077 대표문제

두 함수 $y=f(x)$, $y=g(x)$의 그래프가 그림과 같을 때,
〈보기〉에서 극한값이 존재하는 것만을 있는 대로 고른 것은?

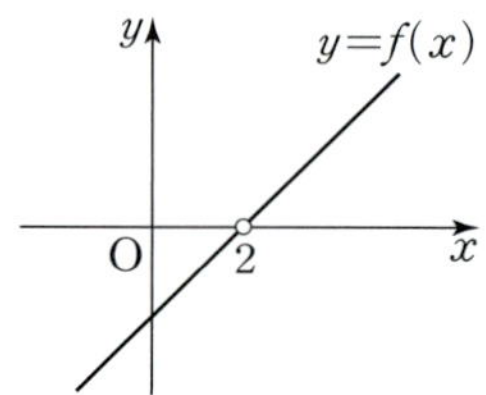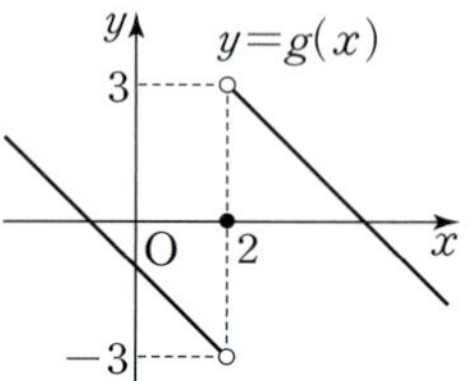

〈 보기 〉

ㄱ. $\lim\limits_{x \to 2}\{f(x)+g(x)\}$

ㄴ. $\lim\limits_{x \to 2}[\{f(x)\}^2+\{g(x)\}^2]$

ㄷ. $\lim\limits_{x \to 2}f(x)g(x)$

① ㄱ   ② ㄴ   ③ ㄷ

④ ㄱ, ㄴ   ⑤ ㄴ, ㄷ

0078
Level 1

함수 $y=f(x)$의 그래프가 그림과
같을 때, $\lim\limits_{x \to 1-}(2-x)f(x)$의 값
은?

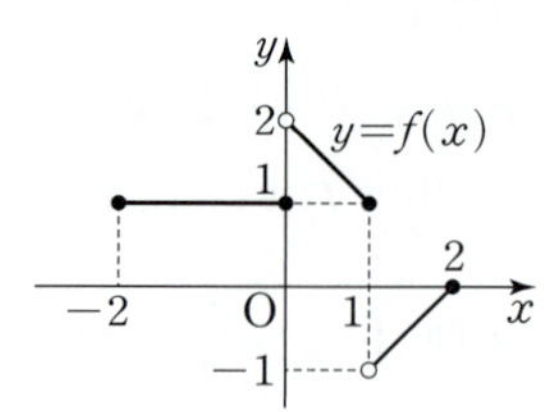

① -1 ② 0

③ 1   ④ 2

⑤ 3

0079

Level 1

두 함수 $y=f(x)$, $y=g(x)$의 그래프가 그림과 같다.

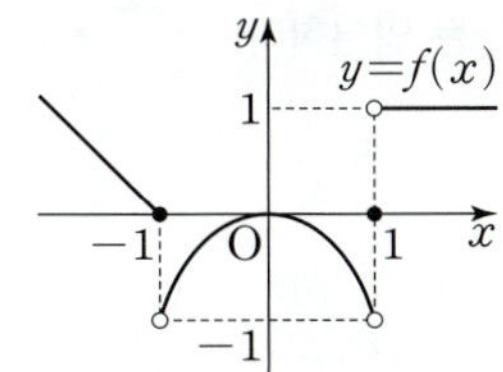 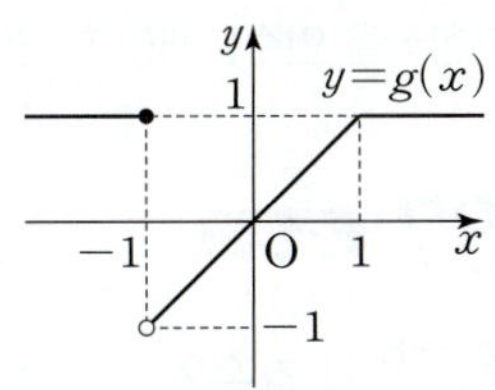

$\lim\limits_{x \to -1+} f(x)g(x)$의 값을 구하시오.

0080

Level 2

두 함수 $y=f(x)$, $y=g(x)$의 그래프가 그림과 같다.

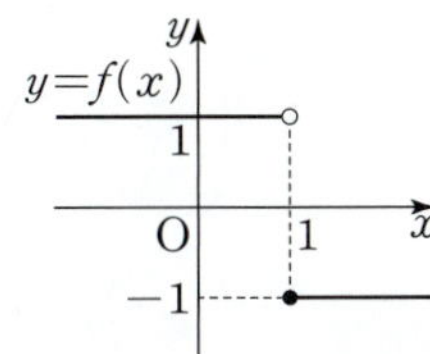 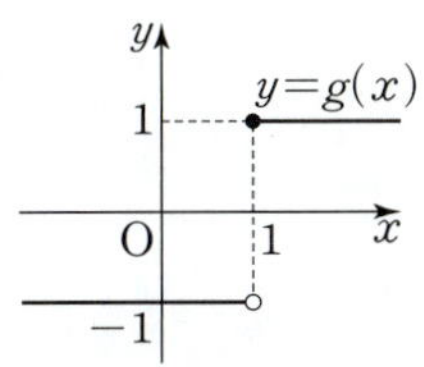

$\lim\limits_{x \to 1} \{f(x)+g(x)\}$의 값을 구하시오.

0081 (중요)

Level 2

함수 $y=f(x)$의 그래프가 그림과 같다. 함수 $g(x)=(x-1)f(x)$일 때, 〈보기〉에서 옳은 것만을 있는 대로 고른 것은?

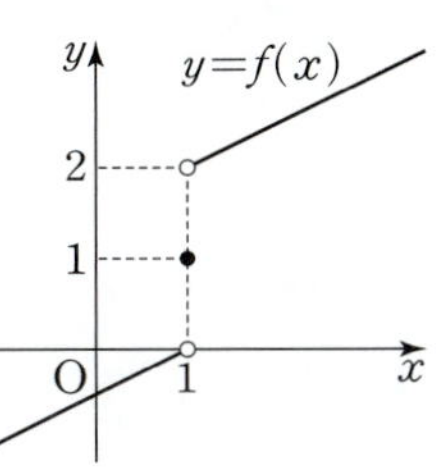

〈 보기 〉

ㄱ. $\lim\limits_{x \to 1} f(x)$의 값은 존재하지 않는다.

ㄴ. $\lim\limits_{x \to 1} g(x)$의 값이 존재한다.

ㄷ. $\lim\limits_{x \to 1} f(x)g(x)$의 값은 존재하지 않는다.

① ㄱ   ② ㄴ   ③ ㄱ, ㄴ

④ ㄴ, ㄷ   ⑤ ㄱ, ㄴ, ㄷ

다음은 이 유형에서 출제된 최근 교육청·평가원 기출문제입니다.

0082 (교육청)

Level 2

함수 $y=f(x)$의 그래프가 그림과 같다.

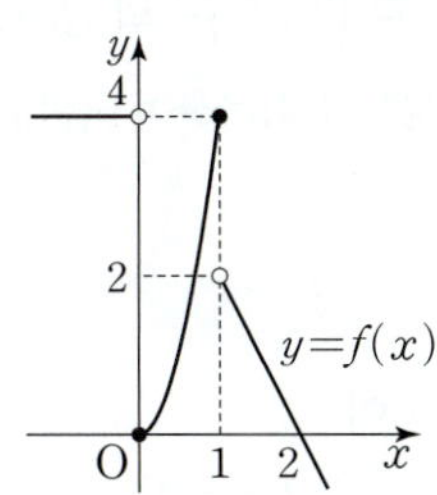

$\lim\limits_{x \to 1+} f(x) - \lim\limits_{x \to 0-} \dfrac{f(x)}{x-1}$의 값은?

① -6 ② -3 ③ 0

④ 3 ⑤ 6

0083 (교육청)

Level 2

두 함수 $y=f(x)$, $y=g(x)$의 그래프가 그림과 같다.

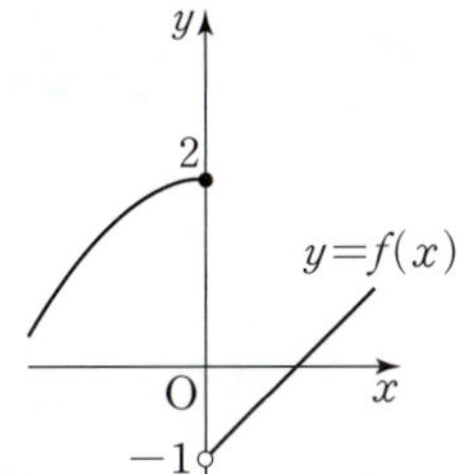 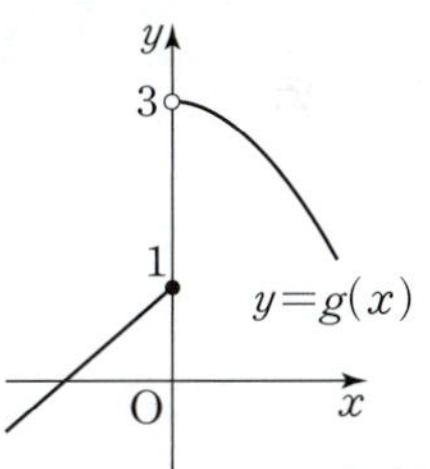

$\lim\limits_{x \to 0} \{f(x)+kg(x)\}$의 값이 존재할 때, 상수 k의 값은?

① $\dfrac{1}{2}$ ② 1 ③ $\dfrac{3}{2}$

④ 2 ⑤ $\dfrac{5}{2}$

$\lim\limits_{x \to a} \dfrac{f(x-a)}{x-a}$ 에서 $x-a=t$ 로 치환하면

$x \to a$ 일 때 $t \to 0$ 이므로 $\lim\limits_{t \to 0} \dfrac{f(t)}{t}$ 의 형태로 변형한 후 함수의 극한에 대한 성질을 이용하여 극한값을 구한다.

0084 대표문제

다항함수 $f(x)$ 에 대하여

$$\lim_{x \to 1} \frac{f(x)}{x-1}=1, \quad \lim_{x \to 4} \frac{f(x-2)}{x-1}=3$$

일 때, $\lim\limits_{x \to 3} \dfrac{f(x-2)f(x-1)}{x-3}$ 의 값은?

① 7 ② 9 ③ 11
④ 13 ⑤ 15

0085

Level 2

다항함수 $f(x)$ 에 대하여 $\lim\limits_{x \to 0} \dfrac{f(x)}{x}=24$ 일 때,

$\lim\limits_{x \to 1} \dfrac{f(x-1)}{x^2-1}$ 의 값은?

① -12 ② -6 ③ 0
④ 6 ⑤ 12

+ Plus 문제

0086

Level 3

다항함수 $f(x)$ 에 대하여

$$\lim_{x \to 0+} \frac{xf\left(\frac{1}{x}\right)-1}{1-x}=-2$$

일 때, $\lim\limits_{x \to \infty} \dfrac{f(x)}{x}$ 의 값은?

① -2 ② -1 ③ 0
④ 1 ⑤ 2

분모, 분자가 모두 다항식인 경우
→ 다항식을 인수분해한 후 공통인수는 약분한다.

0087 대표문제

$\lim\limits_{x \to 2} \dfrac{x^3-8}{x^2-4}$ 의 값은?

① 3 ② 4 ③ 5
④ 6 ⑤ 7

0088

Level 1

$\lim\limits_{x \to -2} \dfrac{x^2+6x+8}{x^2-4}$ 의 값을 구하시오.

0089 중요

Level 2

$\lim\limits_{x \to 1} \dfrac{(x^3-1)(x^3+1)}{x^4-1} + \lim\limits_{x \to -1} \dfrac{(x^3-1)(x^3+1)}{x^4-1}$ 의 값은?

① $\dfrac{3}{2}$ ② 2 ③ $\dfrac{5}{2}$
④ 3 ⑤ $\dfrac{7}{2}$

0090

Level 3

$\displaystyle\lim_{x\to 1}\dfrac{x^2+x^4+x^6+x^8+x^{10}-5}{x-1}$ 의 값을 구하시오.

다음은 이 유형에서 출제된 최근 교육청·평가원 기출문제입니다.

0091 교육청

Level 1

$\displaystyle\lim_{x\to 2}\dfrac{(x-2)(x^3+1)}{x-2}$ 의 값은?

① 9 ② 10 ③ 11
④ 12 ⑤ 13

0092 교육청

Level 1

$\displaystyle\lim_{x\to 2}\dfrac{x^2+x-6}{x-2}$ 의 값을 구하시오.

0093 평가원

Level 1

$\displaystyle\lim_{x\to -1}\dfrac{x^2+9x+8}{x+1}$ 의 값은?

① 6 ② 7 ③ 8
④ 9 ⑤ 10

실전 유형 13 $\dfrac{0}{0}$ 꼴의 극한 – 무리식

분모 또는 분자에 근호($\sqrt{\ }$)가 포함된 식이 있는 경우
→ 근호가 있는 부분을 유리화한 후 약분한다.

0094 대표문제

$\displaystyle\lim_{x\to 2}\dfrac{\sqrt{x^2-3}-1}{x-2}$ 의 값은?

① 0 ② $\dfrac{1}{2}$ ③ 1
④ $\dfrac{3}{2}$ ⑤ 2

0095

Level 2

$\displaystyle\lim_{x\to 0}\dfrac{\sqrt{1+2x}-\sqrt{1-2x}}{x}$ 의 값은?

① $\dfrac{1}{4}$ ② $\dfrac{1}{2}$ ③ 1
④ $\dfrac{3}{2}$ ⑤ 2

0096 중요

Level 2

$\displaystyle\lim_{x\to 3}\dfrac{x^3-3x^2}{\sqrt{4x-3}-\sqrt{2x+3}}$ 의 값을 구하시오.

0097 중요

$\displaystyle\lim_{x\to 0}\dfrac{\sqrt{1+x^2}-\sqrt{1-x^2}}{\sqrt{1+2x}-\sqrt{1-2x}}$ 의 값은?

① -1 ② 0 ③ 1

④ 4 ⑤ 9

다음은 이 유형에서 출제된 최근 교육청·평가원 기출문제입니다.

0098 교육청

$\displaystyle\lim_{x\to 3}\dfrac{\sqrt{2x-5}-1}{x-3}$ 의 값은?

① 1 ② 2 ③ 3

④ 4 ⑤ 5

0099 교육청

$\displaystyle\lim_{x\to 3}\dfrac{x-3}{\sqrt{x+1}-2}$ 의 값을 구하시오.

실전 유형 14 $\dfrac{\infty}{\infty}$ 꼴의 극한

$\dfrac{\infty}{\infty}$ 꼴의 극한은 다음과 같은 순서로 구한다.

❶ 분모의 최고차항으로 분모, 분자를 각각 나눈다.

❷ $\displaystyle\lim_{x\to\infty}\dfrac{a}{x^n}=0$ (a는 0이 아닌 상수, n은 자연수)임을 이용하여 극한값을 구한다.

참고 (1) (분자의 차수)=(분모의 차수)인 경우

　→ 극한값은 최고차항의 계수의 비이다.

(2) (분자의 차수)<(분모의 차수)인 경우

　→ 극한값은 0이다.

(3) (분자의 차수)>(분모의 차수)인 경우

　→ 극한값은 없다. (발산)

0100 대표문제

$\displaystyle\lim_{x\to\infty}\dfrac{3x-2}{\sqrt{4x^2+3x}+x}$ 의 값은?

① $\dfrac{1}{2}$ ② 1 ③ $\dfrac{3}{2}$

④ 2 ⑤ $\dfrac{5}{2}$

0101

$\displaystyle\lim_{x\to\infty}\dfrac{(x+1)(3x-2)}{2x^2+x-3}$ 의 값은?

① $\dfrac{1}{3}$ ② $\dfrac{1}{2}$ ③ $\dfrac{2}{3}$

④ 1 ⑤ $\dfrac{3}{2}$

0102

$\displaystyle\lim_{x\to\infty}\dfrac{2+x+ax^2}{1-2x+x^2}=5$ 일 때, 상수 a의 값을 구하시오.

0103 중요
Level 2

함수 $f(x)=x(x+2)$에 대하여 $\displaystyle\lim_{x\to\infty}\frac{f(x+2)-f(x)}{x-2}$의 값은?

① 1 　　　② 2 　　　③ 3

④ 4 　　　⑤ 5

0104 중요
Level 2

$\displaystyle\lim_{x\to-\infty}\frac{\sqrt{x^2-3x}+3x}{\sqrt{x^2-1}-\sqrt{3-x}}$의 값을 구하시오.

0105 신경향
Level 2

다음은 함수의 극한값을 구하는 과정이다. 이 과정에서 처음으로 잘못된 부분을 찾고, 극한값을 바르게 구한 것은?

$$\lim_{x\to-\infty}\frac{\sqrt{x^2+1}}{x+1}=\lim_{x\to-\infty}\frac{\dfrac{\sqrt{x^2+1}}{x}}{1+\dfrac{1}{x}} \quad \cdots \ \text{㉠}$$

$$=\lim_{x\to-\infty}\frac{\sqrt{\dfrac{x^2+1}{x^2}}}{1+\dfrac{1}{x}} \quad \cdots \ \text{㉡}$$

$$=\lim_{x\to-\infty}\frac{\sqrt{1+\dfrac{1}{x^2}}}{1+\dfrac{1}{x}} \quad \cdots \ \text{㉢}$$

$$=1 \quad \cdots \ \text{㉣}$$

① ㉡, 0 　　　② ㉡, −1 　　　③ ㉢, 0

④ ㉢, −1 　　　⑤ ㉣, −1

0106
Level 2

자연수 n과 0이 아닌 상수 a에 대하여

$\displaystyle\lim_{x\to\infty}\frac{ax^n+3}{x^3+2x+4}=4$일 때, $a-n$의 값을 구하시오.

0107
Level 3

함수 $f(x)=\displaystyle\lim_{t\to-\infty}\frac{x^2+t(4x^2-x-10)}{\sqrt{t^2+2027x^2}}$은 $x=a$에서 최댓값을 가진다. a의 값은?

① $\dfrac{1}{9}$ 　　　② $\dfrac{1}{8}$ 　　　③ $\dfrac{1}{7}$

④ $\dfrac{1}{6}$ 　　　⑤ $\dfrac{1}{5}$

다음은 이 유형에서 출제된 최근 교육청·평가원 기출문제입니다.

0108 교육청
Level 1

$\displaystyle\lim_{x\to\infty}\frac{9x^2+1}{3x^2+5x}$의 값을 구하시오.

0109 수능
Level 1

$\displaystyle\lim_{x\to\infty}\frac{\sqrt{x^2-2}+3x}{x+5}$의 값은?

① 1 　　　② 2 　　　③ 3

④ 4 　　　⑤ 5

(1) 다항식 ➡ 최고차항으로 묶는다.
(2) 무리식 ➡ 근호가 있는 쪽을 유리화한다.

0110 대표문제

$\lim\limits_{x \to \infty} (\sqrt{x^2+2x}-x)$의 값은?

① 0   ② 1   ③ 2

④ 3   ⑤ 4

0111   ▪▮▮ Level 1

$\lim\limits_{x \to \infty} (\sqrt{2x^2+3x+10}-\sqrt{2x^2-3x+10})$의 값을 구하시오.

0112 중요   ▪▮▮ Level 2

함수 $f(x)=x^2-4x$에 대하여
$\lim\limits_{x \to -\infty} \{\sqrt{f(x)}-\sqrt{f(-x)}\}$의 값은?

① 1   ② 2   ③ 3

④ 4   ⑤ 5

0113 중요   ▪▮▮ Level 2

$\lim\limits_{x \to \infty} \{\sqrt{x^2+2x+2}-(ax-1)\}=b$일 때, $2ab$의 값은?

(단, a, b는 상수이다.)

① -4 ② -2 ③ 2

④ 4   ⑤ 6

0114   ▪▮▮ Level 2

$\lim\limits_{x \to a} \dfrac{x^2-a^2}{x-a}=4$이고, $\lim\limits_{x \to \infty} (\sqrt{x^2+ax+1}-\sqrt{x^2+bx+1})=\dfrac{1}{2}$
일 때, $a+b$의 값은? (단, a, b는 상수이다.)

① 3   ② 5   ③ 7

④ 9   ⑤ 11

다음은 이 유형에서 출제된 최근 교육청 · 평가원 기출문제입니다.

0115 교육청   ▪▮▮ Level 2

함수 $f(x)=a(x-1)^2+1$에 대하여
$\lim\limits_{x \to \infty} \{\sqrt{f(-x)}-\sqrt{f(x)}\}=6$일 때, 양수 a의 값은?

① 3   ② 5   ③ 7

④ 9   ⑤ 11

실전유형 **16** $\infty \times 0$ 꼴의 극한

통분 또는 유리화하여
$\frac{0}{0}$, $\frac{\infty}{\infty}$, $\infty \times a$, $\frac{a}{\infty}$ (a는 0이 아닌 상수) 꼴로 변형한다.

0116 대표문제

$\lim\limits_{x \to 1} \dfrac{1}{x-1}\left(\dfrac{2x^2}{x+1}-1\right)$의 값을 구하시오.

0117 　Level 1

$\lim\limits_{x \to 1} \dfrac{1}{x^2-1}\left(1-\dfrac{4}{x+3}\right)$의 값은?

① $\dfrac{1}{10}$ 　　② $\dfrac{1}{9}$ 　　③ $\dfrac{1}{8}$

④ $\dfrac{1}{7}$ 　　⑤ $\dfrac{1}{6}$

0118 중요　Level 1

$\lim\limits_{x \to 0} \dfrac{2}{x}\left(\dfrac{1}{\sqrt{x+4}}-\dfrac{1}{2}\right)$의 값은?

① $-\dfrac{1}{8}$ 　　② $-\dfrac{1}{4}$ 　　③ 0

④ $\dfrac{1}{4}$ 　　⑤ $\dfrac{1}{8}$

0119 중요　Level 2

함수 $f(x)=x\left(\dfrac{\sqrt{x+1}}{\sqrt{x-1}}-1\right)$에 대하여 $\lim\limits_{x \to \infty} f(x)$의 값은?

① -2 　　② -1 　　③ 0

④ 1 　　⑤ 2

0120 　Level 2

$\lim\limits_{x \to -\infty} x^2\left(1+\dfrac{x}{\sqrt{x^2+2}}\right)$의 값을 구하시오.

0121 　Level 3

함수 $f(x)=x^2-x+1$에 대하여
$\lim\limits_{n \to \infty} n^2\left\{f\left(\dfrac{1}{n}+1\right)-f(1)\right\}^2$의 값은?

① 1 　　② 2 　　③ 3

④ 4 　　⑤ 5

주어진 값을 이용할 수 있도록 식을 변형한다.

0122 대표문제

다항함수 $f(x)$에 대하여 $\lim\limits_{x \to 1} \dfrac{2(x^4-1)}{(x^2-1)f(x)}=4$일 때, $f(1)$의 값은? (단, $f(x) \neq 0$)

① 1   ② 2   ③ 4

④ 8   ⑤ 16

0123   Level 1

$\lim\limits_{x \to 9} f(x)=2$일 때, $\lim\limits_{x \to 9} \dfrac{f(x)(x-9)}{\sqrt{x}-3}$의 값은?

① 8   ② 9   ③ 10

④ 11   ⑤ 12

0124   Level 2

함수 $f(x)$에 대하여 $\lim\limits_{x \to 4} f(x-4)=5$일 때, $\lim\limits_{x \to 0} \dfrac{1+3f(x)}{1-f(x)}$의 값을 구하시오.

0125 중요   Level 2

$\lim\limits_{x \to 0} \dfrac{f(x)}{x}=4$일 때, $\lim\limits_{x \to 0} \dfrac{f(x)}{\sqrt{x^2+4x+1}-(x+1)}$의 값을 구하시오.

0126   Level 2

$\lim\limits_{x \to \infty} \dfrac{2f(x)}{\sqrt{x^4-f(x)}+f(x)}=3$일 때, $\lim\limits_{x \to \infty} \dfrac{f(x)}{x^2}$의 값은?

① -1 ② -2 ③ -3

④ -4 ⑤ -5

0127   Level 2

다항함수 $f(x)$에 대하여 $\lim\limits_{x \to -1} \dfrac{f(x)-2}{x+1}=6$일 때, $\lim\limits_{x \to -1} \dfrac{\{f(x)\}^2-2f(x)}{x^2f(x)-f(x)}$의 값은? (단, $f(x) \neq 0$)

① -6 ② -3 ③ -1

④ 3   ⑤ 6

| 실전
유형 | **18** 미정계수의 결정 – 유리식 | 빈출유형 |

$x \to a$일 때

(1) 극한값이 존재하고 (분모)$\to 0$이면 (분자)$\to 0$

(2) 0이 아닌 극한값이 존재하고 (분자)$\to 0$이면 (분모)$\to 0$

0128 대표문제

$\lim\limits_{x \to 1} \dfrac{x^2+x-2}{x^2-a} = \dfrac{b}{2}$ $(b \neq 0)$일 때, $\lim\limits_{x \to b} \dfrac{x^2-b^2}{x^2-ax-6}$의 값은?

(단, a, b는 상수이다.)

① $\dfrac{4}{5}$　　② 1　　③ $\dfrac{6}{5}$

④ $\dfrac{7}{5}$　　⑤ $\dfrac{8}{5}$

0129

Level 1

$\lim\limits_{x \to 2} \dfrac{x^2-4}{x^2+ax} = b$ $(b \neq 0)$가 성립할 때, 상수 a, b에 대하여 ab의 값을 구하시오.

0130 중요

Level 2

$\lim\limits_{x \to 1} \dfrac{x-1}{x^2+ax+b} = 1$이 성립할 때, 상수 a, b에 대하여 a^2+b^2의 값은?

① -1　　② 0　　③ 1

④ 2　　⑤ 3

0131

Level 2

$\lim\limits_{x \to 0} \dfrac{1}{x}\left(\dfrac{1}{a} - \dfrac{1}{x+b}\right) = \dfrac{1}{4}$일 때, 상수 a, b에 대하여 $a+b$의 값은? (단, $a>0$, $b>0$)

① -4　　② -2　　③ 2

④ 4　　⑤ 6

0132

Level 2

삼차함수 $f(x) = x^3+ax^2+bx+c$가

$\lim\limits_{x \to 1} \dfrac{f(x)-c}{x-1} = -1$을 만족시킬 때, ab의 값을 구하시오.

(단, a, b, c는 상수이다.)

0133 중요

Level 2

이차함수 $f(x) = x^2+ax+b$가

$\lim\limits_{h \to 0} \dfrac{f(2h)}{h} = 5$를 만족시킬 때, $10(a+b)$의 값은?

(단, a, b는 상수이다.)

① 24　　② 25　　③ 26

④ 27　　⑤ 28

0134

Level 2

함수 $f(x)=\dfrac{ax^2+bx+c}{x^2+x-2}$에 대하여

$$\lim_{x\to\infty}f(x)=2,\quad \lim_{x\to1}f(x)=\frac{1}{3}$$

일 때, abc의 값은? (단, a, b, c는 상수이다.)

① -12 ② -6 ③ -2
④ 6 ⑤ 12

0135

Level 3

$\lim_{x\to2}\dfrac{x^2+ax+4}{(x-2)(x^2+bx+1)}=c$일 때, $6abc$의 값은?

(단, a, b, c는 상수이고, $c>0$이다.)

① $\dfrac{10}{3}$ ② $\dfrac{20}{3}$ ③ 20
④ 40 ⑤ 60

다음은 이 유형에서 출제된 최근 교육청·평가원 기출문제입니다.

0136 교육청

Level 2

두 상수 a, b에 대하여 $\lim_{x\to-1}\dfrac{x^2+4x+a}{x+1}=b$일 때, $a+b$의 값을 구하시오.

실전유형 **19** 미정계수의 결정 – 무리식 빈출유형

분모 또는 분자에 근호($\sqrt{\ }$)가 포함된 식이 있는 경우
→ 근호가 있는 부분을 유리화한 후 약분한다.

0137 대표문제

$\lim_{x\to1}\dfrac{\sqrt{x+a}-3}{2x^2-x-1}=b$일 때, 상수 a, b에 대하여 $\dfrac{a}{b}$의 값은?

① 64 ② 96 ③ 128
④ 144 ⑤ 160

0138

Level 1

$\lim_{x\to3}\dfrac{\sqrt{ax+3}-3}{x-3}=b$일 때, 상수 a, b에 대하여 $a+b$의 값은?

① $\dfrac{4}{3}$ ② $\dfrac{5}{3}$ ③ 2
④ $\dfrac{7}{3}$ ⑤ $\dfrac{8}{3}$

0139 중요

Level 2

$\lim_{x\to1}\dfrac{ax+b}{\sqrt{x+1}-\sqrt{2}}=2\sqrt{2}$일 때, 상수 a, b에 대하여 ab의 값은?

① -3 ② -2 ③ -1
④ 1 ⑤ 2

0140

:::: Level 2

$\lim\limits_{x \to 1} \dfrac{\sqrt{2x+a}-\sqrt{x+3}}{x^2-1}=b$일 때, 상수 a, b에 대하여 $4ab$의 값을 구하시오.

0141

:::: Level 3

$\lim\limits_{x \to 0} \dfrac{\sqrt{4x^2+ax+1}-(x+b)}{x^2}=c$일 때, 상수 a, b, c에 대하여 abc의 값을 구하시오.

⊕ Plus 문제

┌───┐
다음은 이 유형에서 출제된 최근 교육청 · 평가원 기출문제입니다.
└───┘

0142 교육청

:::: Level 1

두 상수 a, b에 대하여 $\lim\limits_{x \to 9} \dfrac{x-a}{\sqrt{x}-3}=b$일 때, $a+b$의 값을 구하시오.

실전유형 **20** 다항함수의 결정 $-\dfrac{0}{0}$ 꼴 빈출유형

다항함수 $f(x)$에 대하여 $\lim\limits_{x \to a} \dfrac{f(x)}{x-a}=k$ (k는 실수)일 때
→ $f(a)=0$이므로 $f(x)$는 $x-a$를 인수로 가진다.

0143 대표문제

삼차함수 $f(x)$가
$$\lim_{x \to 0} \frac{f(x)}{x}=4, \quad \lim_{x \to 1} \frac{f(x)}{x-1}=1$$
을 만족시킬 때, $f(2)$의 값을 구하시오.

0144

:::: Level 1

최고차항의 계수가 1인 삼차함수 $f(x)$가
$$f(-1)=2, \quad f(0)=0, \quad f(1)=-2$$
를 만족시킬 때, $\lim\limits_{x \to 0} \dfrac{f(x)}{x}$의 값을 구하시오.

0145 중요

:::: Level 2

최고차항의 계수가 1인 삼차함수 $f(x)$가 $x-2$로 나누어떨어지고 $\lim\limits_{x \to 1} \dfrac{f(x)}{x-1}=3$을 만족시킬 때, $f(5)$의 값은?

① 10 ② 12 ③ 14
④ 16 ⑤ 18

0146

Level 2

삼차함수 $f(x)$가 다음 조건을 만족시킨다.

> (가) $f(1)=f(2)=1$　　(나) $\lim\limits_{x\to 3}\dfrac{f(x)-1}{x-3}=6$

$f(4)$의 값을 구하시오.

0147

Level 3

삼차함수 $f(x)$가 다음 조건을 만족시킨다.

> (가) $f(0)=-2$　　(나) $\lim\limits_{x\to 1}\dfrac{f(x)-1}{x^2-2x+1}=-1$

$f(2)$의 값을 구하시오.

다음은 이 유형에서 출제된 최근 교육청·평가원 기출문제입니다.

0148 교육청

Level 2

최고차항의 계수가 1인 이차함수 $f(x)$에 대하여
$\lim\limits_{x\to 5}\dfrac{f(x)-x}{x-5}=8$일 때, $f(7)$의 값을 구하시오.

0149 교육청

Level 2

삼차함수 $f(x)$가 다음 조건을 만족시킨다.

> (가) $\lim\limits_{x\to 1}\dfrac{f(x)}{x-1}=a$, $\lim\limits_{x\to 2}\dfrac{f(x)}{x-2}=-6$
>
> (나) 방정식 $f(x)=0$의 세 실근의 합은 7이다.

상수 a의 값을 구하시오.

다항함수 $f(x)$, $g(x)$에 대하여
$$\lim_{x\to\infty}\frac{f(x)}{g(x)}=\alpha \ (g(x)\neq 0,\ \alpha\text{는 0이 아닌 실수})\text{이면}$$
→ ($f(x)$의 차수)=($g(x)$의 차수)이고, 최고차항의 계수의 비는 α이다.

0150 대표문제

다항함수 $f(x)$에 대하여
$$\lim_{x\to\infty}\frac{f(x)}{x^2+2x-3}=3,\ \lim_{x\to 2}\frac{f(x)}{x^2+2x-8}=-1$$
일 때, $f(1)$의 값을 구하시오.

0151 중요

Level 2

다항함수 $f(x)$가 다음 조건을 만족시킨다.

> (가) $\lim\limits_{x\to\infty}\dfrac{f(x)-x^3}{x^2}=3$　　(나) $\lim\limits_{x\to 1}\dfrac{f(x)}{x-1}=-3$

$f(2)$의 값은?

① -1　　　② 4　　　③ 8

④ 22　　　⑤ 26

0152 중요

Level 2

다항함수 $f(x)$에 대하여
$$\lim_{x\to\infty}\frac{x^3+2x^2+f(x)}{x^2+x+1}=1,\ \lim_{x\to -1}\frac{f(x)}{x+1}=4$$
일 때, $f(2)$의 값은?

① 1　　　② 2　　　③ 3

④ 4　　　⑤ 5

0153
Level 2

다항함수 $f(x)$가
$$\lim_{x \to \infty} \frac{f(x)}{x^3}=0, \quad \lim_{x \to 0} \frac{f(x)}{x}=5$$
를 만족시킨다. 방정식 $f(x)=x$의 한 근이 -2일 때, $f(1)$의 값은?

① 6　　　　② 7　　　　③ 8
④ 9　　　　⑤ 10

0154
Level 2

다항함수 $f(x)$가
$$\lim_{x \to \infty} \frac{f(x)}{x^3}=1, \quad \lim_{x \to -1} \frac{f(x)}{x+1}=2$$
를 만족시킨다. $f(1) \geq 8$일 때, $f(0)$의 최솟값은?

① 1　　　　② 2　　　　③ 3
④ 4　　　　⑤ 5

0155
Level 3

다항함수 $f(x)$가 다음 조건을 만족시킨다.

> (가) $\lim_{x \to \infty} \dfrac{f(x)}{x^3}=2$　　　(나) $\lim_{x \to 1} \dfrac{f(2x-2)}{x-1}=4$

방정식 $f(x)=3x^2+x+2$의 서로 다른 세 실근의 합이 -3일 때, $f(-1)$의 값은?

① 1　　　　② 2　　　　③ 3
④ 4　　　　⑤ 5

0156 교육청
Level 2

다항함수 $f(x)$가
$$\lim_{x \to \infty} \frac{f(x)}{2x^2}=1, \quad \lim_{x \to 1} \frac{f(x)-3}{(x-1)(x-2)}=4$$
를 만족시킬 때, $f(4)$의 값을 구하시오.

0157 교육청
Level 3

두 이차함수 $f(x)$, $g(x)$가
$$\lim_{x \to \infty} \frac{f(x)}{g(x)-x^2}=1, \quad \lim_{x \to 3} \frac{g(x)-f(x)}{x-3}=8$$
을 만족시킬 때, $g(5)-f(5)$의 값을 구하시오.

0158 수능 고난도
Level 3

상수항과 계수가 모두 정수인 두 다항함수 $f(x)$, $g(x)$가 다음 조건을 만족시킬 때, $f(2)$의 최댓값은?

> (가) $\lim_{x \to \infty} \dfrac{f(x)g(x)}{x^3}=2$　　　(나) $\lim_{x \to 0} \dfrac{f(x)g(x)}{x^2}=-4$

① 4　　　　② 6　　　　③ 8
④ 10　　　　⑤ 12

세 함수 $f(x)$, $g(x)$, $h(x)$에 대하여
$f(x) \leq h(x) \leq g(x)$이고,
$\lim_{x \to a} f(x) = \lim_{x \to a} g(x) = L$ (L은 실수)이면
$\rightarrow \lim_{x \to a} h(x) = L$

0159 대표문제

함수 $f(x)$가 모든 양의 실수 x에 대하여
$$2x^2 - x + 2 < x^2 f(x) < 2x^2 - x + 3$$
을 만족시킬 때, $\lim_{x \to \infty} f(x)$의 값을 구하시오.

0160

Level 1

함수 $f(x)$가 모든 실수 x에 대하여
$$2x - 4 \leq f(x) \leq x^2 - 3$$
을 만족시킬 때, $\lim_{x \to 1} f(x)$의 값은?

① -5 ② -4 ③ -3
④ -2 ⑤ -1

0161

Level 2

함수 $f(x)$가 모든 양의 실수 x에 대하여
$$|f(x) - 3x| < 1$$
을 만족시킬 때, $\lim_{x \to \infty} \dfrac{f(x)}{x}$의 값은?

① -3 ② -1 ③ 0
④ 1 ⑤ 3

0162 중요

Level 2

함수 $f(x)$가 모든 양의 실수 x에 대하여
$$2(x-1)^3 \leq f(x) \leq 2(x+2)^3$$
을 만족시킬 때, $\lim_{x \to \infty} \dfrac{f(x)}{x^3 + 2x + 1}$의 값은?

① 1 ② 2 ③ 3
④ 4 ⑤ 5

0163

Level 2

함수 $f(x)$가 모든 실수 x에 대하여
$$ax - 2 \leq f(x) \leq ax + 2$$
를 만족시킨다. $\lim_{x \to \infty} \dfrac{|x-1| f(x)}{x^2 - 3x + 4} = 5$일 때, 상수 a의 값은?

① 1 ② 2 ③ 3
④ 4 ⑤ 5

0164

Level 2

함수 $f(x) = 2x^2 - 4x + 5 \ (x > 0)$의 그래프를 y축의 방향으로 a만큼 평행이동시킨 함수 $y = g(x)$의 그래프에 대하여 $y = f(x)$와 $y = g(x)$의 그래프 사이에 함수 $y = h(x)$의 그래프가 존재할 때, $\lim_{x \to \infty} \dfrac{h(x)}{x^2}$의 값은? (단, $a > 0$)

① 1 ② 2 ③ 3
④ 4 ⑤ 5

실전유형 23 함수의 극한에 대한 성질의 활용

함수의 극한에 대한 성질은 수렴하는 함수에 대해서만 성립한다.

0165 대표문제

함수의 극한에 대한 설명으로 〈보기〉에서 옳은 것만을 있는 대로 고른 것은? (단, a는 실수이다.)

〈보기〉

ㄱ. $\lim\limits_{x \to a} f(x)$의 값이 존재하고 $\lim\limits_{x \to a} \{f(x) - g(x)\} = 0$이면 $\lim\limits_{x \to a} f(x) = \lim\limits_{x \to a} g(x)$이다.

ㄴ. $\lim\limits_{x \to a} f(x)$와 $\lim\limits_{x \to a} f(x)g(x)$의 값이 각각 존재하면 $\lim\limits_{x \to a} g(x)$의 값이 존재한다.

ㄷ. $\lim\limits_{x \to a} f(x)$와 $\lim\limits_{x \to a} \dfrac{f(x)}{g(x)}$의 값이 각각 존재하면 $\lim\limits_{x \to a} g(x)$의 값도 존재한다.

① ㄱ   ② ㄴ   ③ ㄱ, ㄷ

④ ㄴ, ㄷ   ⑤ ㄱ, ㄴ, ㄷ

0166

Level 2

두 함수 $f(x)$, $g(x)$에 대하여 〈보기〉에서 옳은 것만을 있는 대로 고른 것은? (단, a는 실수이다.)

〈보기〉

ㄱ. $\lim\limits_{x \to a} g(x)$와 $\lim\limits_{x \to a} \dfrac{f(x)}{g(x)}$의 값이 각각 존재하면 $\lim\limits_{x \to a} f(x)$의 값이 존재한다.

ㄴ. $\lim\limits_{x \to 0} \dfrac{f(x)}{x^2} = k$ (k는 실수)이면 $\lim\limits_{x \to 0} f(x) = 0$이다.

ㄷ. 모든 실수 x에 대하여 $f(x) < g(x)$이면 $\lim\limits_{x \to a} f(x) < \lim\limits_{x \to a} g(x)$이다.

① ㄱ   ② ㄴ   ③ ㄷ

④ ㄱ, ㄴ   ⑤ ㄴ, ㄷ

0167

Level 2

함수의 극한에 대한 설명으로 〈보기〉에서 옳은 것만을 있는 대로 고른 것은? (단, a는 실수이다.)

〈보기〉

ㄱ. $\lim\limits_{x \to \infty} f(x) = \infty$, $\lim\limits_{x \to \infty} g(x) = \infty$이면 $\lim\limits_{x \to \infty} \{f(x) - g(x)\} = 0$이다.

ㄴ. $\lim\limits_{x \to a} f(x) = 0$, $\lim\limits_{x \to a} g(x) = \infty$이면 $\lim\limits_{x \to a} f(x)g(x) = 0$이다.

ㄷ. $\lim\limits_{x \to \infty} f(x) = \infty$, $\lim\limits_{x \to \infty} g(x) = a$이면 $\lim\limits_{x \to \infty} \dfrac{g(x)}{f(x)} = 0$이다.

① ㄱ   ② ㄴ   ③ ㄷ

④ ㄱ, ㄴ   ⑤ ㄴ, ㄷ

0168

Level 3

두 함수 $f(x)$, $g(x)$에 대하여 〈보기〉에서 옳은 것만을 있는 대로 고른 것은? (단, a는 실수이다.)

〈보기〉

ㄱ. $\lim\limits_{x \to a} f(x) = 0$이고, $\lim\limits_{x \to a} \dfrac{f(x)}{g(x)} = p$이면 $\lim\limits_{x \to a} g(x) = 0$이다. (단, $p \neq 0$)

ㄴ. $\lim\limits_{x \to a} |f(x)|$의 값이 존재하면 $\lim\limits_{x \to a} f(x)$의 값도 존재한다.

ㄷ. $\lim\limits_{x \to a} f(f(x)) = a$이면 $\lim\limits_{x \to a} f(f(f(x))) = a$이다.

① ㄱ   ② ㄴ   ③ ㄷ

④ ㄴ, ㄷ   ⑤ ㄱ, ㄴ, ㄷ

구하는 선분의 길이, 점의 좌표, 도형의 넓이 등을 식으로 나타
낸 후 극한의 성질을 이용하여 극한값을 구한다.

0169 대표문제

그림과 같이 곡선 $y=\dfrac{1}{x}\ (x>0)$과
두 직선 $x=1$, $x=t$의 교점을 각각
A, B라 하고, 점 B에서 직선 $x=1$
에 내린 수선의 발을 C라 하자.
삼각형 ABC의 넓이를 $S(t)$라 할
때, $\displaystyle\lim_{t\to\infty}\dfrac{S(t)}{t}$의 값은? (단, $t>1$)

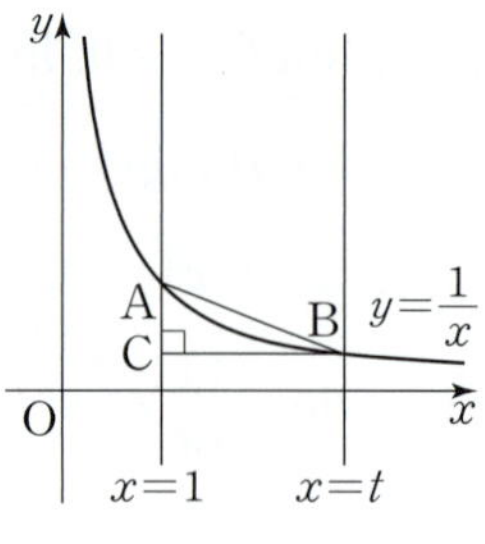

① 0　　　　　② $\dfrac{1}{2}$　　　　　③ 1

④ 2　　　　　⑤ 4

0170 중요

•ıl Level 2

그림과 같이 직선 $y=x+1$ 위에 두 점 A$(-1,\,0)$,
P$(t,\,t+1)$이 있다. 점 P를 지나고 직선 $y=x+1$에 수직인
직선이 y축과 만나는 점을 Q라 할 때, $\displaystyle\lim_{t\to\infty}\dfrac{\overline{\mathrm{AQ}}^2}{\overline{\mathrm{AP}}^2}$의 값은?

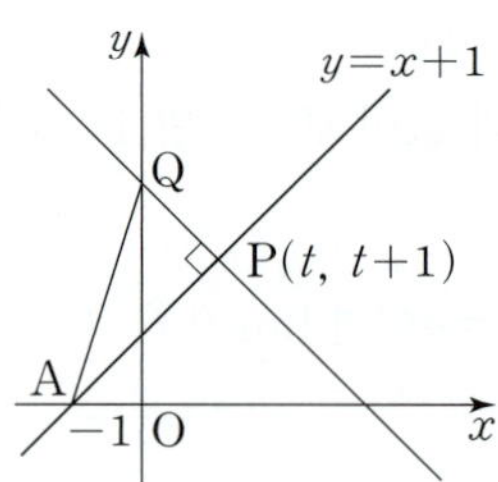

① 1　　　　　② 2　　　　　③ 3

④ 4　　　　　⑤ 5

0171

•ıl Level 3

그림과 같이 곡선 $y=\sqrt{x}$ 위의
한 점 P$(t,\,\sqrt{t}\,)$에서 $\overline{\mathrm{OP}}=\overline{\mathrm{OQ}}$가
되게 하는 점 Q를 y축의 양의 방
향 위에 잡는다. 직선 PQ의 x절
편을 $f(t)$라 할 때, $\displaystyle\lim_{t\to0+}f(t)$의
값은? (단, O는 원점이다.)

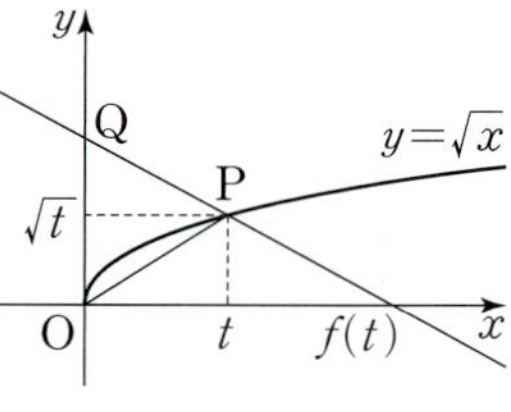

① 1　　　　　② 2　　　　　③ 3

④ 4　　　　　⑤ 5

다음은 이 유형에서 출제된 최근 교육청·평가원 기출문제입니다.

0172 교육청

•ıl Level 2

곡선 $y=\sqrt{x}$ 위의 점 P$(t,\,\sqrt{t}\,)\ (t>4)$에서 직선 $y=\dfrac{1}{2}x$에

내린 수선의 발을 H라 하자. $\displaystyle\lim_{t\to\infty}\dfrac{\overline{\mathrm{OH}}^2}{\overline{\mathrm{OP}}^2}$의 값은?

(단, O는 원점이다.)

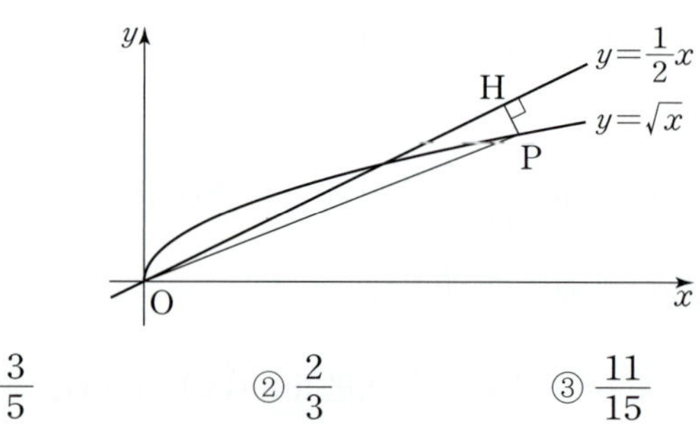

① $\dfrac{3}{5}$　　　　　② $\dfrac{2}{3}$　　　　　③ $\dfrac{11}{15}$

④ $\dfrac{4}{5}$　　　　　⑤ $\dfrac{13}{15}$

0173 평가원

●●● Level 3

실수 $t\ (t>0)$에 대하여 직선 $y=x+t$와 곡선 $y=x^2$이 만나는 두 점을 A, B라 하자. 점 A를 지나고 x축에 평행한 직선이 곡선 $y=x^2$과 만나는 점 중 A가 아닌 점을 C, 점 B에서 선분 AC에 내린 수선의 발을 H라 하자.

$\lim\limits_{t\to 0+}\dfrac{\overline{\mathrm{AH}}-\overline{\mathrm{CH}}}{t}$의 값은? (단, 점 A의 x좌표는 양수이다.)

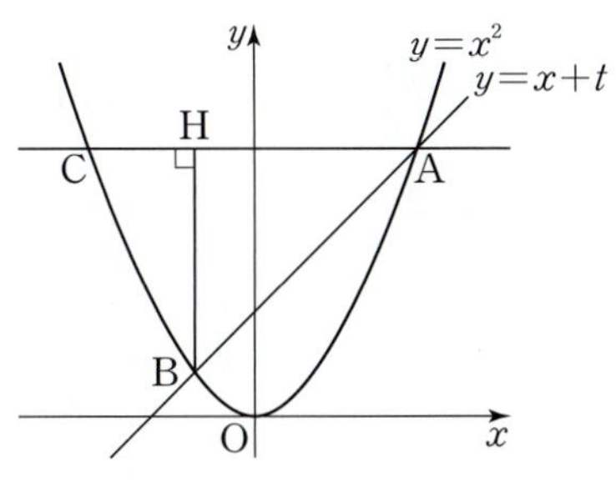

① 1   ② 2   ③ 3

④ 4   ⑤ 5

0174 교육청

●●● Level 3

그림과 같이 실수 $t\ (0<t<1)$에 대하여 직선 $y=2t$가 두 곡선 $y=x^2$, $y=tx^2$과 제1사분면에서 만나는 점을 각각 A, B라 하고, 직선 $y=t+1$이 두 곡선 $y=x^2$, $y=tx^2$과 제1사분면에서 만나는 점을 각각 C, D라 하자. 사각형 ABDC의 넓이를 $S(t)$라 할 때, $\lim\limits_{t\to 1-}\dfrac{S(t)}{(1-t)^2}$의 값은?

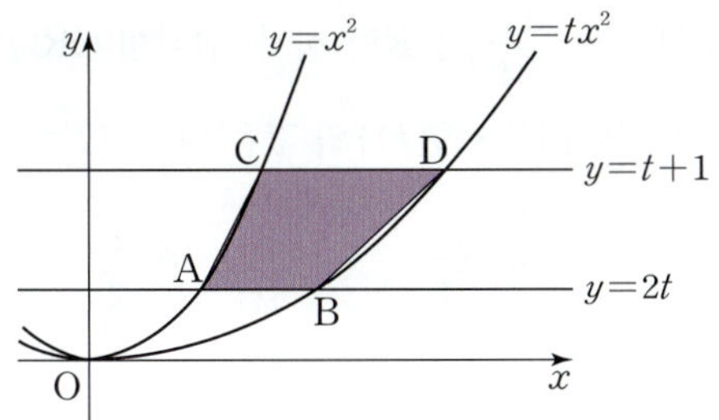

① $\dfrac{1}{4}$ ② $\dfrac{\sqrt{2}}{4}$ ③ $\dfrac{1}{2}$

④ $\dfrac{\sqrt{2}}{2}$ ⑤ 1

원의 성질과 피타고라스 정리 등을 이용하여 점의 좌표, 선분의 길이 등을 식으로 나타낸 후 극한의 성질을 이용하여 극한값을 구한다.

0175 대표문제

그림과 같이 세 점 A$(0,\ 1)$, O$(0,\ 0)$, B$(a,\ 0)$을 꼭짓점으로 하는 삼각형 AOB와 그 삼각형에 내접하는 원이 있다. 점 B가 x축을 따라 원점에 한없이 가까워질 때, 삼각형 AOB에 내접하는 원의 반지름의 길이 r에 대하여 $\dfrac{r}{a}$의 극한값은? (단, $a>0$)

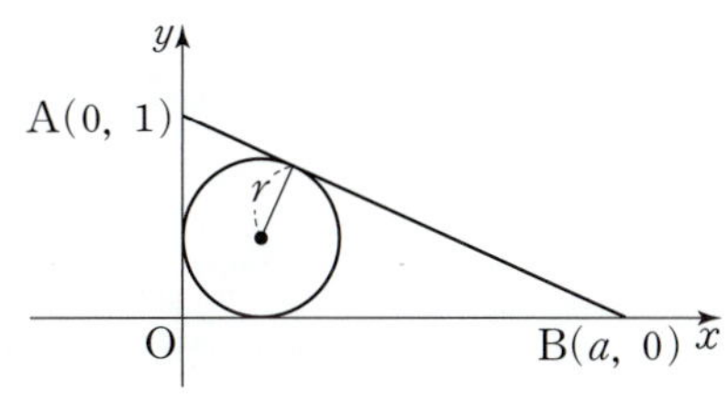

① $\dfrac{1}{6}$ ② $\dfrac{1}{5}$ ③ $\dfrac{1}{4}$

④ $\dfrac{1}{3}$ ⑤ $\dfrac{1}{2}$

0176

●●● Level 2

그림과 같이 중심이 A$(0,\ 3)$이고 반지름의 길이가 1인 원에 외접하고 x축에 접하는 원의 중심을 P$(a,\ b)$라 하자. 점 P에서 y축에 내린 수선의 발을 H라 할 때, $\lim\limits_{a\to\infty}\dfrac{\overline{\mathrm{PH}}^2}{\overline{\mathrm{PA}}}$의 값은?

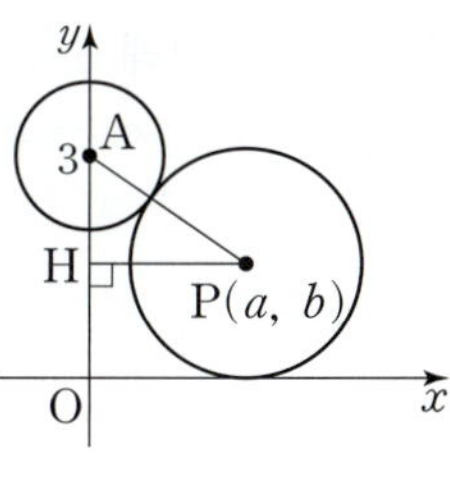

① 2   ② 4   ③ 6

④ 8   ⑤ 10

0177

그림과 같이 중심이 O이고 길이가 8인 선분 AB를 지름으로 하는 반원이 있다. 두 점 O, B를 제외한 선분 OB 위의 점 P에 대하여 점 P를 지나고 선분 OB에 수직인 선분이 $\overparen{AB}$와 만나는 점을 Q라 하자. $\overline{OP}=x$, $\overline{AQ}=f(x)$라 할 때, $\displaystyle\lim_{x \to 4-} \frac{8-f(x)}{4-x}$의 값을 구하시오.

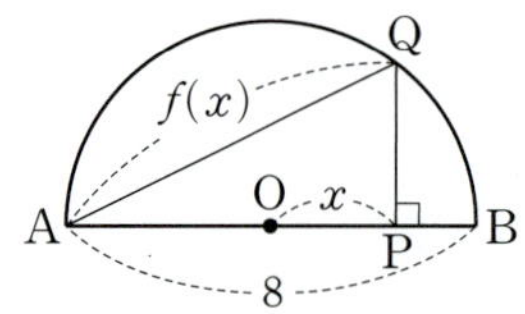

0178 중요

그림과 같이 원점 O를 지나고 중심이 y축 위에 있는 원의 중심을 C, 이차함수 $y=2x^2$의 그래프와 원 C의 제1사분면에서의 교점을 $P(t, 2t^2)$ $(t>0)$이라 하자. 점 P가 이차함수 $y=2x^2$의 그래프를 따라 원점 O에 한없이 가까워질 때, $\displaystyle\lim_{t \to 0+} \overline{OC}$의 값을 구하시오.

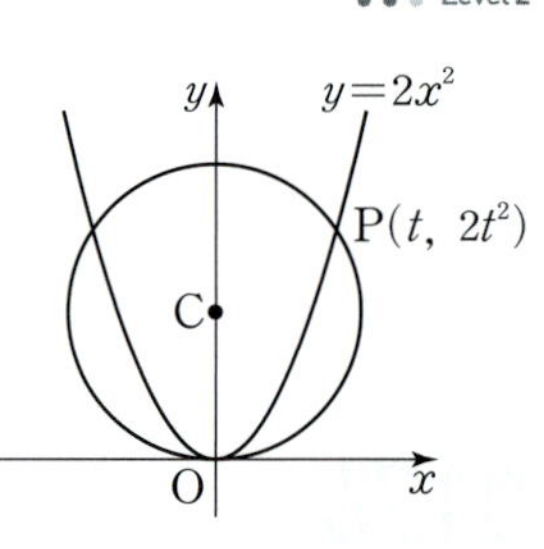

0179

그림과 같이 원 $x^2+y^2=r^2$ $(r>0)$과 곡선 $y=\sqrt{2x}$가 만나는 점 $P(t, \sqrt{2t})$가 있다. 점 P에서 원 $x^2+y^2=r^2$에 접하는 직선이 x축과 만나는 점을 Q라 할 때, $\displaystyle\lim_{r \to 0+} \overline{OQ}$의 값은?

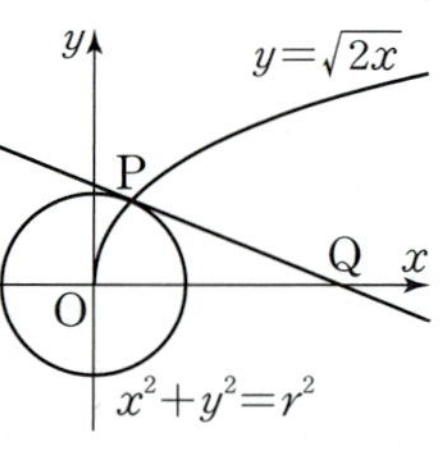

① $\dfrac{1}{2}$ ② $\dfrac{\sqrt{2}}{2}$ ③ 1

④ $\sqrt{2}$ ⑤ 2

다음은 이 유형에서 출제된 최근 교육청·평가원 기출문제입니다.

0180 교육청

1보다 큰 실수 t에 대하여 그림과 같이 점 $P\left(t+\dfrac{1}{t}, 0\right)$에서 원 $x^2+y^2=\dfrac{1}{2t^2}$에 접선을 그었을 때, 원과 접선이 제1사분면에서 만나는 점을 Q, 원 위의 점 $\left(0, -\dfrac{1}{\sqrt{2t}}\right)$을 R라 하자. 삼각형 ORQ의 넓이를 $S(t)$라 할 때, $\displaystyle\lim_{t \to \infty} \{t^4 \times S(t)\}$의 값은? (단, O는 원점이다.)

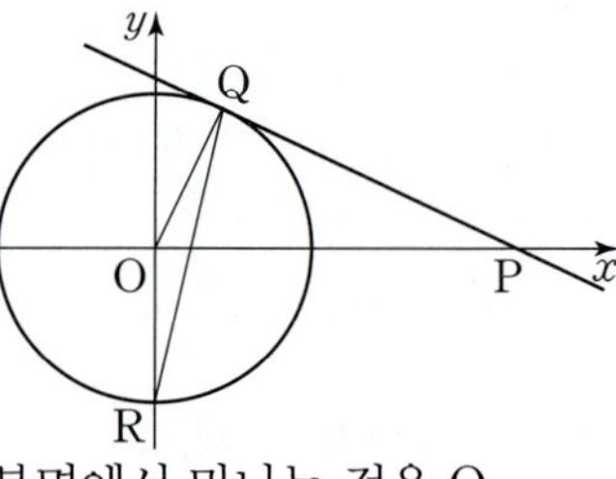

① $\dfrac{\sqrt{2}}{8}$ ② $\dfrac{\sqrt{2}}{4}$ ③ $\dfrac{1}{2}$

④ $\dfrac{\sqrt{2}}{2}$ ⑤ 1

서술형 유형 익히기

0181 대표문제

$0 \le x \le 6$에서 정의된 함수

$$f(x) = \begin{cases} x-1 & (0 \le x < 1) \\ ax+b & (1 \le x \le 2) \\ x-5 & (2 < x \le 6) \end{cases}$$

가 $0 < t < 6$인 모든 실수 t에 대하여 $\lim\limits_{x \to t} f(x)$의 값이 존재할

때, 상수 a, b의 값을 구하는 과정을 서술하시오. [7점]

STEP 1 $\lim\limits_{x \to t} f(x)$의 존재를 조사해야 하는 실수 t의 값 찾기 [1점]

$0 < t < 6$인 모든 실수 t에 대하여 $\lim\limits_{x \to t} f(x)$의 값이 존재하

므로 $\lim\limits_{x \to 1} f(x)$, $\lim\limits_{x \to 2} f(x)$의 값이 존재한다.

STEP 2 $\lim\limits_{x \to 1+} f(x) = \lim\limits_{x \to 1-} f(x)$, $\lim\limits_{x \to 2+} f(x) = \lim\limits_{x \to 2-} f(x)$를 만족

시키는 값을 이용하여 a, b 사이의 관계식 구하기 [4점]

$x=1$에서의 우극한과 좌극한을 각각 구하면

$$\lim\limits_{x \to 1+} f(x) = \boxed{}^{(1)}, \quad \lim\limits_{x \to 1-} f(x) = \boxed{}^{(2)} \text{이므로}$$

$a+b-0$ ·································· ㉠

$x=2$에서의 우극한과 좌극한을 각각 구하면

$$\lim\limits_{x \to 2+} f(x) = \boxed{}^{(3)}, \quad \lim\limits_{x \to 2-} f(x) = \boxed{}^{(4)} \text{이므로}$$

$2a+b = -3$ ·································· ㉡

STEP 3 상수 a, b의 값 구하기 [2점]

㉠, ㉡을 연립하여 풀면

$$a = \boxed{}^{(5)}, \quad b = \boxed{}^{(6)}$$

0182 한번 더

함수 $f(x) = \begin{cases} -x^2-1 & (x < 0) \\ ax+b & (0 \le x < 1) \\ 2x+1 & (x \ge 1) \end{cases}$이 임의의 실수 k에

대하여 $\lim\limits_{x \to k} f(x)$의 값이 존재할 때, 상수 a, b에 대하여

a^2+b^2의 값을 구하는 과정을 서술하시오. [7점]

STEP 1 $\lim\limits_{x \to k} f(x)$의 존재를 조사해야 하는 실수 k의 값 찾기 [1점]

STEP 2 $\lim\limits_{x \to 0+} f(x) = \lim\limits_{x \to 0-} f(x)$, $\lim\limits_{x \to 1+} f(x) = \lim\limits_{x \to 1-} f(x)$를 만족시키는

값을 이용하여 a, b 사이의 관계식 구하기 [4점]

STEP 3 a^2+b^2의 값 구하기 [2점]

핵심 KEY 유형 4 **함수의 극한값의 존재 조건**

나누어진 구간에서 정의된 함수 $f(x)$가 극한값을 가지도록 미정

계수를 정하는 문제이다.

함수 $f(x)$에서 우극한 $\lim\limits_{x \to t+} f(x)$와 좌극한 $\lim\limits_{x \to t-} f(x)$가 모두 존

재하고 그 값이 서로 같으면 $\lim\limits_{x \to t} f(x)$의 값이 존재한다. 일반적으

로 각 범위의 양 끝 점에서의 극한값이 존재함을 보이면 된다.

0183 ☑유사 1

함수 $f(x)=\begin{cases} 2-x & (|x|\geq 1) \\ 4-x^2 & (|x|<1) \end{cases}$ 에 대하여 $\lim\limits_{x\to a} f(x)$의 값이 존재하지 않는 실수 a의 값을 구하는 과정을 서술하시오. [7점]

0184 ☑유사 2

함수 $f(x)$가 다음 조건을 만족시키고, $\lim\limits_{x\to 1} f(x)$의 값이 존재할 때, 상수 a, b에 대하여 $a+b$의 값을 구하는 과정을 서술하시오. [7점]

> (가) $f(x)=x^3+ax^2+bx-3 \ (0\leq x<1)$
> (나) 임의의 실수 x에 대하여 $f(x)=f(x+1)$이다.

0185 대표문제

$\lim\limits_{x\to 2} \dfrac{x^2+ax+4}{(x-2)(x^2+bx+1)}=c$일 때, 상수 a, b, c의 값을 구하는 과정을 서술하시오. (단, $c>0$) [7점]

STEP 1 $x\to 2$일 때, 극한값이 존재하고 (분모)$\to 0$임을 이용하여 상수 a의 값 구하기 [2점]

$\lim\limits_{x\to 2} \dfrac{x^2+ax+4}{(x-2)(x^2+bx+1)}=c$에서 $x\to 2$일 때, 극한값이

존재하고 (분모)$\to 0$이므로 ($\boxed{}^{(1)}$)$\to 0$이다.

즉, $\lim\limits_{x\to 2}(x^2+ax+4)=0$이므로 $a=\boxed{}^{(2)}$

STEP 2 상수 b의 값 구하기 [3점]

이것을 주어진 식에 대입하면

$\lim\limits_{x\to 2} \dfrac{x^2-4x+4}{(x-2)(x^2+bx+1)}=\lim\limits_{x\to 2} \dfrac{x-2}{x^2+bx+1}=c$ ·········· ㉠

㉠에서 $x\to 2$일 때, 0이 아닌 극한값이 존재하고 (분자)$\to 0$

이므로 ($\boxed{}^{(3)}$)$\to 0$이다.

즉, $\lim\limits_{x\to 2}(x^2+bx+1)=0$이므로 $b=\boxed{}^{(4)}$

STEP 3 주어진 극한값을 구하여 상수 c의 값 구하기 [2점]

이것을 ㉠에 대입하면

$\lim\limits_{x\to 2} \dfrac{x-2}{x^2-\frac{5}{2}x+1}=\lim\limits_{x\to 2} \dfrac{2(x-2)}{2x^2-5x+2}$

$=\lim\limits_{x\to 2} \dfrac{2(x-2)}{(2x-1)(x-2)}$

$=\lim\limits_{x\to 2} \dfrac{2}{2x-1}=\boxed{}^{(5)}$

$\therefore c=\boxed{}^{(6)}$

핵심 KEY 유형 18 , 유형 20 , 유형 21 미정계수와 다항함수의 결정

함수 $f(x)$, $g(x)$에 대하여 $\lim\limits_{x\to a} \dfrac{f(x)}{g(x)}=\alpha$ (α는 실수)이고,

$\lim\limits_{x\to a} g(x)=0$일 때 극한값이 존재하는 조건을 이용하는 문제이다.

즉, $x\to a$일 때, 극한값이 존재하고 (분모)$\to 0$일 때 (분자)$\to 0$임을 이용하여 미정계수를 구한다.

더 나아가 유형21 과 같이 다항함수의 차수를 결정하여 미정계수를 구하는 문제도 출제될 수 있다.

0186 `한번 더`

$\lim\limits_{x \to 1} \dfrac{x^2+ax+1}{(x-1)(x^2+bx-2)}=c$일 때, 상수 a, b, c의 값을 구하는 과정을 서술하시오. (단, $c>0$) [7점]

STEP 1 $x \to 1$일 때, 극한값이 존재하고 (분모)$\to 0$임을 이용하여 상수 a 의 값 구하기 [2점]

STEP 2 상수 b의 값 구하기 [3점]

STEP 3 주어진 극한값을 구하여 상수 c의 값 구하기 [2점]

0187 ✅유사 1

삼차함수 $f(x)=x^3+ax^2+bx+c$가 $x-1$을 인수로 가지고 $\lim\limits_{x \to 2} \dfrac{f(x)}{x-2}=6$을 만족시킬 때, 상수 a, b, c의 값을 구하는 과정을 서술하시오. [7점]

0188 ✅유사 2

$\lim\limits_{x \to \infty} \dfrac{f(x)-3x^3}{x^2}=2$, $\lim\limits_{x \to 0} \dfrac{f(x)}{x}=2$를 만족시키는 다항함수 $f(x)$에 대하여 $f(-1)$의 값을 구하는 과정을 서술하시오.

[7점]

1 0189

함수 $y=f(x)$의 그래프가 그림과 같다.

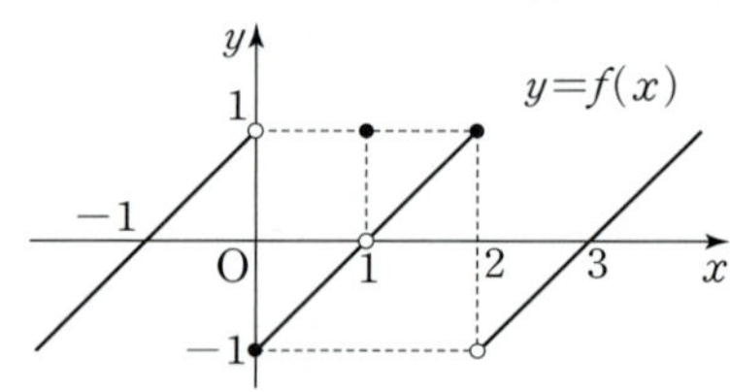

$\lim\limits_{x \to a} f(x)$의 값이 존재하지 <u>않는</u> 실수 a의 개수는? [3점]

① 0　　　　② 1　　　　③ 2

④ 3　　　　⑤ 4

2 0190

함수 $y=f(x)$의 그래프가 그림과 같다.

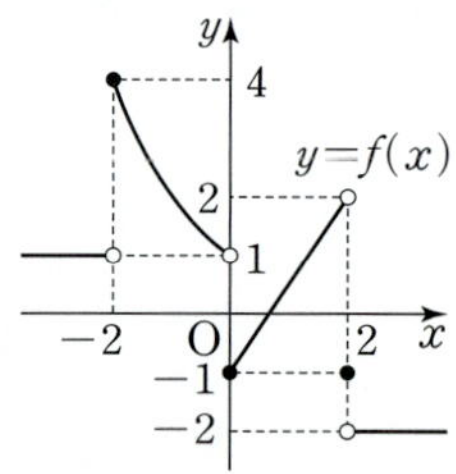

$\lim\limits_{x \to -2+} f(x) - \lim\limits_{x \to 2-} f(x)$의 값은? [3점]

① 2　　　　② 3　　　　③ 4

④ 5　　　　⑤ 6

3 0191

$\lim\limits_{x \to 4} \dfrac{x-4}{\sqrt{x+12}-4}$의 값은? [3점]

① 6　　　　② 7　　　　③ 8

④ 9　　　　⑤ 10

4 0192

$\lim\limits_{x \to \infty}\left(2-\dfrac{1}{x^2}\right)+\lim\limits_{x \to \infty}\dfrac{3x^2-5x}{x^2+1}$의 값은? [3점]

① 1　　　　② 2　　　　③ 3

④ 4　　　　⑤ 5

5 0193

$\lim\limits_{x \to 1} f(x)=3$일 때, $\lim\limits_{x \to 1}\dfrac{f(x)(x^2-1)}{\sqrt{x}-1}$의 값은? [3점]

① 3　　　　② 6　　　　③ 9

④ 12　　　　⑤ 18

6 0194

함수 $f(x)$가 모든 양의 실수 x에 대하여

$$\frac{2}{x+2} < \frac{f(x)}{x} < \frac{4}{2x+1}$$

를 만족시킬 때, $\lim_{x \to \infty} f(x)$의 값은? [3점]

① 1   ② $\dfrac{3}{2}$ ③ 2

④ $\dfrac{5}{2}$ ⑤ 3

7 0195

다음 중 $x=0$에서 좌극한은 존재하지만 우극한은 존재하지 <u>않는</u> 것은? (단, $[x]$는 x보다 크지 않은 최대의 정수이다.)

[3.5점]

① $y=x$ ② $y=|x|$ ③ $y=\dfrac{1}{x^2}$

④ $y=[x]$ ⑤ $y=\begin{cases} 0 & (x \leq 0) \\ \dfrac{1}{x} & (x > 0) \end{cases}$

8 0196

함수 $f(x)=\begin{cases} x^2-3x+4 & (x \geq 1) \\ -2x+k & (x < 1) \end{cases}$ 에 대하여 $\lim_{x \to 1} f(x)$의 값이 존재하기 위한 상수 k의 값은? [3.5점]

① 1   ② 2   ③ 3

④ 4   ⑤ 5

9 0197

함수 $y=f(x)$의 그래프가 그림과 같다.

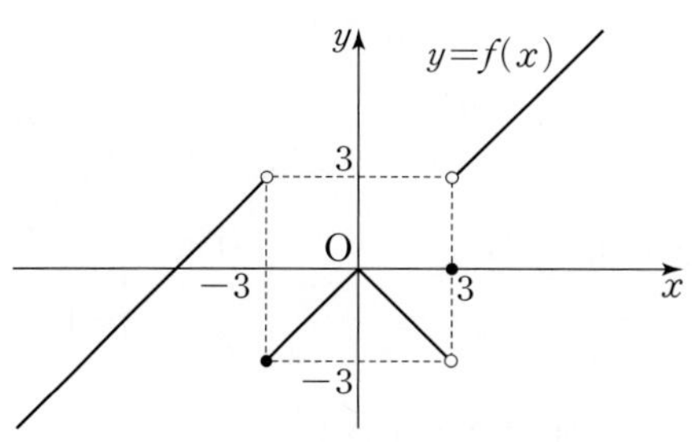

$\lim_{x \to a} |f(x)| = 3$을 만족시키는 실수 a의 개수는? [3.5점]

① 0   ② 1   ③ 2

④ 3   ⑤ 4

10 0198

함수 $f(x)$가 $\lim_{x \to 2} \dfrac{f(x-2)}{x-2} = 15$를 만족시킬 때,

$\lim_{x \to 0} \dfrac{2f(x)}{x(x+3)}$의 값은? [3.5점]

① 5   ② 10   ③ 15

④ 20   ⑤ 25

11 0199

두 함수 $y=f(x)$, $y=g(x)$의 그래프가 그림과 같다.

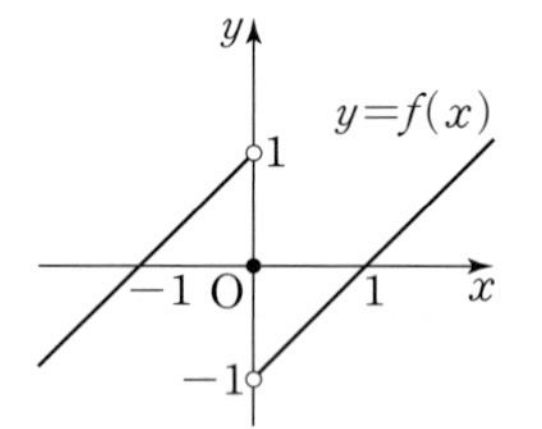 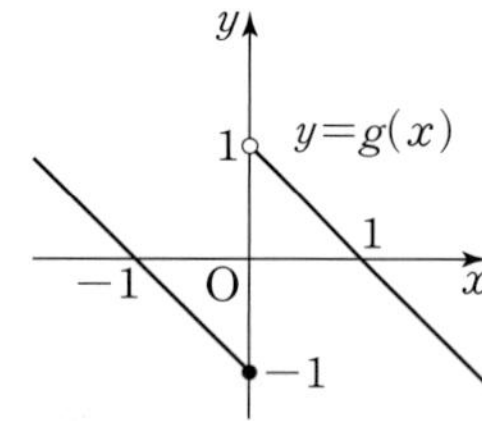

$\lim\limits_{x \to 0+} f(x)g(x)$의 값은? [3.5점]

① -4 ② -1 ③ 0

④ 1 ⑤ 4

12 0200

$\lim\limits_{x \to \infty} x\left(\dfrac{1}{x} - \dfrac{1}{2-x}\right)$의 값은? [3.5점]

① -2 ② -1 ③ 0

④ 1 ⑤ 2

13 0201

$\lim\limits_{x \to 3} \dfrac{2x^2+ax+b}{x^2-9}=3$일 때, 상수 a, b에 대하여 $a+b$의 값은? [3.5점]

① -33 ② -30 ③ -27

④ -24 ⑤ -21

14 0202

$\lim\limits_{x \to 1} \dfrac{\sqrt{x+1}-a}{x-1}=b$일 때, 상수 a, b에 대하여 ab의 값은?

[3.5점]

① $\dfrac{1}{4}$ ② $\dfrac{1}{2}$ ③ 1

④ 2 ⑤ 4

15 0203

다항함수 $f(x)$가

$$\lim_{x \to \infty} \frac{f(x)-3x^2}{x}=10, \quad \lim_{x \to 1} f(x)=20$$

을 만족시킬 때, $f(0)$의 값은? [3.5점]

① 3 ② 4 ③ 5

④ 6 ⑤ 7

16 0204

두 함수 $f(x)$, $g(x)$에 대하여

$$\lim_{x \to \infty} f(x)=\infty, \quad \lim_{x \to \infty} \{f(x)-g(x)\}=2$$

일 때, $\lim\limits_{x \to \infty} \dfrac{f(x)+g(x)}{f(x)-2g(x)}$의 값은? [4점]

① -2 ② -1 ③ 0

④ 1 ⑤ 2

17 0205

서로 다른 두 실수 α, β에 대하여 $\alpha+\beta=1$일 때,

$\displaystyle\lim_{x\to\infty}\dfrac{\sqrt{x+\alpha^2}-\sqrt{x+\beta^2}}{\sqrt{4x+\alpha}-\sqrt{4x+\beta}}$의 값은? [4점]

① 1 　　　② 2 　　　③ 3

④ 4 　　　⑤ 5

18 0206

함수 $f(x)=2x^2+ax+b$에 대하여 $\displaystyle\lim_{x\to1}\dfrac{f(x)}{x-1}=5$일 때,

$f(2)$의 값은? (단, a, b는 상수이다.) [4점]

① 7 　　　② 8 　　　③ 9

④ 10 　　　⑤ 11

19 0207

다항함수 $f(x)$가 다음 조건을 만족시킨다.

> (가) $\displaystyle\lim_{x\to\infty}\dfrac{f(x)-x^2}{3x^2+2x+5}=\dfrac{1}{3}$
>
> (나) $\displaystyle\lim_{x\to0}\dfrac{f(x)}{x^2+x}=-1$

$f(3)$의 값은? [4점]

① 11 　　　② 12 　　　③ 13

④ 14 　　　⑤ 15

20 0208

두 함수 $f(x)$, $g(x)$에 대하여 $\displaystyle\lim_{x\to\infty}f(x)=\alpha\ (\alpha\neq0)$일 때, 〈**보기**〉에서 옳은 것만을 있는 대로 고른 것은?

(단, α, β, γ는 실수이다.) [4점]

> ─〈 보기 〉─
>
> ㄱ. $\displaystyle\lim_{x\to\infty}\{g(x)+f(x)\}$의 값이 존재하면 $\displaystyle\lim_{x\to\infty}g(x)$의 값이 존재한다.
>
> ㄴ. $\displaystyle\lim_{x\to\infty}f(x)g(x)=\beta\ (\beta\neq0)$이면 $\displaystyle\lim_{x\to\infty}g(x)$의 값이 존재한다.
>
> ㄷ. $\displaystyle\lim_{x\to\infty}\dfrac{g(x)}{f(x)}=\gamma\ (\gamma\neq0)$이면 $\displaystyle\lim_{x\to\infty}g(x)$의 값이 존재한다.

① ㄱ 　　　② ㄴ 　　　③ ㄷ

④ ㄱ, ㄴ 　　　⑤ ㄱ, ㄴ, ㄷ

21 0209

함수 $f(x)$가 모든 양의 실수 x에 대하여 $|f(x)-ax|<1$을 만족시킨다. $\displaystyle\lim_{x\to\infty}\dfrac{f(x)}{x+1}=\dfrac{1}{2}$일 때, 상수 a의 값은? [4.5점]

① $\dfrac{1}{4}$ 　　　② $\dfrac{1}{2}$ 　　　③ 1

④ 2 　　　⑤ 4

22 0210

이차함수 $f(x)=x^2+mx+n$에 대하여
$\lim\limits_{x\to\infty}(\sqrt{f(x)}-x)=10$이고, 함수 $y=f(x)$의 그래프가 x축
에 접할 때, 상수 m, n의 값을 구하는 과정을 서술하시오.
[6점]

23 0211

삼차함수 $f(x)$가 $\lim\limits_{x\to1}\dfrac{f(x)}{x-1}=1$, $\lim\limits_{x\to2}\dfrac{f(x)}{x-2}=2$를 만족시
킬 때, 방정식 $f(x)=0$의 서로 다른 세 실근의 합을 구하는
과정을 서술하시오. [6점]

24 0212

다항함수 $f(x)$가 $\lim\limits_{x\to0+}\dfrac{xf\left(\dfrac{1}{x}\right)-3}{1-2x}=4$를 만족시킬 때,
$\lim\limits_{x\to\infty}\dfrac{f(x)}{x}$의 값을 구하는 과정을 서술하시오. [7점]

25 0213

그림과 같이 곡선 $y=x^2$ 위의 점 $P(t,\ t^2)$ $(t>0)$과 원점 O
에 대하여 선분 OP의 중점을 M이라 하자. 점 M을 지나면
서 x축에 평행한 직선이 곡선 $y=x^2$과 만나는 두 점을 각각
A, B라 할 때, $\lim\limits_{t\to0+}\dfrac{\overline{AB}}{\overline{OP}}$의 값을 구하는 과정을 서술하시오.
[7점]

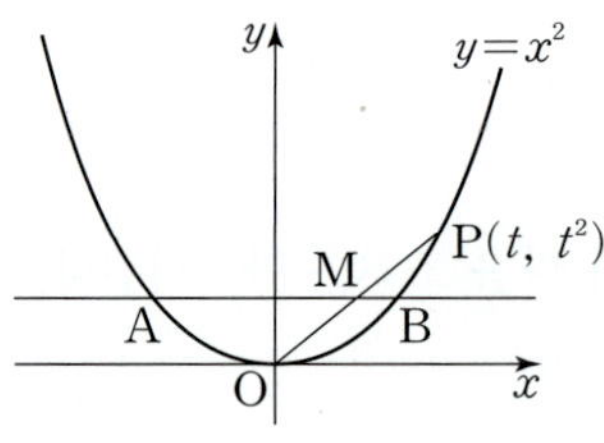

✓check 실전 마무리하기 2회

1 0214

함수 $y=f(x)$의 그래프가 그림과 같을 때, 〈보기〉에서 극한값이 존재하는 것만을 있는 대로 고른 것은?

[3점]

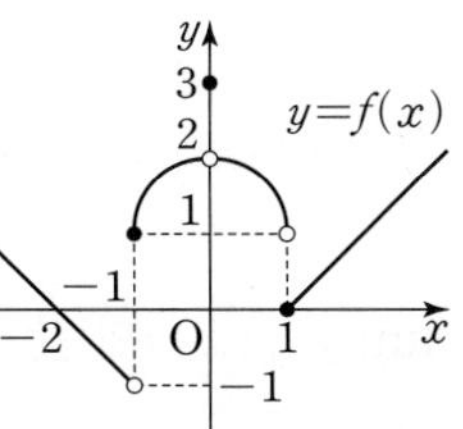

〈 보기 〉

ㄱ. $\lim\limits_{x\to-1} f(x)$ ㄴ. $\lim\limits_{x\to0} f(x)$ ㄷ. $\lim\limits_{x\to1} f(x)$

① ㄱ ② ㄴ ③ ㄷ
④ ㄱ, ㄷ ⑤ ㄱ, ㄴ, ㄷ

2 0215

함수 $y=f(x)$의 그래프가 그림과 같다. $f(0)+\lim\limits_{x\to1+} f(x)$의 값은?

[3점]

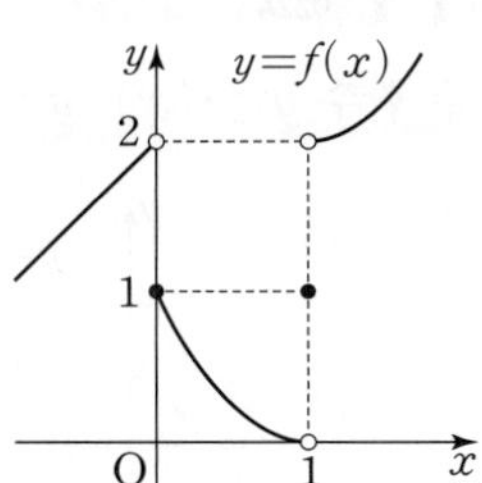

① 1 ② 2
③ 3 ④ 4
⑤ 5

3 0216

함수 $f(x)=\begin{cases} x^2-3a \ (x>1) \\ 2x-7 \ (x\le1) \end{cases}$에 대하여 $\lim\limits_{x\to1} f(x)$가 존재할 때, 상수 a의 값은? [3점]

① 1 ② 2 ③ 3
④ 4 ⑤ 5

4 0217

함수 $y=f(x)$의 그래프가 그림과 같다.

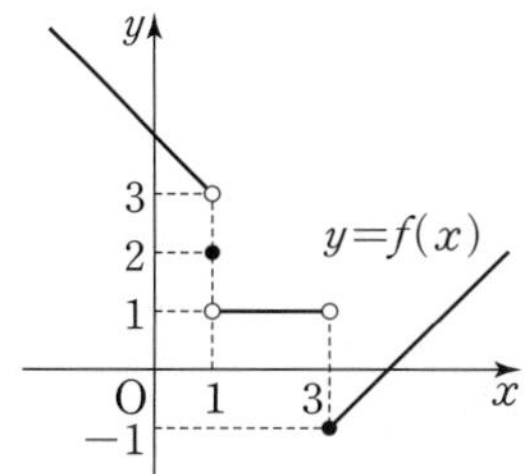

$\lim\limits_{x\to1-} f(x)+\lim\limits_{x\to2+} f(5-x)$의 값은? [3점]

① 1 ② 2 ③ 3
④ 4 ⑤ 5

5 0218

함수 $f(x)$에 대하여 $\lim\limits_{x\to2}(x-2)f(x)=1$일 때, $\lim\limits_{x\to2}(x^2+x-6)f(x)$의 값은? [3점]

① 1 ② 2 ③ 3
④ 4 ⑤ 5

6 0219

$\lim\limits_{x\to0}\left(\dfrac{2}{x}\times\dfrac{\sqrt{x+4}-2}{\sqrt{x+4}}\right)$의 값은? [3점]

① $\dfrac{1}{2}$ ② $\dfrac{1}{3}$ ③ $\dfrac{1}{4}$
④ $\dfrac{1}{5}$ ⑤ $\dfrac{1}{6}$

7 0220

함수 $f(x)$가 모든 실수 x에 대하여

$$-x^2+2x+5\leq f(x)\leq \frac{1}{2}x^2+2x+5$$

를 만족시킬 때, $\lim_{x\to 0} f(x)$의 값은? [3점]

① 1 ② 2 ③ 3
④ 4 ⑤ 5

8 0221

함수 $f(x)=\dfrac{x^3+1}{|x+1|}$에 대하여

$$\lim_{x\to -1-} f(x)=a, \quad \lim_{x\to -1+} f(x)=b$$

라 할 때, 실수 a, b에 대하여 ab의 값은? [3.5점]

① -9 ② -3 ③ 0
④ 3 ⑤ 9

9 0222

함수 $f(x)=|x^2+x|$에 대하여

$$\lim_{x\to -1-} \frac{f(x)}{x+1}+\lim_{x\to 0-} \frac{f(x)}{x}$$의 값은? [3.5점]

① -2 ② -1 ③ 0
④ 1 ⑤ 2

10 0223

함수 $y=f(x)$의 그래프가 그림과 같다.

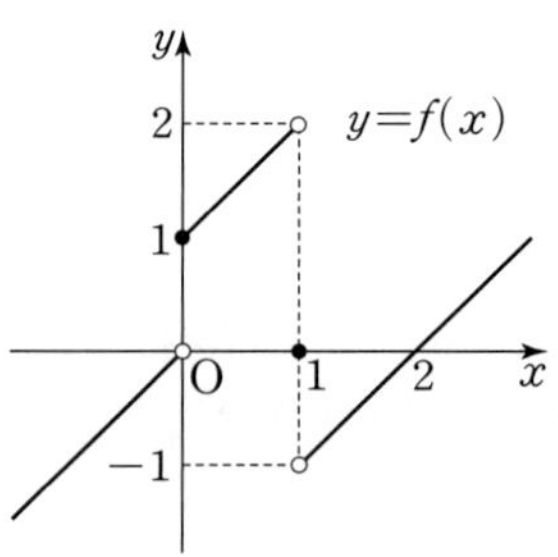

$\lim_{x\to 0+} f(f(x))$의 값은? [3.5점]

① -1 ② 0 ③ 1
④ 2 ⑤ 3

11 0224

두 함수 $y=f(x)$, $y=g(x)$의 그래프가 그림과 같다.

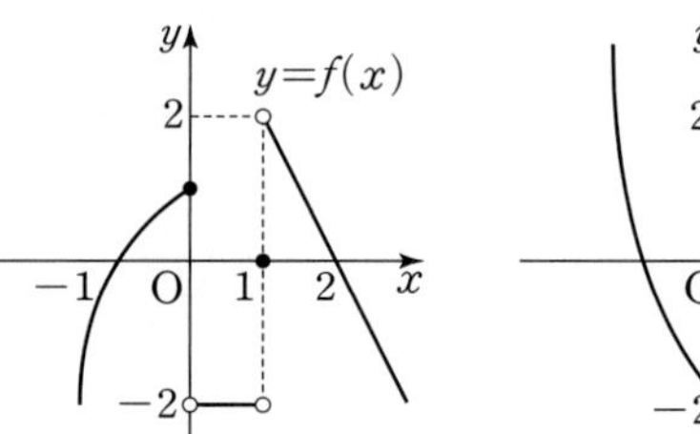

$x=1$에서의 극한값이 존재하는 함수만을 〈**보기**〉에서 있는 대로 고른 것은? [3.5점]

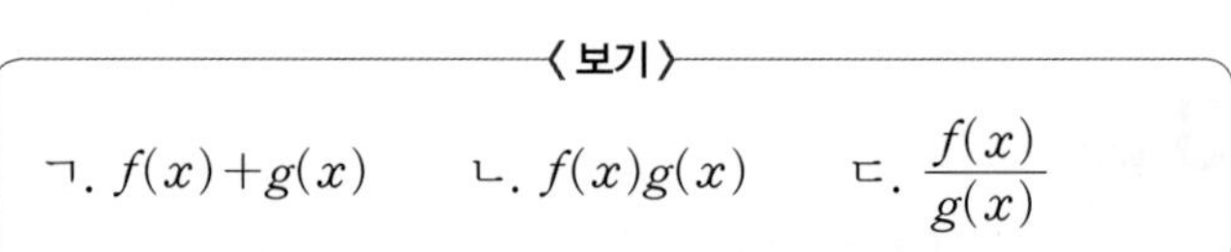

〈 보기 〉

ㄱ. $f(x)+g(x)$ ㄴ. $f(x)g(x)$ ㄷ. $\dfrac{f(x)}{g(x)}$

① ㄴ ② ㄷ ③ ㄱ, ㄴ
④ ㄴ, ㄷ ⑤ ㄱ, ㄴ, ㄷ

12 ₀₂₂₅

$\lim\limits_{x\to\infty}(\sqrt{x^2+ax+1}-bx)=\dfrac{1}{2}$을 만족시키는 상수 a, b에

대하여 ab의 값은? (단, $ab\neq0$) [3.5점]

① 1   ② 2   ③ 3

④ 4   ⑤ 5

13 ₀₂₂₆

다항식 $f(x)$가 $\lim\limits_{x\to1}\dfrac{f(x)-1}{x^2-1}=15$를 만족시킬 때,

$\lim\limits_{x\to1}\dfrac{\{f(x)\}^2-f(x)}{x^3-1}$의 값은? [3.5점]

① 2   ② 4   ③ 6

④ 8   ⑤ 10

14 ₀₂₂₇

$\lim\limits_{x\to3}\dfrac{x^2-4x+a}{\sqrt{x+1}-2}=b$일 때, 상수 a, b에 대하여 $a+b$의 값은? [3.5점]

① 3   ② 5   ③ 7

④ 9   ⑤ 11

15 ₀₂₂₈

다항함수 $g(x)$에 대하여 $\lim\limits_{x\to1}\dfrac{g(x)-2x}{x-1}$의 값이 존재하고,

다항함수 $f(x)$가 $f(x)+x-1=(x-1)g(x)$를 만족시킬

때, $\lim\limits_{x\to1}\dfrac{f(x)g(x)}{x^2-1}$의 값은? [4점]

① -3 ② -1 ③ 0

④ 1   ⑤ 3

16 ₀₂₂₉

이차함수 $f(x)$가 모든 실수 x에 대하여

$f(4+x)=f(4-x)$를 만족시킨다. $\lim\limits_{x\to2}\dfrac{f(x)}{x-2}=1$일 때,

$f(0)$의 값은? [4점]

① -3 ② -2 ③ -1

④ 0   ⑤ 1

17 ₀₂₃₀

다항함수 $f(x)$가 $\lim\limits_{x\to\infty}\dfrac{f(x)}{x^2}=2$, $\lim\limits_{x\to2}\dfrac{f(x)}{x-2}=6$을 만족시

킬 때, $f(4)$의 값은? [4점]

① 18   ② 20   ③ 22

④ 24   ⑤ 26

18 0231

다항함수 $f(x)$가 다음 조건을 만족시킨다.

> (가) $\displaystyle\lim_{x\to\infty}\frac{f(x)-x^2}{4x}=1$ (나) $\displaystyle\lim_{x\to2}\frac{f(x)-1}{x-2}=\alpha$

α의 값은? (단, α는 실수이다.) [4점]

① 1   ② 2   ③ 4

④ 6   ⑤ 8

19 0232

다항함수 $f(x)$는 모든 양의 실수 x에 대하여 다음 조건을 만족시킨다.

> (가) $2x^2-5x\le f(x)\le 2x^2+2$
> (나) $\displaystyle\lim_{x\to1}\frac{f(x)}{x^2+2x-3}=\frac{1}{4}$

$f(3)$의 값은? [4점]

① 2   ② 4   ③ 6

④ 8   ⑤ 10

20 0233

그림과 같이 원 $x^2+y^2=1$ 위를 움직이는 제1사분면 위의 점 $P(\alpha,\ \beta)$를 지나고 x축과 평행한 직선이 원과 만나는 다른 점을 Q, x축 위의 한 점을 R이라 하자. 삼각형 PQR 의 넓이를 $S(\alpha)$라 할 때, $\displaystyle\lim_{\alpha\to1-}\frac{S(\alpha)}{\sqrt{1-\alpha}}$의 값은? [4점]

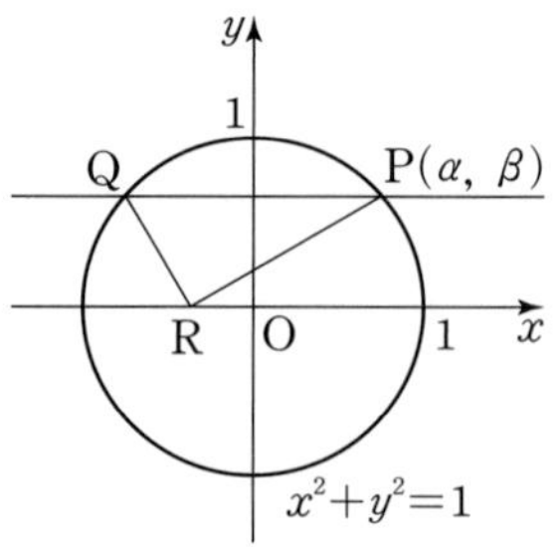

① 1   ② $\sqrt{2}$ ③ $\sqrt{3}$

④ 2   ⑤ $\sqrt{5}$

21 0234

다항함수 $f(x)$가 다음 조건을 만족시킨다.

> (가) 모든 실수 a에 대하여 $\displaystyle\lim_{x\to a}\frac{f(x)-5x}{x^2-4}$의 값이 존재한다.
> (나) $\displaystyle\lim_{x\to\infty}(\sqrt{f(x)}-3x+1)$의 값이 존재한다.

$f(3)$의 값은? [4.5점]

① 45   ② 50   ③ 60

④ 75   ⑤ 80

서술형

22 0235

2 이상인 자연수 n에 대하여 $\lim\limits_{x \to n} \dfrac{[x]^2+2x}{[x]}=k$일 때, 실수 k의 값을 구하는 과정을 서술하시오.

(단, $[x]$는 x보다 크지 않은 최대의 정수이다.) [6점]

23 0236

다항함수 $f(x)$에 대하여 $\lim\limits_{x \to 0} \dfrac{f(x)}{x}=5$일 때,

$\lim\limits_{x \to 1} \dfrac{(x-1)^2+f(x-1)}{x^2-1-f(x-1)}$ 의 값을 구하는 과정을 서술하시오.

[6점]

24 0237

최고차항의 계수가 1인 삼차함수 $f(x)$에 대하여

$$\lim_{x \to 0} \frac{f(x)}{x}=\alpha, \quad \lim_{x \to 1} \frac{f(x)+x^2}{x-1}=\alpha+1$$

일 때, $f(2)$의 값을 구하는 과정을 서술하시오.

(단, α는 실수이다.) [7점]

25 0238

두 함수 $f(x)$, $g(x)$에 대하여

$\lim\limits_{x \to a} \{f(x)\}^2=\alpha$, $\lim\limits_{x \to a} \dfrac{g(x)}{f(x)}=\beta$, $\lim\limits_{x \to a} \{g(x)\}^3=\gamma$일 때, 다음 성질만을 이용하여 $\lim\limits_{x \to a} f(x)$의 값을 α, β, γ를 모두 사용하여 나타내는 과정을 서술하시오. (단, $f(x) \neq 0$, $g(x) \neq 0$이고, α, β, γ는 $\alpha\beta\gamma \neq 0$인 실수이다.) [7점]

L, M이 실수이고 $\lim\limits_{x \to a} f(x)=L$, $\lim\limits_{x \to a} g(x)=M$일 때

(가) $\lim\limits_{x \to a} \{f(x)+g(x)\}=\lim\limits_{x \to a} f(x)+\lim\limits_{x \to a} g(x)=L+M$

(나) $\lim\limits_{x \to a} \{f(x)-g(x)\}=\lim\limits_{x \to a} f(x)-\lim\limits_{x \to a} g(x)=L-M$

(다) $\lim\limits_{x \to a} f(x)g(x)=\lim\limits_{x \to a} f(x) \times \lim\limits_{x \to a} g(x)=LM$

(라) $\lim\limits_{x \to a} \dfrac{f(x)}{g(x)}=\dfrac{\lim\limits_{x \to a} f(x)}{\lim\limits_{x \to a} g(x)}=\dfrac{L}{M}$ (단, $M \neq 0$)

1 0239   연계문항 13쪽 **0024**

$-2<x<2$에서 정의된 함수
$y=f(x)$의 그래프가 그림과 같다.
$\lim\limits_{x\to-1+} f(x)+\lim\limits_{x\to-1-} f^{-1}(x)$의 값을
구하시오. (단, 함수 $f^{-1}(x)$는 함수
$f(x)$의 역함수이다.)

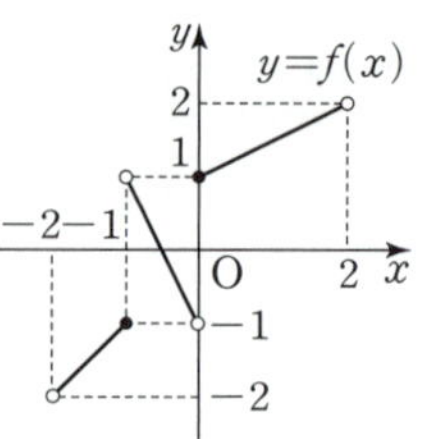

2 0240   연계문항 20쪽 **0061**

두 함수 $y=f(x)$, $y=g(x)$의 그래프가 그림과 같다.

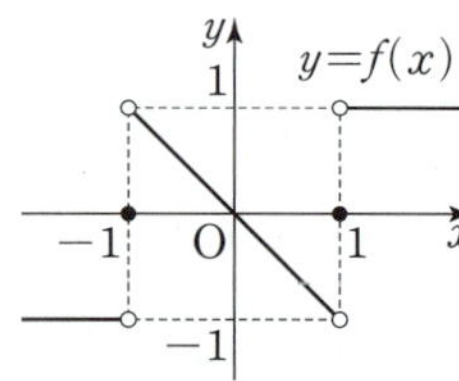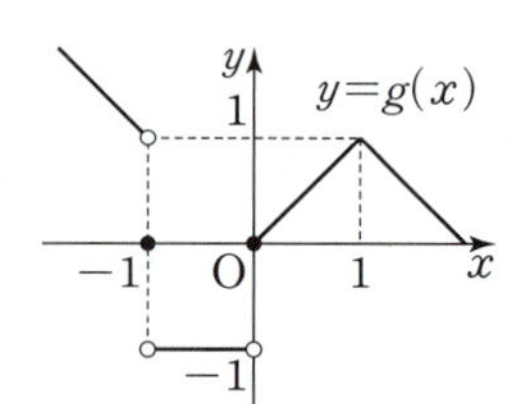

$\lim\limits_{x\to1-} f(g(x))=a$, $\lim\limits_{x\to1+} g(f(x))=b$라 할 때, 실수 a, b에
대하여 $a+b$의 값을 구하시오.

3 0241   연계문항 21쪽 **0072**

두 함수 $f(x)$, $g(x)$에 대하여
$$\lim_{x\to\infty} f(x)=\infty, \ \lim_{x\to\infty} \{f(x)-g(x)\}=3$$
일 때, $\lim\limits_{x\to\infty} \dfrac{f(x)+g(x)}{-f(x)+2g(x)}$의 값을 구하시오.

4 0242   연계문항 24쪽 **0085**

다항함수 $f(x)$에 대하여 $\lim\limits_{x\to0} \dfrac{f(x)}{x}=4$일 때,
$\lim\limits_{x\to1} \dfrac{x^2-1}{f(x-1)}$의 값을 구하시오.

5 0243   연계문항 33쪽 **0141**

$\lim\limits_{x\to c} \dfrac{\sqrt{x^2+b}-\sqrt{a+b}}{x^2-c^2}=\dfrac{1}{2}$일 때, 상수 a, b, c에 대하여
$a-b+2c$의 최솟값을 구하시오.

02

함수의 연속

02 함수의 연속

① 함수의 연속과 불연속 〔핵심 ❶〕

(1) **함수의 연속** : 함수 $f(x)$가 실수 a에 대하여 다음 조건을 모두 만족시킬 때, 함수 $f(x)$는 $x=a$에서 **연속**이라 한다.

(i) 함수 $f(x)$가 $x=a$에서 정의되어 있다.

(ii) 극한값 $\lim\limits_{x \to a} f(x)$가 존재한다.

(iii) $\lim\limits_{x \to a} f(x) = f(a)$

(2) **함수의 불연속** : 함수 $f(x)$가 $x=a$에서 연속이 아닐 때, 함수 $f(x)$는 $x=a$에서 **불연속**이라 한다. 즉, 함수 $f(x)$가 위의 세 조건 중 어느 하나라도 만족시키지 않으면 함수 $f(x)$는 $x=a$에서 불연속이다.

② 구간

(1) **구간** : 두 실수 a, b $(a<b)$에 대하여 실수의 집합을 **구간**이라 하고, 기호와 수직선으로 다음과 같이 나타낸다.

집합	기호	수직선
$\{x \mid a \le x \le b\}$	$[a, b]$	$a \bullet\!\!-\!\!\bullet b$
$\{x \mid a < x < b\}$	(a, b)	$a \circ\!\!-\!\!\circ b$
$\{x \mid a \le x < b\}$	$[a, b)$	$a \bullet\!\!-\!\!\circ b$
$\{x \mid a < x \le b\}$	$(a, b]$	$a \circ\!\!-\!\!\bullet b$

이때 $[a, b]$를 **닫힌구간**, (a, b)를 **열린구간**이라 하고, $[a, b)$, $(a, b]$를 **반열린 구간** 또는 **반닫힌 구간**이라 한다.

(2) **실수 a에 대한 구간**

집합	기호	수직선
$\{x \mid x \ge a\}$	$[a, \infty)$	$a \bullet\!\!-\!\!\to$
$\{x \mid x > a\}$	(a, ∞)	$a \circ\!\!-\!\!\to$
$\{x \mid x \le a\}$	$(-\infty, a]$	$\leftarrow\!\!-\!\!\bullet a$
$\{x \mid x < a\}$	$(-\infty, a)$	$\leftarrow\!\!-\!\!\circ a$

③ 연속함수 〔핵심 ❷〕

함수 $f(x)$가 어떤 구간에 속하는 모든 실수 x에서 연속일 때, 함수 $f(x)$는 그 구간에서 연속 또는 그 구간에서 **연속함수**라 한다.

특히, 함수 $f(x)$가 다음 조건을 모두 만족시킬 때, 함수 $f(x)$는 닫힌구간 $[a, b]$에서 연속이라 한다.

(i) 함수 $f(x)$가 열린구간 (a, b)에서 연속이다.

(ii) $\lim\limits_{x \to a+} f(x) = f(a)$, $\lim\limits_{x \to b-} f(x) = f(b)$

⊕ Note

● $x=a$에서 연속인 함수의 그래프는 $x=a$에서 끊어져 있지 않고 이어져 있다.

● 실수 전체의 집합도 하나의 구간이며, 기호로 $(-\infty, \infty)$와 같이 나타낸다.

● 어떤 구간에서 연속인 함수의 그래프는 그 구간에서 이어져 있다.

④ 연속함수의 성질   핵심 ②

두 함수 $f(x)$, $g(x)$가 $x=a$에서 연속이면 다음 함수도 $x=a$에서 연속이다.

(1) $cf(x)$ (단, c는 상수)

(2) $f(x)+g(x)$, $f(x)-g(x)$

(3) $f(x)g(x)$

(4) $\dfrac{f(x)}{g(x)}$ (단, $g(a)\neq0$)

참고 여러 가지 함수의 연속성

① 다항함수 : 상수함수와 함수 $y=x$는 모든 실수 x에서 연속이므로 연속함수의 성질에 의하여 다항함수 $f(x)=a_nx^n+a_{n-1}x^{n-1}+\cdots+a_1x+a_0$ $(a_0,\ a_1,\ \cdots,\ a_{n-1},\ a_n$은 상수)은 모든 실수 x에서 연속이다.

② 유리함수 : 두 다항함수 $f(x)$, $g(x)$에 대하여 유리함수 $\dfrac{f(x)}{g(x)}$는 연속함수의 성질에 의하여 $g(x)\neq0$인 모든 실수 x에서 연속이다.

③ 무리함수 : $y=\sqrt{f(x)}$ ($f(x)$는 다항함수)는 $f(x)\geq0$인 구간에서 연속이다.

⑤ 최대·최소 정리   핵심 ③

최대·최소 정리 : 함수 $f(x)$가 닫힌구간 $[a,\ b]$에서 연속이면 함수 $f(x)$는 이 구간에서 반드시 최댓값과 최솟값을 가진다.

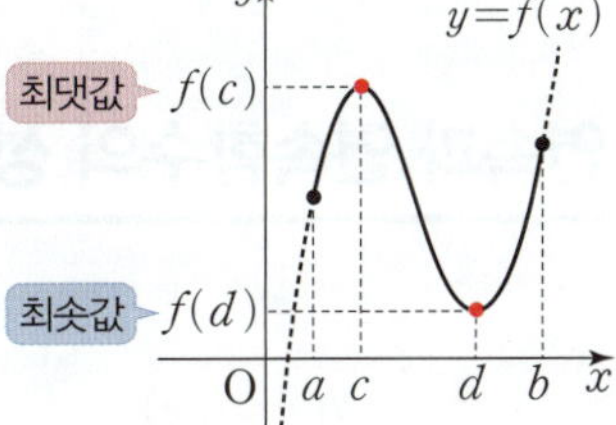

● 최대·최소 정리는 닫힌구간에서 연속인 함수에 대해서만 성립한다.

● 최대·최소 정리의 역은 성립하지 않는다.

⑥ 사잇값 정리   핵심 ④

(1) **사잇값 정리**

함수 $f(x)$가 닫힌구간 $[a,\ b]$에서 연속이고 $f(a)\neq f(b)$이면 $f(a)$와 $f(b)$ 사이의 임의의 값 k에 대하여

$$f(c)=k$$

인 c가 열린구간 $(a,\ b)$에 적어도 하나 존재한다.

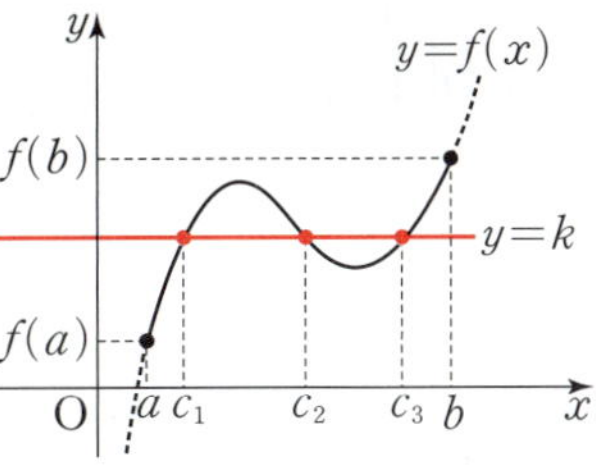

(2) **사잇값 정리의 활용**

함수 $f(x)$가 닫힌구간 $[a,\ b]$에서 연속이고 $f(a)f(b)<0$이면

→ $f(a)$와 $f(b)$의 부호가 서로 다르다.

$$f(c)=0$$

인 c가 열린구간 $(a,\ b)$에 적어도 하나 존재한다. 즉, 방정식 $f(x)=0$은 열린구간 $(a,\ b)$에서 적어도 하나의 실근을 가진다.

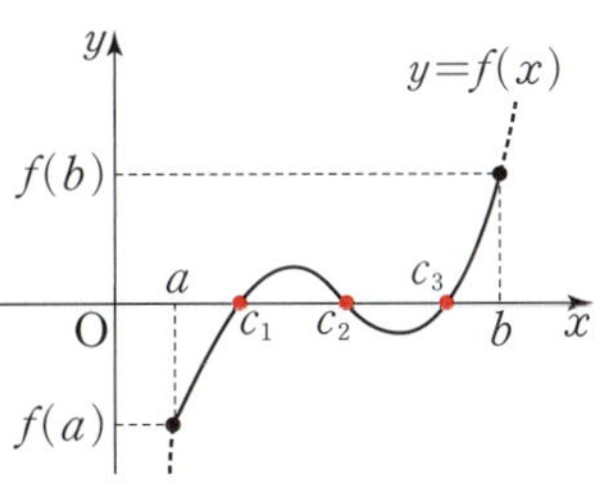

● 사잇값 정리를 이용하면 $f(x)$가 연속함수일 때, 방정식 $f(x)=0$에서 실근의 존재 여부를 판별할 수 있다. 이때 실근을 실제로 구하는 것이 아니라 방정식 $f(x)=0$의 실근이 존재하는지 또는 존재하지 않는지를 확인하는 것이다.

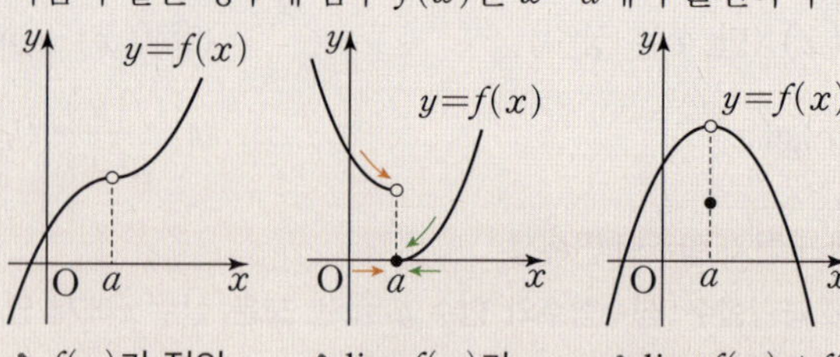

● 함수 $f(x)$가 $x=a$에서 **연속**

(ⅰ) 함수 $f(x)$가 $x=a$에서 정의되어 있다. → 함숫값 $f(a)$가 존재

(ⅱ) 극한값 $\lim_{x \to a} f(x)$가 존재한다. → 극한값이 존재 (좌극한)=(우극한)

(ⅲ) $\lim_{x \to a} f(x)=f(a)$ → (극한값)=(함숫값)

→ 위 조건을 모두 만족시키면 함수 $f(x)$는 $x=a$에서 연속이다.

● 함수 $f(x)$가 $x=a$에서 **불연속**

다음과 같은 경우에 함수 $f(x)$는 $x=a$에서 불연속이다.

→ $f(a)$가 정의되지 않음

→ $\lim_{x \to a} f(x)$가 존재하지 않음

→ $\lim_{x \to a} f(x) \neq f(a)$

0244 함수 $f(x)=\begin{cases} \dfrac{x^2-3x+2}{x-1} & (x \neq 1) \\ -1 & (x=1) \end{cases}$ 이 $x=1$에서 연속인지 불연속인지 조사하시오.

0245 함수 $f(x)=\begin{cases} x+1 & (x<1) \\ x^2-2x+a & (x \geq 1) \end{cases}$ 가 실수 전체의 집합에서 연속일 때, 상수 a의 값을 구하시오.

● **구간에서 함수의 연속**

(1) 함수 $f(x)=x^2$일 때

→ 구간 $(-\infty, \infty)$에서 연속

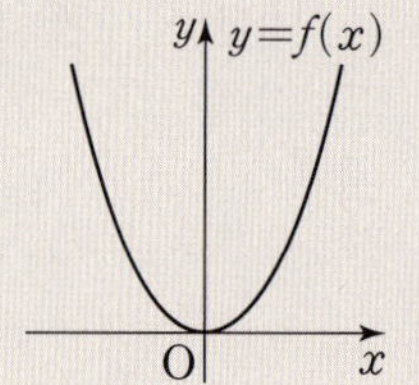

(2) 함수 $g(x)=\sqrt{x-1}$일 때

(ⅰ) 구간 $(1, \infty)$에서 연속

(ⅱ) $\lim_{x \to 1+} g(x)=g(1)$

→ 구간 $[1, \infty)$에서 연속

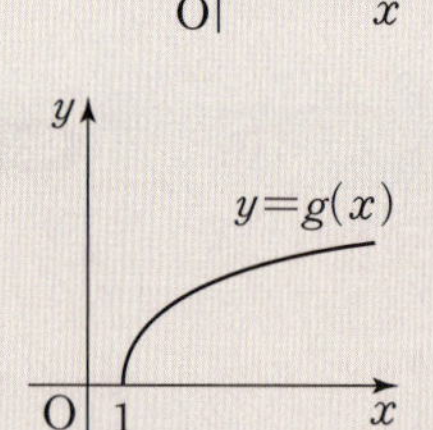

● **연속함수의 성질**

두 함수 $f(x)$, $g(x)$가 $x=a$에서 연속이면 다음 함수도 $x=a$에서 연속이다.

(1) $cf(x)$ (단, c는 상수)　(2) $f(x) \pm g(x)$

(3) $f(x)g(x)$　(4) $\dfrac{f(x)}{g(x)}$ (단, $g(a) \neq 0$)

참고 ① 다항함수는 모든 실수에서 연속이다.
② 유리함수는 (분모)$\neq 0$인 모든 실수에서 연속이다.
③ 무리함수는 (근호 안의 식의 값)≥ 0인 모든 실수에서 연속이다.

0246 다음 함수가 연속인 구간을 구하시오.

(1) $f(x)=x+1$

(2) $f(x)=\dfrac{x+4}{x-2}$

(3) $f(x)=\dfrac{x+4}{x^2-3x+2}$

(4) $f(x)=\sqrt{6-3x}$

0247 두 함수 $f(x)=x^2+2x$, $g(x)=3x+1$에 대하여 다음 함수가 연속인 구간을 구하시오.

(1) $f(x)+g(x)$

(2) $\dfrac{f(x)}{g(x)}$

핵심 **3** 최대·최소 정리 유형 **18**

함수 $f(x)=x^2$이 다음 주어진 구간에서 최댓값 또는 최솟값을 가지면 그 값을 구해 보자.

① 구간 $[-1, 2]$

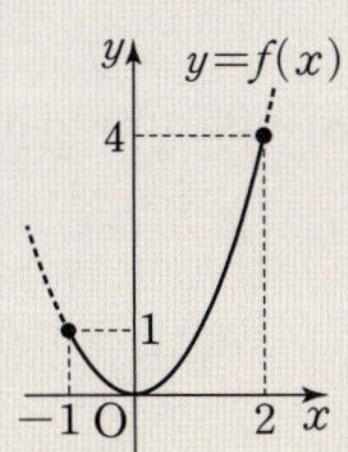

최댓값 : $f(2)=4$

최솟값 : $f(0)=0$

② 구간 $[-1, 2)$

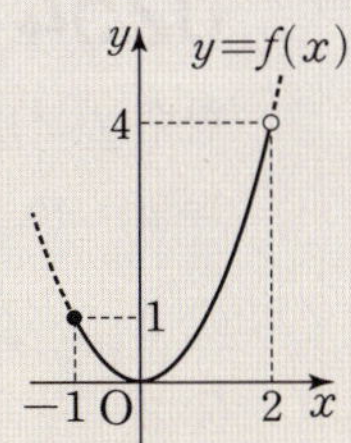

최댓값 : 없다.

최솟값 : $f(0)=0$

③ 구간 $(1, 2)$

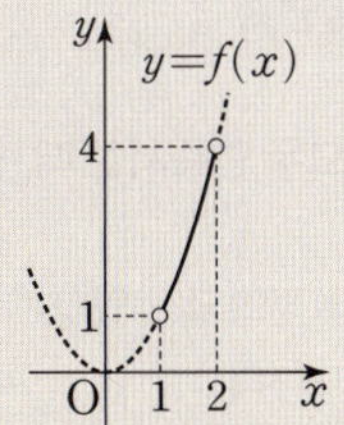

최댓값 : 없다.

최솟값 : 없다.

참고 함수가 연속이지만 주어진 구간이 닫힌구간이 아닌 경우에는 최댓값 또는 최솟값이 존재하지 않을 수도 있다.

0248 주어진 구간에서 함수 $f(x)$의 최댓값과 최솟값을 구하시오.

(1) $f(x)=2x+1$ $[0, 2]$

(2) $f(x)=x^2+4x+3$ $[-2, 1]$

0249 주어진 구간에서 함수 $f(x)$의 최댓값과 최솟값을 구하시오.

(1) $f(x)=\dfrac{3}{x+1}$ $[2, 5]$

(2) $f(x)=\sqrt{x+2}$ $[2, 7]$

핵심 **4** 사잇값 정리 유형 **19**

(1) 함수 $f(x)=x^2$은 닫힌구간 $[1, 2]$에서 연속이고 $f(1)\neq f(2)$이다.

➡ $f(1)<k<f(2)$, 즉 $1<k<4$ 인 임의의 값 k에 대하여 $f(c)=k$인 c가 열린구간 $(1, 2)$에 적어도 하나 존재한다.

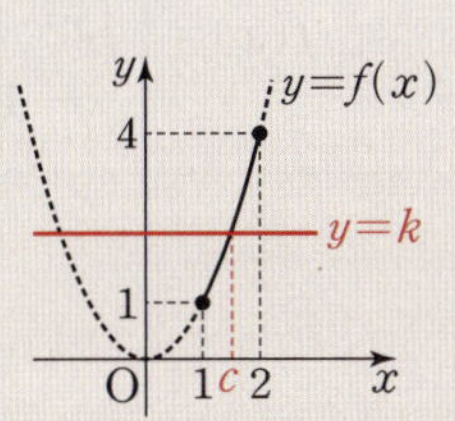

함수 $f(x)$가
① 닫힌구간 $[a, b]$에서 연속 ② $f(a)\neq f(b)$
➡ $f(a)$와 $f(b)$ 사이의 임의의 값 k에 대하여 $f(c)=k$인 c가 열린구간 (a, b)에 적어도 하나 존재한다.

(2) 함수 $f(x)=x-2$는 닫힌구간 $[1, 3]$에서 연속이고 $f(1)f(3)<0$이다.

➡ 방정식 $f(x)=0$은 열린구간 $(1, 3)$에서 적어도 하나의 실근을 가진다.

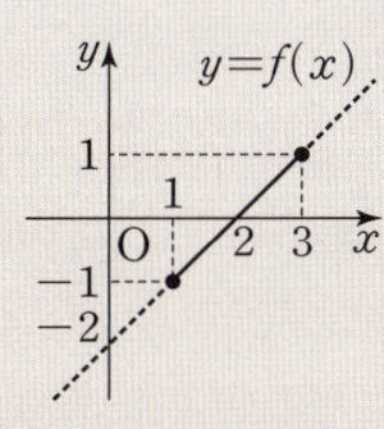

함수 $f(x)$가
① 닫힌구간 $[a, b]$에서 연속 ② $f(a)f(b)<0$
                     ➡ 서로 부호가 다르다.
➡ 방정식 $f(x)=0$은 열린구간 (a, b)에서 적어도 하나의 실근을 가진다.

0250 방정식 $x^3-4x+2=0$이 열린구간 $(1, 2)$에서 적어도 하나의 실근을 가짐을 설명하시오.

0251 방정식 $x^2-1=ax$가 열린구간 $(0, 1)$에서 적어도 하나의 실근을 갖기 위한 상수 a의 값의 범위를 구하시오.

실전 유형 1 함수의 연속과 불연속

함수 $f(x)$가 다음 조건을 모두 만족시킬 때, 함수 $f(x)$는 $x=a$
에서 연속이다.
(i) 함수 $f(x)$가 $x=a$에서 정의되어 있다.
(ii) 극한값 $\lim\limits_{x \to a} f(x)$가 존재한다.
(iii) $\lim\limits_{x \to a} f(x)=f(a)$

0252 대표문제

모든 실수 x에서 연속인 함수인 것만을 〈**보기**〉에서 있는 대로
고른 것은?

〈**보기**〉

ㄱ. $f(x)=\begin{cases} x-1 & (x \geq 0) \\ -1 & (x < 0) \end{cases}$

ㄴ. $f(x)=\begin{cases} x^2-x & (x \geq 1) \\ 0 & (x < 1) \end{cases}$

ㄷ. $f(x)=\begin{cases} x^2-x+1 & (x > 2) \\ 2 & (x \leq 2) \end{cases}$

① ㄱ ② ㄴ ③ ㄱ, ㄴ
④ ㄱ, ㄷ ⑤ ㄱ, ㄴ, ㄷ

0253 Level 1

함수 $f(x)=\dfrac{x+4}{x^2-5x+6}$가 $x=a$, $x=b$에서 불연속일 때,
$a+b$의 값을 구하시오. (단, a, b는 상수이다.)

0254 Level 2

함수 $f(x)=2-\dfrac{1}{x-\dfrac{1}{x}}$이 불연속이 되는 x의 값의 개수는?

① 0 ② 1 ③ 2
④ 3 ⑤ 4

0255 Level 2

$x=1$에서 연속인 함수인 것만을 〈**보기**〉에서 있는 대로 고르
시오.

〈**보기**〉

ㄱ. $f(x)=x+1$ ㄴ. $f(x)=\dfrac{1}{x-1}$

ㄷ. $f(x)=\begin{cases} \dfrac{(x-1)(x-2)}{x-1} & (x \neq 1) \\ 1 & (x = 1) \end{cases}$

ㄹ. $f(x)=\begin{cases} \dfrac{x^3-1}{x-1} & (x \neq 1) \\ 3 & (x = 1) \end{cases}$

ㅁ. $f(x)=\begin{cases} \dfrac{x-1}{|x-1|} & (x < 1) \\ -1 & (x \geq 1) \end{cases}$

0256 중요 Level 2

함수 $f(x)=\begin{cases} 2x & (x \geq a) \\ x^2+x-2 & (x < a) \end{cases}$가 $x=a$에서 연속이 되도
록 하는 모든 실수 a의 값의 합을 구하시오.

02

| 실전
유형 | **2** 함수의 그래프와 연속 | 빈출유형 |

함수 $y=f(x)$의 그래프가 $x=a$에서

(1) 이어져 있으면 ➜ 함수 $f(x)$는 $x=a$에서 연속이다.

(2) 끊어져 있으면 ➜ 함수 $f(x)$는 $x=a$에서 불연속이다.

0257 대표문제

닫힌구간 $[-2, 3]$에서 정의된 함수 $y=f(x)$의 그래프가 그림과 같다.

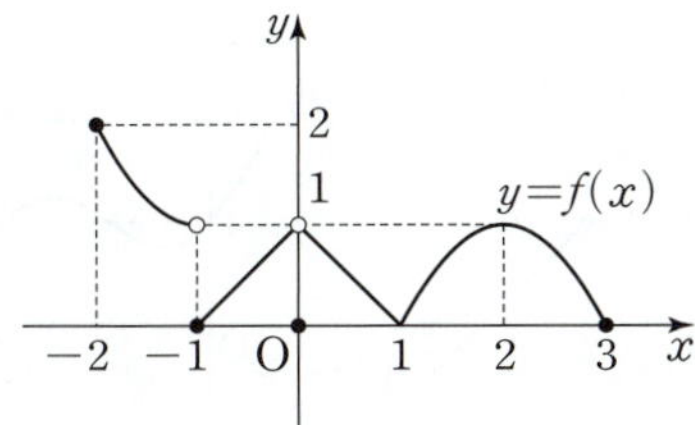

〈보기〉에서 옳은 것만을 있는 대로 고른 것은?

〈 보기 〉

ㄱ. $\lim\limits_{x \to 0} f(x)$의 값이 존재한다.

ㄴ. $1 < a < 3$인 실수 a에 대하여 $\lim\limits_{x \to a} f(x) = f(a)$이다.

ㄷ. 함수 $f(x)$가 불연속인 x의 값의 개수는 3이다.

① ㄱ   ② ㄴ   ③ ㄷ

④ ㄱ, ㄴ   ⑤ ㄴ, ㄷ

0258

Level 1

열린구간 $(-2, 2)$에서 정의된 함수 $y=f(x)$의 그래프가 그림과 같을 때, 함수 $f(x)$가 불연속인 x의 값의 개수는?

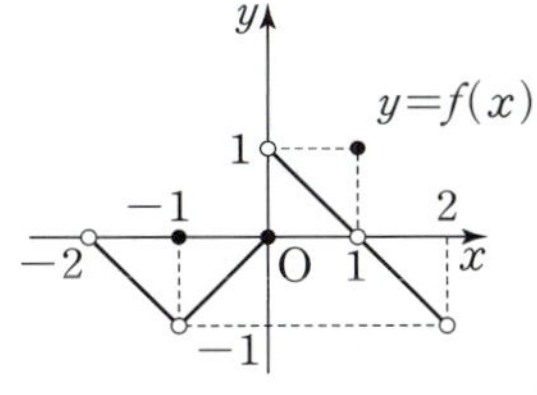

① 1   ② 2

③ 3   ④ 4

⑤ 5

0259

Level 1

함수 $y=f(x)$의 그래프가 그림과 같을 때, 열린구간 $(-2, 2)$에서 함수 $f(x)$가 불연속인 x의 값의 개수는?

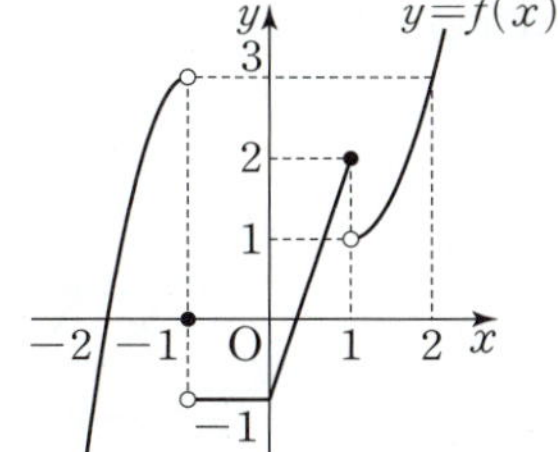

① 0   ② 1

③ 2   ④ 3

⑤ 4

0260 중요

Level 2

$0 < x < 4$에서 정의된 함수 $y=f(x)$의 그래프가 그림과 같다.

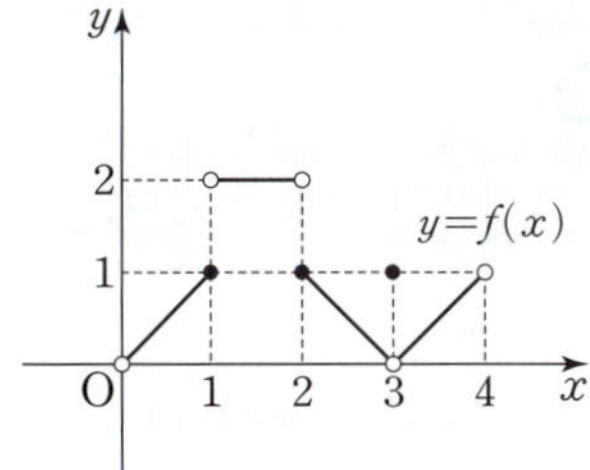

〈보기〉에서 옳은 것만을 있는 대로 고른 것은?

〈 보기 〉

ㄱ. $\lim\limits_{x \to 3} f(x) = 1$

ㄴ. $x=1$에서 $f(x)$의 극한값이 존재하지 않는다.

ㄷ. 함수 $f(x)$가 불연속인 x의 값의 개수는 3이다.

① ㄱ   ② ㄴ   ③ ㄷ

④ ㄱ, ㄴ   ⑤ ㄴ, ㄷ

0261

함수 $y=f(x)$의 그래프가 그림과 같다.

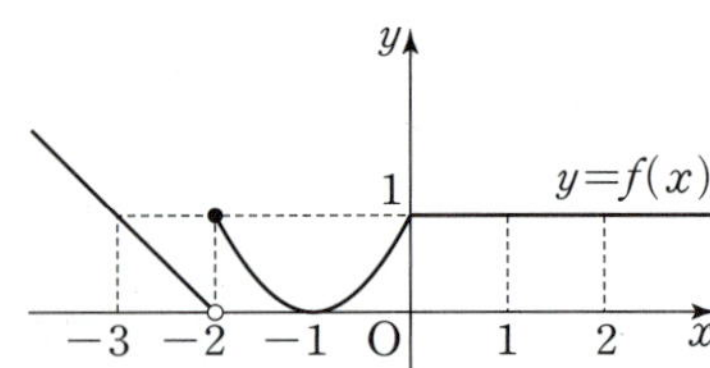

함수 $g(x)=\begin{cases} f(x) & (x\geq -2) \\ f(x)+k & (x<-2) \end{cases}$ 라 할 때, $g(x)$가 모든

실수 x에서 연속이 되게 하는 상수 k의 값을 구하시오.

0262 신경향

함수 $y=f(x)$의 그래프가 그림과 같다.

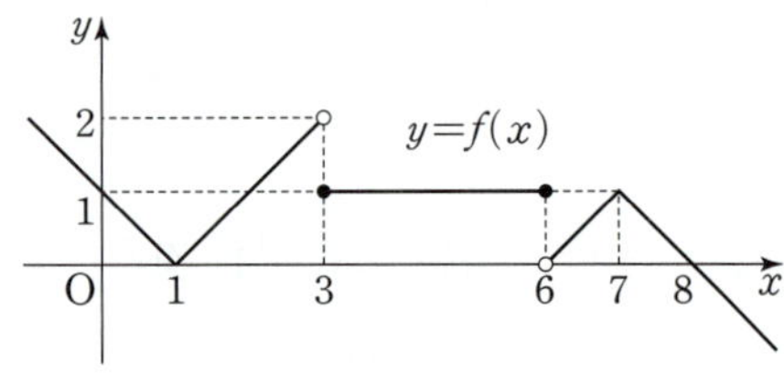

함수 $f(x)$가 닫힌구간 $[a,\ a+2]$에서 연속이 되게 하는
7 이하의 자연수 a의 개수는?

① 1 　　　　② 2 　　　　③ 3
④ 4 　　　　⑤ 5

두 함수 $f(x)$, $g(x)$에 대하여
$$\lim_{x\to a+} g(f(x))=\lim_{x\to a-} g(f(x))=g(f(a))$$ 이면
함수 $g(f(x))$는 $x=a$에서 연속이다.

0263 대표문제

두 함수 $y=f(x)$, $y=g(x)$의 그래프가 그림과 같을 때,
〈보기〉에서 옳은 것만을 있는 대로 고른 것은?

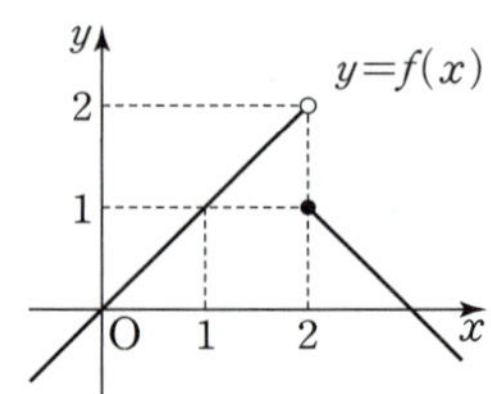 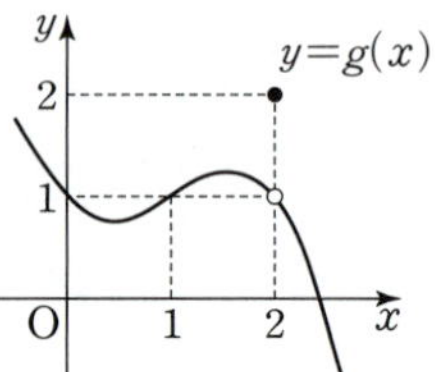

〈보기〉

ㄱ. $\lim\limits_{x\to 2-} f(x)=2$

ㄴ. $\lim\limits_{x\to 2+} g(f(x))=1$

ㄷ. 함수 $f(g(x))$는 $x=2$에서 연속이다.

① ㄱ 　　　　② ㄱ, ㄴ 　　　　③ ㄱ, ㄷ
④ ㄴ, ㄷ 　　　　⑤ ㄱ, ㄴ, ㄷ

0264

함수 $y=f(x)$의 그래프가 그림과
같다. 〈보기〉에서 옳은 것만을 있
는 대로 고른 것은?

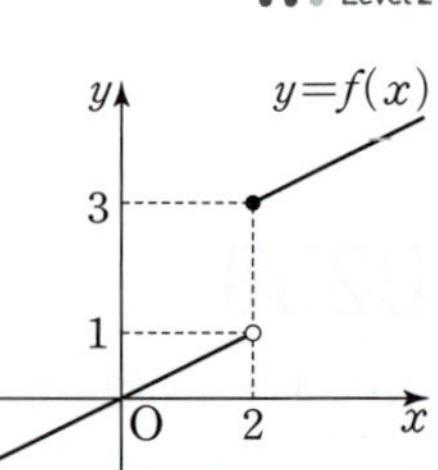

〈보기〉

ㄱ. $f(f(2))$의 값이 존재한다.

ㄴ. $\lim\limits_{x\to 2} f(f(x))$의 값이 존재한다.

ㄷ. 함수 $f(f(x))$는 $x=2$에서 연속이다.

① ㄱ 　　　　② ㄴ 　　　　③ ㄱ, ㄴ
④ ㄴ, ㄷ 　　　　⑤ ㄱ, ㄴ, ㄷ

0265

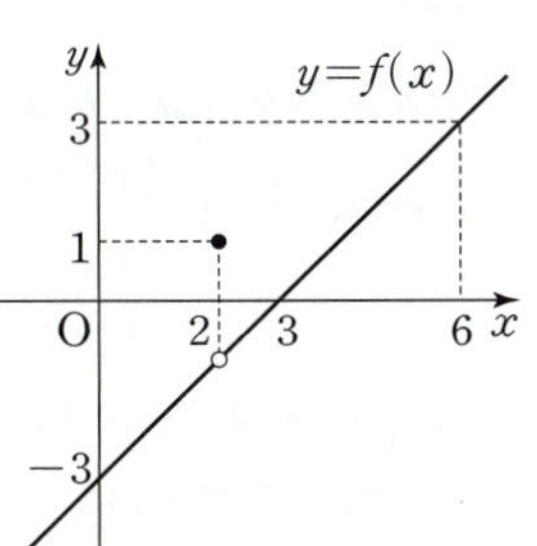

Level 2

실수 전체의 집합에서 정의된 함수 $y=f(x)$의 그래프가 그림과 같다. 함수 $(f \circ f)(x)$가 $x=a$에서 불연속이 되게 하는 모든 a의 값의 합은? (단, $0 \leq a \leq 6$)

① 3   ② 4

③ 5   ④ 6

⑤ 7

0266 중요

Level 2

두 함수

$$f(x)=\begin{cases} x^2-1 & (x \neq 0) \\ 0 & (x=0) \end{cases}, \quad g(x)=x^2+ax+1$$

에 대하여 함수 $(g \circ f)(x)$가 $x=0$에서 연속일 때, 상수 a의 값은?

① -1 ② $-\dfrac{1}{2}$ ③ 0

④ $\dfrac{1}{2}$ ⑤ 1

0267 중요

Level 2

두 함수

$$f(x)=\begin{cases} 2x^2-1 & (x<2) \\ 5-x & (x \geq 2) \end{cases}, \quad g(x)=x^2-kx+1$$

에 대하여 함수 $(g \circ f)(x)$가 모든 실수 x에서 연속일 때, 상수 k의 값은?

① 2   ② 4   ③ 6

④ 8   ⑤ 10

⊕ Plus 문제

---

 4 함수의 연속과 극한값

함수 $f(x)$가 $x=a$에서 연속이면

→ $\displaystyle\lim_{x \to a} f(x) = f(a)$

→ $\displaystyle\lim_{x \to a+} f(x) = \lim_{x \to a-} f(x) = f(a)$

0268 대표문제

함수 $f(x)$가 $x=1$에서 연속이고

$$\lim_{x \to 1} \frac{(x^2-1)f(x)}{x-1} = 4$$

를 만족시킬 때, $f(1)$의 값은?

① -2 ② 2   ③ 4

④ 6   ⑤ 8

0269

Level 1

함수 $f(x)$가 $x=1$에서 연속이고

$$\lim_{x \to 1-} f(x)=3, \quad \lim_{x \to 1+} f(x)=a^2-1$$

을 만족시킬 때, 양수 a의 값은?

① 1   ② 2   ③ 3

④ 4   ⑤ 5

0270

Level 2

실수 전체의 집합에서 연속인 함수 $f(x)$가

$$\lim_{x \to -3} \frac{(x^3+27)f(x)}{x+3} = 27$$

을 만족시킬 때, $f(-3)$의 값을 구하시오.

0271 중요

모든 실수 x에서 연속인 두 함수 $f(x)$, $g(x)$에 대하여
$$\lim_{x \to 0}\{f(x)+2g(x)\}=5, \quad \lim_{x \to 0}\{2f(x)-g(x)\}=0$$
일 때, $f(0)+g(0)$의 값은?

① 0   ② 1   ③ 2

④ 3   ⑤ 4

다음은 이 유형에서 출제된 최근 교육청·평가원 기출문제입니다.

0272 평가원

함수 $f(x)$가 $x=2$에서 연속이고
$$\lim_{x \to 2-} f(x)=a+2, \quad \lim_{x \to 2+} f(x)=3a-2$$
를 만족시킬 때, $a+f(2)$의 값을 구하시오.

(단, a는 상수이다.)

0273 평가원

실수 전체의 집합에서 정의된 두 함수 $f(x)$와 $g(x)$에 대하여
$$x<0 \text{일 때, } f(x)+g(x)=x^2+4$$
$$x>0 \text{일 때, } f(x)-g(x)=x^2+2x+8$$
이다. 함수 $f(x)$가 $x=0$에서 연속이고
$\lim_{x \to 0-} g(x) - \lim_{x \to 0+} g(x)=6$일 때, $f(0)$의 값은?

① -3 ② -1 ③ 0

④ 1   ⑤ 3

연속인 함수 $g(x)$, $h(x)$에 대하여

함수 $f(x)=\begin{cases} g(x) & (x \le a) \\ h(x) & (x > a) \end{cases}$ 가 모든 실수 x에서 연속이면

$x=a$에서도 연속이다.

즉, $\lim_{x \to a+} h(x)=\lim_{x \to a-} g(x)=g(a)$가 성립함을 이용하여 미정계수의 값을 구한다.

참고 다항함수는 실수 전체의 집합에서 연속이다.

0274 대표문제

함수 $f(x)=\begin{cases} ax-4 & (x<1) \\ 2x-a & (x \ge 1) \end{cases}$ 가 모든 실수 x에서 연속일 때, 상수 a의 값은?

① 1   ② 2   ③ 3

④ 4   ⑤ 5

0275 중요

함수 $f(x)=\begin{cases} x^2 & (x \ge a) \\ 2x+3 & (x < a) \end{cases}$ 이 모든 실수 x에서 연속이 되게 하는 모든 실수 a의 값의 합은?

① 1   ② 2   ③ 3

④ 4   ⑤ 5

0276

함수 $f(x)=\begin{cases} x^2 & (x<a) \\ 3x+2k & (x \ge a) \end{cases}$ 가 실수 전체의 집합에서 연속이 되게 하는 실수 a의 값이 존재할 때, 0 이하의 정수 k의 개수를 구하시오.

0277 중요

Level 2

함수 $f(x)=\begin{cases} x^3+bx+5 & (x>-1) \\ 3 & (x=-1) \\ x^2-x+a & (x<-1) \end{cases}$ 가 모든 실수 x에서

연속이 되도록 상수 a, b의 값을 정할 때, $a+b$의 값은?

① 1 ② 2 ③ 3
④ 4 ⑤ 5

0278

Level 2

함수 $f(x)=\begin{cases} x^2+a & (x<-1) \\ x & (-1\le x<3) \\ bx-2 & (x\ge 3) \end{cases}$ 가 실수 전체의 집합에

서 연속일 때, 상수 a, b에 대하여 $a-b$의 값은?

① $-\dfrac{7}{3}$ ② $-\dfrac{8}{3}$ ③ -3
④ $-\dfrac{10}{3}$ ⑤ $-\dfrac{11}{3}$

0279

Level 3

모든 실수 x에서 연속인 함수 $f(x)$가 닫힌구간 $[0,\ 3]$에서

$$f(x)=\begin{cases} -2x^2+x+a & (0\le x<1) \\ bx-1 & (1\le x\le 3) \end{cases}$$

이다. 함수 $f(x)$가 모든 실수 x에 대하여 $f(x+3)=f(x)$

를 만족시킬 때, 상수 a, b에 대하여 $a+b$의 값은?

① 0 ② 1 ③ 2
④ 3 ⑤ 4

➕ Plus 문제

0280 고난도

Level 3

함수 $f(x)=\begin{cases} x^2+kx+k & (a\le x\le a+1) \\ 5x+2 & (x<a \text{ 또는 } x>a+1) \end{cases}$ 가 실수

전체의 집합에서 연속일 때, 모든 상수 k의 값의 곱은?

(단, a는 실수이다.)

① 24 ② 26 ③ 28
④ 30 ⑤ 32

다음은 이 유형에서 출제된 최근 교육청·평가원 기출문제입니다.

0281 교육청

Level 1

함수 $f(x)=\begin{cases} -2x+1 & (x<1) \\ x^2-ax+4 & (x\ge 1) \end{cases}$ 가 실수 전체의 집합에서

연속일 때, 상수 a의 값은?

① -6 ② -3 ③ 0
④ 3 ⑤ 6

0282 평가원

Level 2

함수 $f(x)=\begin{cases} 2x^2+ax+1 & (x<1) \\ 7 & (x=1) \\ -3x+b & (x>1) \end{cases}$ 가 실수 전체의 집합에

서 연속일 때, $a+b$의 값은? (단, a, b는 상수이다.)

① 11 ② 12 ③ 13
④ 14 ⑤ 15

$x \neq a$인 모든 실수 x에서 연속인 함수 $g(x)$와 상수 k에 대하여
함수 $f(x) = \begin{cases} g(x) & (x \neq a) \\ k & (x=a) \end{cases}$ 가 모든 실수 x에서 연속이면
$x=a$에서도 연속이다.
즉, $\lim\limits_{x \to a} g(x) = f(a) = k$가 성립함을 이용하여 미정계수의 값
을 구한다.
참고 유리함수는 (분모)$\neq 0$인 구간에서 연속이다.

0283 대표문제

함수 $f(x) = \begin{cases} \dfrac{x^2 - ax + 2}{x+1} & (x \neq -1) \\ b & (x=-1) \end{cases}$ 가 $x=-1$에서 연속

일 때, $a+b$의 값은? (단, a, b는 상수이다.)

① -1　　　　② -2　　　　③ -3
④ -4　　　　⑤ -5

0284　　　　　　　　　　Level 1

함수 $f(x) = \dfrac{2}{x^2 - ax + b}$ 가 $x=2$, $x=3$에서 불연속일 때,
상수 a, b에 대하여 $a+b$의 값을 구하시오.

0285 중요　　　　　　　　Level 2

함수 $f(x) = \begin{cases} \dfrac{a\sqrt{x+2} - b}{x+1} & (x \neq -1) \\ 1 & (x=-1) \end{cases}$ 이 $x=-1$에서 연속

일 때, 상수 a, b에 대하여 $a+b$의 값은?

① 1　　　　　② 2　　　　　③ 3
④ 4　　　　　⑤ 5

0286　　　　　　　　　　Level 2

함수 $f(x) = \begin{cases} \dfrac{\sqrt{ax} - b}{x-1} & (x \neq 1) \\ 2 & (x=1) \end{cases}$ 가 $x=1$에서 연속이 되도

록 하는 상수 a, b에 대하여 $a+b$의 값은?

① 4　　　　　② 8　　　　　③ 12
④ 16　　　　　⑤ 20

0287 중요　　　　　　　　Level 2

함수 $f(x) = \dfrac{x+4}{x^2 + 3x - a}$ 가 모든 실수 x에서 연속이 되도
록 하는 정수 a의 최댓값은?

① -5　　　　② -4　　　　③ -3
④ -2　　　　⑤ -1

0288　　　　　　　　　　Level 2

함수 $f(x) = \dfrac{ax+2}{(a+1)x^2 - 2ax + 6}$ 의 그래프에서 불연속인
점이 1개가 되도록 하는 상수 a의 값의 개수를 구하시오.

0289 중요　　　　　　　　Level 2

함수 $f(x) = \begin{cases} \dfrac{x^3 - 3ax + 2b}{(x-2)^2} & (x \neq 2) \\ c & (x=2) \end{cases}$ 가 $x=2$에서 연속일

때, $a+b+c$의 값을 구하시오. (단, a, b, c는 상수이다.)

0290

Level 3

다항함수 $g(x)$에 대하여 $f(x) = \begin{cases} \dfrac{g(x)}{x+1} & (x \neq -1) \\ a & (x = -1) \end{cases}$ 로 정의

된 함수 $f(x)$가 모든 실수 x에서 연속일 때, 〈**보기**〉에서 옳은 것만을 있는 대로 고르시오. (단, a는 0이 아닌 상수이다.)

〈 보기 〉

ㄱ. $\lim\limits_{x \to -1} f(x) = a$ ㄴ. $\lim\limits_{x \to -1} g(x) = a$

ㄷ. $\lim\limits_{x \to -1} \dfrac{f(x)g(x)}{x^2-1} = \dfrac{a^2}{2}$

다음은 이 유형에서 출제된 최근 교육청·평가원 기출문제입니다.

0291 교육청

Level 2

함수 $f(x) = \begin{cases} \dfrac{x^2+3x+a}{x-2} & (x<2) \\ -x^2+b & (x \geq 2) \end{cases}$ 가 $x=2$에서 연속일

때, $a+b$의 값은? (단, a, b는 상수이다.)

① 1   ② 2   ③ 3
④ 4   ⑤ 5

0292 수능

Level 2

함수 $f(x) = \begin{cases} -3x+a & (x \leq 1) \\ \dfrac{x+b}{\sqrt{x+3}-2} & (x>1) \end{cases}$ 가 실수 전체의 집합에서

연속일 때, $a+b$의 값을 구하시오. (단, a, b는 상수이다.)

실전 유형 **7** $(x-a)f(x)$ 꼴의 함수의 연속

연속함수 $g(x)$에 대하여
함수 $f(x)$가 $(x-a)f(x) = g(x)$를 만족시킬 때, $f(x)$가 모든 실수 x에서 연속이면 $\lim\limits_{x \to a} f(x) = f(a)$이므로

→ $f(a) = \lim\limits_{x \to a} \dfrac{g(x)}{x-a}$

0293 대표문제

모든 실수 x에서 연속인 함수 $f(x)$가
$$(x-2)f(x) = x^2 - ax - b$$
를 만족시키고, $f(4) = 2$이다. $a+b$의 값은?

(단, a, b는 상수이다.)

① -4 ② 0   ③ 4
④ 8   ⑤ 12

0294

Level 1

$x \geq -10$인 모든 실수 x에서 연속인 함수 $f(x)$가
$$(x+1)f(x) = \sqrt{x+10} - 3$$
을 만족시킨다. $f(-1)$의 값을 구하시오.

다음은 이 유형에서 출제된 최근 교육청·평가원 기출문제입니다.

0295 중요

Level 2

모든 실수 x에서 연속인 함수 $f(x)$가
$$(x^2+2x-3)f(x)=x^4+ax-b$$
를 만족시킨다. $f(1)$의 값은? (단, a, b는 상수이다.)

① 5   ② 6   ③ 7
④ 8   ⑤ 9

0296

Level 2

$x\geq-2$인 모든 실수 x에서 연속인 함수 $f(x)$가
$$(x-2)f(x)=m\sqrt{x+2}+n$$
을 만족시킨다. $f(2)=3$일 때, $m+n$의 값을 구하시오.

(단, m, n은 상수이다.)

0297 교육청

Level 1

모든 실수에서 연속인 함수 $f(x)$가
$$(x-1)f(x)=x^2-3x+2$$
를 만족시킬 때, $f(1)$의 값은?

① -2 ② -1 ③ 0
④ 1 ⑤ 2

0298 교육청

Level 2

실수 전체의 집합에서 연속인 함수 $f(x)$가 모든 실수 x에 대하여
$$(x-1)f(x)=\sqrt{x^2+3}+a$$
를 만족시킬 때, $f(1)$의 값은? (단, a는 상수이다.)

① $\dfrac{1}{4}$ ② $\dfrac{1}{2}$ ③ $\dfrac{3}{4}$
④ 1 ⑤ $\dfrac{5}{4}$

0299 교육청

Level 2

실수 전체의 집합에서 연속인 함수 $f(x)$가 모든 실수 x에 대하여 $(x-1)f(x)=x^3+ax+b$를 만족시킨다. $f(1)=4$일 때, $a\times b$의 값은? (단, a, b는 상수이다.)

① -2 ② -1 ③ 0
④ 1 ⑤ 2

두 함수 $f(x)$, $g(x)$가 $x=a$에서 연속이면 다음 함수도 $x=a$에서 연속이다.

(1) $kf(x)$ (단, k는 상수)　　(2) $f(x)\pm g(x)$

(3) $f(x)g(x)$　　(4) $\dfrac{f(x)}{g(x)}$ (단, $g(a)\neq0$)

0300 대표문제

실수 전체의 집합에서 정의된 두 함수 $f(x)$, $g(x)$에 대하여 두 함수 $f(x)$, $f(x)-g(x)$가 모든 실수 x에서 연속일 때, 다음 중 모든 실수 x에서 연속인 함수가 <u>아닌</u> 것은?

① $g(x)$　　　② $\{f(x)\}^2$　　　③ $f(x)+g(x)$

④ $\{g(x)\}^2$　　　⑤ $\dfrac{f(x)-g(x)}{f(x)}$

0301

● Level 1

함수의 연속에 대한 〈**보기**〉의 설명 중 옳은 것만을 있는 대로 고르시오.

〈 보기 〉

ㄱ. 함수 $f(x)=\dfrac{1}{x-2}$은 구간 $(2,\ \infty)$에서 연속이다.

ㄴ. 함수 $f(x)=\dfrac{x^2-1}{x-1}$은 구간 $(-\infty,\ \infty)$에서 연속이다.

ㄷ. 함수 $f(x)=\dfrac{x^3-1}{x-1}$은 구간 $(1,\ \infty)$에서 연속이다.

0302 중요

● Level 1

두 함수 $f(x)$, $g(x)$가 $x=a$에서 연속일 때, 다음 중 $x=a$에서 항상 연속인 함수가 <u>아닌</u> 것은?

① $2f(x)$　　　② $f(x)+g(x)$　　　③ $f(x)-2g(x)$

④ $f(x)g(x)$　　　⑤ $\dfrac{f(x)}{g(x)}$

0303 중요

● Level 2

두 함수 $f(x)=x^2-2x+2$, $g(x)=\dfrac{1}{x}$에 대하여 다음 중 실수 전체의 집합에서 연속인 함수는?

① $f(x)+g(x)$　　② $f(x)g(x)$　　　③ $f(g(x))$

④ $g(f(x))$　　　⑤ $\dfrac{g(x)}{f(x)}$

0304

● Level 2

두 함수 $f(x)=x^2-4x$, $g(x)=x^2-5$에 대하여 〈**보기**〉에서 옳은 것만을 있는 대로 고른 것은?

〈 보기 〉

ㄱ. 함수 $\{f(x)\}^2$은 모든 실수 x에서 연속이다.

ㄴ. 함수 $\dfrac{g(x)}{f(x)}$는 모든 실수 x에서 연속이다.

ㄷ. 함수 $\dfrac{1}{f(x)-g(x)}$은 모든 실수 x에서 연속이다.

① ㄱ　　　　② ㄱ, ㄴ　　　　③ ㄱ, ㄷ

④ ㄴ, ㄷ　　　　⑤ ㄱ, ㄴ, ㄷ

0305 중요 Level 2

실수 전체의 집합에서 정의된 두 함수 $f(x)$, $g(x)$에 대하여 〈보기〉에서 옳은 것만을 있는 대로 고른 것은?

─〈보기〉─

ㄱ. $f(x)$와 $f(x)-g(x)$가 연속함수이면 $g(x)$도 연속함수이다.

ㄴ. $f(x)$와 $g(x)$가 연속함수이면 $f(g(x))$도 연속함수이다.

ㄷ. $f(x)$와 $\dfrac{f(x)}{g(x)}$가 연속함수이면 $g(x)$도 연속함수이다.

① ㄱ ② ㄱ, ㄴ ③ ㄱ, ㄷ
④ ㄴ, ㄷ ⑤ ㄱ, ㄴ, ㄷ

0306 Level 2

두 함수 $f(x)$, $g(x)$에 대하여 〈보기〉에서 옳은 것만을 있는 대로 고른 것은?

─〈보기〉─

ㄱ. 함수 $f(x)$가 $x=0$에서 연속이면 함수 $f(x)f(-x)$도 $x=0$에서 연속이다.

ㄴ. $\lim\limits_{x\to 0}f(x)=f(0)$, $\lim\limits_{x\to 0}g(x)=g(0)$이면 함수 $f(x)\{f(x)-g(x)\}$는 $x=0$에서 연속이다.

ㄷ. $\lim\limits_{x\to 0}f(x)=f(0)$, $\lim\limits_{x\to 0}g(x)=g(0)$이면 함수 $\dfrac{f(x)}{g(x)}$는 $x=0$에서 연속이다.

① ㄱ ② ㄱ, ㄴ ③ ㄱ, ㄷ
④ ㄴ, ㄷ ⑤ ㄱ, ㄴ, ㄷ

0307 Level 3

두 함수 $f(x)$, $g(x)$에 대하여 〈보기〉에서 옳은 것만을 있는 대로 고른 것은?

─〈보기〉─

ㄱ. 함수 $f(x)$가 $x=0$에서 연속이면 함수 $|f(x)|$도 $x=0$에서 연속이다.

ㄴ. 함수 $|f(x)|$가 $x=0$에서 연속이면 함수 $f(-x)$도 $x=0$에서 연속이다.

ㄷ. $\lim\limits_{x\to 0}f(x)$와 $\lim\limits_{x\to 0}g(x)$의 값이 모두 존재하지 않으면 $\lim\limits_{x\to 0}\{f(x)+g(x)\}$의 값도 존재하지 않는다.

① ㄱ ② ㄴ ③ ㄱ, ㄴ
④ ㄱ, ㄷ ⑤ ㄴ, ㄷ

0308 Level 3

두 함수 $f(x)$, $g(x)$에 대하여 〈보기〉에서 옳은 것만을 있는 대로 고른 것은?

─〈보기〉─

ㄱ. $f(x)=\begin{cases} 2 & (x\geq 0) \\ -2 & (x<0) \end{cases}$, $g(x)=|x|$이면 함수 $(g\circ f)(x)$는 $x=0$에서 연속이다.

ㄴ. 함수 $(g\circ f)(x)$가 $x=0$에서 연속이면 함수 $f(x)$는 $x=0$에서 연속이다.

ㄷ. 함수 $(f\circ f)(x)$가 $x=0$에서 연속이면 함수 $f(x)$는 $x=0$에서 연속이다.

① ㄱ ② ㄱ, ㄴ ③ ㄱ, ㄷ
④ ㄴ, ㄷ ⑤ ㄱ, ㄴ, ㄷ

 9 $f(x)g(x)$ 꼴의 함수의 연속 　　빈출유형

함수 $f(x)=\begin{cases} f_1(x) & (x<a) \\ f_2(x) & (x\geq a) \end{cases}$, $g(x)=\begin{cases} g_1(x) & (x<a) \\ g_2(x) & (x\geq a) \end{cases}$ 일 때,

함수 $f(x)g(x)$가 $x=a$에서 연속이려면

→ $\lim\limits_{x \to a+} f(x)g(x) = \lim\limits_{x \to a-} f(x)g(x) = f(a)g(a)$

0309 대표문제

두 함수

$$f(x)=\begin{cases} x+3 & (x<0) \\ x^2+1 & (x\geq0) \end{cases}, \quad g(x)=\begin{cases} x^2+1 & (x<0) \\ x^2-a & (x\geq0) \end{cases}$$

에 대하여 함수 $f(x)g(x)$가 구간 $(-\infty, \infty)$에서 연속일 때, 상수 a의 값은?

① -1　　　　② -2　　　　③ -3

④ -4　　　　⑤ -5

0310 중요

Level 2

두 함수 $y=f(x)$, $y=g(x)$의 그래프가 그림과 같을 때, 〈보기〉에서 옳은 것만을 있는 대로 고른 것은?

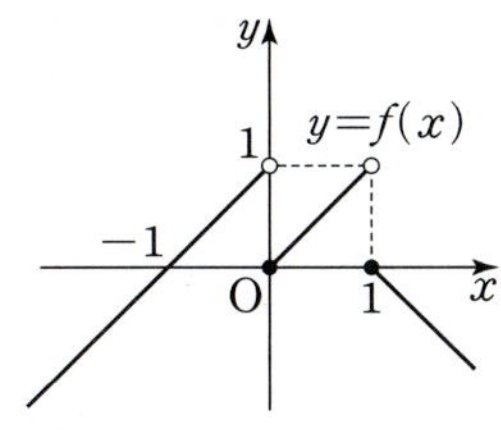 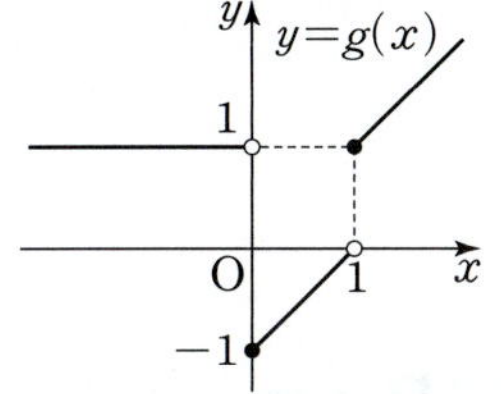

〈 보기 〉

ㄱ. $\lim\limits_{x \to 0+} f(x)=0$

ㄴ. $\lim\limits_{x \to 1-} f(x)g(x)=0$

ㄷ. 함수 $f(x)g(x)$는 $x=1$에서 연속이다.

① ㄱ　　　　② ㄴ　　　　③ ㄷ

④ ㄴ, ㄷ　　　　⑤ ㄱ, ㄴ, ㄷ

0311

Level 2

두 함수 $y=f(x)$, $y=g(x)$의 그래프가 그림과 같을 때, 〈보기〉에서 옳은 것만을 있는 대로 고른 것은?

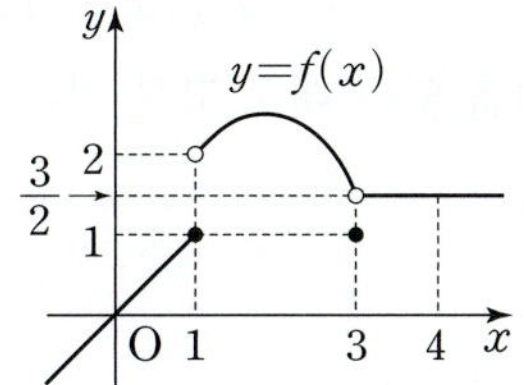 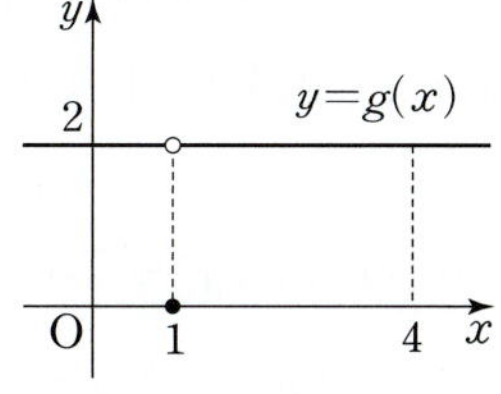

〈 보기 〉

ㄱ. $\lim\limits_{x \to 1-} f(x)g(x)=2$

ㄴ. 함수 $f(x)g(x)$는 $x=3$에서 연속이다.

ㄷ. 닫힌구간 $[0, 4]$에서 함수 $f(x)g(x)$가 불연속인 x의 값은 오직 한 개이다.

① ㄱ　　　　② ㄴ　　　　③ ㄷ

④ ㄴ, ㄷ　　　　⑤ ㄱ, ㄴ, ㄷ

0312 중요

Level 2

두 함수

$$f(x)=\begin{cases} 3x & (x<1) \\ 1 & (1\leq x\leq 2), \\ x+1 & (x>2) \end{cases}$$

$$g(x)=\begin{cases} x+2 & (x<1 \text{ 또는 } x>2) \\ x^2-x & (1\leq x\leq 2) \end{cases}$$

에 대하여 함수 $f(x)g(x)$가 불연속인 x의 값의 개수는?

① 0　　　　② 1　　　　③ 2

④ 3　　　　⑤ 4

0313

Level 2

두 함수

$$f(x)=\begin{cases} -1 & (|x|\ge 1) \\ 1 & (|x|<1) \end{cases}, \quad g(x)=\begin{cases} 1 & (|x|\ge 1) \\ -x & (|x|<1) \end{cases}$$

에 대하여 〈보기〉에서 옳은 것만을 있는 대로 고른 것은?

―――――〈 보기 〉―――――
ㄱ. $\lim\limits_{x\to 1} f(x)g(x)=-1$

ㄴ. 함수 $g(x+1)$은 $x=0$에서 연속이다.

ㄷ. 함수 $f(x)g(x+1)$은 $x=-1$에서 연속이다.

① ㄱ   ② ㄴ   ③ ㄱ, ㄴ

④ ㄱ, ㄷ   ⑤ ㄱ, ㄴ, ㄷ

다음은 이 유형에서 출제된 최근 교육청 · 평가원 기출문제입니다.

0314 　교육청

Level 2

두 함수 $y=f(x)$, $y=g(x)$의 그래프가 다음과 같다.

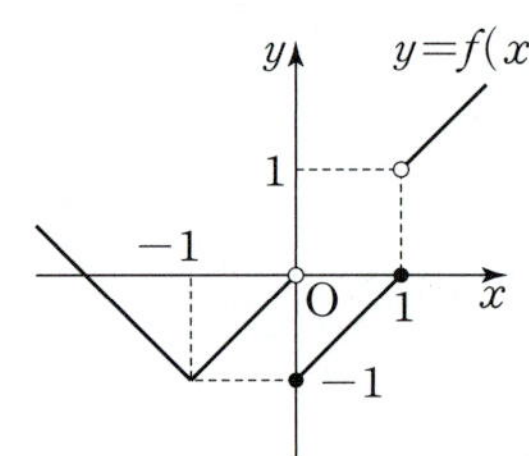 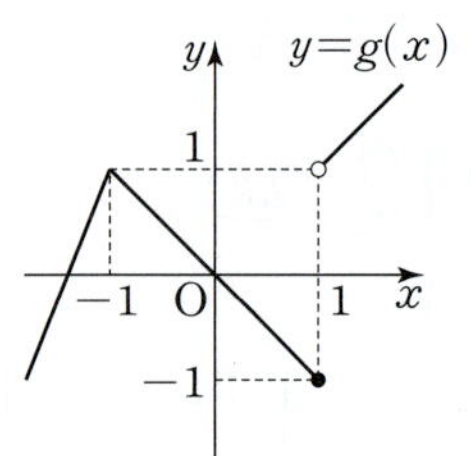

〈보기〉에서 옳은 것만을 있는 대로 고른 것은?

―――――〈 보기 〉―――――
ㄱ. $\lim\limits_{x\to 1-} f(x)g(x)=-1$

ㄴ. $f(1)g(1)=0$

ㄷ. 함수 $f(x)g(x)$는 $x=1$에서 불연속이다.

① ㄱ   ② ㄴ   ③ ㄷ

④ ㄱ, ㄴ   ⑤ ㄴ, ㄷ

0315 　평가원

Level 2

두 함수

$$f(x)=\begin{cases} (x-1)^2 & (x\ne 1) \\ 1 & (x=1) \end{cases}, \quad g(x)=2x+k$$

에 대하여 함수 $f(x)g(x)$가 실수 전체의 집합에서 연속이 되도록 하는 상수 k의 값은?

① -2 ② -1 ③ 0

④ 1 ⑤ 2

0316 　교육청

Level 2

두 함수

$$f(x)=\begin{cases} \dfrac{1}{x-1} & (x<1) \\[2mm] \dfrac{1}{2x+1} & (x\ge 1) \end{cases}, \quad g(x)=2x^3+ax+b$$

에 대하여 함수 $f(x)g(x)$가 실수 전체의 집합에서 연속일 때, $b-a$의 값은? (단, a, b는 상수이다.)

① 10 ② 9 ③ 8

④ 7 ⑤ 6

0317 　평가원 　고난도

Level 3

두 함수

$$f(x)=\begin{cases} -2x+3 & (x<0) \\ -2x+2 & (x\ge 0) \end{cases}, \quad g(x)=\begin{cases} 2x & (x<a) \\ 2x-1 & (x\ge a) \end{cases}$$

이 있다. 함수 $f(x)g(x)$가 실수 전체의 집합에서 연속이 되도록 하는 상수 a의 값은?

① -2 ② -1 ③ 0

④ 1 ⑤ 2

➕ Plus 문제

**실전
유형 10** $\dfrac{g(x)}{f(x)}$ 꼴의 함수의 연속

(1) $f(a)=0$이면 함수 $\dfrac{g(x)}{f(x)}$ 는 $x=a$에서 불연속이다.

(2) 함수 $\dfrac{g(x)}{f(x)}$ 가 $x=a$에서 연속이면

$\to \displaystyle\lim_{x\to a+}\dfrac{g(x)}{f(x)}=\lim_{x\to a-}\dfrac{g(x)}{f(x)}=\dfrac{g(a)}{f(a)}$

0318 대표문제

두 함수 $f(x)=x^2+5x-4$, $g(x)=x^2-ax+4a$에 대하여 함수 $\dfrac{f(x)}{g(x)}$ 가 모든 실수 x에서 연속이 되도록 하는 실수 a의 값의 범위를 구하시오.

0319　　Level 1

두 함수 $f(x)=3x-5$, $g(x)=x^2+kx+\dfrac{5}{4}k-\dfrac{3}{2}$에 대하여 함수 $\dfrac{f(x)}{g(x)}$ 가 모든 실수 x에서 연속이 되도록 하는 실수 k의 값의 범위는?

① $1<k<2$ 　　② $1<k<3$ 　　③ $2<k<3$

④ $2<k<4$ 　　⑤ $3<k<4$

0320 중요　　Level 2

두 함수 $f(x)=x^2+(1-a)x+b$, $g(x)=\begin{cases} x-1 & (x<1) \\ 2 & (x\geq 1)\end{cases}$

에 대하여 함수 $\dfrac{f(x)}{g(x)}$ 가 구간 $(-\infty,\ \infty)$에서 연속일 때, 상수 a, b에 대하여 ab의 값을 구하시오.

0321　　Level 2

두 함수 $y=f(x)$, $y=g(x)$의 그래프가 그림과 같을 때, 〈보기〉에서 옳은 것만을 있는 대로 고른 것은?

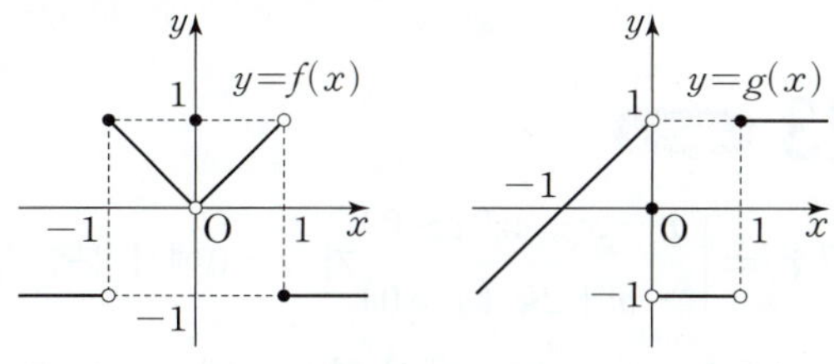

〈 보기 〉

ㄱ. 함수 $f(x)g(x)$는 $x=-1$에서 연속이다.

ㄴ. 함수 $f(x)+g(x)$는 $x=0$에서 연속이다.

ㄷ. 함수 $\dfrac{f(x)}{g(x)}$ 는 $x=1$에서 연속이다.

① ㄱ 　　　　② ㄴ 　　　　③ ㄷ

④ ㄱ, ㄴ 　　⑤ ㄱ, ㄷ

> **다음은 이 유형에서 출제된 최근 교육청·평가원 기출문제입니다.**

0322 수능　　Level 3

두 함수

$$f(x)=\begin{cases} x^2-4x+6 & (x<2) \\ 1 & (x\geq 2)\end{cases},\quad g(x)=ax+1$$

에 대하여 함수 $\dfrac{g(x)}{f(x)}$ 가 실수 전체의 집합에서 연속일 때, 상수 a의 값은?

① $-\dfrac{5}{4}$ 　　　② -1 　　　③ $-\dfrac{3}{4}$

④ $-\dfrac{1}{2}$ 　　　⑤ $-\dfrac{1}{4}$

✛ Plus 문제

11 $f(x)f(x-a)$ 꼴의 함수의 연속

함수 $f(x)f(x-a)$가 $x=p$에서 연속이면

→ $\lim\limits_{x \to p+} f(x)f(x-a) = \lim\limits_{x \to p-} f(x)f(x-a) = f(p)f(p-a)$

0323 대표문제

함수 $f(x)=\begin{cases} x^2-x+4 & (x \leq 0) \\ -x+2k & (x > 0) \end{cases}$ 가 $x=0$에서 불연속이고,

함수 $f(x)f(1-x)$는 $x=1$에서 연속일 때, 상수 k의 값은?

① -1 ② $-\dfrac{1}{2}$ ③ 0

④ $\dfrac{1}{2}$ ⑤ 1

0324

Level 2

실수 전체의 집합에서 정의된 함수 $y=f(x)$의 그래프가 그림과 같을 때, 〈**보기**〉에서 옳은 것만을 있는 대로 고른 것은?

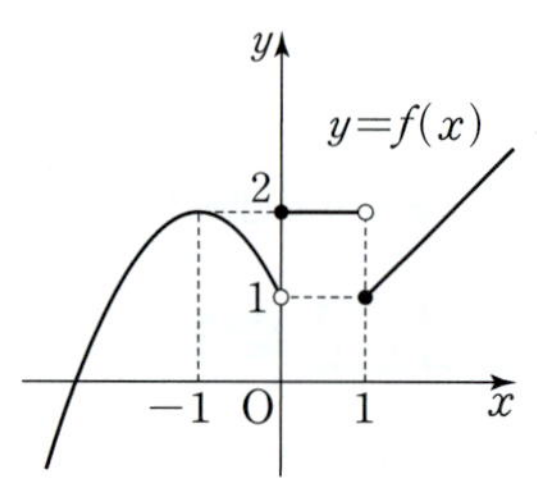

〈 보기 〉

ㄱ. $\lim\limits_{x \to -1} f(x) = 2$

ㄴ. $\lim\limits_{x \to -1+} f(-x) = f(1)$

ㄷ. 함수 $f(x)f(x+1)$은 $x=0$에서 연속이다.

① ㄱ ② ㄴ ③ ㄱ, ㄷ

④ ㄴ, ㄷ ⑤ ㄱ, ㄴ, ㄷ

0325 중요

Level 2

함수 $y=f(x)$의 그래프가 〈**보기**〉와 같다. 〈**보기**〉에서 함수 $f(x-1)f(x+1)$이 $x=-1$에서 불연속이 되는 것만을 있는 대로 고른 것은?

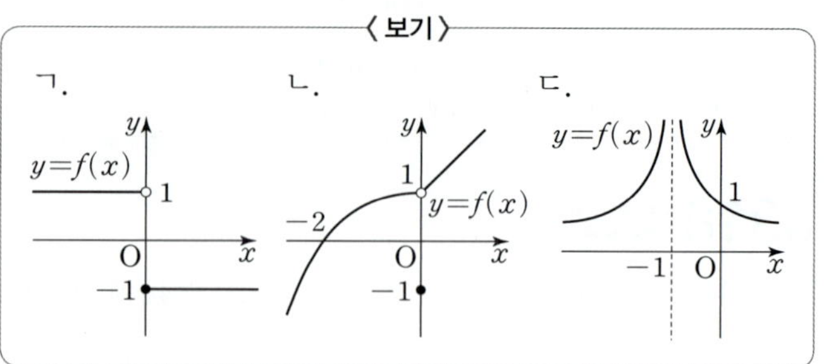

① ㄱ ② ㄴ ③ ㄷ

④ ㄴ, ㄷ ⑤ ㄱ, ㄴ, ㄷ

0326

Level 3

함수

$$f(x)=\begin{cases} -x-1 & (x \leq 0) \\ 2x+a & (x > 0) \end{cases}$$

에 대하여 함수 $f(x)f(x-1)$이 실수 전체의 집합에서 연속이 되도록 하는 상수 a의 값은? (단, $a \neq -1$)

① $-\dfrac{7}{2}$ ② -3 ③ $-\dfrac{5}{2}$

④ -2 ⑤ $-\dfrac{3}{2}$

Plus 문제

실전 유형 12 여러 가지 꼴의 함수의 연속

$f(x)+f(-x)$, $f(x)f(-x)$, $\{f(x)\}^2$, $f(x)\{f(x)-k\}$
(k는 상수) 꼴의 함수의 연속성을 조사할 때, 다음을 이용한다.
➔ 함수 $g(x)$가 $x=a$에서 연속이면 $\lim\limits_{x \to a} g(x)=g(a)$가 성립한다.

0327 대표문제

열린구간 $(-2, 2)$에서 정의된 함수 $y=f(x)$의 그래프가 그림과 같다. 열린구간 $(-2, 2)$에서 함수 $g(x)=f(x)+f(-x)$일 때, 〈보기〉에서 옳은 것만을 있는 대로 고른 것은?

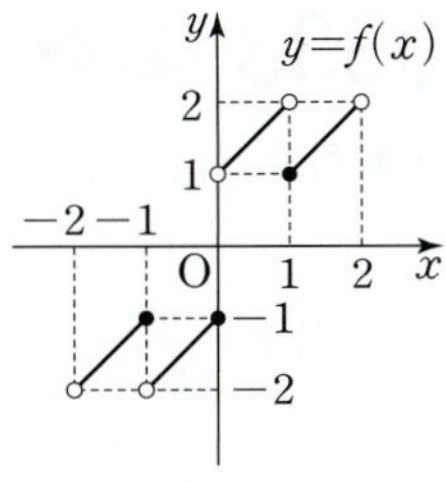

〈보기〉

ㄱ. $\lim\limits_{x \to 0} f(x)$의 값이 존재한다.

ㄴ. $\lim\limits_{x \to 0} g(x)$의 값이 존재한다.

ㄷ. 함수 $g(x)$는 $x=1$에서 연속이다.

① ㄴ ② ㄷ ③ ㄱ, ㄴ
④ ㄱ, ㄷ ⑤ ㄴ, ㄷ

0328 　Level 2

함수 $f(x)=x^2-x+a$에 대하여 함수 $g(x)$를

$$g(x)=\begin{cases} f(x+1) & (x \le 0) \\ f(x-1) & (x > 0) \end{cases}$$

이라 하자. 함수 $y=\{g(x)\}^2$이 $x=0$에서 연속일 때, 상수 a의 값을 구하시오.

0329 중요 　Level 2

함수

$$f(x)=\begin{cases} x+2 & (x \le 0) \\ -\dfrac{1}{2}x & (x > 0) \end{cases}$$

의 그래프가 그림과 같다.
함수 $g(x)=f(x)\{f(x)+k\}$가 $x=0$에서 연속이 되도록 하는 상수 k의 값은?

① -2 ② -1 ③ 0
④ 1 ⑤ 2

0330 　Level 2

함수 $f(x)=\begin{cases} x & (|x| \ge 1) \\ -x & (|x| < 1) \end{cases}$에 대하여 〈보기〉에서 옳은 것만을 있는 대로 고른 것은?

〈보기〉

ㄱ. 함수 $f(x)$가 불연속인 x의 값은 2개이다.

ㄴ. 함수 $(x-1)f(x)$는 $x=1$에서 연속이다.

ㄷ. 함수 $\{f(x)\}^2$은 실수 전체의 집합에서 연속이다.

① ㄱ ② ㄴ ③ ㄱ, ㄴ
④ ㄱ, ㄷ ⑤ ㄱ, ㄴ, ㄷ

0331

함수 $y=f(x)$의 그래프가 그림과 같다.

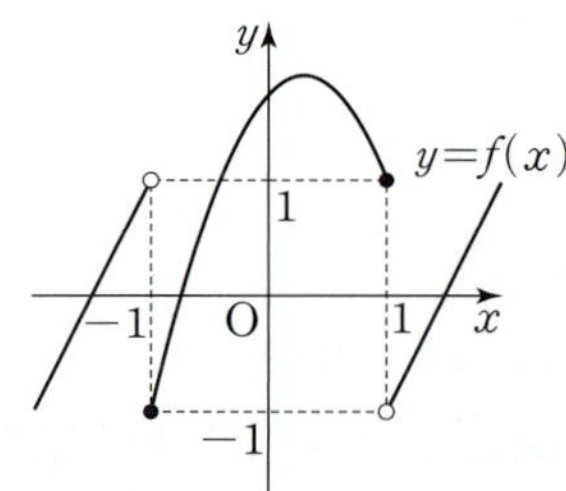

〈보기〉에서 옳은 것만을 있는 대로 고른 것은?

〈 보기 〉

ㄱ. $\lim\limits_{x\to-1-} f(x)+\lim\limits_{x\to1+} f(x)=0$

ㄴ. $\lim\limits_{x\to-1} f(-x)$의 값이 존재한다.

ㄷ. 함수 $f(x)f(-x)$는 $x=1$에서 연속이다.

① ㄱ   ② ㄴ   ③ ㄱ, ㄷ

④ ㄴ, ㄷ   ⑤ ㄱ, ㄴ, ㄷ

다음은 이 유형에서 출제된 최근 교육청·평가원 기출문제입니다.

0332 교육청

함수

$$f(x)=\begin{cases} x(x-2) & (x\leq1) \\ x(x-2)+16 & (x>1) \end{cases}$$

에 대하여 함수 $f(x)\{f(x)-a\}$가 실수 전체의 집합에서 연속이 되도록 하는 상수 a의 값을 구하시오.

심화유형 13 함수의 연속과 함수의 결정

(1) 두 함수 $f(x)$, $g(x)$가 실수 전체의 집합에서 연속일 때, 함수 $\dfrac{f(x)}{g(x)}$가 $x=a$에서 불연속이면 $g(a)=0$이다.

(2) 두 함수 $f(x)$, $g(x)$에 대하여 $\lim\limits_{x\to a+} f(x) \neq \lim\limits_{x\to a-} f(x)$일 때, 함수 $g(x)$와 함수 $f(x)g(x)$가 $x=a$에서 연속이면 $g(a)=0$이다.

0333 대표문제

이차함수 $f(x)$가 다음 조건을 만족시킨다.

(가) 함수 $\dfrac{x}{f(x)}$는 $x=1$, $x=2$에서 불연속이다.

(나) $\lim\limits_{x\to2} \dfrac{f(x)}{x-2}=4$

$f(4)$의 값을 구하시오.

0334

함수 $y=f(x)$의 그래프가 그림과 같다.

함수 $g(x)=x^2+ax-9$에 대하여 함수 $f(x)g(x)$가 $x=1$에서 연속이 되도록 하는 상수 a의 값은?

① 6   ② 7

③ 8   ④ 9

⑤ 10

0335 (중요)
Level 2

삼차함수 $g(x)$가 다음 조건을 만족시킨다.

> (가) $f(x) = \dfrac{g(x)}{x^2-1}$
>
> (나) $\displaystyle\lim_{x \to -1} f(x) = 1$, $\displaystyle\lim_{x \to 1} f(x) = 3$

$f(2)g(2)$의 값을 구하시오.

0336 (중요)
Level 2

함수 $f(x) = \begin{cases} \dfrac{2}{x-2} & (x \neq 2) \\ 1 & (x=2) \end{cases}$ 과 이차함수 $g(x)$에 대하여

함수 $f(x)g(x)$는 실수 전체의 집합에서 연속이고 $g(0)=8$ 이다. $g(6)$의 값을 구하시오.

다음은 이 유형에서 출제된 최근 교육청·평가원 기출문제입니다.

0337 (교육청)
Level 1

함수 $y=f(x)$의 그래프가 그림 과 같다. 최고차항의 계수가 1인 이차함수 $g(x)$에 대하여 함수 $h(x)=f(x)g(x)$가 구간 $(-2, 2)$에서 연속일 때, $g(5)$ 의 값을 구하시오.

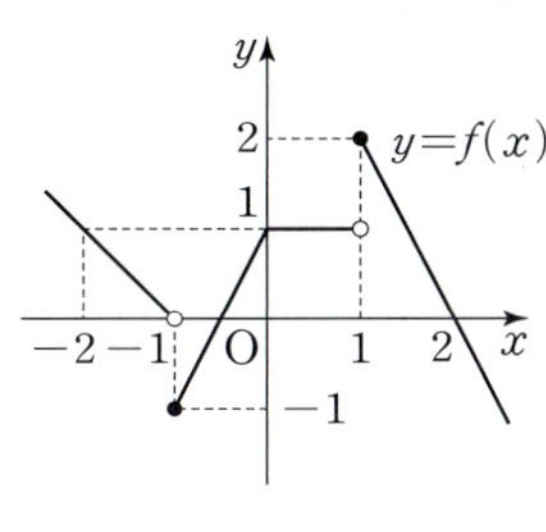

0338 (교육청)
Level 2

다항함수 $f(x)$는 $\displaystyle\lim_{x \to \infty} \dfrac{f(x)}{x^2-3x-5} = 2$를 만족시키고,

함수 $g(x)$는 $g(x) = \begin{cases} \dfrac{1}{x-3} & (x \neq 3) \\ 1 & (x=3) \end{cases}$ 이다. 두 함수 $f(x)$,

$g(x)$에 대하여 함수 $f(x)g(x)$가 실수 전체의 집합에서 연속일 때, $f(1)$의 값은?

① 8　　　　　② 9　　　　　③ 10

④ 11　　　　⑤ 12

0339 (교육청) (고난도)
Level 3

$a>2$인 상수 a에 대하여 함수 $f(x)$를

$$f(x) = \begin{cases} x^2-4x+3 & (x \leq 2) \\ -x^2+ax & (x>2) \end{cases}$$

라 하자. 최고차항의 계수가 1인 삼차함수 $g(x)$에 대하여 실수 전체의 집합에서 연속인 함수 $h(x)$가 다음 조건을 만족시킬 때, $h(1)+h(3)$의 값은?

> (가) $x \neq 1$, $x \neq a$일 때, $h(x) = \dfrac{g(x)}{f(x)}$이다.
>
> (나) $h(1)=h(a)$

① $-\dfrac{15}{6}$　　　　② $-\dfrac{7}{3}$　　　　③ $-\dfrac{13}{6}$

④ -2　　　　⑤ $-\dfrac{11}{6}$

$|x-a|$는 절댓값의 성질을 이용하여
$x \geq a$와 $x < a$인 두 부분으로 나누어 연속성을 판단한다.

0340 대표문제

함수 $f(x)=\begin{cases} \dfrac{|x|-4}{x^2-16} & (x \neq 4) \\ a & (x=4) \end{cases}$ 가 $x=4$에서 연속이 되도록

하는 상수 a의 값은?

① 0 ② $\dfrac{1}{8}$ ③ $\dfrac{1}{2}$

④ 1 ⑤ 2

0341 중요   ▪▮▮ Level 2

함수 $f(x)$가

$$f(x)=\begin{cases} \dfrac{x^2}{2x-|x|} & (x \neq 0) \\ a & (x=0) \end{cases}$$

일 때, 〈보기〉에서 옳은 것만을 있는 대로 고른 것은?

(단, a는 상수이다.)

─── 〈 보기 〉 ───

ㄱ. $f(-3)=1$
ㄴ. $x>0$일 때, $f(x)=x$이다.
ㄷ. 함수 $f(x)$가 $x=0$에서 연속이 되도록 하는 실수 a의
    값이 존재한다.

① ㄴ ② ㄷ ③ ㄱ, ㄴ

④ ㄱ, ㄷ ⑤ ㄴ, ㄷ

0342 교육청   ▪▮▯ Level 2

함수

$$f(x)=\begin{cases} x+2 & (x \leq a) \\ x^2-4 & (x > a) \end{cases}$$

에 대하여 함수 $|f(x)|$가 실수 전체의 집합에서 연속이 되
도록 하는 모든 실수 a의 값의 합은?

① -3 ② -2 ③ -1

④ 1 ⑤ 2

0343 평가원   ▪▮▮ Level 3

닫힌구간 $[-1, 1]$에서 정의된
함수 $y=f(x)$의 그래프가 그림
과 같다. 닫힌구간 $[-1, 1]$에서
두 함수 $g(x)$, $h(x)$가
    $g(x)=f(x)+|f(x)|$,
    $h(x)=f(x)+f(-x)$

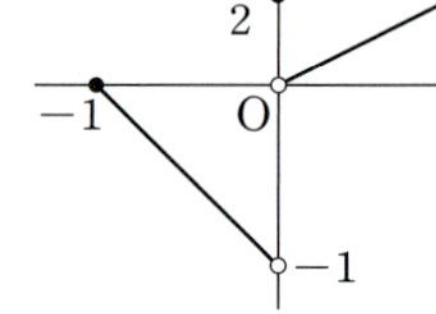

일 때, 〈보기〉에서 옳은 것만을 있는 대로 고른 것은?

─── 〈 보기 〉 ───

ㄱ. $\displaystyle\lim_{x \to 0} g(x)=0$
ㄴ. 함수 $|h(x)|$는 $x=0$에서 연속이다.
ㄷ. 함수 $g(x)|h(x)|$는 $x=0$에서 연속이다.

① ㄱ ② ㄷ ③ ㄱ, ㄴ

④ ㄴ, ㄷ ⑤ ㄱ, ㄴ, ㄷ

실전 유형 **15** 가우스 기호를 포함한 함수의 연속

$x \to a$일 때 정수 n에 대하여
(1) $f(x) \to n+$이면 ➡ $\lim\limits_{x \to a}[f(x)]=n$
(2) $f(x) \to n-$이면 ➡ $\lim\limits_{x \to a}[f(x)]=n-1$

(단, $[x]$는 x보다 크지 않은 최대의 정수이다.)

참고 가우스 기호 안의 식의 값이 정수가 되는 곳에서는 좌극한과 우극한이 다르므로 불연속이다.

0344 대표문제

$0<x<2$에서 함수 $f(x)=[x^2-2]$가 불연속이 되는 x의 값 중 가장 큰 값은?

(단, $[x]$는 x보다 크지 않은 최대의 정수이다.)

① $\dfrac{1}{2}$ 　　　② 1 　　　③ $\sqrt{2}$

④ $\sqrt{3}$ 　　　⑤ $\dfrac{\sqrt{14}}{2}$

0345

••❘ Level 2

$0<x<3$일 때, 함수 $f(x)=[x^2]$이 불연속이 되는 x의 값의 개수는? (단, $[x]$는 x보다 크지 않은 최대의 정수이다.)

① 2 　　　② 4 　　　③ 6
④ 8 　　　⑤ 10

0346 중요

••❘ Level 2

함수 $f(x)=x[x]$에 대하여 〈**보기**〉에서 옳은 것만을 있는 대로 고른 것은?

(단, $[x]$는 x보다 크지 않은 최대의 정수이다.)

〈 보기 〉
ㄱ. $\lim\limits_{x \to 2-} f(x)=2$
ㄴ. $\lim\limits_{x \to 1+} \{f(x)+f(-x)\}=3$
ㄷ. 임의의 정수 a에 대하여 함수 $f(x)$는 $x=a$에서 불연속이다.

① ㄴ 　　　② ㄷ 　　　③ ㄱ, ㄴ
④ ㄱ, ㄷ 　　　⑤ ㄴ, ㄷ

0347

••❘ Level 2

함수 $y=[f(x)]$가 $x=0$에서 연속인 함수 $f(x)$를 〈**보기**〉에서 있는 대로 고른 것은?

(단, $[x]$는 x보다 크지 않은 최대의 정수이다.)

〈 보기 〉
ㄱ. $f(x)=\begin{cases} 0 & (x \le 0) \\ \dfrac{1}{2} & (x>0) \end{cases}$

ㄴ. $f(x)=\begin{cases} 1 & (x \le 0) \\ 1+x^2 & (x>0) \end{cases}$

ㄷ. $f(x)=\begin{cases} -1 & (x \le 0) \\ -x^3+x^2-1 & (x>0) \end{cases}$

① ㄱ 　　　② ㄱ, ㄴ 　　　③ ㄱ, ㄷ
④ ㄴ, ㄷ 　　　⑤ ㄱ, ㄴ, ㄷ

새롭게 정의된 함수 $f(x)$에 대하여
$$\lim_{x \to a+} f(x) = \lim_{x \to a-} f(x) = f(a)$$이면
➡ 함수 $f(x)$는 $x=a$에서 연속이다.

0348 대표문제

이차방정식 $x^2 - 2ax + 4a = 0$의 서로 다른 실근의 개수를 $f(a)$라 하자. 〈보기〉에서 옳은 것만을 있는 대로 고른 것은?

(단, a는 실수이다.)

〈보기〉

ㄱ. $f(4) = 1$

ㄴ. $\lim_{a \to 0-} f(a) = f(0)$

ㄷ. 구간 $(1, 6)$에서 함수 $f(a)$의 불연속인 점은 2개이다.

① ㄱ ② ㄱ, ㄴ ③ ㄱ, ㄷ
④ ㄴ, ㄷ ⑤ ㄱ, ㄴ, ㄷ

0349 중요

〈보기〉 Level 2

집합 $\{x \mid ax^2 + 2(a-2)x - (a-2) = 0,\ x는 실수\}$의 원소의 개수를 $f(a)$라 할 때, 〈보기〉에서 옳은 것만을 있는 대로 고른 것은? (단, a는 실수이다.)

〈보기〉

ㄱ. $\lim_{a \to 0} f(a) = f(0)$

ㄴ. $\lim_{a \to c+} f(a) \neq \lim_{a \to c-} f(a)$인 실수 c는 2개이다.

ㄷ. 함수 $f(a)$가 불연속인 점은 3개이다.

① ㄴ ② ㄷ ③ ㄱ, ㄴ
④ ㄴ, ㄷ ⑤ ㄱ, ㄴ, ㄷ

두 함수의 그래프의 교점의 개수를 $f(x)$라 하면 함수 $f(x)$의 치역은 항상 정수이므로 교점의 개수가 달라지는 곳에서 불연속이다.

0350 대표문제

원 $x^2 + y^2 = t^2$과 직선 $y = 1$이 만나는 점의 개수를 $f(t)$라 하자. 함수 $(x+k)f(x)$가 구간 $(0, \infty)$에서 연속일 때, $f(1) + k$의 값은? (단, k는 상수이다.)

① -2 ② -1 ③ 0
④ 1 ⑤ 2

0351

Level 2

실수 t에 대하여 직선 $y = t$가 곡선 $y = |x^2 - 2x|$와 만나는 점의 개수를 $f(t)$라 하자. 최고차항의 계수가 1인 이차함수 $g(t)$에 대하여 함수 $f(t)g(t)$가 모든 실수 t에서 연속일 때, $f(3) + g(3)$의 값을 구하시오.

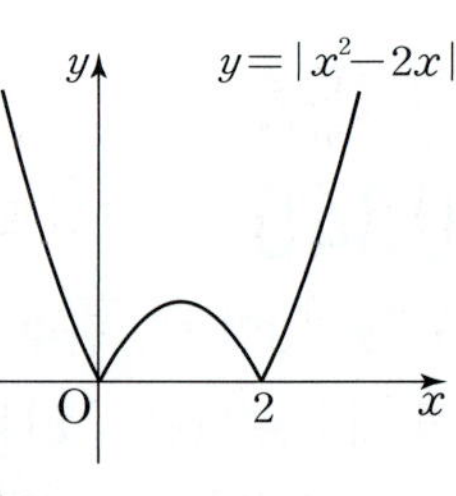

 18 최대·최소 정리

함수 $f(x)$가 닫힌구간 $[a, b]$에서 연속이면 $f(x)$는 이 구간에서 반드시 최댓값과 최솟값을 가진다.

0352 대표문제

주어진 구간에서 최댓값과 최솟값이 모두 존재하는 함수만을 〈보기〉에서 있는 대로 고른 것은?

〈 보기 〉
ㄱ. $f(x) = \dfrac{1}{x}$ $[1, 4]$

ㄴ. $g(x) = \dfrac{3}{x+1}$ $[-2, 1]$

ㄷ. $h(x) = x^2$ $(1, 3)$

① ㄱ   ② ㄴ   ③ ㄱ, ㄴ
④ ㄱ, ㄷ   ⑤ ㄱ, ㄴ, ㄷ

0353   Level 2

닫힌구간 $[1, 3]$에서 함수 $f(x) = \dfrac{2x+4}{x+1}$의 최댓값을 M, 최솟값을 m이라 할 때, $M+m$의 값을 구하시오.

0354 중요   Level 2

함수 $f(x)$의 그래프가 그림과 같을 때, 다음 중 옳지 <u>않은</u> 것은?

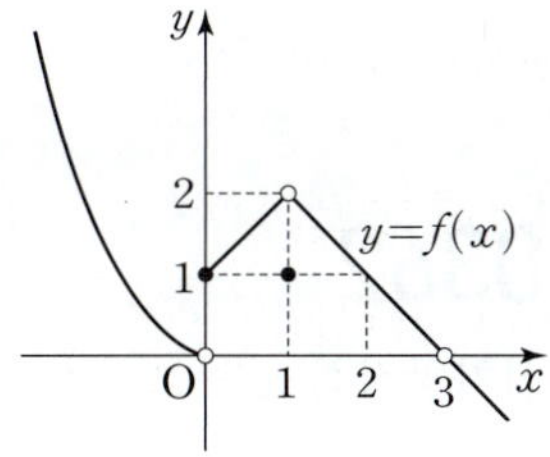

① 열린구간 $(-1, 3)$에서 함수 $f(x)$가 불연속이 되는 x의 값은 2개이다.

② $\lim\limits_{x \to 1} f(x) = 2$

③ $\lim\limits_{x \to 0} f(x)$의 값은 존재하지 않는다.

④ 함수 $f(x)$는 닫힌구간 $[0, 1]$에서 최댓값을 가진다.

⑤ 함수 $f(x)$는 닫힌구간 $[0, 2]$에서 최솟값을 가진다.

0355 중요   Level 2

함수 $f(x) = \begin{cases} x^2 - 4x + 3 & (x \le 4) \\ x - a & (x > 4) \end{cases}$ 가 $x = 4$에서 연속이다.

닫힌구간 $[1, 5]$에서 함수 $f(x)$의 최댓값을 M, 최솟값을 m이라 할 때, $M+m$의 값은? (단, a는 상수이다.)

① 3   ② 5   ③ 7
④ 9   ⑤ 11

0356   Level 3

두 함수 $f(x) = x^2 - 2x - 3$, $g(x) = \sqrt{x} + 2$가 있다. 닫힌구간 $[1, 9]$에서 함수 $(f \circ g)(x)$의 최댓값을 M, 최솟값을 m이라 할 때, $M+m$의 값을 구하시오.

0357   Level 3

두 함수 $f(x) = 2x + 1$, $g(x) = \dfrac{1}{x+3}$에 대하여 〈**보기**〉의 함수 중 닫힌구간 $[-2, 2]$에서 최댓값과 최솟값을 모두 가지는 것만을 있는 대로 고른 것은?

〈 보기 〉
ㄱ. $f(x) + g(x)$ ㄴ. $f(g(x))$ ㄷ. $g(f(x))$

① ㄱ   ② ㄱ, ㄴ   ③ ㄱ, ㄷ
④ ㄴ, ㄷ   ⑤ ㄱ, ㄴ, ㄷ

함수 $f(x)$가 닫힌구간 $[a, b]$에서 연속이고
$f(a)f(b)<0$이면
→ 방정식 $f(x)=0$은 열린구간 (a, b)에서 적어도 하나의 실근
　을 가진다.

0358　대표문제

방정식 $3x^3-x^2-x+1=0$이 오직 하나의 실근을 가질 때,
다음 중 이 방정식의 실근이 존재하는 구간은?

① $(-2, -1)$　　② $(-1, 0)$　　③ $(0, 1)$

④ $(1, 2)$　　　⑤ $(2, 3)$

0359　중요　　　Level 1

다항함수 $f(x)$가 $f(-2)=k-2$, $f(-1)=2k-1$을 만족
시킬 때, 방정식 $f(x)=0$이 열린구간 $(-2, -1)$에서 적
어도 하나의 실근을 가지도록 하는 자연수 k의 개수는?

① 0　　　　　② 1　　　　　③ 2

④ 3　　　　　⑤ 4

0360　　　Level 1

방정식 $x^3-x^2-x+2a=0$이 열린구간 $(1, 2)$에서 적어도 하
나의 실근을 가지도록 하는 상수 a의 값의 범위를 구하시오.

0361　　　Level 2

두 함수 $f(x)=x^5+x^3-3x^2+k$, $g(x)=x^3-5x^2+3$에 대
하여 열린구간 $(1, 2)$에서 방정식 $f(x)=g(x)$가 적어도
하나의 실근을 가지도록 하는 정수 k의 개수를 구하시오.

0362　　　Level 2

삼차방정식 $x^3-x^2+4x+1=0$의 실근이 속하는 구간만을
〈보기〉에서 있는 대로 고른 것은?

〈 보기 〉

ㄱ. $(-2, -1)$　　ㄴ. $(-1, 0)$　　ㄷ. $(1, 2)$

① ㄱ　　　　　② ㄴ　　　　　③ ㄷ

④ ㄱ, ㄴ　　　⑤ ㄴ, ㄷ

0363 중요

Level 3

연속함수 $f(x)$가 모든 실수 x에 대하여 $f(x)=f(-x)$를 만족시키고
$$f(2)f(3)<0, \quad f(4)f(5)<0$$
일 때, 방정식 $f(x)=0$은 적어도 n개의 실근을 가진다. 이 때 n의 값은?

① 1   ② 2   ③ 3
④ 4   ⑤ 5

다음은 이 유형에서 출제된 최근 교육청 • 평가원 기출문제입니다.

0364 교육청

Level 2

두 자연수 m, n에 대하여 함수 $f(x)=x(x-m)(x-n)$이
$$f(1)f(3)<0, \quad f(3)f(5)<0$$
을 만족시킬 때, $f(6)$의 값은?

① 30   ② 36   ③ 42
④ 48   ⑤ 54

심화 유형 **20** 사잇값 정리의 활용

근의 존재에 대한 문제는 사잇값 정리를 이용한다.

0365 대표문제

$-2 \leq x \leq 2$에서 정의된 두 함수 $y=f(x)$와 $y=g(x)$의 그 래프가 그림과 같다.

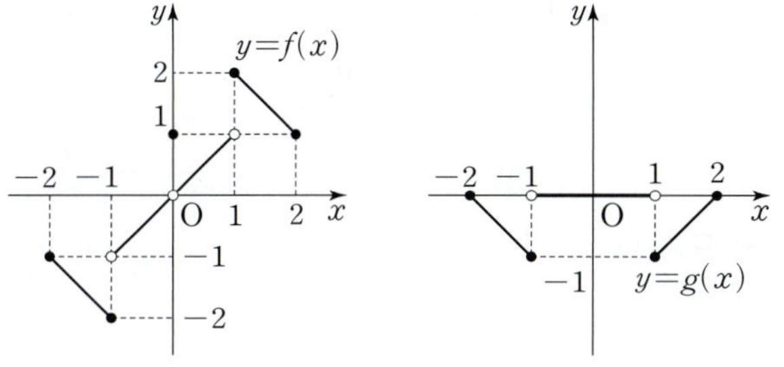

〈보기〉에서 옳은 것만을 있는 대로 고른 것은?

〈 보기 〉

ㄱ. $\displaystyle\lim_{x \to -1} g(f(x))=-1$

ㄴ. 함수 $g(f(x))$는 $x=0$에서 불연속이다.

ㄷ. 방정식 $g(f(x))=-\dfrac{1}{2}$의 실근이 1과 2 사이에 적어도 하나 존재한다.

① ㄱ   ② ㄷ   ③ ㄱ, ㄴ
④ ㄴ, ㄷ   ⑤ ㄱ, ㄴ, ㄷ

0366

Level 2

삼차방정식
$$x(x+1)(x-1)+x(x+1)+(x+1)(x-1)+x(x-1)=0$$
에 대하여 〈보기〉에서 옳은 것만을 있는 대로 고른 것은?

〈 보기 〉

ㄱ. 열린구간 $(-1, 0)$에서 적어도 하나의 실근을 가진다.

ㄴ. 열린구간 $(0, 1)$에서 적어도 하나의 실근을 가진다.

ㄷ. 4보다 큰 실근이 존재한다.

① ㄱ   ② ㄱ, ㄴ   ③ ㄱ, ㄷ
④ ㄴ, ㄷ   ⑤ ㄱ, ㄴ, ㄷ

0367 <중요>

이차식 $f(x)$에 대하여 방정식 $(2x-3)f(x)=0$이 세 개의 열린구간 $(-2, -1)$, $(-1, 1)$, $(1, 2)$에서 각각 하나의 실근을 가질 때, 〈보기〉에서 옳은 것만을 있는 대로 고른 것은?

─────〈 보기 〉─────

ㄱ. $f(1)f(2)<0$

ㄴ. $f(-1)f(1)<0$

ㄷ. $f(-2)f(-1)<0$

ㄹ. $f(-2)f(-1)f(1)f(2)>0$

① ㄱ   ② ㄴ, ㄷ   ③ ㄱ, ㄷ, ㄹ

④ ㄴ, ㄷ, ㄹ   ⑤ ㄱ, ㄴ, ㄷ, ㄹ

다음은 이 유형에서 출제된 최근 교육청·평가원 기출문제입니다.

0368 <교육청>

실수 전체의 집합에서 정의된 함수 $y=f(x)$의 그래프가 그림과 같을 때, 〈보기〉에서 옳은 것만을 있는 대로 고른 것은? (단, $f(1)=f(3)=0$)

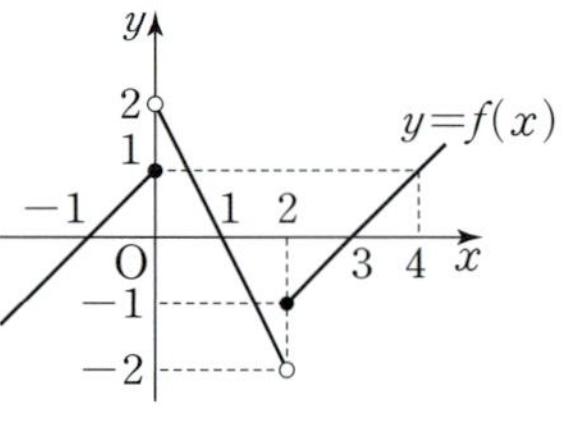

─────〈 보기 〉─────

ㄱ. $\lim\limits_{x \to 0-} f(x)=1$

ㄴ. 함수 $f(x)f(x+3)$은 $x=0$에서 연속이다.

ㄷ. 방정식 $f(x)f(x+1)+2x-5=0$은 열린구간 $(1, 3)$에서 적어도 하나의 실근을 가진다.

① ㄱ   ② ㄷ   ③ ㄱ, ㄴ

④ ㄴ, ㄷ   ⑤ ㄱ, ㄴ, ㄷ

---

 21 사잇값 정리의 실생활에서의 활용

적당한 함수를 세워 연속인 구간을 찾고, 사잇값 정리를 이용한다.

0369 <대표문제>

어느 비행기가 A공항을 출발하여 B공항에 멈춘 다음 다시 출발하여 C공항에 도착하였다. 이 비행기가 A공항에서 B공항까지 갈 때와 B공항에서 C공항까지 갈 때의 최고 속력이 각각 시속 800 km였다고 할 때, A공항에서 C공항으로 갈 때까지 속력이 시속 300 km인 순간은 적어도 n번 있었다. 이때 n의 값은?

① 1   ② 2   ③ 3

④ 4   ⑤ 5

0370

3년 전 형식이의 몸무게가 60 kg이었고 2년 전에는 75 kg이었고 1년 전에는 67 kg이었고 현재 형식이의 몸무게가 70 kg이라 할 때, 지난 3년 동안 형식이의 몸무게에 대한 다음 설명 중 옳지 <u>않은</u> 것은?

① 몸무게가 74 kg인 때가 적어도 두 번 있었다.

② 몸무게가 72 kg인 때가 적어도 두 번 있었다.

③ 몸무게가 69 kg인 때가 적어도 세 번 있었다.

④ 몸무게가 65 kg인 때가 적어도 두 번 있었다.

⑤ 몸무게가 63 kg인 때가 적어도 한 번 있었다.

● 정답 및 풀이 **68**쪽

0371 대표문제

두 함수

$$f(x)=\begin{cases} x-2 & (x\geq 1) \\ x^2-1 & (x<1) \end{cases}, \quad g(x)=\begin{cases} x^2+x+a & (x\geq 1) \\ 2x+1 & (x<1) \end{cases}$$

이 있다. 함수 $f(x)g(x)$가 실수 전체의 집합에서 연속이 되도록 하는 상수 a의 값을 구하는 과정을 서술하시오. [6점]

STEP 1 함수 $f(x)g(x)$가 실수 전체의 집합에서 연속일 조건 구하기 [1점]

두 함수 $f(x)$, $g(x)$는 $x\neq 1$인 모든 실수 x에서 연속이므로 함수 $f(x)g(x)$는 $x\neq 1$인 모든 실수 x에서 연속이다.

즉, 함수 $f(x)g(x)$가 $x=\boxed{}^{(1)}$에서 연속이면 함수 $f(x)g(x)$는 실수 전체의 집합에서 연속이다.

STEP 2 함수 $f(x)g(x)$가 $x=1$에서 연속일 조건을 이용하여 상수 a의 값 구하기 [5점]

함수 $f(x)g(x)$가 $x=1$에서 연속이려면
$\lim\limits_{x\to 1+} f(x)g(x)=\lim\limits_{x\to 1-} f(x)g(x)=f(1)g(1)$이 성립해야 한다.

$f(1)g(1)=\boxed{}^{(2)}$

$\lim\limits_{x\to 1+} f(x)g(x)=\lim\limits_{x\to 1+} (x-2)\times \lim\limits_{x\to 1+} (x^2+x+a)$

$\qquad\qquad =\boxed{}^{(3)}$

$\lim\limits_{x\to 1-} f(x)g(x)=\lim\limits_{x\to 1-} (x^2-1)\times \lim\limits_{x\to 1-} (2x+1)$

$\qquad\qquad =\boxed{}^{(4)}$

즉, $\boxed{}^{(3)}=\boxed{}^{(4)}$이므로 $a=\boxed{}^{(5)}$이다.

0372 한번 더

두 함수

$$f(x)=\begin{cases} a+1 & (x>0) \\ x^2 & (x\leq 0) \end{cases}, \quad g(x)=\begin{cases} x^2+ax+1 & (x>0) \\ x+2 & (x\leq 0) \end{cases}$$

가 있다. 함수 $f(x)g(x)$가 실수 전체의 집합에서 연속이 되도록 하는 상수 a의 값을 구하는 과정을 서술하시오. [6점]

STEP 1 함수 $f(x)g(x)$가 실수 전체의 집합에서 연속일 조건 구하기 [1점]

STEP 2 함수 $f(x)g(x)$가 $x=0$에서 연속일 조건을 이용하여 상수 a의 값 구하기 [5점]

핵심 KEY 유형 9 $f(x)g(x)$ 꼴의 함수의 연속

두 함수 $f(x)$, $g(x)$가 $x\neq a$인 모든 실수 x에서 연속일 때 함수 $f(x)g(x)$가 실수 전체의 집합에서 연속이 되도록 하는 조건을 구하는 문제이다. 이 경우 함수 $f(x)g(x)$가 $x=a$에서 연속이면 $f(x)g(x)$는 실수 전체의 집합에서 연속임을 이용한다.

이때 함수 $f(x)g(x)$가 $x=a$에서 연속이려면
$\lim\limits_{x\to a} f(x)g(x)=f(a)g(a)$가 성립해야 함을 이용하여 미지수의 값을 구할 수 있다.

0373 ☑ 유사 1

두 함수

$$f(x)=\begin{cases} x+a & (x>1) \\ b & (x\leq 1) \end{cases},\ g(x)=\begin{cases} x^2+ax+1 & (x\geq 1) \\ x+2 & (x<1) \end{cases}$$

가 있다. 함수 $f(x)g(x)$가 실수 전체의 집합에서 연속이 되도록 하는 상수 a, b의 값을 구하는 과정을 서술하시오.

(단, $b\neq 0$) [7점]

0374 ☑ 유사 2

두 함수

$$f(x)=\begin{cases} -ax+3 & (x<1) \\ -bx+2 & (x\geq 1) \end{cases},\ g(x)=\begin{cases} 2x & (x<3) \\ x^2+b & (x\geq 3) \end{cases}$$

가 있다. 함수 $f(x)g(x)$가 실수 전체의 집합에서 연속이 되도록 하는 상수 a, b의 값을 구하는 과정을 서술하시오.

[10점]

0375 대표문제

연속함수 $f(x)$가 $f(-1)=a-3$, $f(2)=a^2-4a+6$을 만족시킬 때, 방정식 $xf(x)+3=0$이 -1과 2 사이에서 적어도 하나의 실근을 가지도록 하는 상수 a의 값의 범위를 구하는 과정을 서술하시오. [7점]

STEP 1 $g(x)=xf(x)+3$이라 하고, 사잇값 정리 이용하기 [2점]

$g(x)=xf(x)+3$이라 하면 $g(x)$는 연속함수이고

$g(-1)g(2)$ $\boxed{}^{(1)}$ 0이면 사잇값 정리에 의하여

방정식 $g(x)=0$은 열린구간 $(-1,\ 2)$에서 적어도 하나의 실근을 가진다.

STEP 2 $g(-1)$, $g(2)$의 값 구하기 [2점]

$g(-1)=-f(-1)+3=\boxed{}^{(2)}$

$g(2)=2f(2)+3=2a^2-8a+15$

STEP 3 부등식 $g(-1)g(2)<0$을 만족시키는 상수 a의 값의 범위 구하기 [3점]

$g(-1)g(2)<0$이어야 하므로

$(\boxed{}^{(3)})(2a^2-8a+15)<0$

이때 $2a^2-8a+15=2(a-2)^2+7>0$이므로

$a>\boxed{}^{(4)}$

0376 한번 더

연속함수 $f(x)$가 $f(1)=a^2+3a+2$, $f(2)=a+2$를 만족시킬 때, 방정식 $f(x)=2x$가 1과 2 사이에서 적어도 하나의 실근을 가지도록 하는 양수 a의 값의 범위를 구하는 과정을 서술하시오. [7점]

STEP 1 $g(x)=f(x)-2x$라 하고, 사잇값 정리 이용하기 [2점]

STEP 2 $g(1)$, $g(2)$의 값 구하기 [2점]

STEP 3 부등식 $g(1)g(2)<0$을 만족시키는 양수 a의 값의 범위 구하기
[3점]

0377 유사 1

연속함수 $f(x)$가
$$f(-1)=a^2-3a-10,\ f(1)=-2,$$
$$f(3)=3,\ f(5)=-a^2+6a+7$$
을 만족시킬 때, 방정식 $f(2x-1)f(2x+1)=0$이 열린구간 $(0,\ 1)$, $(1,\ 2)$에서 각각 적어도 하나의 실근을 가지도록 하는 모든 정수 a의 값의 합을 구하는 과정을 서술하시오. [8점]

0378 유사 2

연속함수 $f(x)$가 $f(1)=1$, $f(2)=-3$을 만족시킬 때, 방정식 $f(x)-\cos\dfrac{\pi x}{2}+1=0$이 열린구간 $(1,\ 2)$에서 적어도 하나의 실근을 가짐을 보이는 과정을 서술하시오. [6점]

핵심 KEY 유형 19 . 유형 20 **사잇값 정리**

사잇값 정리를 이용하여 주어진 구간에서 실근이 존재함을 보이는 문제이다. 함수 $f(x)$가 닫힌구간 $[a,\ b]$에서 연속이고 $f(a)f(b)<0$이면 $f(c)=0$인 c가 열린구간 $(a,\ b)$에 적어도 하나 존재함을 이용한다.

1 0379

$x=1$에서 연속인 함수만을 〈보기〉에서 있는 대로 고른 것은? [3점]

〈보기〉

ㄱ. $f(x)=\dfrac{1}{x-1}$　　ㄴ. $f(x)=\dfrac{1}{x^2}$

ㄷ. $f(x)=\dfrac{|x-1|}{x-1}$

① ㄱ　　　② ㄴ　　　③ ㄷ

④ ㄱ, ㄴ　　　⑤ ㄴ, ㄷ

2 0380

닫힌구간 $[-3, 8]$에서 정의된 함수 $y=f(x)$의 그래프가 그림과 같다.

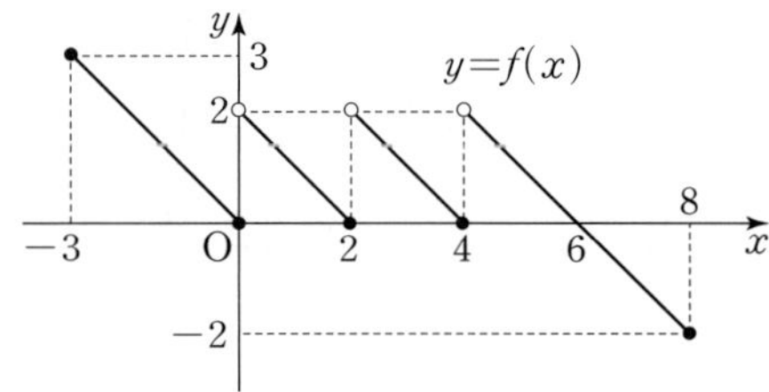

함수 $f(x)$가 $x=a$에서 불연속이 되게 하는 모든 a의 값의 합은? [3점]

① 0　　　② 2　　　③ 4

④ 6　　　⑤ 8

3 0381

두 다항함수 $f(x)$, $g(x)$에 대하여

$$\lim_{x \to 3} \{f(x)+g(x)\}=2, \ \lim_{x \to 3} \{f(x)-g(x)\}=4$$

일 때, $f(3)g(3)$의 값은? [3점]

① -5　　　② -4　　　③ -3

④ -2　　　⑤ -1

4 0382

함수

$$f(x)=\begin{cases} x^2+2x & (x<1) \\ -x+a & (x\geq 1) \end{cases}$$

가 $x=1$에서 연속일 때, 상수 a의 값은? [3점]

① 3　　　② 4　　　③ 5

④ 6　　　⑤ 7

5 0383

함수 $f(x)=\dfrac{5}{x^2-ax+a}$가 모든 실수 x에서 연속이 되게 하는 모든 정수 a의 값의 합은? [3점]

① 3　　　② 4　　　③ 5

④ 6　　　⑤ 7

6 0384

함수

$$f(x)=\begin{cases} \dfrac{x^2+2x-8}{x-2} & (x\neq 2) \\ a & (x=2) \end{cases}$$

가 실수 전체의 집합에서 연속일 때, 상수 a의 값은? [3점]

① 0   ② 2   ③ 4

④ 6   ⑤ 8

7 0385

함수 $y=f(x)$의 그래프가 그림과 같다. 함수 $(x-a)f(x)$가 $x=2$에서 연속일 때, 상수 a의 값은? [3점]

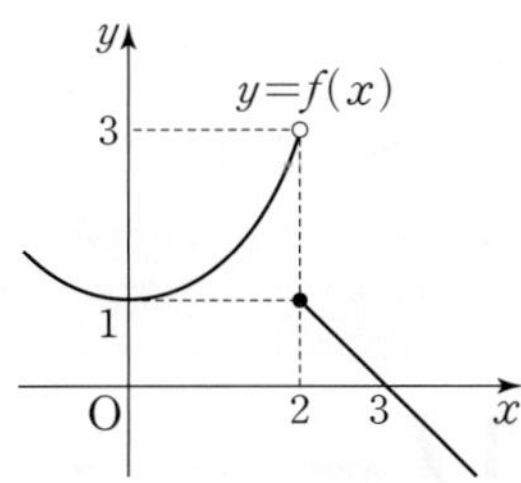

① 1   ② 2

③ 3   ④ 4

⑤ 5

8 0386

두 함수 $f(x)=|x+3|$, $g(x)=x^2+2x-3$에 대하여 다음 중 모든 실수 x에서 연속인 함수가 <u>아닌</u> 것은? [3점]

① $2f(x)-g(x)$ ② $f(x)g(x)$ ③ $\dfrac{f(x)}{g(x)}$

④ $f(g(x))$ ⑤ $g(f(x))$

9 0387

함수 $y=f(x)$의 그래프가 그림과 같다.

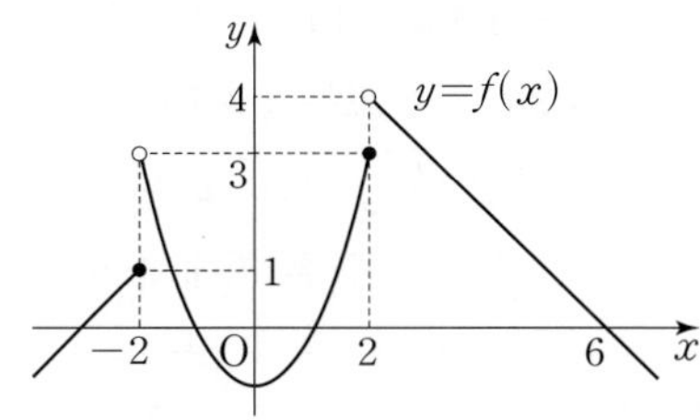

최고차항의 계수가 1인 이차함수 $g(x)$에 대하여 함수 $f(x)g(x)$가 모든 실수 x에서 연속일 때, $g(3)$의 값은? [3점]

① 1   ② 3   ③ 5

④ 7   ⑤ 9

10 0388

함수 $f(x)=\begin{cases} \dfrac{x(x^2+a)}{x-1} & (x\neq 1) \\ b & (x=1) \end{cases}$ 가 실수 전체의 집합에서 연속일 때, 상수 a, b에 대하여 $a+b$의 값은? [3.5점]

① 1   ② 2   ③ 3

④ 4   ⑤ 5

11 0389

함수

$$f(x)=\begin{cases} \dfrac{\sqrt{x^2+4}-a}{x^2} & (x\neq 0) \\ b & (x=0) \end{cases}$$

가 모든 실수 x에서 연속일 때, 상수 a, b에 대하여 $a+b$의 값은? [3.5점]

① $\dfrac{13}{6}$ ② $\dfrac{11}{5}$ ③ $\dfrac{9}{4}$

④ $\dfrac{7}{3}$ ⑤ $\dfrac{5}{2}$

12 0390

다항함수 $f(x)$와 함수

$$g(x)=\begin{cases} [x] & (-1\leq x\leq 1) \\ 0 & (x<-1 \text{ 또는 } x>1) \end{cases}$$

이 다음 조건을 만족시킬 때, $f(4)$의 값은?

(단, $[x]$는 x보다 크지 않은 최대의 정수이다.) [3.5점]

> (가) $\displaystyle\lim_{x\to\infty}\dfrac{f(x)}{x^3+x-1}=2$
>
> (나) 함수 $f(x)g(x)$는 모든 실수 x에서 연속이다.

① 40   ② 60   ③ 80

④ 100   ⑤ 120

13 0391

닫힌구간 $[-3, 1]$에서 함수 $f(x)=x^2+4x+1$의 최댓값을 M, 최솟값을 m이라 할 때, $M-m$의 값은? [3.5점]

① 6   ② 7   ③ 8

④ 9   ⑤ 10

14 0392

다음 함수 중 주어진 구간에서 최댓값과 최솟값을 반드시 가지는 것은? [3.5점]

① $f(x)=2x+1 \quad (-1, 1)$

② $f(x)=\dfrac{x}{x-3} \quad [-1, 1]$

③ $f(x)=\log(2x-1) \quad [0, 5]$

④ $f(x)=\dfrac{1}{x-2}+3 \quad [0, 4]$

⑤ $f(x)=3^{x-1}+1 \quad (0, 1)$

15 0393

함수 $f(x)=x^2-8x+a$에 대하여 함수 $g(x)$를

$$g(x)=\begin{cases} 2x+a & (x\geq 1) \\ 4x-3a & (x<1) \end{cases}$$

라 할 때, 함수 $(f\circ g)(x)$가 실수 전체의 집합에서 연속이 되도록 하는 정수 a의 값은? [4점]

① -2 ② -1 ③ 1

④ 2   ⑤ 3

16 0394

함수

$$f(x)=\begin{cases} -x^2+ax+b & (|x|<2) \\ x(x-3) & (|x|\geq 2) \end{cases}$$

이 모든 실수 x에서 연속이 되도록 하는 상수 a, b에 대하여 $2a-3b$의 값은? [4점]

① -32 ② -30 ③ -28

④ -26 ⑤ -24

17 0395

두 함수 $y=f(x)$, $y=g(x)$의 그래프가 그림과 같을 때, 〈보기〉에서 옳은 것만을 있는 대로 고른 것은?

(단, $f(-2)=f(3)=0$) [4점]

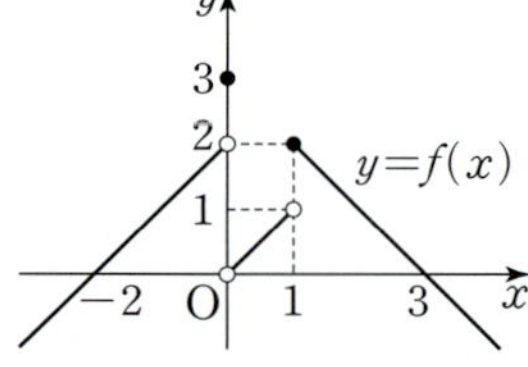 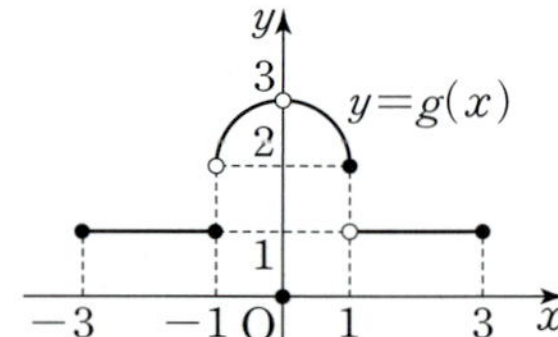

> ─〈 보기 〉─
>
> ㄱ. $\displaystyle\lim_{x\to 0+}f(x)+\lim_{x\to 0+}g(x)=5$
>
> ㄴ. $\displaystyle\lim_{x\to 1}f(x)g(x)$의 값이 존재한다.
>
> ㄷ. 함수 $f(x-2)g(x)$는 $x=0$에서 연속이다.

① ㄴ   ② ㄷ   ③ ㄱ, ㄷ

④ ㄴ, ㄷ   ⑤ ㄱ, ㄴ, ㄷ

18 0396

모든 실수 x에서 연속인 함수 $f(x)$에 대하여 $f(-1)=2$, $f(1)=-2$이다. 〈**보기**〉에서 열린구간 $(-1,\ 1)$에서 반드시 실근을 갖는 방정식만을 있는 대로 고른 것은? [4점]

〈 보기 〉
ㄱ. $f(x)-x=0$
ㄴ. $(x+3)f(x)=0$
ㄷ. $f(x)+f(-x)=0$

① ㄱ   ② ㄴ   ③ ㄱ, ㄴ
④ ㄱ, ㄷ   ⑤ ㄱ, ㄴ, ㄷ

19 0397

실수 전체의 집합에서 연속인 함수 $f(x)$가 다음 조건을 만족시킨다.

(가) $(x-2)f(x)=x^3+ax-b$
(나) 함수 $f(x)$의 최솟값은 2이다.

상수 $a,\ b$에 대하여 $a+b$의 값은? [4.5점]

① 1   ② 2   ③ 3
④ 4   ⑤ 5

20 0398

정의역이 $\{x\,|-2<x<2\}$인 두 함수 $y=f(x)$, $y=g(x)$의 그래프가 그림과 같다. 〈**보기**〉에서 옳은 것만을 있는 대로 고른 것은? [4.5점]

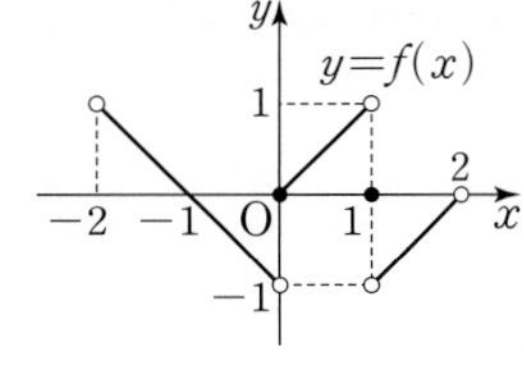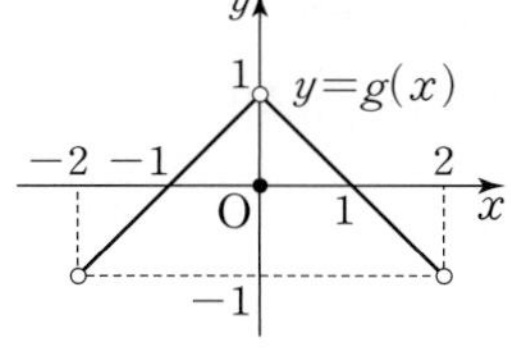

〈 보기 〉
ㄱ. $\lim\limits_{x \to 1} \{f(x)\}^2=1$
ㄴ. 함수 $h(x)=f(x)+f(-x)$일 때, 함수 $|h(x)|$는 $x=1$에서 연속이다.
ㄷ. $-2<x<2$에서 함수 $f(x)g(x)$가 연속이 되는 정수 x의 개수는 2이다.

① ㄱ   ② ㄴ   ③ ㄱ, ㄴ
④ ㄱ, ㄷ   ⑤ ㄱ, ㄴ, ㄷ

21 0399

양의 실수 k에 대하여 원 $x^2+y^2=k^2$과 직선 $y=x+\sqrt{2}$가 만나는 점의 개수를 $f(k)$라 할 때, 〈**보기**〉에서 옳은 것만을 있는 대로 고른 것은? [4.5점]

〈 보기 〉
ㄱ. $\lim\limits_{k \to 1-} f(k)=2$
ㄴ. 구간 $(0,\ \infty)$에서 함수 $f(k)$가 불연속인 k의 값의 개수는 1이다.
ㄷ. 함수 $(k-1)f(k)$는 $k=1$에서 연속이다.

① ㄱ   ② ㄷ   ③ ㄱ, ㄴ
④ ㄴ, ㄷ   ⑤ ㄱ, ㄴ, ㄷ

22 0400

방정식 $x^2+2x+k=0$이 열린구간 $(-1,\ 2)$에서 적어도 하나의 실근을 갖도록 하는 정수 k의 개수를 구하는 과정을 서술하시오. [6점]

23 0401

모든 실수 x에서 연속인 함수 $f(x)$에 대하여
$$f(0)=2,\ f(1)=a^2-3a-6,\ f(2)=8$$
이다. 방정식 $f(x)=2x^2-4x$가 열린구간 $(0,\ 1)$과 열린구간 $(1,\ 2)$에서 각각 적어도 하나의 실근을 갖도록 하는 실수 a의 값의 범위를 구하는 과정을 서술하시오. [6점]

24 0402

연속함수 $f(x)$가 다음 조건을 만족시킬 때, $f(-7)$의 값을 구하는 과정을 서술하시오. [7점]

(가) $f(x)=\begin{cases} x+2 & (0\le x<4) \\ a(x-4)^2+b & (4\le x\le 6) \end{cases}$ (단, a, b는 상수)

(나) 모든 실수 x에 대하여 $f(x+6)=f(x)$이다.

25 0403

서로 다른 두 상수 a, b에 대하여 두 함수 $f(x)$, $g(x)$는 다음과 같다.
$$f(x)=\begin{cases} x^2+1 & (x\le 0) \\ x+a & (x>0) \end{cases},\quad g(x)=\begin{cases} x+b & (x\le 1) \\ x^2+1 & (x>1) \end{cases}$$
함수 $f(x)g(x)$가 실수 전체의 집합에서 연속일 때, $a+b$의 값을 구하는 과정을 서술하시오. [7점]

실전 마무리하기 **2회**

1 0404

열린구간 $(-2, 2)$에서 정의된 함수 $y=f(x)$의 그래프가 그림과 같다. 함수 $f(x)$의 극한값이 존재하지 않는 x의 값의 개수를 a, 불연속이 되는 x의 값의 개수를 b라 할 때, $a+b$의 값은? [3점]

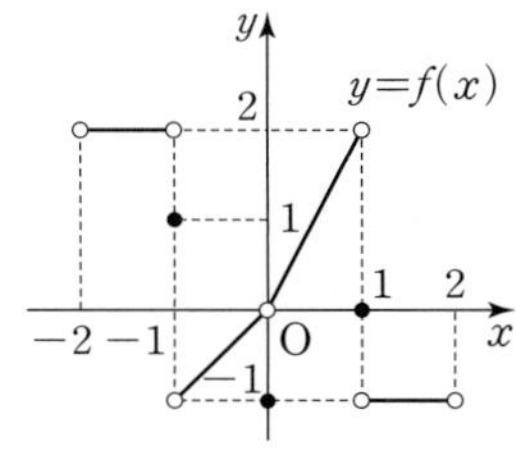

① 1   ② 2   ③ 3
④ 4   ⑤ 5

2 0405

함수 $f(x)$가 $x=1$에서 연속이고 $f(1)\times\lim\limits_{x\to1-}f(x)\times\lim\limits_{x\to1+}f(x)=8$일 때, $f(1)$의 값은? [3점]

① 2   ② 4   ③ 6
④ 8   ⑤ 10

3 0406

함수 $f(x)=\begin{cases} x^2+2x+a & (x\geq1) \\ 2x+b & (x<1) \end{cases}$ 가 $x=1$에서 연속이 되도록 하는 상수 a, b에 대하여 $a-b$의 값은? [3점]

① -2 ② -1 ③ 0
④ 1   ⑤ 2

4 0407

두 함수 $f(x)$, $g(x)$가 $x=0$에서 연속일 때, 〈**보기**〉의 함수 중 $x=0$에서 항상 연속인 함수의 개수는? [3점]

〈 보기 〉
ㄱ. $f(x)+2g(x)$ ㄴ. $f(x)g(x)$
ㄷ. $\dfrac{f(x)}{g(x)}$ ㄹ. $f(f(x))$

① 0   ② 1   ③ 2
④ 3   ⑤ 4

5 0408

두 함수 $f(x)=\begin{cases} x+3 & (x>1) \\ -x+2 & (x\leq1) \end{cases}$, $g(x)=x+a$에 대하여 함수 $f(x)g(x)$가 $x=1$에서 연속이 되게 하는 상수 a의 값은? [3점]

① -2 ② -1 ③ 1
④ 2   ⑤ 3

6 0409

두 함수
$$f(x)=x^2+2, \quad g(x)=x^2+2ax+3$$
에 대하여 함수 $\dfrac{f(x)}{g(x)}$가 모든 실수 x에서 연속이 되도록 하는 정수 a의 개수는? [3점]

① 2   ② 3   ③ 4
④ 5   ⑤ 6

다음 중 함수 $f(x)=\dfrac{x^2-4x+3}{x^2-2x-3}$이 최댓값과 최솟값을 모두 가지는 구간은? [3점]

① $(-\infty,\,-2]$ ② $[-1,\,1]$ ③ $[1,\,3]$

④ $[4,\,5]$ ⑤ $[5,\,\infty)$

다음 중 방정식 $x^4-7x^2+2x+2=0$의 실근을 포함하지 <u>않는</u> 구간은? [3점]

① $(-3,\,-1)$ ② $(-1,\,0)$ ③ $(0,\,1)$

④ $(1,\,2)$ ⑤ $(2,\,3)$

$x=1$에서 연속인 함수인 것만을 〈**보기**〉에서 있는 대로 고른 것은? (단, $[x]$는 x보다 크지 않은 최대의 정수이다.) [3.5점]

> ───〈 보기 〉───
>
> ㄱ. $f(x)=|x-1|$ ㄴ. $f(x)=\left[\dfrac{x+1}{4}\right]$
>
> ㄷ. $f(x)=\begin{cases} \dfrac{x^3-1}{x^2-1} & (x\neq1) \\ 2 & (x=1) \end{cases}$

① ㄱ ② ㄴ ③ ㄱ, ㄴ

④ ㄱ, ㄷ ⑤ ㄱ, ㄴ, ㄷ

함수 $f(x)=\begin{cases} \dfrac{x^2-5x+a}{x-2} & (x\neq2) \\ b & (x=2) \end{cases}$ 가 모든 실수 x에서 연속 이 되도록 하는 실수 $a,\,b$에 대하여 $a+b$의 값은? [3.5점]

① 1 ② 2 ③ 3

④ 4 ⑤ 5

모든 실수 x에서 연속인 함수 $f(x)$가
$$(x-2)f(x)=ax^2+bx,\ f(2)=1$$
을 만족시킬 때, 상수 $a,\,b$에 대하여 $2ab$의 값은? [3.5점]

① -2 ② -1 ③ 0

④ 1 ⑤ 2

두 함수 $y=f(x),\,y=g(x)$의 그래프가 그림과 같다. 〈**보기**〉에서 옳은 것만을 있는 대로 고른 것은? [3.5점]

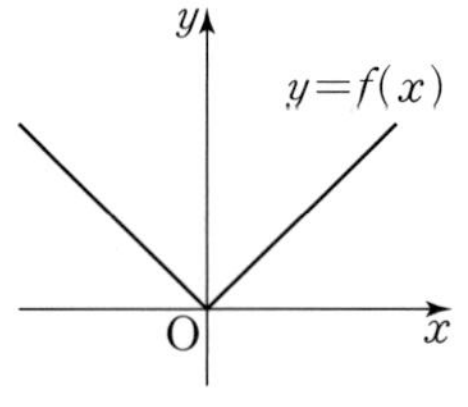

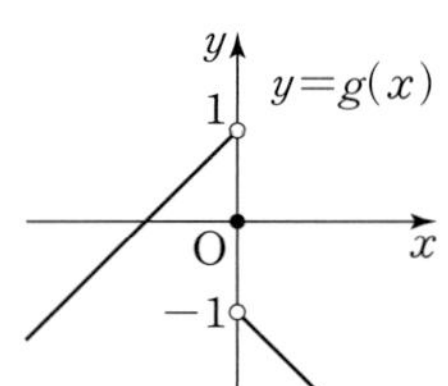

> ───〈 보기 〉───
>
> ㄱ. 함수 $g(f(x))$는 $x=0$에서 연속이다.
>
> ㄴ. 함수 $f(x)g(x)$는 $x=0$에서 연속이다.
>
> ㄷ. 함수 $\{g(x)\}^2$은 실수 전체의 집합에서 연속이다.

① ㄱ ② ㄴ ③ ㄱ, ㄴ

④ ㄱ, ㄷ ⑤ ㄴ, ㄷ

13 0416

두 함수 $f(x)=x-1$, $g(x)=[x]$에 대하여
함수 $h(x)=f(x)g(x)$라 하자. 함수 $h(x)$에 대하여 〈**보기**〉
에서 옳은 것만을 있는 대로 고른 것은?

(단, $[x]$는 x보다 크지 않은 최대의 정수이다.) [3.5점]

〈 보기 〉

ㄱ. $h(1)=0$

ㄴ. $\lim\limits_{x\to2-}h(x)=1$

ㄷ. 모든 정수에서 불연속이다.

① ㄱ　　　　② ㄴ　　　　③ ㄱ, ㄴ

④ ㄴ, ㄷ　　　⑤ ㄱ, ㄴ, ㄷ

14 0417

닫힌구간 $[-1,\ 2]$에서 함수 $f(x)=\dfrac{3x-2}{x-3}$의 최댓값을
M, 최솟값을 m이라 할 때, Mm의 값은? [3.5점]

① -1　　　　② -2　　　　③ -3

④ -4　　　　⑤ -5

15 0418

두 함수

$$f(x)=\begin{cases} x^2+2x+2a & (x\geq1) \\ x+a & (x<1) \end{cases},\quad g(x)=-x^2+ax$$

에 대하여 함수 $(g\circ f)(x)$가 실수 전체의 집합에서 연속이
되도록 하는 상수 a의 값은? [4점]

① -8　　　　② -6　　　　③ -4

④ -2　　　　⑤ 0

16 0419

모든 실수 x에서 연속인 함수 $f(x)$가
$f(x+4)=f(x)$를 만족시키고, 닫힌구간 $[0,\ 4]$에서

$$f(x)=\begin{cases} 6x & (0\leq x<1) \\ x^2+ax+b & (1\leq x\leq4) \end{cases}$$

이다. $f(10)$의 값은? [4점]

① 1　　　　② 2　　　　③ 3

④ 4　　　　⑤ 5

17 0420

함수 $f(x)=\begin{cases} a & (x\leq1) \\ -x+2 & (x>1) \end{cases}$ 일 때, 〈보기〉에서 옳은 것

만을 있는 대로 고른 것은? (단, a는 상수이다.) [4점]

〈 보기 〉

ㄱ. $\lim\limits_{x\to1+}f(x)=1$

ㄴ. $a=0$이면 함수 $f(x)$는 $x=1$에서 연속이다.

ㄷ. 함수 $(x-1)f(x)$는 실수 전체의 집합에서 연속이다.

① ㄱ　　　　② ㄴ　　　　③ ㄱ, ㄷ

④ ㄴ, ㄷ　　　⑤ ㄱ, ㄴ, ㄷ

18 0421

실수 a에 대하여 집합

$$\{x\,|\,ax^2+2(a-5)x-(a-5)=0,\ x는\ 실수\}$$

의 원소의 개수를 $f(a)$라 할 때, 함수 $f(a)$가 불연속인 점의 개수는? [4점]

① 0   ② 1   ③ 2

④ 3   ⑤ 4

19 0422

함수 $f(x)=\dfrac{x+2}{x+3}$에 대하여 닫힌구간 $\left[-\dfrac{5}{2},\ 2\right]$에서

함수 $y=|f(x)|-2$의 최댓값을 M, 최솟값을 m이라 하자. Mm의 값은? [4점]

① $-\dfrac{7}{2}$ ② -3 ③ 2

④ $\dfrac{5}{2}$ ⑤ 3

20 0423

최고차항의 계수가 1인 사차함수 $g(x)$에 대하여 함수

$$f(x)=\begin{cases}\dfrac{g(x)}{x(x-1)} & (x\neq 0,\ x\neq 1인\ 실수)\\[2mm] 4 & (x=0)\\[2mm] 10 & (x=1)\end{cases}$$

이 모든 실수 x에서 연속일 때, $g(-2)$의 값은? [4.5점]

① -24 ② -12 ③ 12

④ 24   ⑤ 36

21 0424

두 함수 $f(x)$, $g(x)$가

$$f(x)=\begin{cases}x^2+ax+7 & (x<1)\\ x^2-2x+3 & (x\geq 1)\end{cases},\quad g(x)=x^2-2bx+a$$

일 때, 다음 조건을 만족시킨다.

> ㈎ $f(x)g(x)$는 연속함수이다.
> ㈏ 함수 $g(x)$의 최솟값은 9이다.

이때 모든 $g(2)$의 값의 합은? (단, a, b는 상수이다.) [4.5점]

① -2 ② -3 ③ -4

④ -5 ⑤ -6

22 0425

함수 $f(x)=\begin{cases} x^2-3x+a & (x\geq a) \\ -x^2+2x+5 & (x<a) \end{cases}$ 가 실수 전체의 집합에서 연속일 때, 모든 실수 a의 값의 합을 구하는 과정을 서술하시오. [6점]

23 0426

방정식 $x^3-x^2+9x+1=0$이 열린구간 $(-2, 1)$에서 적어도 하나의 실근을 가짐을 보이는 과정을 서술하시오. [6점]

24 0427

함수 $f(x)=\begin{cases} \dfrac{x^2+(b-1)x-b}{x+a} & (x\neq 1) \\ 2a-b & (x=1) \end{cases}$ 가 실수 전체의 집합에서 연속이 되도록 하는 상수 a, b의 값을 구하는 과정을 서술하시오. (단, $2a\neq b$) [7점]

25 0428

함수 $f(x)=\begin{cases} \dfrac{a\sqrt{x-1}+b}{x-2} & (x\neq 2) \\ 2 & (x=2) \end{cases}$ 가 $x\geq 1$에서 연속이기 위한 상수 a, b의 값을 구하는 과정을 서술하시오. [7점]

1 0429　　　　　　　　　　　　　　　　연계문항 63쪽 **0267**

두 함수

$$f(x)=\begin{cases} x^2-x+2a & (x\geq 1) \\ 3x+a & (x<1) \end{cases}, \quad g(x)=x^2+ax+3$$

에 대하여 함수 $(g\circ f)(x)$가 실수 전체의 집합에서 연속일 때, 모든 상수 a의 값의 합을 구하시오.

2 0430　　　　　　　　　　　　　　　　연계문항 65쪽 **0279**

모든 실수 x에서 연속인 함수 $f(x)$가

$$f(x+4)=f(x)$$

를 만족시키고, 닫힌구간 $[0,\ 4]$에서

$$f(x)=\begin{cases} 3x & (0\leq x<1) \\ x^2+ax+b & (1\leq x\leq 4) \end{cases}$$

이다. $f(15)$의 값은? (단, a, b는 상수이다.)

① -2　　　　　② -1　　　　　③ 1

④ 2　　　　　⑤ 3

3 0431　　　　　　　　　　　　　　　　연계문항 72쪽 **0317**

두 함수

$$f(x)=\begin{cases} x+3 & (x\leq a) \\ x^2-x & (x>a) \end{cases}, \quad g(x)=x-(2a+7)$$

에 대하여 함수 $f(x)g(x)$가 실수 전체의 집합에서 연속이 되게 하는 모든 실수 a의 값의 곱을 구하시오.

4 0432　　　　　　　　　　　　　　　　연계문항 73쪽 **0322**

함수

$$f(x)=\begin{cases} x^2-4x+5 & (x\leq 2) \\ x-2 & (x>2) \end{cases}$$

와 최고차항의 계수가 1인 이차함수 $g(x)$에 대하여 함수 $\dfrac{g(x)}{f(x)}$가 실수 전체의 집합에서 연속일 때, $g(5)$의 값을 구하시오.

5 0433　　　　　　　　　　　　　　　　연계문항 74쪽 **0326**

함수

$$f(x)=\begin{cases} x+1 & (x\leq 0) \\ -\dfrac{1}{2}x+7 & (x>0) \end{cases}$$

에 대하여 함수 $f(x)f(x-a)$가 $x=a$에서 연속이 되도록 하는 모든 실수 a의 값의 합을 구하시오.

03

미분계수와 도함수

03 미분계수와 도함수

❶ 평균변화율　　　　　　　　　　　핵심 ❶

(1) 증분

함수 $y=f(x)$에서 x의 값이 a에서 b까지 변할 때, 함숫값은 $f(a)$에서 $f(b)$까지 변한다. 이때 x의 값의 변화량 $b-a$를 x의 **증분**, y의 값의 변화량 $f(b)-f(a)$를 y의 **증분**이라 하고, 기호로 각각 $\mathit{\Delta}x$, $\mathit{\Delta}y$와 같이 나타낸다.

(2) 평균변화율

함수 $y=f(x)$에서 x의 값이 a에서 b까지 변할 때의 **평균변화율**은

$$\frac{\mathit{\Delta}y}{\mathit{\Delta}x}=\frac{f(b)-f(a)}{b-a}=\frac{f(a+\mathit{\Delta}x)-f(a)}{\mathit{\Delta}x}$$

(3) 평균변화율의 기하적 의미

함수 $y=f(x)$에서 x의 값이 a에서 b까지 변할 때의 평균변화율은 함수 $y=f(x)$의 그래프 위의 두 점 $A(a, f(a))$, $B(b, f(b))$를 지나는 직선 AB의 기울기와 같다.

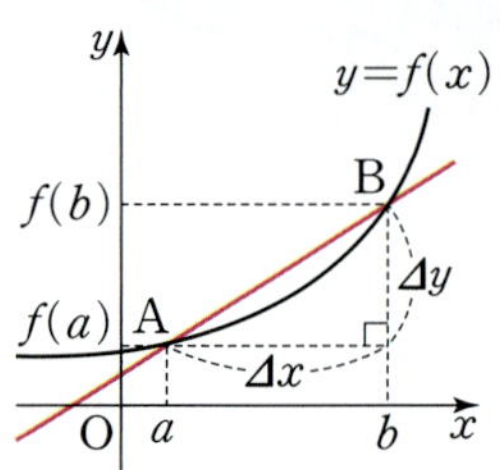

❷ 미분계수　　　　　　　　　　　핵심 ❷~❸

(1) 미분계수

함수 $y=f(x)$의 $x=a$에서의 **순간변화율** 또는 **미분계수**는

$$f'(a)=\lim_{\mathit{\Delta}x\to 0}\frac{\mathit{\Delta}y}{\mathit{\Delta}x}=\lim_{\mathit{\Delta}x\to 0}\frac{f(a+\mathit{\Delta}x)-f(a)}{\mathit{\Delta}x}=\lim_{x\to a}\frac{f(x)-f(a)}{x-a}$$

> 참고 　미분계수를 구할 때, $\mathit{\Delta}x$ 대신 h를 사용하여 $f'(a)=\lim\limits_{h\to 0}\dfrac{f(a+h)-f(a)}{h}$와 같이 나타내기도 한다.

(2) 미분계수의 기하적 의미

함수 $y=f(x)$가 $x=a$에서 미분가능할 때, $x=a$에서의 미분계수 $f'(a)$는 곡선 $y=f(x)$ 위의 점 $(a, f(a))$에서의 접선의 기울기와 같다.

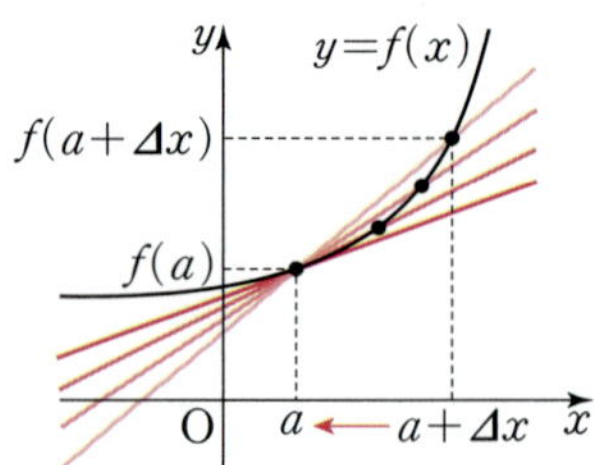

❸ 미분가능성과 연속성　　　　　　핵심 ❹

(1) 함수 $y=f(x)$에 대하여 $x=a$에서의 미분계수 $f'(a)$가 존재하면 함수 $y=f(x)$는 $x=a$에서 **미분가능**하다고 한다.

(2) 함수 $f(x)$가 $x=a$에서 미분가능하면 $f(x)$는 $x=a$에서 연속이다. 그러나 그 역은 성립하지 않는다.

> 예 　함수 $f(x)=|x|$는 $x=0$에서 연속이지만 미분가능하지 않다.

⊕ Note

● $\mathit{\Delta}x=b-a$
$\mathit{\Delta}y=f(b)-f(a)=f(a+\mathit{\Delta}x)-f(a)$

● $\mathit{\Delta}$는 차를 뜻하는 단어 Difference의 첫 글자 D에 해당하는 그리스 문자로, '델타(delta)'라 읽는다. 이때 $\mathit{\Delta}x$는 $\mathit{\Delta}$와 x의 곱이 아닌 x의 증분을 나타내는 하나의 기호이다.

● 미분계수 $f'(a)$는 'f 프라임(prime) a'라 읽는다.

● $a+\mathit{\Delta}x=x$로 놓으면 $\mathit{\Delta}x=x-a$이고 $\mathit{\Delta}x\to 0$일 때, $x\to a$이므로 미분계수 $f'(a)$는

$$f'(a)=\lim_{x\to a}\frac{f(x)-f(a)}{x-a}$$

이다.

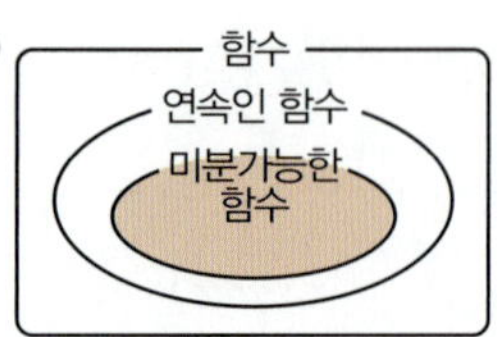

● 함수 $f(x)$가 $x=a$에서 미분가능하지 않은 경우
① $x=a$에서 불연속인 경우
② $x=a$에서 그래프가 꺾인 경우

④ 도함수와 미분법 〔핵심 5〕

(1) 도함수

함수 $y=f(x)$가 정의역에 속하는 모든 x에서 미분가능할 때, 정의역의 각 원소 x에 미분계수 $f'(x)$를 대응시키면 새로운 함수를 얻는다. 이 함수를 함수 $y=f(x)$의 **도함수**라 하고, 기호로

$$f'(x),\ y',\ \frac{dy}{dx},\ \frac{d}{dx}f(x)$$

와 같이 나타낸다. 즉,

$$f'(x)=\lim_{\Delta x\to 0}\frac{f(x+\Delta x)-f(x)}{\Delta x}=\lim_{h\to 0}\frac{f(x+h)-f(x)}{h}$$

(2) 미분법

함수 $f(x)$에서 도함수 $f'(x)$를 구하는 것을 '함수 $f(x)$를 x에 대하여 미분한다.'라 하고, 그 계산법을 미분법이라 한다.

⊳ $\dfrac{dy}{dx}$는 y를 x에 대하여 미분한다는 것을 뜻하며 '디와이(dy) 디엑스(dx)'라 읽는다.

⊳ 함수 $f(x)$의 $x=a$에서의 미분계수 $f'(a)$는 도함수 $f'(x)$의 식에 $x=a$를 대입한 값이다.

⑤ 함수 $y=x^n$ (n은 양의 정수)과 상수함수의 도함수 〔핵심 5〕

(1) $y=x^n$ ($n\geq2$인 정수)   ➔ $y'=nx^{n-1}$

(2) $y=x$ ➔ $y'=1$

(3) $y=c$ (c는 상수)   ➔ $y'=0$

⊳ 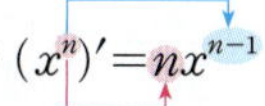

⑥ 함수의 실수배, 합, 차의 미분법 〔핵심 5〕

두 함수 $f(x)$, $g(x)$가 미분가능할 때

(1) $y=cf(x)$ (c는 상수)   ➔ $y'=cf'(x)$

(2) $y=f(x)+g(x)$ ➔ $y'=f'(x)+g'(x)$

(3) $y=f(x)-g(x)$ ➔ $y'=f'(x)-g'(x)$

⊳ (2), (3)은 세 개 이상의 함수에 대해서도 성립한다.

⑦ 함수의 곱의 미분법 〔핵심 6〕

세 함수 $f(x)$, $g(x)$, $h(x)$가 미분가능할 때

(1) $y=f(x)g(x)$ ➔ $y'=f'(x)g(x)+f(x)g'(x)$

(2) $y=f(x)g(x)h(x)$ ➔ $y'=f'(x)g(x)h(x)+f(x)g'(x)h(x)$
$$\qquad\qquad\qquad\qquad\qquad +f(x)g(x)h'(x)$$

(3) $y=\{f(x)\}^n$ (n은 자연수) ➔ $y'=n\{f(x)\}^{n-1}f'(x)$

핵심 **1** 평균변화율 유형 1

함수 $y=f(x)$에서 x의 값이 a에서 b까지 변할 때의 평균변화율

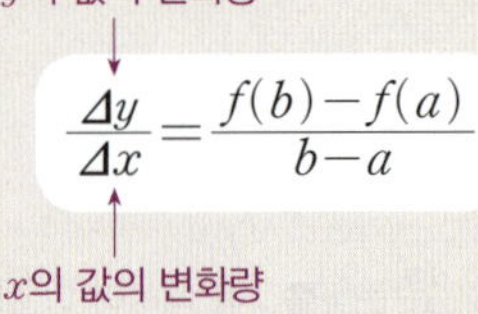

$$\frac{\varDelta y}{\varDelta x}=\frac{f(b)-f(a)}{b-a}$$

y의 값의 변화량 / x의 값의 변화량

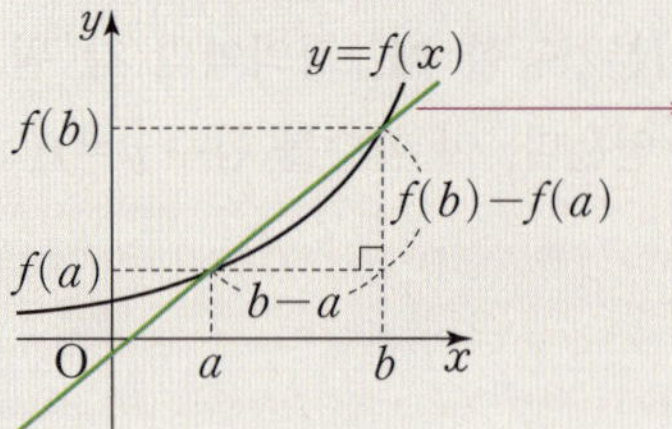

기하적 의미: 곡선 $y=f(x)$ 위의 두 점 $(a,f(a))$, $(b,f(b))$를 지나는 직선의 기울기

> **예** 함수 $f(x)=x^2$에서 x의 값이 1에서 5까지 변할 때의 평균변화율은
> $$\frac{\varDelta y}{\varDelta x}=\frac{f(5)-f(1)}{5-1}=\frac{25-1}{4}=6$$

0434 함수 $f(x)=x^2+3x+4$에서 x의 값이 -3에서 0까지 변할 때의 평균변화율을 구하시오.

0435 함수 $f(x)=x^3+ax$에서 x의 값이 0에서 2까지 변할 때의 평균변화율이 9일 때, 상수 a의 값을 구하시오.

핵심 **2** 미분계수 유형 2

함수 $y=f(x)$의 $x=a$에서의 미분계수(순간변화율)

$$f'(a)=\lim_{x\to a}\frac{f(x)-f(a)}{x-a}=\lim_{h\to 0}\frac{f(a+h)-f(a)}{h}$$

기하적 의미: 곡선 $y=f(x)$ 위의 점 $(a,f(a))$에서의 접선의 기울기 즉, (접선의 기울기)$=f'(a)$

> **예** 함수 $f(x)=x^2$의 $x=2$에서의 미분계수 구하기

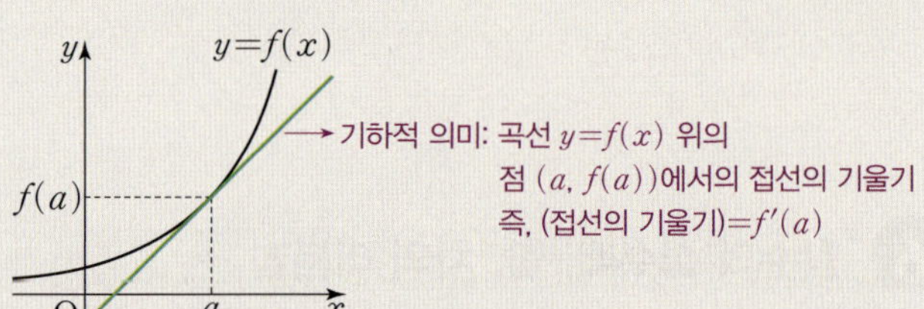

방법1 $f'(a)=\lim\limits_{x\to a}\dfrac{f(x)-f(a)}{x-a}$ 를 이용하기
$$f'(2)=\lim_{x\to 2}\frac{x^2-4}{x-2}=\lim_{x\to 2}\frac{(x+2)(x-2)}{x-2}$$
$$=\lim_{x\to 2}(x+2)=4$$

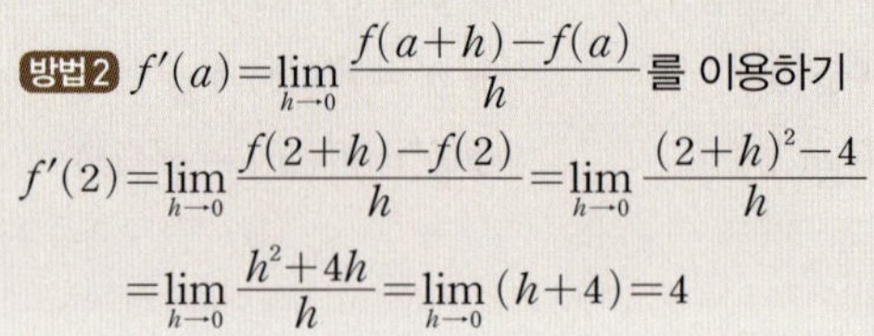

방법2 $f'(a)=\lim\limits_{h\to 0}\dfrac{f(a+h)-f(a)}{h}$ 를 이용하기
$$f'(2)=\lim_{h\to 0}\frac{f(2+h)-f(2)}{h}=\lim_{h\to 0}\frac{(2+h)^2-4}{h}$$
$$=\lim_{h\to 0}\frac{h^2+4h}{h}=\lim_{h\to 0}(h+4)=4$$

0436 다음 함수의 $x=-1$에서의 미분계수를 구하시오.

(1) $f(x)=2x+4$

(2) $f(x)=-x^2+2x+4$

0437 함수 $f(x)=x^2-4x+2$에 대하여 x의 값이 2에서 4까지 변할 때의 평균변화율이 $x=a$에서의 미분계수와 같을 때, 상수 a의 값을 구하시오.

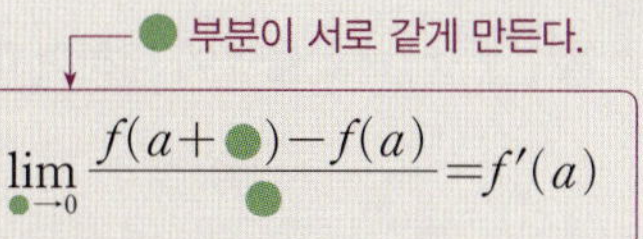

핵심 3 미분계수를 이용한 극한값 유형 3~4

미분가능한 함수 $f(x)$에 대하여 $f'(a)=2$일 때, 다음 극한값을 구해 보자.

(1) $\displaystyle\lim_{h\to 0}\frac{f(a+3h)-f(a)}{h}=\lim_{h\to 0}\left\{\frac{f(a+3h)-f(a)}{3h}\times 3\right\}=3f'(a)=3\times 2=6$

> 부분이 같은 꼴이 되도록 변형한다.

$$\lim_{\bullet\to 0}\frac{f(a+\bullet)-f(a)}{\bullet}=f'(a)$$
> ● 부분이 서로 같게 만든다.

(2) $\displaystyle\lim_{x\to a}\frac{f(x)-f(a)}{x^2-a^2}=\lim_{x\to a}\left\{\frac{f(x)-f(a)}{x-a}\times\frac{1}{x+a}\right\}=f'(a)\times\frac{1}{2a}=2\times\frac{1}{2a}=\frac{1}{a}$

> 부분끼리, 부분끼리 각각 같은 꼴이 되도록 변형한다.

$$\lim_{\bullet\to\blacktriangle}\frac{f(\bullet)-f(\blacktriangle)}{\bullet-\blacktriangle}=f'(\blacktriangle)$$
> ●는 ●끼리, ▲는 ▲끼리 서로 같게 만든다.

0438 다항함수 $f(x)$에 대하여 $f'(1)=3$일 때, 다음 극한값을 구하시오.

(1) $\displaystyle\lim_{h\to 0}\frac{f(1+2h)-f(1)}{h}$

(2) $\displaystyle\lim_{h\to 0}\frac{f(1-3h)-f(1)}{h}$

0439 다항함수 $f(x)$에 대하여 $f'(1)=3$일 때, 다음 극한값을 구하시오.

(1) $\displaystyle\lim_{x\to 1}\frac{f(x)-f(1)}{x^3-1}$

(2) $\displaystyle\lim_{x\to 1}\frac{f(x)-f(1)}{\sqrt{x}-1}$

핵심 4 미분가능성과 연속성 유형 7~8

(1) 점에서의 미분가능성

함수 $f(x)$는 $x=a$에서의 미분계수 $f'(a)$가 존재한다. $\iff$ 함수 $f(x)$는 $x=a$에서 미분가능하다.

$\iff$ (i) 함수 $f(x)$는 $x=a$에서 연속이다.

(ii) $\displaystyle\lim_{x\to a+}\frac{f(x)-f(a)}{x-a}=\lim_{x\to a-}\frac{f(x)-f(a)}{x-a}$ 또는 $\displaystyle\lim_{h\to 0+}\frac{f(a+h)-f(a)}{h}=\lim_{h\to 0-}\frac{f(a+h)-f(a)}{h}$, 즉 (우미분계수)=(좌미분계수)

(2) 미분가능성과 연속성

함수 $f(x)$가 $x=a$에서 미분가능하다. $\Rightarrow$ 함수 $f(x)$는 $x=a$에서 연속이다. ⟶ 역은 성립하지 않는다.

참고 함수의 그래프가 뾰족한 점의 x의 값에서는 미분가능하지 않다.
(우미분계수)≠(좌미분계수)

그림과 같이 함수 $f(x)=|x|$의 그래프는 $x=0$에서 뾰족하다.
따라서 함수 $f(x)$는 $x=0$에서 미분가능하지 않다.

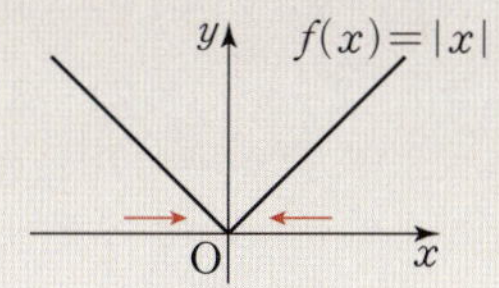

0440 함수 $f(x)=2x+|x|$에 대하여 다음 물음에 답하시오.

(1) 함수 $f(x)$의 $x=0$에서의 연속성을 조사하시오.

(2) 함수 $f(x)$의 $x=0$에서의 미분가능성을 조사하시오.

0441 함수 $f(x)=\begin{cases}x^2+ax-3 & (x\geq 1)\\ bx^2+1 & (x<1)\end{cases}$ 이 실수 전체의 집합에서 미분가능할 때, 상수 a, b에 대하여 $a+b$의 값을 구하시오.

● 함수 $f(x)=x^5$을 x에 대하여 미분해 보자.

$$(x^5)'=5x^4$$

$$f(x)=x^n \ (n\text{은 양의 정수}) \quad \rightarrow \quad f'(x)=nx^{n-1}$$
$$f(x)=c \ (c\text{는 상수}) \quad \rightarrow \quad f'(x)=0$$

● 함수 $f(x)=3x^4-2x^3+7$을 x에 대하여 미분해 보자.

$$(3x^4)'=3\times 4x^3=12x^3, \quad (-2x^3)'=(-2)\times 3x^2=-6x^2, \quad (7)'=0$$

이므로 $f'(x)=12x^3-6x^2$

0442 다음 함수를 미분하시오.

(1) $y=2x^5$

(2) $y=10$

(3) $y=3x^2+6x+4$

(4) $y=-2x^4+5x^3+3$

0443 함수 $f(x)=2x^2+ax-5$에 대하여 $f'(1)=7$일 때, 상수 a의 값을 구하시오.

함수 $f(x)=(x-1)(x-2)$를 미분해 보자.

$$f'(x)=(x-1)'(x-2)+(x-1)(x-2)'$$
$$=1\times(x-2)+(x-1)\times 1$$
$$=x-2+x-1=2x-3$$

두 함수 $f(x)$, $g(x)$가 미분가능할 때,
$$\{f(x)g(x)\}'=f'(x)g(x)+f(x)g'(x)$$

0444 다음 함수를 미분하시오.

(1) $y=(3x-2)(x^2+4x)$

(2) $y=(x^3-x)(x^2+3)$

0445 함수 $f(x)=x(1-2x)(x^3+a)$에 대하여 $f'(1)=12$일 때, 상수 a의 값을 구하시오.

check 기출 유형으로 실전 준비하기

03

실전 유형 1 평균변화율

함수 $y=f(x)$에서 x의 값이 a에서 b까지 변할 때의 평균변화율은

$$\frac{\Delta y}{\Delta x}=\frac{f(b)-f(a)}{b-a}=\frac{f(a+\Delta x)-f(a)}{\Delta x}$$

→ 두 점 $(a, f(a))$, $(b, f(b))$를 지나는 직선의 기울기와 같다.

0446 대표문제

함수 $f(x)=x^3-2x+4$에서 x의 값이 2에서 a까지 변할 때의 평균변화율이 5일 때, 모든 실수 a의 값의 곱은?

(단, $a\neq2$)

① -5 ② -3 ③ -1
④ 0 ⑤ 1

0447　　　Level 1

함수 $f(x)$에 대하여 두 점 $A(1, f(1))$, $B(3, f(3))$을 지나는 직선 AB의 기울기가 -2일 때, x의 값이 1에서 3까지 변할 때의 평균변화율은?

① -5 ② -4 ③ -3
④ -2 ⑤ -1

0448　　　Level 1

함수 $f(x)=x^3-ax+3$에서 x의 값이 0에서 3까지 변할 때의 평균변화율이 8일 때, 상수 a의 값을 구하시오.

0449 중요　　　Level 2

함수 $f(x)=x^2+4x+2$에서 x의 값이 -2에서 4까지 변할 때의 평균변화율과 x의 값이 a에서 3까지 변할 때의 평균변화율이 같다. 이때 실수 a의 값은?

① -5 ② -4 ③ -3
④ -2 ⑤ -1

0450　　　Level 2

자연수 n에 대하여 닫힌구간 $[n, n+1]$에서 함수 $f(x)$의 평균변화율이 $n+1$일 때, 닫힌구간 $[1, 100]$에서 함수 $f(x)$의 평균변화율을 구하시오.

0451 중요　　　Level 2

함수 $y=f(x)$의 그래프가 그림과 같다. 함수 $f(x)$에서 x의 값이 a에서 b까지, b에서 c까지, c에서 d까지 변할 때의 평균변화율을 각각 α, β, γ라 할 때, α, β, γ의 대소 관계는?

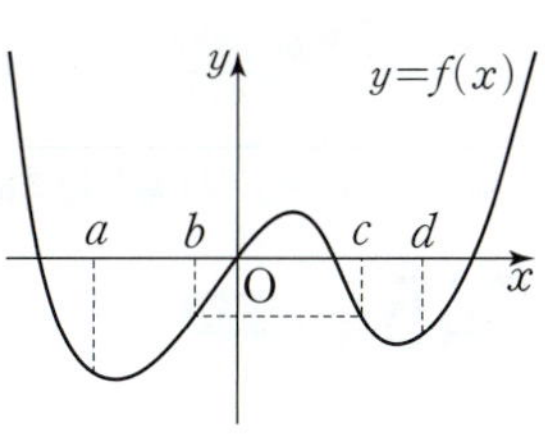

(단, $a<b<c<d$이고, $f(a)<f(d)<f(b)=f(c)$이다.)

① $\alpha<\beta<\gamma$ ② $\alpha<\beta=\gamma$ ③ $\beta<\alpha<\gamma$
④ $\beta<\alpha=\gamma$ ⑤ $\gamma<\beta<\alpha$

0452

함수 $f(x)$가 두 실수 a, b $(a<b)$에 대하여 $f(a)=2$, $f(b)=7$이고, x의 값이 a에서 b까지 변할 때의 평균변화율이 5이다. 함수 $f(x)$의 역함수를 $g(x)$라 할 때, 함수 $g(x)$에서 x의 값이 2에서 7까지 변할 때의 평균변화율은?

① 1 ② $\dfrac{1}{3}$ ③ $\dfrac{1}{5}$

④ $\dfrac{1}{7}$ ⑤ $\dfrac{1}{9}$

＋Plus 문제

0453

함수 $y=f(x)$의 그래프가 그림과 같을 때, 함수 $g(x)=(f \circ f)(x)$에 대하여 함수 $g(x)$에서 x의 값이 1에서 3까지 변할 때의 평균변화율은?

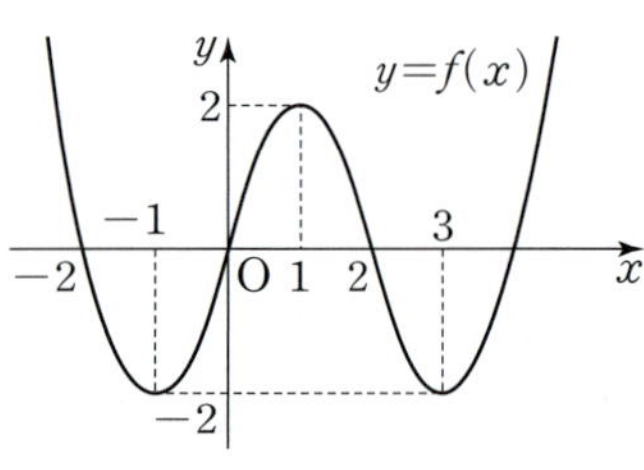

① -1 ② $-\dfrac{1}{2}$ ③ 0

④ $\dfrac{1}{2}$ ⑤ 1

다음은 이 유형에서 출제된 최근 교육청·평가원 기출문제입니다.

0454 교육청

함수 $f(x)=x(x+1)(x-2)$에서 x의 값이 -2에서 0까지 변할 때의 평균변화율과 x의 값이 0에서 a까지 변할 때의 평균변화율이 서로 같을 때, 양수 a의 값은?

① 1 ② 2 ③ 3

④ 4 ⑤ 5

---

2 미분계수(순간변화율) 빈출유형

함수 $y=f(x)$의 $x=a$에서의 미분계수는

$$f'(a)=\lim_{\Delta x \to 0}\frac{f(a+\Delta x)-f(a)}{\Delta x}$$
$$=\lim_{x \to a}\frac{f(x)-f(a)}{x-a}$$

→ 곡선 $y=f(x)$ 위의 점 $(a, f(a))$에서의 접선의 기울기와 같다.

0455 대표문제

함수 $f(x)=x^2+ax$의 닫힌구간 $[1, 3]$에서의 평균변화율과 $x=b$에서의 미분계수가 같을 때, 상수 b의 값은?

(단, a는 상수이다.)

① 1 ② 2 ③ 3

④ 4 ⑤ 5

0456

곡선 $y=f(x)$ 위의 점 $(3, f(3))$에서의 접선의 기울기가 -2일 때, $\displaystyle\lim_{\Delta x \to 0}\frac{f(3+\Delta x)-f(3)}{\Delta x}$의 값을 구하시오.

0457 중요

함수 $f(x)$가 모든 실수 x에 대하여
$$f(2+x)-f(2)=x^3+6x^2+14x$$
를 만족시킬 때, $f'(2)$의 값을 구하시오.

0458

Level 1

함수 $f(x)$가 $a > -9$인 임의의 실수 a에 대하여

$$f(3+a)-f(3)=\sqrt{a+9}-3$$

을 만족시킬 때, $f'(3)$의 값은?

① 1 ② $\dfrac{1}{2}$ ③ $\dfrac{1}{4}$

④ $\dfrac{1}{6}$ ⑤ $\dfrac{1}{8}$

0459 (중요)

Level 2

함수 $f(x)=3x^2-2x$에 대하여 x의 값이 0에서 a까지 변할 때의 평균변화율과 $x=1$에서의 미분계수가 같을 때, 상수 a의 값을 구하시오.

0460

Level 3

다항함수 $f(x)$에 대하여 $f(0)=3$이고, x의 값이 0에서 t까지 변할 때의 평균변화율이 t^2+2t일 때, $x=1$에서의 순간변화율은?

① 7 ② 8 ③ 9

④ 10 ⑤ 11

다음은 이 유형에서 출제된 최근 교육청·평가원 기출문제입니다.

0461 교육청

Level 1

다항함수 $f(x)$가 모든 실수 x에 대하여

$$f(x+1)-f(1)=x^3+13x^2+26x$$

를 만족시킬 때, $f'(1)$의 값은?

① 26 ② 30 ③ 34

④ 38 ⑤ 42

0462 평가원

Level 2

함수 $f(x)=x^3-3x^2+5x$에서 x의 값이 0에서 a까지 변할 때의 평균변화율이 $f'(2)$의 값과 같게 되도록 하는 양수 a의 값을 구하시오.

0463 평가원

Level 2

함수 $f(x)=x^3-6x^2+5x$에서 x의 값이 0에서 4까지 변할 때의 평균변화율과 $f'(a)$의 값이 같게 되도록 하는 $0<a<4$인 모든 실수 a의 값의 곱은 $\dfrac{q}{p}$이다. $p+q$의 값을 구하시오. (단, p와 q는 서로소인 자연수이다.)

함수 $f(x)$의 $x=a$에서의 미분계수는
$$\lim_{h\to 0}\frac{f(a+h)-f(a)}{h}=f'(a)$$
를 이용할 수 있도록 식을 변형한다.

0464 대표문제

다항함수 $f(x)$에 대하여 $f'(1)=6$일 때,
$\displaystyle\lim_{h\to 0}\frac{f(1+3h)-f(1)}{h}$ 의 값을 구하시오.

0465 중요 Level 2

다항함수 $f(x)$에 대하여 $f'(1)=-1$일 때,
$\displaystyle\lim_{h\to 0}\frac{f(1-4h)-f(1+6h)}{h}$ 의 값은?

① -20 ② -10 ③ 0

④ 10 ⑤ 20

0466 Level 2

다항함수 $f(x)$가 $\displaystyle\lim_{h\to 0}\frac{f(1+5h)-f(1+3h)}{2h}=3$을 만족

시킬 때, $\displaystyle\lim_{h\to 0}\frac{f(1+2h^2)-f(1-2h)}{h}$ 의 값은?

① 6 ② 9 ③ 12

④ 15 ⑤ 18

0467 Level 2

$x=a$에서 다항함수 $f(x)$의 미분계수는 2이다.
다항함수 $g(x)$에 대하여
$$\lim_{h\to 0}\frac{f(a+2h)-f(a)-g(h)}{h}=0$$
일 때, $\displaystyle\lim_{h\to 0}\frac{g(h)}{h}$ 의 값은?

① -4 ② -2 ③ 0

④ 2 ⑤ 4

0468 Level 2

다항함수 $f(x)$에 대하여
$$\lim_{h\to 0}\frac{1}{h}\left\{\frac{1}{f(a+h)}-\frac{1}{f(a)}\right\}$$
을 $f(a)$, $f'(a)$를 이용하여 나타낸 것은?

① $-\dfrac{f'(a)}{\{f(a)\}^2}$ ② $\dfrac{f'(a)}{\{f(a)\}^2}$ ③ $-\dfrac{f'(a)}{f(a)}$

④ $\dfrac{f'(a)}{f(a)}$ ⑤ $\dfrac{f(a)}{f'(a)}$

0469 중요 Level 2

다항함수 $f(x)$에 대하여 $f'(2)=10$일 때,
$\displaystyle\lim_{h\to\infty} h\left\{f\left(2+\frac{1}{h}\right)-f(2)\right\}$ 의 값을 구하시오.

0470

Level 2

다항함수 $f(x)$에 대하여 $f'(3)=1$일 때,

$\lim\limits_{x\to\infty} x\left\{f\left(3+\dfrac{3}{x}\right)-f\left(3-\dfrac{1}{x}\right)\right\}$의 값은?

① 2 ② 4 ③ 6
④ 8 ⑤ 10

함수 $f(x)$의 $x=a$에서의 미분계수는

$$\lim_{x\to a}\frac{f(x)-f(a)}{x-a}=f'(a)$$

를 이용할 수 있도록 식을 변형한다.

0473 대표문제

다항함수 $f(x)$에 대하여 $f'(2)=3$일 때,

$\lim\limits_{x\to 2}\dfrac{f(x)-f(2)}{x^2-x-2}$의 값은?

① 1 ② $\dfrac{1}{2}$ ③ $\dfrac{1}{3}$
④ $\dfrac{1}{4}$ ⑤ $\dfrac{1}{5}$

0471

Level 3

미분가능한 함수 $f(x)$에 대하여 $f'(1)=a$일 때,

$$\lim_{h\to 0}\frac{1}{h}\left\{\sum_{k=1}^{5}f(1+kh)-5f(1)\right\}=420$$

을 만족시키는 상수 a의 값을 구하시오.

0474

Level 2

미분가능한 함수 $f(x)$에 대하여 $f'(1)=1$일 때,

$\lim\limits_{x\to 1}\dfrac{f(\sqrt{x})-f(1)}{x^2-1}$의 값을 구하시오.

0475

Level 2

미분가능한 함수 $f(x)$에 대하여 $f(2)=-1$, $f'(2)=1$일

때, $\lim\limits_{x\to 2}\dfrac{x^2-2x}{f(x)+1}$의 값을 구하시오.

다음은 이 유형에서 출제된 최근 교육청·평가원 기출문제입니다.

0472 교육청

Level 2

다항함수 $f(x)$가

$$\lim_{h\to 0}\frac{f(3+h)-4}{2h}=1$$

을 만족시킬 때, $f(3)+f'(3)$의 값은?

① 6 ② 7 ③ 8
④ 9 ⑤ 10

0476 중요

Level 2

미분가능한 함수 $f(x)$에 대하여 $f(1)=1$, $f'(1)=3$일 때,

$\lim\limits_{x\to 1}\dfrac{\sqrt{f(x)}-1}{x-1}$의 값은?

① 0 ② $\dfrac{1}{2}$ ③ 1
④ $\dfrac{3}{2}$ ⑤ 2

0477

다항함수 $f(x)$에 대하여 $\lim\limits_{x \to 1} \dfrac{f(x^2)+2xf(1)}{x-1}=-2$일 때,

$f'(1)-f(1)$의 값은?

① -2 ② -1 ③ 0

④ 2 ⑤ 4

0478

Level 3

미분가능한 함수 $f(x)$가

$$f(1)=0, \ \lim_{x \to 1} \frac{\{f(x)\}^2-2f(x)}{1-x}=10$$

을 만족시킬 때, $f'(1)$의 값을 구하시오.

0479

Level 3

다항함수 $f(x)$가 다음 조건을 만족시킨다.

> (가) 모든 실수 x에 대하여 $f(-x)=-f(x)$이다.
>
> (나) $\lim\limits_{h \to 0} \dfrac{f(-1+3h)+f(1)}{2h}=27$

$\lim\limits_{x \to -1} \dfrac{f(x)+f(1)}{x^2-x-2}$의 값은?

① -8 ② -6 ③ -3

④ 3 ⑤ 6

0480 중요

Level 3

다항함수 $f(x)$에 대하여 $f(3)=2$, $f'(3)=3$일 때,

$\lim\limits_{x \to 3} \dfrac{3f(x)-xf(3)}{x-3}$의 값을 구하시오.

다음은 이 유형에서 출제된 최근 교육청·평가원 기출문제입니다.

0481 교육청

Level 2

함수 $f(x)$에 대하여 $\lim\limits_{x \to 2} \dfrac{f(x)-f(2)}{x-2}=3$일 때,

$\lim\limits_{h \to 0} \dfrac{f(2+h)-f(2-h)}{h}$의 값은?

① 0 ② 2 ③ 4

④ 6 ⑤ 8

0482 교육청 고난도

Level 3

두 다항함수 $f(x)$, $g(x)$가 다음 조건을 만족시킨다.

> (가) $\lim\limits_{x \to 1} \dfrac{f(x)-g(x)}{x-1}=5$
>
> (나) $\lim\limits_{x \to 1} \dfrac{f(x)+g(x)-2f(1)}{x-1}=7$

두 실수 a, b에 대하여 $\lim\limits_{x \to 1} \dfrac{f(x)-a}{x-1}=b \times g(1)$일 때, ab

의 값은?

① 4 ② 5 ③ 6

④ 7 ⑤ 8

<table>
<tr><td>

**실전
유형** **5** 관계식이 주어질 때 미분계수 구하기   **빈출유형**

함수 $f(x)$에 대한 관계식이 주어질 때, $f'(a)$의 값은 다음과 같은 순서로 구한다.

❶ 주어진 식의 x, y에 적당한 수를 대입하여 $f(0)$의 값을 구한다.

❷ $f'(a) = \lim\limits_{h \to 0} \dfrac{f(a+h)-f(a)}{h}$ 의 $f(a+h)$에 주어진 식을 대입하여 $f'(a)$의 값을 구한다.

</td></tr>
</table>

0483 대표문제

미분가능한 함수 $f(x)$가 모든 실수 x, y에 대하여
$$f(x+y) = f(x) + f(y)$$
를 만족시키고 $f'(0)=5$일 때, $f'(3)$의 값은?

① 1   ② 2   ③ 3

④ 4   ⑤ 5

0484

Level 2

미분가능한 함수 $f(x)$가 모든 실수 a, b에 대하여
$$f(a+b) = f(a) + f(b) - 3ab$$
를 만족시키고 $f'(0)=2$일 때, $f'(2)$의 값을 구하시오.

0485

Level 2

미분가능한 함수 $f(x)$가 모든 실수 a, b에 대하여
$$f(a+b) = f(a) + f(b) + 2$$
를 만족시키고 $f'(2)=3$일 때, $f'(5)+f(0)$의 값은?

① -2 ② -1 ③ 1

④ 2   ⑤ 4

0486

Level 2

미분가능한 함수 $f(x)$가 모든 실수 x, y에 대하여
$$f(x+y) = f(x) + f(y) + xy$$
를 만족시키고 $f'(2)=4$일 때, $f'(1)$의 값은?

① 1   ② 2   ③ 3

④ 4   ⑤ 5

0487 중요

Level 3

미분가능한 함수 $f(x)$가 $f(x)>0$이고, 모든 실수 x, y에 대하여
$$f(x+y) = 2f(x)f(y)$$
를 만족시킨다. $f'(0)=3$일 때, $\dfrac{f'(2026)}{f(2026)}$의 값은?

① 2   ② 4   ③ 6

④ 8   ⑤ 10

0488

Level 3

미분가능한 함수 $f(x)$가 다음 조건을 만족시킨다.

> (가) 모든 실수 x, y에 대하여
> $$f(x-y) = f(x) - f(y) + xy(x-y)$$이다.
> (나) $f'(0)=4$, $f'(a)=0$

실수 a에 대하여 a^2의 값은?

① 1   ② 2   ③ 3

④ 4   ⑤ 5

함수 $y=f(x)$의 $x=a$에서의 미분계수 $f'(a)$
→ 곡선 $y=f(x)$ 위의 점 $(a, f(a))$에서의 접선의 기울기와
같다.

0489 대표문제

함수 $y=f(x)$의 그래프와 직선
$y=x$가 그림과 같을 때, 〈보기〉에
서 옳은 것만을 있는 대로 고른 것
은? (단, $0<a<b$)

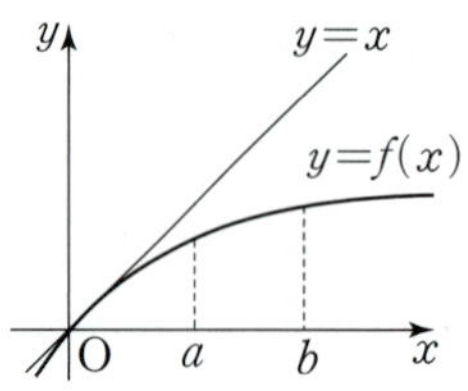

〈보기〉
ㄱ. $\dfrac{f(a)}{a}<\dfrac{f(b)}{b}$　　　ㄴ. $f(b)-f(a)>b-a$
ㄷ. $f'(a)>f'(b)$

① ㄱ　　　　② ㄴ　　　　③ ㄷ
④ ㄱ, ㄷ　　　⑤ ㄴ, ㄷ

0490

● Level 1

임의의 실수 a, b $(a<b)$에 대하여 함수 $f(x)$에서 x의 값이
a에서 b까지 변할 때의 평균변화율과 $f'(a)$의 값이 같을 때,
다음 중 함수 $y-f(x)$의 그래프로 가장 적당한 것은?

① 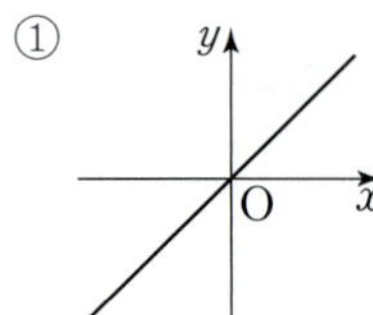　② 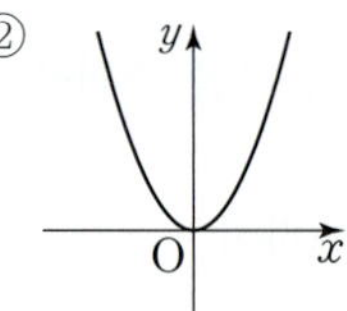　③ 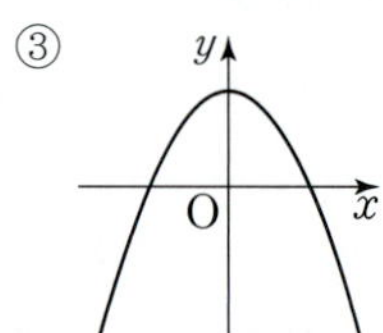

④ 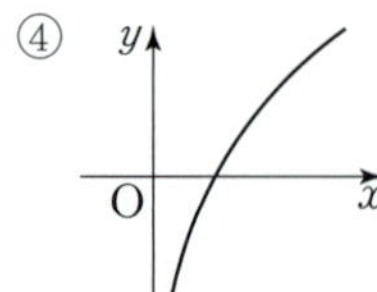　⑤ 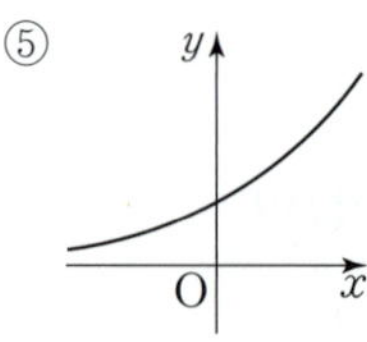

0491 중요

●● Level 2

함수 $y=f(x)$의 그래프와 $x=-1$,
$x=1$에서의 접선이 그림과 같을 때,
〈보기〉에서 옳은 것만을 있는 대로 고
른 것은?

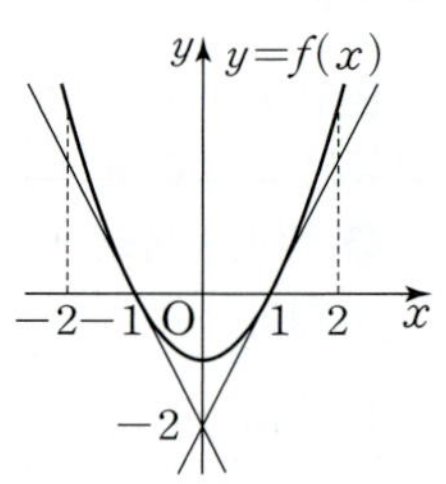

〈보기〉
ㄱ. $f'(1)=2$
ㄴ. $f'(1)+f'(-1)=0$
ㄷ. $f'(2)>f'(1)$

① ㄱ　　　　② ㄱ, ㄴ　　　③ ㄱ, ㄷ
④ ㄴ, ㄷ　　　⑤ ㄱ, ㄴ, ㄷ

0492

●● Level 2

양수 k에 대하여 함수 $y=g(x)$
의 그래프와 직선 $y=k$가 그림
과 같을 때, 〈보기〉에서 옳은
것만을 있는 대로 고른 것은?

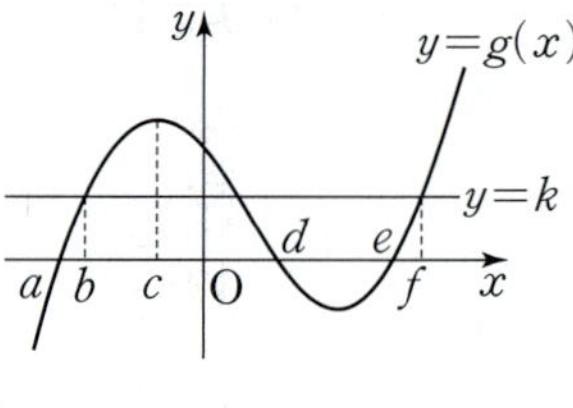

〈보기〉
ㄱ. $g'(a)<g'(d)$　　　ㄴ. $\dfrac{g(f)-g(d)}{f-d}>g'(f)$
ㄷ. $\dfrac{g(e)-g(b)}{e-b}<g'(b)$

① ㄴ　　　　② ㄷ　　　　③ ㄱ, ㄴ
④ ㄱ, ㄷ　　　⑤ ㄴ, ㄷ

0493 중요

Level 2

함수 $y=f(x)$의 그래프가 그림과 같다. $0<a<b$일 때, 〈보기〉에서 옳은 것만을 있는 대로 고른 것은?

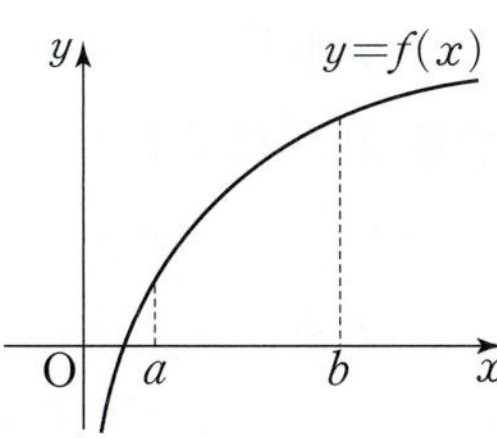

〈보기〉

ㄱ. $f'(a)>f'(b)$ ㄴ. $f'\left(\dfrac{a+b}{2}\right)<f'(b)$

ㄷ. $f'(a)<\dfrac{f(b)-f(a)}{b-a}$

① ㄱ ② ㄱ, ㄴ ③ ㄱ, ㄷ
④ ㄴ, ㄷ ⑤ ㄱ, ㄴ, ㄷ

0494

Level 3

함수 $y=f(x)$의 그래프와 직선 $y=\dfrac{1}{2}x$가 그림과 같다.

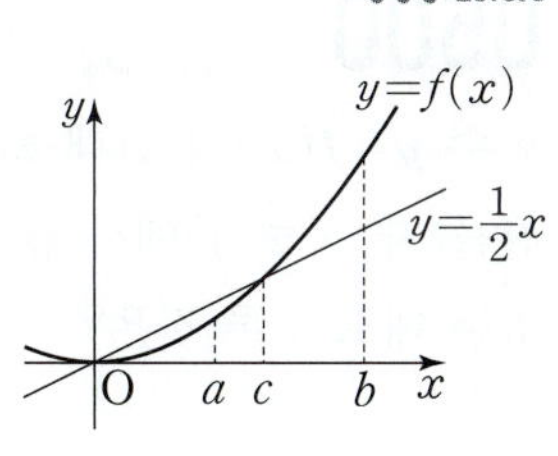

$0<a<c<b$일 때, 〈보기〉에서 옳은 것만을 있는 대로 고른 것은? $\left(단,\ f(c)=\dfrac{1}{2}c\right)$

〈보기〉

ㄱ. $bf(a)<af(b)$ ㄴ. $f(b)-f(c)>\dfrac{b-c}{2}$

ㄷ. $f'(\sqrt{ab})>f'\left(\dfrac{a+b}{2}\right)$

① ㄱ ② ㄴ ③ ㄱ, ㄴ
④ ㄴ, ㄷ ⑤ ㄱ, ㄴ, ㄷ

⊕ Plus 문제

실전유형 **7** 미분가능성과 연속성

(1) **함수의 연속성**

함숫값 $f(a)$, 극한값 $\lim\limits_{x\to a}f(x)$가 존재하고

$\lim\limits_{x\to a}f(x)=f(a)$이면 함수 $f(x)$는 $x=a$에서 연속이다.

(2) **미분가능성**

미분계수 $f'(a)=\lim\limits_{h\to 0}\dfrac{f(a+h)-f(a)}{h}=\lim\limits_{x\to a}\dfrac{f(x)-f(a)}{x-a}$

가 존재하면 함수 $f(x)$는 $x=a$에서 미분가능하다.

참고 함수의 그래프가 불연속이면 그 점에서 미분가능하지 않다.

0495 대표문제

〈보기〉에서 $x=0$에서 미분가능한 함수만을 있는 대로 고른 것은?

〈보기〉

ㄱ. $f(x)=\begin{cases} x & (x\geq 0) \\ -x & (x<0) \end{cases}$

ㄴ. $g(x)=\begin{cases} (x+1)^2 & (x\geq 0) \\ 2x+1 & (x<0) \end{cases}$

ㄷ. $k(x)=\begin{cases} x^2+x+1 & (x\geq 0) \\ -x^2+x-1 & (x<0) \end{cases}$

① ㄱ ② ㄴ ③ ㄷ
④ ㄱ, ㄴ ⑤ ㄴ, ㄷ

0496 중요

Level 2

함수 $y=f(x)$의 그래프가 그림과 같다. 다음 중 열린구간 $(0,\ 5)$에서 함수 $f(x)$에 대한 설명으로 옳지 <u>않은</u> 것은?

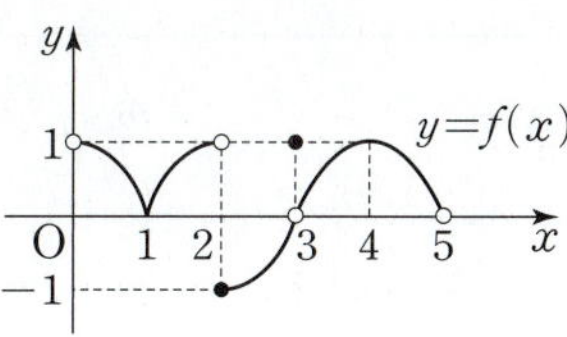

① $f'\left(\dfrac{1}{3}\right)<0$이다.

② $\lim\limits_{x\to 3}f(x)$의 값이 존재한다.

③ 불연속인 x의 값은 2개이다.

④ $f'(x)=0$인 x의 값은 2개이다.

⑤ 미분가능하지 않은 x의 값은 3개이다.

0497

함수 $f(x)=|x^2-1|$에 대하여 〈보기〉에서 옳은 것만을 있는 대로 고른 것은?

〈보기〉
ㄱ. 함수 $f(x)$는 $x=1$에서 연속이다.
ㄴ. 함수 $f(x)$는 $x=1$에서 미분가능하다.
ㄷ. 함수 $f(x)$는 $x=-1$에서 미분가능하다.

① ㄱ   ② ㄴ   ③ ㄷ
④ ㄱ, ㄴ   ⑤ ㄱ, ㄴ, ㄷ

0498

〈보기〉에서 $x=1$에서 미분가능한 함수만을 있는 대로 고른 것은?

〈보기〉
ㄱ. $f(x)=|x-1|+|x|$
ㄴ. $g(x)=(x-1)\sqrt{|x-1|}$
ㄷ. $k(x)=(x^2-3x+2)|x-1|$

① ㄱ   ② ㄴ   ③ ㄷ
④ ㄴ, ㄷ   ⑤ ㄱ, ㄴ, ㄷ

0499 중요

〈보기〉에서 $x=0$에서 연속이지만 미분가능하지 않은 함수만을 있는 대로 고른 것은?

〈보기〉
ㄱ. $f(x)=x+|x|$

ㄴ. $f(x)=\begin{cases} \dfrac{x^2-x}{x} & (x\neq 0) \\ 0 & (x=0) \end{cases}$

ㄷ. $f(x)=\begin{cases} x^2+x & (x\geq 0) \\ x & (x<0) \end{cases}$

① ㄱ   ② ㄴ   ③ ㄷ
④ ㄱ, ㄴ   ⑤ ㄱ, ㄷ

0500

함수 $y=f(x)$의 그래프가 그림과 같을 때, 〈보기〉에서 옳은 것만을 있는 대로 고른 것은?

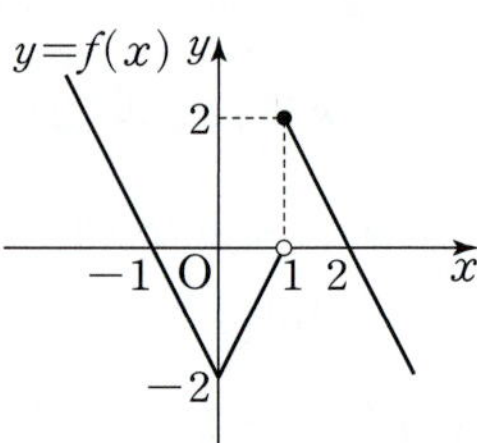

〈보기〉
ㄱ. $\displaystyle\lim_{x\to 1} f(x)f(-x)=0$
ㄴ. 함수 $f(x)f(-x)$는 $x=1$에서 연속이다.
ㄷ. 함수 $f(x)f(-x)$는 $x=1$에서 미분가능하다.

① ㄱ   ② ㄴ   ③ ㄱ, ㄴ
④ ㄱ, ㄷ   ⑤ ㄱ, ㄴ, ㄷ

0501

Level 3

모든 실수에서 연속인 함수 $f(x)$가 실수 a, b에 대하여

$$f(x)=\begin{cases} ax+b & (x\leq 1) \\ \dfrac{x^3-5x^2+(5a+1)x-7}{x-1} & (x>1) \end{cases}$$

일 때, 〈보기〉에서 옳은 것만을 있는 대로 고른 것은?

〈 보기 〉

ㄱ. 구간 $[-2, \infty)$에서 함수 $\dfrac{1}{f(x)}$은 연속이다.

ㄴ. 구간 $[1, 3)$에서 함수 $f(x)$는 최댓값과 최솟값을 모두 가진다.

ㄷ. 함수 $f(x)$는 $x=1$에서 미분가능하다.

① ㄱ   ② ㄴ   ③ ㄱ, ㄴ

④ ㄱ, ㄷ   ⑤ ㄱ, ㄴ, ㄷ

다음은 이 유형에서 출제된 최근 교육청 · 평가원 기출문제입니다.

0502 교육청

Level 2

함수 $f(x)=\dfrac{1}{2}x^2$에 대하여 실수 전체의 집합에서 정의된 함수 $g(x)$를

$$g(x)=\begin{cases} f(x) & (f(x)\leq x) \\ x & (f(x)>x) \end{cases}$$

라 할 때, 〈보기〉에서 옳은 것만을 있는 대로 고른 것은?

〈 보기 〉

ㄱ. $g(1)=\dfrac{1}{2}$

ㄴ. 모든 실수 x에 대하여 $g(x)\leq x$이다.

ㄷ. 실수 전체의 집합에서 함수 $g(x)$가 미분가능하지 않은 점의 개수는 2이다.

① ㄱ   ② ㄷ   ③ ㄱ, ㄴ

④ ㄴ, ㄷ   ⑤ ㄱ, ㄴ, ㄷ

실전유형 **8** 구간에서 정의된 함수가 미분가능할 때 미정계수의 결정   빈출유형

함수 $f(x)=\begin{cases} g(x) & (x\geq a) \\ h(x) & (x<a) \end{cases}$ 가 $x=a$에서 미분가능하려면 다음 두 가지 조건을 만족시켜야 한다.

(1) 함수 $f(x)$가 $x=a$에서 연속이다.

➜ $\displaystyle\lim_{x\to a+}f(x)=\lim_{x\to a-}f(x)=f(a)$

(2) $x=a$에서 함수 $f(x)$의 미분계수가 존재한다.

➜ $\displaystyle\lim_{x\to a+}\dfrac{f(x)-f(a)}{x-a}=\lim_{x\to a-}\dfrac{f(x)-f(a)}{x-a}$

0503 대표문제

함수 $f(x)=\begin{cases} 2x^2+ax & (x<2) \\ 4x+b & (x\geq 2) \end{cases}$ 가 모든 실수 x에서 미분가능할 때, ab의 값은? (단, a, b는 상수이다.)

① 24   ② 26   ③ 28

④ 30   ⑤ 32

0504 중요

Level 2

함수 $f(x)=\begin{cases} 2x^2+ax+b & (x<2) \\ 5ax-12 & (x\geq 2) \end{cases}$ 가 $x=2$에서 미분가능할 때, a^2+b^2의 값을 구하시오. (단, a, b는 상수이다.)

0505

●●○ Level 2

함수 $f(x)=\begin{cases} ax^2+1 & (x<1) \\ x^3+bx+1 & (x\geq1) \end{cases}$ 이 실수 전체의 집합에서

미분가능할 때, $a+b$의 값은? (단, a, b는 상수이다.)

① 1   ② 2   ③ 3

④ 4   ⑤ 5

0506 중요

●●○ Level 2

함수 $f(x)=\begin{cases} x^2+1 & (x\geq a) \\ 4x-b & (x<a) \end{cases}$ 가 모든 실수 x에서 미분가능

할 때, $a+b$의 값은? (단, a, b는 상수이다.)

① 1   ② 3   ③ 5

④ 7   ⑤ 9

0507

●●● Level 3

함수 $f(x)=\begin{cases} -3x+a & (x<-1) \\ x^3+bx^2+cx & (-1\leq x<1) \\ -3x+d & (x\geq1) \end{cases}$ 가 모든 실수 x에

서 미분가능하도록 네 실수 a, b, c, d의 값을 정할 때, $a+b+c+d$의 값은?

① -10 ② -8 ③ -6

④ -4 ⑤ -2

0508 고난도

●●● Level 3

함수 $f(x)=[x](x^2+ax+b)$가 $x=0$에서 미분가능할 때, 상수 a, b에 대하여 $f(3)$의 값은?

(단, $[x]$는 x보다 크지 않은 최대의 정수이다.)

① 15   ② 18   ③ 21

④ 24   ⑤ 27

> 다음은 이 유형에서 출제된 최근 교육청·평가원 기출문제입니다.

0509 교육청

●●○ Level 2

함수 $f(x)=\begin{cases} x^3-ax^2+bx & (x\leq1) \\ 2x+b & (x>1) \end{cases}$ 가 실수 전체의 집합에

서 미분가능할 때, $a\times b$의 값은? (단, a와 b는 상수이다.)

① -3 ② -1 ③ 1

④ 3   ⑤ 5

0510 평가원

●●○ Level 2

$f(x)=\begin{cases} x^3+ax+b & (x<1) \\ bx+4 & (x\geq1) \end{cases}$ 이 실수 전체의 집합에서 미분

가능할 때, $a+b$의 값은? (단, a, b는 상수이다.)

① 6   ② 7   ③ 8

④ 9   ⑤ 10

실전유형 9 도함수의 정의를 이용한 도함수 구하기

미분가능한 함수 $y=f(x)$의 도함수

$$\rightarrow f'(x)=\lim_{h\to 0}\frac{f(x+h)-f(x)}{h}$$

0511 대표문제

다음은 도함수의 정의를 이용하여 함수 $f(x)=x^3$의 도함수를 구하는 과정이다.

$$f'(x)=\lim_{h\to 0}\frac{f(x+h)-f(x)}{h}$$
$$=\lim_{h\to 0}\frac{\boxed{(가)}-x^3}{h}=\boxed{(나)}$$

위의 과정에서 (가), (나)에 알맞은 식을 구하시오.

0512

●❙❙ Level 2

다음은 미분가능한 두 함수 $f(x)$, $g(x)$에 대하여 도함수의 정의를 이용하여 함수 $y=f(x)+g(x)$의 도함수를 구하는 과정이다.

$$p(x)=f(x)+g(x)$$ 라 하면 $y=p(x)$에서
$$p'(x)=\lim_{h\to 0}\frac{p(x+h)-p(x)}{h}$$
$$=\lim_{h\to 0}\frac{f(x+h)+g(x+h)-\{\boxed{(가)}\}}{h}$$
$$=\lim_{h\to 0}\frac{f(x+h)-f(x)}{h}+\lim_{h\to 0}\frac{g(x+h)-g(x)}{h}$$
$$=\boxed{(나)}$$

위의 과정에서 (가), (나)에 알맞은 식은?

	(가)	(나)
①	$f(x)+g(x)$	$f'(x)-g'(x)$
②	$f(x)-g(x)$	$f'(x)-g'(x)$
③	$f(x)+g(x)$	$f'(x)+g'(x)$
④	$f(x)-g(x)$	$f'(x)+g'(x)$
⑤	$f(x)+g(x)$	$f'(x)g'(x)$

실전유형 10 관계식이 주어질 때 도함수 구하기

함수 $f(x)$에 대한 관계식이 주어질 때, 도함수 $f'(x)$는 다음과 같은 순서로 구한다.
❶ 주어진 식의 x, y에 적당한 수를 대입하여 $f(0)$의 값을 구한다.
❷ $f'(x)=\lim_{h\to 0}\dfrac{f(x+h)-f(x)}{h}$ 의 $f(x+h)$에 주어진 식을 대입하여 도함수 $f'(x)$를 구한다.

0513 대표문제

미분가능한 함수 $f(x)$가 모든 실수 x, y에 대하여
$$f(x+y)=f(x)+f(y)-xy$$
를 만족시키고 $f'(0)=1$일 때, $f'(x)$는?

① $f'(x)=-x+1$ ② $f'(x)=-x+2$

③ $f'(x)=-x+3$ ④ $f'(x)=x+1$

⑤ $f'(x)=x+2$

0514 중요

●❙❙ Level 2

미분가능한 함수 $f(x)$가 모든 실수 x, y에 대하여
$$f(x+y)=f(x)+f(y)-kxy$$
를 만족시키고 $f'(x)=x+2$일 때, 상수 k의 값은?

① -2 ② -1 ③ 0

④ 1 ⑤ 2

0515

미분가능한 함수 $f(x)$가 모든 실수 x, y에 대하여
$$f(x+y)=f(x)+f(y)-2xy$$
를 만족시키고 $f'(3)=5$일 때, 방정식 $f'(x)=0$의 해를 구하시오.

Plus 문제

0516

미분가능한 함수 $f(x)$가 모든 실수 x, y에 대하여
$$f(x+y)=f(x)+f(y)+2xy$$
를 만족시키고 $f'(0)=0$일 때, 〈보기〉에서 옳은 것만을 있는 대로 고른 것은?

〈보기〉

ㄱ. $f(x)+f(-x)=2x^2$
ㄴ. $f'(x)=2x$
ㄷ. $f'(x)+f'(-x)=0$

① ㄱ   ② ㄱ, ㄴ   ③ ㄱ, ㄷ
④ ㄴ, ㄷ   ⑤ ㄱ, ㄴ, ㄷ

0517 고난도

미분가능한 함수 $f(x)$가 모든 실수 x, y에 대하여
$$f(x+y)=f(x)+f(y)+3xy(x+y)-2$$
를 만족시킨다. $\displaystyle\lim_{x \to 1}\frac{f(x)-f'(x)}{x^2-1}=8$일 때, $f'(0)$의 값을 구하시오.

실전 유형 **11** 다항함수의 미분법

(1) $y=x^n$ (n은 양의 정수)
　➔ $y'=nx^{n-1}$
(2) $y=c$ (c는 상수)
　➔ $y'=0$
(3) 두 함수 $f(x)$, $g(x)$가 미분가능할 때
　$y=af(x)+bg(x)$ (a, b는 상수)
　➔ $y'=af'(x)+bg'(x)$

0518 대표문제

함수 $f(x)=x^3+7x+1$에 대하여 $f'(0)$의 값은?

① 1   ② 3   ③ 5
④ 7   ⑤ 9

0519 중요

함수 $f(x)=x+\dfrac{1}{2}x^2+\dfrac{1}{3}x^3+\cdots+\dfrac{1}{10}x^{10}$에 대하여 $f'(1)$의 값은?

① 6   ② 8   ③ 10
④ 12   ⑤ 14

0520

Level 1

함수 $f(x)=x^{100}+x^{99}+x^{98}+\cdots+x^2+x+1$에 대하여 $f'(1)$의 값은?

① 55 ② 550 ③ 5050
④ 10100 ⑤ 50500

실전유형 **12** 곱의 미분법   빈출유형

세 함수 $f(x), g(x), h(x)$가 미분가능할 때
(1) $y=f(x)g(x)$ ➔ $y'=f'(x)g(x)+f(x)g'(x)$
(2) $y=f(x)g(x)h(x)$
  ➔ $y'=f'(x)g(x)h(x)+f(x)g'(x)h(x)+f(x)g(x)h'(x)$
(3) $y=\{f(x)\}^n$ ➔ $y'=n\{f(x)\}^{n-1}f'(x)$

0523 대표문제

함수 $f(x)=(2x^2-3x+1)(x^3+2x^2-5x)$에 대하여 $f'(2)$의 값은?

① 72 ② 75 ③ 78
④ 81 ⑤ 84

0521 중요

Level 2

함수 $f(x)=x^3-6x^2-2x+1$에 대하여 $f'(\alpha)=f'(\beta)=0$일 때, $f'\left(\dfrac{\alpha+\beta}{2}\right)$의 값은? (단, $\alpha\neq\beta$)

① -18 ② -14 ③ -10
④ -6 ⑤ -2

0524

Level 1

함수 $f(x)=(3x+1)^2$에 대하여 $f'(1)$의 값은?

① 6 ② 12 ③ 18
④ 24 ⑤ 30

0525 중요

Level 2

미분가능한 두 함수 $f(x), g(x)$에 대하여 $g(x)=(x^3-1)f(x)$이고 $f(2)=1$, $f'(2)=3$일 때, $g'(2)$의 값을 구하시오.

다음은 이 유형에서 출제된 최근 교육청 · 평가원 기출문제입니다.

0522 교육청

Level 1

함수 $f(x)=x^2+ax$에 대하여 $f'(1)=4$일 때, 상수 a의 값을 구하시오.

0526

Level 2

두 함수
$$f(x)=x^3+x^2+1, \quad g(x)=2x^2+x+1$$
에 대하여 함수 $h(x)=f(x)g(x)$라 할 때, $h'(0)$의 값을 구하시오.

     ●il Level 2

함수 $f(x)=(x-1)(x-2)(x-3)\times\cdots\times(x-10)$에 대하여 $\dfrac{f'(1)}{f'(4)}$의 값을 구하시오.

도함수 $f'(x)$를 구하고 주어진 함숫값, 미분계수의 값을 이용하여 미정계수를 구한다.

0530 대표문제

함수 $f(x)=3x^2+ax+b$에서 $f(-1)=5$, $f'(1)=2$일 때, $a+b$의 값은? (단, a, b는 상수이다.)

① -6 ② -4 ③ -2

④ 0 ⑤ 2

다음은 이 유형에서 출제된 최근 교육청·평가원 기출문제입니다.

0528 교육청   ●il Level 2

함수 $f(x)=(x-1)(x-2)(x-a)$에 대하여 $f'(a)=f'(1)+f'(2)$를 만족시키는 모든 실수 a의 값의 합은?

① -5 ② -3 ③ -1

④ 1 ⑤ 3

0531   ●il Level 1

함수 $f(x)=(x-a)(2x+1)$에서 $f'(a)=-3$일 때, $f'(2)$의 값은? (단, a는 상수이다.)

① 5 ② 7 ③ 9

④ 11 ⑤ 13

0529 교육청   ●il Level 3

두 다항함수 $f(x)$, $g(x)$가

$$\lim_{x\to2}\frac{f(x)-4}{x^2-4}=2,\ \lim_{x\to2}\frac{g(x)+1}{x-2}=8$$

을 만족시킨다. 함수 $h(x)=f(x)g(x)$에 대하여 $h'(2)$의 값을 구하시오.

0532 중요   ●il Level 2

함수 $f(x)=ax^2+bx+c$에서

$$f'(-1)=8,\ f'(1)=-4,\ f(2)=-2$$

일 때, $f(-2)$의 값은? (단, a, b, c는 상수이다.)

① -10 ② -8 ③ -6

④ -4 ⑤ -2

0533
〔Level 2〕

함수 $f(x)=x^3+ax^2+1$에 대하여 $g(x)=(x^2-3)f(x)$라 하자. $f'(1)=g'(1)$일 때, 상수 a의 값은?

① $-\dfrac{5}{4}$　　　② -1　　　③ $-\dfrac{3}{4}$

④ $-\dfrac{1}{2}$　　　⑤ $-\dfrac{1}{4}$

0534　중요
〔Level 3〕

최고차항의 계수가 1인 사차함수 $f(x)$가 다음 조건을 만족시킬 때, $f(1)$의 값은?

> (가) 모든 실수 x에 대하여 $f(x)=f(-x)$이다.
> (나) $f(2)=-9$, $f'(2)=4$

① -7　　　② -6　　　③ -5

④ -4　　　⑤ -3

> 다음은 이 유형에서 출제된 최근 교육청·평가원 기출문제입니다.

0535　평가원
〔Level 1〕

함수 $f(x)=(x^2+1)(x^2+ax+3)$에 대하여 $f'(1)=32$일 때, 상수 a의 값을 구하시오.

〔실전유형〕 **14** 미분계수와 접선의 기울기　〔복합유형〕

> 곡선 $y=f(x)$ 위의 점 $(a, f(a))$에서의 접선의 기울기는 함수 $f(x)$의 $x=a$에서의 미분계수 $f'(a)$와 같다.

0536　대표문제

곡선 $y=x^3+ax^2+b$ 위의 점 $(2, 4)$에서의 접선의 기울기가 16일 때, 상수 a, b에 대하여 ab의 값은?

① -8　　　② -4　　　③ -2

④ 4　　　⑤ 8

0537
〔Level 2〕

다항함수 $f(x)$에 대하여 곡선 $y=f(x)$ 위의 점 $(2, 1)$에서의 접선의 기울기가 2이다. $g(x)=x^3f(x)$일 때, $g'(2)$의 값을 구하시오.

0538
〔Level 2〕

곡선 $y=f(x)$와 직선 $y=g(x)$가 $x=a$인 점에서 접할 때, 〈보기〉에서 옳은 것만을 있는 대로 고른 것은?

> 〈 보기 〉
> ㄱ. $f(a)=g(a)$
> ㄴ. $f'(a)=g'(a)$
> ㄷ. $\displaystyle\lim_{x\to a}\dfrac{f(x)-g(x)}{x-a}=0$

① ㄱ　　　② ㄴ　　　③ ㄱ, ㄷ

④ ㄴ, ㄷ　　　⑤ ㄱ, ㄴ, ㄷ

분자에 인수분해하기 어려운 복잡한 식이 있는 경우에는
미분계수의 정의를 이용할 수 있도록 분자에서 적당한 식을
$f(x)$로 치환하여 $\lim\limits_{x \to a} \dfrac{f(x)-f(a)}{x-a}$ 꼴을 만든다.

0539 대표문제

$\lim\limits_{x \to 1} \dfrac{x^8+2x^2-3}{x-1}$ 의 값은?

① 6   ② 8   ③ 10

④ 12   ⑤ 14

0540
Level 1

$\lim\limits_{x \to 1} \dfrac{x^{50}-x^{49}+x^{48}-1}{x-1}$ 의 값을 구하시오.

0541 중요
Level 2

$\lim\limits_{x \to -1} \dfrac{x^{2n}+4x+3}{x+1}=-16$ 을 만족시키는 자연수 n의 값은?

① 2   ② 4   ③ 6

④ 8   ⑤ 10

0542
Level 3

$\lim\limits_{x \to 2} \dfrac{x^n-x^4-4x-8}{x-2}=\alpha$ 일 때, 자연수 n과 상수 α에 대하여 $\alpha-n$의 값은?

① 13   ② 26   ③ 39

④ 52   ⑤ 65

(1) $\lim\limits_{h \to 0} \dfrac{f(a+h)-f(a)}{h}=c \Rightarrow f'(a)=c$ (c는 상수)

(2) $\lim\limits_{x \to a} \dfrac{f(x)-f(a)}{x-a}=c \Rightarrow f'(a)=c$ (c는 상수)

0543 대표문제

함수 $f(x)=x^2-4x+5$에 대하여

$$\lim\limits_{h \to 0} \dfrac{f(a+h)-f(a-h)}{h}=8$$

을 만족시키는 상수 a의 값을 구하시오.

0544
Level 1

함수 $f(x)=2x^3-3x^2+9x+1$에 대하여

$\lim\limits_{x \to 1} \dfrac{f(x)-f(1)}{x-1}$ 의 값은?

① 5   ② 7   ③ 9

④ 11   ⑤ 13

0545
Level 2

함수 $f(x)=x^2-5x+6$에 대하여

$$\lim\limits_{h \to 0} \dfrac{f(1+kh)-f(1)}{h}=-36$$

을 만족시키는 상수 k의 값을 구하시오.

0546 (중요)

함수 $f(x)=x^3+x$에 대하여

$$\lim_{h \to 0} \frac{f(-1+h)-f(-1-h)}{h}$$의 값은?

① 4   ② 6   ③ 8

④ 10   ⑤ 12

0547 (중요)

두 함수 $f(x)=x^5+x^3+x$, $g(x)=x^6+x^4+x^2$에 대하여

$$\lim_{h \to 0} \frac{f(1+2h)-g(1-h)}{3h}$$의 값을 구하시오.

다음은 이 유형에서 출제된 최근 교육청·평가원 기출문제입니다.

0548 (교육청)

함수 $f(x)=x^2+4x-2$에 대하여

$$\lim_{h \to 0} \frac{f(1+2h)-3}{h}$$의 값은?

① 12   ② 14   ③ 16

④ 18   ⑤ 20

실전유형 17 미분계수를 이용한 미정계수의 결정   (빈출유형)

다음을 이용하여 다항함수 $f(x)$의 미정계수를 구한다.

(1) $\displaystyle\lim_{x \to a} \frac{f(x)-P}{x-a}=Q$ (P, Q는 상수) ➜ $f(a)=P$, $f'(a)=Q$

(2) $\displaystyle\lim_{x \to a} \frac{f(x)}{x-a}=c$ (c는 상수) ➜ $f(a)=0$, $f'(a)=c$

0549 (대표문제)

함수 $f(x)=x^3+ax+b$가 $\displaystyle\lim_{x \to 2} \frac{f(x)}{x-2}=13$을 만족시킬 때,

상수 a, b에 대하여 $a+b$의 값을 구하시오.

0550

함수 $f(x)=2x^3+ax+b$가

$$\lim_{x \to 1} \frac{f(x)-5}{x-1}=8$$

을 만족시킬 때, 상수 a, b에 대하여 ab의 값은?

① 1   ② 2   ③ 3

④ 4   ⑤ 5

0551 (중요)

함수 $f(x)=x^3+ax^2+bx$에 대하여

$$\lim_{h \to 0} \frac{f(1+2h)-f(1)}{h}=-4,$$

$$\lim_{h \to 0} \frac{f(-2+h)-f(-2)}{h}=1$$

이 성립할 때, $f(1)$의 값을 구하시오. (단, a, b는 상수이다.)

0552

Level 2

함수 $f(x)=x^4+ax^2+bx$가

$$\lim_{x \to 2} \frac{f(x)-f(2)}{x^2-4}=\frac{7}{2}, \quad \lim_{x \to 1} \frac{f(x)-f(1)}{x-1}=-4$$

를 만족시킬 때, $f'(-1)$의 값은? (단, a, b는 상수이다.)

① 6 ② 8 ③ 10

④ 12 ⑤ 14

0553 중요

Level 2

함수 $f(x)=ax^3+bx^2+cx+d$가 다음 조건을 만족시킨다.

> (가) $\displaystyle\lim_{x \to \infty} \frac{f(x)}{x^2+4x}=2$ (나) $\displaystyle\lim_{x \to 1} \frac{f(x)-8}{x-1}=6$

$f(-1)$의 값은? (단, a, b, c, d는 상수이다.)

① 2 ② 3 ③ 4

④ 5 ⑤ 6

0554

Level 2

최고차항의 계수가 1이고 $f(0)=4$인 삼차함수 $f(x)$가

$$\lim_{x \to 1} \frac{f(x)-x^2}{x^2-1}=-1$$

을 만족시킨다. 곡선 $y=f(x)$ 위의 점 $(2, f(2))$에서의 접선의 기울기는?

① 3 ② 5 ③ 7

④ 9 ⑤ 11

0555

Level 3

삼차함수 $f(x)$가

$$\lim_{x \to 2} \frac{f(x)}{(x-2)^2}=3, \; f(3)=5$$

를 만족시킬 때, $f'(3)$의 값을 구하시오.

> 다음은 이 유형에서 출제된 최근 교육청·평가원 기출문제입니다.

0556 교육청

Level 1

함수 $f(x)=x^2-ax+3$에 대하여

$$\lim_{h \to 0} \frac{f(2+h)-f(2)}{h}=1$$

일 때, 상수 a의 값은?

① 1 ② 2 ③ 3

④ 4 ⑤ 5

0557 수능

Level 3

최고차항의 계수가 1이고 $f(1)=0$인 삼차함수 $f(x)$가

$$\lim_{x \to 2} \frac{f(x)}{(x-2)\{f'(x)\}^2}=\frac{1}{4}$$

을 만족시킬 때, $f(3)$의 값은?

① 4 ② 6 ③ 8

④ 10 ⑤ 12

③ Plus 문제

실전 유형	**18** 극한값을 이용한 곱의 미분법

(1) $\lim\limits_{x \to a} \dfrac{f(x)-b}{x-a} = c$ (c는 상수)이면

➜ $f(a) = b,\ f'(a) = c$

(2) $y = f(x)g(x)$이면

➜ $y' = f'(x)g(x) + f(x)g'(x)$

0558 `대표문제`

두 다항함수 $f(x)$, $g(x)$가

$$\lim_{x \to 3} \frac{f(x)-2}{x-3} = 1,\ \lim_{x \to 3} \frac{g(x)-1}{x-3} = 2$$

를 만족시킬 때, 함수 $f(x)g(x)$의 $x=3$에서의 미분계수를 구하시오.

0559

미분가능한 함수 $f(x)$가 $\lim\limits_{x \to 2} \dfrac{f(x)-2}{x-2} = -3$을 만족시킨다. $g(x) = (x-1)^2$일 때, 곡선 $y = f(x)g(x)$ 위의 x좌표가 2인 점에서의 접선의 기울기는?

① 1   ② 2   ③ 3

④ 4   ⑤ 5

0560 `중요`

두 다항함수 $f(x)$, $g(x)$가 다음 조건을 만족시킨다.

> (가) $f(1) = 1$, $f'(1) = -3$
>
> (나) $f(x) + g(x) = 3x^2 - x + 2$

$$\lim_{h \to 0} \frac{f(1+h)g(1+h) - f(1)g(1)}{h}$$ 의 값은?

① 1   ② -1 ③ -5

④ -9 ⑤ -14

0561

두 다항함수 $f(x)$, $g(x)$가 다음 조건을 만족시킨다.

> (가) $f(0) = 1$, $f'(0) = -6$, $g(0) = 4$
>
> (나) $\lim\limits_{x \to 0} \dfrac{f(x)g(x)-4}{x} = 0$

$g'(0)$의 값을 구하시오.

0562 `고난도`

상수함수가 아닌 두 다항함수 $f(x)$, $g(x)$가 다음 조건을 만족시킬 때, $g'(1)$의 값은?

> (가) $g(x) = x^3 f(x)$
>
> (나) $\lim\limits_{x \to \infty} \dfrac{f'(x)g(x) - f(x)g'(x)}{\{f(x)\}^3} = 1$
>
> (다) $f(1) = 2$, $f(0) = 1$

① -4 ② -2 ③ 0

④ 2   ⑤ 4

0563 교육청
•‖ Level 2

다항함수 $f(x)$가 $\lim\limits_{x \to 1} \dfrac{f(x)-2}{x-1}=12$를 만족시킨다.

$g(x)=(x^2+1)f(x)$라 할 때, $g'(1)$의 값을 구하시오.

0564 교육청
•‖ Level 3

$f(1)=-2$인 다항함수 $f(x)$에 대하여 일차함수 $g(x)$가 다음 조건을 만족시킨다.

> (가) $\lim\limits_{x \to 1} \dfrac{f(x)g(x)+4}{x-1}=8$
>
> (나) $g(0)=g'(0)$

$f'(1)$의 값은?

① 5   ② 6   ③ 7

④ 8   ⑤ 9

0565 교육청 중요
•‖ Level 3

두 다항함수 $f(x)$, $g(x)$가

$$\lim_{x \to 1} \frac{f(x)-a+2}{x-1}=4,\ \lim_{x \to 1} \frac{g(x)+a-2}{x-1}=a$$

를 만족시킨다. 함수 $f(x)g(x)$의 $x=1$에서의 미분계수가 -1일 때, 상수 a의 값은?

① 1   ② 2   ③ 3

④ 4   ⑤ 5

심화유형 **19** 치환을 이용한 도함수와 미분계수   복합유형

(1) $\lim\limits_{x \to a} \dfrac{f(x-a)}{x-a}$ 꼴 ➡ $x-a=t$로 치환한다.

(2) $\lim\limits_{x \to \infty} x\left\{f\left(a+\dfrac{1}{x}\right)-f(a)\right\}$ 꼴 ➡ $\dfrac{1}{x}=t$로 치환한다.

0566 대표문제

다항함수 $f(x)$에 대하여 $\lim\limits_{x \to 2} \dfrac{f(x+1)-8}{x^2-4}=5$일 때, $f(3)+f'(3)$의 값은?

① 26   ② 27   ③ 28

④ 29   ⑤ 30

0567
•‖ Level 2

다항함수 $f(x)$에 대하여 $\lim\limits_{x \to 2} \dfrac{f(x-2)}{x^2-2x}=4$일 때, $\lim\limits_{x \to 0} \dfrac{f(x)}{x}$의 값은?

① 2   ② 4   ③ 6

④ 8   ⑤ 10

0568

Level 2

다항함수 $f(x)=x^3+2ax^2+bx+4$에 대하여

$\lim\limits_{x \to 2} \dfrac{f(x-1)-6}{x-2}=6$일 때, $f(-1)$의 값은?

(단, a, b는 상수이다.)

① 2   ② 4   ③ 6

④ 8   ⑤ 10

0569 중요

Level 3

함수 $f(x)=2x^2+5x+1$에 대하여

$\lim\limits_{x \to \infty} x\left\{f\left(1+\dfrac{3}{x}\right)-f\left(1-\dfrac{1}{x}\right)\right\}$의 값을 구하시오.

0570 신경향

Level 3

미분가능한 함수 $f(x)$가 다음 조건을 만족시킨다.

> (가) 임의의 실수 x, y에 대하여
> $$f(x+y)=f(x)+f(y)+a$$
> (나) $\lim\limits_{x \to 1} \dfrac{f(x-1)+2}{x-1}=1$

$f'(1)$의 값은? (단, a는 상수이다.)

① -2 ② -1 ③ 0

④ 1 ⑤ 2

심화유형 20 항등식이 주어질 때 도함수 구하기

(1) 다항함수의 차수를 확인한다.

(2) 다항함수의 미분법을 이용한다.

(3) $ax^2+bx+c=a'x^2+b'x+c'$이 x에 대한 항등식이면 $a=a'$, $b=b'$, $c=c'$이다.

0571 대표문제

다항함수 $f(x)$가 다음 조건을 만족시킬 때, $f(2)$의 값은?

> (가) 모든 실수 x에 대하여 $2f(x)=xf'(x)-6$이다.
> (나) $f(1)=-1$

① 3   ② 4   ③ 5

④ 6   ⑤ 7

0572

Level 2

최고차항의 계수가 1인 다항함수 $f(x)$가
$$f(x)f'(x)=2x^3-9x^2+5x+6$$
을 만족시킬 때, $f(-3)$의 값을 구하시오.

0573

Level 3

두 다항함수 $f(x)$, $g(x)$가 모든 실수 x에 대하여 $f'(x)=g(x)$이고, $\{f(x)+g(x)\}'=x^3+x^2+2x+1$을 만족시킬 때, $g'(-1)$의 값은?

① 1   ② 5   ③ 9

④ 13   ⑤ 17

0574 중요

최고차항의 계수가 양수인 다항함수 $f(x)$가 모든 실수 x에 대하여 $f'(x)\{f'(x)+4\}=8f(x)+12x^2-4$를 만족시킬 때, $f(1)$의 값은?

① -2　　　　② -1　　　　③ 0
④ 1　　　　⑤ 2

✚ Plus 문제

다음은 이 유형에서 출제된 최근 교육청·평가원 기출문제입니다.

0575 교육청

Level 2

최고차항의 계수가 1인 이차함수 $f(x)$가 모든 실수 x에 대하여 $2f(x)=(x+1)f'(x)$를 만족시킬 때, $f(3)$의 값을 구하시오.

0576 교육청

Level 3

최고차항의 계수가 1인 다항함수 $f(x)$가 모든 실수 x에 대하여

$$xf'(x)-3f(x)=2x^2-8x$$

를 만족시킬 때, $f(1)$의 값은?

① 1　　　　② 2　　　　③ 3
④ 4　　　　⑤ 5

실전유형 21 미분법과 다항식의 나눗셈 – 나누어떨어지는 경우　　**복합유형**

다항식 $f(x)$가 $(x-a)^2$으로 나누어떨어지면
➡ $f(a)=0$, $f'(a)=0$

0577 대표문제

다항식 x^3+ax^2+b가 $(x-2)^2$으로 나누어떨어질 때, $b-a$의 값은? (단, a, b는 상수이다.)

① 1　　　　② 3　　　　③ 5
④ 7　　　　⑤ 9

0578 중요

Level 2

다항식 x^3+kx+2가 $(x-a)^2$으로 나누어떨어질 때, 실수 a, k에 대하여 $a+k$의 값은?

① -2　　　　② -1　　　　③ 0
④ 1　　　　⑤ 2

0579

Level 3

다항식 x^5+ax^2+bx+c가 $(x-1)^3$으로 나누어떨어질 때, 상수 a, b, c에 대하여 $a+b-c$의 값은?

① -11　　　　② -1　　　　③ 1
④ 11　　　　⑤ 19

실전 유형 22 미분법과 다항식의 나눗셈
– 나누어떨어지지 않는 경우

다항식 $f(x)$를 $(x-a)^2$으로 나누었을 때의 몫이 $Q(x)$, 나머지가 $R(x)$이면
→ $f(x)=(x-a)^2Q(x)+R(x)$,
$f'(x)=2(x-a)Q(x)+(x-a)^2Q'(x)+R'(x)$

0580 대표문제

다항식 $x^{10}-1$을 $(x+1)^2$으로 나누었을 때의 나머지를 $R(x)$라 할 때, $R(-3)$의 값은?

① -40 ② -20 ③ 20
④ 40 ⑤ 60

0581 중요 ◦ㅣㅣ Level 1

다항식 x^9-ax+b를 $(x-1)^2$으로 나누었을 때의 나머지가 $x-2$일 때, ab의 값은? (단, a, b는 상수이다.)

① 8 ② 12 ③ 16
④ 24 ⑤ 48

0582 ◦ㅣㅣ Level 2

다항식 $f(x)$에 대하여 $\lim\limits_{x\to2}\dfrac{f(x)-a}{x-2}=4$이고, $f(x)$를 $(x-2)^2$으로 나누었을 때의 나머지가 $bx+3$일 때, $a+b$의 값을 구하시오. (단, a, b는 상수이다.)

0583 ◦ㅣㅣ Level 2

자연수 n에 대하여 다항식 $x^n(x^2+ax+b)$를 $(x-3)^2$으로 나누었을 때의 나머지가 $3^n(x-3)$일 때, $a+b$의 값은? (단, a, b는 상수이다.)

① 1 ② 2 ③ 3
④ 4 ⑤ 5

0584 ◦ㅣㅣ Level 3

다항식 $f(x)$는 $(x+1)^2$으로 나누어떨어지고, $x-1$로 나누었을 때의 나머지가 4이다. $f(x)$를 $(x+1)^2(x-1)$로 나누었을 때의 나머지를 $g(x)$라 할 때, $\lim\limits_{h\to0}\dfrac{g(2+h)-g(2-h)}{h}$의 값은?

① 12 ② 14 ③ 16
④ 18 ⑤ 20

0585 고난도 ◦ㅣㅣ Level 3

두 다항함수 $f(x)$, $g(x)$가 다음 조건을 만족시킨다.

(가) $\lim\limits_{x\to-1}\dfrac{f(x)-1}{x+1}=3$

(나) $\lim\limits_{x\to-1}\dfrac{xf(x)+g(x)}{(x+1)^2}$의 값이 존재한다.

다항함수 $g(x)$를 $(x+1)^2$으로 나누었을 때의 나머지를 $h(x)$라 할 때, $h(-2)$의 값은?

① -5 ② -1 ③ 0
④ 1 ⑤ 5

0586 대표문제

다음 조건을 만족시키는 함수 $f(x)$가 모든 실수 x에서 미분가능할 때, 상수 a, b의 값을 구하는 과정을 서술하시오.

[7점]

> (가) $f(x)=x^3+ax^2+bx$ (단, $0\leq x\leq 4$)
> (나) 모든 실수 x에 대하여 $f(x)=f(x+4)$이다.

STEP 1 $f(0)=f(4)$임을 이용하여 a, b 사이의 관계식 구하기 [3점]

함수 $f(x)$가 모든 실수 x에서 미분가능하므로 $x=0$, $x=4$에서 연속이고 미분가능하다.

(나)에서 $f(x)=f(x+4)$이므로

$f(0)=f(\boxed{^{(1)}})$

이때 (가)에서 $f(x)=x^3+ax^2+bx$ $(0\leq x\leq 4)$이므로

$4a+b=\boxed{^{(2)}}$ .... ㉠

STEP 2 $f'(0)=f'(4)$임을 이용하여 상수 a의 값 구하기 [3점]

함수 $f(x)$는 모든 실수 x에서 미분가능하고

$f'(x)=3x^2+2ax+b$이므로

$f'(0)=f'(\boxed{^{(3)}})$에서 $a=\boxed{^{(4)}}$

STEP 3 상수 b의 값 구하기 [1점]

$a=\boxed{^{(5)}}$을 ㉠에 대입하면 $b=\boxed{^{(6)}}$

0587 한번 더

다음 조건을 만족시키는 함수 $f(x)$가 모든 실수 x에서 미분가능할 때, 상수 a, b의 값을 구하는 과정을 서술하시오.

[7점]

> (가) $f(x)=x^3+ax^2+bx+2$ (단, $0\leq x\leq 1$)
> (나) 모든 실수 x에 대하여 $f(x)=f(x+1)$이다.

STEP 1 $f(0)=f(1)$임을 이용하여 a, b 사이의 관계식 구하기 [3점]

STEP 2 $f'(0)=f'(1)$임을 이용하여 상수 a의 값 구하기 [3점]

STEP 3 상수 b의 값 구하기 [1점]

0588 유사 1

함수 $f(x)=\begin{cases} 0 & (x\leq 0) \\ ax^3+bx^2+cx & (0<x<1) \\ 1 & (x\geq 1) \end{cases}$이 실수 전체의 집합에서 미분가능하도록 하는 상수 a, b, c의 값을 구하는 과정을 서술하시오. [7점]

핵심 KEY 유형 8 , 유형 13 구간에서 정의된 함수가 미분가능할 때 미정계수의 결정

미분가능하다는 조건이 주어진 경우에 미정계수를 정하는 문제이다.

미분가능한 함수 $f(x)$, $g(x)$에 대하여

$h(x)=\begin{cases} f(x) & (x\geq a) \\ g(x) & (x<a) \end{cases}$가 $x=a$에서 미분가능하면

(1) 함수 $h(x)$는 $x=a$에서 연속이므로

$\displaystyle\lim_{x\to a+}f(x)=\lim_{x\to a-}g(x)=f(a)$임을 이용한다.

(2) 함수 $h(x)$는 $x=a$에서 미분가능하므로

$f'(a)=g'(a)$임을 이용한다.

(1), (2)에서 구한 관계식을 이용하면 미정계수를 정할 수 있다.

03

0589 대표문제

다항함수 $f(x)$가 다음 조건을 만족시킨다.

> ㈎ $f(0)>0$
> ㈏ 모든 실수 x에 대하여 $f(x)f'(x)=4x+6$이다.

$f(1)$의 값을 구하는 과정을 서술하시오. [7점]

STEP 1 다항함수 $f(x)$의 차수 결정하기 [2점]

다항함수 $f(x)$의 최고차항을 ax^n ($a\neq0$인 상수, n은 자연수)이라 하면 $f'(x)$의 최고차항은 $^{(1)}$ [　　] 이다.

㈏의 $f(x)f'(x)=4x+6$에서 좌변과 우변의 최고차항의 차수가 같아야 하므로 $n=^{(2)}$ [　　]

STEP 2 $f(x)f'(x)=4x+6$에 식을 대입하여 a, b 사이의 관계식 구하기 [2점]

일차함수 $f(x)=ax+b$ (a, b는 상수)로 놓으면 $f'(x)=a$
㈏에서 $f(x)f'(x)=4x+6$이므로
$(ax+b)a=4x+6$에서 양변의 계수를 비교하면
$a^2=4$, $ab=^{(3)}$ [　　]

STEP 3 함수 $f(x)$를 구하여 $f(1)$의 값 구하기 [3점]

$a^2=4$에서 $a=2$ 또는 $a=-2$

(i) $a=2$인 경우

　$b=^{(4)}$ [　　] 이므로 $f(x)=2x+^{(5)}$ [　　]

(ii) $a=-2$인 경우

　$b=^{(6)}$ [　　] 이므로 $f(x)=-2x+^{(7)}$ [　　]

이때 ㈎에서 $f(0)>0$이므로 $f(x)=^{(8)}$ [　　]

$\therefore f(1)=^{(9)}$ [　　]

0590 한번 더

다항함수 $f(x)$가 다음 조건을 만족시킨다.

> ㈎ $f(0)<0$
> ㈏ 모든 실수 x에 대하여 $f(x)f'(x)=9x+6$이다.

$f(-2)$의 값을 구하는 과정을 서술하시오. [7점]

STEP 1 다항함수 $f(x)$의 차수 결정하기 [2점]

STEP 2 $f(x)f'(x)=9x+6$에 식을 대입하여 a, b 사이의 관계식 구하기 [2점]

STEP 3 함수 $f(x)$를 구하여 $f(-2)$의 값 구하기 [3점]

0591 유사 1

다항함수 $f(x)$가 다음 조건을 만족시킨다.

> ㈎ 함수 $y=f(x)$의 그래프와 원점 사이의 거리는 $\dfrac{7}{\sqrt{5}}$이다.
> ㈏ 모든 실수 x에 대하여 $(f\circ f)(x)=f(x)f'(x)+7$이다.

함수 $y=f(x)$의 그래프와 x축 및 y축으로 둘러싸인 부분의 넓이를 구하는 과정을 서술하시오. [10점]

핵심 KEY 　유형 20　항등식이 주어질 때 도함수 구하기

주어진 항등식 조건에서 다항함수의 차수를 정하고, 항등식의 성질인 계수 비교를 통해 미정계수를 구하는 문제이다.
다항함수 $f(x)$의 최고차항을 ax^n ($a\neq0$인 상수, n은 자연수)으로 놓고 주어진 항등식 조건을 이용하여 다항함수의 차수를 구한다.
또, 항등식에서 계수비교법을 이용한다.

1 0592

함수 $f(x)=2x^2+x+1$에 대하여 x의 값이 1에서 5까지 변할 때의 평균변화율과 $x=a$에서의 미분계수가 같을 때, 상수 a의 값은? [3점]

① 3 ② 4 ③ 5
④ 6 ⑤ 7

2 0593

미분가능한 함수 $f(x)$에 대하여 $f'(3)=3$일 때, $\lim\limits_{h \to 0} \dfrac{f(3+2h)-f(3)}{h}$의 값은? [3점]

① -6 ② -3 ③ 0
④ 3 ⑤ 6

3 0594

다항함수 $f(x)$에 대하여 $f(3)=-3$이고, $\lim\limits_{x \to 3} \dfrac{\{f(x)\}^2+2f(x)-3}{x-3}=8$일 때, $f'(3)$의 값은? [3점]

① -1 ② -2 ③ -3
④ -4 ⑤ -5

4 0595

함수 $y=f(x)$의 그래프가 그림과 같다. 열린구간 $(0, 4)$에서 함수 $f(x)$가 미분가능하지 않은 점의 개수는? [3점]

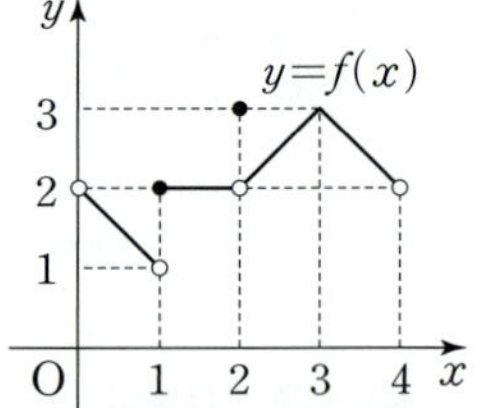

① 1 ② 2
③ 3 ④ 4
⑤ 5

5 0596

함수 $f(x)=x^2-9x+12$에 대하여 $f'(10)$의 값은? [3점]

① 5 ② 7 ③ 9
④ 11 ⑤ 13

6 0597

미분가능한 함수 $f(x)$가 $f(0)=1$, $f'(0)=3$을 만족시키고 함수 $g(x)=(x^2+x+1)f(x)$일 때, $g'(0)$의 값은? [3점]

① -4 ② -2 ③ 0
④ 2 ⑤ 4

7 0598

곡선 $y=x^3-3x^2+4$ 위의 점 $(2, 0)$에서의 접선의 기울기는? [3점]

① $-\dfrac{2}{3}$ ② $-\dfrac{1}{2}$ ③ 0

④ $\dfrac{1}{2}$ ⑤ $\dfrac{2}{3}$

8 0599

다항함수 $y=f(x)$의 그래프 위의 점 $(1, f(1))$에서의 접선의 기울기가 6일 때, $\displaystyle\lim_{x\to 1}\dfrac{f(x^2)-f(1)}{x^3-1}$의 값은? [3.5점]

① 1 ② 2 ③ 3

④ 4 ⑤ 5

9 0600

함수 $y=f(x)$의 그래프와 이 그래프 위의 점 $(0, 1)$에서의 접선이 그림과 같을 때, 〈보기〉에서 옳은 것만을 있는 대로 고른 것은? [3.5점]

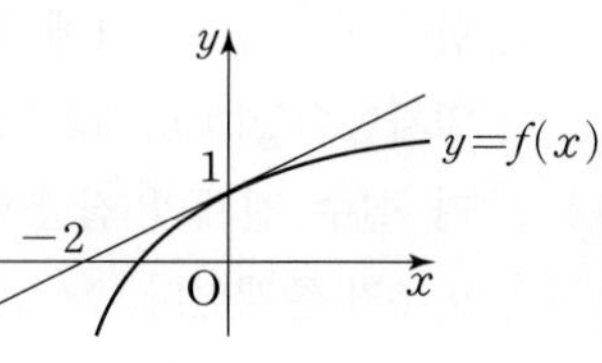

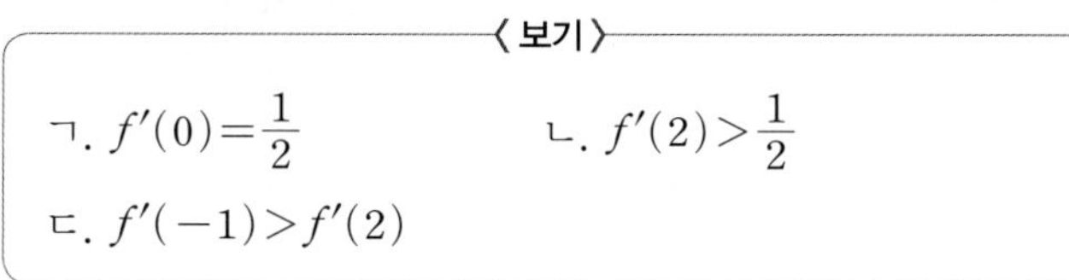

〈 보기 〉

ㄱ. $f'(0)=\dfrac{1}{2}$ ㄴ. $f'(2)>\dfrac{1}{2}$

ㄷ. $f'(-1)>f'(2)$

① ㄱ   ② ㄴ   ③ ㄷ

④ ㄱ, ㄴ   ⑤ ㄱ, ㄷ

10 0601

〈보기〉에서 $x=1$에서 연속이지만 미분가능하지 않은 함수만을 있는 대로 고른 것은? [3.5점]

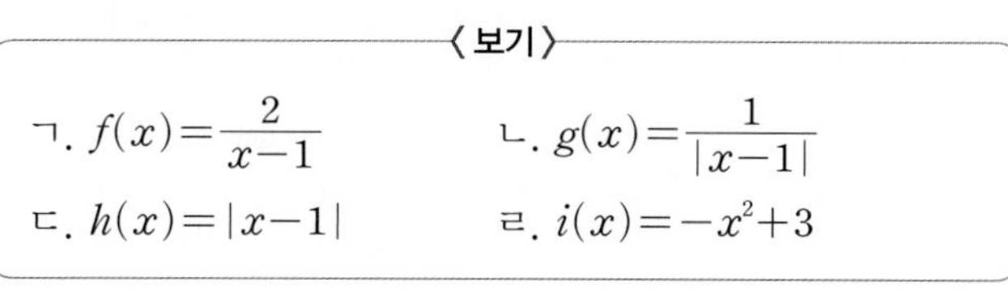

〈 보기 〉

ㄱ. $f(x)=\dfrac{2}{x-1}$ ㄴ. $g(x)=\dfrac{1}{|x-1|}$

ㄷ. $h(x)=|x-1|$ ㄹ. $i(x)=-x^2+3$

① ㄴ   ② ㄷ   ③ ㄱ, ㄴ

④ ㄴ, ㄷ   ⑤ ㄷ, ㄹ

11 0602

미분가능한 함수 $f(x)$가 모든 실수 x, y에 대하여
$$f(x+y)=f(x)+f(y)+4xy$$
를 만족시키고 $f'(0)=3$일 때, $f'(2)$의 값은? [3.5점]

① 10 ② 11 ③ 12

④ 13 ⑤ 14

12 0603

다항함수 $y=f(x)$의 그래프는 점 $(2, 4)$에서 원점을 지나는 직선에 접한다. 함수 $g(x)=(x^3-2x)f(x)$일 때, $g'(2)$의 값은? [3.5점]

① 40　　　　② 44　　　　③ 48

④ 52　　　　⑤ 56

13 0604

함수 $f(x)=x^3+mx+5$에 대하여

$$\lim_{h \to 0} \frac{2f(1)-f(1+3h)-f(1-2h)}{h}=10$$

을 만족시키는 상수 m의 값은? [3.5점]

① -11　　　② -12　　　③ -13

④ -14　　　⑤ -15

14 0605

다항식 $x^{10}+x^9+x^8+ax+b$가 $(x-1)^2$으로 나누어떨어질 때, $b-a$의 값은? (단, a, b는 상수이다.) [3.5점]

① 51　　　　② 34　　　　③ 17

④ -34　　　⑤ -51

15 0606

함수 $f(x)=|x|x^{n-1}$일 때, 〈**보기**〉에서 옳은 것만을 있는 대로 고른 것은? (단, n은 자연수이다.) [4점]

〈**보기**〉

ㄱ. $n=1$이면 $f(x)$는 모든 실수에서 미분가능하다.

ㄴ. $n=2$이면 $f(x)$는 모든 실수에서 미분가능하다.

ㄷ. $n \geq 2$이면 $f(x)$는 모든 실수에서 미분가능하다.

① ㄱ　　　　② ㄴ　　　　③ ㄷ

④ ㄱ, ㄴ　　　⑤ ㄴ, ㄷ

16 0607

함수 $f(x)=\begin{cases} |x-1| & (x \neq 1) \\ 2 & (x=1) \end{cases}$에 대하여 〈**보기**〉에서 옳은 것만을 있는 대로 고른 것은? [4점]

〈**보기**〉

ㄱ. 함수 $f(x)$는 $x=1$에서 연속이다.

ㄴ. 함수 $f(x)$는 $x=1$에서 미분가능하지 않다.

ㄷ. 일차함수 $g(x)=ax+b$일 때, 함수 $h(x)=f(x)g(x)$가 실수 전체의 집합에서 미분가능하도록 하는 상수 a, b가 존재한다.

① ㄱ　　　　② ㄴ　　　　③ ㄱ, ㄴ

④ ㄴ, ㄷ　　　⑤ ㄱ, ㄴ, ㄷ

17 0608

함수 $f(x)=\begin{cases} ax^3+b^2 & (x\geq 1) \\ bx^2+ax+2b & (x<1) \end{cases}$ 가 모든 실수 x에서 미분가능할 때, $\displaystyle\lim_{h\to 0}\frac{f(1+h)-f(1-h)}{h}$ 의 값은?

(단, a, b는 상수이고, $a\neq 0$이다.) [4점]

① 9 　　　　② 18 　　　　③ 27
④ 36 　　　　⑤ 45

18 0609

최고차항의 계수가 1이고 $f(1)=0$인 삼차함수 $f(x)$가

$$\lim_{x\to 2}\frac{f(x)}{(x-2)f'(x)}=k$$

를 만족시킬 때, 상수 k의 값은? (단, $k\neq 1$) [4점]

① $\dfrac{1}{4}$ 　　　② $\dfrac{1}{3}$ 　　　③ $\dfrac{1}{2}$

④ $\dfrac{2}{3}$ 　　　⑤ $\dfrac{3}{4}$

19 0610

두 다항함수 $f(x)$, $g(x)$가

$$\lim_{x\to 0}\frac{f(x)-2}{x}=3,\ \lim_{x\to 3}\frac{g(x-3)-1}{x-3}=6$$

을 만족시킨다. 함수 $h(x)=f(x)g(x)$일 때, $h'(0)$의 값은? [4점]

① 11 　　　　② 12 　　　　③ 13
④ 14 　　　　⑤ 15

20 0611

함수 $f(x)=ax^2+2x+b$가 모든 실수 x에 대하여

$$6f(x)=\{f'(x)\}^2+2x^2+32a^2x+26$$

을 만족시킬 때, $f(4)$의 값은? (단, a, b는 상수이다.) [4점]

① 20 　　　　② 21 　　　　③ 22
④ 23 　　　　⑤ 24

21 0612

미분가능한 두 함수 $f(x)$, $g(x)$에 대하여
$f(1)=2$, $f'(1)=4$, $g(2)=4$이고

$$\lim_{h\to 0}\frac{f(1+h)g(2+2h)-8}{h}=12$$

일 때, $g'(2)$의 값은? [4.5점]

① -2 　　　　② -1 　　　　③ 0
④ 1 　　　　⑤ 2

22 0613

도함수의 정의를 이용하여 함수 $f(x)=x^2+x$의 도함수를 구하는 과정을 서술하시오. [5점]

23 0614

함수 $f(x)=x+x^2+x^3+\cdots+x^n$에 대하여

$$\lim_{x\to 1}\frac{f(x)-f(1)}{x^2-1}=18$$

을 만족시키는 자연수 n의 값을 구하는 과정을 서술하시오.

[6점]

24 0615

다항함수 $f(x)$가 $\displaystyle\lim_{x\to 1}\frac{f(x)-2}{x^2+x-2}=1$을 만족시킬 때,

$\displaystyle\lim_{x\to 1}\frac{x^2 f(x)-f(1)}{x^2-1}$의 값을 구하는 과정을 서술하시오. [7점]

25 0616

다항식 $x^{10}-x^4+3x^2+1$을 $x(x-1)^2$으로 나누었을 때의 나머지를 구하는 과정을 서술하시오. [8점]

실전 마무리하기 2회

1 0617

함수 $f(x)=x^2-2$에서 x의 값이 -1에서 4까지 변할 때의 평균변화율은? [3점]

① 1 ② 2 ③ 3
④ 4 ⑤ 5

2 0618

함수 $f(x)=3x^2-2x+1$의 $x=2$에서의 순간변화율은? [3점]

① 6 ② 8 ③ 10
④ 12 ⑤ 14

3 0619

함수 $f(x)=\begin{cases} 2x^2+3 & (x\geq 1) \\ ax+b & (x<1) \end{cases}$ 가 $x=1$에서 미분가능할 때, $10a+b$의 값은? (단, a, b는 상수이다.) [3점]

① 41 ② 42 ③ 43
④ 44 ⑤ 45

4 0620

함수 $f(x)=(-x^2+2)(3x+1)$에 대하여 $f'(-1)$의 값은? [3점]

① -2 ② -1 ③ 0
④ 1 ⑤ 2

5 0621

곡선 $y=x^3+2x+1$과 기울기가 5인 직선이 제1사분면에서 접할 때, 접점의 x좌표는? [3점]

① $\dfrac{1}{8}$ ② $\dfrac{1}{4}$ ③ $\dfrac{1}{2}$
④ 1 ⑤ 2

6 0622

$\displaystyle\lim_{x\to -1}\dfrac{x^{12}-x^{10}+2x^8+3x^5+1}{x+1}$ 의 값은? [3점]

① -4 ② -3 ③ -2
④ -1 ⑤ 1

7 0623

함수 $f(x)=2x^2-6x$에 대하여 $\lim\limits_{h\to 0}\dfrac{f(2+3h)-f(2)}{f(1+5h)-f(1)}$의 값은? [3점]

① $-\dfrac{3}{5}$　　　② $-\dfrac{1}{10}$　　　③ 2

④ $\dfrac{12}{5}$　　　⑤ $\dfrac{24}{5}$

8 0624

함수 $f(x)=4x^2+2x+1$에 대하여
$\lim\limits_{x\to\frac{1}{2}}\dfrac{f(2x-1)-1}{x-\dfrac{1}{2}}$의 값은? [3점]

① 1　　　② 2　　　③ 3

④ 4　　　⑤ 5

9 0625

함수 $f(x)=|x+2|(x+k)$가 $x=-2$에서 미분가능하도록 하는 상수 k의 값은? [3.5점]

① -1　　　② 0　　　③ 1

④ 2　　　⑤ 3

10 0626

미분가능한 함수 $f(x)$가 모든 실수 x, y에 대하여
$$f(x+y)=f(x)+f(y)$$
를 만족시키고 $f'(7)=3$일 때, $f'(0)$의 값은? [3.5점]

① 1　　　② 2　　　③ 3

④ 4　　　⑤ 5

11 0627

함수 $f(x)=ax^2+bx+c$에 대하여
$$f(1)=0,\ f'(-1)=-8,\ f'(2)=4$$
일 때, 상수 a, b, c에 대하여 abc의 값은? [3.5점]

① -16　　　② -12　　　③ -8

④ -4　　　⑤ 0

12 0628

최고차항의 계수가 1인 삼차함수 $f(x)$가 다음 조건을 만족시킬 때, $f(3)$의 값은? [3.5점]

> (가) $f'(-x)=f'(x)$
> (나) $f(1)=5,\ f'(1)=0$

① 10　　　② 15　　　③ 20

④ 25　　　⑤ 30

13 0629

$\lim\limits_{x \to -1} \dfrac{x^{2n+1} - x^{2n} + 2}{x^2 - 1} = -\dfrac{9}{2}$ 를 만족시키는 자연수 n의 값은?

[3.5점]

① 2 　　　　② 3 　　　　③ 4

④ 5 　　　　⑤ 6

14 0630

함수 $f(x) = \begin{cases} x^3 - ax^2 & (x \le a) \\ 3x^2 - 3ax & (x > a) \end{cases}$ 가

$$\lim_{h \to 0-} \frac{f(a+h) - f(a)}{h} = 2 \times \lim_{h \to 0+} \frac{f(a+h) - f(a)}{h}$$

를 만족시킬 때, 양수 a의 값은? [3.5점]

① 3 　　　　② 4 　　　　③ 5

④ 6 　　　　⑤ 7

15 0631

최고차항의 계수가 1인 이차함수 $f(x)$에 대하여

$\lim\limits_{x \to 1} \dfrac{f(x)}{x^3 - 1} = 1$일 때, $f(2)$의 값은? [3.5점]

① 1 　　　　② 2 　　　　③ 3

④ 4 　　　　⑤ 5

16 0632

세 함수

$$f(x) = 2x, \; g(x) = |x|, \; h(x) = \begin{cases} 2x+1 & (x \ne 0) \\ 0 & (x = 0) \end{cases}$$

에 대하여 〈보기〉에서 $x = 0$에서 연속이지만 미분가능하지 않은 함수만을 있는 대로 고른 것은? [4점]

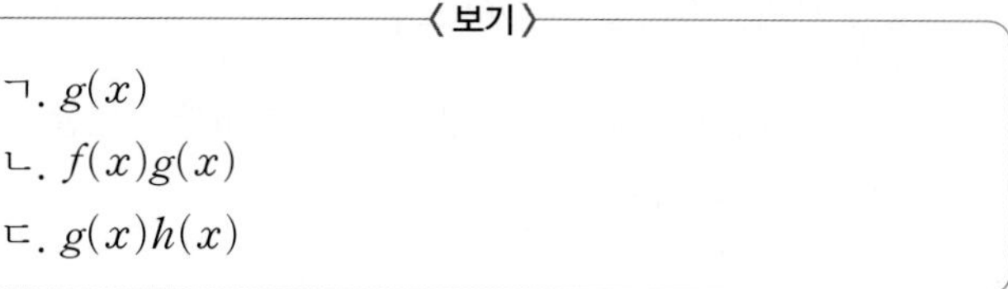

---〈 보기 〉---

ㄱ. $g(x)$

ㄴ. $f(x)g(x)$

ㄷ. $g(x)h(x)$

---

① ㄱ 　　　　② ㄴ 　　　　③ ㄱ, ㄴ

④ ㄱ, ㄷ 　　　　⑤ ㄴ, ㄷ

17 0633

최고차항의 계수가 1인 삼차함수 $y = f(x)$의 그래프가 그림과 같고, 다음 조건을 만족시킬 때,

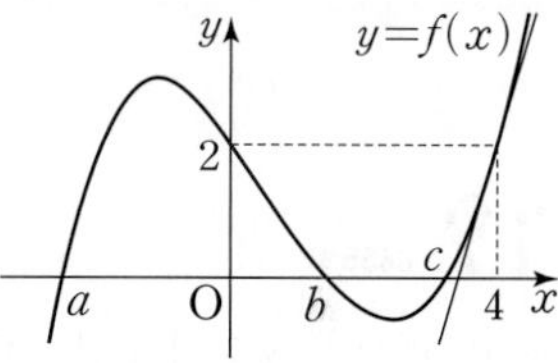

$\dfrac{1}{a-4} + \dfrac{1}{b-4} + \dfrac{1}{c-4}$의 값은? (단, $a < 0 < b < c < 4$) [4점]

> (가) 곡선 $y = f(x)$가 x축과 만나는 점의 x좌표는 a, b, c 이다.
> (나) 곡선 $y = f(x)$ 위의 점 $(4, 2)$에서의 접선의 기울기가 4이다.

① -4 　　　　② -2 　　　　③ -1

④ $-\dfrac{1}{2}$ 　　　　⑤ $-\dfrac{1}{4}$

18 0634

이차함수 $y=f(x)$의 그래프가 직선 $x=2$에 대하여 대칭일 때, 〈보기〉에서 옳은 것만을 있는 대로 고른 것은? [4점]

〈보기〉
ㄱ. 두 실수 a, b에 대하여 $a+b=4$이면
  $f'(a)+f'(b)=0$이다.
ㄴ. $\lim\limits_{h\to0}\dfrac{f(2+3h)-f(2-h)}{h}=4$
ㄷ. 함수 $f(x)$에 대하여 x의 값이 -2에서 6까지 변할 때의 평균변화율은 0이다.

① ㄱ ② ㄴ ③ ㄷ

④ ㄱ, ㄴ ⑤ ㄱ, ㄷ

19 0635

최고차항의 계수가 1인 삼차함수 $f(x)$에 대하여 $f(2)=0$이고, $\lim\limits_{x\to-1}\dfrac{f(x)}{(x+1)\{f'(x)\}^2}=-\dfrac{1}{9}$을 만족시킬 때, $f(4)$의 값은? [4점]

① 36 ② 50 ③ 64

④ 76 ⑤ 80

20 0636

다항함수 $f(x)$가 임의의 실수 x에 대하여
$$f(x)f'(x)=f(x)+f'(x)+2x^3-4x^2+2x-1$$
을 만족시킬 때, $f(1)\times f'(0)$의 값은? [4점]

① -2 ② -1 ③ 0

④ 1 ⑤ 2

21 0637

함수 $f(x)=|x^2-8x+12|$에 대하여 함수 $g(x)$를
$$g(x)=\lim\limits_{h\to0}\dfrac{f(x+h)-f(x-h)}{h}$$
라 할 때, $g(1)+g(2)+g(3)+g(4)+g(5)$의 값은? [4.5점]

① -12 ② -6 ③ 0

④ 6 ⑤ 12

서술형

22 0638

함수 $f(x)=[x](ax^2+bx+3)$이 $x=1$에서 미분가능할 때, 상수 a, b에 대하여 ab의 값을 구하는 과정을 서술하시오.

(단, $[x]$는 x보다 크지 않은 최대의 정수이다.) [6점]

23 0639

미분가능한 함수 $f(x)$가 모든 실수 x, y에 대하여

$$f(x+y)=f(x)+f(y)+xy-1$$

을 만족시키고 $f'(0)=3$일 때, $f'(x)$를 구하는 과정을 서술하시오. [6점]

(1) $f(0)$의 값을 구하시오. [1점]

(2) $f'(0)=3$을 이용하여 $\lim\limits_{h\to 0}\dfrac{f(h)-1}{h}$의 값을 구하시오. [2점]

(3) 도함수의 정의를 이용하여 $f'(x)$를 구하시오. [3점]

24 0640

두 다항함수 $f(x)$, $g(x)$가

$$\lim_{x\to 2}\frac{f(x)-1}{x-2}=1,\ \lim_{x\to 2}\frac{g(x)+1}{x-2}=3$$

을 만족시킬 때, 함수 $f(x)\{f(x)+2g(x)\}$의 $x=2$에서의 미분계수를 구하는 과정을 서술하시오. [7점]

25 0641

다항식 $P(x)=x^6+ax^3+bx^2$이 $(x-1)^2$으로 나누어떨어질 때, 다항식 $P(x)$를 $x+1$로 나누었을 때의 나머지를 구하는 과정을 서술하시오. (단, a, b는 상수이다.) [8점]

1 0642

연계문항 106쪽 **0452**

함수 $y=f(x)$의 그래프가 그림과 같다. 함수 $f(x)$의 역함수를 $g(x)$라 할 때, 함수 $g(x)$에서 x의 값이 a에서 b까지 변할 때의 평균변화율은? (단, 점선은 x축 또는 y축에 평행하다.)

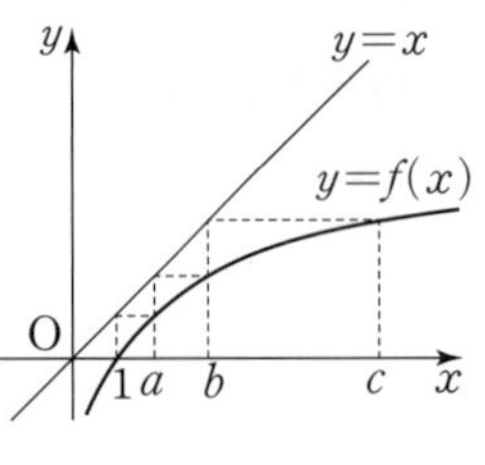

① $\dfrac{a-1}{b-a}$ ② $\dfrac{c-b}{b-a}$ ③ $\dfrac{c-b}{a-b}$

④ $\dfrac{b-a}{c-b}$ ⑤ $\dfrac{a-b}{c-b}$

2 0643

연계문항 113쪽 **0494**

그림과 같이 함수 $y=f(x)$의 그래프가 직선 $y=\dfrac{1}{2}x$와 점 $(2, 1)$에서 접한다. 〈보기〉에서 옳은 것만을 있는 대로 고른 것은? (단, a는 상수이다.)

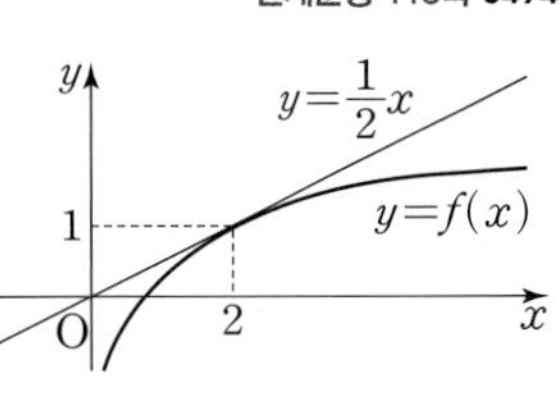

〈 보기 〉

ㄱ. $a>2$이면 $\dfrac{f(a)-1}{a-2}<\dfrac{1}{2}$이다.

ㄴ. $0<a<2$이면 $\dfrac{f(a)-1}{a-2}>\dfrac{1}{2}$이다.

ㄷ. $a>2$이면 $f'(a)<\dfrac{1}{2}$이다.

① ㄱ ② ㄴ ③ ㄱ, ㄴ

④ ㄴ, ㄷ ⑤ ㄱ, ㄴ, ㄷ

3 0644

연계문항 118쪽 **0515**

미분가능한 함수 $f(x)$가 모든 실수 x, y에 대하여

$$f(x+y)-f(x)=f(y)+xy(x+y)$$

를 만족시키고 $f(0)+f'(0)=3$일 때, $f'(2)$의 값은?

① 1 ② 3 ③ 5

④ 7 ⑤ 9

4 0645

연계문항 124쪽 **0557**

삼차함수 $f(x)$가 다음 조건을 만족시킨다.

(가) $\displaystyle\lim_{x \to 1}\dfrac{f(x)}{x-1}=3$

(나) 1이 아닌 상수 α에 대하여 $\displaystyle\lim_{x \to 2}\dfrac{f(x)}{(x-2)f'(x)}=\alpha$이다.

$\alpha \times f(4)$의 값을 구하시오.

5 0646

연계문항 128쪽 **0574**

다항함수 $f(x)$가 모든 실수 x에 대하여 $(x^n-2)f'(x)=f(x)$를 만족시키고 $f(3)=1$일 때, $f(n)$의 값은? (단, n은 자연수이다.)

① -3 ② -1 ③ 1

④ 3 ⑤ 5

04 도함수의 활용 (1)

04 도함수의 활용 (1)

1 접선의 방정식

(1) 접선의 기울기

함수 $f(x)$가 $x=a$에서 미분가능할 때, 곡선 $y=f(x)$ 위의 점 $\mathrm{P}(a,\ f(a))$에서의 접선의 기울기는 $x=a$에서의 미분계수

$$f'(a)=\lim_{x \to a}\frac{f(x)-f(a)}{x-a}$$

와 같다.

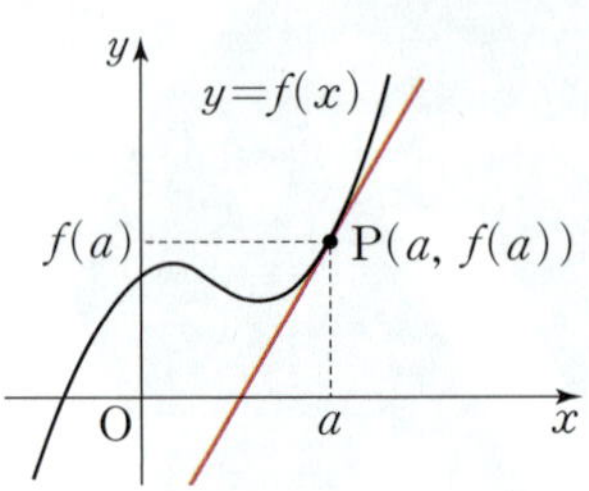

(2) 접선의 방정식

함수 $f(x)$가 $x=a$에서 미분가능할 때, 곡선 $y=f(x)$ 위의 점 $\mathrm{P}(a,\ f(a))$에서의 접선의 방정식은

$$y-f(a)=f'(a)(x-a)$$

참고 곡선 $y=f(x)$ 위의 점 $(a,\ f(a))$를 지나고 이 점에서의 접선에 수직인 직선의 방정식은

$$y-f(a)=-\frac{1}{f'(a)}(x-a)\ (단,\ f'(a)\neq 0)$$

2 접선의 방정식을 구하는 방법   핵심 1~3

(1) 곡선 $y=f(x)$ 위의 점 $(a,\ f(a))$에서의 접선의 방정식

❶ 접선의 기울기 $f'(a)$를 구한다.

❷ 접선의 방정식 $y-f(a)=f'(a)(x-a)$를 구한다.

(2) 곡선 $y=f(x)$에 접하고 기울기가 m인 접선의 방정식

❶ 접점의 좌표를 $(a,\ f(a))$로 놓는다.

❷ $f'(a)=m$임을 이용하여 a의 값과 접점의 좌표 $(a,\ f(a))$를 구한다.

❸ 접선의 방정식 $y-f(a)=m(x-a)$를 구한다.

(3) 곡선 $y=f(x)$ 밖의 한 점 $(x_1,\ y_1)$에서 곡선에 그은 접선의 방정식

❶ 접점의 좌표를 $(a,\ f(a))$로 놓는다.

❷ 접선의 기울기가 $f'(a)$이므로 접선의 방정식을

$$y-f(a)=f'(a)(x-a) \cdots\cdots ㉠$$

로 놓는다.

❸ $x=x_1,\ y=y_1$을 ㉠에 대입하여 a의 값을 구한다.

❹ 구한 a의 값을 ㉠에 대입하여 접선의 방정식을 구한다.

③ 두 곡선의 공통인 접선

(1) 두 곡선 $y=f(x)$, $y=g(x)$가 점 (a, b)에서 서로 접하면
두 곡선은 점 (a, b)에서 공통인 접선을 가진다.
① $x=a$에서의 함숫값이 같으므로
$$f(a)=g(a)=b$$
② $x=a$에서의 접선의 기울기가 같으므로
$$f'(a)=g'(a)$$

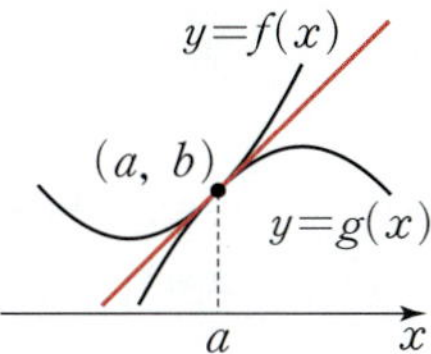

(2) 두 곡선 $y=f(x)$, $y=g(x)$가 공통인 접선을 갖지만 접
점이 다르면 곡선 $y=f(x)$ 위의 점 $\mathrm{P}(a, f(a))$와 곡선
$y=g(x)$ 위의 점 $\mathrm{Q}(b, g(b))$에서의 접선이 일치한다.
① 두 접선의 기울기가 같고, y절편이 같다.
② 두 점에서의 접선의 기울기와 두 점 P, Q를 연결한 직선
의 기울기가 같으므로
$$f'(a)=g'(b)=\frac{g(b)-f(a)}{b-a} \ (단, a\neq b)$$

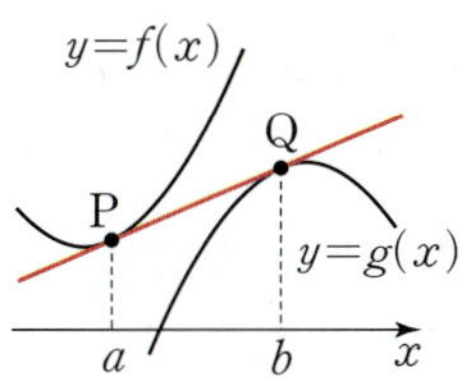

04

④ 롤의 정리 【핵심 ④】

롤의 정리: 함수 $f(x)$가 닫힌구간 $[a, b]$에서 연
속이고 열린구간 (a, b)에서 미분가능할 때,
$f(a)=f(b)$이면
$$f'(c)=0$$
인 c가 열린구간 (a, b)에 적어도 하나 존재한다.

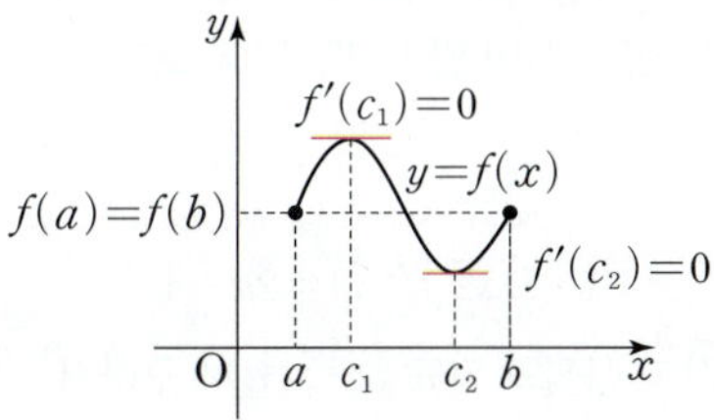

롤의 정리는 $f(a)=f(b)$이면 열린구간 (a, b)에서 곡선 $y=f(x)$의 접선이 x축에 평행하게 되는 곳이 적어도 하나 존재함을 뜻한다.

⑤ 평균값 정리 【핵심 ④】

평균값 정리: 함수 $f(x)$가 닫힌구간 $[a, b]$에서 연속이
고 열린구간 (a, b)에서 미분가능하면
$$\frac{f(b)-f(a)}{b-a}=f'(c)$$
인 c가 열린구간 (a, b)에 적어도 하나 존재한다.

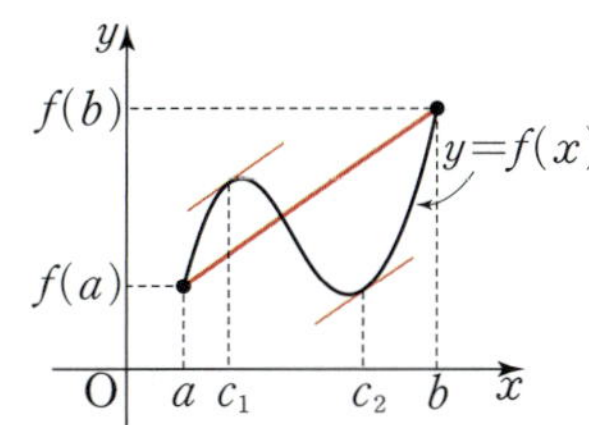

평균값 정리는 곡선 $y=f(x)$ 위의 두 점 $\mathrm{A}(a, f(a))$, $\mathrm{B}(b, f(b))$에 대하여 열린구간 (a, b)에서 직선 AB와 평행한 접선을 갖는 접점이 적어도 하나 존재함을 뜻한다.

핵심 **1** 접선의 방정식-접점이 주어진 경우 유형 2~3

곡선 $y=x^2+x$ 위의 점 $(1, 2)$에서의 접선의 방정식을 구해 보자.
$\ \ \ \ \ \downarrow y=f(x) \ \ \ \ \ \downarrow (a, f(a))$

❶ 접선의 기울기 $f'(a)$ 구하기
　$f(x)=x^2+x$라 하면 $f'(x)=2x+1$이므로 $f'(1)=3$

❷ 접선의 방정식 $y-f(a)=f'(a)(x-a)$ 구하기
　$y-2=3(x-1)$ 　 $\therefore y=3x-1$

참고 점 $(1, 2)$를 지나고 점 $(1, 2)$에서의 접선과 수직인 직선의 방정식은
$$y-2=-\frac{1}{3}(x-1) \quad \therefore y=-\frac{1}{3}x+\frac{7}{3}$$
　$\longrightarrow$ 수직이면 두 직선의 기울기의 곱이 -1

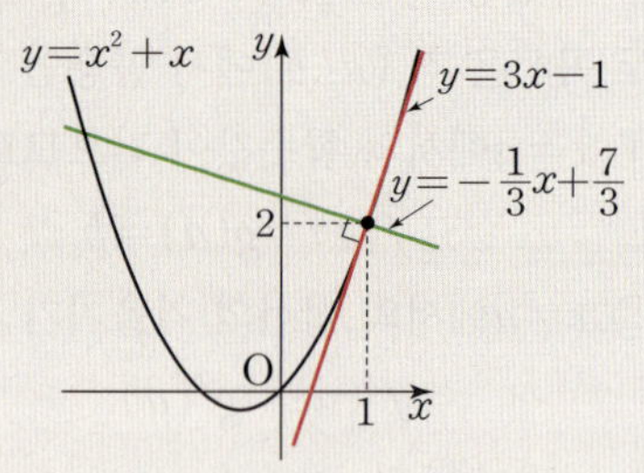

0647 다음 곡선 위의 주어진 점에서의 접선의 방정식을 구하시오.

(1) $y=x^3-5x$ 　　 $(2, -2)$

(2) $y=x^2-2x+3$ 　 $(3, 6)$

0648 다음 곡선 위의 주어진 점을 지나고 이 점에서의 접선과 수직인 직선의 방정식을 구하시오.

(1) $y=-x^2+2x$ 　　 $(0, 0)$

(2) $y=x^3+3x-1$ 　 $(1, 3)$

핵심 **2** 접선의 방정식-기울기가 주어진 경우 유형 8

곡선 $y=x^2+x$에 접하고 기울기가 3인 직선의 방정식을 구해 보자.
$\ \ \ \ \ \downarrow y=f(x) \ \ \ \ \ \ \ \ \ \ \downarrow m$

❶ 접점의 좌표를 $(a, f(a))$로 놓기
　$f(x)=x^2+x$라 하면 $f'(x)=2x+1$이므로 $f'(a)=2a+1$

❷ $f'(a)=m$임을 이용하여 a의 값과 접점의 좌표 $(a, f(a))$ 구하기
　$2a+1=3$ 　 $\therefore a=1$
　$a=1$이므로 $f(1)=2$

❸ 접선의 방정식 $y-f(a)=m(x-a)$ 구하기
　접점의 좌표가 $(1, 2)$이므로 $y-2=3(x-1)$, 즉 $y=3x-1$

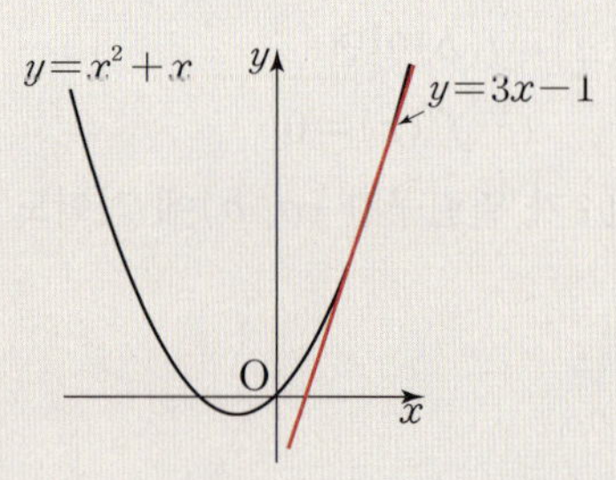

0649 다음 곡선에 접하고 기울기가 2인 직선의 방정식을 구하시오.

(1) $y=x^2-2x+1$

(2) $y=x^2+3$

0650 직선 $y=2x+5$와 평행하고, 곡선 $y=x^2-4x+2$에 접하는 직선의 방정식을 구하시오.

핵심 **3** 접선의 방정식-곡선 밖의 한 점이 주어진 경우 유형 **12**

점 $(0, 0)$에서 함수 $f(x)=x^2-3x+4$의 그래프에 그은 접선의 방정식을 구해 보자.
$\longrightarrow (x_1, y_1)$

❶ 접점의 좌표를 $(a, f(a))$로 놓고 접선의 방정식 $y-f(a)=f'(a)(x-a)$ 구하기
접점의 좌표를 (a, a^2-3a+4)라 하면 접선의 방정식은
$y-(a^2-3a+4)=(2a-3)(x-a)$ ⋯⋯⋯⋯⋯⋯⋯⋯⋯ ㉠

❷ $x=x_1, y=y_1$을 ㉠에 대입하여 a의 값 구하기
$f'(a)=2a-3$
직선 ㉠이 점 $(0, 0)$을 지나므로 $-(a^2-3a+4)=-a(2a-3)$
$\therefore a=-2$ 또는 $a=2$

❸ a의 값을 ㉠에 대입하여 접선의 방정식 구하기
$a=-2$일 때 $y=-7x$, $a=2$일 때 $y=x$

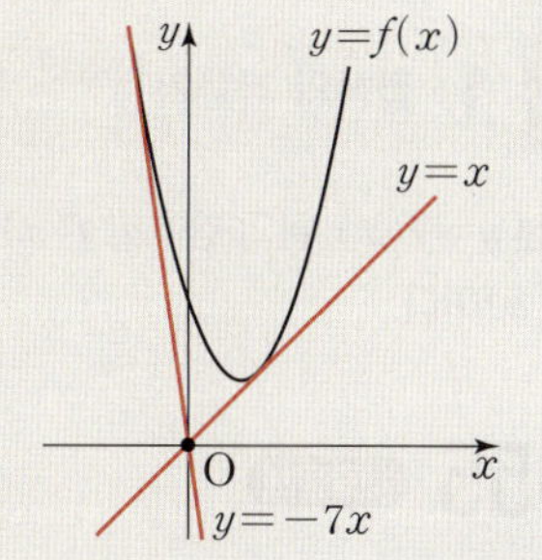

0651 점 $(0, -4)$에서 곡선 $y=x^3-2$에 그은 접선의 방정식을 구하시오.

0652 점 $(1, 0)$에서 곡선 $y=x^2+3$에 그은 접선의 방정식을 구하시오.

핵심 **4** 롤의 정리와 평균값 정리 유형 **18~19**

● **롤의 정리**

함수 $f(x)=x^2-2x+2$일 때, 닫힌구간 $[0, 2]$에서
롤의 정리를 만족시키는 상수 c의 값 구하기
① $f(x)$는 닫힌구간 $[0, 2]$에서 연속
② $f(x)$는 열린구간 $(0, 2)$에서 미분가능 — 롤의 정리의 세 가지 조건 확인하기
③ $f(0)=f(2)=2$

$f'(x)=2x-2$이므로 $f'(c)=0$에서
$2c-2=0 \rightarrow f'(c)=0$인 c의 값 찾기
$\therefore c=1$

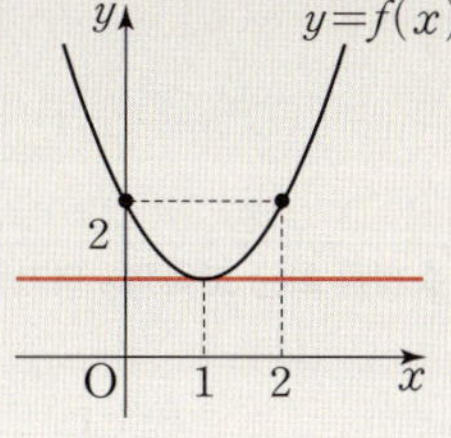

● **평균값 정리**

함수 $f(x)=x^2-2x$일 때, 닫힌구간 $[1, 3]$에서
평균값 정리를 만족시키는 상수 c의 값 구하기
① $f(x)$는 닫힌구간 $[1, 3]$에서 연속
② $f(x)$는 열린구간 $(1, 3)$에서 미분가능 — 평균값 정리의 두 가지 조건 확인하기

$f'(x)=2x-2$이므로 $f'(c)=2c-2$
$\dfrac{f(3)-f(1)}{3-1}=\dfrac{3-(-1)}{2}=2 \rightarrow f'(c)=\dfrac{f(b)-f(a)}{b-a}$인 c의 값 찾기
따라서 $2c-2=2$
$\therefore c=2$

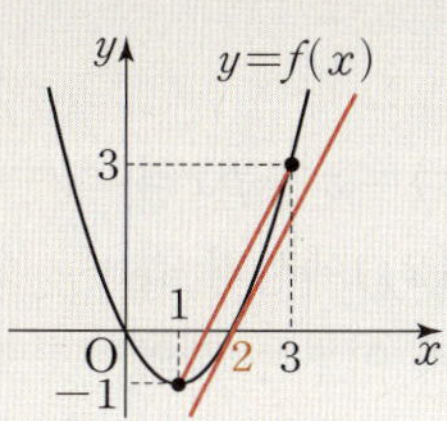

0653 함수 $f(x)=x^3-x^2+1$에 대하여 닫힌구간 $[0, 1]$에서 롤의 정리를 만족시키는 상수 c의 값을 구하시오.

0654 함수 $f(x)=x^2+x$에 대하여 닫힌구간 $[-1, 1]$에서 평균값 정리를 만족시키는 상수 c의 값을 구하시오.

실전 유형 **1 접선의 기울기**

> 곡선 $y=f(x)$ 위의 점 $(a, f(a))$에서의 접선의 기울기는
> $f'(a)$이다.

0655 대표문제

곡선 $y=x^3+ax^2+b$ 위의 점 $(2, -1)$에서의 접선의 기울기가 4일 때, $a-b$의 값은? (단, a, b는 상수이다.)

① -1 　　　 ② 0 　　　 ③ 1
④ 2 　　　 ⑤ 3

0656 중요 　Level 2

함수 $f(x)=x^3+ax^2-3$의 그래프 위의 점 $(1, f(1))$에서의 접선이 두 점 $(2, 3)$, $(3, 7)$을 지나는 직선과 평행할 때, 상수 a의 값을 구하시오.

0657 중요 　Level 2

다항함수 $f(x)$에 대하여 곡선 $y=f(x)$ 위의 점 $(1, 2)$에서의 접선의 기울기는 3이다. 곡선 $y=xf(x)$ 위의 점 $(1, f(1))$에서의 접선의 기울기를 구하시오.

0658 　Level 2

그림과 같이 함수 $f(x)=x^2-px$의 그래프 위의 점 $(2, f(2))$에서의 접선이 x축의 양의 방향과 이루는 각의 크기를 θ라 하자. $\tan\theta=6$일 때, 상수 p의 값을 구하시오.

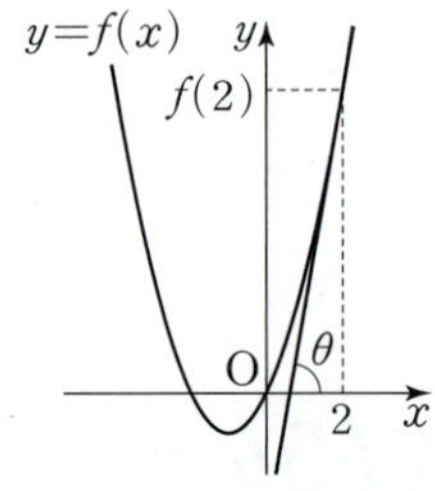

0659 　Level 3

함수 $f(x)=x^2-2ax+1$의 그래프 위의 점 (p, q)에서의 접선이 곡선 위의 두 점 $(a-1, f(a-1))$, $(a+2, f(a+2))$를 지나는 직선과 평행하다. p를 a에 대한 식으로 나타낸 것은?

① $p=a+1$ 　　　 ② $p=a+\dfrac{1}{2}$ 　　　 ③ $p=a$
④ $p=a-\dfrac{1}{2}$ 　　　 ⑤ $p=a-1$

⊕ Plus 문제

0660 고난도 　Level 3

삼차함수 $f(x)$가 다음 조건을 만족시킨다.

> (가) 모든 실수 x에 대하여 $f(-x)=-f(x)$이다.
> (나) 곡선 $y=f(x)$ 위의 점 $(1, 0)$에서의 접선의 기울기는 4이다.

곡선 $y=f(x)$ 위의 점 $(2, f(2))$에서의 접선의 기울기를 구하시오.

다음은 이 유형에서 출제된 최근 교육청·평가원 기출문제입니다.

0661 교육청 　Level 1

곡선 $y=4x^3-5x+9$ 위의 점 $(1, 8)$에서의 접선의 기울기를 구하시오.

실전 유형 2 곡선 위의 점이 주어질 때의 접선의 방정식 **빈출유형**

곡선 $y=f(x)$ 위의 점 $(a, f(a))$에서의 접선의 방정식은 다음과 같은 순서로 구한다.
❶ 접선의 기울기 $f'(a)$를 구한다.
❷ 접선의 방정식 $y-f(a)=f'(a)(x-a)$를 구한다.

0662 대표문제

곡선 $y=x^3+ax+b$ 위의 점 $(1, 5)$에서의 접선의 방정식이 $y=4x+1$일 때, ab의 값은? (단, a, b는 상수이다.)

① -3 ② -1 ③ 1

④ 3 ⑤ 4

0663 중요   Level 1

곡선 $y=x^2-x+1$ 위의 점 $(2, 3)$에서의 접선이 점 $(1, a)$를 지날 때, a의 값을 구하시오.

0664   Level 1

곡선 $y=x^3+2$ 위의 점 $P(a, -6)$에서의 접선의 방정식을 $y=mx+n$이라 할 때, $a+m+n$의 값을 구하시오.

(단, m, n은 상수이다.)

0665   Level 2

곡선 $y=x^3-ax+b$ 위의 점 $(1, 1)$에서의 접선이 원점을 지날 때, a^2+b^2의 값은? (단, a, b는 상수이다.)

① 2 ② 4 ③ 6

④ 8 ⑤ 10

0666 중요   Level 2

곡선 $y=x^3-3x^2+2$ 위의 두 점 $(1, 0)$, $(2, -2)$에서의 접선을 각각 l, m이라 할 때, 두 직선 l, m의 교점의 좌표는?

① $\left(\dfrac{2}{3}, -2\right)$ ② $\left(\dfrac{2}{3}, 2\right)$ ③ $\left(\dfrac{5}{3}, -2\right)$

④ $\left(\dfrac{5}{3}, 2\right)$ ⑤ $\left(\dfrac{8}{3}, -2\right)$

0667   Level 2

곡선 $y=2x^3-x^2-x$ 위의 점 $(1, 0)$에서의 접선이 직선 $y=x$와 만나는 점의 좌표는?

① $(0, 0)$ ② $\left(\dfrac{1}{2}, \dfrac{1}{2}\right)$ ③ $\left(\dfrac{3}{2}, \dfrac{3}{2}\right)$

④ $(2, 2)$ ⑤ $\left(\dfrac{5}{2}, \dfrac{5}{2}\right)$

다음은 이 유형에서 출제된 최근 교육청·평가원 기출문제입니다.

0668 (평가원)   Level 1

곡선 $y=x^3-6x^2+6$ 위의 점 $(1, 1)$에서의 접선이 점 $(0, a)$를 지날 때, a의 값을 구하시오.

0669 (교육청)   Level 1

삼차함수 $f(x)=x^3+ax$의 그래프 위의 점 $(1, f(1))$에서의 접선의 방정식이 $y=4x+b$이다. $20a+b$의 값을 구하시오. (단, a, b는 상수이다.)

0670 (평가원)   Level 3

최고차항의 계수가 1인 삼차함수 $f(x)$에 대하여 곡선 $y=f(x)$ 위의 점 $(-2, f(-2))$에서의 접선과 곡선 $y=f(x)$ 위의 점 $(2, 3)$에서의 접선이 점 $(1, 3)$에서 만날 때, $f(0)$의 값은?

① 31　　　② 33　　　③ 35

④ 37　　　⑤ 39

실전 유형 **3** 접선에 수직인 직선의 방정식

곡선 $y=f(x)$ 위의 점 $P(a, f(a))$에 대하여
(1) 점 P에서의 접선의 방정식은
$$y-f(a)=f'(a)(x-a)$$
(2) 점 P를 지나고 점 P에서의 접선에 수직인 직선의 방정식은
$$y-f(a)=-\frac{1}{f'(a)}(x-a)$$

0671 (대표문제)

곡선 $y=x^2-3x+2$ 위의 점 $(0, 2)$를 지나고 이 점에서의 접선과 수직인 직선의 방정식은?

① $y=-3x+2$　　　② $y=-\dfrac{1}{3}x+2$

③ $y=\dfrac{1}{3}x+2$　　　④ $y=x+2$

⑤ $y=3x+2$

0672 (중요)   Level 1

곡선 $y=-x^3-x^2+3x$ 위의 점 $(1, 1)$을 지나고 이 점에서의 접선에 수직인 직선의 방정식이 $y=ax+b$일 때, ab의 값은? (단, a, b는 상수이다.)

① -4　　　② $-\dfrac{1}{4}$　　　③ $\dfrac{1}{4}$

④ 4　　　⑤ 8

0673

Level 1

함수 $f(x)=\dfrac{2}{3}x^3+ax$의 그래프 위의 두 점 $(0,\ f(0))$, $(1,\ f(1))$에서의 접선이 서로 수직일 때, 상수 a의 값은?

① -2 ② -1 ③ 0

④ 1 ⑤ 2

0674 중요

Level 2

곡선 $y=x^3-2x^2+3x+1$ 위의 점 $(1,\ 3)$을 지나고 이 점에서의 접선과 수직인 직선이 x축과 만나는 x좌표를 a, y축과 만나는 y좌표를 b라 할 때, $a+b$의 값은? (단, a, b는 상수이다.)

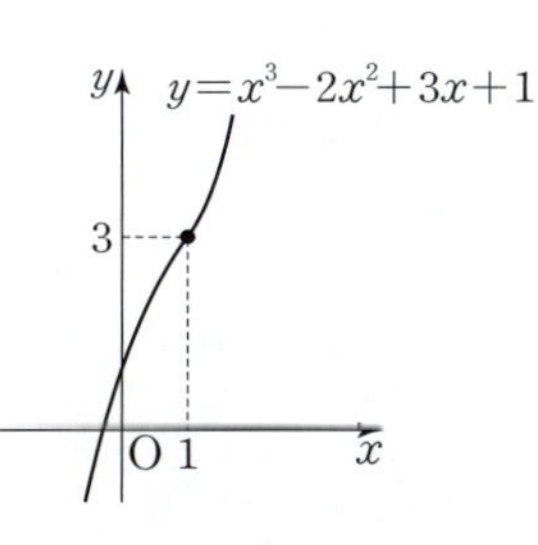

① 10 ② $\dfrac{21}{2}$ ③ 11

④ $\dfrac{23}{2}$ ⑤ 12

다음은 이 유형에서 출제된 최근 교육청·평가원 기출문제입니다.

0675 평가원

Level 2

곡선 $y=x^3-3x^2+2x+2$ 위의 점 $A(0,\ 2)$에서의 접선과 수직이고 점 A를 지나는 직선의 x절편은?

① 4 ② 6 ③ 8

④ 10 ⑤ 12

심화유형 4 곡선 위의 점과 접선의 방정식의 활용

곡선 $y=f(x)$에 대하여 접점의 좌표 $(a,\ f(a))$가 주어질 때
❶ 접선의 방정식 $y-f(a)=f'(a)(x-a)$를 구한다.
❷ 주어진 조건을 이용하여 문제를 해결한다.

0676 대표문제

미분가능한 함수 $y=f(x)$의 그래프가 그림과 같이 $x=1$인 점에서의 접선이 직선 $y=1$이다.
곡선 $y=(x-1)f(x)$ 위의 점 $(1,\ 0)$에서의 접선의 방정식을 $y=ax+b$라 할 때, $a-b$의 값은? (단, a, b는 상수이다.)

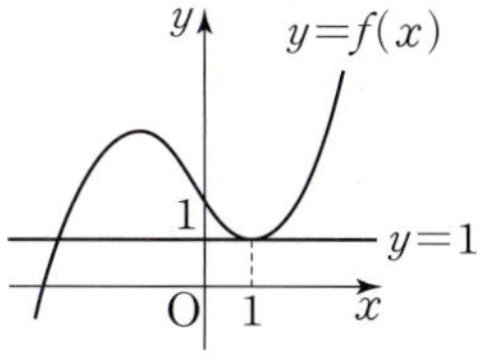

① -2 ② -1 ③ 0

④ 1 ⑤ 2

0677 중요

Level 2

그림과 같이 $y=f(x)$의 그래프가 점 $(2,\ -4)$를 지나고, $x=2$인 점에서의 접선의 기울기가 0이다.
$g(x)=x^2f(x)$라 할 때, 곡선 $y=g(x)$ 위의 점 $(2,\ g(2))$에서의 접선의 방정식은?

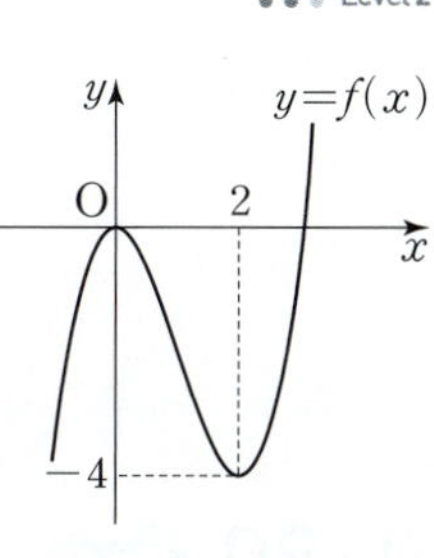

① $y=-16x$ ② $y=-16x+16$

③ $y=-8x$ ④ $y=8x-16$

⑤ $y=16x+16$

0678 중요

곡선 $y=x^3+ax^2+(2a+1)x+a+4$는 실수 a의 값에 관계없이 항상 일정한 점 P를 지난다. 이때 점 P에서의 접선의 방정식은?

① $y=4x$

② $y=4x+2$

③ $y=4x+4$

④ $y=4x+6$

⑤ $y=4x+8$

0679

함수 $f(x)=x^3+2x$의 역함수 $f^{-1}(x)$에 대하여 곡선 $y=f^{-1}(x)$ 위의 한 점 $(3,\ a)$에서의 접선의 방정식을 $y=ax+b$라 하자. $a+2b$의 값을 구하시오.

(단, a, b는 상수이다.)

0680 신경향

곡선 $y=x^3-2x^2-2x+4$ 위의 점 $(1,\ 1)$에서의 접선을 l이라 하자. 직선 l 위의 점 중에서 원점과의 거리가 가장 가까운 점을 P$(p,\ q)$라 할 때, $p+q$의 값은?

① $\dfrac{4}{5}$

② 1

③ $\dfrac{6}{5}$

④ $\dfrac{7}{5}$

⑤ $\dfrac{8}{5}$

실전유형 5 함수의 극한과 접선의 방정식 복합유형

함수 $y=f(x)$의 그래프 위의 점 $(a,\ f(a))$에서의 접선의 기울기는

$$f'(a)=\lim_{\Delta x\to 0}\frac{f(a+\Delta x)-f(a)}{\Delta x}=\lim_{x\to a}\frac{f(x)-f(a)}{x-a}$$

0681 대표문제

다항함수 $f(x)$에 대하여 $\displaystyle\lim_{x\to 1}\frac{f(x)-1}{x-1}=3$일 때, 함수 $y=f(x)$의 그래프 위의 점 $(1,\ f(1))$에서의 접선의 방정식은 $y=ax+b$이다. $a-b$의 값은? (단, a, b는 상수이다.)

① 1

② 2

③ 3

④ 4

⑤ 5

0682 중요

다항함수 $f(x)$에 대하여 $\displaystyle\lim_{x\to 2}\frac{f(x^2)}{x-2}=8$일 때, 곡선 $y=f(x)$ 위의 점 $(4,\ f(4))$에서의 접선의 방정식은 $y=ax+b$이다. ab의 값은? (단, a, b는 상수이다.)

① -16

② -8

③ 4

④ 8

⑤ 16

0683

두 다항함수 $f(x)$, $g(x)$가 다음 조건을 만족시킨다.

> (가) $g(x)=x^3 f(x)-7$
>
> (나) $\lim\limits_{x \to 2} \dfrac{f(x)-g(x)}{x-2}=2$

곡선 $y=g(x)$ 위의 점 $(2,\ g(2))$에서의 접선의 방정식이 $y=ax+b$일 때, $a+b$의 값은? (단, a, b는 상수이다.)

① 1 　　　　② 2 　　　　③ 3
④ 4 　　　　⑤ 5

다음은 이 유형에서 출제된 최근 교육청·평가원 기출문제입니다.

0684 　교육청

다항함수 $f(x)$가 $\lim\limits_{x \to 2} \dfrac{f(x)-1}{x^2-4}=-1$을 만족시킬 때, 곡선 $y=(x+1)f(x)$ 위의 점 $(2,\ a)$에서의 접선의 y절편은 b이다. $a+b$의 값을 구하시오.

심화유형 6 함수의 극한과 접선의 방정식 – 극한을 구하는 경우 　복합유형

구해야 하는 $f(a)$를 식으로 나타내고 극한값을 구한다.

0685 　대표문제

곡선 $y=x^2+x+3$ 위의 점 $(a,\ a^2+a+3)$에서의 접선의 y절편을 $f(a)$라 하자. $\lim\limits_{a \to \infty} \dfrac{f(a)}{a^2}$의 값은?

① -2 　　　② -1 　　　③ 0
④ 1 　　　　⑤ 2

0686

곡선 $y=x^2-x+1$ 위의 점 $(a,\ a^2-a+1)$에서의 접선의 x절편을 $f(a)$라 하자. $\lim\limits_{a \to \infty} \dfrac{f(a)}{a}$의 값은?

① $\dfrac{1}{2}$ 　　　② $\dfrac{1}{3}$ 　　　③ $\dfrac{1}{4}$
④ $\dfrac{1}{5}$ 　　　⑤ $\dfrac{1}{6}$

0687

그림과 같이 함수 $f(x)=x^2-2x$의 그래프 위의 점 $(p,\ f(p))$에서의 접선이 x축의 양의 방향과 이루는 각의 크기를 θ라 하자. $\lim\limits_{p \to \infty} \dfrac{p}{\tan\theta}$의 값은?

① $\dfrac{1}{2}$ 　　　② $\dfrac{1}{3}$ 　　　③ $\dfrac{1}{4}$
④ $\dfrac{1}{5}$ 　　　⑤ $\dfrac{1}{6}$

0688 중요

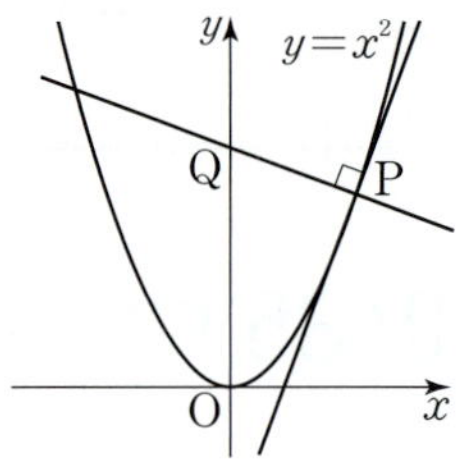

그림과 같이 곡선 $y=x^2$ 위를 움직이는 점 $P(t, t^2)$이 있다. 점 P를 지나고 점 P에서의 접선에 수직인 직선이 y축과 만나는 점을 $Q(0, f(t))$라 할 때, $\lim\limits_{t\to\infty}\dfrac{f(t)}{t^2}$의 값은?

① $\dfrac{1}{2}$　　　② 1　　　③ $\dfrac{3}{2}$

④ 2　　　⑤ $\dfrac{5}{2}$

0689 중요

Level 2

곡선 $y=x^3+3x+1$ 위의 점 (t, t^3+3t+1)에서의 접선의 y절편을 $g(t)$라 할 때, $\lim\limits_{t\to\infty}\dfrac{g'(t+2)-g'(t)}{t}$의 값은?

① -12　　　② -15　　　③ -18
④ -21　　　⑤ -24

0690

Level 2

곡선 $y=x^3$ 위의 점 $P(t, t^3)$에서의 접선과 원점 사이의 거리를 $f(t)$라 하자. $\lim\limits_{t\to\infty}\dfrac{f(t)}{t}=\alpha$일 때, 30α의 값을 구하시오.

곡선 $y=f(x)$와 접선 $y=g(x)$의 교점의 x좌표는 방정식 $f(x)=g(x)$의 근이다.

0691 대표문제

곡선 $y=-x^3+3x^2+3$ 위의 점 $(2, 7)$에서의 접선이 이 곡선과 만나는 점 중에서 접점이 아닌 점을 A라 할 때, 선분 OA의 길이는? (단, O는 원점이다.)

① 7　　　② $5\sqrt{2}$　　　③ $\sqrt{51}$
④ $2\sqrt{13}$　　　⑤ $\sqrt{53}$

0692

Level 2

곡선 $y=x^3+2x+7$ 위의 점 $P(-1, 4)$에서의 접선이 점 P가 아닌 점 (a, b)에서 이 곡선과 만난다. $a+b$의 값을 구하시오.

0693 중요

Level 2

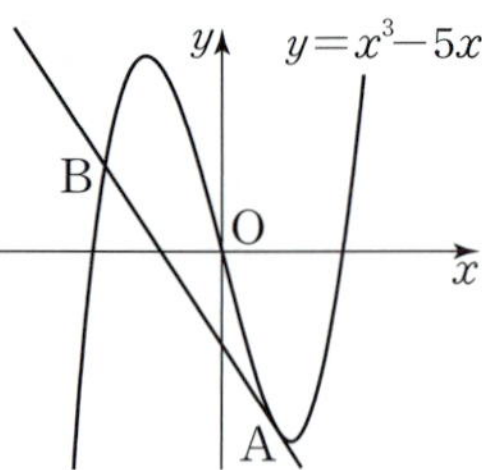

그림과 같이 곡선 $y=x^3-5x$ 위의 점 $A(1, -4)$에서의 접선이 이 곡선과 만나는 다른 한 점을 B라 할 때, 선분 AB의 길이는?

① $\sqrt{30}$　　　② $\sqrt{35}$
③ $2\sqrt{10}$　　　④ $3\sqrt{5}$
⑤ $5\sqrt{2}$

0694

•ıl Level 3

삼차함수 $f(x)=x^3+ax$가 있다. 곡선 $y=f(x)$ 위의 점 A$(-1,\ -1-a)$에서의 접선이 이 곡선과 만나는 다른 한 점을 B라 하자. 또, 곡선 $y=f(x)$ 위의 점 B에서의 접선이 이 곡선과 만나는 다른 한 점을 C라 하자. 두 점 B, C의 x좌표를 각각 b, c라 할 때, $f(b)+f(c)=-80$을 만족시킨다. 이때 상수 a의 값을 구하시오.

⊕ Plus 문제

다음은 이 유형에서 출제된 최근 교육청·평가원 기출문제입니다.

0695 수능 고난도

•ıl Level 3

$a>\sqrt{2}$인 실수 a에 대하여 함수 $f(x)$를
$$f(x)=-x^3+ax^2+2x$$
라 하자. 곡선 $y=f(x)$ 위의 점 O$(0,\ 0)$에서의 접선이 곡선 $y=f(x)$와 만나는 점 중 O가 아닌 점을 A라 하고, 곡선 $y=f(x)$ 위의 점 A에서의 접선이 x축과 만나는 점을 B라 하자. 점 A가 선분 OB를 지름으로 하는 원 위의 점일 때, $\overline{OA}\times\overline{AB}$의 값을 구하시오.

실전
유형 **8** 기울기가 주어질 때의 접선의 방정식　빈출유형

곡선 $y=f(x)$에 접하고 기울기가 m인 접선의 방정식은 다음과 같은 순서로 구한다.
❶ 접점의 좌표를 $(t,\ f(t))$로 놓는다.
❷ $f'(t)=m$임을 이용하여 t의 값을 구한다.
❸ 접선의 방정식 $y-f(t)=m(x-t)$를 구한다.

0696 대표문제

곡선 $y=-x^2+3x+1$에 접하고 직선 $y=-x+3$에 평행한 직선의 방정식은?

① $y=-x-5$　　② $y=-x-3$　　③ $y=-x+5$
④ $y=x-5$　　⑤ $y=x+5$

0697

•ıl Level 1

직선 $y=-\dfrac{1}{3}x$에 수직이고 곡선 $y=2x^2-x$에 접하는 직선을 $y=ax+b$라 할 때, $a+b$의 값을 구하시오.

(단, a, b는 상수이다.)

0698

•ıl Level 2

직선 $y=3x-m$이 곡선 $y=x^3-3x$에 접할 때, 양수 m의 값은?

① $3\sqrt{3}$　　② $4\sqrt{2}$　　③ 6
④ $2\sqrt{10}$　　⑤ $3\sqrt{5}$

0699

Level 2

곡선 $y=x^3-3x^2+3$ 위의 $x=3$인 점에서의 접선과 평행하고 이 곡선과 제3사분면에서 접하는 접선의 y절편은?

① 8　　　　② 9　　　　③ 10

④ 11　　　　⑤ 12

0700 　중요

Level 2

곡선 $y=-x^2+1$의 한 접선이 x축의 양의 방향과 $45°$의 각을 이룬다. 이 접선의 y절편을 구하시오.

0701

Level 2

$x>0$에서 곡선 $y=x^3-x+4$에 접하고 직선 $y=-\dfrac{1}{2}x-2$에 수직인 접선의 방정식이 $y=ax+b$일 때, a^2+b^2의 값은?

(단, a, b는 상수이다.)

① 6　　　　② 8　　　　③ 10

④ 12　　　　⑤ 14

0702 　중요

Level 2

곡선 $y=x^3-3x^2-8x$에 두 직선 $y=x+a$, $y=x+b$가 접할 때, $a-b$의 값을 구하시오.

(단, a, b는 상수이고, $a>b$이다.)

0703

Level 2

곡선 $y=2x^3+3x^2-10x+8$과 제1사분면에서 접하고 기울기가 2인 직선이 x축과 만나는 점의 x좌표를 구하시오.

다음은 이 유형에서 출제된 최근 교육청·평가원 기출문제입니다.

0704 　교육청

Level 2

곡선 $y=x^2-x+3$ 위의 서로 다른 두 점 A, B에서의 접선이 서로 수직이다. 점 A의 x좌표가 1일 때, 점 B에서의 접선의 방정식은 $y=ax+b$이다. $a+b$의 값을 구하시오.

(단, a, b는 상수이다.)

실전 유형 9 곡선과 직선이 접할 때 미정계수 구하기

❶ 접점의 좌표를 $(t, f(t))$로 놓는다.
❷ 접선 $y-f(t)=f'(t)(x-t)$가 주어진 직선과 일치함을 이용하여 미정계수를 구한다.

0705 대표문제

곡선 $y=-x^3+ax$와 직선 $y=-2x+2$가 접할 때, 상수 a의 값은?

① 1 ② 2 ③ 3
④ 4 ⑤ 5

0706

● Level 2

곡선 $y=\dfrac{1}{3}x^3+ax+\dfrac{1}{3}$과 직선 $y=-2x+b$가 점 $(-1, c)$에서 접할 때, $ab+c$의 값은? (단, a, b는 상수이다.)

① -2 ② -1 ③ 0
④ 1 ⑤ 2

0707 중요

● Level 2

곡선 $y=\dfrac{1}{3}x^3-ax^2$에 접하고 기울기가 3인 접선이 2개 존재할 때, 이 두 접선의 접점의 x좌표를 각각 α, β라 하자. $\alpha+\beta=6$일 때, 실수 a의 값은?

① 1 ② 2 ③ 3
④ 4 ⑤ 5

0708

● Level 3

곡선 $y=x^3+ax^2+x-2$에 접하고 직선 $y=-2x+3$과 평행한 직선이 존재하지 않도록 하는 정수 a의 개수는?

① 1 ② 2 ③ 3
④ 4 ⑤ 5

> 다음은 이 유형에서 출제된 최근 교육청·평가원 기출문제입니다.

0709 교육청

● Level 2

직선 $y=4x+5$가 곡선 $y=2x^4-4x+k$에 접할 때, 상수 k의 값을 구하시오.

10 기울기가 주어진 접선의 방정식의 활용

문제에서 기울기 조건을 찾는다.
(1) 평행한 두 직선 ➡ 기울기가 같다.
(2) 수직인 두 직선 ➡ 기울기의 곱이 -1이다.
(3) 직선이 x축의 양의 방향과 이루는 각의 크기가 θ
   ➡ (기울기)$=\tan\theta$

0710 대표문제

곡선 $y=x^2-2x-3$ 위의 점과 직선 $2x-y-12=0$ 사이의 거리의 최솟값은?

① 1 ② $\sqrt{2}$ ③ $\sqrt{3}$
④ 2 ⑤ $\sqrt{5}$

0711   Level 2

곡선 $y=x^3-2x+3$에 접하고 직선 $y=x+3$과 평행한 직선이 두 개 있다. 이 두 직선 사이의 거리는?

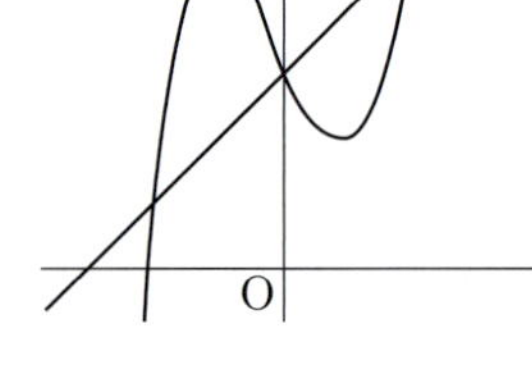

① $\sqrt{7}$ ② $2\sqrt{2}$
③ 3 ④ $\sqrt{10}$
⑤ $\sqrt{11}$

0712 중요   Level 2

곡선 $y=-\dfrac{1}{3}x^3-x^2+3$에 접하고 직선 $y=\dfrac{1}{3}x-3$과 수직인 두 직선 사이의 거리를 구하시오.

0713   Level 3

그림과 같이 정사각형 ABCD의 두 꼭짓점 A, C는 y축 위에 있고, 두 꼭짓점 B, D는 x축 위에 있다. 변 AB와 변 CD가 각각 곡선 $y=x^3-5x$에 접할 때, 정사각형 ABCD의 둘레의 길이를 구하시오.

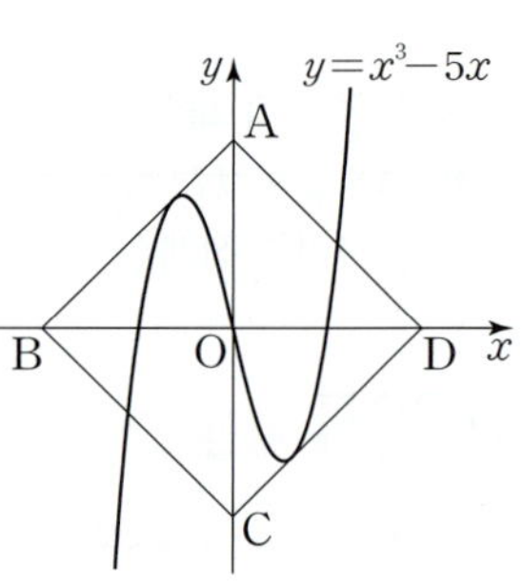

0714 중요   Level 3

그림과 같이 곡선 $y=x^2-4x$ 위의 점 $P(a, b)$는 원점에서 곡선 위의 점 $A(5, 5)$까지 움직인다. 삼각형 OPA의 넓이가 최대일 때, $a+b$의 값을 구하시오.

(단, O는 원점이다.)

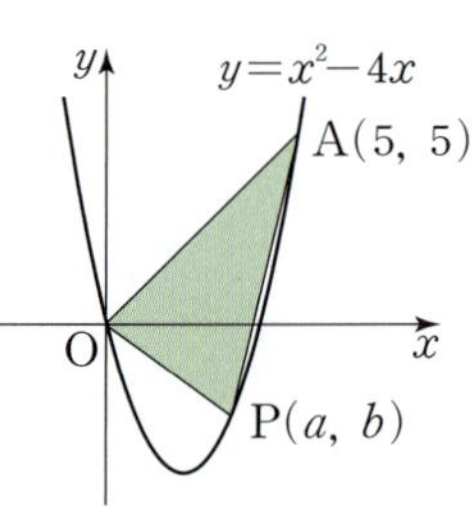

0715   Level 3

그림과 같이 점 P가 제1사분면에서 곡선 $y=x^3+2x+3$ 위를 움직인다. 직선 AB의 기울기가 5일 때 삼각형 ABP의 넓이가 최소가 되도록 하는 점 P의 좌표를 (a, b)라 하자. 이때 $a-b$의 값은?

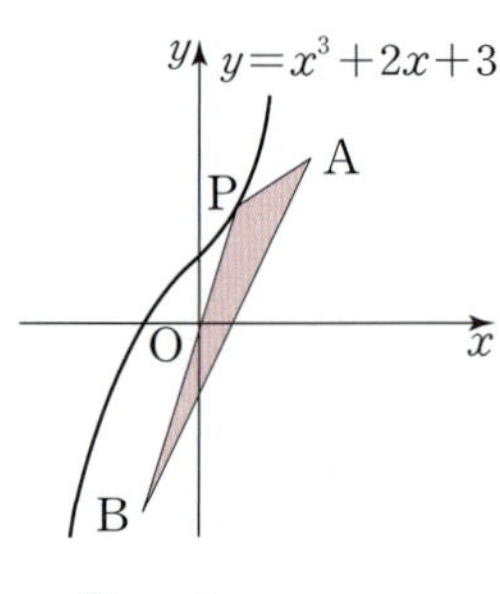

① -1 ② -3 ③ -5
④ -7 ⑤ -9

 11 접선의 기울기의 최대·최소

삼차함수 $y=f(x)$의 그래프 위의 점 $(t, f(t))$에서의 접선의 기울기 $f'(t)$는 t에 대한 이차함수이므로 접선의 기울기의 최댓값 또는 최솟값은 이차함수의 최대·최소를 이용하여 구한다.

0716 대표문제

곡선 $y=x^3+3x^2+2x$ 위의 점에서의 접선의 기울기의 최솟값을 구하시오.

0717

Level 2

곡선 $y=x^3+6x^2+ax+3$ 위의 점에서의 접선의 기울기의 최솟값이 음수가 되도록 하는 자연수 a의 개수는?

① 11　　　② 12　　　③ 13

④ 14　　　⑤ 15

0718 중요

Level 2

곡선 $y=-\dfrac{1}{3}x^3+2x^2+kx$ 위의 점에서의 접선의 기울기의 최댓값이 6일 때, 상수 k의 값은?

① 2　　　② 4　　　③ 6

④ 8　　　⑤ 10

0719 중요

Level 2

곡선 $y=\dfrac{1}{3}x^3-x^2+x$ 위의 점에서 그은 접선 중 기울기가 최소인 직선의 방정식을 $y=mx+n$이라 할 때, $m+n$의 값을 구하시오. (단, m, n은 상수이다.)

0720

Level 2

삼차함수 $f(x)=-x^3-6x^2-6x$의 그래프의 접선 중에서 기울기가 최대인 접선의 방정식이 $y=ax+b$일 때, $2a-b$의 값은? (단, a, b는 상수이다.)

① 2　　　② 4　　　③ 6

④ 8　　　⑤ 10

0721

Level 2

곡선 $y=x^3-3x^2+9x+1$의 접선 중 기울기가 최소인 직선이 점 $(a, -4)$를 지날 때, a의 값을 구하시오.

곡선 $y=f(x)$ 밖의 점 (a, b)에서 곡선에 그은 접선의 방정식은 다음과 같은 순서로 구한다.
❶ 접점의 좌표를 $(t, f(t))$라 하고, 접선의 방정식 $y-f(t)=f'(t)(x-t)$를 세운다.
❷ 접선의 방정식에 $x=a, y=b$를 대입하여 t의 값을 구한다.
❸ t의 값을 $y-f(t)=f'(t)(x-t)$에 대입하여 접선의 방정식을 구한다.

0722 대표문제

점 $(2, -1)$에서 곡선 $y=x^2-3x+2$에 그은 접선의 방정식을 모두 고르면? (정답 2개)

① $y=-2x+1$ ② $y=-x+1$

③ $y=x-1$ ④ $y=2x-1$

⑤ $y=3x-7$

0723   Level 2

점 $(1, 0)$에서 곡선 $y=x^2+2x+1$에 그은 두 접선의 기울기의 합은?

① 2   ② 4   ③ 6

④ 8   ⑤ 10

0724   Level 2

점 $P(1, 2)$에서 곡선 $y=-x^2+x+1$에 그은 두 접선의 접점을 각각 $Q(a, b)$, $R(c, d)$라 할 때, $a+b+c+d$의 값은? (단, $a<c$)

① 1   ② 2   ③ 3

④ 4   ⑤ 5

0725   중요   Level 2

원점 O에서 곡선 $y=\dfrac{1}{2}x^2+1$에 그은 접선의 접점을 $P\left(p, \dfrac{1}{2}p^2+1\right)$이라 할 때, 선분 OP의 길이는? (단, $p>0$)

① $\sqrt{3}$ ② 2   ③ $\sqrt{5}$

④ $\sqrt{6}$ ⑤ $\sqrt{7}$

0726   Level 2

함수 $f(x)=x^3-ax$에 대하여 점 $(0, 16)$에서 곡선 $y=f(x)$에 그은 접선의 기울기가 8일 때, $f(a)$의 값을 구하시오. (단, a는 상수이다.)

0727   Level 3

점 $(0, -18)$에서 곡선 $y=\dfrac{1}{3}x^3-x$에 그은 접선의 접점을 P라 하고, 접선과 곡선의 교점 중 점 P가 아닌 교점을 Q라 하자. 두 점 P, Q의 x좌표를 각각 p, q라 할 때, $2p-q$의 값은?

① 10   ② 11   ③ 12

④ 13   ⑤ 14

0728 중요
●il Level 3

점 $(4, 0)$에서 곡선 $y = \dfrac{1}{2}x^2 + k$에 그은 두 접선이 서로 수직으로 만날 때, 상수 k의 값은? (단, $k > -8$)

① 1 ② $\dfrac{1}{2}$ ③ $\dfrac{1}{4}$

④ $\dfrac{1}{6}$ ⑤ $\dfrac{1}{8}$

0729 고난도
●il Level 3

양수 a에 대하여 점 $(a, 0)$에서 곡선 $y = 3x^3$에 그은 접선과 점 $(0, a)$에서 곡선 $y = 3x^3$에 그은 접선이 서로 평행할 때, $90a$의 값은?

① 20 ② 30 ③ 40

④ 50 ⑤ 60

다음은 이 유형에서 출제된 최근 교육청·평가원 기출문제입니다.

0730 수능
●il Level 2

점 $(0, 4)$에서 곡선 $y = x^3 - x + 2$에 그은 접선의 x절편은?

① $-\dfrac{1}{2}$ ② -1 ③ $-\dfrac{3}{2}$

④ -2 ⑤ $-\dfrac{5}{2}$

실전 유형 **13** 곡선 밖의 점에서 그은 접선의 활용

곡선 $y = f(x)$ 밖의 점 (a, b)에서 곡선에 접선을 그었을 때, 접점의 좌표를 $(t, f(t))$라 하면
$b - f(t) = f'(t)(a - t)$가 성립함을 이용한다.

0731 대표문제

점 $(3, 0)$에서 곡선 $y = x^3 - 3x^2 + 3$에 그은 세 접선의 접점의 x좌표의 합은?

① 3 ② 4 ③ 5

④ 6 ⑤ 7

0732
●il Level 2

점 $\mathrm{A}(a, 0)$에서 곡선 $y = x^2 + x - 2$에 그은 두 접선의 접점을 각각 B, C라 하자. 삼각형 ABC의 무게중심의 x좌표가 2일 때, a의 값은?

① 1 ② 2 ③ 3

④ 4 ⑤ 5

0733 중요
●il Level 2

점 $(2, -2)$에서 곡선 $y = x^2 - 4x + 3$에 두 개의 접선을 그을 때, 각각의 접점에서의 접선에 수직인 두 직선의 교점의 좌표를 (a, b)라 하자. $a + b$의 값은?

① $-\dfrac{3}{2}$ ② $-\dfrac{1}{2}$ ③ $\dfrac{1}{2}$

④ $\dfrac{3}{2}$ ⑤ $\dfrac{5}{2}$

0734

Level 3

삼차함수 $f(x)=x^3-3x^2+3x$의 그래프는 그림과 같다. 원점을 지나고 곡선 $y=f(x)$에 접하는 직선은 두 개이고, 두 접선과 곡선 $y=f(x)$의 교점 중 원점이 아닌 점들의 x좌표의 합을 S라 할 때, $10S$의 값을 구하시오.

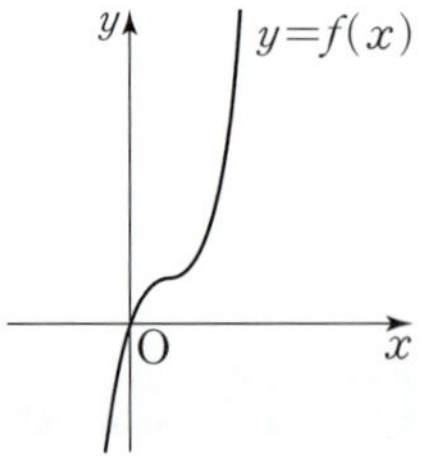

0735

Level 3

최고차항의 계수가 1인 삼차함수 $f(x)$가 다음 조건을 만족시킨다.

> (가) 모든 실수 x에 대하여 $f(-x)=-f(x)$이다.
> (나) 점 $(0, -2)$에서 곡선 $y=f(x)$에 그은 접선의 접점은 x축 위에 있다.

$f(2)$의 값은?

① 2   ② 4   ③ 6
④ 8   ⑤ 10

0736 고난도

Level 3

점 $(1, k)$에서 곡선 $y=x^3-4x+3$에 서로 다른 세 개의 접선을 그을 때, 세 접점의 x좌표를 α, β, γ라 하자. $\alpha+\gamma=2\beta$가 성립할 때, k의 값을 구하시오.

⊕ Plus 문제

> 두 곡선 $y=f(x)$, $y=g(x)$가 점 (a, b)에서 공통인 접선을 가질 때
> (1) $f(a)=g(a)=b$
> (2) $f'(a)=g'(a)$

0737 대표문제

두 곡선 $y=-x^3+ax$, $y=bx^2+c$가 점 $(-1, 0)$에서 공통인 접선을 가질 때, $a^2+b^2+c^2$의 값을 구하시오.

(단, a, b, c는 상수이다.)

0738

Level 2

두 곡선 $y=x^3-4x+27$, $y=3x^2+5x$가 $x=t$에서 공통인 접선을 가질 때, 이 공통인 접선의 방정식을 $y=ax+b$라 하자. $a+b$의 값은? (단, a, b는 상수이다.)

① -5 ② -4 ③ -3
④ -2 ⑤ -1

0739 중요

Level 2

두 곡선 $y=\dfrac{2}{3}x^3+ax^2$, $y=-2x^2+9$가 한 점에서 접할 때, 상수 a의 값은?

① 1   ② 2   ③ 3
④ 4   ⑤ 5

0740

Level 2

곡선 $y=x^2$ 위의 점 $(-2, 4)$에서의 접선이 곡선
$y=x^3+ax-2$에 접할 때, 상수 a의 값을 구하시오.

0741

Level 3

그림과 같이 두 곡선 $y=\dfrac{1}{2}x^2-k$, $y=-x^4+2x^2-1$이 서
로 다른 두 점에서 접하고 두 교점에서 각각 공통인 접선을
가질 때, 상수 k의 값을 구하시오.

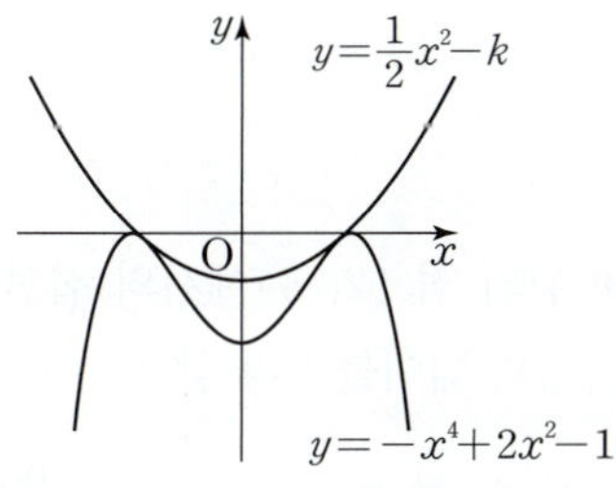

⊕ Plus 문제

다음은 이 유형에서 출제된 최근 교육청 · 평가원 기출문제입니다.

0742 교육청

Level 2

곡선 $y=x^3-10$ 위의 점 $P(-2, -18)$에서의 접선과 곡선
$y=x^3+k$ 위의 점 Q에서의 접선이 일치할 때, 양수 k의 값
을 구하시오.

실전유형 15 교점에서 그은 접선

두 곡선 $y=f(x)$, $y=g(x)$의 교점 $(a, f(a))$에서 두 곡선에
그은 접선의 기울기는 각각 $f'(a)$, $g'(a)$이다.

0743 대표문제

두 곡선 $y=x^2-4$, $y=ax^2$ $(a<0)$의 교점에서 두 곡선에
각각 그은 접선이 서로 수직일 때, 상수 a의 값을 구하시오.

0744

Level 2

두 곡선 $y=x^3+1$, $y=ax^2+bx+1$이 점 $(1, 2)$에서 만나고
이 점에서의 두 접선이 서로 수직일 때, $b-a$의 값은?

(단, a, b는 상수이다.)

① $-\dfrac{5}{3}$　　　② $-\dfrac{1}{3}$　　　③ 1

④ $\dfrac{7}{3}$　　　⑤ $\dfrac{11}{3}$

0745 중요

Level 2

두 곡선 $y=\dfrac{1}{2}x^2$, $y=a-\dfrac{1}{2}x^2$의 교점에서의 두 접선이 서로
수직일 때, 상수 a의 값은?

① 1　　　② 2　　　③ 3

④ 4　　　⑤ 5

0746 중요

두 곡선 $y=x^3+2a$, $y=ax^2+bx$의 교점 $(1, c)$에서의 두 접선이 서로 수직일 때, 상수 c의 값을 구하시오.

(단, a, b는 상수이다.)

0747

Level 3

두 곡선 $y=-x^2+1$, $y=ax^2$의 한 교점에서 곡선 $y=-x^2+1$에 그은 접선을 l_1, 곡선 $y=ax^2$에 그은 접선을 l_2라 하자. 두 직선 l_1, l_2의 기울기를 각각 m_1, m_2라 할 때, $m_1-m_2=4$를 만족시키는 상수 a의 값은?

① 1 　　　　② 2 　　　　③ 3

④ 4 　　　　⑤ 5

➕ Plus 문제

0748

Level 3

점 $(0, -1)$에서 곡선 $f(x)=x^3-x+1$에 그은 접선을 l이라 하자. 곡선 $g(x)=-x^2+kx-12$의 접선 중 하나가 $x=2$인 점에서 직선 l과 수직으로 만날 때, $g(2)$의 값은?

(단, $k>0$)

① -2 　　　　② -1 　　　　③ 0

④ 1 　　　　⑤ 2

접선의 방정식을 구한 후 주어진 조건을 이용하며 도형의 넓이를 구한다.

0749 대표문제

곡선 $y=-\dfrac{1}{4}x^2$ 위의 점 $(2, -1)$에서의 접선과 x축, y축으로 둘러싸인 삼각형의 넓이는?

① $\dfrac{1}{4}$ 　　　　② $\dfrac{1}{2}$ 　　　　③ $\dfrac{3}{4}$

④ $\dfrac{5}{4}$ 　　　　⑤ $\dfrac{3}{2}$

0750

Level 1

곡선 $y=x^3-2x$ 위의 점 $(2, 4)$에서의 접선과 x축, y축으로 둘러싸인 삼각형의 넓이를 S라 할 때, $10S$의 값은?

① 32 　　　　② 64 　　　　③ 96

④ 128 　　　　⑤ 192

0751 중요

Level 2

원점 O에서 곡선 $y=x^2+4$에 그은 두 접선의 접점을 각각 A, B라 하자. 삼각형 OAB의 넓이는?

① 8 　　　　② 10 　　　　③ 12

④ 14 　　　　⑤ 16

0752 중요

Level 2

곡선 $y=x^2+1$과 직선 $y=-2x+1$의 두 교점을 A, B라 하고 이 직선과 평행한 곡선의 접선의 접점을 C라 할 때, 삼각형 ABC의 넓이를 구하시오.

0753

Level 2

곡선 $y=-x^2+3x+1$에 접하고 직선 $x+y=0$과 평행한 직선이 x축, y축과 만나는 점을 각각 A, B라 할 때, 삼각형 OAB의 넓이는? (단, O는 원점이다.)

① $\dfrac{17}{2}$　　　② $\dfrac{19}{2}$　　　③ $\dfrac{21}{2}$

④ $\dfrac{23}{2}$　　　⑤ $\dfrac{25}{2}$

0754

Level 3

곡선 $y=x^3+1$ 위를 움직이는 점 $P(t,\ t^3+1)$에서의 접선이 y축과 만나는 점을 Q, 점 P를 지나고 점 P에서의 접선에 수직인 직선이 y축과 만나는 점을 R이라 할 때, 삼각형 PQR의 넓이를 $S(t)$라 하자. $\displaystyle\lim_{t\to 0+} S(t)$의 값을 구하시오.

(단, $t>0$)

실전유형 17 곡선과 원의 접선

곡선과 원이 접할 때, 접선은 원의 중심과 접점을 지나는 직선에 수직이다.

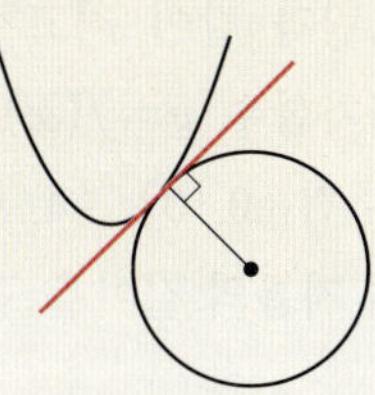

0755 대표문제

곡선 $y=-x^2$과 중심이 점 $(-3,\ 0)$인 원이 제3사분면에서 접할 때, 접점의 좌표를 $(p,\ q)$라 하자. p^2+q^2의 값은?

① 1　　　② 2　　　③ 3

④ 4　　　⑤ 5

0756

Level 2

좌표평면에서 곡선 $y=x^2$ 위의 점 $P(1,\ 1)$과 중심이 x축 위에 있는 원 C는 다음 조건을 만족시킨다.

> (가) 곡선 $y=x^2$과 원 C는 점 P에서 만난다.
> (나) 곡선 $y=x^2$과 원 C는 점 P에서 공통인 접선을 갖는다.

원 C의 중심의 x좌표는?

① 2　　　② $\dfrac{5}{2}$　　　③ 3

④ $\dfrac{7}{2}$　　　⑤ 4

0757 중요

그림과 같이 최고차항의 계수가 1인 이차함수 $y=f(x)$의 그래프와 원이 두 점 $(0, 0)$, $(4, 0)$에서 접한다. 원의 지름의 길이를 구하시오.

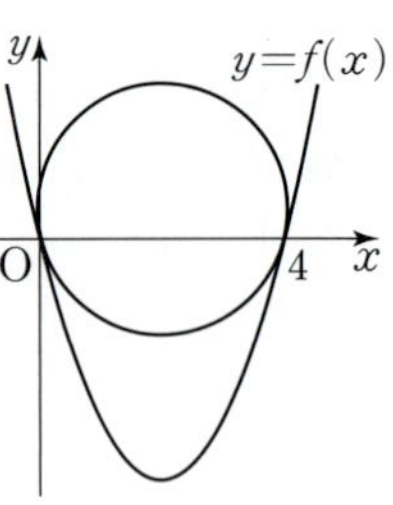

0758

곡선 $y=x^3+1$과 점 $(1, 2)$에서 접하고 중심이 y축 위에 있는 원의 넓이를 $\dfrac{q}{p}\pi$라 할 때, $p+q$의 값은?

(단, p, q는 서로소인 자연수이다.)

① 11   ② 13   ③ 15
④ 17   ⑤ 19

0759

곡선 $y=\dfrac{1}{2}x^2$과 원 $x^2+(y-4)^2=7$에 동시에 접하는 서로 다른 두 직선의 기울기의 곱을 구하시오.

---

 18 롤의 정리

함수 $f(x)$가 닫힌구간 $[a, b]$에서 연속이고 열린구간 (a, b)에서 미분가능할 때, $f(a)=f(b)$이면 $f'(c)=0$인 c가 열린구간 (a, b)에 적어도 하나 존재한다.

0760 대표문제

함수 $f(x)=x^2-8x$에 대하여 닫힌구간 $[0, 8]$에서 롤의 정리를 만족시키는 상수 c의 값은?

① 1   ② 2   ③ 3
④ 4   ⑤ 5

0761

다음은 함수 $f(x)=x^2+2$에 대하여 닫힌구간 $[-1, 1]$에서 롤의 정리를 만족시키는 상수 c의 값을 구하는 과정이다. ㈎, ㈏, ㈐, ㈑에 알맞은 식 또는 값을 구하시오.

> 함수 $f(x)=x^2+2$는 닫힌구간 $[-1, 1]$에서 연속이고 열린구간 $(-1, 1)$에서 미분가능하다.
>
> 이때 $f(-1)=\boxed{㈎}$, $f(1)=\boxed{㈏}$이므로 롤의 정리에 의하여 $f'(c)=0$인 c가 열린구간 $(-1, 1)$에 적어도 하나 존재한다.
>
> $f'(x)=\boxed{㈐}$이므로 $f'(c)=0$에서
>
> $c=\boxed{㈑}$

0762 중요

함수 $f(x)=x^3+6x^2+9x+2$에 대하여 닫힌구간 $[-3, 0]$에서 롤의 정리를 만족시키는 상수 c의 값은?

① -3 ② -2 ③ -1
④ $-\dfrac{1}{2}$ ⑤ $-\dfrac{1}{3}$

0763

함수 $f(x)=(x-1)(x+3)^2$에 대하여 닫힌구간 $[-3, 1]$에서 롤의 정리를 만족시키는 상수 c의 값은?

① -1 ② $-\dfrac{1}{3}$ ③ $-\dfrac{1}{5}$

④ $-\dfrac{1}{7}$ ⑤ $-\dfrac{1}{9}$

0764

함수 $f(x)=-x^2+ax$에 대하여 닫힌구간 $[0, 1]$에서 상수 c가 롤의 정리를 만족시킬 때, $a+2c$의 값을 구하시오.

(단, a는 상수이다.)

0765 중요

함수 $f(x)=x^3-3x+1$에 대하여 닫힌구간 $[-\sqrt{3}, a]$에서 롤의 정리를 만족시키는 상수 c_1, c_2가 존재할 때, $a^2+c_1{}^2+c_2{}^2$의 값은? (단, $a>-\sqrt{3}$이고 $c_1<c_2$이다.)

① 1 ② 2 ③ 3

④ 4 ⑤ 5

0766

함수 $f(x)=\dfrac{1}{3}x^3+x^2-3x+2$에 대하여 닫힌구간 $[-a, a]$에서 롤의 정리를 만족시키는 상수 c의 값과 자연수 a의 값을 구하시오.

 19 평균값 정리

함수 $f(x)$가 닫힌구간 $[a, b]$에서 연속이고 열린구간 (a, b)에서 미분가능하면 $\dfrac{f(b)-f(a)}{b-a}=f'(c)$인 c가 열린구간 (a, b)에 적어도 하나 존재한다.

0767 대표문제

함수 $f(x)=x^2-4x+2$에 대하여 닫힌구간 $[0, 3]$에서 평균값 정리를 만족시키는 상수 c의 값은?

① $\dfrac{1}{4}$ ② $\dfrac{1}{2}$ ③ 1

④ $\dfrac{5}{4}$ ⑤ $\dfrac{3}{2}$

0768

다음은 평균값 정리이다.

> 함수 $f(x)$가 닫힌구간 $[a, b]$에서 연속이고 열린구간 (a, b)에서 미분가능할 때, $\dfrac{f(b)-f(a)}{b-a}=f'(c)$인 c가 열린구간 (a, b)에 적어도 하나 존재한다.

위의 내용에서 $f(x)=x^2+2$이고 $a=0$, $b=1$일 때, 상수 c의 값을 구하시오.

0769 중요

함수 $f(x)=-2x^2+6x+1$에 대하여 닫힌구간 $[1, k]$에서 평균값 정리를 만족시키는 상수 c의 값이 3일 때, 실수 k의 값을 구하시오. (단, $k>3$)

0770

함수 $f(x)=x^3+kx$는 닫힌구간 $[0, \sqrt{3}]$에서 롤의 정리를 만족시키는 상수가 존재하고, 닫힌구간 $[0, 3]$에서 평균값 정리를 만족시키는 상수 c가 존재할 때, k^2+c^2의 값은?

(단, k는 상수이다.)

① 6 　　　　② 12 　　　　③ 18

④ 24 　　　　⑤ 30

0771

다음은 평균값 정리를 이용하여
'두 함수 $f(x)$, $g(x)$가 닫힌구간 $[a, b]$에서 연속이고, 열린구간 (a, b)에서 미분가능하며 $f'(x)=g'(x)$일 때, 닫힌구간 $[a, b]$에서 $f(x)=g(x)+k\,(k$는 상수)이다.'
임을 증명하는 과정이다.

$h(x)=f(x)-g(x)$라 하면 함수 $h(x)$는 닫힌구간 $[a, b]$에서 연속이고 열린구간 (a, b)에서 미분가능하다.
따라서 $a<x<b$인 임의의 실수 x에 대하여 닫힌구간 $[a, x]$에서 평균값 정리에 의하여

$$\frac{h(x)-h(a)}{x-a}=\boxed{\text{(가)}}$$

인 c가 열린구간 (a, x)에 적어도 하나 존재한다.
이때 $h'(c)=f'(c)-g'(c)=0$이므로
$$h(x)-h(a)=0 \qquad \therefore h(x)=h(a)$$
따라서 함수 $h(x)$는 닫힌구간 $[a, b]$에서 $\boxed{\text{(나)}}$이므로
$$h(x)=f(x)-g(x)=k\,(k\text{는 상수})$$
$$\therefore f(x)=g(x)+k$$

이때 (가), (나)에 알맞은 것은?

① (가): $h(c)$ 　　　　(나): 상수함수

② (가): $h(c)$ 　　　　(나): 일차함수

③ (가): $h'(c)$ 　　　　(나): 상수함수

④ (가): $h'(c)$ 　　　　(나): 일차함수

⑤ (가): $h'(c)$ 　　　　(나): 이차함수

0772

함수 $f(x)=2x^3-6x^2+1$과 닫힌구간 $[1, 3]$에 속하는 임의의 두 실수 a, $b\,(a<b)$에 대하여 $\dfrac{f(b)-f(a)}{b-a}=k$를 만족시키는 정수 k의 개수는?

① 23 　　　　② 24 　　　　③ 25

④ 26 　　　　⑤ 27

0773 중요

실수 전체의 집합에서 미분가능한 함수 $f(x)$에 대하여 $f(0)=4$, $f(3)=1$이다. 함수 $g(x)=(x^2+x+1)f(x)$라 할 때, 닫힌구간 $[0, 3]$에서 평균값 정리를 만족시키는 상수 c에 대하여 $g'(c)$의 값은?

① 1 　　　　② 2 　　　　③ 3

④ 4 　　　　⑤ 5

0774

미분가능한 함수 $f(x)$가 닫힌구간 $[-1, 2]$에 속하는 모든 x에 대하여 $f'(x)\geq3$이다. $f(-1)=2$일 때, $f(2)$의 최솟값을 평균값 정리를 이용하여 구하면?

① 10 　　　　② 11 　　　　③ 12

④ 13 　　　　⑤ 14

---

 20 평균값 정리의 활용

(1) 함수 $f(x)$가 미분가능할 때, 열린구간 (a, b)에서 $f'(a)f'(b)<0$이면 $f'(c)=0$인 c가 적어도 하나 존재한다.

(2) $\dfrac{f(b)-f(a)}{b-a}=k$, $f'(c)\leq k$이면 함수 $y=f(x)$의 그래프는 기울기가 k인 직선이다.

0775 대표문제

실수 전체의 집합에서 미분가능한 함수 $f(x)$가

$\lim\limits_{x\to\infty} f'(x)=3$을 만족시킬 때,

$\lim\limits_{x\to\infty} \{f(x+2)-f(x-2)\}$의 값을 구하시오.

0776 중요

● ▌▌ Level 1

미분가능한 함수 $y=f(x)$의 그래프가 그림과 같을 때,

$$\dfrac{f(b)-f(a)}{b-a}=f'(c)$$

를 만족시키는 상수 c의 개수를 구하시오. (단, $a<c<b$)

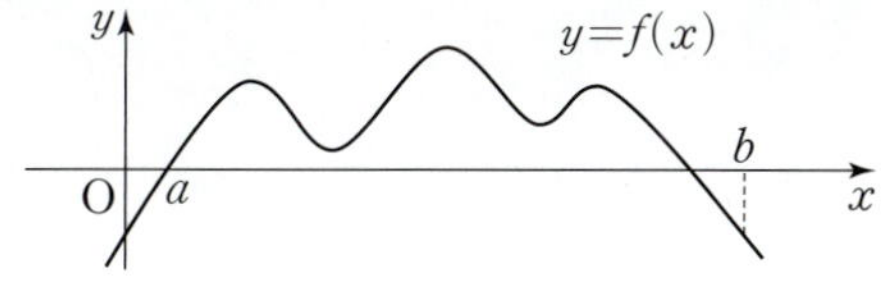

0777

● ▌▌ Level 2

함수 $f(x)=2x^2+1$에 대하여

$$f(a+2h)-f(a)=2hf'(a+kh) \ (0<k<2)$$

를 만족시키는 상수 k의 값을 구하시오. (단, $h>0$)

0778 중요

● ▌▌ Level 2

함수 $f(x)=x^2-2x+3$에 대하여

$$f(x+h)=f(x)+hf'(x+ah) \ (0<a<1)$$

를 만족시키는 상수 a의 값은? (단, $h>0$)

① $\dfrac{1}{4}$ ② $\dfrac{1}{3}$ ③ $\dfrac{1}{2}$

④ $\dfrac{2}{3}$ ⑤ $\dfrac{3}{4}$

0779 고난도

● ▌▌ Level 3

다항함수 $f(x)$가 다음 조건을 만족시킨다.

> (가) $f(1)=1$, $f(5)=9$이다.
> (나) $1<x<5$인 모든 실수 x에 대하여 $f'(x)\leq 2$이다.

$f(4)$의 값을 구하시오.

0780 대표문제

곡선 $y=-x^2+4x$ 위의 두 점 O$(0, 0)$, A$(6, -12)$에 대하여 그림과 같이 점 P가 곡선을 따라 점 O와 점 A 사이를 움직일 때, 삼각형 OAP의 넓이의 최댓값을 구하는 과정을 서술하시오. [7점]

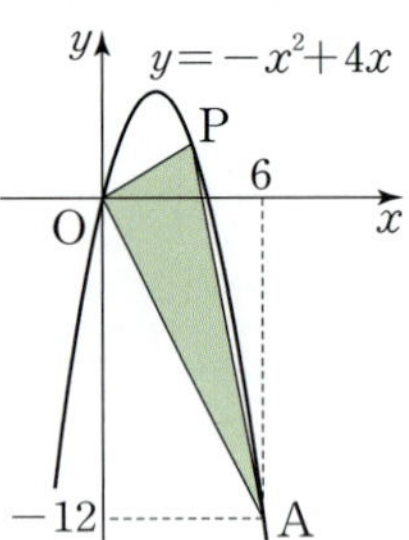

STEP 1 삼각형 OAP의 넓이가 최대가 될 조건 찾기 [2점]

삼각형 OAP의 넓이가 최대가 될 때는 점 P와 직선 OA 사이의 거리가 최대일 때이므로 곡선 $y=-x^2+4x$의 접선 중에서 직선 OA와 평행한 접선의 접점이 P일 때이다.

두 점 O$(0, 0)$, A$(6, -12)$를 지나는 직선 OA의 기울기는 $\boxed{}^{(1)}$ 이므로 점 P에서의 접선의 기울기가 $\boxed{}^{(2)}$ 일 때, 삼각형 OAP의 넓이가 최대이다.

STEP 2 삼각형 OAP의 넓이가 최대가 될 때 점 P의 좌표 구하기 [2점]

$f(x)=-x^2+4x$라 하면

$f'(x)=\boxed{}^{(3)}$

점 P의 좌표를 $(t, -t^2+4t)$라 하면 $f'(t)=-2$에서

$-2t+4=-2, 2t=6$ $\quad \therefore t=\boxed{}^{(4)}$

즉, 점 P의 좌표는 $(\boxed{}^{(5)}, \boxed{}^{(6)})$이다.

STEP 3 삼각형 OAP의 넓이의 최댓값 구하기 [3점]

삼각형 OAP의 밑변의 길이는

$\overline{OA}=\boxed{}^{(7)}$

삼각형 OAP의 높이를 h라 하면 h는 점 P$(3, 3)$과 직선 OA, 즉 직선 $2x+y=0$ 사이의 거리와 같으므로

$h=\boxed{}^{(8)}$

따라서 삼각형 OAP의 넓이의 최댓값은

$\frac{1}{2}\times\overline{OA}\times h=\boxed{}^{(9)}$

0781 한번 더

그림과 같이 점 P가 $x\geq0$에서 곡선 $y=\frac{2}{3}x^3+\frac{1}{2}x+1$ 위를 움직인다. 두 점 O$(0, 0)$, A$(2, 2)$에 대하여 삼각형 OAP의 넓이의 최솟값을 구하는 과정을 서술하시오. [7점]

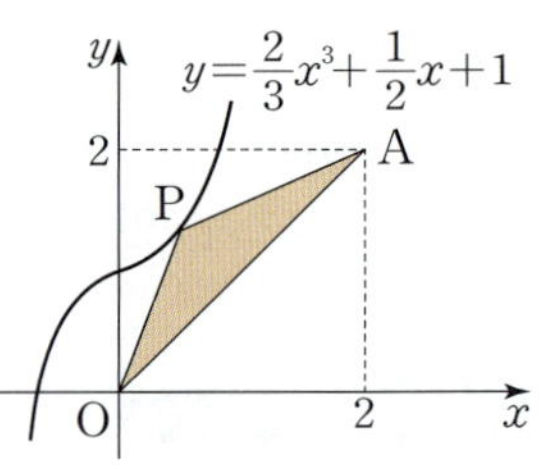

STEP 1 삼각형 OAP의 넓이가 최소가 될 조건 찾기 [2점]

STEP 2 삼각형 OAP의 넓이가 최소가 될 때 점 P의 좌표 구하기 [2점]

STEP 3 삼각형 OAP의 넓이의 최솟값 구하기 [3점]

핵심 KEY 유형 10 곡선 위의 점에서 그은 접선의 활용

접선을 이용하여 삼각형 넓이의 최댓값을 구하는 문제이다.
삼각형 OAP에서 $\overline{OA}$를 밑변으로 생각하면 높이가 최대가 될 때는 점 P가 직선 OA와 평행한 접선의 접점일 때이다.

0782 ✅유사 1

그림과 같이 점 P가 $x \leq 0$에서 곡선 $y = x^3 - x - 3$ 위를 움직인다. 두 점 A$(-4, 0)$, B$(2, 3)$에 대하여 삼각형 APB의 넓이가 최소일 때의 점 P의 좌표를 구하는 과정을 서술하시오. [8점]

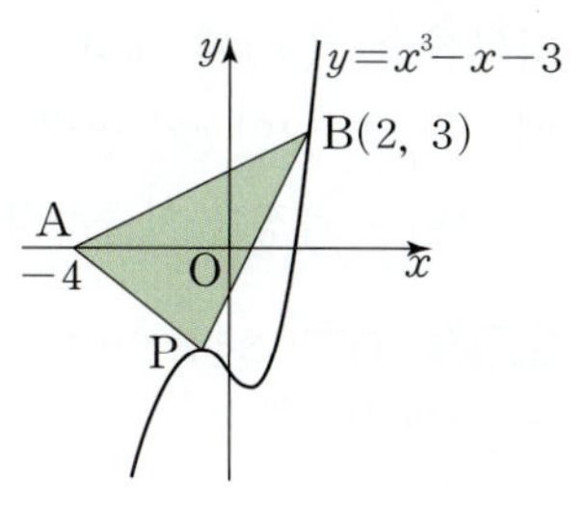

0783 ✅유사 2

곡선 $y = x^3 - 3x + 2$ 위의 세 점 A$(-2, 0)$, B$(0, 2)$, P$(a, a^3 - 3a + 2)$에 대하여 사각형 OBPA의 넓이가 최대일 때의 a의 값을 구하는 과정을 서술하시오. (단, $-2 < a < 0$이고, O는 원점이다.) [10점]

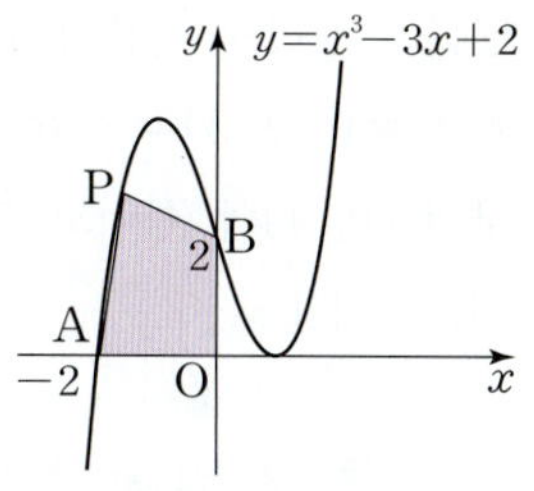

0784 `대표문제`

평균값 정리를 이용하여 다항함수 $f(x)$에 대하여 $f(2)=0$, $f(3)=2$, $f(4)=8$일 때, $f'(c)=4$인 c가 열린구간 $(0, 4)$에 적어도 하나 존재함을 보이는 과정을 서술하시오. [7점]

STEP 1 평균값 정리를 이용하여 $f'(c)=4$인 c가 열린구간 $(2, 4)$에 존재함을 보이기 [4점]

다항함수 $f(x)$는 모든 실수 x에서 연속이고 미분가능하므로 평균값 정리에 의하여

$$f'(c)=\frac{f(4)-f(2)}{4-2}=\frac{8-0}{4-2}=\boxed{}^{(1)}$$

인 c가 열린구간 $(\boxed{}^{(2)}, \boxed{}^{(3)})$에 적어도 하나 존재한다.

STEP 2 $f'(c)=4$인 c가 열린구간 $(0, 4)$에 존재함을 보이기 [3점]

$f'(c)=4$인 c가 열린구간 $(2, 4)$에 적어도 하나 존재하므로 $f'(c)=4$인 c가 열린구간 $(\boxed{}^{(4)}, 4)$에 적어도 하나 존재한다.

0785 `한번 더`

다항함수 $f(x)$에 대하여 $f(0)=0$, $f(1)=6$, $f(2)=8$일 때, $f'(c)=2$인 c가 열린구간 $(0, 2)$에 적어도 하나 존재함을 보이는 과정을 서술하시오. [7점]

STEP 1 평균값 정리를 이용하여 $f'(c)=2$인 c가 열린구간 $(1, 2)$에 존재함을 보이기 [4점]

STEP 2 $f'(c)=2$인 c가 열린구간 $(0, 2)$에 존재함을 보이기 [3점]

핵심 KEY `유형 19` **평균값 정리**

평균값 정리를 이용하여 $\dfrac{f(b)-f(a)}{b-a}=f'(c)$인 c가 열린구간 (a, b)에 적어도 하나 존재함을 보이는 문제이다.

구간 양 끝에서의 함숫값 $f(a)$, $f(b)$가 주어진 경우 주어진 값을 이용하여 바로 평균값 정리를 생각하면 되지만 여러 개의 함숫값이 주어진 경우는 $f'(c)=k$를 보고 평균변화율이 k가 되는 구간이 어디인지 찾아 증명해야 한다.

0786 ☑유사 1

다항함수 $f(x)$에 대하여 $f(2)=0$, $f(3)=1$, $f(4)=10$일 때, $g(x)=f(x)-2x+1$에 대하여 $g'(c)=0$인 c가 열린구간 $(2, 4)$에 적어도 하나 존재함을 보이는 과정을 서술하시오. [9점]

0787 ☑유사 2

다항함수 $f(x)$에 대하여 $f(0)=0$, $f(1)=6$, $f(2)=8$일 때, $f'(c)=5$인 c가 열린구간 $(0, 2)$에 적어도 하나 존재함을 보이는 과정을 서술하시오. [9점]

1 0788

곡선 $y=2x^3-3x+1$ 위의 점 $(2, 11)$에서의 접선의 기울기는? [3점]

① 17 ② 19 ③ 21
④ 23 ⑤ 25

2 0789

곡선 $y=x^2-ax+b$ 위의 점 $(1, 3)$에서의 접선의 기울기가 3일 때, 상수 a, b에 대하여 $a+b$의 값은? [3점]

① -2 ② -1 ③ 0
④ 1 ⑤ 2

3 0790

곡선 $y=x^3+x$ 위의 점 $(1, 2)$에서의 접선의 방정식은? [3점]

① $y=3x-1$ ② $y=4x-2$
③ $y=5x-3$ ④ $y=6x-4$
⑤ $y=7x-5$

4 0791

곡선 $y=x^3-6x^2+6$ 위의 점 $(1, 1)$에서의 접선이 점 $(0, a)$를 지날 때, a의 값은? [3점]

① 2 ② 4 ③ 6
④ 8 ⑤ 10

5 0792

곡선 $y=-x^3-x^2+3x$ 위의 점 $(1, 1)$을 지나고 이 점에서의 접선에 수직인 직선의 방정식이 $y=ax+b$일 때, ab의 값은? (단, a, b는 상수이다.) [3점]

① -4 ② $-\dfrac{1}{4}$ ③ $\dfrac{1}{4}$
④ 4 ⑤ 8

6 0793

곡선 $y=x^2-4x+3$에 접하고 직선 $y=4x+2$에 평행한 직선의 방정식은? [3점]

① $y=4x-13$ ② $y=4x-11$
③ $y=4x-9$ ④ $y=4x-7$
⑤ $y=4x-5$

7 0794

함수 $f(x)=x^2+ax$가 닫힌구간 $[0,\ 1]$에서 롤의 정리를
만족시킬 때, 상수 a의 값은? [3점]

① -1 ② $-\dfrac{1}{2}$ ③ 0

④ $\dfrac{1}{2}$ ⑤ 1

8 0795

함수 $f(x)=x^2+3x$에 대하여 닫힌구간 $[1,\ 5]$에서 평균값
정리를 만족시키는 상수 c의 값은? [3점]

① 1 ② 2 ③ 3

④ 4 ⑤ 5

9 0796

직선 $y=x+6$은 곡선 $y=x^2+3x+2$ 위의 점 $(a,\ b)$에서
의 접선을 평행이동시킨 것이다. 이때 $a+b$의 값은? [3.5점]

① -2 ② -1 ③ 0

④ 1 ⑤ 2

10 0797

미분가능한 함수 $f(x)$에 대하여 $f(-1)=2$, $f'(-1)=1$
일 때, 곡선 $y=xf(x)$ 위의 점 중 x좌표가 -1인 점에서의
접선의 y절편은? [3.5점]

① -2 ② -1 ③ 1

④ 2 ⑤ 3

11 0798

다항함수 $f(x)$에 대하여 $\displaystyle\lim_{x\to 2}\dfrac{f(x)-2}{x-2}=3$일 때, 함수
$y=f(x)$의 그래프 위의 점 $(2,\ f(2))$에서의 접선의 방정
식은 $y=ax+b$이다. 상수 $a,\ b$에 대하여 $a-b$의 값은?

[3.5점]

① 5 ② 6 ③ 7

④ 8 ⑤ 9

12 0799

곡선 $y=x^2$ 위의 점과 직선 $y=2x-k$ 사이의 거리의 최솟값이 $\sqrt{5}$일 때, 상수 k의 값은? (단, $k>1$) [3.5점]

① 2   ② 4   ③ 6

④ 8   ⑤ 10

13 0800

곡선 $y=-x^3+6x+3$의 접선 중에서 기울기가 최대인 접선이 x축과 만나는 점의 좌표는 $(a,\ 0)$이다. a의 값은?

[3.5점]

① -1 ② $-\dfrac{1}{2}$ ③ $-\dfrac{1}{3}$

④ $\dfrac{1}{2}$ ⑤ 1

14 0801

점 $(0,\ -1)$에서 곡선 $y=x^3-3x^2-6$에 그은 접선의 방정식은? [3.5점]

① $y=9x-1$ ② $y=8x-1$

③ $y=7x-1$ ④ $y=6x-1$

⑤ $y=5x-1$

15 0802

두 곡선 $y=x^2+ax$, $y=-x^2+4x$가 점 $(b,\ c)$에서 공통인 접선을 가질 때, $a+b+c$의 값은? (단, a는 상수이다.)

[3.5점]

① 0   ② 2   ③ 4

④ 6   ⑤ 8

16 0803

두 곡선 $y=x^2-2x+2$, $y=-x^2+ax+b$의 한 교점 $P(2,\ 2)$에서 두 곡선에 그은 접선이 서로 수직일 때, $a+b$의 값은? (단, a, b는 상수이다.) [3.5점]

① 1   ② $\dfrac{3}{2}$ ③ 2

④ $\dfrac{5}{2}$ ⑤ 3

17 0804

함수 $f(x)=x^2-6x-3$에 대하여 닫힌구간 $[1,\ a]$에서 평균값 정리를 만족시키는 상수 c의 값이 3이다. $a>1$일 때, 실수 a의 값은? [3.5점]

① 8   ② 7   ③ 6

④ 5   ⑤ 4

18 0805

곡선 $y=\dfrac{1}{3}x^3-4x^2+2kx$ 위의 접선 중에서 기울기의 최솟값이 16이 되는 상수 k의 값은? [4점]

① 4   ② 8   ③ 12

④ 16   ⑤ 20

19 0806

그림과 같이 두 함수 $f(x)=x^2$, $g(x)=-(x-3)^2+k$ $(k>0)$에 대하여 곡선 $y=f(x)$ 위의 점 $P(1,\ 1)$에서의 접선을 l이라 하자. 직선 l에 곡선 $y=g(x)$가 접할 때의 접점을 Q, 곡선 $y=g(x)$와 x축이 만나는 두 점을 각각 R, S라 할 때, 삼각형 QRS의 넓이는? [4점]

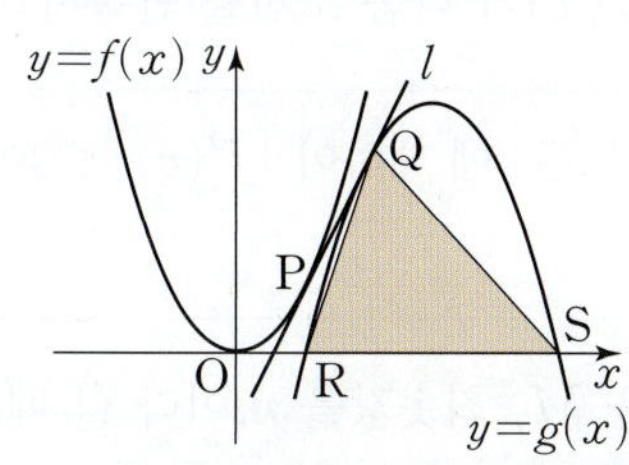

① 4   ② $\dfrac{9}{2}$ ③ 5

④ $\dfrac{11}{2}$ ⑤ 6

20 0807

점 $C(0,\ -k)$에서 곡선 $y=x^2$에 그은 두 접선의 접점을 각각 A, B라 하자. 삼각형 CAB의 넓이가 16일 때, k의 값은? (단, $k>0$) [4점]

① 1   ② 2   ③ 3

④ 4   ⑤ 5

21 0808

곡선 $y=x^2-1$ 위의 점 P와 원 $(x-14)^2+y^2=1$ 위의 점 Q에 대하여 선분 PQ의 길이의 최솟값은? [4.5점]

① $\sqrt{153}-2$ ② $\sqrt{153}-1$ ③ $\sqrt{155}-2$

④ $\sqrt{155}-1$ ⑤ $\sqrt{157}-2$

22 0809

곡선 $y=x^3-4x^2+3$ 위의 점 $A(1, 0)$에서의 접선이 이 곡선과 만나는 점 중 점 A가 아닌 점의 x좌표를 구하는 과정을 서술하시오. [6점]

23 0810

곡선 $y=x^2+x-2$에 접하고 기울기가 3인 접선의 방정식을 구하는 과정을 서술하시오. [6점]

24 0811

점 $P(1, 2)$에서 곡선 $y=-x^2+x+1$에 그은 두 접선과 x축으로 둘러싸인 부분의 넓이를 구하는 과정을 서술하시오.

[8점]

25 0812

닫힌구간 $[0, 2]$에서 연속이고 열린구간 $(0, 2)$에서 미분가능한 모든 함수 $f(x)$가 다음 조건을 만족시킨다.

> ㈎ $0<c<2$인 모든 c에 대하여 $|f'(c)|\leq3$이다.
> ㈏ $f(0)=3$

$f(2)$의 최댓값을 M, 최솟값을 m이라 할 때, $M+m$의 값을 구하는 과정을 서술하시오. [8점]

실전 마무리하기 **2회**

점 / 100점

---

1 0813

함수 $f(x)=x^3-ax+1$의 그래프 위의 점 $(2,\ f(2))$에서의 접선이 직선 $y=2x+4$와 평행할 때, 상수 a의 값은? [3점]

① 2   ② 4   ③ 6

④ 8   ⑤ 10

---

2 0814

곡선 $y=x^2+3x+1$ 위의 점 $(0,\ 1)$에서의 접선의 방정식을 $y=mx+n$이라 할 때, 상수 $m,\ n$에 대하여 $m+n$의 값은? [3점]

① 0   ② 1   ③ 2

④ 3   ⑤ 4

---

3 0815

곡선 $y=x^3+x+1$ 위의 점 $\mathrm{P}(1,\ 3)$에서의 접선을 l이라 하자. 점 P를 지나고 직선 l과 수직인 직선의 방정식을 $y=ax+b$라 할 때, $\dfrac{b}{a}$의 값은? (단, $a,\ b$는 상수이다.) [3점]

① -13 ② -4 ③ $-\dfrac{1}{4}$

④ 4   ⑤ 13

---

4 0816

곡선 $y=-x^2+2x+1$에 접하고 기울기가 -2인 접선의 방정식은? [3점]

① $y=-2x+1$ ② $y=-2x+3$

③ $y=-2x+5$ ④ $y=-2x+7$

⑤ $y=-2x+9$

---

5 0817

곡선 $y=x^3-3x^2+8x-4$의 접선 중에서 기울기가 최소일 때의 접점의 좌표를 $(a,\ b)$라 할 때, $a+b$의 값은? [3점]

① 0   ② 1   ③ 2

④ 3   ⑤ 4

---

6 0818

곡선 밖의 점 $(0,\ 2)$에서 곡선 $y=x^3+x$에 그은 접선의 기울기는? [3점]

① 1   ② 2   ③ 3

④ 4   ⑤ 5

7 0819

함수 $f(x)=-x^2+6x$에 대하여 닫힌구간 $[-1,\ 7]$에서 롤의 정리를 만족시키는 상수 c의 값은? [3점]

① 1 ② 2 ③ 3

④ 4 ⑤ 5

8 0820

함수 $f(x)=x^2-7x+3$에 대하여 닫힌구간 $[a,\ b]$에서 평균값 정리를 만족시키는 상수 c의 값이 3일 때, $a+b$의 값은? [3점]

① 2 ② 4 ③ 6

④ 8 ⑤ 10

9 0821

곡선 $y=\dfrac{1}{3}x^3+ax+b$ 위의 점 $(-1,\ 3)$에서의 접선의 방정식이 $y=-2x+1$일 때, ab의 값은?

(단, $a,\ b$는 상수이다.) [3.5점]

① -1 ② -2 ③ -3

④ -4 ⑤ -5

10 0822

곡선 $y=x^2+2$ 위의 점 $(a,\ a^2+2)$를 지나고 이 점에서의 접선과 수직인 직선의 y절편을 $f(a)$라 할 때, $f(-1)$의 값은? [3.5점]

① $\dfrac{1}{2}$ ② $\dfrac{3}{2}$ ③ $\dfrac{5}{2}$

④ $\dfrac{7}{2}$ ⑤ $\dfrac{9}{2}$

11 0823

다항함수 $f(x)$에 대하여 $\lim\limits_{x\to 2}\dfrac{f(x)-4}{x^2-4}=2$일 때, 함수 $y=f(x)$의 그래프 위의 점 $(2,\ f(2))$에서의 접선의 방정식은 $y=ax+b$이다. $a-b$의 값은? (단, $a,\ b$는 상수이다.)

[3.5점]

① 4 ② 8 ③ 12

④ 16 ⑤ 20

12 0824

곡선 $y=x^3-x^2-4x-2$ 위의 점 $P(-1, 0)$에서의 접선이 점 P가 아닌 점 Q에서 만날 때, 점 Q의 x좌표는? [3.5점]

① 1   ② 2   ③ 3

④ 4   ⑤ 5

13 0825

곡선 $y=-x^2+2x+6$ 위의 점과 직선 $y=-2x+15$ 사이의 거리의 최솟값은? [3.5점]

① $\sqrt{3}$ ② 2   ③ $\sqrt{5}$

④ $\sqrt{6}$ ⑤ $\sqrt{7}$

14 0826

곡선 $y=x^2-4$ 밖의 점 $(1, k)$에서 이 곡선에 서로 다른 두 개의 접선을 그을 때, 두 접점의 x좌표를 각각 α, β라 하자. $\alpha\beta=-3$일 때, 실수 k의 값은? [3.5점]

① -7 ② -8 ③ -9

④ -10 ⑤ -11

15 0827

곡선 $y=x^2+5$ 위의 점 $(2, 9)$에서의 접선과 x축, y축으로 둘러싸인 삼각형의 넓이는? [3.5점]

① $\dfrac{1}{2}$ ② $\dfrac{1}{4}$ ③ $\dfrac{1}{8}$

④ $\dfrac{1}{16}$ ⑤ $\dfrac{1}{32}$

16 0828

함수 $f(x)=x^2-8x+2$와 닫힌구간 $[-2, 4]$에 속하는 임의의 두 실수 x_1, x_2 $(x_1<x_2)$에 대하여 $\dfrac{f(x_2)-f(x_1)}{x_2-x_1}=k$를 만족시키는 모든 정수 k의 값의 합은? [3.5점]

① -80 ② -73 ③ -66

④ -59 ⑤ -52

17 0829

함수 $f(x)=x^2+ax$는 다음 조건을 만족시킨다.

> (가) 닫힌구간 $[0, b]$에서 롤의 정리를 만족시키는 상수 2가 존재한다.
> (나) 닫힌구간 $[1, c]$에서 평균값 정리를 만족시키는 상수 3 이 존재한다.

$a+b+c$의 값은? (단, a는 상수이다.) [3.5점]

① 1   ② 2   ③ 3

④ 4   ⑤ 5

18 0830

그림과 같이 곡선 $y=x^2$ 위의 점 $P(a, a^2)$을 지나고 점 P에서의 접선과 수직인 직선이 x축과 만나는 점을 A라 하자. 삼각형 OAP의 넓이를 $f(a)$라 할 때, $\lim\limits_{a \to 0+} \dfrac{f(a)}{a^3}$의 값은? (단, $a>0$이고, O는 원점이다.) [4점]

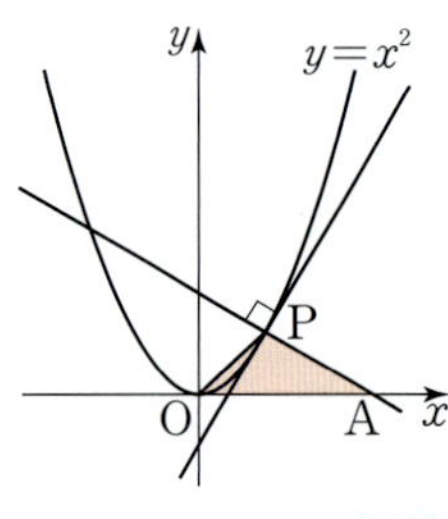

① $\dfrac{1}{2}$ ② 1   ③ $\dfrac{3}{2}$

④ 2   ⑤ $\dfrac{5}{2}$

19 0831

다항함수 $f(x)$에 대하여 곡선 $y=f(x)$ 위의 점 $(1, f(1))$에서의 접선의 방정식이 $y=ax+b$이다. 함수 $g(x)=x^2f(x)+x$에 대하여 곡선 $y=g(x)$ 위의 점 $(1, g(1))$에서의 접선의 방정식이 $y=13x-7$일 때, a^2+b^2의 값은? (단, a, b는 상수이다.) [4점]

① 12   ② 13   ③ 14

④ 15   ⑤ 16

20 0832

두 곡선 $y=x^3-x+3$, $y=x^2+2$가 두 곡선의 교점에서 공통인 접선을 가진다. 이 접선의 방정식을 $y=ax+b$라 할 때, ab의 값은? (단, a, b는 상수이다.) [4점]

① -4 ② -2 ③ 2

④ 4   ⑤ 6

21 0833

삼차함수 $f(x)=-x^3+4x^2-3x$의 그래프가 있다. 그림과 같이 이 그래프 위의 점 $(a, f(a))$에서 기울기가 양수인 접선을 그어 x축과 만나는 점을 A라 하고, 점 B$(3, 0)$에서 접선을 그어 두 접선이 만나는 점을 C, 점 C에서 x축에 내린 수선의 발을 D라 하자. $\overline{AD} : \overline{DB} = 3 : 1$일 때, 모든 a의 값의 곱은? [4.5점]

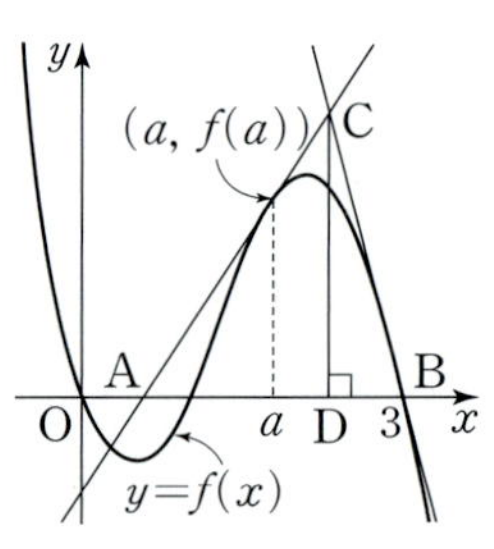

① $\dfrac{1}{3}$ ② $\dfrac{2}{3}$ ③ 1

④ $\dfrac{4}{3}$ ⑤ $\dfrac{5}{3}$

22 0834

직선 $x+5y+4=0$과 수직이고 곡선 $y=-x^3+8x+1$에 접하는 직선의 방정식을 모두 구하는 과정을 서술하시오.

[6점]

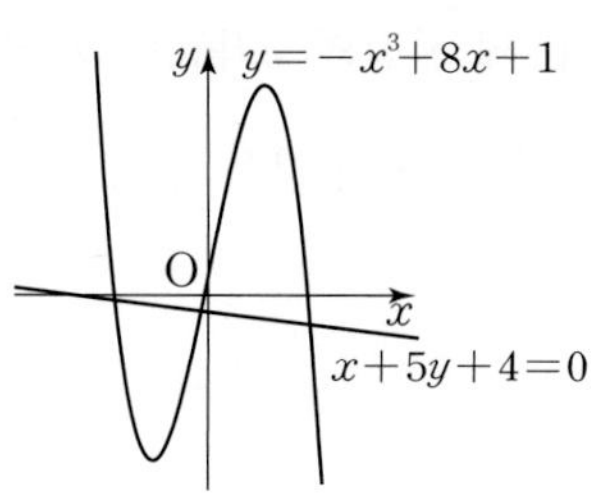

23 0835

곡선 $y=x^3$과 점 $(1,\ 1)$에서 접하고 중심이 x축 위에 있는 원의 넓이를 구하는 과정을 서술하시오. [6점]

24 0836

곡선 $y=\dfrac{1}{3}x^3-3x^2+6x\ (x>0)$ 위의 점에서의 접선 중에서 기울기가 최소인 접선과 x축, y축으로 둘러싸인 도형의 넓이를 구하는 과정을 서술하시오. [7점]

25 0837

두 곡선 $y=x^2$과 $y=x^2-8x$에 동시에 접하는 직선의 방정식을 $y=px+q$라 할 때, p^2+q^2의 값을 구하는 과정을 서술하시오. (단, p, q는 상수이다.) [9점]

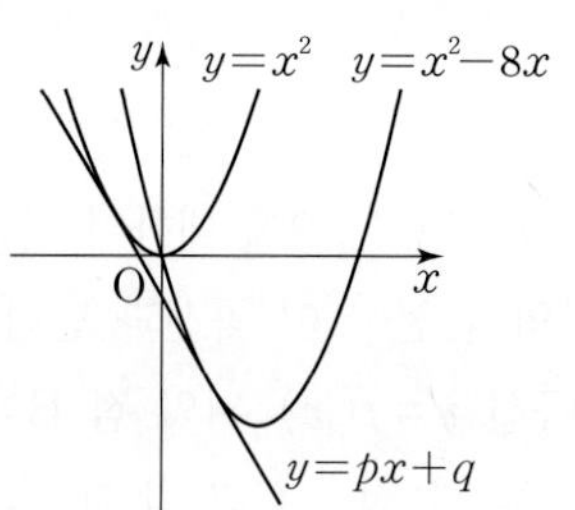

1 0838

연계문항 148쪽 **0659**

함수 $f(x)=x^2-2ax+b$에 대하여 〈**보기**〉에서 옳은 것만을 있는 대로 고르시오. (단, a, b는 상수이다.)

〈 **보기** 〉
ㄱ. $f'(a+1)>0$
ㄴ. $f(a+3)-f(a-1)=4f'(a+1)$
ㄷ. 곡선 $y=f(x)$ 위의 점 (p, q)에서의 접선이 곡선 위의 두 점 $(a-1, f(a-1))$, $(a+3, f(a+3))$을 지나는 직선과 평행하면 $p=a+1$이다.

2 0839

연계문항 155쪽 **0694**

삼차함수 $f(x)=x^3-3x^2+2$에 대하여 곡선 $y=f(x)$ 위의 점 $A(0, 2)$에서의 접선이 이 곡선과 만나는 다른 한 점을 B라 하자. 또, 곡선 $y=f(x)$ 위의 점 B에서의 접선이 이 곡선과 만나는 다른 한 점을 C라 할 때, 점 C의 좌표를 구하시오.

3 0840

연계문항 162쪽 **0736**

점 $(2, k)$에서 곡선 $y=x^3-3x^2-x+7$에 서로 다른 세 개의 접선을 그을 때, 세 접점의 x좌표를 α, β, γ라 하자. $\beta=\dfrac{\alpha+\gamma}{2}$가 성립할 때, k의 값을 구하시오.

4 0841

연계문항 163쪽 **0741**

그림과 같이 두 곡선 $y=2x^2+k$, $y=x^4-2x^2$이 서로 다른 두 점에서 접하고 두 교점에서 각각 공통인 접선을 가질 때, 상수 k의 값을 구하시오.

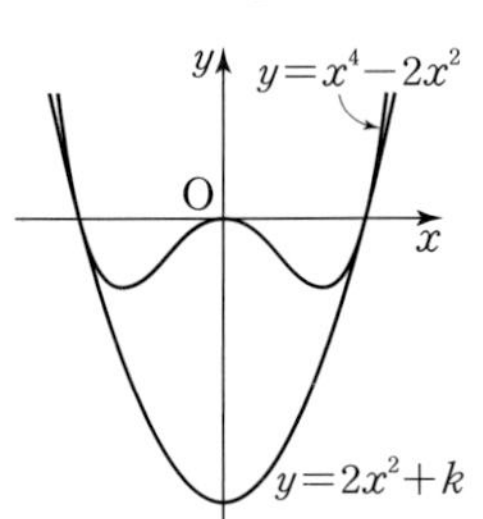

5 0842

연계문항 164쪽 **0747**

두 곡선 $y=-x^2+1$, $y=x^2-a$의 한 교점에서 각각의 곡선에 그은 접선을 각각 l_1, l_2라 하자. 두 직선 l_1, l_2의 기울기를 각각 m_1, m_2라 할 때, $m_2-m_1=8$을 만족시키는 상수 a의 값을 구하시오.

빠른 정답

I. 함수의 극한과 연속

01 함수의 극한
8쪽~54쪽

0001 4　　0002 (1) ∞ (2) $-\infty$ (3) 3 (4) 0

0003 (1) × (2) ○ (3) ○　　　0004 1

0005 (1) 12 (2) 5　　0006 (1) 2 (2) 1

0007 (1) 0 (2) 2 (3) ∞　　0008 (1) 4 (2) $\dfrac{3}{4}$

0009 (1) 0 (2) 1　　0010 $-\dfrac{1}{4}$　0011 $a=4$, $b=3$

0012 $a=0$, $b=4$　　0013 ⑤　0014 ④　0015 ④

0016 ④　0017 1　0018 3　0019 ⑤　0020 ④

0021 0　0022 ①　0023 ④　0024 -3　0025 ④

0026 ④　0027 ⑤　0028 5　0029 ③　0030 ①

0031 ④　0032 16　0033 7　0034 ④　0035 ②

0036 ⑤　0037 4　0038 ④　0039 ③　0040 -2

0041 0　0042 ⑤　0043 ⑤　0044 ③　0045 -1

0046 ①　0047 ④　0048 ①　0049 ④　0050 ③

0051 ④　0052 ②　0053 ④　0054 1　0055 ④

0056 ⑤　0057 3　0058 ④　0059 ⑤　0060 ④

0061 2　0062 0　0063 ④　0064 ⑤　0065 -9

0066 $\dfrac{4}{5}$　0067 ②　0068 5　0069 ④　0070 ③

0071 ①　0072 $\dfrac{11}{13}$　0073 ①　0074 30　0075 16

0076 ②　0077 ⑤　0078 ④　0079 1　0080 0

0081 ④　0082 ⑤　0083 ③　0084 ②　0085 ⑤

0086 ②　0087 ①　0088 $-\dfrac{1}{2}$　0089 ④　0090 30

0091 ①　0092 5　0093 ②　0094 ⑤　0095 ⑤

0096 27　0097 ②　0098 ④　0099 4　0100 ②

0101 ⑤　0102 5　0103 ④　0104 -2　0105 ②

0106 1　0107 ②　0108 3　0109 ④　0110 ②

0111 $\dfrac{3\sqrt{2}}{2}$　0112 ④　0113 ④　0114 ①　0115 ④

0116 $\dfrac{3}{2}$　0117 ③　0118 ④　0119 ④　0120 1

0121 ①　0122 ①　0123 ⑤　0124 -4　0125 4

0126 ③　0127 ②　0128 ②　0129 -4　0130 ③

0131 ④　0132 -6　0133 ②　0134 ②　0135 ④

0136 5　0137 ④　0138 ④　0139 ③　0140 1

0141 3　0142 15　0143 12　0144 -3　0145 ②

0146 19　0147 2　0148 27　0149 9　0150 9

0151 ②　0152 ③　0153 ②　0154 ②　0155 ①

0156 9　0157 20　0158 ⑤　0159 2　0160 ④

0161 ⑤　0162 ②　0163 ⑤　0164 ②　0165 ①

0166 ④　0167 ③　0168 ①　0169 ②　0170 ④

0171 ②　0172 ④　0173 ②　0174 ④　0175 ⑤

0176 ④　0177 $\dfrac{1}{2}$　0178 $\dfrac{1}{4}$　0179 ⑤　0180 ①

0181 (1) $a+b$ (2) 0 (3) -3 (4) $2a+b$ (5) -3 (6) 3

0182 17　0183 1　0184 -1

0185 (1) 분자 (2) -4 (3) 분모 (4) $-\dfrac{5}{2}$ (5) $\dfrac{2}{3}$ (6) $\dfrac{2}{3}$

0186 $a=-2$, $b=1$, $c=\dfrac{1}{3}$

0187 $a=1$, $b=-10$, $c=8$　　　0188 -3　0189 ③

0190 ①　0191 ③　0192 ⑤　0193 ④　0194 ②

0195 ⑤　0196 ④　0197 ④　0198 ②　0199 ②

0200 ⑤　0201 ②　0202 ②　0203 ⑤　0204 ①

0205 ②　0206 ①　0207 ②　0208 ⑤　0209 ②

0210 $m=20$, $n=100$　0211 $\dfrac{13}{3}$　0212 7　0213 $\sqrt{2}$

0214 ②　0215 ③　0216 ②　0217 ④　0218 ⑤

0219 9　0220 ⑤　0221 ①　0222 ①　0223 ①

0224 ④　0225 ①　0226 ②　0227 ⑤　0228 ④

0229 ①　0230 ②　0231 ⑤　0232 ⑤　0233 ②

0234 ③　0235 5　0236 $-\dfrac{5}{3}$　0237 0　0238 $\dfrac{\alpha^2\beta^3}{\gamma}$

0239 0　0240 0　0241 2　0242 $\dfrac{1}{2}$　0243 $-\dfrac{3}{2}$

02 함수의 연속
58쪽~98쪽

0244 연속　0245 3

0246 (1) $(-\infty, \infty)$ (2) $(-\infty, 2)$, $(2, \infty)$

　　　(3) $(-\infty, 1)$, $(1, 2)$, $(2, \infty)$ (4) $(-\infty, 2]$

0247 (1) $(-\infty, \infty)$ (2) $\left(-\infty, -\dfrac{1}{3}\right)$, $\left(-\dfrac{1}{3}, \infty\right)$

0248 (1) 최댓값 : 5, 최솟값 : 1 (2) 최댓값 : 8, 최솟값 : -1

0249 (1) 최댓값 : 1, 최솟값 : $\dfrac{1}{2}$ (2) 최댓값 : 3, 최솟값 : 2

0250 풀이 참조　　　0251 $a<0$　0252 ③　0253 5

0254 ④　0255 ㄱ, ㄹ, ㅁ　0256 1　0257 ④

0258 ③　0259 ③　0260 ⑤　0261 1　0262 ④

0263 ⑤　0264 ①　0265 ⑤　0266 ⑤　0267 ⑤

0268 ②　0269 ②　0270 1　0271 ④　0272 6

0273 ⑤　0274 ③　0275 ②　0276 2　0277 ②

0278 ⑤　0279 ②　0280 ⑤　0281 ⑤　0282 ④

0283 ②　0284 11　0285 ④　0286 ⑤　0287 ③

0288 3　0289 18　0290 ㄱ　0291 ①　0292 6

0293 ②　0294 $\frac{1}{6}$　0295 ②　0296 -12　0297 ②

0298 ②　0299 ①　0300 ⑤　0301 ㄱ, ㄷ

0302 ⑤　0303 ④　0304 ①　0305 ②　0306 ②

0307 ①　0308 ①　0309 ③　0310 ⑤　0311 ①

0312 ③　0313 ④　0314 ⑤　0315 ①　0316 ①

0317 ④　0318 $0<a<16$　0319 ③　0320 3

0321 ⑤　0322 ④　0323 ④　0324 ③　0325 ①

0326 ④　0327 ⑤　0328 -1　0329 ①　0330 ⑤

0331 ③　0332 14　0333 24　0334 ③　0335 48

0336 32　0337 24　0338 ①　0339 ③　0340 ②

0341 ⑤　0342 ⑤　0343 ③　0344 ④　0345 ④

0346 ③　0347 ⑤　0348 ①　0349 ④　0350 ③

0351 8　0352 ①　0353 $\frac{11}{2}$　0354 ④　0355 ①

0356 12　0357 ②　0358 ②　0359 ②

0360 $-1<a<\frac{1}{2}$　0361 36　0362 ②　0363 ④

0364 ④　0365 ④　0366 ②　0367 ②　0368 ⑤

0369 ④　0370 ④

0371 (1) 1　(2) $-a-2$　(3) $-a-2$　(4) 0　(5) -2

0372 -1　0373 $a=1$, $b=2$

0374 $a=\frac{5}{3}$, $b=\frac{2}{3}$ 또는 $a=-2$, $b=-3$

0375 (1) $<$　(2) $-a+6$　(3) $-a+6$　(4) 6

0376 $0<a<2$

0377 10　0378 풀이 참조　0379 ②　0380 ④

0381 ③　0382 ②　0383 ④　0384 ④　0385 ②

0386 ③　0387 ③　0388 ①　0389 ④　0390 ⑤

0391 ④　0392 ②　0393 ④　0394 ②　0395 ④

0396 ③　0397 ⑤　0398 ④　0399 ④　0400 8

0401 $-1<a<4$　0402 5　0403 -1　0404 ⑤

0405 ①　0406 ②　0407 ③　0408 ②　0409 ②

0410 ④　0411 ④　0412 ③　0413 ⑤　0414 ②

0415 ②　0416 ②　0417 ⑤　0418 ③　0419 ①

0420 ③　0421 ④　0422 ③　0423 ②

0424 ①　0425 2　0426 풀이 참조

0427 $a=-1$, $b=-\frac{3}{2}$　0428 $a=4$, $b=-4$　0429 $\frac{9}{4}$

0430 ②　0431 21　0432 9　0433 13

II. 미분

03 미분계수와 도함수　102쪽~142쪽

0434 0　0435 5　0436 (1) 2　(2) 4　0437 3

0438 (1) 6　(2) -9　0439 (1) 1　(2) 6

0440 (1) 연속이다.　(2) 미분가능하지 않다.　0441 13

0442 (1) $y'=10x^4$　(2) $y'=0$
　　(3) $y'=6x+6$　(4) $y'=-8x^3+15x^2$

0443 3　0444 (1) $y'=9x^2+20x-8$　(2) $y'=5x^4+6x^2-3$

0445 -6　0446 ②　0447 ④　0448 1　0449 ⑤

0450 51　0451 ⑤　0452 ③　0453 ③　0454 ③

0455 ②　0456 -2　0457 14　0458 ④　0459 2

0460 ①　0461 ①　0462 3　0463 11　0464 18

0465 ④　0466 ①　0467 ⑤　0468 ①　0469 10

0470 ②　0471 28　0472 ①　0473 ①　0474 $\frac{1}{4}$

0475 2　0476 ④　0477 ②　0478 5　0479 ②

0480 7　0481 ④　0482 ③　0483 ⑤　0484 -4

0485 ③　0486 ③　0487 ③　0488 ④　0489 ③

0490 ①　0491 ⑤　0492 ②　0493 ①　0494 ③

0495 ②　0496 ④　0497 ①　0498 ④　0499 ①

0500 ③　0501 ②　0502 ⑤　0503 ⑤　0504 20

0505 ③　0506 ②　0507 ③　0508 ⑤　0509 ④

0510 ④　0511 (가) : $(x+h)^3$　(나) : $3x^2$　0512 ③

0513 ①　0514 ②　0515 $x=\frac{11}{2}$　0516 ⑤

0517 19　0518 ③　0519 ③　0520 ③　0521 ②

0522 2　0523 ②　0524 ④　0525 33　0526 1

0527 -84　0528 ⑤　0529 24　0530 ①　0531 ⑤

0532 ①　0533 ①　0534 ⑤　0535 5　0536 ①

0537 28　0538 ⑤　0539 ④　0540 49　0541 ⑤

0542 ③　0543 4　0544 ④　0545 12　0546 ③

0547 10　0548 ①　0549 -9　0550 ②　0551 -5

0552 ②　0553 ③　0554 ④　0555 12　0556 ③

0557 ④　0558 5　0559 ①　0560 ②　0561 24

0562 ⑤　0563 28　0564 ①　0565 ③　0566 ③

0567 ④　0568 ③　0569 36　0570 ④　0571 ③

0572 16　0573 ④　0574 ②　0575 16　0576 ③

0577 ④　0578 ①　0579 ④　0580 ③　0581 ⑤

0582 15　0583 ①　0584 ①　0585 ②

0586 (1) 4　(2) -16　(3) 4　(4) -6　(5) -6　(6) 8

0587 $a=-\dfrac{3}{2}$, $b=\dfrac{1}{2}$　0588 $a=-2$, $b=3$, $c=0$

0589 (1) anx^{n-1}　(2) 1　(3) 6　(4) 3　(5) 3　(6) -3　(7) -3
(8) $2x+3$　(9) 5

0590 4　0591 $\dfrac{49}{4}$　0592 ①　0593 ⑤　0594 ②

0595 ③　0596 ④　0597 ⑤　0598 ③　0599 ④

0600 ⑤　0601 ②　0602 ②　0603 ③　0604 ③

0605 ①　0606 ⑤　0607 ④　0608 ②　0609 ③

0610 ⑤　0611 ②　0612 ②　0613 $f'(x)=2x+1$

0614 8　0615 $\dfrac{7}{2}$　0616 $9x^2-6x+1$　0617 ③

0618 ③　0619 ①　0620 ②　0621 ④　0622 ②

0623 ①　0624 ④　0625 ④　0626 ③　0627 ①

0628 ④　0629 ①　0630 ④　0631 ④　0632 ④

0633 ②　0634 ⑤　0635 ⑤　0636 ②　0637 ①

0638 -18　0639 (1) 1　(2) 3　(3) $f'(x)=x+3$　0640 6

0641 8　0642 ②　0643 ⑤　0644 ④　0645 18

0646 ②

04 도함수의 활용 (1)　146쪽~184쪽

0647 (1) $y=7x-16$　(2) $y=4x-6$

0648 (1) $y=-\dfrac{1}{2}x$　(2) $y=-\dfrac{1}{6}x+\dfrac{19}{6}$

0649 (1) $y=2x-3$　(2) $y=2x+2$　0650 $y=2x-7$

0651 $y=3x-4$　　0652 $y=-2x+2$, $y=6x-6$

0653 $\dfrac{2}{3}$　0654 0　0655 ①　0656 $\dfrac{1}{2}$　0657 5

0658 -2　0659 ②　0660 22　0661 7　0662 ④

0663 0　0664 28　0665 ④　0666 ③　0667 ③

0668 10　0669 18　0670 ③　0671 ③　0672 ④

0673 ②　0674 ②　0675 ①　0676 ⑤　0677 ②

0678 ④　0679 1　0680 ⑤　0681 ⑤　0682 ①

0683 ⑤　0684 28　0685 ②　0686 ①　0687 ①

0688 ②　0689 ⑤　0690 20　0691 ②　0692 21

0693 ④　0694 12　0695 25　0696 ③　0697 1

0698 ②　0699 ①　0700 $\dfrac{5}{4}$　0701 ②　0702 32

0703 $-\dfrac{1}{2}$　0704 2　0705 ①　0706 ③　0707 ③

0708 ⑤　0709 11　0710 ⑤　0711 ②

0712 $\dfrac{16\sqrt{10}}{15}$　　0713 32　0714 $-\dfrac{5}{4}$　0715 ③

0716 -1　0717 ①　0718 ①　0719 $\dfrac{1}{3}$　0720 ②

0721 -1　0722 ②, ⑤　0723 ④　0724 ②　0725 ④

0726 48　0727 ③　0728 ②　0729 ①　0730 ④

0731 ④　0732 ②　0733 ⑤　0734 45　0735 ③

0736 $-\dfrac{1}{2}$　0737 3　0738 ②　0739 ①　0740 -7

0741 $\dfrac{7}{16}$　0742 22　0743 $-\dfrac{1}{15}$　0744 ⑤　0745 ①

0746 $\dfrac{1}{9}$　0747 ③　0748 ②　0749 ②　0750 ④

0751 ⑤　0752 1　0753 ⑤　0754 $\dfrac{1}{6}$　0755 ②

0756 ③　0757 $\sqrt{17}$　0758 ⑤　0759 -6　0760 ④

0761 ㈎: 3　㈏: 3　㈐: $2x$　㈑: 0　0762 ③　0763 ②

0764 2　0765 ⑤　0766 $c=1$, $a=3$　0767 ⑤

0768 $\dfrac{1}{2}$　0769 5　0770 ②　0771 ③　0772 ①

0773 ③　0774 ②　0775 12　0776 5　0777 1

0778 ③　0779 7

0780 (1) -2　(2) -2　(3) $-2x+4$　(4) 3　(5) 3
(6) 3　(7) $6\sqrt{5}$　(8) $\dfrac{9\sqrt{5}}{5}$　(9) 27

0781 $\dfrac{5}{6}$　0782 $\left(-\dfrac{\sqrt{2}}{2},\ \dfrac{\sqrt{2}}{4}-3\right)$　0783 $-\dfrac{2\sqrt{3}}{3}$

0784 (1) 4　(2) 2　(3) 4　(4) 0　　0785 풀이 참조

0786 풀이 참조   0787 풀이 참조   0788 ③

0789 ③ 0790 ② 0791 ⑤ 0792 ③ 0793 ①

0794 ① 0795 ③ 0796 ② 0797 ② 0798 ③

0799 ③ 0800 ② 0801 ① 0802 ③ 0803 ④

0804 ④ 0805 ④ 0806 ⑤ 0807 ④ 0808 ②

0809 2 0810 $y=3x-3$ 0811 $\dfrac{8}{3}$ 0812 6

0813 ⑤ 0814 ⑤ 0815 ① 0816 ③ 0817 ④

0818 ④ 0819 ③ 0820 ③ 0821 ① 0822 ④

0823 ⑤ 0824 ③ 0825 ③ 0826 ① 0827 ③

0828 ③ 0829 ⑤ 0830 ① 0831 ② 0832 ③

0833 ⑤ 0834 $y=5x-1,\ y=5x+3$ 0835 10π

0836 $\dfrac{27}{2}$ 0837 32 0838 ㄱ, ㄴ, ㄷ

0839 $(-3,\ -52)$ 0840 $\dfrac{1}{2}$ 0841 -4 0842 7

미적분 I

수매씽

MATHING

197 유형 1843 문항

BOOK 2 미적분 I

동아출판

o 실력과 성적을 한번에 잡는 유형서

- 최다 유형, 최다 문항, 세분화된 유형
- 교육청·평가원 최신 기출 유형 반영
- 다양한 타입의 문항과 접근 방법 수록

수매씽 미적분 I BOOK ❷

집필진	구명석(대표 저자)
	김민철, 문지웅, 안상철, 양병문, 오광석, 유상민, 이지수, 이태훈, 장호섭
발행일	2024년 10월 10일
인쇄일	2024년 9월 30일
펴낸곳	동아출판㈜
펴낸이	이욱상
등록번호	제300-1951-4호(1951. 9. 19.)
개발총괄	김영지
개발책임	이상민
개발	김인영, 이현아, 김다은, 권혜진, 윤찬미, 양지은, 이은주
디자인책임	목진성
디자인	이소연
대표번호	1644-0600
주소	서울시 영등포구 은행로 30 (우 07242)

이 책의 개발에 참여해 주신 선생님들께 감사드립니다.

집필진

구명석 (대표 저자)

김민철 　 문지웅 　 안상철 　 양병문 　 오광석

유상민 　 이지수 　 이태훈 　 장호섭

검토진

강갑신 청람학원	김소희 소정학원	박재홍 위너스	유대호 잉글리쉬앤매쓰매니저학원	이호형 고수학(광명)	
강대성 블루M수학	김여옥 매쓰홀릭학원	박정한 수학의아침(수내)	유성규 현수학	임성화 로엔스쿨학원	
강대희 해법학원	김연경 MTM수학	박종태 김샘학원	유세정 피톤치드학원	임옥근 용문고등학교	
강도희 매쓰더퍼스트학원	김영욱 서울학원	박종혁 새로남기독학교	유환 도당비젼스터디	임은아 일신여자고등학교	
강동규 이샘프라임학원	김영운 도안명륜당수학전문학원	박주호 올인원수학전문학원	유희복 엘림학원	임정아 창의력학원	
강병덕 청산학원	김영은 케이스학원	박준규 홍인학원	윤관수 김형학원	장영환 인성학원	
강병원 이승은수학	김영진 웰입시학원	박준석 교일학원	윤세현 두드림학원	전동철 남림학원	
강병주 수마루수학학원	김영진 더퍼스트김진학원	박준형 동량재학원	윤영섭 와이즈만학원	전동호 동쌤수학	
강병현 형석고등학교	김영호 멘토수학학원	박지혜 이든영수학원(시흥)	윤영숙 윤영숙수학	전라윤 NPM수학	
강서연 수학의아침(수내)	김용환 수학의아침(수내)	박지희 지이수학(에코)	윤우영 일신여자고등학교	전영우 일신여자고등학교	
강서은 창덕영수학원	김욱현 우리보습학원	박진철 에듀스터디	윤정수 신사고학원	전응준 엠코드수학과학학원	
강성현 에토스학원	김운영 하이언스학원	박진철 세일학원(강북)	윤정인 제이원입시학원	전정현 YB일등급수학학원	
강수란 스텝웨이학원	김웅록 이엔엠학원(정자)	박형건 오엠지학원	윤찬노 수학의아침(수내)	전진철 전진철수학	
강시현 CL학숙	김원중 강남대성학원	박효숙 히파티아수학	윤현도 SKY수학학원	전희옥 리더스수학	
강신준 수학의아침(영통)	김원채 최강멘토	박효진 성남금융고	은대현 탑아이스	정귀영 G1230수학	
강은경 씨엔엔학원	김윤정 GMT학원	배경미 레드매쓰수하학원	이강하 강승하원	정길식 참된수하학원	
강정은 가온에듀	김은찬 엑시엄수학	배규리 정샘학원	이나경 EM스터디학원	정덕영 탑앤탑학원	
강평원 스피드TC	김장훈 프로젝트M수학학원	배태선 센텀학원(서창)	이대로 이루다학원	정명현 유니크수학	
강희규 종로학원하늘교육(관평)	김정혜 마두/다이렉트	백종훈 자성학원	이대천 수학의봄	정민영 신탄올림영수	
고동국 고동국수학학원	김정수 필로매쓰	변국남 변국남수학학원	이동규 에스라이팅,G1230	정청용 고대수학원	
고명지 고쌤수학학원	김정은 드림영어하이수학	변윤지 비전고등학교	이동현 트인수학	정한샘 편수학	
고문숙 멘토스학원	김제현 국풍2000원탑학원	복정훈 마이엠수학(광명)	이동형 L수학	정환희 릿지수학	
고병훈 러셀분당학원	김주혜 엠앤피학원	서경도 서경도수학교습소	이만재 매쓰로드학원	정효석 최상위하다	
고택수 김샘학원(정자)	김지안 대송고등학교	서영대 배움수학	이문희 대신스카이학원	제경아 명장학원	
고현재 케이스학원	김진선 PGA학원	서유진 세움수학학원	이미숙 더엠포인트	조문완 매쓰홀릭루체테	
공영일 의치한학원	김진우 심포니수학학원	서종관 역전타에듀	이상기 유니크학원	조민석 마이엠수학(광명)	
공희식 수학의아침(수내)	김진형 PTM학원	성의용 이카루스학원	이상일 수학불패학원	조민아 러닝트리학원	
구인숙 해라수학	김태영 굿노닝수학학원	손두원 창현고등학교	이상철 G1230옥길	조상훈 미래탐구학원	
구창숙 이룸학원	김한도 개념올플러스학원	손영주 하이스트학원	이석대 수학의아침(수내)	조윤주 와이제이수학학원	
구태현 현수학	김현주 오름수학	손전모 THE다원수학송파관	이석현 큐브전문학원	조윤호 조윤호수학학원	
권도영 웰입시학원	김현호 수1807	손주령 세종올가학원	이수민 본수학학원	조익제 MVP수학	
권성희 청명학원	김호경 테라매스수학학원	송민재 상아탑학원	이순화 이든학원	조정란 낙생고등학교	
권소영 에이원	나효명 열린아카데미학원	송연호 RG수학학원	이아름누리 청어람학원	조충헌 로하스학원	
권오봉 수학사랑	남계준 뉴이스터	송영철 예일학원	이영명 아이비수학학원	진윤지 첨단더매쓰수학	
권오신 라미학원	남궁혁 팬더쌤(옥정)	송우찬 송우찬수학	이영철 허브수학학원	진주형 화정/G1230	
길기홍 수학의길입시학원	남은혜 수학원	송유림 플러스학원	이영한 소담고등학교	차경나 쌤통수학학원	
김경민 바른길수학	노승덕 분석학원	송주원 대치개벽학원	이용범 강현학원	차경화 차경화수학학원	
김경진 헤파학원	노원석 페르마	송준하 알고리즘수학	이윤정 신원/브레인수학	차문영 화정/송수학	
김규보 더필즈에듀학원	노진효 북대해법수풀림학원	승희석 승쌤수학	이은혜 이은혜영수학원	차영범 차이수학	
김단비 올바른수학국어학원	명성일 대성학원(본원)	신재식 노마드학원	이인환 STN수학학원	채수현 밀턴학원	
김대균 김대균수학학원	문석배 에이플러스학원	신철오 리처드신학원	이정기 스카이153수학전문학원	천송이 하버드학원	
김대순 셀럽영수학원	문세훈 유투엠학원	신형용 브레인터치	이정환 이정환수학	최미선 최선생수학학원	
김대원 7차수학	문해기 열정수학영어학원	안기운 신용이지수학	이준철 구주이배	최병희 원탑학원	
김대현 현대청운고등학교	박경보 최고챌린저	안병윤 김샘교육	이지영 오늘도영어그리고수학	최수영 MFA수학학원	
김대환 수학의아침(영통)	박근복 유씨학원	안현주 청산학원	이창석 핵수학	최수정 이루다학원	
김도완 프라매쓰	박기태 포항동지여자고등학교	안혜림 유투엠학원(구월)	이창성 틀세움수학	최안나 시매쓰수학(금천)	
김동욱 마스터수학과학학원	박병일 시그마학원	양성숙 성훈학원	이철호 파스칼	최연우 뼈대수학학원	
김동찬 탑씨크리트학원(아산원)	박상우 꿈꾸는학원	양성현 현수학원(덕정)	이충빈 사과나무학원(목동)	최재원 T&D플러스영어수학학원	
김동현 수학의아침(수내)	박상현 대치명인학원(대치)	엄한준 수학의아침(광교)	이태경 이태경수학학원	최지영 매쓰플랜죽전	
김두중 프린스턴수학학원	박선미 중앙학원	오금석 반석종로학원	이태권 보담학원	최현미 초전중학교	
김미란 메이드수학학원(시흥)	박세환 류수학학원	오미진 M&S수학과학학원	이하영 하이클래스수학과학학원	최혜림 수리안학원	
김민수 대치원수학	박순찬 찬스수학	오승주 충남고등학교	이현경 마스터수학과학학원	편영광 편선생학원	
김민지 수앤리학원	박시연 노마드학원	오현진 마블수학학원	이현상 대성N학원(동대문)	한봉교 자산학원	
김민홍 수학의아침(수내)	박시현 수학의아침(수내)	왕하민 베리타스인시학원	이현희 폴리아에듀	한원석 평촌다수인개별지도관	
김방래 더프라임	박용현 분석수학	우기홍 우스아카데미	이혜경 이혜경고등수학	한지혜 한샘의약속	
김병우 시대인재학원	박원기 강남대성위업	우동훈 헤파학원	이혜영 헤이수학	허영신 지평학원	
김보라 뿌리깊은수학	박은정 XY수학영어보습	우진연 지니스영수학원	이호영 고수학	현재명 대성N학원(옥정)	
김봉연 프리미엄수학	박은정 박쌤수학	유가영 탑솔루션수학교습소	이호철 제이탑학원	홍성문 홍성문수학학원	
김상균 동량재학원	박인영 한수위학원	유남기 의치한학원	이호현 좋은학원		

수
매씽
MATHING
미적분 I

Structure
구성과 특징

최다 유형 최다 문항으로 등급 UP!
실전에 강한 유형서, 수매씽

1단계 핵심 개념 이해

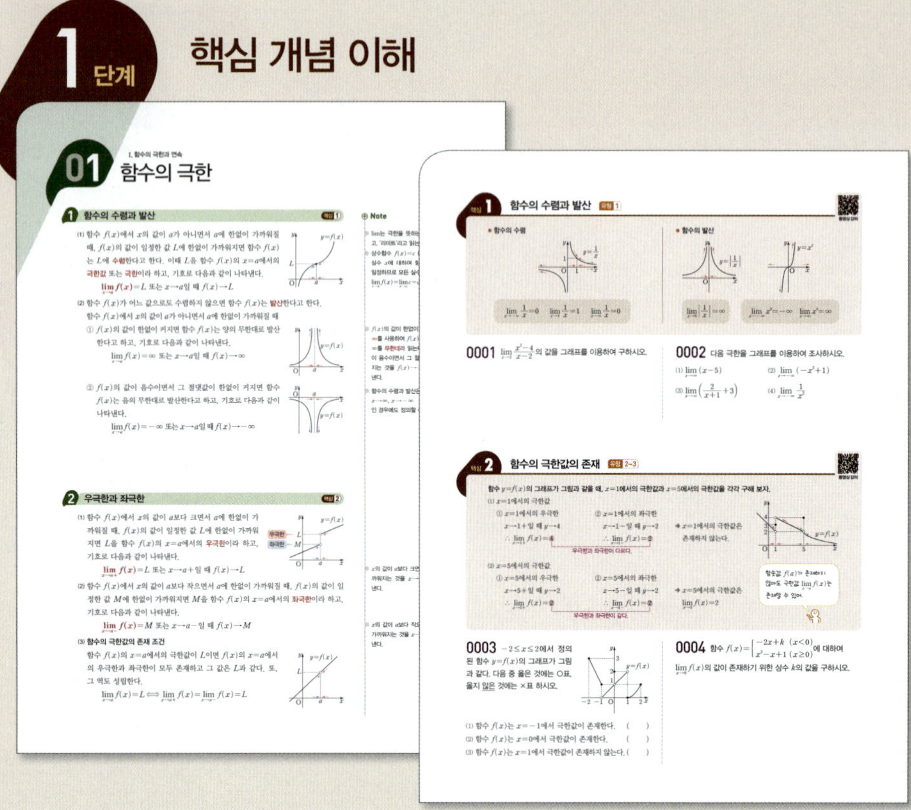

- 중단원의 개념을 정리하고, 핵심 개념에서 중요한 개념을 도식화하여 직관적인 이해를 돕습니다.
  핵심 개념에 대한 설명을 **동영상 강의**로 확인할 수 있습니다.

2단계 유형 학습

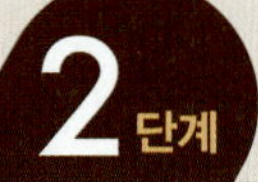

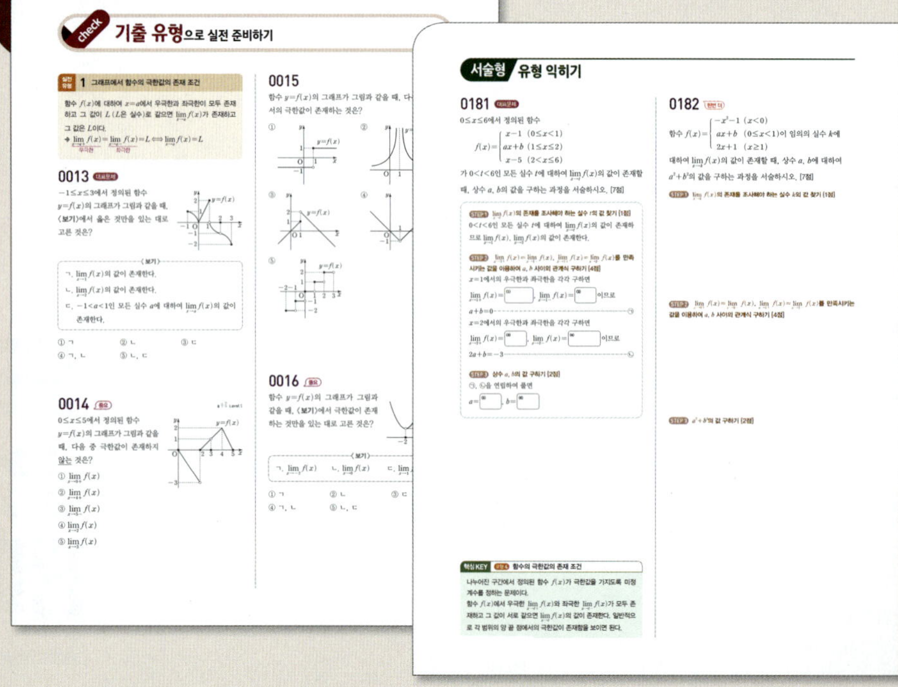

- **실전 유형 / 심화 유형** 세분화된 최적의 내신 출제 유형으로 구성하고, 유형마다 최신 **교육청·평가원 기출문제**를 분석하여 수록하였습니다.
  유형 중 출제율이 높은 빈출유형, 여러 개념이나 유형이 복합된 복합유형, 최근 출제 경향의 신유형은 별도 표기하였습니다.
  유형 문제 중 꼭 풀어 보아야 하는 문항은 중요로 표시하였습니다.
  고난도 문항과 신경향 문항도 확인할 수 있습니다.

- **서술형 유형 익히기** 내신 빈출 서술형 문제를 대표문제 – 한번 더 – 유사문제의 set 문제로 구성하여 서술형 내신 대비를 철저히 할 수 있습니다. 핵심KEY 에서 서술형 문항을 분석한 내용을 담았습니다.

05

도함수의 활용 (2)

05 도함수의 활용 (2)

① 함수의 증가와 감소 〔핵심 ①〕

함수 $f(x)$가 어떤 구간에 속하는 임의의 두 실수 x_1, x_2에 대하여

(1) $x_1 < x_2$일 때, $f(x_1) < f(x_2)$이면 함수 $f(x)$는 이 구간에서 **증가**한다고 한다.

(2) $x_1 < x_2$일 때, $f(x_1) > f(x_2)$이면 함수 $f(x)$는 이 구간에서 **감소**한다고 한다.

② 함수의 증가와 감소의 판정 〔핵심 ①〕

함수 $f(x)$가 어떤 열린구간에서 미분가능하고, 이 구간에 속하는 모든 x에 대하여

(1) $f'(x) > 0$이면 $f(x)$는 이 구간에서 증가한다.

(2) $f'(x) < 0$이면 $f(x)$는 이 구간에서 감소한다.

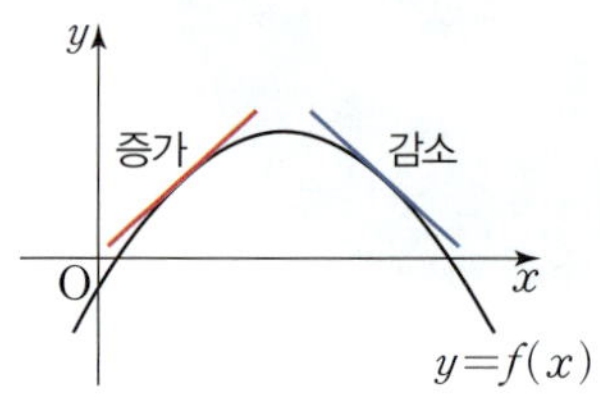

〔주의〕 일반적으로 역은 성립하지 않는다.

예를 들어 함수 $f(x) = x^3$은 실수 전체의 구간 $(-\infty, \infty)$에서 증가하지만 $f'(x) = 3x^2$에서 $f'(0) = 0$이다.

③ 함수가 증가 또는 감소하기 위한 조건 〔핵심 ①〕

함수 $f(x)$가 어떤 열린구간에서 미분가능할 때, 이 구간에서

(1) 함수 $f(x)$가 증가하면 이 구간의 모든 x에 대하여 $f'(x) \geq 0$이다.

(2) 함수 $f(x)$가 감소하면 이 구간의 모든 x에 대하여 $f'(x) \leq 0$이다.

〔참고〕 일반적으로 역은 성립하지 않지만 $f(x)$가 상수함수가 아닌 다항함수일 때는 역이 성립한다.

④ 함수의 극대와 극소 〔핵심 ②〕

(1) 극대와 극소의 뜻

① 함수 $f(x)$에서 $x=a$를 포함하는 어떤 열린구간에 속하는 모든 x에 대하여 $f(x) \leq f(a)$이면 함수 $f(x)$는 $x=a$에서 **극대**라 하고, $f(a)$를 **극댓값**이라 한다.

② 함수 $f(x)$에서 $x=b$를 포함하는 어떤 열린구간에 속하는 모든 x에 대하여 $f(x) \geq f(b)$이면 함수 $f(x)$는 $x=b$에서 **극소**라 하고, $f(b)$를 **극솟값**이라 한다.

이때 극댓값과 극솟값을 통틀어 **극값**이라 한다.

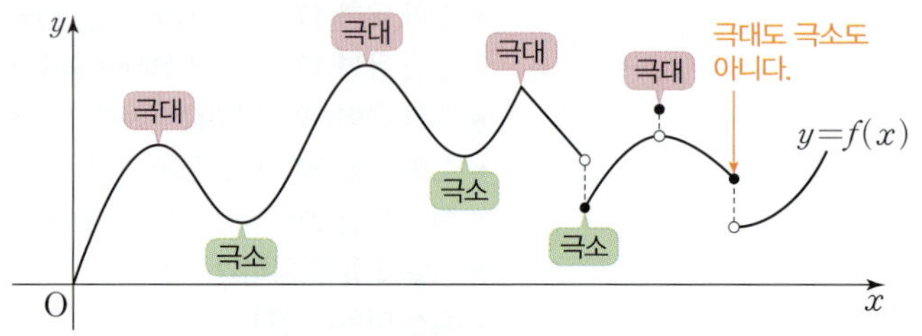

⊕ Note

함수의 증가와 감소

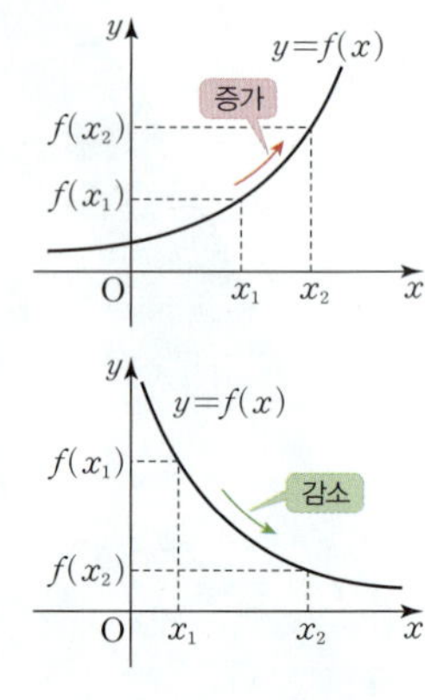

함수 $f(x)$가 $x=a$에서 연속일 때, $x=a$의 좌우에서

(1) $f(x)$가 증가하다가 감소하면 함수 $f(x)$는 $x=a$에서 극대이다.

(2) $f(x)$가 감소하다가 증가하면 함수 $f(x)$는 $x=a$에서 극소이다.

하나의 함수에서 극값은 여러 개 존재할 수 있으며, 극댓값이 반드시 극솟값보다 큰 것은 아니다.

(2) 극값과 미분계수

미분가능한 함수 $f(x)$가 $x=a$에서 극값을 가지면 $f'(a)=0$이다.

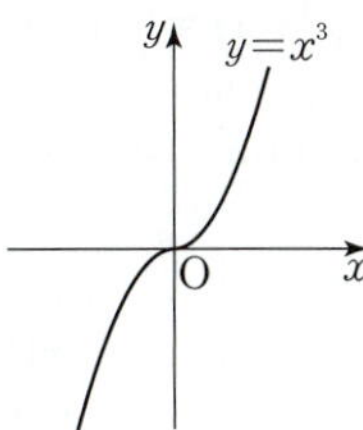

주의 일반적으로 역은 성립하지 않는다.

예를 들어 함수 $f(x)=x^3$에서 $f'(x)=3x^2$이므로
$f'(0)=0$이지만 $x=0$에서 극값을 가지지 않는다.

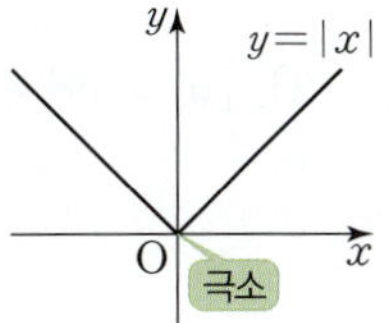

참고 함수 $f(x)$가 $x=a$에서 극값을 가지더라도 $f'(a)$가 존재하지 않을 수
도 있다. 예를 들어 함수 $f(x)=|x|$는 $x=0$에서 극솟값을 가지지만
$f'(0)$이 존재하지 않는다.

⑤ 함수의 극대와 극소의 판정   핵심②

미분가능한 함수 $f(x)$에 대하여 $f'(a)=0$이고 $x=a$의 좌우에서

(1) **극대가 되는 경우**

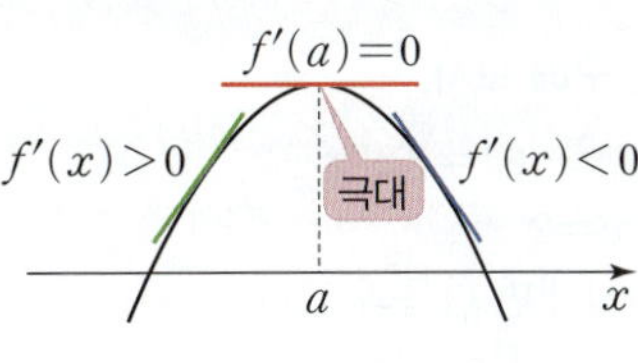

$f'(x)$의 부호가 양$(+)$에서 음$(-)$으로 바뀌면
함수 $f(x)$는 $x=a$의 좌우에서 증가하다가 감소하
므로 $x=a$에서 극대이고, 극댓값은 $f(a)$이다.

(2) **극소가 되는 경우**

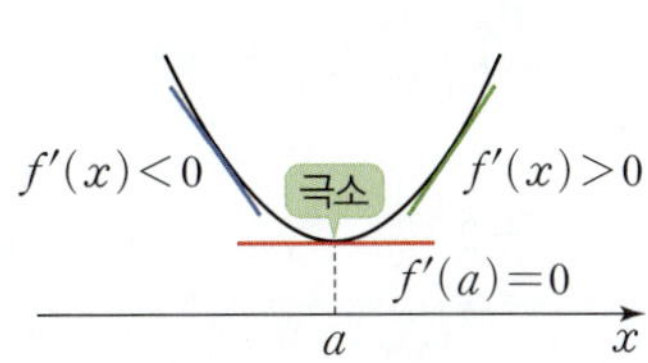

$f'(x)$의 부호가 음$(-)$에서 양$(+)$으로 바뀌면
함수 $f(x)$는 $x=a$의 좌우에서 감소하다가 증가하
므로 $x=a$에서 극소이고, 극솟값은 $f(a)$이다.

⑥ 함수의 그래프   핵심3~5

미분가능한 함수 $y=f(x)$의 그래프의 개형은 다음의 순서를 따라 그릴 수 있다.

❶ 함수 $f(x)$의 도함수 $f'(x)$를 구한다.

❷ $f'(x)=0$인 x의 값을 구한다.

❸ ❷에서 구한 x의 값의 좌우에서 $f'(x)$의 부호의 변화를 조사하여 함수 $f(x)$의 증
가와 감소를 표로 나타내고, 극값을 구한다.

❹ 함수 $y=f(x)$의 그래프와 x축 또는 y축의 교점의 좌표를 구한다.

❺ 함수 $y=f(x)$의 그래프의 개형을 그린다.

함수 $y=f(x)$의 그래프와 x축의 교점
의 x좌표는 방정식 $f(x)=0$의 해이
다. 또, 함수 $y=f(x)$의 그래프와 y축
의 교점의 y좌표는 $f(0)$이다.

함수 $f(x)=x^3+3x^2+1$의 증가와 감소를 표로 나타내어 조사해 보자.

$f(x)=x^3+3x^2+1$에서 $f'(x)=3x^2+6x=3x(x+2)$
$f'(x)=0$인 x의 값은 $x=-2$ 또는 $x=0$
함수 $f(x)$의 증가, 감소를 표로 나타내면 다음과 같다.

x	$\cdots$	-2	$\cdots$	0	$\cdots$
$f'(x)$	$+$	0	$-$	0	$+$
$f(x)$	↗ 증가	5	↘ 감소	1	↗ 증가

따라서 함수 $f(x)$는 구간 $(-\infty,\ -2]$, $[0,\ \infty)$에서 증가하고, 구간 $[-2,\ 0]$에서 감소한다.

0843 함수 $f(x)=x^3-3x+1$의 증가와 감소를 조사하시오.

0844 함수 $f(x)=\dfrac{1}{3}x^3+ax^2+2ax+3$이 실수 전체의 집합에서 증가하도록 하는 상수 a의 값의 범위를 구하시오.

함수 $f(x)=x^3-3x^2+2$의 극값을 구해 보자.

$f(x)=x^3-3x^2+2$에서 $f'(x)=3x^2-6x=3x(x-2)$
$f'(x)=0$인 x의 값은 $x=0$ 또는 $x=2$
함수 $f(x)$의 증가, 감소를 표로 나타내면 다음과 같다.

x	$\cdots$	0	$\cdots$	2	$\cdots$
$f'(x)$	$+$	0	$-$	0	$+$
$f(x)$	↗	2 극대	↘	-2 극소	↗

따라서 함수 $f(x)$는 $x=0$에서 극댓값 2, $x=2$에서 극솟값 -2를 가진다.

0845 함수 $y=f(x)$의 그래프가 그림과 같다. 닫힌구간 $[a,\ b]$에서 다음을 구하시오.

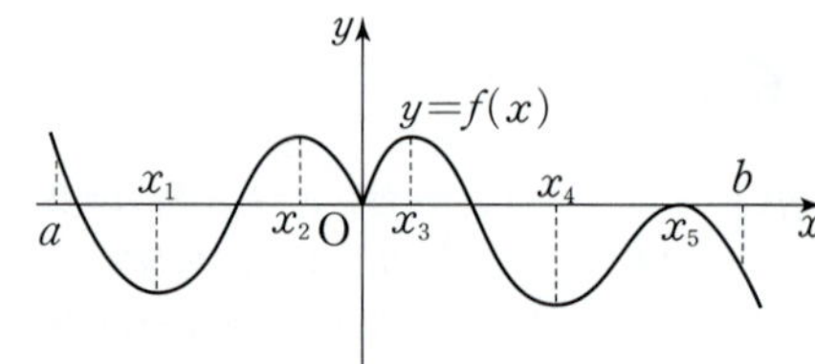

(1) 함수 $f(x)$가 극댓값을 가지는 x의 값
(2) 함수 $f(x)$가 극솟값을 가지는 x의 값

0846 다음 함수의 극값을 구하시오.

(1) $f(x)=2x^2-4x+3$
(2) $f(x)=-x^3+3x+1$

핵심 **3** 함수의 그래프 유형 10~11

함수 $f(x)=x^3-3x+1$의 그래프의 개형을 그려 보자.

① 함수 $f(x)$의 도함수 $f'(x)$ 구하기

↓

② $f'(x)=0$인 x의 값 구하기

↓

③ ②에서 구한 x의 값의 좌우에서 $f'(x)$의 부호의 변화를 조사하여 함수 $f(x)$의 증가와 감소를 표로 나타내고, 극값 구하기

↓

④ 함수 $y=f(x)$의 그래프와 x축 또는 y축의 교점의 좌표 구하기

↓

⑤ 함수 $y=f(x)$의 그래프의 개형 그리기

$f(x)=x^3-3x+1$에서
$f'(x)=3x^2-3=3(x+1)(x-1)$
$f'(x)=0$인 x의 값은 $x=-1$ 또는 $x=1$
함수 $f(x)$의 증가, 감소를 표로 나타내면 다음과 같다.

x	$\cdots$	-1	$\cdots$	1	$\cdots$
$f'(x)$	$+$	0	$-$	0	$+$
$f(x)$	↗	3 극대	↘	-1 극소	↗

$f(0)=1$이므로 y축과 만나는 점의 좌표는 $(0,\ 1)$
따라서 함수 $y=f(x)$의 그래프의 개형은 그림과 같다.

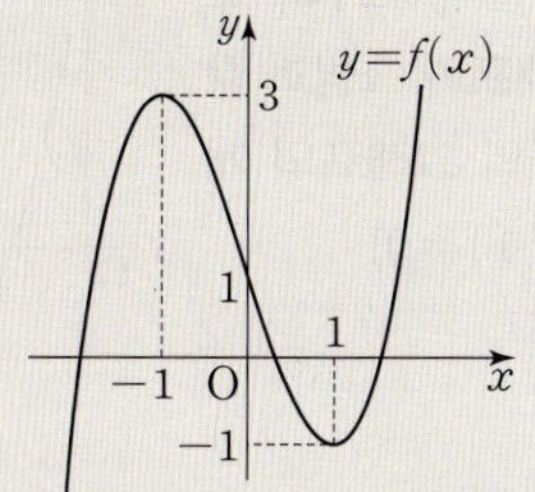

05

0847 다음 함수의 그래프의 개형을 그리시오.

(1) $f(x)=x^3+3x^2+3x+2$

(2) $f(x)=-x^3+3x-2$

0848 다음 함수의 그래프의 개형을 그리시오.

(1) $f(x)=3x^4-4x^3-12x^2+20$

(2) $f(x)=x^4-2x^2+3$

핵심 4 $y=f'(x)$의 그래프로 삼차함수 $y=f(x)$의 그래프 추측하기 유형 12~14

삼차함수 $f(x)=ax^3+bx^2+cx+d$ $(a>0)$에 대하여 $y=f'(x)$의 그래프를 알면 $y=f(x)$의 그래프의 개형을 추측할 수 있다.

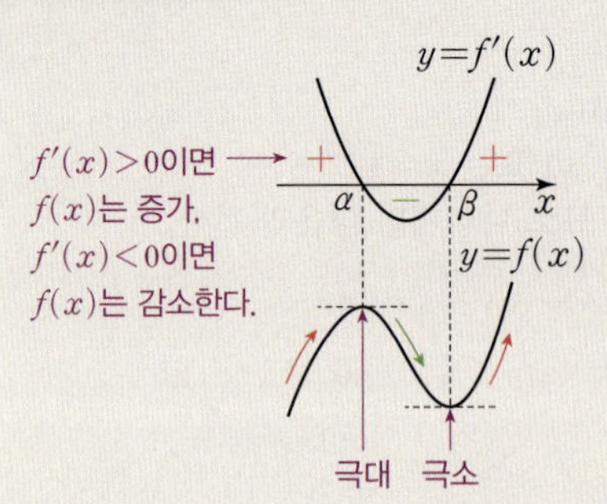

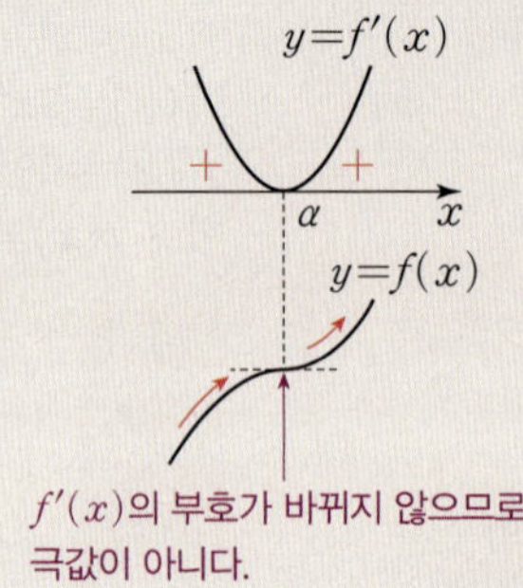

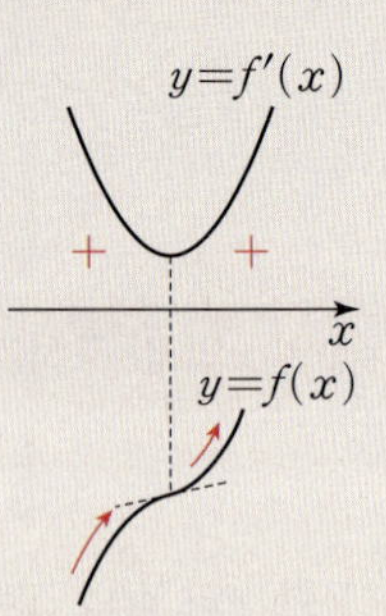

0849 삼차함수 $y=f(x)$의 도함수 $y=f'(x)$의 그래프가 그림과 같을 때, 함수 $y=f(x)$의 그래프의 개형을 그리시오. (단, $f(1)=0$)

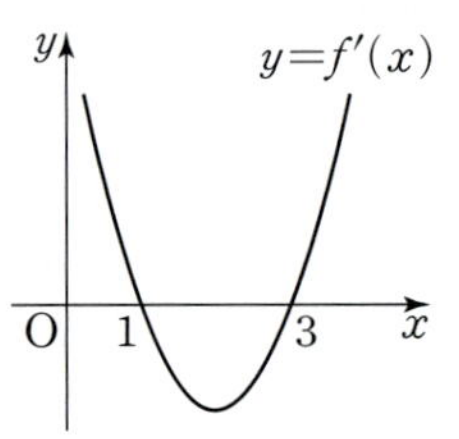

0850 삼차함수 $y=f(x)$의 도함수 $y=f'(x)$의 그래프가 그림과 같을 때, 함수 $y=f(x)$의 그래프의 개형을 그리시오. (단, $f(0)=0$)

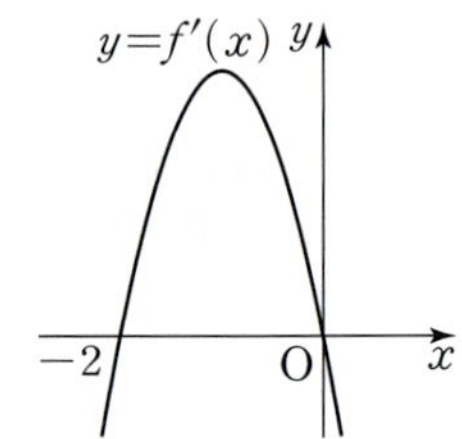

핵심 5 $y=f'(x)$의 그래프로 사차함수 $y=f(x)$의 그래프 추측하기 유형 15~16

사차함수 $f(x)=ax^4+bx^3+cx^2+dx+e$ $(a>0)$에 대하여 $y=f'(x)$의 그래프를 알면 $y=f(x)$의 그래프의 개형을 추측할 수 있다.

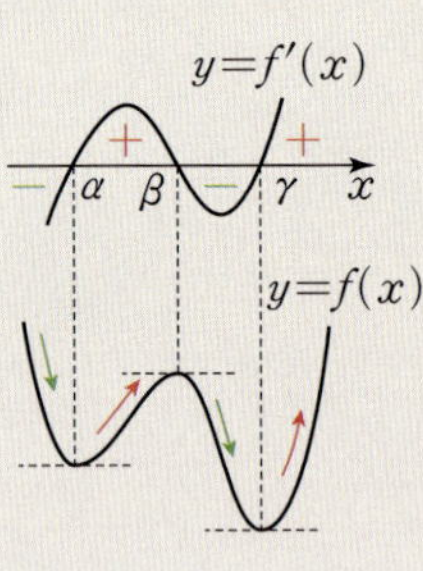

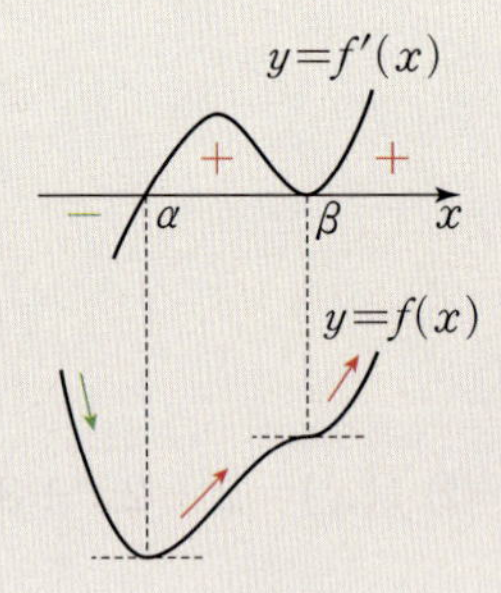

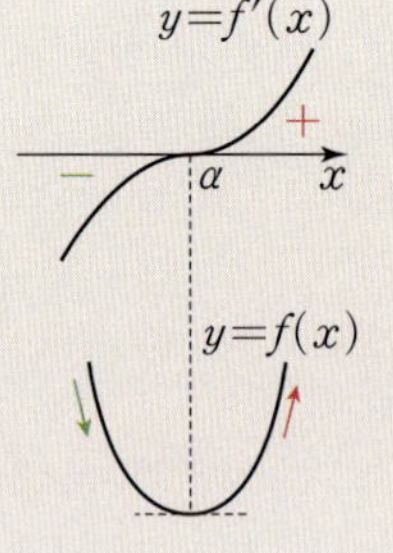

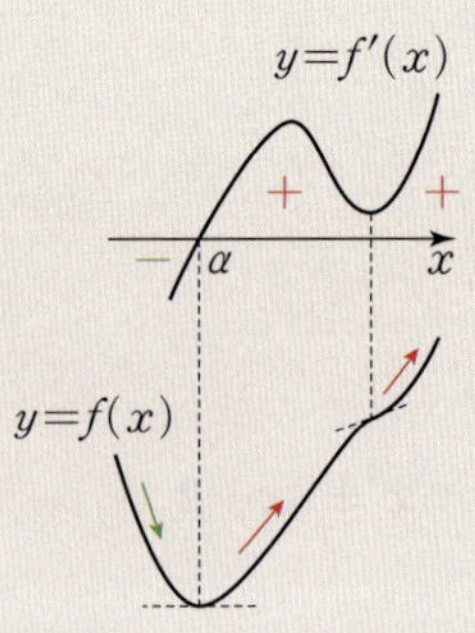

0851 사차함수 $y=f(x)$의 도함수 $y=f'(x)$의 그래프가 그림과 같을 때, 함수 $y=f(x)$의 그래프의 개형을 그리시오.

(단, $f(0)=f(2)=0$)

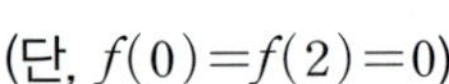
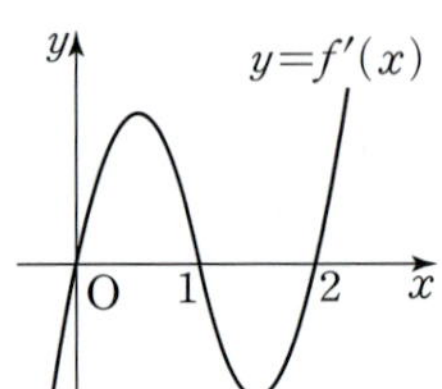

0852 사차함수 $y=f(x)$의 도함수 $y=f'(x)$의 그래프가 그림과 같을 때, 함수 $y=f(x)$의 그래프의 개형을 그리시오. (단, $f(0)=0$)

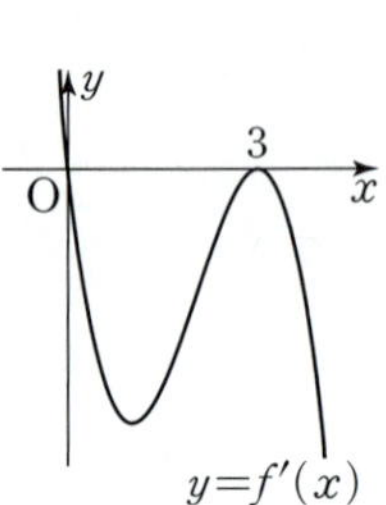

 **기출 유형**으로 실전 준비하기

실전 유형 1 함수의 증가와 감소 – 수식

함수 $f(x)$가 어떤 열린구간에서 미분가능하고 이 구간에 속하는 모든 x에 대하여
(1) $f'(x) > 0$이면 $f(x)$는 이 구간에서 증가한다.
(2) $f'(x) < 0$이면 $f(x)$는 이 구간에서 감소한다.

0853 대표문제

함수 $f(x) = -2x^3 + 3x^2 + 36x + 3$이 증가하는 구간이 $[a, b]$일 때, $b - a$의 값은?

① 3   ② 5   ③ 7
④ 9   ⑤ 11

0854

Level 2

함수 $f(x) = 4x^3 - 6x^2 + ax$가 감소하는 x의 값의 범위가 $0 \le x \le b$일 때, 상수 a, b에 대하여 $a + b$의 값은?

① 0   ② 1   ③ 2
④ 3   ⑤ 4

0855 중요

Level 2

함수 $f(x) = \dfrac{1}{3}x^3 + ax^2 + bx + 2$가 다음 조건을 만족시킬 때, 상수 a, b에 대하여 ab의 값을 구하시오.

> (가) $x \le -3$ 또는 $x \ge 2$에서 증가한다.
> (나) $-3 \le x \le 2$에서 감소한다.

실전 유형 2 함수의 증가와 감소 – 그래프

함수 $f(x)$의 도함수 $y = f'(x)$의 그래프가
(1) x축보다 위쪽에 있으면 ➡ $f(x)$가 증가
(2) x축보다 아래쪽에 있으면 ➡ $f(x)$가 감소

0856 대표문제

함수 $f(x)$의 도함수 $y = f'(x)$의 그래프가 그림과 같을 때, 다음 중 함수 $f(x)$가 감소하는 구간은?

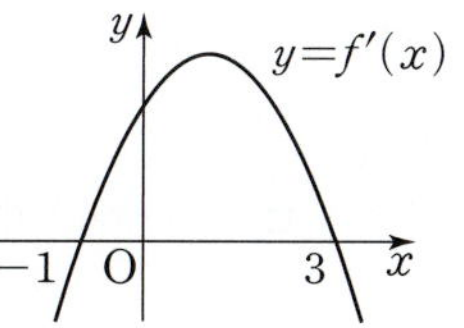

① $[-2, -1]$ ② $[-1, 0]$ ③ $[0, 1]$
④ $[1, 2]$ ⑤ $[2, 3]$

0857 중요

Level 1

다음 중 함수 $f(x)$가 닫힌구간 $[0, 1]$에서 증가하는 그래프는?

①
②
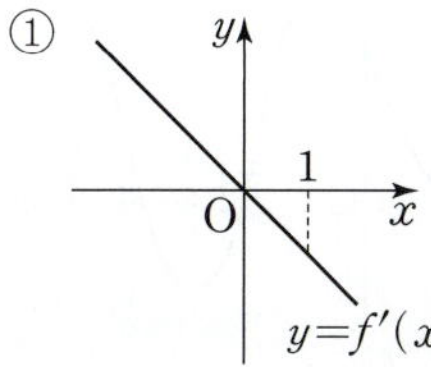
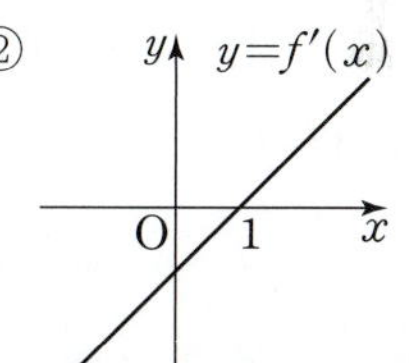

③
④
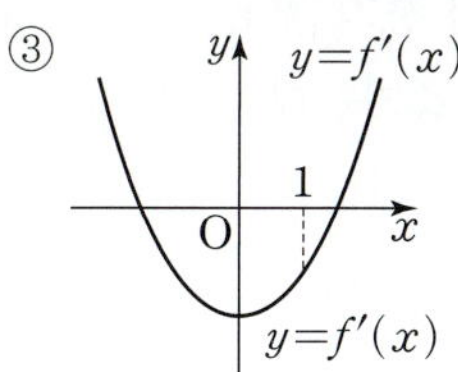
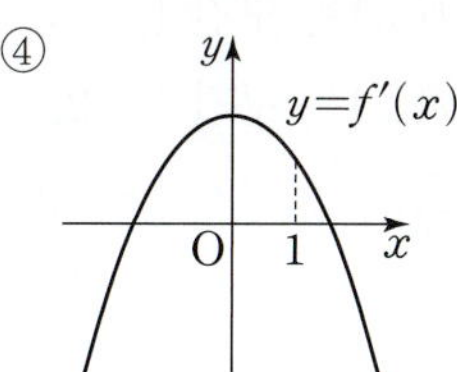

⑤
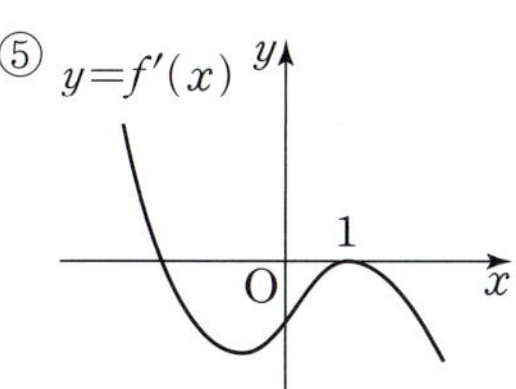

0858

함수 $f(x)$의 도함수 $y=f'(x)$의 그래프가 그림과 같을 때, 〈보기〉에서 옳은 것만을 있는 대로 고른 것은?

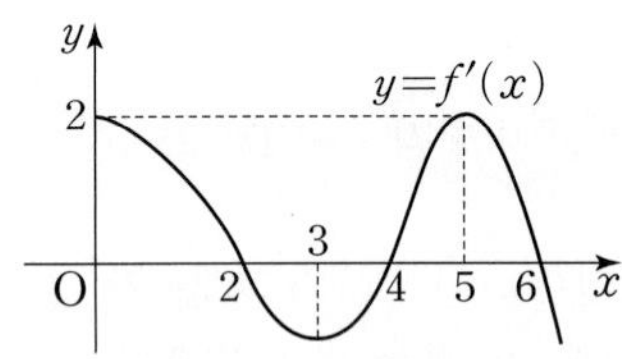

〈보기〉

ㄱ. 함수 $f(x)$는 구간 $(0, 2)$에서 감소한다.
ㄴ. 함수 $f(x)$는 구간 $(3, 4)$에서 감소한다.
ㄷ. 함수 $f(x)$는 구간 $(5, 6)$에서 증가한다.

① ㄱ   ② ㄴ   ③ ㄱ, ㄷ
④ ㄴ, ㄷ   ⑤ ㄱ, ㄴ, ㄷ

0859 중요

함수 $f(x)$의 도함수 $y=f'(x)$의 그래프가 그림과 같을 때, 다음 중 옳은 것은?

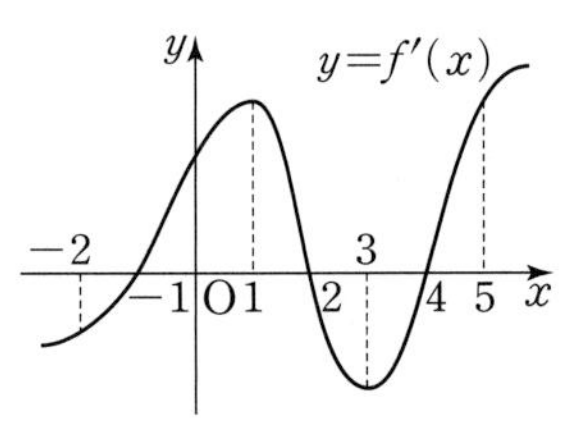

① 함수 $f(x)$는 구간 $(-\infty, -1]$에서 증가한다.
② 함수 $f(x)$는 구간 $[-2, -1]$에서 증가한다.
③ 함수 $f(x)$는 구간 $[-1, 1]$에서 감소한다.
④ 함수 $f(x)$는 구간 $[-1, 2]$에서 증가한다.
⑤ 함수 $f(x)$는 구간 $[3, 4]$에서 증가한다.

0860

함수 $f(x)$의 도함수 $y=f'(x)$의 그래프가 그림과 같을 때, 다음 중 옳은 것은?

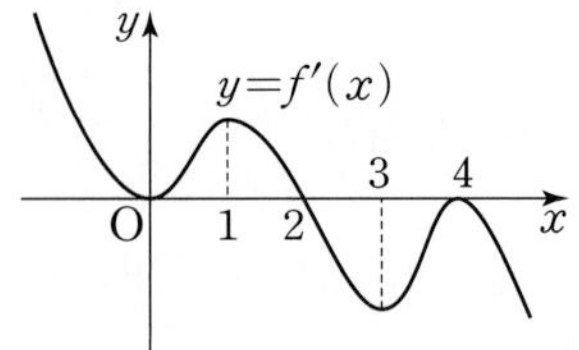

① 함수 $f(x)$는 구간 $(-\infty, 0)$에서 감소한다.
② 함수 $f(x)$는 구간 $(0, 2)$에서 증가한다.
③ 함수 $f(x)$는 구간 $(1, 3)$에서 감소한다.
④ 함수 $f(x)$는 구간 $(3, 4)$에서 증가한다.
⑤ 함수 $f(x)$는 구간 $(4, \infty)$에서 증가한다.

0861 중요

함수 $y=f(x)$의 그래프가 그림과 같을 때, 함수 $y=xf(x)$에 대하여 〈보기〉에서 옳은 것만을 있는 대로 고른 것은?

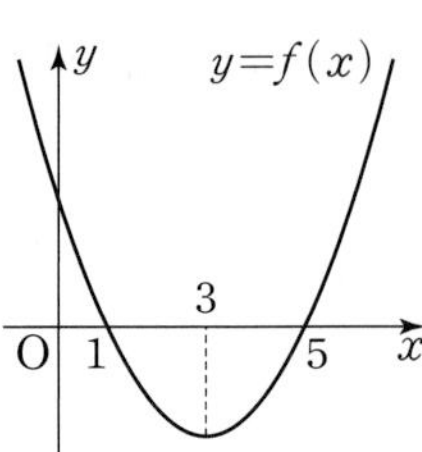

〈보기〉

ㄱ. 함수 $xf(x)$는 구간 $(-\infty, 0]$에서 감소한다.
ㄴ. 함수 $xf(x)$는 구간 $[1, 3]$에서 감소한다.
ㄷ. 함수 $xf(x)$는 구간 $[5, \infty)$에서 증가한다.

① ㄱ   ② ㄴ   ③ ㄱ, ㄴ
④ ㄴ, ㄷ   ⑤ ㄱ, ㄴ, ㄷ

실전 유형 3 실수 전체의 집합에서 삼차함수가 증가·감소하기 위한 조건　　**빈출유형**

함수 $f(x)$가 실수 전체의 집합에서
(1) 증가하면 ➡ 모든 실수 x에 대하여 $f'(x) \geq 0$
(2) 감소하면 ➡ 모든 실수 x에 대하여 $f'(x) \leq 0$

0862　**대표문제**

함수 $f(x) = -x^3 + ax^2 - 3x + 3$이 $x_1 < x_2$인 임의의 두 실수 x_1, x_2에 대하여 $f(x_1) > f(x_2)$가 성립하도록 하는 실수 a의 값의 범위는?

① $a \leq -6$ 　　　　② $-6 \leq a \leq -3$
③ $-3 \leq a \leq 3$ 　　　　④ $3 \leq a \leq 6$
⑤ $a \geq 6$

0863　중요　　　　Level 2

함수 $f(x) = x^3 - 3kx^2 + 27x + 5$가 $x_1 < x_2$인 임의의 두 실수 x_1, x_2에 대하여 $f(x_1) < f(x_2)$가 성립하도록 하는 상수 k의 최댓값은?

① -3 　　　　② -1 　　　　③ 0
④ 1 　　　　⑤ 3

0864　　　　Level 2

함수 $f(x) = ax^3 + 3ax^2 + 6x - 2$가 구간 $(-\infty, \infty)$에서 증가하도록 하는 정수 a의 개수를 구하시오. (단, $a \neq 0$)

0865　중요　　　　Level 2

함수 $f(x) = ax^3 + 2ax^2 - 4x + 2$가 구간 $(-\infty, \infty)$에서 감소하도록 하는 실수 a의 값의 범위를 구하시오.

0866　　　　Level 3

함수 $f(x) = x^3 + 6x^2 + 15|x - 2a| + 3$이 실수 전체의 집합에서 증가하도록 하는 실수 a의 최댓값은?

① $-\dfrac{5}{2}$ 　　　　② -2 　　　　③ $-\dfrac{3}{2}$
④ -1 　　　　⑤ $-\dfrac{1}{2}$

다음은 이 유형에서 출제된 최근 교육청·평가원 기출문제입니다.

0867　수능　　　　Level 2

함수 $f(x) = x^3 + ax^2 - (a^2 - 8a)x + 3$이 실수 전체의 집합에서 증가하도록 하는 실수 a의 최댓값을 구하시오.

❶ 함수 $f(x)$의 도함수 $y=f'(x)$를 구한다.
❷ 함수 $y=f'(x)$의 그래프를 그리고 주어진 구간에서
$f'(x) \geq 0$ (또는 $f'(x) \leq 0$)일 조건을 찾는다.

0868 대표문제

함수 $f(x)=x^3-3x^2+ax$가 닫힌구간 $[0, 3]$에서 감소하도록 하는 실수 a의 값의 범위는?

① $a \leq -9$ ② $a \leq 0$ ③ $0 \leq a \leq 9$
④ $-9 \leq a \leq 0$ ⑤ $a \geq 9$

0869　Level 1

함수 $f(x)=\dfrac{1}{3}x^3-9x+3$이 열린구간 $(-a, a)$에서 감소하도록 하는 양수 a의 최댓값을 구하시오.

0870　Level 1

함수 $f(x)=-x^3+3x^2+9x$가 닫힌구간 $[a, 3]$에서 증가하도록 하는 정수 a의 개수는? (단, $a<3$)

① 0   ② 1   ③ 2
④ 3   ⑤ 4

0871　중요　Level 2

함수 $f(x)=-x^3+ax^2-2ax+4$가 닫힌구간 $[2, 4]$에서 증가하도록 하는 실수 a의 값의 범위를 구하시오.

0872　Level 2

함수 $f(x)=10x^3+ax+9$가 닫힌구간 $[-1, 1]$에서 증가하도록 하는 실수 a의 최솟값은?

① 0   ② 1   ③ 2
④ 3   ⑤ 4

0873　중요　Level 2

함수 $f(x)=-x^3+ax^2+2$가 닫힌구간 $[1, 2]$에서 증가하고, 구간 $[3, \infty)$에서 감소하도록 하는 실수 a의 값의 범위를 구하시오.

➕ Plus 문제

심화
유형 **5** 실수 전체의 집합에서 삼차함수의
증가·감소의 활용   복합유형

(1) 삼차함수 $f(x)$의 역함수가 존재하면 실수 전체의 집합에서
항상 증가하거나 항상 감소하므로
$f'(x) \geq 0$ 또는 $f'(x) \leq 0$
(2) 임의의 두 실수 x_1, x_2에 대하여 $x_1 \neq x_2$이면 $f(x_1) \neq f(x_2)$
인 삼차함수 $f(x)$는 일대일대응이므로 역함수가 존재한다.
즉, $f'(x) \geq 0$ 또는 $f'(x) \leq 0$

0874 대표문제

실수 전체의 집합 R에서 R로의 함수
$f(x) = 2x^3 - (a+2)x^2 + (a+2)x$가 역함수를 가지도록 하
는 실수 a의 값의 범위는?

① $a < -4$ ② $-4 < a < 2$ ③ $-3 \leq a \leq 3$
④ $-2 \leq a \leq 4$ ⑤ $a > 3$

0875 중요 •|| Level 2

실수 전체의 집합에서 정의된 함수
$f(x) = x^3 + 3kx^2 + 3kx + 3$의 역함수가 존재하도록 하는
실수 k의 최솟값을 구하시오.

0876 •|| Level 2

임의의 실수 k에 대하여 곡선 $y = 3x^3 + ax^2 + ax + 6$과 직선
$y = k$가 오직 한 점에서 만나도록 하는 정수 a의 개수는?

① 8 ② 9 ③ 10
④ 11 ⑤ 12

0877 •|| Level 3

실수 전체의 집합에서 정의된 함수
$f(x) = 2x^3 - 2(a-2)x^2 - (a-2)x - 6$이 임의의 두 실수
x_1, x_2에 대하여 $x_1 \neq x_2$이면 $f(x_1) \neq f(x_2)$가 성립하도록
하는 모든 정수 a의 값의 합은?

① 1 ② 2 ③ 3
④ 4 ⑤ 5

0878 신경향 중요 •|| Level 3

삼차함수 $f(x) = ax^3 + 2bx^2 + 6x$가 임의의 두 실수 x_1, x_2에
대하여 $f(x_1) = f(x_2)$이면 $x_1 = x_2$를 만족시킬 때, 두 정수
a, b에 대하여 모든 순서쌍 (a, b)의 개수는?

(단, $-5 < a < 0$ 또는 $0 < a < 5$)

① 16 ② 20 ③ 24
④ 28 ⑤ 32

0879 고난도 •|| Level 3

두 함수 $f(x) = 4x^3 + 2ax^2 + (6-a^2)x$, $g(x)$가 다음 조건을
만족시킬 때, $f'(2)$의 값은? (단, a는 상수이다.)

> ㈎ 모든 실수 x에 대하여 $(f \circ g)(x) = x$이다.
> ㈏ $g(2) = 1$

① 30 ② 34 ③ 38
④ 42 ⑤ 46

⊕ Plus 문제

미분가능한 함수 $f(x)$에 대하여 $f'(a)=0$일 때
(1) $x=a$의 좌우에서 $f'(x)$의 부호가 양에서 음으로 바뀌면
    $f(x)$는 $x=a$에서 극대이다.
(2) $x=a$의 좌우에서 $f'(x)$의 부호가 음에서 양으로 바뀌면
    $f(x)$는 $x=a$에서 극소이다.

0880 대표문제

함수 $f(x)=x^4-6x^2+2$가 $x=a$에서 극댓값 b를 가질 때, $a+b$의 값은?

① 1   ② 2   ③ 3
④ 4   ⑤ 5

0881   Level 2

함수 $f(x)=-x^4+4x^3-4x^2+11$의 모든 극값의 합은?

① 10   ② 12   ③ 21
④ 22   ⑤ 32

0882   Level 2

함수 $f(x)=-x^3+3x+1$이 $x=\alpha$, $x=\beta$에서 극값을 가질 때, 두 점 $(\alpha,\ f(\alpha))$, $(\beta,\ f(\beta))$를 지나는 직선의 기울기를 구하시오.

0883   Level 2

함수 $f(x)=x^4-8x^2+4$에 대한 설명 중 〈보기〉에서 옳은 것만을 있는 대로 고른 것은?

〈보기〉
ㄱ. 구간 $[0,\ \infty)$에서 $f(x)$는 증가한다.
ㄴ. 구간 $(-\infty,\ -2]$에서 $f(x)$는 감소한다.
ㄷ. 구간 $(-2,\ 4)$에서 $f(x)$는 2개의 극값을 가진다.

① ㄱ   ② ㄱ, ㄴ   ③ ㄱ, ㄷ
④ ㄴ, ㄷ   ⑤ ㄱ, ㄴ, ㄷ

0884 중요   Level 2

함수 $f(x)=-x^4+4x^3$에 대하여 실수 a, b가 다음 조건을 만족시킬 때, $f(a)-f(b)$의 값은?

(가) $f'(a)=f'(b)=0$
(나) 함수 $f(x)$는 $x=a$에서 극값을 가진다.
(다) 함수 $f(x)$는 $x=b$에서 극값을 가지지 않는다.

① 21   ② 23   ③ 25
④ 27   ⑤ 29

0885 수능
Level 2

함수 $f(x)=\dfrac{1}{3}x^3-2x^2-12x+4$가 $x=\alpha$에서 극대이고 $x=\beta$에서 극소일 때, $\beta-\alpha$의 값은? (단, α와 β는 상수이다.)

① -4 ② -1 ③ 2

④ 5   ⑤ 8

0886 교육청
Level 2

함수 $f(x)=x^3-3x+12$가 $x=a$에서 극소일 때, $a+f(a)$의 값을 구하시오. (단, a는 상수이다.)

0887 평가원 중요
Level 2

함수 $f(x)=2x^3+3x^2-12x+1$의 극댓값과 극솟값을 각각 M, m이라 할 때, $M+m$의 값은?

① 13   ② 14   ③ 15

④ 16   ⑤ 17

실전유형 7 함수의 극값을 이용한 미정계수의 결정   빈출유형

미분가능한 함수 $f(x)$가 $x=a$에서 극값 p를 가지면
➜ $f'(a)=0$, $f(a)=p$

0888 대표문제

함수 $f(x)=x^3+3ax+b$가 $x=1$에서 극솟값 0을 가질 때, $f(x)$의 극댓값은? (단, a, b는 상수이다.)

① 2   ② 4   ③ 6

④ 8   ⑤ 10

0889
Level 1

함수 $f(x)=2x^3-12x^2+ax-4$가 $x=1$에서 극댓값 M을 가질 때, $a+M$의 값은? (단, a는 상수이다.)

① 14   ② 16   ③ 18

④ 20   ⑤ 22

0890 중요
Level 2

함수 $f(x)=ax^3+bx\ (a>0)$가 $x=-1$, $x=1$에서 극값을 가지고 극솟값이 -2일 때, $f(x)$의 극댓값은?

(단, a, b는 상수이다.)

① -2 ② 0   ③ 2

④ 4   ⑤ 6

0891

$\bullet\bullet$| Level 2

함수 $f(x)=kx^3-9kx^2+24kx$가 극댓값과 극솟값을 가지
고 그 차가 24일 때, 양수 k의 값은?

① 2   ② 4   ③ 6

④ 8   ⑤ 10

0892

$\bullet\bullet$| Level 2

함수 $f(x)=x^3-kx-1$의 두 극값의 차가 108일 때, 상수
k의 값은?

① 24   ② 25   ③ 26

④ 27   ⑤ 28

0893 (중요)

$\bullet\bullet$| Level 2

최고차항의 계수가 2인 삼차함수 $f(x)$가 $x=0$에서 극솟값을
가지고 $x=-3$에서 극댓값 2를 가질 때, $f(x)$의 극솟값을
구하시오.

0894 (중요)

$\bullet\bullet$| Level 2

두 다항함수 $f(x)$와 $g(x)$가 모든 실수 x에 대하여
$g(x)=(x^3+2)f(x)$를 만족시킨다. 함수 $g(x)$가 $x=1$에서
극솟값 24를 가질 때, $f(1)-f'(1)$의 값을 구하시오.

0895

$\bullet\bullet$| Level 2

다항함수 $f(x)$는 다음 조건을 만족시킨다.

> (가) $\lim\limits_{x\to\infty}\dfrac{f(x)}{x^3}=1$
>
> (나) $x=-1$과 $x=2$에서 극값을 가진다.

$\lim\limits_{h\to 0}\dfrac{f(3+h)-f(3-h)}{h}$의 값은?

① 8   ② 12   ③ 16

④ 20   ⑤ 24

> 다음은 이 유형에서 출제된 최근 교육청·평가원 기출문제입니다.

0896 (수능)

$\bullet\bullet$| Level 2

함수 $f(x)=2x^3-9x^2+ax+5$는 $x=1$에서 극대이고,
$x=b$에서 극소이다. $a+b$의 값은? (단, a, b는 상수이다.)

① 12   ② 14   ③ 16

④ 18   ⑤ 20

0897 평가원   Level 2

두 상수 a, b에 대하여 삼차함수 $f(x)=ax^3+bx+a$는
$x=1$에서 극소이다. 함수 $f(x)$의 극솟값이 -2일 때, 함수
$f(x)$의 극댓값을 구하시오.

0898 수능   Level 2

함수 $f(x)=-x^4+8a^2x^2-1$이 $x=b$와 $x=2-2b$에서 극대
일 때, $a+b$의 값은? (단, a, b는 $a>0$, $b>1$인 상수이다.)

① 3 　　　　② 5 　　　　③ 7
④ 9 　　　　⑤ 11

0899 평가원   Level 2

함수 $f(x)=x^3-3ax^2+3(a^2-1)x$의 극댓값이 4이고
$f(-2)>0$일 때, $f(-1)$의 값은? (단, a는 상수이다.)

① 1 　　　　② 2 　　　　③ 3
④ 4 　　　　⑤ 5

실전유형 8 삼차함수의 계수의 부호 결정하기

삼차함수 $f(x)=ax^3+bx^2+cx+d$에 대하여
(1) $x\to\infty$일 때, $f(x)\to\infty$이면 $a>0$
　　$x\to\infty$일 때, $f(x)\to-\infty$이면 $a<0$
(2) $y=f(x)$의 그래프가 y축과 양의 부분에서 만나면 $d>0$
　　$y=f(x)$의 그래프가 y축과 음의 부분에서 만나면 $d<0$
(3) 함수 $f(x)$가 $x=\alpha$, $x=\beta$에서 극값을 가지면 α, β는 이차
　　방정식 $f'(x)=0$의 두 실근이다.
예 삼차함수 $f(x)=ax^3+bx^2+cx+d$의 그래프가 그림과 같
　 으면 $a>0$, $d>0$이다.

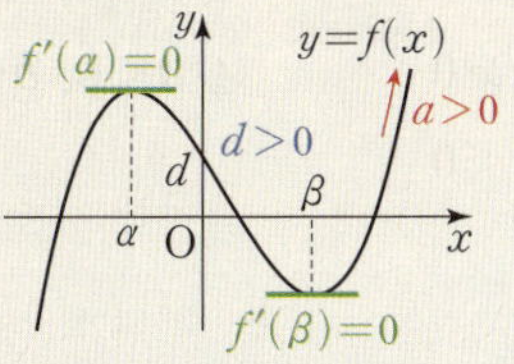

0900 대표문제

함수 $f(x)=ax^3+bx^2+cx$의 그
래프가 그림과 같이 원점을 지나
고 $x=\alpha$, $x=\beta$에서 극값을 가질
때, 〈보기〉에서 옳은 것만을 있는
대로 고른 것을 고르시오.

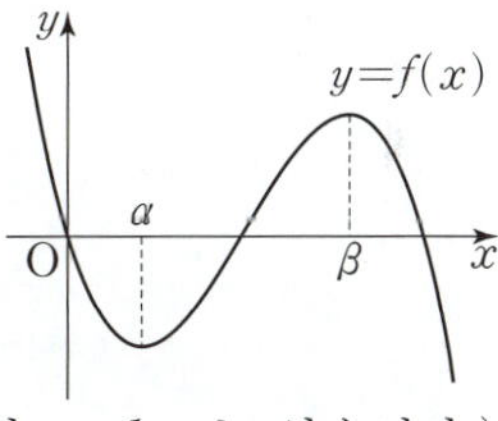

(단, a, b, c는 상수이다.)

〈 보기 〉
ㄱ. $a<0$ 　　　ㄴ. $ab>0$ 　　　ㄷ. $ac>0$

0901   Level 1

함수 $f(x)=x^3+ax^2+bx+c$의
그래프가 그림과 같을 때, 〈보기〉
에서 옳은 것만을 있는 대로 고르
시오. (단, a, b, c는 상수이다.)

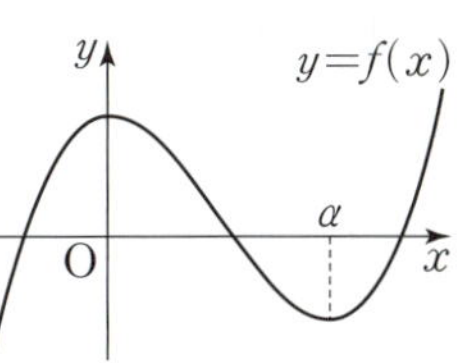

〈 보기 〉
ㄱ. $c>0$ 　　　ㄴ. $b=0$ 　　　ㄷ. $a>0$

0902 중요

함수 $f(x)=ax^3+bx^2+cx-1$의 그래프가 그림과 같을 때,
다음 중 옳은 것은? (단, a, b, c는 상수이다.)

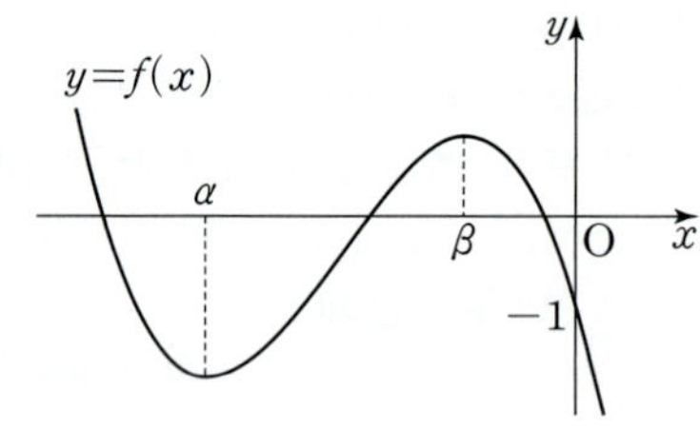

① $a>0$, $b>0$, $c>0$ ② $a>0$, $b<0$, $c>0$

③ $a<0$, $b>0$, $c>0$ ④ $a<0$, $b<0$, $c>0$

⑤ $a<0$, $b<0$, $c<0$

0903

함수 $f(x)=x^3+ax^2+bx+c$의
그래프가 그림과 같을 때, 상수
a, b, c에 대하여
$\dfrac{|a|}{a}+\dfrac{2|b|}{b}+\dfrac{3|c|}{c}$의 값은?

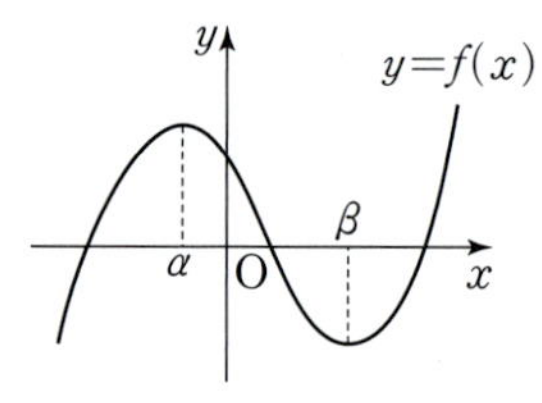

(단, $\beta>|a|$)

① -2 ② -1 ③ 0

④ 1 ⑤ 2

실전 유형 9 도함수의 그래프와 함수의 극값

미분가능한 함수 $f(x)$에 대하여 함수
$y=f'(x)$의 그래프가 그림과 같을 때,

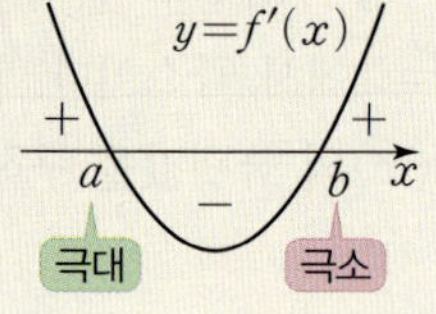

(1) 함수 $f(x)$는 $x=a$에서 극대이고,
극댓값은 $f(a)$이다.

(2) 함수 $f(x)$는 $x=b$에서 극소이고,
극솟값은 $f(b)$이다.

0904 대표문제

함수 $f(x)$의 도함수 $y=f'(x)$의 그래프가 그림과 같을 때,
함수 $f(x)$는 $x=a$에서 극대이다. 실수 a의 값은?

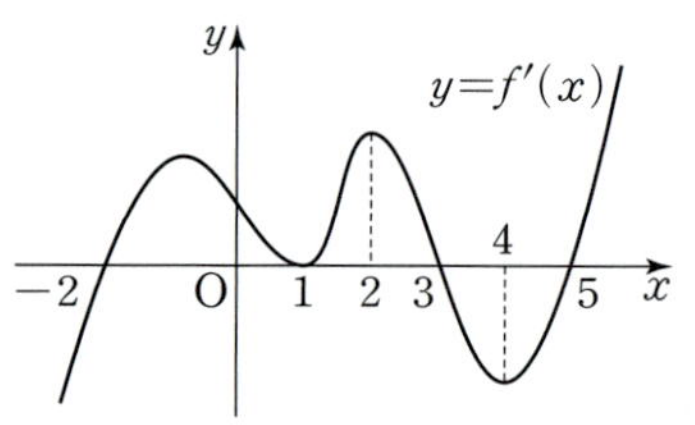

① -2 ② 1 ③ 2

④ 3 ⑤ 5

0905 중요

함수 $f(x)$의 도함수 $y=f'(x)$의 그래프가 그림과 같을 때,
함수 $f(x)$는 $x=a$에서 극값을 가진다. 모든 실수 a의 값의
합은?

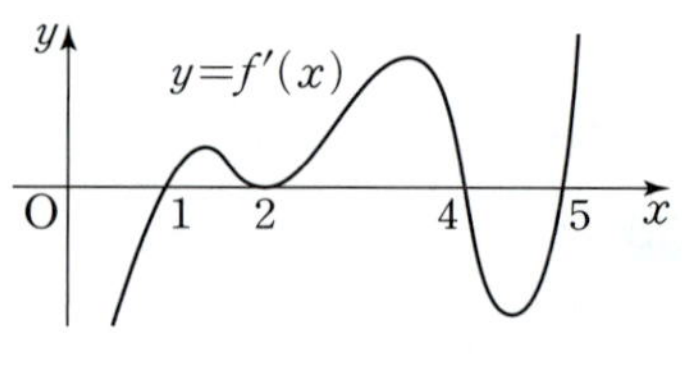

① 5 ② 6 ③ 7

④ 9 ⑤ 10

0906

● ‖ Level 1

미분가능한 함수 $f(x)$에 대하여 도함수 $y=f'(x)$의 그래프가 그림과 같다. 닫힌구간 $[0,\ 6]$에서 $f(x)$가 극대가 되는 x의 값의 합을 M, 극소가 되는 x의 값의 합을 m이라 할 때, $m-M$의 값을 구하시오.

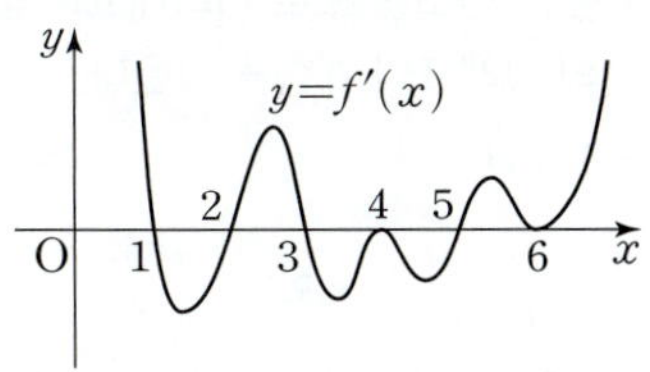

0907 중요

● ‖ Level 2

함수 $f(x)=2x^3+ax^2+bx+c$의 도함수 $y=f'(x)$의 그래프가 그림과 같고, $f(x)$의 극솟값이 -12일 때, $f(2)$의 값을 구하시오.

(단, a, b, c는 상수이다.)

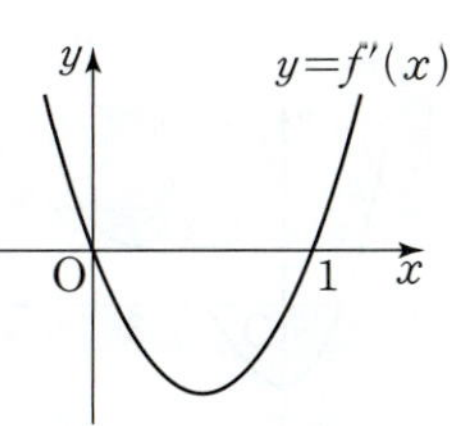

0908

● ‖ Level 3

삼차함수 $f(x)$의 도함수 $y=f'(x)$의 그래프가 그림과 같다. 함수 $g(x)=f(x)-kx$가 $x=-3$에서 극값을 가질 때, 상수 k의 값을 구하시오.

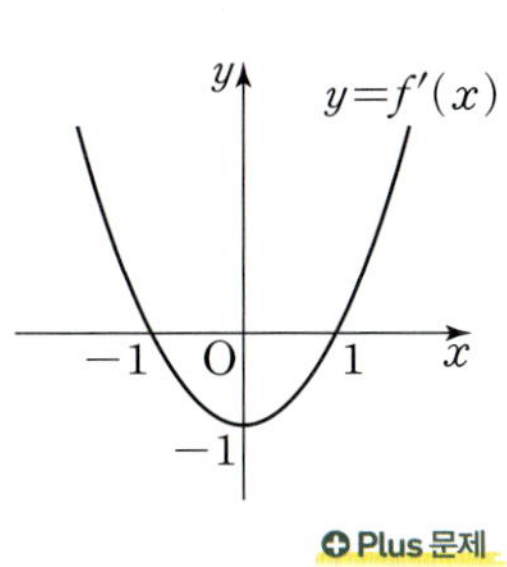

⊕ Plus 문제

함수 $f(x)$의 도함수 $y=f'(x)$의 그래프에서
(1) $f'(x)>0$인 구간에서 $f(x)$는 증가한다.
(2) $f'(x)<0$인 구간에서 $f(x)$는 감소한다.
(3) $f'(a)=0$이고 $x=a$의 좌우에서 $f'(x)$의 부호가 바뀌면 $f(x)$는 $x=a$에서 극값을 가진다.

0909 대표문제

함수 $f(x)$의 도함수 $y=f'(x)$의 그래프가 그림과 같을 때, 〈**보기**〉에서 옳은 것만을 있는 대로 고른 것은?

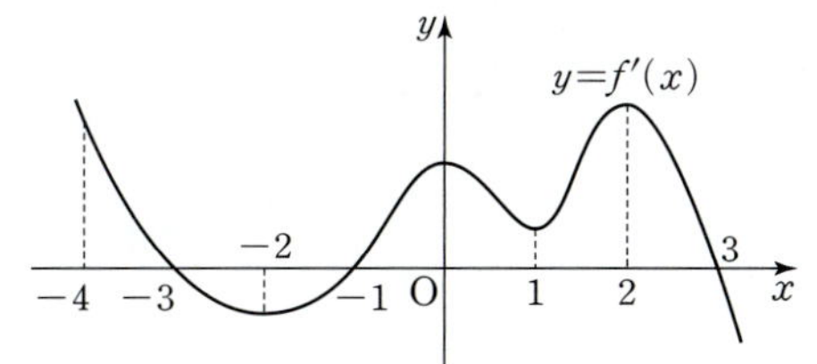

〈 보기 〉

ㄱ. 함수 $f(x)$는 구간 $(-4,\ -3)$에서 감소한다.
ㄴ. 함수 $f(x)$는 구간 $(-2,\ 0)$에서 증가한다.
ㄷ. 함수 $f(x)$는 구간 $(1,\ 3)$에서 증가하다.
ㄹ. 함수 $f(x)$는 $x=2$에서 극대이다.
ㅁ. 함수 $f(x)$는 $x=-1$에서 극소이다.

① ㄱ, ㄴ   ② ㄴ, ㄷ   ③ ㄷ, ㄹ
④ ㄷ, ㅁ   ⑤ ㄹ, ㅁ

0910 중요

● ‖ Level 2

함수 $f(x)$의 도함수 $y=f'(x)$의 그래프가 그림과 같을 때, 다음 중 옳지 **않은** 것은?

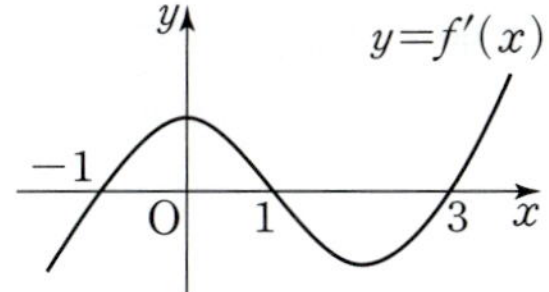

① 함수 $f(x)$는 $-1<x<1$에서 증가한다.
② 함수 $f(x)$는 $x=1$에서 극대이다.
③ 함수 $f(x)$는 $x=3$에서 극소이다.
④ 함수 $f(x)$가 극값을 가지는 점은 2개이다.
⑤ 함수 $f(x)$는 $x=-1$에서 미분가능하다.

0911 중요

삼차함수 $f(x)$의 도함수 $y=f'(x)$
의 그래프가 그림과 같을 때,
〈보기〉에서 옳은 것만을 있는 대로
고른 것은? (단, $f(0)=1$)

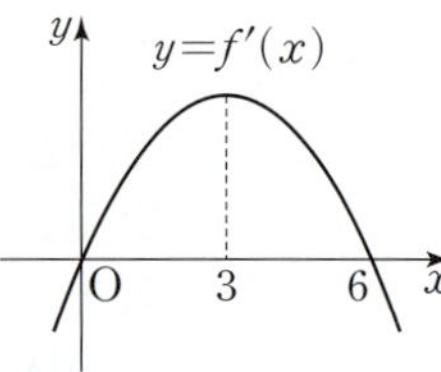

〈 보기 〉
ㄱ. 함수 $f(x)$의 극솟값은 0이다.
ㄴ. 함수 $f(x)$는 $x=6$에서 극대이다.
ㄷ. $f(0) < f(3) < f(6)$

① ㄱ 　　　　② ㄱ, ㄴ 　　　　③ ㄱ, ㄷ
④ ㄴ, ㄷ 　　　⑤ ㄱ, ㄴ, ㄷ

0912

함수 $f(x)$의 도함수 $y=f'(x)$의 그래프가 그림과 같을 때,
〈보기〉에서 옳은 것만을 있는 대로 고른 것은?

(단, $f(s)=0$)

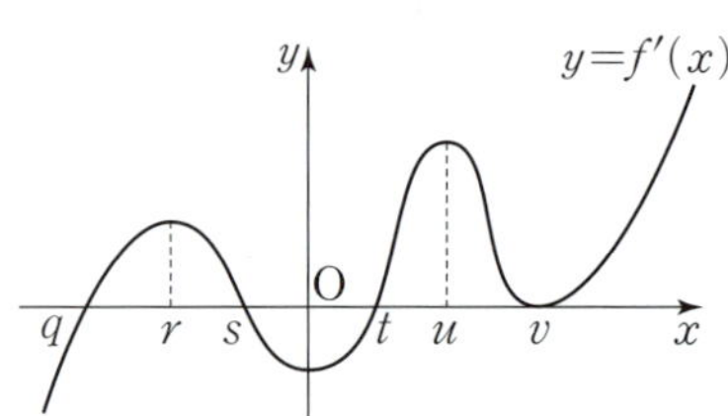

〈 보기 〉
ㄱ. 함수 $f(x)$는 $x=u$에서 극댓값을 가진다.
ㄴ. 함수 $f(x)$는 $x=t$에서 극솟값을 가진다.
ㄷ. 함수 $f(x)$는 4개의 극값을 가진다.
ㄹ. 함수 $f(x)$는 구간 (r, s)에서 감소한다.
ㅁ. 함수 $y=f(x)$의 그래프는 $x=s$에서 x축에 접한다.

① ㄷ 　　　　② ㄱ, ㄹ 　　　　③ ㄴ, ㅁ
④ ㄱ, ㄷ, ㄹ 　　⑤ ㄴ, ㄷ, ㅁ

---

 11 함수의 그래프의 개형

함수 $y=f'(x)$의 그래프가 주어졌을 때 함수 $y=f(x)$의 그래
프의 개형은 다음과 같은 순서로 그린다.
❶ $f'(x)=0$인 x의 값을 구한다.
❷ $f'(x)=0$인 x의 값의 좌우에서 $f'(x)$의 부호를 조사하여
　함수 $f(x)$의 증가, 감소를 표로 나타내고 극값을 구한다.
❸ 함수 $y=f(x)$의 그래프의 개형을 그린다.

참고
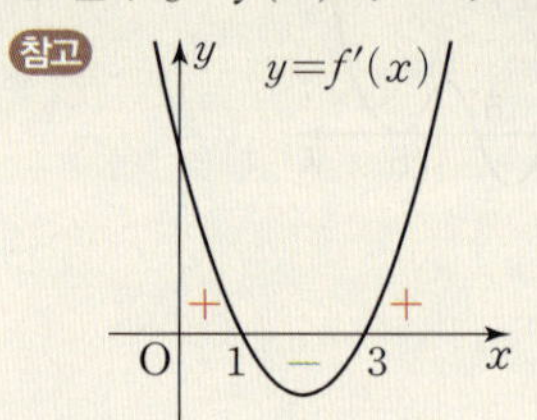
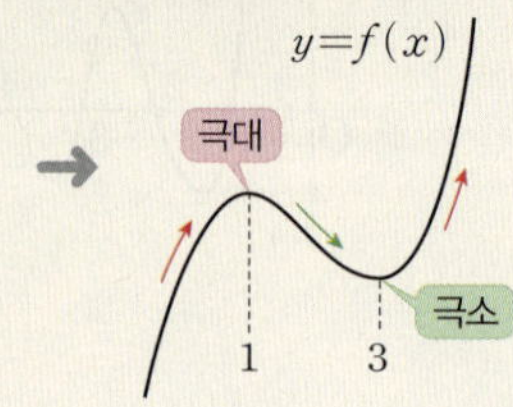

0913 대표문제

함수 $f(x)$의 도함수 $y=f'(x)$의
그래프가 그림과 같다. 다음 중 함
수 $y=f(x)$의 그래프의 개형이 될
수 있는 것은?

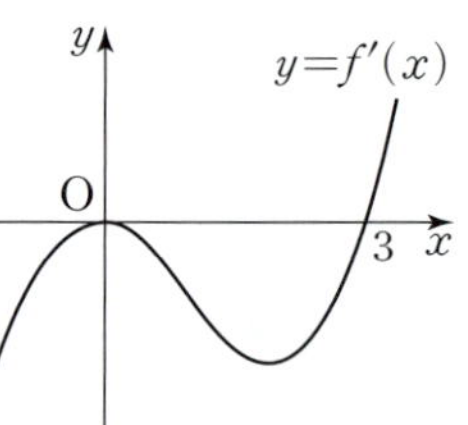

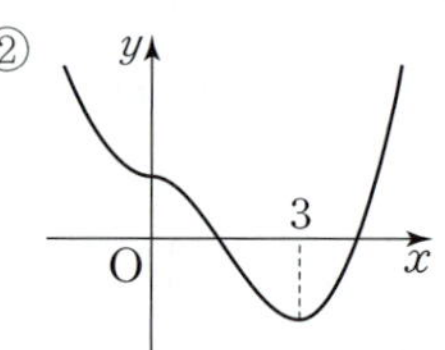

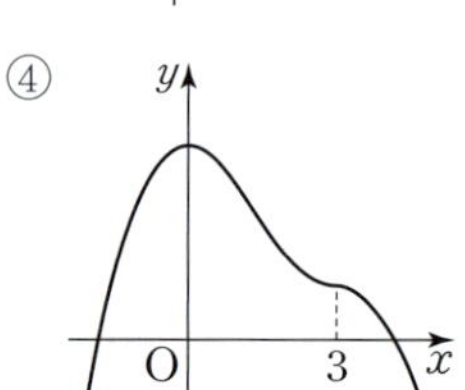

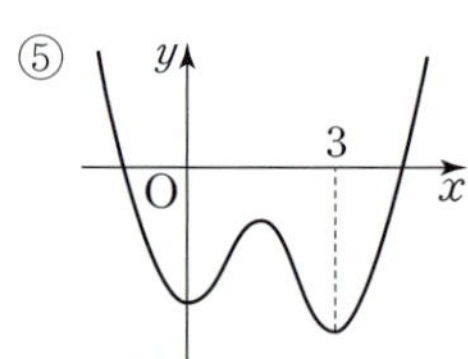

0914 중요

함수 $f(x)$의 도함수 $y=f'(x)$의 그래프가 그림과 같다. 다음 중 함수 $y=f(x)$의 그래프의 개형이 될 수 있는 것은?

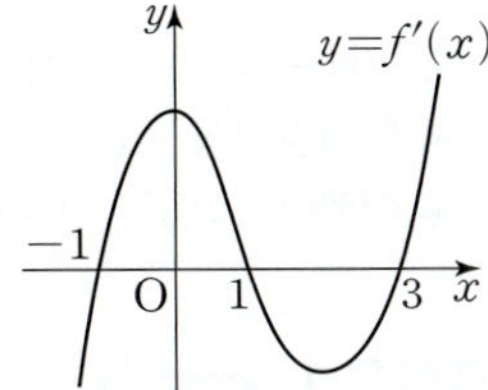

Level 2

① 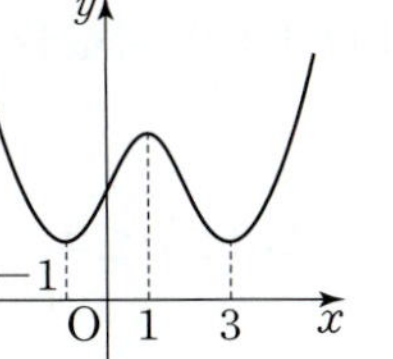

② 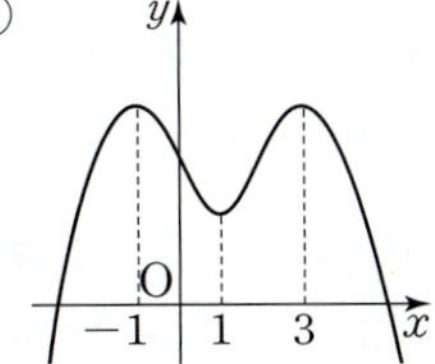

③ 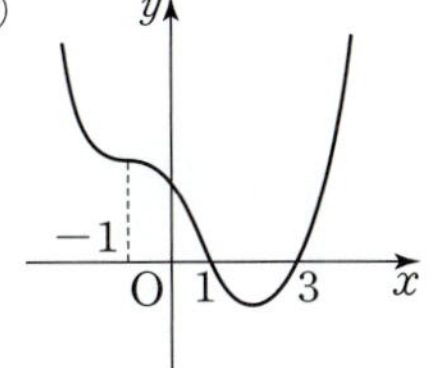

④ 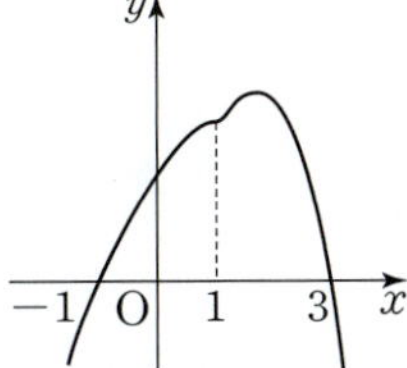

⑤ 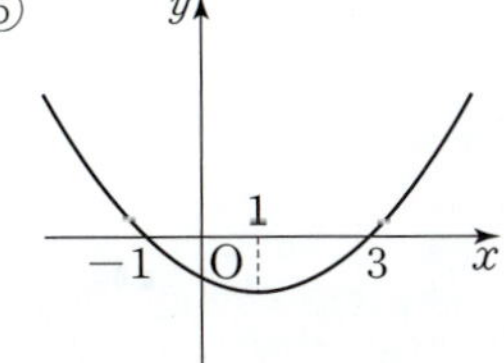

0915

Level 2

다음 중 함수 $f(x)=3x^4-8x^3+6x^2+1$의 그래프의 개형이 될 수 있는 것은?

① 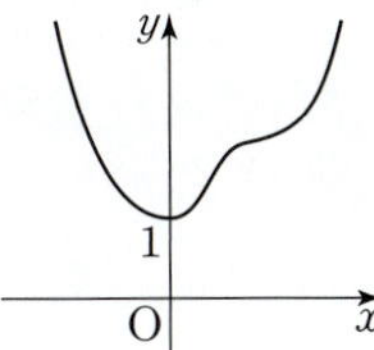

② 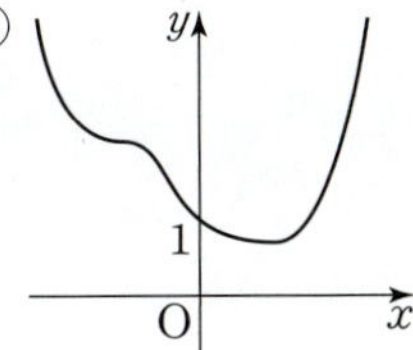

③ 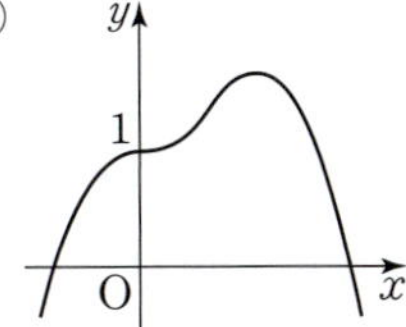

④ 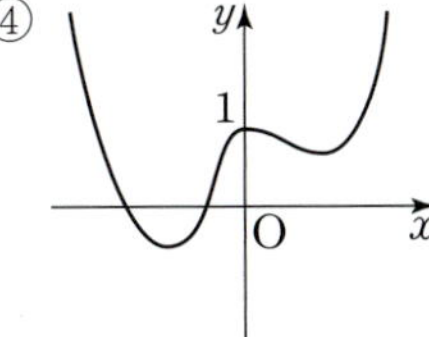

⑤ 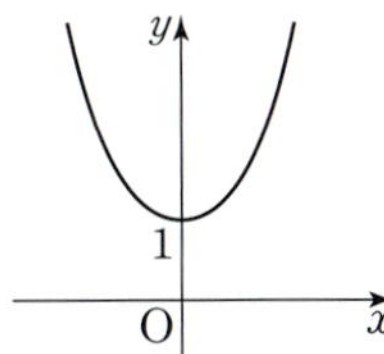

0916

함수 $f(x)$의 도함수 $y=f'(x)$의 그래프가 그림과 같다. 다음 중 함수 $y=f(x)$의 그래프의 개형이 될 수 있는 것은?

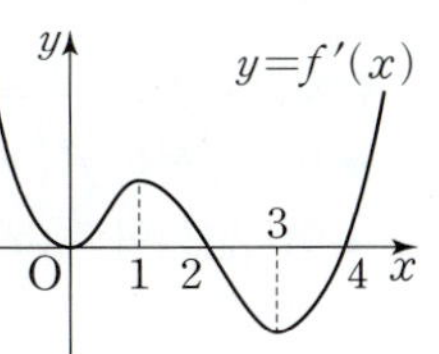

Level 2

① 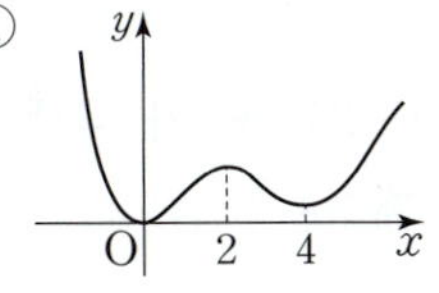

② 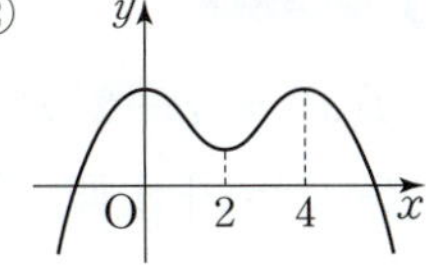

③ 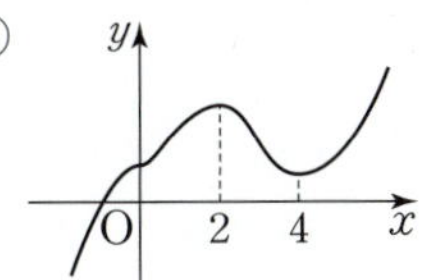

④ 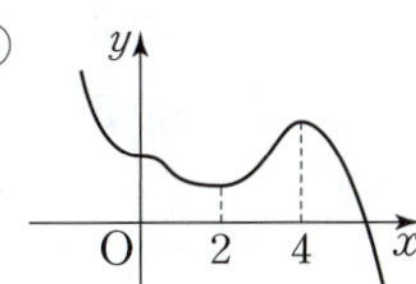

⑤

0917 중요

Level 2

사차함수 $f(x)$의 도함수 $y=f'(x)$의 그래프가 그림과 같고 $f(-3)=f(3)>0$일 때, 〈보기〉에서 옳은 것만을 있는 대로 고른 것은?

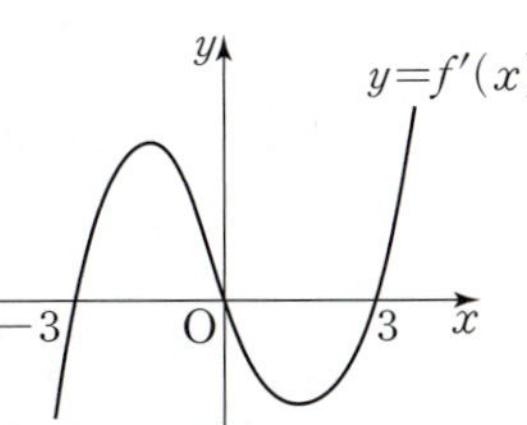

〈보기〉

ㄱ. $f(2)>0$
ㄴ. $f(x)$는 $x=-3$에서 극대이다.
ㄷ. 함수 $y=f(x)$의 그래프는 x축과 서로 다른 두 점에서 만난다.

① ㄱ   ② ㄱ, ㄴ   ③ ㄱ, ㄷ

④ ㄴ, ㄷ   ⑤ ㄱ, ㄴ, ㄷ

삼차함수 $f(x)$가 극값을 가질 조건

➡ 이차방정식 $f'(x)=0$이 서로 다른 두 실근을 가진다.

➡ 이차방정식 $f'(x)=0$의 판별식 $D>0$

0918 대표문제

삼차함수 $f(x)=(a+2)x^3+ax^2+(a-2)x+2$가 극댓값과 극솟값을 모두 가질 때, 자연수 a의 개수는?

① 1   ② 2   ③ 3

④ 4   ⑤ 5

0919 중요   Level 2

함수 $f(x)=\dfrac{2}{3}x^3+(k+3)x^2+8kx-5$가 극값을 가지도록 하는 실수 k의 값의 범위가 $k<\alpha$ 또는 $k>\beta$일 때, $\beta-\alpha$의 값은?

① 6   ② 7   ③ 8

④ 9   ⑤ 10

0920   Level 2

삼차함수 $f(x)=(a+1)x^3+ax^2+(a-1)x$가 극값을 가지도록 하는 정수 a의 개수를 구하시오.

삼차함수 $f(x)$가 극값을 가지지 않을 조건

➡ 이차방정식 $f'(x)=0$이 중근 또는 허근을 가진다.

➡ 이차방정식 $f'(x)=0$의 판별식 $D\leq0$

0921 대표문제

함수 $f(x)=x^3+(a-1)x^2+(a-1)x+1$이 극값을 가지지 않도록 하는 실수 a의 값의 범위는?

① $-1\leq a\leq2$ ② $0\leq a\leq3$ ③ $1\leq a\leq4$

④ $2\leq a\leq5$ ⑤ $3\leq a\leq6$

0922 중요   Level 2

함수 $f(x)=-x^3+ax^2-\left(a+\dfrac{4}{3}\right)x+\dfrac{2}{3}$가 극값을 가지지 않도록 하는 실수 a의 값의 범위는 $\alpha\leq a\leq\beta$이다. $\alpha-\beta$의 값은?

① -5 ② -4 ③ -3

④ 3   ⑤ 5

0923   Level 2

함수 $f(x)=x^3+3ax^2+3(2a+3)x$가 극값을 가지지 않도록 하는 실수 a의 최댓값을 M, 최솟값을 m이라 할 때, $M-m$의 값을 구하시오.

실전유형 14 삼차함수가 주어진 구간에서 극값을 가질 조건

삼차함수 $f(x)$가 구간 (a, b)에서 극값을 가지면 이 구간에서 이차방정식 $f'(x)=0$이 서로 다른 두 실근을 가진다.

삼차함수 $f(x)$의 최고차항의 계수가 양수일 때

(ⅰ) 이차방정식 $f'(x)=0$의 판별식 $D>0$

(ⅱ) $f'(a)>0$, $f'(b)>0$

(ⅲ) 이차함수 $y=f'(x)$의 그래프의 축의 방정식 $x=m$에서 $a<m<b$

0924 대표문제

함수 $f(x)=x^3+ax^2+27x-2$가 $x>-1$에서 극댓값과 극솟값을 모두 가지도록 하는 실수 a의 값의 범위를 구하시오.

0925 중요 　　Level 2

함수 $f(x)=-x^3+3x^2-ax$가 열린구간 $(-2, 3)$에서 극댓과 극솟값을 모두 가지도록 하는 정수 a의 개수를 구하시오.

0926 　　Level 2

함수 $f(x)=2x^3-3ax^2+3x+2$가 $-1<x<2$에서 극댓값과 극솟값을 모두 가질 때, 양수 a의 값의 범위를 구하시오.

0927 　　Level 2

함수 $f(x)=x^3-6ax^2+2ax+3$이 $0<x<2$에서 극댓값을 가지고, $x>2$에서 극솟값을 가지도록 하는 정수 a의 최솟값을 구하시오.

0928 　　Level 2

함수 $f(x)=\dfrac{1}{3}x^3-ax^2+(2a+3)x+2$가 $x<-1$에서 극댓값을 가지고, $x>0$에서 극솟값을 가지도록 하는 실수 a의 값의 범위는?

① $a<-\dfrac{3}{2}$

② $-\dfrac{3}{2}<a<-1$

③ $0<a<1$

④ $1<a<\dfrac{3}{2}$

⑤ $a>\dfrac{3}{2}$

0929 중요 　　Level 2

함수 $f(x)=-2x^3-3x^2+kx$가 $x<0$에서 극솟값을 가지고, $0<x<3$에서 극댓값을 가지도록 하는 정수 k의 개수를 구하시오.

사차함수 $f(x)$가 극댓값과 극솟값을 모두 가진다.
→ 삼차방정식 $f'(x)=0$이 서로 다른 세 실근을 가진다.

0930 대표문제

함수 $f(x)=\dfrac{1}{4}x^4-\dfrac{2}{3}x^3+\dfrac{k}{2}x^2$이 극댓값을 가지도록 하는 실수 k의 값의 범위가 $k<\alpha$ 또는 $\beta<k<\gamma$일 때, $\alpha+\beta+\gamma$ 의 값은?

① -1 ② 0 ③ 1

④ 2 ⑤ 3

0931 중요 ‖‖ Level 2

함수 $f(x)=-x^4+4x^3-6(k-1)x^2+6$이 극솟값을 가지기 위한 실수 k의 값의 범위가 $k<\alpha$ 또는 $\beta<k<\gamma$일 때, $\alpha\beta\gamma$의 값은?

① $\dfrac{1}{4}$ ② 1 ③ $\dfrac{7}{4}$

④ $\dfrac{5}{2}$ ⑤ $\dfrac{13}{4}$

0932 ‖‖ Level 2

함수 $f(x)=\dfrac{1}{4}x^4+\dfrac{1}{3}(k+1)x^3-kx$가 $x=\alpha$, $x=\gamma$에서 극소, $x=\beta$에서 극대일 때, 실수 k의 값의 범위를 구하시오. (단, $\alpha<0<\beta<\gamma<3$)

사차함수 $f(x)$가 극댓값 또는 극솟값을 가지지 않는다.
→ 삼차방정식 $f'(x)=0$이 한 실근과 두 허근 또는 한 실근과 중근 또는 삼중근을 가진다.

0933 대표문제

함수 $f(x)=-\dfrac{1}{2}x^4+2(a-3)x^3-a^2x^2+3$이 극솟값을 가지지 않을 때, 정수 a의 개수는?

① 5 ② 6 ③ 7

④ 8 ⑤ 9

0934 ‖‖ Level 3

함수 $f(x)=\dfrac{1}{2}x^4+\dfrac{2}{3}ax^3+bx^2-4x+2$가 $x=1$에서 극값을 가지고, $c>1$인 상수 c에 대하여 $f'(c)=0$이지만 $x=c$에서 극값을 가지지 않을 때, abc의 값을 구하시오.

(단, a, b는 상수이고, $a\neq0$이다.)

 17 함수 $f(x)-g(x)$의 극값

미분가능한 두 함수 $f(x)$, $g(x)$에 대하여
❶ $h(x)=f(x)-g(x)$라 할 때, $h'(x)=0$인 x의 값을 구한다.
❷ $h'(x)=0$인 x의 값의 좌우에서 $h'(x)$의 부호를 조사하여 함수 $h(x)$의 증가, 감소를 표로 나타낸다.
❸ 표에서 함수 $h(x)$의 극값을 찾는다.

0935 대표문제

삼차함수 $f(x)$와 이차함수 $g(x)$의 도함수 $y=f'(x)$, $y=g'(x)$의 그래프가 그림과 같다. 함수 $h(x)$를 $h(x)=f(x)-g(x)$라 할 때, 함수 $h(x)$가 극대가 되는 x의 값을 구하시오.

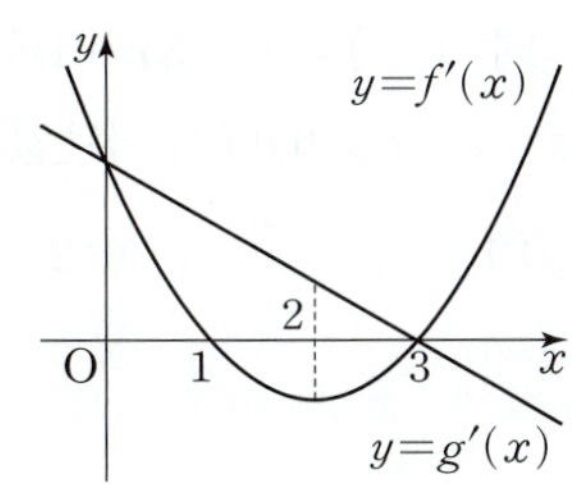

0936 중요 ▮▮ Level 2

삼차함수 $f(x)$와 사차함수 $g(x)$의 도함수 $y=f'(x)$, $y=g'(x)$의 그래프가 그림과 같다. 함수 $h(x)$를 $h(x)=f(x)-g(x)$라 할 때, 함수 $h(x)$가 극소가 되는 x의 값은?

① a ② b ③ c
④ d ⑤ e

0937 중요 ▮▮ Level 2

그림과 같이 두 삼차함수 $f(x)$, $g(x)$의 도함수 $y=f'(x)$, $y=g'(x)$의 그래프가 만나는 서로 다른 두 점의 x좌표는 a, b $(0<a<b)$이다. 함수 $h(x)$를 $h(x)=f(x)-g(x)$라 할 때, 〈보기〉에서 옳은 것만을 있는 대로 고르시오.

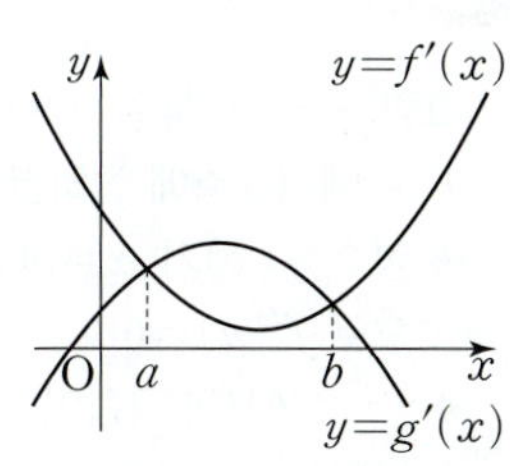

〈 보기 〉
ㄱ. 함수 $h(x)$는 극댓값과 극솟값을 모두 가진다.
ㄴ. 함수 $h(x)$는 $x=a$에서 극댓값을 가진다.
ㄷ. $h(b)=0$이면 $y=h(x)$의 그래프는 x축과 서로 다른 두 점에서 만난다.

0938 고난도 ▮▮▮ Level 3

함수 $f(x)=(a+4)x^3+ax^2+3x$의 그래프를 x축에 대하여 대칭이동한 후 y축의 방향으로 3만큼 평행이동하였더니 함수 $y=g(x)$의 그래프가 되었다. 함수 $f(x)-g(x)$가 극값을 가지도록 하는 자연수 a의 최솟값은?

① 12 ② 13 ③ 14
④ 15 ⑤ 16

➕ Plus 문제

그림과 같이 함수 $y=f(x)$의 그래프가
$x=a$에서 x축에 접하면
→ 함수 $f(x)$가 $x=a$에서 극값을 가지
  므로 $f'(a)=0$
→ $x=a$에서의 극값이 0이므로 $f(a)=0$
→ 다항식 $f(x)$는 $(x-a)^2$을 인수로 가진다.

0939 대표문제

삼차함수 $f(x)$의 최고차항의 계수가
-1인 그래프가 그림과 같이 x축에
접하고 원점을 지난다. 함수 $f(x)$
의 극솟값이 -4일 때, $f(4)$의 값
을 구하시오.

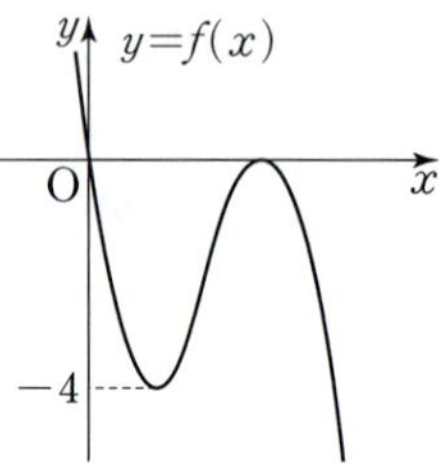

0940 중요

Level 2

함수 $f(x)=x^3+3ax^2-16a$의 그래프가 x축에 접하도록 하
는 모든 상수 a의 값의 곱은? (단, $a\neq 0$)

① -9 ② -6 ③ -4
④ -3 ⑤ 3

0941

Level 2

함수 $f(x)=2x^3-12ax^2+4a$의 그래프가 x축에 접할 때,
모든 상수 a의 값의 곱은? (단, $a\neq 0$)

① $-\dfrac{1}{16}$ ② $-\dfrac{1}{8}$ ③ $-\dfrac{3}{16}$
④ $-\dfrac{1}{4}$ ⑤ $-\dfrac{1}{2}$

(1) 함수 $y=|f(x)|$의 그래프는 함수 $y=f(x)$의 그래프에서
  $f(x)\geq 0$인 부분은 그대로 두고, $f(x)<0$인 부분은 x축에
  대하여 대칭이동하여 그린다.
(2) 함수 $y=f(|x|)$의 그래프는 함수 $y=f(x)$의 그래프에서
  $x\geq 0$인 부분만 남기고, $x\geq 0$인 부분을 y축에 대하여 대칭
  이동하여 그린다.

0942 대표문제

함수 $f(x)=x^3-3x-1$에 대하여 함수 $g(x)=|f(x)|$는
$x=a$ $(a>0)$에서 극댓값 m을 가진다. $a+m$의 값은?

① 1 ② 2 ③ 3
④ 4 ⑤ 5

0943 중요

Level 2

함수 $g(x)=\left|\dfrac{1}{4}x^4-2x^2+1\right|$의 극댓값 중 가장 작은 값은?

① -1 ② 1 ③ 3
④ 5 ⑤ 7

0944
Level 2

함수 $f(x)=3x^4-4x^3+k$에 대하여 〈**보기**〉에서 옳은 것만을 있는 대로 고른 것은? (단, k는 상수이다.)

─〈 보기 〉─
ㄱ. $k=1$이면 함수 $f(x)$의 극솟값은 0이다.
ㄴ. $k<1$이면 함수 $|f(x)|$는 극댓값을 가진다.
ㄷ. $k>1$이면 함수 $|f(x)|$는 극댓값을 가진다.

① ㄱ   ② ㄱ, ㄴ   ③ ㄱ, ㄷ
④ ㄴ, ㄷ   ⑤ ㄱ, ㄴ, ㄷ

0945 중요
Level 2

함수 $f(x)=x^3-3x^2-1$에 대하여 $g(x)=f(|x|)$일 때, $g(x)$는 $x=\alpha$, $x=\gamma$에서 극솟값을 가지고, $x=\beta$에서 극댓값을 가진다. $\alpha+\beta+\gamma$의 값을 구하시오.

─ 다음은 이 유형에서 출제된 최근 교육청·평가원 기출문제입니다.

0946 교육청
Level 2

함수 $f(x)=|x^3-3x^2+p|$는 $x=a$와 $x=b$에서 극대이다. $f(a)=f(b)$일 때, 실수 p의 값은?
(단, a, b는 $a\neq b$인 상수이다.)

① $\dfrac{3}{2}$ ② 2   ③ $\dfrac{5}{2}$
④ 3   ⑤ $\dfrac{7}{2}$

심화유형 20 대칭성을 가지는 함수의 그래프와 극값   **복합유형**

다항함수 $f(x)$에 대하여
(1) 함수 $y=f(x)$의 그래프가 y축에 대하여 대칭이다.
  ➜ $f(-x)=f(x)$, $f'(-x)=-f'(x)$
  ➜ $f(x)$는 짝수 차수의 항과 상수항으로만 이루어져 있다.
(2) 함수 $y=f(x)$의 그래프가 원점에 대하여 대칭이다.
  ➜ $f(-x)=-f(x)$, $f'(-x)=f'(x)$
  ➜ $f(x)$는 홀수 차수의 항으로만 이루어져 있다.
(3) $f(a-x)=f(b+x)$
  ➜ 함수 $y=f(x)$의 그래프는 직선 $x=\dfrac{a+b}{2}$에 대하여 대칭이다.

0947 대표문제

모든 계수가 정수인 삼차함수 $f(x)$가 다음 조건을 만족시킨다.

㈎ 모든 실수 x에 대하여 $f(-x)=-f(x)$이다.
㈏ $f(1)=5$
㈐ $1<f'(1)<7$

함수 $f(x)$의 극댓값을 구하시오.

0948 중요
Level 2

함수 $f(x)=2x^3-3(a-2)x^2-6x$에 대하여 함수 $y=f(x)$의 그래프에서 극대가 되는 점과 극소가 되는 점이 원점에 대하여 대칭일 때, 상수 a의 값은?

① $\dfrac{1}{4}$ ② $\dfrac{1}{2}$ ③ 1
④ 2   ⑤ 4

0949

삼차함수 $f(x)$는 $x=1$에서 극값을 가지고, 함수 $y=f(x)$의 그래프가 원점에 대하여 대칭일 때, 이 그래프와 x축의 교점의 x좌표 중에서 양수인 것은?

① $\sqrt{2}$ ② $\sqrt{3}$ ③ 2
④ $\sqrt{5}$ ⑤ $\sqrt{6}$

0950 중요

사차함수 $f(x)$의 도함수 $f'(x)$의 그래프가 그림과 같다.
$f(\alpha)<f(\gamma)<0<f(\beta)$일 때, 〈보기〉에서 옳은 것만을 있는 대로 고른 것은?

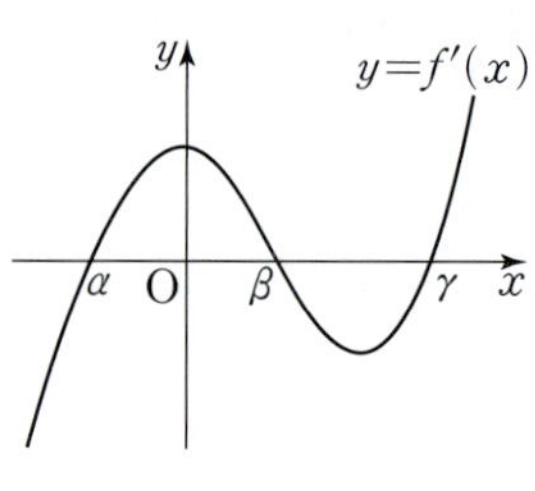

〈 보기 〉

ㄱ. 함수 $f(x)$는 $x=\beta$에서 극대이다.
ㄴ. 모든 실수 x에 대하여 $f(\beta-x)=f(\beta+x)$이다.
ㄷ. 함수 $y=f(x)$의 그래프는 x축과 세 점에서 만난다.

① ㄱ   ② ㄴ   ③ ㄱ, ㄷ
④ ㄴ, ㄷ   ⑤ ㄱ, ㄴ, ㄷ

0951 중요

최고차항의 계수가 1인 삼차함수 $f(x)$가 다음 조건을 만족시킬 때, 함수 $f(x)$의 극댓값을 구하시오.

(가) 모든 실수 x에 대하여 $f'(x)=f'(-x)$이다.
(나) 함수 $f(x)$는 $x=1$에서 극솟값 0을 가진다.

0952

사차함수 $f(x)=x^4+ax^3+bx^2+cx+6$이 다음 조건을 만족시킬 때, $f(1)$의 값을 구하시오. (단, a, b, c는 상수이다.)

(가) 모든 실수 x에 대하여 $f(-x)=f(x)$이다.
(나) 함수 $f(x)$는 극솟값 -10을 가진다.

＋ Plus 문제

0953

최고차항의 계수가 1이고 $f(0)=0$인 사차함수 $f(x)$가 다음 조건을 만족시킨다.

(가) 모든 실수 x에 대하여 $f(2+x)=f(2-x)$이다.
(나) $x=1$에서 극솟값을 가진다.

함수 $f(x)$의 극댓값을 구하시오.

0954

Level 3

함수 $y=f(x)$의 그래프가 그림과 같다. 함수 $g(x)$의 도함수 $g'(x)=-f(-x)$일 때, 〈보기〉에서 옳은 것만을 있는 대로 고른 것은?

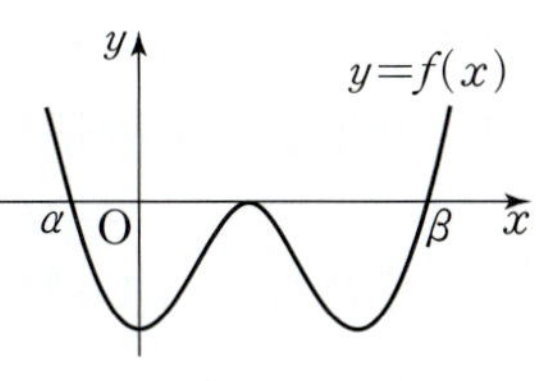

〈 보기 〉

ㄱ. 함수 $g(x)$는 $x=-\alpha$에서 극대이다.
ㄴ. 함수 $g(x)$는 $x=-\beta$에서 극소이다.
ㄷ. $g(-\beta)<g(-\alpha)$

① ㄱ　　　　② ㄴ　　　　③ ㄷ
④ ㄱ, ㄴ　　⑤ ㄱ, ㄴ, ㄷ

0955　고난도

Level 3

그림은 원점 O에 대하여 대칭인 삼차함수 $y=f(x)$의 그래프이다. 이 그래프가 x축과 만나는 점 중 원점이 아닌 점을 각각 A, B라 하고, 함수 $f(x)$의 극대, 극소인 점을 각각 C, D라 하자. 점 D의

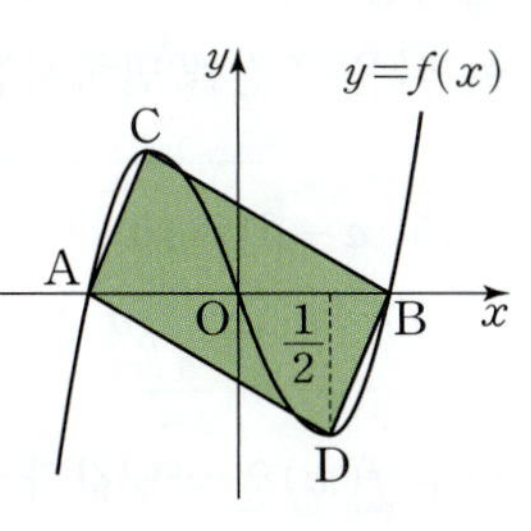

x좌표가 $\dfrac{1}{2}$이고 사각형 ADBC의 넓이가 $\sqrt{3}$일 때, 함수 $f(x)$의 극댓값은?

① 1　　　　② $\dfrac{\sqrt{3}}{2}$　　　　③ $\dfrac{4}{3}$

④ $\sqrt{2}$　　⑤ $\dfrac{5}{3}$

실전 유형 21　극대·극소의 활용

미분가능한 함수 $f(x)$에서 $x=a$의 좌우에서 $f'(x)$의 부호가 바뀌면 극값이 존재한다.

0956　대표문제

함수 $f(x)=2x^4-4x^2$의 그래프에서 극대인 한 점을 A, 극소인 두 점을 각각 B, C라 할 때, 삼각형 ABC의 넓이를 구하시오.

0957　중요

Level 2

미분가능한 함수 $f(x)$는 $x=-2$에서 극댓값 2를 가진다. $g(x)=x^2f(x)$라 할 때, 곡선 $y=g(x)$의 $x=-2$인 점에서의 접선과 x축, y축으로 둘러싸인 도형의 넓이는?

① $\dfrac{1}{4}$　　　　② $\dfrac{1}{2}$　　　　③ 1

④ 2　　　　⑤ 4

0958

Level 2

함수 $f(x)=-x^3+3x^2+4x+2$의 닫힌구간 $[a,\ a+1]$에서의 평균변화율을 $F(a)$라 할 때, 함수 $F(a)$가 극대가 되는 a의 값을 구하시오.

0959 신경향

Level 2

함수 $f(x)=x^3-3ax^2+a^3$의 그래프에서 극대인 점과 극소인 점을 잇는 선분의 중점 M이 나타내는 도형의 방정식은?

(단, $a>0$)

① $y=-2x^3\ (x>0)$ ② $y=-x^3\ (x>0)$

③ $y=-x\ (x>0)$ ④ $y=x^2\ (x>0)$

⑤ $y=2x^3\ (x>0)$

0960 중요

Level 2

함수 $f(x)=2x^3-6x^2+4$의 그래프에서 극대인 점을 A, 극소인 점을 B라 할 때, 선분 AB를 $1:3$으로 내분하는 점의 좌표를 구하시오.

0961

Level 3

실수 전체의 집합에서 연속인 함수

$$f(x)=\begin{cases} x-4 & (|x|\geq2) \\ ax^2+bx & (|x|<2) \end{cases}$$

의 극댓값을 M, 극솟값을 m이라 할 때, Mm의 값은?

(단, a, b는 상수이다.)

① -12 ② -6 ③ -3

④ $-\dfrac{1}{2}$ ⑤ $\dfrac{1}{2}$

0962 고난도

Level 3

함수 $f(x)=x^4-16x^2$에 대하여 다음 조건을 만족시키는 정수 k의 값을 모두 구하시오.

> (개) 구간 $(k,\ k+1)$에서 $f'(x)<0$이다.
> (내) $f'(k)f'(k+2)<0$

다음은 이 유형에서 출제된 최근 교육청·평가원 기출문제입니다.

0963 교육청

Level 2

삼차함수 $f(x)$에 대하여 방정식 $f'(x)=0$의 두 실근 α, β는 다음 조건을 만족시킨다.

> (개) $|\alpha-\beta|=10$
> (내) 두 점 $(\alpha,\ f(\alpha))$, $(\beta,\ f(\beta))$ 사이의 거리는 26이다.

함수 $f(x)$의 극댓값과 극솟값의 차는?

① $12\sqrt{2}$ ② 18 ③ 24

④ 30 ⑤ $24\sqrt{2}$

서술형 / 유형 익히기

0964 대표문제

함수 $f(x)=-\dfrac{2}{3}x^3+ax^2-(2a-5)x-\dfrac{1}{2}$이 $0<x<2$에서 극솟값을 가지고, $x>2$에서 극댓값을 가지도록 하는 실수 a의 값의 범위를 구하는 과정을 서술하시오. [8점]

> **STEP 1** $f'(x)$ 구하기 [2점]
>
> $f(x)=-\dfrac{2}{3}x^3+ax^2-(2a-5)x-\dfrac{1}{2}$에서
>
> $f'(x)=\boxed{^{(1)}}x^2+2ax-2a+\boxed{^{(2)}}$
>
> **STEP 2** 삼차함수 $f(x)$가 주어진 구간에서 극값을 가질 조건 찾기 [3점]
>
> 삼차함수 $f(x)$가 $0<x<2$에서 극솟값을 가지고, $x>2$에서 극댓값을 가지려면 이차방정식 $f'(x)=0$의 서로 다른 두 실근 중 한 근은 0과 2 사이에 있고, 다른 한 근은 2보다 커야 한다.
>
> 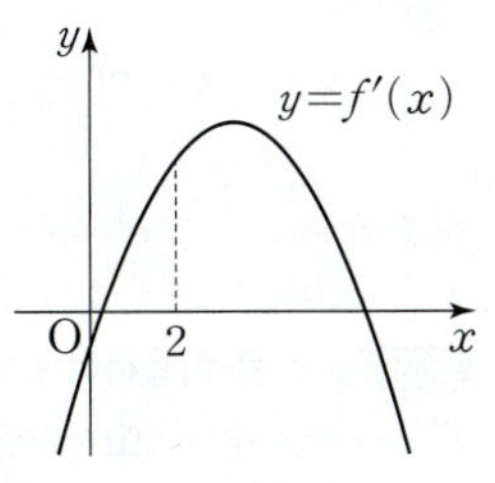
>
>
> 즉, $f'(0)\boxed{^{(3)}}0$이고 $f'(2)\boxed{^{(4)}}0$이어야 한다.
>
> **STEP 3** 실수 a의 값의 범위 구하기 [3점]
>
> (i) $f'(0)<0$에서 $a>\boxed{^{(5)}}$ ········· ㉠
>
> (ii) $f'(\boxed{^{(6)}})>0$에서 $a>\boxed{^{(7)}}$ ········· ㉡
>
> ㉠, ㉡을 동시에 만족시키는 실수 a의 값의 범위는
>
> $a>\boxed{^{(8)}}$

0965 한번 더

함수 $f(x)=-\dfrac{1}{3}x^3+ax^2-3x$가 $1<x<2$에서 극솟값을 가지고, $x>2$에서 극댓값을 가지도록 하는 실수 a의 값의 범위를 구하는 과정을 서술하시오. [8점]

> **STEP 1** $f'(x)$ 구하기 [2점]
>
> **STEP 2** 삼차함수 $f(x)$가 주어진 구간에서 극값을 가질 조건 찾기 [3점]
>
> **STEP 3** 실수 a의 값의 범위 구하기 [3점]

핵심 KEY 　유형 12 ~ 유형 14 　삼차함수가 극값을 가지거나 가지지 않을 조건

삼차함수가 극값을 가지거나 가지지 않을 조건을 구하는 문제이다. 주어진 조건을 만족시키는 이차함수 $y=f'(x)$의 그래프를 그려 본다. 삼차함수 그래프의 개형을 바로 그려서 극값을 가지거나 가지지 않을 조건을 추측할 수도 있지만 서술형 답안을 작성할 때는 도함수 $y=f'(x)$의 그래프에서 $f'(x)$의 부호가 바뀌는 구간을 정확히 나타낼 필요가 있다.

0966 ✅ 유사 1

함수 $f(x)=x^3+(a-1)x^2+(2a-5)x$가 극값을 가지지 않도록 하는 실수 a의 값을 구하는 과정을 서술하시오. [8점]

0967 ✅ 유사 2

함수 $f(x)=\dfrac{1}{3}x^3+ax^2-4ax+1$이 $x>3$에서 극댓값과 극솟값을 모두 가질 때, 실수 a의 값의 범위를 구하는 과정을 서술하시오. [8점]

0968 대표문제

최고차항의 계수가 $\dfrac{1}{3}$인 삼차함수 $f(x)$가 다음 조건을 만족시킬 때, 함수 $f(x)$의 극솟값을 구하는 과정을 서술하시오. [8점]

> ㈎ 모든 실수 x에 대하여 $f(-x)=-f(x)$이다.
> ㈏ $f'(-2)=-5$

STEP 1 ㈎를 이용하여 $f(x)$를 식으로 나타내기 [3점]

㈎에서 삼차함수 $y=f(x)$의 그래프는 원점에 대하여 대칭이다.

$f(x)$는 최고차항의 계수가 $\dfrac{1}{3}$인 삼차함수이므로

$f(x)=\boxed{^{(1)}}x^3+ax$ (a는 상수)라 하자.

STEP 2 ㈏를 이용하여 $f(x)$ 구하기 [3점]

$f'(x)=x^2+a$이고 ㈏에서 $f'(-2)=-5$이므로

$4+a=-5$ $\therefore a=\boxed{^{(2)}}$

$\therefore f(x)=\dfrac{1}{3}x^3-9x$

STEP 3 함수 $f(x)$의 극솟값 구하기 [2점]

$f'(x)=x^2-9=(x+3)(x-3)$

$f'(x)=0$인 x의 값은 $x=-3$ 또는 $x=3$

함수 $f(x)$의 증가, 감소를 표로 나타내면 다음과 같다.

x	$\cdots$	-3	$\cdots$	3	$\cdots$
$f'(x)$	$+$	0	$-$	0	$+$
$f(x)$	$\nearrow$	18 극대	$\searrow$	-18 극소	$\nearrow$

따라서 함수 $f(x)$의 극솟값은

$f(\boxed{^{(3)}})=\boxed{^{(4)}}$

핵심 KEY 유형 20 대칭성을 가지는 함수의 그래프와 극값

함수의 그래프의 대칭성을 이용하여 다항함수 $f(x)$를 식으로 나타내는 문제이다.

$f(x)=\dfrac{1}{3}x^3+ax^2+bx+c,\ f(-x)=-\dfrac{1}{3}x^3+ax^2-bx+c$로

나타내어 문제를 해결할 수도 있지만,

$f(-x)=f(x)$이면 $f(x)$는 짝수 차수의 항과 상수항만 있고,

$f(-x)=-f(x)$이면 $f(x)$는 홀수 차수의 항만 있다는 사실을 이용하면 더 쉽게 해결할 수 있다.

0969 한번 더

최고차항의 계수가 1인 삼차함수 $f(x)$가 다음 조건을 만족시킬 때, 함수 $f(x)$의 극댓값을 구하는 과정을 서술하시오.

[8점]

> ㈎ $f(-x)=-f(x)$
> ㈏ $f'(2)=0$

STEP 1 ㈎를 이용하여 $f(x)$를 식으로 나타내기 [3점]

STEP 2 ㈏를 이용하여 $f(x)$ 구하기 [3점]

STEP 3 함수 $f(x)$의 극댓값 구하기 [2점]

0970 ☑유사 1

최고차항의 계수가 1인 삼차함수 $f(x)$가 다음 조건을 만족시킬 때, 함수 $f(x)$의 극댓값을 구하는 과정을 서술하시오.

[9점]

> ㈎ 모든 실수 x에 대하여 $f'(x)=f'(-x)$이다.
> ㈏ 함수 $f(x)$는 $x=2$에서 극솟값 0을 가진다.

0971 ☑유사 2

최고차항의 계수가 -1인 사차함수 $f(x)$가 다음 조건을 만족시킬 때, 함수 $f(x)$의 극솟값을 구하는 과정을 서술하시오. [9점]

> ㈎ $\lim\limits_{h \to 0} \dfrac{f(h)}{h}=-8$
> ㈏ 모든 실수 x에 대하여 $f(1-x)=f(1+x)$이다.

1 0972

함수 $f(x)$의 도함수 $y=f'(x)$의 그래프가 그림과 같을 때, 다음 중 옳은 것은? [3점]

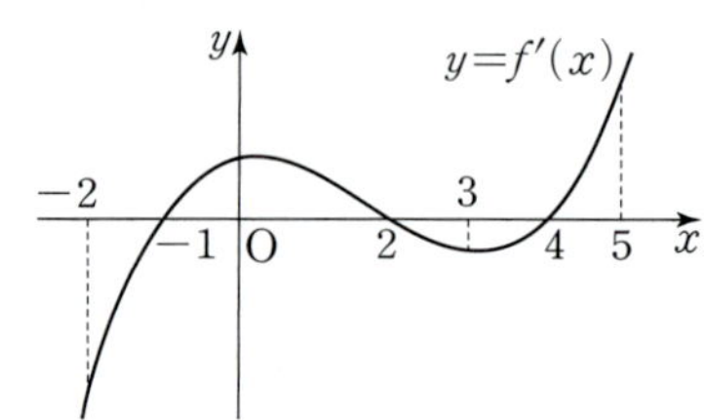

① 함수 $f(x)$는 구간 $(-\infty, -2)$에서 증가한다
② 함수 $f(x)$는 구간 $(-2, -1)$에서 증가한다.
③ 함수 $f(x)$는 구간 $(0, 2)$에서 감소한다.
④ 함수 $f(x)$는 구간 $(3, 4)$에서 증가한다
⑤ 함수 $f(x)$는 구간 $(4, 5)$에서 증가한다.

2 0973

함수 $f(x)=-x^3+ax^2+(a^2-3)x-2$가 실수 전체의 집합에서 감소하도록 하는 실수 a의 최댓값은? [3점]

① $\dfrac{1}{2}$ ② 1 ③ $\dfrac{3}{2}$

④ 2 ⑤ $\dfrac{5}{2}$

3 0974

함수 $f(x)=\dfrac{1}{3}x^3+x^2+ax+3$이 $x>1$에서 증가하도록 하는 실수 a의 최솟값은? [3점]

① -3 ② -1 ③ 0

④ 1 ⑤ 3

4 0975

함수 $f(x)=x^3-ax^2+(a+6)x+5$가 역함수를 가지도록 하는 실수 a의 최댓값을 M, 최솟값을 m이라 할 때, $M-m$의 값은? [3점]

① 5 ② 6 ③ 7

④ 8 ⑤ 9

5 0976

함수 $f(x)=-x^3+ax^2+bx-5$가 $x=-3$에서 극솟값 -32를 가질 때, $f(2)$의 값은? (단, a, b는 상수이다.) [3점]

① -10 ② -9 ③ -8

④ -7 ⑤ -6

6 0977

실수 전체의 집합에서 연속인 함수 $f(x)$의 도함수 $y=f'(x)$의 그래프가 그림과 같을 때, 〈보기〉에서 옳은 것만을 있는 대로 고른 것은? [3점]

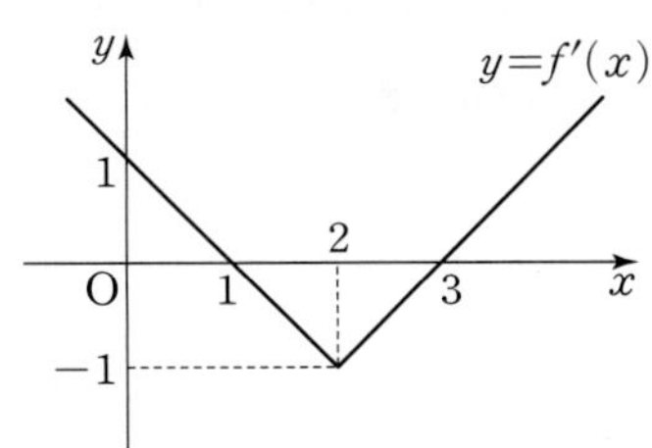

〈 보기 〉

ㄱ. 함수 $f(x)$는 $x=2$에서 미분가능하다.
ㄴ. 함수 $f(x)$는 구간 $(0, 2)$에서 감소한다.
ㄷ. 함수 $f(x)$는 $x=1$에서 극대이다.

① ㄱ ② ㄴ ③ ㄷ
④ ㄱ, ㄷ ⑤ ㄴ, ㄷ

7 0978

함수 $f(x)=x^3+ax^2+3ax+1$이 $x_1<x_2$인 임의의 두 실수 x_1, x_2에 대하여 $f(x_1)<f(x_2)$가 성립하도록 하는 정수 a의 최댓값을 M, 최솟값을 m이라 하자. $M-m$의 값은?

[3.5점]

① 6 ② 7 ③ 8
④ 9 ⑤ 10

8 0979

함수 $f(x)=x^3+ax^2+bx$가 $x=-1$에서 극값을 가지고, 곡선 $y=f(x)$ 위의 $x=1$인 점에서의 접선의 기울기가 8일 때, $f(-2)$의 값은? (단, a, b는 상수이다.) [3.5점]

① -4 ② -3 ③ -2
④ -1 ⑤ 0

9 0980

함수 $f(x)=x^3+ax^2+bx$가 $x=\alpha$, $x=\beta$에서 극값을 가지고 $\beta-\alpha=4$일 때, a^2-3b의 값은? (단, a, b는 상수이다.)

[3.5점]

① 20 ② 24 ③ 28
④ 32 ⑤ 36

10 0981

다항함수 $f(x)$가 $x=3$에서 극댓값 -1을 가진다. 다항식 $f(x)$를 $(x-3)^2$으로 나누었을 때의 나머지가 $R(x)$일 때, $R(1)$의 값은? [3.5점]

① -2 ② -1 ③ 0
④ 1 ⑤ 2

11 0982

함수 $f(x)=\begin{cases} x^3+ax & (x\geq 0) \\ a(x^3-3x) & (x<0) \end{cases}$ 의 극댓값이 4일 때, 양수 a의 값은? [3.5점]

① $\dfrac{1}{2}$
② 1
③ $\dfrac{3}{2}$

④ 2
⑤ $\dfrac{5}{2}$

12 0983

삼차함수

$f(x)=ax^3+bx^2+cx+d$의
그래프가 그림과 같을 때,
〈보기〉에서 옳은 것만을 있는
대로 고른 것은?

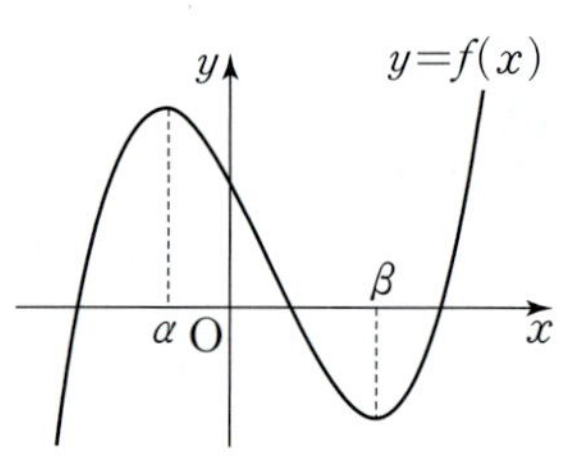

(단, $|\beta|>|\alpha|$이고, a, b, c, d는 상수이다.) [3.5점]

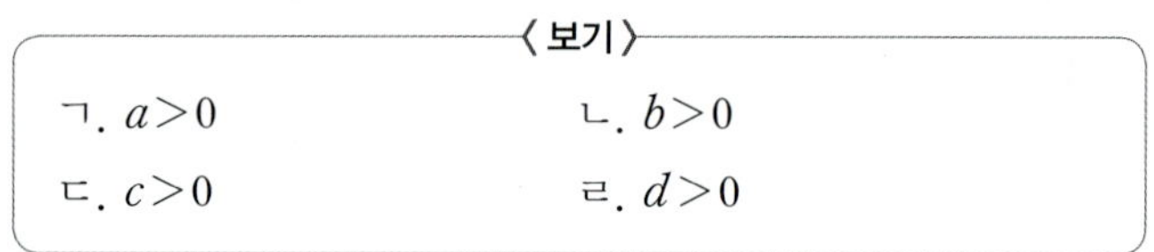

〈 보기 〉

ㄱ. $a>0$　　　　　ㄴ. $b>0$
ㄷ. $c>0$　　　　　ㄹ. $d>0$

① ㄱ
② ㄱ, ㄴ
③ ㄱ, ㄹ
④ ㄴ, ㄷ
⑤ ㄱ, ㄷ, ㄹ

13 0984

함수 $f(x)=x^3+ax^2+(a^2-6a)x+5$가 극값을 가지도록 하는 정수 a의 개수는? [3.5점]

① 4
② 5
③ 6
④ 7
⑤ 8

14 0985

함수 $f(x)=x^4+\dfrac{2}{3}ax^3+2x^2+1$이 극값을 하나만 가지도록 하는 실수 a의 값의 범위는? [3.5점]

① $a\leq -8$
② $-8\leq a\leq -4$
③ $-4\leq a\leq 4$
④ $0\leq a\leq 8$
⑤ $a\geq 8$

15 0986

함수 $f(x)=x^3-6x^2+9x-2$에 대하여 함수 $|f(x)|$가 극대인 점의 개수를 m, 극소인 점의 개수를 n이라 할 때, $m-n$의 값은? [3.5점]

① -2
② -1
③ 0
④ 1
⑤ 2

16 0987

삼차함수 $f(x)$에 대하여 〈보기〉에서 옳은 것만을 있는 대로 고른 것은? [4점]

〈 보기 〉

ㄱ. 모든 실수 x에 대하여 $f'(x)>0$이면 함수 $f(x)$는
　　실수 전체의 집합에서 증가한다.
ㄴ. 실수 α에 대하여 $f'(\alpha)=0$이면 $x=\alpha$에서 함수 $f(x)$는
　　극값을 가진다.
ㄷ. 함수 $f(x)$의 역함수가 존재하면 모든 실수 x에 대하여
　　$f'(x)\geq 0$이다.

① ㄱ
② ㄴ
③ ㄱ, ㄷ
④ ㄴ, ㄷ
⑤ ㄱ, ㄴ, ㄷ

17 0988

최고차항의 계수가 1인 삼차함수 $f(x)$에 대하여
$\displaystyle\lim_{x\to 1}\dfrac{f(x)-f(-1)}{x-1}=0$일 때, 〈보기〉에서 옳은 것만을 있는
대로 고른 것은? [4점]

〈 보기 〉
ㄱ. $f(1)=f(-1)$
ㄴ. $f'(2)=9$
ㄷ. 함수 $f(x)$는 $x=1$에서 극솟값을 가진다.

① ㄱ ② ㄷ ③ ㄱ, ㄴ
④ ㄱ, ㄷ ⑤ ㄱ, ㄴ, ㄷ

18 0989

그림과 같이 사차함수 $f(x)$의
도함수 $f'(x)$에 대하여 함수
$y=xf'(x)$의 그래프가 x축과
만나는 점의 x좌표가 -1, 0, 1이
다. 〈보기〉에서 옳은 것만을 있
는 대로 고른 것은? [4점]

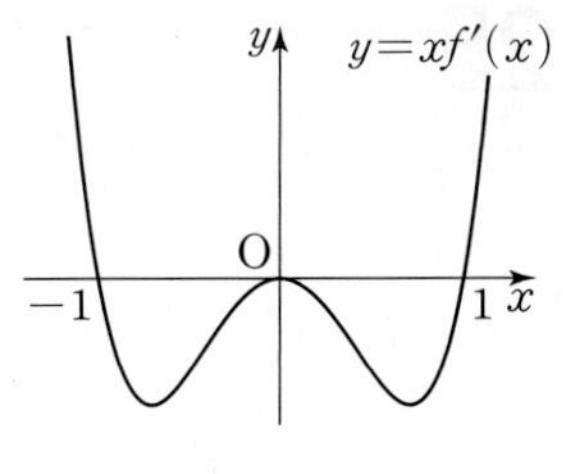

〈 보기 〉
ㄱ. 함수 $f(x)$는 $x=-1$에서 극솟값을 가진다.
ㄴ. 함수 $f(x)$는 $x=0$에서 극댓값을 가진다.
ㄷ. 열린구간 $(0, 1)$에서 함수 $f(x)$는 감소한다.

① ㄱ ② ㄷ ③ ㄱ, ㄴ
④ ㄴ, ㄷ ⑤ ㄱ, ㄴ, ㄷ

19 0990

최고차항의 계수가 1인 삼차함수 $f(x)$에 대하여 곡선
$y=f(x)$가 $x=3$에서 x축과 접한다. $f'(4)=f'(0)$일 때,
함수 $f(x)$의 극댓값은? [4점]

① 2 ② 4 ③ 6
④ 8 ⑤ 10

20 0991

함수 $f(x)=x^4-8x^2+6$에 대하여 함수 $g(x)=|f(x)|$의
극댓값 중 가장 작은 값은? [4점]

① 2 ② 4 ③ 6
④ 8 ⑤ 10

21 0992

그림과 같이 일차함수 $y=f(x)$의 그래프와 최고차항의 계
수가 1인 사차함수 $y=g(x)$의 그래프는 x좌표가 -2, 1인
두 점에서 접한다. 함수 $h(x)$를 $h(x)=g(x)-f(x)$라 할
때, 함수 $h(x)$의 극댓값은? [4.5점]

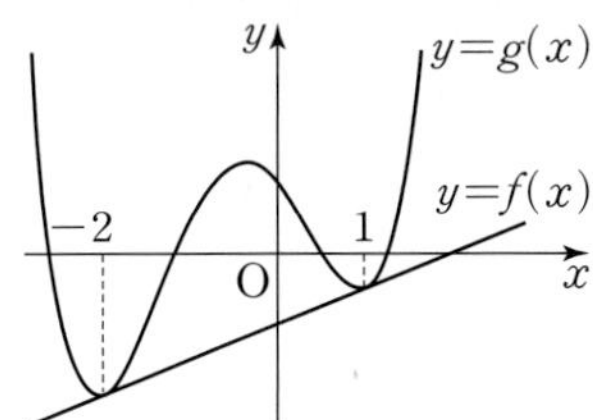

① $\dfrac{81}{16}$ ② $\dfrac{27}{16}$ ③ $\dfrac{25}{16}$
④ $\dfrac{9}{16}$ ⑤ $\dfrac{1}{16}$

22 0993

함수 $f(x)=x^3-3ax+b$의 극댓값이 4이고 극솟값이 0일 때, $f(a+b)$의 값을 구하는 과정을 서술하시오.

(단, a, b는 상수이다.) [5점]

23 0994

함수 $f(x)=2x^3+ax^2+bx+c$의 도함수 $y=f'(x)$의 그래프가 그림과 같다. 함수 $f(x)$의 극댓값이 10일 때, 함수 $f(x)$의 극솟값을 구하는 과정을 서술하시오.

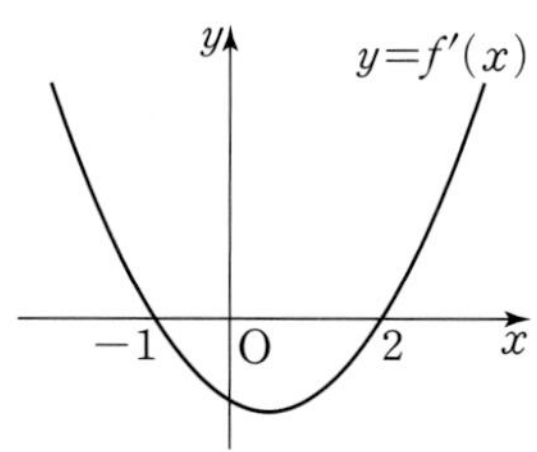

(단, a, b, c는 상수이다.) [6점]

24 0995

함수 $f(x)=\dfrac{1}{3}x^3+\dfrac{1}{2}(a-1)x^2+x$가 구간 $(-\infty, \infty)$에서 증가하도록 하는 정수 a의 개수를 구하는 과정을 서술하시오.

[7점]

25 0996

삼차함수 $f(x)$가 다음 조건을 만족시킨다.

> (개) 모든 실수 x에 대하여 $f(-x)=-f(x)$이다.
> (내) 함수 $f(x)$는 $x=2$에서 극댓값 16을 가진다.

$f(3)$의 값을 구하는 과정을 서술하시오. [8점]

1 0997

함수 $f(x)=\dfrac{1}{3}x^3-4x+5$가 닫힌구간 $[-a,\ a]$에서 감소하도록 하는 실수 a의 최댓값은? (단, $a>0$) [3점]

① $\dfrac{1}{2}$ ② 1   ③ $\dfrac{3}{2}$

④ 2   ⑤ $\dfrac{5}{2}$

2 0998

함수 $f(x)$의 도함수 $y=f'(x)$의 그래프가 그림과 같을 때, 〈보기〉에서 옳은 것만을 있는 대로 고른 것은? [3점]

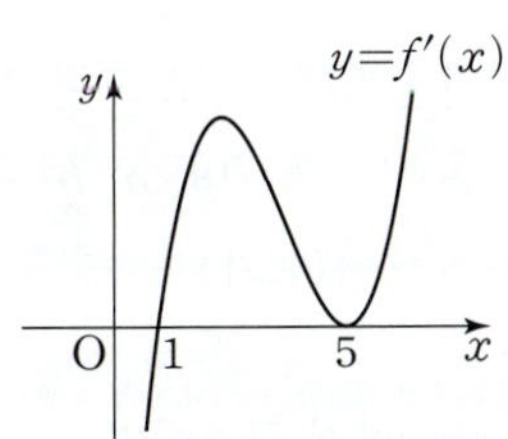

〈 보기 〉
ㄱ. 함수 $f(x)$는 구간 $(-\infty,\ 1)$에서 증가한다.
ㄴ. 함수 $f(x)$는 구간 $(1,\ 5)$에서 증가한다.
ㄷ. 함수 $f(x)$는 구간 $(5,\ \infty)$에서 증가한다.

① ㄱ   ② ㄴ   ③ ㄷ

④ ㄴ, ㄷ   ⑤ ㄱ, ㄴ, ㄷ

3 0999

함수 $f(x)=-2x^3+6x+1$이 $x=a$에서 극솟값 b를 가질 때, $a+b$의 값은? [3점]

① -4 ② -1 ③ 2

④ 5   ⑤ 8

4 1000

함수 $f(x)=2x^3-6x+3a$의 극솟값이 5일 때, 상수 a의 값은? [3점]

① -6 ② -3 ③ 0

④ 3   ⑤ 6

5 1001

함수 $f(x)$의 도함수 $y=f'(x)$의 그래프가 그림과 같을 때, 〈보기〉에서 옳은 것만을 있는 대로 고른 것은? [3점]

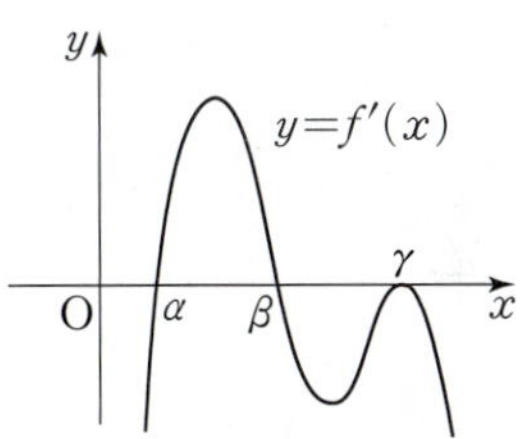

〈 보기 〉
ㄱ. 함수 $f(x)$는 $x=\alpha$에서 극솟값을 가진다.
ㄴ. 함수 $f(x)$는 $x=\beta$에서 극댓값을 가진다.
ㄷ. 함수 $f(x)$는 $x=\gamma$에서 극댓값을 가진다.

① ㄱ   ② ㄱ, ㄴ   ③ ㄱ, ㄷ

④ ㄴ, ㄷ   ⑤ ㄱ, ㄴ, ㄷ

6 1002

함수 $f(x)=x^3+ax^2+(a^2-4a)x+3$이 극값을 가지도록 하는 정수 a의 개수는? [3점]

① 5 　　　　② 6 　　　　③ 7
④ 8 　　　　⑤ 9

7 1003

실수 전체의 집합에서 정의된 함수

$f(x)=-\dfrac{1}{3}x^3+ax^2-(3a+4)x+1$이 임의의 두 실수 x_1, x_2에 대하여 $x_1<x_2$이면 $f(x_1)>f(x_2)$가 성립하도록 하는 정수 a의 개수는? [3.5점]

① 5 　　　　② 6 　　　　③ 7
④ 8 　　　　⑤ 9

8 1004

최고차항의 계수가 -1인 삼차함수 $f(x)$가 다음 조건을 만족시킬 때, $f'(3)$의 값은? [3.5점]

> (가) 구간 $(-\infty,\ -1]$, $[2,\ \infty)$에서 감소한다.
> (나) 구간 $[-1,\ 2]$에서 증가한다.

① -2 　　　　② -4 　　　　③ -8
④ -12 　　　　⑤ -16

9 1005

미분가능한 함수 $f(x)$에 대한 설명 중 〈**보기**〉에서 옳은 것만을 있는 대로 고른 것은? [3.5점]

> ─────〈 보기 〉─────
> ㄱ. $f(x)$가 사차함수이면 극값이 존재한다.
> ㄴ. 함수의 극댓값은 극솟값보다 항상 크다.
> ㄷ. $f'(a)=0$이면 함수 $f(x)$는 $x=a$에서 극값을 가진다.

① ㄱ 　　　　② ㄷ 　　　　③ ㄱ, ㄴ
④ ㄱ, ㄷ 　　　　⑤ ㄴ, ㄷ

10 1006

함수 $f(x)=\dfrac{1}{3}x^3-ax^2+bx+2$에 대하여 $f'(2)=0$일 때, 〈**보기**〉에서 옳은 것만을 있는 대로 고른 것은?

(단, a, b는 상수이다.) [3.5점]

> ─────〈 보기 〉─────
> ㄱ. $b=4a-4$
> ㄴ. 함수 $f(x)$가 $x=2$에서 극소이면 $a<2$이다.
> ㄷ. 함수 $f(x)$가 극값을 가질 필요충분조건은 $a=2$이다.

① ㄱ 　　　　② ㄱ, ㄴ 　　　　③ ㄱ, ㄷ
④ ㄴ, ㄷ 　　　　⑤ ㄱ, ㄴ, ㄷ

11 1007

함수 $f(x)=-x^4+ax^2+b$가 $x=1$에서 극댓값 7을 가질 때, $f(x)$의 극솟값은? (단, a, b는 상수이다.) [3.5점]

① -2 　　　　② 0 　　　　③ 2
④ 4 　　　　⑤ 6

12 1008

함수
$f(x)=ax^3+bx^2+cx+d$의
그래프가 그림과 같을 때, 다음
중 옳지 <u>않은</u> 것은?

(단, a, b, c, d는 상수이다.)

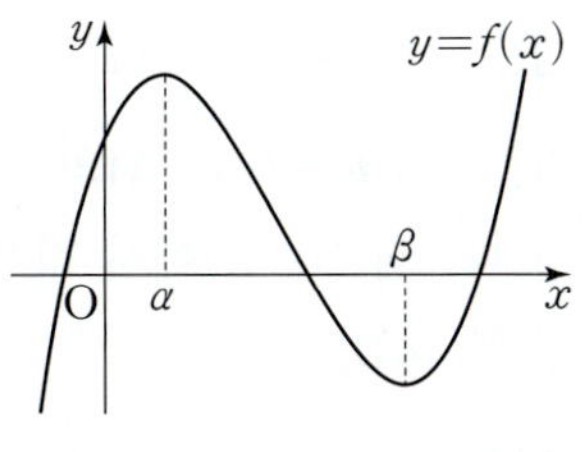

[3.5점]

① $ab<0$ ② $ac>0$ ③ $bc<0$

④ $bd<0$ ⑤ $cd<0$

13 1009

함수 $f(x)=x^4-4x^3+ax^2$이 극댓값과 극솟값을 모두 가지
도록 하는 정수 a의 최댓값은? [3.5점]

① -2 ② 0 ③ 2

④ 4 ⑤ 6

14 1010

함수 $f(x)=x^3-3ax^2+4a$의 그래프가 x축에 접할 때, 양
수 a의 값은? [3.5점]

① 1 ② 2 ③ 3

④ 4 ⑤ 5

15 1011

최고차항의 계수가 1인 삼차함수 $f(x)$가 다음 조건을 만족
시킬 때, $f(2)$의 최댓값은? (단, k는 $k>0$인 실수이다.)

[3.5점]

> ㈎ 모든 실수 x에 대하여 $f'(-x)=f'(x)$이다.
>
> ㈏ $\lim\limits_{x \to k} \dfrac{f(x)}{x-k}=0$
>
> ㈐ $f(1)f(3)=0$

① 4 ② 6 ③ 8

④ 10 ⑤ 12

16 1012

함수 $f(x)=x^3-(a+2)x^2+ax$에 대하여 곡선 $y=f(x)$
위의 점 $(t, f(t))$에서의 접선의 y절편을 $g(t)$라 하자. 함
수 $g(t)$가 구간 $(0, 5)$에서 증가하도록 하는 실수 a의 최솟
값은? [4점]

① 7 ② 9 ③ 11

④ 13 ⑤ 15

17 1013

삼차함수 $f(x)=ax^3+(a^2-b)x^2-b^2$이 다음 조건을 만족
시킬 때, $f(4)$의 값은? (단, a, b는 상수이다.) [4점]

> ㈎ 함수 $f(x)$의 역함수가 존재한다.
>
> ㈏ 함수 $(x-a)f(x)$는 $x=3$에서 극소이다.

① 102 ② 105 ③ 108

④ 111 ⑤ 114

18 1014

삼차함수 $f(x)$의 도함수 $y=f'(x)$의 그래프와 사차함수 $g(x)$의 도함수 $y=g'(x)$의 그래프가 그림과 같다. 〈보기〉에서 옳은 것만을 있는 대로 고른 것은?

(단, $f'(0)=g'(0)=0$) [4점]

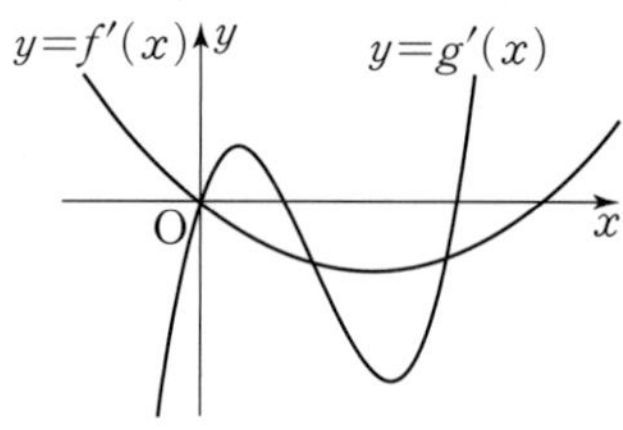

〈보기〉

ㄱ. $f(0)=g(0)=0$이다.

ㄴ. 함수 $f(x)-g(x)$는 $x<0$에서 증가한다.

ㄷ. 함수 $f(x)-g(x)$는 한 개의 극솟값을 가진다.

① ㄱ   ② ㄴ   ③ ㄷ

④ ㄱ, ㄴ   ⑤ ㄴ, ㄷ

19 1015

사차함수 $f(x)$의 도함수 $f'(x)$가 $f'(x)=(x+1)(x^2+ax+b)$이다. 함수 $f(x)$가 구간 $(-\infty,\ 0]$에서 감소하고 구간 $[2,\ \infty)$에서 증가하도록 하는 실수 a, b의 순서쌍 $(a,\ b)$에 대하여, a^2+b^2의 최댓값을 M, 최솟값을 m이라 하자. $M+m$의 값은? [4점]

① $\dfrac{21}{4}$ ② $\dfrac{43}{8}$ ③ $\dfrac{11}{2}$

④ $\dfrac{45}{8}$ ⑤ $\dfrac{23}{4}$

20 1016

함수 $f(x)=\dfrac{1}{3}x^3-x^2-3x$는 $x=a$에서 극솟값 b를 가진다. 곡선 $y=f(x)$ 위의 점 $(2,\ f(2))$에서의 접선을 l이라 할 때, 점 $(a,\ b)$에서 직선 l까지의 거리가 d이다. $90d^2$의 값은? [4점]

① 4   ② 8   ③ 16

④ 32   ⑤ 64

21 1017

삼차함수 $y=f(x)$와 일차함수 $y=g(x)$의 그래프가 그림과 같다. $f'(b)=f'(d)=0$이고, 함수 $h(x)$를 $h(x)=f(x)g(x)$라 할 때, 〈보기〉에서 옳은 것만을 있는 대로 고른 것은? [4.5점]

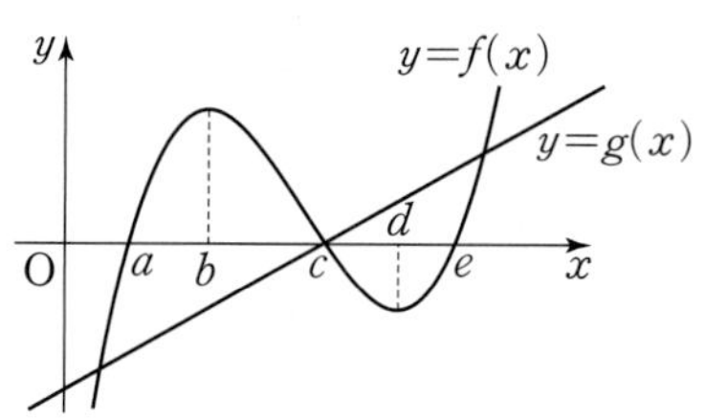

〈보기〉

ㄱ. 함수 $h(x)$는 열린구간 $(a,\ b)$에서 극솟값을 가진다.

ㄴ. 함수 $h(x)$는 열린구간 $(b,\ d)$에서 극댓값을 가진다.

ㄷ. 함수 $h(x)$는 열린구간 $(d,\ e)$에서 극솟값을 가진다.

① ㄱ   ② ㄴ   ③ ㄱ, ㄷ

④ ㄴ, ㄷ   ⑤ ㄱ, ㄴ, ㄷ

22 1018

함수 $f(x)=x^3+\dfrac{a}{2}x^2-9x+b$가 $x=-3$에서 극댓값 29를 가질 때, $f(x)$의 극솟값을 구하는 과정을 서술하시오.

(단, a, b는 상수이다.) [5점]

23 1019

함수 $f(x)=x^3+3ax^2+bx+c$의 도함수 $y=f'(x)$의 그래프가 그림과 같다. 함수 $f(x)$의 극솟값이 -3일 때, $f(x)$의 극댓값을 구하는 과정을 서술하시오.

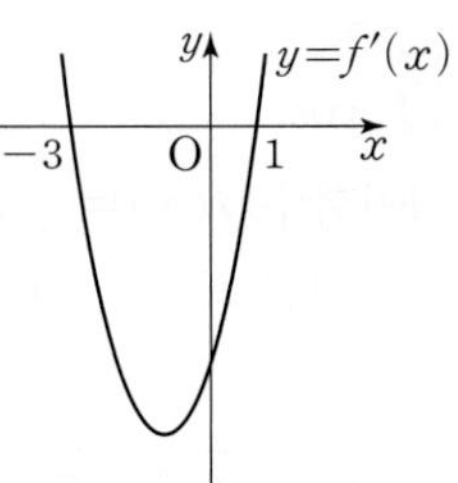

(단, a, b, c는 상수이다.) [6점]

24 1020

함수 $f(x)=\dfrac{1}{3}x^3-3x^2+ax-1$이 $1<x<4$에서 극댓값과 극솟값을 모두 가질 때, 실수 a의 값의 범위를 구하는 과정을 서술하시오. [7점]

25 1021

함수 $f(x)=x^3+3x^2+9|x-3a|+3$이 실수 전체의 집합에서 극값을 가지지 않도록 하는 실수 a의 최댓값을 구하는 과정을 서술하시오. [8점]

1 1022 연계문항 194쪽 **0873**

함수 $f(x)=3x^4-4ax^3+\dfrac{3}{2}x^2$이 구간 $(-\infty,\ 0]$에서 감소하고, 구간 $[0,\ \infty)$에서 증가하도록 하는 실수 a의 값의 범위를 구하시오.

2 1023 연계문항 195쪽 **0879**

함수 $f(x)=-x^3+ax^2-(a^2-4)x$에 대하여 모든 실수 x에서 $f(g(x))=x$를 만족시키는 함수 $g(x)$가 존재한다. $g(-3)=1$일 때, $f'(2)$의 값을 구하시오.

(단, a는 상수이다.)

3 1024 연계문항 201쪽 **0908**

삼차함수 $f(x)$의 도함수 $y=f'(x)$의 그래프가 그림과 같다. 함수 $g(x)=f(x)+kx^2$이 $x=-2$에서 극값을 가질 때, 상수 k의 값을 구하시오.

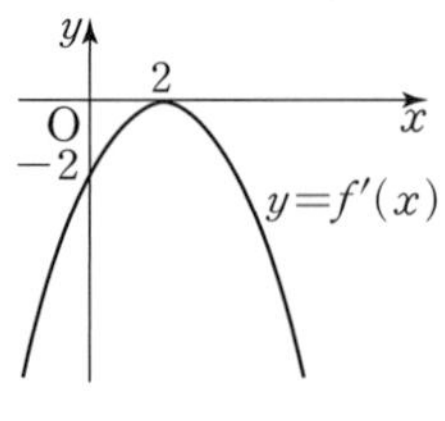

4 1025 연계문항 207쪽 **0938**

함수 $f(x)=x^3+ax^2+(a^2-4a)x+2$의 그래프를 y축의 방향으로 -2만큼 평행이동한 후 x축에 대하여 대칭이동하였더니 함수 $y=g(x)$의 그래프가 되었다. 함수 $f(x)-g(x)$가 극값을 가지도록 하는 자연수 a의 최댓값을 구하시오.

5 1026 연계문항 210쪽 **0952**

사차함수 $f(x)=-x^4+ax^3+2bx^2+cx+1$이 다음 조건을 만족시킬 때, $f(-1)$의 값을 구하시오.

(단, a, b, c는 상수이다.)

> ㈎ 모든 실수 x에 대하여 $f(-x)=f(x)$이다.
> ㈏ 함수 $f(x)$는 극댓값 5를 가진다.

06

도함수의 활용 (3)

06 도함수의 활용 (3)

❶ 함수의 최대 · 최소

함수 $f(x)$가 닫힌구간 $[a, b]$에서 연속이면 최대·최소 정리에 의하여 함수 $f(x)$는 이 구간에서 반드시 최댓값과 최솟값을 가진다.

이때 닫힌구간 $[a, b]$에서 함수 $f(x)$의 최댓값과 최솟값은 다음과 같은 순서로 구한다.

❶ 열린구간 (a, b)에서 함수 $f(x)$의 극댓값과 극솟값을 구한다.

❷ 주어진 구간의 양 끝에서의 함숫값 $f(a)$와 $f(b)$를 구한다.

❸ 극댓값, 극솟값, $f(a)$, $f(b)$ 중에서 가장 큰 값이 최댓값이고, 가장 작은 값이 최솟값이다.

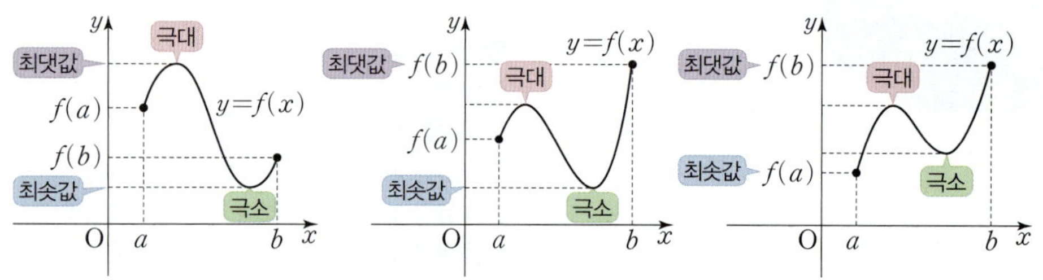

참고 극댓값과 극솟값이 반드시 최댓값과 최솟값이 되는 것은 아니다.

❷ 방정식에의 활용 핵심 ❶

(1) 방정식의 실근의 개수

① 방정식 $f(x)=0$의 서로 다른 실근의 개수

➡ $y=f(x)$의 그래프와 x축의 교점의 개수와 같다.

참고 방정식 $f(x)=0$의 실근은 함수 $y=f(x)$의 그래프와 x축의 교점의 x좌표이다.

② 방정식 $f(x)=k$의 서로 다른 실근의 개수

➡ $y=f(x)$의 그래프와 직선 $y=k$의 교점의 개수와 같다.

참고 방정식 $f(x)=k$의 실근은 함수 $y=f(x)$의 그래프와 직선 $y=k$의 교점의 x좌표이다.

③ 방정식 $f(x)=g(x)$의 서로 다른 실근의 개수

➡ 두 함수 $y=f(x)$, $y=g(x)$의 그래프의 교점의 개수와 같다.

참고 방정식 $f(x)=g(x)$의 실근은 두 함수 $y=f(x)$, $y=g(x)$의 그래프의 교점의 x좌표이다.

(2) 삼차방정식의 근의 판별

삼차함수 $f(x)$가 극댓값과 극솟값을 가질 때, 삼차방정식 $f(x)=0$의 근은 극값을 이용하여 다음과 같이 판별할 수 있다.

① (극댓값)×(극솟값)<0 ⇔ 서로 다른 세 실근

② (극댓값)×(극솟값)=0 ⇔ 중근과 다른 한 실근 (서로 다른 두 실근)

③ (극댓값)×(극솟값)>0 ⇔ 한 실근과 두 허근

Note

■ 함수 $f(x)$가 열린구간 (a, b)에서 극값을 가지지 않으면 $f(a)$와 $f(b)$ 중에서 최댓값과 최솟값을 가진다.

■ 닫힌구간 $[a, b]$에서 연속함수 $f(x)$의 극값이 오직 하나 존재할 때
① 극값이 극댓값이면
(극댓값)=(최댓값)
② 극값이 극솟값이면
(극솟값)=(최솟값)

■ 함수 $y=f(x)$의 그래프와 x축의 교점의 개수를 조사하면 방정식 $f(x)=0$의 실근의 개수를 구할 수 있다.

❸ 부등식에의 활용 　　　　　　　핵심 ❷

(1) 어떤 구간에서 부등식 $f(x)>0$이 성립함을 보이려면
→ 그 구간에서 $(f(x)$의 최솟값$)>0$임을 보인다.
(2) 어떤 구간에서 부등식 $f(x)<0$이 성립함을 보이려면
→ 그 구간에서 $(f(x)$의 최댓값$)<0$임을 보인다.
(3) 어떤 구간에서 부등식 $f(x)>g(x)$가 성립함을 보이려면
→ $h(x)=f(x)-g(x)$로 놓고, 그 구간에서 $(h(x)$의 최솟값$)>0$임을 보인다.

❹ 속도와 가속도 　　　　　　　핵심 ❸

점 P가 수직선 위를 움직일 때, 시각 t에서의 점 P의 위치를 x라 하면 x는 t의 함수이므로 $x=f(t)$와 같이 나타낼 수 있다.

(1) **평균 속도**

시각 t에서 $t+\varDelta t$까지의 점 P의 위치의 변화량 $\varDelta x$는
$$\varDelta x=f(t+\varDelta t)-f(t)$$
이고, 점 P의 평균 속도는 함수 $f(t)$의 평균변화율과 같으므로
$$\frac{\varDelta x}{\varDelta t}=\frac{f(t+\varDelta t)-f(t)}{\varDelta t}$$

(2) **속도와 속력**

시각 t에서의 위치 $x=f(t)$의 순간변화율을 시각 t에서의 점 P의 순간 속도 또는 속도라 하고, 속도 v는 다음과 같이 나타낸다.
$$v=\lim_{\varDelta t\to 0}\frac{\varDelta x}{\varDelta t}=\lim_{\varDelta t\to 0}\frac{f(t+\varDelta t)-f(t)}{\varDelta t}=\frac{dx}{dt}=f'(t)$$
이때 속도의 절댓값 $|v|$를 시각 t에서의 점 P의 속력이라 한다.

(3) **가속도**

시각 t에서의 속도 $v=g(t)$의 순간변화율을 시각 t에서의 점 P의 가속도라 하고, 가속도 a는 다음과 같이 나타낸다.
$$a=\lim_{\varDelta t\to 0}\frac{\varDelta v}{\varDelta t}=\lim_{\varDelta t\to 0}\frac{g(t+\varDelta t)-g(t)}{\varDelta t}=\frac{dv}{dt}=g'(t)$$

위치	→ 시각 t에 대해 미분	속도	→ 시각 t에 대해 미분	가속도
$x=f(t)$		$v=\dfrac{dx}{dt}=f'(t)$		$a=\dfrac{dv}{dt}$

❺ 시각에 대한 길이, 넓이, 부피의 변화율

시각 t에서의 길이가 l, 넓이가 S, 부피가 V인 각각의 도형에서 시간이 $\varDelta t$만큼 경과한 후 길이가 $\varDelta l$만큼, 넓이가 $\varDelta S$만큼, 부피가 $\varDelta V$만큼 변할 때

(1) 시각 t에서의 길이 l의 변화율 → $\displaystyle\lim_{\varDelta t\to 0}\frac{\varDelta l}{\varDelta t}=\frac{dl}{dt}$

(2) 시각 t에서의 넓이 S의 변화율 → $\displaystyle\lim_{\varDelta t\to 0}\frac{\varDelta S}{\varDelta t}=\frac{dS}{dt}$

(3) 시각 t에서의 부피 V의 변화율 → $\displaystyle\lim_{\varDelta t\to 0}\frac{\varDelta V}{\varDelta t}=\frac{dV}{dt}$

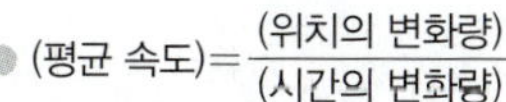
● $(\text{평균 속도})=\dfrac{(\text{위치의 변화량})}{(\text{시간의 변화량})}$

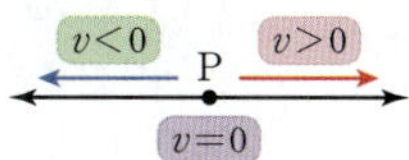
● 수직선 위를 움직이는 점 P의 운동 방향은 $v>0$일 때 양의 방향, $v<0$일 때 음의 방향이다.
또, $v=0$이면 운동 방향을 바꾸거나 정지한다.

● 길이, 넓이, 부피는 항상 양수임에 주의한다.

삼차방정식 $x^3-6x^2+9x-k=0$이 서로 다른 세 실근을 가지도록 하는 실수 k의 값의 범위를 세 가지 방법으로 구해 보자.

방법1 함수 $f(x)=x^3-6x^2+9x$의 그래프와 직선 $y=k$가 세 점에서 만나는 k의 값의 범위 구하기 → 방정식 $x^3-6x^2+9x=k$

$f(x)=x^3-6x^2+9x$라 하면
$f'(x)=3x^2-12x+9=3(x-1)(x-3)$
$f'(x)=0$인 x의 값은 $x=1$ 또는 $x=3$
함수 $f(x)$의 증가, 감소를 표로 나타내면 다음과 같다.

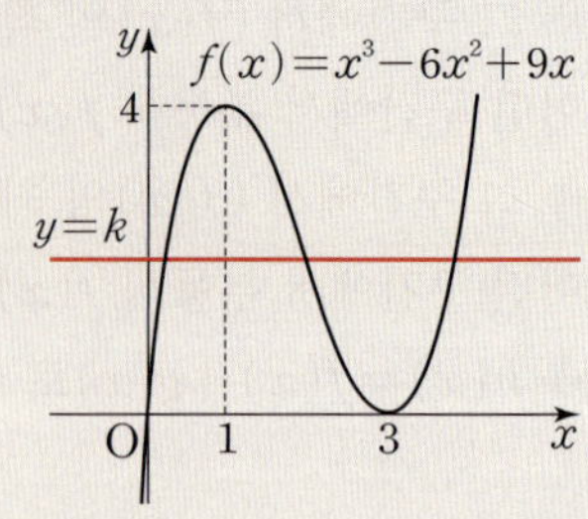

x	$\cdots$	1	$\cdots$	3	$\cdots$
$f'(x)$	$+$	0	$-$	0	$+$
$f(x)$	$\nearrow$	4 극대	$\searrow$	0 극소	$\nearrow$

이때 함수 $y=f(x)$의 그래프와 직선 $y=k$가 세 점에서 만나려면
$0<k<4$

방법2 함수 $f(x)=x^3-6x^2+9x-k$의 그래프와 x축이 세 점에서 만나는 k의 값의 범위 구하기 → 방정식 $x^3-6x^2+9x-k=0$

$f(x)=x^3-6x^2+9x-k$라 하면
$f'(x)=3x^2-12x+9=3(x-1)(x-3)$
$f'(x)=0$인 x의 값은 $x=1$ 또는 $x=3$
함수 $f(x)$의 증가, 감소를 표로 나타내면 다음과 같다.

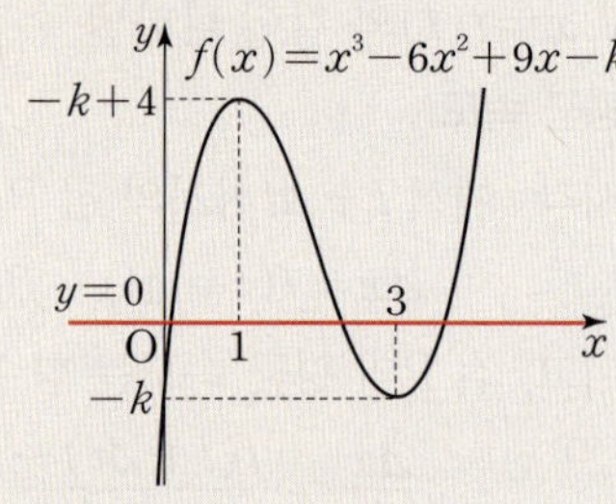

x	$\cdots$	1	$\cdots$	3	$\cdots$
$f'(x)$	$+$	0	$-$	0	$+$
$f(x)$	$\nearrow$	$-k+4$ 극대	$\searrow$	$-k$ 극소	$\nearrow$

이때 함수 $y=f(x)$의 그래프와 x축, 즉 직선 $y=0$이 세 점에서 만나려면
$-k<0$이고 $-k+4>0$
$\therefore 0<k<4$

방법3 함수 $f(x)=x^3-6x^2+9x-k$의 극값의 부호를 이용하여 판별하기

$f(x)=x^3-6x^2+9x-k$라 하면
$f'(x)=3x^2-12x+9=3(x-1)(x-3)$
$f'(x)=0$인 x의 값은 $x=1$ 또는 $x=3$
따라서 함수 $f(x)$는 $x=1$에서 극대, $x=3$에서 극소이므로
서로 다른 세 실근을 가지려면 $f(1)f(3)<0$이어야 한다.
즉, $(4-k)\times(-k)<0$이므로
$k(k-4)<0$ $\therefore 0<k<4$

1027 방정식 $x^3-x^2-x+1=0$의 서로 다른 실근의 개수를 구하시오.

1028 삼차방정식 $x^3-3x^2-9x-a=0$이 서로 다른 세 실근을 가지도록 하는 실수 a의 값의 범위를 구하시오.

핵심 **2** 부등식에의 활용 유형 16~20

x에 대한 부등식 $f(x)\geq 0$, $f(x)\geq k$, $f(x)\geq g(x)$가 모든 실수 x에 대하여 성립함을 증명하는 방법을 알아보자.

① 모든 실수 x에 대하여
$f(x)\geq 0$이다.
→
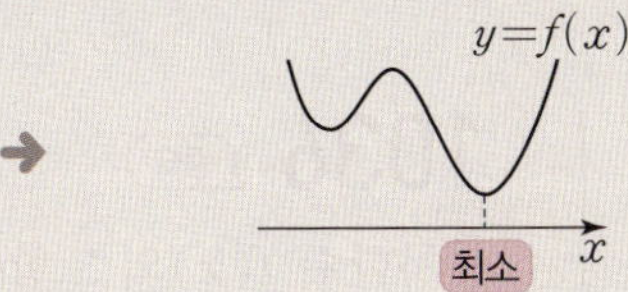
→
$(f(x)$의 최솟값$)\geq 0$임을 보인다.

② 모든 실수 x에 대하여
$f(x)\geq k$ (k는 상수)이다.
→
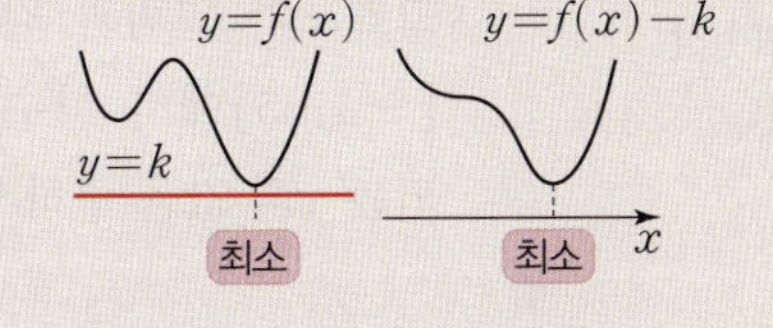
→
방법1 $(f(x)$의 최솟값$)\geq k$임을 보인다.
방법2 $(f(x)-k$의 최솟값$)\geq 0$임을 보인다.

③ 모든 실수 x에 대하여
$f(x)\geq g(x)$이다.
→
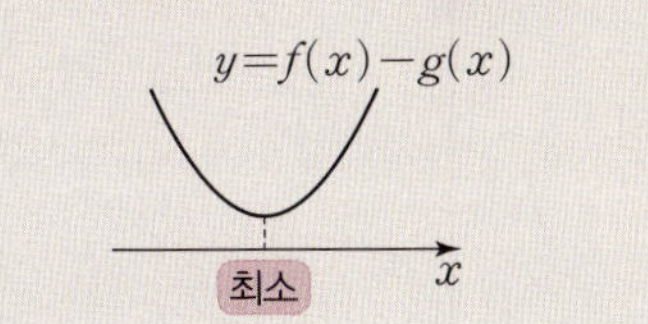
→
$h(x)=f(x)-g(x)$로 놓고
$(h(x)$의 최솟값$)\geq 0$임을 보인다.

1029 $x\geq 0$일 때, 부등식 $x^3+2\geq 3x$가 성립함을 보이시오.

1030 모든 실수 x에 대하여 부등식
$x^4+4x-a^2+4a>0$이 성립하도록 하는 실수 a의 값의 범위를 구하시오.

핵심 **3** 속도와 가속도 유형 21~22

원점을 출발하여 수직선 위를 움직이는 점 P의 시각 t $(t\geq 0)$에서의 위치 x가 $x=t^3-t^2-8t$이다.
점 P의 시각 t에서의 속도를 v, 가속도를 a라 할 때, 다음을 구해 보자.

(1) $t=3$에서 점 P의 속도

$v=\dfrac{dx}{dt}=3t^2-2t-8$

이므로 $t=3$에서 점 P의 속도는
$3\times 3^2-2\times 3-8=13$

(2) $t=3$에서 점 P의 가속도

$a=\dfrac{dv}{dt}=6t-2$

이므로 $t=3$에서 점 P의 가속도는
$6\times 3-2=16$

(3) 점 P가 운동 방향을 바꾸는 시각
점 P가 운동 방향을 바꿀 때의 속도는 0이므로 $3t^2-2t-8=0$에서
$(3t+4)(t-2)=0$ ∴ $t=2$
따라서 $t=2$의 좌우에서 v의 부호가 바뀌므로 점 P가 운동 방향을 바꾸는 시각은 2이다.

1031 수직선 위를 움직이는 점 P의 시각 t $(t>0)$에서의 위치 x가 $x=t^3-9t^2$일 때, 다음 물음에 답하시오.

(1) 시각 $t=2$에서 점 P의 속도와 가속도를 각각 구하시오.

(2) 점 P가 출발 후 운동 방향을 바꾸는 순간의 시각 t의 값을 구하시오.

1032 수직선 위를 움직이는 점 P의 시각 t에서의 위치 x가 $x=t^3-6t^2+9t$일 때, 점 P가 출발 후 다시 원점을 지나는 순간의 속도와 가속도를 각각 구하시오.

함수 $f(x)$가 닫힌구간 $[a, b]$에서 연속이면 극댓값, 극솟값, $f(a)$, $f(b)$ 중에서 가장 큰 값이 최댓값, 가장 작은 값이 최솟값이다.

1033 대표문제

닫힌구간 $[-2, 0]$에서 함수 $f(x)=x^3-3x^2-9x+8$의 최댓값은?

① 10　　　　② 11　　　　③ 12

④ 13　　　　⑤ 14

1034

Level 1

함수 $f(x)=3x^4-4x^3+1$의 최솟값은?

① -2　　　　② -1　　　　③ 0

④ 1　　　　⑤ 2

1035 중요

Level 1

닫힌구간 $[-2, 2]$에서 함수 $f(x)=\dfrac{x^4}{4}-x^3+x^2-2$의 최댓값과 최솟값의 곱을 구하시오.

1036 중요

Level 2

삼차함수 $f(x)$의 도함수 $y=f'(x)$의 그래프가 그림과 같을 때, 닫힌구간 $[-1, 5]$에서 함수 $f(x)$가 최대가 되는 x의 값을 구하시오.

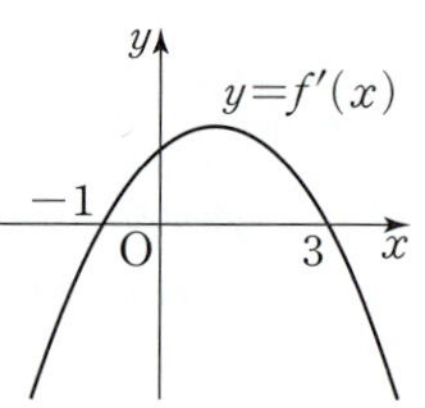

1037

Level 2

사차함수 $f(x)$의 도함수 $y=f'(x)$의 그래프가 그림과 같을 때, 닫힌구간 $[-4, 0]$에서 함수 $f(x)$의 최댓값은?

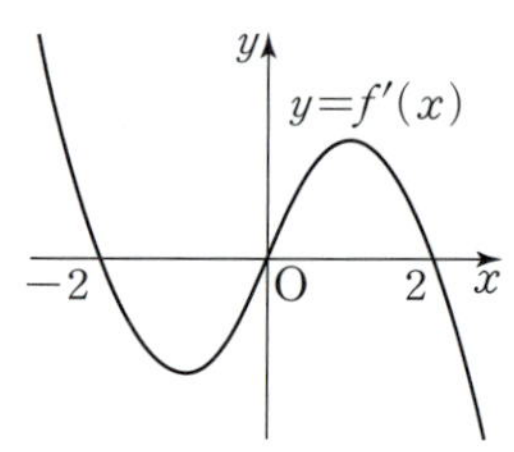

① $f(-4)$　　　② $f(-3)$　　　③ $f(-2)$

④ $f(-1)$　　　⑤ $f(0)$

1038

Level 2

$x^2-4x-y=0$을 만족시키는 실수 x, y에 대하여 x^2y의 최솟값은?

① -18　　　② -27　　　③ -36

④ -45　　　⑤ -54

1039

Level 3

닫힌구간 $[-1, 2]$에서 함수 $f(x)=x^3-3|x|+3$의 최댓값과 최솟값의 차를 구하시오.

⊕ Plus 문제

다음은 이 유형에서 출제된 최근 교육청·평가원 기출문제입니다.

1040 평가원

Level 1

닫힌구간 $[-1, 3]$에서 함수 $f(x)=x^3-3x+5$의 최솟값은?

① 1 ② 2 ③ 3
④ 4 ⑤ 5

1041 교육청 고난도

Level 3

양의 실수 t에 대하여 함수 $f(x)$를 $f(x)=x^3-3t^2x$라 할 때, 닫힌구간 $[-2, 1]$에서 두 함수 $f(x)$, $|f(x)|$의 최댓값을 각각 $M_1(t)$, $M_2(t)$라 하자. 함수 $g(t)=M_1(t)+M_2(t)$에 대하여 〈보기〉에서 옳은 것만을 있는 대로 고른 것은?

〈 보기 〉

ㄱ. $g(2)=32$
ㄴ. $g(t)=2f(-t)$를 만족시키는 t의 최댓값과 최솟값의 합은 3이다.
ㄷ. $\displaystyle\lim_{h\to 0+}\frac{g\left(\frac{1}{2}+h\right)-g\left(\frac{1}{2}\right)}{h}-\lim_{h\to 0-}\frac{g\left(\frac{1}{2}+h\right)-g\left(\frac{1}{2}\right)}{h}=5$

① ㄱ ② ㄷ ③ ㄱ, ㄴ
④ ㄴ, ㄷ ⑤ ㄱ, ㄴ, ㄷ

---

 2 치환을 이용한 함수의 최대·최소

닫힌구간 $[a, b]$에서 합성함수 $(g \circ f)(x)$의 최대·최소는 다음과 같은 순서로 구한다.
❶ $f(x)=t$로 놓고, $a\leq x\leq b$일 때 t의 값의 범위를 구한다.
❷ $g(t)$의 최대·최소를 구한다.

1042 대표문제

닫힌구간 $[-2, 0]$에서 함수
$f(x)=(x^2+2x+3)^3-3(x^2+2x+3)^2+1$의 최댓값과 최솟값의 합은?

① -2 ② -1 ③ 0
④ 1 ⑤ 2

1043 중요

Level 2

두 함수 $f(x)=x^3-27x$, $g(x)=x^2-2x-2$에 대하여 함수 $(f\circ g)(x)$의 최솟값을 구하시오.

1044

Level 2

두 함수 $f(x)=2x^3-3x^2+5$, $g(x)=-x^2+4x-1$에 대하여 함수 $(f\circ g)(x)$가 $x=a$에서 최댓값 b를 가질 때, 실수 a, b에 대하여 $a+b$의 값을 구하시오.

06

함수 $f(x)$의 최댓값 또는 최솟값을 구한 후 주어진 값과 비교하여 미정계수를 정한다.

1045 대표문제

닫힌구간 $[-1,\ 2]$에서 함수 $f(x)=ax^3-\dfrac{3}{2}ax^2+b$의 최댓값이 6이고 최솟값이 -3일 때, 상수 a, b에 대하여 $a+b$의 값은? (단, $a<0$)

① -2　　　② -1　　　③ 0
④ 1　　　⑤ 2

1046　Level 1

함수 $f(x)=3x^4-12x^3+12x^2+a$의 최솟값이 -2일 때, 상수 a의 값을 구하시오.

1047　중요　Level 1

함수 $f(x)=-3x^4+ax^3+b$의 최댓값이 6이고 $f'(1)=-24$일 때, 상수 a, b에 대하여 $a+b$의 값은?

① 1　　　② 2　　　③ 3
④ 4　　　⑤ 5

1048　Level 2

닫힌구간 $[0,\ 2]$에서 함수 $f(x)=-ax^3+3x^2+2$의 최댓값이 3일 때, 함수 $f(x)$의 최솟값은? (단, $a>1$)

① -1　　　② -2　　　③ -3
④ -4　　　⑤ -5

1049　Level 2

함수 $f(x)=x^3+ax^2+bx+1$이 $x=1$에서 극값 5를 가질 때, 닫힌구간 $[1,\ 5]$에서 함수 $f(x)$의 최댓값은?

(단, a, b는 상수이다.)

① 21　　　② 22　　　③ 23
④ 24　　　⑤ 25

1050　Level 2

닫힌구간 $[-a,\ a]$에서 함수 $f(x)=x^3-2x^2+4$의 최댓값과 최솟값의 합이 -28일 때, 상수 a의 값은? (단, $a\geq 2$)

① 2　　　② 3　　　③ 4
④ 5　　　⑤ 6

1051 (중요)
Level 3

닫힌구간 $[-2, 4]$에서 함수 $f(x)=x^3+ax^2+bx+c$가 다음 조건을 만족시킬 때, $f(x)$의 최댓값을 구하시오.
(단, a, b, c는 상수이다.)

(가) $x=0$, $x=2$에서 극값을 가진다.
(나) 최솟값이 -21이다.

다음은 이 유형에서 출제된 최근 교육청·평가원 기출문제입니다.

1052 (교육청)
Level 1

닫힌구간 $[0, 3]$에서 함수 $f(x)=x^3-6x^2+9x+a$의 최댓값이 12일 때, 상수 a의 값은?

① 2 ② 4 ③ 6
④ 8 ⑤ 10

1053 (평가원)
Level 2

양수 a에 대하여 함수 $f(x)=x^3+ax^2-a^2x+2$는 닫힌구간 $[-a, a]$에서 최댓값 M, 최솟값 $\dfrac{14}{27}$를 가진다. $a+M$의 값을 구하시오.

---

4 함수의 최대·최소의 활용 – 길이

두 점 사이의 거리, 피타고라스 정리 등을 이용하여 길이를 한 문자에 대한 함수로 표현하고, 증가, 감소를 표로 나타낸 후 최댓값 또는 최솟값을 찾는다.

1054 (대표문제)

좌표평면 위의 두 점 $A(0, 1)$, $B(4, 0)$과 곡선 $y=-x^2+1$ 위의 점 P에 대하여 $\overline{AP}^2+\overline{BP}^2$의 최솟값은?

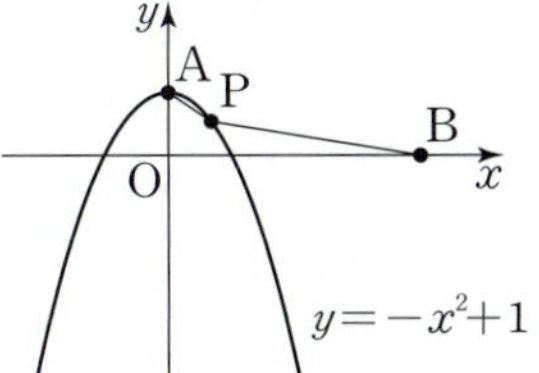

① 10 ② 11
③ 12 ④ 13
⑤ 14

1055
Level 2

곡선 $y=2x^2$ 위의 점 P와 점 $(-9, 0)$ 사이의 거리의 최솟값은?

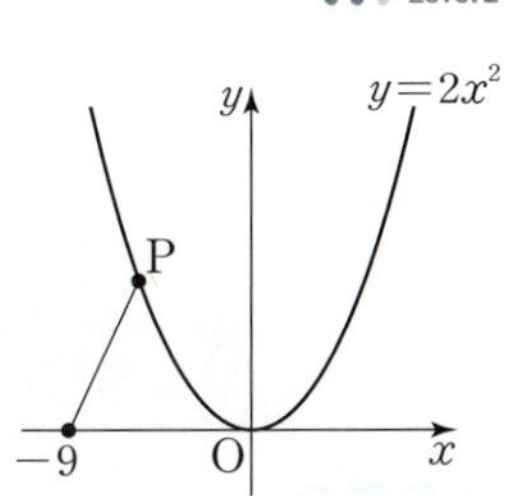

① $2\sqrt{13}$ ② $2\sqrt{14}$
③ $2\sqrt{15}$ ④ 8
⑤ $2\sqrt{17}$

1056 (중요)

 Level 2

곡선 $y=-x^2+2$ 위의 점 P와 원 $(x-10)^2+y^2=4$ 위의 점 Q에 대하여 선분 PQ의 길이의 최솟값을 구하시오.

1057

 Level 2

좌표평면 위의 네 점 $O(0, 0)$, $A(4, 0)$, $B(4, 4)$, $C(0, 4)$에 대하여 점 P가 선분 AB 위를 움직일 때, $\overline{OP} \times \overline{CP}$의 최솟값은?

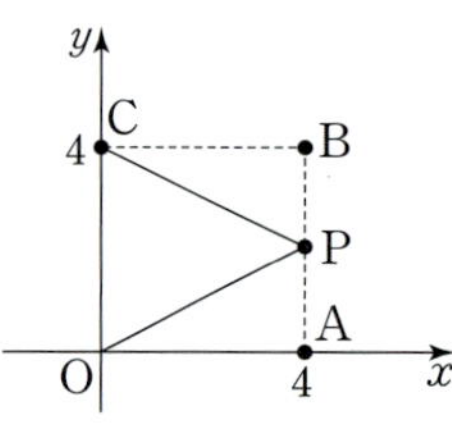

① 5 　　　② 10

③ 15 　　　④ 20

⑤ 25

1058

 Level 3

원점을 중심으로 하고 반지름의 길이가 r인 원 위의 점 $P(a, b)$에 대하여 ab^2의 값이 최대일 때, $\dfrac{b}{a}$의 값은?

(단, 점 P는 제1사분면 위의 점이다.)

① 1 　　　② $\sqrt{2}$ 　　　③ $\sqrt{3}$

④ 2 　　　⑤ $\sqrt{5}$

5 함수의 최대·최소의 활용 – 넓이

두 점 사이의 거리, 피타고라스 정리 등을 이용하여 넓이를 한 문자에 대한 함수로 표현하고, 증가, 감소를 표로 나타낸 후 최댓값 또는 최솟값을 찾는다.

1059 (대표문제)

그림과 같이 곡선 $y=9-x^2$ $(-3<x<3)$과 x축으로 둘러싸인 도형에 내접하고 한 변이 x축 위에 있는 직사각형 ABCD의 넓이의 최댓값은?

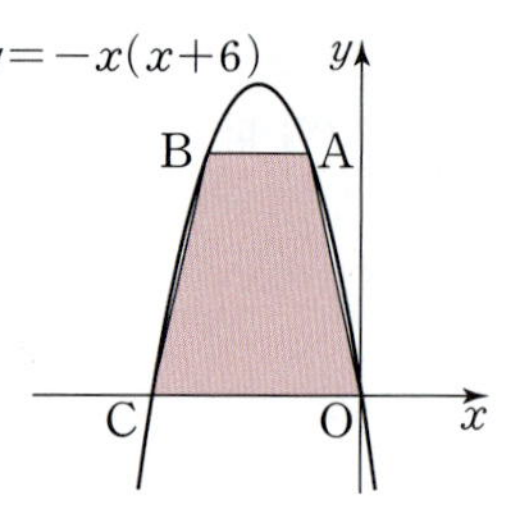

① $9\sqrt{3}$ 　　　② $12\sqrt{3}$

③ $15\sqrt{3}$ 　　　④ $18\sqrt{3}$

⑤ $21\sqrt{3}$

1060 (중요)

 Level 2

그림과 같이 곡선 $y=-x(x+6)$과 x축으로 둘러싸인 도형에 내접하는 사다리꼴 OABC의 넓이가 최대일 때, 변 AB의 길이는?

(단, O는 원점이다.)

① 1 　　　② 2 　　　③ 3

④ 4 　　　⑤ 5

1061

 Level 3

좌표평면 위에 점 $A(0, 2)$가 있다. $0<t<2$일 때, 원점 O와 직선 $y=2$ 위의 점 $P(t, 2)$를 잇는 선분 OP의 수직이등분선과 y축의 교점을 B라 하자. 삼각형 ABP의 넓이를 $S(t)$라 할 때, $S(t)$의 최댓값은 $\dfrac{b}{a}\sqrt{3}$이다. 이때 $a+b$의 값을 구하시오. (단, a, b는 서로소인 자연수이다.)

1062 고난도

Level 3

그림과 같이 곡선 $y=x^2(3-x)$ 와 직선 $y=mx$가 제1사분면 위의 서로 다른 두 점 P, Q에서 만난다. 세 점 A$(3, 0)$, P, Q 를 꼭짓점으로 하는 삼각형 APQ의 넓이가 최대가 되게 하는 양수 m에 대하여 $10m$의 값을 구하시오.

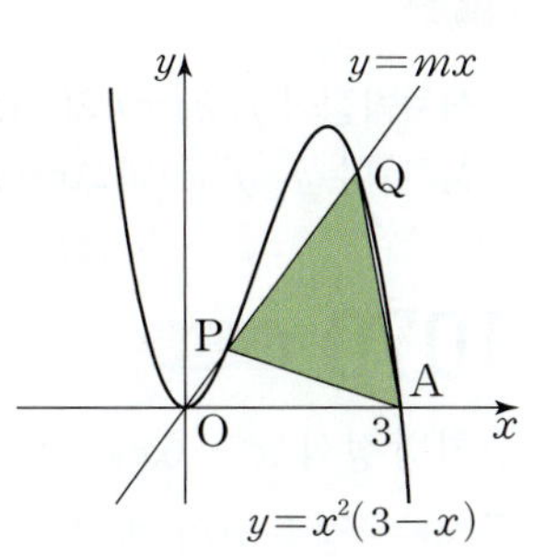

✚ Plus 문제

1063 교육청

Level 3

그림과 같이 좌표평면에 네 점 A$(-1, 2)$, B$(-1, 0)$, C$(1, 0)$, D$(1, 2)$를 꼭짓점으로 하는 정사각형 ABCD와 세 점 O, A, D를 지나는 이차함수 $y=f(x)$ $(-1\leq x\leq1)$의 그래프가 있다. 곡선 $y=f(x)$ 위의 점 P에서의 접선을 l이라 할 때, 직선 l의 아랫부분과 정사각형 ABCD의 내부의 색칠한 부분의 넓이의 최댓값은? (단, 점 P는 정사각형 ABCD의 내부에 있고, O는 원점이다.)

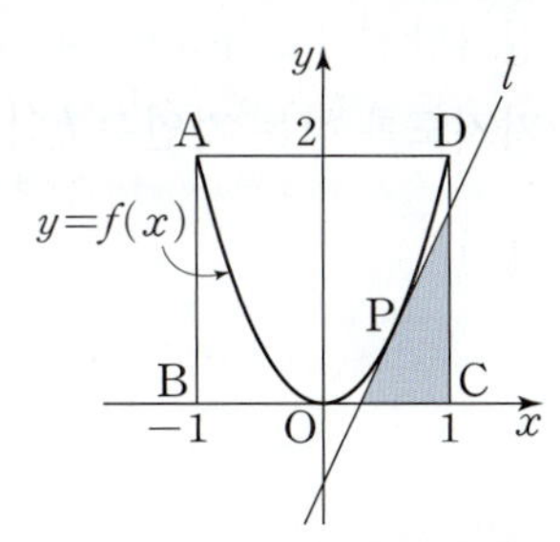

① $\dfrac{16}{27}$ ② $\dfrac{17}{27}$ ③ $\dfrac{2}{3}$

④ $\dfrac{19}{27}$ ⑤ $\dfrac{20}{27}$

입체도형의 부피를 한 문자에 대한 함수로 표현하고, 증가, 감소를 표로 나타낸 후 최댓값 또는 최솟값을 찾는다.

1064 대표문제

그림과 같이 한 변의 길이가 24인 정사각형 모양의 종이의 네 모퉁이에서 같은 크기의 정사각형을 잘라 내고 남은 부분을 접어서 뚜껑이 없는 직육면체 모양의 상자를 만들려고 한다. 이 상자의 부피가 최대일 때의 높이를 구하시오.

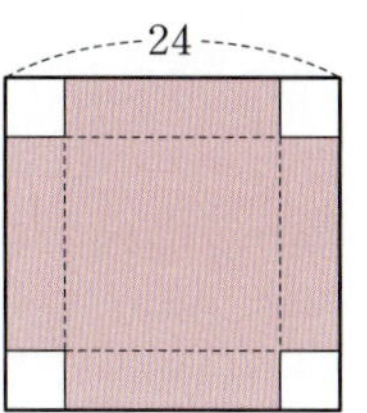

1065

Level 2

그림과 같이 한 변의 길이가 8인 정삼각형 모양의 종이의 세 모퉁이에서 합동인 사각형을 잘라 내고 남은 부분을 접어서 뚜껑이 없는 삼각기둥 모양의 상자를 만들려고 한다. 이 상자의 부피가 최대일 때의 높이는?

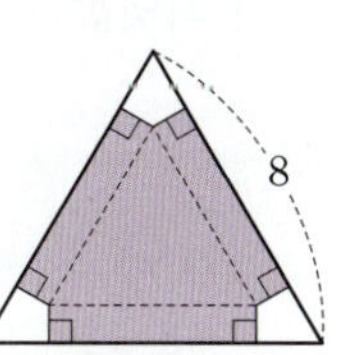

① $\dfrac{\sqrt{3}}{9}$ ② $\dfrac{\sqrt{3}}{3}$ ③ $\dfrac{4\sqrt{3}}{9}$

④ $\dfrac{2\sqrt{3}}{3}$ ⑤ $\dfrac{8\sqrt{3}}{9}$

1066

Level 2

그림과 같이 반지름의 길이가 6인 구에 내접하는 원기둥의 부피의 최댓값을 구하시오.

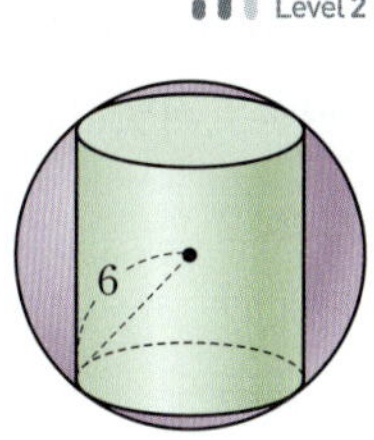

1067

그림과 같이 반지름의 길이가 $3\sqrt{3}$인 반구에 내접하는 원뿔의 부피가 최대일 때, 원뿔의 높이를 구하시오.

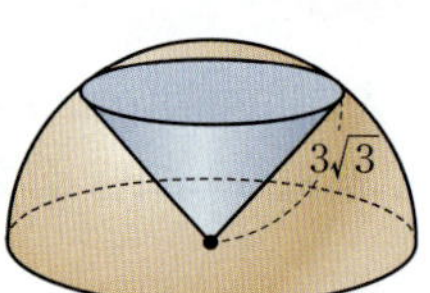

1068 중요

그림과 같이 밑면의 반지름의 길이가 3이고, 높이가 12인 원뿔에 내접하는 원기둥의 부피의 최댓값을 구하시오.

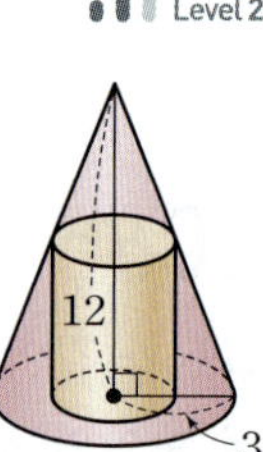

1069

그림과 같이 모든 모서리의 길이가 3인 정사각뿔에 내접하는 직육면체의 부피의 최댓값은?

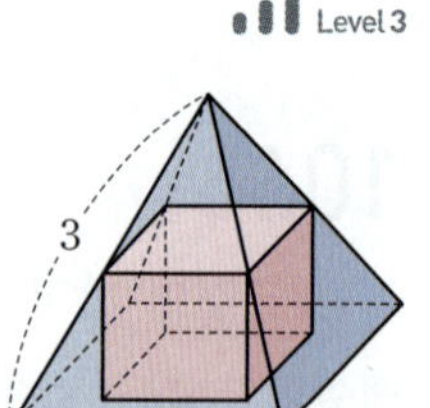

① $2\sqrt{2}$ ② $3\sqrt{2}$
③ $4\sqrt{2}$ ④ $5\sqrt{2}$
⑤ $6\sqrt{2}$

실전유형 7 삼차방정식 $f(x)=k$의 실근의 개수 · 빈출유형

삼차방정식 $f(x)=k$의 서로 다른 실근의 개수는 삼차함수 $y=f(x)$의 그래프와 직선 $y=k$의 교점의 개수와 같다.

1070 대표문제

삼차방정식 $x^3-6x^2-n=0$이 서로 다른 세 실근을 가지도록 하는 정수 n의 개수는?

① 30 ② 31 ③ 32
④ 33 ⑤ 34

1071 중요

삼차방정식 $x^3+3x^2-9x+4-k=0$이 한 실근과 두 허근을 가지도록 하는 자연수 k의 최솟값을 구하시오.

1072

삼차방정식 $x^3-3x^2+a=0$이 서로 다른 두 실근을 가질 때, 모든 실수 a의 값의 합은?

① 1 ② 2 ③ 3
④ 4 ⑤ 5

1073

Level 2

자연수 k에 대하여 삼차방정식 $x^3-3x+11-3k=0$의 서로 다른 실근의 개수를 $f(k)$라 하자.
$f(1)+f(2)+f(3)+f(4)+f(5)$의 값은?

① 4 ② 6 ③ 8
④ 10 ⑤ 12

1074 중요

Level 2

삼차방정식 $2x^3+6x^2+a=0$이 $-2\le x\le 2$에서 서로 다른 두 실근을 가지도록 하는 정수 a의 개수는?

① 4 ② 6 ③ 8
④ 10 ⑤ 12

1075

Level 2

삼차함수 $f(x)$의 도함수 $y=f'(x)$의 그래프가 그림과 같다. $f(0)=3$, $f(3)=0$일 때, 방정식 $f(x)-k=0$이 서로 다른 세 실근을 가지도록 하는 정수 k의 개수를 구하시오.

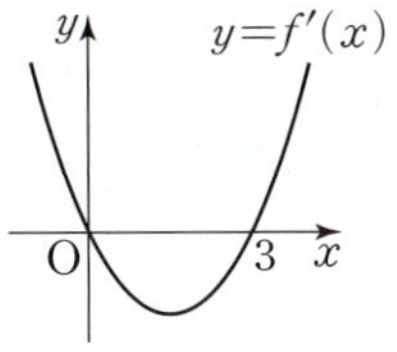

1076

Level 3

임의의 실수 k에 대하여 삼차방정식 $\dfrac{1}{3}x^3+\dfrac{1}{2}x^2-2x-k=0$의 서로 다른 실근의 개수를 $f(k)$라 하자. 함수 $f(k)$가 $k=a$에서 불연속일 때, 모든 실수 a의 값의 합을 구하시오.

1077 고난도

Level 3

실수 k에 대하여 함수 $f(x)$는 $f(x)=x^3-6x^2+9x+k$이다. 자연수 n에 대하여 직선 $y=3n$과 함수 $y=f(x)$의 그래프가 만나는 점의 개수를 a_n이라 하자. $a_1+a_2+a_3+a_4=7$을 만족시키는 모든 k의 값의 합을 구하시오.

다음은 이 유형에서 출제된 최근 교육청·평가원 기출문제입니다.

1078 교육청

Level 2

곡선 $y=x^3-3x^2-9x$와 직선 $y=k$가 서로 다른 세 점에서 만나도록 하는 정수 k의 최댓값을 M, 최솟값을 m이라 할 때, $M-m$의 값은?

① 27 ② 28 ③ 29
④ 30 ⑤ 31

사차방정식 $f(x)=k$의 실근은 사차함수 $y=f(x)$의 그래프와 직선 $y=k$의 교점의 x좌표와 같다.

1079 대표문제

사차방정식 $3x^4-8x^3-6x^2+24x-k=0$이 서로 다른 세 실근을 가지도록 하는 모든 정수 k의 값의 합은?

① 17   ② 18   ③ 19
④ 20   ⑤ 21

1080

Level 2

사차방정식 $x^4-4x^3-2x^2+12x+a=0$이 중근을 가지도록 하는 모든 실수 a의 값의 합은?

① 2   ② 4   ③ 6
④ 8   ⑤ 10

1081

Level 2

사차방정식 $\dfrac{1}{4}x^4-\dfrac{3}{2}x^2+2x-k+2=0$이 한 중근과 두 허근을 가지도록 하는 실수 k의 값은?

① -4 ② -2 ③ 0
④ 2   ⑤ 4

1082 중요

Level 2

사차함수 $f(x)$의 도함수 $y=f'(x)$의 그래프가 그림과 같고 $f(-3)>0$일 때, 방정식 $f(x)=0$의 서로 다른 실근의 개수는?

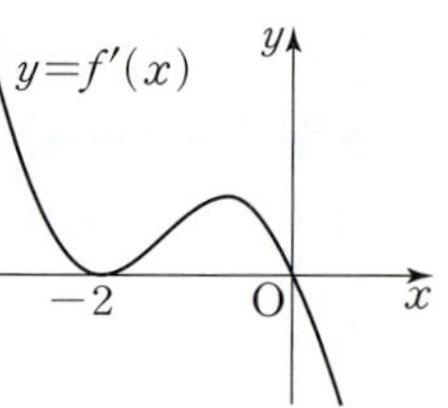

① 0   ② 1   ③ 2
④ 3   ⑤ 4

1083

Level 2

사차함수 $f(x)$의 도함수 $y=f'(x)$의 그래프가 그림과 같다. 사차방정식 $f(x)=0$이 서로 다른 네 실근을 가질 때, 〈보기〉에서 옳은 것만을 있는 대로 고른 것은? (단, $\alpha<\beta<0<\gamma$)

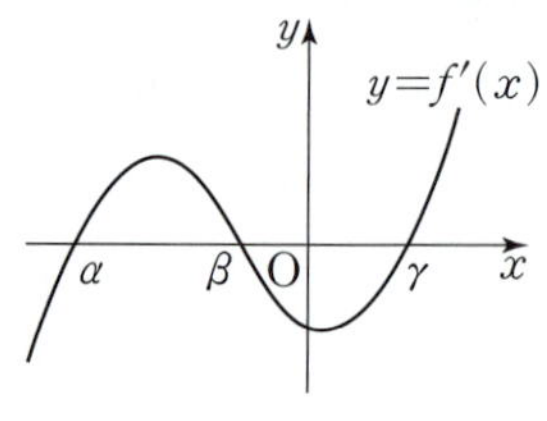

〈보기〉
ㄱ. $f(\alpha)>0$ ㄴ. $f(\beta)>0$ ㄷ. $f(\gamma)>0$

① ㄱ   ② ㄴ   ③ ㄷ
④ ㄱ, ㄴ   ⑤ ㄴ, ㄷ

다음은 이 유형에서 출제된 최근 교육청·평가원 기출문제입니다.

1084 교육청

Level 2

방정식 $3x^4-4x^3-12x^2+k=0$이 서로 다른 4개의 실근을 갖도록 하는 자연수 k의 개수를 구하시오.

 9 삼차방정식 $f(x)=k$의 실근의 부호

삼차방정식 $f(x)=k$의 서로 다른 실근의 개수는 삼차함수 $y=f(x)$의 그래프와 직선 $y=k$의 교점의 개수이고, 교점의 x좌표의 부호에 따라 실근의 부호가 결정된다.

1085 대표문제

삼차방정식 $2x^3+\dfrac{3}{2}x^2-9x-k=0$이 서로 다른 두 개의 음의 근과 한 개의 양의 근을 가지도록 하는 실수 k의 값의 범위가 $a<k<b$일 때, $a+b$의 값은?

① $\dfrac{81}{8}$ ② $\dfrac{41}{4}$ ③ $\dfrac{83}{8}$

④ $\dfrac{21}{2}$ ⑤ $\dfrac{85}{8}$

1086 Level 2

삼차방정식 $x^3-3x^2-9x-k=0$이 한 개의 음의 근과 서로 다른 두 개의 양의 근을 가지도록 하는 정수 k의 개수는?

① 22 ② 23 ③ 24

④ 25 ⑤ 26

1087 중요 Level 2

삼차방정식 $2x^2+9x=x^3-x^2+a-4$가 단 한 개의 음의 근만을 가지도록 하는 정수 a의 최솟값은?

① 31 ② 32 ③ 33

④ 34 ⑤ 35

1088 Level 2

삼차방정식 $x^3+5x^2+5x=\dfrac{1}{2}x^2-x+k$가 단 한 개의 양의 근만을 가지도록 하는 정수 k의 최솟값은?

① 0 ② 1 ③ 2

④ 3 ⑤ 4

1089 Level 2

삼차방정식 $x^3+x^2+2x=7x^2-7x+a$가 서로 다른 세 개의 양의 근을 가지도록 하는 정수 a의 개수는?

① 1 ② 3 ③ 5

④ 7 ⑤ 9

1090 (중요)

Level 2

정수 k에 대하여 방정식 $3x^3-9x+2-k=0$의 서로 다른 양의 근의 개수를 $f(k)$라 하자.

$f(-5)+f(-4)+f(-3)+\cdots+f(5)$의 값은?

① 11   ② 12   ③ 13
④ 14   ⑤ 15

1091

Level 3

최고차항의 계수가 음수인 삼차함수 $f(x)$에 대하여 방정식 $f'(x)=0$이 서로 다른 두 실근 α, β $(0<\alpha<\beta)$를 가지고, $f(\alpha)f(\beta)<0$일 때, 〈보기〉에서 옳은 것만을 있는 대로 고른 것은?

---〈보기〉---

ㄱ. 함수 $f(x)$는 $x=\beta$에서 극댓값을 가진다.

ㄴ. 방정식 $f(x)=0$은 서로 다른 세 실근을 가진다.

ㄷ. $f(0)>0$이면 방정식 $f(x)=0$은 서로 다른 세 개의 양의 근을 가진다.

---

① ㄱ   ② ㄷ   ③ ㄱ, ㄴ
④ ㄴ, ㄷ   ⑤ ㄱ, ㄴ, ㄷ

다음은 이 유형에서 출제된 최근 교육청·평가원 기출문제입니다.

1092 (수능)

Level 2

방정식 $2x^3-6x^2+k=0$의 서로 다른 양의 실근의 개수가 2가 되도록 하는 정수 k의 개수를 구하시오.

> 사차방정식 $f(x)=k$의 서로 다른 실근의 개수는 사차함수 $y=f(x)$의 그래프와 직선 $y=k$의 교점의 개수이고, 교점의 x 좌표의 부호에 따라 실근의 부호가 결정된다.

1093 (대표문제)

사차방정식 $x^4+4x^3-2x^2-12x-k=0$이 서로 다른 두 개의 양의 근과 서로 다른 두 개의 음의 근을 가지도록 하는 실수 k의 값의 범위를 구하시오.

1094

Level 2

사차방정식 $3x^4+4x^3-12x^2+a=0$이 서로 다른 두 개의 음의 근만을 가지도록 하는 정수 a의 개수는?

① 22   ② 23   ③ 24
④ 25   ⑤ 26

1095

Level 2

사차방정식 $x^4+3x^2+10x-k=0$이 음의 근만을 가지도록 하는 정수 k의 개수는?

① 5   ② 6   ③ 7
④ 8   ⑤ 9

실전유형 **11** 극값을 이용한 삼차방정식의 근의 판별 빈출유형

삼차함수 $f(x)$가 극값을 가질 때, 삼차방정식 $f(x)=0$의 근은
① (극댓값)×(극솟값)<0 ⟺ 서로 다른 세 실근
② (극댓값)×(극솟값)=0 ⟺ 중근과 다른 한 실근
　　　　　　　　　　　　　　(서로 다른 두 실근)
③ (극댓값)×(극솟값)>0 ⟺ 한 실근과 두 허근

1096 대표문제

함수 $f(x)=2x^3-6ax-3a$가 극값을 가지고, 방정식 $f(x)=0$이 중근을 가지도록 하는 양수 a의 값은?

① $\dfrac{9}{16}$ 　　② $\dfrac{5}{8}$ 　　③ $\dfrac{11}{16}$

④ $\dfrac{3}{4}$ 　　⑤ $\dfrac{13}{16}$

1097　　Level 2

방정식 $2x^3-6x+3-a=0$이 한 실근과 두 허근을 가지도록 하는 실수 a의 값을 모두 고르면? (정답 2개)

① -2 　　② 1 　　③ 4

④ 7 　　⑤ 10

1098 중요　　Level 2

함수 $f(x)=2x^3-9x^2+12x-8$의 그래프를 y축의 방향으로 a만큼 평행이동시켰더니 함수 $y=g(x)$의 그래프가 되었다. 방정식 $g(x)=0$이 서로 다른 두 실근을 가지도록 하는 모든 a의 값의 합을 구하시오.

1099　　Level 2

함수 $f(x)=2x^3-3(n+1)x^2+6nx$에 대하여 방정식 $f(x)=0$이 서로 다른 세 실근을 가지도록 하는 가장 작은 자연수 n의 값을 a라 하고 $n=a$일 때, 함수 $f(x)$의 극댓값을 b라 하자. 이때 $a+b$의 값을 구하시오.

1100　　Level 3

최고차항의 계수가 양수인 삼차함수 $y=f(x)$가 있다. 방정식 $f(x)=0$과 $f'(x)=0$의 근에 대한 〈**보기**〉의 설명 중 옳은 것만을 있는 대로 고른 것은?

〈 보기 〉
ㄱ. $f'(x)=0$이 중근을 가지면 $f(x)=0$도 반드시 중근을 가진다.
ㄴ. $f'(x)=0$이 허근을 가지면 $f(x)=0$도 반드시 허근을 가진다.
ㄷ. $f'(x)=0$이 서로 다른 두 실근을 가지면 $f(x)=0$도 반드시 서로 다른 두 실근을 가진다.

① ㄱ 　　② ㄴ 　　③ ㄱ, ㄴ

④ ㄱ, ㄷ 　　⑤ ㄴ, ㄷ

다음은 이 유형에서 출제된 최근 교육청·평가원 기출문제입니다.

1101 수능　　Level 2

방정식 $2x^3-3x^2-12x+k=0$이 서로 다른 세 실근을 갖도록 하는 정수 k의 개수는?

① 20 　　② 23 　　③ 26

④ 29 　　⑤ 32

두 곡선 $y=f(x)$와 $y=g(x)$의 교점의 개수
$\Leftrightarrow$ 방정식 $f(x)=g(x)$, 즉 $f(x)-g(x)=0$의 서로 다른
　　실근의 개수

1102 대표문제

두 곡선 $y=x^3-4x^2-2a$, $y=2x^2-9x+a$가 서로 다른 두
점에서 만나도록 하는 모든 상수 a의 값의 합은?

① $\dfrac{1}{3}$　　　　② $\dfrac{2}{3}$　　　　③ 1

④ $\dfrac{4}{3}$　　　　⑤ $\dfrac{5}{3}$

1103 Level 2

두 곡선 $y=-4x^3+2x+15$, $y=12x^2+2x+k$가 오직 한
점에서 만나도록 하는 자연수 k의 최솟값은?

① 14　　　　② 15　　　　③ 16
④ 17　　　　⑤ 18

1104 중요 Level 2

두 곡선 $y=2x^3-2x^2+3$, $y=4x^2+18x+k$가 서로 다른
세 점에서 만나도록 하는 실수 k의 값의 범위를 구하시오.

1105 중요 Level 2

두 함수 $y=x^4-2x+a$, $y=-x^2+4x-a$의 그래프가 오직
한 점에서 만나도록 하는 상수 a의 값은?

① 1　　　　② 2　　　　③ 3
④ 4　　　　⑤ 5

1106 Level 2

두 곡선 $y=3x^3-x^2-3x$, $y=x^3-4x^2+9x+a$가 만나는
서로 다른 세 점의 x좌표가 두 개는 양수이고, 한 개는 음수가
되도록 하는 정수 a의 개수를 구하시오.

1107 Level 3

곡선 $y=x^3+6x^2+10x+a-2$가 두 점 A$(-3, -3)$,
B$(1, 1)$을 잇는 선분 AB와 오직 한 점에서 만나도록 하는
정수 a의 개수는?

① 14　　　　② 15　　　　③ 16
④ 17　　　　⑤ 18

다음은 이 유형에서 출제된 최근 교육청·평가원 기출문제입니다.

1108 평가원 Level 2

곡선 $y=x^3-3x^2+2x-3$과 직선 $y=2x+k$가 서로 다른
두 점에서만 만나도록 하는 모든 실수 k의 값의 곱을 구하
시오.

<table>
<tr><td>심화
유형</td><td>13</td><td>방정식 $|f(x)|=a$, $f(|x|)=a$의
실근의 개수</td></tr>
</table>

(1) 함수 $y=|f(x)|$의 그래프는 함수 $y=f(x)$의 그래프에서 $y\geq0$인 부분은 그대로 두고, $y<0$인 부분은 x축에 대하여 대칭이동하여 그린다.

(2) 함수 $y=f(|x|)$의 그래프는 함수 $y=f(x)$의 그래프에서 $x\geq0$인 부분만 남기고, $x\geq0$인 부분을 y축에 대하여 대칭이동하여 그린다.

1109 대표문제

x에 대한 방정식 $|x(x-3)^2|=a$가 서로 다른 세 실근을 가지도록 하는 실수 a의 값은?

① 1 　　② 2 　　③ 3

④ 4 　　⑤ 5

1110 　Level 2

함수 $f(x)=x^3-9x^2+24x-19$에 대하여 방정식 $|f(x)|=2$의 실근의 개수는?

① 1 　　② 2 　　③ 3

④ 4 　　⑤ 5

1111 　Level 2

함수 $f(x)=-x^3+6x^2-16$에 대하여 방정식 $f(|x|)+16=0$의 실근의 개수는?

① 1 　　② 2 　　③ 3

④ 4 　　⑤ 5

1112 중요 　Level 2

실수 n과 함수 $f(x)=5x^3+15x^2-6$에 대하여 방정식 $|f(x)|=n$의 서로 다른 실근의 개수를 $g(n)$이라 하자. $g(3)+g(6)+g(9)+g(12)+g(15)$의 값은?

① 17 　　② 19 　　③ 21

④ 23 　　⑤ 25

1113 고난도 　Level 3

삼차함수 $f(x)=x^3+ax^2+bx+c$가 다음 조건을 만족시킬 때, $|f(0)|$의 최솟값은? (단, a, b, c는 상수이다.)

(가) 함수 $f(x)$는 $x=1$, $x=3$에서 극값을 가진다.

(나) 방정식 $|f(x)|=3$은 서로 다른 세 실근을 가진다.

① 1 　　② 3 　　③ 5

④ 7 　　⑤ 9

다음은 이 유형에서 출제된 최근 교육청·평가원 기출문제입니다.

1114 교육청 　Level 3

양수 k에 대하여 함수 $f(x)$를
$$f(x)=|x^3-12x+k|$$
라 하자. 함수 $y=f(x)$의 그래프와 직선 $y=a$ $(a\geq0)$이 만나는 서로 다른 점의 개수가 홀수가 되도록 하는 실수 a의 값이 오직 하나일 때, k의 값은?

① 8 　　② 10 　　③ 12

④ 14 　　⑤ 16

곡선 $y=f(x)$ 밖의 점 (a, b)에서 곡선에 그은 접선의 접점의 좌표를 $(t, f(t))$라 하면 접선은 방정식 $b-f(t)=f'(t)(a-t)$의 실근의 개수만큼 존재한다.

1115 대표문제

곡선 $y=2x^3+3$ 밖의 점 $(3, a)$에서 주어진 곡선에 서로 다른 두 개의 접선을 그을 수 있도록 하는 실수 a의 값은?

① 1   ② 2   ③ 3
④ 4   ⑤ 5

1116   Level 2

점 $(-2, k)$에서 곡선 $y=-x^3+2x+2$에 서로 다른 세 개의 접선을 그을 수 있도록 하는 정수 k의 개수는?

① 1   ② 3   ③ 5
④ 7   ⑤ 9

1117   Level 2

점 $(1, 1)$에서 곡선 $y=x^3-kx-2$에 서로 다른 두 개의 접선을 그을 수 있도록 하는 모든 실수 k의 값의 합은?

① -1 ② -2 ③ -3
④ -4 ⑤ -5

1118   Level 2

점 $(-5, 0)$에서 곡선 $y=x^3+kx+2$에 서로 다른 세 개의 접선을 그을 수 있도록 하는 정수 k의 최솟값은?

① -21 ② -22 ③ -23
④ -24 ⑤ -25

1119 중요   Level 2

곡선 $y=x^3-x+2$ 밖의 점 $(1, a)$에서 주어진 곡선에 서로 다른 접선을 두 개 이상 그을 수 있도록 하는 실수 a의 값의 범위를 구하시오.

1120   Level 3

실수 k에 대하여 점 $(1, 0)$에서 곡선 $y=x^3+k$에 그을 수 있는 접선의 개수를 $f(k)$라 하자. 함수 $f(k)$가 불연속인 점의 개수는?

① 1   ② 2   ③ 3
④ 4   ⑤ 5

심화 유형 **15** 방정식 $(f \circ g)(x) = 0$의 실근의 개수

방정식 $(f \circ g)(x) = 0$의 실근의 개수는 다음과 같은 순서로 구한다.
❶ $g(x) = t$로 놓고, $f(t) = 0$인 t의 값을 구한다.
❷ 곡선 $y = g(x)$와 직선 $y = $(❶에서 구한 t의 값)의 교점의 개수를 구한다.

1121 대표문제

두 함수 $f(x) = x^4 - 4x^2$, $g(x) = x^2 - k$에 대하여 x에 대한 방정식 $(g \circ f)(x) = 0$의 서로 다른 실근이 4개가 되도록 하는 양수 k의 값은?

① 1   ② 4   ③ 9
④ 16   ⑤ 25

1122

     ● Level 3

두 함수 $f(x) = x^3 - \dfrac{3}{2}x^2$, $g(x) = 2x^2 - k$에 대하여 x에 대한 방정식 $(g \circ f)(x) = 0$의 서로 다른 실근의 개수가 3일 때, 양수 k의 값을 구하시오.

1123 신경향

     ● Level 3

$x > 0$일 때, 두 함수 $f(x) = x^3 - 2x^2 + x + 1$, $g(x) = x + \dfrac{1}{x} - 2$에 대하여 x에 대한 방정식 $(f \circ g)(x) = k$의 실근이 존재하도록 하는 실수 k의 최솟값은?

① 1   ② 2   ③ 3
④ 4   ⑤ 5

➕ Plus 문제

실전 유형 **16** 주어진 구간에서 항상 성립하는 부등식 － 증가·감소 이용

⑴ $x > a$에서 증가하는 함수 $f(x)$에 대하여
     부등식 $f(x) > 0$이 성립하려면 ➡ $f(a) \geq 0$
⑵ $x > a$에서 감소하는 함수 $f(x)$에 대하여
     부등식 $f(x) < 0$이 성립하려면 ➡ $f(a) \leq 0$

1124 대표문제

$x > 0$일 때, 부등식 $x^3 + x + k > 0$이 성립하도록 하는 실수 k의 최솟값은?

① -1 ② 0   ③ 1
④ 2   ⑤ 3

1125

     ● Level 1

$x > -2$일 때, 부등식 $x^3 + 5x + k > 0$이 성립하도록 하는 실수 k의 값의 범위는?

① $k \leq -18$ ② $k \leq 8$ ③ $k < 8$
④ $k > 8$ ⑤ $k \geq 18$

1126

     ● Level 2

$x > 1$일 때, 부등식 $2x^3 - 3x^2 - k > 0$이 성립하도록 하는 실수 k의 최댓값은?

① -1 ② 0   ③ 1
④ 2   ⑤ 3

1127 중요

Level 2

$x>2$일 때, 부등식 $-2x^3+3x^2+12x+k<0$이 성립하도록 하는 실수 k의 최댓값을 구하시오.

1128

Level 2

$-1<x<3$일 때, 부등식 $2x^3-6x^2+6x+2k<0$이 성립하기 위한 정수 k의 최댓값을 구하시오.

1129

Level 3

$x>1$일 때, 2 이상의 자연수 n에 대하여 부등식 $x^n-nx+n(n-4)+3>0$이 성립하도록 하는 자연수 n의 최솟값을 구하시오.

⊕ Plus 문제

실전유형 17 주어진 구간에서 항상 성립하는 부등식 −최대·최소 이용

(1) 어떤 구간에서 부등식 $f(x)>0$이 성립하려면
→ 그 구간에서 ($f(x)$의 최솟값)>0

(2) 어떤 구간에서 부등식 $f(x)<0$이 성립하려면
→ 그 구간에서 ($f(x)$의 최댓값)<0

1130 대표문제

$x\geq0$일 때, 부등식 $x^3-6x^2+9x+k-3\geq0$이 성립하도록 하는 실수 k의 최솟값은?

① 3　　　　② 4　　　　③ 5

④ 6　　　　⑤ 7

1131

Level 2

$-2\leq x\leq3$일 때, 부등식 $2x^3-3x^2-12x+a>0$이 성립하도록 하는 정수 a의 최솟값은?

① 18　　　　② 19　　　　③ 20

④ 21　　　　⑤ 22

1132

Level 2

$x\leq-2$일 때, 부등식 $x^3+3x^2+a-14<0$이 성립하도록 하는 실수 a의 값의 범위를 구하시오.

1133 중요
Level 2

곡선 $y=-x^3+3ax-2$ $(x>0)$가 x축보다 아래에 위치하도록 하는 양수 a의 값의 범위는?

① $0<a<1$　　② $\dfrac{1}{2}<a<\dfrac{3}{2}$　　③ $1<a<2$

④ $\dfrac{3}{2}<a<\dfrac{5}{2}$　　⑤ $a>2$

1134
Level 2

$0\le x\le 2$일 때, 부등식 $0\le 2x^3-9x^2+12x+k+4\le 17$이 성립하도록 하는 정수 k의 개수는?

① 9　　　　　② 11　　　　　③ 13

④ 15　　　　　⑤ 17

1135
Level 2

$-2\le x\le 0$일 때, 부등식 $-1\le 3x^4-4x^3-12x^2+k<55$가 성립하도록 하는 실수 k의 값의 범위를 구하시오.

실전유형 **18** 모든 실수 x에 대하여 항상 성립하는 부등식　빈출유형

모든 실수 x에 대하여 부등식 $f(x)>0$이 성립하려면
➡ $(f(x)$의 최솟값$)>0$

1136 대표문제

모든 실수 x에 대하여 부등식 $3x^4-4x^3+k>0$이 성립하도록 하는 정수 k의 최솟값은?

① 1　　　　　② 2　　　　　③ 3

④ 4　　　　　⑤ 5

1137
Level 2

모든 실수 x에 대하여 부등식 $\dfrac{1}{4}x^4-x^3+x^2-a+7\ge 0$이 성립하도록 하는 실수 a의 최댓값은?

① 1　　　　　② 3　　　　　③ 5

④ 7　　　　　⑤ 9

1138
Level 2

모든 실수 x에 대하여 부등식 $x^4+4a^3x+3\ge 0$이 성립하도록 하는 양의 정수 a의 개수는?

① 1　　　　　② 2　　　　　③ 3

④ 4　　　　　⑤ 5

1139 (중요)

모든 실수 x에 대하여 부등식

$2x^4+4ax^2-8(a+1)x+a^2+1\geq0$이 성립하도록 하는 양수 a의 최솟값은?

① 1
② 2
③ 3
④ 4
⑤ 5

1140

모든 실수 x에 대하여 부등식 $x^4-4x-k^2+5k-3>0$이 성립하도록 하는 실수 k의 값의 범위를 구하시오.

다음은 이 유형에서 출제된 최근 교육청·평가원 기출문제입니다.

1141 (교육청)

모든 실수 x에 대하여 부등식 $x^4-4x-a^2+a+9\geq0$이 항상 성립하도록 하는 정수 a의 개수는?

① 6
② 7
③ 8
④ 9
⑤ 10

19 부등식 $f(x)>g(x)$의 해

부등식 $f(x)>g(x)$ 꼴에서는 $h(x)=f(x)-g(x)$라 하고, 부등식 $h(x)>0$의 해를 구한다.

1142 (대표문제)

모든 실수 x에 대하여 부등식

$$x^4-5x^2-2x+a\geq x^2+6x$$

가 성립하도록 하는 실수 a의 최솟값은?

① 22
② 23
③ 24
④ 25
⑤ 26

1143

모든 실수 x에 대하여 부등식

$$x^4+4x^3-x^2-10x\geq -x^2+6x-a$$

가 성립하도록 하는 실수 a의 최솟값은?

① 9
② 11
③ 13
④ 15
⑤ 17

1144 (중요)

두 함수 $f(x)=5x^3-10x^2+k$, $g(x)=5x^2+2$에 대하여 $0<x<3$에서 부등식 $f(x)\geq g(x)$가 성립하도록 하는 실수 k의 최솟값을 구하시오.

1145

Level 2

두 함수 $f(x)=2x^3-6x^2+4x-3$,
$g(x)=x^3-4x^2+8x-k$에 대하여 $-2\le x\le 2$에서 부등식
$f(x)\ge g(x)$가 성립하도록 하는 정수 k의 최솟값은?

① 5 　　　　② 7 　　　　③ 9

④ 11 　　　　⑤ 13

1146

Level 3

두 함수 $f(x)=x^3+2x^2-4x-3$, $g(x)=-x^2+5x$에 대하여 닫힌구간 $[-3,\,2]$에서 부등식
$g(x)-k\le f(x)\le g(x)+k$가 성립하도록 하는 양수 k의 최솟값을 구하시오.

➕ Plus 문제

다음은 이 유형에서 출제된 최근 교육청·평가원 기출문제입니다.

1147 교육청

Level 2

두 함수 $f(x)=-x^4-x^3+2x^2$, $g(x)=\dfrac{1}{3}x^3-2x^2+a$가
있다. 모든 실수 x에 대하여 부등식 $f(x)\le g(x)$가 성립할
때, 실수 a의 최솟값은?

① 8 　　　　② $\dfrac{26}{3}$ 　　　　③ $\dfrac{28}{3}$

④ 10 　　　　⑤ $\dfrac{32}{3}$

1148 평가원

Level 2

두 함수 $f(x)=x^3+3x^2-k$, $g(x)=2x^2+3x-10$에 대하여
부등식 $f(x)\ge 3g(x)$가 닫힌구간 $[-1,\,4]$에서 항상 성립
하도록 하는 실수 k의 최댓값을 구하시오.

실전
유형 **20** 부등식 $f(x)>g(x)$의 해의 활용

(1) 구간 $(a,\,b)$에서 함수 $y=f(x)$의 그래프가 함수 $y=g(x)$
의 그래프보다 위쪽에 있으면
　➡ $a<x<b$에서 부등식 $f(x)>g(x)$가 성립한다.
(2) 임의의 두 실수 x_1, x_2에 대하여 $f(x_1)\ge g(x_2)$이면
　➡ ($f(x)$의 최솟값)$\ge$($g(x)$의 최댓값)

1149 대표문제

두 함수 $f(x)=2x^3-3x^2+6ax-a$, $g(x)=3ax^2-3$에 대
하여 $x\ge 0$에서 함수 $y=f(x)$의 그래프가 함수 $y=g(x)$의
그래프보다 항상 위쪽에 있도록 하는 정수 a의 값은?

(단, $a>1$)

① 2 　　　　② 3 　　　　③ 4

④ 5 　　　　⑤ 6

1150 중요

Level 2

두 함수 $f(x)=x^3-3x^2+10$, $g(x)=-2x^2+12x-a$가
있다. -1보다 크거나 같은 임의의 두 실수 x_1, x_2에 대하여
부등식 $f(x_1)\ge g(x_2)$가 성립하도록 하는 실수 a의 최솟값
을 구하시오.

수직선 위를 움직이는 점 P의 시각 t에서의 위치를 $x=f(t)$라 할 때, 시각 t에서의 점 P의 속도 v와 가속도 a는

$$v=\frac{dx}{dt}=f'(t),\ a=\frac{dv}{dt}=v'(t)$$

1151 대표문제

원점을 출발하여 수직선 위를 움직이는 점 P의 시각 t에서의 위치가 $x=-2t^3+6t^2-6t$이다. 속도가 -24인 순간의 점 P의 가속도는?

① -24　　　　② -12　　　　③ 4

④ 18　　　　⑤ 24

1152

Level 1

수직선 위를 움직이는 점 P의 시각 $t\ (t>0)$에서의 위치 x가 $x=t^3-9t^2+8t$이다. 점 P가 두 번째로 원점을 지날 때의 속도를 구하시오.

1153

Level 2

원점을 출발하여 수직선 위를 움직이는 점 P의 시각 t에서의 위치가 $x=\frac{1}{3}t^3-4t^2-6t$일 때, $0\le t\le 5$에서 점 P의 속력의 최댓값은?

① 6　　　　② 10　　　　③ 14

④ 18　　　　⑤ 22

수직선 위를 움직이는 점 P의 시각 t에서의 속도를 $v(t)$라 할 때
(1) $v(t)$의 부호가 바뀌면 점 P는 운동 방향을 바꾼다.
(2) 점 P가 운동 방향을 바꾸는 순간의 속도는 0이다.

1154 대표문제

수직선 위를 움직이는 점 P의 시각 t에서의 위치 x가 $x=\frac{1}{3}t^3-2t^2+3t$일 때, 점 P가 출발한 후 처음으로 운동 방향을 바꿀 때의 가속도는?

① -2　　　　② -1　　　　③ 1

④ 2　　　　⑤ 3

1155

Level 1

원점을 출발하여 수직선 위를 움직이는 점 P의 시각 t에서의 위치 x가 $x=t^3-15t^2+48t$일 때, 점 P가 운동 방향을 바꾸는 횟수를 구하시오.

1156 중요

Level 2

원점을 출발하여 수직선 위를 움직이는 점 P의 시각 t에서의 위치 x가 $x=t^3-\frac{9}{2}t^2+6t$이고, 점 P는 출발 후 운동 방향을 두 번 바꾼다. 운동 방향을 바꾸는 순간의 위치를 각각 A, B라 할 때, 두 점 A, B 사이의 거리를 구하시오.

1157

Level 3

수직선 위를 움직이는 점 P의 시각 t에서의 위치가 $f(t)=-t^3+at^2-bt+3$이다. $t=1$에서 점 P의 위치는 -4이고, 이때 점 P는 운동 방향을 바꾼다고 한다. 점 P가 $t=1$ 이외에 운동 방향을 바꾸는 순간의 가속도를 구하시오.

(단, a, b는 상수이다.)

1158

Level 3

원점을 출발하여 수직선 위를 움직이는 점 P의 시각 t에서의 위치 x가 $x=t^3-9t^2+15t$이다. 점 P가 출발한 후 처음으로 운동 방향을 바꾸는 순간의 위치는 $x=p$이고, 이때부터 다시 $x=p$의 위치로 돌아오기까지 걸린 시간은 q라 할 때, $p+q$의 값을 구하시오.

다음은 이 유형에서 출제된 최근 교육청·평가원 기출문제입니다.

1159 평가원

Level 2

수직선 위를 움직이는 점 P의 시각 t $(t>0)$에서의 위치 x가
$$x=t^3-12t+k \ (k는 \ 상수)$$
이다. 점 P의 운동 방향이 원점에서 바뀔 때, k의 값은?

① 10   ② 12   ③ 14
④ 16   ⑤ 18

1160 평가원 중요

Level 2

수직선 위를 움직이는 점 P의 시각 t $(t\geq0)$에서의 위치 x가
$$x=t^3-5t^2+at+5$$
이다. 점 P가 움직이는 방향이 바뀌지 <u>않도록</u> 하는 자연수 a의 최솟값은?

① 9   ② 10   ③ 11
④ 12   ⑤ 13

수직선 위를 움직이는 두 점 P, Q의 시각 t에서의 위치를 각각 $f(x)$, $g(x)$라 할 때
(1) $t=a$에서 두 점 P, Q가 만나면 ➡ $f(a)=g(a)$
(2) $t=a$에서 두 점 P, Q가 서로 다른 방향으로 움직이면
    ➡ $f'(a)g'(a)<0$

1161 대표문제

원점을 동시에 출발하여 수직선 위를 움직이는 두 점 P, Q의 시각 t에서의 위치를 각각 x_1, x_2라 하면 $x_1=2t^3-6t^2$, $x_2=t^2+3t$이다. 점 P가 운동 방향을 바꾸는 순간의 점 Q의 속도는?

① 3   ② 4   ③ 5
④ 6   ⑤ 7

1162

Level 1

수직선 위를 움직이는 두 점 P, Q의 시각 t에서의 위치가 각각 $f(t)=2t^2-4t$, $g(t)=t^2-6t$이다. 두 점 P, Q가 서로 반대 방향으로 움직이도록 하는 정수 t의 값을 구하시오.

1163

Level 2

수직선 위를 움직이는 두 점 A, B의 시각 t에서의 위치가 각각 $f(t)=t^3-t+4$, $g(t)=-t^3+2t^2-7t+2$일 때, 선분 AB의 중점 M이 운동 방향을 바꾸는 횟수는?

① 1   ② 2   ③ 3
④ 4   ⑤ 5

1164 중요

Level 2

수직선 위를 움직이는 두 점 P, Q의 시각 t $(t \geq 0)$에서의 위치 x_1, x_2가

$$x_1 = 3t^3 - 3t^2 + 7t, \quad x_2 = 2t^3 + 4t^2 - 3t$$

이다. 두 점 P, Q가 동시에 원점을 출발한 후 처음으로 만나는 순간 두 점 P, Q의 속도의 차는?

① 3   ② 4   ③ 5

④ 6   ⑤ 7

1165

Level 3

수직선 위를 움직이는 두 점 P, Q의 시각 t에서의 위치가 각각 $f(t) = t^2(t^2 - 6t + 12)$, $g(t) = mt$이다. $t > 0$에서 두 점 P, Q의 속도가 같은 순간이 3번 존재하도록 하는 정수 m의 값은?

① 8   ② 9   ③ 10

④ 11   ⑤ 12

다음은 이 유형에서 출제된 최근 교육청·평가원 기출문제입니다.

1166 수능 중요

Level 2

수직선 위를 움직이는 두 점 P, Q의 시각 t $(t \geq 0)$에서의 위치 x_1, x_2가 $x_1 = t^3 - 2t^2 + 3t$, $x_2 = t^2 + 12t$이다. 두 점 P, Q의 속도가 같아지는 순간 두 점 P, Q 사이의 거리를 구하시오.

<table><tr><td>실전
유형</td><td>24 속도·가속도의 실생활 문제</td></tr></table>

(1) 지면에서 수직으로 쏘아 올린 물체가 최고 높이에 도달했을 때의 속도는 0이다.

(2) 움직이는 물체에 제동을 건 후 물체가 정지했을 때의 속도는 0이다.

1167 대표문제

지면으로부터 35 m의 높이에서 20 m/s의 속도로 지면과 수직으로 쏘아 올린 물체의 t초 후의 높이를 h m라 하면 $h = 35 + 20t - 5t^2$이다. 이 물체의 최고 높이는?

① 50 m   ② 55 m   ③ 60 m

④ 65 m   ⑤ 70 m

1168

Level 1

어떤 자동차가 브레이크를 밟은 후 t초 동안 달린 거리를 x m라 하면 $x = 20t - 4t^2$이다. 브레이크를 밟은 후 자동차가 정지할 때까지 걸린 시간은?

① 2초   ② $\dfrac{5}{2}$초   ③ 3초

④ $\dfrac{7}{2}$초   ⑤ 4초

1169

Level 1

지면에서 30 m/s의 속도로 지면과 수직으로 쏘아 올린 로켓의 t초 후의 높이를 h m라 하면 $h = 30t - 5t^2$이다. 이 로켓이 최고 높이에 도달했을 때 지면으로부터의 높이는?

① 30 m   ② 35 m   ③ 40 m

④ 45 m   ⑤ 50 m

1170 ◦▮▮ Level 1

어떤 열차가 제동을 시작한 후 t초 동안 움직인 거리를 x m 라 하면 $x=30t-0.6t^2$이다. 이 열차가 제동을 시작한 후 정지할 때까지 움직인 거리를 구하시오.

1171 ◦▮▮ Level 1

화성의 지면에서 40 m/s의 속도로 지면과 수직으로 던져 올린 돌의 t초 후의 높이를 x m라 하면 $x=40t-2t^2$이다. 이 돌이 화성의 지면에 닿는 순간의 속도는?

① -40 m/s ② -32 m/s ③ -24 m/s

④ -16 m/s ⑤ -8 m/s

1172 중요 ◦▮▮ Level 2

전기가 공급되면 18 m/s의 일정한 속도로 움직이다가 전기를 끊으면 점점 속도가 줄어서 멈추는 물체가 있다. 전기를 끊은 후 t초 동안 움직인 거리를 s m라 하면 $s=18t-0.45t^2$일 때, 이 물체를 목적지에 정확히 정지시키려면 목적지로부터 몇 m 앞에서 전기를 끊으면 되는지 구하시오.

1173 ◦▮▮ Level 2

어느 놀이공원의 놀이 기구는 급격한 속도로 상하 운동을 한다고 한다. $0 \leq t \leq 5$일 때, t초에서 이 놀이 기구의 위치를 $f(t)$ m라 하면 $f(t)=\dfrac{1}{4}t^4-t^3-\dfrac{9}{2}t^2+t+54$이다.

$0 \leq t \leq 5$에서 이 놀이 기구의 최고 속력은?

① 22 m/s ② 24 m/s ③ 26 m/s

④ 28 m/s ⑤ 30 m/s

1174 중요 ◦▮▮ Level 3

두 자동차 A, B가 같은 지점에서 동시에 출발하여 직선 도로를 한 방향으로만 달리고 있다. 출발한 지 t초 후 A, B의 위치는 각각 미분가능한 함수 $f(t)$, $g(t)$로 주어지고, 두 함수는 다음 조건을 만족시킨다.

> (가) $f(20)=g(20)$
> (나) $10 \leq t \leq 30$에서 $f'(t) < g'(t)$

$10 \leq t \leq 30$에서 A와 B의 위치에 대하여 〈**보기**〉에서 옳은 것만을 있는 대로 고른 것은?

> ─〈 보기 〉─
> ㄱ. 출발 후 20초에 A와 B는 같은 위치에 있다.
> ㄴ. B는 A를 한 번 추월한다.
> ㄷ. A는 B를 한 번 추월한다.

① ㄱ ② ㄴ ③ ㄷ

④ ㄱ, ㄴ ⑤ ㄱ, ㄷ

수직선 위를 움직이는 점 P의 시각 t에서의 위치 $x(t)$의 그래프에서

(1) $x(t)=0$이면 점 P는 원점에 위치한다.
(2) $x'(t)=0$이면 점 P는 정지하거나 운동 방향을 바꾼다.
(3) $x'(t)>0$인 구간에서 점 P는 양의 방향으로 움직인다.
(4) $x'(t)<0$인 구간에서 점 P는 음의 방향으로 움직인다.

1175 대표문제

수직선 위를 움직이는 점 P의 시각 t에서의 위치 $x(t)$의 그래프가 그림과 같을 때, $0 \le t \le 6$에서 점 P의 운동 방향이 바뀌는 횟수를 구하시오.

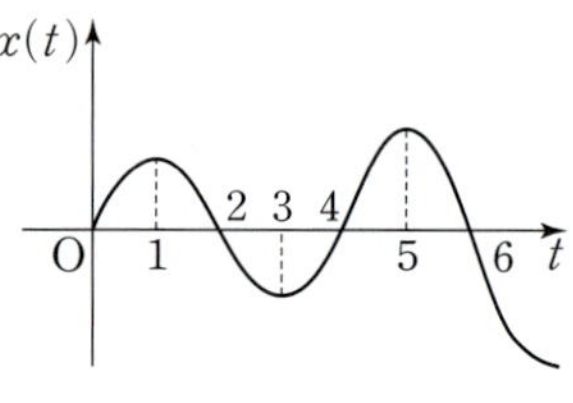

1176

Level 1

수직선 위를 움직이는 점 P의 시각 t에서의 위치 $x(t)$의 그래프가 그림과 같을 때, 다음 중 $t=0$에서 점 P가 출발한 운동 방향과 같은 방향으로 운동할 때의 시각 t를 모두 고르면? (정답 2개)

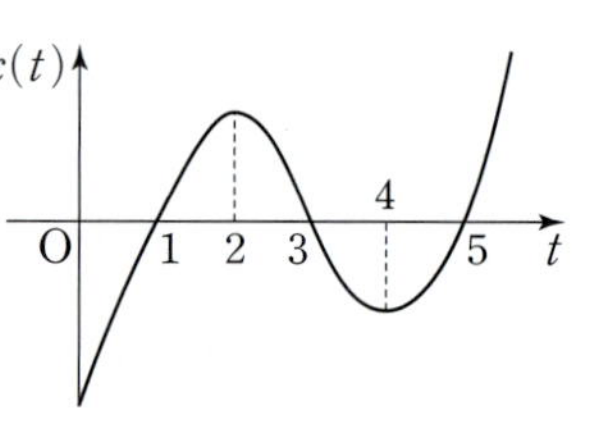

① $t=1$ ② $t=2$ ③ $t=3$
④ $t=4$ ⑤ $t=5$

1177

Level 1

수직선 위를 움직이는 점 P의 시각 t에서의 위치 $x(t)$의 그래프가 그림과 같다. 다음 중 점 P가 출발 후 두 번째로 원점을 지나는 순간의 속도와 그 값이 같은 것은?

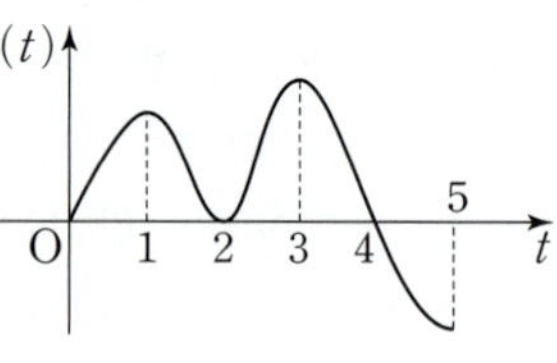

① $x'(1)$ ② $x'(2)$ ③ $x'(3)$
④ $x'(4)$ ⑤ $x'(5)$

1178 중요

Level 2

수직선 위를 움직이는 두 점 P, Q의 시각 t $(0 \le t \le 10)$에서의 위치 $x=f(t)$, $x=g(t)$의 그래프가 그림과 같을 때, 〈보기〉에서 옳은 것만을 있는 대로 고른 것은?

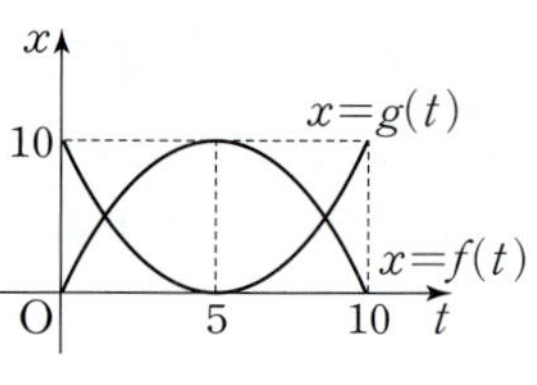

〈보기〉

ㄱ. 두 점 P, Q는 출발 후 10초 동안 두 번 만난다.
ㄴ. 두 점 P, Q는 모두 $t=5$에서 운동 방향을 바꿨다.
ㄷ. 두 점 P, Q 사이의 거리의 최댓값은 10이다.

① ㄱ   ② ㄴ   ③ ㄱ, ㄷ
④ ㄴ, ㄷ   ⑤ ㄱ, ㄴ, ㄷ

1179

Level 3

수직선 위를 움직이는 두 점 P, Q의 시각 t $(0 \le t \le 20)$에서의 위치 $x=f(t)$, $x=g(t)$의 그래프가 그림과 같다. 시각 t에서 점 P의 속도를 $v_P(t)$, 점 Q의 속도를 $v_Q(t)$라 할 때, 〈보기〉에서 옳은 것만을 있는 대로 고른 것은?

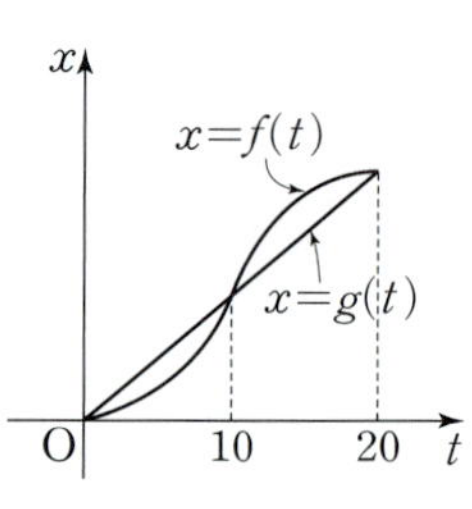

〈보기〉

ㄱ. $0<t<20$에서 점 P는 점 Q보다 원점에서 멀리 떨어져 있다.
ㄴ. $v_P(10)>v_Q(10)$
ㄷ. $0<t<20$에서 $v_P(t)=v_Q(t)$인 지점은 두 개이다.

① ㄱ   ② ㄴ   ③ ㄷ
④ ㄴ, ㄷ   ⑤ ㄱ, ㄴ, ㄷ

<table>
<tr><td>

**실전
유형** **26** 속도 그래프의 해석

수직선 위를 움직이는 점 P의 시각 t에서의 속도 $v(t)$의 그래프에서

(1) $v(t)>0$인 구간에서 점 P는 양의 방향으로 움직인다.

(2) $v(t)<0$인 구간에서 점 P는 음의 방향으로 움직인다.

(3) $v(t)=0$인 t의 좌우에서 $v(t)$의 부호가 변하면 점 P는 운동 방향을 바꾼다.

</td></tr>
</table>

1180 대표문제

수직선 위를 움직이는 점 P의 시각 t에서의 속도 $v(t)$의 그래프가 그림과 같을 때, $0 \le t \le g$에서 점 P의 운동 방향이 바뀌는 횟수는?

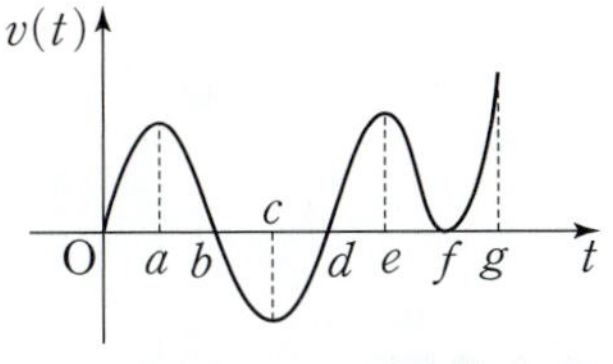

① 1   ② 2   ③ 3

④ 4   ⑤ 5

1181

Level 1

원점을 출발하여 수직선 위를 움직이는 점 P의 시각 t $(0 \le t \le 6)$에서의 속도 $v(t)$의 그래프가 그림과 같을 때, 〈보기〉에서 옳은 것만을 있는 대로 고른 것은?

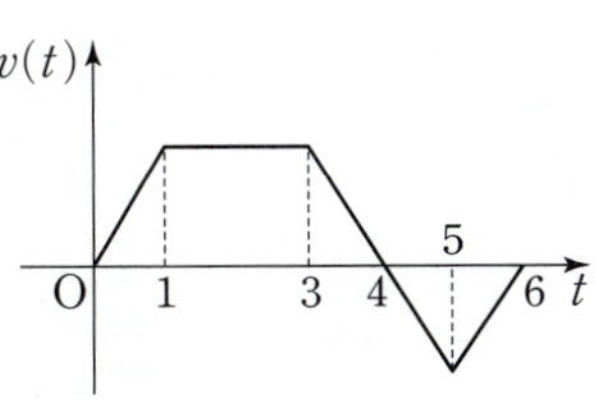

〈보기〉

ㄱ. $0<t<6$에서 점 P는 운동 방향을 한 번 바꾼다.

ㄴ. $1<t<3$에서 점 P는 정지해 있다.

ㄷ. $t=4$에서 점 P의 가속도는 음수이다.

① ㄱ   ② ㄱ, ㄴ   ③ ㄱ, ㄷ

④ ㄴ, ㄷ   ⑤ ㄱ, ㄴ, ㄷ

1182 중요

Level 2

원점을 출발하여 수직선 위를 움직이는 점 P의 시각 t $(0 \le t \le 6)$에서의 속도 $v(t)$의 그래프가 그림과 같을 때, 〈보기〉에서 옳은 것만을 있는 대로 고른 것은?

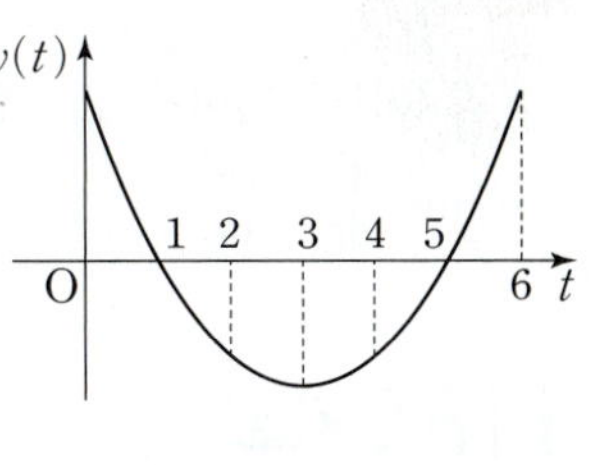

〈보기〉

ㄱ. $t=3$에서 점 P의 가속도는 0이다.

ㄴ. 점 P는 운동 방향을 두 번 바꾼다.

ㄷ. $t=2$일 때와 $t=4$일 때의 점 P의 운동 방향은 서로 반대이다.

① ㄱ   ② ㄴ   ③ ㄱ, ㄴ

④ ㄴ, ㄷ   ⑤ ㄱ, ㄴ, ㄷ

1183

Level 2

원점을 출발하여 수직선 위를 움직이는 점 P의 시각 t $(0 \le t \le 7)$에서의 속도 $v(t)$의 그래프가 그림과 같을 때, 〈보기〉에서 옳은 것만을 있는 대로 고른 것은?

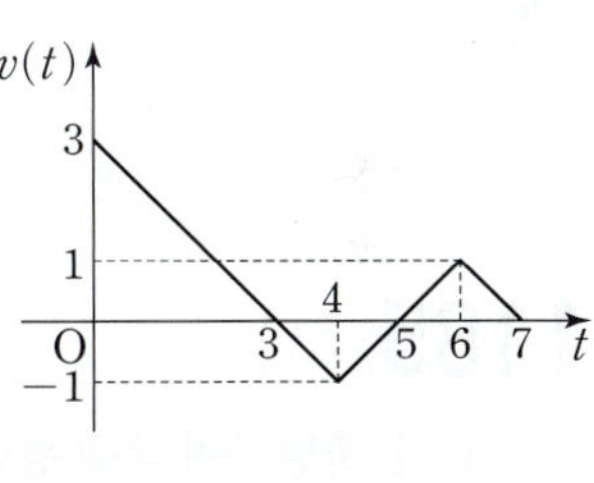

〈보기〉

ㄱ. $4<t<6$에서 점 P의 속도는 증가한다.

ㄴ. $0<t<3$에서 점 P의 가속도는 감소한다.

ㄷ. $t=3$에서 점 P는 원점에 위치해 있다.

① ㄱ   ② ㄱ, ㄴ   ③ ㄱ, ㄷ

④ ㄴ, ㄷ   ⑤ ㄱ, ㄴ, ㄷ

시각 t에서의 길이가 l인 도형의 길이의 변화율은

$$\to \lim_{\Delta t \to 0} \frac{\Delta l}{\Delta t} = \frac{dl}{dt}$$

1184 대표문제

그림과 같이 키가 $1.6\,\mathrm{m}$인 사람이 높이가 $6\,\mathrm{m}$인 가로등의 바로 밑에서 출발하여 $0.55\,\mathrm{m/s}$의 속도로 일직선으로 걸을 때, 이 사람의 그림자의 길이의 변화율은?

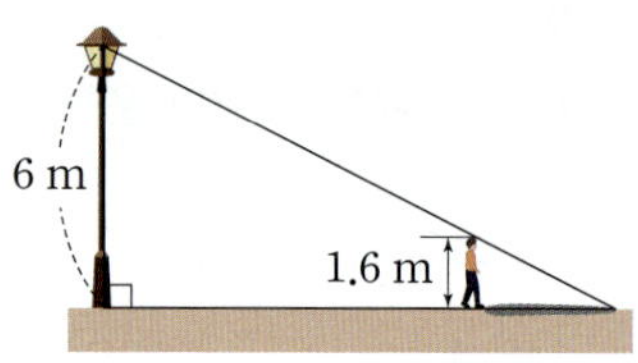

① $0.2\,\mathrm{m/s}$ ② $0.25\,\mathrm{m/s}$ ③ $0.3\,\mathrm{m/s}$

④ $0.35\,\mathrm{m/s}$ ⑤ $0.4\,\mathrm{m/s}$

1185

Level 1

원점 O를 출발하여 좌표평면 위를 움직이는 점 P의 시각 t에서의 위치가 점 $(t,\ \sqrt{3}\,t)$일 때, 선분 OP의 길이의 변화율은?

① 1   ② 2   ③ 3

④ 4   ⑤ 5

1186

Level 1

길이가 $10\,\mathrm{cm}$인 어느 고무줄을 잡아당긴 지 t초 후의 길이를 $l\,\mathrm{cm}$라 할 때, $l=2t^2+t+10$이다. $t=2$가 되는 순간의 고무줄의 길이의 변화율은?

① $5\,\mathrm{cm/s}$ ② $6\,\mathrm{cm/s}$ ③ $7\,\mathrm{cm/s}$

④ $8\,\mathrm{cm/s}$ ⑤ $9\,\mathrm{cm/s}$

1187 중요

Level 2

그림과 같이 좌표평면 위의 원점 O에서 출발하여 x축의 양의 방향으로 움직이는 점 A와 y축의 양의 방향으로 움직이는 점 B가 있다. 두 점 A, B가 매초 8의 속력으로 움직일 때, 선분 AB의 중점 C에 대하여 선분 OC의 길이의 변화율은?

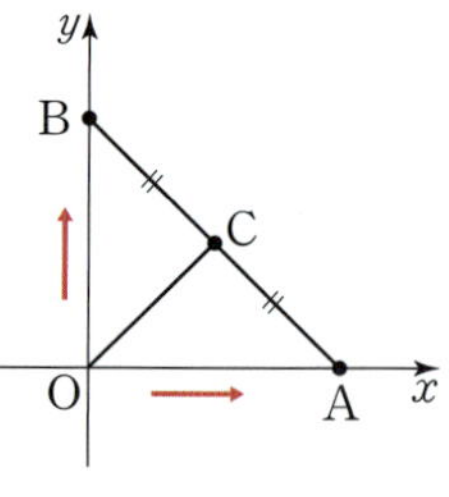

① $\sqrt{2}$ ② $2\sqrt{2}$ ③ $3\sqrt{2}$

④ $4\sqrt{2}$ ⑤ $5\sqrt{2}$

1188

Level 2

원점을 출발하여 수직선 위를 움직이는 두 점 A, B의 시각 t에서의 위치가 각각 $x_A=t^3+3t$, $x_B=3t^2+3t-3$일 때, $t=3$이 되는 순간의 선분 AB의 길이의 변화율은?

① -3 ② 0 ③ $\dfrac{3}{2}$

④ $\dfrac{9}{4}$ ⑤ 9

실전 유형 **28** 시각에 대한 넓이의 변화율

시각 t에서의 넓이가 S인 도형의 넓이의 변화율은

$$\to \lim_{\Delta t \to 0} \frac{\Delta S}{\Delta t} = \frac{dS}{dt}$$

1189 대표문제

한 변의 길이가 14 cm인 정사각형의 각 변의 길이가 매초 4 cm씩 늘어난다고 할 때, 정사각형의 넓이가 2500 cm²가 되는 순간의 넓이의 변화율은?

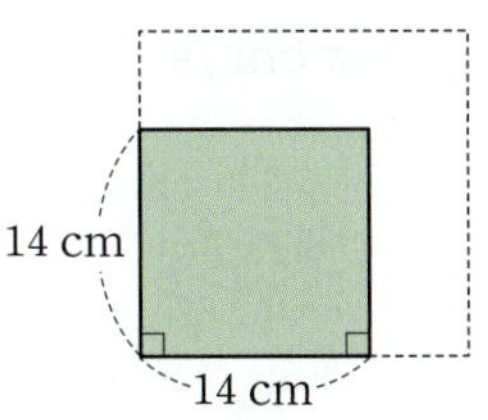

① 100 cm²/s   ② 200 cm²/s   ③ 300 cm²/s

④ 400 cm²/s   ⑤ 500 cm²/s

1190 ▮▮ Level 2

가로, 세로의 길이가 각각 9 cm, 4 cm인 직사각형이 있다. 이 직사각형의 가로, 세로의 길이가 각각 매초 0.2 cm, 0.3 cm씩 늘어난다고 할 때, 이 직사각형이 정사각형이 되는 순간의 넓이의 변화율은?

① 9.5 cm²/s   ② 10 cm²/s   ③ 10.5 cm²/s

④ 11 cm²/s   ⑤ 11.5 cm²/s

1191 중요 ▮▮ Level 2

그림과 같이 길이가 20 cm인 선분 AB 위의 점 P가 점 A에서 출발하여 4 cm/s의 속도로 점 B를 향해 움직이고 있다. 두 선분 AP, PB를 각각 한 변으로 하는 두 정사각형의 넓이의 합을 S cm²라 할 때, 점 P가 출발한 지 3초 후의 S의 변화율을 구하시오.

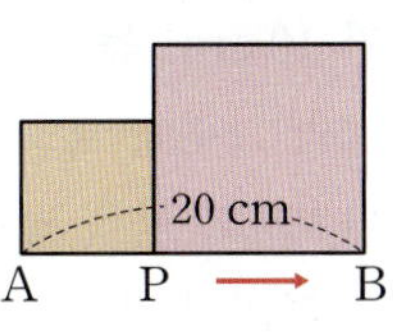

1192 중요 ▮▮ Level 2

한 변의 길이가 $12\sqrt{3}$ cm인 정삼각형과 그 정삼각형에 내접하는 원으로 이루어진 도형이 있다. 이 도형에서 정삼각형의 각 변의 길이가 매초 $3\sqrt{3}$ cm씩 늘어남에 따라 원도 정삼각형에 내접하면서 반지름의 길이가 늘어난다. 정삼각형의 한 변의 길이가 $24\sqrt{3}$ cm가 되는 순간 원의 넓이의 변화율은?

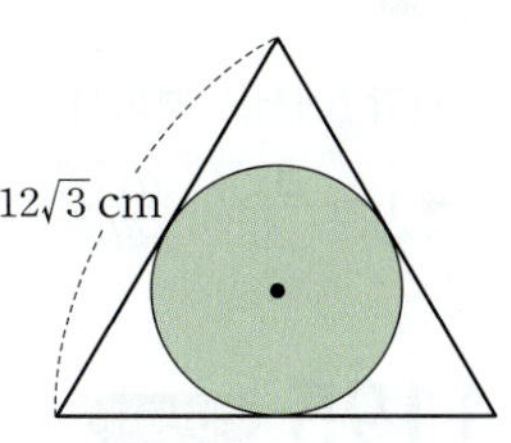

① $3\sqrt{3}\pi$ cm²/s   ② 12π cm²/s   ③ $12\sqrt{3}\pi$ cm²/s

④ 24π cm²/s   ⑤ 36π cm²/s

⊕ Plus 문제

1193 ▮▮ Level 2

그림과 같이 반지름의 길이가 10 cm인 반구 모양의 빈 용기에 수면의 높이가 매초 1 cm씩 일정하게 높아지도록 물을 채우려고 한다. 물을 넣기 시작한 지 5초 후의 수면의 넓이의 변화율을 $a\pi$ cm²/s라 할 때, 상수 a의 값을 구하시오.

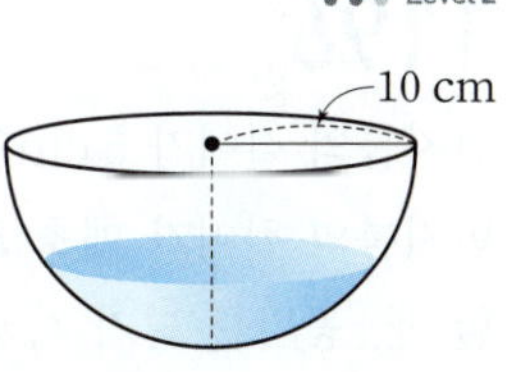

1194 ▮▮ Level 2

그림과 같이 한 변의 길이가 20인 정사각형 ABCD에서 점 P는 A에서 출발하여 변 AB 위를 매초 2씩 움직여 B까지, 점 Q는 B에서 P와 동시에 출발하여 변 BC 위를 매초 3씩 움직여 C까지 간다. 이 때 사각형 DPBQ의 넓이가 정사각형 ABCD의 넓이의 $\frac{11}{20}$이 되는 순간의 삼각형 PBQ의 넓이의 변화율을 구하시오.

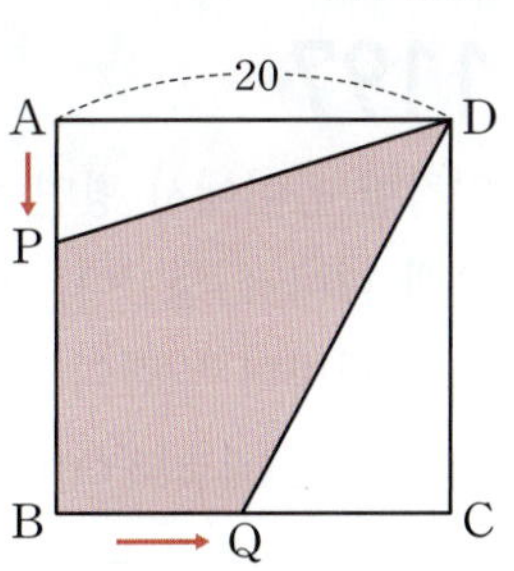

시각 t에서의 부피가 V인 도형의 부피의 변화율은

$$\lim_{\Delta t \to 0} \frac{\Delta V}{\Delta t} = \frac{dV}{dt}$$

1195 대표문제

한 모서리의 길이가 2 cm인 정육면체의 각 모서리의 길이가 매초 1 cm씩 늘어날 때, 정육면체의 부피가 216 cm³가 되는 순간의 부피의 변화율은?

① 108 cm³/s ② 120 cm³/s ③ 132 cm³/s
④ 144 cm³/s ⑤ 156 cm³/s

1196 Level 2

반지름의 길이가 5 cm인 구 모양의 풍선이 있다. 이 풍선의 반지름의 길이가 매초 3 cm씩 늘어나도록 공기를 넣는다고 할 때, 공기를 넣기 시작한 지 5초 후의 풍선의 부피의 변화율은?

① 1200π cm³/s ② 2400π cm³/s ③ 3600π cm³/s
④ 4800π cm³/s ⑤ 6000π cm³/s

1197 Level 2

일정한 높이에서 평면 위에 모래를 흘려보내면 원뿔 모양의 모래 더미가 생긴다. 평면 위에 모래를 계속 흘려보냈더니 모래 더미의 밑면의 반지름의 길이는 매초 4 cm씩 늘어나고 높이는 매초 3 cm씩 늘어났다고 한다. 모래를 흘려보낸 지 3초가 되었을 때, 모래 더미의 부피의 변화율은?

① 288π cm³/s ② 336π cm³/s ③ 384π cm³/s
④ 432π cm³/s ⑤ 480π cm³/s

1198 중요 Level 2

밑면의 반지름의 길이가 3 cm, 높이가 5 cm인 원기둥이 있다. 원기둥의 밑면의 반지름의 길이가 매초 1 cm씩 늘어나고 높이가 매초 1 cm씩 줄어들 때, 원기둥의 밑면의 반지름의 길이와 높이가 같아지는 순간의 부피의 변화율은?

① 4π cm³/s ② 8π cm³/s ③ 12π cm³/s
④ 16π cm³/s ⑤ 20π cm³/s

1199 Level 2

밑면이 한 변의 길이가 2 cm인 정사각형이고, 높이가 4 cm인 정사각뿔이 있다. 이 정사각뿔의 밑면의 각 변의 길이와 높이가 매초 1 cm씩 늘어난다. 3초 후의 정사각뿔의 부피의 변화율은?

① 25 cm³/s ② $\frac{80}{3}$ cm³/s ③ $\frac{85}{3}$ cm³/s
④ 30 cm³/s ⑤ $\frac{95}{3}$ cm³/s

1200 중요 Level 3

그림과 같이 밑면의 반지름의 길이가 10 cm, 높이가 20 cm인 원뿔 모양의 그릇에 매초 1 cm씩 수면이 높아지도록 물을 넣을 때, 4초 후의 물의 부피의 변화율은?

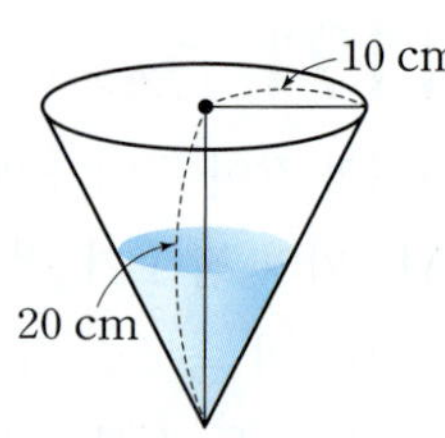

① π cm³/s ② 2π cm³/s ③ 3π cm³/s
④ 4π cm³/s ⑤ 5π cm³/s

서술형 / 유형 익히기

1201 [대표문제]

$-1 \leq x \leq 1$에서 정의된 두 함수 $f(x)=x^2-2x+2$, $g(x)=x^3+3x^2$에 대하여 함수 $(g \circ f)(x)$의 최댓값과 최솟값의 합을 구하는 과정을 서술하시오. [8점]

STEP 1 $-1 \leq x \leq 1$에서 $f(x)$의 값의 범위 구하기 [2점]

$f(x)=x^2-2x+2=(x-1)^2+1$

이므로 $-1 \leq x \leq 1$에서

$\boxed{^{(1)}} \leq f(x) \leq \boxed{^{(2)}}$

STEP 2 $f(x)=t$로 치환하고, $(g \circ f)(x)=g(t)$의 증가, 감소 조사하기 [4점]

$f(x)=t$로 놓으면 $\boxed{^{(3)}} \leq t \leq \boxed{^{(4)}}$

$(g \circ f)(x)=g(f(x))=g(t)=t^3+3t^2$이므로

$g'(t)=3t^2+6t=3t(t+2)$

$\boxed{^{(3)}} \leq t \leq \boxed{^{(4)}}$에서 함수 $g(t)$의 증가, 감소를 표로 나타내면 다음과 같다.

t	$\boxed{^{(3)}}$	$\cdots$	$\boxed{^{(4)}}$
$g'(t)$		$+$	
$g(t)$	$\boxed{^{(5)}}$	$\nearrow$	$\boxed{^{(6)}}$

STEP 3 $(g \circ f)(x)=g(t)$의 최댓값과 최솟값의 합 구하기 [2점]

함수 $g(t)$의 최댓값은 $g(5)=\boxed{^{(7)}}$,

최솟값은 $g(\boxed{^{(8)}})=\boxed{^{(9)}}$이므로

함수 $(g \circ f)(x)$의 최댓값과 최솟값의 합은 $\boxed{^{(10)}}$이다.

핵심 KEY [유형 2] **치환을 이용한 함수의 최대·최소**

주어진 구간에서 두 함수를 합성한 함수의 최댓값과 최솟값을 구하는 문제이다.

$f(x)=t$라 하면 주어진 x의 구간에서 t의 값의 범위가 생기므로 해당 범위에서 함수 $(g \circ f)(x)=g(t)$의 최댓값과 최솟값을 구해야 한다. 이때 치환한 함수의 함숫값의 범위를 먼저 구해야 함에 주의한다.

또한, 최댓값과 최솟값을 구할 때 삼차함수와 사차함수는 미분하여 증가·감소를 조사해야 하지만, 이차함수는 완전제곱식을 이용하여 바로 구할 수 있다.

1202 [한번 더]

$-1 \leq x \leq 1$에서 정의된 두 함수 $f(x)=x^2-2x+2$, $g(x)=x^3+3x^2$에 대하여 함수 $(f \circ g)(x)$의 최솟값을 구하는 과정을 서술하시오. [8점]

STEP 1 $-1 \leq x \leq 1$에서 $g(x)$의 값의 범위 구하기 [5점]

STEP 2 $g(x)=t$로 치환하고, $(f \circ g)(x)=f(t)$의 최솟값 구하기 [3점]

1203 [유사 1]

$-1 \leq x \leq 0$에서 정의된 두 함수 $f(x)=x^2+2x$, $g(x)=x^3-3x^2+2$에 대하여 함수 $(g \circ f)(x)$의 최댓값과 최솟값을 구하는 과정을 서술하시오. [8점]

1204 대표문제

$x>0$일 때, 부등식 $\dfrac{1}{3}x^3-x^2+a+1\geq0$이 성립하도록 하는 실수 a의 최솟값을 구하는 과정을 서술하시오. [7점]

STEP 1 $f(x)=\dfrac{1}{3}x^3-x^2+a+1$로 놓고, 함수 $f(x)$의 증가, 감소 조사하기 [4점]

$f(x)=\dfrac{1}{3}x^3-x^2+a+1$이라 하면

$f'(x)=x^2-2x=x(x-2)$

$f'(x)=0$인 x의 값은 $x=2$ $(\because x>0)$

$x>0$에서 함수 $f(x)$의 증가, 감소를 표로 나타내면 다음과 같다.

x	0	$\cdots$	2	$\cdots$
$f'(x)$		$-$	0	$+$
$f(x)$		$\searrow$	$a-\dfrac{1}{3}$ 극소	$\nearrow$

STEP 2 함수 $f(x)$의 최솟값 구하기 [1점]

$x>0$에서 함수 $f(x)$의 최솟값은

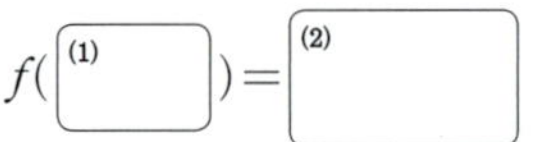

$f\left(\boxed{}^{(1)}\right)=\boxed{}^{(2)}$

STEP 3 $f(x)\geq0$이 성립하도록 하는 실수 a의 최솟값 구하기 [2점]

$x>0$인 모든 실수 x에 대하여 $f(x)\geq0$이 성립하려면

$\boxed{}^{(3)}\geq0$ $\quad\therefore a\geq\boxed{}^{(4)}$

따라서 실수 a의 최솟값은 $\boxed{}^{(5)}$이다.

1205 한번 더

$x>0$일 때, 부등식 $-\dfrac{1}{3}x^3-2x^2+5x+a\leq0$이 성립하도록 하는 실수 a의 최댓값을 구하는 과정을 서술하시오. [7점]

STEP 1 $f(x)=-\dfrac{1}{3}x^3-2x^2+5x+a$로 놓고, 함수 $f(x)$의 증가, 감소 조사하기 [4점]

STEP 2 함수 $f(x)$의 최댓값 구하기 [1점]

STEP 3 $f(x)\leq0$이 성립하도록 하는 실수 a의 최댓값 구하기 [2점]

1206 유사 1

모든 실수 x에 대하여 부등식 $\dfrac{1}{4}x^4+\dfrac{1}{2}x^2-2x+1+a\geq0$이 성립하도록 하는 실수 a의 최솟값을 구하는 과정을 서술하시오. [7점]

핵심 KEY 유형 17 · 유형 18 **주어진 구간 또는 모든 실수에 대하여 항상 성립하는 부등식**

주어진 구간에서 항상 부등식이 성립하도록 미정계수를 정하는 문제이다. 부등식 $f(x)\geq0$이 성립하려면 $f(x)$의 최솟값이 0보다 크거나 같아야 하고, 부등식 $f(x)\leq0$이 성립하려면 $f(x)$의 최댓값이 0보다 작거나 같아야 하므로 함수 $f(x)$의 최댓값, 최솟값을 조사한다.

1207 대표문제

수직선 위를 움직이는 두 점 P, Q의 시각 t에서의 위치가 각각 $f(t)=t^2-6t+3$, $g(t)=2t^2-8t-5$이다. 두 점 P, Q가 서로 반대 방향으로 움직이는 시각 t의 값의 범위를 구하는 과정을 서술하시오. [6점]

> **STEP 1** 두 점 P, Q의 속도를 식으로 나타내기 [2점]
> 두 점 P, Q의 시각 t에서의 속도는 각각
> $$f'(t)=2t-6,\ g'(t)=\boxed{}^{(1)}$$
>
> **STEP 2** 두 점이 서로 반대 방향으로 움직이는 시각 t의 값의 범위 구하기 [4점]
> 두 점 P, Q가 서로 반대 방향으로 움직이려면
> $f'(t)g'(t)<0$이어야 하므로
> $$(2t-6)\left(\boxed{}^{(2)}\right)<0$$
> 따라서 두 점 P, Q가 서로 반대 방향으로 움직이는 시각 t의 값이 범위는
> $$\boxed{}^{(3)}<t<\boxed{}^{(4)}$$

1208 한번 더

수직선 위를 움직이는 두 점 P, Q에서의 시각 t $(t>0)$에서의 위치가 각각 $f(t)=t^2+2t$, $g(t)=\dfrac{1}{2}t^2-3t$이다.

두 점 P, Q가 서로 반대 방향으로 움직이는 시각 t의 값의 범위를 구하는 과정을 서술하시오. [6점]

STEP 1 두 점 P, Q의 속도를 식으로 나타내기 [2점]

STEP 2 두 점이 서로 반대 방향으로 움직이는 시각 t의 값의 범위 구하기
[4점]

1209 유사 1

수직선 위를 움직이는 점 P의 시각 t에서의 위치 x가 $x=t^3-6t^2+kt$이다. 점 P가 출발한 후 운동 방향이 바뀌지 않도록 하는 실수 k의 최솟값을 구하는 과정을 서술하시오.
[7점]

1210 유사 2

수직선 위를 움직이는 두 점 P, Q의 시각 t에서의 위치가 각각 $f(t)=t^2-2t-11$, $g(t)=\dfrac{1}{2}t^2-3t+1$이다. 두 점 P, Q가 처음으로 만날 때까지 서로 같은 방향으로 움직이는 시각 t의 값의 범위를 구하는 과정을 서술하시오. [8점]

핵심 KEY 유형 22 , 유형 23 속도·가속도·운동 방향과 두 점의 운동

위치를 미분하여 속도를 구하고, 두 점의 운동 방향을 속도의 부호로 나타내어 해결하는 문제이다.
수직선 위의 점은 속도가 양($+$)이면 양의 방향, 속도가 음($-$)이면 음의 방향으로 움직이므로 두 점의 운동 방향이 같으면 속도의 부호가 같고, 운동 방향이 다르면 속도의 부호가 서로 다름을 이용한다.

1 1211

닫힌구간 $[0,\ 2]$에서 함수 $f(x)=-2x^3+3x^2+1$의 최댓값은? [3점]

① 0 ② 1 ③ 2
④ 3 ⑤ 4

2 1212

닫힌구간 $[-1,\ 3]$에서 함수 $f(x)=x^3-6x^2+9x+2a$의 최댓값과 최솟값의 합이 -4일 때, 상수 a의 값은? [3점]

① 1 ② 2 ③ 3
④ 4 ⑤ 5

3 1213

방정식 $x^3+3x^2-9x-k=0$이 서로 다른 세 실근을 가지도록 하는 정수 k의 개수는? [3점]

① 27 ② 28 ③ 29
④ 30 ⑤ 31

4 1214

수직선 위를 움직이는 점 P의 시각 t에서의 위치 x가 $x=2t^3-8t^2+11t+11$이다. $t\geq0$에서 속도가 최소가 될 때의 시각 t의 값은? [3점]

① $\dfrac{1}{3}$ ② $\dfrac{2}{3}$ ③ 1
④ $\dfrac{4}{3}$ ⑤ $\dfrac{5}{3}$

5 1215

수직선 위를 움직이는 점 P의 시각 t에서의 위치 x가 $x=3t^2-6t$일 때, 점 P가 출발 후 운동 방향을 바꾸는 순간의 시각 t의 값은? [3점]

① 1 ② 2 ③ 3
④ 4 ⑤ 5

6 1216

지면으로부터 높이 45 m의 건물 옥상에서 40 m/s의 속도로 지면과 수직으로 쏘아 올린 물 로켓의 t초 후의 높이를 h m라 하면 $h=-5t^2+40t+45$이다. 물 로켓이 가장 높이 올라갔을 때의 높이는? [3점]

① 65 m ② 75 m ③ 105 m
④ 110 m ⑤ 125 m

7 1217

원점을 출발하여 수직선 위를 움직이는 점 P의 시각 t에서의 속도 $v(t)$의 그래프가 그림과 같을 때, 다음 중 옳지 <u>않은</u> 것은? [3점]

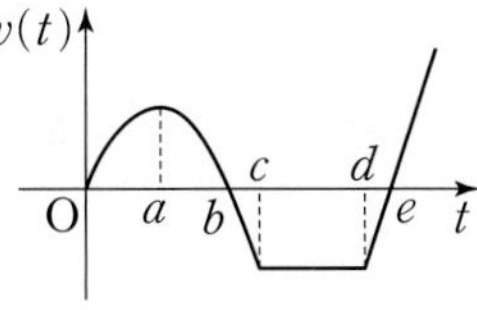

① $t=b$일 때, 가속도는 음의 값이다.

② $a<t<b$에서 속도는 감소한다.

③ $0<t<d$에서 점 P는 운동 방향을 한 번 바꾼다.

④ $d<t<e$에서 가속도는 일정하다.

⑤ $c<t<d$에서 점 P는 정지해 있다.

8 1218

한 모서리의 길이가 a cm인 정육면체의 각 모서리의 길이가 매초 1 cm씩 늘어나고 있다. 3초 후 정육면체의 부피의 변화율이 108 cm³/s일 때, 양수 a의 값은? [3점]

① 1   ② 2   ③ 3

④ 4   ⑤ 5

9 1219

닫힌구간 $[-3, 3]$에서 함수 $f(x)=ax^3-9ax^2$의 최솟값이 -54일 때, 상수 a의 값은? [3.5점]

① $\dfrac{1}{4}$ ② $\dfrac{1}{3}$ ③ $\dfrac{1}{2}$

④ 1   ⑤ -1

10 1220

곡선 $y=1-x^2$과 x축으로 둘러싸인 도형에 내접하고 한 변이 x축 위에 있는 직사각형의 넓이의 최댓값은? [3.5점]

① $\dfrac{\sqrt{3}}{9}$ ② $\dfrac{2\sqrt{3}}{9}$ ③ $\dfrac{\sqrt{3}}{3}$

④ $\dfrac{4\sqrt{3}}{9}$ ⑤ $\dfrac{5\sqrt{3}}{9}$

11 1221

최고차항의 계수가 1인 사차함수 $f(x)$가 다음 조건을 만족시킨다.

> (개) $f(x)=f(-x)$
> (내) $f(2)=f'(2)=0$

방정식 $f(x)=k$의 실근이 4개가 되도록 하는 정수 k의 개수는? [3.5점]

① 11   ② 13   ③ 15

④ 17   ⑤ 19

12 ₁₂₂₂

$x \geq -1$인 모든 실수 x에 대하여 부등식
$x^3 - 3x^2 + k \geq 0$이 성립하도록 하는 실수 k의 최솟값은?

[3.5점]

① 2 　　　　② 4 　　　　③ 6
④ 8 　　　　⑤ 10

13 ₁₂₂₃

모든 실수 x에 대하여 부등식 $x^4 - 2x^2 \geq a$가 성립하도록 하는 실수 a의 최댓값은? [3.5점]

① -2 　　　　② -1 　　　　③ 0
④ 1 　　　　⑤ 2

14 ₁₂₂₄

수직선 위를 움직이는 두 점 P, Q의 시각 t에서의 위치가 각각 $f(t) = t^2 - 4t$, $g(t) = t^2 + at + 2$이고, $t = 2$일 때 두 점 P, Q는 같은 곳에 위치한다. 두 점 P, Q가 서로 반대 방향으로 움직이도록 하는 시각 t의 범위가 $\alpha < x < \beta$일 때, $\alpha + \beta$의 값은? [3.5점]

① $\dfrac{9}{2}$ 　　　　② 5 　　　　③ $\dfrac{11}{2}$
④ 6 　　　　⑤ $\dfrac{13}{2}$

15 ₁₂₂₅

두 함수 $f(x) = x^3 - 12x$, $g(x) = -x^2 + 3$에 대하여 함수 $(f \circ g)(x)$의 최댓값은? [4점]

① 16 　　　　② 18 　　　　③ 20
④ 22 　　　　⑤ 24

16 ₁₂₂₆

그림과 같이 반지름의 길이가 6인 구의 중심 O를 꼭짓점으로 하는 두 개의 합동인 원뿔을 붙여 만든 도형이 구에 내접하고 있다. 두 원뿔의 부피의 합이 최대일 때, 원뿔의 밑면의 반지름의 길이는? [4점]

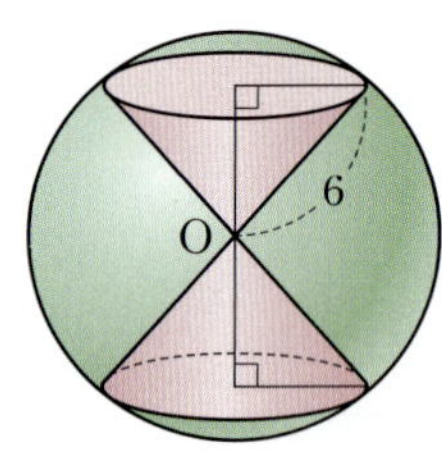

① $\sqrt{2}$ 　　　　② $\sqrt{3}$ 　　　　③ $2\sqrt{3}$
④ $2\sqrt{6}$ 　　　　⑤ $4\sqrt{2}$

17 ₁₂₂₇

방정식 $x^3 - 12x + 8 - k = 0$이 서로 다른 두 개의 음의 근과 한 개의 양의 근을 가지도록 하는 실수 k의 값의 범위가 $\alpha < k < \beta$일 때, $\beta - \alpha$의 값은? [4점]

① 4 　　　　② 8 　　　　③ 12
④ 16 　　　　⑤ 20

18 1228

두 함수 $f(x)=x^2-2x+2$, $g(x)=x^3-3x^2+1$에 대하여
방정식 $(g\circ f)(x)=0$의 서로 다른 실근의 개수는? [4점]

① 1　　　　② 2　　　　③ 3

④ 4　　　　⑤ 5

19 1229

그림과 같이 한 변의 길이가 2인 정삼각형 AOB의 변 위의
점 P가 원점 O에서 출발하여 점 A를 지나 점 B까지 매초 1씩
움직인다. 점 P가 출발한 지 $t\,(0<t<4)$초 후 삼각형 APQ
의 넓이를 $S(t)$라 할 때, 〈**보기**〉에서 옳은 것만을 있는 대로
고른 것은? [4점]

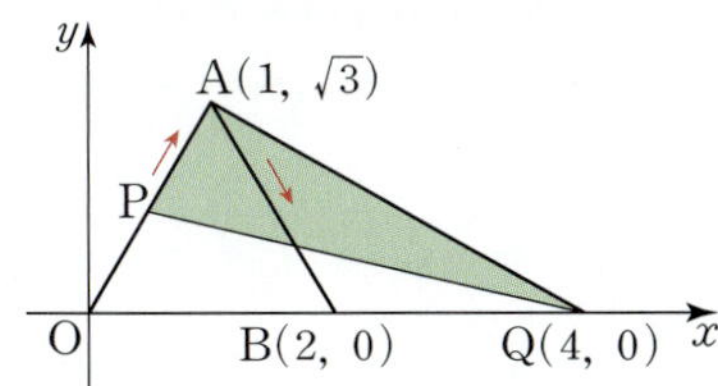

 〈 보기 〉

ㄱ. $0<t<2$일 때 $S(t)$의 변화율은 $-\sqrt{3}$이다.

ㄴ. $2<t<4$일 때 $S(t)$의 변화율은 $-\dfrac{\sqrt{3}}{2}$이다.

ㄷ. 함수 $S(t)$는 $t=2$에서 극소이다.

① ㄱ　　　　② ㄱ, ㄴ　　　　③ ㄱ, ㄷ

④ ㄴ, ㄷ　　　　⑤ ㄱ, ㄴ, ㄷ

20 1230

최고차항의 계수가 1인 삼차함수 $f(x)$에 대하여 함수 $g(x)$
를 $g(x)=f(x)+|f'(x)|$라 할 때, 두 함수 $f(x)$, $g(x)$가
다음 조건을 만족시킨다.

(가) $f(0)=g(0)=0$

(나) 방정식 $f(x)=0$은 양의 실근을 가진다.

(다) 방정식 $|f(x)|=4$의 서로 다른 실근의 개수는 3이다.

$g(3)$의 값은? [4.5점]

① 9　　　　② 10　　　　③ 11

④ 12　　　　⑤ 13

21 1231

두 함수 $f(x)=x^4-2x^2+2x+a$, $g(x)=-3x^2+1$이 있
다. 모든 실수 x에 대하여 부등식 $g(x)\le 2x+k\le f(x)$를
만족시키는 자연수 k의 개수가 3일 때, 정수 a의 값은? [4.5점]

① 3　　　　② 4　　　　③ 5

④ 6　　　　⑤ 7

22 1232

삼차함수 $f(x)$의 도함수 $y=f'(x)$의 그래프가 그림과 같다. $f(-1)=3$, $f(3)=-3$ 일 때, 방정식 $f(x)=k$가 서로 다른 세 실근을 가지도록 하는 실수 k의 값의 범위를 구하는 과정을 서술하시오. [6점]

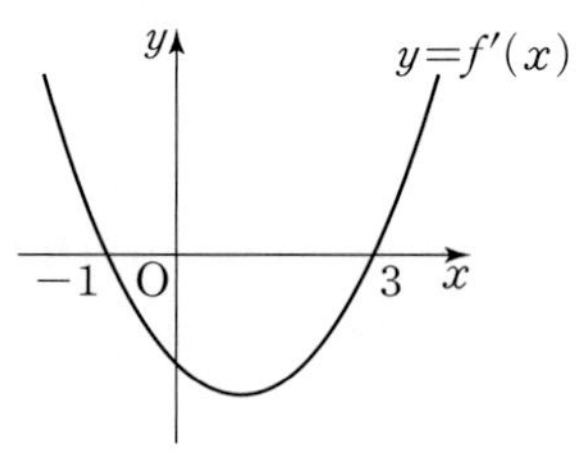

23 1233

점 $(1, k)$에서 곡선 $y=x^3-3x$에 서로 다른 세 개의 접선을 그을 수 있도록 하는 실수 k의 값의 범위를 구하는 과정을 서술하시오. [6점]

24 1234

최고차항의 계수가 1, $f(0)=-2$이고 계수가 유리수인 삼차함수 $f(x)$가 있다. 실수 t에 대하여 직선 $y=t$와 함수 $y=f(x)$의 그래프가 만나는 점의 개수 $g(t)$는

$$g(t)=\begin{cases} 1 & (t<-4 \text{ 또는 } t>0) \\ 2 & (t=-4 \text{ 또는 } t=0) \\ 3 & (-4<t<0) \end{cases}$$

이다. $f(9)$의 값을 구하는 과정을 서술하시오. [7점]

25 1235

$x \geq 0$인 모든 실수 x에 대하여 부등식 $2x^3-6ax \geq -\dfrac{1}{2}$이 성립하도록 하는 실수 a의 값의 범위를 구하는 과정을 서술하시오. [7점]

실전 마무리하기 2회

점 / 100점

1 1236

닫힌구간 $[1, 4]$에서 함수 $f(x)=x^3-3x^2+8$의 최댓값을 M, 최솟값을 m이라 할 때, $M+m$의 값은? [3점]

① 28   ② 32   ③ 36
④ 40   ⑤ 44

2 1237

닫힌구간 $[-1, 3]$에서 함수 $f(x)=x^3-6x^2+9x+a$의 최 댓값이 10일 때, 상수 a의 값은? [3점]

① 4   ② 5   ③ 6
④ 7   ⑤ 8

3 1238

방정식 $\dfrac{1}{3}x^3-x^2-k=0$이 서로 다른 두 실근을 가지도록 하는 모든 실수 k의 값의 합은? [3점]

① $-\dfrac{4}{3}$ ② -1 ③ $-\dfrac{2}{3}$
④ $-\dfrac{1}{3}$ ⑤ $\dfrac{1}{3}$

4 1239

$x>2$일 때, 부등식 $x^3+3x+a>0$이 성립하도록 하는 실수 a의 최솟값은? [3점]

① -16 ② -15 ③ -14
④ -13 ⑤ -12

5 1240

수직선 위를 움직이는 점 P의 시각 t에서의 위치 x가 $x=2t^2-t+1$일 때, $t=1$에서 점 P의 속도는? [3점]

① 1   ② 2   ③ 3
④ 4   ⑤ 5

6 1241

수직선 위를 움직이는 점 P의 시각 t에서의 위치 x가 $x=2t^3-6t^2+kt+2$이다. 점 P의 속도가 항상 양수가 되도 록 하는 정수 k의 최솟값은? [3점]

① 6   ② 7   ③ 8
④ 9   ⑤ 10

7 1242

지면으로부터 $10\,$m의 높이에서 지면과 수직으로 던져 올린 물체의 t초 후의 높이를 $h(t)\,$m라 하면 $h(t)=-5t^2-5t+10$이다. 이 물체가 지면에 닿는 순간의 속도는? [3점]

① $-7\,$m/s ② $-9\,$m/s ③ $-11\,$m/s
④ $-13\,$m/s ⑤ $-15\,$m/s

8 1243

수직선 위를 움직이는 점 P의 시각 t에서의 위치 $x(t)$의 그래프가 그림과 같을 때, 〈보기〉에서 옳은 것만을 있는 대로 고른 것은? (단, $0<t<5$) [3점]

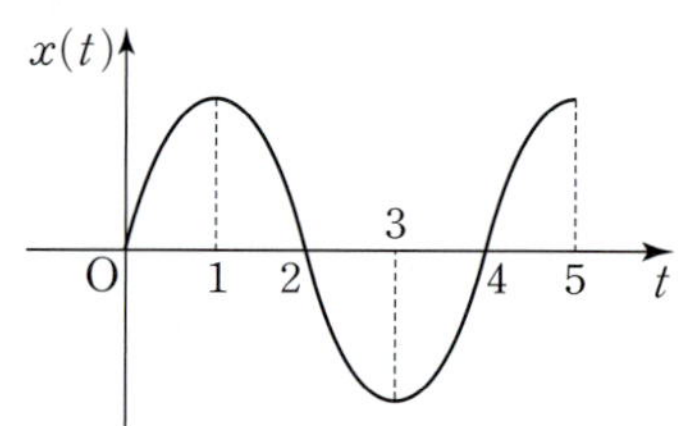

〈 보기 〉

ㄱ. 점 P는 원점에서 출발하였다.
ㄴ. 점 P는 출발 후 원점을 두 번 지난다.
ㄷ. 점 P는 출발 후 운동 방향을 두 번 바꾸었다.

① ㄱ ② ㄴ ③ ㄱ, ㄴ
④ ㄴ, ㄷ ⑤ ㄱ, ㄴ, ㄷ

9 1244

곡선 $y=x^2$ 위의 점 P와 점 $(-3,\ 0)$ 사이의 거리의 최솟값은? [3.5점]

① 1 ② $\sqrt{3}$ ③ $\sqrt{5}$
④ 3 ⑤ 5

10 1245

그림과 같은 직육면체에서 모든 모서리의 길이의 합이 36일 때, 직육면체의 부피의 최댓값은? [3.5점]

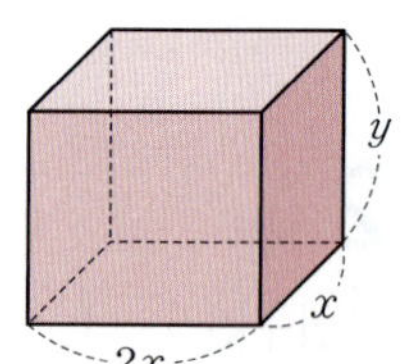

① 18 ② 21
③ 24 ④ 27
⑤ 32

11 1246

방정식 $2x^3-3x^2-12x-k=0$이 한 개의 양의 근과 서로 다른 두 개의 음의 근을 가지도록 하는 정수 k의 개수는? [3.5점]

① 2 ② 4 ③ 6
④ 8 ⑤ 10

12 1247

삼차방정식 $x^3-3x^2-9x-k=0$의 세 실근을 α, β, γ라 하자. $\alpha<1<\beta<\gamma$를 만족시키는 정수 k의 개수는? [3.5점]

① 15　　　　② 17　　　　③ 19
④ 21　　　　⑤ 23

13 1248

모든 실수 x에 대하여 부등식 $x^4-4x-a^2+2a+18\geq0$이 성립하도록 하는 정수 a의 개수는? [3.5점]

① 6　　　　② 7　　　　③ 8
④ 9　　　　⑤ 10

14 1249

수직선 위를 움직이는 점 P의 시각 t $(0\leq t\leq15)$에서의 속도 $v(t)$의 그래프가 그림과 같다. 점 P가 출발 후 운동 방향을 m번 바꾸고, 점 P의 가속도가 0인 시각이 n번일 때, $m+n$의 값은? [3.5점]

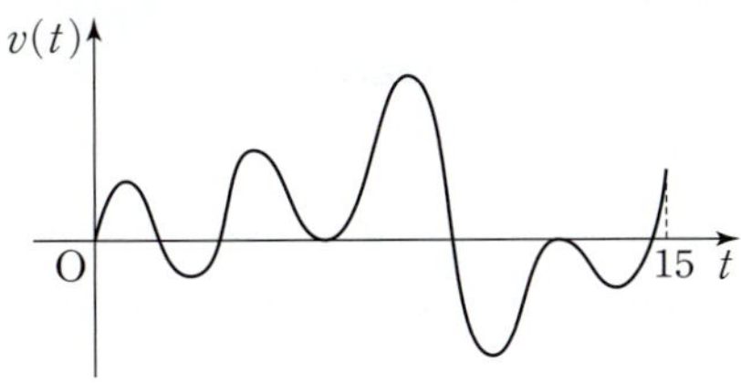

① 9　　　　② 10　　　　③ 11
④ 12　　　　⑤ 13

15 1250

각 모서리의 길이가 매초 0.01 mm씩 늘어나는 정육면체가 있다. 모서리의 길이가 3 cm가 되는 순간의 부피의 변화율은? (단, 처음 각 모서리의 길이는 0 cm로 생각한다.) [3.5점]

① 9 mm³/s　　　② 18 mm³/s　　　③ 27 mm³/s
④ 36 mm³/s　　　⑤ 45 mm³/s

16 1251

최고차항의 계수가 1인 삼차함수 $f(x)$가 모든 실수 x에 대하여 $f(-x)=-f(x)$를 만족시킨다. 방정식 $|f(x)|=54$가 서로 다른 네 개의 실근을 가질 때, $f(1)$의 값은? [4점]

① -22　　　　② -23　　　　③ -24
④ -25　　　　⑤ -26

17 1252

점 $(-2, 0)$에서 곡선 $y=x^3+ax-6$에 서로 다른 세 개의 접선을 그을 수 있도록 하는 정수 a의 개수는? [4점]

① 1   ② 2   ③ 3
④ 4   ⑤ 5

18 1253

두 함수 $f(x)=x^3-x^2-x+1$, $g(x)=-x^2+2x+k$에 대하여 닫힌구간 $[0, 3]$에서 $f(x) \geq g(x)$가 성립하도록 하는 상수 k의 최댓값은? [4점]

① -2 ② -1 ③ 0
④ 1   ⑤ 2

19 1254

수직선 위를 움직이는 두 점 P, Q의 시각 t에서의 위치가 각각 $x_P(t)=\dfrac{1}{3}t^3-5t$, $x_Q(t)=-2t^2+\dfrac{25}{3}$이다. 두 점 P, Q의 속도가 같아지는 순간 두 점 사이의 거리는? [4점]

① 9   ② 10   ③ 11
④ 12   ⑤ 13

20 1255

그림과 같이 30°를 이루고 있는 두 반직선 OA, OB 위를 각각 움직이는 두 점 P, Q가 있다. 점 P는 점 O를 출발하여 매초 2의 속도로 움직이고, 점 Q는 점 O를 출발하여 매초 1의 속도로 움직일 때, 점 P가 출발한 지 3초 후 삼각형 OPQ의 넓이의 변화율은? [4점]

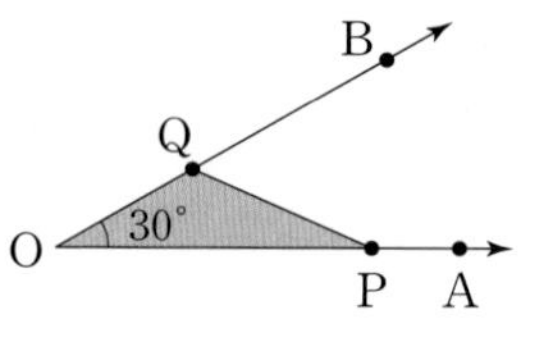

① 1   ② 2   ③ 3
④ 4   ⑤ 5

21 1256

최고차항의 계수가 양수인 사차함수 $f(x)$의 도함수 $y=f'(x)$의 그래프가 그림과 같다.

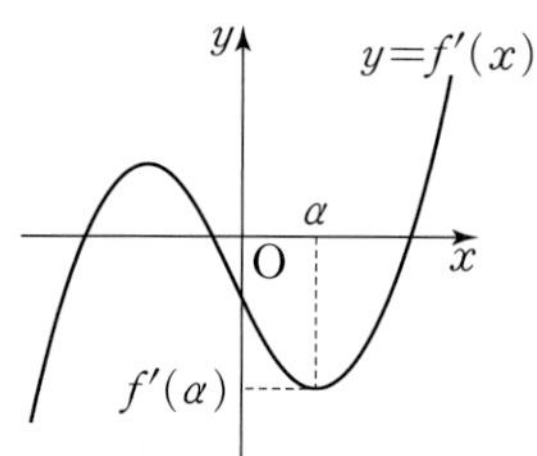

양수 α에 대하여 $f'(\alpha)>-2$이고 $f(0)=0$이다. 함수 $h(x)$를 $h(x)=f(x)+2x$라 할 때, 〈보기〉에서 옳은 것만을 있는 대로 고른 것은?

(단, 함수 $f'(x)$는 $x=\alpha$에서 극소이다.) [4.5점]

— 〈 보기 〉—

ㄱ. $h'(\alpha)>0$

ㄴ. 함수 $h(x)$는 열린구간 $(0, \alpha)$에서 감소한다.

ㄷ. 방정식 $h(x)=0$은 서로 다른 두 실근을 가진다.

① ㄱ   ② ㄴ   ③ ㄱ, ㄴ
④ ㄱ, ㄷ   ⑤ ㄴ, ㄷ

22 ₁₂₅₇

모든 실수 k에 대하여 곡선 $y=\dfrac{1}{3}x^3+\dfrac{1}{2}ax^2+9x$와 직선 $y=k$의 교점이 1개가 되도록 하는 정수 a의 개수를 구하는 과정을 서술하시오. [6점]

23 ₁₂₅₈

직선 철로를 달리는 어떤 열차가 제동을 건 후 t초 동안 움직인 거리를 x m라 하면 $x=40t-t^2$이다. 기관사가 장애물을 보고 즉시 제동을 걸어 장애물에 부딪히지 않으려면 최소한 장애물 몇 m 앞에서 제동을 걸어야 하는지 구하는 과정을 서술하시오. [6점]

24 ₁₂₅₉

그림과 같이 밑면의 반지름의 길이가 2 cm, 높이가 10 cm인 원뿔이 있다. 밑면의 반지름의 길이는 매초 1 cm씩 길어지고 높이는 매초 1 cm씩 짧아질 때, 원뿔의 부피의 변화율이 0이 되는 순간의 부피를 구하는 과정을 서술하시오. [7점]

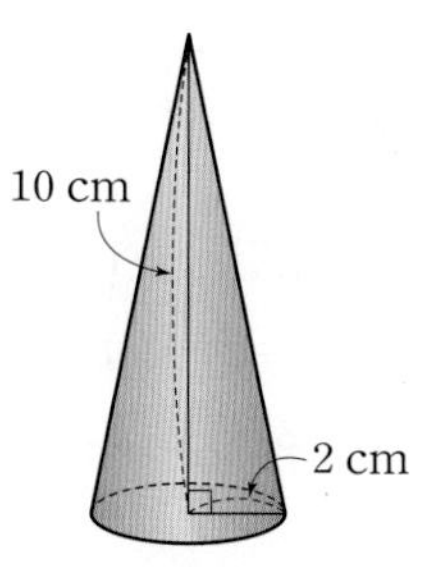

25 ₁₂₆₀

두 함수 $f(x)=x^4-8x^2+3$, $g(x)=-x^2+2x+k$가 있다. 임의의 두 실수 x_1, x_2에 대하여 부등식 $f(x_1)\geq g(x_2)$가 성립하도록 하는 실수 k의 최댓값을 구하는 과정을 서술하시오. [8점]

고난도 ⊕ Plus 문제

1 1261
연계문항 233쪽 **1039**

닫힌구간 $[-1, 3]$에서 함수
$f(x)=x^3-3x^2+3(x-|x|)+4$의 최댓값과 최솟값의 합을 구하시오.

2 1262
연계문항 237쪽 **1062**

그림과 같이 두 곡선 $y=x^3$, $y=-x^3+2x$의 교점 중 제1사분면에 있는 점을 A라 하고, 두 곡선과 직선 $x=k$ $(0<k<1)$가 만나는 점을 각각 B, C라 하자. 사각형 OBAC의 넓이가 최대가 되게 하는 실수 k의 값을 구하시오. (단, O는 원점이다.)

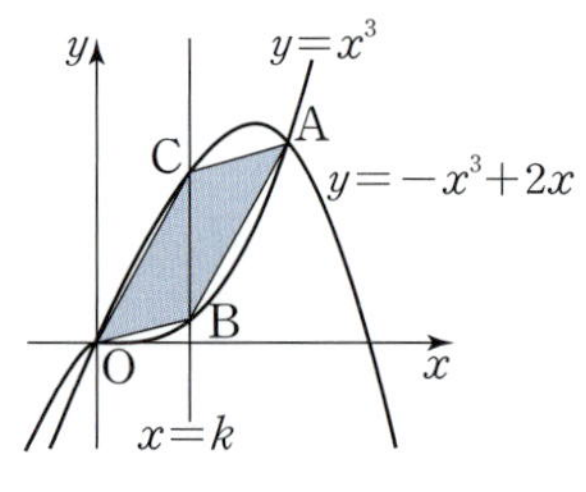

3 1263
연계문항 247쪽 **1123**

두 함수 $f(x)=x^4-6x^2+2$, $g(x)=x^2+\dfrac{1}{x^2}-2$에 대하여 x에 대한 방정식 $(f\circ g)(x)=k$의 실근이 존재하도록 하는 실수 k의 최솟값은?

① $-\dfrac{15}{2}$　　　② -7　　　③ $-\dfrac{13}{2}$

④ -6　　　⑤ $-\dfrac{11}{2}$

4 1264
연계문항 248쪽 **1129**

$0<x<1$일 때, 2 이상의 자연수 n에 대하여 부등식 $x^n-nx+n(n-3)-1>0$이 성립하도록 하는 자연수 n의 최솟값은?

① 1　　　② 2　　　③ 3

④ 4　　　⑤ 5

5 1265
연계문항 251쪽 **1146**

두 함수 $f(x)=-x^4+2x^2+x-a$, $g(x)=3x^2+x+2$가 있다. 모든 실수 x에 대하여 부등식 $f(x)\leq x+k\leq g(x)$가 성립하도록 하는 정수 k의 개수가 3일 때, 정수 a의 값을 구하시오.

6 1266
연계문항 259쪽 **1192**

가로의 길이와 세로의 길이가 각각 2 cm이고 높이가 10 cm인 직육면체 모양의 물체에 열을 가하면 가로, 세로의 길이는 매초 1 cm씩 늘어나고 높이는 매초 1 cm씩 줄어든다고 한다. 이 직육면체 모양의 물체의 부피가 최대가 될 때의 겉넓이의 변화율은?

① $-32\ \text{cm}^2/\text{s}$　　② $-16\ \text{cm}^2/\text{s}$　　③ $16\ \text{cm}^2/\text{s}$

④ $24\ \text{cm}^2/\text{s}$　　⑤ $32\ \text{cm}^2/\text{s}$

07

부정적분

07 부정적분

1 부정적분

(1) 함수 $F(x)$의 도함수가 $f(x)$, 즉 $F'(x)=f(x)$일 때, $F(x)$를 $f(x)$의 **부정적분**이라 하고, 기호로 $\int f(x)dx$와 같이 나타낸다.

(2) 함수 $f(x)$의 부정적분 중 하나를 $F(x)$라 하면

$$\int f(x)dx = F(x)+C$$

이다. 이때 C를 **적분상수**라 한다.

참고 함수 $f(x)$의 부정적분을 구하는 것을 $f(x)$를 적분한다고 하고, 그 계산법을 적분법이라 한다.

2 부정적분과 미분의 관계 핵심 1

$F'(x)=f(x)$일 때

(1) $\dfrac{d}{dx}\left\{\int f(x)dx\right\} = \dfrac{d}{dx}\{F(x)+C\} = F'(x) = f(x)$ (단, C는 적분상수)

(2) $\int\left\{\dfrac{d}{dx}f(x)\right\}dx = \int f'(x)dx = f(x)+C$ (단, C는 적분상수)

참고 함수 $f(x)$를 적분한 후 미분하면 ➡ $f(x)$
함수 $f(x)$를 미분한 후 적분하면 ➡ $f(x)+C$ (단, C는 적분상수)

3 함수 $y=k$와 $y=x^n$의 부정적분 핵심 2

(1) k가 상수일 때, $\int k\,dx = kx+C$ (단, C는 적분상수)

(2) n이 음이 아닌 정수일 때, $\int x^n\,dx = \dfrac{1}{n+1}x^{n+1}+C$ (단, C는 적분상수)

예 (1) $\int 1\,dx = \int x^0\,dx = \dfrac{1}{0+1}x^{0+1}+C = x+C$ (단, C는 적분상수)

(2) $\int x\,dx = \dfrac{1}{1+1}x^{1+1}+C = \dfrac{1}{2}x^2+C$ (단, C는 적분상수)

4 함수의 실수배, 합, 차의 부정적분 핵심 2

두 함수 $f(x)$, $g(x)$의 부정적분이 존재할 때

(1) $\int kf(x)dx = k\int f(x)dx$ (단, k는 0이 아닌 실수)

(2) $\int\{f(x)+g(x)\}dx = \int f(x)dx + \int g(x)dx$

(3) $\int\{f(x)-g(x)\}dx = \int f(x)dx - \int g(x)dx$

참고 (2), (3)은 세 개 이상의 함수에 대해서도 성립한다.

Note

$\int f(x)dx$를 '적분 $f(x)dx$' 또는 '인티그럴(integral) $f(x)dx$'라 읽는다.

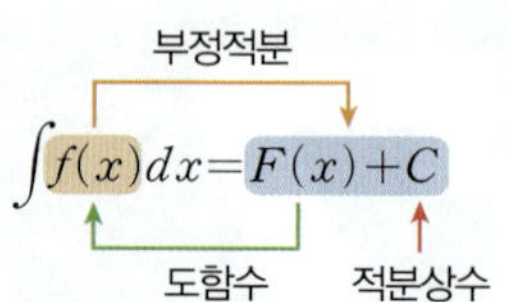

$\dfrac{d}{dx}\left\{\int f(x)dx\right\} \neq \int\left\{\dfrac{d}{dx}f(x)\right\}dx$

$\int 1\,dx$를 간단히 $\int dx$로 나타내기도 한다.

다항함수의 부정적분은 항을 각각 적분한다.

적분상수가 여러 개일 때는 이들을 모두 묶어서 하나의 적분상수 C로 나타낸다.

07

핵심 1 부정적분과 미분의 관계 유형 2~3

부정적분과 미분의 관계를 알아보자.

(1) $\dfrac{d}{dx}\left\{\displaystyle\int(x^2+x)dx\right\}=\dfrac{d}{dx}\left(\dfrac{1}{3}x^3+\dfrac{1}{2}x^2+C_1\right)$

$\quad\quad\quad\quad\quad\quad\quad\quad =x^2+x$ (단, C_1은 적분상수)

↳ 적분상수가 사라진다.

$$\dfrac{d}{dx}\left\{\int f(x)dx\right\}=f(x)$$

➡ 먼저 적분한 후 미분

(2) $\displaystyle\int\left\{\dfrac{d}{dx}(x^2+x)\right\}dx=\int(2x+1)dx$

$\quad\quad\quad\quad\quad\quad =x^2+x+C_2$ (단, C_2는 적분상수)

↳ 적분상수가 생긴다.

$$\int\left\{\dfrac{d}{dx}f(x)\right\}dx=f(x)+C \ (\text{단, } C\text{는 적분상수})$$

➡ 먼저 미분한 후 적분

1267 다음을 계산하시오.

(1) $\dfrac{d}{dx}\left(\displaystyle\int x^3 dx\right)$

(2) $\displaystyle\int\left(\dfrac{d}{dx}x^3\right)dx$

1268 $f(x)=x^2-2x$일 때, 다음을 계산하시오.

(1) $\dfrac{d}{dx}\left\{\displaystyle\int f(x)dx\right\}$

(2) $\displaystyle\int\left\{\dfrac{d}{dx}f(x)\right\}dx$

핵심 2 부정적분의 계산 유형 4

부정적분 $\displaystyle\int(3x^2-6x+1)dx$를 구해 보자.

$\displaystyle\int(3x^2-6x+1)dx=\int 3x^2\,dx+\int(-6x)dx+\int 1\,dx$ ← $\displaystyle\int\{f(x)\pm g(x)\}dx=\int f(x)dx\pm\int g(x)dx$

$\quad\quad\quad\quad\quad\quad\quad =3\displaystyle\int x^2\,dx-6\int x\,dx+\int 1\,dx$ ← $\displaystyle\int kf(x)dx=k\int f(x)dx$

$\quad\quad\quad\quad\quad\quad\quad =3\left(\dfrac{1}{3}x^3+C_1\right)-6\left(\dfrac{1}{2}x^2+C_2\right)+(x+C_3)$

$\quad\quad\quad\quad\quad\quad\quad =x^3-3x^2+x+C$

↳ 여러 개의 적분상수를 하나의 적분상수로 나타낸다.

n이 0 또는 양의 정수일 때,
$$\int x^n dx=\dfrac{1}{n+1}x^{n+1}+C$$
(단, C는 적분상수)

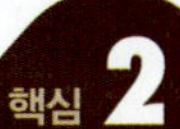

1269 부정적분 $\displaystyle\int(x+1)^2 dx$를 구하시오.

1270 부정적분 $\displaystyle\int\dfrac{x^3}{x+1}dx+\int\dfrac{1}{x+1}dx$를 구하시오.

기출 유형으로 실전 준비하기

 1 부정적분의 정의

$F(x)$는 $f(x)$의 부정적분 중 하나이다.
$\iff F'(x)=f(x)$
$\iff$ 함수 $F(x)$의 도함수가 $f(x)$이다.
$\iff \int f(x)dx=F(x)+C$ (단, C는 적분상수)

1271 대표문제

등식 $\int(12x^2+ax-9)dx=bx^3+2x^2-cx+2$를 만족시키는
상수 a, b, c에 대하여 $a+b+c$의 값은?

① 11 　　　　② 13 　　　　③ 15
④ 17 　　　　⑤ 19

1272 　Level 1

다항함수 $f(x)$가 $\int f(x)dx=\dfrac{1}{3}x^3-x^2+C$를 만족시킬 때,
$f(4)$의 값을 구하시오. (단, C는 적분상수이다.)

1273 　Level 1

다항함수 $f(x)$에 대하여 $\int f(x)dx=F(x)$가 성립하고
$F'(x)=x^2+a$, $f(1)=4$일 때, $f(2)$의 값을 구하시오.
　　　　　　　　　　　　　　(단, a는 상수이다.)

1274 중요 　Level 1

함수 $f(x)$가 $\int xf(x)dx=2x^3-2x^2+C$를 만족시킬 때,
$f(3)$의 값은? (단, C는 적분상수이다.)

① 10 　　　　② 11 　　　　③ 12
④ 13 　　　　⑤ 14

1275 　Level 1

함수 $f(x)$가 $\int(x-1)f(x)dx=2x^3-3x^2+1$을 만족시킬
때, $f(1)$의 값은?

① 2 　　　　② 4 　　　　③ 6
④ 8 　　　　⑤ 10

1276 　Level 2

다항함수 $f(x)$에 대하여
$$\int(2x+3)f(x)dx=\dfrac{1}{3}x^3-\dfrac{1}{4}x^2-3x+C$$
일 때, $f(6)$의 값은? (단, C는 적분상수이다.)

① 1 　　　　② 2 　　　　③ 3
④ 4 　　　　⑤ 5

1277 중요

Level 2

함수 $F(x)=x^3+ax^2+bx$는 함수 $f(x)$의 부정적분 중 하나
이다. $f(0)=-1$, $f'(0)=4$일 때, 상수 a, b에 대하여
$a+b$의 값을 구하시오.

1278

Level 2

두 함수 $f(x)=x^2+1$, $g(x)=4x+7$이

$$\int F(x)dx=f(x)g(x)$$

를 만족시킬 때, 함수 $F(x)$의 상수항은?

① 1 ② 2 ③ 3
④ 4 ⑤ 5

1279

Level 2

두 다항함수 $f(x)$, $g(x)$가

$$\int g(x)dx=x^3f(x)+a$$

를 만족시키고 $f(-1)=1$, $f'(-1)=5$일 때, $g(-1)$의
값을 구하시오. (단, a는 상수이다.)

$$\frac{d}{dx}\left\{\int f(x)dx\right\}=f(x)$$

➡ $f(x)$를 적분하고 미분하면 $f(x)$ 그대로

1280 대표문제

다항함수 $f(x)$에 대하여

$$\frac{d}{dx}\left\{\int (x-1)f(x)dx\right\}=2x^3-3x^2+k$$

일 때, $f(2)$의 값은? (단, k는 상수이다.)

① 1 ② 2 ③ 3
④ 4 ⑤ 5

1281

Level 1

모든 실수 x에 대하여

$$\frac{d}{dx}\left\{\int (2x^2+6x+a)dx\right\}=bx^2+cx+3$$

이 성립할 때, 상수 a, b, c에 대하여 $a+b+c$의 값은?

① 5 ② 7 ③ 9
④ 11 ⑤ 13

1282 중요

함수 $f(x)=4x^3+x^2+x$에 대하여

$F(x)=\dfrac{d}{dx}\left\{\displaystyle\int xf(x)dx\right\}$일 때, $F(x)$의 모든 항의 계수의 합은?

① 2   ② 4   ③ 6
④ 8   ⑤ 10

1283

함수 $f(x)=\dfrac{d}{dx}\left\{\displaystyle\int(x^2+4x+k)dx\right\}$의 최솟값이 -1일 때, 상수 k의 값은?

① 1   ② 2   ③ 3
④ 4   ⑤ 5

1284

등식 $\log_x\left\{\dfrac{d}{dx}\left(\displaystyle\int x^4\,dx\right)\right\}=x^2-6x-3$을 만족시키는 x의 값은?

① 1   ② 3   ③ 5
④ 7   ⑤ 9

실전 유형 3 부정적분과 미분의 관계 (2)

$$\int\left\{\dfrac{d}{dx}f(x)\right\}dx=f(x)+C \text{ (단, } C\text{는 적분상수)}$$

➜ $f(x)$를 미분하고 적분하면 $f(x)+$(적분상수)

1285 대표문제

함수 $F(x)=\displaystyle\int\left\{\dfrac{d}{dx}(x^2-x)\right\}dx$에 대하여 $F(1)=3$일 때, $F(-1)$의 값은?

① 5   ② 7   ③ 9
④ 11   ⑤ 13

1286

함수 $f(x)=\displaystyle\int\left\{\dfrac{d}{dx}(x^2-6x)\right\}dx$의 최솟값이 8일 때, $f(1)$의 값은?

① 8   ② 9   ③ 10
④ 11   ⑤ 12

07

1287 중요

Level 2

함수 $f(x)=3x^2+x$에 대하여 두 함수 $f_1(x)$, $f_2(x)$를

$$f_1(x)=\int\left\{\frac{d}{dx}f(x)\right\}dx,\quad f_2(x)=\frac{d}{dx}\left\{\int f(x)dx\right\}$$

라 하자. $f_1(1)=2$일 때, $f_1(2)+f_2(-1)$의 값은?

① 12　　　　② 14　　　　③ 16

④ 18　　　　⑤ 20

1288

Level 3

함수 $f(x)=10x^{10}+9x^9+8x^8+\cdots+2x^2+x$에 대하여

$$F(x)=\int\left[\frac{d}{dx}\int\left\{\frac{d}{dx}f(x)\right\}dx\right]dx$$

이다. $F(0)=10$일 때, $F(1)$의 값을 구하시오.

다음은 이 유형에서 출제된 최근 교육청 · 평가원 기출문제입니다.

1289 교육청

Level 2

다항함수 $f(x)$가

$$\frac{d}{dx}\int\{f(x)-x^2+4\}dx=\int\frac{d}{dx}\{2f(x)-3x+1\}dx$$

를 만족시킨다. $f(1)=3$일 때, $f(0)$의 값은?

① -2　　　　② -1　　　　③ 0

④ 1　　　　⑤ 2

---

 4 부정적분의 계산

(1) $\int k\,dx=kx+C$ (단, k는 상수, C는 적분상수)

(2) $\int x^n\,dx=\dfrac{1}{n+1}x^{n+1}+C$

　　　　　(단, n은 음이 아닌 정수, C는 적분상수)

(3) $\int kf(x)dx=k\int f(x)dx$ (단, k는 0이 아닌 상수)

(4) $\int\{f(x)\pm g(x)\}dx=\int f(x)dx\pm\int g(x)dx$ (복부호동순)

1290 대표문제

함수 $f(x)=\displaystyle\int\frac{x^3}{x-1}dx-\int\frac{1}{x-1}dx$에 대하여

$f(0)=2$일 때, $f(-1)$의 값은?

① $\dfrac{5}{6}$　　　　② 1　　　　③ $\dfrac{7}{6}$

④ $\dfrac{4}{3}$　　　　⑤ $\dfrac{3}{2}$

1291

Level 1

함수 $f(x)=\displaystyle\int(4x^3+6x^2+2x+3)dx$에 대하여

$f(0)=-1$일 때, $f(2)$의 값을 구하시오.

1292 중요

Level 2

함수 $f(x)=\displaystyle\int(\sqrt{x}-1)^2dx+\int(\sqrt{x}+1)^2dx$에 대하여

$f(0)=2$일 때, $f(3)$의 값은?

① 15　　　　② 17　　　　③ 19

④ 21　　　　⑤ 23

1293 (중요)
Level 3

함수

$$f(x)=\int\left(\frac{1}{3}x+\frac{1}{4}x^2+\frac{1}{5}x^3+\cdots+\frac{1}{12}x^{10}\right)dx$$

에 대하여 $f(1)=1$일 때, $f(0)$의 값을 구하시오.

1294 (고난도)
Level 3

함수 $f(x)=\dfrac{x+5}{x+2}$에 대하여 함수 $g(x)$를

$$g(x)=\int(x+2)f'(x)dx+\int f(x)dx$$

라 할 때, $g(1)=0$이다. 이때 $g(3)$의 값을 구하시오.

다음은 이 유형에서 출제된 최근 교육청·평가원 기출문제입니다.

1295 (평가원)
Level 2

함수 $f(x)$가

$$f(x)=\int\left(\frac{1}{2}x^3+2x+1\right)dx-\int\left(\frac{1}{2}x^3+x\right)dx$$

이고 $f(0)=1$일 때, $f(4)$의 값은?

① $\dfrac{23}{2}$ ② 12 ③ $\dfrac{25}{2}$

④ 13 ⑤ $\dfrac{27}{2}$

---

(1) $\displaystyle\int f(x)dx=g(x)$ 꼴이 주어지면

  → 양변을 미분하여 $f(x)=g'(x)$임을 이용한다.

(2) $\dfrac{d}{dx}f(x)=g(x)$ 꼴이 주어지면

  → 양변을 적분하여 $\displaystyle\int\left\{\frac{d}{dx}f(x)\right\}dx=f(x)+C$임을 이용한다. (단, C는 적분상수)

1296 (대표문제)

두 다항함수 $f(x)$, $g(x)$가

$$\frac{d}{dx}\{f(x)+g(x)\}=4,\quad \frac{d}{dx}\{f(x)-g(x)\}=4x-2$$

를 만족시키고 $f(0)=-1$, $g(0)=3$일 때, $f(1)-g(-1)$의 값은?

① 1 ② 2 ③ 3

④ 4 ⑤ 5

1297
Level 2

계수가 정수인 두 일차함수 $f(x)$, $g(x)$에 대하여

$$\frac{d}{dx}\{f(x)g(x)\}=2x-5$$

이고 $f(0)=-1$, $g(0)=-4$일 때, $f(5)$의 값을 구하시오.

1298 중요

Level 2

다항함수 $f(x)$의 도함수 $f'(x)$가

$$\int (3x-2)f'(x)\,dx = x^3 - \frac{5}{2}x^2 + 2x + 3$$

을 만족시키고 $f(1) = \frac{1}{2}$일 때, $f(2)$의 값은?

① 1   ② 2   ③ 3

④ 4   ⑤ 5

1299 중요

Level 2

두 다항함수 $f(x)$, $g(x)$에 대하여

$$\frac{d}{dx}\{f(x)+g(x)\} = 2x+1,$$

$$\frac{d}{dx}\{f(x)g(x)\} = 3x^2 - 2x + 2$$

이고 $f(0)=2$, $g(0)=-1$일 때, $f(-1)+g(3)$의 값은?

① 1   ② 2   ③ 3

④ 4   ⑤ 5

1300

Level 2

이차함수 $f(x)$에 대하여 다항함수 $g(x)$가

$$g(x) = \int \{x^2 + f(x)\}\,dx, \quad f(x) + g(x) = 3x + 2$$

를 만족시킬 때, $g(2)$의 값을 구하시오.

실전유형 6 도함수가 주어진 경우의 부정적분 빈출유형

함수 $f(x)$의 도함수 $f'(x)$가 주어지면 $f(x)$는 다음과 같은 순서로 구한다.

❶ $f(x) = \int f'(x)\,dx$임을 이용하여 $f(x)$를 적분상수를 포함한 식으로 나타낸다.

❷ 함숫값을 이용하여 적분상수를 구한다.

1301 대표문제

함수 $f(x)$에 대하여 $f'(x) = 3x^2 - 2x + a$이고 $f(0) = 3$, $f(1) = 4$일 때, $f(-1)$의 값은? (단, a는 상수이다.)

① -2 ② -1 ③ 0

④ 1   ⑤ 2

1302 중요

Level 1

함수 $f(x)$에 대하여 $f'(x) = \dfrac{x^6 - 1}{x^2 + x + 1}$이고 $f(0) = 0$일 때, $20f(1)$의 값은?

① -7 ② -9 ③ -11

④ -13 ⑤ -15

1303

Level 2

함수 $f(x)$의 도함수가 $f'(x)=4x+k$이고 $\lim\limits_{x\to 2}\dfrac{f(x)}{x-2}=1$
일 때, $f(1)$의 값은? (단, k는 상수이다.)

① 1　　　　　② 2　　　　　③ 3
④ 4　　　　　⑤ 5

1304
Level 2

함수 $f(x)$에 대하여 $\lim\limits_{h\to 0}\dfrac{f(x+h)-f(x)}{h}=3x^2-2x$이고
$f(0)=1$일 때, $f(2)$의 값을 구하시오.

1305 중요
Level 2

함수 $f(x)$를 적분해야 할 것을 잘못하여 미분하였더니
$-12x^2+6x-2$이었다. $f(1)=0$일 때, $f(x)$를 바르게 적분
한 식을 $F(x)$라 하자. 이때 $F(1)-F(0)$의 값을 구하시오.

1306
Level 2

다항식 $f(x)$가 x^2-3x+2로 나누어떨어지고,
$f'(x)=6x^2-2x+a$일 때, 상수 a의 값은?

① -10　　　　② -11　　　　③ -12
④ -13　　　　⑤ -14

1307
Level 2

함수 $f(x)$의 도함수 $y=f'(x)$의 그래프는 두 점 $(0, 0)$,
$(-4, 2)$를 지나는 직선에 수직인 직선이다.
$f(0)=f(1)=1$일 때, $f(2)$의 값은?

① 1　　　　　② 2　　　　　③ 3
④ 4　　　　　⑤ 5

1308
Level 2

함수 $F(x)$의 도함수가 $f(x)=2x-6$이고 함수
$y=F(x)$의 그래프는 x축에 접할 때, $F(1)$의 값은?

① 2　　　　　② 3　　　　　③ 4
④ 5　　　　　⑤ 6

1309

Level 3

최고차항의 계수가 1인 사차함수 $f(x)$가 다음 조건을 만족시킬 때, $f(1)$의 값은? (단, k는 상수이다.)

> (가) $f'(0)=f'(1)=f'(3)=k$
> (나) 함수 $y=f(x)$의 그래프는 $x=2$에서 x축에 접한다.

① $-\dfrac{11}{3}$ ② $-\dfrac{8}{3}$ ③ $-\dfrac{5}{3}$

④ $-\dfrac{2}{3}$ ⑤ $\dfrac{1}{3}$

1310 고난도

Level 3

두 다항함수 $f(x)$, $g(x)$가 다음 조건을 만족시킨다.

> (가) $\{f(x)+xf'(x)\}g(x)+xf(x)g'(x)=4x^3+3x^2-4x$
> (나) $f'(x)+g'(x)=2x+3$

$f(2)+g(2)$의 값을 구하시오.

➕ Plus 문제

다음은 이 유형에서 출제된 최근 교육청 · 평가원 기출문제입니다.

1311 교육청

Level 1

함수 $f(x)$에 대하여 $f'(x)=2x+4$이고 $f(-1)+f(1)=0$일 때, $f(2)$의 값은?

① 9   ② 10   ③ 11

④ 12   ⑤ 13

실전
유형 **7** 함수의 연속과 부정적분   복합유형

함수 $f(x)$에 대하여 도함수 $f'(x)$가 $f'(x)=\begin{cases}g(x) & (x>a)\\ h(x) & (x<a)\end{cases}$

이고, 함수 $f(x)$가 $x=a$에서 연속이면

(1) $f(x)=\begin{cases}\displaystyle\int g(x)dx & (x>a)\\ \displaystyle\int h(x)dx & (x<a)\end{cases}$

(2) $f(a)=\displaystyle\lim_{x\to a+}\int g(x)dx=\lim_{x\to a-}\int h(x)dx$

1312 대표문제

모든 실수 x에서 연속인 함수 $f(x)$에 대하여

$$f'(x)=\begin{cases}2x+3 & (x>1)\\ 3x^2 & (x<1)\end{cases}$$

이고 $f(0)=-2$일 때, $f(2)$의 값은?

① 1   ② 2   ③ 3

④ 4   ⑤ 5

1313

Level 2

모든 실수 x에서 미분가능한 함수 $f(x)$에 대하여

$$f'(x)=\begin{cases}4x^3-8x & (x\geq-1)\\ -4x & (x<-1)\end{cases}$$

이고 $f(0)=3$일 때, $f(-2)$의 값을 구하시오.

1314

Level 2

함수 $f(x)$의 도함수가

$$f'(x)=\begin{cases}4x+3 & (x>-2)\\ -2x+k & (x<-2)\end{cases}$$

이고 $f(0)=2$, $f(-3)=-3$일 때, 함수 $f(x)$가 $x=-2$에서 연속이 되도록 하는 상수 k의 값을 구하시오.

1315 중요

연속함수 $f(x)$에 대하여 $f'(x)=2|x|$, $f(1)=2$일 때, $f(-1)$의 값은?

① -2　　② -1　　③ 0

④ 1　　⑤ 2

1316

모든 실수 x에서 연속인 함수 $f(x)$에 대하여
$$f'(x)=|x+2|-x$$
이고 $f(0)=1$일 때, $f(-3)+f(1)$의 값은?

① -3　　② -1　　③ 0

④ 1　　⑤ 3

＋Plus 문제

다음은 이 유형에서 출제된 최근 교육청·평가원 기출문제입니다.

1317 교육청

실수 전체의 집합에서 미분가능한 함수 $F(x)$의 도함수 $f(x)$가
$$f(x)=\begin{cases} -2x & (x<0) \\ k(2x-x^2) & (x\geq 0) \end{cases}$$
이다. $F(2)-F(-3)=21$일 때, 상수 k의 값을 구하시오.

---

8 접선의 기울기가 주어진 경우의 부정적분　빈출유형

곡선 $y=f(x)$ 위의 임의의 점 $(x, f(x))$에서의 접선의 기울기는 $f'(x)$이다.

$\rightarrow f(x)=\int f'(x)dx$

1318 대표문제

점 $(1, 0)$을 지나는 곡선 $y=f(x)$ 위의 임의의 점 $(x, f(x))$에서의 접선의 기울기가 $6x^2-4x+1$일 때, $f(2)$의 값은?

① 9　　② 10　　③ 11

④ 12　　⑤ 13

1319

곡선 $y=f(x)$ 위의 임의의 점 $(x, f(x))$에서의 접선의 기울기가 $3x^2-1$이다. 이 곡선이 두 점 $(1, 2)$, $(-1, a)$를 지날 때, a의 값은?

① -2　　② -1　　③ 0

④ 1　　⑤ 2

1320
Level 1

두 점 $(0, -1)$, $(2, 5)$를 지나는 곡선 $y=f(x)$ 위의 임의의 점 $(x, f(x))$에서의 접선의 기울기가 $kx+1$일 때, $f(3)$의 값을 구하시오. (단, k는 상수이다.)

1321 중요
Level 2

함수 $f(x)=\int (ax-4)dx$에 대하여 곡선 $y=f(x)$ 위의 점 $(1, -2)$에서이 접선이 기울기가 2일 때, $f(-1)$의 값을 구하시오. (단, a는 상수이다.)

1322 중요
Level 2

점 $(0, 4)$를 지나는 곡선 $y=f(x)$ 위의 임의의 점 $(x, f(x))$에서의 접선의 기울기가 $2x+k$이다. 방정식 $f(x)=0$의 실근이 존재하도록 하는 양수 k의 최솟값은?

① 2 　　　② 4 　　　③ 6
④ 8 　　　⑤ 10

1323
Level 2

함수 $f(x)$의 도함수가 $f'(x)=3x^2+12x+5$이고 곡선 $y=f(x)$가 직선 $y=-7x+1$에 접할 때, $f(1)$의 값을 구하시오.

1324 신경향
Level 3

곡선 $y=f(x)$ 위의 점 $(t, f(t))$에서의 접선의 방정식이 $y=(6t^2-2t+1)x+g(t)$일 때, $\lim\limits_{t\to\infty}\dfrac{f(t)+g(t)}{t^3}$의 값은?

① -2 　　　② -1 　　　③ 0
④ 1 　　　⑤ 2

⊕ Plus 문제

다음은 이 유형에서 출제된 최근 교육청·평가원 기출문제입니다.

1325 교육청
Level 1

함수 $f(x)$의 그래프 위의 임의의 점 $(x, f(x))$에서의 접선의 기울기가 $4x-1$이고 $f(0)=1$일 때, $f(2)$의 값을 구하시오.

함수 $f(x)$의 $x=a$에서의 미분계수는

$$f'(a)=\lim_{h\to 0}\frac{f(a+h)-f(a)}{h}=\lim_{x\to a}\frac{f(x)-f(a)}{x-a}$$

1326 대표문제

함수 $f(x)=\displaystyle\int(x^2+3x)dx$일 때,

$\displaystyle\lim_{h\to 0}\frac{f(2+h)-f(2-h)}{h}$의 값은?

① 14　　　　② 16　　　　③ 18

④ 20　　　　⑤ 22

1327　Level 1

함수 $f(x)=\displaystyle\int(3x^2+2x-4)dx$에 대하여

$\displaystyle\lim_{x\to 2}\frac{f(x)-f(2)}{x^2-4}$의 값을 구하시오.

1328 중요　Level 1

함수 $f(x)=x^2+x$의 한 부정적분을 $F(x)$라 할 때,

$\displaystyle\lim_{x\to 3}\frac{F(x)-F(3)}{2x-6}$의 값은?

① 3　　　　② 4　　　　③ 5

④ 6　　　　⑤ 7

1329　Level 2

함수 $f(x)=\displaystyle\int(x^2-k)dx$에 대하여 $f'(0)=-3$일 때,

$\displaystyle\lim_{x\to 1}\frac{f(x^2)-f(1)}{x-1}$의 값은? (단, k는 상수이다.)

① -2　　　　② -4　　　　③ -6

④ -8　　　　⑤ -10

1330　Level 2

함수 $f(x)=\displaystyle\int(x^2-2x+k)dx$에 대하여

$\displaystyle\lim_{h\to 0}\frac{f(1+h)-f(1-h)}{h}=8$일 때, $f'(2)$의 값은?

(단, k는 상수이다.)

① 1　　　　② 3　　　　③ 5

④ 7　　　　⑤ 9

1331　Level 3

함수 $f(x)=\displaystyle\int(3x^2+2ax+a-2)dx$에 대하여

$\displaystyle\lim_{x\to 0}\frac{f(x)+f'(x)}{x}=-5$일 때, $f(2)$의 값은?

(단, a는 상수이다.)

① 1　　　　② 2　　　　③ 3

④ 4　　　　⑤ 5

심화
유형 **10** 극값이 주어진 경우의 부정적분

함수 $f(x)$의 도함수 $f'(x)$와 극값이 주어졌을 때, $f(x)$는 다음과 같은 순서로 구한다.

❶ $f(x)=\displaystyle\int f'(x)dx$임을 이용하여 $f(x)$를 적분상수를 포함한 식으로 나타낸다.

❷ 극값을 이용하여 적분상수를 구한다.

1332 대표문제

함수 $f(x)$에 대하여 $f'(x)=3x^2-3x-6$이고 $f(x)$의 극솟값이 0일 때, $f(x)$의 극댓값은?

① $\dfrac{25}{2}$ ② $\dfrac{27}{2}$ ③ $\dfrac{29}{2}$

④ $\dfrac{31}{2}$ ⑤ $\dfrac{33}{2}$

1333 ·Ⅰ Level 1

함수 $f(x)$에 대하여 $f'(x)=3x(x-4)$일 때, $f(x)$의 극댓값과 극솟값의 차는?

① 4 ② 8 ③ 16

④ 32 ⑤ 64

1334 ·Ⅰ Level 2

최고차항의 계수가 1인 삼차함수 $f(x)$가 $f'(-1)=f'(1)=0$을 만족시킨다. 함수 $f(x)$의 극댓값이 5일 때, 극솟값을 구하시오.

1335 중요 ·Ⅰ Level 2

함수 $f(x)=\displaystyle\int(6x^2+2ax-12)dx$가 $x=2$에서 극솟값 -20을 가질 때, $f(x)$의 극댓값은?

① 7 ② 8 ③ 9

④ 10 ⑤ 11

1336 ·Ⅰ Level 2

도함수가 $f'(x)=k(x^2-1)$인 함수 $f(x)$의 극댓값이 4이고 극솟값이 -8일 때, $f(2)$의 값은?

(단, k는 상수이고, $k<0$이다.)

① -2 ② -4 ③ -6

④ -8 ⑤ -10

1337 ·Ⅰ Level 3

최고차항의 계수가 1인 삼차함수 $f(x)$가 다음 조건을 만족시킬 때, $f(1)$의 값은?

> (가) 함수 $f(x)$는 극값을 가지지 않는다.
> (나) $f(2)=f'(2)=0$

① -2 ② -1 ③ 0

④ 1 ⑤ 2

1338

Level 3

최고차항의 계수가 1인 삼차함수 $f(x)$가 다음 조건을 만족시킬 때, $f(-2)$의 값은?

> (개) 모든 실수 x에 대하여 $f'(x)=f'(-x)$이다.
> (내) 함수 $f(x)$는 $x=1$에서 극솟값 -1을 가진다.

① -2 ② -1 ③ 0
④ 1 ⑤ 2

⊕ Plus 문제

다음은 이 유형에서 출제된 최근 교육청·평가원 기출문제입니다.

1339 교육청 중요

Level 2

곡선 $y=f(x)$ 위의 임의의 점 $\mathrm{P}(x,\ f(x))$에서의 접선의 기울기가 $3x^2-12$이고 함수 $f(x)$의 극솟값이 3일 때, $f(x)$의 극댓값을 구하시오.

1340 교육청

Level 3

최고차항의 계수가 1인 삼차함수 $f(x)$가 다음 조건을 만족시킨다.

> (개) $f'\left(\dfrac{11}{3}\right)<0$
> (내) 함수 $f(x)$는 $x=2$에서 극댓값 35를 갖는다.
> (대) 방정식 $f(x)=f(4)$는 서로 다른 두 실근을 갖는다.

$f(0)$의 값은?

① 12 ② 13 ③ 14
④ 15 ⑤ 16

함수 $f(x)$의 도함수 $y=f'(x)$의 그래프가 주어졌을 때, $f(x)$는 다음과 같은 순서로 구한다.

❶ $f'(x)$를 식으로 나타낸다.

❷ $f(x)=\displaystyle\int f'(x)dx$임을 이용하여 $f(x)$를 적분상수를 포함한 식으로 나타낸다.

❸ 함숫값 또는 극값을 이용하여 적분상수를 구한다.

1341 대표문제

삼차함수 $f(x)$의 도함수 $y=f'(x)$의 그래프가 그림과 같다. 함수 $y=f(x)$의 그래프가 원점을 지날 때, 함수 $f(x)$의 극댓값은?

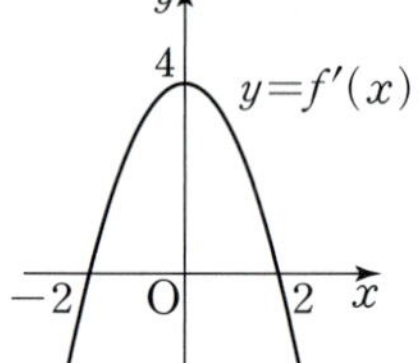

① $\dfrac{14}{3}$ ② $\dfrac{16}{3}$

③ 6 ④ $\dfrac{20}{3}$

⑤ $\dfrac{22}{3}$

1342

Level 2

삼차함수 $f(x)$의 도함수 $y=f'(x)$의 그래프가 그림과 같다. 함수 $y=f(x)$의 그래프가 원점을 지날 때, $f(1)$의 값을 구하시오.

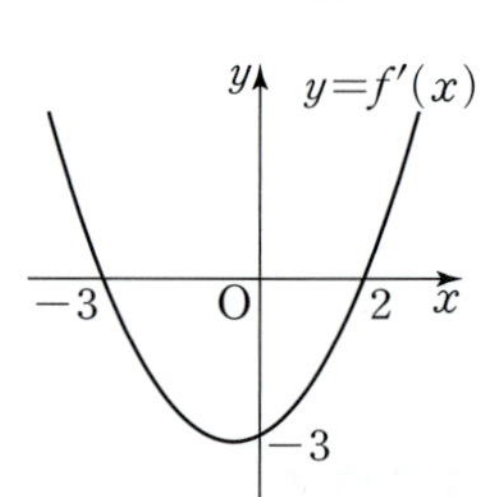

1343

Level 2

연속함수 $f(x)$의 도함수
$y=f'(x)$의 그래프가 그림과 같다.
함수 $y=f(x)$의 그래프가 원점을
지날 때, $f(a)+f(-a)=-2$를
만족시키는 양수 a의 값을 구하시오.

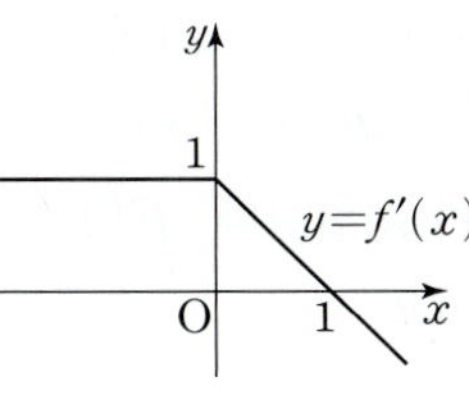

1344 중요

Level 2

함수 $f(x)$의 도함수 $f'(x)$는 이차
함수이고, 함수 $y=f'(x)$의 그래프
는 그림과 같다. 함수 $f(x)$의 극댓
값이 0, 극솟값이 -4일 때, $f(-3)$
의 값을 구하시오.

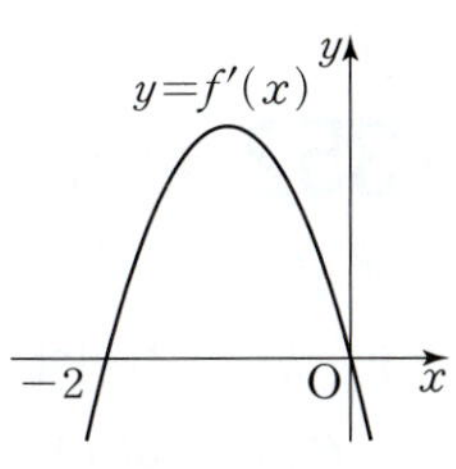

1345

Level 2

실수 전체의 집합에서 미분가능한 함수 $f(x)$에 대하여
도함수 $y=f'(x)$의 그래프가 그림과 같다. 함수 $y=f(x)$
의 그래프가 원점을 지날 때, $f(-2)+f(1)$의 값은?

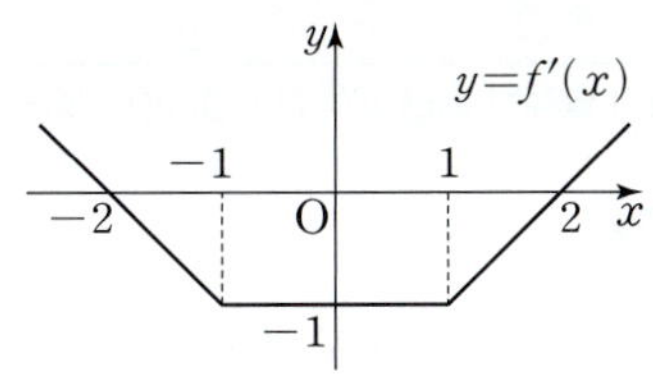

① $\dfrac{1}{2}$ ② 1 ③ $\dfrac{3}{2}$

④ 2 ⑤ $\dfrac{5}{2}$

1346

Level 2

연속함수 $f(x)$의 도함수
$y=f'(x)$의 그래프가 그
림과 같을 때, 다음 중 함
수 $y=f(x)$의 그래프의
개형으로 적절한 것은?

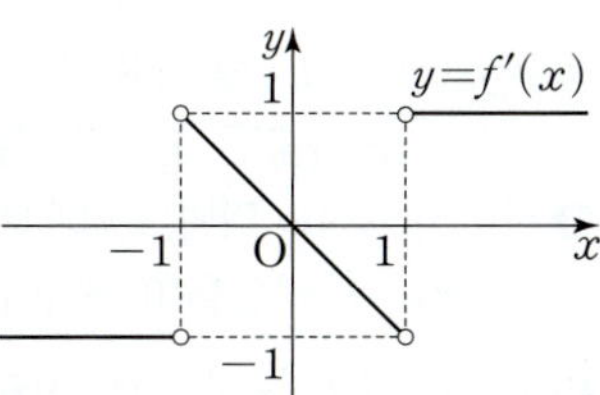

① 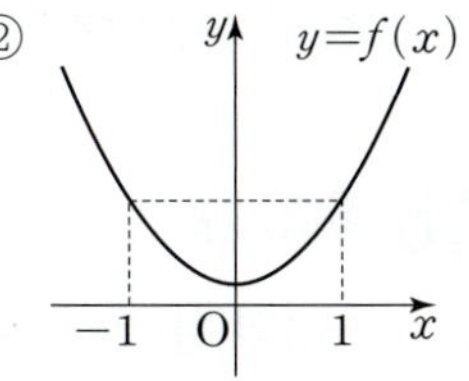   ②

③ 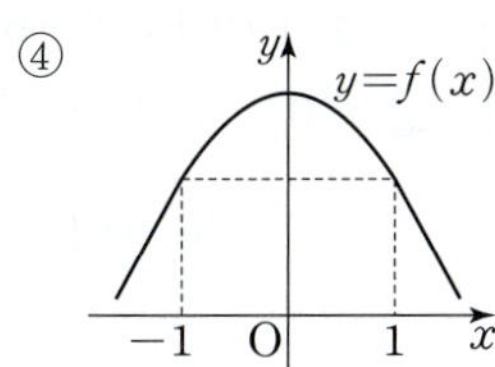   ④

⑤

1347 교육청

Level 3

삼차함수 $y=f(x)$의 도함수
$y=f'(x)$의 그래프는 그림과 같
다. $f(0)=0$일 때, x에 대한 방
정식 $f(x)=kx$가 서로 다른 세
실근을 갖기 위한 실수 k의 값의
범위는?

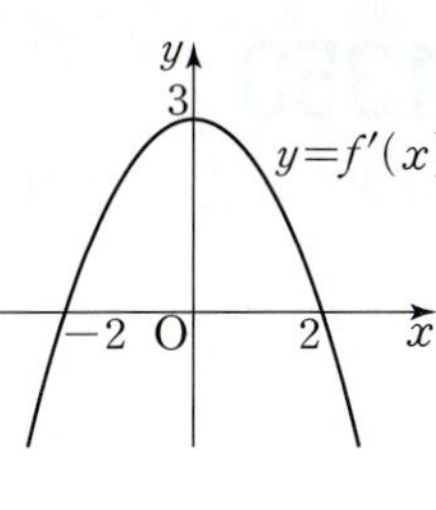

① $k>2$ ② $k>3$ ③ $k<3$

④ $-4<k<4$ ⑤ $k<-2$ 또는 $k>2$

 12 함수와 그 부정적분 사이의 관계식 활용

함수 $f(x)$와 그 부정적분 $F(x)$ 사이의 관계식이 주어졌을 때, $f(x)$는 다음과 같은 순서로 구한다.
❶ 주어진 등식의 양변을 x에 대하여 미분한 후 $F'(x)=f(x)$임을 이용하여 $f'(x)$를 구한다.
❷ $f(x)=\int f'(x)dx$임을 이용하여 $f(x)$를 구하고, 주어진 함숫값을 이용하여 적분상수를 구한다.

1348 대표문제

삼차함수 $f(x)$의 한 부정적분 $F(x)$에 대하여
$$F(x)=xf(x)+3x^4-8x^2+1$$
이 성립하고 $f(0)=0$일 때, $f(2)$의 값은?

① -2 ② -1 ③ 0
④ 1 ⑤ 2

1349 중요
Level 2

이차함수 $f(x)$에 대하여
$$\int f(x)dx=xf(x)-x^3+2x^2+C$$
가 성립하고 $f(0)=-4$일 때, $f(2)$의 값을 구하시오.
(단, C는 적분상수이다.)

1350
Level 2

이차함수 $f(x)$의 한 부정적분 $F(x)$에 대하여
$$F(x)-\int(x+1)f(x)dx=4x^4+6x^3-2x^2$$
이 성립할 때, 방정식 $f(x)=0$의 모든 근의 곱은?

① $-\dfrac{1}{12}$ ② $-\dfrac{1}{6}$ ③ $-\dfrac{1}{4}$
④ $-\dfrac{1}{3}$ ⑤ $-\dfrac{5}{12}$

1351 중요
Level 2

다항함수 $f(x)$의 한 부정적분 $F(x)$에 대하여
$$F(x)=xf(x)-3x^2(x-1)$$
이 성립한다. $F(1)=0$일 때, 함수 $f(x)$의 최솟값을 구하시오.

1352 고난도
Level 3

함수 $g(x)=4x^3-18x^2+24x+a$에 대하여 세 함수 $f(x)$, $g(x)$, $h(x)$ 사이에
$$f'(x)=g(x),\ g'(x)=h(x)$$
인 관계가 성립한다. $f(x)$가 $h(x)$로 나누어떨어질 때, $f(-1)$의 값을 구하시오. (단, a는 상수이다.)

➕ Plus 문제

다음은 이 유형에서 출제된 최근 교육청·평가원 기출문제입니다.

1353 교육청
Level 2

다항함수 $f(x)$의 한 부정적분 $F(x)$가 모든 실수 x에 대하여
$$F(x)=(x+2)f(x)-x^3+12x$$
를 만족시킨다. $F(0)=30$일 때, $f(2)$의 값을 구하시오.

심화 유형 13 도함수의 정의를 이용한 부정적분

$f(x+y)=f(x)+f(y)$를 포함하는 식이 주어졌을 때, 함수 $f(x)$는 다음과 같은 순서로 구한다.

❶ $x=0$, $y=0$을 대입하여 $f(0)$의 값을 구한다.

❷ $f'(x)=\lim\limits_{h\to 0}\dfrac{f(x+h)-f(x)}{h}$임을 이용하여 $f'(x)$를 구한다.

❸ $f'(x)$를 적분하여 $f(x)$를 구하고, $f(0)$의 값을 이용하여 적분상수를 구한다.

1354 대표문제

미분가능한 함수 $f(x)$가 임의의 실수 x, y에 대하여
$$f(x+y)=f(x)+f(y)+2xy$$
를 만족시키고 $f'(1)=2$일 때, $f(5)$의 값은?

① 21 ② 23 ③ 25

④ 27 ⑤ 29

1355

● Level 2

다항함수 $f(x)$가 다음 조건을 만족시킬 때, $f(2)$의 값은?

(가) $\lim\limits_{h\to 0}\dfrac{f(h)-2}{h}=3$

(나) 임의의 실수 x, y에 대하여
$f(x+y)=f(x)+f(y)+xy-2$가 성립한다.

① 5 ② 10 ③ 15

④ 20 ⑤ 25

1356 중요

● Level 2

미분가능한 함수 $f(x)$가 임의의 실수 a, b에 대하여
$$f(a+b)=f(a)+f(b)+kab$$
를 만족시키고 $f(1)=2$, $f'(1)=1$일 때, 상수 k의 값은?

① -2 ② -1 ③ 0

④ 1 ⑤ 2

1357

● Level 3

다항함수 $f(x)$가 다음 조건을 만족시킬 때, $f(-1)$의 값은?

(가) $\lim\limits_{h\to 0}\dfrac{f(3h)}{h}=3$

(나) 임의의 실수 x, y에 대하여
$f(x+y)=f(x)+f(y)-4xy$가 성립한다.

① -5 ② -3 ③ -1

④ 1 ⑤ 3

1358 대표문제

삼차함수 $f(x)$가 다음 조건을 만족시킬 때, 함수 $f(x)$를 구하는 과정을 서술하시오. [8점]

> (가) 모든 실수 x에 대하여 $f'(x)=f'(-x)$가 성립한다.
>
> (나) 함수 $f(x)$는 $x=-2$에서 극솟값 $-\dfrac{16}{3}$을 가진다.
>
> (다) $f(0)=0$

STEP 1 조건을 이용하여 $f'(x)$ 식 세우기 [3점]

$f(x)$는 삼차함수이므로 $f'(x)$는 이차함수이고,

(가), (나)에서 $f'(2)=f'(-2)=\boxed{}^{(1)}$ 이므로

$f'(x)=p(x-2)(x+2)$ $(p \neq 0$인 상수)로 놓을 수 있다.

STEP 2 부정적분을 이용하여 $f(x)$ 식 세우기 [3점]

$$f(x)=\int f'(x)dx=p\int (x^2-4)dx=p\left(\frac{1}{3}x^3-4x\right)+C$$

(다)에서 $f(0)=0$이므로 $C=\boxed{}^{(2)}$

$\therefore f(x)=\dfrac{p}{3}x^3-4px$

STEP 3 $f(-2)=-\dfrac{16}{3}$을 이용하여 $f(x)$ 구하기 [2점]

(나)에서 $f(-2)=-\dfrac{16}{3}$이므로

$p=\boxed{}^{(3)}$

$\therefore f(x)=\boxed{}^{(4)}$

1359 한번 더

최고차항의 계수가 1인 삼차함수 $f(x)$가 다음 조건을 만족시킬 때, $f(2)$의 값을 구하는 과정을 서술하시오. [7점]

> (가) 모든 실수 x에 대하여 $f'(x)=f'(-x)$가 성립한다.
>
> (나) 함수 $f(x)$는 $x=1$에서 극솟값이 8이다.

STEP 1 조건을 이용하여 $f'(x)$ 구하기 [3점]

STEP 2 부정적분을 이용하여 $f(x)$ 구하기 [3점]

STEP 3 $f(2)$의 값 구하기 [1점]

1360 유사 1

최고차항의 계수가 1인 삼차함수 $f(x)$가 다음 조건을 만족시킬 때, 함수 $f(x)$를 구하는 과정을 서술하시오. [9점]

> (가) 모든 실수 x에 대하여 $f'(x)=f'(-x)$가 성립한다.
> (나) 곡선 $y=f(x)$와 직선 $y=16$의 교점의 개수는 2이다.
> (다) $f(0)=0$

핵심 KEY 유형 10 극값이 주어진 경우의 부정적분

조건을 만족시키는 $f'(x)$를 구한 후 부정적분하여 $f(x)$를 구하는 문제이다.

삼차함수 $f(x)$가 $x=a$에서 극값을 가지면 $f'(a)=0$이다.

이때 $f'(x)=f'(-x)$가 성립하면 $f'(a)=f'(-a)=0$이므로 $f'(x)$는 $x-a$, $x+a$를 인수로 가짐을 알 수 있다.

1361 대표문제

미분가능한 함수 $f(x)$가 임의의 실수 x, y에 대하여
$$f(x+y)=f(x)+f(y)+xy$$
를 만족시키고 $f'(0)=1$일 때, $f(1)$의 값을 구하는 과정을 서술하시오. [7점]

STEP 1 $f(0)$의 값 구하기 [2점]

$f(x+y)=f(x)+f(y)+xy$의 양변에 $x=0$, $y=0$을 대입하면

$$f(0)=f(0)+f(0)+0 \qquad \therefore f(0)= \boxed{}^{(1)}$$

STEP 2 도함수의 정의를 이용하여 $f'(x)$ 구하기 [2점]

$$\begin{aligned}
f'(x)&=\lim_{h\to 0}\frac{f(x+h)-f(x)}{h}\\
&=\lim_{h\to 0}\frac{f(x)+f(h)+xh-f(x)}{h}\\
&=\lim_{h\to 0}\frac{f(h)}{h}+x\\
&=\lim_{h\to 0}\frac{f(0+h)-f(0)}{h}+x\\
&=f'(0)+x=x+\boxed{}^{(2)}
\end{aligned}$$

STEP 3 부정적분을 이용하여 $f(x)$를 구하고, $f(1)$의 값 구하기 [3점]

$$\begin{aligned}
f(x)&=\int f'(x)dx=\int (x+1)dx\\
&=\frac{1}{2}x^2+x+C
\end{aligned}$$

이때 $f(0)=0$이므로 $C=\boxed{}^{(3)}$

따라서 $f(x)=\frac{1}{2}x^2+x$이므로

$$f(1)=\boxed{}^{(4)}$$

1362 한번 더

미분가능한 함수 $f(x)$가 임의의 실수 x, y에 대하여
$$f(x-y)=f(x)-f(y)-xy(x-y)$$
를 만족시키고 $f'(0)=0$일 때, $f(1)$의 값을 구하는 과정을 서술하시오. [7점]

STEP 1 $f(0)$의 값 구하기 [2점]

STEP 2 도함수의 정의를 이용하여 $f'(x)$ 구하기 [2점]

STEP 3 부정적분을 이용하여 $f(x)$를 구하고, $f(1)$의 값 구하기 [3점]

1363 유사 1

미분가능한 함수 $f(x)$가 임의의 실수 x, y에 대하여
$$f(x+y)=f(x)+f(y)+kxy(x+y)$$
를 만족시키고 $f'(1)=3$, $f(1)=1$일 때, 상수 k의 값을 구하는 과정을 서술하시오. [8점]

핵심 KEY 유형 13 도함수의 정의를 이용한 부정적분

도함수의 정의를 이용하여 $f'(x)$를 구하고, 부정적분하여 $f(x)$를 구하는 문제이다.

$f'(x)=\lim\limits_{h\to 0}\dfrac{f(x+h)-f(x)}{h}$에 $f(x+h)$를 주어진 조건대로 대입하여 $f'(x)$를 구하면 부정적분하여 $f(x)$를 구할 수 있다.

이 유형의 대부분이 $x=0$, $y=0$을 대입해서 $f(0)$의 값을 찾아야 하는 문제이므로 $x=0$, $y=0$을 먼저 대입해 보자.

1 1364

함수 $f(x)$에 대하여 $\int f(x)dx=2x^3-3x^2+7$일 때, $f(2)$의 값은? [3점]

① 12   ② 18   ③ 24
④ 30   ⑤ 36

2 1365

함수 $f(x)$에 대하여

$$\int (x+3)f(x)dx=x^3+3x^2-9x+C$$

일 때, $f(5)$의 값은? (단, C는 적분상수이다.) [3점]

① 12   ② 13   ③ 14
④ 15   ⑤ 16

3 1366

다항함수 $f(x)$에 대하여

$$\frac{d}{dx}\left\{\int f(x)dx\right\}=-5x^3+3x^2+4x$$

일 때, $f(-1)$의 값은? [3점]

① 2   ② 4   ③ 6
④ 8   ⑤ 10

4 1367

함수 $f(x)=\int (3x^2+2x+1)dx$이고 $f(1)=4$일 때, $f(2)$의 값은? [3점]

① 13   ② 15   ③ 17
④ 19   ⑤ 21

5 1368

함수 $f(x)$에 대하여 $f'(x)=3x^2-2x+3$이고 $f(0)=1$일 때, $f(1)$의 값은? [3점]

① 1   ② 2   ③ 3
④ 4   ⑤ 5

6 1369

함수 $f(x)=\int \dfrac{x^3}{x-2}dx+\int \dfrac{8}{2-x}dx$에 대하여 $f(1)=\dfrac{4}{3}$일 때, $f(-1)$의 값은? [3.5점]

① -8 ② $-\dfrac{22}{3}$ ③ $-\dfrac{20}{3}$
④ -6 ⑤ $-\dfrac{16}{3}$

7 1370

다항함수 $f(x)$가 다음 조건을 만족시킬 때, $f(3)$의 값은?
(단, a는 상수이다.) [3.5점]

> (가) $\dfrac{d}{dx}\left\{\displaystyle\int f'(x)dx\right\}=4x+a$
>
> (나) $\displaystyle\lim_{x\to 1}\dfrac{f(x)}{x-1}=2a+5$

① 6 ② 8 ③ 10
④ 12 ⑤ 14

8 1371

모든 실수 x에서 미분가능한 함수 $f(x)$에 대하여 $f(-1)=3$이고

$$f'(x)=\begin{cases} 2x-1 & (x\geq 0) \\ 6x^2+4x-1 & (x<0) \end{cases}$$

일 때, $f(2)$의 값은? [3.5점]

① 1 ② 2 ③ 3
④ 4 ⑤ 5

9 1372

연속함수 $f(x)$의 도함수가 $f'(x)=x+|x-1|$이고 $f(-1)=2$일 때, $f(2)$의 값은? [3.5점]

① 2 ② 4 ③ 6
④ 8 ⑤ 10

10 1373

곡선 $y=f(x)$ 위의 임의의 점 $(x, f(x))$에서의 접선의 기울기는 $4x-12$이다. $f(0)=-6$일 때, $f(-1)$의 값은? [3.5점]

① 4 ② 6 ③ 8
④ 10 ⑤ 12

11 1374

함수 $f(x)$의 한 부정적분을 $F(x)$라 할 때, 〈**보기**〉에서 옳은 것만을 있는 대로 고른 것은? (단, C는 적분상수이다.) [4점]

> 〈 보기 〉
>
> ㄱ. $\displaystyle\int \{f(x)+1\}dx=F(x)+x+C$
>
> ㄴ. $\displaystyle\int xf(x)dx=xF(x)+C$
>
> ㄷ. $\displaystyle\int F(x)f(x)dx=\dfrac{1}{2}\{F(x)\}^2+C$

① ㄱ ② ㄷ ③ ㄱ, ㄴ
④ ㄱ, ㄷ ⑤ ㄱ, ㄴ, ㄷ

12 1375

최고차항의 계수가 1인 사차함수 $f(x)$가 다음 조건을 만족시킬 때, $f(2)$의 값은? [4점]

> (가) $f'(-1)=f'(0)=f'(1)$
>
> (나) $\displaystyle\lim_{x\to 1}\dfrac{f(x)-2}{x-1}=1$

① 10 ② 12 ③ 14
④ 16 ⑤ 18

13 1376

다항함수 $f(x)$의 도함수가 $f'(x)=x(x-3)$이다. 함수 $f(x)$의 극댓값이 5일 때, 극솟값은 $\dfrac{p}{q}$이다. $p+q$의 값은?

(단, p와 q는 서로소인 자연수이다.) [4점]

① 3   ② 4   ③ 5
④ 6   ⑤ 7

14 1377

모든 실수 x에서 연속인 함수 $f(x)$에 대하여 도함수 $y=f'(x)$의 그래프가 그림과 같다. 함수 $y=f(x)$의 그래프가 원점을 지날 때, $f(-1)+f(3)$의 값은? [4점]

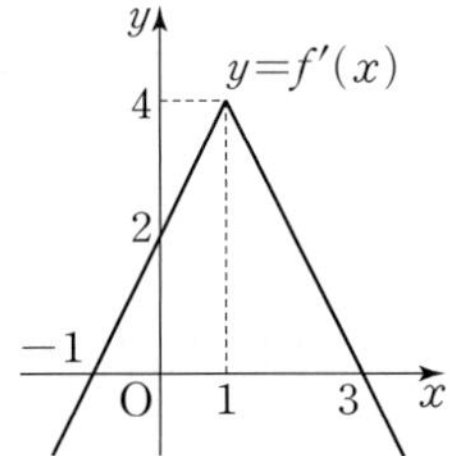

① 3   ② 4
③ 5   ④ 6
⑤ 7

15 1378

다항함수 $f(x)$에 대하여 $f(x)+x^2$의 한 부정적분을 $F(x)$라 하자. 모든 실수 x에 대하여

$$F(x)=xf(x)-x^3+3x^2$$

을 만족시키고 $f(0)=0$일 때, $f(2)$의 값은? [4점]

① -6 ② -4 ③ -2
④ 2   ⑤ 6

16 1379

함수 $f(x)=4x^3+3x^2+2x+1$과 삼차함수 $g(x)$에 대하여 $f(x)-g(x)$의 부정적분 중 하나가 $f(x)+g(x)$의 도함수와 같을 때, $g(2)$의 값은? [4.5점]

① -59 ② -49 ③ -39
④ -29 ⑤ -19

17 1380

함수 $F(x)$가 $F'(x)=f(x)$를 만족시킬 때, $f(1)=0$이고 $2F(x)-x^2=2xf(x)-2x^3+x^2+4$이다. $F(x)$는 $x=a$, $x=b$에서 각각 극댓값과 극솟값을 가질 때, $3a+2b$의 값은? [4.5점]

① $\dfrac{1}{4}$ ② 1   ③ 2
④ 3   ⑤ 4

18 1381

실수 전체의 집합에서 미분가능한 함수 $f(x)$가 다음 조건을 만족시킬 때, $f(1)$의 값은? [4.5점]

> (가) $f'(-1)=1$
> (나) $f(x+y)=f(x)+f(y)-3xy(x+y)+1$

① 6   ② 5   ③ 4
④ 3   ⑤ 2

19 1382

최고차항의 계수가 1인 다항함수 $f(x)$의 한 부정적분 $F(x)$가 $3F(x)=x\{f(x)-8\}$을 만족시킬 때, $F(x)$를 구하는 과정을 서술하시오. [8점]

20 1383

이차함수 $f(x)$에 대하여 다항함수 $g(x)$가

$$g(x)=\int\{x^2+f(x)\}dx, \quad f(x)g(x)=-2x^4+8x^3$$

을 만족시킬 때, $g(2)$의 값을 구하는 과정을 서술하시오.

[8점]

21 1384

함수 $f(x)$에 대하여 $f'(x)=6x^2+2x+a$이고 $f(x)$가 x^2-3x+2로 나누어떨어질 때, 상수 a의 값을 구하는 과정을 서술하시오. [8점]

22 1385

삼차함수 $f(x)$가 다음 조건을 만족시킬 때, $f(x)$의 극댓값을 구하는 과정을 서술하시오. [10점]

㉮ 곡선 $y=f(x)$ 위의 임의의 점 $(x, f(x))$에서의 접선의 기울기가 $-3x^2+6x$이다.
㉯ 함수 $f(x)$의 극솟값은 4이다.

1 1386

함수 $f(x)$의 부정적분 중 하나가 $2x^2+6x+1$일 때, $f(1)$의 값은? [3점]

① 6   ② 7   ③ 8
④ 9   ⑤ 10

2 1387

부정적분 $\displaystyle\int (3x^2+2x+1)dx$를 구하면?

(단, C는 적분상수이다.) [3점]

① $3x^3+2x^2+x+C$ ② $3x^3+2x^2-x+C$
③ x^3+x^2+x+C ④ x^3-x^2+x+C
⑤ x^3+x^2-x+C

3 1388

다항함수 $f(x)$에 대하여 $f'(x)=3x^2-4x+3$이고 $f(2)=12$일 때, $f(1)$의 값은? [3점]

① 4   ② 5   ③ 6
④ 7   ⑤ 8

4 1389

함수 $\displaystyle f(x)=\int (x+1)(x^2+2x+2)dx$일 때,

$\displaystyle\lim_{h\to 0}\frac{f(1+h)-f(1-h)}{h}$의 값은? [3점]

① -24 ② -20 ③ 0
④ 20   ⑤ 24

5 1390

두 다항함수 $f(x)$, $g(x)$가 다음 조건을 만족시킬 때, $f(2)-g(2)$의 값은? [3.5점]

> (가) $\displaystyle\frac{d}{dx}\left\{\int f(x)dx\right\}=\int\left\{\frac{d}{dx}g(x)\right\}dx$
>
> (나) $f(1)=3$, $g(1)=2$

① 1   ② 2   ③ 3
④ 4   ⑤ 5

6 1391

미분가능한 두 함수 $f(x)$, $g(x)$에 대하여 〈보기〉에서 옳은 것만을 있는 대로 고른 것은? [3.5점]

> 〈 보기 〉
>
> ㄱ. $\displaystyle\frac{d}{dx}\left\{\int f(x)dx\right\}=\int\left\{\frac{d}{dx}f(x)\right\}dx$
>
> ㄴ. $f(x)=g(x)$이면 $f'(x)=g'(x)$이다.
>
> ㄷ. $f(x)=g'(x)$이면 $\displaystyle\int f(x)dx=g(x)$이다.

① ㄱ   ② ㄴ   ③ ㄱ, ㄷ
④ ㄴ, ㄷ   ⑤ ㄱ, ㄴ, ㄷ

7 1392

함수 $f(x)=\displaystyle\int \frac{2x^2}{x-2}dx-\int\frac{x}{x-2}dx-\int\frac{6}{x-2}dx$에 대하여 $f(0)=-4$일 때, 방정식 $f(x)=0$의 모든 근의 곱은? [3.5점]

① -4 ② -2 ③ 2
④ 4 ⑤ 8

8 1393

모든 실수 x에서 미분가능한 함수 $f(x)$가 다음 조건을 만족시킬 때, $f(-1)$의 값은? (단, k는 상수이다.) [3.5점]

> (가) $f(2)=1$
>
> (나) $f'(x)=\begin{cases} 2x+k & (x>2) \\ -3x+2 & (x<2) \end{cases}$

① -8 ② -3 ③ $-\dfrac{1}{2}$
④ 3 ⑤ 13

9 1394

함수 $f(x)=\displaystyle\int(x^2-3x-2)dx$일 때, $\displaystyle\lim_{x\to 2}\frac{f(x^2)-f(4)}{x-2}$의 값은? [3.5점]

① 2 ② 4 ③ 6
④ 8 ⑤ 10

10 1395

삼차함수 $f(x)$의 도함수 $y=f'(x)$의 그래프가 그림과 같다. 함수 $f(x)$의 극댓값을 a, 극솟값을 b라 할 때, $a-b$의 값은? [3.5점]

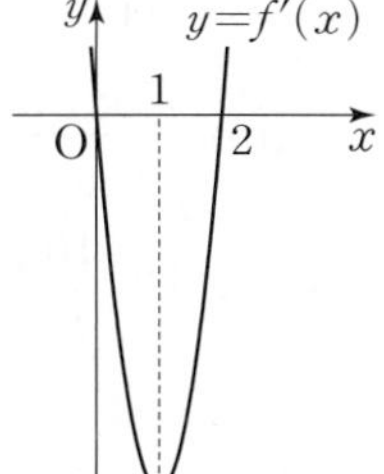

① -12 ② -8
③ -6 ④ 8
⑤ 12

11 1396

다항함수 $f(x)$에 대하여

$$\int(x^2+x+1)f'(x)dx=x^4-4x$$

이고 $f(0)=2$일 때, $f(1)$의 값은? [3.5점]

① -2 ② -1 ③ 0
④ 1 ⑤ 2

12 1397

미분가능한 두 함수 $f(x)$, $g(x)$에 대하여

$$\frac{d}{dx}\{f(x)+g(x)\}=2, \quad \frac{d}{dx}\{f(x)-g(x)\}=2x+2$$

이고 $f(1)=0$, $g(1)=2$일 때, $f(2)+g(3)$의 값은? [4점]

① $\dfrac{1}{2}$ ② 1 ③ $\dfrac{3}{2}$
④ 2 ⑤ $\dfrac{5}{2}$

13 1398

함수 $f(x)$에 대하여

$$\lim_{h \to 0} \frac{f(x+h)-f(x-h)}{h} = 2x^2+4x+6$$

이고 $f(1)=\dfrac{10}{3}$일 때, $f(-1)$의 값은? [4점]

① $-\dfrac{7}{3}$ ② $-\dfrac{8}{3}$ ③ -3

④ $-\dfrac{10}{3}$ ⑤ $-\dfrac{11}{3}$

14 1399

곡선 $y=f(x)$ 위의 임의의 점 $(x,\ f(x))$에서의 접선의 기울기가 $3x^2-6x$이고 함수 $f(x)$의 극댓값이 3일 때, $f(x)$의 극솟값은? [4점]

① -2 ② -1 ③ 0

④ 1 ⑤ 2

15 1400

미분가능한 함수 $f(x)$에 대하여 $f'(0)=5$이고, 임의의 두 실수 $x,\ y$에 대하여 $f(x+y)=f(x)+f(y)+3$을 만족시킬 때, $f(1)$의 값은? [4점]

① 1 ② 2 ③ 3

④ 4 ⑤ 5

16 1401

모든 실수 x에서 연속인 함수 $f(x)$에 대하여

$f\left(\dfrac{1}{2}\right)=0$, $f'(x)=|2x-1|$일 때, $f(-2)$의 값은? [4.5점]

① $-\dfrac{25}{4}$ ② $-\dfrac{23}{4}$ ③ $-\dfrac{21}{4}$

④ $-\dfrac{19}{4}$ ⑤ $-\dfrac{17}{4}$

17 1402

삼차함수 $f(x)$의 도함수 $y=f'(x)$의 그래프는 그림과 같다. $\displaystyle\lim_{x \to \infty} \dfrac{f(x)}{x^3}=4$ 일 때, $f(1)-f(-1)$의 값은? [4.5점]

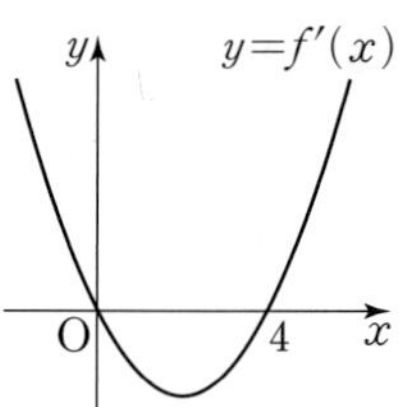

① 2 ② 4

③ 6 ④ 8

⑤ 10

18 1403

다항함수 $f(x)$가 모든 실수 $x,\ y$에 대하여

$$f(x+y)=f(x)+f(y)+3xy(x+y)+1$$

을 만족시킬 때, 〈보기〉에서 옳은 것만을 있는 대로 고른 것은? [4.5점]

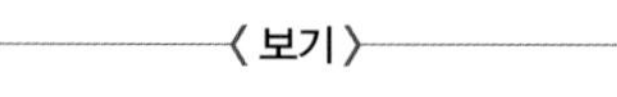

> 〈 보기 〉
>
> ㄱ. $f(1)=f'(0)$
>
> ㄴ. $f'(0)=0$이면 함수 $f(x)$는 극값을 가진다.
>
> ㄷ. 함수 $f(x)$가 극값을 가질 때, 극댓값과 극솟값의 합은 -2이다.

① ㄱ   ② ㄴ   ③ ㄱ, ㄷ

④ ㄴ, ㄷ   ⑤ ㄱ, ㄴ, ㄷ

19 1404

곡선 $y=f(x)$ 위의 점 $(x,\ f(x))$에서의 접선의 기울기가 $-3x^2+2$이고, 이 곡선이 점 $(1,\ 1)$을 지날 때, $f(3)$의 값을 구하는 과정을 서술하시오. [6점]

20 1405

삼차함수 $f(x)$의 도함수 $y=f'(x)$의 그래프가 그림과 같다.

함수 $f(x)$의 극솟값이 -2, 극댓값이 2일 때, $f(1)$의 값을 구하는 과정을 서술하시오. [9점]

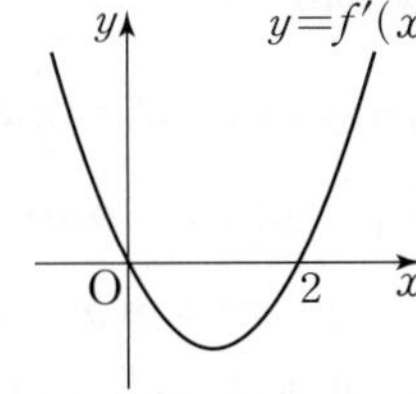

21 1406

함수 $F(x)$가 $F'(x)=f(x)$를 만족시킬 때,
$$F(x)-x^2=xf(x)-2x^3+3$$
이고 $f(-1)=8$이다. 이때 $F(x)-f(x)$를 구하는 과정을 서술하시오. [9점]

22 1407

모든 실수 x에 대하여 이차함수 $f(x)$가 다음 조건을 만족시킨다.

> (가) $f(0)=-2$
> (나) $f(-x)=f(x)$
> (다) $f(f'(x))=f'(f(x))$

$F(x)=\int f(x)dx$일 때, 함수 $F(x)$가 $x=k$에서 극댓값을 가진다. 이때 상수 k의 값을 구하는 과정을 서술하시오.

[10점]

1 1408

연계문항 285쪽 **1310**

다항함수 $f(x)$가 다음 조건을 만족시킬 때, $\{f(2)\}^2$의 값을 구하시오.

> (가) $f(0)=0$
> (나) $2f'(x)f(x)=4x^3-6x^2+2x$

2 1409

연계문항 286쪽 **1316**

모든 실수 x에서 연속인 함수 $f(x)$의 도함수가 $f'(x)=x+|x-1|$이고 $f(-1)=0$일 때, $f(3)$의 값은?

① 2   ② 4   ③ 6
④ 8   ⑤ 10

3 1410

연계문항 287쪽 **1324**

곡선 $y=f(x)$ 위의 점 $(t,\ f(t))$에서의 접선의 방정식이 $y=(3t^2-8t+1)x+g(t)$일 때, $\displaystyle\lim_{t\to\infty}\frac{g(t)}{t^3}$의 값을 구하시오.

4 1411

연계문항 290쪽 **1338**

최고차항의 계수가 1인 삼차함수 $f(x)$가 다음 조건을 만족시킬 때, $f(1)$의 값을 구하시오.

> (가) 모든 실수 x에 대하여 $f'(x)=f'(-x)$이다.
> (나) 함수 $f(x)$는 $x=-2$에서 극댓값이 20이다.

5 1412

연계문항 292쪽 **1352**

함수 $g(x)=x^3-\dfrac{3}{2}x^2-6x+a$에 대하여 세 함수 $f(x)$, $g(x)$, $h(x)$ 사이에
$$f'(x)=g(x),\ g'(x)=h(x)$$
인 관계가 성립한다. $f(x)$가 $h(x)$로 나누어떨어질 때, $f(-2)$의 값은? (단, a는 상수이다.)

① -5 ② -4 ③ -3
④ -2 ⑤ -1

08 정적분

08 정적분

1 정적분의 정의

(1) 함수 $f(x)$가 닫힌구간 $[a, b]$에서 연속이고 $f(x) \geq 0$
일 때, 곡선 $y=f(x)$와 x축 및 두 직선 $x=a$, $x=b$로
둘러싸인 도형의 넓이 S를 함수 $f(x)$의 a에서 b까지
의 **정적분**이라 하고, 기호로 $\displaystyle\int_a^b f(x)dx$와 같이 나타
낸다. 즉, $\displaystyle\int_a^b f(x)dx=S$이다.

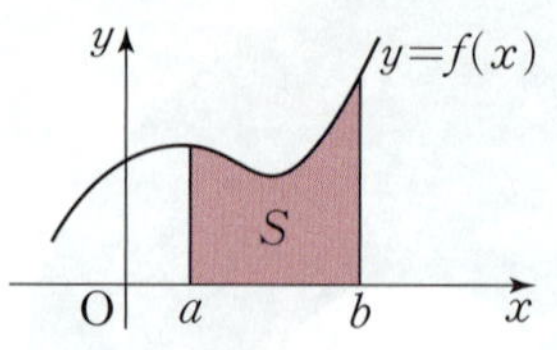

> **참고** 정적분 $\displaystyle\int_a^b f(x)dx$의 값을 구하는 것을 함수 $f(x)$를 a에서 b까지 적분한다고 한다.
> 이때 a를 아래끝, b를 위끝, x를 적분변수, $f(x)$를 피적분함수라 한다.

(2) 함수 $f(x)$가 닫힌구간 $[a, b]$에서 연속이고 $f(x) \leq 0$
일 때, 곡선 $y=f(x)$와 x축 및 두 직선 $x=a$, $x=b$로
둘러싸인 도형의 넓이를 S라 하면

$$\int_a^b f(x)dx=-S$$

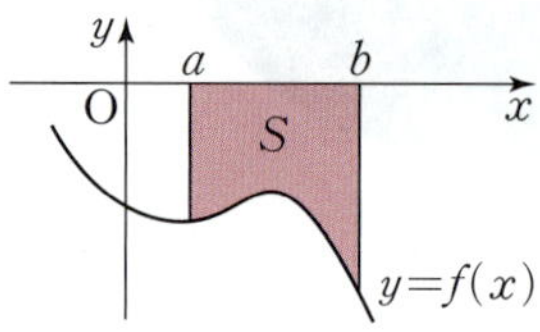

(3) 일반적으로 정적분에서는 다음이 성립한다.

① $\displaystyle\int_a^a f(x)dx=0$

② $\displaystyle\int_a^b f(x)dx=-\int_b^a f(x)dx$

2 정적분과 미분의 관계

함수 $f(t)$가 닫힌구간 $[a, b]$에서 연속일 때

$$\frac{d}{dx}\int_a^x f(t)dt=f(x) \ (\text{단, } a<x<b)$$

> **예** $\displaystyle\frac{d}{dx}\int_0^x (t^2+1)dt=x^2+1$

3 미적분의 기본 정리

함수 $f(x)$가 닫힌구간 $[a, b]$에서 연속이고 $F'(x)=f(x)$일 때

$$\int_a^b f(x)dx=\Big[\, F(x) \,\Big]_a^b=F(b)-F(a)$$

> **예** $\displaystyle\int (2x+3)dx=x^2+3x+C \ (C\text{는 적분상수})$이므로
>
> $\displaystyle\int_1^2 (2x+3)dx=\Big[\, x^2+3x \,\Big]_1^2=(2^2+6)-(1^2+3)=6$

> **참고** $\Big[\, F(x)+C \,\Big]_a^b=\{F(b)+C\}-\{F(a)+C\}=F(b)-F(a)=\Big[\, F(x) \,\Big]_a^b$
>
> 이므로 정적분의 계산에서 적분상수는 고려하지 않는다.

정적분에서 변수를 x 대신 다른 문자를
사용해도 그 값은 변하지 않는다. 즉,
$$\int_a^b f(x)dx=\int_a^b f(y)dy$$
$$=\int_a^b f(t)dt$$

$\displaystyle\int_a^x f(t)dt$는 x의 함수이다.

$F(x)$는 함수 $f(x)$의 한 부정적분이다.

부정적분의 결과는 함수이지만 정적분의
결과는 실수이다.

④ 정적분의 성질   핵심 ①

두 함수 $f(x)$, $g(x)$가 세 실수 a, b, c를 포함하는 구간에서 연속일 때

(1) $\displaystyle\int_a^b kf(x)dx = k\int_a^b f(x)dx$ (단, k는 상수이다.)

(2) $\displaystyle\int_a^b \{f(x)+g(x)\}dx = \int_a^b f(x)dx + \int_a^b g(x)dx$

(3) $\displaystyle\int_a^b \{f(x)-g(x)\}dx = \int_a^b f(x)dx - \int_a^b g(x)dx$

(4) $\displaystyle\int_a^c f(x)dx + \int_c^b f(x)dx = \int_a^b f(x)dx$

⑤ 정적분 $\displaystyle\int_{-a}^{a} x^n\, dx$의 계산   핵심 ②

n이 자연수일 때, 정적분 $\displaystyle\int_{-a}^{a} x^n dx$에 대하여 다음이 성립한다.

(1) n이 짝수일 때, $\displaystyle\int_{-a}^{a} x^n dx = 2\int_0^a x^n dx$

(2) n이 홀수일 때, $\displaystyle\int_{-a}^{a} x^n dx = 0$

예 $\displaystyle\int_{-1}^{1}(2x^3+3x^2)dx = \int_{-1}^{1} 2x^3\, dx + \int_{-1}^{1} 3x^2\, dx$
$$= 0 + 2\int_0^1 3x^2\, dx = 2\Big[\, x^3 \,\Big]_0^1 = 2$$

참고 함수 $f(x)$가 닫힌구간 $[-a, a]$에서 연속일 때

  (1) $f(x)$가 우함수, 즉 $f(-x)=f(x)$이면 $\displaystyle\int_{-a}^{a} f(x)dx = 2\int_0^a f(x)dx$

  (2) $f(x)$가 기함수, 즉 $f(-x)=-f(x)$이면 $\displaystyle\int_{-a}^{a} f(x)dx = 0$

⑥ 정적분으로 정의된 함수   핵심 ③~④

(1) 정적분으로 정의된 함수의 미분

  ① $\dfrac{d}{dx}\displaystyle\int_a^x f(t)dt = f(x)$ (단, a는 실수이다.)

  ② $\dfrac{d}{dx}\displaystyle\int_x^{x+a} f(t)dt = f(x+a)-f(x)$ (단, a는 실수이다.)

(2) 정적분으로 정의된 함수의 극한

  ① $\displaystyle\lim_{x\to 0} \frac{1}{x}\int_a^{x+a} f(t)dt = f(a)$

  ② $\displaystyle\lim_{x\to a} \frac{1}{x-a}\int_a^{x} f(t)dt = f(a)$

핵심 1 정적분의 성질 [유형 3~4]

다음 정적분의 값을 구해 보자.

(1) $\int_1^2 (x^3+x)\,dx = \int_1^2 x^3\,dx + \int_1^2 x\,dx$ $\longrightarrow$ $\int_a^b \{f(x)+g(x)\}\,dx = \int_a^b f(x)\,dx + \int_a^b g(x)\,dx$

$\qquad = \left[\dfrac{1}{4}x^4\right]_1^2 + \left[\dfrac{1}{2}x^2\right]_1^2 = \dfrac{1}{4}\times(16-1) + \dfrac{1}{2}\times(4-1) = \dfrac{21}{4}$

(2) $\int_{-1}^3 (3x^2+x)\,dx - \int_{-1}^3 (x+5)\,dx = \int_{-1}^3 \{(3x^2+x)-(x+5)\}\,dx$ $\longrightarrow$ $\int_a^b f(x)\,dx - \int_a^b g(x)\,dx = \int_a^b \{f(x)-g(x)\}\,dx$

$\qquad = \int_{-1}^3 (3x^2-5)\,dx = \left[x^3-5x\right]_{-1}^3 = 12-4 = 8$

(3) $\int_{-1}^0 (x^2+2x-1)\,dx + \int_0^1 (x^2+2x-1)\,dx = \int_{-1}^1 (x^2+2x-1)\,dx$ $\longrightarrow$ $\int_a^c f(x)\,dx + \int_c^b f(x)\,dx = \int_a^b f(x)\,dx$

$\qquad = \left[\dfrac{1}{3}x^3+x^2-x\right]_{-1}^1 = \dfrac{1}{3} - \dfrac{5}{3} = -\dfrac{4}{3}$

1413 다음 정적분의 값을 구하시오.

(1) $\int_1^2 (8x^3-6x^2+1)\,dx$

(2) $\int_{-1}^3 (x+3)^2\,dx - \int_{-1}^3 (y-3)^2\,dy$

1414 $\int_0^2 (x-1)^2\,dx - \int_{-1}^2 (x+1)^2\,dx + \int_{-1}^0 (x-1)^2\,dx$

의 값을 구하시오.

핵심 2 정적분 $\displaystyle\int_{-a}^a x^n\,dx$의 계산 [유형 8]

정적분 $\int_{-1}^1 (2x^7+3x^5+x^4-4x^3-3x^2+2)\,dx$의 값을 구해 보자.

$\int_{-1}^1 (2x^7+3x^5+x^4-4x^3-3x^2+2)\,dx = \int_{-1}^1 (2x^7+3x^5-4x^3)\,dx + \int_{-1}^1 (x^4-3x^2+2)\,dx$

짝수 차수의 항(상수항 포함)끼리, 홀수 차수의 항끼리 묶는다.

$\qquad = 0 + 2\int_0^1 (x^4-3x^2+2)\,dx$

$\qquad = 2\left[\dfrac{1}{5}x^5-x^3+2x\right]_0^1 = 2\times\dfrac{6}{5} = \dfrac{12}{5}$

1415 다음 정적분의 값을 구하시오.

(1) $\int_{-1}^1 (x^4+x^2-1)\,dx$

(2) $\int_{-2}^2 (x^5+2x^3-6x)\,dx$

1416 다음 정적분의 값을 구하시오.

(1) $\int_{-2}^2 (x^3+3x^2-7x)\,dx$

(2) $\int_{-1}^1 (6x^5+5x^4+4x^3+3x^2+2x+1)\,dx$

핵심 **3** 정적분을 포함한 등식 $-f(x)=g(x)+\displaystyle\int_a^b f(t)dt$ 꼴 유형 12

동영상 강의

모든 실수 x에 대하여 $f(x)=3x^2-2x+\displaystyle\int_0^2 f(t)dt$를 만족시키는 함수 $f(x)$를 구해 보자.
→ 위끝, 아래끝이 상수이다.

❶ $\displaystyle\int_a^b f(t)dt=k$ (k는 상수)로 놓기

$\displaystyle\int_0^2 f(t)dt=k$ (k는 상수) …… ㉠라 하면 $f(x)=3x^2-2x+k$ …… ㉡

❷ ㉡을 ㉠에 대입하여 k의 값 구하기

$\displaystyle\int_0^2 (3t^2-2t+k)dt=k$에서 $\Big[t^3-t^2+kt\Big]_0^2=k$ ∴ $k=-4$

❸ 함수 $f(x)$ 완성하기

$k=-4$를 ㉡에 대입하면 $f(x)=3x^2-2x-4$

1417 모든 실수 x에 대하여

$f(x)=3x^2-4x+\displaystyle\int_{-1}^1 f(t)dt$를 만족시키는 함수 $f(x)$를 구하시오.

1418 함수 $f(x)$가 $f(x)=2x+\displaystyle\int_0^2 f(t)dt$를 만족시킬 때, $f(1)$의 값을 구하시오.

핵심 **4** 정적분을 포함한 등식 $-\displaystyle\int_a^x f(t)dt=g(x)$ 꼴 유형 13

동영상 강의

모든 실수 x에 대하여 $\displaystyle\int_1^x f(t)dt=x^3+ax^2+4x$를 만족시키는 함수 $f(x)$를 구해 보자. (단, a는 상수이다.)

❶ 등식의 양변에 $x=1$ 대입하기

$\displaystyle\int_1^x f(t)dt=x^3+ax^2+4x$의 양변에 $x=1$을 대입하면 ← $\displaystyle\int_a^a f(t)dt=0$을 이용한다.

$0=1+a+4$ ∴ $a=-5$

❷ 주어진 등식의 양변을 x에 대하여 미분하여 $f(x)$ 구하기

$\displaystyle\int_1^x f(t)dt=x^3-5x^2+4x$의 양변을 x에 대하여 미분하면 $f(x)=3x^2-10x+4$
→ $F(x)-F(1)$이므로 미분하면 $f(x)$가 된다.

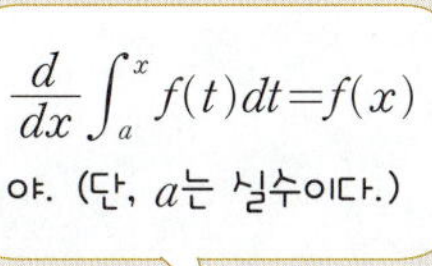

1419 모든 실수 x에 대하여 $\displaystyle\int_{-1}^x f(t)dt=2x^2+ax+3$을 만족시키는 함수 $f(x)$를 구하시오. (단, a는 상수이다.)

1420 모든 실수 x에 대하여

$\displaystyle\int_1^x f(t)dt=x^3+x^2+2ax$를 만족시킬 때, $f(1)$의 값을 구하시오. (단, a는 상수이다.)

실전 유형 1 정적분 **빈출유형**

(1) 미적분의 기본 정리: 닫힌구간 $[a, b]$에서 연속인 함수 $f(x)$의 한 부정적분을 $F(x)$라 하면
$$\int_a^b f(x)dx=\Big[F(x)\Big]_a^b=F(b)-F(a)$$
→ a, b의 대소에 관계없이 항상 성립한다.

(2) $\int_a^a f(x)dx=0$

(3) $\int_a^b f(x)dx=-\int_b^a f(x)dx$

1421 대표문제

$-\int_1^{-2} 2(x+3)(x-1)dx+\int_1^1 (3y-1)(2y+5)dy$의 값은?

① 18 ② 12 ③ -12
④ -18 ⑤ -24

1422 Level 1

함수 $f(x)=x^2+x+1$에 대하여 $\int_{-2}^4 2(x-1)f(x)dx$의 값을 구하시오.

1423 중요 Level 1

$\int_0^1 \left(\dfrac{x^4}{x^2+1}-\dfrac{1}{x^2+1}\right)dx$의 값은?

① $-\dfrac{5}{6}$ ② $-\dfrac{2}{3}$ ③ $\dfrac{1}{2}$
④ $\dfrac{2}{3}$ ⑤ $\dfrac{5}{6}$

1424 중요 Level 2

함수 $f(x)=6x^2+2ax$가 $\int_0^1 f(x)dx=f(1)$을 만족시킬 때, 상수 a의 값은?

① -4 ② -2 ③ 0
④ 2 ⑤ 4

1425 Level 2

함수 $f(x)=x+1$에 대하여
$$\int_0^2 \{f(x)\}^2 dx=k\left\{\int_0^2 f(x)dx\right\}^2$$
일 때, 상수 k의 값을 구하시오.

다음은 이 유형에서 출제된 최근 교육청 · 평가원 기출문제입니다.

1426 교육청 Level 1

$\int_0^3 (x+1)^2 dx$의 값은?

① 12 ② 15 ③ 18
④ 21 ⑤ 24

08

**실전
유형** **2** 정적분의 활용 – 미적분의 기본 정리

(1) 미적분의 기본 정리를 이용하여 정적분의 값을 구한 후 최댓값, 최솟값, 식 변형 등의 문제를 해결한다.

(2) 다항함수 $f(x)=a_nx^n+a_{n-1}x^{n-1}+\cdots+a_0$ 형태로 놓고 조건에 따라 $f(x)$를 결정한 후 문제를 해결한다.

1427 대표문제

$\displaystyle\int_1^k (4x+2)dx$의 값이 최소가 되도록 하는 상수 k의 값을 m, 그때의 정적분의 값을 n이라 할 때, $m+n$의 값은?

① -7 ② -5 ③ -3

④ 0 ⑤ 3

1428 Level 2

$\displaystyle\int_1^2 (3x^2-4kx+4)dx>3$을 만족시키는 정수 k의 최댓값은?

① 1 ② 2 ③ 3

④ 4 ⑤ 5

1429 중요 Level 2

이차함수 $f(x)=x^2+ax+b$가 $\displaystyle\lim_{x\to 2}\frac{f(x)}{x-2}=1$을 만족시킬 때, $\displaystyle 6\int_1^2 f(x)dx$의 값을 구하시오. (단, a, b는 상수이다.)

1430 Level 2

다항함수 $f(x)$가 다음 조건을 만족시킬 때, $f(0)$의 값을 구하시오.

> (가) $\displaystyle\int f(x)dx=\{f(x)\}^2$ (나) $\displaystyle\int_{-1}^1 f(x)dx=50$

1431 중요 Level 2

자연수 n에 대하여 $f(n)=\displaystyle\int_0^1 \frac{1}{n+1}x^{n+1}dx$일 때, $f(1)+f(2)+f(3)+\cdots+f(100)$의 값은?

① $\dfrac{1}{102}$ ② $\dfrac{1}{101}$ ③ $\dfrac{1}{100}$

④ $\dfrac{25}{51}$ ⑤ $\dfrac{50}{51}$

1432 Level 3

이차함수 $f(x)=ax^2+bx$가 다음 조건을 만족시킬 때, $f(2)$의 값을 구하시오. (단, a, b는 상수이다.)

> (가) $\displaystyle\lim_{x\to 1}\frac{f(x)-f(1)}{x^2-1}=-3$
>
> (나) $\displaystyle\int_0^1 f(x)dx=-\frac{11}{3}$

➕ Plus 문제

두 함수 $f(x)$, $g(x)$가 닫힌구간 $[a, b]$에서 연속일 때

(1) $\int_a^b kf(x)dx = k\int_a^b f(x)dx$ (단, k는 상수이다.)

(2) $\int_a^b \{f(x)+g(x)\}dx = \int_a^b f(x)dx + \int_a^b g(x)dx$

(3) $\int_a^b \{f(x)-g(x)\}dx = \int_a^b f(x)dx - \int_a^b g(x)dx$

1433 대표문제

$\int_0^2 (2x+k)^2 dx - \int_0^2 (2x-k)^2 dx = 16$을 만족시키는 상수 k의 값은?

① 1 ② 2 ③ 3

④ 4 ⑤ 5

1434 Level 1

$\int_{-3}^0 \dfrac{x^3}{x-2}dx - \int_{-3}^0 \dfrac{8}{x-2}dx$의 값은?

① 6 ② 12 ③ 18

④ 24 ⑤ 30

1435 중요 Level 2

$\int_0^2 \dfrac{x^2(x^2+x+1)}{x+1}dx + \int_2^0 \dfrac{y^2+y+1}{y+1}dy$의 값은?

① 2 ② 4 ③ 6

④ 8 ⑤ 10

1436 중요 Level 2

두 다항함수 $f(x)$, $g(x)$에 대하여

$$\int_{-1}^1 \{f(x)+g(x)\}dx = 12,$$

$$\int_{-1}^1 \{f(x)-g(x)\}dx = 4$$

일 때, $\int_{-1}^1 \{f(x)-3g(x)\}dx$의 값을 구하시오.

1437 Level 2

함수 $f(k) = \int_0^1 (2x-k)^2 dx + \int_1^0 (2x^2+2)dx$의 최솟값은?

① $-\dfrac{10}{3}$ ② $-\dfrac{7}{3}$ ③ $-\dfrac{4}{3}$

④ $-\dfrac{1}{3}$ ⑤ $\dfrac{2}{3}$

1438 고난도 Level 3

함수 $f(x)$가 $\int_0^1 f(x)dx = 1$, $\int_0^1 xf(x)dx = 5$를 만족시킬 때, $\int_0^1 (x-k)^2 f(x)dx$의 값이 최소가 되도록 하는 실수 k의 값을 구하시오.

＋Plus 문제

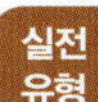

실전유형 **4** 정적분의 성질 – 나누어진 구간에서의 정적분 　빈출유형

함수 $f(x)$가 세 실수 a, b, c를 포함하는 구간에서 연속일 때

$$\int_a^c f(x)dx + \int_c^b f(x)dx = \int_a^b f(x)dx$$

1439 　대표문제

$\int_0^1 (4x-3)dx + \int_1^k (4x-3)dx = 0$일 때, 양수 k의 값은?

① $\dfrac{3}{2}$　　　　② 2　　　　③ $\dfrac{5}{2}$

④ 3　　　　⑤ $\dfrac{7}{2}$

1440 　Level 1

$\int_0^3 (x+1)^2 dx - \int_{-1}^3 (x-1)^2 dx + \int_{-1}^0 (x-1)^2 dx$의 값을 구하시오.

1441 　중요 　Level 2

함수 $f(x) = -3x+7$에 대하여

$$\int_1^a f(x)dx - \int_1^2 f(x)dx = -4$$

를 만족시키는 모든 실수 a의 값의 곱은?

① $\dfrac{5}{3}$　　　　② 2　　　　③ $\dfrac{7}{3}$

④ $\dfrac{8}{3}$　　　　⑤ 3

1442 　Level 2

함수 $f(x) = 4x^3 + 2x$에 대하여

$$\int_0^1 f(x)dx + \int_1^2 f(x)dx + \int_2^3 f(x)dx + \cdots + \int_9^{10} f(x)dx$$

의 값은?

① 7100　　　　② 8100　　　　③ 9100

④ 10100　　　　⑤ 11100

1443 　중요 　Level 2

연속함수 $f(x)$에 대하여

$$\int_{-3}^{-1} f(x)dx = A, \quad \int_{-3}^3 f(x)dx = B, \quad \int_{-1}^5 f(x)dx = C$$

일 때, $\int_3^5 f(x)dx$를 A, B, C를 이용하여 나타내시오.

1444 　Level 2

$-1 \le x \le 3$에서 연속인 함수 $f(x)$가

$$\int_{-1}^1 f(x)dx = 3, \quad \int_3^0 f(x)dx = -2, \quad \int_1^3 f(x)dx = 5$$

일 때, $\int_{-1}^0 \{f(x)-2x\}dx$의 값을 구하시오.

1445 　Level 3

이차함수 $f(x)$가

$$\int_{-1}^1 f(x)dx = \int_0^1 f(x)dx = \int_{-1}^0 f(x)dx$$

를 만족시킬 때, 함수 $f(x)$의 최솟값은 -1이다. 이때 $f(1)$의 값을 구하시오.

함수 $f(x)=\begin{cases} g(x) & (x\ge c) \\ h(x) & (x<c) \end{cases}$ 가 닫힌구간 $[a,b]$에서 연속이고

$a<c<b$일 때

$$\int_a^b f(x)dx=\int_a^c h(x)dx+\int_c^b g(x)dx$$

1446 `대표문제`

함수 $f(x)=\begin{cases} (x-1)^2 & (x\ge 0) \\ x+1 & (x<0) \end{cases}$ 에 대하여 $\int_{-1}^{1} f(x)dx$의

값은?

① $\dfrac{1}{6}$ ② $\dfrac{1}{3}$ ③ $\dfrac{1}{2}$

④ $\dfrac{2}{3}$ ⑤ $\dfrac{5}{6}$

1447
Level 1

함수 $y=f(x)$의 그래프가 그림과 같을 때, $\int_{-3}^{3} f(x)dx$의 값을 구하시오.

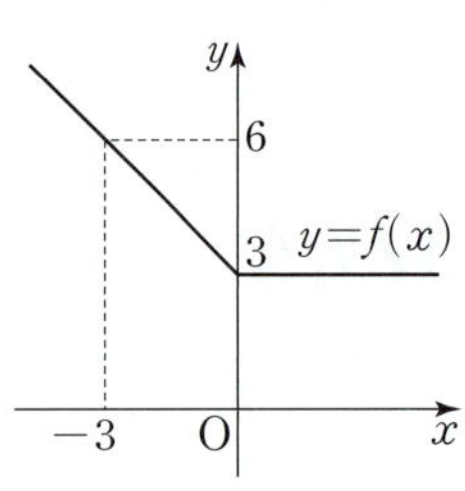

1448
Level 2

함수 $y=f(x)$의 그래프가 그림과 같을 때, $\int_{-1}^{1} xf(x)dx$의 값은?

① $\dfrac{1}{3}$ ② $\dfrac{2}{3}$

③ 1 ④ $\dfrac{4}{3}$

⑤ $\dfrac{5}{3}$

1449 `중요`
Level 2

함수 $f(x)=\begin{cases} 4x^2 & (x\le 1) \\ -2x+6 & (x>1) \end{cases}$ 에 대하여 $\int_0^2 xf(x)dx$의

값은?

① $\dfrac{16}{3}$ ② 6 ③ $\dfrac{20}{3}$

④ $\dfrac{22}{3}$ ⑤ 8

1450
Level 2

함수 $f(x)=\begin{cases} x-2 & (x<2) \\ x^2-4x+4 & (x\ge 2) \end{cases}$ 에 대하여

$\int_{-2}^{2} f(x+2)dx$의 값은?

① $\dfrac{2}{3}$ ② 1 ③ $\dfrac{4}{3}$

④ $\dfrac{5}{3}$ ⑤ 2

1451
Level 2

함수 $y=f(x)$의 그래프가 그림과 같을 때, $\int_{-3}^{3} f(x)dx$의 값은?

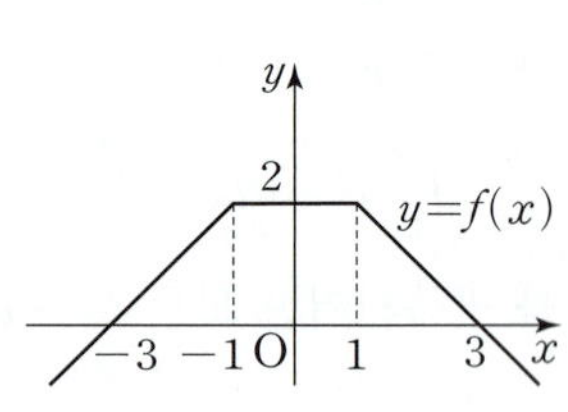

① 4 ② 5

③ 6 ④ 7

⑤ 8

1452 (중요)

Level 3

함수 $f(x) = \begin{cases} -x^2+x+2 & (x<0) \\ x+2 & (x\geq 0) \end{cases}$ 에 대하여

$\int_{-a}^{a} f(x)dx = -\dfrac{4a}{3}$ 를 만족시키는 양수 a의 값은?

① 2   ② 3   ③ 4

④ 5   ⑤ 6

➕ Plus 문제

다음은 이 유형에서 출제된 최근 교육청·평가원 기출문제입니다.

1453 (교육청)

Level 3

함수 $f(x)$를 $f(x) = \begin{cases} 2x+2 & (x<0) \\ -x^2+2x+2 & (x\geq 0) \end{cases}$ 라 하자.

양의 실수 a에 대하여 $\int_{-a}^{a} f(x)dx$의 최댓값은?

① 5   ② $\dfrac{16}{3}$ ③ $\dfrac{17}{3}$

④ 6   ⑤ $\dfrac{19}{3}$

1454 (수능) (고난도)

Level 3

실수 전체의 집합에서 미분가능한 함수 $f(x)$가 다음 조건을 만족시킨다.

> (가) 닫힌구간 $[0, 1]$에서 $f(x)=x$이다.
> (나) 어떤 상수 a, b에 대하여 구간 $[0, \infty)$에서
> $f(x+1)-xf(x)=ax+b$이다.

$60 \times \int_{1}^{2} f(x)dx$의 값을 구하시오.

---

 6 절댓값 기호를 포함한 함수의 정적분

절댓값 기호를 포함한 함수의 정적분은 다음과 같은 순서로 구한다.

❶ 절댓값 기호 안의 식의 값이 0이 되게 하는 x의 값을 경계로 적분 구간을 나눈다.

❷ $\int_{a}^{b} f(x)dx = \int_{a}^{c} f(x)dx + \int_{c}^{b} f(x)dx$임을 이용하여 정적분의 값을 구한다.

1455 (대표문제)

$\int_{-2}^{4} |x^2-2x|\,dx$의 값은?

① $\dfrac{44}{3}$ ② 15   ③ $\dfrac{46}{3}$

④ $\dfrac{47}{3}$ ⑤ 16

1456

Level 2

$\int_{0}^{2} |x^2(x-1)|\,dx$의 값은?

① $\dfrac{3}{2}$ ② 2   ③ $\dfrac{5}{2}$

④ 3   ⑤ $\dfrac{7}{2}$

1457 (중요)

Level 2

$\int_{0}^{a} |x^2-1|\,dx=2$를 만족시키는 상수 a의 값은? (단, $a>1$)

① $\dfrac{3}{2}$ ② 2   ③ $\dfrac{5}{2}$

④ 3   ⑤ $\dfrac{7}{2}$

1458

$\int_{-1}^{2}(|x|-k)dx=-\dfrac{1}{2}$일 때, 상수 k의 값은?

① $\dfrac{2}{3}$ ② 1 ③ $\dfrac{4}{3}$

④ $\dfrac{5}{3}$ ⑤ 2

1459 중요

$\int_{-2}^{2}(|x-1|+|x+1|)dx$의 값은?

① 2 ② 4 ③ 6

④ 8 ⑤ 10

1460

함수 $f(x)=|x|+|x-1|$의 최솟값을 a라 할 때, $\int_{-1}^{a}f(x)dx$의 값은?

① 2 ② 3 ③ 4

④ 5 ⑤ 6

1461 중요

두 함수 $f(x)=|x-2|$, $g(x)=x^2+1$에 대하여 $\int_{0}^{2}(f\circ g)(x)dx$의 값은?

① 1 ② $\dfrac{3}{2}$ ③ 2

④ $\dfrac{5}{2}$ ⑤ 3

➕ Plus 문제

1462 고난도

삼차함수 $f(x)=x^3-3x-1$이 있다. 실수 t $(t\geq-1)$에 대하여 $-1\leq x\leq t$에서 $|f(x)|$의 최댓값을 $g(t)$라 하자. $\int_{-1}^{1}g(t)dt=\dfrac{q}{p}$일 때, $p+q$의 값을 구하시오.

(단, p와 q는 서로소인 자연수이다.)

> 다음은 이 유형에서 출제된 최근 교육청·평가원 기출문제입니다.

1463 수능

$\int_{1}^{4}(x+|x-3|)dx$의 값을 구하시오.

1464 교육청

$\int_{-3}^{2}(2x^3+6|x|)dx-\int_{-3}^{-2}(2x^3-6x)dx$의 값을 구하시오.

<table>
<tr><td>

실전 유형 7 $\displaystyle\int_a^b f'(x)dx$의 계산

닫힌구간 $[a, b]$에서 연속인 함수 $f(x)$의 도함수를 $f'(x)$라 하면

$$\int_a^b f'(x)dx=\Big[f(x)\Big]_a^b=f(b)-f(a)$$

1465 대표문제

다항함수 $f(x)$에 대하여 $\displaystyle\int_1^5\{f'(x)-2x\}dx=3$,

$f(1)=-4$일 때, $f(5)$의 값은?

① 15   ② 17   ③ 19

④ 21   ⑤ 23

1466

       ●❙❙ Level 1

사차함수 $y=f(x)$의 그래프가 그림과 같고

$f(-2)=f(-1)=f(1)=0$,

$f(0)=4$일 때,

$\displaystyle\int_{-2}^0 f'(x)dx$의 값은?

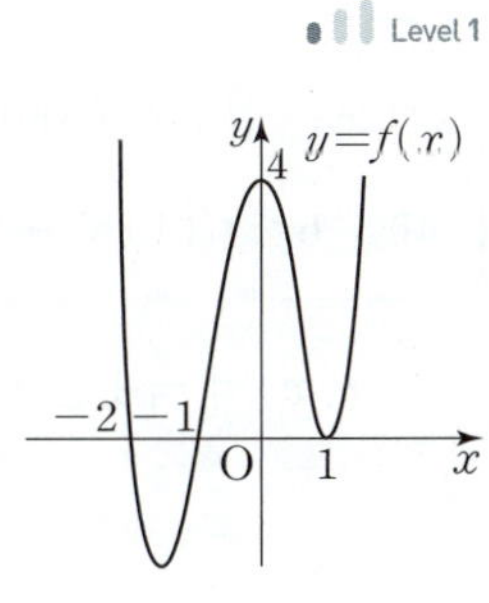

① 1   ② 2   ③ 3

④ 4   ⑤ 5

1467

       ●❙❙ Level 2

미분가능한 함수 $y=f(x)$의 그래프 위의 점 $(1, 4)$에서의

접선이 점 $(-1, -12)$를 지날 때, $\displaystyle\int_{-1}^1 f'(1)dx$의 값은?

① 8   ② 12   ③ 16

④ 20   ⑤ 24

</td><td>

1468

       ●❙❙ Level 3

삼차함수 $y=f(x)$의 그래프가 그림과 같고, 함수 $f(x)$가 극댓값 $f(1)=1$과 극솟값 $f(3)=-2$를 가지며 $f(0)=-2$이다. 이때

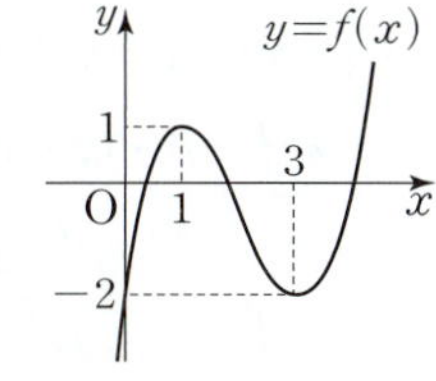

$\displaystyle\int_0^3|f'(x)|dx$의 값은?

① 6   ② 7   ③ 8

④ 9   ⑤ 10

1469 중요

       ●❙❙ Level 3

다항함수 $f(x)$가 $f(-1)=2$이고

$$\int_{-1}^1 2xf(x)dx+\int_{-1}^1 x^2f'(x)dx=20$$

을 만족시킬 때, $f(1)$의 값은?

① 16   ② 18   ③ 20

④ 22   ⑤ 24

> 다음은 이 유형에서 출제된 최근 교육청·평가원 기출문제입니다.

1470 교육청

       ●❙❙ Level 2

최고차항의 계수가 1인 삼차함수 $f(x)$가

$$\int_0^1 f'(x)dx=\int_0^2 f'(x)dx=0$$

을 만족시킬 때, $f'(1)$의 값은?

① -4 ② -3 ③ -2

④ -1 ⑤ 0

</td></tr>
</table>

 8 우함수·기함수의 정적분 (1)

(1) $f(x)=x^n$ (n은 짝수)

$\rightarrow \displaystyle\int_{-a}^{a} f(x)dx=2\int_{0}^{a} f(x)dx$

(2) $f(x)=x^n$ (n은 홀수)

$\rightarrow \displaystyle\int_{-a}^{a} f(x)dx=0$

1471 대표문제

실수 a에 대하여 $\displaystyle\int_{-a}^{a}(3x^2+2x)dx=\dfrac{1}{4}$일 때, $50a$의 값을 구하시오.

1472 · Level 1

$\displaystyle\int_{-1}^{0}(4x^3+3x^2+2x)dx-\int_{1}^{0}(4x^3+3x^2+2x)dx$의 값은?

① 1   ② 2   ③ 3

④ 4   ⑤ 5

1473 · Level 2

$\displaystyle\int_{-1}^{1}\left(4x^3+x^2-\dfrac{1}{2}x+a\right)dx=2$일 때, 상수 a의 값을 구하시오.

1474 중요 · Level 2

$\displaystyle\int_{-a}^{a}(5x^3+3x^2+4x+a)dx=(a+1)^2$을 만족시키는 모든 실수 a의 값의 합은?

① -1 ② $-\dfrac{1}{2}$ ③ 0

④ $\dfrac{1}{2}$ ⑤ 1

1475 중요 · Level 3

세 정수 a, b, c에 대하여 함수 $f(x)=x^4+ax^3+bx^2+cx+10$이 다음 조건을 만족시킨다.

> (가) 모든 실수 a에 대하여 $\displaystyle\int_{-a}^{a} f(x)dx=2\int_{0}^{a} f(x)dx$이다.
>
> (나) $-6<f'(1)<-2$

함수 $f(x)$의 극솟값을 구하시오.

다음은 이 유형에서 출제된 최근 교육청·평가원 기출문제입니다.

1476 수능 · Level 2

삼차함수 $f(x)$가 모든 실수 x에 대하여
$$xf(x)-f(x)=3x^4-3x$$
를 만족시킬 때, $\displaystyle\int_{-2}^{2} f(x)dx$의 값은?

① 12   ② 16   ③ 20

④ 24   ⑤ 28

심화 유형 **9** 우함수 · 기함수의 정적분 (2)

(1) $f(-x)=f(x)$인 함수(우함수)

$\rightarrow \int_{-a}^{a} f(x)dx = 2\int_{0}^{a} f(x)dx$

(2) $f(-x)=-f(x)$인 함수(기함수)

$\rightarrow \int_{-a}^{a} f(x)dx = 0$

1477 대표문제

다항함수 $f(x)$가 모든 실수 x에 대하여 $f(-x)=f(x)$, $\int_{0}^{2} f(x)dx=1$일 때, $\int_{-2}^{2} (x^3-x+1)f(x)dx$의 값은?

① 2 ② 4 ③ 6
④ 8 ⑤ 10

1478

Level 1

다항함수 $f(x)$가 모든 실수 x에 대하여 $f(-x)=f(x)$를 만족시킨다. $f(2)=2$일 때, $\int_{-2}^{2} f'(x)dx$의 값은?

① -4 ② -2 ③ 0
④ 2 ⑤ 4

1479

Level 1

다항함수 $f(x)$가 모든 실수 x에 대하여

$$f(-x)=f(x), \quad \int_{0}^{1} xf'(x)dx=1$$

일 때, $\int_{-1}^{1} (x+1)f'(x)dx$의 값은?

① -4 ② -2 ③ 0
④ 2 ⑤ 4

1480

Level 2

다항함수 $f(x)$가 다음 조건을 만족시킬 때, $\int_{-3}^{3} f(x)dx$의 값을 구하시오.

(가) 임의의 실수 x에 대하여 $f(-x)=f(x)$이다.

(나) $\int_{-2}^{0} f(x)dx=2$, $\int_{2}^{3} f(x)dx=4$

1481 중요

Level 2

다항함수 $f(x)$가 다음 조건을 만족시킨다.

(가) 임의의 실수 x에 대하여 $f(-x)=-f(x)$이다.

(나) $\int_{-1}^{0} f(x)dx=-1$, $\int_{1}^{4} f(x)dx=2$

$\int_{0}^{4} f(x)dx$의 값은?

① 0 ② 1 ③ 2
④ 3 ⑤ 4

1482

Level 2

다항함수 $f(x)$가 모든 실수 x에 대하여

$$f(-x)=f(x), \quad \int_{0}^{1} f(x)dx=5$$

일 때, $\int_{-1}^{1} (2x^3-3x+3)f(x)dx$의 값은?

① 10 ② 20 ③ 30
④ 40 ⑤ 50

1483

Level 2

다항함수 $f(x)$가 모든 실수 x에 대하여

$$f(-x)=-f(x), \ f(1)=2$$

일 때, $\displaystyle\int_{-1}^{1} f'(x)(x^3-2x+2)dx$의 값은?

① 6   ② 8   ③ 10

④ 12   ⑤ 14

1484 중요

Level 2

다항함수 $f(x)$가 모든 실수 x에 대하여

$$f(-x)=-f(x), \ \int_{0}^{1} xf(x)dx=5$$

일 때, $\displaystyle\int_{-1}^{1} (x^2+x-2)f(x)dx$의 값은?

① 10   ② 15   ③ 20

④ 25   ⑤ 30

1485 고난도

Level 3

두 다항함수 $f(x)$, $g(x)$가 모든 실수 x에 대하여

$$f(-x)=-f(x), \ g(-x)=g(x)$$

를 만족시킨다. 함수 $h(x)=f(x)g(x)$에 대하여

$\displaystyle\int_{-3}^{3} (x+5)h'(x)dx=10$일 때, $h(3)$의 값은?

① 1   ② 2   ③ 3

④ 4   ⑤ 5

---

 10 $f(x+p)=f(x)$를 만족시키는 함수의 정적분

연속함수 $f(x)$가 모든 실수 x에 대하여

$f(x+p)=f(x)$ (p는 0이 아닌 상수)이면

(1) $\displaystyle\int_{a}^{b} f(x)dx=\int_{a+p}^{b+p} f(x)dx=\int_{a+2p}^{b+2p} f(x)dx=\cdots$

(2) $\displaystyle\int_{a}^{a+p} f(x)dx=\int_{b}^{b+p} f(x)dx$

1486 대표문제

연속함수 $f(x)$가 모든 실수 x에 대하여 $f(x+3)=f(x)$,

$\displaystyle\int_{1}^{4} f(x)dx=4$를 만족시킬 때, $\displaystyle\int_{4}^{10} f(x)dx$의 값은?

① 2   ② 4   ③ 6

④ 8   ⑤ 10

1487

Level 2

연속함수 $f(x)$가 모든 실수 x에 대하여 $f(x)=f(x+2)$를 만족시키고, $-1\leq x\leq 1$에서 $f(x)=x^2$이다. 이때

$\displaystyle\int_{-3}^{5} f(x)dx$의 값은?

① $\dfrac{2}{3}$ ② $\dfrac{5}{3}$ ③ $\dfrac{8}{3}$

④ $\dfrac{11}{3}$ ⑤ $\dfrac{14}{3}$

1488

Level 2

연속함수 $f(x)$는 임의의 실수 x에 대하여 다음 조건을 만족시킨다.

> (가) $f(-x)=f(x)$ (나) $f(x)=f(x+2)$

$\displaystyle\int_{0}^{1} f(x)dx=4$일 때, $\displaystyle\int_{-2}^{4} f(x)dx$의 값을 구하시오.

1489　　Level 2

실수 전체의 집합에서 정의된 함수 $f(x)$가 다음 조건을 만족시킨다.

> (가) $f(x)=\begin{cases} x^3 & (0\le x<1) \\ -x^2+2x & (1\le x<2) \end{cases}$
>
> (나) 모든 실수 x에 대하여 $f(x+2)=f(x)$이다.

$\displaystyle\int_0^1 f(x)dx+\int_2^3 f(x)dx$의 값을 구하시오.

1490　중요　　Level 2

연속함수 $f(x)$가 다음 조건을 만족시킨다.

> (가) $-2\le x\le 2$일 때, $f(x)=x^3-4x+2$이다.
>
> (나) 모든 실수 x에 대하여 $f(x)=f(x+4)$이다.

$\displaystyle\int_{2026}^{2028} f(x)dx$의 값은?

① 5　　　　② 6　　　　③ 7
④ 8　　　　⑤ 9

1491　중요　　Level 2

함수 $f(x)$는 모든 실수 x에 대하여 $f(x+3)=f(x)$를 만족시키고

$$f(x)=\begin{cases} x & (0\le x<1) \\ 1 & (1\le x<2) \\ -x+3 & (2\le x<3) \end{cases}$$

이다. $\displaystyle\int_{-a}^{a} f(x)dx=13$일 때, 상수 a의 값을 구하시오.

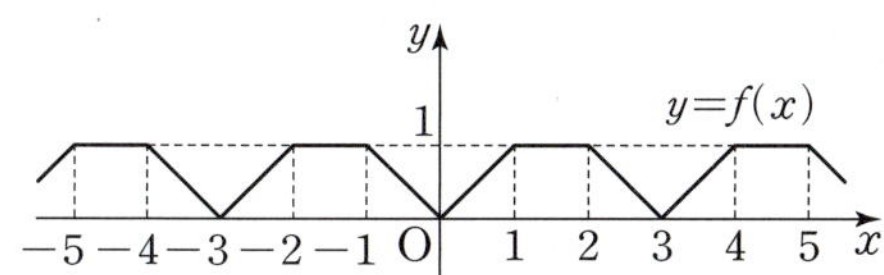

1492　교육청　　Level 3

모든 실수 x에 대하여 $f(x)\ge 0$, $f(x+3)=f(x)$이고

$\displaystyle\int_{-1}^{2}\{f(x)+x^2-1\}^2 dx$의 값이 최소가 되도록 하는 연속함수

$f(x)$에 대하여 $\displaystyle\int_{-1}^{26} f(x)dx$의 값을 구하시오.

1493　평가원　신경향　　Level 3

닫힌구간 $[0,\ 1]$에서 연속인 함수 $f(x)$가

$$f(0)=0,\ f(1)=1,\ \int_0^1 f(x)dx=\frac{1}{6}$$

을 만족시킨다. 실수 전체의 집합에서 정의된 함수 $g(x)$가

다음 조건을 만족시킬 때, $\displaystyle\int_{-3}^{2} g(x)dx$의 값은?

> (가) $g(x)=\begin{cases} -f(x+1)+1 & (-1<x<0) \\ f(x) & (0\le x\le 1) \end{cases}$
>
> (나) 모든 실수 x에 대하여 $g(x+2)=g(x)$이다.

① $\dfrac{5}{2}$　　　　② $\dfrac{17}{6}$　　　　③ $\dfrac{19}{6}$
④ $\dfrac{7}{2}$　　　　⑤ $\dfrac{23}{6}$

조건에 따라 함수를 식으로 표현하고 정적분한다.
(1) 두 함수 $y=f(x)$와 $y=g(x)$의 그래프가 $x=a$인 점에서 만날 때, $h(x)=f(x)-g(x)$라 하면 $h(x)$는 $x-a$를 인수로 가진다.
(2) 함수 $f(x)$에 대하여 $f(a)=k$이면 $f(x)-k$는 $x-a$를 인수로 가진다.
(3) 두 함수 $y=f(x)$와 $y=g(x)$의 그래프가 $x=a$에서 접할 때, $h(x)=f(x)-g(x)$라 하면 $h(x)$는 $(x-a)^2$을 인수로 가진다.

1494 대표문제

최고차항의 계수가 1인 이차함수 $f(x)$에 대하여
$f(1)=f(2)=2$일 때, $\int_0^2 f(x)dx$의 값은?

① $\dfrac{8}{3}$ ② $\dfrac{10}{3}$ ③ 4

④ $\dfrac{14}{3}$ ⑤ $\dfrac{16}{3}$

1495

Level 2

최고차항의 계수가 1인 이차함수 $y=f(x)$의 그래프와 직선 $y=g(x)$는 두 점 $(0, 0)$, $(1, a)$에서 만난다.
$\int_0^1 f(x)dx=\dfrac{1}{3}$일 때, a의 값을 구하시오.

1496 중요

Level 2

최고차항의 계수가 1인 삼차함수 $y=f(x)$와 이차함수 $y=g(x)$의 그래프는 원점에서 접하고, $x=2$에서 만난다.
$\int_0^2 g(x)dx=\dfrac{2}{3}$일 때, $\int_0^2 f(x)dx$의 값은?

① $-\dfrac{2}{3}$ ② $-\dfrac{1}{3}$ ③ 0

④ $\dfrac{1}{3}$ ⑤ $\dfrac{2}{3}$

1497

Level 2

최고차항의 계수가 1인 두 사차함수 $f(x)$, $g(x)$가 다음 조건을 만족시킬 때, $f(3)-g(3)$의 값을 구하시오.

(가) 두 함수 $y=f(x)$, $y=g(x)$의 그래프가 만나는 세 점의 x좌표는 각각 -1, 0, 2이다.
(나) $\int_0^2 f(x)dx=4$, $\int_0^2 g(x)dx=12$

다음은 이 유형에서 출제된 최근 교육청·평가원 기출문제입니다.

1498 교육청

Level 3

최고차항의 계수가 1이고 $f(0)=0$인 삼차함수 $f(x)$가 다음 조건을 만족시킨다.

(가) $f(2)=f(5)$
(나) 방정식 $f(x)-p=0$의 서로 다른 실근의 개수가 2가 되게 하는 실수 p의 최댓값은 $f(2)$이다.

$\int_0^2 f(x)dx$의 값은?

① 25 ② 28 ③ 31

④ 34 ⑤ 37

1499 교육청 중요

Level 3

최고차항의 계수가 1인 삼차함수 $f(x)$가 다음 조건을 만족시킨다.

(가) 모든 실수 x에 대하여 $f(1+x)+f(1-x)=0$이다.
(나) $\int_{-1}^3 f'(x)dx=12$

$f(4)$의 값은?

① 24 ② 28 ③ 32

④ 36 ⑤ 40

실전유형 **12** 정적분을 포함한 등식 – 적분 구간이 상수인 경우   빈출유형

$f(x)=g(x)+\displaystyle\int_a^b f(t)dt$ $(a, b$는 상수$)$ 꼴의 등식이 주어지면 $f(x)$는 다음과 같은 순서로 구한다.

❶ $\displaystyle\int_a^b f(t)dt=k$ $(k$는 상수$)$로 놓는다.

❷ $f(x)=g(x)+k$를 $\displaystyle\int_a^b f(t)dt=k$에 대입하여 k의 값을 구한다.

❸ k의 값을 $f(x)=g(x)+k$에 대입하여 $f(x)$를 구한다.

1500 대표문제

다항함수 $f(x)$가

$$f(x)=3x^2-4x+\int_0^3 f(t)dt$$

를 만족시킬 때, $f(0)$의 값은?

① $-\dfrac{7}{2}$ ② $-\dfrac{9}{2}$ ③ $-\dfrac{11}{2}$

④ $-\dfrac{13}{2}$ ⑤ $-\dfrac{15}{2}$

1501 Level 2

다항함수 $f(x)$가

$$f(x)=12x+\int_0^3 tf'(t)dt$$

를 만족시킬 때, $f(-3)$의 값을 구하시오.

1502 Level 2

다항함수 $f(x)$가

$$f(x)=x^3+x+\int_0^2 f'(t)dt$$

를 만족시킬 때, $f(2)$의 값은?

① 10   ② 16   ③ 20

④ 24   ⑤ 30

1503 중요 Level 2

다항함수 $f(x)$가

$$f(x)=x^2-2x+\int_0^1 tf(t)dt$$

를 만족시킬 때, $f(3)$의 값은?

① $\dfrac{13}{6}$ ② $\dfrac{5}{2}$ ③ $\dfrac{17}{6}$

④ $\dfrac{19}{6}$ ⑤ $\dfrac{7}{2}$

1504 중요 Level 2

이차함수 $f(x)$가

$$f(x)=\frac{12}{7}x^2-2x\int_1^2 f(t)dt+\left\{\int_1^2 f(t)dt\right\}^2$$

일 때, $10\displaystyle\int_1^2 f(x)dx$의 값을 구하시오.

1505 Level 3

다항함수 $f(x)$, $g(x)$가

$$f(x)=3x^2+\int_0^1 g'(t)dt,\quad g(x)=2x\int_0^1 f(t)dt$$

를 만족시킬 때, $f(1)$의 값은?

① -1 ② 0   ③ 1

④ 2   ⑤ 3

1506 중요 고난도

다항함수 $f(x)$가

$$f(x)=20x^3+\int_0^1 (x+t)f(t)dt$$

를 만족시킬 때, $f(-1)$의 값은?

① 10 ② 12 ③ 14
④ 16 ⑤ 18

다음은 이 유형에서 출제된 최근 교육청·평가원 기출문제입니다.

1507 평가원

함수 $f(x)$가 모든 실수 x에 대하여

$$f(x)=4x^3+x\int_0^1 f(t)dt$$

를 만족시킬 때, $f(1)$의 값은?

① 6 ② 7 ③ 8
④ 9 ⑤ 10

1508 교육청

다항함수 $f(x)$의 한 부정적분 $g(x)$가 다음 조건을 만족시킨다.

> (가) $f(x)=2x+2\int_0^1 g(t)dt$
>
> (나) $g(0)-\int_0^1 g(t)dt=\dfrac{2}{3}$

$g(1)$의 값은?

① -2 ② $-\dfrac{5}{3}$ ③ $-\dfrac{4}{3}$
④ -1 ⑤ $-\dfrac{2}{3}$

실전유형 13 정적분을 포함한 등식 – 적분 구간에 변수가 있는 경우(1)

$\int_a^x f(t)dt=g(x)$ (a는 상수) 꼴의 등식이 주어지면

(1) 등식의 양변에 $x=a$를 대입한다.

→ $\int_a^a f(t)dt=0$이므로 $g(a)=0$

(2) 등식의 양변을 x에 대하여 미분한다.

→ $\dfrac{d}{dx}\int_a^x f(t)dt=f(x)$이므로 $f(x)=g'(x)$

1509 대표문제

다항함수 $f(x)$가 모든 실수 x에 대하여

$$\int_1^x f(t)dt=x^3+ax^2-3x+1$$

을 만족시킬 때, $f(a)$의 값은? (단, a는 상수이다.)

① -2 ② -1 ③ 0
④ 1 ⑤ 2

1510

다항함수 $f(x)$가 모든 실수 x에 대하여

$$\int_{a+2}^x f(t)dt=x^3-x$$

를 만족시킬 때, 모든 실수 a의 값의 합은?

① -3 ② -4 ③ -5
④ -6 ⑤ -7

1511

함수 $f(x)$가

$$f(x)=\int_0^x (2at+1)dt$$

이고 $f'(2)=17$일 때, 상수 a의 값을 구하시오.

1512 중요
●■■ Level 2

상수함수가 아닌 다항함수 $f(x)$가 모든 실수 x에 대하여

$$\int_1^x f(t)\,dt = \{f(x)\}^2$$

을 만족시킬 때, $f(-1)$의 값은?

① -1 ② $-\dfrac{1}{2}$ ③ 0

④ $\dfrac{1}{2}$ ⑤ 1

1513
●■■ Level 2

다항함수 $f(x)$에 대하여

$$\int_0^x f(t)\,dt = x^3 - 2x^2 - 2x\int_0^1 f(t)\,dt$$

일 때, $f(0)=a$라 하자. $60a$의 값을 구하시오.

1514 중요
●■■ Level 2

다항함수 $f(x)$가 모든 실수 x에 대하여

$$\int_1^x f(t)\,dt = xf(x) - 3x^4 + 2x^2$$

을 만족시킬 때, $f(0)$의 값은?

① 1 ② 2 ③ 3

④ 4 ⑤ 5

다음은 이 유형에서 출제된 최근 교육청·평가원 기출문제입니다.

1515 교육청
●■■ Level 1

함수 $f(x)=\displaystyle\int_0^x (3t^2+5)\,dt$에 대하여

$\displaystyle\lim_{x\to 2}\dfrac{f(x)-f(2)}{x-2}$의 값을 구하시오.

1516 교육청
●■■ Level 2

함수 $f(x)=\displaystyle\int_2^x (t^2-3t+2)\,dt$에 대하여

$\displaystyle\lim_{x\to 1+}\dfrac{|f'(x)|}{x-1}$의 값은?

① 0 ② $\dfrac{1}{2}$ ③ 1

④ $\dfrac{3}{2}$ ⑤ 2

1517 평가원
●■■ Level 3

다항함수 $f(x)$가 모든 실수 x에 대하여

$$xf(x) = 2x^3 + ax^2 + 3a + \int_1^x f(t)\,dt$$

를 만족시킨다. $f(1)=\displaystyle\int_0^1 f(t)\,dt$일 때, $a+f(3)$의 값은?

(단, a는 상수이다.)

① 5 ② 6 ③ 7

④ 8 ⑤ 9

$\int_a^x f(t)dt=g(x)$ (a는 상수) 꼴의 등식과 조건이 주어지면

(1) 등식의 양변을 x에 대하여 미분한다. ➔ $f(x)=g'(x)$
(2) 등식의 양변에 $x=a$를 대입한다. ➔ $g(a)=0$
(3) 나머지정리 등의 조건을 이용한다.

1518 대표문제

다항함수 $f(x)$에 대하여 $f(x)+x^2+\int_1^x f(t)dt$가

$(x-1)^2$으로 나누어떨어질 때, $f'(x)$를 $x-1$로 나누었을 때의 나머지는?

① -1 ② -2 ③ -3
④ -4 ⑤ -5

1519 중요 　　　　　　　Level 2

다항함수 $f(x)$에 대하여 $f(x)+2x+1+\int_0^x f(t)dt$가 x^2으로 나누어떨어질 때, $f'(x)$를 x로 나누었을 때의 나머지를 구하시오.

1520 　　　　　　　Level 2

두 다항함수 $f(x)$, $g(x)$가 모든 실수 x에 대하여 다음 조건을 만족시킨다.

(가) $f(x)g(x)=x^3+3x^2-x-3$
(나) $f'(x)=1$
(다) $g(x)=2\int_1^x f(t)dt$

$\int_0^3 3g(x)dx$의 값을 구하시오.

1521 중요 　　　　　　　Level 2

다항함수 $f(x)$에 대하여 $g(x)=\int_1^x f(t)dt$라 할 때,

〈보기〉에서 옳은 것만을 있는 대로 고르시오.

〈 보기 〉

ㄱ. $g(x)=x^2-3x+2$이면 $f(x)=2x-3$이다.
ㄴ. $f(x)=4x^3-3x+1$이면 $\lim\limits_{x\to1}\dfrac{g(x^2)}{x-1}=18$이다.
ㄷ. $f(x)=3x^2+2g(2)$일 때, $f(4)=34$이다.

1522 　　　　　　　Level 2

최고차항의 계수가 1인 이차함수 $f(x)$와 다항함수 $g(x)$가 다음 조건을 만족시킨다.

(가) $g(x)=\int_1^x \{f'(t)f(t)\}dt$
(나) 모든 실수 k에 대하여 $\int_{-k}^k g(x)dx=2\int_0^k g(x)dx$이다.

$\lim\limits_{x\to-1}\dfrac{g(x)}{x+1}=4$일 때, $f(1)$의 값을 구하시오.

다음은 이 유형에서 출제된 최근 교육청·평가원 기출문제입니다.

1523 수능 　　　　　　　Level 2

다항함수 $f(x)$가 모든 실수 x에 대하여

$$\int_1^x \left\{\frac{d}{dt}f(t)\right\}dt=x^3+ax^2-2$$

를 만족시킬 때, $f'(a)$의 값은? (단, a는 상수이다.)

① 1 ② 2 ③ 3
④ 4 ⑤ 5

<table>
<tr><td>실전
유형</td><td>15</td><td>정적분을 포함한 등식
– 적분 구간에 변수만 있는 경우</td></tr>
</table>

(1) $\dfrac{d}{dx}\displaystyle\int_{a}^{x+p} f(t)dt = f(x+p)$

(2) $\dfrac{d}{dx}\displaystyle\int_{x+q}^{x+p} f(t)dt = f(x+p) - f(x+q)$

1524 대표문제

함수 $f(x)=\displaystyle\int_{x-1}^{x} (t^3-t)dt$일 때, $\displaystyle\int_{0}^{2} f'(x)dx$의 값은?

① -4 ② -2 ③ 0

④ 2 ⑤ 4

1525 Level 1

함수 $f(x)=\displaystyle\int_{x}^{x+1} t^2dt$일 때, $f'(1)$의 값은?

① 1 ② 2 ③ 3

④ 4 ⑤ 5

1526 중요 Level 2

함수 $f(x)=\displaystyle\int_{x-1}^{x+1} (t^2-t)dt$일 때, 곡선 $y=f(x)$ 위의

점 $(2, f(2))$에서의 접선의 기울기는?

① -6 ② -3 ③ 0

④ 3 ⑤ 6

1527 중요 Level 2

함수 $f(x)$의 한 부정적분을 $F(x)$라 하자.

$F(x)=\displaystyle\int_{x-2}^{x} t^3dt$일 때, 함수 $f(x)$의 최솟값은?

① 1 ② 2 ③ 3

④ 4 ⑤ 5

1528 Level 2

함수 $f(x)=\displaystyle\int_{x-1}^{x} (t^3-kt)dt$일 때, 곡선 $y=f(x)$ 위의

점 $(t, f(t))$에서의 접선의 기울기의 최솟값이 $-\dfrac{3}{4}$일 때,

상수 k의 값은?

① $\dfrac{1}{2}$ ② 1 ③ $\dfrac{3}{2}$

④ 2 ⑤ $\dfrac{5}{2}$

1529 Level 2

함수 $f(x)=\displaystyle\int_{x-1}^{x+1} t^4dt$일 때, 곡선 $y=f(x)$ 위의

점 $(1, f(1))$에서의 접선이 x축과 만나는 점의 x좌표는?

① $\dfrac{1}{5}$ ② $\dfrac{2}{5}$ ③ $\dfrac{3}{5}$

④ $\dfrac{4}{5}$ ⑤ 1

$\int_a^x (x-t)f(t)dt=g(x)$ (a는 상수) 꼴의 등식이 주어지면 $f(x)$는 다음과 같은 순서로 구한다.

❶ 등식의 양변에 $x=a$를 대입한다. ➡ $g(a)=0$

❷ 등식의 좌변을 $x\int_a^x f(t)dt - \int_a^x tf(t)dt$로 변형한다.

❸ 양변을 x에 대하여 두 번 미분하여 $f(x)$를 구한다.

1530 대표문제

다항함수 $f(x)$가 임의의 실수 x에 대하여

$$\int_1^x (x-t)f(t)dt=2x^3-10x^2+14x-6$$

을 만족시킬 때, $f(0)$의 값은?

① -10 ② -20 ③ -30

④ -40 ⑤ -50

1531 중요 ‖ Level 2

다항함수 $f(x)$가 임의의 실수 x에 대하여

$$\int_0^x (x-t)f'(t)dt=x^3+x^2$$

을 만족시키고 $f(0)=2$일 때, $f(1)$의 값을 구하시오.

1532 ‖ Level 2

다항함수 $f(x)$가 모든 실수 x에 대하여

$$3xf(x)=7\int_1^x (x-t)f(t)dt-6x^2$$

을 만족시킬 때, $f'(1)$의 값은?

① -2 ② -1 ③ 0

④ 1 ⑤ 2

1533 중요 ‖ Level 2

다항함수 $f(x)$가 임의의 실수 x에 대하여

$$\int_1^x (x-t)f(t)dt=x^3-2ax^2+bx$$

를 만족시킬 때, $f(1)$의 값은? (단, a, b는 상수이다.)

① 2 ② 4 ③ 6

④ 8 ⑤ 10

1534 ‖ Level 3

두 다항함수 $f(x)$, $g(x)$가 다음 조건을 만족시킨다.

> (가) $f'(1)=g'(1)=6$
>
> (나) $g(x)=\int_0^x (x-t)f(t)dt$
>
> (다) $g(x)$는 삼차함수이다.

$g(4)$의 값을 구하시오.

다음은 이 유형에서 출제된 최근 교육청·평가원 기출문제입니다.

1535 교육청 고난도 ‖ Level 3

다항함수 $f(x)$가 모든 실수 x에 대하여

$$2x^2f(x)=3\int_0^x (x-t)\{f(x)+f(t)\}dt$$

를 만족시킨다. $f'(2)=4$일 때, $f(6)$의 값을 구하시오.

 17 정적분으로 정의된 함수의 극대·극소

$f(x)=\int_a^x g(t)dt$ (a는 상수)와 같이 정의된 함수 $f(x)$의 극값은 다음과 같은 순서로 구한다.

❶ 양변을 x에 대하여 미분한다. ➜ $f'(x)=g(x)$
❷ $f'(x)=0$을 만족시키는 실수 x의 값을 구한다.
❸ ❷에서 구한 x의 값을 주어진 식에 대입하여 극값을 구한다.

1536 대표문제

함수 $f(x)=\int_x^{x+1}(t^3-t)dt$의 극댓값은?

① $-\dfrac{3}{4}$ 　　　② $-\dfrac{1}{4}$ 　　　③ 0

④ $\dfrac{1}{4}$ 　　　⑤ $\dfrac{3}{4}$

1537 　Level 1

함수 $f(x)=\int_0^x(t^2-t+a)dt$가 $x=3$에서 극솟값을 가질 때, 상수 a의 값은?

① -12 　　　② -9 　　　③ -6
④ -3 　　　⑤ 0

1538 　Level 1

$f(x)=\int_x^{x+a}(t^2-2t)dt$가 $x=0$에서 극솟값을 가질 때, 양수 a의 값은?

① 1 　　　② 2 　　　③ 3
④ 4 　　　⑤ 5

1539 중요　Level 2

함수 $f(x)=\int_0^x(3t^2+2at+b)dt$가 $x=2$에서 극댓값 0을 가질 때, $a-b$의 값은? (단, a, b는 상수이다.)

① -2 　　　② -4 　　　③ -6
④ -8 　　　⑤ -10

1540 중요　Level 2

최고차항의 계수가 1인 삼차함수 $f(x)$에 대하여 함수 $g(x)$를 $g(x)=\int_2^x(t-2)f'(t)dt$라 하자. 함수 $g(x)$가 $x=0$에서만 극값을 가질 때, $g(0)$의 값은?

① -2 　　　② $-\dfrac{5}{2}$ 　　　③ -3
④ $-\dfrac{7}{2}$ 　　　⑤ -4

1541

양수 a, b에 대하여 함수 $f(x)=\int_0^x (t-a)(t-b)dt$가 다음 조건을 만족시킬 때, $a+b$의 값은?

> (가) 함수 $f(x)$는 $x=\dfrac{1}{2}$에서 극값을 가진다.
>
> (나) $f(a)-f(b)=\dfrac{1}{6}$

① 1   ② 2   ③ 3
④ 4   ⑤ 5

1542

Level 3

삼차함수 $f(x)=x^3-3x+a$에 대하여 함수 $F(x)=\int_0^x f(t)dt$가 오직 하나의 극값을 가지도록 하는 양수 a의 최솟값을 구하시오.

다음은 이 유형에서 출제된 최근 교육청·평가원 기출문제입니다.

1543 교육청 고난도

Level 3

최고차항의 계수가 4인 삼차함수 $f(x)$에 대하여 함수 $g(x)$를

$$g(x)=\int_0^x f(t)dt-xf(x)$$

라 하자. 모든 실수 x에 대하여 $g(x)\leq g(3)$이고 함수 $g(x)$는 오직 1개의 극값만 갖는다. $\int_0^1 g'(x)dx$의 값은?

① 8   ② 9   ③ 10
④ 11   ⑤ 12

심화
유형 **18** 정적분으로 정의된 함수의 최대·최소

정적분으로 정의된 함수의 최댓값, 최솟값을 구할 때
→ 양변을 x에 대하여 미분하여 $f(x)$ 또는 $f'(x)$를 구한 후 $f(x)$의 최댓값, 최솟값을 구한다.

1544 대표문제

$0\leq x\leq 3$에서 함수 $f(x)=\int_0^x (t-2)(t-4)dt$의 최댓값은?

① $\dfrac{14}{3}$ ② $\dfrac{16}{3}$ ③ 6
④ $\dfrac{20}{3}$ ⑤ $\dfrac{22}{3}$

1545 중요

Level 2

$0\leq x\leq 4$에서 함수 $f(x)=\int_1^x 3t(t-2)dt$의 최댓값과 최솟값의 합은?

① 8   ② 10   ③ 12
④ 14   ⑤ 16

1546

Level 2

$-2 \le x \le 1$에서 함수 $f(x)=\int_{x}^{x+1}(t^2+t)dt$의 최댓값을 M, 최솟값을 m이라 할 때, $M-m$의 값은?

① 2 ② 4 ③ 6

④ 8 ⑤ 10

1547

Level 2

다항함수 $f(x)$가 임의의 실수 x에 대하여

$f(x)=6x^2-2\int_{0}^{1}xf(t)dt$를 만족시킬 때, $f(x)$의 최솟값은?

① $-\dfrac{1}{9}$ ② $-\dfrac{1}{6}$ ③ $-\dfrac{1}{3}$

④ $\dfrac{2}{3}$ ⑤ 1

1548 중요

Level 2

다항함수 $f(x)$가 임의의 실수 x에 대하여

$\int_{0}^{x}(t-x)f(t)dt=x^4-x^3+3x^2$을 만족시킬 때, $f(x)$의 최댓값은?

① -4 ② $-\dfrac{17}{4}$ ③ $-\dfrac{9}{2}$

④ -5 ⑤ $-\dfrac{21}{4}$

실전 유형 **19** 정적분으로 정의된 함수의 그래프

함수 $y=F(x)$ 또는 $y=f(x)$의 그래프가 주어지고 $F(x)=\int_{a}^{x}f(t)dt$일 때, 그래프로부터 $F(x)$ 또는 $f(x)$를 식으로 나타내고, $F'(x)=f(x)$임을 이용한다.

1549 대표문제

다항함수 $f(x)$에 대하여 $F(x)=\int_{2}^{x}f(t)dt$이고 이차함수 $y=F(x)$의 그래프가 그림과 같다. 함수 $y=f(x)$의 그래프가 점 $(2, -2)$를 지날 때, $f(0)$의 값을 구하시오.

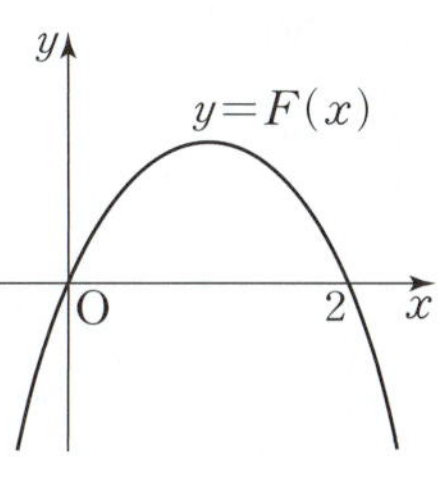

1550 중요

Level 2

다항함수 $f(x)$에 대하여 $F(x)=\int_{0}^{x}f(t)dt$이고 삼차함수 $y=F(x)$의 그래프가 그림과 같다. 함수 $y=f(x)$의 그래프가 점 $(1, -1)$을 지날 때, $f(x)$의 최솟값을 구하시오.

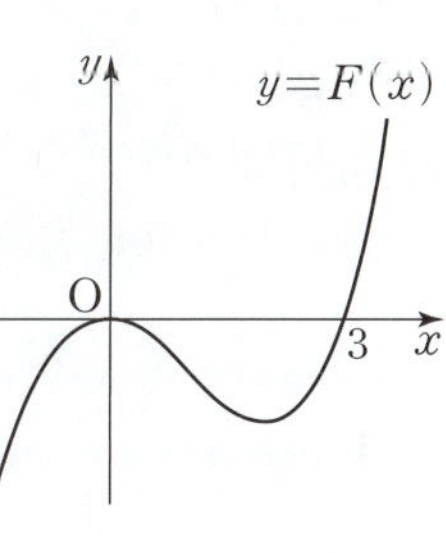

1551

Level 2

이차함수 $y=f(x)$의 그래프가 그림과 같다. 함수 $g(x)$를 $g(x)=\int_{1}^{x}f(t)dt$라 할 때, $g(x)$의 극솟값은?

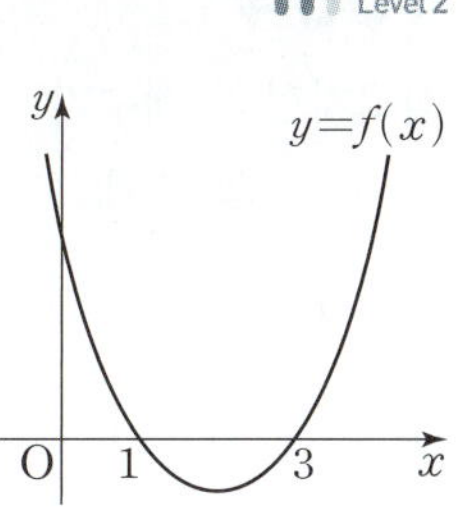

① $g(1)$ ② $g(2)$

③ $g(3)$ ④ $g(4)$

⑤ $g(5)$

1552

최고차항의 계수가 1인 삼차함수 $y=f(x)$의 그래프가 그림과 같다. 함수 $g(x)=\int_2^x f(t)dt$의 극댓값은?

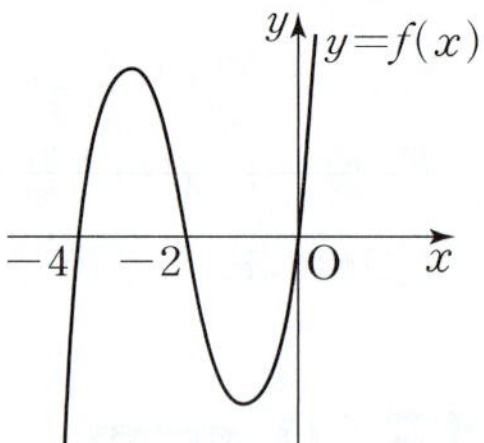

① -28 ② -29

③ -30 ④ -31

⑤ -32

1553 중요

이차함수 $y=f(x)$의 그래프가 그림과 같을 때, 함수 $g(x)$를 $g(x)=\int_x^{x+1} f(t)dt$라 하자. 함수 $g(x)$가 $x=a$에서 최소일 때, a의 값은?

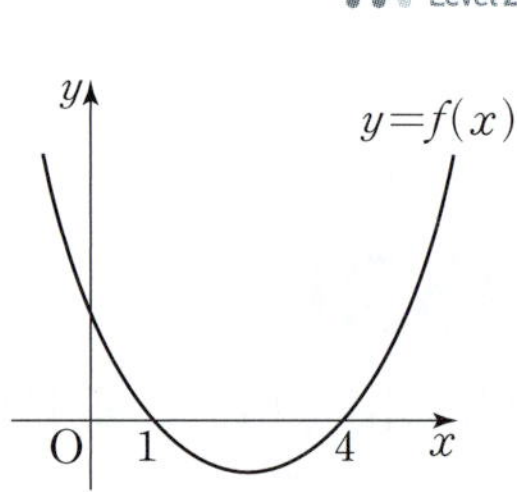

① 1 ② 2 ③ $\dfrac{5}{2}$

④ 4 ⑤ $\dfrac{11}{2}$

1554

최고차항의 계수가 -1인 삼차함수 $y=f(x)$의 그래프가 그림과 같다. 함수 $F(x)$를 $F(x)=\int_0^x f(t)dt$라 할 때, 구간 $[-2, 2]$에서 $F(x)$의 최솟값은?

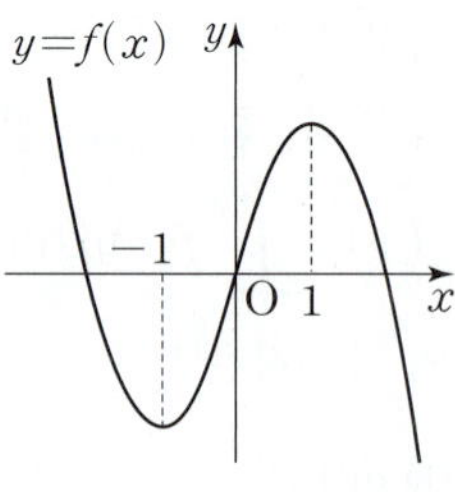

① 0 ② 1 ③ 2

④ 3 ⑤ 4

---

20 정적분으로 정의된 함수의 극한 (1)

함수 $f(t)$의 한 부정적분을 $F(t)$라 할 때

$$(1)\ \lim_{x\to0}\frac{1}{x}\int_a^{a+x}f(t)dt=\lim_{x\to0}\frac{F(a+x)-F(a)}{x}$$
$$=F'(a)=f(a)$$

$$(2)\ \lim_{x\to0}\frac{1}{x}\int_a^{a+kx}f(t)dt=k\lim_{x\to0}\frac{F(a+kx)-F(a)}{kx}$$
$$=kF'(a)=kf(a)$$

1555 대표문제

함수 $f(x)=4x^2-x+a$에 대하여

$\displaystyle\lim_{h\to0}\frac{1}{h}\int_{1-h}^{1+3h}f(x)dx=8$일 때, 상수 a의 값은?

① -2 ② -1 ③ 0

④ 1 ⑤ 2

1556

$\displaystyle\lim_{x\to0}\frac{1}{x}\int_{2-2x}^{2+2x}|1-t^2|\,dt$의 값을 구하시오.

다음은 이 유형에서 출제된 최근 교육청·평가원 기출문제입니다.

1557 교육청

함수 $f(x)$에 대하여 $f'(x)=3x^2-4x+1$이고 $\displaystyle\lim_{x\to0}\frac{1}{x}\int_0^x f(t)dt=1$일 때, $f(2)$의 값은?

① 3 ② 4 ③ 5

④ 6 ⑤ 7

**실전
유형** **21** 정적분으로 정의된 함수의 극한 (2)

함수 $f(t)$의 한 부정적분을 $F(t)$라 할 때

$$\lim_{x \to a} \frac{1}{x-a} \int_a^x f(t)dt = \lim_{x \to a} \frac{F(x)-F(a)}{x-a}$$
$$= F'(a) = f(a)$$

1558 대표문제

함수 $f(x) = x^3 + 3x^2 - 2x - 1$에 대하여

$\lim\limits_{x \to 2} \dfrac{1}{x-2} \displaystyle\int_2^x f(t)dt$의 값은?

① 7   ② 9   ③ 11

④ 13   ⑤ 15

1559 중요   Level 2

함수 $f(x) = 3x^2 - 4x + 1$에 대하여 $\lim\limits_{x \to 2} \dfrac{1}{x^2-4} \displaystyle\int_2^x f(t)dt$의

값은?

① $\dfrac{3}{4}$ ② 1   ③ $\dfrac{5}{4}$

④ $\dfrac{3}{2}$ ⑤ $\dfrac{7}{4}$

1560   Level 2

함수 $f(x) = 3x^4 - 3x^2 + x$에 대하여 $\lim\limits_{x \to 1} \dfrac{1}{x-1} \displaystyle\int_1^{x^2} f(t)dt$의

값은?

① 1   ② 2   ③ 3

④ 4   ⑤ 5

1561   Level 3

다항함수 $f(x)$가 $\lim\limits_{x \to 1} \dfrac{\displaystyle\int_1^x f(t)dt - f(x)}{x^2-1} = 2$를 만족시킬

때, $f'(1)$의 값을 구하시오.

➕ Plus 문제

다음은 이 유형에서 출제된 최근 교육청·평가원 기출문제입니다.

1562 교육청   Level 2

함수 $f(x) = x^3 + 2x^2 + 2$에 대하여

$\lim\limits_{x \to 1} \dfrac{1}{x-1} \displaystyle\int_1^x f'(t)dt$의 값을 구하시오.

1563 교육청   Level 3

다항함수 $f(x)$가

$$\lim_{x \to 2} \frac{1}{x-2} \int_1^x (x-t)f(t)dt = 3$$

을 만족시킬 때, $\displaystyle\int_1^2 (4x+1)f(x)dx$의 값은?

① 15   ② 18   ③ 21

④ 24   ⑤ 27

1564 대표문제

다항함수 $f(x)$가 $f(x)=x^3+2x+\displaystyle\int_0^2 f'(t)dt$를 만족시킬 때, $f(1)$의 값을 구하는 과정을 서술하시오. [7점]

STEP 1 $\displaystyle\int_0^2 f'(t)dt=k\,(k$는 상수$)$로 놓고 $f(x)$의 식 세우기 [2점]

정적분의 값은 상수이므로 $\displaystyle\int_0^2 f'(t)dt=k\,(k$는 상수$)$로 놓으면

$$f(x)=x^3+2x+\boxed{}^{(1)}$$

STEP 2 $f'(x)$를 $\displaystyle\int_0^2 f'(t)dt=k$에 대입하여 상수 k의 값 구하기 [3점]

$$f'(x)=\boxed{}^{(2)}\text{이므로}$$

$$k=\int_0^2 f'(t)dt=\int_0^2\left(\boxed{}^{(3)}\right)dt=\boxed{}^{(4)}$$

STEP 3 $f(1)$의 값 구하기 [2점]

$$f(x)=x^3+2x+\boxed{}^{(5)}\text{이므로}$$

$$f(1)=\boxed{}^{(6)}$$

1565 한번 더

다항함수 $f(x)$가 $f(x)=3x^2+2x+\displaystyle\int_0^2 f(t)dt$를 만족시킬 때, $f(-1)$의 값을 구하는 과정을 서술하시오. [7점]

STEP 1 $\displaystyle\int_0^2 f(t)dt=k\,(k$는 상수$)$로 놓고 $f(x)$의 식 세우기 [2점]

STEP 2 $f(x)$를 $\displaystyle\int_0^2 f(t)dt=k$에 대입하여 상수 k의 값 구하기 [3점]

STEP 3 $f(-1)$의 값 구하기 [2점]

1566 유사 1

이차함수 $f(x)$가
$$f(x)=3x^2-2x\int_0^1 f(t)dt+\left\{\int_0^1 f(t)dt\right\}^2$$
일 때, $f(2)$의 값을 구하는 과정을 서술하시오. [8점]

핵심 KEY 유형 12 정적분을 포함한 등식 – 적분 구간이 상수인 경우

적분 구간이 상수인 정적분을 포함한 함수를 적분하는 문제이다. 정적분의 값은 상수이기 때문에 $\displaystyle\int_0^2 f'(t)dt=k\,(k$는 상수$)$로 놓으면 $f(x)=x^3+2x+k$를 얻을 수 있고, $\displaystyle\int_0^2 f'(t)dt=k$에 $f'(t)$를 대입하여 문제를 해결할 수 있다.

1567 `대표문제`

함수 $f(x)=\int_0^x (t^3-3t^2-4t)\,dt$의 극댓값을 구하는 과정을
서술하시오. [6점]

STEP 1 $f'(x)$ 구하기 [2점]

$f(x)=\int_0^x (t^3-3t^2-4t)\,dt$의 양변을 x에 대하여 미분하면

$f'(x)=\boxed{\quad^{(1)}\quad}$

STEP 2 $f(x)$가 극댓값을 가지는 x의 값 구하기 [3점]

$f'(x)$의 부호를 조사하여 함수 $f(x)$의 증가, 감소를 표로
나타내면 다음과 같다.

x	$\cdots$	$\boxed{^{(2)}}$	$\cdots$	$\boxed{^{(3)}}$	$\cdots$	$\boxed{^{(4)}}$	$\cdots$
$f'(x)$	$-$	0	$+$	0	$-$	0	$+$
$f(x)$	$\searrow$	극소	$\nearrow$	극대	$\searrow$	극소	$\nearrow$

STEP 3 $f(x)$의 극댓값 구하기 [1점]

함수 $f(x)$의 극댓값은

$f(\boxed{\quad^{(5)}\quad})=\int_0^{\boxed{^{(6)}}} (t^3-3t^2-4t)\,dt=\boxed{\quad^{(7)}\quad}$

1568 `한번 더`

함수 $f(x)=\int_a^x (3t^2-2t-1)\,dt$의 극솟값이 9일 때,
상수 a의 값을 구하는 과정을 서술하시오. [8점]

STEP 1 $f'(x)$ 구하기 [2점]

STEP 2 $f(x)$가 극솟값을 가지는 x의 값 구하기 [3점]

STEP 3 상수 a의 값 구하기 [3점]

1569 ✅유사 1

함수 $f(x)=\int_x^{x+4} (t^2-2t)\,dt$의 최솟값을 구하는 과정을
서술하시오. [7점]

핵심 KEY `유형 17` . `유형 18` **정적분으로 정의된 함수의 극대·극소,
최대·최소**

$f(x)=\int_0^x g(t)\,dt$에서 미분을 이용하여 $f(x)$의 극값을 구하는
문제이다. 즉, 양변을 x에 대하여 미분하면 $f'(x)=g(x)$이므로
함수 $f(x)$의 증가·감소를 조사하여 문제를 해결할 수 있다.

1 1570

$\displaystyle\int_1^2 5(x-1)(x+1)(x^2+1)\,dx$의 값은? [3점]

① 26   ② 28   ③ 30

④ 32   ⑤ 34

2 1571

$\displaystyle\int_0^1 (4x^3+kx+1)\,dx\geq 0$을 만족시키는 실수 k의 최솟값은?

[3점]

① -4 ② -2 ③ 0

④ 2   ⑤ 4

3 1572

$\displaystyle\int_0^1 \frac{x^3}{x-2}\,dx+\int_1^0 \frac{8}{y-2}\,dy$의 값은? [3점]

① 5   ② $\dfrac{16}{3}$ ③ $\dfrac{17}{3}$

④ 6   ⑤ $\dfrac{19}{3}$

4 1573

$\displaystyle\int_0^k (3x^2+1)\,dx+\int_{-2}^0 (3x^2+1)\,dx=20$일 때, 실수 k의 값은? [3점]

① 1   ② 2   ③ 3

④ 4   ⑤ 5

5 1574

다음을 계산하면? [3점]

$$\int_{-1}^3 (5x^3+x^2-7x)\,dx-\int_2^3 (5x^3+x^2-7x)\,dx$$
$$+\int_2^1 (5x^3+x^2-7x)\,dx$$

① 0   ② $\dfrac{1}{3}$ ③ $\dfrac{2}{3}$

④ $\dfrac{5}{3}$ ⑤ 4

6 1575

$\int_0^a |x-3|dx=17$을 만족시키는 상수 a의 값은? (단, $a>3$)

[3점]

① $\dfrac{15}{2}$ ② 8 ③ $\dfrac{17}{2}$

④ 9 ⑤ $\dfrac{19}{2}$

7 1576

함수 $f(x)=x^3+2x-4$에 대하여
$$\lim_{x \to 2} \frac{1}{x-2}\int_2^x f(t)dt + \lim_{h \to 0} \frac{1}{h}\int_3^{3+h} f(x)dx$$
의 값은? [3점]

① 34 ② 35 ③ 36

④ 37 ⑤ 38

8 1577

함수 $f(x)=\begin{cases} x+3 & (-3 \leq x \leq 0) \\ 3-3x^2 & (0 < x < 1) \end{cases}$ 은 모든 실수 x에 대하여 $f(x+4)=f(x)$를 만족시킨다. 이때 $\int_0^9 f(x)dx$의 값은? [3.5점]

① 13 ② $\dfrac{27}{2}$ ③ 14

④ $\dfrac{29}{2}$ ⑤ 15

9 1578

최고차항의 계수가 4인 삼차함수 $f(x)$가
$f(1)=f(2)=f(3)=k$를 만족시킨다.
$\int_0^1 f(x)dx=4$일 때, 상수 k의 값은? [3.5점]

① -5 ② -1 ③ 1

④ 5 ⑤ 13

10 1579

함수 $f(x)$에 대하여 $f(x)=x^2-2x+\int_0^2 f(t)dt$가 성립할 때, $f(3)$의 값은? [3.5점]

① $\dfrac{8}{3}$ ② 4 ③ $\dfrac{13}{3}$

④ 5 ⑤ $\dfrac{16}{3}$

11 1580

다항함수 $f(x)$가 모든 실수 x에 대하여
$$\int_2^x f(t)dt=x^4-x^3+ax$$
를 만족시킬 때, $\int_{-1}^1 f(x)dx$의 값은? (단, a는 상수이다.)

[3.5점]

① -20 ② -10 ③ 0

④ 10 ⑤ 20

12 1581

다항함수 $f(x)$가
$$\int_0^x (x-t)f(t)\,dt = 2x^3 - 4x^2$$
을 만족시킬 때, $f(1)$의 값은? [3.5점]

① 2 ② 3 ③ 4
④ 5 ⑤ 6

13 1582

최고차항의 계수가 1인 삼차함수 $f(x)$가 $x=1$과 $x=3$에서 극값을 가질 때, $\int_3^1 f'(x)\,dx$의 값은? [3.5점]

① 4 ② $\dfrac{13}{3}$ ③ $\dfrac{14}{3}$
④ 5 ⑤ $\dfrac{16}{3}$

14 1583

함수 $f(x) = \int_{-1}^x 4t^2(t-3)\,dt$의 최솟값은? [3.5점]

① -16 ② -24 ③ -32
④ -40 ⑤ -48

15 1584

이차함수 $y=f(x)$의 그래프가 그림과 같다.

함수 $g(x) = \int_{-1}^x f(t)\,dt$는 $x=a$에서 극대, $x=b$에서 극소일 때, $a-b$의 값은? [3.5점]

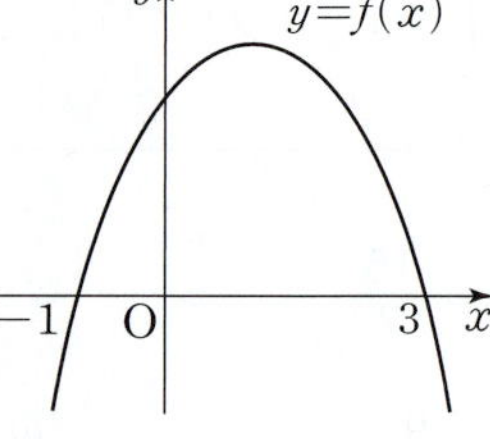

① -4 ② -2 ③ 0
④ 2 ⑤ 4

16 1585

모든 실수 x에서 연속인 함수 $f(x)$가 $f(-x)=f(x)$를 만족시키고
$$\int_{-1}^1 f(x)\,dx=6,\quad \int_1^2 f(x)\,dx=4,\quad \int_0^2 xf(x)\,dx=5$$
일 때, $\int_{-2}^0 (x+3)f(x)\,dx$의 값은? [4점]

① 10 ② 12 ③ 16
④ 20 ⑤ 26

17 1586

다항함수 $f(x)$가

$$f(x)=\int_{-1}^{1}(x+t)f(t)dt+x^3$$

일 때, $f(-1)$의 값은? [4점]

① $\dfrac{1}{5}$　　　　② $\dfrac{2}{5}$　　　　③ $\dfrac{3}{5}$

④ $\dfrac{4}{5}$　　　　⑤ 1

18 1587

다항함수 $f(x)$에 대하여

$$\int_{1}^{x}f(t)dt=x^3+f(x)-8x$$

가 성립할 때, 다항식 $f(x)+f'(x)$를 $x-1$로 나누었을 때의 나머지는? [4점]

① 11　　　　② 13　　　　③ 15

④ 17　　　　⑤ 19

19 1588

함수 $f(x)=\displaystyle\int_{x-1}^{x}t^2\,dt$에 대하여 〈**보기**〉에서 옳은 것만을 있는 대로 고른 것은? [4점]

> ────〈 보기 〉────
>
> ㄱ. $f(0)=f(1)$
>
> ㄴ. 함수 $y=f(x)$의 그래프는 직선 $x=\dfrac{1}{2}$에 대하여 대칭이다.
>
> ㄷ. 함수 $f(x)$의 극솟값은 $\dfrac{1}{6}$이다.

① ㄱ　　　　② ㄱ, ㄴ　　　　③ ㄱ, ㄷ

④ ㄴ, ㄷ　　　　⑤ ㄱ, ㄴ, ㄷ

20 1589

모든 실수 x에서 연속인 다항함수 $f(x)$에 대하여

$$\int_{1}^{x}(t-x)(t+x)f(t)dt=-x^4+ax^3+bx^2+c$$

이고 $f(0)=3$일 때, $f(b-ac)$의 값은?

(단, a, b, c는 상수이다.) [4.5점]

① 1　　　　② 3　　　　③ 5

④ 7　　　　⑤ 9

21 1590

함수 $f(x)=\displaystyle\int_{0}^{x}(3at^2+2bt+a)dt$에 대하여 $f(1)=1$이다. 함수 $f(x)$가 극값을 가지지 않도록 하는 정수 a의 최댓값은? (단, $a\neq0$이고 b는 실수이다.) [4.5점]

① 3　　　　② 4　　　　③ 5

④ 6　　　　⑤ 7

22 1591

삼차함수 $y=f(x)$의 그래프가 그림과 같을 때, $\int_{a}^{a+4} f'(x)dx=0$을 만족시키는 모든 실수 a의 값의 곱을 구하는 과정을 서술하시오. [6점]

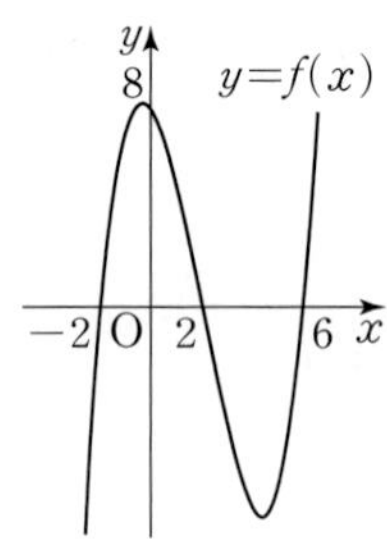

23 1592

다항함수 $f(x)$가 모든 실수 x에 대하여
$xf(x)=x^3-x^2+\int_{1}^{x} f(t)dt$를 만족시킬 때, $f(3)$의 값을 구하는 과정을 서술하시오. [6점]

24 1593

삼차함수 $f(x)$가 다음 조건을 만족시킨다.

㈎ 모든 실수 x에 대하여 $f(-x)=-f(x)$이다.
㈏ 함수 $f(x)$는 $x=1$에서 극솟값 -3을 가진다.

$\int_{-1}^{1} (x+2)|f'(x)|dx$의 값을 구하는 과정을 서술하시오.

[7점]

25 1594

다항함수 $f(x)$가 임의의 실수 x에 대하여
$\int_{0}^{x} f(t)dt=x^3+nx$를 만족시키고 $f(0)=1$일 때,
$\lim_{x \to 1} \dfrac{1}{x^2-1} \int_{1}^{x} t^2 f(t)dt$의 값을 구하는 과정을 서술하시오.

(단, n은 상수이다.) [7점]

실전 마무리하기 2회

check

점 / 100점

1 1595

$\int_{-1}^{3}(kx^2+1)dx=-24$일 때, 상수 k의 값은? [3점]

① -1　　　　② -2　　　　③ -3

④ -4　　　　⑤ -5

2 1596

$\int_{1}^{3}(2x+1)^2dx+\int_{3}^{1}(2x-1)^2dx$의 값은? [3점]

① 32　　　　② 34　　　　③ 36

④ 38　　　　⑤ 40

3 1597

함수 $f(x)=2x^3-6x^2-1$에 대하여

$\int_{0}^{3}f(x)dx-\int_{2}^{6}f(x)dx+\int_{3}^{6}f(x)dx$의 값은? [3점]

① -10　　　　② -6　　　　③ -2

④ 2　　　　⑤ 6

4 1598

연속함수 $f(x)$에 대하여

$$\int_{1}^{4}f(x)dx=a, \int_{2}^{5}f(x)dx=b, \int_{4}^{5}f(x)dx=c$$

일 때, $\int_{1}^{2}f(x)dx$의 값을 a, b, c로 나타내면? [3점]

① $a+b+c$　　　② $a-b-c$　　　③ $a+b-c$

④ $a-b+c$　　　⑤ $-a-b+c$

5 1599

$\int_{0}^{3}|x^2-4|dx$의 값은? [3점]

① $\dfrac{19}{3}$　　　　② $\dfrac{20}{3}$　　　　③ 7

④ $\dfrac{22}{3}$　　　　⑤ $\dfrac{23}{3}$

6 1600

삼차함수 $y=f(x)$의 그래프가
그림과 같고
$f(-1)=f(1)=f(2)=0$,
$f(0)=2$일 때,

$\displaystyle\int_0^2 f'(x)dx$의 값은? [3점]

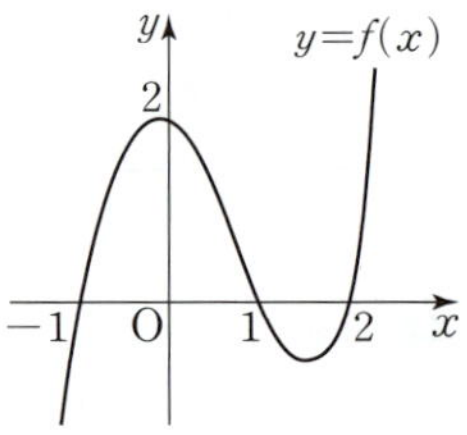

① -2　　　　② -1　　　　③ 0

④ 1　　　　⑤ 2

7 1601

$\displaystyle\int_{-2}^2 (4x^3+3x^2+2x+1+2|x|)dx$의 값은? [3점]

① 20　　　　② 24　　　　③ 28

④ 32　　　　⑤ 36

8 1602

다항함수 $f(x)$가 모든 실수 x에 대하여 $f(-x)=-f(x)$
를 만족시킨다. $f(3)=1$일 때, $\displaystyle\int_{-3}^0 f'(x)dx$의 값은? [3점]

① 0　　　　② 1　　　　③ 2

④ 3　　　　⑤ 4

9 1603

일차함수 $f(x)$가

$$\int_{-1}^1 \left[\frac{d}{dx}\{xf(x)\}\right]dx=4, \quad \int_{-1}^1 xf(x)dx=6$$

을 만족시킬 때, $f(2)$의 값은? [3.5점]

① 12　　　　② 14　　　　③ 16

④ 18　　　　⑤ 20

10 1604

연속함수 $f(x)$가 다음 조건을 만족시킨다.

> (가) 모든 실수 x에 대하여 $f(x+2)=f(x)$이다.
>
> (나) $\displaystyle\int_1^3 f(x)dx=2$

$\displaystyle\int_0^{10} f(x)dx$의 값은? [3.5점]

① 5　　　　② 10　　　　③ 15

④ 20　　　　⑤ 25

11 1605

함수 $f(x)$가 모든 실수 x에 대하여

$$f(x)=3x^2+x+\int_0^2 f(t)dt$$

를 만족시킬 때, $f(2)$의 값은? [3.5점]

① 2   ② 4   ③ 6

④ 8   ⑤ 10

12 1606

함수 $f(x)$가 임의의 실수 x에 대하여

$$\int_1^x f(t)dt=x^2+x+a$$

를 만족시킨다. $af(1)$의 값은? (단, a는 상수이다.) [3.5점]

① -6 ② -4 ③ -2

④ 4   ⑤ 6

13 1607

함수 $f(x)$가 모든 실수 x에 대하여

$$\int_{12}^x f(t)dt=-x^3+x^2+\int_0^1 xf(t)dt$$

를 만족시킬 때, $\int_0^1 f(x)dx$의 값은? [3.5점]

① 110   ② 121   ③ 132

④ 143   ⑤ 154

14 1608

$\displaystyle \lim_{h\to 0}\frac{1}{h}\int_2^{2+h} x(1-x)dx$의 값은? [3.5점]

① -2 ② -1 ③ 0

④ 1   ⑤ 2

15 1609

x에 대한 방정식 $\displaystyle \int_0^x |t-1|dt=x$를 만족시키는 두 실근을 α, β라 하자. 이때 $\alpha^2+\beta^2$의 값은? [4점]

① 1   ② $3+2\sqrt{2}$ ③ $6+4\sqrt{2}$

④ $9+4\sqrt{2}$ ⑤ $11+6\sqrt{2}$

16 1610

실수 전체의 집합에서 연속인 함수 $f(x)$가 다음 조건을 만족시킨다.

> (가) 모든 정수 m에 대하여 $\displaystyle \int_m^{m+2} f(x)dx=4$이다.
>
> (나) $0\le x\le 2$에서 $f(x)=x^3-6x^2+8x$이다.

$\displaystyle \int_1^{10} f(x)dx$의 값은? [4점]

① $\dfrac{65}{4}$ ② $\dfrac{67}{4}$ ③ $\dfrac{69}{4}$

④ $\dfrac{71}{4}$ ⑤ $\dfrac{73}{4}$

17 1611

미분가능한 함수 $f(x)$에 대하여

$$\int_1^x (x-t)f(t)dt = x^3 + ax^2 - x + b$$

일 때, $b+f(1)$의 값은? (단, a, b는 상수이다.) [4점]

① 2 ② 3 ③ 4
④ 5 ⑤ 6

18 1612

삼차함수 $f(x) = \dfrac{1}{3}x^3 - 4x + a$에 대하여

함수 $F(x) = \displaystyle\int_0^x f(t)dt$가 오직 하나의 극값을 가지도록 하는 자연수 a의 최솟값은? [4점]

① 5 ② 6 ③ 7
④ 8 ⑤ 9

19 1613

함수 $f(x) = 3x^2 + ax + b$가 다음 조건을 만족시킬 때, ab의 값은? (단, a, b는 상수이다.) [4점]

(가) $\displaystyle\lim_{x \to 1} \dfrac{\displaystyle\int_1^{x^2} f(t)dt}{x-1} = 4$

(나) $\displaystyle\int_0^1 f'(x)dx = 5$

① -6 ② -3 ③ -2
④ 3 ⑤ 6

20 1614

다항함수 $f(x)$가 다음 조건을 만족시킨다.

(가) 모든 실수 x에 대하여
$$\int_1^x f(t)dt = \dfrac{x-1}{2}\{f(x)+f(1)\}$$이다.

(나) $\displaystyle\int_0^2 f(x)dx = 5\int_{-1}^1 xf(x)dx$

$f(0) = 1$일 때, $f(4)$의 값은? [4.5점]

① 1 ② 3 ③ 5
④ 7 ⑤ 9

21 1615

최고차항의 계수가 4인 삼차함수 $f(x)$에 대하여 함수 $g(x)$를

$$g(x) = \int_0^x f(t)dt - xf(x)$$

라 하자. 함수 $g(x)$는 오직 하나의 극값을 가지고, 모든 실수 x에 대하여 $g(x) \le g(3)$일 때, $\displaystyle\int_1^2 g'(x)dx$의 값은? [4.5점]

① 38 ② 39 ③ 40
④ 41 ⑤ 42

22 1616

함수 $f(x)=x^2+ax+b$에 대하여 $f(-2)=0$,

$\int_0^1 f(x)dx=\dfrac{4}{3}$일 때, $f(2)$의 값을 구하는 과정을 서술하

시오. (단, a, b는 상수이다.) [6점]

23 1617

다항함수 $f(x)$가

$$x^2 f(x)=-2x^6+3x^4+2\int_{-1}^{x} tf(t)dt$$

를 만족시킬 때, $f(1)+f'(-1)$의 값을 구하는 과정을 서술하시오. [6점]

24 1618

모든 실수 x에서 연속인 함수 $f(x)$가 다음 조건을 만족시킬 때, $\int_6^7 f(x)dx$의 값을 구하는 과정을 서술하시오. [7점]

> (가) $\int_0^1 f(x)dx=1$
>
> (나) $\int_n^{n+2} f(x)dx=\int_n^{n+1} 4xdx$ (단, $n=0,\ 1,\ 2,\ \cdots$)

25 1619

최고차항의 계수가 1인 사차함수 $f(x)$가 다음 조건을 만족시킬 때, $\int_0^4 f(x)dx$의 값을 구하는 과정을 서술하시오.

[7점]

> (가) 모든 실수 x에 대하여 $f(2-x)=f(2+x)$이다.
>
> (나) $f'(0)=f(0)=0$

고난도 ⊕ Plus 문제

1 1620
연계문항 311쪽 **1432**

최고차항의 계수가 1인 삼차함수 $f(x)$가 다음 조건을 만족시킬 때, $f(1)$의 값을 구하시오.

> (가) $\displaystyle\lim_{x\to 0}\frac{f(x)}{x}=6$ (나) $\displaystyle\int_0^1 f(x)dx=\frac{17}{4}$

2 1621
연계문항 312쪽 **1438**

함수 $f(x)$에 대하여 $\displaystyle\int_{-1}^1 f(x)dx=2$, $\displaystyle\int_{-1}^1 xf(x)dx=8$, $\displaystyle\int_{-1}^1 x^2f(x)dx=10$일 때, $\displaystyle\int_{-1}^1 (x-k)^2f(x)dx=28$을 만족시키는 양수 k의 값은?

① 6 ② 7 ③ 8
④ 9 ⑤ 10

3 1622
연계문항 315쪽 **1452**

함수 $f(x)=\begin{cases} -2x+1 & (x<0) \\ 3x^2+2x+1 & (x\geq 0) \end{cases}$ 에 대하여

$\displaystyle\int_{-a}^a f(x)dx=20$을 만족시키는 양수 a의 값을 구하시오.

4 1623
연계문항 316쪽 **1461**

두 함수 $f(x)=|x-2|$, $g(x)=x^2-x$에 대하여

$\displaystyle\int_{-2}^2 (f\circ g)(x)dx$의 값을 구하시오.

5 1624
연계문항 333쪽 **1561**

다항함수 $f(x)$가 $\displaystyle\lim_{x\to 1}\frac{f(x)-\int_1^x f(t)dt}{x^3-1}=1$을 만족시킬 때, $f'(1)$의 값을 구하시오.

09

정적분의 활용

09 정적분의 활용

❶ 정적분과 넓이의 관계

함수 $f(x)$가 닫힌구간 $[a, b]$에서 연속이고 $f(x) \geq 0$일 때, 곡선 $y=f(x)$와 x축 및 두 직선 $x=a$, $x=b$로 둘러싸인 도형의 넓이 S는 정적분 $\int_a^b f(x)dx$의 값과 같다.

$$S = \int_a^b f(x)dx$$

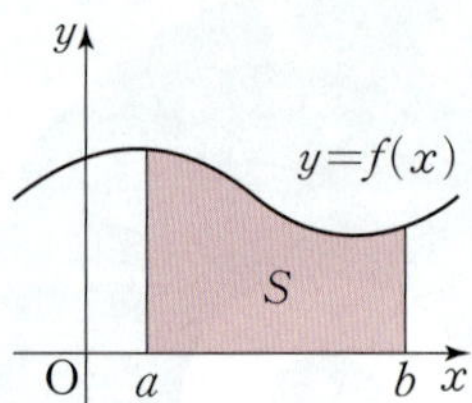

⊕ Note

❷ 곡선과 x축 사이의 넓이　　핵심❶

함수 $f(x)$가 닫힌구간 $[a, b]$에서 연속일 때, 곡선 $y=f(x)$와 x축 및 두 직선 $x=a$, $x=b$로 둘러싸인 도형의 넓이 S는

$$S = \int_a^b |f(x)|dx$$

참고 닫힌구간 $[a, b]$에서 $f(x)$가 양의 값과 음의 값을 모두 가질 때는 $f(x)$의 값이 양수인 구간과 음수인 구간으로 나누어 넓이를 구한다.

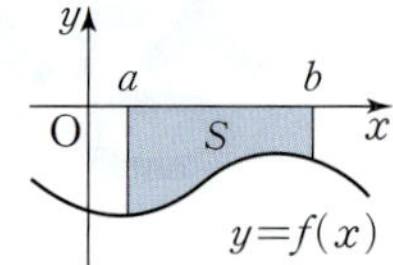

닫힌구간 $[a, b]$에서 $f(x) \leq 0$이면
$$S = \int_a^b |f(x)|dx = \int_a^b \{-f(x)\}dx$$
$$= -\int_a^b f(x)dx$$

❸ 두 곡선 사이의 넓이　　핵심❷

두 함수 $f(x)$, $g(x)$가 닫힌구간 $[a, b]$에서 연속일 때, 두 곡선 $y=f(x)$, $y=g(x)$와 두 직선 $x=a$, $x=b$로 둘러싸인 도형의 넓이 S는

$$S = \int_a^b |f(x)-g(x)|dx$$

참고 닫힌구간 $[a, b]$에서 $f(x)$와 $g(x)$의 값의 대소 관계가 바뀔 때는 $f(x)-g(x)$의 값이 양수인 구간과 음수인 구간으로 나누어 넓이를 구한다.

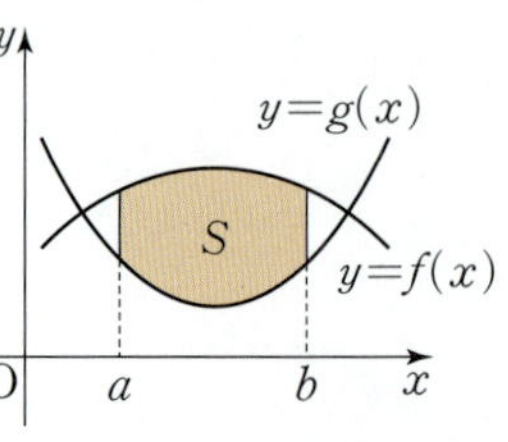

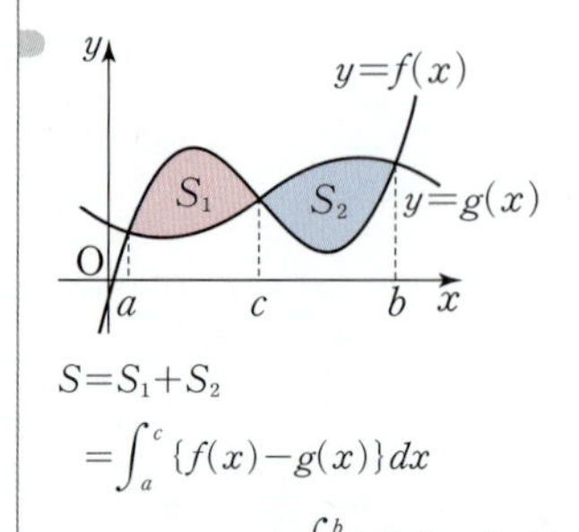

$$S = S_1 + S_2$$
$$= \int_a^c \{f(x)-g(x)\}dx$$
$$+ \int_c^b \{g(x)-f(x)\}dx$$

(1) 함수와 그 역함수의 그래프로 둘러싸인 도형의 넓이

함수 $y=f(x)$와 그 역함수 $y=g(x)$의 그래프로 둘러싸인 도형의 넓이 S는 직선 $y=x$와 곡선 $y=f(x)$로 둘러싸인 도형의 넓이의 2배이다.

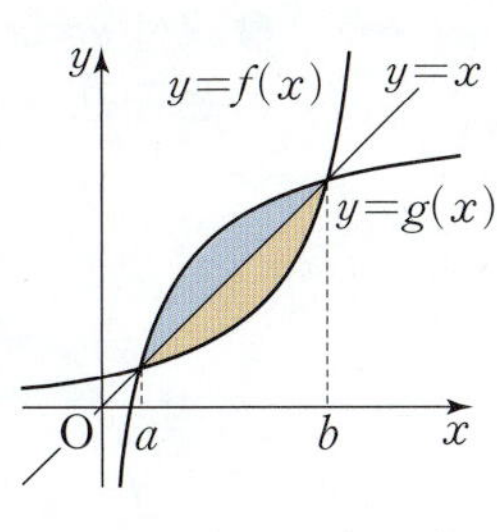

$$S=\int_a^b |f(x)-g(x)|\,dx$$

$$=2\int_a^b |f(x)-x|\,dx$$

참고   두 곡선 $y=f(x)$, $y=g(x)$의 교점의 x좌표는 곡선 $y=f(x)$와 직선 $y=x$의 교점의 x좌표와 같다.

(2) 역함수의 그래프와 좌표축으로 둘러싸인 도형의 넓이

함수 $y=f(x)$의 역함수 $y=g(x)$의 그래프와 x축 및 직선 $x=a$로 둘러싸인 도형의 넓이 A는

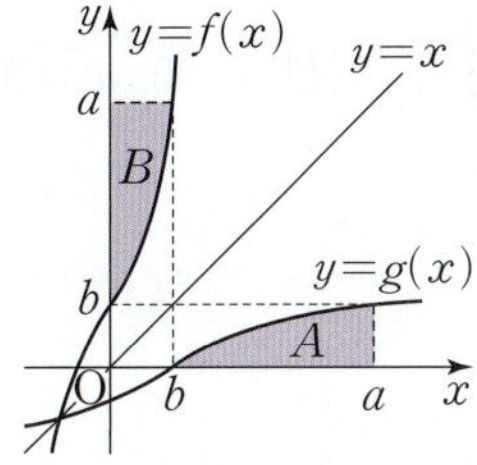

$$A=B=ab-\int_0^b f(x)\,dx$$

참고   함수 $y=f(x)$의 그래프와 y축 및 직선 $y=a$로 둘러싸인 도형의 넓이를 B라 하면 두 함수 $y=f(x)$, $y=g(x)$의 그래프가 직선 $y=x$에 대하여 대칭이므로 $A=B$이다.

또, B는 가로의 길이가 b, 세로의 길이가 a인 직사각형의 넓이에서 $\int_0^b f(x)\,dx$의 값을 뺀 것과 같다.

수직선 위를 움직이는 점 P의 시각 t에서의 속도가 $v(t)$이고, 시각 $t=a$에서의 위치가 x_0일 때

(1) 시각 t에서의 점 P의 위치 x는

$$x=x_0+\int_a^t v(t)\,dt$$

(2) 시각 $t=a$에서 $t=b$까지 점 P의 위치의 변화량은

$$\int_a^b v(t)\,dt$$

(3) 시각 $t=a$에서 $t=b$까지 점 P가 움직인 거리 s는

$$s=\int_a^b |v(t)|\,dt$$

참고   ① $v(t)=0$이면 점 P가 정지했거나 운동 방향을 바꿀 때이다.
      ② $v(t)>0$이면 점 P는 양의 방향으로 움직이고, $v(t)<0$이면 점 P는 음의 방향으로 움직인다.

＋ Note

● 함수 $y=f(x)$의 그래프와 그 역함수 $y=g(x)$의 그래프는 직선 $y=x$에 대하여 대칭이다.

● 위치 $\underset{\text{적분}}{\overset{\text{미분}}{\rightleftarrows}}$ 속도

● 점 P가 움직인 거리는 운동 방향에 관계없이 일정한 시간 동안에 움직인 거리를 뜻한다.

 ## 곡선과 x축 사이의 넓이 [유형 1] 

곡선 $y=x^3-9x$와 x축으로 둘러싸인 도형의 넓이를 구해 보자.

| ❶ 곡선과 x축의 교점의 x좌표 구하기 | ❷ 곡선 $y=x^3-9x$가 x축 위에 있는 구간, 아래에 있는 구간 찾기 | ❸ 넓이 구하기 |

곡선 $y=x^3-9x$와 x축의 교점의
x좌표는
$x^3-9x=0$에서
$x(x+3)(x-3)=0$
$\therefore x=-3$ 또는 $x=0$ 또는 $x=3$

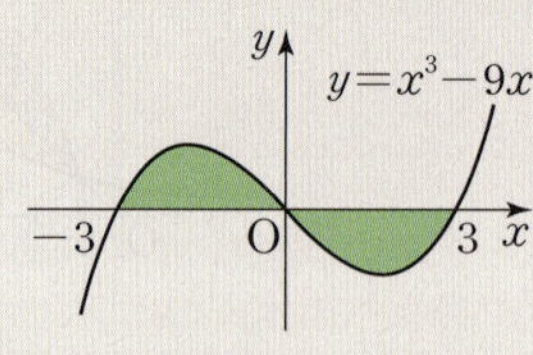

구간 $[-3,0]$에서 $x^3-9x\geq0$
구간 $[0,3]$에서 $x^3-9x\leq0$

$$\int_{-3}^{3}|x^3-9x|\,dx$$
$$=\int_{-3}^{0}(x^3-9x)\,dx+\int_{0}^{3}(-x^3+9x)\,dx$$
$$=\left[\frac{1}{4}x^4-\frac{9}{2}x^2\right]_{-3}^{0}+\left[-\frac{1}{4}x^4+\frac{9}{2}x^2\right]_{0}^{3}$$
$$=\frac{81}{4}+\frac{81}{4}=\frac{81}{2}$$

1625 곡선 $y=x^2-2x$와 x축 및 두 직선 $x=0$, $x=3$으로 둘러싸인 도형의 넓이를 구하시오.

1626 닫힌구간 $[0,\sqrt{3}]$에서 곡선 $y=x^2-1$과 x축 및 두 직선 $x=0$, $x=\sqrt{3}$으로 둘러싸인 도형의 넓이를 구하시오.

 ## 두 곡선 사이의 넓이 [유형 4~5] 

곡선 $y=x^3-3x$와 직선 $y=x$로 둘러싸인 도형의 넓이를 구해 보자.

| ❶ 두 곡선의 교점의 x좌표 구하기 | ❷ 어느 그래프가 위에 있는지 찾기 | ❸ 넓이 구하기 |

$x^3-3x=x$에서
$x^3-4x=0$
$x(x+2)(x-2)=0$
$\therefore x=-2$ 또는 $x=0$ 또는 $x=2$

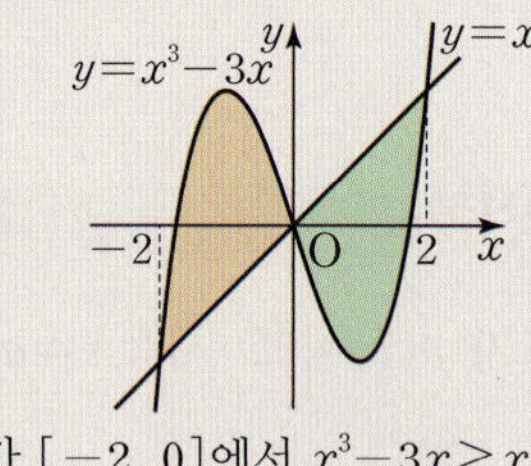

구간 $[-2,0]$에서 $x^3-3x\geq x$
구간 $[0,2]$에서 $x^3-3x\leq x$

$$\int_{-2}^{2}|(x^3-3x)-x|\,dx$$
$$=\int_{-2}^{0}\{(x^3-3x)-x\}\,dx$$
$$\qquad+\int_{0}^{2}\{x-(x^3-3x)\}\,dx$$
$$=\left[\frac{1}{4}x^4-2x^2\right]_{-2}^{0}+\left[-\frac{1}{4}x^4+2x^2\right]_{0}^{2}$$
$$=4+4=8$$

1627 두 곡선 $y=x^4+1$, $y=2x^2$으로 둘러싸인 도형의 넓이를 구하시오.

1628 곡선 $y=x^2-7x+6$과 직선 $y=-x+6$으로 둘러싸인 도형의 넓이를 구하시오.

핵심 **3** 역함수의 그래프를 활용한 넓이 유형 **20~21**

동영상 강의

함수 $f(x)=x^2\ (x\geq0)$과 그 역함수 $y=g(x)$의 그래프로 둘러싸인 도형의 넓이를 구해 보자.

❶ 두 곡선의 교점의 x좌표 구하기 ➡ **❷ 어느 그래프가 위에 있는지 찾기** ➡ **❸ 넓이 구하기**

곡선 $y=f(x)$와 직선 $y=x$의 교점의
x좌표는 → 두 곡선 $y=f(x)$, $y=g(x)$의
교점과 같다.
$x^2=x$에서
$x^2-x=0,\ x(x-1)=0$
$\therefore\ x=0$ 또는 $x=1$

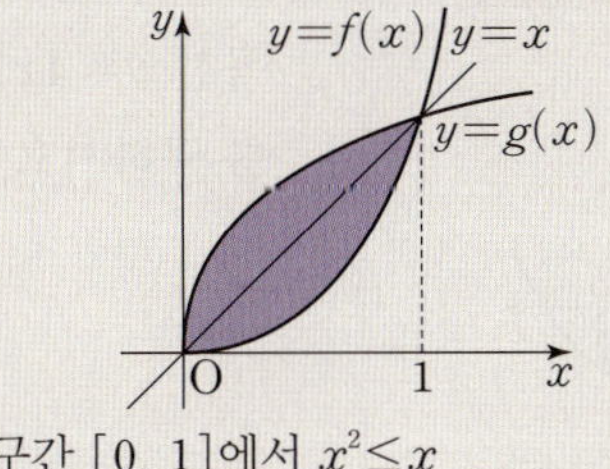

구간 $[0,\ 1]$에서 $x^2\leq x$

구하는 도형의 넓이는
곡선 $y=f(x)$와 직선 $y=x$로 둘러
싸인 도형의 넓이의 2배이므로
$$2\int_0^1(x-x^2)dx=2\left[\frac{1}{2}x^2-\frac{1}{3}x^3\right]_0^1$$
$$=\frac{1}{3}$$

1629 함수 $y=f(x)$와 그
역함수 $y=g(x)$의 그래프가 그림
과 같다. $\int_0^1 f(x)dx=\frac{1}{3}$일 때,
$\int_0^1 g(x)dx$의 값을 구하시오.

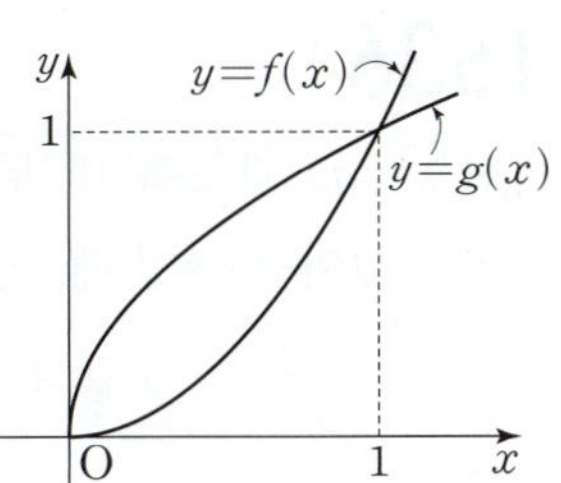

1630 함수 $y=f(x)$와 그 역
함수 $y=g(x)$의 그래프가 그림과
같을 때, $\int_1^2 f(x)dx+\int_1^4 g(x)dx$
의 값을 구하시오.

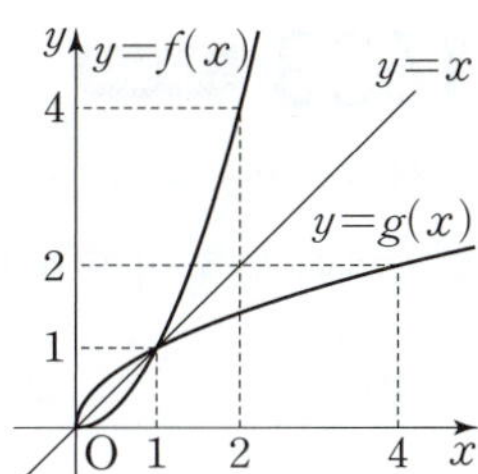

핵심 **4** 수직선 위를 움직이는 점의 위치와 움직인 거리 유형 **22~24**

동영상 강의

원점을 출발하여 수직선 위를 움직이는 점 P의 시각 t에서의 속도가 $v(t)=t^2-5t+4$일 때, 다음을 구해 보자.

(1) $t=2$에서 점 P의 위치

$0+\int_0^2 v(t)dt$
$=\int_0^2(t^2-5t+4)dt$
$=\left[\frac{1}{3}t^3-\frac{5}{2}t^2+4t\right]_0^2$
$=\frac{2}{3}$

(2) $t=0$에서 $t=3$까지 점 P의 위치의 변화량

$\int_0^3 v(t)dt$
$=\int_0^3(t^2-5t+4)dt$
$=\left[\frac{1}{3}t^3-\frac{5}{2}t^2+4t\right]_0^3$
$=-\frac{3}{2}$

(3) $t=0$에서 $t=3$까지 점 P가 움직인 거리

$\int_0^3|v(t)|dt$
$=\int_0^3|t^2-5t+4|dt$
$=\int_0^1(t^2-5t+4)dt+\int_1^3(-t^2+5t-4)dt$
$=\left[\frac{1}{3}t^3-\frac{5}{2}t^2+4t\right]_0^1+\left[-\frac{1}{3}t^3+\frac{5}{2}t^2-4t\right]_1^3$
$=\frac{11}{6}+\frac{20}{6}=\frac{31}{6}$

1631 원점을 출발하여 수직선 위를 움직이는 점 P의
시각 t에서의 속도가 $v(t)=-t^2+2t$일 때, 다음을 구하시오.

(1) $t=3$에서 점 P의 위치

(2) $t=0$에서 $t=3$까지 점 P가 움직인 거리

1632 수직선 위를 움직이는
점 P의 시각 t에서의 속도 $v(t)$의
그래프가 그림과 같을 때, 시각
$t=0$에서 $t=3$까지 점 P가 움직
인 거리를 구하시오.

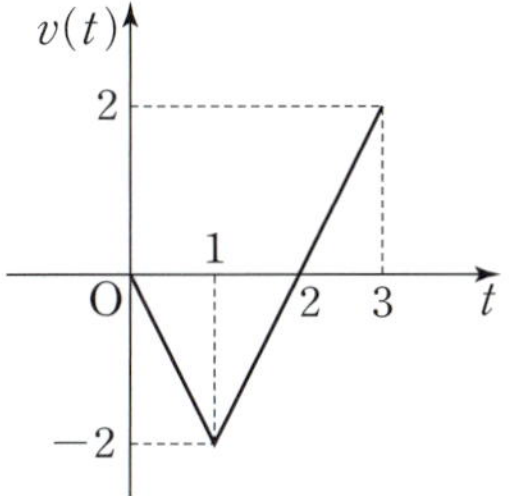

실전 유형 1 곡선과 x축 사이의 넓이

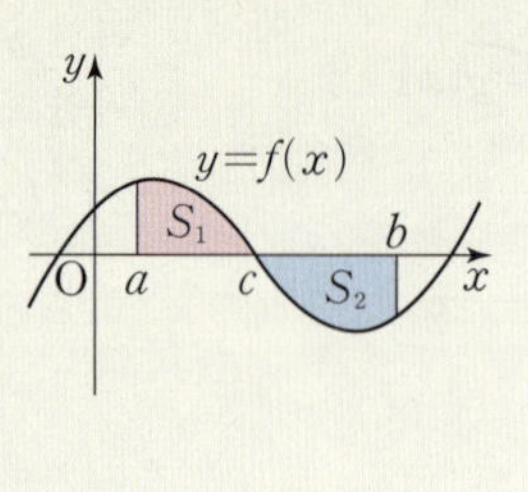

곡선 $y=f(x)$와 x축 및 두 직선 $x=a$, $x=b$로 둘러싸인 도형의 넓이 S는

$$S=S_1+S_2=\int_a^b |f(x)|\,dx$$
$$=\int_a^c f(x)\,dx-\int_c^b f(x)\,dx$$

1633 대표문제

곡선 $y=3(x+1)(x-5)$와 x축 및 두 직선 $x=1$, $x=3$으로 둘러싸인 도형의 넓이는?

① 49 ② 52 ③ 55
④ 58 ⑤ 61

1634
Level 1

다음은 곡선 $y=x^2-2x$와 x축 및 두 직선 $x=-1$, $x=2$로 둘러싸인 도형의 넓이를 구하는 과정이다. ㈎, ㈏, ㈐에 알맞은 세 수의 합은?

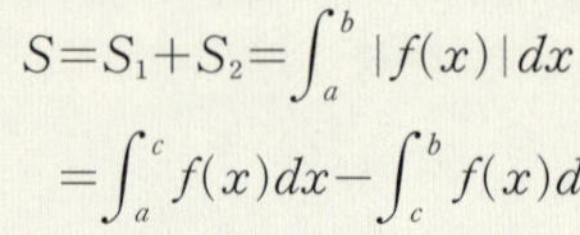

곡선 $y=x^2-2x$와 x축의 교점의
x좌표는 0, 2이다.
구간 $[-1,\,0]$에서 $y\geq0$,
구간 $[0,\,2]$에서 $y\leq0$이므로
구하는 넓이를 S라 하면

$$S=\int_{-1}^2 |x^2-2x|\,dx$$
$$=\int_{-1}^{\boxed{㈎}}(x^2-2x)\,dx+\int_{\boxed{㈏}}^2(-x^2+2x)\,dx$$
$$=\boxed{\quad㈐\quad}$$

① $\dfrac{2}{3}$ ② $\dfrac{4}{3}$ ③ 2
④ $\dfrac{8}{3}$ ⑤ $\dfrac{10}{3}$

1635
Level 2

곡선 $y=4x^3-12x^2+8x$와 x축으로 둘러싸인 도형의 넓이를 구하시오.

1636
Level 2

곡선 $y=ax^3$과 x축 및 두 직선 $x=-1$, $x=2$로 둘러싸인 도형의 넓이가 34일 때, 양수 a의 값은?

① 2 ② 4 ③ 6
④ 8 ⑤ 10

1637 중요
Level 2

곡선 $y=-3x^2+8x$와 x축 및 두 직선 $x=1$, $x=a$로 둘러싸인 도형의 넓이가 5일 때, 상수 a의 값을 구하시오.

$$\left(단,\ 1<a<\frac{8}{3}\right)$$

1638 중요
Level 2

함수 $f(x)=\begin{cases}-x^2+2x+3 & (x\leq1)\\ -x+5 & (x\geq1)\end{cases}$의 그래프와 x축으로 둘러싸인 도형의 넓이가 $\dfrac{q}{p}$일 때, $p+q$의 값을 구하시오.

(단, p와 q는 서로소인 자연수이다.)

1639

Level 3

함수 $f(x)$의 도함수 $f'(x)$가 $f'(x)=x^2-1$이고,
$f(0)=0$일 때, 곡선 $y=f(x)$와 x축으로 둘러싼 도형의
넓이를 구하시오.

다음은 이 유형에서 출제된 최근 교육청·평가원 기출문제입니다.

1640 [평가원]

Level 1

곡선 $y=x^3-2x^2$과 x축으로 둘러싸인 부분의 넓이는?

① $\dfrac{7}{6}$ 　　　② $\dfrac{4}{3}$ 　　　③ $\dfrac{3}{2}$

④ $\dfrac{5}{3}$ 　　　⑤ $\dfrac{11}{6}$

1641 [교육청]

Level 2

두 양수 a, b $(a<b)$에 대하여 함수 $f(x)$를
$f(x)=(x-a)(x-b)$라 하자.

$$\int_0^a f(x)\,dx=\frac{11}{6},\quad \int_0^b f(x)\,dx=-\frac{8}{3}$$

일 때, 곡선 $y=f(x)$와 x축으로 둘러싸인 부분의 넓이는?

① 4 　　　② $\dfrac{9}{2}$ 　　　③ 5

④ $\dfrac{11}{2}$ 　　　⑤ 6

함수 $y=f(x)$의 그래프를 이용하여
두 함수 $y=|f(x)|$, $y=f(|x|)$의 그래프 그리기
(1) 함수 $y=|f(x)|$의 그래프
　　$f(x)\geq 0$인 부분은 그대로 두고,
　　$f(x)<0$인 부분은 x축에 대하여 대칭이동한다.
(2) 함수 $y=f(|x|)$의 그래프
　　$x\geq 0$인 부분만 남기고,
　　$x\geq 0$인 부분을 y축에 대하여 대칭이동한다.

1642 [대표문제]

곡선 $y=|x(x-3)|$과 x축 및 두 직선 $x=-1$, $x=4$로 둘러
싸인 도형의 넓이를 구하시오.

1643

Level 1

곡선 $y=|x(x-2)|$와 x축 및 직선 $x=4$로 둘러싸인 도형
의 넓이는?

① 4 　　　② $\dfrac{16}{3}$ 　　　③ $\dfrac{20}{3}$

④ 8 　　　⑤ $\dfrac{28}{3}$

1644 [중요]

Level 2

곡선 $y=x^2-|x|-6$과 x축으로 둘러싸인 도형의 넓이는?

① 25 　　　② 26 　　　③ 27

④ 28 　　　⑤ 29

1645

Level 2

곡선 $y=x^3-2x|x|+x$와 x축으로 둘러싸인 도형의 넓이를 구하시오.

1646 중요

Level 2

함수 $f(x)=2x^3-8x^2+8x$에 대하여 함수 $y=f(|x|)$의 그래프와 x축으로 둘러싸인 도형의 넓이는?

① $\dfrac{4}{3}$　　　② $\dfrac{8}{3}$　　　③ 4

④ $\dfrac{16}{3}$　　　⑤ $\dfrac{20}{3}$

다음은 이 유형에서 출제된 최근 교육청·평가원 기출문제입니다.

1647 교육청

Level 2

함수 $y=|x^2-2x|+1$의 그래프와 x축, y축 및 직선 $x=2$로 둘러싸인 도형의 넓이는?

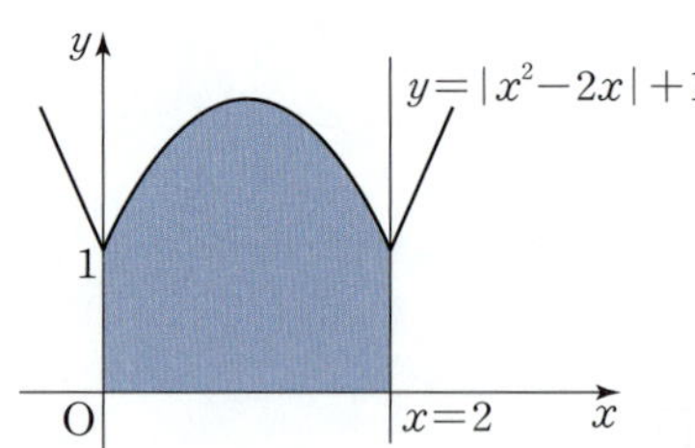

① $\dfrac{8}{3}$　　　② 3　　　③ $\dfrac{10}{3}$

④ $\dfrac{11}{3}$　　　⑤ 4

---

 3 곡선과 x축 사이의 넓이의 활용

문제의 조건에 알맞는 $f(x)$를 식으로 나타낸 후 정적분을 이용하여 넓이를 구한다.

1648 대표문제

함수 $f(x)=x^2-5x+4$에 대하여 그림과 같이 곡선 $y=f(x)$와 x축 및 y축으로 둘러싸인 도형의 넓이를 S_1, 곡선 $y=f(x)$와 x축으로 둘러싸인 도형의 넓이를 S_2, 곡선 $y=f(x)$와 x축 및 직선 $x=k$ $(k>4)$로 둘러싸인 도형의 넓이를 S_3이라 할 때, $2S_2=S_1+S_3$이다. 이때 $\displaystyle\int_0^k f(x)dx$의 값을 구하시오. (단, k는 상수이다.)

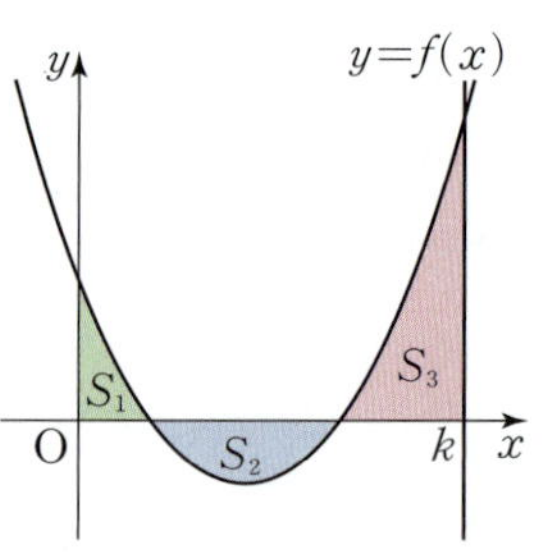

1649

Level 2

좌표평면 위의 점 $P_n(n,\ 2n-1)$에 대하여 $x\geq1$에서 정의된 함수 $y=f(x)$의 그래프가 닫힌구간 $[n,\ n+1]$에서 선분 P_nP_{n+1}과 일치할 때, $\displaystyle\int_1^4 f(x)dx$의 값은?

(단, n은 자연수이다.)

① 6　　　② 8　　　③ 10

④ 12　　　⑤ 14

1650 중요

Level 2

최고차항의 계수가 1인 이차함수 $f(x)$에 대하여 $f(3)=0$, $\int_0^{200} f(x)dx=\int_3^{200} f(x)dx$이다. 곡선 $y=f(x)$와 x축으로 둘러싸인 도형의 넓이를 구하시오.

1651

Level 3

다항함수 $f(x)$가 다음 조건을 만족시킨다.

> (가) $\displaystyle\lim_{x\to\infty} \dfrac{f(x)}{x^2-3x+15}=-3$
>
> (나) $\displaystyle\lim_{x\to 2} \dfrac{f(x)}{x-2}=-10$

곡선 $y=f(x)$와 x축 및 y축으로 둘러싸인 도형의 넓이는?

① 10 ② $\dfrac{21}{2}$ ③ 11

④ $\dfrac{23}{2}$ ⑤ 12

1652

Level 3

삼차함수 $f(x)$에 대하여 $f'(x)=3x^2+6x-9$이고, $f(x)$의 극댓값과 극솟값의 합이 32이다. 곡선 $y=f(x)$와 x축으로 둘러싸인 도형의 넓이를 구하시오.

다음은 이 유형에서 출제된 최근 교육청·평가원 기출문제입니다.

1653 교육청

Level 2

함수 $f(x)=\displaystyle\int_0^x (-6t^2+6t)dt$에 대하여 곡선 $y=f(x)$와 x축으로 둘러싸인 부분의 넓이는?

① $\dfrac{21}{32}$ ② $\dfrac{23}{32}$ ③ $\dfrac{25}{32}$

④ $\dfrac{27}{32}$ ⑤ $\dfrac{29}{32}$

1654 평가원

Level 3

양수 k에 대하여 함수 $f(x)$는
$$f(x)=kx(x-2)(x-3)$$
이다. 곡선 $y=f(x)$와 x축이 원점 O와 두 점 P, Q $(\overline{OP}<\overline{OQ})$에서 만난다. 곡선 $y=f(x)$와 선분 OP로 둘러싸인 영역을 A, 곡선 $y=f(x)$와 선분 PQ로 둘러싸인 영역을 B라 하자.
$$(A\text{의 넓이})-(B\text{의 넓이})=3$$
일 때, k의 값은?

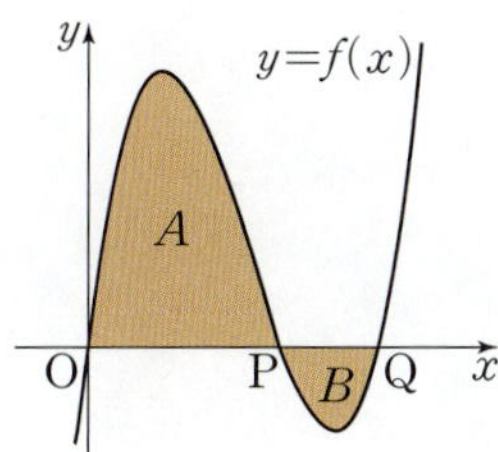

① $\dfrac{7}{6}$ ② $\dfrac{4}{3}$ ③ $\dfrac{3}{2}$

④ $\dfrac{5}{3}$ ⑤ $\dfrac{11}{6}$

곡선 $y=f(x)$와 직선 $y=g(x)$로
둘러싸인 도형의 넓이 S는

$$S=\int_{\alpha}^{\beta}|f(x)-g(x)|\,dx$$
$$=\int_{\alpha}^{\beta}\{g(x)-f(x)\}\,dx$$

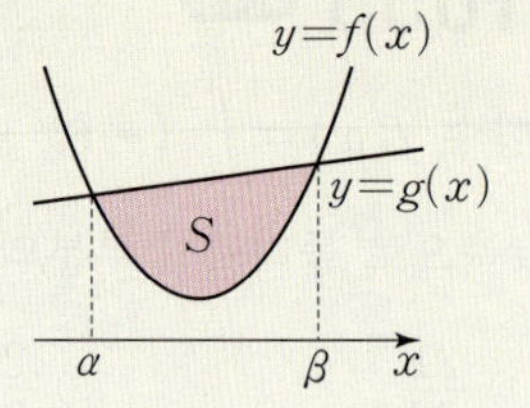

1655　대표문제

곡선 $y=x^2-4x$와 직선 $y=ax$로 둘러싸인 도형의 넓이가
36일 때, 양수 a의 값은?

① 2　　　　　② 3　　　　　③ 4
④ 5　　　　　⑤ 6

1656　　　　　　　Level 1

곡선 $y=x^3-3x+3$과 직선 $y=x+3$으로 둘러싸인 도형의
넓이는?

① 2　　　　　② 4　　　　　③ 6
④ 8　　　　　⑤ 10

1657　중요　　　　　　Level 1

곡선 $y=x^3-2x^2+k$와 직선 $y=k$로 둘러싸인 도형의 넓이
를 구하시오. (단, k는 상수이다.)

1658　중요　　　　　　Level 2

곡선 $y=2(x+1)(x^2-4x+2)$와 직선 $y=-2x-2$로 둘러
싸인 도형의 넓이는?

① 4　　　　　② 8　　　　　③ 12
④ 16　　　　　⑤ 20

1659　　　　　　　Level 2

함수 $f(x)=x^3-6x^2+16$의 극댓값을 M이라 할 때,
곡선 $y=f(x)$와 직선 $y=M$으로 둘러싸인 도형의 넓이는?

① 96　　　　　② 102　　　　　③ 108
④ 114　　　　　⑤ 120

1660　　　　　　　Level 3

곡선 $y=|x^2-1|$과 직선 $y=x+5$로 둘러싸인 도형의 넓이
는?

① $\dfrac{107}{6}$　　　　② 18　　　　③ $\dfrac{109}{6}$
④ $\dfrac{55}{3}$　　　　⑤ $\dfrac{37}{2}$

1661 고난도

Level 3

자연수 n에 대하여 곡선 $y=ax^2$ $(a>0)$ 위의 점 P_n을 다음 규칙에 따라 정한다.

> (가) 점 P_1의 좌표는 $(x_1,\ ax_1{}^2)$이다.
> (나) 점 P_{n+1}은 점 $P_n(x_n,\ ax_n{}^2)$을 지나는
> 직선 $y=-ax_nx+2ax_n{}^2$과 곡선 $y=ax^2$이 만나는 점
> 중에서 점 P_n이 아닌 점이다.

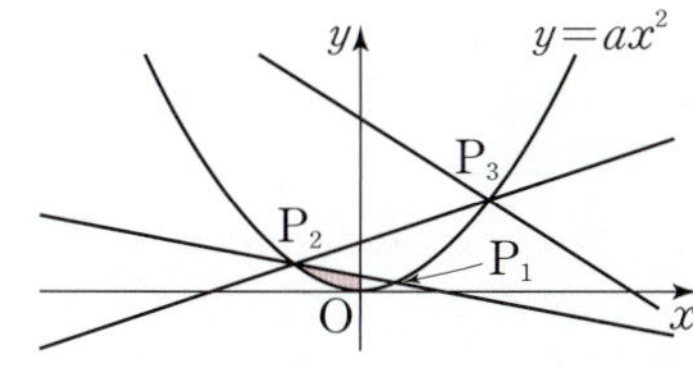

점 P_1의 좌표가 $\left(1,\ \dfrac{1}{3}\right)$일 때, 곡선 $y=ax^2$과 직선 P_1P_2로 둘러싸인 도형 중에서 제2사분면에 있는 도형의 넓이를 구하시오.

> 다음은 이 유형에서 출제된 최근 교육청·평가원 기출문제입니다.

1662 교육청

Level 2

곡선 $y=x^3-3x^2+x$와 직선 $y=x-4$로 둘러싸인 부분의 넓이는?

① $\dfrac{21}{4}$ ② $\dfrac{23}{4}$ ③ $\dfrac{25}{4}$

④ $\dfrac{27}{4}$ ⑤ $\dfrac{29}{4}$

1663 수능

Level 2

두 함수 $f(x)=\dfrac{1}{3}x(4-x)$, $g(x)=|x-1|-1$의 그래프로 둘러싸인 부분의 넓이를 S라 할 때, $4S$의 값을 구하시오.

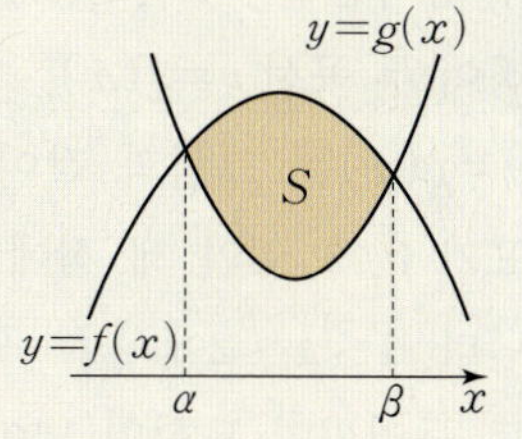

두 곡선 $y=f(x)$, $y=g(x)$로 둘러싸인 도형의 넓이 S는
$$S=\int_{\alpha}^{\beta}|f(x)-g(x)|\,dx$$
$$=\int_{\alpha}^{\beta}\{f(x)-g(x)\}\,dx$$

1664 대표문제

두 곡선 $y=x^2-4x+4$, $y=-x^2+6x-4$로 둘러싸인 도형의 넓이를 구하시오.

1665

Level 1

$x\leq0$에서 두 곡선 $y=x^3-x$, $y=x^2-1$로 눌러싸인 도형의 넓이를 구하시오.

1666 중요

Level 2

최고차항의 계수가 각각 1, -1인 두 이차함수 $f(x)$, $g(x)$에 대하여 두 곡선 $y=f(x)$, $y=g(x)$가 그림과 같다. 두 곡선으로 둘러싸인 도형의 넓이가 9일 때, $f(5)$의 값은? (단, $0<a<4$)

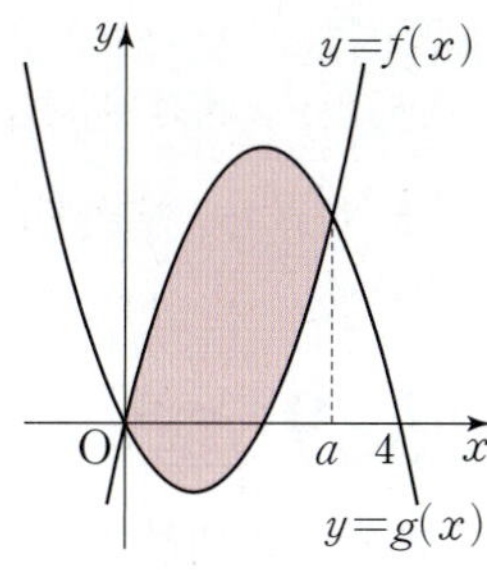

① 5 ② 10

③ 15 ④ 20

⑤ 25

1667

두 삼차함수 $f(x)$, $g(x)$에 대하여 두 곡선 $y=f(x)$, $y=g(x)$는 그림과 같이 x좌표가 0, 1, 2인 세 점에서 만난다. $1 \leq x \leq 2$에서 두 곡선으로 둘러싸인 도형의 넓이가 1일 때, $f(4)-g(4)$의 값을 구하시오.

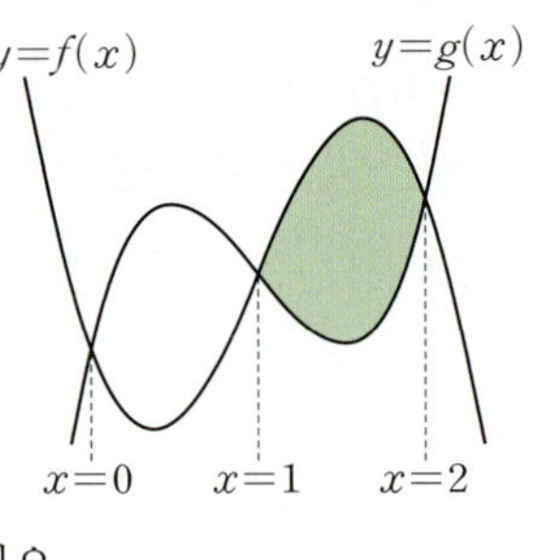

1668

그림과 같이 원 $(x-1)^2+y^2=1$과 곡선 $y=x^2$으로 둘러싸인 도형의 넓이를 구하시오.

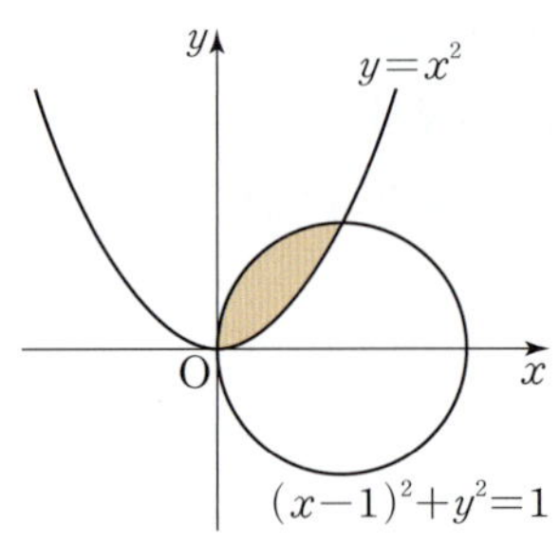

1669 중요

자연수 n에 대하여 두 곡선 $y=x^2$, $y=x^2-4nx+4n^2$과 x축으로 둘러싸인 도형의 넓이를 S_n이라 할 때, $\dfrac{S_n}{n^3}$의 값을 구하시오.

1670

두 다항함수 $f(x)$, $g(x)$가 모든 실수 x에 대하여 다음 조건을 만족시킨다.

(가) $\displaystyle\int_0^x \{f(t)+g(t)\}dt=\dfrac{5}{3}x^3+3x$

(나) $\displaystyle\int_0^x \{f(t)-g(t)\}dt=x^3-3x^2-9x$

두 곡선 $y=f(x)$, $y=g(x)$로 둘러싸인 도형의 넓이를 구하시오.

다음은 이 유형에서 출제된 최근 교육청·평가원 기출문제입니다.

1671 평가원

두 곡선 $y=3x^3-7x^2$과 $y=-x^2$으로 둘러싸인 부분의 넓이를 구하시오.

1672 교육청

두 함수

$$f(x)=x^2-4x, \quad g(x)=\begin{cases} -x^2+2x & (x<2) \\ -x^2+6x-8 & (x \geq 2) \end{cases}$$

의 그래프로 둘러싸인 부분의 넓이는?

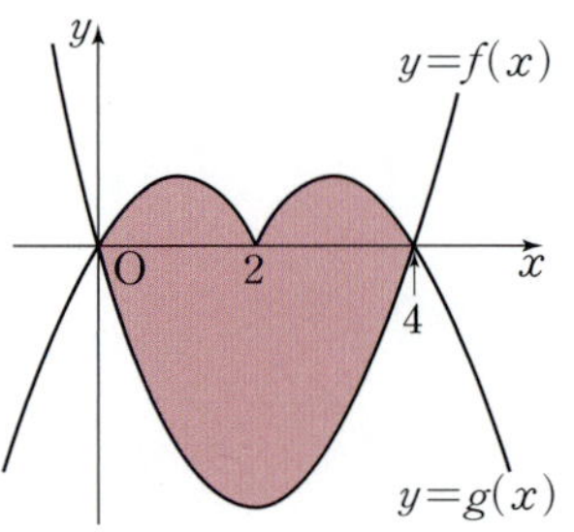

① $\dfrac{40}{3}$ ② 14   ③ $\dfrac{44}{3}$

④ $\dfrac{46}{3}$ ⑤ 16

 6 두 곡선 사이의 넓이 – 두 부분 이상의 넓이

두 곡선 $y=f(x)$, $y=g(x)$로 둘러싸인 도형의 넓이 S는

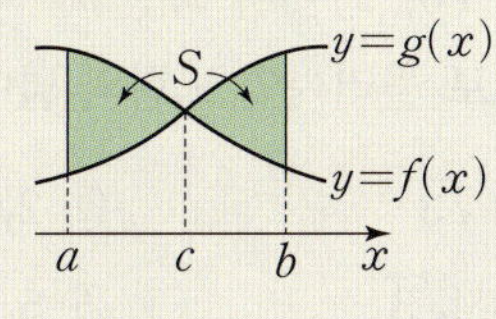

$$S=\int_a^b |f(x)-g(x)|\,dx$$
$$=\int_a^c \{f(x)-g(x)\}\,dx$$
$$+\int_c^b \{g(x)-f(x)\}\,dx$$

1673 대표문제

두 곡선 $y=-x^3+2x^2$, $y=-x^2+2x$로 둘러싸인 도형의 넓이는?

① $\dfrac{1}{4}$ ② $\dfrac{1}{2}$ ③ $\dfrac{3}{4}$

④ 1 ⑤ $\dfrac{5}{4}$

1674

Level 2

닫힌구간 $[0,\ 2]$에서 두 곡선 $y=2x^3-6x^2+4$, $y=-x^2+2x-1$로 둘러싸인 도형의 넓이는?

① $\dfrac{13}{6}$ ② $\dfrac{17}{6}$ ③ 4

④ $\dfrac{27}{6}$ ⑤ 5

1675 중요

Level 2

함수 $f(x)=\dfrac{1}{3}x^3+x^2$의 그래프와 $f(x)$의 도함수 $f'(x)$의 그래프로 둘러싸인 도형의 넓이는?

① 2 ② 3 ③ 4

④ 5 ⑤ 6

1676

Level 2

그림과 같이 두 곡선 $y=f(x)$, $y=g(x)$로 둘러싸인 두 도형의 넓이를 각각 A, B라 할 때, $A=10$, $B=5$이다.

이때 $\displaystyle\int_{-2}^{3} \{f(x)-g(x)\}\,dx$의 값은?

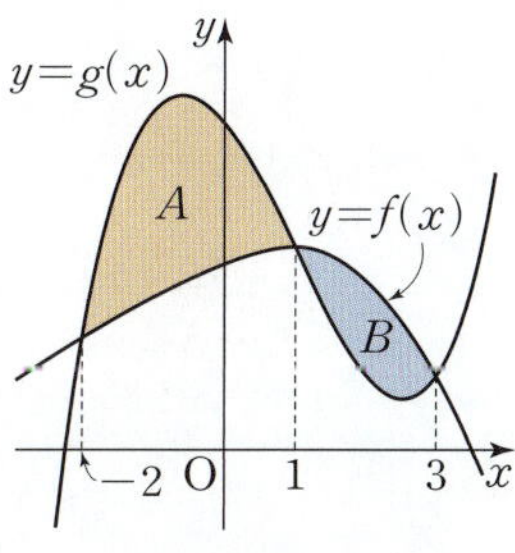

① -15 ② -10 ③ -5

④ 0 ⑤ 5

1677

Level 2

그림과 같이 두 곡선 $y=f(x)$, $y=g(x)$로 둘러싸인 세 도형의 넓이를 각각 A, B, C라 하면 $A<B<C$이고 $A+C=2B$이다. $\displaystyle\int_{2}^{4} \{f(x)-g(x)\}\,dx=-3$일 때, B의 값을 구하시오.

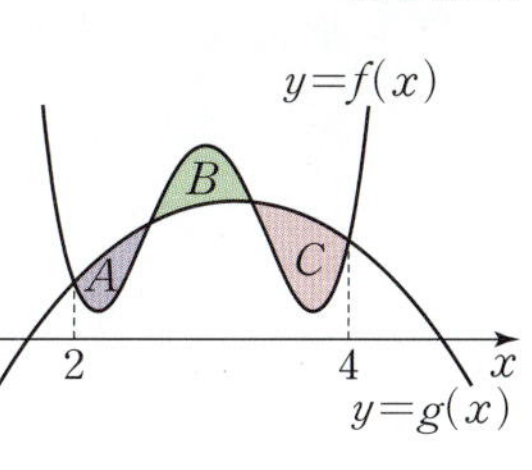

곡선과 접선으로 둘러싸인 도형의 넓이는 다음과 같은 순서로
구한다.
❶ 곡선 $y=f(x)$ 위의 점 $(a,\ f(a))$에서의 접선의 방정식은
   $y-f(a)=f'(a)(x-a)$이다.
❷ 그래프를 그리고 정적분을 이용하여 도형의 넓이를 구한다.

1678 대표문제

곡선 $y=2x^2+1$과 이 곡선 위의 점 $(1,\ 3)$에서의 접선 및
y축으로 둘러싸인 도형의 넓이를 S라 할 때, $3S$의 값은?

① 1 ② $\dfrac{4}{3}$ ③ $\dfrac{5}{3}$

④ 2 ⑤ 3

1679 Level 2

곡선 $y=ax^2+2$와 이 곡선 위의 점 $(1,\ a+2)$에서의 접선
및 직선 $x=3$으로 둘러싸인 도형의 넓이가 2일 때, 양수 a
의 값을 구하시오.

1680 중요 Level 2

점 $(0,\ 2)$에서 곡선 $y=-x^2-1$에 그은 두 접선과 이 곡선
으로 둘러싸인 도형의 넓이는?

① $\sqrt{3}$ ② $2\sqrt{3}$ ③ $3\sqrt{3}$

④ $4\sqrt{3}$ ⑤ $5\sqrt{3}$

1681 Level 3

원점에서 곡선 $y=2x^4-4px^2+10p^2\ (p>0)$에 그은 두 접
선의 접점의 x좌표가 각각 -1, 1이다. 이때 곡선과 두 접선
으로 둘러싸인 도형의 넓이는?

① $\dfrac{13}{5}$ ② $\dfrac{14}{5}$ ③ 3

④ $\dfrac{16}{5}$ ⑤ $\dfrac{17}{5}$

1682 Level 3

곡선 $y=x^2-4$ 위의 한 점 $(t,\ t^2-4)$에서의 접선과 이 곡선
및 y축, 직선 $x=2$로 둘러싸인 두 부분의 넓이가 서로 같을
때, t의 값을 구하시오. (단, $0<t<2$)

➕ Plus 문제

1683 교육청

Level 2

그림과 같이 두 함수 $y=ax^2+2$와 $y=2|x|$의 그래프가 두 점 A, B에서 각각 접한다. 두 함수 $y=ax^2+2$와 $y=2|x|$의 그래프로 둘러싸인 부분의 넓이는?

(단, a는 상수이다.)

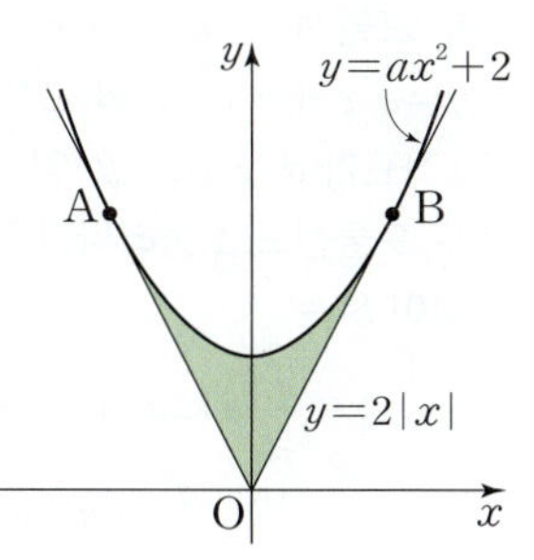

① $\dfrac{13}{6}$ ② $\dfrac{7}{3}$ ③ $\dfrac{5}{2}$

④ $\dfrac{8}{3}$ ⑤ $\dfrac{17}{6}$

1684 교육청 중요

Level 3

최고차항의 계수가 -3인 삼차함수 $y=f(x)$의 그래프 위의 점 $(2, f(2))$에서의 접선 $y=g(x)$가 곡선 $y=f(x)$와 원점에서 만난다. 곡선 $y=f(x)$와 직선 $y=g(x)$로 둘러싸인 도형의 넓이는?

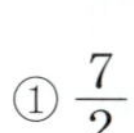

① $\dfrac{7}{2}$ ② $\dfrac{15}{4}$ ③ 4

④ $\dfrac{17}{4}$ ⑤ $\dfrac{9}{2}$

실전 유형 **8** 이차함수의 그래프의 넓이 공식 – 포물선과 x축이 두 점에서 만날 때

포물선 $y=ax^2+bx+c$와 x축의 교점의 x좌표가 α, β $(\alpha<\beta)$일 때, 포물선과 x축으로 둘러싸인 도형의 넓이 S는

$$S=\int_{\alpha}^{\beta}|ax^2+bx+c|\,dx$$
$$=\frac{|a|}{6}(\beta-\alpha)^3$$

1685 대표문제

곡선 $y=x-x^2$과 x축으로 둘러싸인 도형의 넓이를 구하시오.

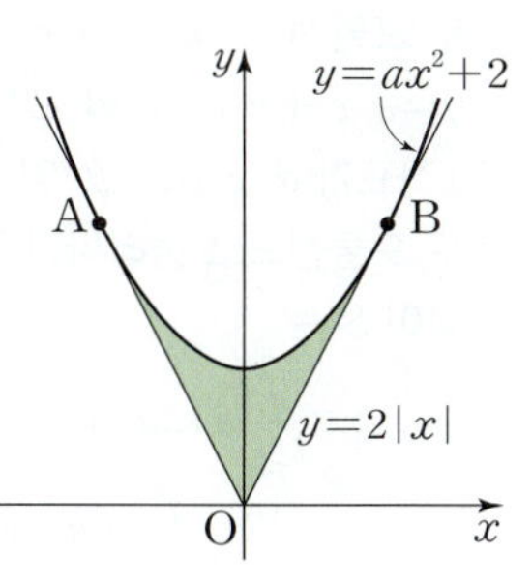

1686 중요

Level 2

곡선 $y=2ax-x^2$과 x축으로 둘러싸인 도형의 넓이가 $\dfrac{9}{2}$일 때, 양수 a의 값을 구하시오.

1687

Level 2

이차함수 $f(x)=ax^2-bx$는 $x=2$에서 최댓값을 가지고, 곡선 $y=f(x)$와 x축으로 둘러싸인 도형의 넓이가 $\dfrac{32}{3}$일 때, 상수 a, b의 값을 구하시오.

 9 이차함수의 그래프의 넓이 공식
– 포물선과 직선이 두 점에서 만날 때

포물선 $y=ax^2+bx+c$와 직선
$y=mx+n$의 교점의 x좌표가
α, β $(\alpha<\beta)$일 때, 포물선과
직선으로 둘러싸인 도형의 넓이
S는

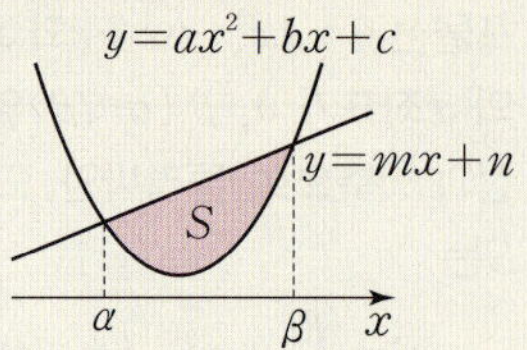

$$S=\int_{\alpha}^{\beta}|(ax^2+bx+c)-(mx+n)|\,dx$$
$$=\frac{|a|}{6}(\beta-\alpha)^3$$

1688 대표문제

곡선 $y=x^2$과 직선 $y=ax$로 둘러
싸인 도형의 넓이가 $\dfrac{9}{2}$일 때, 양수
a의 값을 구하시오.

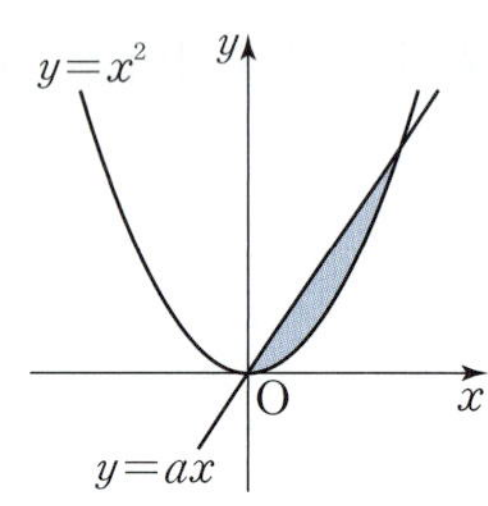

1689 · Level 2

곡선 $y=-2x^2+3x$와 직선 $y=-x$로 둘러싸인 도형의 넓이
를 구하시오.

1690 수능 · Level 2

곡선 $y=x^2-7x+10$과 직선 $y=-x+10$으로 둘러싸인 부분
의 넓이를 구하시오.

---

 10 이차함수의 그래프의 넓이 공식
– 두 포물선이 두 점에서 만날 때

두 포물선 $y=ax^2+bx+c$,
$y=a'x^2+b'x+c'$의 교점의
x좌표가 α, β $(\alpha<\beta)$일 때,
두 포물선으로 둘러싸인 도형의
넓이 S는

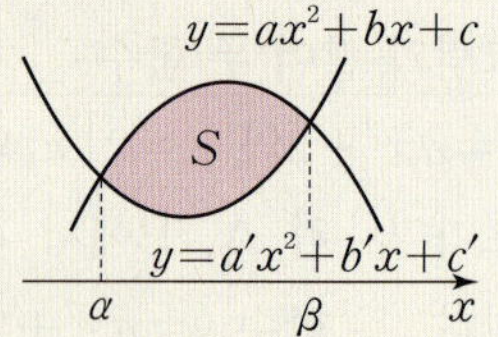

$$S=\int_{\alpha}^{\beta}|(ax^2+bx+c)-(a'x^2+b'x+c')|\,dx$$
$$=\frac{|a-a'|}{6}(\beta-\alpha)^3$$

1691 대표문제

두 곡선 $y=x^2$, $y=-x^2+2$로 둘러
싸인 도형의 넓이를 구하시오.

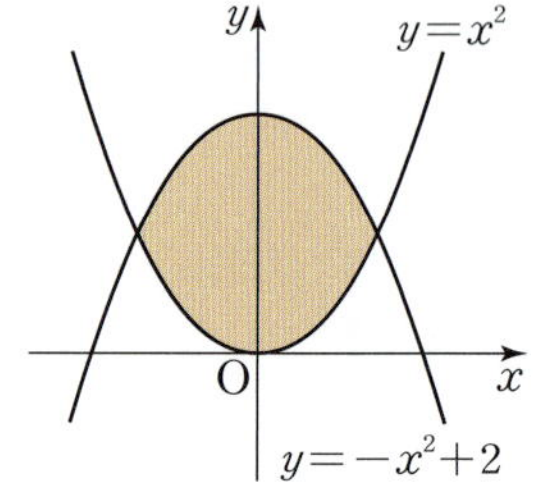

1692 · Level 2

두 곡선 $y=x^2$, $y=\dfrac{1}{2}(x-a)^2$으로 둘러싸인 도형의 넓이가

$\dfrac{32\sqrt{2}}{3}$일 때, 양수 a의 값을 구하시오.

1693 교육청 · Level 2

두 곡선 $y=2x^2-4x$와 $y=x^2-2x+3$으로 둘러싸인 부분
의 넓이가 $\dfrac{q}{p}$일 때, $p+q$의 값을 구하시오.

(단, p와 q는 서로소인 자연수이다.)

09

포물선 $y=ax^2+bx+c$가
직선 $y=mx+n$과
$x=\alpha$인 점에서 접할 때,
포물선과 접선 및 직선
$x=t$로 둘러싸인 도형의
넓이 S는

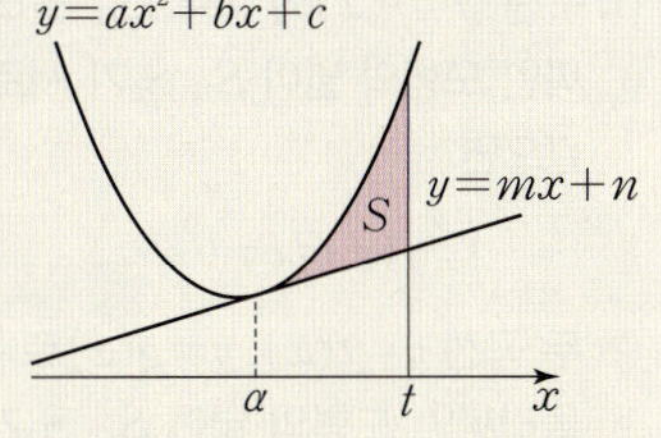

$$S=\int_{\alpha}^{t}|(ax^2+bx+c)-(mx+n)|\,dx$$
$$=\frac{|a|}{3}(t-\alpha)^3 \ (\text{단}, \ t>\alpha)$$

1694 대표문제

곡선 $y=\dfrac{1}{2}x^2-2x+2$ 위의
점 $(0,\ 2)$에서의 접선과 이 곡선
및 직선 $x=2$로 둘러싸인 도형의
넓이를 구하시오.

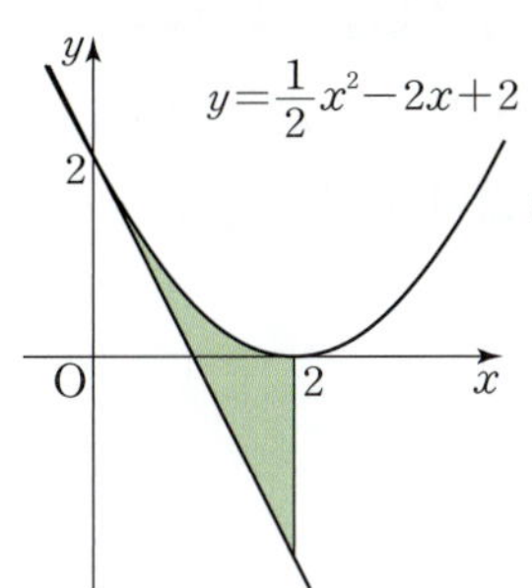

1695

Level 2

곡선 $y=(x-1)^2$과 x축 및 직선 $x=3$으로 둘러싸인 도형
의 넓이를 구하시오.

1696

Level 2

곡선 $y=-x^2+9x-18$과 곡선 위의 점 $(4,\ 2)$에서의 접선
및 y축으로 둘러싸인 도형의 넓이를 구하시오.

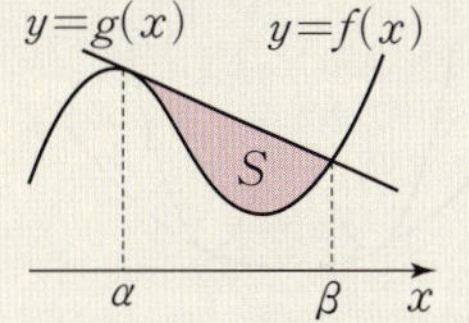
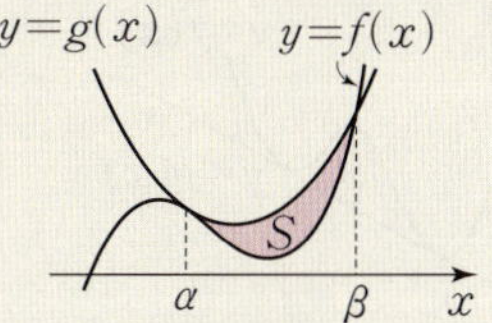

최고차항의 계수가 a인 삼차함수 $y=f(x)$의 그래프와 이차 이
하의 함수 $y=g(x)$의 그래프가 $x=\alpha$인 점에서 접하고, $x=\beta$
인 점에서 만날 때, 두 그래프로 둘러싸인 도형의 넓이 S는

$$S=\int_{\alpha}^{\beta}|f(x)-g(x)|\,dx=\frac{|a|}{12}(\beta-\alpha)^4$$

1697 대표문제

곡선 $y=x^3-3x^2+2x+2$와 곡선
위의 점 $(0,\ 2)$에서의 접선으로 둘
러싸인 도형의 넓이를 구하시오.

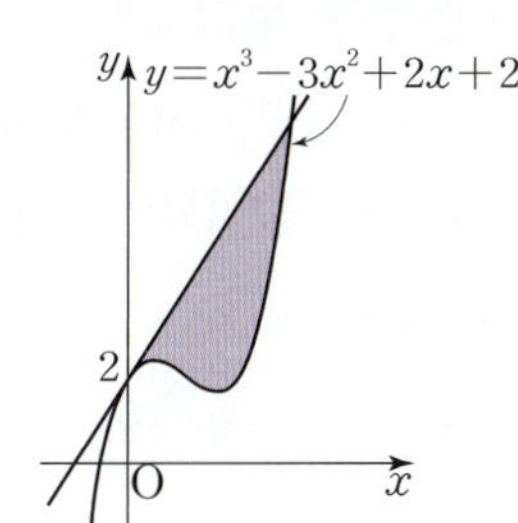

1698

Level 2

곡선 $y=4x^3-12x^2$과 x축으로 둘러싸인 도형의 넓이는?

① 25   ② 27   ③ 29

④ 31   ⑤ 33

실전유형 13 사차함수의 그래프와 접하는 그래프 사이의 넓이 공식 교육과정 외

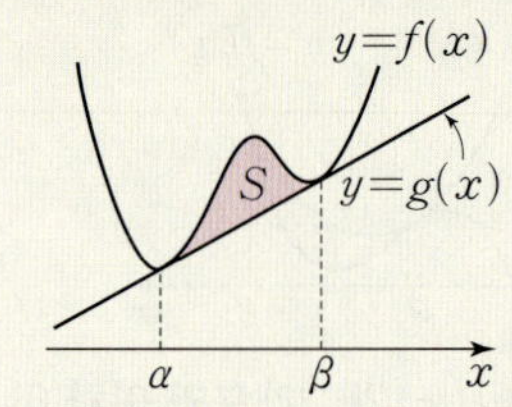

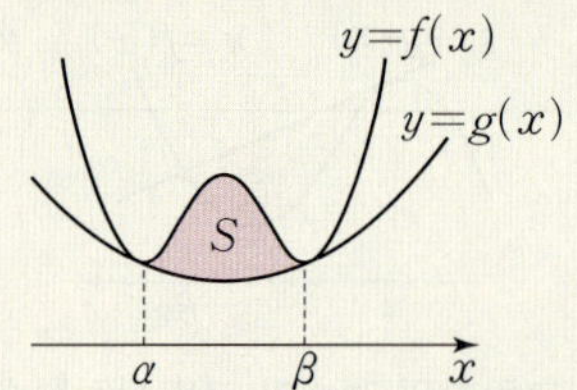

최고차항의 계수가 a인 사차함수 $y=f(x)$의 그래프와 이차 이하의 함수 $y=g(x)$의 그래프가 $x=\alpha$, $x=\beta$ $(\alpha<\beta)$인 두 점에서 접할 때, 두 그래프로 둘러싸인 도형의 넓이 S는

$$S=\int_{\alpha}^{\beta}|f(x)-g(x)|dx=\frac{|a|}{30}(\beta-\alpha)^5$$

1699 대표문제

곡선 $y=5x^4-10x^2$과 직선 $y=-5$로 둘러싸인 도형의 넓이는?

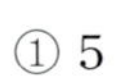

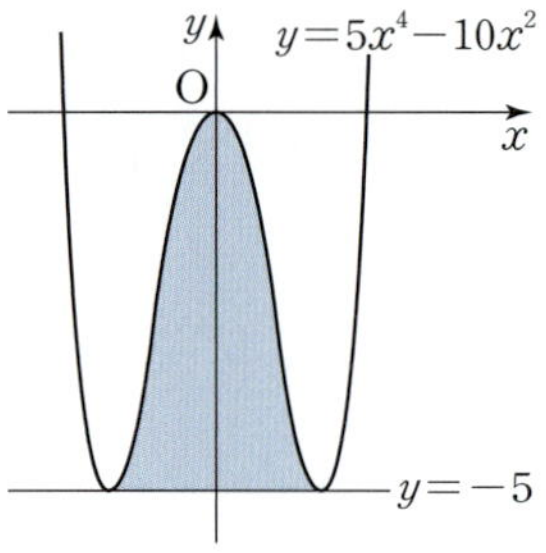

① 5 ② $\frac{16}{3}$ ③ $\frac{17}{3}$ ④ 6 ⑤ $\frac{19}{3}$

1700 Level 2

곡선 $y=x^4+4x^3-2x^2-10x+8$과 직선 $y=2x-1$로 둘러싸인 도형의 넓이를 구하시오.

1701 Level 2

두 곡선 $y=x^4-2x^3+4x+5$, $y=3x^2+1$로 둘러싸인 도형의 넓이를 구하시오.

실전유형 14 두 도형의 넓이가 서로 같은 경우 빈출유형

(1) 곡선 $y=f(x)$와 x축으로 둘러싸인 도형의 넓이 S_1, S_2가 서로 같으면

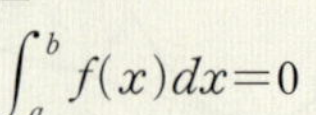

$$\int_a^b f(x)dx=0$$

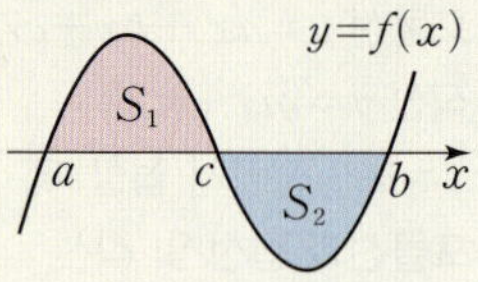

(2) 두 곡선 $y=f(x)$, $y=g(x)$로 둘러싸인 도형의 넓이 S_1, S_2가 서로 같으면

$$\int_a^b \{f(x)-g(x)\}dx=0$$

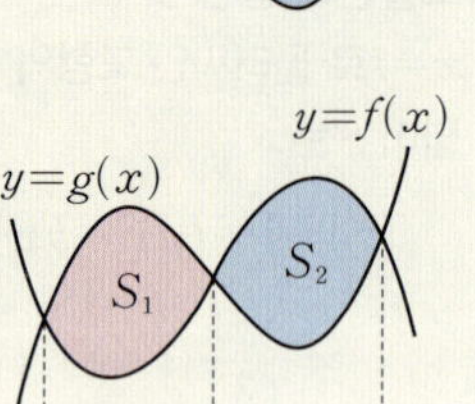

1702 대표문제

곡선 $y=x(x-2)(x-a)$와 x축으로 둘러싸인 두 도형의 넓이가 서로 같도록 하는 상수 a의 값을 구하시오.

(단, $a>2$)

1703 중요 Level 1

그림과 같이 곡선 $y=12-3x^2$과 y축 및 두 직선 $y=k$, $x=2$로 둘러싸인 두 도형의 넓이가 서로 같을 때, 상수 k의 값을 구하시오. (단, $0<k<12$)

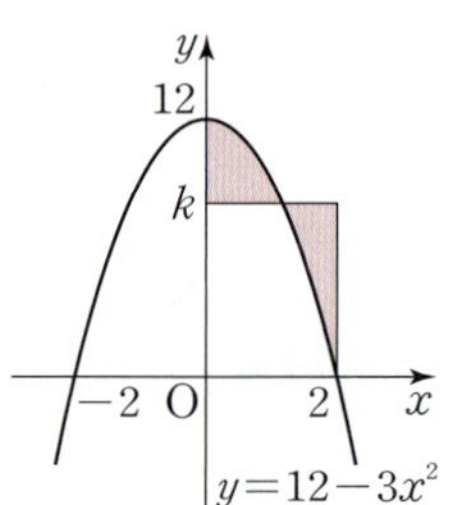

1704 Level 1

그림과 같이 두 곡선 $y=-x^2(x-2)$, $y=ax(x-2)$로 둘러싸인 두 도형의 넓이가 서로 같을 때, 상수 a의 값을 구하시오.

(단, $a<0$)

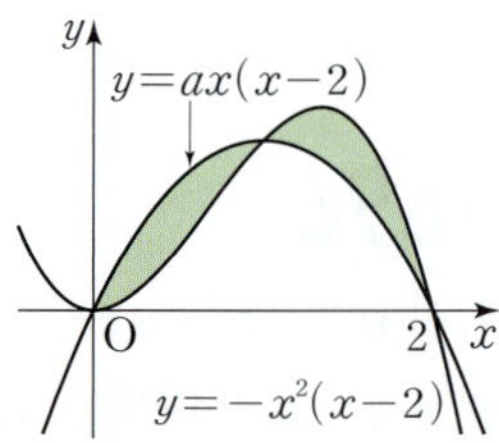

1705

그림과 같이 곡선
$y=x^2(a+1-x)$와 직선 $y=ax$
로 둘러싸인 두 도형의 넓이가 서로
같을 때, 상수 a의 값을 구하시오.
(단, $a>1$)

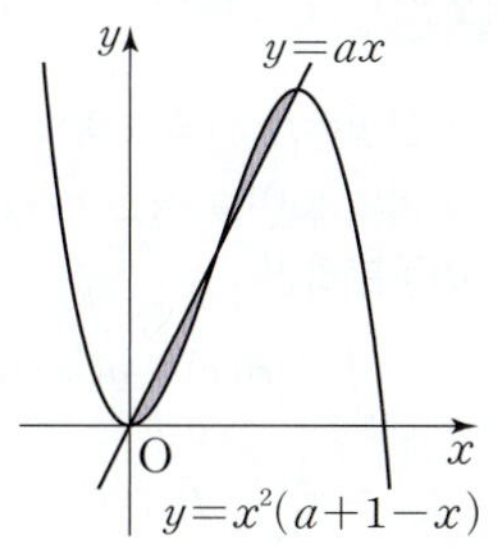

1706 중요

그림과 같이 곡선
$y=-x^2+2x+a$와 x축 및 y축
으로 둘러싸인 두 도형의 넓이
를 각각 A, B라 할 때,
$A:B=1:2$이다. 이때 상수 a
의 값은?

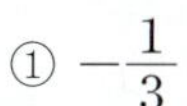

① $-\dfrac{1}{3}$ ② $-\dfrac{2}{3}$ ③ -1

④ $-\dfrac{4}{3}$ ⑤ $-\dfrac{5}{3}$

1707

그림과 같이 곡선
$y=-x^3+3x^2+k$와 x축 및
y축으로 둘러싸인 두 도형
A, B의 넓이가 서로 같을 때,
상수 k의 값은? (단, $k<0$)

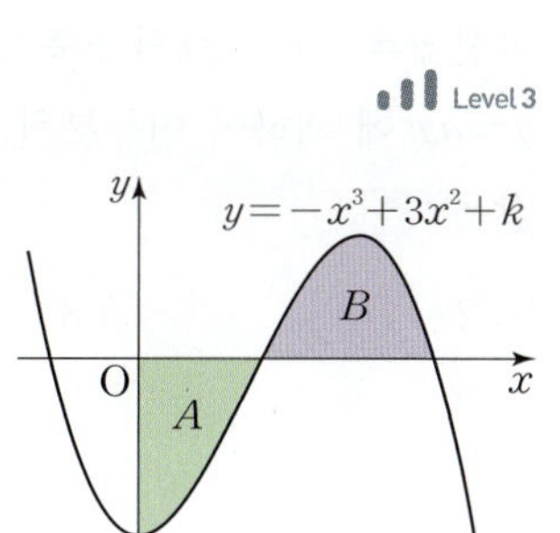

① $-\dfrac{4}{27}$ ② $-\dfrac{8}{27}$ ③ $-\dfrac{16}{27}$

④ $-\dfrac{32}{27}$ ⑤ $-\dfrac{64}{27}$

1708

그림과 같이 네 점 $(0, -1)$, $(2, -1)$, $(2, 4)$, $(0, 4)$를
꼭짓점으로 하는 직사각형의 내부가 곡선 $y=x^3-x^2$에 의하
여 나누어지는 두 부분을 A, B, 직선 $y=ax$에 의하여 나누
어지는 두 부분을 C, D라 하자. A와 C의 넓이가 같을 때,
상수 a의 값을 구하시오.

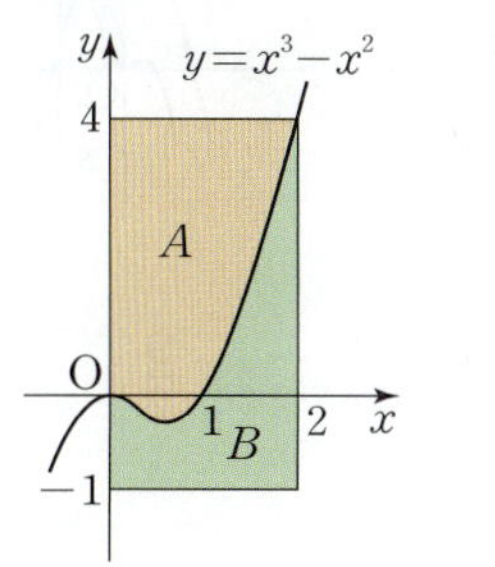

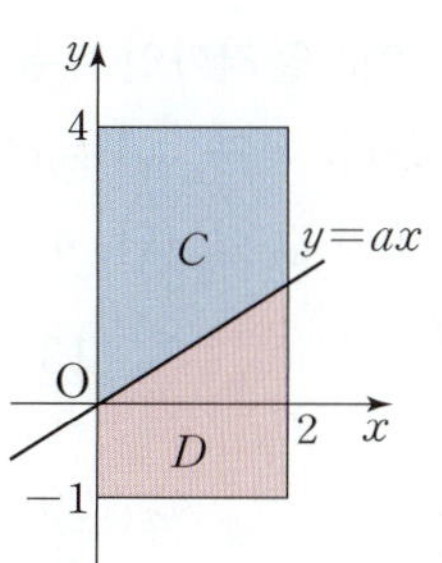

1709 고난도

그림과 같이 직선 l이 y축과 만나는 점을 A, 점 C$(6, 0)$을
지나고 y축과 평행한 직선과 직선 l의 교점을 B라 하자. 사
다리꼴 OABC의 넓이가 곡선 $f(x)=x^3-6x^2$과 x축으로
둘러싸인 도형의 넓이와 같을 때, 직선 l은 항상 일정한 점
D를 지난다. 점 D의 좌표를 구하시오.
(단, O는 원점이고, 선분 AB는 선분 OC의 아래쪽에 있다.)

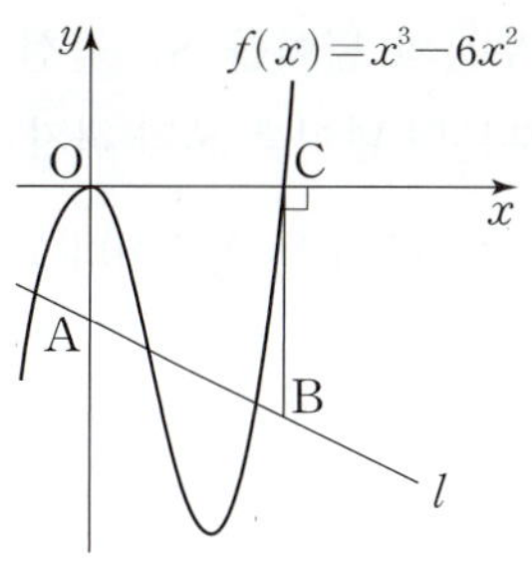

1710 수능

Level 1

두 곡선 $y=x^3+x^2$, $y=-x^2+k$와 y축으로 둘러싸인 부분의 넓이를 A, 두 곡선 $y=x^3+x^2$, $y=-x^2+k$와 직선 $x=2$로 둘러싸인 부분의 넓이를 B라 하자. $A=B$일 때, 상수 k의 값은? (단, $4<k<5$)

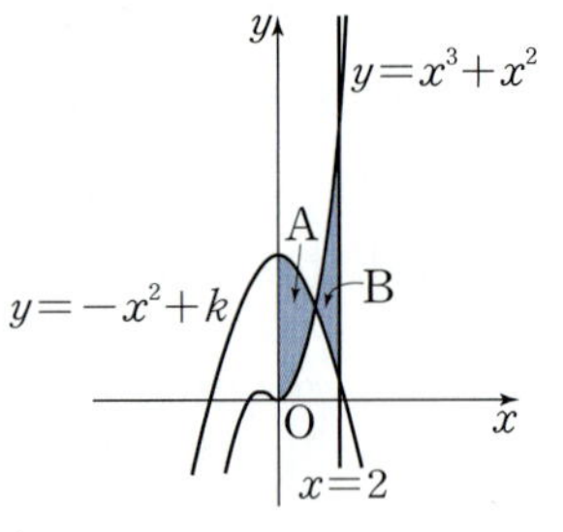

① $\dfrac{25}{6}$ ② $\dfrac{13}{3}$ ③ $\dfrac{9}{2}$

④ $\dfrac{14}{3}$ ⑤ $\dfrac{29}{6}$

1711 교육청

Level 3

그림과 같이 삼차함수 $f(x)=x^3-6x^2+8x+1$의 그래프와 최고차항의 계수가 양수인 이차함수 $y=g(x)$의 그래프가 점 $\mathrm{A}(0,\ 1)$, 점 $\mathrm{B}(k,\ f(k))$에서 만나고, 곡선 $y=f(x)$ 위의 점 B에서의 접선이 점 A를 지난다. 곡선 $y=f(x)$와 직선 AB로 둘러싸인 부분의 넓이를 S_1, 곡선 $y=g(x)$와 직선 AB로 둘러싸인 부분의 넓이를 S_2라 하자. $S_1=S_2$일 때, $\displaystyle\int_0^k g(x)dx$의 값은? (단, k는 양수이다.)

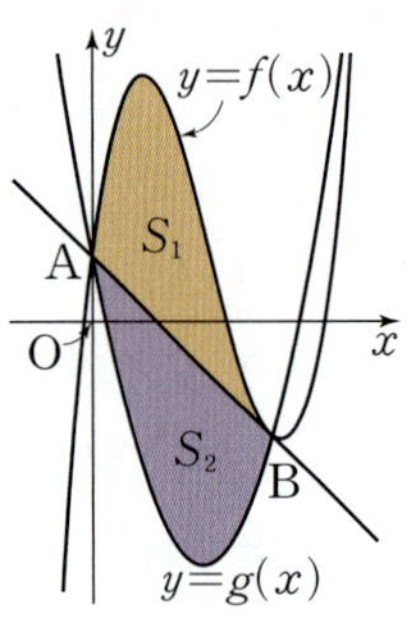

① $-\dfrac{17}{2}$ ② $-\dfrac{33}{4}$ ③ -8

④ $-\dfrac{31}{4}$ ⑤ $-\dfrac{15}{2}$

실전유형 **15** 넓이를 이등분하는 경우, 넓이의 비가 주어진 경우   빈출유형

곡선 $y=f(x)$와 x축으로 둘러싸인 도형의 넓이를 곡선 $y=g(x)$가 이등분하면

$$\int_a^b |f(x)-g(x)|\,dx=\frac{1}{2}\int_a^c f(x)dx$$

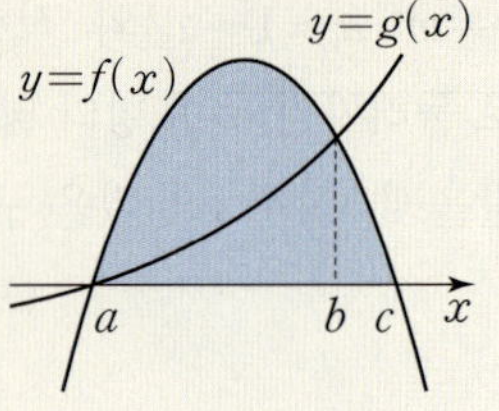

1712 대표문제

곡선 $y=-x^2+4x$와 x축으로 둘러싸인 도형의 넓이가 직선 $y=ax$에 의하여 이등분될 때, 양수 a에 대하여 $(4-a)^3$의 값을 구하시오.

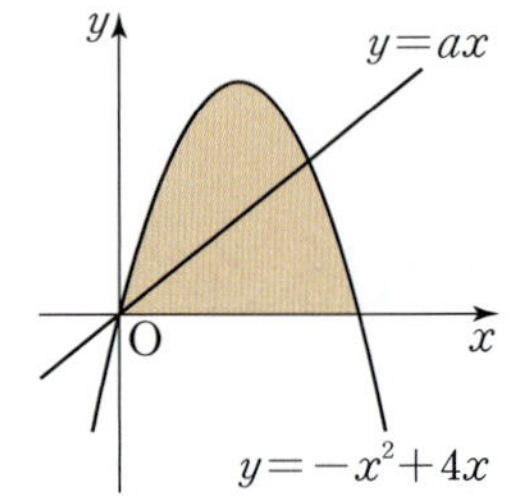

1713

Level 2

곡선 $y=-x^2+2x$와 x축으로 둘러싸인 도형의 넓이가 곡선 $y=ax^2$에 의하여 이등분될 때, 양수 a에 대하여 $(a+1)^2$의 값은?

① 2   ② 3   ③ 4

④ 5   ⑤ 6

1714 중요 · Level 2

곡선 $y=x^2-3x$와 직선 $y=ax$로 둘러싸인 도형의 넓이가 x축에 의하여 이등분될 때, 상수 a의 값은?

① $-3-3\sqrt[3]{2}$ ② $3-3\sqrt[3]{2}$ ③ $-3+3\sqrt[3]{2}$

④ $3+\sqrt[3]{2}$ ⑤ $3+3\sqrt[3]{2}$

1715 · Level 2

두 곡선 $y=x^4-x^3$, $y=-x^4+x$로 둘러싸인 도형의 넓이가 곡선 $y=ax(1-x)$에 의하여 이등분될 때, 상수 a의 값은? (단, $0<a<1$)

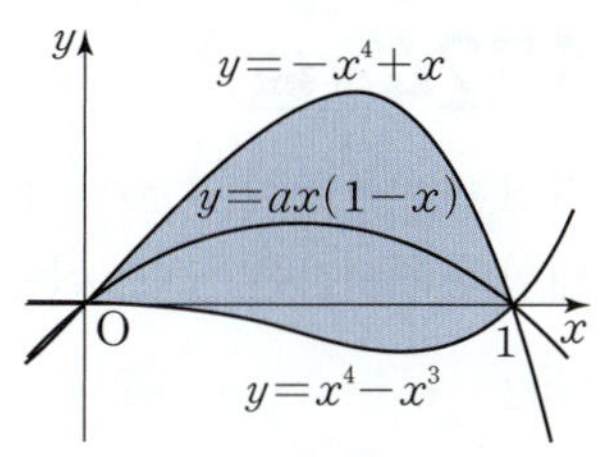

① $\dfrac{1}{4}$ ② $\dfrac{3}{8}$ ③ $\dfrac{5}{8}$

④ $\dfrac{3}{4}$ ⑤ $\dfrac{7}{8}$

1716 중요 · Level 2

그림과 같이 곡선 $y=\dfrac{1}{2}x^2$과 x축 및 직선 $x=2$로 둘러싸인 도형의 넓이를 S_1, 이 곡선과 두 직선 $x=2$, $y=ax$로 둘러싸인 도형의 넓이를 S_2라 할 때, $S_2=10S_1$이 되도록 하는 상수 a의 값을 구하시오. (단, $a>1$)

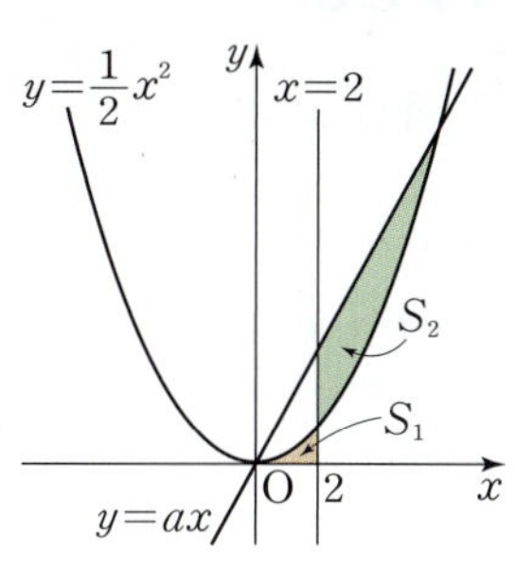

1717 · Level 3

실수 전체의 집합에서 정의된 함수

$$f(x)=\begin{cases} x^2-\dfrac{1}{2}k^2 & (x<0) \\ x-\dfrac{1}{2}k^2 & (x\geq0) \end{cases}$$

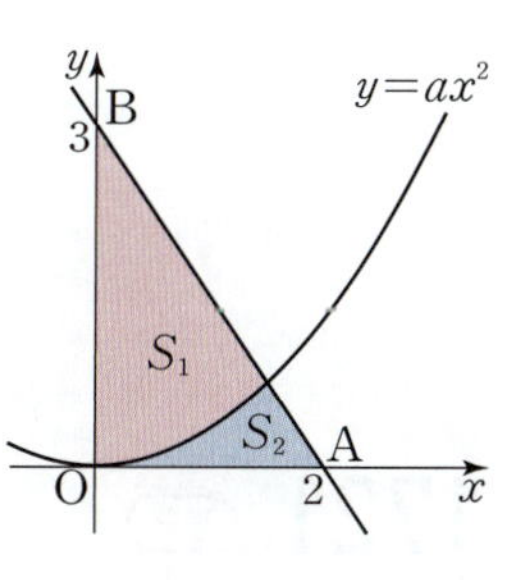

에 대하여 함수 $y=f(x)$의 그래프와 직선 $y=\dfrac{1}{2}k^2$으로 둘러싸인 도형의 넓이가 y축에 의하여 이등분될 때, 양수 k의 값을 구하시오.

1718 · Level 3

그림과 같이 좌표평면 위의 두 점 $A(2, 0)$, $B(0, 3)$을 지나는 직선과 곡선 $y=ax^2 (a>0)$ 및 y축으로 둘러싸인 도형 중에서 제1사분면에 있는 도형의 넓이를 S_1이라 하자. 또, 직선 AB와 곡선 $y=ax^2$ 및 x축으로 둘러싸인 도형의 넓이를 S_2라 하자. $S_1:S_2=13:3$일 때, 상수 a의 값을 구하시오.

다음은 이 유형에서 출제된 최근 교육청 · 평가원 기출문제입니다.

1719 수능 · Level 2

곡선 $y=x^2-5x$와 직선 $y=x$로 둘러싸인 부분의 넓이를 직선 $x=k$가 이등분할 때, 상수 k의 값은?

① 3 ② $\dfrac{13}{4}$ ③ $\dfrac{7}{2}$

④ $\dfrac{15}{4}$ ⑤ 4

곡선과 직선으로 둘러싸인 도형의 넓이의 최솟값은 다음과 같은 순서로 구한다.
❶ 정적분을 이용하여 넓이를 식으로 나타낸다.
❷ 함수의 증가·감소, 산술평균과 기하평균의 관계 등을 이용하여 최솟값을 구한다.

1720 대표문제

곡선 $y=x^2-ax$와 x축 및 두 직선 $x=0$, $x=4$로 둘러싸인 도형의 넓이가 최소가 되도록 하는 상수 a의 값을 구하시오. (단, $0<a<4$)

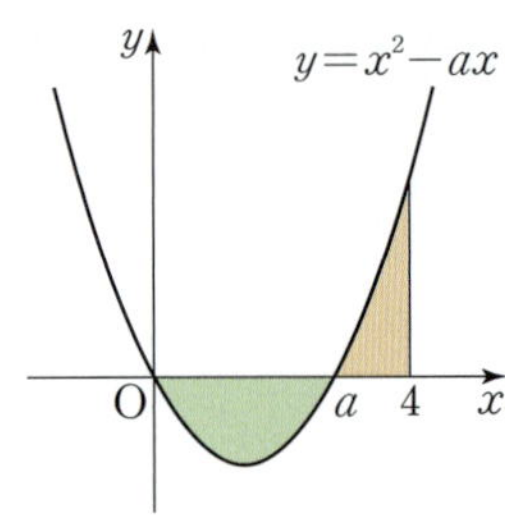

1721 중요   Level 2

곡선 $y=-3x^2+7nx$와 직선 $y=nx$로 둘러싸인 도형의 넓이가 240 이상이 되도록 하는 자연수 n의 최솟값을 구하시오.

1722   Level 2

점 $(0, 2)$를 지나는 직선과 곡선 $y=x^2$으로 둘러싸인 도형의 넓이의 최솟값은?

① $\dfrac{4\sqrt{2}}{3}$ ② $\dfrac{8}{3}$ ③ $\dfrac{8\sqrt{2}}{3}$

④ $\dfrac{16}{3}$ ⑤ $\dfrac{16\sqrt{2}}{3}$

1723   Level 2

곡선 $y=x^2+1$과 이 곡선 위의 점 (a, a^2+1)에서의 접선 및 y축, 직선 $x=2$로 둘러싸인 도형의 넓이가 최소가 되도록 하는 a의 값을 구하시오.

1724 중요   Level 3

곡선 $y=(x+2)(x-a)(x-2)$와 x축으로 둘러싸인 도형의 넓이의 최솟값은? (단, a는 상수이고, $-2<a<2$이다.)

① 2   ② 4   ③ 6

④ 8   ⑤ 10

1725   Level 3

두 곡선 $y=2ax^3$, $y=-\dfrac{1}{8a}x^3$과 직선 $x=1$로 둘러싸인 도형의 넓이는 $a=p$일 때 최소이고, 그때의 넓이는 q이다. 이때 pq의 값은? (단, $a>0$이고, p는 상수이다.)

① $\dfrac{1}{32}$ ② $\dfrac{1}{16}$ ③ $\dfrac{1}{8}$

④ $\dfrac{1}{4}$ ⑤ $\dfrac{1}{2}$

➕ Plus 문제

심화유형 **17** 정적분으로 정의된 함수의 최대·최소

구간 $x<t<x+a$에서 $f(t)>0$이면
$g(x)=\int_x^{x+a} f(t)dt$의 값은 함수 $y=f(t)$의 그래프와 t축 및
두 직선 $t=x$, $t=x+a$로 둘러싸인 도형의 넓이와 같다.

1726 대표문제

이차함수 $y=f(x)$의 그래프가 그림과 같을 때, 함수

$g(x)=\int_x^{x+2} f(t)dt$의 최댓값은?

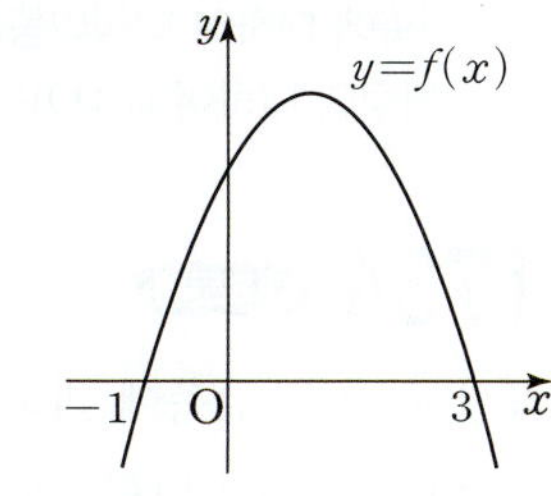

① $g(-2)$ ② $g(-1)$

③ $g(0)$ ④ $g(1)$

⑤ $g(2)$

1727 Level 2

$x\geq-2$에서 정의된 함수 $f(x)=\int_x^{x+1} |t^2-4|dt$의 최댓값을 구하시오.

1728 Level 3

최고차항의 계수가 음수인 삼차함수 $f(x)$가
$f(-1)=f(1)=f(2)=0$을 만족시킨다. $f(x)$의 도함수
$f'(x)$에 대하여 $\int_m^n f'(x)dx$의 값이 최대일 때, $m+n$의
값을 구하시오. (단, $m<n$)

실전유형 **18** 주기함수, 그래프의 대칭을 이용한 정적분   복합유형

(1) 함수 $f(x)$의 주기가 p이면 $f(x+p)=f(x)$이므로
$$\int_a^b f(x)dx=\int_{a+p}^{b+p} f(x)dx$$
(2) $f(-x)=f(x)$이면 함수 $y=f(x)$의 그래프는 y축에 대하여 대칭이므로 $\int_{-a}^a f(x)dx=2\int_0^a f(x)dx$
(3) $f(-x)=-f(x)$이면 함수 $y=f(x)$의 그래프는 원점에 대하여 대칭이므로 $\int_{-a}^a f(x)dx=0$
(4) $f(a-x)-f(a+x)=0$이면 함수 $y=f(x)$의 그래프는 직선 $x=a$에 대하여 대칭이므로
$$\int_{a-k}^{a+k} f(x)dx=2\int_a^{a+k} f(x)dx$$

1729 대표문제

연속함수 $f(x)$가 모든 실수 x에 대하여 $f(x+3)=f(x)$를 만족시킨다. $\int_1^4 |f(x)|dx=6$일 때, 함수 $y=f(x)$의 그래프와 x축 및 두 직선 $x=1$, $x=10$으로 둘러싸인 도형의 넓이는?

① 6   ② 12   ③ 18

④ 24   ⑤ 30

1730 Level 2

연속함수 $f(x)$가 다음 조건을 만족시킨다.

> ㈎ $-1\leq x\leq1$에서 $f(x)=x^2$이다.
> ㈏ 모든 실수 x에 대하여 $f(x)=f(x+2)$이다.

함수 $y=f(x)$의 그래프와 x축, y축 및 직선 $x=6$으로 둘러싸인 도형의 넓이는?

① $\dfrac{1}{3}$ ② $\dfrac{2}{3}$ ③ 1

④ 2   ⑤ 3

1731 중요

Level 3

함수 $f(x)$는 모든 실수 x에 대하여 다음 조건을 만족시킨다.

> (가) $f(x+2)=f(x)$
> (나) $f(x)=|x|$ $(-1\leq x<1)$

함수 $g(x)=\int_{-2}^{x}f(t)dt$라 할 때, 실수 a에 대하여 $g(a+4)-g(a)$의 값을 구하시오.

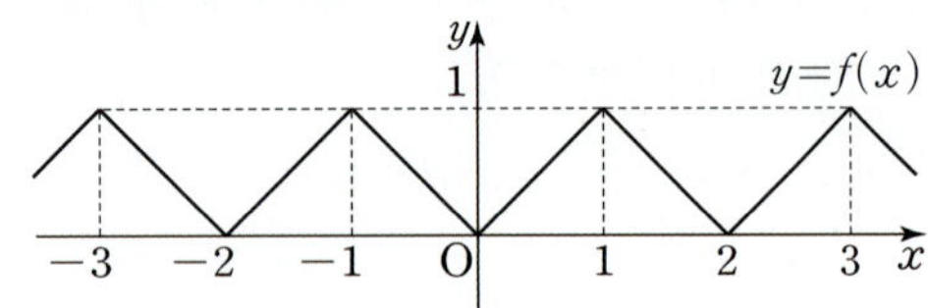

1732

Level 3

함수 $f(x)$는 모든 실수 x에 대하여 $f(-x)=f(x)$, $f(2-x)=f(2+x)$를 만족시키고,

$$f(x)=\begin{cases} x & (0\leq x<1) \\ x^2-4x+4 & (1\leq x<2) \end{cases}$$ 이다.

$\int_{-a}^{a}f(x)dx=10$일 때, 상수 a의 값을 구하시오.

1733

Level 3

연속함수 $f(x)$가 다음 조건을 만족시킬 때, $\int_{0}^{1}f(x)dx$의 값은?

> (가) 모든 실수 x에 대하여 $f(1+x)=f(1-x)$이다.
> (나) $\int_{-1}^{0}f(x)dx=3$, $\int_{0}^{3}f(x)dx=13$

① 5   ② 10   ③ 15
④ 20   ⑤ 25

---

(1) 평행이동
곡선 $y=f(x)$를 x축의 방향으로 a만큼, y축의 방향으로 b만큼 평행이동하면 $y-b=f(x-a)$

(2) 대칭이동
곡선 $y=f(x)$를
x축에 대하여 대칭이동하면 $y=-f(x)$
y축에 대하여 대칭이동하면 $y=f(-x)$
원점에 대하여 대칭이동하면 $y=-f(-x)$

1734 대표문제

곡선 $y=x^2$을 x축에 대하여 대칭이동한 후 x축의 방향으로 -2만큼, y축의 방향으로 10만큼 평행이동한 곡선을 $y=f(x)$라 하자. 두 곡선 $y=x^2$, $y=f(x)$로 둘러싸인 도형의 넓이를 구하시오.

1735

Level 1

곡선 $y=4x^3-12x^2$을 y축의 방향으로 k만큼 평행이동한 곡선을 $y=f(x)$라 할 때, $\int_{0}^{3}f(x)dx=0$을 만족시키는 상수 k의 값은?

① 5   ② 6   ③ 7
④ 8   ⑤ 9

1736 중요

Level 2

함수 $f(x)=x^2+2x+2$에 대하여 두 곡선 $y=f(x)$, $y=f(x-2)$ 및 직선 $y=1$로 둘러싸인 도형의 넓이를 구하시오.

1737 교육청

Level 2

그림은 모든 실수 x에 대하여 $f(-x)=-f(x)$인 연속함수 $y=f(x)$의 그래프와 함수 $y=f(x)$의 그래프를 x축의 방향으로 1만큼, y축의 방향으로 1만큼 평행이동시킨 함수 $y=g(x)$의 그래프이다. $\int_0^2 g(x)dx$의 값은?

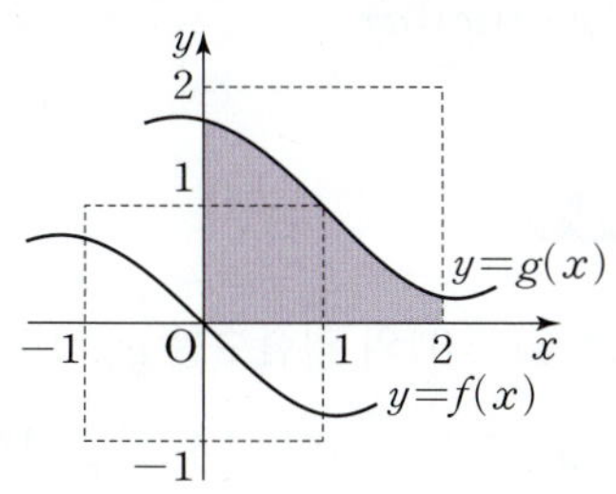

① $\dfrac{7}{4}$ ② 2 ③ $\dfrac{9}{4}$

④ $\dfrac{5}{2}$ ⑤ $\dfrac{11}{4}$

1738 수능

Level 3

실수 전체의 집합에서 증가하는 연속함수 $f(x)$가 다음 조건을 만족시킨다.

(가) 모든 실수 x에 대하여 $f(x)=f(x-3)+4$이다.

(나) $\int_0^6 f(x)dx=0$

함수 $y=f(x)$의 그래프와 x축 및 두 직선 $x=6$, $x=9$로 둘러싸인 부분의 넓이는?

① 9 ② 12 ③ 15

④ 18 ⑤ 21

---

 20 함수와 그 역함수의 정적분

함수 $f(x)$의 역함수가 $g(x)$이면 그림에서

$$A=B=ac-\int_0^a g(x)dx$$

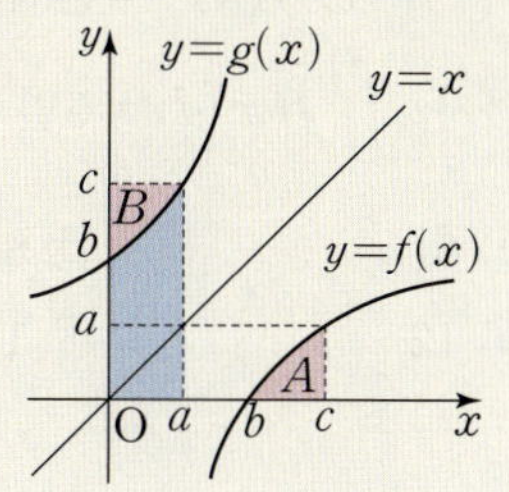

1739 대표문제

함수 $f(x)=\sqrt{x-2}$의 역함수를 $g(x)$라 할 때, $\int_2^6 f(x)dx+\int_0^2 g(x)dx$의 값은?

① 12 ② 14 ③ 16

④ 18 ⑤ 20

1740

Level 2

함수 $f(x)=x^3+1$의 역함수를 $g(x)$라 할 때, $\int_0^1 f(x)dx+\int_{f(0)}^{f(1)} g(x)dx$의 값은?

① 1 ② 2 ③ 3

④ 4 ⑤ 5

1741 중요

Level 2

함수 $f(x)=x^3-2x^2+3x$의 역함수를 $g(x)$라 할 때, $\int_1^2 f(x)dx+\int_2^6 g(x)dx$의 값을 구하시오.

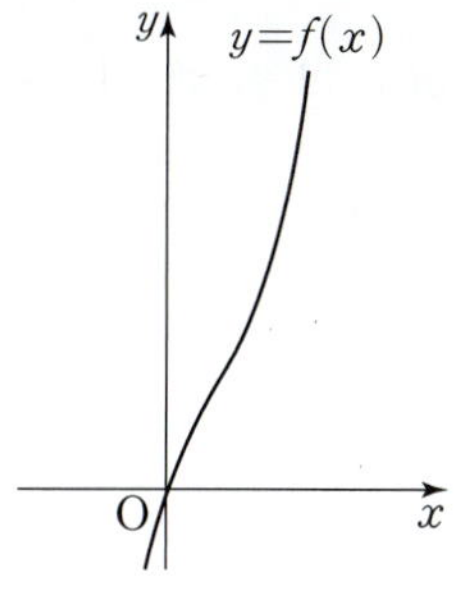

1742

$f(1)=1$, $f(4)=4$인 연속함수 $f(x)$의 역함수를 $g(x)$라 하자. $\int_1^4 f(x)dx=5$일 때, $\int_1^4 g(x)dx$의 값은?

① 6 ② 8 ③ 10

④ 12 ⑤ 14

1743 중요

함수 $f(x)=2x^2+1 \ (x\geq0)$의 역함수를 $g(x)$라 할 때, 곡선 $y=g(x)$와 x축 및 직선 $x=9$로 둘러싸인 도형의 넓이는?

① $\dfrac{26}{3}$ ② $\dfrac{28}{3}$ ③ 10

④ $\dfrac{32}{3}$ ⑤ $\dfrac{34}{3}$

1744

함수 $f(x)=x^3+x-1$의 역함수를 $g(x)$라 할 때, $\int_1^9 g(x)dx$의 값은?

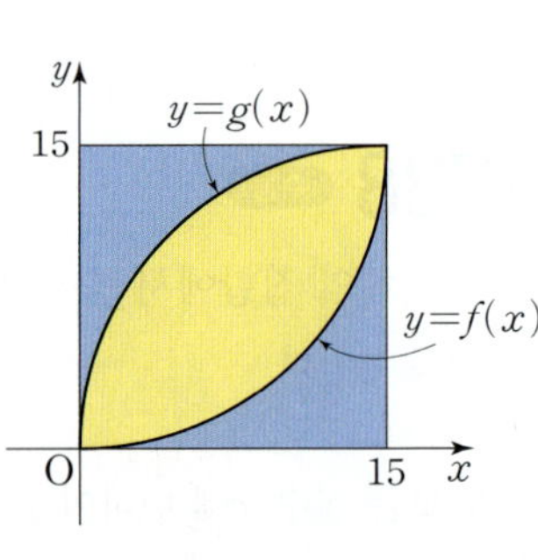

① $\dfrac{47}{4}$ ② $\dfrac{49}{4}$

③ $\dfrac{51}{4}$ ④ $\dfrac{53}{4}$

⑤ $\dfrac{55}{4}$

---

21 함수와 그 역함수의 그래프로 둘러싸인 도형의 넓이

함수 $f(x)$의 역함수가 $g(x)$일 때, 두 곡선 $y=f(x)$, $y=g(x)$로 둘러싸인 도형의 넓이 S는

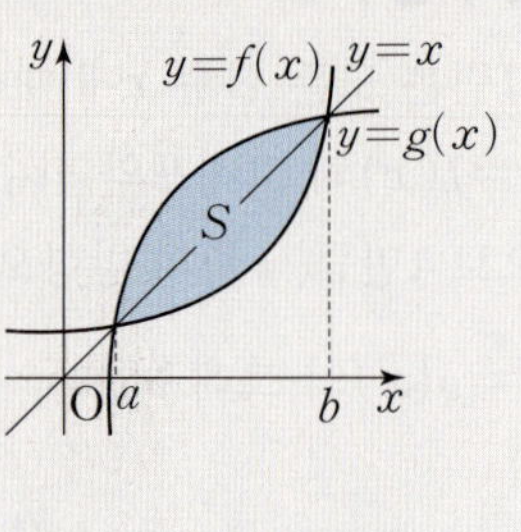

$$S=\int_a^b |f(x)-g(x)|\,dx$$
$$=2\int_a^b |x-f(x)|\,dx$$

1745 대표문제

함수 $f(x)=\dfrac{1}{4}x^3 \ (x\geq0)$의 역함수를 $g(x)$라 할 때, 두 곡선 $y=f(x)$, $y=g(x)$로 둘러싸인 도형의 넓이를 구하시오.

1746

정사각형 모양의 타일이 좌표평면에 놓여 있다. 그림과 같이 이 타일에 두 곡선 $y=f(x)$, $y=g(x)$를 경계로 파란색과 노란색을 칠했더니 파란색과 노란색 부분의 넓이의 비가 $2:3$일 때, $\int_0^{15} f(x)dx$의 값을 구하시오. (단, 함수 $g(x)$는 함수 $f(x)$의 역함수이다.)

1747 중요

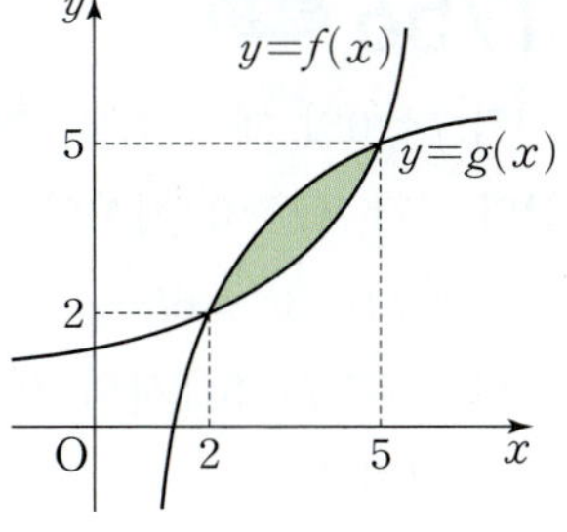

함수 $f(x)$와 그 역함수 $g(x)$의 그래프가 그림과 같이 두 점 $(2, 2)$, $(5, 5)$에서 만난다.

$\int_2^5 f(x)dx=9$일 때, 두 곡선 $y=f(x)$, $y=g(x)$로 둘러싸인 도형의 넓이는?

① 1   ② 2   ③ 3

④ 4   ⑤ 5

1748 Level 2

함수 $f(x)=(x-1)^2+1\ (x\geq1)$의 그래프와 함수 $f(x)$의 역함수의 그래프로 둘러싸인 도형의 넓이는?

① $\dfrac{1}{6}$ ② $\dfrac{1}{5}$ ③ $\dfrac{1}{4}$

④ $\dfrac{1}{3}$ ⑤ $\dfrac{1}{2}$

1749 Level 3

함수 $f(x)=x^3+x^2+x$의 역함수를 $g(x)$라 할 때, $x\geq0$에서 두 곡선 $y=f(x)$, $y=g(x)$와 직선 $y=-x+4$로 둘러싸인 도형의 넓이는?

① 3   ② $\dfrac{19}{6}$ ③ $\dfrac{10}{3}$

④ $\dfrac{7}{2}$ ⑤ $\dfrac{11}{3}$

⊕ Plus 문제

---

 22 수직선 위를 움직이는 물체의 위치 빈출유형

수직선 위를 움직이는 점 P의 시각 t에서의 속도를 $v(t)$, 시각 $t=a$에서의 위치를 x_0이라 하면 시각 t에서의 점 P의 위치 x는

$$x=x_0+\int_a^t v(t)dt$$

1750 대표문제

원점을 출발하여 수직선 위를 움직이는 점 P의 t초 후의 속도가 $v(t)=6-3t$일 때, 점 P가 운동 방향을 바꾸는 시각에서의 점 P의 위치는?

① 2   ② 4   ③ 6

④ 8   ⑤ 10

1751 Level 1

지면으로부터 30 m의 높이에서 10 m/s의 속도로 지면에 수직으로 쏘아 올린 물체의 t초 후의 속도가 $v(t)=(30-10t)$ m/s이다. 이 물체가 최고 높이에 도달했을 때 지면으로부터의 높이를 구하시오.

1752 중요 Level 2

지면에서 똑바로 위로 쏘아 올린 공의 t초 후의 속도가 $v(t)=(20a-10t)$ m/s이다. 공이 운동 방향을 바꾸는 순간 지면으로부터의 높이가 80 m일 때, 양수 a의 값을 구하시오.

1753 중요　　　Level 2

원점을 출발하여 수직선 위를 움직이는 점 P의 시각 t에서의 속도가 $v(t)=-3t^2-4t+8$이다. 점 P가 출발한 후 원점으로 다시 돌아오게 되는 시각이 $t=a$일 때, 양수 a의 값은?

① 1　　　　　　② 2　　　　　　③ 3

④ 4　　　　　　⑤ 5

1754　　　Level 2

원점을 출발하여 수직선 위를 움직이는 점 P의 시각 t에서의 속도 $v(t)$가

$$v(t)=\begin{cases} -t^2+2t+1 & (0\le t<2) \\ t^2-6t+9 & (t\ge 2) \end{cases}$$

일 때, $t=4$에서의 점 P의 위치는?

① 4　　　　　　② 6　　　　　　③ 8

④ 10　　　　　⑤ 12

1755 고난도　　　Level 3

원점 O를 출발하여 수직선 위를 16초 동안 움직이는 점 P의 t초 후의 속도 $v(t)$가

$$v(t)=\begin{cases} \dfrac{1}{2}t-1 & (0\le t<2) \\ -t^2+10t-16 & (2\le t<8) \\ 2-\dfrac{1}{4}t & (8\le t\le 16) \end{cases}$$

일 때, 선분 OP의 길이의 최댓값을 구하시오.

1756 교육청　　　Level 2

시각 $t=0$일 때 원점을 출발하여 수직선 위를 움직이는 점 P의 시각 $t(t\ge 0)$에서의 속도 $v(t)$가

$$v(t)=3t^2+6t-a$$

이다. 시각 $t=3$에서의 점 P의 위치가 6일 때, 상수 a의 값을 구하시오.

1757 교육청　　　Level 2

수직선 위를 움직이는 점 P의 시각 t $(t\ge 0)$에서의 속도 $v(t)$가

$$v(t)=3(t-2)(t-a)\ (a>2\text{인 상수})$$

이다. 점 P의 시각 $t=0$에서의 위치는 0이고, $t>0$에서 점 P의 위치가 0이 되는 순간은 한 번뿐이다. $v(8)$의 값은?

① 27　　　　　② 36　　　　　③ 45

④ 54　　　　　⑤ 63

실전
유형 **23** 수직선 위를 움직이는 물체가 움직인 거리 　빈출유형

수직선 위를 움직이는 점 P의 시각 t에서의 속도를 $v(t)$라 하면 시각 $t=a$에서 $t=b$까지

(1) 점 P의 위치의 변화량은 ➡ $\int_a^b v(t)\,dt$

(2) 점 P가 움직인 거리는 ➡ $\int_a^b |v(t)|\,dt$

1758 　대표문제

수직선 위를 움직이는 점 P의 시각 t에서의 속도 $v(t)$가 $v(t)=6-at$이다. $t=3$에서 점 P의 운동 방향이 바뀌었을 때, $t=0$에서 $t=6$까지 점 P가 움직인 거리를 구하시오.

(단, a는 상수이다.)

1759 　　Level 2

원점을 출발하여 수직선 위를 움직이는 점 P의 시각 t에서의 속도 $v(t)$가 $v(t)=-3t^2+6t+9$일 때, 점 P가 출발한 후 운동 방향이 바뀌는 시각까지 움직인 거리는?

① 23　　　　② 25　　　　③ 27
④ 29　　　　⑤ 31

1760 　중요　　Level 2

원점을 출발하여 수직선 위를 움직이는 점 P의 시각 t에서의 속도 $v(t)$가 $v(t)=3t^2-6t$이다. $t=0$에서 $t=a$까지 점 P가 움직인 거리가 58일 때, 상수 a의 값을 구하시오.

(단, $a>2$)

1761 　중요　　Level 2

수직선 위를 움직이는 점 P의 시각 t에서의 속도 $v(t)$가 $v(t)=t^2-at\;(a>0)$이다. 점 P가 $t=0$에서 움직이는 방향이 바뀔 때까지 움직인 거리가 $\dfrac{32}{3}$일 때, 상수 a의 값을 구하시오.

1762 　　Level 2

반지름의 길이가 $\dfrac{1}{2}$ cm인 원기둥 모양의 수도관에 물이 가득 차서 흐르고 있다. 흐르는 물의 시각 $t\;(0\le t\le 12)$에서의 속도 $v(t)$가 $v(t)=(12t-t^2)$ cm/s일 때, 이 물이 흐르기 시작하여 멈출 때까지 흘러 나온 물의 양을 구하시오.

1763 　　Level 2

초속 40 m의 속도로 달리던 자동차가 브레이크를 밟았더니 160 m를 더 간 후 정지하였다. 브레이크를 밟은 후 일정한 비율로 감속하였다면 브레이크를 밟은 후 정지할 때까지 걸린 시간을 구하시오.

　다음은 이 유형에서 출제된 최근 교육청・평가원 기출문제입니다.

1764 　수능　　Level 1

수직선 위를 움직이는 점 P의 시각 $t\;(t\ge 0)$에서의 속도 $v(t)$가 $v(t)=2t-6$이다. 점 P가 시각 $t=3$에서 $t=k\;(k>3)$까지 움직인 거리가 25일 때, 상수 k의 값은?

① 6　　　　② 7　　　　③ 8
④ 9　　　　⑤ 10

1765 교육청
Level 2

수직선 위를 움직이는 점 P의 시각 t에서의 속도 $v(t)$가
$v(t)=3t^2-12t+9$이다. 점 P가 $t=0$일 때 원점을 출발하여
처음으로 운동 방향을 바꾼 순간의 위치를 A라 하자. 점 P가
A에서 방향을 바꾼 순간부터 다시 A로 돌아올 때까지 움직
인 거리를 구하시오.

1766 교육청
Level 2

수직선 위를 움직이는 점 P의 시각 t $(t \geq 0)$에서의 속도
$v(t)$가
$$v(t)=3t^2+at$$
이다. 시각 $t=0$에서의 점 P의 위치와 시각 $t=6$에서의 점
P의 위치가 서로 같을 때, 점 P가 시각 $t=0$에서 $t=6$까지
움직인 거리는? (단, a는 상수이다.)

① 64   ② 66   ③ 68
④ 70   ⑤ 72

1767 수능 신경향
Level 3

수직선 위를 움직이는 점 P의 시각 t에서의 위치 $x(t)$가 두
상수 a, b에 대하여 $x(t)=t(t-1)(at+b)$ $(a \neq 0)$이다.
점 P의 시각 t에서의 속도 $v(t)$가 $\int_0^1 |v(t)|dt=2$를 만족
시킬 때, 〈보기〉에서 옳은 것만을 있는 대로 고른 것은?

〈 보기 〉

ㄱ. $\int_0^1 v(t)dt=0$

ㄴ. $|x(t_1)|>1$인 t_1이 열린구간 $(0,\ 1)$에 존재한다.

ㄷ. $0 \leq t \leq 1$인 모든 t에 대하여 $|x(t)|<1$이면
$x(t_2)=0$인 t_2가 열린구간 $(0,\ 1)$에 존재한다.

① ㄱ   ② ㄱ, ㄴ   ③ ㄱ, ㄷ
④ ㄴ, ㄷ   ⑤ ㄱ, ㄴ, ㄷ

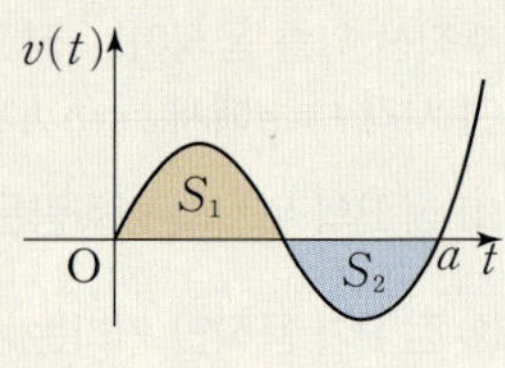

수직선 위를 움직이는 점 P의 시각 t에서의 속도 $v(t)$의 그래프가
그림과 같을 때, 속도 $v(t)$의 그래프와 t축으로 둘러싸인 도형의 넓
이를 각각 S_1, S_2라 하면 시각 $t=0$에서 $t=a$까지

(1) 점 P의 위치의 변화량은 $\displaystyle\int_0^a v(t)dt=S_1-S_2$

(2) 점 P가 움직인 거리는 $\displaystyle\int_0^a |v(t)|dt=S_1+S_2$

1768 대표문제

원점을 출발하여 수직선 위를
움직이는 점 P의 시각 t에서의
속도 $v(t)$의 그래프가 그림과
같다. 점 P가 출발한 후 처음으
로 방향을 바꿀 때까지의 움직인
거리를 구하시오.

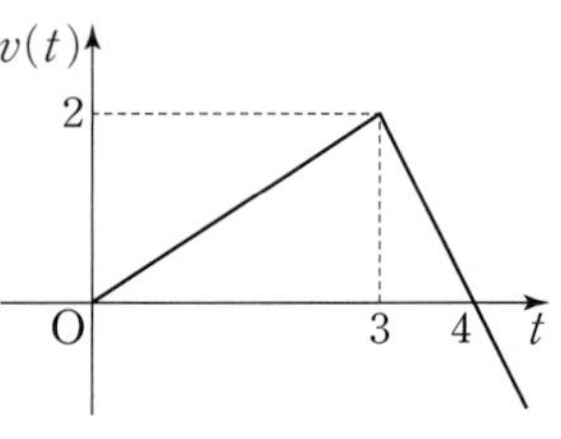

1769
Level 1

원점을 출발하여 수직선 위를
움직이는 점 P의 시각 t에서
의 속도 $v(t)$의 그래프가 그
림과 같을 때, $t=7$에서의 점
P의 위치는?

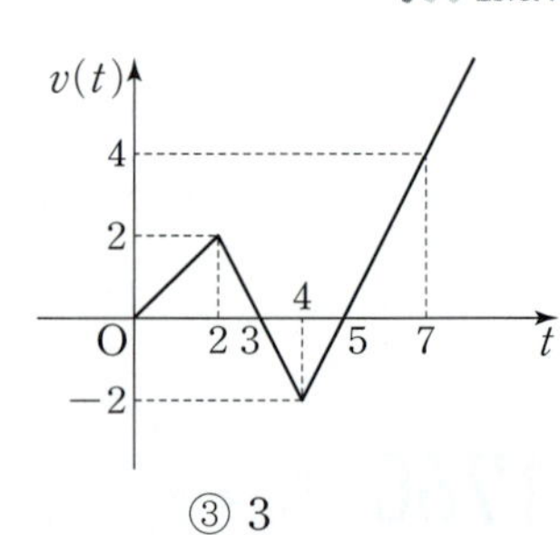

① 1   ② 2   ③ 3
④ 4   ⑤ 5

1770

Level 2

원점을 출발하여 수직선 위를 움직이는 점 P의 시각 t에서의 위치 $f(t)$에 대하여 이차함수 $y=f'(t)$의 그래프가 그림과 같다. 점 P가 출발할 때의 운동 방향과 반대 방향으로 움직인 거리를 구하시오.

1771 (중요)

Level 2

원점을 출발하여 수직선 위를 8초 동안 움직이는 어느 물체의 시각 t에서의 속도 $v(t)$의 그래프가 그림과 같을 때, 〈보기〉에서 옳은 것만을 있는 대로 고른 것은? (단, $k>0$)

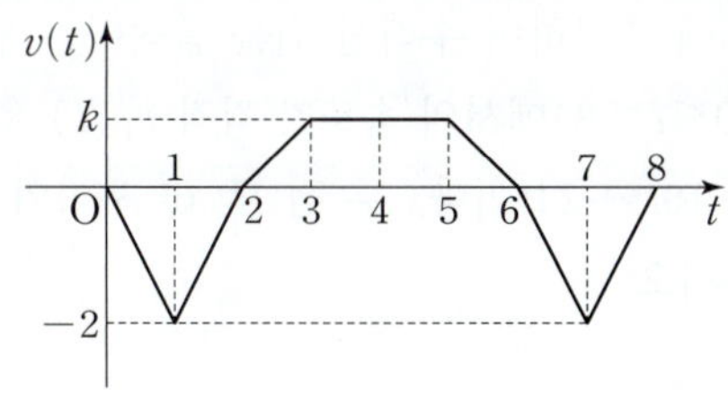

───〈 보기 〉───

ㄱ. 물체는 움직이는 동안 운동 방향을 두 번 바꾼다.

ㄴ. $k=1$이면 $t=6$에서의 위치는 원점이다.

ㄷ. 물체가 8초 동안 원점을 두 번 지나기 위한 k의 값의 범위는 $0<k\leq\dfrac{4}{3}$이다.

① ㄱ   ② ㄴ   ③ ㄱ, ㄴ

④ ㄱ, ㄷ   ⑤ ㄱ, ㄴ, ㄷ

1772

Level 2

원점을 출발하여 수직선 위를 움직이는 점 P의 시각 t에서의 속도 $v(t)$는 다음 조건을 만족시킨다.

> (가) 모든 실수 t에 대하여 $v(t)=v(t+2)$이다.
> (나) $0\leq t\leq 2$인 t에 대하여 $v(t)=v(2-t)$이다.

$t=3$에서의 점 P의 위치가 6일 때, $t=10$에서의 점 P의 위치는?

① 12   ② 14   ③ 16

④ 18   ⑤ 20

───다음은 이 유형에서 출제된 최근 교육청·평가원 기출문제입니다.───

1773 (교육청)

Level 3

원점을 출발하여 수직선 위를 움직이는 점 P의 시각 $t\ (t\geq 0)$에서의 속도 $v(t)$의 그래프가 그림과 같다.

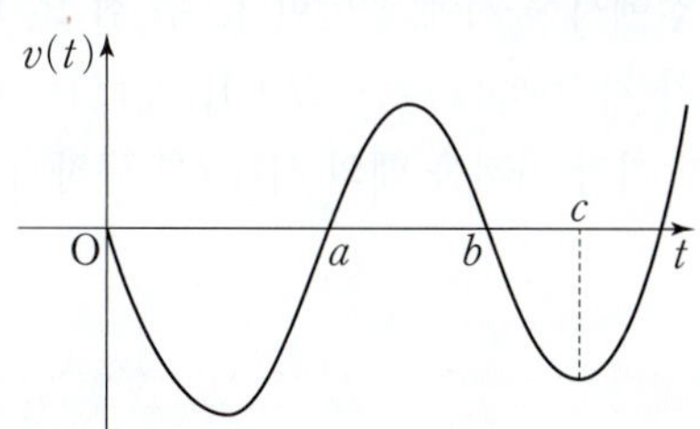

점 P가 출발한 후 처음으로 운동 방향을 바꿀 때의 위치는 -8이고 점 P의 시각 $t=c$에서의 위치는 -6이다.

$\displaystyle\int_0^b v(t)\,dt=\int_b^c v(t)\,dt$일 때, 점 P가 $t=a$부터 $t=b$까지 움직인 거리는?

① 3   ② 4   ③ 5

④ 6   ⑤ 7

두 점 P, Q의 시각 t에서의 속도를 각각 $v_1(t)$, $v_2(t)$라 하자.

(1) 시각 t에서 두 점이 다른 방향으로 움직이면
$$v_1(t)v_2(t)<0$$

(2) 두 점 P, Q가 원점을 동시에 출발한 후 시각 $t=a$에서 다시
만나면 시각 $t=a$에서 두 점의 위치가 같으므로
$$\int_0^a v_1(t)dt=\int_0^a v_2(t)dt$$

1774   대표문제

원점을 동시에 출발하여 수직선 위를 움직이는 두 점 P, Q
의 시각 t에서의 속도가 각각 $v_1(t)=2t^2-t$,
$v_2(t)=t^2+t$이다. 출발한 후 두 점 P, Q의 속도가 같아질
때의 두 점 P, Q 사이의 거리는?

① $\dfrac{1}{3}$ ② $\dfrac{2}{3}$ ③ 1

④ $\dfrac{4}{3}$ ⑤ $\dfrac{5}{3}$

1775   중요   Level 2

수직선 위를 움직이는 두 점 P, Q는 각각 좌표가 2인 점과
좌표가 6인 점에서 동시에 출발한다. 두 점 P, Q의 시각 t
에서의 속도가 각각 $v_P(t)=-2t+1$, $v_Q(t)=4t-5$일 때,
두 점 P, Q가 가장 가까울 때의 시각 t를 구하시오.

1776   Level 2

수직선 위를 움직이는 두 점 P, Q가 있다. 점 P는 점 A(5)
를 출발하여 시각 t에서의 속도가 $3t^2-2$이고, 점 Q는 점
B(k)를 출발하여 시각 t에서의 속도가 1이다. 두 점 P, Q
가 동시에 출발한 후 2번 만나도록 하는 정수 k의 값은?

(단, $k\neq5$)

① 2   ② 4   ③ 6

④ 8   ⑤ 10

1777   Level 2

지면에서 동시에 출발하여 지
면과 수직인 방향으로 올라가는
두 물체 A, B가 있다. 시각
t $(0\leq t\leq c)$에서의 A의 속도
$f(t)$와 B의 속도 $g(t)$의 그래
프가 그림과 같다.

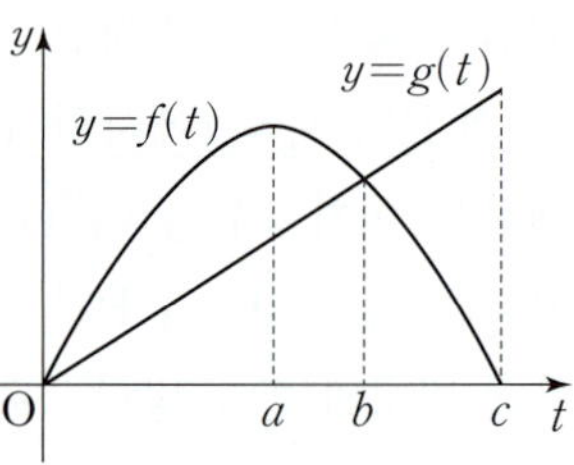

$\int_0^c f(t)dt=\int_0^c g(t)dt$일 때, 〈보기〉에서 옳은 것만을 있는
대로 고르시오.

〈보기〉

ㄱ. $t=a$에서 A는 B보다 높은 위치에 있다.

ㄴ. $t=b$에서 A, B의 높이의 차가 최대이다.

ㄷ. $t=c$에서 A, B는 같은 높이에 있다.

1778   Level 3

원점을 동시에 출발하여 수직선 위를 움직이는 두 점 P, Q
의 시각 t $(0\leq t\leq8)$에서의 속도가 각각 $v_P(t)=2t^2-8t$,
$v_Q(t)=t^3-10t^2+24t$이다. 두 점 P, Q 사이의 거리의 최
댓값을 구하시오.

     ⊕ Plus 문제

다음은 이 유형에서 출제된 최근 교육청·평가원 기출문제입니다.

1779   교육청   Level 2

시각 $t=0$일 때 동시에 원점을 출발하여 수직선 위를 움직
이는 두 점 P, Q의 시각 t $(t\geq0)$에서의 속도가 각각
$$v_1(t)=12t-12, \quad v_2(t)=3t^2+2t-12$$
이다. 시각 $t=k$ $(k>0)$에서 두 점 P, Q의 위치가 같을 때,
시각 $t=0$에서 $t=k$까지 점 P가 움직인 거리를 구하시오.

서술형 / 유형 익히기

1780 대표문제

그림과 같이 곡선 $y=x^3$과 x축 및 두 직선 $x=a$, $x=b$로 둘러싸인 도형의 넓이를 각각 S_1, S_2라 하자. $a+4b=0$일 때, $\dfrac{S_1}{S_2}$의 값을 구하는 과정을 서술하시오. (단, $a<0<b$) [6점]

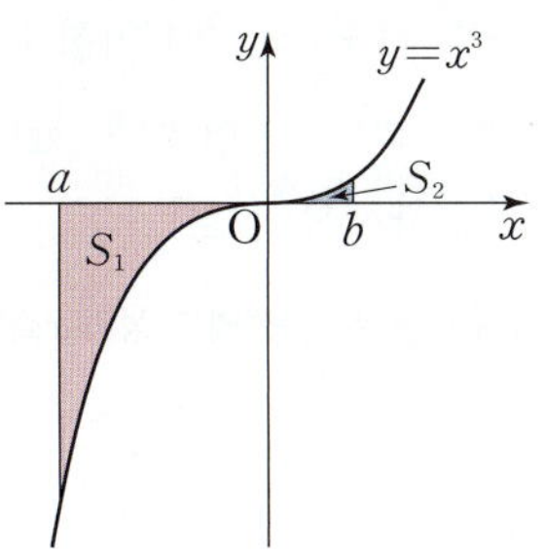

STEP 1 S_1의 값 구하기 [2점]

$$S_1=\int_a^0 (\boxed{^{(1)}})\,dx=\boxed{^{(2)}}$$

STEP 2 S_2의 값 구하기 [2점]

$$S_2=\int_0^b \boxed{^{(3)}}\,dx=\boxed{^{(4)}}$$

STEP 3 $\dfrac{S_1}{S_2}$의 값 구하기 [2점]

$a+4b=0$에서 $a=-4b$이므로

$$\frac{S_1}{S_2}=\boxed{^{(5)}}$$

1781 한번 더

그림과 같이 곡선 $y=2x^3$과 x축 및 두 직선 $x=-2$, $x=a$로 둘러싸인 도형의 넓이를 각각 S_1, S_2라 하자. $\dfrac{S_2}{S_1}=16$일 때, 양수 a의 값을 구하는 과정을 서술하시오. [6점]

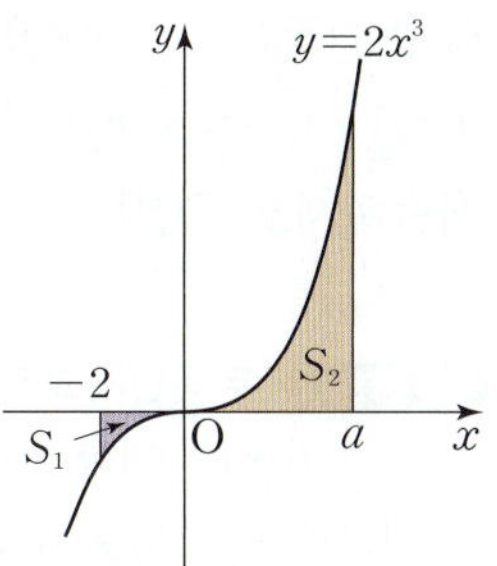

STEP 1 S_1의 값 구하기 [2점]

STEP 2 S_2의 값 구하기 [2점]

STEP 3 양수 a의 값 구하기 [2점]

1782 유사 1

그림과 같이 곡선 $y=ax^2\ (a>0)$과 y축 및 직선 $y=-x+4$로 둘러싸인 부분 중에서 제 1 사분면에 있는 부분의 넓이를 S_1이라 하자. 또, 곡선 $y=ax^2$과 x축 및 직선 $y=-x+4$로 둘러싸인 부분의 넓이를 S_2라 하자. $S_1 : S_2 = 5 : 11$일 때, 상수 a의 값을 구하는 과정을 서술하시오. [8점]

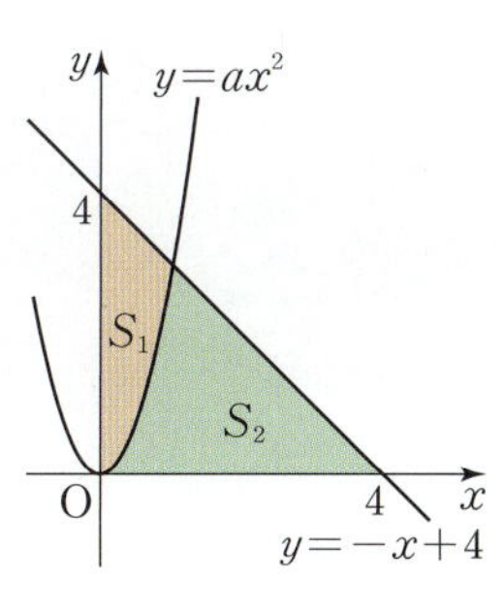

핵심 KEY **유형 15** 넓이의 비가 주어진 경우

넓이의 비가 주어진 두 도형의 넓이를 각각 정적분을 이용한 식으로 나타내어 미지수를 구하는 문제이다.

두 부분의 넓이 S_1, S_2에 대하여

$S_1+S_2=p$이고, $S_1 : S_2 = m : n$이면

$$S_1=p\times\frac{m}{m+n},\quad S_2=p\times\frac{n}{m+n}$$

$\dfrac{S_2}{S_1}=k$이면 $S_2=kS_1$

임을 이용한다.

1783 대표문제

함수 $f(x)=x^2 \ (x \geq 0)$의 역함수를 $g(x)$라 할 때, 두 곡선 $y=f(x)$, $y=g(x)$로 둘러싸인 도형의 넓이를 구하는 과정을 서술하시오. [7점]

STEP 1 두 곡선의 교점의 x좌표 구하기 [3점]

함수 $f(x)$의 역함수가 $g(x)$이므로 두 곡선 $y=f(x)$, $y=g(x)$는 직선 $y=x$에 대하여 대칭이다.

두 곡선 $y=f(x)$, $y=g(x)$의 교점의 x좌표는 곡선 $y=f(x)$와 직선

$y=\boxed{\quad^{(1)}\quad}$의 교점의 x좌표와 같으므로

$x^2=x$에서

$x=0$ 또는 $x=\boxed{\quad^{(2)}\quad}$

STEP 2 두 곡선 $y=f(x)$, $y=g(x)$로 둘러싸인 도형의 넓이 구하기 [4점]

두 곡선 $y=f(x)$, $y=g(x)$로 둘러싸인 도형의 넓이는 곡선 $y=f(x)$와 직선 $y=x$로 둘러싸인 도형의 넓이의 $\boxed{\quad^{(3)}\quad}$ 배와 같으므로 구하는 넓이는

$2\displaystyle\int_0^{\boxed{^{(4)}}} \{x-f(x)\}\,dx = \boxed{\quad^{(5)}\quad}$

1784 한번 더

함수 $f(x)=x^3$의 역함수를 $g(x)$라 할 때, 두 곡선 $y=f(x)$, $y=g(x)$로 둘러싸인 도형의 넓이를 구하는 과정을 서술하시오. [7점]

STEP 1 두 곡선의 교점의 x좌표 구하기 [3점]

STEP 2 두 곡선 $y=f(x)$, $y=g(x)$로 둘러싸인 도형의 넓이 구하기 [4점]

1785 유사 1

역함수를 이용하여 $\displaystyle\int_0^1 \sqrt{x}\,dx + \int_0^1 x^2\,dx$의 값을 구하는 과정을 서술하시오. [6점]

핵심 KEY 유형 20 . 유형 21 역함수의 그래프를 활용한 넓이

함수 $y=f(x)$의 그래프와 역함수 $y=g(x)$의 그래프는 직선 $y=x$에 대하여 대칭임을 이용하여 넓이를 구하는 문제이다.
이때 함수 $y=f(x)$와 그 역함수 $y=g(x)$의 그래프로 둘러싸인 도형의 넓이는 직선 $y=x$와 곡선 $y=f(x)$로 둘러싸인 도형의 넓이의 2배이다.

1786 대표문제

원점을 동시에 출발하여 수직선 위를 움직이는 두 점 P, Q의 시각 t에서의 속도가 각각

$$v_P(t)=3t,\ v_Q(t)=t^2+3t-1$$

이다. 두 점 P, Q의 속도가 같아지는 순간 두 점 P, Q 사이의 거리를 구하는 과정을 서술하시오. [6점]

STEP 1 두 점 P, Q의 속도가 같아지는 시각 구하기 [2점]

두 점 P, Q의 속도가 같아지는 시각은 $v_P(t)=v_Q(t)$에서

$$3t=t^2+3t-1$$

$$\therefore t=\boxed{}^{(1)}\ (\because t>0)$$

STEP 2 속도가 같아지는 순간 두 점 P, Q의 위치 각각 구하기 [3점]

시각 $t=1$에서 두 점 P, Q의 위치는

$$\int_0^1 v_P(t)dt=\int_0^1 3t\,dt=\boxed{}^{(2)}$$

$$\int_0^1 v_Q(t)dt=\int_0^1 (t^2+3t-1)dt=\boxed{}^{(3)}$$

STEP 3 속도가 같아지는 순간 두 점 P, Q 사이의 거리 구하기 [1점]

시각 $t=1$에서 두 점 P, Q 사이의 거리는

$$\left|\int_0^1 v_P(t)dt-\int_0^1 v_Q(t)dt\right|=\boxed{}^{(4)}$$

1787 한번 더

수직선 위를 움직이는 두 점 P, Q는 각각 좌표가 -5인 점과 좌표가 3인 점에서 동시에 출발한다. 두 점 P, Q의 시각 t에서의 속도가 각각

$$v_P(t)=t^2+5t,\ v_Q(t)=2t^2+3t-3$$

이다. 출발한 후 두 점 P, Q의 속도가 같아지는 순간 두 점 P, Q 사이의 거리를 구하는 과정을 서술하시오. [7점]

STEP 1 두 점 P, Q의 속도가 같아지는 시각 구하기 [2점]

STEP 2 속도가 같아지는 순간 두 점 P, Q의 위치 각각 구하기 [4점]

STEP 3 속도가 같아지는 순간 두 점 P, Q 사이의 거리 구하기 [1점]

1788 유사 1

원점을 동시에 출발하여 수직선 위를 움직이는 두 점 P, Q의 시각 t에서의 속도가 각각

$$v_P(t)=-t^2+6t,\ v_Q(t)=t^2-2t$$

이다. 두 점 P, Q가 출발한 후 다시 만날 때까지 움직일 때, 두 점 P, Q 사이의 거리의 최댓값을 구하는 과정을 서술하시오. [10점]

핵심 KEY 유형 25 **두 물체의 운동**

특정 시각에서 두 물체 사이의 거리를 구하는 문제이다.

시각 t에서 두 점 P, Q의 위치는 각각

$$\int_0^t v_P(t)dt,\ \int_0^t v_Q(t)dt$$

이므로 두 점 사이의 거리는 $\left|\int_0^t v_P(t)dt-\int_0^t v_Q(t)dt\right|$ 이다.

1 1789

곡선 $y=-x^2+x$와 x축으로 둘러싸인 도형의 넓이는? [3점]

① $\dfrac{1}{6}$　　② $\dfrac{1}{5}$　　③ $\dfrac{1}{4}$

④ $\dfrac{1}{3}$　　⑤ $\dfrac{1}{2}$

2 1790

그림과 같이 곡선 $y=x^2\,(x\geq0)$과 직선 $y=-x+2$ 및 두 직선 $x=0$, $x=2$로 둘러싸인 도형의 넓이는? [3점]

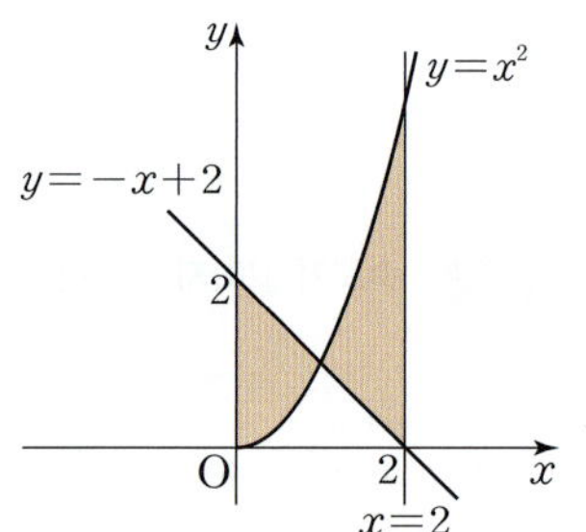

① $\dfrac{8}{3}$　　② $\dfrac{17}{6}$

③ 3　　④ $\dfrac{19}{6}$

⑤ $\dfrac{10}{3}$

3 1791

두 곡선 $y=x^2-1$, $y=-x^2+4x+5$로 둘러싸인 도형의 넓이는? [3점]

① 4　　② 11　　③ $\dfrac{64}{3}$

④ $\dfrac{92}{3}$　　⑤ $\dfrac{71}{2}$

4 1792

두 곡선 $y=x^3$, $y=-x^3+2x^2+4x$로 둘러싸인 두 도형의 넓이를 각각 A, B라 할 때, $|A-B|$의 값은? [3점]

① $\dfrac{17}{8}$　　② $\dfrac{5}{2}$　　③ $\dfrac{25}{6}$

④ $\dfrac{9}{2}$　　⑤ $\dfrac{17}{3}$

5 1793

곡선 $y=x^3-(a+2)x^2+2ax$와 x축으로 둘러싸인 두 도형의 넓이가 서로 같을 때, 상수 a의 값은? (단, $0<a<2$) [3점]

① $\dfrac{1}{2}$　　② $\dfrac{3}{4}$　　③ 1

④ $\dfrac{5}{4}$　　⑤ $\dfrac{3}{2}$

6 1794

함수 $y=f(t)$의 그래프는 그림과 같고 $\displaystyle\int_0^1 f(t)dt=1$, $\displaystyle\int_1^4 f(t)dt=-3$ 이다. 닫힌구간 $[0,\,4]$에서 함수 $S(x)=\displaystyle\int_0^x f(t)dt$의 최댓값을 M, 최솟값을 m이라 할 때, $M+m$의 값은? [3점]

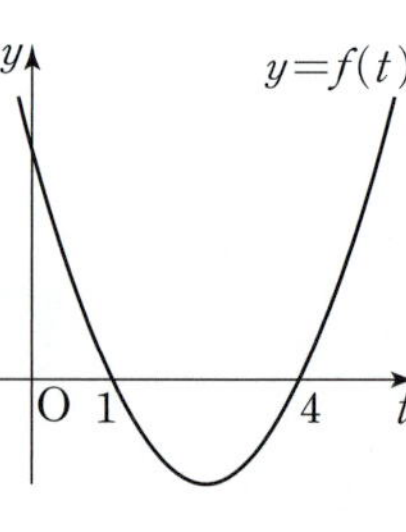

① -2　　② -1　　③ 0

④ 1　　⑤ 2

7 1795

지면으로부터 25 m의 높이에서 초속 20 m로 지면과 수직으로 쏘아 올린 물체의 t초 후의 속도가 $v(t)=(-10t+20)$ m/s일 때, 물체의 최고 높이는? [3점]

① 25 m   ② 30 m   ③ 35 m

④ 40 m   ⑤ 45 m

8 1796

원점을 출발하여 수직선 위를 움직이는 점 P의 시각 t에서의 속도가 $v(t)=3t^2-8t+3$이다. 점 P가 출발한 후 마지막으로 원점을 지나는 시각은? [3점]

① 1   ② 2   ③ 3

④ 4   ⑤ 5

9 1797

원점을 출발하여 수직선 위를 움직이는 점 P의 시각 t에서의 속도 $v(t)$가 $v(t)=\dfrac{3}{2}t^2+t$일 때, $t=0$에서 $t=4$까지 점 P가 움직인 거리는? [3점]

① 36   ② 40   ③ 44

④ 48   ⑤ 52

10 1798

함수 $f(x)=x(x+1)(x-1)$에 대하여 함수 $y=f(|x|)$의 그래프와 x축으로 둘러싸인 도형의 넓이는? [3.5점]

① $\dfrac{1}{3}$ ② $\dfrac{1}{2}$ ③ 1

④ 2   ⑤ 3

11 1799

그림과 같이 곡선 $y=x^2-2x+a$와 x축으로 둘러싸인 도형의 넓이를 A, 이 곡선과 x축 및 직선 $x=2$로 둘러싸인 도형의 넓이를 B라 할 때, $A:B=2:1$이다. 이때 상수 a의 값은? [3.5점]

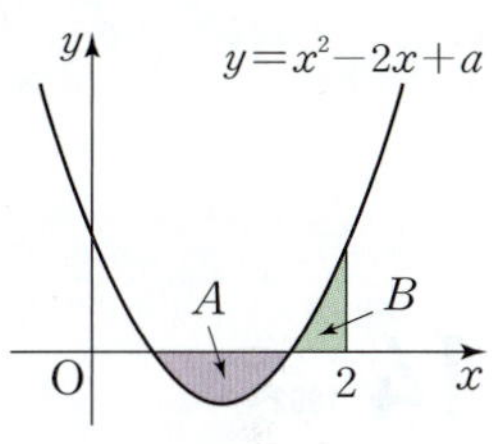

① $\dfrac{2}{3}$ ② $\dfrac{3}{4}$ ③ 1

④ $\dfrac{4}{3}$ ⑤ $\dfrac{3}{2}$

12 1800

그림과 같이 곡선 $y=x^2$ $(x\geq0)$과 y축 및 직선 $y=1$로 둘러싸인 도형의 넓이를 곡선 $y=ax^2$ $(x\geq0)$이 이등분할 때, 양수 a의 값은? [3.5점]

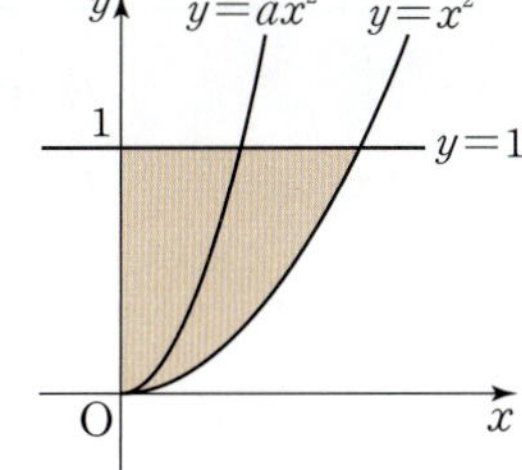

① 2   ② 3

③ 4   ④ 5

⑤ 6

13

13 1801

함수 $f(x)=x^3+2\ (x\geq0)$의 역함수를 $g(x)$라 할 때, $\displaystyle\int_0^2 f(x)dx+\int_2^{10} g(x)dx$의 값은? [3.5점]

① 15   ② 20   ③ 25

④ 30   ⑤ 35

14 1802

원점을 출발하여 수직선 위를 6초 동안 움직이는 점 P의 시각 t에서의 속도 $v(t)$의 그래프가 그림과 같을 때, 〈**보기**〉에서 옳은 것만을 있는 대로 고른 것은? [3.5점]

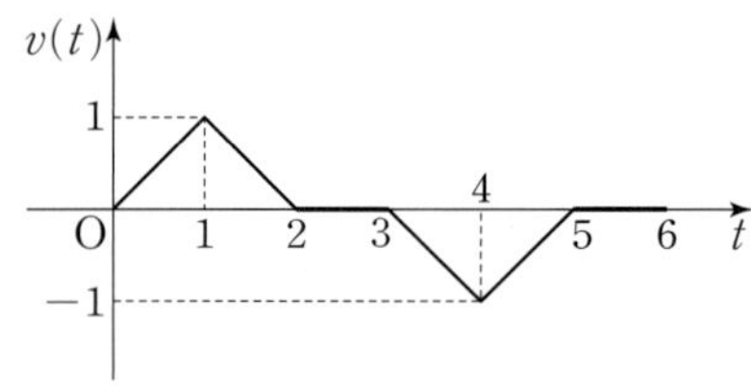

〈 보기 〉

ㄱ. 점 P는 출발하고 나서 5초 후 원점에 있었다.

ㄴ. 점 P가 출발하고 나서 정지한 시간은 총 2초이다.

ㄷ. 점 P는 움직이는 동안 방향을 2번 바꿨다.

① ㄱ   ② ㄷ   ③ ㄱ, ㄴ

④ ㄱ, ㄷ   ⑤ ㄴ, ㄷ

15 1803

원점을 동시에 출발하여 수직선 위를 움직이는 두 점 A, B의 시각 t에서의 속도가 각각

$$v_A(t)=t^2+2t-3,\quad v_B(t)=2t+1$$

이다. 두 점 A, B의 속도가 같아지는 순간 두 점 A, B 사이의 거리는? [3.5점]

① $\dfrac{13}{3}$ ② $\dfrac{14}{3}$ ③ 5

④ $\dfrac{16}{3}$ ⑤ $\dfrac{17}{3}$

16 1804

최고차항의 계수가 1인 이차함수 $f(x)$에 대하여 $f(1)=0$이고

$$\int_0^7 f(x)dx=\int_1^7 f(x)dx$$

를 만족시킬 때, 곡선 $y=f(x)$와 x축으로 둘러싸인 도형의 넓이는? [4점]

① $\dfrac{2}{81}$ ② $\dfrac{1}{27}$ ③ $\dfrac{4}{81}$

④ $\dfrac{5}{81}$ ⑤ $\dfrac{2}{27}$

17 1805

두 함수 $f(x)=x^2+1$, $g(x)=a|x|$의 그래프가 두 점에서 접할 때, 두 그래프로 둘러싸인 도형의 넓이는?

(단, a는 양수이다.) [4점]

① $\dfrac{1}{3}$　　　② $\dfrac{2}{3}$　　　③ 1

④ $\dfrac{4}{3}$　　　⑤ $\dfrac{5}{3}$

18 1806

함수 $f(x)$가 다음 조건을 만족시킬 때,

$\displaystyle\int_{-10}^{10}(x^3-x+2)f(x)dx$의 값은? [4점]

> (가) 모든 실수 x에 대하여 $f(-x)=f(x)$이다.
> (나) 모든 실수 x에 대하여 $f(x)=f(x+2)$이다.
> (다) $\displaystyle\int_{0}^{2}f(x)dx=2$

① 10　　　② 20　　　③ 40
④ 60　　　⑤ 80

19 1807

함수 $f(x)=x^3+\dfrac{1}{2}x\ (x\geq0)$의 그래프와 그 역함수 $y=g(x)$의 그래프로 둘러싸인 도형의 넓이는? [4점]

① $\dfrac{1}{8}$　　　② $\dfrac{1}{4}$　　　③ $\dfrac{3}{8}$

④ $\dfrac{1}{2}$　　　⑤ $\dfrac{5}{8}$

20 1808

함수 $f(x)=(x-1)|x-a|$의 극댓값이 1일 때,

$\displaystyle\int_{0}^{4}f(x)dx$의 값은? (단, a는 상수이다.) [4.5점]

① $\dfrac{4}{3}$　　　② $\dfrac{3}{2}$　　　③ $\dfrac{5}{3}$

④ $\dfrac{11}{6}$　　　⑤ 2

21 1809

곡선 $y=x(x-k)(x-2)$와 x축으로 둘러싸인 두 도형의 넓이가 서로 같도록 하는 모든 상수 k의 값의 합은?

(단, $k\neq0$, $k\neq2$) [4.5점]

① 1　　　② 2　　　③ 3
④ 4　　　⑤ 5

22 1810

곡선 $y=\dfrac{1}{2}x^2$과 이 곡선 위의 점 $(4, 8)$에서의 접선 및 x축으로 둘러싸인 도형의 넓이를 그래프를 이용하여 구하는 과정을 서술하시오. [6점]

23 1811

곡선 $y=x^2(x-a)(x-b)$와 x축으로 둘러싸인 두 도형의 넓이가 서로 같을 때, 상수 a, b에 대하여 $\dfrac{a}{b}$의 값을 구하는 과정을 서술하시오. (단, $0<a<b$) [6점]

24 1812

수직선 위를 움직이는 두 점 P, Q의 시각 t에서의 속도가 각각

$$v_{\mathrm{P}}(t)=3t^2-12t,\ v_{\mathrm{Q}}(t)=-3t^2+6t$$

일 때, 두 점 P, Q가 동시에 출발하여 서로 같은 방향으로 움직이는 동안 움직인 거리의 합을 구하는 과정을 서술하시오.

[7점]

25 1813

중심이 $\left(0, \dfrac{3}{2}\right)$이고, 반지름의 길이가 r인 원 C가 그림과 같이 곡선 $y=\dfrac{1}{2}x^2$과 서로 다른 두 점에서 만난다. 원 C와 곡선 $y=\dfrac{1}{2}x^2$으로 둘러싸인 도형의 넓이를 구하는 과정을 서술하시오. $\left(\text{단, } 0<r<\dfrac{3}{2}\right)$ [8점]

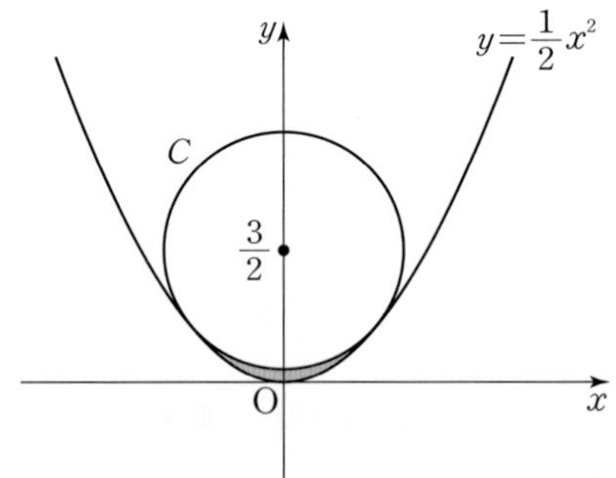

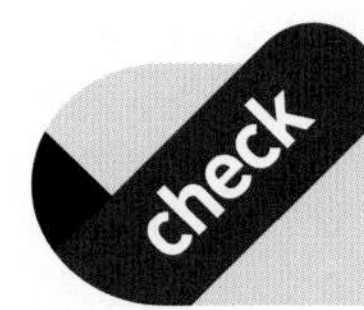

실전 마무리하기 2회

1 1814

곡선 $y=x^2-ax$와 x축으로 둘러싸인 도형의 넓이가 $\dfrac{1}{6}$일 때, 실수 a의 값은? (단, $a>0$) [3점]

① 1   ② 2   ③ 3
④ 4   ⑤ 5

2 1815

함수 $f(x)=(x+2)(x-3)$에 대하여 함수 $y=|f(x)|$의 그래프와 x축으로 둘러싸인 도형의 넓이는? [3점]

① $\dfrac{3}{2}$ ② $\dfrac{5}{2}$ ③ $\dfrac{9}{2}$
④ $\dfrac{32}{3}$ ⑤ $\dfrac{125}{6}$

3 1816

곡선 $y=-2x^2+3x$와 직선 $y=x$로 둘러싸인 도형의 넓이는? [3점]

① $\dfrac{1}{3}$ ② $\dfrac{2}{3}$ ③ 1
④ $\dfrac{4}{3}$ ⑤ $\dfrac{5}{3}$

4 1817

두 곡선 $y=x^2-1$, $y=-x^2+2x+3$으로 둘러싸인 도형의 넓이는? [3점]

① 3   ② 5   ③ 7
④ 9   ⑤ 11

5 1818

곡선 $y=x^3$과 이 곡선 위의 점 $(1, 1)$에서의 접선으로 둘러싸인 도형의 넓이는? [3점]

① 6   ② $\dfrac{25}{4}$ ③ $\dfrac{13}{2}$
④ $\dfrac{27}{4}$ ⑤ 7

6 1819

곡선 $y=x(x+1)(x-a)$와 x축으로 둘러싸인 두 도형의 넓이가 서로 같을 때, 양수 a의 값은? [3점]

① 1   ② 2   ③ 3
④ 4   ⑤ 5

7 1820

지면에서 a m/s의 속도로 지면과 수직으로 쏘아 올린 물체의 t초 후의 속도가 $v(t)=(a-10t)$ m/s이다. 이 물체의 지면으로부터의 최고 높이가 20 m일 때, 양수 a의 값은? [3점]

① 10 ② 20 ③ 30
④ 40 ⑤ 50

8 1821

지면으로부터 35 m의 높이에서 20 m/s의 속도로 지면과 수직으로 쏘아 올린 물체의 t초 후의 속도가
$v(t)=(20-10t)$ m/s일 때, 이 물체가 지면에 떨어질 때까지 움직인 거리는? [3점]

① 55 m ② 60 m ③ 65 m
④ 70 m ⑤ 75 m

9 1822

원 $x^2+y^2=1$과 곡선 $y=(x+1)^2$으로 둘러싸인 도형의 넓이는? [3.5점]

① $\dfrac{\pi}{6}$ ② $\dfrac{\pi}{4}-\dfrac{1}{6}$ ③ $\dfrac{\pi}{4}-\dfrac{1}{3}$
④ $\dfrac{\pi}{4}-\dfrac{1}{2}$ ⑤ $\dfrac{\pi}{4}$

10 1823

점 $(1,\ -2)$에서 곡선 $y=x^2+1$에 그은 두 접선과 이 곡선으로 둘러싸인 도형의 넓이는? [3.5점]

① 5 ② $\dfrac{16}{3}$ ③ $\dfrac{17}{3}$
④ 6 ⑤ $\dfrac{19}{3}$

11 1824

두 함수 $f(x)=x^3+x$, $g(x)=-x+k$에 대하여 두 함수 $y=f(x)$, $y=g(x)$의 그래프와 y축으로 둘러싸인 도형의 넓이와 두 함수 $y=f(x)$, $y=g(x)$의 그래프와 직선 $x=2$로 둘러싸인 도형의 넓이가 서로 같을 때, 상수 k의 값은?

(단, $0<k<12$) [3.5점]

① 2 ② 4 ③ 6
④ 8 ⑤ 10

12 1825

그림과 같이 곡선 $y=-x^2+2x$와 x축으로 둘러싸인 도형이 직선 $y=x$에 의하여 나누어지는 두 부분의 넓이를 각각 S_1, S_2라 하자.

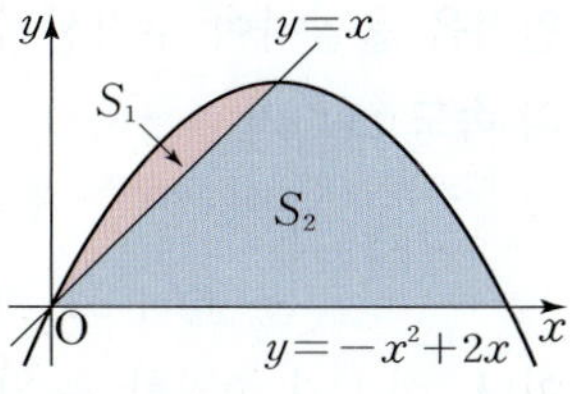

$S_1 : S_2 = 1 : k$일 때, 양수 k의 값은? [3.5점]

① 5　　　　② 6　　　　③ 7

④ 8　　　　⑤ 9

13 1826

연속함수 $f(x)$가 다음 조건을 만족시킨다.

> ㈎ 모든 실수 x에 대하여 $f(x+2)=f(x)$이다.
> ㈏ $-1 \leq x \leq 1$일 때, $f(x)=3x^2+1$이다.

곡선 $y=f(x)$와 x축 및 두 직선 $x=-10$, $x=10$으로 둘러싸인 도형의 넓이는? [3.5점]

① 10　　　　② 20　　　　③ 30

④ 40　　　　⑤ 50

14 1827

함수 $f(x)=\dfrac{1}{2}x^2-2x+2$에 대하여 두 곡선 $y=f(x)$, $y=f(x-4)$와 x축, y축 및 직선 $x=8$로 둘러싸인 도형의 넓이는? [3.5점]

① 4　　　　② $\dfrac{14}{3}$　　　　③ $\dfrac{16}{3}$

④ 6　　　　⑤ $\dfrac{20}{3}$

15 1828

원점을 출발하여 수직선 위를 움직이는 점 P의 시각 t에서의 속도 $v(t)$가 $v(t)=-t^2+2t$일 때, 점 P가 출발한 후 다시 멈출 때까지 이동한 거리는? [3.5점]

① $\dfrac{1}{3}$　　　　② $\dfrac{2}{3}$　　　　③ 1

④ $\dfrac{4}{3}$　　　　⑤ $\dfrac{5}{3}$

16 1829

곡선 $y=2x^3-6x^2+5x+1$ 위의 점 $P(1, 2)$에서의 접선에 수직이고 점 P를 지나는 직선과 이 곡선으로 둘러싸인 도형의 넓이는? [4점]

① $\dfrac{1}{3}$　　　　② $\dfrac{2}{3}$　　　　③ 1

④ $\dfrac{4}{3}$　　　　⑤ $\dfrac{5}{3}$

17 1830

두 곡선 $y=ax^3$, $y=-\dfrac{1}{a}x^3$과 직선 $x=2$로 둘러싸인 도형의 넓이의 최솟값은? (단, $a>0$) [4점]

① 2 ② 4 ③ 6

④ 8 ⑤ 10

18 1831

모든 실수 x에 대하여 $f(x)\geq 0$인 연속함수 $f(x)$가 다음 조건을 만족시킨다.

> ㈎ 함수 $y=f(x)$의 그래프는 직선 $x=3$에 대하여 대칭이다.
> ㈏ 구간 $[-1,\,1]$에서 함수 $y=f(x)$의 그래프와 x축으로 둘러싸인 도형의 넓이는 4, 구간 $[1,\,7]$에서 함수 $y=f(x)$의 그래프와 x축으로 둘러싸인 도형의 넓이는 10이다.

$\displaystyle\int_3^5 f(x)dx$의 값은? [4점]

① 2 ② 3 ③ 4

④ 5 ⑤ 6

19 1832

집합 $\{x\,|\,x\geq 0\}$에서 정의된 함수 $f(x)=x^3+x^2$의 역함수를 $g(x)$라 할 때, $\displaystyle\int_2^{12} g(x)dx=\dfrac{b}{a}$이다. $a+b$의 값은?

(단, a와 b는 서로소인 자연수이다.) [4점]

① 85 ② 197 ③ 203

④ 215 ⑤ 235

20 1833

원점을 출발하여 수직선 위를 움직이는 점 P의 시각 t에서의 속도 $v(t)$가

$$v(t)=\begin{cases} 2t & (0\leq t\leq 3) \\ -6t+24 & (t>3) \end{cases}$$

이다. 점 P가 출발한 후 원점으로 다시 돌아오는 시각은?

[4점]

① 2 ② 4 ③ 6

④ 8 ⑤ 10

21 1834

곡선 $y=-x^2+2x$와 x축으로 둘러싸인 도형의 넓이를 두 직선 $y=2(1-\alpha)x$, $y=2(1-\beta)x$가 삼등분할 때, $\alpha^3+\beta^3$의 값은? (단, $0<\alpha<\beta<1$) [4.5점]

① $\dfrac{1}{3}$ ② $\dfrac{2}{3}$ ③ 1

④ $\dfrac{4}{3}$ ⑤ $\dfrac{5}{3}$

22 1835

함수 $f(x)=\sqrt{x}$ 의 역함수를 $g(x)$라 할 때, 두 곡선 $y=f(x)$, $y=g(x)$로 둘러싸인 도형의 넓이를 구하는 과정을 서술하시오. [6점]

23 1836

원점을 출발하여 수직선 위를 움직이는 점 P의 시각 $t\ (0\leq t\leq 5)$에서의 속도 $v(t)$의 그래프가 그림과 같다. $t=3$에서의 점 P의 위치가 5일 때, $t=0$에서 $t=5$까지 점 P가 움직인 거리를 구하는 과정을 서술하시오. [6점]

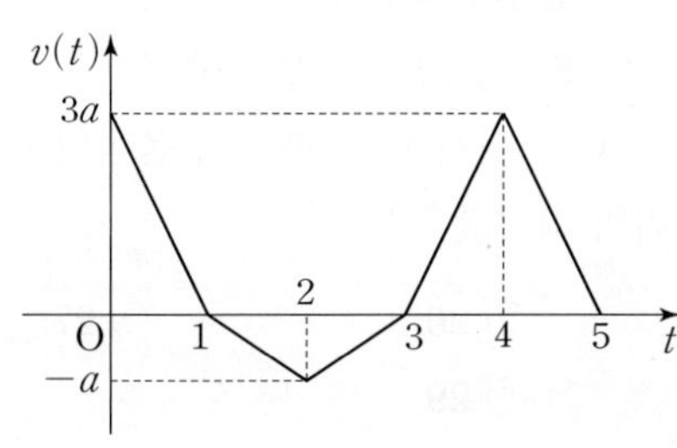

24 1837

모든 실수 x에 대하여 미분가능한 함수 $f(x)$에 대하여 $f(1)=5$이고, $f(x)$의 도함수가

$$f'(x)=\begin{cases} 2x+k & (x\geq 1) \\ 4 & (x<1) \end{cases} \quad (k\text{는 실수})$$

일 때, 곡선 $y=f(x)$와 x축 및 두 직선 $x=0$, $x=2$로 둘러싸인 도형의 넓이를 구하는 과정을 서술하시오. [7점]

25 1838

원점을 출발하여 수직선 위를 움직이는 두 점 P, Q의 시각 t에서의 속도가 각각 $v_{\mathrm{P}}(t)=\dfrac{1}{2}t^2-t$, $v_{\mathrm{Q}}(t)=6$이다. 점 P가 원점을 출발한 지 3초 후에 점 Q가 원점을 출발하여 움직일 때, 두 점 P, Q가 처음 만나는 것은 점 Q가 출발한 지 몇 초 후인지 구하는 과정을 서술하시오. [8점]

고난도 ⊕ Plus 문제

1 1839

연계문항 358쪽 **1670**

두 다항함수 $f(x)$, $g(x)$가 모든 실수 x에 대하여 다음 조건을 만족시킨다.

> (가) $\displaystyle\int_0^x \{f(t)+g(t)\}\,dt = \dfrac{1}{3}x^3 - x$
>
> (나) $\displaystyle\int_0^x \{f(t)+2g(t)\}\,dt = 3x^2 - 6x$

두 곡선 $y=f(x)$, $y=g(x)$로 둘러싸인 도형의 넓이를 구하시오.

2 1840

연계문항 360쪽 **1682**

곡선 $y=x^2-4$ 위의 한 점 $(1, -3)$에서의 접선과 이 곡선 및 y축, 직선 $x=2$로 둘러싸인 도형의 넓이를 구하시오.

3 1841

연계문항 368쪽 **1725**

두 곡선 $y=\dfrac{1}{2a}x^3$, $y=-8ax^3$과 직선 $x=2$로 둘러싸인 도형의 넓이를 $S(a)$라 할 때, $S(a)$의 최솟값과 그때의 a의 값을 차례로 구하시오. (단, $a>0$)

4 1842

연계문항 373쪽 **1749**

함수 $f(x)=x^3-6$의 역함수를 $g(x)$라 할 때, 두 곡선 $y=f(x)$, $y=g(x)$와 직선 $y=-x-6$으로 둘러싸인 도형의 넓이를 구하시오.

5 1843

연계문항 378쪽 **1778**

원점을 동시에 출발하여 수직선 위를 움직이는 두 점 P, Q의 시각 t $(t \geq 0)$에서의 속도가 각각

$$v_{\mathrm{P}}(t) = 4t-8, \quad v_{\mathrm{Q}}(t) = -2t+10$$

이다. 두 점 P, Q가 다시 만날 때까지 움직일 때, 두 점 P, Q 사이의 거리의 최댓값은?

① 25 　　② 26 　　③ 27

④ 28 　　⑤ 29

II. 미분

05 도함수의 활용 (2) 188쪽~226쪽

0843 구간 $(-\infty, -1]$, $[1, \infty)$에서 증가, 구간 $[-1, 1]$에서 감소

0844 $0 \leq a \leq 2$ **0845** (1) x_2, x_3, x_5 (2) x_1, 0, x_4

0846 (1) 극댓값 : 없다., 극솟값 : 1

(2) 극댓값 : 3, 극솟값 : -1

0847 (1) 풀이 참조 (2) 풀이 참조

0848 (1) 풀이 참조 (2) 풀이 참조

0849 풀이 참조 **0850** 풀이 참조

0851 풀이 참조 **0852** 풀이 참조 **0853** ②

0854 ② **0855** -3 **0856** ① **0857** ④ **0858** ④

0859 ④ **0860** ② **0861** ④ **0862** ③ **0863** ⑤

0864 2 **0865** $-3 \leq a \leq 0$ **0866** ① **0867** 6

0868 ① **0869** 3 **0870** ⑤ **0871** $a \geq 8$ **0872** ①

0873 $3 \leq a \leq \dfrac{9}{2}$ **0874** ④ **0875** 0 **0876** ③

0877 ③ **0878** ④ **0879** ② **0880** ② **0881** ⑤

0882 2 **0883** ④ **0884** ④ **0885** ⑤ **0886** 11

0887 ③ **0888** ② **0889** ④ **0890** ③ **0891** ④

0892 ④ **0893** -25 **0894** 16 **0895** ⑤ **0896** ②

0897 6 **0898** ① **0899** ② **0900** ㄱ, ㄷ **0901** ㄱ, ㄴ

0902 ⑤ **0903** ③ **0904** ④ **0905** ⑤ **0906** 3

0907 -7 **0908** 8 **0909** ④ **0910** ④ **0911** ④

0912 ③ **0913** ② **0914** ① **0915** ① **0916** ④

0917 ① **0918** ② **0919** ④ **0920** 2 **0921** ③

0922 ① **0923** 4 **0924** $a < -9$ **0925** 11

0926 $\sqrt{2} < a < \dfrac{9}{4}$ **0927** 1 **0928** ① **0929** 71

0930 ③ **0931** ③ **0932** $-\dfrac{9}{2} < k < -4$ **0933** ⑤

0934 $-12 - 10\sqrt{2}$ **0935** 0 **0936** ④

0937 ㄱ, ㄴ, ㄷ **0938** ② **0939** -4 **0940** ③

0941 ① **0942** ④ **0943** ④ **0944** ② **0945** 0

0946 ② **0947** $4\sqrt{2}$ **0948** ④ **0949** ② **0950** ①

0951 4 **0952** -1 **0953** -8 **0954** ④ **0955** ①

0956 2 **0957** ⑤ **0958** $\dfrac{1}{2}$ **0959** ②

0960 $\left(\dfrac{1}{2}, 2\right)$ **0961** ④ **0962** 1, -4

0963 ③

0964 (1) -2 (2) 5 (3) $<$ (4) $>$ (5) $\dfrac{5}{2}$ (6) 2 (7) $\dfrac{3}{2}$ (8) $\dfrac{5}{2}$

0965 $\dfrac{7}{4} < a < 2$ **0966** 4 **0967** $-\dfrac{9}{2} < a < -4$

0968 (1) $\dfrac{1}{3}$ (2) -9 (3) 3 (4) -18

0969 16 **0970** 32 **0971** -5 **0972** ⑤ **0973** ③

0974 ① **0975** ⑤ **0976** ④ **0977** ④ **0978** ④

0979 ③ **0980** ⑤ **0981** ② **0982** ④ **0983** ③

0984 ⑤ **0985** ③ **0986** ② **0987** ① **0988** ①

0989 ⑤ **0990** ② **0991** ③ **0992** ③ **0993** 20

0994 -17 **0995** 5 **0996** 9 **0997** ④ **0998** ④

0999 ① **1000** ④ **1001** ③ **1002** ① **1003** ②

1004 ④ **1005** ① **1006** ② **1007** ⑤ **1008** ⑤

1009 ④ **1010** ① **1011** ③ **1012** ④ **1013** ④

1014 ⑤ **1015** ③ **1016** ③ **1017** ⑤ **1018** -3

1019 29 **1020** $8 < a < 9$ **1021** -1

1022 $-1 \leq a \leq 1$ **1023** -5 **1024** -2 **1025** 5

1026 4

06 도함수의 활용 (3) 230쪽~274쪽

1027 2 **1028** $-27 < a < 5$ **1029** 풀이 참조

1030 $1 < a < 3$

1031 (1) 속도 : -24, 가속도 : -6 (2) 6

1032 속도 : 0, 가속도 : 6 **1033** ④

1034 ③ **1035** -28 **1036** 3 **1037** ③ **1038** ②

1039 6 **1040** ③ **1041** ③ **1042** ① **1043** -54

1044 34 **1045** ② **1046** -2 **1047** ① **1048** ②

1049 ① **1050** ② **1051** 15 **1052** ④ **1053** 12

1054 ② **1055** ⑤ **1056** $2\sqrt{17} - 2$ **1057** ④

1058 ② **1059** ② **1060** ② **1061** 11 **1062** 15

1063 ① **1064** 4 **1065** ③ **1066** $96\sqrt{3}\pi$

1067 3 **1068** 16π **1069** ① **1070** ② **1071** 32

1072 ④ **1073** ③ **1074** ④ **1075** 2 **1076** $\dfrac{13}{6}$

1077 33 **1078** ④ **1079** ⑤ **1080** ① **1081** ①

1082 ③	1083 ②	1084 4	1085 ①	1086 ⑤
1087 ②	1088 ②	1089 ②	1090 ⑤	1091 ⑤
1092 7	1093 $-9<k<0$		1094 ⑤	1095 ②
1096 ①	1097 ①, ⑤	1098 7	1099 15	1100 ②
1101 ③	1102 ④	1103 ②	1104 $-51<k<13$	
1105 ②	1106 6	1107 ④	1108 21	1109 ④
1110 ④	1111 ③	1112 ③	1113 ①	1114 ⑤
1115 ③	1116 ④	1117 ⑤	1118 ④	

1119 $1\leq a<2$　　1120 ②　1121 ④　1122 $\dfrac{1}{2}$

1123 ①	1124 ②	1125 ⑤	1126 ①	1127 -20
1128 -9	1129 4	1130 ①	1131 ④	1132 $a<10$
1133 ①	1134 ③	1135 $4\leq k<23$		1136 ②
1137 ④	1138 ①	1139 ⑤	1140 $2<k<3$	
1141 ①	1142 ④	1143 ①	1144 22	1145 ④
1146 24	1147 ⑤	1148 3	1149 ①	1150 12
1151 ①	1152 56	1153 ⑤	1154 ①	1155 2

1156 $\dfrac{1}{2}$　1157 -12　1158 13　1159 ④　1160 ①

1161 ⑤	1162 2	1163 ①	1164 ④	1165 ②
1166 27	1167 ②	1168 ②	1169 ④	1170 375 m
1171 ①	1172 180 m		1173 ③	1174 ④
1175 3	1176 ①, ⑤	1177 ④	1178 ⑤	1179 ④
1180 ②	1181 ③	1182 ③	1183 ①	1184 ①
1185 ②	1186 ⑤	1187 ④	1188 ⑤	1189 ④
1190 ①	1191 $32\,\mathrm{cm^2/s}$		1192 ⑤	1193 10
1194 18	1195 ①	1196 ④	1197 ④	1198 ④
1199 ⑤	1200 ④			

1201 (1) 1　(2) 5　(3) 1　(4) 5　(5) 4　(6) 200　(7) 200　(8) 1
　　(9) 4　(10) 204

1202 1　　1203 최댓값 : 2, 최솟값 : -2

1204 (1) 2　(2) $a-\dfrac{1}{3}$　(3) $a-\dfrac{1}{3}$　(4) $\dfrac{1}{3}$　(5) $\dfrac{1}{3}$

1205 $-\dfrac{8}{3}$　1206 $\dfrac{1}{4}$　1207 (1) $4t-8$　(2) $4t-8$　(3) 2　(4) 3

1208 $0<t<3$　　　1209 12

1210 $0<t<1$ 또는 $3<t<4$　　1211 ③　1212 ②

1213 ⑤	1214 ④	1215 ①	1216 ⑤	1217 ⑤
1218 ③	1219 ③	1220 ④	1221 ②	1222 ②
1223 ②	1224 ①	1225 ①	1226 ④	1227 ④
1228 ②	1229 ③	1230 ①	1231 ③	

1232 $-3<k<3$	1233 $-3<k<-2$		1234 700
1235 $a\leq\dfrac{1}{4}$	1236 ①	1237 ③	1238 ①　1239 ③
1240 ③	1241 ②	1242 ⑤	1243 ③　1244 ④
1245 ③	1246 ③	1247 ①	1248 ④　1249 ④
1250 ③	1251 ①	1252 ③	1253 ②　1254 ③
1255 ③	1256 ④	1257 13	1258 400 m

1259 $\dfrac{256}{3}\pi\,\mathrm{cm^3}$　　1260 -14　1261 -2　1262 $\dfrac{\sqrt{3}}{3}$

1263 ②　　1264 ④　　1265 1　　1266 ③

III. 적분

07 부정적분　　277쪽~304쪽

1267 (1) x^3　(2) x^3+C　　1268 (1) x^2-2x　(2) x^2-2x+C

1269 $\dfrac{1}{3}x^3+x^2+x+C$　　1270 $\dfrac{1}{3}x^3-\dfrac{1}{2}x^2+x+C$

1271 ④	1272 8	1273 7	1274 ⑤	1275 ③
1276 ②	1277 1	1278 ④	1279 -2	1280 ⑤
1281 ④	1282 ③	1283 ③	1284 ④	1285 ①
1286 ⑤	1287 ②	1288 65	1289 ④	1290 ②
1291 41	1292 ②	1293 $\dfrac{7}{12}$	1294 2	1295 ④
1296 ②	1297 4	1298 ①	1299 ⑤	1300 7
1301 ③	1302 ③	1303 ①	1304 5	1305 2
1306 ②	1307 ②	1308 ③	1309 ①	1310 9
1311 ③	1312 ⑤	1313 -6	1314 2	1315 ③
1316 ①	1317 9	1318 ①	1319 ⑤	1320 11
1321 6	1322 ②	1323 21	1324 ①	1325 7
1326 ④	1327 3	1328 ④	1329 ②	1330 ③
1331 ①	1332 ②	1333 ④	1334 1	1335 ①
1336 ④	1337 ②	1338 ②	1339 35	1340 ④
1341 ②	1342 $-\dfrac{31}{12}$	1343 2	1344 0	1345 ①
1346 ①	1347 ③	1348 ③	1349 -6	1350 ③
1351 $-\dfrac{1}{2}$	1352 30	1353 9	1354 ③	1355 ②
1356 ①	1357 ②			

1358 (1) 0 (2) 0 (3) -1 (4) $-\dfrac{1}{3}x^3+4x$ **1359** 12

1360 $f(x)=x^3-12x$ **1361** (1) 0 (2) 1 (3) 0 (4) $\dfrac{3}{2}$

1362 $\dfrac{1}{3}$ **1363** 3 **1364** ① **1365** ① **1366** ②

1367 ② **1368** ④ **1369** ② **1370** ⑤ **1371** ④

1372 ③ **1373** ③ **1374** ④ **1375** ② **1376** ①

1377 ④ **1378** ② **1379** ① **1380** ④ **1381** ⑤

1382 $F(x)=\dfrac{1}{3}x^3-4x$ **1383** 8 **1384** -17 **1385** 8

1386 ⑤ **1387** ③ **1388** ⑤ **1389** ④ **1390** ①

1391 ② **1392** ① **1393** ③ **1394** ④ **1395** ④

1396 ③ **1397** ③ **1398** ④ **1399** ② **1400** ②

1401 ① **1402** ④ **1403** ③ **1404** -21 **1405** 0

1406 x^3-4x^2+5x **1407** -2 **1408** 4 **1409** ④

1410 -2 **1411** -7 **1412** ①

08 정적분 308쪽~346쪽

1413 (1) 17 (2) 48 **1414** -6 **1415** (1) $-\dfrac{14}{15}$ (2) 0

1416 (1) 16 (2) 6 **1417** $f(x)=3x^2-4x-2$

1418 -2 **1419** $f(x)=4x+5$ **1420** 3 **1421** ④

1422 108 **1423** ② **1424** ① **1425** $\dfrac{13}{24}$ **1426** ④

1427 ② **1428** ① **1429** -1 **1430** 25 **1431** ④

1432 -12 **1433** ① **1434** ② **1435** ① **1436** -4

1437 ② **1438** 5 **1439** ① **1440** 18 **1441** ④

1442 ④ **1443** $A-B+C$ **1444** 7 **1445** 2

1446 ⑤ **1447** $\dfrac{45}{2}$ **1448** ① **1449** ① **1450** ①

1451 ⑤ **1452** ③ **1453** ② **1454** 110 **1455** ①

1456 ① **1457** ② **1458** ② **1459** ⑤ **1460** ②

1461 ③ **1462** 17 **1463** 10 **1464** 24 **1465** ⑤

1466 ④ **1467** ③ **1468** ① **1469** ④ **1470** ④

1471 25 **1472** ② **1473** $\dfrac{2}{3}$ **1474** ② **1475** 6

1476 ② **1477** ① **1478** ③ **1479** ④ **1480** 12

1481 ④ **1482** ③ **1483** ② **1484** ① **1485** ①

1486 ④ **1487** ③ **1488** 24 **1489** $\dfrac{1}{2}$ **1490** ④

1491 10 **1492** 12 **1493** ② **1494** ④ **1495** 1

1496 ① **1497** 36 **1498** ② **1499** ① **1500** ②

1501 18 **1502** ③ **1503** ① **1504** 20 **1505** ③

1506 ③ **1507** ① **1508** ③ **1509** ⑤ **1510** ④

1511 4 **1512** ① **1513** 40 **1514** ① **1515** 17

1516 ③ **1517** ④ **1518** ① **1519** -1 **1520** 27

1521 ㄱ, ㄷ **1522** -2 **1523** ⑤ **1524** ④ **1525** ⑤

1526 ⑤ **1527** ② **1528** ② **1529** ③ **1530** ②

1531 7 **1532** ① **1533** ① **1534** 88 **1535** 24

1536 ④ **1537** ③ **1538** ② **1539** ④ **1540** ⑤

1541 ② **1542** 2 **1543** ② **1544** ④ **1545** ⑤

1546 ④ **1547** ② **1548** ⑤ **1549** 2 **1550** -1

1551 ③ **1552** ⑤ **1553** ② **1554** ① **1555** ②

1556 12 **1557** ① **1558** ⑤ **1559** ③ **1560** ②

1561 -4 **1562** 7 **1563** ⑤

1564 (1) k (2) $3x^2+2$ (3) $3t^2+2$ (4) 12 (5) 12 (6) 15

1565 -11 **1566** 9

1567 (1) x^3-3x^2-4x (2) -1 (3) 0 (4) 4 (5) 0 (6) 0 (7) 0

1568 -2 **1569** $\dfrac{4}{3}$ **1570** ① **1571** ① **1572** ②

1573 ② **1574** ③ **1575** ② **1576** ④ **1577** ⑤

1578 ⑤ **1579** ③ **1580** ② **1581** ③ **1582** ①

1583 ③ **1584** ⑤ **1585** ③ **1586** ① **1587** ⑤

1588 ② **1589** ④ **1590** ① **1591** -4 **1592** 8

1593 12 **1594** 2 **1595** ③ **1596** ① **1597** ①

1598 ④ **1599** ⑤ **1600** ① **1601** ② **1602** ②

1603 ⑤ **1604** ② **1605** ② **1606** ① **1607** ③

1608 ① **1609** ③ **1610** ④ **1611** ④ **1612** ②

1613 ① **1614** ④ **1615** ② **1616** 8 **1617** 1

1618 13 **1619** $\dfrac{512}{15}$ **1620** 10 **1621** ④ **1622** 2

1623 $\dfrac{19}{3}$ **1624** 3

09 정적분의 활용 350쪽~392쪽

1625 $\dfrac{8}{3}$ **1626** $\dfrac{4}{3}$ **1627** $\dfrac{16}{15}$ **1628** 36 **1629** $\dfrac{2}{3}$

1630 7 1631 (1) 0 (2) $\frac{8}{3}$ 1632 3 1633 ②

1634 ④ 1635 2 1636 ④ 1637 2 1638 43

1639 $\frac{3}{2}$ 1640 ② 1641 ② 1642 $\frac{49}{6}$ 1643 ④

1644 ③ 1645 $\frac{1}{6}$ 1646 ④ 1647 ③ 1648 $\frac{9}{2}$

1649 ④ 1650 $\frac{4}{3}$ 1651 ⑤ 1652 108 1653 ④

1654 ② 1655 ① 1656 ④ 1657 $\frac{4}{3}$ 1658 ④

1659 ③ 1660 ③ 1661 $\frac{10}{9}$ 1662 ④ 1663 14

1664 9 1665 $\frac{11}{12}$ 1666 ③ 1667 -96

1668 $\frac{\pi}{4}-\frac{1}{3}$ 1669 $\frac{2}{3}$ 1670 32 1671 4

1672 ① 1673 ② 1674 ⑤ 1675 ⑤ 1676 ③

1677 3 1678 ④ 1679 $\frac{3}{4}$ 1680 ② 1681 ④

1682 1 1683 ④ 1684 ③ 1685 $\frac{1}{6}$ 1686 $\frac{3}{2}$

1687 $a=-1,\ b=-4$ 1688 3 1689 $\frac{8}{3}$ 1690 36

1691 $\frac{8}{3}$ 1692 2 1693 35 1694 $\frac{4}{3}$ 1695 $\frac{8}{3}$

1696 $\frac{64}{3}$ 1697 $\frac{27}{4}$ 1698 ② 1699 ② 1700 $\frac{512}{15}$

1701 $\frac{81}{10}$ 1702 4 1703 8 1704 -1 1705 2

1706 ② 1707 ⑤ 1708 $\frac{2}{3}$ 1709 $(3,\ -18)$

1710 ④ 1711 ② 1712 32 1713 ① 1714 ③

1715 ④ 1716 3 1717 $\frac{4}{3}$ 1718 $\frac{1}{3}$ 1719 ①

1720 $2\sqrt{2}$ 1721 4 1722 ③ 1723 1 1724 ④

1725 ② 1726 ③ 1727 $\frac{47}{12}$ 1728 $\frac{4}{3}$ 1729 ③

1730 ④ 1731 2 1732 12 1733 ① 1734 $\frac{64}{3}$

1735 ⑤ 1736 $\frac{2}{3}$ 1737 ② 1738 ④ 1739 ①

1740 ② 1741 10 1742 ③ 1743 ④ 1744 ③

1745 2 1746 45 1747 ③ 1748 ④ 1749 ②

1750 ③ 1751 75 m 1752 2 1753 ② 1754 ①

1755 35 1756 16 1757 ② 1758 18 1759 ③

1760 5 1761 4 1762 72π cm³ 1763 8초

1764 ③ 1765 8 1766 ① 1767 ③ 1768 4

1769 ⑤ 1770 $\frac{4}{3}$ 1771 ① 1772 ⑤ 1773 ③

1774 ④ 1775 1 1776 ② 1777 ㄱ, ㄴ, ㄷ

1778 64 1779 102

1780 (1) $-x^3$ (2) $\frac{1}{4}a^4$ (3) x^3 (4) $\frac{1}{4}b^4$ (5) 256 1781 4

1782 3 1783 (1) x (2) 1 (3) 2 (4) 1 (5) $\frac{1}{3}$ 1784 1

1785 1 1786 (1) 1 (2) $\frac{3}{2}$ (3) $\frac{5}{6}$ (4) $\frac{2}{3}$ 1787 1

1788 $\frac{64}{3}$ 1789 ① 1790 ③ 1791 ③ 1792 ④

1793 ③ 1794 ② 1795 ⑤ 1796 ③ 1797 ②

1798 ② 1799 ① 1800 ③ 1801 ② 1802 ③

1803 ④ 1804 ③ 1805 ② 1806 ③ 1807 ①

1808 ① 1809 ③ 1810 $\frac{8}{3}$ 1811 $\frac{3}{5}$ 1812 36

1813 $\frac{5}{3}-\frac{\pi}{2}$ 1814 ① 1815 ⑤ 1816 ①

1817 ④ 1818 ④ 1819 ① 1820 ② 1821 ⑤

1822 ③ 1823 ② 1824 ② 1825 ③ 1826 ④

1827 ③ 1828 ④ 1829 ③ 1830 ④ 1831 ②

1832 ③ 1833 ③ 1834 ③ 1835 $\frac{1}{3}$ 1836 55

1837 $\frac{31}{3}$ 1838 3초 1839 4 1840 $\frac{2}{3}$ 1841 16, $\frac{1}{4}$

1842 38 1843 ③

미적분 I

내신과 등업을 위한 강력한 한 권!

개념 연산서

수매씽 개념연산
중등 : 1~3학년 1·2학기

개념 기본서

수매씽 개념
중등 : 1~3학년 1·2학기
고등(22개정) : 공통수학1, 공통수학2, 대수, 미적분 I,
확률과 통계, 미적분 II, 기하

유형 기본서

수매씽 유형
중등 : 1~3학년 1·2학기
고등(15개정) : 수학 I, 수학 II, 확률과 통계, 미적분
고등(22개정) : 공통수학1, 공통수학2, 대수, 미적분 I,
확률과 통계, 미적분 II

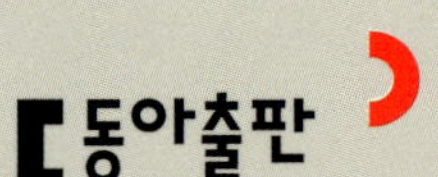

Telephone 1644-0600
Homepage www.bookdonga.com
Address 서울시 영등포구 은행로 30 (우 07242)

수 매씽

MATHING

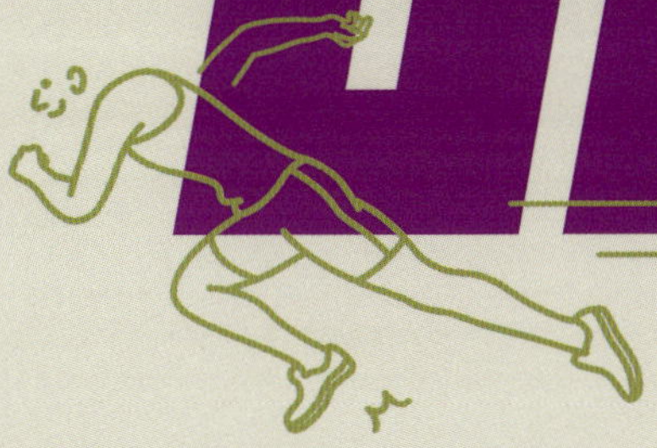

197유형 1843문항

정답 및 풀이 미적분 I

동아출판

0 학습자 중심의 친절한 해설

- 대표문제 분석 및 **단계별 풀이**
- 서술형 문항 정복을 위한 **실제 답안 예시/오답 분석**
- 다른 풀이, 개념 Check, 실수 Check 등 맞춤 정보 제시

0 수매씽 빠른 정답 안내

QR 코드를 찍으면 정답 및 풀이를 쉽고 빠르게 확인할 수 있습니다.

수
매씽
MATHING
정답 및 풀이
미적분 I

I. 함수의 극한과 연속

01 함수의 극한

0001 답 4

$f(x)=\dfrac{x^2-4}{x-2}$ 라 하면 $x\ne2$일 때

$f(x)=\dfrac{x^2-4}{x-2}=\dfrac{(x-2)(x+2)}{x-2}=x+2$

이므로 함수 $y=f(x)$의 그래프는 그림과
같다.

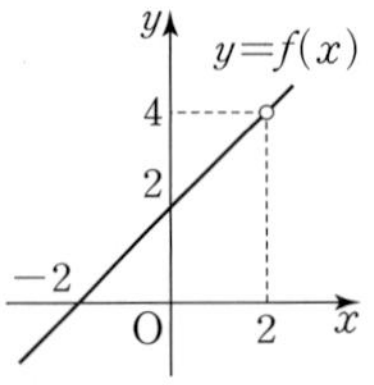

따라서 $x\to2$일 때 $f(x)\to4$이므로 $\displaystyle\lim_{x\to2}\dfrac{x^2-4}{x-2}=4$

0002 답 (1) ∞　(2) $-\infty$　(3) 3　(4) 0

(1) 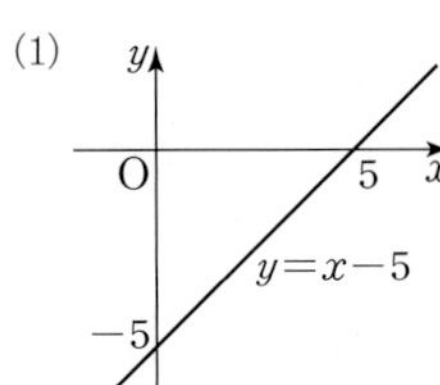

$\displaystyle\lim_{x\to\infty}(x-5)=\infty$

(2) 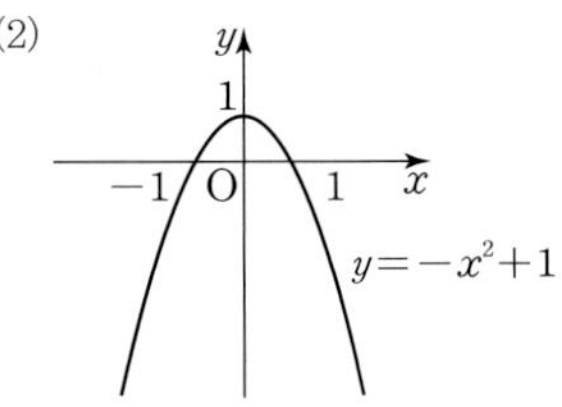

$\displaystyle\lim_{x\to-\infty}(-x^2+1)=-\infty$

(3) 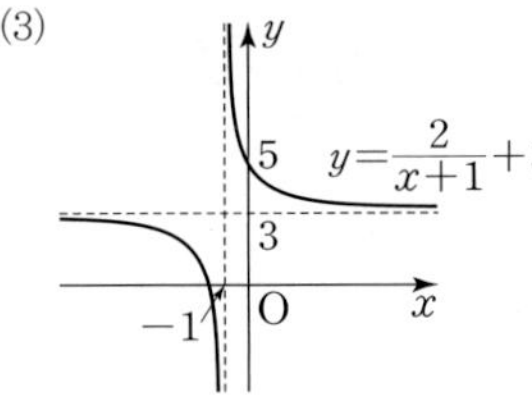

$\displaystyle\lim_{x\to\infty}\left(\dfrac{2}{x+1}+3\right)=3$

(4) 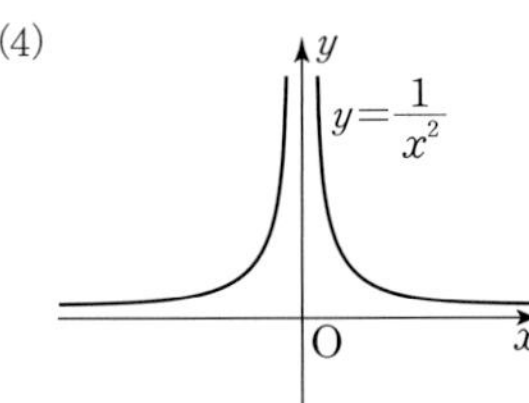

$\displaystyle\lim_{x\to-\infty}\dfrac{1}{x^2}=0$

0003 답 (1) ×　(2) ○　(3) ○

(1) $\displaystyle\lim_{x\to-1+}f(x)=0$, $\displaystyle\lim_{x\to-1-}f(x)=1$

즉, 함수 $f(x)$는 $x=-1$에서 우극한과 좌극한이 서로 다르므
로 극한값이 존재하지 않는다. (×)

(2) $\displaystyle\lim_{x\to0+}f(x)=1$, $\displaystyle\lim_{x\to0-}f(x)=1$

즉, 함수 $f(x)$는 $x=0$에서 우극한과 좌극한이 같으므로 극한
값이 존재한다. (○)

(3) $\displaystyle\lim_{x\to1+}f(x)=0$, $\displaystyle\lim_{x\to1-}f(x)=2$

즉, 함수 $f(x)$는 $x=1$에서 우극한과 좌극한이 서로 다르므로
극한값이 존재하지 않는다. (○)

0004 답 1

함수 $f(x)=\begin{cases}-2x+k & (x<0)\\ x^2-x+1 & (x\ge0)\end{cases}$ 이므로

$\displaystyle\lim_{x\to0+}(x^2-x+1)=1$, $\displaystyle\lim_{x\to0-}(-2x+k)=k$

이때 $\displaystyle\lim_{x\to0}f(x)$의 값이 존재하려면

$\displaystyle\lim_{x\to0+}f(x)=\lim_{x\to0-}f(x)$이어야 하므로 $k=1$

0005 답 (1) 12　(2) 5

(1) $\displaystyle\lim_{x\to2}\dfrac{x^3-8}{x-2}=\lim_{x\to2}\dfrac{(x-2)(x^2+2x+4)}{x-2}$

$\displaystyle\qquad=\lim_{x\to2}(x^2+2x+4)=12$

(2) $\displaystyle\lim_{x\to1}\dfrac{x^2+3x-4}{x-1}=\lim_{x\to1}\dfrac{(x-1)(x+4)}{x-1}=\lim_{x\to1}(x+4)=5$

0006 답 (1) 2　(2) 1

(1) $\displaystyle\lim_{x\to1}\dfrac{x-1}{\sqrt{x}-1}=\lim_{x\to1}\dfrac{(x-1)(\sqrt{x}+1)}{(\sqrt{x}-1)(\sqrt{x}+1)}$

분모, 분자에 $\quad\displaystyle=\lim_{x\to1}\dfrac{(x-1)(\sqrt{x}+1)}{x-1}$

$\sqrt{x}+1$을 각각

곱한다. $\quad\displaystyle=\lim_{x\to1}(\sqrt{x}+1)=2$

(2) $\displaystyle\lim_{x\to0}\dfrac{x}{\sqrt{1+x}-\sqrt{1-x}}$ → 분모, 분자에 $(\sqrt{1+x}+\sqrt{1-x})$를 각각 곱한다.

$\displaystyle\quad=\lim_{x\to0}\dfrac{x(\sqrt{1+x}+\sqrt{1-x})}{(\sqrt{1+x}-\sqrt{1-x})(\sqrt{1+x}+\sqrt{1-x})}$

$\displaystyle\quad=\lim_{x\to0}\dfrac{x(\sqrt{1+x}+\sqrt{1-x})}{2x}=\lim_{x\to0}\dfrac{\sqrt{1+x}+\sqrt{1-x}}{2}=1$

0007 답 (1) 0　(2) 2　(3) ∞

(1) $\displaystyle\lim_{x\to\infty}\dfrac{x-5}{2x^2+x+1}=\lim_{x\to\infty}\dfrac{\dfrac{1}{x}-\dfrac{5}{x^2}}{2+\dfrac{1}{x}+\dfrac{1}{x^2}}=0$

(2) $\displaystyle\lim_{x\to\infty}\dfrac{4x^3+7}{2x^3+3x^2+4x}=\lim_{x\to\infty}\dfrac{4+\dfrac{7}{x^3}}{2+\dfrac{3}{x}+\dfrac{4}{x^2}}=2$

(3) $\displaystyle\lim_{x\to\infty}\dfrac{2x^3-5x+3}{x^2+1}=\lim_{x\to\infty}\dfrac{2x-\dfrac{5}{x}+\dfrac{3}{x^2}}{1+\dfrac{1}{x^2}}=\infty$

극한값이 존재하지
않는다.

0008 답 (1) 4　(2) $\dfrac{3}{4}$

(1) $\displaystyle\lim_{x\to\infty}\dfrac{4x}{\sqrt{x^2+2}-1}=\lim_{x\to\infty}\dfrac{4}{\sqrt{1+\dfrac{2}{x^2}}-\dfrac{1}{x}}=4$

(2) $\displaystyle\lim_{x\to\infty}\dfrac{\sqrt{x^2+1}+2x}{4x}=\lim_{x\to\infty}\dfrac{\sqrt{1+\dfrac{1}{x^2}}+2}{4}=\dfrac{3}{4}$

0009 답 (1) 0　(2) 1

(1) $\displaystyle\lim_{x\to\infty}(\sqrt{x+3}-\sqrt{x-1})$

$\displaystyle\quad=\lim_{x\to\infty}\dfrac{(\sqrt{x+3}-\sqrt{x-1})(\sqrt{x+3}+\sqrt{x-1})}{\sqrt{x+3}+\sqrt{x-1}}$

$\displaystyle\quad=\lim_{x\to\infty}\dfrac{4}{\sqrt{x+3}+\sqrt{x-1}}=0$

(2) $\displaystyle\lim_{x\to\infty}(\sqrt{x^2+2x}-x)=\lim_{x\to\infty}\dfrac{(\sqrt{x^2+2x}-x)(\sqrt{x^2+2x}+x)}{\sqrt{x^2+2x}+x}$

$\displaystyle\quad=\lim_{x\to\infty}\dfrac{2x}{\sqrt{x^2+2x}+x}$

$\displaystyle\quad=\lim_{x\to\infty}\dfrac{2}{\sqrt{1+\dfrac{2}{x}}+1}=1$

0010 탭 $-\dfrac{1}{4}$

$$\lim_{x\to0}\frac{1}{x}\left\{\frac{1}{(x+2)^2}-\frac{1}{4}\right\}=\lim_{x\to0}\left\{\frac{1}{x}\times\frac{-x^2-4x}{4(x+2)^2}\right\}$$
$$=\lim_{x\to0}\frac{-(x+4)}{4(x+2)^2}=-\frac{1}{4}$$

0011 탭 $a=4,\ b=3$

$x\to-1$일 때, 극한값이 존재하고 (분모)$\to0$이므로 (분자)$\to0$이다.

$$\lim_{x\to-1}(x^2+ax+b)=1-a+b=0$$

$$\therefore\ b=a-1\ \cdots\cdots\cdots\cdots\cdots\cdots\cdots\cdots\cdots\cdots\ \text{㉠}$$

㉠을 주어진 식에 대입하면

$$\lim_{x\to-1}\frac{x^2+ax+a-1}{x+1}=\lim_{x\to-1}\frac{(x+1)(x+a-1)}{x+1}$$
$$=\lim_{x\to-1}(x+a-1)=a-2$$

$a-2=2$에서 $a=4$

$a=4$를 ㉠에 대입하면 $b=3$

0012 탭 $a=0,\ b=4$

0이 아닌 극한값이 존재하기 위해서는 $a=0$ → 분모, 분자의 차수가 같아야 한다.

$$\lim_{x\to\infty}\frac{3x^2-4x+1}{ax^3+bx^2}=\lim_{x\to\infty}\frac{3x^2-4x+1}{bx^2}=\lim_{x\to\infty}\frac{3-\dfrac{4}{x}+\dfrac{1}{x^2}}{b}=\frac{3}{b}$$

$\dfrac{3}{b}=\dfrac{3}{4}$에서 $b=4$

0013 탭 ⑤ | 유형 1

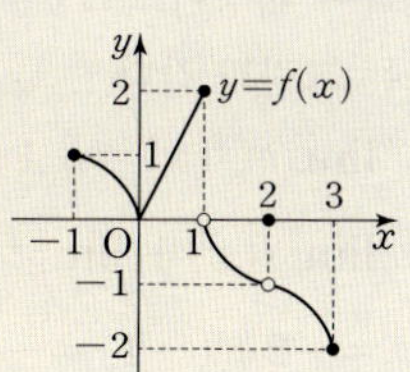

$-1\le x\le3$에서 정의된 함수 $y=f(x)$의 그래프가 그림과 같을 때, 〈보기〉에서 옳은 것만을 있는 대로 고른 것은?

STEP1 그래프에서 주어진 극한값의 존재를 확인하여 옳은 것 찾기

ㄱ. $\lim_{x\to1+}f(x)=0,\ \lim_{x\to1-}f(x)=2$이므로   → 좌극한과 우극한이 다르다.

$\lim_{x\to1}f(x)$의 값은 존재하지 않는다. (거짓)

ㄴ. $\lim_{x\to2+}f(x)=-1,\ \lim_{x\to2-}f(x)=-1$이므로

$\lim_{x\to2}f(x)=-1$ (참)

ㄷ. $-1<a<1$인 모든 실수 a에 대하여 $\lim_{x\to a}f(x)$의 값이 항상 존재한다. (참)

따라서 옳은 것은 ㄴ, ㄷ이다.

0014 탭 ④

① $\lim_{x\to0+}f(x)=0$

② $\lim_{x\to4+}f(x)=2$

③ $\lim_{x\to5-}f(x)=0$

④ $\lim_{x\to2+}f(x)=0,\ \lim_{x\to2-}f(x)=-3$

즉, $\lim_{x\to2+}f(x)\ne\lim_{x\to2-}f(x)$이므로 $\lim_{x\to2}f(x)$의 값은 존재하지 않는다.

⑤ $\lim_{x\to3+}f(x)=1,\ \lim_{x\to3-}f(x)=1$이므로 $\lim_{x\to3}f(x)=1$

따라서 극한값이 존재하지 않는 것은 ④이다.

0015 탭 ④

① $\lim_{x\to1+}f(x)=1,\ \lim_{x\to1-}f(x)=-1$이므로 $x=1$에서의 극한값은 존재하지 않는다.

② $\lim_{x\to1}f(x)=\infty$이므로 $x=1$에서의 극한값은 존재하지 않는다.

③ $\lim_{x\to1+}f(x)=2,\ \lim_{x\to1-}f(x)=1$이므로 $x=1$에서의 극한값은 존재하지 않는다.

④ $\lim_{x\to1+}f(x)=\lim_{x\to1-}f(x)=-1$이므로 $x=1$에서의 극한값이 존재한다.

⑤ $\lim_{x\to1+}f(x)=1,\ \lim_{x\to1-}f(x)=0$이므로 $x=1$에서의 극한값은 존재하지 않는다.

따라서 $x=1$에서의 극한값이 존재하는 것은 ④이다.

실수 Check

② $\lim_{x\to1}f(x)=\infty$에서 ∞는 일정한 값이 아닌 한없이 커지는 상태를 나타내므로 극한값은 존재하지 않는다.

0016 탭 ④

ㄱ. $\lim_{x\to-2+}f(x)=1,\ \lim_{x\to-2-}f(x)=1$이므로 $\lim_{x\to-2}f(x)=1$

ㄴ. $\lim_{x\to0+}f(x)=3,\ \lim_{x\to0-}f(x)=3$이므로 $\lim_{x\to0}f(x)=3$

ㄷ. $\lim_{x\to1+}f(x)=1,\ \lim_{x\to1-}f(x)=2$이므로 $\lim_{x\to1}f(x)$의 값은 존재하지 않는다.

따라서 극한값이 존재하는 것은 ㄱ, ㄴ이다.

0017 탭 1

함수 $y=f(x)$의 그래프에서 $a=-1,\ a=2$일 때

$\lim_{x\to a+}f(x)=\lim_{x\to a-}f(x)$를 만족시킨다.

따라서 정수 a의 값의 합은

$-1+2=1$

0018 답 3

집합 A에서 $\lim_{x \to a+} f(x) \neq \lim_{x \to a-} f(x)$이므로 $-3 < a < 3$에서 극한
값이 존재하지 않는 실수 a의 값은 -1, 1, 2이다.
따라서 $A = \{-1, 1, 2\}$이므로 $n(A) = 3$이다.

0019 답 ⑤　　　　　　　　　　　　　|유형2

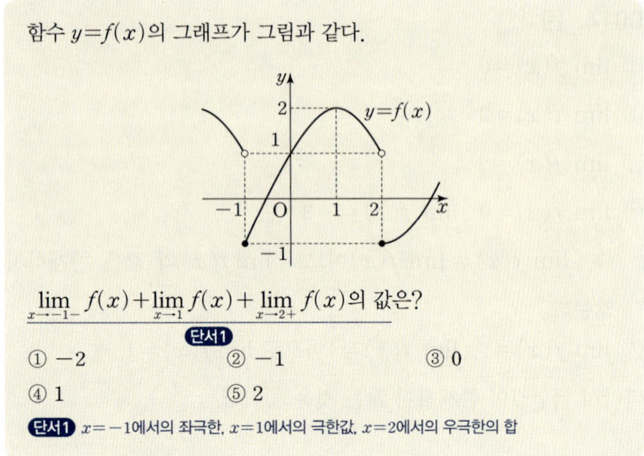

STEP 1 그래프에서 $x=-1$에서의 좌극한 구하기

주어진 함수 $y=f(x)$의 그래프에서
x의 값이 -1보다 작으면서 -1에 한
없이 가까워질 때 $f(x)$의 값은 1에 한
없이 가까워지므로
$$\lim_{x \to -1-} f(x) = 1$$

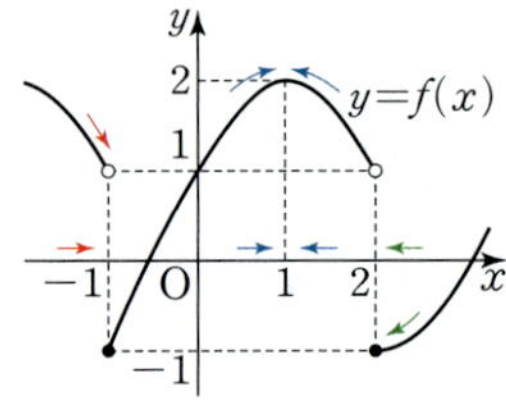

STEP 2 그래프에서 $x=1$에서의 극한값 구하기

x의 값이 1에 한없이 가까워질 때 $f(x)$의 값은 2에 한없이 가까워
지므로 $\lim_{x \to 1} f(x) = 2$

STEP 3 그래프에서 $x=2$에서의 우극한 구하기

x의 값이 2보다 크면서 2에 한없이 가까워질 때 $f(x)$의 값은 -1
에 한없이 가까워지므로 $\lim_{x \to 2+} f(x) = -1$

STEP 4 극한값의 합 구하기
$$\lim_{x \to -1-} f(x) + \lim_{x \to 1} f(x) + \lim_{x \to 2+} f(x) = 1 + 2 + (-1) = 2$$

0020 답 ④

함수 $y=f(x)$의 그래프에서 $f(0) = 2$

x의 값이 -1보다 크면서 -1에 한없이 가까워질 때 $f(x)$의 값은
0에 한없이 가까워지므로 $\lim_{x \to -1+} f(x) = 0$

x의 값이 1보다 작으면서 1에 한없이 가까워질 때 $f(x)$의 값은 2에
한없이 가까워지므로 $\lim_{x \to 1-} f(x) = 2$

$$\therefore \lim_{x \to -1+} f(x) + \lim_{x \to 1-} f(x) + f(0) = 0 + 2 + 2 = 4$$

0021 답 0

$\lim_{x \to a-} f(x)$는 $x=a$에서의 좌극한, $\lim_{x \to a+} f(x)$는 $x=a$에서의 우극
한이다. 즉, 부등식 $\lim_{x \to a-} f(x) < \lim_{x \to a+} f(x)$는 우극한이 좌극한보
다 큰 것을 의미한다.

주어진 그래프에서 우극한이 좌극한보다 큰 것은 $x=-1$, $x=1$일
때이다.
따라서 모든 실수 a의 값의 합은
$$-1 + 1 = 0$$

0022 답 ①

　　　　　　　　　　→ $-3 \le x \le 3$에서의 그래프가 반복된다.
모든 실수 x에 대하여 $f(x+6) = f(x)$이므로
$$\lim_{x \to -5-} f(x) + \lim_{x \to 9+} f(x) = \lim_{x \to 1-} f(x) + \lim_{x \to 3+} f(x)$$
$$= \lim_{x \to 1-} f(x) + \lim_{x \to -3+} f(x)$$
$$= -1 + (-2) = -3$$

참고 $f(x+6) = f(x)$이므로
$$\cdots = f(-3) = f(3) = f(9) = \cdots$$
$$\cdots = f(-5) = f(1) = f(7) = \cdots$$
임을 이용하여 주어진 그래프에서 극한값을 찾는다.

0023 답 ④

$f(-x) = f(x)$이므로 함수 $y=f(x)$의 그래프는 y축에 대하여 대
칭이다. 주어진 그래프를 y축
에 대하여 대칭이동한 그래프
는 그림과 같다.

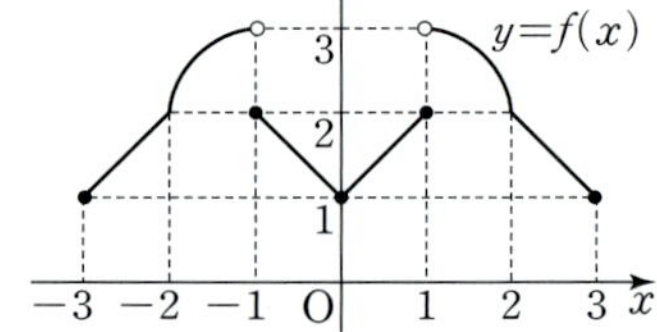

$$\therefore \lim_{x \to -1+} f(x) + \lim_{x \to -2-} f(x)$$
$$= 2 + 2 = 4$$

개념 Check

$f(-x) = f(x)$ ➜ $y=f(x)$의 그래프가 y축에 대하여 대칭이다.

0024 답 -3

함수 $y=f(x)$의 그래프에서 $\lim_{x \to 0-} f(x) = -2$

함수 $y=f(x)$의 그래프와 역함수
$y=f^{-1}(x)$의 그래프는 직선 $y=x$에
대하여 대칭이므로 $y=f^{-1}(x)$의 그래
프는 그림과 같다.

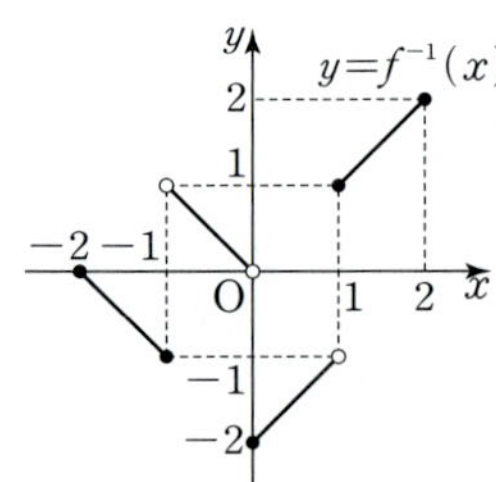

$$\therefore \lim_{x \to 1-} f^{-1}(x) = -1$$
$$\therefore \lim_{x \to 0-} f(x) + \lim_{x \to 1-} f^{-1}(x)$$
$$= -2 + (-1) = -3$$

실수 Check

주어진 $y=f(x)$의 그래프 위에 직선 $y=x$를 그린 후 $y=f(x)$의 그래
프를 직선 $y=x$에 대칭이동하여 $y=f^{-1}(x)$의 그래프를 그릴 수 있다.
대칭인 그래프를 다루는 경우에는 그래프를 그려서 극한값을 확인해 보
도록 한다.

0025 답 ④

함수 $y=f(x)$의 그래프에서 $f(-1) = 1$

x의 값이 2보다 크면서 2에 한없이 가까워질 때 $f(x)$의 값은 3에
한없이 가까워지므로 $\lim_{x \to 2+} f(x) = 3$

$$\therefore f(-1) + \lim_{x \to 2+} f(x) = 1 + 3 = 4$$

0026 답 ④

함수 $y=f(x)$의 그래프에서

x의 값이 -1보다 작으면서 -1에 한없이 가까워질 때 $f(x)$의 값은 3에 한없이 가까워지므로 $\lim\limits_{x\to -1-}f(x)=3$

또, x의 값이 2보다 작으면서 2에 한없이 가까워질 때 $f(x)$의 값은 1에 한없이 가까워지므로 $\lim\limits_{x\to 2-}f(x)=1$

x의 값이 2보다 크면서 2에 한없이 가까워질 때 $f(x)$의 값은 1에 한없이 가까워지므로 $\lim\limits_{x\to 2+}f(x)=1$

즉, $\lim\limits_{x\to 2-}f(x)=\lim\limits_{x\to 2+}f(x)=1$이므로 $\lim\limits_{x\to 2}f(x)=1$

$\therefore \lim\limits_{x\to -1-}f(x)+\lim\limits_{x\to 2}f(x)=3+1=4$

0027 답 ⑤　　　　　　　　　　| 유형 3

함수 $f(x)=\begin{cases} x^2-2x+2 & (x\leq 1) \\ 4-2x & (x>1) \end{cases}$에 대하여

$\lim\limits_{x\to 1-}f(x)+\lim\limits_{x\to 1+}f(x)$의 값은?
　단서1　　단서2
① -1　　　　② 0　　　　③ 1
④ 2　　　　　⑤ 3
단서1 $x\leq 1$일 때 $f(x)=x^2-2x+2$
단서2 $x>1$일 때 $f(x)=4-2x$

STEP 1 $x=1$에서의 좌극한과 우극한 각각 구하기

함수 $f(x)=\begin{cases} x^2-2x+2 & (x\leq 1) \\ 4-2x & (x>1) \end{cases}$에서

$\lim\limits_{x\to 1-}f(x)=\lim\limits_{x\to 1-}(x^2-2x+2)=1-2+2=1$

$\lim\limits_{x\to 1+}f(x)=\lim\limits_{x\to 1+}(4-2x)=4-2=2$

STEP 2 극한값의 합 구하기

$\lim\limits_{x\to 1-}f(x)+\lim\limits_{x\to 1+}f(x)=1+2=3$

0028 답 5

함수 $f(x)=\begin{cases} -x+2 & (x<0) \\ x^2-x+1 & (0\leq x<1) \\ x+1 & (x\geq 1) \end{cases}$에서

$\lim\limits_{x\to 0-}f(x)=\lim\limits_{x\to 0-}(-x+2)=2$

$\lim\limits_{x\to 1-}f(x)=\lim\limits_{x\to 1-}(x^2-x+1)=1-1+1=1$

$\lim\limits_{x\to 1+}f(x)=\lim\limits_{x\to 1+}(x+1)=1+1=2$

$\therefore \lim\limits_{x\to 0-}f(x)+\lim\limits_{x\to 1-}f(x)+\lim\limits_{x\to 1+}f(x)=2+1+2=5$

0029 답 ③

$\lim\limits_{x\to 2-}f(x)=\lim\limits_{x\to 2-}\sqrt{(x-4)^2}=\lim\limits_{x\to 2-}\{-(x-4)\}=2$

$f(2)=-4+2+3=1$

$\therefore \lim\limits_{x\to 2-}f(x)+f(2)=2+1=3$

0030 답 ①

함수 $f(x)=\begin{cases} -\dfrac{1}{x-2}-1 & (x<1) \\ 2 & (x=1) \\ 1-\dfrac{1}{x^2} & (x>1) \end{cases}$에서

$\lim\limits_{x\to 1+}f(x)=\lim\limits_{x\to 1+}\left(1-\dfrac{1}{x^2}\right)=1-1=0$

$\lim\limits_{x\to 1-}f(x)=\lim\limits_{x\to 1-}\left(-\dfrac{1}{x-2}-1\right)=1-1=0$

$\therefore \lim\limits_{x\to 1}f(x)=0$

0031 답 ④

함수 $y=|x^2-4|$의 그래프와 직선 $y=t$가 그림과 같다.
이때 직선 $y=t$의 위치에 따라 함수 $f(t)$는 다음과 같다.

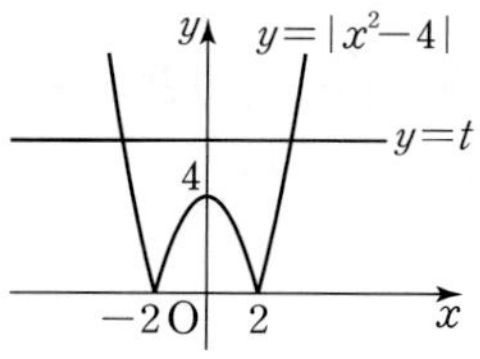

$f(t)=\begin{cases} 0 & (t<0) \\ 2 & (t=0\ \text{또는}\ t>4) \\ 4 & (0<t<4) \\ 3 & (t=4) \end{cases}$

$\therefore \lim\limits_{t\to 4}f(t)=4$

참고 함수 $y=|x^2-4|$에서

$-2\leq x\leq 2$이면 $x^2-4\leq 0$이므로 $y=-x^2+4$

$x<-2$ 또는 $x>2$이면 $x^2-4>0$이므로 $y=x^2-4$

즉, $y=|x^2-4|$의 그래프는 $y=x^2-4$의 그래프에서 $y<0$인 부분을 x축에 대하여 대칭이동한 그래프와 같다.

0032 답 16

(ⅰ) $\lim\limits_{x\to 8+}g(x)$에서 x의 값은 8보다 크면서 8에 한없이 가까워지므로 $x=8+k\,(0<k<1)$라 놓고 생각해 보자.

8+k보다 작은 자연수 중에서 소수는 2, 3, 5, 7의 4개이므로 $f(8+k)=4$

또, $8+k>2f(8+k)=8$이므로 $g(x)=f(x)$이다.

$\lim\limits_{x\to 8+}g(x)=\lim\limits_{x\to 8+}f(x)=4$　　$\therefore \alpha=4$

(ⅱ) $\lim\limits_{x\to 8-}g(x)$에서 x의 값은 8보다 작으면서 8에 한없이 가까워지므로 $x=8-k\,(0<k<1)$라 놓고 생각해 보자.

8-k보다 작은 자연수 중에서 소수는 2, 3, 5, 7의 4개이므로 $f(8-k)=4$

또, $8-k<2f(8-k)=8$이므로 $g(x)=\dfrac{1}{f(x)}$이다.

$\lim\limits_{x\to 8-}g(x)=\lim\limits_{x\to 8-}\dfrac{1}{f(x)}=\dfrac{1}{4}$　　$\therefore \beta=\dfrac{1}{4}$

(ⅰ), (ⅱ)에서 $\dfrac{\alpha}{\beta}=4\times 4=16$

참고 $\lim\limits_{x\to 8+}g(x)$, $\lim\limits_{x\to 8-}g(x)$의 값은 각각 x가 8보다 약간 큰 수 $f(8.1)$, 8보다 약간 작은 수 $f(7.9)$로 생각해서 구해도 된다.

0033 답 7

|유형4

함수 $f(x)=\begin{cases}x^2-x+1 & (x\geq 2)\\-2x+k & (x<2)\end{cases}$ 에 대하여 $\lim\limits_{x\to 2}f(x)$의 값이 존재하기 위한 상수 k의 값을 구하시오.

단서1 $x=2$에서의 우극한과 좌극한이 존재하고, 그 값이 같다.

STEP 1 $\lim\limits_{x\to 2+}f(x)$, $\lim\limits_{x\to 2-}f(x)$ 각각 구하기

$x\geq 2$일 때, $f(x)=x^2-x+1$이므로

$\lim\limits_{x\to 2+}f(x)=\lim\limits_{x\to 2+}(x^2-x+1)=4-2+1=3$

$x<2$일 때, $f(x)=-2x+k$이므로

$\lim\limits_{x\to 2-}f(x)=\lim\limits_{x\to 2-}(-2x+k)=-4+k$

STEP 2 상수 k의 값 구하기

$\lim\limits_{x\to 2}f(x)$의 값이 존재하려면

$\lim\limits_{x\to 2+}f(x)=\lim\limits_{x\to 2-}f(x)$이어야 하므로

$3=-4+k$

$\therefore k=7$

0034 답 ④

함수 $f(x)=\begin{cases}-x+5 & (|x|\geq 1)\\x^2-2x+3 & (|x|<1)\end{cases}$ 에서

$f(x)=\begin{cases}-x+5 & (x\leq -1 \text{ 또는 } x\geq 1)\\x^2-2x+3 & (-1<x<1)\end{cases}$

이므로 함수 $y=f(x)$의 그래프는 그림과 같다.

$\lim\limits_{x\to -1+}f(x)=\lim\limits_{x\to -1+}(x^2-2x+3)=6$

$\lim\limits_{x\to -1-}f(x)=\lim\limits_{x\to -1-}(-x+5)=6$

즉, $\lim\limits_{x\to -1+}f(x)=\lim\limits_{x\to -1-}f(x)=6$이므로

$\lim\limits_{x\to -1}f(x)=6$

$\lim\limits_{x\to 1+}f(x)=\lim\limits_{x\to 1+}(-x+5)=-1+5=4$

$\lim\limits_{x\to 1-}f(x)=\lim\limits_{x\to 1-}(x^2-2x+3)=1-2+3=2$

즉, $\lim\limits_{x\to 1+}f(x)\neq\lim\limits_{x\to 1-}f(x)$이므로 $\lim\limits_{x\to 1}f(x)$의 값은 존재하지 않는다.

따라서 구하는 실수 a의 값은 1이다.

참고 $\lim\limits_{x\to a}f(x)$의 값이 존재하지 않는 실수는 x의 값의 범위의 경계에서 찾아본다.

0035 답 ②

함수 $f(x)=\begin{cases}(x-3)^2+k & (x>1)\\3x+5 & (x\leq 1)\end{cases}$ 에서

$\lim\limits_{x\to 1+}f(x)=\lim\limits_{x\to 1+}\{(x-3)^2+k\}=4+k$

$\lim\limits_{x\to 1-}f(x)=\lim\limits_{x\to 1-}(3x+5)=8$

이때 $\lim\limits_{x\to 1}f(x)$의 값이 존재하므로 $\lim\limits_{x\to 1+}f(x)=\lim\limits_{x\to 1-}f(x)$에서

$4+k=8$

$\therefore k=4$

따라서 $f(x)=\begin{cases}(x-3)^2+4 & (x>1)\\3x+5 & (x\leq 1)\end{cases}$ 이므로

$f(4)=(4-3)^2+4=5$

$\rightarrow x=4$를 $f(x)=(x-3)^2+4$에 대입한다.

0036 답 ⑤

함수 $f(x)=\begin{cases}-(x-2)^2+3 & (-2\leq x\leq 2)\\x+1 & (x<-2 \text{ 또는 } x>2)\end{cases}$ 에서

ㄱ. $\lim\limits_{x\to -2+}f(x)=\lim\limits_{x\to -2+}\{-(x-2)^2+3\}=-16+3=-13$

$\lim\limits_{x\to -2-}f(x)=\lim\limits_{x\to -2-}(x+1)=-2+1=-1$

즉, $\lim\limits_{x\to -2+}f(x)\neq\lim\limits_{x\to -2-}f(x)$이므로 $\lim\limits_{x\to -2}f(x)$의 값은 존재하지 않는다.

ㄴ. $\lim\limits_{x\to 0}f(x)=\lim\limits_{x\to 0}\{-(x-2)^2+3\}=-4+3=-1$

ㄷ. $\lim\limits_{x\to 2+}f(x)=\lim\limits_{x\to 2+}(x+1)=2+1=3$

$\lim\limits_{x\to 2-}f(x)=\lim\limits_{x\to 2-}\{-(x-2)^2+3\}=3$

즉, $\lim\limits_{x\to 2}f(x)=3$이다.

따라서 극한값이 존재하는 것은 ㄴ, ㄷ이다.

0037 답 4

함수 $f(x)=\begin{cases}x^2+2x+3 & (x<0)\\a & (0\leq x<2)\\x+b & (x\geq 2)\end{cases}$ 에서

임의의 실수 k에 대하여 $\lim\limits_{x\to k}f(x)$의 값이 존재하므로

$\lim\limits_{x\to 0}f(x)$, $\lim\limits_{x\to 2}f(x)$의 값이 존재한다.

(i) $x=0$에서 함수 $f(x)$의 우극한과 좌극한을 각각 구하면

$\lim\limits_{x\to 0+}a=a$, $\lim\limits_{x\to 0-}(x^2+2x+3)=3$

이때 $\lim\limits_{x\to 0}f(x)$의 값이 존재하므로

$a=3$ $\rightarrow \lim\limits_{x\to 0+}f(x)=\lim\limits_{x\to 0-}f(x)$

(ii) $x=2$에서 함수 $f(x)$의 우극한과 좌극한을 각각 구하면

$\lim\limits_{x\to 2+}(x+b)=2+b$, $\lim\limits_{x\to 2-}3=3$

이때 $\lim\limits_{x\to 2}f(x)$의 값이 존재하므로 $2+b=3$

$\therefore b=1$ $\rightarrow \lim\limits_{x\to 2+}f(x)=\lim\limits_{x\to 2-}f(x)$

(i), (ii)에서 $a+b=3+1=4$

0038 답 ④

함수 $f(x)=\begin{cases}-x^2+1 & (x<k)\\0 & (k\leq x<k+1)\\(x-a)^2-1 & (x\geq k+1)\end{cases}$ 에서

임의의 실수 p에 대하여 $\lim\limits_{x\to p}f(x)$의 값이 존재하므로

$\lim\limits_{x\to k}f(x)$, $\lim\limits_{x\to k+1}f(x)$의 값이 존재한다. $\rightarrow$ 나누어진 구간의 경계인 점에서의 극한값이다.

(i) $x=k$에서 함수 $f(x)$의 우극한과 좌극한을 각각 구하면

$\lim\limits_{x\to k+}0=0$, $\lim\limits_{x\to k-}(-x^2+1)=-k^2+1$

이때 $\lim\limits_{x\to k}f(x)$의 값이 존재하므로 $-k^2+1=0$

$k^2=1$

$\therefore k=-1 \text{ 또는 } k=1$

(ii) $x=k+1$에서 함수 $f(x)$의 우극한과 좌극한을 각각 구하면
$$\lim_{x \to (k+1)+} \{(x-a)^2-1\}=(k+1-a)^2-1, \ \lim_{x \to (k+1)-} 0=0$$
이때 $\lim_{x \to (k+1)} f(x)$의 값이 존재하므로 $(k+1-a)^2-1=0$
$(k+1-a)^2=1, \ k+1-a=\pm1$
$\therefore a=k$ 또는 $a=k+2$

(ⅰ), (ii)에서

$k=-1$이면 $a=-1$ 또는 $a=1$

$k=1$이면 $a=1$ 또는 $a=3$

따라서 $a+k$의 최댓값은 $k=1$, $a=3$일 때이므로 4이다.

0039 답 ③

| 유형 5

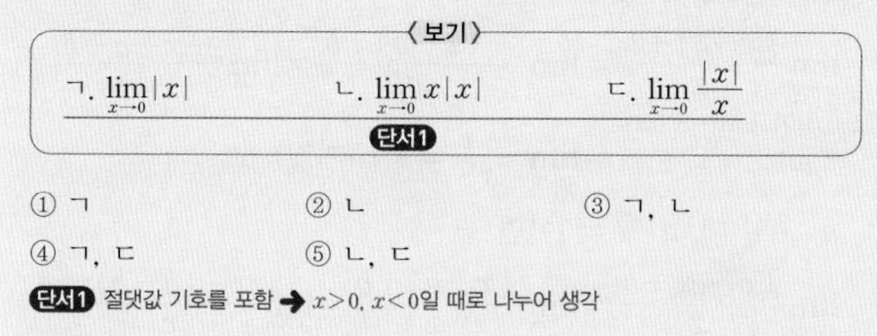

〈보기〉에서 극한값이 존재하는 것만을 있는 대로 고른 것은?

〈보기〉

ㄱ. $\lim_{x \to 0} |x|$ 　　ㄴ. $\lim_{x \to 0} x|x|$ 　　ㄷ. $\lim_{x \to 0} \dfrac{|x|}{x}$

단서1

① ㄱ 　　　② ㄴ 　　　③ ㄱ, ㄷ

④ ㄱ, ㄷ 　　　⑤ ㄴ, ㄷ

단서1 절댓값 기호를 포함 ➡ $x>0, x<0$일 때로 나누어 생각

STEP 1 $x>0$, $x<0$일 때로 나누어 $x=0$에서의 우극한과 좌극한 구하기

$x \to 0+$이면 $x>0$이므로 $\lim_{x \to 0+} |x|=\lim_{x \to 0+} x$

$x \to 0-$이면 $x<0$이므로 $\lim_{x \to 0-} |x|=\lim_{x \to 0-} (-x)$

STEP 2 극한값이 존재하는 것 찾기

ㄱ. $\lim_{x \to 0+} |x|=\lim_{x \to 0+} x=0$, $\lim_{x \to 0-} |x|=\lim_{x \to 0-} (-x)=0$

$\quad \therefore \lim_{x \to 0} |x|=0$

ㄴ. $\lim_{x \to 0+} x|x|=\lim_{x \to 0+} x^2=0$, $\lim_{x \to 0-} x|x|=\lim_{x \to 0-} (-x^2)=0$

$\quad \therefore \lim_{x \to 0} x|x|=0$

ㄷ. $\lim_{x \to 0+} \dfrac{|x|}{x}=\lim_{x \to 0+} \dfrac{x}{x}=1$, $\lim_{x \to 0-} \dfrac{|x|}{x}=\lim_{x \to 0-} \dfrac{-x}{x}=-1$

$\quad$ 즉, $\lim_{x \to 0} \dfrac{|x|}{x}$의 값은 존재하지 않는다.

따라서 극한값이 존재하는 것은 ㄱ, ㄴ이다.

0040 답 -2

$$f(x)=\begin{cases} x+4 & (x<-2) \\ 0 & (x=-2, \ x=2) \\ \dfrac{x^2}{4} & (-2<x<2) \\ -x+4 & (x>2) \end{cases}$$

이므로 함수 $y=f(x)$의 그래프는 그림과 같다.

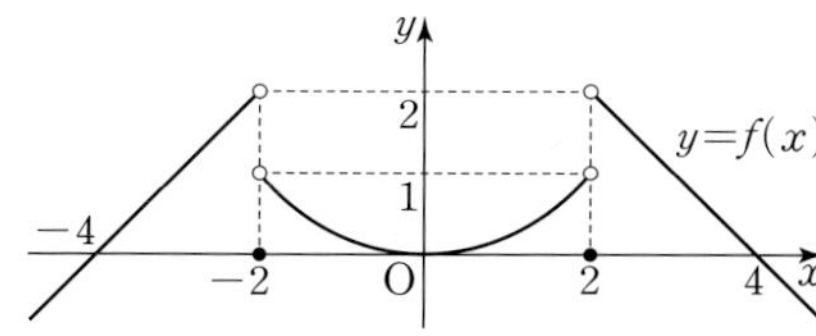

그림에서 x의 값이 -2보다 작으면서 -2에 가까워질 때 $f(x)$의 값은 2에 가까워진다.

따라서 $\lim_{x \to a-} f(x)=2$를 만족시키는 실수 a의 값은 -2이다.

0041 답 0

$x \to 1-$이면 $x<1$이므로

$$\lim_{x \to 1-} \frac{x^2-3x+2}{|x-1|}=\lim_{x \to 1-} \frac{(x-1)(x-2)}{-(x-1)}$$
$$=\lim_{x \to 1-} \{-(x-2)\}=1$$

$\therefore a=1$

$x \to 1+$이면 $x>1$이므로

$$\lim_{x \to 1+} \frac{x^2-3x+2}{|x-1|}=\lim_{x \to 1+} \frac{(x-1)(x-2)}{x-1}$$
$$=\lim_{x \to 1+} (x-2)=-1$$

$\therefore b=-1$

$\therefore a+b=1+(-1)=0$

0042 답 ⑤

$x \to 0+$이면 $x>0$이므로

$$\lim_{x \to 0+} \frac{x^2+x}{|x|}=\lim_{x \to 0+} \frac{x(x+1)}{x}=\lim_{x \to 0+} (x+1)=1$$

$\therefore a=1$

$x \to 1-$이면 $x<1$이므로

$$\lim_{x \to 1-} \frac{x+|x-1|}{x}=\lim_{x \to 1-} \frac{x-(x-1)}{x}$$
$$=\lim_{x \to 1-} \frac{1}{x}=1$$

$\therefore b=1$

$\therefore a+b=1+1=2$

0043 답 ⑤

$x \to 4+$이면 $x>4$이므로

$|\sqrt{x}-2|=\sqrt{x}-2$

$x \to 4-$이면 $x<4$이므로

$|\sqrt{x}-2|=-(\sqrt{x}-2)$

$$\lim_{x \to 4+} f(x)=\lim_{x \to 4+} \frac{\sqrt{x}+2-(\sqrt{x}-2)-4}{\sqrt{x}-2}$$
$$=\lim_{x \to 4+} \frac{0}{\sqrt{x}-2}=0$$
$$\lim_{x \to 4-} f(x)=\lim_{x \to 4-} \frac{\sqrt{x}+2+(\sqrt{x}-2)-4}{\sqrt{x}-2}$$
$$=\lim_{x \to 4-} \frac{2(\sqrt{x}-2)}{\sqrt{x}-2}=2$$

이므로 $\lim_{x \to 4+} f(x)+\lim_{x \to 4-} f(x)=0+2=2$

0044 답 ③

$$|f(x)|=\begin{cases} f(x) & (f(x)>0) \\ -f(x) & (f(x)<0) \end{cases}$$이므로

함수 $y=|f(x)|$의 그래프는 그림과 같다.

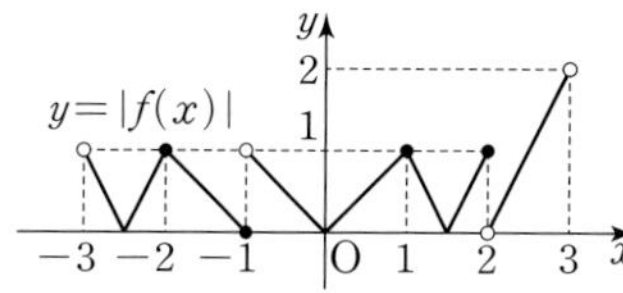

$\lim_{x \to n} |f(x)|$의 값이 존재하는 정수 n의 값은 -2, 0, 1이므로

$a=-2+0+1=-1$

01

함수 $y=|f(x)-1|$의 그래프는 그림과 같다.

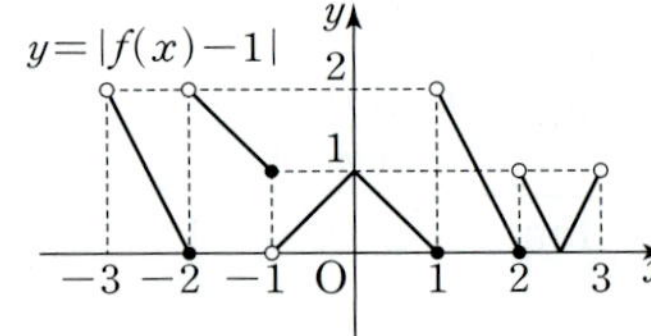

$\lim\limits_{x\to n}|f(x)-1|$의 값이 존재하는 정수 n은 0의 1개이므로
$b=1$
$\therefore a+b=-1+1=0$

 $y=f(x)$의 그래프를 y축의 방향으로 -1만큼 평행이동하면
$y=f(x)-1$의 그래프를 그릴 수 있다.

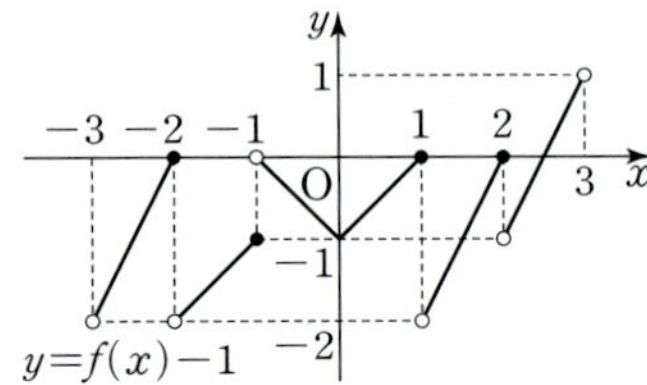

이 그래프에서 $y<0$인 부분을 x축에 대하여 대칭이동하면 $y=|f(x)-1|$
의 그래프를 그릴 수 있다.

0045 답 -1

$f(x)=|x-1|$이므로
$$\lim_{x\to 1}\frac{f(x-k)-f(k+1)}{x-1}=\lim_{x\to 1}\frac{|x-(k+1)|-|k|}{x-1}$$

(i) $k+1>1$, 즉 $k>0$일 때
$$\lim_{x\to 1}\frac{|x-(k+1)|-|k|}{x-1}=\lim_{x\to 1}\frac{-(x-k-1)-k}{x-1}$$
$x\to 1$이고 $k+1>1$이므로 $x<k+1$이다.
$$=\lim_{x\to 1}\frac{-(x-1)}{x-1}$$
$$=-1\neq 1$$
이므로 성립하지 않는다.

(ii) $k+1=1$, 즉 $k=0$일 때
$$\lim_{x\to 1}\frac{|x-(k+1)|-|k|}{x-1}=\lim_{x\to 1}\frac{|x-1|}{x-1}$$이고
$$\lim_{x\to 1+}\frac{|x-1|}{x-1}=\lim_{x\to 1+}\frac{x-1}{x-1}=1$$
$$\lim_{x\to 1-}\frac{|x-1|}{x-1}=\lim_{x\to 1-}\frac{-(x-1)}{x-1}=-1$$
이므로 극한값이 존재하지 않는다.

(iii) $k+1<1$, 즉 $k<0$일 때
$$\lim_{x\to 1}\frac{|x-(k+1)|-|k|}{x-1}=\lim_{x\to 1}\frac{x-k-1+k}{x-1}$$
$x\to 1$이고 $k+1<1$이므로 $x>k+1$이다.
$$=\lim_{x\to 1}\frac{x-1}{x-1}$$
$$=1$$

(i), (ii), (iii)에서 $k<0$이므로 정수 k의 최댓값은 -1이다.

절댓값 기호 안의 식의 값이 0이 되게 하는 값을 기준으로 구간을 나누
어 생각해야 한다.
$\lim\limits_{x\to 1}\dfrac{|x-(k+1)|-|k|}{x-1}$에서 $x\to 1$이므로
$k+1>1$, $k+1=1$, $k+1<1$에 따라 극한값이 달라짐에 주의한다.

0046 답 ①

$x\to 0$이므로 $a=0$, $a>0$, $a<0$인 경우로 나누어서 생각할 수 있다.

ㄱ. $a=0$일 때
$$\lim_{x\to 0+}\frac{|x-a|+b}{x}=\lim_{x\to 0+}\frac{x+b}{x}=\lim_{x\to 0+}\left(1+\frac{b}{x}\right)$$
$$\lim_{x\to 0-}\frac{|x-a|+b}{x}=\lim_{x\to 0-}\frac{-x+b}{x}=\lim_{x\to 0-}\left(-1+\frac{b}{x}\right)$$
$b>0$이면 $\lim\limits_{x\to 0+}\left(1+\dfrac{b}{x}\right)=\infty$, $\lim\limits_{x\to 0-}\left(-1+\dfrac{b}{x}\right)=-\infty$
$b=0$이면 $\lim\limits_{x\to 0+}\left(1+\dfrac{b}{x}\right)=1$, $\lim\limits_{x\to 0-}\left(-1+\dfrac{b}{x}\right)=-1$
$b<0$이면 $\lim\limits_{x\to 0+}\left(1+\dfrac{b}{x}\right)=-\infty$, $\lim\limits_{x\to 0-}\left(-1+\dfrac{b}{x}\right)=\infty$
즉, 극한값이 존재하지 않는다. (참)

ㄴ. $a>0$일 때, $a+b=0$이면
$$\lim_{x\to 0}\frac{|x-a|+b}{x}=\lim_{x\to 0}\frac{-(x-a)+b}{x}=\lim_{x\to 0}\frac{-x+a+b}{x}$$
$x\to 0$이고 $a>0$이므로 $x<a$이다.
$$=\lim_{x\to 0}\frac{-x}{x}=-1 \text{ (거짓)}$$

ㄷ. $a<0$일 때, $a-b=0$이면
$$\lim_{x\to 0}\frac{|x-a|+b}{x}=\lim_{x\to 0}\frac{(x-a)+b}{x}=\lim_{x\to 0}\frac{x-(a-b)}{x}$$
$x\to 0$이고 $a<0$이므로 $x>a$이다.
$$=\lim_{x\to 0}\frac{x}{x}=1 \text{ (거짓)}$$

따라서 옳은 것은 ㄱ뿐이다.

0047 답 ④
|유형 6

함수 $f(x)=x-[x]$에 대하여 $\underbrace{\lim\limits_{x\to 2+}f(x)}_{\text{단서1}}+\underbrace{\lim\limits_{x\to 2-}f(x)}_{\text{단서2}}$의 값은?
(단, $[x]$는 x보다 크지 않은 최대의 정수이다.)

① -2 ② -1 ③ 0
④ 1 ⑤ 2

단서1 가우스 기호를 포함한 함수는 정수 n을 기준으로 좌극한과 우극한이 다르다.
단서2 $x=2$에서의 우극한과 좌극한의 합

STEP 1 $2<x<3$에서 $[x]$의 값과 우극한 구하기

$2<x<3$일 때, $[x]=2$이므로
$$\lim_{x\to 2+}f(x)=\lim_{x\to 2+}(x-[x])=2-2=0$$

STEP 2 $1<x<2$에서 $[x]$의 값과 좌극한 구하기

$1<x<2$일 때, $[x]=1$이므로
$$\lim_{x\to 2-}f(x)=\lim_{x\to 2-}(x-[x])=2-1=1$$

STEP 3 극한값의 합 구하기

$$\lim_{x\to 2+}f(x)+\lim_{x\to 2-}f(x)=0+1=1$$

 함수 $f(x)=x-[x]$의 그래프는 그림과 같다.

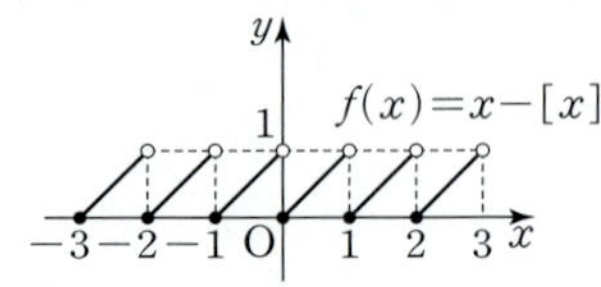

0048 답 ①

$x\to 0+$이면 x의 값은 0보다 크면서 0에 아주 가까운 수를 의미하
므로 $0<x<1$인 실수이다. 즉, $\lim\limits_{x\to 0+}[x]=0$이다.

$x \to -1-$이면 x의 값은 -1보다 작으면서 -1에 아주 가까운
수를 의미하므로 $-2<x<-1$인 실수이다.
즉, $\lim\limits_{x \to -1-}[x]=-2$이다.
$$\therefore \lim_{x \to 0+}[x]+\lim_{x \to -1-}[x]=0-2=-2$$

0049 답 ④

$0<x<1$일 때, $[x]=0$이므로
$$\lim_{x \to 0+}\frac{[x]+1}{x+1}=1 \qquad \therefore a=1$$
$-1<x<0$일 때, $0<x+1<1$에서 $[x+1]=0$이므로
$$\lim_{x \to 0-}\frac{[x+1]}{x+1}=0 \qquad \therefore b=0$$
$$\therefore a+b=1+0=1$$

0050 답 ③

① $\lim\limits_{x \to 0-}\dfrac{[x-1]}{x-1}=\dfrac{-2}{-1}=2$

② $\lim\limits_{x \to 0+}\dfrac{[x+1]}{x+1}=\dfrac{1}{1}=1$

③ $\lim\limits_{x \to -1-}\dfrac{[x]}{|x|}=\dfrac{-2}{|-1|}=-2$

④ $\lim\limits_{x \to 1+}\dfrac{[x-2]}{[x+1]}=\dfrac{-1}{2}=-\dfrac{1}{2}$

⑤ $\lim\limits_{x \to 2-}\dfrac{[x+2]}{x}=\dfrac{3}{2}$

따라서 그 값이 가장 작은 것은 ③이다.

0051 답 ④

a가 정수일 때, $\lim\limits_{x \to a+}[x]=a$, $\lim\limits_{x \to a-}[x]=a-1$이므로
$$\lim_{x \to a+}f(x)=\lim_{x \to a+}([x]^2+[x])=a^2+a$$
$$\lim_{x \to a-}f(x)=\lim_{x \to a-}([x]^2+[x])=(a-1)^2+a-1=a^2-a$$
$\lim\limits_{x \to a}f(x)$의 값이 존재하기 위해서는 우극한과 좌극한이 일치해야
하므로
$$a^2+a=a^2-a, \ 2a=0 \qquad \therefore a=0$$

참고 a가 정수일 때, $\lim\limits_{x \to a-}[x]$는 x에 a보다 아주 조금 작은 값을 대입해서
얻는 값으로 생각할 수 있기 때문에 a보다 작은 최대의 정수이다.
따라서 a보다 작은 최대의 정수는 $a-1$이다.

0052 답 ②

함수 $f(x)=[x]^2+k[x^2]$에서
$$\lim_{x \to -1+}[x]=-1, \ \lim_{x \to -1+}[x^2]=0$이므로$$
$$\lim_{x \to -1+}f(x)=\lim_{x \to -1+}([x]^2+k[x^2])=(-1)^2+k\times 0=1$$
$$\lim_{x \to -1-}[x]=-2, \ \lim_{x \to -1-}[x^2]=1$이므로$$
$$\lim_{x \to -1-}f(x)=\lim_{x \to -1-}([x]^2+k[x^2])=(-2)^2+k\times 1=k+4$$
$\lim\limits_{x \to -1}f(x)$의 값이 존재하기 위해서는 우극한과 좌극한이 일치해
야 하므로
$$1=k+4 \qquad \therefore k=-3$$

정의역이 $\{x|-2\le x\le 2\}$인 함수
$y=f(x)$의 그래프가 그림과 같다.
$\lim\limits_{x \to -1}f(x)+\lim\limits_{x \to 1+}f(x-1)$의 값은?

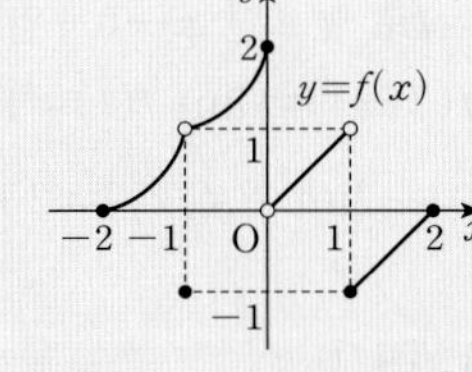

단서1
① -2 ② -1
③ 0 ④ 1
⑤ 2

단서1 $x-1=t$로 치환

STEP 1 $\lim\limits_{x \to -1}f(x)$의 값 구하기
함수 $y=f(x)$의 그래프에서 $\lim\limits_{x \to -1}f(x)=1$

STEP 2 $x-1=t$로 치환하여 식 정리하기
$x-1=t$로 놓으면 $x \to 1+$일 때 $t \to 0+$이므로
$$\lim_{x \to 1+}f(x-1)=\lim_{t \to 0+}f(t)=0$$

STEP 3 극한값의 합 구하기
$$\lim_{x \to -1}f(x)+\lim_{x \to 1+}f(x-1)=1+0=1$$

0054 답 1

함수 $y=f(x)$의 그래프에서 $\lim\limits_{x \to -1-}f(x)=-2 \qquad \therefore a=-2$
즉, $\lim\limits_{x \to -2+}f(x+3)$에서 $x+3=t$로 놓으면
$x \to -2+$일 때 $t \to 1+$이므로
$$\lim_{x \to -2+}f(x+3)=\lim_{t \to 1+}f(t)=1$$

0055 답 ④

$\lim\limits_{x \to 0+}f(x+1)$에서 $x+1=t$로 놓으면 $x \to 0+$일 때 $t \to 1+$이므로
$$\lim_{x \to 0+}f(x+1)=\lim_{t \to 1+}f(t)=0$$
$\lim\limits_{x \to 0-}f(-x-1)$에서 $-x-1=s$로 놓으면
$x \to 0-$일 때 $s \to -1+$이므로
$$\lim_{x \to 0-}f(-x-1)=\lim_{s \to -1+}f(s)=1$$
$$\therefore \lim_{x \to 0+}f(x+1)+\lim_{x \to 0-}f(-x-1)=\lim_{t \to 1+}f(t)+\lim_{s \to -1+}f(s)$$
$$=0+1=1$$

함수 $y=f(x)$의 그래프가 그림과 같다.
$\lim\limits_{x \to 3}f(f(x))$의 값은?

단서1
① -1 ② 0
③ 1 ④ 2
⑤ 3

단서1 합성함수의 극한이므로 $f(x)=t$로 치환

STEP 1 $f(x)=t$로 치환하여 극한값 구하기
$f(x)=t$로 놓으면 $x \to 3$일 때 $t \to 3-$이므로
$$\lim_{x \to 3}f(f(x))=\lim_{t \to 3-}f(t)=3$$
$\llcorner x \to 3$일 때 $f(x) \to 3-$

0057 답 3

함수 $y=f(x)$의 그래프에서 $f(0)=2$

$f(x)=t$로 놓으면 $x\to 0-$일 때 $t\to 1+$이므로

$\lim\limits_{x\to 0-} f(f(x))=\lim\limits_{t\to 1+} f(t)=1$

$\therefore f(0)+\lim\limits_{x\to 0-} f(f(x))=2+1=3$

0058 답 ④

$-x=t$로 놓으면 $x\to 1+$일 때 $t\to -1-$이므로

$\lim\limits_{x\to 1+} f(-x)=\lim\limits_{t\to -1-} f(t)=1$

$f(x)=k$로 놓으면 $x\to 0-$일 때 $k\to 2-$이므로

$\lim\limits_{x\to 0-} f(f(x))=\lim\limits_{k\to 2-} f(k)=0$

$\therefore \lim\limits_{x\to 1+} f(-x)+\lim\limits_{x\to 0-} f(f(x))=1+0=1$

0059 답 ⑤

ㄱ. $\lim\limits_{x\to 1-} f(x)=1$, $\lim\limits_{x\to 1+} f(x)=0$이므로 $\lim\limits_{x\to 1} f(x)$의 값은 존재하지 않는다. (거짓)

ㄴ. $f(x)=t$로 놓으면 $x\to 1+$일 때 $t\to 0+$이므로

$\lim\limits_{x\to 1+} f(f(x))=\lim\limits_{t\to 0+} f(t)=1$ (참)

ㄷ. $f(x)=k$로 놓으면 $x\to 2-$일 때 $k\to 1-$이므로

$\lim\limits_{x\to 2-} f(f(x))=\lim\limits_{k\to 1-} f(k)=1$ (참)

따라서 옳은 것은 ㄴ, ㄷ이다.

0060 답 ③

ㄱ. $f(x)=t$로 놓으면 $x\to 1+$일 때 $t\to 1+$이므로

$\lim\limits_{x\to 1+} g(f(x))=\lim\limits_{t\to 1+} g(t)=-1$

$x\to 1-$일 때 $t\to -1-$이므로

$\lim\limits_{x\to 1-} g(f(x))=\lim\limits_{t\to -1-} g(t)=0$

우극한과 좌극한이 일치하지 않으므로 극한값이 존재하지 않는다.

ㄴ. $f(x)=k$로 놓으면 $x\to 0+$일 때 $k\to -2+$이므로

$\lim\limits_{x\to 0+} g(f(x))=\lim\limits_{k\to -2+} g(k)=-1$

$x\to 0-$일 때 $k\to 0+$이므로

$\lim\limits_{x\to 0-} g(f(x))=\lim\limits_{k\to 0+} g(k)=1$

우극한과 좌극한이 일치하지 않으므로 극한값이 존재하지 않는다.

ㄷ. $g(x)=h$로 놓으면 $x\to -1+$일 때 $h\to 0-$이므로

$\lim\limits_{x\to -1+} f(g(x))=\lim\limits_{h\to 0-} f(h)=0$

$x\to -1-$일 때 $h\to 0-$이므로

$\lim\limits_{x\to -1-} f(g(x))=\lim\limits_{h\to 0-} f(h)=0$

우극한과 좌극한이 일치하므로 $\lim\limits_{x\to -1} f(g(x))=0$

따라서 극한값이 존재하는 것은 ㄷ뿐이다.

0061 답 2

$\lim\limits_{x\to -1+} f(x+2)$에서 $x+2=t$로 놓으면

$x\to -1+$일 때 $t\to 1+$이므로

$\lim\limits_{x\to -1+} f(x+2)=\lim\limits_{t\to 1+} f(t)=2$

$\lim\limits_{x\to 1+} g(x-2)$에서 $x-2=k$로 놓으면

$x\to 1+$일 때 $k\to -1+$이므로

$\lim\limits_{x\to 1+} g(x-2)=\lim\limits_{k\to -1+} g(k)=-1$

$\lim\limits_{x\to 0} (f\circ g)(x)=\lim\limits_{x\to 0} f(g(k))$에서 $g(x)=h$로 놓으면

$x\to 0$일 때 $h\to 0$이므로

$\lim\limits_{x\to 0} (f\circ g)(x)=\lim\limits_{x\to 0} f(g(x))=\lim\limits_{h\to 0} f(h)=1$

$\therefore \lim\limits_{x\to -1+} f(x+2)+\lim\limits_{x\to 1+} g(x-2)+\lim\limits_{x\to 0} (f\circ g)(x)$

$=2+(-1)+1=2$

0062 답 0

$\begin{array}{l} x\geq 1\text{일 때 } f(x)=x^2-x+1\text{이므로}\\ x\to 1+\text{일 때 } f(x)\to 1+ \end{array}$

$f(x)=t$로 놓으면 $x\to 1+$일 때 $t\to 1+$이므로

$\lim\limits_{x\to 1+} g(f(x))=\lim\limits_{t\to 1+} g(t)=\lim\limits_{t\to 1+} |t^2-1|=0$

참고 함수 $y=f(x)$, $y=g(x)$의 그래프는 그림과 같다.

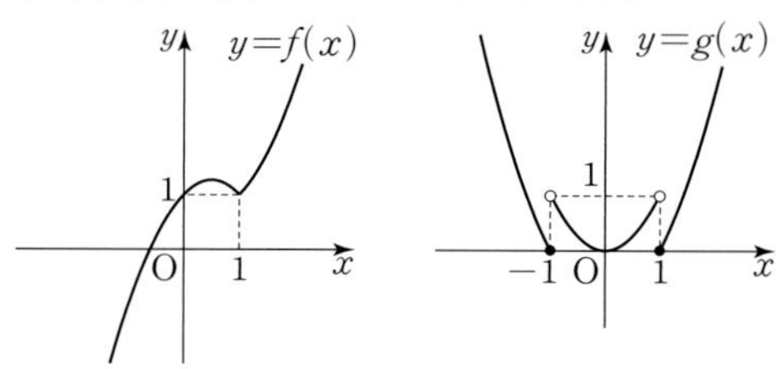

0063 답 ④

$\lim\limits_{x\to 0+} f(x-1)$에서 $x-1=t$로 놓으면

$x\to 0+$일 때 $t\to -1+$이므로

$\lim\limits_{x\to 0+} f(x-1)=\lim\limits_{t\to -1+} f(t)=-1$

$\lim\limits_{x\to 1+} f(f(x))$에서 $f(x)=k$로 놓으면

$x\to 1+$일 때 $k\to -1-$이므로

$\lim\limits_{x\to 1+} f(f(x))=\lim\limits_{k\to -1-} f(k)=2$

$\therefore \lim\limits_{x\to 0+} f(x-1)+\lim\limits_{x\to 1+} f(f(x))=-1+2=1$

0064 답 ⑤

| 유형 9

두 함수 $f(x)$, $g(x)$에 대하여

$$\lim\limits_{x\to 1} f(x)=4, \ \lim\limits_{x\to 1} g(x)=-3$$

단서1

일 때, 〈보기〉에서 옳은 것만을 있는 대로 고른 것은?

〈보기〉

ㄱ. $\lim\limits_{x\to 1} \{f(x)+g(x)\}=1$

ㄴ. $\lim\limits_{x\to 1} \{3f(x)-2g(x)\}=18$

ㄷ. $\lim\limits_{x\to 1} f(x)g(x)=-12$

① ㄱ　　　② ㄴ　　　③ ㄷ

④ ㄱ, ㄴ　　　⑤ ㄱ, ㄴ, ㄷ

단서1 두 함수 $f(x)$, $g(x)$에서 극한값 $\lim\limits_{x\to 1} f(x)$, $\lim\limits_{x\to 1} g(x)$가 존재

STEP1 함수의 극한에 대한 성질을 이용하여 옳은 것 찾기

ㄱ. $\lim\limits_{x\to 1} \{f(x)+g(x)\}=\lim\limits_{x\to 1} f(x)+\lim\limits_{x\to 1} g(x)$

$=4+(-3)=1$ (참)

ㄴ. $\lim\limits_{x \to 1}\{3f(x)-2g(x)\}=3\lim\limits_{x \to 1}f(x)-2\lim\limits_{x \to 1}g(x)$
$$=3\times 4-2\times(-3)=18 \ (참)$$

ㄷ. $\lim\limits_{x \to 1}f(x)g(x)=\lim\limits_{x \to 1}f(x)\times\lim\limits_{x \to 1}g(x)$
$$=4\times(-3)=-12 \ (참)$$

따라서 옳은 것은 ㄱ, ㄴ, ㄷ이다.

0065 답 -9

$$\lim_{x \to 2}(x^2-4x-5)f(x)=\lim_{x \to 2}(x+1)(x-5)f(x)$$
$$=\lim_{x \to 2}(x+1)f(x)\times\lim_{x \to 2}(x-5)$$
$$=3\times(-3)=-9$$

$\lim\limits_{x \to 2}(x+1)f(x)=3$을 이용할 수 있도록 식을 변형한다.

0066 답 $\dfrac{4}{5}$

$\lim\limits_{x \to 1}\dfrac{f(x)}{g(x)}=3$이므로 주어진 식의 분모, 분자를 각각 $g(x)$로 나누면

$$\lim_{x \to 1}\frac{f(x)+g(x)}{2f(x)-g(x)}=\lim_{x \to 1}\frac{\dfrac{f(x)}{g(x)}+1}{2\times\dfrac{f(x)}{g(x)}-1}$$
$$=\frac{3+1}{2\times 3-1}=\frac{4}{5}$$

0067 답 ②

$\lim\limits_{x \to 0}\dfrac{f(x)}{x}=1$이므로 주어진 식의 분모, 분자를 각각 x로 나누면

$$\lim_{x \to 0}\frac{x^2-2f(x)}{x+f(x)}=\lim_{x \to 0}\frac{x-2\times\dfrac{f(x)}{x}}{1+\dfrac{f(x)}{x}}$$
$$=\frac{0-2}{1+1}=-1$$

0068 답 5

$\lim\limits_{x \to 0}\{f(x)+g(x)\}=6,\ \lim\limits_{x \to 0}\{f(x)-g(x)\}=4$에서

$f(x)+g(x)=h(x),\ f(x)-g(x)=k(x)$ ·················· ㉠

로 놓으면 $\lim\limits_{x \to 0}h(x)=6,\ \lim\limits_{x \to 0}k(x)=4$

㉠의 두 식을 연립하면

$$f(x)=\frac{h(x)+k(x)}{2},\ g(x)=\frac{h(x)-k(x)}{2}$$
$$\lim_{x \to 0}f(x)=\lim_{x \to 0}\frac{h(x)+k(x)}{2}=\frac{6+4}{2}=5$$
$$\lim_{x \to 0}g(x)=\lim_{x \to 0}\frac{h(x)-k(x)}{2}=\frac{6-4}{2}=1$$
$$\therefore \lim_{x \to 0}f(x)g(x)=\lim_{x \to 0}f(x)\times\lim_{x \to 0}g(x)=5\times 1=5$$

다른 풀이

$f(x)g(x)=\dfrac{\{f(x)+g(x)\}^2-\{f(x)-g(x)\}^2}{4}$이므로

$$\lim_{x \to 0}f(x)g(x)=\frac{6^2-4^2}{4}=5$$

0069 답 ④

$\lim\limits_{x \to 1}\{2f(x)-g(x)\}=4$에서 $2f(x)-g(x)=h(x)$로 놓으면

$\lim\limits_{x \to 1}h(x)=4$이고 $g(x)=2f(x)-h(x)$

$$\therefore \lim_{x \to 1}\frac{f(x)+g(x)}{f(x)-g(x)}=\lim_{x \to 1}\frac{f(x)+\{2f(x)-h(x)\}}{f(x)-\{2f(x)-h(x)\}}$$
$$=\lim_{x \to 1}\frac{3f(x)-h(x)}{-f(x)+h(x)}$$
$$=\frac{3\times 3-4}{-3+4}=5$$

다른 풀이

$\lim\limits_{x \to 1}f(x)=3,\ \lim\limits_{x \to 1}\{2f(x)-g(x)\}=4$이므로

$2\lim\limits_{x \to 1}f(x)=\lim\limits_{x \to 1}2f(x)=6$이고,

$\lim\limits_{x \to 1}2f(x)-\lim\limits_{x \to 1}\{2f(x)-g(x)\}=6-4=2$에서

$\lim\limits_{x \to 1}\{2f(x)-2f(x)+g(x)\}=2$

$\therefore \lim\limits_{x \to 1}g(x)=2$

$$\therefore \lim_{x \to 1}\frac{f(x)+g(x)}{f(x)-g(x)}=\frac{\lim\limits_{x \to 1}f(x)+\lim\limits_{x \to 1}g(x)}{\lim\limits_{x \to 1}f(x)-\lim\limits_{x \to 1}g(x)}$$
$$=\frac{3+2}{3-2}=5$$

0070 답 ③

$\lim\limits_{x \to 1}\{f(x)+2\}=5$에서 $f(x)+2=h(x)$로 놓으면

$\lim\limits_{x \to 1}h(x)=5$이고 $f(x)=h(x)-2$

$\therefore \lim\limits_{x \to 1}f(x)=\lim\limits_{x \to 1}\{h(x)-2\}=5-2=3$

$\lim\limits_{x \to 1}f(x)g(x)=6$이고 $\lim\limits_{x \to 1}f(x)=3$이므로

$$\lim_{x \to 1}g(x)=\lim_{x \to 1}\frac{f(x)g(x)}{f(x)}=\frac{\lim\limits_{x \to 1}f(x)g(x)}{\lim\limits_{x \to 1}f(x)}=\frac{6}{3}=2$$
$$\therefore \lim_{x \to 1}\frac{(x+2)g(x)}{f(x)}=\frac{\lim\limits_{x \to 1}(x+2)\times\lim\limits_{x \to 1}g(x)}{\lim\limits_{x \to 1}f(x)}$$
$$=\frac{3\times 2}{3}=2$$

0071 답 ①

$\lim\limits_{x \to 1}\{f(x)+x\}=3$에서 $f(x)+x=h(x)$로 놓으면

$\lim\limits_{x \to 1}h(x)=3$이고 $f(x)=h(x)-x$

$\therefore \lim\limits_{x \to 1}f(x)=\lim\limits_{x \to 1}\{h(x)-x\}$
$$=\lim_{x \to 1}h(x)-\lim_{x \to 1}x$$
$$=3-1=2$$

$\lim\limits_{x \to 1}\dfrac{g(x)}{f(x)}=2$이고 $\lim\limits_{x \to 1}f(x)=2$이므로

$$\lim_{x \to 1}g(x)=\lim_{x \to 1}\left\{\frac{g(x)}{f(x)}\times f(x)\right\}$$
$$=\lim_{x \to 1}\frac{g(x)}{f(x)}\times\lim_{x \to 1}f(x)$$
$$=2\times 2=4$$
$$\therefore \lim_{x \to 1}\frac{f(x)}{(x^2+1)\{g(x)-1\}}=\frac{2}{2\times 3}=\frac{1}{3}$$

0072 답 $\dfrac{11}{13}$

$\lim\limits_{x\to\infty} f(x)=\infty$, $\lim\limits_{x\to\infty}\{3f(x)-2g(x)\}=1$에서

$3f(x)-2g(x)=h(x)$로 놓으면 $\quad\left[\to \lim\limits_{x\to\infty}\dfrac{1}{f(x)}=0\right]$

$\lim\limits_{x\to\infty} h(x)=1$, $\lim\limits_{x\to\infty}\dfrac{h(x)}{f(x)}=0$이고 $g(x)=\dfrac{3f(x)-h(x)}{2}$

$\therefore \lim\limits_{x\to\infty}\dfrac{7f(x)-g(x)}{2f(x)+3g(x)}=\lim\limits_{x\to\infty}\dfrac{7f(x)-\dfrac{3f(x)-h(x)}{2}}{2f(x)+3\times\dfrac{3f(x)-h(x)}{2}}$

$\qquad\qquad=\lim\limits_{x\to\infty}\dfrac{11f(x)+h(x)}{13f(x)-3h(x)}$

$\qquad\qquad=\lim\limits_{x\to\infty}\dfrac{11+\dfrac{h(x)}{f(x)}}{13-3\times\dfrac{h(x)}{f(x)}}$

$\qquad\qquad=\dfrac{11+0}{13-3\times0}=\dfrac{11}{13}$

다른 풀이

$\lim\limits_{x\to\infty} f(x)=\infty$, $\lim\limits_{x\to\infty}\{3f(x)-2g(x)\}=1$이므로

$\lim\limits_{x\to\infty}\dfrac{3f(x)-2g(x)}{f(x)}=0$

즉, $\lim\limits_{x\to\infty}\left\{3-2\times\dfrac{g(x)}{f(x)}\right\}=0$이므로 $\lim\limits_{x\to\infty}\dfrac{g(x)}{f(x)}=\dfrac{3}{2}$

$\therefore \lim\limits_{x\to\infty}\dfrac{7f(x)-g(x)}{2f(x)+3g(x)}=\lim\limits_{x\to\infty}\dfrac{7-\dfrac{g(x)}{f(x)}}{2+3\times\dfrac{g(x)}{f(x)}}=\dfrac{7-\dfrac{3}{2}}{2+3\times\dfrac{3}{2}}=\dfrac{11}{13}$

0073 답 ①

$\lim\limits_{x\to\infty}\dfrac{f(x)}{x}=3$이므로 주어진 식의 분모, 분자를 각각 x^2으로 나누면

$\lim\limits_{x\to\infty}\dfrac{2x^2-1}{\{f(x)\}^2+3x^2}=\lim\limits_{x\to\infty}\dfrac{2-\dfrac{1}{x^2}}{\left\{\dfrac{f(x)}{x}\right\}^2+3}=\dfrac{2-0}{3^2+3}=\dfrac{1}{6}$

0074 답 30

$\lim\limits_{x\to1} f(x)=\lim\limits_{x\to1}\dfrac{(x+1)f(x)}{x+1}=\dfrac{\lim\limits_{x\to1}(x+1)f(x)}{\lim\limits_{x\to1}(x+1)}=\dfrac{1}{1+1}=\dfrac{1}{2}$

이므로

$\lim\limits_{x\to1}(2x^2+1)f(x)=\lim\limits_{x\to1}(2x^2+1)\times\lim\limits_{x\to1}f(x)=3\times\dfrac{1}{2}=\dfrac{3}{2}$

따라서 $a=\dfrac{3}{2}$이므로 $20a=20\times\dfrac{3}{2}=30$

0075 답 16

$\lim\limits_{x\to1}\dfrac{g(x)}{x^2-1}=\dfrac{1}{2}$이므로 $\lim\limits_{x\to1}\dfrac{x^2-1}{g(x)}=2$

$\lim\limits_{x\to1}\dfrac{(x+1)f(x)}{g(x)}=\lim\limits_{x\to1}\dfrac{(x+1)(x-1)f(x)}{(x-1)g(x)}$

$\qquad\qquad=\lim\limits_{x\to1}\left\{\dfrac{f(x)}{x-1}\times\dfrac{x^2-1}{g(x)}\right\}=8\times2=16$

0076 답 ②

$\lim\limits_{x\to\infty} g(x)=\infty$, $\lim\limits_{x\to\infty}\{2f(x)-3g(x)\}=1$에서

$2f(x)-3g(x)=h(x)$로 놓으면

$\lim\limits_{x\to\infty} h(x)=1$, $\lim\limits_{x\to\infty}\dfrac{h(x)}{g(x)}=0$이고 $f(x)=\dfrac{3g(x)+h(x)}{2}$

$\therefore \lim\limits_{x\to\infty}\dfrac{4f(x)+g(x)}{3f(x)-g(x)}=\lim\limits_{x\to\infty}\dfrac{4\times\dfrac{3g(x)+h(x)}{2}+g(x)}{3\times\dfrac{3g(x)+h(x)}{2}-g(x)}$

$\qquad\qquad=\lim\limits_{x\to\infty}\dfrac{14g(x)+4h(x)}{7g(x)+3h(x)}$

$\qquad\qquad=\lim\limits_{x\to\infty}\dfrac{14+4\times\dfrac{h(x)}{g(x)}}{7+3\times\dfrac{h(x)}{g(x)}}=\dfrac{14+4\times0}{7+3\times0}=2$

0077 답 ⑤ │ 유형 **10**

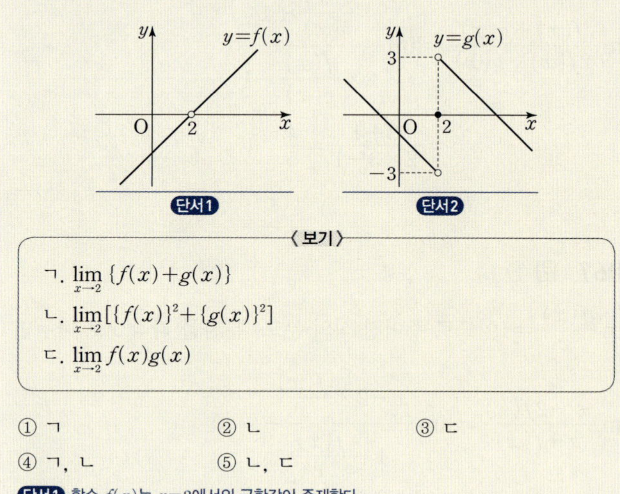

STEP 1 $x=2$에서의 우극한과 좌극한을 각각 구하여 극한값이 존재하는 것 찾기

두 함수 $f(x)$, $g(x)$의 $x=2$에서의 우극한과 좌극한을 구하면

$\lim\limits_{x\to2+} f(x)=0$, $\lim\limits_{x\to2-} f(x)=0$, $\lim\limits_{x\to2+} g(x)=3$, $\lim\limits_{x\to2-} g(x)=-3$

ㄱ. $\lim\limits_{x\to2+}\{f(x)+g(x)\}=0+3=3$

$\lim\limits_{x\to2-}\{f(x)+g(x)\}=0+(-3)=-3$

즉, $\lim\limits_{x\to2+}\{f(x)+g(x)\}\neq\lim\limits_{x\to2-}\{f(x)+g(x)\}$이므로

극한값은 존재하지 않는다.

ㄴ. $\lim\limits_{x\to2+}[\{f(x)\}^2+\{g(x)\}^2]=0^2+3^2=9$

$\lim\limits_{x\to2-}[\{f(x)\}^2+\{g(x)\}^2]=0^2+(-3)^2=9$

즉, $\lim\limits_{x\to2+}[\{f(x)\}^2+\{g(x)\}^2]=\lim\limits_{x\to2-}[\{f(x)\}^2+\{g(x)\}^2]$이

므로 극한값이 존재한다.

ㄷ. $\lim\limits_{x\to2+} f(x)g(x)=0\times3=0$, $\lim\limits_{x\to2-} f(x)g(x)=0\times(-3)=0$

즉, $\lim\limits_{x\to2+} f(x)g(x)=\lim\limits_{x\to2-} f(x)g(x)$이므로

극한값이 존재한다.

따라서 극한값이 존재하는 것은 ㄴ, ㄷ이다.

0078 답 ③

$\lim\limits_{x\to1-}(2-x)=1$, $\lim\limits_{x\to1-}f(x)=1$이므로

$$\lim_{x\to1-}(2-x)f(x)=\lim_{x\to1-}(2-x)\times\lim_{x\to1-}f(x)$$
$$=1\times1=1$$

0079 답 1

$\lim\limits_{x\to-1+}f(x)=-1$, $\lim\limits_{x\to-1+}g(x)=-1$이므로

$$\lim_{x\to-1+}f(x)g(x)=\lim_{x\to-1+}f(x)\times\lim_{x\to-1+}g(x)$$
$$=(-1)\times(-1)=1$$

0080 답 0

$$\lim_{x\to1+}\{f(x)+g(x)\}=\lim_{x\to1+}f(x)+\lim_{x\to1+}g(x)$$
└─ $x=1$에서의 우극한 $=-1+1=0$

$$\lim_{x\to1-}\{f(x)+g(x)\}=\lim_{x\to1-}f(x)+\lim_{x\to1-}g(x)$$
└─ $x=1$에서의 좌극한 $=1+(-1)=0$

$$\therefore \lim_{x\to1}\{f(x)+g(x)\}=0$$

0081 답 ③

ㄱ. $\lim\limits_{x\to1+}f(x)=2$, $\lim\limits_{x\to1-}f(x)=0$

즉, $\lim\limits_{x\to1+}f(x)\neq\lim\limits_{x\to1-}f(x)$이므로

$\lim\limits_{x\to1}f(x)$의 값은 존재하지 않는다. (참)

ㄴ. $\lim\limits_{x\to1}g(x)=\lim\limits_{x\to1}(x-1)f(x)$에서

$\lim\limits_{x\to1+}(x-1)f(x)=\lim\limits_{x\to1+}(x-1)\times\lim\limits_{x\to1+}f(x)=0\times2=0$

$\lim\limits_{x\to1-}(x-1)f(x)=\lim\limits_{x\to1-}(x-1)\times\lim\limits_{x\to1-}f(x)=0\times0=0$

즉, $\lim\limits_{x\to1+}g(x)=\lim\limits_{x\to1-}g(x)$이므로

$\lim\limits_{x\to1}g(x)$의 값이 존재한다. (참)

ㄷ. $\lim\limits_{x\to1}f(x)g(x)=\lim\limits_{x\to1}(x-1)\{f(x)\}^2$에서

$\lim\limits_{x\to1+}(x-1)\{f(x)\}^2$

$=\lim\limits_{x\to1+}(x-1)\times\lim\limits_{x\to1+}f(x)\times\lim\limits_{x\to1+}f(x)$

$=0\times2\times2=0$

$\lim\limits_{x\to1-}(x-1)\{f(x)\}^2$

$=\lim\limits_{x\to1-}(x-1)\times\lim\limits_{x\to1-}f(x)\times\lim\limits_{x\to1-}f(x)$

$=0\times0\times0=0$

즉, $\lim\limits_{x\to1+}f(x)g(x)=\lim\limits_{x\to1-}f(x)g(x)$이므로

$\lim\limits_{x\to1}f(x)g(x)$의 값은 존재한다. (거짓)

따라서 옳은 것은 ㄱ, ㄴ이다.

다른 풀이

ㄷ. ㄴ에서 $\lim\limits_{x\to1}g(x)=0$이므로

$\lim\limits_{x\to1+}f(x)g(x)=\lim\limits_{x\to1+}f(x)\times\lim\limits_{x\to1+}g(x)=2\times0=0$

$\lim\limits_{x\to1-}f(x)g(x)=\lim\limits_{x\to1-}f(x)\times\lim\limits_{x\to1-}g(x)=0\times0=0$

즉, $\lim\limits_{x\to1}f(x)g(x)$의 값은 존재한다.

0082 답 ⑤

$\lim\limits_{x\to1+}f(x)=2$, $\lim\limits_{x\to0-}f(x)=4$이고 $\lim\limits_{x\to0-}(x-1)=-1$이므로

$$\lim_{x\to1+}f(x)-\lim_{x\to0-}\frac{f(x)}{x-1}=\lim_{x\to1+}f(x)-\frac{\lim\limits_{x\to0-}f(x)}{\lim\limits_{x\to0-}(x-1)}$$
$$=2-\frac{4}{-1}=6$$

$\lim\limits_{x\to0-}(x-1)$, $\lim\limits_{x\to0-}f(x)$의 값이 존재한다.

0083 답 ③

$$\lim_{x\to0+}\{f(x)+kg(x)\}=-1+k\times3=-1+3k$$

$$\lim_{x\to0-}\{f(x)+kg(x)\}=2+k\times1=2+k$$

이때 $\lim\limits_{x\to0}\{f(x)+kg(x)\}$의 값이 존재하므로

$$-1+3k=2+k\text{에서 } k=\frac{3}{2}$$

0084 답 ② | 유형 11

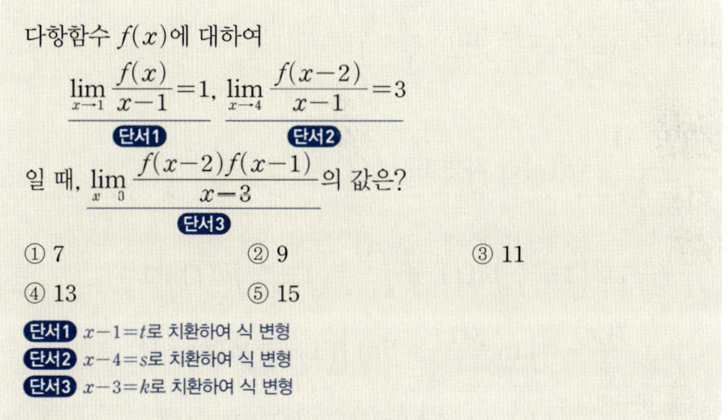

STEP 1 $x-1=t$로 치환하여 식 정리하기

$\lim\limits_{x\to1}\dfrac{f(x)}{x-1}$에서 $x-1=t$로 놓으면 $x=t+1$이고,

$x\to1$일 때 $t\to0$이므로

$$\lim_{x\to1}\frac{f(x)}{x-1}=\lim_{t\to0}\frac{f(t+1)}{t}=1$$

STEP 2 $x-4=s$로 치환하여 식 정리하기

$\lim\limits_{x\to4}\dfrac{f(x-2)}{x-1}$에서 $x-4=s$로 놓으면 $x=s+4$이고,

$x\to4$일 때 $s\to0$이므로

$$\lim_{x\to4}\frac{f(x-2)}{x-1}=\lim_{s\to0}\frac{f(s+2)}{s+3}=3$$

STEP 3 $x-3=k$로 치환하여 극한값 구하기

$\lim\limits_{x\to3}\dfrac{f(x-2)f(x-1)}{x-3}$에서 $x-3=k$로 놓으면 $x=k+3$이고,

$x\to3$일 때 $k\to0$이므로

$$\lim_{x\to3}\frac{f(x-2)f(x-1)}{x-3}$$

$$=\lim_{k\to0}\frac{f(k+1)f(k+2)}{k}=\lim_{k\to0}\left\{\frac{f(k+1)f(k+2)}{k(k+3)}\times(k+3)\right\}$$

$$=\lim_{k\to0}\left\{\frac{f(k+1)}{k}\times\frac{f(k+2)}{k+3}\times(k+3)\right\}$$

$$=\lim_{k\to0}\frac{f(k+1)}{k}\times\lim_{k\to0}\frac{f(k+2)}{k+3}\times\lim_{k\to0}(k+3)$$

$$=1\times3\times3=9$$

0085 답 ⑤

$x-1=t$로 놓으면 $x=t+1$이고, $x\to1$일 때 $t\to0$이므로

$$\lim_{x\to1}\frac{f(x-1)}{x^2-1}=\lim_{x\to1}\frac{f(x-1)}{(x-1)(x+1)}$$
$$=\lim_{t\to0}\frac{f(t)}{t(t+2)}$$
$$=\lim_{t\to0}\frac{f(t)}{t}\times\lim_{t\to0}\frac{1}{t+2}$$
$$=24\times\frac{1}{2}=12$$

참고 $\displaystyle\lim_{x\to0}\frac{f(x)}{x}=24$의 값을 이용할 수 있도록 주어진 식을 변형한다.

0086 답 ②

$\displaystyle\lim_{x\to0+}\frac{xf\left(\frac{1}{x}\right)-1}{1-x}$에서 $\frac{1}{x}=t$로 놓으면 $x=\frac{1}{t}$이고,

$x\to0+$일 때 $t\to\infty$이므로

$$\lim_{x\to0+}\frac{xf\left(\frac{1}{x}\right)-1}{1-x}=\lim_{t\to\infty}\frac{\frac{f(t)}{t}-1}{1-\frac{1}{t}}=-2$$

$\dfrac{\frac{f(t)}{t}-1}{1-\frac{1}{t}}=h(t)$라 하면 $\displaystyle\lim_{t\to\infty}h(t)=-2$이고,

$$\frac{f(t)}{t}-1=\left(1-\frac{1}{t}\right)h(t),\ \frac{f(t)}{t}=\left(1-\frac{1}{t}\right)h(t)+1$$

$$\therefore\ \lim_{x\to\infty}\frac{f(x)}{x}=\lim_{t\to\infty}\frac{f(t)}{t}=\lim_{t\to\infty}\left\{\left(1-\frac{1}{t}\right)h(t)+1\right\}$$

변수를 바꾸어도 극한값은 변하지 않는다.

$$=\lim_{t\to\infty}\left(1-\frac{1}{t}\right)\times\lim_{t\to\infty}h(t)+\lim_{t\to\infty}1$$
$$=1\times(-2)+1=-1$$

0087 답 ① | 유형 12

$\displaystyle\lim_{x\to2}\frac{x^3-8}{x^2-4}$의 값은?

단서1

① 3   ② 4   ③ 5
④ 6   ⑤ 7

단서1 $\displaystyle\lim_{x\to2}(x^2-4)=0$, $\displaystyle\lim_{x\to2}(x^3-8)=0$이므로 $\frac{0}{0}$ 꼴이고, 분모, 분자가 모두 다항식

STEP 1 분모, 분자를 인수분해한 후 약분하여 극한값 구하기

$$\lim_{x\to2}\frac{x^3-8}{x^2-4}=\lim_{x\to2}\frac{(x-2)(x^2+2x+4)}{(x-2)(x+2)}$$

$\frac{0}{0}$ 꼴

분모, 분자를 각각 $x-2$로 나눈다.

$$=\lim_{x\to2}\frac{x^2+2x+4}{x+2}$$
$$=\frac{2^2+2\times2+4}{2+2}=\frac{12}{4}=3$$

0088 답 $-\dfrac{1}{2}$

$$\lim_{x\to-2}\frac{x^2+6x+8}{x^2-4}=\lim_{x\to-2}\frac{(x+2)(x+4)}{(x+2)(x-2)}$$
$$=\lim_{x\to-2}\frac{x+4}{x-2}=\frac{2}{-4}=-\frac{1}{2}$$

0089 답 ④

$$\lim_{x\to1}\frac{(x^3-1)(x^3+1)}{x^4-1}+\lim_{x\to-1}\frac{(x^3-1)(x^3+1)}{x^4-1}$$
$$=\lim_{x\to1}\frac{(x-1)(x^2+x+1)(x^3+1)}{(x-1)(x+1)(x^2+1)}$$
$$+\lim_{x\to-1}\frac{(x^3-1)(x+1)(x^2-x+1)}{(x-1)(x+1)(x^2+1)}$$
$$=\lim_{x\to1}\frac{(x^2+x+1)(x^3+1)}{(x+1)(x^2+1)}+\lim_{x\to-1}\frac{(x^3-1)(x^2-x+1)}{(x-1)(x^2+1)}$$
$$=\frac{3}{2}+\frac{3}{2}=3$$

0090 답 30

$x^2+x^4+x^6+x^8+x^{10}-5$
$=(x^2-1)+(x^4-1)+(x^6-1)+(x^8-1)+(x^{10}-1)$이므로

$$\lim_{x\to1}\frac{x^2+x^4+x^6+x^8+x^{10}-5}{x-1}$$
$$=\lim_{x\to1}\frac{x^2-1}{x-1}+\lim_{x\to1}\frac{x^4-1}{x-1}+\cdots+\lim_{x\to1}\frac{x^{10}-1}{x-1}$$
$$=\lim_{x\to1}\frac{(x-1)(x+1)}{x-1}+\lim_{x\to1}\frac{(x-1)(x^3+x^2+x+1)}{x-1}+\cdots$$
$$+\lim_{x\to1}\frac{(x-1)(x^9+x^8+\cdots+x+1)}{x-1}$$
$$=2+4+6+8+10=30$$

개념 Check

x^n-1 꼴의 인수분해
$x^2-1=(x-1)(x+1)$
$x^3-1=(x-1)(x^2+x+1)$
$x^4-1=(x-1)(x+1)(x^2+1)=(x-1)(x^3+x^2+x+1)$
$\vdots$
$x^n-1=(x-1)(x^{n-1}+x^{n-2}+\cdots+x+1)$

0091 답 ①

$$\lim_{x\to2}\frac{(x-2)(x^3+1)}{x-2}=\lim_{x\to2}(x^3+1)=2^3+1=9$$

0092 답 5

$$\lim_{x\to2}\frac{x^2+x-6}{x-2}=\lim_{x\to2}\frac{(x-2)(x+3)}{x-2}=\lim_{x\to2}(x+3)=5$$

0093 답 ②

$$\lim_{x\to-1}\frac{x^2+9x+8}{x+1}=\lim_{x\to-1}\frac{(x+1)(x+8)}{x+1}=\lim_{x\to-1}(x+8)=7$$

0094 답 ⑤ | 유형 13

$\displaystyle\lim_{x\to2}\frac{\sqrt{x^2-3}-1}{x-2}$의 값은?

단서1

① 0   ② $\dfrac{1}{2}$ ③ 1
④ $\dfrac{3}{2}$ ⑤ 2

단서1 $\displaystyle\lim_{x\to2}(x-2)=0$, $\displaystyle\lim_{x\to2}(\sqrt{x^2-3}-1)=0$이므로 $\frac{0}{0}$ 꼴이고, 분자에 근호가 포함된 식이 존재

$$\lim_{x\to 2}\frac{\sqrt{x^2-3}-1}{x-2}=\lim_{x\to 2}\frac{(\sqrt{x^2-3}-1)(\sqrt{x^2-3}+1)}{(x-2)(\sqrt{x^2-3}+1)}$$

$\quad\to\dfrac{0}{0}$ 꼴

$$=\lim_{x\to 2}\frac{x^2-4}{(x-2)(\sqrt{x^2-3}+1)}\quad\to(\sqrt{x^2-3})^2-1^2$$

$$=\lim_{x\to 2}\frac{(x-2)(x+2)}{(x-2)(\sqrt{x^2-3}+1)}$$

$$=\lim_{x\to 2}\frac{x+2}{\sqrt{x^2-3}+1}=\frac{4}{2}=2$$

0095 답 ⑤

$$\lim_{x\to 0}\frac{\sqrt{1+2x}-\sqrt{1-2x}}{x}$$

$$=\lim_{x\to 0}\frac{(\sqrt{1+2x}-\sqrt{1-2x})(\sqrt{1+2x}+\sqrt{1-2x})}{x(\sqrt{1+2x}+\sqrt{1-2x})}$$

$$=\lim_{x\to 0}\frac{4x}{x(\sqrt{1+2x}+\sqrt{1-2x})}$$

$$=\lim_{x\to 0}\frac{4}{\sqrt{1+2x}+\sqrt{1-2x}}=\frac{4}{2}=2$$

0096 답 27

$$\lim_{x\to 3}\frac{x^3-3x^2}{\sqrt{4x-3}-\sqrt{2x+3}}$$

$$=\lim_{x\to 3}\frac{(x^3-3x^2)(\sqrt{4x-3}+\sqrt{2x+3})}{(\sqrt{4x-3}-\sqrt{2x+3})(\sqrt{4x-3}+\sqrt{2x+3})}$$

$$=\lim_{x\to 3}\frac{x^2(x-3)(\sqrt{4x-3}+\sqrt{2x+3})}{2(x-3)}$$

$$=\lim_{x\to 3}\frac{x^2(\sqrt{4x-3}+\sqrt{2x+3})}{2}$$

$$=\frac{9\times(3+3)}{2}=27$$

0097 답 ②

$$\lim_{x\to 0}\frac{\sqrt{1+x^2}-\sqrt{1-x^2}}{\sqrt{1+2x}-\sqrt{1-2x}}$$

$$=\lim_{x\to 0}\frac{(\sqrt{1+x^2}-\sqrt{1-x^2})(\sqrt{1+x^2}+\sqrt{1-x^2})(\sqrt{1+2x}+\sqrt{1-2x})}{(\sqrt{1+2x}-\sqrt{1-2x})(\sqrt{1+2x}+\sqrt{1-2x})(\sqrt{1+x^2}+\sqrt{1-x^2})}$$

$$=\lim_{x\to 0}\frac{2x^2(\sqrt{1+2x}+\sqrt{1-2x})}{4x(\sqrt{1+x^2}+\sqrt{1-x^2})}$$

$$=\lim_{x\to 0}\frac{x(\sqrt{1+2x}+\sqrt{1-2x})}{2(\sqrt{1+x^2}+\sqrt{1-x^2})}$$

$$=\frac{0\times(1+1)}{2\times(1+1)}=0$$

0098 답 ①

$$\lim_{x\to 3}\frac{\sqrt{2x-5}-1}{x-3}=\lim_{x\to 3}\frac{(\sqrt{2x-5}-1)(\sqrt{2x-5}+1)}{(x-3)(\sqrt{2x-5}+1)}$$

$$=\lim_{x\to 3}\frac{2x-6}{(x-3)(\sqrt{2x-5}+1)}$$

$$=\lim_{x\to 3}\frac{2}{\sqrt{2x-5}+1}=\frac{2}{1+1}=1$$

0099 답 4

$$\lim_{x\to 3}\frac{x-3}{\sqrt{x+1}-2}=\lim_{x\to 3}\frac{(x-3)(\sqrt{x+1}+2)}{(\sqrt{x+1}-2)(\sqrt{x+1}+2)}$$

$$=\lim_{x\to 3}\frac{(x-3)(\sqrt{x+1}+2)}{x-3}$$

$$=\lim_{x\to 3}(\sqrt{x+1}+2)=4$$

0100 답 ②

| 유형 14

$$\lim_{x\to\infty}\frac{3x-2}{\sqrt{4x^2+3x}+x}\text{의 값은?}$$

단서 1

① $\dfrac{1}{2}$ ② 1 ③ $\dfrac{3}{2}$

④ 2 ⑤ $\dfrac{5}{2}$

단서 1 $\lim\limits_{x\to\infty}(\sqrt{4x^2+3x}+x)=\infty$, $\lim\limits_{x\to\infty}(3x-2)=\infty$이므로 $\dfrac{\infty}{\infty}$ 꼴

$$\lim_{x\to\infty}\frac{3x-2}{\sqrt{4x^2+3x}+x}=\lim_{x\to\infty}\frac{3-\dfrac{2}{x}}{\sqrt{4+\dfrac{3}{x}}+1}$$

$\to \lim\limits_{x\to\infty}\dfrac{a}{x^n}=0$
(a는 0이 아닌 상수, n은 자연수)

최고차항인 x로 분모, 분자를 각각 나눈다.

$$=\frac{3}{\sqrt{4}+1}=1$$

0101 답 ⑤

$$\lim_{x\to\infty}\frac{(x+1)(3x-2)}{2x^2+x-3}=\lim_{x\to\infty}\frac{3x^2+x-2}{2x^2+x-3}$$

$\quad\to\dfrac{\infty}{\infty}$ 꼴

$$=\lim_{x\to\infty}\frac{3+\dfrac{1}{x}-\dfrac{2}{x^2}}{2+\dfrac{1}{x}-\dfrac{3}{x^2}}=\frac{3}{2}$$

다른 풀이

(분자의 차수)=(분모의 차수)이므로 극한값은 최고차항의 계수의 비와 같은 $\dfrac{3}{2}$이다.

0102 답 5

$$\lim_{x\to\infty}\frac{2+x+ax^2}{1-2x+x^2}=\lim_{x\to\infty}\frac{\dfrac{2}{x^2}+\dfrac{1}{x}+a}{\dfrac{1}{x^2}-\dfrac{2}{x}+1}=a\text{이므로 }a=5$$

0103 답 ④

$$\lim_{x\to\infty}\frac{f(x+2)-f(x)}{x-2}$$

$$=\lim_{x\to\infty}\frac{(x+2)(x+4)-x(x+2)}{x-2}$$

$$=\lim_{x\to\infty}\frac{(x+2)(x+4-x)}{x-2}=\lim_{x\to\infty}\frac{4x+8}{x-2}$$

$$=\lim_{x\to\infty}\frac{4+\dfrac{8}{x}}{1-\dfrac{2}{x}}=4$$

0104 답 -2

$x=-t$로 놓으면 $x\to-\infty$일 때 $t\to\infty$이므로

$$\lim_{x \to -\infty} \frac{\sqrt{x^2-3x}+3x}{\sqrt{x^2-1}-\sqrt{3-x}} = \lim_{t \to \infty} \frac{\sqrt{t^2+3t}-3t}{\sqrt{t^2-1}-\sqrt{3+t}}$$
$$= \lim_{t \to \infty} \frac{\sqrt{1+\dfrac{3}{t}}-3}{\sqrt{1-\dfrac{1}{t^2}}-\sqrt{\dfrac{3}{t^2}+\dfrac{1}{t}}}$$
$$= \frac{1-3}{1} = -2$$

0105 답 ②

$x \to -\infty$이므로 x를 음수로 생각하면
$\sqrt{x^2}=|x|=-x$이므로 $x \neq \sqrt{x^2}$이다.
따라서 ㉡에서 처음으로 잘못되었다.

$$\therefore \lim_{x \to -\infty} \frac{\sqrt{x^2+1}}{x+1} = \lim_{x \to -\infty} \frac{-\sqrt{\dfrac{x^2+1}{x^2}}}{1+\dfrac{1}{x}}$$
$$= \lim_{x \to -\infty} \frac{-\sqrt{1+\dfrac{1}{x^2}}}{1+\dfrac{1}{x}} = -1$$

다른 풀이

$x=-t$로 놓으면 $x \to -\infty$일 때 $t \to \infty$이므로

$$\lim_{x \to -\infty} \frac{\sqrt{x^2+1}}{x+1} = \lim_{t \to \infty} \frac{\sqrt{t^2+1}}{-t+1} = \lim_{t \to \infty} \frac{\sqrt{1+\dfrac{1}{t^2}}}{-1+\dfrac{1}{t}} = \frac{1}{-1} = -1$$

0106 답 1

$\displaystyle\lim_{x \to \infty} \frac{ax^n+3}{x^3+2x+4}=4$ (수렴)이므로 분자와 분모의 차수가 같다.
$\therefore n=3$

$$\lim_{x \to \infty} \frac{ax^3+3}{x^3+2x+4} = \lim_{x \to \infty} \frac{a+\dfrac{3}{x^3}}{1+\dfrac{2}{x^2}+\dfrac{4}{x^3}} = a$$

$\therefore a=4 \qquad \therefore a-n=1$

0107 답 ②

$t=-s$로 놓으면 $t \to -\infty$일 때 $s \to \infty$이므로

$$f(x) = \lim_{t \to -\infty} \frac{x^2+t(4x^2-x-10)}{\sqrt{t^2+2027x^2}}$$
$$= \lim_{s \to \infty} \frac{x^2-s(4x^2-x-10)}{\sqrt{s^2+2027x^2}}$$
$$= \lim_{s \to \infty} \frac{\dfrac{x^2}{s}-(4x^2-x-10)}{\sqrt{1+\dfrac{2027x^2}{s^2}}}$$
$$= -4x^2+x+10$$

즉, $f(x)=-4x^2+x+10=-4\left(x-\dfrac{1}{8}\right)^2+\dfrac{161}{16}$이므로

$x=\dfrac{1}{8}$일 때 함수 $f(x)$가 최댓값을 가진다.

$\therefore a=\dfrac{1}{8}$

실수 Check

$x \to -\infty$일 때의 극한값이 아니라 $t \to -\infty$일 때의 극한값임을 주의하자.

0108 답 3

$$\lim_{x \to \infty} \frac{9x^2+1}{3x^2+5x} = \lim_{x \to \infty} \frac{9+\dfrac{1}{x^2}}{3+\dfrac{5}{x}}$$
$$= \frac{9+0}{3+0}$$
$$= 3$$

0109 답 ④

$$\lim_{x \to \infty} \frac{\sqrt{x^2-2}+3x}{x+5} = \lim_{x \to \infty} \frac{\sqrt{1-\dfrac{2}{x^2}}+3}{1+\dfrac{5}{x}}$$
$$= \frac{1+3}{1+0}$$
$$= 4$$

0110 답 ② | 유형 15

$\displaystyle\lim_{x \to \infty} (\sqrt{x^2+2x}-x)$의 값은?
단서1

① 0 ② 1 ③ 2
④ 3 ⑤ 4

단서1 $\displaystyle\lim_{x \to \infty} \sqrt{x^2+2x}=\infty$, $\displaystyle\lim_{x \to \infty} x=\infty$이므로 $\infty-\infty$ 꼴이고, 근호를 포함한 식

STEP 1 근호가 있는 쪽을 유리화하여 $\dfrac{\infty}{\infty}$ 꼴로 변형하기

$$\lim_{x \to \infty} (\sqrt{x^2+2x}-x) = \lim_{x \to \infty} \frac{(\sqrt{x^2+2x}-x)(\sqrt{x^2+2x}+x)}{\sqrt{x^2+2x}+x}$$
$$= \lim_{x \to \infty} \frac{2x}{\sqrt{x^2+2x}+x} \quad \to \dfrac{\infty}{\infty} \ \text{꼴}$$

STEP 2 분모의 최고차항 x로 분모, 분자를 각각 나누어 극한값 구하기

분모, 분자를 x로 각각 나누면

$$\lim_{x \to \infty} \frac{2x}{\sqrt{x^2+2x}+x} = \lim_{x \to \infty} \frac{2}{\sqrt{1+\dfrac{2}{x}}+1}$$
$$= \frac{2}{1+1}$$
$$= 1$$

$$\therefore \lim_{x \to \infty} (\sqrt{x^2+2x}-x)=1$$

0111 답 $\dfrac{3\sqrt{2}}{2}$

$$\lim_{x \to \infty} (\sqrt{2x^2+3x+10}-\sqrt{2x^2-3x+10})$$
$$= \lim_{x \to \infty} \frac{(\sqrt{2x^2+3x+10}-\sqrt{2x^2-3x+10})(\sqrt{2x^2+3x+10}+\sqrt{2x^2-3x+10})}{\sqrt{2x^2+3x+10}+\sqrt{2x^2-3x+10}}$$
$$= \lim_{x \to \infty} \frac{6x}{\sqrt{2x^2+3x+10}+\sqrt{2x^2-3x+10}}$$
$$= \lim_{x \to \infty} \frac{6}{\sqrt{2+\dfrac{3}{x}+\dfrac{10}{x^2}}+\sqrt{2-\dfrac{3}{x}+\dfrac{10}{x^2}}}$$
$$= \frac{6}{2\sqrt{2}} = \frac{3\sqrt{2}}{2}$$

0112 답 ④

$x=-t$로 놓으면 $x \to -\infty$일 때 $t \to \infty$이므로

$\lim\limits_{x \to -\infty} \{\sqrt{f(x)} - \sqrt{f(-x)}\}$

$= \lim\limits_{x \to -\infty} (\sqrt{x^2-4x} - \sqrt{x^2+4x})$

$= \lim\limits_{t \to \infty} (\sqrt{t^2+4t} - \sqrt{t^2-4t})$

$= \lim\limits_{t \to \infty} \dfrac{(\sqrt{t^2+4t} - \sqrt{t^2-4t})(\sqrt{t^2+4t} + \sqrt{t^2-4t})}{\sqrt{t^2+4t} + \sqrt{t^2-4t}}$

$= \lim\limits_{t \to \infty} \dfrac{8t}{\sqrt{t^2+4t} + \sqrt{t^2-4t}}$

$= \lim\limits_{t \to \infty} \dfrac{8}{\sqrt{1+\dfrac{4}{t}} + \sqrt{1-\dfrac{4}{t}}}$

$= \dfrac{8}{1+1} = 4$

0113 답 ④

$a \le 0$이면 $\lim\limits_{x \to \infty} \{\sqrt{x^2+2x+2} - (ax-1)\} = \infty$이므로 발산한다.

즉, $a>0$이어야 한다. → $a>0$이면 $\infty - \infty$ 꼴이 된다.

$\lim\limits_{x \to \infty} \{\sqrt{x^2+2x+2} - (ax-1)\}$

$= \lim\limits_{x \to \infty} \dfrac{\{\sqrt{x^2+2x+2} - (ax-1)\}\{\sqrt{x^2+2x+2} + (ax-1)\}}{\sqrt{x^2+2x+2} + (ax-1)}$

$= \lim\limits_{x \to \infty} \dfrac{x^2+2x+2 - (ax-1)^2}{\sqrt{x^2+2x+2} + (ax-1)}$

$= \lim\limits_{x \to \infty} \dfrac{(1-a^2)x^2 + 2(1+a)x + 1}{\sqrt{x^2+2x+2} + (ax-1)}$ ┈┈┈┈┈┈ ㉠

이 식의 극한값이 존재하려면 $1-a^2=0$이어야 한다.

$\therefore a=1 \ (\because a>0)$

└→ 분모의 차수가 1이므로 분자의 이차항의 계수가 0이어야 한다.

$a=1$을 ㉠에 대입하면

$\lim\limits_{x \to \infty} \dfrac{4x+1}{\sqrt{x^2+2x+2}+x-1} = \lim\limits_{x \to \infty} \dfrac{4+\dfrac{1}{x}}{\sqrt{1+\dfrac{2}{x}+\dfrac{2}{x^2}}+1-\dfrac{1}{x}}$

$= \dfrac{4}{1+1} = 2$

즉, $b=2$이므로 $2ab = 2 \times 1 \times 2 = 4$

0114 답 ①

$\lim\limits_{x \to a} \dfrac{x^2-a^2}{x-a} = \lim\limits_{x \to a} \dfrac{(x-a)(x+a)}{x-a} = \lim\limits_{x \to a} (x+a) = 2a$

$2a=4$이므로 $a=2$

$\lim\limits_{x \to \infty} (\sqrt{x^2+ax+1} - \sqrt{x^2+bx+1})$

$= \lim\limits_{x \to \infty} \dfrac{(\sqrt{x^2+ax+1} - \sqrt{x^2+bx+1})(\sqrt{x^2+ax+1} + \sqrt{x^2+bx+1})}{\sqrt{x^2+ax+1} + \sqrt{x^2+bx+1}}$

$= \lim\limits_{x \to \infty} \dfrac{(a-b)x}{\sqrt{x^2+ax+1} + \sqrt{x^2+bx+1}}$

$= \lim\limits_{x \to \infty} \dfrac{a-b}{\sqrt{1+\dfrac{a}{x}+\dfrac{1}{x^2}} + \sqrt{1+\dfrac{b}{x}+\dfrac{1}{x^2}}} = \dfrac{a-b}{2}$

$\dfrac{a-b}{2} = \dfrac{1}{2}$에서 $a-b=1$, $a=2$이므로 $b=1$

$\therefore a+b = 2+1 = 3$

0115 답 ④

$\lim\limits_{x \to \infty} \{\sqrt{f(-x)} - \sqrt{f(x)}\}$

$= \lim\limits_{x \to \infty} \{\sqrt{a(x+1)^2+1} - \sqrt{a(x-1)^2+1}\}$

$= \lim\limits_{x \to \infty} \dfrac{\{\sqrt{a(x+1)^2+1} - \sqrt{a(x-1)^2+1}\}\{\sqrt{a(x+1)^2+1} + \sqrt{a(x-1)^2+1}\}}{\sqrt{a(x+1)^2+1} + \sqrt{a(x-1)^2+1}}$

$= \lim\limits_{x \to \infty} \dfrac{a(x+1)^2+1 - \{a(x-1)^2+1\}}{\sqrt{a(x+1)^2+1} + \sqrt{a(x-1)^2+1}}$

$= \lim\limits_{x \to \infty} \dfrac{4ax}{\sqrt{a(x+1)^2+1} + \sqrt{a(x-1)^2+1}}$

$= \lim\limits_{x \to \infty} \dfrac{4a}{\sqrt{a\left(1+\dfrac{1}{x}\right)^2+\dfrac{1}{x^2}} + \sqrt{a\left(1-\dfrac{1}{x}\right)^2+\dfrac{1}{x^2}}}$

$= \dfrac{4a}{2\sqrt{a}} = 2\sqrt{a}$

$2\sqrt{a} = 6$에서 $\sqrt{a} = 3$ $\quad \therefore a=9$

0116 답 $\dfrac{3}{2}$

| 유형 16

$\lim\limits_{x \to 1} \dfrac{1}{x-1}\left(\dfrac{2x^2}{x+1} - 1\right)$의 값을 구하시오.

단서1

단서1 $\lim\limits_{x \to 1} \dfrac{1}{x-1} = \pm\infty$, $\lim\limits_{x \to 1}\left(\dfrac{2x^2}{x+1} - 1\right) = 0$이므로 $\infty \times 0$ 꼴

STEP 1 통분하여 $\dfrac{0}{0}$ 꼴로 변형하기

$\lim\limits_{x \to 1} \dfrac{1}{x-1}\left(\dfrac{2x^2}{x+1} - 1\right) = \lim\limits_{x \to 1}\left(\dfrac{1}{x-1} \times \dfrac{2x^2-x-1}{x+1}\right)$

$= \lim\limits_{x \to 1} \dfrac{2x^2-x-1}{(x-1)(x+1)} \to \dfrac{0}{0}$ 꼴

STEP 2 분모, 분자를 인수분해한 후 약분하여 극한값 구하기

$\lim\limits_{x \to 1} \dfrac{2x^2-x-1}{(x-1)(x+1)} = \lim\limits_{x \to 1} \dfrac{(2x+1)(x-1)}{(x-1)(x+1)}$

$= \lim\limits_{x \to 1} \dfrac{2x+1}{x+1} = \dfrac{3}{2}$

0117 답 ③

$\lim\limits_{x \to 1} \dfrac{1}{x^2-1}\left(1 - \dfrac{4}{x+3}\right) = \lim\limits_{x \to 1}\left(\dfrac{1}{x^2-1} \times \dfrac{x-1}{x+3}\right)$

└→ $\infty \times 0$ 꼴

$= \lim\limits_{x \to 1} \dfrac{x-1}{(x-1)(x+1)(x+3)}$

$= \lim\limits_{x \to 1} \dfrac{1}{(x+1)(x+3)} = \dfrac{1}{8}$

0118 답 ①

$\lim\limits_{x \to 0} \dfrac{2}{x}\left(\dfrac{1}{\sqrt{x+4}} - \dfrac{1}{2}\right) = \lim\limits_{x \to 0}\left(\dfrac{2}{x} \times \dfrac{2-\sqrt{x+4}}{2\sqrt{x+4}}\right)$

$= \lim\limits_{x \to 0}\left(\dfrac{1}{x} \times \dfrac{2-\sqrt{x+4}}{\sqrt{x+4}}\right)$

$= \lim\limits_{x \to 0}\left\{\dfrac{1}{x} \times \dfrac{(2-\sqrt{x+4})(2+\sqrt{x+4})}{\sqrt{x+4}(2+\sqrt{x+4})}\right\}$

$= \lim\limits_{x \to 0}\left\{\dfrac{1}{x} \times \dfrac{-x}{\sqrt{x+4}(2+\sqrt{x+4})}\right\}$

$= \lim\limits_{x \to 0}\left\{\dfrac{-1}{\sqrt{x+4}(2+\sqrt{x+4})}\right\}$

$= \dfrac{-1}{2 \times (2+2)} = -\dfrac{1}{8}$

0119 답 ④

$$\lim_{x \to \infty} f(x) = \lim_{x \to \infty} x\left(\frac{\sqrt{x+1}}{\sqrt{x-1}} - 1\right)$$

$$= \lim_{x \to \infty} x\left(\frac{\sqrt{x+1} - \sqrt{x-1}}{\sqrt{x-1}}\right)$$

$$= \lim_{x \to \infty} \frac{x(\sqrt{x+1} - \sqrt{x-1})(\sqrt{x+1} + \sqrt{x-1})}{\sqrt{x-1}(\sqrt{x+1} + \sqrt{x-1})}$$

$$= \lim_{x \to \infty} \frac{2x}{\sqrt{x-1}(\sqrt{x+1} + \sqrt{x-1})}$$

$$= \lim_{x \to \infty} \frac{2}{\sqrt{1 - \frac{1}{x}}\left(\sqrt{1 + \frac{1}{x}} + \sqrt{1 - \frac{1}{x}}\right)}$$

$$= \frac{2}{1 \times (1+1)} = 1$$

0120 답 1

$x = -t$로 놓으면 $x \to -\infty$일 때 $t \to \infty$이므로

$$\lim_{x \to -\infty} x^2\left(1 + \frac{x}{\sqrt{x^2+2}}\right) = \lim_{t \to \infty} t^2\left(1 + \frac{-t}{\sqrt{t^2+2}}\right)$$

$$= \lim_{t \to \infty} \left(t^2 \times \frac{\sqrt{t^2+2} - t}{\sqrt{t^2+2}}\right)$$

$$= \lim_{t \to \infty} \left\{t^2 \times \frac{(\sqrt{t^2+2} - t)(\sqrt{t^2+2} + t)}{\sqrt{t^2+2}(\sqrt{t^2+2} + t)}\right\}$$

$$= \lim_{t \to \infty} \frac{2t^2}{\sqrt{t^2+2}(\sqrt{t^2+2} + t)}$$

$$= \lim_{t \to \infty} \frac{2}{\sqrt{1 + \frac{2}{t^2}}\left(\sqrt{1 + \frac{2}{t^2}} + 1\right)}$$

$$= \frac{2}{1 \times (1+1)} = 1$$

0121 답 ①

$f(1) = 1 - 1 + 1 = 1$이고

$\dfrac{1}{n} = x$로 놓으면 $n \to \infty$일 때 $x \to 0$이므로

$$\lim_{n \to \infty} n^2\left\{f\left(\frac{1}{n} + 1\right) - f(1)\right\}^2$$

$$= \lim_{x \to 0} \frac{1}{x^2}\{f(x+1) - f(1)\}^2$$

$$= \lim_{x \to 0} \frac{\{(x+1)^2 - (x+1) + 1 - 1\}^2}{x^2}$$

$$= \lim_{x \to 0} \frac{(x^2 + x)^2}{x^2} = \lim_{x \to 0} \frac{x^2(x+1)^2}{x^2}$$

$$= \lim_{x \to 0} (x+1)^2 = 1$$

다른 풀이

$$f\left(\frac{1}{n} + 1\right) - f(1) = \left\{\left(\frac{1}{n} + 1\right)^2 - \left(\frac{1}{n} + 1\right) + 1\right\} - 1$$

$$= \frac{1}{n^2} + \frac{1}{n} = \frac{n+1}{n^2}$$

이므로

$$\lim_{n \to \infty} n^2\left\{f\left(\frac{1}{n} + 1\right) - f(1)\right\}^2 = \lim_{n \to \infty} n^2\left(\frac{n+1}{n^2}\right)^2$$

$$= \lim_{n \to \infty} \frac{n^2(n+1)^2}{n^4}$$

$$= \lim_{n \to \infty} \frac{n^2 + 2n + 1}{n^2} = 1$$

0122 답 ①　　　　　　　　　　　　　　　　| 유형 **17**

다항함수 $f(x)$에 대하여 $\displaystyle\lim_{x \to 1} \frac{2(x^4-1)}{(x^2-1)f(x)} = 4$일 때, $f(1)$의 값은?

단서1

(단, $f(x) \neq 0$)

① 1　　　　　　② 2　　　　　　③ 4

④ 8　　　　　　⑤ 16

단서1 $\displaystyle\lim_{x \to 1} 2(x^4-1) = 0$, $\displaystyle\lim_{x \to 1}(x^2-1)f(x) = 0$이므로 $\dfrac{0}{0}$ 꼴

STEP 1 분모, 분자를 인수분해한 후 약분하고 극한값을 이용하여 $f(1)$의 값 구하기

$$\lim_{x \to 1} \frac{2(x^4-1)}{(x^2-1)f(x)} = \lim_{x \to 1} \frac{2(x^2-1)(x^2+1)}{(x^2-1)f(x)}$$

$$= \lim_{x \to 1} \frac{2(x^2+1)}{f(x)} = \frac{4}{f(1)}$$

즉, $\dfrac{4}{f(1)} = 4$이므로 $f(1) = 1$

0123 답 ⑤

$$\lim_{x \to 9} \frac{f(x)(x-9)}{\sqrt{x} - 3} = \lim_{x \to 9} \frac{f(x)(x-9)(\sqrt{x} + 3)}{(\sqrt{x} - 3)(\sqrt{x} + 3)}$$

$$= \lim_{x \to 9} \frac{f(x)(x-9)(\sqrt{x} + 3)}{x - 9}$$

$$= \lim_{x \to 9} f(x)(\sqrt{x} + 3)$$

$$= \lim_{x \to 9} f(x) \times \lim_{x \to 9}(\sqrt{x} + 3)$$

$$= 2 \times 6 = 12 \qquad \lim_{x \to 9} f(x) = 2$$

0124 답 -4

$x - 4 = t$로 놓으면 $x \to 4$일 때 $t \to 0$이므로

$$\lim_{x \to 4} f(x-4) = \lim_{t \to 0} f(t) = 5 \qquad \therefore \lim_{x \to 0} f(x) = 5$$

$$\therefore \lim_{x \to 0} \frac{1 + 3f(x)}{1 - f(x)} = \frac{1 + 3 \times 5}{1 - 5} = -4$$

0125 답 4

$$\lim_{x \to 0} \frac{f(x)}{\sqrt{x^2 + 4x + 1} - (x+1)}$$

$$= \lim_{x \to 0} \frac{f(x)\{\sqrt{x^2 + 4x + 1} + (x+1)\}}{\{\sqrt{x^2 + 4x + 1} - (x+1)\}\{\sqrt{x^2 + 4x + 1} + (x+1)\}}$$

$$= \lim_{x \to 0} \frac{f(x)\{\sqrt{x^2 + 4x + 1} + (x+1)\}}{x^2 + 4x + 1 - (x+1)^2}$$

$$= \lim_{x \to 0} \frac{f(x)\{\sqrt{x^2 + 4x + 1} + (x+1)\}}{2x}$$

$$= \frac{1}{2} \lim_{x \to 0} \frac{f(x)}{x} \times \lim_{x \to 0}\{\sqrt{x^2 + 4x + 1} + (x+1)\}$$

$$= \frac{1}{2} \times 4 \times (1+1) = 4 \qquad \lim_{x \to 0} \frac{f(x)}{x} = 4$$

0126 답 ③

$$\lim_{x \to \infty} \frac{2f(x)}{\sqrt{x^4 - f(x)} + f(x)} = \lim_{x \to \infty} \frac{2 \times \dfrac{f(x)}{x^2}}{\sqrt{1 - \dfrac{f(x)}{x^4}} + \dfrac{f(x)}{x^2}}$$

$$= \lim_{x \to \infty} \frac{2 \times \dfrac{f(x)}{x^2}}{\sqrt{1 - \dfrac{1}{x^2} \times \dfrac{f(x)}{x^2}} + \dfrac{f(x)}{x^2}} = 3$$

이때 $\lim\limits_{x\to\infty}\dfrac{f(x)}{x^2}=a$라 하면

$\dfrac{2a}{1+a}=3$이므로 $2a=3(1+a)$ $\therefore a=-3$

$\therefore \lim\limits_{x\to\infty}\dfrac{f(x)}{x^2}=-3$

0127 답 ②

$$\lim_{x\to 1}\frac{\{f(x)\}^2-2f(x)}{x^2f(x)-f(x)}=\lim_{x\to 1}\frac{f(x)\{f(x)-2\}}{(x^2-1)f(x)}$$
$$=\lim_{x\to 1}\frac{f(x)-2}{(x+1)(x-1)}$$
$$=\lim_{x\to 1}\left\{\frac{f(x)-2}{x+1}\times\frac{1}{x-1}\right\}$$
$$=6\times\left(-\frac{1}{2}\right)=-3$$

0128 답 ③ | 유형 18

$\lim\limits_{x\to 1}\dfrac{x^2+x-2}{x^2-a}=\dfrac{b}{2}$ $(b\neq 0)$일 때, $\lim\limits_{x\to b}\dfrac{x^2-b^2}{x^2-ax-6}$의 값은?

단서1

(단, a, b는 상수이다.)

① $\dfrac{4}{5}$ ② 1 ③ $\dfrac{6}{5}$

④ $\dfrac{7}{5}$ ⑤ $\dfrac{8}{5}$

단서1 0이 아닌 극한값이 존재하고, (분자)→0

STEP 1 (분모)→0임을 이용하여 상수 a의 값 구하기

$\lim\limits_{x\to 1}\dfrac{x^2+x-2}{x^2-a}=\dfrac{b}{2}$에서 $x\to 1$일 때, 0이 아닌 극한값이 존재하고 (분자)→0이므로 (분모)→0이다.

즉, $\lim\limits_{x\to 1}(x^2-a)=0$이므로

$1-a=0$ $\therefore a=1$

STEP 2 상수 b의 값 구하기

$a=1$을 주어진 식에 대입하면

$\lim\limits_{x\to 1}\dfrac{x^2+x-2}{x^2-1}=\lim\limits_{x\to 1}\dfrac{(x+2)(x-1)}{(x+1)(x-1)}=\lim\limits_{x\to 1}\dfrac{x+2}{x+1}=\dfrac{3}{2}$

즉, $\dfrac{b}{2}=\dfrac{3}{2}$이므로 $b=3$

STEP 3 극한값 구하기

$\lim\limits_{x\to b}\dfrac{x^2-b^2}{x^2-ax-6}=\lim\limits_{x\to 3}\dfrac{x^2-9}{x^2-x-6}=\lim\limits_{x\to 3}\dfrac{(x-3)(x+3)}{(x-3)(x+2)}$
$$=\lim_{x\to 3}\frac{x+3}{x+2}=\frac{6}{5}$$

0129 답 -4

$\lim\limits_{x\to 2}\dfrac{x^2-4}{x^2+ax}=b$에서 $x\to 2$일 때, 0이 아닌 극한값이 존재하고 (분자)→0이므로 (분모)→0이다.

즉, $\lim\limits_{x\to 2}(x^2+ax)=0$이므로

$4+2a=0,\ 2a=-4$ $\therefore a=-2$

$a=-2$를 주어진 식에 대입하면

$\lim\limits_{x\to 2}\dfrac{x^2-4}{x^2+ax}=\lim\limits_{x\to 2}\dfrac{x^2-4}{x^2-2x}=\lim\limits_{x\to 2}\dfrac{(x+2)(x-2)}{x(x-2)}$
$$=\lim_{x\to 2}\frac{x+2}{x}=\frac{4}{2}=2$$

$\therefore b=2$

$\therefore ab=(-2)\times 2=-4$

0130 답 ③

$\lim\limits_{x\to 1}\dfrac{x-1}{x^2+ax+b}=1$에서 $x\to 1$일 때, 0이 아닌 극한값이 존재하고 (분자)→0이므로 (분모)→0이다.

즉, $\lim\limits_{x\to 1}(x^2+ax+b)=0$이므로

$1+a+b=0$ $\therefore b=-a-1$ ┈┈┈┈┈┈ ㉠

㉠을 주어진 식에 대입하면

$\lim\limits_{x\to 1}\dfrac{x-1}{x^2+ax+b}=\lim\limits_{x\to 1}\dfrac{x-1}{x^2+ax-a-1}$ → $\dfrac{0}{0}$ 꼴이므로 인수분해한 후 약분한다.
$$=\lim_{x\to 1}\frac{x-1}{(x-1)(x+1+a)}$$
$$=\lim_{x\to 1}\frac{1}{x+1+a}=\frac{1}{2+a}$$

즉, $\dfrac{1}{2+a}=1$이므로 $2+a=1$ $\therefore a=-1$

$a=-1$을 ㉠에 대입하면 $b=0$

$\therefore a^2+b^2=1+0=1$

0131 답 ④

$\lim\limits_{x\to 0}\dfrac{1}{x}\left(\dfrac{1}{a}-\dfrac{1}{x+b}\right)=\lim\limits_{x\to 0}\dfrac{x+b-a}{ax(x+b)}=\dfrac{1}{4}$ ┈┈┈┈ ㉠

에서 $x\to 0$일 때, 극한값이 존재하고 (분모)→0이므로 (분자)→0이다.

즉, $\lim\limits_{x\to 0}(x+b-a)=0$이므로

$b-a=0$ $\therefore a=b$ ┈┈┈┈┈┈ ㉡

$a=b$를 ㉠에 대입하면

$\lim\limits_{x\to 0}\dfrac{1}{x}\left(\dfrac{1}{a}-\dfrac{1}{x+b}\right)=\lim\limits_{x\to 0}\dfrac{x}{ax(x+b)}$
$$=\lim_{x\to 0}\frac{1}{a(x+a)}=\frac{1}{a^2}$$

즉, $\dfrac{1}{a^2}=\dfrac{1}{4}$이므로 $a=2\ (\because a>0)$

$a=2$를 ㉡에 대입하면 $b=2$

$\therefore a+b=2+2=4$

0132 답 -6

$\lim\limits_{x\to 1}\dfrac{f(x)-c}{x-1}=-1$에서 $x\to 1$일 때, 극한값이 존재하고 (분모)→0이므로 (분자)→0이다.

즉, $\lim\limits_{x\to 1}\{f(x)-c\}=0$이므로

$f(1)-c=0$에서 → $f(1)=1+a+b+c$

$1+a+b=0$ $\therefore b=-a-1$ ┈┈┈┈┈┈ ㉠

㉠을 주어진 식에 대입하면

$$\lim_{x\to 1}\frac{f(x)-c}{x-1}=\lim_{x\to 1}\frac{x^3+ax^2-(a+1)x}{x-1}$$
$$=\lim_{x\to 1}\frac{x(x-1)(x+a+1)}{x-1}$$
$$=\lim_{x\to 1}x(x+a+1)=a+2$$

즉, $a+2=-1$이므로 $a=-3$

$a=-3$을 ㉠에 대입하면 $b=2$

$\therefore ab=(-3)\times 2=-6$

0133 답 ②

$\lim_{h\to 0}\dfrac{f(2h)}{h}=5$에서 $h\to 0$일 때, 극한값이 존재하고 (분모)$\to 0$이

므로 (분자)$\to 0$이다.

즉, $\lim_{h\to 0}f(2h)=0$이므로

$\lim_{h\to 0}(4h^2+2ah+b)=0$ $\therefore b=0$

$b=0$을 주어진 식에 대입하면

$$\lim_{h\to 0}\frac{f(2h)}{h}=\lim_{h\to 0}\frac{4h^2+2ah}{h}=\lim_{h\to 0}(4h+2a)=2a$$

즉, $2a=5$에서 $a=\dfrac{5}{2}$

$\therefore 10(a+b)=10\times\left(\dfrac{5}{2}+0\right)=25$

0134 답 ②

$$\lim_{x\to\infty}f(x)=\lim_{x\to\infty}\frac{ax^2+bx+c}{x^2+x-2}=\lim_{x\to\infty}\frac{a+\dfrac{b}{x}+\dfrac{c}{x^2}}{1+\dfrac{1}{x}-\dfrac{2}{x^2}}=a$$

이므로 $a=2$

$$\lim_{x\to 1}f(x)=\lim_{x\to 1}\frac{2x^2+bx+c}{x^2+x-2}=\frac{1}{3} \quad\cdots\cdots\text{㉠}$$

$x\to 1$일 때, 극한값이 존재하고 (분모)$\to 0$이므로 (분자)$\to 0$이다.

즉, $\lim_{x\to 1}(2x^2+bx+c)=2+b+c=0$이므로 $c=-b-2$ $\cdots\cdots$ ㉡

㉡을 ㉠에 대입하면

$$\lim_{x\to 1}f(x)=\lim_{x\to 1}\frac{2x^2+bx-b-2}{x^2+x-2}=\lim_{x\to 1}\frac{(x-1)(2x+b+2)}{(x-1)(x+2)}$$
$$=\lim_{x\to 1}\frac{2x+b+2}{x+2}=\frac{b+4}{3}$$

즉, $\dfrac{b+4}{3}=\dfrac{1}{3}$이므로 $b=-3$

$b=-3$을 ㉡에 대입하면 $c=1$

$\therefore abc=2\times(-3)\times 1=-6$

0135 답 ④

$x\to 2$일 때, 극한값이 존재하고 (분모)$\to 0$이므로 (분자)$\to 0$이다.

즉, $\lim_{x\to 2}(x^2+ax+4)=0$이므로

$4+2a+4=0,\ 2a=-8$ $\therefore a=-4$

$a=-4$를 주어진 식에 대입하면

$$\lim_{x\to 2}\frac{x^2+ax+4}{(x-2)(x^2+bx+1)}=\lim_{x\to 2}\frac{x^2-4x+4}{(x-2)(x^2+bx+1)}$$
$$=\lim_{x\to 2}\frac{(x-2)^2}{(x-2)(x^2+bx+1)}$$
$$=\lim_{x\to 2}\frac{x-2}{x^2+bx+1} \quad\cdots\cdots\text{㉠}$$

이때 $x\to 2$일 때, 0이 아닌 극한값이 존재하고 (분자)$\to 0$이므로 (분모)$\to 0$이다.

즉, $\lim_{x\to 2}(x^2+bx+1)=0$이므로

$4+2b+1=0,\ 2b=-5$

$\therefore b=-\dfrac{5}{2}$

$b=-\dfrac{5}{2}$를 ㉠에 대입하면

$$\lim_{x\to 2}\frac{x-2}{x^2+bx+1}=\lim_{x\to 2}\frac{x-2}{x^2-\dfrac{5}{2}x+1}=\lim_{x\to 2}\frac{2(x-2)}{2x^2-5x+2}$$
$$=\lim_{x\to 2}\frac{2(x-2)}{(2x-1)(x-2)}$$
$$=\lim_{x\to 2}\frac{2}{2x-1}=\frac{2}{3}$$

$\therefore c=\dfrac{2}{3}$

$\therefore 6abc=6\times(-4)\times\left(-\dfrac{5}{2}\right)\times\dfrac{2}{3}=40$

실수 Check

㉠에서 $x\to 2$일 때, 극한값이 0이 아닌 경우에만 (분자)$\to 0$일 때 (분모)$\to 0$임을 이용할 수 있음에 주의한다.

이 문제는 주어진 조건에서 $c>0$인 상수이므로 (분모)$\to 0$임을 이용할 수 있다.

0136 답 5

$\lim_{x\to -1}\dfrac{x^2+4x+a}{x+1}=b$에서 $x\to -1$일 때, 극한값이 존재하고 (분모)$\to 0$이므로 (분자)$\to 0$이다.

$\lim_{x\to -1}(x^2+4x+a)=0$이므로 $1-4+a=0$

$\therefore a=3$

$$\lim_{x\to -1}\frac{x^2+4x+3}{x+1}=\lim_{x\to -1}\frac{(x+1)(x+3)}{x+1}=\lim_{x\to -1}(x+3)=2$$

$\therefore b=2$

$\therefore a+b=3+2=5$

0137 답 ④

| 유형 19

$\lim_{x\to 1}\dfrac{\sqrt{x+a}-3}{2x^2-x-1}=b$일 때, 상수 a, b에 대하여 $\dfrac{a}{b}$의 값은?

단서1

① 64　　② 96　　③ 128

④ 144　　⑤ 160

단서1 극한값이 존재하고, (분모)$\to 0$

STEP 1 극한값이 존재할 조건을 이용하여 상수 a의 값 구하기

$x\to 1$일 때, 극한값이 존재하고 (분모)$\to 0$이므로 (분자)$\to 0$이다.

즉, $\lim_{x\to 1}(\sqrt{x+a}-3)=0$이므로

$\sqrt{1+a}-3=0,\ \sqrt{1+a}=3$

$\therefore a=8$

STEP 2 a의 값을 대입하여 상수 b의 값 구하기

$a=8$을 주어진 식에 대입하면

$$\lim_{x \to 1} \frac{\sqrt{x+8}-3}{2x^2-x-1} = \lim_{x \to 1} \frac{(\sqrt{x+8}-3)(\sqrt{x+8}+3)}{(x-1)(2x+1)(\sqrt{x+8}+3)}$$

$$= \lim_{x \to 1} \frac{x-1}{(x-1)(2x+1)(\sqrt{x+8}+3)}$$

$$= \lim_{x \to 1} \frac{1}{(2x+1)(\sqrt{x+8}+3)}$$

$$= \frac{1}{3 \times (3+3)} = \frac{1}{18}$$

$$\therefore b = \frac{1}{18}$$

STEP 3 $\dfrac{a}{b}$ **의 값 구하기**

$$\frac{a}{b} = 8 \times 18 = 144$$

0138 답 ④

$x \to 3$일 때, 극한값이 존재하고 (분모)$\to 0$이므로 (분자)$\to 0$이다.

즉, $\lim\limits_{x \to 3}(\sqrt{ax+3}-3)=0$이므로

$\sqrt{3a+3}-3=0,\ 3a+3=9$ $\therefore a=2$

$a=2$를 주어진 식에 대입하면

$$\lim_{x \to 3} \frac{\sqrt{2x+3}-3}{x-3} = \lim_{x \to 3} \frac{(\sqrt{2x+3}-3)(\sqrt{2x+3}+3)}{(x-3)(\sqrt{2x+3}+3)}$$

$$= \lim_{x \to 3} \frac{2(x-3)}{(x-3)(\sqrt{2x+3}+3)}$$

$$= \lim_{x \to 3} \frac{2}{\sqrt{2x+3}+3} = \frac{2}{3+3} = \frac{1}{3}$$

$$\therefore b = \frac{1}{3}$$

$$\therefore a+b = 2 + \frac{1}{3} = \frac{7}{3}$$

0139 답 ③

$x \to 1$일 때, 극한값이 존재하고 (분모)$\to 0$이므로 (분자)$\to 0$이다.

즉, $\lim\limits_{x \to 1}(ax+b)=0$이므로

$a+b=0$ $\therefore b=-a$ ⋯⋯⋯⋯⋯⋯⋯⋯⋯⋯⋯ ㉠

㉠을 주어진 식에 대입하면

$$\lim_{x \to 1} \frac{ax+b}{\sqrt{x+1}-\sqrt{2}} = \lim_{x \to 1} \frac{ax-a}{\sqrt{x+1}-\sqrt{2}}$$

$$= \lim_{x \to 1} \frac{a(x-1)(\sqrt{x+1}+\sqrt{2})}{(\sqrt{x+1}-\sqrt{2})(\sqrt{x+1}+\sqrt{2})}$$

$$= \lim_{x \to 1} \frac{a(x-1)(\sqrt{x+1}+\sqrt{2})}{x-1}$$

$$= \lim_{x \to 1} a(\sqrt{x+1}+\sqrt{2}) = 2\sqrt{2}a$$

즉, $2\sqrt{2}a = 2\sqrt{2}$이므로 $a=1$

$a=1$을 ㉠에 대입하면 $b=-1$

$$\therefore ab = 1 \times (-1) = -1$$

0140 답 1

$x \to 1$일 때, 극한값이 존재하고 (분모)$\to 0$이므로 (분자)$\to 0$이다.

즉, $\lim\limits_{x \to 1}(\sqrt{2x+a}-\sqrt{x+3})=0$이므로

$\sqrt{2+a}-2=0,\ 2+a=4$ $\therefore a=2$

$a=2$를 주어진 식에 대입하면

$$\lim_{x \to 1} \frac{\sqrt{2x+2}-\sqrt{x+3}}{x^2-1}$$

$$= \lim_{x \to 1} \frac{(\sqrt{2x+2}-\sqrt{x+3})(\sqrt{2x+2}+\sqrt{x+3})}{(x^2-1)(\sqrt{2x+2}+\sqrt{x+3})}$$

$$= \lim_{x \to 1} \frac{x-1}{(x+1)(x-1)(\sqrt{2x+2}+\sqrt{x+3})}$$

$$= \lim_{x \to 1} \frac{1}{(x+1)(\sqrt{2x+2}+\sqrt{x+3})}$$

$$= \frac{1}{2 \times (2+2)} = \frac{1}{8}$$

$$\therefore b = \frac{1}{8} \qquad \therefore 4ab = 4 \times 2 \times \frac{1}{8} = 1$$

0141 답 3

$x \to 0$일 때, 극한값이 존재하고 (분모)$\to 0$이므로 (분자)$\to 0$이다.

즉, $\lim\limits_{x \to 0}\{\sqrt{4x^2+ax+1}-(x+b)\}=0$이므로

$1-b=0$ $\therefore b=1$

$b=1$을 주어진 식에 대입하면

$$\lim_{x \to 0} \frac{\sqrt{4x^2+ax+1}-(x+1)}{x^2}$$

$$= \lim_{x \to 0} \frac{\{\sqrt{4x^2+ax+1}-(x+1)\}\{\sqrt{4x^2+ax+1}+(x+1)\}}{x^2\{\sqrt{4x^2+ax+1}+(x+1)\}}$$

$$= \lim_{x \to 0} \frac{4x^2+ax+1-(x+1)^2}{x^2(\sqrt{4x^2+ax+1}+x+1)}$$

$$= \lim_{x \to 0} \frac{3x+a-2}{x(\sqrt{4x^2+ax+1}+x+1)} \cdots\cdots ㉠$$

이때 $x \to 0$일 때, 극한값이 존재하고 (분모)$\to 0$이므로 (분자)$\to 0$이다.

즉, $\lim\limits_{x \to 0}(3x+a-2)=0$이므로

$a-2=0$ $\therefore a=2$

$a=2$를 ㉠에 대입하면

$$\lim_{x \to 0} \frac{3x+2-2}{x(\sqrt{4x^2+2x+1}+x+1)} = \lim_{x \to 0} \frac{3}{\sqrt{4x^2+2x+1}+x+1} = \frac{3}{2}$$

$$\therefore c = \frac{3}{2} \qquad \therefore abc = 2 \times 1 \times \frac{3}{2} = 3$$

$\lim\limits_{x \to 0} \dfrac{3x+2-2}{x(\sqrt{4x^2+2x+1}+x+1)}$ 는 $\dfrac{0}{0}$ 꼴이므로 분모, 분자를 각각 x로 나누면 극한값을 구할 수 있다. 근호를 포함한 식이니까 무조건 근호를 포함한 쪽을 유리화해야 한다고 생각하지 않도록 주의한다.

0142 답 15

$x \to 9$일 때, 극한값이 존재하고 (분모)$\to 0$이므로 (분자)$\to 0$이다.

즉, $\lim\limits_{x \to 9}(x-a)=0$이므로 $9-a=0$ $\therefore a=9$

$a=9$를 주어진 식에 대입하면

$$\lim_{x \to 9} \frac{x-9}{\sqrt{x}-3} = \lim_{x \to 9} \frac{(x-9)(\sqrt{x}+3)}{(\sqrt{x}-3)(\sqrt{x}+3)}$$

$$= \lim_{x \to 9} \frac{(x-9)(\sqrt{x}+3)}{x-9}$$

$$= \lim_{x \to 9} (\sqrt{x}+3) = 3+3 = 6$$

$\therefore b=6$

$\therefore a+b=9+6=15$

0143 답 12 | 유형 **20**

삼차함수 $f(x)$가

단서1

$$\lim_{x\to0}\frac{f(x)}{x}=4,\ \lim_{x\to1}\frac{f(x)}{x-1}=1$$

을 만족시킬 때, $f(2)$의 값을 구하시오.

단서1 삼차함수는 $f(x)=a(x-\alpha)(x-\beta)(x-\gamma)$ 꼴

단서2 극한값이 존재하고 (분모)$\to$0이므로 (분자)$\to$0 ➡ $f(0)=0,\ f(1)=0$

STEP 1 극한값이 존재할 조건 이용하기

$\lim\limits_{x\to0}\dfrac{f(x)}{x}=4$에서 $x\to0$일 때, 극한값이 존재하고 (분모)$\to$0이

므로 (분자)$\to$0이다.

즉, $\lim\limits_{x\to0}f(x)=0$에서 $f(0)=0$이므로 함수 $f(x)$는 x를 인수로

가진다.

또, $\lim\limits_{x\to1}\dfrac{f(x)}{x-1}=1$에서 $x\to1$일 때, 극한값이 존재하고 (분모)$\to$0

이므로 (분자)$\to$0이다.

즉, $\lim\limits_{x\to1}f(x)=0$에서 $f(1)=0$이므로 함수 $f(x)$는 $x-1$을 인수

로 가진다.

STEP 2 x, $x-1$을 인수로 가지는 삼차함수의 식 세우기

$f(x)$는 x, $x-1$을 인수로 가지는 삼차함수이므로

$f(x)=ax(x-1)(x-p)$ (a, p는 상수, $a\neq0$)로 놓을 수 있다.

STEP 3 $\dfrac{0}{0}$ 꼴의 극한값 구하기

$$\lim_{x\to0}\frac{f(x)}{x}=\lim_{x\to0}\frac{ax(x-1)(x-p)}{x}=\lim_{x\to0}a(x-1)(x-p)$$
$$=a\times(-1)\times(-p)=ap$$

즉, $ap=4$ ────────────── ㉠

$$\lim_{x\to1}\frac{f(x)}{x-1}=\lim_{x\to1}\frac{ax(x-1)(x-p)}{x-1}=\lim_{x\to1}ax(x-p)=a(1-p)$$

즉, $a(1-p)=1$에서 $a-ap=1$ ────── ㉡

㉠을 ㉡에 대입하면 $a-4=1$ $\therefore a=5,\ p=\dfrac{4}{5}$

STEP 4 $f(2)$의 값 구하기

$f(x)=5x(x-1)\left(x-\dfrac{4}{5}\right)$이므로

$f(2)=5\times2\times(2-1)\times\left(2-\dfrac{4}{5}\right)=12$

개념 Check

다항식 $f(x)$에 대하여 $f(a)=0$이면 $f(x)$는 $x-a$를 인수로 가진다.

0144 답 -3

$f(x)$는 최고차항의 계수가 1인 삼차함수이므로

$f(x)=x^3+ax^2+bx+c$ (a, b, c는 상수)로 놓으면

$f(-1)=2,\ f(0)=0,\ f(1)=-2$에서

$-1+a-b+c=2,\ c=0,\ 1+a+b+c=-2$

세 식을 연립하여 풀면 $a=0,\ b=-3,\ c=0$

따라서 $f(x)=x^3-3x$이므로

$$\lim_{x\to0}\frac{f(x)}{x}=\lim_{x\to0}\frac{x^3-3x}{x}=\lim_{x\to0}(x^2-3)=-3$$

0145 답 ②

$f(x)$가 $x-2$로 나누어떨어지므로 $f(x)$는 $x-2$를 인수로 가진다.

$\lim\limits_{x\to1}\dfrac{f(x)}{x-1}=3$에서 $x\to1$일 때, 극한값이 존재하고 (분모)$\to$0이

므로 (분자)$\to$0이다.

즉, $\lim\limits_{x\to1}f(x)=0$에서 $f(1)=0$이므로 $f(x)$는 $x-1$을 인수로 가

진다.

따라서 $f(x)$는 $x-1$, $x-2$를 인수로 가지는 최고차항의 계수가 1

인 삼차함수이므로

$f(x)=(x-1)(x-2)(x-p)$ (p는 상수)로 놓으면

$$\lim_{x\to1}\frac{f(x)}{x-1}=\lim_{x\to1}\frac{(x-1)(x-2)(x-p)}{x-1}$$
$$=\lim_{x\to1}(x-2)(x-p)=p-1$$

즉, $p-1=3$에서 $p=4$

따라서 $f(x)=(x-1)(x-2)(x-4)$이므로

$f(5)=4\times3\times1=12$

0146 답 19

㈎에서 $f(1)=1$, $f(2)=1$이므로 $f(x)-1$은 $x-1$, $x-2$를 인수

로 가진다. ──────────────────── ㉠

㈏에서 $x\to3$일 때, 극한값이 존재하고 (분모)$\to$0이므로

(분자)$\to$0이다.

즉, $\lim\limits_{x\to3}\{f(x)-1\}=0$에서 $f(3)-1=0$이므로

$f(x)-1$은 $x-3$을 인수로 가진다. ────────── ㉡

㉠, ㉡에서   ↱ $f(x)$가 삼차함수이므로 $f(x)-1$도 삼차함수이다.

$f(x)-1=a(x-1)(x-2)(x-3)$ (단, a는 0이 아닌 상수)

이를 ㈏의 식에 대입하면

$$\lim_{x\to3}\frac{f(x)-1}{x-3}=\lim_{x\to3}\frac{a(x-1)(x-2)(x-3)}{x-3}$$
$$=\lim_{x\to3}a(x-1)(x-2)=2a$$

즉, $2a=6$이므로 $a=3$

따라서 $f(x)=3(x-1)(x-2)(x-3)+1$이므로

$f(4)=3\times3\times2\times1+1=19$

0147 답 2

㈏의 $\lim\limits_{x\to1}\dfrac{f(x)-1}{x^2-2x+1}=-1$에서 $x\to1$일 때, 극한값이 존재하고

(분모)$\to$0이므로 (분자)$\to$0이다.

즉, $\lim\limits_{x\to1}\{f(x)-1\}=0$이므로 $f(1)-1=0$

따라서 $f(x)-1$은 $x-1$을 인수로 가진다.

즉, $f(x)-1=(x-1)g(x)$ ($g(x)$는 이차식) ───────── ㉠

로 놓으면

$$\lim_{x\to1}\frac{f(x)-1}{x^2-2x+1}=\lim_{x\to1}\frac{(x-1)g(x)}{(x-1)^2}=\lim_{x\to1}\frac{g(x)}{x-1}$$

$\displaystyle\lim_{x\to1}\frac{g(x)}{x-1}=-1$에서 $x\to1$일 때, 극한값이 존재하고 (분모)$\to0$

이므로 (분자)$\to0$이다.

즉, $\displaystyle\lim_{x\to1}g(x)=0$이므로 $g(1)=0$

따라서 이차식 $g(x)$는 $x-1$을 인수로 가진다.

즉, $g(x)=(x-1)(ax+b)$ (a, b는 상수) $\cdots\cdots\cdots$ ㉡

로 놓으면

$$\lim_{x\to1}\frac{g(x)}{x-1}=\lim_{x\to1}\frac{(x-1)(ax+b)}{x-1}$$
$$=\lim_{x\to1}(ax+b)=a+b$$

즉, $a+b=-1$이므로 $a=-b-1$ $\cdots\cdots\cdots$ ㉢

㉡을 ㉠에 대입하면

$f(x)-1=(x-1)g(x)=(x-1)^2(ax+b)$이므로

$f(x)=(x-1)^2(ax+b)+1$

㈎에서 $f(0)=-2$이므로 $b+1=-2$ $\quad\therefore b=-3$

$b=-3$을 ㉢에 대입하면 $a=2$

따라서 $f(x)=(x-1)^2(2x-3)+1$이므로

$f(2)=1^2\times1+1=2$

0148 답 27

$x\to5$일 때, 극한값이 존재하고 (분모)$\to0$이므로 (분자)$\to0$이다.

즉, $\displaystyle\lim_{x\to5}\{f(x)-x\}=0$에서 $f(5)-5=0$이므로

$f(x)-x$는 $x-5$를 인수로 가진다.

$f(x)-x=(x-5)(x-p)$ (p는 상수)로 놓으면

$$\lim_{x\to5}\frac{f(x)-x}{x-5}=\lim_{x\to5}\frac{(x-5)(x-p)}{x-5}$$
$$=\lim_{x\to5}(x-p)=5-p$$

$f(x)$가 최고차항의 계수가 1인 이차함수이므로 $f(x)-x$도 이차함수이다.

즉, $5-p=8$이므로 $p=-3$

따라서 $f(x)=(x-5)(x+3)+x$이므로

$f(7)=2\times10+7=27$

0149 답 9

㈎의 $\displaystyle\lim_{x\to1}\frac{f(x)}{x-1}=a$에서 $x\to1$일 때, 극한값이 존재하고

(분모)$\to0$이므로 (분자)$\to0$이다.

즉, $\displaystyle\lim_{x\to1}f(x)=0$이므로 $f(1)=0$

$\displaystyle\lim_{x\to2}\frac{f(x)}{x-2}=-6$에서 $x\to2$일 때, 극한값이 존재하고 (분모)$\to0$

이므로 (분자)$\to0$이다.

즉, $\displaystyle\lim_{x\to2}f(x)=0$이므로 $f(2)=0$

따라서 $x=1$, $x=2$는 방정식 $f(x)=0$의 근이고

㈏에서 방정식 $f(x)=0$의 세 실근의 합이 7이므로 나머지 한 근은 4이다.

$f(x)=k(x-1)(x-2)(x-4)$ (k는 0이 아닌 상수)로 놓으면

$$\lim_{x\to2}\frac{f(x)}{x-2}=\lim_{x\to2}\frac{k(x-1)(x-2)(x-4)}{x-2}$$
$$=\lim_{x\to2}k(x-1)(x-4)=-2k$$

즉, $-2k=-6$이므로 $k=3$

따라서 $f(x)=3(x-1)(x-2)(x-4)$이므로

$$\lim_{x\to1}\frac{f(x)}{x-1}=\lim_{x\to1}\frac{3(x-1)(x-2)(x-4)}{x-1}$$
$$=\lim_{x\to1}3(x-2)(x-4)$$
$$=3\times(-1)\times(-3)=9$$

$\therefore a=9$

0150 답 9 　|유형 **21**

다항함수 $f(x)$에 대하여
$$\lim_{x\to\infty}\frac{f(x)}{x^2+2x-3}=3,\ \lim_{x\to2}\frac{f(x)}{x^2+2x-8}=-1$$
일 때, $f(1)$의 값을 구하시오.

단서1 $\dfrac{\infty}{\infty}$ 꼴의 극한값이 존재 ➡ (분모의 차수)$=$(분자의 차수)

단서2 $\dfrac{0}{0}$ 꼴의 극한값이 존재 ➡ $f(2)=0$

STEP 1 다항함수 $f(x)$의 차수 구하기

$\displaystyle\lim_{x\to\infty}\frac{f(x)}{x^2+2x-3}=3$에서 $f(x)$는 이차항의 계수가 3인 이차함수이다.

3으로 수렴하므로 최고차항의 계수는 3이다.

분모의 차수가 2이므로 $f(x)$는 이차함수이다.

STEP 2 극한값이 존재할 조건 이용하기

$\displaystyle\lim_{x\to2}\frac{f(x)}{x^2+2x-8}=-1$에서 $x\to2$일 때, 극한값이 존재하고

(분모)$\to0$이므로 (분자)$\to0$이다.

즉, $\displaystyle\lim_{x\to2}f(x)=0$에서 $f(2)=0$이므로 $f(x)$는 $x-2$를 인수로 가진다.

STEP 3 다항함수 $f(x)$의 식을 세운 후 극한값 구하기

$f(x)=3(x-2)(x+a)$ (a는 상수)로 놓으면

$$\lim_{x\to2}\frac{f(x)}{x^2+2x-8}=\lim_{x\to2}\frac{3(x-2)(x+a)}{(x-2)(x+4)}$$
$$=\lim_{x\to2}\frac{3(x+a)}{x+4}=\frac{6+3a}{6}$$

즉, $\dfrac{6+3a}{6}=-1$이므로 $6+3a=-6$

$3a=-12$ $\quad\therefore a=-4$

STEP 4 $f(1)$의 값 구하기

함수 $f(x)=3(x-2)(x-4)$이므로

$f(1)=3\times(-1)\times(-3)=9$

참고 $\dfrac{\infty}{\infty}$ 꼴과 $\dfrac{0}{0}$ 꼴의 조건이 동시에 주어지면 $\dfrac{\infty}{\infty}$ 꼴의 조건을 먼저 이용한다.

0151 답 ②

최고차항의 계수가 3인 이차식이 되어야 한다.

㈎의 $\displaystyle\lim_{x\to\infty}\frac{f(x)-x^3}{x^2}=3$에서 $f(x)$는 삼차항의 계수가 1, 이차항의 계수가 3이므로

$f(x)=x^3+3x^2+ax+b$ (a, b는 상수)로 놓으면

㈏의 $\displaystyle\lim_{x\to1}\frac{f(x)}{x-1}=-3$에서 $x\to1$일 때, 극한값이 존재하고

(분모)$\to0$이므로 (분자)$\to0$이다.

즉, $f(1)=0$이므로 $1+3+a+b=0$, $b=-a-4$ $\cdots\cdots\cdots$ ㉠

$\therefore f(x)=x^3+3x^2+ax-a-4$

또, $f(1)=0$에서 $f(x)$는 $x-1$을 인수로 가지므로
$$f(x)=(x-1)(x^2+4x+a+4)$$
$$\therefore \lim_{x\to1}\frac{f(x)}{x-1}=\lim_{x\to1}\frac{(x-1)(x^2+4x+a+4)}{x-1}$$
$$=\lim_{x\to1}(x^2+4x+a+4)$$
$$=a+9$$
즉, $a+9=-3$이므로 $a=-12$
$a=-12$를 ㉠에 대입하면 $b=8$
따라서 함수 $f(x)=x^3+3x^2-12x+8$이므로
$$f(2)=8+12-24+8=4$$

0152 답 ③

> 최고차항의 계수가 1인 이차식이 되어야 한다.

$\lim\limits_{x\to\infty}\dfrac{x^3+2x^2+f(x)}{x^2+x+1}=1$에서 $f(x)$는 삼차항의 계수가 -1, 이차

항의 계수가 -1이어야 하므로
$f(x)=-x^3-x^2+ax+b$ (a, b는 상수)로 놓으면
$\lim\limits_{x\to-1}\dfrac{f(x)}{x+1}=4$에서 $x\to-1$일 때, 극한값이 존재하고 (분모)$\to0$

이므로 (분자)$\to0$이다.

즉, $\lim\limits_{x\to-1}f(x)=0$에서 $f(-1)=0$이므로
$$1-1-a+b=0$$
$$\therefore a=b \quad\cdots\cdots\cdots ㉠$$
$$\lim_{x\to-1}\frac{f(x)}{x+1}=\lim_{x\to-1}\frac{-x^3-x^2+ax+a}{x+1}$$
$$=\lim_{x\to-1}\frac{(x+1)(-x^2+a)}{x+1}$$
$$=\lim_{x\to-1}(-x^2+a)$$
$$=-1+a$$
즉, $-1+a=4$이므로 $a=5$
$a=5$를 ㉠에 대입하면 $b=5$
따라서 함수 $f(x)=-x^3-x^2+5x+5$이므로
$$f(2)=-8-4+10+5=3$$

0153 답 ②

$\lim\limits_{x\to\infty}\dfrac{f(x)}{x^3}=0$이므로 다항식 $f(x)$의 차수를 n이라 하면 $n\leq2$이다.

> 분자의 차수가 분모의 차수보다 작다.

$\lim\limits_{x\to0}\dfrac{f(x)}{x}=5$에서 $x\to0$일 때, 극한값이 존재하고 (분모)$\to0$이

므로 (분자)$\to0$이다.

즉, $\lim\limits_{x\to0}f(x)=0$에서 $f(0)=0$이므로
$f(x)=ax^2+bx$ (a, b는 상수)로 놓으면

> $n\leq2$이므로 $f(x)$는 이차 이하의 다항함수이다.

$$\lim_{x\to0}\frac{f(x)}{x}=\lim_{x\to0}\frac{ax^2+bx}{x}=\lim_{x\to0}(ax+b)=b$$
$$\therefore b=5$$
이때 방정식 $f(x)=x$, 즉 $ax^2+5x=x$의 한 근이 $x=-2$이므로
$$4a-10=-2,\ 4a=8$$
$$\therefore a=2$$
따라서 $f(x)=2x^2+5x$이므로
$$f(1)=2+5=7$$

0154 답 ②

$\lim\limits_{x\to\infty}\dfrac{f(x)}{x^3}=1$에서 $f(x)$는 삼차항의 계수가 1인 삼차함수이다.

$\lim\limits_{x\to-1}\dfrac{f(x)}{x+1}=2$에서 $x\to-1$일 때, 극한값이 존재하고 (분모)$\to0$

이므로 (분자)$\to0$이다.

즉, $\lim\limits_{x\to-1}f(x)=0$에서 $f(-1)=0$이므로 $f(x)$는 $x+1$을 인수로

가진다.
$f(x)=(x+1)(x^2+ax+b)$ (a, b는 상수)로 놓으면
$$\lim_{x\to-1}\frac{f(x)}{x+1}=\lim_{x\to-1}\frac{(x+1)(x^2+ax+b)}{x+1}$$
$$=\lim_{x\to-1}(x^2+ax+b)=1-a+b$$
즉, $1-a+b=2$에서 $b=a+1$이므로
$$f(x)=(x+1)(x^2+ax+a+1)$$
$f(1)\geq8$이므로 $4a+4\geq8$
$$\therefore a\geq1$$
따라서 $f(0)=a+1\geq2$이므로 $f(0)$의 최솟값은 2이다.

0155 답 ⑤

㈎의 $\lim\limits_{x\to\infty}\dfrac{f(x)}{x^3}=2$에서 $f(x)$는 삼차항의 계수가 2인 삼차함수이

므로
$f(x)=2x^3+ax^2+bx+c$ (a, b, c는 상수)로 놓을 수 있다.

㈏의 $\lim\limits_{x\to1}\dfrac{f(2x-2)}{x-1}=4$에서 $x\to1$일 때, 극한값이 존재하고

(분모)$\to0$이므로 (분자)$\to0$이다.

즉, $\lim\limits_{x\to1}f(2x-2)=0$에서 $f(0)=0$
$$\therefore c=0$$
$$\lim_{x\to1}\frac{f(2x-2)}{x-1}=\lim_{x\to1}\frac{2f(2x-2)}{2x-2}$$
$$=\lim_{t\to0}\frac{2f(t)}{t} \quad\to 2x-2=t\text{로 놓으면 }x\to1\text{일 때, }t\to0$$
$$=\lim_{t\to0}\frac{2(2t^3+at^2+bt)}{t}$$
$$=\lim_{t\to0}(4t^2+2at+2b)=2b$$
즉, $2b=4$이므로 $b=2$
이때 방정식 $f(x)=3x^2+x+2$, 즉 $2x^3+ax^2+2x=3x^2+x+2$
에서 $2x^3+(a-3)x^2+x-2=0$의 서로 다른 세 실근의 합이 -3
이므로 삼차방정식의 근과 계수의 관계에 의하여
$$-\frac{a-3}{2}=-3,\ a-3=6 \qquad \therefore a=9$$
따라서 $f(x)=2x^3+9x^2+2x$이므로
$$f(-1)=-2+9-2=5$$

개념 Check

삼차방정식 $ax^3+bx^2+cx+d=0$의 서로 다른 세 실근이 α, β, γ일 때
$$\alpha+\beta+\gamma=-\frac{b}{a},\ \alpha\beta+\beta\gamma+\gamma\alpha=\frac{c}{a},\ \alpha\beta\gamma=-\frac{d}{a}$$

0156 답 9

$\lim\limits_{x\to\infty}\dfrac{f(x)}{2x^2}=1$에서 $f(x)$는 이차항의 계수가 2인 이차함수이다.

$$\lim_{x \to 1} \frac{f(x)-3}{(x-1)(x-2)}=4$$에서 $x \to 1$일 때, 극한값이 존재하고

(분모)$\to 0$이므로 (분자)$\to 0$이다.

즉, $\lim_{x \to 1} \{f(x)-3\}=0$에서 $f(1)-3=0$이므로 $f(x)-3$은 $x-1$

을 인수로 가진다.

$f(x)-3=2(x-1)(x-k)$ (k는 상수)로 놓으면

$$\lim_{x \to 1} \frac{f(x)-3}{(x-1)(x-2)}=\lim_{x \to 1} \frac{2(x-1)(x-k)}{(x-1)(x-2)}$$
$$=\lim_{x \to 1} \frac{2(x-k)}{x-2}=\frac{2-2k}{-1}=2k-2$$

즉, $2k-2=4$이므로 $k=3$

$\therefore f(x)-3=2(x-1)(x-3)=2x^2-8x+6$

따라서 $f(x)=2x^2-8x+9$이므로

$f(4)=32-32+9=9$

0157 답 20

두 이차함수 $f(x)$, $g(x)$의 x^2의 계수를 각각 a, b $(a \neq 0, b \neq 0)$

라 하면

$$\lim_{x \to \infty} \frac{f(x)}{g(x)-x^2}=1$$에서 두 다항식 $f(x)$와 $g(x)-x^2$의 차수는

2이고 $\dfrac{a}{b-1}=1$, 즉 $b-a=1$이므로 $g(x)-f(x)$는 최고차항의

계수가 1인 이차함수이다.

$$\lim_{x \to 3} \frac{g(x)-f(x)}{x-3}$$에서 $x \to 3$일 때, 극한값이 존재하고

(분모)$\to 0$이므로 (분자)$\to 0$이다.

즉, $\lim_{x \to 3} \{g(x)-f(x)\}=0$이므로 $g(x)-f(x)$는 $x-3$을 인수로

가진다.

$g(x)-f(x)=(x-3)(x+k)$ (k는 상수)로 놓으면

$$\lim_{x \to 3} \frac{g(x)-f(x)}{x-3}=\lim_{x \to 3} \frac{(x-3)(x+k)}{x-3}$$
$$=\lim_{x \to 3}(x+k)=3+k=8$$

즉, $3+k=8$이므로 $k=5$

따라서 $g(x)-f(x)=(x-3)(x+5)$이므로

$g(5)-f(5)=2 \times 10=20$

0158 답 ③

㈎에서 $\lim_{x \to \infty} \dfrac{f(x)g(x)}{x^3}=2$이므로 $f(x)g(x)$는 x^3의 계수가 2인

삼차함수이다.

㈏의 $\lim_{x \to 0} \dfrac{f(x)g(x)}{x^2}=-4$에서 $x \to 0$일 때, 극한값이 존재하고

(분모)$\to 0$이므로 (분자)$\to 0$이다.

즉, $\lim_{x \to 0} f(x)g(x)=0$에서 $f(0)g(0)=0$이므로 $f(x)g(x)$는 x^2을

인수로 가진다.

$f(x)g(x)=x^2(2x+a)$ (a는 상수)로 놓으면

$$\lim_{x \to 0} \frac{f(x)g(x)}{x^2}=\lim_{x \to 0} \frac{x^2(2x+a)}{x^2}=\lim_{x \to 0}(2x+a)=a$$

$\therefore a=-4$

즉, $f(x)g(x)=2x^2(x-2)$이므로 $g(x)=x-2$, $f(x)=2x^2$일

때 $f(2)$의 값이 최대가 된다.

따라서 $f(2)$의 최댓값은 $f(2)=2 \times 4=8$

0159 답 2 　　　　　　　| 유형 **22**

STEP 1 주어진 부등식의 각 변을 x^2으로 나누어 $f(x)$의 범위 구하기

$2x^2-x+2 < x^2 f(x) < 2x^2-x+3$에서 각 변을 x^2으로 나누면

$$\frac{2x^2-x+2}{x^2} < f(x) < \frac{2x^2-x+3}{x^2}$$

（모든 양의 실수 x에 대하여 $x^2>0$）

STEP 2 각 변의 극한값 구하기

이때 $\lim_{x \to \infty} \dfrac{2x^2-x+2}{x^2}=\lim_{x \to \infty} \dfrac{2x^2-x+3}{x^2}=2$

STEP 3 함수의 극한의 대소 관계를 이용하여 극한값 구하기

함수의 극한의 대소 관계에 의하여

$\lim_{x \to \infty} f(x)=2$

0160 답 ④

$2x-4 \leq f(x) \leq x^2-3$에서

$\lim_{x \to 1}(2x-4)=\lim_{x \to 1}(x^2-3)=-2$이므로

함수의 극한의 대소 관계에 의하여

$\lim_{x \to 1} f(x)=-2$

0161 답 ⑤

$|f(x)-3x| < 1$에서 $-1 < f(x)-3x < 1$

$\therefore 3x-1 < f(x) < 3x+1$

각 변을 양의 실수 x로 나누면

$$\frac{3x-1}{x} < \frac{f(x)}{x} < \frac{3x+1}{x}$$

（$\lim_{x \to \infty} \dfrac{f(x)}{x}$를 구해야 하므로 $\dfrac{f(x)}{x}$ 꼴로 변형한다.）

이때 $\lim_{x \to \infty} \dfrac{3x-1}{x}=\lim_{x \to \infty} \dfrac{3x+1}{x}=3$이므로

함수의 극한의 대소 관계에 의하여

$\lim_{x \to \infty} \dfrac{f(x)}{x}=3$

0162 답 ②

$2(x-1)^3 \leq f(x) \leq 2(x+2)^3$에서 양의 실수 x에 대하여

$x^3+2x+1>0$이므로 각 변을 x^3+2x+1로 나누면

$$\frac{2(x-1)^3}{x^3+2x+1} \leq \frac{f(x)}{x^3+2x+1} \leq \frac{2(x+2)^3}{x^3+2x+1}$$

이때 $\lim_{x \to \infty} \dfrac{2(x-1)^3}{x^3+2x+1}=\lim_{x \to \infty} \dfrac{2(x+2)^3}{x^3+2x+1}=2$이므로

（최고차항의 계수의 비이다.）

함수의 극한의 대소 관계에 의하여

$$\lim_{x \to \infty} \frac{f(x)}{x^3+2x+1}=2$$

0163 답 ⑤

$\dfrac{|x-1|}{x^2-3x+4}\geq 0$이므로 $\longrightarrow \left(x-\dfrac{3}{2}\right)^2+\dfrac{7}{4}>0$

$ax-2\leq f(x)\leq ax+2$의 각 변에 $\dfrac{|x-1|}{x^2-3x+4}$을 곱하면

$$\dfrac{|x-1|(ax-2)}{x^2-3x+4}\leq\dfrac{|x-1|f(x)}{x^2-3x+4}\leq\dfrac{|x-1|(ax+2)}{x^2-3x+4}$$

이때

$$\lim_{x\to\infty}\dfrac{|x-1|(ax-2)}{x^2-3x+4}=\lim_{x\to\infty}\dfrac{(x-1)(ax-2)}{x^2-3x+4}=a$$

$$\lim_{x\to\infty}\dfrac{|x-1|(ax+2)}{x^2-3x+4}=\lim_{x\to\infty}\dfrac{(x-1)(ax+2)}{x^2-3x+4}=a$$

이므로 함수의 극한의 대소 관계에 의하여

$$\lim_{x\to\infty}\dfrac{|x-1|f(x)}{x^2-3x+4}=a$$

따라서 $\lim\limits_{x\to\infty}\dfrac{|x-1|f(x)}{x^2-3x+4}=5$에서 $a=5$

0164 답 ②

함수 $y=2x^2-4x+5$의 그래프를 y축의 방향으로 a만큼 평행이동

하면 $y-a=2x^2-4x+5$이므로

$g(x)=2x^2-4x+5+a$

함수 $y=h(x)$의 그래프는 $y=f(x)$와 $y=g(x)$의 그래프 사이에

존재하므로

$2x^2-4x+5<h(x)<2x^2-4x+5+a$

각 변을 x^2으로 나누면

$$\dfrac{2x^2-4x+5}{x^2}<\dfrac{h(x)}{x^2}<\dfrac{2x^2-4x+5+a}{x^2}$$

이때 $\lim\limits_{x\to\infty}\dfrac{2x^2-4x+5}{x^2}=\lim\limits_{x\to\infty}\dfrac{2x^2-4x+5+a}{x^2}=2$이므로

함수의 극한의 대소 관계에 의하여

$$\lim_{x\to\infty}\dfrac{h(x)}{x^2}=2$$

0165 답 ①

| 유형 **23**

함수의 극한에 대한 설명으로 〈보기〉에서 옳은 것만을 있는 대로 고른 것은? (단, a는 실수이다.)

〈보기〉

ㄱ. $\lim\limits_{x\to a}f(x)$의 값이 존재하고 $\lim\limits_{x\to a}\{f(x)-g(x)\}=0$이면
  $\lim\limits_{x\to a}f(x)=\lim\limits_{x\to a}g(x)$이다.
  단서 1

ㄴ. $\lim\limits_{x\to a}f(x)$와 $\lim\limits_{x\to a}f(x)g(x)$의 값이 각각 존재하면 $\lim\limits_{x\to a}g(x)$의
  값이 존재한다.

ㄷ. $\lim\limits_{x\to a}f(x)$와 $\lim\limits_{x\to a}\dfrac{f(x)}{g(x)}$의 값이 각각 존재하면 $\lim\limits_{x\to a}g(x)$의 값도
  존재한다.

① ㄱ   ② ㄴ   ③ ㄱ, ㄷ

④ ㄴ, ㄷ   ⑤ ㄱ, ㄴ, ㄷ

단서 1 $g(x)$를 수렴하는 두 함수의 차로 나타내기

STEP 1 함수의 극한에 대한 성질을 활용하여 옳은 것 찾기

ㄱ. $\lim\limits_{x\to a}f(x)=\alpha$ (α는 실수)라 하면

  $\lim\limits_{x\to a}[f(x)-\{f(x)-g(x)\}]=\alpha-0$에서

  $\lim\limits_{x\to a}g(x)=\alpha$

  즉, $\lim\limits_{x\to a}f(x)=\lim\limits_{x\to a}g(x)$이다. (참)

ㄴ. [반례] $f(x)=x-a$, $g(x)=\dfrac{1}{x-a}$이면

  $\lim\limits_{x\to a}f(x)=0$, $\lim\limits_{x\to a}f(x)g(x)=1$로 값이 각각 존재하지만

  $\lim\limits_{x\to a}g(x)=\lim\limits_{x\to a}\dfrac{1}{x-a}$의 값은 존재하지 않는다. (거짓)

ㄷ. [반례] $f(x)=\dfrac{a}{x+a}$, $g(x)=\dfrac{a}{x-a}$ ($a\neq 0$)이면

  $\lim\limits_{x\to a}f(x)=\dfrac{1}{2}$, $\lim\limits_{x\to a}\dfrac{f(x)}{g(x)}=0$으로 값이 각각 존재하지만

  $\lim\limits_{x\to a}g(x)=\lim\limits_{x\to a}\dfrac{a}{x-a}$의 값은 존재하지 않는다. (거짓)

따라서 옳은 것은 ㄱ뿐이다.

0166 답 ④

ㄱ. $\lim\limits_{x\to a}g(x)=\alpha$, $\lim\limits_{x\to a}\dfrac{f(x)}{g(x)}=\beta$ (α, β는 실수)라 하면

  $\lim\limits_{x\to a}g(x)\times\lim\limits_{x\to a}\dfrac{f(x)}{g(x)}=\alpha\beta$에서 $\lim\limits_{x\to a}f(x)=\alpha\beta$

  즉, $\lim\limits_{x\to a}f(x)$의 값이 존재한다. (참)

ㄴ. $\lim\limits_{x\to 0}\dfrac{f(x)}{x^2}=k$ (k는 실수)이면

  $x\to 0$일 때, 극한값이 존재하고 (분모)$\to 0$이므로 (분자)$\to 0$

  이다.

  즉, $\lim\limits_{x\to 0}f(x)=0$이다. (참)

ㄷ. [반례] $f(x)=-x^2$, $g(x)=\begin{cases} x^2 & (x\neq 0) \\ 2 & (x=0) \end{cases}$이면

  모든 실수 x에서 $f(x)<g(x)$이지만

  $\lim\limits_{x\to 0}f(x)=\lim\limits_{x\to 0}g(x)=0$이다. (거짓)

따라서 옳은 것은 ㄱ, ㄴ이다.

0167 답 ③

ㄱ. [반례] $f(x)=2x$, $g(x)=x$이면

  $\lim\limits_{x\to\infty}f(x)=\infty$, $\lim\limits_{x\to\infty}g(x)=\infty$이지만

  $\lim\limits_{x\to\infty}\{f(x)-g(x)\}=\lim\limits_{x\to\infty}(2x-x)=\lim\limits_{x\to\infty}x=\infty$ (거짓)

ㄴ. [반례] $f(x)=(x-a)^2$, $g(x)=\dfrac{1}{(x-a)^2}$이면

  $\lim\limits_{x\to a}f(x)=0$, $\lim\limits_{x\to a}g(x)=\infty$이지만

  $\lim\limits_{x\to a}f(x)g(x)=\lim\limits_{x\to a}\left\{(x-a)^2\times\dfrac{1}{(x-a)^2}\right\}=1$ (거짓)

ㄷ. $\lim\limits_{x\to\infty}f(x)=\infty$, $\lim\limits_{x\to\infty}g(x)=a$이면

  $\lim\limits_{x\to\infty}\dfrac{g(x)}{f(x)}=0$이다. (참)

따라서 옳은 것은 ㄷ뿐이다. $\longrightarrow \dfrac{(상수)}{\infty}$ 꼴이므로 $\lim\limits_{x\to\infty}\dfrac{g(x)}{f(x)}=0$이다.

0168 답 ①

ㄱ. $\lim_{x\to a}f(x)=0$이고, $\lim_{x\to a}\dfrac{f(x)}{g(x)}=p$ $(p\neq0)$이면 $x\to a$일 때, 0이

아닌 극한값이 존재하고 (분자)$\to0$이므로 (분모)$\to0$이다. 즉,

$\lim_{x\to a}g(x)=0$이다. (참)

ㄴ. [반례] $f(x)=\begin{cases}x+1 & (x\geq0)\\ x-1 & (x<0)\end{cases}$ 이라 하면

$y=f(x)$, $y=|f(x)|$의 그래프는 그림과 같다.

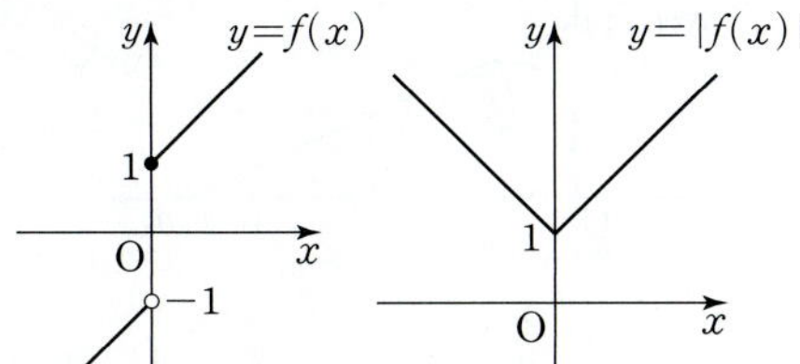

즉, $\lim_{x\to0}|f(x)|=1$이지만 $\lim_{x\to0}f(x)$의 값이 존재하지 않는다.

(거짓)

ㄷ. [반례] 서로 다른 실수 a, b에 대하여 $f(a)=b$, $f(b)=a$라 하면

$\lim_{x\to a}f(f(x))=a$이지만 $\lim_{x\to a}f(f(f(x)))=b$이다. (거짓)

따라서 옳은 것은 ㄱ뿐이다.

0169 답 ② | 유형 24

그림과 같이 곡선 $y=\dfrac{1}{x}$ $(x>0)$과 두 직선 $x=1$, $x=t$의 교점을 각각 A, B라 하고, 점 B에서 직선 $x=1$에 내린 수선의 발을 C라 하자. 삼각형 ABC의 넓이를 $S(t)$ 단서1

라 할 때, $\lim_{t\to\infty}\dfrac{S(t)}{t}$의 값은? (단, $t>1$)

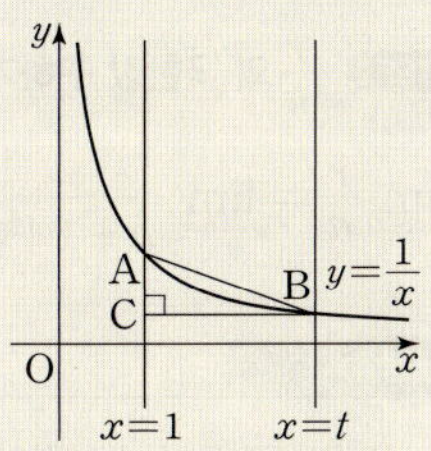

① 0 ② $\dfrac{1}{2}$ ③ 1

④ 2 ⑤ 4

단서1 $\dfrac{1}{2}\times\overline{AC}\times\overline{BC}$를 t에 대한 식으로 나타내기

STEP 1 세 점 A, B, C의 좌표 구하기

점 A는 곡선 $y=\dfrac{1}{x}$과 직선 $x=1$의 교점

이므로 A$(1, 1)$

점 B는 곡선 $y=\dfrac{1}{x}$과 직선 $x=t$의 교점

이므로 B$\left(t, \dfrac{1}{t}\right)$

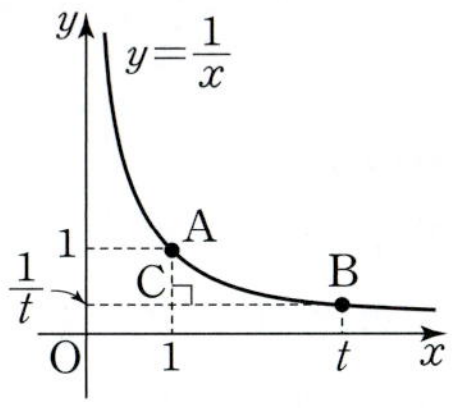

점 C는 점 B에서 직선 $x=1$에 내린 수선의 발이므로

C$\left(1, \dfrac{1}{t}\right)$

STEP 2 삼각형 ABC의 넓이 구하기

$\overline{AC}=1-\dfrac{1}{t}$, $\overline{BC}=t-1$이므로

삼각형 ABC의 넓이 $S(t)$는

$S(t)=\dfrac{1}{2}\times\overline{AC}\times\overline{BC}=\dfrac{1}{2}\times\left(1-\dfrac{1}{t}\right)(t-1)$

$\quad\quad=\dfrac{(t-1)^2}{2t}$

STEP 3 극한값 구하기

$\lim_{t\to\infty}\dfrac{S(t)}{t}=\lim_{t\to\infty}\dfrac{(t-1)^2}{2t^2}=\lim_{t\to\infty}\dfrac{t^2-2t+1}{2t^2}=\lim_{t\to\infty}\dfrac{1-\dfrac{2}{t}+\dfrac{1}{t^2}}{2}=\dfrac{1}{2}$

0170 답 ②

점 P$(t, t+1)$을 지나고 직선 $y=x+1$에 수직인 직선의 방정식은 ┗→ 기울기 -1

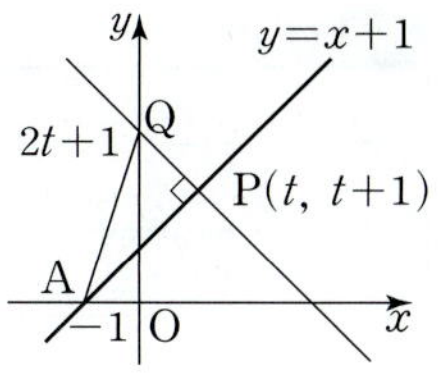

$y-(t+1)=-(x-t)$

$\therefore y=-x+2t+1$

이 직선이 y축과 만나는 점 Q는

Q$(0, 2t+1)$

$\overline{AP}^2=(t+1)^2+(t+1)^2=2t^2+4t+2$

$\overline{AQ}^2=\{0-(-1)\}^2+(2t+1)^2=4t^2+4t+2$

$\therefore \lim_{t\to\infty}\dfrac{\overline{AQ}^2}{\overline{AP}^2}=\lim_{t\to\infty}\dfrac{4t^2+4t+2}{2t^2+4t+2}=\lim_{t\to\infty}\dfrac{4+\dfrac{4}{t}+\dfrac{2}{t^2}}{2+\dfrac{4}{t}+\dfrac{2}{t^2}}=2$

0171 답 ②

$\overline{OP}=\sqrt{t^2+t}$이고 $\overline{OP}=\overline{OQ}$이므로

점 Q는 Q$(0, \sqrt{t^2+t})$

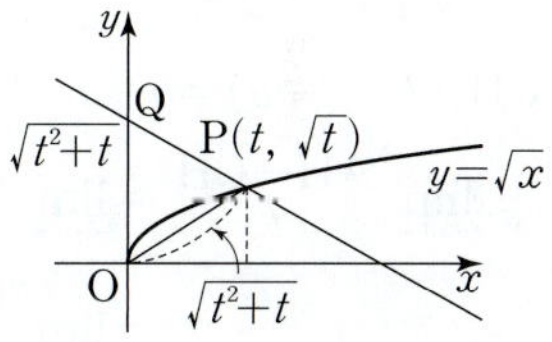

두 점 P$(t, \sqrt{t})$, Q$(0, \sqrt{t^2+t})$를 지나는 직선의 방정식은

$y-\sqrt{t}=\dfrac{\sqrt{t^2+t}-\sqrt{t}}{0-t}(x-t)$

$\therefore y=\dfrac{\sqrt{t}-\sqrt{t^2+t}}{t}x+\sqrt{t^2+t}$

이 직선의 x절편이 $f(t)$이므로 $x=f(t)$, $y=0$을 대입하면

$0=\dfrac{\sqrt{t}-\sqrt{t^2+t}}{t}\times f(t)+\sqrt{t^2+t}$

$\therefore f(t)=\dfrac{t\sqrt{t^2+t}}{\sqrt{t^2+t}-\sqrt{t}}$

$\therefore \lim_{t\to0+}f(t)=\lim_{t\to0+}\dfrac{t\sqrt{t^2+t}}{\sqrt{t^2+t}-\sqrt{t}}$

$\quad=\lim_{t\to0+}\dfrac{t\sqrt{t^2+t}(\sqrt{t^2+t}+\sqrt{t})}{(\sqrt{t^2+t}-\sqrt{t})(\sqrt{t^2+t}+\sqrt{t})}$

$\quad=\lim_{t\to0+}\dfrac{t(t^2+t+t\sqrt{t+1})}{t^2}$

$\quad=\lim_{t\to0+}(t+1+\sqrt{t+1})=2$

개념 Check

두 점 (x_1, y_1), (x_2, y_2)를 지나는 직선의 방정식은

$$y-y_1=\dfrac{y_2-y_1}{x_2-x_1}(x-x_1) \ (단, x_1\neq x_2)$$

0172 답 ④

삼각형 OPH는 직각삼각형이므로 $\overline{OH}^2=\overline{OP}^2-\overline{PH}^2$에서

$\overline{OP}^2=t^2+t$

$\overline{PH}$는 점 P$(t, \sqrt{t})$와 직선 $x-2y=0$ 사이의 거리와 같으므로

$\overline{PH}=\dfrac{|t-2\sqrt{t}|}{\sqrt{1^2+(-2)^2}}=\dfrac{|t-2\sqrt{t}|}{\sqrt{5}}$ ┗→ $y=\dfrac{1}{2}x$

직각삼각형 OPH에서

$$\overline{OH}^2=\overline{OP}^2-\overline{PH}^2=t^2+t-\frac{(t-2\sqrt{t})^2}{5}=\frac{4t^2+4t\sqrt{t}+t}{5}$$

$$\therefore \lim_{t\to\infty}\frac{\overline{OH}^2}{\overline{OP}^2}=\lim_{t\to\infty}\frac{4t^2+4t\sqrt{t}+t}{5(t^2+t)}=\lim_{t\to\infty}\frac{4+\frac{4\sqrt{t}}{t}+\frac{1}{t}}{5\left(1+\frac{1}{t}\right)}=\frac{4}{5}$$

점 $(x_1,\ y_1)$과 직선 $ax+by+c=0$ 사이의 거리는
$$\frac{|ax_1+by_1+c|}{\sqrt{a^2+b^2}}$$

0173 답 ②

곡선 $y=x^2$과 직선 $y=x+t$의 교점의 x좌표는 $x^2=x+t$, 즉
$x^2-x-t=0$의 두 실근이다.
두 점 A, B의 좌표를 각각 $(a,\ a^2)$, $(b,\ b^2)$이라 하면 x에 대한 이
차방정식 $x^2-x-t=0$의 두 근이 $a,\ b$이므로 이차방정식의 근과
계수의 관계에 의하여
$a+b=1,\ ab=-t$
$$\therefore \overline{AH}=a-b=\sqrt{(a-b)^2}=\sqrt{(a+b)^2-4ab}=\sqrt{1+4t}$$
또, 점 C의 좌표가 $(-a,\ a^2)$이므로
$$\overline{CH}=b-(-a)=b+a=1$$
$$\begin{aligned}
\therefore \lim_{t\to0+}\frac{\overline{AH}-\overline{CH}}{t}&=\lim_{t\to0+}\frac{\sqrt{1+4t}-1}{t}\\
&=\lim_{t\to0+}\frac{(\sqrt{1+4t}-1)(\sqrt{1+4t}+1)}{t(\sqrt{1+4t}+1)}\\
&=\lim_{t\to0+}\frac{4t}{t(\sqrt{1+4t}+1)}\\
&=\lim_{t\to0+}\frac{4}{\sqrt{1+4t}+1}\\
&=\frac{4}{1+1}=2
\end{aligned}$$

0174 답 ④

네 점 A, B, C, D는 각각
$A(\sqrt{2t},\ 2t)$, $B(\sqrt{2},\ 2t)$, $C(\sqrt{t+1},\ t+1)$, $D\left(\sqrt{\frac{t+1}{t}},\ t+1\right)$
이므로
$$\overline{AB}=\sqrt{2}-\sqrt{2t}=\sqrt{2}(1-\sqrt{t})$$
$$\overline{CD}=\sqrt{\frac{t+1}{t}}-\sqrt{t+1}=\sqrt{\frac{t+1}{t}}(1-\sqrt{t})$$
점 C에서 직선 AB에 내린 수선의 발을 H라 하면
$\overline{CH}=(t+1)-2t=1-t$이므로
$$\begin{aligned}
S(t)&=\frac{1}{2}\times(\overline{AB}+\overline{CD})\times\overline{CH}\\
&=\frac{1}{2}\left\{\sqrt{2}(1-\sqrt{t})+\sqrt{\frac{t+1}{t}}(1-\sqrt{t})\right\}(1-t)\\
&=\frac{1}{2}\left(\sqrt{2}+\sqrt{\frac{t+1}{t}}\right)(1-\sqrt{t})(1-t)
\end{aligned}$$
$$\begin{aligned}
\therefore \lim_{t\to1-}\frac{S(t)}{(1-t)^2}&=\lim_{t\to1-}\left\{\frac{1-\sqrt{t}}{2(1-t)}\times\left(\sqrt{2}+\sqrt{\frac{t+1}{t}}\right)\right\}\\
&=\lim_{t\to1-}\left\{\frac{1}{2(1+\sqrt{t})}\times\left(\sqrt{2}+\sqrt{\frac{t+1}{t}}\right)\right\}\\
&=\frac{1}{4}\times2\sqrt{2}=\frac{\sqrt{2}}{2}
\end{aligned}$$

0175 답 ⑤

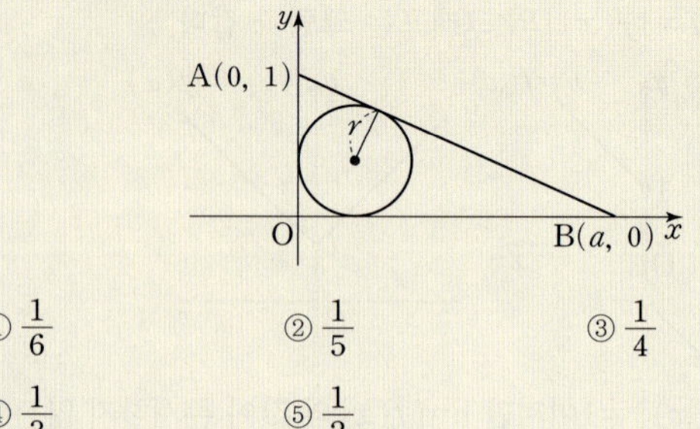

그림과 같이 세 점 $A(0,\ 1)$, $O(0,\ 0)$, $B(a,\ 0)$을 꼭짓점으로 하는
삼각형 AOB와 그 삼각형에 내접하는 원이 있다. 점 B가 x축을 따라

원점에 한없이 가까워질 때, 삼각형 AOB에 내접하는 원의 반지름의

길이 r에 대하여 $\frac{r}{a}$의 극한값은? (단, $a>0$)

① $\frac{1}{6}$ ② $\frac{1}{5}$ ③ $\frac{1}{4}$

④ $\frac{1}{3}$ ⑤ $\frac{1}{2}$

STEP 1 삼각형 AOB의 넓이를 이용하여 $\frac{r}{a}$을 a에 대한 식으로 나타내기

$\overline{AB}=\sqrt{a^2+1}$이므로 삼각형 AOB의 넓이에서
$$\frac{1}{2}\times a\times1=\frac{1}{2}\times r\times(a+1+\sqrt{a^2+1})$$
$$\therefore \frac{r}{a}=\frac{1}{a+1+\sqrt{a^2+1}}$$

STEP 2 $\frac{r}{a}$의 극한값 구하기

$$\lim_{a\to0+}\frac{r}{a}=\lim_{a\to0+}\frac{1}{a+1+\sqrt{a^2+1}}=\frac{1}{2}$$

삼각형 ABC의 내접원의 반지름의 길이가
r일 때
$$\triangle ABC=\frac{1}{2}\times r\times(a+b+c)$$

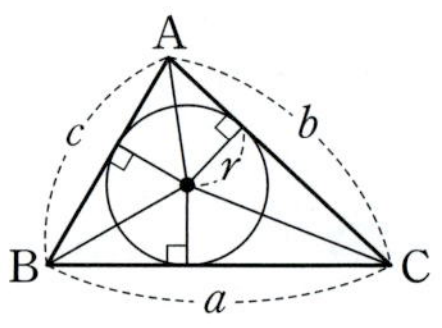

0176 답 ④

$$\overline{PA}=\sqrt{a^2+(b-3)^2} \quad\cdots\cdots\ \text{㉠}$$
원의 중심이 $P(a,\ b)$이므로 x축에 접
하는 원의 반지름의 길이는 b이고 두
원이 외접하므로
$$\overline{PA}=b+1 \quad\cdots\cdots\ \text{㉡}$$
㉠, ㉡에서 $\sqrt{a^2+(b-3)^2}=b+1$
양변을 제곱하면
$$a^2+(b-3)^2=(b+1)^2$$
$$\therefore a^2=8b-8$$
이때 $a\to\infty$이면 $b\to\infty$이므로
$$\lim_{a\to\infty}\frac{\overline{PH}^2}{\overline{PA}}=\lim_{a\to\infty}\frac{a^2}{b+1}=\lim_{b\to\infty}\frac{8b-8}{b+1}=\lim_{b\to\infty}\frac{8-\frac{8}{b}}{1+\frac{1}{b}}=8$$

x축 또는 y축에 접하는 원

(1) x축에 접하는 원: (반지름의 길이)=|중심의 y좌표|이므로
중심이 (a, b)이고, x축에 접하는 원의 방정식은
$$(x-a)^2+(y-b)^2=b^2$$

(2) y축에 접하는 원: (반지름의 길이)=|중심의 x좌표|이므로
중심이 (a, b)이고, y축에 접하는 원의 방정식은
$$(x-a)^2+(y-b)^2=a^2$$

0177 답 $\dfrac{1}{2}$

그림과 같이 $\overline{OQ}$를 그으면
$\overline{OQ}=4$이므로
직각삼각형 QOP에서
$\overline{PQ}=\sqrt{4^2-x^2}=\sqrt{16-x^2}$
즉, 직각삼각형 QAP에서
$f(x)=\sqrt{(4+x)^2+16-x^2}=\sqrt{32+8x}$

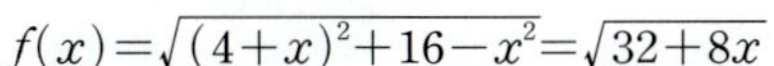

$$\therefore \lim_{x\to 4-}\frac{8-f(x)}{4-x}=\lim_{x\to 4-}\frac{8-\sqrt{32+8x}}{4-x}$$
$$=\lim_{x\to 4-}\frac{(8-\sqrt{32+8x})(8+\sqrt{32+8x})}{(4-x)(8+\sqrt{32+8x})}$$
$$=\lim_{x\to 4-}\frac{32-8x}{(4-x)(8+\sqrt{32+8x})}$$
$$=\lim_{x\to 4-}\frac{8}{8+\sqrt{32+8x}}$$
$$=\frac{8}{8+8}=\frac{1}{2}$$

0178 답 $\dfrac{1}{4}$

두 점 $P(t, 2t^2)$, $C(0, b)$ 사이의 거리는 b이다.

점 P의 좌표가 $(t, 2t^2)$이고,
점 C의 좌표를 $(0, b)$라 하면
$\overline{OC}=\overline{PC}=b$ (반지름의 길이)이므로
$\sqrt{t^2+(2t^2-b)^2}=b$

양변을 제곱하면
$t^2+4t^4-4bt^2+b^2=b^2$, $4bt^2=4t^4+t^2$
$t>0$이므로 $b=t^2+\dfrac{1}{4}$

$$\therefore \lim_{t\to 0+}\overline{OC}=\lim_{t\to 0+}b=\lim_{t\to 0+}\left(t^2+\frac{1}{4}\right)=\frac{1}{4}$$

0179 답 ⑤

점 P의 좌표가 $(t, \sqrt{2t})$ $(t>0)$이고,
점 P는 원 $x^2+y^2=r^2$ 위의 점이므로
$t^2+(\sqrt{2t})^2=r^2$, $t^2+2t-r^2=0$
$\therefore t=\sqrt{1+r^2}-1$ $(\because t>0)$ ············ ㉠
또, 원 위의 점 $P(t, \sqrt{2t})$에서의 접선
의 방정식은 $tx+\sqrt{2t}\,y=r^2$
이 접선이 x축과 만나는 점 Q는 $Q\left(\dfrac{r^2}{t}, 0\right)$이므로

$y=0$을 대입한다.

$$\overline{OQ}=\frac{r^2}{t}=\frac{r^2}{\sqrt{1+r^2}-1} \ (\because \text{㉠})$$

$$\therefore \lim_{r\to 0+}\overline{OQ}=\lim_{r\to 0+}\frac{r^2}{\sqrt{1+r^2}-1}$$
$$=\lim_{r\to 0+}\frac{r^2(\sqrt{1+r^2}+1)}{(\sqrt{1+r^2}-1)(\sqrt{1+r^2}+1)}$$
$$=\lim_{r\to 0+}(\sqrt{1+r^2}+1)=2$$

0180 답 ①

점 Q에서 x축에 내린 수선의 발
을 H라 하면
직각삼각형 QOP에서
$\overline{QO}^2=\overline{OH}\times\overline{OP}$이고
$\overline{QO}=\overline{OR}=\dfrac{1}{\sqrt{2t}}$이므로

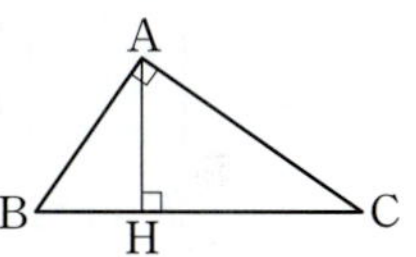

반지름의 길이

$$\left(\frac{1}{\sqrt{2t}}\right)^2=\overline{OH}\times\left(t+\frac{1}{t}\right)$$
$$\frac{1}{2t^2}=\overline{OH}\times\frac{t^2+1}{t} \qquad \therefore \overline{OH}=\frac{1}{2t(t^2+1)}$$

삼각형 ORQ의 넓이 $S(t)$는
$$S(t)=\frac{1}{2}\times\overline{OR}\times\overline{OH}$$
$$=\frac{1}{2}\times\frac{1}{\sqrt{2t}}\times\frac{1}{2t(t^2+1)}=\frac{\sqrt{2}}{8(t^4+t^2)}$$

$$\therefore \lim_{t\to\infty}\{t^4\times S(t)\}=\lim_{t\to\infty}\frac{\sqrt{2}\,t^4}{8(t^4+t^2)}=\lim_{t\to\infty}\frac{\sqrt{2}}{8\left(1+\dfrac{1}{t^2}\right)}=\frac{\sqrt{2}}{8}$$

참고 △OQP가 직각삼각형임을 알고 직각삼각형의 닮음의 성질을 활용하도록 한다.

직각삼각형의 닮음

$\angle A=90°$인 직각삼각형 ABC의 꼭짓점 A
에서 변 BC에 내린 수선의 발을 H라 하면
다음이 성립한다.

(1) $\overline{AB}^2=\overline{BH}\times\overline{BC}$
(2) $\overline{AC}^2=\overline{CH}\times\overline{CB}$
(3) $\overline{AH}^2=\overline{HB}\times\overline{HC}$

서술형 유형 익히기

41쪽~43쪽

0181 답 (1) $a+b$ (2) 0 (3) -3 (4) $2a+b$ (5) -3 (6) 3

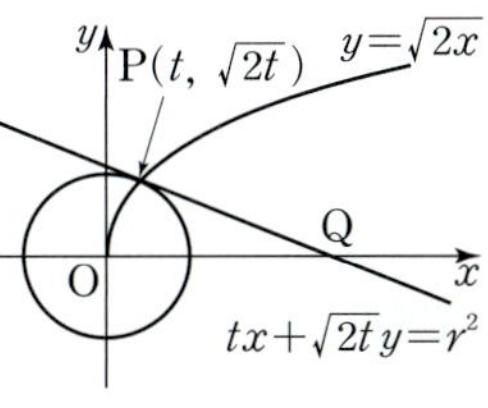

0182 답 17

STEP 1 $\lim_{x\to k} f(x)$의 존재를 조사해야 하는 실수 k의 값 찾기 [1점]

임의의 실수 k에 대하여 $\lim_{x\to k} f(x)$의 값이 존재하므로 $\lim_{x\to 0} f(x)$, $\lim_{x\to 1} f(x)$의 값이 존재한다.

STEP 2 $\lim_{x\to 0+} f(x)=\lim_{x\to 0-} f(x)$, $\lim_{x\to 1+} f(x)=\lim_{x\to 1-} f(x)$를 만족시키는 값을 이용하여 a, b 사이의 관계식 구하기 [4점]

$x=0$에서의 우극한과 좌극한을 각각 구하면

$$\lim_{x\to 0+}(ax+b)=b$$

$$\lim_{x\to 0-}(-x^2-1)=-1 \qquad\cdots\cdots\ \text{ⓐ}$$

이므로 $b=-1$ $\qquad\cdots\cdots\ \text{ⓑ}$

$x=1$에서의 우극한과 좌극한을 각각 구하면

$$\lim_{x\to 1+}(2x+1)=3$$

$$\lim_{x\to 1-}(ax+b)=a+b \qquad\cdots\cdots\ \text{ⓐ}$$

이므로 $a+b=3$ $\qquad\cdots\cdots\ \text{㉠}$

STEP 3 a^2+b^2의 값 구하기 [2점]

$b=-1$을 ㉠에 대입하면 $a=4$ $\qquad\cdots\cdots\ \text{ⓑ}$

$\therefore\ a^2+b^2=16+1=17$

부분점수표	
ⓐ $\lim_{x\to 0+} f(x)$, $\lim_{x\to 0-} f(x)$, $\lim_{x\to 1+} f(x)$, $\lim_{x\to 1-} f(x)$를 바르게 구한 경우	각 1점
ⓑ a의 값 또는 b의 값 중에서 어느 하나만 구한 경우	각 1점

0183 답 1

STEP 1 $\lim_{x\to a} f(x)$의 존재를 조사해야 하는 실수 a의 값 찾기 [2점]

함수 $f(x)=\begin{cases} 2-x & (|x|\geq 1) \\ 4-x^2 & (|x|<1) \end{cases}$ 에서

$f(x)=\begin{cases} 2-x & (x\leq -1 \text{ 또는 } x\geq 1) \\ 4-x^2 & (-1<x<1) \end{cases}$

이므로 $\lim_{x\to -1} f(x)$, $\lim_{x\to 1} f(x)$의 값이 존재하는지 확인해야 한다.

STEP 2 $\lim_{x\to a+} f(x)\neq \lim_{x\to a-} f(x)$인 실수 a의 값 구하기 [4점]

$x=-1$에서의 우극한과 좌극한을 각각 구하면

$\lim_{x\to -1+} f(x)=\lim_{x\to -1+}(4-x^2)=3$, $\lim_{x\to -1-} f(x)=\lim_{x\to -1-}(2-x)=3$

이므로 $\lim_{x\to -1} f(x)$의 값은 존재한다.

$x=1$에서의 우극한과 좌극한을 각각 구하면

$\lim_{x\to 1+} f(x)=\lim_{x\to 1+}(2-x)=1$, $\lim_{x\to 1-} f(x)=\lim_{x\to 1-}(4-x^2)=3$

이때 우극한과 좌극한이 일치하지 않으므로 $\lim_{x\to 1} f(x)$의 값은 존재하지 않는다.

STEP 3 $\lim_{x\to a} f(x)$의 값이 존재하지 않는 실수 a의 값 구하기 [1점]

$\lim_{x\to a} f(x)$의 값이 존재하지 않는 실수 a의 값은 1이다.

참고 함수 $y=f(x)$의 그래프는 그림과 같다.

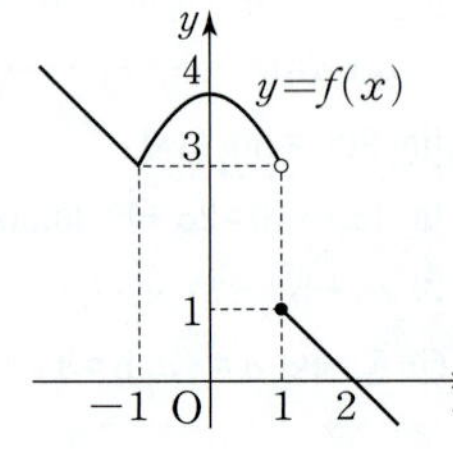

0184 답 -1

STEP 1 $0\leq x<2$일 때 함수 $f(x)$ 구하기 [4점]

임의의 실수 x에 대하여 $f(x)=f(x+1)$을 만족시키므로

$$f(x)=\begin{cases} x^3+ax^2+bx-3 & (0\leq x<1) \\ (x-1)^3+a(x-1)^2+b(x-1)-3 & (1\leq x<2) \end{cases}$$

으로 놓을 수 있다.

STEP 2 $\lim_{x\to 1+} f(x)$, $\lim_{x\to 1-} f(x)$ 구하기 [2점]

$$\begin{aligned}\lim_{x\to 1+} f(x)&=\lim_{x\to 1+}\{(x-1)^3+a(x-1)^2+b(x-1)-3\}\\ &=-3 \qquad\cdots\cdots\ \text{㉠} \qquad\cdots\cdots\ \text{ⓐ}\end{aligned}$$

$$\begin{aligned}\lim_{x\to 1-} f(x)&=\lim_{x\to 1-}(x^3+ax^2+bx-3)\\ &=1+a+b-3\\ &=a+b-2 \qquad\cdots\cdots\ \text{㉡} \qquad\cdots\cdots\ \text{ⓑ}\end{aligned}$$

STEP 3 $a+b$의 값 구하기 [1점]

$\lim_{x\to 1} f(x)$의 값이 존재하므로 ㉠$=$㉡에서

$a+b-2=-3$ $\quad\therefore\ a+b=-1$

부분점수표	
ⓐ $\lim_{x\to 1+} f(x)$의 값만 구한 경우	1점
ⓑ $\lim_{x\to 1-} f(x)$의 값만 구한 경우	1점

0185 답 (1) 분자 (2) -4 (3) 분모 (4) $-\dfrac{5}{2}$ (5) $\dfrac{2}{3}$ (6) $\dfrac{2}{3}$

실제 답안 예시

$c>0$인 극한값 c가 존재하므로 분자의 이차식이 $x-2$를 인수로 가져야 한다.

$f(x)=x^2+ax+4$라 하면 $f(2)=4+2a+4=0$ $\qquad\therefore\ a=-4$

$f(x)=(x-2)^2$이고, $c>0$이므로 $g(x)=x^2+bx+1$이라 하면 $g(2)=0$이어야 한다.

$g(2)=4+2b+1=0$ $\qquad\therefore\ b=-\dfrac{5}{2}$

즉, $g(x)=(x-2)\left(x-\dfrac{1}{2}\right)$이므로 $\lim_{x\to 2}\dfrac{f(x)}{(x-2)g(x)}=\lim_{x\to 2}\dfrac{(x-2)^2}{(x-2)^2\left(x-\dfrac{1}{2}\right)}=\dfrac{2}{3}$

$\therefore\ c=\dfrac{2}{3}$

0186 답 $a=-2$, $b=1$, $c=\dfrac{1}{3}$

STEP 1 $x\to 1$일 때, 극한값이 존재하고 (분모)$\to 0$임을 이용하여 상수 a의 값 구하기 [2점]

$\lim_{x\to 1}\dfrac{x^2+ax+1}{(x-1)(x^2+bx-2)}=c$에서 $x\to 1$일 때, 극한값이 존재하고 (분모)$\to 0$이므로 (분자)$\to 0$이다.

즉, $\lim_{x\to 1}(x^2+ax+1)=0$이므로

$1+a+1=0$ $\qquad\therefore\ a=-2$

STEP 2 상수 b의 값 구하기 [3점]

$a=-2$를 주어진 식에 대입하면

$$\lim_{x\to 1}\dfrac{x^2-2x+1}{(x-1)(x^2+bx-2)}=\lim_{x\to 1}\dfrac{x-1}{x^2+bx-2}=c \qquad\cdots\cdots\ \text{㉠}$$

㉠에서 $x\to 1$일 때, 0이 아닌 극한값이 존재하고 (분자)$\to 0$이므로 (분모)$\to 0$이다.

즉, $\lim\limits_{x\to 1}(x^2+bx-2)=0$이므로

$1+b-2=0$ $\quad\therefore b=1$

STEP 3 주어진 극한값을 구하여 상수 c의 값 구하기 [2점]

$b=1$을 ㉠에 대입하면

$$\lim_{x\to 1}\frac{x-1}{x^2+x-2}=\lim_{x\to 1}\frac{x-1}{(x-1)(x+2)}$$

$$=\lim_{x\to 1}\frac{1}{x+2}=\frac{1}{3}$$

$$\therefore c=\frac{1}{3}$$

0187 답 $a=1$, $b=-10$, $c=8$

STEP 1 $f(x)$가 $x-2$를 인수로 가짐을 보이고, $f(x)$ 구하기 [3점]

$\lim\limits_{x\to 2}\dfrac{f(x)}{x-2}=6$에서 $x\to 2$일 때, 극한값이 존재하고 (분모)$\to 0$이므로 (분자)$\to 0$이다.

즉, $\lim\limits_{x\to 2}f(x)=0$에서 $f(2)=0$이므로 함수 $f(x)$는 $x-2$를 인수로 가진다.

따라서 삼차함수 $f(x)$는 $x-1$, $x-2$를 인수로 가지므로

$f(x)=(x-1)(x-2)(x-p)$ (p는 상수)로 놓을 수 있다.

STEP 2 $f(x)$를 식에 대입하여 극한값 구하기 [3점]

$$\lim_{x\to 2}\frac{f(x)}{x-2}=\lim_{x\to 2}\frac{(x-1)(x-2)(x-p)}{x-2}$$

$$=\lim_{x\to 2}(x-1)(x-p)=2-p$$

즉, $2-p=6$에서 $p=-4$

STEP 3 계수를 비교하여 상수 a, b, c의 값 구하기 [1점]

$f(x)=(x-1)(x-2)(x+4)=x^3+x^2-10x+8$이므로

$a=1$, $b=-10$, $c=8$

0188 답 -3

STEP 1 다항함수 $f(x)$의 차수와 계수 결정하기 [2점]

$\lim\limits_{x\to\infty}\dfrac{f(x)-3x^3}{x^2}=2$에서 함수 $f(x)-3x^3$은 최고차항의 계수가 2인 이차함수이므로 $f(x)$는 삼차항의 계수가 3이고 이차항의 계수가 2이다.

$f(x)=3x^3+2x^2+ax+b$ (a, b는 상수)로 놓자.

STEP 2 $x\to 0$일 때, 극한값이 존재하고 (분모)$\to 0$임을 이용하여 상수항 구하기 [4점]

$\lim\limits_{x\to 0}\dfrac{f(x)}{x}=2$에서 $x\to 0$일 때, 극한값이 존재하고 (분모)$\to 0$이므로 (분자)$\to 0$이다.

즉, $\lim\limits_{x\to 0}f(x)=0$에서 $f(0)=0$이므로 $b=0$ ...... ⓐ

$$\lim_{x\to 0}\frac{f(x)}{x}=\lim_{x\to 0}\frac{3x^3+2x^2+ax}{x}=\lim_{x\to 0}(3x^2+2x+a)=a$$

$$\therefore a=2$$

STEP 3 $f(-1)$의 값 구하기 [1점]

$f(x)=3x^3+2x^2+2x$이므로

$f(-1)=-3+2-2=-3$

부분점수표	
ⓐ b의 값만 구한 경우	1점

1 0189 답 ③   유형 1

출제의도 | 그래프에서 극한값이 존재하지 않는 값을 찾을 수 있는지 확인한다.

> $\lim\limits_{x\to a+}f(x)\neq\lim\limits_{x\to a-}f(x)$일 때 $\lim\limits_{x\to a}f(x)$의 값이 존재하지 않아.

$\lim\limits_{x\to a}f(x)$의 값이 존재하기 위해서는 우극한과 좌극한이 같아야 한다. 즉, $\lim\limits_{x\to 0+}f(x)=\lim\limits_{x\to 0-}f(x)$이어야 한다.

(ⅰ) $a=0$일 때

$\lim\limits_{x\to 0+}f(x)=-1$, $\lim\limits_{x\to 0-}f(x)=1$이므로

$\lim\limits_{x\to 0+}f(x)\neq\lim\limits_{x\to 0-}f(x)$

(ⅱ) $a=1$일 때

$\lim\limits_{x\to 1+}f(x)=\lim\limits_{x\to 1-}f(x)=0$

(ⅲ) $a=2$일 때

$\lim\limits_{x\to 2+}f(x)=-1$, $\lim\limits_{x\to 2-}f(x)=1$이므로

$\lim\limits_{x\to 2+}f(x)\neq\lim\limits_{x\to 2-}f(x)$

(ⅰ), (ⅱ), (ⅲ)에서 $\lim\limits_{x\to a}f(x)$의 값이 존재하지 않는 실수 a의 값은 0, 2의 2개이다.

2 0190 답 ①   유형 2

출제의도 | 함수의 그래프에서 우극한과 좌극한을 구할 수 있는지 확인한다.

> 함수 $y=f(x)$의 그래프에서 x의 값이 -2보다 크면서 -2에 한없이 가까워질 때 $f(x)$의 값이 가까워지는 점을 찾고, x의 값이 2보다 작으면서 2에 한없이 가까워질 때 $f(x)$의 값이 가까워지는 점을 찾아보자.

주어진 그래프에서

$\lim\limits_{x\to -2+}f(x)=4$, $\lim\limits_{x\to 2-}f(x)=2$

$\therefore \lim\limits_{x\to -2+}f(x)-\lim\limits_{x\to 2-}f(x)=4-2=2$

3 0191 답 ③   유형 13

출제의도 | $\dfrac{0}{0}$ 꼴의 극한값을 구할 수 있는지 확인한다.

> 근호가 있는 분모를 유리화해 보자.

$$\lim_{x\to 4}\frac{x-4}{\sqrt{x+12}-4}=\lim_{x\to 4}\frac{(x-4)(\sqrt{x+12}+4)}{(\sqrt{x+12}-4)(\sqrt{x+12}+4)}$$

$$=\lim_{x\to 4}\frac{(x-4)(\sqrt{x+12}+4)}{x-4}$$

$$=\lim_{x\to 4}(\sqrt{x+12}+4)$$

$$=8$$

4 0192 답 ⑤   유형 14

출제의도 | $\dfrac{\infty}{\infty}$ 꼴의 극한값을 구할 수 있는지 확인한다.

> $x\to\infty$일 때, $\dfrac{1}{x}\to 0$임을 이용해 보자.

$$\lim_{x\to\infty}\left(2-\frac{1}{x^2}\right)+\lim_{x\to\infty}\frac{3x^2-5x}{x^2+1}$$

$$=\lim_{x\to\infty}2-\lim_{x\to\infty}\frac{1}{x^2}+\lim_{x\to\infty}\frac{3-\frac{5}{x}}{1+\frac{1}{x^2}}$$

$$=2-0+3=5$$

5 0193 답 ④ 유형 17

출제의도 | $\frac{0}{0}$ 꼴의 극한값을 구할 수 있는지 확인한다.

> 분자를 인수분해하고 분모를 유리화해 보자.

$$\lim_{x\to1}\frac{f(x)(x^2-1)}{\sqrt{x}-1}=\lim_{x\to1}\frac{f(x)(x-1)(x+1)(\sqrt{x}+1)}{(\sqrt{x}-1)(\sqrt{x}+1)}$$
$$=\lim_{x\to1}\frac{f(x)(x-1)(x+1)(\sqrt{x}+1)}{x-1}$$
$$=\lim_{x\to1}f(x)(x+1)(\sqrt{x}+1)$$
$$=\lim_{x\to1}f(x)\times\lim_{x\to1}(x+1)(\sqrt{x}+1)$$
$$=3\times2\times2=12 \qquad \lim_{x\to1}f(x)=3$$

6 0194 답 ③ 유형 22

출제의도 | 함수의 극한의 대소 관계를 아는지 확인한다.

> 각 변에 $x\ (x>0)$를 곱해 보자.

$\dfrac{2}{x+2}<\dfrac{f(x)}{x}<\dfrac{4}{2x+1}$의 각 변에 양의 실수 x를 곱하면

$$\frac{2x}{x+2}<f(x)<\frac{4x}{2x+1}$$

이때 $\lim\limits_{x\to\infty}\dfrac{2x}{x+2}=\lim\limits_{x\to\infty}\dfrac{4x}{2x+1}=2$이므로

함수의 극한의 대소 관계에 의하여

$$\lim_{x\to\infty}f(x)=2$$

7 0195 답 ⑤ 유형 3 + 유형 5 + 유형 6

출제의도 | 좌극한과 우극한을 구할 수 있는지 확인한다.

> 좌극한과 우극한을 직접 구해 보자.

① $\lim\limits_{x\to0-}x=0$, $\lim\limits_{x\to0+}x=0$이므로 좌극한과 우극한이 모두 존재한다.

② $\lim\limits_{x\to0-}|x|=\lim\limits_{x\to0-}(-x)=0$, $\lim\limits_{x\to0+}|x|=\lim\limits_{x\to0+}x=0$이므로 좌극한과 우극한이 모두 존재한다.

③ 함수 $y=\dfrac{1}{x^2}$의 그래프는 그림과 같다.

$\lim\limits_{x\to0-}\dfrac{1}{x^2}=\infty$, $\lim\limits_{x\to0+}\dfrac{1}{x^2}=\infty$이므로 좌극한과 우극한이 모두 존재하지 않는다.

④ 함수 $y=[x]$의 그래프는 그림과 같다.
$\lim\limits_{x\to0-}[x]=-1$, $\lim\limits_{x\to0+}[x]=0$
이므로 좌극한과 우극한이 모두 존재한다.

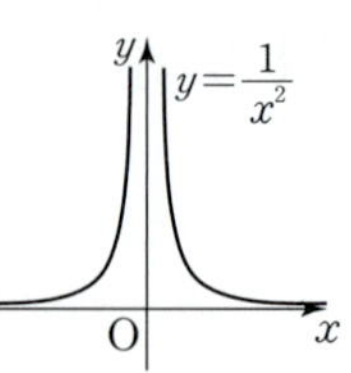

⑤ $\lim\limits_{x\to0-}f(x)=0$, $\lim\limits_{x\to0+}f(x)=\lim\limits_{x\to0+}\dfrac{1}{x}=\infty$

이므로 좌극한은 존재하지만 우극한은 존재하지 않는다.

8 0196 답 ④ 유형 4

출제의도 | 극한값이 존재하는 조건을 알고 있는지 확인한다.

> 극한값이 존재하기 위해서는 우극한과 좌극한이 존재하고 그 값이 같아야 해.

$f(x)=\begin{cases} x^2-3x+4 & (x\geq1) \\ -2x+k & (x<1) \end{cases}$ 에서 $x\to1$일 때 우극한과 좌극한을

각각 구하면

$$\lim_{x\to1+}f(x)=\lim_{x\to1+}(x^2-3x+4)=1-3+4=2$$
$$\lim_{x\to1-}f(x)=\lim_{x\to1-}(-2x+k)=-2+k$$
$$\lim_{x\to1+}f(x)=\lim_{x\to1-}f(x)에서$$
$$2=-2+k \qquad \therefore k=4$$

9 0197 답 ④ 유형 5

출제의도 | 절댓값 기호가 포함된 함수의 극한값을 구할 수 있는지 확인한다.

> $y=|f(x)|$의 그래프는 $y=f(x)$의 그래프에서 $y<0$인 부분을 x축에 대하여 대칭이동하여 그릴 수 있어.

$y=|f(x)|$의 그래프는 그림과 같다.

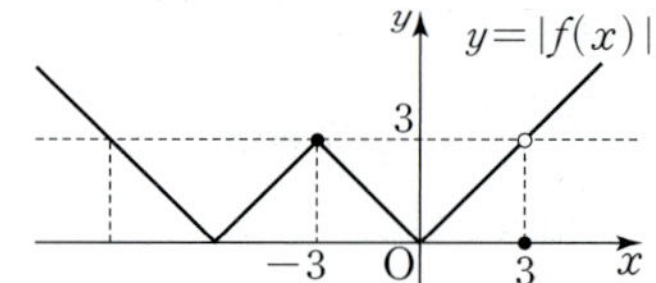

따라서 $\lim\limits_{x\to a}|f(x)|=3$을 만족시키는 a의 값은 3개이다.

10 0198 답 ② 유형 7

출제의도 | 치환을 이용하여 함수의 극한값을 구할 수 있는지 확인한다.

> $x-2=t$로 치환하면 $x\to2$일 때 $t\to0$임을 이용해 보자.

$\lim\limits_{x\to2}\dfrac{f(x-2)}{x-2}=15$에서 $x-2=t$로 놓으면 $x\to2$일 때 $t\to0$이므로

$$\lim_{x\to2}\frac{f(x-2)}{x-2}=\lim_{t\to0}\frac{f(t)}{t}=15$$

$$\therefore \lim_{x\to0}\frac{2f(x)}{x(x+3)}=\lim_{x\to0}\frac{2}{x+3}\times\lim_{x\to0}\frac{f(x)}{x}$$
$$=\frac{2}{3}\times15=10$$

11 0199 답 ② 유형 10

출제의도 | 함수의 극한에 대한 성질을 이용하여 그래프에서 함수의 극한값을 구할 수 있는지 확인한다.

> $\lim\limits_{x\to0+}f(x)$, $\lim\limits_{x\to0+}g(x)$의 값이 존재하면 $\lim\limits_{x\to0+}f(x)g(x)=\lim\limits_{x\to0+}f(x)\times\lim\limits_{x\to0+}g(x)$임을 이용해 보자.

$\lim\limits_{x\to0+}f(x)=-1$, $\lim\limits_{x\to0+}g(x)=1$이므로

$$\lim_{x\to0+}f(x)g(x)=\lim_{x\to0+}f(x)\times\lim_{x\to0+}g(x)$$
$$=(-1)\times1=-1$$

12 0200 답 ⑤ 유형 16

출제의도 | $\infty \times 0$ 꼴의 극한값을 구할 수 있는지 확인한다.

> 통분하여 $\dfrac{\infty}{\infty}$ 꼴로 변형해 보자.

$$\lim_{x \to \infty} x\left(\frac{1}{x} - \frac{1}{2-x}\right) = \lim_{x \to \infty}\left\{x \times \frac{2-x-x}{x(2-x)}\right\}$$
$$= \lim_{x \to \infty} \frac{2-2x}{2-x}$$
$$= \lim_{x \to \infty} \frac{\frac{2}{x}-2}{\frac{2}{x}-1} = \frac{-2}{-1} = 2$$

다른 풀이

$$\lim_{x \to \infty} x\left(\frac{1}{x} - \frac{1}{2-x}\right) = \lim_{x \to \infty}\left(1 - \frac{x}{2-x}\right)$$
$$= \lim_{x \to \infty}\left(1 - \frac{1}{\frac{2}{x}-1}\right)$$
$$= 1 - (-1) = 2$$

13 0201 답 ② 유형 18

출제의도 | 극한값이 존재하는 조건을 이용하여 유리식에서 미정계수를 구할 수 있는지 확인한다.

> $x \to a$일 때, 극한값이 존재하고 (분모)$\to 0$이면 (분자)$\to 0$이야.

$\displaystyle\lim_{x \to 3} \frac{2x^2 + ax + b}{x^2 - 9} = 3$에서 $x \to 3$일 때, 극한값이 존재하고

(분모)$\to 0$이므로 (분자)$\to 0$이다.

즉, $\displaystyle\lim_{x \to 3}(2x^2 + ax + b) = 0$이므로

$18 + 3a + b = 0 \qquad \therefore b = -3a - 18$ ……………… ㉠

㉠을 주어진 식에 대입하면

$$\lim_{x \to 3} \frac{2x^2 + ax - 3a - 18}{x^2 - 9} = \lim_{x \to 3} \frac{(x-3)(2x+a+6)}{(x-3)(x+3)}$$
$$= \lim_{x \to 3} \frac{2x+a+6}{x+3}$$
$$= \frac{12+a}{6}$$

즉, $\dfrac{12+a}{6} = 3$에서 $a = 6$

$a = 6$을 ㉠에 대입하면 $b = -36$

$\therefore a + b = -30$

14 0202 답 ② 유형 19

출제의도 | 극한값이 존재하는 조건을 이용하여 무리식이 포함된 식에서 미정계수를 구할 수 있는지 확인한다.

> $x \to a$일 때, 극한값이 존재하고 (분모)$\to 0$이면 (분자)$\to 0$이야.

$\displaystyle\lim_{x \to 1} \frac{\sqrt{x+1}-a}{x-1} = b$에서 $x \to 1$일 때, 극한값이 존재하고

(분모)$\to 0$이므로 (분자)$\to 0$이다.

즉, $\displaystyle\lim_{x \to 1}(\sqrt{x+1}-a) = 0$이므로

$\sqrt{2} - a = 0 \qquad \therefore a = \sqrt{2}$

$a = \sqrt{2}$를 주어진 식에 대입하면

$$\lim_{x \to 1} \frac{\sqrt{x+1}-\sqrt{2}}{x-1} = \lim_{x \to 1} \frac{(\sqrt{x+1}-\sqrt{2})(\sqrt{x+1}+\sqrt{2})}{(x-1)(\sqrt{x+1}+\sqrt{2})}$$
$$= \lim_{x \to 1} \frac{x-1}{(x-1)(\sqrt{x+1}+\sqrt{2})}$$
$$= \lim_{x \to 1} \frac{1}{\sqrt{x+1}+\sqrt{2}}$$
$$= \frac{1}{2\sqrt{2}}$$

$\therefore b = \dfrac{1}{2\sqrt{2}}$

$\therefore ab = \sqrt{2} \times \dfrac{1}{2\sqrt{2}} = \dfrac{1}{2}$

15 0203 답 ⑤ 유형 21

출제의도 | $\dfrac{\infty}{\infty}$ 꼴의 극한값이 존재하는 조건을 알고 있는지 확인한다.

> $\dfrac{\infty}{\infty}$ 꼴의 극한값이 존재하려면 (분자의 차수)$=$(분모의 차수)이고, 극한값은 최고차항의 계수의 비임을 이용하면 함수 $f(x)$를 나타낼 수 있어.

$\displaystyle\lim_{x \to \infty} \frac{f(x) - 3x^2}{x} = 10$에서 $f(x) - 3x^2$은 최고차항의 계수가 10인

일차함수이다.

즉, $f(x) = 3x^2 + 10x + a$ (a는 상수)로 놓을 수 있다.

$\displaystyle\lim_{x \to 1} f(x) = 20$이므로

$\displaystyle\lim_{x \to 1}(3x^2 + 10x + a) = 3 + 10 + a = a + 13$

즉, $a + 13 = 20$이므로 $a = 7$

따라서 $f(x) = 3x^2 + 10x + 7$이므로

$f(0) = 0 + 0 + 7 = 7$

16 0204 답 ① 유형 9

출제의도 | 함수의 극한에 대한 성질을 이용할 수 있는지 확인한다.

> $\dfrac{a}{\infty} = 0$ (a는 상수)임을 이용해 보자.

$\displaystyle\lim_{x \to \infty} f(x) = \infty$, $\displaystyle\lim_{x \to \infty}\{f(x) - g(x)\} = 2$에서

$f(x) - g(x) = h(x)$라 하면 $\displaystyle\lim_{x \to \infty} h(x) = 2$이므로

$$\lim_{x \to \infty} \frac{h(x)}{f(x)} = 0$$

$g(x) = f(x) - h(x)$이므로

$$\lim_{x \to \infty} \frac{f(x) + g(x)}{f(x) - 2g(x)} = \lim_{x \to \infty} \frac{f(x) + \{f(x) - h(x)\}}{f(x) - 2\{f(x) - h(x)\}}$$
$$= \lim_{x \to \infty} \frac{2f(x) - h(x)}{-f(x) + 2h(x)}$$
$$= \lim_{x \to \infty} \frac{2 - \dfrac{h(x)}{f(x)}}{-1 + 2 \times \dfrac{h(x)}{f(x)}} = -2$$

17 0205 답 ② 유형 13 + 유형 15

출제의도 | $\infty - \infty$ 꼴의 극한값을 구할 수 있는지 확인한다.

> 근호가 있는 부분을 유리화해 보자.

$$\lim_{x\to\infty}\frac{\sqrt{x+\alpha^2}-\sqrt{x+\beta^2}}{\sqrt{4x+\alpha}-\sqrt{4x+\beta}}$$

$$=\lim_{x\to\infty}\frac{(\sqrt{x+\alpha^2}-\sqrt{x+\beta^2})(\sqrt{x+\alpha^2}+\sqrt{x+\beta^2})(\sqrt{4x+\alpha}+\sqrt{4x+\beta})}{(\sqrt{4x+\alpha}-\sqrt{4x+\beta})(\sqrt{4x+\alpha}+\sqrt{4x+\beta})(\sqrt{x+\alpha^2}+\sqrt{x+\beta^2})}$$

$$=\lim_{x\to\infty}\frac{(\alpha^2-\beta^2)(\sqrt{4x+\alpha}+\sqrt{4x+\beta})}{(\alpha-\beta)(\sqrt{x+\alpha^2}+\sqrt{x+\beta^2})}$$

$$=\lim_{x\to\infty}\frac{(\alpha+\beta)\left(\sqrt{4+\dfrac{\alpha}{x}}+\sqrt{4+\dfrac{\beta}{x}}\right)}{\sqrt{1+\dfrac{\alpha^2}{x}}+\sqrt{1+\dfrac{\beta^2}{x}}}$$

$$=\frac{1\times(2+2)}{1+1}\ (\because \alpha+\beta=1)$$

$$=2$$

18 0206 답 ① 유형 18

출제의도 | $\dfrac{0}{0}$ 꼴에서 극한값이 존재하는 조건을 이용하여 미정계수를 구할 수 있는지 확인한다.

> $x\to a$일 때, 극한값이 존재하고 (분모)$\to 0$이면 (분자)$\to 0$이야.

$\lim\limits_{x\to1}\dfrac{f(x)}{x-1}=5$에서 $x\to1$일 때, 극한값이 존재하고 (분모)$\to0$이므로 (분자)$\to0$이다.

즉, $\lim\limits_{x\to1}f(x)=0$이므로 $\lim\limits_{x\to1}(2x^2+ax+b)=0$

즉, $2+a+b=0$에서 $b=-a-2$ $\cdots\cdots$ ㉠

㉠을 주어진 식에 대입하면

$$\lim_{x\to1}\frac{2x^2+ax-a-2}{x-1}=\lim_{x\to1}\frac{(x-1)(2x+a+2)}{x-1}$$
$$=\lim_{x\to1}(2x+a+2)=a+4$$

즉, $a+4=5$이므로 $a=1$

$a=1$을 ㉠에 대입하면 $b=-3$

따라서 $f(x)=2x^2+x-3$이므로

$f(2)=8+2-3=7$

19 0207 답 ⑤ 유형 21

출제의도 | $\dfrac{\infty}{\infty}$ 꼴에서 극한값을 이용하여 다항함수 $f(x)$를 결정할 수 있는지 확인한다.

> $\dfrac{\infty}{\infty}$ 꼴의 극한값이 존재하려면 (분자의 차수)=(분모의 차수)이고, 극한값은 최고차항의 계수의 비임을 이용하면 함수 $f(x)$를 나타낼 수 있어.

⑺에서 $\lim\limits_{x\to\infty}\dfrac{f(x)-x^2}{3x^2+2x+5}=\dfrac{1}{3}$이므로 다항함수 $f(x)$는 x^2의 계수가 2인 이차함수이다.

즉, $f(x)=2x^2+ax+b$ $(a,\ b$는 상수)로 놓을 수 있다.

⑻에서 $\lim\limits_{x\to0}\dfrac{f(x)}{x^2+x}=-1$이고 $x\to0$일 때, 극한값이 존재하고 (분모)$\to0$이므로 (분자)$\to0$이다.

즉, $\lim\limits_{x\to0}f(x)=0$이므로 $f(0)=0$ $\quad\therefore b=0$

$f(x)=2x^2+ax$를 ⑻의 식에 대입하면

$$\lim_{x\to0}\frac{f(x)}{x^2+x}=\lim_{x\to0}\frac{x(2x+a)}{x(x+1)}=\lim_{x\to0}\frac{2x+a}{x+1}=a$$

$\therefore a=-1$

따라서 $f(x)=2x^2-x$이므로

$f(3)=18-3=15$

20 0208 답 ⑤ 유형 23

출제의도 | 함수의 극한에 대한 성질을 활용할 수 있는지 확인한다.

> 함수의 극한에 대한 성질은 $x\to\infty$, $x\to-\infty$일 때에도 성립해.

ㄱ. $\lim\limits_{x\to\infty}\{g(x)+f(x)\}=\beta$라 하면

$$\lim_{x\to\infty}g(x)=\lim_{x\to\infty}\{g(x)+f(x)-f(x)\}$$
$$=\lim_{x\to\infty}\{g(x)+f(x)\}-\lim_{x\to\infty}f(x)$$
$$=\beta-\alpha$$

즉, $\lim\limits_{x\to\infty}g(x)$의 값이 존재한다. (참)

ㄴ. $\lim\limits_{x\to\infty}f(x)g(x)=\beta$ $(\beta\neq0)$에서

$$\lim_{x\to\infty}g(x)=\lim_{x\to\infty}\left\{f(x)g(x)\times\frac{1}{f(x)}\right\}$$
$$=\lim_{x\to\infty}\frac{f(x)g(x)}{f(x)}$$
$$=\frac{\lim\limits_{x\to\infty}f(x)g(x)}{\lim\limits_{x\to\infty}f(x)}$$
$$=\frac{\beta}{\alpha}$$

즉, $\lim\limits_{x\to\infty}g(x)$의 값이 존재한다. (참)

ㄷ. $\lim\limits_{x\to\infty}\dfrac{g(x)}{f(x)}=\gamma$ $(\gamma\neq0)$에서

$$\lim_{x\to\infty}g(x)=\lim_{x\to\infty}\left\{\frac{g(x)}{f(x)}\times f(x)\right\}$$
$$=\lim_{x\to\infty}\frac{g(x)}{f(x)}\times\lim_{x\to\infty}f(x)$$
$$=\gamma\times\alpha$$

즉, $\lim\limits_{x\to\infty}g(x)$의 값이 존재한다. (참)

따라서 옳은 것은 ㄱ, ㄴ, ㄷ이다.

21 0209 답 ② 유형 22

출제의도 | 함수의 극한의 대소 관계를 이용할 수 있는지 확인한다.

> $|f(x)|<a$ (a는 상수)이면 $-a<f(x)<a$임을 이용해 보자.

$|f(x)-ax|<1$에서 $-1<f(x)-ax<1$이므로

$ax-1<f(x)<ax+1$

양의 실수 x에 대하여 $x+1>0$이므로

$$\frac{ax-1}{x+1}<\frac{f(x)}{x+1}<\frac{ax+1}{x+1}$$

이때 $\lim\limits_{x\to\infty}\dfrac{ax-1}{x+1}=a$, $\lim\limits_{x\to\infty}\dfrac{ax+1}{x+1}=a$이므로

함수의 극한의 대소 관계에 의하여

$$\lim_{x\to\infty}\frac{f(x)}{x+1}=a$$

$$\therefore a=\frac{1}{2}$$

22 0210 답 $m=20$, $n=100$ 유형 15 + 유형 19

출제의도 | $\infty-\infty$ 꼴의 극한값을 구할 수 있는지 확인한다.

STEP 1 상수 m의 값 구하기 [4점]

$$\lim_{x\to\infty}\left(\sqrt{f(x)}-x\right)=\lim_{x\to\infty}\left(\sqrt{x^2+mx+n}-x\right)$$
$$=\lim_{x\to\infty}\frac{\left(\sqrt{x^2+mx+n}-x\right)\left(\sqrt{x^2+mx+n}+x\right)}{\sqrt{x^2+mx+n}+x}$$
$$=\lim_{x\to\infty}\frac{mx+n}{\sqrt{x^2+mx+n}+x}$$
$$=\lim_{x\to\infty}\frac{m+\dfrac{n}{x}}{\sqrt{1+\dfrac{m}{x}+\dfrac{n}{x^2}}+1}=\frac{m}{2}$$

즉, $\dfrac{m}{2}=10$이므로 $m=20$

STEP 2 $f(x)$의 그래프가 x축에 접하는 조건을 이용하여 n의 값 구하기 [2점]

$y=f(x)$의 그래프가 x축에 접하므로 이차방정식 $x^2+20x+n=0$
의 판별식을 D라 하면 $D=0$에서

$$\frac{D}{4}=100-n=0 \qquad \therefore n=100$$

23 0211 탑 $\dfrac{13}{3}$

유형 20

출제의도 | $\dfrac{0}{0}$ 꼴의 극한값을 이용하여 다항함수 $f(x)$를 결정할 수 있는지
확인한다.

STEP 1 $x\to1$일 때, 극한값이 존재하고 (분모)$\to0$임을 이용하기 [1점]

$\lim\limits_{x\to1}\dfrac{f(x)}{x-1}=1$에서 $x\to1$일 때, 극한값이 존재하고 (분모)$\to0$이
므로 (분자)$\to0$이다.

즉, $\lim\limits_{x\to1}f(x)=0$에서 $f(1)=0$이므로 $f(x)$는 $x-1$을 인수로 가
진다.

STEP 2 $x\to2$일 때, 극한값이 존재하고 (분모)$\to0$임을 이용하기 [1점]

$\lim\limits_{x\to2}\dfrac{f(x)}{x-2}=2$에서 $x\to2$일 때, 극한값이 존재하고 (분모)$\to0$이
므로 (분자)$\to0$이다.

즉, $\lim\limits_{x\to2}f(x)=0$에서 $f(2)=0$이므로 $f(x)$는 $x-2$를 인수로 가
진다.

STEP 3 삼차함수 $f(x)$ 구하기 [3점]

삼차함수 $f(x)=a(x-1)(x-2)(x-p)$ (a, p는 상수)로 놓으면

$\lim\limits_{x\to1}\dfrac{f(x)}{x-1}=1$에서

$$\lim_{x\to1}\frac{a(x-1)(x-2)(x-p)}{x-1}=\lim_{x\to1}a(x-2)(x-p)=-a(1-p)$$

즉, $-a(1-p)=1$에서 $a(p-1)=1$ ┄┄┄┄┄ ㉠

$\lim\limits_{x\to2}\dfrac{f(x)}{x-2}=2$에서

$$\lim_{x\to2}\frac{a(x-1)(x-2)(x-p)}{x-2}=\lim_{x\to2}a(x-1)(x-p)=a(2-p)$$

즉, $a(2-p)=2$ ┄┄┄┄┄┄┄┄┄┄ ㉡

㉠, ㉡을 연립하여 풀면 $a=3$, $p=\dfrac{4}{3}$

STEP 4 세 실근의 합 구하기 [1점]

$f(x)=3(x-1)(x-2)\left(x-\dfrac{4}{3}\right)$이므로

방정식 $f(x)=0$의 세 실근의 합은

$$1+2+\frac{4}{3}=\frac{13}{3}$$

24 0212 탑 7

유형 7

출제의도 | 치환을 이용하여 극한값을 구할 수 있는지 확인한다.

STEP 1 $\dfrac{1}{x}=t$로 치환하여 주어진 조건 정리하기 [2점]

$\dfrac{1}{x}=t$로 놓으면 $x=\dfrac{1}{t}$이고 $x\to0+$일 때 $t\to\infty$이므로

$$\lim_{x\to0+}\frac{xf\left(\dfrac{1}{x}\right)-3}{1-2x}=\lim_{t\to\infty}\frac{\dfrac{f(t)}{t}-3}{1-\dfrac{2}{t}}$$

STEP 2 함수 $\dfrac{f(x)}{x}$ 찾기 [3점]

$\dfrac{\dfrac{f(t)}{t}-3}{1-\dfrac{2}{t}}=h(t)$라 하면 $\lim\limits_{t\to\infty}h(t)=4$이고

$$\frac{f(t)}{t}-3=\left(1-\frac{2}{t}\right)h(t),\ \frac{f(t)}{t}=\left(1-\frac{2}{t}\right)h(t)+3$$

STEP 3 $\lim\limits_{x\to\infty}\dfrac{f(x)}{x}$의 값 구하기 [2점]

$$\lim_{x\to\infty}\frac{f(x)}{x}=\lim_{t\to\infty}\frac{f(t)}{t}=\lim_{t\to\infty}\left\{\left(1-\frac{2}{t}\right)h(t)+3\right\}$$
$$=\lim_{t\to\infty}\left(1-\frac{2}{t}\right)\times\lim_{t\to\infty}h(t)+\lim_{t\to\infty}3$$
$$=1\times4+3=7$$

25 0213 탑 $\sqrt{2}$

유형 24

출제의도 | 선분 OP, 선분 AB의 길이를 구하고 극한값을 구할 수 있는지 확
인한다.

STEP 1 선분 OP의 길이 구하기 [2점]

두 점 $\mathrm{O}(0,\ 0)$, $\mathrm{P}(t,\ t^2)$에서
$$\overline{\mathrm{OP}}=\sqrt{t^2+t^4}=t\sqrt{1+t^2}$$

STEP 2 점 M의 좌표를 구하여 선분 AB의 길이 구하기 [3점]

선분 OP의 중점 M의 좌표는 $\left(\dfrac{t}{2},\ \dfrac{t^2}{2}\right)$이므로

직선 AB의 방정식은 $y=\dfrac{t^2}{2}$이다.

점 B를 곡선 $y=x^2$과 직선 $y=\dfrac{t^2}{2}$의 교점이라 하면

$x^2=\dfrac{t^2}{2}$에서 $x=\pm\dfrac{t}{\sqrt{2}}$ $\qquad \therefore x=\dfrac{\sqrt{2}}{2}t\ (\because x>0)$

$$\therefore \overline{\mathrm{AB}}=\frac{\sqrt{2}}{2}t\times2=\sqrt{2}t$$

STEP 3 $\dfrac{0}{0}$ 꼴의 극한값 구하기 [2점]

$$\lim_{t\to0+}\frac{\overline{\mathrm{AB}}}{\overline{\mathrm{OP}}}=\lim_{t\to0+}\frac{\sqrt{2}t}{t\sqrt{1+t^2}}=\lim_{t\to0+}\frac{\sqrt{2}}{\sqrt{1+t^2}}=\sqrt{2}$$

✔check 실전 마무리하기 2회

49쪽~53쪽

1 0214 탑 ②

유형 1

출제의도 | 그래프에서 극한값이 존재하는 경우를 찾을 수 있는지 확인한다.

> $x=-1$, $x=0$, $x=1$에서 우극한과 좌극한이 모두 존재하는 것을 찾아보자.

ㄱ. $\lim\limits_{x\to-1+}f(x)=1$, $\lim\limits_{x\to-1-}f(x)=-1$이므로 $\lim\limits_{x\to-1}f(x)$의 값은
　존재하지 않는다.

ㄴ. $\lim\limits_{x\to0+}f(x)=2$, $\lim\limits_{x\to0-}f(x)=2$이므로 $\lim\limits_{x\to0}f(x)=2$

ㄷ. $\lim\limits_{x\to1+}f(x)=0$, $\lim\limits_{x\to1-}f(x)=1$이므로 $\lim\limits_{x\to1}f(x)$의 값은
　존재하지 않는다.

따라서 극한값이 존재하는 것은 ㄴ뿐이다.

2　0215　답 ③　유형 2

출제의도 ｜ 그래프에서 극한값을 구할 수 있는지 확인한다.

> $\lim\limits_{x\to1+}f(x)$는 $x=1$에서의 우극한이야.

주어진 그래프에서 $f(0)=1$, $\lim\limits_{x\to1+}f(x)=2$이므로

$f(0)+\lim\limits_{x\to1+}f(x)=1+2=3$

3　0216　답 ②　유형 4

출제의도 ｜ 극한값이 존재할 조건을 알고 있는지 확인한다.

> $\lim\limits_{x\to1+}f(x)=\lim\limits_{x\to1-}f(x)$일 때, $\lim\limits_{x\to1}f(x)$의 값이 존재해.

$\lim\limits_{x\to1+}f(x)=\lim\limits_{x\to1+}(x^2-3a)=1-3a$,

$\lim\limits_{x\to1-}f(x)=\lim\limits_{x\to1-}(2x-7)=-5$이므로

$1-3a=-5$에서 $3a=6$　　∴ $a=2$

4　0217　답 ④　유형 7

출제의도 ｜ 치환을 이용하여 극한값을 구할 수 있는지 확인한다.

> $5-x=t$로 치환해 보자.

주어진 그래프에서 $\lim\limits_{x\to1-}f(x)=3$

$5-x=t$로 놓으면 $x\to2+$일 때 $t\to3-$이므로

$\lim\limits_{x\to2+}f(5-x)=\lim\limits_{t\to3-}f(t)=1$

∴ $\lim\limits_{x\to1-}f(x)+\lim\limits_{x\to2+}f(5-x)=3+1=4$

5　0218　답 ⑤　유형 9

출제의도 ｜ 함수의 극한에 대한 성질을 알고 있는지 확인한다.

> $\lim\limits_{x\to2}(x^2+x-6)f(x)$에서 x^2+x-6을 인수분해해 보자.

$\lim\limits_{x\to2}(x-2)f(x)=1$이므로

$\lim\limits_{x\to2}(x^2+x-6)f(x)=\lim\limits_{x\to2}(x+3)(x-2)f(x)$

$\qquad\qquad=\lim\limits_{x\to2}(x+3)\times\lim\limits_{x\to2}(x-2)f(x)$

$\qquad\qquad=5\times1=5$

6　0219　답 ③　유형 13

출제의도 ｜ $\dfrac{0}{0}$ 꼴의 극한값을 구할 수 있는지 확인한다.

> 무리식을 포함한 $\dfrac{0}{0}$ 꼴이므로 무리식이 포함된 부분을 유리화해 보자.

$\lim\limits_{x\to0}\left(\dfrac{2}{x}\times\dfrac{\sqrt{x+4}-2}{\sqrt{x+4}}\right)$

$=\lim\limits_{x\to0}\left\{\dfrac{2}{x}\times\dfrac{(\sqrt{x+4}-2)(\sqrt{x+4}+2)}{\sqrt{x+4}(\sqrt{x+4}+2)}\right\}$

$=\lim\limits_{x\to0}\left\{\dfrac{2}{x}\times\dfrac{x}{\sqrt{x+4}(\sqrt{x+4}+2)}\right\}$

$=\lim\limits_{x\to0}\dfrac{2}{\sqrt{x+4}(\sqrt{x+4}+2)}$

$=\dfrac{2}{2\times4}=\dfrac{1}{4}$

7　0220　답 ⑤　유형 22

출제의도 ｜ 함수의 극한의 대소 관계를 알고 있는지 확인한다.

> $\lim\limits_{x\to0}(-x^2+2x+5)$, $\lim\limits_{x\to0}\left(\dfrac{1}{2}x^2+2x+5\right)$의 값을 구해 보자.

$-x^2+2x+5\leq f(x)\leq\dfrac{1}{2}x^2+2x+5$에서

$\lim\limits_{x\to0}(-x^2+2x+5)=\lim\limits_{x\to0}\left(\dfrac{1}{2}x^2+2x+5\right)=5$이므로

함수의 극한의 대소 관계에 의하여

$\lim\limits_{x\to0}f(x)=5$

8　0221　답 ①　유형 5

출제의도 ｜ 절댓값 기호를 포함한 함수의 극한값을 구할 수 있는지 확인한다.

> $x\to-1-$인 경우와 $x\to-1+$인 경우에 x의 값의 범위는 -1보다 큰
> 지, 작은지 생각해 보자.

$x\to-1-$이면 $x<-1$이므로

$\lim\limits_{x\to-1-}\dfrac{x^3+1}{|x+1|}=\lim\limits_{x\to-1-}\dfrac{(x+1)(x^2-x+1)}{-(x+1)}$

$\qquad\qquad=\lim\limits_{x\to-1-}(-x^2+x-1)=-3$

∴ $a=-3$

$x\to-1+$이면 $x>-1$이므로

$\lim\limits_{x\to-1+}\dfrac{x^3+1}{|x+1|}=\lim\limits_{x\to-1+}\dfrac{(x+1)(x^2-x+1)}{x+1}$

$\qquad\qquad=\lim\limits_{x\to-1+}(x^2-x+1)=3$

∴ $b=3$

∴ $ab=(-3)\times3=-9$

9　0222　답 ①　유형 5

출제의도 ｜ 절댓값 기호를 포함한 함수의 극한값을 구할 수 있는지 확인한다.

> 절댓값 기호 안의 식의 값이 0이 되는 x의 값을 기준으로 구간을 나누어
> 보자.

함수 $f(x)=|x^2+x|$에서

$f(x)=\begin{cases}x^2+x & (x\leq-1\text{ 또는 }x\geq0)\\-x^2-x & (-1<x<0)\end{cases}$이므로

$\lim\limits_{x\to-1-}\dfrac{f(x)}{x+1}=\lim\limits_{x\to-1-}\dfrac{x^2+x}{x+1}=\lim\limits_{x\to-1-}\dfrac{x(x+1)}{x+1}$

$\qquad\qquad=\lim\limits_{x\to-1-}x=-1$

$$\lim_{x\to 0-}\frac{f(x)}{x}=\lim_{x\to 0-}\frac{-x^2-x}{x}=\lim_{x\to 0-}\frac{-x(x+1)}{x}$$
$$=\lim_{x\to 0-}(-x-1)=-1$$
$$\therefore \lim_{x\to -1-}\frac{f(x)}{x+1}+\lim_{x\to 0-}\frac{f(x)}{x}=-1+(-1)=-2$$

10 0223 답 ① 〔유형 8〕

출제의도 | 합성함수의 극한값을 구할 수 있는지 확인한다.

> $f(x)=t$이면 $x\to 0+$일 때 t가 어떻게 움직이는지 확인해 보자.

$f(x)=t$라 하면 $x\to 0+$일 때 $t\to 1+$이므로
$$\lim_{x\to 0+}f(f(x))=\lim_{t\to 1+}f(t)=-1$$

11 0224 답 ④ 〔유형 10〕

출제의도 | 함수의 극한에 대한 성질을 이용하여 극한값을 구할 수 있는지 확인한다.

> 그래프에서 $\lim_{x\to 1+}f(x)$, $\lim_{x\to 1-}f(x)$, $\lim_{x\to 1+}g(x)$, $\lim_{x\to 1-}g(x)$의 값을 구하고 함수의 극한에 대한 성질을 이용하여 $x=1$에서 극한값이 존재하는 함수를 찾아보자.

$\lim_{x\to 1+}f(x)=2$, $\lim_{x\to 1-}f(x)=-2$, $\lim_{x\to 1+}g(x)=2$, $\lim_{x\to 1-}g(x)=-2$
이므로

ㄱ. $\lim_{x\to 1+}\{f(x)+g(x)\}=\lim_{x\to 1+}f(x)+\lim_{x\to 1+}g(x)$
$$=2+2=4$$
$\lim_{x\to 1-}\{f(x)+g(x)\}=\lim_{x\to 1-}f(x)+\lim_{x\to 1-}g(x)$
$$=-2+(-2)=-4$$
즉, $\lim_{x\to 1}\{f(x)+g(x)\}$의 값은 존재하지 않는다.

ㄴ. $\lim_{x\to 1+}f(x)g(x)=\lim_{x\to 1+}f(x)\times\lim_{x\to 1+}g(x)$
$$=2\times 2=4$$
$\lim_{x\to 1-}f(x)g(x)=\lim_{x\to 1-}f(x)\times\lim_{x\to 1-}g(x)$
$$=(-2)\times(-2)=4$$
즉, $\lim_{x\to 1}f(x)g(x)$의 값이 존재한다.

ㄷ. $\lim_{x\to 1+}\dfrac{f(x)}{g(x)}=\dfrac{\lim_{x\to 1+}f(x)}{\lim_{x\to 1+}g(x)}=\dfrac{2}{2}=1$

$\lim_{x\to 1-}\dfrac{f(x)}{g(x)}=\dfrac{\lim_{x\to 1-}f(x)}{\lim_{x\to 1-}g(x)}=\dfrac{-2}{-2}=1$

즉, $\lim_{x\to 1}\dfrac{f(x)}{g(x)}$의 값이 존재한다.

따라서 $x=1$에서의 극한값이 존재하는 것은 ㄴ, ㄷ이다.

12 0225 답 ① 〔유형 15〕

출제의도 | $\infty-\infty$ 꼴의 극한값을 구할 수 있는지 확인한다.

> 근호가 있는 부분을 유리화해 보자.

$$\lim_{x\to\infty}(\sqrt{x^2+ax+1}-bx)$$
$$=\lim_{x\to\infty}\frac{(\sqrt{x^2+ax+1}-bx)(\sqrt{x^2+ax+1}+bx)}{\sqrt{x^2+ax+1}+bx}$$
$$=\lim_{x\to\infty}\frac{x^2+ax+1-b^2x^2}{\sqrt{x^2+ax+1}+bx} \quad\cdots\cdots\ \unicode{x2468}$$

이때 극한값이 존재하기 위해서는 분자의 차수가 1, 즉 x^2의 계수가 0이어야 하므로 ┌→(분자의 차수)=(분모의 차수)

$b^2=1$ $\quad\therefore b=1$ →$b=-1$이면 $\unicode{x2468}$에서 (분자의 차수)$\neq$(분모의 차수)이다.

$\unicode{x2468}$에 $b=1$을 대입하면
$$\lim_{x\to\infty}\frac{ax+1}{\sqrt{x^2+ax+1}+x}=\lim_{x\to\infty}\frac{a+\dfrac{1}{x}}{\sqrt{1+\dfrac{a}{x}+\dfrac{1}{x^2}}+1}=\frac{a}{1+1}$$

즉, $\dfrac{a}{2}=\dfrac{1}{2}$이므로 $a=1$이다.

$$\therefore ab=1$$

13 0226 답 ⑤ 〔유형 17〕+〔유형 18〕

출제의도 | 주어진 극한값을 이용하여 식을 변형하고 극한값을 구할 수 있는지 확인한다.

> $x\to a$일 때, 극한값이 존재하고 (분모)$\to 0$이면 (분자)$\to 0$임을 이용하여 $\lim_{x\to 1}f(x)$의 값을 구해 보자.

$\lim_{x\to 1}\dfrac{f(x)-1}{x^2-1}=15$에서 $x\to 1$일 때 극한값이 존재하고
(분모)$\to 0$이므로 (분자)$\to 0$이다.

즉, $\lim_{x\to 1}\{f(x)-1\}=0$이어야 하므로 $\lim_{x\to 1}f(x)=1$

$$\lim_{x\to 1}\frac{\{f(x)\}^2-f(x)}{x^3-1}$$
$$=\lim_{x\to 1}\frac{f(x)\{f(x)-1\}}{(x-1)(x^2+x+1)}$$
$$=\lim_{x\to 1}\left\{\frac{f(x)}{x^2+x+1}\times\frac{f(x)-1}{x-1}\right\}$$
$$=\lim_{x\to 1}\left[\frac{f(x)}{x^2+x+1}\times\frac{\{f(x)-1\}(x+1)}{(x-1)(x+1)}\right]$$
$$=\lim_{x\to 1}\frac{f(x)}{x^2+x+1}\times\lim_{x\to 1}\frac{f(x)-1}{x^2-1}\times\lim_{x\to 1}(x+1)$$
$$=\frac{1}{3}\times 15\times 2=10$$

$\dfrac{f(x)-1}{x^2-1}$이 나오도록 변형한다.

14 0227 답 ⑤ 〔유형 19〕

출제의도 | 극한값이 존재하는 조건을 이용하여 무리식이 포함된 식에서 미정계수를 구할 수 있는지 확인한다.

> $x\to a$일 때, 극한값이 존재하고 (분모)$\to 0$이면 (분자)$\to 0$이야.

$\lim_{x\to 3}\dfrac{x^2-4x+a}{\sqrt{x+1}-2}=b$에서 $x\to 3$일 때, 극한값이 존재하고
(분모)$\to 0$이므로 (분자)$\to 0$이다.

즉, $\lim_{x\to 3}(x^2-4x+a)=0$이므로

$9-12+a=0$ $\quad\therefore a=3$

$a=3$을 주어진 식에 대입하면
$$\lim_{x\to 3}\frac{x^2-4x+3}{\sqrt{x+1}-2}=\lim_{x\to 3}\frac{(x-3)(x-1)(\sqrt{x+1}+2)}{(\sqrt{x+1}-2)(\sqrt{x+1}+2)}$$
$$=\lim_{x\to 3}\frac{(x-3)(x-1)(\sqrt{x+1}+2)}{x-3}$$
$$=\lim_{x\to 3}(x-1)(\sqrt{x+1}+2)$$
$$=2\times 4=8$$

$\therefore b=8$

$\therefore a+b=3+8=11$

출제의도 | $\dfrac{0}{0}$ 꼴의 극한값을 이용하여 다항함수 $f(x)$를 결정할 수 있는지 확인한다.

> $\lim\limits_{x\to 1}\dfrac{g(x)-2x}{x-1}$의 값이 존재하므로 $\lim\limits_{x\to 1}\{g(x)-2x\}=0$이야.

$\lim\limits_{x\to 1}\dfrac{g(x)-2x}{x-1}$의 값이 존재하고, $x\to 1$일 때, (분모)$\to 0$이므로 (분자)$\to 0$이다.

즉, $\lim\limits_{x\to 1}\{g(x)-2x\}=0$이어야 하므로

$g(1)=2$

또, $f(x)+x-1=(x-1)g(x)$에서

$f(x)=(x-1)g(x)-(x-1)$

$\qquad =(x-1)\{g(x)-1\}$

$\therefore \lim\limits_{x\to 1}\dfrac{f(x)g(x)}{x^2-1}=\lim\limits_{x\to 1}\dfrac{(x-1)\{g(x)-1\}g(x)}{(x-1)(x+1)}$

$\qquad\qquad\qquad\quad =\lim\limits_{x\to 1}\dfrac{\{g(x)-1\}g(x)}{x+1}$

$\qquad\qquad\qquad\quad =\dfrac{\{g(1)-1\}g(1)}{2}$

$\qquad\qquad\qquad\quad =\dfrac{(2-1)\times 2}{2}=1$

출제의도 | $\dfrac{0}{0}$ 꼴의 극한값을 이용하여 다항함수 $f(x)$를 결정할 수 있는지 확인한다.

> $f(4+x)=f(4-x)$이므로 이차함수 $y=f(x)$의 그래프는 직선 $x=4$에 대하여 대칭이야.

$f(4+x)=f(4-x)$에서 이차함수 $y=f(x)$의 그래프가 직선 $x=4$에 대하여 대칭이므로

$f(x)=a(x-4)^2+b\ (a\ne 0,\ a,\ b\text{는 상수})$

로 놓을 수 있다. $\llcorner$ 포물선의 축이 직선 $x=4$이다.

$\lim\limits_{x\to 2}\dfrac{f(x)}{x-2}=1$에서 $x\to 2$일 때, 극한값이 존재하고 (분모)$\to 0$이므로 (분자)$\to 0$이다.

즉, $\lim\limits_{x\to 2}f(x)=0$에서 $f(2)=0$이므로

$4a+b=0 \qquad \therefore b=-4a$ ⋯⋯⋯⋯⋯⋯⋯⋯ ㉠

㉠을 주어진 식에 대입하면

$\lim\limits_{x\to 2}\dfrac{f(x)}{x-2}=\lim\limits_{x\to 2}\dfrac{a(x-4)^2-4a}{x-2}$

$\qquad\qquad\quad =\lim\limits_{x\to 2}\dfrac{a(x-2)(x-6)}{x-2}$

$\qquad\qquad\quad =\lim\limits_{x\to 2}a(x-6)=-4a$

즉, $-4a=1$이므로 $a=-\dfrac{1}{4}$

$a=-\dfrac{1}{4}$을 ㉠에 대입하면 $b=1$

따라서 $f(x)=-\dfrac{1}{4}(x-4)^2+1$이므로

$f(0)=-4+1=-3$

출제의도 | $\dfrac{\infty}{\infty}$ 꼴에서 극한값을 이용하여 다항함수 $f(x)$를 결정할 수 있는지 확인한다.

> $\dfrac{\infty}{\infty}$ 꼴의 극한값이 존재하려면 (분자의 차수)=(분모의 차수)이고, 극한값은 최고차항의 계수의 비임을 이용하면 함수 $f(x)$를 나타낼 수 있어.

$\lim\limits_{x\to\infty}\dfrac{f(x)}{x^2}=2$이므로 다항함수 $f(x)$는 이차항의 계수가 2인 이차함수이다.

$\lim\limits_{x\to 2}\dfrac{f(x)}{x-2}=6$에서 $x\to 2$일 때, 극한값이 존재하고 (분모)$\to 0$이므로 (분자)$\to 0$이다.

즉, $\lim\limits_{x\to 2}f(x)=0$에서 $f(2)=0$이므로 $f(x)$는 $x-2$를 인수로 가진다.

즉, $f(x)=2(x-2)(x-p)\ (p\text{는 상수})$로 놓으면

$\lim\limits_{x\to 2}\dfrac{f(x)}{x-2}=\lim\limits_{x\to 2}\dfrac{2(x-2)(x-p)}{x-2}=\lim\limits_{x\to 2}2(x-p)=4-2p$

즉, $4-2p=6$에서 $2p=-2 \qquad \therefore p=-1$

따라서 $f(x)=2(x-2)(x+1)$이므로

$f(4)=2\times 2\times 5=20$

출제의도 | $\dfrac{\infty}{\infty}$ 꼴에서 극한값을 이용하여 다항함수 $f(x)$를 결정할 수 있는지 확인한다.

> $\dfrac{\infty}{\infty}$ 꼴의 극한값이 존재하려면 (분자의 차수)=(분모의 차수)이고, 극한값은 최고차항의 계수의 비임을 이용하면 함수 $f(x)$를 나타낼 수 있어.

㈎에서 $\lim\limits_{x\to\infty}\dfrac{f(x)-x^2}{4x}=1$이므로 함수 $f(x)-x^2$은 일차항의 계수가 4인 일차함수이다.

즉, $f(x)=x^2+4x+k\ (k\text{는 상수})$로 놓을 수 있다.

㈏에서 $\lim\limits_{x\to 2}\dfrac{f(x)-1}{x-2}=a$이고 $x\to 2$일 때, 극한값이 존재하고 (분모)$\to 0$이므로 (분자)$\to 0$이다.

즉, $\lim\limits_{x\to 2}\{f(x)-1\}=0$에서 $f(2)-1=0 \qquad \therefore f(2)=1$

$f(2)=4+8+k=1 \qquad \therefore k=-11$

따라서 $f(x)=x^2+4x-11$이므로 ㈏의 식에 대입하면

$\lim\limits_{x\to 2}\dfrac{x^2+4x-12}{x-2}=\lim\limits_{x\to 2}\dfrac{(x+6)(x-2)}{x-2}=\lim\limits_{x\to 2}(x+6)=8$

$\therefore a=8$

출제의도 | 함수의 극한의 대소 관계를 아는지 확인한다.

> ㈎에서 각 변을 x^2으로 나누어 보자.

㈎에서 부등식의 각 변을 x^2으로 나누면

$\dfrac{2x^2-5x}{x^2}\le\dfrac{f(x)}{x^2}\le\dfrac{2x^2+2}{x^2}$ $\to$ $x^2>0$이므로 부등호 방향은 바뀌지 않는다.

이때 $\lim\limits_{x \to \infty} \dfrac{2x^2-5x}{x^2}=\lim\limits_{x \to \infty} \dfrac{2x^2+2}{x^2}=2$이므로

함수의 극한의 대소 관계에 의하여 $\lim\limits_{x \to \infty} \dfrac{f(x)}{x^2}=2$

따라서 다항함수 $f(x)$는 최고차항의 계수가 2인 이차함수이다.

(내)에서 $x \to 1$일 때, 극한값이 존재하고 (분모)$\to 0$이므로 (분자)$\to 0$이다.

즉, $\lim\limits_{x \to 1} f(x)=0$에서 $f(1)=0$이므로 $f(x)$는 $x-1$을 인수로 가진다.

$f(x)=2(x-1)(x+a)$ (a는 상수)로 놓고
$f(x)$를 (내)의 식에 대입하면

$$\lim\limits_{x \to 1} \dfrac{2(x-1)(x+a)}{(x-1)(x+3)}=\lim\limits_{x \to 1} \dfrac{2(x+a)}{x+3}=\dfrac{1+a}{2}$$

즉, $\dfrac{1+a}{2}=\dfrac{1}{4}$이므로 $a=-\dfrac{1}{2}$

따라서 $f(x)=2(x-1)\left(x-\dfrac{1}{2}\right)$이므로

$$f(3)=2\times 2\times \dfrac{5}{2}=10$$

20 0233 답 ②
유형 25

출제의도 | 원에서 함수의 극한을 이용하여 극한값을 구할 수 있는지 확인한다.

> 점 Q의 좌표를 찾아서 삼각형 PQR의 넓이를 한 문자로 표현해 보자.

점 P가 $P(\alpha, \beta)$이므로 점 Q는 $Q(-\alpha, \beta)$이고
삼각형 PQR의 넓이 $S(\alpha)$는

$$S(\alpha)=\dfrac{1}{2}\times 2\alpha \times \beta=\alpha\beta$$

점 P는 $x^2+y^2=1$ 위의 점이므로
$\alpha^2+\beta^2=1$ $\qquad \therefore \beta=\sqrt{1-\alpha^2} \ (\because \beta>0)$
즉, $S(\alpha)=\alpha\beta=\alpha\sqrt{1-\alpha^2}$이므로

$$\begin{aligned}
\lim\limits_{\alpha \to 1-} \dfrac{S(\alpha)}{\sqrt{1-\alpha}} &=\lim\limits_{\alpha \to 1-} \dfrac{\alpha\sqrt{1-\alpha^2}}{\sqrt{1-\alpha}}\\
&=\lim\limits_{\alpha \to 1-} \dfrac{\alpha\sqrt{(1-\alpha)(1+\alpha)}}{\sqrt{1-\alpha}}\\
&=\lim\limits_{\alpha \to 1-} \alpha\sqrt{1+\alpha}=\sqrt{2}
\end{aligned}$$

21 0234 답 ③
유형 13 + 유형 20

출제의도 | $\dfrac{0}{0}$ 꼴의 극한값을 이용하여 다항함수 $f(x)$를 결정할 수 있는지 확인한다.

> (개)에서 모든 실수 a에 대하여 극한값이 존재하므로 $a=2$ 또는 $a=-2$일 때도 극한값이 존재해.

(개)에서 모든 실수 a에 대하여 $\lim\limits_{x \to a} \dfrac{f(x)-5x}{x^2-4}$의 값이 존재하므로
$a=2$ 또는 $a=-2$일 때도 성립한다.

$x \to 2$일 때, 극한값이 존재하고 (분모)$\to 0$이므로 (분자)$\to 0$
$x \to -2$일 때, 극한값이 존재하고 (분모)$\to 0$이므로 (분자)$\to 0$
즉, $\lim\limits_{x \to 2} \{f(x)-5x\}=0$, $\lim\limits_{x \to -2} \{f(x)-5x\}=0$에서
$f(x)-5x$는 $x-2$, $x+2$를 인수로 가진다.

따라서 $f(x)-5x=(x+2)(x-2)g(x)$ ($g(x)$는 다항식)로 놓으면
> $f(x)$는 이차 이상의 다항식이다.

(내)에서

$$\begin{aligned}
&\lim\limits_{x \to \infty} (\sqrt{f(x)}-3x+1)\\
&=\lim\limits_{x \to \infty} \{\sqrt{f(x)}-(3x-1)\}\\
&=\lim\limits_{x \to \infty} \dfrac{\{\sqrt{f(x)}-(3x-1)\}\{\sqrt{f(x)}+(3x-1)\}}{\sqrt{f(x)}+(3x-1)}\\
&=\lim\limits_{x \to \infty} \dfrac{f(x)-(3x-1)^2}{\sqrt{f(x)}+3x-1}
\end{aligned}$$

이 값이 존재하기 위해서는 분모의 차수가 분자의 차수보다 크거나 같아야 하므로 함수 $f(x)$는 x^2의 계수가 9인 이차함수이어야 한다.
> $f(x)$의 차수가 3 이상이면 극한값이 존재하지 않는다.

따라서 $f(x)-5x=9(x+2)(x-2)$이므로
$f(x)=9x^2+5x-36$
$\therefore f(3)=81+15-36=60$

22 0235 답 5
유형 6

출제의도 | 가우스 기호를 포함한 함수의 극한값을 구할 수 있는지 확인한다.

STEP 1 가우스 함수의 성질 이용하기 [1점]

$$\lim\limits_{x \to n+} [x]=n, \quad \lim\limits_{x \to n-} [x]=n-1$$

STEP 2 극한값이 존재할 조건을 이용하여 n의 값 구하기 [3점]

$\lim\limits_{x \to n} \dfrac{[x]^2+2x}{[x]}=k$에서 우극한과 좌극한을 구하면

$$\lim\limits_{x \to n+} \dfrac{[x]^2+2x}{[x]}=\dfrac{n^2+2n}{n}=n+2$$

$$\lim\limits_{x \to n-} \dfrac{[x]^2+2x}{[x]}=\dfrac{(n-1)^2+2n}{n-1}$$

이때 극한값이 존재하므로

$$n+2=\dfrac{(n-1)^2+2n}{n-1}$$

$(n-1)^2+2n=(n-1)(n+2)$
$n^2+1=n^2+n-2 \qquad \therefore n=3$

STEP 3 n의 값을 이용하여 실수 k의 값 구하기 [2점]

$n=3$을 대입하면

$$\lim\limits_{x \to 3+} \dfrac{[x]^2+2x}{[x]}=\lim\limits_{x \to 3-} \dfrac{[x]^2+2x}{[x]}=5$$

$\therefore k=5$

23 0236 답 $-\dfrac{5}{3}$
유형 7

출제의도 | 치환을 이용하여 극한값을 구할 수 있는지 확인한다.

STEP 1 $x-1=t$로 치환하면 $x \to 1$일 때 $t \to 0$임을 이용하여 식 정리하기 [2점]

$x-1=t$로 놓으면 $x=t+1$이고 $x \to 1$일 때 $t \to 0$이고

$$\begin{aligned}
\lim\limits_{x \to 1} \dfrac{(x-1)^2+f(x-1)}{x^2-1-f(x-1)} &=\lim\limits_{x \to 1} \dfrac{(x-1)^2+f(x-1)}{(x-1)(x+1)-f(x-1)}\\
&=\lim\limits_{t \to 0} \dfrac{t^2+f(t)}{t(t+2)-f(t)}
\end{aligned}$$

$$\lim_{t \to 0} \frac{t^2+f(t)}{t(t+2)-f(t)} = \lim_{t \to 0} \frac{t+\dfrac{f(t)}{t}}{t+2-\dfrac{f(t)}{t}}$$

$$= \frac{0+5}{0+2-5} = -\frac{5}{3}$$

24 0237 답 0 유형 20

출제의도 | $\dfrac{0}{0}$ 꼴의 극한값을 이용하여 다항함수 $f(x)$를 결정할 수 있는지 확인한다.

STEP 1 $x \to 0$일 때, 극한값이 존재하고 (분모)$\to 0$임을 이용하기 [1점]

$\lim\limits_{x \to 0} \dfrac{f(x)}{x} = \alpha$에서 $x \to 0$일 때, 극한값이 존재하고 (분모)$\to 0$이 므로 (분자)$\to 0$이다.

즉, $\lim\limits_{x \to 0} f(x) = 0$에서 $f(0) = 0$

STEP 2 $x \to 1$일 때, 극한값이 존재하고 (분모)$\to 0$임을 이용하기 [1점]

$\lim\limits_{x \to 1} \dfrac{f(x)+x^2}{x-1} = \alpha+1$에서 $x \to 1$일 때, 극한값이 존재하고 (분모)$\to 0$이므로 (분자)$\to 0$이다.

즉, $\lim\limits_{x \to 1} \{f(x)+x^2\} = 0$에서 $f(1)+1 = 0$ ∴ $f(1) = -1$

STEP 3 삼차함수 $f(x)$ 구하기 [4점]

$f(x) = x^3 + ax^2 + bx$ (a, b는 상수)로 놓으면 → $f(0)=0$이므로 상수항은 0이다.
$f(1) = 1+a+b = -1$이므로 $b = -a-2$
∴ $f(x) = x^3 + ax^2 - (a+2)x$ ⋯⋯⋯⋯ ㉠

㉠을 $\lim\limits_{x \to 0} \dfrac{f(x)}{x}$에 대입하면

$$\lim_{x \to 0} \frac{x^3+ax^2-(a+2)x}{x} = \lim_{x \to 0}(x^2+ax-a-2) = -a-2$$

∴ $\alpha = -a-2$ ⋯⋯⋯⋯ ㉡

㉠을 $\lim\limits_{x \to 1} \dfrac{f(x)+x^2}{x-1}$에 대입하면

$$\lim_{x \to 1} \frac{x^3+(a+1)x^2-(a+2)x}{x-1} = \lim_{x \to 1} \frac{x(x-1)(x+a+2)}{x-1}$$

$$= \lim_{x \to 1} x(x+a+2) = a+3$$

즉, $a+3 = \alpha+1$이므로 $\alpha = a+2$ ⋯⋯⋯⋯ ㉢

㉡, ㉢을 연립하여 풀면 $a = -2$, $\alpha = 0$

STEP 4 $f(2)$의 값 구하기 [1점]

$f(x) = x^3 - 2x^2$이므로
$f(2) = 8-8 = 0$

25 0238 답 $\dfrac{\alpha^2\beta^3}{\gamma}$ 유형 23

출제의도 | 함수의 극한에 대한 성질을 활용할 수 있는지 확인한다.

STEP 1 $\lim\limits_{x \to a} \{f(x)\}^2 = \alpha$, $\lim\limits_{x \to a} \dfrac{g(x)}{f(x)} = \beta$를 이용하여 $\lim\limits_{x \to a} f(x)g(x)$와 $\lim\limits_{x \to a} \{g(x)\}^2$의 값 구하기 [3점]

㈐에 의하여

$$\lim_{x \to a}\{f(x)\}^2 \times \lim_{x \to a}\frac{g(x)}{f(x)} = \lim_{x \to a}f(x)g(x) = \alpha\beta$$

$$\lim_{x \to a}\frac{g(x)}{f(x)} \times \lim_{x \to a}\frac{g(x)}{f(x)} = \lim_{x \to a}\left\{\frac{g(x)}{f(x)}\right\}^2 = \beta^2$$

$$\lim_{x \to a}\{f(x)\}^2 \times \lim_{x \to a}\left\{\frac{g(x)}{f(x)}\right\}^2 = \lim_{x \to a}\{g(x)\}^2 = \alpha\beta^2$$

STEP 2 STEP 1 과 $\lim\limits_{x \to a}\{g(x)\}^3 = \gamma$를 이용하여 $\lim\limits_{x \to a}g(x)$의 값 구하기 [2점]

㈑에 의하여

$$\frac{\lim\limits_{x \to a}\{g(x)\}^3}{\lim\limits_{x \to a}\{g(x)\}^2} = \lim_{x \to a}\frac{\{g(x)\}^3}{\{g(x)\}^2} = \lim_{x \to a}g(x) = \frac{\gamma}{\alpha\beta^2}$$

STEP 3 STEP 1 과 STEP 2 를 이용하여 $\lim\limits_{x \to a}f(x)$의 값 구하기 [2점]

㈑에 의하여

$$\lim_{x \to a}f(x) = \lim_{x \to a}\frac{f(x)g(x)}{g(x)}$$

$$= \frac{\lim\limits_{x \to a}f(x)g(x)}{\lim\limits_{x \to a}g(x)}$$

$$= \frac{\alpha\beta}{\dfrac{\gamma}{\alpha\beta^2}} = \frac{\alpha^2\beta^3}{\gamma}$$

고난도 ⊕ Plus 문제 54쪽

1 0239 답 0

함수 $y=f(x)$의 그래프에서 $\lim\limits_{x \to -1+}f(x) = 1$
함수 $y=f(x)$의 역함수 $y=f^{-1}(x)$의 그 래프는 그림과 같다.
∴ $\lim\limits_{x \to 1-}f^{-1}(x) = -1$
∴ $\lim\limits_{x \to -1+}f(x) + \lim\limits_{x \to 1-}f^{-1}(x)$
$\quad = 1-1 = 0$

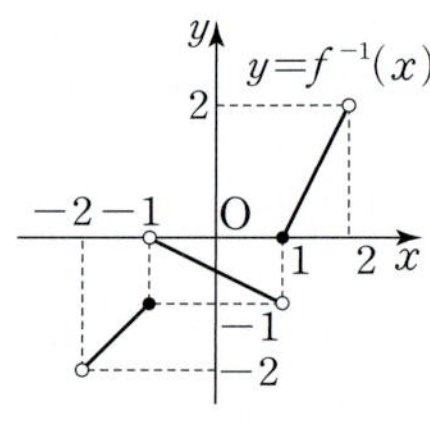

2 0240 답 0

$\lim\limits_{x \to 1-}f(g(x))$에서 $g(x)=t$로 놓으면 $x \to 1-$일 때 $t \to 1-$이므로
$\lim\limits_{x \to 1-}f(g(x)) = \lim\limits_{t \to 1-}f(t) = -1$ ∴ $a = -1$
$\lim\limits_{x \to 1+}g(f(x))$에서 $f(x)=k$로 놓으면 $x \to 1+$일 때 $k=1$이므로
$\lim\limits_{x \to 1+}g(f(x)) = g(1) = 1$ ∴ $b = 1$
∴ $a+b = -1+1 = 0$

3 0241 답 2

$\lim\limits_{x \to \infty}f(x) = \infty$, $\lim\limits_{x \to \infty}\{f(x)-g(x)\} = 3$에서
$f(x)-g(x) = h(x)$로 놓으면
$\lim\limits_{x \to \infty}h(x) = 3$, $\lim\limits_{x \to \infty}\dfrac{h(x)}{f(x)} = 0$이고 $g(x) = f(x)-h(x)$

$$\therefore \lim_{x \to \infty}\frac{f(x)+g(x)}{-f(x)+2g(x)} = \lim_{x \to \infty}\frac{f(x)+\{f(x)-h(x)\}}{-f(x)+2\{f(x)-h(x)\}}$$

$$= \lim_{x \to \infty}\frac{2f(x)-h(x)}{f(x)-2h(x)}$$

$$= \lim_{x \to \infty}\frac{2-\dfrac{h(x)}{f(x)}}{1-2\times\dfrac{h(x)}{f(x)}}$$

$$= \frac{2-0}{1-2\times 0} = 2$$

4 0242 답 $\dfrac{1}{2}$

$x-1=t$로 놓으면 $x=t+1$이고, $x\to1$일 때 $t\to0$이므로

$$\lim_{x\to1}\frac{x^2-1}{f(x-1)}=\lim_{x\to1}\frac{(x-1)(x+1)}{f(x-1)}$$
$$=\lim_{t\to0}\frac{t(t+2)}{f(t)}$$
$$=\lim_{t\to0}\frac{t}{f(t)}\times\lim_{t\to0}(t+2)$$
$$=\lim_{t\to0}\frac{1}{\dfrac{f(t)}{t}}\times\lim_{t\to0}(t+2)$$
$$=\frac{1}{4}\times2=\frac{1}{2}$$

5 0243 답 $-\dfrac{3}{2}$

$x\to c$일 때, 극한값이 존재하고 (분모)$\to0$이므로 (분자)$\to0$이다.

즉, $\lim\limits_{x\to c}(\sqrt{x^2+b}-\sqrt{a+b})=0$이므로

$\sqrt{c^2+b}-\sqrt{a+b}=0$, $c^2+b=a+b$ $\therefore a=c^2$

$a=c^2$을 주어진 식에 대입하면

$$\lim_{x\to c}\frac{\sqrt{x^2+b}-\sqrt{c^2+b}}{x^2-c^2}$$
$$=\lim_{x\to c}\frac{(\sqrt{x^2+b}-\sqrt{c^2+b})(\sqrt{x^2+b}+\sqrt{c^2+b})}{(x^2-c^2)(\sqrt{x^2+b}+\sqrt{c^2+b})}$$
$$=\lim_{x\to c}\frac{x^2-c^2}{(x^2-c^2)(\sqrt{x^2+b}+\sqrt{c^2+b})}$$
$$=\lim_{x\to c}\frac{1}{\sqrt{x^2+b}+\sqrt{c^2+b}}$$
$$=\frac{1}{2\sqrt{c^2+b}}$$

즉, $\dfrac{1}{2\sqrt{c^2+b}}=\dfrac{1}{2}$이므로

$c^2+b=1$ $\therefore b=1-c^2$

즉, $a-b+2c=c^2-(1-c^2)+2c=2c^2+2c-1$
$$=2\left(c+\frac{1}{2}\right)^2-\frac{3}{2}$$

따라서 $c=-\dfrac{1}{2}$일 때 최솟값 $-\dfrac{3}{2}$을 가진다.

02 함수의 연속

58쪽~59쪽

0244 답 연속

$f(1)=-1$

$$\lim_{x\to1}f(x)=\lim_{x\to1}\frac{x^2-3x+2}{x-1}$$
$$=\lim_{x\to1}\frac{(x-1)(x-2)}{x-1}$$
$$=\lim_{x\to1}(x-2)=-1$$

따라서 $\lim\limits_{x\to1}f(x)=f(1)$이므로 함수 $f(x)$는 $x=1$에서 연속이다.

0245 답 3

주어진 함수 $f(x)$가 실수 전체의 집합에서 연속이므로 $x=1$에서 연속이다.

즉, $\lim\limits_{x\to1+}f(x)=\lim\limits_{x\to1-}f(x)=f(1)$이 성립해야 한다.

$f(1)=1-2+a=a-1$

$\lim\limits_{x\to1+}f(x)=\lim\limits_{x\to1+}(x^2-2x+a)=a-1$

$\lim\limits_{x\to1-}f(x)=\lim\limits_{x\to1-}(x+1)=2$

따라서 $a-1=2$이므로 $a=3$

0246 답 (1) $(-\infty,\ \infty)$ (2) $(-\infty,\ 2),\ (2,\ \infty)$
(3) $(-\infty,\ 1),\ (1,\ 2),\ (2,\ \infty)$ (4) $(-\infty,\ 2]$

(1) 함수 $f(x)=x+1$은 다항함수이므로 모든 실수, 즉 구간 $(-\infty,\ \infty)$에서 연속이다.

(2) 함수 $f(x)=\dfrac{x+4}{x-2}$는 $x\ne2$일 때, 즉 구간 $(-\infty,\ 2)$, $(2,\ \infty)$에서 연속이다.

(3) 함수 $f(x)=\dfrac{x+4}{x^2-3x+2}$는 $x^2-3x+2\ne0$, 즉 $x\ne1$, $x\ne2$에서 연속이므로 구간 $(-\infty,\ 1),\ (1,\ 2),\ (2,\ \infty)$에서 연속이다.

(4) 함수 $f(x)=\sqrt{6-3x}$는 $6-3x\ge0$, 즉 $x\le2$에서 연속이므로 구간 $(-\infty,\ 2]$에서 연속이다.

참고 각 함수의 그래프는 그림과 같다.

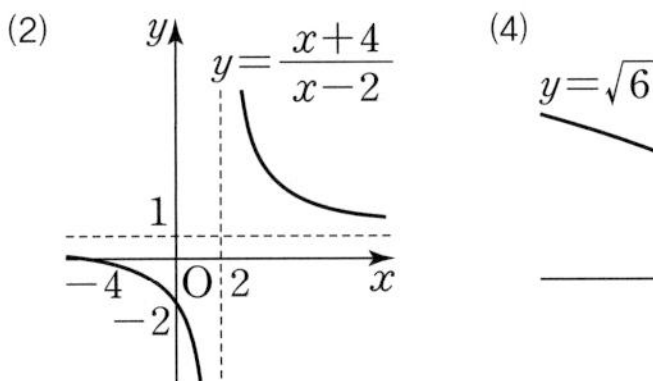

0247 답 (1) $(-\infty,\ \infty)$ (2) $\left(-\infty,\ -\dfrac{1}{3}\right),\ \left(-\dfrac{1}{3},\ \infty\right)$

(1) $f(x)+g(x)=(x^2+2x)+(3x+1)=x^2+5x+1$
따라서 $f(x)+g(x)$는 다항함수이므로 모든 실수, 즉 구간 $(-\infty,\ \infty)$에서 연속이다.

(2) $\dfrac{f(x)}{g(x)}=\dfrac{x^2+2x}{3x+1}$

따라서 $\dfrac{f(x)}{g(x)}$는 $3x+1\neq0$, 즉 $x\neq-\dfrac{1}{3}$인 모든 실수에서 연속이므로 구간 $\left(-\infty,\ -\dfrac{1}{3}\right),\ \left(-\dfrac{1}{3},\ \infty\right)$에서 연속이다.

0248 🖪 (1) 최댓값 : 5, 최솟값 : 1 (2) 최댓값 : 8, 최솟값 : -1

(1) 함수 $f(x)=2x+1$은 닫힌구간 $[0,\ 2]$
에서 연속이고, 함수 $y=f(x)$의 그래프
는 그림과 같다.
따라서 함수 $f(x)$는
$x=2$에서 최댓값 $f(2)=5$,
$x=0$에서 최솟값 $f(0)=1$
을 가진다.

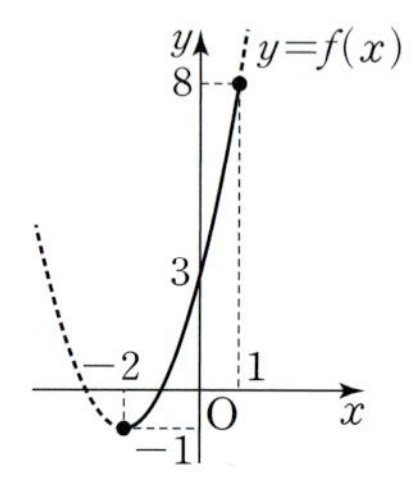

(2) 함수 $f(x)=x^2+4x+3=(x+2)^2-1$은
닫힌구간 $[-2,\ 1]$에서 연속이고, 함수
$y=f(x)$의 그래프는 그림과 같다.
따라서 함수 $f(x)$는
$x=1$에서 최댓값 $f(1)=8$,
$x=-2$에서 최솟값 $f(-2)=-1$
을 가진다.

0249 🖪 (1) 최댓값 : 1, 최솟값 : $\dfrac{1}{2}$ (2) 최댓값 : 3, 최솟값 : 2

(1) 함수 $f(x)=\dfrac{3}{x+1}$은 닫힌구간
$[2,\ 5]$에서 연속이고, 함수
$y=f(x)$의 그래프는 그림과 같
다. 따라서 함수 $f(x)$는
$x=2$에서 최댓값 $f(2)=1$,
$x=5$에서 최솟값 $f(5)=\dfrac{1}{2}$
을 가진다.

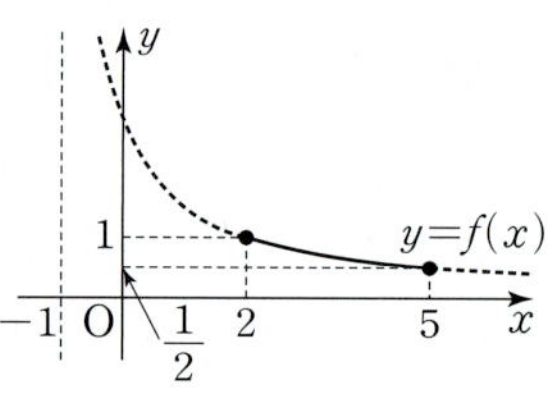

(2) 함수 $f(x)=\sqrt{x+2}$는 닫힌구간
$[2,\ 7]$에서 연속이고, 함수
$y=f(x)$의 그래프는 그림과 같
다.
따라서 함수 $f(x)$는
$x=7$에서 최댓값 $f(7)=3$,
$x=2$에서 최솟값 $f(2)=2$
를 가진다.

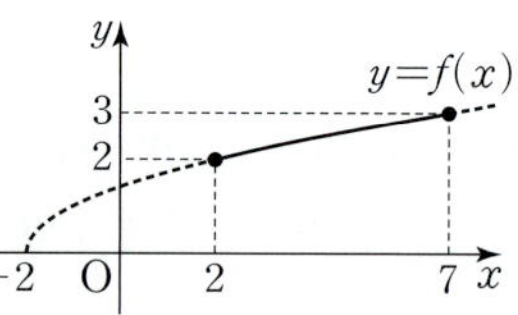

0250 🖪 풀이 참조

$f(x)=x^3-4x+2$라 하면 함수 $f(x)$는 닫힌구간 $[1,\ 2]$에서 연속이고
$f(1)=-1<0,\ f(2)=2>0$
이므로 사잇값 정리에 의하여 $f(c)=0$인 c가 열린구간 $(1,\ 2)$에
적어도 하나 존재한다.
따라서 방정식 $x^3-4x+2=0$이 열린구간 $(1,\ 2)$에서 적어도 하
나의 실근을 가진다.

0251 🖪 $a<0$

$f(x)=x^2-ax-1$이라 하면 함수 $f(x)$는 닫힌구간 $[0,\ 1]$에서
연속이고
$f(0)=-1,\ f(1)=-a$
이때 $f(0)f(1)<0$이면 사잇값 정리에 의하여 $f(c)=0$인 c가 열
린구간 $(0,\ 1)$에 적어도 하나 존재하므로 방정식 $x^2-1=ax$가 열
린구간 $(0,\ 1)$에서 적어도 하나의 실근을 가진다.
즉, $f(0)f(1)=(-1)\times(-a)<0$이어야 하므로 $a<0$

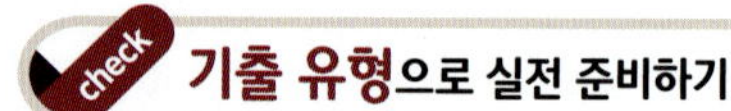
기출 유형으로 실전 준비하기　　60쪽~84쪽

0252 🖪 ③　　　　　　　　　　| 유형 1

모든 실수 x에서 연속인 함수인 것만을 〈보기〉에서 있는 대로 고른
것은? 단서1

〈보기〉
ㄱ. $f(x)=\begin{cases} x-1 & (x\geq0) \\ -1 & (x<0) \end{cases}$

ㄴ. $f(x)=\begin{cases} x^2-x & (x\geq1) \\ 0 & (x<1) \end{cases}$

ㄷ. $f(x)=\begin{cases} x^2-x+1 & (x>2) \\ 2 & (x\leq2) \end{cases}$

① ㄱ　　　　② ㄴ　　　　③ ㄱ, ㄴ
④ ㄱ, ㄷ　　　⑤ ㄱ, ㄴ, ㄷ

단서1 모든 실수 a에서 $\lim\limits_{x\to a}f(x)=f(a)$

STEP1 함수가 연속일 조건을 이용하여 모든 실수 x에서 연속인 함수 찾기

ㄱ. 함수 $f(x)=\begin{cases} x-1 & (x\geq0) \\ -1 & (x<0) \end{cases}$ 은 $a\neq0$인 모든 실수 a에서

$\lim\limits_{x\to a}f(x)=f(a)$를 만족시키므로 $x\neq0$인 모든 실수에서 연속
이다.
이때 $x=0$에서 $f(0)=-1$이고
$\lim\limits_{x\to0+}f(x)=\lim\limits_{x\to0+}(x-1)=-1$
$\lim\limits_{x\to0-}f(x)=\lim\limits_{x\to0-}(-1)=-1$
즉, $\lim\limits_{x\to0+}f(x)=\lim\limits_{x\to0-}f(x)=f(0)$이므로 $x=0$에서도 연속이다.
따라서 함수 $f(x)$는 모든 실수 x에서 연속이다.

ㄴ. 함수 $f(x)=\begin{cases} x^2-x & (x\geq1) \\ 0 & (x<1) \end{cases}$ 은 $a\neq1$인 모든 실수 a에서

$\lim\limits_{x\to a}f(x)=f(a)$를 만족시키므로 $x\neq1$인 모든 실수에서 연속
이다.
이때 $x=1$에서 $f(1)=1-1=0$이고
$\lim\limits_{x\to1+}f(x)=\lim\limits_{x\to1+}(x^2-x)=0$
$\lim\limits_{x\to1-}f(x)=\lim\limits_{x\to1-}0=0$
즉, $\lim\limits_{x\to1+}f(x)=\lim\limits_{x\to1-}f(x)=f(1)$이므로 $x=1$에서도 연속이다.
따라서 함수 $f(x)$는 모든 실수 x에서 연속이다.

ㄷ. 함수 $f(x)=\begin{cases} x^2-x+1 & (x>2) \\ 2 & (x\leq2) \end{cases}$ 는 $x=2$에서

$f(2)=2$ → 함수 $f(x)$는 $x\neq2$인 모든 실수에서 연속이다.

$\lim\limits_{x\to2+}f(x)=\lim\limits_{x\to2+}(x^2-x+1)=3$

$\lim\limits_{x\to2-}f(x)=\lim\limits_{x\to2-}2=2$

즉, $\lim\limits_{x\to2}f(x)$의 값이 존재하지 않으므로 $x=2$에서 불연속이다.

따라서 모든 실수 x에서 연속인 함수는 ㄱ, ㄴ이다.

0253 답 5

$f(x)=\dfrac{x+4}{x^2-5x+6}$에서 $x^2-5x+6=0$인 x의 값에서 함수 $f(x)$ → (분모)=0인 x에서 정의되지 않는다.

가 정의되지 않는다.

이때 $x^2-5x+6=0$에서 $(x-2)(x-3)=0$

$\therefore x=2$ 또는 $x=3$

따라서 함수 $f(x)$는 $x=2$, $x=3$에서 불연속이므로

$a+b=2+3=5$

0254 답 ④

$f(x)=2-\dfrac{1}{x-\dfrac{1}{x}}=2-\dfrac{x}{x^2-1}$에서

$x=0$, $x^2-1=0$인 x의 값에서 함수 $f(x)$가 정의되지 않는다.

이때 $x^2-1=0$에서 $x=-1$ 또는 $x=1$

따라서 함수 $f(x)$가 불연속이 되는 x의 값은 -1, 0, 1의 3개이다.

> **실수 Check**
>
> 함수 $f(x)$가 분수 꼴이므로 (분모)=0인 x의 값에서 함수가 정의되지 않는다. 이때 $x-\dfrac{1}{x}=0$, 즉 $x^2-1=0$이 되는 x의 값뿐만 아니라 $\dfrac{1}{x}$에서의 분모인 x가 0이 되는 $x=0$에서도 함수 $f(x)$가 정의되지 않음에 주의해야 한다.

0255 답 ㄱ, ㄹ, ㅁ

ㄱ. 함수 $f(x)=x+1$은 $x=1$에서

$f(1)=2$

$\lim\limits_{x\to1}f(x)=\lim\limits_{x\to1}(x+1)=2$

즉, $\lim\limits_{x\to1}f(x)=f(1)$이므로 $x=1$에서 연속이다.

ㄴ. 함수 $f(x)=\dfrac{1}{x-1}$은 $x=1$에서 정의되지 않으므로

$x=1$에서 불연속이다.

ㄷ. 함수 $f(x)=\begin{cases} \dfrac{(x-1)(x-2)}{x-1} & (x\neq1) \\ 1 & (x=1) \end{cases}$ 은 $x=1$에서

$f(1)=1$

$\lim\limits_{x\to1}f(x)=\lim\limits_{x\to1}\dfrac{(x-1)(x-2)}{x-1}=\lim\limits_{x\to1}(x-2)=-1$

즉, $\lim\limits_{x\to1}f(x)\neq f(1)$이므로 $x=1$에서 불연속이다.

ㄹ. 함수 $f(x)=\begin{cases} \dfrac{x^3-1}{x-1} & (x\neq1) \\ 3 & (x=1) \end{cases}$ 은 $x=1$에서

$f(1)=3$

$\lim\limits_{x\to1}f(x)=\lim\limits_{x\to1}\dfrac{x^3-1}{x-1}=\lim\limits_{x\to1}\dfrac{(x-1)(x^2+x+1)}{x-1}$

$=\lim\limits_{x\to1}(x^2+x+1)=3$

즉, $\lim\limits_{x\to1}f(x)=f(1)$이므로 $x=1$에서 연속이다.

ㅁ. 함수 $f(x)=\begin{cases} \dfrac{x-1}{|x-1|} & (x<1) \\ -1 & (x\geq1) \end{cases}$ 은 $x=1$에서

$f(1)=-1$

$\lim\limits_{x\to1+}f(x)=\lim\limits_{x\to1+}(-1)=-1$

$\lim\limits_{x\to1-}f(x)=\lim\limits_{x\to1-}\dfrac{x-1}{|x-1|}=\lim\limits_{x\to1-}\dfrac{x-1}{-(x-1)}=-1$

즉, $\lim\limits_{x\to1+}f(x)=\lim\limits_{x\to1-}f(x)=f(1)$이므로 $x=1$에서 연속이다.

따라서 $x=1$에서 연속인 함수는 ㄱ, ㄹ, ㅁ이다.

0256 답 1

$f(a)=2a$이고,

$\lim\limits_{x\to a+}f(x)=\lim\limits_{x\to a+}2x=2a$

$\lim\limits_{x\to a-}f(x)=\lim\limits_{x\to a-}(x^2+x-2)=a^2+a-2$

함수 $f(x)$가 $x=a$에서 연속이려면 $\lim\limits_{x\to a}f(x)$의 값이 존재하고

$\lim\limits_{x\to a}f(x)=f(a)$이어야 하므로

$2a=a^2+a-2$, $a^2-a-2=0$

$(a+1)(a-2)=0$

$\therefore a=-1$ 또는 $a=2$

따라서 모든 실수 a의 값의 합은 $-1+2=1$

0257 답 ④ | 유형 2

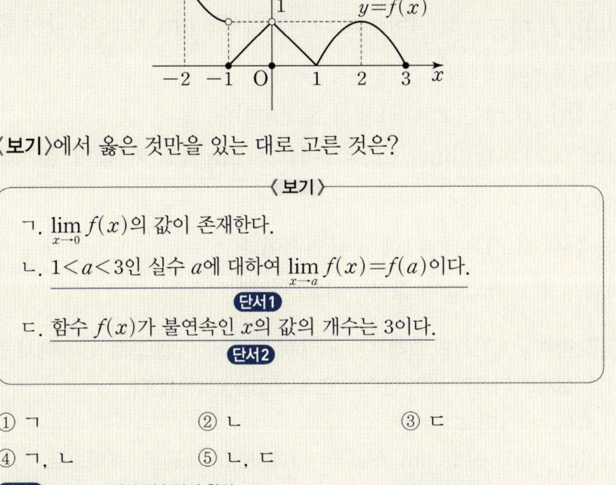

ㄱ. $x \to 0$일 때, $\lim\limits_{x \to 0+} f(x) = \lim\limits_{x \to 0-} f(x) = 1$이므로

$\lim\limits_{x \to 0} f(x)$의 값이 존재한다. (참)

ㄴ. 함수 $f(x)$는 $1 < x < 3$에서 연속이므로 $1 < a < 3$인 실수 a에

대하여 $\lim\limits_{x \to a} f(x) = f(a)$이다. (참) $\longrightarrow$ $1 < x < 3$에서 그래프가 이어져 있다.

ㄷ. $\lim\limits_{x \to -1+} f(x) = 0$, $\lim\limits_{x \to -1-} f(x) = 1$이므로

$\lim\limits_{x \to -1+} f(x) \neq \lim\limits_{x \to -1-} f(x)$

즉, $\lim\limits_{x \to -1} f(x)$의 값이 존재하지 않으므로 $x = -1$에서 불연속

이다.

$\lim\limits_{x \to 0+} f(x) = 1$, $\lim\limits_{x \to 0-} f(x) = 1$이므로 $\lim\limits_{x \to 0} f(x) = 1$이지만

$f(0) = 0$이므로 $\lim\limits_{x \to 0} f(x) \neq f(0)$

즉, 함수 $f(x)$는 $x = 0$에서 불연속이다.

따라서 불연속인 x의 값은 -1, 0의 2개이다. (거짓)

따라서 옳은 것은 ㄱ, ㄴ이다.

0258 답 ③

$\lim\limits_{x \to -1+} f(x) = -1$, $\lim\limits_{x \to -1-} f(x) = -1$이므로

$\lim\limits_{x \to -1} f(x) = -1$이지만 $f(-1) = 0$이므로

$\lim\limits_{x \to -1} f(x) \neq f(-1)$

즉, 함수 $f(x)$는 $x = -1$에서 불연속이다.

$\lim\limits_{x \to 0+} f(x) = 1$, $\lim\limits_{x \to 0-} f(x) = 0$이므로 $\lim\limits_{x \to 0} f(x)$의 값이 존재하지

않는다.

즉, 함수 $f(x)$는 $x = 0$에서 불연속이다.

$\lim\limits_{x \to 1+} f(x) = 0$, $\lim\limits_{x \to 1-} f(x) = 0$이므로 $\lim\limits_{x \to 1} f(x) = 0$이지만

$f(1) = 1$이므로 $\lim\limits_{x \to 1} f(x) \neq f(1)$

즉, 함수 $f(x)$는 $x = 1$에서 불연속이다.

따라서 불연속인 x의 값은 -1, 0, 1의 3개이다.

0259 답 ③

$\lim\limits_{x \to -1+} f(x) = -1$, $\lim\limits_{x \to -1-} f(x) = 3$이므로 $\lim\limits_{x \to -1} f(x)$의 값이 존재

하지 않는다.

즉, 함수 $f(x)$는 $x = -1$에서 불연속이다.

$\lim\limits_{x \to 1+} f(x) = 1$, $\lim\limits_{x \to 1-} f(x) = 2$이므로 $\lim\limits_{x \to 1} f(x)$의 값이 존재하지

않는다.

즉, 함수 $f(x)$는 $x = 1$에서 불연속이다.

따라서 불연속인 x의 값은 -1, 1의 2개이다.

참고 함수 $y = f(x)$의 그래프가 $x = 0$에서 이어져 있으므로 $x = 0$에서 연속
이다. 실제로 다음과 같이 함수의 연속 조건을 만족시킨다.

(i) $f(0) = -1$이고

(ii) $\lim\limits_{x \to 0+} f(x) = -1$, $\lim\limits_{x \to 0-} f(x) = -1$에서 $\lim\limits_{x \to 0} f(x) = -1$이므로

(iii) $\lim\limits_{x \to 0} f(x) = f(0)$이다.

따라서 함수 $f(x)$는 $x = 0$에서 연속이다.

0260 답 ⑤

ㄱ. $\lim\limits_{x \to 3+} f(x) = \lim\limits_{x \to 3-} f(x) = 0$이므로 $\lim\limits_{x \to 3} f(x) = 0$ (거짓)

ㄴ. $\lim\limits_{x \to 1+} f(x) = 2$, $\lim\limits_{x \to 1-} f(x) = 1$이므로

$\lim\limits_{x \to 1+} f(x) \neq \lim\limits_{x \to 1-} f(x)$

즉, $x = 1$에서 $f(x)$의 극한값이 존재하지 않는다. (참)

ㄷ. $\lim\limits_{x \to 1+} f(x) \neq \lim\limits_{x \to 1-} f(x)$, $\lim\limits_{x \to 2+} f(x) \neq \lim\limits_{x \to 2-} f(x)$

이므로 $x = 1$과 $x = 2$에서 불연속이다.

$f(3) = 1$, $\lim\limits_{x \to 3} f(x) = 0$에서

$\lim\limits_{x \to 3} f(x) \neq f(3)$

이므로 $x = 3$에서 불연속이다.

즉, 함수 $f(x)$가 불연속인 x의 값은 1, 2, 3의 3개이다. (참)

따라서 옳은 것은 ㄴ, ㄷ이다.

0261 답 1

함수 $g(x) = \begin{cases} f(x) & (x \geq -2) \\ f(x) + k & (x < -2) \end{cases}$는 $a \neq -2$인 모든 실수 a에서

$\lim\limits_{x \to a} g(x) = g(a)$를 만족시키므로 $x \neq -2$인 모든 실수에서 연속

이다.

이때 함수 $g(x)$가 모든 실수 x에서 연속이 되기 위해서는

$x = -2$에서 연속이어야 한다.

$g(-2) = f(-2) = 1$

$\lim\limits_{x \to -2+} g(x) = \lim\limits_{x \to -2+} f(x) = 1$

$\lim\limits_{x \to -2-} g(x) = \lim\limits_{x \to -2-} \{f(x) + k\} = 0 + k = k$

이때 $g(-2) = \lim\limits_{x \to -2} g(x)$이어야 하므로 $k = 1$

참고 함수 $y = f(x)$의 그래프가 $x = -2$에서 끊어져 있으므로 모든 실수 x
에서 연속이려면 $x = -2$에서 연속이어야 한다.

0262 답 ③

자연수 a에 대하여 닫힌구간 $[a, a+2]$에서 연속인지 조사해 보자.

(i) $a = 1$일 때

$f(3) = 1$, $\lim\limits_{x \to 3-} f(x) = 2$이므로 $x = 3$에서 불연속이다.

즉, 함수 $f(x)$는 닫힌구간 $[1, 3]$에서 불연속이다.

(ii) $a = 2$일 때

함수 $f(x)$는 $x = 3$에서 불연속이므로 닫힌구간 $[2, 4]$에서 불

연속이다.

(iii) $a = 3$일 때

$f(3) = 1$, $\lim\limits_{x \to 3+} f(x) = 1$이므로 $x = 3$에서 연속이다.

또한 닫힌구간 $[3, 5]$에서 함수 $y = f(x)$의 그래프가 이어져

있으므로 이 구간에서 연속이다.

(iv) $a = 4$일 때

$f(6) = 1$, $\lim\limits_{x \to 6-} f(x) = 1$이므로 $x = 6$에서 연속이다.

또한 닫힌구간 $[4, 6]$에서 함수 $y = f(x)$의 그래프가 이어져

있으므로 이 구간에서 연속이다.

(v) $a = 5$일 때

$\lim\limits_{x \to 6+} f(x) = 0$, $\lim\limits_{x \to 6-} f(x) = 1$이므로 $\lim\limits_{x \to 6} f(x)$의 값이 존재하

지 않는다.

즉, 함수 $f(x)$는 $x=6$에서 불연속이므로 닫힌구간 $[5, 7]$에서 불연속이다.

(vi) $a=6$일 때

$f(6)=1$, $\lim\limits_{x \to 6+} f(x)=0$이므로 $x=6$에서 불연속이다.

즉, 함수 $f(x)$는 닫힌구간 $[6, 8]$에서 불연속이다.

(vii) $a=7$일 때

닫힌구간 $[7, 9]$에서 함수 $y=f(x)$의 그래프가 이어져 있으므로 이 구간에서 연속이다.

(i)~(vii)에서 조건을 만족시키는 자연수 a는 3, 4, 7의 3개이다.

0263 답 ⑤

| 유형3

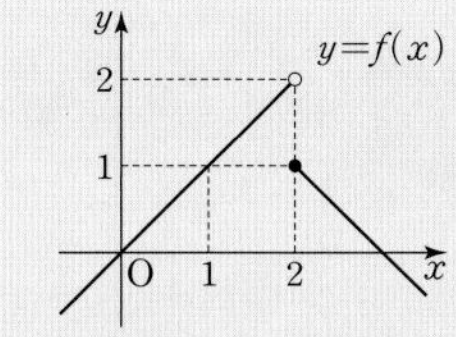

두 함수 $y=f(x)$, $y=g(x)$의 그래프가 그림과 같을 때, 〈보기〉에서 옳은 것만을 있는 대로 고른 것은?

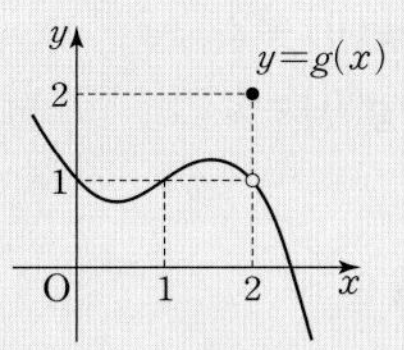

〈 보기 〉

ㄱ. $\lim\limits_{x \to 2-} f(x)=2$

ㄴ. $\lim\limits_{x \to 2+} g(f(x))=1$ 〔단서1〕

ㄷ. 함수 $f(g(x))$는 $x=2$에서 연속이다. 〔단서2〕

① ㄱ 　　② ㄱ, ㄴ 　　③ ㄱ, ㄷ
④ ㄴ, ㄷ 　　⑤ ㄱ, ㄴ, ㄷ

〔단서1〕 합성함수의 극한값
〔단서2〕 좌극한과 우극한, 함숫값을 각각 비교

STEP 1 함수의 그래프에서 극한값 구하기

ㄱ. $\lim\limits_{x \to 2-} f(x)=2$ (참)

ㄴ. $\lim\limits_{x \to 2+} g(f(x))$에서 $f(x)=t$로 놓으면

$x \to 2+$일 때 $t \to 1-$이므로

$\lim\limits_{x \to 2+} g(f(x))=\lim\limits_{t \to 1-} g(t)=1$ (참)

STEP 2 합성함수의 연속 확인하기

ㄷ. $\lim\limits_{x \to 2} f(g(x))$에서 $g(x)=s$로 놓으면

$x \to 2+$일 때 $s \to 1-$이므로

$\lim\limits_{x \to 2+} f(g(x))=\lim\limits_{s \to 1-} f(s)=1$

$x \to 2-$일 때 $s \to 1+$이므로

$\lim\limits_{x \to 2-} f(g(x))=\lim\limits_{s \to 1+} f(s)=1$

$f(g(2))=f(2)=1$

즉, $\lim\limits_{x \to 2+} f(g(x))=\lim\limits_{x \to 2-} f(g(x))=f(g(2))$이므로

함수 $f(g(x))$는 $x=2$에서 연속이다. (참)

따라서 옳은 것은 ㄱ, ㄴ, ㄷ이다.

〔참고〕 $\lim\limits_{x \to a+} g(f(x))$의 값은 $f(x)=t$로 놓고 다음을 이용한다.

① $x \to a+$일 때 $t \to b+$이면 $\lim\limits_{x \to a+} g(f(x))=\lim\limits_{t \to b+} g(t)$

② $x \to a+$일 때 $t \to b-$이면 $\lim\limits_{x \to a+} g(f(x))=\lim\limits_{t \to b-} g(t)$

③ $x \to a+$일 때 $t=b$이면 $\lim\limits_{x \to a+} g(f(x))=g(b)$

0264 답 ①

$f(1)=a$, $f(3)=b$ $(0<a<1<3<b)$ 라 하면

ㄱ. $f(f(2))=f(3)=b$이므로 $f(f(2))$의 값이 존재한다. (참)

ㄴ. $\lim\limits_{x \to 2} f(f(x))$에서 $f(x)=t$라 하면

$x \to 2+$일 때 $t \to 3+$이므로

$\lim\limits_{x \to 2+} f(f(x))=\lim\limits_{t \to 3+} f(t)=b$

$x \to 2-$일 때 $t \to 1-$이므로

$\lim\limits_{x \to 2-} f(f(x))=\lim\limits_{t \to 1-} f(t)=a$

즉, $\lim\limits_{x \to 2+} f(f(x)) \neq \lim\limits_{x \to 2-} f(f(x))$이므로

$\lim\limits_{x \to 2} f(f(x))$의 값이 존재하지 않는다. (거짓)

ㄷ. ㄴ에 의하여 $x=2$에서 극한값이 존재하지 않으므로 함수 $f(f(x))$는 $x=2$에서 불연속이다. (거짓)

따라서 옳은 것은 ㄱ뿐이다.

0265 답 ⑤

주어진 그래프에서 함수 $f(x)=\begin{cases} x-3 & (x \neq 2) \\ 1 & (x=2) \end{cases}$ 이고

함수 $(f \circ f)(x)=\begin{cases} x-6 & (x \neq 2, x \neq 5) \\ -2 & (x=2) \\ 1 & (x=5) \end{cases}$ 이므로 함수

$y=(f \circ f)(x)$의 그래프는 그림과 같다.

$\lim\limits_{x \to 2} (f \circ f)(x)=\lim\limits_{x \to 2}(x-6)=-4$

$(f \circ f)(2)=f(f(2))=f(1)=-2$

즉, $\lim\limits_{x \to 2}(f \circ f)(x) \neq (f \circ f)(2)$이므로

함수 $(f \circ f)(x)$는 $x=2$에서 불연속이다.

$\lim\limits_{x \to 5}(f \circ f)(x)=\lim\limits_{x \to 5}(x-6)=-1$

$(f \circ f)(5)=f(f(5))=f(2)=1$

즉, $\lim\limits_{x \to 5}(f \circ f)(x) \neq (f \circ f)(5)$이므로 함수 $(f \circ f)(x)$는 $x=5$에서 불연속이다.

따라서 모든 a의 값의 합은 $2+5=7$

↳ 함수의 그래프가 끊어진 곳에서 함수는 불연속이다.

〔참고〕 주어진 함수 $y=f(x)$의 그래프로부터 $y=(f \circ f)(x)$의 함수식을 구하고 그 그래프를 이용하여 불연속이 되는 점을 찾는다.

0266 답 ⑤

함수 $f(x)=\begin{cases} x^2-1 & (x \neq 0) \\ 0 & (x=0) \end{cases}$, $g(x)=x^2+ax+1$에서

함수 $(g \circ f)(x)$가 $x=0$에서 연속이므로

$\lim\limits_{x \to 0}(g \circ f)(x)=(g \circ f)(0)$

$(g \circ f)(0)=g(f(0))=g(0)=1$이고

$\lim\limits_{x \to 0}(g \circ f)(x)=\lim\limits_{x \to 0} g(f(x))$에서 $f(x)=t$로 놓으면

$x \to 0$일 때 $t \to -1+$이므로

$\lim\limits_{x \to 0} g(f(x))=\lim\limits_{t \to -1+} g(t)=-a+2$

즉, $1=-a+2$이므로 $a=1$

〔참고〕 실수 전체의 집합에서 정의된 두 함수 $f(x)$, $g(x)$에 대하여 함수 $f(g(x))$가 $x=a$에서 연속이면 $\lim\limits_{x \to a} f(g(x))=f(g(a))$가 성립한다.

0267 답 ⑤

두 함수 $f(x)=\begin{cases} 2x^2-1 & (x<2) \\ 5-x & (x\geq2) \end{cases}$, $g(x)=x^2-kx+1$에서

함수 $(g\circ f)(x)$가 모든 실수 x에서 연속이므로 $x=2$에서도 연속이다.

즉, $\lim\limits_{x\to2+}(g\circ f)(x)=\lim\limits_{x\to2-}(g\circ f)(x)=(g\circ f)(2)$이다.

$(g\circ f)(2)=g(f(2))=g(3)=10-3k$

$$\lim\limits_{x\to2+}(g\circ f)(x)=\lim\limits_{x\to2+}g(f(x))$$
$$=\lim\limits_{x\to2+}g(5-x)$$
$$=g(3)=10-3k$$

$$\lim\limits_{x\to2-}(g\circ f)(x)=\lim\limits_{x\to2-}g(f(x))$$
$$=\lim\limits_{x\to2-}g(2x^2-1)$$
$$=g(7)=50-7k$$

즉, $10-3k=50-7k$이므로

$4k=40$ $\therefore k=10$

(참고) 함수 $g(x)$는 모든 실수에서 연속이므로 $\lim\limits_{x\to2+}g(5-x)=g(3)$, $\lim\limits_{x\to2-}g(2x^2-1)=g(7)$이다.

0268 답 ②

| 유형 4

함수 $f(x)$가 $x=1$에서 연속이고
(단서1)
$$\lim\limits_{x\to1}\frac{(x^2-1)f(x)}{x-1}=4$$
를 만족시킬 때, $f(1)$의 값은?

① -2　　② 2　　③ 4
④ 6　　⑤ 8

(단서1) $x=1$에서의 극한값과 함숫값이 같음을 이용

STEP 1 $x=1$에서 연속일 조건을 이용하여 $\lim\limits_{x\to1}f(x)$의 값 구하기

함수 $f(x)$가 $x=1$에서 연속이면 $\lim\limits_{x\to1}f(x)=f(1)$이다.

STEP 2 극한값을 이용하여 $f(1)$의 값 구하기

$$\lim\limits_{x\to1}\frac{(x^2-1)f(x)}{x-1}=\lim\limits_{x\to1}\frac{(x+1)(x-1)f(x)}{x-1}$$
$$=\lim\limits_{x\to1}(x+1)f(x)$$
$$=\lim\limits_{x\to1}(x+1)\times\lim\limits_{x\to1}f(x)$$
$$=2f(1)$$

즉, $2f(1)=4$이므로 $f(1)=2$

0269 답 ②

함수 $f(x)$가 $x=1$에서 연속이면 $\lim\limits_{x\to1-}f(x)=\lim\limits_{x\to1+}f(x)$이므로

$3=a^2-1$, $a^2=4$

$\therefore a=2\ (\because a>0)$

0270 답 1

함수 $f(x)$가 실수 전체의 집합에서 연속이면

$\lim\limits_{x\to-3}f(x)=f(-3)$이므로 → $x=-3$에서 연속이다.

$$\lim\limits_{x\to-3}\frac{(x^3+27)f(x)}{x+3}=\lim\limits_{x\to-3}\frac{(x+3)(x^2-3x+9)f(x)}{x+3}$$
$$=\lim\limits_{x\to-3}(x^2-3x+9)f(x)$$
$$=\lim\limits_{x\to-3}(x^2-3x+9)\times\lim\limits_{x\to-3}f(x)$$
$$=27f(-3)$$

즉, $27f(-3)=27$이므로 $f(-3)=1$

0271 답 ④

함수 $f(x)$, $g(x)$가 모든 실수 x에서 연속이면

$\lim\limits_{x\to0}f(x)=f(0)$, $\lim\limits_{x\to0}g(x)=g(0)$이므로

$\lim\limits_{x\to0}\{f(x)+2g(x)\}=5$, $\lim\limits_{x\to0}\{2f(x)-g(x)\}=0$에서

$f(0)+2g(0)=5$, $2f(0)-g(0)=0$

위의 두 식을 연립하여 풀면

$f(0)=1$, $g(0)=2$

$\therefore f(0)+g(0)=3$

0272 답 6

함수 $f(x)$가 $x=2$에서 연속이면 $\lim\limits_{x\to2+}f(x)=\lim\limits_{x\to2-}f(x)$이므로

$a+2=3a-2$ $\therefore a=2$

또, $f(2)=\lim\limits_{x\to2}f(x)=4$

$\therefore a+f(2)=2+4=6$

0273 답 ⑤

$x<0$일 때, $g(x)=-f(x)+x^2+4$

$x>0$일 때, $g(x)=f(x)-x^2-2x-8$

한편, 함수 $f(x)$가 $x=0$에서 연속이면

$\lim\limits_{x\to0+}f(x)=\lim\limits_{x\to0-}f(x)=f(0)$이므로

$$\lim\limits_{x\to0+}g(x)=\lim\limits_{x\to0+}\{f(x)-x^2-2x-8\}$$
$$=f(0)-8$$

$$\lim\limits_{x\to0-}g(x)=\lim\limits_{x\to0-}\{-f(x)+x^2+4\}$$
$$=-f(0)+4$$

이때 $\lim\limits_{x\to0-}g(x)-\lim\limits_{x\to0+}g(x)=6$이므로

$\{-f(0)+4\}-\{f(0)-8\}=6$

$-2f(0)+12=6$

$\therefore f(0)=3$

(참고) 함수 $f(x)$가 $x=0$에서 연속이므로 $\lim\limits_{x\to0+}f(x)=\lim\limits_{x\to0-}f(x)=f(0)$임을 이용하여 $\lim\limits_{x\to0+}g(x)$, $\lim\limits_{x\to0-}g(x)$의 값을 구할 수 있다.

0274 답 ③

| 유형 5

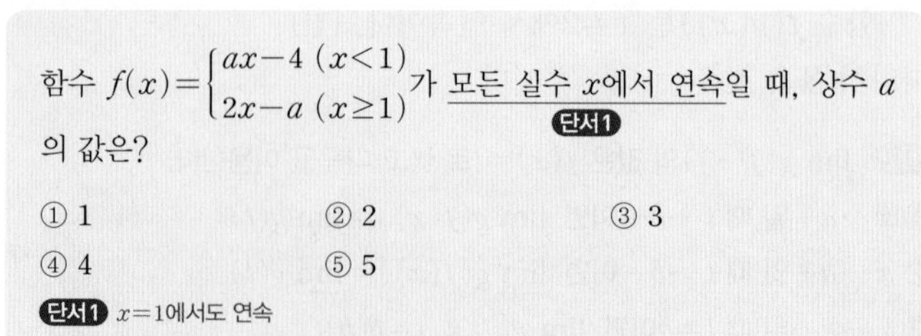

함수 $f(x)=\begin{cases} ax-4 & (x<1) \\ 2x-a & (x\geq1) \end{cases}$ 가 모든 실수 x에서 연속일 때, 상수 a
(단서1)
의 값은?

① 1　　② 2　　③ 3
④ 4　　⑤ 5

(단서1) $x=1$에서도 연속

STEP 1 함수 $f(x)$가 모든 실수 x에서 연속일 조건 구하기

함수 $f(x)$가 모든 실수 x에서 연속이려면 $x=1$에서도 연속이어야 한다.

STEP 2 함수 $f(x)$가 $x=1$에서 연속이 되도록 하는 상수 a의 값 구하기

함수 $f(x)$가 $x=1$에서 연속이려면 $\lim\limits_{x\to1+}f(x)=\lim\limits_{x\to1-}f(x)=f(1)$이 성립해야 한다.

$f(1)=2-a$

$\lim\limits_{x\to1+}f(x)=\lim\limits_{x\to1+}(2x-a)=2-a$

$\lim\limits_{x\to1-}f(x)=\lim\limits_{x\to1-}(ax-4)=a-4$

이므로 $2-a=a-4$에서 $2a=6$

$\therefore a=3$

0275 답 ②

함수 $f(x)$가 모든 실수 x에서 연속이려면 $x=a$에서도 연속이어야 한다.

즉, $\lim\limits_{x\to a+}f(x)=\lim\limits_{x\to a-}f(x)=f(a)$가 성립해야 한다.

$f(a)=a^2$

$\lim\limits_{x\to a+}f(x)=\lim\limits_{x\to a+}x^2=a^2$

$\lim\limits_{x\to a-}f(x)=\lim\limits_{x\to a-}(2x+3)=2a+3$

이므로 a^2-2a+3에서

$a^2-2a-3=0$, $(a+1)(a-3)=0$

$\therefore a=-1$ 또는 $a=3$

따라서 구하는 모든 실수 a의 값의 합은

$-1+3=2$

0276 답 2

함수 $f(x)$가 실수 전체의 집합에서 연속이려면 $x=a$에서도 연속이어야 한다.

즉, $\lim\limits_{x\to a+}f(x)=\lim\limits_{x\to a-}f(x)=f(a)$가 성립해야 한다.

$f(a)=3a+2k$

$\lim\limits_{x\to a+}f(x)=\lim\limits_{x\to a+}(3x+2k)=3a+2k$

$\lim\limits_{x\to a-}f(x)=\lim\limits_{x\to a-}x^2=a^2$

이므로 $3a+2k=a^2$에서

$a^2-3a-2k=0$

→ 함수 $f(x)$가 실수 전체의 집합에서 연속이 되게 하는 실수 a의 값이 존재한다.

<u>이차방정식 $a^2-3a-2k=0$이 실근을 가져야 하므로</u> 이 이차방정식의 판별식을 D라 하면 $D\geq0$이어야 한다.

$D=(-3)^2-4\times1\times(-2k)\geq0$

$8k+9\geq0$

$\therefore k\geq-\dfrac{9}{8}$

따라서 0 이하의 정수 k는 -1, 0의 2개이다.

0277 답 ②

함수 $f(x)$가 모든 실수 x에서 연속이려면 $x=-1$에서도 연속이어야 한다.

즉, $\lim\limits_{x\to-1-}f(x)=\lim\limits_{x\to-1+}f(x)=f(-1)$이 성립해야 한다.

$f(-1)=3$

$\lim\limits_{x\to-1+}f(x)=\lim\limits_{x\to-1+}(x^3+bx+5)=4-b$

$\lim\limits_{x\to-1-}f(x)=\lim\limits_{x\to-1-}(x^2-x+a)=a+2$

이므로 $4-b=a+2=3$　　$\therefore a=1$, $b=1$

$\therefore a+b=2$

0278 답 ⑤

함수 $f(x)$가 실수 전체의 집합에서 연속이려면 $x=-1$, $x=3$에서도 연속이어야 한다.

즉, $\lim\limits_{x\to-1+}f(x)=\lim\limits_{x\to-1-}f(x)=f(-1)$,

$\lim\limits_{x\to3+}f(x)=\lim\limits_{x\to3-}f(x)=f(3)$이 성립해야 한다.

(i) $\lim\limits_{x\to-1+}f(x)=\lim\limits_{x\to-1-}f(x)=f(-1)$에서

$f(-1)=-1$

$\lim\limits_{x\to-1+}f(x)=\lim\limits_{x\to-1+}x=-1$

$\lim\limits_{x\to-1-}f(x)=\lim\limits_{x\to-1-}(x^2+a)=1+a$

이므로 $-1=1+a$

$\therefore a=-2$

(ii) $\lim\limits_{x\to3+}f(x)=\lim\limits_{x\to3-}f(x)=f(3)$에서

$f(3)=3b-2$

$\lim\limits_{x\to3+}f(x)=\lim\limits_{x\to3+}(bx-2)=3b-2$

$\lim\limits_{x\to3-}f(x)=\lim\limits_{x\to3-}x=3$

이므로 $3b-2=3$

$\therefore b=\dfrac{5}{3}$

(i), (ii)에서 $a-b=-2-\dfrac{5}{3}=-\dfrac{11}{3}$

0279 답 ②

함수 $f(x)$가 모든 실수 x에서 연속이면 $x=1$에서도 연속이다.

즉, $\lim\limits_{x\to1+}f(x)=\lim\limits_{x\to1-}f(x)=f(1)$이 성립한다.

$f(1)=b-1$

$\lim\limits_{x\to1+}f(x)=\lim\limits_{x\to1+}(bx-1)=b-1$

$\lim\limits_{x\to1-}f(x)=\lim\limits_{x\to1-}(-2x^2+x+a)=a-1$

이므로 $b-1=a-1$　　$\therefore a=b$ ………………… ㉠

이때 함수 $f(x)$가 모든 실수 x에 대하여 $f(x+3)=f(x)$를 만족시키므로 $x=0$을 대입하면

$f(3)=f(0)$

$3b-1=a$ ………………… ㉡

㉠, ㉡을 연립하여 풀면 $a=\dfrac{1}{2}$, $b=\dfrac{1}{2}$

$\therefore a+b=1$

참고 연속함수 $g(x)$, $h(x)$에 대하여 실수 전체의 집합에서 연속인 함수 $f(x)$가 닫힌구간 $[a,\,c]$에서 $f(x)=\begin{cases}g(x)\ (a\leq x<b)\\h(x)\ (b\leq x\leq c)\end{cases}$ 이고

모든 실수 x에 대하여 $f(x+c-a)=f(x)$를 만족시키면

$\lim\limits_{x\to b-}g(x)=\lim\limits_{x\to c-}h(x)=h(b)$

$\lim\limits_{x\to a+}g(x)=\lim\limits_{x\to c-}h(x)=g(a)=h(c)$

0280 답 ⑤

함수 $f(x)$가 실수 전체의 집합에서 연속이려면 $x=a$, $x=a+1$에서도 연속이어야 한다.

즉, $\lim\limits_{x \to a+} f(x) = \lim\limits_{x \to a-} f(x) = f(a)$,

$\lim\limits_{x \to (a+1)+} f(x) = \lim\limits_{x \to (a+1)-} f(x) = f(a+1)$이 성립해야 한다.

(i) $\lim\limits_{x \to a+} f(x) = \lim\limits_{x \to a-} f(x) = f(a)$에서

$$f(a) = a^2 + ka + k$$
$$\lim\limits_{x \to a+} f(x) = \lim\limits_{x \to a+} (x^2 + kx + k) = a^2 + ka + k$$
$$\lim\limits_{x \to a-} f(x) = \lim\limits_{x \to a-} (5x + 2) = 5a + 2$$

이므로 $a^2 + ka + k = 5a + 2$

(ii) $\lim\limits_{x \to (a+1)+} f(x) = \lim\limits_{x \to (a+1)-} f(x) = f(a+1)$에서

$$f(a+1) = (a+1)^2 + k(a+1) + k$$
$$\lim\limits_{x \to (a+1)+} f(x) = \lim\limits_{x \to (a+1)+} (5x+2) = 5(a+1) + 2$$
$$\lim\limits_{x \to (a+1)-} f(x) = \lim\limits_{x \to (a+1)-} (x^2 + kx + k)$$
$$= (a+1)^2 + k(a+1) + k$$

이므로 $(a+1)^2 + k(a+1) + k = 5(a+1) + 2$

(i), (ii)에서 방정식 $x^2 + kx + k = 5x + 2$에 $x=a$, $x=a+1$을 대입했을 때 등식을 만족시키므로 이 이차방정식의 두 근은 a, $a+1$이다.

이차방정식 $x^2 + kx + k = 5x + 2$, 즉 $x^2 + (k-5)x + k - 2 = 0$에서 이차방정식의 근과 계수의 관계에 의하여

$\underbrace{2a+1 = 5-k}_{\text{두 근의 합}}$, $\underbrace{a(a+1) = k-2}_{\text{두 근의 곱}}$

$2a+1 = 5-k$에서 $a = \dfrac{4-k}{2}$

$a = \dfrac{4-k}{2}$를 $a(a+1) = k-2$에 대입하면

$$\dfrac{4-k}{2} \times \dfrac{6-k}{2} = k-2$$
$$(4-k)(6-k) = 4k - 8, \quad 24 - 10k + k^2 = 4k - 8$$
$$k^2 - 14k + 32 = 0$$

따라서 이차방정식의 근과 계수의 관계에 의하여 모든 상수 k의 값의 곱은 32이다.

참고 $a^2 + ka + k = 5a + 2$, $(a+1)^2 + k(a+1) + k = 5(a+1) + 2$는 이차방정식 $x^2 + kx + k = 5x + 2$에 각각 $x=a$, $x=a+1$을 대입한 것이므로 a, $a+1$이 이차방정식의 근이다.

0281 답 ⑤

함수 $f(x)$가 실수 전체의 집합에서 연속이려면 $x=1$에서도 연속이어야 한다.

즉, $\lim\limits_{x \to 1+} f(x) = \lim\limits_{x \to 1-} f(x) = f(1)$이 성립해야 한다.

$$f(1) = 1 - a + 4 = -a + 5$$
$$\lim\limits_{x \to 1+} f(x) = \lim\limits_{x \to 1+} (x^2 - ax + 4) = -a + 5$$
$$\lim\limits_{x \to 1-} f(x) = \lim\limits_{x \to 1-} (-2x + 1) = -1$$

이므로 $-a + 5 = -1$

$\therefore a = 6$

0282 답 ④

함수 $f(x)$가 실수 전체의 집합에서 연속이려면 $x=1$에서도 연속이어야 한다.

즉, $\lim\limits_{x \to 1+} f(x) = \lim\limits_{x \to 1-} f(x) = f(1)$이 성립해야 한다.

$$f(1) = 7$$
$$\lim\limits_{x \to 1+} f(x) = \lim\limits_{x \to 1+} (-3x + b) = -3 + b$$
$$\lim\limits_{x \to 1-} f(x) = \lim\limits_{x \to 1-} (2x^2 + ax + 1) = a + 3$$

이므로 $-3 + b = a + 3 = 7$

$\therefore a = 4$, $b = 10$

$\therefore a + b = 14$

0283 답 ② ┃ 유형 6

STEP 1 함수 $f(x)$가 $x=-1$에서 연속일 조건 이해하기

함수 $f(x)$가 $x=-1$에서 연속이므로 $\lim\limits_{x \to -1} f(x) = f(-1)$이다.

즉, $\lim\limits_{x \to -1} \dfrac{x^2 - ax + 2}{x+1} = b$

STEP 2 극한값이 존재할 조건을 이용하여 상수 a의 값 구하기

$\lim\limits_{x \to -1} \dfrac{x^2 - ax + 2}{x+1} = b$에서 $x \to -1$일 때, 극한값이 존재하고 (분모) $\to 0$이므로 (분자) $\to 0$이다.

즉, $\lim\limits_{x \to -1} (x^2 - ax + 2) = 0$에서

$1 + a + 2 = 0$

$\therefore a = -3$

STEP 3 극한값을 구하여 상수 b의 값 구하고, $a+b$의 값 구하기

$$\lim\limits_{x \to -1} \dfrac{x^2 + 3x + 2}{x+1} = \lim\limits_{x \to -1} \dfrac{(x+1)(x+2)}{x+1}$$
$$= \lim\limits_{x \to -1} (x+2) = 1$$

$\therefore b = 1$

$\therefore a + b = -3 + 1 = -2$

0284 답 11

함수 $f(x) = \dfrac{2}{x^2 - ax + b}$가 $x=2$, $x=3$에서 불연속이면 이차방정식 $x^2 - ax + b = 0$은 $x=2$, $x=3$을 해로 가진다.

따라서 이차방정식의 근과 계수의 관계에 의하여 $\xrightarrow{\text{(분모)}=0\text{인 } x\text{의 값을 찾아본다.}}$

$a = 2 + 3 = 5$, $b = 2 \times 3 = 6$

$\therefore a + b = 11$

함수 $f(x)=\dfrac{x+4}{x^2+3x-a}$가 모든 실수 x에서 연속이 되려면 모든

실수 x에 대하여 $x^2+3x-a\neq0$이어야 한다.

즉, 이차방정식 $x^2+3x-a=0$의 판별식을 D라 하면 $D<0$이므로

$D=9+4a<0$

$\therefore a<-\dfrac{9}{4}$

따라서 구하는 정수 a의 최댓값은 -3이다.

참고 $f(x)=\dfrac{h(x)}{g(x)}$에서 $h(x)$는 0이 아닌 다항식,

$g(x)$가 이차식이면 이차방정식 $g(x)=0$의 판별식 D에 대하여

① $D>0$ ➡ 실근 2개 ➡ $f(x)$가 불연속인 점이 2개

② $D=0$ ➡ 실근 1개 ➡ $f(x)$가 불연속인 점이 1개

③ $D<0$ ➡ 실근이 없다. ➡ $f(x)$가 모든 실수에서 연속

0288 답 3

함수 $f(x)=\dfrac{ax+2}{(a+1)x^2-2ax+6}$의 그래프에서 불연속인 점이 1개

가 되려면 방정식 $(a+1)x^2-2ax+6=0$의 해가 1개이어야 한다.

(i) $a+1=0$인 경우

즉, $a=-1$이면 $2x+6=0$ $\therefore x=-3$

즉, 함수 $f(x)$는 $x=-3$에서 불연속이다.

(ii) $a+1\neq0$인 경우

방정식 $(a+1)x^2-2ax+6=0$의 해가 1개이려면 이 이차방

정식의 판별식을 D라 할 때 $\dfrac{D}{4}=0$이어야 한다.

$\dfrac{D}{4}=(-a)^2-6(a+1)=0$

$a^2-6a-6=0$ $\therefore a=3\pm\sqrt{15}$

(i), (ii)에서 불연속인 점이 1개가 되도록 하는 상수 a의 값은 -1,

$3+\sqrt{15}$, $3-\sqrt{15}$의 3개이다.

실수 Check

> 방정식 $(a+1)x^2-2ax+6=0$의 해가 1개이어야 하므로 $\dfrac{D}{4}=0$에서
>
> $a=3\pm\sqrt{15}$의 2개라고 답하지 않도록 주의한다.
>
> 이차방정식이라는 조건이 없으므로 $a+1=0$인 경우도 생각해야 한다.

0289 답 18

함수 $f(x)$가 $x=2$에서 연속이므로 $\displaystyle\lim_{x\to2}f(x)=f(2)$이다.

즉, $\displaystyle\lim_{x\to2}\dfrac{x^3-3ax+2b}{(x-2)^2}=c$ $\cdots\cdots\cdots$ ㉠

이때 $x\to2$일 때, 극한값이 존재하고 (분모)$\to0$이므로 (분자)$\to0$

이다.

즉, $\displaystyle\lim_{x\to2}(x^3-3ax+2b)=0$에서

$8-6a+2b=0$ $\therefore b=3a-4$ $\cdots\cdots\cdots$ ㉡

㉡을 ㉠에 대입하면

$\displaystyle\lim_{x\to2}\dfrac{x^3-3ax+6a-8}{(x-2)^2}=\lim_{x\to2}\dfrac{(x-2)(x^2+2x-3a+4)}{(x-2)^2}$

$\qquad\qquad\qquad\qquad\quad=\displaystyle\lim_{x\to2}\dfrac{x^2+2x-3a+4}{x-2}=c$

참고 다항함수 $g(x)$, $h(x)$가 모든 실수에서 연속이어도 유리함수 $\dfrac{h(x)}{g(x)}$

는 $g(x)=0$인 x의 값에서 불연속이다.

0285 답 ④

함수 $f(x)$가 $x=-1$에서 연속이므로 $\displaystyle\lim_{x\to-1}f(x)=f(-1)$이다.

즉, $\displaystyle\lim_{x\to-1}\dfrac{a\sqrt{x+2}-b}{x+1}=1$ $\cdots\cdots\cdots$ ㉠

이때 $x\to-1$일 때, 극한값이 존재하고 (분모)$\to0$이므로

(분자)$\to0$이다.

즉, $\displaystyle\lim_{x\to-1}(a\sqrt{x+2}-b)=0$에서

$a-b=0$ $\therefore a=b$ $\cdots\cdots\cdots$ ㉡

㉡을 ㉠에 대입하면

$\displaystyle\lim_{x\to-1}\dfrac{a\sqrt{x+2}-a}{x+1}=\lim_{x\to-1}\dfrac{a(\sqrt{x+2}-1)}{x+1}$

$\qquad\qquad\qquad=\displaystyle\lim_{x\to-1}\dfrac{a(\sqrt{x+2}-1)(\sqrt{x+2}+1)}{(x+1)(\sqrt{x+2}+1)}$

$\qquad\qquad\qquad=\displaystyle\lim_{x\to-1}\dfrac{a(x+1)}{(x+1)(\sqrt{x+2}+1)}$

$\qquad\qquad\qquad=\displaystyle\lim_{x\to-1}\dfrac{a}{\sqrt{x+2}+1}$

$\qquad\qquad\qquad=\dfrac{a}{2}$

분자를 유리화하기 위해 분자, 분모에 $\sqrt{x+2}+1$을 각각 곱한다.

즉, $\dfrac{a}{2}=1$에서 $a=2$

$a=2$를 ㉡에 대입하면 $b=2$

$\therefore a+b=4$

0286 답 ⑤

함수 $f(x)$가 $x=1$에서 연속이므로 $\displaystyle\lim_{x\to1}f(x)=f(1)$이다.

즉, $\displaystyle\lim_{x\to1}\dfrac{\sqrt{ax}-b}{x-1}=2$ $\cdots\cdots\cdots$ ㉠

이때 $x\to1$일 때, 극한값이 존재하고 (분모)$\to0$이므로 (분자)$\to0$

이다.

즉, $\displaystyle\lim_{x\to1}(\sqrt{ax}-b)=0$에서

$\sqrt{a}-b=0$ $\therefore b=\sqrt{a}$ $\cdots\cdots\cdots$ ㉡

㉡을 ㉠에 대입하면

$\displaystyle\lim_{x\to1}\dfrac{\sqrt{ax}-\sqrt{a}}{x-1}=\lim_{x\to1}\dfrac{\sqrt{a}(\sqrt{x}-1)}{x-1}$

$\qquad\qquad\qquad=\displaystyle\lim_{x\to1}\dfrac{\sqrt{a}(\sqrt{x}-1)(\sqrt{x}+1)}{(x-1)(\sqrt{x}+1)}$

$\qquad\qquad\qquad=\displaystyle\lim_{x\to1}\dfrac{\sqrt{a}(x-1)}{(x-1)(\sqrt{x}+1)}$

$\qquad\qquad\qquad=\displaystyle\lim_{x\to1}\dfrac{\sqrt{a}}{\sqrt{x}+1}$

$\qquad\qquad\qquad=\dfrac{\sqrt{a}}{2}$

즉, $\dfrac{\sqrt{a}}{2}=2$에서 $\sqrt{a}=4$

$\therefore a=16$

$a=16$을 ㉡에 대입하면 $b=\sqrt{16}=4$

$\therefore a+b=20$

또, $x \to 2$일 때, 극한값이 존재하고 (분모)$\to 0$이므로 (분자)$\to 0$
이다.

즉, $\lim\limits_{x \to 2}(x^2+2x-3a+4)=0$에서

$4+4-3a+4=0$, $3a=12$ $\quad\therefore a=4$

$a=4$를 ⓛ에 대입하면 $b=8$

$$\lim_{x \to 2}\frac{x^3-12x+16}{(x-2)^2}=\lim_{x \to 2}\frac{(x-2)^2(x+4)}{(x-2)^2}$$
$$=\lim_{x \to 2}(x+4)=6$$

조립제법을 이용하면

```
2 | 1   0   -12    16
  |     2    4    -16
2 | 1   2    -8  |  0
  |     2    8
  | 1   4    0
```

$\therefore c=6$

$\therefore a+b+c=4+8+6=18$

0290 답 ㄱ

ㄱ. 함수 $f(x)$가 모든 실수 x에서 연속이면 $x=-1$에서도 연속
이다.

즉, $\lim\limits_{x \to -1}f(x)=f(-1)=a$이다. (참)

ㄴ. ㄱ에서 $\lim\limits_{x \to -1}f(x)=a$이므로 $\lim\limits_{x \to -1}\dfrac{g(x)}{x+1}=a$ ················ ㉠

이때 $x \to -1$일 때, 극한값이 존재하고 (분모)$\to 0$이므로
(분자)$\to 0$이다.

즉, $\lim\limits_{x \to -1}g(x)=0$이다. (거짓)

ㄷ. $\lim\limits_{x \to -1}\dfrac{f(x)g(x)}{x^2-1}=\lim\limits_{x \to -1}\dfrac{f(x)g(x)}{(x-1)(x+1)}$

$\qquad\qquad\qquad =\lim\limits_{x \to -1}\dfrac{f(x)}{x-1} \times \lim\limits_{x \to -1}\dfrac{g(x)}{x+1}$

$\qquad\qquad\qquad =\dfrac{a}{-2} \times a \; (\because ㉠)$

$\qquad\qquad\qquad =-\dfrac{a^2}{2}$ (거짓)

따라서 옳은 것은 ㄱ뿐이다.

참고 $\lim\limits_{x \to -1}\dfrac{g(x)}{x+1}=a$이므로 ㄷ에서 함수의 극한의 성질을 이용하여

$\lim\limits_{x \to -1}\dfrac{g(x)}{x+1}$ 꼴이 나오도록 식을 변형한다.

0291 답 ①

함수 $f(x)$가 $x=2$에서 연속이므로

$\lim\limits_{x \to 2+}f(x)=\lim\limits_{x \to 2-}f(x)=f(2)$이다.

$f(2)=-4+b$

$\lim\limits_{x \to 2+}f(x)=\lim\limits_{x \to 2+}(-x^2+b)=-4+b$

이므로 $\lim\limits_{x \to 2-}f(x)=\lim\limits_{x \to 2-}\dfrac{x^2+3x+a}{x-2}=-4+b$ ··············· ㉠

이때 $x \to 2$일 때, 극한값이 존재하고 (분모)$\to 0$이므로 (분자)$\to 0$
이다.

즉, $\lim\limits_{x \to 2-}(x^2+3x+a)=0$에서

$a+10=0$ $\quad\therefore a=-10$

$a=-10$을 ㉠에 대입하면

$\lim\limits_{x \to 2-}\dfrac{x^2+3x-10}{x-2}=\lim\limits_{x \to 2-}\dfrac{(x-2)(x+5)}{x-2}$

$\qquad\qquad\qquad\qquad =\lim\limits_{x \to 2-}(x+5)=7$

즉, $-4+b=7$에서 $b=11$

$\therefore a+b=-10+11=1$

0292 답 6

함수 $f(x)$가 실수 전체의 집합에서 연속이면 $x=1$에서도 연속이다.

즉, $\lim\limits_{x \to 1+}f(x)=\lim\limits_{x \to 1-}f(x)=f(1)$이 성립한다.

$f(1)=-3+a$

$\lim\limits_{x \to 1-}f(x)=\lim\limits_{x \to 1-}(-3x+a)=-3+a$

이므로 $\lim\limits_{x \to 1+}f(x)=\lim\limits_{x \to 1+}\dfrac{x+b}{\sqrt{x+3}-2}=-3+a$ ················ ㉠

이때 $x \to 1+$일 때, 극한값이 존재하고 (분모)$\to 0$이므로 (분자)$\to 0$
이다.

즉, $\lim\limits_{x \to 1+}(x+b)=0$에서 $b=-1$

$b=-1$을 ㉠에 대입하면

$\lim\limits_{x \to 1+}\dfrac{x-1}{\sqrt{x+3}-2}=\lim\limits_{x \to 1+}\dfrac{(x-1)(\sqrt{x+3}+2)}{(\sqrt{x+3}-2)(\sqrt{x+3}+2)}$

$\qquad\qquad\qquad\qquad =\lim\limits_{x \to 1+}\dfrac{(x-1)(\sqrt{x+3}+2)}{x-1}$

$\qquad\qquad\qquad\qquad =\lim\limits_{x \to 1+}(\sqrt{x+3}+2)$

$\qquad\qquad\qquad\qquad =2+2=4$

즉, $-3+a=4$에서 $a=7$

$\therefore a+b=7+(-1)=6$

0293 답 ②

유형 7

모든 실수 x에서 연속인 함수 $f(x)$가
$$(x-2)f(x)=x^2-ax-b$$
단서1
를 만족시키고, $f(4)=2$이다. $a+b$의 값은? (단, a, b는 상수이다.)

① -4 ② 0 ③ 4
④ 8 ⑤ 12

단서1 $f(x)=\dfrac{x^2-ax-b}{x-2}$ (단, $x \neq 2$)

STEP1 $x \neq 2$일 때 $f(x)$를 구하고 $x=2$에서 연속일 조건 구하기

$x \neq 2$일 때, 주어진 식의 양변을 $x-2$로 나누면

$f(x)=\dfrac{x^2-ax-b}{x-2}$ $\quad\longrightarrow$ $x-2 \neq 0$이므로 양변을 $x-2$로 나눌 수 있다.

함수 $f(x)$가 모든 실수 x에서 연속이면 $x=2$에서도 연속이다.

즉, $\lim\limits_{x \to 2}f(x)=f(2)$이다.

STEP2 $\lim\limits_{x \to 2}f(x)=f(2)$임을 이용하여 상수 a, b의 값을 구하고, $a+b$의
값 구하기

$\lim\limits_{x \to 2}\dfrac{x^2-ax-b}{x-2}=f(2)$에서 $x \to 2$일 때, 극한값이 존재하고

(분모)$\to 0$이므로 (분자)$\to 0$이다.

즉, $\lim\limits_{x \to 2}(x^2-ax-b)=0$에서

$4-2a-b=0$ $\quad\therefore 2a+b=4$ ················· ㉠

이때 $f(4)=2$이므로 $(x-2)f(x)=x^2-ax-b$에 $x=4$를 대입하면

$(4-2)f(4)=16-4a-b$

$4=16-4a-b$

$\therefore 4a+b=12$ ················· ㉡

㉠, ㉡을 연립하여 풀면 $a=4$, $b=-4$

$\therefore a+b=0$

0294 답 $\dfrac{1}{6}$

$x \neq -1$일 때, 주어진 식의 양변을 $x+1$로 나누면

$$f(x) = \frac{\sqrt{x+10}-3}{x+1}$$

함수 $f(x)$가 $x \geq -10$인 모든 실수 x에서 연속이면 $x=-1$에서도 연속이다.

즉, $\displaystyle\lim_{x \to -1} f(x) = f(-1)$이다.

$$\begin{aligned}
\therefore f(-1) &= \lim_{x \to -1} f(x) = \lim_{x \to -1} \frac{\sqrt{x+10}-3}{x+1} \\
&= \lim_{x \to -1} \frac{(\sqrt{x+10}-3)(\sqrt{x+10}+3)}{(x+1)(\sqrt{x+10}+3)} \\
&= \lim_{x \to -1} \frac{x+1}{(x+1)(\sqrt{x+10}+3)} \\
&= \lim_{x \to -1} \frac{1}{\sqrt{x+10}+3} = \frac{1}{6}
\end{aligned}$$

0295 답 ②

$x^2+2x-3=(x+3)(x-1)$이므로 $x \neq -3$, $x \neq 1$일 때, 주어진 식의 양변을 x^2+2x-3으로 나누면

$$f(x) = \frac{x^4+ax-b}{x^2+2x-3} = \frac{x^4+ax-b}{(x+3)(x-1)}$$

함수 $f(x)$가 모든 실수 x에서 연속이면 $x=-3$, $x=1$에서도 연속이다.

(i) 함수 $f(x)$가 $x=-3$에서 연속이므로 $\displaystyle\lim_{x \to -3} f(x) = f(-3)$

$\displaystyle\lim_{x \to -3} \dfrac{x^4+ax-b}{(x+3)(x-1)} = f(-3)$에서 $x \to -3$일 때, 극한값이 존재하고 (분모)$\to 0$이므로 (분자)$\to 0$이다.

즉, $\displaystyle\lim_{x \to -3}(x^4+ax-b)=0$에서 $81-3a-b=0$

$\therefore 3a+b=81$ $\cdots\cdots\cdots$ ㉠

(ii) 함수 $f(x)$가 $x=1$에서 연속이므로 $\displaystyle\lim_{x \to 1} f(x) = f(1)$

$\displaystyle\lim_{x \to 1} \dfrac{x^4+ax-b}{(x+3)(x-1)} = f(1)$에서 $x \to 1$일 때, 극한값이 존재하고 (분모)$\to 0$이므로 (분자)$\to 0$이다.

즉, $\displaystyle\lim_{x \to 1}(x^4+ax-b)=0$에서 $1+a-b=0$

$\therefore a-b=-1$ $\cdots\cdots\cdots$ ㉡

㉠, ㉡을 연립하여 풀면 $a=20$, $b=21$

$$\begin{aligned}
\therefore f(1) &= \lim_{x \to 1} f(x) = \lim_{x \to 1} \frac{x^4+20x-21}{(x+3)(x-1)} \\
&= \lim_{x \to 1} \frac{(x+3)(x-1)(x^2-2x+7)}{(x+3)(x-1)} \\
&= \lim_{x \to 1}(x^2-2x+7) = 6
\end{aligned}$$

0296 답 -12

$x \neq 2$일 때, 주어진 식의 양변을 $x-2$로 나누면

$$f(x) = \frac{m\sqrt{x+2}+n}{x-2} \quad\cdots\cdots\cdots ㉠$$

함수 $f(x)$가 $x \geq -2$인 모든 실수 x에서 연속이면 $x=2$에서도 연속이다.

즉, $\displaystyle\lim_{x \to 2} f(x) = f(2) = 3$이다.

$\displaystyle\lim_{x \to 2} \dfrac{m\sqrt{x+2}+n}{x-2} = 3$에서 $x \to 2$일 때, 극한값이 존재하고 (분모)$\to 0$이므로 (분자)$\to 0$이다.

즉, $\displaystyle\lim_{x \to 2}(m\sqrt{x+2}+n)=0$에서

$2m+n=0$ $\quad \therefore n=-2m$ $\cdots\cdots\cdots$ ㉡

㉡을 ㉠에 대입하면

$$\begin{aligned}
\lim_{x \to 2} \frac{m\sqrt{x+2}-2m}{x-2} &= \lim_{x \to 2} \frac{m(\sqrt{x+2}-2)}{x-2} \\
&= \lim_{x \to 2} \frac{m(\sqrt{x+2}-2)(\sqrt{x+2}+2)}{(x-2)(\sqrt{x+2}+2)} \\
&= \lim_{x \to 2} \frac{m(x-2)}{(x-2)(\sqrt{x+2}+2)} \\
&= \lim_{x \to 2} \frac{m}{\sqrt{x+2}+2} = \frac{m}{4}
\end{aligned}$$

즉, $\dfrac{m}{4}=3$이므로 $m=12$

$m=12$를 ㉡에 대입하면 $n=-24$

$\therefore m+n=-12$

0297 답 ②

$x \neq 1$일 때, 주어진 식의 양변을 $x-1$로 나누면

$$f(x) = \frac{x^2-3x+2}{x-1} = \frac{(x-1)(x-2)}{x-1} = x-2$$

함수 $f(x)$가 모든 실수 x에서 연속이면 $x=1$에서도 연속이다.

즉, $\displaystyle\lim_{x \to 1} f(x) = f(1)$이다.

$\therefore f(1) = \displaystyle\lim_{x \to 1} f(x) = \lim_{x \to 1}(x-2) = -1$

0298 답 ②

$(x-1)f(x) = \sqrt{x^2+3}+a$의 양변에 $x=1$을 대입하면

$0=2+a$에서 $a=-2$

$x \neq 1$일 때, 주어진 식의 양변을 $x-1$로 나누면

$$f(x) = \frac{\sqrt{x^2+3}-2}{x-1}$$

함수 $f(x)$가 실수 전체의 집합에서 연속이면 $x=1$에서도 연속이다.

즉, $\displaystyle\lim_{x \to 1} f(x) = f(1)$이다.

$$\begin{aligned}
\therefore f(1) &= \lim_{x \to 1} f(x) \\
&= \lim_{x \to 1} \frac{\sqrt{x^2+3}-2}{x-1} \\
&= \lim_{x \to 1} \frac{(\sqrt{x^2+3}-2)(\sqrt{x^2+3}+2)}{(x-1)(\sqrt{x^2+3}+2)} \\
&= \lim_{x \to 1} \frac{x^2-1}{(x-1)(\sqrt{x^2+3}+2)} \\
&= \lim_{x \to 1} \frac{x+1}{\sqrt{x^2+3}+2} = \frac{1}{2}
\end{aligned}$$

0299 답 ①

$x \neq 1$일 때, 주어진 식의 양변을 $x-1$로 나누면

$$f(x) = \frac{x^3+ax+b}{x-1}$$

함수 $f(x)$가 실수 전체의 집합에서 연속이면 $x=1$에서도 연속이다.

즉, $\displaystyle\lim_{x \to 1} f(x) = f(1) = 4$이다.

$\displaystyle\lim_{x \to 1} \dfrac{x^3+ax+b}{x-1} = 4$에서 $x \to 1$일 때, 극한값이 존재하고 (분모)$\to 0$이므로 (분자)$\to 0$이다.

즉, $\lim_{x\to 1}(x^3+ax+b)=0$에서

$1+a+b=0$ $\therefore b=-a-1$ ························· ㉠

㉠을 $\lim_{x\to 1}\dfrac{x^3+ax+b}{x-1}=4$에 대입하면

$\lim_{x\to 1}\dfrac{x^3+ax-a-1}{x-1}=\lim_{x\to 1}\dfrac{(x-1)(x^2+x+a+1)}{x-1}$

$\qquad\qquad\qquad\quad =\lim_{x\to 1}(x^2+x+a+1)$

$\qquad\qquad\qquad\quad =a+3$

즉, $a+3=4$에서 $a=1$

$a=1$을 ㉠에 대입하면 $b=-2$

$\therefore a\times b=-2$

0300 답 ⑤ | 유형8

STEP 1 연속함수의 성질을 이용하여 모든 실수 x에서 연속인 함수가 아닌 것 찾기

$f(x)$와 $f(x)-g(x)$가 연속함수이고

① $g(x)=f(x)-\{f(x)-g(x)\}$이므로 $g(x)$도 연속함수이다.

② $\{f(x)\}^2=f(x)\times f(x)$이므로 $\{f(x)\}^2$도 연속함수이다.

③ ①에서 $g(x)$가 연속함수이므로 $f(x)+g(x)$도 연속함수이다.

④ ①에서 $g(x)$가 연속함수이고

$\{g(x)\}^2=g(x)\times g(x)$이므로 $\{g(x)\}^2$도 연속함수이다.

⑤ $f(a)=0$이면 함수 $\dfrac{f(x)-g(x)}{f(x)}$는 $x=a$에서 정의되지 않으

므로 $\dfrac{f(x)-g(x)}{f(x)}$는 $x=a$에서 불연속이다.

따라서 모든 실수 x에서 연속인 함수가 아닌 것은 ⑤이다.

0301 답 ㄱ, ㄷ

ㄱ. 구간 $(2, \infty)$에서 $x-2\neq 0$이므로 함수 $f(x)=\dfrac{1}{x-2}$은 구간

  $(2, \infty)$에서 연속이다. (참)

ㄴ. $x=1$이면 $x-1=0$이므로 함수 $f(x)=\dfrac{x^2-1}{x-1}$은 $x=1$에서

  불연속이다. (거짓)

ㄷ. 구간 $(1, \infty)$에서 $x-1\neq 0$이므로 함수 $f(x)=\dfrac{x^3-1}{x-1}$은 구간

  $(1, \infty)$에서 연속이다. (참)

따라서 옳은 것은 ㄱ, ㄷ이다.

> **실수 Check**
>
> ㄴ. $f(x)=\dfrac{x^2-1}{x-1}=\dfrac{(x-1)(x+1)}{x-1}=x+1$이므로 구간 $(-\infty, \infty)$
>
> 에서 항상 연속이라고 생각하면 안 된다.
>
> 이때 $x-1\neq 0$인 조건이 있어야 함에 주의한다.

0302 답 ⑤

두 함수 $f(x)$, $g(x)$가 모두 $x=a$에서 연속이면

$\lim_{x\to a}f(x)=f(a)$, $\lim_{x\to a}g(x)=g(a)$이므로

① $\lim_{x\to a}2f(x)=2f(a)$이므로 함수 $2f(x)$는 $x=a$에서 연속이다.

② $\lim_{x\to a}\{f(x)+g(x)\}=\lim_{x\to a}f(x)+\lim_{x\to a}g(x)=f(a)+g(a)$이므

로 함수 $f(x)+g(x)$는 $x=a$에서 연속이다.

③ $\lim_{x\to a}\{f(x)-2g(x)\}=\lim_{x\to a}f(x)-2\lim_{x\to a}g(x)=f(a)-2g(a)$

이므로 함수 $f(x)-2g(x)$는 $x=a$에서 연속이다.

④ $\lim_{x\to a}f(x)g(x)=\lim_{x\to a}f(x)\times\lim_{x\to a}g(x)=f(a)g(a)$이므로 함수

$f(x)g(x)$는 $x=a$에서 연속이다.

⑤ $g(a)=0$이면 함수 $\dfrac{f(x)}{g(x)}$는 $x=a$에서 정의되지 않으므로

함수 $\dfrac{f(x)}{g(x)}$는 $x=a$에서 불연속이다.

따라서 $x=a$에서 항상 연속인 함수가 아닌 것은 ⑤이다.

> **참고** 두 함수 $f(x)$, $g(x)$가 $x=a$에서 연속일 때, $\dfrac{f(x)}{g(x)}$가 $x=a$에서 연속
>
> 이려면 $g(a)\neq 0$이어야 한다.

0303 답 ④

두 함수 $f(x)=x^2-2x+2$, $g(x)=\dfrac{1}{x}$에 대하여

① $f(x)+g(x)=x^2-2x+2+\dfrac{1}{x}$은 $x=0$에서 정의되지 않으므로

  $x=0$에서 불연속이다.

② $f(x)g(x)=\dfrac{x^2-2x+2}{x}$는 $x=0$에서 정의되지 않으므로

  $x=0$에서 불연속이다.

③ $f(g(x))=f\left(\dfrac{1}{x}\right)=\dfrac{1}{x^2}-\dfrac{2}{x}+2$는 $x=0$에서 정의되지 않으므로

  $x=0$에서 불연속이다.

④ $g(f(x))=g(x^2-2x+2)=\dfrac{1}{x^2-2x+2}$에서

  $x^2-2x+2=(x-1)^2+1>0$이므로 $g(f(x))$는 실수 전체의

  집합에서 연속이다.

⑤ $\dfrac{g(x)}{f(x)}=\dfrac{1}{x(x^2-2x+2)}$은 $x=0$에서 정의되지 않으므로

  $x=0$에서 불연속이다.

따라서 실수 전체의 집합에서 연속인 함수는 ④이다.

0304 답 ①

두 함수 $f(x)=x^2-4x$, $g(x)=x^2-5$는 다항함수이므로 모든 실수 x에서 연속이다.

ㄱ. $\{f(x)\}^2=f(x)\times f(x)$이므로 연속함수의 성질에 의하여 모든

  실수 x에서 연속이다. (참)

ㄴ. $\dfrac{g(x)}{f(x)}=\dfrac{x^2-5}{x^2-4x}=\dfrac{x^2-5}{x(x-4)}$는 $x=0$, $x=4$에서 정의되지

  않으므로 $x=0$, $x=4$에서 불연속이다. (거짓)

ㄷ. $\dfrac{1}{f(x)-g(x)}=\dfrac{1}{x^2-4x-(x^2-5)}=\dfrac{1}{-4x+5}$은 $x=\dfrac{5}{4}$에서

  정의되지 않으므로 $x=\dfrac{5}{4}$에서 불연속이다. (거짓)

따라서 옳은 것은 ㄱ뿐이다.

0305 답 ②

ㄱ. $f(x)$와 $f(x)-g(x)$가 연속함수이고
$g(x)=f(x)-\{f(x)-g(x)\}$이므로 $g(x)$도 연속함수이다. (참)

ㄴ. 임의의 실수 a에 대하여 $\lim\limits_{x\to a}g(x)=b$라 하면 $g(x)$가 연속함
수이므로 $b=g(a)$
또, $f(x)$가 연속함수이므로
$\lim\limits_{x\to a}f(g(x))=f(g(a))=f(b)$
즉, $f(g(x))$도 연속함수이다. (참)

ㄷ. [반례] $f(x)=0$, $g(x)=\begin{cases} 1 & (x\geq 0) \\ -1 & (x<0) \end{cases}$이라 하면

$\dfrac{f(x)}{g(x)}=0$이므로 $f(x)$, $\dfrac{f(x)}{g(x)}$는 연속함수이지만
$g(x)$는 $x=0$에서 불연속이다. (거짓)

따라서 옳은 것은 ㄱ, ㄴ이다.

0306 답 ②

ㄱ. 함수 $f(x)$가 $x=0$에서 연속이므로 $\lim\limits_{x\to 0}f(x)=f(0)$
$\lim\limits_{x\to 0}f(-x)$에서 $-x=t$로 놓으면 $x\to 0$일 때 $t\to 0$이므로
$\lim\limits_{x\to 0}f(-x)=\lim\limits_{t\to 0}f(t)=f(0)$
즉, 함수 $f(-x)$도 $x=0$에서 연속이다.
연속함수의 성질에 의하여 함수 $f(x)f(-x)$는 $x=0$에서 연
속이다. (참)

ㄴ. $\lim\limits_{x\to 0}f(x)=f(0)$, $\lim\limits_{x\to 0}g(x)=g(0)$이면
두 함수 $f(x)$, $g(x)$가 $x=0$에서 연속이므로 연속함수의 성질
에 의하여 함수 $f(x)-g(x)$도 $x=0$에서 연속이다.
즉, 함수 $f(x)\{f(x)-g(x)\}$는 $x=0$에서 연속이다. (참)

ㄷ. [반례] $f(x)=x+1$, $g(x)=x$라 하면
$\lim\limits_{x\to 0}f(x)=f(0)$, $\lim\limits_{x\to 0}g(x)=g(0)$이지만
$\dfrac{f(x)}{g(x)}=\dfrac{x+1}{x}$은 $x=0$에서 정의되지 않으므로 함수 $\dfrac{f(x)}{g(x)}$는
$x=0$에서 불연속이다. (거짓)

따라서 옳은 것은 ㄱ, ㄴ이다.

0307 답 ①

ㄱ. 함수 $f(x)$가 $x=0$에서 연속이면 $\lim\limits_{x\to 0}f(x)=f(0)$이고
$\lim\limits_{x\to 0}|f(x)|=|f(0)|$이다.
즉, 함수 $|f(x)|$도 $x=0$에서 연속이다. (참)

ㄴ. [반례] $f(x)=\begin{cases} 1 & (x\geq 0) \\ -1 & (x<0) \end{cases}$이라 하면
두 함수 $y=f(x)$, $y=|f(x)|$의 그래프는 그림과 같다.

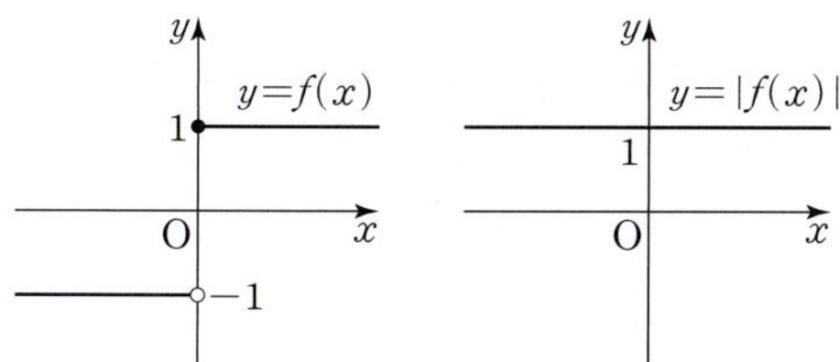

즉, 함수 $|f(x)|$는 $x=0$에서 연속이지만
함수 $f(-x)$는 $x=0$에서 불연속이다. (거짓)
↳ $y=f(x)$의 그래프를 y축에 대하여 대칭이동한 그래프이므로
$x=0$에서 불연속이다.

ㄷ. [반례] $f(x)=\begin{cases} 1 & (x\geq 0) \\ -1 & (x<0) \end{cases}$, $g(x)=\begin{cases} -1 & (x\geq 0) \\ 1 & (x<0) \end{cases}$이라 하면
$\lim\limits_{x\to 0}f(x)$와 $\lim\limits_{x\to 0}g(x)$의 값이 모두 존재하지 않지만
$\lim\limits_{x\to 0}\{f(x)+g(x)\}=0$으로 극한값이 존재한다. (거짓)

따라서 옳은 것은 ㄱ뿐이다.

> **실수 Check**
> 함수 $f(x)$가 $x=0$에서 연속이면 함수 $|f(x)|$도 $x=0$에서 연속이다.
> 하지만 ㄴ과 같이 그 역은 성립하지 않는다.
> ㄱ이 참이면 ㄴ도 참이라고 생각하지 않도록 주의한다.

0308 답 ①

ㄱ. $f(x)=\begin{cases} 2 & (x\geq 0) \\ -2 & (x<0) \end{cases}$, $g(x)=|x|$이므로
$(g\circ f)(0)=g(f(0))=g(2)=2$
$\lim\limits_{x\to 0+}(g\circ f)(x)=\lim\limits_{x\to 0+}g(f(x))=g(2)=2$
$\lim\limits_{x\to 0-}(g\circ f)(x)=\lim\limits_{x\to 0-}g(f(x))=g(-2)=2$
즉, $\lim\limits_{x\to 0+}(g\circ f)(x)=\lim\limits_{x\to 0-}(g\circ f)(x)=(g\circ f)(0)$이므로
함수 $(g\circ f)(x)$는 $x=0$에서 연속이다. (참)

ㄴ. [반례] ㄱ에서 함수 $(g\circ f)(x)$는 $x=0$에서 연속이지만
함수 $f(x)$는 $x=0$에서 불연속이다. (거짓)

ㄷ. [반례] $f(x)=\begin{cases} 2 & (x\geq 0) \\ 0 & (x<0) \end{cases}$이라 하면
$(f\circ f)(0)=f(f(0))=f(2)=2$
$\lim\limits_{x\to 0+}(f\circ f)(x)=\lim\limits_{x\to 0+}f(f(x))=f(2)=2$
$\lim\limits_{x\to 0-}(f\circ f)(x)=\lim\limits_{x\to 0-}f(f(x))=f(0)=2$
이므로 $\lim\limits_{x\to 0+}(f\circ f)(x)=\lim\limits_{x\to 0-}(f\circ f)(x)=(f\circ f)(0)$이다.
즉, 함수 $(f\circ f)(x)$는 $x=0$에서 연속이지만 함수 $f(x)$는
$x=0$에서 불연속이다. (거짓)

따라서 옳은 것은 ㄱ뿐이다.

> **실수 Check**
> 모든 실수에서 함수 $f(x)$, $g(x)$가 연속이면 $(g\circ f)(x)$, $(f\circ g)(x)$는
> 연속이다.
> 하지만 함수 $f(x)$, $g(x)$가 $x=a$에서 연속이라고 해서 $(g\circ f)(x)$가
> $x=a$에서 항상 연속인 것은 아니다. 또, $f(g(x))$가 연속함수라고 해서
> $g(x)$가 연속함수인 것도 아니다.

0309 답 ③ | 유형 9

> 두 함수
> $$f(x)=\begin{cases} x+3 & (x<0) \\ x^2+1 & (x\geq 0) \end{cases}, \quad g(x)=\begin{cases} x^2+1 & (x<0) \\ x^2-a & (x\geq 0) \end{cases}$$
> **단서1**
> 에 대하여 함수 $f(x)g(x)$가 구간 $(-\infty, \infty)$에서 연속일 때, 상수
> a의 값은?
>
> ① -1 ② -2 ③ -3
> ④ -4 ⑤ -5
>
> **단서1** 함수 $f(x)$, $g(x)$는 $x\neq 0$인 모든 실수 x에서 연속

두 함수 $f(x)$, $g(x)$는 $x\neq0$인 모든 실수 x에서 연속이므로

함수 $f(x)g(x)$는 $x\neq0$인 모든 실수 x에서 연속이다.

이때 함수 $f(x)g(x)$가 $x=0$에서 연속이면 함수 $f(x)g(x)$는

실수 전체에서 연속이다.

함수 $f(x)g(x)$가 $x=0$에서 연속이려면

$\lim\limits_{x\to0+}f(x)g(x)=\lim\limits_{x\to0-}f(x)g(x)=f(0)g(0)$이 성립해야 한다.

$f(0)g(0)=1\times(-a)=-a$이고

$\lim\limits_{x\to0+}f(x)g(x)=\lim\limits_{x\to0+}(x^2+1)\times\lim\limits_{x\to0+}(x^2-a)$

$\qquad\qquad\qquad=1\times(-a)=-a$

$\lim\limits_{x\to0-}f(x)g(x)=\lim\limits_{x\to0-}(x+3)\times\lim\limits_{x\to0-}(x^2+1)$

$\qquad\qquad\qquad=3\times1=3$

이므로 $-a=3$에서 $a=-3$

0310 답 ⑤

ㄱ. $\lim\limits_{x\to0+}f(x)=0$ (참)

ㄴ. $\lim\limits_{x\to1-}f(x)=1$, $\lim\limits_{x\to1-}g(x)=0$이므로

$\quad\lim\limits_{x\to1-}f(x)g(x)=1\times0=0$ (참)

ㄷ. $f(1)\times g(1)=0\times1=0$이고 → $x\to1-$일 때 $f(x)$, $g(x)$의 극한값이 각각 존재하므로

$\quad$ㄴ에서 $\lim\limits_{x\to1-}f(x)g(x)=0$ $\quad\lim\limits_{x\to1-}f(x)g(x)=\lim\limits_{x\to1-}f(x)\times\lim\limits_{x\to1-}g(x)$

$\quad\lim\limits_{x\to1+}f(x)=0$, $\lim\limits_{x\to1+}g(x)=1$이므로

$\quad\lim\limits_{x\to1+}f(x)g(x)=0\times1=0$

$\quad$즉, $\lim\limits_{x\to1}f(x)g(x)=f(1)g(1)$이므로 함수 $f(x)g(x)$는 $x=1$

에서 연속이다. (참)

따라서 옳은 것은 ㄱ, ㄴ, ㄷ이다.

0311 답 ①

ㄱ. $\lim\limits_{x\to1-}f(x)=1$, $\lim\limits_{x\to1-}g(x)=2$이므로

$\quad\lim\limits_{x\to1-}f(x)g(x)=1\times2=2$ (참)

ㄴ. $f(3)g(3)=1\times2=2$이고

$\quad\lim\limits_{x\to3+}f(x)g(x)=\dfrac{3}{2}\times2=3$

$\quad\lim\limits_{x\to3-}f(x)g(x)=\dfrac{3}{2}\times2=3$

$\quad$이므로 $\lim\limits_{x\to3}f(x)g(x)=3$

$\quad$즉, $\lim\limits_{x\to3}f(x)g(x)\neq f(3)g(3)$이므로 함수 $f(x)g(x)$는

$\quad x=3$에서 불연속이다. (거짓)

ㄷ. $\lim\limits_{x\to1+}f(x)=2$, $\lim\limits_{x\to1+}g(x)=2$이므로

$\quad\lim\limits_{x\to1+}f(x)g(x)=2\times2=4$

$\quad$이때 ㄱ에서 $\lim\limits_{x\to1-}f(x)g(x)=2$이므로

$\quad\lim\limits_{x\to1+}f(x)g(x)\neq\lim\limits_{x\to1-}f(x)g(x)$

$\quad$즉, 함수 $f(x)g(x)$는 $x=1$에서 극한값이 존재하지 않으므로

$\quad x=1$에서 불연속이다.

$\quad$또, ㄴ에 의하여 $x=3$에서도 불연속이다.

즉, 함수 $f(x)g(x)$는 $x=1$, $x=3$에서 불연속이다. (거짓)

따라서 옳은 것은 ㄱ뿐이다.

참고 ㄷ. 닫힌구간 $[0,\,4]$에서 함수 $f(x)$는 $x\neq1$, $x\neq3$인 모든 실수에서 연속이고 함수 $g(x)$는 $x\neq1$인 모든 실수에서 연속이다.

즉, 함수 $f(x)g(x)$는 $x\neq1$, $x\neq3$인 모든 실수에서 연속이므로 $x=1$, $x=3$에서 연속인지만 확인하면 된다.

0312 답 ③

두 함수 $f(x)$, $g(x)$는 $x\neq1$, $x\neq2$인 모든 실수 x에서 연속이므로 함수 $f(x)g(x)$는 $x\neq1$, $x\neq2$인 모든 실수 x에서 연속이다.

즉, 함수 $f(x)g(x)$가 $x=1$, $x=2$에서 연속인지 확인해 본다.

(i) 함수 $f(x)g(x)$가 $x=1$에서 연속이려면

$\quad\lim\limits_{x\to1+}f(x)g(x)=\lim\limits_{x\to1-}f(x)g(x)=f(1)g(1)$이 성립해야 한다.

$\quad f(1)g(1)=1\times0=0$이고

$\quad\lim\limits_{x\to1+}f(x)g(x)=\lim\limits_{x\to1+}1\times\lim\limits_{x\to1+}(x^2-x)=1\times0=0$

$\quad\lim\limits_{x\to1-}f(x)g(x)=\lim\limits_{x\to1-}3x\times\lim\limits_{x\to1-}(x+2)=3\times3=9$

$\quad$즉, $\lim\limits_{x\to1+}f(x)g(x)\neq\lim\limits_{x\to1-}f(x)g(x)$이므로 함수 $f(x)g(x)$

$\quad$는 $x=1$에서 불연속이다.

(ii) 함수 $f(x)g(x)$가 $x=2$에서 연속이려면

$\quad\lim\limits_{x\to2+}f(x)g(x)=\lim\limits_{x\to2-}f(x)g(x)=f(2)g(2)$가 성립해야 한다.

$\quad f(2)g(2)=1\times2=2$이고

$\quad\lim\limits_{x\to2+}f(x)g(x)=\lim\limits_{x\to2+}(x+1)\times\lim\limits_{x\to2+}(x+2)=3\times4=12$

$\quad\lim\limits_{x\to2-}f(x)g(x)=\lim\limits_{x\to2-}1\times\lim\limits_{x\to2-}(x^2-x)=1\times2=2$

$\quad$즉, $\lim\limits_{x\to2+}f(x)g(x)\neq\lim\limits_{x\to2-}f(x)g(x)$이므로 함수 $f(x)g(x)$

$\quad$는 $x=2$에서 불연속이다.

(i), (ii)에서 함수 $f(x)g(x)$가 불연속인 x의 값은 1, 2의 2개이다.

참고 함수 $f(x)g(x)$는 $x\neq1$, $x\neq2$인 모든 실수에서 연속이므로

$x=1$, $x=2$에서만 불연속일 수 있음을 인지하고

$x=1$, $x=2$에서 연속인지, 불연속인지 각각 확인해 본다.

0313 답 ④

$f(x)=\begin{cases}-1 & (x\leq-1 \text{ 또는 } x\geq1)\\ 1 & (-1<x<1)\end{cases}$,

$g(x)=\begin{cases}1 & (x\leq-1 \text{ 또는 } x\geq1)\\ -x & (-1<x<1)\end{cases}$이므로

ㄱ. $\lim\limits_{x\to1+}f(x)g(x)=(-1)\times1=-1$

$\quad\lim\limits_{x\to1-}f(x)g(x)=\lim\limits_{x\to1-}1\times\lim\limits_{x\to1-}(-x)=1\times(-1)=-1$

$\quad$이므로 $\lim\limits_{x\to1}f(x)g(x)=-1$ (참)

ㄴ. 함수 $g(x+1)$이 $x=0$에서 연속이려면

$\quad\lim\limits_{x\to0+}g(x+1)=\lim\limits_{x\to0-}g(x+1)=g(1)$이 성립해야 한다.

$\quad$이때 $x+1=t$로 놓으면 $x\to0+$일 때 $t\to1+$이고

$\quad x\to0-$일 때 $t\to1-$이므로

$\quad\lim\limits_{x\to0+}g(x+1)=\lim\limits_{t\to1+}g(t)=1$

$\quad\lim\limits_{x\to0-}g(x+1)=\lim\limits_{t\to1-}g(t)=\lim\limits_{t\to1-}(-t)=-1$

$\quad$즉, $\lim\limits_{x\to0+}g(x+1)\neq\lim\limits_{x\to0-}g(x+1)$이므로 함수 $g(x+1)$은

$\quad x=0$에서 불연속이다. (거짓)

ㄷ. 함수 $f(x)g(x+1)$이 $x=-1$에서 연속이려면
$$\lim_{x\to-1+}f(x)g(x+1)=\lim_{x\to-1-}f(x)g(x+1)=f(-1)g(0)$$이
성립해야 한다.
$f(-1)g(0)=(-1)\times 0=0$이고
$x+1=t$로 놓으면 $x\to-1+$일 때 $t\to 0+$이고
$x\to-1-$일 때 $t\to 0-$이므로
$$\begin{aligned}\lim_{x\to-1+}f(x)g(x+1)&=\lim_{x\to-1+}f(x)\times\lim_{x\to-1+}g(x+1)\\&=\lim_{x\to-1+}f(x)\times\lim_{t\to 0+}g(t)\\&=\lim_{x\to-1+}1\times\lim_{t\to 0+}(-t)\\&=1\times 0=0\end{aligned}$$
$$\begin{aligned}\lim_{x\to-1-}f(x)g(x+1)&=\lim_{x\to-1-}f(x)\times\lim_{x\to-1-}g(x+1)\\&=\lim_{x\to-1-}f(x)\times\lim_{t\to 0-}g(t)\\&=\lim_{x\to-1-}(-1)\times\lim_{t\to 0-}(-t)\\&=(-1)\times 0=0\end{aligned}$$
즉, $\displaystyle\lim_{x\to-1+}f(x)g(x+1)=\lim_{x\to-1-}f(x)g(x+1)=f(-1)g(0)$
이므로 함수 $f(x)g(x+1)$은 $x=-1$에서 연속이다. (참)
따라서 옳은 것은 ㄱ, ㄷ이다.

0314 답 ⑤

ㄱ. $\displaystyle\lim_{x\to-1}f(x)=0$, $\displaystyle\lim_{x\to-1}g(x)=-1$이므로
$\displaystyle\lim_{x\to-1}f(x)g(x)=0\times(-1)=0$ (거짓)

ㄴ. $f(1)=0$, $g(1)=-1$이므로
$f(1)g(1)=0\times(-1)=0$ (참)

ㄷ. $\displaystyle\lim_{x\to 1+}f(x)=1$, $\displaystyle\lim_{x\to 1+}g(x)=1$이므로
$\displaystyle\lim_{x\to 1+}f(x)g(x)=1\times 1=1$
ㄱ에서 $\displaystyle\lim_{x\to 1-}f(x)g(x)=0$이므로
$\displaystyle\lim_{x\to 1+}f(x)g(x)\neq\lim_{x\to 1-}f(x)g(x)$
즉, 함수 $f(x)g(x)$는 $x=1$에서 불연속이다. (참)
따라서 옳은 것은 ㄴ, ㄷ이다.

0315 답 ①

함수 $f(x)$는 $x\neq 1$인 모든 실수 x에서 연속이고 함수 $g(x)$는 모든 실수 x에서 연속이므로 함수 $f(x)g(x)$는 $x\neq 1$인 모든 실수 x에서 연속이다.
이때 함수 $f(x)g(x)$가 $x=1$에서 연속이면 함수 $f(x)g(x)$는 실수 전체의 집합에서 연속이다.
즉, $\displaystyle\lim_{x\to 1}f(x)g(x)=f(1)g(1)$이 성립해야 한다.
$f(1)g(1)=1\times(2+k)=2+k$
$\displaystyle\lim_{x\to 1}f(x)g(x)=\lim_{x\to 1}(x-1)^2(2x+k)=0\times(2+k)=0$
이므로 $2+k=0$ $\therefore k=-2$

다른 풀이

유형 13을 배운 후 다음과 같이 풀 수 있다.
함수 $f(x)$가 $x=1$에서 불연속이고, 함수 $f(x)g(x)$가 실수 전체의 집합에서 연속이 되려면 $g(1)=0$이어야 한다. 즉,
$2+k=0$ $\therefore k=-2$

0316 답 ①

함수 $f(x)$는 $x\neq 1$인 모든 실수 x에서 연속이고 함수 $g(x)$는 모든 실수 x에서 연속이므로 ▸ 다항함수는 모든 실수에서 연속이다.
함수 $f(x)g(x)$는 $x\neq 1$인 모든 실수 x에서 연속이다.
이때 함수 $f(x)g(x)$가 $x=1$에서 연속이면 함수 $f(x)g(x)$는 실수 전체의 집합에서 연속이다.
즉, $\displaystyle\lim_{x\to 1+}f(x)g(x)=\lim_{x\to 1-}f(x)g(x)=f(1)g(1)$이 성립해야 한다.
$$\lim_{x\to 1-}f(x)g(x)=\lim_{x\to 1-}\frac{2x^3+ax+b}{x-1}$$
에서 $x\to 1$일 때, 극한값이 존재하고 (분모)$\to 0$이므로 (분자)$\to 0$
이다.
즉, $\displaystyle\lim_{x\to 1}(2x^3+ax+b)=0$에서
$2+a+b=0$ $\therefore b=-a-2$ ················· ㉠
$\therefore g(x)=2x^3+ax+b=2x^3+ax-a-2$
$$\begin{aligned}\lim_{x\to 1+}f(x)g(x)&=\lim_{x\to 1+}\frac{2x^3+ax-a-2}{2x+1}\\&=\frac{2+a-a-2}{3}=0\end{aligned}$$
$$\begin{aligned}\lim_{x\to 1-}f(x)g(x)&=\lim_{x\to 1-}\frac{2x^3+ax-a-2}{x-1}\\&=\lim_{x\to 1-}\frac{(x-1)(2x^2+2x+a+2)}{x-1}\\&=\lim_{x\to 1-}(2x^2+2x+a+2)=a+6\end{aligned}$$
$f(1)g(1)=\dfrac{1}{3}\times(2+a-a-2)=0$
즉, $a+6=0$에서 $a=-6$
$a=-6$을 ㉠에 대입하면 $b=4$
$\therefore b-a=4-(-6)=10$

0317 답 ④

함수 $f(x)$는 $x\neq 0$인 모든 실수 x에서 연속이고 함수 $g(x)$는 $x\neq a$인 모든 실수 x에서 연속이므로 함수 $f(x)g(x)$는 $x\neq 0$, $x\neq a$인 모든 실수 x에서 연속이다.
이때 함수 $f(x)g(x)$가 $x=0$, $x=a$에서 연속이면 함수 $f(x)g(x)$는 실수 전체의 집합에서 연속이다.
(i) $a<0$일 때
$$\begin{aligned}\lim_{x\to 0+}f(x)g(x)&=\lim_{x\to 0+}(-2x+2)(2x-1)\\&=2\times(-1)=-2\end{aligned}$$
$$\begin{aligned}\lim_{x\to 0-}f(x)g(x)&=\lim_{x\to 0-}(-2x+3)(2x-1)\\&=3\times(-1)=-3\end{aligned}$$
즉, $\displaystyle\lim_{x\to 0+}f(x)g(x)\neq\lim_{x\to 0-}f(x)g(x)$이므로 함수 $f(x)g(x)$는
$x=0$에서 불연속이다.
(ii) $a=0$일 때
$$\begin{aligned}\lim_{x\to 0+}f(x)g(x)&=\lim_{x\to 0+}(-2x+2)(2x-1)\\&=2\times(-1)=-2\end{aligned}$$
$$\begin{aligned}\lim_{x\to 0-}f(x)g(x)&=\lim_{x\to 0-}(-2x+3)\times 2x\\&=3\times 0=0\end{aligned}$$

즉, $\lim\limits_{x\to 0+}f(x)g(x)\neq\lim\limits_{x\to 0-}f(x)g(x)$이므로 함수 $f(x)g(x)$
는 $x=0$에서 불연속이다.

(iii) $a>0$일 때

$f(0)g(0)=2\times 0=0$이고

$\lim\limits_{x\to 0+}f(x)g(x)=\lim\limits_{x\to 0+}(-2x+2)\times 2x$
$\qquad\qquad\qquad\qquad =2\times 0=0$

$\lim\limits_{x\to 0-}f(x)g(x)=\lim\limits_{x\to 0-}(-2x+3)\times 2x$
$\qquad\qquad\qquad\qquad =3\times 0=0$

즉, $\lim\limits_{x\to 0}f(x)g(x)=f(0)g(0)$이므로 함수 $f(x)g(x)$는 $x=0$
에서 연속이다.

또, $f(a)g(a)=(-2a+2)(2a-1)$이고

$\lim\limits_{x\to a+}f(x)g(x)=\lim\limits_{x\to a+}(-2x+2)(2x-1)$
$\qquad\qquad\qquad\qquad =(-2a+2)(2a-1)$

$\lim\limits_{x\to a-}f(x)g(x)=\lim\limits_{x\to a-}(-2x+2)2x$
$\qquad\qquad\qquad\qquad =2a(-2a+2)$

이므로 $(-2a+2)(2a-1)=2a(-2a+2)$

$2a(-2a+2)-(-2a+2)(2a-1)=0$

$\qquad -2a+2=0 \qquad \therefore a=1$

(i), (ii), (iii)에서 구하는 상수 a의 값은 1이다.

다른 풀이

유형 13을 배운 후 다음과 같이 풀 수 있다.

(i) 함수 $f(x)$는 $x=0$에서 불연속이므로 함수 $f(x)g(x)$가 실수
전체의 집합에서 연속이려면 $g(0)=0$이어야 한다.

$g(0)=0$이 되기 위해서는 $x<a$의 범위 안에 $x=0$이 포함되어
있어야 하므로 $a>0$이다.

(ii) 함수 $g(x)$는 $x=a$에서 불연속이므로 함수 $f(x)g(x)$가 실수
전체의 집합에서 연속이려면 $f(a)=0$이어야 한다.

$a>0$이므로 $-2a+2=0 \qquad \therefore a=1$

0318 답 $0<a<16$ | 유형 10

두 함수 $f(x)=x^2+5x-4$, $g(x)=x^2-ax+4a$에 대하여
함수 $\dfrac{f(x)}{g(x)}$가 모든 실수 x에서 연속이 되도록 하는 실수 a의 값의 범

위를 구하시오.

- 단서1: 다항함수 $f(x)$는 모든 실수 x에서 연속
- 단서2: 함수 $\dfrac{f(x)}{g(x)}$는 $g(x)\neq 0$이면 모든 실수 x에서 연속

STEP 1 함수 $\dfrac{f(x)}{g(x)}$가 모든 실수에서 연속일 조건 구하기

함수 $f(x)$는 모든 실수 x에서 연속이므로 함수 $\dfrac{f(x)}{g(x)}$가 모든 실수
x에서 연속이려면 모든 실수 x에 대하여 $g(x)=x^2-ax+4a\neq 0$
이어야 한다.

STEP 2 $g(x)\neq 0$일 조건을 이용하여 실수 a의 값의 범위 구하기

이차방정식 $x^2-ax+4a=0$의 판별식을 D라 하면 $D<0$이어야
하므로

$D=a^2-16a<0$, $a(a-16)<0 \qquad \therefore 0<a<16$

모든 실수 x에 대하여 $ax^2+bx+c\neq 0$이다. (단, $a\neq 0$)
→ 이차함수 $y=ax^2+bx+c$의 그래프가 x축과 만나지 않는다.
→ 이차방정식 $ax^2+bx+c=0$이 허근을 가진다.
→ 이차방정식 $ax^2+bx+c=0$의 판별식을 D라 할 때, $D<0$이다.

0319 답 ③

함수 $f(x)$는 모든 실수 x에서 연속이므로 함수 $\dfrac{f(x)}{g(x)}$가 모든 실
수 x에서 연속이려면 모든 실수 x에 대하여 $g(x)\neq 0$이어야 한다.

이차방정식 $x^2+kx+\dfrac{5}{4}k-\dfrac{3}{2}=0$의 판별식을 D라 하면 $D<0$이
어야 하므로

$D=k^2-5k+6<0$, $(k-2)(k-3)<0$

$\therefore 2<k<3$

0320 답 3

함수 $f(x)$는 구간 $(-\infty,\ \infty)$에서 연속이고 함수 $g(x)$는 $x\neq 1$인
모든 실수 x에서 연속이며 이 구간에서 $g(x)\neq 0$이므로 함수
$\dfrac{f(x)}{g(x)}$는 구간 $(-\infty,\ 1)$, $(1,\ \infty)$에서 연속이다.

이때 함수 $\dfrac{f(x)}{g(x)}$가 구간 $(-\infty,\ \infty)$에서 연속이려면 함수
$\dfrac{f(x)}{g(x)}$가 $x=1$에서 연속이어야 한다.

즉, $\lim\limits_{x\to 1+}\dfrac{f(x)}{g(x)}=\lim\limits_{x\to 1-}\dfrac{f(x)}{g(x)}=\dfrac{f(1)}{g(1)}$이 성립해야 한다.

$\dfrac{f(1)}{g(1)}=\dfrac{2-a+b}{2}$이고

$\lim\limits_{x\to 1+}\dfrac{f(x)}{g(x)}=\lim\limits_{x\to 1+}\dfrac{x^2+(1-a)x+b}{2}=\dfrac{2-a+b}{2}$
이므로

$\lim\limits_{x\to 1-}\dfrac{f(x)}{g(x)}=\lim\limits_{x\to 1-}\dfrac{x^2+(1-a)x+b}{x-1}=\dfrac{2-a+b}{2}$ $\quad\cdots\cdots$ ㉠

이때 $x\to 1-$일 때, 극한값이 존재하고 (분모)$\to 0$이므로 (분자)$\to 0$
이다.

즉, $\lim\limits_{x\to 1-}\{x^2+(1-a)x+b\}=0$에서

$2-a+b=0 \qquad \therefore b=a-2$ $\quad\cdots\cdots$ ㉡

$\therefore \lim\limits_{x\to 1+}\dfrac{f(x)}{g(x)}=\dfrac{f(1)}{g(1)}=\dfrac{2-a+a-2}{2}=0$ (∵ ㉡)

㉡을 ㉠에 대입하면

$\lim\limits_{x\to 1-}\dfrac{f(x)}{g(x)}=\lim\limits_{x\to 1-}\dfrac{x^2+(1-a)x+a-2}{x-1}$
$\qquad\qquad\qquad =\lim\limits_{x\to 1-}\dfrac{(x-1)(x-a+2)}{x-1}$
$\qquad\qquad\qquad =\lim\limits_{x\to 1-}(x-a+2)=-a+3$

이므로 $-a+3=0 \qquad \therefore a=3$

$a=3$을 ㉡에 대입하면 $b=1$

$\therefore ab=3$

0321 답 ⑤

ㄱ. $f(-1)g(-1)=1\times 0=0$이고

$\quad\lim\limits_{x\to -1+}f(x)=1$, $\lim\limits_{x\to -1+}g(x)=0$이므로

$$\lim_{x \to -1+} f(x)g(x) = 1 \times 0 = 0$$

$$\lim_{x \to -1-} f(x) = -1, \quad \lim_{x \to -1-} g(x) = 0$$이므로

$$\lim_{x \to -1-} f(x)g(x) = (-1) \times 0 = 0$$

즉, $\lim_{x \to -1} f(x)g(x) = f(-1)g(-1)$이므로 함수 $f(x)g(x)$

는 $x = -1$에서 연속이다. (참)

ㄴ. $\lim_{x \to 0+} f(x) = 0$, $\lim_{x \to 0+} g(x) = -1$이므로

$$\lim_{x \to 0+} \{f(x) + g(x)\} = 0 + (-1) = -1$$

$$\lim_{x \to 0-} f(x) = 0, \quad \lim_{x \to 0-} g(x) = 1$$이므로

$$\lim_{x \to 0-} \{f(x) + g(x)\} = 0 + 1 = 1$$

즉, $\lim_{x \to 0} \{f(x) + g(x)\}$의 값이 존재하지 않으므로 함수

$$\lim_{x \to 0+} \{f(x) + g(x)\} \neq \lim_{x \to 0-} \{f(x) + g(x)\}$$

$f(x) + g(x)$는 $x = 0$에서 불연속이다. (거짓)

ㄷ. $\dfrac{f(1)}{g(1)} = \dfrac{-1}{1} = -1$이고

$$\lim_{x \to 1+} f(x) = -1, \quad \lim_{x \to 1+} g(x) = 1$$이므로

$$\lim_{x \to 1+} \frac{f(x)}{g(x)} = \frac{-1}{1} = -1$$

$$\lim_{x \to 1-} f(x) = 1, \quad \lim_{x \to 1-} g(x) = -1$$이므로

$$\lim_{x \to 1-} \frac{f(x)}{g(x)} = \frac{1}{-1} = -1$$

즉, $\lim_{x \to 1} \dfrac{f(x)}{g(x)} = \dfrac{f(1)}{g(1)}$ 이므로 함수 $\dfrac{f(x)}{g(x)}$는 $x = 1$에서 연속

이다. (참)

따라서 옳은 것은 ㄱ, ㄷ이다.

0322 답 ④

함수 $f(x)$는 실수 전체의 집합에서 $f(x) > 0$이고 $x \neq 2$인 실수 전체의 집합에서 연속이다. 또, 함수 $g(x)$는 실수 전체의 집합에서 연속이므로 함수 $\dfrac{g(x)}{f(x)}$는 $x \neq 2$인 실수 전체의 집합에서 연속이다.

이때 함수 $\dfrac{g(x)}{f(x)}$가 실수 전체의 집합에서 연속이려면 함수 $\dfrac{g(x)}{f(x)}$

가 $x = 2$에서 연속이어야 한다.

즉, $\lim_{x \to 2+} \dfrac{g(x)}{f(x)} = \lim_{x \to 2-} \dfrac{g(x)}{f(x)} = \dfrac{g(2)}{f(2)}$가 성립해야 한다.

$$\frac{g(2)}{f(2)} = \frac{2a+1}{1} = 2a+1$$

$$\lim_{x \to 2+} \frac{g(x)}{f(x)} = \lim_{x \to 2+} \frac{ax+1}{1} = 2a+1$$

$$\lim_{x \to 2-} \frac{g(x)}{f(x)} = \lim_{x \to 2-} \frac{ax+1}{x^2-4x+6} = \frac{2a+1}{2}$$

이므로 $\dfrac{2a+1}{2} = 2a+1$, $2a+1 = 4a+2$

$$2a = -1 \qquad \therefore a = -\frac{1}{2}$$

유형 13을 배운 후 다음과 같이 풀 수 있다.

함수 $\dfrac{1}{f(x)}$은 $x = 2$에서 불연속이고 $\dfrac{1}{f(x)} > 0$이므로 $g(2) = 0$이

면 함수 $\dfrac{1}{f(x)} \times g(x)$는 실수 전체의 집합에서 연속이다.

즉, $2a+1 = 0$이므로 $a = -\dfrac{1}{2}$

참고 함수 $f(x) = \begin{cases} x^2-4x+6 & (x<2) \\ 1 & (x \geq 2) \end{cases}$에서

$x < 2$일 때, $f(x) = x^2-4x+6 = (x-2)^2+2 > 0$

$x \geq 2$일 때, $f(x) = 1 > 0$

이므로 함수 $f(x)$는 실수 전체의 집합에서 $f(x) > 0$이다.

0323 답 ④ |유형 11

함수 $f(x) = \begin{cases} x^2-x+4 & (x \leq 0) \\ -x+2k & (x>0) \end{cases}$ 가 $x = 0$에서 불연속이고,

함수 $f(x)f(1-x)$는 $x = 1$에서 연속일 때, 상수 k의 값은?

① -1 ② $-\dfrac{1}{2}$ ③ 0

④ $\dfrac{1}{2}$ ⑤ 1

단서1 $\lim_{x \to 0+} f(x) \neq \lim_{x \to 0-} f(x)$

단서2 $\lim_{x \to 1+} f(x)f(1-x) = \lim_{x \to 1-} f(x)f(1-x) = f(1)f(0)$

STEP 1 함수 $f(x)$가 $x = 0$에서 불연속일 조건 이용하기

함수 $f(x)$가 $x = 0$에서 불연속이므로

$f(0) = 4$, $\lim_{x \to 0+}(-x+2k) = 2k$, $\lim_{x \to 0-}(x^2-x+4) = 4$에서

$2k \neq 4 \qquad \therefore k \neq 2$ ······· ㉠

STEP 2 함수 $f(x)f(1-x)$가 $x = 1$에서 연속임을 이용하여 상수 k의 값 구하기

함수 $f(x)f(1-x)$가 $x = 1$에서 연속이므로

$\lim_{x \to 1+} f(x)f(1-x) = \lim_{x \to 1-} f(x)f(1-x) = f(1)f(0)$이 성립한다.

$f(1)f(0) = (-1+2k) \times 4 = 8k-4$

$1-x = t$로 놓으면 $x \to 1+$일 때 $t \to 0-$이므로

$$\lim_{x \to 1+} f(x)f(1-x) = \lim_{x \to 1+} f(x) \times \lim_{x \to 1+} f(1-x)$$
$$= \lim_{x \to 1+} f(x) \times \lim_{t \to 0-} f(t)$$
$$= \lim_{x \to 1+}(-x+2k) \times \lim_{t \to 0-}(t^2-t+4)$$
$$= (-1+2k) \times 4 = 8k-4$$

$1-x = t$로 놓으면 $x \to 1-$일 때 $t \to 0+$이므로

$$\lim_{x \to 1-} f(x)f(1-x) = \lim_{x \to 1-} f(x) \times \lim_{x \to 1-} f(1-x)$$
$$= \lim_{x \to 1-} f(x) \times \lim_{t \to 0+} f(t)$$
$$= \lim_{x \to 1-}(-x+2k) \times \lim_{t \to 0+}(-t+2k)$$
$$= (-1+2k) \times 2k = 4k^2-2k$$

즉, $8k-4 = 4k^2-2k$이므로

$4k^2-10k+4 = 0$, $2(2k-1)(k-2) = 0$

$$\therefore k = \frac{1}{2} \ (\because \text{㉠})$$

함수 $f(x)f(1-x)$는 $x = 1$에서 연속이지만 함수 $f(x)$가 $x = 0$에서 불연속이므로 $f(1) = 0$이어야 한다.

즉, $-1+2k = 0$이므로 $k = \dfrac{1}{2}$

참고 $k = 2$이면 $f(x)f(1-x)$는 $x = 1$에서 연속이고 함수 $f(x)$는 $x = 0$에서 연속이다.

0324 답 ③

ㄱ. 주어진 그래프에서 $x \to -1$일 때 $f(x) \to 2$이므로
$\lim\limits_{x \to -1} f(x) = 2$ (참)

ㄴ. $-x=t$로 놓으면 $x \to -1+$일 때 $t \to 1-$이므로
$\lim\limits_{x \to -1+} f(-x) = \lim\limits_{t \to 1-} f(t) = 2$
$f(1)=1$이므로 $\lim\limits_{x \to -1+} f(-x) \neq f(1)$ (거짓)

ㄷ. $f(0)f(1) = 2 \times 1 = 2$
$x+1=t$로 놓으면 $x \to 0+$일 때 $t \to 1+$이고 $x \to 0-$일 때
$t \to 1-$이므로
$\lim\limits_{x \to 0+} f(x)f(x+1) = \lim\limits_{x \to 0+} f(x) \times \lim\limits_{x \to 0+} f(x+1)$
$\qquad\qquad = \lim\limits_{x \to 0+} f(x) \times \lim\limits_{t \to 1+} f(t)$
$\qquad\qquad = 2 \times 1 = 2$
$\lim\limits_{x \to 0-} f(x)f(x+1) = \lim\limits_{x \to 0-} f(x) \times \lim\limits_{x \to 0-} f(x+1)$
$\qquad\qquad = \lim\limits_{x \to 0-} f(x) \times \lim\limits_{t \to 1-} f(t)$
$\qquad\qquad = 1 \times 2 = 2$
즉, $\lim\limits_{x \to 0} f(x)f(x+1) = f(0)f(1)$이므로 함수 $f(x)f(x+1)$
은 $x=0$에서 연속이다. (참)

따라서 옳은 것은 ㄱ, ㄷ이다.

0325 답 ①

함수 $f(x-1)f(x+1)$이 $x=-1$에서 연속이려면
$\lim\limits_{x \to -1} f(x-1)f(x+1) = f(-2)f(0)$이 성립해야 한다.
$x-1=t$, $x+1=h$로 놓으면
$x \to -1+$일 때 $t \to -2+$, $h \to 0+$이고
$x \to -1-$일 때 $t \to -2-$, $h \to 0-$이다.

ㄱ. $\lim\limits_{x \to -1+} f(x-1)f(x+1) = \lim\limits_{t \to -2+} f(t) \times \lim\limits_{h \to 0+} f(h)$
$\qquad\qquad\qquad = 1 \times (-1) = -1$
$\lim\limits_{x \to -1-} f(x-1)f(x+1) = \lim\limits_{t \to -2-} f(t) \times \lim\limits_{h \to 0-} f(h) = 1 \times 1 = 1$
즉, $x=-1$에서 극한값이 존재하지 않으므로 함수
$f(x-1)f(x+1)$이 $x=-1$에서 불연속이다.

ㄴ. $f(-2)f(0) = 0 \times (-1) = 0$
$\lim\limits_{x \to -1+} f(x-1)f(x+1) = \lim\limits_{t \to -2+} f(t) \times \lim\limits_{h \to 0+} f(h) = 0 \times 1 = 0$
$\lim\limits_{x \to -1-} f(x-1)f(x+1) = \lim\limits_{t \to -2-} f(t) \times \lim\limits_{h \to 0-} f(h) = 0 \times 1 = 0$
즉, $\lim\limits_{x \to -1} f(x-1)f(x+1) = f(-2)f(0)$이 성립하므로 함수
$f(x-1)f(x+1)$이 $x=-1$에서 연속이다.

ㄷ. $f(-2)f(0) = f(-2) \times 1 = f(-2)$
$\lim\limits_{x \to -1+} f(x-1)f(x+1) = \lim\limits_{t \to -2+} f(t) \times \lim\limits_{h \to 0+} f(h)$
$\qquad\qquad\qquad = f(-2) \times 1 = f(-2)$
$\lim\limits_{x \to -1-} f(x-1)f(x+1) = \lim\limits_{t \to -2-} f(t) \times \lim\limits_{h \to 0-} f(h)$
$\qquad\qquad\qquad = f(-2) \times 1 = f(-2)$
즉, $\lim\limits_{x \to -1} f(x-1)f(x+1) = f(-2)f(0)$이 성립하므로 함수
$f(x-1)f(x+1)$이 $x=-1$에서 연속이다.

따라서 함수 $f(x-1)f(x+1)$이 $x=-1$에서 불연속이 되는 것은
ㄱ뿐이다.

0326 답 ④

$\lim\limits_{x \to 0+} f(x) = \lim\limits_{x \to 0+} (2x+a) = a$, $\lim\limits_{x \to 0-} f(x) = \lim\limits_{x \to 0-} (-x-1) = -1$
이때 $a \neq -1$이므로 함수 $f(x)$가 $x=0$에서 불연속이다. $\quad \leftarrow$ $x \neq 0$에서 연속
즉, 함수 $f(x)f(x-1)$이 실수 전체의 집합에서 연속이 되려면 함
수 $f(x)f(x-1)$은 $x=0$, $x=1$에서 연속이어야 한다.

(i) 함수 $f(x)f(x-1)$이 $x=0$에서 연속이려면
$\lim\limits_{x \to 0+} f(x)f(x-1) = \lim\limits_{x \to 0-} f(x)f(x-1) = f(0)f(-1)$이 성
립해야 한다.
$f(0)f(-1) = (-1) \times 0 = 0$
$x-1=t$로 놓으면
$x \to 0+$일 때 $t \to -1+$이고, $x \to 0-$일 때 $t \to -1-$이므로
$\lim\limits_{x \to 0+} f(x)f(x-1) = \lim\limits_{x \to 0+} f(x) \times \lim\limits_{x \to 0+} f(x-1)$
$\qquad\qquad = \lim\limits_{x \to 0+} f(x) \times \lim\limits_{t \to -1+} f(t)$
$\qquad\qquad = \lim\limits_{x \to 0+} (2x+a) \times \lim\limits_{t \to -1+} (-t-1)$
$\qquad\qquad = a \times 0 = 0$
$\lim\limits_{x \to 0-} f(x)f(x-1) = \lim\limits_{x \to 0-} f(x) \times \lim\limits_{x \to 0-} f(x-1)$
$\qquad\qquad = \lim\limits_{x \to 0-} f(x) \times \lim\limits_{t \to -1-} f(t)$
$\qquad\qquad = \lim\limits_{x \to 0-} (-x-1) \times \lim\limits_{t \to -1-} (-t-1)$
$\qquad\qquad = (-1) \times 0 = 0$
즉, $\lim\limits_{x \to 0} f(x)f(x-1) = f(0)f(-1)$이므로 함수
$f(x)f(x-1)$은 $x=0$에서 연속이다.

(ii) 함수 $f(x)f(x-1)$이 $x=1$에서 연속이려면
$\lim\limits_{x \to 1+} f(x)f(x-1) = \lim\limits_{x \to 1-} f(x)f(x-1) = f(1)f(0)$이 성립
해야 한다.
$f(1)f(0) = (2+a) \times (-1) = -a-2$
$x-1=t$로 놓으면
$x \to 1+$일 때 $t \to 0+$이고, $x \to 1-$일 때 $t \to 0-$이므로
$\lim\limits_{x \to 1+} f(x)f(x-1) = \lim\limits_{x \to 1+} f(x) \times \lim\limits_{x \to 1+} f(x-1)$
$\qquad\qquad = \lim\limits_{x \to 1+} f(x) \times \lim\limits_{t \to 0+} f(t)$
$\qquad\qquad = \lim\limits_{x \to 1+} (2x+a) \times \lim\limits_{t \to 0+} (2t+a)$
$\qquad\qquad = (2+a)a$
$\qquad\qquad = a^2 + 2a$
$\lim\limits_{x \to 1-} f(x)f(x-1) = \lim\limits_{x \to 1-} f(x) \times \lim\limits_{x \to 1-} f(x-1)$
$\qquad\qquad = \lim\limits_{x \to 1-} f(x) \times \lim\limits_{t \to 0-} f(t)$
$\qquad\qquad = \lim\limits_{x \to 1-} (2x+a) \times \lim\limits_{t \to 0-} (-t-1)$
$\qquad\qquad = (2+a) \times (-1)$
$\qquad\qquad = -a-2$
즉, $a^2+2a = -a-2$에서 $a^2+3a+2=0$
$(a+2)(a+1) = 0$
$\therefore a = -2$ ($\because a \neq -1$)

(i), (ii)에서 함수 $f(x)f(x-1)$이 실수 전체의 집합에서 연속이
되도록 하는 상수 a의 값은 -2이다.

참고 함수 $y=f(x-1)$의 그래프는 함수 $y=f(x)$의 그래프를 x축의 방향
으로 1만큼 평행이동한 것이므로 함수 $f(x)f(x-1)$이 실수 전체의 집합에
서 연속이려면 $x=0$, $x=1$일 때 연속임을 보여야 한다.

0327 답 ⑤

열린구간 $(-2, 2)$에서 정의된 함수
$y=f(x)$의 그래프가 그림과 같다.
열린구간 $(-2, 2)$에서 함수
$g(x)=f(x)+f(-x)$일 때, 〈보기〉에서 옳은
【단서1】
것만을 있는 대로 고른 것은?

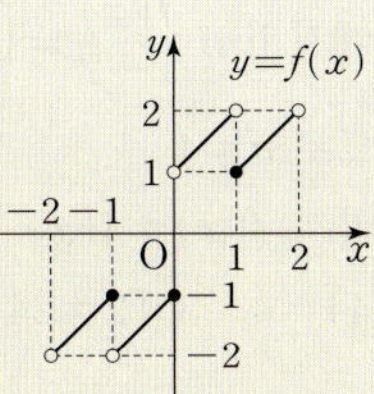

〈보기〉
ㄱ. $\lim\limits_{x \to 0} f(x)$의 값이 존재한다.
ㄴ. $\lim\limits_{x \to 0} g(x)$의 값이 존재한다.
ㄷ. 함수 $g(x)$는 $x=1$에서 연속이다.

① ㄴ   ② ㄷ   ③ ㄱ, ㄴ
④ ㄱ, ㄷ   ⑤ ㄴ, ㄷ

【단서1】 함수 $y=f(-x)$의 그래프 ➡ 함수 $y=f(x)$의 그래프를 y축에 대하여 대칭이동한 그래프

STEP 1 함수 $f(x)$의 그래프에서 극한값 구하기

ㄱ. $\lim\limits_{x \to 0+} f(x)=1$, $\lim\limits_{x \to 0-} f(x)=-1$이므로

$\lim\limits_{x \to 0+} f(x) \neq \lim\limits_{x \to 0-} f(x)$

즉, $\lim\limits_{x \to 0} f(x)$의 값은 존재하지 않는다. (거짓)

STEP 2 함수 $g(x)$의 그래프에서 극한값 구하기

ㄴ. 함수 $y=f(-x)$의 그래프는 함수
$y=f(x)$의 그래프를 y축에 대하여
대칭이동한 것이므로 그림과 같다.

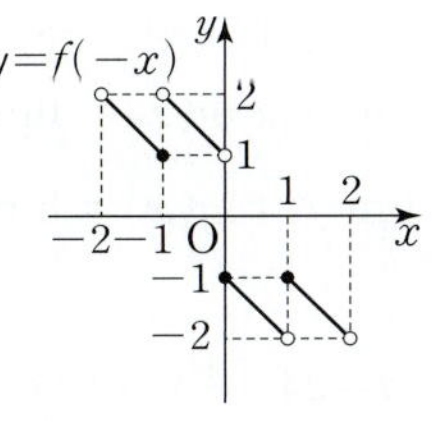

즉, 함수 $g(x)=f(x)+f(-x)$의 그
래프는 그림과 같다.
$\therefore \lim\limits_{x \to 0} g(x)=0$ (참)

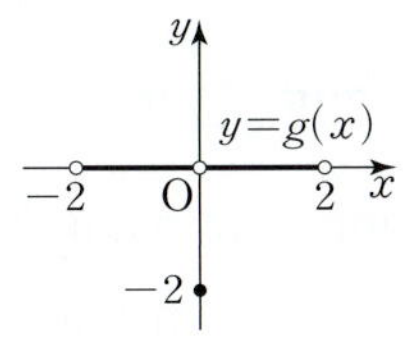

ㄷ. ㄴ에서 함수 $g(x)$는 $x=1$에서 연속이다.
(참)

따라서 옳은 것은 ㄴ, ㄷ이다.

참고 $y=f(x)$와 $y=f(-x)$의 그래프에서 $x=0$일 때를 제외한 같은 x의 값에 대하여 y의 값이 절댓값이 같고 부호가 다른 수이므로 $g(x)=f(x)+f(-x)$의 그래프는 $x=0$일 때를 제외하고 $g(x)=0$으로 나타난다.

다른 풀이

ㄴ. $-x=t$로 놓으면
$x \to 0+$일 때 $t \to 0-$, $x \to 0-$일 때 $t \to 0+$이므로
$\lim\limits_{x \to 0+} g(x)=\lim\limits_{x \to 0+} \{f(x)+f(-x)\}$
$\qquad = \lim\limits_{x \to 0+} f(x) + \lim\limits_{t \to 0-} f(t)$
$\qquad = 1+(-1)=0$
$\lim\limits_{x \to 0-} g(x)=\lim\limits_{x \to 0-} \{f(x)+f(-x)\}$
$\qquad = \lim\limits_{x \to 0-} f(x) + \lim\limits_{t \to 0+} f(t)$
$\qquad = (-1)+1=0$
$\therefore \lim\limits_{x \to 0} g(x)=0$ (참)

ㄷ. $g(1)=f(1)+f(-1)=1+(-1)=0$
$-x=t$로 놓으면

$x \to 1+$일 때 $t \to -1-$, $x \to 1-$일 때 $t \to -1+$이므로
$\lim\limits_{x \to 1+} g(x)=\lim\limits_{x \to 1+} \{f(x)+f(-x)\}$
$\qquad = \lim\limits_{x \to 1+} f(x) + \lim\limits_{t \to -1-} f(t)$
$\qquad = 1+(-1)=0$
$\lim\limits_{x \to 1-} g(x)=\lim\limits_{x \to 1-} \{f(x)+f(-x)\}$
$\qquad = \lim\limits_{x \to 1-} f(x) + \lim\limits_{t \to -1+} f(t)$
$\qquad = 2+(-2)=0$
즉, $\lim\limits_{x \to 1+} g(x)=\lim\limits_{x \to 1-} g(x)=g(1)$이므로 함수 $g(x)$는 $x=1$에서 연속이다. (참)

0328 답 -1

함수 $y=\{g(x)\}^2$이 $x=0$에서 연속이면
$\lim\limits_{x \to 0+} \{g(x)\}^2 = \lim\limits_{x \to 0-} \{g(x)\}^2 = \{g(0)\}^2$이 성립한다.
이때 함수 $f(x)$는 실수 전체의 집합에서 연속이므로
$\lim\limits_{x \to 0+} \{g(x)\}^2 = \lim\limits_{x \to 0+} \{f(x-1)\}^2 = \{f(-1)\}^2 = (2+a)^2$
$\lim\limits_{x \to 0-} \{g(x)\}^2 = \lim\limits_{x \to 0-} \{f(x+1)\}^2 = \{f(1)\}^2 = a^2$
$\{g(0)\}^2 = \{f(1)\}^2 = a^2$
즉, $a^2=(2+a)^2$에서 $4a+4=0$
$\therefore a=-1$

0329 답 ①

함수 $g(x)=f(x)\{f(x)+k\}$가 $x=0$에서 연속이 되려면
$\lim\limits_{x \to 0+} g(x)=\lim\limits_{x \to 0-} g(x)=g(0)$이 성립해야 한다.
$g(0)=f(0)\{f(0)+k\}=2(2+k)$
$\lim\limits_{x \to 0+} g(x)=\lim\limits_{x \to 0+} f(x)\{f(x)+k\}=0 \times k=0$
$\lim\limits_{x \to 0-} g(x)=\lim\limits_{x \to 0-} f(x)\{f(x)+k\}=2(2+k)$
즉, $2(2+k)=0$이므로 $k=-2$

0330 답 ⑤

함수 $f(x)=\begin{cases} x & (x \leq -1 \text{ 또는 } x \geq 1) \\ -x & (-1 < x < 1) \end{cases}$ 이므로

ㄱ. 함수 $f(x)$가 불연속인 x의 값은 -1, 1의 2개이다. (참)
ㄴ. $(1-1)f(1)=0$
$\lim\limits_{x \to 1+} (x-1)f(x)=\lim\limits_{x \to 1+} (x-1) \times \lim\limits_{x \to 1+} x$
$\qquad = 0 \times 1=0$
$\lim\limits_{x \to 1-} (x-1)f(x)=\lim\limits_{x \to 1-} (x-1) \times \lim\limits_{x \to 1-} (-x)$
$\qquad = 0 \times (-1)=0$
이므로 함수 $(x-1)f(x)$는 $x=1$에서 연속이다. (참)
ㄷ. 함수 $\{f(x)\}^2=x^2$이므로 실수 전체의 집합에서 연속이다. (참) $\quad x^2=(-x)^2$
따라서 옳은 것은 ㄱ, ㄴ, ㄷ이다.

참고 ㄴ. 함수 $(x-a)f(x)$는 항상 $x=a$에서 연속이다.

0331 답 ③

ㄱ. $\lim\limits_{x \to -1-} f(x) + \lim\limits_{x \to 1+} f(x)=1+(-1)=0$ (참)

ㄴ. $-x=t$로 놓으면

$x \to -1+$일 때 $t \to 1-$, $x \to -1-$일 때 $t \to 1+$이므로

$\lim\limits_{x \to -1+} f(-x) = \lim\limits_{t \to 1-} f(t) = 1$

$\lim\limits_{x \to -1-} f(-x) = \lim\limits_{t \to 1+} f(t) = -1$

즉, $\lim\limits_{x \to -1+} f(-x) \neq \lim\limits_{x \to -1-} f(-x)$이므로 극한값이 존재하지 않는다. (거짓)

ㄷ. $f(1)f(-1) = 1 \times (-1) = -1$

$-x=t$로 놓으면

$x \to 1+$일 때 $t \to -1-$, $x \to 1-$일 때 $t \to -1+$이므로

$\lim\limits_{x \to 1+} f(x)f(-x) = \lim\limits_{x \to 1+} f(x) \times \lim\limits_{t \to -1-} f(t) = (-1) \times 1 = -1$

$\lim\limits_{x \to 1-} f(x)f(-x) = \lim\limits_{x \to 1-} f(x) \times \lim\limits_{t \to -1+} f(t) = 1 \times (-1) = -1$

즉, $\lim\limits_{x \to 1} f(x)f(-x) = f(1)f(-1)$이므로 함수 $f(x)f(-x)$는 $x=1$에서 연속이다. (참)

따라서 옳은 것은 ㄱ, ㄷ이다.

0332　답 14

함수 $f(x)$는 $x \neq 1$인 실수 전체의 집합에서 연속이므로 함수 $f(x)\{f(x)-a\}$는 $x \neq 1$인 실수 전체의 집합에서 연속이다.

이때 함수 $f(x)\{f(x)-a\}$가 실수 전체의 집합에서 연속이려면 $x=1$에서 연속이어야 한다. 즉,

$\lim\limits_{x \to 1+} f(x)\{f(x)-a\} = \lim\limits_{x \to 1-} f(x)\{f(x)-a\} = f(1)\{f(1)-a\}$

가 성립해야 한다.

$f(1)\{f(1)-a\} = -1 \times (-1-a) = a+1$

$\lim\limits_{x \to 1+} f(x)\{f(x)-a\}$

$= \lim\limits_{x \to 1+} \{x(x-2)+16\} \times \lim\limits_{x \to 1+} \{x(x-2)+16-a\}$

$= 15(15-a)$

$\lim\limits_{x \to 1-} f(x)\{f(x)-a\}$

$= \lim\limits_{x \to 1-} x(x-2) \times \lim\limits_{x \to 1-} \{x(x-2)-a\}$

$= -(-1-a) = a+1$

이므로 $a+1 = 15(15-a)$, $a+1 = 225-15a$

$16a = 224$　∴ $a=14$

0333　답 24　　　　　　　　| 유형 13

이차함수 $f(x)$가 다음 조건을 만족시킨다.

(가) 함수 $\dfrac{x}{f(x)}$는 $x=1$, $x=2$에서 불연속이다.

(나) $\lim\limits_{x \to 2} \dfrac{f(x)}{x-2} = 4$ 　단서1

$f(4)$의 값을 구하시오.

단서1 $f(x)=0$인 x에서 불연속

STEP 1　$f(x)=0$인 x에서 불연속임을 이용하기

(가)에서 함수 $\dfrac{x}{f(x)}$가 $x=1$, $x=2$에서 불연속이므로

$f(1)=0$, $f(2)=0$ → (분모)$=0$에서 정의되지 않으므로 불연속이다.

즉, 이차함수 $f(x)$는 $f(x) = a(x-1)(x-2)$ $(a \neq 0)$로 놓을 수 있다.

STEP 2　(나)에서 $f(x)$의 식을 구하고, $f(4)$의 값 구하기

(나)에서 $\lim\limits_{x \to 2} \dfrac{f(x)}{x-2} = \lim\limits_{x \to 2} \dfrac{a(x-1)(x-2)}{x-2} = \lim\limits_{x \to 2} a(x-1) = a$

이므로 $a=4$

따라서 $f(x) = 4(x-1)(x-2)$이므로

$f(4) = 4 \times 3 \times 2 = 24$

참고　함수 $\dfrac{x}{f(x)}$에서 x는 실수 전체의 집합에서 연속이고,

이차함수 $f(x)$도 실수 전체의 집합에서 연속이다.

즉, 함수 $\dfrac{x}{f(x)}$는 $f(x)=0$인 x에서만 불연속이다.

0334　답 ③

$\lim\limits_{x \to 1+} f(x) = 4$, $\lim\limits_{x \to 1-} f(x) = 1$이므로 $\lim\limits_{x \to 1+} f(x) \neq \lim\limits_{x \to 1-} f(x)$

이차함수 $g(x)$는 모든 실수에서 연속이고 함수 $f(x)$는 $x=1$에서 불연속이므로 함수 $f(x)g(x)$가 $x=1$에서 연속이 되려면 $g(1)=0$이어야 한다.

즉, $1+a-9=0$이므로 $a=8$

다른 풀이

함수 $f(x)g(x)$가 $x=1$에서 연속이려면

$\lim\limits_{x \to 1+} f(x)g(x) = \lim\limits_{x \to 1-} f(x)g(x) = f(1)g(1)$이 성립해야 한다.

$f(1)g(1) = 4(a-8)$

$\lim\limits_{x \to 1+} f(x)g(x) = \lim\limits_{x \to 1+} f(x) \times \lim\limits_{x \to 1+} (x^2+ax-9) = 4(a-8)$

$\lim\limits_{x \to 1-} f(x)g(x) = \lim\limits_{x \to 1-} f(x) \times \lim\limits_{x \to 1-} (x^2+ax-9) = a-8$

이므로 $4(a-8) = a-8$

$3a = 24$　　∴ $a=8$

0335　답 48

$\lim\limits_{x \to -1} f(x) = \lim\limits_{x \to -1} \dfrac{g(x)}{x^2-1} = 1$에서 $x \to -1$일 때, 극한값이 존재하고 (분모)$\to 0$이므로 (분자)$\to 0$이다.

즉, $\lim\limits_{x \to -1} g(x) = 0$에서 $g(-1)=0$이므로 함수 $g(x)$는 $x+1$을 인수로 가진다. → 삼차함수 $g(x)$는 모든 실수에서 연속

$\lim\limits_{x \to 1} f(x) = \lim\limits_{x \to 1} \dfrac{g(x)}{x^2-1} = 3$에서 $x \to 1$일 때, 극한값이 존재하고 (분모)$\to 0$이므로 (분자)$\to 0$이다.

즉, $\lim\limits_{x \to 1} g(x) = 0$에서 $g(1)=0$이므로 함수 $g(x)$는 $x-1$을 인수로 가진다. → 삼차함수 $g(x)$는 모든 실수에서 연속

이때 삼차함수 $g(x)$를

$g(x) = (x+1)(x-1)(ax+b)$ $(a, b$는 상수, $a \neq 0)$

로 놓으면 → 삼차함수 $g(x)$는 $x+1$, $x-1$을 인수로 가진다.

$\lim\limits_{x \to -1} f(x) = \lim\limits_{x \to -1} \dfrac{(x+1)(x-1)(ax+b)}{x^2-1}$

$= \lim\limits_{x \to -1} (ax+b) = -a+b$

즉, $-a+b=1$ ·················· ㉠

$\lim\limits_{x \to 1} f(x) = \lim\limits_{x \to 1} \dfrac{(x+1)(x-1)(ax+b)}{x^2-1}$

$= \lim\limits_{x \to 1} (ax+b) = a+b$

즉, $a+b=3$ ·················· ㉡

㉠, ㉡을 연립하여 풀면 $a=1$, $b=2$

따라서 $g(x)=(x+1)(x-1)(x+2)$이므로
$g(2)=3\times1\times4=12$, $f(2)=\dfrac{g(2)}{3}=\dfrac{12}{3}=4$
$\therefore f(2)g(2)=4\times12=48$

0336 답 32

함수 $f(x)$는 $x\neq2$인 실수 전체의 집합에서 연속이고 함수 $g(x)$는 실수 전체의 집합에서 연속이므로 함수 $f(x)g(x)$가 실수 전체의 집합에서 연속이려면 $g(2)=0$이어야 한다.
즉, 이차함수 $g(x)$는 $x-2$를 인수로 가지므로
$g(x)=a(x-2)(x-p)$ (a, p는 상수, $a\neq0$)로 놓을 수 있다.
또한 함수 $f(x)g(x)$가 $x=2$에서 연속이므로
$\displaystyle\lim_{x\to2}f(x)g(x)=f(2)g(2)$가 성립해야 한다.
$f(2)g(2)=1\times0=0$
$\displaystyle\lim_{x\to2}f(x)g(x)=\lim_{x\to2}\dfrac{2a(x-2)(x-p)}{x-2}$
$\qquad\qquad\quad=\lim_{x\to2}2a(x-p)$
$\qquad\qquad\quad=2a(2-p)$
이므로 $2a(2-p)=0$ $\quad\therefore p=2\,(\because a\neq0)$
따라서 $g(x)=a(x-2)^2$이고 $g(0)=8$이므로
$g(0)=4a=8$ $\quad\therefore a=2$
즉, $g(x)=2(x-2)^2$이므로 $g(6)=2\times(6-2)^2=32$

0337 답 24

이차함수 $g(x)$는 실수 전체의 집합에서 연속이고 함수 $f(x)$는 $x=-1$, $x=1$에서 불연속이므로 함수 $f(x)g(x)$가 구간 $(-2, 2)$에서 연속이려면 $g(-1)=0$, $g(1)=0$이어야 한다.
따라서 최고차항의 계수가 1인 이차함수 $g(x)$는
$g(x)=(x+1)(x-1)$ $\quad\therefore g(5)=6\times4=24$

다른 풀이

함수 $f(x)$는 $x\neq-1$, $x\neq1$인 모든 실수 x에서 연속이고 함수 $g(x)$는 구간 $(-2, 2)$에서 연속이므로 함수 $f(x)g(x)$가 구간 $(-2, 2)$에서 연속이려면 $x=-1$, $x=1$에서 연속이어야 한다.
(i) 함수 $f(x)g(x)$가 $x=-1$에서 연속이려면
$\quad\displaystyle\lim_{x\to-1+}f(x)g(x)=\lim_{x\to-1-}f(x)g(x)=f(-1)g(-1)$이 성립해
$\quad$야 한다.
$\quad f(-1)g(-1)=(-1)\times g(-1)=-g(-1)$
$\quad\displaystyle\lim_{x\to-1+}f(x)g(x)=(-1)\times g(-1)=-g(-1)$
$\quad\displaystyle\lim_{x\to-1-}f(x)g(x)=0\times g(-1)=0$
$\quad$즉, $-g(-1)=0$이므로 $g(-1)=0$
(ii) 함수 $f(x)g(x)$가 $x=1$에서 연속이려면
$\quad\displaystyle\lim_{x\to1+}f(x)g(x)=\lim_{x\to1-}f(x)g(x)=f(1)g(1)$이 성립해야 한다.
$\quad f(1)g(1)=2g(1)$
$\quad\displaystyle\lim_{x\to1+}f(x)g(x)=2\times g(1)=2g(1)$
$\quad\displaystyle\lim_{x\to1-}f(x)g(x)=1\times g(1)=g(1)$
$\quad$즉, $2g(1)=g(1)$이므로 $g(1)=0$

(i), (ii)에서 함수 $g(x)$는 $x+1$, $x-1$을 인수로 가지므로 최고차항의 계수가 1인 이차함수 $g(x)$는 $g(x)=(x+1)(x-1)$
$\therefore g(5)=6\times4=24$

0338 답 ①

$\displaystyle\lim_{x\to\infty}\dfrac{f(x)}{x^2-3x-5}=2$이므로 $f(x)$는 최고차항의 계수가 2인 이차함수이다. ▶ $\dfrac{\infty}{\infty}$ 꼴에서 극한값이 존재하므로 (분모의 차수)=(분자의 차수)
다항함수 $f(x)$는 실수 전체의 집합에서 연속이고 함수 $g(x)$는 $x\neq3$인 실수 전체의 집합에서 연속이므로 함수 $f(x)g(x)$가 실수 전체의 집합에서 연속이려면 $f(3)=0$이어야 한다.
즉, 최고차항의 계수가 2인 이차함수 $f(x)$는 $x-3$을 인수로 가지므로 $f(x)=2(x-3)(x-a)$ (a는 상수)로 놓을 수 있다.
또한 함수 $f(x)g(x)$는 $x=3$에서 연속이므로
$\displaystyle\lim_{x\to3}f(x)g(x)=f(3)g(3)$이 성립해야 한다.
$f(3)g(3)=2\times(3-3)(3-a)\times1=0$
$\displaystyle\lim_{x\to3}f(x)g(x)=\lim_{x\to3}\dfrac{2(x-3)(x-a)}{x-3}=2(3-a)$
이므로 $2(3-a)=0$ $\quad\therefore a=3$
따라서 $f(x)=2(x-3)^2$이므로
$f(1)=2\times(1-3)^2=8$

0339 답 ③

함수 $f(x)$는 $\displaystyle\lim_{x\to2+}f(x)=-4+2a>0$, $\displaystyle\lim_{x\to2-}f(x)=-1$에서
$\displaystyle\lim_{x\to2+}f(x)\neq\lim_{x\to2-}f(x)$이므로 함수 $f(x)$는 $x=2$에서 불연속이다.
함수 $h(x)$가 실수 전체의 집합에서 연속이려면 함수 $h(x)$는 $x=1$, $x=a$, $x=2$에서 연속이어야 한다.
즉, $\displaystyle\lim_{x\to1}h(x)=h(1)$, $\displaystyle\lim_{x\to a}h(x)=h(a)$, $\displaystyle\lim_{x\to2}h(x)=h(2)$가 성립해야 한다.
$\displaystyle\lim_{x\to1}\dfrac{g(x)}{f(x)}=h(1)$, $\displaystyle\lim_{x\to a}\dfrac{g(x)}{f(x)}=h(a)$에서
$\displaystyle\lim_{x\to1}f(x)=f(1)=0$, $\displaystyle\lim_{x\to a}f(x)=f(a)=0$이므로 ▶ 함수 $f(x)$가 $x=1$, $x=a$에서 연속
$\displaystyle\lim_{x\to1}g(x)=0$, $\displaystyle\lim_{x\to a}g(x)=0$ ▶ $x\to1$, $x\to a$일 때, 각각 극한값이 존재하고 (분모)$\to0$이므로 (분자)$\to0$
$\therefore g(1)=0$, $g(a)=0$ $\qquad\cdots\cdots$ ㉠
또, 함수 $h(x)=\dfrac{g(x)}{f(x)}$가 $x=2$에서 연속이어야 하므로
$\displaystyle\lim_{x\to2+}\dfrac{g(x)}{f(x)}=\lim_{x\to2-}\dfrac{g(x)}{f(x)}$
즉, $\dfrac{g(2)}{-4+2a}=\dfrac{g(2)}{-1}$이므로
$g(2)(3-2a)=0$ $\quad\therefore g(2)=0\,(\because a>2)$ $\qquad\cdots\cdots$ ㉡
㉠, ㉡에 의하여 최고차항의 계수가 1인 삼차함수 $g(x)$는 $x-1$, $x-2$, $x-a$를 인수로 가지므로 $g(x)=(x-1)(x-2)(x-a)$로 놓을 수 있다.
$\displaystyle\lim_{x\to1}h(x)=\lim_{x\to1}\dfrac{(x-1)(x-2)(x-a)}{(x-1)(x-3)}$
$\qquad\qquad=\lim_{x\to1}\dfrac{(x-2)(x-a)}{x-3}=\dfrac{1-a}{2}$

$$\lim_{x \to a} h(x) = \lim_{x \to a} \frac{(x-1)(x-2)(x-a)}{-x(x-a)}$$
$$= \lim_{x \to a} \frac{(x-1)(x-2)}{-x}$$
$$= -\frac{(a-1)(a-2)}{a}$$

㈏에서 $h(1) = h(a)$이고, 함수 $h(x)$는 실수 전체의 집합에서 연속이므로

$$h(1) = \lim_{x \to 1} h(x), \quad h(a) = \lim_{x \to a} h(x)$$

즉, $\dfrac{1-a}{2} = -\dfrac{(a-1)(a-2)}{a}$에서 $a = 2(a-2)$ $(\because a > 2)$

$\therefore a = 4$

따라서

$$h(x) = \frac{g(x)}{f(x)} = \begin{cases} \dfrac{(x-2)(x-4)}{x-3} & (x \le 2) \\ -\dfrac{(x-1)(x-2)}{x} & (x > 2) \end{cases}$$ 이므로

$$h(1) + h(3) = -\frac{3}{2} + \left(-\frac{2}{3} \right) = -\frac{13}{6}$$

0340 답 ②

유형 14

함수 $f(x) = \begin{cases} \dfrac{|x|-4}{x^2-16} & (x \ne 4) \\ a & (x=4) \end{cases}$ 가 $x=4$에서 연속이 되도록 하는 상수 a의 값은? 단서1

① 0 ② $\dfrac{1}{8}$ ③ $\dfrac{1}{2}$

④ 1 ⑤ 2

단서1 $\lim\limits_{x \to 4} f(x) = f(4)$

STEP 1 함수 $f(x)$가 $x=4$에서 연속일 조건 구하기

함수 $f(x)$가 $x=4$에서 연속이려면 $\lim\limits_{x \to 4} f(x) = f(4)$가 성립해야 한다.

STEP 2 $x=4$에서 연속이 되도록 하는 상수 a의 값 구하기

$$\lim_{x \to 4} \frac{|x|-4}{x^2-16} = \lim_{x \to 4} \frac{|x|-4}{(|x|-4)(|x|+4)}$$
$$x^2 = |x|^2 \qquad = \lim_{x \to 4} \frac{1}{|x|+4} = \frac{1}{8}$$

$f(4) = a$이므로 $a = \dfrac{1}{8}$

참고 $x \to 4$이면 $x > 0$이므로 $\dfrac{|x|-4}{x^2-16} = \dfrac{x-4}{x^2-16} = \dfrac{1}{x+4}$이다.

0341 답 ⑤

함수 $f(x) = \begin{cases} \dfrac{x^2}{2x-|x|} & (x \ne 0) \\ a & (x=0) \end{cases}$ 에서 $f(x) = \begin{cases} x & (x>0) \\ a & (x=0) \\ \dfrac{1}{3}x & (x<0) \end{cases}$

$x<0$일 때, $|x|=-x$이므로 $\dfrac{x^2}{2x-(-x)} = \dfrac{x^2}{3x} = \dfrac{1}{3}x$

ㄱ. $f(-3) = \dfrac{1}{3} \times (-3) = -1$ (거짓)

ㄴ. $x>0$일 때, $f(x) = x$ (참)

ㄷ. 함수 $f(x)$가 $x=0$에서 연속이려면

$\lim\limits_{x \to 0+} f(x) = \lim\limits_{x \to 0-} f(x) = f(0)$이 성립해야 한다.

$$\lim_{x \to 0+} f(x) = \lim_{x \to 0+} x = 0, \quad \lim_{x \to 0-} f(x) = \lim_{x \to 0-} \frac{1}{3}x = 0$$

이때 $f(0) = a$이므로 $a = 0$ (참)

따라서 옳은 것은 ㄴ, ㄷ이다.

0342 답 ⑤

함수 $|f(x)|$가 실수 전체의 집합에서 연속이려면 $x=a$에서 연속이어야 한다.

즉, $\lim\limits_{x \to a+} |f(x)| = \lim\limits_{x \to a-} |f(x)| = |f(a)|$가 성립해야 한다.

$|f(a)| = |a+2|$

$$\lim_{x \to a+} |f(x)| = \lim_{x \to a+} |x^2-4| = |a^2-4|$$
$$\lim_{x \to a-} |f(x)| = \lim_{x \to a-} |x+2| = |a+2|$$

이므로 $|a^2-4| = |a+2|$에서 $a^2-4 = \pm(a+2)$

(ⅰ) $a^2-4 = a+2$일 때

$a^2-a-6 = 0$이므로 $(a+2)(a-3) = 0$

$\therefore a=-2$ 또는 $a=3$

(ⅱ) $a^2-4 = -(a+2)$일 때

$a^2+a-2 = 0$이므로 $(a+2)(a-1) = 0$

$\therefore a=-2$ 또는 $a=1$

(ⅰ), (ⅱ)에서 함수 $|f(x)|$가 실수 전체의 집합에서 연속이 되도록 하는 실수 a의 값은 -2, 1, 3이므로 구하는 합은

$-2+1+3 = 2$

0343 답 ③

ㄱ. $g(x) = f(x) + |f(x)|$에서

$$\lim_{x \to 0+} g(x) = \lim_{x \to 0+} \{f(x) + |f(x)|\}$$
$$= \lim_{x \to 0+} f(x) + \lim_{x \to 0+} |f(x)|$$
$$= 0+0 = 0$$
$$\lim_{x \to 0-} g(x) = \lim_{x \to 0-} \{f(x) + |f(x)|\}$$
$$= \lim_{x \to 0-} f(x) + \lim_{x \to 0-} |f(x)|$$
$$= -1 + |-1| = -1+1 = 0$$
$$\lim_{x \to 0+} g(x) = \lim_{x \to 0-} g(x) = 0$$이므로 $\lim\limits_{x \to 0} g(x) = 0$ (참)

ㄴ. $h(x) = f(x) + f(-x)$에서

$$h(0) = f(0) + f(0) = 2f(0) = 2 \times \frac{1}{2} = 1$$

이므로 $|h(0)| = 1$

$$\lim_{x \to 0+} h(x) = \lim_{x \to 0+} \{f(x) + f(-x)\}$$
$$= \lim_{x \to 0+} f(x) + \lim_{x \to 0+} f(-x)$$
$$= \lim_{x \to 0+} f(x) + \lim_{t \to 0-} f(t) \qquad -x=t로 놓으면 \; x \to 0+일 때, t \to 0-$$
$$= 0 + (-1) = -1$$
$$\lim_{x \to 0-} h(x) = \lim_{x \to 0-} \{f(x) + f(-x)\}$$
$$= \lim_{x \to 0-} f(x) + \lim_{x \to 0-} f(-x)$$
$$= \lim_{x \to 0-} f(x) + \lim_{t \to 0+} f(t) \qquad -x=t로 놓으면 \; x \to 0-일 때, t \to 0+$$
$$= (-1) + 0 = -1$$

에서 $\lim\limits_{x \to 0+} h(x) = \lim\limits_{x \to 0-} h(x) = -1$이므로 $\lim\limits_{x \to 0} h(x) = -1$

$\therefore \lim\limits_{x \to 0} |h(x)| = |-1| = 1$

즉, $\lim\limits_{x\to 0}|h(x)|=|h(0)|$이므로 함수 $|h(x)|$는 $x=0$에서 연속이다. (참)

ㄷ. $g(0)=f(0)+|f(0)|=\dfrac{1}{2}+\left|\dfrac{1}{2}\right|=1$

$h(0)=f(0)+f(0)=\dfrac{1}{2}+\dfrac{1}{2}=1$

이므로 $g(0)|h(0)|=1\times 1=1$

$\lim\limits_{x\to 0}g(x)|h(x)|=\lim\limits_{x\to 0}g(x)\times\lim\limits_{x\to 0}|h(x)|=0\times 1=0$

$(\because \text{ㄱ, ㄴ})$

즉, $\lim\limits_{x\to 0}g(x)|h(x)|\neq g(0)|h(0)|$이므로 함수 $g(x)|h(x)|$는 $x=0$에서 불연속이다. (거짓)

따라서 옳은 것은 ㄱ, ㄴ이다.

참고 ㄴ에서 $\lim\limits_{x\to 0}h(x)$, $h(0)$의 값을 먼저 구한 후 $\lim\limits_{x\to 0}|h(x)|=|h(0)|$이 성립하는지 판단한다.

다른 풀이

ㄷ. 함수 $g(x)$는 $x=0$에서 불연속이고 함수 $|h(x)|$는 $x=0$에서 연속이므로 함수 $g(x)|h(x)|$가 $x=0$에서 연속이려면 $|h(0)|=0$이어야 한다. 그런데 $|h(0)|=1$이므로 함수 $g(x)|h(x)|$는 $x=0$에서 불연속이다.

0344 답 ④ | 유형 15

$0<x<2$에서 함수 $f(x)=[x^2-2]$가 불연속이 되는 x의 값 중 가장
단서1 · 단서2
큰 값은? (단, $[x]$는 x보다 크지 않은 최대의 정수이다.)

① $\dfrac{1}{2}$ ② 1 ③ $\sqrt{2}$

④ $\sqrt{3}$ ⑤ $\dfrac{\sqrt{14}}{2}$

단서1 $[x]$는 정수를 기준으로 그 값이 변한다.
단서2 $[x^2-2]=-2$, $[x^2-2]=-1$, $[x^2-2]=0$, $[x^2-2]=1$을 기준으로 x의 값의 범위 나누기

STEP 1 x의 값의 범위에 따라 함수 $f(x)$ 구하기

함수 $f(x)=[x^2-2]$에서 치역이 정수가 되는 점을 기준으로 구간을 나누면

(i) $0<x<1$일 때, $-2<x^2-2<-1$이므로 $f(x)=-2$

(ii) $1\le x<\sqrt{2}$일 때, $-1\le x^2-2<0$이므로 $f(x)=-1$

(iii) $\sqrt{2}\le x<\sqrt{3}$일 때, $0\le x^2-2<1$이므로 $f(x)=0$

(iv) $\sqrt{3}\le x<2$일 때, $1\le x^2-2<2$이므로 $f(x)=1$

STEP 2 함수 $f(x)$가 불연속이 되는 x의 값 중 가장 큰 값 구하기

함수 $f(x)$는 $x=1$, $x=\sqrt{2}$, $x=\sqrt{3}$에서 불연속이다.

따라서 함수 $f(x)$가 불연속이 되는 x의 값 중 가장 큰 값은 $\sqrt{3}$이다.

참고 $0<x<2$에서 함수 $y=[x^2-2]$의 그래프는 그림과 같다.

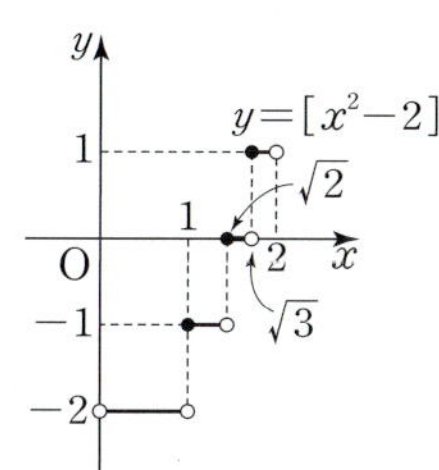

$0<x<3$에서 $0<x^2<9$이므로 $[x^2]=0, 1, 2, \cdots, 8$을 기준으로 x의 값의 범위를 나눈다.

함수 $f(x)=[x^2]$에서 치역이 정수가 되는 점을 기준으로 구간을 나누면

(i) $0<x<1$일 때, $0<x^2<1$이므로 $f(x)=0$

(ii) $1\le x<\sqrt{2}$일 때, $1\le x^2<2$이므로 $f(x)=1$

(iii) $\sqrt{2}\le x<\sqrt{3}$일 때, $2\le x^2<3$이므로 $f(x)=2$

(iv) $\sqrt{3}\le x<2$일 때, $3\le x^2<4$이므로 $f(x)=3$

$\vdots$

(v) $\sqrt{8}\le x<3$일 때, $8\le x^2<9$이므로 $f(x)=8$

따라서 함수 $f(x)$는 x의 값이 1, $\sqrt{2}$, $\sqrt{3}$, 2, $\sqrt{5}$, $\sqrt{6}$, $\sqrt{7}$, $\sqrt{8}$일 때 불연속이므로 구하는 x의 값의 개수는 8이다.

0346 답 ③

정수 n에 대하여 $\lim\limits_{x\to n+}x[x]=n^2$, $\lim\limits_{x\to n-}x[x]=n(n-1)$

ㄱ. $\lim\limits_{x\to 2-}f(x)=\lim\limits_{x\to 2-}x[x]=2\times 1=2$ (참)

ㄴ. $\lim\limits_{x\to 1+}\{f(x)+f(-x)\}=\lim\limits_{x\to 1+}f(x)+\lim\limits_{t\to -1-}f(t)$

$-x=t$로 놓으면
$x\to 1+$일 때 $t\to -1-$
$=\lim\limits_{x\to 1+}x[x]+\lim\limits_{t\to -1-}t[t]$

$=1\times 1+(-1)\times(-2)$

$=3$ (참)

ㄷ. [반례] $x=0$일 때

$f(0)=0$

$\lim\limits_{x\to 0+}f(x)=\lim\limits_{x\to 0+}x[x]=0$

$\lim\limits_{x\to 0-}f(x)=\lim\limits_{x\to 0-}x[x]=0$

즉, $\lim\limits_{x\to 0}f(x)=f(0)$이므로 함수 $f(x)$는 $x=0$에서 연속이다.

(거짓)

따라서 옳은 것은 ㄱ, ㄴ이다.

참고 함수 $f(x)=x[x]$에 대하여

$\vdots$

$-2\le x<-1$일 때 $[x]=-2$이므로 $f(x)=-2x$
$-1\le x<0$일 때 $[x]=-1$이므로 $f(x)=-x$
$0\le x<1$일 때, $[x]=0$이므로 $f(x)=0$
$1\le x<2$일 때, $[x]=1$이므로 $f(x)=x$
$2\le x<3$일 때, $[x]=2$이므로 $f(x)=2x$

$\vdots$

이므로 함수 $y=f(x)$의 그래프는 그림과 같다.

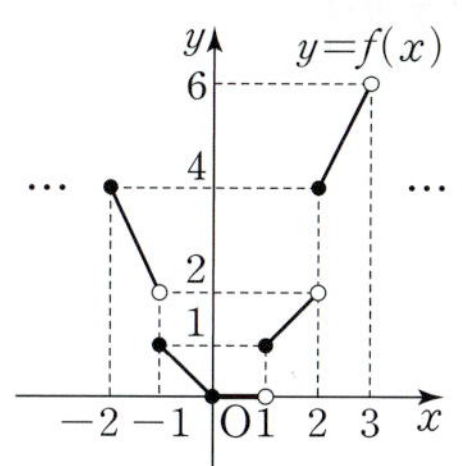

0347 답 ⑤

함수 $y=[f(x)]$가 $x=0$에서 연속이려면

$\lim\limits_{x\to 0+}[f(x)]=\lim\limits_{x\to 0-}[f(x)]=[f(0)]$이 성립해야 한다.

ㄱ. $[f(0)]=[0]=0$

$\lim\limits_{x\to 0+}[f(x)]=\lim\limits_{x\to 0+}\left[\dfrac{1}{2}\right]=0$

$\lim\limits_{x\to 0-}[f(x)]=\lim\limits_{x\to 0-}[0]=0$

즉, $\lim\limits_{x \to 0+} [f(x)] = \lim\limits_{x \to 0-} [f(x)] = [f(0)]$이므로 함수
$[f(x)]$는 $x=0$에서 연속이다.

ㄴ. $[f(0)] = [1] = 1$

$\lim\limits_{x \to 0+} [f(x)] = \lim\limits_{x \to 0+} [1 + x^2] = 1$

$\lim\limits_{x \to 0-} [f(x)] = \lim\limits_{x \to 0-} [1] = 1$

즉, $\lim\limits_{x \to 0+} [f(x)] = \lim\limits_{x \to 0-} [f(x)] = [f(0)]$이므로 함수
$[f(x)]$는 $x=0$에서 연속이다.

ㄷ. $[f(0)] = [-1] = -1$

$\lim\limits_{x \to 0+} [f(x)] = \lim\limits_{x \to 0+} [-x^3 + x^2 - 1] = -1$

$\lim\limits_{x \to 0-} [f(x)] = \lim\limits_{x \to 0-} [-1] = -1$

즉, $\lim\limits_{x \to 0+} [f(x)] = \lim\limits_{x \to 0-} [f(x)] = [f(0)]$이므로 함수
$[f(x)]$는 $x=0$에서 연속이다.

따라서 $x=0$에서 연속인 함수 $f(x)$는 ㄱ, ㄴ, ㄷ이다.

0348 📋 ① | 유형 16

STEP 1 이차방정식의 판별식을 이용하여 함수 $f(a)$ 구하기

이차방정식 $x^2 - 2ax + 4a = 0$의 판별식을 D라 하면

$$\frac{D}{4} = a^2 - 4a = a(a-4)$$

이므로 서로 다른 실근의 개수 $f(a)$는 다음과 같다.

$$f(a) = \begin{cases} 2 & (a<0 \text{ 또는 } a>4) \quad \leftarrow D>0 \\ 1 & (a=0 \text{ 또는 } a=4) \quad \leftarrow D=0 \\ 0 & (0<a<4) \quad \leftarrow D<0 \end{cases}$$

STEP 2 함숫값과 극한값 구하기

ㄱ. $f(4) = 1$ (참)

ㄴ. $\lim\limits_{a \to 0-} f(a) = 2$, $f(0) = 1$이므로

$\lim\limits_{a \to 0-} f(a) \neq f(0)$ (거짓)

STEP 3 구간에서 불연속인 점 찾기

ㄷ. 구간 $(1, 6)$에서 함수 $f(a)$는 $a=4$에서만 불연속이다. (거짓)
따라서 옳은 것은 ㄱ뿐이다.

참고 함수 $y = f(a)$의 그래프는 그림과 같다.

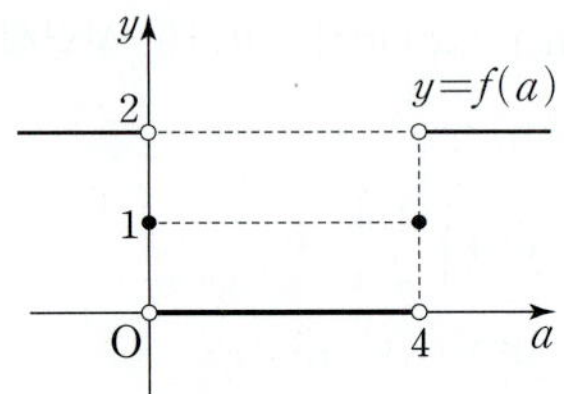

0349 📋 ④

함수 $f(a)$는 x에 대한 방정식 $ax^2 + 2(a-2)x - (a-2) = 0$의 실
근의 개수이다.

(ⅰ) $a=0$일 때

$$-4x + 2 = 0 \qquad \therefore x = \frac{1}{2}$$

즉, 방정식의 실근의 개수는 1이므로 $f(0) = 1$

(ⅱ) $a \neq 0$일 때

이차방정식 $ax^2 + 2(a-2)x - (a-2) = 0$의 판별식을 D라
하면

$$\frac{D}{4} = (a-2)^2 + a(a-2)$$
$$= 2(a-1)(a-2)$$

(ⅰ), (ⅱ)에서 서로 다른 실근의 개수 $f(a)$는 다음과 같다.

$$f(a) = \begin{cases} 2 & (a<0 \text{ 또는 } 0<a<1 \text{ 또는 } a>2) \quad \leftarrow a \neq 0, D>0 \\ 1 & (a=0 \text{ 또는 } a=1 \text{ 또는 } a=2) \quad \leftarrow a=0 \text{ 또는 } D=0 \\ 0 & (1<a<2) \quad \leftarrow a \neq 0, D<0 \end{cases}$$

함수 $y = f(a)$의 그래프는 그림과 같다.

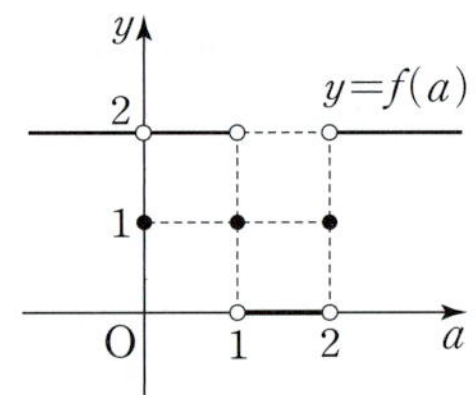

ㄱ. $\lim\limits_{a \to 0} f(a) = 2$, $f(0) = 1$이므로 $\lim\limits_{a \to 0} f(a) \neq f(0)$ (거짓)

ㄴ. $a=1$, $a=2$에서 극한값이 존재하지 않으므로
$\lim\limits_{a \to c+} f(a) \neq \lim\limits_{a \to c-} f(a)$인 실수 c는 1, 2의 2개이다. (참)

ㄷ. 함수 $f(a)$가 불연속인 점은 $a=0$, $a=1$, $a=2$일 때의 3개이
다. (참)

따라서 옳은 것은 ㄴ, ㄷ이다.

0350 📋 ③ | 유형 17

STEP 1 t의 값의 범위에 따른 함수 $f(t)$를 구하고, $f(1)$의 값 구하기

함수 $f(t)$는 원 $x^2 + y^2 = t^2$과 직선 $y=1$이 만나는 점의 개수이므
로 함수 $f(t)$는 다음과 같다.

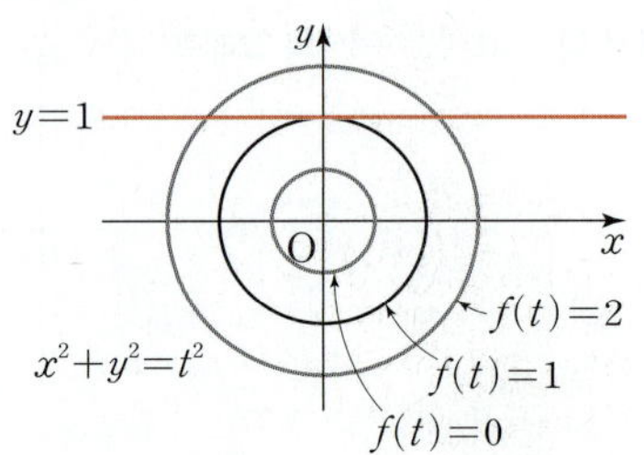

$$f(t)=\begin{cases} 2 & (|t|>1) \\ 1 & (|t|=1) \\ 0 & (|t|<1) \end{cases}$$

$\therefore f(1)=1$

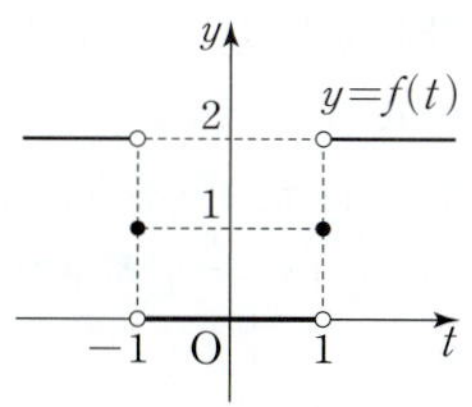

 $x=1$에서 연속일 조건을 이용하여 상수 k의 값 구하기

함수 $(x+k)f(x)$가 구간 $(0,\infty)$에서 연속이면 $x=1$에서도 연속이다.

즉, $\lim\limits_{x\to1+}(x+k)f(x)=\lim\limits_{x\to1-}(x+k)f(x)=(1+k)f(1)$이 성립한다.

$(1+k)f(1)=(1+k)\times1=1+k$

$\lim\limits_{x\to1+}(x+k)f(x)=\lim\limits_{x\to1+}(x+k)\times2=2(1+k)$

$\lim\limits_{x\to1-}(x+k)f(x)=\lim\limits_{x\to1-}(x+k)\times0=0$

이므로 $2(1+k)=0=1+k$에서 $k=-1$

 $f(1)+k$의 값 구하기

$f(1)+k=1+(-1)=0$

0351　답 8

함수 $f(t)$는 곡선 $y=|x^2-2x|$와 직선 $y=t$가 만나는 점의 개수이므로 함수 $f(t)$는 다음과 같다.

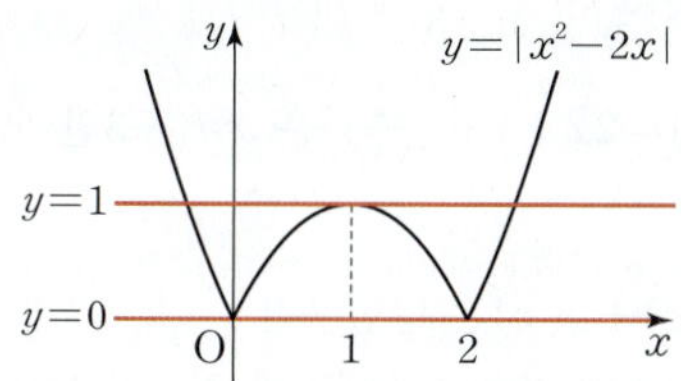

$$f(t)=\begin{cases} 0 & (t<0) \\ 2 & (t=0) \\ 4 & (0<t<1) \\ 3 & (t=1) \\ 2 & (t>1) \end{cases}$$

$\therefore f(3)=2$

함수 $f(t)$는 $t\neq0$, $t\neq1$인 모든 실수 t에서 연속이고 이차함수 $g(t)$는 모든 실수 t에서 연속이다.

이때 함수 $f(t)g(t)$가 모든 실수 t에서 연속이면 $t=0$, $t=1$에서도 연속이다.

(i) 함수 $f(t)g(t)$가 $t=0$에서 연속이면

$\lim\limits_{t\to0+}f(t)g(t)=\lim\limits_{t\to0-}f(t)g(t)=f(0)g(0)$이 성립한다.

$f(0)g(0)=2g(0)$

$\lim\limits_{t\to0+}f(t)g(t)=\lim\limits_{t\to0+}f(t)\times\lim\limits_{t\to0+}g(t)$
$=4\times g(0)=4g(0)$

$\lim\limits_{t\to0-}f(t)g(t)=\lim\limits_{t\to0-}f(t)\times\lim\limits_{t\to0-}g(t)$
$=0\times g(0)=0$

이므로 $4g(0)=0=2g(0)$에서 $g(0)=0$

(ii) 함수 $f(t)g(t)$가 $t=1$에서 연속이면

$\lim\limits_{t\to1+}f(t)g(t)=\lim\limits_{t\to1-}f(t)g(t)=f(1)g(1)$이 성립한다.

$f(1)g(1)=3g(1)$

$\lim\limits_{t\to1+}f(t)g(t)=\lim\limits_{t\to1+}f(t)\times\lim\limits_{t\to1+}g(t)$
$=2\times g(1)=2g(1)$

$\lim\limits_{t\to1-}f(t)g(t)=\lim\limits_{t\to1-}f(t)\times\lim\limits_{t\to1-}g(t)$
$=4\times g(1)=4g(1)$

이므로 $2g(1)=4g(1)=3g(1)$에서 $g(1)=0$

(i), (ii)에서 최고차항의 계수가 1인 이차함수 $g(t)$는 t, $t-1$을 인수로 가지므로

$g(t)=t(t-1)$

따라서 $g(3)=3\times2=6$이므로 $f(3)+g(3)=2+6=8$

다른 풀이

함수 $f(t)$는 $t\neq0$, $t\neq1$인 모든 실수 t에서 연속이고 이차함수 $g(t)$는 모든 실수 t에서 연속이므로 함수 $f(t)g(t)$가 모든 실수에서 연속이려면 $g(0)=g(1)=0$이어야 한다.

최고차항의 계수가 1인 이차함수 $g(t)$는 $g(t)=t(t-1)$

참고　두 함수 $f(x)$, $g(x)$에 대하여 $\lim\limits_{x\to a+}f(x)\neq\lim\limits_{x\to a-}f(x)$일 때, 두 함수 $g(x)$와 $f(x)g(x)$가 $x=a$에서 연속이면 $g(a)=0$이다.

0352　답 ①　　　유형 18

주어진 구간에서 최댓값과 최솟값이 모두 존재하는 함수을 〈보기〉 단서1 에서 있는 대로 고른 것은?

〈보기〉

ㄱ. $f(x)=\dfrac{1}{x}$ 　　[1, 4]

ㄴ. $g(x)=\dfrac{3}{x+1}$ 　[-2, 1]

ㄷ. $h(x)=x^2$ 　　(1, 3)

① ㄱ　　　② ㄴ　　　③ ㄱ, ㄴ

④ ㄱ, ㄷ　　　⑤ ㄱ, ㄴ, ㄷ

단서1 최대·최소 정리 이용

 주어진 구간에서 함수가 연속인지 확인하고, 최대·최소 정리 이용하기

ㄱ. $f(x)=\dfrac{1}{x}$은 $x\neq0$인 모든 실수 x에서 연속이다.

즉, 함수 $f(x)$는 닫힌구간 $[1,4]$에서 연속이므로 최대·최소 정리에 의하여 최댓값과 최솟값이 모두 존재한다.

ㄴ. $g(x)=\dfrac{3}{x+1}$은 $x=-1$에서 불연속이고

$\lim\limits_{x\to-1+}\dfrac{3}{x+1}=\infty$, $\lim\limits_{x\to-1-}\dfrac{3}{x+1}=-\infty$이다.

즉, 함수 $g(x)$는 닫힌구간 $[-2,1]$에서 최댓값과 최솟값이 모두 존재하지 않는다.

 함수의 그래프를 이용하여 최댓값과 최솟값의 존재 확인하기

ㄷ. 함수 $y=h(x)$의 그래프는 그림과 같다.

즉, 함수 $h(x)$는 열린구간 $(1,3)$에서 연속이지만 최댓값과 최솟값이 모두 존재하지 않는다.

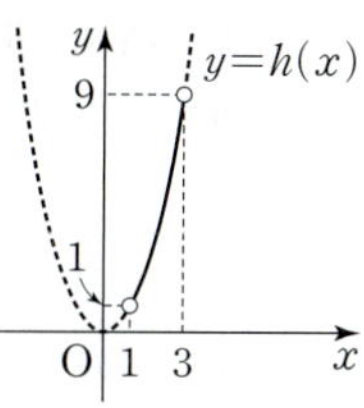

따라서 주어진 구간에서 최댓값과 최솟값이 모두 존재하는 함수는 ㄱ뿐이다.

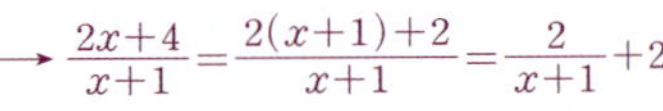

0353 답 $\dfrac{11}{2}$

$$\frac{2x+4}{x+1}=\frac{2(x+1)+2}{x+1}=\frac{2}{x+1}+2$$

$f(x)=\dfrac{2x+4}{x+1}=\dfrac{2}{x+1}+2$이므로

닫힌구간 $[1, 3]$에서 함수 $y=f(x)$의 그래프는 그림과 같다.

함수 $f(x)$는

$x=1$에서 최댓값 $M=3$

$x=3$에서 최솟값 $m=\dfrac{5}{2}$

를 가진다.

$\therefore M+m=\dfrac{11}{2}$

0354 답 ④

① 열린구간 $(-1,\ 3)$에서 함수 $f(x)$가 불연속이 되는 x의 값은 $0,\ 1$의 2개이다. (참)

② $\displaystyle\lim_{x\to1+}f(x)=\lim_{x\to1-}f(x)=2$이므로 $\displaystyle\lim_{x\to1}f(x)=2$ (참)

③ $\displaystyle\lim_{x\to0+}f(x)=1$, $\displaystyle\lim_{x\to0-}f(x)=0$, 즉 $\displaystyle\lim_{x\to0+}f(x)\neq\lim_{x\to0-}f(x)$이므로 $\displaystyle\lim_{x\to0}f(x)$의 값은 존재하지 않는다. (참)

④ 함수 $f(x)$는 닫힌구간 $[0,\ 1]$에서 최댓값을 가지지 않는다.
(거짓)

⑤ 함수 $f(x)$는 닫힌구간 $[0,\ 2]$에서 $x=0$ 또는 $x=1$ 또는 $x=2$일 때 최솟값 1을 가진다. (참)

따라서 옳지 않은 것은 ④이다.

0355 답 ①

함수 $f(x)$가 $x=4$에서 연속이므로

$\displaystyle\lim_{x\to4+}f(x)=\lim_{x\to4-}f(x)=f(4)$가 성립한다.

$f(4)=3$

$\displaystyle\lim_{x\to4+}f(x)=\lim_{x\to4+}(x-a)=4-a$

$\displaystyle\lim_{x\to4-}f(x)=\lim_{x\to4-}(x^2-4x+3)=3$

이므로 $4-a=3$ $\therefore a=1$

닫힌구간 $[1,\ 5]$에서 함수 $y=f(x)$의 그래프는 그림과 같다.

따라서 함수 $f(x)$는

$x=5$에서 최댓값 $M=4$,

$x=2$에서 최솟값 $m=-1$

을 가진다.

$\therefore M+m=3$

0356 답 12

닫힌구간 $[1,\ 9]$에서 함수 $y=g(x)$의 그래프는 그림과 같다.

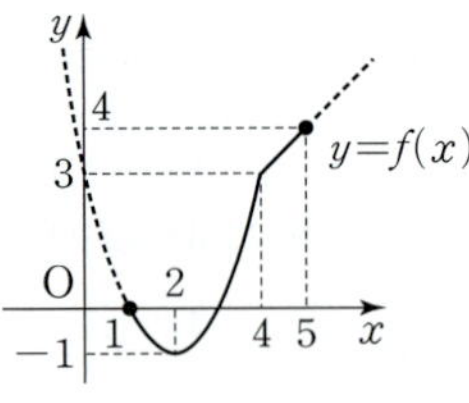

$g(x)=t$로 놓으면 $3\leq t\leq5$이므로

$$\begin{aligned}(f\circ g)(x)&=f(g(x))\\&=f(t)\\&=t^2-2t-3\\&=(t-1)^2-4\ (3\leq t\leq5)\end{aligned}$$

함수 $g(x)$는 닫힌구간 $[1, 9]$에서 연속이고 함수 $f(x)$는 닫힌구간 $[3, 5]$에서 연속이므로 연속함수의 성질에 의하여 함수 $(f\circ g)(x)$는 닫힌구간 $[1, 9]$에서 연속이다.

즉, 최대·최소 정리에 의하여 닫힌구간 $[1, 9]$에서 반드시 최댓값과 최솟값을 가진다.

따라서 함수 $f(t)$는

$t=5$에서 최댓값 $M=12$,

$t=3$에서 최솟값 $m=0$

을 가진다.

$\therefore M+m=12$

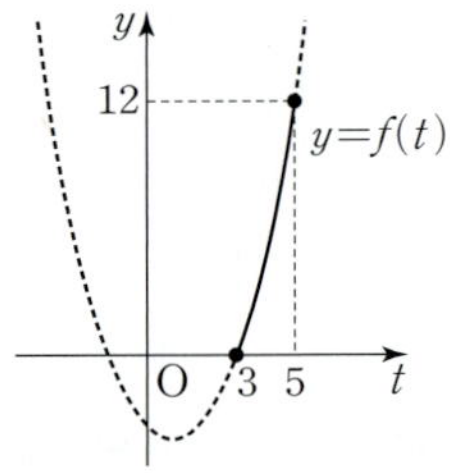

0357 답 ②

$f(x)=2x+1$, $g(x)=\dfrac{1}{x+3}$에 대하여

ㄱ. $f(x)+g(x)=2x+1+\dfrac{1}{x+3}$은 $x\neq-3$인 모든 실수 x에서 연속이다.

즉, 함수 $f(x)+g(x)$는 닫힌구간 $[-2, 2]$에서 연속이므로 최대·최소 정리에 의하여 최댓값과 최솟값을 모두 가진다.

ㄴ. $f(g(x))=f\Big(\dfrac{1}{x+3}\Big)=\dfrac{2}{x+3}+1$은 $x\neq-3$인 모든 실수 x에서 연속이다.

즉, 함수 $f(g(x))$는 닫힌구간 $[-2, 2]$에서 연속이므로 최대·최소 정리에 의하여 최댓값과 최솟값을 모두 가진다.

ㄷ. $g(f(x))=g(2x+1)=\dfrac{1}{2x+4}$은 $x=-2$에서 불연속이고

$\displaystyle\lim_{x\to-2+}g(f(x))=\infty$이다.

즉, 함수 $g(f(x))$는 닫힌구간 $[-2, 2]$에서 최댓값을 가지지 않는다.

따라서 닫힌구간 $[-2, 2]$에서 최댓값과 최솟값을 모두 가지는 것은 ㄱ, ㄴ이다.

참고 ㄷ. 함수 $y=g(f(x))$의 그래프는 그림과 같다. 따라서 함수 $g(f(x))$는 닫힌구간 $[-2, 2]$에서 최솟값 $\dfrac{1}{8}$을 가진다.

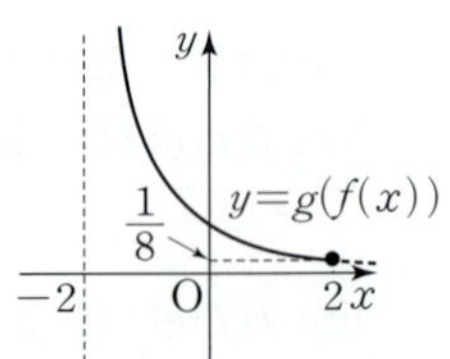

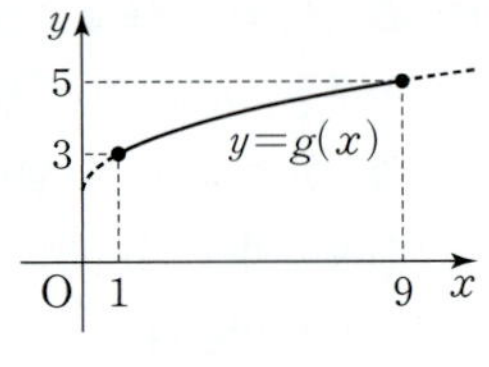

0358 답 ②

STEP 1 주어진 구간에서 함숫값 구하기

$f(x)=3x^3-x^2-x+1$이라 하면 $f(x)$는 모든 실수 x에서 연속이고　→ $f(x)$는 다항함수

$f(-2)=-25,\ f(-1)=-2,\ f(0)=1,\ f(1)=2,\ f(2)=19,$
$f(3)=70$

STEP 2 실근이 존재하는 구간 구하기

따라서 $f(-1)f(0)<0$이므로 사잇값 정리에 의하여 주어진
→ 두 함숫값의 부호가 다르므로 구간 $(-1, 0)$의 적어도 한 점 c에서 $f(c)=0$이 된다.
방정식의 실근이 존재하는 구간은 $(-1, 0)$이다.

0359 답 ②

다항함수 $f(x)$는 모든 실수 x에서 연속이고 $f(-2)f(-1)<0$이면 사잇값 정리에 의하여 방정식 $f(x)=0$은 열린구간 $(-2, -1)$에서 적어도 하나의 실근을 가진다. 즉,

$(k-2)(2k-1)<0$　　∴ $\dfrac{1}{2}<k<2$

따라서 구하는 자연수 k의 값은 1의 1개이다.

0360 답 $-1<a<\dfrac{1}{2}$

$f(x)=x^3-x^2-x+2a$라 하면 $f(x)$는 모든 실수 x에서 연속이다.
함수 $f(x)$가 닫힌구간 $[1, 2]$에서 연속이고　→ $f(x)$는 다항함수
$f(1)=1-1-1+2a=2a-1$
$f(2)=8-4-2+2a=2a+2$
에서 $f(1)f(2)<0$이면 사잇값 정리에 의하여 $f(c)=0$인 c가 열린구간 $(1, 2)$에 적어도 하나 존재한다.
따라서 $(2a-1)(2a+2)<0$이므로

$-1<a<\dfrac{1}{2}$

0361 답 36

$h(x)=f(x)-g(x)$라 하면
$h(x)=x^5+x^3-3x^2+k-(x^3-5x^2+3)$
$\quad\quad=x^5+2x^2+k-3$
$h(x)$는 모든 실수 x에서 연속이고 $h(1)h(2)<0$이면 사잇값 정리에 의하여 방정식 $h(x)=0$, 즉 $f(x)=g(x)$는 열린구간 $(1, 2)$에서 적어도 하나의 실근을 가진다.
$h(1)=1+2+k-3=k$
$h(2)=32+8+k-3=k+37$
이므로 $k(k+37)<0$　　∴ $-37<k<0$
따라서 구하는 정수 k의 개수는 36이다.

0362 답 ②

$f(x)=x^3-x^2+4x+1$이라 하면 $f(x)$는 모든 실수 x에서 연속이고
$f(-2)=-19,\ f(-1)=-5,\ f(0)=1,\ f(1)=5,\ f(2)=13$
따라서 $f(-1)f(0)<0$이므로 사잇값 정리에 의하여 방정식 $f(x)=0$은 열린구간 $(-1, 0)$에서 적어도 하나의 실근을 가진다.
따라서 실근이 존재하는 구간은 ㄴ뿐이다.

0363 답 ④

$f(2)f(3)<0,\ f(4)f(5)<0$이므로 사잇값 정리에 의하여 방정식 $f(x)=0$은 구간 $(2, 3),\ (4, 5)$에서 각각 적어도 하나의 실근을 가진다.
또, 모든 실수 x에 대하여 $f(x)=f(-x)$이므로
$f(-2)f(-3)<0,\ f(-4)f(-5)<0$
즉, 방정식 $f(x)=0$은 구간 $(-3, -2),\ (-5, -4)$에서 각각 적어도 하나의 실근을 가진다.
따라서 방정식 $f(x)=0$은 적어도 4개의 실근을 가지므로
$n=4$

참고 모든 실수 x에 대하여 $f(x)=f(-x)$이므로 $f(-2)=f(2)$, $f(-3)=f(3)$, $f(-4)=f(4)$, $f(-5)=f(5)$임을 이용한다.

0364 답 ④

방정식 $f(x)=0$의 실근은 $0,\ m,\ n$이고 $m,\ n$은 자연수이므로 사잇값 정리에 의하여
$f(1)f(3)<0$에서 $f(2)=0$
$f(3)f(5)<0$에서 $f(4)=0$
따라서 $f(x)=x(x-2)(x-4)$이므로
$f(6)=6\times4\times2=48$

0365 답 ④　　유형 20

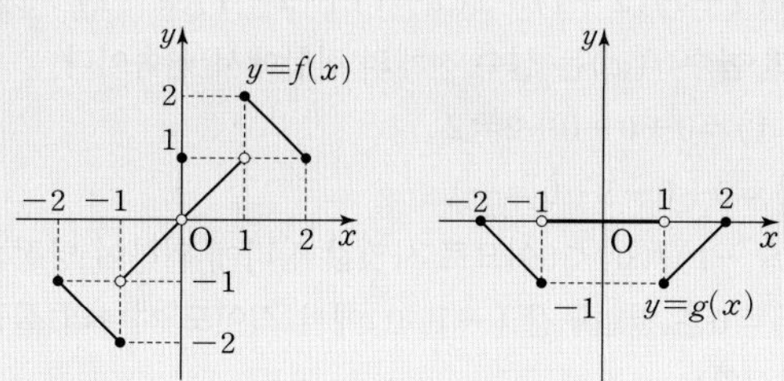

〈보기〉에서 옳은 것만을 있는 대로 고른 것은?

① ㄱ　　　　② ㄷ　　　　③ ㄱ, ㄴ

④ ㄴ, ㄷ　　　⑤ ㄱ, ㄴ, ㄷ

단서1 $x=0$에서 연속이면 $\displaystyle\lim_{x\to0}g(f(x))=g(f(0))$
단서2 사잇값 정리 이용

ㄱ. $\displaystyle\lim_{x\to-1-}g(f(x))=\lim_{t\to-2+}g(t)=0$

　　　　　　　　　　　　　　　$f(x)=t$로 놓으면

$\displaystyle\lim_{x\to-1+}g(f(x))=\lim_{t\to-1+}g(t)=0$　$x\to-1-$일 때, $t\to-2+$

　　　　　　　　　　　　　　　$f(x)=t$로 놓으면

　　$\therefore\displaystyle\lim_{x\to-1}g(f(x))=0$ (거짓)　$x\to-1+$일 때, $t\to-1+$

ㄴ. $\displaystyle\lim_{x\to0}g(f(x))=\lim_{t\to0}g(t)=0$

　　$g(f(0))=g(1)=-1$

　　즉, $\displaystyle\lim_{x\to0}g(f(x))\neq g(f(0))$이므로 함수 $g(f(x))$는

　　$x=0$에서 불연속이다. (참)

ㄷ. 두 함수 $f(x)$, $g(x)$가 닫힌구간 $[1,\,2]$에서 연속이고,

　　$1\leq f(x)\leq2$이므로 함수 $g(f(x))$도 닫힌구간 $[1,\,2]$에서 연

　　속이다.

　　이때 $h(x)=g(f(x))+\dfrac{1}{2}$이라 하면

　　$h(1)=g(f(1))+\dfrac{1}{2}=g(2)+\dfrac{1}{2}$

　　　　$=0+\dfrac{1}{2}=\dfrac{1}{2}$

　　$h(2)=g(f(2))+\dfrac{1}{2}=g(1)+\dfrac{1}{2}$

　　　　$=-1+\dfrac{1}{2}=-\dfrac{1}{2}$

　　즉, $h(1)h(2)<0$이므로 사잇값 정리에 의하여 방정식

　　$h(x)=0$, 즉 $g(f(x))=-\dfrac{1}{2}$의 실근이 1과 2 사이에 적어도

　　하나 존재한다. (참)

따라서 옳은 것은 ㄴ, ㄷ이다.

0366　답 ②

$f(x)=x(x+1)(x-1)+x(x+1)+(x+1)(x-1)+x(x-1)$

이라 하면 함수 $f(x)$는 실수 전체의 집합에서 연속이다.

ㄱ. $f(-1)=0+0+0+2=2$

　　$f(0)=0+0-1+0=-1$

　　즉, $f(-1)f(0)<0$이므로 사잇값 정리에 의하여 방정식

　　$f(x)=0$은 열린구간 $(-1,\,0)$에서 적어도 하나의 실근을 가

　　진다. (참)

ㄴ. $f(0)=0+0-1+0=-1$

　　$f(1)=0+2+0+0=2$

　　즉, $f(0)f(1)<0$이므로 사잇값 정리에 의하여 방정식

　　$f(x)=0$은 열린구간 $(0,\,1)$에서 적어도 하나의 실근을 가진

　　다. (참)

ㄷ. $k\geq4$인 임의의 실수 k에 대하여 $f(k)>0$이므로 방정식

　　$f(x)=0$은 4보다 큰 실근을 가지지 않는다. (거짓)

따라서 옳은 것은 ㄱ, ㄴ이다.

참고 ㄷ. $x(x+1)(x-1)$, $x(x+1)$, $(x+1)(x-1)$, $x(x-1)$의 값은

모두 $x\geq4$에서 0보다 크다.

따라서 $x\geq4$에서 $f(x)>0$이므로 4보다 큰 실근은 존재하지 않는다.

0367　답 ②

ㄱ. 열린구간 $(1,\,2)$에서 방정식 $(2x-3)f(x)=0$이 하나의 실근

　　을 가지므로 $-f(1)\times f(2)<0$에서　$x=\dfrac{3}{2}$이 실근 중 하나이다.

　　$f(1)f(2)>0$ (거짓)

ㄴ. 열린구간 $(-1,\,1)$에서 방정식 $(2x-3)f(x)=0$이 하나의

　　실근을 가지므로 $-5f(-1)\times\{-f(1)\}<0$에서

　　$f(-1)f(1)<0$ (참)

ㄷ. 열린구간 $(-2,\,-1)$에서 방정식 $(2x-3)f(x)=0$이 하나의

　　실근을 가지므로 $-7f(-2)\times\{-5f(-1)\}<0$에서

　　$f(-2)f(-1)<0$ (참)

ㄹ. ㄱ에서 $f(1)f(2)>0$이고, ㄷ에서 $f(-2)f(-1)<0$이므로

　　$f(-2)f(-1)f(1)f(2)<0$ (거짓)

따라서 옳은 것은 ㄴ, ㄷ이다.

0368　답 ⑤

ㄱ. 주어진 그래프에서 $x\to0-$일 때, $f(x)\to1$이므로

　　$\displaystyle\lim_{x\to0-}f(x)=1$ (참)

ㄴ. $f(0)f(3)=1\times0=0$

　　$\displaystyle\lim_{x\to0+}f(x)f(x+3)=\lim_{x\to0+}f(x)\times\lim_{t\to3+}f(t)$

　　　　　　　　　　　　　　　　　$x+3=t$로 놓으면

　　　　　　　　　　$=2\times0=0$　$x\to0+$일 때, $t\to3+$

　　$\displaystyle\lim_{x\to0-}f(x)f(x+3)=\lim_{x\to0-}f(x)\times\lim_{t\to3-}f(t)$

　　　　　　　　　　　　　　　　　$x+3=t$로 놓으면

　　　　　　　　　　$=1\times0=0$　$x\to0-$일 때, $t\to3-$

　　즉, $\displaystyle\lim_{x\to0+}f(x)f(x+3)=\lim_{x\to0-}f(x)f(x+3)=f(0)f(3)$이므로

　　함수 $f(x)f(x+3)$은 $x=0$에서 연속이다. (참)

ㄷ. $g(x)=f(x)f(x+1)+2x-5$라 하면

　　$g(2)=f(2)f(3)+4-5$

　　　　$=(-1)\times0+4-5$

　　　　$=-1$

　　$\displaystyle\lim_{x\to2+}g(x)=\lim_{x\to2+}\{f(x)f(x+1)+2x-5\}$

　　　　　　　$=(-1)\times0+4-5$

　　　　　　　$=-1$

　　$\displaystyle\lim_{x\to2-}g(x)=\lim_{x\to2-}\{f(x)f(x+1)+2x-5\}$

　　　　　　　$=(-2)\times0+4-5$

　　　　　　　$=-1$

　　즉, $\displaystyle\lim_{x\to2}g(x)=g(2)$이므로 함수 $g(x)$는 $x=2$에서 연속이다.

　　따라서 함수 $g(x)$는 닫힌구간 $[1,\,3]$에서 연속이고,

　　$g(1)=f(1)f(2)+2-5=0\times(-1)-3=-3$

　　$g(3)=f(3)f(4)+6-5=0\times1+1=1$

　　에서 $g(1)g(3)<0$이므로 사잇값 정리에 의하여 방정식

　　$g(x)=0$은 열린구간 $(1,\,3)$에서 적어도 하나의 실근을 가진다.

　　　　　　　　　　　　　　　　　　　　　　　　　　　(참)

따라서 옳은 것은 ㄱ, ㄴ, ㄷ이다.

참고 ㄷ. $g(x)=f(x)f(x+1)+2x-5$에서 $g(x)$가 닫힌구간 $[1,\,3]$에서

연속임을 보여야 하는 경우

두 함수 $y=f(x+1)$, $y=2x-5$는 모두 닫힌구간 $[1,\,3]$에서 연속이고 함

수 $y=f(x)$는 $x=2$에서 불연속이므로 함수 $g(x)$는 $x=2$에서만 연속임을

보이면 닫힌구간 $[1,\,3]$에서 연속이 된다.

0369 답 ④ | 유형 21

> 어느 비행기가 <u>A공항을 출발하여 B공항에 멈춘 다음 다시 출발하여</u> <u>C공항에 도착하였다.</u> **단서1** 이 비행기가 A공항에서 B공항까지 갈 때와 B공항에서 C공항까지 갈 때의 최고 속력이 각각 시속 800 km였다고 할 때, A공항에서 C공항으로 갈 때까지 속력이 시속 300 km인 순간은 적어도 n번 있었다. 이때 n의 값은?
>
> ① 1 ② 2 ③ 3
> ④ 4 ⑤ 5
>
> **단서1** x시간 후 비행기의 속력을 시속 $f(x)$ km라 하면 A공항을 출발한 지 각각 b시간, c시간 후에 B공항, C공항에 도착하였다면 ➡ $f(0)=0$, $f(b)=0$, $f(c)=0$

STEP 1 사잇값 정리를 이용하여 n의 값 구하기

비행기가 A공항을 출발한 지 x시간 후의 비행기의 속력을 시속 $f(x)$ km라 하고 A공항을 출발한 지 각각 b시간, c시간 후에 B공항, C공항에 도착하였다고 하면

$f(0)=0$, $f(b)=0$, $f(c)=0$

이때 최고 속력이 시속 800 km이므로 $0<\alpha<b$, $b<\beta<c$이고 $f(\alpha)=800$, $f(\beta)=800$인 α, β가 존재한다.

즉, 사잇값 정리에 의하여 $f(k)=300$인 k가 열린구간 $(0,\ \alpha)$, $(\alpha,\ b)$, $(b,\ \beta)$, $(\beta,\ c)$에 각각 적어도 하나씩 존재한다.

따라서 비행기의 속력이 시속 300 km인 순간은 적어도 4번 존재하므로

$n=4$

0370 답 ④

몸무게는 연속하여 변하므로 사잇값 정리에 의하여
④ 몸무게가 65 kg인 때가 적어도 한 번 있었다. (거짓)

서술형 유형 익히기   85쪽~87쪽

0371 답 (1) 1 (2) $-a-2$ (3) $-a-2$ (4) 0 (5) -2

실제 답안 예시

함수 f(x)가 x=1에서 불연속이므로

$\lim\limits_{x\to1}$ f(x)g(x)의 값이 존재하고 그 값이 f(1)g(1)과 같아야 f(x)g(x)가 실수

전체의 집합에서 연속   → 함숫값 $f(1)g(1)$도 확인해야 한다.

f(1)g(1)=-a-2

$\lim\limits_{x\to1+}$ f(x)g(x) $=\lim\limits_{x\to1+}$ (x-2)(x²+x+a)
            =-(2+a)=-a-2

$\lim\limits_{x\to1-}$ f(x)g(x) $=\lim\limits_{x\to1-}$ (x²-1)(2x+1)=0

-a-2=0이어야 하므로 a=-2

0372 답 -1

STEP 1 함수 $f(x)g(x)$가 실수 전체의 집합에서 연속일 조건 구하기 [1점]

두 함수 $f(x)$, $g(x)$는 $x\ne0$인 모든 실수 x에서 연속이므로 함수 $f(x)g(x)$는 $x\ne0$인 모든 실수 x에서 연속이다.

즉, 함수 $f(x)g(x)$가 $x=0$에서 연속이면 함수 $f(x)g(x)$는 실수 전체의 집합에서 연속이다.

STEP 2 함수 $f(x)g(x)$가 $x=0$에서 연속일 조건을 이용하여 상수 a의 값 구하기 [5점]

함수 $f(x)g(x)$가 $x=0$에서 연속이려면

$\lim\limits_{x\to0+} f(x)g(x)=\lim\limits_{x\to0-} f(x)g(x)=f(0)g(0)$이 성립해야 한다.

$f(0)g(0)=0\times2=0$

$\lim\limits_{x\to0+} f(x)g(x)=\lim\limits_{x\to0+}(a+1)\times\lim\limits_{x\to0+}(x^2+ax+1)=a+1$ …… ⓐ

$\lim\limits_{x\to0-} f(x)g(x)=\lim\limits_{x\to0-}x^2\times\lim\limits_{x\to0-}(x+2)=0\times2=0$ …… ⓑ

즉, $a+1=0$이므로 $a=-1$

부분점수표	
ⓐ $\lim\limits_{x\to0+} f(x)g(x)$만 바르게 구한 경우	2점
ⓑ $\lim\limits_{x\to0-} f(x)g(x)$만 바르게 구한 경우	2점

0373 답 $a=1$, $b=2$

STEP 1 함수 $f(x)g(x)$가 실수 전체의 집합에서 연속일 조건 구하기 [1점]

두 함수 $f(x)$, $g(x)$는 $x\ne1$인 모든 실수 x에서 연속이므로 함수 $f(x)g(x)$는 $x\ne1$인 모든 실수 x에서 연속이다.

즉, 함수 $f(x)g(x)$가 $x=1$에서 연속이면 함수 $f(x)g(x)$는 실수 전체의 집합에서 연속이다.

STEP 2 함수 $f(x)g(x)$가 $x=1$에서 연속일 조건을 이용하여 상수 a, b의 값 구하기 [6점]

함수 $f(x)g(x)$가 $x=1$에서 연속이려면

$\lim\limits_{x\to1+} f(x)g(x)=\lim\limits_{x\to1-} f(x)g(x)=f(1)g(1)$이 성립해야 한다.

$f(1)g(1)=b(a+2)$ …… ⓐ

$\lim\limits_{x\to1+} f(x)g(x)=\lim\limits_{x\to1+}(x+a)\times\lim\limits_{x\to1+}(x^2+ax+1)$
                $=(1+a)(2+a)$ …… ⓑ

$\lim\limits_{x\to1-} f(x)g(x)=\lim\limits_{x\to1-}b\times\lim\limits_{x\to1-}(x+2)=3b$ …… ⓒ

$b(a+2)=3b$에서 $3=a+2$ $(\because b\ne0)$

$\therefore a=1$

$(1+a)(2+a)=3b$에서 $6=3b$

$\therefore b=2$

부분점수표	
ⓐ $f(1)g(1)$만 바르게 구한 경우	2점
ⓑ $\lim\limits_{x\to1+} f(x)g(x)$만 바르게 구한 경우	2점
ⓒ $\lim\limits_{x\to1-} f(x)g(x)$만 바르게 구한 경우	2점

0374 답 $a=\dfrac{5}{3}$, $b=\dfrac{2}{3}$ 또는 $a=-2$, $b=-3$

STEP 1 함수 $f(x)g(x)$가 실수 전체의 집합에서 연속일 조건 구하기 [2점]

함수 $f(x)$는 $x\ne1$에서 연속이고, 함수 $g(x)$는 $x\ne3$에서 연속이므로 함수 $f(x)g(x)$가 $x=1$, $x=3$에서 연속이면 실수 전체의 집합에서 연속이다.

(i) 함수 $f(x)g(x)$가 $x=1$에서 연속이려면
$$\lim_{x \to 1+} f(x)g(x) = \lim_{x \to 1-} f(x)g(x) = f(1)g(1)$$이 성립해야 한다.
$$f(1)g(1) = (-b+2) \times 2 = -2b+4$$
$$\lim_{x \to 1+} f(x)g(x) = \lim_{x \to 1+} (-bx+2) \times \lim_{x \to 1+} 2x$$
$$= (-b+2) \times 2$$
$$= -2b+4 \quad \cdots\cdots ⓐ$$
$$\lim_{x \to 1-} f(x)g(x) = \lim_{x \to 1-} (-ax+3) \times \lim_{x \to 1-} 2x$$
$$= (-a+3) \times 2$$
$$= -2a+6 \quad \cdots\cdots ⓐ$$
즉, $-2b+4 = -2a+6$에서
$$a = b+1 \quad \cdots\cdots ㉠$$

STEP 3 $x=3$에서 연속일 조건을 이용하여 식 세우기 [3점]

(ii) 함수 $f(x)g(x)$가 $x=3$에서 연속이려면
$$\lim_{x \to 3+} f(x)g(x) = \lim_{x \to 3-} f(x)g(x) = f(3)g(3)$$이 성립해야 한다.
$$f(3)g(3) = (-3b+2)(9+b)$$
$$\lim_{x \to 3+} f(x)g(x) = \lim_{x \to 3+} (-bx+2) \times \lim_{x \to 3+} (x^2+b)$$
$$= (-3b+2)(9+b) \quad \cdots\cdots ⓑ$$
$$\lim_{x \to 3-} f(x)g(x) = \lim_{x \to 3-} (-bx+2) \times \lim_{x \to 3-} 2x$$
$$= 6(-3b+2) \quad \cdots\cdots ⓑ$$
즉, $(-3b+2)(9+b) = 6(-3b+2) \quad \cdots\cdots ㉡$

STEP 4 상수 a, b의 값 구하기 [2점]

㉡에서 $(3b-2)(9+b) - 6(3b-2) = 0$
$$(3b-2)(b+3) = 0$$
$$\therefore b = \frac{2}{3} \text{ 또는 } b = -3$$
㉠에서 $b = \frac{2}{3}$이면 $a = \frac{5}{3}$이고, $b = -3$이면 $a = -2$ $\quad \cdots\cdots ⓒ$

부분점수표	
ⓐ $\lim\limits_{x \to 1+} f(x)g(x)$, $\lim\limits_{x \to 1-} f(x)g(x)$ 중 어느 하나만 바르게 구한 경우	각 1점
ⓑ $\lim\limits_{x \to 3+} f(x)g(x)$, $\lim\limits_{x \to 3-} f(x)g(x)$ 중 어느 하나만 바르게 구한 경우	각 1점
ⓒ a, b의 값을 한 쌍만 바르게 구한 경우	1점

0375 🖹 (1) $<$ (2) $-a+6$ (3) $-a+6$ (4) 6

실제 답안 예시

> $g(x) = xf(x)+3$이라 하면 $g(x)$는 연속함수이고 $g(-1)g(2)<0$이면 적어도 하
> 나의 실근을 가짐
> $g(-1) = -f(-1)+3 = -a+6$
> $g(2) = 2f(2)+3 = 2a^2-8a+15$
> $g(-1)g(2) = (-a+6)(\underline{2a^2-8a+15})<0$
> $\quad\quad\quad \to \frac{D}{4} = 4^2-2\times15<0 :$ 항상 양수
> $\therefore -a+6<0 \quad \therefore a>6$

0376 🖹 $0<a<2$

STEP 1 $g(x) = f(x)-2x$라 하고, 사잇값 정리 이용하기 [2점]

$g(x) = f(x)-2x$라 하면 함수 $g(x)$는 연속함수이고
$g(1)g(2)<0$이면 사잇값 정리에 의하여 방정식 $g(x)=0$은 열린
구간 $(1, 2)$에서 적어도 하나의 실근을 가진다.

STEP 2 $g(1)$, $g(2)$의 값 구하기 [2점]

$$g(1) = f(1)-2 = (a^2+3a+2)-2 = a^2+3a$$
$$g(2) = f(2)-4 = (a+2)-4 = a-2$$

STEP 3 부등식 $g(1)g(2)<0$을 만족시키는 양수 a의 값의 범위 구하기 [3점]

$g(1)g(2)<0$이어야 하므로
$$(a^2+3a)(a-2)<0, \quad a(a+3)(a-2)<0$$
이때 양수 a에 대하여 $a(a+3)>0$이므로
$$a-2<0$$
$$\therefore 0<a<2 \ (\because a>0)$$

0377 🖹 10

STEP 1 $g(x) = f(2x-1)f(2x+1)$이라 하고, 사잇값 정리 이용하기 [2점]

$g(x) = f(2x-1)f(2x+1)$이라 하면 $g(x)$는 연속함수이고
$g(0)g(1)<0$, $g(1)g(2)<0$이면 사잇값 정리에 의하여
방정식 $g(x)=0$은 열린구간 $(0, 1)$, $(1, 2)$에서 각각 적어도 하
나의 실근을 가진다.

STEP 2 $g(0)$, $g(1)$, $g(2)$의 값 구하기 [3점]

$$g(0) = f(-1)f(1) = (a^2-3a-10) \times (-2)$$
$$= -2(a+2)(a-5) \quad \cdots\cdots ⓐ$$
$$g(1) = f(1)f(3) = -2 \times 3 = -6 \quad \cdots\cdots ⓐ$$
$$g(2) = f(3)f(5) = 3(-a^2+6a+7)$$
$$= -3(a+1)(a-7) \quad \cdots\cdots ⓐ$$

STEP 3 부등식 $g(0)g(1)<0$, $g(1)g(2)<0$을 만족시키는 정수 a의 값의 범위 구하기 [2점]

$g(0)g(1)<0$이어야 하므로
$$g(0)g(1) = 12(a+2)(a-5)<0$$
$$\therefore -2<a<5 \quad \cdots\cdots ⓑ$$
$g(1)g(2)<0$이어야 하므로
$$g(1)g(2) = 18(a+1)(a-7)<0$$
$$\therefore -1<a<7 \quad \cdots\cdots ⓒ$$

STEP 4 두 부등식을 연립하여 조건을 만족시키는 모든 정수 a의 값의 합 구하기 [1점]

a의 값의 범위는 $-1<a<5$이므로 구하는 모든 정수 a의 값의 합은
$$0+1+2+3+4 = 10$$

부분점수표	
ⓐ $g(0)$, $g(1)$, $g(2)$ 중 일부만 바르게 구한 경우	각 1점
ⓑ $g(0)g(1)<0$의 부등식의 해만 바르게 구한 경우	1점
ⓒ $g(1)g(2)<0$의 부등식의 해만 바르게 구한 경우	1점

0378 🖹 풀이 참조

STEP 1 $g(x) = f(x)-\cos\dfrac{\pi x}{2}+1$이라 하고, 사잇값 정리 이용하기 [2점]

$$g(x) = f(x)-\cos\frac{\pi x}{2}+1$$이라 하면 $g(x)$는 연속함수이고
$g(1)g(2)<0$이면 사잇값 정리에 의하여 방정식 $g(x)=0$은 열린
구간 $(1, 2)$에서 적어도 하나의 실근을 가진다.

$$g(1)=f(1)-\cos\frac{\pi}{2}+1=1-0+1=2$$

$$g(2)=f(2)-\cos\pi+1=-3+1+1=-1$$

STEP 3 방정식 $g(x)=0$의 근이 존재하는 이유 설명하기 [2점]

$g(x)$는 연속함수이고 $g(1)g(2)<0$이므로 사잇값 정리에 의하여 방정식 $g(x)=0$은 열린구간 $(1, 2)$에서 적어도 하나의 실근을 가진다.

실전 마무리하기 1회   88쪽~92쪽

1 0379 답 ② 유형 1

출제의도 │ 연속함수의 정의를 알고 있는지 확인한다.

> 극한값과 함숫값이 정의되고, 두 값이 같으면 연속함수야.

ㄱ. 함수 $f(x)=\dfrac{1}{x-1}$은 $x=1$에서 정의되지 않으므로 $x=1$에서 불연속이다.

ㄴ. 함수 $f(x)=\dfrac{1}{x^2}$에서 $f(1)=1$

$$\lim_{x\to 1}f(x)=\lim_{x\to 1}\frac{1}{x^2}=1$$

즉, $\lim_{x\to 1}f(x)=f(1)$이므로 함수 $f(x)$는 $x=1$에서 연속이다.

ㄷ. 함수 $f(x)=\dfrac{|x-1|}{x-1}$은 $x=1$에서 정의되지 않으므로 $x=1$에서 불연속이다.

따라서 $x=1$에서 연속인 함수는 ㄴ뿐이다.

2 0380 답 ④ 유형 2

출제의도 │ 불연속의 정의에 대해 알고 있는지 확인한다.

> 좌극한값과 우극한값이 다르면 불연속이야.

주어진 그래프에서 $x=0$, $x=2$, $x=4$에서 좌극한값과 우극한값이 다르므로 불연속이 되게 하는 a의 값은 0, 2, 4이다.

따라서 모든 a의 값의 합은 $0+2+4=6$

3 0381 답 ③ 유형 4

출제의도 │ 함수가 연속일 조건을 이용하여 함숫값을 구할 수 있는지 확인한다.

> $f(x)$가 연속함수이면 $\lim_{x\to a}f(x)=f(a)$가 성립해.

$f(x)$, $g(x)$가 연속함수이므로

$$\lim_{x\to 3}f(x)=f(3),\ \lim_{x\to 3}g(x)=g(3)$$

$\lim_{x\to 3}\{f(x)+g(x)\}=2$, $\lim_{x\to 3}\{f(x)-g(x)\}=4$에서

$f(3)+g(3)=2$, $f(3)-g(3)=4$

위의 두 식을 연립하여 풀면

$f(3)=3$, $g(3)=-1$

$\therefore f(3)g(3)=-3$

4 0382 답 ② 유형 5

출제의도 │ 구간이 나누어진 함수가 연속이 되도록 하는 미정계수를 정할 수 있는지 확인한다.

> 함수 $f(x)$가 $x=a$에서 연속이면
> $\lim_{x\to a+}f(x)=\lim_{x\to a-}f(x)=f(a)$가 성립해.

함수 $f(x)$가 $x=1$에서 연속이므로 $\lim_{x\to 1+}f(x)=\lim_{x\to 1-}f(x)=f(1)$이 성립한다.

$f(1)=-1+a$

$$\lim_{x\to 1+}f(x)=\lim_{x\to 1+}(-x+a)=-1+a$$

$$\lim_{x\to 1-}f(x)=\lim_{x\to 1-}(x^2+2x)=3$$

이므로 $-1+a=3$ $\therefore a=4$

5 0383 답 ④ 유형 6

출제의도 │ 유리함수가 연속이기 위한 조건을 알고 있는지 확인한다.

> 유리함수는 (분모)$\neq0$인 구간에서 연속이야.

함수 $f(x)=\dfrac{5}{x^2-ax+a}$가 모든 실수 x에서 연속이 되려면 모든 실수 x에 대하여 $x^2-ax+a\neq0$이어야 한다.

즉, 이차방정식 $x^2-ax+a=0$의 판별식을 D라 하면 $D<0$이므로

$D=a^2-4a<0$

$a(a-4)<0$ $\therefore 0<a<4$

따라서 구하는 정수 a는 1, 2, 3이므로 그 합은

$1+2+3=6$

6 0384 답 ④ 유형 6

출제의도 │ 분수 꼴의 함수가 연속이 되도록 하는 미정계수를 정할 수 있는지 확인한다.

> 함수 $f(x)$가 $x=a$에서 연속이면 $\lim_{x\to a}f(x)=f(a)$가 성립해.

함수 $f(x)$가 실수 전체의 집합에서 연속이므로 $x=2$에서도 연속이다.

즉, $\lim_{x\to 2}f(x)=f(2)$이다.

$$\lim_{x\to 2}\frac{x^2+2x-8}{x-2}=\lim_{x\to 2}\frac{(x-2)(x+4)}{x-2}=\lim_{x\to 2}(x+4)=6$$

$f(2)=a$

이므로 $a=6$

7 0385 답 ② 유형 7

출제의도 │ $(x-a)f(x)$ 꼴의 함수가 연속일 조건을 알고 있는지 확인한다.

> 함수 $(x-a)f(x)$가 $x=2$에서 연속일 조건을 생각해 봐.

함수 $(x-a)f(x)$가 $x=2$에서 연속이므로

$$\lim_{x\to 2+}(x-a)f(x)=\lim_{x\to 2-}(x-a)f(x)=(2-a)f(2)$$가 성립한다.

$(2-a)f(2)=(2-a)\times1=2-a$

$\lim\limits_{x\to2-}(x-a)f(x)=(2-a)\times3=6-3a$

$\lim\limits_{x\to2+}(x-a)f(x)=(2-a)\times1=2-a$

이므로 $2-a=6-3a$

$2a=4$ $\therefore a=2$

---

8 0386 답 ③   유형 8

출제의도 │ 연속함수의 성질을 알고 있는지 확인한다.

> 함수 $\dfrac{f(x)}{g(x)}$에서 (분모)$=0$인 값이 있는지 확인해 보자.

두 함수 $f(x)$, $g(x)$는 각각 모든 실수 x에서 연속인 함수이므로 연속함수의 성질에 의하여 ①, ②, ④, ⑤는 모든 실수 x에서 연속인 함수이다.

③ $\dfrac{f(x)}{g(x)}=\dfrac{|x+3|}{x^2+2x-3}=\dfrac{|x+3|}{(x+3)(x-1)}$ 이므로 $x=-3$, $x=1$

↑ $g(x)=0$이 되게 하는 x의 값이다.

에서 정의되지 않는다. 즉, 함수 $\dfrac{f(x)}{g(x)}$는 $x=-3$, $x=1$에서 불연속이다.

---

9 0387 답 ③   유형 13

출제의도 │ 연속의 정의를 함수 $f(x)g(x)$에 적용할 수 있는지 확인한다.

> 함수 $f(x)$가 $\lim\limits_{x\to a-}f(x)\neq\lim\limits_{x\to a+}f(x)$일 때,
> 함수 $g(x)$와 함수 $f(x)g(x)$가 $x=a$에서 연속이면 $g(a)=0$이야.

함수 $f(x)$는 $x=-2$, $x=2$에서 불연속이고 이차함수 $g(x)$는 모든 실수 x에서 연속이므로 함수 $f(x)g(x)$가 모든 실수 x에서 연속이기 위해서는 $g(2)=g(-2)=0$이어야 한다.

따라서 최고차항의 계수가 1인 이차함수 $g(x)$는

$g(x)=(x-2)(x+2)$

$\therefore g(3)=(3-2)\times(3+2)=5$

다른 풀이

함수 $f(x)$는 $x\neq-2$, $x\neq2$인 실수 전체의 집합에서 연속이고 이차함수 $g(x)$는 모든 실수 x에서 연속이므로 함수 $f(x)g(x)$가 모든 실수 x에서 연속이려면 $x=-2$, $x=2$에서 연속이어야 한다.

(i) 함수 $f(x)g(x)$가 $x=-2$에서 연속이려면

$\lim\limits_{x\to-2+}f(x)g(x)=\lim\limits_{x\to-2-}f(x)g(x)=f(-2)g(-2)$가 성립해야 한다.

$f(-2)g(-2)=1\times g(-2)=g(-2)$

$\lim\limits_{x\to-2+}f(x)g(x)=3\times g(-2)=3g(-2)$

$\lim\limits_{x\to-2-}f(x)g(x)=1\times g(-2)=g(-2)$

이므로 $g(-2)=3g(-2)$ $\therefore g(-2)=0$

(ii) 함수 $f(x)g(x)$가 $x=2$에서 연속이려면

$\lim\limits_{x\to2+}f(x)g(x)=\lim\limits_{x\to2-}f(x)g(x)=f(2)g(2)$가 성립해야 한다.

$f(2)g(2)=3\times g(2)=3g(2)$

$\lim\limits_{x\to2+}f(x)g(x)=4\times g(2)=4g(2)$

$\lim\limits_{x\to2-}f(x)g(x)=3\times g(2)=3g(2)$

이므로 $3g(2)=4g(2)$ $\therefore g(2)=0$

(i), (ii)에서 함수 $g(x)$는 $x+2$, $x-2$를 인수로 가지므로 최고차항의 계수가 1인 이차함수 $g(x)$는

$g(x)=(x+2)(x-2)$ $\therefore g(3)=5\times1=5$

---

10 0388 답 ①   유형 6

출제의도 │ 분수 꼴의 함수가 연속이 되도록 하는 미정계수를 정할 수 있는지 확인한다.

> 함수 $f(x)$가 $x=a$에서 연속이면 $\lim\limits_{x\to a}f(x)=f(a)$가 성립해.

함수 $f(x)$가 실수 전체의 집합에서 연속이므로 $x=1$에서도 연속이다. 즉, $\lim\limits_{x\to1}f(x)=f(1)$이 성립한다.

$\lim\limits_{x\to1}\dfrac{x(x^2+a)}{x-1}=b$ ············· ㉠

$x\to1$일 때, 극한값이 존재하고 (분모)$\to0$이므로 (분자)$\to0$이다.

즉, $\lim\limits_{x\to1}x(x^2+a)=0$에서 $1+a=0$ $\therefore a=-1$ ······ ㉡

㉡을 ㉠에 대입하면 $\lim\limits_{x\to1}\dfrac{x(x^2-1)}{x-1}=\lim\limits_{x\to1}x(x+1)=2$

즉, $b=2$ $\therefore a+b=-1+2=1$

---

11 0389 답 ③   유형 6

출제의도 │ 함수가 연속이 되도록 미정계수를 정할 수 있는지 확인한다.

> 함수 $f(x)$가 $x=a$에서 연속이면 $\lim\limits_{x\to a}f(x)=f(a)$가 성립해.

함수 $f(x)$가 모든 실수 x에서 연속이면 $x=0$에서도 연속이다.

즉, $\lim\limits_{x\to0}f(x)=f(0)$이 성립한다.

$\lim\limits_{x\to0}\dfrac{\sqrt{x^2+4}-a}{x^2}=b$ ············· ㉠

$x\to0$일 때, 극한값이 존재하고 (분모)$\to0$이므로 (분자)$\to0$이다.

즉, $\lim\limits_{x\to0}(\sqrt{x^2+4}-a)=0$에서 $2-a=0$ $\therefore a=2$ ······ ㉡

㉡을 ㉠에 대입하면

$\lim\limits_{x\to0}\dfrac{\sqrt{x^2+4}-2}{x^2}=\lim\limits_{x\to0}\dfrac{(\sqrt{x^2+4}-2)(\sqrt{x^2+4}+2)}{x^2(\sqrt{x^2+4}+2)}$

$=\lim\limits_{x\to0}\dfrac{1}{\sqrt{x^2+4}+2}=\dfrac{1}{4}$

즉, $b=\dfrac{1}{4}$ $\therefore a+b=2+\dfrac{1}{4}=\dfrac{9}{4}$

---

12 0390 답 ⑤   유형 13 + 유형 15

출제의도 │ 가우스 기호를 포함한 함수가 연속일 조건을 알고 있는지 확인한다.

> 가우스 기호를 포함한 함수는 치역이 정수인 곳에서 불연속이야.

다항함수 $f(x)$는 모든 실수 x에서 연속이고, 함수 $g(x)$는 $x=-1$, $x=0$, $x=1$에서 불연속이다.

㈏에서 함수 $f(x)g(x)$가 모든 실수 x에서 연속이기 위해서는

$f(-1)=f(0)=f(1)=0$ ············· ㉠

㈎의 $\lim\limits_{x\to\infty}\dfrac{f(x)}{x^3+x-1}=2$에서

$f(x)$는 x^3의 계수가 2인 삼차함수이다. ············· ㉡

㉠, ㉡에서 $f(x)=2x(x+1)(x-1)$

$\therefore f(4)=2\times4\times5\times3=120$

13 0391 답 ④ 유형 18

출제의도 | 최대·최소 정리를 이용하여 함수의 최댓값과 최솟값이 존재하는 것을 이해하고 있는지 확인한다.

> 함수 $f(x)$가 닫힌구간 $[a, b]$에서 연속이면 $f(x)$는 이 구간에서 반드시 최댓값과 최솟값을 가져.

$f(x)=x^2+4x+1=(x+2)^2-3 \ (-3\leq x\leq1)$
이므로 함수 $f(x)$는 닫힌구간 $[-3, 1]$
에서 연속이고, 함수 $y=f(x)$의 그래프
는 그림과 같다.
따라서 최대·최소 정리에 의하여 함수
$f(x)$는 닫힌구간 $[-3, 1]$에서 최댓값
과 최솟값을 가진다. 즉,
$x=1$일 때, 최댓값은 $M=6$
$x=-2$일 때, 최솟값은 $m=-3$
$\therefore M-m=6-(-3)=9$

14 0392 답 ② 유형 18

출제의도 | 최대·최소 정리를 알고 있는지 확인한다.

> 주어진 구간이 닫힌구간이고, 그 구간에서 연속인지 확인해 보자.

① 최댓값과 최솟값이 존재하지 않는다.
② 닫힌구간 $[-1, 1]$에서 연속이므로 최대·최소 정리에 의하여 최댓값과 최솟값이 존재한다.
③ 최댓값은 $f(5)=\log 9$이고 최솟값은 존재하지 않는다.
④ 최댓값과 최솟값이 존재하지 않는다.
⑤ 최댓값과 최솟값이 존재하지 않는다.
따라서 주어진 구간에서 최댓값과 최솟값을 반드시 가지는 것은 ②이다.

참고 각 함수의 그래프는 그림과 같다.

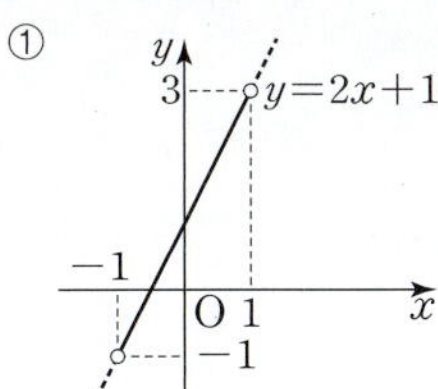

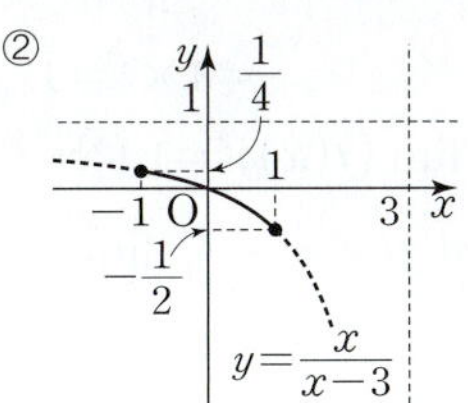

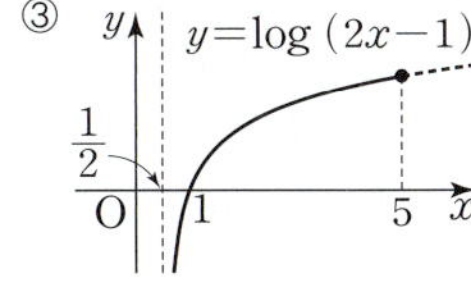

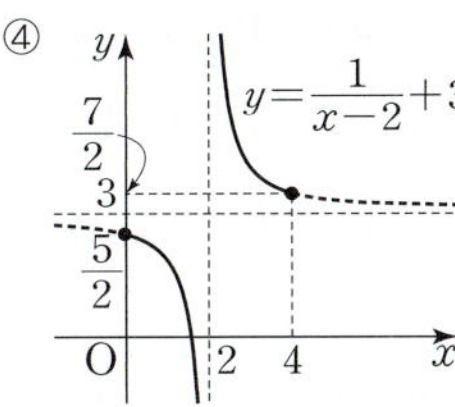

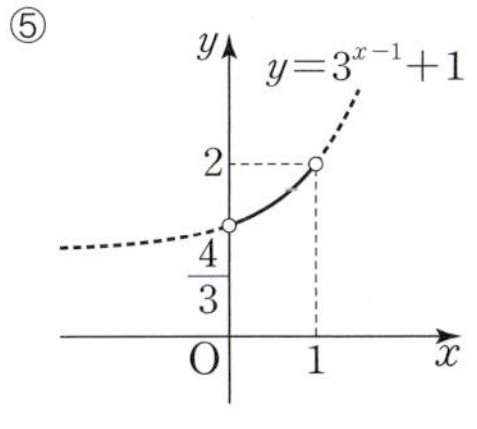

15 0393 답 ② 유형 3

출제의도 | 합성함수의 연속을 알고 있는지 확인한다.

> 함수 $f(x)$는 모든 실수에서 연속, 함수 $g(x)$는 $x=1$에서 불연속일 때 합성함수 $(f\circ g)(x)$가 모든 실수에서 연속이면 $x=1$에서도 연속이야.

함수 $(f\circ g)(x)$는 실수 전체의 집합에서 연속이므로 $x=1$에서도 연속이다.

즉, $\lim\limits_{x\to1+}(f\circ g)(x)=\lim\limits_{x\to1-}(f\circ g)(x)=(f\circ g)(1)$이 성립해야 한다.

$(f\circ g)(1)=f(g(1))=f(2+a)$
$\qquad\qquad=(a+2)^2-8(a+2)+a$
$\qquad\qquad=a^2-3a-12$

$\lim\limits_{x\to1+}(f\circ g)(x)=\lim\limits_{x\to1+}f(2x+a)=f(2+a)$
$\qquad\qquad=a^2-3a-12$

$\lim\limits_{x\to1-}(f\circ g)(x)=\lim\limits_{x\to1-}f(4x-3a)=f(4-3a)$
$\qquad\qquad=(4-3a)^2-8(4-3a)+a$
$\qquad\qquad=9a^2+a-16$

즉, $a^2-3a-12=9a^2+a-16$에서
$8a^2+4a-4=0, \ 2a^2+a-1=0$
$(a+1)(2a-1)=0 \qquad \therefore a=-1$ 또는 $a=\dfrac{1}{2}$

따라서 구하는 정수 a의 값은 -1이다.

16 0394 답 ② 유형 5

출제의도 | 구간이 나누어진 함수가 연속이 되도록 하는 미정계수를 정할 수 있는지 확인한다.

> 함수 $f(x)$가 $x=-2$, $x=2$에서 연속이어야 해.

$f(x)=\begin{cases}-x^2+ax+b & (-2<x<2)\\ x(x-3) & (x\leq-2 \ \text{또는} \ x\geq2)\end{cases}$ 이고

함수 $f(x)$가 모든 실수 x에서 연속이려면 $x=-2$, $x=2$에서 연속이어야 한다.

(i) $x=-2$에서 연속이려면
$\quad \lim\limits_{x\to-2+}f(x)=\lim\limits_{x\to-2-}f(x)=f(-2)$가 성립해야 한다.
$\quad f(-2)=(-2)\times(-2-3)=10$
$\quad \lim\limits_{x\to-2+}f(x)=\lim\limits_{x\to-2+}(-x^2+ax+b)=-4-2a+b$
$\quad \lim\limits_{x\to-2-}f(x)=\lim\limits_{x\to-2-}x(x-3)=10$
$\quad$ 이므로 $-4-2a+b=10$
$\quad \therefore 2a-b=-14$ ┈┈┈┈┈┈┈┈┈┈┈┈ ㉠

(ii) $x=2$에서 연속이려면
$\quad \lim\limits_{x\to2+}f(x)=\lim\limits_{x\to2-}f(x)=f(2)$가 성립해야 한다.
$\quad f(2)=2\times(2-3)=-2$
$\quad \lim\limits_{x\to2+}f(x)=\lim\limits_{x\to2+}x(x-3)=-2$
$\quad \lim\limits_{x\to2-}f(x)=\lim\limits_{x\to2-}(-x^2+ax+b)=-4+2a+b$
$\quad$ 이므로 $-4+2a+b=-2$
$\quad \therefore 2a+b=2$ ┈┈┈┈┈┈┈┈┈┈┈┈ ㉡

㉠, ㉡을 연립하여 풀면 $a=-3$, $b=8$
$\therefore 2a-3b=-6-24=-30$

출제의도 | 함수의 그래프에서 극한값과 연속성을 조사할 수 있는지 확인한다.

> $f(x-2)$에서 $x-2=t$로 치환한 후 극한값을 구해 보자.

ㄱ. $\lim\limits_{x\to 0+} f(x)+\lim\limits_{x\to 0+} g(x)=0+3=3$ (거짓)

ㄴ. $\lim\limits_{x\to 1+} f(x)g(x)=2\times 1=2$

$\lim\limits_{x\to 1-} f(x)g(x)=1\times 2=2$

즉, $\lim\limits_{x\to 1+} f(x)g(x)=\lim\limits_{x\to 1-} f(x)g(x)$이므로 $\lim\limits_{x\to 1} f(x)g(x)$의 값이 존재한다. (참)

ㄷ. $f(-2)g(0)=0\times 0=0$

$$\lim\limits_{x\to 0+} f(x-2)g(x)=\lim\limits_{x\to 0+} f(x-2)\times \lim\limits_{x\to 0+} g(x)$$
$$=\lim\limits_{t\to -2+} f(t)\times \lim\limits_{x\to 0+} g(x)$$
$$=0\times 3=0$$

($x-2=t$로 놓으면 $x\to 0+$일 때, $t\to -2+$)

$$\lim\limits_{x\to 0-} f(x-2)g(x)=\lim\limits_{x\to 0-} f(x-2)\times \lim\limits_{x\to 0-} g(x)$$
$$=\lim\limits_{t\to -2-} f(t)\times \lim\limits_{x\to 0-} g(x)$$
$$=0\times 3=0$$

($x-2=t$로 놓으면 $x\to 0-$일 때, $t\to -2-$)

즉, $\lim\limits_{x\to 0+} f(x-2)g(x)=\lim\limits_{x\to 0-} f(x-2)g(x)=f(-2)g(0)$이므로 함수 $f(x-2)g(x)$는 $x=0$에서 연속이다. (참)

따라서 옳은 것은 ㄴ, ㄷ이다.

출제의도 | 사잇값 정리를 활용하여 주어진 구간에서 방정식이 실근을 갖는지 확인한다.

> 사잇값 정리를 이용해 보자.

ㄱ. $g(x)=f(x)-x$라 하면

$g(-1)=f(-1)+1=2+1=3$

$g(1)=f(1)-1=-2-1=-3$

$g(x)$는 연속함수이고 $g(-1)g(1)<0$이므로 방정식 $g(x)=0$, 즉 $f(x)-x=0$은 사잇값 정리에 의하여 열린구간 $(-1,\ 1)$에서 반드시 실근을 가진다.

ㄴ. $g(x)=(x+3)f(x)$라 하면

$g(-1)=2f(-1)=2\times 2=4$

$g(1)=4f(1)=4\times(-2)=-8$

$g(x)$는 연속함수이고 $g(-1)g(1)<0$이므로 방정식 $g(x)=0$, 즉 $(x+3)f(x)=0$은 사잇값 정리에 의하여 열린구간 $(-1,\ 1)$에서 반드시 실근을 가진다.

ㄷ. $g(x)=f(x)+f(-x)$라 하면

$g(-1)=f(-1)+f(1)=2+(-2)=0$

$g(1)=f(1)+f(-1)=-2+2=0$

방정식 $g(x)=0$, 즉 $f(x)+f(-x)=0$은 $x=-1$, $x=1$을 근으로 가지지만, 주어진 조건만으로는 열린구간 $(-1,\ 1)$에서 반드시 실근을 가지는지 알 수 없다.

따라서 열린구간 $(-1,\ 1)$에서 반드시 실근을 갖는 방정식은 ㄱ, ㄴ이다.

출제의도 | $(x-a)f(x)$ 꼴의 함수가 연속일 조건을 알고 있는지 확인한다.

> $(x-a)f(x)=g(x)$이면 $f(x)=\dfrac{g(x)}{x-a}\ (x\neq a)$야.

함수 $f(x)$가 실수 전체의 집합에서 연속이므로 $x=2$에서도 연속이다.

즉, $\lim\limits_{x\to 2} f(x)=f(2)$이다.

㈎에서 $\lim\limits_{x\to 2} f(x)=\lim\limits_{x\to 2} \dfrac{x^3+ax-b}{x-2}$ ┄┄┄ ㉠

$x\to 2$일 때, 극한값이 존재하고 (분모)$\to 0$이므로 (분자)$\to 0$이다.

즉, $\lim\limits_{x\to 2}(x^3+ax-b)=0$에서

$8+2a-b=0$ ∴ $b=2a+8$ ┄┄┄ ㉡

㉡을 ㉠에 대입하면

$$\lim\limits_{x\to 2} \frac{x^3+ax-2a-8}{x-2}=\lim\limits_{x\to 2} \frac{(x-2)(x^2+2x+a+4)}{x-2}$$
$$=\lim\limits_{x\to 2}(x^2+2x+a+4)=a+12$$

즉, $f(2)=a+12$이므로

$$f(x)=\begin{cases} x^2+2x+a+4 & (x\neq 2) \\ a+12 & (x=2) \end{cases}$$

이때 $x^2+2x+a+4=(x+1)^2+a+3$이므로

㈏에 의하여 $a+3=2$ ∴ $a=-1$

(함수 $f(x)$는 $x=-1$일 때 최솟값을 가진다.)

㉡에서 $b=-2+8=6$

∴ $a+b=5$

출제의도 | 주어진 함수의 그래프를 이용하여 극한값을 구하고, 함수의 연속성을 조사할 수 있는지 알아본다.

> 두 함수 $y=f(x)$, $y=g(x)$의 그래프에서 각각 불연속인 점을 찾아보자.

ㄱ. $\lim\limits_{x\to 1+} f(x)=-1$, $\lim\limits_{x\to 1-} f(x)=1$이므로

$$\lim\limits_{x\to 1+}\{f(x)\}^2=\lim\limits_{x\to 1+} f(x)\times \lim\limits_{x\to 1+} f(x)$$
$$=(-1)\times(-1)=1$$

$$\lim\limits_{x\to 1-}\{f(x)\}^2=\lim\limits_{x\to 1-} f(x)\times \lim\limits_{x\to 1-} f(x)$$
$$=1\times 1=1$$

∴ $\lim\limits_{x\to 1}\{f(x)\}^2=1$ (참)

ㄴ. $\lim\limits_{x\to 1+} f(x)=-1$, $\lim\limits_{x\to 1+} f(-x)=0$에서

$\lim\limits_{x\to 1+} h(x)=-1+0=-1$

($-x=t$로 놓으면 $x\to 1+$일 때, $t\to -1-$)

$\lim\limits_{x\to 1-} f(x)=1$, $\lim\limits_{x\to 1-} f(-x)=0$에서

$\lim\limits_{x\to 1-} h(x)=1+0=1$

($-x=t$로 놓으면 $x\to 1-$일 때, $t\to -1+$)

이므로 $\lim\limits_{x\to 1}|h(x)|=1$

$|h(1)|=|f(1)+f(-1)|=0$

즉, $\lim\limits_{x\to 1}|h(x)|\neq |h(1)|$이므로 함수 $|h(x)|$는 $x=1$에서 불연속이다. (거짓)

ㄷ. $-2<x<2$에서 정수는 $-1,\ 0,\ 1$이다.

(i) $x=-1$일 때

두 함수 $f(x)$, $g(x)$는 $x=-1$에서 모두 연속이므로 함수 $f(x)g(x)$도 $x=-1$에서 연속이다.

(ii) $x=0$일 때

$$\lim_{x \to 0+} f(x)g(x)=0, \quad \lim_{x \to 0-} f(x)g(x)=-1$$이므로

$$\lim_{x \to 0+} f(x)=0, \ \lim_{x \to 0+} g(x)=1 \quad \longrightarrow \lim_{x \to 0-} f(x)=-1, \ \lim_{x \to 0-} g(x)=1$$

$$\lim_{x \to 0} f(x)g(x)$$의 값이 존재하지 않는다.

즉, 함수 $f(x)g(x)$는 $x=0$에서 불연속이다.

(iii) $x=1$일 때

$$\lim_{x \to 1+} f(x)g(x)=0, \quad \lim_{x \to 1-} f(x)g(x)=0$$

$$\lim_{x \to 1+} f(x)=-1, \ \lim_{x \to 1+} g(x)=0 \quad \longrightarrow \lim_{x \to 1-} f(x)=1, \ \lim_{x \to 1-} g(x)=0$$

$$f(1)g(1)=0$$

이므로 $\lim_{x \to 1} f(x)g(x)=f(1)g(1)$이 성립한다.

즉, 함수 $f(x)g(x)$는 $x=1$에서 연속이다.

(i), (ii), (iii)에서 함수 $f(x)g(x)$가 연속이 되는 정수 x는 -1, 1의 2개이다. (참)

따라서 옳은 것은 ㄱ, ㄷ이다.

21 0399 답 ④ 유형 17

출제의도 | 두 함수의 그래프의 교점의 개수를 나타내는 함수를 구하고 극한값과 연속성을 조사할 수 있는지 확인한다.

> 먼저 원과 직선이 접할 때를 기준으로 생각해 보자.

원의 중심 $(0, 0)$과 직선 $y=x+\sqrt{2}$, 즉 $x-y+\sqrt{2}=0$ 사이의 거리는

$$\frac{|0-0+\sqrt{2}|}{\sqrt{1+1}}=1$$

이므로 그림과 같이 $k=1$이면 원과 직선이 접한다.

즉, $f(k)=\begin{cases} 2 \ (k>1) \\ 1 \ (k=1) \\ 0 \ (0<k<1) \end{cases}$ 이다.

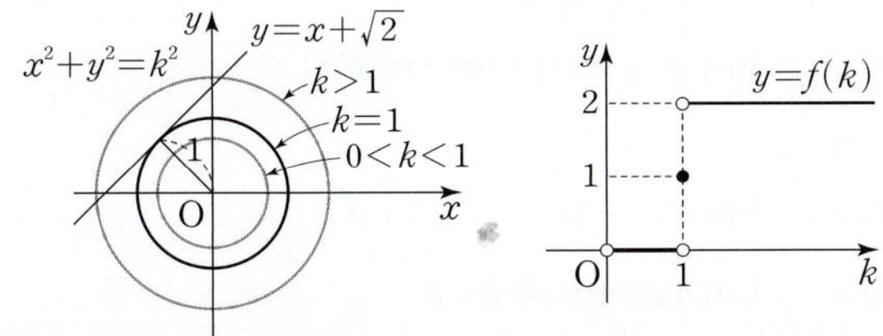

ㄱ. $\lim_{k \to 1-} f(k)=0$ (거짓)

ㄴ. $\lim_{k \to 1-} f(k)=0$, $\lim_{k \to 1+} f(k)=2$이므로 $\lim_{k \to 1-} f(k) \neq \lim_{k \to 1+} f(k)$

즉, 함수 $f(k)$가 불연속인 k는 $k=1$의 한 개이다. (참)

ㄷ. $g(k)=(k-1)f(k)$라 하면

$$g(1)=0$$

$$\lim_{k \to 1+} g(k)=\lim_{k \to 1+} (k-1)f(k)=0 \times 2=0$$

$$\lim_{k \to 1-} g(k)=\lim_{k \to 1-} (k-1)f(k)=0 \times 0=0$$

즉, $\lim_{k \to 1} g(k)=g(1)$이므로 함수 $(k-1)f(k)$는 $k=1$에서 연속이다. (참)

따라서 옳은 것은 ㄴ, ㄷ이다.

개념 Check

점과 직선 사이의 거리

점 (x_1, y_1)과 직선 $ax+by+c=0$ 사이의 거리는

$$\frac{|ax_1+by_1+c|}{\sqrt{a^2+b^2}}$$

22 0400 답 8 유형 19

출제의도 | 사잇값 정리를 이용하여 주어진 구간에서 실근을 갖도록 하는 정수 k의 개수를 구할 수 있는지 확인한다.

STEP 1 $f(x)=x^2+2x+k$라 하고, $f(-1)$, $f(2)$의 값 구하기 [2점]

$f(x)=x^2+2x+k$라 하면 $f(x)$는 연속함수이다.

함수 $f(x)$가 닫힌구간 $[-1, 2]$에서 연속이고

$$f(-1)=1-2+k=k-1$$

$$f(2)=4+4+k=k+8$$

STEP 2 사잇값 정리를 이용하여 정수 k의 값의 범위 구하기 [3점]

$f(-1)f(2)<0$이면 사잇값 정리에 의하여 방정식 $f(x)=0$은 열린구간 $(-1, 2)$에서 적어도 하나의 실근을 가지므로

$$f(-1)f(2)=(k-1)(k+8)<0$$

$$\therefore -8<k<1$$

STEP 3 정수 k의 개수 구하기 [1점]

구하는 정수 k는 -7, -6, -5, -4, -3, -2, -1, 0의 8개이다.

23 0401 답 $-1<a<4$ 유형 20

출제의도 | 사잇값 정리를 이용할 수 있는지 확인한다.

STEP 1 $g(x)=f(x)-2x^2+4x$라 하고, $g(0)$, $g(1)$, $g(2)$의 값 구하기 [2점]

$g(x)=f(x)-2x^2+4x$라 하면 $g(x)$는 모든 실수 x에서 연속이다.

$$g(0)=f(0)-0=2$$

$$g(1)=f(1)-2+4=a^2-3a-4$$

$$g(2)=f(2)-8+8=8$$

STEP 2 사잇값 정리를 이용하여 실수 a의 값의 범위 구하기 [4점]

사잇값 정리에 의하여 방정식 $g(x)=0$이 열린구간 $(0, 1)$과 $(1, 2)$에서 각각 적어도 하나의 실근을 가지려면

$$g(0)g(1)<0, \ g(1)g(2)<0$$이어야 한다.

$g(0)g(1)=2(a^2-3a-4)<0$에서

$$2(a+1)(a-4)<0 \quad \therefore -1<a<4$$

$g(1)g(2)=8(a^2-3a-4)<0$에서

$$8(a+1)(a-4)<0 \quad \therefore -1<a<4$$

따라서 구하는 실수 a의 값의 범위는

$$-1<a<4$$

24 0402 답 5 유형 5

출제의도 | 주어진 조건을 이용하여 함숫값을 구할 수 있는지 확인한다.

STEP 1 함수 $f(x)$가 $x=4$에서 연속일 조건을 이용하여 상수 b의 값 구하기 [3점]

(가)에서 $f(x)$가 연속함수이므로 $x=4$에서도 연속이다.

$$f(4)=b$$

$$\lim_{x \to 4+} f(x)=\lim_{x \to 4+} \{a(x-4)^2+b\}=b$$

$$\lim_{x \to 4-} f(x)=\lim_{x \to 4-} (x+2)=6$$

이므로 $b=6$

STEP 2 $f(x+6)=f(x)$인 조건을 이용하여 상수 a의 값 구하기 [2점]

(나)에서 $f(x+6)=f(x)$이므로 $f(6)=f(0)$에서

$$4a+6=2 \quad \therefore a=-1$$

함수 $f(x)=\begin{cases} x+2 & (0\le x<4) \\ -(x-4)^2+6 & (4\le x\le6) \end{cases}$ 이므로

$f(-7)=f(-1)=f(5)=-(5-4)^2+6=5$

└→ (내)에서 $x=-7$, $x=-1$을 대입한 결과이다.

25 0403 답 -1 유형9

출제의도 | 함수 $f(x)g(x)$가 실수 전체의 집합에서 연속일 조건을 구할 수 있는지 확인한다.

STEP 1 함수 $f(x)g(x)$가 실수 전체의 집합에서 연속일 조건 구하기 [1점]

함수 $f(x)g(x)$가 실수 전체의 집합에서 연속이기 위해서는 $x=0$, $x=1$에서 연속이어야 한다.

STEP 2 $x=0$에서의 연속성 조사하기 [2점]

(i) 함수 $f(x)g(x)$가 $x=0$에서 연속이려면

$f(0)g(0)=b$

$\lim\limits_{x\to0+}f(x)g(x)=\lim\limits_{x\to0+}(x+a)(x+b)=ab$

$\lim\limits_{x\to0-}f(x)g(x)=\lim\limits_{x\to0-}(x^2+1)(x+b)=b$

이므로 $b=ab$ ┄┄┄┄┄┄┄┄┄┄┄┄┄┄┄┄ ㉠

STEP 3 $x=1$에서의 연속성 조사하기 [2점]

(ii) 함수 $f(x)g(x)$가 $x=1$에서 연속이려면

$f(1)g(1)=(a+1)(b+1)$

$\lim\limits_{x\to1+}f(x)g(x)=\lim\limits_{x\to1+}(x+a)(x^2+1)=2(a+1)$

$\lim\limits_{x\to1-}f(x)g(x)=\lim\limits_{x\to1-}(x+a)(x+b)=(a+1)(b+1)$

이므로 $(a+1)(b+1)=2(a+1)$ ┄┄┄┄┄ ㉡

STEP 4 상수 a, b의 값을 구하고, $a+b$의 값 구하기 [2점]

㉠, ㉡을 연립하여 풀면

$a=1$, $b=1$ 또는 $a=-1$, $b=0$

이때 a, b는 서로 다른 두 상수이므로 $a=-1$, $b=0$

$\therefore a+b=-1$

다른 풀이

(i) 함수 $f(x)$가 $x=0$에서 연속인 경우

$\lim\limits_{x\to0+}f(x)=\lim\limits_{x\to0-}f(x)=f(0)$이어야 하므로

$a=1$

㉠ 함수 $g(x)$가 $x=1$에서 연속이면

$\lim\limits_{x\to1+}g(x)=\lim\limits_{x\to1-}g(x)=g(1)$이어야 하므로

$b=1$

㉡ 함수 $g(x)$가 $x=1$에서 불연속이면

$f(1)=1+a\ne0$

이므로 함수 $f(x)g(x)$가 $x=1$에서 불연속이다.

(ii) 함수 $f(x)$가 $x=0$에서 불연속인 경우

함수 $f(x)g(x)$가 $x=0$에서 연속이어야 하므로

$g(0)=0$, 즉 $b=0$

따라서 $g(x)$가 $x=1$에서 불연속이고 함수 $f(x)g(x)$가 $x=1$에서 연속이어야 하므로

$f(1)=1+a=0$ $\therefore a=-1$

(i), (ii)에서 a, b는 서로 다른 상수이므로 $a=-1$, $b=0$

$\therefore a+b=-1$

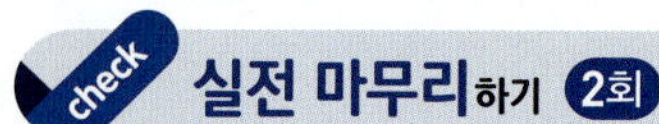

check 실전 마무리하기 2회   93쪽~97쪽

1 0404 답 ⑤   유형2

출제의도 | 함수의 극한값, 연속, 불연속을 알고 있는지 확인한다.

> 그래프가 이어져 있으면 → 연속
> 그래프가 끊어져 있으면 → 불연속

함수 $f(x)$의 극한값이 존재하지 않는 x의 값은 -1, 1의 2개이므로 $a=2$

불연속이 되는 x의 값은 -1, 0, 1의 3개이므로 $b=3$

$\therefore a+b=5$

2 0405 답 ①   유형4

출제의도 | 함수의 연속의 정의를 알고 있는지 확인한다.

> $x=1$에서 연속이면 $\lim\limits_{x\to1+}f(x)=\lim\limits_{x\to1-}f(x)=f(1)$이야.

함수 $f(x)$가 $x=1$에서 연속이면

$\lim\limits_{x\to1+}f(x)=\lim\limits_{x\to1-}f(x)=f(1)$이 성립한다.

즉, $f(1)\times\lim\limits_{x\to1-}f(x)\times\lim\limits_{x\to1+}f(x)=8$에서

$\{f(1)\}^3=8$ $\therefore f(1)=2$

3 0406 답 ②   유형1 + 유형5

출제의도 | 함수 $f(x)$가 $x=1$에서 연속이 되도록 하는 미정계수를 정할 수 있는지 확인한다.

> $\lim\limits_{x\to1+}f(x)=\lim\limits_{x\to1-}f(x)=f(1)$이 성립하면 돼.

함수 $f(x)$가 $x=1$에서 연속이면

$\lim\limits_{x\to1+}f(x)=\lim\limits_{x\to1-}f(x)=f(1)$이 성립한다.

$f(1)=3+a$

$\lim\limits_{x\to1+}f(x)=\lim\limits_{x\to1+}(x^2+2x+a)=3+a$

$\lim\limits_{x\to1-}f(x)=\lim\limits_{x\to1-}(2x+b)=2+b$

즉, $3+a=2+b$이므로 $a-b=-1$

4 0407 답 ③   유형8

출제의도 | 연속함수의 성질을 알고 있는지 확인한다.

> $x=0$에서 연속이 아닌 반례를 찾아보자.

두 함수 $f(x)$, $g(x)$가 $x=0$에서 연속이면

$\lim\limits_{x\to0}f(x)=f(0)$, $\lim\limits_{x\to0}g(x)=g(0)$이므로

ㄱ. $\lim\limits_{x\to0}\{f(x)+2g(x)\}=\lim\limits_{x\to0}f(x)+\lim\limits_{x\to0}2g(x)=f(0)+2g(0)$

이므로 함수 $f(x)+2g(x)$는 $x=0$에서 연속이다.

ㄴ. $\lim\limits_{x\to0}f(x)g(x)=\lim\limits_{x\to0}f(x)\times\lim\limits_{x\to0}g(x)=f(0)g(0)$이므로

함수 $f(x)g(x)$는 $x=0$에서 연속이다.

ㄷ. [반례] $f(x)=x+1$, $g(x)=x$라 하면 두 함수는 $x=0$에서 연속이지만 함수 $\dfrac{f(x)}{g(x)}=\dfrac{x+1}{x}$은 $x=0$에서 정의되지 않으므로 함수 $\dfrac{f(x)}{g(x)}$는 $x=0$에서 불연속이다.

ㄹ. [반례] $f(x)=\dfrac{1}{x-1}+2$라 하면 함수 $f(x)$는 $x=0$에서 연속

　이지만 $\lim\limits_{x\to 0}f(f(x))=\lim\limits_{t\to 1}f(t)$이므로 극한값이 존재하지 않

　는다.
　　　$\longrightarrow$ $f(x)=t$로 놓으면 $x\to 0$일 때, $t\to 1$

　즉, 함수 $f(f(x))$는 $x=0$에서 불연속이다.

따라서 $x=0$에서 항상 연속인 함수는 ㄱ, ㄴ의 2개이다.

5　0408　답 ②　유형 9

출제의도 ｜ $f(x)g(x)$ 꼴인 함수의 연속성을 확인한다.

> 함수 $f(x)g(x)$가 $x=a$에서 연속이면
> $\lim\limits_{x\to a+}f(x)g(x)=\lim\limits_{x\to a-}f(x)g(x)=f(a)g(a)$야.

함수 $f(x)g(x)$가 $x=1$에서 연속이므로

$\lim\limits_{x\to 1+}f(x)g(x)=\lim\limits_{x\to 1-}f(x)g(x)=f(1)g(1)$

이 성립한다.

$f(1)g(1)=1+a$

$\lim\limits_{x\to 1+}f(x)g(x)=\lim\limits_{x\to 1+}(x+3)(x+a)=4(1+a)$

$\lim\limits_{x\to 1-}f(x)g(x)=\lim\limits_{x\to 1-}(-x+2)(x+a)=1+a$

즉, $1+a=4(1+a)$이므로 $a=-1$

6　0409　답 ②　유형 10

출제의도 ｜ 함수 $\dfrac{f(x)}{g(x)}$가 모든 실수에서 연속일 조건을 알고 있는지 확인한다.

> 연속함수 $f(x)$, $g(x)$에 대하여 $g(x)\neq 0$이면 $\dfrac{f(x)}{g(x)}$는 모든 실수 x에서 연속이야.

두 함수 $f(x)$, $g(x)$는 각각 모든 실수 x에서 연속이므로 함수

$\dfrac{f(x)}{g(x)}$는 $g(x)\neq 0$인 모든 실수 x에서 연속이다.

즉, 함수 $\dfrac{f(x)}{g(x)}$가 모든 실수 x에서 연속이려면 $g(x)\neq 0$이어야

한다.

즉, 이차방정식 $x^2+2ax+3=0$의 판별식을 D라 하면 $D<0$이므로

$\dfrac{D}{4}=a^2-3<0$, $(a+\sqrt{3})(a-\sqrt{3})<0$

$\therefore -\sqrt{3}<a<\sqrt{3}$

따라서 구하는 정수 a는 -1, 0, 1의 3개이다.

7　0410　답 ④　유형 18

출제의도 ｜ 최대·최소 정리를 이용하여 최댓값과 최솟값을 모두 가지는 구간을 찾을 수 있는지 확인한다.

> 닫힌구간에서 연속인 함수는 반드시 최댓값과 최솟값을 가지므로 주어진 구간에서 연속인지 확인해 보자.

$f(x)=\dfrac{x^2-4x+3}{x^2-2x-3}=\dfrac{(x-1)(x-3)}{(x+1)(x-3)}$이므로 함수 $f(x)$는

$x=-1$, $x=3$에서 불연속이다.

최대·최소 정리에서 함수 $f(x)$가 닫힌구간에서 연속이면 그 구간에서 함수 $f(x)$는 최댓값과 최솟값을 가진다.

따라서 함수 $f(x)$가 닫힌구간에서 연속이 되도록 하는 구간은 ④이다.

참고 함수 $f(x)=\dfrac{x^2-4x+3}{x^2-2x-3}=\dfrac{x-1}{x+1}$ (단, $x\neq -1$, $x\neq 3$)의 그래프는

그림과 같다.

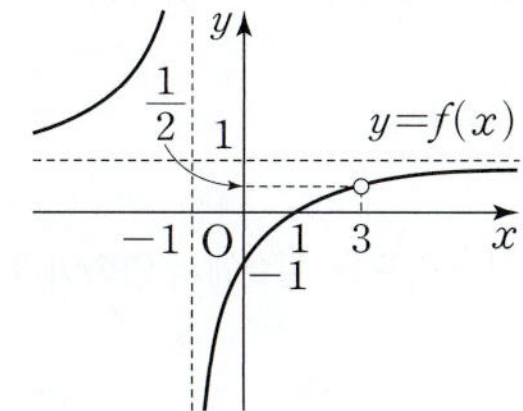

① 구간 $(-\infty,\ -2]$에서 최솟값이 존재하지 않는다.

② 구간 $[-1,\ 1]$에서 최솟값이 존재하지 않는다.

③ 구간 $[1,\ 3]$에서 최댓값이 존재하지 않는다.

⑤ 구간 $[5,\ \infty)$에서 최댓값이 존재하지 않는다.

8　0411　답 ④　유형 19

출제의도 ｜ 사잇값 정리를 이용할 수 있는지 확인한다.

> 닫힌구간 $[a,\ b]$에서 연속이고 $f(a)f(b)<0$인지 확인해 보자.

$f(x)=x^4-7x^2+2x+2$라 하면 함수 $f(x)$는 모든 실수 x에서 연속이고

① $f(-3)=14>0$, $f(-1)=-6<0$이므로 $f(-3)f(-1)<0$

　사잇값 정리에 의하여 방정식 $f(x)=0$은 열린구간 $(-3,\ -1)$

　에서 적어도 하나의 실근을 가진다.

② $f(-1)=-6<0$, $f(0)=2>0$이므로 $f(-1)f(0)<0$

　사잇값 정리에 의하여 방정식 $f(x)=0$은 열린구간 $(-1,\ 0)$에

　서 적어도 하나의 실근을 가진다.

③ $f(0)=2>0$, $f(1)=-2<0$이므로 $f(0)f(1)<0$

　사잇값 정리에 의하여 방정식 $f(x)=0$은 열린구간 $(0,\ 1)$에서

　적어도 하나의 실근을 가진다.

④ $f(1)=-2<0$, $f(2)=-6<0$이므로 $f(1)f(2)>0$

　열린구간 $(1,\ 2)$에서 방정식 $f(x)=0$은 실근이 존재하는지 알

　수 없다.

⑤ $f(2)=-6<0$, $f(3)=26>0$이므로 $f(2)f(3)<0$

　사잇값 정리에 의하여 방정식 $f(x)=0$은 열린구간 $(2,\ 3)$에서

　적어도 하나의 실근을 가진다.

따라서 실근을 포함하지 않는 구간은 ④이다.
　$\longrightarrow$ 사차방정식의 근은 4개이고 ①, ②, ③, ⑤에서 각각 실근을 가지므로
　　④에서는 실근을 가지지 않는다.

9　0412　답 ③　유형 1

출제의도 ｜ 함수 $f(x)$가 $x=1$에서 연속일 조건을 알고 있는지 확인한다.

> $\lim\limits_{x\to 1}f(x)=f(1)$이 성립하는지 확인해 보자.

함수 $f(x)$가 $x=1$에서 연속이면 $\lim\limits_{x\to 1}f(x)=f(1)$이 성립한다.

ㄱ. $f(1)=0$, $\lim\limits_{x\to 1}|x-1|=0$

　이므로 함수 $f(x)$는 $x=1$에서 연속이다.

ㄴ. $f(1)=\left[\dfrac{2}{4}\right]=0$, $\lim\limits_{x\to 1}\left[\dfrac{x+1}{4}\right]=0$

　이므로 함수 $f(x)$는 $x=1$에서 연속이다.

ㄷ. $f(1)=2$, $\lim\limits_{x\to 1}\dfrac{x^3-1}{x^2-1}=\lim\limits_{x\to 1}\dfrac{x^2+x+1}{x+1}=\dfrac{3}{2}$

에서 $\lim\limits_{x\to 1}f(x)\neq f(1)$이므로 함수 $f(x)$는 $x=1$에서 불연속
이다.

$$\dfrac{x^3-1}{x^2-1}=\dfrac{(x-1)(x^2+x+1)}{(x-1)(x+1)}$$

따라서 $x=1$에서 연속인 함수는 ㄱ, ㄴ이다.

10 0413 답 ⑤ 유형 6

출제의도 | 분수 꼴의 함수가 모든 실수에서 연속이 되도록 하는 미정계수를
정할 수 있는지 확인한다.

> 함수 $f(x)$는 $x\neq 2$인 모든 실수 x에서 연속
> ➡ 함수 $f(x)$가 $x=2$에서 연속이면 모든 실수 x에서 연속이다.

함수 $f(x)$는 $x\neq 2$인 모든 실수 x에서 연속이므로 함수 $f(x)$가
$x=2$에서 연속이면 모든 실수 x에서 연속이다.

함수 $f(x)$가 $x=2$에서 연속이려면 $\lim\limits_{x\to 2}f(x)=f(2)$가 성립해야
한다.

즉, $\lim\limits_{x\to 2}\dfrac{x^2-5x+a}{x-2}=b$ $\cdots\cdots$ ㉠

이때 $x\to 2$일 때, 극한값이 존재하고 (분모)$\to 0$이므로 (분자)$\to 0$
이다.

즉, $\lim\limits_{x\to 2}(x^2-5x+a)=0$에서

$4-10+a=0$ $\quad\therefore a=6$ $\cdots\cdots$ ㉡

㉡을 ㉠에 대입하면

$\lim\limits_{x\to 2}\dfrac{x^2-5x+6}{x-2}=\lim\limits_{x\to 2}\dfrac{(x-2)(x-3)}{x-2}=\lim\limits_{x\to 2}(x-3)=-1$

$\therefore b=-1$

$\therefore a+b=5$

11 0414 답 ② 유형 7

출제의도 | $(x-a)f(x)$ 꼴의 함수의 연속을 알고 있는지 확인한다.

> $x\neq a$이면 $(x-a)f(x)=g(x)$에서 양변을 $x-a$로 나눠 보자.

$(x-2)f(x)=ax^2+bx$에서 $x\neq 2$이면

$$f(x)=\dfrac{ax^2+bx}{x-2}$$

함수 $f(x)$가 모든 실수 x에서 연속이므로 $x=2$에서도 연속이다.
즉, $\lim\limits_{x\to 2}f(x)=f(2)$가 성립한다.

이때 $f(2)=1$이므로 $\lim\limits_{x\to 2}\dfrac{ax^2+bx}{x-2}=1$ $\cdots\cdots$ ㉠

$x\to 2$일 때, 극한값이 존재하고 (분모)$\to 0$이므로 (분자)$\to 0$이다.
즉, $\lim\limits_{x\to 2}(ax^2+bx)=0$에서

$4a+2b=0$ $\quad\therefore b=-2a$ $\cdots\cdots$ ㉡

㉡을 ㉠에 대입하면

$\lim\limits_{x\to 2}\dfrac{ax^2+bx}{x-2}=\lim\limits_{x\to 2}\dfrac{ax^2-2ax}{x-2}=\lim\limits_{x\to 2}\dfrac{ax(x-2)}{x-2}=\lim\limits_{x\to 2}ax=2a$

즉, $2a=1$이므로 $a=\dfrac{1}{2}$

$a=\dfrac{1}{2}$을 ㉡에 대입하면 $b=-1$

$\therefore 2ab=2\times\dfrac{1}{2}\times(-1)=-1$

12 0415 답 ② 유형 3 + 유형 8 + 유형 9

출제의도 | 함수 $f(x)$가 $x=a$에서 연속일 조건을 알고 있는지 확인한다.

> 함수 $f(x)$가 $x=0$에서 연속하면 $\lim\limits_{x\to 0}f(x)=f(0)$이 성립함을 이용해
> 보자.

ㄱ. $\lim\limits_{x\to 0}g(f(x))=\lim\limits_{t\to 0+}g(t)=-1$

$g(f(0))=g(0)=0$ $\quad$ $f(x)=t$로 놓으면 $x\to 0$일 때, $t\to 0+$

이때 $\lim\limits_{x\to 0}g(f(x))\neq g(f(0))$이므로 함수 $g(f(x))$는 $x=0$에
서 불연속이다. (거짓)

ㄴ. $f(0)g(0)=0$

$\lim\limits_{x\to 0+}f(x)g(x)=0\times(-1)=0$

$\lim\limits_{x\to 0-}f(x)g(x)=0\times 1=0$

이때 $\lim\limits_{x\to 0+}f(x)g(x)=\lim\limits_{x\to 0-}f(x)g(x)=f(0)g(0)$이므로

함수 $f(x)g(x)$는 $x=0$에서 연속이다. (참)

ㄷ. 함수 $g(x)$는 $x\neq 0$인 실수 전체의 집합에서 연속이므로 함수
$\{g(x)\}^2$은 $x\neq 0$인 실수 전체의 집합에서 연속이다.

그러므로 함수 $\{g(x)\}^2$이 $x=0$에서 연속이면 실수 전체의 집
합에서 연속이 된다.

$\{g(0)\}^2=0$

$\lim\limits_{x\to 0+}\{g(x)\}^2=(-1)\times(-1)=1$

$\lim\limits_{x\to 0-}\{g(x)\}^2=1\times 1=1$

이때 $\lim\limits_{x\to 0}\{g(x)\}^2\neq\{g(0)\}^2$이므로 함수 $\{g(x)\}^2$은 $x=0$에
서 불연속이다. (거짓)

따라서 옳은 것은 ㄴ뿐이다.

13 0416 답 ③ 유형 15

출제의도 | 함수 $h(x)$의 함숫값, 극한값, 연속함수일 조건을 알고 있는지 확
인한다.

> 함수 $g(x)=[x]$는 x의 값이 정수일 때 불연속이야.

ㄱ. $h(1)=f(1)g(1)=0\times 1=0$ (참)

ㄴ. $\lim\limits_{x\to 2-}h(x)=\lim\limits_{x\to 2-}f(x)g(x)=1\times 1=1$ (참)

ㄷ. [반례] $x=1$일 때, 함수 $h(x)$에 대하여

$h(1)=f(1)g(1)=0\times 1=0$

$\lim\limits_{x\to 1+}h(x)=\lim\limits_{x\to 1+}f(x)g(x)=0\times 1=0$

$\lim\limits_{x\to 1-}h(x)=\lim\limits_{x\to 1-}f(x)g(x)=0\times 0=0$

즉, $\lim\limits_{x\to 1+}h(x)=\lim\limits_{x\to 1-}h(x)=h(1)$이므로 함수 $h(x)$는 $x=1$
에서 연속이다. (거짓)

따라서 옳은 것은 ㄱ, ㄴ이다.

참고 ㄷ에서 $\lim\limits_{x\to a+}g(x)\neq\lim\limits_{x\to a-}g(x)$일 때, $f(x)$와 $f(x)g(x)$가 $x=a$에
서 연속이면 $f(a)=0$임을 이용할 수도 있다.

$f(1)=0$이므로 함수 $f(x)g(x)$가 $x=1$에서 연속인지 조사해 본다.

14 0417 답 ⑤ 유형 18

출제의도 | 최대·최소 정리를 이용하여 최댓값과 최솟값을 구할 수 있는지
확인한다.

$$f(x)=\frac{3x-2}{x-3}=\frac{3(x-3)+7}{x-3}=3+\frac{7}{x-3}$$

이고 함수 $f(x)$가 닫힌구간 $[-1, 2]$에서 연속이므로 최대·최소 정리에 의하여 최댓값과 최솟값이 존재한다.

함수 $y=f(x)$의 그래프는 그림과 같으므로

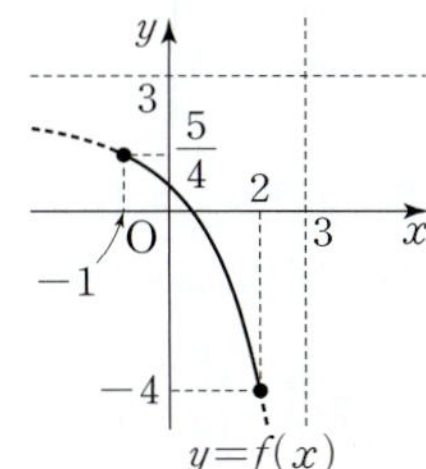

최댓값은 $M=f(-1)=\dfrac{5}{4}$

최솟값은 $m=f(2)=-4$

$\therefore Mm=-5$

15 0418 답 ④ 유형 3

출제의도 | 합성함수 $(g \circ f)(x)$가 실수 전체의 집합에서 연속일 조건을 알고 있는지 확인한다.

함수 $(g \circ f)(x)$가 실수 전체의 집합에서 연속이려면 $x=1$에서 연속이어야 한다.

즉, $\displaystyle\lim_{x\to 1+}(g \circ f)(x)=\lim_{x\to 1-}(g \circ f)(x)=(g \circ f)(1)$이 성립해야 한다.

$$(g \circ f)(1)=g(f(1))=g(3+2a)$$
$$=-(3+2a)^2+a(3+2a)$$
$$=-2a^2-9a-9$$

$$\lim_{x\to 1+}(g \circ f)(x)=\lim_{x\to 1+}g(f(x))=\lim_{x\to 1+}g(x^2+2x+2a)$$
$$=g(3+2a)$$
$$=-2a^2-9a-9$$

$$\lim_{x\to 1-}(g \circ f)(x)=\lim_{x\to 1-}g(f(x))=\lim_{x\to 1-}g(x+a)$$
$$=g(1+a)$$
$$=-(1+a)^2+a(1+a)$$
$$=-a-1$$

이므로 $-2a^2-9a-9=-a-1$

$2a^2+8a+8=0$, $2(a+2)^2=0$

$\therefore a=-2$

16 0419 답 ② 유형 5

출제의도 | 함수 $f(x)$가 $x=1$에서 연속일 조건을 알고 있는지 확인한다.

함수 $f(x)$가 모든 실수 x에서 연속이므로 $x=1$에서도 연속이다.

즉, $\displaystyle\lim_{x\to 1+}f(x)=\lim_{x\to 1-}f(x)=f(1)$이 성립한다.

$f(1)=a+b+1$

$\displaystyle\lim_{x\to 1+}f(x)=\lim_{x\to 1+}(x^2+ax+b)=a+b+1$

$\displaystyle\lim_{x\to 1-}f(x)=\lim_{x\to 1-}6x=6$

이므로 $a+b+1=6$ $\therefore a+b=5$ ········· ㉠

또, $f(x+4)=f(x)$에서 $f(4)=f(0)$이므로

$16+4a+b=0$ $\therefore 4a+b=-16$ ········· ㉡

㉠, ㉡을 연립하여 풀면 $a=-7$, $b=12$

따라서 $f(x)=\begin{cases} 6x & (0 \le x < 1) \\ x^2-7x+12 & (1 \le x \le 4) \end{cases}$ 이므로

$\underline{f(10)=f(6)=f(2)=4-14+12=2}$

$\quad\hookrightarrow f(x+4)=f(x)$에 $x=6$, $x=2$를 대입한 결과이다.

17 0420 답 ③ 유형 8 + 유형 9

출제의도 | 함수 $f(x)g(x)$가 실수 전체의 집합에서 연속일 조건을 구할 수 있는지 확인한다.

함수 $f(x)=\begin{cases} a & (x \le 1) \\ -x+2 & (x > 1) \end{cases}$ 에 대하여

ㄱ. $\displaystyle\lim_{x\to 1+}f(x)=\lim_{x\to 1+}(-x+2)=1$ (참)

ㄴ. $a=0$이면 $f(x)=\begin{cases} 0 & (x \le 1) \\ -x+2 & (x > 1) \end{cases}$ 이고

$\displaystyle\lim_{x\to 1+}f(x)=\lim_{x\to 1+}(-x+2)=1$

$\displaystyle\lim_{x\to 1-}f(x)=\lim_{x\to 1-}0=0$

이때 $\displaystyle\lim_{x\to 1+}f(x)\ne\lim_{x\to 1-}f(x)$이므로 함수 $f(x)$는 $x=1$에서 불연속이다. (거짓)

ㄷ. 함수 $f(x)$가 $x\ne 1$인 모든 실수 x에서 연속이므로 함수 $(x-1)f(x)$는 $x\ne 1$인 모든 실수 x에서 연속이다.

그러므로 함수 $(x-1)f(x)$가 $x=1$에서 연속이면 함수 $(x-1)f(x)$는 실수 전체의 집합에서 연속이다.

함수 $g(x)=(x-1)f(x)$라 하면

$g(1)=0\times f(1)=0$

$\displaystyle\lim_{x\to 1+}g(x)=\lim_{x\to 1+}(x-1)(-x+2)=0\times 1=0$

$\displaystyle\lim_{x\to 1-}g(x)=\lim_{x\to 1-}(x-1)a=0\times a=0$

이때 $\displaystyle\lim_{x\to 1+}g(x)=\lim_{x\to 1-}g(x)=g(1)$이므로 함수 $g(x)$는 $x=1$에서 연속이다.

즉, 함수 $(x-1)f(x)$는 실수 전체의 집합에서 연속이다. (참)

따라서 옳은 것은 ㄱ, ㄷ이다.

참고 함수 $f(x)$는 $x\ne 1$인 모든 실수에서 연속이므로 함수 $(x-1)f(x)$가 모든 실수에서 연속인지 아닌지를 판단하려면 $x=1$일 때 연속인지를 알아본다.

18 0421 답 ④ 유형 16

출제의도 | 조건을 만족시키는 함수의 그래프를 그리고, 불연속인 점을 찾을 수 있는지 알아본다.

집합 $\{x \mid ax^2+2(a-5)x-(a-5)=0$, x는 실수$\}$의 원소의 개수 $f(a)$는 방정식 $ax^2+2(a-5)x-(a-5)=0$의 실근의 개수와 같다.

(ⅰ) $a=0$일 때

$-10x+5=0$에서 $x=\dfrac{1}{2}$이므로 $f(0)=1$이다.

(ii) $a\neq0$일 때

이차방정식 $ax^2+2(a-5)x-(a-5)=0$의 판별식을 D라 하면

$$\frac{D}{4}=(a-5)^2+a(a-5)=(2a-5)(a-5)$$

㉠ $\dfrac{5}{2}<a<5$일 때, 실근이 존재하지 않는다. $\leftarrow D<0$

㉡ $a=\dfrac{5}{2}$ 또는 $a=5$일 때, 실근이 1개 존재한다. $\leftarrow D=0$

㉢ $a<\dfrac{5}{2}$ 또는 $a>5$일 때, 실근이 2개 존재한다. (단, $a\neq0$) $\leftarrow D>0$

(i), (ii)에서 $f(a)=\begin{cases} 0 & \left(\dfrac{5}{2}<a<5\right) \\ 1 & \left(a=0 \text{ 또는 } a=\dfrac{5}{2} \text{ 또는 } a=5\right) \\ 2 & \left(a<0 \text{ 또는 } 0<a<\dfrac{5}{2} \text{ 또는 } a>5\right) \end{cases}$

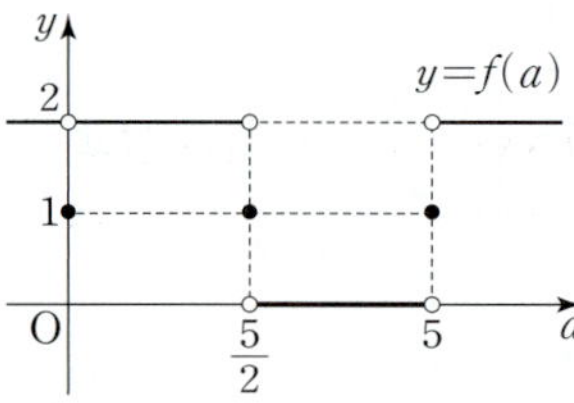

따라서 함수 $f(a)$가 불연속인 점은 $a=0$, $a=\dfrac{5}{2}$, $a=5$일 때의 3개이다.

19 0422 답 ③ 유형 18

출제의도 | 최대·최소 정리를 알고 최댓값과 최솟값을 구할 수 있는지 확인한다.

> 함수 $y=|f(x)|-2$의 그래프를 그려 보자.

$f(x)=\dfrac{x+2}{x+3}=1-\dfrac{1}{x+3}$이므로 닫힌구간 $\left[-\dfrac{5}{2},\,2\right]$에서 함수 $y=f(x)$의 그래프는 그림과 같다.

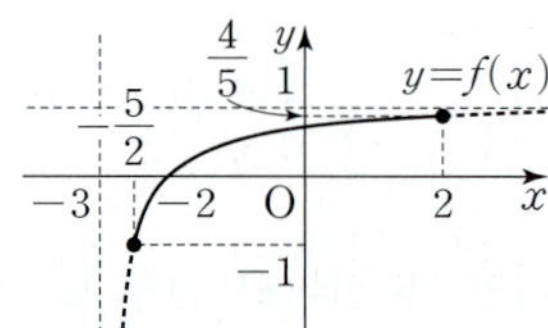

닫힌구간 $\left[-\dfrac{5}{2},\,2\right]$에서 함수 $y=|f(x)|-2$의 그래프는 그림과 같이 연속이므로 최대·최소 정리에 의하여 최댓값과 최솟값이 존재한다.

$\rightarrow$ $y=|f(x)|$의 그래프를 y축의 방향으로 -2만큼 평행이동한 것이다.

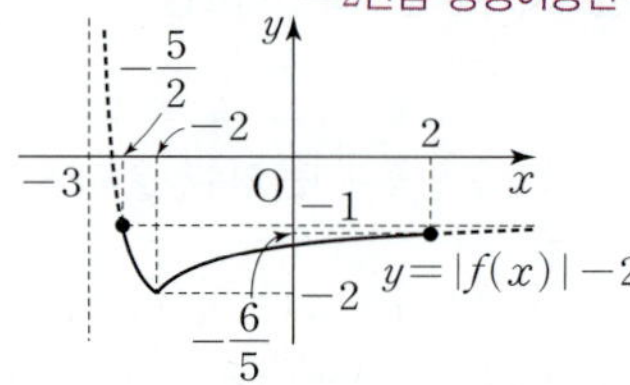

$x=-\dfrac{5}{2}$일 때, 최댓값 $M=-1$

$x=-2$일 때, 최솟값 $m=-2$

$\therefore Mm=2$

20 0423 답 ② 유형 13

출제의도 | 함수 $f(x)$가 모든 실수 x에서 연속일 조건을 알고 있는지 확인한다.

> 사차함수 $g(x)$가 x, $x-1$을 인수로 가짐을 이용해 보자.

함수 $f(x)=\begin{cases} \dfrac{g(x)}{x(x-1)} & (x\neq0,\ x\neq1 \text{인 실수}) \\ 4 & (x=0) \\ 10 & (x=1) \end{cases}$ 이 모든 실수 x에서

연속이므로 $x=0$, $x=1$에서도 연속이다. 즉,

(i) 함수 $f(x)$가 $x=0$에서 연속이므로

$\displaystyle\lim_{x\to0}\dfrac{g(x)}{x(x-1)}=f(0)=4$가 성립한다. $\cdots\cdots$ ㉠

$\displaystyle\lim_{x\to0}\dfrac{g(x)}{x(x-1)}=4$에서 $x\to0$일 때, 극한값이 존재하고 (분모)$\to0$이므로 (분자)$\to0$이다.

즉, $\displaystyle\lim_{x\to0}g(x)=0$에서 $g(0)=0$이므로 함수 $g(x)$는 x를 인수로 가진다.

(ii) 함수 $f(x)$가 $x=1$에서 연속이므로

$\displaystyle\lim_{x\to1}\dfrac{g(x)}{x(x-1)}=f(1)=10$이 성립한다. $\cdots\cdots$ ㉡

$\displaystyle\lim_{x\to1}\dfrac{g(x)}{x(x-1)}=10$에서 $x\to1$일 때, 극한값이 존재하고 (분모)$\to0$이므로 (분자)$\to0$이다.

즉, $\displaystyle\lim_{x\to1}g(x)=0$에서 $g(1)=0$이므로 함수 $g(x)$는 $x-1$을 인수로 가진다.

(i), (ii)에서 최고차항의 계수가 1인 사차함수 $g(x)$는

$g(x)=x(x-1)(x^2+ax+b)$ (a, b는 상수)

로 놓을 수 있다.

㉠에서

$$\lim_{x\to0}\dfrac{x(x-1)(x^2+ax+b)}{x(x-1)}=\lim_{x\to0}(x^2+ax+b)=b$$

즉, $b=4$

㉡에서

$$\lim_{x\to1}\dfrac{x(x-1)(x^2+ax+4)}{x(x-1)}=\lim_{x\to1}(x^2+ax+4)=a+5$$

즉, $a+5=10$이므로 $a=5$

따라서 $g(x)=x(x-1)(x^2+5x+4)$이므로

$g(-2)=(-2)\times(-3)\times(-2)=-12$

21 0424 답 ① 유형 8 + 유형 9

출제의도 | $f(x)g(x)$가 연속함수일 조건을 알고 있는지 확인한다.

> $f(x)g(x)$가 연속함수이면 $f(x)g(x)$는 $x=1$에서 연속이야.

$g(x)=x^2-2bx+a=(x-b)^2+a-b^2$이고

㈏에서 함수 $g(x)$의 최솟값이 -9이므로

$a-b^2=-9$ $\quad\therefore a=b^2-9$ $\cdots\cdots$ ㉠

㈎에서 $f(x)g(x)$가 연속함수이므로 함수 $f(x)g(x)$는 $x=1$에서 연속이다.

즉, $\displaystyle\lim_{x\to1+}f(x)g(x)=\lim_{x\to1-}f(x)g(x)=f(1)g(1)$이 성립한다.

$f(1)g(1)=2(1-2b+a)$

$$\lim_{x \to 1+} f(x)g(x) = \lim_{x \to 1+} (x^2 - 2x + 3)(x^2 - 2bx + a)$$
$$= 2(1 - 2b + a)$$
$$\lim_{x \to 1-} f(x)g(x) = \lim_{x \to 1-} (x^2 + ax + 7)(x^2 - 2bx + a)$$
$$= (a + 8)(1 - 2b + a)$$

이므로 $2(1 - 2b + a) = (a + 8)(1 - 2b + a)$에서

$(a + 6)(1 - 2b + a) = 0$

$\therefore a = -6$ 또는 $a = 2b - 1$

(i) $a = -6$일 때

　⊙에서 $-6 = b^2 - 9$이므로 $b^2 = 3$

　$\therefore b = \pm\sqrt{3}$

　즉, $g(x) = x^2 - 2\sqrt{3}x - 6$ 또는 $g(x) = x^2 + 2\sqrt{3}x - 6$

　$\therefore g(2) = -2 - 4\sqrt{3}$ 또는 $g(2) = -2 + 4\sqrt{3}$

(ii) $a = 2b - 1$일 때

　⊙에 의하여 $2b - 1 = b^2 - 9$

　$b^2 - 2b - 8 = 0$, $(b + 2)(b - 4) = 0$

　$\therefore b = -2$ 또는 $b = 4$

　즉, $a = -5$, $b = -2$ 또는 $a = 7$, $b = 4$이므로

　$g(x) = x^2 + 4x - 5$ 또는 $g(x) = x^2 - 8x + 7$

　$\therefore g(2) = 7$ 또는 $g(2) = -5$

(i), (ii)에서 모든 $g(2)$의 값의 합은

$(-2 - 4\sqrt{3}) + (-2 + 4\sqrt{3}) + 7 + (-5) = -2$

22　0425　답 2　　유형 5

출제의도 ｜ 함수 $f(x)$가 모든 실수 x에서 연속일 조건을 알고 있는지 확인한다.

STEP 1 함수 $f(x)$가 모든 실수 x에서 연속일 조건 구하기 [2점]

함수 $f(x)$가 실수 전체의 집합에서 연속이므로 $x = a$에서도 연속이다.

STEP 2 함수 $f(x)$가 $x = a$에서 연속일 때, 모든 실수 a의 값의 합 구하기 [4점]

$$\lim_{x \to a+} f(x) = \lim_{x \to a-} f(x) = f(a)$$가 성립한다.

$f(a) = a^2 - 2a$

$$\lim_{x \to a+} f(x) = \lim_{x \to a+} (x^2 - 3x + a) = a^2 - 2a$$
$$\lim_{x \to a-} f(x) = \lim_{x \to a-} (-x^2 + 2x + 5) = -a^2 + 2a + 5$$

이므로 $a^2 - 2a = -a^2 + 2a + 5$

따라서 $2a^2 - 4a - 5 = 0$에서 모든 실수 a의 값의 합은 이차방정식의 근과 계수의 관계에 의하여

$$-\frac{(-4)}{2} = 2$$

23　0426　답 풀이 참조　　유형 19

출제의도 ｜ 사잇값 정리를 알고 있는지 확인한다.

STEP 1 $f(x) = x^3 - x^2 + 9x + 1$이라 하고, $f(-2)$, $f(1)$의 값 구하기 [3점]

$f(x) = x^3 - x^2 + 9x + 1$이라 하면 $f(x)$는 다항함수이므로 닫힌구간 $[-2, 1]$에서 연속이다.

$f(-2) = -29 < 0$, $f(1) = 10 > 0$

STEP 2 사잇값 정리 이용하기 [3점]

$f(-2)f(1) < 0$이므로 사잇값 정리에 의하여 $f(c) = 0$을 만족시키는 c가 열린구간 $(-2, 1)$에 적어도 하나 존재한다.

따라서 방정식 $f(x) = 0$의 실근이 열린구간 $(-2, 1)$에 적어도 하나 존재한다.

24　0427　답 $a = -1$, $b = -\dfrac{3}{2}$　　유형 6

출제의도 ｜ 함수 $f(x)$가 실수 전체의 집합에서 연속일 조건을 알고 있는지 확인한다.

STEP 1 함수 $f(x)$가 $x = 1$에서 연속임을 알기 [2점]

$f(x)$가 실수 전체의 집합에서 연속이려면 $x = 1$에서 연속이어야 한다.

즉, $\lim\limits_{x \to 1} f(x) = f(1)$이 성립해야 하므로

$$\lim_{x \to 1} \frac{x^2 + (b - 1)x - b}{x + a} = 2a - b \quad \cdots\cdots ⊙$$

STEP 2 극한값이 존재할 조건을 이용하여 상수 a, b의 값 구하기 [5점]

$x \to 1$일 때, 0이 아닌 극한값이 존재하고 (분자)$\to 0$이므로 (분모)$\to 0$이다. ┗→ $2a \neq b$이므로 $2a - b \neq 0$

즉, $\lim\limits_{x \to 1} (x + a) = 0$에서 $1 + a = 0$　$\therefore a = -1$

$a = -1$을 ⊙에 대입하면

$$\lim_{x \to 1} \frac{x^2 + (b - 1)x - b}{x - 1} = \lim_{x \to 1} \frac{(x - 1)(x + b)}{x - 1}$$
$$= \lim_{x \to 1} (x + b) = 1 + b$$

즉, $1 + b = 2a - b$에서 $1 + b = -2 - b$　$\therefore b = -\dfrac{3}{2}$

$\therefore a = -1$, $b = -\dfrac{3}{2}$

25　0428　답 $a = 4$, $b = -4$　　유형 6

출제의도 ｜ 근호가 포함된 함수가 연속일 조건을 구할 수 있는지 확인한다.

STEP 1 함수 $f(x)$가 $x = 2$에서 연속임을 알기 [2점]

함수 $f(x)$가 $x \geq 1$에서 연속이려면 $x = 2$에서 연속이어야 한다.

즉, $\lim\limits_{x \to 2} f(x) = f(2)$가 성립해야 하므로

$$\lim_{x \to 2} \frac{a\sqrt{x - 1} + b}{x - 2} = 2$$

STEP 2 극한값이 존재할 조건을 이용하여 상수 a, b의 값 구하기 [5점]

$x \to 2$일 때, 극한값이 존재하고 (분모)$\to 0$이므로 (분자)$\to 0$이다.

즉, $\lim\limits_{x \to 2} (a\sqrt{x - 1} + b) = 0$에서

$a + b = 0$　$\therefore b = -a \quad \cdots\cdots ⊙$

⊙을 $\lim\limits_{x \to 2} \dfrac{a\sqrt{x - 1} + b}{x - 2} = 2$에 대입하면

$$\lim_{x \to 2} \frac{a\sqrt{x - 1} - a}{x - 2} = \lim_{x \to 2} \frac{a(\sqrt{x - 1} - 1)(\sqrt{x - 1} + 1)}{(x - 2)(\sqrt{x - 1} + 1)}$$
$$= \lim_{x \to 2} \frac{a}{\sqrt{x - 1} + 1} = \frac{a}{2}$$

즉, $\dfrac{a}{2} = 2$에서 $a = 4$

$a = 4$를 ⊙에 대입하면 $b = -4$

$\therefore a = 4$, $b = -4$

1 0429　目 $\dfrac{9}{4}$

두 함수 $f(x)=\begin{cases} x^2-x+2a & (x\geq 1) \\ 3x+a & (x<1) \end{cases}$, $g(x)=x^2+ax+3$에서

함수 $(g\circ f)(x)$가 실수 전체의 집합에서 연속이므로 $x=1$에서도 연속이다.

즉, $\lim\limits_{x\to 1+}(g\circ f)(x)=\lim\limits_{x\to 1-}(g\circ f)(x)=(g\circ f)(1)$이다.

$(g\circ f)(1)=g(f(1))=g(2a)=6a^2+3$

$$\lim_{x\to 1+}(g\circ f)(x)=\lim_{x\to 1+}g(f(x))$$
$$=\lim_{x\to 1+}g(x^2-x+2a)$$
$$=g(2a)=6a^2+3$$

$$\lim_{x\to 1-}(g\circ f)(x)=\lim_{x\to 1-}g(f(x))$$
$$=\lim_{x\to 1-}g(3x+a)$$
$$=g(3+a)$$
$$=2a^2+9a+12$$

즉, $6a^2+3=2a^2+9a+12$이므로 $4a^2-9a-9=0$

따라서 이차방정식의 근과 계수의 관계에 의하여 모든 상수 a의

값의 합은 $\dfrac{9}{4}$이다.

2 0430　目 ②

함수 $f(x)$가 모든 실수 x에서 연속이므로 $x=1$에서도 연속이다.

즉, $\lim\limits_{x\to 1+}f(x)=\lim\limits_{x\to 1-}f(x)=f(1)$이 성립한다.

$f(1)=1+a+b$

$\lim\limits_{x\to 1+}f(x)=\lim\limits_{x\to 1+}(x^2+ax+b)=1+a+b$

$\lim\limits_{x\to 1-}f(x)=\lim\limits_{x\to 1-}3x=3$

이므로 $1+a+b=3$

$\therefore a+b=2$ ·····································㉠

이때 함수 $f(x)$가 모든 실수 x에 대하여 $f(x+4)=f(x)$를 만족

시키므로 $x=0$을 대입하면

$f(4)=f(0)$

$16+4a+b=0$

$\therefore 4a+b=-16$ ·····························㉡

㉠, ㉡을 연립하여 풀면 $a=-6$, $b=8$

따라서 $f(x)=\begin{cases} 3x & (0\leq x<1) \\ x^2-6x+8 & (1\leq x\leq 4) \end{cases}$이므로

$\underline{f(15)=f(11)=f(7)=f(3)}=9-18+8=-1$
$\quad\raisebox{.5ex}{$\llcorner$}\, f(x+4)=f(x)$이므로
$\qquad f(15)=f(11+4)=f(11)$
$\qquad f(11)=f(7+4)=f(7)$
$\qquad f(7)=f(3+4)=f(3)$

3 0431　目 21

함수 $f(x)g(x)$가 실수 전체의 집합에서 연속이 되려면 함수

$f(x)g(x)$는 $x=a$에서 연속이어야 한다.

즉, $\lim\limits_{x\to a+}f(x)g(x)=\lim\limits_{x\to a-}f(x)g(x)=f(a)g(a)$가 성립해야 한다.

$f(a)g(a)=(a+3)(-a-7)$

$$\lim_{x\to a+}f(x)g(x)=\lim_{x\to a+}(x^2-x)\{x-(2a+7)\}$$
$$=(a^2-a)(-a-7)$$

$$\lim_{x\to a-}f(x)g(x)=\lim_{x\to a-}(x+3)\{x-(2a+7)\}$$
$$=(a+3)(-a-7)$$

이므로 $(a+3)(-a-7)=(a^2-a)(-a-7)$

$(a+7)(a^2-2a-3)=0$

$(a+7)(a+1)(a-3)=0$

$\therefore a=-7$ 또는 $a=-1$ 또는 $a=3$

따라서 구하는 모든 실수 a의 값의 곱은

$(-7)\times(-1)\times 3=21$

4 0432　目 9　　$\begin{cases} x\leq 2\text{일 때, } x^2-4x+5=(x-2)^2+1>0 \\ x>2\text{일 때, } x-2>0 \end{cases}$

함수 $f(x)$는 실수 전체의 집합에서 $\underline{f(x)>0}$이고 $x\neq 2$인 실수 전

체의 집합에서 연속이다. 또, 이차함수 $g(x)$는 실수 전체의 집합

에서 연속이므로 함수 $\dfrac{g(x)}{f(x)}$는 $x\neq 2$인 실수 전체의 집합에서 연

속이다.

이때 함수 $\dfrac{g(x)}{f(x)}$가 실수 전체의 집합에서 연속이므로 $x=2$에서도

연속이다.

즉, $\lim\limits_{x\to 2+}\dfrac{g(x)}{f(x)}=\lim\limits_{x\to 2-}\dfrac{g(x)}{f(x)}=\dfrac{g(2)}{f(2)}$가 성립한다.

$\lim\limits_{x\to 2+}\dfrac{g(x)}{f(x)}=\lim\limits_{x\to 2+}\dfrac{g(x)}{x-2}=\dfrac{g(2)}{f(2)}$에서 $x\to 2+$일 때,

극한값이 존재하고 (분모)$\to 0$이므로 (분자)$\to 0$이다.

즉, $\lim\limits_{x\to 2+}g(x)=0$에서 $g(2)=0$이므로 함수 $g(x)$는 $x-2$를 인수

로 가진다.

최고차항의 계수가 1인 이차함수 $g(x)$를

$g(x)=(x-2)(x+a)$ (a는 상수)라 하면

$\dfrac{g(2)}{f(2)}=\dfrac{0}{1}=0$

$\lim\limits_{x\to 2+}\dfrac{g(x)}{f(x)}=\lim\limits_{x\to 2+}\dfrac{(x-2)(x+a)}{x-2}=\lim\limits_{x\to 2+}(x+a)=a+2$

$\lim\limits_{x\to 2-}\dfrac{g(x)}{f(x)}=\lim\limits_{x\to 2-}\dfrac{(x-2)(x+a)}{x^2-4x+5}=\dfrac{0}{1}=0$

이므로 $a+2=0$에서 $a=-2$

따라서 $g(x)=(x-2)^2$이므로

$g(5)=(5-2)^2=9$

5 0433　目 13

함수 $f(x)f(x-a)$가 $x=a$에서 연속이려면

$\lim\limits_{x\to a+}f(x)f(x-a)=\lim\limits_{x\to a-}f(x)f(x-a)=f(a)f(0)$이 성립해야

한다.

(i) $a=0$일 때

　$f(x)f(x-a)=\{f(x)\}^2$이므로

　$\lim\limits_{x\to a+}f(x)f(x-a)=\lim\limits_{x\to 0+}\{f(x)\}^2=7\times 7=49$

　$\lim\limits_{x\to a-}f(x)f(x-a)=\lim\limits_{x\to 0-}\{f(x)\}^2=1\times 1=1$

　즉, $\lim\limits_{x\to a+}f(x)f(x-a)\neq\lim\limits_{x\to a-}f(x)f(x-a)$이므로 함수

　$f(x)f(x-a)$는 $x=a$에서 불연속이다.

(ii) $a>0$일 때
$$f(a)f(0)=-\frac{1}{2}a+7$$
$x-a=t$로 놓으면 $x\to a+$일 때 $t\to 0+$이므로
$$\lim_{x\to a+}f(x)f(x-a)=\lim_{x\to a+}f(x)\times\lim_{x\to a+}f(x-a)$$
$$=\lim_{x\to a+}f(x)\times\lim_{t\to 0+}f(t)$$
$$=\lim_{x\to a+}\left(-\frac{1}{2}x+7\right)\times\lim_{t\to 0+}\left(-\frac{1}{2}t+7\right)$$
$$=\left(-\frac{1}{2}a+7\right)\times 7=-\frac{7}{2}a+49$$
$x-a=t$로 놓으면 $x\to a-$일 때 $t\to 0-$이므로
$$\lim_{x\to a-}f(x)f(x-a)=\lim_{x\to a-}f(x)\times\lim_{x\to a-}f(x-a)$$
$$=\lim_{x\to a-}f(x)\times\lim_{t\to 0-}f(t)$$
$$=\lim_{x\to a-}\left(-\frac{1}{2}x+7\right)\times\lim_{t\to 0-}(t+1)$$
$$=\left(-\frac{1}{2}a+7\right)\times 1=-\frac{1}{2}a+7$$
즉, $-\frac{7}{2}a+49=-\frac{1}{2}a+7$에서 $3a=42$
$$\therefore a=14$$
(iii) $a<0$일 때
$$f(a)f(0)=a+1$$
$x-a=t$로 놓으면 $x\to a+$일 때 $t\to 0+$이므로
$$\lim_{x\to a+}f(x)f(x-a)=\lim_{x\to a+}f(x)\times\lim_{x\to a+}f(x-a)$$
$$=\lim_{x\to a+}f(x)\times\lim_{t\to 0+}f(t)$$
$$=\lim_{x\to a+}(x+1)\times\lim_{t\to 0+}\left(-\frac{1}{2}t+7\right)$$
$$=(a+1)\times 7=7a+7$$
$x-a=t$로 놓으면 $x\to a-$일 때 $t\to 0-$이므로
$$\lim_{x\to a-}f(x)f(x-a)=\lim_{x\to a-}f(x)\times\lim_{x\to a-}f(x-a)$$
$$=\lim_{x\to a-}f(x)\times\lim_{t\to 0-}f(t)$$
$$=\lim_{x\to a-}(x+1)\times\lim_{t\to 0-}(t+1)$$
$$=(a+1)\times 1=a+1$$
즉, $7a+7=a+1$에서 $6a=-6$
$$\therefore a=-1$$
(i), (ii), (iii)에서 모든 실수 a의 값의 합은
$$14+(-1)=13$$

다른 풀이

함수 $y=f(x)$의 그래프는 그림과 같다.
$a\neq 0$일 때, 함수 $f(x)$는 $x=0$에서 불연
속이고 $x=a$에서 연속이므로
함수 $f(x)f(x-a)$가 $x=a$에서 연속이
려면 $f(a)=0$을 만족시켜야 한다.
따라서 그림에서 $f(a)=0$인 a의 값은
$a=-1$ 또는 $a=14$이므로 구하는 합은
$-1+14=13$

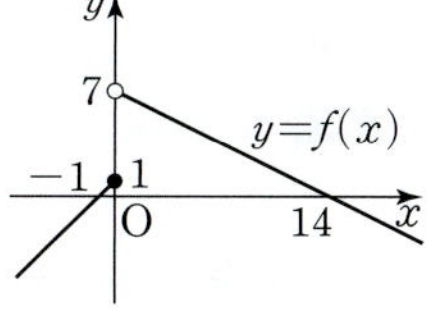

$f(0)\neq 0$이므로 $f(a)=0$이면
a에서의 좌극한, 우극한, 함숫
값이 모두 0이 되므로 연속이
된다.

II. 미분

03 미분계수와 도함수

0434 답 0

$$\frac{\varDelta y}{\varDelta x}=\frac{f(0)-f(-3)}{0-(-3)}=\frac{4-4}{3}=0$$

0435 답 5

$$\frac{\varDelta y}{\varDelta x}=\frac{f(2)-f(0)}{2-0}=\frac{(8+2a)-0}{2}=a+4$$
즉, $a+4=9$이므로 $a=5$

0436 답 (1) 2 (2) 4

$(1)\ f'(-1)=\lim_{h\to 0}\frac{f(-1+h)-f(-1)}{h}$
$$=\lim_{h\to 0}\frac{\{2(-1+h)+4\}-2}{h}$$
$\left[\lim_{x\to -1}\frac{f(x)-f(-1)}{x-(-1)}\ \text{을 이용해도 된다.}\right]$
$$=\lim_{h\to 0}\frac{2h}{h}=2$$

$(2)\ f'(-1)=\lim_{h\to 0}\frac{f(-1+h)-f(-1)}{h}$
$$=\lim_{h\to 0}\frac{\{-(-1+h)^2+2(-1+h)+4\}-1}{h}$$
$$=\lim_{h\to 0}\frac{-h^2+4h}{h}=\lim_{h\to 0}(-h+4)=4$$

0437 답 3

x의 값이 2에서 4까지 변할 때의 평균변화율은
$$\frac{\varDelta y}{\varDelta x}=\frac{f(4)-f(2)}{4-2}=\frac{2-(-2)}{2}=2$$
$x=a$에서의 미분계수는
$f'(a)=\lim_{h\to 0}\frac{f(a+h)-f(a)}{h}$
$$=\lim_{h\to 0}\frac{\{(a+h)^2-4(a+h)+2\}-(a^2-4a+2)}{h}$$
$$=\lim_{h\to 0}\frac{(2a-4)h+h^2}{h}$$
$$=\lim_{h\to 0}(2a-4+h)$$
$$=2a-4$$
이때 평균변화율과 미분계수가 같으므로
$2=2a-4$ $\therefore a=3$

0438 답 (1) 6 (2) -9

$(1)\ \lim_{h\to 0}\frac{f(1+2h)-f(1)}{h}=\lim_{h\to 0}\left\{\frac{f(1+2h)-f(1)}{2h}\times 2\right\}$
$$=2f'(1)=2\times 3=6$$

$(2)\ \lim_{h\to 0}\frac{f(1-3h)-f(1)}{h}=\lim_{h\to 0}\left\{\frac{f(1-3h)-f(1)}{-3h}\times(-3)\right\}$
$$=-3f'(1)=(-3)\times 3=-9$$

0439 답 (1) 1 (2) 6

(1) $\lim\limits_{x\to 1}\dfrac{f(x)-f(1)}{x^3-1}=\lim\limits_{x\to 1}\left\{\dfrac{f(x)-f(1)}{x-1}\times\dfrac{1}{x^2+x+1}\right\}$

$\qquad\qquad\qquad\quad =f'(1)\times\dfrac{1}{3}=3\times\dfrac{1}{3}=1$

(2) $\lim\limits_{x\to 1}\dfrac{f(x)-f(1)}{\sqrt{x}-1}=\lim\limits_{x\to 1}\left\{\dfrac{f(x)-f(1)}{x-1}\times(\sqrt{x}+1)\right\}$

$\qquad\qquad\qquad\quad =f'(1)\times 2=3\times 2=6$

0440 답 (1) 연속이다. (2) 미분가능하지 않다.

(1) $f(0)=2\times 0+0=0$

$\quad\lim\limits_{x\to 0+}f(x)=\lim\limits_{x\to 0+}(2x+x)=\lim\limits_{x\to 0+}3x=0$

$\quad\lim\limits_{x\to 0-}f(x)=\lim\limits_{x\to 0-}(2x-x)=\lim\limits_{x\to 0-}x=0$

$\quad$즉, $\lim\limits_{x\to 0}f(x)=f(0)$이므로 함수 $f(x)$는 $x=0$에서 연속이다.

(2) $\lim\limits_{h\to 0+}\dfrac{f(0+h)-f(0)}{h}=\lim\limits_{h\to 0+}\dfrac{2h+|h|}{h}=\lim\limits_{h\to 0+}\dfrac{2h+h}{h}=3$

$\quad\lim\limits_{h\to 0-}\dfrac{f(0+h)-f(0)}{h}=\lim\limits_{h\to 0-}\dfrac{2h+|h|}{h}=\lim\limits_{h\to 0-}\dfrac{2h-h}{h}=1$

$\quad$즉, $\lim\limits_{h\to 0}\dfrac{f(0+h)-f(0)}{h}$의 값이 존재하지 않으므로

$\quad$함수 $f(x)$는 $x=0$에서 미분가능하지 않다.

0441 답 13

함수 $f(x)$가 실수 전체의 집합에서 미분가능하기 위해서는
$x=1$에서 미분가능해야 한다.

함수 $f(x)$가 $x=1$에서 미분가능하면 연속이므로

$\lim\limits_{x\to 1+}f(x)=\lim\limits_{x\to 1-}f(x)=f(1)$이어야 한다.

$\lim\limits_{x\to 1+}f(x)=\lim\limits_{x\to 1+}(x^2+ax-3)=a-2$

$\lim\limits_{x\to 1-}f(x)=\lim\limits_{x\to 1-}(bx^2+1)=b+1$

$f(1)=1+a-3=a-2$

이므로 $a-2=b+1$ $\quad\therefore a-b=3$ $\cdots\cdots$ ㉠

또한 함수 $f(x)$가 $x=1$에서 미분가능하므로

$\lim\limits_{x\to 1+}\dfrac{f(x)-f(1)}{x-1}=\lim\limits_{x\to 1+}\dfrac{(x^2+ax-3)-(a-2)}{x-1}$

$\qquad\qquad\qquad =\lim\limits_{x\to 1+}\dfrac{(x-1)(x+1)+a(x-1)}{x-1}$

$\qquad\qquad\qquad =\lim\limits_{x\to 1+}\dfrac{(x-1)(x+a+1)}{x-1}$

$\qquad\qquad\qquad =\lim\limits_{x\to 1+}(x+a+1)=a+2$

$\lim\limits_{x\to 1-}\dfrac{f(x)-f(1)}{x-1}=\lim\limits_{x\to 1-}\dfrac{(bx^2+1)-(b+1)}{x-1}$

$\qquad\qquad\qquad =\lim\limits_{x\to 1-}\dfrac{b(x+1)(x-1)}{x-1}$

$\qquad\qquad\qquad =\lim\limits_{x\to 1-}b(x+1)=2b$

에서 $a+2=2b$ $\quad\therefore a-2b=-2$ $\cdots\cdots$ ㉡

㉠, ㉡을 연립하여 풀면 $a=8$, $b=5$

$\therefore a+b=13$

0442 답 (1) $y'=10x^4$ (2) $y'=0$
$\qquad\qquad$ (3) $y'=6x+6$ (4) $y'=-8x^3+15x^2$

---

(1) $y=2x^5$에서 $y'=2\times 5x^4=10x^4$

(2) $y=10$에서 $y'=0$

(3) $y=3x^2+6x+4$에서 $y'=3\times 2x+6=6x+6$

(4) $y=-2x^4+5x^3+3$에서

$\quad y'=(-2)\times 4x^3+5\times 3x^2=-8x^3+15x^2$

0443 답 3

$f(x)=2x^2+ax-5$에 대하여 $f'(x)=4x+a$

이때 $f'(1)=7$이므로

$f'(1)=4+a$에서 $4+a=7$ $\quad\therefore a=3$

0444 답 (1) $y'=9x^2+20x-8$ (2) $y'=5x^4+6x^2-3$

(1) $y'=(3x-2)'(x^2+4x)+(3x-2)(x^2+4x)'$

$\quad =3(x^2+4x)+(3x-2)(2x+4)$

$\quad =9x^2+20x-8$

(2) $y'=(x^3-x)'(x^2+3)+(x^3-x)(x^2+3)'$

$\quad =(3x^2-1)(x^2+3)+(x^3-x)\times 2x$

$\quad =5x^4+6x^2-3$

0445 답 -6

$f'(x)=(1-2x)(x^3+a)+x\times(-2)\times(x^3+a)$
$\qquad\qquad\qquad\qquad\qquad\qquad +x(1-2x)\times 3x^2$

이므로

$f'(1)=-(1+a)-2(1+a)+(-3)$

$\qquad =-3a-6$

이때 $f'(1)=12$이므로

$-3a-6=12$, $3a=-18$ $\quad\therefore a=-6$

> 함수의 곱의 미분법을 이용한 후 미분
> 계수를 구할 때는 식을 정리하지 않고
> 바로 대입하는 것이 편리하다.

---

check 기출 유형으로 실전 준비하기 105쪽~129쪽

0446 답 ② ㅣ유형 1

함수 $f(x)=x^3-2x+4$에서 x의 값이 2에서 a까지 변할 때의 평균변화율이 5일 때, 모든 실수 a의 값의 곱은? (단, $a\ne 2$)

[단서1]

① -5 ② -3 ③ -1

④ 0 ⑤ 1

[단서1] 평균변화율 $=\dfrac{f(a)-f(2)}{a-2}$

STEP1 함수 $f(x)$의 평균변화율 구하기

함수 $f(x)$에서 x의 값이 2에서 a까지 변할 때의 평균변화율은

$\dfrac{f(a)-f(2)}{a-2}=\dfrac{(a^3-2a+4)-8}{a-2}$

$\qquad\qquad =\dfrac{a^3-2a-4}{a-2}$ $\longrightarrow$ 조립제법을 이용하여 인수분해한다.

$\qquad\qquad =\dfrac{(a-2)(a^2+2a+2)}{a-2}$

$\qquad\qquad =a^2+2a+2$

$$\begin{array}{r|rrrr} 2 & 1 & 0 & -2 & -4 \\ & & 2 & 4 & 4 \\ \hline & 1 & 2 & 2 & 0 \end{array}$$

$a^2+2a+2=5$이므로 $a^2+2a-3=0$

따라서 이차방정식의 근과 계수의 관계에 의하여 모든 실수 a의 값의 곱은 -3이다.

0447 답 ④

함수 $f(x)$에서 x의 값이 1에서 3까지 변할 때의 평균변화율은 두 점 $A(1, f(1))$, $B(3, f(3))$을 지나는 직선 AB의 기울기와 같다.

따라서 구하는 평균변화율은 -2이다.

0448 답 1

함수 $f(x)$에서 x의 값이 0에서 3까지 변할 때의 평균변화율은

$$\frac{f(3)-f(0)}{3-0}=\frac{(30-3a)-3}{3}=9-a$$

평균변화율이 8이므로

$9-a=8$　∴ $a=1$

0449 답 ⑤

함수 $f(x)$에서 x의 값이 -2에서 4까지 변할 때의 평균변화율은

$$\frac{f(4)-f(-2)}{4-(-2)}=\frac{34-(-2)}{6}=6 \quad\cdots\cdots\ ㉠$$

함수 $f(x)$에서 x의 값이 a에서 3까지 변할 때의 평균변화율은

$$\frac{f(3)-f(a)}{3-a}=\frac{23-(a^2+4a+2)}{3-a}$$
$$=\frac{-(a-3)(a+7)}{-(a-3)}$$
$$=a+7 \quad\cdots\cdots\ ㉡$$

㉠, ㉡이 같아야 하므로

$6=a+7$　∴ $a=-1$

0450 답 51

함수 $f(x)$의 닫힌구간 $[n, n+1]$에서의 평균변화율이 $n+1$이므로

$$\frac{f(n+1)-f(n)}{n+1-n}=n+1$$

∴ $f(n+1)-f(n)=n+1$

따라서 함수 $f(x)$의 닫힌구간 $[1, 100]$에서의 평균변화율은

$$\frac{f(100)-f(1)}{100-1}$$
$$=\frac{\{f(100)-f(99)\}+\{f(99)-f(98)\}+\cdots+\{f(2)-f(1)\}}{99}$$
$$=\frac{100+99+98+\cdots+2}{99}$$
$$=\frac{5049}{99}$$
$$=51$$

참고　$100+99+98+\cdots+2=100+99+98+\cdots+3+2+1-1$
$$=101\times50-1$$
$$=5050-1$$
$$=5049$$

0451 답 ⑤

그림과 같이 함수 $y=f(x)$의 그래프에서 네 점 A, B, C, D를 정하면 α, β, γ의 값은 각각 직선 AB, 직선 BC, 직선 CD의 기울기와 같다.

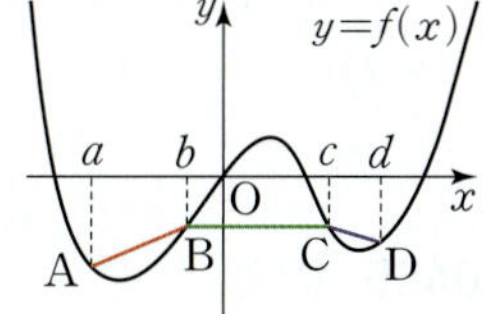

$\alpha=$(직선 AB의 기울기)>0

$\beta=$(직선 BC의 기울기)$=0$

$\gamma=$(직선 CD의 기울기)<0

∴ $\gamma<\beta<\alpha$

0452 답 ③

$f(a)=2$, $f(b)=7$이므로

$g(2)=a$, $g(7)=b$

함수 $f(x)$에서 x의 값이 a에서 b까지 변할 때의 평균변화율은

$$\frac{f(b)-f(a)}{b-a}=\frac{7-2}{b-a}=\frac{5}{b-a}$$

평균변화율이 5이므로

$$\frac{5}{b-a}=5$$

∴ $b-a=1 \quad\cdots\cdots\ ㉠$

함수 $g(x)$에서 x의 값이 2에서 7까지 변할 때의 평균변화율은

$$\frac{g(7)-g(2)}{7-2}=\frac{b-a}{5}=\frac{1}{5}\ (∵\ ㉠)$$

개념 Check

> 함수 f의 역함수 f^{-1}에 대하여
> $$f(a)=b \Longleftrightarrow f^{-1}(b)=a$$

0453 답 ③

함수 $g(x)$에서 x의 값이 1에서 3까지 변할 때의 평균변화율은

$$\frac{g(3)-g(1)}{3-1}=\frac{g(3)-g(1)}{2} \quad\cdots\cdots\ ㉠$$

주어진 그래프에서

$f(-2)=0$, $f(-1)=-2$, $f(0)=0$, $f(1)=2$, $f(2)=0$,
$f(3)=-2$이므로

$g(3)=(f\circ f)(3)=f(f(3))=f(-2)=0$

$g(1)=(f\circ f)(1)=f(f(1))=f(2)=0$

이를 ㉠에 대입하면

$$\frac{g(3)-g(1)}{2}=0$$

0454 답 ③

함수 $f(x)$에서 x의 값이 -2에서 0까지 변할 때의 평균변화율은

$$\frac{f(0)-f(-2)}{0-(-2)}=\frac{0-(-8)}{2}=4 \quad\cdots\cdots\ ㉠$$

함수 $f(x)$에서 x의 값이 0에서 a까지 변할 때의 평균변화율은

$$\frac{f(a)-f(0)}{a-0}=\frac{a(a+1)(a-2)-0}{a}$$
$$=a^2-a-2 \quad\cdots\cdots\ ㉡$$

㉠, ㉡이 같아야 하므로
$4=a^2-a-2$, $a^2-a-6=0$
$(a+2)(a-3)=0$ ∴ $a=3$ $(∵ a>0)$

0455 답 ② | 유형 2

STEP 1 함수 $f(x)$의 평균변화율 구하기

함수 $f(x)$의 닫힌구간 $[1, 3]$에서의 평균변화율은
$$\frac{f(3)-f(1)}{3-1}=\frac{(9+3a)-(1+a)}{2}=4+a \quad \cdots\cdots ㉠$$

STEP 2 함수 $f(x)$에서 미분계수 $f'(b)$ 구하기

함수 $f(x)$의 $x=b$에서의 미분계수는
$$f'(b)=\lim_{\varDelta x\to0}\frac{f(b+\varDelta x)-f(b)}{\varDelta x}$$
$$=\lim_{\varDelta x\to0}\frac{\{(b+\varDelta x)^2+a(b+\varDelta x)\}-(b^2+ab)}{\varDelta x}$$
$$=\lim_{\varDelta x\to0}(\varDelta x+a+2b)=a+2b \quad \cdots\cdots ㉡$$

STEP 3 상수 b의 값 구하기

㉠, ㉡이 같아야 하므로 $4+a=a+2b$
$2b=4$ ∴ $b=2$

다른 풀이

함수 $f(x)$의 $x=b$에서의 미분계수는 다음과 같이 구할 수도 있다.
$$f'(b)=\lim_{x\to b}\frac{f(x)-f(b)}{x-b}=\lim_{x\to b}\frac{(x^2+ax)-(b^2+ab)}{x-b}$$
$$=\lim_{x\to b}\frac{(x+a+b)(x-b)}{x-b}$$
$$=\lim_{x\to b}(x+a+b)=a+2b$$

→ $\dfrac{0}{0}$ 꼴이므로 $x-b$를 약분한다.

0456 답 -2

곡선 $y=f(x)$ 위의 점 $(3, f(3))$에서의 접선의 기울기가 -2이
므로
$$f'(3)=-2$$
$$∴ \lim_{\varDelta x\to0}\frac{f(3+\varDelta x)-f(3)}{\varDelta x}=f'(3)=-2$$

0457 답 14

$f(2+x)-f(2)=x^3+6x^2+14x$이므로
$$f'(2)=\lim_{\varDelta x\to0}\frac{f(2+\varDelta x)-f(2)}{\varDelta x}$$
$$=\lim_{\varDelta x\to0}\frac{(\varDelta x)^3+6(\varDelta x)^2+14\varDelta x}{\varDelta x}$$
$$=\lim_{\varDelta x\to0}\{(\varDelta x)^2+6\varDelta x+14\}=14$$

0458 답 ④

$f(3+a)-f(3)=\sqrt{a+9}-3$이므로
$$f'(3)=\lim_{\varDelta x\to0}\frac{f(3+\varDelta x)-f(3)}{\varDelta x}$$
$$=\lim_{\varDelta x\to0}\frac{\sqrt{\varDelta x+9}-3}{\varDelta x}$$
$$=\lim_{\varDelta x\to0}\frac{(\sqrt{\varDelta x+9}-3)(\sqrt{\varDelta x+9}+3)}{\varDelta x(\sqrt{\varDelta x+9}+3)}$$
$$=\lim_{\varDelta x\to0}\frac{1}{\sqrt{\varDelta x+9}+3}$$
$$=\frac{1}{6}$$

→ $\dfrac{0}{0}$ 꼴이므로 근호가 있는 쪽을 유리화한 후 약분한다.

0459 답 2

함수 $f(x)$에서 x의 값이 0에서 a까지 변할 때의 평균변화율은
$$\frac{f(a)-f(0)}{a-0}=\frac{3a^2-2a}{a}=3a-2 \quad \cdots\cdots ㉠$$
함수 $f(x)$의 $x=1$에서의 미분계수는
$$f'(1)=\lim_{\varDelta x\to0}\frac{f(1+\varDelta x)-f(1)}{\varDelta x}$$
$$=\lim_{\varDelta x\to0}\frac{\{3(1+\varDelta x)^2-2(1+\varDelta x)\}-1}{\varDelta x}$$
$$=\lim_{\varDelta x\to0}\frac{3(\varDelta x)^2+4\varDelta x}{\varDelta x}$$
$$=\lim_{\varDelta x\to0}(3\varDelta x+4)=4 \quad \cdots\cdots ㉡$$

㉠, ㉡이 같아야 하므로
$3a-2=4$, $3a=6$
∴ $a=2$

참고 함수 $f(x)$의 $x=1$에서의 미분계수는 미분법을 배운 후 함수 $f(x)$의
도함수를 이용하여 다음과 같이 구할 수도 있다.
$f'(x)=6x-2$이므로 $f'(1)=6-2=4$

0460 답 ①

함수 $f(x)$에서 x의 값이 0에서 t까지 변할 때의 평균변화율이
t^2+2t이므로
$$\frac{f(t)-f(0)}{t-0}=t^2+2t$$
이때 $f(0)=3$이므로
$$\frac{f(t)-3}{t}=t^2+2t$$
$$∴ f(t)=t^3+2t^2+3$$
따라서 $x=1$에서의 순간변화율은
$$f'(1)=\lim_{\varDelta x\to0}\frac{f(1+\varDelta x)-f(1)}{\varDelta x}$$
$$=\lim_{\varDelta x\to0}\frac{\{(1+\varDelta x)^3+2(1+\varDelta x)^2+3\}-6}{\varDelta x}$$
$$=\lim_{\varDelta x\to0}\frac{(\varDelta x)^3+5(\varDelta x)^2+7\varDelta x}{\varDelta x}$$
$$=\lim_{\varDelta x\to0}\{(\varDelta x)^2+5\varDelta x+7\}$$
$$=7$$

→ $x=1$에서의 미분계수 $f'(1)$

0461 답 ①

$f(x+1)-f(1)=x^3+13x^2+26x$이므로

$$\begin{aligned}
f'(1)&=\lim_{\Delta x\to 0}\frac{f(1+\Delta x)-f(1)}{\Delta x}\\
&=\lim_{\Delta x\to 0}\frac{(\Delta x)^3+13(\Delta x)^2+26\Delta x}{\Delta x}\\
&=\lim_{\Delta x\to 0}\{(\Delta x)^2+13\Delta x+26\}\\
&=26
\end{aligned}$$

0462 답 3

함수 $f(x)$에서 x의 값이 0에서 a까지 변할 때의 평균변화율은

$$\frac{f(a)-f(0)}{a-0}=\frac{a^3-3a^2+5a}{a}=a^2-3a+5 \quad\cdots\cdots ㉠$$

$$\begin{aligned}
f'(2)&=\lim_{x\to 2}\frac{f(x)-f(2)}{x-2}\\
&=\lim_{x\to 2}\frac{(x^3-3x^2+5x)-6}{x-2}\\
&=\lim_{x\to 2}\frac{(x-2)(x^2-x+3)}{x-2}\\
&=\lim_{x\to 2}(x^2-x+3)=5 \quad\cdots\cdots ㉡
\end{aligned}$$

조립제법을 이용하여 인수분해한다.

$$\begin{array}{r|rrrr}
2 & 1 & -3 & 5 & -6\\
  &   & 2 & -2 & 6\\
\hline
  & 1 & -1 & 3 & \,0
\end{array}$$

㉠, ㉡이 같아야 하므로 $a^2-3a+5=5$

$a(a-3)=0$

$\therefore a=3 \ (\because a>0)$

참고 함수 $f(x)$의 $x=2$에서의 미분계수는 미분법을 배운 후 함수 $f(x)$의 도함수를 이용하여 다음과 같이 구할 수도 있다.

$f'(x)=3x^2-6x+5$이므로 $f'(2)=12-12+5=5$

0463 답 11

함수 $f(x)$에서 x의 값이 0에서 4까지 변할 때의 평균변화율은

$$\frac{f(4)-f(0)}{4-0}=\frac{64-96+20}{4}=-3 \quad\cdots\cdots ㉠$$

$$\begin{aligned}
f'(a)&=\lim_{x\to a}\frac{f(x)-f(a)}{x-a}\\
&=\lim_{x\to a}\frac{(x^3-6x^2+5x)-(a^3-6a^2+5a)}{x-a}\\
&=\lim_{x\to a}\frac{(x-a)\{x^2+(a-6)x+a^2-6a+5\}}{x-a}\\
&=\lim_{x\to a}\{x^2+(a-6)x+a^2-6a+5\}\\
&=3a^2-12a+5 \quad\cdots\cdots ㉡
\end{aligned}$$

㉠, ㉡이 같아야 하므로

$3a^2-12a+5=-3$에서

$3a^2-12a+8=0$

$$\therefore a=\frac{-(-6)\pm\sqrt{(-6)^2-3\times 8}}{3}=\frac{6\pm 2\sqrt{3}}{3}=2\pm\frac{2\sqrt{3}}{3}$$

이때 두 실수 a의 값은 모두 $0<a<4$를 만족시키므로 구하는 모든 실수 a의 값의 곱은 이차방정식의 근과 계수의 관계에 의하여 $\dfrac{8}{3}$이나.

따라서 $p=3$, $q=8$이므로

$p+q=11$

0464 답 18

유형 3

STEP 1 미분계수의 정의를 이용하여 주어진 극한값 구하기

$$\begin{aligned}
\lim_{h\to 0}\frac{f(1+3h)-f(1)}{h}&=\lim_{h\to 0}\frac{f(1+3h)-f(1)}{3h}\times 3\\
&=3f'(1)\\
&=3\times 6=18
\end{aligned}$$

0465 답 ④

$$\begin{aligned}
&\lim_{h\to 0}\frac{f(1-4h)-f(1+6h)}{h}\\
&=\lim_{h\to 0}\frac{\{f(1-4h)-f(1)\}-\{f(1+6h)-f(1)\}}{h}\\
&=\lim_{h\to 0}\frac{f(1-4h)-f(1)}{-4h}\times(-4)-\lim_{h\to 0}\frac{f(1+6h)-f(1)}{6h}\times 6\\
&=-4f'(1)-6f'(1)\\
&=-10f'(1)\\
&=-10\times(-1)=10
\end{aligned}$$

$f(1)$을 빼고 더한다.

0466 답 ①

$$\lim_{h\to 0}\frac{f(1+5h)-f(1+3h)}{2h}=3$$에서

$$\begin{aligned}
&\lim_{h\to 0}\frac{f(1+5h)-f(1+3h)}{2h}\\
&=\lim_{h\to 0}\frac{\{f(1+5h)-f(1)\}-\{f(1+3h)-f(1)\}}{2h}\\
&=\lim_{h\to 0}\frac{f(1+5h)-f(1)}{2h}-\lim_{h\to 0}\frac{f(1+3h)-f(1)}{2h}\\
&=\lim_{h\to 0}\frac{f(1+5h)-f(1)}{5h}\times\frac{5}{2}-\lim_{h\to 0}\frac{f(1+3h)-f(1)}{3h}\times\frac{3}{2}\\
&=\frac{5}{2}f'(1)-\frac{3}{2}f'(1)\\
&=f'(1)=3 \quad\cdots\cdots ㉠
\end{aligned}$$

$$\begin{aligned}
\therefore \ &\lim_{h\to 0}\frac{f(1+2h^2)-f(1-2h)}{h}\\
&=\lim_{h\to 0}\frac{\{f(1+2h^2)-f(1)\}-\{f(1-2h)-f(1)\}}{h}\\
&=\lim_{h\to 0}\frac{f(1+2h^2)-f(1)}{h}-\lim_{h\to 0}\frac{f(1-2h)-f(1)}{h}\\
&=\lim_{h\to 0}\frac{f(1+2h^2)-f(1)}{2h^2}\times 2h\\
&\qquad\qquad\qquad -\lim_{h\to 0}\frac{f(1-2h)-f(1)}{-2h}\times(-2)\\
&=\lim_{h\to 0}\frac{f(1+2h^2)-f(1)}{2h^2}\times\lim_{h\to 0}2h\\
&\qquad\qquad\qquad -\lim_{h\to 0}\frac{f(1-2h)-f(1)}{-2h}\times(-2)\\
&=f'(1)\times 0+2f'(1)\\
&=2f'(1)=2\times 3=6 \ (\because ㉠)
\end{aligned}$$

$f(1)$을 빼고 더한다.

0467 답 ⑤

$x=a$에서 다항함수 $f(x)$의 미분계수가 2이므로

$f'(a)=2$ $\cdots\cdots\cdots$ ㉠

$\displaystyle\lim_{h\to 0}\frac{f(a+2h)-f(a)-g(h)}{h}$

$=\displaystyle\lim_{h\to 0}\left\{\frac{f(a+2h)-f(a)}{2h}\times 2-\frac{g(h)}{h}\right\}$

$=2f'(a)-\displaystyle\lim_{h\to 0}\frac{g(h)}{h}$

$=2\times 2-\displaystyle\lim_{h\to 0}\frac{g(h)}{h}\ (\because\ ㉠)$

즉, $4-\displaystyle\lim_{h\to 0}\frac{g(h)}{h}=0$에서 $\displaystyle\lim_{h\to 0}\frac{g(h)}{h}=4$

0468 답 ①

$\displaystyle\lim_{h\to 0}\frac{1}{h}\left\{\frac{1}{f(a+h)}-\frac{1}{f(a)}\right\}$

$=\displaystyle\lim_{h\to 0}\left\{\frac{1}{h}\times\frac{f(a)-f(a+h)}{f(a+h)f(a)}\right\}$

$=\displaystyle\lim_{h\to 0}\left\{-\frac{f(a+h)-f(a)}{h}\right\}\times\displaystyle\lim_{h\to 0}\frac{1}{f(a+h)f(a)}$

$=-f'(a)\times\dfrac{1}{\{f(a)\}^2}$

$=-\dfrac{f'(a)}{\{f(a)\}^2}$

0469 답 10

$\displaystyle\lim_{h\to\infty}h\left\{f\left(2+\frac{1}{h}\right)-f(2)\right\}$에서 $f'(2)=10$을 이용할 수 있도록 변형한다.

$\dfrac{1}{h}=t$로 놓으면 $h\to\infty$일 때, $t\to 0+$이므로

$\displaystyle\lim_{h\to\infty}h\left\{f\left(2+\frac{1}{h}\right)-f(2)\right\}=\lim_{t\to 0+}\frac{f(2+t)-f(2)}{t}$

$\qquad\qquad\qquad\qquad\qquad\ =f'(2)=10$

참고 $f(x)$가 다항함수이므로

$\displaystyle\lim_{t\to 0+}\frac{f(2+t)-f(2)}{t}=f'(2)$

0470 답 ②

$\displaystyle\lim_{x\to\infty}x\left\{f\left(3+\frac{3}{x}\right)-f\left(3-\frac{1}{x}\right)\right\}$에서

$\dfrac{1}{x}=h$로 놓으면 $x\to\infty$일 때, $h\to 0+$이므로

$\displaystyle\lim_{x\to\infty}x\left\{f\left(3+\frac{3}{x}\right)-f\left(3-\frac{1}{x}\right)\right\}$

$=\displaystyle\lim_{h\to 0+}\frac{f(3+3h)-f(3-h)}{h}$

$=\displaystyle\lim_{h\to 0+}\frac{\{f(3+3h)-f(3)\}-\{f(3-h)-f(3)\}}{h}$

$=\displaystyle\lim_{h\to 0+}\frac{f(3+3h)-f(3)}{3h}\times 3-\lim_{h\to 0+}\frac{f(3-h)-f(3)}{-h}\times(-1)$

$=3f'(3)+f'(3)$

$=4f'(3)=4\times 1=4$

0471 답 28

$\displaystyle\lim_{h\to 0}\frac{1}{h}\left\{\sum_{k=1}^{5}f(1+kh)-5f(1)\right\}$

$=\displaystyle\lim_{h\to 0}\frac{1}{h}\{f(1+h)-f(1)+f(1+2h)-f(1)+\cdots$

$\qquad\qquad\qquad\qquad\qquad\qquad +f(1+5h)-f(1)\}$

$=\displaystyle\lim_{h\to 0}\left\{\frac{f(1+h)-f(1)}{h}+\frac{f(1+2h)-f(1)}{2h}\times 2+\cdots\right.$

$\qquad\qquad\qquad\qquad\left. +\frac{f(1+5h)-f(1)}{5h}\times 5\right\}$

$=f'(1)+2f'(1)+3f'(1)+4f'(1)+5f'(1)$

$=15f'(1)$

즉, $15f'(1)=420$에서

$f'(1)=28$

$\therefore a=28$

0472 답 ①

$\displaystyle\lim_{h\to 0}\frac{f(3+h)-4}{2h}=1$에서 $h\to 0$일 때, 극한값이 존재하고

(분모)$\to 0$이므로 (분자)$\to 0$이다.

즉, $\displaystyle\lim_{h\to 0}\{f(3+h)-4\}=0$이므로

$f(3)=4$ $\cdots\cdots\cdots$ ㉠

$\displaystyle\lim_{h\to 0}\frac{f(3+h)-4}{2h}=\frac{1}{2}\times\lim_{h\to 0}\frac{f(3+h)-f(3)}{h}\ (\because\ ㉠)$

$\qquad\qquad\qquad\qquad =\frac{1}{2}f'(3)$

즉, $\dfrac{1}{2}f'(3)=1$에서

$f'(3)=2$

$\therefore f(3)+f'(3)=4+2=6$

0473 답 ① | 유형 **4**

다항함수 $f(x)$에 대하여 $f'(2)=3$일 때, $\displaystyle\lim_{x\to 2}\frac{f(x)-f(2)}{x^2-x-2}$의 값은?

      단서1   단서2

① 1 ② $\dfrac{1}{2}$ ③ $\dfrac{1}{3}$

④ $\dfrac{1}{4}$ ⑤ $\dfrac{1}{5}$

단서1 $x=2$에서의 미분계수를 이용

단서2 분모를 인수분해

STEP 1 미분계수의 정의를 이용하여 주어진 극한값 구하기

$\displaystyle\lim_{x\to 2}\frac{f(x)-f(2)}{x^2-x-2}=\lim_{x\to 2}\frac{f(x)-f(2)}{(x-2)(x+1)}$

$\qquad\qquad\qquad\ =\displaystyle\lim_{x\to 2}\frac{f(x)-f(2)}{x-2}\times\lim_{x\to 2}\frac{1}{x+1}$

$\qquad\qquad\qquad\ =f'(2)\times\dfrac{1}{3}$

$\qquad\qquad\qquad\ =3\times\dfrac{1}{3}$

$\qquad\qquad\qquad\ =1$

0474 답 $\dfrac{1}{4}$

$$\lim_{x\to 1}\frac{f(\sqrt{x})-f(1)}{x^2-1}$$

$$=\lim_{x\to 1}\frac{f(\sqrt{x})-f(1)}{(x-1)(x+1)}$$
$x-1=(\sqrt{x}-1)(\sqrt{x}+1)$로 인수분해할 수 있다.

$$=\lim_{x\to 1}\left\{\frac{f(\sqrt{x})-f(1)}{\sqrt{x}-1}\times\frac{1}{\sqrt{x}+1}\times\frac{1}{x+1}\right\}$$

$$=\lim_{x\to 1}\frac{f(\sqrt{x})-f(1)}{\sqrt{x}-1}\times\lim_{x\to 1}\frac{1}{\sqrt{x}+1}\times\lim_{x\to 1}\frac{1}{x+1}$$

$$=f'(1)\times\frac{1}{2}\times\frac{1}{2}$$

$$=\frac{1}{4}$$

0475 답 2

$$\lim_{x\to 2}\frac{x^2-2x}{f(x)+1}=\lim_{x\to 2}\frac{1}{\dfrac{f(x)-f(2)}{x(x-2)}}\quad(\because f(2)=-1)$$

$$=\lim_{x\to 2}\frac{1}{\dfrac{f(x)-f(2)}{x-2}\times\dfrac{1}{x}}$$

$$=\frac{\lim\limits_{x\to 2}1}{\lim\limits_{x\to 2}\dfrac{f(x)-f(2)}{x-2}\times\lim\limits_{x\to 2}\dfrac{1}{x}}$$

$$=\frac{1}{f'(2)\times\dfrac{1}{2}}$$

$$=\frac{2}{f'(2)}$$

$$=\frac{2}{1}=2$$

0476 답 ④

$$\lim_{x\to 1}\frac{\sqrt{f(x)}-1}{x-1}$$

$$=\lim_{x\to 1}\left\{\frac{\sqrt{f(x)}-1}{x-1}\times\frac{\sqrt{f(x)}+1}{\sqrt{f(x)}+1}\right\}$$

$$=\lim_{x\to 1}\left\{\frac{f(x)-1}{x-1}\times\frac{1}{\sqrt{f(x)}+1}\right\}$$
$(a+b)(a-b)=a^2-b^2$임을 이용하여 분자를 유리화한다.

$$=\lim_{x\to 1}\frac{f(x)-f(1)}{x-1}\times\lim_{x\to 1}\frac{1}{\sqrt{f(x)}+1}\quad(\because f(1)=1)$$

$$=f'(1)\times\frac{1}{\sqrt{f(1)}+1}$$

$$=3\times\frac{1}{1+1}$$

$$=\frac{3}{2}$$

0477 답 ②

$\lim\limits_{x\to 1}\dfrac{f(x^2)+2xf(1)}{x-1}=-2$에서 $x\to 1$일 때, 극한값이 존재하고 (분모)$\to 0$이므로 (분자)$\to 0$이다.

즉, $\lim\limits_{x\to 1}\{f(x^2)+2xf(1)\}=0$에서

$f(1)+2f(1)=3f(1)=0$

$\therefore f(1)=0$ $\cdots\cdots$ ㉠

$$\lim_{x\to 1}\frac{f(x^2)+2xf(1)}{x-1}=\lim_{x\to 1}\frac{f(x^2)-f(1)}{x-1}\quad(\because ㉠)$$

$$=\lim_{x\to 1}\left\{\frac{f(x^2)-f(1)}{x^2-1}\times(x+1)\right\}$$

$$=\lim_{x\to 1}\frac{f(x^2)-f(1)}{x^2-1}\times\lim_{x\to 1}(x+1)$$

$$=f'(1)\times 2$$

즉, $f'(1)\times 2=-2$에서

$f'(1)=-1$

$\therefore f'(1)-f(1)=-1-0=-1$

0478 답 5

$$\lim_{x\to 1}\frac{\{f(x)\}^2-2f(x)}{1-x}$$

$$=\lim_{x\to 1}\frac{f(x)\{2-f(x)\}}{x-1}$$

$$=\lim_{x\to 1}\frac{f(x)-f(1)}{x-1}\times\lim_{x\to 1}\{2-f(x)\}\quad(\because f(1)=0)$$

$$=f'(1)\{2-f(1)\}$$

$$=2f'(1)$$

즉, $2f'(1)=10$에서

$f'(1)=5$

참고 $f'(1)=\lim\limits_{x\to 1}\dfrac{f(x)-f(1)}{x-1}$ 꼴이 나오도록 식을 변형한다.

0479 답 ②

㈎에서 $x=-1$을 대입하면

$f(1)=-f(-1)$ $\cdots\cdots$ ㉠

㈏에서

$$\lim_{h\to 0}\frac{f(-1+3h)+f(1)}{2h}$$

$$=\lim_{h\to 0}\frac{f(-1+3h)-f(-1)}{3h}\times\frac{3}{2}\quad(\because ㉠)$$

$$=\frac{3}{2}f'(-1)$$

즉, $\dfrac{3}{2}f'(-1)=27$에서

$f'(-1)=18$ $\cdots\cdots$ ㉡

$$\therefore \lim_{x\to -1}\frac{f(x)+f(1)}{x^2-x-2}=\lim_{x\to -1}\frac{f(x)-f(-1)}{(x-2)(x+1)}\quad(\because ㉠)$$

$$=\lim_{x\to -1}\frac{1}{x-2}\times\lim_{x\to -1}\frac{f(x)-f(-1)}{x-(-1)}$$

$$=-\frac{1}{3}\times f'(-1)$$

$$=-\frac{1}{3}\times 18\quad(\because ㉡)$$

$$=-6$$

참고 ㉡에서 $f'(-1)$의 값을 구했으므로 $\lim\limits_{x\to -1}\dfrac{f(x)+f(1)}{x^2-x-2}$을 $\lim\limits_{x\to -1}\dfrac{f(x)-f(-1)}{x-(-1)}$ 꼴로 만드는 데 중점을 두도록 한다.

0480 답 7

$$\lim_{x\to 3}\frac{3f(x)-xf(3)}{x-3}$$ → $f(x)$의 계수 3이 묶이도록 $3f(3)$을 빼고 더한다.

$$=\lim_{x\to 3}\frac{3f(x)-3f(3)+3f(3)-xf(3)}{x-3}$$

$$=\lim_{x\to 3}\frac{3\{f(x)-f(3)\}-f(3)(x-3)}{x-3}$$

$$=\lim_{x\to 3}\frac{3\{f(x)-f(3)\}}{x-3}-\lim_{x\to 3}\frac{f(3)(x-3)}{x-3}$$

$$=3f'(3)-f(3)=3\times 3-2=7$$

0481 답 ④

미분계수의 정의에 의하여

$$\lim_{x\to 2}\frac{f(x)-f(2)}{x-2}=f'(2)$$이므로 $f'(2)=3$ ……… ㉠

$$\therefore \lim_{h\to 0}\frac{f(2+h)-f(2-h)}{h}$$

$$=\lim_{h\to 0}\frac{f(2+h)-f(2)+f(2)-f(2-h)}{h}$$

$$=\lim_{h\to 0}\frac{f(2+h)-f(2)}{h}-\lim_{h\to 0}\frac{f(2-h)-f(2)}{-h}\times(-1)$$

$$=f'(2)+f'(2)=2f'(2)$$

$$=2\times 3=6\ (\because ㉠)$$

0482 답 ③

㈎에서 $x\to 1$일 때, 극한값이 존재하고 (분모)$\to 0$이므로
(분자)$\to 0$이다.

즉, $\lim_{x\to 1}\{f(x)-g(x)\}=0$이므로 $f(1)-g(1)=0$

$$\therefore f(1)=g(1)$$ ……… ㉠

또, ㈎에서

$$\lim_{x\to 1}\frac{f(x)-g(x)}{x-1}$$

$$=\lim_{x\to 1}\frac{\{f(x)-f(1)\}-\{g(x)-g(1)\}}{x-1}\ (\because ㉠)$$

$$=\lim_{x\to 1}\frac{f(x)-f(1)}{x-1}-\lim_{x\to 1}\frac{g(x)-g(1)}{x-1}$$

$$=f'(1)-g'(1)=5$$ ……… ㉡

㈏에서

$$\lim_{x\to 1}\frac{f(x)+g(x)-2f(1)}{x-1}$$

$$=\lim_{x\to 1}\frac{\{f(x)-f(1)\}+\{g(x)-g(1)\}}{x-1}\ (\because ㉠)$$

$$=\lim_{x\to 1}\frac{f(x)-f(1)}{x-1}+\lim_{x\to 1}\frac{g(x)-g(1)}{x-1}$$

$$=f'(1)+g'(1)=7$$ ……… ㉢

㉡, ㉢을 연립하여 풀면

$$f'(1)=6,\ g'(1)=1$$

한편, $\lim_{x\to 1}\dfrac{f(x)-a}{x-1}=b\times g(1)$에서 $x\to 1$일 때, 극한값이 존재하
고 (분모)$\to 0$이므로 (분자)$\to 0$이다.

즉, $\lim_{x\to 1}\{f(x)-a\}=0$이므로 $a=f(1)$ ……… ㉣

$$\therefore \lim_{x\to 1}\frac{f(x)-a}{x-1}=\lim_{x\to 1}\frac{f(x)-f(1)}{x-1}=f'(1)=6$$

따라서 $\lim_{x\to 1}\dfrac{f(x)-a}{x-1}=b\times g(1)$에서

$$f'(1)=b\times g(1)=b\times f(1)\ (\because ㉠)$$

$$=ab\ (\because ㉣)$$

$$\therefore ab=6$$

0483 답 ⑤ | 유형 **5**

STEP 1 주어진 식에서 $f(0)$의 값 구하기

$f(x+y)=f(x)+f(y)$의 양변에 $x=0,\ y=0$을 대입하면

$$f(0)=f(0)+f(0)$$

$$\therefore f(0)=0$$ ……… ㉠

STEP 2 미분계수의 정의를 이용하여 $f'(3)$의 값 구하기

미분계수의 정의에 의하여 $f'(3)$은 → $f'(a)=\lim_{h\to 0}\dfrac{f(a+h)-f(a)}{h}$

$$f'(3)=\lim_{h\to 0}\frac{f(3+h)-f(3)}{h}$$

$$=\lim_{h\to 0}\frac{\{f(3)+f(h)\}-f(3)}{h}$$

$$=\lim_{h\to 0}\frac{f(h)}{h}$$

$$=\lim_{h\to 0}\frac{f(h)-f(0)}{h}\ (\because ㉠)$$

$$=f'(0)=5$$

참고 미분법을 배운 후 함수 $f(x)$의 도함수를 이용하여 다음과 같이 풀 수
도 있다.

모든 실수 $x,\ y$에 대하여 $f(x+y)=f(x)+f(y)$이면
$f(x)=ax$ (a는 상수)이다.

이때 $f'(x)=a$이므로 $f'(0)=5$에서 $a=5$

따라서 $f'(x)=5$이므로 $f'(3)=5$

0484 답 -4

$f(a+b)=f(a)+f(b)-3ab$의 양변에 $a=0,\ b=0$을 대입하면

$$f(0)=f(0)+f(0)$$

$$\therefore f(0)=0$$ ……… ㉠

미분계수의 정의에 의하여 $f'(2)$는 → 조건식에 $a=2,\ b=h$를 대입한다.

$$f'(2)=\lim_{h\to 0}\frac{f(2+h)-f(2)}{h}$$

$$=\lim_{h\to 0}\frac{\{f(2)+f(h)-6h\}-f(2)}{h}$$

$$=\lim_{h\to 0}\frac{f(h)-6h}{h}=\lim_{h\to 0}\frac{f(h)}{h}-6$$

$$=\lim_{h\to 0}\frac{f(h)-f(0)}{h}-6\ (\because ㉠)$$

$$=f'(0)-6$$

$$=2-6=-4$$

0485 답 ③

$f(a+b)=f(a)+f(b)+2$의 양변에 $a=0$, $b=0$을 대입하면
$f(0)=f(0)+f(0)+2$
$\therefore f(0)=-2$ ·········· ㉠
미분계수의 정의에 의하여 $f'(2)$는
$$f'(2)=\lim_{h\to 0}\frac{f(2+h)-f(2)}{h}$$
$$=\lim_{h\to 0}\frac{\{f(2)+f(h)+2\}-f(2)}{h}$$
$$=\lim_{h\to 0}\frac{f(h)+2}{h}$$
$$=\lim_{h\to 0}\frac{f(h)-f(0)}{h}\ (\because ㉠)$$
$$=f'(0)$$
이때 $f'(2)=3$이므로 $f'(0)=3$ ·········· ㉡
$$f'(5)=\lim_{h\to 0}\frac{f(5+h)-f(5)}{h}$$
$$=\lim_{h\to 0}\frac{\{f(5)+f(h)+2\}-f(5)}{h}$$
$$=\lim_{h\to 0}\frac{f(h)+2}{h}$$
$$=\lim_{h\to 0}\frac{f(h)-f(0)}{h}\ (\because ㉠)$$
$$=f'(0)=3\ (\because ㉡)$$
$\therefore f'(5)+f(0)=3+(-2)=1$

0486 답 ③

$f(x+y)=f(x)+f(y)+xy$의 양변에 $x=0$, $y=0$을 대입하면
$f(0)=f(0)+f(0)$
$\therefore f(0)=0$ ·········· ㉠
미분계수의 정의에 의하여 $f'(2)$는
$$f'(2)=\lim_{h\to 0}\frac{f(2+h)-f(2)}{h}$$
$$=\lim_{h\to 0}\frac{\{f(2)+f(h)+2h\}-f(2)}{h}$$
$$=\lim_{h\to 0}\frac{f(h)+2h}{h}$$
$$=\lim_{h\to 0}\frac{f(h)}{h}+2$$
$$=\lim_{h\to 0}\frac{f(h)-f(0)}{h}+2\ (\because ㉠)$$
$$=f'(0)+2$$
이때 $f'(2)=4$이므로 $f'(0)+2=4$
$\therefore f'(0)=2$ ·········· ㉡
$$\therefore f'(1)=\lim_{h\to 0}\frac{f(1+h)-f(1)}{h}$$
$$=\lim_{h\to 0}\frac{\{f(1)+f(h)+h\}-f(1)}{h}$$
$$=\lim_{h\to 0}\frac{f(h)+h}{h}=\lim_{h\to 0}\frac{f(h)}{h}+1$$
$$=\lim_{h\to 0}\frac{f(h)-f(0)}{h}+1\ (\because ㉠)$$
$$=f'(0)+1=2+1\ (\because ㉡)$$
$$=3$$

0487 답 ③

$f(x+y)=2f(x)f(y)$의 양변에 $x=0$, $y=0$을 대입하면
$f(0)=2f(0)f(0)$
$\therefore f(0)=\dfrac{1}{2}\ (\because f(0)>0)$ ·········· ㉠
미분계수의 정의에 의하여 $f'(2026)$은
$$f'(2026)=\lim_{h\to 0}\frac{f(2026+h)-f(2026)}{h}$$
$$=\lim_{h\to 0}\frac{2f(2026)f(h)-f(2026)}{h}$$
$$=\lim_{h\to 0}\frac{2f(2026)\left\{f(h)-\frac{1}{2}\right\}}{h}$$
$$=2f(2026)\lim_{h\to 0}\frac{f(h)-f(0)}{h}\ (\because ㉠)$$
$$=2f(2026)f'(0)$$
$$\therefore \frac{f'(2026)}{f(2026)}=\frac{2f(2026)f'(0)}{f(2026)}=2f'(0)=2\times 3=6$$

참고 $f(0)=2f(0)f(0)$에서 $f(0)>0$이므로 양변을 $f(0)$으로 나누어도 등식이 성립한다.

0488 답 ④

㈎에서 $f(x-y)=f(x)-f(y)+xy(x-y)$의 양변에
$x=0$, $y=0$을 대입하면
$f(0)=f(0)-f(0)$
$\therefore f(0)=0$ ·········· ㉠
㈏에서 $f'(0)=4$이므로 미분계수의 정의에 의하여 $f'(a)$는
$$f'(a)=\lim_{h\to 0}\frac{f(a+h)-f(a)}{h}$$

→ $f(a-(-h))$로 바꾸어 조건식에 $x=a$, $y=-h$를 대입한다.

$$=\lim_{h\to 0}\frac{\{f(a)-f(-h)+a\times(-h)\times(a+h)\}-f(a)}{h}$$
$$=\lim_{h\to 0}\left\{\frac{f(-h)}{-h}-a^2-ah\right\}$$
$$=\lim_{h\to 0}\frac{f(-h)-f(0)}{-h}-\lim_{h\to 0}(a^2+ah)\ (\because ㉠)$$
$$=f'(0)-a^2=4-a^2$$

→ $-h=t$로 놓으면 $h\to 0$일 때 $t\to 0$이므로
$$\lim_{h\to 0}\frac{f(-h)-f(0)}{-h}$$
$$=\lim_{t\to 0}\frac{f(t)-f(0)}{t}=f'(0)$$

즉, $4-a^2=0$에서 $a^2=4$

0489 답 ③

| 유형 6

함수 $y=f(x)$의 그래프와 직선 $y=x$가 그림과 같을 때, 〈보기〉에서 옳은 것만을 있는 대로 고른 것은? (단, $0<a<b$)

〈보기〉
ㄱ. $\dfrac{f(a)}{a}<\dfrac{f(b)}{b}$
ㄴ. $f(b)-f(a)>b-a$ 　단서1
ㄷ. $f'(a)>f'(b)$ 　단서2

① ㄱ 　　② ㄴ 　　③ ㄷ
④ ㄱ, ㄷ 　　⑤ ㄴ, ㄷ

단서1 두 점을 지나는 직선의 기울기
단서2 한 점에서의 접선의 기울기

ㄱ. $\dfrac{f(a)}{a}$ 는 원점 $(0,\,0)$과 점 $(a,\,f(a))$

를 지나는 직선의 기울기이고

$\dfrac{f(b)}{b}$ 는 원점 $(0,\,0)$과 점 $(b,\,f(b))$

를 지나는 직선의 기울기이다.

$\therefore \dfrac{f(a)}{a} > \dfrac{f(b)}{b}$ (거짓)

ㄴ. 두 점 $(a,\,f(a))$, $(b,\,f(b))$를 지

나는 직선의 기울기는 1보다 작으므

로 $\dfrac{f(b)-f(a)}{b-a} < 1$ ← 직선 $y=x$의 기울기

이때 $a<b$에서 $b-a>0$이므로

$f(b)-f(a) < b-a$ (거짓)

ㄷ. $f'(a)$는 점 $(a,\,f(a))$에서의 접선

의 기울기이고

$f'(b)$는 점 $(b,\,f(b))$에서의 접선

의 기울기이다.

이때 점 $(a,\,f(a))$에서의 접선의

기울기가 점 $(b,\,f(b))$에서의 접선의 기울기보다 크다.

$\therefore f'(a) > f'(b)$ (참)

따라서 옳은 것은 ㄷ뿐이다.

0490 답 ①

① 그래프가 직선이면 평균변화율과 $f'(a)$의 값이 항상 같다.

②, ③, ④, ⑤ [반례] x의 값이 a에서 b까지 변할 때의 평균변화율
은 빨간색 직선의 기울기와 같고, $f'(a)$의 값은 초록색 직선의
기울기와 같다.

즉, 그림과 같이 평균변화율과 $f'(a)$의 값이 다를 수 있다.

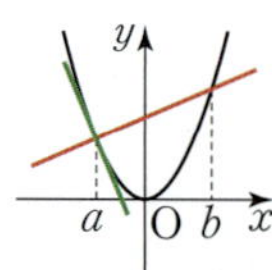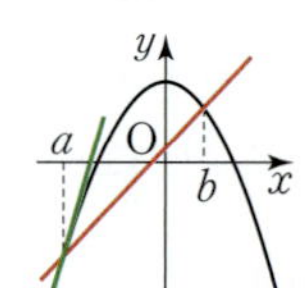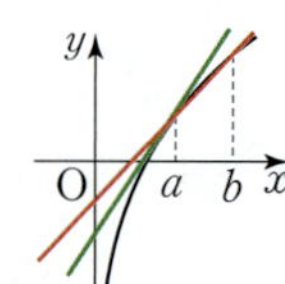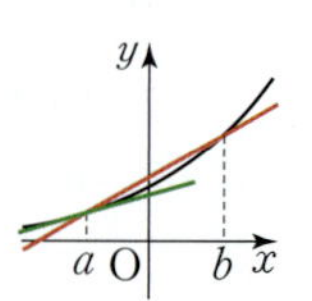

따라서 함수 $y=f(x)$의 그래프로 가장 적당한 것은 ①이다.

0491 답 ⑤

ㄱ. $f'(1)$은 점 $(1,\,0)$에서의 접선의 기울기이고 이 값은 두 점
$(1,\,0)$, $(0,\,-2)$를 지나는 직선의 기울기와 같으므로

$f'(1) = \dfrac{-2-0}{0-1} = 2$ (참)

ㄴ. $f'(-1)$은 점 $(-1,\,0)$에서의 접선의 기울기이고 이 값은 두
점 $(-1,\,0)$, $(0,\,-2)$를 지나는 직선의 기울기와 같으므로

$f'(-1) = \dfrac{-2-0}{0-(-1)} = -2$

ㄱ에서 $f'(1)=2$이므로

$f'(1)+f'(-1) = 2+(-2) = 0$ (참)

ㄷ. $f'(1)$은 점 $(1,\,0)$에서의 접선의 기울기이고 $f'(2)$는 점
$(2,\,f(2))$에서의 접선의 기울기이다.

주어진 그래프에서 점 $(2,\,f(2))$에서의 접선의 기울기가 점
$(1,\,0)$에서의 접선의 기울기보다 크다.

$\therefore f'(2) > f'(1)$ (참)

따라서 옳은 것은 ㄱ, ㄴ, ㄷ이다.

0492 답 ②

그림에서 x좌표가 a, b, c, d, e, f인
점에서의 접선의 기울기를 살펴보면

$0 < g'(b) < g'(a)$,

$g'(c)=0$, $g'(d)<0$,

$0 < g'(e) < g'(f)$

ㄱ. $g'(a)>0$, $g'(d)<0$이므로 $g'(a)>g'(d)$ (거짓)

ㄴ. 두 점 $(d,\,g(d))$, $(f,\,g(f))$를 지나는 직선의 기울기는
점 $(f,\,g(f))$에서의 접선의 기울기 $g'(f)$보다 작으므로

$\dfrac{g(f)-g(d)}{f-d} < g'(f)$ (거짓)

ㄷ. 두 점 $(b,\,g(b))$, $(e,\,g(e))$를 지나는 직선의 기울기는 음수
이므로

$\dfrac{g(e)-g(b)}{e-b} < 0 < g'(b)$ (참)

따라서 옳은 것은 ㄷ뿐이다.

0493 답 ①

ㄱ. 점 $(a,\,f(a))$에서의 접선의 기울
기 $f'(a)$는 점 $(b,\,f(b))$에서의
접선의 기울기 $f'(b)$보다 크므
로 $f'(a) > f'(b)$ (참)

ㄴ. 점 $\left(\dfrac{a+b}{2},\ f\left(\dfrac{a+b}{2}\right)\right)$에서의

접선의 기울기 $f'\left(\dfrac{a+b}{2}\right)$는 점 $(b,\,f(b))$에서의 접선의 기울

기 $f'(b)$보다 크므로

$f'\left(\dfrac{a+b}{2}\right) > f'(b)$ (거짓)

ㄷ. 점 $(a,\,f(a))$에서의 접선의 기울기 $f'(a)$는 두 점 $(a,\,f(a))$,
$(b,\,f(b))$를 지나는 직선의 기울기보다 크므로

$f'(a) > \dfrac{f(b)-f(a)}{b-a}$ (거짓)

따라서 옳은 것은 ㄱ뿐이다.

0494 답 ③

ㄱ. $bf(a) < af(b)$에서 양변을 $ab\,(ab>0)$로 나누면

$\dfrac{f(a)}{a} < \dfrac{f(b)}{b}$ 이므로 이 대소 관계가 옳은지 확인하면 된다. ← $a>0$, $b>0$이므로 $ab>0$이다.

$\dfrac{f(a)}{a}$ 는 원점 $(0,\,0)$과 점 $(a,\,f(a))$를 지나는 직선의 기울기

이고, $\dfrac{f(b)}{b}$ 는 원점 $(0,\,0)$과 점 $(b,\,f(b))$를 지나는 직선의

기울기이다.

주어진 그래프에서 $\dfrac{f(a)}{a}<\dfrac{f(b)}{b}$

$\therefore bf(a)<af(b)$ (참)

ㄴ. $f(b)-f(c)>\dfrac{b-c}{2}$에서 양변을 $b-c\ (b-c>0)$로 나누면
$\ \longrightarrow b>c$이므로 $b-c>0$이다.

$\dfrac{f(b)-f(c)}{b-c}>\dfrac{1}{2}$이므로 이 대소 관계가 옳은지 확인하면 된다.

$\dfrac{f(b)-f(c)}{b-c}$는 두 점 $(c,\ f(c)),\ (b,\ f(b))$를 지나는 직선의

기울기이고, $\dfrac{1}{2}$은 직선 $y=\dfrac{1}{2}x$의 기울기이다.

주어진 그래프에서 $\dfrac{f(b)-f(c)}{b-c}>\dfrac{1}{2}$

$\therefore f(b)-f(c)>\dfrac{b-c}{2}$ (참)

ㄷ. $0<a<b$에 대하여 산술평균과 기하평균의 관계에 의하여

$\dfrac{a+b}{2}>\sqrt{ab}$이고 x의 값이 커질수록 곡선 $y=f(x)$의 접선의

기울기가 커지므로

$f'(\sqrt{ab})<f'\left(\dfrac{a+b}{2}\right)$ (거짓)

따라서 옳은 것은 ㄱ, ㄴ이다.

개념 Check

산술평균과 기하평균의 관계

$a>0,\ b>0$일 때 $\dfrac{a+b}{2}\geq\sqrt{ab}$ (단, 등호는 $a=b$일 때 성립)

참고 ㄷ에서 $f'(\sqrt{ab}),\ f'\left(\dfrac{a+b}{2}\right)$는 각각 점 $(\sqrt{ab},\ f(\sqrt{ab}))$,

$\left(\dfrac{a+b}{2},\ f\left(\dfrac{a+b}{2}\right)\right)$에서의 접선의 기울기이다.

0495 답 ② |유형7

<보기>에서 $x=0$에서 미분가능한 함수만을 있는 대로 고른 것은?

단서1

〈보기〉

ㄱ. $f(x)=\begin{cases} x & (x\geq0) \\ -x & (x<0) \end{cases}$

ㄴ. $g(x)=\begin{cases} (x+1)^2 & (x\geq0) \\ 2x+1 & (x<0) \end{cases}$

ㄷ. $k(x)=\begin{cases} x^2+x+1 & (x\geq0) \\ -x^2+x-1 & (x<0) \end{cases}$

① ㄱ 　② ㄴ 　③ ㄷ

④ ㄱ, ㄴ 　⑤ ㄴ, ㄷ

단서1 $x=0$에서의 미분계수 $f'(0)$이 존재

STEP 1 $f'(0)=\lim\limits_{h\to0}\dfrac{f(0+h)-f(0)}{h}$의 값이 존재하는지 조사하여 $x=0$
에서 미분가능한 함수 찾기

ㄱ. $\lim\limits_{h\to0+}\dfrac{f(0+h)-f(0)}{h}=\lim\limits_{h\to0+}\dfrac{h}{h}=1$

$\lim\limits_{h\to0-}\dfrac{f(0+h)-f(0)}{h}=\lim\limits_{h\to0-}\dfrac{-h}{h}=-1$

에서 $f'(0)$의 값이 존재하지 않으므로 함수 $f(x)$는 $x=0$에서
미분가능하지 않다.

ㄴ. $\lim\limits_{h\to0+}\dfrac{g(0+h)-g(0)}{h}=\lim\limits_{h\to0+}\dfrac{(h+1)^2-1}{h}$

$\ =\lim\limits_{h\to0+}\dfrac{h^2+2h}{h}$

$\ =\lim\limits_{h\to0+}(h+2)=2$

$\lim\limits_{h\to0-}\dfrac{g(0+h)-g(0)}{h}=\lim\limits_{h\to0-}\dfrac{(2h+1)-1}{h}$

$\ =\lim\limits_{h\to0-}\dfrac{2h}{h}=2$

에서 $g'(0)$의 값이 존재하므로 함수 $g(x)$는 $x=0$에서 미분가
능하다.

ㄷ. $\lim\limits_{x\to0+}k(x)=\lim\limits_{x\to0+}(x^2+x+1)=1$

$\lim\limits_{x\to0-}k(x)=\lim\limits_{x\to0-}(-x^2+x-1)=-1$

즉, 함수 $k(x)$는 $x=0$에서 불연속이므로 미분가능하지 않다.

따라서 $x=0$에서 미분가능한 것은 ㄴ뿐이다.

참고 세 함수 $y=f(x),\ y=g(x),\ y=k(x)$의 그래프는 각각 그림과 같다.

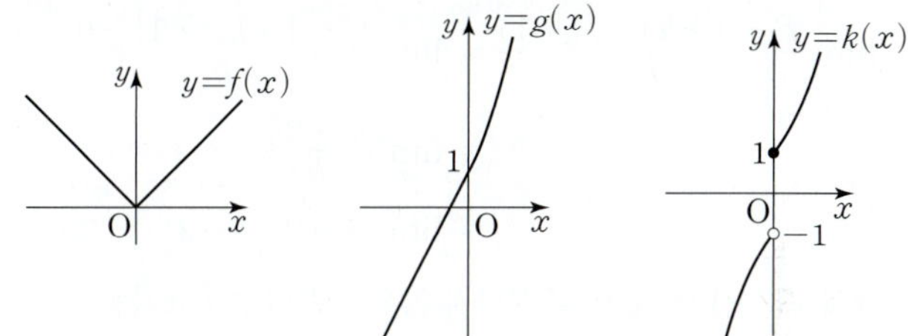

0496 답 ④

① $f'\left(\dfrac{1}{3}\right)$은 점 $\left(\dfrac{1}{3},\ f\left(\dfrac{1}{3}\right)\right)$에서의 접선의 기울기와 같으므로

$f'\left(\dfrac{1}{3}\right)<0$ (참)

② 주어진 그래프에서 $\lim\limits_{x\to3+}f(x)=\lim\limits_{x\to3-}f(x)=0$이므로

$\lim\limits_{x\to3}f(x)$의 값이 존재한다. (참)

③ 주어진 그래프에서 함수 $f(x)$는 $x=2,\ x=3$에서 불연속이므
로 불연속인 x의 값은 2개이다. (참)

④ 미분가능하면서 접선의 기울기가 0인 x의 값은 4의 1개이다.

(거짓)

⑤ 함수 $f(x)$는 $x=2,\ x=3$에서 불연속이므로 미분가능하지 않다.
$x=1$에서 연속이지만 주어진 그래프가 뾰족한 모양이므로 미분
가능하지 않다.

즉, 미분가능하지 않은 x의 값은 3개이다. (참)

따라서 옳지 않은 것은 ④이다.

0497 답 ①

ㄱ. $x=1$에서의 함숫값은

$f(1)=|1-1|=0$

$\lim\limits_{x\to1+}|x^2-1|=\lim\limits_{x\to1+}(x^2-1)=0$

$\lim\limits_{x\to1-}|x^2-1|=\lim\limits_{x\to1-}(1-x^2)=0$

즉, $\lim\limits_{x\to1}f(x)=f(1)$이므로 함수 $f(x)$는 $x=1$에서 연속이다. (참)

ㄴ. $\displaystyle\lim_{h\to0+}\frac{f(1+h)-f(1)}{h}=\lim_{h\to0+}\frac{|(1+h)^2-1|-0}{h}$

$\qquad\qquad\qquad\qquad=\lim_{h\to0+}\frac{h^2+2h}{h}$

$\qquad\qquad\qquad\qquad=\lim_{h\to0+}(h+2)=2$

$\displaystyle\lim_{h\to0-}\frac{f(1+h)-f(1)}{h}=\lim_{h\to0-}\frac{|(1+h)^2-1|-0}{h}$

$\qquad\qquad\qquad\qquad=\lim_{h\to0-}\frac{-h^2-2h}{h}$

$\qquad\qquad\qquad\qquad=\lim_{h\to0-}(-h-2)=-2$

에서 $f'(1)$의 값이 존재하지 않으므로 함수 $f(x)$는 $x=1$에서
미분가능하지 않다. (거짓)

ㄷ. $\displaystyle\lim_{h\to0+}\frac{f(-1+h)-f(-1)}{h}=\lim_{h\to0+}\frac{|(-1+h)^2-1|-0}{h}$

$\qquad\qquad\qquad\qquad\qquad=\lim_{h\to0+}\frac{2h-h^2}{h}$

$\qquad\qquad\qquad\qquad\qquad=\lim_{h\to0+}(2-h)=2$

$\displaystyle\lim_{h\to0-}\frac{f(-1+h)-f(-1)}{h}=\lim_{h\to0-}\frac{|(-1+h)^2-1|-0}{h}$

$\qquad\qquad\qquad\qquad\qquad=\lim_{h\to0-}\frac{h^2-2h}{h}$

$\qquad\qquad\qquad\qquad\qquad=\lim_{h\to0-}(h-2)=-2$

에서 $f'(-1)$의 값이 존재하지 않으므로 함수 $f(x)$는
$x=-1$에서 미분가능하지 않다. (거짓)

따라서 옳은 것은 ㄱ뿐이다.

다른 풀이

ㄴ. ㄷ. 함수 $f(x)=|x^2-1|$의 그래프
는 그림과 같으므로 $x=-1,\ x=1$
에서 미분가능하지 않다.

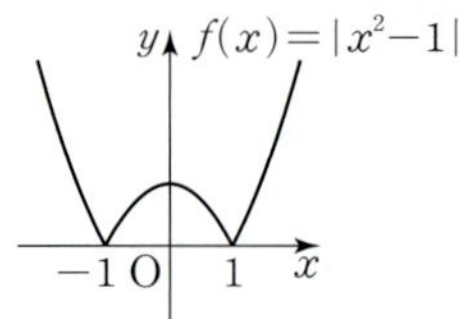

0498 답 ④

ㄱ. $f(x)=\begin{cases}2x-1 & (x\geq1)\\ 1 & (0\leq x<1)\\ -2x+1 & (x<0)\end{cases}$ 이므로

$\displaystyle\lim_{h\to0+}\frac{f(1+h)-f(1)}{h}=\lim_{h\to0+}\frac{\{2(1+h)-1\}-1}{h}$

$\qquad\qquad\qquad\qquad=\lim_{h\to0+}\frac{2h}{h}=2$

$\displaystyle\lim_{h\to0-}\frac{f(1+h)-f(1)}{h}=\lim_{h\to0-}\frac{1-1}{h}=0$

에서 $f'(1)$의 값이 존재하지 않으므로 함수 $f(x)$는 $x=1$에서
미분가능하지 않다.

ㄴ. $g(x)=\begin{cases}(x-1)\sqrt{x-1} & (x\geq1)\\ (x-1)\sqrt{1-x} & (x<1)\end{cases}$ 이므로

$\displaystyle\lim_{h\to0+}\frac{g(1+h)-g(1)}{h}=\lim_{h\to0+}\frac{h\sqrt{h}}{h}=\lim_{h\to0+}\sqrt{h}=0$

$\displaystyle\lim_{h\to0-}\frac{g(1+h)-g(1)}{h}=\lim_{h\to0-}\frac{h\sqrt{-h}}{h}=\lim_{h\to0-}\sqrt{-h}=0$

에서 $g'(1)$의 값이 존재하므로 함수 $g(x)$는 $x=1$에서 미분가
능하다.

ㄷ. $k(x)=\begin{cases}(x-1)^2(x-2) & (x\geq1)\\ -(x-1)^2(x-2) & (x<1)\end{cases}$ 이므로

$\displaystyle\lim_{h\to0+}\frac{k(1+h)-k(1)}{h}=\lim_{h\to0+}\frac{h^2(h-1)}{h}=\lim_{h\to0+}h(h-1)=0$

$\displaystyle\lim_{h\to0-}\frac{k(1+h)-k(1)}{h}=\lim_{h\to0-}\frac{-h^2(h-1)}{h}$

$\qquad\qquad\qquad\qquad=-\lim_{h\to0-}h(h-1)=0$

에서 $k'(1)$의 값이 존재하므로 함수 $k(x)$는 $x=1$에서 미분
가능하다.

따라서 $x=1$에서 미분가능한 것은 ㄴ, ㄷ이다.

0499 답 ①

ㄱ. (i) $x=0$에서의 함숫값은

$\qquad f(0)=0+|0|=0$

$\qquad\displaystyle\lim_{x\to0+}f(x)=\lim_{x\to0+}(x+|x|)=\lim_{x\to0+}2x=0$

$\qquad\displaystyle\lim_{x\to0-}f(x)=\lim_{x\to0-}(x+|x|)=\lim_{x\to0-}0=0$

$\qquad\qquad\qquad f(x)=\begin{cases}2x & (x\geq0)\\ 0 & (x<0)\end{cases}$

$\qquad$즉, $\displaystyle\lim_{x\to0}f(x)=f(0)$이므로 함수 $f(x)$는 $x=0$에서 연속이다.

$\quad$(ii) $\displaystyle\lim_{h\to0+}\frac{f(0+h)-f(0)}{h}=\lim_{h\to0+}\frac{h+|h|}{h}=\lim_{h\to0+}\frac{2h}{h}=2$

$\qquad\displaystyle\lim_{h\to0-}\frac{f(0+h)-f(0)}{h}=\lim_{h\to0-}\frac{h+|h|}{h}=\lim_{h\to0-}0=0$

$\qquad$에서 $f'(0)$의 값이 존재하지 않으므로 함수 $f(x)$는 $x=0$
$\qquad$에서 미분가능하지 않다.

$\quad$(i), (ii)에서 함수 $f(x)$는 $x=0$에서 연속이지만 미분가능하지
$\quad$않다.

ㄴ. $x=0$에서의 함숫값은 $f(0)=0$

$\qquad\displaystyle\lim_{x\to0}f(x)=\lim_{x\to0}\frac{x^2-x}{x}=\lim_{x\to0}(x-1)=-1$

$\quad$즉, $\displaystyle\lim_{x\to0}f(x)\neq f(0)$이므로 함수 $f(x)$는 $x=0$에서 불연속이고
$\quad$미분가능하지 않다.

ㄷ. (i) $x=0$에서의 함숫값은

$\qquad f(0)=0+0=0$

$\qquad\displaystyle\lim_{x\to0+}f(x)=\lim_{x\to0+}(x^2+x)=0$

$\qquad\displaystyle\lim_{x\to0-}f(x)=\lim_{x\to0-}x=0$

$\qquad$즉, $\displaystyle\lim_{x\to0}f(x)=f(0)$이므로 함수 $f(x)$는 $x=0$에서 연속
$\qquad$이다.

$\quad$(ii) $\displaystyle\lim_{h\to0+}\frac{f(0+h)-f(0)}{h}=\lim_{h\to0+}\frac{h^2+h}{h}=\lim_{h\to0+}(h+1)=1$

$\qquad\displaystyle\lim_{h\to0-}\frac{f(0+h)-f(0)}{h}=\lim_{h\to0-}\frac{h}{h}=1$

$\qquad$에서 $f'(0)$의 값이 존재하므로 함수 $f(x)$는 $x=0$에서 미
$\qquad$분가능하다.

$\quad$(i), (ii)에서 함수 $f(x)$는 $x=0$에서 연속이고 미분가능하다.

따라서 $x=0$에서 연속이지만 미분가능하지 않은 함수는 ㄱ뿐이다.

0500 답 ③

ㄱ. $\displaystyle\lim_{x\to1+}f(x)f(-x)=2\times0=0$

$\quad\displaystyle\lim_{x\to1-}f(x)f(-x)=0\times0=0$

$\quad$이므로 $\displaystyle\lim_{x\to1}f(x)f(-x)=0$ (참)

ㄴ. $x=1$에서의 함숫값은

$$f(1)f(-1)=2\times 0=0$$

$$\lim_{x\to 1+}f(x)f(-x)=2\times 0=0$$

$$\lim_{x\to 1-}f(x)f(-x)=0\times 0=0$$

즉, $\lim_{x\to 1}f(x)f(-x)=f(1)f(-1)$이므로

함수 $f(x)f(-x)$는 $x=1$에서 연속이다. (참)

ㄷ. $f(x)=\begin{cases}-2x-2 & (x<0)\\ 2x-2 & (0\le x<1)\\ -2x+4 & (x\ge 1)\end{cases}$에서

$f(-x)=\begin{cases}2x+4 & (x\le -1)\\ -2x-2 & (-1<x\le 0)\\ 2x-2 & (x>0)\end{cases}$이므로

$f(x)f(-x)=\begin{cases}(-2x-2)(2x+4) & (x\le -1)\\ (-2x-2)^2 & (-1<x<0)\\ (2x-2)^2 & (0\le x<1)\\ (-2x+4)(2x-2) & (x\ge 1)\end{cases}$이다.

$$\lim_{x\to 1+}\frac{f(x)f(-x)-f(1)f(-1)}{x-1}$$

$$=\lim_{x\to 1+}\frac{(-2x+4)(2x-2)}{x-1}$$

$$=\lim_{x\to 1+}2(-2x+4)=4$$

$$\lim_{x\to 1-}\frac{f(x)f(-x)-f(1)f(-1)}{x-1}$$

$$=\lim_{x\to 1-}\frac{(2x-2)^2}{x-1}=\lim_{x\to 1-}4(x-1)=0$$

즉, 함수 $f(x)f(-x)$는 $x=1$에서 미분가능하지 않다. (거짓)

따라서 옳은 것은 ㄱ, ㄴ이다.

참고 주어진 그래프에서 $f(x)$의 식을 구한 다음 x 대신 $-x$를 대입하여 $f(-x)$의 식을 구한다.

0501 답 ②

함수 $f(x)$가 모든 실수에서 연속이므로 $x=1$에서도 연속이어야 한다.

즉, $\lim_{x\to 1}f(x)=f(1)$이고, $f(1)=a+b$이므로

$$\lim_{x\to 1+}\frac{x^3-5x^2+(5a+1)x-7}{x-1}=a+b \quad\cdots\cdots\cdots\cdots ⊙$$

$x\to 1+$일 때, 극한값이 존재하고 (분모)$\to 0$이므로 (분자)$\to 0$이다.

즉, $\lim_{x\to 1+}\{x^3-5x^2+(5a+1)x-7\}=0$에서

$5a-10=0$ $\quad\therefore a=2$

이를 ⊙에 대입하면

조립제법을 이용하여 인수분해한다.

$$\lim_{x\to 1+}\frac{x^3-5x^2+11x-7}{x-1}=2+b$$이므로

1	1	-5	11	-7
		1	-4	7
	1	-4	7	0

$$\lim_{x\to 1+}\frac{(x-1)(x^2-4x+7)}{x-1}=\lim_{x\to 1+}(x^2-4x+7)=4$$

즉, $4=2+b$에서 $b=2$

$$\therefore f(x)=\begin{cases}2x+2 & (x\le 1)\\ x^2-4x+7 & (x>1)\end{cases}$$

ㄱ. $f(-1)=0$이므로 함수 $\dfrac{1}{f(x)}$은 $x=-1$에서 연속이 아니다.

(분모)$=0$

(거짓)

ㄴ. $f(1)=4$이고, $1<x<3$에서

$$f(x)=x^2-4x+7$$

$$=(x-2)^2+3$$

이므로 구간 $[1, 3)$에서 함수 $f(x)$는

$x=1$에서 최댓값 4,

$x=2$에서 최솟값 3을 가진다. (참)

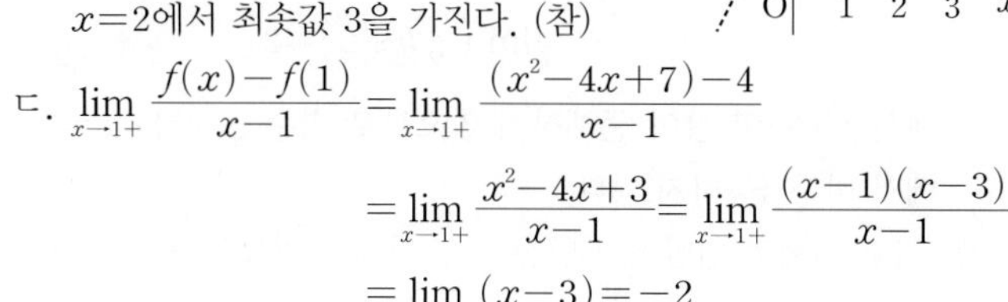

ㄷ.
$$\lim_{x\to 1+}\frac{f(x)-f(1)}{x-1}=\lim_{x\to 1+}\frac{(x^2-4x+7)-4}{x-1}$$

$$=\lim_{x\to 1+}\frac{x^2-4x+3}{x-1}=\lim_{x\to 1+}\frac{(x-1)(x-3)}{x-1}$$

$$=\lim_{x\to 1+}(x-3)=-2$$

$$\lim_{x\to 1-}\frac{f(x)-f(1)}{x-1}=\lim_{x\to 1-}\frac{(2x+2)-4}{x-1}=\lim_{x\to 1-}\frac{2(x-1)}{x-1}=2$$

에서 $f'(1)$의 값이 존재하지 않으므로 함수 $f(x)$는 $x=1$에서 미분가능하지 않다. (거짓)

따라서 옳은 것은 ㄴ뿐이다.

0502 답 ⑤

(ⅰ) $f(x)\le x$, 즉 $\dfrac{1}{2}x^2\le x$인 경우

$x^2-2x\le 0$, $x(x-2)\le 0$

$\therefore 0\le x\le 2$

(ⅱ) $f(x)>x$, 즉 $\dfrac{1}{2}x^2>x$인 경우

$x^2-2x>0$, $x(x-2)>0$

$\therefore x<0$ 또는 $x>2$

(ⅰ), (ⅱ)에서 $g(x)=\begin{cases}\dfrac{1}{2}x^2 & (0\le x\le 2)\\ x & (x<0 \text{ 또는 } x>2)\end{cases}$

이므로 함수 $y=g(x)$의 그래프는 그림과 같다.

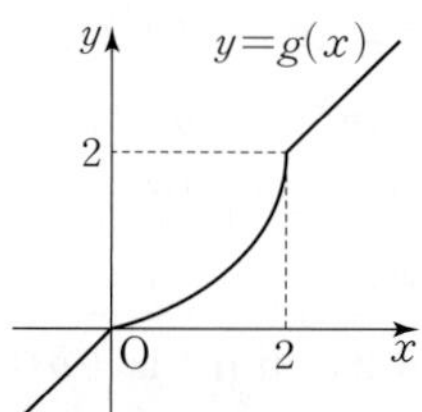

ㄱ. $g(1)=\dfrac{1}{2}$ (참)

ㄴ. $0\le x\le 2$일 때, $g(x)=f(x)\le x$

$x<0$ 또는 $x>2$일 때, $g(x)=x$

이므로 모든 실수 x에 대하여 $g(x)\le x$이다. (참)

ㄷ. 함수 $g(x)$는 $x<0$, $0<x<2$, $x>2$에서 미분가능하므로

$x=0$, $x=2$에서의 미분가능성을 조사하면 다음과 같다.

(ⅰ) $x=0$일 때

$$\lim_{h\to 0+}\frac{g(0+h)-g(0)}{h}=\lim_{h\to 0+}\frac{\frac{1}{2}h^2-0}{h}$$

$$=\lim_{h\to 0+}\frac{1}{2}h=0$$

$$\lim_{h\to 0-}\frac{g(0+h)-g(0)}{h}=\lim_{h\to 0-}\frac{h-0}{h}=1$$

에서 $g'(0)$의 값이 존재하지 않으므로 함수 $g(x)$는 $x=0$에서 미분가능하지 않다.

(ii) $x=2$일 때

$$\lim_{h\to 0+}\frac{g(2+h)-g(2)}{h}=\lim_{h\to 0+}\frac{(2+h)-2}{h}=1$$

$$\lim_{h\to 0-}\frac{g(2+h)-g(2)}{h}=\lim_{h\to 0-}\frac{\frac{1}{2}(2+h)^2-2}{h}$$
$$=\lim_{h\to 0-}\left(\frac{1}{2}h+2\right)=2$$

에서 $g'(2)$의 값이 존재하지 않으므로 함수 $g(x)$는 $x=2$에서 미분가능하지 않다.

즉, 실수 전체의 집합에서 함수 $g(x)$가 미분가능하지 않은 점의 개수는 2이다. (참)

따라서 옳은 것은 ㄱ, ㄴ, ㄷ이다.

참고 함수 $y=g(x)$의 그래프에서 $x=0$, $x=2$일 때 그래프가 꺾인 모양이므로 미분가능하지 않다.

0503 답 ⑤ | 유형 **8**

> 함수 $f(x)=\begin{cases} 2x^2+ax & (x<2) \\ 4x+b & (x\geq 2) \end{cases}$ 가 모든 실수 x에서 미분가능할 때, **단서1**
> ab의 값은? (단, a, b는 상수이다.)
> ① 24   ② 26   ③ 28
> ④ 30   ⑤ 32
> **단서1** 모든 실수 x에서 미분가능 ➡ $x=2$에서 미분가능

STEP 1 모든 실수에서 미분가능할 조건 생각하기

함수 $f(x)=\begin{cases} 2x^2+ax & (x<2) \\ 4x+b & (x\geq 2) \end{cases}$ 는 각 구간에서 다항함수이므로 $x\neq 2$인 모든 실수에서 미분가능하다.

즉, $x=2$에서 미분가능할 조건을 생각한다.

STEP 2 $x=2$에서 연속임을 이용하여 a, b 사이의 관계식 구하기

(i) 함수 $f(x)$가 $x=2$에서 연속이려면
$$f(2)=4\times 2+b=8+b$$
$$\lim_{x\to 2-}(2x^2+ax)=8+2a,\ \lim_{x\to 2+}(4x+b)=8+b$$에서
$$\lim_{x\to 2-}f(x)=\lim_{x\to 2+}f(x)=f(2)$$이어야 하므로
$$8+2a=8+b \qquad \therefore b=2a \cdots\cdots ㉠$$

STEP 3 $x=2$에서 미분가능함을 이용하여 상수 a, b의 값 구하기

(ii) 함수 $f(x)$가 $x=2$에서 미분가능하려면
$$\lim_{x\to 2+}\frac{f(x)-f(2)}{x-2}=\lim_{x\to 2+}\frac{4x+b-(8+b)}{x-2}$$
$$=\lim_{x\to 2+}\frac{4(x-2)}{x-2}=4$$
$$\lim_{x\to 2-}\frac{f(x)-f(2)}{x-2}=\lim_{x\to 2-}\frac{2x^2+ax-(8+b)}{x-2}$$
$$=\lim_{x\to 2-}\frac{2x^2+ax-(8+2a)}{x-2}\ (\because ㉠)$$
$$=\lim_{x\to 2-}\frac{(x-2)(2x+4+a)}{x-2}$$
$$=\lim_{x\to 2-}(2x+4+a)$$
$$=8+a$$

즉, $8+a=4$에서 $a=-4$

STEP 4 ab**의 값 구하기**

(i), (ii)에서 $a=-4$, $b=-8$이므로
$$ab=32$$

참고 미분법을 배운 후 함수 $f(x)$의 도함수를 이용하여 다음과 같이 풀 수도 있다.

함수 $f(x)$가 $x=2$에서 미분가능하면 $x=2$에서 연속이다.

$g(x)=2x^2+ax$, $h(x)=4x+b$라 하면
$$g'(x)=4x+a,\ h'(x)=4$$
(i) 함수 $f(x)$가 $x=2$에서 연속이므로 $g(2)=h(2)$
$$8+2a=8+b \qquad \therefore b=2a \cdots\cdots ㉠$$
(ii) 함수 $f(x)$가 $x=2$에서 미분가능하므로 $g'(2)=h'(2)$
$$8+a=4 \qquad \therefore a=-4$$
㉠에서 $b=-8$ $\therefore ab=32$

0504 답 20

(i) 함수 $f(x)$가 $x=2$에서 연속이려면
$$f(2)=10a-12$$
$$\lim_{x\to 2+}(5ax-12)=10a-12$$
$$\lim_{x\to 2-}(2x^2+ax+b)=8+2a+b$$에서
$$\lim_{x\to 2+}f(x)=\lim_{x\to 2-}f(x)=f(2)$$이어야 하므로
$$10a-12=8+2a+b$$
$$\therefore b=8a-20 \cdots\cdots ㉠$$
(ii) 함수 $f(x)$가 $x=2$에서 미분가능하려면
$$\lim_{x\to 2+}\frac{f(x)-f(2)}{x-2}=\lim_{x\to 2+}\frac{5ax-12-(10a-12)}{x-2}$$
$$=\lim_{x\to 2+}\frac{5a(x-2)}{x-2}=5a$$
$$\lim_{x\to 2-}\frac{f(x)-f(2)}{x-2}=\lim_{x\to 2-}\frac{2x^2+ax+b-(10a-12)}{x-2}$$
$$=\lim_{x\to 2-}\frac{2x^2+ax-2a-8}{x-2}\ (\because ㉠)$$
$$=\lim_{x\to 2-}\frac{(x-2)(2x+a+4)}{x-2}$$
$$=\lim_{x\to 2-}(2x+a+4)=a+8$$
즉, $5a=a+8$에서 $a=2$
(i), (ii)에서 $a=2$, $b=-4$이므로
$$a^2+b^2=4+16=20$$

0505 답 ③

함수 $f(x)$는 각 구간에서 다항함수이므로 $x\neq 1$인 모든 실수에서 미분가능하다.

즉, $x=1$에서 미분가능할 조건을 생각한다.

(i) 함수 $f(x)$가 $x=1$에서 연속이려면
$$f(1)=1+b+1=b+2$$
$$\lim_{x\to 1+}(x^3+bx+1)=b+2,\ \lim_{x\to 1-}(ax^2+1)=a+1$$에서
$$\lim_{x\to 1+}f(x)=\lim_{x\to 1-}f(x)=f(1)$$이어야 하므로
$$b+2=a+1$$
$$\therefore b=a-1 \cdots\cdots ㉠$$

(ii) 함수 $f(x)$가 $x=1$에서 미분가능하려면

$$\lim_{x\to1+}\frac{f(x)-f(1)}{x-1}=\lim_{x\to1+}\frac{x^3+bx+1-(b+2)}{x-1}$$

$x^3-1=(x-1)(x^2+x+1)\leftarrow$
$$=\lim_{x\to1+}\frac{(x^3-1)+b(x-1)}{x-1}$$
$$=\lim_{x\to1+}\frac{(x-1)(x^2+x+b+1)}{x-1}$$
$$=\lim_{x\to1+}(x^2+x+b+1)$$
$$=b+3$$

$$\lim_{x\to1-}\frac{f(x)-f(1)}{x-1}=\lim_{x\to1-}\frac{ax^2+1-(b+2)}{x-1}$$
$$=\lim_{x\to1-}\frac{ax^2-a}{x-1}\ (\because \textcircled{\scriptsize ㄱ})$$
$$=\lim_{x\to1-}\frac{a(x+1)(x-1)}{x-1}$$
$$=\lim_{x\to1-}a(x+1)$$
$$=2a$$

즉, $b+3=2a$ $\cdots\cdots$ $\textcircled{\scriptsize ㄴ}$

$\textcircled{\scriptsize ㄱ}$, $\textcircled{\scriptsize ㄴ}$을 연립하여 풀면 $a=2$, $b=1$

$\therefore a+b=3$

0506 답 ③

함수 $f(x)$는 각 구간에서 다항함수이므로 $x\neq a$인 모든 실수에서 미분가능하다.

즉, $x=a$에서 미분가능할 조건을 생각한다.

(i) 함수 $f(x)$가 $x=a$에서 연속이려면

$f(a)=a^2+1$

$\lim_{x\to a+}(x^2+1)=a^2+1$, $\lim_{x\to a-}(4x-b)=4a-b$에서

$\lim_{x\to a+}f(x)=\lim_{x\to a-}f(x)=f(a)$이어야 하므로

$a^2+1=4a-b$ $\cdots\cdots$ $\textcircled{\scriptsize ㄱ}$

(ii) 함수 $f(x)$가 $x=a$에서 미분가능하려면

$$\lim_{x\to a+}\frac{f(x)-f(a)}{x-a}=\lim_{x\to a+}\frac{x^2+1-(a^2+1)}{x-a}$$
$$=\lim_{x\to a+}\frac{(x-a)(x+a)}{(x-a)}$$
$$=\lim_{x\to a+}(x+a)$$
$$=2a$$

$$\lim_{x\to a-}\frac{f(x)-f(a)}{x-a}=\lim_{x\to a-}\frac{4x-b-(a^2+1)}{x-a}$$
$$=\lim_{x\to a-}\frac{4x-b-(4a-b)}{x-a}\ (\because \textcircled{\scriptsize ㄱ})$$
$$=\lim_{x\to a-}\frac{4(x-a)}{x-a}$$
$$=4$$

즉, $2a=4$에서 $a=2$

(i), (ii)에서 $a=2$, $b=3$이므로 $a+b=5$

0507 답 ③

함수 $f(x)$는 각 구간에서 다항함수이므로 $x\neq-1$, $x\neq1$인 모든 실수에서 미분가능하다.

즉, $x=-1$, $x=1$에서 미분가능할 조건을 생각한다.

(i) 함수 $f(x)$가 $x=-1$에서 연속이려면

$f(-1)=-1+b-c$

$\lim_{x\to-1+}(x^3+bx^2+cx)=-1+b-c$

$\lim_{x\to-1-}(-3x+a)=3+a$에서

$\lim_{x\to-1+}f(x)=\lim_{x\to-1-}f(x)=f(-1)$이어야 하므로

$-1+b-c=3+a$ $\cdots\cdots$ $\textcircled{\scriptsize ㄱ}$

(ii) 함수 $f(x)$가 $x=1$에서 연속이려면

$f(1)=-3+d$

$\lim_{x\to1+}(-3x+d)=-3+d$

$\lim_{x\to1-}(x^3+bx^2+cx)=1+b+c$에서

$\lim_{x\to1+}f(x)=\lim_{x\to1-}f(x)=f(1)$이어야 하므로

$-3+d=1+b+c$ $\cdots\cdots$ $\textcircled{\scriptsize ㄴ}$

(iii) 함수 $f(x)$가 $x=-1$에서 미분가능하려면

$$\lim_{x\to-1+}\frac{f(x)-f(-1)}{x-(-1)}$$
$$=\lim_{x\to-1+}\frac{x^3+bx^2+cx-(-1+b-c)}{x+1}$$

$x^3+1=(x+1)(x^2-x+1)$
$x^2-1=(x+1)(x-1)$
$$=\lim_{x\to-1+}\frac{(x^3+1)+b(x^2-1)+c(x+1)}{x+1}$$
$$=\lim_{x\to-1+}\frac{(x+1)\{x^2+(b-1)x+(-b+c+1)\}}{x+1}$$
$$=\lim_{x\to-1+}\{x^2+(b-1)x+(-b+c+1)\}$$
$$=-2b+c+3$$

$$\lim_{x\to-1-}\frac{f(x)-f(-1)}{x-(-1)}=\lim_{x\to-1-}\frac{-3x+a-(-1+b-c)}{x+1}$$
$$=\lim_{x\to-1-}\frac{-3(x+1)}{x+1}\ (\because \textcircled{\scriptsize ㄱ})$$
$$=-3$$

즉, $-2b+c+3=-3$ $\cdots\cdots$ $\textcircled{\scriptsize ㄷ}$

(iv) 함수 $f(x)$가 $x=1$에서 미분가능하려면

$$\lim_{x\to1+}\frac{f(x)-f(1)}{x-1}=\lim_{x\to1+}\frac{-3x+d-(-3+d)}{x-1}$$
$$=\lim_{x\to1+}\frac{-3(x-1)}{x-1}$$
$$=-3$$

$$\lim_{x\to1-}\frac{f(x)-f(1)}{x-1}$$
$$=\lim_{x\to1-}\frac{x^3+bx^2+cx-(-3+d)}{x-1}$$
$$=\lim_{x\to1-}\frac{x^3+bx^2+cx-(1+b+c)}{x-1}\ (\because \textcircled{\scriptsize ㄴ})$$
$$=\lim_{x\to1-}\frac{(x^3-1)+b(x^2-1)+c(x-1)}{x-1}$$
$$=\lim_{x\to1-}\frac{(x-1)\{x^2+(b+1)x+(b+c+1)\}}{x-1}$$
$$=\lim_{x\to1-}\{x^2+(b+1)x+(b+c+1)\}$$
$$=2b+c+3$$

즉, $2b+c+3=-3$ $\cdots\cdots$ $\textcircled{\scriptsize ㄹ}$

$\textcircled{\scriptsize ㄷ}$, $\textcircled{\scriptsize ㄹ}$을 연립하여 풀면 $b=0$, $c=-6$

이 값을 $\textcircled{\scriptsize ㄱ}$, $\textcircled{\scriptsize ㄴ}$에 대입하여 풀면

$a=2$, $d=-2$

$\therefore a+b+c+d=-6$

0508 답 ⑤

함수 $f(x)=[x](x^2+ax+b)$에서

$-1\le x<0$일 때, $f(x)=-x^2-ax-b$ $\longrightarrow$ $-1\le x<0$일 때, $[x]=-1$
                                        $0\le x<1$일 때, $[x]=0$

$0\le x<1$일 때, $f(x)=0$

(i) 함수 $f(x)$가 $x=0$에서 연속이려면

$f(0)=0$

$\displaystyle\lim_{x\to 0+}f(x)=0,\ \lim_{x\to 0-}(-x^2-ax-b)=-b$에서

$\displaystyle\lim_{x\to 0+}f(x)=\lim_{x\to 0-}f(x)=f(0)$이어야 하므로

$-b=0$ $\therefore b=0$ ······· ㉠

(ii) 함수 $f(x)$가 $x=0$에서 미분가능하려면

$$\lim_{x\to 0+}\frac{f(x)-f(0)}{x}=0$$

$$\lim_{x\to 0-}\frac{f(x)-f(0)}{x}=\lim_{x\to 0-}\frac{-x^2-ax-b}{x}$$
$$=\lim_{x\to 0-}\frac{-x(x+a)}{x}\ (\because ㉠)$$
$$=\lim_{x\to 0-}\{-(x+a)\}=-a$$

즉, $-a=0$에서 $a=0$

(i), (ii)에서 $f(x)=[x]x^2$이므로

$f(3)=3\times 9=27$

0509 답 ④

함수 $f(x)$는 각 구간에서 다항함수이므로 $x\ne 1$인 모든 실수에서 미분가능하다.

즉, $x=1$에서 미분가능할 조건을 생각한다.

(i) 함수 $f(x)$가 $x=1$에서 연속이려면

$f(1)=1-a+b$

$\displaystyle\lim_{x\to 1+}(2x+b)=2+b,\ \lim_{x\to 1-}(x^3-ax^2+bx)=1-a+b$에서

$\displaystyle\lim_{x\to 1+}f(x)=\lim_{x\to 1-}f(x)=f(1)$이어야 하므로

$1-a+b=2+b$ $\therefore a=-1$ ······· ㉠

(ii) 함수 $f(x)$가 $x=1$에서 미분가능하려면

$$\lim_{x\to 1+}\frac{f(x)-f(1)}{x-1}=\lim_{x\to 1+}\frac{2x+b-(1-a+b)}{x-1}$$
$$=\lim_{x\to 1+}\frac{2(x-1)}{x-1}\ (\because ㉠)$$
$$=2$$
$$\lim_{x\to 1-}\frac{f(x)-f(1)}{x-1}=\lim_{x\to 1-}\frac{x^3-ax^2+bx-(1-a+b)}{x-1}$$
$$=\lim_{x\to 1-}\frac{x^3+x^2+bx-(b+2)}{x-1}\ (\because ㉠)$$
$$=\lim_{x\to 1-}\frac{(x-1)(x^2+2x+b+2)}{x-1}$$
$$=\lim_{x\to 1-}(x^2+2x+b+2)=b+5$$

즉, $b+5=2$에서 $b=-3$

(i), (ii)에서 $a=-1$, $b=-3$이므로

$a\times b=3$

0510 답 ④

함수 $f(x)$는 각 구간에서 다항함수이므로 $x\ne 1$인 모든 실수에서 미분가능하다.

즉, $x=1$에서 미분가능할 조건을 생각한다.

(i) 함수 $f(x)$가 $x=1$에서 연속이려면

$f(1)=b+4$

$\displaystyle\lim_{x\to 1+}(bx+4)=b+4,\ \lim_{x\to 1-}(x^3+ax+b)=1+a+b$에서

$\displaystyle\lim_{x\to 1+}f(x)=\lim_{x\to 1-}f(x)=f(1)$이어야 하므로

$b+4=1+a+b$

$\therefore a=3$ ······· ㉠

(ii) 함수 $f(x)$가 $x=1$에서 미분가능하려면

$$\lim_{x\to 1+}\frac{f(x)-f(1)}{x-1}=\lim_{x\to 1+}\frac{bx+4-(b+4)}{x-1}$$
$$=\lim_{x\to 1+}\frac{b(x-1)}{x-1}$$
$$=b$$
$$\lim_{x\to 1-}\frac{f(x)-f(1)}{x-1}=\lim_{x\to 1-}\frac{x^3+ax+b-(b+4)}{x-1}$$

조립제법을 이용하여 인수분해한다. $\longrightarrow$
$$=\lim_{x\to 1-}\frac{x^3+3x-4}{x-1}\ (\because ㉠)$$
$$=\lim_{x\to 1-}\frac{(x-1)(x^2+x+4)}{x-1}$$

$$\begin{array}{r|rrrr} 1 & 1 & 0 & 3 & -4 \\ & & 1 & 1 & 4 \\ \hline & 1 & 1 & 4 & 0 \end{array}$$

$$=\lim_{x\to 1-}(x^2+x+4)$$
$$=6$$

즉, $b=6$

(i), (ii)에서 $a=3$, $b=6$이므로

$a+b=9$

0511 답 ㈎ : $(x+h)^3$ ㈏ : $3x^2$ | 유형 9

다음은 도함수의 정의를 이용하여 함수 $f(x)=x^3$의 도함수를 구하는 과정이다.

$$f'(x)=\lim_{h\to 0}\frac{f(x+h)-f(x)}{h}$$

단서 1

$$=\lim_{h\to 0}\frac{\boxed{㈎}-x^3}{h}=\boxed{㈏}$$

위의 과정에서 ㈎, ㈏에 알맞은 식을 구하시오.

단서 1 도함수의 정의

STEP 1 함수 $f(x)=x^3$의 도함수 구하기

$$f'(x)=\lim_{h\to 0}\frac{f(x+h)-f(x)}{h}$$
$$=\lim_{h\to 0}\frac{\boxed{(x+h)^3}-x^3}{h}$$
$$=\lim_{h\to 0}\frac{x^3+3x^2h+3xh^2+h^3-x^3}{h}$$
$$=\lim_{h\to 0}(3x^2+3xh+h^2)=\boxed{3x^2}$$

개념 Check

곱셈 공식

(1) $(a+b)^3=a^3+3a^2b+3ab^2+b^3$

    $(a-b)^3=a^3-3a^2b+3ab^2-b^3$

(2) $(a+b)(a^2-ab+b^2)=a^3+b^3$

    $(a-b)(a^2+ab+b^2)=a^3-b^3$

0512 답 ③

$p(x)=f(x)+g(x)$라 하면

$y=p(x)$에서

$$p'(x)=\lim_{h\to 0}\frac{p(x+h)-p(x)}{h}$$
$$=\lim_{h\to 0}\frac{f(x+h)+g(x+h)-\{\boxed{f(x)+g(x)}\}}{h}$$
$$=\lim_{h\to 0}\frac{f(x+h)-f(x)}{h}+\lim_{h\to 0}\frac{g(x+h)-g(x)}{h}$$
$$=\boxed{f'(x)+g'(x)}$$

0513 답 ① | 유형 **10**

> 미분가능한 함수 $f(x)$가 모든 실수 x, y에 대하여
> $$\underset{\text{단서1}}{f(x+y)=f(x)+f(y)-xy}$$
> 를 만족시키고 $f'(0)=1$일 때, $\underset{\text{단서2}}{f'(x)}$는?
>
> ① $f'(x)=-x+1$ ② $f'(x)=-x+2$
> ③ $f'(x)=-x+3$ ④ $f'(x)=x+1$
> ⑤ $f'(x)=x+2$
>
> **단서1** $x=0$, $y=0$을 대입
> **단서2** 도함수의 정의를 이용

STEP 1 주어진 식에서 $f(0)$의 값 구하기

$f(x+y)=f(x)+f(y)-xy$의 양변에 $x=0$, $y=0$을 대입하면

$f(0)=f(0)+f(0)$

$\therefore f(0)=0$ ·· ㉠

STEP 2 도함수의 정의를 이용하여 $f'(x)$ 구하기

도함수의 정의에 의하여 $f'(x)$는

$$f'(x)=\lim_{h\to 0}\frac{f(x+h)-f(x)}{h}$$
$$=\lim_{h\to 0}\frac{\{f(x)+f(h)-xh\}-f(x)}{h}$$
$$=\lim_{h\to 0}\frac{f(h)-xh}{h}$$
$$=\lim_{h\to 0}\frac{f(h)}{h}-x$$
$$=\lim_{h\to 0}\frac{f(h)-f(0)}{h}-x \;(\because ㉠)$$
$$=f'(0)-x$$
$$=1-x \;(\because f'(0)=1)$$

0514 답 ②

$f(x+y)=f(x)+f(y)-kxy$의 양변에 $x=0$, $y=0$을 대입하면

$f(0)=f(0)+f(0)$

$\therefore f(0)=0$ ·· ㉠

또, $f'(x)=x+2$에서

$f'(0)=2$ ·· ㉡

도함수의 정의에 의하여 $f'(x)$는

$$f'(x)=\lim_{h\to 0}\frac{f(x+h)-f(x)}{h}$$
$$=\lim_{h\to 0}\frac{\{f(x)+f(h)-kxh\}-f(x)}{h}$$
$$=\lim_{h\to 0}\frac{f(h)-kxh}{h}$$
$$=\lim_{h\to 0}\frac{f(h)}{h}-kx$$
$$=\lim_{h\to 0}\frac{f(h)-f(0)}{h}-kx \;(\because ㉠)$$
$$=f'(0)-kx$$
$$=2-kx \;(\because ㉡)$$

따라서 $2-kx=x+2$에서 $k=-1$

0515 답 $x=\dfrac{11}{2}$

$f(x+y)=f(x)+f(y)-2xy$의 양변에 $x=0$, $y=0$을 대입하면

$f(0)=f(0)+f(0)$

$\therefore f(0)=0$ ·· ㉠

도함수의 정의에 의하여 $f'(x)$는

$$f'(x)=\lim_{h\to 0}\frac{f(x+h)-f(x)}{h}$$
$$=\lim_{h\to 0}\frac{\{f(x)+f(h)-2xh\}-f(x)}{h}$$
$$=\lim_{h\to 0}\frac{f(h)-2xh}{h}=\lim_{h\to 0}\frac{f(h)}{h}-2x$$
$$=\lim_{h\to 0}\frac{f(h)-f(0)}{h}-2x \;(\because ㉠)$$
$$=f'(0)-2x$$ ·· ㉡

㉡의 양변에 $x=3$을 대입하면 $f'(3)=f'(0)-6$이고

$f'(3)=5$이므로 $5=f'(0)-6$

$\therefore f'(0)=11$ → $f'(x)$의 상수항이 11이다.

따라서 $f'(x)=-2x+11$이므로

방정식 $-2x+11=0$의 해는 $x=\dfrac{11}{2}$이다.

0516 답 ⑤

$f(x+y)=f(x)+f(y)+2xy$의 양변에 $x=0$, $y=0$을 대입하면

$f(0)=f(0)+f(0)$

$\therefore f(0)=0$ ·· ㉠

ㄱ. $f(x+y)=f(x)+f(y)+2xy$의 양변에 $y=-x$를 대입하면

$\quad f(x-x)=f(x)+f(-x)-2x^2$

$\quad f(0)=f(x)+f(-x)-2x^2$

$\quad \therefore f(x)+f(-x)=2x^2 \;(\because ㉠)$ (참)

ㄴ. $f'(x)=\lim_{h\to 0}\dfrac{f(x+h)-f(x)}{h}$

$\qquad =\lim_{h\to 0}\dfrac{\{f(x)+f(h)+2xh\}-f(x)}{h}$

$\qquad =\lim_{h\to 0}\dfrac{f(h)+2xh}{h}$

$\qquad =\lim_{h\to 0}\dfrac{f(h)-f(0)}{h}+2x \;(\because ㉠)$

$\qquad =f'(0)+2x$

$\qquad =2x \;(\because f'(0)=0)$ (참)

ㄷ. ㄴ에서 $f'(x)=2x$이므로 이 식에 x 대신 $-x$를 대입하면
$$f'(-x)=-2x$$
$$\therefore f'(x)+f'(-x)=2x+(-2x)=0 \ (참)$$
따라서 옳은 것은 ㄱ, ㄴ, ㄷ이다.

0517 답 19

$f(x+y)=f(x)+f(y)+3xy(x+y)-2$의 양변에 $x=0$, $y=0$을 대입하면
$$f(0)=f(0)+f(0)-2$$
$$\therefore f(0)=2 \ \cdots\cdots\cdots\cdots\cdots\cdots\cdots\cdots\cdots\cdots\cdots\cdots ㉠$$
도함수의 정의에 의하여 $f'(x)$는
$$\begin{aligned} f'(x) &= \lim_{h\to 0}\frac{f(x+h)-f(x)}{h} \\ &= \lim_{h\to 0}\frac{\{f(x)+f(h)+3xh(x+h)-2\}-f(x)}{h} \\ &= \lim_{h\to 0}\frac{f(h)+3xh(x+h)-2}{h} \\ &= \lim_{h\to 0}3x(x+h)+\lim_{h\to 0}\frac{f(h)-2}{h} \\ &= 3x^2+\lim_{h\to 0}\frac{f(h)-f(0)}{h} \ (\because ㉠) \\ &= 3x^2+f'(0) \ \cdots\cdots\cdots\cdots ㉡ \end{aligned}$$
$\displaystyle\lim_{x\to 1}\frac{f(x)-f'(x)}{x^2-1}=8$에서 $x\to 1$일 때, 극한값이 존재하고 (분모)$\to 0$이므로 (분자)$\to 0$이다.

즉, $\displaystyle\lim_{x\to 1}\{f(x)-f'(x)\}=0$에서
$$f(1)=f'(1) \ \cdots\cdots\cdots\cdots\cdots\cdots\cdots\cdots\cdots\cdots\cdots ㉢$$
㉡의 양변에 $x=1$을 대입하면 $f'(1)=3+f'(0)$이므로
$$f'(0)=f'(1)-3=f(1)-3 \ (\because ㉢)$$
$$\longrightarrow f'(0)=f(1)-3$$
$$\begin{aligned} \lim_{x\to 1}\frac{f(x)-f'(x)}{x^2-1} &= \lim_{x\to 1}\frac{f(x)-3x^2-f'(0)}{x^2-1} \ (\because ㉡) \\ &= \lim_{x\to 1}\frac{f(x)-3x^2-f(1)+3}{x^2-1} \\ &= \lim_{x\to 1}\frac{f(x)-f(1)}{x^2-1}-\lim_{x\to 1}\frac{3(x^2-1)}{x^2-1} \\ &= \lim_{x\to 1}\left\{\frac{f(x)-f(1)}{x-1}\times\frac{1}{x+1}\right\}-3 \\ &= \frac{1}{2}f'(1)-3 \end{aligned}$$
즉, $\dfrac{1}{2}f'(1)-3=8$에서 $f'(1)=22$
$$\therefore f'(0)=f'(1)-3=22-3=19$$

0518 답 ④ | 유형 11

함수 $f(x)=x^3+7x+1$에 대하여 $f'(0)$의 값은?
【단서1】 【단서2】
① 1　　　　② 3　　　　③ 5
④ 7　　　　⑤ 9
【단서1】 $f(x)$는 다항함수
【단서2】 다항함수의 미분법을 이용

STEP 1 다항함수의 미분법을 이용하여 $f'(0)$의 값 구하기

$f(x)=x^3+7x+1$에서 $f'(x)=3x^2+7$
$$\therefore f'(0)=7$$

0519 답 ③

$f(x)=x+\dfrac{1}{2}x^2+\dfrac{1}{3}x^3+\cdots+\dfrac{1}{10}x^{10}$에서
$$f'(x)=1+x+x^2+\cdots+x^9$$
$$\therefore f'(1)=10$$
$$\longrightarrow 1+\frac{1}{2}\times 2x+\frac{1}{3}\times 3x^2+\cdots+\frac{1}{10}\times 10x^9$$

0520 답 ③

$f(x)=x^{100}+x^{99}+x^{98}+\cdots+x^2+x+1$에서
$$f'(x)=100x^{99}+99x^{98}+98x^{97}+\cdots+2x+1$$
$$\begin{aligned} \therefore f'(1) &= 100+99+98+\cdots+2+1 \\ &= 101\times 50=5050 \end{aligned}$$

0521 답 ②

$f(x)=x^3-6x^2-2x+1$에서 $f'(x)=3x^2-12x-2$
$f'(\alpha)=f'(\beta)=0$이므로 $x=\alpha$, $x=\beta$는 이차방정식 $f'(x)=0$의 두 근이다.

이차방정식의 근과 계수의 관계에 의하여
$$\alpha+\beta=-\frac{-12}{3}=4$$
$$\therefore f'\left(\frac{\alpha+\beta}{2}\right)=f'(2)=3\times 4-12\times 2-2=-14$$

0522 답 2

$f(x)=x^2+ax$에서 $f'(x)=2x+a$
$f'(1)=4$이므로 $f'(1)=2+a=4$
$$\therefore a=2$$

0523 답 ② | 유형 12

함수 $f(x)=(2x^2-3x+1)(x^3+2x^2-5x)$에 대하여 $f'(2)$의 값은?
【단서1】
① 72　　　　② 75　　　　③ 78
④ 81　　　　⑤ 84
【단서1】 곱의 미분법을 이용

STEP 1 곱의 미분법을 이용하여 $f'(2)$의 값 구하기

$f(x)=(2x^2-3x+1)(x^3+2x^2-5x)$에서
$$\begin{aligned} f'(x) &= (2x^2-3x+1)'(x^3+2x^2-5x) \\ &\qquad +(2x^2-3x+1)(x^3+2x^2-5x)' \\ &= (4x-3)(x^3+2x^2-5x)+(2x^2-3x+1)(3x^2+4x-5) \end{aligned}$$
$$\therefore f'(2)=5\times 6+3\times 15=75$$

0524 답 ④

$f(x)=(3x+1)^2$에서
$$\begin{aligned} f'(x) &= 2(3x+1)^{2-1}(3x+1)' \\ &= 2(3x+1)\times 3=18x+6 \end{aligned}$$
$$\therefore f'(1)=18+6=24$$

다른 풀이

$f(x)=(3x+1)(3x+1)$에서
$$f'(x)=3(3x+1)+(3x+1)\times 3=18x+6$$
$$\therefore f'(1)=18+6=24$$

0525 답 33

$g(x)=(x^3-1)f(x)$에서

$g'(x)=(x^3-1)'f(x)+(x^3-1)f'(x)$
$\qquad=3x^2f(x)+(x^3-1)f'(x)$

$\therefore g'(2)=12f(2)+7f'(2)$
$\qquad\quad=12\times1+7\times3=33$

0526 답 1

$h(x)=f(x)g(x)$에서 $h'(x)=f'(x)g(x)+f(x)g'(x)$이므로

$h'(0)=f'(0)g(0)+f(0)g'(0)$

$f(x)=x^3+x^2+1,\ g(x)=2x^2+x+1$에서

$f'(x)=3x^2+2x,\ g'(x)=4x+1$이고

$f(0)=1,\ g(0)=1,\ f'(0)=0,\ g'(0)=1$

$\therefore h'(0)=f'(0)g(0)+f(0)g'(0)=0\times1+1\times1=1$

0527 답 -84

$f(x)=(x-1)(x-2)(x-3)\times\cdots\times(x-10)$에서

$f'(x)=(x-2)(x-3)(x-4)\times\cdots\times(x-10)$
$\qquad\quad+(x-1)(x-3)(x-4)\times\cdots\times(x-10)+\cdots$
$\qquad\qquad\quad+(x-1)(x-2)(x-3)\times\cdots\times(x-9)$

$f'(1)=(1-2)(1-3)(1-4)\times\cdots\times(1-10)$
$\qquad=(-1)\times(-2)\times(-3)\times\cdots\times(-9)$

$f'(4)=(4-1)\times(4-2)\times(4-3)\times(4-5)\times\cdots\times(4-10)$
$\qquad=3\times2\times1\times(-1)\times\cdots\times(-6)$

$\therefore \dfrac{f'(1)}{f'(4)}=\dfrac{(-7)\times(-8)\times(-9)}{3\times2\times1}=-84$

0528 답 ⑤

$f(x)=(x-1)(x-2)(x-a)$에서

$f'(x)=(x-2)(x-a)+(x-1)(x-a)+(x-1)(x-2)$

$f'(a)=(a-1)(a-2)=a^2-3a+2$

$f'(1)=(1-2)(1-a)=a-1$

$f'(2)=(2-1)(2-a)=-a+2$

이때 $f'(a)=f'(1)+f'(2)$이므로

$a^2-3a+2=a-1+(-a+2)\qquad\therefore a^2-3a+1=0$

따라서 이차방정식의 근과 계수의 관계에 의하여 모든 실수 a의 값의 합은 3이다.

> 참고 이차방정식 $a^2-3a+1=0$의 판별식을 D라 하면
> $D=(-3)^2-4=5>0$이므로 서로 다른 두 실근을 가진다. 따라서 이차방정식의 근과 계수의 관계에 의하여 모든 실수 a의 값의 합은 3이다.

0529 답 24

$\displaystyle\lim_{x\to2}\dfrac{f(x)-4}{x^2-4}=2$에서 $x\to2$일 때, 극한값이 존재하고

(분모)$\to0$이므로 (분자)$\to0$이다.

즉, $\displaystyle\lim_{x\to2}\{f(x)-4\}=0$에서 $f(2)=4$ $\cdots\cdots$ ㉠

$\therefore \displaystyle\lim_{x\to2}\dfrac{f(x)-4}{x^2-4}=\lim_{x\to2}\dfrac{f(x)-f(2)}{(x-2)(x+2)}\ (\because ㉠)$

$\qquad\qquad=\displaystyle\lim_{x\to2}\left\{\dfrac{1}{x+2}\times\dfrac{f(x)-f(2)}{x-2}\right\}$

$\qquad\qquad=\dfrac{1}{4}f'(2)=2$

$\therefore f'(2)=8$

또, $\displaystyle\lim_{x\to2}\dfrac{g(x)+1}{x-2}=8$에서 $x\to2$일 때, 극한값이 존재하고

(분모)$\to0$이므로 (분자)$\to0$이다.

즉, $\displaystyle\lim_{x\to2}\{g(x)+1\}=0$에서 $g(2)=-1$ $\cdots\cdots$ ㉡

$\therefore \displaystyle\lim_{x\to2}\dfrac{g(x)+1}{x-2}=\lim_{x\to2}\dfrac{g(x)-g(2)}{x-2}\ (\because ㉡)$

$\qquad\qquad\qquad=g'(2)=8$

이때 $h(x)=f(x)g(x)$이므로

$h'(x)=f'(x)g(x)+f(x)g'(x)$

$\therefore h'(2)=f'(2)g(2)+f(2)g'(2)$

$\qquad\quad=8\times(-1)+4\times8=24$

0530 답 ① | 유형 13

> 함수 $f(x)=3x^2+ax+b$에서 $f(-1)=5$, $f'(1)=2$일 때, $a+b$의 값은? (단, a, b는 상수이다.)   단서1
>
> ① -6 ② -4 ③ -2
> ④ 0 ⑤ 2
>
> 단서1 함숫값, 미분계수의 값

STEP 1 $f(x)$의 도함수 구하기

$f(x)=3x^2+ax+b$에서 $f'(x)=6x+a$

STEP 2 $f(-1)=5$임을 이용하여 a, b 사이의 관계식 구하기

$f(-1)=3-a+b$이고 $f(-1)=5$이므로

$3-a+b=5\qquad\therefore -a+b=2$ $\cdots\cdots$ ㉠

STEP 3 $f'(1)=2$임을 이용하여 상수 a, b의 값 구하기

$f'(1)=6+a$이고 $f'(1)=2$이므로

$6+a=2\qquad\therefore a=-4$

$a=-4$를 ㉠에 대입하면 $b=-2$

STEP 4 $a+b$의 값 구하기

$a+b=-6$

0531 답 ⑤

$f(x)=(x-a)(2x+1)$에서

$f'(x)=2x+1+2(x-a)=4x-2a+1$

$f'(a)=4a-2a+1=2a+1$이고 $f'(a)=-3$이므로

$2a+1=-3,\ 2a=-4\qquad\therefore a=-2$

따라서 $f'(x)=4x+5$이므로

$f'(2)=8+5=13$

0532 답 ①

$f(x)=ax^2+bx+c$에서 $f'(x)=2ax+b$

$f'(-1)=-2a+b$이고 $f'(-1)=8$이므로

$-2a+b=8$ $\cdots\cdots$ ㉠

$f'(1)=2a+b$이고 $f'(1)=-4$이므로

$2a+b=-4$ $\cdots\cdots$ ㉡

$f(2)=4a+2b+c$이고 $f(2)=-2$이므로

$4a+2b+c=-2$ $\cdots\cdots$ ㉢

㉠, ㉡, ㉢을 연립하여 풀면 $a=-3$, $b=2$, $c=6$
따라서 $f(x)=-3x^2+2x+6$이므로
$f(-2)=-12-4+6=-10$

0533 답 ①

$f(x)=x^3+ax^2+1$에서 $f'(x)=3x^2+2ax$이므로
$f'(1)=3+2a$ ······························ ㉠
$g(x)=(x^2-3)f(x)$에서
$g'(x)=2xf(x)+(x^2-3)f'(x)$이므로
$g'(1)=2f(1)-2f'(1)$
$\qquad =2(a+2)-2(3+2a)$
$\qquad =-2a-2$ ······························ ㉡
$f'(1)=g'(1)$이므로 ㉠, ㉡에서
$3+2a=-2a-2 \qquad \therefore a=-\dfrac{5}{4}$

0534 답 ⑤

㉮에서 최고차항의 계수가 1인 사차함수 $f(x)$가 모든 실수 x에
대하여 $f(x)=f(-x)$를 만족시키므로
$f(x)=x^4+ax^2+b$ (a, b는 상수)
로 놓을 수 있다.
이때 $f'(x)=4x^3+2ax$이므로 ㉯에서
$f(2)=16+4a+b=-9$ ······························ ㉠
$f'(2)=32+4a=4 \qquad \therefore a=-7$
$a=-7$을 ㉠에 대입하면 $b=3$
따라서 $f(x)=x^4-7x^2+3$이므로
$f(1)=1-7+3=-3$

참고 최고차항의 계수가 1인 사차함수 $f(x)$를
$f(x)=x^4+ax^3+bx^2+cx+d$ (a, b, c, d는 상수)로 놓으면
$f(x)=f(-x)$이므로
$x^4+ax^3+bx^2+cx+d=x^4-ax^3+bx^2-cx+d$
$2ax^3+2cx=0$, $ax^3+cx=0$
이 식은 x에 대한 항등식이므로 $a=c=0$

개념 Check

다항함수 $f(x)$가 모든 실수 x에 대하여
(1) $f(-x)=f(x)$이면
  $f(x)$는 짝수 차수의 항과 상수항으로만 이루어진 함수이다.
(2) $f(-x)=-f(x)$이면
  $f(x)$는 홀수 차수의 항으로만 이루어진 함수이다.

0535 답 5

$f(x)=(x^2+1)(x^2+ax+3)$에서
$f'(x)=2x(x^2+ax+3)+(x^2+1)(2x+a)$이므로
$f'(1)=2(a+4)+2(a+2)$
$\qquad =4a+12=32$
$\therefore a=5$

0536 답 ①

곡선 $y=x^3+ax^2+b$ 위의 점 $(2, 4)$에서의 접선의 기울기가 16일 때, 상수 a, b에 대하여 ab의 값은?

① -8 ② -4 ③ -2
④ 4 ⑤ 8

단서1 $x=2$, $y=4$를 대입
단서2 $x=2$에서의 미분계수가 16

STEP 1 곡선 위의 점 $(2, 4)$를 이용하여 a, b 사이의 관계식 구하기
곡선 $y=x^3+ax^2+b$가 점 $(2, 4)$를 지나므로
$x=2$, $y=4$를 대입하면
$4=8+4a+b$
$\therefore 4a+b=-4$ ······························ ㉠

STEP 2 점 $(2, 4)$에서의 접선의 기울기를 이용하여 상수 a, b의 값 구하기
$y'=3x^2+2ax$이고 점 $(2, 4)$에서의 접선의 기울기가 16이므로
$x=2$를 대입하면
$12+4a=16$, $4a=4$
$\therefore a=1$
$a=1$을 ㉠에 대입하면 $b=-8$

STEP 3 ab의 값 구하기
$ab=-8$

0537 답 28

점 $(2, 1)$이 곡선 $y=f(x)$ 위의 점이므로
$f(2)=1$
점 $(2, 1)$에서의 접선의 기울기가 2이므로
$f'(2)=2$
$g(x)=x^3f(x)$에서 $g'(x)=3x^2f(x)+x^3f'(x)$이므로
$g'(2)=12f(2)+8f'(2)$
$\qquad =12\times1+8\times2$
$\qquad =28$

0538 답 ⑤

ㄱ. 곡선 $y=f(x)$와 직선 $y=g(x)$가 $x=a$인 점에서 접하므로
$f(a)=g(a)$ (참)
$\rightarrow$ $x=a$에서의 함숫값이 같다.
ㄴ. $x=a$인 점에서의 곡선 $y=f(x)$의 접선의 기울기와 직선
$y=g(x)$의 기울기가 같으므로
$f'(a)=g'(a)$ (참)
ㄷ. ㄱ, ㄴ에서 $f(a)=g(a)$, $f'(a)=g'(a)$이므로
$$\lim_{x\to a}\frac{f(x)-g(x)}{x-a}$$
$$=\lim_{x\to a}\frac{f(x)-f(a)+g(a)-g(x)}{x-a}$$
$$=\lim_{x\to a}\frac{f(x)-f(a)}{x-a}-\lim_{x\to a}\frac{g(x)-g(a)}{x-a}$$
$$=f'(a)-g'(a)=0 \text{ (참)}$$
따라서 옳은 것은 ㄱ, ㄴ, ㄷ이다.

0539 답 ④ | 유형 15

$$\lim_{x \to 1} \frac{x^8 + 2x^2 - 3}{x - 1} \text{의 값은?}$$

단서1

① 6　　　　② 8　　　　③ 10
④ 12　　　　⑤ 14

단서1 분자를 인수분해하기 어려우므로 치환을 생각한다.

STEP 1 $f(x) = x^8 + 2x^2$이라 하고 주어진 식 변형하기

$f(x) = x^8 + 2x^2$이라 하면 $f(1) = 1 + 2 = 3$이므로

$$\lim_{x \to 1} \frac{x^8 + 2x^2 - 3}{x - 1} = \lim_{x \to 1} \frac{f(x) - f(1)}{x - 1} = f'(1)$$

STEP 2 다항함수의 미분법을 이용하여 주어진 극한값 구하기

$f'(x) = 8x^7 + 4x$이므로

$f'(1) = 8 \times 1 + 4 \times 1 = 12$

다른 풀이

$$\lim_{x \to 1} \frac{x^8 + 2x^2 - 3}{x - 1}$$

$$= \lim_{x \to 1} \frac{(x-1)(x^7 + x^6 + x^5 + x^4 + x^3 + x^2 + 3x + 3)}{x - 1}$$

분자를 인수분해

$$= \lim_{x \to 1} (x^7 + x^6 + x^5 + x^4 + x^3 + x^2 + 3x + 3) = 12$$

0540 답 49

$f(x) = x^{50} - x^{49} + x^{48}$이라 하면 $f(1) = 1 - 1 + 1 = 1$이므로

$$\lim_{x \to 1} \frac{x^{50} - x^{49} + x^{48} - 1}{x - 1} = \lim_{x \to 1} \frac{f(x) - f(1)}{x - 1} = f'(1)$$

따라서 $f'(x) = 50x^{49} - 49x^{48} + 48x^{47}$이므로

$f'(1) = 50 - 49 + 48 = 49$

0541 답 ⑤

$f(x) = x^{2n} + 4x + 3$이라 하면 $f(-1) = 1 - 4 + 3 = 0$이므로

$$\lim_{x \to -1} \frac{x^{2n} + 4x + 3}{x + 1} = \lim_{x \to -1} \frac{f(x) - f(-1)}{x - (-1)} = f'(-1)$$

이때 $f'(x) = 2nx^{2n-1} + 4$이므로

$f'(-1) = -16$

즉, $2n \times (-1)^{2n-1} + 4 = -16$이므로

$-2n + 4 = -16$　$2n-1$은 홀수이므로 $(-1)^{2n-1} = -1$이다.

$2n = 20$　　∴ $n = 10$

0542 답 ③

$$\lim_{x \to 2} \frac{x^n - x^4 - 4x - 8}{x - 2} = \alpha \text{에서 } x \to 2 \text{일 때, 극한값이 존재하고}$$

(분모)→0이므로 (분자)→0이다.

즉, $\lim_{x \to 2} (x^n - x^4 - 4x - 8) = 0$에서

$2^n - 2^4 - 4 \times 2 - 8 = 0$

$2^n = 32$　　∴ $n = 5$

$f(x) = x^5 - x^4 - 4x$라 하면 $f(2) = 32 - 16 - 8 = 8$이므로

$$\lim_{x \to 2} \frac{x^5 - x^4 - 4x - 8}{x - 2} = \lim_{x \to 2} \frac{f(x) - f(2)}{x - 2} = f'(2)$$

이때 $f'(x) = 5x^4 - 4x^3 - 4$이므로

$f'(2) = 5 \times 16 - 4 \times 8 - 4 = 44$

따라서 $\alpha = 44$이므로

$\alpha - n = 44 - 5 = 39$

참고 $\lim_{x \to 2} \frac{x^n - x^4 - 4x - 8}{x - 2} = \alpha$이므로 $\lim_{x \to 2} \frac{f(x) - f(2)}{x - 2}$ 꼴로 나타내면

$f(2) = 8$, $f'(2) = \alpha$임을 알 수 있다.

0543 답 4 | 유형 16

함수 $f(x) = x^2 - 4x + 5$에 대하여

$$\lim_{h \to 0} \frac{f(a+h) - f(a-h)}{h} = 8$$

단서1

을 만족시키는 상수 a의 값을 구하시오.

단서1 미분계수의 식으로 변형

STEP 1 주어진 식을 변형하여 미분계수의 식으로 나타내기

$$\lim_{h \to 0} \frac{f(a+h) - f(a-h)}{h}$$

$f(a)$를 빼고 더한다.

$$= \lim_{h \to 0} \frac{f(a+h) - f(a) - f(a-h) + f(a)}{h}$$

$$= \lim_{h \to 0} \frac{f(a+h) - f(a)}{h} + \lim_{h \to 0} \frac{f(a-h) - f(a)}{-h}$$

$$= f'(a) + f'(a) = 2f'(a)$$

즉, $2f'(a) = 8$에서 $f'(a) = 4$

STEP 2 다항함수의 미분법을 이용하여 상수 a의 값 구하기

함수 $f(x) = x^2 - 4x + 5$에서 $f'(x) = 2x - 4$

$f'(a) = 4$이므로 $2a - 4 = 4$

$2a = 8$　　∴ $a = 4$

0544 답 ③

$$\lim_{x \to 1} \frac{f(x) - f(1)}{x - 1} = f'(1)$$

함수 $f(x) = 2x^3 - 3x^2 + 9x + 1$에서 $f'(x) = 6x^2 - 6x + 9$이므로

$f'(1) = 6 - 6 + 9 = 9$

0545 답 12

$$\lim_{h \to 0} \frac{f(1+kh) - f(1)}{h} = \lim_{h \to 0} \frac{f(1+kh) - f(1)}{kh} \times k$$

$$= kf'(1) = -36$$

함수 $f(x) = x^2 - 5x + 6$에서 $f'(x) = 2x - 5$이므로

$f'(1) = 2 - 5 = -3$

즉, $kf'(1) = -36$에서 $-3k = -36$　　∴ $k = 12$

0546 답 ③

$$\lim_{h \to 0} \frac{f(-1+h) - f(-1-h)}{h}$$

$$= \lim_{h \to 0} \frac{f(-1+h) - f(-1) + f(-1) - f(-1-h)}{h}$$

$$= \lim_{h \to 0} \frac{f(-1+h) - f(-1)}{h} + \lim_{h \to 0} \frac{f(-1-h) - f(-1)}{-h}$$

$$= f'(-1) + f'(-1) = 2f'(-1)$$

함수 $f(x)=x^3+x$에서 $f'(x)=3x^2+1$이므로
$f'(-1)=3+1=4$ $\therefore 2f'(-1)=8$

0547 답 10

$f(1)=g(1)=3$이므로
$$\lim_{h\to 0}\frac{f(1+2h)-g(1-h)}{3h}$$
$$=\lim_{h\to 0}\frac{f(1+2h)-f(1)+g(1)-g(1-h)}{3h}$$
$$=\lim_{h\to 0}\left\{\frac{f(1+2h)-f(1)}{3h}+\frac{g(1)-g(1-h)}{3h}\right\}$$
$$=\lim_{h\to 0}\frac{f(1+2h)-f(1)}{2h}\times\frac{2}{3}+\lim_{h\to 0}\frac{g(1-h)-g(1)}{-h}\times\frac{1}{3}$$
$$=\frac{2}{3}f'(1)+\frac{1}{3}g'(1)$$
함수 $f(x)=x^5+x^3+x$, $g(x)=x^6+x^4+x^2$에서
$f'(x)=5x^4+3x^2+1$, $g'(x)=6x^5+4x^3+2x$이므로
$f'(1)=5+3+1=9$, $g'(1)=6+4+2=12$
$$\therefore \frac{2}{3}f'(1)+\frac{1}{3}g'(1)=\frac{2}{3}\times 9+\frac{1}{3}\times 12=10$$

0548 답 ①

함수 $f(x)=x^2+4x-2$에서 $f(1)=3$이므로
$$\lim_{h\to 0}\frac{f(1+2h)-3}{h}=\lim_{h\to 0}\frac{f(1+2h)-f(1)}{h}$$
$$=\lim_{h\to 0}\frac{f(1+2h)-f(1)}{2h}\times 2$$
$$=2f'(1)$$
함수 $f(x)=x^2+4x-2$에서 $f'(x)=2x+4$이므로
$f'(1)=6$ $\therefore 2f'(1)=12$

0549 답 -9 | 유형 17

함수 $f(x)=x^3+ax+b$가 $\lim_{x\to 2}\dfrac{f(x)}{x-2}=13$을 만족시킬 때, 상수 a, b에 대하여 $a+b$의 값을 구하시오. **단서1**

단서1 극한값이 존재하고 $\dfrac{0}{0}$ 꼴

STEP 1 극한값이 존재할 조건을 이용하여 $f(2)$의 값 구하기

$\lim_{x\to 2}\dfrac{f(x)}{x-2}=13$에서 $x\to 2$일 때, 극한값이 존재하고 (분모)$\to 0$이므로 (분자)$\to 0$이다.
즉, $\lim_{x\to 2}f(x)=0$이므로 $f(2)=0$

STEP 2 미분계수의 정의를 이용하여 $f'(2)$의 값 구하기

$\lim_{x\to 2}\dfrac{f(x)}{x-2}=\lim_{x\to 2}\dfrac{f(x)-f(2)}{x-2}=f'(2)$
$\therefore f'(2)=13$

STEP 3 $f(2)$, $f'(2)$의 값을 이용하여 상수 a, b의 값 구하기

함수 $f(x)=x^3+ax+b$에서 $f'(x)=3x^2+a$이고
$f(2)=0$에서 $8+2a+b=0$ ············· ㉠

$f'(2)=13$에서 $12+a=13$ $\therefore a=1$
$a=1$을 ㉠에 대입하면 $b=-10$

STEP 4 $a+b$의 값 구하기
$a+b=-9$

0550 답 ②

$\lim_{x\to 1}\dfrac{f(x)-5}{x-1}=8$에서 $x\to 1$일 때, 극한값이 존재하고 (분모)$\to 0$이므로 (분자)$\to 0$이다.
즉, $\lim_{x\to 1}\{f(x)-5\}=0$에서 $f(1)=5$
$\lim_{x\to 1}\dfrac{f(x)-5}{x-1}=\lim_{x\to 1}\dfrac{f(x)-f(1)}{x-1}=f'(1)$
$\therefore f'(1)=8$
함수 $f(x)=2x^3+ax+b$에서 $f'(x)=6x^2+a$이고
$f(1)=5$에서 $2+a+b=5$ ············· ㉠
$f'(1)=8$에서 $6+a=8$ $\therefore a=2$
$a=2$를 ㉠에 대입하면 $b=1$
$\therefore ab=2$

0551 답 -5

$$\lim_{h\to 0}\frac{f(1+2h)-f(1)}{h}=\lim_{h\to 0}\frac{f(1+2h)-f(1)}{2h}\times 2$$
$$=2f'(1)$$
즉, $2f'(1)=-4$에서 $f'(1)=-2$
$$\lim_{h\to 0}\frac{f(-2+h)-f(-2)}{h}=f'(-2)$$
즉, $f'(-2)=1$
함수 $f(x)=x^3+ax^2+bx$에서 $f'(x)=3x^2+2ax+b$이고
$f'(1)=-2$에서 $3+2a+b=-2$
$f'(-2)=1$에서 $12-4a+b=1$
두 식을 연립하여 풀면
$a=1$, $b=-7$
따라서 $f(x)=x^3+x^2-7x$이므로
$f(1)=1+1-7=-5$

0552 답 ②

$$\lim_{x\to 2}\frac{f(x)-f(2)}{x^2-4}=\lim_{x\to 2}\left\{\frac{f(x)-f(2)}{x-2}\times\frac{1}{x+2}\right\}$$
$$=\lim_{x\to 2}\frac{f(x)-f(2)}{x-2}\times\lim_{x\to 2}\frac{1}{x+2}$$
$$=f'(2)\times\frac{1}{4}$$
즉, $\dfrac{1}{4}f'(2)=\dfrac{7}{2}$에서 $f'(2)=14$
$$\lim_{x\to 1}\frac{f(x)-f(1)}{x-1}=f'(1)$$
즉, $f'(1)=-4$
함수 $f(x)=x^4+ax^2+bx$에서 $f'(x)=4x^3+2ax+b$이고
$f'(2)=14$에서 $32+4a+b=14$
$f'(1)=-4$에서 $4+2a+b=-4$

두 식을 연립하여 풀면
$a=-5$, $b=2$
따라서 $f'(x)=4x^3-10x+2$이므로
$f'(-1)=-4+10+2=8$

0553 답 ③

(가)에서 $\lim\limits_{x\to\infty}\dfrac{ax^3+bx^2+cx+d}{x^2+4x}=2$이므로

$a=0$, $b=2$　→ 분모, 분자의 차수가 같고 최고차항의 계수의 비는 2이다.

(나)에서 $x\to1$일 때, 극한값이 존재하고 (분모)$\to0$이므로

(분자)$\to0$이다.

즉, $\lim\limits_{x\to1}\{f(x)-8\}=0$에서 $f(1)=8$

$\lim\limits_{x\to1}\dfrac{f(x)-8}{x-1}=\lim\limits_{x\to1}\dfrac{f(x)-f(1)}{x-1}=f'(1)$

즉, $f'(1)=6$

함수 $f(x)=2x^2+cx+d$에서 $f'(x)=4x+c$이고

$f(1)=8$에서 $2+c+d=8$ ……………… ㉠

$f'(1)=6$에서 $4+c=6$　　∴ $c=2$

$c=2$를 ㉠에 대입하면 $d=4$

따라서 $f(x)=2x^2+2x+4$이므로

$f(-1)=2-2+4=4$

> **개념 Check**
>
> 두 다항식 $f(x)$, $g(x)$에 대하여
>
> $\lim\limits_{x\to\infty}\dfrac{f(x)}{g(x)}=a$ (a는 0이 아닌 실수)이면
>
> ➡ $f(x)$와 $g(x)$의 차수가 같고 최고차항의 계수의 비가 a이다.

0554 답 ⑤

$\lim\limits_{x\to1}\dfrac{f(x)-x^2}{x^2-1}=-1$에서 $x\to1$일 때, 극한값이 존재하고

(분모)$\to0$이므로 (분자)$\to0$이다.

즉, $\lim\limits_{x\to1}\{f(x)-x^2\}=0$에서 $f(1)=1$

$g(x)=f(x)-x^2$이라 하면 $g(1)=f(1)-1=0$이고

$\lim\limits_{x\to1}\dfrac{f(x)-x^2}{x^2-1}=\lim\limits_{x\to1}\dfrac{g(x)-g(1)}{x^2-1}$

$\qquad=\lim\limits_{x\to1}\left\{\dfrac{g(x)-g(1)}{x-1}\times\dfrac{1}{x+1}\right\}$

$\qquad=\lim\limits_{x\to1}\dfrac{g(x)-g(1)}{x-1}\times\lim\limits_{x\to1}\dfrac{1}{x+1}$

$\qquad=g'(1)\times\dfrac{1}{2}$

즉, $\dfrac{1}{2}g'(1)=-1$에서 $g'(1)=-2$

함수 $g(x)=f(x)-x^2$에서 $g'(x)=f'(x)-2x$이고

$g'(1)=-2$에서 $f'(1)-2=-2$

∴ $f'(1)=0$

$f(x)$는 최고차항의 계수가 1이고 $f(0)=4$인 삼차함수이므로

→ 상수항이 4이다.

$f(x)=x^3+ax^2+bx+4$ (a, b는 상수)로 놓으면

$f'(x)=3x^2+2ax+b$

$f(1)=1$에서 $1+a+b+4=1$

$f'(1)=0$에서 $3+2a+b=0$

두 식을 연립하여 풀면

$a=1$, $b=-5$

따라서 $f'(x)=3x^2+2x-5$이므로 곡선 $y=f(x)$ 위의 점

$(2, f(2))$에서의 접선의 기울기는

$f'(2)=12+4-5=11$

0555 답 12

$\lim\limits_{x\to2}\dfrac{f(x)}{(x-2)^2}=3$에서 $x\to2$일 때, 극한값이 존재하고

(분모)$\to0$이므로 (분자)$\to0$이다.

즉, $\lim\limits_{x\to2}f(x)=0$에서 $f(2)=0$

함수 $f(x)$는 $x-2$를 인수로 가지므로　→ $f(x)$가 삼차함수이므로 $g(x)$는 이차식이다.

$f(x)=(x-2)g(x)$ ($g(x)$는 이차식)로 놓을 수 있다.

∴ $\lim\limits_{x\to2}\dfrac{f(x)}{(x-2)^2}=\lim\limits_{x\to2}\dfrac{(x-2)g(x)}{(x-2)^2}=\lim\limits_{x\to2}\dfrac{g(x)}{x-2}=3$

이때 $\lim\limits_{x\to2}\dfrac{g(x)}{x-2}=3$에서 $x\to2$일 때, 극한값이 존재하고

(분모)$\to0$이므로 (분자)$\to0$이다.

즉, $\lim\limits_{x\to2}g(x)=0$에서 $g(2)=0$

함수 $g(x)$는 $x-2$를 인수로 가지고 $g(x)$는 이차식이므로

$g(x)=(x-2)(ax+b)$ (a, b는 상수)로 놓을 수 있다.

$\lim\limits_{x\to2}\dfrac{g(x)}{x-2}=\lim\limits_{x\to2}\dfrac{(x-2)(ax+b)}{x-2}$

$\qquad=\lim\limits_{x\to2}(ax+b)=2a+b$

즉, $2a+b=3$ ……………………………………… ㉠

또, 함수 $f(x)=(x-2)g(x)=(x-2)^2(ax+b)$에서

$f(3)=5$이므로 $3a+b=5$ ……………………………… ㉡

㉠, ㉡을 연립하여 풀면 $a=2$, $b=-1$

따라서 $f(x)=(x-2)^2(2x-1)$이므로

$f'(x)=2(x-2)(2x-1)+2(x-2)^2$

∴ $f'(3)=2\times1\times5+2\times1^2=12$

0556 답 ③

$\lim\limits_{h\to0}\dfrac{f(2+h)-f(2)}{h}=f'(2)$　　∴ $f'(2)=1$

따라서 함수 $f(x)=x^2-ax+3$에서 $f'(x)=2x-a$이고

$f'(2)=1$이므로 $4-a=1$　　∴ $a=3$

0557 답 ④

$\lim\limits_{x\to2}\dfrac{f(x)}{(x-2)\{f'(x)\}^2}=\dfrac{1}{4}$에서 $x\to2$일 때, 극한값이 존재하고

(분모)$\to0$이므로 (분자)$\to0$이다.

즉, $\lim\limits_{x\to2}f(x)=0$에서 $f(2)=0$　→ $f(x)$는 $x-1$, $x-2$를 인수로 가진다.

$f(x)$는 최고차항의 계수가 1이고 $f(1)=0$, $f(2)=0$인 삼차함수

이므로 $f(x)=(x-1)(x-2)(x+a)$ (a는 상수)로 놓을 수 있다.

함수 $f(x)=(x-1)(x-2)(x+a)$에서
$f'(x)=(x-2)(x+a)+(x-1)(x+a)+(x-1)(x-2)$이므로
$f'(2)=2+a$ ·· ㉠

$$\lim_{x\to 2}\frac{f(x)}{(x-2)\{f'(x)\}^2}=\lim_{x\to 2}\frac{(x-1)(x-2)(x+a)}{(x-2)\{f'(x)\}^2}$$
$$=\lim_{x\to 2}\frac{(x-1)(x+a)}{\{f'(x)\}^2}$$
$$=\frac{2+a}{\{f'(2)\}^2}=\frac{2+a}{(2+a)^2}\ (\because ㉠)$$
$$=\frac{1}{2+a}$$

즉, $\dfrac{1}{2+a}=\dfrac{1}{4}$에서 $a=2$

따라서 $f(x)=(x-1)(x-2)(x+2)$이므로
$f(3)=2\times 1\times 5=10$

참고 $\displaystyle\lim_{x\to 2}\frac{(x-1)(x+a)}{\{f'(x)\}^2}$
$$=\lim_{x\to 2}\frac{(x-1)(x+a)}{\{(x-2)(x+a)+(x-1)(x+a)+(x-1)(x-2)\}^2}$$
$$=\frac{(2-1)(2+a)}{\{(2-2)(2+a)+(2-1)(2+a)+(2-1)(2-2)\}^2}$$
$$=\frac{2+a}{(2+a)^2}=\frac{1}{2+a}$$

0558 답 5 | 유형 18

두 다항함수 $f(x)$, $g(x)$가
$$\lim_{x\to 3}\frac{f(x)-2}{x-3}=1,\ \lim_{x\to 3}\frac{g(x)-1}{x-3}=2$$
를 만족시킬 때, 함수 $f(x)g(x)$의 $x=3$에서의 미분계수를 구하시오.

단서1 미분계수의 정의를 이용하여 주어진 식 변형
단서2 곱의 미분법을 이용

STEP 1 미분계수의 정의를 이용하여 $f(3)$, $f'(3)$의 값 구하기
$\displaystyle\lim_{x\to 3}\frac{f(x)-2}{x-3}=1$에서 $x\to 3$일 때, 극한값이 존재하고
(분모)$\to 0$이므로 (분자)$\to 0$이다.
즉, $\displaystyle\lim_{x\to 3}\{f(x)-2\}=0$에서 $f(3)=2$
$\displaystyle\lim_{x\to 3}\frac{f(x)-2}{x-3}=\lim_{x\to 3}\frac{f(x)-f(3)}{x-3}=f'(3)$
$\therefore f'(3)=1$

STEP 2 미분계수의 정의를 이용하여 $g(3)$, $g'(3)$의 값 구하기
$\displaystyle\lim_{x\to 3}\frac{g(x)-1}{x-3}=2$에서 $x\to 3$일 때, 극한값이 존재하고
(분모)$\to 0$이므로 (분자)$\to 0$이다.
즉, $\displaystyle\lim_{x\to 3}\{g(x)-1\}=0$에서 $g(3)=1$
$\displaystyle\lim_{x\to 3}\frac{g(x)-1}{x-3}=\lim_{x\to 3}\frac{g(x)-g(3)}{x-3}=g'(3)$
$\therefore g'(3)=2$

STEP 3 곱의 미분법을 이용하여 함수 $f(x)g(x)$의 $x=3$에서의 미분계수 구하기
$h(x)=f(x)g(x)$라 하면 $h'(x)=f'(x)g(x)+f(x)g'(x)$이므로 함수 $f(x)g(x)$의 $x=3$에서의 미분계수는
$h'(3)=f'(3)g(3)+f(3)g'(3)=1\times 1+2\times 2=5$

0559 답 ①

$\displaystyle\lim_{x\to 2}\frac{f(x)-2}{x-2}=-3$에서 $x\to 2$일 때, 극한값이 존재하고
(분모)$\to 0$이므로 (분자)$\to 0$이다.
즉, $\displaystyle\lim_{x\to 2}\{f(x)-2\}=0$에서 $f(2)=2$
$\displaystyle\lim_{x\to 2}\frac{f(x)-2}{x-2}=\lim_{x\to 2}\frac{f(x)-f(2)}{x-2}=f'(2)$
$\therefore f'(2)=-3$
$g(x)=(x-1)^2$에서 $g'(x)=2(x-1)$이므로
$g(2)=1$, $g'(2)=2$
$h(x)=f(x)g(x)$라 하면 $h'(x)=f'(x)g(x)+f(x)g'(x)$이므로 곡선 $y=h(x)$ 위의 x좌표가 2인 점에서의 접선의 기울기는
$h'(2)=f'(2)g(2)+f(2)g'(2)$ ← $x=2$에서의 미분계수와 같다.
$\quad\ =(-3)\times 1+2\times 2=1$

0560 답 ②

㈏에서 $f(x)+g(x)=3x^2-x+2$이므로
$f'(x)+g'(x)=6x-1$
$f(1)+g(1)=3-1+2=4$이고 ㈎에서 $f(1)=1$이므로 $g(1)=3$
$f'(1)+g'(1)=6-1=5$이고
㈎에서 $f'(1)=-3$이므로 $g'(1)=8$
$\therefore \displaystyle\lim_{h\to 0}\frac{f(1+h)g(1+h)-f(1)g(1)}{h}=f'(1)g(1)+f(1)g'(1)$
$$=(-3)\times 3+1\times 8=-1$$

참고 $\displaystyle\lim_{h\to 0}\frac{f(1+h)g(1+h)-f(1)g(1)}{h}$에서 $k(x)=f(x)g(x)$라 하면
$k'(x)=f'(x)g(x)+f(x)g'(x)$이므로
$\displaystyle\lim_{h\to 0}\frac{f(1+h)g(1+h)-f(1)g(1)}{h}=\lim_{h\to 0}\frac{k(1+h)-k(1)}{h}=k'(1)$
$$=f'(1)g(1)+f(1)g'(1)$$

0561 답 24

㈎에서 $f(0)=1$, $g(0)=4$이므로 $f(0)g(0)=4$
㈏에서
$\displaystyle\lim_{x\to 0}\frac{f(x)g(x)-4}{x}=\lim_{x\to 0}\frac{f(x)g(x)-f(0)g(0)}{x}$
$$=f'(0)g(0)+f(0)g'(0)$$
$$=(-6)\times 4+1\times g'(0)$$
$$=-24+g'(0)$$
즉, $-24+g'(0)=0$에서 $g'(0)=24$

0562 답 ⑤

다항함수 $f(x)$의 최고차항을 ax^n ($a\neq 0$인 상수, n은 자연수)이라 하면 $f'(x)$의 최고차항은 nax^{n-1}이다.
또, ㈎에서 $g(x)=x^3f(x)$이므로 함수 $g(x)$의 최고차항은 ax^{n+3}이고, $g'(x)$의 최고차항은 $(n+3)ax^{n+2}$이다.
따라서 $f'(x)g(x)$의 최고차항은 na^2x^{2n+2}이고,
$f(x)g'(x)$의 최고차항은 $(n+3)a^2x^{2n+2}$이므로
$f'(x)g(x)-f(x)g'(x)$의 최고차항은
$na^2x^{2n+2}-(n+3)a^2x^{2n+2}=-3a^2x^{2n+2}$
또, 함수 $\{f(x)\}^3$의 최고차항은 a^3x^{3n}이다.

(나)의 $\lim\limits_{x\to\infty}\dfrac{f'(x)g(x)-f(x)g'(x)}{\{f(x)\}^3}=1$에서 분모와 분자의 차수가

같고, 최고차항의 계수의 비가 1이므로

$3n=2n+2$에서 $n=2$

$\lim\limits_{x\to\infty}\dfrac{f'(x)g(x)-f(x)g'(x)}{\{f(x)\}^3}=\dfrac{-3a^2}{a^3}=-\dfrac{3}{a}$

즉, $-\dfrac{3}{a}=1$이므로 $a=-3$

따라서 $f(x)=-3x^2+bx+c$ (b, c는 상수)로 놓을 수 있다.

(다)에서 $f(1)=2$, $f(0)=1$이므로

$f(1)=-3+b+c=2$ ┈┈┈┈┈┈┈┈┈┈┈┈ ㉠

$f(0)=c=1$

$c=1$을 ㉠에 대입하면 $b=4$

$\therefore f(x)=-3x^2+4x+1$

따라서 $g(x)=x^3f(x)=-3x^5+4x^4+x^3$이므로

$g'(x)=-15x^4+16x^3+3x^2$

$\therefore g'(1)=-15+16+3=4$

참고 $g(x)=x^3f(x)$에서 $g'(x)=3x^2f(x)+x^3f'(x)$이므로

$g'(x)$의 최고차항은

$3x^2\times ax^n+x^3\times nax^{n-1}=3ax^{n+2}+nax^{n+2}=(3+n)ax^{n+2}$

0563 답 28

$\lim\limits_{x\to1}\dfrac{f(x)-2}{x-1}=12$에서 $x\to1$일 때, 극한값이 존재하고

(분모)$\to0$이므로 (분자)$\to0$이다.

즉, $\lim\limits_{x\to1}\{f(x)-2\}=0$에서 $f(1)=2$

$\lim\limits_{x\to1}\dfrac{f(x)-2}{x-1}=\lim\limits_{x\to1}\dfrac{f(x)-f(1)}{x-1}=f'(1)$

$\therefore f'(1)=12$

$g(x)=(x^2+1)f(x)$에서

$g'(x)=2xf(x)+(x^2+1)f'(x)$이므로

$g'(1)=2f(1)+2f'(1)$

$\qquad=2\times2+2\times12=28$

0564 답 ①

(가)에서 $x\to1$일 때, 극한값이 존재하고 (분모)$\to0$이므로

(분자)$\to0$이다.

즉, $\lim\limits_{x\to1}\{f(x)g(x)+4\}=0$에서 $f(1)g(1)=-4$

이때 $f(1)=-2$이므로

$-2g(1)=-4$ $\therefore g(1)=2$ ┈┈┈┈┈┈┈┈ ㉠

$g(x)$가 일차함수이므로 $g(x)=ax+b$ (a, b는 상수)로 놓으면

$g'(x)=a$ ┈┈┈┈┈┈┈┈┈┈┈┈┈┈┈┈ ㉡

(나)에서 $g(0)=g'(0)$이므로 $b=a$

㉠에서 $g(1)=a+b=2$

두 식을 연립하여 풀면 $a=1$, $b=1$

㉡에서 $g'(1)=1$

$\lim\limits_{x\to1}\dfrac{f(x)g(x)+4}{x-1}=\lim\limits_{x\to1}\dfrac{f(x)g(x)-f(1)g(1)}{x-1}$

$\qquad\qquad\qquad=f'(1)g(1)+f(1)g'(1)$

$\qquad\qquad\qquad=2f'(1)+(-2)\times1$

즉, $2f'(1)-2=8$에서 $f'(1)=5$

0565 답 ③

$\lim\limits_{x\to1}\dfrac{f(x)-a+2}{x-1}=4$에서 $x\to1$일 때, 극한값이 존재하고

(분모)$\to0$이므로 (분자)$\to0$이다.

즉, $\lim\limits_{x\to1}\{f(x)-a+2\}=0$에서 $f(1)=a-2$

$\lim\limits_{x\to1}\dfrac{f(x)-a+2}{x-1}=\lim\limits_{x\to1}\dfrac{f(x)-f(1)}{x-1}=f'(1)$

$\therefore f'(1)=4$

$\lim\limits_{x\to1}\dfrac{g(x)+a-2}{x-1}=a$에서 $x\to1$일 때, 극한값이 존재하고

(분모)$\to0$이므로 (분자)$\to0$이다.

즉, $\lim\limits_{x\to1}\{g(x)+a-2\}=0$에서 $g(1)=-a+2$

$\lim\limits_{x\to1}\dfrac{g(x)+a-2}{x-1}=\lim\limits_{x\to1}\dfrac{g(x)-g(1)}{x-1}=g'(1)$

$\therefore g'(1)=a$

따라서 함수 $f(x)g(x)$의 $x=1$에서의 미분계수는

$f'(1)g(1)+f(1)g'(1)=4(-a+2)+(a-2)a$

$\qquad\qquad\qquad\qquad=a^2-6a+8$

즉, $a^2-6a+8=-1$에서 $a^2-6a+9=0$

$(a-3)^2=0$ $\therefore a=3$

0566 답 ③ | 유형 19

다항함수 $f(x)$에 대하여 $\lim\limits_{x\to2}\dfrac{f(x+1)-8}{x^2-4}=5$일 때,

$f(3)+f'(3)$의 값은? 단서1

① 26 ② 27 ③ 28

④ 29 ⑤ 30

단서1 $x+1=t$로 치환

STEP 1 극한값이 존재할 조건을 이용하여 $f(3)$의 값 구하기

$\lim\limits_{x\to2}\dfrac{f(x+1)-8}{x^2-4}=5$에서 $x\to2$일 때, 극한값이 존재하고

(분모)$\to0$이므로 (분자)$\to0$이다.

즉, $\lim\limits_{x\to2}\{f(x+1)-8\}=0$에서 $f(3)=8$

STEP 2 $x+1=t$로 놓고 미분계수를 이용하여 $f'(3)$의 값 구하기

$x+1=t$로 놓으면 $x\to2$일 때 $t\to3$이므로

$\lim\limits_{x\to2}\dfrac{f(x+1)-8}{x^2-4}=\lim\limits_{t\to3}\dfrac{f(t)-f(3)}{(t-1)^2-4}=\lim\limits_{t\to3}\dfrac{f(t)-f(3)}{t^2-2t-3}$

$\qquad\qquad\qquad=\lim\limits_{t\to3}\dfrac{f(t)-f(3)}{(t-3)(t+1)}$

$\qquad\qquad\qquad=\lim\limits_{t\to3}\dfrac{f(t)-f(3)}{t-3}\times\lim\limits_{t\to3}\dfrac{1}{t+1}$

$\qquad\qquad\qquad=f'(3)\times\dfrac{1}{4}$

즉, $\dfrac{1}{4}f'(3)=5$에서 $f'(3)=20$

STEP 3 $f(3)+f'(3)$의 값 구하기

$f(3)+f'(3)=8+20=28$

0567 답 ④

$\lim\limits_{x\to2}\dfrac{f(x-2)}{x^2-2x}=4$에서 $x\to2$일 때, 극한값이 존재하고

(분모)$\to0$이므로 (분자)$\to0$이다.

즉, $\lim\limits_{x\to 2} f(x-2)=0$에서 $f(0)=0$

$x-2=t$로 놓으면 $x\to 2$일 때 $t\to 0$이므로

$\lim\limits_{x\to 2}\dfrac{f(x-2)}{x^2-2x}=\lim\limits_{x\to 2}\dfrac{f(x-2)}{x(x-2)}=\lim\limits_{t\to 0}\dfrac{f(t)}{(t+2)t}$

$\qquad\qquad\qquad\qquad =\lim\limits_{t\to 0}\left\{\dfrac{f(t)-f(0)}{t}\times\dfrac{1}{t+2}\right\}$

$\qquad\qquad\qquad\qquad =f'(0)\times\dfrac{1}{2}$

즉, $\dfrac{1}{2}f'(0)=4$에서 $f'(0)=8$

$\therefore \lim\limits_{x\to 0}\dfrac{f(x)}{x}=\lim\limits_{x\to 0}\dfrac{f(x)-f(0)}{x}=f'(0)=8$

0568　답 ③

$\lim\limits_{x\to 2}\dfrac{f(x-1)-6}{x-2}=6$에서 $x\to 2$일 때, 극한값이 존재하고

(분모)$\to 0$이므로 (분자)$\to 0$이다.

즉, $\lim\limits_{x\to 2}\{f(x-1)-6\}=0$에서 $f(1)=6$

$x-1=t$로 놓으면 $x\to 2$일 때 $t\to 1$이므로

$\lim\limits_{x\to 2}\dfrac{f(x-1)-6}{x-2}=\lim\limits_{t\to 1}\dfrac{f(t)-f(1)}{t-1}=f'(1)$

즉, $f'(1)=6$

함수 $f(x)=x^3+2ax^2+bx+4$에서 $f'(x)=3x^2+4ax+b$이므로

$f(1)=6$에서 $1+2a+b+4=6$

$f'(1)=6$에서 $3+4a+b=6$

두 식을 연립하여 풀면 $a=1$, $b=-1$

따라서 $f(x)=x^3+2x^2-x+4$이므로

$f(-1)=-1+2+1+4=6$

0569　답 36

$\lim\limits_{x\to\infty}x\left\{f\left(1+\dfrac{3}{x}\right)-f\left(1-\dfrac{1}{x}\right)\right\}$에서

$\dfrac{1}{x}=t$로 놓으면 $x\to\infty$일 때 $t\to 0+$이므로

$\lim\limits_{x\to\infty}x\left\{f\left(1+\dfrac{3}{x}\right)-f\left(1-\dfrac{1}{x}\right)\right\}$

$=\lim\limits_{t\to 0+}\dfrac{f(1+3t)-f(1-t)}{t}$

$=\lim\limits_{t\to 0+}\dfrac{f(1+3t)-f(1)+f(1)-f(1-t)}{t}$

$=\lim\limits_{t\to 0+}\left\{\dfrac{f(1+3t)-f(1)}{t}+\dfrac{f(1)-f(1-t)}{t}\right\}$

$=\lim\limits_{t\to 0+}\dfrac{f(1+3t)-f(1)}{3t}\times 3+\lim\limits_{t\to 0+}\dfrac{f(1-t)-f(1)}{-t}$

$=3f'(1)+f'(1)=4f'(1)$

따라서 함수 $f(x)=2x^2+5x+1$에서 $f'(x)=4x+5$이므로

$f'(1)=4+5=9$

$\therefore \lim\limits_{x\to\infty}x\left\{f\left(1+\dfrac{3}{x}\right)-f\left(1-\dfrac{1}{x}\right)\right\}=4f'(1)=36$

0570　답 ④

㈎에서 $f(x+y)=f(x)+f(y)+a$의 양변에 $x=0$, $y=0$을 대입
하면

$f(0)=f(0)+f(0)+a$

$\therefore f(0)=-a$ ┄┄┄┄┄┄┄┄┄┄ ㉠

㈏의 $\lim\limits_{x\to 1}\dfrac{f(x-1)+2}{x-1}=1$에서 $x\to 1$일 때, 극한값이 존재하고

(분모)$\to 0$이므로 (분자)$\to 0$이다.

즉, $\lim\limits_{x\to 1}\{f(x-1)+2\}=0$에서

$f(0)=-2$ ┄┄┄┄┄┄┄┄┄┄ ㉡

㉠, ㉡에서 $-a=-2$ $\quad\therefore a=2$

$\therefore f(x+y)=f(x)+f(y)+2$ ┄┄┄┄┄ ㉢

$\lim\limits_{x\to 1}\dfrac{f(x-1)+2}{x-1}=1$에서

$x-1=t$로 놓으면 $x\to 1$일 때 $t\to 0$이므로

$\lim\limits_{x\to 1}\dfrac{f(x-1)+2}{x-1}=\lim\limits_{t\to 0}\dfrac{f(t)-f(0)}{t}$ $(\because$ ㉡$)$

$\qquad\qquad\qquad\qquad =f'(0)$

즉, $f'(0)=1$ ┄┄┄┄┄┄┄┄┄┄ ㉣

미분계수의 정의에 의하여 $f'(1)$은

$f'(1)=\lim\limits_{h\to 0}\dfrac{f(1+h)-f(1)}{h}$

$\qquad =\lim\limits_{h\to 0}\dfrac{\{f(1)+f(h)+2\}-f(1)}{h}$ $(\because$ ㉢$)$

$\qquad =\lim\limits_{h\to 0}\dfrac{f(h)+2}{h}=\lim\limits_{h\to 0}\dfrac{f(h)-f(0)}{h}$ $(\because$ ㉡$)$

$\qquad =f'(0)=1$ $(\because$ ㉣$)$

0571　답 ③　　　　　　　　　　　　　│ 유형 20

다항함수 $f(x)$가 다음 조건을 만족시킬 때, $f(2)$의 값은?

> ㈎ 모든 실수 x에 대하여 $\underline{2f(x)=xf'(x)-6}$이다. **단서1**
> ㈏ $f(1)=-1$

① 3　　　　　② 4　　　　　③ 5
④ 6　　　　　⑤ 7

단서1 $f(x)$가 n차식 ➡ $f'(x)$는 $(n-1)$차식

STEP 1 주어진 등식에서 최고차항의 계수를 비교하여 다항함수의 차수 구하기

다항함수 $f(x)$의 최고차항을 ax^n $(a\neq 0$인 상수, n은 자연수$)$이
라 하면 $f'(x)$의 최고차항은 anx^{n-1}이다.

㈎의 $2f(x)=xf'(x)-6$에서 좌변과 우변은 모두 n차식이므로
최고차항의 계수를 비교하면 $\quad x\times anx^{n-1}=anx^n$

$2a=an$, $a(n-2)=0$

$\therefore n=2$ $(\because a\neq 0)$

STEP 2 항등식에서 계수를 비교하여 다항식의 계수 구하기

$f(x)$는 이차함수이므로

$f(x)=ax^2+bx+c$ $(a, b, c$는 상수, $a\neq 0)$로 놓으면

$f'(x)=2ax+b$

모든 실수 x에 대하여 $2f(x)=xf'(x)-6$이므로

$2ax^2+2bx+2c=2ax^2+bx-6$

이 등식은 x에 대한 항등식이므로

$2b=b$, $2c=-6$ $\quad\therefore b=0$, $c=-3$

(내)에서 $f(1)=-1$이므로
$f(1)=a+b+c=-1$
$a+0+(-3)=-1$ $\quad\therefore a=2$

STEP 3 $f(2)$의 값 구하기
$f(x)=2x^2-3$이므로 $f(2)=2\times4-3=5$

0572 답 16

다항함수 $f(x)$가 $n\,(n\geq2)$차 함수이면 $f'(x)$는 $(n-1)$차 함수
이므로 ┗ $f(x)$가 일차함수이면 $f(x)f'(x)$도 일차함수이다.
$f(x)f'(x)$는 $n+(n-1)=2n-1$에서 $(2n-1)$차 함수이다.
즉, $2n-1=3$에서 $n=2$
$f(x)$는 최고차항의 계수가 1인 이차함수이므로
$f(x)=x^2+ax+b\,(a,\,b$는 상수$)$로 놓으면
$f'(x)=2x+a$
$\therefore f(x)f'(x)=(x^2+ax+b)(2x+a)$
$\qquad\qquad=2x^3+3ax^2+(a^2+2b)x+ab$
$\qquad\qquad=2x^3-9x^2+5x+6$
즉, $3a=-9$, $a^2+2b=5$, $ab=6$이므로
$a=-3$, $b=-2$
따라서 $f(x)=x^2-3x-2$이므로 $f(-3)=9+9-2=16$

0573 답 ④

$\{f(x)+g(x)\}'=f'(x)+g'(x)=g(x)+g'(x)$
$\qquad\qquad\qquad\qquad\qquad\quad(\because f'(x)=g(x))$
즉, $g(x)+g'(x)=x^3+x^2+2x+1$ ………… ㉠
따라서 $g(x)$는 삼차함수이고 삼차항의 계수는 1이므로
$g(x)=x^3+ax^2+bx+c\,(a,\,b,\,c$는 상수$)$로 놓으면
$g'(x)=3x^2+2ax+b$ ………… ㉡
㉡을 ㉠에 대입하면
$x^3+ax^2+bx+c+3x^2+2ax+b=x^3+x^2+2x+1$
$x^3+(a+3)x^2+(2a+b)x+b+c=x^3+x^2+2x+1$
위의 등식이 모든 실수 x에 대하여 성립하므로
$a+3=1$, $2a+b=2$, $b+c=1$
$\therefore a=-2$, $b=6$, $c=-5$
따라서 $g'(x)=3x^2-4x+6$이므로 $g'(-1)=3+4+6=13$

참고 다항함수 $g(x)$에 대하여 $g(x)+g'(x)=x^3+x^2+2x+1$이므로
$g(x)+g'(x)$는 최고차항의 계수가 1인 삼차함수이다.
즉, $g(x)$가 최고차항의 계수가 1인 삼차함수이다.

0574 답 ②

$f'(x)\{f'(x)+4\}=8f(x)+12x^2-4$에서
다항함수 $f(x)$가 $n\,(n\geq2)$차 함수이면 $f'(x)$는 $(n-1)$차 함수
이므로 위 등식의 좌변은 $(n-1)+(n-1)=2n-2$에서
$(2n-2)$차식이고, 우변은 n차식이다. → $f(x)$가 일차함수이면
즉, $2n-2=n$에서 $n=2$ 좌변은 상수이다.
따라서 최고차항의 계수가 양수인 이차함수 $f(x)$를
$f(x)=ax^2+bx+c\,(a,\,b,\,c$는 상수, $a>0)$로 놓으면
$f'(x)=2ax+b$

모든 실수 x에 대하여 $f'(x)\{f'(x)+4\}=8f(x)+12x^2-4$이므로
$(2ax+b)(2ax+b+4)=8(ax^2+bx+c)+12x^2-4$
$\therefore 4a^2x^2+4a(b+2)x+b(b+4)=(8a+12)x^2+8bx+8c-4$
이 등식은 x에 대한 항등식이므로
$4a^2=8a+12$ ………… ㉠
$4a(b+2)=8b$ ………… ㉡
$b(b+4)=8c-4$ ………… ㉢
㉠에서 $a^2-2a-3=0$
$(a+1)(a-3)=0$ $\quad\therefore a=3\,(\because a>0)$
$a=3$을 ㉡, ㉢에 대입하여 풀면
$b=-6$, $c=2$
따라서 $f(x)=3x^2-6x+2$이므로
$f(1)=3-6+2=-1$

0575 답 16

최고차항의 계수가 1인 이차함수 $f(x)$를
$f(x)=x^2+ax+b\,(a,\,b$는 상수$)$로 놓으면
$f'(x)=2x+a$
모든 실수 x에 대하여 $2f(x)=(x+1)f'(x)$이므로
$2(x^2+ax+b)=(x+1)(2x+a)$
즉, $2x^2+2ax+2b=2x^2+(a+2)x+a$는 x에 대한 항등식이므로
$2a=a+2$, $2b=a$
$\therefore a=2$, $b=1$
따라서 $f(x)=x^2+2x+1$이므로
$f(3)=9+6+1=16$

0576 답 ③

$xf'(x)-3f(x)=2x^2-8x$에 $x=0$을 대입하면
$-3f(0)=0$ $\quad\therefore f(0)=0$ ………… ㉠
다항함수 $f(x)$가 $n\,(n\geq2)$차 함수이면 $f'(x)$는 $(n-1)$차 함수
이다. ┗ $f(x)$가 일차함수이면 좌변은
　　　　　일차식이거나 상수이다.
(i) $n=2$일 때
$\quad f(x)$의 최고차항이 x^2이므로 $f'(x)$의 최고차항은 $2x$이다.
$\quad xf'(x)-3f(x)=2x^2-8x$에서 좌변의 최고차항의 계수는
$\quad -1$이고 우변의 최고차항의 계수는 2이므로 등식이 성립하지
$\quad$ 않는다.
(ii) $n\geq3$일 때
$\quad f(x)$의 최고차항이 x^n이므로 $f'(x)$의 최고차항은 nx^{n-1}이다.
$\quad xf'(x)-3f(x)=2x^2-8x$에서 좌변은 $(n-3)x^n+\cdots$
$\quad$ 즉, 등식이 성립하려면 $n=3$이어야 한다.
(i), (ii)에서 $f(x)$는 최고차항의 계수가 1인 삼차함수이고, ㉠에서
$f(0)=0$이므로
$f(x)=x^3+ax^2+bx\,(a,\,b$는 상수$)$로 놓으면
$f'(x)=3x^2+2ax+b$
$xf'(x)-3f(x)=x(3x^2+2ax+b)-3(x^3+ax^2+bx)$
$\qquad\qquad\qquad=3x^3+2ax^2+bx-3x^3-3ax^2-3bx$
$\qquad\qquad\qquad=-ax^2-2bx$
$\qquad\qquad\qquad=2x^2-8x$
$\therefore a=-2$, $b=4$

따라서 $f(x)=x^3-2x^2+4x$이므로
$f(1)=1-2+4=3$

0577 답 ④
| 유형 21

다항식 x^3+ax^2+b가 $(x-2)^2$으로 나누어떨어질 때, $b-a$의 값은?
(단, a, b는 상수이다.)

① 1   ② 3   ③ 5
④ 7   ⑤ 9

단서1 몫은 $Q(x)$, 나머지는 0

STEP 1 몫을 $Q(x)$라 하고 식 세우기

다항식 x^3+ax^2+b를 $(x-2)^2$으로 나누었을 때의 몫을 $Q(x)$라 하면
$$x^3+ax^2+b=(x-2)^2 Q(x) \quad\text{……… ㉠}$$

STEP 2 $x=2$를 대입하여 a, b 사이의 관계식 세우기

양변에 $x=2$를 대입하면 $8+4a+b=0$ ……… ㉡

STEP 3 양변을 미분한 후 $x=2$를 대입하여 상수 a, b의 값 구하기

㉠의 양변을 x에 대하여 미분하면
$$3x^2+2ax=2(x-2)Q(x)+(x-2)^2 Q'(x)$$
양변에 $x=2$를 대입하면
$12+4a=0 \quad \therefore a=-3$
$a=-3$을 ㉡에 대입하면
$8-12+b=0 \quad \therefore b=4$

STEP 4 $b-a$의 값 구하기

$b-a=7$

다른 풀이

$f(x)=x^3+ax^2+b$가 $(x-2)^2$으로 나누어떨어질 조건은
$f(2)=0$, $f'(2)=0$이므로
$f(2)=8+4a+b=0$에서 $4a+b=-8$ ……… ㉠
$f'(x)=3x^2+2ax$에서 $f'(2)=12+4a=0 \quad \therefore a=-3$
$a=-3$을 ㉠에 대입하면 $b=4$
$\therefore b-a=7$

0578 답 ①

다항식 x^3+kx+2를 $(x-a)^2$으로 나누었을 때의 몫을 $Q(x)$라 하면
$$x^3+kx+2=(x-a)^2 Q(x) \quad\text{……… ㉠}$$
양변에 $x=a$를 대입하면
$a^3+ka+2=0$ ……… ㉡
㉠의 양변을 x에 대하여 미분하면
$$3x^2+k=2(x-a)Q(x)+(x-a)^2 Q'(x)$$
양변에 $x=a$를 대입하면
$3a^2+k=0 \quad \therefore k=-3a^2$ ……… ㉢
㉢을 ㉡에 대입하면 $a^3-3a^3+2=0$
$a^3-1=0$, $(a-1)(a^2+a+1)=0$
$\therefore a=1 \ (\because a$는 실수$)$

→ $a^2+a+1=0$을 만족시키는 실수 a는 존재하지 않는다.

$a=1$을 ㉢에 대입하면 $k=-3$
$\therefore a+k=-2$

0579 답 ④

다항식 x^5+ax^2+bx+c를 $(x-1)^3$으로 나누었을 때의 몫을 $Q(x)$라 하면
$$x^5+ax^2+bx+c=(x-1)^3 Q(x) \quad\text{……… ㉠}$$
양변에 $x=1$을 대입하면
$1+a+b+c=0$ ……… ㉡
㉠의 양변을 x에 대하여 미분하면
$$5x^4+2ax+b=3(x-1)^2 Q(x)+(x-1)^3 Q'(x) \quad\text{……… ㉢}$$
양변에 $x=1$을 대입하면
$5+2a+b=0$
$\therefore 2a+b=-5$ ……… ㉣
이때 $Q'(x)$는 일차식이므로 $Q'(x)=px+q$ $(p, q$는 상수$)$로 놓으면
→ ㉠에서 $Q(x)$가 이차식이므로 $Q'(x)$는 일차식이다.
㉢에서
$$5x^4+2ax+b=3(x-1)^2 Q(x)+(x-1)^3(px+q)$$
양변을 x에 대하여 미분하면
$$20x^3+2a=6(x-1)Q(x)+3(x-1)^2 Q'(x)$$
$$+3(x-1)^2(px+q)+p(x-1)^3$$
양변에 $x=1$을 대입하면
$20+2a=0$
$\therefore a=-10$
$a=-10$을 ㉡, ㉣에 대입하여 풀면 $b=15$, $c=-6$
$\therefore a+b-c=11$

0580 답 ③
| 유형 22

다항식 $x^{10}-1$을 $(x+1)^2$으로 나누었을 때의 나머지를 $R(x)$라 할 때, $R(-3)$의 값은?

① -40 ② -20 ③ 20
④ 40   ⑤ 60

단서1 몫은 $Q(x)$, 나머지는 $R(x)$
단서2 나머지는 일차 이하의 다항식

STEP 1 몫을 $Q(x)$라 하고 식 세우기

다항식 $x^{10}-1$을 $(x+1)^2$으로 나누었을 때의 몫을 $Q(x)$, 나머지를 $R(x)=ax+b$ $(a, b$는 상수$)$로 놓으면
$$x^{10}-1=(x+1)^2 Q(x)+ax+b \quad\text{……… ㉠}$$

STEP 2 $x=-1$을 대입하여 a, b 사이의 관계식 세우기

양변에 $x=-1$을 대입하면
$0=-a+b$ ……… ㉡

STEP 3 양변을 미분한 후 $x=-1$을 대입하여 상수 a, b의 값 구하기

㉠의 양변을 x에 대하여 미분하면
$$10x^9=2(x+1)Q(x)+(x+1)^2 Q'(x)+a$$
양변에 $x=-1$을 대입하면
$-10=a \quad \therefore a=-10$
$a=-10$을 ㉡에 대입하면
$0=10+b \quad \therefore b=-10$

STEP 4 $R(-3)$의 값 구하기

$R(x)=-10x-10$이므로
$R(-3)=30-10=20$

0581 답 ⑤

다항식 x^9-ax+b를 $(x-1)^2$으로 나누었을 때의 몫을 $Q(x)$라 하면

$x^9-ax+b=(x-1)^2Q(x)+x-2$ ······ ㉠

양변에 $x=1$을 대입하면

$1-a+b=-1$ ······ ㉡

㉠의 양변을 x에 대하여 미분하면

$9x^8-a=2(x-1)Q(x)+(x-1)^2Q'(x)+1$

양변에 $x=1$을 대입하면

$9-a=1$ ∴ $a=8$

$a=8$을 ㉡에 대입하면 $b=6$

∴ $ab=48$

0582 답 15

$\lim\limits_{x\to2}\dfrac{f(x)-a}{x-2}=4$에서 $x\to2$일 때, 극한값이 존재하고 (분모)$\to0$

이므로 (분자)$\to0$이다.

즉, $\lim\limits_{x\to2}\{f(x)-a\}=0$에서 $f(2)=a$

$\lim\limits_{x\to2}\dfrac{f(x)-a}{x-2}=\lim\limits_{x\to2}\dfrac{f(x)-f(2)}{x-2}=f'(2)$

즉, $f'(2)=4$

다항식 $f(x)$를 $(x-2)^2$으로 나누었을 때의 몫을 $Q(x)$라 하면

$f(x)=(x-2)^2Q(x)+bx+3$ ······ ㉠

양변에 $x=2$를 대입하면

$a=2b+3\ (\because f(2)=a)$ ······ ㉡

㉠의 양변을 x에 대하여 미분하면

$f'(x)=2(x-2)Q(x)+(x-2)^2Q'(x)+b$

양변에 $x=2$를 대입하면

$4=b\ (\because f'(2)=4)$

$b=4$를 ㉡에 대입하면 $a=11$

∴ $a+b=15$

0583 답 ①

다항식 $x^n(x^2+ax+b)$를 $(x-3)^2$으로 나누었을 때의 몫을
$Q(x)$라 하면 나머지가 $3^n(x-3)$이므로

$x^n(x^2+ax+b)=(x-3)^2Q(x)+3^n(x-3)$ ······ ㉠

양변에 $x=3$을 대입하면

$3^n(9+3a+b)=0$

∴ $9+3a+b=0\ (\because 3^n>0)$ ······ ㉡

㉠의 양변을 x에 대하여 미분하면

$nx^{n-1}(x^2+ax+b)+x^n(2x+a)=2(x-3)Q(x)+(x-3)^2Q'(x)+3^n$

양변에 $x=3$을 대입하면

$n\times3^{n-1}(9+3a+b)+3^n(a+6)=3^n$

위의 식에 ㉡을 대입하면

$3^n(a+6)=3^n,\ a+6=1\ (\because 3^n>0)$

∴ $a=-5$

$a=-5$를 ㉡에 대입하면 $b=6$

∴ $a+b=1$

0584 답 ①

다항식 $f(x)$를 $(x+1)^2$으로 나누었을 때의 몫을 $Q_1(x)$라 하면

$f(x)=(x+1)^2Q_1(x)$ ······ ㉠

양변에 $x=-1$을 대입하면 $f(-1)=0$

㉠의 양변을 x에 대하여 미분하면

$f'(x)=2(x+1)Q_1(x)+(x+1)^2Q_1'(x)$

양변에 $x=-1$을 대입하면 $f'(-1)=0$

또, 다항식 $f(x)$를 $x-1$로 나누면 나머지가 4이므로 나머지정리
에 의하여 $f(1)=4$

다항식 $f(x)$를 $(x+1)^2(x-1)$로 나누었을 때의 몫을 $Q(x)$라
하면 나머지는 2차 이하의 다항식이므로

$g(x)=ax^2+bx+c\ (a,\ b,\ c$는 상수$)$로 놓을 수 있다.

$f(x)=(x+1)^2(x-1)Q(x)+ax^2+bx+c$ ······ ㉡

이 식의 양변에 $x=1$, $x=-1$을 각각 대입하면

$f(1)=4$이므로

$a+b+c=4$ ······ ㉢

$f(-1)=0$이므로

$a-b+c=0$ ······ ㉣

㉡의 양변을 x에 대하여 미분하면

$f'(x)=2(x+1)(x-1)Q(x)+(x+1)^2Q(x)$
$\qquad\qquad+(x+1)^2(x-1)Q'(x)+2ax+b$

양변에 $x=-1$을 대입하면

$f'(-1)=0$이므로

$-2a+b=0$ ······ ㉤

㉢, ㉣, ㉤을 연립하여 풀면 $a=1$, $b=2$, $c=1$

즉, $g(x)=x^2+2x+1$

∴ $\lim\limits_{h\to0}\dfrac{g(2+h)-g(2-h)}{h}$

$\quad=\lim\limits_{h\to0}\dfrac{g(2+h)-g(2)+g(2)-g(2-h)}{h}$

$\quad=\lim\limits_{h\to0}\left\{\dfrac{g(2+h)-g(2)}{h}+\dfrac{g(2)-g(2-h)}{h}\right\}$

$\quad=\lim\limits_{h\to0}\dfrac{g(2+h)-g(2)}{h}+\lim\limits_{h\to0}\dfrac{g(2-h)-g(2)}{-h}$

$\quad=g'(2)+g'(2)$

$\quad=2g'(2)$

이때 $g(x)=x^2+2x+1$에서 $g'(x)=2x+2$이므로

$g'(2)=4+2=6$

따라서 구하는 값은 $2g'(2)=12$

다른 풀이

다항식 $f(x)$를 $(x+1)^2$으로 나누었을 때의 몫을 $Q_1(x)$라 하면

$f(x)=(x+1)^2Q_1(x)$

양변에 $x=-1$을 대입하면 $f(-1)=0$

다항식 $f(x)$를 $x-1$로 나누었을 때의 몫을 $Q_2(x)$라 하면

$f(x)=(x-1)Q_2(x)+4$

양변에 $x=1$을 대입하면 $f(1)=4$

다항식 $f(x)$를 $(x+1)^2(x-1)$로 나누었을 때의 몫을 $Q(x)$라
하면

$f(x)=(x+1)^2(x-1)Q(x)+g(x)$

$\qquad\qquad$(단, $g(x)$는 이차 이하의 다항식) ······ ㉠

이때 $f(x)$와 $(x+1)^2(x-1)Q(x)$가 모두 $(x+1)^2$으로 나누어 떨어지므로 $g(x)$도 $(x+1)^2$으로 나누어떨어져야 한다.

즉, $g(x)=a(x+1)^2$ (a는 상수)으로 놓을 수 있다.

㉠의 양변에 $x=1$을 대입하면

$f(1)=g(1)$

즉, $g(1)=f(1)=4$이므로

$a\times 2^2=4$ $\therefore a=1$

$\therefore g(x)=(x+1)^2=x^2+2x+1$

나머지정리

다항식 $f(x)$를 일차식 $x-\alpha$로 나누었을 때의 나머지를 R이라 하면 $R=f(\alpha)$이다.

0585 답 ②

㈎의 $\displaystyle\lim_{x\to-1}\frac{f(x)-1}{x+1}=3$에서 $x\to-1$일 때, 극한값이 존재하고 (분모)$\to 0$이므로 (분자)$\to 0$이다.

즉, $\displaystyle\lim_{x\to-1}\{f(x)-1\}=0$에서 $f(-1)=1$

$\displaystyle\lim_{x\to-1}\frac{f(x)-1}{x+1}=\lim_{x\to-1}\frac{f(x)-f(-1)}{x-(-1)}=f'(-1)$

즉, $f'(-1)=3$

㈏에서 $\displaystyle\lim_{x\to-1}\frac{xf(x)+g(x)}{(x+1)^2}$의 값이 존재하고,

$x\to-1$일 때, (분모)$\to 0$이므로

$xf(x)+g(x)=(x+1)^2A(x)$로 놓을 수 있다.

즉, $g(x)=(x+1)^2A(x)-xf(x)$ ·········· ㉠

다항식 $g(x)$를 $(x+1)^2$으로 나누었을 때의 몫을 $B(x)$라 하면 나머지 $h(x)$는 일차 이하의 다항식이므로

$h(x)=ax+b$ (a, b는 상수)로 놓으면

$g(x)=(x+1)^2B(x)+ax+b$ ·········· ㉡

㉠, ㉡에서

$(x+1)^2A(x)-xf(x)=(x+1)^2B(x)+ax+b$이므로

$(x+1)^2\{A(x)-B(x)\}=xf(x)+ax+b$

$C(x)=A(x)-B(x)$라 하면

$(x+1)^2C(x)=xf(x)+ax+b$ ·········· ㉢

양변에 $x=-1$을 대입하면

$0=-f(-1)-a+b$

$\therefore a-b=-1$ ($\because f(-1)=1$) ·········· ㉣

㉢의 양변을 x에 대하여 미분하면

$2(x+1)C(x)+(x+1)^2C'(x)=f(x)+xf'(x)+a$

양변에 $x=-1$을 대입하면

$0=f(-1)-f'(-1)+a$

$\therefore a=2$ ($\because f(-1)=1$, $f'(-1)=3$)

$a=2$를 ㉣에 대입하면 $b=3$

따라서 $h(x)=2x+3$이므로

$h(-2)=-4+3=-1$

 $\displaystyle\lim_{x\to-1}\frac{xf(x)+g(x)}{(x+1)^2}$의 값이 존재하고 $x\to-1$일 때, (분모)$\to 0$이므로 분자 $xf(x)+g(x)$는 $(x+1)^2$으로 나누어떨어진다.

0586 답 (1) 4 (2) -16 (3) 4 (4) -6 (5) -6 (6) 8

㈏에 의하여 $f(0)=f(4)$

㈎에 의하여 $f(0)=0$

$f(4)=64+16a+4b$

$\therefore 64+16a+4b=0$ ·········· ㉠

모든 실수 x에서 미분가능하려면 $\displaystyle\lim_{x\to 0}\frac{f(x)-f(0)}{x}$이 존재해야 한다.

$f'(x)=3x^2+2ax+b$

$\displaystyle\lim_{x\to 0+}\frac{f(x)-f(0)}{x}=f'(0)=b$

$\displaystyle\lim_{x\to 0-}\frac{f(x)-f(0)}{x}=f'(4)=48+8a+b$

$48+8a+b=b$ ·········· ㉡

㉠, ㉡을 연립하여 풀면

$a=-6$, $b=8$

0587 답 $a=-\dfrac{3}{2}$, $b=\dfrac{1}{2}$

 $f(0)=f(1)$임을 이용하여 a, b 사이의 관계식 구하기 [3점]

함수 $f(x)$가 모든 실수 x에서 미분가능하므로 $x=0$, $x=1$에서 연속이고 미분가능하다.

㈏에서 $f(x)=f(x+1)$이므로

$f(0)=f(1)$

이때 ㈎에서 $f(x)=x^3+ax^2+bx+2$ $(0\le x\le 1)$이므로

$2=1+a+b+2$ $\therefore a+b=-1$ ·········· ㉠

 $f'(0)=f'(1)$임을 이용하여 상수 a의 값 구하기 [3점]

함수 $f(x)$는 모든 실수 x에 대하여 미분가능하고 $f'(x)=3x^2+2ax+b$이므로

$f'(0)=f'(1)$에서

$b=3+2a+b$, $3+2a=0$

$\therefore a=-\dfrac{3}{2}$

 상수 b의 값 구하기 [1점]

$a=-\dfrac{3}{2}$을 ㉠에 대입하면 $b=\dfrac{1}{2}$

0588 답 $a=-2$, $b=3$, $c=0$

 $x=0$, $x=1$에서 연속임을 이용하여 a, b, c 사이의 관계식 구하기 [3점]

함수 $f(x)$가 실수 전체의 집합에서 미분가능하려면 $x=0$, $x=1$에서 연속이고 미분가능해야 한다.

함수 $f(x)$가 $x=0$에서 연속이면

$\displaystyle\lim_{x\to 0+}f(x)=\lim_{x\to 0+}(ax^3+bx^2+cx)=0$, $\displaystyle\lim_{x\to 0-}f(x)=0$

함수 $f(x)$가 $x=1$에서 연속이면

$\displaystyle\lim_{x\to 1+}f(x)=1$

$\displaystyle\lim_{x\to 1-}f(x)=\lim_{x\to 1-}(ax^3+bx^2+cx)=a+b+c$

이므로 $a+b+c=1$ ·········· ㉠

STEP 2 $x=0$, $x=1$에서 미분가능함을 이용하여 상수 c의 값과 a, b, c 사이의 관계식 구하기 [3점]

$$f'(x)=\begin{cases} 0 & (x<0) \\ 3ax^2+2bx+c & (0<x<1) \\ 0 & (x>1) \end{cases}$$ 이므로

(i) $x=0$에서 미분가능하려면

$\lim\limits_{x\to 0+} f'(x)=\lim\limits_{x\to 0+}(3ax^2+2bx+c)=c$

$\lim\limits_{x\to 0-} f'(x)=0$

$\therefore c=0$ ·· ㉡

(ii) $x=1$에서 미분가능하려면

$\lim\limits_{x\to 1+} f'(x)=0$

$\lim\limits_{x\to 1-} f'(x)=\lim\limits_{x\to 1-}(3ax^2+2bx+c)=3a+2b+c$

$\therefore 3a+2b+c=0$ ································ ㉢

STEP 3 상수 a, b, c의 값 구하기 [1점]

㉠, ㉡, ㉢을 연립하여 풀면 $a=-2$, $b=3$, $c=0$

0589 답 (1) anx^{n-1} (2) 1 (3) 6 (4) 3 (5) 3 (6) -3 (7) -3
  (8) $2x+3$ (9) 5

실제 답안 예시

(내)에 의하면 f(x)는 일차함수

f(x)=ax+b, f'(x)=a이므로

a(ax+b)=4x+6, a²x+ab=4x+6

$\therefore$ a²=4

$\begin{cases} a=2 \\ b=3 \end{cases}$ 또는 $\begin{cases} a=-2 \\ b=-3 \end{cases}$ 인데 f(0)>0이므로 f(x)=2x+3

$\therefore$ f(1)=5

0590 답 4

STEP 1 다항함수 $f(x)$의 차수 결정하기 [2점]

다항함수 $f(x)$의 최고차항을 ax^n($a\ne 0$인 상수, n은 자연수)이라 하면 $f'(x)$의 최고차항은 anx^{n-1}이다.

(내)의 $f(x)f'(x)=9x+6$에서 좌변과 우변의 최고차항의 차수가 같아야 한다.

즉, $n+n-1=1$에서 $n=1$

따라서 함수 $f(x)$는 일차함수이다.

STEP 2 $f(x)f'(x)=9x+6$에 식을 대입하여 a, b 사이의 관계식 구하기 [2점]

$f(x)=ax+b$ (a, b는 상수)로 놓으면 $f'(x)=a$

(내)에서 $f(x)f'(x)=9x+6$이므로

$(ax+b)a=9x+6$에서 $a^2x+ab=9x+6$

양변의 계수를 비교하면

$a^2=9$, $ab=6$

STEP 3 함수 $f(x)$를 구하여 $f(-2)$의 값 구하기 [3점]

$a^2=9$에서 $a=3$ 또는 $a=-3$

(i) $a=3$인 경우

$b=2$이므로 $f(x)=3x+2$

(ii) $a=-3$인 경우

$b=-2$이므로 $f(x)=-3x-2$

이때 (개)에서 $f(0)<0$이므로

$f(x)=-3x-2$

$\therefore f(-2)=6-2=4$

0591 답 $\dfrac{49}{4}$

STEP 1 다항함수 $f(x)$의 차수 결정하기 [2점]

다항함수 $f(x)$의 최고차항을 ax^n ($a\ne 0$인 상수, n은 자연수)이라 하면 $f'(x)$의 최고차항은 anx^{n-1}이다.

(내)의 $(f\circ f)(x)=f(x)f'(x)+7$에서 좌변과 우변의 최고차항의 차수가 같아야 한다.

즉, $n^2=n+n-1$에서 $n^2-2n+1=0$

$(n-1)^2=0$

$\therefore n=1$

따라서 함수 $f(x)$는 일차함수이다.

STEP 2 $(f\circ f)(x)=f(x)f'(x)+7$에 식을 대입하여 함수 $f(x)$ 구하기 [3점]

$f(x)=ax+b$ (a, b는 상수)로 놓으면 $f'(x)=a$

(내)에서 $(f\circ f)(x)=f(x)f'(x)+7$이므로

$f(ax+b)=(ax+b)a+7$

$a(ax+b)+b=(ax+b)a+7$

$a^2x+ab+b=a^2x+ab+7$

$ab+b=ab+7$

$\therefore b=7$

$\therefore f(x)=ax+7$

STEP 3 (개)를 이용하여 상수 a의 값 구하기 [3점]

(개)에서 직선 $y=ax+7$, 즉 $ax-y+7=0$과 원점 $(0,0)$ 사이의

거리가 $\dfrac{7}{\sqrt{5}}$이므로

$\dfrac{|a\times 0-0+7|}{\sqrt{a^2+(-1)^2}}=\dfrac{7}{\sqrt{5}}$, $\sqrt{a^2+1}=\sqrt{5}$

$a^2=4$

$\therefore a=\pm 2$ ·· ⓐ

즉, $f(x)=2x+7$ 또는 $f(x)=-2x+7$

STEP 4 함수 $y=f(x)$의 그래프와 x축 및 y축으로 둘러싸인 부분의 넓이 구하기 [2점]

두 함수의 그래프는 그림과 같다.

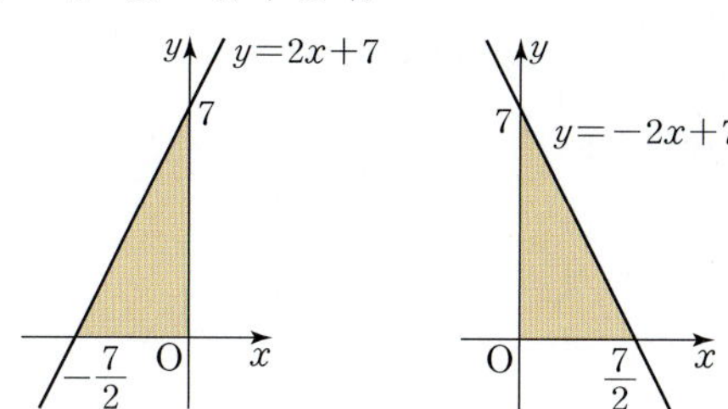

따라서 함수 $y=f(x)$의 그래프와 x축 및 y축으로 둘러싸인 부분의 넓이는

$$\dfrac{1}{2}\times\dfrac{7}{2}\times 7=\dfrac{49}{4}$$

부분점수표	
ⓐ a의 값을 하나만 구한 경우	1점

1 0592 답 ①   유형 2 + 유형 11

출제의도 | 평균변화율과 미분계수의 차이를 알고 있는지 확인한다.

> 평균변화율과 미분계수를 각각 구해 보자.

함수 $f(x)=2x^2+x+1$에서 x의 값이 1에서 5까지 변할 때의 평균변화율은
$$\frac{f(5)-f(1)}{5-1}=\frac{56-4}{4}=13 \quad\cdots\cdots\cdots\cdots ㉠$$
함수 $f(x)=2x^2+x+1$에서 $f'(x)=4x+1$이므로
$x=a$에서의 미분계수는 $4a+1 \quad\cdots\cdots\cdots\cdots ㉡$
㉠, ㉡이 같아야 하므로
$13=4a+1 \qquad \therefore a=3$

2 0593 답 ⑤   유형 3

출제의도 | 미분계수의 정의를 이용하여 극한값을 계산할 수 있는지 확인한다.

> $f'(a)=\lim_{h\to 0}\dfrac{f(a+h)-f(a)}{h}=\lim_{h\to 0}\dfrac{f(a+kh)-f(a)}{kh}$임을 이용해 보자.

$$\begin{aligned}
\lim_{h\to 0}\frac{f(3+2h)-f(3)}{h}&=\lim_{h\to 0}\frac{f(3+2h)-f(3)}{2h}\times 2\\
&=f'(3)\times 2\\
&=3\times 2=6
\end{aligned}$$

3 0594 답 ②   유형 4

출제의도 | 미분계수의 정의를 이용하여 극한값을 계산할 수 있는지 확인한다.

> 주어진 식의 분자를 인수분해하여 $\lim_{x\to a}\dfrac{f(x)-f(a)}{x-a}$ 꼴로 변형해 보자.

$$\begin{aligned}
&\lim_{x\to 3}\frac{\{f(x)\}^2+2f(x)-3}{x-3}\\
&=\lim_{x\to 3}\frac{\{f(x)+3\}\{f(x)-1\}}{x-3}\\
&=\lim_{x\to 3}\left[\frac{f(x)-f(3)}{x-3}\times\{f(x)-1\}\right]\ (\because f(3)=-3)\\
&=\lim_{x\to 3}\frac{f(x)-f(3)}{x-3}\times\lim_{x\to 3}\{f(x)-1\}\\
&=f'(3)\times\{f(3)-1\}\\
&=-4f'(3)
\end{aligned}$$
즉, $-4f'(3)=8$에서 $f'(3)=-2$

4 0595 답 ③   유형 7

출제의도 | 함수의 그래프에서 미분가능하지 않은 점을 찾을 수 있는지 확인한다.

> 함수 $y=f(x)$의 그래프에서 연속이 아니거나 뾰족한 점이 있는지 확인해 보자.

(i) $\lim_{x\to 1+}f(x)\neq\lim_{x\to 1-}f(x)$이므로 $x=1$에서 극한값이 존재하지 않는다. 즉, 함수 $f(x)$는 $x=1$에서 연속이 아니므로 미분가능하지 않다.

(ii) $\lim_{x\to 2}f(x)=2$, $f(2)=3$이므로 $\lim_{x\to 2}f(x)\neq f(2)$이다. 즉, 함수 $f(x)$는 $x=2$에서 연속이 아니므로 미분가능하지 않다.

(iii) $\lim_{x\to 3+}\dfrac{f(x)-f(3)}{x-3}\neq\lim_{x\to 3-}\dfrac{f(x)-f(3)}{x-3}$이므로 함수 $f(x)$는 $x=3$에서 미분가능하지 않다.

따라서 열린구간 $(0,\ 4)$에서 함수 $f(x)$가 미분가능하지 않은 점은 $x=1$, $x=2$, $x=3$의 3개이다.

5 0596 답 ④   유형 11

출제의도 | 도함수를 구할 수 있는지 확인한다.

> $f(x)=x^n$ (n은 양의 정수)의 도함수는 $f'(x)=nx^{n-1}$임을 이용해 보자.

$f(x)=x^2-9x+12$에서 $f'(x)=2x-9$이므로
$f'(10)=2\times 10-9=11$

6 0597 답 ⑤   유형 12

출제의도 | 함수의 곱의 미분을 할 수 있는지 확인한다.

> $y=f(x)g(x)$를 미분하면
> $y'=f'(x)g(x)+f(x)g'(x)$임을 이용해 보자.

함수 $g(x)=(x^2+x+1)f(x)$에서
$g'(x)=(2x+1)f(x)+(x^2+x+1)f'(x)$이므로
$g'(0)=f(0)+f'(0)=1+3=4$

7 0598 답 ③   유형 14

출제의도 | 곡선 $y=f(x)$ 위의 점 $(a,\ b)$에서의 접선의 기울기가 $f'(a)$임을 알고 있는지 확인한다.

> 주어진 함수를 미분한 후 $x=a$에서의 미분계수를 구해 보자.

$y=x^3-3x^2+4$에서 $y'=3x^2-6x$
따라서 $x=2$에서의 접선의 기울기는
$3\times 2^2-6\times 2=0$

8 0599 답 ④   유형 4

출제의도 | 미분계수의 정의를 이용하여 극한값을 계산할 수 있는지 확인한다.

> $\lim_{x\to a}\dfrac{f(x)-f(a)}{x-a}$ 꼴로 변형해 보자.

다항함수 $y=f(x)$의 그래프 위의 점 $(1,\ f(1))$에서의 접선의 기울기가 6이므로
$$f'(1)=6 \quad\cdots\cdots\cdots\cdots ㉠$$
분모를 x^2-1 꼴로 만든다.
$$\begin{aligned}
\therefore\ &\lim_{x\to 1}\frac{f(x^2)-f(1)}{x^3-1}\\
&=\lim_{x\to 1}\left\{\frac{f(x^2)-f(1)}{x^2-1}\times\frac{x^2-1}{x^3-1}\right\}\\
&=\lim_{x\to 1}\left\{\frac{f(x^2)-f(1)}{x^2-1}\times\frac{(x-1)(x+1)}{(x-1)(x^2+x+1)}\right\}
\end{aligned}$$

$$=\lim_{x\to 1}\frac{f(x^2)-f(1)}{x^2-1}\times\lim_{x\to 1}\frac{x+1}{x^2+x+1}$$

$$=f'(1)\times\frac{2}{3}$$

$$=6\times\frac{2}{3}\;(\because \bigcirc)$$

$$=4$$

9 0600 답 ⑤ 〔유형 6〕

미분계수는 접선의 기울기와 같음을 이용해 보자.

ㄱ. $f'(0)$은 점 $(0,\ 1)$에서의 접선의 기울기이고 접선이 두 점
$(-2,\ 0),\ (0,\ 1)$을 지나므로 접선의 기울기는

$$\frac{1-0}{0-(-2)}=\frac{1}{2}\qquad\therefore f'(0)=\frac{1}{2}\ (\text{참})$$

ㄴ. 점 $(2,\ f(2))$에서의 접선의 기울기 $f'(2)$는 점 $(0,\ 1)$에서의
접선의 기울기 $f'(0)$보다 작으므로

$$f'(2)<f'(0)=\frac{1}{2}\ (\text{거짓})$$

ㄷ. 점 $(-1,\ f(-1))$에서의 접선의 기울기 $f'(-1)$은
점 $(2,\ f(2))$에서의 접선의 기울기보다 크므로
$$f'(-1)>f'(2)\ (\text{참})$$

따라서 옳은 것은 ㄱ, ㄷ이다.

10 0601 답 ② 〔유형 7〕 + 〔유형 11〕

$\lim\limits_{x\to a}f(x)=f(a)$이면 함수 $f(x)$는 $x=a$에서 연속이고 미분계수
$f'(a)$가 존재하면 함수 $f(x)$는 $x=a$에서 미분가능함을 이용해 보자.

ㄱ, ㄴ. 두 함수 $f(x),\ g(x)$는 $x=1$에서 정의되어 있지 않으므로
$x=1$에서 연속이 아니다.

ㄷ. $h(1)=0$이고

$$\lim_{x\to 1+}|x-1|=\lim_{x\to 1+}(x-1)=0$$
$$\lim_{x\to 1-}|x-1|=\lim_{x\to 1-}(1-x)=0$$

즉, $\lim\limits_{x\to 1}h(x)=h(1)$이므로 함수 $h(x)$는 $x=1$에서 연속이다.

$$h(x)=\begin{cases} x-1 & (x>1) \\ -x+1 & (x\leq 1) \end{cases}\text{에서 } h'(x)=\begin{cases} 1 & (x>1) \\ -1 & (x<1) \end{cases}\text{이므로}$$

$$\lim_{x\to 1+}h'(x)\neq\lim_{x\to 1-}h'(x)$$

즉, 함수 $h(x)$는 $x=1$에서 미분가능하지 않다.

ㄹ. 함수 $i(x)$는 다항함수이므로 실수 전체의 집합에서 연속이고,
미분가능하다.

따라서 $x=1$에서 연속이지만 미분가능하지 않은 것은 ㄷ뿐이다.

11 0602 답 ② 〔유형 10〕

먼저 주어진 항등식의 양변에 $x=0,\ y=0$을 대입해 보자.

$f(x+y)=f(x)+f(y)+4xy$의 양변에 $x=0,\ y=0$을 대입하면
$$f(0)=f(0)+f(0)\qquad\therefore f(0)=0 \quad\cdots\cdots\ \bigcirc$$
도함수의 정의에 의하여 $f'(x)$는

$$f'(x)=\lim_{h\to 0}\frac{f(x+h)-f(x)}{h}$$
$$=\lim_{h\to 0}\frac{\{f(x)+f(h)+4xh\}-f(x)}{h}$$
$$=\lim_{h\to 0}\frac{f(h)+4xh}{h}$$
$$=\lim_{h\to 0}\frac{f(h)}{h}+4x$$
$$=\lim_{h\to 0}\frac{f(h)-f(0)}{h}+4x\ (\because \bigcirc)$$
$$=f'(0)+4x=4x+3$$

따라서 $f'(x)=4x+3$이므로
$$f'(2)=8+3=11$$

12 0603 답 ③ 〔유형 12〕 + 〔유형 14〕

$g'(2)$의 값을 구하기 위해서는 $f(2),\ f'(2)$의 값을 구해 보자.

원점과 점 $(2,\ 4)$를 지나는 직선의 방정식은 $y=2x$
즉, 함수 $y=f(x)$의 그래프 위의 점 $(2,\ 4)$에서의 접선의 방정식
이 $y=2x$이므로
$$f(2)=4,\ f'(2)=2 \longrightarrow \text{접선의 기울기가 2이다.}$$
함수 $g(x)=(x^3-2x)f(x)$에서
$g'(x)=(3x^2-2)f(x)+(x^3-2x)f'(x)$이므로
$$g'(2)=10f(2)+4f'(2)$$
$$=10\times 4+4\times 2=48$$

13 0604 답 ③ 〔유형 17〕

$\lim\limits_{h\to 0}\dfrac{f(a+h)-f(a)}{h}$ 꼴로 변형해 보자.

$$\lim_{h\to 0}\frac{2f(1)-f(1+3h)-f(1-2h)}{h}$$
$$=-\lim_{h\to 0}\frac{f(1+3h)-f(1)+f(1-2h)-f(1)}{h}$$
$$=-\left\{\lim_{h\to 0}\frac{f(1+3h)-f(1)}{h}+\lim_{h\to 0}\frac{f(1-2h)-f(1)}{h}\right\}$$
$$=-\left\{\lim_{h\to 0}\frac{f(1+3h)-f(1)}{3h}\times 3\right.$$
$$\left.+\lim_{h\to 0}\frac{f(1-2h)-f(1)}{-2h}\times(-2)\right\}$$
$$=-3f'(1)+2f'(1)$$
$$=-f'(1)$$

즉, $-f'(1)=10$에서 $f'(1)=-10$
따라서 함수 $f(x)=x^3+mx+5$에서 $f'(x)=3x^2+m$이므로
$f'(1)=-10$에서 $3+m=-10$
$$\therefore m=-13$$

14 0605 ① 유형 21

출제의도 | 다항식의 나눗셈에서 미분법을 이용할 수 있는지 확인한다.

몫을 $Q(x)$라 하고 주어진 나눗셈을 등식으로 나타내 보자.

다항식 $x^{10}+x^9+x^8+ax+b$를 $(x-1)^2$으로 나누었을 때의 몫을 $Q(x)$라 하면

$x^{10}+x^9+x^8+ax+b=(x-1)^2Q(x)$ $\cdots\cdots$ ㉠

양변에 $x=1$을 대입하면 $3+a+b=0$ $\cdots\cdots$ ㉡

㉠의 양변을 x에 대하여 미분하면

$10x^9+9x^8+8x^7+a=2(x-1)Q(x)+(x-1)^2Q'(x)$

양변에 $x=1$을 대입하면

$27+a=0$ $\quad\therefore a=-27$

$a=-27$을 ㉡에 대입하면 $b=24$

$\therefore b-a=51$

15 0606 ⑤ 유형 7 + 유형 11

출제의도 | 미분가능성을 판단할 수 있는지 확인한다.

$\lim\limits_{x\to a+}\dfrac{f(x)-f(a)}{x-a}=\lim\limits_{x\to a-}\dfrac{f(x)-f(a)}{x-a}$이면 $x=a$에서 미분가능함을 이용해 보자.

함수 $f(x)=\begin{cases} x^n & (x\ge0) \\ -x^n & (x<0) \end{cases}$은 각 구간에서 다항함수이므로 $x\ne0$인 모든 실수에서 미분가능하다.

즉, $x=0$에서 미분가능할 조건을 생각한다.

ㄱ. $n=1$이면

$f(x)=\begin{cases} x & (x\ge0) \\ -x & (x<0) \end{cases}$에서 $f'(x)=\begin{cases} 1 & (x>0) \\ -1 & (x<0) \end{cases}$

$\lim\limits_{x\to0+}f'(x)=1,\ \lim\limits_{x\to0-}f'(x)=-1$이므로

$\lim\limits_{x\to0+}f'(x)\ne\lim\limits_{x\to0-}f'(x)$

즉, $x=0$에서 미분가능하지 않다. (거짓)

ㄴ. $n=2$이면

$f(x)=\begin{cases} x^2 & (x\ge0) \\ -x^2 & (x<0) \end{cases}$에서 $f'(x)=\begin{cases} 2x & (x>0) \\ -2x & (x<0) \end{cases}$

$\lim\limits_{x\to0+}f'(x)=0,\ \lim\limits_{x\to0-}f'(x)=0$이므로

$\lim\limits_{x\to0+}f'(x)=\lim\limits_{x\to0-}f'(x)$

즉, $x=0$에서 미분가능하다. (참)

ㄷ. $n\ge2$이면

$f(x)=\begin{cases} x^n & (x\ge0) \\ -x^n & (x<0) \end{cases}$에서 $f'(x)=\begin{cases} nx^{n-1} & (x>0) \\ -nx^{n-1} & (x<0) \end{cases}$

$\lim\limits_{x\to0+}f'(x)=0,\ \lim\limits_{x\to0-}f'(x)=0$이므로

$\lim\limits_{x\to0+}f'(x)=\lim\limits_{x\to0-}f'(x)$

즉, $x=0$에서 미분가능하다. (참)

따라서 옳은 것은 ㄴ, ㄷ이다.

16 0607 ④ 유형 7

출제의도 | 연속성과 미분가능성을 모두 판단할 수 있는지 확인한다.

함수 $f(x)$가 $x=a$에서 미분가능하면 $f(x)$는 $x=a$에서 연속이야.

ㄱ. $f(1)=2,\ \lim\limits_{x\to1}f(x)=0$이므로 함수 $f(x)$는 $x=1$에서 연속이 아니다. (거짓)

ㄴ. ㄱ에서 함수 $f(x)$가 $x=1$에서 연속이 아니므로 함수 $f(x)$는 $x=1$에서 미분가능하지 않다. (참)

ㄷ. ㄴ에서 함수 $f(x)$가 $x=1$에서 미분가능하지 않으므로 함수 $h(x)=f(x)g(x)$가 실수 전체의 집합에서 미분가능하려면 함수 $h(x)$가 $x=1$에서 연속이고 미분가능해야 한다.

$h(x)=\begin{cases} (ax+b)(x-1) & (x>1) \\ 2(ax+b) & (x=1) \\ (ax+b)(1-x) & (x<1) \end{cases}$이므로

(i) 함수 $h(x)$가 $x=1$에서 연속이려면

$h(1)=2(a+b)$

$\lim\limits_{x\to1+}h(x)=0,\ \lim\limits_{x\to1-}h(x)=0$에서

$\lim\limits_{x\to1+}h(x)=\lim\limits_{x\to1-}h(x)=h(1)$이어야 하므로

$2(a+b)=0$ $\cdots\cdots$ ㉠

(ii) 함수 $h(x)$가 $x=1$에서 미분가능하려면

$h'(x)=\begin{cases} 2ax-a+b & (x>1) \\ -2ax+a-b & (x<1) \end{cases}$에서

$\lim\limits_{x\to1+}h'(x)=\lim\limits_{x\to1-}h'(x)$이어야 한다.

즉, $2a-a+b=-2a+a-b$에서

$a+b=0$ $\cdots\cdots$ ㉡

㉠, ㉡에서 $a+b=0$이면 함수 $h(x)$는 실수 전체의 집합에서 미분가능하다. (참)

$a+b=0$을 만족시키는 상수 $a,\ b$의 값은 무수히 많다.

따라서 옳은 것은 ㄴ, ㄷ이다.

17 0608 ② 유형 8 + 유형 13

출제의도 | 모든 실수에서 미분가능할 조건을 알고 있는지 확인한다.

함수 $f(x)$가 모든 실수에서 미분가능하면 $x=1$에서도 미분가능함을 이용해 보자.

함수 $f(x)$는 각 구간에서 다항함수이므로 $x\ne1$인 모든 실수에서 미분가능하다.

즉, $x=1$에서 미분가능할 조건을 생각한다.

(i) 함수 $f(x)$가 $x=1$에서 연속이려면

함수 $f(x)$가 $x=1$에서 미분가능하려면 $x=1$에서 연속이어야 한다.

$f(1)=a+b^2$

$\lim\limits_{x\to1+}(ax^3+b^2)=a+b^2,\ \lim\limits_{x\to1-}(bx^2+ax+2b)=a+3b$에서

$\lim\limits_{x\to1+}f(x)=\lim\limits_{x\to1-}f(x)=f(1)$이어야 하므로

$a+b^2=a+3b,\ b^2-3b=0$

$b(b-3)=0$

$\therefore b=0$ 또는 $b=3$

(ii) 함수 $f(x)$가 $x=1$에서 미분가능하려면

$f'(x)=\begin{cases} 3ax^2 & (x>1) \\ 2bx+a & (x<1) \end{cases}$에서

$\lim\limits_{x\to1+}f'(x)=\lim\limits_{x\to1-}f'(x)$이어야 한다.

즉, $3a=2b+a$에서 $a=b$

(i), (ii)에서 $a=3,\ b=3\ (\because a\ne0)$

따라서 함수 $f(x)=\begin{cases} 3x^3+9 & (x\ge1) \\ 3x^2+3x+6 & (x<1) \end{cases}$에서

$$f'(x)=\begin{cases} 9x^2 & (x>1) \\ 6x+3 & (x<1) \end{cases}\text{이고 } f'(1)=9\text{이다.}$$

$$\therefore \lim_{h\to 0}\frac{f(1+h)-f(1-h)}{h}$$
$$=\lim_{h\to 0}\frac{f(1+h)-f(1)+f(1)-f(1-h)}{h}$$
$$=\lim_{h\to 0}\frac{f(1+h)-f(1)}{h}+\lim_{h\to 0}\frac{f(1-h)-f(1)}{-h}$$
$$=f'(1)+f'(1)=2f'(1)$$
$$=2\times 9=18$$

18 0609 답 ③ 유형 17

출제의도 | 극한값이 존재할 조건을 이용하여 삼차함수의 식을 세우고 극한 값을 구할 수 있는지 확인한다.

> 극한값이 존재할 조건을 생각해 보자.

$$\lim_{x\to 2}\frac{f(x)}{(x-2)f'(x)}=k\text{에서 } x\to 2\text{일 때, 극한값이 존재하고}$$
(분모)$\to 0$이므로 (분자)$\to 0$이다.

즉, $\lim_{x\to 2}f(x)=0$에서 $f(2)=0$

$f(x)$는 최고차항의 계수가 1이고 $f(1)=0$, $f(2)=0$인 삼차함수 이므로

$$f(x)=(x-1)(x-2)(x-a)\ (a\text{는 상수})$$
로 놓을 수 있다.

$$f'(x)=(x-2)(x-a)+(x-1)(x-a)+(x-1)(x-2)$$
이때 $a\neq 2$라 하면

$$\lim_{x\to 2}\frac{f(x)}{(x-2)f'(x)}$$
$$=\lim_{x\to 2}\frac{(x-1)(x-2)(x-a)}{(x-2)f'(x)}$$
$$=\lim_{x\to 2}\frac{(x-1)(x-a)}{f'(x)}$$
$$=\lim_{x\to 2}\frac{(x-1)(x-a)}{(x-2)(x-a)+(x-1)(x-a)+(x-1)(x-2)}$$
$$=\frac{2-a}{2-a}=1$$

즉, $k=1$이 되어 조건을 만족시키지 않는다.

$$\therefore a=2$$
따라서 $f(x)=(x-1)(x-2)^2$이고

$f'(x)=(x-2)\{(x-2)+2(x-1)\}$이므로

$$\lim_{x\to 2}\frac{f(x)}{(x-2)f'(x)}=\lim_{x\to 2}\frac{(x-1)(x-2)^2}{(x-2)^2\{(x-2)+2(x-1)\}}$$
$$=\lim_{x\to 2}\frac{x-1}{(x-2)+2(x-1)}$$
$$=\frac{1}{2}$$

$$\therefore k=\frac{1}{2}$$

19 0610 답 ⑤ 유형 18 + 유형 19

출제의도 | 미분계수의 정의와 곱의 미분법을 이용할 수 있는지 확인한다.

> $\lim\limits_{x\to a}\dfrac{f(x)-b}{x-a}=c\ (c\text{는 상수})$이면 $f(a)=b$, $f'(a)=c$임을 이용해 보자.

$$\lim_{x\to 0}\frac{f(x)-2}{x}=3\text{에서 } x\to 0\text{일 때, 극한값이 존재하고}$$
(분모)$\to 0$이므로 (분자)$\to 0$이다.

즉, $\lim_{x\to 0}\{f(x)-2\}=0$에서 $f(0)=2$

$$\lim_{x\to 0}\frac{f(x)-2}{x}=\lim_{x\to 0}\frac{f(x)-f(0)}{x}=f'(0)$$
$$\therefore f'(0)=3$$

$$\lim_{x\to 3}\frac{g(x-3)-1}{x-3}=6\text{에서 } x-3=t\text{로 놓으면 } x\to 3\text{일 때 } t\to 0\text{이}$$
므로

$$\lim_{x\to 3}\frac{g(x-3)-1}{x-3}=\lim_{t\to 0}\frac{g(t)-1}{t}=6 \quad\cdots\cdots\cdots \boxdot$$

$t\to 0$일 때, 극한값이 존재하고 (분모)$\to 0$이므로 (분자)$\to 0$이다.

즉, $\lim_{t\to 0}\{g(t)-1\}=0$에서 $g(0)=1$

$$\lim_{t\to 0}\frac{g(t)-1}{t}=\lim_{t\to 0}\frac{g(t)-g(0)}{t}=g'(0)$$
$$\therefore g'(0)=6\ (\because \boxdot)$$
따라서 $h(x)=f(x)g(x)$에서 $h'(x)=f'(x)g(x)+f(x)g'(x)$ 이므로

$$h'(0)=f'(0)g(0)+f(0)g'(0)$$
$$=3\times 1+2\times 6=15$$

20 0611 답 ② 유형 20

출제의도 | 항등식의 성질을 이용하여 $f(x)$, $f'(x)$를 구할 수 있는지 확인한 다.

> $f(x)=ax^2+2x+b$에서 $f'(x)$를 구해 보자.

함수 $f(x)=ax^2+2x+b$에서 $f'(x)=2ax+2$이므로

$6f(x)=\{f'(x)\}^2+2x^2+32a^2x+26$에서

$$6(ax^2+2x+b)=(2ax+2)^2+2x^2+32a^2x+26$$
$$6ax^2+12x+6b=(4a^2+2)x^2+(32a^2+8a)x+30$$
이 등식은 x에 대한 항등식이므로

$$6a=4a^2+2,\ 12=32a^2+8a,\ 6b=30$$

(i) $6a=4a^2+2$에서
$$2(2a^2-3a+1)=0,\ 2(2a-1)(a-1)=0$$
$$\therefore a=\frac{1}{2}\ \text{또는}\ a=1$$

(ii) $12=32a^2+8a$에서
$$4(8a^2+2a-3)=0,\ 4(2a-1)(4a+3)=0$$
$$\therefore a=\frac{1}{2}\ \text{또는}\ a=-\frac{3}{4}$$

(iii) $6b=30$에서 $b=5$

(i), (ii), (iii)에서 $a=\dfrac{1}{2}$, $b=5$이므로

$$f(x)=\frac{1}{2}x^2+2x+5$$
$$\therefore f(4)=8+8+5=21$$

21 0612 답 ② 유형 3

출제의도 | 미분계수의 정의를 이용하여 주어진 식을 변형할 수 있는지 확인 한다.

주어진 조건에서 $f(1)g(2)=8$임을 이용해 보자.

$$\lim_{h\to 0}\frac{f(1+h)g(2+2h)-8}{h}$$
$$=\lim_{h\to 0}\frac{f(1+h)g(2+2h)-f(1)g(2)}{h}\ (\because f(1)=2,\ g(2)=4)$$
$$=\lim_{h\to 0}\frac{f(1+h)g(2+2h)-f(1)g(2+2h)+f(1)g(2+2h)-f(1)g(2)}{h}$$
$$=\lim_{h\to 0}\left\{\frac{f(1+h)g(2+2h)-f(1)g(2+2h)}{h}\right.$$
$$\left.+\frac{f(1)g(2+2h)-f(1)g(2)}{h}\right\}$$
$$=\lim_{h\to 0}\left\{\frac{f(1+h)-f(1)}{h}\times g(2+2h)+f(1)\times\frac{g(2+2h)-g(2)}{h}\right\}$$
$$=\lim_{h\to 0}\left\{\frac{f(1+h)-f(1)}{h}\times g(2+2h)\right\}$$
$$+\lim_{h\to 0}\left\{f(1)\times\frac{g(2+2h)-g(2)}{2h}\times 2\right\}$$
$$=\lim_{h\to 0}\frac{f(1+h)-f(1)}{h}\times\lim_{h\to 0}g(2+2h)$$
$$+2f(1)\lim_{h\to 0}\frac{g(2+2h)-g(2)}{2h}$$
$$=f'(1)\times g(2)+2f(1)\times g'(2)$$
$$=4\times 4+2\times 2\times g'(2)$$
$$=16+4g'(2)$$
즉, $16+4g'(2)=12$에서
$$g'(2)=-1$$

22 0613　답 $f'(x)=2x+1$　〔유형 9〕

출제의도 ｜ 도함수의 정의를 이용하여 도함수를 구할 수 있는지 확인한다.

STEP 1 도함수의 정의를 이용하여 도함수 구하기 [5점]

$$f'(x)=\lim_{h\to 0}\frac{f(x+h)-f(x)}{h}$$
$$=\lim_{h\to 0}\frac{\{(x+h)^2+(x+h)\}-(x^2+x)}{h}$$
$$=\lim_{h\to 0}\frac{h^2+(2x+1)h}{h}$$
$$=\lim_{h\to 0}(h+2x+1)$$
$$=2x+1$$

23 0614　답 8　〔유형 17〕

출제의도 ｜ 미분계수의 정의를 이용하여 극한값을 구할 수 있는지 확인한다.

STEP 1 미분계수의 정의를 이용하여 $f'(1)$의 값 구하기 [3점]

$$\lim_{x\to 1}\frac{f(x)-f(1)}{x^2-1}=\lim_{x\to 1}\left\{\frac{f(x)-f(1)}{x-1}\times\frac{1}{x+1}\right\}$$
$$=\lim_{x\to 1}\frac{f(x)-f(1)}{x-1}\times\lim_{x\to 1}\frac{1}{x+1}$$
$$=f'(1)\times\frac{1}{2}$$

즉, $\dfrac{1}{2}f'(1)=18$에서

$$f'(1)=36$$

STEP 2 $f'(1)$의 값을 이용하여 자연수 n의 값 구하기 [3점]

함수 $f(x)=x+x^2+x^3+\cdots+x^n$에서
$f'(x)=1+2x+3x^2+\cdots+nx^{n-1}$이므로

$$f'(1)=1+2+3+\cdots+n=36$$
$$\therefore n=8$$

24 0615　답 $\dfrac{7}{2}$　〔유형 18〕

출제의도 ｜ 극한값이 존재할 조건과 미분계수의 정의를 이용하여 극한값을 구할 수 있는지 확인한다.

STEP 1 극한값이 존재할 조건을 이용하여 $f'(1)$의 값 구하기 [3점]

$\lim\limits_{x\to 1}\dfrac{f(x)-2}{x^2+x-2}=1$에서 $x\to 1$일 때, 극한값이 존재하고
(분모)$\to 0$이므로 (분자)$\to 0$이다.

즉, $\lim\limits_{x\to 1}\{f(x)-2\}=0$에서

$$f(1)=2$$
$$\lim_{x\to 1}\frac{f(x)-2}{x^2+x-2}=\lim_{x\to 1}\frac{f(x)-f(1)}{(x+2)(x-1)}\ (\because f(1)=2)$$
$$=\lim_{x\to 1}\left\{\frac{f(x)-f(1)}{x-1}\times\frac{1}{x+2}\right\}$$
$$=f'(1)\times\frac{1}{3}$$

즉, $\dfrac{1}{3}f'(1)=1$에서

$$f'(1)=3$$

STEP 2 구하는 극한값을 미분계수를 포함하는 식으로 나타내기 [2점]

함수 $g(x)=x^2f(x)$라 하면 $g(1)=f(1)$이므로

$$\lim_{x\to 1}\frac{x^2f(x)-f(1)}{x^2-1}=\lim_{x\to 1}\left\{\frac{g(x)-g(1)}{x-1}\times\frac{1}{x+1}\right\}$$
$$=g'(1)\times\frac{1}{2}$$

STEP 3 곱의 미분법을 이용하여 극한값 구하기 [2점]

함수 $g(x)=x^2f(x)$에서
$g'(x)=2xf(x)+x^2f'(x)$이므로
$g'(1)=2f(1)+f'(1)=2\times 2+3=7$
$$\therefore \lim_{x\to 1}\frac{x^2f(x)-f(1)}{x^2-1}=\frac{1}{2}g'(1)=\frac{7}{2}$$

25 0616　답 $9x^2-6x+1$　〔유형 22〕

출제의도 ｜ 다항식의 나눗셈에서 미분법을 이용할 수 있는지 확인한다.

STEP 1 몫을 $Q(x)$로 놓고 나눗셈식을 등식으로 나타내기 [2점]

다항식 $x^{10}-x^4+3x^2+1$을 $x(x-1)^2$으로 나누었을 때의 몫을
$Q(x)$, 나머지를 $ax^2+bx+c\ (a,\ b,\ c$는 상수$)$라 하면
└ 삼차식으로 나누었으므로 나머지는 이차 이하의 식이다.
$$x^{10}-x^4+3x^2+1=x(x-1)^2Q(x)+ax^2+bx+c\ \cdots\cdots\cdots\cdots\ \unicode{x24B6}$$

STEP 2 $x=0$, $x=1$을 대입하여 상수 c의 값과 $a,\ b,\ c$ 사이의 관계식 구하기 [2점]

$\unicode{x24B6}$의 양변에 $x=0$, $x=1$을 각각 대입하면
$$1=c\ \cdots\cdots\cdots\cdots\cdots\cdots\cdots\cdots\cdots\cdots\cdots\cdots\cdots\cdots\ \unicode{x24B7}$$
$$4=a+b+c\ \cdots\cdots\cdots\cdots\cdots\cdots\cdots\cdots\cdots\cdots\ \unicode{x24B8}$$

STEP 3 양변을 x에 대하여 미분한 후 $x=1$을 대입하여 $a,\ b$ 사이의 관계식 구하기 [2점]

$\unicode{x24B6}$의 양변을 x에 대하여 미분하면

$$10x^9-4x^3+6x=(x-1)^2Q(x)+2x(x-1)Q(x)$$
$$+x(x-1)^2Q'(x)+2ax+b$$

양변에 $x=1$을 대입하면

$12=2a+b$ $\cdots\cdots$ ㉣

 상수 a, b의 값을 구하여 나머지 구하기 [2점]

㉡, ㉢, ㉣을 연립하여 풀면

$a=9$, $b=-6$, $c=1$

따라서 구하는 나머지는 $9x^2-6x+1$이다.

 **실전 마무리**하기 **2회**   137쪽~141쪽

1 0617 답 ③   유형 1

출제의도 | 평균변화율의 정의를 알고 있는지 확인한다.

$\dfrac{\Delta y}{\Delta x}=\dfrac{f(b)-f(a)}{b-a}$임을 이용하자.

함수 $f(x)=x^2-2$에서 x의 값이 -1에서 4까지 변할 때의 평균변화율은

$$\dfrac{f(4)-f(-1)}{4-(-1)}=\dfrac{14-(-1)}{5}=3$$

2 0618 답 ③   유형 2 + 유형 11

출제의도 | 순간변화율의 정의를 알고 있는지 확인한다.

$x=a$에서의 미분계수와 $x=a$에서의 순간변화율은 같음을 이용해 보자.

함수 $f(x)$의 $x=2$에서의 순간변화율은 $f'(2)$와 같다.

따라서 $f'(x)=6x-2$에서

$f'(2)=6\times2-2=10$

3 0619 답 ①   유형 8 + 유형 11

출제의도 | 미분가능할 조건을 이용하여 미정계수를 구할 수 있는지 확인한다.

함수 $f(x)$가 $x=1$에서 미분가능하면 $x=1$에서 연속임을 이용해 보자.

(i) 함수 $f(x)$가 $x=1$에서 미분가능하면 $x=1$에서 연속이므로

$f(1)=2+3=5$

$\displaystyle\lim_{x\to1+}(2x^2+3)=5$, $\displaystyle\lim_{x\to1+}(ax+b)=a+b$

이때 $\displaystyle\lim_{x\to1+}f(x)=\lim_{x\to1-}f(x)=f(1)$이므로

$a+b=5$ $\cdots\cdots$ ㉠

(ii) 함수 $f(x)$가 $x=1$에서 미분가능하므로

$$f'(x)=\begin{cases}4x & (x>1)\\ a & (x<1)\end{cases}$$에서

$\displaystyle\lim_{x\to1+}f'(x)=\lim_{x\to1-}f'(x)$이어야 한다.

즉, $4=a$

$a=4$를 ㉠에 대입하면 $b=1$

$\therefore 10a+b=10\times4+1=41$

---

4 0620 답 ②   유형 12

출제의도 | 함수의 곱의 미분을 계산할 수 있는지 확인한다.

$\{f(x)g(x)\}'=f'(x)g(x)+f(x)g'(x)$임을 이용해 보자.

함수 $f(x)=(-x^2+2)(3x+1)$에서

$f'(x)=(-x^2+2)'(3x+1)+(-x^2+2)(3x+1)'$
$\quad=-2x(3x+1)+(-x^2+2)\times3$
$\quad=-9x^2-2x+6$

$\therefore f'(-1)=-9+2+6=-1$

5 0621 답 ④   유형 14

출제의도 | 미분계수의 기하적 의미를 알고 있는지 확인한다.

미분계수 $f'(a)$는 곡선 $y=f(x)$ 위의 점 $(a, f(a))$에서의 접선의 기울기와 같음을 이용해 보자.

$f(x)=x^3+2x+1$이라 하면

$f'(x)=3x^2+2$

곡선 $y=f(x)$와 직선의 접점의 좌표를 $(t, f(t))$라 하면

접선의 기울기가 5이므로 $f'(t)=5$

따라서 $f'(t)=3t^2+2=5$에서

$3t^2=3$ $\quad\therefore t=1\ (\because t>0)$

따라서 접점의 x좌표는 1이다.

6 0622 답 ②   유형 15

출제의도 | 분자에 인수분해하기 힘든 복잡한 식이 있는 경우의 극한값을 구할 수 있는지 확인한다.

$\dfrac{0}{0}$ 꼴의 차수가 높은 극한값의 계산은 분자의 일부를 $f(x)$로 치환하고 미분계수의 정의를 이용해 보자.

$f(x)=x^{12}-x^{10}+2x^8+3x^5+1$이라 하면

$f(-1)=1-1+2-3+1=0$이므로

$$\lim_{x\to-1}\dfrac{x^{12}-x^{10}+2x^8+3x^5+1}{x+1}=\lim_{x\to-1}\dfrac{f(x)-f(-1)}{x-(-1)}$$
$$=f'(-1)$$

따라서 $f'(x)=12x^{11}-10x^9+16x^7+15x^4$이므로

$f'(-1)=-12+10-16+15=-3$

7 0623 답 ①   유형 16

출제의도 | 미분계수의 정의를 이용하여 극한값을 구할 수 있는지 확인한다.

미분계수의 정의를 이용할 수 있도록 분자에 $\dfrac{3h}{3h}$, 분모에 $\dfrac{5h}{5h}$를 곱해 보자.

$$\lim_{h\to0}\dfrac{f(2+3h)-f(2)}{f(1+5h)-f(1)}=\dfrac{\displaystyle\lim_{h\to0}\dfrac{f(2+3h)-f(2)}{3h}\times3h}{\displaystyle\lim_{h\to0}\dfrac{f(1+5h)-f(1)}{5h}\times5h}$$
$$=\dfrac{f'(2)}{f'(1)}\times\dfrac{3}{5}$$

이때 $f(x)=2x^2-6x$에서 $f'(x)=4x-6$이므로
$f'(2)=8-6=2$, $f'(1)=4-6=-2$
$\therefore \dfrac{f'(2)}{f'(1)} \times \dfrac{3}{5} = \dfrac{2}{-2} \times \dfrac{3}{5} = -\dfrac{3}{5}$

8 0624 답 ④ 〔유형 19〕

출제의도 | 치환을 이용하여 미분계수를 구할 수 있는지 확인한다.

> $2x-1=t$로 치환해서 미분계수를 구해 보자.

$\displaystyle\lim_{x \to \frac{1}{2}} \dfrac{f(2x-1)-1}{x-\frac{1}{2}}$에서

$2x-1=t$로 놓으면 $x \to \dfrac{1}{2}$일 때 $t \to 0$이므로

$\displaystyle\lim_{x \to \frac{1}{2}} \dfrac{f(2x-1)-1}{x-\frac{1}{2}} = \lim_{t \to 0} \dfrac{f(t)-1}{\frac{t}{2}}$

$\qquad\qquad = 2\displaystyle\lim_{t \to 0} \dfrac{f(t)-f(0)}{t-0} \ (\because f(0)=1)$

$\qquad\qquad = 2f'(0)$

따라서 $f(x)=4x^2+2x+1$에서 $f'(x)=8x+2$이므로

$f'(0)=2 \qquad \therefore 2f'(0)=4$

9 0625 답 ④ 〔유형 8 + 유형 11〕

출제의도 | 주어진 함수 $f(x)$가 $x=-2$에서 미분가능할 조건을 알고 있는지 확인한다.

> $x=-2$에서 미분가능하려면 $\displaystyle\lim_{x \to -2+} f'(x) = \lim_{x \to -2-} f'(x)$이어야 함을 이용해 보자.

$f(x) = \begin{cases} (x+2)(x+k) & (x \geq -2) \\ -(x+2)(x+k) & (x < -2) \end{cases}$

$\qquad = \begin{cases} x^2+(k+2)x+2k & (x \geq -2) \\ -x^2-(k+2)x-2k & (x < -2) \end{cases}$

함수 $f(x)$가 $x=-2$에서 미분가능하므로

$f'(x) = \begin{cases} 2x+(k+2) & (x > -2) \\ -2x-(k+2) & (x < -2) \end{cases}$에서

$\displaystyle\lim_{x \to -2+} (2x+k+2)=k-2$

$\displaystyle\lim_{x \to -2-} (-2x-k-2)=-k+2$

$\displaystyle\lim_{x \to -2+} f'(x) = \lim_{x \to -2-} f'(x)$이어야 하므로

$k-2=-k+2 \qquad \therefore k=2$

10 0626 답 ③ 〔유형 10〕

출제의도 | 도함수의 정의를 이용하여 $f'(x)$를 구할 수 있는지 확인한다.

> 먼저 주어진 항등식의 양변에 $x=0$, $y=0$을 대입해 보자.

$f(x+y)=f(x)+f(y)$의 양변에 $x=0$, $y=0$을 대입하면

$f(0)=f(0)+f(0)$

$\therefore f(0)=0$ $\cdots\cdots$ ㉠

$f'(x) = \displaystyle\lim_{h \to 0} \dfrac{f(x+h)-f(x)}{h}$

$\qquad = \displaystyle\lim_{h \to 0} \dfrac{\{f(x)+f(h)\}-f(x)}{h}$

$\qquad = \displaystyle\lim_{h \to 0} \dfrac{f(h)-f(0)}{h} \ (\because ㉠)$

$\qquad = f'(0)$

따라서 $f'(x)$는 상수함수이고, $f'(7)=3$이므로 $f'(x)=3$

$\therefore f'(0)=3$

11 0627 답 ① 〔유형 13〕

출제의도 | 미분법을 이용하여 함수 $f(x)$의 미정계수를 구할 수 있는지 확인한다.

> $f'(x)$에 $x=-1$, $x=2$를 대입하여 미정계수를 구해 보자.

$f(x)=ax^2+bx+c$에서 $f'(x)=2ax+b$

$f(1)=a+b+c$이고 $f(1)=0$이므로

$a+b+c=0$ $\cdots\cdots$ ㉠

$f'(-1)=-2a+b$이고 $f'(-1)=-8$이므로

$-2a+b=-8$ $\cdots\cdots$ ㉡

$f'(2)=4a+b$이고 $f'(2)=4$이므로

$4a+b=4$ $\cdots\cdots$ ㉢

㉠, ㉡, ㉢을 연립하여 풀면 $a=2$, $b=-4$, $c=2$

$\therefore abc=-16$

12 0628 답 ④ 〔유형 13〕

출제의도 | 미분법을 이용하여 미정계수를 결정할 수 있는지 확인한다.

> 최고차항의 계수가 1인 삼차함수 $f(x)$의 식을 세워 보자.

함수 $f(x)$가 최고차항의 계수가 1인 삼차함수이므로

$f(x)=x^3+ax^2+bx+c$ (a, b, c는 상수)로 놓으면

$f'(x)=3x^2+2ax+b$

$f'(-x)=3x^2-2ax+b$

㈎에서 $f'(-x)=f'(x)$이므로

$3x^2+2ax+b=3x^2-2ax+b$

$4ax=0 \qquad \therefore a=0$

따라서 $f(x)=x^3+bx+c$, $f'(x)=3x^2+b$이다.

㈏에서

$f'(1)=3+b=0$

$\therefore b=-3$

$f(1)=1+b+c=5$, $-2+c=5$

$\therefore c=7$

따라서 $f(x)=x^3-3x+7$이므로

$f(3)=27-9+7=25$

13 0629 답 ① 〔유형 15〕

출제의도 | 미분계수의 정의를 이용하여 미정계수를 구할 수 있는지 확인한다.

> $f(x)=x^{2n+1}-x^{2n}+2$로 놓고 식을 변형해 보자.

$(-1)^{짝수}=1$, $(-1)^{홀수}=-1$

$f(x)=x^{2n+1}-x^{2n}+2$라 하면 $f(-1)=0$이므로

$$\lim_{x \to -1} \frac{x^{2n+1}-x^{2n}+2}{x^2-1} = \lim_{x \to -1}\left\{\frac{f(x)-f(-1)}{x+1} \times \frac{1}{x-1}\right\}$$
$$(\because f(-1)=0)$$
$$= \lim_{x \to -1}\frac{f(x)-f(-1)}{x-(-1)} \times \lim_{x \to -1}\frac{1}{x-1}$$
$$= f'(-1) \times \left(-\frac{1}{2}\right)$$

즉, $-\frac{1}{2}f'(-1)=-\frac{9}{2}$에서 $f'(-1)=9$

이때 $f'(x)=(2n+1)x^{2n}-2nx^{2n-1}$이므로

$f'(-1)=9$에서 $(2n+1)+2n=9$

$4n=8$ $\quad \therefore n=2$

14 0630 답 ④ 유형 17

출제의도 | 각 구간에서 미분계수를 구할 수 있는지 확인한다.

> 먼저 각 구간에서 미분계수를 구해 보자.

함수 $f(x)=\begin{cases} x^3-ax^2 & (x \leq a) \\ 3x^2-3ax & (x>a) \end{cases}$에서

$f'(x)=\begin{cases} 3x^2-2ax & (x<a) \\ 6x-3a & (x>a) \end{cases}$이므로

$$\lim_{h \to 0-}\frac{f(a+h)-f(a)}{h}=3a^2-2a^2=a^2$$
$$\longrightarrow =f'(a) \ (x<a)$$
$$\lim_{h \to 0+}\frac{f(a+h)-f(a)}{h}=6a-3a=3a$$
$$\longrightarrow =f'(a) \ (x>a)$$

따라서 $\lim_{h \to 0-}\frac{f(a+h)-f(a)}{h}=2 \times \lim_{h \to 0+}\frac{f(a+h)-f(a)}{h}$에서

$a^2=2 \times 3a$, $a(a-6)=0$

$\therefore a=6 \ (\because a>0)$

15 0631 답 ④ 유형 17

출제의도 | 미분계수의 정의를 이용하여 미정계수를 구할 수 있는지 확인한다.

> $f'(1)=\lim_{x \to 1}\frac{f(x)-f(1)}{x-1}$임을 이용해 보자.

$\lim_{x \to 1}\frac{f(x)}{x^3-1}=1$에서 $x \to 1$일 때, 극한값이 존재하고 (분모)$\to 0$이므로 (분자)$\to 0$이다.

즉, $\lim_{x \to 1}f(x)=0$이므로 $f(1)=0$

$$\lim_{x \to 1}\frac{f(x)}{x^3-1}=\lim_{x \to 1}\frac{f(x)-f(1)}{(x-1)(x^2+x+1)} \ (\because f(1)=0)$$
$$=\lim_{x \to 1}\frac{f(x)-f(1)}{x-1} \times \lim_{x \to 1}\frac{1}{x^2+x+1}$$
$$=f'(1) \times \frac{1}{3}$$

즉, $\frac{1}{3}f'(1)=1$이므로 $f'(1)=3$

$f(x)=x^2+ax+b$ $(a, b$는 상수$)$로 놓으면

$f'(x)=2x+a$

$f'(1)=2+a=3$

$\therefore a=1$

$f(1)=1+a+b=0$, $2+b=0$

$\therefore b=-2$

따라서 $f(x)=x^2+x-2$이므로

$f(2)=4+2-2=4$

16 0632 답 ④ 유형 7

출제의도 | 연속성과 미분가능성을 모두 판단할 수 있는지 확인한다.

> 함수 $g(x)=\begin{cases} x & (x \geq 0) \\ -x & (x<0) \end{cases}$로 놓고 생각해 보자.

ㄱ. $g(0)=0$, $\lim_{x \to 0}g(x)=0$에서 $\lim_{x \to 0}g(x)=g(0)=0$이므로 함수 $g(x)$는 $x=0$에서 연속이다.

함수 $g(x)=\begin{cases} x & (x \geq 0) \\ -x & (x<0) \end{cases}$에서 $g'(x)=\begin{cases} 1 & (x>0) \\ -1 & (x<0) \end{cases}$이고

$\lim_{x \to 0+}g'(x)=1$, $\lim_{x \to 0-}g'(x)=-1$이므로 함수 $g(x)$는 $x=0$에서 미분가능하지 않다.

ㄴ. $A(x)=f(x)g(x)$라 하면

$A(x)=\begin{cases} 2x^2 & (x \geq 0) \\ -2x^2 & (x<0) \end{cases}$에서 $A'(x)=\begin{cases} 4x & (x>0) \\ -4x & (x<0) \end{cases}$이므로

$\lim_{x \to 0+}A'(x)=\lim_{x \to 0-}A'(x)=0$

즉, 함수 $f(x)g(x)$는 $x=0$에서 미분가능하다.

ㄷ. $B(x)=g(x)h(x)$라 하면

$B(x)=\begin{cases} 2x^2+x & (x>0) \\ 0 & (x=0) \\ -2x^2-x & (x<0) \end{cases}$

$B(0)=0$, $\lim_{x \to 0+}B(x)=0$, $\lim_{x \to 0-}B(x)=0$이고

$\lim_{x \to 0+}B(x)=\lim_{x \to 0-}B(x)=B(0)=0$이므로

$B(x)$는 $x=0$에서 연속이다.

또, $B'(x)=\begin{cases} 4x+1 & (x>0) \\ -4x-1 & (x<0) \end{cases}$에서

$\lim_{x \to 0+}B'(x)=1$, $\lim_{x \to 0-}B'(x)=-1$이고

$\lim_{x \to 0+}B'(x) \neq \lim_{x \to 0-}B'(x)$이므로

함수 $g(x)h(x)$는 $x=0$에서 미분가능하지 않다.

따라서 $x=0$에서 연속이지만 미분가능하지 않은 함수는 ㄱ, ㄷ 이다.

17 0633 답 ② 유형 13

출제의도 | 미분법을 이용하여 삼차함수 $f(x)$의 미정계수를 구할 수 있는지 확인한다.

> 함수 $f(x)$의 $x=a$에서의 미분계수 $f'(a)$는 곡선 $y=f(x)$ 위의 점 $(a, f(a))$에서의 접선의 기울기와 같아.

㈎에서 삼차함수 $y=f(x)$의 그래프가 x축과 만나는 점의 x좌표가 a, b, c이고 최고차항의 계수는 1이므로

> → 삼차방정식 $f(x)=0$의 해가 a, b, c이다.

$f(x)=(x-a)(x-b)(x-c)$로 놓으면

$f'(x)=(x-b)(x-c)+(x-a)(x-c)+(x-a)(x-b)$

㈏에서 곡선 $y=f(x)$ 위의 점 $(4, 2)$에서의 접선의 기울기가 4이

므로 $f(4)=2$, $f'(4)=4$에서
$(4-a)(4-b)(4-c)=2$ ······················· ㉠
$(4-b)(4-c)+(4-a)(4-c)+(4-a)(4-b)=4$ ············· ㉡
㉡의 양변을 $(4-a)(4-b)(4-c)$로 나누면
$$\frac{(4-b)(4-c)+(4-a)(4-c)+(4-a)(4-b)}{(4-a)(4-b)(4-c)}$$
$$=\frac{4}{(4-a)(4-b)(4-c)}$$
$$\frac{1}{4-a}+\frac{1}{4-b}+\frac{1}{4-c}=2 \ (\because ㉠)$$
$$\therefore \ \frac{1}{a-4}+\frac{1}{b-4}+\frac{1}{c-4}=-2$$

18 0634 답 ⑤   유형 1 + 유형 3 + 유형 12

출제의도 | 평균변화율과 미분계수의 정의와 성질을 알고 있는지 확인한다.

이차함수 $y=f(x)$의 그래프가 직선 $x=2$에 대하여 대칭이므로
$f(x)=p(x-2)^2+q \ (p, \ q$는 상수, $p\neq0)$로 놓으면
$f'(x)=2p(x-2)$
ㄱ. $a+b=4$이면 $b=4-a$이므로
$$f'(a)+f'(b)=f'(a)+f'(4-a)$$
$$=2p(a-2)+2p(2-a)$$
$$=0 \ (참)$$
ㄴ. $f'(x)=2p(x-2)$에서 $f'(2)=0$이므로
$$\lim_{h\to0}\frac{f(2+3h)-f(2-h)}{h}$$
$$=\lim_{h\to0}\frac{f(2+3h)-f(2)+f(2)-f(2-h)}{h}$$
$$=\lim_{h\to0}\left\{\frac{f(2+3h)-f(2)}{h}+\frac{f(2)-f(2-h)}{h}\right\}$$
$$=\lim_{h\to0}\frac{f(2+3h)-f(2)}{3h}\times3+\lim_{h\to0}\frac{f(2-h)-f(2)}{-h}$$
$$=3f'(2)+f'(2)$$
$$=4f'(2)=0 \ (거짓)$$
ㄷ. 이차함수 $y=f(x)$의 그래프가 직선 $x=2$에 대하여 대칭이므로 임의의 실수 x에 대하여
$$f(2+x)=f(2-x) \ ······················· ㉠$$
가 성립한다.
㉠의 양변에 $x=4$를 대입하면 $f(6)=f(-2)$
따라서 함수 $f(x)$에 대하여 x의 값이 -2에서 6까지 변할 때의 평균변화율은
$$\frac{f(6)-f(-2)}{6-(-2)}=0 \ (참)$$
따라서 옳은 것은 ㄱ, ㄷ이다.

19 0635 답 ⑤   유형 17

출제의도 | 극한값이 존재할 조건을 이용하여 삼차함수의 식을 세우고 함숫값을 구할 수 있는지 확인한다.

$\lim_{x\to-1}\dfrac{f(x)}{(x+1)\{f'(x)\}^2}=-\dfrac{1}{9}$에서 $x\to-1$일 때, 극한값이 존재하고 (분모)$\to0$이므로 (분자)$\to0$이다.

즉, $\lim_{x\to-1}f(x)=0$에서 $f(-1)=0$

$f(x)$는 최고차항의 계수가 1이고, $f(-1)=0$, $f(2)=0$인 삼차함수이므로 $f(x)=(x+1)(x-2)(x+a) \ (a$는 상수)로 놓을 수 있다.

$f'(x)=(x-2)(x+a)+(x+1)(x+a)+(x+1)(x-2)$

$$\lim_{x\to-1}\frac{f(x)}{(x+1)\{f'(x)\}^2}$$
$$=\lim_{x\to-1}\left[\frac{f(x)-f(-1)}{x+1}\times\frac{1}{\{f'(x)\}^2}\right] \ (\because f(-1)=0)$$
$$=\lim_{x\to-1}\frac{f(x)-f(-1)}{x-(-1)}\times\lim_{x\to-1}\frac{1}{\{f'(x)\}^2}$$
$$=f'(-1)\times\frac{1}{\{f'(-1)\}^2}$$
$$=\frac{1}{f'(-1)}=\frac{1}{-3(-1+a)}$$

즉, $\dfrac{1}{-3(-1+a)}=-\dfrac{1}{9}$에서 $-3(-1+a)=-9$

$3a=12$ $\therefore a=4$

따라서 $f(x)=(x+1)(x-2)(x+4)$이므로

$f(4)=5\times2\times8=80$

20 0636 답 ②   유형 20

출제의도 | 조건에 맞게 식을 세우고 항등식의 성질을 이용할 수 있는지 확인한다.

다항함수 $f(x)$의 최고차항을 $ax^n \ (a\neq0$인 상수, n은 자연수)이라 하면 $f'(x)$의 최고차항은 nax^{n-1}이고, $f(x)f'(x)$의 최고차항은 na^2x^{2n-1}이다.

$f(x)f'(x)=f(x)+f'(x)+2x^3-4x^2+2x-1 \ ················· ㉠$

이때 좌변과 우변의 최고차항의 차수가 같아야 한다.

(i) $n<3$인 경우

㉠에서 우변의 최고차항은 $2x^3$이므로 $na^2x^{2n-1}=2x^3$이다.

즉, $2n-1=3$에서 $n=2$이고

$2a^2=2$에서 $a=\pm1$이므로

$f(x)=x^2+bx+c$ 또는 $f(x)=-x^2+bx+c \ (b, \ c$는 상수$)$

ⓐ $f(x)=x^2+bx+c$인 경우

$f'(x)=2x+b$이므로 ㉠에서

$(x^2+bx+c)(2x+b)$

$=(x^2+bx+c)+(2x+b)+2x^3-4x^2+2x-1$

$2x^3+3bx^2+(b^2+2c)x+bc$

$=2x^3-3x^2+(b+4)x+(b+c-1)$

이 식은 x에 대한 항등식이므로

$3b=-3$, $b^2+2c=b+4$, $bc=b+c-1$

이 식을 연립하여 풀면 $b=-1$, $c=1$

따라서 $f(x)=x^2-x+1$, $f'(x)=2x-1$이므로

$f(1)\times f'(0)=1\times(-1)=-1$

ⓑ $f(x)=-x^2+bx+c$인 경우

$f'(x)=-2x+b$이므로 ㉠에서

$(-x^2+bx+c)(-2x+b)$

$=(-x^2+bx+c)+(-2x+b)+2x^3-4x^2+2x-1$

$2x^3-3bx^2+(b^2-2c)x+bc=2x^3-5x^2+bx+b+c-1$

이 식은 x에 대한 항등식이므로

$3b=5$, $b^2-2c=b$, $bc=b+c-1$

이를 만족시키는 b, c는 존재하지 않는다.

(ii) $n>3$인 경우

㉠에서 좌변의 차수는 $2n-1$, 우변의 차수는 n이므로

$2n-1=n$에서 $n=1$

이는 다항함수 $f(x)$의 차수가 3보다 크다는 조건에 모순이다.

(i), (ii)에서 $f(1)\times f'(0)=-1$

21 0637   답 ①   유형 3

출제의도 | 미분가능하지 않은 점에서 $g(x)$를 구할 수 있는지 확인한다.

> 함수 $f(x)$는 $x=2$, $x=6$에서 미분가능하지 않음을 이용해 보자.

$f(x)=|x^2-8x+12|=|(x-2)(x-6)|$이므로

$f(x)=\begin{cases} x^2-8x+12 & (x\le2 \text{ 또는 } x\ge6) \\ -(x^2-8x+12) & (2<x<6) \end{cases}$

이때 함수 $f(x)$는 $x=2$, $x=6$에서 미분가능하지 않다.

즉, $x\ne2$, $x\ne6$일 때

$g(x)=\lim_{h\to0}\dfrac{f(x+h)-f(x-h)}{h}$

$\quad=\lim_{h\to0}\dfrac{f(x+h)-f(x)+f(x)-f(x-h)}{h}$

$\quad=\lim_{h\to0}\left\{\dfrac{f(x+h)-f(x)}{h}+\dfrac{f(x)-f(x-h)}{h}\right\}$

$\quad=\lim_{h\to0}\dfrac{f(x+h)-f(x)}{h}+\lim_{h\to0}\dfrac{f(x-h)-f(x)}{-h}$

$\quad=f'(x)+f'(x)$

$\quad=2f'(x)$ $\cdots\cdots$ ㉠

$g(2)=\lim_{h\to0}\dfrac{f(2+h)-f(2-h)}{h}$

$\quad=\lim_{h\to0}\dfrac{|h(h-4)|-|-h(-h-4)|}{h}$

$\quad=\lim_{h\to0}\dfrac{|h|\times|h-4|-|h|\times|h+4|}{h}$

$\quad=\lim_{h\to0}\dfrac{|h|(4-h)-|h|(h+4)}{h}$ ➡ $h\to0$일 때, $|h-4|=4-h$, $|h+4|=h+4$

$\quad=\lim_{h\to0}\dfrac{-2h|h|}{h}$

$\quad=\lim_{h\to0}(-2|h|)=0$ $\cdots\cdots$ ㉡

$g(6)=\lim_{h\to0}\dfrac{f(6+h)-f(6-h)}{h}$

$\quad=\lim_{h\to0}\dfrac{|h(h+4)|-|-h(4-h)|}{h}$

$\quad=\lim_{h\to0}\dfrac{|h|(h+4)-|h|(4-h)}{4}$ ➡ $h\to0$일 때, $|h+4|=h+4$, $|h-4|=4-h$

$\quad=\lim_{h\to0}\dfrac{2h|h|}{h}$

$\quad=\lim_{h\to0}2|h|=0$ $\cdots\cdots$ ㉢

㉠, ㉡, ㉢에서 $g(x)=\begin{cases} 2f'(x) & (x\ne2,\ x\ne6) \\ 0 & (x=2 \text{ 또는 } x=6) \end{cases}$

$f'(x)=\begin{cases} 2x-8 & (x<2 \text{ 또는 } x>6) \\ -2x+8 & (2<x<6) \end{cases}$이므로

$g(x)=\begin{cases} 2(2x-8) & (x<2 \text{ 또는 } x>6) \\ 0 & (x=2 \text{ 또는 } x=6) \\ 2(-2x+8) & (2<x<6) \end{cases}$

$\therefore g(1)+g(2)+g(3)+g(4)+g(5)$

$\quad=-12+0+4+0+(-4)$

$\quad=-12$

22 0638   답 -18 유형 8

출제의도 | 주어진 함수 $f(x)$가 $x=1$에서 미분가능할 조건을 알고 있는지 확인한다.

STEP 1 함수 $f(x)$가 $x=1$에서 연속일 조건에서 a, b 사이의 관계식 구하기 [3점]

함수 $f(x)=\begin{cases} ax^2+bx+3 & (1\le x<2) \\ 0 & (0\le x<1) \end{cases}$이고 $x=1$에서 미분가능

하므로 $x=1$에서 연속이다.

(i) 함수 $f(x)$가 $x=1$에서 연속이려면

$f(1)=a+b+3$

$\lim_{x\to1+}f(x)=a+b+3$, $\lim_{x\to1-}f(x)=0$에서

$\lim_{x\to1+}f(x)=\lim_{x\to1-}f(x)=f(1)$이어야 하므로

$a+b+3=0$ $\cdots\cdots$ ㉠

STEP 2 함수 $f(x)$가 $x=1$에서 미분가능할 조건에서 a, b 사이의 관계식 구하기 [2점]

(ii) 함수 $f(x)$가 $x=1$에서 미분가능하려면

$f'(x)=\begin{cases} 2ax+b & (1<x<2) \\ 0 & (0<x<1) \end{cases}$에서

$\lim_{x\to1+}f'(x)=\lim_{x\to1-}f'(x)$이어야 한다.

즉, $2a+b=0$ $\cdots\cdots$ ㉡

STEP 3 상수 a, b의 값을 구하여 ab의 값 구하기 [1점]

㉠, ㉡을 연립하여 풀면 $a=3$, $b=-6$

$\therefore ab=-18$

23 0639   답 (1) 1   (2) 3   (3) $f'(x)=x+3$ 유형 10

출제의도 | 주어진 항등식을 이용하여 미분계수와 도함수를 구할 수 있는지 확인한다.

STEP 1 주어진 식에서 $f(0)$의 값 구하기 [1점]

(1) $f(x+y)=f(x)+f(y)+xy-1$의 양변에 $x=0$, $y=0$을 대입

하면

$f(0)=f(0)+f(0)+0-1$

$\therefore f(0)=1$ $\cdots\cdots$ ㉠

STEP 2 미분계수의 정의를 이용하여 극한값 구하기 [2점]

(2) $\lim_{h\to0}\dfrac{f(h)-1}{h}=\lim_{h\to0}\dfrac{f(h)-f(0)}{h}$ $(\because$ ㉠$)$

$\qquad=f'(0)=3$

$$\begin{aligned}
\text{(3) } f'(x) &= \lim_{h\to 0}\frac{f(x+h)-f(x)}{h}\\
&= \lim_{h\to 0}\frac{\{f(x)+f(h)+xh-1\}-f(x)}{h}\\
&= \lim_{h\to 0}\frac{f(h)+xh-1}{h}\\
&= x+\lim_{h\to 0}\frac{f(h)-1}{h}\\
&= x+\lim_{h\to 0}\frac{f(h)-f(0)}{h}\ (\because \text{㉠})\\
&= x+f'(0)\\
&= x+3\ (\because f'(0)=3)
\end{aligned}$$

24 0640 🔖 6   유형 18

출제의도 | 미분계수의 정의를 이용하여 식을 변형할 수 있는지 확인한다.

STEP 1 미분계수의 정의를 이용하여 $f(2)$, $f'(2)$의 값 구하기 [2점]

$\displaystyle\lim_{x\to 2}\frac{f(x)-1}{x-2}=1$에서 $x\to 2$일 때, 극한값이 존재하고 (분모)$\to 0$

이므로 (분자)$\to 0$이다.

즉, $\displaystyle\lim_{x\to 2}\{f(x)-1\}=0$에서 $f(2)=1$ ⋯⋯⋯⋯ ㉠

$$\begin{aligned}
\lim_{x\to 2}\frac{f(x)-1}{x-2} &= \lim_{x\to 2}\frac{f(x)-f(2)}{x-2}\ (\because \text{㉠})\\
&= f'(2)
\end{aligned}$$

$\therefore f'(2)=1$ ⋯⋯⋯⋯⋯⋯⋯⋯⋯⋯⋯⋯ ㉡

STEP 2 미분계수의 정의를 이용하여 $g(2)$, $g'(2)$의 값 구하기 [2점]

$\displaystyle\lim_{x\to 2}\frac{g(x)+1}{x-2}=3$에서 $x\to 2$일 때, 극한값이 존재하고 (분모)$\to 0$

이므로 (분자)$\to 0$이다.

즉, $\displaystyle\lim_{x\to 2}\{g(x)+1\}=0$에서 $g(2)=-1$ ⋯⋯ ㉢

$$\begin{aligned}
\lim_{x\to 2}\frac{g(x)+1}{x-2} &= \lim_{x\to 2}\frac{g(x)-g(2)}{x-2}\ (\because \text{㉢})\\
&= g'(2)
\end{aligned}$$

$\therefore g'(2)=3$ ⋯⋯⋯⋯⋯⋯⋯⋯⋯⋯⋯⋯ ㉣

STEP 3 곱의 미분법을 이용하여 함수 $y=f(x)\{f(x)+2g(x)\}$의 $x=2$에서의 미분계수 구하기 [3점]

$h(x)=f(x)\{f(x)+2g(x)\}$라 하면

$h'(x)=f'(x)\{f(x)+2g(x)\}+f(x)\{f'(x)+2g'(x)\}$이므로

㉠, ㉡, ㉢, ㉣에 의하여

$$\begin{aligned}
h'(2) &= f'(2)\{f(2)+2g(2)\}+f(2)\{f'(2)+2g'(2)\}\\
&= \{1+2\times(-1)\}+(1+2\times 3)\\
&= -1+7=6
\end{aligned}$$

25 0641 🔖 8   유형 21

출제의도 | 다항식의 나눗셈에서 미분법을 이용할 수 있는지 확인한다.

STEP 1 몫을 $Q(x)$로 놓고 나눗셈식을 등식으로 나타내기 [2점]

다항식 $P(x)=x^6+ax^3+bx^2$을 $(x-1)^2$으로 나누었을 때의 몫을

$Q(x)$라 하면

$x^6+ax^3+bx^2=(x-1)^2Q(x)$ ⋯⋯⋯⋯⋯⋯⋯ ㉠

STEP 2 $x=1$을 대입하여 a, b 사이의 관계식 구하기 [1점]

㉠의 양변에 $x=1$을 대입하면

$1+a+b=0$ $\therefore a+b=-1$ ⋯⋯⋯⋯⋯⋯⋯ ㉡

STEP 3 양변을 x에 대하여 미분한 후 $x=1$을 대입하여 a, b 사이의 관계식 구하기 [2점]

㉠의 양변을 x에 대하여 미분하면

$6x^5+3ax^2+2bx=2(x-1)Q(x)+(x-1)^2Q'(x)$

양변에 $x=1$을 대입하면

$6+3a+2b=0$

$\therefore 3a+2b=-6$ ⋯⋯⋯⋯⋯⋯⋯⋯⋯⋯ ㉢

STEP 4 상수 a, b의 값 구하기 [1점]

㉡, ㉢을 연립하여 풀면 $a=-4$, $b=3$

STEP 5 나머지정리를 이용하여 $x+1$로 나누었을 때의 나머지 구하기 [2점]

다항식 $P(x)=x^6-4x^3+3x^2$이므로 구하는 나머지는 나머지정리에 의하여 $P(-1)=1+4+3=8$

고난도 ⊕ Plus 문제   142쪽

1 0642 🔖 ②

주어진 그래프에서

$f(1)=0$, $f(a)=1$, $f(b)=a$,

$f(c)=b$이므로

$g(0)=1$, $g(1)=a$, $g(a)=b$,

$g(b)=c$

따라서 함수 $g(x)$에서 x의 값이 a에서 b까지 변할 때의 평균변화율은

$$\frac{g(b)-g(a)}{b-a}=\frac{c-b}{b-a}$$

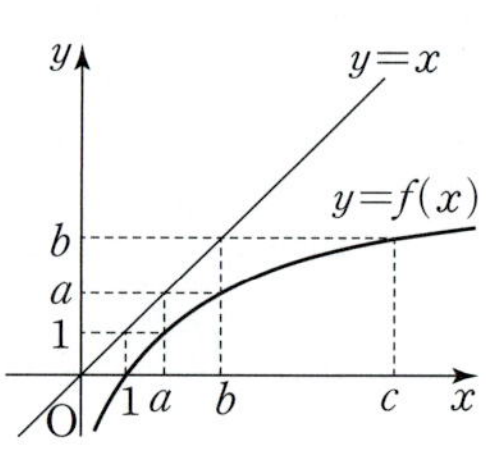

2 0643 🔖 ⑤

함수 $y=f(x)$의 그래프 위의 두 점 $(2,\ 1)$, $(a,\ f(a))$를 지나는

직선을 l이라 하면 직선 l의 기울기는 $\dfrac{f(a)-1}{a-2}$이다.

ㄱ. $a>2$이면 직선 l의 기울기는 $\dfrac{1}{2}$보다 작으므로

$$\frac{f(a)-1}{a-2}<\frac{1}{2}\ \text{(참)}$$

ㄴ. $0<a<2$이면 직선 l의 기울기는 $\dfrac{1}{2}$보다 크므로

$$\frac{f(a)-1}{a-2}>\frac{1}{2}\ \text{(참)}$$

ㄷ. $f'(a)$는 점 $(a,\ f(a))$에서의 접선의 기울기와 같고 주어진 그래프에서 $a>2$이면 점 $(a,\ f(a))$에서의 접선의 기울기가

직선 $y=\dfrac{1}{2}x$의 기울기보다 작으므로

$$f'(a)<\frac{1}{2}\ \text{(참)}$$

따라서 옳은 것은 ㄱ, ㄴ, ㄷ이다.

3 0644 답 ④

$f(x+y)-f(x)=f(y)+xy(x+y)$의 양변에 $x=0$, $y=0$을 대입하면

$f(0)-f(0)=f(0)$ $\therefore f(0)=0$ ⋯⋯⋯⋯⋯ ㉠

㉠을 $f(0)+f'(0)=3$에 대입하면 $f'(0)=3$ ⋯⋯⋯⋯⋯ ㉡

도함수의 정의에 의하여 $f'(x)$는

$$f'(x)=\lim_{h\to 0}\frac{f(x+h)-f(x)}{h}$$
$$=\lim_{h\to 0}\frac{f(h)+xh(x+h)}{h}$$
$$=\lim_{h\to 0}\frac{f(h)}{h}+\lim_{h\to 0}x(x+h)$$
$$=\lim_{h\to 0}\frac{f(h)-f(0)}{h}+x^2\ (\because ㉠)$$
$$=f'(0)+x^2=3+x^2\ (\because ㉡)$$

따라서 $f'(x)=x^2+3$이므로 $f'(2)=4+3=7$

4 0645 답 18

㈎의 $\lim\limits_{x\to 1}\dfrac{f(x)}{x-1}=3$에서 $x\to 1$일 때, 극한값이 존재하고

(분모)$\to 0$이므로 (분자)$\to 0$이다.

즉, $\lim\limits_{x\to 1}f(x)=0$에서 $f(1)=0$ ⋯⋯⋯⋯⋯ ㉠

㈏의 $\lim\limits_{x\to 2}\dfrac{f(x)}{(x-2)f'(x)}=a\ (a\neq 1)$에서 $x\to 2$일 때, 극한값이

존재하고 (분모)$\to 0$이므로 (분자)$\to 0$이다.

즉, $\lim\limits_{x\to 2}f(x)=0$에서 $f(2)=0$ ⋯⋯⋯⋯⋯ ㉡

㉠, ㉡에서 $f(1)=0$, $f(2)=0$이므로 삼차함수 $f(x)$는 $x-1$,

$x-2$를 인수로 가진다.

즉, $f(x)=k(x-1)(x-2)(x+a)\ (k,\ a$는 상수, $k\neq 0)$로 놓을

수 있다.

함수 $f(x)=k(x-1)(x-2)(x+a)$에서

$f'(x)=k\{(x-2)(x+a)+(x-1)(x+a)+(x-1)(x-2)\}$

이므로

$f'(2)=k(2+a)$ ⋯⋯⋯⋯⋯ ㉢

이때 $a\neq -2$라 하면

$$\lim_{x\to 2}\frac{f(x)}{(x-2)f'(x)}=\lim_{x\to 2}\frac{k(x-1)(x-2)(x+a)}{(x-2)f'(x)}$$
$$=\lim_{x\to 2}\frac{k(x-1)(x+a)}{f'(x)}$$
$$=\frac{k(2+a)}{f'(2)}=\frac{k(2+a)}{k(2+a)}\ (\because ㉢)$$
$$=1$$

즉, $a=1$이 되어 ㈏를 만족시키지 않는다.

$\therefore a=-2$

따라서 $f(x)=k(x-1)(x-2)^2$이므로

$$\lim_{x\to 2}\frac{f(x)}{(x-2)f'(x)}$$
$$=\lim_{x\to 2}\frac{k(x-1)(x-2)^2}{(x-2)\{k(x-2)^2+2k(x-1)(x-2)\}}$$
$$=\lim_{x\to 2}\frac{x-1}{(x-2)+2(x-1)}=\frac{1}{2}$$

즉, $a=\dfrac{1}{2}$

㈎에서 $\lim\limits_{x\to 1}\dfrac{f(x)}{x-1}=\lim\limits_{x\to 1}\dfrac{f(x)-f(1)}{x-1}=f'(1)$

즉, $f'(1)=3$

함수 $f(x)=k(x-1)(x-2)^2$에서

$f'(x)=k\{(x-2)^2+2(x-1)(x-2)\}$이고

$f'(1)=3$이므로 $k=3$

따라서 $f(x)=3(x-1)(x-2)^2$이므로

$f(4)=3\times 3\times 2^2=36$

$\therefore a\times f(4)=\dfrac{1}{2}\times 36=18$

5 0646 답 ②

다항함수 $f(x)$의 최고차항을 $ax^k\ (a\neq 0$인 상수, k는 자연수)이라

하면 $f'(x)$의 최고차항은 akx^{k-1}이다.

$(x^n-2)f'(x)=f(x)$에서 최고차항의 차수와 계수를 비교하면

(i) 좌변과 우변의 최고차항의 차수가 같으므로

   $n+k-1=k$ $\therefore n=1$

(ii) 좌변과 우변의 최고차항의 계수가 같으므로

   $ak=a,\ a(k-1)=0$ $\therefore k=1\ (\because a\neq 0)$

즉, $f(x)$는 일차함수이므로 $f(x)=ax+b\ (b$는 상수)라 하면

$f'(x)=a$

이것을 $(x-2)f'(x)=f(x)$에 대입하면

$f(x)=a(x-2)$

이때 $f(3)=1$에서 $a\times 1=1$ $\therefore a=1$

따라서 $f(x)=x-2$이므로

$f(n)=f(1)=1-2=-1$

04 도함수의 활용 (1)

0647 답 (1) $y=7x-16$ (2) $y=4x-6$

(1) $f(x)=x^3-5x$라 하면 $f'(x)=3x^2-5$

곡선 위의 점 $(2, -2)$에서의 접선의 기울기는

$f'(2)=7$

따라서 구하는 접선은 기울기가 7이고 점 $(2, -2)$를 지나므로

접선의 방정식은

$y+2=7(x-2)$ ∴ $y=7x-16$

(2) $f(x)=x^2-2x+3$이라 하면 $f'(x)=2x-2$

곡선 위의 점 $(3, 6)$에서의 접선의 기울기는

$f'(3)=4$

따라서 구하는 접선은 기울기가 4이고 점 $(3, 6)$을 지나므로 접선의 방정식은

$y-6=4(x-3)$ ∴ $y=4x-6$

0648 답 (1) $y=-\dfrac{1}{2}x$ (2) $y=-\dfrac{1}{6}x+\dfrac{19}{6}$

(1) $f(x)=-x^2+2x$라 하면 $f'(x)=-2x+2$

곡선 위의 점 $(0, 0)$에서의 접선의 기울기는

$f'(0)=2$

이 접선에 수직인 직선의 기울기는 $-\dfrac{1}{2}$이고 점 $(0, 0)$을 지나

므로 구하는 직선의 방정식은

$y-0=-\dfrac{1}{2}(x-0)$ ∴ $y=-\dfrac{1}{2}x$

(2) $f(x)=x^3+3x-1$이라 하면 $f'(x)=3x^2+3$

곡선 위의 점 $(1, 3)$에서의 접선의 기울기는

$f'(1)=6$

이 접선에 수직인 직선의 기울기는 $-\dfrac{1}{6}$이고 점 $(1, 3)$을 지나

므로 직선의 방정식은

$y-3=-\dfrac{1}{6}(x-1)$ ∴ $y=-\dfrac{1}{6}x+\dfrac{19}{6}$

0649 답 (1) $y=2x-3$ (2) $y=2x+2$

(1) $f(x)=x^2-2x+1$이라 하면 $f'(x)=2x-2$

접점의 좌표를 $(a, f(a))$라 하면 접선의 기울기가 2이므로

$f'(a)=2$에서

$2a-2=2$ ∴ $a=2$

즉, 접점의 좌표가 $(2, 1)$이므로 접선의 방정식은

$y-1=2(x-2)$ ∴ $y=2x-3$

(2) $f(x)=x^2+3$이라 하면 $f'(x)=2x$

접점의 좌표를 $(a, f(a))$라 하면 접선의 기울기가 2이므로

$f'(a)=2$에서

$2a=2$ ∴ $a=1$

즉, 접점의 좌표가 $(1, 4)$이므로 접선의 방정식은

$y-4=2(x-1)$ ∴ $y=2x+2$

0650 답 $y=2x-7$

직선 $y=2x+5$와 평행한 직선의 기울기는 2이다.

$f(x)=x^2-4x+2$라 하면 $f'(x)=2x-4$

접점의 좌표를 $(a, f(a))$라 하면 접선의 기울기가 2이므로

$f'(a)=2$에서 $2a-4=2$ ∴ $a=3$

즉, 접점의 좌표가 $(3, -1)$이므로 접선의 방정식은

$y+1=2(x-3)$

∴ $y=2x-7$

0651 답 $y=3x-4$

$f(x)=x^3-2$라 하면 $f'(x)=3x^2$

접점의 좌표를 (a, a^3-2)라 하면 이 점에서의 접선의 기울기가

$f'(a)=3a^2$이므로 접선의 방정식은

$y-(a^3-2)=3a^2(x-a)$ ·········· ㉠

이 직선이 점 $(0, -4)$를 지나므로

$-4-(a^3-2)=3a^2(0-a)$, $2a^3=2$

∴ $a=1$ (∵ a는 실수)

$a=1$을 ㉠에 대입하면 구하는 접선의 방정식은 $y=3x-4$

0652 답 $y=-2x+2$, $y=6x-6$

$f(x)=x^2+3$이라 하면 $f'(x)=2x$

접점의 좌표를 (a, a^2+3)이라 하면 이 점에서의 접선의 기울기가

$f'(a)=2a$이므로 접선의 방정식은

$y-(a^2+3)=2a(x-a)$ ·········· ㉠

이 직선이 점 $(1, 0)$을 지나므로

$-a^2-3=2a(1-a)$, $a^2-2a-3=0$

$(a+1)(a-3)=0$ ∴ $a=-1$ 또는 $a=3$

a의 값을 ㉠에 대입하면

$a=-1$일 때, $y=-2x+2$

$a=3$일 때, $y=6x-6$

0653 답 $\dfrac{2}{3}$

함수 $f(x)$는 닫힌구간 $[0, 1]$에서 연속이고 열린구간 $(0, 1)$

에서 미분가능하며 $f(0)=f(1)=1$이므로 롤의 정리에 의하여

$f'(c)=0$인 c가 열린구간 $(0, 1)$에 적어도 하나 존재한다.

이때 $f'(x)=3x^2-2x$이므로 $f'(c)=0$에서

$3c^2-2c=0$, $c(3c-2)=0$

∴ $c=\dfrac{2}{3}$ (∵ $0<c<1$)

0654 답 0

함수 $f(x)$는 닫힌구간 $[-1, 1]$에서 연속이고 열린구간 $(-1, 1)$

에서 미분가능하므로 평균값 정리에 의하여

$\dfrac{f(1)-f(-1)}{1-(-1)}=f'(c)$인 c가 열린구간 $(-1, 1)$에 적어도 하나

존재한다.

이때 $f'(x)=2x+1$이므로

$\dfrac{2-0}{1-(-1)}=2c+1$에서 $1=2c+1$

∴ $c=0$

0655 답 ①
| 유형 1

> 곡선 $y=x^3+ax^2+b$ 위의 점 $(2, -1)$에서의 접선의 기울기가 4일
> 【단서1】 【단서2】
> 때, $a-b$의 값은? (단, a, b는 상수이다.)
>
> ① -1 ② 0   ③ 1
> ④ 2   ⑤ 3
>
> 【단서1】 $f(x)=x^3+ax^2+b$라 하면 $f(2)=-1$
> 【단서2】 $f'(2)=4$

STEP 1 $f(2)=-1$, $f'(2)=4$를 이용하여 상수 a, b의 값 구하기

$f(x)=x^3+ax^2+b$라 하면 $f'(x)=3x^2+2ax$

점 $(2, -1)$이 곡선 $y=f(x)$ 위의 점이므로 $f(2)=-1$에서

$8+4a+b=-1$ $\therefore 4a+b=-9$ ·········· ㉠

점 $(2, -1)$에서의 접선의 기울기는 $f'(2)=4$이므로

$12+4a=4$ $\therefore a=-2$

$a=-2$를 ㉠에 대입하여 풀면 $b=-1$

STEP 2 $a-b$의 값 구하기

$a-b=(-2)-(-1)=-1$

0656 답 $\dfrac{1}{2}$

$f(x)=x^3+ax^2-3$에서 $f'(x)=3x^2+2ax$

점 $(1, f(1))$에서의 접선이 두 점 $(2, 3)$, $(3, 7)$을 지나는 직선
과 평행하므로 접선의 기울기는 두 점을 지나는 직선의 기울기와
같다.

즉, $f'(1)=\dfrac{7-3}{3-2}=4$에서 $3+2a=4$ $\therefore a=\dfrac{1}{2}$

0657 답 5

점 $(1, 2)$가 곡선 $y=f(x)$ 위의 점이므로 $f(1)=2$

점 $(1, 2)$에서의 접선의 기울기가 3이므로 $f'(1)=3$

$g(x)=xf(x)$라 하면 곡선 $y=g(x)$ 위의 점 $(1, f(1))$에서의
접선의 기울기는 $g'(1)$이다.

이때 $g'(x)=f(x)+xf'(x)$이므로

$g'(1)=f(1)+f'(1)=2+3=5$ → $g'(x)=x'f(x)+xf'(x)$

0658 답 -2

$f(x)=x^2-px$에서 $f'(x)=2x-p$

곡선 $y=f(x)$ 위의 점 $(2, f(2))$에서의 접선이 x축의 양의 방향
향과 이루는 각의 크기를 θ라 할 때, 접선의 기울기는 $\tan\theta=6$이
므로

$f'(2)=6$에서

$4-p=6$ $\therefore p=-2$

> **개념 Check**
>
> (1) (직선의 기울기)$=\dfrac{(y\text{의 값의 증가량})}{(x\text{의 값의 증가량})}$
>
> (2) 직선이 x축의 양의 방향과 이루는 각의 크기를 θ라 할 때,
> (직선의 기울기)$=\tan\theta$

0659 답 ②

$f(x)=x^2-2ax+1$에서 $f'(x)=2x-2a$

$f(a+2)=(a+2)^2-2a(a+2)+1$
$\qquad\qquad =-a^2+5$

$f(a-1)=(a-1)^2-2a(a-1)+1$
$\qquad\qquad =-a^2+2$

두 점 $(a-1, f(a-1))$, $(a+2, f(a+2))$를 지나는 직선의 기
울기는

$\dfrac{f(a+2)-f(a-1)}{a+2-(a-1)}=\dfrac{(-a^2+5)-(-a^2+2)}{3}$

$\qquad\qquad\qquad\qquad\qquad =\dfrac{3}{3}=1$

따라서 곡선 $y=f(x)$ 위의 점 (p, q)에서의 접선의 기울기도 1이
므로

$f'(p)=1$에서 $2p-2a=1$

$\therefore p=a+\dfrac{1}{2}$

0660 답 22

㈎에서 삼차함수 $f(x)$가 모든 실수 x에 대하여 $f(-x)=-f(x)$
이므로   함수 $y=f(x)$의 그래프는 원점에 대하여 대칭 ←

$f(x)=ax^3+bx$ (a, b는 상수, $a\neq 0$)로 놓으면

$f'(x)=3ax^2+b$

㈏에서 곡선이 점 $(1, 0)$을 지나므로

$f(1)=0$에서 $a+b=0$ ·········· ㉠

또, 점 $(1, 0)$에서의 접선의 기울기가 4이므로

$f'(1)=4$에서 $3a+b=4$ ·········· ㉡

㉠, ㉡을 연립하여 풀면 $a=2$, $b=-2$

즉, $f(x)=2x^3-2x$이므로 $f'(x)=6x^2-2$

따라서 점 $(2, f(2))$에서의 접선의 기울기는

$f'(2)=22$

> **참고** (1) $f(-x)=f(x)$를 만족시키는 다항함수 $f(x)$는 짝수 차수의 항 또
> 는 상수항으로만 이루어진 함수이다.
>
> (2) $f(-x)=-f(x)$를 만족시키는 다항함수 $f(x)$는 홀수 차수의 항으로만
> 이루어진 함수이다.

0661 답 7

$f(x)=4x^3-5x+9$라 하면 $f'(x)=12x^2-5$

따라서 점 $(1, 8)$에서의 접선의 기울기는

$f'(1)=7$

0662 답 ④
| 유형 2

> 곡선 $y=x^3+ax+b$ 위의 점 $(1, 5)$에서의 접선의 방정식이
> 【단서1】
> $y=4x+1$일 때, ab의 값은? (단, a, b는 상수이다.)
> 【단서2】
>
> ① -3 ② -1 ③ 1
> ④ 3   ⑤ 4
>
> 【단서1】 $f(x)=x^3+ax+b$라 하면 $f(1)=5$
> 【단서2】 접선의 기울기가 4이므로 $f'(1)=4$

$f(x)=x^3+ax+b$라 하면 $f'(x)=3x^2+a$
점 $(1, 5)$에서의 접선의 기울기가 4이므로 $f'(1)=4$에서
$3+a=4$ $\therefore a=1$
곡선 $y=x^3+x+b$가 점 $(1, 5)$를 지나므로
$5=1+1+b$ $\therefore b=3$

$ab=3$

0663 답 0

$f(x)=x^2-x+1$이라 하면 $f'(x)=2x-1$
점 $(2, 3)$에서의 접선의 기울기는 $f'(2)=3$이므로
접선의 방정식은
$y-3=3(x-2)$ $\therefore y=3x-3$
이 직선이 점 $(1, a)$를 지나므로
$a=3-3=0$

0664 답 28

점 $\mathrm{P}(a, -6)$이 곡선 $y=x^3+2$ 위의 점이므로
$-6=a^3+2$, $a^3=-8$
$\therefore a=-2$ ($\because a$는 실수)
$f(x)=x^3+2$라 하면 $f'(x)=3x^2$
점 $\mathrm{P}(-2, -6)$에서의 접선의 기울기는 $f'(-2)=12$이므로
접선의 방정식은
$y+6=12(x+2)$ $\therefore y=12x+18$
따라서 $a=-2$, $m=12$, $n=18$이므로
$a+m+n=28$

0665 답 ④

$f(x)=x^3-ax+b$라 하면 $f'(x)=3x^2-a$
점 $(1, 1)$이 곡선 $y=f(x)$ 위의 점이므로 $f(1)=1$에서
$1-a+b=1$ $\therefore a=b$
점 $(1, 1)$에서의 접선의 기울기는 $f'(1)=3-a$이므로 접선의 방정식은
$y-1=(3-a)(x-1)$ $\therefore y=(3-a)x-2+a$
이 직선이 점 $(0, 0)$을 지나므로
$0=-2+a$ $\therefore a=2$
따라서 $a=b=2$이므로
$a^2+b^2=2^2+2^2=8$

0666 답 ③

$f(x)=x^3-3x^2+2$라 하면 $f'(x)=3x^2-6x$
점 $(1, 0)$에서의 접선의 기울기는 $f'(1)=-3$이므로 직선 l의 방정식은
$y-0=-3(x-1)$ $\therefore y=-3x+3$ ⌐⋯⋯⋯⋯⋯⋯⌐ ㉠
점 $(2, -2)$에서의 접선의 기울기는 $f'(2)=0$이므로 직선 m의 방정식은

$y=-2$ → 기울기가 0이고 y절편이 -2인 직선이다.
$y=-2$를 ㉠에 대입하면 $x=\dfrac{5}{3}$
따라서 두 직선 l, m의 교점의 좌표는 $\left(\dfrac{5}{3},\ -2\right)$이다.

0667 답 ③

$f(x)=2x^3-x^2-x$라 하면 $f'(x)=6x^2-2x-1$
점 $(1, 0)$에서의 접선의 기울기는 $f'(1)=3$이므로 접선의 방정식은
$y-0=3(x-1)$ $\therefore y=3x-3$
이 접선과 직선 $y=x$의 교점의 좌표를 (a, a)라 하면
$3a-3=a$, $2a=3$
$\therefore a=\dfrac{3}{2}$
따라서 교점의 좌표는 $\left(\dfrac{3}{2},\ \dfrac{3}{2}\right)$이다.

0668 답 10

$f(x)=x^3-6x^2+6$이라 하면 $f'(x)=3x^2-12x$
점 $(1, 1)$에서의 접선의 기울기는 $f'(1)=-9$이므로 접선의 방정식은
$y-1=-9(x-1)$ $\therefore y=-9x+10$
이 직선이 점 $(0, a)$를 지나므로
$a=0+10=10$

다른 풀이

$f'(1)=-9$이므로 두 점 $(0, a)$, $(1, 1)$을 지나는 직선의 기울기는 -9이다.
$\dfrac{1-a}{1-0}=-9$, $1-a=-9$
$\therefore a=10$

0669 답 18

$f(x)=x^3+ax$이므로 $f'(x)=3x^2+a$
점 $(1, f(1))$에서의 접선의 기울기가 4이므로 $f'(1)=4$에서
$3+a=4$ $\therefore a=1$
$f(1)=2$이므로 점 $(1, 2)$에서의 접선의 방정식은
$y-2=4(x-1)$ $\therefore y=4x-2$
따라서 $b=-2$이므로
$20a+b=20-2=18$

0670 답 ③

$f(x)$는 최고차항의 계수가 1인 삼차함수이고, 곡선 $y=f(x)$ 위의 점 $(2, 3)$에서의 접선이 점 $(1, 3)$을 지나므로 이 접선의 기울기는 0이다. (y좌표가 같다.)
즉, $f(2)=3$, $f'(2)=0$이므로
$f(x)-3=(x-a)(x-2)^2$ (a는 상수)
으로 놓을 수 있다.
$f(x)=(x-a)(x-2)^2+3$에서
$f'(x)=(x-2)^2+2(x-a)(x-2)$ ⋯⋯⋯⋯⋯⋯⋯ ㉠
또, 곡선 $y=f(x)$ 위의 점 $(-2, f(-2))$에서의 접선의 방정식은
$y-f(-2)=f'(-2)(x+2)$

이 접선이 점 $(1, 3)$을 지나므로
$$3-f(-2)=3f'(-2)$$
$$3-\{16(-2-a)+3\}=3\{16-8(-2-a)\} \ (\because \ ㉠)$$
$$3-(-29-16a)=3(32+8a)$$
$$32+16a=96+24a, \ 8a=-64$$
$$\therefore \ a=-8$$
따라서 $f(x)=(x+8)(x-2)^2+3$이므로
$$f(0)=35$$

0671 답 ③　　　　　　　　　　　　　| 유형 3

STEP 1 접선에 수직인 직선의 기울기 구하기

$f(x)=x^2-3x+2$라 하면 $f'(x)=2x-3$

점 $(0, 2)$에서의 접선의 기울기는 $f'(0)=-3$이므로 이 점에서의
접선에 수직인 직선의 기울기는
$$-\frac{1}{f'(0)}=\frac{1}{3}$$

STEP 2 접선에 수직인 직선의 방정식 구하기

구하는 직선의 방정식은
$$y-2=\frac{1}{3}(x-0) \qquad \therefore \ y=\frac{1}{3}x+2$$

0672 답 ③

$f(x)=-x^3-x^2+3x$라 하면 $f'(x)=-3x^2-2x+3$

점 $(1, 1)$에서의 접선의 기울기는 $f'(1)=-2$이므로 이 점에서의
접선에 수직인 직선의 기울기는
$$-\frac{1}{f'(1)}=\frac{1}{2}$$

따라서 구하는 직선의 방정식은
$$y-1=\frac{1}{2}(x-1) \qquad \therefore \ y=\frac{1}{2}x+\frac{1}{2}$$

따라서 $a=\dfrac{1}{2}$, $b=\dfrac{1}{2}$이므로 $ab=\dfrac{1}{4}$

0673 답 ②

$f(x)=\dfrac{2}{3}x^3+ax$이므로 $f'(x)=2x^2+a$

두 점 $(0, f(0))$, $(1, f(1))$에서의 접선이 서로 수직이므로
$f'(0)f'(1)=-1$에서
$$a(2+a)=-1, \ (a+1)^2=0$$
$$\therefore \ a=-1 \quad\rightarrow f'(0)=a, \ f'(1)=2+a$$

0674 답 ②

$f(x)=x^3-2x^2+3x+1$이라 하면 $f'(x)=3x^2-4x+3$

점 $(1, 3)$에서의 접선의 기울기는 $f'(1)=2$이므로 이 점에서의

접선에 수직인 직선의 기울기는 $-\dfrac{1}{f'(1)}=-\dfrac{1}{2}$

구하는 직선의 방정식은

$$y-3=-\frac{1}{2}(x-1) \qquad \therefore \ y=-\frac{1}{2}x+\frac{7}{2}$$

이때 직선 $y=-\dfrac{1}{2}x+\dfrac{7}{2}$이 x축과

만나는 점의 x좌표는 7, y축과 만나
는 점의 y좌표는 $\dfrac{7}{2}$이다.

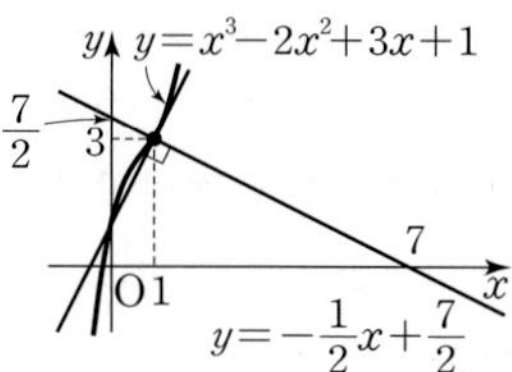

따라서 $a=7$, $b=\dfrac{7}{2}$이므로

$$a+b=\frac{21}{2}$$

0675 답 ①

$f(x)=x^3-3x^2+2x+2$라 하면 $f'(x)=3x^2-6x+2$

점 $A(0, 2)$에서의 접선의 기울기는 $f'(0)=2$이므로 이 점에서의

접선에 수직인 직선의 기울기는 $-\dfrac{1}{f'(0)}=-\dfrac{1}{2}$

점 A를 지나고 점 A에서의 접선에 수직인 직선의 방정식은

$$y-2=-\frac{1}{2}(x-0) \qquad \therefore \ y=-\frac{1}{2}x+2$$

따라서 구하는 직선의 x절편은 4이다.
　　　　　　　　　　　　　　　$\rightarrow$ 직선의 방정식에서 $y=0$일 때 x의 값

0676 답 ⑤　　　　　　　　　　　　　| 유형 4

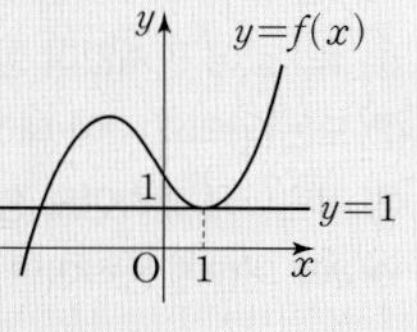

STEP 1 접선의 기울기 구하기

함수 $y=f(x)$의 그래프에서 $f(1)=1$, $f'(1)=0$

$g(x)=(x-1)f(x)$라 하면　$\rightarrow$ 점 $(1, 1)$을 지나고 $x=1$에서의
　　　　　　　　　　　　　　접선의 기울기가 0이다.
$$g'(x)=(x-1)'f(x)+(x-1)f'(x)$$
$$=f(x)+(x-1)f'(x)$$

곡선 $y=g(x)$ 위의 점 $(1, 0)$에서의 접선의 기울기는
$$g'(1)=f(1)+0\times f'(1)=1$$

STEP 2 접선의 방정식 구하기

구하는 접선의 방정식은
$$y-0=x-1 \qquad \therefore \ y=x-1$$

STEP 3 상수 a, b의 값을 구하여 $a-b$의 값 구하기

$a=1$, $b=-1$이므로 $a-b=1-(-1)=2$

0677 답 ②

함수 $y=f(x)$의 그래프가 점 $(2, -4)$를 지나므로
$f(2)=-4$
$x=2$인 점에서의 접선의 기울기가 0이므로
$f'(2)=0$
$g(x)=x^2f(x)$에서 $g'(x)=2xf(x)+x^2f'(x)$
$g(2)=4f(2)=-16$이므로 곡선 $y=g(x)$ 위의 점 $(2, -16)$에
서의 접선의 기울기는
$g'(2)=4f(2)+4f'(2)=-16$
따라서 구하는 접선의 방정식은
$y-(-16)=-16(x-2)$ $\therefore y=-16x+16$

0678 답 ④

$y=x^3+ax^2+(2a+1)x+a+4$를 a에 대하여 정리하면
$a(x+1)^2+(x^3+x+4-y)=0$
이 식이 a의 값에 관계없이 항상 성립해야 하므로
$x+1=0,\ x^3+x+4-y=0$ → a에 대한 항등식
두 식을 연립하여 풀면 $x=-1,\ y=2$
$\therefore \mathrm{P}(-1, 2)$
$f(x)=x^3+ax^2+(2a+1)x+a+4$라 하면
$f'(x)=3x^2+2ax+2a+1$
점 $\mathrm{P}(-1, 2)$에서의 접선의 기울기는
$f'(-1)=3-2a+2a+1=4$
이므로 구하는 접선의 방정식은
$y-2=4(x+1)$ $\therefore y=4x+6$

0679 답 1

$f(x)=x^3+2x$에서 $f'(x)=3x^2+2$
점 $(3, \alpha)$가 곡선 $y=f^{-1}(x)$ 위의 점이므로 점 $(\alpha, 3)$은 곡선
$y=f(x)$ 위의 점이다.
즉, $f(\alpha)=3$에서 $\alpha^3+2\alpha=3$
$\alpha^3+2\alpha-3=0,\ (\alpha-1)(\alpha^2+\alpha+3)=0$
$\therefore \alpha=1\ (\because \alpha^2+\alpha+3>0)$
곡선 $y=f(x)$ 위의 점 $(1, 3)$에서의 접선의 기울기는 $f'(1)=5$
이므로 접선의 방정식은
$y-3=5(x-1)$ $\therefore y=5x-2$
이때 곡선 $y=f^{-1}(x)$ 위의 점 $(3, 1)$에서의 접선은 곡선
$y=f(x)$ 위의 점 $(1, 3)$에서의 접선 $y=5x-2$와 직선 $y=x$에
대하여 대칭이므로 접선의 방정식은   → $y=5x-2$에 x 대신 y를,
$x=5y-2$ $\therefore y=\dfrac{1}{5}x+\dfrac{2}{5}$ y 대신 x를 대입한다.

따라서 $a=\dfrac{1}{5},\ b=\dfrac{2}{5}$이므로 $a+2b=1$

0680 답 ⑤

$f(x)=x^3-2x^2-2x+4$라 하면 $f'(x)=3x^2-4x-2$
점 $(1, 1)$에서의 접선 l의 기울기는 $f'(1)=-3$이므로 접선 l의
방정식은
$y-1=-3(x-1)$ $\therefore y=-3x+4$ ················· ㉠

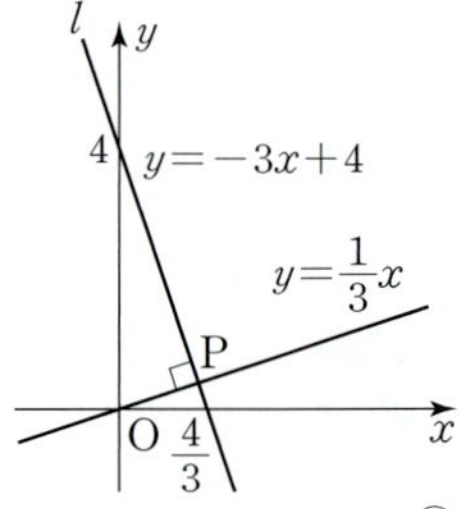

직선 l 위의 점 중에서 원점과의 거리가
가장 가까운 점 $\mathrm{P}(p, q)$는 직선 l에 수
직이면서 원점을 지나는 직선과 직선 l
의 교점이다.
이때 직선 l에 수직이고 원점을 지나는
직선의 방정식은
$y=\dfrac{1}{3}x$ ················· ㉡
㉠, ㉡을 연립하여 풀면 $x=\dfrac{6}{5},\ y=\dfrac{2}{5}$이므로 $\mathrm{P}\left(\dfrac{6}{5}, \dfrac{2}{5}\right)$

따라서 $p=\dfrac{6}{5},\ q=\dfrac{2}{5}$이므로 $p+q=\dfrac{8}{5}$

다른 풀이

직선 $l : y=-3x+4$ 위의 임의의 점 $(a, -3a+4)$와 원점 사이의
거리는
$$\sqrt{a^2+(-3a+4)^2}=\sqrt{10a^2-24a+16}=\sqrt{10\left(a-\dfrac{6}{5}\right)^2+\dfrac{8}{5}}$$
이므로 $a=\dfrac{6}{5}$일 때 최소이다.

즉, 점 P의 좌표는 $\left(\dfrac{6}{5}, \dfrac{2}{5}\right)$이므로 $p=\dfrac{6}{5},\ q=\dfrac{2}{5}$
$\quad$ → $-3\times\dfrac{6}{5}+4=\dfrac{2}{5}$

0681 답 ⑤ | 유형 5

STEP 1 $f(1), f'(1)$의 값 구하기

$\lim\limits_{x\to1}\dfrac{f(x)-1}{x-1}=3$에서 $x\to1$일 때 (분모) $\to0$이고 극한값이 존
재하므로 (분자) $\to0$이다.
즉, $\lim\limits_{x\to1}\{f(x)-1\}=0$이므로 $f(1)=1$ → 다항함수 $f(x)$는
$\therefore \lim\limits_{x\to1}\dfrac{f(x)-1}{x-1}=\lim\limits_{x\to1}\dfrac{f(x)-f(1)}{x-1}=f'(1)=3$ 연속이므로
$\quad f(1)=\lim\limits_{x\to1}f(x)=1$

STEP 2 접선의 방정식 구하기

점 $(1, 1)$에서의 접선의 기울기가 3이므로 접선의 방정식은

$$y-1=3(x-1) \qquad \therefore y=3x-2$$

STEP 3 상수 a, b의 값을 구하여 $a-b$의 값 구하기

$a=3, b=-2$이므로

$$a-b=3-(-2)=5$$

0682 답 ①

$\displaystyle\lim_{x \to 2} \dfrac{f(x^2)}{x-2}=8$에서 $x \to 2$일 때 (분모) $\to 0$이고 극한값이 존재하

므로 (분자) $\to 0$이다.

즉, $\displaystyle\lim_{x \to 2} f(x^2)=0$이므로 $f(4)=0$

$$\begin{aligned}
\therefore \lim_{x \to 2} \frac{f(x^2)}{x-2} &= \lim_{x \to 2} \frac{f(x^2)-f(4)}{x-2} \\
&= \lim_{x \to 2} \frac{\{f(x^2)-f(4)\}(x+2)}{(x-2)(x+2)} \\
&= \lim_{x \to 2} \left\{ \frac{f(x^2)-f(4)}{x^2-4} \times (x+2) \right\} \\
&= f'(4) \times 4
\end{aligned}$$

즉, $4f'(4)=8$이므로 $f'(4)=2$

곡선 $y=f(x)$ 위의 점 $(4, f(4))$, 즉 $(4, 0)$에서의 접선의 방정식은

$$y-0=2(x-4) \qquad \therefore y=2x-8$$

따라서 $a=2, b=-8$이므로 $ab=-16$

0683 답 ⑤

㈎의 $\displaystyle\lim_{x \to 2} \dfrac{f(x)-g(x)}{x-2}=2$에서 $x \to 2$일 때 (분모) $\to 0$이고 극

한값이 존재하므로 (분자) $\to 0$이다.

즉, $\displaystyle\lim_{x \to 2} \{f(x)-g(x)\}=0$이므로 $f(2)=g(2)$

$g(x)=x^3 f(x)-7$에 $x=2$를 대입하면

$$g(2)=8f(2)-7$$

$$g(2)=8g(2)-7 \ (\because f(2)=g(2))$$

$$-7g(2)=-7 \qquad \therefore g(2)=f(2)=1$$

$$\begin{aligned}
\therefore \lim_{x \to 2} \frac{f(x)-g(x)}{x-2} &= \lim_{x \to 2} \frac{\{f(x)-f(2)\}-\{g(x)-g(2)\}}{x-2} \\
&= \lim_{x \to 2} \frac{f(x)-f(2)}{x-2} - \lim_{x \to 2} \frac{g(x)-g(2)}{x-2} \\
&= f'(2)-g'(2)
\end{aligned}$$

즉, $f'(2)-g'(2)=2$이므로

$$f'(2)=g'(2)+2$$

$g(x)=x^3 f(x)-7$의 양변을 x에 대하여 미분하면

$$g'(x)=3x^2 f(x)+x^3 f'(x)$$

위의 식에 $x=2$를 대입하면

$$g'(2)=12f(2)+8f'(2)$$

$$g'(2)=12 \times 1+8\{g'(2)+2\}=8g'(2)+28$$

$$-7g'(2)=28 \qquad \therefore g'(2)=-4$$

점 $(2, g(2))$, 즉 점 $(2, 1)$에서의 접선의 기울기가 -4이므로 접

선의 방정식은

$$y-1=-4(x-2) \qquad \therefore y=-4x+9$$

따라서 $a=-4, b=9$이므로 $a+b=5$

0684 답 28

$\displaystyle\lim_{x \to 2} \dfrac{f(x)-1}{x^2-4}=-1$에서 $x \to 2$일 때 (분모) $\to 0$이고 극한값이

존재하므로 (분자) $\to 0$이다.

즉, $\displaystyle\lim_{x \to 2} \{f(x)-1\}=0$이므로 $f(2)=1$

$$\begin{aligned}
\lim_{x \to 2} \frac{f(x)-1}{x^2-4} &= \lim_{x \to 2} \left\{ \frac{f(x)-f(2)}{x-2} \times \frac{1}{x+2} \right\} \\
&= f'(2) \times \frac{1}{4} = -1
\end{aligned}$$

$$\therefore f'(2)=-4$$

$g(x)=(x+1)f(x)$라 하면 곡선 $y=g(x)$가 점 $(2, a)$를 지나

므로

$$a=3f(2)=3 \ (\because f(2)=1)$$

$g(x)=(x+1)f(x)$의 양변을 x에 대하여 미분하면

$$g'(x)=f(x)+(x+1)f'(x)$$

곡선 $y=g(x)$ 위의 점 $(2, 3)$에서의 접선의 기울기는

$$\begin{aligned}
g'(2) &= f(2)+(2+1)f'(2) \\
&= 1+3 \times (-4) = -11
\end{aligned}$$

따라서 구하는 접선의 방정식은

$$y-3=-11(x-2) \qquad \therefore y=-11x+25$$

이 직선의 y절편은 25이므로 $b=25$

$$\therefore a+b=3+25=28$$

0685 답 ②

| 유형 6

> 곡선 $y=x^2+x+3$ 위의 점 (a, a^2+a+3)에서의 접선의 y절편을 【단서1】 【단서2】
> $f(a)$라 하자. $\displaystyle\lim_{a \to \infty} \dfrac{f(a)}{a^2}$의 값은?
>
> ① -2 ② -1 ③ 0
> ④ 1 ⑤ 2
>
> 【단서1】 곡선 $y=g(x)$ 위의 점 $(a, g(a))$에서의 접선의 방정식은 $y-g(a)=g'(a)(x-a)$
> 【단서2】 $f(a)$는 접선의 방정식에 $x=0$을 대입했을 때의 y의 값

STEP 1 접선의 방정식 구하기

$g(x)=x^2+x+3$이라 하면 $g'(x)=2x+1$

곡선 $y=g(x)$ 위의 점 (a, a^2+a+3)에서의 접선의 기울기는

$g'(a)=2a+1$이므로 접선의 방정식은

$$y-(a^2+a+3)=(2a+1)(x-a)$$

$$\therefore y=(2a+1)x-a^2+3$$

STEP 2 y절편을 식으로 나타내기

이 직선의 y절편은 $f(a)=-a^2+3$ → 직선의 방정식에서 $x=0$일 때 y의 값

STEP 3 $\displaystyle\lim_{a \to \infty} \dfrac{f(a)}{a^2}$의 값 구하기

$$\lim_{a \to \infty} \frac{f(a)}{a^2} = \lim_{a \to \infty} \frac{-a^2+3}{a^2} = \lim_{a \to \infty} \left(-1+\frac{3}{a^2} \right) = -1$$

0686 답 ①

$g(x)=x^2-x+1$이라 하면 $g'(x)=2x-1$

곡선 $y=g(x)$ 위의 점 $(a,\ a^2-a+1)$에서의 접선의 기울기는

$g'(a)=2a-1$이므로 접선의 방정식은

$y-(a^2-a+1)=(2a-1)(x-a)$

$\therefore y=(2a-1)x-a^2+1$

이 직선의 x절편은 $f(a)=\dfrac{a^2-1}{2a-1}$

$\therefore \lim\limits_{a\to\infty}\dfrac{f(a)}{a}=\lim\limits_{a\to\infty}\dfrac{a^2-1}{a(2a-1)}$

$\longrightarrow$ 직선의 방정식에서 $y=0$일 때 x의 값

$=\lim\limits_{a\to\infty}\dfrac{a^2-1}{2a^2-a}$

$=\lim\limits_{a\to\infty}\dfrac{1-\dfrac{1}{a^2}}{2-\dfrac{1}{a}}$

$=\dfrac{1}{2}$

0687 답 ①

$f(x)=x^2-2x$에서 $f'(x)=2x-2$

곡선 $y=f(x)$ 위의 점 $(p,\ f(p))$에서의 접선의 기울기 $f'(p)$는 $\tan\theta$와 같으므로

$\tan\theta=f'(p)=2p-2$

$\therefore \lim\limits_{p\to\infty}\dfrac{p}{\tan\theta}=\lim\limits_{p\to\infty}\dfrac{p}{2p-2}$

$=\lim\limits_{p\to\infty}\dfrac{1}{2-\dfrac{2}{p}}$

$=\dfrac{1}{2}$

> **개념 Check**
>
> 직선 $y=mx+n$이 x축의 양의 방향과 이루는 각의 크기를 θ라 하면 이 직선의 기울기는 $\tan\theta$
>
> $\therefore m=\tan\theta$

0688 답 ②

$g(x)=x^2$이라 하면 $g'(x)=2x$

점 $\mathrm{P}(t,\ t^2)$에서의 접선의 기울기는 $g'(t)=2t$이므로 이 점에서의 접선에 수직인 직선의 기울기는

$-\dfrac{1}{g'(t)}=-\dfrac{1}{2t}$

따라서 점 P를 지나고 점 P에서의 접선에 수직인 직선의 방정식은

$y-t^2=-\dfrac{1}{2t}(x-t)$

$\therefore y=-\dfrac{1}{2t}x+t^2+\dfrac{1}{2}$

이 직선이 y축과 만나는 점 Q의 좌표는 $\left(0,\ t^2+\dfrac{1}{2}\right)$이므로

$f(t)=t^2+\dfrac{1}{2}$

$\therefore \lim\limits_{t\to\infty}\dfrac{f(t)}{t^2}=\lim\limits_{t\to\infty}\left(1+\dfrac{1}{2t^2}\right)=1$

0689 답 ⑤

$f(x)=x^3+3x+1$이라 하면 $f'(x)=3x^2+3$

곡선 $y=f(x)$ 위의 점 $(t,\ t^3+3t+1)$에서의 접선의 기울기는

$f'(t)=3t^2+3$이므로 접선의 방정식은

$y-(t^3+3t+1)=(3t^2+3)(x-t)$

$\therefore y=(3t^2+3)x-2t^3+1$

이 직선의 y절편은 $g(t)=-2t^3+1$이므로

$g'(t)=-6t^2$

$\therefore \lim\limits_{t\to\infty}\dfrac{g'(t+2)-g'(t)}{t}=\lim\limits_{t\to\infty}\dfrac{-6(t+2)^2+6t^2}{t}$

$=\lim\limits_{t\to\infty}\dfrac{-24t-24}{t}$

$=\lim\limits_{t\to\infty}\left(-24-\dfrac{24}{t}\right)$

$=-24$

0690 답 20

$g(x)=x^3$이라 하면 $g'(x)=3x^2$

곡선 $y=g(x)$ 위의 점 $\mathrm{P}(t,\ t^3)$에서의 접선의 기울기는

$g'(t)=3t^2$이므로 접선의 방정식은

$y-t^3=3t^2(x-t)$ $\qquad \therefore 3t^2x-y-2t^3=0$

이 직선과 원점 사이의 거리 $f(t)$는

$f(t)=\dfrac{|-2t^3|}{\sqrt{(3t^2)^2+(-1)^2}}=\dfrac{|-2t^3|}{\sqrt{9t^4+1}}$

$\therefore \lim\limits_{t\to\infty}\dfrac{f(t)}{t}=\lim\limits_{t\to\infty}\dfrac{2t^2}{\sqrt{9t^4+1}}$

$=\lim\limits_{t\to\infty}\dfrac{2}{\sqrt{9+\dfrac{1}{t^4}}}$

$=\dfrac{2}{3}$

즉, $a=\dfrac{2}{3}$이므로 $30a=30\times\dfrac{2}{3}=20$

> **개념 Check**
>
> 점 $(x_1,\ y_1)$과 직선 $ax+by+c=0$ 사이의 거리는
>
> $\dfrac{|ax_1+by_1+c|}{\sqrt{a^2+b^2}}$

0691 답 ② 　　　　　　　　　　　| 유형 7

> 곡선 $y=-x^3+3x^2+3$ 위의 점 $(2,\ 7)$에서의 접선이 이 곡선과 만나 **[단서1]**
>
> 는 점 중에서 접점이 아닌 점을 A라 할 때, 선분 $\overline{\mathrm{OA}}$의 길이는? **[단서2]**
>
> (단, O는 원점이다.)
>
> ① 7 　　② $5\sqrt{2}$ 　　③ $\sqrt{51}$
> ④ $2\sqrt{13}$ 　　⑤ $\sqrt{53}$
>
> **[단서1]** 점 $(2,\ 7)$은 접선의 접점의 좌표
> **[단서2]** 점 A는 곡선과 접선이 만나는 점

STEP 1 접선의 방정식 구하기

$f(x)=-x^3+3x^2+3$이라 하면 $f'(x)=-3x^2+6x$

점 $(2,\ 7)$에서의 접선의 기울기는 $f'(2)=0$이므로 접선의 방정식은

$y=7$

STEP 2 곡선과 접선이 만나는 점 A의 좌표 구하기

곡선 $y=-x^3+3x^2+3$과 접선 $y=7$의 교점의 x좌표는

$-x^3+3x^2+3=7$에서

$x^3-3x^2+4=0$, $(x+1)(x-2)^2=0$

$\therefore x=-1$ 또는 $x=2$

따라서 점 A의 좌표는 $(-1, 7)$

STEP 3 선분 OA의 길이 구하기

$\overline{\mathrm{OA}}=\sqrt{(-1)^2+7^2}=5\sqrt{2}$

$$\begin{array}{r|rrrr} -1 & 1 & -3 & 0 & 4 \\ & & -1 & 4 & -4 \\ \hline 2 & 1 & -4 & 4 & 0 \\ & & & 2 & -4 \\ \hline & 1 & -2 & 0 \end{array}$$

$x^3-3x^2+4=(x+1)(x-2)^2$

개념 Check

> 좌표평면 위의 두 점 $\mathrm{A}(x_1, y_1)$, $\mathrm{B}(x_2, y_2)$ 사이의 거리는
> $\overline{\mathrm{AB}}=\sqrt{(x_2-x_1)^2+(y_2-y_1)^2}$

0692 답 21

$f(x)=x^3+2x+7$이라 하면 $f'(x)=3x^2+2$

점 $\mathrm{P}(-1, 4)$에서의 접선의 기울기는 $f'(-1)=5$이므로 접선의 방정식은

$y-4=5(x+1)$ $\therefore y=5x+9$

곡선 $y=x^3+2x+7$과 접선 $y=5x+9$의 교점의 x좌표는

$x^3+2x+7=5x+9$에서

$x^3-3x-2=0$, $(x+1)^2(x-2)=0$

$\therefore x=-1$ 또는 $x=2$

따라서 구하는 점의 좌표는 $(2, 19)$이므로

$a=2$, $b=19$

$\therefore a+b=21$

0693 답 ④

$f(x)=x^3-5x$라 하면 $f'(x)=3x^2-5$

점 $\mathrm{A}(1, -4)$에서의 접선의 기울기는 $f'(1)=-2$이므로 접선의 방정식은

$y+4=-2(x-1)$ $\therefore y=-2x-2$

곡선 $y=x^3-5x$와 접선 $y=-2x-2$의 교점의 x좌표는

$x^3-5x=-2x-2$에서

$x^3-3x+2=0$, $(x+2)(x-1)^2=0$

$\therefore x=-2$ 또는 $x=1$

따라서 점 B의 좌표는 $(-2, 2)$이므로

$\overline{\mathrm{AB}}=\sqrt{(-2-1)^2+\{2-(-4)\}^2}=\sqrt{(-3)^2+6^2}=3\sqrt{5}$

0694 답 12

$f(x)=x^3+ax$에서 $f'(x)=3x^2+a$

점 $\mathrm{A}(-1, -1-a)$에서의 접선의 기울기는 $f'(-1)=3+a$이므로 접선의 방정식은

$y-(-1-a)=(3+a)(x+1)$ $\therefore y=(3+a)x+2$

곡선 $y=x^3+ax$와 접선 $y=(3+a)x+2$의 교점의 x좌표는

$x^3+ax=(3+a)x+2$에서

$x^3-3x-2=0$, $(x+1)^2(x-2)=0$

$\therefore x=-1$ 또는 $x=2$ → $x=-1$일 때의 교점은 A이다.

즉, 점 B의 x좌표는 2이므로 $b=2$

또, 점 $\mathrm{B}(2, 8+2a)$에서의 접선의 기울기는 $f'(2)=12+a$이므로 접선의 방정식은

$y-(8+2a)=(12+a)(x-2)$ $\therefore y=(12+a)x-16$

곡선 $y=x^3+ax$와 접선 $y=(12+a)x-16$의 교점의 x좌표는

$x^3+ax=(12+a)x-16$에서

$x^3-12x+16=0$, $(x+4)(x-2)^2=0$

$\therefore x=-4$ 또는 $x=2$ → $x=2$일 때의 교점은 B이다.

즉, 점 C의 x좌표는 -4이므로 $c=-4$

$f(b)+f(c)=f(2)+f(-4)$

$\qquad =8+2a-64-4a$

$\qquad =-2a-56$

이때 $f(b)+f(c)=-80$이므로

$-2a-56=-80$ $\therefore a=12$

실수 Check

> 곡선 $y=f(x)$ 위의 점 $\mathrm{A}(-1, -1-a)$에서의 접선이 곡선 $y=f(x)$ 와 만나는 서로 다른 두 점 A, B이다.
> 점 B의 x좌표는 -1이 아님에 주의하자.

참고 점 $\mathrm{A}(-1, -1-a)$ 위에서의 접선의 방정식을 $y=g(x)$라 할 때, 두 함수 $f(x)$, $g(x)$는 $x=-1$에서 접하고 $x=b$에서 만나므로 방정식 $f(x)-g(x)=0$의 실근은 $-1, -1, b$이다. $g(x)$는 일차 이하의 다항식이므로

$g(x)=\alpha x+\beta$ (α, β는 상수)

로 놓으면

$f(x)-g(x)=x^3+ax-(\alpha x+\beta)=x^3+(a-\alpha)x-\beta$

이므로 삼차방정식의 근과 계수의 관계에 의하여 세 근의 합은

$-1-1+b=0$ $\therefore b=2$

0695 답 25

$f(x)=-x^3+ax^2+2x$에서 $f'(x)=-3x^2+2ax+2$

곡선 $y=f(x)$ 위의 점 $\mathrm{O}(0, 0)$에서의 접선의 기울기는 $f'(0)=2$이므로 접선의 방정식은

$y=2x$

곡선 $y=f(x)$와 직선 $y=2x$가 만나는 점의 x좌표는

$f(x)=2x$에서

$-x^3+ax^2+2x=2x$, $x^2(x-a)=0$

$\therefore x=0$ 또는 $x=a$

따라서 점 A의 좌표는 $(a, 2a)$이다.

점 A가 선분 OB를 지름으로 하는 원 위의 점이므로

$\angle\mathrm{OAB}=\dfrac{\pi}{2}$

즉, 두 직선 OA와 AB는 서로 수직이다.

이때 $f'(a)=-3a^2+2a^2+2=-a^2+2$이므로 직선 AB의 기울기는 $-a^2+2$이다.

$2\times(-a^2+2)=-1$에서 $a^2=\dfrac{5}{2}$

$\therefore a=\dfrac{\sqrt{10}}{2}$ $(\because a>\sqrt{2})$

따라서 점 A의 좌표는 $\left(\dfrac{\sqrt{10}}{2}, \sqrt{10}\right)$이므로 접선의 방정식은

$y=-\dfrac{1}{2}\left(x-\dfrac{\sqrt{10}}{2}\right)+\sqrt{10}$ ⋯⋯⋯⋯ ㉠

㉠에 $y=0$을 대입하면
$$0=-\frac{1}{2}\left(x-\frac{\sqrt{10}}{2}\right)+\sqrt{10}$$
$$\therefore x=\frac{5\sqrt{10}}{2}$$

즉, 점 B의 좌표는 $\left(\dfrac{5\sqrt{10}}{2},\,0\right)$이다.

따라서
$$\overline{OA}=\sqrt{\left(\frac{\sqrt{10}}{2}\right)^2+(\sqrt{10})^2}=\frac{5\sqrt{2}}{2},$$
$$\overline{AB}=\sqrt{\left(\frac{5\sqrt{10}}{2}-\frac{\sqrt{10}}{2}\right)^2+(0-\sqrt{10})^2}=5\sqrt{2}$$
이므로
$$\overline{OA}\times\overline{AB}=\frac{5\sqrt{2}}{2}\times5\sqrt{2}=25$$

다른 풀이

직각삼각형 AOB의 꼭짓점 A에서 $\overline{OB}$에 내린 수선의 발을 H라 하면
$$\overline{OA}\times\overline{AB}=\overline{OB}\times\overline{AH}=\frac{5\sqrt{10}}{2}\times\sqrt{10}=25$$

0696 답 ③

| 유형 8

STEP 1 접점의 좌표를 $(t,\,-t^2+3t+1)$로 놓고 t의 값 구하기

$f(x)=-x^2+3x+1$이라 하면 $f'(x)=-2x+3$

접점의 좌표를 $(t,\,-t^2+3t+1)$이라 하면 직선 $y=-x+3$에 평행한 접선의 기울기는 -1이므로 $f'(t)=-1$에서
$$-2t+3=-1 \qquad \therefore t=2$$

STEP 2 접선의 방정식 구하기

접점의 좌표는 $(2,\,3)$이므로 접선의 방정식은
$$y-3=-(x-2) \qquad \therefore y=-x+5$$

0697 답 1

$f(x)=2x^2-x$라 하면 $f'(x)=4x-1$

접점의 좌표를 $(t,\,2t^2-t)$라 하면 직선 $y=-\dfrac{1}{3}x$에 수직인 접선의 기울기는 3이므로 $f'(t)=3$에서
$$4t-1=3 \qquad \therefore t=1$$
접점의 좌표는 $(1,\,1)$이므로 접선의 방정식은
$$y-1=3(x-1) \qquad \therefore y=3x-2$$
따라서 $a=3$, $b=-2$이므로
$$a+b=1$$

0698 답 ②

$f(x)=x^3-3x$라 하면 $f'(x)=3x^2-3$

접점의 좌표를 $(t,\,t^3-3t)$라 하면 이 점에서의 접선의 기울기는 3이므로 $f'(t)=3$에서
$$3t^2-3=3,\ t^2=2$$
$$\therefore t=\sqrt{2}\ \text{또는}\ t=-\sqrt{2}$$
접점의 좌표는 $(\sqrt{2},\,-\sqrt{2})$, $(-\sqrt{2},\,\sqrt{2})$이므로 접선의 방정식은
$$y+\sqrt{2}=3(x-\sqrt{2})\ \text{또는}\ y-\sqrt{2}=3(x+\sqrt{2})$$
$$\therefore y=3x-4\sqrt{2}\ \text{또는}\ y=3x+4\sqrt{2}$$
이 접선의 방정식이 $y=3x-m$과 일치하므로
$$m=4\sqrt{2}\ (\because\ m>0)$$

0699 답 ①

$f(x)=x^3-3x^2+3$이라 하면 $f'(x)=3x^2-6x$

$x=3$인 점에서의 접선의 기울기는 $f'(3)=9$이므로 제3사분면 위의 점 $(a,\,a^3-3a^2+3)$에서의 접선의 기울기는 $f'(a)=9$에서
$$3a^2-6a=9,\ 3(a+1)(a-3)=0$$ $x=3$인 점에서의 접선과 평행하므로 기울기가 같다.
$$\therefore a=-1\ (\because\ a<0)$$ 제3사분면 위의 점의 x좌표

즉, 접선은 점 $(-1,\,-1)$을 지나므로 접선의 방정식은
$$y+1=9(x+1) \qquad \therefore y=9x+8$$
따라서 구하는 접선의 y절편은 8이다.

참고 $f'(x)=3x^2-6x=3(x-1)^2-3$이므로 이차함수 그래프의 대칭성을 이용하면 $f'(3)=f'(-1)=9$임을 알 수 있다.

0700 답 $\dfrac{5}{4}$

x축의 양의 방향과 $45°$의 각을 이루는 직선의 기울기는
$$\tan 45°=1$$
$f(x)=-x^2+1$이라 하면 $f'(x)=-2x$

접점의 좌표를 $(t,\,-t^2+1)$이라 하면 이 점에서의 접선의 기울기는 1이므로 $f'(t)=1$에서
$$-2t=1 \qquad \therefore t=-\frac{1}{2}$$
접점의 좌표는 $\left(-\dfrac{1}{2},\,\dfrac{3}{4}\right)$이므로 접선의 방정식은
$$y-\frac{3}{4}=x+\frac{1}{2} \qquad \therefore y=x+\frac{5}{4}$$
따라서 이 접선의 y절편은 $\dfrac{5}{4}$이다.

0701 답 ②

$f(x)=x^3-x+4$라 하면 $f'(x)=3x^2-1$

접점의 좌표를 $(t,\,t^3-t+4)$ $(t>0)$라 하면 직선 $y=-\dfrac{1}{2}x-2$에 수직인 접선의 기울기는 2이므로 $f'(t)=2$에서
$$3t^2-1=2,\ 3t^2=3 \qquad \therefore t=1\ (\because\ t>0)$$
접점의 좌표는 $(1,\,4)$이므로 접선의 방정식은
$$y-4=2(x-1) \qquad \therefore y=2x+2$$
따라서 $a=2$, $b=2$이므로
$$a^2+b^2=2^2+2^2=8$$

0702 탑 32

$f(x)=x^3-3x^2-8x$라 하면 $f'(x)=3x^2-6x-8$

접점의 좌표를 $(t,\ t^3-3t^2-8t)$라 하면 이 점에서의 접선의 기울기는 1이므로 $f'(t)=1$에서

$3t^2-6t-8=1,\ 3(t^2-2t-3)=0$

$3(t+1)(t-3)=0$ $\quad \therefore\ t=-1$ 또는 $t=3$

접점의 좌표는 $(-1,\ 4),\ (3,\ -24)$이므로 접선의 방정식은

$y-4=x+1$ 또는 $y+24=x-3$

$\therefore\ y=x+5$ 또는 $y=x-27$

이때 $a>b$이므로 $a=5,\ b=-27$

$\therefore\ a-b=5-(-27)=32$

0703 탑 $-\dfrac{1}{2}$

$f(x)=2x^3+3x^2-10x+8$이라 하면

$f'(x)=6x^2+6x-10$

제1사분면 위의 접점의 좌표를 $(t,\ 2t^3+3t^2-10t+8)\ (t>0)$이라 하면 이 점에서의 접선의 기울기가 2이므로 $f'(t)=2$에서

$6t^2+6t-10=2,\ 6(t^2+t-2)=0$

$6(t+2)(t-1)=0$ $\quad \therefore\ t=1\ (\because\ t>0)$

접점의 좌표는 $(1,\ 3)$이므로 접선의 방정식은 → 제1사분면 위의 점의 x좌표

$y-3=2(x-1)$ $\quad \therefore\ y=2x+1$

따라서 이 직선이 x축과 만나는 점의 x좌표는 $-\dfrac{1}{2}$이다.

0704 탑 2

$f(x)=x^2-x+3$이라 하면 $f'(x)=2x-1$

점 A의 x좌표가 1이므로 점 A에서의 접선의 기울기는 $f'(1)=1$

점 B의 좌표를 $(t,\ t^2-t+3)$이라 하면 두 점 A, B에서의 접선이 서로 수직이므로 점 B에서의 접선의 기울기는

$f'(t)=-1$

즉, $2t-1=-1$에서 $t=0$

점 $B(0,\ 3)$에서의 접선의 방정식은

$y-3=-(x-0)$ $\quad \therefore\ y=-x+3$

따라서 $a=-1,\ b=3$이므로 $a+b=2$

0705 탑 ①

| 유형 9

STEP 1 접점의 좌표를 $(t,\ -t^3+at)$로 놓고 t의 값 구하기

$f(x)=-x^3+ax$라 하면 $f'(x)=-3x^2+a$

접점의 좌표를 $(t,\ -t^3+at)$라 하면 이 점에서의 접선의 방정식은

$y-(-t^3+at)=(-3t^2+a)(x-t)$

$\therefore\ y=(-3t^2+a)x+2t^3$

이 접선의 방정식은 $y=-2x+2$이므로

$-3t^2+a=-2$ ································· ㉠

$2t^3=2$ ································· ㉡

㉡에서 $t^3=1$ $\quad \therefore\ t=1$

STEP 2 상수 a의 값 구하기

$t=1$을 ㉠에 대입하면

$-3+a=-2$ $\quad \therefore\ a=1$

0706 탑 ③

$f(x)=\dfrac{1}{3}x^3+ax+\dfrac{1}{3}$이라 놓으면 $f'(x)=x^2+a$

점 $(-1,\ c)$에서 직선 $y=-2x+b$와 접하므로

$f(-1)=-\dfrac{1}{3}-a+\dfrac{1}{3}=c$

$f'(-1)=1+a=-2$

위의 두 식을 연립하여 풀면 $a=-3,\ c=3$

따라서 점 $(-1,\ 3)$에서의 접선의 방정식은

$y-3=-2(x+1)$ $\quad \therefore\ y=-2x+1$

$\therefore\ b=1$

$\therefore\ ab+c=-3\times1+3=0$

0707 탑 ③

$f(x)=\dfrac{1}{3}x^3-ax^2$이라 하면 $f'(x)=x^2-2ax$

접점의 좌표를 $\left(t,\ \dfrac{1}{3}t^3-at^2\right)$이라 하면 이 점에서의 접선의 기울기가 3이므로 $f'(t)=3$에서

$t^2-2at=3,\ t^2-2at-3=0$

두 접점의 x좌표 $\alpha,\ \beta$는 이차방정식 $t^2-2at-3=0$의 두 근이므로 이차방정식의 근과 계수의 관계에 의하여

$\alpha+\beta=2a$

주어진 조건에서 $\alpha+\beta=6$이므로

$2a=6$ $\quad \therefore\ a=3$

0708 탑 ⑤

$f(x)=x^3+ax^2+x-2$라 하면 $f'(x)=3x^2+2ax+1$

접점의 좌표를 $(t,\ t^3+at^2+t-2)$라 하면 이 점에서의 접선의 기울기는

$f'(t)=3t^2+2at+1$

직선 $y=-2x+3$과 평행한 접선이 존재하지 않으려면
$f'(t)=-2$인 t의 값이 존재하지 않아야 한다.
$f'(t)=-2$에서
$3t^2+2at+1=-2$, $3t^2+2at+3=0$ ·················· ㉠
즉, 이차방정식 ㉠의 실근이 존재하지 않아야 하므로 이차방정식
㉠의 판별식을 D라 하면
$$\frac{D}{4}=a^2-9<0 \qquad \therefore -3<a<3$$
따라서 정수 a는 -2, -1, 0, 1, 2의 5개이다.

0709 답 11

$f(x)=2x^4-4x+k$라 하면 $f'(x)=8x^3-4$
접점의 좌표를 $(t,\ 2t^4-4t+k)$라 하면 이 점에서의 접선의 방정
식은
$$y-(2t^4-4t+k)=(8t^3-4)(x-t)$$
$$\therefore y=(8t^3-4)x-6t^4+k$$
이 접선의 방정식은 $y=4x+5$이므로
$$8t^3-4=4 \qquad\cdots\cdots\cdots\cdots\cdots\cdots ㉠$$
$$-6t^4+k=5 \qquad\cdots\cdots\cdots\cdots\cdots\cdots ㉡$$
㉠에서 $8t^3=8$, $t^3=1$ $\qquad \therefore t=1$
따라서 $t=1$을 ㉡에 대입하면
$$-6+k=5 \qquad \therefore k=11$$

0710 답 ⑤

| 유형 10

곡선 $y=x^2-2x-3$ 위의 점과 직선 $2x-y-12=0$ 사이의 거리의 **단서1** **단서2**
최솟값은?

① 1   ② $\sqrt{2}$ ③ $\sqrt{3}$
④ 2   ⑤ $\sqrt{5}$

단서1 곡선 위의 점의 좌표는 $(t,\ t^2-2t-3)$
단서2 기울기가 2인 접선의 접점과 직선 사이의 거리

STEP 1 주어진 직선과 평행한 접선의 접점의 좌표 구하기

곡선 $y=x^2-2x-3$에 접하고 직선 $2x-y-12=0$, 즉 $y=2x-12$
와 기울기가 같은 접선의 접점의 좌표를 $(t,\ t^2-2t-3)$이라 하면
구하는 거리의 최솟값은 이 점과 직선 $y=2x-12$ 사이의 거리와
같다.
$f(x)=x^2-2x-3$이라 하면 $f'(x)=2x-2$
접선의 기울기가 2이므로 $f'(t)=2$에서
$2t-2=2 \qquad \therefore t=2$
즉, 접점의 좌표는 $(2,\ -3)$이다.

STEP 2 접점과 주어진 직선 사이의 거리 구하기

점 $(2,\ -3)$과 직선 $2x-y-12=0$ 사이의 거리는
$$\frac{|4+3-12|}{\sqrt{2^2+(-1)^2}}=\sqrt{5}$$

0711 답 ②

$f(x)=x^3-2x+3$이라 하면 $f'(x)=3x^2-2$
접점의 좌표를 $(t,\ t^3-2t+3)$이라 하면 직선 $y=x+3$에 평행한
접선의 기울기는 1이므로 $f'(t)=1$에서
$3t^2-2=1 \qquad \therefore t=-1$ 또는 $t=1$

즉, 접점의 좌표는 $(-1,\ 4)$ 또는 $(1,\ 2)$이므로 접선의 방정식은
$$y-4=x+1 \ \text{또는}\ y-2=x-1$$
$$\therefore x-y+5=0 \ \text{또는}\ x-y+1=0$$
따라서 두 접선 사이의 거리는 직선 $x-y+5=0$ 위의 점 $(0,\ 5)$와
직선 $x-y+1=0$ 사이의 거리와 같으므로
$$\frac{|0-5+1|}{\sqrt{1^2+(-1)^2}}=2\sqrt{2}$$

0712 답 $\dfrac{16\sqrt{10}}{15}$

$f(x)=-\dfrac{1}{3}x^3-x^2+3$이라 하면 $f'(x)=-x^2-2x$

접점의 좌표를 $\left(t,\ -\dfrac{1}{3}t^3-t^2+3\right)$이라 하면 직선 $y=\dfrac{1}{3}x-3$과

수직인 접선의 기울기는 -3이므로 $f'(t)=-3$에서
$-t^2-2t=-3$, $(t+3)(t-1)=0$
$\therefore t=-3$ 또는 $t=1$

즉, 접점의 좌표는 $(-3,\ 3)$ 또는 $\left(1,\ \dfrac{5}{3}\right)$이므로 접선의 방정식은

$$y-3=-3(x+3) \ \text{또는}\ y-\dfrac{5}{3}=-3(x-1)$$

$$\therefore 3x+y+6=0 \ \text{또는}\ 3x+y-\dfrac{14}{3}=0$$

따라서 두 접선 사이의 거리는 직선 $3x+y-\dfrac{14}{3}=0$ 위의

점 $\left(0,\ \dfrac{14}{3}\right)$와 직선 $3x+y+6=0$ 사이의 거리와 같으므로

$$\frac{\left|0+\dfrac{14}{3}+6\right|}{\sqrt{3^2+1^2}}=\frac{16\sqrt{10}}{15}$$

0713 답 32

정사각형 ABCD에서 두 대각선의 교점이 원점 O이므로 △ABO
는 직각이등변삼각형이다.
즉, $\angle ABO=45°$이므로 직선 AB의 기울기는 $\tan 45°=1$
$f(x)=x^3-5x$라 하면 $f'(x)=3x^2-5$
접점의 좌표를 $(t,\ t^3-5t)$라 하면 곡선에 접하는 직선 AB와 직선
CD의 기울기가 1이므로 $f'(t)=1$에서
$3t^2-5=1$, $3t^2=6$ → 정사각형 ABCD에서 $\overline{AB}/\!/\overline{CD}$이므로 기울기가 같다.
$\therefore t=-\sqrt{2}$ 또는 $t=\sqrt{2}$
즉, 접점의 좌표는 $(-\sqrt{2},\ 3\sqrt{2})$, $(\sqrt{2},\ -3\sqrt{2})$이다.
직선 AB의 방정식은
$y-3\sqrt{2}=x+\sqrt{2} \qquad \therefore y=x+4\sqrt{2}$
직선 CD의 방정식은
$y+3\sqrt{2}=x-\sqrt{2} \qquad \therefore y=x-4\sqrt{2}$
점 A의 좌표는 $(0,\ 4\sqrt{2})$, 점 B의 좌표는 $(-4\sqrt{2},\ 0)$이므로
$\overline{AB}=\sqrt{(4\sqrt{2})^2+(4\sqrt{2})^2}=8$
따라서 정사각형 ABCD의 둘레의 길이는
$8\times 4=32$

참고 정사각형의 네 변의 길이는 서로 같으므로 직선 AB의 방정식, 직선
CD의 방정식 중 하나만 구해도 정사각형의 둘레의 길이를 구할 수 있다.

0714 답 $-\dfrac{5}{4}$

삼각형 OPA에서 변 OA를 밑변으로 생
각하면 <u>점 P와 직선 OA 사이의 거리가</u>
└→ 삼각형 OPA의 높이
최대일 때 삼각형 OPA의 넓이가 최대이다.
즉, 점 P에서의 접선이 두 점 O(0, 0),
A(5, 5)를 지나는 직선과 평행할 때이다.

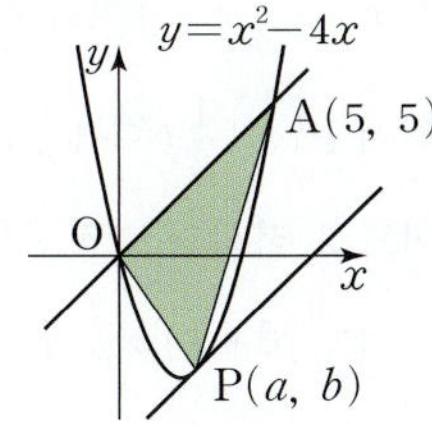

$f(x)=x^2-4x$라 하면 $f'(x)=2x-4$

두 점 O(0, 0), A(5, 5)를 지나는 직선의 기울기는 $\dfrac{5-0}{5-0}=1$이

므로 점 P에서의 접선의 기울기가 1이다.

$f'(a)=1$에서 $2a-4=1$　∴ $a=\dfrac{5}{2}$

∴ $b=f(a)=a^2-4a=\left(\dfrac{5}{2}\right)^2-4\times\dfrac{5}{2}=-\dfrac{15}{4}$

∴ $a+b=\dfrac{5}{2}+\left(-\dfrac{15}{4}\right)=-\dfrac{5}{4}$

0715 답 ③

점 P와 직선 AB 사이의 거리를 h라 하면

$\triangle ABP=\dfrac{1}{2}\times\overline{AB}\times h$

이므로 h가 최소일 때 삼각형 ABP의 넓이가 최소이다. 즉, 점 P
가 직선 AB와 평행한 접선의 접점일 때이다.

$f(x)=x^3+2x+3$이라 하면 $f'(x)=3x^2+2$

접점 P의 좌표를 $(a,\ a^3+2a+3)$ $(a>0)$이라 하면 이 점에서의
접선의 기울기가 5이므로 $f'(a)=5$에서

$3a^2+2=5$, $a^2=1$

∴ $a=1$ $(\because a>0)$

따라서 점 P의 좌표가 $(1,\ 6)$이므로 $a=1$, $b=6$

∴ $a-b=-5$

0716 답 -1 　　　　　｜유형 **11**

곡선 $y=x^3+3x^2+2x$ 위의 점에서의 접선의 기울기의 최솟값을 구
하시오. 　**단서 1**

단서 1 삼차함수 $f(x)$에 대하여 $f'(x)$는 이차함수

STEP 1 점 $(t,\ f(t))$에서의 접선의 기울기를 식으로 나타내기

$f(x)=x^3+3x^2+2x$라 하면 $f'(x)=3x^2+6x+2$
점 $(t,\ t^3+3t^2+2t)$에서의 접선의 기울기는
$f'(t)=3t^2+6t+2=3(t+1)^2-1$

STEP 2 이차함수의 최대·최소를 이용하여 기울기의 최솟값 구하기

$t=-1$일 때, 접선의 기울기의 최솟값은 -1이다.

0717 답 ①

$f(x)=x^3+6x^2+ax+3$이라 하면 $f'(x)=3x^2+12x+a$
점 $(t,\ t^3+6t^2+at+3)$에서의 접선의 기울기는
$f'(t)=3t^2+12t+a=3(t+2)^2+a-12$
$t=-2$일 때, 접선의 기울기의 최솟값은 $a-12$이다.
이때 기울기의 최솟값이 음수이므로
$a-12<0$　∴ $a<12$
따라서 자연수 a의 개수는 11이다.

0718 답 ①

$f(x)=-\dfrac{1}{3}x^3+2x^2+kx$라 하면 $f'(x)=-x^2+4x+k$

점 $\left(t,\ -\dfrac{1}{3}t^3+2t^2+kt\right)$에서의 접선의 기울기는

$f'(t)=-t^2+4t+k=-(t-2)^2+k+4$
$t=2$일 때, 접선의 기울기의 최댓값은 $k+4$이므로
$k+4=6$에서 $k=2$

0719 답 $\dfrac{1}{3}$

$f(x)=\dfrac{1}{3}x^3-x^2+x$라 하면 $f'(x)=x^2-2x+1$

점 $\left(t,\ \dfrac{1}{3}t^3-t^2+t\right)$에서의 접선의 기울기는

$f'(t)=t^2-2t+1=(t-1)^2$
$t=1$일 때, 접선의 기울기의 최솟값이 0이고, 이때 접점의 좌표는

$\left(1,\ \dfrac{1}{3}\right)$이므로 이 점에서의 접선의 방정식은

$y=\dfrac{1}{3}$

따라서 $m=0$, $n=\dfrac{1}{3}$이므로 $m+n=\dfrac{1}{3}$

0720 답 ②

$f(x)=-x^3-6x^2-6x$에서 $f'(x)=-3x^2-12x-6$
점 $(t,\ -t^3-6t^2-6t)$에서의 접선의 기울기는
$f'(t)=-3t^2-12t-6=-3(t+2)^2+6$
$t=-2$일 때, 접선의 기울기의 최댓값이 6이고, 이때 접점의 좌표
는 $(-2,\ -4)$이므로 이 점에서의 접선의 방정식은
$y+4=6(x+2)$　∴ $y=6x+8$
따라서 $a=6$, $b=8$이므로
$2a-b=2\times6-8=4$

0721 답 -1

$f(x)=x^3-3x^2+9x+1$이라 하면 $f'(x)=3x^2-6x+9$
점 $(t,\ t^3-3t^2+9t+1)$에서의 접선의 기울기는
$f'(t)=3t^2-6t+9=3(t-1)^2+6$
$t=1$일 때, 접선의 기울기의 최솟값이 6이고, 이때 접점의 좌표는
$(1,\ 8)$이므로 이 점에서의 접선의 방정식은
$y-8=6(x-1)$　∴ $y=6x+2$
이 직선이 점 $(a,\ -4)$를 지나므로
$-4=6a+2$　∴ $a=-1$

0722 답 ②, ⑤ | 유형 12

점 $(2, -1)$에서 곡선 $y=x^2-3x+2$에 그은 접선의 방정식을 모두
고르면? (정답 2개)   [단서1]
① $y=-2x+1$ ② $y=-x+1$
③ $y=x-1$ ④ $y=2x-1$
⑤ $y=3x-7$
[단서1] 점 $(2, -1)$은 곡선 밖의 점

STEP 1 점 $(t, f(t))$를 지나는 접선의 방정식 세우기
$f(x)=x^2-3x+2$라 하면 $f'(x)=2x-3$
접점의 좌표를 (t, t^2-3t+2)라 하면 이 점에서의 접선의 기울기
는 $f'(t)=2t-3$이므로 접선의 방정식은
$y-(t^2-3t+2)=(2t-3)(x-t)$
$\therefore y=(2t-3)x-t^2+2$ $\cdots\cdots$ ㉠

STEP 2 접선이 지나는 점의 좌표를 이용하여 t의 값 구하기
이 직선이 점 $(2, -1)$을 지나므로
$-1=-t^2+4t-4, \ t^2-4t+3=0$
$(t-1)(t-3)=0$ $\therefore t=1$ 또는 $t=3$

STEP 3 t의 값을 대입하여 접선의 방정식 구하기
$t=1$ 또는 $t=3$을 ㉠에 대입하여 접선의 방정식을 구하면
$y=-x+1$ 또는 $y=3x-7$

0723 답 ④
$f(x)=x^2+2x+1$이라 하면 $f'(x)=2x+2$
접점의 좌표를 (t, t^2+2t+1)이라 하면 이 점에서의 접선의 기울
기는 $f'(t)=2t+2$이므로 접선의 방정식은
$y-(t^2+2t+1)=(2t+2)(x-t)$
$\therefore y=(2t+2)x-t^2+1$ $\cdots\cdots$ ㉠
이 직선이 점 $(1, 0)$을 지나므로
$0=-t^2+2t+3, \ t^2-2t-3=0$
$(t+1)(t-3)=0$ $\therefore t=-1$ 또는 $t=3$
$t=-1$ 또는 $t=3$을 ㉠에 대입하여 접선의 방정식을 구하면
$y=0$ 또는 $y=8x-8$
따라서 두 접선의 기울기의 합은 $0+8=8$

0724 답 ②
$f(x)=-x^2+x+1$이라 하면 $f'(x)=-2x+1$
접점의 좌표를 $(t, -t^2+t+1)$이라 하면 이 점에서의 접선의 기
울기는 $f'(t)=-2t+1$이므로 접선의 방정식은
$y-(-t^2+t+1)=(-2t+1)(x-t)$
$\therefore y=(-2t+1)x+t^2+1$
이 직선이 점 $\mathrm{P}(1, 2)$를 지나므로
$2=(-2t+1)+t^2+1, \ t^2-2t=0$
$t(t-2)=0$ $\therefore t=0$ 또는 $t=2$
두 접점 Q, R의 좌표는 각각 $(0, 1), (2, -1)$이므로
$a=0, \ b=1, \ c=2, \ d=-1$ → $a<c$이므로
                   $a=0, \ c=2$
$a+b+c+d=2$

0725 답 ④
$f(x)=\dfrac{1}{2}x^2+1$이라 하면 $f'(x)=x$
접점 $\mathrm{P}\left(p, \dfrac{1}{2}p^2+1\right)$ $(p>0)$에서의 접선의 기울기는 $f'(p)=p$
이므로 접선의 방정식은
$y-\left(\dfrac{1}{2}p^2+1\right)=p(x-p)$ $\therefore y=px-\dfrac{1}{2}p^2+1$
이 직선이 점 $(0, 0)$을 지나므로
$0=-\dfrac{1}{2}p^2+1, \ p^2=2$
$\therefore p=\sqrt{2} \ (\because p>0)$
따라서 접점 P의 좌표는 $(\sqrt{2}, 2)$이므로
$\overline{\mathrm{OP}}=\sqrt{(\sqrt{2})^2+2^2}=\sqrt{6}$
       → 원점과 점 (a, b) 사이의 거리는 $\sqrt{a^2+b^2}$

0726 답 48
$f(x)=x^3-ax$이므로 $f'(x)=3x^2-a$
접점의 좌표를 (t, t^3-at)라 하면 이 점에서의 접선의 기울기는
$f'(t)=3t^2-a$이므로 접선의 방정식은
$y-(t^3-at)=(3t^2-a)(x-t)$
$\therefore y=(3t^2-a)x-2t^3$
이 직선이 점 $(0, 16)$을 지나므로
$16=-2t^3, \ t^3=-8$
$\therefore t=-2 \ (\because t$는 실수$)$
접선의 기울기가 8이므로 $f'(-2)=8$에서
$12-a=8$ $\therefore a=4$
따라서 $f(x)=x^3-4x$이므로
$f(a)=f(4)=4^3-4\times 4=48$

0727 답 ③
$f(x)=\dfrac{1}{3}x^3-x$라 하면 $f'(x)=x^2-1$
접점 P의 좌표를 $\left(t, \dfrac{1}{3}t^3-t\right)$라 하면 이 점에서의 접선의 기울기
는 $f'(t)=t^2-1$이므로 접선의 방정식은
$y-\left(\dfrac{1}{3}t^3-t\right)=(t^2-1)(x-t)$
$\therefore y=(t^2-1)x-\dfrac{2}{3}t^3$ $\cdots\cdots$ ㉠
이 직선이 점 $(0, -18)$을 지나므로
$-18=-\dfrac{2}{3}t^3, \ t^3=27$ $\therefore t=3 \ (\because t$는 실수$)$
즉, 점 P의 좌표는 $(3, 6)$이고 $t=3$을 ㉠에 대입하여 접선의 방정
식을 구하면
$y=8x-18$
곡선 $y=\dfrac{1}{3}x^3-x$와 직선 $y=8x-18$의 교점의 x좌표는
$\dfrac{1}{3}x^3-x=8x-18$에서
$\dfrac{1}{3}x^3-9x+18=0, \ x^3-27x+54=0$
$(x-3)^2(x+6)=0$
$\therefore x=-6$ 또는 $x=3$

$$\begin{array}{r|rrrr} 3 & 1 & 0 & -27 & 54 \\ & & 3 & 9 & -54 \\ \hline 3 & 1 & 3 & -18 & 0 \\ & & 3 & 18 & \\ \hline & 1 & 6 & 0 & \end{array}$$
$x^3-27x+54=(x-3)^2(x+6)$

따라서 두 점 P, Q의 x좌표는 각각 3, -6이므로
$p=3$, $q=-6$
$\therefore 2p-q=2\times3-(-6)=12$

0728 답 ②

$f(x)=\dfrac{1}{2}x^2+k$라 하면 $f'(x)=x$ ·· ㉠

접점의 좌표를 $\left(t, \dfrac{1}{2}t^2+k\right)$라 하면 이 점에서의 접선의 기울기는

$f'(t)=t$이므로 접선의 방정식은

$y-\left(\dfrac{1}{2}t^2+k\right)=t(x-t)$ $\therefore y=tx-\dfrac{1}{2}t^2+k$

이 직선이 점 $(4, 0)$을 지나므로

$0=4t-\dfrac{1}{2}t^2+k$ $\therefore t^2-8t-2k=0$ ······················· ㉡

이차방정식 ㉡의 두 근을 α, β라 하면 $t=\alpha$, $t=\beta$에서의 접선의
기울기는 각각

$f'(\alpha)=\alpha$, $f'(\beta)=\beta$ $(\because$ ㉠$)$

이때 두 접선이 서로 수직으로 만나므로 $\alpha\beta=-1$

따라서 이차방정식 ㉡에서 근과 계수의 관계에 의하여

$\alpha\beta=-2k=-1$ $\therefore k=\dfrac{1}{2}$

0729 답 ①

$f(x)=3x^3$이라 하면 $f'(x)=9x^2$

(i) 점 $(a, 0)$에서 곡선 $y=3x^3$에 그은 접선의 접점의 좌표를
$(s, 3s^3)$이라 하면 점 $(s, 3s^3)$에서의 접선의 기울기는
$f'(s)=9s^2$이므로 접선의 방정식은
$y-3s^3=9s^2(x-s)$ $\therefore y=9s^2x-6s^3$
이 직선이 점 $(a, 0)$을 지나므로
$0=9s^2a-6s^3$ $\therefore a=\dfrac{2}{3}s$ ································ ㉠
$\longrightarrow a$는 양수이므로 $s>0$

(ii) 점 $(0, a)$에서 곡선 $y=3x^3$에 그은 접선의 접점의 좌표를
$(t, 3t^3)$이라 하면 점 $(t, 3t^3)$에서의 접선의 기울기는
$f'(t)=9t^2$이므로 접선의 방정식은
$y-3t^3=9t^2(x-t)$ $\therefore y=9t^2x-6t^3$
이 직선이 점 $(0, a)$을 지나므로
$a=-6t^3$ ····················· ㉡
$\longrightarrow a$는 양수이므로 $t<0$

(i), (ii)의 두 접선이 서로 평행하므로
$f'(s)=f'(t)$에서 $9s^2=9t^2$
$\therefore s=-t \ (\because s\neq t)$ ·························· ㉢
㉠, ㉡, ㉢을 연립하여 풀면
$\dfrac{2}{3}s=6s^3$, $s^2=\dfrac{1}{9}$ $\therefore s=\dfrac{1}{3} \ (\because s>0)$

따라서 $a=\dfrac{2}{3}s=\dfrac{2}{3}\times\dfrac{1}{3}=\dfrac{2}{9}$이므로 $90a=20$

참고 $a>0$이므로 두 점 $(a, 0)$, $(0, a)$는 곡선 $y=3x^3$ 밖의 점이다.

다른 풀이

$f(x)=3x^3$이라 하면 $f(-x)=-f(x)$이므로 $y=3x^3$의 그래프
는 원점에 대하여 대칭이다.
따라서 기울기가 같은 두 접선의 접점을 P, Q라 하면 두 접점도
원점에 대하여 대칭이므로

$t>0$일 때, $P(t, 3t^3)$이라 하면 $Q(-t, -3t^3)$이다.
점 $P(t, 3t^3)$에서의 접선의 방정식은
$y-3t^3=9t^2(x-t)$ $\therefore y=9t^2x-6t^3$
이 접선이 점 $(a, 0)$을 지나므로
$0=9t^2a-6t^3$ $\therefore a=\dfrac{2}{3}t$ ····································· ㉠
점 $Q(-t, -3t^3)$에서의 접선의 방정식은
$y+3t^3=9t^2(x+t)$ $\therefore y=9t^2x+6t^3$
이 접선이 점 $(0, a)$를 지나므로 $a=6t^3$ ···················· ㉡
㉠, ㉡을 연립하여 풀면 $\dfrac{2}{3}t=6t^3$, $t^2=\dfrac{1}{9}$

$\therefore t=\dfrac{1}{3} \ (\because t>0)$

따라서 $a=\dfrac{2}{3}t=\dfrac{2}{3}\times\dfrac{1}{3}=\dfrac{2}{9}$이므로
$90a=20$

0730 답 ④

$f(x)=x^3-x+2$라 하면 $f'(x)=3x^2-1$
접점의 좌표를 (t, t^3-t+2)라 하면 이 점에서의 접선의 기울기는
$f'(t)=3t^2-1$이므로 접선의 방정식은
$y-(t^3-t+2)=(3t^2-1)(x-t)$
$\therefore y=(3t^2-1)x-2t^3+2$ ································ ㉠
이 직선이 점 $(0, 4)$를 지나므로
$4=-2t^3+2$, $t^3=-1$ $\therefore t=-1 \ (\because t$는 실수$)$
즉, $t=-1$을 ㉠에 대입하여 접선의 방정식을 구하면
$y=2x+4$
따라서 직선 $y=2x+4$의 x절편은 -2이다.

0731 답 ④ |유형 13

점 $(3, 0)$에서 곡선 $y=x^3-3x^2+3$에 그은 세 접선의 접점의 x좌표
의 합은? **단서 1**

① 3   ② 4   ③ 5
④ 6   ⑤ 7

단서 1 점 $(3, 0)$은 곡선 밖의 점

STEP 1 점 $(t, f(t))$를 지나는 접선의 방정식 세우기

$f(x)=x^3-3x^2+3$이라 하면 $f'(x)=3x^2-6x$
접점의 좌표를 (t, t^3-3t^2+3)이라 하면 이 점에서의 접선의 기울
기는 $f'(t)=3t^2-6t$이므로 접선의 방정식은
$y-(t^3-3t^2+3)=(3t^2-6t)(x-t)$
$\therefore y=(3t^2-6t)x-2t^3+3t^2+3$

STEP 2 접선이 지나는 점의 좌표를 이용하여 t에 대한 방정식 구하기

이 직선이 점 $(3, 0)$을 지나므로
$0=-2t^3+12t^2-18t+3$ $\therefore 2t^3-12t^2+18t-3=0$

STEP 3 세 접선의 접점의 x좌표의 합 구하기

삼차방정식이 서로 다른 세 실근을 갖고, 이 세 실근이 세 접점의
x좌표이므로 삼차방정식의 근과 계수의 관계에 의하여 구하는 x
좌표의 합은 6이다.

삼차방정식의 근과 계수의 관계
삼차방정식 $ax^3+bx^2+cx+d=0$의 세 근을 α, β, γ라 하면
$$\alpha+\beta+\gamma=-\frac{b}{a},\ \alpha\beta+\beta\gamma+\gamma\alpha=\frac{c}{a},\ \alpha\beta\gamma=-\frac{d}{a}$$

0732 답 ②

$f(x)=x^2+x-2$라 하면 $f'(x)=2x+1$
접점의 좌표를 $(t,\ t^2+t-2)$라 하면 이 점에서의 접선의 기울기는
$f'(t)=2t+1$이므로 접선의 방정식은
$$y-(t^2+t-2)=(2t+1)(x-t)$$
$$\therefore\ y=(2t+1)x-t^2-2$$
이 직선이 점 $A(a,\ 0)$을 지나므로
$$0=(2t+1)a-t^2-2 \qquad \therefore\ t^2-2at-a+2=0 \ \cdots\cdots\ \text{㉠}$$
두 점 B, C의 x좌표를 각각 t_1, t_2라 하면 t_1, t_2는 이차방정식 ㉠의
두 근이므로 이차방정식의 근과 계수의 관계에 의하여
$$t_1+t_2=2a$$
이때 삼각형 ABC의 무게중심의 x좌표가 2이므로
$$\frac{a+t_1+t_2}{3}=2\text{에서}\ \frac{a+2a}{3}=2$$
$$3a=6 \qquad \therefore\ a=2$$

세 점 $A(x_1,\ y_1)$, $B(x_2,\ y_2)$, $C(x_3,\ y_3)$을 꼭짓점으로 하는 삼각형
ABC의 무게중심의 좌표는
$$\left(\frac{x_1+x_2+x_3}{3},\ \frac{y_1+y_2+y_3}{3}\right)$$

0733 답 ⑤

$f(x)=x^2-4x+3$이라 하면 $f'(x)=2x-4$
접점의 좌표를 $(t,\ t^2-4t+3)$이라 하면 이 점에서의 접선의 기울
기는 $f'(t)=2t-4$이므로 접선의 방정식은
$$y-(t^2-4t+3)=(2t-4)(x-t)$$
$$\therefore\ y=(2t-4)x-t^2+3$$
이 직선이 점 $(2,\ -2)$를 지나므로
$$-2=-t^2+4t-5,\ t^2-4t+3=0$$
$$(t-1)(t-3)=0 \qquad \therefore\ t=1\ \text{또는}\ t=3$$
이때 접점 $(t,\ t^2-4t+3)$에서의 접선에 수직인 직선의 기울기는
$$-\frac{1}{f'(t)}=-\frac{1}{2t-4}\text{이므로 직선의 방정식은}$$
$$y-(t^2-4t+3)=-\frac{1}{2t-4}(x-t)$$
이 식에 $t=1$, $t=3$을 각각 대입하면
$t=1$일 때, $y=\frac{1}{2}(x-1) \qquad \therefore\ y=\frac{1}{2}x-\frac{1}{2} \ \cdots\cdots\ \text{㉠}$
$t=3$일 때, $y=-\frac{1}{2}(x-3) \qquad \therefore\ y=-\frac{1}{2}x+\frac{3}{2} \ \cdots\cdots\ \text{㉡}$
㉠, ㉡을 연립하여 교점의 좌표를 구하면
$x=2$, $y=\frac{1}{2}$이므로 $a=2$, $b=\frac{1}{2}$
$$\therefore\ a+b=\frac{5}{2}$$

0734 답 45

$f(x)=x^3-3x^2+3x$이므로 $f'(x)=3x^2-6x+3$
접점의 좌표를 $(a,\ a^3-3a^2+3a)$라 하면
(i) $a=0$일 때
   점 $(0,\ 0)$, 즉 원점에서의 접선의 기울기는 $f'(0)=3$이므로
   접선의 방정식은 ← 원점을 지나는 접선 중 원점에서 접하는 경우이다.
   $$y=3x$$
   곡선 $y=f(x)$와 접선 $y=3x$의 원점이 아닌 교점의 x좌표는
   $$x^3-3x^2+3x=3x\text{에서}\ x^2(x-3)=0$$
   $$\therefore\ x=3\ (\because\ x\neq0)$$
(ii) $a\neq0$일 때
   점 $(a,\ a^3-3a^2+3a)$에서의 접선의 기울기는
   ← 원점을 지나는 접선 중 원점이 아닌 다른 점에서 접하는 경우이다.
   $f'(a)=3a^2-6a+3$이므로 접선의 방정식은
   $$y-(a^3-3a^2+3a)=(3a^2-6a+3)(x-a)$$
   이 접선이 점 $(0,\ 0)$을 지나므로
   $$-a^3+3a^2-3a=-3a^3+6a^2-3a,\ 2a^3-3a^2=0$$
   $$a^2(2a-3)=0 \qquad \therefore\ a=\frac{3}{2}\ \left(\because\ a\neq0\right)$$
(i), (ii)에서 원점이 아닌 교점의 x좌표는 3, $\frac{3}{2}$이므로
$$10S=10\times\left(3+\frac{3}{2}\right)=45$$

0735 답 ③

㉮에서 $f(x)=x^3+ax$ (a는 상수)라 하면
← $f(x)$는 최고차항의 계수가 1인 삼차함수이고
$f'(x)=3x^2+a$
← $f(-x)=-f(x)$이므로 홀수 차수의 항으로만 이루어진 함수
점 $(0,\ -2)$에서 곡선 $y=f(x)$에 그은 접선의 접점의 좌표를
$(t,\ t^3+at)$라 하면 이 점에서의 접선의 기울기는 $f'(t)=3t^2+a$
이므로 접선의 방정식은
$$y-(t^3+at)=(3t^2+a)(x-t)$$
$$\therefore\ y=(3t^2+a)x-2t^3$$
이 직선이 점 $(0,\ -2)$를 지나므로
$$-2t^3=-2,\ t^3=1 \qquad \therefore\ t=1\ (\because\ t\text{는 실수})$$
즉, 접점의 좌표는 $(1,\ 1+a)$이고, ㉯에 의하여 이 점이 x축 위에
있으므로 ← y좌표는 0
$$1+a=0 \qquad \therefore\ a=-1$$
따라서 $f(x)=x^3-x$이므로 $f(2)=8-2=6$

0736 답 $-\frac{1}{2}$

$f(x)=x^3-4x+3$이라 하면 $f'(x)=3x^2-4$
접점의 좌표를 $(t,\ t^3-4t+3)$이라 하면 이 점에서의 접선의 기울
기는 $f'(t)=3t^2-4$이므로 접선의 방정식은
$$y-(t^3-4t+3)=(3t^2-4)(x-t)$$
$$\therefore\ y=(3t^2-4)x-2t^3+3$$
이 직선이 점 $(1,\ k)$를 지나므로
$$k=3t^2-4-2t^3+3 \qquad \therefore\ 2t^3-3t^2+k+1=0 \ \cdots\cdots\ \text{㉠}$$
삼차방정식 ㉠의 서로 다른 세 실근이 α, β, γ이고 $\alpha+\gamma=2\beta$이므
로 삼차방정식의 근과 계수의 관계에 의하여
$$\alpha+\beta+\gamma=3\beta=\frac{3}{2} \qquad \therefore\ \beta=\frac{1}{2}$$

따라서 $t=\dfrac{1}{2}$이 방정식 ㉠의 근이므로

$$\dfrac{1}{4}-\dfrac{3}{4}+k+1=0 \qquad \therefore k=-\dfrac{1}{2}$$

0737 답 3 │ 유형 14

STEP 1 $f(-1)=g(-1)=0$을 이용하여 식 세우기

$f(x)=-x^3+ax$, $g(x)=bx^2+c$라 하면

$f'(x)=-3x^2+a$, $g'(x)=2bx$

(i) 두 곡선이 점 $(-1, 0)$을 지나므로

$\quad f(-1)=0$에서 $1-a=0 \qquad \therefore a=1$ ㉠

$\quad g(-1)=0$에서 $b+c=0$ ㉡

STEP 2 $f'(-1)=g'(-1)$을 이용하여 식 세우기

(ii) 점 $(-1, 0)$에서의 두 곡선의 접선의 기울기가 같으므로

$\quad f'(-1)=g'(-1)$에서

$\quad -3+a=-2b \qquad \therefore a+2b=3$ ㉢

STEP 3 세운 식을 연립하여 상수 b, c의 값을 구하고, $a^2+b^2+c^2$의 값 구하기

㉠, ㉡, ㉢을 연립하여 풀면 $a=1$, $b=1$, $c=-1$

$\therefore a^2+b^2+c^2=1^2+1^2+(-1)^2=3$

0738 답 ②

$f(x)=x^3-4x+27$, $g(x)=3x^2+5x$라 하면

$f'(x)=3x^2-4$, $g'(x)=6x+5$

(i) $x=t$인 점에서 두 곡선이 만나므로 $f(t)=g(t)$에서

$\quad t^3-4t+27=3t^2+5t$, $t^3-3t^2-9t+27=0$

$\quad (t+3)(t-3)^2=0 \qquad \therefore t=-3$ 또는 $t=3$

(ii) $x=t$인 점에서 두 곡선의 접선의 기울기가 같으므로

$\quad f'(t)=g'(t)$에서

$\quad 3t^2-4=6t+5$, $3t^2-6t-9=0$

$\quad 3(t+1)(t-3)=0 \qquad \therefore t=-1$ 또는 $t=3$

(i), (ii)를 동시에 만족시키는 t의 값은 3이다.

즉, 접점의 좌표는 $(3, 42)$이고, 접선의 기울기는 23이므로 공통인 접선의 방정식은

$y-42=23(x-3) \qquad \therefore y=23x-27$

따라서 $a=23$, $b=-27$이므로

$a+b=23+(-27)=-4$

0739 답 ①

$f(x)=\dfrac{2}{3}x^3+ax^2$, $g(x)=-2x^2+9$라 하면

$f'(x)=2x^2+2ax$, $g'(x)=-4x$

두 곡선이 $x=t$인 점에서 공통인 접선을 갖는다고 하면

(i) $x=t$인 점에서 두 곡선이 만나므로 $f(t)=g(t)$에서

$\quad \dfrac{2}{3}t^3+at^2=-2t^2+9$ ㉠

(ii) $x=t$인 점에서 두 곡선의 접선의 기울기가 같으므로

$\quad f'(t)=g'(t)$에서

$\quad 2t^2+2at=-4t$, $2t+2a=-4\ (\because t\neq 0)$

$\quad \therefore a=-t-2$ ㉡

㉡을 ㉠에 대입하면

$\dfrac{2}{3}t^3+(-t-2)t^2=-2t^2+9$

$-\dfrac{1}{3}t^3=9$, $t^3=-27$

$\therefore t=-3\ (\because t$는 실수$)$

따라서 $t=-3$을 ㉡에 대입하면 $a=-(-3)-2=1$

참고 $f(0)=0$, $g(0)=9$에서 $f(0)\neq g(0)$이므로 $x=0$인 점에서 두 곡선 $y=f(x)$, $y=g(x)$는 만나지 않는다.

$\therefore t\neq 0$

0740 답 -7

$f(x)=x^2$, $g(x)=x^3+ax-2$라 하면

$f'(x)=2x$, $g'(x)=3x^2+a$

곡선 $y=f(x)$ 위의 점 $(-2, 4)$에서의 접선의 기울기는

$f'(-2)=-4$이므로 접선의 방정식은

$y-4=-4(x+2) \qquad \therefore y=-4x-4$ ㉠

직선 ㉠과 곡선 $y=x^3+ax-2$의 접점의 좌표를 $(t, -4t-4)$라 하면

(i) $g(t)=-4t-4$에서

$\quad t^3+at-2=-4t-4$ ㉡

(ii) $g'(t)=-4$에서

$\quad 3t^2+a=-4 \qquad \therefore a=-3t^2-4$ ㉢

㉢을 ㉡에 대입하면

$t^3+(-3t^2-4)t-2=-4t-4$, $t^3=1$

$\therefore t=1\ (\because t$는 실수$)$

따라서 $t=1$을 ㉢에 대입하면 $a=-3-4=-7$

실수 Check

두 곡선이 공통인 접선을 갖지만 공통인 접점이 점 $(-2, 4)$가 아님에 주의한다.

0741 답 $\dfrac{7}{16}$

$f(x)=\dfrac{1}{2}x^2-k$, $g(x)=-x^4+2x^2-1$이라 하면

$f'(x)=x$, $g'(x)=-4x^3+4x$

두 곡선이 제4사분면에서 접하는 점의 x좌표를 $t\ (t>0)$라 하면

(i) $x=t$인 점에서 두 곡선이 만나므로 $f(t)=g(t)$에서

$\quad \dfrac{1}{2}t^2-k=-t^4+2t^2-1$

$\quad \therefore k=t^4-\dfrac{3}{2}t^2+1$ ㉠

(ii) $x=t$인 점에서 두 곡선의 접선의 기울기가 같으므로

$\quad f'(t)=g'(t)$에서

$\quad t=-4t^3+4t$, $4t^3-3t=0$

$\quad t(4t^2-3)=0 \qquad \therefore t=\dfrac{\sqrt{3}}{2}\ (\because t>0)$

04

$t=\dfrac{\sqrt{3}}{2}$을 ㉠에 대입하면

$k=\left(\dfrac{\sqrt{3}}{2}\right)^4-\dfrac{3}{2}\times\left(\dfrac{\sqrt{3}}{2}\right)^2+1=\dfrac{7}{16}$

참고 주어진 그래프에서 두 곡선은 y축에 대하여 대칭이므로 제4사분면에서 접하는 교점의 x좌표를 t $(t>0)$라 하면 제3사분면에서 접하는 교점의 x좌표는 $-t$이다.

$t=-\dfrac{\sqrt{3}}{2}$을 ㉠에 대입해도

$k=\left(-\dfrac{\sqrt{3}}{2}\right)^4-\dfrac{3}{2}\times\left(-\dfrac{\sqrt{3}}{2}\right)^2+1=\dfrac{7}{16}$로 같은 답을 얻을 수 있다.

0742 답 22

$f(x)=x^3-10$, $g(x)=x^3+k$라 하면
$f'(x)=3x^2$, $g'(x)=3x^2$
곡선 $y=f(x)$ 위의 점 $P(-2,\ -18)$에서의 접선의 기울기는
$f'(-2)=12$이므로 접선의 방정식은
$y-(-18)=12\{x-(-2)\}$　　∴ $y=12x+6$ ··········· ㉠
점 Q의 좌표를 $(a,\ a^3+k)$ (a는 상수)라 하면
곡선 $y=g(x)$의 위의 점 $Q(a,\ a^3+k)$에서의 접선의 기울기는
$g'(a)=3a^2$이므로 접선의 방정식은
$y-(a^3+k)=3a^2(x-a)$　　∴ $y=3a^2x-2a^3+k$ ··········· ㉡
두 접선 ㉠, ㉡이 일치하므로
$3a^2=12$에서 $a^2=4$
∴ $a=-2$ 또는 $a=2$
$-2a^3+k=6$에 $a=-2$를 대입하면 $k=-10$
$a=2$를 대입하면 $k=22$
이때 $k>0$이므로 $k=22$

0743 답 $-\dfrac{1}{15}$

| 유형 15

> 두 곡선 $y=x^2-4$, $y=ax^2$ $(a<0)$의 교점에서 두 곡선에 각각 그은 **[단서1]**
> 접선이 서로 수직일 때, 상수 a의 값을 구하시오. **[단서2]**
>
> **[단서1]** 두 곡선이 $x=t$인 점에서 만난다고 하면 $f(t)=g(t)$
> **[단서2]** 접선이 서로 수직이므로 $f'(t)g'(t)=-1$

STEP 1 $f(t)=g(t)$를 이용하여 식 세우기

$f(x)=x^2-4$, $g(x)=ax^2$ $(a<0)$이라 하면
$f'(x)=2x$, $g'(x)=2ax$
두 곡선이 $x=t$인 점에서 만난다고 하면 $f(t)=g(t)$에서
$t^2-4=at^2$ ··········· ㉠

STEP 2 $f'(t)g'(t)=-1$을 이용하여 식 세우기

$x=t$인 점에서 두 접선이 수직이므로
$f'(t)g'(t)=-1$에서 　→ 기울기의 곱이 -1
$2t\times2at=-1$, $4at^2=-1$
∴ $at^2=-\dfrac{1}{4}$ ··········· ㉡

STEP 3 세운 식을 연립하여 상수 a의 값 구하기

㉡을 ㉠에 대입하면 $t^2-4=-\dfrac{1}{4}$, $t^2=\dfrac{15}{4}$

$t^2=\dfrac{15}{4}$를 ㉡에 대입하면 $\dfrac{15}{4}a=-\dfrac{1}{4}$이므로 $a=-\dfrac{1}{15}$

0744 답 ⑤

$f(x)=x^3+1$, $g(x)=ax^2+bx+1$이라 하면
$f'(x)=3x^2$, $g'(x)=2ax+b$
곡선 $y=g(x)$가 점 $(1,\ 2)$를 지나므로 $g(1)=2$에서
$a+b+1=2$　　∴ $a+b=1$ ··········· ㉠
점 $(1,\ 2)$에서의 두 접선이 서로 수직이므로 $f'(1)g'(1)=-1$에서
$3(2a+b)=-1$　　∴ $2a+b=-\dfrac{1}{3}$ ··········· ㉡
㉠, ㉡을 연립하여 풀면 $a=-\dfrac{4}{3}$, $b=\dfrac{7}{3}$

∴ $b-a=\dfrac{11}{3}$

0745 답 ①

$f(x)=\dfrac{1}{2}x^2$, $g(x)=a-\dfrac{1}{2}x^2$이라 하면
$f'(x)=x$, $g'(x)=-x$
두 곡선이 $x=t$인 점에서 만난다고 하면 $f(t)=g(t)$에서
$\dfrac{1}{2}t^2=a-\dfrac{1}{2}t^2$　　∴ $t^2=a$ ··········· ㉠
$x=t$인 점에서의 두 접선이 서로 수직이므로 $f'(t)g'(t)=-1$에서
$t\times(-t)=-1$　　∴ $t^2=1$
$t^2=1$을 ㉠에 대입하면 $a=1$

0746 답 $\dfrac{1}{9}$

$f(x)=x^3+2a$, $g(x)=ax^2+bx$라 하면
$f'(x)=3x^2$, $g'(x)=2ax+b$
두 곡선이 점 $(1,\ c)$를 지나므로 $f(1)=g(1)$에서
$1+2a=a+b$　　∴ $a-b=-1$ ··········· ㉠
점 $(1,\ c)$에서의 두 접선이 서로 수직이므로 $f'(1)g'(1)=-1$에서
$3(2a+b)=-1$　　∴ $2a+b=-\dfrac{1}{3}$ ··········· ㉡
㉠, ㉡을 연립하여 풀면 $a=-\dfrac{4}{9}$, $b=\dfrac{5}{9}$

따라서 $f(x)=x^3-\dfrac{8}{9}$이므로

$c=f(1)=1-\dfrac{8}{9}=\dfrac{1}{9}$

0747 답 ③

$f(x)=-x^2+1$, $g(x)=ax^2$이라 하면
$f'(x)=-2x$, $g'(x)=2ax$
두 곡선이 $x=t$인 점에서 만난다고 하면 $f(t)=g(t)$에서
$-t^2+1=at^2$ ··········· ㉠
또, $m_1=f'(t)=-2t$, $m_2=g'(t)=2at$이므로 $m_1-m_2=4$에서
$-2t-2at=4$
∴ $at=-t-2$ ··········· ㉡
㉡을 ㉠에 대입하면
$-t^2+1=t(-t-2)$, $-2t=1$
∴ $t=-\dfrac{1}{2}$

$t=-\dfrac{1}{2}$을 ⓛ에 대입하면

$$-\dfrac{1}{2}a=\dfrac{1}{2}-2,\ \dfrac{1}{2}a=\dfrac{3}{2}$$

$$\therefore a=3$$

참고 두 곡선 $y=-x^2+1,\ y=3x^2$의 교점은 그림과 같이 2개 존재하지만 점 Q에서 각 곡선에 그은 접선의 기울기 $m_1,\ m_2$는 $m_1<0,\ m_2>0$이므로 $m_1-m_2<0$이다. 즉, m_1-m_2의 값이 4가 될 수 없으므로 두 곡선의 교점은 제2사분면에 있다.

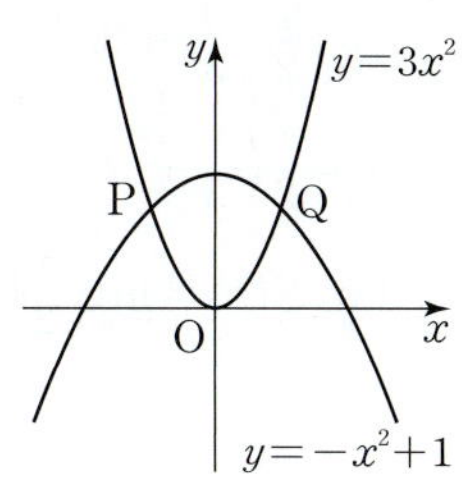

0748 답 ②

$f(x)=x^3-x+1,\ g(x)=-x^2+kx-12$에서

$f'(x)=3x^2-1,\ g'(x)=-2x+k$

(i) 곡선 $y=f(x)$와 접선 l의 접점의 좌표를 $(t,\ t^3-t+1)$이라 하면 이 점에서의 접선의 기울기는 $f'(t)=3t^2-1$이므로 접선의 방정식은

$$y-(t^3-t+1)=(3t^2-1)(x-t)$$
$$\therefore y=(3t^2-1)x-2t^3+1 \quad\cdots\cdots ㉠$$

이 직선이 점 $(0,\ -1)$을 지나므로

$$-1=-2t^3+1,\ t^3=1$$

$$\therefore t=1\ (\because t는 실수)$$

$t=1$을 ㉠에 대입하면 접선 l의 방정식은

$$y=2x-1$$

→ 직선 l 위의 $x=2$인 점의 좌표

(ii) 직선 l과 점 $(2,\ 3)$에서 수직으로 만나는 직선을 m이라 하면 직선 m의 기울기는 $-\dfrac{1}{2}$이므로 직선의 방정식은

$$y-3=-\dfrac{1}{2}(x-2)\quad\therefore y=-\dfrac{1}{2}x+4$$

직선 m이 곡선 $y=g(x)$와 접하므로

$$-\dfrac{1}{2}x+4=-x^2+kx-12에서$$

$$x^2-\left(k+\dfrac{1}{2}\right)x+16=0$$

이차방정식 $x^2-\left(k+\dfrac{1}{2}\right)x+16=0$의 판별식을 D라 하면

$D=0$에서

$$\left(k+\dfrac{1}{2}\right)^2-64=0,\ \left(k+\dfrac{1}{2}\right)^2=64$$

$$\therefore k=\dfrac{15}{2}\ (\because k>0)$$

따라서 $g(x)=-x^2+\dfrac{15}{2}x-12$이므로

$$g(2)=-1$$

개념 Check

이차함수의 그래프와 직선의 위치 관계

이차함수 $y=f(x)$의 그래프와 직선 $y=g(x)$의 위치 관계는 이차방정식 $f(x)-g(x)=0$의 판별식 D의 부호에 따라 다음과 같다.

(i) $D>0$이면 서로 다른 두 점에서 만난다.

(ii) $D=0$이면 한 점에서 만난다.(접한다.)

(iii) $D<0$이면 만나지 않는다.

0749 답 ② | 유형 16

곡선 $y=-\dfrac{1}{4}x^2$ 위의 점 $(2,\ -1)$에서의 접선과 x축, y축으로 둘러 싸인 삼각형의 넓이는? 단서1

① $\dfrac{1}{4}$　　② $\dfrac{1}{2}$　　③ $\dfrac{3}{4}$

④ $\dfrac{5}{4}$　　⑤ $\dfrac{3}{2}$

단서1 $f(x)=-\dfrac{1}{4}x^2$이라 하면 접선의 기울기는 $f'(2)$

STEP 1 접선의 방정식 구하기

$f(x)=-\dfrac{1}{4}x^2$이라 하면 $f'(x)=-\dfrac{1}{2}x$

점 $(2,\ -1)$에서의 접선의 기울기는 $f'(2)=-1$이므로 접선의 방정식은

$$y+1=-(x-2)\quad\therefore y=-x+1$$

STEP 2 삼각형의 넓이 구하기

접선과 x축, y축으로 둘러싸인 삼각형의 넓이는

$$\dfrac{1}{2}\times1\times1=\dfrac{1}{2}$$

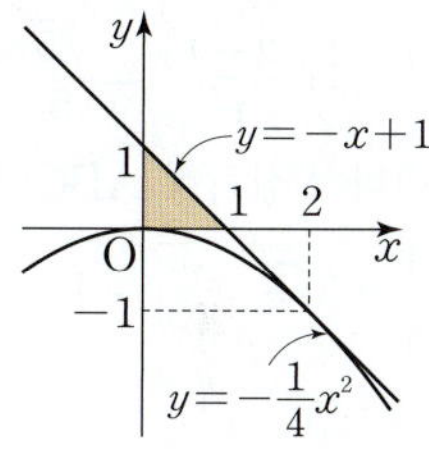

0750 답 ④

$f(x)=x^3-2x$라 하면 $f'(x)=3x^2-2$

점 $(2,\ 4)$에서의 접선의 기울기는 $f'(2)=10$이므로 접선의 방정식은

$$y-4=10(x-2)\quad\therefore y=10x-16$$

따라서 접선과 x축, y축으로 둘러싸인 삼각형의 넓이 S는

$$S=\dfrac{1}{2}\times\dfrac{8}{5}\times16=\dfrac{64}{5}$$

$$\therefore 10S=128$$

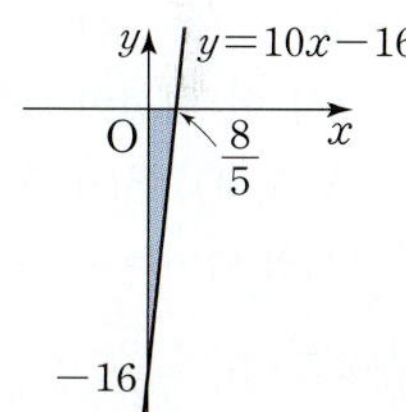

0751 답 ⑤

$f(x)=x^2+4$라 하면 $f'(x)=2x$

접점의 좌표를 $(t,\ t^2+4)$라 하면 이 점에서의 접선의 기울기는 $f'(t)=2t$이므로 접선의 방정식은

$$y-(t^2+4)=2t(x-t)\quad\therefore y=2tx-t^2+4$$

이 직선이 점 $(0,\ 0)$을 지나므로

$$0=-t^2+4,\ t^2=4$$

$$\therefore t=-2\ 또는\ t=2$$

접점의 좌표는 $(-2,\ 8),\ (2,\ 8)$이므로 $A(-2,\ 8),\ B(2,\ 8)$이라 하면 삼각형 OAB의 넓이는

$$\dfrac{1}{2}\times4\times8=16$$

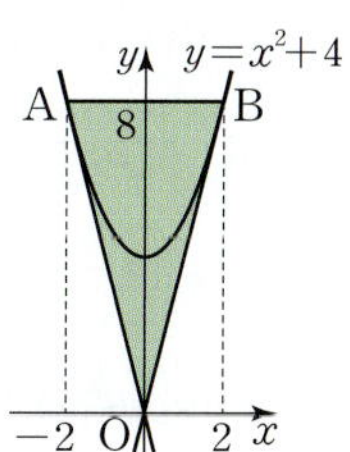

0752 답 1

$f(x)=x^2+1$이라 하면 $f'(x)=2x$

곡선 $y=f(x)$에 접하고 직선 $y=-2x+1$과 평행한 접선의 접점을 $C(t, t^2+1)$이라 하면 이 점에서의 접선의 기울기는 -2이므로 $f'(t)=-2$에서

$2t=-2$ ∴ $t=-1$

접점의 좌표는 $C(-1, 2)$이다.

곡선 $y=x^2+1$과 직선 $y=-2x+1$의 교점의 x좌표는

$x^2+1=-2x+1$에서

$x^2+2x=0,\ x(x+2)=0$

∴ $x=-2$ 또는 $x=0$

즉, 두 교점의 좌표는 $(-2, 5)$, $(0, 1)$이므로 $A(-2, 5)$, $B(0, 1)$이라 하면

$\overline{AB}=\sqrt{\{0-(-2)\}^2+(1-5)^2}=2\sqrt{5}$

직선 $y=-2x+1$, 즉 $2x+y-1=0$과 점 $C(-1, 2)$ 사이의 거리는

$\dfrac{|-2+2-1|}{\sqrt{2^2+1^2}}=\dfrac{\sqrt{5}}{5}$

따라서 삼각형 ABC의 넓이는

$\dfrac{1}{2}\times2\sqrt{5}\times\dfrac{\sqrt{5}}{5}=1$

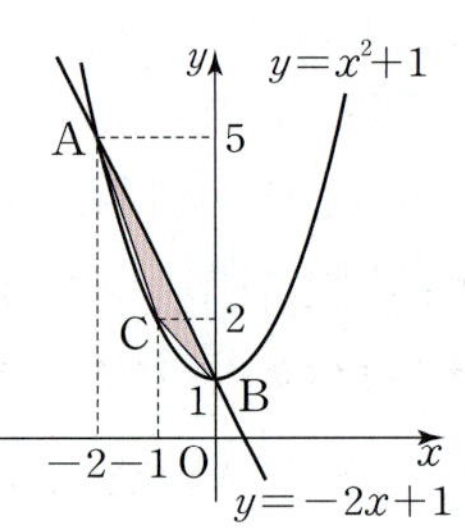

0753 답 ⑤

$f(x)=-x^2+3x+1$이라 하면 $f'(x)=-2x+3$

접점의 좌표를 $(t, -t^2+3t+1)$이라 하면 직선 $x+y=0$, 즉 $y=-x$와 평행한 접선의 기울기는 -1이므로 $f'(t)=-1$에서

$-2t+3=-1$ ∴ $t=2$

즉, 접점의 좌표는 $(2, 3)$이므로 접선의 방정식은

$y-3=-(x-2)$ ∴ $y=-x+5$

따라서 이 접선이 x축, y축과 만나는 점은 $A(5, 0)$, $B(0, 5)$이므로 삼각형 OAB의 넓이는

$\dfrac{1}{2}\times5\times5=\dfrac{25}{2}$

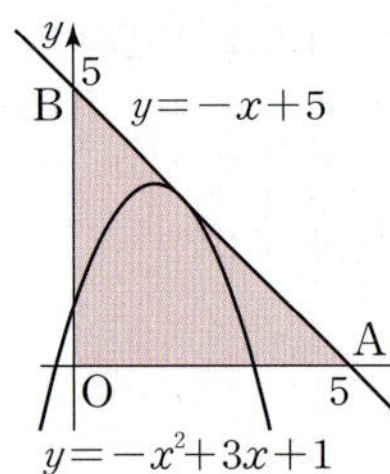

0754 답 $\dfrac{1}{6}$

$f(x)=x^3+1$이라 하면 $f'(x)=3x^2$

점 $P(t, t^3+1)$에서의 접선의 기울기는 $f'(t)=3t^2$이므로 접선의 방정식은

$y-(t^3+1)=3t^2(x-t)$ ∴ $y=3t^2x-2t^3+1$

이 접선이 y축과 만나는 점 Q의 좌표는 $(0, -2t^3+1)$

또, 점 $P(t, t^3+1)$을 지나고 점 P에서의 접선에 수직인 직선의 기울기는 $-\dfrac{1}{f'(t)}=-\dfrac{1}{3t^2}$이므로 직선의 방정식은

$y-(t^3+1)=-\dfrac{1}{3t^2}(x-t)$ ∴ $y=-\dfrac{1}{3t^2}x+\dfrac{1}{3t}+t^3+1$

이 직선이 y축과 만나는 점 R의 좌표는 $\left(0,\ \dfrac{1}{3t}+t^3+1\right)$

$\overline{QR}=\left|\left(\dfrac{1}{3t}+t^3+1\right)-(-2t^3+1)\right|=\left|\dfrac{1}{3t}+3t^3\right|$

이므로 $\triangle$PQR의 넓이 $S(t)$는

$S(t)=\dfrac{1}{2}\times\overline{QR}\times|t|$

$=\dfrac{1}{2}\left|\dfrac{1}{3t}+3t^3\right|\times|t|$

$=\dfrac{1}{2}\left(\dfrac{1}{3}+3t^4\right)$

∴ $\displaystyle\lim_{t\to0+}S(t)=\lim_{t\to0+}\dfrac{1}{2}\left(\dfrac{1}{3}+3t^4\right)=\dfrac{1}{6}$

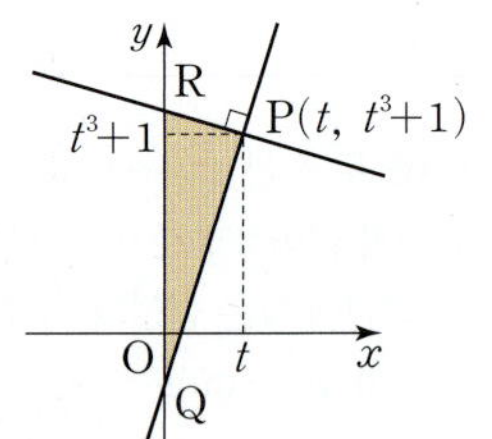

0755 답 ② | 유형 17

> 곡선 $y=-x^2$과 중심이 점 $(-3, 0)$인 원이 제3사분면에서 접할 때,
> **단서1**
> 접점의 좌표를 (p, q)라 하자. p^2+q^2의 값은?
>
> ① 1 ② 2 ③ 3
> ④ 4 ⑤ 5
>
> **단서1** 곡선과 원이 접할 때, 접선은 원의 중심과 접점을 지나는 직선에 수직

STEP 1 접선의 기울기와 접선에 수직인 직선의 기울기 구하기

$f(x)=-x^2$이라 하면 $f'(x)=-2x$

접점의 좌표를 $(t, -t^2)$이라 하면 이 점에서의 접선의 기울기는 $f'(t)=-2t$

원의 중심 $(-3, 0)$과 접점 $(t, -t^2)$을 지나는 직선의 기울기는 $\dfrac{-t^2}{t+3}$

STEP 2 t의 값을 구하여 접점의 좌표 구하기

두 직선이 서로 수직이므로 $-2t\times\dfrac{-t^2}{t+3}=-1$

$2t^3+t+3=0,\ (t+1)(2t^2-2t+3)=0$

∴ $t=-1\ (\because 2t^2-2t+3>0)$

곡선과 원의 접점의 좌표는 $(-1, -1)$이다.

STEP 3 p, q의 값을 구하여 p^2+q^2의 값 구하기

$p=-1,\ q=-1$이므로 $p^2+q^2=2$

0756 답 ③

$f(x)=x^2$이라 하면 $f'(x)=2x$

점 $P(1, 1)$에서의 접선의 기울기는 $f'(1)=2$

원 C의 중심이 x축 위에 있으므로 중심의 좌표를 $(a, 0)$이라 하면

두 점 $P(1, 1)$, $(a, 0)$을 지나는 직선의 기울기는 $\dfrac{-1}{a-1}$이고 이 직선이 점 $P(1, 1)$에서의 접선과 수직이므로

$2\times\dfrac{-1}{a-1}=-1,\ a-1=2$

∴ $a=3$

0757 답 $\sqrt{17}$

이차함수 $y=f(x)$의 최고차항의 계수가 1이고, $f(0)=f(4)=0$이므로

$f(x)=x(x-4)=x^2-4x$

$f'(x)=2x-4$에서 $f'(0)=-4$, $f'(4)=4$이므로 두 접선의 방정식은

$y-0=-4(x-0)$, $y-0=4(x-4)$

$\therefore y=-4x$, $y=4x-16$

원의 중심을 P라 하면 점 P는 두 접선과 각각 수직인 두 직선의 교점이다.

직선 $y=-4x$에 수직이고 점 $(0,\,0)$을 지나는 직선의 방정식은

$y=\dfrac{1}{4}x$ $\cdots\cdots\cdots\cdots$ ㉠

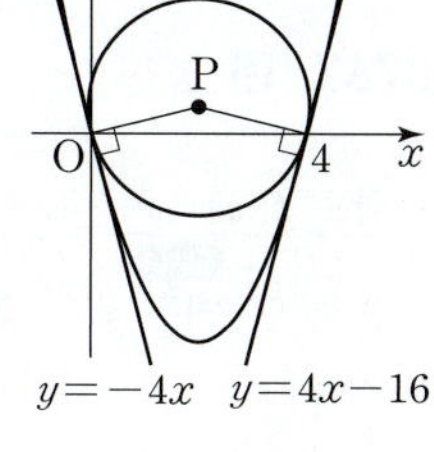

직선 $y=4x-16$에 수직이고 점 $(4,\,0)$을 지나는 직선의 방정식은

$y=-\dfrac{1}{4}(x-4)$ $\quad\therefore y=-\dfrac{1}{4}x+1$ $\cdots\cdots$ ㉡

㉠, ㉡을 연립하여 두 직선의 교점의 좌표를 구하면

$x=2$, $y=\dfrac{1}{2}$ $\quad\therefore \mathrm{P}\left(2,\,\dfrac{1}{2}\right)$

따라서 원의 지름의 길이는 원점과 점 P 사이의 거리의 2배이므로

$2\overline{\mathrm{OP}}=2\sqrt{2^2+\left(\dfrac{1}{2}\right)^2}=\sqrt{17}$

참고 두 접선은 직선 $x=2$에 대하여 대칭이므로 점 P의 x좌표는 2이다.

0758 답 ⑤

$f(x)=x^3+1$이라 하면 $f'(x)=3x^2$

점 $(1,\,2)$에서의 접선의 기울기가 $f'(1)=3$이므로 이 접선과 수직인 직선의 기울기는 $-\dfrac{1}{3}$이다.

점 $(1,\,2)$를 지나고 기울기가 $-\dfrac{1}{3}$인 직선의 방정식은

$y-2=-\dfrac{1}{3}(x-1)$ $\quad\therefore y=-\dfrac{1}{3}x+\dfrac{7}{3}$ $\cdots\cdots$ ㉠

y축 위에 있는 원의 중심의 좌표를 $(0,\,a)$라 하면 직선 ㉠이 점 $(0,\,a)$를 지나야 하므로

$a=\dfrac{7}{3}$

원의 반지름의 길이는 두 점 $(1,\,2)$, $\left(0,\,\dfrac{7}{3}\right)$ 사이의 거리와 같으므로

$\sqrt{(1-0)^2+\left(2-\dfrac{7}{3}\right)^2}=\dfrac{\sqrt{10}}{3}$

원의 넓이는

$\pi\left(\dfrac{\sqrt{10}}{3}\right)^2=\dfrac{10}{9}\pi$

따라서 $p=9$, $q=10$이므로 $p+q=19$

0759 답 -6

$f(x)=\dfrac{1}{2}x^2$이라 하면 $f'(x)=x$

원과 곡선의 접점을 $\mathrm{P}\left(t,\,\dfrac{1}{2}t^2\right)$이라 하면 이 점에서의 접선의 기울기는 $f'(t)=t$이므로 접선의 방정식은

$y-\dfrac{1}{2}t^2=t(x-t)$ $\quad\therefore y=tx-\dfrac{1}{2}t^2$

원의 중심 $\mathrm{C}(0,\,4)$와 점 $\mathrm{P}\left(t,\,\dfrac{1}{2}t^2\right)$을 지나는 직선 CP의 기울기는

$\dfrac{\dfrac{1}{2}t^2-4}{t-0}=\dfrac{t^2-8}{2t}$

이때 접선과 직선 CP는 서로 수직이므로

$t\times\dfrac{t^2-8}{2t}=-1$, $t^2-8=-2$

$t^2=6$ $\quad\therefore t=-\sqrt{6}$ 또는 $t=\sqrt{6}$

따라서 두 직선의 기울기의 곱은

$-\sqrt{6}\times\sqrt{6}=-6$

0760 답 ④ | 유형 18

STEP 1 $f(0)=f(8)$인지 확인하기

함수 $f(x)=x^2-8x$는 닫힌구간 $[0,\,8]$에서 연속이고 열린구간 $(0,\,8)$에서 미분가능하며, $f(0)=f(8)=0$이므로 롤의 정리에 의하여 $f'(c)=0$인 c가 열린구간 $(0,\,8)$에 적어도 하나 존재한다.

STEP 2 $f'(c)=0$을 만족시키는 상수 c의 값 구하기

$f'(x)=2x-8$이므로 $f'(c)=0$에서

$2c-8=0$ $\quad\therefore c=4$

0761 답 ㈎ : 3 ㈏ : 3 ㈐ : $2x$ ㈑ : 0

함수 $f(x)=x^2+2$는 닫힌구간 $[-1,\,1]$에서 연속이고 열린구간 $(-1,\,1)$에서 미분가능하다.

이때 $f(-1)=(-1)^2+2=\boxed{3}$, $f(1)=1^2+2=\boxed{3}$

즉, $f(-1)=f(1)=3$이므로 롤의 정리에 의하여 $f'(c)=0$인 c가 열린구간 $(-1,\,1)$에 적어도 하나 존재한다.

$f'(x)=\boxed{2x}$이므로 $f'(c)=0$에서

$2c=0$ $\quad\therefore c=\boxed{0}$

0762 답 ③

함수 $f(x)=x^3+6x^2+9x+2$는 닫힌구간 $[-3,\,0]$에서 연속이고 열린구간 $(-3,\,0)$에서 미분가능하며, $f(-3)=f(0)=2$이므로 롤의 정리에 의하여 $f'(c)=0$인 c가 열린구간 $(-3,\,0)$에 적어도 하나 존재한다.

이때 $f'(x)=3x^2+12x+9$이므로 $f'(c)=0$에서

$3c^2+12c+9=0$, $3(c+3)(c+1)=0$

$\therefore c=-1\ (\because -3<c<0)$

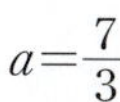 실수 Check

롤의 정리를 만족시키는 c의 값을 구할 때, 구한 c의 값이 열린구간 $(-3,\,0)$에 속하는지 확인해야 한다.

0763 답 ②

함수 $f(x)=(x-1)(x+3)^2$은 닫힌구간 $[-3, 1]$에서 연속이고
열린구간 $(-3, 1)$에서 미분가능하며 $f(-3)=f(1)=0$이므로
롤의 정리에 의하여 $f'(c)=0$인 c가 열린구간 $(-3, 1)$에 적어도
하나 존재한다.

이때 $f'(x)=(x+3)^2+2(x-1)(x+3)=3x^2+10x+3$이므로
$f'(c)=0$에서

$3c^2+10c+3=0, (3c+1)(c+3)=0$

$\therefore c=-\dfrac{1}{3} (\because -3<c<1)$

0764 답 2

함수 $f(x)=-x^2+ax$는 닫힌구간 $[0, 1]$에서 연속이고 열린구간
$(0, 1)$에서 미분가능하다.

이때 롤의 정리를 만족시키면 $f(0)=f(1)$이므로

$0=-1+a \qquad \therefore a=1$

즉, $f(x)=-x^2+x$에서 롤의 정리에 의하여 $f'(c)=0$인 c가 열
린구간 $(0, 1)$에 적어도 하나 존재한다.

$f'(x)=-2x+1$이므로 $f'(c)=0$에서

$-2c+1=0 \qquad \therefore c=\dfrac{1}{2}$

$\therefore a+2c=1+2\times\dfrac{1}{2}=2$

0765 답 ⑤

함수 $f(x)=x^3-3x+1$은 닫힌구간 $[-\sqrt{3}, a]$에서 연속이고 열
린구간 $(-\sqrt{3}, a)$에서 미분가능하다.

이때 롤의 정리를 만족시키면 $f(-\sqrt{3})=f(a)$이므로

$-3\sqrt{3}+3\sqrt{3}+1=a^3-3a+1, a(a^2-3)=0$

$\therefore a=0$ 또는 $a=\sqrt{3} (\because a>-\sqrt{3})$

주어진 조건에서 $f'(c)=0$인 c_1, c_2가 열린구간 $(-\sqrt{3}, a)$에 존재
한다.

$f'(x)=3x^2-3$에서 $f'(c)=3c^2-3=3(c+1)(c-1)$이므로

(i) $a=0$일 때

　열린구간 $(-\sqrt{3}, 0)$에서 $f'(c)=0$인 c는 $c=-1$뿐이다.

(ii) $a=\sqrt{3}$일 때

　열린구간 $(-\sqrt{3}, \sqrt{3})$에서 $f'(c)=0$인 c는 $c=-1, c=1$이다.

(i), (ii)에서 $a=\sqrt{3}, c_1=-1, c_2=1 (\because c_1<c_2)$

$\therefore a^2+c_1{}^2+c_2{}^2=(\sqrt{3})^2+(-1)^2+1^2=5$

0766 답 $c=1, a=3$

함수 $f(x)=\dfrac{1}{3}x^3+x^2-3x+2$는 닫힌구간 $[-a, a]$에서 연속이
고 열린구간 $(-a, a)$에서 미분가능하다.

이때 롤의 정리를 만족시키면 $f(-a)=f(a)$이므로

$-\dfrac{1}{3}a^3+a^2+3a+2=\dfrac{1}{3}a^3+a^2-3a+2$

$\dfrac{2}{3}a^3-6a=0, a^3-9a=0$

$a(a+3)(a-3)=0 \qquad \therefore a=3 (\because a$는 자연수$)$

즉, 함수 $f(x)$는 닫힌구간 $[-3, 3]$에서 롤의 정리를 만족시킨다.

이때 $f'(x)=x^2+2x-3$이므로 $f'(c)=0$에서

$c^2+2c-3=0, (c+3)(c-1)=0$

$\therefore c=1 (\because -3<c<3)$

0767 답 ⑤　　　　　　　　　　　　　　　　　　| 유형 19

STEP 1 $\dfrac{f(b)-f(a)}{b-a}=f'(c)$를 만족시키는 상수 c의 값 구하기

함수 $f(x)=x^2-4x+2$는 닫힌구간 $[0, 3]$에서 연속이고 열린구
간 $(0, 3)$에서 미분가능하므로 평균값 정리에 의하여

$\dfrac{f(3)-f(0)}{3-0}=f'(c)$인 c가 열린구간 $(0, 3)$에 적어도 하나 존재
한다.

이때 $f'(x)=2x-4$이므로

$\dfrac{-1-2}{3-0}=2c-4, 2c=3 \qquad \therefore c=\dfrac{3}{2}$

0768 답 $\dfrac{1}{2}$

함수 $f(x)=x^2+2$는 닫힌구간 $[0, 1]$에서 연속이고 열린구간
$(0, 1)$에서 미분가능하므로 평균값 정리에 의하여

$\dfrac{f(1)-f(0)}{1-0}=f'(c)$인 c가 열린구간 $(0, 1)$에 적어도 하나

존재한다.

이때 $f'(x)=2x$이므로

$\dfrac{3-2}{1-0}=2c \qquad \therefore c=\dfrac{1}{2}$

0769 답 5

함수 $f(x)=-2x^2+6x+1$은 닫힌구간 $[1, k]$에서 연속이고 열
린구간 $(1, k)$에서 미분가능하다.

이때 $f'(x)=-4x+6$이므로 $f'(3)=-6$

$\dfrac{f(k)-f(1)}{k-1}=f'(3)$에서

$\dfrac{-2k^2+6k+1-5}{k-1}=-6, k^2-6k+5=0$

$(k-1)(k-5)=0 \qquad \therefore k=5 (\because k>3)$

0770 답 ②

함수 $f(x)=x^3+kx$는 닫힌구간 $[0, \sqrt{3}]$에서 롤의 정리를 만족
시키는 상수가 존재하므로 $f(0)=f(\sqrt{3})$에서

$0=3\sqrt{3}+\sqrt{3}k, \sqrt{3}k=-3\sqrt{3} \qquad \therefore k=-3$

$\therefore f(x)=x^3-3x$

또한 함수 $f(x)=x^3-3x$는 닫힌구간 $[0, 3]$에서 평균값 정리를 만족시키므로 $\dfrac{f(3)-f(0)}{3-0}=f'(c)$인 c가 열린구간 $(0, 3)$에 적어도 하나 존재한다.

이때 $f'(x)=3x^2-3$이므로

$\dfrac{18-0}{3-0}=3c^2-3$, $3c^2=9$, $c^2=3$

$\therefore c=\sqrt{3}$ $(\because 0<c<3)$

$\therefore k^2+c^2=(-3)^2+(\sqrt{3})^2=12$

0771 달 ③

$h(x)=f(x)-g(x)$라 하면 주어진 구간에서 두 함수 $f(x)$, $g(x)$가 연속이고 미분가능하므로 함수 $h(x)$도 닫힌구간 $[a, b]$에서 연속이고 열린구간 (a, b)에서 미분가능하다.

따라서 $a<x<b$인 임의의 실수 x에 대하여 닫힌구간 $[a, x]$에서 평균값 정리에 의하여

$\dfrac{h(x)-h(a)}{x-a}=\boxed{h'(c)}$인 c가 열린구간 (a, x)에 적어도 하나 존재한다.

이때 $h'(c)=f'(c)-g'(c)=0$이므로

$h(x)-h(a)=0$ $\therefore h(x)=h(a)$

따라서 함수 $h(x)$는 닫힌구간 $[a, b]$에서 $\boxed{\text{상수함수}}$이므로

$h(x)=f(x)-g(x)=k$ (k는 상수)

$\therefore f(x)=g(x)+k$

0772 달 ①

함수 $f(x)=2x^3-6x^2+1$은 닫힌구간 $[a, b]$에서 연속이고 열린구간 (a, b)에서 미분가능하므로 평균값 정리에 의하여

$\dfrac{f(b)-f(a)}{b-a}=f'(c)$인 c가 열린구간 (a, b)에 적어도 하나 존재한다.

$f'(x)=6x^2-12x$이므로

$\dfrac{f(b)-f(a)}{b-a}=6c^2-12c$

$\therefore k=6c^2-12c$

이때 a, b $(a<b)$는 닫힌구간 $[1, 3]$에 속하는 임의의 실수이므로 $1<c<3$이고,

$k=6c^2-12c=6(c-1)^2-6$

이므로 $-6<k<18$이다.

따라서 정수 k는 -5, -4, -3, $\cdots$, 17의 23개이다.

0773 달 ③

함수 $f(x)$는 실수 전체의 집합에서 미분가능하므로 실수 전체의 집합에서 연속이다.

따라서 함수 $g(x)=(x^2+x+1)f(x)$는 닫힌구간 $[0, 3]$에서 연속이고, 열린구간 $(0, 3)$에서 미분가능하다.

이때 $g(0)=f(0)=4$, $g(3)=13f(3)=13$이므로 평균값 정리에 의하여

$g'(c)=\dfrac{g(3)-g(0)}{3-0}=\dfrac{13-4}{3}=3$

인 c가 열린구간 $(0, 3)$에 적어도 하나 존재한다.

0774 달 ②

함수 $f(x)$는 닫힌구간 $[-1, 2]$에서 연속이고 열린구간 $(-1, 2)$에서 미분가능하므로 평균값 정리에 의하여

$\dfrac{f(2)-f(-1)}{2-(-1)}=f'(c)$를 만족시키는 c가 열린구간 $(-1, 2)$에 적어도 하나 존재한다.

즉, $\dfrac{f(2)-2}{3}=f'(c)\geq3$이므로

$f(2)-2\geq9$

$\therefore f(2)\geq11$

따라서 $f(2)$의 최솟값은 11이다.

0775 달 12 | 유형 **20**

> 실수 전체의 집합에서 미분가능한 함수 $f(x)$가 $\lim\limits_{x\to\infty}f'(x)=3$을 만 **[단서1]** 족시킬 때, $\lim\limits_{x\to\infty}\{f(x+2)-f(x-2)\}$의 값을 구하시오. **[단서2]**
>
> **[단서1]** 평균값 정리를 이용
> **[단서2]** 평균값 정리를 만족시키는 상수 c에 대하여 $\lim\limits_{x\to\infty}f'(c)=3$

STEP 1 평균값 정리 확인하기

함수 $f(x)$는 모든 실수 x에서 미분가능하므로 모든 실수 x에서 연속이다.

함수 $f(x)$는 닫힌구간 $[x-2, x+2]$에서 연속이고 열린구간 $(x-2, x+2)$에서 미분가능하므로 평균값 정리에 의하여

$\dfrac{f(x+2)-f(x-2)}{(x+2)-(x-2)}=f'(c)$

인 c가 열린구간 $(x-2, x+2)$에 적어도 하나 존재한다.

STEP 2 $\lim\limits_{x\to\infty}\{f(x+2)-f(x-2)\}$의 값 구하기

이때 $x-2<c<x+2$에서 $x\to\infty$이면 $c\to\infty$이므로

$\lim\limits_{x\to\infty}\{f(x+2)-f(x-2)\}=\lim\limits_{x\to\infty}\dfrac{f(x+2)-f(x-2)}{(x+2)-(x-2)}\times4$

$=4\lim\limits_{c\to\infty}f'(c)$

$=4\times3=12$

0776 달 5

$a<c<b$인 상수 c에 대하여

$\dfrac{f(b)-f(a)}{b-a}=f'(c)$

를 만족시키는 상수 c는 두 점 $(a, f(a))$, $(b, f(b))$를 지나는 직선과 평행한 접선을 가지는 점의 x좌표이다.

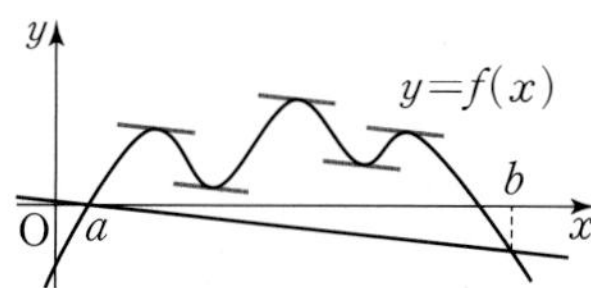

그림과 같이 두 점 $(a, f(a))$, $(b, f(b))$를 지나는 직선과 평행한 접선을 5개 그을 수 있으므로 주어진 조건을 만족시키는 상수 c는 5개이다.

0777 답 1

$f(x)=2x^2+1$에서 $f'(x)=4x$

$f(a+2h)-f(a)=2hf'(a+kh)$에서

$2(a+2h)^2+1-(2a^2+1)=2h\times4(a+kh)$

$8ah+8h^2=8ah+8kh^2,\ 8h^2=8kh^2$

$8k=8\ (\because h>0)\qquad\therefore k=1$

0778 답 ③

$f(x)=x^2-2x+3$에서 $f'(x)=2x-2$

$f(x+h)=f(x)+hf'(x+ah)$에서

$\dfrac{f(x+h)-f(x)}{h}=f'(x+ah)$

$\dfrac{(x+h)^2-2(x+h)+3-(x^2-2x+3)}{h}=2(x+ah)-2$

$\dfrac{2xh+h^2-2h}{h}=2x+2ah-2$

$2x+h-2=2x+2ah-2,\ h=2ah$

$2a=1\ (\because h>0)\qquad\therefore a=\dfrac{1}{2}$

0779 답 7

(i) $1<t<5$인 실수 t에 대하여 함수 $f(x)$가 닫힌구간 $[1,\ t]$에서 연속이고 열린구간 $(1,\ t)$에서 미분가능하므로 평균값 정리에 의하여 $\dfrac{f(t)-f(1)}{t-1}=f'(c_1)$인 c_1이 열린구간 $(1,\ t)$에 존재한다.

㈎에서 $f'(c_1)\le2$이므로

$\dfrac{f(t)-f(1)}{t-1}\le2,\ f(t)-f(1)\le2(t-1)$

$f(t)-1\le2t-2\ (\because$ ㈎에서 $f(1)=1)$

$\therefore f(t)\le2t-1$ ─────────── ㉠

(ii) 함수 $f(x)$가 닫힌구간 $[t,\ 5]$에서 연속이고 열린구간 $(t,\ 5)$에서 미분가능하므로 평균값 정리에 의하여 $\dfrac{f(5)-f(t)}{5-t}=f'(c_2)$인 c_2가 열린구간 $(t,\ 5)$에 존재한다.

㈎에서 $f'(c_2)\le2$이므로

$\dfrac{f(5)-f(t)}{5-t}\le2,\ f(5)-f(t)\le2(5-t)$

$9-f(t)\le10-2t\ (\because$ ㈎에서 $f(5)=9)$

$\therefore f(t)\ge2t-1$ ─────────── ㉡

㉠, ㉡을 연립하면 $f(t)=2t-1\ (1<t<5)$이므로

$f(4)=2\times4-1=7$

참고 $\dfrac{f(5)-f(1)}{5-1}=2,\ f'(x)\le2$이므로 함수 $y=f(x)$의 그래프는 기울기가 2인 직선이다.

0780 답 (1) -2　(2) -2　(3) $-2x+4$　(4) 3　(5) 3　(6) 3

(7) $6\sqrt{5}$　(8) $\dfrac{9\sqrt{5}}{5}$　(9) 27

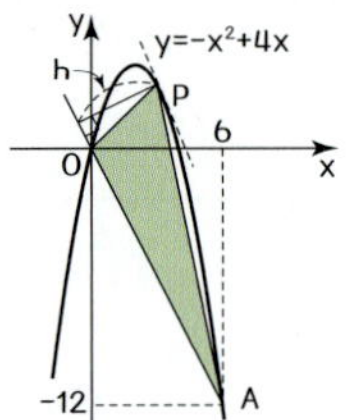

$\triangle\mathrm{OAP}=\dfrac{1}{2}\times\overline{\mathrm{OA}}\times h$

① $\overline{\mathrm{OA}}=\sqrt{36+144}=\sqrt{180}=6\sqrt{5}$

② 점 P에서의 접선이 $\overline{\mathrm{OA}}$와 평행할 때 h가 최대이다.

$y'=-2x+4$, $\overline{\mathrm{OA}}$의 기울기: $\dfrac{-12}{6}=-2$

➡ $-2x+4=-2$　$\therefore x=3$

➡ $y=-9+12=3$　$\therefore$ P(3, 3)

③ 점 P(3, 3)에서 $\overline{\mathrm{OA}}$까지의 거리는　$y=-2x$에서 $2x+y=0$

$\dfrac{6+3}{\sqrt{5}}=\dfrac{9}{\sqrt{5}}$

➡ 넓이: $\dfrac{1}{2}\times6\sqrt{5}\times\dfrac{9}{\sqrt{5}}=27$

0781 답 $\dfrac{5}{6}$

STEP 1 **삼각형 OAP의 넓이가 최소가 될 조건 찾기 [2점]**

삼각형 OAP의 넓이가 최소가 될 때는 점 P와 직선 OA 사이의 거리가 최소일 때이므로 곡선 $y=\dfrac{2}{3}x^3+\dfrac{1}{2}x+1\ (x\ge0)$의 접선 중에서 직선 OA와 평행한 접선의 접점이 P일 때이다.

직선 OA의 기울기는 $\dfrac{2-0}{2-0}=1$이므로 점 P에서의 접선의 기울기가 1일 때, 삼각형 OAP의 넓이가 최소이다.

STEP 2 **삼각형 OAP의 넓이가 최소가 될 때 점 P의 좌표 구하기 [2점]**

$f(x)=\dfrac{2}{3}x^3+\dfrac{1}{2}x+1$이라 하면 $f'(x)=2x^2+\dfrac{1}{2}$ ⋯⋯ ⓐ

점 P의 좌표를 $\left(t,\ \dfrac{2}{3}t^3+\dfrac{1}{2}t+1\right)$이라 하면 $f'(t)=1$에서

$2t^2+\dfrac{1}{2}=1,\ t^2=\dfrac{1}{4}$

$\therefore t=\dfrac{1}{2}\ (\because t\ge0)$ ⋯⋯ ⓑ

즉, 점 P의 좌표는 $\left(\dfrac{1}{2},\ \dfrac{4}{3}\right)$이다.

STEP 3 **삼각형 OAP의 넓이의 최솟값 구하기 [3점]**

삼각형 OAP의 밑변의 길이는

$\overline{\mathrm{OA}}=\sqrt{2^2+2^2}=2\sqrt{2}$ ⋯⋯ ⓒ

삼각형 OAP의 높이를 h라 하면 h는 점 $\mathrm{P}\left(\dfrac{1}{2},\ \dfrac{4}{3}\right)$와 직선 OA, 즉 직선 $x-y=0$ 사이의 거리와 같으므로

$h=\dfrac{\left|\dfrac{1}{2}-\dfrac{4}{3}\right|}{\sqrt{1^2+(-1)^2}}=\dfrac{5\sqrt{2}}{12}$ ⋯⋯ ⓓ

따라서 삼각형 OAP의 넓이의 최솟값은

$\dfrac{1}{2}\times\overline{\mathrm{OA}}\times h=\dfrac{1}{2}\times2\sqrt{2}\times\dfrac{5\sqrt{2}}{12}=\dfrac{5}{6}$

<table>
<tr><th colspan="2">부분점수표</th></tr>
<tr><td>ⓐ $f'(x)$를 구한 경우</td><td>1점</td></tr>
<tr><td>ⓑ $f'(t)=1$인 t의 값을 구한 경우</td><td>1점</td></tr>
<tr><td>ⓒ $\overline{OA}$의 길이를 구한 경우</td><td>1점</td></tr>
<tr><td>ⓓ 점 P와 직선 OA 사이의 거리를 구한 경우</td><td>1점</td></tr>
</table>

0782 답 $\left(-\dfrac{\sqrt{2}}{2},\ \dfrac{\sqrt{2}}{4}-3\right)$

STEP 1 삼각형 APB의 넓이가 최소가 될 조건 찾기 [4점]

삼각형 APB의 넓이가 최소가 될 때는 점 P와 직선 AB 사이의 거리가 최소일 때이므로 곡선 $y=x^3-x-3\ (x<0)$의 접선 중에서 직선 AB와 평행한 접선의 접점이 P일 때이다.

직선 AB의 기울기는 $\dfrac{3-0}{2-(-4)}=\dfrac{1}{2}$이므로 점 P에서의 접선의 기울기가 $\dfrac{1}{2}$일 때, 삼각형 APB의 넓이가 최소이다.

STEP 2 삼각형 APB의 넓이가 최소가 될 때 점 P의 x좌표 구하기 [2점]

$f(x)=x^3-x-3$이라 하면 $f'(x)=3x^2-1$

점 P의 좌표를 $(t,\ t^3-t-3)$이라 하면 $f'(t)=\dfrac{1}{2}$에서

$3t^2-1=\dfrac{1}{2},\ t^2=\dfrac{1}{2}$

$\therefore t=-\dfrac{\sqrt{2}}{2}\ (\because t<0)$

STEP 3 삼각형 APB의 넓이가 최소가 될 때 점 P의 좌표 구하기 [2점]

$f\left(-\dfrac{\sqrt{2}}{2}\right)=\left(-\dfrac{\sqrt{2}}{2}\right)^3-\left(-\dfrac{\sqrt{2}}{2}\right)-3=\dfrac{\sqrt{2}}{4}-3$

따라서 삼각형 ABP의 넓이가 최소가 될 때 점 P의 좌표는

$\left(-\dfrac{\sqrt{2}}{2},\ \dfrac{\sqrt{2}}{4}-3\right)$

0783 답 $-\dfrac{2\sqrt{3}}{3}$

STEP 1 사각형 OBPA의 넓이가 최대가 될 조건 찾기 [7점]

$\square OBPA=\triangle OBA+\triangle ABP=2+\triangle ABP$

이므로 사각형 OBPA의 넓이가 최대가 될 때는 삼각형 ABP의 넓이가 최대일 때이다. $\longmapsto \dfrac{1}{2}\times\overline{OA}\times\overline{OB}=\dfrac{1}{2}\times2\times2=2$ ······ ⓐ

즉, 점 P와 직선 AB 사이의 거리가 최대일 때이므로 곡선 $y=x^3-3x+2\ (-2<x<0)$의 접선 중에서 직선 AB와 평행한 접선의 접점이 P일 때이다.

직선 AB의 기울기는 $\dfrac{2-0}{0-(-2)}=1$이므로 ······ ⓑ

점 $P(a,\ a^3-3a+2)$에서의 접선의 기울기가 1일 때, 사각형 OBPA의 넓이가 최대이다.

STEP 2 사각형 OBPA의 넓이가 최대일 때 a의 값 구하기 [3점]

$f(x)=x^3-3x+2$라 하면 $f'(x)=3x^2-3$

$f'(a)=1$에서 $3a^2-3=1,\ a^2=\dfrac{4}{3}$

$\therefore a=-\dfrac{2\sqrt{3}}{3}\ (\because -2<a<0)$

<table>
<tr><th colspan="2">부분점수표</th></tr>
<tr><td>ⓐ 사각형 OBPA의 넓이가 최대일 때는 삼각형 ABP의 넓이가 최대일 때임을 기술한 경우</td><td>2점</td></tr>
<tr><td>ⓑ 직선 AB의 기울기를 구한 경우</td><td>2점</td></tr>
</table>

0784 답 (1) 4 (2) 2 (3) 4 (4) 0

함수 $f(x)$가 다항함수이므로 모든 실수 x에 대해 연속이고 미분가능하다.

이때 $f(2)=0$, $f(4)=8$이므로 $f(x)$는 평균값 정리에 의하여 열린구간 $(2, 4)$에서

$\dfrac{f(4)-f(2)}{4-2}=\dfrac{8}{2}=4=f'(c)$

인 점 $(c, f(c))$를 가진다.

해당 구간 $(2, 4)$를 열린구간 $(0, 4)$가 포함하므로 주어진 구간에서 $f'(c)=4$인 c가 적어도 하나 존재한다.

0785 답 풀이 참조

STEP 1 평균값 정리를 이용하여 $f'(c)=2$인 c가 열린구간 $(1, 2)$에 존재함을 보이기 [4점]

다항함수 $f(x)$는 모든 실수 x에서 연속이고 미분가능하므로 평균값 정리에 의하여

$f'(c)=\dfrac{f(2)-f(1)}{2-1}=\dfrac{8-6}{2-1}=2$

인 c가 열린구간 $(1, 2)$에 적어도 하나 존재한다.

STEP 2 $f'(c)=2$인 c가 열린구간 $(0, 2)$에 존재함을 보이기 [3점]

$f'(c)=2$인 c가 열린구간 $(1, 2)$에 적어도 하나 존재하므로 $f'(c)=2$인 c가 열린구간 $(0, 2)$에 적어도 하나 존재한다.

0786 답 풀이 참조

STEP 1 $g(x)$가 다항함수임을 알고, $g(x)$의 함숫값 구하기 [1점]

$f(x)$가 다항함수이므로 $g(x)=f(x)-2x+1$도 다항함수이다.

또, $g(2)=f(2)-4+1=-3$, $g(3)=f(3)-6+1=-4$, $g(4)=f(4)-8+1=3$

STEP 2 평균값 정리를 이용하여 $g'(c_1)<0$인 c_1이 열린구간 $(2, 3)$에 존재함을 보이기 [3점]

다항함수 $g(x)$는 모든 실수 x에서 연속이고 미분가능하므로 평균값 정리에 의하여

$g'(c_1)=\dfrac{g(3)-g(2)}{3-2}=\dfrac{-4-(-3)}{3-2}=-1$

인 c_1이 열린구간 $(2, 3)$에 적어도 하나 존재한다.

STEP 3 평균값 정리를 이용하여 $g'(c_2)>0$인 c_2가 열린구간 $(3, 4)$에 존재함을 보이기 [3점]

평균값 정리에 의하여

$g'(c_2)=\dfrac{g(4)-g(3)}{4-3}=\dfrac{3-(-4)}{4-3}=7$

인 c_2가 열린구간 $(3, 4)$에 적어도 하나 존재한다.

STEP 4 사잇값 정리를 이용하여 $g'(c)=0$인 c가 열린구간 $(2, 4)$에 존재함을 보이기 [2점]

$g'(x)$는 연속함수이고 $g'(c_1)<0$, $g'(c_2)>0$이므로 사잇값 정리에 의하여 $g'(c)=0$인 c가 $2<c_1<c<c_2<4$에 적어도 하나 존재한다.

$g(x)=f(x)-2x+1$은 다항함수이므로 $g(x)$는 닫힌구간 $[2, 4]$
에서 연속이고 열린구간 $(2, 4)$에서 미분가능하다.
$g(2)=-3$, $g(3)=-4$, $g(4)=3$이므로 사잇값 정리에 의하여
$g(c_1)=-3$인 c_1이 $3<c_1<4$에 적어도 하나 존재한다. 따라서 평균
값 정리에 의하여
$$g'(c)=\frac{g(c_1)-g(2)}{c_1-2}=\frac{-3-(-3)}{c_1-2}=0$$
인 c가 $2<c<c_1<4$에 적어도 하나 존재한다.

0787 답 풀이 참조

STEP 1 평균값 정리를 이용하여 $f'(c_1)=6$인 c_1이 열린구간 $(0, 1)$에 존재
함을 보이기 [3점]

다항함수 $f(x)$는 모든 실수 x에서 연속이고 미분가능하므로 평균
값 정리에 의하여
$$f'(c_1)=\frac{f(1)-f(0)}{1-0}=\frac{6-0}{1-0}=6$$
인 c_1이 열린구간 $(0, 1)$에 적어도 하나 존재한다.

STEP 2 평균값 정리를 이용하여 $f'(c_2)=2$인 c_2가 열린구간 $(1, 2)$에 존재
함을 보이기 [3점]

평균값 정리에 의하여
$$f'(c_2)=\frac{f(2)-f(1)}{2-1}=\frac{8-6}{2-1}=2$$
인 c_2가 열린구간 $(1, 2)$에 적어도 하나 존재한다.

STEP 3 사잇값 정리를 이용하여 $f'(c)=5$인 c가 열린구간 $(0, 2)$에 존재
함을 보이기 [3점]

$f'(x)$는 연속함수이고, $f'(c_1)=6$, $f'(c_2)=2$이므로 사잇값 정리에
의하여 $f'(c)=5$인 c가 $0<c_1<c<c_2<2$에 적어도 하나 존재한다.

 **실전 마무리**하기 **1회** 174쪽~178쪽

1 0788 답 ③ 유형 1

출제의도 | 접선의 기울기와 미분계수의 관계를 알고 있는지 확인한다.

$f(x)=2x^3-3x+1$이라 하면 $f'(x)=6x^2-3$
따라서 점 $(2, 11)$에서의 접선의 기울기는
$f'(2)=21$

2 0789 답 ③ 유형 1

출제의도 | 접선의 기울기와 미분계수의 관계를 이용하여 미정계수를 구할 수
있는지 확인한다.

$f(x)=x^2-ax+b$라 하면 $f'(x)=2x-a$
점 $(1, 3)$에서의 접선의 기울기가 3이므로 $f'(1)=3$에서
$2-a=3$ $\therefore a=-1$

곡선 $y=f(x)$가 점 $(1, 3)$을 지나므로 $f(1)=3$에서
$1-a+b=3$
이 식에 $a=-1$을 대입하면 $b=1$
$\therefore a+b=0$

3 0790 답 ② 유형 2

출제의도 | 곡선 위의 점이 주어질 때 접선의 방정식을 구할 수 있는지 확인한다.

$f(x)=x^3+x$라 하면 $f'(x)=3x^2+1$
점 $(1, 2)$에서의 접선의 기울기는 $f'(1)=4$이므로 접선의 방정식
은
$y-2=4(x-1)$ $\therefore y=4x-2$

4 0791 답 ⑤ 유형 2

출제의도 | 곡선 위의 점이 주어질 때 접선의 방정식을 구할 수 있는지 확인한다.

$f(x)=x^3-6x^2+6$이라 하면 $f'(x)=3x^2-12x$
점 $(1, 1)$에서의 접선의 기울기는 $f'(1)=-9$이므로 접선의 방정
식은
$y-1=-9(x-1)$ $\therefore y=-9x+10$
이 직선이 점 $(0, a)$를 지나므로
$a=-9\times0+10=10$

5 0792 답 ③ 유형 3

출제의도 | 곡선 위의 점에서의 접선과 수직인 직선의 방정식을 구할 수 있는
지 확인한다.

$f(x)=-x^3-x^2+3x$라 하면 $f'(x)=-3x^2-2x+3$
점 $(1, 1)$에서의 접선의 기울기는 $f'(1)=-2$이므로 이 점에서의
접선에 수직인 직선의 기울기는
$$-\frac{1}{f'(1)}=\frac{1}{2}$$
점 $(1, 1)$을 지나고 기울기가 $\frac{1}{2}$인 직선의 방정식은
$y-1=\frac{1}{2}(x-1)$ $\therefore y=\frac{1}{2}x+\frac{1}{2}$
따라서 $a=\frac{1}{2}$, $b=\frac{1}{2}$이므로 $ab=\frac{1}{4}$

6 0793 답 ① 유형 8

출제의도 | 접선의 기울기가 주어졌을 때 접선의 방정식을 구할 수 있는지 확
인한다.

$f(x)=x^2-4x+3$이라 하면 $f'(x)=2x-4$
접점의 좌표를 $(t,\ t^2-4t+3)$이라 하면 직선 $y=4x+2$에 평행한
접선의 기울기는 4이므로 $f'(t)=4$에서
$2t-4=4,\ 2t=8$ ∴ $t=4$
즉, 접점의 좌표는 $(4,\ 3)$이므로 접선의 방정식은
$y-3=4(x-4)$ ∴ $y=4x-13$

7 0794 답 ① 유형 18

출제의도 | 롤의 정리를 알고 있는지 확인한다.

> 함수 $f(x)$가 닫힌구간 $[0,\ 1]$에서 롤의 정리를 만족시키므로
> $f(0)=f(1)$이야.

함수 $f(x)$는 다항함수이므로 닫힌구간 $[0,\ 1]$에서 연속이고 열린
구간 $(0,\ 1)$에서 미분가능하다.
$f(x)$가 닫힌구간 $[0,\ 1]$에서 롤의 정리를 만족시키므로
$f(0)=f(1)$에서
$0=1+a$ ∴ $a=-1$

8 0795 답 ③ 유형 19

출제의도 | 평균값 정리를 알고 있는지 확인한다.

> $\dfrac{f(5)-f(1)}{5-1}=f'(c)$를 만족시키는 상수 $c\ (1<c<5)$의 값을 구해 보자.

함수 $f(x)=x^2+3x$는 닫힌구간 $[1,\ 5]$에서 연속이고 열린구간
$(1,\ 5)$에서 미분가능하므로 평균값 정리에 의하여
$\dfrac{f(5)-f(1)}{5-1}=f'(c)$인 c가 열린구간 $(1,\ 5)$에 적어도 하나 존재
한다. 이때 $f'(x)=2x+3$이므로
$\dfrac{40-4}{5-1}=2c+3,\ 2c=6$
∴ $c=3$

9 0796 답 ② 유형 2

출제의도 | 곡선 위의 점에서의 접선의 방정식을 이용하여 미지수의 값을 구할
수 있는지 확인한다.

> 점 $(a,\ b)$에서의 접선의 기울기가 1이므로 $f'(a)=1$이야.

$f(x)=x^2+3x+2$라 하면 $f'(x)=2x+3$
점 $(a,\ b)$에서의 접선의 기울기가 1이므로 $f'(a)=1$에서
$2a+3=1,\ 2a=-2$ ∴ $a=-1$
곡선 $y=x^2+3x+2$가 점 $(a,\ b)$, 즉 점 $(-1,\ b)$를 지나므로
$b=1-3+2=0$
∴ $a+b=-1$

10 0797 답 ② 유형 4

출제의도 | 곡선 위의 점에서의 접선의 방정식을 구할 수 있는지 확인한다.

> 함수 $g(x)=xf(x)$로 놓고 접선의 방정식을 구해 보자.

$g(x)=xf(x)$라 하면
$g'(x)=f(x)+xf'(x)$

$f(-1)=2,\ f'(-1)=1$이므로
$g(-1)=-f(-1)=-2,$
$g'(-1)=f(-1)-f'(-1)=2-1=1$
곡선 $y=g(x)$ 위의 점 $(-1,\ g(-1))$, 즉 점 $(-1,\ -2)$에서의
기울기가 1인 접선의 방정식은
$y+2=x+1$ ∴ $y=x-1$
따라서 이 직선의 y절편은 -1이다.

11 0798 답 ③ 유형 5

출제의도 | 미분계수의 정의를 이용하여 접선의 기울기를 구할 수 있는지 확인
한다.

> $\displaystyle\lim_{x\to2}\dfrac{f(x)-2}{x-2}=3$에서 $f(2)$, $f'(2)$의 값을 찾아 보자.

$\displaystyle\lim_{x\to2}\dfrac{f(x)-2}{x-2}=3$에서 $x\to2$일 때, (분모) $\to 0$이고 극한값이 존
재하므로 (분자) $\to 0$이다.
즉, $\displaystyle\lim_{x\to2}\{f(x)-2\}=0$이므로 $f(2)=2$
∴ $\displaystyle\lim_{x\to2}\dfrac{f(x)-2}{x-2}=\lim_{x\to2}\dfrac{f(x)-f(2)}{x-2}=f'(2)=3$
점 $(2,\ 2)$에서의 접선의 기울기가 $f'(2)=3$이므로 접선의 방정식은
$y-2=3(x-2)$ ∴ $y=3x-4$
따라서 $a=3,\ b=-4$이므로
$a-b=3-(-4)=7$

12 0799 답 ③ 유형 10

출제의도 | 접선의 기울기가 주어졌을 때, 곡선 위의 점과 직선 사이의 거리의
최솟값을 구할 수 있는지 확인한다.

> 주어진 직선과 곡선 위의 점에서의 접선이 평행할 때, 거리가 최소임을 이
> 용해 보자.

그림과 같이 곡선 $y=x^2$과 직선
$y=2x-k$ 사이의 거리의 최솟값은 기
울기가 2인 직선에 접하는 곡선 위의
점 A와 직선 $y=2x-k$ 사이의 거리
이다.

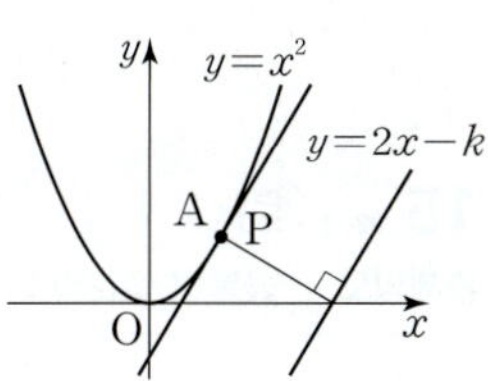

$f(x)=x^2$이라 하면 $f'(x)=2x$
접점 A의 좌표를 $(a,\ a^2)$이라 하면 직선 $y=2x-k$에 평행한 접
선의 기울기는 2이므로 $f'(a)=2$에서
$2a=2$ ∴ $a=1$
즉, 접점의 좌표는 $(1,\ 1)$이고, 점 $(1,\ 1)$과 직선 $2x-y-k=0$
사이의 거리가 $\sqrt{5}$이므로
$\dfrac{|2-1-k|}{\sqrt{2^2+(-1)^2}}=\sqrt{5},\ |1-k|=5$
∴ $k=6\ (\because k>1)$

참고 곡선 $y=x^2$과 직선 $y=2x-k$ 사이의 거리의 최솟값이 $\sqrt{5}$이므로 곡
선과 직선은 만나지 않아야 한다. 곡선 위의 점 $(1,\ 1)$에서의 접선의 방정식
이 $y-1=2(x-1)$, 즉 $y=2x-1$이므로 주어진 곡선과 직선이 만나지 않
으려면 직선 $y=2x-k$의 y절편 $-k$는 $-k<-1$, 즉 $k>1$이어야 한다.

13 0800 답 ② 유형 11

출제의도 | 기울기가 최대인 접선의 방정식을 구할 수 있는지 확인한다.

> 곡선 $y=f(x)$ 위의 점 $(t, f(t))$에서의 접선의 기울기 $f'(t)$의 최댓값을 구해 보자.

$f(x)=-x^3+6x+3$이라 하면 $f'(x)=-3x^2+6$

접점의 좌표를 $(t, -t^3+6t+3)$이라 하면 이 점에서의 접선의 기울기는

$f'(t)=-3t^2+6$

$t=0$일 때, 접선의 기울기의 최댓값이 6이고 이때 접점의 좌표는 $(0, 3)$이므로 기울기가 최대인 접선의 방정식은

$y-3=6(x-0)$ $\quad \therefore y=6x+3$

따라서 이 접선이 x축과 만나는 점의 좌표는 $\left(-\dfrac{1}{2}, 0\right)$

$\therefore a=-\dfrac{1}{2}$

14 0801 답 ① 유형 12

출제의도 | 곡선 밖의 점에서 그은 접선의 방정식을 구할 수 있는지 확인한다.

> 접점의 좌표를 (t, t^3-3t^2-6)으로 놓고 접선이 점 $(0, -1)$을 지남을 이용해 보자.

$f(x)=x^3-3x^2-6$이라 하면 $f'(x)=3x^2-6x$

접점의 좌표를 (t, t^3-3t^2-6)이라 하면 이 점에서의 접선의 기울기는 $f'(t)=3t^2-6t$이므로 접선의 방정식은

$y-(t^3-3t^2-6)=(3t^2-6t)(x-t)$

$\therefore y=(3t^2-6t)x-2t^3+3t^2-6$ ⋯⋯ ㉠

이 직선이 점 $(0, -1)$을 지나므로

$-1=-2t^3+3t^2-6, \; 2t^3-3t^2+5=0$

$(t+1)(2t^2-5t+5)=0$

$\therefore t=-1 \; (\because 2t^2-5t+5>0)$

$t=-1$을 ㉠에 대입하면 $y=9x-1$

15 0802 답 ③ 유형 14

출제의도 | 공통인 접선의 의미를 알고 있는지 확인한다.

> 교점에서의 y좌표와 미분계수가 각각 같음을 이용해 보자.

$f(x)=x^2+ax, \; g(x)=-x^2+4x$라 하면

$f'(x)=2x+a, \; g'(x)=-2x+4$

(i) $x=b$인 점에서 두 곡선이 만나므로 $f(b)=g(b)$에서

$\quad b^2+ab=-b^2+4b$ $\quad \therefore 2b^2+ab-4b=0$ ⋯⋯ ㉠

(ii) $x=b$인 점에서 두 곡선의 접선의 기울기가 같으므로

$\quad f'(b)=g'(b)$에서

$\quad 2b+a=-2b+4$ $\quad \therefore a=-4b+4$ ⋯⋯ ㉡

㉠, ㉡을 연립하여 풀면

$2b^2+b(-4b+4)-4b=0, \; -2b^2=0$ $\quad \therefore b=0$

$b=0$을 ㉡에 대입하면 $a=4$

또, 두 곡선이 점 (b, c), 즉 점 $(0, c)$를 지나므로 $c=0$

$\therefore a+b+c=4$

16 0803 답 ④ 유형 15

출제의도 | 두 곡선의 교점에서의 접선이 서로 수직일 조건을 아는지 확인한다.

> 점 $(2, 2)$에서 두 곡선에 그은 접선이 서로 수직이므로 점 $(2, 2)$에서의 두 접선의 기울기의 곱이 -1이야.

$f(x)=x^2-2x+2, \; g(x)=-x^2+ax+b$라 하면

$f'(x)=2x-2, \; g'(x)=-2x+a$

두 곡선이 점 $P(2, 2)$를 지나므로 $f(2)=g(2)$에서

$2=-4+2a+b$

$\therefore 2a+b=6$ ⋯⋯⋯⋯⋯⋯⋯⋯⋯⋯⋯⋯⋯⋯⋯⋯⋯⋯⋯ ㉠

점 $P(2, 2)$에서의 접선이 서로 수직이므로 $f'(2)g'(2)=-1$에서

$2\times(-4+a)=-1$ $\quad \therefore a=\dfrac{7}{2}$

$a=\dfrac{7}{2}$을 ㉠에 대입하면 $b=-1$

$\therefore a+b=\dfrac{5}{2}$

17 0804 답 ④ 유형 19

출제의도 | 평균값 정리를 알고 있는지 확인한다.

> $\dfrac{f(a)-f(1)}{a-1}=f'(3)$을 만족시키는 a의 값을 찾아보자.

함수 $f(x)=x^2-6x-3$은 닫힌구간 $[1, a]$에서 연속이고 열린구간 $(1, a)$에서 미분가능하므로 평균값 정리에 의하여

$\dfrac{f(a)-f(1)}{a-1}=f'(c)$인 c가 열린구간 $(1, a)$에 적어도 하나 존재한다.

이때 $f'(x)=2x-6$이고, 평균값 정리를 만족시키는 상수 c의 값이 3이므로 $f'(3)=0$에서

$\dfrac{f(a)-f(1)}{a-1}=0$

$\dfrac{(a^2-6a-3)-(-8)}{a-1}=0$

$a^2-6a+5=0, \; (a-1)(a-5)=0$

$\therefore a=5 \; (\because a>1)$

18 0805 답 ④ 유형 11

출제의도 | 접선의 기울기의 최솟값을 구할 수 있는지 확인한다.

> 삼차함수 $f(x)$에 대하여 $f'(x)$는 이차함수이므로 최댓값 또는 최솟값을 구할 수 있어.

$f(x)=\dfrac{1}{3}x^3-4x^2+2kx$라 하면 $f'(x)=x^2-8x+2k$

접점의 좌표를 $(t, f(t))$라 하면 이 점에서의 접선의 기울기는

$f'(t)=t^2-8t+2k=(t-4)^2+2k-16$

$t=4$일 때, 접선의 기울기의 최솟값은 $2k-16$이므로

$2k-16=16$

$2k=32$ $\quad \therefore k=16$

19 0806 답 ⑤ 유형 14

출제의도 | 공통인 접선을 이용하여 삼각형의 넓이를 구할 수 있는지 확인한다.

> 곡선 $y=f(x)$ 위의 점 $(t, f(t))$에서의 접선의 방정식은
> $y-f(t)=f'(t)(x-t)$이고 평행한 두 직선과 기울기는 같아.

$f(x)=x^2$, $g(x)=-(x-3)^2+k$에서

$f'(x)=2x$, $g'(x)=-2x+6$

곡선 $y=f(x)$ 위의 점 P$(1, 1)$에서의 접선 l의 기울기는

$f'(1)=2$이므로 접선 l의 방정식은

$y-1=2(x-1)$ ∴ $y=2x-1$

직선 l과 곡선 $y=g(x)$의 접점 Q의 좌표를 $(t, 2t-1)$이라 하면

$g'(t)=2$이므로

$-2t+6=2$, $2t=4$ ∴ $t=2$

즉, Q$(2, 3)$이므로 $g(2)=3$에서

$3=-(2-3)^2+k$ ∴ $k=4$

즉, $g(x)=-(x-3)^2+4=-(x-1)(x-5)$이므로

R$(1, 0)$, S$(5, 0)$

따라서 삼각형 QRS의 넓이는 $\dfrac{1}{2}\times 4\times 3=6$

20 0807 답 ④ 유형 16

출제의도 | 곡선 밖의 점에서 그은 두 접선으로 이루어진 삼각형의 넓이를 구할 수 있는지 확인한다.

> 접점의 좌표를 (t, t^2)이라 했을 때 k와 t의 관계식을 찾아 보자.

$f(x)=x^2$이라 하면 $f'(x)=2x$

접점의 좌표를 (t, t^2)이라 하면 이 점에서의 접선의 기울기는

$f'(t)=2t$이므로 접선의 방정식은

$y-t^2=2t(x-t)$ ∴ $y=2tx-t^2$

이 직선이 점 $(0, -k)$를 지나므로

$-k=-t^2$ ∴ $t=\sqrt{k}$ 또는 $t=-\sqrt{k}$ $(\because k>0)$

두 접점의 좌표를 A$(\sqrt{k}, k)$,

B$(-\sqrt{k}, k)$라 하면

삼각형 CAB의 넓이는

$\dfrac{1}{2}\times 2\sqrt{k}\times 2k=2k\sqrt{k}$

따라서 $2k\sqrt{k}=16$이므로

$k^3=64$ ∴ $k=4$

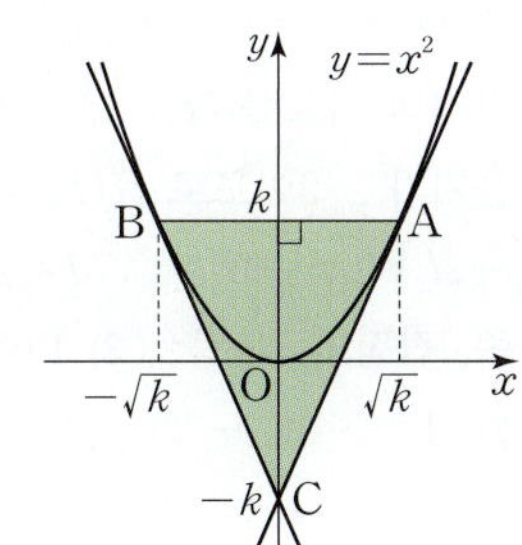

21 0808 답 ② 유형 17

출제의도 | 곡선 위의 점과 원 위의 점 사이의 거리가 최소일 조건을 알고 있는지 확인한다.

> 선분 PQ의 길이가 최소일 때, 점 P에서의 접선에 수직인 직선은 원의 중심을 지남을 이용해 보자.

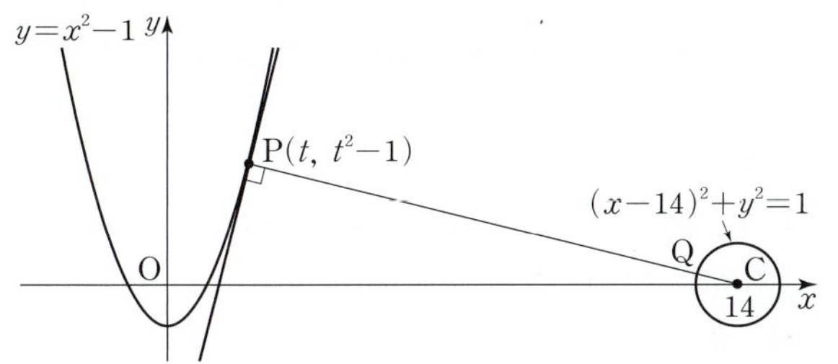

원의 중심을 C$(14, 0)$, 곡선 위의 점을 P(t, t^2-1)이라 하자.

점 P에서의 접선이 직선 PC와 수직일 때, 직선 PC와 원이 만나는 제1사분면에 있는 교점 Q에 대하여 선분 PQ의 길이가 최소이다.

$f(x)=x^2-1$이라 하면 $f'(x)=2x$

점 P에서의 접선의 기울기는 $f'(t)=2t$이고, 직선 PC의 기울기

는 $\dfrac{t^2-1}{t-14}$이므로 $2t\times\dfrac{t^2-1}{t-14}=-1$에서

$2t^3-2t=-(t-14)$, $2t^3-t-14=0$

$(t-2)(2t^2+4t+7)=0$

∴ $t=2$ $(\because 2t^2+4t+7>0)$

즉, 점 P가 P$(2, 3)$일 때 선분 PQ의 길이가 최소이므로 선분 PQ의 길이의 최솟값은

$\overline{PC}-\overline{QC}=\sqrt{(14-2)^2+(0-3)^2}-1=\sqrt{153}-1$

22 0809 답 2 유형 7

출제의도 | 곡선 위의 점에서의 접선을 구하고, 접선과 곡선의 교점을 구할 수 있는지 확인한다.

STEP 1 점 A$(1, 0)$에서의 접선의 방정식 구하기 [3점]

$f(x)=x^3-4x^2+3$이라 하면 $f'(x)=3x^2-8x$

점 A$(1, 0)$에서의 접선의 기울기는 $f'(1)=-5$이므로 접선의 방정식은

$y-0=-5(x-1)$ ∴ $y=-5x+5$

STEP 2 곡선과 접선이 만나는 점의 x좌표 구하기 [3점]

곡선 $y=x^3-4x^2+3$과 직선 $y=-5x+5$의 교점의 x좌표는

$x^3-4x^2+3=-5x+5$에서

$x^3-4x^2+5x-2=0$, $(x-1)^2(x-2)=0$

∴ $x=1$ 또는 $x=2$

따라서 점 A$(1, 0)$에서의 접선이 곡선과 만나는 점 중 점 A가 아닌 점의 x좌표는 2이다.

23 0810 답 $y=3x-3$ 유형 8

출제의도 | 기울기가 주어진 접선의 방정식을 구할 수 있는지 확인한다.

STEP 1 접점의 좌표 구하기 [3점]

$f(x)=x^2+x-2$라 하면 $f'(x)=2x+1$

접점의 좌표를 (t, t^2+t-2)라 하면 이 점에서의 접선의 기울기가 3이므로 $f'(t)=3$에서

$2t+1=3$ ∴ $t=1$

즉, 접점의 좌표는 $(1, 0)$이다.

STEP 2 접선의 방정식 구하기 [3점]

접선의 방정식은

$y-0=3(x-1)$ ∴ $y=3x-3$

24 0811 답 $\dfrac{8}{3}$ 유형 16

출제의도 | 곡선 밖의 점에서 그은 두 접선과 x축으로 둘러싸인 부분의 넓이를 구할 수 있는지 확인한다.

STEP 1 접선의 방정식 세우기 [2점]

$f(x)=-x^2+x+1$이라 하면 $f'(x)=-2x+1$

접점의 좌표를 $(t, -t^2+t+1)$이라 하면 이 점에서의 접선의 기울기는 $f'(t)=-2t+1$이므로 접선의 방정식은
$$y-(-t^2+t+1)=(-2t+1)(x-t)$$
$$\therefore y=(-2t+1)x+t^2+1$$

STEP 2 접점의 좌표와 접선의 방정식 구하기 [3점]

이 직선이 점 $(1, 2)$를 지나므로
$$2=-2t+1+t^2+1, \quad t^2-2t=0$$
$$t(t-2)=0 \qquad \therefore t=0 \text{ 또는 } t=2$$
즉, 접점의 좌표는 $(0, 1)$ 또는 $(2, -1)$이므로 접선의 방정식은
$$y-1=x-0 \text{ 또는 } y+1=-3(x-2)$$
$$\therefore y=x+1 \text{ 또는 } y=-3x+5$$

STEP 3 두 접선과 x축으로 둘러싸인 부분의 넓이 구하기 [3점]

두 접선과 x축으로 둘러싸인 도형의 넓이는
$$\frac{1}{2}\times\frac{8}{3}\times2=\frac{8}{3}$$

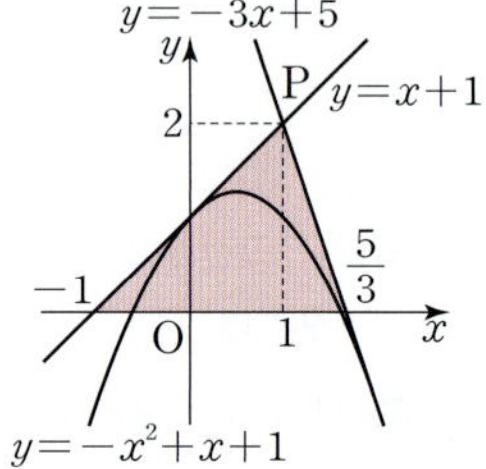

25 0812 답 6 유형 20

출제의도 | 평균값 정리를 활용할 수 있는지 확인한다.

STEP 1 평균값 정리를 활용하여 $f(2)$의 값의 범위를 부등식으로 나타내기 [5점]

함수 $f(x)$가 닫힌구간 $[0, 2]$에서 연속이고 열린구간 $(0, 2)$에서 미분가능하므로 평균값 정리에 의하여
$$\frac{f(2)-f(0)}{2-0}=f'(c)$$
를 만족시키는 c가 열린구간 $(0, 2)$에 적어도 하나 존재한다.

㈎에서 $0<c<2$인 모든 c에 대하여 $|f'(c)|\leq3$이므로
$$\left|\frac{f(2)-f(0)}{2-0}\right|\leq3$$
$$|f(2)-3|\leq6 \ (\because \text{㈏에서 } f(0)=3)$$
$$-6\leq f(2)-3\leq6 \qquad \therefore -3\leq f(2)\leq9$$

STEP 2 $M+m$의 값 구하기 [3점]

$f(2)$의 최댓값은 9, 최솟값은 -3이므로
$$M=9, \ m=-3 \qquad \therefore M+m=6$$

 **실전 마무리**하기 **2회**   179쪽~183쪽

1 0813 답 ⑤ 유형 1

출제의도 | 접선의 기울기와 미분계수의 관계를 알고 있는지 확인한다.

> 곡선 $y=f(x)$ 위의 점 $(2, f(2))$에서의 접선의 기울기는 $f'(2)$야.

$f(x)=x^3-ax+1$에서 $f'(x)=3x^2-a$
점 $(2, f(2))$에서의 접선이 직선 $y=2x+4$와 평행하므로 접선의 기울기는 2이다.
→ 평행한 두 직선의 기울기는 같다.
즉, $f'(2)=2$에서 $12-a=2 \qquad \therefore a=10$

2 0814 답 ⑤ 유형 2

출제의도 | 곡선 위의 점에서의 접선의 방정식을 구할 수 있는지 확인한다.

> 곡선 $y=f(x)$ 위의 점 $(0, 1)$에서의 접선의 기울기는 $f'(0)$임을 이용해 보자.

$f(x)=x^2+3x+1$이라 하면 $f'(x)=2x+3$
점 $(0, 1)$에서의 접선의 기울기는 $f'(0)=3$이므로 접선의 방정식은
$$y-1=3(x-0) \qquad \therefore y=3x+1$$
따라서 $m=3, \ n=1$이므로 $m+n=4$

3 0815 답 ① 유형 3

출제의도 | 곡선 위의 점에서의 접선과 수직인 직선의 방정식을 구할 수 있는지 확인한다.

> 수직인 두 직선의 기울기의 곱은 -1이야.

$f(x)=x^3+x+1$이라 하면 $f'(x)=3x^2+1$
점 $\mathrm{P}(1, 3)$에서의 접선의 기울기는 $f'(1)=4$이므로 이 점에서의 접선에 수직인 직선의 기울기는
$$-\frac{1}{f'(1)}=-\frac{1}{4}$$
따라서 점 $\mathrm{P}(1, 3)$을 지나고 직선 l과 수직인 직선의 방정식은
$$y-3=-\frac{1}{4}(x-1) \qquad \therefore y=-\frac{1}{4}x+\frac{13}{4}$$
따라서 $a=-\frac{1}{4}, \ b=\frac{13}{4}$이므로 $\frac{b}{a}=-13$

4 0816 답 ③ 유형 8

출제의도 | 기울기가 주어진 접선의 방정식을 구할 수 있는지 확인한다.

> 곡선 $y=f(x)$ 위의 점 $(t, f(t))$에서의 기울기가 $f'(t)=-2$임을 이용해 보자.

$f(x)=-x^2+2x+1$이라 하면 $f'(x)=-2x+2$
접점의 좌표를 $(t, -t^2+2t+1)$이라 하면 이 점에서의 접선의 기울기가 -2이므로 $f'(t)=-2$에서
$$-2t+2=-2 \qquad \therefore t=2$$
즉, 접점의 좌표는 $(2, 1)$이므로 접선의 방정식은
$$y-1=-2(x-2) \qquad \therefore y=-2x+5$$

5 0817 답 ④ 유형 11

출제의도 | 접선의 기울기가 최소일 때의 접점의 좌표를 구할 수 있는지 확인한다.

> 곡선 $y=f(x)$ 위의 점 $(t, f(t))$에서의 기울기는 $f'(t)$이므로 함수 $y=f'(t)$가 최솟값을 가질 때 t의 값을 구해 보자.

$f(x)=x^3-3x^2+8x-4$라 하면 $f'(x)=3x^2-6x+8$
접점의 좌표를 (t, t^3-3t^2+8t-4)라 하면 이 점에서의 접선의 기울기는
$$f'(t)=3t^2-6t+8=3(t-1)^2+5$$
$t=1$일 때, 접선의 기울기는 최솟값 5를 가진다.
이때 접점의 좌표는 $(1, 2)$이므로 $a=1, \ b=2$
$$\therefore a+b=3$$

6 0818 답 ④ 유형 12

출제의도 | 곡선 밖의 점에서 그은 접선의 방정식을 구할 수 있는지 확인한다.

> 곡선 $y=f(x)$ 위의 점 $(t, f(t))$에서의 접선
> $y-f(t)=f'(t)(x-t)$가 점 $(0, 2)$를 지나는 것을 이용해 보자.

$f(x)=x^3+x$라 하면 $f'(x)=3x^2+1$
접점의 좌표를 (t, t^3+t)라 하면 이 점에서의 접선의 기울기는
$f'(t)=3t^2+1$이므로 접선의 방정식은
$y-(t^3+t)=(3t^2+1)(x-t)$ $\therefore y=(3t^2+1)x-2t^3$
이 직선이 점 $(0, 2)$를 지나므로
$2=-2t^3$, $t^3=-1$ $\therefore t=-1$ $(\because t$는 실수$)$
따라서 구하는 접선의 기울기는
$f'(-1)=4$

7 0819 답 ③ 유형 18

출제의도 | 롤의 정리를 알고 있는지 확인한다.

> 함수 $f(x)$에 대하여 롤의 정리를 이용하여 $f'(c)=0$인 c를 찾아 보자.

함수 $f(x)=-x^2+6x$는 닫힌구간 $[-1, 7]$에서 연속이고 열린구간 $(-1, 7)$에서 미분가능하며 $f(-1)=f(7)=-7$이므로 $f'(c)=0$인 c가 열린구간 $(-1, 7)$에 적어도 하나 존재한다.
이때 $f'(x)=-2x+6$이므로 $f'(c)=0$에서
$-2c+6=0$ $\therefore c=3$

8 0820 답 ③ 유형 19

출제의도 | 평균값 정리를 알고 있는지 확인한다.

> $\dfrac{f(b)-f(a)}{b-a}=f'(c)$를 정리해 보자.

함수 $f(x)=x^2-7x+3$은 닫힌구간 $[a, b]$에서 연속이고 열린구간 (a, b)에서 미분가능하므로 평균값 정리에 의하여
$\dfrac{f(b)-f(a)}{b-a}=f'(c)$인 c가 열린구간 (a, b)에 적어도 하나 존재한다.

$$\begin{aligned}\frac{f(b)-f(a)}{b-a} &= \frac{(b^2-7b+3)-(a^2-7a+3)}{b-a}\\ &= \frac{(b^2-a^2)-7(b-a)}{b-a}\\ &= \frac{(b-a)(b+a-7)}{b-a}\\ &= b+a-7\ (\because a\neq b)\end{aligned}$$

이때 $f'(x)=2x-7$에서 $f'(3)=-1$이므로
$\dfrac{f(b)-f(a)}{b-a}=f'(3)$에서
$b+a-7=-1$ $\therefore a+b=6$

9 0821 답 ① 유형 2

출제의도 | 곡선 위의 점에서의 접선의 방정식을 이용하여 미정계수를 구할 수 있는지 확인한다.

> 점 $(-1, 3)$에서의 접선의 기울기는 $f'(-1)=-2$임을 이용해 보자.

$f(x)=\dfrac{1}{3}x^3+ax+b$라 하면 $f'(x)=x^2+a$

점 $(-1, 3)$에서의 접선의 기울기가 -2이므로 $f'(-1)=-2$에서
$1+a=-2$ $\therefore a=-3$
즉, 곡선 $y=\dfrac{1}{3}x^3-3x+b$가 점 $(-1, 3)$을 지나므로
$3=-\dfrac{1}{3}+3+b$ $\therefore b=\dfrac{1}{3}$
$\therefore ab=(-3)\times\dfrac{1}{3}=-1$

10 0822 답 ④ 유형 3

출제의도 | 접선에 수직인 직선의 방정식을 구할 수 있는지 확인한다.

> 수직인 두 직선의 기울기의 곱은 -1이야.

$g(x)=x^2+2$라 하면 $g'(x)=2x$
곡선 $y=g(x)$ 위의 점 (a, a^2+2)에서의 접선의 기울기는
$g'(a)=2a$이므로 이 점에서의 접선과 수직인 직선의 기울기는
$-\dfrac{1}{g'(a)}=-\dfrac{1}{2a}$
따라서 구하는 직선의 방정식은
$y-(a^2+2)=-\dfrac{1}{2a}(x-a)$
$\therefore y=-\dfrac{1}{2a}x+a^2+\dfrac{5}{2}$
이 직선의 y절편이 $f(a)$이므로
$f(a)=a^2+\dfrac{5}{2}$
$\therefore f(-1)=(-1)^2+\dfrac{5}{2}=\dfrac{7}{2}$

11 0823 답 ⑤ 유형 5

출제의도 | 극한값을 이용하여 접선의 기울기를 구할 수 있는지 확인한다.

> 주어진 극한값에서 $f(2)$, $f'(2)$의 값을 찾아 보자.

$\displaystyle\lim_{x\to2}\dfrac{f(x)-4}{x^2-4}=2$에서 $x\to2$일 때, 극한값이 존재하고
(분모)$\to0$이므로 (분자)$\to0$이다.
즉, $\displaystyle\lim_{x\to2}\{f(x)-4\}=0$이므로 $f(2)=4$
$\therefore \displaystyle\lim_{x\to2}\dfrac{f(x)-4}{x^2-4}=\lim_{x\to2}\left\{\dfrac{f(x)-f(2)}{x-2}\times\dfrac{1}{x+2}\right\}$
$\qquad\qquad\qquad\quad =f'(2)\times\dfrac{1}{4}$
즉, $\dfrac{1}{4}f'(2)=2$이므로 $f'(2)=8$
점 $(2, f(2))$, 즉 점 $(2, 4)$에서의 접선의 방정식은
$y-4=8(x-2)$ $\therefore y=8x-12$
따라서 $a=8$, $b=-12$이므로
$a-b=8-(-12)=20$

12 0824 답 ③ 유형 7

출제의도 | 접선과 곡선의 교점을 구할 수 있는지 확인한다.

> 접선의 방정식을 먼저 구한 후 접선과 곡선의 교점의 x좌표를 구해 보자.

$f(x)=x^3-x^2-4x-2$라 하면 $f'(x)=3x^2-2x-4$

점 P$(-1,\ 0)$에서의 접선의 기울기는 $f'(-1)=1$이므로 접선의
방정식은
$$y=x+1$$
곡선 $y=x^3-x^2-4x-2$와 직선 $y=x+1$의 교점의 x좌표는
$x^3-x^2-4x-2=x+1$에서
$$x^3-x^2-5x-3=0,\ (x+1)^2(x-3)=0$$
$$\therefore\ x=-1\ \text{또는}\ x=3$$
따라서 점 Q의 x좌표는 3이다.

13 0825 답 ③ 　　유형 10

출제의도 | 곡선 위의 점과 직선 사이의 거리가 최소가 될 조건을 아는지 확인
한다.

> 주어진 직선과 평행하고 곡선에 접하는 접선을 생각해 보자.

$f(x)=-x^2+2x+6$이라 하면 $f'(x)=-2x+2$
곡선 $y=f(x)$의 접선 중에서 직선 $y=-2x+15$와 평행한 접선
의 접점의 좌표를 $(t,\ -t^2+2t+6)$이라 하면 접선의 기울기가
-2이므로 $f'(t)=-2$에서
$$-2t+2=-2\qquad\therefore\ t=2$$
즉, 접점의 좌표는 $(2,\ 6)$이다.
따라서 점 $(2,\ 6)$과 직선 $y=-2x+15$, 즉 $2x+y-15=0$ 사이
의 거리는
$$\frac{|4+6-15|}{\sqrt{2^2+1^2}}=\frac{5}{\sqrt5}=\sqrt5$$

14 0826 답 ①　　유형 13

출제의도 | 곡선 밖의 점에서 그은 접선의 방정식을 구할 수 있는지 확인한다.

> 곡선 $y=f(x)$ 위의 점 $(t,\ f(t))$에서의 접선의 방정식은
> $y-f(t)=f'(t)(x-t)$이고, 이 직선이 점 $(1,\ k)$를 지나는 것을 이용해 보자.

$f(x)=x^2-4$라 하면 $f'(x)=2x$
접점의 좌표를 $(t,\ t^2-4)$라 하면 이 점에서의 접선의 기울기는
$f'(t)=2t$이므로 접선의 방정식은
$$y-(t^2-4)=2t(x-t)\qquad\therefore\ y=2tx-t^2-4$$
이 직선이 점 $(1,\ k)$를 지나므로
$$k=2t-t^2-4\qquad\therefore\ t^2-2t+k+4=0\ \cdots\cdots\ \ominus$$
두 접점의 x좌표 α, β는 이차방정식 $\ominus$의 두 근이므로 이차방정식
의 근과 계수의 관계에 의하여
$$\alpha\beta=k+4$$
이때 주어진 조건에서 $\alpha\beta=-3$이므로
$$k+4=-3\qquad\therefore\ k=-7$$

15 0827 답 ③　　유형 16

출제의도 | 곡선 위의 점에서 그은 접선의 방정식을 구할 수 있는지 확인한다.

> 곡선 $y=f(x)$ 위의 점 $(2,\ 9)$에서의 접선의 방정식은
> $y-9=f'(2)(x-2)$야.

$f(x)=x^2+5$라 하면 $f'(x)=2x$
점 $(2,\ 9)$에서의 접선의 기울기는 $f'(2)=4$이므로 접선의 방정식은
$$y-9=4(x-2)\qquad\therefore\ y=4x+1$$

따라서 직선 $y=4x+1$과 x축, y축으로 둘러
싸인 삼각형의 넓이는
$$\frac12\times\frac14\times1=\frac18$$

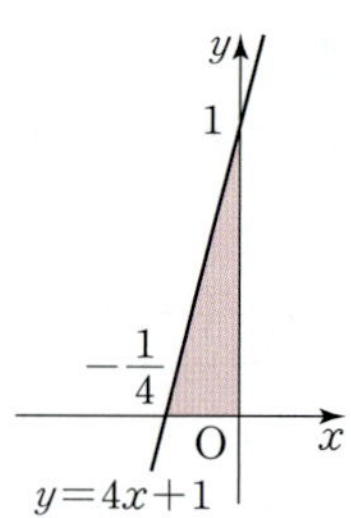

16 0828 답 ③　　유형 20

출제의도 | 평균값 정리를 알고 있는지 확인한다.

> $\dfrac{f(x_2)-f(x_1)}{x_2-x_1}=f'(c)$임을 이용해 보자.

함수 $f(x)=x^2-8x+2$는 닫힌구간 $[x_1,\ x_2]$에서 연속이고 열린
구간 $(x_1,\ x_2)$에서 미분가능하므로 평균값 정리에 의하여
$$\frac{f(x_2)-f(x_1)}{x_2-x_1}=f'(c)$$인 c가 열린구간 $(x_1,\ x_2)$에 적어도 하나
존재한다.
$f'(x)=2x-8$이므로
$$\frac{f(x_2)-f(x_1)}{x_2-x_1}=2c-8\qquad\therefore\ k=2c-8$$
이때 x_1, x_2 $(x_1<x_2)$는 닫힌구간 $[-2,\ 4]$에 속하는 임의의 실수
이므로
$$-2<c<4\qquad\therefore\ -12<2c-8<0$$
따라서 $-12<k<0$이므로 모든 정수 k의 값의 합은
$$(-11)+(-10)+(-9)+\cdots+(-1)=-66$$

17 0829 답 ⑤　　유형 18 + 유형 19

출제의도 | 롤의 정리와 평균값 정리를 알고 있는지 확인한다.

> 롤의 정리가 성립하므로 $f(0)=f(b)$, $f'(2)=0$이고,
> 평균값 정리가 성립하므로 $\dfrac{f(c)-f(1)}{c-1}=f'(3)$이야.

㈎에서 함수 $f(x)=x^2+ax$에 대하여 닫힌구간 $[0,\ b]$에서 롤의
정리를 만족시키는 상수가 2이므로 $f'(x)=2x+a$에서
$$f'(2)=0$$
$$4+a=0\qquad\therefore\ a=-4$$
또, 함수 $f(x)=x^2-4x$에서 $f(0)=f(b)$이므로
$$0=b^2-4b,\ b(b-4)=0$$
$$\therefore\ b=4\ (\because\ b>0)$$
㈏에서 닫힌구간 $[1,\ c]$에서 평균값 정리를 만족시키는 상수가 3
이므로
$$\frac{f(c)-f(1)}{c-1}=f'(3)$$
이때 $f'(3)=2$이므로
$$\frac{(c^2-4c)-(-3)}{c-1}=2$$
$$\frac{(c-1)(c-3)}{c-1}=2$$
$$c-3=2\ (\because\ c>1)\qquad\therefore\ c=5$$
$$\therefore\ a+b+c=-4+4+5=5$$

18 0830 답 ①

출제의도 | 곡선 위의 점에서의 접선과 수직인 직선의 방정식을 구할 수 있는지 확인한다.

> 수직인 두 직선의 기울기의 곱은 -1이야.

$g(x)=x^2$이라 하면 $g'(x)=2x$

점 $P(a, a^2)$에서의 접선의 기울기는 $g'(a)=2a$이므로 이 점에서의 접선에 수직인 직선의 기울기는

$$-\frac{1}{g'(a)}=-\frac{1}{2a}$$

따라서 구하는 직선의 방정식은

$$y-a^2=-\frac{1}{2a}(x-a) \qquad \therefore y=-\frac{1}{2a}x+a^2+\frac{1}{2}$$

이 직선이 x축과 만나는 점 A의 좌표는 $0=-\frac{1}{2a}x+a^2+\frac{1}{2}$에서

$$x=2a^3+a \qquad \therefore A(2a^3+a, 0)$$

따라서 삼각형 OAP의 넓이는

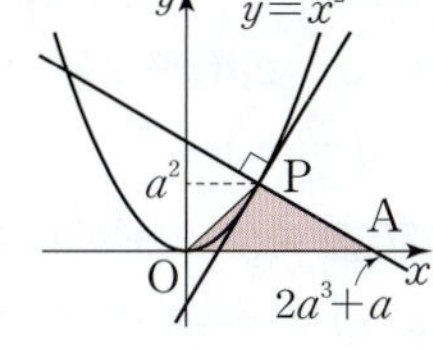

$$f(a)=\frac{1}{2}\times\overline{OA}\times a^2$$
$$=\frac{1}{2}\times(2a^3+a)\times a^2=\frac{2a^5+a^3}{2}$$
$$\therefore \lim_{a\to 0+}\frac{f(a)}{a^3}=\frac{1}{2}\lim_{a\to 0+}\frac{2a^5+a^3}{a^3}$$
$$=\frac{1}{2}\lim_{a\to 0+}(2a^2+1)=\frac{1}{2}$$

19 0831 답 ②

출제의도 | 곡선 위의 점에서의 접선의 방정식을 구할 수 있는지 확인한다.

> $g(x)=x^2f(x)+x$에서 $g'(x)=2xf(x)+x^2f'(x)+1$이야.

$g(x)=x^2f(x)+x$에서 $g'(x)=2xf(x)+x^2f'(x)+1$

곡선 $y=g(x)$ 위의 점 $(1, g(1))$에서의 접선의 방정식은

$y-g(1)=g'(1)(x-1)$에서

$y-\{f(1)+1\}=\{2f(1)+f'(1)+1\}(x-1)$

$y=\{2f(1)+f'(1)+1\}x-f(1)-f'(1)$ ················ ㉠

직선 ㉠과 직선 $y=13x-7$이 일치하므로

$2f(1)+f'(1)+1=13, \ -f(1)-f'(1)=-7$

두 식을 연립하여 풀면

$f(1)=5, \ f'(1)=2$ ···················· ㉡

곡선 $y=f(x)$ 위의 점 $(1, f(1))$에서의 접선의 방정식은

$y-f(1)=f'(1)(x-1)$

위의 식에 ㉡을 대입하면

$y-5=2(x-1) \qquad \therefore y=2x+3$

따라서 $a=2, b=3$이므로

$a^2+b^2=2^2+3^2=13$

20 0832 답 ③

출제의도 | 두 곡선의 공통인 접선을 구할 수 있는지 확인한다.

> 교점에서의 y좌표와 미분계수가 각각 같음을 이용해 보자.

$f(x)=x^3-x+3, \ g(x)=x^2+2$라 하면

$f'(x)=3x^2-1, \ g'(x)=2x$

두 곡선이 $x=t$인 점에서 공통인 접선을 갖는다고 하면

(i) $x=t$인 점에서 두 곡선이 만나므로 $f(t)=g(t)$에서

$t^3-t+3=t^2+2, \ t^3-t^2-t+1=0$

$(t+1)(t-1)^2=0$

$\therefore t=-1$ 또는 $t=1$

(ii) $x=t$인 점에서 두 곡선의 접선의 기울기가 같으므로

$f'(t)=g'(t)$에서

$3t^2-1=2t, \ 3t^2-2t-1=0$

$(3t+1)(t-1)=0$

$\therefore t=-\frac{1}{3}$ 또는 $t=1$

(i), (ii)를 동시에 만족시키는 t의 값은 $t=1$

즉, 접점의 좌표는 $(1, 3)$이고, 접선의 기울기는 2이므로 공통인 접선의 방정식은

$y-3=2(x-1) \qquad \therefore y=2x+1$

따라서 $a=2, b=1$이므로 $ab=2$

21 0833 답 ⑤

출제의도 | 접선의 기울기와 미분계수의 관계를 알고 있는지 확인한다.

> 직선 AC의 기울기는 $\dfrac{\overline{CD}}{\overline{AD}}$임을 이용해 보자.

$f(x)=-x^3+4x^2-3x$에서 $f'(x)=-3x^2+8x-3$

점 $B(3, 0)$에서의 접선의 기울기는 $f'(3)=-6$

$\overline{DB}=k \ (k>0)$라 하면 $\overline{AD}:\overline{DB}=3:1$이므로 $\overline{AD}=3k$

직선 BC의 기울기는 $\dfrac{\overline{CD}}{-k}=-6$이므로 $\overline{CD}=6k$

또, 직선 AC의 기울기는 $\dfrac{6k}{3k}=2$

점 $(a, f(a))$에서의 접선의 기울기는 직선 AC의 기울기와 같으므로 $f'(a)=2$에서

$-3a^2+8a-3=2, \ 3a^2-8a+5=0$

따라서 이차방정식의 근과 계수의 관계에 의하여 모든 a의 값의 곱은 $\dfrac{5}{3}$이다.

22 0834 답 $y=5x-1, \ y=5x+3$

출제의도 | 기울기가 주어진 접선의 방정식을 모두 구할 수 있는지 확인한다.

STEP 1 주어진 직선과 수직인 접선의 기울기 구하기 [3점]

$f(x)=-x^3+8x+1$이라 하면 $f'(x)=-3x^2+8$

접점의 좌표를 $(t, -t^3+8t+1)$이라 하면 직선 $x+5y+4=0$,

즉 직선 $y=-\dfrac{1}{5}x-\dfrac{4}{5}$에 수직인 접선의 기울기는 5이다.

STEP 2 접선의 방정식 모두 구하기 [3점]

$f'(t)=5$에서 $-3t^2+8=5, \ t^2=1$

$\therefore t=-1$ 또는 $t=1$

접점의 좌표는 $(-1, -6)$ 또는 $(1, 8)$이므로 접선의 방정식은

$y+6=5(x+1)$ 또는 $y-8=5(x-1)$

$\therefore y=5x-1$ 또는 $y=5x+3$

23 0835 `답` 10π `유형 17`

출제의도 | 곡선과 원에 동시에 접하는 직선의 방정식을 구할 수 있는지 확인한다.

STEP 1 점 $(1, 1)$에서의 접선에 수직인 직선의 기울기 구하기 [2점]

$f(x)=x^3$이라 하면 $f'(x)=3x^2$

점 $(1, 1)$에서의 접선의 기울기는 $f'(1)=3$이므로 이 접선과 수직인 직선의 기울기는 $-\dfrac{1}{3}$이다.

STEP 2 원의 중심의 좌표 구하기 [2점]

x축 위에 있는 원의 중심의 좌표를 $(a, 0)$이라 하면 두 점 $(1, 1)$, $(a, 0)$을 지나는 직선의 기울기가 $-\dfrac{1}{3}$이므로

$$\dfrac{0-1}{a-1}=-\dfrac{1}{3} \qquad \therefore a=4$$

STEP 3 원의 반지름의 길이 구하기 [1점]

원의 반지름의 길이는 두 점 $(1, 1)$, $(4, 0)$ 사이의 거리와 같으므로

$$\sqrt{(4-1)^2+(0-1)^2}=\sqrt{10}$$

STEP 4 원의 넓이 구하기 [1점]

원의 넓이는 $\pi \times (\sqrt{10})^2=10\pi$

다른 풀이

다음과 같이 접점과 원의 중심을 지나는 직선의 방정식을 구해서 해결할 수도 있다.

접점 $(1, 1)$을 지나고 기울기가 $-\dfrac{1}{3}$인 직선의 방정식은

$$y-1=-\dfrac{1}{3}(x-1)$$

$$\therefore y=-\dfrac{1}{3}x+\dfrac{4}{3} \quad\text{······} \boxed{\scriptsize ㉠}$$

x축 위에 있는 원의 중심의 좌표를 $(a, 0)$이라 하면 직선 ㉠이 점 $(a, 0)$을 지나므로

$$0=-\dfrac{1}{3}a+\dfrac{4}{3} \qquad \therefore a=4$$

24 0836 `답` $\dfrac{27}{2}$ `유형 11` + `유형 16`

출제의도 | 기울기가 최소인 접선의 방정식을 구하여 도형의 넓이를 구할 수 있는지 확인한다.

STEP 1 접선의 기울기의 최솟값 구하기 [3점]

$f(x)=\dfrac{1}{3}x^3-3x^2+6x$라 하면 $f'(x)=x^2-6x+6$

점 $\left(t, \dfrac{1}{3}t^3-3t^2+6t\right)$에서의 접선의 기울기는

$$f'(t)=t^2-6t+6$$
$$=(t-3)^2-3$$

이므로 $t=3$일 때 접선의 기울기의 최솟값은 -3이다.

STEP 2 기울기가 최소인 접선의 방정식 구하기 [2점]

접점의 좌표는 $(3, 0)$이므로 접선의 방정식은

$$y=-3(x-3) \qquad \therefore y=-3x+9$$

STEP 3 접선과 x축, y축으로 둘러싸인 도형의 넓이 구하기 [2점]

이 접선과 x축, y축으로 둘러싸인 도형의 넓이는

$$\dfrac{1}{2}\times 3\times 9=\dfrac{27}{2}$$

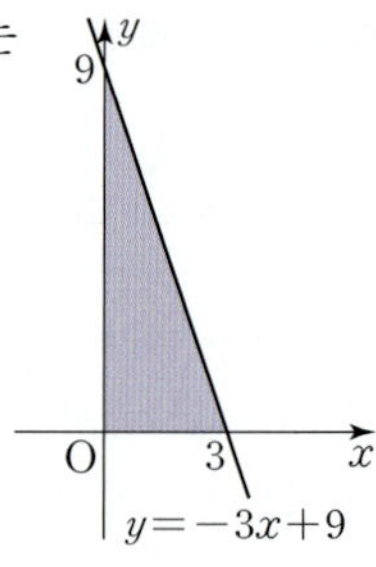

25 0837 `답` 32 `유형 14`

출제의도 | 두 곡선에 동시에 접하는 접선의 방정식을 구할 수 있는지 확인한다.

STEP 1 곡선 $y=x^2$ 위의 점에서의 접선의 방정식 구하기 [3점]

$f(x)=x^2$이라 하면 $f'(x)=2x$

곡선 $y=f(x)$ 위의 접점의 좌표를 (a, a^2)이라 하면 이 점에서의 접선의 기울기는 $f'(a)=2a$이므로 접선의 방정식은

$$y-a^2=2a(x-a)$$

$$\therefore y=2ax-a^2 \quad\text{······} \boxed{\scriptsize ㉠}$$

STEP 2 곡선 $y=x^2-8x$ 위의 점에서의 접선의 방정식 구하기 [3점]

$g(x)=x^2-8x$라 하면 $g'(x)=2x-8$

곡선 $y=g(x)$ 위의 접점의 좌표를 (b, b^2-8b)라 하면 이 점에서의 접선의 기울기는 $g'(b)=2b-8$이므로 접선의 방정식은

$$y-(b^2-8b)=(2b-8)(x-b)$$

$$\therefore y=(2b-8)x-b^2 \quad\text{······} \boxed{\scriptsize ㉡}$$

STEP 3 두 접선이 일치함을 이용하여 직선의 방정식 구하기 [3점]

두 접선 ㉠, ㉡이 일치하므로

$$2a=2b-8, \quad -a^2=-b^2$$

두 식을 연립하여 풀면

$$a=-2, \ b=2$$

따라서 두 곡선에 동시에 접하는 직선의 방정식은 $y=-4x-4$이므로

$$p=-4, \ q=-4$$
$$\therefore p^2+q^2=(-4)^2+(-4)^2=32$$

고난도 ⊕ **Plus 문제** 184쪽

1 0838 `답` ㄱ, ㄴ, ㄷ

ㄱ. $f(x)=x^2-2ax+b$에서 $f'(x)=2x-2a$

$\quad \therefore f'(a+1)=2(a+1)-2a=2>0$ (참)

ㄴ. $f(a+3)-f(a-1)$

$\quad =(a+3)^2-2a(a+3)+b-\{(a-1)^2-2a(a-1)+b\}$

$\quad =(a^2+6a+9-2a^2-6a+b)-(a^2-2a+1-2a^2+2a+b)$

$\quad =8$

이때 ㄱ에서 $f'(a+1)=2$이므로

$4f'(a+1)=4\times 2=8$

$\quad \therefore f(a+3)-f(a-1)=4f'(a+1)$ (참)

ㄷ. 두 점 $(a-1, f(a-1))$, $(a+3, f(a+3))$을 지나는 직선의
  기울기는

$$\frac{f(a+3)-f(a-1)}{a+3-(a-1)}=\frac{4f'(a+1)}{4} \ (\because \text{ㄴ})$$
$$=f'(a+1)=2$$

  $f'(p)=2$에서 $2p-2a=2$

  $\therefore p=a+1$ (참)

따라서 옳은 것은 ㄱ, ㄴ, ㄷ이다.

2 0839 답 $(-3, -52)$

$f(x)=x^3-3x^2+2$에서 $f'(x)=3x^2-6x$

점 A$(0, 2)$에서의 접선의 기울기는 $f'(0)=0$이므로 접선의 방정
식은

$y-2=0\times(x-0)$ $\therefore y=2$

곡선 $y=x^3-3x^2+2$와 직선 $y=2$의 교점의 x좌표는

$x^3-3x^2+2=2$에서

$x^3-3x^2=0$, $x^2(x-3)=0$

$\therefore x=0$ 또는 $x=3$ $\therefore$ B$(3, 2)$

또, 점 B$(3, 2)$에서의 접선의 기울기는 $f'(3)=9$이므로 접선의
방정식은

$y-2=9(x-3)$ $\therefore y=9x-25$

곡선 $y=x^3-3x^2+2$와 직선 $y=9x-25$의 교점의 x좌표는

$x^3-3x^2+2=9x-25$에서

$x^3-3x^2-9x+27=0$, $(x+3)(x-3)^2=0$

$\therefore x=-3$ 또는 $x=3$

$\therefore$ C$(-3, -52)$

3 0840 답 $\dfrac{1}{2}$

$f(x)=x^3-3x^2-x+7$이라 하면 $f'(x)=3x^2-6x-1$

접점의 좌표를 (t, t^3-3t^2-t+7)이라 하면 이 점에서의 접선의
기울기는 $f'(t)=3t^2-6t-1$이므로 접선의 방정식은

$y-(t^3-3t^2-t+7)=(3t^2-6t-1)(x-t)$

$\therefore y=(3t^2-6t-1)x-2t^3+3t^2+7$

이 직선이 점 $(2, k)$를 지나므로

$k=6t^2-12t-2-2t^3+3t^2+7$

$\therefore 2t^3-9t^2+12t+k-5=0$ ┈┈┈┈┈┈┈┈ ㉠

삼차방정식 ㉠의 서로 다른 세 실근이 α, β, γ이고 $\beta=\dfrac{\alpha+\gamma}{2}$에서

$\alpha+\gamma=2\beta$이므로 삼차방정식의 근과 계수의 관계에 의하여

$\alpha+\beta+\gamma=3\beta=\dfrac{9}{2}$ $\therefore \beta=\dfrac{3}{2}$

따라서 $t=\dfrac{3}{2}$이 방정식 ㉠의 근이므로

$2\times\dfrac{27}{8}-9\times\dfrac{9}{4}+12\times\dfrac{3}{2}+k-5=0$

$\therefore k=\dfrac{1}{2}$

4 0841 답 -4

$f(x)=2x^2+k$, $g(x)=x^4-2x^2$이라 하면

$f'(x)=4x$, $g'(x)=4x^3-4x$

두 곡선의 두 교점 중 한 점의 x좌표를 t $(t>0)$라 하면

(i) $x=t$인 점에서 두 곡선이 만나므로 $f(t)=g(t)$에서

   $2t^2+k=t^4-2t^2$

   $\therefore k=t^4-4t^2$ ┈┈┈┈┈┈┈┈┈┈┈┈┈┈┈┈┈┈ ㉠

(ii) $x=t$인 점에서 두 곡선의 접선의 기울기가 같으므로

   $f'(t)=g'(t)$에서

   $4t=4t^3-4t$, $4t^3-8t=0$

   $4t(t+\sqrt{2})(t-\sqrt{2})=0$

   $\therefore t=\sqrt{2} \ (\because t>0)$

$t=\sqrt{2}$를 ㉠에 대입하면

$k=(\sqrt{2})^4-4\times(\sqrt{2})^2=-4$

참고 주어진 그래프에서 두 곡선은 y축에 대하여 대칭이므로 두 교점 중 한
점의 x좌표를 t라 하면 다른 한 점의 x좌표는 $-t$이고 $t=-\sqrt{2}$를 ㉠에 대
입해도 $k=(-\sqrt{2})^4-4\times(-\sqrt{2})^2=-4$로 같은 답을 얻을 수 있다.

5 0842 답 7

$f(x)=-x^2+1$, $g(x)=x^2-a$라 하면

$f'(x)=-2x$, $g'(x)=2x$

두 곡선이 $x=t$인 점에서 만난다고 하면 $f(t)=g(t)$에서

$-t^2+1=t^2-a$

$\therefore a=2t^2-1$ ┈┈┈┈┈┈┈┈┈┈┈┈┈┈┈┈┈┈ ㉠

또, $m_1=f'(t)=-2t$, $m_2=g'(t)=2t$이므로 $m_2-m_1=8$에서

$2t-(-2t)=8$, $4t=8$

$\therefore t=2$

$t=2$를 ㉠에 대입하면 $a=7$

0843 답 구간 $(-\infty,\ -1]$, $[1,\ \infty)$에서 증가,
　　　　　구간 $[-1,\ 1]$에서 감소

$f(x)=x^3-3x+1$에서

$f'(x)=3x^2-3$

$\qquad=3(x+1)(x-1)$

$f'(x)=0$인 x의 값은 $x=-1$ 또는 $x=1$

함수 $f(x)$의 증가, 감소를 표로 나타내면 다음과 같다.

x	$\cdots$	-1	$\cdots$	1	$\cdots$
$f'(x)$	$+$	0	$-$	0	$+$
$f(x)$	$\nearrow$	3	$\searrow$	-1	$\nearrow$

따라서 함수 $f(x)$는 구간 $(-\infty,\ -1]$, $[1,\ \infty)$에서 증가하고, 구간 $[-1,\ 1]$에서 감소한다.

0844 답 $0\le a\le 2$

$f(x)=\dfrac{1}{3}x^3+ax^2+2ax+3$에서

$f'(x)=x^2+2ax+2a$

함수 $f(x)$가 실수 전체의 집합에서 증가하려면 모든 실수 x에서 $f'(x)\ge 0$이어야 한다.

이차방정식 $x^2+2ax+2a=0$의 판별식을 D라 하면 $\dfrac{D}{4}\le 0$에서

$a^2-2a\le 0$

$a(a-2)\le 0$　　$\therefore\ 0\le a\le 2$

0845 답 (1) x_2, x_3, x_5　(2) x_1, 0, x_4

(1) 함수 $f(x)$가 증가에서 감소로 바뀌면 극대이므로 x좌표가 x_2, x_3, x_5일 때 극대이다.

(2) 함수 $f(x)$가 감소에서 증가로 바뀌면 극소이므로 x좌표가 x_1, 0, x_4일 때 극소이다.

0846 답 (1) 극댓값 : 없다., 극솟값 : 1
　　　　　(2) 극댓값 : 3, 극솟값 : -1

(1) $f(x)=2x^2-4x+3$에서
　　$f'(x)=4x-4$　　　→ 이차함수의 그래프의 꼭짓점의 좌표를 구하여 극값을 생각할 수도 있다.
　　$\qquad=4(x-1)$

$f'(x)=0$인 x의 값은 $x=1$

함수 $f(x)$의 증가, 감소를 표로 나타내면 다음과 같다.

x	$\cdots$	1	$\cdots$
$f'(x)$	$-$	0	$+$
$f(x)$	$\searrow$	1 극소	$\nearrow$

따라서 함수 $f(x)$의 극댓값은 없고, 극솟값은 $f(1)=1$이다.

(2) $f(x)=-x^3+3x+1$에서

$f'(x)=-3x^2+3$

$\qquad=-3(x+1)(x-1)$

$f'(x)=0$인 x의 값은 $x=-1$ 또는 $x=1$

함수 $f(x)$의 증가, 감소를 표로 나타내면 다음과 같다.

x	$\cdots$	-1	$\cdots$	1	$\cdots$
$f'(x)$	$-$	0	$+$	0	$-$
$f(x)$	$\searrow$	-1 극소	$\nearrow$	3 극대	$\searrow$

따라서 함수 $f(x)$의 극댓값은 $f(1)=3$, 극솟값은 $f(-1)=-1$이다.

0847 답 (1) 풀이 참조　(2) 풀이 참조

(1) $f(x)=x^3+3x^2+3x+2$에서

$f'(x)=3x^2+6x+3$

$\qquad=3(x+1)^2$

$f'(x)=0$인 x의 값은 $x=-1$

함수 $f(x)$의 증가, 감소를 표로 나타내면 다음과 같다.

x	$\cdots$	-1	$\cdots$
$f'(x)$	$+$	0	$+$
$f(x)$	$\nearrow$	1	$\nearrow$

$f(0)=2$이므로 함수 $y=f(x)$의 그래프와 y축이 만나는 점의 좌표는 $(0,\ 2)$이다.

따라서 함수 $y=f(x)$의 그래프의 개형은 그림과 같다.

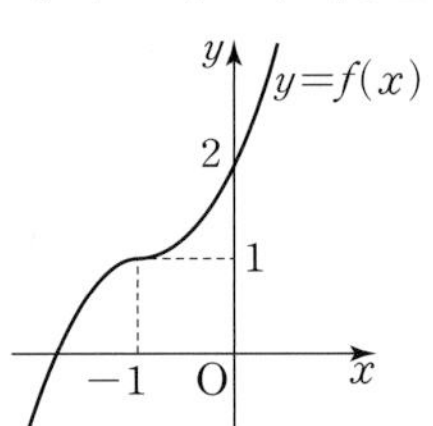

(2) $f(x)=-x^3+3x-2$에서

$f'(x)=-3x^2+3$

$\qquad=-3(x+1)(x-1)$

$f'(x)=0$인 x의 값은 $x=-1$ 또는 $x=1$

함수 $f(x)$의 증가, 감소를 표로 나타내면 다음과 같다.

x	$\cdots$	-1	$\cdots$	1	$\cdots$
$f'(x)$	$-$	0	$+$	0	$-$
$f(x)$	$\searrow$	-4 극소	$\nearrow$	0 극대	$\searrow$

$f(0)=-2$이므로 함수 $y=f(x)$의 그래프와 y축이 만나는 점의 좌표는 $(0,\ -2)$이다.

따라서 함수 $y=f(x)$의 그래프의 개형은 그림과 같다.

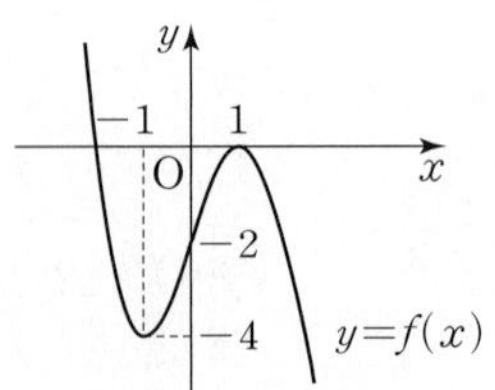

0848 탑 (1) 풀이 참조 (2) 풀이 참조

(1) $f(x)=3x^4-4x^3-12x^2+20$에서

$$f'(x)=12x^3-12x^2-24x$$
$$=12x(x+1)(x-2)$$

$f'(x)=0$인 x의 값은 $x=-1$ 또는 $x=0$ 또는 $x=2$

함수 $f(x)$의 증가, 감소를 표로 나타내면 다음과 같다.

x	$\cdots$	-1	$\cdots$	0	$\cdots$	2	$\cdots$
$f'(x)$	$-$	0	$+$	0	$-$	0	$+$
$f(x)$	$\searrow$	15 극소	$\nearrow$	20 극대	$\searrow$	-12 극소	$\nearrow$

따라서 함수 $y=f(x)$의 그래프의 개형은 그림과 같다.

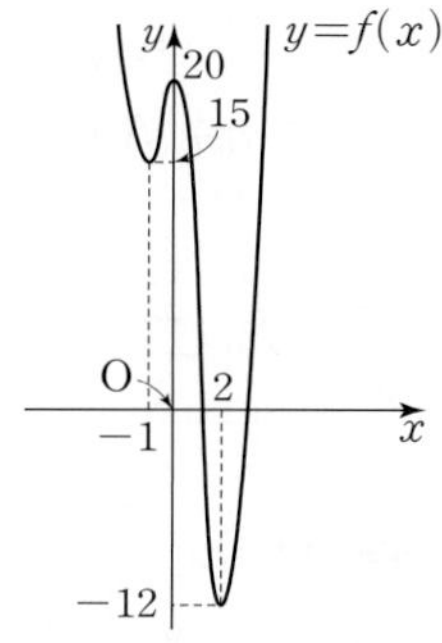

(2) $f(x)=x^4-2x^2+3$에서

$$f'(x)=4x^3-4x$$
$$=4x(x+1)(x-1)$$

$f'(x)=0$인 x의 값은 $x=-1$ 또는 $x=0$ 또는 $x=1$

함수 $f(x)$의 증가, 감소를 표로 나타내면 다음과 같다.

x	$\cdots$	-1	$\cdots$	0	$\cdots$	1	$\cdots$
$f'(x)$	$-$	0	$+$	0	$-$	0	$+$
$f(x)$	$\searrow$	2 극소	$\nearrow$	3 극대	$\searrow$	2 극소	$\nearrow$

따라서 함수 $y=f(x)$의 그래프의 개형은 그림과 같다.

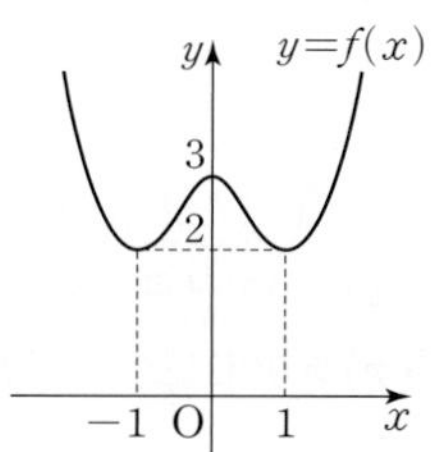

0849 탑 풀이 참조

$x=1$의 좌우에서 $f'(x)$의 부호가 양에서 음으로 바뀌므로 함수 $f(x)$는 $x=1$에서 극대이다.

$x=3$의 좌우에서 $f'(x)$의 부호가 음에서 양으로 바뀌므로 함수 $f(x)$는 $x=3$에서 극소이다.

이때 $f(1)=0$이므로 함수 $y=f(x)$의 그래프의 개형은 그림과 같다.

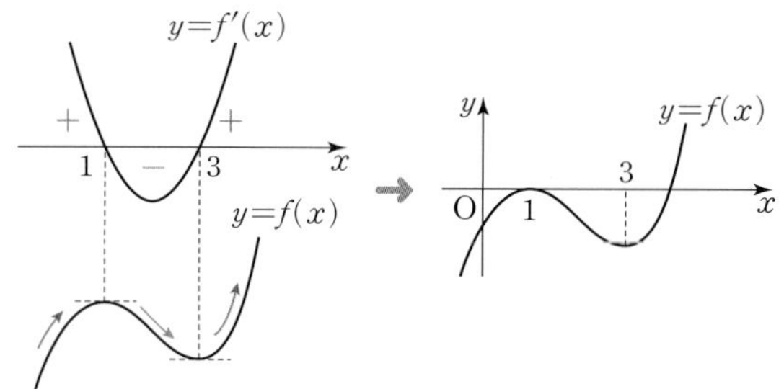

0850 탑 풀이 참조

$x=-2$의 좌우에서 $f'(x)$의 부호가 음에서 양으로 바뀌므로 함수 $f(x)$는 $x=-2$에서 극소이다.

$x=0$의 좌우에서 $f'(x)$의 부호가 양에서 음으로 바뀌므로 함수 $f(x)$는 $x=0$에서 극대이다.

이때 $f(0)=0$이므로 함수 $y=f(x)$의 그래프의 개형은 그림과 같다.

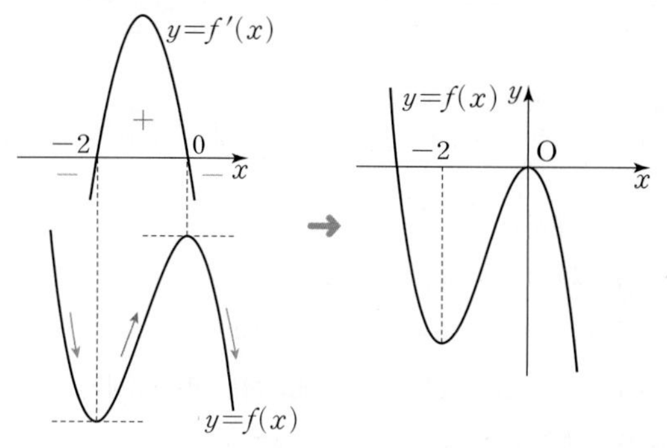

0851 탑 풀이 참조

$x=0$의 좌우에서 $f'(x)$의 부호가 음에서 양으로 바뀌므로 함수 $f(x)$는 $x=0$에서 극소이다.

$x=1$의 좌우에서 $f'(x)$의 부호가 양에서 음으로 바뀌므로 함수 $f(x)$는 $x=1$에서 극대이다.

$x=2$의 좌우에서 $f'(x)$의 부호가 음에서 양으로 바뀌므로 함수 $f(x)$는 $x=2$에서 극소이다.

이때 $f(0)=f(2)=0$이므로 함수 $y=f(x)$의 그래프의 개형은 그림과 같다.

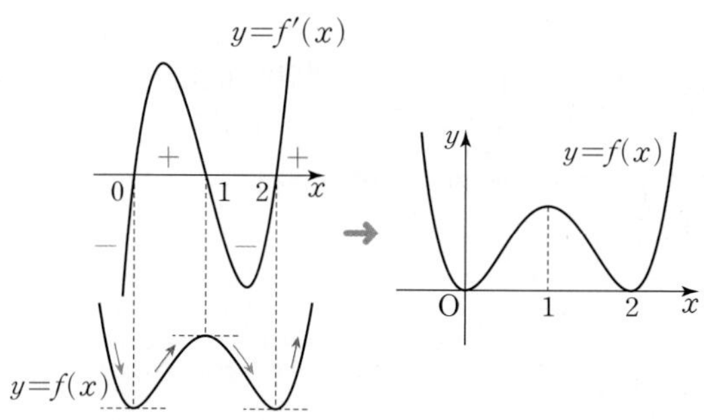

0852 탑 풀이 참조

$x=0$의 좌우에서 $f'(x)$의 부호가 양에서 음으로 바뀌므로 함수 $f(x)$는 $x=0$에서 극대이다.

$f'(3)=0$이지만 $x=3$의 좌우에서 $f'(x)$의 부호는 바뀌지 않는다.

이때 $f(0)=0$이므로 함수 $y=f(x)$의 그래프의 개형은 그림과 같다.

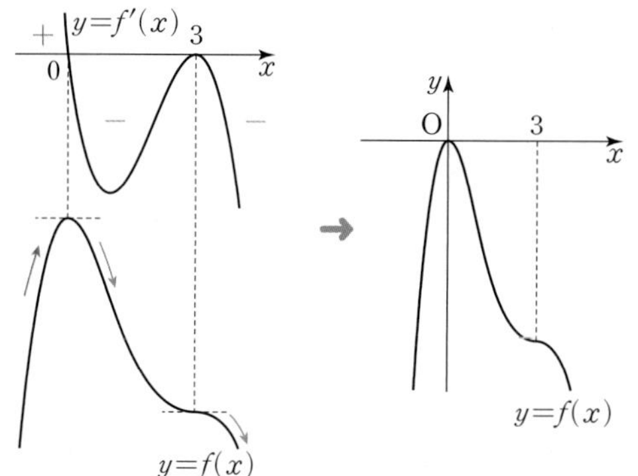

0853 답 ②　　| 유형 1

함수 $f(x)=-2x^3+3x^2+36x+3$이 증가하는 구간이 $[a, b]$일 때, (단서1) $b-a$의 값은? (단서2)

① 3　　② 5　　③ 7
④ 9　　⑤ 11

단서1 $f'(x)$는 이차함수
단서2 구간 $[a, b]$에서 $f'(x)\geq0$

STEP 1　$f'(x)$ 구하기

$f(x)=-2x^3+3x^2+36x+3$에서

$f'(x)=-6x^2+6x+36=-6(x+2)(x-3)$

STEP 2　$f'(x)=0$인 x의 값을 구한 후 증가하는 구간 구하기

$f'(x)=0$인 x의 값은 $x=-2$ 또는 $x=3$

함수 $f(x)$의 증가, 감소를 표로 나타내면 다음과 같다.

x	$\cdots$	-2	$\cdots$	3	$\cdots$
$f'(x)$	$-$	0	$+$	0	$-$
$f(x)$	↘	-41	↗	84	↘

따라서 함수 $f(x)$가 증가하는 구간은 $[-2, 3]$이므로

$a=-2$, $b=3$

$\therefore b-a=5$

0854 답 ②

$f(x)=4x^3-6x^2+ax$에서

$f'(x)=12x^2-12x+a$

함수 $f(x)$가 감소하는 x의 값의 범위가 $0\leq x\leq b$이므로 0, b는 이차방정식 $12x^2-12x+a=0$의 두 근이다.

이차방정식의 근과 계수의 관계에 의하여

$0+b=1$, $0\times b=\dfrac{a}{12}$

$\therefore a=0$, $b=1$

$\therefore a+b=1$

개념 Check

이차방정식의 근과 계수의 관계
이차방정식 $ax^2+bx+c=0$의 두 근을 α, β라 하면
$\alpha+\beta=-\dfrac{b}{a}$, $\alpha\beta=\dfrac{c}{a}$

0855 답 -3

$f(x)=\dfrac{1}{3}x^3+ax^2+bx+2$에서

$f'(x)=x^2+2ax+b$

㈎, ㈏에서 $f'(x)$의 부호가 $x=-3$, $x=2$의 좌우에서 바뀌므로 -3, 2는 이차방정식 $x^2+2ax+b=0$의 두 근이다.

이차방정식의 근과 계수의 관계에 의하여

$-3+2=-2a$, $-3\times2=b$

$\therefore a=\dfrac{1}{2}$, $b=-6$

$\therefore ab=-3$

0856 답 ①　　| 유형 2

함수 $f(x)$의 도함수 $y=f'(x)$의 그래프가 (단서1) 그림과 같을 때, 다음 중 함수 $f(x)$가 감소 (단서2) 하는 구간은?

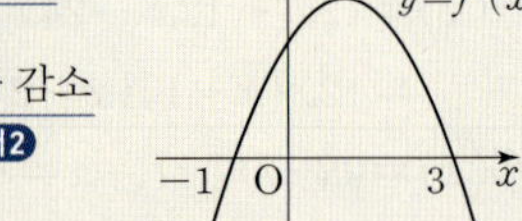

① $[-2, -1]$　　② $[-1, 0]$
③ $[0, 1]$　　④ $[1, 2]$
⑤ $[2, 3]$

단서1 도함수 $y=f'(x)$의 그래프이므로 함수 $f(x)$의 증가, 감소를 확인
단서2 $f'(x)<0$이면 함수 $f(x)$는 감소

STEP 1　함수 $f(x)$의 증가, 감소를 표로 나타내기

함수 $y=f'(x)$의 그래프가 x축과 만나는 점의 x좌표가 -1, 3이므로 $f'(x)$의 부호를 조사하여 함수 $f(x)$의 증가, 감소를 표로 나타내면 다음과 같다.

x	$\cdots$	-1	$\cdots$	3	$\cdots$
$f'(x)$	$-$	0	$+$	0	$-$
$f(x)$	↘		↗		↘

STEP 2　함수 $f(x)$가 감소하는 구간 찾기

함수 $f(x)$는 구간 $(-\infty, -1]$, $[3, \infty)$에서 감소하므로 주어진 구간 중 감소하는 구간은 ① $[-2, -1]$이다.

참고 표로 나타내지 않고 그래프에서 $f'(x)$의 부호만 확인해도 된다.
⑴ 구간 (a, b)에서 $f'(x)>0$이면 함수 $f(x)$는 구간 $[a, b]$에서 증가한다.
⑵ 구간 (a, b)에서 $f'(x)<0$이면 함수 $f(x)$는 구간 $[a, b]$에서 감소한다.

0857 답 ④

④ 함수 $y=f'(x)$의 그래프가 닫힌구간 $[0, 1]$에서 x축보다 위쪽에 있으므로 함수 $f(x)$는 이 구간에서 증가한다.

0858 답 ④

ㄱ. 구간 $(0, 2)$에서 $f'(x)>0$이므로 함수 $f(x)$는 증가한다. (거짓)
ㄴ. 구간 $(3, 4)$에서 $f'(x)<0$이므로 함수 $f(x)$는 감소한다. (참)
ㄷ. 구간 $(5, 6)$에서 $f'(x)>0$이므로 함수 $f(x)$는 증가한다. (참)
따라서 옳은 것은 ㄴ, ㄷ이다.

0859 답 ④

① 구간 $(-\infty, -1)$에서 $f'(x)<0$이므로 함수 $f(x)$는 구간 $(-\infty, -1]$에서 감소한다. (거짓)
② 구간 $(-2, -1)$에서 $f'(x)<0$이므로 함수 $f(x)$는 구간 $[-2, -1]$에서 감소한다. (거짓)
③ 구간 $(-1, 1)$에서 $f'(x)>0$이므로 함수 $f(x)$는 구간 $[-1, 1]$에서 증가한다. (거짓)
④ 구간 $(-1, 2)$에서 $f'(x)>0$이므로 함수 $f(x)$는 구간 $[-1, 2]$에서 증가한다. (참)
⑤ 구간 $(3, 4)$에서 $f'(x)<0$이므로 함수 $f(x)$는 구간 $[3, 4]$에서 감소한다. (거짓)
따라서 옳은 것은 ④이다.

0860 답 ②

① 구간 $(-\infty,\,0)$에서 $f'(x)>0$이므로 함수 $f(x)$는 증가한다.

(거짓)

② 구간 $(0,\,2)$에서 $f'(x)>0$이므로 함수 $f(x)$는 증가한다. (참)

③ 구간 $(1,\,2)$에서 $f'(x)>0$, 구간 $(2,\,3)$에서 $f'(x)<0$이므로 함수 $f(x)$는 구간 $(1,\,2)$에서 증가하고, 구간 $(2,\,3)$에서 감소한다. (거짓)

④ 구간 $(3,\,4)$에서 $f'(x)<0$이므로 함수 $f(x)$는 감소한다.

(거짓)

⑤ 구간 $(4,\,\infty)$에서 $f'(x)<0$이므로 함수 $f(x)$는 감소한다.

(거짓)

따라서 옳은 것은 ②이다.

0861 답 ④

$g(x)=xf(x)$라 하면 $g'(x)=f(x)+xf'(x)$

ㄱ. 구간 $(-\infty,\,0)$에서 $f(x)>0$, $x<0$, $f'(x)<0$이므로
$g'(x)=f(x)+xf'(x)>0$
즉, 함수 $g(x)$는 구간 $(-\infty,\,0]$에서 증가한다. (거짓)

ㄴ. 구간 $(1,\,3)$에서 $f(x)<0$, $x>0$, $f'(x)<0$이므로
$g'(x)=f(x)+xf'(x)<0$
즉, 함수 $g(x)$는 구간 $[1,\,3]$에서 감소한다. (참)

ㄷ. 구간 $(5,\,\infty)$에서 $f(x)>0$, $x>0$, $f'(x)>0$이므로
$g'(x)=f(x)+xf'(x)>0$
즉, 함수 $g(x)$는 구간 $[5,\,\infty)$에서 증가한다. (참)

따라서 옳은 것은 ㄴ, ㄷ이다.

0862 답 ③　　　　　　　　　　　　　| 유형 3

> 함수 $f(x)=-x^3+ax^2-3x+3$이 $x_1<x_2$인 임의의 두 실수 $x_1,\,x_2$에 〔단서1〕 〔단서2〕 대하여 $f(x_1)>f(x_2)$가 성립하도록 하는 실수 a의 값의 범위는?
>
> ① $a\le-6$　　　　　　② $-6\le a\le-3$
> ③ $-3\le a\le3$　　　　④ $3\le a\le6$
> ⑤ $a\ge6$
> 〔단서1〕 $f(x)$는 삼차함수, $f'(x)$는 이차함수
> 〔단서2〕 함수 $f(x)$는 실수 전체의 집합에서 감소

STEP 1 $f'(x)$ 구하기

$f(x)=-x^3+ax^2-3x+3$에서
$f'(x)=-3x^2+2ax-3$

STEP 2 조건을 만족시키는 실수 a의 값의 범위 구하기

$x_1<x_2$인 임의의 두 실수 $x_1,\,x_2$에 대하여 $f(x_1)>f(x_2)$가 성립하려면 함수 $f(x)$가 실수 전체의 집합에서 감소해야 한다.
즉, 모든 실수 x에 대하여 $f'(x)\le0$이어야 한다.

이차방정식 $-3x^2+2ax-3=0$의 판별식을 D라 하면 $\dfrac{D}{4}\le0$에서
$a^2-(-3)\times(-3)\le0$
$a^2-9\le0$, $(a+3)(a-3)\le0$
$\therefore -3\le a\le3$

이차부등식이 항상 성립할 조건

이차방정식 $ax^2+bx+c=0$의 판별식을 D라 할 때

⑴ 모든 실수 x에 대하여 $ax^2+bx+c\ge0$이려면
$a>0,\ D\le0$

⑵ 모든 실수 x에 대하여 $ax^2+bx+c\le0$이려면
$a<0,\ D\le0$

0863 답 ⑤

$f(x)=x^3-3kx^2+27x+5$에서 $f'(x)=3x^2-6kx+27$
$x_1<x_2$인 임의의 두 실수 $x_1,\,x_2$에 대하여 $f(x_1)<f(x_2)$가 성립하려면 함수 $f(x)$가 실수 전체의 집합에서 증가해야 한다.
즉, 모든 실수 x에 대하여 $f'(x)\ge0$이어야 한다.

이차방정식 $3x^2-6kx+27=0$의 판별식을 D라 하면 $\dfrac{D}{4}\le0$에서
$(-3k)^2-3\times27\le0$
$9k^2-81\le0$, $9(k+3)(k-3)\le0$
$\therefore -3\le k\le3$
따라서 상수 k의 최댓값은 3이다.

0864 답 2

$f(x)=ax^3+3ax^2+6x-2$에서 $f'(x)=3ax^2+6ax+6$
함수 $f(x)$가 구간 $(-\infty,\,\infty)$에서 증가하려면 모든 실수 x에 대하여 $f'(x)\ge0$이어야 한다.
이차함수 $f'(x)$의 최고차항의 계수가 양수이어야 하므로
$a>0$ ……………………………………………… ㉠
이차방정식 $3ax^2+6ax+6=0$의 판별식을 D라 하면
$\dfrac{D}{4}\le0$에서 $(3a)^2-3a\times6\le0$, $9a^2-18a\le0$
$9a(a-2)\le0$　　$\therefore 0\le a\le2$ ……………… ㉡
㉠, ㉡에서 $0<a\le2$이므로 정수 a는 1, 2의 2개이다.

$a\ne0$이므로 $f'(x)$는 이차함수이고, $f'(x)=3ax^2+6ax+6$이 항상 $f'(x)\ge0$이려면 최고차항의 계수 $3a$가 양수이어야 한다.

0865 답 $-3\le a\le0$

$f(x)=ax^3+2ax^2-4x+2$에서 $f'(x)=3ax^2+4ax-4$
함수 $f(x)$가 구간 $(-\infty,\,\infty)$에서 감소하려면 모든 실수 x에 대하여 $f'(x)\le0$이어야 한다.

(i) $a=0$일 때, $f'(x)=-4<0$이므로 함수 $f(x)$는 구간 $(-\infty,\,\infty)$에서 감소한다.

(ii) $a\ne0$일 때, 이차함수 $f'(x)$의 최고차항의 계수가 음수이어야 하므로
$a<0$

이차방정식 $3ax^2+4ax-4=0$의 판별식을 D라 하면 $\dfrac{D}{4}\le0$에서
$(2a)^2-3a\times(-4)\le0$, $4a^2+12a\le0$
$4a(a+3)\le0$　　$\therefore -3\le a<0\ (\because a<0)$

(i), (ii)에서 $-3\le a\le0$

0866 답 ①

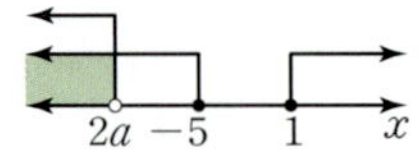

$f(x)=x^3+6x^2+15|x-2a|+3$에서 값의 범위를 구한다.

(i) $x \geq 2a$일 때, $f(x)=x^3+6x^2+15x-30a+3$이므로

$\quad f'(x)=3x^2+12x+15=3(x+2)^2+3$

$\quad$ 모든 실수 x에 대하여 $f'(x)>0$이므로 함수 $f(x)$는 실수 전체의 집합에서 증가한다.

(ii) $x < 2a$일 때, $f(x)=x^3+6x^2-15x+30a+3$이므로

$\quad f'(x)=3x^2+12x-15=3(x+5)(x-1)$

$\quad f'(x) \geq 0$에서 $x \leq -5$ 또는 $x \geq 1$

$\quad$ 이때 함수 $f(x)$가 실수 전체의 집합에서 증가하려면

$\quad 2a \leq -5 \qquad \therefore a \leq -\dfrac{5}{2}$

(i), (ii)에서 실수 a의 최댓값은 $-\dfrac{5}{2}$이다.

0867 답 6

$f(x)=x^3+ax^2-(a^2-8a)x+3$에서

$f'(x)=3x^2+2ax-a^2+8a$

함수 $f(x)$가 실수 전체의 집합에서 증가하려면 모든 실수 x에 대하여 $f'(x) \geq 0$이어야 한다.

이차방정식 $3x^2+2ax-a^2+8a=0$의 판별식을 D라 하면

$\dfrac{D}{4} \leq 0$에서 $a^2-3(-a^2+8a) \leq 0$

$4a^2-24a \leq 0$, $4a(a-6) \leq 0$

$\therefore 0 \leq a \leq 6$

따라서 실수 a의 최댓값은 6이다.

0868 답 ①

| 유형 4

> 함수 $f(x)=x^3-3x^2+ax$가 닫힌구간 $[0, 3]$에서 감소하도록 하는
>
> 〔단서1〕　　　　　　　〔단서2〕
>
> 실수 a의 값의 범위는?
>
> ① $a \leq -9$　　　② $a \leq 0$　　　③ $0 \leq a \leq 9$
> ④ $-9 \leq a \leq 0$　　　⑤ $a \geq 9$
>
> 〔단서1〕 $f'(x)$는 이차함수
> 〔단서2〕 구간 $[0, 3]$에서 $f'(x) \leq 0$

STEP 1 $f'(x)$ 구하기

$f(x)=x^3-3x^2+ax$에서 $f'(x)=3x^2-6x+a$

STEP 2 $f(x)$가 닫힌구간 $[0, 3]$에서 감소하도록 하는 실수 a의 값의 범위 구하기

함수 $f(x)$가 닫힌구간 $[0, 3]$에서 감소하려면 $0 \leq x \leq 3$에서 $f'(x) \leq 0$이어야 하므로

$f'(0) \leq 0$에서 $a \leq 0$ $\cdots\cdots$ ㉠

$f'(3) \leq 0$에서 $27-18+a \leq 0$

$\therefore a \leq -9$ $\cdots\cdots$ ㉡

㉠, ㉡을 동시에 만족시키는 실수 a의 값의 범위는 $a \leq -9$

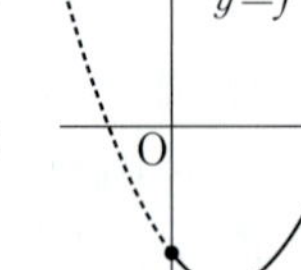

참고 $f'(x)=3x^2-6x+a=3(x-1)^2+a-3$

에서 이차함수 $y=f'(x)$의 그래프의 축의 방정식이

$x=1$이므로 $f'(0)<f'(3)$

따라서 $f'(3) \leq 0$만 조사해도 된다.

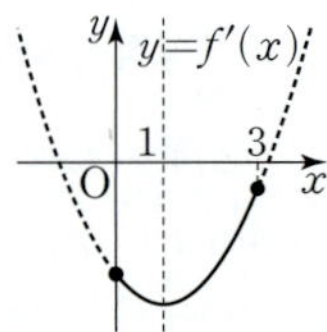

0869 답 3

$f(x)=\dfrac{1}{3}x^3-9x+3$에서

$f'(x)=x^2-9=(x+3)(x-3)$

$f'(x)=0$인 x의 값은 $x=-3$ 또는 $x=3$

함수 $f(x)$의 증가, 감소를 표로 나타내면 다음과 같다.

x	$\cdots$	-3	$\cdots$	3	$\cdots$
$f'(x)$	$+$	0	$-$	0	$+$
$f(x)$	↗	21	↘	-15	↗

따라서 함수 $f(x)$는 열린구간 $(-3, 3)$에서 감소하므로 양수 a의 최댓값은 3이다.

0870 답 ⑤

$f(x)=-x^3+3x^2+9x$에서

$f'(x)=-3x^2+6x+9=-3(x+1)(x-3)$

$f'(x)=0$인 x의 값은 $x=-1$ 또는 $x=3$

함수 $f(x)$의 증가, 감소를 표로 나타내면 다음과 같다.

x	$\cdots$	-1	$\cdots$	3	$\cdots$
$f'(x)$	$-$	0	$+$	0	$-$
$f(x)$	↘	-5	↗	27	↘

함수 $f(x)$는 구간 $[-1, 3]$에서 증가하므로

$-1 \leq a < 3$

따라서 정수 a는 $-1, 0, 1, 2$의 4개이다.

0871 답 $a \geq 8$

$f(x)=-x^3+ax^2-2ax+4$에서

$f'(x)=-3x^2+2ax-2a$

> 함수 $y=f'(x)$의 그래프는 위로 볼록인 포물선이므로 $f'(2)$, $f'(4)$의 부호만 조사해도 된다.

함수 $f(x)$가 닫힌구간 $[2, 4]$에서 증가하려면 $2 \leq x \leq 4$에서 $f'(x) \geq 0$이어야 하므로

$f'(2) \geq 0$에서 $-12+4a-2a \geq 0$

$2a \geq 12 \qquad \therefore a \geq 6$ $\cdots\cdots$ ㉠

$f'(4) \geq 0$에서 $-48+8a-2a \geq 0$

$6a \geq 48 \qquad \therefore a \geq 8$ $\cdots\cdots$ ㉡

㉠, ㉡을 동시에 만족시키는 실수 a의 값의 범위는

$a \geq 8$

0872 답 ①

$f(x)=10x^3+ax+9$에서

$f'(x)=30x^2+a$

함수 $f(x)$가 닫힌구간 $[-1, 1]$에서 증가하려면 $-1 \leq x \leq 1$에서 $f'(x) \geq 0$이어야 한다.

이때 $-1 \leq x \leq 1$에서 $f'(x)$의 최솟값은

$f'(0)=a$이므로

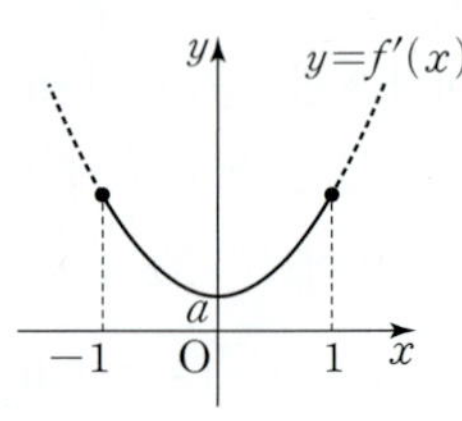

$f'(0) \geq 0$에서 $a \geq 0$

따라서 실수 a의 최솟값은 0이다.

0873 답 $3 \leq a \leq \dfrac{9}{2}$

$f(x) = -x^3 + ax^2 + 2$에서

$f'(x) = -3x^2 + 2ax$

함수 $f(x)$가 구간 $[1, 2]$에서 증가하려면
$1 \leq x \leq 2$에서 $f'(x) \geq 0$이어야 하고, 구간
$[3, \infty)$에서 감소하려면 $x \geq 3$에서 $f'(x) \leq 0$
이어야 하므로

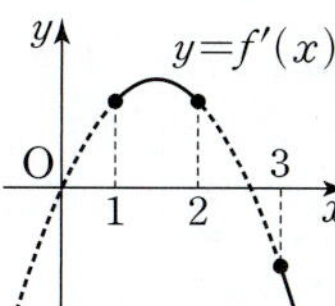

$f'(1) \geq 0$, $f'(2) \geq 0$, $f'(3) \leq 0$

$f'(1) \geq 0$에서 $-3 + 2a \geq 0$

$\therefore a \geq \dfrac{3}{2}$ ··· ㉠

$f'(2) \geq 0$에서 $-12 + 4a \geq 0$

$\therefore a \geq 3$ ··· ㉡

$f'(3) \leq 0$에서 $-27 + 6a \leq 0$

$\therefore a \leq \dfrac{9}{2}$ ··· ㉢

㉠, ㉡, ㉢을 동시에 만족시키는 실수 a의 값의 범위는

$3 \leq a \leq \dfrac{9}{2}$

다른 풀이

$f'(x) = -3x^2 + 2ax = -x(3x - 2a)$

이므로 함수 $y = f'(x)$의 그래프가 x축과 만나는 점의 x좌표는 0,
$\dfrac{2}{3}a$이다.

이때 구간 $[1, 2]$에서 $f'(x) \geq 0$이고 구간 $[3, \infty)$에서 $f'(x) \leq 0$
이려면 $2 \leq \dfrac{2}{3}a \leq 3$이어야 한다.

$\therefore 3 \leq a \leq \dfrac{9}{2}$

0874 답 ④ 　　　　　　　　　　　　　　　 | 유형 5

> 실수 전체의 집합 R에서 R로의 함수
> $\underline{f(x) = 2x^3 - (a+2)x^2 + (a+2)x}$가 <u>역함수를 가지도록</u> 하는 실수
> 　　　　　　　단서2　　　　　　　　　　단서1
> a의 값의 범위는?
>
> ① $a < -4$ 　　　　② $-4 < a < 2$ 　　　③ $-3 \leq a \leq 3$
> ④ $-2 \leq a \leq 4$ 　　⑤ $a > 3$
>
> 단서1 역함수가 존재하면 항상 증가하거나 항상 감소하는 함수
> 단서2 $f(x)$는 최고차항의 계수가 양수인 이차함수이므로 항상 $f'(x) \leq 0$인 것은 불가능

STEP 1 $f'(x)$ 구하기

$f(x) = 2x^3 - (a+2)x^2 + (a+2)x$에서

$f'(x) = 6x^2 - 2(a+2)x + a + 2$

STEP 2 $f(x)$가 역함수를 가지도록 하는 실수 a의 값의 범위 구하기

함수 $f(x)$의 역함수가 존재하려면 $f(x)$가 일대일대응이어야 하고,
$f(x)$의 최고차항의 계수가 양수이므로 함수 $f(x)$는 실수 전체의
집합에서 증가해야 한다.

즉, 모든 실수 x에 대하여 $f'(x) \geq 0$이어야 한다.

이차방정식 $6x^2 - 2(a+2)x + a + 2 = 0$의 판별식을 D라 하면

$\dfrac{D}{4} \leq 0$에서 $(a+2)^2 - 6(a+2) \leq 0$

$(a+2)(a-4) \leq 0$

$\therefore -2 \leq a \leq 4$

0875 답 0

$f(x) = x^3 + 3kx^2 + 3kx + 3$에서 $f'(x) = 3x^2 + 6kx + 3k$

함수 $f(x)$의 역함수가 존재하려면 $f(x)$가 일대일대응이어야 하고,
$f(x)$의 최고차항의 계수가 양수이므로 함수 $f(x)$는 실수 전체의
집합에서 증가해야 한다.

즉, 모든 실수 x에 대하여 $f'(x) \geq 0$이어야 한다.

이차방정식 $3x^2 + 6kx + 3k = 0$의 판별식을 D라 하면 $\dfrac{D}{4} \leq 0$에서

$(3k)^2 - 9k \leq 0$

$9k(k-1) \leq 0$ 　　$\therefore 0 \leq k \leq 1$

따라서 실수 k의 최솟값은 0이다.

0876 답 ③

$f(x) = 3x^3 + ax^2 + ax + 6$에서 $f'(x) = 9x^2 + 2ax + a$

임의의 실수 k에 대하여 곡선 $y = 3x^3 + ax^2 + ax + 6$과 직선 $y = k$가
오직 한 점에서 만나려면 함수 $f(x)$가 실수 전체의 집합에서 항상
증가하거나 항상 감소해야 한다.

이때 $f(x)$의 최고차항의 계수가 양수이므로 함수 $f(x)$는 실수 전
체의 집합에서 증가해야 한다.

즉, 모든 실수 x에 대하여 $f'(x) \geq 0$이어야 한다.

이차방정식 $9x^2 + 2ax + a = 0$의 판별식을 D라 하면 $\dfrac{D}{4} \leq 0$에서

$a^2 - 9a \leq 0$

$a(a-9) \leq 0$ 　　$\therefore 0 \leq a \leq 9$

따라서 정수 a는 0, 1, 2, $\cdots$, 9의 10개이다.

0877 답 ③

$f(x) = 2x^3 - 2(a-2)x^2 - (a-2)x - 6$에서

$f'(x) = 6x^2 - 4(a-2)x - a + 2$

$x_1 \neq x_2$이면 $f(x_1) \neq f(x_2)$를 만족시키는 함수 $f(x)$는 일대일함
수이고 $f(x)$의 최고차항의 계수가 양수이므로 함수 $f(x)$는 실수
전체의 집합에서 증가해야 한다.

즉, 모든 실수 x에 대하여 $f'(x) \geq 0$이어야 한다.

이차방정식 $6x^2 - 4(a-2)x - a + 2 = 0$의 판별식을 D라 하면

$\dfrac{D}{4} \leq 0$에서 $4(a-2)^2 + 6(a-2) \leq 0$

$2(a-2)(2a-1) \leq 0$ 　　$\therefore \dfrac{1}{2} \leq a \leq 2$

따라서 모든 정수 a의 값의 합은 $1 + 2 = 3$

개념 Check

> 함수 $f : X \longrightarrow Y$에서 정의역 X의 임의의 두 원소 x_1, x_2에 대하여
> (1) $x_1 \neq x_2$이면 $f(x_1) \neq f(x_2)$일 때, 함수 f를 일대일함수라 한다.
> (2) 일대일함수이고 치역과 공역이 같은 함수 f를 일대일대응이라 한다.
> 이때 일대일함수인 삼차함수는 일대일대응이다.

0878 답 ④

$f(x)=ax^3+2bx^2+6x$에서 $f'(x)=3ax^2+4bx+6$

임의의 두 실수 x_1, x_2에 대하여 $f(x_1)=f(x_2)$이면 $x_1=x_2$를 만족시키는 함수 $f(x)$는 일대일함수이므로 함수 $f(x)$는 실수 전체의 집합에서 항상 증가하거나 항상 감소해야 한다.

(i) 함수 $f(x)$가 실수 전체의 집합에서 증가할 때

　모든 실수 x에 대하여 $f'(x)\geq0$이어야 한다.

　$f(x)$의 최고차항의 계수가 양수이어야 하므로

　$a>0$ ······ ㉠

　이차방정식 $3ax^2+4bx+6=0$의 판별식을 D라 하면

　$\dfrac{D}{4}\leq0$에서 $4b^2-18a\leq0$

　$\therefore b^2\leq\dfrac{9}{2}a$ ······ ㉡

　㉠, ㉡에서 $a>0$, $b^2\leq\dfrac{9}{2}a$

(ii) 함수 $f(x)$가 실수 전체의 집합에서 감소할 때

　모든 실수 x에 대하여 $f'(x)\leq0$이어야 한다.

　$f(x)$의 최고차항의 계수가 음수이어야 하므로

　$a<0$ ······ ㉢

　이차방정식 $3ax^2+4bx+6=0$의 판별식을 D라 하면

　$\dfrac{D}{4}\leq0$에서 $4b^2-18a\leq0$

　$\therefore b^2\leq\dfrac{9}{2}a<0\ (\because ㉢)$

　위의 부등식을 만족시키는 a, b는 존재하지 않는다.

(i), (ii)에서 $a>0$, $b^2\leq\dfrac{9}{2}a$를 동시에 만족시키는 정수 a, b는

$a=1$일 때 $b=0,\ \pm1,\ \pm2$

$a=2$일 때 $b=0,\ \pm1,\ \pm2,\ \pm3$

$a=3$일 때 $b=0,\ \pm1,\ \pm2,\ \pm3$

$a=4$일 때 $b=0,\ \pm1,\ \pm2,\ \pm3,\ \pm4$

이므로 정수 a, b의 순서쌍 (a,b)의 개수는

$5+7+7+9=28$

$-5<a<5$이고 $a>0$인 정수 a는 1, 2, 3, 4이다.

실수 Check

$f(x)$의 최고차항의 계수 a의 부호를 알 수 없으므로 $f(x)$가 실수 전체의 집합에서 증가할 때와 감소할 때로 각각 나누어 구해야 한다. 이때 $f(x)$는 삼차함수이므로 $a=0$인 경우는 생각하지 않는다.

0879 답 ②

$f(x)=4x^3+2ax^2+(6-a^2)x$에서

$f'(x)=12x^2+4ax+6-a^2$

㉮에서 함수 $f(x)$는 역함수 $g(x)$가 존재한다.

이때 $f(x)$의 최고차항의 계수가 양수이므로 함수 $f(x)$는 실수 전체의 집합에서 증가해야 한다.

즉, 모든 실수 x에 대하여 $f'(x)\geq0$이어야 하므로 이차방정식

$12x^2+4ax+6-a^2=0$의 판별식을 D라 하면 $\dfrac{D}{4}\leq0$에서

$4a^2-72+12a^2\leq0$

$16a^2-72\leq0,\ 16\Big(a+\dfrac{3\sqrt{2}}{2}\Big)\Big(a-\dfrac{3\sqrt{2}}{2}\Big)\leq0$

$\therefore -\dfrac{3\sqrt{2}}{2}\leq a\leq\dfrac{3\sqrt{2}}{2}$ ······ ㉠

㉯에서 $g(2)=1$이므로 $f(1)=2$에서

$4+2a+6-a^2=2,\ a^2-2a-8=0$

$(a+2)(a-4)=0$

$\therefore a=-2$ 또는 $a=4$ ······ ㉡

㉠, ㉡을 동시에 만족시키는 a의 값은 $a=-2$

따라서 $f'(x)=12x^2-8x+2$이므로

$f'(2)=48-16+2=34$

개념 Check

(1) 두 함수 f, g에 대하여 $(f\circ g)(x)=x$이면 f, g는 서로 역함수 관계에 있다.

(2) 함수 f의 역함수를 f^{-1}라 할 때
$f(a)=b$이면 $f^{-1}(b)=a$

0880 답 ②　　　　　　　　　| 유형 6

함수 $f(x)=x^4-6x^2+2$가 $x=a$에서 극댓값 b를 가질 때, $a+b$의 값은? **단서1**

① 1　　　　② 2　　　　③ 3
④ 4　　　　⑤ 5

단서1 $f'(a)=0$이고, $x=a$의 좌우에서 $f'(x)$의 부호가 양에서 음으로 바뀔 때 $x=a$에서 극대

STEP 1 함수 $f(x)$의 증가, 감소를 표로 나타내기

$f(x)=x^4-6x^2+2$에서

$f'(x)=4x^3-12x=4x(x^2-3)=4x(x+\sqrt{3})(x-\sqrt{3})$

$f'(x)=0$인 x의 값은 $x=-\sqrt{3}$ 또는 $x=0$ 또는 $x=\sqrt{3}$

함수 $f(x)$의 증가, 감소를 표로 나타내면 다음과 같다.

x	$\cdots$	$-\sqrt{3}$	$\cdots$	0	$\cdots$	$\sqrt{3}$	$\cdots$
$f'(x)$	$-$	0	$+$	0	$-$	0	$+$
$f(x)$	$\searrow$	-7 극소	$\nearrow$	2 극대	$\searrow$	-7 극소	$\nearrow$

STEP 2 a, b의 값 구하기

함수 $f(x)$는 $x=0$에서 극댓값 2를 가지므로

$a=0,\ b=2$

STEP 3 $a+b$의 값 구하기

$a+b=2$

0881 답 ⑤

$f(x)=-x^4+4x^3-4x^2+11$에서

$f'(x)=-4x^3+12x^2-8x$
$\qquad=-4x(x^2-3x+2)=-4x(x-1)(x-2)$

$f'(x)=0$인 x의 값은 $x=0$ 또는 $x=1$ 또는 $x=2$

함수 $f(x)$의 증가, 감소를 표로 나타내면 다음과 같다.

x	$\cdots$	0	$\cdots$	1	$\cdots$	2	$\cdots$
$f'(x)$	$+$	0	$-$	0	$+$	0	$-$
$f(x)$	$\nearrow$	11 극대	$\searrow$	10 극소	$\nearrow$	11 극대	$\searrow$

함수 $f(x)$는 $x=0$일 때 극댓값 11, $x=1$일 때 극솟값 10, $x=2$일 때 극댓값 11을 가진다.
따라서 구하는 극값의 합은
$11+10+11=32$

0882 달 2

$f(x)=-x^3+3x+1$에서
$f'(x)=-3x^2+3=-3(x+1)(x-1)$
$f'(x)=0$인 x의 값은 $x=-1$ 또는 $x=1$
함수 $f(x)$의 증가, 감소를 표로 나타내면 다음과 같다.

x	$\cdots$	-1	$\cdots$	1	$\cdots$
$f'(x)$	$-$	0	$+$	0	$-$
$f(x)$	$\searrow$	-1 극소	$\nearrow$	3 극대	$\searrow$

함수 $f(x)$는 $x=-1$에서 극솟값 -1, $x=1$에서 극댓값 3을 가지므로 두 점 $(-1, -1)$, $(1, 3)$을 지나는 직선의 기울기는
$$\frac{3-(-1)}{1-(-1)}=2$$

0883 달 ④

$f(x)=x^4-8x^2+4$에서
$f'(x)=4x^3-16x=4x(x+2)(x-2)$
$f'(x)=0$인 x의 값은 $x=-2$ 또는 $x=0$ 또는 $x=2$
함수 $f(x)$의 증가, 감소를 표로 나타내면 다음과 같다.

x	$\cdots$	-2	$\cdots$	0	$\cdots$	2	$\cdots$
$f'(x)$	$-$	0	$+$	0	$-$	0	$+$
$f(x)$	$\searrow$	-12 극소	$\nearrow$	4 극대	$\searrow$	-12 극소	$\nearrow$

ㄱ. 구간 $(0, 2)$에서 $f'(x)<0$이므로 함수 $f(x)$는 구간 $[0, 2]$에서 감소하고, 구간 $(2, \infty)$에서 $f'(x)>0$이므로 함수 $f(x)$는 구간 $[2, \infty)$에서 증가한다. (거짓)

ㄴ. 구간 $(-\infty, -2)$에서 $f'(x)<0$이므로 함수 $f(x)$는 구간 $(-\infty, -2]$에서 감소한다. (참)

ㄷ. 구간 $(-2, 4)$에서 함수 $f(x)$는 $x=0$에서 극댓값 4, $x=2$에서 극솟값 -12를 가진다. (참)

따라서 옳은 것은 ㄴ, ㄷ이다.

다른 풀이

ㄱ. 다항함수 $f(x)$는 닫힌구간 $[0, 1]$에서 연속이고 열린구간 $(0, 1)$에서 미분가능하고, $f(0)=4$, $f(1)=-3$이므로 평균값 정리에 의하여 $f'(c)=\dfrac{f(1)-f(0)}{1-0}=-7$인 c가 구간 $(0, 1)$에 적어도 하나 존재한다. 따라서 구간 $(0, \infty)$에서 항상 증가하지는 않는다. (거짓) ↳ $f'(c)<0$인 c가 존재

0884 달 ④

$f(x)=-x^4+4x^3$에서
$f'(x)=-4x^3+12x^2=-4x^2(x-3)$
$f'(x)=0$인 x의 값은 $x=0$ 또는 $x=3$

함수 $f(x)$의 증가, 감소를 표로 나타내면 다음과 같다.

x	$\cdots$	0	$\cdots$	3	$\cdots$
$f'(x)$	$+$	0	$+$	0	$-$
$f(x)$	$\nearrow$	0	$\nearrow$	27 극대	$\searrow$

$x=0$에서 $f'(0)=0$이지만 극값을 가지지 않으므로 $b=0$
$x=3$에서는 극댓값을 가지므로 $a=3$
$\therefore f(a)-f(b)=f(3)-f(0)=27-0=27$

0885 달 ⑤

$f(x)=\dfrac{1}{3}x^3-2x^2-12x+4$에서
$f'(x)=x^2-4x-12=(x+2)(x-6)$
$f'(x)=0$인 x의 값은 $x=-2$ 또는 $x=6$
함수 $f(x)$의 증가, 감소를 표로 나타내면 다음과 같다.

x	$\cdots$	-2	$\cdots$	6	$\cdots$
$f'(x)$	$+$	0	$-$	0	$+$
$f(x)$	$\nearrow$	극대	$\searrow$	극소	$\nearrow$

함수 $f(x)$는 $x=-2$에서 극대이고, $x=6$에서 극소이므로
$\alpha=-2$, $\beta=6$
$\therefore \beta-\alpha=6-(-2)=8$

0886 달 11

$f(x)=x^3-3x+12$에서
$f'(x)=3x^2-3=3(x+1)(x-1)$
$f'(x)=0$인 x의 값은 $x=-1$ 또는 $x=1$
함수 $f(x)$의 증가, 감소를 표로 나타내면 다음과 같다.

x	$\cdots$	-1	$\cdots$	1	$\cdots$
$f'(x)$	$+$	0	$-$	0	$+$
$f(x)$	$\nearrow$	극대	$\searrow$	극소	$\nearrow$

함수 $f(x)$는 $x=1$에서 극소이므로 $a=1$
$f(a)=f(1)=1^3-3\times 1+12=10$
$\therefore a+f(a)=1+f(1)=1+10=11$

0887 달 ③

$f(x)=2x^3+3x^2-12x+1$에서
$f'(x)=6x^2+6x-12=6(x+2)(x-1)$
$f'(x)=0$인 x의 값은 $x=-2$ 또는 $x=1$
함수 $f(x)$의 증가, 감소를 표로 나타내면 다음과 같다.

x	$\cdots$	-2	$\cdots$	1	$\cdots$
$f'(x)$	$+$	0	$-$	0	$+$
$f(x)$	$\nearrow$	21 극대	$\searrow$	-6 극소	$\nearrow$

함수 $f(x)$는 $x=-2$에서 극대이므로 극댓값 M은
$M=f(-2)=21$
또한 $x=1$에서 극소이므로 극솟값 m은
$m=f(1)=-6$
$\therefore M+m=15$

0888 답 ②

> 함수 $f(x)=x^3+3ax+b$가 $x=1$에서 극솟값 0을 가질 때, $f(x)$의 극댓값은? (단, a, b는 상수이다.) **단서1**
>
> **단서2**
>
> ① 2   ② 4   ③ 6
> ④ 8   ⑤ 10
>
> **단서1** $f'(1)=0$이고 $f(1)=0$
> **단서2** $x=c$에서 $f'(x)$의 부호가 양에서 음으로 바뀔 때, $f(c)$의 값이 극댓값

STEP 1 주어진 조건을 이용하여 상수 a, b의 값 구하기

$f(x)=x^3+3ax+b$에서 $f'(x)=3x^2+3a$

함수 $f(x)$가 $x=1$에서 극솟값 0을 가지므로

$f'(1)=0$, $f(1)=0$

$f'(1)=0$에서 $3+3a=0$ $\cdots\cdots$ ㉠

$f(1)=0$에서 $1+3a+b=0$ $\cdots\cdots$ ㉡

㉠, ㉡을 연립하여 풀면 $a=-1$, $b=2$

STEP 2 함수의 극댓값 구하기

$f(x)=x^3-3x+2$이므로

$f'(x)=3x^2-3=3(x+1)(x-1)$

$f'(x)=0$인 x의 값은 $x=-1$ 또는 $x=1$

함수 $f(x)$의 증가, 감소를 표로 나타내면 다음과 같다.

x	$\cdots$	-1	$\cdots$	1	$\cdots$
$f'(x)$	$+$	0	$-$	0	$+$
$f(x)$	↗	4 극대	↘	0 극소	↗

따라서 함수 $f(x)$의 극댓값은 $f(-1)=4$

0889 답 ⑤

$f(x)=2x^3-12x^2+ax-4$에서 $f'(x)=6x^2-24x+a$

함수 $f(x)$가 $x=1$에서 극댓값을 가지므로 $f'(1)=0$에서

$6-24+a=0$ $\quad\therefore a=18$

즉, $f(x)=2x^3-12x^2+18x-4$이므로 극댓값은 $f(1)=4$

따라서 $M=4$이므로

$a+M=18+4=22$

0890 답 ③

$f(x)=ax^3+bx$에서 $f'(x)=3ax^2+b$ $\cdots\cdots$ ㉠

함수 $f(x)$가 $x=-1$, $x=1$에서 극값을 가지므로

$f'(-1)=f'(1)=0$에서

$f'(x)=3a(x+1)(x-1)=3ax^2-3a$ $\cdots\cdots$ ㉡

㉠, ㉡에서 $b=-3a$

$a>0$이므로 함수 $f(x)=ax^3-3ax$의 증가, 감소를 표로 나타내면 다음과 같다.

x	$\cdots$	-1	$\cdots$	1	$\cdots$
$f'(x)$	$+$	0	$-$	0	$+$
$f(x)$	↗	$2a$ 극대	↘	$-2a$ 극소	↗

함수 $f(x)$는 $x=1$에서 극솟값 -2를 가지므로

$f(1)=-2$에서 $-2a=-2$ $\quad\therefore a=1$

따라서 $f(x)=x^3-3x$이므로 함수 $f(x)$의 극댓값은

$f(-1)=2$

0891 답 ③

$f(x)=kx^3-9kx^2+24kx$에서

$f'(x)=3kx^2-18kx+24k=3k(x-2)(x-4)$

$f'(x)=0$인 x의 값은 $x=2$ 또는 $x=4$

이때 $k>0$이므로 함수 $f(x)$의 증가, 감소를 표로 나타내면 다음과 같다.

x	$\cdots$	2	$\cdots$	4	$\cdots$
$f'(x)$	$+$	0	$-$	0	$+$
$f(x)$	↗	$20k$ 극대	↘	$16k$ 극소	↗

함수 $f(x)$의 극댓값은 $f(2)=20k$, 극솟값은 $f(4)=16k$이고, 그 차가 24이므로

$20k-16k=24$, $4k=24$

$\therefore k=6$

실수 Check

$k>0$이므로 $20k>16k$
즉, 극댓값과 극솟값의 차는 $20k-16k=4k$이다.

0892 답 ④

$f(x)=x^3-kx-1$에서 $f'(x)=3x^2-k$

함수 $f(x)$가 $x=\alpha$, $x=\beta$에서 극값을 가진다고 하면 이차방정식 $3x^2-k=0$의 두 근이 α, β이므로 이차방정식의 근과 계수의 관계에 의하여

$\alpha+\beta=0$, $\alpha\beta=-\dfrac{k}{3}$

$\alpha+\beta=0$에서 $\beta=-\alpha$

$\beta=-\alpha$를 $\alpha\beta=-\dfrac{k}{3}$에 대입하면

$-\alpha^2=-\dfrac{k}{3}$ $\quad\therefore k=3\alpha^2$

이때 두 극값의 차가 108이므로

$$\begin{aligned}
|f(\beta)-f(\alpha)| &=|(\beta^3-k\beta-1)-(\alpha^3-k\alpha-1)| \\
&=|(-\alpha^3+k\alpha-1)-(\alpha^3-k\alpha-1)| \ (\because \beta=-\alpha) \\
&=|-2\alpha^3+2k\alpha| \\
&=|-2\alpha^3+6\alpha^3| \ (\because k=3\alpha^2) \\
&=|4\alpha^3|=108
\end{aligned}$$

따라서 $|\alpha|=3$이므로 $k=3\alpha^2=27$

다른 풀이

$f(x)=x^3-kx-1$에서 $f'(x)=3x^2-k=3\left(x+\sqrt{\dfrac{k}{3}}\right)\left(x-\sqrt{\dfrac{k}{3}}\right)$

$f'(x)=0$인 x의 값은 $x=-\sqrt{\dfrac{k}{3}}$ 또는 $x=\sqrt{\dfrac{k}{3}}$

함수 $f(x)$의 증가, 감소를 표로 나타내면 다음과 같다.

x	$\cdots$	$-\sqrt{\dfrac{k}{3}}$	$\cdots$	$\sqrt{\dfrac{k}{3}}$	$\cdots$
$f'(x)$	$+$	0	$-$	0	$+$
$f(x)$	↗	$\dfrac{2}{3}k\sqrt{\dfrac{k}{3}}-1$ 극대	↘	$-\dfrac{2}{3}k\sqrt{\dfrac{k}{3}}-1$ 극소	↗

함수 $f(x)$의 극댓값은 $f\left(-\sqrt{\dfrac{k}{3}}\right)=\dfrac{2}{3}k\sqrt{\dfrac{k}{3}}-1$이고,

극솟값은 $f\left(\sqrt{\dfrac{k}{3}}\right)=-\dfrac{2}{3}k\sqrt{\dfrac{k}{3}}-1$이므로 두 극값의 차는

$\dfrac{2}{3}k\sqrt{\dfrac{k}{3}}-1-\left(-\dfrac{2}{3}k\sqrt{\dfrac{k}{3}}-1\right)=\dfrac{4}{3}k\sqrt{\dfrac{k}{3}}$

즉, $\dfrac{4}{3}k\sqrt{\dfrac{k}{3}}=108$이므로 $k\sqrt{k}=81\sqrt{3}$

위의 식의 양변을 제곱하면 $k^3=81^2\times3=3^9=(3^3)^3$

$\therefore k=3^3=27$

참고 $k\le0$이면 $f'(x)=3x^2-k\ge0$이므로 극값을 가지지 않는다.

$\therefore k>0$

0893 답 -25

$f(x)=2x^3+ax^2+bx+c$ $(a,\ b,\ c$는 상수$)$라 하면

$f'(x)=6x^2+2ax+b$

함수 $f(x)$가 $x=0$에서 극솟값을 가지므로

$f'(0)=0$에서 $b=0$ ············· ㉠

$x=-3$에서 극댓값 2를 가지므로

$f'(-3)=0,\ f(-3)=2$

$f'(-3)=0$에서 $54-6a+b=0$ ············· ㉡

$f(-3)=2$에서 $-54+9a-3b+c=2$ ············· ㉢

㉠, ㉡, ㉢에서 $a=9,\ b=0,\ c=-25$

따라서 $f(x)=2x^3+9x^2-25$이므로 극솟값은

$f(0)=-25$

0894 답 16

$g(x)=(x^3+2)f(x)$에서 $g'(x)=3x^2f(x)+(x^3+2)f'(x)$

함수 $g(x)$가 $x=1$에서 극솟값 24를 가지므로

$g'(x)=(x^3+2)'f(x)+(x^3+2)f'(x)$

$g(1)=24,\ g'(1)=0$

$g(1)=24$에서 $3f(1)=24$이므로 $f(1)=8$

$g'(1)=0$에서 $3f(1)+3f'(1)=0$이므로

$3\times8+3f'(1)=0$ $\therefore f'(1)=-8$

$\therefore f(1)-f'(1)=8-(-8)=16$

0895 답 ⑤

㈎에서 $\lim\limits_{x\to\infty}\dfrac{f(x)}{x^3}=1$이므로 $f(x)$는 삼차항의 계수가 1인 삼차함수이다.

극한값이 존재하므로 분모, 분자의 차수가 같다.

즉, $f'(x)$는 이차항의 계수가 3인 이차함수이고 ㈏에서 함수 $f(x)$

가 $x=-1$과 $x=2$에서 극값을 가지므로

$f(x)=x^3+\cdots$이므로 $f'(x)=3x^2+\cdots$

$f'(-1)=0,\ f'(2)=0$

즉, $f'(x)=3(x+1)(x-2)$

$\therefore \lim\limits_{h\to0}\dfrac{f(3+h)-f(3-h)}{h}$

$=\lim\limits_{h\to0}\dfrac{\{f(3+h)-f(3)\}-\{f(3-h)-f(3)\}}{h}$

$=\lim\limits_{h\to0}\dfrac{f(3+h)-f(3)}{h}+\lim\limits_{h\to0}\dfrac{f(3-h)-f(3)}{-h}$

$=2f'(3)=2\times12=24$

0896 답 ②

$f(x)=2x^3-9x^2+ax+5$에서

$f'(x)=6x^2-18x+a$

함수 $f(x)$가 $x=1$에서 극대이므로 $f'(1)=0$

$6-18+a=0$ $\therefore a=12$

즉, $f'(x)=6x^2-18x+12=6(x-1)(x-2)$

$f'(x)=0$인 x의 값은 $x=1$ 또는 $x=2$

함수 $f(x)$의 증가, 감소를 표로 나타내면 다음과 같다.

x	$\cdots$	1	$\cdots$	2	$\cdots$
$f'(x)$	$+$	0	$-$	0	$+$
$f(x)$	↗	극대	↘	극소	↗

함수 $f(x)$는 $x=2$에서 극소이므로

$b=2$

$\therefore a+b=12+2=14$

0897 답 6

$f(x)=ax^3+bx+a$에서 $f'(x)=3ax^2+b$

함수 $f(x)$가 $x=1$에서 극솟값 -2를 가지므로

$f(1)=-2,\ f'(1)=0$

$f(1)=-2$에서

$a+b+a=-2$ $\therefore 2a+b=-2$ ············· ㉠

$f'(1)=0$에서

$3a+b=0$ ············· ㉡

㉠과 ㉡을 연립하여 풀면

$a=2,\ b=-6$

즉, $f(x)=2x^3-6x+2$이므로

$f'(x)=6x^2-6=6(x+1)(x-1)$

$f'(x)=0$인 x의 값은 $x=-1$ 또는 $x=1$

함수 $f(x)$의 증가, 감소를 표로 나타내면 다음과 같다.

x	$\cdots$	-1	$\cdots$	1	$\cdots$
$f'(x)$	$+$	0	$-$	0	$+$
$f(x)$	↗	6 극대	↘	-2 극소	↗

따라서 함수 $f(x)$는 $x=-1$에서 극댓값 6을 가진다.

0898 답 ①

$f(x)=-x^4+8a^2x^2-1$에서

$f'(x)=-4x^3+16a^2x=-4x(x+2a)(x-2a)$

$f'(x)=0$인 x의 값은 $x=-2a$ 또는 $x=0$ 또는 $x=2a$

$a>0$이므로 함수 $f(x)$의 증가, 감소를 표로 나타내면 다음과 같다.

x	$\cdots$	$-2a$	$\cdots$	0	$\cdots$	$2a$	$\cdots$
$f'(x)$	$+$	0	$-$	0	$+$	0	$-$
$f(x)$	↗	극대	↘	극소	↗	극대	↘

이때 함수 $f(x)$가 $x=b,\ x=2-2b$에서 극대이고, $b>1$이므로

$-2a=2-2b,\ 2a=b$

두 식을 연립하여 풀면 $a=1,\ b=2$

$\therefore a+b=3$

0899 답 ②

$f(x)=x^3-3ax^2+3(a^2-1)x$에서

$f'(x)=3x^2-6ax+3(a^2-1)$

$\qquad =3\{x-(a-1)\}\{x-(a+1)\}$

$f'(x)=0$인 x의 값은 $x=a-1$ 또는 $x=a+1$

함수 $f(x)$의 증가, 감소를 표로 나타내면 다음과 같다.

x	$\cdots$	$a-1$	$\cdots$	$a+1$	$\cdots$
$f'(x)$	$+$	0	$-$	0	$+$
$f(x)$	↗	극대	↘	극소	↗

즉, 함수 $f(x)$의 극댓값은 $f(a-1)=4$

$f(a-1)=(a-1)^3-3a(a-1)^2+3(a^2-1)(a-1)$

$\qquad\quad =(a-1)^2(a+2)$

$\qquad\quad =a^3-3a+2$

즉, $a^3-3a+2=4$이므로

$a^3-3a-2=0$, $(a+1)^2(a-2)=0$

$\therefore a=-1$ 또는 $a=2$ $\qquad\qquad\qquad\qquad \cdots\cdots$ ㉠

이때 $f(-2)>0$이므로 $-8-12a-6a^2+6>0$

$3a^2+6a+1<0$ ⟶ $a=-1$, $a=2$를 각각 대입하여 부호만 확인할 수도 있다.

$\therefore \dfrac{-3-\sqrt{6}}{3}<a<\dfrac{-3+\sqrt{6}}{3}$ $\qquad\qquad \cdots\cdots$ ㉡

㉠, ㉡을 동시에 만족시키는 a의 값은 $a=-1$

따라서 $f(x)=x^3+3x^2$이므로 $f(-1)=2$

실수 Check

> $f'(x)=0$인 x의 값은 $x=a+1$ 또는 $x=a-1$
>
> 이때 $a-1<a+1$임을 이용하여 함수 $f(x)$의 증가, 감소를 표에 나타낸다.

0900 답 ㄱ, ㄷ | 유형 8

함수 $f(x)=ax^3+bx^2+cx$의 그래프가 그림과 같이 원점을 지나고 $x=\alpha$, $x=\beta$ **[단서2]** 에서 극값을 가질 때, 〈보기〉에서 옳은 것만을 있는 대로 고른 것을 고르시오. (단, a, b, c는 상수이다.)

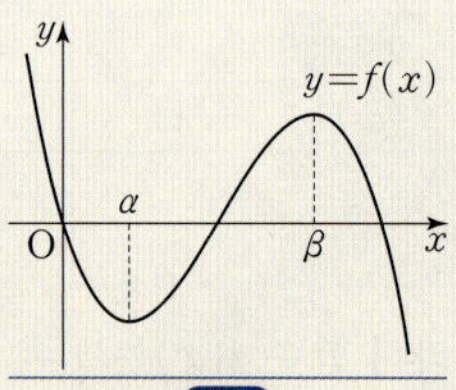

[단서1]

〈보기〉

ㄱ. $a<0$ ㄴ. $ab>0$ ㄷ. $ac>0$

[단서1] $x\to\infty$일 때, $f(x)\to-\infty$

[단서2] $f'(\alpha)=0$, $f'(\beta)=0$

STEP 1 a의 부호 구하기

ㄱ. 함수 $y=f(x)$의 그래프에서 $x\to\infty$일 때 $f(x)\to-\infty$이므로

$\quad a<0$ (참)

STEP 2 이차방정식 $f'(x)=0$의 두 실근이 α, β임을 이용하여 b, c의 부호 구하고 ab, ac의 부호 구하기

ㄴ. $f(x)=ax^3+bx^2+cx$에서 $f'(x)=3ax^2+2bx+c$

$\quad \alpha$, β는 서로 다른 두 양수이고, 함수 $f(x)$가 $x=\alpha$, $x=\beta$에서 극값을 가지므로

$\qquad f'(\alpha)=0$, $f'(\beta)=0$

즉, 이차방정식 $f'(x)=0$은 서로 다른 두 개의 양의 실근 α, β를 가진다.

이차방정식의 근과 계수의 관계에 의하여

$\quad \alpha+\beta=-\dfrac{2b}{3a}>0 \qquad \therefore b>0 \ (\because a<0)$

즉, $a<0$, $b>0$이므로 $ab<0$ (거짓)

ㄷ. $f'(x)=3ax^2+2bx+c=0$에서 이차방정식의 근과 계수의 관계에 의하여

$\quad \alpha\beta=\dfrac{c}{3a}>0 \qquad \therefore c<0 \ (\because a<0)$

즉, $a<0$, $c<0$이므로 $ac>0$ (참)

따라서 옳은 것은 ㄱ, ㄷ이다.

0901 답 ㄱ, ㄴ

$f(x)=x^3+ax^2+bx+c$에서

$f'(x)=3x^2+2ax+b$

ㄱ. 함수 $y=f(x)$의 그래프가 y축의 양의 부분과 만나므로

$\quad f(0)>0$에서 $c>0$ (참)

ㄴ. 함수 $f(x)$는 $x=0$에서 극대이므로 $f'(0)=0$

$\quad b=0$ (참)

ㄷ. $f'(x)=3x^2+2ax=x(3x+2a)$

$\quad f'(x)=0$인 x의 값은 $x=0$ 또는 $x=-\dfrac{2a}{3}$

$\quad$ 즉, $=-\dfrac{2a}{3}>0$이므로 $a<0$ (거짓)

따라서 옳은 것은 ㄱ, ㄴ이다.

0902 답 ⑤

함수 $y=f(x)$의 그래프에서 $x\to\infty$일 때 $f(x)\to-\infty$이므로

$a<0$

$f(x)=ax^3+bx^2+cx-1$에서 $f'(x)=3ax^2+2bx+c$

α, β는 서로 다른 두 음수이고, $f'(\alpha)=0$, $f'(\beta)=0$이므로 이차방정식 $f'(x)=0$은 서로 다른 두 개의 음의 실근 α, β를 가진다.

이차방정식의 근과 계수의 관계에 의하여

$\alpha+\beta=-\dfrac{2b}{3a}<0$, $\alpha\beta=\dfrac{c}{3a}>0$

이때 $a<0$이므로 $b<0$, $c<0$

0903 답 ③

$f(x)=x^3+ax^2+bx+c$에서

$f'(x)=3x^2+2ax+b$

함수 $y=f(x)$의 그래프가 y축의 양의 부분과 만나므로

$f(0)>0$에서 $c>0$

$\alpha<0$, $\beta>0$이고 $f'(\alpha)=0$, $f'(\beta)=0$이므로 이차방정식

$f'(x)=0$은 음의 실근 α, 양의 실근 β를 가진다.

이때 $\beta>|\alpha|$이므로 이차방정식의 근과 계수의 관계에 의하여

$\alpha+\beta=-\dfrac{2a}{3}>0$, $\alpha\beta=\dfrac{b}{3}<0$

따라서 $a<0$, $b<0$, $c>0$이므로
$$\frac{|a|}{a}+\frac{2|b|}{b}+\frac{3|c|}{c}=\frac{-a}{a}+\frac{-2b}{b}+\frac{3c}{c}$$
$$=-1+(-2)+3=0$$

0904 답 ④

함수 $f(x)$의 도함수 $y=f'(x)$의 그래프가 그림과 같을 때, 함수
$f(x)$는 $x=a$에서 극대이다. 실수 a의 값은?

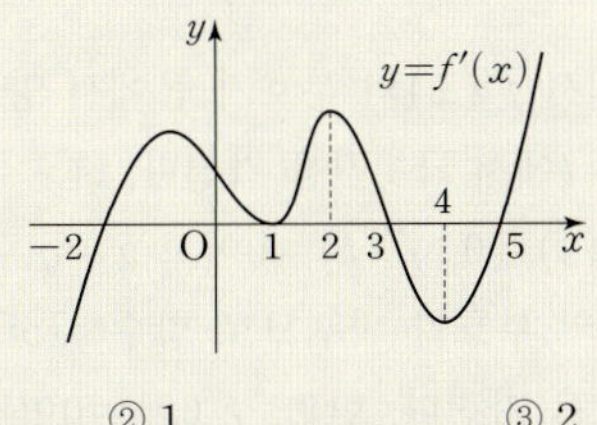

① -2 ② 1 ③ 2
④ 3 ⑤ 5

단서1 그래프에서 $f'(x)$의 부호를 확인
단서2 $f'(x)$의 부호가 양에서 음으로 바뀔 때 $x=a$에서 극대

STEP 1 그래프에서 함수 $f(x)$가 극대일 때의 x의 값을 찾아 실수 a의 값 구하기

주어진 그래프에서 $f'(x)$의 부호를 조사하여 함수 $f(x)$의 증가, 감소를 표로 나타내면 다음과 같다.

x	$\cdots$	-2	$\cdots$	1	$\cdots$	3	$\cdots$	5	$\cdots$
$f'(x)$	$-$	0	$+$	0	$+$	0	$-$	0	$+$
$f(x)$	↘	극소	↗		↗	극대	↘	극소	↗

따라서 함수 $f(x)$는 $x=3$에서 극대이므로 $a=3$
→ $x=3$의 좌우에서 $f'(x)$의 부호가 양에서 음으로 바뀐다.

0905 답 ⑤

주어진 그래프에서 $f'(x)$의 부호를 조사하여 함수 $f(x)$의 증가, 감소를 표로 나타내면 다음과 같다.

x	$\cdots$	1	$\cdots$	2	$\cdots$	4	$\cdots$	5	$\cdots$
$f'(x)$	$-$	0	$+$	0	$+$	0	$-$	0	$+$
$f(x)$	↘	극소	↗		↗	극대	↘	극소	↗

함수 $f(x)$는 $x=1$, $x=4$, $x=5$에서 극값을 가지므로 모든 실수 a의 값의 합은
$1+4+5=10$
→ $x=1$, $x=4$, $x=5$의 좌우에서 $f'(x)$의 부호가 바뀐다.

실수 Check

$f'(a)=0$이어도 $x=a$의 좌우에서 $f'(x)$의 부호가 바뀌지 않으면 함수 $f(x)$는 $x=a$에서 극값을 가지지 않음에 주의한다.

0906 답 3

주어진 그래프에서 $f'(x)$의 부호를 조사하여 함수 $f(x)$의 증가, 감소를 표로 나타내면 다음과 같다.

x	0	$\cdots$	1	$\cdots$	2	$\cdots$	3	$\cdots$	4	$\cdots$	5	$\cdots$	6
$f'(x)$		$+$	0	$-$	0	$+$	0	$-$	0	$-$	0	$+$	0
$f(x)$		↗	극대	↘	극소	↗	극대	↘		↘	극소	↗	

0907 답 -7

$f(x)=2x^3+ax^2+bx+c$에서
$$f'(x)=6x^2+2ax+b \quad\cdots\cdots\cdots\cdots ㉠$$
함수 $y=f'(x)$의 그래프와 x축의 교점의 x좌표가 0, 1이므로
$$f'(x)=6x(x-1)=6x^2-6x \quad\cdots\cdots ㉡$$
㉠, ㉡의 동류항의 계수를 비교하면
$2a=-6$, $b=0$
$\therefore a=-3$, $b=0$
$\therefore f(x)=2x^3-3x^2+c$

주어진 그래프에서 $f'(x)$의 부호를 조사하여 함수 $f(x)$의 증가, 감소를 표로 나타내면 다음과 같다.

x	$\cdots$	0	$\cdots$	1	$\cdots$
$f'(x)$	$+$	0	$-$	0	$+$
$f(x)$	↗	c 극대	↘	$c-1$ 극소	↗

이때 함수 $f(x)$의 극솟값이 -12이므로
$c-1=-12$
$\therefore c=-11$
따라서 $f(x)=2x^3-3x^2-11$이므로
$f(2)=-7$

0908 답 8

삼차함수 $f(x)$의 도함수 $f'(x)$는 이차함수이고,
$f'(-1)=f'(1)=0$이므로
$f'(x)=a(x+1)(x-1)$ (a는 0이 아닌 상수)
이라 할 수 있다.
이때 $f'(0)=-1$이므로 $a=1$
$\therefore f'(x)=(x+1)(x-1)=x^2-1$
$g(x)=f(x)-kx$에서
$g'(x)=f'(x)-k=x^2-1-k$
함수 $g(x)$가 $x=-3$에서 극값을 가지므로 $g'(-3)=0$에서
$f'(-3)-k=0$, $8-k=0$
$\therefore k=8$

참고 $f'(x)=x^2-1$이므로
$g'(x)=f'(x)-8=x^2-9=(x+3)(x-3)$
$g'(x)=0$인 x의 값은 $x=-3$ 또는 $x=3$
$g'(x)$의 부호를 조사하여 함수 $g(x)$의 증가, 감소를 표로 나타내면 다음과 같다.

x	$\cdots$	-3	$\cdots$	3	$\cdots$
$g'(x)$	$+$	0	$-$	0	$+$
$g(x)$	↗	극대	↘	극소	↗

따라서 함수 $g(x)$는 $x=-3$에서 극대인 것을 확인할 수 있다.

따라서 함수 $f(x)$는 $x=1$, $x=3$에서 극대이므로
$M=1+3=4$
$x=2$, $x=5$에서 극소이므로
$m=2+5=7$
$\therefore m-M=7-4=3$

0909 답 ④ | 유형 10

함수 $f(x)$의 도함수 $y=f'(x)$의 그래프가 그림과 같을 때, 〈보기〉에서 옳은 것만을 있는 대로 고른 것은?

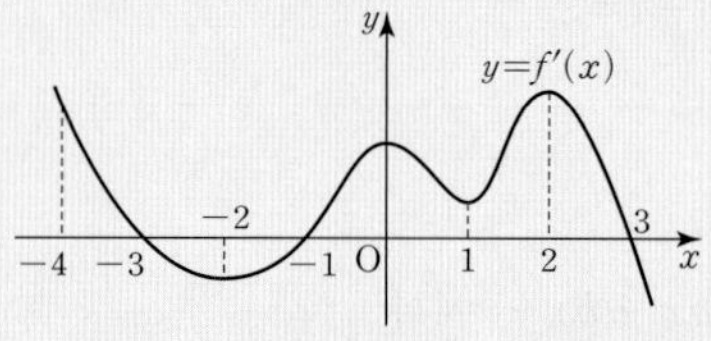

〈보기〉

ㄱ. 함수 $f(x)$는 구간 $(-4, -3)$에서 감소한다.
ㄴ. 함수 $f(x)$는 구간 $(-2, 0)$에서 증가한다.
ㄷ. 함수 $f(x)$는 구간 $(1, 3)$에서 증가한다.
ㄹ. 함수 $f(x)$는 $x=2$에서 극대이다.
ㅁ. 함수 $f(x)$는 $x=-1$에서 극소이다.

① ㄱ, ㄴ　　　② ㄴ, ㄷ　　　③ ㄷ, ㄹ
④ ㄷ, ㅁ　　　⑤ ㄹ, ㅁ

단서1 그래프에서 $f'(x)$의 부호를 확인

STEP 1 그래프를 보고 $f'(x)$의 부호나 $f'(x)=0$이 되는 x의 값을 찾아 옳은 것 구하기

ㄱ. 구간 $(-4, -3)$에서 $f'(x)>0$이므로 함수 $f(x)$는 증가한다. (거짓)

ㄴ. 구간 $(-2, -1)$에서 $f'(x)<0$, 구간 $(-1, 0)$에서 $f'(x)>0$이므로 함수 $f(x)$는 구간 $(-2, -1)$에서 감소하고, 구간 $(-1, 0)$에서 증가한다. (거짓)

ㄷ. 구간 $(1, 3)$에서 $f'(x)>0$이므로 함수 $f(x)$는 증가한다. (참)

ㄹ. $f'(2)\neq0$이므로 함수 $f(x)$는 $x=2$에서 극값을 가지지 않는다. (거짓)

ㅁ. $x=-1$의 좌우에서 $f'(x)$의 부호가 음에서 양으로 바뀌므로 함수 $f(x)$는 $x=-1$에서 극소이다. (참)

따라서 옳은 것은 ㄷ, ㅁ이다.

0910 답 ④

① 함수 $f(x)$는 $-1<x<1$에서 $f'(x)>0$이므로 증가한다. (참)

② $x=1$의 좌우에서 $f'(x)$의 부호가 양에서 음으로 바뀌므로 함수 $f(x)$는 $x=1$에서 극대이다. (참)

③ $x=3$의 좌우에서 $f'(x)$의 부호가 음에서 양으로 바뀌므로 함수 $f(x)$는 $x=3$에서 극소이다. (참)

④ $f'(-1)=0$, $f'(1)=0$, $f'(3)=0$이고 $x=-1$, $x=1$, $x=3$의 좌우에서 $f'(x)$의 부호가 바뀌므로 함수 $f(x)$는 $x=-1$, $x=1$, $x=3$에서 극값을 가진다. 따라서 함수 $f(x)$가 극값을 가지는 점은 3개이다. (거짓)

⑤ $f'(-1)=0$이므로 함수 $f(x)$는 $x=-1$에서 미분가능하다. (참)

따라서 옳지 않은 것은 ④이다.

0911 답 ④

ㄱ. $x=0$의 좌우에서 $f'(x)$의 부호가 음에서 양으로 바뀌므로 함수 $f(x)$는 $x=0$에서 극소이고 $f(0)=1$이므로 함수 $f(x)$의 극솟값은 1이다. (거짓)

ㄴ. $x=6$의 좌우에서 $f'(x)$의 부호가 양에서 음으로 바뀌므로 함수 $f(x)$는 $x=6$에서 극대이다. (참)

ㄷ. 구간 $(0, 6)$에서 $f'(x)>0$이므로 함수 $f(x)$는 이 구간에서 증가한다.
∴ $f(0)<f(3)<f(6)$ (참)

따라서 옳은 것은 ㄴ, ㄷ이다.

0912 답 ③

ㄱ. $f'(u)\neq0$이므로 함수 $f(x)$는 $x=u$에서 극댓값을 가지지 않는다. (거짓)

ㄴ. $x=t$의 좌우에서 $f'(x)$의 부호가 음에서 양으로 바뀌므로 함수 $f(x)$는 $x=t$에서 극솟값을 가진다. (참)

ㄷ. $f'(q)=0$, $f'(s)=0$, $f'(t)=0$이고 $x=q$, $x=s$, $x=t$의 좌우에서 $f'(x)$의 부호가 바뀌므로 함수 $f(x)$는 $x=q$, $x=s$, $x=t$에서 극값을 가진다. 한편, $f'(v)=0$이지만 $x=v$의 좌우에서 $f'(x)$의 부호가 바뀌지 않으므로 함수 $f(x)$는 $x=v$에서 극값을 가지지 않는다.
따라서 함수 $f(x)$는 3개의 극값을 가진다. (거짓)

ㄹ. 구간 (r, s)에서 $f'(x)>0$이므로 함수 $f(x)$는 증가한다. (거짓)

ㅁ. 함수 $f(x)$는 $x=s$에서 극댓값을 가지고 $f(s)=0$이므로 함수 $y=f(x)$의 그래프는 $x=s$에서 x축에 접한다. (참)

따라서 옳은 것은 ㄴ, ㅁ이다.

0913 답 ② | 유형 11

함수 $f(x)$의 도함수 $y=f'(x)$의 그래프가 그림과 같다. 다음 중 함수 $y=f(x)$의 그래프의 개형이 될 수 있는 것은?

단서1 $f'(x)$는 삼차함수이고, $f'(0)=0$, $f'(3)=0$

STEP 1 그래프에서 $f'(x)=0$인 x의 값 찾기

주어진 그래프에서 $f'(x)=0$인 x의 값은 $x=0$ 또는 $x=3$

STEP 2 $f(x)$의 증가, 감소를 표로 나타내고 알맞은 그래프의 개형 찾기

함수 $f(x)$의 증가, 감소를 표로 나타내면 다음과 같다.

x	$\cdots$	0	$\cdots$	3	$\cdots$
$f'(x)$	$-$	0	$-$	0	$+$
$f(x)$	$\searrow$		$\searrow$	극소	$\nearrow$

따라서 함수 $y=f(x)$의 그래프의 개형이 될 수 있는 것은 ②이다.

0914 답 ①

주어진 그래프에서 $f'(x)=0$인 x의 값은

$x=-1$ 또는 $x=1$ 또는 $x=3$

함수 $f(x)$의 증가, 감소를 표로 나타내면 다음과 같다.

x	$\cdots$	-1	$\cdots$	1	$\cdots$	3	$\cdots$
$f'(x)$	$-$	0	$+$	0	$-$	0	$+$
$f(x)$	$\searrow$	극소	$\nearrow$	극대	$\searrow$	극소	$\nearrow$

따라서 함수 $y=f(x)$의 그래프의 개형이 될 수 있는 것은 ①이다.

0915 답 ①

$f(x)=3x^4-8x^3+6x^2+1$에서

$f'(x)=12x^3-24x^2+12x=12x(x-1)^2$

$f'(x)=0$인 x의 값은 $x=0$ 또는 $x=1$

함수 $f(x)$의 증가, 감소를 표로 나타내면 다음과 같다.

x	$\cdots$	0	$\cdots$	1	$\cdots$
$f'(x)$	$-$	0	$+$	0	$+$
$f(x)$	$\searrow$	1 극소	$\nearrow$	2	$\nearrow$

함수 $f(x)$는 $x=0$에서 극솟값 1을 가지지만 $x=1$에서 극값을 가지지 않으므로 함수 $f(x)=3x^4-8x^3+6x^2+1$의 그래프의 개형이 될 수 있는 것은 ①이다.

0916 답 ③

주어진 그래프에서 $f'(x)=0$인 x의 값은

$x=0$ 또는 $x=2$ 또는 $x=4$

함수 $f(x)$의 증가, 감소를 표로 나타내면 다음과 같다.

x	$\cdots$	0	$\cdots$	2	$\cdots$	4	$\cdots$
$f'(x)$	$+$	0	$+$	0	$-$	0	$+$
$f(x)$	$\nearrow$		$\nearrow$	극대	$\searrow$	극소	$\nearrow$

따라서 함수 $y=f(x)$의 그래프의 개형이 될 수 있는 것은 ③이다.

0917 답 ①

주어진 그래프에서 $f'(x)=0$인 x의 값은

$x=-3$ 또는 $x=0$ 또는 $x=3$

함수 $f(x)$의 증가, 감소를 표로 나타내면 다음과 같다.

x	$\cdots$	-3	$\cdots$	0	$\cdots$	3	$\cdots$
$f'(x)$	$-$	0	$+$	0	$-$	0	$+$
$f(x)$	$\searrow$	극소	$\nearrow$	극대	$\searrow$	극소	$\nearrow$

ㄱ. 함수 $f(x)$는 구간 $(0, 3)$에서 감소하므로 $f(2)>f(3)$

$f(3)>0$이므로 $f(2)>f(3)>0$ (참)

ㄴ. $f(x)$는 $x=-3$에서 극소이다. (거짓)

ㄷ. $f(-3)=f(3)>0$이므로 함수 $y=f(x)$의 그래프는 그림과 같고, x축과 만나지 않는다. (거짓)

따라서 옳은 것은 ㄱ뿐이다.

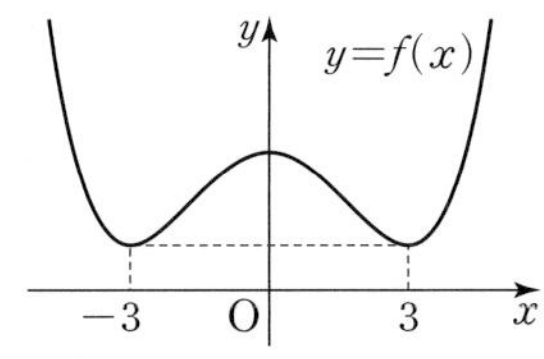

삼차함수 $f(x)=(a+2)x^3+ax^2+(a-2)x+2$가 극댓값과 극솟값을 모두 가질 때, 자연수 a의 개수는?

단서1

① 1   ② 2   ③ 3

④ 4   ⑤ 5

단서1 $f'(x)=0$인 x의 값은 2개

STEP 1 함수 $f(x)$가 극댓값과 극솟값을 모두 가질 때, 자연수 a의 개수 구하기

$f(x)=(a+2)x^3+ax^2+(a-2)x+2$에서

$f'(x)=3(a+2)x^2+2ax+a-2$

삼차함수 $f(x)$가 극댓값과 극솟값을 모두 가지려면 이차방정식 $f'(x)=0$이 서로 다른 두 실근을 가져야 한다.

이차방정식 $3(a+2)x^2+2ax+a-2=0$의 판별식을 D라 하면

$\dfrac{D}{4}>0$에서 $a^2-3a^2+12>0$

$-2a^2+12>0$, $2(a+\sqrt{6})(a-\sqrt{6})<0$

$\therefore -\sqrt{6}<a<\sqrt{6}$

따라서 자연수 a는 1, 2의 2개이다.

참고 함수 $f(x)$가 극댓값과 극솟값을 모두 가지므로 $f'(x)=0$인 x의 값은 2개 이상이다. 이때 $f'(x)$는 이차함수이므로 이차방정식 $f'(x)=0$은 서로 다른 두 실근을 가진다.

0919 답 ③

$f(x)=\dfrac{2}{3}x^3+(k+3)x^2+8kx-5$에서

$f'(x)=2x^2+2(k+3)x+8k$

삼차함수 $f(x)$가 극값을 가지려면 이차방정식 $f'(x)=0$이 서로 다른 두 실근을 가져야 한다.

이차방정식 $2x^2+2(k+3)x+8k=0$의 판별식을 D라 하면

$\dfrac{D}{4}>0$에서 $(k+3)^2-16k>0$

$k^2+6k+9-16k>0$, $k^2-10k+9>0$

$(k-1)(k-9)>0$

$\therefore k<1$ 또는 $k>9$

따라서 $\alpha=1$, $\beta=9$이므로

$\beta-\alpha=8$

참고 삼차함수 $f(x)$가 극값을 가진다.

$\Longleftrightarrow$ 삼차함수 $f(x)$가 극댓값과 극솟값을 모두 가진다.

0920 답 2

$f(x)=(a+1)x^3+ax^2+(a-1)x$에서

$f'(x)=3(a+1)x^2+2ax+a-1$

삼차함수 $f(x)$가 극값을 가지려면 이차방정식 $f'(x)=0$이 서로 다른 두 실근을 가져야 한다.

이차방정식 $3(a+1)x^2+2ax+a-1=0$의 판별식을 D라 하면

$\dfrac{D}{4}>0$에서 $a^2-3(a+1)(a-1)>0$

$a^2-3a^2+3>0$, $a^2<\dfrac{3}{2}$ $\therefore -\dfrac{\sqrt{6}}{2}<a<\dfrac{\sqrt{6}}{2}$

이때 $f(x)$가 삼차함수이므로 $a\neq-1$이다.
따라서 구하는 정수 a는 0, 1의 2개이다. → 삼차항의 계수 $a+1$이 0이 되지 않는 a의 값이어야 한다.

0921 답 ③ | 유형 13

함수 $f(x)=x^3+(a-1)x^2+(a-1)x+1$이 극값을 가지지 않도록 하는 실수 a의 값의 범위는?

단서1 단서2

① $-1\leq a\leq2$ ② $0\leq a\leq3$ ③ $1\leq a\leq4$
④ $2\leq a\leq5$ ⑤ $3\leq a\leq6$

단서1 $f'(x)=0$은 이차방정식
단서2 $f'(x)=0$이 중근 또는 허근

STEP 1 $f'(x)$ 구하기

$f(x)=x^3+(a-1)x^2+(a-1)x+1$에서
$f'(x)=3x^2+2(a-1)x+a-1$

STEP 2 $f'(x)=0$이 중근 또는 허근을 가지도록 하는 실수 a의 값의 범위 구하기

삼차함수 $f(x)$가 극값을 가지지 않으려면 이차방정식 $f'(x)=0$이 중근 또는 허근을 가져야 한다.
이차방정식 $3x^2+2(a-1)x+a-1=0$의 판별식을 D라 하면
$\dfrac{D}{4}\leq0$에서 $(a-1)^2-3(a-1)\leq0$
$(a-1)(a-4)\leq0$ $\therefore 1\leq a\leq4$

0922 답 ①

$f(x)=-x^3+ax^2-\left(a+\dfrac{4}{3}\right)x+\dfrac{2}{3}$에서

$f'(x)=-3x^2+2ax-a-\dfrac{4}{3}$

삼차함수 $f(x)$가 극값을 가지지 않으려면 이차방정식 $f'(x)=0$이 중근 또는 허근을 가져야 한다.
이차방정식 $-3x^2+2ax-a-\dfrac{4}{3}=0$의 판별식을 D라 하면

$\dfrac{D}{4}\leq0$에서 $a^2-(-3)\times\left(-a-\dfrac{4}{3}\right)\leq0$

$a^2-3a-4\leq0$, $(a+1)(a-4)\leq0$ $\therefore -1\leq a\leq4$
따라서 $\alpha=-1$, $\beta=4$이므로
$\alpha-\beta=-1-4=-5$

0923 답 4

$f(x)=x^3+3ax^2+3(2a+3)x$에서
$f'(x)=3x^2+6ax+6a+9$
삼차함수 $f(x)$가 극값을 가지지 않으려면 이차방정식 $f'(x)=0$이 중근 또는 허근을 가져야 한다.
이차방정식 $3x^2+6ax+6a+9=0$의 판별식을 D라 하면
$\dfrac{D}{4}\leq0$에서 $(3a)^2-3(6a+9)\leq0$
$9a^2-18a-27\leq0$, $9(a+1)(a-3)\leq0$
$\therefore -1\leq a\leq3$

따라서 $M=3$, $m=-1$이므로
$M-m=3-(-1)=4$

0924 답 $a<-9$ | 유형 14

함수 $f(x)=x^3+ax^2+27x-2$가 $x>-1$에서 극댓값과 극솟값을 모두 가지도록 하는 실수 a의 값의 범위를 구하시오.

단서1

단서1 $x>-1$에서 $f'(x)=0$인 x의 값은 2개

STEP 1 $f'(x)$ 구하기

$f(x)=x^3+ax^2+27x-2$에서 $f'(x)=3x^2+2ax+27$

STEP 2 이차방정식 $f'(x)=0$이 $x>-1$에서 서로 다른 두 실근을 가지도록 하는 실수 a의 값의 범위 구하기

함수 $f(x)$가 $x>-1$에서 극댓값과 극솟값을 모두 가지려면 이차방정식 $f'(x)=0$이 $x>-1$에서 서로 다른 두 실근을 가져야 한다.

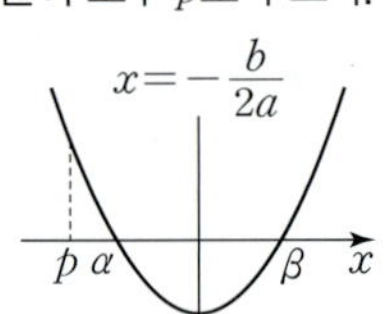
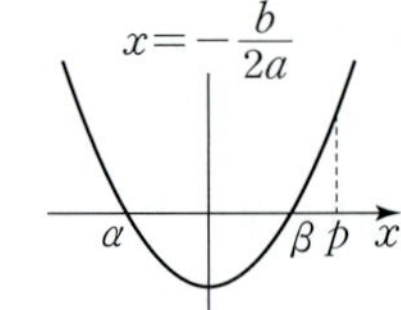

(i) 이차방정식 $3x^2+2ax+27=0$의 판별식을 D라 하면 $\dfrac{D}{4}>0$에서

$a^2-81>0$, $(a+9)(a-9)>0$

$\therefore a<-9$ 또는 $a>9$ ·········· ㉠

(ii) $f'(-1)>0$에서 $3-2a+27>0$

$\therefore a<15$ ·········· ㉡

(iii) 함수 $y=f'(x)$의 그래프의 축의 방정식은 $x=-\dfrac{a}{3}$이므로

$-\dfrac{a}{3}>-1$ $\therefore a<3$ ·········· ㉢

㉠, ㉡, ㉢을 동시에 만족시키는 a의 값의 범위는 $a<-9$

개념 Check

이차방정식의 실근의 위치
이차방정식 $ax^2+bx+c=0$ $(a>0)$의 판별식을 D라 하면 이차함수
$f(x)=ax^2+bx+c$에 대하여

① 두 근이 모두 p보다 크다.

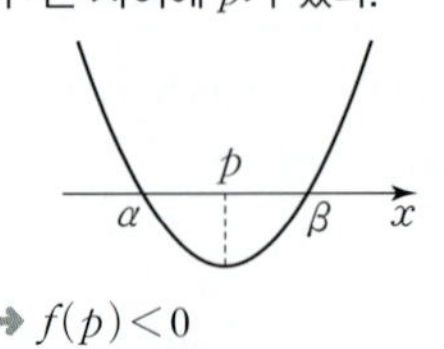

→ $D\geq0$
  $f(p)>0$
  $-\dfrac{b}{2a}>p$

② 두 근이 모두 p보다 작다.

→ $D\geq0$
  $f(p)>0$
  $-\dfrac{b}{2a}<p$

③ 두 근 사이에 p가 있다.

→ $f(p)<0$

④ 두 근이 모두 p, q 사이에 있다.

→ $D\geq0$
  $f(p)>0$, $f(q)>0$
  $p<-\dfrac{b}{2a}<q$

0925 답 11

$f(x)=-x^3+3x^2-ax$에서

$f'(x)=-3x^2+6x-a$

삼차함수 $f(x)$가 열린구간 $(-2,\ 3)$
에서 극댓값과 극솟값을 모두 가지려면
이차방정식 $f'(x)=0$이 $-2<x<3$에
서 서로 다른 두 실근을 가져야 한다.

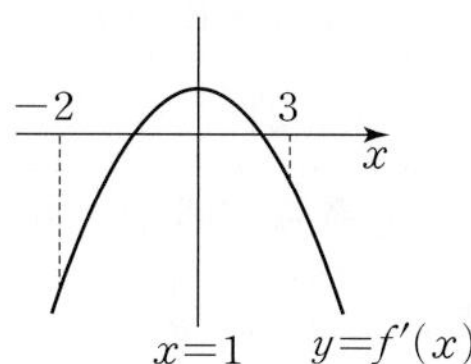

(i) 이차방정식 $-3x^2+6x-a=0$의

    판별식을 D라 하면 $\dfrac{D}{4}>0$에서

    $9-3a>0$

    $\therefore a<3$ ┈┈┈┈┈┈┈┈ ㉠

(ii) $f'(-2)<0$에서

    $-12-12-a<0$

    $\therefore a>-24$ ┈┈┈┈┈┈ ㉡

(iii) $f'(3)<0$에서

    $-27+18-a<0$

    $\therefore a>-9$ ┈┈┈┈┈┈ ㉢

(iv) 함수 $y=f'(x)$의 그래프의 축의 방정식은 $x=1$이고

    $-2<1<3$이므로 성립한다.

㉠, ㉡, ㉢을 동시에 만족시키는 a의 값의 범위는

$-9<a<3$

따라서 정수 a는 $-8,\ -7,\ -6,\ \cdots,\ 2$의 11개이다.

0926 답 $\sqrt{2}<a<\dfrac{9}{4}$

$f(x)=2x^3-3ax^2+3x+2$에서

$f'(x)=6x^2-6ax+3$

삼차함수 $f(x)$가 $-1<x<2$에서 극댓값과
극솟값을 모두 가지려면 이차방정식
$f'(x)=0$이 $-1<x<2$에서 서로 다른 두
실근을 가져야 한다.

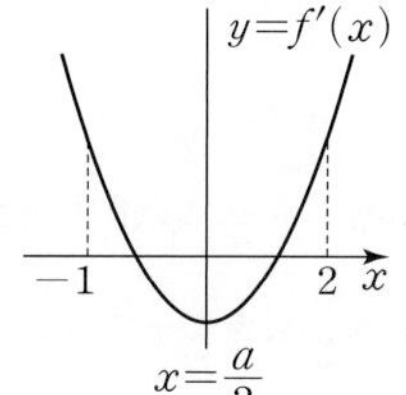

(i) 이차방정식 $6x^2-6ax+3=0$의

    판별식을 D라 하면 $\dfrac{D}{4}>0$에서

    $9a^2-18>0,\ 9(a+\sqrt{2})(a-\sqrt{2})>0$

    $\therefore a<-\sqrt{2}$ 또는 $a>\sqrt{2}$ ┈┈ ㉠

(ii) $f'(-1)>0$에서

    $6+6a+3>0,\ 6a>-9$

    $\therefore a>-\dfrac{3}{2}$ ┈┈┈┈┈┈ ㉡

(iii) $f'(2)>0$에서

    $24-12a+3>0,\ 12a<27$

    $\therefore a<\dfrac{9}{4}$ ┈┈┈┈┈┈ ㉢

(iv) 함수 $y=f'(x)$의 그래프의 축의 방정식은 $x=\dfrac{a}{2}$이므로

    $-1<\dfrac{a}{2}<2$

    $\therefore -2<a<4$ ┈┈┈┈┈┈ ㉣

이때 a는 양수이므로 ㉠~㉣을 동시에 만족시키는 양수 a의 값의
범위는

$\sqrt{2}<a<\dfrac{9}{4}$

0927 답 1

$f(x)=x^3-6ax^2+2ax+3$에서

$f'(x)=3x^2-12ax+2a$

삼차함수 $f(x)$가 $0<x<2$에서 극댓값을
가지고, $x>2$에서 극솟값을 가지려면 이차
방정식 $f'(x)=0$의 서로 다른 두 실근 중
한 근은 0과 2 사이에 있고, 다른 한 근은 2
보다 커야 한다.

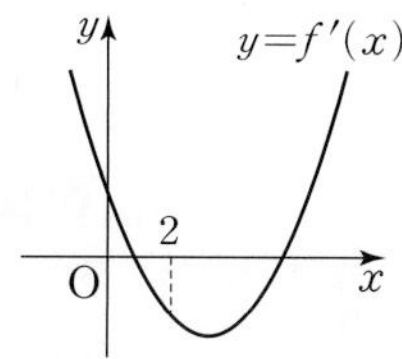

(i) $f'(0)>0$에서

    $2a>0$

    $\therefore a>0$ ┈┈┈┈┈┈┈ ㉠

(ii) $f'(2)<0$에서

    $12-24a+2a<0$

    $\therefore a>\dfrac{6}{11}$ ┈┈┈┈┈┈ ㉡

㉠, ㉡을 동시에 만족시키는 a의 값의 범위는 $a>\dfrac{6}{11}$이므로 정수
a의 최솟값은 1이다.

0928 답 ①

$f(x)=\dfrac{1}{3}x^3-ax^2+(2a+3)x+2$에서

$f'(x)=x^2-2ax+2a+3$

삼차함수 $f(x)$가 $x<-1$에서 극댓값을 가
지고, $x>0$에서 극솟값을 가지려면 이차방
정식 $f'(x)=0$의 서로 다른 두 실근 중 한
근은 -1보다 작고, 다른 한 근은 0보다 커
야 한다.

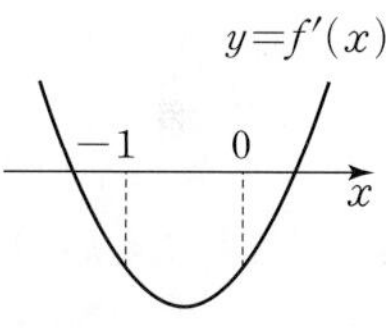

(i) $f'(-1)<0$에서

    $1+2a+2a+3<0,\ 4a<-4$

    $\therefore a<-1$ ┈┈┈┈┈┈ ㉠

(ii) $f'(0)<0$에서

    $2a+3<0$

    $\therefore a<-\dfrac{3}{2}$ ┈┈┈┈┈┈ ㉡

㉠, ㉡을 동시에 만족시키는 실수 a의 값의 범위는 $a<-\dfrac{3}{2}$

0929 답 71

$f(x)=-2x^3-3x^2+kx$에서 $f'(x)=-6x^2-6x+k$

함수 $f(x)$가 $x<0$에서 극솟값을 가지고,
$0<x<3$에서 극댓값을 가지려면 이차방정식
$f'(x)=0$의 서로 다른 두 실근 중 한 근은 0
보다 작고, 다른 한 근은 0과 3 사이에 있어
야 한다.

(i) $f'(0)>0$에서

   $k>0$ ┄┄┄┄┄┄┄┄┄┄┄┄┄┄┄┄┄┄┄┄ ㉠

(ii) $f'(3)<0$에서

   $-54-18+k<0$

   $\therefore k<72$ ┄┄┄┄┄┄┄┄┄┄┄┄┄┄┄┄┄ ㉡

㉠, ㉡을 동시에 만족시키는 k의 값의 범위는 $0<k<72$이므로 정수 k는 1, 2, 3, $\cdots$, 71의 71개이다.

0930 답 ③

함수 $f(x)=\dfrac{1}{4}x^4-\dfrac{2}{3}x^3+\dfrac{k}{2}x^2$이 극댓값을 가지도록 하는 실수 k의
단서1 · 단서2
값의 범위가 $k<\alpha$ 또는 $\beta<k<\gamma$일 때, $\alpha+\beta+\gamma$의 값은?

① -1　　　② 0　　　③ 1
④ 2　　　⑤ 3

단서1 $f'(x)=0$은 삼차방정식
단서2 삼차방정식 $f'(x)=0$이 서로 다른 세 실근을 가지도록 하는 실수 k의 값의 범위

STEP 1 $f'(x)$ 구하기

$f(x)=\dfrac{1}{4}x^4-\dfrac{2}{3}x^3+\dfrac{k}{2}x^2$에서

$f'(x)=x^3-2x^2+kx=x(x^2-2x+k)$

STEP 2 삼차방정식 $f'(x)=0$이 서로 다른 세 실근을 가지도록 하는 실수 k의 값의 범위 구하기

사차함수 $f(x)$가 극댓값을 가지려면 삼차방정식 $f'(x)=0$이 서로 다른 세 실근을 가져야 하므로 이차방정식 $x^2-2x+k=0$은 0이 아닌 서로 다른 두 실근을 가져야 한다.

(i) $x=0$이 이차방정식 $x^2-2x+k=0$의 근이 아니므로

   $k\neq0$ ┄┄┄┄┄┄┄┄┄┄┄┄┄┄┄┄┄┄ ㉠

(ii) 이차방정식 $x^2-2x+k=0$의 판별식을 D라 하면 $\dfrac{D}{4}>0$에서

   $1-k>0$ $\therefore k<1$ ┄┄┄┄┄┄┄ ㉡

㉠, ㉡을 동시에 만족시키는 실수 k의 값의 범위는
$k<0$ 또는 $0<k<1$

STEP 3 $\alpha+\beta+\gamma$의 값 구하기

$\alpha=0$, $\beta=0$, $\gamma=1$이므로
$\alpha+\beta+\gamma=1$

참고 사차함수 $f(x)$의 최고차항의 계수가 양수일 때, $f(x)$는 적어도 하나의 극솟값을 가진다.

⑴ 사차함수 $f(x)$가 극댓값을 가지면 극댓값 1개, 극솟값 2개를 가지므로 삼차방정식 $f'(x)=0$은 서로 다른 세 실근을 가진다.

⑵ 사차함수 $f(x)$가 극댓값을 가지지 않으면 극솟값 1개만 가지므로 삼차방정식 $f'(x)=0$은 한 실근과 두 허근 또는 한 실근과 중근 또는 삼중근을 가진다.

0931 답 ③

$f(x)=-x^4+4x^3-6(k-1)x^2+6$에서

$f'(x)=-4x^3+12x^2-12(k-1)x$

$\qquad\quad=-4x(x^2-3x+3k-3)$

사차함수 $f(x)$가 극솟값을 가지려면 삼차방정식 $f'(x)=0$이 서로 다른 세 실근을 가져야 하므로 이차방정식 $x^2-3x+3k-3=0$은 0이 아닌 서로 다른 두 실근을 가져야 한다.

(i) $x=0$이 이차방정식 $x^2-3x+3k-3=0$의 근이 아니므로

   $3k-3\neq0$ $\therefore k\neq1$ ┄┄┄┄┄┄┄ ㉠

(ii) 이차방정식 $x^2-3x+3k-3=0$의 판별식을 D라 하면 $D>0$에서

   $9-12k+12>0$

   $12k<21$ $\therefore k<\dfrac{7}{4}$ ┄┄┄┄┄ ㉡

㉠, ㉡을 동시에 만족시키는 실수 k의 값의 범위는

$k<1$ 또는 $1<k<\dfrac{7}{4}$

따라서 $\alpha=1$, $\beta=1$, $\gamma=\dfrac{7}{4}$이므로 $\alpha\beta\gamma=\dfrac{7}{4}$

0932 답 $-\dfrac{9}{2}<k<-4$

$f(x)=\dfrac{1}{4}x^4+\dfrac{1}{3}(k+1)x^3-kx$에서

$f'(x)=x^3+(k+1)x^2-k=(x+1)(x^2+kx-k)$

삼차방정식 $f'(x)=0$의 서로 다른 세 실근이 α, β, γ이고,
$\alpha<0<\beta<\gamma<3$이므로 $\alpha=-1$

$g(x)=x^2+kx-k$라 하면 이차방정식
$g(x)=0$의 서로 다른 두 근 β, γ가 0과 3 사이에 있어야 한다.

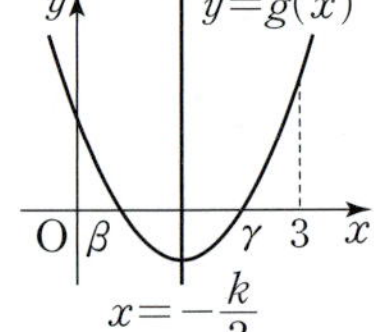

(i) 이차방정식 $x^2+kx-k=0$의 판별식을
   D라 하면 $D>0$에서

   $k^2+4k>0$, $k(k+4)>0$

   $\therefore k<-4$ 또는 $k>0$ ┄┄┄┄┄┄ ㉠

(ii) $g(0)>0$에서 $-k>0$

   $\therefore k<0$ ┄┄┄┄┄┄┄┄┄┄┄┄┄ ㉡

(iii) $g(3)>0$에서 $9+3k-k>0$

   $\therefore k>-\dfrac{9}{2}$ ┄┄┄┄┄┄┄┄┄┄ ㉢

(iv) 함수 $y=g(x)$의 그래프의 축의 방정식은 $x=-\dfrac{k}{2}$이므로

   $0<-\dfrac{k}{2}<3$ $\therefore -6<k<0$ ┄┄ ㉣

㉠~㉣을 동시에 만족시키는 실수 k의 값의 범위는

$-\dfrac{9}{2}<k<-4$

0933 답 ⑤

함수 $f(x)=-\dfrac{1}{2}x^4+2(a-3)x^3-a^2x^2+3$이 극솟값을 가지지 않을
단서1 · 단서2
때, 정수 a의 개수는?

① 5　　　② 6　　　③ 7
④ 8　　　⑤ 9

단서1 $f'(x)$는 삼차함수
단서2 $f'(x)=0$이 한 실근과 두 허근 또는 한 실근과 중근 또는 삼중근

STEP 1 $f'(x)$ 구하기

$f(x)=-\dfrac{1}{2}x^4+2(a-3)x^3-a^2x^2+3$에서

$f'(x)=-2x^3+6(a-3)x^2-2a^2x$

$\qquad\quad=-2x\{x^2-3(a-3)x+a^2\}$

사차함수 $f(x)$가 극솟값을 가지지 않으려면 삼차방정식 $f'(x)=0$이 한 실근과 두 허근 또는 한 실근과 중근 또는 삼중근을 가져야 하므로 이차방정식 $x^2-3(a-3)x+a^2=0$의 한 근이 0이거나 0이 아닌 중근 또는 허근을 가져야 한다.

(i) 이차방정식 $x^2-3(a-3)x+a^2=0$의 한 근이 0인 경우

$a^2=0$

$\therefore a=0$ ······························· ㉠

(ii) 이차방정식 $x^2-3(a-3)x+a^2=0$이 0이 아닌 중근을 가지는 경우

이차방정식 $x^2-3(a-3)x+a^2=0$의 판별식을 D라 하면

$D=0$에서

$9(a-3)^2-4a^2=0$, $(3a-9+2a)(3a-9-2a)=0$

$(5a-9)(a-9)=0$

$\therefore a=\dfrac{9}{5}$ 또는 $a=9$ ······················· ㉡

(iii) 이차방정식 $x^2-3(a-3)x+a^2=0$이 허근을 가지는 경우

이차방정식 $x^2-3(a-3)x+a^2=0$의 판별식을 D라 하면

$D<0$에서

$9(a-3)^2-4a^2<0$, $(3a-9+2a)(3a-9-2a)<0$

$(5a-9)(a-9)<0$

$\therefore \dfrac{9}{5}<a<9$ ······················· ㉢

STEP 3 정수 a의 개수 구하기

㉠, ㉡, ㉢에서 $a=0$ 또는 $\dfrac{9}{5}\le a\le9$이므로 정수 a는 0, 2, 3, 4, 5, 6, 7, 8, 9의 9개이다.

참고 ㉡에서 $a=\dfrac{9}{5}$이면 $x^2+\dfrac{18}{5}x+\dfrac{81}{25}=\left(x+\dfrac{9}{5}\right)^2=0$이므로 중근은 $x=-\dfrac{9}{5}$이고, $a=9$이면 $x^2-18x+81=(x-9)^2=0$이므로 중근은 $x=9$이다. 즉, 0이 아닌 중근을 가진다.

0934 답 $-12-10\sqrt{2}$

$f(x)=\dfrac{1}{2}x^4+\dfrac{2}{3}ax^3+bx^2-4x+2$에서

$f'(x)=2x^3+2ax^2+2bx-4$ ······················· ㉠

함수 $f(x)$가 $x=1$에서 극값을 가지므로

$f'(1)=0$

$c>1$인 상수 c에 대하여 $f'(c)=0$이고 $x=c$에서 극값을 가지지 않으므로 $x=c$의 좌우에서 $f'(x)$의 부호가 바뀌지 않아야 한다.

즉, $f'(x)$는 $(x-c)^2$을 인수로 가져야 하므로

$f'(x)=2(x-1)(x-c)^2$

$\qquad =2x^3+2(-2c-1)x^2+2(c^2+2c)x-2c^2$ ············· ㉡

㉠$=$㉡이므로

$a=-2c-1$, $b=c^2+2c$, $2=c^2$

이때 $c>1$이므로 $c=\sqrt{2}$

따라서 $a=-2\sqrt{2}-1$, $b=2\sqrt{2}+2$, $c=\sqrt{2}$이므로

$abc=-12-10\sqrt{2}$

0935 답 0 ┃유형 **17**

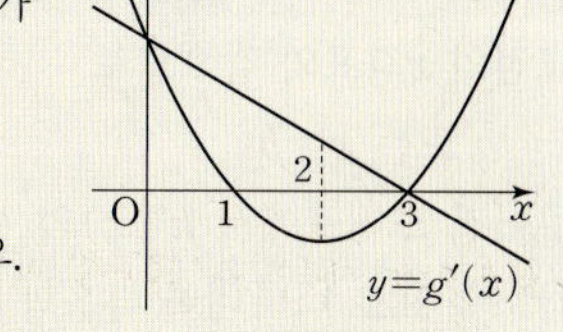

삼차함수 $f(x)$와 이차함수 $g(x)$의 도함수 $y=f'(x)$, $y=g'(x)$의 그래프가 그림과 같다. 함수 $h(x)$를 **단서1** $h(x)=f(x)-g(x)$라 할 때, 함수 **단서2** $h(x)$가 극대가 되는 x의 값을 구하시오.

단서1 $h(x)=f(x)-g(x)$에서 $h'(x)=f'(x)-g'(x)$
단서2 $h'(x)$의 부호가 양에서 음으로 바뀔 때 x의 값

STEP 1 함수 $h'(x)=0$인 x의 값 구하기

$h(x)=f(x)-g(x)$에서 $h'(x)=f'(x)-g'(x)$

$h'(x)=0$인 x의 값은 두 함수 $y=f'(x)$, $y=g'(x)$의 그래프의 교점의 x좌표와 같으므로 $\longrightarrow f'(x)-g'(x)=0$, 즉 $f'(x)=g'(x)$

$x=0$ 또는 $x=3$

STEP 2 $h'(x)$의 부호를 조사하여 $h(x)$가 극대일 때 x의 값 구하기

주어진 그래프에서 $h'(x)$의 부호를 조사하여 함수 $h(x)$의 증가, 감소를 표로 나타내면 다음과 같다.

x	$\cdots$	0	$\cdots$	3	$\cdots$
$h'(x)$	$+$	0	$-$	0	$+$
$h(x)$	↗	극대	↘	극소	↗

따라서 함수 $h(x)$는 $x=0$에서 극대이므로 구하는 x의 값은 0이다.

참고 $h'(x)=f'(x)-g'(x)$의 부호는 다음과 같다.

(i) $x<0$일 때

$y=f'(x)$의 그래프가 $y=g'(x)$의 그래프보다 위쪽에 있으므로

$f'(x)>g'(x)$, $f'(x)-g'(x)>0$

$\therefore h'(x)>0$

(ii) $0<x<3$일 때

$y=f'(x)$의 그래프가 $y=g'(x)$의 그래프보다 아래쪽에 있으므로

$f'(x)<g'(x)$, $f'(x)-g'(x)<0$

$\therefore h'(x)<0$

(iii) $x>3$일 때

$y=f'(x)$의 그래프가 $y=g'(x)$의 그래프보다 위쪽에 있으므로

$f'(x)>g'(x)$, $f'(x)-g'(x)>0$

$\therefore h'(x)>0$

0936 답 ④

$h(x)=f(x)-g(x)$에서 $h'(x)=f'(x)-g'(x)$

$h'(x)=0$인 x의 값은 두 함수 $y=f'(x)$, $y=g'(x)$의 그래프의 교점의 x좌표와 같으므로

$x=b$ 또는 $x=d$ 또는 $x=e$

주어진 그래프에서 $h'(x)$의 부호를 조사하여 함수 $h(x)$의 증가, 감소를 표로 나타내면 다음과 같다.

x	$\cdots$	b	$\cdots$	d	$\cdots$	e	$\cdots$
$h'(x)$	$+$	0	$-$	0	$+$	0	$-$
$h(x)$	↗	극대	↘	극소	↗	극대	↘

따라서 함수 $h(x)$는 $x=d$에서 극소이므로 구하는 x의 값은 d이다.

0937 답 ㄱ, ㄴ, ㄷ

$h(x)=f(x)-g(x)$에서 $h'(x)=f'(x)-g'(x)$

$h'(x)=0$인 x의 값은 두 함수 $y=f'(x)$, $y=g'(x)$의 그래프의 교점의 x좌표와 같으므로

$x=a$ 또는 $x=b$

주어진 그래프에서 $h'(x)$의 부호를 조사하여 함수 $h(x)$의 증가, 감소를 표로 나타내면 다음과 같다.

x	$\cdots$	a	$\cdots$	b	$\cdots$
$h'(x)$	$+$	0	$-$	0	$+$
$h(x)$	↗	극대	↘	극소	↗

ㄱ. 함수 $h(x)$는 극댓값과 극솟값을 모두 가진다. (참)

ㄴ. 함수 $h(x)$는 $x=a$에서 극댓값을 가진다. (참)

ㄷ. $h(b)=0$일 때, 함수 $y=h(x)$의 그래프의 개형은 그림과 같으므로 x축과 서로 다른 두 점에서 만난다. (참)

따라서 옳은 것은 ㄱ, ㄴ, ㄷ이다.

0938 답 ②

$f(x)=(a+4)x^3+ax^2+3x$에서

$f'(x)=3(a+4)x^2+2ax+3$

함수 $y=f(x)$의 그래프를 x축에 대하여 대칭이동한 그래프의 식은

$y=-f(x)$

이 그래프를 y축의 방향으로 3만큼 평행이동한 그래프의 식은

$y=-f(x)+3$

즉, $g(x)=-f(x)+3$이므로 $h(x)=f(x)-g(x)$라 하면

$h(x)=f(x)-\{-f(x)+3\}=2f(x)-3$ → 함수 $f(x)$가 삼차함수이므로 함수 $h(x)$는 삼차함수이다.

$h'(x)=2f'(x)$
$\quad\quad=6(a+4)x^2+4ax+6$

삼차함수 $h(x)$가 극값을 가지려면 이차방정식 $h'(x)=0$이 서로 다른 두 실근을 가져야 한다.

이차방정식 $6(a+4)x^2+4ax+6=0$의 판별식을 D라 하면

$\dfrac{D}{4}>0$에서 $4a^2-36(a+4)>0$

$4(a+3)(a-12)>0$

$\therefore a<-3$ 또는 $a>12$

따라서 자연수 a의 최솟값은 13이다.

> **실수 Check**
>
> a는 자연수이므로 $f(x)=(a+4)x^3+ax^2+3x$는 삼차함수이고, $h(x)=2f(x)-3$도 삼차함수이다.
>
> 삼차함수 $h(x)$가 극값을 가질 조건을 생각해 보자.

0939 답 -4

삼차함수 $f(x)$의 최고차항의 계수가 -1인 그래프가 그림과 같이 <u>x축에 접하고</u> <u>원점</u>
단서1
을 지난다. 함수 $f(x)$의 극솟값이 -4일 때,
단서2
$f(4)$의 값을 구하시오.

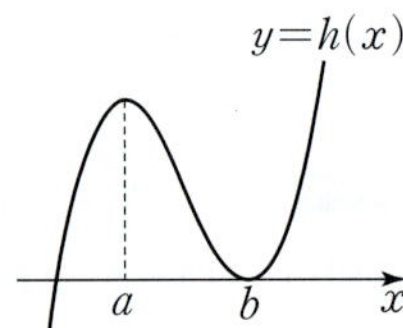

단서1 $x=k$에서 x축에 접한다고 하면 $f'(k)=0$이고 $f(k)=0$
단서2 원점을 지나므로 $f(0)=0$

STEP 1 $f'(x)=0$인 x의 값 구하기

함수 $y=f(x)$의 그래프가 $x=k\ (k>0)$인 점에서 x축에 접한다고 하자.

$f(k)=0$, $f(0)=0$이므로 $f(x)=-x(x-k)^2$이라 하면

$f'(x)=-(x-k)^2-2x(x-k)=-(x-k)(3x-k)$

$f'(x)=0$인 x의 값은 $x=\dfrac{k}{3}$ 또는 $x=k$

STEP 2 함수 $f(x)$를 구하여 $f(4)$의 값 구하기

함수 $f(x)$의 증가, 감소를 표로 나타내면 다음과 같다.

x	$\cdots$	$\dfrac{k}{3}$	$\cdots$	k	$\cdots$
$f'(x)$	$-$	0	$+$	0	$-$
$f(x)$	↘	극소	↗	극대	↘

함수 $f(x)$는 $x=\dfrac{k}{3}$에서 극솟값 -4를 가지므로 $f\left(\dfrac{k}{3}\right)=-4$에서

$-\dfrac{k}{3}\left(\dfrac{k}{3}-k\right)^2=-4$, $\dfrac{4}{27}k^3=4$

$k^3=27$ $\quad\therefore k=3$

따라서 $f(x)=-x(x-3)^2$이므로

$f(4)=-4$

> **참고** $x=\dfrac{k}{3}$를 대입하여 계산하기 번거로울 경우 함수 $y=f(x)$의 그래프가 $x=3k$일 때 x축과 접한다고 생각하여 $f(x)=-x(x-3k)^2$이라 하면
>
> $f'(x)=0$인 x의 값은 $x=k$ 또는 $x=3k$가 되어 계산을 좀 더 편하게 할 수 있다.

0940 답 ③

$f(x)=x^3+3ax^2-16a$에서

$f'(x)=3x^2+6ax=3x(x+2a)$

$f'(x)=0$인 x의 값은 $x=0$ 또는 $x=-2a$

즉, 함수 $f(x)$는 $x=0$, $x=-2a$에서 극값을 가지므로 함수 $y=f(x)$의 그래프가 x축에 접하려면

$f(0)=0$ 또는 $f(-2a)=0$

이때 $f(0)=-16a\neq0$ $(\because a\neq0)$이므로

$f(-2a)=0$

$-8a^3+12a^3-16a=0$, $4a(a+2)(a-2)=0$

$\therefore a=-2$ 또는 $a=2$ $(\because a\neq0)$

따라서 모든 상수 a의 값의 곱은 -4이다.

> **참고** $f'(x)=3x^2+6ax=3x(x+2a)$
>
> $f'(x)=0$인 x의 값은 $x=0$ 또는 $x=-2a$
>
> a의 부호에 따라 함수 $f(x)$의 증가, 감소를 표로 나타내면 다음과 같다.

(ⅰ) $a>0$일 때, $-2a<0$이므로

x	$\cdots$	$-2a$	$\cdots$	0	$\cdots$
$f'(x)$	$+$	0	$-$	0	$+$
$f(x)$	↗	극대	↘	극소	↗

함수 $f(x)$는 $x=-2a$에서 극댓값, $x=0$에서 극솟값을 가진다.

(ⅱ) $a<0$일 때, $-2a>0$이므로

x	$\cdots$	0	$\cdots$	$-2a$	$\cdots$
$f'(x)$	$+$	0	$-$	0	$+$
$f(x)$	↗	극대	↘	극소	↗

함수 $f(x)$는 $x=0$에서 극댓값, $x=-2a$에서 극솟값을 가진다.

(ⅰ), (ⅱ)에서 함수 $f(x)$는 $x=0$, $x=-2a$에서 극값을 가진다.

0941 답 ①

$f(x)=2x^3-12ax^2+4a$에서

$f'(x)=6x^2-24ax=6x(x-4a)$

$f'(x)=0$인 x의 값은 $x=0$ 또는 $x=4a$

즉, 함수 $f(x)$는 $x=0$, $x=4a$에서 극값을 가지므로 함수 $y=f(x)$
의 그래프가 x축에 접하려면

$f(0)=0$ 또는 $f(4a)=0$

이때 $f(0)=4a\neq0$ ($\because a\neq0$)이므로

$f(4a)=0$

$128a^3-192a^3+4a=0$, $-4a(4a+1)(4a-1)=0$

$\therefore a=-\dfrac{1}{4}$ 또는 $a=\dfrac{1}{4}$ ($\because a\neq0$)

따라서 모든 상수 a의 값의 곱은 $-\dfrac{1}{16}$이다.

0942 답 ④ | 유형 19

> 함수 $f(x)=x^3-3x-1$에 대하여 함수 $g(x)=|f(x)|$는
> **단서1**
> $x=a\,(a>0)$에서 극댓값 m을 가진다. $a+m$의 값은?
>
> ① 1 ② 2 ③ 3
> ④ 4 ⑤ 5
>
> **단서1** $y=|f(x)|$의 그래프는 $y=f(x)$의 그래프에서 $f(x)<0$인 부분을 x축에 대하여 대칭이동한 것

STEP 1 함수 $y=f(x)$의 그래프의 개형 그리기

$f(x)=x^3-3x-1$에서

$f'(x)=3x^2-3=3(x+1)(x-1)$

$f'(x)=0$인 x의 값은 $x=-1$ 또는 $x=1$

함수 $f(x)$의 증가, 감소를 표로 나타내면 다음과 같다.

x	$\cdots$	-1	$\cdots$	1	$\cdots$
$f'(x)$	$+$	0	$-$	0	$+$
$f(x)$	↗	1 극대	↘	-3 극소	↗

함수 $y=f(x)$의 그래프의 개형은 그림과
같다.

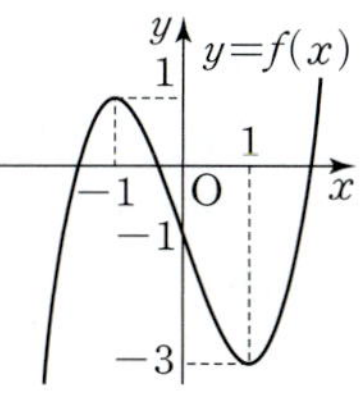

STEP 2 함수 $y=g(x)$의 그래프의 개형 그리기

함수 $y=g(x)$, 즉 $y=|f(x)|$의 그래프
는 함수 $y=f(x)$의 그래프에서 $f(x)<0$
인 부분을 x축에 대하여 대칭이동한 것이
므로 그림과 같다.

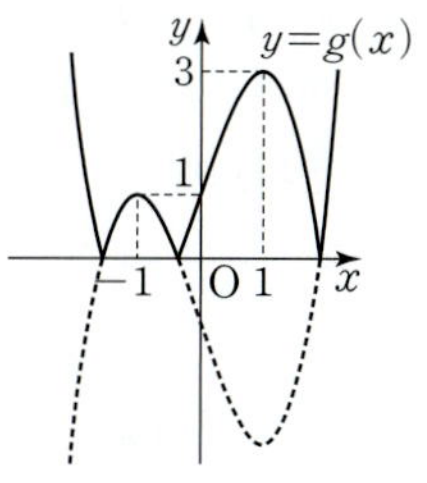

STEP 3 함수 $g(x)$의 극댓값 찾기

함수 $g(x)$는 $x=-1$, $x=1$에서 극대이다.

이때 $x>0$에서 함수 $g(x)$는 $x=1$에서 극댓값 3을 가지므로

$a=1$, $m=3$

STEP 4 $a+m$의 값 구하기

$a+m=4$

참고 함수 $y=g(x)$의 그래프에서 극대인 점과
극소인 점은 그림과 같다.

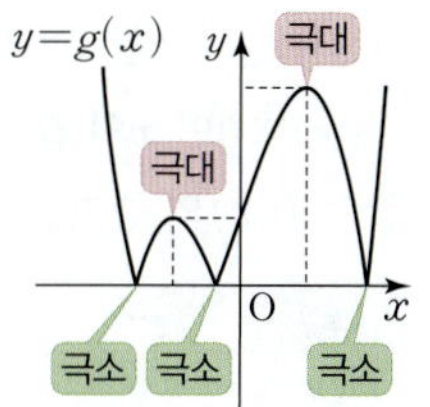

0943 답 ②

$f(x)=\dfrac{1}{4}x^4-2x^2+1$이라 하면

$f'(x)=x^3-4x=x(x+2)(x-2)$

$f'(x)=0$인 x의 값은 $x=-2$ 또는 $x=0$ 또는 $x=2$

함수 $f(x)$의 증가, 감소를 표로 나타내면 다음과 같다.

x	$\cdots$	-2	$\cdots$	0	$\cdots$	2	$\cdots$
$f'(x)$	$-$	0	$+$	0	$-$	0	$+$
$f(x)$	↘	-3 극소	↗	1 극대	↘	-3 극소	↗

함수 $y=f(x)$의 그래프의 개형을 이용하여 함수 $y=g(x)$의 그래
프의 개형을 그리면 다음과 같다. 함수 $y=f(x)$의 그래프에서 $f(x)<0$인 부분을 x축에 대하여 대칭이동한 것이다.

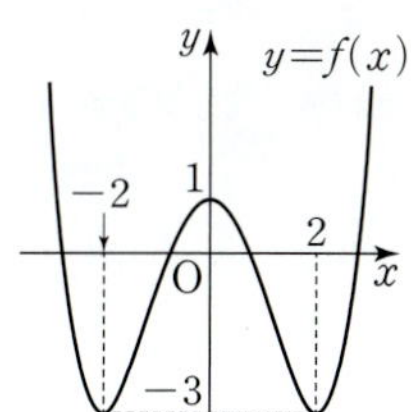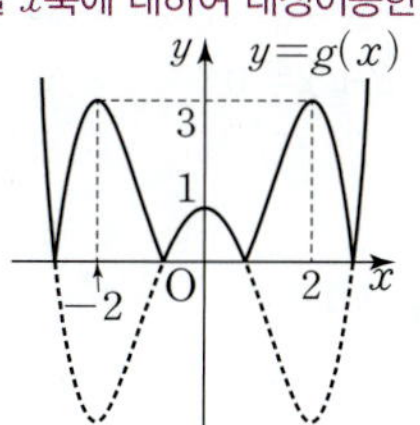

따라서 함수 $g(x)$의 극댓값은 $|f(-2)|=|f(2)|=3$, $|f(0)|=1$
이므로 이 중 가장 작은 값은 1이다.

0944 답 ②

$f(x)=3x^4-4x^3+k$에서

$f'(x)=12x^3-12x^2=12x^2(x-1)$

$f'(x)=0$인 x의 값은 $x=0$ 또는 $x=1$

함수 $f(x)$의 증가, 감소를 표로 나타내면 다음과 같다.

x	$\cdots$	0	$\cdots$	1	$\cdots$
$f'(x)$	$-$	0	$-$	0	$+$
$f(x)$	↘	k	↘	$k-1$ 극소	↗

ㄱ. $k=1$이면 함수 $f(x)$의 극솟값은 0이다. (참)

ㄴ. $k<1$이면 $k-1<0$이므로 그림과 같이 함수 $|f(x)|$는 $x=1$에서 극댓값을 가진다. (참)

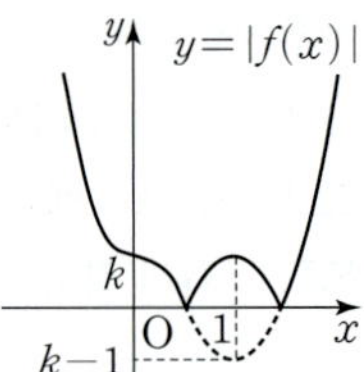

ㄷ. $k>1$이면 $k-1>0$이므로 $|f(x)|=f(x)$이다. 즉, 함수 $|f(x)|$는 극댓값을 가지지 않는다. (거짓)

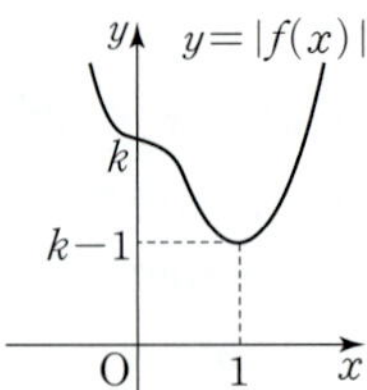

따라서 옳은 것은 ㄱ, ㄴ이다.

0945 답 0

$f(x)=x^3-3x^2-1$에서 $f'(x)=3x^2-6x=3x(x-2)$

$f'(x)=0$인 x의 값은 $x=0$ 또는 $x=2$

함수 $f(x)$의 증가, 감소를 표로 나타내면 다음과 같다.

x	$\cdots$	0	$\cdots$	2	$\cdots$
$f'(x)$	+	0	−	0	+
$f(x)$	↗	-1 극대	↘	-5 극소	↗

함수 $y=f(x)$의 그래프의 개형을 이용하여 함수 $y=g(x)$의 그래프의 개형을 그리면 다음과 같다. 함수 $y=f(x)$의 그래프에서 $x>0$인 부분을 y축에 대하여 대칭이동한 것이다.

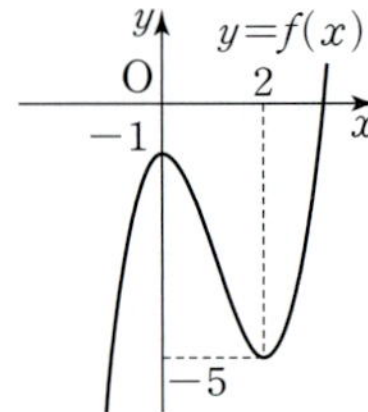
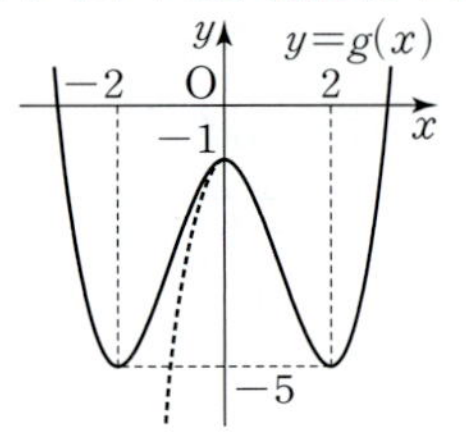

즉, 함수 $g(x)$가 $x=-2$, $x=2$에서 극솟값을 가지고, $x=0$에서 극댓값을 가지므로

$\alpha=2$, $\beta=0$, $\gamma=-2$ 또는 $\alpha=-2$, $\beta=0$, $\gamma=2$

$\therefore \alpha+\beta+\gamma=0$

0946 답 ②

$g(x)=x^3-3x^2+p$라 하면 $f(x)=|g(x)|$

$g'(x)=3x^2-6x=3x(x-2)$

$g'(x)=0$인 x의 값은 $x=0$ 또는 $x=2$

함수 $g(x)$의 증가, 감소를 표로 나타내면 다음과 같다.

x	$\cdots$	0	$\cdots$	2	$\cdots$
$g'(x)$	+	0	−	0	+
$g(x)$	↗	p 극대	↘	$p-4$ 극소	↗

함수 $y=f(x)$의 그래프의 개형은 그림과 같고, 함수 $f(x)=|g(x)|$가 극대가 되는 x가 2개가 되려면

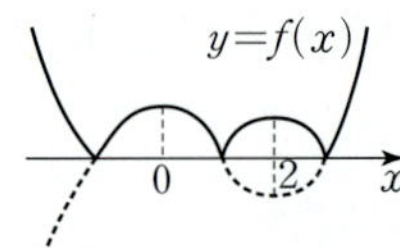

$g(0)=p>0$, $g(2)=p-4<0$

$\therefore 0<p<4$ $\cdots\cdots$ ㉠

이때 $x=0$과 $x=2$에서 극대이고

$f(0)=|p|=p$, $f(2)=|p-4|=4-p$ $(\because ㉠)$

이므로 $f(0)=f(2)$에서 $p=4-p$

$\therefore p=2$

0947 답 $4\sqrt{2}$ │ 유형 20

모든 계수가 정수인 삼차함수 $f(x)$가 다음 조건을 만족시킨다.

> ㉮ 모든 실수 x에 대하여 $\underline{f(-x)=-f(x)}$이다. 단서1
> ㉯ $f(1)=5$
> ㉰ $1<f'(1)<7$

함수 $f(x)$의 극댓값을 구하시오.

> 단서1 삼차함수 $f(x)$는 홀수 차수의 항으로만 이루어져 있으므로 $f(x)=ax^3+bx$

STEP 1 $f(x)=ax^3+bx$로 놓기

㉮에서 삼차함수 $y=f(x)$의 그래프는 원점에 대하여 대칭이므로 $f(x)=ax^3+bx$ (a, b는 정수, $a\neq0$)라 하면

$f'(x)=3ax^2+b$

STEP 2 주어진 조건을 이용하여 $f(x)$ 구하기

㉯에서 $f(1)=5$이므로

$a+b=5$ $\cdots\cdots$ ㉠

㉰에서 $1<f'(1)<7$이므로

$1<3a+b<7$ $\cdots\cdots$ ㉡

㉠에서 $b=5-a$를 ㉡에 대입하면

$1<2a+5<7$

$-4<2a<2$ $\quad\therefore -2<a<1$

이때 a는 0이 아닌 정수이므로 $a=-1$

$a=-1$을 ㉠에 대입하면 $b=6$

$\therefore f(x)=-x^3+6x$

STEP 3 함수 $f(x)$의 극댓값 구하기

$f'(x)=-3x^2+6=-3(x+\sqrt{2})(x-\sqrt{2})$

$f'(x)=0$인 x의 값은 $x=-\sqrt{2}$ 또는 $x=\sqrt{2}$

함수 $f(x)$의 증가, 감소를 표로 나타내면 다음과 같다.

x	$\cdots$	$-\sqrt{2}$	$\cdots$	$\sqrt{2}$	$\cdots$
$f'(x)$	−	0	+	0	−
$f(x)$	↘	$-4\sqrt{2}$ 극소	↗	$4\sqrt{2}$ 극대	↘

따라서 함수 $f(x)$의 극댓값은 $f(\sqrt{2})=4\sqrt{2}$이다.

참고 (1) 삼차함수 $f(x)=ax^3+bx^2+cx+d$가 $f(-x)=-f(x)$를 만족 시키면

$-ax^3+bx^2-cx+d=-ax^3-bx^2-cx-d$

$\therefore 2bx^2+2d=0$

위 식이 모든 x에 대하여 성립하므로 $b=0$, $d=0$

$\therefore f(x)=ax^3+cx$

즉, $f(x)$는 홀수 차수의 항만 있음을 알 수 있다.

(2) 사차함수 $f(x)=ax^4+bx^3+cx^2+dx+e$가 $f(-x)=f(x)$를 만족시 키면

$ax^4-bx^3+cx^2-dx+e=ax^4+bx^3+cx^2+dx+e$

$\therefore 2bx^3+2dx=0$

위 식이 모든 x에 대하여 성립하므로 $b=0$, $d=0$

$\therefore f(x)=ax^4+cx^2+e$

즉, $f(x)$는 짝수 차수의 항과 상수항만 있음을 알 수 있다.

0948 답 ④

$f(x)=2x^3-3(a-2)x^2-6x$에서

$f'(x)=6x^2-6(a-2)x-6$

함수 $f(x)$가 $x=\alpha$에서 극대이고 $x=\beta$에서 극소라 하면 α, β는

이차방정식 $6x^2-6(a-2)x-6=0$의 두 근이다.

이때 극대가 되는 점과 극소가 되는 점이 원점에 대하여 대칭이므로

$\alpha=-\beta$ $\therefore \alpha+\beta=0$

따라서 이차방정식의 근과 계수의 관계에 의하여

$$\alpha+\beta=\frac{6(a-2)}{6}=0$$

$\therefore a=2$

0949 답 ②

삼차함수 $y=f(x)$의 그래프가 원점에 대하여 대칭이므로

  $\rightarrow$ $f(x)$는 홀수 차수의 항으로만 이루어진다.

$f(x)=ax^3+bx$ (a, b는 상수, $a\neq 0$) $\cdots\cdots$ ㉠

라 하면

$f'(x)=3ax^2+b$

함수 $f(x)$가 $x=1$에서 극값을 가지므로 $f'(1)=0$에서

$3a+b=0$

$b=-3a$를 ㉠에 대입하면

$f(x)=ax^3-3ax=ax(x+\sqrt{3})(x-\sqrt{3})$

따라서 함수 $y=f(x)$의 그래프가 x축과 만나는 점의 x좌표는

$-\sqrt{3}$, 0, $\sqrt{3}$이므로 이 중 양수인 것은 $\sqrt{3}$이다.

0950 답 ①

주어진 그래프에서 $f'(x)=0$인 x의 값은

$x=\alpha$ 또는 $x=\beta$ 또는 $x=\gamma$

함수 $f(x)$의 증가, 감소를 표로 나타내면 다음과 같다.

x	$\cdots$	α	$\cdots$	β	$\cdots$	γ	$\cdots$
$f'(x)$	$-$	0	$+$	0	$-$	0	$+$
$f(x)$	↘	극소	↗	극대	↘	극소	↗

ㄱ. $f(x)$는 $x=\beta$에서 극대이다. (참)

ㄴ. $f(\beta-x)=f(\beta+x)$이려면 함수 $y=f(x)$의 그래프가 직선 $x=\beta$에 대하여 대칭이어야 한다.

이때 $f(\alpha)<f(\gamma)<0<f(\beta)$이므로 함수 $y=f(x)$의 그래프는 그림과 같다. 즉, 함수 $y=f(x)$의 그래프는 직선 $x=\beta$에 대하여 대칭이 아니므로 $f(\beta-x)\neq f(\beta+x)$ (거짓)

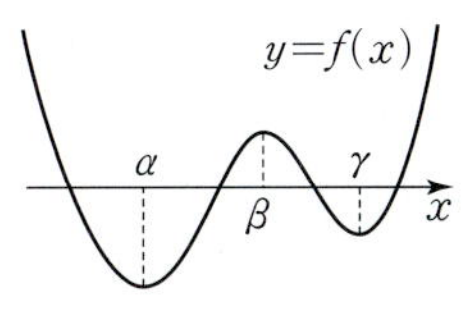

ㄷ. 함수 $y=f(x)$의 그래프는 x축과 서로 다른 네 점에서 만난다. (거짓)

따라서 옳은 것은 ㄱ뿐이다.

0951 답 4

최고차항의 계수가 1인 삼차함수 $f(x)$를

$f(x)=x^3+ax^2+bx+c$ (a, b, c는 상수)라 하면

$f'(x)=3x^2+2ax+b$

㈎에서 함수 $y=f'(x)$의 그래프는 y축에 대하여 대칭이므로

$a=0$ $\rightarrow$ $f'(x)$는 짝수 차수의 항과 상수항으로만 이루어진다.

$\therefore f'(x)=3x^2+b$, $f(x)=x^3+bx+c$

㈏에서 함수 $f(x)$는 $x=1$에서 극솟값 0을 가지므로

$f'(1)=0$, $f(1)=0$

$f'(1)=0$에서 $3+b=0$ $\therefore b=-3$

$f(1)=0$에서 $1+b+c=0$ $\therefore c=2$

즉, $f(x)=x^3-3x+2$이므로

$f'(x)=3x^2-3=3(x+1)(x-1)$

$f'(x)=0$인 x의 값은 $x=-1$ 또는 $x=1$

함수 $f(x)$의 증가, 감소를 표로 나타내면 다음과 같다.

x	$\cdots$	-1	$\cdots$	1	$\cdots$
$f'(x)$	$+$	0	$-$	0	$+$
$f(x)$	↗	4 극대	↘	0 극소	↗

따라서 함수 $f(x)$의 극댓값은 $f(-1)=4$이다.

0952 답 -1

㈎에서 함수 $y=f(x)$의 그래프는 y축에 대하여 대칭이므로

$f(x)=x^4+ax^3+bx^2+cx+6$에서

$a=0$, $c=0$

즉, $f(x)=x^4+bx^2+6$에서

$f'(x)=4x^3+2bx=2x(2x^2+b)$

$f'(x)=0$인 x의 값은 $\rightarrow 2x^2+b=0$에서 $x^2=-\dfrac{b}{2}$

$x=-\sqrt{-\dfrac{b}{2}}$ 또는 $x=0$ 또는 $x=\sqrt{-\dfrac{b}{2}}$ ($b<0$)

함수 $y=f(x)$의 그래프가 y축에 대하여 대칭이므로 함수 $f(x)$는

$x=-\sqrt{-\dfrac{b}{2}}$, $x=\sqrt{-\dfrac{b}{2}}$에서 극소이다.

이때 ㈏에서 함수 $f(x)$의 극솟값이 -10이므로

$f\left(\pm\sqrt{-\dfrac{b}{2}}\right)=-10$에서

$\dfrac{b^2}{4}+b\left(-\dfrac{b}{2}\right)+6=-10$, $-\dfrac{b^2}{4}=-16$

$b^2=64$ $\therefore b=-8$ ($\because b<0$)

따라서 $f(x)=x^4-8x^2+6$이므로 $f(1)=-1$

실수 Check

$b\geq 0$이면 $f'(x)=0$인 x의 값은 $x=0$뿐이므로 $x=0$에서 극솟값 6을 가진다. 이는 ㈏에 모순이다. 즉, $b<0$임에 주의한다.

0953 답 -8

최고차항의 계수가 1이고 $f(0)=0$인 사차함수 $f(x)$를

$f(x)=x^4+ax^3+bx^2+cx$ (a, b, c는 상수)라 하면

$f'(x)=4x^3+3ax^2+2bx+c$ $\cdots\cdots$ ㉠

⑺에서 $f(2+x)=f(2-x)$이므로 함수 $y=f(x)$의 그래프는 직선 $x=2$에 대하여 대칭이다.

이때 ⑷에서 함수 $f(x)$는 $x=1$에서 극소이므로 $x=3$에서도 극소이고, $x=2$에서 극대이다.

즉, $x=1$, $x=2$, $x=3$은 삼차방정식 $f'(x)=0$의 근이다.

$$\therefore\ f'(x)=4(x-1)(x-2)(x-3)$$
$$=4x^3-24x^2+44x-24\ \cdots\cdots\ \text{ⓛ}$$

㉠=ⓛ이므로

$3a=-24$, $2b=44$, $c=-24$

$\therefore a=-8$, $b=22$, $c=-24$

따라서 $f(x)=x^4-8x^3+22x^2-24x$이므로 함수 $f(x)$의 극댓값은 $f(2)=-8$

참고 최고차항의 계수가 양수인 사차함수의 그래프 중 직선 $x=a$에 대하여 대칭인 그래프는 다음 (1), (2)와 같은 꼴이고, $x=a$에서 극값을 가진다.

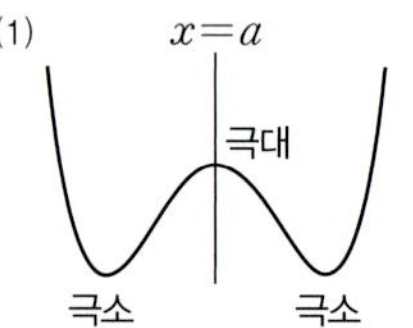 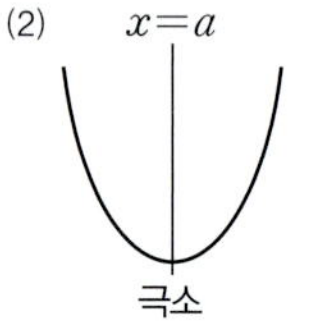

이 문제에서는 사차함수 $f(x)$가 $x=1$, $x=3$에서 극소이므로 $x=2$에서 극대이다.

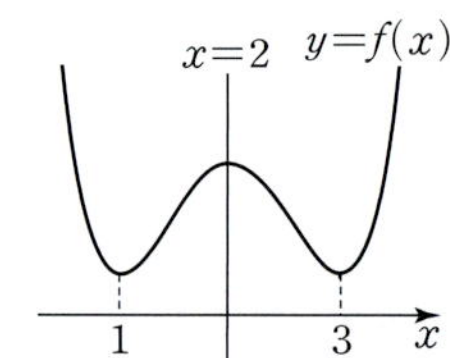

다른 풀이

⑺에서 함수 $y=f(x)$의 그래프는 직선 $x=2$에 대하여 대칭이므로 y축에 대하여 대칭인 그래프를 x축의 방향으로 2만큼 평행이동했다고 생각할 수 있다. ($\to y=x^4+ax^2+b$ 꼴)

$f(x)=(x-2)^4+a(x-2)^2+b$ (a, b는 상수)라 하면

$f'(x)=4(x-2)^3+2a(x-2)$

$f(0)=0$에서 $16+4a+b=0$ $\cdots\cdots$ ㉠

⑷에서 $f'(1)=0$이므로 $-4-2a=0$ $\cdots\cdots$ ㉡

㉠, ㉡을 연립하여 풀면 $a=-2$, $b=-8$

따라서 $f(x)=(x-2)^4-2(x-2)^2-8$이므로 함수 $f(x)$의 극댓값은 $f(2)=-8$이다.

0954 답 ⑤

함수 $y=g'(x)=-f(-x)$의 그래프는 함수 $y=f(x)$의 그래프를 원점에 대하여 대칭이동한 것과 같으므로 함수 $y=g'(x)$의 그래프는 그림과 같다.

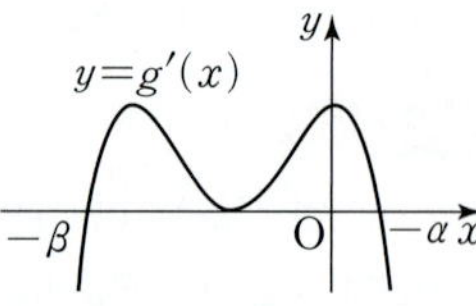

함수 $g(x)$의 증가, 감소를 표로 나타내면 다음과 같다.

x	$\cdots$	$-\beta$	$\cdots$		$\cdots$	$-\alpha$	$\cdots$
$g'(x)$	$-$	0	$+$	0	$+$	0	$-$
$g(x)$	↘	극소	↗		↗	극대	↘

ㄱ. 함수 $g(x)$는 $x=-\alpha$에서 극대이다. (참)

ㄴ. 함수 $g(x)$는 $x=-\beta$에서 극소이다. (참)

ㄷ. $-\beta<x<-\alpha$에서 $g'(x)\geq0$이므로 함수 $g(x)$는 $-\beta<x<-\alpha$에서 증가한다.

$\therefore g(-\beta)<g(-\alpha)$ (참)

따라서 옳은 것은 ㄱ, ㄴ, ㄷ이다.

0955 답 ①

삼차함수 $y=f(x)$의 그래프가 원점에 대하여 대칭이므로

$f(x)=ax^3+bx$ (a, b는 상수, $a>0$) $\cdots\cdots$ ㉠

라 하면 $f'(x)=3ax^2+b$

점 D의 x좌표가 $\dfrac{1}{2}$이므로 점 C의 x좌표는 $-\dfrac{1}{2}$이다.

즉, $f'\left(\dfrac{1}{2}\right)=0$, $f'\left(-\dfrac{1}{2}\right)=0$이므로

$f'(x)=3ax^2+b=3a\left(x+\dfrac{1}{2}\right)\left(x-\dfrac{1}{2}\right)$

$\therefore b=-\dfrac{3}{4}a$ $\cdots\cdots$ ㉡

㉡을 ㉠에 대입하면

$f(x)=ax^3-\dfrac{3}{4}ax=ax\left(x+\dfrac{\sqrt{3}}{2}\right)\left(x-\dfrac{\sqrt{3}}{2}\right)$

$\therefore \text{A}\left(-\dfrac{\sqrt{3}}{2},\ 0\right)$, $\text{B}\left(\dfrac{\sqrt{3}}{2},\ 0\right)$

함수 $f(x)$의 극댓값을 k라 하면

$\square\text{ADBC}=2\times\triangle\text{ABC}$ $\longrightarrow$ △ABC와 △BAD는 원점에 대하여 대칭이므로 △ABC=△BAD

$=2\times\dfrac{1}{2}\times\sqrt{3}\times k$ $\longrightarrow \overline{\text{AB}}=\dfrac{\sqrt{3}}{2}-\left(-\dfrac{\sqrt{3}}{2}\right)=\sqrt{3}$

$=k\sqrt{3}$

이때 사각형 ADBC의 넓이가 $\sqrt{3}$이므로

$k\sqrt{3}=\sqrt{3}$ $\therefore k=1$

따라서 구하는 함수 $f(x)$의 극댓값은 1이다.

실수 Check

$\overline{\text{AD}}\,/\!/\,\overline{\text{CB}}$, $\overline{\text{AC}}\,/\!/\,\overline{\text{DB}}$인 평행사변형 ADBC의 넓이를 (밑변의 길이)$\times$(높이)로 구할 수도 있으나 계산이 복잡하다.

좌표평면에서 도형의 넓이를 구할 때는 좌표축을 한 변으로 하는 도형의 넓이로 계산하는 것이 간단하다.

0956 답 2 | 유형 21

함수 $f(x)=2x^4-4x^2$의 그래프에서 극대인 한 점을 A, 극소인 두 (단서1) 점을 각각 B, C라 할 때, 삼각형 ABC의 넓이를 구하시오.

(단서1) $f'(x)=0$인 x의 값에서 극대, 극소

STEP 1 함수 $f(x)$의 증가, 감소를 표로 나타내기

$f(x)=2x^4-4x^2$에서

$f'(x)=8x^3-8x=8x(x+1)(x-1)$

$f'(x)=0$인 x의 값은 $x=-1$ 또는 $x=0$ 또는 $x=1$

함수 $f(x)$의 증가, 감소를 표로 나타내면 다음과 같다.

x	$\cdots$	-1	$\cdots$	0	$\cdots$	1	$\cdots$
$f'(x)$	$-$	0	$+$	0	$-$	0	$+$
$f(x)$	↘	-2 극소	↗	0 극대	↘	-2 극소	↗

함수 $y=f(x)$의 그래프의 개형은 그림과
같다.
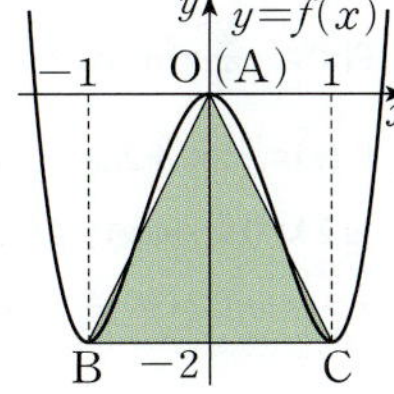
A$(0, 0)$, B$(-1, -2)$, C$(1, -2)$ 또는
A$(0, 0)$, B$(1, -2)$, C$(-1, -2)$
이므로 삼각형 ABC의 넓이는
$$\frac{1}{2}\times 2\times 2=2$$

0957 답 ⑤

함수 $f(x)$는 $x=-2$에서 극댓값 2를 가지므로
$f(-2)=2$, $f'(-2)=0$
$g(x)=x^2 f(x)$에서 $g'(x)=2xf(x)+x^2 f'(x)$
이때 $g(-2)=4f(-2)=4\times 2=8$이고,
$$\begin{aligned}g'(-2)&=-4f(-2)+4f'(-2)\\&=-4\times 2+4\times 0=-8\end{aligned}$$
이므로 곡선 $y=g(x)$ 위의 점 $(-2, 8)$에서의 접선의 방정식은
$y-8=-8(x+2)$ $\therefore y=-8x-8$
따라서 이 직선과 x축, y축으로 눌러싸인
도형의 넓이는
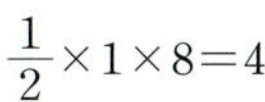
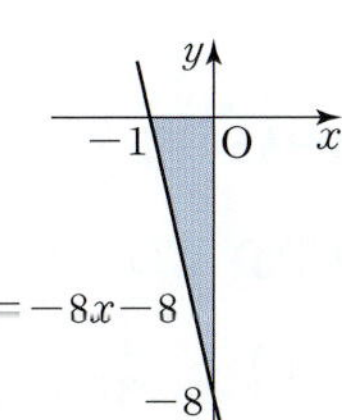
$$\frac{1}{2}\times 1\times 8=4$$

0958 답 $\dfrac{1}{2}$

$f(x)=-x^3+3x^2+4x+2$의 닫힌구간 $[a, a+1]$에서의 평균변
화율 $F(a)$는
$$\begin{aligned}F(a)&=\frac{f(a+1)-f(a)}{a+1-a}\\&=-(a+1)^3+3(a+1)^2+4(a+1)+2\\&\qquad\qquad\qquad -(-a^3+3a^2+4a+2)\\&=-3a^2+3a+6\end{aligned}$$
이므로 $F'(a)=-6a+3$
$F'(a)=0$인 a의 값은 $a=\dfrac{1}{2}$

$a=\dfrac{1}{2}$의 좌우에서 $F'(a)$의 부호가 양에서 음으로 바뀌므로

$F(a)$는 $a=\dfrac{1}{2}$에서 극대이다.

0959 답 ②

$f(x)=x^3-3ax^2+a^3$에서
$f'(x)=3x^2-6ax=3x(x-2a)$
$f'(x)=0$인 x의 값은 $x=0$ 또는 $x=2a$
$a>0$이므로 함수 $f(x)$의 증가, 감소를 표로 나타내면 다음과 같다.

x	$\cdots$	0	$\cdots$	$2a$	$\cdots$
$f'(x)$	$+$	0	$-$	0	$+$
$f(x)$	↗	a^3 극대	↘	$-3a^3$ 극소	↗

함수 $f(x)$가 극대인 점과 극소인 점의 좌표는 각각
$(0, a^3)$, $(2a, -3a^3)$이므로 두 점을 잇는 선분의 중점은
M$(a, -a^3)$
따라서 점 M이 나타내는 도형의 방정식은
$y=-x^3\ (x>0)$

0960 답 $\left(\dfrac{1}{2}, 2\right)$

$f(x)=2x^3-6x^2+4$에서
$f'(x)=6x^2-12x=6x(x-2)$
$f'(x)=0$인 x의 값은 $x=0$ 또는 $x=2$
함수 $f(x)$의 증가, 감소를 표로 나타내면 다음과 같다.

x	$\cdots$	0	$\cdots$	2	$\cdots$
$f'(x)$	$+$	0	$-$	0	$+$
$f(x)$	↗	4 극대	↘	-4 극소	↗

따라서 A$(0, 4)$, B$(2, -4)$이므로 선분 AB를 $1 : 3$으로 내분하
는 점의 좌표는
$$\left(\frac{1\times 2+3\times 0}{1+3},\ \frac{1\times(-4)+3\times 4}{1+3}\right),\ 즉\ \left(\frac{1}{2}, 2\right)$$

개념 Check

좌표평면 위의 두 점 A(x_1, y_1), B(x_2, y_2)를 이은 선분 AB를
$m : n\,(m>0, n>0)$으로 내분하는 점을 P라 하면
$$P\left(\frac{mx_2+nx_1}{m+n},\ \frac{my_2+ny_1}{m+n}\right)$$

0961 답 ④

함수 $f(x)$는 $x=2$에서 연속이므로
$$\lim_{x\to 2+}f(x)=\lim_{x\to 2-}f(x)=f(2)에서$$
$4a+2b=-2$ $\therefore 2a+b=-1$ $\cdots\cdots\cdots$ ㉠
또한 함수 $f(x)$는 $x=-2$에서 연속이므로
$$\lim_{x\to -2+}f(x)=\lim_{x\to -2-}f(x)=f(-2)에서$$
$4a-2b=-6$ $\therefore 2a-b=-3$ $\cdots\cdots\cdots$ ㉡
㉠, ㉡을 연립하여 풀면 $a=-1$, $b=1$
$$\therefore f(x)=\begin{cases} x-4 & (\,|x|\geq 2) \\ -x^2+x & (\,|x|<2) \end{cases}$$
함수 $y=f(x)$의 그래프는 그림과 같으
므로 $f(x)$의 극댓값 $M=f\left(\dfrac{1}{2}\right)=\dfrac{1}{4}$,
극솟값 $m=f(2)=-2$이다.
$\therefore Mm=\dfrac{1}{4}\times(-2)=-\dfrac{1}{2}$
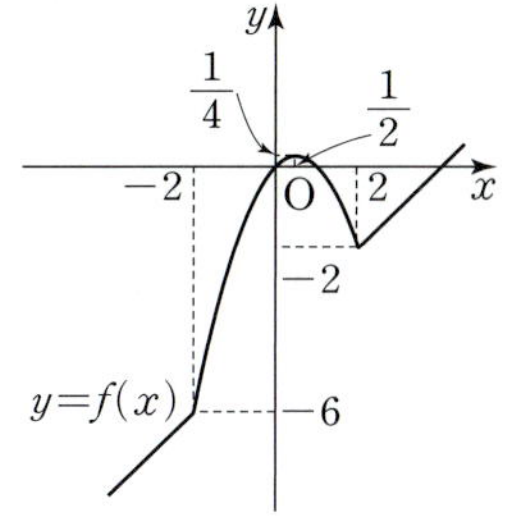

0962 답 $1, -4$

$f(x)=x^4-16x^2$에서
$f'(x)=4x^3-32x=4x(x+2\sqrt{2})(x-2\sqrt{2})$
$f'(x)=0$인 x의 값은 $x=-2\sqrt{2}$ 또는 $x=0$ 또는 $x=2\sqrt{2}$

함수 $f(x)$의 증가, 감소를 표로 나타내면 다음과 같다.

x	$\cdots$	$-2\sqrt{2}$	$\cdots$	0	$\cdots$	$2\sqrt{2}$	$\cdots$
$f'(x)$	$-$	0	$+$	0	$-$	0	$+$
$f(x)$	$\searrow$	-64 극소	$\nearrow$	0 극대	$\searrow$	-64 극소	$\nearrow$

함수 $y=f(x)$의 그래프의 개형은 그림과 같다.

함수 $y=f(x)$의 그래프에서 감소하는 구간은

$(-\infty,\ -2\sqrt{2}\,)$ 또는 $(0,\ 2\sqrt{2}\,)$

㈎에서 함수 $f(x)$가 구간

$(k,\ k+1)$에서 감소하므로 구간 $(k,\ k+1)$은 구간

$(-\infty,\ -2\sqrt{2}\,)$에 포함되거나 구간 $(0,\ 2\sqrt{2}\,)$에 포함된다.

(i) 구간 $(k,\ k+1)$이 구간 $(-\infty,\ -2\sqrt{2}\,)$에 포함되는 경우

$\quad k+1\le -2\sqrt{2}$

$\quad \therefore k\le -2\sqrt{2}-1$

(ii) 구간 $(k,\ k+1)$이 구간 $(0,\ 2\sqrt{2}\,)$에 포함되는 경우

$\quad k\ge 0$이고 $k+1\le 2\sqrt{2}$

$\quad \therefore 0\le k\le 2\sqrt{2}-1$

(i), (ii)에서 k는 정수이므로

$k=\cdots,\ -6,\ -5,\ -4,\ 0,\ 1$ ······························· ㉠

이때 $f'(0)=0$이므로 $k=0$은 ㈏를 만족시키지 않는다.

$\therefore k\ne 0$

㉠의 값 중에서 $k=0$을 제외하면 $f'(k)<0$이므로 ㈏에 의하여 $f'(k+2)>0$이어야 한다.

㉠의 값 중에서 $f'(k+2)>0$을 만족시키는 정수 k의 값은

$1,\ -4$이다.

실수 Check

조건을 만족시키는 정수 k의 값을 모두 구하려면 함수 $y=f(x)$의 그래프에서 감소하는 구간인 $(-\infty,\ -2\sqrt{2}\,)$와 $(0,\ 2\sqrt{2}\,)$에서 모든 경우를 알아봐야 한다.

0963 답 ③

삼차함수 $f(x)$에 대하여 이차방정식 $f'(x)=0$의 두 실근이 α, β이므로 $f'(\alpha)=f'(\beta)=0$이다.

즉, $f(\alpha)$, $f(\beta)$는 함수 $f(x)$의 극값이다.

㈏에서 $\sqrt{(\beta-\alpha)^2+\{f(\beta)-f(\alpha)\}^2}=26$이므로

$(\beta-\alpha)^2+\{f(\beta)-f(\alpha)\}^2=26^2$

$10^2+\{f(\beta)-f(\alpha)\}^2=26^2\ (\because ㈎)$

$\{f(\beta)-f(\alpha)\}^2=576$

$\therefore |f(\beta)-f(\alpha)|=24$

따라서 함수 $f(x)$의 극댓값과 극솟값의 차는 24이다.

서술형 유형 익히기　　　　　213쪽~215쪽

0964 답 (1) -2 (2) 5 (3) $<$ (4) $>$ (5) $\dfrac{5}{2}$ (6) 2 (7) $\dfrac{3}{2}$ (8) $\dfrac{5}{2}$

실제 답안 예시

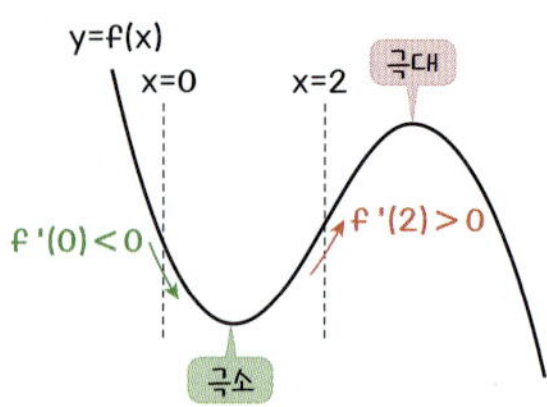

최고차항의 계수가 음수인 삼차함수 $f(x)$가 $0<x<2$에서 극솟값, $x>2$에서 극댓값을 가지므로

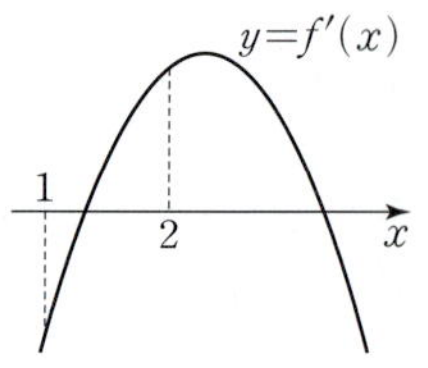

(i) $f'(0)<0$에서

$\quad -2a+5<0 \qquad \therefore a>\dfrac{5}{2}$

(ii) $f'(2)>0$에서

$\quad -8+4a-2a+5>0 \qquad \therefore a>\dfrac{3}{2}$

따라서 (i), (ii)에서 $a>\dfrac{5}{2}$

0965 답 $\dfrac{7}{4}<a<2$

STEP 1 $f'(x)$ 구하기 [2점]

$f(x)=-\dfrac{1}{3}x^3+ax^2-3x$에서 $f'(x)=-x^2+2ax-3$

STEP 2 삼차함수 $f(x)$가 주어진 구간에서 극값을 가질 조건 찾기 [3점]

삼차함수 $f(x)$가 $1<x<2$에서 극솟값을 가지고, $x>2$에서 극댓값을 가지려면 이차방정식 $f'(x)=0$의 서로 다른 두 실근 중 한 근은 1과 2 사이에 있고, 다른 한 근은 2보다 커야 한다.

즉, $f'(1)<0$이고 $f'(2)>0$이어야 한다.

STEP 3 실수 a의 값의 범위 구하기 [3점]

(i) $f'(1)<0$에서

$\quad -1+2a-3<0,\ 2a<4 \qquad \therefore a<2$ ············· ㉠ ······ ⓐ

(ii) $f'(2)>0$에서

$\quad -4+4a-3>0,\ 4a>7 \qquad \therefore a>\dfrac{7}{4}$ ············· ㉡ ······ ⓐ

㉠, ㉡을 동시에 만족시키는 실수 a의 값의 범위는

$\dfrac{7}{4}<a<2$

부분점수표	
ⓐ $f'(1)<0$, $f'(2)>0$ 중 부등식의 해를 한 개만 구한 경우	각 1점

0966 답 4

STEP 1 $f'(x)$ 구하기 [2점]

$f(x)=x^3+(a-1)x^2+(2a-5)x$에서

$f'(x)=3x^2+2(a-1)x+2a-5$

STEP 2 삼차함수 $f(x)$가 극값을 가지지 않을 조건 찾기 [3점]

삼차함수 $f(x)$가 극값을 가지지 않으려면 이차방정식 $f'(x)=0$이 중근 또는 허근을 가져야 한다.

STEP 3 실수 a의 값 구하기 [3점]

이차방정식 $3x^2+2(a-1)x+2a-5=0$의 판별식을 D라 하면

$\dfrac{D}{4}\le0$에서 $(a-1)^2-3(2a-5)\le0$, $(a-4)^2\le0$

$\therefore a=4$

따라서 함수 $f(x)$가 극값을 가지지 않도록 하는 실수 a의 값은 4이다.

0967 답 $-\dfrac{9}{2}<a<-4$

STEP 1 $f'(x)$ 구하기 [2점]

$f(x)=\dfrac{1}{3}x^3+ax^2-4ax+1$에서 $f'(x)=x^2+2ax-4a$

STEP 2 삼차함수 $f(x)$가 $x>3$에서 극댓값, 극솟값을 모두 가질 조건 찾기 [3점]

삼차함수 $f(x)$가 $x>3$에서 극댓값과 극솟값을 모두 가지려면 이차방정식 $f'(x)=0$이 $x>3$에서 서로 다른 두 실근을 가져야 한다.

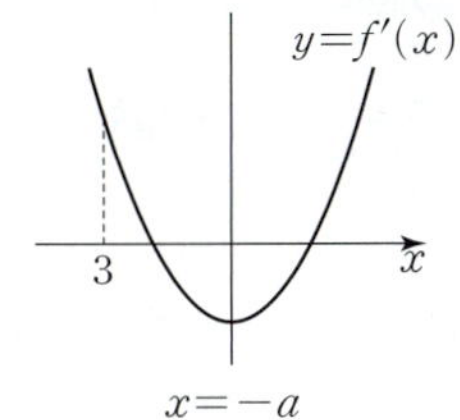

STEP 3 실수 a의 값의 범위 구하기 [3점]

(i) 이차방정식 $x^2+2ax-4a=0$의 판별식을 D라 하면

$\dfrac{D}{4}>0$에서 $a^2+4a>0$, $a(a+4)>0$

$\therefore a<-4$ 또는 $a>0$ ……… ㉠ ····· ⓐ

(ii) $f'(3)>0$에서

$9+2a>0$ $\therefore a>-\dfrac{9}{2}$ ……… ㉡ ····· ⓐ

(iii) 함수 $y=f'(x)$의 그래프의 축의 방정식은 $x=-a$이므로

$-a>3$ $\therefore a<-3$ ……… ㉢ ····· ⓐ

㉠, ㉡, ㉢을 동시에 만족시키는 실수 a의 값의 범위는

$-\dfrac{9}{2}<a<-4$

부분점수표	
ⓐ (i), (ii), (iii) 중에서 일부를 구한 경우	각 1점

0968 답 (1) $\dfrac{1}{3}$ (2) -9 (3) 3 (4) -18

0969 답 16

STEP 1 ㈎를 이용하여 $f(x)$를 식으로 나타내기 [3점]

㈎에서 삼차함수 $y=f(x)$의 그래프는 원점에 대하여 대칭이다.

$f(x)$는 최고차항의 계수가 1인 삼차함수이므로

$f(x)=x^3+ax$ (a는 상수)라 하자.

STEP 2 ㈏를 이용하여 $f(x)$ 구하기 [3점]

$f'(x)=3x^2+a$이고 ㈏에서 $f'(2)=0$이므로

$12+a=0$ $\therefore a=-12$

$\therefore f(x)=x^3-12x$

STEP 3 함수 $f(x)$의 극댓값 구하기 [2점]

$f'(x)=3x^2-12=3(x+2)(x-2)$

$f'(x)=0$인 x의 값은 $x=-2$ 또는 $x=2$

함수 $f(x)$의 증가, 감소를 표로 나타내면 다음과 같다.

x	$\cdots$	-2	$\cdots$	2	$\cdots$
$f'(x)$	$+$	0	$-$	0	$+$
$f(x)$	↗	16 극대	↘	-16 극소	↗

따라서 함수 $f(x)$의 극댓값은

$f(-2)=16$

0970 답 32

STEP 1 ㈎를 이용하여 $f(x)$, $f'(x)$를 식으로 나타내기 [3점]

최고차항의 계수가 1인 삼차함수 $f(x)$를

$f(x)=x^3+ax^2+bx+c$ (a, b, c는 상수)라 하면

$f'(x)=3x^2+2ax+b$

㈎에서 함수 $y=f'(x)$의 그래프는 y축에 대하여 대칭이므로

$a=0$

$\therefore f'(x)=3x^2+b$, $f(x)=x^3+bx+c$

STEP 2 ㈏를 이용하여 $f(x)$, $f'(x)$ 구하기 [4점]

㈏에서 함수 $f(x)$는 $x=2$에서 극솟값 0을 가지므로

$f'(2)=0$, $f(2)=0$

$f'(2)=0$에서 $12+b=0$

$\therefore b=-12$

$f(2)=0$에서 $8+2b+c=0$

$\therefore c=16$

$\therefore f(x)=x^3-12x+16$ …… ⓐ

$f'(x)=3x^2-12=3(x+2)(x-2)$

STEP 3 함수 $f(x)$의 극댓값 구하기 [2점]

$f'(x)=0$인 x의 값은 $x=-2$ 또는 $x=2$

함수 $f(x)$의 증가, 감소를 표로 나타내면 다음과 같다.

x	$\cdots$	-2	$\cdots$	2	$\cdots$
$f'(x)$	$+$	0	$-$	0	$+$
$f(x)$	↗	32 극대	↘	0 극소	↗

따라서 함수 $f(x)$의 극댓값은 $f(-2)=32$이다.

부분점수표	
ⓐ $f(x)$를 구한 경우	3점

0971 답 -5

STEP 1 ㈎를 이용하여 $f(0)$, $f'(0)$의 값 구하기 [2점]

㈎의 $\displaystyle\lim_{h\to 0}\frac{f(h)}{h}=-8$에서 $h\to 0$일 때 극한값이 존재하고

(분모) $\to 0$이므로 (분자) $\to 0$이어야 한다.

즉, $\displaystyle\lim_{h\to 0}f(h)=f(0)=0$

$\therefore \displaystyle\lim_{h\to 0}\frac{f(h)}{h}=\lim_{h\to 0}\frac{f(h)-f(0)}{h}=f'(0)=-8$ ······················ ㉠

STEP 2 ㈏를 이용하여 $f(x)$, $f'(x)$를 식으로 나타내기 [3점]

㈏에서 $f(1-x)=f(1+x)$이므로 함수 $y=f(x)$의 그래프는 직선 $x=1$에 대하여 대칭이다.

이때 $f(0)=f(2)=0$이고, 사차함수 $f(x)$의 최고차항의 계수가 -1이므로

$f(x)=-x(x-2)(x^2+ax+b)$ $(a,\ b$는 상수)라 하면

$f(x)=-x^4+(2-a)x^3+(2a-b)x^2+2bx$

$f'(x)=-4x^3+3(2-a)x^2+2(2a-b)x+2b$

STEP 3 사차함수 $f(x)$의 그래프의 개형을 나타내고 함수 $f(x)$의 극솟값 구하기 [4점]

최고차항의 계수가 음수이고, 직선 $x=1$에 대하여 대칭인 사차함수 $f(x)$가 극솟값을 가지므로 함수 $y=f(x)$의 그래프의 개형은 그림과 같다.

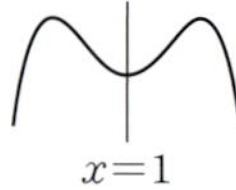

함수 $f(x)$는 $x=1$에서 극솟값을 가지므로

$f'(1)=0$에서

$-4+3(2-a)+2(2a-b)+2b=0$

$2+a=0$ $\quad\therefore a=-2$

㉠에서 $f'(0)=-8$이므로

$2b=-8$ $\quad\therefore b=-4$

$\therefore f(x)=-x^4+4x^3-8x$

따라서 함수 $f(x)$의 극솟값은 $f(1)=-5$이다.

다른 풀이

㈏에서 함수 $y=f(x)$의 그래프는 직선 $x=1$에 대하여 대칭이므로

$f(x)=-(x-1)^4+a(x-1)^2+b$ $(a,\ b$는 상수)라 하면

$f'(x)=-4(x-1)^3+2a(x-1)$

㈎에서 $f(0)=0$, $f'(0)=-8$이므로

$f(0)=0$에서 $-1+a+b=0$ ······················ ㉠

$f'(0)=-8$에서 $4-2a=-8$ ······················ ㉡

㉠, ㉡을 연립하여 풀면 $a=6$, $b=-5$

따라서 $f(x)=-(x-1)^4+6(x-1)^2-5$이므로 함수 $f(x)$의 극솟값은 $f(1)=-5$이다.

실전 마무리하기 1회

216쪽~220쪽

1 0972 답 ⑤ 〔유형 2〕

출제의도 | 도함수의 그래프를 보고 함수의 증가, 감소를 판단할 수 있는지 확인한다.

> $f'(x)>0$이면 함수 $f(x)$는 증가하고, $f'(x)<0$이면 함수 $f(x)$는 감소해.

① 구간 $(-\infty,\ -2)$에서 $f'(x)<0$이므로 함수 $f(x)$는 구간 $(-\infty,\ -2)$에서 감소한다. (거짓)

② 구간 $(-2,\ -1)$에서 $f'(x)<0$이므로 함수 $f(x)$는 구간 $(-2,\ -1)$에서 감소한다. (거짓)

③ 구간 $(0,\ 2)$에서 $f'(x)>0$이므로 함수 $f(x)$는 구간 $(0,\ 2)$에서 증가한다. (거짓)

④ 구간 $(3,\ 4)$에서 $f'(x)<0$이므로 함수 $f(x)$는 구간 $(3,\ 4)$에서 감소한다. (거짓)

⑤ 구간 $(4,\ 5)$에서 $f'(x)>0$이므로 함수 $f(x)$는 구간 $(4,\ 5)$에서 증가한다. (참)

따라서 옳은 것은 ⑤이다.

2 0973 답 ③ 〔유형 3〕

출제의도 | 함수가 감소할 조건을 알고 있는지 확인한다.

> 함수 $f(x)$가 실수 전체의 집합에서 감소하면 모든 실수 x에 대하여 $f'(x)\leq 0$이야.

$f(x)=-x^3+ax^2+(a^2-3)x-2$에서

$f'(x)=-3x^2+2ax+a^2-3$

함수 $f(x)$가 실수 전체의 집합에서 감소하려면 모든 실수 x에서 $f'(x)\leq 0$이어야 한다.

이차방정식 $-3x^2+2ax+a^2-3=0$의 판별식을 D라 하면

$\dfrac{D}{4}\leq 0$에서

$a^2+3(a^2-3)\leq 0,\ 4a^2-9\leq 0$

$(2a+3)(2a-3)\leq 0$ $\quad\therefore -\dfrac{3}{2}\leq a\leq\dfrac{3}{2}$

따라서 실수 a의 최댓값은 $\dfrac{3}{2}$이다.

3 0974 답 ① 〔유형 4〕

출제의도 | 함수가 주어진 구간에서 증가할 조건을 알고 있는지 확인한다.

> 함수 $f(x)$가 $x>1$에서 증가하면 $x>1$에서 $f'(x)\geq 0$이어야 해.

$f(x)=\dfrac{1}{3}x^3+x^2+ax+3$에서

$f'(x)=x^2+2x+a$

함수 $f(x)$가 $x>1$에서 증가하려면 $x>1$에서 $f'(x)\geq 0$이어야 하므로 $f'(1)\geq 0$에서

$3+a\geq 0$ $\quad\therefore a\geq -3$

따라서 실수 a의 최솟값은 -3이다.

4 0975 답 ⑤ 〔유형 5〕

출제의도 | 삼차함수가 역함수를 가질 조건을 이해하는지 확인한다.

> 최고차항의 계수가 양수인 삼차함수 $f(x)$가 역함수를 가지려면 실수 전체의 집합에서 증가해야 하므로 $f'(x)\geq 0$이야.

$f(x)=x^3-ax^2+(a+6)x+5$에서

$f'(x)=3x^2-2ax+a+6$

함수 $f(x)$의 역함수가 존재하려면 $f(x)$가 일대일대응이어야 하고, $f(x)$의 최고차항의 계수가 양수이므로 함수 $f(x)$는 실수 전체의 집합에서 증가해야 한다.

즉, 모든 실수 x에 대하여 $f'(x)\geq0$이어야 한다.

이차방정식 $3x^2-2ax+a+6=0$의 판별식을 D라 하면 $\dfrac{D}{4}\leq0$에서

$a^2-3(a+6)\leq0$

$a^2-3a-18\leq0,\ (a+3)(a-6)\leq0$

$\therefore\ -3\leq a\leq6$

따라서 $M=6,\ m=-3$이므로

$M-m=9$

5 0976 답 ④ 유형 7

출제의도 | 함수의 극값을 이용하여 미정계수를 구할 수 있는지 확인한다.

> 함수 $f(x)$가 $x=-3$에서 극솟값 -32를 가지면
> $f'(-3)=0$, $f(-3)=-32$야.

$f(x)=-x^3+ax^2+bx-5$에서

$f'(x)=-3x^2+2ax+b$

함수 $f(x)$가 $x=-3$에서 극솟값 -32를 가지므로

$f'(-3)=0,\ f(-3)=-32$

$f'(-3)=0$에서 $-27-6a+b=0$

$\therefore\ 6a-b=-27$ ⋯⋯⋯ ㉠

$f(-3)=-32$에서 $27+9a-3b-5=-32$

$\therefore\ 3a-b=-18$ ⋯⋯⋯ ㉡

㉠, ㉡을 연립하여 풀면 $a=-3,\ b=9$

즉, $f(x)=-x^3-3x^2+9x-5$이므로

$f(2)=-8-12+18-5=-7$

6 0977 답 ④ 유형 2

출제의도 | 도함수의 그래프를 보고 함수의 증가·감소와 극대·극소를 판단할 수 있는지 확인한다.

> 함수 $f(x)$가 구간 $(a,\ b)$에서 $f'(x)>0$이면 증가, $f'(x)<0$이면 감소하고 $f'(a)=0$이고 $x=a$의 좌우에서 $f'(x)$의 부호가 바뀌면 $f(x)$는 $x=a$에서 극값을 가져.

ㄱ. 함수 $f(x)$는 $x=2$에서 연속이고, $x=2$에서 좌미분계수와 우미분계수가 -1로 같으므로 미분가능하다. (참)

ㄴ. 구간 $(0,\ 1)$에서 $f'(x)>0$이므로 함수 $f(x)$는 구간 $(0,\ 1)$에서 증가하고, 구간 $(1,\ 2)$에서 $f'(x)<0$이므로 함수 $f(x)$는 구간 $(1,\ 2)$에서 감소한다. (거짓)

ㄷ. $x=1$의 좌우에서 $f'(x)$의 부호가 양에서 음으로 바뀌므로 함수 $f(x)$는 $x=1$에서 극대이다. (참)

따라서 옳은 것은 ㄱ, ㄷ이다.

7 0978 답 ④ 유형 3

출제의도 | 함수가 실수 전체의 집합에서 증가할 조건을 알고 있는지 확인한다.

> $x_1<x_2$인 임의의 두 실수 x_1, x_2에 대하여 $f(x_1)<f(x_2)$이면 함수 $f(x)$는 항상 증가해.

$f(x)=x^3+ax^2+3ax+1$에서

$f'(x)=3x^2+2ax+3a$

$x_1<x_2$인 임의의 두 실수 x_1, x_2에 대하여 $f(x_1)<f(x_2)$가 성립하려면 함수 $f(x)$가 실수 전체의 집합에서 증가해야 한다.

즉, 모든 실수 x에 대하여 $f'(x)\geq0$이어야 한다.

이차방정식 $3x^2+2ax+3a=0$의 판별식을 D라 하면 $\dfrac{D}{4}\leq0$에서

$a^2-9a\leq0,\ a(a-9)\leq0$

$\therefore\ 0\leq a\leq9$

따라서 정수 a의 최댓값은 9, 최솟값은 0이므로

$M=9,\ m=0$

$\therefore\ M-m=9$

8 0979 답 ③ 유형 7

출제의도 | 주어진 조건을 이용하여 미정계수를 정할 수 있는지 확인한다.

> 곡선 $y=f(x)$ 위의 $x=1$인 점에서의 접선의 기울기는 $f'(1)$이야.

$f(x)=x^3+ax^2+bx$에서

$f'(x)=3x^2+2ax+b$

함수 $f(x)$가 $x=-1$에서 극값을 가지므로 $f'(-1)=0$에서

$3-2a+b=0$

$\therefore\ 2a-b=3$ ⋯⋯⋯ ㉠

곡선 $y=f(x)$ 위의 $x=1$인 점에서의 접선의 기울기가 8이므로

$f'(1)=8$에서

$3+2a+b=8$

$\therefore\ 2a+b=5$ ⋯⋯⋯ ㉡

㉠, ㉡을 연립하여 풀면 $a=2,\ b=1$

따라서 $f(x)=x^3+2x^2+x$이므로

$f(-2)=-8+8-2=-2$

9 0980 답 ⑤ 유형 7

출제의도 | 함수의 두 극값을 가지는 x의 값의 차를 이용하여 미정계수를 구할 수 있는지 확인한다.

> 삼차함수가 극값을 가지는 x의 값은 이차방정식 $f'(x)=0$의 근이야.

$f(x)=x^3+ax^2+bx$에서

$f'(x)=3x^2+2ax+b$

삼차함수 $f(x)$가 $x=\alpha$, $x=\beta$에서 극값을 가지므로 이차방정식 $3x^2+2ax+b=0$의 서로 다른 두 실근이 α, β이다.

이차방정식의 근과 계수의 관계에 의하여

$\alpha+\beta=-\dfrac{2}{3}a,\ \alpha\beta=\dfrac{b}{3}$

$\therefore\ \beta-\alpha=\sqrt{(\alpha+\beta)^2-4\alpha\beta}$

$\qquad=\sqrt{\left(-\dfrac{2}{3}a\right)^2-\dfrac{4b}{3}}$

$\qquad=\dfrac{2}{3}\sqrt{a^2-3b}$

이때 $\beta-\alpha=4$이므로 $\dfrac{2}{3}\sqrt{a^2-3b}=4$에서

$\sqrt{a^2-3b}=6\qquad\therefore\ a^2-3b=36$

10 0981　답 ②　　　　　　　　　　　　　　　　_{유형 7}

출제의도 ｜ 극값의 성질과 나머지정리를 활용하여 나머지를 구할 수 있는지 확인한다.

> 다항함수 $f(x)$가 $x=3$에서 극댓값 -1을 가지면 $f'(3)=0$, $f(3)=-1$이야.

$f(x)$를 $(x-3)^2$으로 나누었을 때의 몫을 $Q(x)$, 나머지를 $R(x)=ax+b$ (a, b는 상수)라 하면 
$$f(x)=(x-3)^2Q(x)+ax+b$$
$$f'(x)=2(x-3)Q(x)+(x-3)^2Q'(x)+a$$
함수 $f(x)$가 $x=3$에서 극댓값 -1을 가지므로
$f'(3)=0$, $f(3)=-1$
$f'(3)=0$에서 $a=0$
$f(3)=-1$에서 $3a+b=-1$　　$\therefore b=-1$
따라서 $R(x)=-1$이므로 $R(1)=-1$

11 0982　답 ④　　　　　　　　　　　　　　　　_{유형 7}

출제의도 ｜ 극댓값의 정의를 알고 미정계수를 구할 수 있는지 확인한다.

> $x=a$의 좌우에서 $f'(x)$의 부호가 양에서 음으로 바뀌면 함수 $f(x)$는 $x=a$에서 극댓값을 가져.

$$f(x)=\begin{cases} x^3+ax & (x\geq0) \\ a(x^3-3x) & (x<0) \end{cases}에서$$
$$f'(x)=\begin{cases} 3x^2+a & (x>0) \\ 3a(x^2-1) & (x<0) \end{cases}$$
(i) $x>0$일 때
　$a>0$이므로 $3x^2+a>0$
　즉, $f'(x)=0$인 x의 값은 존재하지 않는다.
(ii) $x<0$일 때
　$f'(x)=3a(x^2-1)=3a(x+1)(x-1)$
　$f'(x)=0$인 x의 값은 $x=-1$ $(\because x<0)$
함수 $f(x)$의 증가, 감소를 표로 나타내면 다음과 같다.

x	$\cdots$	-1	$\cdots$	0	$\cdots$
$f'(x)$	$+$	0	$-$		$+$
$f(x)$	↗	$2a$ 극대	↘	0 극소	↗

함수 $f(x)$의 극댓값이 4이므로
$2a=4$　　$\therefore a=2$

12 0983　답 ③　　　　　　　　　　　　　　　　_{유형 8}

출제의도 ｜ 삼차함수의 그래프를 보고 계수의 부호를 판별할 수 있는지 확인한다.

> 두 극값을 가지는 점의 x좌표의 합과 곱의 부호를 살펴보자.

$f(x)=ax^3+bx^2+cx+d$에서
$f'(x)=3ax^2+2bx+c$
ㄱ. 함수 $y=f(x)$의 그래프에서 $x\to\infty$일 때 $f(x)\to\infty$이므로
　$a>0$ (참)
ㄴ. $f'(\alpha)=0$, $f'(\beta)=0$이고, $\alpha<0<\beta$이므로 이차방정식
　$f'(x)=0$은 음의 실근 α와 양의 실근 β를 가진다.

이때 $\beta>|\alpha|$이므로 이차방정식의 근과 계수의 관계에 의하여
$$\alpha+\beta=-\frac{2b}{3a}>0　　\therefore b<0\ (\because a>0)\ (거짓)$$
ㄷ. ㄴ에서 이차방정식의 근과 계수의 관계에 의하여
$$\alpha\beta=\frac{c}{3a}<0　　\therefore c<0\ (\because a>0)\ (거짓)$$
ㄹ. 함수 $y=f(x)$의 그래프가 y축의 양의 부분과 만나므로
　$f(0)=d>0$ (참)
따라서 옳은 것은 ㄱ, ㄹ이다.

13 0984　답 ⑤　　　　　　　　　　　　　　　　_{유형 12}

출제의도 ｜ 삼차함수가 극값을 가질 조건을 알고 있는지 확인한다.

> 삼차함수가 극값을 가지려면 이차방정식 $f'(x)=0$이 서로 다른 두 실근을 가져야 해.

$f(x)=x^3+ax^2+(a^2-6a)x+5$에서
$f'(x)=3x^2+2ax+a^2-6a$
삼차함수 $f(x)$가 극값을 가지려면 이차방정식 $f'(x)=0$이 서로 다른 두 실근을 가져야 한다.
이차방정식 $3x^2+2ax+a^2-6a=0$의 판별식을 D라 하면
$$\frac{D}{4}>0에서 a^2-3a^2+18a>0$$
$$-2a^2+18a>0,\ 2a(a-9)<0$$
$$\therefore 0<a<9$$
따라서 정수 a는 $1, 2, 3, \cdots, 8$의 8개이다.

14 0985　답 ③　　　　　　　　　　　　　　　　_{유형 16}

출제의도 ｜ 사차함수가 극값을 하나만 가질 조건을 알고 있는지 확인한다.

> 사차함수 $f(x)$의 극값이 하나이면 방정식 $f'(x)=0$은 한 실근과 두 허근 또는 한 실근과 중근 또는 삼중근을 가져야 해.

$f(x)=x^4+\frac{2}{3}ax^3+2x^2+1$에서
$f'(x)=4x^3+2ax^2+4x=2x(2x^2+ax+2)$
사차함수 $f(x)$가 극값을 하나만 가지려면 삼차방정식 $f'(x)=0$이 한 실근과 두 허근 또는 한 실근과 중근 또는 삼중근을 가져야 하므로 이차방정식 $2x^2+ax+2=0$의 한 근이 0이거나 0이 아닌 중근 또는 허근을 가져야 한다.
(i) 이차방정식 $2x^2+ax+2=0$의 한 근이 0인 경우
　$x=0$을 대입하면 $2=0$이 되어 성립하지 않는다.
(ii) 이차방정식 $2x^2+ax+2=0$이 0이 아닌 중근을 가지는 경우
　이차방정식 $2x^2+ax+2=0$의 판별식을 D라 하면 $D=0$에서
　$a^2-4\times2\times2=0,\ a^2-16=0$
　$\therefore a=-4$ 또는 $a=4$
(iii) 이차방정식 $2x^2+ax+2=0$이 허근을 가지는 경우
　$D<0$에서 $a^2-16<0,\ (a+4)(a-4)<0$
　$\therefore -4<a<4$
(i), (ii), (iii)에서 구하는 실수 a의 값의 범위는
$-4\leq a\leq4$

15 0986 답 ②　　　　　　　　　　　　　　유형 19

출제의도 ｜ 함수의 그래프를 이용하여 절댓값 기호를 포함한 함수의 극값을 구할 수 있는지 확인한다.

> 함수 $y=|f(x)|$의 그래프는 함수 $y=f(x)$의 그래프에서 $f(x)<0$인 부분을 x축에 대하여 대칭이동해서 그릴 수 있어.

$f(x)=x^3-6x^2+9x-2$에서
$f'(x)=3x^2-12x+9=3(x-1)(x-3)$
$f'(x)=0$인 x의 값은 $x=1$ 또는 $x=3$
함수 $f(x)$의 증가, 감소를 표로 나타내면 다음과 같다.

x	$\cdots$	1	$\cdots$	3	$\cdots$
$f'(x)$	$+$	0	$-$	0	$+$
$f(x)$	$\nearrow$	2 극대	$\searrow$	-2 극소	$\nearrow$

함수 $y=f(x)$의 그래프를 이용하여 함수 $y=|f(x)|$의 그래프를 그리면 다음과 같다.

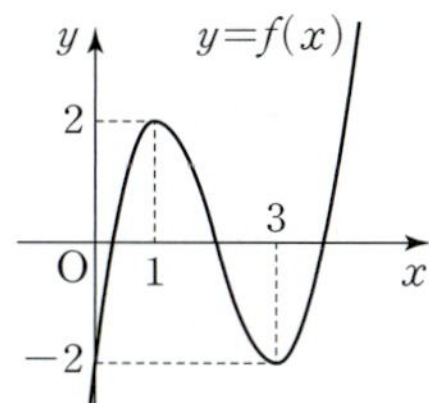
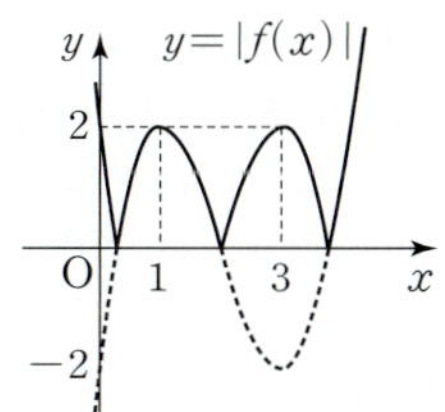

따라서 함수 $|f(x)|$가 극대인 점은 2개, 극소인 점은 3개이므로
$m=2$, $n=3$　　∴ $m-n=-1$

16 0987 답 ①　　　　　　유형 3 + 유형 5 + 유형 6

출제의도 ｜ 함수의 증가·감소와 극대·극소를 이해하는지 확인한다.

> 역함수가 존재하려면 함수 $f(x)$가 일대일대응이어야 해.

ㄱ. 모든 실수 x에 대하여 $f'(x)>0$이면 함수 $f(x)$는 실수 전체의 집합에서 증가한다. (참)

ㄴ. $f'(a)=0$이어도 $x=a$의 좌우에서 $f'(x)$의 부호가 바뀌지 않으면 극값을 가지지 않는다. (거짓)

ㄷ. 삼차함수 $f(x)$의 역함수가 존재할 때, 최고차항의 계수가 양수인 경우 모든 실수 x에 대하여 $f'(x)\geq0$이고, 최고차항의 계수가 음수인 경우 모든 실수 x에 대하여 $f'(x)\leq0$이다.
　　　　　　　　　　　　　　　　　　　　　(거짓)

따라서 옳은 것은 ㄱ뿐이다.

17 0988 답 ④　　　　　　　　　　　　　　유형 7

출제의도 ｜ 주어진 조건에 맞는 삼차함수를 식으로 나타낼 수 있는지 확인한다.

> $x \to 1$일 때, 극한값이 존재하고 (분모) $\to 0$이므로 (분자) $\to 0$이어야.

$\displaystyle\lim_{x\to1}\frac{f(x)-f(-1)}{x-1}=0$에서 $x\to1$일 때, 극한값이 존재하고 (분모) $\to 0$이므로 (분자) $\to 0$이다.
즉, $\displaystyle\lim_{x\to1}\{f(x)-f(-1)\}=0$이므로
$f(1)-f(-1)=0$
∴ $f(1)=f(-1)$ ……………………………… ㉠

$\displaystyle\lim_{x\to1}\frac{f(x)-f(-1)}{x-1}=\lim_{x\to1}\frac{f(x)-f(1)}{x-1}=f'(1)$
∴ $f'(1)=0$ ……………………………… ㉡
$f(x)=x^3+ax^2+bx+c$ (a, b, c는 상수)라 하면
$f'(x)=3x^2+2ax+b$
㉠에서 $1+a+b+c=-1+a-b+c$　∴ $b=-1$
㉡에서 $3+2a+b=0$　　∴ $a=-1$ ($\because b=-1$)
즉, $f(x)=x^3-x^2-x+c$이므로
$f'(x)=3x^2-2x-1$

ㄱ. ㉠에서 $f(1)=f(-1)$ (참)

ㄴ. $f'(2)=12-4-1=7$ (거짓)

ㄷ. $f'(x)=3x^2-2x-1=(x-1)(3x+1)$
　　$f'(x)=0$인 x의 값은 $x=-\dfrac{1}{3}$ 또는 $x=1$

함수 $f(x)$의 증가, 감소를 표로 나타내면 다음과 같다.

x	$\cdots$	$-\dfrac{1}{3}$	$\cdots$	1	$\cdots$
$f'(x)$	$+$	0	$-$	0	$+$
$f(x)$	$\nearrow$	극대	$\searrow$	극소	$\nearrow$

즉, 함수 $f(x)$는 $x=1$에서 극솟값을 가진다. (참)
따라서 옳은 것은 ㄱ, ㄷ이다.

18 0989 답 ⑤　　　　　　　　　　　　　　유형 11

출제의도 ｜ 도함수를 이용하여 함수의 그래프의 개형을 추론할 수 있는지 확인한다.

> 함수 $y=xf'(x)$의 그래프에서 x의 부호를 참고하여 함수 $f'(x)$의 증가, 감소를 표로 나타내 보자.

함수 $y=xf'(x)$의 그래프에서 $f'(x)$의 부호를 조사하여 함수 $f(x)$의 증가, 감소를 표로 나타내면 다음과 같다.

x	$\cdots$	-1	$\cdots$	0	$\cdots$	1	$\cdots$
$xf'(x)$	$+$	0	$-$	0	$-$	0	$+$
$f'(x)$	$-$	0	$+$	0	$-$	0	$+$
$f(x)$	$\searrow$	극소	$\nearrow$	극대	$\searrow$	극소	$\nearrow$

ㄱ. 함수 $f(x)$는 $x=-1$에서 극솟값을 가진다. (참)

ㄴ. 함수 $f(x)$는 $x=0$에서 극댓값을 가진다. (참)

ㄷ. 열린구간 $(0, 1)$에서 $f'(x)<0$이므로 함수 $f(x)$는 감소한다.
　　　　　　　　　　　　　　　　　　　　　(참)

따라서 옳은 것은 ㄱ, ㄴ, ㄷ이다.

19 0990 답 ②　　　　　　　　　　　　　　유형 18

출제의도 ｜ 주어진 조건을 이용하여 삼차함수의 극댓값을 구할 수 있는지 확인한다.

> $x=3$에서 x축에 접하므로 $f(x)$는 $(x-3)^2$을 인수로 가져.

곡선 $y=f(x)$가 $x=3$에서 x축과 접하므로 최고차항의 계수가 1인 삼차함수 $f(x)$를 $f(x)=(x-3)^2(x+a)$ (a는 상수)라 하자.
∴ $f'(x)=2(x-3)(x+a)+(x-3)^2$
$f'(4)=f'(0)$이므로
$2(4+a)+1=-6a+9$　　∴ $a=0$

$\therefore f(x)=x(x-3)^2=x^3-6x^2+9x$

$\therefore f'(x)=3x^2-12x+9=3(x-1)(x-3)$

$f'(x)=0$인 x의 값은 $x=1$ 또는 $x=3$

함수 $f(x)$의 증가, 감소를 표로 나타내면 다음과 같다.

x	$\cdots$	1	$\cdots$	3	$\cdots$
$f'(x)$	$+$	0	$-$	0	$+$
$f(x)$	$\nearrow$	4 극대	$\searrow$	0 극소	$\nearrow$

따라서 함수 $f(x)$의 극댓값은 $f(1)=4$이다.

20 0991 답 ③ 유형 19

출제의도 | 절댓값 기호를 포함한 사차함수의 그래프의 개형을 그릴 수 있는지 확인한다.

> 함수 $y=|f(x)|$의 그래프는 함수 $y=f(x)$의 그래프에서 $f(x)<0$인 부분을 x축에 대하여 대칭이동한 것과 같아.

$f(x)=x^4-8x^2+6$에서

$f'(x)=4x^3-16x=4x(x+2)(x-2)$

$f'(x)=0$인 x의 값은 $x=-2$ 또는 $x=0$ 또는 $x=2$

함수 $f(x)$의 증가, 감소를 표로 나타내면 다음과 같다.

x	$\cdots$	-2	$\cdots$	0	$\cdots$	2	$\cdots$
$f'(x)$	$-$	0	$+$	0	$-$	0	$+$
$f(x)$	$\searrow$	-10 극소	$\nearrow$	6 극대	$\searrow$	-10 극소	$\nearrow$

함수 $y=f(x)$의 그래프의 개형을 이용하여 함수 $y=g(x)$의 그래프의 개형을 그리면 다음과 같다.

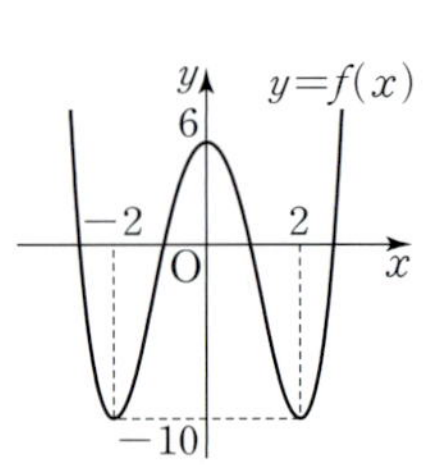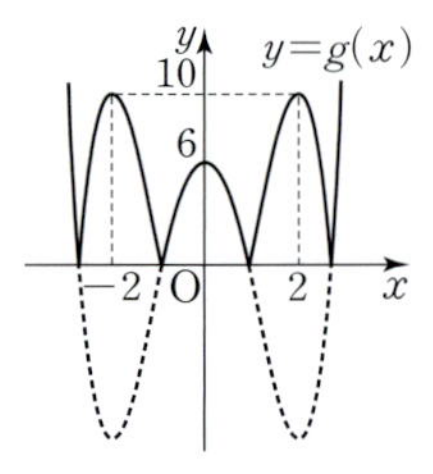

따라서 함수 $g(x)$는 $x=-2$ 또는 $x=2$에서 극댓값 10을, $x=0$에서 극댓값 6을 가지므로 극댓값 중 가장 작은 값은 6이다.

21 0992 답 ① 유형 17

출제의도 | 두 함수 $y=f(x)$, $y=g(x)$의 그래프를 이용하여 $h(x)=g(x)-f(x)$의 극댓값을 구할 수 있는지 확인한다.

> 두 그래프는 x좌표가 -2, 1인 두 점에서 접하므로 $h(-2)=h(1)=0$이야.

두 함수 $y=f(x)$의 그래프와 $y=g(x)$의 그래프가 $x=-2$, $x=1$에서 접하므로 함수 $h(x)=g(x)-f(x)$는 $(x+2)^2$, $(x-1)^2$을 인수로 가진다.

$h(x)=g(x)-f(x)=(x+2)^2(x-1)^2$에서

$h'(x)=2(x+2)(x-1)^2+2(x+2)^2(x-1)$

$\qquad=2(x+2)(2x+1)(x-1)$

$h'(x)=0$인 x의 값은 $x=-2$ 또는 $x=-\dfrac{1}{2}$ 또는 $x=1$

22 0993 답 20 유형 7

출제의도 | 함수의 극댓값과 극솟값을 이용하여 미정계수를 구할 수 있는지 확인한다.

STEP 1 $f'(x)$ **구하기** [1점]

$f(x)=x^3-3ax+b$에서

$f'(x)=3x^2-3a=3(x+\sqrt{a})(x-\sqrt{a})\ (a>0)$

STEP 2 **주어진 조건을 이용하여** a, b**의 값 구하기** [3점]

$f'(x)=0$인 x의 값은 $x=-\sqrt{a}$ 또는 $x=\sqrt{a}$

함수 $f(x)$의 증가, 감소를 표로 나타내면 다음과 같다.

x	$\cdots$	$-\sqrt{a}$	$\cdots$	$\sqrt{a}$	$\cdots$
$f'(x)$	$+$	0	$-$	0	$+$
$f(x)$	$\nearrow$	극대	$\searrow$	극소	$\nearrow$

함수 $f(x)$의 극댓값이 4, 극솟값이 0이므로

$f(-\sqrt{a})=4$에서 $-a\sqrt{a}+3a\sqrt{a}+b=4$ $\cdots\cdots$ ㉠

$f(\sqrt{a})=0$에서 $a\sqrt{a}-3a\sqrt{a}+b=0$ $\cdots\cdots$ ㉡

㉠, ㉡을 연립하여 풀면 $a=1$, $b=2$

STEP 3 $f(a+b)$**의 값 구하기** [1점]

$f(x)=x^3-3x+2$이므로

$f(a+b)=f(3)=20$

23 0994 답 -17 유형 9

출제의도 | 도함수 $y=f'(x)$의 그래프를 이용하여 $f(x)$의 미정계수를 구할 수 있는지 확인한다.

STEP 1 $f'(x)$ **구하기** [1점]

$f(x)=2x^3+ax^2+bx+c$에서

$f'(x)=6x^2+2ax+b$

STEP 2 **상수** a, b, c**의 값을 구하여** $f(x)$ **구하기** [4점]

함수 $y=f'(x)$의 그래프가 x축과 만나는 점의 x좌표가 -1, 2이므로 주어진 그래프에서 $f'(x)$의 부호를 조사하여 함수 $f(x)$의 증가, 감소를 표로 나타내면 다음과 같다.

x	$\cdots$	-1	$\cdots$	2	$\cdots$
$f'(x)$	$+$	0	$-$	0	$+$
$f(x)$	$\nearrow$	극대	$\searrow$	극소	$\nearrow$

즉, 함수 $f(x)$는 $x=-1$에서 극댓값 10을 가지므로

$f'(-1)=0$, $f(-1)=10$

$f'(-1)=0$에서 $6-2a+b=0$ $\cdots\cdots$ ㉠

$f(-1)=10$에서 $-2+a-b+c=10$ $\cdots\cdots$ ㉡

또, 함수 $f(x)$는 $x=2$에서 극소이므로

$f'(2)=0$에서 $24+4a+b=0$ $\cdots\cdots$ ㉢

㉠, ㉡, ㉢을 연립하여 풀면 $a=-3$, $b=-12$, $c=3$
$$\therefore f(x)=2x^3-3x^2-12x+3$$
STEP 3 함수 $f(x)$의 극솟값 구하기 [1점]
함수 $f(x)$의 극솟값은
$$f(2)=16-12-24+3=-17$$

24 0995 답 5 유형 3

출제의도 | 함수가 실수 전체의 집합에서 증가할 조건을 이해하는지 확인한다.

STEP 1 $f'(x)$ 구하기 [1점]
$f(x)=\dfrac{1}{3}x^3+\dfrac{1}{2}(a-1)x^2+x$에서
$$f'(x)=x^2+(a-1)x+1$$

STEP 2 함수 $f(x)$가 구간 $(-\infty, \infty)$에서 증가하기 위한 조건 찾기 [2점]
함수 $f(x)$가 구간 $(-\infty, \infty)$에서 증가하려면 모든 실수 x에 대하여 $f'(x)\geq0$이어야 한다.

STEP 3 a의 값의 범위 구하기 [3점]
이차방정식 $x^2+(a-1)x+1=0$의 판별식을 D라 하면
$D\leq0$에서
$$(a-1)^2-4\leq0,\ (a+1)(a-3)\leq0$$
$$\therefore -1\leq a\leq3$$

STEP 4 정수 a의 개수 구하기 [1점]
함수 $f(x)$가 구간 $(-\infty, \infty)$에서 증가하도록 하는 정수 a는 -1, 0, 1, 2, 3의 5개이다.

25 0996 답 9 유형 20

출제의도 | 함수의 그래프의 대칭성을 이용하여 $f(x)$를 식으로 나타낼 수 있는지 확인한다.

STEP 1 ㈎를 이용하여 $f(x)$, $f'(x)$를 식으로 나타내기 [3점]
㈎에서 삼차함수 $y=f(x)$의 그래프는 원점에 대하여 대칭이므로
$f(x)=ax^3+bx$ (a, b는 상수, $a\neq0$)라 하면
$$f'(x)=3ax^2+b$$

STEP 2 ㈏를 이용하여 $f(x)$ 구하기 [4점]
㈏에서 함수 $f(x)$는 $x=2$에서 극댓값 16을 가지므로
$f'(2)=0$, $f(2)=16$
$f'(2)=0$에서 $12a+b=0$ ⋯⋯⋯⋯⋯⋯⋯ ㉠
$f(2)=16$에서 $8a+2b=16$ ⋯⋯⋯⋯⋯⋯⋯ ㉡
㉠, ㉡을 연립하여 풀면 $a=-1$, $b=12$
$$\therefore f(x)=-x^3+12x$$

STEP 3 $f(3)$의 값 구하기 [1점]
$$f(3)=-27+36=9$$

실전 마무리하기 2회

221쪽~225쪽

1 0997 답 ④ 유형 1

출제의도 | 함수가 감소하는 구간을 구할 수 있는지 확인한다.

> 구간 (a, b)에서 $f'(x)<0$이면 함수 $f(x)$는 구간 $[a, b]$에서 감소해.

$f(x)=\dfrac{1}{3}x^3-4x+5$에서
$f'(x)=x^2-4=(x+2)(x-2)$
$f'(x)=0$인 x의 값은 $x=-2$ 또는 $x=2$
함수 $f(x)$의 증가, 감소를 표로 나타내면 다음과 같다.

x	$\cdots$	-2	$\cdots$	2	$\cdots$
$f'(x)$	$+$	0	$-$	0	$+$
$f(x)$	↗	$\dfrac{31}{3}$	↘	$-\dfrac{1}{3}$	↗

따라서 함수 $f(x)$는 닫힌구간 $[-2, 2]$에서 감소하므로 실수 a의 최댓값은 2이다.

2 0998 답 ④ 유형 2

출제의도 | 도함수의 그래프를 보고 함수의 증가, 감소를 판별할 수 있는지 확인한다.

> 함수 $f(x)$가 구간 (a, b)에서 $f'(x)>0$이면 증가하고, $f'(x)<0$이면 감소해.

ㄱ. 구간 $(-\infty, 1)$에서 $f'(x)<0$이므로 함수 $f(x)$는 구간 $(-\infty, 1)$에서 감소한다. (거짓)
ㄴ. 구간 $(1, 5)$에서 $f'(x)>0$이므로 함수 $f(x)$는 구간 $(1, 5)$에서 증가한다. (참)
ㄷ. 구간 $(5, \infty)$에서 $f'(x)>0$이므로 함수 $f(x)$는 구간 $(5, \infty)$에서 증가한다. (참)
따라서 옳은 것은 ㄴ, ㄷ이다.

3 0999 답 ① 유형 6

출제의도 | 함수의 극값을 구할 수 있는지 확인한다.

> $f'(a)=0$인 $x=a$의 좌우에서 $f'(x)$의 부호를 조사해 보자.

$f(x)=-2x^3+6x+1$에서
$f'(x)=-6x^2+6=-6(x+1)(x-1)$
$f'(x)=0$인 x의 값은 $x=-1$ 또는 $x=1$
함수 $f(x)$의 증가, 감소를 표로 나타내면 다음과 같다.

x	$\cdots$	-1	$\cdots$	1	$\cdots$
$f'(x)$	$-$	0	$+$	0	$-$
$f(x)$	↘	-3 극소	↗	5 극대	↘

따라서 함수 $f(x)$는 $x=-1$에서 극솟값 -3을 가지므로
$a=-1$, $b=-3$
$$\therefore a+b=-4$$

4 1000 답 ④ 유형 7

출제의도 | 함수의 극솟값을 이용하여 미정계수를 구할 수 있는지 확인한다.

> 함수 $f(x)$에서 $f'(x)=0$인 x의 값을 찾아 증가, 감소를 표로 나타내 보자.

$f(x)=2x^3-6x+3a$에서
$f'(x)=6x^2-6=6(x+1)(x-1)$
$f'(x)=0$인 x의 값은 $x=-1$ 또는 $x=1$
함수 $f(x)$의 증가, 감소를 표로 나타내면 다음과 같다.

x	$\cdots$	-1	$\cdots$	1	$\cdots$
$f'(x)$	$+$	0	$-$	0	$+$
$f(x)$	$\nearrow$	$3a+4$ 극대	$\searrow$	$3a-4$ 극소	$\nearrow$

함수 $f(x)$는 $x=1$에서 극솟값 5를 가지므로
$3a-4=5$ $\quad \therefore a=3$

5 1001 답 ②
유형 10

출제의도 | 도함수의 그래프를 보고 극대, 극소를 판별할 수 있는지 확인한다.

> $f'(x)$의 부호가 바뀌는 곳을 찾아보자.

ㄱ. $x=\alpha$의 좌우에서 $f'(x)$의 부호가 음에서 양으로 바뀌므로 함수 $f(x)$는 $x=\alpha$에서 극솟값을 가진다. (참)

ㄴ. $x=\beta$의 좌우에서 $f'(x)$의 부호가 양에서 음으로 바뀌므로 함수 $f(x)$는 $x=\beta$에서 극댓값을 가진다. (참)

ㄷ. $x=\gamma$의 좌우에서 $f'(x)$의 부호가 바뀌지 않으므로 함수 $f(x)$는 $x=\gamma$에서 극값을 가지지 않는다. (거짓)

따라서 옳은 것은 ㄱ, ㄴ이다.

6 1002 답 ①
유형 12

출제의도 | 삼차함수가 극값을 가질 조건을 알고 있는지 확인한다.

> 삼차함수가 극값을 가지려면 이차방정식 $f'(x)=0$이 서로 다른 두 실근을 가져야 해.

$f(x)=x^3+ax^2+(a^2-4a)x+3$에서
$f'(x)=3x^2+2ax+a^2-4a$
삼차함수 $f(x)$가 극값을 가지려면 이차방정식 $f'(x)=0$이 서로 다른 두 실근을 가져야 한다.
이차방정식 $3x^2+2ax+a^2-4a=0$의 판별식을 D라 하면
$\dfrac{D}{4}>0$에서 $a^2-3a^2+12a>0$
$2a^2-12a<0$, $2a(a-6)<0$
$\therefore 0<a<6$
따라서 정수 a는 1, 2, 3, 4, 5의 5개이다.

7 1003 답 ②
유형 3

출제의도 | 함수가 실수 전체의 집합에서 감소할 조건을 이해하는지 확인한다.

> $x_1<x_2$인 임의의 두 실수 x_1, x_2에 대하여 $f(x_1)>f(x_2)$이면 함수 $f(x)$는 실수 전체의 집합에서 감소해.

$x_1<x_2$인 임의의 두 실수 x_1, x_2에 대하여 $f(x_1)>f(x_2)$가 성립하려면 함수 $f(x)$는 실수 전체의 집합에서 감소해야 한다.
즉, 모든 실수 x에 대하여 $f'(x)\leq0$이어야 한다.
$f(x)=-\dfrac{1}{3}x^3+ax^2-(3a+4)x+1$에서

$f'(x)=-x^2+2ax-3a-4$
이차방정식 $-x^2+2ax-3a-4=0$의 판별식을 D라 하면
$\dfrac{D}{4}\leq0$에서 $a^2-3a-4\leq0$, $(a+1)(a-4)\leq0$
$\therefore -1\leq a\leq4$
따라서 정수 a는 -1, 0, 1, 2, 3, 4의 6개이다.

8 1004 답 ④
유형 4

출제의도 | 함수가 주어진 구간에서 증가, 감소하는 조건을 이해하는지 확인한다.

> 함수 $f(x)$가 구간 $[a,\ b]$에서 증가하면(감소하면) $a\leq x\leq b$에서 $f'(x)\geq0$ $(f'(x)\leq0)$이야.

(개), (내)에서 함수 $f(x)$는 구간 $(-\infty,\ -1]$에서 감소, 구간 $[-1,\ 2]$에서 증가, 구간 $[2,\ \infty)$에서 감소하므로 $x\leq-1$에서 $f'(x)\leq0$, $-1\leq x\leq2$에서 $f'(x)\geq0$, $x\geq2$에서 $f'(x)\leq0$이다.
즉, $x=-1$에서 $f'(x)$의 부호가 바뀌고, $x=2$에서 $f'(x)$의 부호가 바뀌므로
$f'(-1)=0$, $f'(2)=0$
이때 함수 $f(x)$는 최고차항의 계수가 -1인 삼차함수이므로
$f'(x)=-3(x+1)(x-2)$ → $f'(x)$의 최고차항의 계수는 -3이다.
$\therefore f'(3)=-3\times4\times1=-12$

9 1005 답 ①
유형 6

출제의도 | 극값을 이해하는지 확인한다.

> 삼차함수, 사차함수에서는 극댓값이 극솟값보다 크지만, 모든 경우에 그런 것은 아니야.

ㄱ. $f(x)$가 사차함수이면 $f'(x)$는 삼차함수이므로 $f'(x)$의 부호가 바뀌는 x가 반드시 존재한다.
   즉, 사차함수 $f(x)$는 극값이 존재한다. (참)

ㄴ. [반례] 삼차함수, 사차함수에서는 극댓값이 극솟값보다 크지만, 오차함수 이상부터는 그림과 같이 극댓값이 극솟값보다 작은 경우가 존재한다.

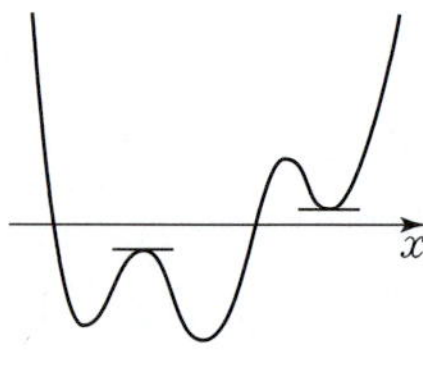

   (거짓)

ㄷ. [반례] $f(x)=x^3$일 때, $f'(x)=3x^2$
   $f'(0)=0$이지만 $x=0$의 좌우에서 $f'(x)$의 부호가 바뀌지 않으므로 $x=0$에서 극값을 가지지 않는다. (거짓)

따라서 옳은 것은 ㄱ뿐이다.

10 1006 답 ②
유형 6

출제의도 | 주어진 조건을 통해 극값을 가지는 조건을 판별할 수 있는지 확인한다.

> 모든 실수 x에 대하여 $f'(x)\geq0$이면 함수 $f(x)$는 극값을 가질 수 없어.

$f(x)=\dfrac{1}{3}x^3-ax^2+bx+2$에서
$f'(x)=x^2-2ax+b$ ⋯⋯⋯ ㉠
ㄱ. $f'(2)=0$이므로 $4-4a+b=0$
   $\therefore b=4a-4$ (참)

ㄴ. $b=4a-4$를 ㉠에 대입하면
$$f'(x)=x^2-2ax+4a-4=(x-2)(x-2a+2)$$
$f'(x)=0$인 x의 값은 $x=2$ 또는 $x=2a-2$
함수 $f(x)$의 증가, 감소를 표로 나타내면 다음과 같다.

(i) $2<2a-2$일 때

x	$\cdots$	2	$\cdots$	$2a-2$	$\cdots$
$f'(x)$	$+$	0	$-$	0	$+$
$f(x)$	↗	극대	↘	극소	↗

(ii) $2>2a-2$일 때

x	$\cdots$	$2a-2$	$\cdots$	2	$\cdots$
$f'(x)$	$+$	0	$-$	0	$+$
$f(x)$	↗	극대	↘	극소	↗

즉, 함수 $f(x)$가 $x=2$에서 극소이면 $2>2a-2$에서 $a<2$ (참)

ㄷ. $a=2$이면 $f'(x)=x^2-4x+4=(x-2)^2$
이때 $f'(x)\geq0$이므로 함수 $f(x)$는 항상 증가하기 때문에 극값이 존재하지 않는다. (거짓)

따라서 옳은 것은 ㄱ, ㄴ이다.

11 1007 답 ⑤ 유형 7

출제의도 | 극값을 이용하여 미정계수를 구할 수 있는지 확인한다.

> 함수 $f(x)$가 $x=1$에서 극댓값 7을 가지면 $f'(1)=0$, $f(1)=7$이야.

$f(x)=-x^4+ax^2+b$에서
$$f'(x)=-4x^3+2ax$$
함수 $f(x)$가 $x=1$에서 극댓값 7을 가지므로 $f'(1)=0$, $f(1)=7$
$f'(1)=0$에서 $-4+2a=0$ $\therefore a=2$
$f(1)=7$에서 $-1+a+b=7$ $\cdots\cdots$ ㉠
$a=2$를 ㉠에 대입하여 풀면 $b=6$
즉, $f(x)=-x^4+2x^2+6$이므로
$$f'(x)=-4x^3+4x=-4x(x+1)(x-1)$$
$f'(x)=0$인 x의 값은 $x=-1$ 또는 $x=0$ 또는 $x=1$
함수 $f(x)$의 증가, 감소를 표로 나타내면 다음과 같다.

x	$\cdots$	-1	$\cdots$	0	$\cdots$	1	$\cdots$
$f'(x)$	$+$	0	$-$	0	$+$	0	$-$
$f(x)$	↗	7 극대	↘	6 극소	↗	7 극대	↘

따라서 함수 $f(x)$의 극솟값은 $f(0)=6$이다.

12 1008 답 ⑤ 유형 8

출제의도 | 삼차함수의 그래프의 개형을 보고 계수의 부호를 정할 수 있는지 확인한다.

> $f'(\alpha)=0$, $f'(\beta)=0$이므로 이차방정식 $f'(x)=0$은 서로 다른 두 실근 α, β를 가져. 두 실근의 부호를 생각해 보자.

함수 $f(x)=ax^3+bx^2+cx+d$의 그래프에서
$x\to\infty$일 때 $f(x)\to\infty$이므로 $a>0$
함수 $y=f(x)$의 그래프가 y축의 양의 부분과 만나므로 $f(0)>0$에서 $d>0$

$f(x)=ax^3+bx^2+cx+d$에서
$$f'(x)=3ax^2+2bx+c$$
α, β는 서로 다른 두 양수이고, $f'(\alpha)=0$, $f'(\beta)=0$이므로 이차방정식 $f'(x)=0$은 서로 다른 두 개의 양의 실근 α, β를 가진다.
이차방정식의 근과 계수의 관계에 의하여
$$\alpha+\beta=-\frac{2b}{3a}>0, \quad \alpha\beta=\frac{c}{3a}>0$$
이때 $a>0$이므로 $b<0$, $c>0$
따라서 $ab<0$, $ac>0$, $bc<0$, $bd<0$, $cd>0$이므로 옳지 않은 것은 ⑤이다.

13 1009 답 ④ 유형 15

출제의도 | 사차함수가 극댓값과 극솟값을 모두 가질 조건을 이해하는지 확인한다.

> 사차함수 $f(x)$가 극댓값과 극솟값을 모두 가지려면 삼차방정식 $f'(x)=0$이 서로 다른 세 실근을 가져야 해.

$f(x)=x^4-4x^3+ax^2$에서
$$f'(x)=4x^3-12x^2+2ax=2x(2x^2-6x+a)$$
사차함수 $f(x)$가 극댓값과 극솟값을 가지려면 삼차방정식 $f'(x)=0$이 서로 다른 세 실근을 가져야 하므로 이차방정식 $2x^2-6x+a=0$은 0이 아닌 서로 다른 두 실근을 가져야 한다.
(i) $x=0$이 이차방정식 $2x^2-6x+a=0$의 근이 아니므로
  $a\neq0$ $\cdots\cdots$ ㉠
(ii) 이차방정식 $2x^2-6x+a=0$의 판별식을 D라 하면
  $$\frac{D}{4}>0$$에서
  $9-2a>0$ $\therefore a<\dfrac{9}{2}$ $\cdots\cdots$ ㉡
㉠, ㉡을 동시에 만족시키는 a의 값의 범위는
$$a<0 \text{ 또는 } 0<a<\frac{9}{2}$$
따라서 정수 a의 최댓값은 4이다.

14 1010 답 ① 유형 18

출제의도 | 주어진 조건을 이용하여 미정계수를 구할 수 있는지 확인한다.

> 함수 $y=f(x)$의 그래프가 $x=k$에서 x축에 접하면 $f(k)=0$이야.

$f(x)=x^3-3ax^2+4a$에서
$$f'(x)=3x^2-6ax=3x(x-2a)$$
$f'(x)=0$인 x의 값은 $x=0$ 또는 $x=2a$
즉, 함수 $f(x)$는 $x=0$, $x=2a$에서 극값을 가지므로 함수 $y=f(x)$의 그래프가 x축에 접하려면
$$f(0)=0 \text{ 또는 } f(2a)=0$$
(i) $f(0)=0$일 때
  $4a=0$ $\therefore a=0$
(ii) $f(2a)=0$일 때
  $-4a^3+4a=0$, $-4a(a+1)(a-1)=0$
  $\therefore a=-1$ 또는 $a=0$ 또는 $a=1$
이때 $a>0$이므로 (i), (ii)에서 $a=1$

15 1011 답 ③ 유형 20

출제의도 | 함수의 그래프의 대칭성을 이용하여 $f(x)$를 식으로 나타낼 수 있는지 확인한다.

> $f'(-x)=f'(x)$이면 함수 $y=f'(x)$의 그래프가 y축에 대하여 대칭이야.

$f(x)=x^3+ax^2+bx+c$ (a, b, c는 상수)라 하면
$f'(x)=3x^2+2ax+b$
㈎에서 함수 $y=f'(x)$의 그래프는 y축에 대하여 대칭이므로
$a=0$
$\therefore f'(x)=3x^2+b$, $f(x)=x^3+bx+c$
㈏에서 $x \to k$일 때, 극한값이 존재하고 (분모) $\to 0$이므로
(분자) $\to 0$이어야 한다.
즉, $\lim\limits_{x \to k} f(x)=0$이므로 $f(k)=0$
$\therefore \lim\limits_{x \to k} \dfrac{f(x)}{x-k}=\lim\limits_{x \to k} \dfrac{f(x)-f(k)}{x-k}=f'(k)=0$
즉, $f(x)$는 $(x-k)^2$을 인수로 가진다.
또, ㈎에서 $f'(k)=f'(-k)=0$ $\cdots\cdots\cdots\cdots$ ㉠
$f(x)=(x-k)^2(x-a)$ (a는 상수)라 하면
$f'(x)=2(x-k)(x-a)+(x-k)^2=(x-k)(3x-k-2a)$
이므로 $f'(-k)=(-2k)(-4k-2a)=0$ ($\because$ ㉠)
$\therefore a=-2k$ ($\because k>0$)
$\therefore f(x)=(x-k)^2(x+2k)$
㈐에서 $f(1)f(3)=0$이므로 $f(1)=0$ 또는 $f(3)=0$
(i) $f(1)=0$일 때, $f(x)=(x-1)^2(x+2)$이므로 $f(2)=4$
(ii) $f(3)=0$일 때, $f(x)=(x-3)^2(x+6)$이므로 $f(2)=8$
(i), (ii)에서 $f(2)$의 최댓값은 8이다.

16 1012 답 ④ 유형 4

출제의도 | 함수가 주어진 구간에서 증가할 조건을 이해하는지 확인한다.

> 최고차항의 계수가 음수인 삼차함수 $g(t)$가 $0<t<5$에서 증가하려면 $g'(0)\geq 0$, $g'(5)\geq 0$이어야.

$f(x)=x^3-(a+2)x^2+ax$에서
$f'(x)=3x^2-2(a+2)x+a$
곡선 $y=f(x)$ 위의 점 $(t, t^3-(a+2)t^2+at)$에서의 접선의 기울기는 $f'(t)=3t^2-2(a+2)t+a$이므로 접선의 방정식은
$y-\{t^3-(a+2)t^2+at\}=\{3t^2-2(a+2)t+a\}(x-t)$
$x=0$일 때 y의 값이 $g(t)$이므로
$g(t)-\{t^3-(a+2)t^2+at\}=\{3t^2-2(a+2)t+a\}(-t)$
$\therefore g(t)=-2t^3+(a+2)t^2$
$\therefore g'(t)=-6t^2+2(a+2)t$
함수 $g(t)$가 구간 $(0, 5)$에서 증가하려면 $0<t<5$에서 $g'(t)\geq 0$이어야 한다.
$\therefore g'(0)\geq 0$, $g'(5)\geq 0$
$g'(0)=0$이고, $g'(5)\geq 0$에서
$-150+10(a+2)\geq 0$
$10a\geq 130$ $\therefore a\geq 13$
따라서 실수 a의 최솟값은 13이다.

17 1013 답 ④ 유형 5

출제의도 | 역함수의 존재 조건을 함수의 증가, 감소에 적용시킬 수 있는지 확인한다.

> $g(x)=(x-a)f(x)$라 하면 $g'(x)=f(x)+(x-a)f'(x)$야. $g'(x)=0$인 x의 값을 찾아보자.

$f(x)=ax^3+(a^2-b)x^2-b^2$에서
$f'(x)=3ax^2+2(a^2-b)x$
㈎에서 함수 $f(x)$의 역함수가 존재하므로 $f(x)$는 일대일대응이어야 하고, 함수 $f(x)$는 실수 전체의 집합에서 증가하거나 감소해야 한다.
이차방정식 $3ax^2+2(a^2-b)x=0$의 판별식을 D라 하면 $\dfrac{D}{4}\leq 0$에서
$(a^2-b)^2\leq 0$, 즉 $a^2-b=0$이므로 $b=a^2$
$\therefore f(x)=ax^3-a^4$, $f'(x)=3ax^2$
㈏에서 $g(x)=(x-a)f(x)$라 하면
$g'(x)=f(x)+(x-a)f'(x)$
$\qquad =4ax^3-3a^2x^2-a^4$
$\qquad =a(x-a)(4x^2+ax+a^2)$
이때 이차방정식 $4x^2+ax+a^2=0$의 판별식을 D'이라 하면
$D'=a^2-16a^2=-15a^2<0$
이므로 $4x^2+ax+a^2>0$
즉, $g'(x)=0$인 x의 값은 $x=a$이므로 $x=a$에서 극소이다.
㈏에 의하여 $a=3$
따라서 $f(x)=3x^3-81$이므로
$f(4)=111$

18 1014 답 ⑤ 유형 17

출제의도 | 두 함수 $y=f'(x)$, $y=g'(x)$의 그래프를 이용하여 함수 $y=f(x)-g(x)$의 그래프를 추측할 수 있는지 확인한다.

> $h(x)=f(x)-g(x)$로 놓고 함수 $h(x)$의 증가, 감소를 생각해 보자.

$h(x)=f(x)-g(x)$라 하면 $h'(x)=f'(x)-g'(x)$
그림과 같이 두 함수 $y=f'(x)$, $y=g'(x)$의 그래프의 교점 중 원점이 아닌 점의 x좌표를 각각 α, β라 하자.
따라서 $h'(x)=f'(x)-g'(x)=0$인 x의 값은
$x=0$ 또는 $x=\alpha$ 또는 $x=\beta$
$h'(x)=f'(x)-g'(x)$의 부호를 조사하여 함수 $h(x)$의 증가, 감소를 표로 나타내면 다음과 같다.

x	$\cdots$	0	$\cdots$	α	$\cdots$	β	$\cdots$
$h'(x)$	$+$	0	$-$	0	$+$	0	$-$
$h(x)$	↗	극대	↘	극소	↗	극대	↘

ㄱ. $f(0)$, $g(0)$의 값은 판단할 수 없다. (거짓)
ㄴ. 함수 $h(x)=f(x)-g(x)$는 $x<0$에서 $h'(x)>0$이므로 함수 $h(x)$는 $x<0$에서 증가한다. (참)
ㄷ. 함수 $h(x)=f(x)-g(x)$는 $x=\alpha$에서 극솟값을 가진다. (참)
따라서 옳은 것은 ㄴ, ㄷ이다.

19 1015 답 ③ 유형 4 + 유형 18

출제의도 | 함수가 증가, 감소하는 구간을 이용하여 미정계수를 정할 수 있는지 확인한다.

> 구간 $(-\infty, 0]$에서 $f'(x) \leq 0$이고 $f'(-1)=0$인
> 삼차함수 $y=f'(x)$의 그래프를 생각해 보자.

함수 $f(x)$가 구간 $(-\infty, 0]$에서 감소하고 구간 $[2, \infty)$에서 증가하므로 구간 $(-\infty, 0]$에서 $f'(x) \leq 0$이고 구간 $[2, \infty)$에서 $f'(x) \geq 0$이다.

$f'(x)=(x+1)(x^2+ax+b)$에서
$f'(-1)=0$이므로
삼차함수 $y=f'(x)$의 그래프는 그림과
같이 $x=-1$에서 x축에 접해야 한다.
$f'(x)=(x+1)^2(x-k)$ (k는 상수)
라 하면
$f'(x)=(x+1)\{x^2+(1-k)x-k\}$
이므로
$a=1-k, \ b=-k$
$\therefore \ a^2+b^2=(1-k)^2+(-k)^2$
$\qquad\qquad =2k^2-2k+1$
$\qquad\qquad =2\left(k-\dfrac{1}{2}\right)^2+\dfrac{1}{2} \ (0 \leq k \leq 2)$

a^2+b^2의 최솟값은 $k=\dfrac{1}{2}$일 때 $\dfrac{1}{2}$이고, 최댓값은 $k=2$일 때 5이므로 $m=\dfrac{1}{2}, \ M=5$

$\therefore \ M+m=\dfrac{11}{2}$

20 1016 답 ③ 유형 6 + 유형 21

출제의도 | 극대 · 극소를 활용한 문제를 해결할 수 있는지 확인한다.

> 곡선 $y=f(x)$ 위의 점 $(2, f(2))$에서의 접선의 방정식은
> $y-f(2)=f'(2)(x-2)$야.

$f(x)=\dfrac{1}{3}x^3-x^2-3x$에서
$f'(x)=x^2-2x-3=(x+1)(x-3)$
$f'(x)=0$인 x의 값은 $x=-1$ 또는 $x=3$
함수 $f(x)$의 증가, 감소를 표로 나타내면 다음과 같다.

x	$\cdots$	-1	$\cdots$	3	$\cdots$
$f'(x)$	$+$	0	$-$	0	$+$
$f(x)$	$\nearrow$	$\dfrac{5}{3}$ 극대	$\searrow$	-9 극소	$\nearrow$

함수 $f(x)$는 $x=3$에서 극솟값 -9를 가지므로
$a=3, \ b=-9$
곡선 $y=f(x)$ 위의 점 $(2, f(2))$, 즉 $\left(2, -\dfrac{22}{3}\right)$에서의 접선의 기울기는 $f'(2)=-3$이므로 접선의 방정식은
$y+\dfrac{22}{3}=-3(x-2)$
$\therefore \ l: y=-3x-\dfrac{4}{3}$

따라서 점 $(3, -9)$와 직선 $y=-3x-\dfrac{4}{3}$, 즉 $9x+3y+4=0$ 사이의 거리 d는
$d=\dfrac{|27-27+4|}{\sqrt{9^2+3^2}}=\dfrac{4}{\sqrt{90}}$
$\therefore \ 90d^2=90 \times \dfrac{16}{90}=16$

21 1017 답 ⑤ 유형 21

출제의도 | 사잇값 정리를 이용하여 극값이 존재하는 구간을 찾을 수 있는지 확인한다.

> $h'(x)=f'(x)g(x)+f(x)g'(x)$에서 x좌표가 a, b, c, d, e일 때의 부호를 확인해야 해.

$h(x)=f(x)g(x)$에서 $h'(x)=f'(x)g(x)+f(x)g'(x)$
주어진 그래프에서
$h'(a)<0, \ h'(b)>0, \ h'(c)=0, \ h'(d)<0, \ h'(e)>0$
사잇값 정리에 의하여 다음을 확인할 수 있다.

ㄱ. $h'(a)h'(b)<0$이므로 열린구간 (a, b)에 $h'(x)=0$을 만족시키는 x가 적어도 하나 존재한다.
   이때 $h'(a)<0, \ h'(b)>0$이므로 극솟값이 존재한다. (참)

ㄴ. $h'(b)h'(d)<0$이므로 열린구간 (b, d)에 $h'(x)=0$을 만족시키는 x가 적어도 하나 존재한다.
   이때 $h'(b)>0, \ h'(d)<0$이므로 극댓값이 존재한다. (참)

ㄷ. $h'(d)h'(e)<0$이므로 열린구간 (d, e)에 $h'(x)=0$을 만족시키는 x가 적어도 하나 존재한다.
   이때 $h'(d)<0, \ h'(e)>0$이므로 극솟값이 존재한다. (참)

따라서 옳은 것은 ㄱ, ㄴ, ㄷ이다.

개념 Check

사잇값 정리의 활용
함수 $f(x)$가 닫힌구간 $[a, b]$에서 연속이고 $f(a)f(b)<0$이면 $f(c)=0$인 c가 열린구간 (a, b)에 적어도 하나 존재한다.

22 1018 답 -3 유형 7

출제의도 | 극댓값을 이용하여 미정계수를 구할 수 있는지 확인한다.

STEP 1 $f'(x)$ 구하기 [1점]

$f(x)=x^3+\dfrac{a}{2}x^2-9x+b$에서 $f'(x)=3x^2+ax-9$

STEP 2 주어진 조건을 이용하여 상수 a, b의 값 구하기 [2점]

함수 $f(x)$가 $x=-3$에서 극댓값 29를 가지므로
$f'(-3)=0, \ f(-3)=29$
$f'(-3)=0$에서 $27-3a-9=0$
$\therefore \ a=6$

$f(-3)=29$에서 $-27+\dfrac{9}{2}a+27+b=29$
$\therefore \ b=2$

STEP 3 함수 $f(x)$의 극솟값 구하기 [2점]

$f(x)=x^3+3x^2-9x+2$이므로
$f'(x)=3x^2+6x-9=3(x+3)(x-1)$
$f'(x)=0$인 x의 값은 $x=-3$ 또는 $x=1$

함수 $f(x)$의 증가, 감소를 표로 나타내면 다음과 같다.

x	$\cdots$	-3	$\cdots$	1	$\cdots$
$f'(x)$	$+$	0	$-$	0	$+$
$f(x)$	$\nearrow$	29 극대	$\searrow$	-3 극소	$\nearrow$

따라서 함수 $f(x)$의 극솟값은 $f(1)=-3$이다.

23   1019   답 29   유형 9

출제의도 | 함수 $y=f'(x)$의 그래프를 보고 $f(x)$의 극값을 구할 수 있는지 확인한다.

STEP 1 $f'(x)$ 구하기 [1점]

$f(x)=x^3+3ax^2+bx+c$에서

$f'(x)=3x^2+6ax+b$ $\cdots\cdots\cdots$ ㉠

STEP 2   상수 a, b, c의 값을 구하여 $f(x)$ 구하기 [4점]

함수 $y=f'(x)$의 그래프가 x축과 만나는 점의 x좌표가 -3, 1이므로

$f'(x)=3(x+3)(x-1)=3x^2+6x-9$ $\cdots\cdots$ ㉡

㉠, ㉡의 동류항의 계수를 비교하면

$6a=6$, $b=-9$ $\quad\therefore a=1$, $b=-9$

$\therefore f(x)=x^3+3x^2-9x+c$

주어진 그래프에서 $f'(x)$의 부호를 조사하여 함수 $f(x)$의 증가, 감소를 표로 나타내면 다음과 같다.

x	$\cdots$	-3	$\cdots$	1	$\cdots$
$f'(x)$	$+$	0	$-$	0	$+$
$f(x)$	$\nearrow$	$c+27$ 극대	$\searrow$	$c-5$ 극소	$\nearrow$

이때 함수 $f(x)$의 극솟값이 -3이므로

$f(1)=-3$에서

$c-5=-3$ $\quad\therefore c=2$

$\therefore f(x)=x^3+3x^2-9x+2$

STEP 3   함수 $f(x)$의 극댓값 구하기 [1점]

함수 $f(x)$의 극댓값은

$f(-3)=-27+27+27+2=29$

24   1020   답 $8<a<9$ 유형 14

출제의도 | 삼차함수가 주어진 구간에서 극값을 가질 조건을 이해하는지 확인한다.

STEP 1   삼차함수 $f'(x)$ 구하기 [1점]

$f(x)=\dfrac{1}{3}x^3-3x^2+ax-1$에서

$f'(x)=x^2-6x+a$

STEP 2   삼차함수 $f(x)$가 주어진 구간에서 극값을 가질 조건 찾기 [3점]

삼차함수 $f(x)$가 $1<x<4$에서 극댓값과 극솟값을 모두 가지려면 이차방정식 $f'(x)=0$이 $1<x<4$에서 서로 다른 두 실근을 가져야 한다.

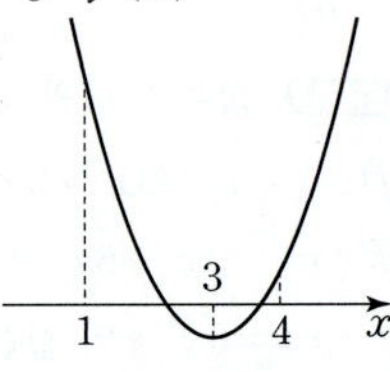

STEP 3   실수 a의 값의 범위 구하기 [3점]

(i) 이차방정식 $x^2-6x+a=0$의 판별식을 D라 하면 $\dfrac{D}{4}>0$에서

$9-a>0$ $\quad\therefore a<9$ $\cdots\cdots\cdots$ ㉠

(ii) $f'(1)>0$에서

$a-5>0$ $\quad\therefore a>5$ $\cdots\cdots\cdots$ ㉡

(iii) $f'(4)>0$에서

$a-8>0$ $\quad\therefore a>8$ $\cdots\cdots\cdots$ ㉢

(iv) 함수 $y=f'(x)$의 그래프의 축의 방정식은 $x=3$이므로

$1<3<4$

㉠, ㉡, ㉢을 동시에 만족시키는 실수 a의 값의 범위는

$8<a<9$

25   1021   답 -1 유형 13 + 유형 19

출제의도 | 절댓값 기호를 포함한 삼차함수가 극값을 가지지 않을 조건을 이해하는지 확인한다.

STEP 1 $x\geq 3a$일 때, $f(x)$가 극값을 가지지 않을 조건 찾기 [4점]

함수 $f(x)=x^3+3x^2+9|x-3a|+3$의 최고차항의 계수가 양수이므로 $f(x)$가 실수 전체의 집합에서 극값을 가지지 않으려면 모든 실수 x에 대하여 $f'(x)\geq 0$이어야 한다.

(i) $x\geq 3a$일 때

$f(x)=x^3+3x^2+9x-27a+3$에서

$f'(x)=3x^2+6x+9=3(x+1)^2+6$

이때 $f'(x)>0$이므로 함수 $f(x)$는 극값을 가지지 않는다.

STEP 2 $x<3a$일 때, $f(x)$가 극값을 가지지 않을 조건 찾기 [4점]

(ii) $x<3a$일 때

$f(x)=x^3+3x^2-9x+27a+3$에서

$f'(x)=3x^2+6x-9=3(x+3)(x-1)$

$f'(x)=0$인 x의 값은 $x=-3$ 또는 $x=1$

함수 $f(x)$의 증가, 감소를 표로 나타내면 다음과 같다.

x	$\cdots$	-3	$\cdots$	1	$\cdots$
$f'(x)$	$+$	0	$-$	0	$+$
$f(x)$	$\nearrow$	극대	$\searrow$	극소	$\nearrow$

함수 $f(x)$는 $x=-3$에서 극대, $x=1$에서 극소이므로 그래프의 개형은 그림과 같다.

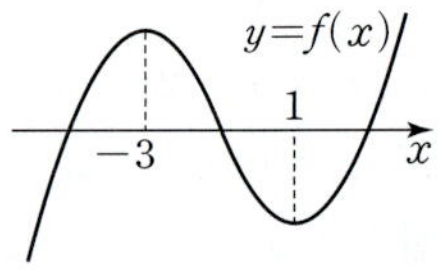

이때 함수 $f(x)$가 $x<3a$에서 증가해야 하므로

$3a\leq -3$ $\quad\therefore a\leq -1$

(i), (ii)에서 실수 a의 최댓값은 -1이다.

고난도 ❖ Plus 문제   226쪽

1   1022   답 $-1\leq a\leq 1$

$f(x)=3x^4-4ax^3+\dfrac{3}{2}x^2$에서

$f'(x)=12x^3-12ax^2+3x=3x(4x^2-4ax+1)$

함수 $f(x)$가 구간 $(-\infty,\ 0]$에서 감소하려면 $x\leq 0$에서 $f'(x)\leq 0$
이어야 하고, 구간 $[0,\ \infty)$에서 증가하려면 $x\geq 0$에서 $f'(x)\geq 0$
이어야 한다.

(ⅰ) $x\leq 0$일 때

$\qquad f'(x)\leq 0$에서 $3x(4x^2-4ax+1)\leq 0$

$\qquad \therefore 4x^2-4ax+1\geq 0\ (\because x\leq 0)$

(ⅱ) $x\geq 0$일 때

$\qquad f'(x)\geq 0$에서 $3x(4x^2-4ax+1)\geq 0$

$\qquad \therefore 4x^2-4ax+1\geq 0\ (\because x\geq 0)$

(ⅰ), (ⅱ)에서 모든 실수 x에 대하여 $4x^2-4ax+1\geq 0$이므로 이차방

정식 $4x^2-4ax+1=0$의 판별식을 D라 하면 $\dfrac{D}{4}\leq 0$에서

$4a^2-4\leq 0$

$4(a+1)(a-1)\leq 0 \qquad \therefore -1\leq a\leq 1$

---

2 1023   답 -5

$f(x)=-x^3+ax^2-(a^2-4)x$에서

$f'(x)=-3x^2+2ax-a^2+4$

모든 실수 x에서 $f(g(x))=x$를 만족시키는 함수 $g(x)$는 함수
$f(x)$의 역함수이다.

이때 $f(x)$의 최고차항의 계수가 음수이므로 함수 $f(x)$는 실수 전
체의 집합에서 감소해야 한다.

즉, 모든 실수 x에 대하여 $f'(x)\leq 0$이어야 하므로 이차방정식

$-3x^2+2ax-a^2+4=0$의 판별식을 D라 하면 $\dfrac{D}{4}\leq 0$에서

$a^2-3a^2+12\leq 0$

$-2a^2+12\leq 0,\ a^2-6\geq 0$

$(a+\sqrt{6})(a-\sqrt{6})\geq 0$

$\therefore a\leq -\sqrt{6}$ 또는 $a\geq \sqrt{6}$ $\cdots\cdots\cdots$ ㉠

또, $g(-3)=1$이므로 $f(1)=-3$에서

$-1+a-a^2+4=-3,\ a^2-a-6=0$

$(a+2)(a-3)=0$

$\therefore a=-2$ 또는 $a=3$ $\cdots\cdots\cdots$ ㉡

㉠, ㉡을 동시에 만족시키는 a의 값은

$a=3$

따라서 $f'(x)=-3x^2+6x-5$이므로

$f'(2)=-12+12-5=-5$

---

3 1024   답 -2

삼차함수 $f(x)$의 도함수 $f'(x)$는 이차함수이고, $f'(2)=0$이므로

$f'(x)=a(x-2)^2$ (a는 0이 아닌 상수)

이라 할 수 있다.

이때 $f'(0)=-2$이므로

$4a=-2 \qquad \therefore a=-\dfrac{1}{2}$

$\therefore f'(x)=-\dfrac{1}{2}(x-2)^2$

$g(x)=f(x)+kx^2$에서

$g'(x)=f'(x)+2kx=-\dfrac{1}{2}(x-2)^2+2kx$

함수 $g(x)$가 $x=-2$에서 극값을 가지므로 $g'(-2)=0$에서

$f'(-2)-4k=0,\ -8-4k=0$

$\therefore k=-2$

---

4 1025   답 5

$f(x)=x^3+ax^2+(a^2-4a)x+2$에서

$f'(x)=3x^2+2ax+a^2-4a$

함수 $y=f(x)$의 그래프를 y축의 방향으로 -2만큼 평행이동한
그래프의 식은

$y=f(x)-2$

이 그래프를 x축에 대하여 대칭이동한 그래프의 식은

$y=-f(x)+2$

즉, $g(x)=-f(x)+2$이므로 $h(x)=f(x)-g(x)$라 하면

$h(x)=f(x)-\{-f(x)+2\}=2f(x)-2$

$h'(x)=2f'(x)=6x^2+4ax+2a^2-8a$

삼차함수 $h(x)$가 극값을 가지려면 이차방정식 $h'(x)=0$이 서로
다른 두 실근을 가져야 한다.

이차방정식 $6x^2+4ax+2a^2-8a=0$의 판별식을 D라 하면

$\dfrac{D}{4}>0$에서

$4a^2-6(2a^2-8a)>0,\ -8a^2+48a>0$

$8a(a-6)<0 \qquad \therefore 0<a<6$

따라서 자연수 a의 최댓값은 5이다.

---

5 1026   답 4

㈎에서 함수 $y=f(x)$의 그래프는 y축에 대하여 대칭이므로

$f(x)=-x^4+ax^3+2bx^2+cx+1$에서

$a=0,\ c=0$

즉, $f(x)=-x^4+2bx^2+1$에서

$f'(x)=-4x^3+4bx=-4x(x^2-b)$

$f'(x)=0$인 x의 값은

$x=-\sqrt{b}$ 또는 $x=0$ 또는 $x=\sqrt{b}\ (b>0)$

함수 $y=f(x)$의 그래프가 y축에 대하여 대칭이므로 함수 $f(x)$는
$x=-\sqrt{b},\ x=\sqrt{b}$에서 극대이다.

이때 ㈏에서 함수 $f(x)$의 극댓값이 5이므로 $f(\pm\sqrt{b})=5$에서

$-b^2+2b^2+1=5,\ b^2=4$

$\therefore b=2\ (\because b>0)$

따라서 $f(x)=-x^4+4x^2+1$이므로

$f(-1)=4$

핵심 개념   230쪽~231쪽

1027 답 2

$f(x)=x^3-x^2-x+1$이라 하면
$f'(x)=3x^2-2x-1=(3x+1)(x-1)$
$f'(x)=0$인 x의 값은 $x=-\dfrac{1}{3}$ 또는 $x=1$

함수 $f(x)$의 증가, 감소를 표로 나타내면 다음과 같다.

x	$\cdots$	$-\dfrac{1}{3}$	$\cdots$	1	$\cdots$
$f'(x)$	$+$	0	$-$	0	$+$
$f(x)$	↗	$\dfrac{32}{27}$ 극대	↘	0 극소	↗

따라서 함수 $y=f(x)$의 그래프가 그림과 같이 x축과 서로 다른 두 점에서 만나므로 주어진 방정식의 서로 다른 실근의 개수는 2이다.

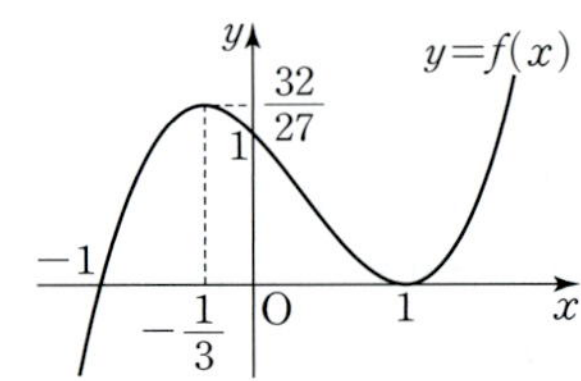

다른 풀이

함수 $f(x)=x^3-x^2-x+1$의 극값의 부호를 이용하여 판별할 수도 있다.
$f(x)=x^3-x^2-x+1$이라 하면
$f'(x)=3x^2-2x-1=(3x+1)(x-1)$
$f'(x)=0$인 x의 값은 $x=-\dfrac{1}{3}$ 또는 $x=1$

따라서 함수 $f(x)$는 $x=-\dfrac{1}{3}$에서 극댓값 $f\left(-\dfrac{1}{3}\right)=\dfrac{32}{27}$, $x=1$에서 극솟값 $f(1)=0$을 가진다.

이때 $f\left(-\dfrac{1}{3}\right)f(1)=0$이므로 삼차방정식 $f(x)=0$은 중근과 다른 한 실근, 즉 서로 다른 두 실근을 가진다.

1028 답 $-27<a<5$

$x^3-3x^2-9x-a=0$에서 $x^3-3x^2-9x=a$
$f(x)=x^3-3x^2-9x$라 하면
$f'(x)=3x^2-6x-9=3(x+1)(x-3)$
$f'(x)=0$인 x의 값은 $x=-1$ 또는 $x=3$

$x^3-3x^2-9x-a=0$의 실근은 함수 $y=f(x)$의 그래프와 직선 $y=a$가 만나는 점의 x좌표이다.

함수 $f(x)$의 증가, 감소를 표로 나타내면 다음과 같다.

x	$\cdots$	-1	$\cdots$	3	$\cdots$
$f'(x)$	$+$	0	$-$	0	$+$
$f(x)$	↗	5 극대	↘	-27 극소	↗

함수 $y=f(x)$의 그래프는 그림과 같다.

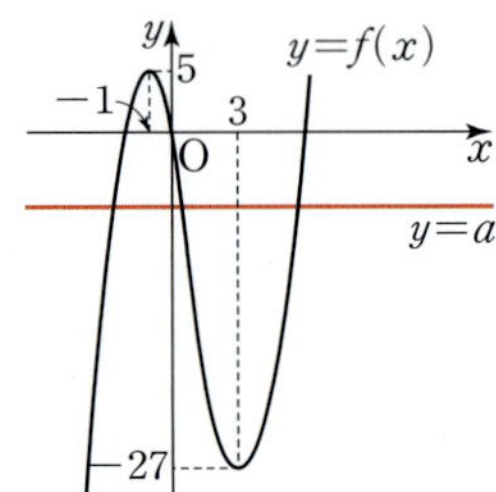

따라서 방정식 $f(x)=a$가 서로 다른 세 실근을 가지려면 함수 $y=f(x)$의 그래프와 직선 $y=a$의 서로 다른 교점이 3개이어야 하므로
$-27<a<5$

다른 풀이

함수 $f(x)=x^3-3x^2-9x-a$의 극값의 부호를 이용하여 판별할 수도 있다.
$f(x)=x^3-3x^2-9x-a$라 하면
$f'(x)=3x^2-6x-9=3(x+1)(x-3)$
$f'(x)=0$인 x의 값은 $x=-1$ 또는 $x=3$

따라서 함수 $f(x)$는 $x=-1$에서 극대, $x=3$에서 극소이므로 서로 다른 세 실근을 가지려면 $f(-1)f(3)<0$이어야 한다.
즉, $(-1-3+9-a)(3^3-3\times3^2-9\times3-a)<0$이므로
$(5-a)(-27-a)<0$, $(a-5)(a+27)<0$
$\therefore -27<a<5$

1029 답 풀이 참조

$x^3+2\geq3x$에서 $x^3-3x+2\geq0$
$f(x)=x^3-3x+2$라 하면
$f'(x)=3x^2-3=3(x+1)(x-1)$
$f'(x)=0$인 x의 값은 $x=1$ ($\because x\geq0$)
$x\geq0$에서 함수 $f(x)$의 증가, 감소를 표로 나타내면 다음과 같다.

x	0	$\cdots$	1	$\cdots$
$f'(x)$		$-$	0	$+$
$f(x)$	2	↘	0 극소	↗

함수 $f(x)$의 최솟값은 $f(1)=0$이므로 $x\geq0$인 모든 x에 대하여 $f(x)\geq0$이 성립한다.
즉, $x\geq0$일 때, 부등식 $x^3+2\geq3x$가 성립한다.

1030 답 $1<a<3$

$f(x)=x^4+4x-a^2+4a$라 하면
$f'(x)=4x^3+4=4(x+1)(x^2-x+1)$
$f'(x)=0$인 x의 값은 $x=-1$
함수 $f(x)$의 증가, 감소를 표로 나타내면 다음과 같다.

x	$\cdots$	-1	$\cdots$
$f'(x)$	$-$	0	$+$
$f(x)$	↘	$-a^2+4a-3$ 극소	↗

함수 $f(x)$의 최솟값은 $f(-1)=-a^2+4a-3$이므로 모든 실수 x에 대하여 $f(x)>0$이려면 $f(-1)>0$에서
$-a^2+4a-3>0$, $a^2-4a+3<0$
$(a-1)(a-3)<0$ $\therefore 1<a<3$

1031 답 (1) 속도 : -24, 가속도 : -6 (2) 6

(1) 시각 t에서의 점 P의 속도를 v, 가속도를 a라 하면
$v=3t^2-18t$, $a=6t-18$
따라서 $t=2$일 때, 점 P의 속도와 가속도는 각각
$v=3\times2^2-18\times2=-24$, $a=6\times2-18=-6$

(2) 운동 방향을 바꾸는 순간의 속도는 0이므로 $v=0$에서
$3t^2-18t=0$, $3t(t-6)=0$ $\therefore t=6$ ($\because t>0$)
따라서 $t=6$의 좌우에서 v의 부호가 바뀌므로 점 P가 운동 방향을 바꾸는 순간의 시각은 6이다.

1032 답 속도 : 0, 가속도 : 6

점 P가 다시 원점에 돌아온 순간은 위치 $x=0$ $(t>0)$일 때이다.

$x=t^3-6t^2+9t=t(t-3)^2$이므로

$x=0$인 t의 값은 $t=3$ $(\because t>0)$

점 P의 시각 t에서의 속도를 v, 가속도를 a라 하면

$v=3t^2-12t+9$, $a=6t-12$

따라서 $t=3$일 때, 점 P의 속도와 가속도는 각각

$v=3\times3^2-12\times3+9=0$, $a=6\times3-12=6$

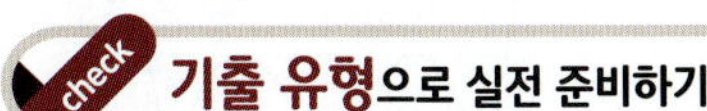

기출 유형으로 실전 준비하기   232쪽~260쪽

1033 답 ④ | 유형1

> 닫힌구간 $[-2, 0]$에서 함수 $f(x)=x^3-3x^2-9x+8$의 최댓값은?   단서1
>
> ① 10   ② 11   ③ 12
>
> ④ 13   ⑤ 14
>
> 단서1 $f'(x)=0$인 x의 값, $x=-2$, $x=0$일 때의 함숫값 중 가장 큰 값

STEP1 주어진 구간에서 함수 $f(x)$의 증가, 감소 조사하기

$f(x)=x^3-3x^2-9x+8$에서

$f'(x)=3x^2-6x-9=3(x+1)(x-3)$

$f'(x)=0$인 x의 값은 $x=-1$ 또는 $x=3$

닫힌구간 $[-2, 0]$에서 함수 $f(x)$의 증가, 감소를 표로 나타내면 다음과 같다.

x	-2	$\cdots$	-1	$\cdots$	0
$f'(x)$		$+$	0	$-$	
$f(x)$	6	↗	13 극대	↘	8

STEP2 함수 $f(x)$의 최댓값 구하기

함수 $f(x)$의 최댓값은 $f(-1)=13$이다.
→ 닫힌구간에서 $f(x)$의 극값이 오직 하나 존재하므로 (극댓값)=(최댓값)이다.

1034 답 ③

$f(x)=3x^4-4x^3+1$에서

$f'(x)=12x^3-12x^2=12x^2(x-1)$

$f'(x)=0$인 x의 값은 $x=0$ 또는 $x=1$

함수 $f(x)$의 증가, 감소를 표로 나타내면 다음과 같다.

x	$\cdots$	0	$\cdots$	1	$\cdots$
$f'(x)$	$-$	0	$-$	0	$+$
$f(x)$	↘	1	↘	0 극소	↗

따라서 함수 $f(x)$의 최솟값은 $f(1)=0$이다.

1035 답 -28

$f(x)=\dfrac{x^4}{4}-x^3+x^2-2$에서

$f'(x)=x^3-3x^2+2x=x(x-1)(x-2)$

$f'(x)=0$인 x의 값은 $x=0$ 또는 $x=1$ 또는 $x=2$

닫힌구간 $[-2, 2]$에서 함수 $f(x)$의 증가, 감소를 표로 나타내면 다음과 같다.

x	-2	$\cdots$	0	$\cdots$	1	$\cdots$	2
$f'(x)$		$-$	0	$+$	0	$-$	0
$f(x)$	14	↘	-2 극소	↗	$-\dfrac{7}{4}$ 극대	↘	-2

따라서 함수 $f(x)$의 최댓값은 $f(-2)=14$, 최솟값은

$f(0)=f(2)=-2$이므로 구하는 최댓값과 최솟값의 곱은

$14\times(-2)=-28$ → 극값 두 개와 구간의 양 끝에서의 함숫값을 비교한다.

1036 답 3

주어진 그래프에서 $f'(x)=0$인 x의 값은 $x=-1$ 또는 $x=3$

닫힌구간 $[-1, 5]$에서 함수 $f(x)$의 증가, 감소를 표로 나타내면 다음과 같다.

x	-1	$\cdots$	3	$\cdots$	5
$f'(x)$	0	$+$	0	$-$	
$f(x)$		↗	극대	↘	

따라서 함수 $f(x)$는 $x=3$에서 최대이다.
→ 닫힌구간에서 $f(x)$의 극값이 오직 하나 존재하므로 $x=3$에서 극대이면서 최대이다.

1037 답 ③

주어진 그래프에서 $f'(x)=0$인 x의 값은

$x=-2$ 또는 $x=0$ 또는 $x=2$

닫힌구간 $[-4, 0]$에서 함수 $f(x)$의 증가, 감소를 표로 나타내면 다음과 같다.

x	-4	$\cdots$	-2	$\cdots$	0
$f'(x)$		$+$	0	$-$	0
$f(x)$		↗	극대	↘	

따라서 함수 $f(x)$의 최댓값은 $f(-2)$이다.

1038 답 ②

$x^2-4x-y=0$에서 $y=x^2-4x$이므로

$x^2y=x^2(x^2-4x)=x^4-4x^3$

$f(x)=x^4-4x^3$이라 하면

$f'(x)=4x^3-12x^2=4x^2(x-3)$

$f'(x)=0$인 x의 값은 $x=0$ 또는 $x=3$

함수 $f(x)$의 증가, 감소를 표로 나타내면 다음과 같다.

x	$\cdots$	0	$\cdots$	3	$\cdots$
$f'(x)$	$-$	0	$-$	0	$+$
$f(x)$	↘	0	↘	-27 극소	↗

따라서 함수 $f(x)$의 최솟값은 $f(3)=-27$이므로 x^2y의 최솟값은 -27이다.

1039 답 6   → $x=0$을 기준으로 범위를 나누어 생각한다.

$f(x)=x^3-3|x|+3$에서

(i) $x>0$일 때

$\quad f(x)=x^3-3x+3$이므로

$\quad f'(x)=3x^2-3=3(x+1)(x-1)$

$\quad f'(x)=0$인 x의 값은 $x=1$ $(\because x>0)$

(ii) $x<0$일 때

$\quad f(x)=x^3+3x+3$이므로

$\quad f'(x)=3x^2+3>0$

(iii) $x=0$일 때 → 함수 $f(x)$는 $x=0$에서 미분가능하지 않다.

$\quad f(0)=3$

닫힌구간 $[-1, 2]$에서 함수 $f(x)$의 증가, 감소를 표로 나타내면 다음과 같다.

x	-1	$\cdots$	0	$\cdots$	1	$\cdots$	2
$f'(x)$		$+$		$-$	0	$+$	
$f(x)$	-1	↗	3 극대	↘	1 극소	↗	5

따라서 함수 $f(x)$의 최댓값은 $f(2)=5$, 최솟값은 $f(-1)=-1$ 이므로 구하는 최댓값과 최솟값의 차는

$|5-(-1)|=6$

참고 닫힌구간 $[-1, 2]$에서
함수 $f(x)=x^3-3|x|+3$의 그래프는
그림과 같다.

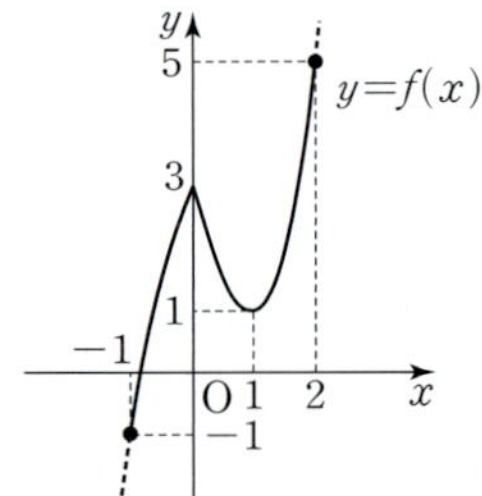

실수 Check

함수 $f(x)$는 미분가능하지 않은 점에서도 극값을 가질 수 있다. 이 문제에서 함수 $f(x)$는 $x=0$에서 극댓값 3을 가짐에 주의한다.

1040 답 ③

$f(x)=x^3-3x+5$에서

$f'(x)=3x^2-3=3(x+1)(x-1)$

$f'(x)=0$인 x의 값은 $x=-1$ 또는 $x=1$

닫힌구간 $[-1, 3]$에서 함수 $f(x)$의 증가, 감소를 표로 나타내면 다음과 같다.

x	-1	$\cdots$	1	$\cdots$	3
$f'(x)$	0	$-$	0	$+$	
$f(x)$	7	↘	3 극소	↗	23

따라서 함수 $f(x)$의 최솟값은 $f(1)=3$이다.

1041 답 ③

$f(x)=x^3-3t^2x$에서

$f'(x)=3x^2-3t^2=3(x+t)(x-t)$

$f'(x)=0$인 x의 값은 $x=-t$ 또는 $x=t$

함수 $f(x)$의 증가, 감소를 표로 나타내면 다음과 같다.

x	$\cdots$	$-t$	$\cdots$	t	$\cdots$
$f'(x)$	$+$	0	$-$	0	$+$
$f(x)$	↗	$2t^3$ 극대	↘	$-2t^3$ 극소	↗

ㄱ. $t=2$일 때, 닫힌구간 $[-2, 1]$에서 두 함수 $f(x)$, $|f(x)|$의 최댓값은 모두 $f(-2)=16$이므로 $M_1(2)=M_2(2)=16$

$\therefore g(2)=32$ (참)

ㄴ. 방정식 $f(x)=2t^3$에서 $(x+t)^2(x-2t)=0$,

방정식 $f(x)=-2t^3$에서 $(x-t)^2(x+2t)=0$이므로

두 함수 $y=f(x)$, $y=|f(x)|$의 그래프는 그림과 같다.

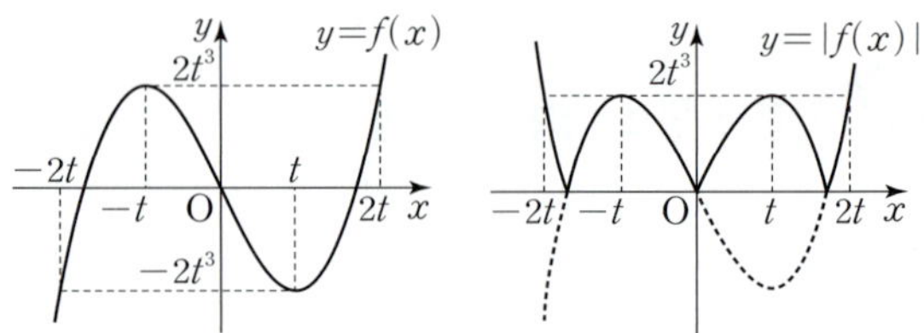

(i) $-t<-2$, $1<t$일 때

$\quad t>2$이고 $M_1(t)=M_2(t)=f(-2)<f(-t)$이므로

$\quad g(t)=2f(-2)\neq 2f(-t)$

(ii) $-2t\leq-2\leq-t$, $1\leq t$일 때

$\quad 1\leq t\leq 2$이고 $M_1(t)=M_2(t)=f(-t)$이므로

$\quad g(t)=2f(-t)$

(iii) $-2<-2t$, $t<1\leq 2t$일 때

$\quad \dfrac{1}{2}\leq t<1$이고 $M_1(t)=f(-t)$,

$\quad M_2(t)=-f(-2)>f(-t)$이므로

$\quad g(t)=f(-t)-f(-2)\neq 2f(-t)$

(iv) $-2<-2t$, $2t<1$일 때

$\quad 0<t<\dfrac{1}{2}$이고 $M_1(t)=f(1)>f(-t)$,

$\quad M_2(t)=-f(-2)>f(-t)$이므로

$\quad g(t)=f(1)-f(-2)\neq 2f(-t)$

(i)~(iv)에서 $g(t)=2f(-t)$를 만족시키는 t의 최댓값과 최솟값의 합은 $2+1=3$ (참)

ㄷ. (i) $\dfrac{1}{2}\leq t<1$일 때

$\quad g(t)=f(-t)-f(-2)=2t^3-6t^2+8$이므로

$$\lim_{h\to 0+}\frac{g\left(\frac{1}{2}+h\right)-g\left(\frac{1}{2}\right)}{h}=\lim_{h\to 0+}\left(2h^2-3h-\frac{9}{2}\right)=-\frac{9}{2}$$

(ii) $0<t<\dfrac{1}{2}$일 때

$\quad g(t)=f(1)-f(-2)=-9t^2+9$이므로

$$\lim_{h\to 0-}\frac{g\left(\frac{1}{2}+h\right)-g\left(\frac{1}{2}\right)}{h}=\lim_{h\to 0-}(-9h-9)=-9$$

(i), (ii)에서

$$\lim_{h\to 0+}\frac{g\left(\frac{1}{2}+h\right)-g\left(\frac{1}{2}\right)}{h}-\lim_{h\to 0-}\frac{g\left(\frac{1}{2}+h\right)-g\left(\frac{1}{2}\right)}{h}$$

$$=-\frac{9}{2}-(-9)=\frac{9}{2}\ (거짓)$$

따라서 옳은 것은 ㄱ, ㄴ이다.

1042 답 ①

| 유형 2

닫힌구간 $[-2, 0]$에서 함수
$f(x)=(x^2+2x+3)^3-3(x^2+2x+3)^2+1$의 최댓값과 최솟값의 합은?

① -2 ② -1 ③ 0
④ 1 ⑤ 2

단서1 반복되는 식 x^2+2x+3을 t로 치환
단서2 t의 값의 범위에서의 최댓값과 최솟값

STEP 1 $x^2+2x+3=t$로 치환하고, $-2 \le x \le 0$에서 t의 값의 범위 구하기

$x^2+2x+3=t$로 놓으면

$t=x^2+2x+3=(x+1)^2+2$

$-2 \le x \le 0$에서 $2 \le t \le 3$ ⟶ $x=-1$일 때 $t=2$ (최소)
$x=-2$ 또는 $x=0$일 때 $t=3$ (최대)

STEP 2 $2 \le t \le 3$에서 $g(t)=t^3-3t^2+1$의 최댓값, 최솟값 구하기

$g(t)=t^3-3t^2+1$이라 하면

$g'(t)=3t^2-6t=3t(t-2)$

$g'(t)=0$인 t의 값은 $t=2$ ($\because 2 \le t \le 3$)

닫힌구간 $[2, 3]$에서 함수 $g(t)$의 증가, 감소를 표로 나타내면 다음과 같다.

t	2	$\cdots$	3
$g'(t)$	0	$+$	
$g(t)$	-3	↗	1

따라서 함수 $g(t)$의 최댓값은 $g(3)=1$, 최솟값은 $g(2)=-3$이므로 함수 $f(x)$의 최댓값과 최솟값의 합은

$1+(-3)=-2$

1043 답 -54

$(f \circ g)(x)=f(g(x))$에서 $g(x)=t$로 놓으면

$t=x^2-2x-2=(x-1)^2-3$

$\therefore t \ge -3$

$f(t)=t^3-27t$이므로

$f'(t)=3t^2-27=3(t+3)(t-3)$

$f'(t)=0$인 t의 값은 $t=-3$ 또는 $t=3$

$t \ge -3$에서 함수 $f(t)$의 증가, 감소를 표로 나타내면 다음과 같다.

t	-3	$\cdots$	3	$\cdots$
$f'(t)$	0	$-$	0	$+$
$f(t)$	54	↘	-54 극소	↗

따라서 함수 $f(t)$의 최솟값은 $f(3)=-54$이므로 함수 $(f \circ g)(x)$의 최솟값은 -54이다.

1044 답 34

$(f \circ g)(x)=f(g(x))$에서 $g(x)=t$로 놓으면

$t=-x^2+4x-1=-(x-2)^2+3$

$\therefore t \le 3$ ⟶ $x=2$에서 최댓값 3을 가진다.

$f(t)=2t^3-3t^2+5$이므로

$f'(t)=6t^2-6t=6t(t-1)$

$f'(t)=0$인 t의 값은 $t=0$ 또는 $t=1$

$t \le 3$에서 함수 $f(t)$의 증가, 감소를 표로 나타내면 다음과 같다.

t	$\cdots$	0	$\cdots$	1	$\cdots$	3
$f'(t)$	$+$	0	$-$	0	$+$	
$f(t)$	↗	5 극대	↘	4 극소	↗	32

따라서 함수 $f(t)$는 $t=3$, 즉 $x=2$일 때 최댓값 32를 가지므로

$a=2, b=32$

$\therefore a+b=34$

1045 답 ②

| 유형 3

닫힌구간 $[-1, 2]$에서 함수 $f(x)=ax^3-\dfrac{3}{2}ax^2+b$의 최댓값이 6이고 최솟값이 -3일 때, 상수 a, b에 대하여 $a+b$의 값은? (단, $a<0$)

① -2 ② -1 ③ 0
④ 1 ⑤ 2

단서1 $f'(x)=0$인 x의 값, $x=-1$, $x=2$일 때의 함숫값 중 가장 큰 값이 6, 가장 작은 값이 -3
단서2 최고차항의 계수가 음수

STEP 1 주어진 구간에서 함수 $f(x)$의 증가, 감소 조사하기

$f(x)=ax^3-\dfrac{3}{2}ax^2+b$에서

$f'(x)=3ax^2-3ax=3ax(x-1)$

$f'(x)=0$인 x의 값은 $x=0$ 또는 $x=1$

$a<0$이므로 닫힌구간 $[-1, 2]$에서 함수 $f(x)$의 증가, 감소를 표로 나타내면 다음과 같다.

x	-1	$\cdots$	0	$\cdots$	1	$\cdots$	2
$f'(x)$		$-$	0	$+$	0	$-$	
$f(x)$	$-\dfrac{5}{2}a+b$	↘	b 극소	↗	$-\dfrac{1}{2}a+b$ 극대	↘	$2a+b$

STEP 2 함수 $f(x)$의 최댓값, 최솟값 구하기

→ $a<0$이므로 $\lim\limits_{x\to\infty} f(x)=-\infty$
즉, $x=0$에서 극소, $x=1$에서 극대이다.

$a<0$이므로 $2a<0<-\dfrac{1}{2}a<-\dfrac{5}{2}a$

$\therefore 2a+b<b<-\dfrac{1}{2}a+b<-\dfrac{5}{2}a+b$

즉, 함수 $f(x)$의 최댓값은 $f(-1)=-\dfrac{5}{2}a+b$, 최솟값은 $f(2)=2a+b$이다.

STEP 3 $a+b$의 값 구하기

함수 $f(x)$의 최댓값이 6, 최솟값이 -3이므로

$-\dfrac{5}{2}a+b=6, \quad 2a+b=-3$

두 식을 연립하여 풀면 $a=-2, b=1$

$\therefore a+b=-1$

참고 삼차함수, 사차함수에서는 극댓값이 극솟값보다 항상 크다. 따라서 극댓값인 $-\dfrac{1}{2}a+b$와 $-\dfrac{5}{2}a+b$의 값 중 더 큰 값이 최댓값이고 극솟값인 b와 $2a+b$ 중 더 작은 값이 최솟값이다.

1046 답 -2

$f(x)=3x^4-12x^3+12x^2+a$에서

$f'(x)=12x^3-36x^2+24x=12x(x-1)(x-2)$

$f'(x)=0$인 x의 값은 $x=0$ 또는 $x=1$ 또는 $x=2$

함수 $f(x)$의 증가, 감소를 표로 나타내면 다음과 같다.

x	$\cdots$	0	$\cdots$	1	$\cdots$	2	$\cdots$
$f'(x)$	$-$	0	$+$	0	$-$	0	$+$
$f(x)$	$\searrow$	a 극소	$\nearrow$	$a+3$ 극대	$\searrow$	a 극소	$\nearrow$

함수 $f(x)$의 최솟값은 $f(0)=f(2)=a$이다.
이때 함수 $f(x)$의 최솟값이 -2이므로
$a=-2$

1047 ①

$f(x)=-3x^4+ax^3+b$에서
$f'(x)=-12x^3+3ax^2$
$f'(1)=-24$에서 $-12+3a=-24$
$\therefore a=-4$
즉, $f(x)=-3x^4-4x^3+b$이므로
$f'(x)=-12x^3-12x^2=-12x^2(x+1)$
$f'(x)=0$인 x의 값은 $x=-1$ 또는 $x=0$
함수 $f(x)$의 증가, 감소를 표로 나타내면 다음과 같다.

x	$\cdots$	-1	$\cdots$	0	$\cdots$
$f'(x)$	$+$	0	$-$	0	$-$
$f(x)$	$\nearrow$	$b+1$ 극대	$\searrow$	b	$\searrow$

따라서 함수 $f(x)$의 최댓값은 $f(-1)=b+1$이므로
$b+1=6$　　$\therefore b=5$
$\therefore a+b=(-4)+5=1$

1048 ②

$f(x)=-ax^3+3x^2+2$에서
$f'(x)=-3ax^2+6x=-3x(ax-2)$
$f'(x)=0$인 x의 값은 $x=0$ 또는 $x=\dfrac{2}{a}$
$a>1$이므로 $0<\dfrac{2}{a}<2$
닫힌구간 $[0, 2]$에서 함수 $f(x)$의 증가, 감소를 표로 나타내면 다음과 같다.

x	0	$\cdots$	$\dfrac{2}{a}$	$\cdots$	2
$f'(x)$	0	$+$	0	$-$	
$f(x)$	2	$\nearrow$	$\dfrac{4}{a^2}+2$ 극대	$\searrow$	$-8a+14$

함수 $f(x)$의 최댓값은 $f\left(\dfrac{2}{a}\right)=\dfrac{4}{a^2}+2$이고, $f(x)$의 최댓값이 3
이므로
$\dfrac{4}{a^2}+2=3$, $\dfrac{4}{a^2}=1$
$a^2=4$
$\therefore a=2\ (\because a>1)$
따라서 함수 $f(x)$의 최솟값은
$f(2)=-8a+14=-2$

1049 ①

$f(x)=x^3+ax^2+bx+1$에서
$f'(x)=3x^2+2ax+b$
함수 $f(x)$가 $x=1$에서 극값 5를 가지므로
$f'(1)=0$에서 $3+2a+b=0$ $\cdots\cdots\cdots$ ㉠
$f(1)=5$에서 $1+a+b+1=5$ $\cdots\cdots\cdots$ ㉡
㉠, ㉡을 연립하여 풀면 $a=-6$, $b=9$
즉, $f(x)=x^3-6x^2+9x+1$이므로
$f'(x)=3x^2-12x+9=3(x-1)(x-3)$
$f'(x)=0$인 x의 값은 $x=1$ 또는 $x=3$
닫힌구간 $[1, 5]$에서 함수 $f(x)$의 증가, 감소를 표로 나타내면 다음과 같다.

x	1	$\cdots$	3	$\cdots$	5
$f'(x)$	0	$-$	0	$+$	
$f(x)$	5	$\searrow$	1 극소	$\nearrow$	21

따라서 함수 $f(x)$의 최댓값은 $f(5)=21$이다.

1050 ②

$f(x)=x^3-2x^2+4$에서
$f'(x)=3x^2-4x=x(3x-4)$
$f'(x)=0$인 x의 값은 $x=0$ 또는 $x=\dfrac{4}{3}$
닫힌구간 $[-a, a]$에서 함수 $f(x)$의 증가, 감소를 표로 나타내면 다음과 같다.

x	$-a$	$\cdots$	0	$\cdots$	$\dfrac{4}{3}$	$\cdots$	a
$f'(x)$		$+$	0	$-$	0	$+$	
$f(x)$	$-a^3-2a^2+4$	$\nearrow$	4 극대	$\searrow$	$\dfrac{76}{27}$ 극소	$\nearrow$	a^3-2a^2+4

함수 $y=f(x)$의 그래프는 그림과 같다.
$a\geq2$이고, $f(2)=4$이므로
닫힌구간 $[-a, a]$에서 함수 $f(x)$의
<u>최댓값은 $f(a)=a^3-2a^2+4$</u>
<u>최솟값은 $f(-a)=-a^3-2a^2+4$</u>

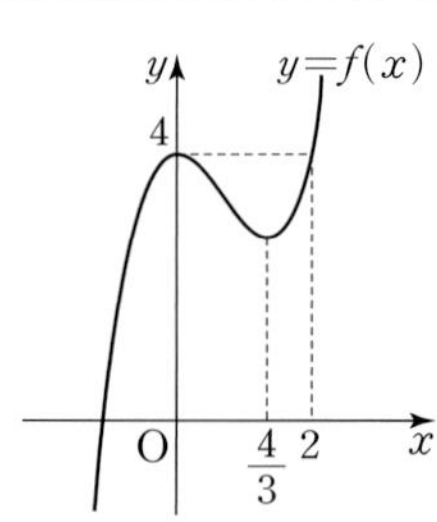

> $a\geq2$이므로 함수 $y=f(x)$의 그래프에서 구간의 양 끝에서의 함숫값 중 최대, 최소를 찾는다.

이때 함수 $f(x)$의 최댓값과 최솟값의 합이 -28이므로
$(a^3-2a^2+4)+(-a^3-2a^2+4)=-28$
$-4a^2+8=-28$, $a^2=9$
$\therefore a=3\ (\because a\geq2)$

1051 15

$f(x)=x^3+ax^2+bx+c$에서
$f'(x)=3x^2+2ax+b$
㈎에서 함수 $f(x)$가 $x=0$, $x=2$에서 극값을 가지므로
$f'(0)=0$에서 $b=0$
$f'(2)=0$에서 $12+4a+b=0$

$12+4a+0=0$ $\quad \therefore a=-3$

즉, $f(x)=x^3-3x^2+c$이므로

$f'(x)=3x^2-6x=3x(x-2)$

$f'(x)=0$인 x의 값은 $x=0$ 또는 $x=2$

닫힌구간 $[-2, 4]$에서 함수 $f(x)$의 증가, 감소를 표로 나타내면 다음과 같다.

x	-2	$\cdots$	0	$\cdots$	2	$\cdots$	4
$f'(x)$		$+$	0	$-$	0	$+$	
$f(x)$	$c-20$	$\nearrow$	c 극대	$\searrow$	$c-4$ 극소	$\nearrow$	$c+16$

따라서 함수 $f(x)$의 최댓값은 $f(4)=c+16$, 최솟값은 $f(-2)=c-20$이다.

이때 (나)에서 함수 $f(x)$의 최솟값이 -21이므로

$c-20=-21$

$\therefore c=-1$

따라서 함수 $f(x)$의 최댓값은

$c+16=-1+16=15$

1052 답 ④

$f(x)=x^3-6x^2+9x+a$에서

$f'(x)=3x^2-12x+9=3(x-1)(x-3)$

$f'(x)=0$인 x의 값은 $x=1$ 또는 $x=3$

닫힌구간 $[0, 3]$에서 함수 $f(x)$의 증가, 감소를 표로 나타내면 다음과 같다.

x	0	$\cdots$	1	$\cdots$	3
$f'(x)$		$+$	0	$-$	0
$f(x)$	a	$\nearrow$	$a+4$ 극대	$\searrow$	a

따라서 함수 $f(x)$의 최댓값은 $f(1)=a+4$이므로

$a+4=12$ $\quad \therefore a=8$

1053 답 12

$f(x)=x^3+ax^2-a^2x+2$에서

$f'(x)=3x^2+2ax-a^2=(x+a)(3x-a)$

$f'(x)=0$인 x의 값은 $x=-a$ 또는 $x=\dfrac{a}{3}$

$a>0$이므로 닫힌구간 $[-a, a]$에서 함수 $f(x)$의 증가, 감소를 표로 나타내면 다음과 같다.

x	$-a$	$\cdots$	$\dfrac{a}{3}$	$\cdots$	a
$f'(x)$	0	$-$	0	$+$	
$f(x)$	a^3+2	$\searrow$	$-\dfrac{5}{27}a^3+2$ 극소	$\nearrow$	a^3+2

함수 $f(x)$의 최솟값은 $f\left(\dfrac{a}{3}\right)=-\dfrac{5}{27}a^3+2$이다.

이때 함수 $f(x)$의 최솟값이 $\dfrac{14}{27}$이므로

$-\dfrac{5}{27}a^3+2=\dfrac{14}{27}$, $a^3=8$

$\therefore a=2$ $(\because a$는 실수$)$

따라서 함수 $f(x)$의 최댓값은

$f(-2)=f(2)=a^3+2=10$

이므로 $M=10$

$\therefore a+M=2+10=12$

1054 답 ②

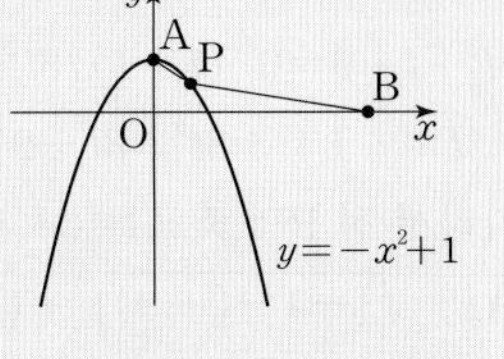

STEP 1 변수를 정하여 $\overline{AP}^2$, $\overline{BP}^2$ 나타내기

점 P의 x좌표를 t라 하면 P$(t, -t^2+1)$이므로

$\overline{AP}^2=(t-0)^2+(-t^2+1-1)^2=t^4+t^2$

$\overline{BP}^2=(t-4)^2+(-t^2+1-0)^2=t^4-t^2-8t+17$

STEP 2 $\overline{AP}^2+\overline{BP}^2$을 나타내는 함수식 세우기

$\overline{AP}^2+\overline{BP}^2=f(t)$라 하면

$f(t)=2t^4-8t+17$에서

$f'(t)=8t^3-8=8(t-1)(t^2+t+1)$

STEP 3 $\overline{AP}^2+\overline{BP}^2$의 최솟값 구하기

$f'(t)=0$인 t의 값은 $t=1$ $(\because t^2+t+1>0)$

함수 $f(t)$의 증가, 감소를 표로 나타내면 다음과 같다.

t	$\cdots$	1	$\cdots$
$f'(t)$	$-$	0	$+$
$f(t)$	$\searrow$	11 극소	$\nearrow$

따라서 함수 $f(t)$의 최솟값은 $f(1)=11$이므로 $\overline{AP}^2+\overline{BP}^2$의 최솟값은 11이다.

1055 답 ⑤

점 P의 좌표를 $(t, 2t^2)$이라 하면 점 P와 점 $(-9, 0)$ 사이의 거리는

$\sqrt{(t+9)^2+(2t^2)^2}=\sqrt{4t^4+t^2+18t+81}$

$f(t)=4t^4+t^2+18t+81$이라 하면

$f'(t)=16t^3+2t+18=2(t+1)(8t^2-8t+9)$

$f'(t)=0$인 t의 값은 $t=-1$ $(\because 8t^2-8t+9>0)$

함수 $f(t)$의 증가, 감소를 표로 나타내면 다음과 같다.

t	$\cdots$	-1	$\cdots$
$f'(t)$	$-$	0	$+$
$f(t)$	$\searrow$	68 극소	$\nearrow$

따라서 함수 $f(t)$의 최솟값은 $f(-1)=68$이므로 점 P와 점 $(-9, 0)$ 사이의 거리의 최솟값은

$\sqrt{f(-1)}=\sqrt{68}=2\sqrt{17}$

다른 풀이

점 P의 좌표를 $(t, 2t^2)$이라 하고 점 A를 A$(-9, 0)$이라 하자.

곡선 $y=2x^2$ 위의 점 P에서의 접선과 직선 AP가 수직으로 만날 때 $\overline{AP}$의 길이가 최소이다.

곡선 $y=2x^2$ 위의 점 P에서의 접선의 기울기는 $4t$이고 직선 AP의 기울기는 $\dfrac{2t^2-0}{t-(-9)}=\dfrac{2t^2}{t+9}$이다.

→ $y'=4x$이므로 점 P$(t, 2t^2)$에서의 기울기는 $4t$이다.

$\therefore 4t \times \dfrac{2t^2}{t+9}=-1$ → 접선과 직선 AP는 수직

$8t^3+t+9=0$, $(t+1)(8t^2-8t+9)=0$

$\therefore t=-1$ $(\because 8t^2-8t+9>0)$

따라서 점 P의 좌표는 $(-1, 2)$이므로

$\overline{AP}=\sqrt{\{-1-(-9)\}^2+(2-0)^2}=\sqrt{68}=2\sqrt{17}$

1056 답 $2\sqrt{17}-2$

점 P의 좌표를 $(t, -t^2+2)$, 원의 중심을 C$(10, 0)$이라 하면 원의 반지름의 길이가 2이므로

($\overline{PQ}$의 최솟값)=($\overline{PC}$의 최솟값)-2

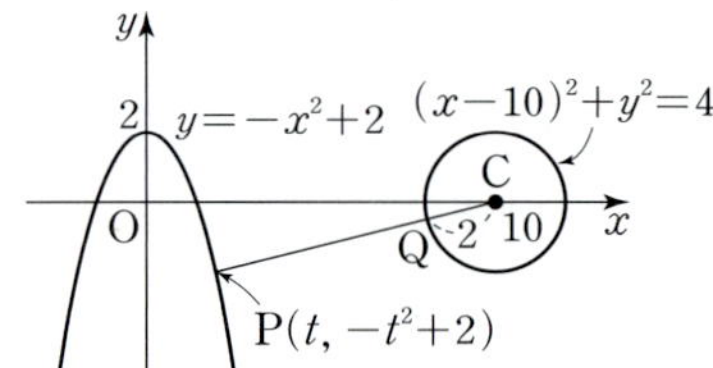

$\overline{PC}=\sqrt{(t-10)^2+(-t^2+2)^2}$
$\qquad=\sqrt{t^4-3t^2-20t+104}$

$f(t)=t^4-3t^2-20t+104$라 하면

$f'(t)=4t^3-6t-20=2(t-2)(2t^2+4t+5)$

$f'(t)=0$인 t의 값은 $t=2$ $(\because 2t^2+4t+5>0)$

함수 $f(t)$의 증가, 감소를 표로 나타내면 다음과 같다.

t	$\cdots$	2	$\cdots$
$f'(t)$	$-$	0	$+$
$f(t)$	$\searrow$	68 극소	$\nearrow$

함수 $f(t)$의 최솟값은 $f(2)=68$이므로 $\overline{PC}$의 최솟값은

$\sqrt{f(2)}=\sqrt{68}=2\sqrt{17}$

따라서 $\overline{PQ}$의 최솟값은 $2\sqrt{17}-2$이다.

1057 답 ④

점 P의 좌표를 $(4, t)$ $(0 \le t \le 4)$라 하면

$\overline{OP}^2=\overline{AP}^2+\overline{OA}^2$
$\qquad=t^2+16$

$\overline{CP}^2=\overline{BP}^2+\overline{BC}^2$
$\qquad=(4-t)^2+4^2=t^2-8t+32$

$\therefore \overline{OP} \times \overline{CP}=\sqrt{(t^2+16)(t^2-8t+32)}$

$f(t)=(t^2+16)(t^2-8t+32)$라 하면

$f'(t)=2t(t^2-8t+32)+(t^2+16)(2t-8)$
$\qquad=4t^3-24t^2+96t-128$
$\qquad=4(t-2)(t^2-4t+16)$

$f'(t)=0$인 t의 값은 $t=2$ $(\because t^2-4t+16>0)$

$0 \le t \le 4$에서 함수 $f(t)$의 증가, 감소를 표로 나타내면 다음과 같다.

t	0	$\cdots$	2	$\cdots$	4
$f'(t)$		$-$	0	$+$	
$f(t)$	512	$\searrow$	400 극소	$\nearrow$	512

함수 $f(t)$의 최솟값은 $f(2)=400$이므로 $\overline{OP} \times \overline{CP}$의 최솟값은

$\sqrt{f(2)}=\sqrt{400}=20$

1058 답 ②

원 $x^2+y^2=r^2$ 위의 점 P(a, b)에 대하여 점 P는 제1사분면 위의 점이므로

$0<a<r$

$a^2+b^2=r^2$에서 $b^2=r^2-a^2$ $\cdots\cdots\cdots$ ㉠

$\therefore ab^2=a(r^2-a^2)=-a^3+r^2a$

$f(a)=-a^3+r^2a$라 하면

$f'(a)=-3a^2+r^2$
$\qquad=-3\left(a+\dfrac{r}{\sqrt{3}}\right)\left(a-\dfrac{r}{\sqrt{3}}\right)$

$f'(a)=0$인 a의 값은 $a=\dfrac{r}{\sqrt{3}}$, 즉 $a=\dfrac{\sqrt{3}}{3}r$ $(\because 0<a<r)$

$0<a<r$에서 함수 $f(a)$의 증가, 감소를 표로 나타내면 다음과 같다.

a	0	$\cdots$	$\dfrac{\sqrt{3}}{3}r$	$\cdots$	r
$f'(a)$		$+$	0	$-$	
$f(a)$		$\nearrow$	$\dfrac{2\sqrt{3}}{9}r^3$ 극대	$\searrow$	

함수 $f(a)$는 $a=\dfrac{\sqrt{3}}{3}r$일 때 최대이고, 이때의 b의 값은 ㉠에서

$b=\sqrt{r^2-a^2}$ $(\because 0<b<r)$
$\quad=\sqrt{r^2-\left(\dfrac{\sqrt{3}}{3}r\right)^2}$
$\quad=\dfrac{\sqrt{6}}{3}r$

따라서 구하는 값은

$\dfrac{b}{a}=\dfrac{\dfrac{\sqrt{6}}{3}r}{\dfrac{\sqrt{3}}{3}r}=\sqrt{2}$

1059 답 ②

| 유형 5

그림과 같이 곡선 $y=9-x^2$ $(-3<x<3)$과 x축으로 둘러싸인 도형에 내접하고 한 변이 x축 위에 있는 직사각형 ABCD의 넓이의 최댓값은?

① $9\sqrt{3}$ ② $12\sqrt{3}$
③ $15\sqrt{3}$ ④ $18\sqrt{3}$
⑤ $21\sqrt{3}$

단서1 점 A, 점 D의 x좌표를 a라 하면 점 B, 점 C의 x좌표는 $-a$

점 D의 좌표를 $(a, 0)$ $(0<a<3)$
이라 하면
$A(a, 9-a^2)$, $B(-a, 9-a^2)$,
$C(-a, 0)$
→ 함수 $y=9-x^2$의 그래프는
y축에 대하여 대칭이다.

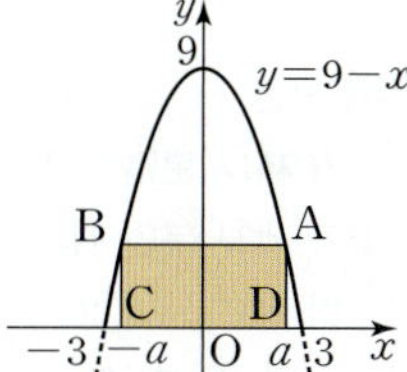

직사각형 ABCD의 넓이를 $S(a)$라 하면
$$S(a)=\overline{CD}\times\overline{AD}$$
$$=2a(9-a^2)$$
$$=-2a^3+18a$$

$$S'(a)=-6a^2+18$$
$$=-6(a+\sqrt{3})(a-\sqrt{3})$$

$S'(a)=0$인 a의 값은 $a=\sqrt{3}$ $(\because 0<a<3)$

$0<a<3$에서 함수 $S(a)$의 증가, 감소를 표로 나타내면 다음과 같다.

a	0	$\cdots$	$\sqrt{3}$	$\cdots$	3
$S'(a)$		$+$	0	$-$	
$S(a)$		↗	$12\sqrt{3}$ 극대	↘	

따라서 직사각형 ABCD의 넓이 $S(a)$의 최댓값은 $S(\sqrt{3})=12\sqrt{3}$
이다.

1060 답 ②

곡선 $y=-x(x+6)$과 x축의 교점의 x좌표는 $-x(x+6)=0$에서 $x=-6$ 또는 $x=0$이므로

$C(-6, 0)$, $O(0, 0)$
점 A의 좌표를
$(a, -a^2-6a)$ $(-3<a<0)$라 하면
$B(-6-a, -a^2-6a)$

사다리꼴 OABC의 넓이를 $S(a)$라 하면
$$S(a)=\frac{1}{2}\times(\overline{OC}+\overline{AB})\times(-a^2-6a)$$
$$=\frac{1}{2}\{6+(2a+6)\}(-a^2-6a)$$
→ $a-(-6-a)=2a+6$
$$=-a^3-12a^2-36a$$
$$S'(a)=-3a^2-24a-36$$
$$=-3(a+6)(a+2)$$

$S'(a)=0$인 a의 값은 $a=-2$ $(\because -3<a<0)$

$-3<a<0$에서 함수 $S(a)$의 증가, 감소를 표로 나타내면 다음과 같다.

a	-3	$\cdots$	-2	$\cdots$	0
$S'(a)$		$+$	0	$-$	
$S(a)$		↗	32 극대	↘	

따라서 사다리꼴 OABC의 넓이 $S(a)$는 $a=-2$일 때 최대이므로
이때 변 AB의 길이는
$2a+6=2\times(-2)+6=2$

1061 답 11

직선 OP의 기울기는 $\dfrac{2}{t}$이고
선분 OP의 중점의 좌표는
$\left(\dfrac{t}{2}, 1\right)$이므로

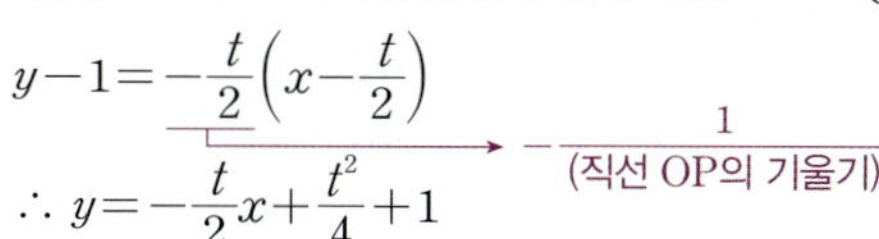

선분 OP의 수직이등분선의 방정식은
$$y-1=-\frac{t}{2}\left(x-\frac{t}{2}\right)$$
→ $-\dfrac{1}{(\text{직선 OP의 기울기})}$
$$\therefore y=-\frac{t}{2}x+\frac{t^2}{4}+1$$
$$\therefore B\left(0, \frac{t^2}{4}+1\right)$$

삼각형 ABP의 넓이를 $S(t)$라 하면
$$S(t)=\frac{1}{2}\times\overline{AP}\times\overline{AB}$$
$$=\frac{1}{2}t\left\{2-\left(\frac{t^2}{4}+1\right)\right\}$$
$$=-\frac{1}{8}t^3+\frac{1}{2}t$$
$$S'(t)=-\frac{3}{8}t^2+\frac{1}{2}=-\frac{3}{8}\left(t^2-\frac{4}{3}\right)$$
$$=-\frac{3}{8}\left(t+\frac{2\sqrt{3}}{3}\right)\left(t-\frac{2\sqrt{3}}{3}\right)$$

$S'(t)=0$인 t의 값은 $t=\dfrac{2\sqrt{3}}{3}$ $(\because 0<t<2)$

$0<t<2$에서 함수 $S(t)$의 증가, 감소를 표로 나타내면 다음과 같다.

t	0	$\cdots$	$\dfrac{2\sqrt{3}}{3}$	$\cdots$	2
$S'(t)$		$+$	0	$-$	
$S(t)$		↗	$\dfrac{2\sqrt{3}}{9}$ 극대	↘	

따라서 삼각형 ABP의 넓이 $S(t)$의 최댓값은 $S\left(\dfrac{2\sqrt{3}}{3}\right)=\dfrac{2\sqrt{3}}{9}$이
므로 $a=9$, $b=2$
$$\therefore a+b=11$$

1062 답 15

곡선 $y=x^2(3-x)$와 직선 $y=mx$
가 원점과 제1사분면 위의 서로 다
른 두 점에서 만나므로 방정식
$x^2(3-x)=mx$, 즉
$x(x^2-3x+m)=0$은 0과 서로 다
른 두 양의 근을 가진다.

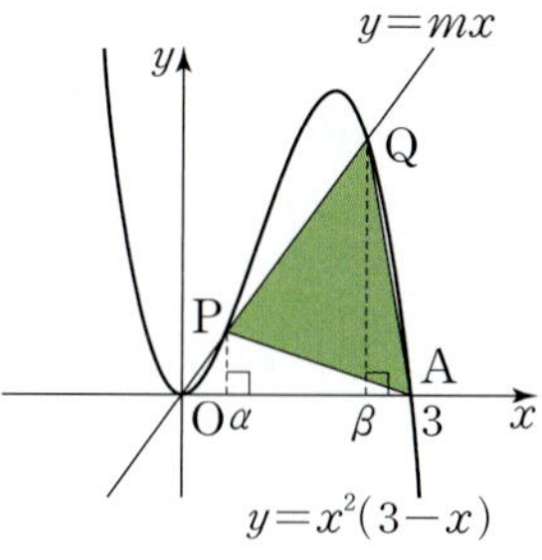

따라서 이차방정식 $x^2-3x+m=0$
은 서로 다른 두 양의 근을 가지므
로 이차방정식 $x^2-3x+m=0$의 판별식을 D라 하면 $D>0$에서
$9-4m>0$ $\therefore 0<m<\dfrac{9}{4}$ $(\because m>0)$

이차방정식 $x^2-3x+m=0$의 서로 다른 두 양의 근을
α, β $(\alpha<\beta)$라 하면 $P(\alpha, m\alpha)$, $Q(\beta, m\beta)$이고,
→ 두 점 P, Q는 직선
$y=mx$ 위의 점이다.
이차방정식의 근과 계수의 관계에 의하여
$\alpha+\beta=3$, $\alpha\beta=m$

삼각형 APQ의 넓이를 $S(m)$이라 하면
$$S(m)=\triangle OAQ-\triangle OAP$$
$$=\frac{1}{2}\times3\times m\beta-\frac{1}{2}\times3\times m\alpha$$
$$=\frac{3}{2}m(\beta-\alpha)$$
$$=\frac{3}{2}m\sqrt{(\alpha+\beta)^2-4\alpha\beta}$$
$$=\frac{3}{2}m\sqrt{9-4m}$$
$$=\frac{3}{2}\sqrt{-4m^3+9m^2}$$

$(\beta-\alpha)^2=\alpha^2-2\alpha\beta+\beta^2=(\alpha+\beta)^2-4\alpha\beta$

$f(m)=-4m^3+9m^2$이라 하면
$$f'(m)=-12m^2+18m=-6m(2m-3)$$
$f'(m)=0$인 m의 값은 $m=\frac{3}{2}\left(\because 0<m<\frac{9}{4}\right)$

$0<m<\frac{9}{4}$에서 함수 $f(m)$의 증가, 감소를 표로 나타내면 다음과 같다.

m	0	$\cdots$	$\frac{3}{2}$	$\cdots$	$\frac{9}{4}$
$f'(m)$		$+$	0	$-$	
$f(m)$		$\nearrow$	극대	$\searrow$	

함수 $f(m)$은 $m=\frac{3}{2}$일 때 최대이므로 삼각형 APQ의 넓이 $S(m)$이 최대가 되게 하는 m의 값은 $\frac{3}{2}$이다.

따라서 구하는 값은 $10m=10\times\frac{3}{2}=15$

1063 답 ①

이차함수 $y=f(x)$의 그래프의 꼭짓점이 원점이므로 $f(x)=kx^2\ (k\neq0)$이라 하자.
곡선 $y=f(x)$가 점 $D(1,\ 2)$를 지나므로 $k=2$
$\therefore f(x)=2x^2$
점 P의 좌표를 $(a,\ 2a^2)\ (0<a<1)$이라 하면 점 P에서의 접선의 기울기는 $f'(a)=4a$이므로 접선 l의 방정식은
$$y-2a^2=4a(x-a)\qquad\therefore y=4ax-2a^2$$
이때 직선 l은 두 점 $\left(\frac{a}{2},\ 0\right)$, $(1,\ 4a-2a^2)$을 지나므로 색칠한 부분의 넓이를 $S(a)$라 하면

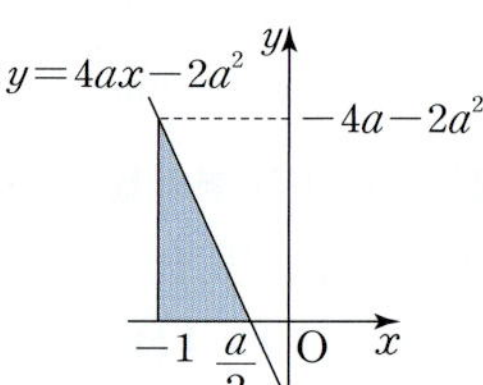

$$S(a)=\frac{1}{2}\times\left(1-\frac{a}{2}\right)\times(4a-2a^2)$$
$$=\frac{a^3}{2}-2a^2+2a$$
$$S'(a)=\frac{3}{2}a^2-4a+2=\frac{1}{2}(3a-2)(a-2)$$
$S'(a)=0$인 a의 값은 $a=\frac{2}{3}\ (\because 0<a<1)$
$0<a<1$에서 함수 $S(a)$의 증가, 감소를 표로 나타내면 다음과 같다.

a	0	$\cdots$	$\frac{2}{3}$	$\cdots$	1
$S'(a)$		$+$	0	$-$	
$S(a)$		$\nearrow$	$\frac{16}{27}$ 극대	$\searrow$	

따라서 색칠한 부분의 넓이의 최댓값은 $S\left(\frac{2}{3}\right)=\frac{16}{27}$이다.

참고 곡선 $y=f(x)$와 정사각형 ABCD는 각각 y축에 대하여 대칭이므로 점 P가 제1사분면 위의 점일 때만 생각해도 된다.
점 P가 제2사분면 위의 점일 때는 다음과 같이 구할 수 있다.
점 P의 좌표를 $(a,\ 2a^2)\ (-1<a<0)$이라 하면 색칠한 부분의 넓이 $S(a)$는

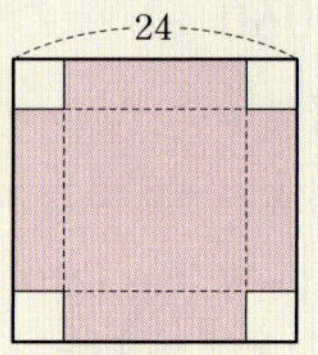

$$S(a)=\frac{1}{2}\times\left\{\frac{a}{2}-(-1)\right\}(-4a-2a^2)$$
$$=-\frac{a^3}{2}-2a^2-2a$$
$$S'(a)=-\frac{3}{2}a^2-4a-2=-\frac{1}{2}(3a+2)(a+2)$$
$S'(a)=0$인 a의 값은 $a=-\frac{2}{3}\ (\because -1<a<0)$

$-1<a<0$에서 함수 $S(a)$의 증가, 감소를 조사하여 표로 나타내면 다음과 같다.

a	-1	$\cdots$	$-\frac{2}{3}$	$\cdots$	0
$S'(a)$		$+$	0	$-$	
$S(a)$		$\nearrow$	$\frac{16}{27}$ 극대	$\searrow$	

따라서 색칠한 부분의 넓이의 최댓값은 $S\left(-\frac{2}{3}\right)=\frac{16}{27}$이다.

1064 답 4

│ 유형 6

그림과 같이 한 변의 길이가 24인 정사각형 모양
[단서1]
의 종이의 네 모퉁이에서 같은 크기의 정사각형을 잘라 내고 남은 부분을 접어서 뚜껑이 없는 직육면체 모양의 상자를 만들려고 한다. 이 상자의 부피가 최대일 때의 높이를 구하시오.

[단서1] 높이를 x라 하면 상자의 밑면의 가로, 세로의 길이는 $24-2x$

STEP 1 변수를 정하여 상자의 가로, 세로의 길이, 높이를 식으로 나타내기
잘라 낼 정사각형의 한 변의 길이를 x라 하면 뚜껑이 없는 직육면체 모양의 상자의 높이는 x이고 상자의 밑면의 가로, 세로의 길이는 모두 $24-2x$이다.
이때 $x>0$, $24-2x>0$이어야 하므로
$0<x<12$

STEP 2 상자의 부피를 나타내는 함수식 세우기
상자의 부피를 $V(x)$라 하면
$$V(x)=x(24-2x)^2=4x^3-96x^2+576x$$

STEP 3 상자의 부피가 최대일 때의 높이 구하기
$$V'(x)=12x^2-192x+576=12(x-4)(x-12)$$
$V'(x)=0$인 x의 값은 $x=4\ (\because 0<x<12)$
$0<x<12$에서 함수 $V(x)$의 증가, 감소를 표로 나타내면 다음과 같다.

x	0	$\cdots$	4	$\cdots$	12
$V'(x)$		$+$	0	$-$	
$V(x)$		$\nearrow$	극대	$\searrow$	

따라서 상자의 부피 $V(x)$는 $x=4$일 때 최대이므로 부피가 최대
일 때의 높이는 4이다.

1065 답 ③

그림과 같이 잘라 낼 사각형에서 긴 변의 길
이를 x라 하면 상자의 밑면인 정삼각형의
한 변의 길이는 $8-2x$이므로 밑면의 넓이는
$\dfrac{\sqrt{3}}{4}(8-2x)^2$

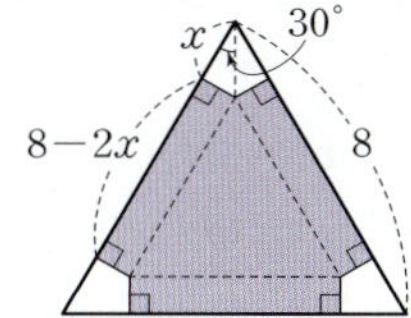

이때 $x>0$, $8-2x>0$이어야 하므로
$0<x<4$
삼각기둥의 높이를 h라 하면
$$h=x\tan 30°=\dfrac{\sqrt{3}}{3}x \quad\cdots\cdots\cdots\cdots ㉠$$
상자의 부피를 $V(x)$라 하면
$$V(x)=\dfrac{\sqrt{3}}{4}(8-2x)^2\times\dfrac{\sqrt{3}}{3}x$$
$$=x(x-4)^2=x^3-8x^2+16x$$
$$V'(x)=3x^2-16x+16=(3x-4)(x-4)$$
$V'(x)=0$인 x의 값은 $x=\dfrac{4}{3}$ $(\because 0<x<4)$

$0<x<4$에서 함수 $V(x)$의 증가, 감소를 표로 나타내면 다음과
같다.

x	0	$\cdots$	$\dfrac{4}{3}$	$\cdots$	4
$V'(x)$		$+$	0	$-$	
$V(x)$		$\nearrow$	극대	$\searrow$	

따라서 상자의 부피 $V(x)$는 $x=\dfrac{4}{3}$일 때 최대이므로 부피가 최대
일 때의 높이는 ㉠에서
$$\dfrac{\sqrt{3}}{3}\times\dfrac{4}{3}=\dfrac{4\sqrt{3}}{9}$$

1066 답 $96\sqrt{3}\pi$

그림과 같이 원기둥의 밑면의 반지름의 길이를
r, 높이를 $2h$라 하면
$r^2=36-h^2$ $(0<h<6)$
원기둥의 부피를 $V(h)$라 하면

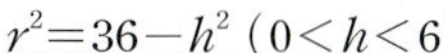
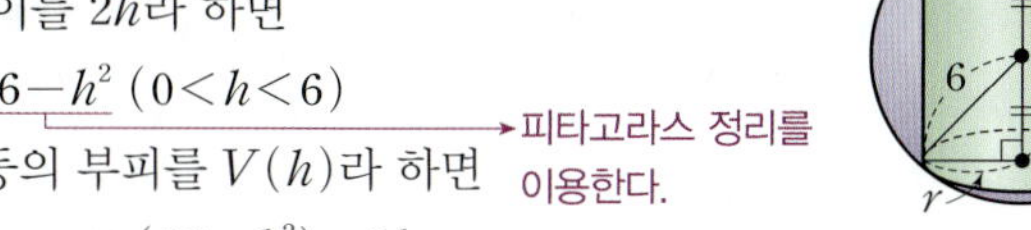
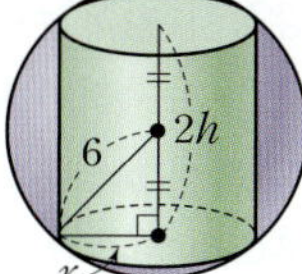

$$V(h)=\pi\times(36-h^2)\times 2h$$
$$=(-2h^3+72h)\pi$$
$$V'(h)=(-6h^2+72)\pi=-6\pi(h+2\sqrt{3})(h-2\sqrt{3})$$
$V'(h)=0$인 h의 값은 $h=2\sqrt{3}$ $(\because 0<h<6)$
$0<h<6$에서 함수 $V(h)$의 증가, 감소를 표로 나타내면 다음과
같다.

h	0	$\cdots$	$2\sqrt{3}$	$\cdots$	6
$V'(h)$		$+$	0	$-$	
$V(h)$		$\nearrow$	$96\sqrt{3}\pi$ 극대	$\searrow$	

따라서 원기둥의 부피 $V(h)$의 최댓값은 $V(2\sqrt{3})=96\sqrt{3}\pi$이다.

1067 답 3

그림과 같이 원뿔의 밑면인 원의 반지름의
길이를 r, 높이를 h라 하면
$r^2=27-h^2$ $(0<h<3\sqrt{3})$
원뿔의 부피를 $V(h)$라 하면

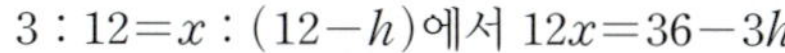

$$V(h)=\dfrac{1}{3}\pi r^2h=\dfrac{1}{3}\pi(27-h^2)h=\pi\left(-\dfrac{h^3}{3}+9h\right)$$
$$V'(h)=-\pi(h^2-9)=-\pi(h+3)(h-3)$$
$V'(h)=0$인 h의 값은 $h=3$ $(\because 0<h<3\sqrt{3})$
$0<h<3\sqrt{3}$에서 함수 $V(h)$의 증가, 감소를 표로 나타내면 다음
과 같다.

h	0	$\cdots$	3	$\cdots$	$3\sqrt{3}$
$V'(h)$		$+$	0	$-$	
$V(h)$		$\nearrow$	극대	$\searrow$	

따라서 원뿔의 부피 $V(h)$는 $h=3$일 때 최대이므로 부피가 최대
일 때의 높이는 3이다.

1068 답 16π

그림과 같이 원기둥의 밑면의 반지름의 길이를
x, 높이를 h라 하면
$3:12=x:(12-h)$에서 $12x=36-3h$
$\therefore h=12-4x$ $(0<x<3)$
원기둥의 부피를 $V(x)$라 하면

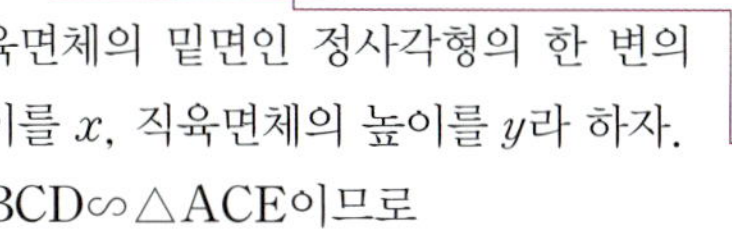

$$V(x)=\pi x^2h=\pi x^2(12-4x)$$
$$=4\pi(-x^3+3x^2)$$
$$V'(x)=4\pi(-3x^2+6x)=-12\pi x(x-2)$$
$V'(x)=0$인 x의 값은 $x=2$ $(\because 0<x<3)$

x	0	$\cdots$	2	$\cdots$	3
$V'(x)$		$+$	0	$-$	
$V(x)$		$\nearrow$	16π 극대	$\searrow$	

따라서 원기둥의 부피 $V(x)$의 최댓값은 $V(2)=16\pi$이다.

1069 답 ①

오른쪽 그림에서 $\overline{AC}=3$, $\overline{CE}=\dfrac{3\sqrt{2}}{2}$
이므로 정사각뿔의 높이 $\overline{AE}$는

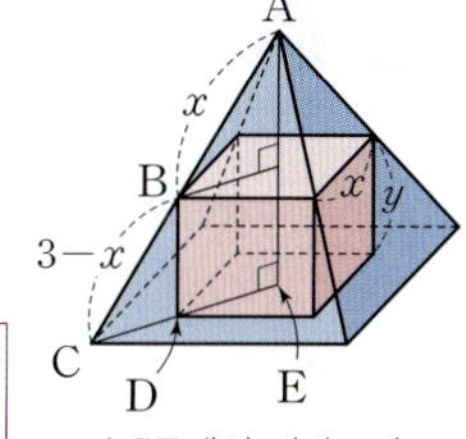

$$\overline{AE}=\sqrt{3^2-\left(\dfrac{3\sqrt{2}}{2}\right)^2}=\dfrac{3\sqrt{2}}{2}$$

직육면체의 밑면인 정사각형의 한 변의
길이를 x, 직육면체의 높이를 y라 하자.

$\triangle BCD\backsim\triangle ACE$이므로
$\overline{CB}:\overline{CA}=\overline{BD}:\overline{AE}$에서
$(3-x):3=y:\dfrac{3\sqrt{2}}{2}$, $3y=\dfrac{3\sqrt{2}}{2}(3-x)$
$$\therefore y=\dfrac{\sqrt{2}}{2}(3-x) \quad (0<x<3)$$
직육면체의 부피를 $V(x)$라 하면
$$V(x)=x^2y=\dfrac{\sqrt{2}}{2}(-x^3+3x^2)$$

$$V'(x)=\frac{\sqrt{2}}{2}(-3x^2+6x)=-\frac{3\sqrt{2}}{2}x(x-2)$$

$V'(x)=0$인 x의 값은 $x=2$ ($\because 0<x<3$)

$0<x<3$에서 함수 $V(x)$의 증가, 감소를 표로 나타내면 다음과 같다.

x	0	$\cdots$	2	$\cdots$	3
$V'(x)$		+	0	-	
$V(x)$		↗	$2\sqrt{2}$ 극대	↘	

따라서 직육면체의 부피 $V(x)$의 최댓값은 $V(2)=2\sqrt{2}$이다.

1070 답 ②

삼차방정식 $x^3-6x^2-n=0$이 서로 다른 세 실근을 가지도록 하는 정수 n의 개수는? 단서1

① 30   ② 31   ③ 32

④ 33   ⑤ 34

단서1 방정식 $x^3-6x^2=n$의 실근의 개수 ⟺ 곡선 $y=x^3-6x^2$과 직선 $y=n$의 교점의 개수

유형7

STEP 1 $f(x)=n$ 꼴의 방정식을 세우고, $f'(x)$ 구하기

$x^3-6x^2-n=0$에서 $x^3-6x^2=n$

$f(x)=x^3-6x^2$이라 하면 $f'(x)=3x^2-12x=3x(x-4)$

STEP 2 함수 $y=f(x)$의 그래프 개형 그리기

$f'(x)=0$인 x의 값은 $x=0$ 또는 $x=4$

함수 $f(x)$의 증가, 감소를 표로 나타내면 다음과 같다.

x	$\cdots$	0	$\cdots$	4	$\cdots$
$f'(x)$	+	0	-	0	+
$f(x)$	↗	0 극대	↘	-32 극소	↗

함수 $y=f(x)$의 그래프는 그림과 같다.

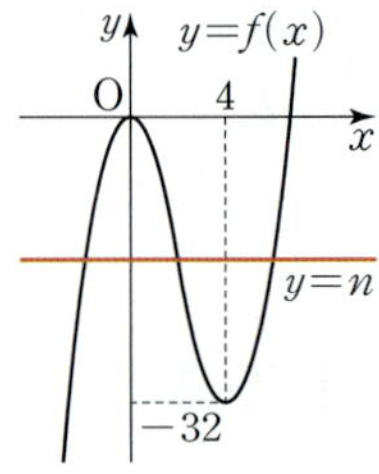

STEP 3 함수 $y=f(x)$의 그래프와 직선 $y=n$이 세 점에서 만나는 정수 n의 개수 구하기

방정식 $f(x)=n$이 서로 다른 세 실근을 가지려면

함수 $y=f(x)$의 그래프와 직선 $y=n$이 세 점에서 만나야 하므로

$-32<n<0$

따라서 정수 n은 $-31,\ -30,\ -29,\ \cdots,\ -1$의 31개이다.

다른 풀이

$f(x)=x^3-6x^2-n$이라 하면

$f'(x)=3x^2-12x=3x(x-4)$

$f'(x)=0$인 x의 값은 $x=0$ 또는 $x=4$

삼차방정식 $f(x)=0$이 서로 다른 세 실근을 가지려면

(극댓값)×(극솟값)<0

$f(0)f(4)<0$이어야 하므로

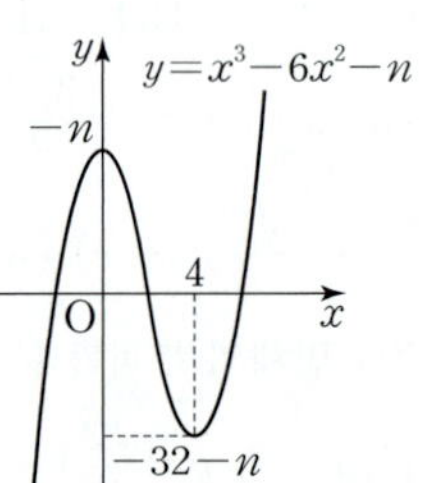

$-n(-32-n)<0$ $\therefore -32<n<0$

따라서 정수 n은 $-31,\ -30,\ -29,\ \cdots,\ -1$의 31개이다.

1071 답 32

$x^3+3x^2-9x+4-k=0$에서 $x^3+3x^2-9x+4=k$

$f(x)=x^3+3x^2-9x+4$라 하면

$f'(x)=3x^2+6x-9=3(x+3)(x-1)$

$f'(x)=0$인 x의 값은 $x=-3$ 또는 $x=1$

함수 $f(x)$의 증가, 감소를 표로 나타내면 다음과 같다.

x	$\cdots$	-3	$\cdots$	1	$\cdots$
$f'(x)$	+	0	-	0	+
$f(x)$	↗	31 극대	↘	-1 극소	↗

함수 $y=f(x)$의 그래프는 그림과 같다.

방정식 $f(x)=k$가 한 실근과 두 허근을 가지려면 함수 $y=f(x)$의 그래프와 직선 $y=k$가 한 점에서 만나야 하므로

$k<-1$ 또는 $k>31$

따라서 자연수 k의 최솟값은 32이다.

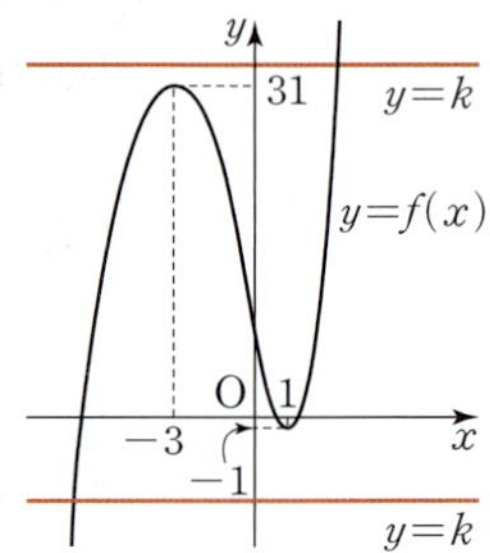

1072 답 ④

$x^3-3x^2+a=0$에서 $x^3-3x^2=-a$

$f(x)=x^3-3x^2$이라 하면

$f'(x)=3x^2-6x=3x(x-2)$

$f'(x)=0$인 x의 값은 $x=0$ 또는 $x=2$

함수 $f(x)$의 증가, 감소를 표로 나타내면 다음과 같다.

x	$\cdots$	0	$\cdots$	2	$\cdots$
$f'(x)$	+	0	-	0	+
$f(x)$	↗	0 극대	↘	-4 극소	↗

함수 $y=f(x)$의 그래프는 그림과 같다.

방정식 $f(x)=-a$가 서로 다른 두 실근을 가지려면 함수 $y=f(x)$의 그래프와 직선 $y=-a$가 서로 다른 두 점에서 만나야 하므로

$-a=0$ 또는 $-a=-4$

$\therefore a=0$ 또는 $a=4$

따라서 구하는 모든 실수 a의 값의 합은

$0+4=4$

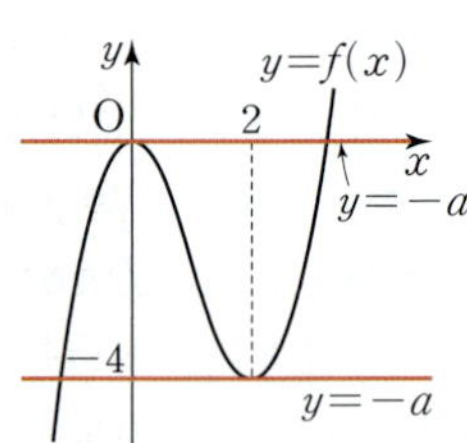

1073 답 ③

$x^3-3x+11-3k=0$에서 $x^3-3x+11=3k$

$g(x)=x^3-3x+11$이라 하면

$g'(x)=3x^2-3=3(x+1)(x-1)$

$g'(x)=0$인 x의 값은 $x=-1$ 또는 $x=1$

함수 $g(x)$의 증가, 감소를 표로 나타내면 다음과 같다.

x	$\cdots$	-1	$\cdots$	1	$\cdots$
$g'(x)$	$+$	0	$-$	0	$+$
$g(x)$	$\nearrow$	13 극대	$\searrow$	9 극소	$\nearrow$

함수 $y=g(x)$의 그래프는 그림과 같다.

함수 $y=g(x)$의 그래프와 직선 $y=3k$의 교점은

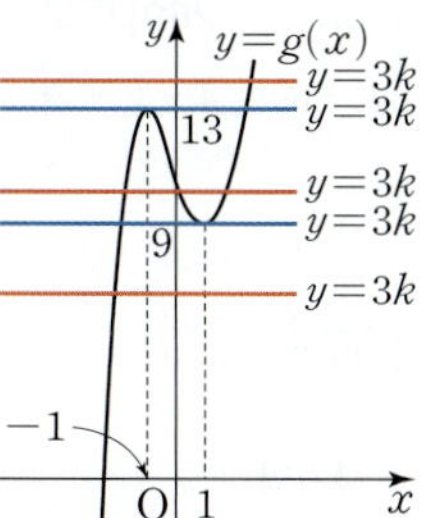

(i) $3k<9$ 또는 $3k>13$일 때

　즉, $k<3$ 또는 $k>\dfrac{13}{3}$일 때, 1개

(ii) $3k=9$ 또는 $3k=13$일 때

　즉, $k=3$ 또는 $k=\dfrac{13}{3}$일 때, 2개

(iii) $9<3k<13$일 때

　즉, $3<k<\dfrac{13}{3}$일 때, 3개

(i), (ii), (iii)에서

$$\underset{\overset{\uparrow}{(i)}}{f(1)}+\underset{(ii)}{f(2)}+\underset{(iii)}{f(3)}+\underset{(ii)}{f(4)}+\underset{(i)}{f(5)}=1+1+2+3+1=8$$

1074　답 ③

$2x^3+6x^2+a=0$에서 $2x^3+6x^2=-a$

$f(x)=2x^3+6x^2$이라 하면 $f'(x)=6x^2+12x=6x(x+2)$

$f'(x)=0$인 x의 값은 $x=-2$ 또는 $x=0$

$-2\leq x\leq2$에서 함수 $f(x)$의 증가, 감소를 표로 나타내면 다음과 같다.

x	-2	$\cdots$	0	$\cdots$	2
$f'(x)$	0	$-$	0	$+$	
$f(x)$	8	$\searrow$	0 극소	$\nearrow$	40

$-2\leq x\leq2$에서 함수 $y=f(x)$의 그래프는 그림과 같다.

방정식 $f(x)=-a$가 서로 다른 두 실근을 가지려면 함수 $y=f(x)$의 그래프와 직선 $y=-a$가 서로 다른 두 점에서 만나야 하므로

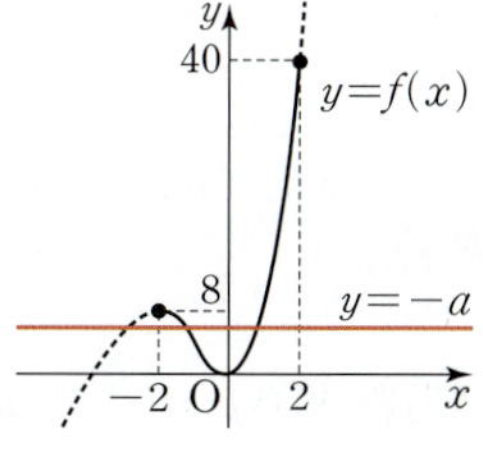

$0<-a\leq8$　　$\therefore -8\leq a<0$

따라서 정수 a는 $-8, -7, -6, \cdots, -1$의 8개이다.

1075　답 2

$f(x)-k=0$에서 $f(x)=k$

주어진 그래프에서 $f'(x)=0$인 x의 값은 $x=0$ 또는 $x=3$

$f(0)=3$, $f(3)=0$이므로 함수 $f(x)$의 증가, 감소를 표로 나타내면 다음과 같다.

x	$\cdots$	0	$\cdots$	3	$\cdots$
$f'(x)$	$+$	0	$-$	0	$+$
$f(x)$	$\nearrow$	3 극대	$\searrow$	0 극소	$\nearrow$

함수 $y=f(x)$의 그래프는 그림과 같다.

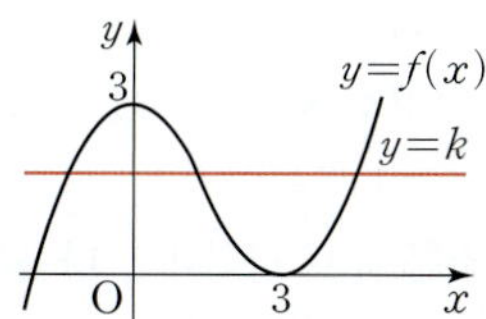

방정식 $f(x)-k=0$, 즉 $f(x)=k$가 서로 다른 세 실근을 가지려면 함수 $y=f(x)$의 그래프와 직선 $y=k$가 서로 다른 세 점에서 만나야 하므로

$0<k<3$

따라서 정수 k는 $1, 2$의 2개이다.

다른 풀이

$g(x)=f(x)-k$라 하면 $g'(x)=f'(x)$

주어진 그래프에서 $f'(x)=0$인 x의 값은 $x=0$ 또는 $x=3$

삼차방정식 $g(x)=0$이 서로 다른 세 실근을 가지려면

$g(0)g(3)<0$이어야 하므로

$\{f(0)-k\}\{f(3)-k\}<0$

$(3-k)(0-k)<0$, $k(k-3)<0$

$\therefore 0<k<3$

따라서 정수 k는 $1, 2$의 2개이다.

1076　답 $\dfrac{13}{6}$

$\dfrac{1}{3}x^3+\dfrac{1}{2}x^2-2x-k=0$에서 $\dfrac{1}{3}x^3+\dfrac{1}{2}x^2-2x=k$

$g(x)=\dfrac{1}{3}x^3+\dfrac{1}{2}x^2-2x$라 하면

$g'(x)=x^2+x-2=(x+2)(x-1)$

$g'(x)=0$인 x의 값은 $x=-2$ 또는 $x=1$

함수 $g(x)$의 증가, 감소를 표로 나타내면 다음과 같다.

x	$\cdots$	-2	$\cdots$	1	$\cdots$
$g'(x)$	$+$	0	$-$	0	$+$
$g(x)$	$\nearrow$	$\dfrac{10}{3}$ 극대	$\searrow$	$-\dfrac{7}{6}$ 극소	$\nearrow$

함수 $y=g(x)$의 그래프는 그림과 같다. 함수 $y=g(x)$의 그래프와 직선 $y=k$의 교점은

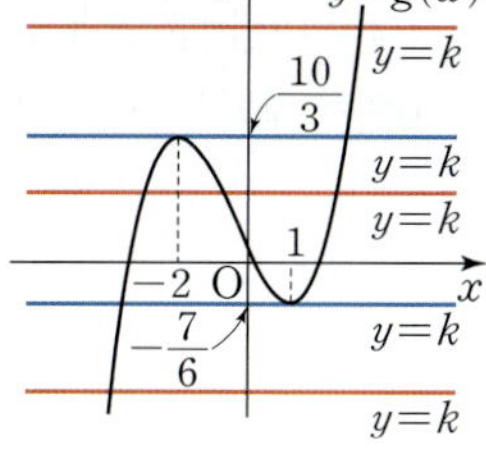

(i) $k<-\dfrac{7}{6}$ 또는 $k>\dfrac{10}{3}$일 때, 1개

(ii) $k=-\dfrac{7}{6}$ 또는 $k=\dfrac{10}{3}$일 때, 2개

(iii) $-\dfrac{7}{6}<k<\dfrac{10}{3}$일 때, 3개

이므로 함수 $y=f(k)$의 그래프는 그림과 같다.

즉, 함수 $f(k)$는 $k=-\dfrac{7}{6}$, $k=\dfrac{10}{3}$에서 불연속이므로

$a=-\dfrac{7}{6}$ 또는 $a=\dfrac{10}{3}$

따라서 모든 실수 a의 값의 합은

$$-\dfrac{7}{6}+\dfrac{10}{3}=\dfrac{13}{6}$$

1077 답 33

$f(x)=x^3-6x^2+9x+k$라 하면

$f'(x)=3x^2-12x+9=3(x-1)(x-3)$

$f'(x)=0$인 x의 값은 $x=1$ 또는 $x=3$

함수 $f(x)$의 증가, 감소를 표로 나타내면 다음과 같다.

x	$\cdots$	1	$\cdots$	3	$\cdots$
$f'(x)$	+	0	$-$	0	+
$f(x)$	↗	$k+4$ 극대	↘	k 극소	↗

함수 $y=f(x)$의 그래프는 그림과 같다.

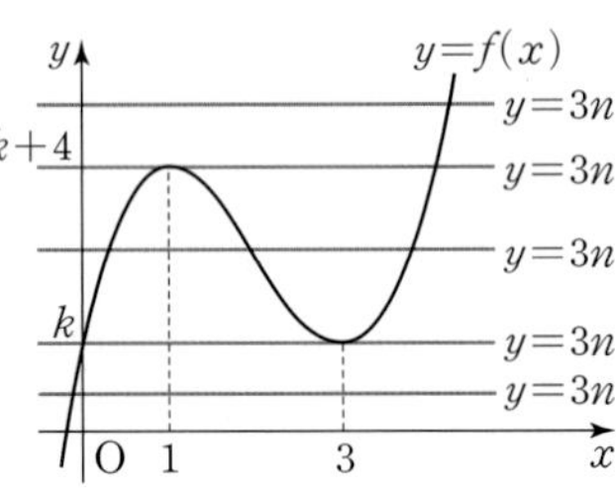

a_n은 직선 $y=3n$과 함수 $y=f(x)$의 그래프가 만나는 점의 개수이므로

$$a_n=\begin{cases} 1 \ (3n<k \text{ 또는 } 3n>k+4) \\ 2 \ (3n=k \text{ 또는 } 3n=k+4) \\ 3 \ (k<3n<k+4) \end{cases}$$

어떠한 실수 k에 대해서도 $k=3m$과 $k+4=3l$을 동시에 만족시키는 두 정수 m, l은 존재하지 않으므로 $a_n=2$를 만족시키는 자연수 n의 개수는 1 이하이다.

또한 가능한 a_n의 값은 1, 2, 3뿐이므로 $a_1+a_2+a_3+a_4=7$이기 위해서는 네 수 a_1, a_2, a_3, a_4의 값 중 1은 2개, 2는 1개, 3은 1개이어야 한다.

그러므로 $a_n=2$를 만족시키는 n의 개수는 1이다.

(i) k의 값이 3, 6, 9, 12 중 하나인 경우

$k=3$일 때, $a_1+a_2+a_3+a_4=2+3+1+1=7$

$k=6$일 때, $a_1+a_2+a_3+a_4=1+2+3+1=7$

$k=9$일 때, $a_1+a_2+a_3+a_4=1+1+2+3=7$

$k=12$일 때, $a_1+a_2+a_3+a_4=1+1+1+2=5\neq7$

(ii) $k+4$의 값이 3, 6, 9, 12 중 하나인 경우

$k+4=3$일 때, $a_1+a_2+a_3+a_4=2+1+1+1=5\neq7$

$k+4=6$일 때, $a_1+a_2+a_3+a_4=3+2+1+1=7$

$k+4=9$일 때, $a_1+a_2+a_3+a_4=1+3+2+1=7$

$k+4=12$일 때, $a_1+a_2+a_3+a_4=1+1+3+2=7$

(i), (ii)에서 구하는 모든 실수 k의 합은

$(3+6+9)+(2+5+8)=33$

1078 답 ④

$f(x)=x^3-3x^2-9x$라 하면

$f'(x)=3x^2-6x-9=3(x+1)(x-3)$

$f'(x)=0$인 x의 값은 $x=-1$ 또는 $x=3$

함수 $f(x)$의 증가, 감소를 표로 나타내면 다음과 같다.

x	$\cdots$	-1	$\cdots$	3	$\cdots$
$f'(x)$	+	0	$-$	0	+
$f(x)$	↗	5 극대	↘	-27 극소	↗

함수 $y=f(x)$의 그래프는 그림과 같다. 곡선 $y=f(x)$와 직선 $y=k$가 서로 다른 세 점에서 만나려면

$-27<k<5$

따라서 정수 k의 최댓값 $M=4$, 최솟값 $m=-26$이므로

$M-m=4-(-26)=30$

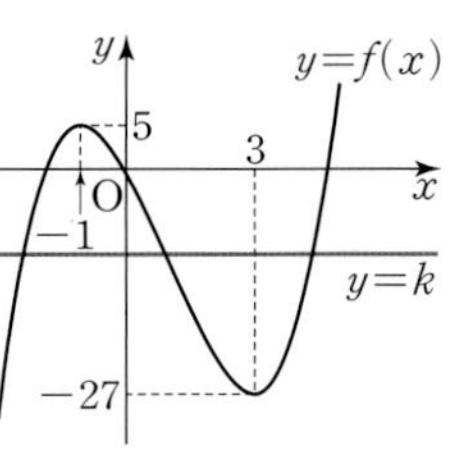

1079 답 ⑤

| 유형 8

사차방정식 $3x^4-8x^3-6x^2+24x-k=0$이 서로 다른 세 실근을 가 **단서1** 지도록 하는 모든 정수 k의 값의 합은?

① 17   ② 18   ③ 19

④ 20   ⑤ 21

단서1 방정식 $3x^4-8x^3-6x^2+24x=k$의 실근의 개수 $\Leftrightarrow$ 곡선 $y=3x^4-8x^3-6x^2+24x$ 와 직선 $y=k$의 교점의 개수

STEP 1 $f(x)=n$ 꼴의 방정식을 세우고, $f'(x)$ 구하기

$3x^4-8x^3-6x^2+24x-k=0$에서 $3x^4-8x^3-6x^2+24x=k$

$f(x)=3x^4-8x^3-6x^2+24x$라 하면

$f'(x)=12x^3-24x^2-12x+24=12(x+1)(x-1)(x-2)$

STEP 2 함수 $y=f(x)$의 그래프 개형 그리기

$f'(x)=0$인 x의 값은 $x=-1$ 또는 $x=1$ 또는 $x=2$

함수 $f(x)$의 증가, 감소를 표로 나타내면 다음과 같다.

x	$\cdots$	-1	$\cdots$	1	$\cdots$	2	$\cdots$
$f'(x)$	$-$	0	+	0	$-$	0	+
$f(x)$	↘	-19 극소	↗	13 극대	↘	8 극소	↗

함수 $y=f(x)$의 그래프는 그림과 같다.

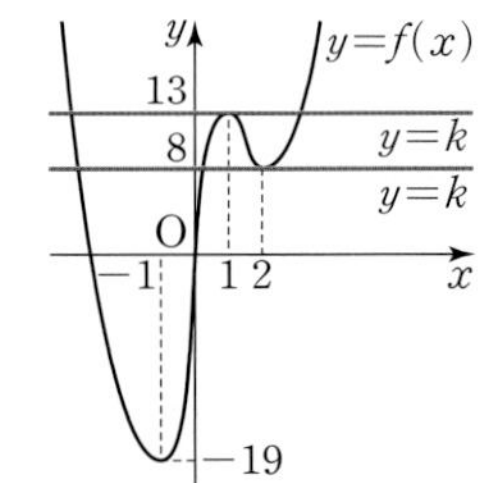

STEP 3 함수 $y=f(x)$의 그래프와 직선 $y=k$가 세 점에서 만나는 정수 k의 값의 합 구하기

함수 $y=f(x)$의 그래프와 직선 $y=k$가 서로 다른 세 점에서 만나야 하므로

$k=8$ 또는 $k=13$

따라서 정수 k의 값의 합은

$8+13=21$

1080 답 ①

$x^4-4x^3-2x^2+12x+a=0$에서 $x^4-4x^3-2x^2+12x=-a$

$f(x)=x^4-4x^3-2x^2+12x$라 하면

$f'(x)=4x^3-12x^2-4x+12=4(x+1)(x-1)(x-3)$

$f'(x)=0$인 x의 값은 $x=-1$ 또는 $x=1$ 또는 $x=3$

함수 $f(x)$의 증가, 감소를 표로 나타내면 다음과 같다.

x	$\cdots$	-1	$\cdots$	1	$\cdots$	3	$\cdots$
$f'(x)$	$-$	0	$+$	0	$-$	0	$+$
$f(x)$	$\searrow$	-9 극소	$\nearrow$	7 극대	$\searrow$	-9 극소	$\nearrow$

함수 $y=f(x)$의 그래프는 그림과 같다.
주어진 방정식이 중근을 가지려면
함수 $y=f(x)$의 그래프와 직선
$y=-a$가 접해야 하므로
$-a=-9$ 또는 $-a=7$
$\therefore a=9$ 또는 $a=-7$
따라서 모든 실수 a의 값의 합은
$9+(-7)=2$

1081 답 ①

$\dfrac{1}{4}x^4-\dfrac{3}{2}x^2+2x-k+2=0$에서 $\dfrac{1}{4}x^4-\dfrac{3}{2}x^2+2x+2=k$

$f(x)=\dfrac{1}{4}x^4-\dfrac{3}{2}x^2+2x+2$라 하면

$f'(x)=x^3-3x+2=(x+2)(x-1)^2$

$f'(x)=0$인 x의 값은 $x=-2$ 또는 $x=1$

함수 $f(x)$의 증가, 감소를 표로 나타내면 다음과 같다.

x	$\cdots$	-2	$\cdots$	1	$\cdots$
$f'(x)$	$-$	0	$+$	0	$+$
$f(x)$	$\searrow$	-4 극소	$\nearrow$	$\dfrac{11}{4}$	$\nearrow$

함수 $y=f(x)$의 그래프는 그림과 같다.

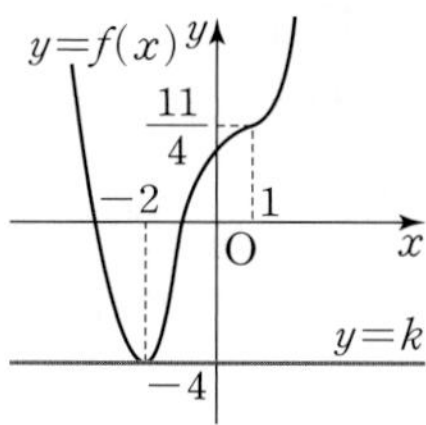

주어진 방정식이 한 중근과 두 허근을 가
지려면 함수 $y=f(x)$의 그래프와 직선
$y=k$가 한 점에서만 접해야 하므로
$k=-4$

1082 답 ③

주어진 그래프에서 $f'(x)$의 부호를 조사하여 함수 $f(x)$의 증가,
감소를 표로 나타내면 다음과 같다.

x	$\cdots$	-2	$\cdots$	0	$\cdots$
$f'(x)$	$+$	0	$+$	0	$-$
$f(x)$	$\nearrow$		$\nearrow$	극대	$\searrow$

이때 $f(-3)>0$이므로 함수 $y=f(x)$의
그래프의 개형은 그림과 같다.

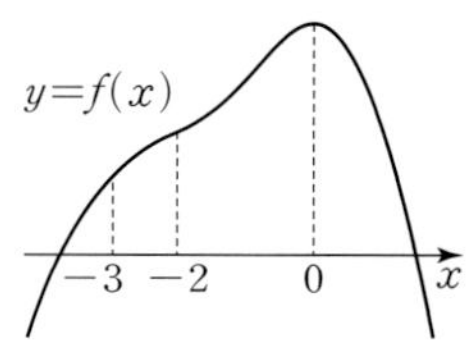

따라서 함수 $y=f(x)$의 그래프는 x축과
서로 다른 두 점에서 만나므로
방정식 $f(x)=0$의 서로 다른 실근의 개
수는 2이다.

1083 답 ②

주어진 그래프에서 $f'(x)$의 부호를 조사하여 함수 $f(x)$의 증가,
감소를 표로 나타내면 다음과 같다.

x	$\cdots$	α	$\cdots$	β	$\cdots$	γ	$\cdots$
$f'(x)$	$-$	0	$+$	0	$-$	0	$+$
$f(x)$	$\searrow$	극소	$\nearrow$	극대	$\searrow$	극소	$\nearrow$

이때 방정식 $f(x)=0$이 서로 다른 네 실
근을 가지려면 함수 $y=f(x)$의 그래프와
x축의 교점이 4개이어야 하므로 함수
$y=f(x)$의 그래프의 개형이 그림과 같다.

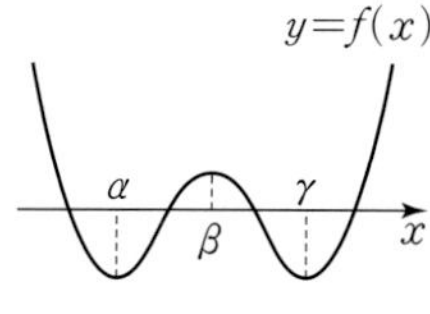

$\therefore f(\alpha)<0,\ f(\beta)>0,\ f(\gamma)<0$
따라서 옳은 것은 ㄴ뿐이다.

1084 답 4

$3x^4-4x^3-12x^2+k=0$에서 $3x^4-4x^3-12x^2=-k$
$f(x)=3x^4-4x^3-12x^2$이라 하면
$f'(x)=12x^3-12x^2-24x=12x(x+1)(x-2)$
$f'(x)=0$인 x의 값은 $x=0$ 또는 $x=-1$ 또는 $x=2$
함수 $f(x)$의 증가, 감소를 표로 나타내면 다음과 같다.

x	$\cdots$	-1	$\cdots$	0	$\cdots$	2	$\cdots$
$f'(x)$	$-$	0	$+$	0	$-$	0	$+$
$f(x)$	$\searrow$	-5 극소	$\nearrow$	0 극대	$\searrow$	-32 극소	$\nearrow$

함수 $y=f(x)$의 그래프는 그림과 같다.
함수 $y=f(x)$의 그래프와 직선
$y=-k$가 서로 다른 네 점에서 만나야
하므로
$-5<-k<0 \quad \therefore 0<k<5$
따라서 자연수 k는 1, 2, 3, 4의 4개
이다.

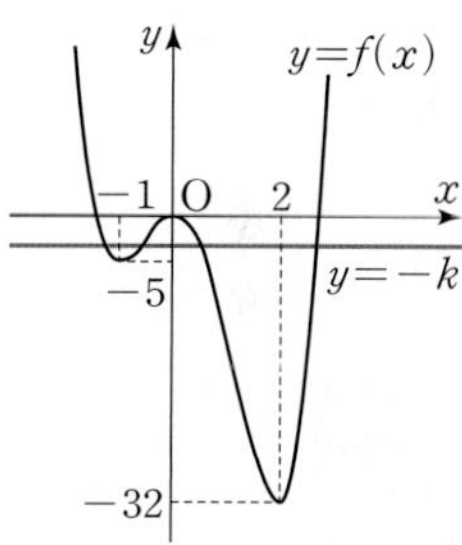

1085 답 ①

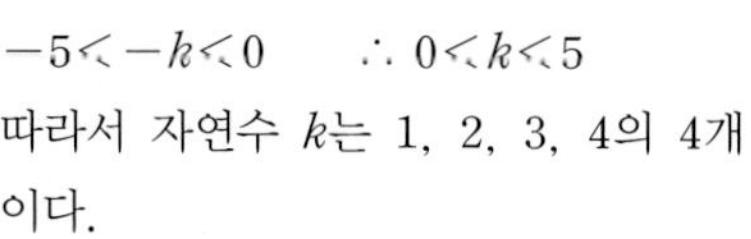

삼차방정식 $2x^3+\dfrac{3}{2}x^2-9x-k=0$이 서로 다른 두 개의 음의 근과

단서1
한 개의 양의 근을 가지도록 하는 실수 k의 값의 범위가 $a<k<b$일
때, $a+b$의 값은?

단서2

① $\dfrac{81}{8}$ ② $\dfrac{41}{4}$ ③ $\dfrac{83}{8}$

④ $\dfrac{21}{2}$ ⑤ $\dfrac{85}{8}$

단서1 방정식 $f(x)=k$의 실근 $\Leftrightarrow$ 함수 $y=f(x)$의 그래프와 직선 $y=k$의 교점의 x좌표
단서2 세 교점의 x좌표 중 2개는 음수, 1개는 양수

STEP 1 $f(x)=k$ 꼴의 방정식을 세우고, $f'(x)$ 구하기

$2x^3+\dfrac{3}{2}x^2-9x-k=0$에서 $2x^3+\dfrac{3}{2}x^2-9x=k$

$f(x)=2x^3+\dfrac{3}{2}x^2-9x$라 하면

$f'(x)=6x^2+3x-9=3(2x+3)(x-1)$

STEP 2 함수 $y=f(x)$의 그래프 개형 그리기

$f'(x)=0$인 x의 값은 $x=-\dfrac{3}{2}$ 또는 $x=1$

함수 $f(x)$의 증가, 감소를 표로 나타내면 다음과 같다.

x	$\cdots$	$-\dfrac{3}{2}$	$\cdots$	1	$\cdots$
$f'(x)$	$+$	0	$-$	0	$+$
$f(x)$	$\nearrow$	$\dfrac{81}{8}$ 극대	$\searrow$	$-\dfrac{11}{2}$ 극소	$\nearrow$

함수 $y=f(x)$의 그래프는 그림과 같다.

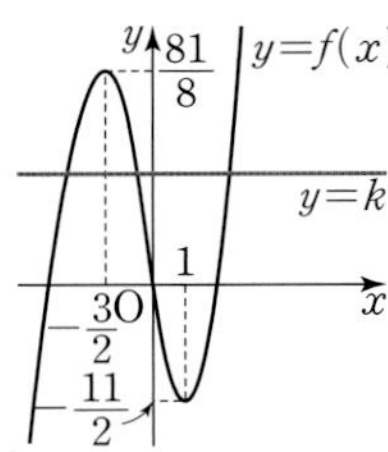

STEP 3 함수 $y=f(x)$의 그래프와 직선 $y=k$가 $x<0$일 때 두 점에서 만나고, $x>0$일 때 한 점에서 만나는 실수 k의 값의 범위 구하기

함수 $y=f(x)$의 그래프와 직선 $y=k$의 교점의 x좌표가
두 개는 음수이고, 한 개는 양수이어야 하므로
$0<k<\dfrac{81}{8}$ → 음의 근 두 개 → 양의 근 한 개

STEP 4 $a+b$의 값 구하기

$a=0$, $b=\dfrac{81}{8}$이므로 $a+b=\dfrac{81}{8}$

1086 답 ⑤

$x^3-3x^2-9x-k=0$에서 $x^3-3x^2-9x=k$

$f(x)=x^3-3x^2-9x$라 하면

$f'(x)=3x^2-6x-9=3(x+1)(x-3)$

$f'(x)=0$인 x의 값은 $x=-1$ 또는 $x=3$

함수 $f(x)$의 증가, 감소를 표로 나타내면 다음과 같다.

x	$\cdots$	-1	$\cdots$	3	$\cdots$
$f'(x)$	$+$	0	$-$	0	$+$
$f(x)$	↗	5 극대	↘	-27 극소	↗

함수 $y=f(x)$의 그래프는 그림과 같다.
함수 $y=f(x)$의 그래프와 직선 $y=k$의 교점의 x좌표가 한 개는 음수이고, 두 개는 양수이어야 하므로 $-27<k<0$
따라서 정수 k는 -26, -25, -24, $\cdots$, -1의 26개이다.

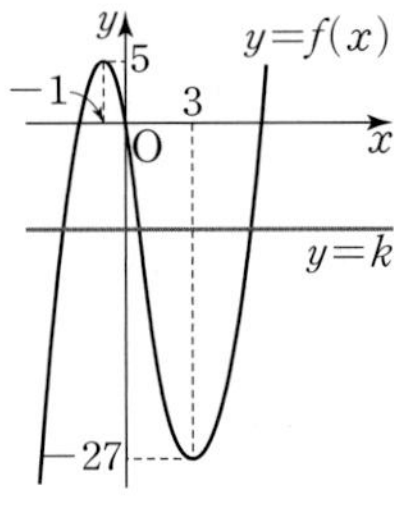

1087 답 ②

$2x^2+9x=x^3-x^2+a-4$에서 $-x^3+3x^2+9x+4=a$

$f(x)=-x^3+3x^2+9x+4$라 하면

$f'(x)=-3x^2+6x+9=-3(x+1)(x-3)$

$f'(x)=0$인 x의 값은 $x=-1$ 또는 $x=3$

함수 $f(x)$의 증가, 감소를 표로 나타내면 다음과 같다.

x	$\cdots$	-1	$\cdots$	3	$\cdots$
$f'(x)$	$-$	0	$+$	0	$-$
$f(x)$	↘	-1 극소	↗	31 극대	↘

함수 $y=f(x)$의 그래프는 그림과 같다.
함수 $y=f(x)$의 그래프와 직선 $y=a$의 교점이 한 개이고 교점의 x좌표가 음수이어야 하므로 $a>31$
따라서 정수 a의 최솟값은 32이다.

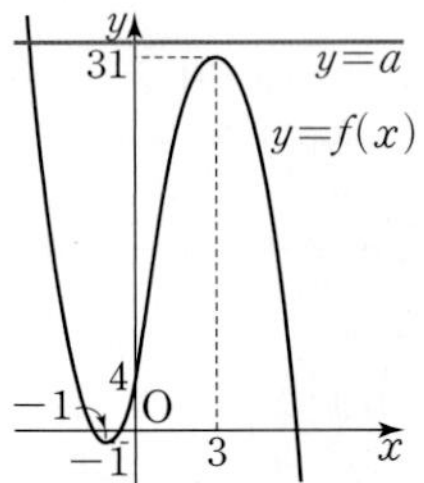

1088 답 ②

$x^3+5x^2+5x=\dfrac{1}{2}x^2-x+k$에서 $x^3+\dfrac{9}{2}x^2+6x=k$

$f(x)=x^3+\dfrac{9}{2}x^2+6x$라 하면

$f'(x)=3x^2+9x+6=3(x+2)(x+1)$

$f'(x)=0$인 x의 값은 $x=-2$ 또는 $x=-1$

함수 $f(x)$의 증가, 감소를 표로 나타내면 다음과 같다.

x	$\cdots$	-2	$\cdots$	-1	$\cdots$
$f'(x)$	$+$	0	$-$	0	$+$
$f(x)$	↗	-2 극대	↘	$-\dfrac{5}{2}$ 극소	↗

함수 $y=f(x)$의 그래프는 그림과 같다.
함수 $y=f(x)$의 그래프와 직선 $y=k$의 교점이 한 개이고 교점의 x좌표가 양수이어야 하므로 $k>0$
따라서 정수 k의 최솟값은 1이다.

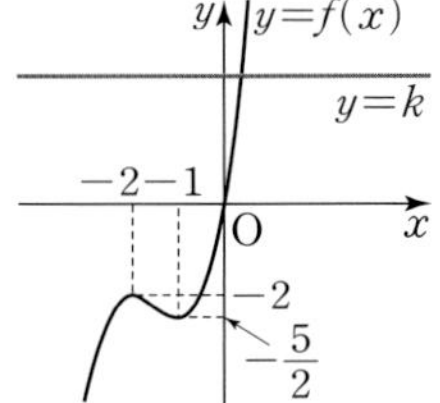

1089 답 ②

$x^3+x^2+2x=7x^2-7x+a$에서 $x^3-6x^2+9x=a$

$f(x)=x^3-6x^2+9x$라 하면

$f'(x)=3x^2-12x+9=3(x-1)(x-3)$

$f'(x)=0$인 x의 값은 $x=1$ 또는 $x=3$

x	$\cdots$	1	$\cdots$	3	$\cdots$
$f'(x)$	$+$	0	$-$	0	$+$
$f(x)$	↗	4 극대	↘	0 극소	↗

함수 $y=f(x)$의 그래프는 그림과 같다.
함수 $y=f(x)$의 그래프와 직선 $y=a$의 교점의 x좌표가 세 개 모두 양수이어야 하므로 $0<a<4$
따라서 정수 a는 1, 2, 3의 3개이다.

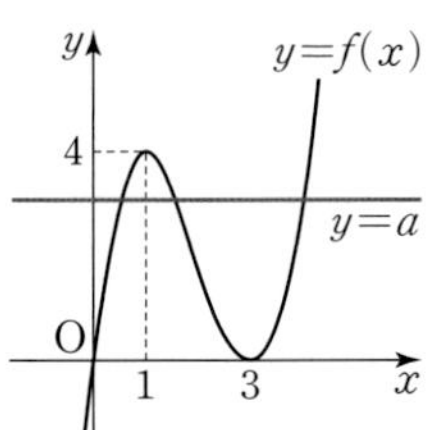

1090 답 ⑤

$3x^3-9x+2-k=0$에서 $3x^3-9x+2=k$

$g(x)=3x^3-9x+2$라 하면

$g'(x)=9x^2-9=9(x+1)(x-1)$

$g'(x)=0$인 x의 값은 $x=-1$ 또는 $x=1$

x	$\cdots$	-1	$\cdots$	1	$\cdots$
$g'(x)$	$+$	0	$-$	0	$+$
$g(x)$	↗	8 극대	↘	-4 극소	↗

함수 $y=g(x)$의 그래프는 그림과 같다.
함수 $y=g(x)$의 그래프와 직선 $y=k$의 교점 중 x좌표가 양수인 점은

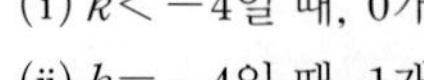

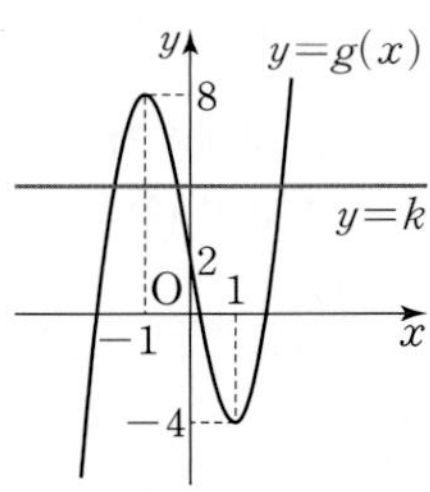

(ⅰ) $k<-4$일 때, 0개

(ⅱ) $k=-4$일 때, 1개

(ⅲ) $-4<k<2$일 때, 2개

(iv) $k \geq 2$일 때, 1개

(i)~(iv)에서

$f(-5)+f(-4)+f(-3)+\cdots+f(5)$
$=0+1+2\times5+1\times4$
$=15$

$\quad\quad\quad \longrightarrow f(2)+f(3)+f(4)+f(5)$
$\quad\quad\quad \longrightarrow f(-3)+f(-2)+f(-1)+f(0)+f(1)$

1091 답 ⑤

최고차항의 계수가 음수인 삼차함수 $f(x)$에 대하여
$f'(x)=0$이 서로 다른 두 실근 α, β $(0<\alpha<\beta)$를 가지므로
함수 $f(x)$는 $x=\alpha$에서 극소, $x=\beta$에서 극대이다.
이때 $f(\alpha)f(\beta)<0$이므로 함수 $y=f(x)$
의 그래프의 개형은 그림과 같다.

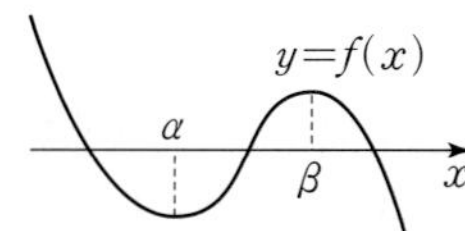

ㄱ. 함수 $f(x)$는 $x=\beta$에서 극댓값을 가진다. (참)

ㄴ. 함수 $y=f(x)$의 그래프와 x축의 교점이 세 개이므로 방정식
　$f(x)=0$은 서로 다른 세 실근을 가진다. (참)

ㄷ. $f(0)>0$이면 그림과 같이 함수
　$y=f(x)$의 그래프와 x축의 세 교점
　의 x좌표가 모두 양수이므로 방정식
　$f(x)=0$은 서로 다른 세 개의 양의
　근을 가진다. (참)

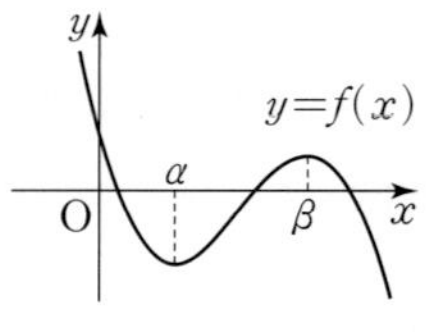

따라서 옳은 것은 ㄱ, ㄴ, ㄷ이다.

1092 답 7

$2x^3-6x^2+k=0$에서 $2x^3-6x^2=-k$
$f(x)=2x^3-6x^2$이라 하면
$f'(x)=6x^2-12x=6x(x-2)$
$f'(x)=0$인 x의 값은 $x=0$ 또는 $x=2$
함수 $f(x)$의 증가, 감소를 표로 나타내면 다음과 같다.

x	$\cdots$	0	$\cdots$	2	$\cdots$
$f'(x)$	$+$	0	$-$	0	$+$
$f(x)$	$\nearrow$	0 극대	$\searrow$	-8 극소	$\nearrow$

함수 $y=f(x)$의 그래프는 그림과 같다.
방정식 $f(x)=-k$가 서로 다른 두 양
의 실근을 가지려면 함수 $y=f(x)$의
그래프와 직선 $y=-k$의 교점의 x좌표
가 두 개는 양수이어야 하므로
$-8<-k<0$ $\quad \therefore 0<k<8$

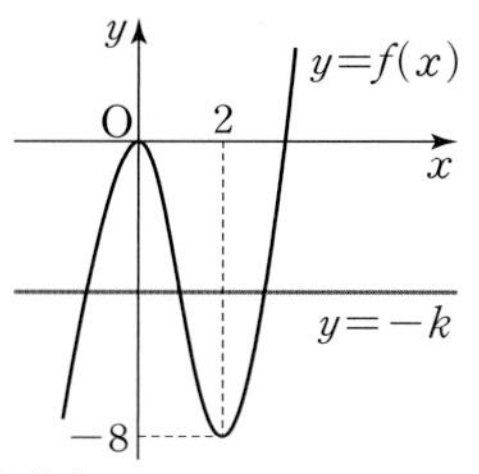

따라서 정수 k는 1, 2, 3, 4, 5, 6, 7의 7개이다.

1093 답 $-9<k<0$

| 유형 **10**

사차방정식 $\underline{x^4+4x^3-2x^2-12x-k=0}$이 서로 다른 두 개의 양의 근
〔단서1〕
과 서로 다른 두 개의 음의 근을 가지도록 하는 실수 k의 값의 범위를
구하시오.
〔단서1〕 방정식 $f(x)=k$의 실근 $\Longleftrightarrow y=f(x)$의 그래프와 직선 $y=k$의 교점의 x좌표
〔단서2〕 네 교점의 x좌표 중 2개는 음수, 2개는 양수

 $f(x)=k$ 꼴의 방정식을 세우고, $f'(x)$ 구하기

$x^4+4x^3-2x^2-12x-k=0$에서 $x^4+4x^3-2x^2-12x=k$
$f(x)=x^4+4x^3-2x^2-12x$라 하면
$f'(x)=4x^3+12x^2-4x-12=4(x+3)(x+1)(x-1)$

 함수 $y=f(x)$의 그래프 개형 그리기

$f'(x)=0$인 x의 값은 $x=-3$ 또는 $x=-1$ 또는 $x=1$
함수 $f(x)$의 증가, 감소를 표로 나타내면 다음과 같다.

x	$\cdots$	-3	$\cdots$	-1	$\cdots$	1	$\cdots$
$f'(x)$	$-$	0	$+$	0	$-$	0	$+$
$f(x)$	$\searrow$	-9 극소	$\nearrow$	7 극대	$\searrow$	-9 극소	$\nearrow$

함수 $y=f(x)$의 그래프는 그림과 같다.

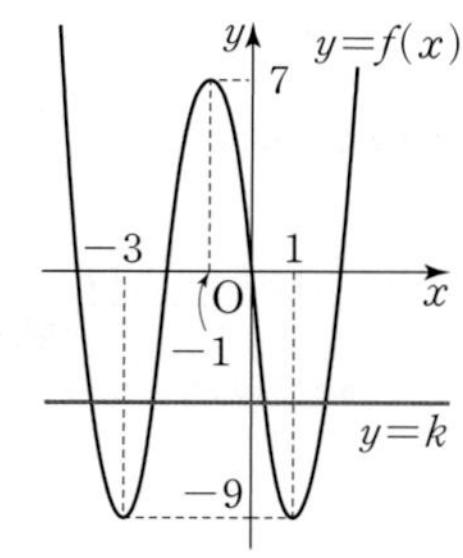

 함수 $y=f(x)$의 그래프와 직선 $y=k$가 $x<0$일 때 두 점에서 만나고, $x>0$일 때 두 점에서 만나는 실수 k의 값의 범위 구하기

함수 $y=f(x)$의 그래프와 직선 $y=k$의 교점의 x좌표가 두 개는
양수이고, 다른 두 개는 음수이어야 하므로
$-9<k<0$

1094 답 ⑤

$3x^4+4x^3-12x^2+a=0$에서 $3x^4+4x^3-12x^2=-a$
$f(x)=3x^4+4x^3-12x^2$이라 하면
$f'(x)=12x^3+12x^2-24x=12x(x+2)(x-1)$
$f'(x)=0$인 x의 값은 $x=-2$ 또는 $x=0$ 또는 $x=1$
함수 $f(x)$의 증가, 감소를 표로 나타내면 다음과 같다.

x	$\cdots$	-2	$\cdots$	0	$\cdots$	1	$\cdots$
$f'(x)$	$-$	0	$+$	0	$-$	0	$+$
$f(x)$	$\searrow$	-32 극소	$\nearrow$	0 극대	$\searrow$	-5 극소	$\nearrow$

함수 $y=f(x)$의 그래프는 그림과 같다.
함수 $y=f(x)$의 그래프와 직선 $y=-a$
의 교점이 2개이고 교점의 x좌표가 모두
음수이어야 하므로

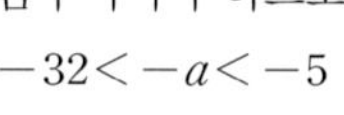

$-32<-a<-5$
$\therefore 5<a<32$

따라서 정수 a는 6, 7, 8, $\cdots$, 31의 26개이다.

1095 답 ②

$x^4+3x^2+10x-k=0$에서 $x^4+3x^2+10x=k$
$f(x)=x^4+3x^2+10x$라 하면
$f'(x)=4x^3+6x+10=2(x+1)(2x^2-2x+5)$
$f'(x)=0$인 x의 값은 $x=-1$ $(\because 2x^2-2x+5>0)$

함수 $f(x)$의 증가, 감소를 표로 나타내면 다음과 같다.

x	$\cdots$	-1	$\cdots$
$f'(x)$	$-$	0	$+$
$f(x)$	↘	-6 극소	↗

함수 $y=f(x)$의 그래프는 그림과 같다.
함수 $y=f(x)$의 그래프와 직선 $y=k$의
교점의 x좌표가 모두 음수이어야 하므로
$-6 \leq k < 0$
따라서 정수 k는 -6, -5, -4, -3,
-2, -1의 6개이다.

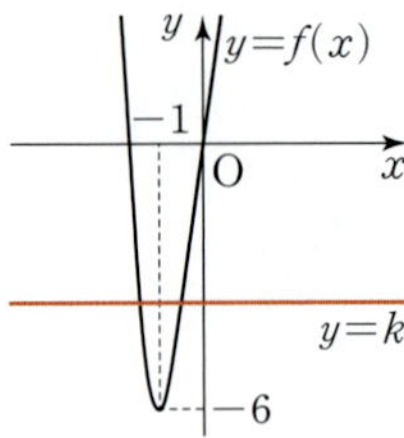

1096 답 ①
| 유형 11

함수 $\underline{f(x)=2x^3-6ax-3a$가 극값을 가지고}$, 방정식 $\underline{f(x)=0$이 중}$
단서1   **단서2**
근을 가지도록 하는 양수 a의 값은?

① $\dfrac{9}{16}$ ② $\dfrac{5}{8}$ ③ $\dfrac{11}{16}$

④ $\dfrac{3}{4}$ ⑤ $\dfrac{13}{16}$

단서1 이차방정식 $f'(x)=0$이 서로 다른 두 실근을 가진다.
단서2 함수 $f(x)$의 극값 중 하나는 0이다. 즉, (극댓값)×(극솟값)$=0$

STEP 1 삼차함수 $f(x)$가 극값을 가질 때의 x의 값 구하기
$f(x)=2x^3-6ax-3a$에서
$f'(x)=6x^2-6a=6(x+\sqrt{a})(x-\sqrt{a})$
$f'(x)=0$인 x의 값은 $x=-\sqrt{a}$ 또는 $x=\sqrt{a}$

STEP 2 양수 a의 값 구하기
삼차방정식 $f(x)=0$이 중근을 가지려면
$f(-\sqrt{a})f(\sqrt{a})=0$이어야 하므로
$a(4\sqrt{a}-3) \times \{-a(4\sqrt{a}+3)\}=0$
$a^2(16a-9)=0$
$\therefore a=\dfrac{9}{16}$ $(\because a>0)$

1097 답 ①, ⑤
$f(x)=2x^3-6x+3-a$라 하면
$f'(x)=6x^2-6=6(x+1)(x-1)$
$f'(x)=0$인 x의 값은 $x=-1$ 또는 $x=1$
삼차방정식 $f(x)=0$이 한 실근과 두 허근을 가지려면
$f(-1)f(1)>0$이어야 하므로
$(7-a)(-1-a)>0$
$(a+1)(a-7)>0$
$\therefore a<-1$ 또는 $a>7$

1098 답 7
$g(x)=f(x)+a=2x^3-9x^2+12x-8+a$
$g'(x)=6x^2-18x+12=6(x-1)(x-2)$
$g'(x)=0$인 x의 값은 $x=1$ 또는 $x=2$

삼차방정식 $g(x)=0$이 서로 다른 두 실근을 가지려면
$g(1)g(2)=0$이어야 하므로
$(a-3)(a-4)=0$
$\therefore a=3$ 또는 $a=4$
따라서 모든 a의 값의 합은
$3+4=7$

1099 답 15
$f(x)=2x^3-3(n+1)x^2+6nx$에서
$f'(x)=6x^2-6(n+1)x+6n=6(x-1)(x-n)$
$f'(x)=0$인 x의 값은 $x=1$ 또는 $x=n$
삼차방정식 $f(x)=0$이 서로 다른 세 실근을 가지려면
$f(1)f(n)<0$이어야 하므로
$(3n-1)(-n^3+3n^2)<0$, $-n^2(3n-1)(n-3)<0$
$\therefore n>3$ $(\because n$은 자연수$)$
따라서 가장 작은 자연수 n의 값은 4이므로 $a=4$이다.
$n=4$일 때 함수 $f(x)$는 $x=1$에서 극댓값 11을 가지므로 $b=11$
$\therefore a+b=4+11=15$

참고 $f'(x)=6(x-1)(x-n)$에서 $n>3$이므로
$f'(x)$의 부호를 조사하여 $f(x)$의 증가, 감소를 표로 나타내면 다음과 같다.

x	$\cdots$	1	$\cdots$	n	$\cdots$
$f'(x)$	$+$	0	$-$	0	$+$
$f(x)$	↗	극대	↘	극소	↗

따라서 함수 $f(x)$는 $x=1$에서 극댓값을 가진다.

1100 답 ②
함수 $f(x)$는 최고차항의 계수가 양수인 삼차함수이므로 $f'(x)$는
최고차항의 계수가 양수인 이차함수이다.

ㄱ. [반례] $f(x)=x^3+1$이라 하면
$f'(x)=3x^2$이므로 이차방정식
$f'(x)=0$은 중근을 가지지만 함수
$y=f(x)$의 그래프는 그림과 같으므
로 방정식 $f(x)=0$은 중근을 가지지
않는다. (거짓)

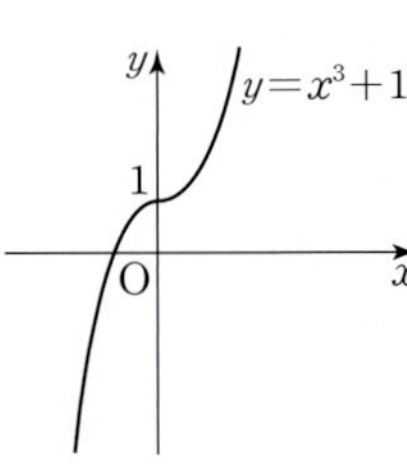

ㄴ. 이차방정식 $f'(x)=0$이 허근을 가지면 모든 실수 x에 대하여
$f'(x)>0$이다.
즉, 함수 $f(x)$는 모든 실수 x에서 증가하므로 방정식
$f(x)=0$은 한 실근과 서로 다른 두 허근을 가진다. (참)

ㄷ. 이차방정식 $f'(x)=0$이 서로 다른 두 실근을 가지면 삼차함수
$f(x)$는 극댓값과 극솟값을 모두 가진다.
이때 함수 $y=f(x)$의 그래프가 그림과 같으면 한 실근과 두
허근을 가지므로 방정식 $f(x)=0$이 반드시 서로 다른 두 실근
을 가진다고 할 수 없다. (거짓)

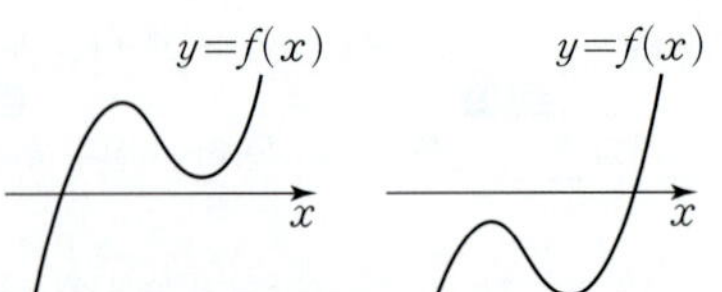

따라서 옳은 것은 ㄴ뿐이다.

1101 답 ③

$f(x)=2x^3-3x^2-12x+k$라 하면

$f'(x)=6x^2-6x-12=6(x+1)(x-2)$

$f'(x)=0$인 x의 값은 $x=-1$ 또는 $x=2$

삼차방정식 $f(x)=0$이 서로 다른 세 실근을 가지려면

$f(-1)f(2)<0$이어야 하므로

$(k+7)(k-20)<0$

$\therefore -7<k<20$

따라서 정수 k는 -6, -5, -4, $\cdots$, 19의 26개이다.

1102 답 ④ | 유형 12

STEP 1 두 곡선이 서로 다른 두 점에서 만날 조건 찾기

두 곡선 $y=x^3-4x^2-2a$, $y=2x^2-9x+a$가 서로 다른 두 점에서
만나려면 방정식 $x^3-4x^2-2a=2x^2-9x+a$, 즉
$x^3-6x^2+9x-3a=0$이 서로 다른 두 실근을 가져야 한다.

STEP 2 $f(x)$를 정하고, 삼차함수 $f(x)$가 극값을 가질 때의 x의 값 구하기

$f(x)=x^3-6x^2+9x-3a$라 하면

$f'(x)=3x^2-12x+9=3(x-1)(x-3)$

$f'(x)=0$인 x의 값은 $x=1$ 또는 $x=3$

STEP 3 방정식 $f(x)=0$이 서로 다른 두 실근을 가지도록 하는 a의 값 구하기

삼차방정식 $f(x)=0$이 서로 다른 두 실근을 가지려면

$f(1)f(3)=0$이어야 하므로

$(4-3a)\times(-3a)=0$

$\therefore a=0$ 또는 $a=\dfrac{4}{3}$

STEP 4 모든 상수 a의 값의 합 구하기

따라서 모든 상수 a의 값의 합은

$0+\dfrac{4}{3}=\dfrac{4}{3}$

다른 풀이

$x^3-4x^2-2a=2x^2-9x+a$에서 $x^3-6x^2+9x=3a$

$f(x)=x^3-6x^2+9x$라 하면

$f'(x)=3x^2-12x+9=3(x-1)(x-3)$

$f'(x)=0$인 x의 값은 $x=1$ 또는 $x=3$

함수 $f(x)$의 증가, 감소를 표로 나타내면 다음과 같다.

x	$\cdots$	1	$\cdots$	3	$\cdots$
$f'(x)$	$+$	0	$-$	0	$+$
$f(x)$	$\nearrow$	4 극대	$\searrow$	0 극소	$\nearrow$

함수 $y=f(x)$의 그래프는 그림과 같다.
곡선 $y=f(x)$와 직선 $y=3a$가 두 점에
서 만나려면

$3a=0$ 또는 $3a=4$

$\therefore a=0$ 또는 $a=\dfrac{4}{3}$

따라서 모든 상수 a의 값의 합은

$0+\dfrac{4}{3}=\dfrac{4}{3}$

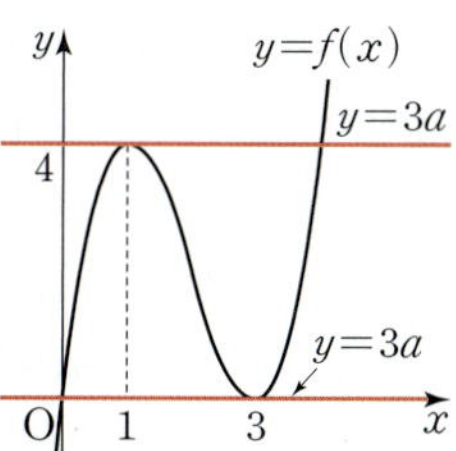

1103 답 ③

두 곡선 $y=-4x^3+2x+15$, $y=12x^2+2x+k$가 오직 한 점에서
만나려면 방정식 $-4x^3+2x+15=12x^2+2x+k$, 즉
$4x^3+12x^2+k-15=0$이 오직 하나의 실근을 가져야 한다.

$f(x)=4x^3+12x^2+k-15$라 하면

$f'(x)=12x^2+24x=12x(x+2)$

$f'(x)=0$인 x의 값은 $x=-2$ 또는 $x=0$

삼차방정식 $f(x)=0$이 오직 하나의 실근을 가지려면

$f(-2)f(0)>0$이어야 하므로

$(k+1)(k-15)>0$

$\therefore k<-1$ 또는 $k>15$

따라서 자연수 k의 최솟값은 16이다.

1104 답 $-51<k<13$

두 곡선 $y=2x^3-2x^2+3$, $y=4x^2+18x+k$가 서로 다른 세 점에
서 만나려면 방정식 $2x^3-2x^2+3=4x^2+18x+k$, 즉
$2x^3-6x^2-18x+3-k=0$이 서로 다른 세 실근을 가져야 한다.

$f(x)=2x^3-6x^2-18x+3-k$라 하면

$f'(x)=6x^2-12x-18=6(x+1)(x-3)$

$f'(x)=0$인 x의 값은 $x=-1$ 또는 $x=3$

삼차방정식 $f(x)=0$이 서로 다른 세 실근을 가지려면

$f(-1)f(3)<0$이어야 하므로

$(13-k)(-51-k)<0$

$(k+51)(k-13)<0$

$\therefore -51<k<13$

1105 답 ②

두 함수 $y=x^4-2x+a$, $y=-x^2+4x-a$의 그래프가 오직 한 점
에서 만나려면 방정식 $x^4-2x+a=-x^2+4x-a$, 즉
$x^4+x^2-6x=-2a$가 오직 하나의 실근을 가져야 한다.

$f(x)=x^4+x^2-6x$라 하면

$f'(x)=4x^3+2x-6=2(x-1)(2x^2+2x+3)$

$f'(x)=0$인 x의 값은 $\underline{x=1}$ $(\because 2x^2+2x+3>0)$ → 극값이 한 개이므로 그래프를 이용한다.

함수 $f(x)$의 증가, 감소를 표로 나타내면 다음과 같다.

x	$\cdots$	1	$\cdots$
$f'(x)$	$-$	0	$+$
$f(x)$	$\searrow$	-4 극소	$\nearrow$

함수 $y=f(x)$의 그래프는 그림과 같다.
방정식 $f(x)=-2a$가 오직 하나의 실근
을 가지려면 함수 $y=f(x)$의 그래프와
직선 $y=-2a$가 한 점에서 만나야 하므로
$-2a=-4$ $\therefore a=2$

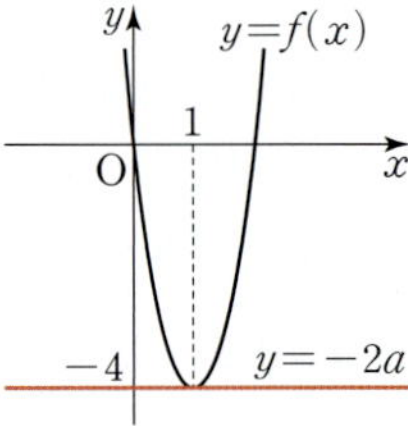

1106 답 6

두 곡선 $y=3x^3-x^2-3x$, $y=x^3-4x^2+9x+a$가 서로 다른 세
점에서 만나므로 방정식 $3x^3-x^2-3x=x^3-4x^2+9x+a$, 즉
$2x^3+3x^2-12x=a$가 서로 다른 세 실근을 가져야 한다.
$f(x)=2x^3+3x^2-12x$라 하면
$f'(x)=6x^2+6x-12=6(x+2)(x-1)$
$f'(x)=0$인 x의 값은 $x=-2$ 또는 $x=1$
함수 $f(x)$의 증가, 감소를 표로 나타내면 다음과 같다.

x	$\cdots$	-2	$\cdots$	1	$\cdots$
$f'(x)$	$+$	0	$-$	0	$+$
$f(x)$	$\nearrow$	20 극대	$\searrow$	-7 극소	$\nearrow$

함수 $y=f(x)$의 그래프는 그림과 같다.
함수 $y=f(x)$의 그래프와 직선 $y=a$
의 교점의 x좌표가 두 개는 양수이고,
한 개는 음수이어야 하므로 $-7<a<0$
따라서 정수 a는 -6, -5, -4, -3,
-2, -1의 6개이다.

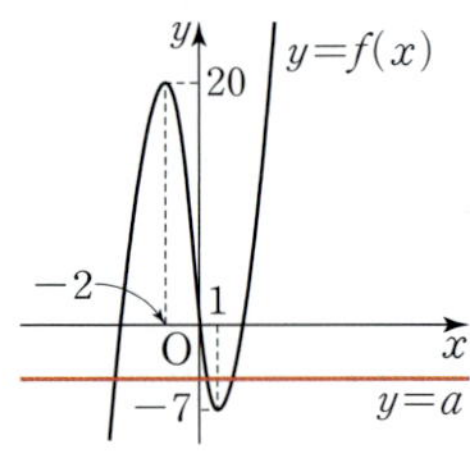

1107 답 ④

두 점 $A(-3, -3)$, $B(1, 1)$을 지나는 직선 AB의 방정식
$y-1=\dfrac{-3-1}{-3-1}(x-1)$ $\therefore y=x$

곡선 $y=x^3+6x^2+10x+a-2$와 선분 AB가 오직 한 점에서 만
나려면 삼차방정식 $x^3+6x^2+10x+a-2=x$, 즉
$-x^3-6x^2-9x+2=a$가 $-3\leq x\leq1$에서 하나의 실근을 가져야
한다.
$f(x)=-x^3-6x^2-9x+2$라 하면
$f'(x)=-3x^2-12x-9=-3(x+3)(x+1)$
$f'(x)=0$인 x의 값은 $x=-3$ 또는 $x=-1$
$-3\leq x\leq1$에서 함수 $f(x)$의 증가, 감소를 표로 나타내면 다음과
같다.

x	-3	$\cdots$	-1	$\cdots$	1
$f'(x)$	0	$+$	0	$-$	
$f(x)$	2	$\nearrow$	6 극대	$\searrow$	-14

함수 $y=f(x)$의 그래프는 그림과 같다.
방정식 $f(x)=a$가 $-3\leq x\leq1$에서 하
나의 실근을 가지려면 함수 $y=f(x)$
의 그래프가 직선 $y=a$와 $-3\leq x\leq1$
에서 한 점에서 만나야 하므로
$-14\leq a<2$ 또는 $a=6$

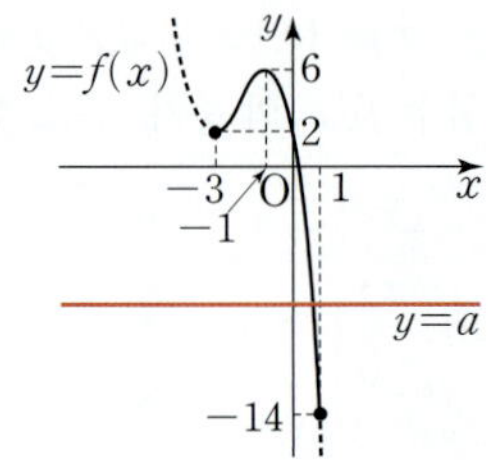

따라서 정수 a는 -14, -13, -12, $\cdots$, 1, 6의 17개이다.

1108 답 21

곡선 $y=x^3-3x^2+2x-3$과 직선 $y=2x+k$가 서로 다른 두 점에
서만 만나려면 방정식 $x^3-3x^2+2x-3=2x+k$, 즉
$x^3-3x^2-3-k=0$이 서로 다른 두 실근을 가져야 한다.
$f(x)=x^3-3x^2-3-k$라 하면
$f'(x)=3x^2-6x=3x(x-2)$
$f'(x)=0$인 x의 값은 $x=0$ 또는 $x=2$
삼차방정식 $f(x)=0$이 서로 다른 두 실근을 가지려면
$f(0)f(2)=0$이어야 하므로
$(-3-k)\times(-7-k)=0$
$\therefore k=-3$ 또는 $k=-7$
따라서 모든 실수 k의 값의 곱은
$(-3)\times(-7)=21$

다른 풀이

곡선 $y=x^3-3x^2+2x-3$과 직선 $y=2x+k$가 서로 다른 두 점에
서만 만나므로 직선 $y=2x+k$는 곡선 $y=x^3-3x^2+2x-3$에 접
한다.
$f(x)=x^3-3x^2+2x-3$이라 하면
$f'(x)=3x^2-6x+2$
접점의 좌표를 (t, t^3-3t^2+2t-3)이라 하면 이 점에서의 접선의
기울기는 $f'(t)=3t^2-6t+2$이므로
$3t^2-6t+2=2$에서 $3t(t-2)=0$
$\therefore t=0$ 또는 $t=2$
즉, 접점의 좌표는 $(0, -3)$, $(2, -3)$이므로
접선의 방정식은 $y=2x-3$ 또는 $y=2x-7$
$\therefore k=-3$ 또는 $k=-7$
따라서 모든 실수 k의 값의 곱은
$(-3)\times(-7)=21$

1109 답 ④

| 유형 13

x에 대한 방정식 $|x(x-3)^2|=a$가 서로 다른 세 실근을 가지도록
하는 실수 a의 값은?

① 1　　② 2　　③ 3
④ 4　　⑤ 5

단서1 방정식 $|f(x)|=a$의 실근의 개수 $\Leftrightarrow$ 함수 $y=|f(x)|$의 그래프와 직선 $y=a$의 교점의 개수

단서2 함수 $y=|f(x)|$의 그래프는 함수 $y=f(x)$의 그래프에서 $f(x)<0$인 부분을 x축에 대하여 대칭이동한 그래프

STEP 1 $f(x)=x(x-3)^2$으로 놓고, $f'(x)$ 구하기

$f(x)=x(x-3)^2$이라 하면
$f(x)=x(x^2-6x+9)=x^3-6x^2+9x$에서
$f'(x)=3x^2-12x+9=3(x-1)(x-3)$

STEP 2 함수 $y=f(x)$의 그래프를 이용하여 함수 $y=|f(x)|$의 그래프 개형 그리기

$f'(x)=0$인 x의 값은 $x=1$ 또는 $x=3$

함수 $f(x)$의 증가, 감소를 표로 나타내면 다음과 같다.

x	$\cdots$	1	$\cdots$	3	$\cdots$
$f'(x)$	$+$	0	$-$	0	$+$
$f(x)$	$\nearrow$	4 극대	$\searrow$	0 극소	$\nearrow$

함수 $y=|f(x)|$의 그래프는 그림과 같다.

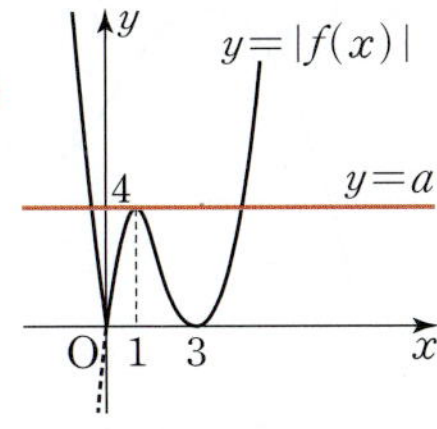

$\longrightarrow$ 함수 $y=f(x)$의 그래프에서 $y<0$인 부분을
x축에 대하여 대칭이동하여 그린다.

STEP 3 함수 $y=|f(x)|$의 그래프와 직선 $y=a$가 서로 다른 세 점에서 만나는 실수 a의 값 구하기

방정식 $|f(x)|=a$가 서로 다른 세 실근을 가지려면 곡선 $y=|f(x)|$와 직선 $y=a$가 세 점에서 만나야 하므로
$a=4$

1110 답 ④

방정식 $|f(x)|=2$의 실근의 개수는 함수 $y=|f(x)|$의 그래프와 직선 $y=2$의 교점의 개수와 같다.
$f(x)=x^3-9x^2+24x-19$에서
$f'(x)=3x^2-18x+24$
$\qquad =3(x-2)(x-4)$
$f'(x)=0$인 x의 값은 $x=2$ 또는 $x=4$
함수 $f(x)$의 증가, 감소를 표로 나타내면 다음과 같다.

x	$\cdots$	2	$\cdots$	4	$\cdots$
$f'(x)$	$+$	0	$-$	0	$+$
$f(x)$	$\nearrow$	1 극대	$\searrow$	-3 극소	$\nearrow$

함수 $y=|f(x)|$의 그래프는 그림과 같다.

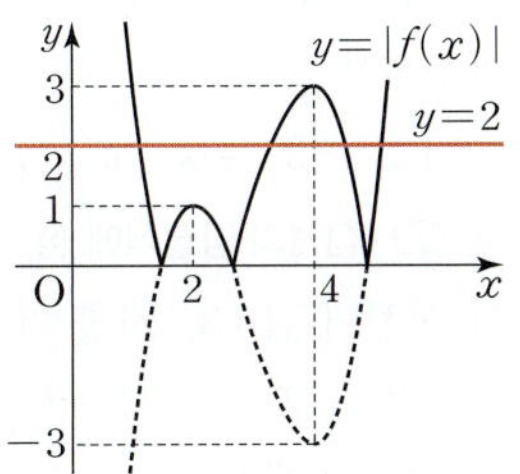

따라서 함수 $y=|f(x)|$의 그래프와 직선 $y=2$는 서로 다른 네 점에서 만나므로 방정식 $|f(x)|=2$의 실근의 개수는 4이다.

1111 답 ③

방정식 $f(|x|)+16=0$, 즉 $f(|x|)=-16$의 실근의 개수는 함수 $y=f(|x|)$의 그래프와 직선 $y=-16$의 교점의 개수와 같다.
$f(x)=-x^3+6x^2-16$에서
$f'(x)=-3x^2+12x$
$\qquad =-3x(x-4)$
$f'(x)=0$인 x의 값은 $x=0$ 또는 $x=4$
$x\geq0$에서 함수 $f(x)$의 증가, 감소를 표로 나타내면 다음과 같다.

x	0	$\cdots$	4	$\cdots$
$f'(x)$	0	$+$	0	$-$
$f(x)$	-16	$\nearrow$	16 극대	$\searrow$

함수 $y=f(|x|)$의 그래프는 그림과 같다.

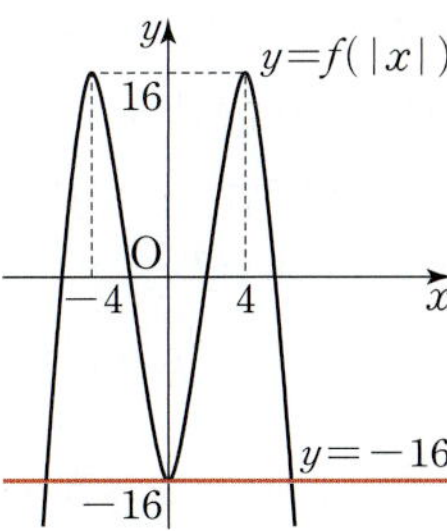

$\longrightarrow$ 함수 $y=f(x)$의 그래프에서 $x\geq0$인 부분을
y축에 대하여 대칭이동하여 그린다.

따라서 함수 $y=f(|x|)$의 그래프와 직선 $y=-16$은 서로 다른 세 점에서 만나므로 방정식 $f(|x|)+16=0$의 실근의 개수는 3이다.

다른 풀이

$f(x)+16=-x^3+6x^2=-x^2(x-6)$이므로
방정식 $f(x)+16=0$의 실근은 $x=0$ 또는 $x=6$이다.
따라서 방정식 $f(|x|)+16=0$의 실근은
$|x|=0$ 또는 $|x|=6$에서
$x=0$ 또는 $x=-6$ 또는 $x=6$
즉, 방정식 $f(|x|)+16=0$의 실근의 개수는 3이다.

1112 답 ③

방정식 $|f(x)|=n$의 실근의 개수는 함수 $y=|f(x)|$의 그래프와 직선 $y=n$의 교점의 개수와 같다.
$f(x)=5x^3+15x^2-6$에서
$f'(x)=15x^2+30x=15x(x+2)$
$f'(x)=0$인 x의 값은 $x=-2$ 또는 $x=0$
함수 $f(x)$의 증가, 감소를 표로 나타내면 다음과 같다.

x	$\cdots$	-2	$\cdots$	0	$\cdots$
$f'(x)$	$+$	0	$-$	0	$+$
$f(x)$	$\nearrow$	14 극대	$\searrow$	-6 극소	$\nearrow$

함수 $y=|f(x)|$의 그래프는 그림과 같으므로

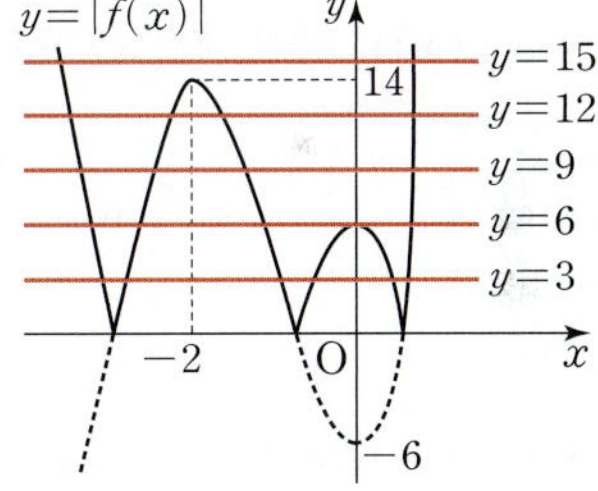

$g(3)+g(6)+g(9)$
$\qquad +g(12)+g(15)$
$=6+5+4+4+2=21$

1113 답 ①

$f(x)=x^3+ax^2+bx+c$에서 $f'(x)=3x^2+2ax+b$
㉮에서 $f'(1)=0$, $f'(3)=0$이므로
$3+2a+b=0$, $27+6a+b=0$

$\longrightarrow$ $x=1$, $x=3$은 방정식 $f'(x)=0$의 두 근이다.

두 식을 연립하여 풀면 $a=-6$, $b=9$
$\therefore f(x)=x^3-6x^2+9x+c$
$f'(x)=3x^2-12x+9=3(x-1)(x-3)$
$f'(x)=0$인 x의 값은 $x=1$ 또는 $x=3$
함수 $f(x)$의 증가, 감소를 표로 나타내면 다음과 같다.

x	$\cdots$	1	$\cdots$	3	$\cdots$
$f'(x)$	$+$	0	$-$	0	$+$
$f(x)$	$\nearrow$	$c+4$ 극대	$\searrow$	c 극소	$\nearrow$

함수 $f(x)$의 극댓값은 $f(1)=c+4$, 극솟값은 $f(3)=c$이므로 방정식 $|f(x)|=3$이 서로 다른 세 실근을 가질 수 있는 경우는 다음과 같다.

$f(x)=x^3-6x^2+9x+c$에서

(i) $f(x)$의 극댓값이 -3인 경우

$c+4=-3$

$\therefore c=-7$

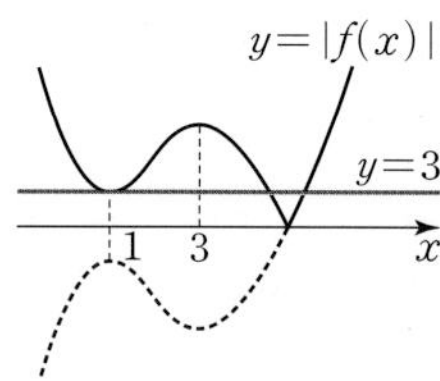

(ii) $f(x)$의 극댓값이 3인 경우

$c+4=3$

$\therefore c=-1$

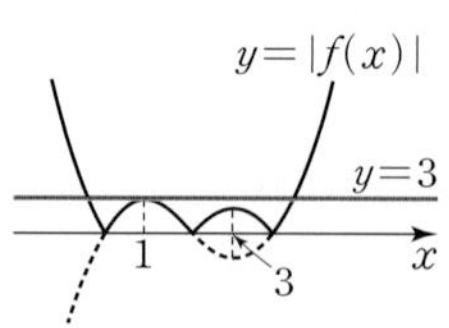

(iii) $f(x)$의 극솟값이 -3인 경우

$c=-3$

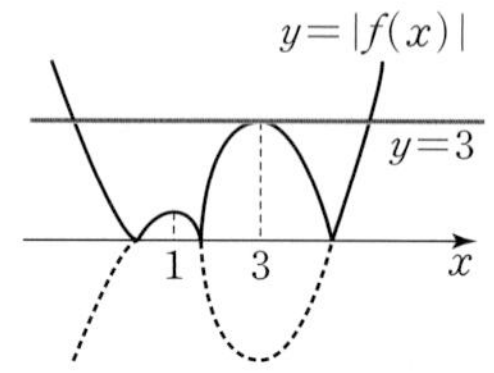

(iv) $f(x)$의 극솟값이 3인 경우

$c=3$

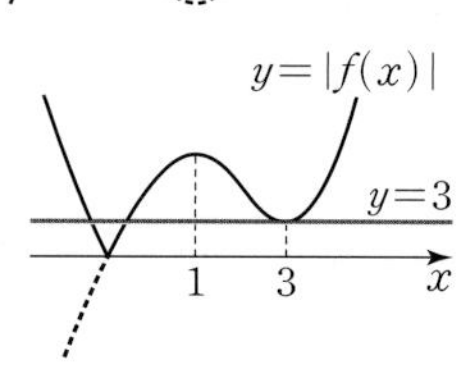

(i)~(iv)에서 $|f(0)|=|c|$의 최솟값은 1이다.

1114 답 ⑤

$g(x)=x^3-12x+k$라 하면 $f(x)=|g(x)|$

$g'(x)=3x^2-12=3(x+2)(x-2)$

$g'(x)=0$인 x의 값은 $x=-2$ 또는 $x=2$

함수 $g(x)$의 증가, 감소를 표로 나타내면 다음과 같다.

x	$\cdots$	-2	$\cdots$	2	$\cdots$
$g'(x)$	$+$	0	$-$	0	$+$
$g(x)$	$\nearrow$	$k+16$ 극대	$\searrow$	$k-16$ 극소	$\nearrow$

(i) $0<k<16$일 때

함수 $g(x)$의 극솟값은 $k-16<0$이므로

두 함수 $y=g(x)$, $y=f(x)=|g(x)|$의 그래프는 다음과 같다.

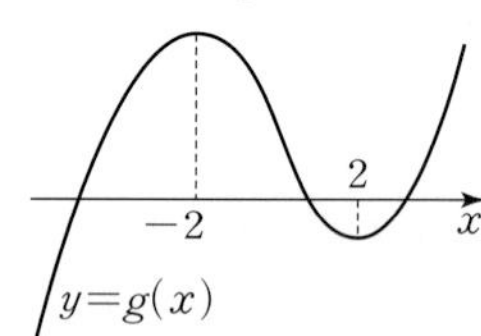
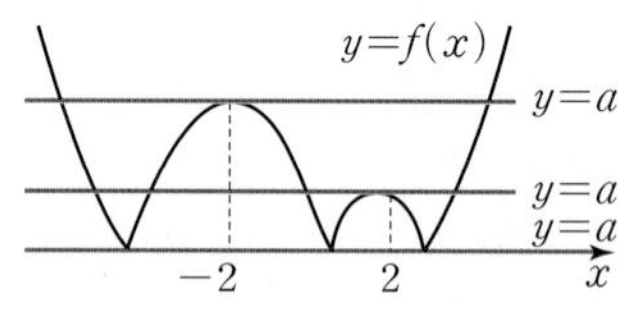

함수 $y=f(x)$의 그래프와 직선 $y=a$가 만나는 서로 다른 점의 개수가 홀수가 되는 실수 a의 값이 3개 존재하므로 조건을 만족시키지 않는다.

(ii) $k=16$일 때

함수 $g(x)$의 극댓값은 $k+16=32$, 극솟값은 $k-16=0$이므로 두 함수 $y=g(x)$, $y=f(x)=|g(x)|$의 그래프는 다음과 같다.

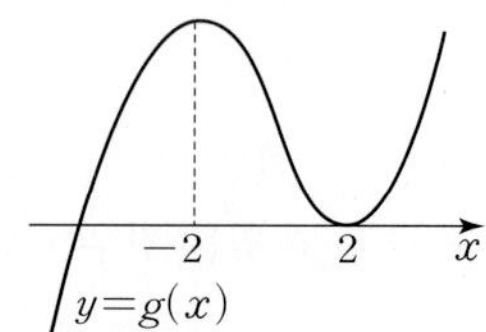
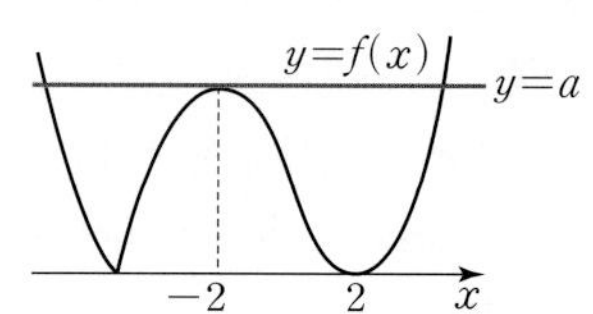

함수 $y=f(x)$의 그래프와 직선 $y=a$가 만나는 서로 다른 점의 개수가 홀수가 되는 실수 a의 값이 오직 하나이다.

(iii) $k>16$일 때

함수 $g(x)$의 극솟값은 $k-16>0$이므로

두 함수 $y=g(x)$, $y=f(x)=|g(x)|$의 그래프는 다음과 같다.

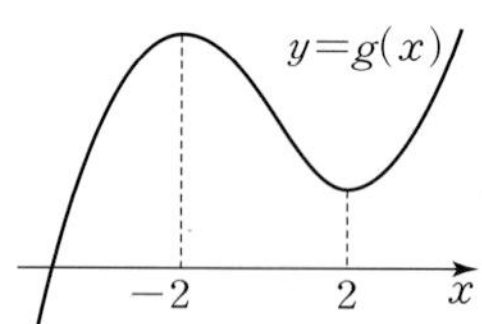
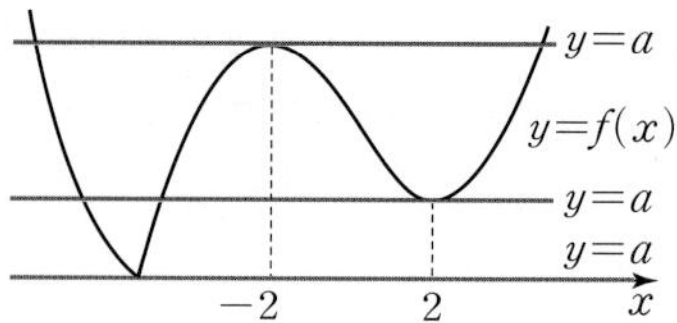

함수 $y=f(x)$의 그래프와 직선 $y=a$가 만나는 서로 다른 점의 개수가 홀수가 되는 실수 a의 값이 3개 존재하므로 조건을 만족시키지 않는다.

(i), (ii), (iii)에서

$k=16$

1115 답 ③   유형 14

곡선 $y=2x^3+3$ 밖의 점 $(3,\ a)$에서 주어진 곡선에 서로 다른 두 개의

단서1

접선을 그을 수 있도록 하는 실수 a의 값은?

① 1   ② 2   ③ 3

④ 4   ⑤ 5

단서1 점 $(3,\ a)$에서 곡선에 그은 접선의 방정식은 서로 다른 두 실근을 가진다. 즉, (극댓값)×(극솟값)=0

STEP1 곡선 위의 점에서의 접선의 방정식 구하기

$f(x)=2x^3+3$이라 하면

$f'(x)=6x^2$

점 $(3,\ a)$에서 곡선 $y=f(x)$에 그은 접선의 접점의 좌표를 $(t,\ 2t^3+3)$이라 하면 접선의 기울기는 $f'(t)=6t^2$이므로 접선의 방정식은

$y-(2t^3+3)=6t^2(x-t)$

STEP2 접선의 방정식에 점 $(3,\ a)$를 대입하기

이 직선이 점 $(3,\ a)$를 지나므로

$a-(2t^3+3)=6t^2(3-t)$

$\therefore 4t^3-18t^2+a-3=0$ .... ㉠

STEP3 서로 다른 두 개의 접선을 그을 수 있도록 하는 실수 a의 값 구하기

점 $(3,\ a)$에서 곡선 $y=f(x)$에 서로 다른 두 개의 접선을 그을 수 있으려면 t에 대한 방정식 ㉠이 서로 다른 두 실근을 가져야 한다.

$g(t)=4t^3-18t^2+a-3$이라 하면

$g'(t)=12t^2-36t$

$\qquad =12t(t-3)$

$g'(t)=0$인 t의 값은 $t=0$ 또는 $t=3$

삼차방정식 $g(t)=0$이 서로 다른 두 실근을 가지려면

$g(0)g(3)=0$이어야 하므로

$(a-3)(a-57)=0$

$\therefore a=3$ 또는 $a=57$

$a=57$일 때, 점 $(3,\ 57)$은 곡선 위의 점이므로 구하는 실수 a의 값은 3이다. → 문제에서 점 $(3,\ a)$는 곡선 밖의 점이다.

1116 📋 ④

$f(x)=-x^3+2x+2$라 하면 $f'(x)=-3x^2+2$

점 $(-2, k)$에서 곡선 $y=f(x)$에 그은 접선의 접점의 좌표를

$(t, -t^3+2t+2)$라 하면 접선의 기울기는 $f'(t)=-3t^2+2$이므

로 접선의 방정식은

$y-(-t^3+2t+2)=(-3t^2+2)(x-t)$

이 직선이 점 $(-2, k)$를 지나므로

$k-(-t^3+2t+2)=(-3t^2+2)(-2-t)$

$\therefore 2t^3+6t^2-k-2=0$ ······················· ㉠

점 $(-2, k)$에서 곡선 $y=f(x)$에 서로 다른 세 개의 접선을 그을

수 있으려면 t에 대한 방정식 ㉠이 서로 다른 세 실근을 가져야 한다.

$g(t)=2t^3+6t^2-k-2$라 하면

$g'(t)=6t^2+12t=6t(t+2)$

$g'(t)=0$인 t의 값은 $t=-2$ 또는 $t=0$

삼차방정식 $g(t)=0$이 서로 다른 세 실근을 가지려면

$g(-2)g(0)<0$이어야 하므로

$(-k+6)(-k-2)<0$ $\therefore -2<k<6$

따라서 정수 k는 $-1, 0, 1, \cdots, 5$의 7개이다.

1117 📋 ⑤

$f(x)=x^3-kx-2$라 하면 $f'(x)=3x^2-k$

점 $(1, 1)$에서 곡선 $y=f(x)$에 그은 접선의 접점의 좌표를

(t, t^3-kt-2)라 하면 접선의 기울기는 $f'(t)=3t^2-k$이므로 접

선의 방정식은

$y-(t^3-kt-2)=(3t^2-k)(x-t)$

이 직선이 점 $(1, 1)$을 지나므로

$1-(t^3-kt-2)=(3t^2-k)(1-t)$

$\therefore 2t^3-3t^2+3+k=0$ ······················· ㉠

점 $(1, 1)$에서 곡선 $y=f(x)$에 서로 다른 두 개의 접선을 그을 수

있으려면 t에 대한 삼차방정식 ㉠이 서로 다른 두 실근을 가져야

한다.

$g(t)=2t^3-3t^2+3+k$라 하면

$g'(t)=6t^2-6t=6t(t-1)$

$g'(t)=0$인 t의 값은 $t=0$ 또는 $t=1$

삼차방정식 $g(t)=0$이 서로 다른 두 실근을 가지려면

$g(0)g(1)=0$이어야 하므로

$(k+3)(k+2)=0$ $\therefore k=-3$ 또는 $k=-2$

따라서 모든 실수 k의 값의 합은

$-3+(-2)=-5$

1118 📋 ④

$f(x)=x^3+kx+2$라 하면 $f'(x)=3x^2+k$

점 $(-5, 0)$에서 곡선 $y=f(x)$에 그은 접선의 접점의 좌표를

(t, t^3+kt+2)라 하면 접선의 기울기는 $f'(t)=3t^2+k$이므로 접

선의 방정식은

$y-(t^3+kt+2)=(3t^2+k)(x-t)$

이 직선이 점 $(-5, 0)$을 지나므로

$0-(t^3+kt+2)=(3t^2+k)(-5-t)$

$\therefore 2t^3+15t^2+5k-2=0$ ······················· ㉠

점 $(-5, 0)$에서 곡선 $y=f(x)$에 서로 다른 세 접선을 그을 수 있

으려면 t에 대한 삼차방정식 ㉠이 서로 다른 세 실근을 가져야 한다.

$g(t)=2t^3+15t^2+5k-2$라 하면

$g'(t)=6t^2+30t=6t(t+5)$

$g'(t)=0$인 t의 값은 $t=-5$ 또는 $t=0$

삼차방정식 $g(t)=0$이 서로 다른 세 실근을 가지려면

$g(-5)g(0)<0$이어야 하므로

$(5k+123)(5k-2)<0$ $\therefore -\dfrac{123}{5}<k<\dfrac{2}{5}$

따라서 정수 k의 최솟값은 -24이다.

1119 📋 $1 \le a < 2$

$f(x)=x^3-x+2$라 하면 $f'(x)=3x^2-1$

점 $(1, a)$에서 곡선 $y=f(x)$에 그은 접선의 접점의 좌표를

(t, t^3-t+2)라 하면 접선의 기울기는 $f'(t)=3t^2-1$이므로 접선

의 방정식은

$y-(t^3-t+2)=(3t^2-1)(x-t)$

이 직선이 점 $(1, a)$를 지나므로

$a-(t^3-t+2)=(3t^2-1)(1-t)$

$\therefore 2t^3-3t^2+a-1=0$ ······················· ㉠

점 $(1, a)$에서 곡선 $y=f(x)$에 두 개 이상의 접선을 그을 수 있으

려면 t에 대한 방정식 ㉠이 두 개 이상의 서로 다른 실근을 가져야

한다.

$g(t)=2t^3-3t^2+a-1$이라 하면

$g'(t)=6t^2-6t=6t(t-1)$

$g'(t)=0$인 t의 값은 $t=0$ 또는 $t=1$

삼차방정식 $g(t)=0$이 두 개 이상의 서로 다른 실근을 가지려면

$g(0)g(1) \le 0$이어야 하므로 → 서로 다른 실근이 2개이거나 3개이다.

$(a-1)(a-2) \le 0$ $\therefore 1 \le a \le 2$

$a=2$일 때, 점 $(1, 2)$는 곡선 위의 점이므로 구하는 실수 a의 값

의 범위는 → 등호는 서로 다른 실근이 2개인 경우로 중근과 다른 한 실근을 가질 때이다.

$1 \le a < 2$

1120 📋 ②

$g(x)=x^3+k$라 하면 $g'(x)=3x^2$

점 $(1, 0)$에서 곡선 $y=g(x)$에 그은 접선의 접점의 좌표를

(t, t^3+k)라 하면 접선의 기울기는 $g'(t)=3t^2$이므로 접선의 방

정식은

$y-(t^3+k)=3t^2(x-t)$

이 직선이 점 $(1, 0)$을 지나므로

$0-(t^3+k)=3t^2(1-t)$

$\therefore 2t^3-3t^2-k=0$ ······················· ㉠

이때 함수 $f(k)$는 t에 대한 삼차방정식 ㉠의 서로 다른 실근의 개

수와 같다.

$h(t)=2t^3-3t^2-k$라 하면

$h'(t)=6t^2-6t=6t(t-1)$

$h'(t)=0$인 t의 값은 $t=0$ 또는 $t=1$

(i) $h(0)h(1)>0$일 때, 즉 $-k(-1-k)>0$에서

　　$k<-1$ 또는 $k>0$이면 삼차방정식 $h(t)=0$은 오직 한 실근을

　　가진다.

(ii) $h(0)h(1)=0$일 때, 즉 $-k(-1-k)=0$에서
$k=0$ 또는 $k=-1$이면 삼차방정식 $h(t)=0$은 서로 다른 두 실근을 가진다.

(iii) $h(0)h(1)<0$일 때, 즉 $-k(-1-k)<0$에서
$-1<k<0$이면 삼차방정식 $h(t)=0$은 서로 다른 세 실근을 가진다.

(i), (ii), (iii)에서
$$f(k)=\begin{cases} 1 & (k<-1 \text{ 또는 } k>0) \\ 2 & (k=-1 \text{ 또는 } k=0) \\ 3 & (-1<k<0) \end{cases}$$

따라서 함수 $f(k)$가 불연속인 점은 $k=-1$, $k=0$일 때의 2개이다.

참고 $f(k)$의 값은 정수이므로 $f(k)$의 값이 바뀌는 k의 값에서 불연속이다.

1121 답 ④　　유형 15

두 함수 $f(x)=x^4-4x^2$, $g(x)=x^2-k$에 대하여 x에 대한 방정식 (단서1) $(g \circ f)(x)=0$의 (단서2) 서로 다른 실근이 4개가 되도록 하는 양수 k의 값은?

① 1　　② 4　　③ 9　　④ 16　　⑤ 25

단서1 $f(x)=t$로 놓으면 $(g \circ f)(x)=g(t)=0$
단서2 함수 $y=(g \circ f)(x)$의 그래프와 x축의 교점이 4개

STEP 1 합성함수의 성질을 이용하여 $f(x)=t$로 놓고, 방정식 $(g \circ f)(x)=0$을 만족시키는 해 구하기

방정식 $(g \circ f)(x)=0$에서 $f(x)=t$로 놓으면
$g(t)=0$인 t의 값은 $t^2-k=0$에서 $t=\sqrt{k}$ 또는 $t=-\sqrt{k}$
방정식 $g(t)=0$의 서로 다른 실근이 4개가 되려면
방정식 $x^4-4x^2=\sqrt{k}$ 또는 $x^4-4x^2=-\sqrt{k}$를 만족시키는 x의 개수가 4이어야 한다. ← 두 방정식의 서로 다른 실근이 4개이다.

STEP 2 함수 $y=f(x)$의 그래프의 개형 그리기

$f(x)=x^4-4x^2$에서
$f'(x)=4x^3-8x=4x(x+\sqrt{2})(x-\sqrt{2})$
$f'(x)=0$인 x의 값은 $x=-\sqrt{2}$ 또는 $x=0$ 또는 $x=\sqrt{2}$
함수 $f(x)$의 증가, 감소를 표로 나타내면 다음과 같다.

x	$\cdots$	$-\sqrt{2}$	$\cdots$	0	$\cdots$	$\sqrt{2}$	$\cdots$
$f'(x)$	$-$	0	$+$	0	$-$	0	$+$
$f(x)$	$\searrow$	-4 극소	$\nearrow$	0 극대	$\searrow$	-4 극소	$\nearrow$

함수 $y=f(x)$의 그래프는 그림과 같다.

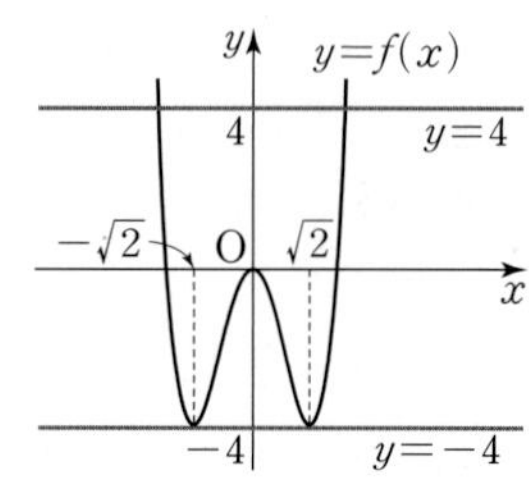

STEP 3 양수 k의 값 구하기

$-\sqrt{k}=-4$이고 $\sqrt{k}=4$일 때,
함수 $y=f(x)$의 그래프와 직선 $y=\sqrt{k}$의 교점이 2개,
함수 $y=f(x)$의 그래프와 직선 $y=-\sqrt{k}$의 교점이 2개이므로

방정식 $x^4-4x^2=\sqrt{k}$ 또는 $x^4-4x^2=-\sqrt{k}$를 만족시키는 x의 개수는 4이다.
$\therefore k=16$

1122 답 $\dfrac{1}{2}$

방정식 $(g \circ f)(x)=0$에서 $f(x)=t$로 놓으면
$g(t)=0$인 t의 값은 $2t^2-k=0$에서
$t=\sqrt{\dfrac{k}{2}}$ 또는 $t=-\sqrt{\dfrac{k}{2}}$
방정식 $g(t)=0$의 서로 다른 실근이 3개가 되려면 방정식
$x^3-\dfrac{3}{2}x^2=\sqrt{\dfrac{k}{2}}$ 또는 $x^3-\dfrac{3}{2}x^2=-\sqrt{\dfrac{k}{2}}$를 만족시키는 x의 개수가 3이어야 한다.

$f(x)=x^3-\dfrac{3}{2}x^2$에서
$f'(x)=3x^2-3x=3x(x-1)$
$f'(x)=0$인 x의 값은 $x=0$ 또는 $x=1$
함수 $f(x)$의 증가, 감소를 표로 나타내면 다음과 같다.

x	$\cdots$	0	$\cdots$	1	$\cdots$
$f'(x)$	$+$	0	$-$	0	$+$
$f(x)$	$\nearrow$	0 극대	$\searrow$	$-\dfrac{1}{2}$ 극소	$\nearrow$

함수 $y=f(x)$의 그래프는 그림과 같다.
이때 $k>0$이므로 $\sqrt{k}>0$이다.
그러므로 함수 $y=f(x)$의 그래프와 직선 $y=\sqrt{\dfrac{k}{2}}$의 교점은 1개이다.

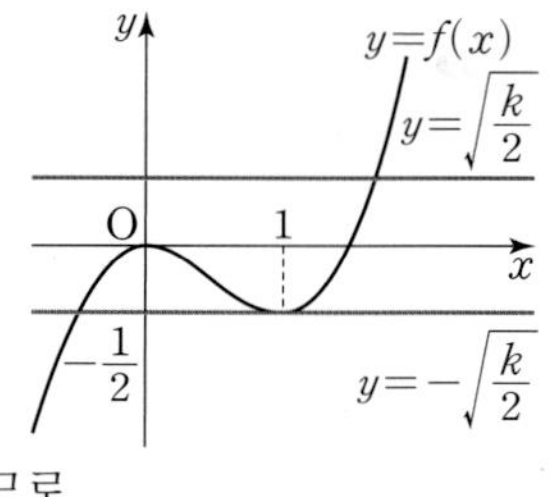

따라서 함수 $y=f(x)$의 그래프와 직선 $y=-\sqrt{\dfrac{k}{2}}$의 교점이 2개이어야 하므로
$-\sqrt{\dfrac{k}{2}}=-\dfrac{1}{2}$
$\therefore k=\dfrac{1}{2}$

참고 방정식 $g(t)=0$의 실근은 $-\dfrac{1}{2}<-\sqrt{\dfrac{k}{2}}<0$일 때 4개,
$-\sqrt{\dfrac{k}{2}}<-\dfrac{1}{2}$일 때 2개이다.

1123 답 ①

$x>0$에서 $\dfrac{1}{x}>0$이므로 산술평균과 기하평균의 관계에 의하여
$$g(x)=x+\dfrac{1}{x}-2 \geq 2\sqrt{x \times \dfrac{1}{x}}-2=0$$
방정식 $(f \circ g)(x)=k$에서 $g(x)=t$로 놓으면 $t \geq 0$에서 방정식 $f(t)=k$, 즉 $t^3-2t^2+t+1=k$의 실근이 존재해야 한다.
$f(t)=t^3-2t^2+t+1$에서
$f'(t)=3t^2-4t+1=(3t-1)(t-1)$
$f'(t)=0$인 t의 값은 $t=\dfrac{1}{3}$ 또는 $t=1$
$t \geq 0$에서 함수 $f(t)$의 증가, 감소를 표로 나타내면 다음과 같다.

t	0	$\cdots$	$\dfrac{1}{3}$	$\cdots$	1	$\cdots$
$f'(t)$		$+$	0	$-$	0	$+$
$f(t)$	1	$\nearrow$	$\dfrac{31}{27}$ 극대	$\searrow$	1 극소	$\nearrow$

함수 $y=f(t)$의 그래프는 그림과 같다.
$t\geq0$에서 방정식 $f(t)=k$의 실근이 존재
하려면 $t\geq0$에서 함수 $y=f(t)$의 그래프
와 직선 $y=k$의 교점이 존재해야 하므로
$k\geq1$
따라서 실수 k의 최솟값은 1이다.

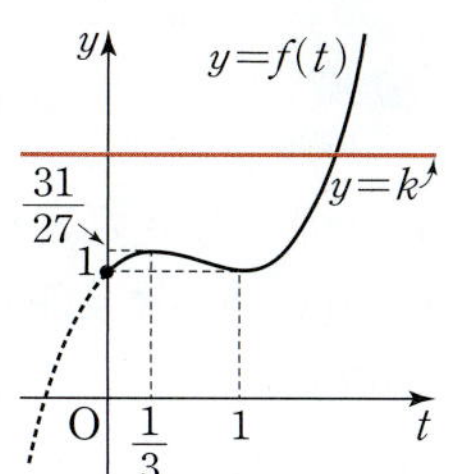

개념 Check

산술평균과 기하평균의 관계
$a>0$, $b>0$일 때, $a+b\geq2\sqrt{ab}$ (단, 등호는 $a=b$일 때 성립)

1124 답 ②

| 유형 16

$x>0$일 때, 부등식 $x^3+x+k>0$이 성립하도록 하는 실수 k의 최솟
값은? **단서1**

① -1 ② 0   ③ 1

④ 2   ⑤ 3

단서1 $f(x)=x^3+x+k$라 하면 $f'(x)=3x^2+1>0$

STEP 1 $f(x)=x^3+x+k$로 놓고, 함수 $f(x)$의 증가, 감소 조사하기

$f(x)=x^3+x+k$라 하면
$f'(x)=3x^2+1$
모든 실수 x에 대하여 $f'(x)>0$이므로
함수 $f(x)$는 실수 전체의 집합에서 증가
한다.

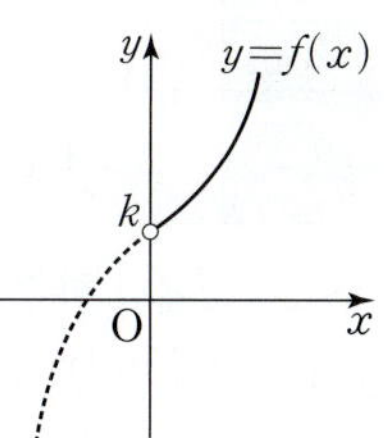

STEP 2 실수 k의 최솟값 구하기

$x>0$일 때 $f(x)>0$이 성립하려면
$f(0)\geq0$이어야 하므로
$k\geq0$
따라서 실수 k의 최솟값은 0이다.

1125 답 ⑤

$f(x)=x^3+5x+k$라 하면
$f'(x)=3x^2+5$
모든 실수 x에 대하여 $f'(x)>0$이므로
함수 $f(x)$는 실수 전체의 집합에서 증가
한다.
즉, $x>-2$일 때, $f(x)>0$이 성립하려면
$f(-2)\geq0$이어야 하므로
$-18+k\geq0$ $\therefore k\geq18$

1126 답 ①

$f(x)=2x^3-3x^2-k$라 하면
$f'(x)=6x^2-6x=6x(x-1)$

$x>1$에서 $f'(x)>0$이므로 함수 $f(x)$는 구간 $(1, \infty)$에서 증가
한다.
즉, $x>1$일 때, $f(x)>0$이 성립하려면
$f(1)\geq0$이어야 하므로
$-1-k\geq0$ $\therefore k\leq-1$
따라서 실수 k의 최댓값은 -1이다.

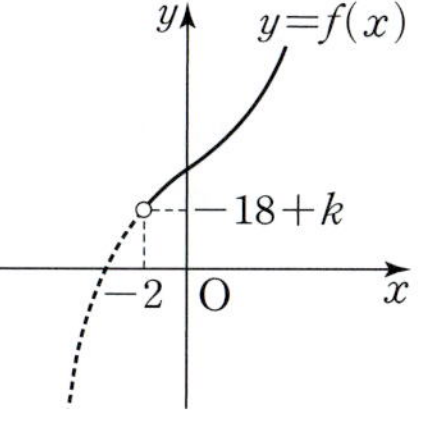

1127 답 -20

$f(x)=-2x^3+3x^2+12x+k$라 하면
$f'(x)=-6x^2+6x+12=-6(x+1)(x-2)$
$f'(x)=0$인 x의 값은 $x=-1$ 또는 $x=2$
$x>2$일 때 $f'(x)<0$이므로 함수 $f(x)$는 구간 $(2, \infty)$에서 감소
한다.
즉, $x>2$일 때 $f(x)<0$이 성립하려면 $f(2)\leq0$이어야 하므로
$20+k\leq0$ $\therefore k\leq-20$
따라서 실수 k의 최댓값은 -20이다.

1128 답 -9

$f(x)=2x^3-6x^2+6x+2k$라 하면
$f'(x)=6x^2-12x+6=6(x-1)^2$
모든 실수 x에 대하여 $f'(x)\geq0$이므로 함수 $f(x)$는 실수 전체의
집합에서 증가한다.
즉, $-1<x<3$일 때, $f(x)<0$이 성립하려면 $f(3)\leq0$이어야 하
므로
$18+2k\leq0$ $\therefore k\leq-9$
따라서 정수 k의 최댓값은 -9이다.

1129 답 4

$f(x)=x^n-nx+n(n-4)+3$이라 하면
$f'(x)=nx^{n-1}-n=n(x^{n-1}-1)$
$n\geq2$이므로 $x>1$일 때, $f'(x)>0$
함수 $f(x)$는 구간 $(1, \infty)$에서 증가하므로 $x>1$일 때 $f(x)>0$
이 성립하려면 $f(1)\geq0$이어야 한다.
즉, $1-n+n(n-4)+3\geq0$에서
$n^2-5n+4\geq0$, $(n-1)(n-4)\geq0$
$\therefore n\geq4$ ($\because n\geq2$)
따라서 자연수 n의 최솟값은 4이다.

1130 답 ①

| 유형 17

$x\geq0$일 때, 부등식 $x^3-6x^2+9x+k-3\geq0$이 성립하도록 하는 실수
k의 최솟값은? **단서1**

① 3   ② 4   ③ 5

④ 6   ⑤ 7

단서1 $f(x)=x^3-6x^2+9x+k-3$이라 하면 $x\geq0$에서 $(f(x)$의 최솟값$)\geq0$

STEP 1 $f(x)=x^3-6x^2+9x+k-3$으로 놓고, 함수 $f(x)$의 증가, 감소
조사하기

$f(x)=x^3-6x^2+9x+k-3$이라 하면

$f'(x)=3x^2-12x+9=3(x-1)(x-3)$
$f'(x)=0$인 x의 값은 $x=1$ 또는 $x=3$
$x\geq0$에서 함수 $f(x)$의 증가, 감소를 표로 나타내면 다음과 같다.

x	0	$\cdots$	1	$\cdots$	3	$\cdots$
$f'(x)$		$+$	0	$-$	0	$+$
$f(x)$	$k-3$	$\nearrow$	$k+1$ 극대	$\searrow$	$k-3$ 극소	$\nearrow$

STEP 2 실수 k의 최솟값 구하기

$x\geq0$에서 함수 $f(x)$의 최솟값은 $f(0)=f(3)=k-3$이므로
$f(x)\geq0$이 성립하려면
$k-3\geq0$ ←(최솟값)≥0
$\therefore k\geq3$
따라서 실수 k의 최솟값은 3이다.

1131 답 ④

$f(x)=2x^3-3x^2-12x+a$라 하면
$f'(x)=6x^2-6x-12=6(x+1)(x-2)$
$f'(x)=0$인 x의 값은 $x=-1$ 또는 $x=2$
$-2\leq x\leq3$에서 함수 $f(x)$의 증가, 감소를 표로 나타내면 다음과 같다.

x	-2	$\cdots$	-1	$\cdots$	2	$\cdots$	3
$f'(x)$		$+$	0	$-$	0	$+$	
$f(x)$	$a-4$	$\nearrow$	$a+7$ 극대	$\searrow$	$a-20$ 극소	$\nearrow$	$a-9$

$-2\leq x\leq3$에서 함수 $f(x)$의 최솟값은 $f(2)=a-20$이므로
$f(x)>0$이 성립하려면 ←$a-4>a-20$
$a-20>0$
$\therefore a>20$
따라서 정수 a의 최솟값은 21이다.

1132 답 $a<10$

$f(x)=x^3+3x^2+a-14$라 하면
$f'(x)=3x^2+6x=3x(x+2)$
$f'(x)=0$인 x의 값은 $x=-2$ 또는 $x=0$
$x\leq-2$에서 함수 $f(x)$의 증가, 감소를 표로 나타내면 다음과 같다.

x	$\cdots$	-2
$f'(x)$	$+$	0
$f(x)$	$\nearrow$	$a-10$

$x\leq-2$에서 함수 $f(x)$의 최댓값은 $f(-2)=a-10$이므로
$f(x)<0$이 성립하려면
$a-10<0$
$\therefore a<10$

1133 답 ①

$f(x)=-x^3+3ax-2$라 하면
$f'(x)=-3x^2+3a=-3(x+\sqrt{a})(x-\sqrt{a})$

$f'(x)=0$인 x의 값은 $x=-\sqrt{a}$ 또는 $x=\sqrt{a}$
$a>0$이므로 $x>0$에서 함수 $f(x)$의 증가, 감소를 표로 나타내면
다음과 같다.

x	0	$\cdots$	$\sqrt{a}$	$\cdots$
$f'(x)$		$+$	0	$-$
$f(x)$		$\nearrow$	$2a\sqrt{a}-2$ 극대	$\searrow$

$x>0$에서 함수 $f(x)$의 최댓값은 $f(\sqrt{a})=2a\sqrt{a}-2$이므로 곡선
$y=f(x)$가 x축보다 아래에 위치하려면 $f(x)$의 최댓값이 0보다
작아야 한다.
따라서 $f(\sqrt{a})<0$이므로
$2a\sqrt{a}-2<0,\ a\sqrt{a}<1$
$a^{\frac{3}{2}}<1$
$\therefore 0<a<1$

1134 답 ③

$f(x)=2x^3-9x^2+12x+k+4$라 하면
$f'(x)=6x^2-18x+12$
$\qquad=6(x-1)(x-2)$
$f'(x)=0$인 x의 값은 $x=1$ 또는 $x=2$
$0\leq x\leq2$에서 함수 $f(x)$의 증가, 감소를 표로 나타내면 다음과 같다.

x	0	$\cdots$	1	$\cdots$	2
$f'(x)$		$+$	0	$-$	0
$f(x)$	$k+4$	$\nearrow$	$k+9$ 극대	$\searrow$	$k+8$

$0\leq x\leq2$에서 함수 $f(x)$의 최솟값은 $f(0)=k+4$, 최댓값은
$f(1)=k+9$이므로 $0\leq f(x)\leq17$이 성립하려면
$k+4\geq0$이고 $k+9\leq17$
$\therefore -4\leq k\leq8$
따라서 정수 k는 $-4,\ -3,\ -2,\ \cdots,\ 8$의 13개이다.

1135 답 $4\leq k<23$

$f(x)=3x^4-4x^3-12x^2+k$라 하면
$f'(x)=12x^3-12x^2-24x$
$\qquad=12x(x+1)(x-2)$
$f'(x)=0$인 x의 값은 $x=-1$ 또는 $x=0$ $(\because -2\leq x\leq0)$
$-2\leq x\leq0$에서 함수 $f(x)$의 증가, 감소를 표로 나타내면 다음과
같다.

x	-2	$\cdots$	-1	$\cdots$	0
$f'(x)$		$-$	0	$+$	0
$f(x)$	$k+32$	$\searrow$	$k-5$ 극소	$\nearrow$	k

$-2\leq x\leq0$에서 함수 $f(x)$의 최솟값은 $f(-1)=k-5$, 최댓값은
$f(-2)=k+32$이므로 $-1\leq f(x)<55$가 성립하려면
$k-5\geq-1$이고 $k+32<55$
$\therefore 4\leq k<23$

1136 답 ②

> 모든 실수 x에 대하여 부등식 $3x^4-4x^3+k>0$이 성립하도록 하는 정수 k의 최솟값은? **단서1**
>
> ① 1   ② 2   ③ 3
> ④ 4   ⑤ 5
>
> **단서1** $f(x)=3x^4-4x^3+k$라 하면 모든 실수 x에 대하여 $(f(x)$의 최솟값$)>0$

STEP 1 $f(x)=3x^4-4x^3+k$로 놓고, 함수 $f(x)$의 증가, 감소 조사하기

$f(x)=3x^4-4x^3+k$라 하면

$f'(x)=12x^3-12x^2=12x^2(x-1)$

함수 $f(x)$의 증가, 감소를 표로 나타내면 다음과 같다.

x	$\cdots$	0	$\cdots$	1	$\cdots$
$f'(x)$	$-$	0	$-$	0	$+$
$f(x)$	$\searrow$	k	$\searrow$	$k-1$ 극소	$\nearrow$

STEP 2 정수 k의 최솟값 구하기

함수 $f(x)$의 최솟값은 $f(1)=k-1$이므로 모든 실수 x에 대하여 $f(x)>0$이 성립하려면

$k-1>0$

$\therefore k>1$

따라서 정수 k의 최솟값은 2이다.

1137 답 ④

$f(x)=\dfrac{1}{4}x^4-x^3+x^2-a+7$이라 하면

$f'(x)=x^3-3x^2+2x=x(x-1)(x-2)$

$f'(x)=0$인 x의 값은 $x=0$ 또는 $x=1$ 또는 $x=2$

함수 $f(x)$의 증가, 감소를 표로 나타내면 다음과 같다.

x	$\cdots$	0	$\cdots$	1	$\cdots$	2	$\cdots$
$f'(x)$	$-$	0	$+$	0	$-$	0	$+$
$f(x)$	$\searrow$	$-a+7$ 극소	$\nearrow$	$\dfrac{29}{4}-a$ 극대	$\searrow$	$-a+7$ 극소	$\nearrow$

함수 $f(x)$의 최솟값은 $f(0)=f(2)=-a+7$이므로 모든 실수 x에 대하여 $f(x)\geq0$이 성립하려면

$-a+7\geq0$

$\therefore a\leq7$

따라서 실수 a의 최댓값은 7이다.

1138 답 ①

$f(x)=x^4+4a^3x+3$이라 하면

$f'(x)=4x^3+4a^3=4(x+a)(x^2-ax+a^2)$

$f'(x)=0$인 x의 값은 $x=-a$ ($\because x^2-ax+a^2>0$)

$x^2-ax+a^2=\left(x-\dfrac{a}{2}\right)^2+\dfrac{3}{4}a^2>0$ ($\because a>0$)

함수 $f(x)$의 증가, 감소를 표로 나타내면 다음과 같다.

x	$\cdots$	$-a$	$\cdots$
$f'(x)$	$-$	0	$+$
$f(x)$	$\searrow$	$-3a^4+3$ 극소	$\nearrow$

함수 $f(x)$의 최솟값은 $f(-a)=-3a^4+3$이므로 모든 실수 x에 대하여 $f(x)\geq0$이 성립하려면

$-3a^4+3\geq0$, $a^4\leq1$

$a^4-1\leq0$, $(a^2+1)(a+1)(a-1)\leq0$

$(a+1)(a-1)\leq0$ ($\because a^2+1>0$)

$\therefore 0<a\leq1$ ($\because a>0$)

따라서 양의 정수 a는 1의 1개이다.

1139 답 ⑤

$f(x)=2x^4+4ax^2-8(a+1)x+a^2+1$이라 하면

$f'(x)=8x^3+8ax-8(a+1)=8(x-1)(x^2+x+1+a)$

$f'(x)=0$인 x의 값은 $x=1$ ($\because x^2+x+1+a>0$)

함수 $f(x)$의 증가, 감소를 표로 나타내면 다음과 같다.

x	$\cdots$	1	$\cdots$
$f'(x)$	$-$	0	$+$
$f(x)$	$\searrow$	a^2-4a-5 극소	$\nearrow$

함수 $f(x)$의 최솟값은 $f(1)=a^2-4a-5$이므로 모는 실수 x에 대하여 $f(x)\geq0$이 성립하려면

$a^2-4a-5\geq0$, $(a+1)(a-5)\geq0$

$\therefore a\geq5$ ($\because a>0$)

따라서 양수 a의 최솟값은 5이다.

1140 답 $2<k<3$

$f(x)=x^4-4x-k^2+5k-3$이라 하면

$f'(x)=4x^3-4=4(x-1)(x^2+x+1)$

$f'(x)=0$인 x의 값은 $x=1$ ($\because x^2+x+1>0$)

함수 $f(x)$의 증가, 감소를 표로 나타내면 다음과 같다.

x	$\cdots$	1	$\cdots$
$f'(x)$	$-$	0	$+$
$f(x)$	$\searrow$	$-k^2+5k-6$ 극소	$\nearrow$

함수 $f(x)$의 최솟값은 $f(1)=-k^2+5k-6$이므로 모든 실수 x에 대하여 $f(x)>0$이 성립하려면

$-k^2+5k-6>0$, $k^2-5k+6<0$

$(k-2)(k-3)<0$

$\therefore 2<k<3$

1141 답 ①

$f(x)=x^4-4x-a^2+a+9$라 하면

$f'(x)=4x^3-4=4(x-1)(x^2+x+1)$

$f'(x)=0$인 x의 값은 $x=1$ ($\because x^2+x+1>0$)

함수 $f(x)$의 증가, 감소를 표로 나타내면 다음과 같다.

x	$\cdots$	1	$\cdots$
$f'(x)$	$-$	0	$+$
$f(x)$	$\searrow$	$-a^2+a+6$ 극소	$\nearrow$

함수 $f(x)$의 최솟값은 $f(1)=-a^2+a+6$이므로 모든 실수 x에 대하여 $f(x)\geq0$이 성립하려면
$$-a^2+a+6\geq0,\ a^2-a-6\leq0$$
$$(a+2)(a-3)\leq0$$
$$\therefore\ -2\leq a\leq3$$
따라서 정수 a는 $-2,\ -1,\ 0,\ 1,\ 2,\ 3$의 6개이다.

1142 답 ③
| 유형 19

모든 실수 x에 대하여 부등식
$$x^4-5x^2-2x+a\geq x^2+6x$$
단서1
가 성립하도록 하는 실수 a의 최솟값은?

① 22   ② 23   ③ 24
④ 25   ⑤ 26

단서1 $f(x)\geq0$ 꼴로 만들기

STEP 1 $f(x)\geq0$ 꼴로 만들어 함수 $f(x)$의 증가, 감소 조사하기

$x^4-5x^2-2x+a\geq x^2+6x$에서
$$x^4-6x^2-8x+a\geq0$$
$f(x)=x^4-6x^2-8x+a$라 하면
$$f'(x)=4x^3-12x-8=4(x+1)^2(x-2)$$
$f'(x)=0$인 x의 값은 $x=-1$ 또는 $x=2$
함수 $f(x)$의 증가, 감소를 표로 나타내면 다음과 같다.

x	$\cdots$	-1	$\cdots$	2	$\cdots$
$f'(x)$	$-$	0	$-$	0	$+$
$f(x)$	$\searrow$	$a+3$	$\searrow$	$a-24$ 극소	$\nearrow$

STEP 2 실수 a의 최솟값 구하기

함수 $f(x)$의 최솟값은 $f(2)=a-24$이므로 모든 실수 x에 대하여 $f(x)\geq0$이 성립하려면
$$a-24\geq0$$
$$\therefore\ a\geq24$$
따라서 실수 a의 최솟값은 24이다.

1143 답 ②

$x^4+4x^3-x^2-10x\geq-x^2+6x-a$에서
$$x^4+4x^3-16x+a\geq0$$
$f(x)=x^4+4x^3-16x+a$라 하면
$$f'(x)=4x^3+12x^2-16=4(x+2)^2(x-1)$$
$f'(x)=0$인 x의 값은 $x=-2$ 또는 $x=1$
함수 $f(x)$의 증가, 감소를 표로 나타내면 다음과 같다.

x	$\cdots$	-2	$\cdots$	1	$\cdots$
$f'(x)$	$-$	0	$-$	0	$+$
$f(x)$	$\searrow$	$a+16$	$\searrow$	$a-11$ 극소	$\nearrow$

함수 $f(x)$의 최솟값은 $f(1)=a-11$이므로 모든 실수 x에 대하여 $f(x)\geq0$이 성립하려면
$$a-11\geq0$$
$$\therefore\ a\geq11$$
따라서 실수 a의 최솟값은 11이다.

1144 답 22

$f(x)\geq g(x)$에서 $f(x)-g(x)\geq0$
$$\begin{aligned}h(x)&=f(x)-g(x)\\&=5x^3-10x^2+k-(5x^2+2)\\&=5x^3-15x^2+k-2\end{aligned}$$
라 하면
$$h'(x)=15x^2-30x=15x(x-2)$$
$h'(x)=0$인 x의 값은 $x=2$ $(\because\ 0<x<3)$
$0<x<3$에서 함수 $h(x)$의 증가, 감소를 표로 나타내면 다음과 같다.

x	0	$\cdots$	2	$\cdots$	3
$h'(x)$		$-$	0	$+$	
$h(x)$		$\searrow$	$k-22$ 극소	$\nearrow$	

$0<x<3$에서 함수 $h(x)$의 최솟값은 $h(2)=k-22$이므로 $h(x)\geq0$이 성립하려면
$$k-22\geq0$$
$$\therefore\ k\geq22$$
따라서 실수 k의 최솟값은 22이다.

1145 답 ④

$f(x)\geq g(x)$에서 $f(x)-g(x)\geq0$
$$\begin{aligned}h(x)&=f(x)-g(x)\\&=2x^3-6x^2+4x-3-(x^3-4x^2+8x-k)\\&=x^3-2x^2-4x-3+k\end{aligned}$$
라 하면
$$h'(x)=3x^2-4x-4=(3x+2)(x-2)$$
$h'(x)=0$인 x의 값은 $x=-\dfrac{2}{3}$ 또는 $x=2$
$-2\leq x\leq2$에서 함수 $h(x)$의 증가, 감소를 표로 나타내면 다음과 같다.

x	-2	$\cdots$	$-\dfrac{2}{3}$	$\cdots$	2
$h'(x)$		$+$	0	$-$	0
$h(x)$	$k-11$	$\nearrow$	$k-\dfrac{41}{27}$ 극대	$\searrow$	$k-11$

$-2\leq x\leq2$에서 함수 $h(x)$의 최솟값은 $h(-2)=h(2)=k-11$이므로 $h(x)\geq0$이 성립하려면
$$k-11\geq0$$
$$\therefore\ k\geq11$$
따라서 정수 k의 최솟값은 11이다.

1146 답 24

$g(x)-k\leq f(x)\leq g(x)+k$에서 각 변에서 $g(x)$를 뺀다.
$$-k\leq f(x)-g(x)\leq k$$
$h(x)=f(x)-g(x)=x^3+3x^2-9x-3$이라 하면
$$h'(x)=3x^2+6x-9=3(x+3)(x-1)$$
$h'(x)=0$인 x의 값은 $x=-3$ 또는 $x=1$
$-3\leq x\leq2$에서 함수 $h(x)$의 증가, 감소를 표로 나타내면 다음과 같다.

x	-3	$\cdots$	1	$\cdots$	2
$h'(x)$	0	$-$	0	$+$	
$h(x)$	24	$\searrow$	-8 극소	$\nearrow$	-1

함수 $h(x)$의 최솟값은 $h(1)=-8$, 최댓값은 $h(-3)=24$이므로
$-k\leq h(1)$에서 $k\geq8$ $\cdots\cdots\cdots\cdots\cdots\cdots\cdots\cdots\cdots$ ㉠
$h(-3)\leq k$에서 $k\geq24$ $\cdots\cdots\cdots\cdots\cdots\cdots\cdots\cdots\cdots$ ㉡
㉠, ㉡을 동시에 만족시키는 k의 값의 범위는
$k\geq24$
따라서 양수 k의 최솟값은 24이다.

참고 $g(x)-k\leq f(x)\leq g(x)+k$에서 $-k\leq f(x)-g(x)\leq k$이므로
$f(x)-g(x)$의 최솟값이 $-k$ 이상이고, 최댓값이 k 이하가 되는 k의 값을
찾는 문제와 같다.

1147 답 ⑤

$f(x)\leq g(x)$에서 $g(x)-f(x)\geq0$
$h(x)=g(x)-f(x)$
$\qquad=\left(\dfrac{1}{3}x^3-2x^2+a\right)-(-x^4-x^3+2x^2)$
$\qquad=x^4+\dfrac{4}{3}x^3-4x^2+a$
라 하면
$h'(x)=4x^3+4x^2-8x=4x(x-1)(x+2)$
$h'(x)=0$인 x의 값은 $x=-2$ 또는 $x=0$ 또는 $x=1$
함수 $h(x)$의 증가, 감소를 표로 나타내면 다음과 같다.

x	$\cdots$	-2	$\cdots$	0	$\cdots$	1	$\cdots$
$h'(x)$	$-$	0	$+$	0	$-$	0	$+$
$h(x)$	$\searrow$	$a-\dfrac{32}{3}$ 극소	$\nearrow$	a 극대	$\searrow$	$a-\dfrac{5}{3}$ 극소	$\nearrow$

함수 $h(x)$의 최솟값은 $h(-2)=a-\dfrac{32}{3}$이므로 모든 실수 x에 대
하여 $h(x)\geq0$이 성립하려면
$a-\dfrac{32}{3}\geq0$
$\therefore a\geq\dfrac{32}{3}$
따라서 a의 최솟값은 $\dfrac{32}{3}$이다.

1148 답 3

$f(x)\geq3g(x)$에서 $f(x)-3g(x)\geq0$
$h(x)=f(x)-3g(x)$
$\qquad=x^3+3x^2-k-3(2x^2+3x-10)$
$\qquad=x^3-3x^2-9x+30-k$
라 하면
$h'(x)=3x^2-6x-9=3(x+1)(x-3)$
$h'(x)=0$인 x의 값은 $x=-1$ 또는 $x=3$
닫힌구간 $[-1,\,4]$에서 함수 $h(x)$의 증가, 감소를 표로 나타내면
다음과 같다.

x	-1	$\cdots$	3	$\cdots$	4
$h'(x)$	0	$-$	0	$+$	
$h(x)$	$35-k$	$\searrow$	$3-k$ 극소	$\nearrow$	$10-k$

닫힌구간 $[-1,\,4]$에서 함수 $h(x)$의 최솟값은 $h(3)=3-k$이므
로 $h(x)\geq0$이 성립하려면
$3-k\geq0$
$\therefore k\leq3$
따라서 k의 최댓값은 3이다.

1149 답 ①

| 유형 **20**

두 함수 $f(x)=2x^3-3x^2+6ax-a$, $g(x)=3ax^2-3$에 대하여
$x\geq0$에서 함수 $y=f(x)$의 그래프가 함수 $y=g(x)$의 그래프보다 항
단서1
상 위쪽에 있도록 하는 정수 a의 값은? (단, $a>1$)

① 2　　　　② 3　　　　③ 4
④ 5　　　　⑤ 6

단서1 $x\geq0$에서 $f(x)>g(x)$

STEP 1 $h(x)=f(x)-g(x)$로 놓고, 함수 $h(x)$의 증가, 감소 조사하기

$x\geq0$에서 함수 $y=f(x)$의 그래프가 함수 $y=g(x)$의 그래프보다
항상 위쪽에 있으려면 $f(x)>g(x)$, 즉 $f(x)-g(x)>0$이어야
한다.　　　　$\longrightarrow$ 최댓값과 최솟값으로 비교하면 안 된다.
$h(x)=f(x)-g(x)$
$\qquad=2x^3-3(a+1)x^2+6ax-a+3$
이라 하면
$h'(x)=6x^2-6(a+1)x+6a=6(x-1)(x-a)$
$h'(x)=0$인 x의 값은 $x=1$ 또는 $x=a$
이때 $a>1$이므로 $x\geq0$에서 함수 $h(x)$의 증가, 감소를 표로 나타
내면 다음과 같다.

x	0	$\cdots$	1	$\cdots$	a	$\cdots$
$h'(x)$		$+$	0	$-$	0	$+$
$h(x)$	$-a+3$	$\nearrow$	$2a+2$ 극대	$\searrow$	$-a^3+3a^2-a+3$ 극소	$\nearrow$

STEP 2 정수 a의 값 구하기

$x\geq0$에서 함수 $h(x)$의 최솟값은 $h(0)$ 또는 $h(a)$이므로
$h(x)>0$이 성립하려면 $h(0)>0$, $h(a)>0$이어야 한다.
$h(0)>0$에서 $-a+3>0$
$\therefore a<3$ $\cdots\cdots\cdots\cdots\cdots\cdots\cdots\cdots\cdots$ ㉠
$h(a)>0$에서 $-a^3+3a^2-a+3>0$
$a^3-3a^2+a-3<0$, $(a^2+1)(a-3)<0$
$\therefore a<3$ $(\because a^2+1>0)$ $\cdots\cdots\cdots\cdots\cdots\cdots\cdots$ ㉡
㉠, ㉡에서 $a<3$이고, 주어진 조건에서 $a>1$이므로
$1<a<3$
따라서 정수 a의 값은 2이다.

1150 답 12

-1보다 크거나 같은 임의의 두 실수 x_1, x_2에 대하여
$f(x_1)\geq g(x_2)$가 성립하려면 $x\geq-1$에서 함수 $f(x)$의 최솟값이
함수 $g(x)$의 최댓값보다 크거나 같아야 한다.

$f(x)=x^3-3x^2+10$에서

$f'(x)=3x^2-6x=3x(x-2)$

$f'(x)=0$인 x의 값은 $x=0$ 또는 $x=2$

$x\geq-1$에서 함수 $f(x)$의 증가, 감소를 표로 나타내면 다음과 같다.

x	-1	$\cdots$	0	$\cdots$	2	$\cdots$
$f'(x)$		$+$	0	$-$	0	$+$
$f(x)$	6	↗	10 극대	↘	6 극소	↗

함수 $f(x)$의 최솟값은 $f(-1)=f(2)=6$

$g(x)=-2x^2+12x-a$

$\quad\quad=-2(x-3)^2+18-a$

에서 함수 $g(x)$의 최댓값은 $g(3)=18-a$

즉, $6\geq18-a$에서 $a\geq12$

따라서 실수 a의 최솟값은 12이다.

1151 답 ①

| 유형 21

STEP 1 점 P의 속도를 식으로 나타내기

점 P의 시각 t에서의 속도를 v라 하면

$v=\dfrac{dx}{dt}=-6t^2+12t-6$

STEP 2 점 P의 속도가 -24인 시각 구하기

점 P의 속도가 -24가 되는 시각 t는

$-6t^2+12t-6=-24$에서

$6t^2-12t-18=0$, $6(t+1)(t-3)=0$

$\therefore t=3$ $(\because t\geq0)$

STEP 3 속도가 -24인 시각에서 점 P의 가속도 구하기

점 P의 시각 t에서의 가속도를 a라 하면

$a=\dfrac{dv}{dt}=-12t+12$

따라서 $t=3$에서 점 P의 가속도는

$-36+12=-24$

1152 답 56

점 P의 시각 t에서의 위치 x가

$x=t^3-9t^2+8t=t(t-1)(t-8)$

점 P가 원점을 지날 때의 위치는 $x=0$이므로

$t(t-1)(t-8)=0$

$\therefore t=1$ 또는 $t=8$ $(\because t>0)$

이때 점 P가 두 번째로 원점을 지나는 시각은 $t=8$이다.

점 P의 시각 t에서의 속도를 v라 하면 ┌→점 P가 첫번째로 원점을 지나는 시각은 $t=1$이다.

$v=\dfrac{dx}{dt}=3t^2-18t+8$

따라서 $t=8$에서의 점 P의 속도는

$3\times8^2-18\times8+8=56$

1153 답 ⑤

점 P의 시각 t에서의 속도를 v라 하면

$v=\dfrac{dx}{dt}=t^2-8t-6=(t-4)^2-22$

$0\leq t\leq5$에서 $-22\leq v\leq-6$이므로

$6\leq|v|\leq22$ ┈┈→ $t=4$일 때, $v=-22$ (최소)
$\qquad\qquad\qquad\qquad\qquad\qquad t=0$일 때, $v=-6$ (최대)

따라서 점 P의 속력의 최댓값은 22이다.

참고 속도 v의 절댓값 $|v|$를 속력이라 하므로 속력 $|v|\geq0$이다.

1154 답 ①

| 유형 22

STEP 1 점 P의 속도를 식으로 나타내기

점 P의 시각 t에서의 속도를 v라 하면

$v=\dfrac{dx}{dt}=t^2-4t+3$

STEP 2 점 P가 운동 방향을 바꾸는 시각 구하기

점 P가 운동 방향을 바꾸는 순간의 속도는 0이므로

$t^2-4t+3=0$, $(t-1)(t-3)=0$

┌→v는 t에 대한 이차함수이므로 $t=1$, $t=3$의 좌우에서 v의 부호가 바뀐다.

$\therefore t=1$ 또는 $t=3$

즉, 점 P가 처음으로 운동 방향을 바꾸는 시각은 $t=1$이다.

STEP 3 운동 방향을 바꿀 때의 점 P의 가속도 구하기

시각 t에서의 점 P의 가속도를 a라 하면

$a=\dfrac{dv}{dt}=2t-4$

따라서 $t=1$에서 점 P의 가속도는

$2-4=-2$

1155 답 2

점 P의 시각 t에서의 속도를 v라 하면

$v=\dfrac{dx}{dt}=3t^2-30t+48$

점 P가 운동 방향을 바꾸는 순간의 속도는 0이므로

$3t^2-30t+48=0$, $3(t-2)(t-8)=0$

$\therefore t=2$ 또는 $t=8$

따라서 점 P는 $t=2$, $t=8$에서 운동 방향을 바꾸므로 점 P가 운동 방향을 바꾸는 횟수는 2이다.

참고 $t=a$에서 $v=0$이라 하더라도 $t=a$의 좌우에서 v의 부호가 바뀌지 않으면 점 P는 $t=a$에서 운동 방향을 바꾸지 않는다.

이 문제에서 속도 $v=3(t-2)(t-8)$은 t에 대한 이차함수이므로 $v=0$이 되는 $t=2$, $t=8$의 좌우에서 v의 부호가 바뀐다. 즉, 운동 방향을 바꾼다.

1156 답 $\dfrac{1}{2}$

점 P의 시각 t에서의 속도를 v라 하면
$$v=\frac{dx}{dt}=3t^2-9t+6$$
점 P가 운동 방향을 바꾸는 순간의 속도는 0이므로
$$3t^2-9t+6=0,\ 3(t-1)(t-2)=0$$
$$\therefore\ t=1\ 또는\ t=2$$
$x=t^3-\dfrac{9}{2}t^2+6t$이므로 점 P의 위치는

$t=1$일 때 $1-\dfrac{9}{2}+6=\dfrac{5}{2}$, $t=2$일 때 $8-18+12=2$

이므로 두 점 A, B 사이의 거리는
$$\left|\frac{5}{2}-2\right|=\frac{1}{2}$$

1157 답 -12

$t=1$에서 점 P의 위치가 -4이므로 $f(1)=-4$에서
$$-1+a-b+3=-4$$
$$\therefore\ a-b=-6\ \cdots\cdots\ \text{㉠}$$
점 P의 시각 t에서의 속도를 $v(t)$라 하면
$$v(t)=f'(t)=-3t^2+2at-b$$
$t=1$에서 점 P가 운동 방향을 바꾸므로 $v(1)=0$에서
$$-3+2a-b=0$$
$$\therefore\ 2a-b=3\ \cdots\cdots\ \text{㉡}$$
㉠, ㉡을 연립하여 풀면 $a=9$, $b=15$
$$\therefore\ v(t)=-3t^2+18t-15$$
점 P가 운동 방향을 바꾸는 순간의 속도는 0이므로
$$-3t^2+18t-15=0,\ -3(t-1)(t-5)=0$$
$$\therefore\ t=1\ 또는\ t=5$$
즉, 점 P가 $t=1$ 이외에 운동 방향을 바꾸는 시각은 $t=5$이다.
점 P의 시각 t에서의 가속도를 $a(t)$라 하면
$$a(t)=v'(t)=-6t+18$$
따라서 $t=5$에서 점 P의 가속도는
$$a(5)=-6\times5+18=-12$$

1158 답 13

점 P의 시각 t에서의 속도를 v라 하면
$$v=\frac{dx}{dt}=3t^2-18t+15$$
점 P가 운동 방향을 바꾸는 순간의 속도는 0이므로
$$3t^2-18t+15=0,\ 3(t-1)(t-5)=0$$
$$\therefore\ t=1\ 또는\ \underline{t=5}\ \longrightarrow\text{두 번째로 운동 방향을 바꾸는 시각이다.}$$
즉, 점 P가 처음으로 운동 방향을 바꾸는 시각은 $t=1$이므로 이때의 위치는 $1-9+15=7$ $\therefore\ p=7$

점 P의 위치가 $x=7$일 때의 시각은
$t^3-9t^2+15t=7$에서
$$t^3-9t^2+15t-7=0,\ (t-1)^2(t-7)=0$$
$$\therefore\ t=1\ 또는\ t=7$$
즉, 점 P가 $x=7$의 위치로 돌아오기까지 걸린 시간은
$$\underline{7-1=6}\qquad \therefore\ q=6$$
$$\therefore\ p+q=7+6=13$$
$\longrightarrow$ 두 번째로 $x=7$의 위치인 시각은 7이므로 첫번째로 $x=7$인 시각 1을 빼야 한다.

1159 답 ④

점 P의 시각 t에서의 속도를 v라 하면
$$v=\frac{dx}{dt}=3t^2-12$$
점 P가 운동 방향을 바꾸는 순간의 속도는 0이므로
$$3t^2-12=0,\ 3(t+2)(t-2)=0$$
$$\therefore\ t=2\ (\because\ t>0)$$
따라서 $t=2$일 때 점 P의 위치가 0이므로
$$0=2^3-12\times2+k\qquad \therefore\ k=16$$

1160 답 ①

점 P의 시각 t에서의 속도를 v라 하면
$$v=\frac{dx}{dt}=3t^2-10t+a$$
이때 움직이는 방향이 바뀌지 않으려면 $t\geq0$에서 항상 $v\geq0$이거나 항상 $v\leq0$이어야 한다.
$$v=3t^2-10t+a=3\left(t-\frac{5}{3}\right)^2+a-\frac{25}{3}$$
이므로 $t\geq0$에서 항상 $v\geq0$이어야 한다.
즉, $a-\dfrac{25}{3}\geq0$이므로 $a\geq\dfrac{25}{3}$
따라서 자연수 a의 최솟값은 9이다.

참고 속도 v는 $v=3\left(t-\dfrac{5}{3}\right)^2+a-\dfrac{25}{3}$이므로 그래프가 아래로 볼록인 이차함수이다. 따라서 $t\geq0$에서 항상 $v\leq0$일 수 없으므로 $t\geq0$에서 항상 $v\geq0$이어야 한다.

1161 답 ⑤
유형 23

> 원점을 동시에 출발하여 수직선 위를 움직이는 두 점 P, Q의 시각 t에서의 위치를 각각 x_1, x_2라 하면 $\underline{x_1=2t^3-6t^2,\ x_2=t^2+3t}$이다. 점 P가 <u>운동 방향을 바꾸는 순간의 점 Q의 속도는?</u> 단서1 · 단서2
>
> ① 3 ② 4 ③ 5
> ④ 6 ⑤ 7
>
> 단서1 속도 v는 $v=\dfrac{dx}{dt}$
> 단서2 운동 방향을 바꾸는 순간의 속도는 0

STEP1 두 점 P, Q의 속도를 식으로 나타내기
두 점 P, Q의 시각 t에서의 속도를 각각 v_1, v_2라 하면
$$v_1=\frac{dx_1}{dt}=6t^2-12t,\quad v_2=\frac{dx_2}{dt}=2t+3$$

STEP2 점 P가 운동 방향을 바꾸는 시각 구하기
점 P가 운동 방향을 바꾸는 순간의 속도는 0이므로 $v_1=0$에서
$$6t^2-12t=0,\ 6t(t-2)=0$$

$\therefore t=2 \ (\because t>0)$ → $t=2$의 좌우에서 v_1의 부호가 바뀐다.

 운동 방향을 바꿀 때의 점 Q의 속도 구하기

따라서 $t=2$에서 점 Q의 속도는

$2 \times 2 + 3 = 7$

1162 답 2

두 점 P, Q의 속도는 각각

$f'(t)=4t-4, \ g'(t)=2t-6$

두 점 P, Q가 서로 반대 방향으로 움직이면 속도의 부호가 반대이므로 $f'(t)g'(t)<0$에서

$(4t-4)(2t-6)<0, \ 8(t-1)(t-3)<0$

$\therefore 1<t<3$

따라서 정수 t의 값은 2이다.

1163 답 ①

점 M의 시각 t에서의 위치를 $m(t)$라 하면

$m(t)=\dfrac{1}{2}\{f(t)+g(t)\}=t^2-4t+3$

점 M의 시각 t에서의 속도를 $v(t)$라 하면

$v(t)=m'(t)=2t-4$

운동 방향을 바꾸는 순간의 속도는 0이므로

$2t-4=0 \quad \therefore t=2$

따라서 점 M은 $t=2$에서 운동 방향을 한 번 바꾼다.

1164 답 ④

두 점 P, Q가 만나는 시각은 $x_1=x_2$에서

$3t^3-3t^2+7t=2t^3+4t^2-3t$

$t^3-7t^2+10t=0, \ t(t-2)(t-5)=0$

$\therefore t=0$ 또는 $t=2$ 또는 $t=5$

따라서 두 점 P, Q가 동시에 원점을 출발한 후 처음으로 만나는 순간은 $t=2$일 때이다.

두 점 P, Q의 시각 t에서의 속도를 각각 v_1, v_2라 하면

$v_1=9t^2-6t+7, \ v_2=6t^2+8t-3$

$t=2$일 때의 점 P의 속도는

$36-12+7=31$

$t=2$일 때의 점 Q의 속도는

$24+16-3=37$

따라서 두 점 P, Q의 속도의 차는

$37-31=6$

1165 답 ②

$f(t)=t^2(t^2-6t+12)=t^4-6t^3+12t^2, \ g(t)=mt$에서

두 점 P, Q의 시각 t에서의 속도는 각각

$f'(t)=4t^3-18t^2+24t, \ g'(t)=m$

$t>0$에서 두 점 P, Q의 속도가 같은 순간이 세 번 존재하려면 삼차방정식 $4t^3-18t^2+24t=m$이 서로 다른 세 양의 실근을 가져야 한다.

$4t^3-18t^2+24t=m$에서 $4t^3-18t^2+24t-m=0$

$h(t)=4t^3-18t^2+24t-m$이라 하면

$h'(t)=12t^2-36t+24=12(t-1)(t-2)$

$h'(t)=0$인 t의 값은 $t=1$ 또는 $t=2$

$t>0$에서 함수 $h(t)$의 증가, 감소를 표로 나타내면 다음과 같다.

t	0	$\cdots$	1	$\cdots$	2	$\cdots$
$h'(t)$		$+$	0	$-$	0	$+$
$h(t)$		$\nearrow$	$10-m$ 극대	$\searrow$	$8-m$ 극소	$\nearrow$

함수 $y=h(t)$의 그래프는 다음과 같다.

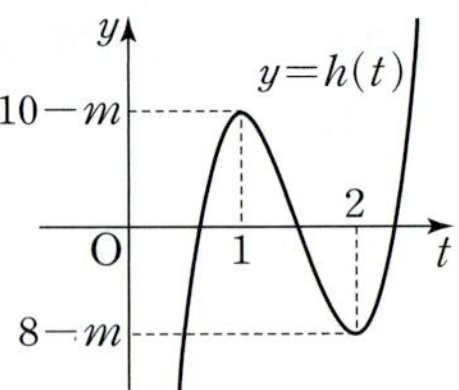

삼차방정식 $h(t)=0$이 $t>0$에서 서로 다른 세 실근을 가지려면 $t>0$에서 함수 $y=h(t)$의 그래프와 x축이 서로 다른 세 점에서 만나야 하므로

$h(0)<0$이고 $h(1)h(2)<0$이어야 한다.

즉, $-m<0$이고 $(10-m)(8-m)<0$

$\therefore m>0$이고 $8<m<10$

따라서 $8<m<10$이므로 정수 m의 값은 9이다.

1166 답 27

두 점 P, Q의 시각 t에서의 속도를 각각 v_1, v_2라 하면

$v_1=\dfrac{dx_1}{dt}=3t^2-4t+3, \ v_2=\dfrac{dx_2}{dt}=2t+12$

두 점 P, Q의 속도가 같아지는 시각은 $v_1=v_2$에서

$3t^2-4t+3=2t+12, \ 3t^2-6t-9=0$

$3(t+1)(t-3)=0 \quad \therefore t=3 \ (\because t \geq 0)$

$t=3$에서 점 P의 위치는

$27-18+9=18$

$t=3$에서 점 Q의 위치는

$9+36=45$

따라서 $t=3$인 순간 두 점 P, Q 사이의 거리는

$45-18=27$

1167 답 ②

| 유형 24

지면으로부터 35 m의 높이에서 20 m/s의 속도로 지면과 수직으로 쏘아 올린 물체의 t초 후의 높이를 h m라 하면 $h=35+20t-5t^2$이다. 이 물체의 최고 높이는?

① 50 m   ② 55 m   ③ 60 m

④ 65 m   ⑤ 70 m

 최고 높이에 도달했을 때의 속도는 0

 물체가 최고 높이에 도달했을 때의 시각 구하기

물체의 t초 후의 속도를 v m/s라 하면

$v=\dfrac{dh}{dt}=20-10t$

물체가 최고 높이에 도달했을 때의 속도는 0이므로 $v=0$에서

$20-10t=0 \quad \therefore t=2$

 물체의 지면으로부터의 높이 구하기

$t=2$에서 물체의 높이는

$35+20 \times 2 - 5 \times 2^2 = 55 \ (m)$

 이차함수의 최대, 최소를 이용하여 높이 h의 최댓값을 구할 수도 있다.

$h=35+20t-5t^2=-5(t-2)^2+55$

이므로 이 물체의 최고 높이는 $t=2$일 때, 55 m이다.

1168 답 ②

자동차가 브레이크를 밟은 지 t초 후의 속도를 v m/s라 하면

$$v=\frac{dx}{dt}=20-8t$$

자동차가 정지할 때의 속도는 0이므로 $v=0$에서

$20-8t=0$

$$\therefore t=\frac{5}{2}$$

따라서 브레이크를 밟은 후 자동차가 정지할 때까지 걸린 시간은 $\dfrac{5}{2}$초이다.

→ 0초부터 $\dfrac{5}{2}$초까지이다.

1169 답 ④

로켓의 t초 후의 속도를 v m/s라 하면

$$v=\frac{dh}{dt}=30-10t$$

최고 높이에 도달했을 때의 속도는 0이므로 $v=0$에서

$30-10t=0$

$\therefore t=3$

따라서 $t=3$에서 로켓의 지면으로부터의 높이는

$30\times3-5\times3^2=45\,(\text{m})$

1170 답 375 m

열차의 t초 후의 속도를 v m/s라 하면

$$v=\frac{dx}{dt}=30-1.2t$$

열차가 정지할 때의 속도는 0이므로 $v=0$에서

$30-1.2t=0$

$\therefore t=25$

따라서 25초 동안 열차가 움직인 거리는

$30\times25-0.6\times25^2=375\,(\text{m})$

1171 답 ①

돌의 t초 후의 속도를 v m/s라 하면

$$v=\frac{dx}{dt}=40-4t$$

돌이 화성의 지면에 닿을 때의 위치는 0이므로 $x=0$에서

$40t-2t^2=0$, $2t(20-t)=0$

$\therefore t=20\ (\because t>0)$

따라서 $t=20$에서 돌의 속도는

$40-4\times20=-40\,(\text{m/s})$

1172 답 180 m

전기를 끊은 지 t초 후의 물체의 속도를 v m/s라 하면

$$v=\frac{ds}{dt}=18-0.9t$$

물체가 정지할 때의 속도는 0이므로 $v=0$에서

$18-0.9t=0$ $\therefore t=20$

20초 동안 물체가 움직인 거리는

$18\times20-0.45\times20^2=180\,(\text{m})$

따라서 목적지로부터 180 m 앞에서 전기를 끊으면 된다.

1173 답 ③

놀이 기구의 시각 t에서의 속도를 $v(t)$ m/s라 하면

$v(t)=f'(t)=t^3-3t^2-9t+1$

$v'(t)=3t^2-6t-9=3(t+1)(t-3)$

$v'(t)=0$인 t의 값은 $t=3\ (\because 0\le t\le5)$

$0\le t\le5$에서 함수 $v(t)$의 증가, 감소를 표로 나타내면 다음과 같다.

t	0	$\cdots$	3	$\cdots$	5
$v'(t)$		$-$	0	$+$	
$v(t)$	1	$\searrow$	-26 극소	$\nearrow$	6

함수 $v(t)$의 최솟값은 $v(3)=-26$, 최댓값은 $v(5)=6$이다.

$\therefore -26\le v(t)\le6$

이때 놀이 기구의 속력은 $|v(t)|$ m/s이므로

$0\le|v(t)|\le26$ → (속력)$=|$(속도)$|$

따라서 놀이 기구의 최대 속력은 26 m/s이다.

1174 답 ④

출발한 지 t초 후 두 자동차 A, B의 속도는 각각 $f'(t)$, $g'(t)$이다.

ㄱ. ㈎에서 $f(20)=g(20)$이므로 출발한지 20초 후에 A와 B는 같은 위치에 있다. (참)

ㄴ. $10\le t\le30$에서 $f'(t)<g'(t)$이므로 B의 속도가 A의 속도보다 더 크다.

이때 $t=20$에서 A, B는 같은 위치에 있으므로

$10\le t<20$에서 B가 A의 뒤에 있고,

$20<t\le30$에서 B가 A의 앞에 있다.

즉, B는 A를 한 번 추월한다. (참)

ㄷ. ㄴ에서 A는 B를 추월하지 못한다. (거짓)

따라서 옳은 것은 ㄱ, ㄴ이다.

1175 답 3

| 유형 25

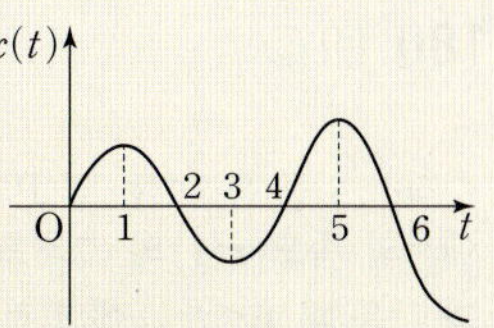

STEP 1 점 P의 운동 방향이 바뀌는 조건 알기

점 P의 시각 t에서의 속도는 $x'(t)$이므로 $x'(t)=0$이고, 그 좌우에서 $x'(t)$의 부호가 바뀔 때 점 P의 운동 방향이 바뀐다.

위치 $x(t)$의 그래프에서 접선의 기울기가 0

즉, t축과 평행하다.

STEP 2 $x'(t)=0$이고, $x'(t)$의 부호가 바뀌는 t의 값을 찾아 점 P의 운동 방향이 바뀌는 횟수 구하기

운동 방향이 바뀌는 시각은 $t=1$, $t=3$, $t=5$이므로 운동 방향이 바뀌는 횟수는 3이다.

1176 답 ①, ⑤

점 P의 시각 t에서의 속도는 $x'(t)$이고 $t=0$에서 점 P가 출발한 운동 방향은 양의 방향이므로 $x'(t)>0$인 시각을 찾으면 $t=1$, $t=5$이다.

참고 $t=2$, $t=4$에서 $x'(t)=0$, 즉 속도가 0이므로 정지한 상태이다.

1177 답 ④

점 P가 출발 후 두 번째로 원점을 지나는 시각은 $t=4$이므로 이때 점 P의 속도는 $x'(4)$이다. ↳ 위치 $x(t)$의 그래프가 t축과 만나는 점이다.

1178 답 ⑤

ㄱ. $x=f(t)$, $x=g(t)$의 그래프가 두 점에서 만나므로 두 점 P, Q는 출발 후 두 번 만난다. (참)

ㄴ. 두 점 P, Q는 모두 $t=5$에서 속도의 부호가 변했으므로 $t=5$에서 운동 방향을 바꿨다. (참)

ㄷ. 두 점 P, Q 사이의 거리는 $|f(t)-g(t)|$이므로 최댓값은 10이다. (참)

따라서 옳은 것은 ㄱ, ㄴ, ㄷ이다.

1179 답 ④

ㄱ. $0<t<10$에서는 점 Q가 점 P보다 원점에서 멀리 떨어져 있다. (거짓)

ㄴ. $v_P(t)=f'(t)$, $v_Q(t)=g'(t)$이므로 $t=10$에서 접선의 기울기를 비교하면 $v_P(10)>v_Q(10)$이다. (참)

ㄷ. 평균값 정리에 의하여 $v_P(t)=v_Q(t)$인 지점은 $0<t<10$에 하나, $10<t<20$에 하나 존재한다. (참) ↳ 접선의 기울기가 같다.

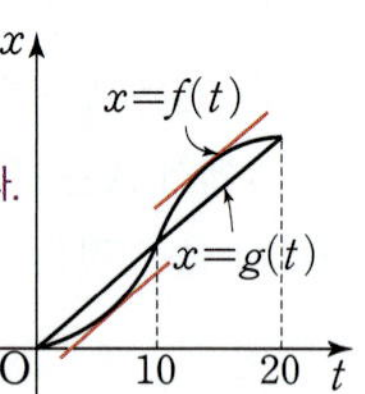

따라서 옳은 것은 ㄴ, ㄷ이다.

1180 답 ②

| 유형 26

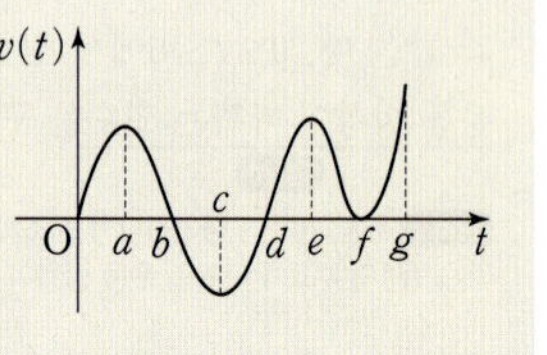

수직선 위를 움직이는 점 P의 시각 t에서의 속도 $v(t)$의 그래프가 그림과 같을 때, $0 \le t \le g$에서 점 P의 운동 방향이 바뀌는 횟수는?

단서 1

① 1 　　　② 2 　　　③ 3
④ 4 　　　⑤ 5

단서 1 $v(t)=0$인 t의 좌우에서 $v(t)$의 부호가 바뀌면 점 P의 운동 방향이 바뀜

STEP 1 점 P의 움직이는 방향이 바뀌는 조건 알기

$v(t)=0$이고, 그 좌우에서 $v(t)$의 부호가 바뀔 때 점 P의 운동 방향이 바뀐다.

STEP 2 $v(t)=0$이고, $v(t)$의 부호가 바뀌는 t의 값을 찾아 점 P의 운동 방향이 바뀌는 횟수 구하기

운동 방향이 바뀌는 시각은 $t=b$, $t=d$이므로 운동 방향이 바뀌는 횟수는 2이다.

실수 Check

> $v(f)=0$이지만 $t=f$의 좌우에서는 $v(t)$의 부호가 바뀌지 않으므로 점 P의 운동 방향이 바뀌지 않음에 주의한다.

1181 답 ③

ㄱ. $v(t)=0$이고, 그 좌우에서 $v(t)$의 부호가 바뀔 때 점 P의 운동 방향이 바뀌므로 점 P는 $t=4$에서 운동 방향을 한 번 바꾼다. (참)

ㄴ. $1<t<3$에서 $v(t)\ne0$이므로 점 P는 정지해 있지 않다. (거짓)

ㄷ. 점 P의 시각 t에서의 가속도는 $v'(t)$이므로 그 점에서의 접선의 기울기와 같다.
$v'(4)<0$이므로 점 P의 가속도는 음수이다. (참)

따라서 옳은 것은 ㄱ, ㄷ이다.

실수 Check

> ㄴ. $1<t<3$에서 $v(t)$의 변화가 없으므로 점 P의 속도가 일정하다. 즉, 가속도 $v'(t)=0$이다. 정지해 있을 때는 $v(t)=0$이어야 한다.

1182 답 ③

ㄱ. 점 P의 시각 t에서의 가속도는 $v'(t)$이므로 그 점에서의 접선의 기울기와 같다.
$v'(3)=0$이므로 $t=3$에서 점 P의 가속도는 0이다. (참)

ㄴ. $v(t)=0$이고, 그 좌우에서 $v(t)$의 부호가 바뀔 때 점 P의 운동 방향이 바뀌므로 점 P는 $t=1$, $t=5$에서 운동 방향을 바꾼다. 즉, 점 P는 운동 방향을 두 번 바꾼다. (참)

ㄷ. $v(2)<0$이고, $v(4)<0$이므로 $t=2$일 때와 $t=4$일 때 점 P의 운동 방향은 음의 방향으로 서로 같다. (거짓)

따라서 옳은 것은 ㄱ, ㄴ이다.

1183 답 ①

점 P의 시각 t에서의 가속도는 $v'(t)$이므로 그 점에서의 접선의 기울기와 같다. ↳ 두 점 $(0,3)$, $(3,0)$을 지나는 직선의 기울기가 -1이다.

ㄱ. $4<t<6$에서 점 P의 속도는 증가한다. (참)

ㄴ. $0<t<3$에서 $v'(t)=-1$로 일정하다. (거짓)

ㄷ. $0<t<3$에서 $v(t)>0$이므로 점 P는 원점을 출발하여 $0<t<3$에서 양의 방향으로 이동했다. 즉, $t=3$에서 점 P는 원점에 위치해 있지 않다. (거짓)

따라서 옳은 것은 ㄱ뿐이다.

그림과 같이 키가 $1.6\,\mathrm{m}$인 사람이 높이가 $6\,\mathrm{m}$인 가로등의 바로 밑에서 출발하여 $0.55\,\mathrm{m/s}$의 속도로 일직선으로 걸을 때, 이 사람의 그림자의 길이의 변화율은?
단서1

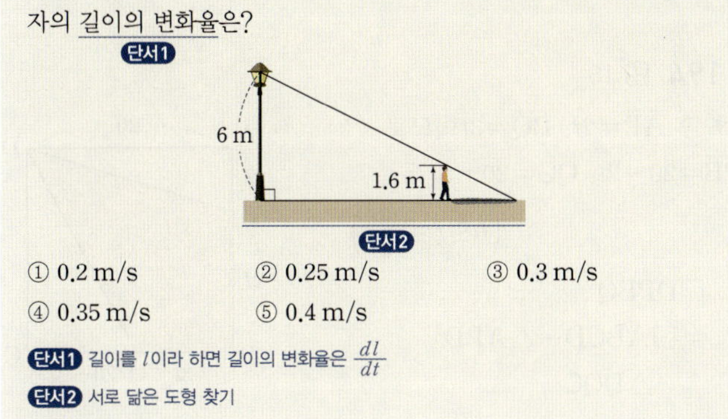

단서2

① $0.2\,\mathrm{m/s}$ ② $0.25\,\mathrm{m/s}$ ③ $0.3\,\mathrm{m/s}$
④ $0.35\,\mathrm{m/s}$ ⑤ $0.4\,\mathrm{m/s}$

단서1 길이를 l이라 하면 길이의 변화율은 $\dfrac{dl}{dt}$

단서2 서로 닮은 도형 찾기

STEP 1 닮은 도형을 찾아 비례식 세우기

사람이 $0.55\,\mathrm{m/s}$의 속도로 움직이므로 t초 동안 움직이는 거리는 $0.55t$ m이다.
그림자 끝이 t초 동안 움직이는 거리를 x m라 하면 그림에서
$\triangle\mathrm{ABC}\backsim\triangle\mathrm{DEC}$이므로

$6:x=1.6:(x-0.55t)$, $1.6x=6x-3.3t$
$\therefore x=0.75t$

STEP 2 그림자의 길이의 변화율 구하기

그림자의 길이를 l m라 하면 $l=\overline{\mathrm{EC}}$이므로
$l=0.75t-0.55t=0.2t$ $\quad\therefore\dfrac{dl}{dt}=0.2$
따라서 그림자의 길이의 변화율은 $0.2\,\mathrm{m/s}$이다.

1185 답 ②

시각 t에서 점 P의 좌표가 $(t,\sqrt{3}t)$이므로
시각 t에서 선분 OP의 길이를 l이라 하면
$l=\sqrt{t^2+(\sqrt{3}t)^2}=2t\;(\because t>0)$ $\quad\therefore\dfrac{dl}{dt}=2$
따라서 선분 OP의 길이의 변화율은 2이다.

1186 답 ⑤

$l=2t^2+t+10$이므로 $\dfrac{dl}{dt}=4t+1$
따라서 $t=2$에서 고무줄의 길이의 변화율은
$4\times2+1=9\;(\mathrm{cm/s})$

1187 답 ④

t초 후의 두 점 A, B의 좌표는 각각 $(8t,0)$, $(0,8t)$이므로
선분 AB의 중점 C의 좌표는 $(4t,4t)$
선분 OC의 길이를 l이라 하면
$l=\sqrt{(4t)^2+(4t)^2}=4\sqrt{2}t\;(\because t>0)$ $\quad\therefore\dfrac{dl}{dt}=4\sqrt{2}$
따라서 선분 OC의 길이의 변화율은 $4\sqrt{2}$이다.

1188 답 ⑤

$x_{\mathrm{A}}=t^3+3t$, $x_{\mathrm{B}}=3t^2+3t-3$에서 선분 AB의 길이를 l이라 하면
$l=|x_{\mathrm{A}}-x_{\mathrm{B}}|=|t^3-3t^2+3|$
$f(t)=t^3-3t^2+3$이라 하면
$f'(t)=3t^2-6t=3t(t-2)$
$f(3)=3>0$이므로 $t=3$에서 선분 AB의 길이의 변화율은
$f'(3)=3\times3=9$

한 변의 길이가 $14\,\mathrm{cm}$인 정사각형의 각 변
단서1
의 길이가 매초 $4\,\mathrm{cm}$씩 늘어난다고 할 때, 정사각형의 넓이가 $2500\,\mathrm{cm}^2$가 되는 순간의 넓이의 변화율은?
단서2

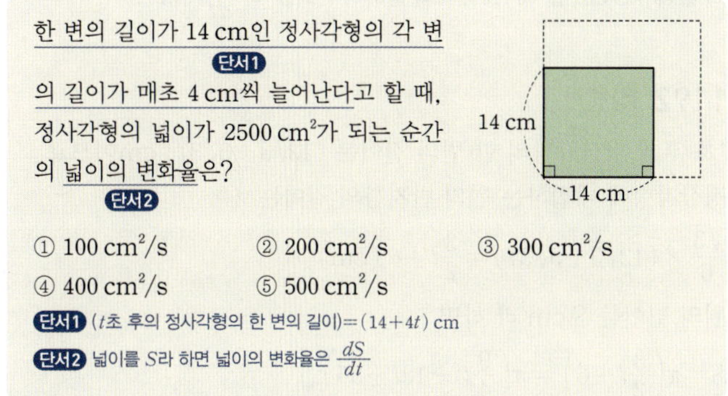

① $100\,\mathrm{cm}^2/\mathrm{s}$ ② $200\,\mathrm{cm}^2/\mathrm{s}$ ③ $300\,\mathrm{cm}^2/\mathrm{s}$
④ $400\,\mathrm{cm}^2/\mathrm{s}$ ⑤ $500\,\mathrm{cm}^2/\mathrm{s}$

단서1 (t초 후의 정사각형의 한 변의 길이)$=(14+4t)$ cm

단서2 넓이를 S라 하면 넓이의 변화율은 $\dfrac{dS}{dt}$

STEP 1 t초 후의 정사각형의 넓이를 식으로 나타내고, 넓이의 변화율 구하기

t초 후의 정사각형의 한 변의 길이는 $(14+4t)$ cm이므로
정사각형의 넓이를 S cm²라 하면 (t초 후 $4t$ cm 늘어난다.)
$S=(14+4t)^2=16t^2+112t+196$
$\therefore\dfrac{dS}{dt}=32t+112$

STEP 2 정사각형의 넓이가 $2500\,\mathrm{cm}^2$가 될 때의 시각 구하기

정사각형의 넓이가 $2500\,\mathrm{cm}^2$가 될 때의 시각 t는
$(14+4t)^2=2500$, $t^2+7t-144=0$
$(t-9)(t+16)=0$ $\quad\therefore t=9\;(\because t>0)$

STEP 3 정사각형의 넓이가 $2500\,\mathrm{cm}^2$가 될 때의 넓이의 변화율 구하기

$t=9$에서 정사각형의 넓이의 변화율은
$32\times9+112=400\;(\mathrm{cm}^2/\mathrm{s})$

1190 답 ①

t초 후의 직사각형의 가로의 길이는 $(9+0.2t)$ cm, 세로의 길이는 $(4+0.3t)$ cm이므로 직사각형의 넓이를 S cm²라 하면
$S=(9+0.2t)(4+0.3t)=0.06t^2+3.5t+36$
$\therefore\dfrac{dS}{dt}=0.12t+3.5$
직사각형이 정사각형이 될 때의 시각 t는
$9+0.2t=4+0.3t$, $0.1t=5$
$\therefore t=50$ (가로의 길이)$=$(세로의 길이)
따라서 $t=50$에서 직사각형의 넓이의 변화율은
$0.12\times50+3.5=9.5\;(\mathrm{cm}^2/\mathrm{s})$

1191 답 $32\,\mathrm{cm}^2/\mathrm{s}$

점 P가 출발한 지 t초 후 선분 AP의 길이는 $4t$ cm,
선분 BP의 길이는 $(20-4t)$ cm $(0\leq t\leq5)$
두 선분 AP, PB를 각각 한 변으로 하는 정사각형의 넓이는
$16t^2\,\mathrm{cm}^2$, $(20-4t)^2\,\mathrm{cm}^2$이므로

두 정사각형의 넓이의 합 S는
$$S=16t^2+(20-4t)^2=32t^2-160t+400 \ (\text{cm}^2)$$
$$\therefore \ \frac{dS}{dt}=64t-160$$
따라서 $t=3$에서 S의 변화율은
$$64\times3-160=32 \ (\text{cm}^2/\text{s})$$

참고 **변화율의 단위**

(1) 길이가 l cm일 때 t초에서의 길이의 변화율 → $\dfrac{dl}{dt}$ cm/s

(2) 넓이가 S cm²일 때 t초에서의 넓이의 변화율 → $\dfrac{dS}{dt}$ cm²/s

1192 답 ⑤

t초 후의 정삼각형의 한 변의 길이는 $(12\sqrt{3}+3\sqrt{3}t)$ cm이므로
정삼각형에 내접하는 원의 반지름의 길이는
$$\frac{\sqrt{3}}{6}\times(12\sqrt{3}+3\sqrt{3}t)=\frac{3}{2}t+6 \ (\text{cm})$$
원의 넓이를 S cm²라 하면
$$S=\pi\left(\frac{3}{2}t+6\right)^2=\pi\left(\frac{9}{4}t^2+18t+36\right)$$
$$\therefore \ \frac{dS}{dt}=\pi\left(\frac{9}{2}t+18\right)$$
정삼각형의 한 변의 길이가 $24\sqrt{3}$ cm가 될 때의 시각 t는
$$12\sqrt{3}+3\sqrt{3}t=24\sqrt{3} \quad \therefore \ t=4$$
따라서 $t=4$에서 원의 넓이의 변화율은
$$\pi\left(\frac{9}{2}\times4+18\right)=36\pi \ (\text{cm}^2/\text{s})$$

개념 Check

한 변의 길이가 x인 정삼각형에서 정삼각형의 세 각의 크기는 모두 $60°$
이므로

(1) 정삼각형의 높이는 $\dfrac{\sqrt{3}}{2}x$

(2) 정삼각형의 넓이는
$$\frac{1}{2}\times x\times\frac{\sqrt{3}}{2}x=\frac{\sqrt{3}}{4}x^2$$

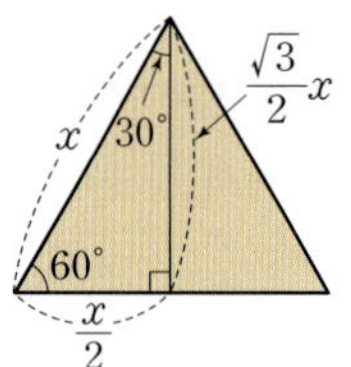

(3) 정삼각형에 내접하는 원의 반지름의 길이를 r이라 하면

방법1 원의 중심은 정삼각형의 무게중심과
일치하므로
$$r=\frac{1}{3}\times\frac{\sqrt{3}}{2}x=\frac{\sqrt{3}}{6}x$$

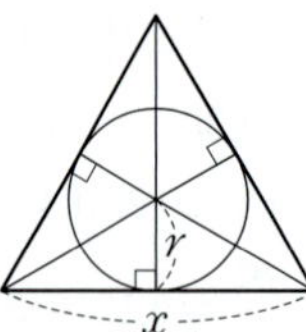

방법2 원의 중심은 정삼각형의 내심과 일치
하므로 정삼각형의 넓이는
$$\frac{\sqrt{3}}{4}x^2=3\times\left(\frac{1}{2}\times x\times r\right) \quad \therefore \ r=\frac{\sqrt{3}}{6}x$$

1193 답 10

t초 후의 수면의 높이는 t cm이므로
수면의 반지름의 길이를 r cm라 하면
$$r=\sqrt{10^2-(10-t)^2}=\sqrt{-t^2+20t}$$
수면의 넓이를 S cm²라 하면
$$S=\pi(-t^2+20t)$$
$$\therefore \ \frac{dS}{dt}=\pi(-2t+20) \ (\text{cm}^2/\text{s})$$

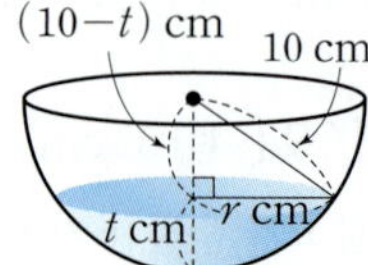

따라서 $t=5$에서 수면의 넓이의 변화율은
$$\pi(-2\times5+20)=10\pi \ (\text{cm}^2/\text{s})$$
$$\therefore \ a=10$$

1194 답 18

t초 후 $\overline{\text{AP}}=2t$, $\overline{\text{BQ}}=3t$이므로
$\overline{\text{PB}}=20-2t$, $\overline{\text{QC}}=20-3t$

$$\left(0\leq t\leq\frac{20}{3}\right)$$

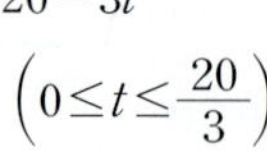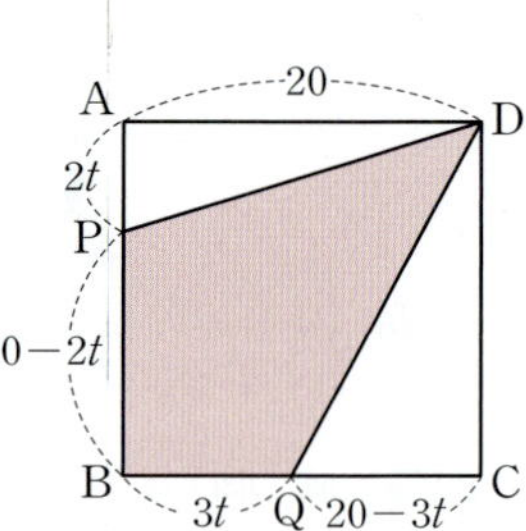

$$\therefore \ \square\text{DPBQ}$$
$$=\square\text{ABCD}-\triangle\text{APD}$$
$$\quad -\triangle\text{DQC}$$
$$=20\times20-\frac{1}{2}\times20\times2t-\frac{1}{2}\times(20-3t)\times20$$
$$=400-20t-(200-30t)$$
$$=10t+200$$

사각형 DPBQ의 넓이가 정사각형 ABCD의 넓이의 $\dfrac{11}{20}$이 될 때
의 시각 t는
$$10t+200=400\times\frac{11}{20}, \ 10t=20 \quad \therefore \ t=2$$
삼각형 PBQ의 넓이를 S라 하면
$$S=\frac{1}{2}\times3t\times(20-2t)=-3t^2+30t$$
$$\therefore \ \frac{dS}{dt}=-6t+30$$
따라서 $t=2$에서 삼각형 PBQ의 넓이의 변화율은
$$-6\times2+30=18$$

1195 답 ① | 유형 29

한 모서리의 길이가 2 cm인 정육면체의 각 모서리의 길이가 매초
1 cm씩 늘어날 때, 정육면체의 부피가 216 cm³가 되는 순간의 부피
단서1
의 변화율은?
단서2
① 108 cm³/s   ② 120 cm³/s   ③ 132 cm³/s
④ 144 cm³/s   ⑤ 156 cm³/s

단서1 (t초 후의 정육면체의 한 모서리의 길이)$=(2+t)$ cm

단서2 부피를 V라 하면 부피의 변화율은 $\dfrac{dV}{dt}$

STEP1 **t초 후의 정육면체의 부피를 식으로 나타내고, 부피의 변화율 구하기**

t초 후의 정육면체의 각 모서리의 길이는 $(2+t)$ cm이므로
정육면체의 부피를 V cm³라 하면
$$V=(t+2)^3=t^3+6t^2+12t+8$$
$$\therefore \ \frac{dV}{dt}=3t^2+12t+12$$

STEP2 **정육면체의 부피가 216 cm³가 될 때의 시각 구하기**

정육면체의 부피가 216 cm³가 될 때의 시각 t는
$$(t+2)^3=216=6^3, \ t+2=6 \quad \therefore \ t=4$$

STEP3 **정육면체의 부피가 216 cm³가 될 때의 부피의 변화율 구하기**

$t=4$에서 정육면체의 부피의 변화율은
$$3\times4^2+12\times4+12=108 \ (\text{cm}^3/\text{s})$$

1196 답 ④

t초 후의 풍선의 반지름의 길이는 $(5+3t)$ cm이므로 풍선의 부피를 V cm^{3}라 하면

$$V=\frac{4}{3}\pi(5+3t)^3$$

$$\therefore \frac{dV}{dt}=4\pi(5+3t)^2\times3$$
$$=12\pi(5+3t)^2$$

따라서 $t=5$에서 풍선의 부피의 변화율은
$$12\pi(5+3\times5)^2=4800\pi \text{ (cm}^3\text{/s)}$$

함수의 곱의 미분법
$y=\{f(x)\}^n$ (n은 양의 정수)일 때,
$$y'=n\{f(x)\}^{n-1}f'(x)$$

1197 답 ④

t초 후의 원뿔 모양 모래 더미의 밑면의 반지름의 길이는 $4t$ cm, 높이는 $3t$ cm이므로 모래 더미의 부피를 V cm^{3}라 하면

$$V=\frac{\pi}{3}\times(4t)^2\times3t=16\pi t^3$$

$$\therefore \frac{dV}{dt}=48\pi t^2$$

따라서 $t=3$에서 모래 더미의 부피의 변화율은
$$48\pi\times3^2=432\pi \text{ (cm}^3\text{/s)}$$

1198 답 ④

t초 후의 원기둥의 밑면의 반지름의 길이는 $(3+t)$ cm, 높이는 $(5-t)$ cm이므로 원기둥의 부피를 V cm^{3}라 하면

$$V=\pi(3+t)^2(5-t)$$
$$=\pi(-t^3-t^2+21t+45)$$

$$\therefore \frac{dV}{dt}=\pi(-3t^2-2t+21)$$

원기둥의 밑면의 반지름의 길이와 높이가 같아질 때의 시각 t는
$$3+t=5-t \qquad \therefore t=1$$
따라서 $t=1$에서 원기둥의 부피의 변화율은
$$\pi(-3-2+21)=16\pi \text{ (cm}^3\text{/s)}$$

1199 답 ⑤

t초 후의 밑면의 한 변의 길이는 $(2+t)$ cm, 높이는 $(4+t)$ cm이므로 정사각뿔의 부피를 V cm^{3}라 하면

$$V=\frac{1}{3}(2+t)^2(4+t)$$
$$=\frac{1}{3}(t^3+8t^2+20t+16)$$

$$\therefore \frac{dV}{dt}=\frac{1}{3}(3t^2+16t+20)$$

따라서 $t=3$에서 정사각뿔의 부피의 변화율은
$$\frac{1}{3}\times(27+48+20)=\frac{95}{3} \text{ (cm}^3\text{/s)}$$

1200 답 ④

t초 후의 그릇에 담긴 물의 높이는 t cm이므로 수면의 반지름의 길이를 r cm라 하면

$$r:t=10:20 \qquad \therefore r=\frac{1}{2}t$$

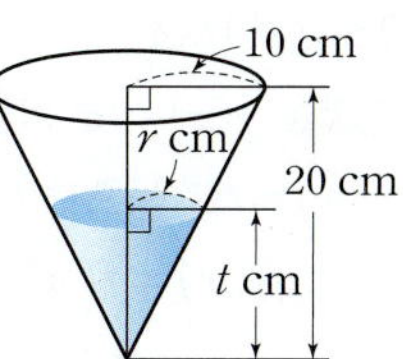

그릇에 담긴 물의 부피를 V cm^{3}라 하면

$$V=\frac{\pi}{3}r^2t=\frac{\pi}{3}\left(\frac{1}{2}t\right)^2\times t=\frac{\pi}{12}t^3$$

$$\therefore \frac{dV}{dt}=\frac{\pi}{4}t^2$$

따라서 $t=4$에서 물의 부피의 변화율은

$$\frac{\pi}{4}\times4^2=4\pi \text{ (cm}^3\text{/s)}$$

서술형 유형 익히기   261쪽~263쪽

1201 답 (1) 1 (2) 5 (3) 1 (4) 5 (5) 4 (6) 200 (7) 200 (8) 1 (9) 4 (10) 204

실제 답안 예시

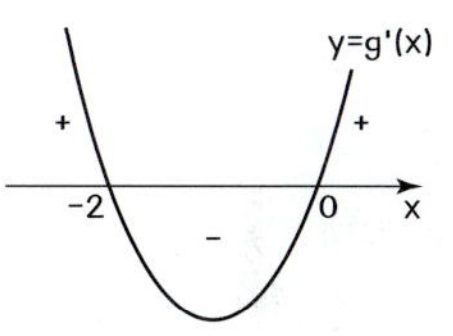

1202 답 1

STEP 1 $-1\leq x\leq1$에서 $g(x)$의 값의 범위 구하기 [5점]

$g(x)=x^3+3x^2$에서
$g'(x)=3x^2+6x=3x(x+2)$
$g'(x)=0$인 x의 값은 $x=0$ $(\because -1\leq x\leq1)$ …… ⓐ

$-1\leq x\leq1$에서 함수 $g(x)$의 증가, 감소를 표로 나타내면 다음과 같다.

x	-1	$\cdots$	0	$\cdots$	1
$g'(x)$		$-$	0	$+$	
$g(x)$	2	$\searrow$	0 극소	$\nearrow$	4

     …… ⓑ

함수 $g(x)$의 최솟값은 $g(0)=0$, 최댓값은 $g(1)=4$이므로
$0 \le g(x) \le 4$

STEP 2 $g(x)=t$로 **치환하고,** $(f \circ g)(x)=f(t)$**의 최솟값 구하기 [3점]**

$g(x)=t$로 놓으면 $0 \le t \le 4$
$$(f \circ g)(x)=f(g(x))=f(t)$$
$$=t^2-2t+2$$
$$=(t-1)^2+1$$
따라서 $0 \le t \le 4$에서 함수 $f(t)$의 최솟값은
$f(1)=1$

부분점수표	
ⓐ $g'(x)=0$인 x의 값을 구한 경우	2점
ⓑ 함수 $g(x)$의 증가, 감소를 바르게 나타낸 경우	2점

1203 답 최댓값 : 2, 최솟값 : -2

STEP 1 $-1 \le x \le 0$**에서** $f(x)$**의 값의 범위 구하기 [2점]**

$f(x)=x^2+2x=(x+1)^2-1$
이므로 $-1 \le x \le 0$에서 $-1 \le f(x) \le 0$

STEP 2 $f(x)=t$로 **치환하고,** $(g \circ f)(x)=g(t)$**의 증가, 감소 조사하기 [4점]**

$f(x)=t$로 놓으면 $-1 \le t \le 0$
$$(g \circ f)(x)=g(f(x))=g(t)$$
$$=t^3-3t^2+2$$
$g'(t)=3t^2-6t=3t(t-2)$
$g'(t)=0$인 t의 값은 $t=0$ $(\because -1 \le t \le 0)$ $\qquad$ ⋯⋯ ⓐ
$-1 \le t \le 0$에서 함수 $g(t)$의 증가, 감소를 표로 나타내면 다음과 같다.

t	-1	$\cdots$	0
$g'(t)$		$+$	0
$g(t)$	-2	↗	2

STEP 3 $(g \circ f)(x)=g(t)$**의 최댓값, 최솟값 구하기 [2점]**

함수 $(g \circ f)(x)=g(t)$의 최댓값은 $g(0)=2$,
최솟값은 $g(-1)=-2$이다. $\qquad$ ⋯⋯ ⓑ

부분점수표	
ⓐ $g'(t)=0$인 t의 값을 구한 경우	2점
ⓑ 함수 $(g \circ f)(x)$의 최댓값, 최솟값 중에서 하나만 구한 경우	1점

1204 답 (1) 2 (2) $a-\dfrac{1}{3}$ (3) $a-\dfrac{1}{3}$ (4) $\dfrac{1}{3}$ (5) $\dfrac{1}{3}$

실제 답안 예시

$y=\dfrac{1}{3}x^3-x^2+a+1$

$y'=x^2-2x=x(x-2)$

$y(2)=\dfrac{8}{3}-4+a+1=-\dfrac{1}{3}+a$

$-\dfrac{1}{3}+a \ge 0$

$\therefore a \ge \dfrac{1}{3}$

참고 $x>0$에서
함수 $f(x)=\dfrac{1}{3}x^3-x^2+a+1$의 그래프의
개형은 그림과 같으므로 $x=2$에서 최솟값을
가진다. 서술형 답안 작성시 함수의 증가, 감
소를 조사하여 표 또는 그래프로 나타내어
설명하도록 한다.

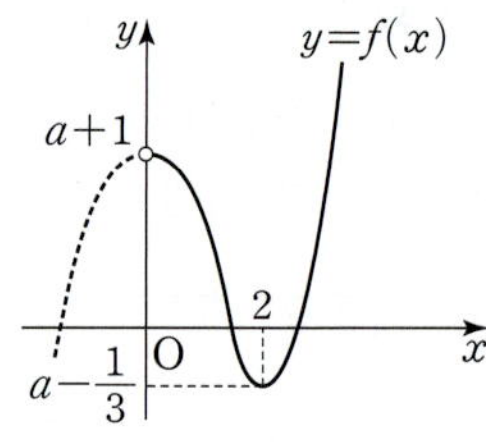

1205 답 $-\dfrac{8}{3}$

STEP 1 $f(x)=-\dfrac{1}{3}x^3-2x^2+5x+a$로 **놓고, 함수** $f(x)$**의 증가, 감소 조사하기 [4점]**

$f(x)=-\dfrac{1}{3}x^3-2x^2+5x+a$라 하면
$f'(x)=-x^2-4x+5=-(x+5)(x-1)$
$f'(x)=0$인 x의 값은 $x=1$ $(\because x>0)$ $\qquad$ ⋯⋯ ⓐ
$x>0$에서 함수 $f(x)$의 증가, 감소를 표로 나타내면 다음과 같다.

x	0	$\cdots$	1	$\cdots$
$f'(x)$		$+$	0	$-$
$f(x)$		↗	$a+\dfrac{8}{3}$ 극대	↘

STEP 2 **함수** $f(x)$**의 최댓값 구하기 [1점]**

$x>0$에서 함수 $f(x)$의 최댓값은
$f(1)=a+\dfrac{8}{3}$

STEP 3 $f(x) \le 0$**이 성립하도록 하는 실수** a**의 최댓값 구하기 [2점]**

$x>0$인 모든 실수 x에 대하여 $f(x) \le 0$이 성립하려면
$a+\dfrac{8}{3} \le 0$ $\qquad \therefore a \le -\dfrac{8}{3}$

따라서 실수 a의 최댓값은 $-\dfrac{8}{3}$이다.

부분점수표	
ⓐ $f'(x)=0$인 x의 값을 구한 경우	2점

참고 부등식 $\dfrac{1}{3}x^3+2x^2-5x-a \ge 0$으로 바꾼 경우

$f(x)=\dfrac{1}{3}x^3+2x^2-5x-a$라 하고, $x>0$에서 $f(x) \ge 0$이 성립하려면 $f(x)$
의 최솟값이 0보다 크거나 같음을 이용하여 실수 a의 최댓값을 구하면 된다.

1206 답 $\dfrac{1}{4}$

STEP 1 $f(x)=\dfrac{1}{4}x^4+\dfrac{1}{2}x^2-2x+1+a$로 **놓고, 함수** $f(x)$**의 증가, 감소 조사하기 [4점]**

$f(x)=\dfrac{1}{4}x^4+\dfrac{1}{2}x^2-2x+1+a$라 하면
$f'(x)=x^3+x-2=(x-1)(x^2+x+2)$
$f'(x)=0$인 x의 값은 $x=1$ $(\because x^2+x+2>0)$ $\qquad$ ⋯⋯ ⓐ
함수 $f(x)$의 증가, 감소를 표로 나타내면 다음과 같다.

x	$\cdots$	1	$\cdots$
$f'(x)$	$-$	0	$+$
$f(x)$	↘	$a-\dfrac{1}{4}$ 극소	↗

함수 $f(x)$의 최솟값은

$$f(1)=a-\frac{1}{4}$$

STEP 3 $f(x)\geq 0$이 성립하도록 하는 실수 a의 최솟값 구하기 [2점]

모든 실수 x에 대하여 $f(x)\geq 0$이 성립하려면

$$a-\frac{1}{4}\geq 0$$

$$\therefore a\geq\frac{1}{4}$$

따라서 실수 a의 최솟값은 $\frac{1}{4}$이다.

부분점수표	
ⓐ $f'(x)=0$인 x의 값을 구한 경우	2점

1207 답 (1) $4t-8$ (2) $4t-8$ (3) 2 (4) 3

실제 답안 예시

$v_P=f'(t)=2t-6$

$v_Q=g'(t)=4t-8$

$v_P\times v_Q<0$이어야 하므로 $8(t-3)(t-2)<0$ $\therefore 2<t<3$

1208 답 $0<t<3$

STEP 1 두 점 P, Q의 속도를 식으로 나타내기 [2점]

두 점 P, Q의 시각 t에서의 속도는 각각

$$f'(t)=2t+2,\ g'(t)=t-3$$

STEP 2 두 점이 서로 반대 방향으로 움직이는 시각 t의 값의 범위 구하기 [4점]

두 점 P, Q가 서로 반대 방향으로 움직이려면

$f'(t)g'(t)<0$이어야 하므로

$(2t+2)(t-3)<0,\ 2(t+1)(t-3)<0$ ⋯⋯ ⓐ

이때 $t>0$이므로 두 점 P, Q가 서로 반대 방향으로 움직이는 시각 t의 값의 범위는

$$0<t<3$$

부분점수표	
ⓐ t의 값의 범위를 구하는 부등식을 세운 경우	2점

오답 분석

두 점 P, Q의 시각 t에서의 속도는 각각

$f'(t)=2t+2,\ g'(t)=t-3$ ──── 2점

두 점 P, Q가 서로 반대 방향으로 움직이려면

$f'(t)g'(t)<0$이어야 하므로

$(2t+2)(t-3)<0$ ──── 2점

$\therefore -1<t<3 \to t$의 값의 범위를 잘못 구함.

▶ 6점 중 4점 얻음.

　시각 t는 음수가 될 수 없으므로 $t>0$인 범위에서 구해야 한다.

1209 답 12

STEP 1 점 P의 속도 v를 식으로 나타내기 [2점]

점 P의 시각 t에서의 속도를 v라 하면

$$v=\frac{dx}{dt}=3t^2-12t+k$$

STEP 2 운동 방향이 바뀌지 않을 조건 구하기 [2점]

점 P가 출발한 후 운동 방향이 바뀌지 않아야 하므로 $t>0$에서 항상 $v\geq 0$이거나 항상 $v\leq 0$이어야 한다.

$$v=3t^2-12t+k$$
$$=3(t-2)^2+k-12$$

이므로 $t>0$에서 항상 $v\geq 0$이어야 한다.

즉, $t>0$에서 $(v$의 최솟값$)\geq 0$이어야 한다.

STEP 3 실수 k의 최솟값 구하기 [3점]

$v=3(t-2)^2+k-12$에서 속도는 $t=2$일 때 최소이므로

$k-12\geq 0$ $\therefore k\geq 12$

따라서 실수 k의 최솟값은 12이다.

1210 답 $0<t<1$ 또는 $3<t<4$

STEP 1 두 점 P, Q의 속도를 식으로 나타내기 [2점]

두 점 P, Q의 시각 t에서의 속도는 각각

$$f'(t)=2t-2,\ g'(t)=t-3$$ ⋯⋯ ⓐ

STEP 2 두 점이 만나는 시각 구하기 [3점]

두 점 P, Q가 만나는 시각은

$$t^2-2t-11=\frac{1}{2}t^2-3t+1$$

→위치가 같다.

$$\frac{1}{2}t^2+t-12=0,\ t^2+2t-24=0$$

$$(t+6)(t-4)=0$$

$$\therefore t=4\ (\because t>0)$$

STEP 3 두 점이 서로 같은 방향으로 움직인 시각 t의 값의 범위 구하기 [3점]

두 점 P, Q가 서로 같은 방향으로 움직이려면

$f'(t)g'(t)>0$이어야 하므로   ⋯⋯ ⓑ

$$(2t-2)(t-3)>0$$

$$\therefore 0<t<1\ \text{또는}\ 3<t<4\ (\because 0<t<4)$$

부분점수표	
ⓐ 두 점 P, Q의 속도 중에서 하나만 구한 경우	1점
ⓑ 두 점이 서로 같은 방향으로 움직일 조건을 아는 경우	1점

check 실전 마무리하기 1회　　264쪽~268쪽

1 1211 답 ③　　유형 1

출제의도 | 닫힌구간에서 함수의 최댓값을 구할 수 있는지 확인한다.

닫힌구간에서의 최댓값은 극댓값과 구간의 양 끝 점에서의 함숫값 중에 있음을 이용해 보자.

$f(x)=-2x^3+3x^2+1$에서

$f'(x)=-6x^2+6x=-6x(x-1)$

$f'(x)=0$인 x의 값은 $x=0$ 또는 $x=1$

닫힌구간 $[0, 2]$에서 함수 $f(x)$의 증가, 감소를 표로 나타내면 다음과 같다.

x	0	$\cdots$	1	$\cdots$	2
$f'(x)$	0	$+$	0	$-$	
$f(x)$	1	$\nearrow$	2 극대	$\searrow$	-3

따라서 함수 $f(x)$의 최댓값은 $f(1)=2$이다.

2 1212 답 ②   유형 3

출제의도 | 주어진 구간에서 함수의 최대, 최소를 이용하여 미정계수를 구할 수 있는지 확인한다.

> 극값을 가질 때와 구간의 양 끝 점에서의 함숫값을 구해 보자.

$f(x)=x^3-6x^2+9x+2a$에서
$f'(x)=3x^2-12x+9=3(x-1)(x-3)$
$f'(x)=0$인 x의 값은 $x=1$ 또는 $x=3$
닫힌구간 $[-1, 3]$에서 함수 $f(x)$의 증가, 감소를 표로 나타내면 다음과 같다.

x	-1	$\cdots$	1	$\cdots$	3
$f'(x)$		$+$	0	$-$	0
$f(x)$	$2a-16$	$\nearrow$	$2a+4$ 극대	$\searrow$	$2a$

함수 $f(x)$의 최댓값은 $f(1)=2a+4$, 최솟값은 $f(-1)=2a-16$ 이다.
이때 최댓값과 최솟값의 합이 -4이므로
$(2a+4)+(2a-16)=-4$
$4a-12=-4$
$\therefore a=2$

3 1213 답 ⑤   유형 11

출제의도 | 극값을 이용하여 삼차방정식의 실근의 개수를 구할 수 있는지 확인한다.

> 삼차방정식 $f(x)=0$에서 $f'(x)=0$인 x의 값이 α, β일 때, $f(\alpha)f(\beta)<0$이면 서로 다른 세 실근을 가짐을 이용해 보자.

$f(x)=x^3+3x^2-9x-k$라 하면
$f'(x)=3x^2+6x-9=3(x+3)(x-1)$
$f'(x)=0$인 x의 값은 $x=-3$ 또는 $x=1$
삼차방정식 $f(x)=0$이 서로 다른 세 실근을 가지려면
$f(-3)f(1)<0$이어야 하므로
$(27-k)(-5-k)<0$, $(k+5)(k-27)<0$
$\therefore -5<k<27$
따라서 정수 k는 -4, -3, -2, $\cdots$, 26의 31개이다.

다른 풀이

$x^3+3x^2-9x-k=0$에서 $x^3+3x^2-9x=k$
$f(x)=x^3+3x^2-9x$라 하면
$f'(x)=3x^2+6x-9=3(x+3)(x-1)$
$f'(x)=0$인 x의 값은 $x=-3$ 또는 $x=1$

함수 $f(x)$의 증가와 감소를 표로 나타내면 다음과 같다.

x	$\cdots$	-3	$\cdots$	1	$\cdots$
$f'(x)$	$+$	0	$-$	0	$+$
$f(x)$	$\nearrow$	27 극대	$\searrow$	-5 극소	$\nearrow$

함수 $y=f(x)$의 그래프는 그림과 같다.
방정식 $f(x)=k$가 서로 다른 세 실근을 가지려면 함수 $y=f(x)$의 그래프와 직선 $y=k$가 세 점에서 만나야 하므로
$-5<k<27$
따라서 정수 k는 -4, -3, -2, $\cdots$, 26의 31개이다.

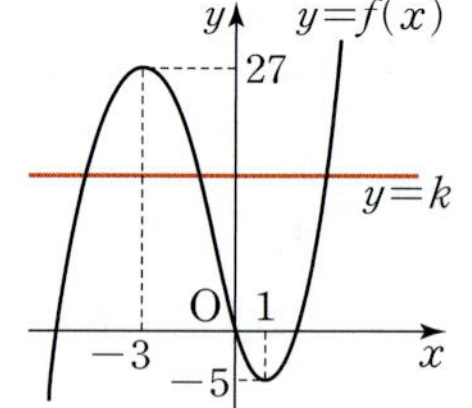

4 1214 답 ④   유형 21

출제의도 | 위치가 주어졌을 때, 속도가 최소일 때의 시각을 구할 수 있는지 확인한다.

> 위치 x를 시각 t에 대하여 미분해 보자.

점 P의 시각 t에서의 속도를 v라 하면
$v=\dfrac{dx}{dt}=6t^2-16t+11$
$=6\left(t-\dfrac{4}{3}\right)^2+\dfrac{1}{3}$
따라서 속도가 최소가 될 때의 시각은 $t=\dfrac{4}{3}$이다.

다른 풀이

점 P의 시각 t에서의 속도를 v라 하면
$v=\dfrac{dx}{dt}=6t^2-16t+11$
$v'=12t-16=12\left(t-\dfrac{4}{3}\right)$
$v'=0$인 t의 값은 $t=\dfrac{4}{3}$
함수 $v(t)$의 증가와 감소를 표로 나타내면 다음과 같다.

t	$\cdots$	$\dfrac{4}{3}$	$\cdots$
$v'(t)$	$-$	0	$+$
$v(t)$	$\searrow$	극소	$\nearrow$

따라서 함수 $v(t)$는 $t=\dfrac{4}{3}$에서 최솟값을 가진다.

5 1215 답 ①   유형 22

출제의도 | 운동 방향이 바뀌는 조건을 알고 있는지 확인한다.

> 운동 방향을 바꾸는 순간의 속도는 0임을 이용해 보자.

점 P의 시각 t에서의 속도를 v라 하면
$v=\dfrac{dx}{dt}=6t-6$
점 P가 운동 방향을 바꾸는 순간의 속도는 0이므로
$6t-6=0$
$\therefore t=1$

6 1216 目 ⑤ <유형 24>

출제의도 | 지면에서 수직으로 쏘아 올린 물체의 속도와 높이 사이의 관계를 이해하는지 확인한다.

> 쏘아 올린 물체가 가장 높이 올라갔을 때의 속도는 0임을 이용해 보자.

물 로켓의 t초 후의 속도를 v m/s라 하면

$$v=\frac{dh}{dt}=-10t+40$$

물 로켓이 최고 지점에 도달했을 때의 속도는 0이므로

$$-10t+40=0 \qquad \therefore t=4$$

따라서 $t=4$에서 물 로켓의 지면으로부터 높이는

$$-5\times4^2+40\times4+45=125\,(\mathrm{m})$$

7 1217 目 ⑤ <유형 26>

출제의도 | 시각에 대한 속도를 나타낸 그래프를 해석할 수 있는지 확인한다.

> $v(t)>0$이면 양의 방향, $v(t)<0$이면 음의 방향으로 운동하고 $v(t)=0$일 때는 정지함을 이용해 보자.

① $t=b$일 때, $v'(t)<0$이므로 가속도는 음의 값이다. (참)

② $a<t<b$에서 속도 $v(t)$는 감소한다. (참)

③ $0<t<d$에서 $v(b)=0$이고 $t=b$의 좌우에서 $v(t)$의 부호가 바뀌므로 $t=b$일 때 운동 방향을 바꾼다. (참)

④ $d<t<e$에서 $v(t)$의 그래프는 직선이고, $v'(t)$의 값이 일정하므로 가속도는 일정하다. (참)

⑤ $c<t<d$에서 $v(t)$가 일정하므로 점 P는 일정한 속도로 운동한다. (거짓)

따라서 옳지 않은 것은 ⑤이다.

8 1218 目 ③ <유형 29>

출제의도 | 시각에 대한 부피의 변화율을 구할 수 있는지 확인한다.

> t초 후 정육면체의 한 모서리의 길이를 구해 보자.

t초 후의 정육면체의 한 모서리의 길이는 $(a+t)$ cm이므로 정육면체의 부피를 V cm³라 하면

$$V=(a+t)^3 \qquad \therefore \frac{dV}{dt}=3(a+t)^2$$

$t=3$에서 정육면체의 부피의 변화율이 108 cm³/s이므로

$$3(a+3)^2=108, \ (a+3)^2=36$$
$$a+3=6 \ (\because a>0)$$
$$\therefore a=3$$

9 1219 目 ③ <유형 3>

출제의도 | 함수의 최대, 최소를 이용하여 미정계수를 구할 수 있는지 확인한다.

> $f(x)$의 극값과 구간의 양 끝 점에서의 함숫값을 구해 보자.

$f(x)=ax^3-9ax^2$에서

$$f'(x)=3ax^2-18ax=3ax(x-6)$$

$f'(x)=0$인 x의 값은 $x=0$ 또는 $x=6$

닫힌구간 $[-3,3]$에서 $f(x)$의 최솟값이 -54이므로 $f(-3)$, $f(0)$, $f(3)$ 중 하나의 값이 -54이다.

$f(0)=0$, $f(3)=-54a$, $f(-3)=-108a$이고 $a\le0$인 경우 최솟값이 0이므로 조건을 만족시키지 않는다.

즉, $a>0$이다.

이때 $-54a>-108a$이므로 최솟값은 $f(-3)=-108a$이다.

따라서 $-108a=-54$이므로

$$a=\frac{1}{2}$$

10 1220 目 ④ <유형 5>

출제의도 | 함수의 최대, 최소를 활용하여 넓이의 최댓값을 구할 수 있는지 확인한다.

> 함수 $y=1-x^2$의 그래프를 그리고 내접하는 직사각형의 꼭짓점의 좌표를 구해 보자.

그림과 같이 직사각형 ABCD의 꼭짓점 A의 좌표를 $(a,1-a^2)$ $(0<a<1)$이라 하면 B$(-a,1-a^2)$, C$(-a,0)$, D$(a,0)$

직사각형 ABCD의 넓이를 $S(a)$라 하면

$$S(a)=\overline{\mathrm{CD}}\times\overline{\mathrm{AD}}$$
$$=2a\times(1-a^2)$$
$$=-2a^3+2a$$

$$S'(a)=-6a^2+2=-6\left(a+\frac{\sqrt{3}}{3}\right)\left(a-\frac{\sqrt{3}}{3}\right)$$

$S'(a)=0$인 a의 값은 $a=\dfrac{\sqrt{3}}{3}$ $(\because 0<a<1)$

$0<a<1$에서 함수 $S(a)$의 증가, 감소를 표로 나타내면 다음과 같다.

a	0	$\cdots$	$\dfrac{\sqrt{3}}{3}$	$\cdots$	1
$S'(a)$		$+$	0	$-$	
$S(a)$		↗	$\dfrac{4\sqrt{3}}{9}$ 극대	↘	

따라서 직사각형 ABCD의 넓이 $S(a)$의 최댓값은

$$S\left(\frac{\sqrt{3}}{3}\right)=\frac{4\sqrt{3}}{9}$$

11 1221 目 ③ <유형 8>

출제의도 | 사차방정식의 실근의 개수를 구할 수 있는지 확인한다.

> 방정식 $f(x)=k$의 실근의 개수는 곡선 $y=f(x)$와 직선 $y=k$의 교점의 개수와 같음을 이용해 보자.

㈏에서 $f(2)=f'(2)=0$이므로 함수 $f(x)$의 그래프는 $x=2$에서 x축에 접한다. ⟶ $f(x)$는 $(x-2)^2$을 인수로 가진다.

또, ㈎에서 $f(x)=f(-x)$이므로 함수 $f(x)$의 그래프는 y축에 대하여 대칭이다.

즉, 함수 $f(x)$의 그래프는 $x=-2$에서도 x축에 접하므로

$f(-2)=f'(-2)=0$ → $f(x)$는 $(x+2)^2$을 인수로 가진다.

이때 사차함수 $f(x)$는 최고차항의 계수가 1이므로

$f(x)=(x-2)^2(x+2)^2$

$f'(x)=2(x-2)(x+2)^2+(x-2)^2\times2(x+2)$

$\quad\quad=2(x-2)(x+2)(x+2+x-2)$

$\quad\quad=4x(x-2)(x+2)$

$f'(x)=0$인 x의 값은 $x=-2$ 또는 $x=0$ 또는 $x=2$

함수 $f(x)$의 증가, 감소를 표로 나타내면 다음과 같다.

x	$\cdots$	-2	$\cdots$	0	$\cdots$	2	$\cdots$
$f'(x)$	$-$	0	$+$	0	$-$	0	$+$
$f(x)$	$\searrow$	0 극소	$\nearrow$	16 극대	$\searrow$	0 극소	$\nearrow$

함수 $y=f(x)$의 그래프는 그림과 같다.

방정식 $f(x)=k$의 실근이 4개이려면

함수 $y=f(x)$의 그래프와 직선 $y=k$가

서로 다른 네 점에서 만나야 하므로

$0<k<16$

따라서 정수 k는 1, 2, 3, $\cdots$, 15의 15개이다.

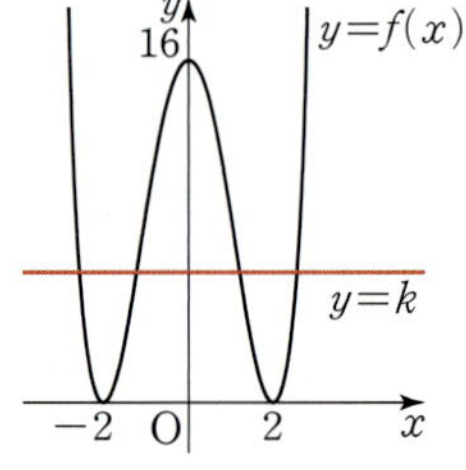

---

12 1222 답 ②

유형 17

출제의도 | 주어진 구간에서 부등식이 항상 성립하도록 미정계수를 정할 수 있는지 확인한다.

> 주어진 구간에서 부등식 $f(x)\geq0$이 항상 성립하려면
> ($f(x)$의 최솟값)≥0이어야 해.

$f(x)=x^3-3x^2+k$라 하면

$f'(x)=3x^2-6x=3x(x-2)$

$f'(x)=0$인 x의 값은 $x=0$ 또는 $x=2$

$x\geq-1$에서 함수 $f(x)$의 증가, 감소를 표로 나타내면 다음과 같다.

x	-1	$\cdots$	0	$\cdots$	2	$\cdots$
$f'(x)$		$+$	0	$-$	0	$+$
$f(x)$	$k-4$	$\nearrow$	k 극대	$\searrow$	$k-4$ 극소	$\nearrow$

$x\geq-1$에서 함수 $f(x)$의 최솟값은 $f(-1)=f(2)=k-4$이므로

$f(x)\geq0$이 성립하려면

$k-4\geq0$ $\quad\therefore k\geq4$

따라서 실수 k의 최솟값은 4이다.

---

13 1223 답 ②

유형 18

출제의도 | 모든 실수 x에 대하여 부등식이 항상 성립하도록 미정계수를 정할 수 있는지 확인한다.

> 모든 실수 x에 대하여 부등식 $f(x)\geq0$이 항상 성립하려면
> ($f(x)$의 최솟값)≥0이어야 해.

$x^4-2x^2\geq a$에서 $x^4-2x^2-a\geq0$

$f(x)=x^4-2x^2-a$라 하면

$f'(x)=4x^3-4x=4x(x-1)(x+1)$

$f'(x)=0$인 x의 값은 $x=-1$ 또는 $x=0$ 또는 $x=1$

함수 $f(x)$의 증가, 감소를 표로 나타내면 다음과 같다.

x	$\cdots$	-1	$\cdots$	0	$\cdots$	1	$\cdots$
$f'(x)$	$-$	0	$+$	0	$-$	0	$+$
$f(x)$	$\searrow$	$-1-a$ 극소	$\nearrow$	$-a$ 극대	$\searrow$	$-1-a$ 극소	$\nearrow$

함수 $f(x)$의 최솟값은 $f(-1)=f(1)=-1-a$이므로 모든 실수 x에 대하여 $f(x)\geq0$이 성립하려면

$-1-a\geq0$ $\quad\therefore a\leq-1$

따라서 실수 a의 최댓값은 -1이다.

---

14 1224 답 ①

유형 23

출제의도 | 수직선 위를 움직이는 두 점의 속도와 운동 방향 사이의 관계를 알고 있는지 확인한다.

> 두 점 P, Q가 서로 반대 방향으로 움직이려면 두 점 P, Q의 속도의 부호가 달라야 해.

$t=2$일 때 $f(2)=g(2)$이므로

$f(2)=-4$, $g(2)=6+2a$에서

$-4=6+2a$ $\quad\therefore a=-5$

즉, $f(t)=t^2-4t$, $g(t)=t^2-5t+2$이므로 두 점 P, Q의 속도는 각각

$f'(t)=2t-4$, $g'(t)=2t-5$

두 점 P, Q가 서로 반대 방향으로 움직이면 속도의 부호가 반대이므로

$f'(t)g'(t)<0$

$(2t-4)(2t-5)<0$, $2(t-2)(2t-5)<0$

$\therefore 2<t<\dfrac{5}{2}$

따라서 $\alpha=2$, $\beta=\dfrac{5}{2}$이므로 $\alpha+\beta=\dfrac{9}{2}$

---

15 1225 답 ①

유형 2

출제의도 | 합성함수의 최댓값을 구할 수 있는지 확인한다.

> $g(x)=t$로 치환하고, t의 값의 범위를 구해 보자.

$(f\circ g)(x)=f(g(x))$에서

$g(x)=t$로 놓으면

$-x^2+3\leq3$ $\quad\therefore t\leq3$

$f(t)=t^3-12t$이므로

$f'(t)=3t^2-12=3(t+2)(t-2)$

$f'(t)=0$인 t의 값은 $t=-2$ 또는 $t=2$

$t\leq3$에서 함수 $f(t)$의 증가, 감소를 표로 나타내면 다음과 같다.

t	$\cdots$	-2	$\cdots$	2	$\cdots$	3
$f'(t)$	$+$	0	$-$	0	$+$	
$f(t)$	$\nearrow$	16 극대	$\searrow$	-16 극소	$\nearrow$	-9

따라서 함수 $f(t)$, 즉 $(f\circ g)(x)$의 최댓값은 $f(-2)=16$이다.

16 1226 답 ④ 유형 6

출제의도 | 함수의 최대, 최소를 활용하여 문제를 해결할 수 있는지 확인한다.

> 부피를 높이에 대한 식으로 정리해 보자.

그림과 같이 원뿔의 밑면의 반지름의 길이를 r, 높이를 h라 하면
$$r^2=36-h^2\,(0<h<6) \cdots\cdots\cdots ㉠$$
두 원뿔의 부피의 합을 $V(h)$라 하면

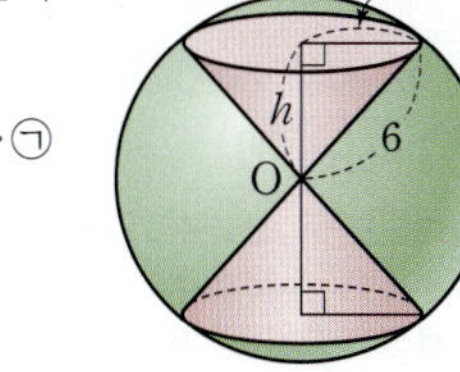

$$V(h)=2\times\frac{1}{3}\pi r^2 h$$
$$=\frac{2}{3}\pi h(36-h^2)$$
$$=\pi\left(-\frac{2}{3}h^3+24h\right)$$

$$V'(h)=\pi(-2h^2+24)=-2\pi(h+2\sqrt{3})(h-2\sqrt{3})$$
$V'(h)=0$인 h의 값은 $h=2\sqrt{3}\,(\because 0<h<6)$

$0<h<6$에서 함수 $V(h)$의 증가, 감소를 표로 나타내면 다음과 같다.

h	0	$\cdots$	$2\sqrt{3}$	$\cdots$	6
$V'(h)$		$+$	0	$-$	
$V(h)$		↗	극대	↘	

따라서 두 원뿔의 부피의 합 $V(h)$는 $h=2\sqrt{3}$일 때 최대이고, 이때 원뿔의 밑면의 반지름의 길이는 ㉠에서
$$r=\sqrt{36-h^2}=\sqrt{36-(2\sqrt{3})^2}=2\sqrt{6}$$

17 1227 답 ④ 유형 9

출제의도 | 삼차함수의 그래프를 이용하여 삼차방정식의 실근의 부호를 알 수 있는지 확인한다.

> 함수 $y=x^3-12x+8$의 그래프와 직선 $y=k$의 교점을 생각해 보자.

$x^3-12x+8-k=0$에서 $x^3-12x+8=k$
$f(x)=x^3-12x+8$이라 하면
$f'(x)=3x^2-12=3(x+2)(x-2)$
$f'(x)=0$인 x의 값은 $x=-2$ 또는 $x=2$
함수 $f(x)$의 증가, 감소를 표로 나타내면 다음과 같다.

x	$\cdots$	-2	$\cdots$	2	$\cdots$
$f'(x)$	$+$	0	$-$	0	$+$
$f(x)$	↗	24 극대	↘	-8 극소	↗

함수 $y=f(x)$의 그래프는 그림과 같다.
삼차방정식 $f(x)=k$가 서로 다른 두 개의 음의 근과 한 개의 양의 근을 가지려면 함수 $y=f(x)$의 그래프와 직선 $y=k$의 교점의 x좌표가 두 개는 음수이고, 한 개는 양수이어야 하므로
$$8<k<24$$
따라서 $\alpha=8$, $\beta=24$이므로
$$\beta-\alpha=24-8=16$$

18 1228 답 ② 유형 15

출제의도 | 합성함수의 그래프를 이용하여 방정식의 실근의 개수를 구할 수 있는지 확인한다.

> $f(x)=t$로 치환하고 방정식 $g(t)=0$의 실근의 개수를 구해 보자.

$f(x)=x^2-2x+2=(x-1)^2+1\geq 1$이므로
$$f(x)\geq 1$$
방정식 $(g\circ f)(x)=0$에서 $f(x)=t$로 놓으면 $t\geq 1$
$g(f(x))=g(t)=t^3-3t^2+1$에서
$g'(t)=3t^2-6t=3t(t-2)$
$g'(t)=0$인 t의 값은 $t=2\,(\because t\geq 1)$
$t\geq 1$에서 함수 $g(t)$의 증가, 감소를 표로 나타내면 다음과 같다.

t	1	$\cdots$	2	$\cdots$
$g'(t)$		$-$	0	$+$
$g(t)$	-1	↘	-3 극소	↗

함수 $y=g(t)$의 그래프는 그림과 같다.
방정식 $g(t)=0$의 실근을 $t=k\,(k>2)$라 하면 방정식 $f(x)=k$의 실근은 2개이다.
즉, 방정식 $(g\circ f)(x)=0$의 실근은 2개이다.

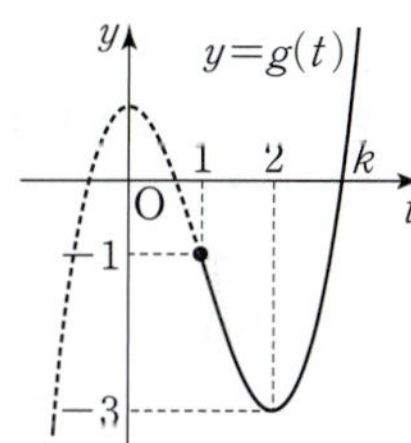

참고 방정식 $g(t)=0$의 실근을 $t=k\,(k>2)$라 하면 $g(k)=0$
$f(x)=k$에서 $(x-1)^2+1=k$
$\therefore x=1\pm\sqrt{k-1}\,(\because k>2)$
따라서 방정식 $f(x)=k$의 실근은 2개이다.

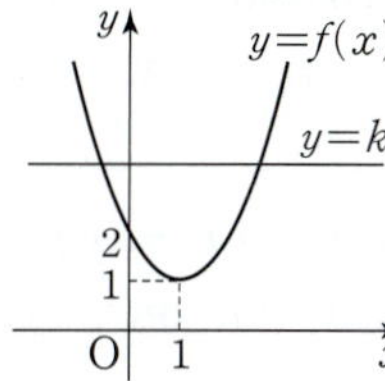

19 1229 답 ③ 유형 28

출제의도 | 시각에 대한 넓이의 변화율을 구할 수 있는지 확인한다.

> 시각 $t=a$에서 넓이 $S(t)$의 변화율은 $S'(a)$임을 이용해 보자.

(i) $0<t<2$일 때
점 P는 변 OA 위에 있으므로 $P\left(\dfrac{t}{2},\dfrac{\sqrt{3}}{2}t\right)$
$\longrightarrow P(\overline{OP}\cos 60°,\ \overline{OP}\sin 60°)$
$$S(t)=\triangle AOQ-\triangle POQ$$
$$=\frac{1}{2}\times 4\times\sqrt{3}-\frac{1}{2}\times 4\times\frac{\sqrt{3}}{2}t$$
$$=-\sqrt{3}t+2\sqrt{3}$$

(ii) $2\leq t<4$일 때
$\overline{BP}=4-t$이고
$P(2-\overline{BP}\cos 60°,\ \overline{BP}\sin 60°)$
점 P는 변 AB 위에 있으므로 $P\left(\dfrac{t}{2},\ 2\sqrt{3}-\dfrac{\sqrt{3}}{2}t\right)$
$$S(t)=\triangle ABQ-\triangle PBQ$$
$$=\frac{1}{2}\times 2\times\sqrt{3}-\frac{1}{2}\times 2\times\left(2\sqrt{3}-\frac{\sqrt{3}}{2}t\right)$$
$$=\frac{\sqrt{3}}{2}t-\sqrt{3}$$

ㄱ. $0<t<2$에서 $S(t)$의 변화율은 $S'(t)=-\sqrt{3}$ (참)

ㄴ. $2<t<4$에서 $S(t)$의 변화율은 $S'(t)=\dfrac{\sqrt{3}}{2}$ (거짓)

ㄷ. $0<t<4$에서 함수 $S(t)$의 증가, 감소를 표로 나타내면 다음과 같다.

t	0	$\cdots$	2	$\cdots$	4
$S'(t)$		$-$		$+$	
$S(t)$		$\searrow$	0 극소	$\nearrow$	

즉, 함수 $S(t)$는 $t=2$에서 극소이다. (참)

따라서 옳은 것은 ㄱ, ㄷ이다.

(참고) 함수 $S(t)$는 $t=2$에서 미분가능하지 않지만 $t=2$의 좌우에서 $S'(t)$의 부호가 바뀌므로 $t=2$에서 극소이다.

20 1230 답 ①   유형 13

출제의도 │ 주어진 조건에 따라 방정식의 실근의 개수를 구할 수 있는지 확인한다.

주어진 조건으로 삼차함수 $f(x)$의 식을 구한 후 함수 $y=|f(x)|$의 그래프와 직선 $y=4$의 교점을 찾아 보자.

(개)에서 $f(0)=g(0)=0$이므로
$g(x)=f(x)+|f'(x)|$에 $x=0$을 대입하면
$f'(0)=0$ ·· ㉠
이때 $f(x)$는 최고차항의 계수가 1인 삼차함수이고 $f(0)=0$이므로
$f(x)=x(x^2+ax+b)$ (a, b는 상수)로 놓으면
$f'(x)=(x^2+ax+b)+x(2x+a)$
$f'(0)=b=0$ ($\because$ ㉠)
$\therefore f(x)=x^2(x+a)$, $f'(x)=x(3x+2a)$
$f'(x)=0$인 x의 값은 $x=0$ 또는 $x=-\dfrac{2}{3}a$

이때 방정식 $f(x)=0$의 해는 $x=0$ 또는 $x=-a$이고
(내)에서 방정식 $f(x)=0$이 양의 실근을 가지므로 $-a>0$
즉, $-\dfrac{2}{3}a>0$이므로 함수 $f(x)$의 증가, 감소를 표로 나타내면 다음과 같다.

x	$\cdots$	0	$\cdots$	$-\dfrac{2}{3}a$	$\cdots$
$f'(x)$	$+$	0	$-$	0	$+$
$f(x)$	$\nearrow$	0 극대	$\searrow$	$\dfrac{4}{27}a^3$ 극소	$\nearrow$

함수 $y=|f(x)|$의 그래프는 그림과 같다.
(대)에서 방정식 $|f(x)|=4$의 서로 다른 실근의 개수가 3이므로 함수 $y=|f(x)|$의 그래프와 직선 $y=4$가 서로 다른 세 점에서 만나야 한다.

$\left|f\left(-\dfrac{2}{3}a\right)\right|=4$에서
$\dfrac{4}{27}a^3=-4$, $a^3=-27$
$\therefore a=-3$

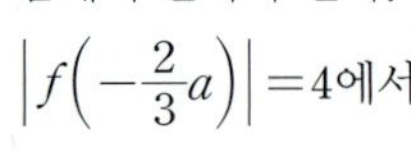

즉, $f(x)=x^2(x-3)$, $f'(x)=x(3x-6)$이므로
$g(x)=x^2(x-3)+|x(3x-6)|$
$\therefore g(3)=|3\times(3\times3-6)|=9$

(참고) $f(0)=0$, $f'(0)=0$이므로 $f(x)$는 x^2을 인수로 가진다. 즉, $f(x)=x^2(x+a)$로 $f(x)$의 식을 바로 세울 수 있다.

21 1231 답 ③   유형 19

출제의도 │ 그래프의 개형을 이용하여 부등식을 해결할 수 있는지 확인한다.

부등식 $g(x)\leq2x+k\leq f(x)$를 두 부등식 $g(x)\leq2x+k$, $2x+k\leq f(x)$로 나누어 풀어 보자.

(i) $g(x)\leq2x+k$, 즉 $g(x)-2x-k\leq0$에서
$-3x^2-2x+1-k\leq0$
$h(x)=-3x^2-2x+1-k$라 하면
$h(x)=-3\left(x+\dfrac{1}{3}\right)^2+\dfrac{4}{3}-k$이므로
함수 $h(x)$의 최댓값은 $h\left(-\dfrac{1}{3}\right)=\dfrac{4}{3}-k$
모든 실수 x에 대하여 부등식 $h(x)\leq0$이 성립하려면
$\dfrac{4}{3}-k\leq0$ $\therefore k\geq\dfrac{4}{3}$

(ii) $2x+k\leq f(x)$, 즉 $f(x)-2x-k\geq0$에서
$x^4-2x^2+a-k\geq0$
$l(x)=x^4-2x^2+a-k$라 하면
$l'(x)=4x^3-4x=4x(x+1)(x-1)$
$l'(x)=0$인 x의 값은 $x=-1$ 또는 $x=0$ 또는 $x=1$
함수 $l(x)$의 증가, 감소를 표로 나타내면 다음과 같다.

x	$\cdots$	-1	$\cdots$	0	$\cdots$	1	$\cdots$
$l'(x)$	$-$	0	$+$	0	$-$	0	$+$
$l(x)$	$\searrow$	$a-k-1$ 극소	$\nearrow$	$a-k$ 극대	$\searrow$	$a-k-1$ 극소	$\nearrow$

따라서 함수 $l(x)$의 최솟값은 $l(-1)=l(1)=a-k-1$
즉, 모든 실수 x에 대하여 부등식 $l(x)\geq0$이 성립하려면
$a-k-1\geq0$ $\therefore k\leq a-1$

(i), (ii)에서 $\dfrac{4}{3}\leq k\leq a-1$

위의 부등식을 만족시키는 자연수 k의 개수가 3이어야 하므로
$4\leq a-1<5$ $\therefore 5\leq a<6$
따라서 정수 a의 값은 5이다.

22 1232 답 $-3<k<3$ 유형 7

출제의도 │ 삼차방정식의 실근의 개수를 구할 수 있는지 확인한다.

STEP 1 함수 $f(x)$의 증가, 감소 조사하기 [4점]

주어진 그래프에서 $f'(x)=0$인 x의 값은 $x=-1$ 또는 $x=3$
$f(-1)=3$, $f(3)=-3$이므로 함수 $f(x)$의 증가, 감소를 표로 나타내면 다음과 같다.

x	$\cdots$	-1	$\cdots$	3	$\cdots$
$f'(x)$	$+$	0	$-$	0	$+$
$f(x)$	$\nearrow$	3 극대	$\searrow$	-3 극소	$\nearrow$

함수 $y=f(x)$의 그래프는 그림과 같다.

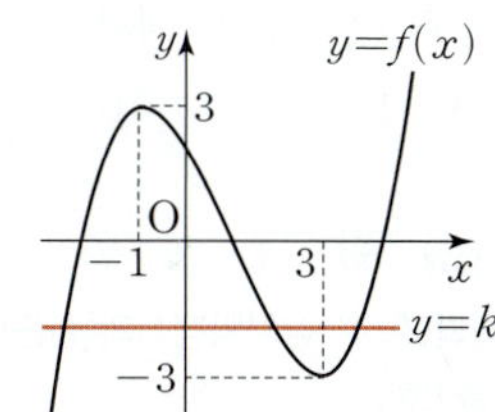

STEP 2 실수 k의 값의 범위 구하기 [2점]

방정식 $f(x)=k$가 서로 다른 세 실근을 가지려면 함수 $y=f(x)$의 그래프와 직선 $y=k$가 서로 다른 세 점에서 만나야 하므로
$-3<k<3$

다른 풀이

$f(x)=k$에서 $f(x)-k=0$
$g(x)=f(x)-k$라 하면 $g(x)$도 삼차함수이고 $g'(x)=f'(x)$이므로 함수 $g(x)$도 $x=-1$, $x=3$에서 극값을 가진다.
삼차방정식 $g(x)=0$이 서로 다른 세 실근을 가지려면
$g(-1)g(3)<0$이어야 하므로
$\{f(-1)-k\}\{f(3)-k\}<0$
즉, $(3-k)(-3-k)<0$이므로 $-3<k<3$

23 1233 　답 $-3<k<-2$ 　유형 14

출제의도 | 곡선 밖의 점에서 곡선에 그은 접선의 개수를 이용하여 미지수를 구할 수 있는지 확인한다.

STEP 1 곡선 위의 한 점에서의 접선의 방정식 구하기 [2점]

$f(x)=x^3-3x$라 하면 $f'(x)=3x^2-3$
점 $(1, k)$에서 곡선 $y=f(x)$에 그은 접선의 접점의 좌표를 (t, t^3-3t)라 하면 접선의 기울기는 $f'(t)=3t^2-3$이므로 접선의 방정식은
$y-(t^3-3t)=(3t^2-3)(x-t)$

STEP 2 접선의 방정식에 점 $(1, k)$를 대입하기 [1점]

이 직선이 점 $(1, k)$를 지나므로
$k-t^3+3t=(3t^2-3)(1-t)$
$\therefore 2t^3-3t^2+k+3=0$ ·············· ㉠

STEP 3 서로 다른 세 개의 접선을 그을 수 있도록 하는 실수 k의 값의 범위 구하기 [3점]

점 $(1, k)$에서 주어진 곡선에 서로 다른 세 개의 접선을 그을 수 있으려면 t에 대한 방정식 ㉠이 서로 다른 세 실근을 가져야 한다.
$g(t)=2t^3-3t^2+k+3$이라 하면
$g'(t)=6t^2-6t=6t(t-1)$
$g'(t)=0$인 t의 값은 $t=0$ 또는 $t=1$
삼차방정식 $g(t)=0$이 서로 다른 세 실근을 가지려면
$g(0)g(1)<0$이어야 하므로
$(k+3)(k+2)<0$
$\therefore -3<k<-2$

24 1234 　답 700 　유형 7

출제의도 | 방정식의 실근의 개수를 이용하여 새롭게 정의된 함수를 추측할 수 있는지 확인한다.

STEP 1 조건을 만족시키는 삼차함수 $f(x)$를 식으로 나타내기 [2점]

주어진 조건에 의하여 함수 $f(x)$의 극댓값은 0, 극솟값은 -4이다.
함수 $y=f(x)$의 그래프가 x축과 만나는 점의 x좌표를 a, b라 하면 삼차함수 $f(x)$는 최고차항의 계수가 1이므로
$f(x)=(x-a)^2(x-b)$
로 놓을 수 있다.

함수 $g(t)$를 이용하여 함수 $y=f(x)$의 그래프의 개형을 그리면

STEP 2 함수 $f(x)$ 구하기 [4점]

$f'(x)=2(x-a)(x-b)+(x-a)^2$
　　　$=(x-a)(3x-a-2b)$

$f'(x)=0$인 x의 값은 $x=a$ 또는 $x=\dfrac{a+2b}{3}$

$f\left(\dfrac{a+2b}{3}\right)=-4$에서 　$x=a$에서 극대이므로 $x=\dfrac{a+2b}{3}$에서 극소이다.

$\dfrac{4}{27}(a-b)^3=-4$, $(a-b)^3=-27$

$a-b=-3$ 　$\therefore b=a+3$ ·············· ㉠

이때 $f(0)=-2$이므로
$-a^2b=-2$
이 식에 ㉠을 대입하여 풀면
$a=-1$, $b=2$ $(\because a, b$는 유리수$)$
$\therefore f(x)=(x+1)^2(x-2)$

STEP 3 $f(9)$의 값 구하기 [1점]
$f(9)=(9+1)^2\times(9-2)=700$

25 1235 　답 $a\leq\dfrac{1}{4}$ 　유형 16 + 유형 17

출제의도 | 주어진 구간에서 부등식이 성립하도록 미정계수의 값의 범위를 정할 수 있는지 확인한다.

STEP 1 $a\leq 0$일 때, 부등식이 성립하도록 하는 실수 a의 값의 범위 구하기 [2점]

$2x^3-6ax\geq-\dfrac{1}{2}$에서 $2x^3-6ax+\dfrac{1}{2}\geq0$

$f(x)=2x^3-6ax+\dfrac{1}{2}$이라 하면

$f'(x)=6x^2-6a$

(i) $a\leq 0$일 때 　$f'(x)=6x^2-6a$에서 $-6a\geq0$이므로 $6x^2-6a\geq0$
$f'(x)\geq0$이므로 함수 $f(x)$는 $x\geq0$에서 증가한다.

이때 $f(0)=\dfrac{1}{2}>0$이므로

$a\leq0$이면 부등식 $f(x)\geq0$이 성립한다.

STEP 2 $a>0$일 때, 부등식이 성립하도록 하는 실수 a의 값의 범위 구하기 [4점]

(ii) $a>0$일 때
$f'(x)=6x^2-6a=6(x+\sqrt{a})(x-\sqrt{a})$
$f'(x)=0$인 x의 값은 $x=\sqrt{a}$ $(\because x\geq0)$
$x\geq0$에서 함수 $f(x)$의 증가, 감소를 표로 나타내면 다음과 같다.

x	0	$\cdots$	$\sqrt{a}$	$\cdots$
$f'(x)$		$-$	0	$+$
$f(x)$	$\dfrac{1}{2}$	$\searrow$	$-4a\sqrt{a}+\dfrac{1}{2}$ 극소	$\nearrow$

$x\geq0$에서 함수 $f(x)$의 최솟값은 $f(\sqrt{a})=-4a\sqrt{a}+\dfrac{1}{2}$이므로

$f(x)\geq0$이 성립하려면

$$-4a\sqrt{a}+\frac{1}{2}\geq0,\ 8a\sqrt{a}\leq1$$

$$64a^3\leq1,\ a^3\leq\frac{1}{64}$$

$$\therefore\ 0<a\leq\frac{1}{4}\ (\because a>0)$$

 **STEP 3** a의 값의 범위 구하기 [1점]

(i), (ii)에서 실수 a의 값의 범위는

$$a\leq\frac{1}{4}$$

 실전 마무리하기 2회   269쪽~273쪽

1 1236 답 ①　유형 1

출제의도 │ 닫힌구간에서 함수의 최댓값과 최솟값을 구할 수 있는지 확인한다.

> 극값과 구간의 양 끝 점에서의 함숫값을 확인해서 최대, 최소를 구해 보자.

$f(x)=x^3-3x^2+8$에서

$f'(x)=3x^2-6x=3x(x-2)$

$f'(x)=0$인 x의 값은 $x=2\ (\because 1\leq x\leq4)$

닫힌구간 $[1,\ 4]$에서 함수 $f(x)$의 증가, 감소를 표로 나타내면 다음과 같다.

x	1	$\cdots$	2	$\cdots$	4
$f'(x)$		$-$	0	$+$	
$f(x)$	6	$\searrow$	4 극소	$\nearrow$	24

따라서 함수 $f(x)$의 최댓값은 $f(4)=24$, 최솟값은 $f(2)=4$이므로 $M=24$, $m=4$

$\therefore M+m=28$

2 1237 답 ③　유형 3

출제의도 │ 주어진 구간에서 함수의 최댓값을 이용하여 미정계수를 정할 수 있는지 확인한다.

> 극값과 구간의 양 끝 점에서의 함숫값을 확인해서 최댓값을 구해 보자.

$f(x)=x^3-6x^2+9x+a$에서

$f'(x)=3x^2-12x+9=3(x-1)(x-3)$

$f'(x)=0$인 x의 값은 $x=1$ 또는 $x=3$

닫힌구간 $[-1,\ 3]$에서 함수 $f(x)$의 증가, 감소를 표로 나타내면 다음과 같다.

x	-1	$\cdots$	1	$\cdots$	3
$f'(x)$		$+$	0	$-$	
$f(x)$	$a-16$	$\nearrow$	$a+4$ 극대	$\searrow$	a

닫힌구간 $[-1,\ 3]$에서 함수 $f(x)$의 최댓값이 $f(1)=10$이므로

$a+4=10$　$\therefore\ a=6$

3 1238 답 ①　유형 7

출제의도 │ 삼차방정식의 실근의 개수를 이용하여 미정계수를 정할 수 있는지 확인한다.

> 삼차방정식 $f(x)=k$의 실근의 개수가 2이면 함수 $f(x)$의 극값 중 하나가 k임을 이용해 보자.

$\dfrac{1}{3}x^3-x^2-k=0$에서 $\dfrac{1}{3}x^3-x^2=k$

$f(x)=\dfrac{1}{3}x^3-x^2$이라 하면

$f'(x)=x^2-2x=x(x-2)$

$f'(x)=0$인 x의 값은 $x=0$ 또는 $x=2$

함수 $f(x)$의 증가, 감소를 표로 나타내면 다음과 같다.

x	$\cdots$	0	$\cdots$	2	$\cdots$
$f'(x)$	$+$	0	$-$	0	$+$
$f(x)$	$\nearrow$	0 극대	$\searrow$	$-\dfrac{4}{3}$ 극소	$\nearrow$

함수 $y=f(x)$의 그래프는 그림과 같다.

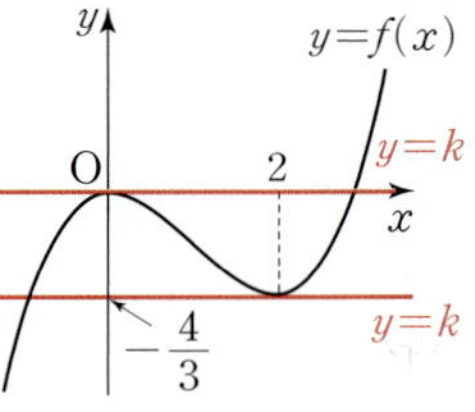

방정식 $f(x)=k$가 서로 다른 두 실근을 가지려면 함수 $y=f(x)$의 그래프와 직선 $y=k$가 서로 다른 두 점에서 만나야 하므로

$k=0$ 또는 $k=-\dfrac{4}{3}$

따라서 모든 실수 k의 값의 합은

$$0+\left(-\frac{4}{3}\right)=-\frac{4}{3}$$

다른 풀이

$f(x)=\dfrac{1}{3}x^3-x^2-k$라 하면

$f'(x)=x^2-2x=x(x-2)$

$f'(x)=0$인 x의 값은 $x=0$ 또는 $x=2$

삼차방정식 $f(x)=0$이 서로 다른 두 근을 가지려면

$f(0)f(2)=0$이어야 하므로

$$-k\left(\frac{8}{3}-4-k\right)=0\qquad\therefore\ k=0\ \text{또는}\ k=-\frac{4}{3}$$

따라서 모든 실수 k의 값의 합은 $-\dfrac{4}{3}$이다.

4 1239 답 ③　유형 16

출제의도 │ 함수의 증가, 감소를 이용하여 주어진 구간에서 부등식이 성립하도록 하는 미정계수의 최솟값을 구할 수 있는지 확인한다.

> $f'(x)>0$이면 함수 $f(x)$는 항상 증가함을 이용해 보자.

$f(x)=x^3+3x+a$라 하면

$f'(x)=3x^2+3$

모든 실수 x에 대하여 $f'(x)>0$이므로 함수 $f(x)$는 실수 전체의 집합에서 증가한다.

즉, $x>2$일 때, $f(x)>0$이 성립하려면 $f(2)\geq0$이어야 하므로
$$14+a\geq0 \qquad \therefore a\geq-14$$
따라서 실수 a의 최솟값은 -14이다.

5 1240 **답** ③　　　　　　　　　　　　　　　　유형 21

출제의도 ｜ 위치와 속도 사이의 관계를 알고 있는지 확인한다.

> 위치 x를 시각 t에 대하여 미분해 보자.

점 P의 시각 t에서의 속도를 v라 하면
$$v=\frac{dx}{dt}=4t-1$$
따라서 $t=1$에서 점 P의 속도는
$$4-1=3$$

6 1241 **답** ②　　　　　　　　　　　　유형 17 + 유형 21

출제의도 ｜ 속도가 항상 양수이기 위한 조건을 찾을 수 있는지 확인한다.

> 위치 x를 시각 t에 대하여 미분해 보자.

점 P의 시각 t에서의 속도를 v라 하면
$$v=\frac{dx}{dt}=6t^2-12t+k=6(t-1)^2+k-6$$
$t>0$에서 항상 $v>0$이 되려면
$$k-6>0 \qquad \therefore k>6$$
따라서 정수 k의 최솟값은 7이다.

7 1242 **답** ⑤　　　　　　　　　　　　　　　　유형 24

출제의도 ｜ 지면에서 수직으로 던진 물체의 운동을 이해하는지 확인한다.

> 수직으로 던진 물체가 지면으로 닿을 때의 높이는 0임을 이용해 보자.

시각 t에서 물체의 속도는
$$h'(t)=-10t-5$$
물체가 지면에 닿을 때의 높이는 0이므로 $h(t)=0$에서
$$-5t^2-5t+10=0, \ (t+2)(t-1)=0$$
$$\therefore t=1 \ (\because t>0)$$
따라서 $t=1$에서 물체의 속도는
$$h'(1)=-15 \ (\text{m/s})$$

8 1243 **답** ⑤　　　　　　　　　　　　　　　　유형 25

출제의도 ｜ 시각에 대한 위치를 나타낸 그래프를 해석할 수 있는지 확인한다.

> 위치 $x(t)$의 그래프에서 접선의 기울기의 부호가 바뀌는 시각이 운동 방향을 바꾸는 시각임을 이용하여 참, 거짓을 판별해 보자.

ㄱ. $x(0)=0$이므로 점 P는 원점에서 출발하였다. (참)

ㄴ. $x(2)=x(4)=0$이므로 점 P는 출발 후 원점을 두 번 지난다. (참)

ㄷ. $t=1$, $t=3$에서 $x'(t)=0$이고, 그 좌우에서 $x'(t)$의 부호가 바뀌므로 점 P는 출발 후 운동 방향을 두 번 바꾸었다. (참)

따라서 옳은 것은 ㄱ, ㄴ, ㄷ이다.

9 1244 **답** ③　　　　　　　　　　　　　　　　유형 4

출제의도 ｜ 함수의 최대, 최소를 활용하여 길이의 최솟값을 구할 수 있는지 확인한다.

> 점 P와 점 $(-3, 0)$ 사이의 거리를 한 문자에 대한 식으로 나타내 보자.

곡선 $y=x^2$ 위의 점 P의 좌표를 (t, t^2)이라 하면
점 P와 점 $(-3, 0)$ 사이의 거리는
$$\sqrt{(t+3)^2+(t^2-0)^2}=\sqrt{t^4+t^2+6t+9}$$
$f(t)=t^4+t^2+6t+9$라 하면
$$f'(t)=4t^3+2t+6=2(t+1)(2t^2-2t+3)$$
$$f'(t)=0$인 t의 값은 $t=-1 \ (\because 2t^2-2t+3>0)$$
함수 $f(t)$의 증가, 감소를 표로 나타내면 다음과 같다.

t	$\cdots$	-1	$\cdots$
$f'(t)$	$-$	0	$+$
$f(t)$	$\searrow$	5 극소	$\nearrow$

함수 $f(t)$의 최솟값은 $f(-1)=5$이므로 점 P와 점 $(-3, 0)$ 사이의 거리의 최솟값은 $\sqrt{5}$이다.

10 1245 **답** ③　　　　　　　　　　　　　　　　유형 6

출제의도 ｜ 부피의 최댓값을 구할 수 있는지 확인한다.

> 직육면체의 부피를 x에 대한 식으로 나타내 보자.

직육면체의 모든 모서리의 길이의 합이 36이므로
$$4(2x+x+y)=36, \ 3x+y=9$$
$$\therefore y=9-3x \ (0<x<3)$$
직육면체의 부피를 $V(x)$라 하면
$$\begin{aligned}V(x)&=2x\times x\times y\\&=2x\times x\times(9-3x)\\&=-6x^3+18x^2\end{aligned}$$
$$V'(x)=-18x^2+36x=-18x(x-2)$$
$$V'(x)=0$인 x의 값은 $x=2 \ (\because x>0)$$
$0<x<3$에서 함수 $V(x)$의 증가, 감소를 표로 나타내면 다음과 같다.

x	0	$\cdots$	2	$\cdots$	3
$V'(x)$		$+$	0	$-$	
$V(x)$		$\nearrow$	24 극대	$\searrow$	

따라서 직육면체의 부피 $V(x)$의 최댓값은
$$V(2)=24$$

11 1246 **답** ③　　　　　　　　　　　　　　　　유형 9

출제의도 ｜ 삼차함수의 그래프를 이용하여 삼차방정식의 실근의 부호를 찾을 수 있는지 확인한다.

> 삼차함수의 그래프의 개형을 그려서 근의 위치를 찾아보자.

$2x^3-3x^2-12x-k=0$에서 $2x^3-3x^2-12x=k$

$f(x)=2x^3-3x^2-12x$라 하면
$f'(x)=6x^2-6x-12=6(x+1)(x-2)$
$f'(x)=0$인 x의 값은 $x=-1$ 또는 $x=2$
함수 $f(x)$의 증가, 감소를 표로 나타내면 다음과 같다.

x	$\cdots$	-1	$\cdots$	2	$\cdots$
$f'(x)$	$+$	0	$-$	0	$+$
$f(x)$	$\nearrow$	7 극대	$\searrow$	-20 극소	$\nearrow$

함수 $y=f(x)$의 그래프는 그림과 같다.
함수 $y=f(x)$의 그래프와 직선 $y=k$
의 교점의 x좌표가 한 개는 양수이고,
두 개는 음수이어야 하므로
$0<k<7$
따라서 정수 k는 1, 2, 3, 4, 5, 6의 6개
이다.

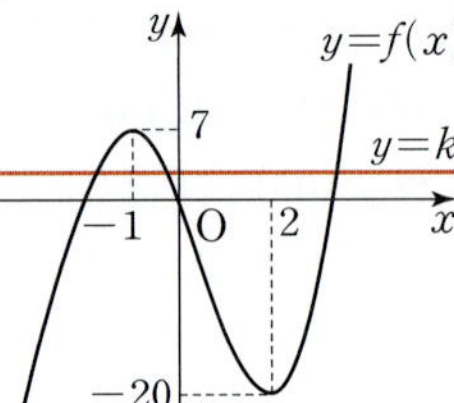

12 1247 답 ①

유형 9

출제의도 | 그래프의 개형을 이용하여 방정식의 실근이 주어진 대소 관계를 만족시키도록 미정계수를 정할 수 있는지 확인한다.

> $f(x)=x^3-3x^2-9x$의 그래프와 직선 $y=k$의 교점의 x좌표 α, β, γ 가 $\alpha<1<\beta<\gamma$를 만족시켜야 해.

$f(x)=x^3-3x^2-9x$라 하면
$f'(x)=3x^2-6x-9=3(x+1)(x-3)$
$f'(x)=0$인 x의 값은 $x=-1$ 또는 $x=3$
함수 $f(x)$의 증가, 감소를 표로 나타내면 다음과 같다.

x	$\cdots$	-1	$\cdots$	3	$\cdots$
$f'(x)$	$+$	0	$-$	0	$+$
$f(x)$	$\nearrow$	5 극대	$\searrow$	-27 극소	$\nearrow$

함수 $y=f(x)$의 그래프는 그림과 같다.
함수 $y=f(x)$의 그래프와 직선 $y=k$의
교점의 x좌표 α, β, γ가
$\alpha<1<\beta<\gamma$
를 만족시켜야 하므로
$-27<k<-11$
따라서 정수 k는 -26, -25, -24, $\cdots$,
-12의 15개이다.

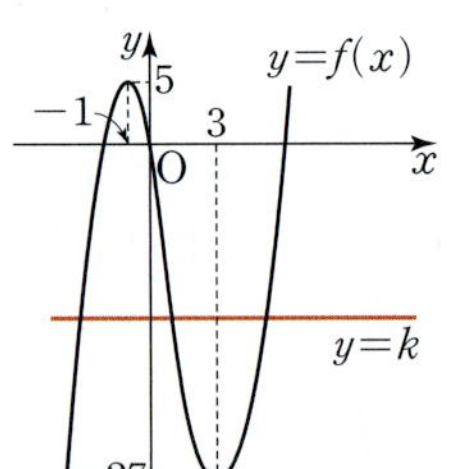

13 1248 답 ④

유형 18

출제의도 | 모든 실수 x에 대하여 부등식이 성립하도록 미정계수를 정할 수 있는지 확인한다.

> 모든 실수 x에 대하여 부등식 $f(x)\geq0$이 항상 성립하려면
> ($f(x)$의 최솟값)≥0이어야 해.

$f(x)=x^4-4x-a^2+12a+18$이라 하면
$f'(x)=4x^3-4=4(x-1)(x^2+x+1)$
$f'(x)=0$인 x의 값은 $x=1$ ($\because x^2+x+1>0$)

함수 $f(x)$의 증가, 감소를 표로 나타내면 다음과 같다.

x	$\cdots$	1	$\cdots$
$f'(x)$	$-$	0	$+$
$f(x)$	$\searrow$	$-a^2+2a+15$ 극소	$\nearrow$

함수 $f(x)$의 최솟값은 $f(1)=-a^2+2a+15$이므로 모든 실수 x
에 대하여 $f(x)\geq0$이 성립하려면
$-a^2+2a+15\geq0$, $(a+3)(a-5)\leq0$
$\therefore -3\leq a\leq5$
따라서 정수 a는 -3, -2, -1, $\cdots$, 5의 9개이다.

14 1249 답 ④

유형 26

출제의도 | 시각에 대한 속도를 나타낸 그래프를 해석할 수 있는지 확인한다.

> $v(t)$의 그래프에서 가속도 $v'(t)$는 접선의 기울기와 같음을 이용해 보자.

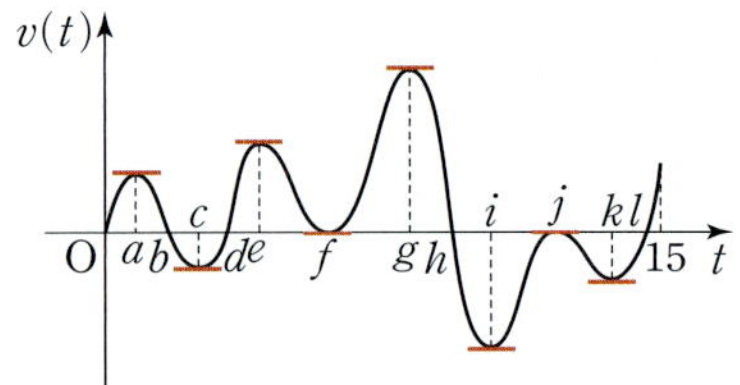

(i) $v(t)=0$이고 그 좌우에서 $v(t)$의 부호가 바뀔 때 점 P의 운동
　　방향이 바뀌므로 운동 방향이 바뀌는 시각은
　　$t=b$, $t=d$, $t=h$, $t=l$
　　$\therefore m=4$

(ii) 가속도 $v'(t)$는 $v(t)$의 그래프에서 t에서의 접선의 기울기와
　　같으므로 가속도가 0인 시각은 $v'(t)=0$에서
　　$t=a$, $t=c$, $t=e$, $t=f$, $t=g$, $t=i$, $t=j$, $t=k$
　　$\therefore n=8$

(i), (ii)에서 $m+n=12$

15 1250 답 ③

유형 29

출제의도 | 시각에 대한 부피의 변화율을 구할 수 있는지 확인한다.

> t초 후 정육면체의 한 모서리의 길이를 구해 보자.

t초 후의 정육면체의 한 모서리의 길이는 $\dfrac{t}{100}$ mm이므로 정육면

체의 부피를 V mm^{3}라 하면
$V=\left(\dfrac{t}{100}\right)^3$
$\therefore \dfrac{dV}{dt}=\left(\dfrac{1}{100}\right)^3\times3t^2$
모서리의 길이가 $3\,\mathrm{cm}$가 될 때의 시각 t는
$\longrightarrow 3\,\mathrm{cm}=30\,\mathrm{mm}$
$\dfrac{t}{100}=30$
$\therefore t=3000$
따라서 $t=3000$에서 정육면체의 부피의 변화율은
$\left(\dfrac{1}{100}\right)^3\times3\times3000^2=27\ (\mathrm{mm^3/s})$

16 1251 답 ⑤ 유형 13

출제의도 | 방정식 $|f(x)|=k$의 실근의 개수를 구할 수 있는지 확인한다.

$f(-x)=-f(x)$이므로 함수 $f(x)$의 그래프는 원점에 대하여 대칭이야.

$f(-x)=-f(x)$에 $x=0$을 대입하면
$f(0)=-f(0)$ $\therefore f(0)=0$
또, 삼차함수 $f(x)$의 그래프는 원점에 대하여 대칭이다.
최고차항의 계수가 1이고 방정식 $|f(x)|=54$의 실근의 개수가 4
이므로 함수 $y=|f(x)|$의 그래프의 개형은 그림과 같다.

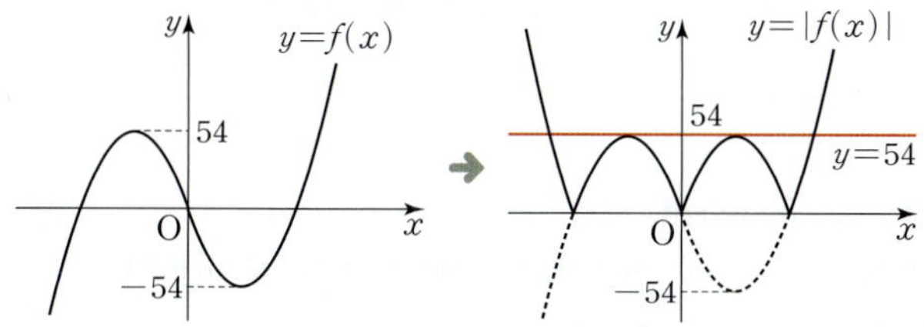

$f(x)=x^3-3a^2x\ (a>0)$라 하면
$f'(x)=3x^2-3a^2=3(x+a)(x-a)$
함수 $f(x)$는 $x=-a$에서 극댓값, $x=a$에서 극솟값을 가진다.
즉, $f(-a)=54$, $f(a)=-54$이므로
$-a^3+3a^3=54$, $2a^3=54$
$a^3=27$ $\therefore a=3\ (\because a$는 실수$)$
따라서 $f(x)=x^3-27x$이므로
$f(1)=1-27=-26$

참고 인수분해를 편하게 하기 위해 $f(x)=x^3-ax$ 대신 $f(x)=x^3-3a^2x$
로 놓았다.
$f(x)=x^3-ax\ (a>0)$라 하면
$f'(x)=3x^2-a=3\left(x+\dfrac{\sqrt{3a}}{3}\right)\left(x-\dfrac{\sqrt{3a}}{3}\right)$
$f\left(-\dfrac{\sqrt{3a}}{3}\right)=54$, $f\left(\dfrac{\sqrt{3a}}{3}\right)=-54$이므로
$\left(-\dfrac{\sqrt{3a}}{3}\right)^3-a\left(-\dfrac{\sqrt{3a}}{3}\right)=54$, $\dfrac{2a\sqrt{3a}}{9}=54$
$a^3=3^9$ $\therefore a=27$
따라서 $f(x)=x^3-27x$이므로 같은 결과를 얻을 수 있다.

17 1252 답 ③ 유형 14

출제의도 | 곡선 밖의 점에서 곡선에 그은 접선의 개수를 구할 수 있는지 확인한다.

접점 $(t,\ f(t))$에서의 접선이 점 $(-2,\ 0)$을 지나는 것을 이용해 보자.

$f(x)=x^3+ax-6$이라 하면 $f'(x)=3x^2+a$
점 $(-2,\ 0)$에서 곡선 $y=f(x)$에 그은 접선의 접점의 좌표를
$(t,\ t^3+at-6)$이라 하면 접선의 기울기는 $f'(t)=3t^2+a$이므로
접선의 방정식은
$y-(t^3+at-6)=(3t^2+a)(x-t)$
이 직선이 점 $(-2,\ 0)$을 지나므로
$0-(t^3+at-6)=(3t^2+a)(-2-t)$
$\therefore 2t^3+6t^2+2a+6=0$ ······· ㉠
점 $(-2,\ 0)$에서 주어진 곡선에 서로 다른 세 개의 접선을 그을 수
있으려면 t에 대한 삼차방정식 ㉠이 서로 다른 세 실근을 가져야
한다.

$g(t)=2t^3+6t^2+2a+6$이라 하면
$g'(t)=6t^2+12t=6t(t+2)$
$g'(t)=0$인 t의 값은 $t=-2$ 또는 $t=0$
삼차방정식 $g(t)=0$이 서로 다른 세 실근을 가지려면
$g(-2)g(0)<0$이어야 하므로
$(2a+14)(2a+6)<0$, $4(a+7)(a+3)<0$
$\therefore -7<a<-3$
따라서 정수 a는 -6, -5, -4의 3개이다.

18 1253 답 ② 유형 19

출제의도 | 주어진 구간에서 부등식이 성립하도록 미정계수를 정할 수 있는지 확인한다.

$f(x)-g(x)\geq0$ 꼴로 만들어서 부등식을 풀어 보자.

$f(x)\geq g(x)$에서 $f(x)-g(x)\geq0$
$h(x)=f(x)-g(x)$
$\quad=x^3-x^2-x+1-(-x^2+2x+k)$
$\quad=x^3-3x+1-k$
라 하면
$h'(x)=3x^2-3=3(x+1)(x-1)$
$h'(x)=0$인 x의 값은 $x=1\ (\because 0\leq x\leq3)$
닫힌구간 $[0,\ 3]$에서 함수 $h(x)$의 증가, 감소를 표로 나타내면 다음과 같다.

x	0	$\cdots$	1	$\cdots$	3
$h'(x)$		$-$	0	$+$	
$h(x)$	$1-k$	$\searrow$	$-1-k$ 극소	$\nearrow$	$19-k$

닫힌구간 $[0,\ 3]$에서 함수 $h(x)$의 최솟값은 $f(1)=-1-k$이므로
$h(x)\geq0$이 성립하려면
$-1-k\geq0$ $\therefore k\leq-1$
따라서 k의 최댓값은 -1이다.

19 1254 답 ③ 유형 23

출제의도 | 수직선 위에서 두 점의 속도, 위치, 거리 사이의 관계를 이해하는지 확인한다.

속도가 같아지는 순간 두 점의 위치를 생각해 보자.

두 점 P, Q의 시각 t에서의 속도를 각각 $v_P(t)$, $v_Q(t)$라 하면
$v_P(t)=x_P{}'(t)=t^2-5$, $v_Q(t)=x_Q{}'(t)=-4t$
두 점 P, Q의 속도가 같아지는 시각은 $v_P(t)=v_Q(t)$에서
$t^2-5=-4t$, $t^2+4t-5=0$
$(t+5)(t-1)=0$ $\therefore t=1\ (\because t>0)$
$t=1$에서 두 점 P, Q의 위치는 각각
$x_P(1)=\dfrac{1}{3}-5=-\dfrac{14}{3}$, $x_Q(1)=-2+\dfrac{25}{3}=\dfrac{19}{3}$
이므로 두 점 P, Q의 속도가 같아지는 순간 두 점 사이의 거리는
$|x_P(1)-x_Q(1)|=\left|-\dfrac{14}{3}-\dfrac{19}{3}\right|=11$

20 1255 답 ③ 유형 28

출제의도 | 시각에 대한 넓이의 변화율을 구할 수 있는지 확인한다.

> 두 변의 길이가 a, b이고 끼인각의 크기가 θ인 삼각형의 넓이는
> $\dfrac{1}{2}ab\sin\theta$임을 이용해 보자.

t초 후 $\overline{\mathrm{OP}}=2t$, $\overline{\mathrm{OQ}}=t$이므로

t초 후 삼각형 OPQ의 넓이를 S라 하면

$$S=\frac{1}{2}\times 2t\times t\times \sin 30\degree$$

$$=\frac{1}{2}\times 2t\times t\times \frac{1}{2}$$

$$=\frac{t^2}{2}$$

$$\therefore \frac{dS}{dt}=t$$

따라서 $t=3$에서 삼각형 OPQ의 넓이의 변화율은 3이다.

21 1256 답 ④ 유형 8

출제의도 | 사차방정식의 실근의 개수를 구할 수 있는지 확인한다.

> $h'(x)=f'(x)+2$이므로 함수 $y=f'(x)$의 그래프를 이용해서 함수 $y=h(x)$의 그래프의 개형을 그려 보자.

$h(x)=f(x)+2x$에서 $h'(x)=f'(x)+2$

ㄱ. $h'(\alpha)=f'(\alpha)+2$이고 $f'(\alpha)>-2$이므로

$h'(\alpha)>0$ (참)

ㄴ. 열린구간 $(0,\ \alpha)$에서 $-2<f'(x)<f'(0)$

$0<f'(x)+2<f'(0)+2$ → 열린구간 $(0,\ \alpha)$에서

$\therefore 0<h'(x)<f'(0)+2$ $-2<f'(\alpha)<f'(x)$이므로 $-2<f'(x)$

즉, $h'(x)>0$이므로 함수 $h(x)$는 열린구간 $(0,\ \alpha)$에서 증가한다. (거짓)

ㄷ. $h(0)=f(0)=0$

$h'(x)=f'(x)+2=0$을 만족시키는 x의 값을 β라 할 때, 함수 $h(x)$의 증가, 감소를 표로 나타내면 다음과 같다.

x	$\cdots$	β	$\cdots$	0	$\cdots$
$h'(x)$	$-$	0	$+$	$+$	$+$
$h(x)$	$\searrow$	극소	$\nearrow$	0	$\nearrow$

함수 $y=h(x)$의 그래프는 그림과 같다.

함수 $y=h(x)$의 그래프는 x축과 서로 다른 두 점에서 만나므로 방정식 $h(x)=0$은 서로 다른 두 실근을 가진다. (참)

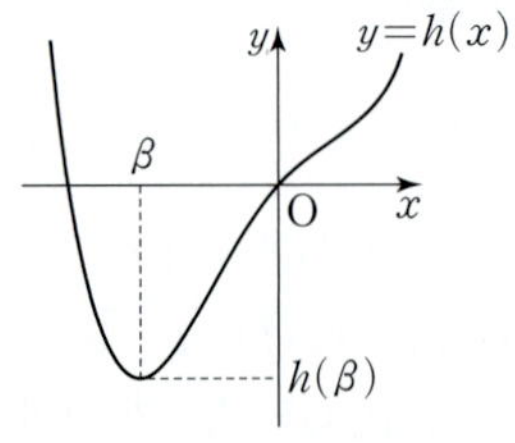

따라서 옳은 것은 ㄱ, ㄷ이다.

22 1257 답 13 유형 7

출제의도 | 두 그래프의 교점의 개수를 구할 수 있는지 확인한다.

STEP 1 교점이 1개일 조건 이해하기 [3점]

$f(x)=\dfrac{1}{3}x^3+\dfrac{1}{2}ax^2+9x$라 할 때, 삼차함수 $y=f(x)$의 그래프와

직선 $y=k$의 교점이 1개이려면 함수 $f(x)$는 극값을 가지지 않고 항상 증가해야 한다.

즉, 모든 실수 x에 대하여 $f'(x)\geq 0$이어야 한다.

STEP 2 정수 a의 개수 구하기 [3점]

$f'(x)=x^2+ax+9$

이차방정식 $f'(x)=0$의 판별식을 D라 할 때 $D\leq 0$이어야 하므로

$a^2-36\leq 0$

$(a+6)(a-6)\leq 0$

$\therefore -6\leq a\leq 6$

따라서 정수 a는 -6, -5, -4, $\cdots$, 6의 13개이다.

23 1258 답 400 m 유형 24

출제의도 | 위치, 속도, 거리 사이의 관계를 알고 있는지 확인한다.

STEP 1 시각 t에서의 속도 구하기 [2점]

열차가 제동을 건 후 t초 후의 속도를 v m/s라 하면

$$v=\frac{dx}{dt}=40-2t$$

STEP 2 열차가 정지한 시각 구하기 [2점]

열차가 정지할 때의 속도는 0이므로 $v=0$에서

$40-2t=0$

$\therefore t=20$

STEP 3 최소한 몇 m 앞에서 제동을 걸어야 하는지 구하기 [2점]

제동을 건 후 20초 동안 열차가 움직인 거리는

$40\times 20-20^2=400\,(\mathrm{m})$

따라서 최소한 400 m 앞에서 제동을 걸어야 한다.

24 1259 답 $\dfrac{256}{3}\pi$ cm³ 유형 29

출제의도 | 시각에 대한 부피의 변화율을 이해하는지 확인한다.

STEP 1 t초 후의 원뿔의 부피를 식으로 나타내기 [3점]

t초 후의 원뿔의 밑면의 반지름의 길이는 $(2+t)$ cm, 높이는 $(10-t)$ cm $(0<t<10)$이므로

원뿔의 부피를 V cm³라 하면

$$V=\frac{\pi}{3}(2+t)^2(10-t)$$

$$=\frac{\pi}{3}(-t^3+6t^2+36t+40)$$

STEP 2 원뿔의 부피의 변화율이 0이 되는 시각 구하기 [2점]

$$\frac{dV}{dt}=\frac{\pi}{3}(-3t^2+12t+36)$$

$$=-\pi(t^2-4t-12)$$

$$=-\pi(t+2)(t-6)$$

원뿔의 부피의 변화율이 0이 되는 시각은

$t=6\ (\because\ 0<t<10)$

STEP 3 원뿔의 부피의 변화율이 0이 되는 순간의 부피 구하기 [2점]

$t=6$에서 원뿔의 부피는

$$\frac{\pi}{3}\times (2+6)^2\times (10-6)=\frac{256}{3}\pi\ (\mathrm{cm}^3)$$

출제의도 | 함수의 최댓값과 최솟값을 부등식에 적용할 수 있는지 확인한다.

STEP 1 부등식이 성립할 조건 이해하기 [2점]

임의의 두 실수 x_1, x_2에 대하여 부등식 $f(x_1) \geq g(x_2)$가 성립하려면 함수 $f(x)$의 최솟값이 함수 $g(x)$의 최댓값보다 크거나 같아야 한다.

STEP 2 함수 $f(x)$의 최솟값 구하기 [3점]

$f(x) = x^4 - 8x^2 + 3$에서

$f'(x) = 4x^3 - 16x = 4x(x+2)(x-2)$

$f'(x) = 0$인 x의 값은 $x = -2$ 또는 $x = 0$ 또는 $x = 2$

함수 $f(x)$의 증가, 감소를 표로 나타내면 다음과 같다.

x	$\cdots$	-2	$\cdots$	0	$\cdots$	2	$\cdots$
$f'(x)$	$-$	0	$+$	0	$-$	0	$+$
$f(x)$	$\searrow$	-13 극소	$\nearrow$	3 극대	$\searrow$	-13 극소	$\nearrow$

함수 $f(x)$의 최솟값은 $f(-2) = f(2) = -13$

STEP 3 함수 $g(x)$의 최댓값 구하기 [2점]

$g(x) = -x^2 + 2x + k = -(x-1)^2 + k + 1$

에서 함수 $g(x)$의 최댓값은 $g(1) = k + 1$

STEP 4 실수 k의 최댓값 구하기 [1점]

$-13 \geq k + 1$에서 $k \leq -14$

따라서 실수 k의 최댓값은 -14이다.

고난도 ⊕ Plus 문제　　274쪽

1 1261　답 -2

$f(x) = x^3 - 3x^2 + 3(x - |x|) + 4$에서

(i) $x > 0$일 때

　$f(x) = x^3 - 3x^2 + 4$이므로

　$f'(x) = 3x^2 - 6x = 3x(x-2)$

　$f'(x) = 0$인 x의 값은 $x = 2$ $(\because x > 0)$

(ii) $x < 0$일 때

　$f(x) = x^3 - 3x^2 + 6x + 4$이므로

　$f'(x) = 3x^2 - 6x + 6 = 3(x-1)^2 + 3 \geq 0$

(iii) $x = 0$일 때

　$f(0) = 4$

닫힌구간 $[-1, 3]$에서 함수 $f(x)$의 증가, 감소를 표로 나타내면 다음과 같다.

x	-1	$\cdots$	0	$\cdots$	2	$\cdots$	3
$f'(x)$		$+$		$-$	0	$+$	
$f(x)$	-6	$\nearrow$	4 극대	$\searrow$	0 극소	$\nearrow$	4

따라서 함수 $f(x)$의 최댓값은 $f(0) = f(3) = 4$, 최솟값은 $f(-1) = -6$이므로 구하는 최댓값과 최솟값의 합은

$4 + (-6) = -2$

2 1262　답 $\dfrac{\sqrt{3}}{3}$

두 곡선 $y = x^3$, $y = -x^3 + 2x$의 교점의 x좌표는

$x^3 = -x^3 + 2x$에서

$2x^3 - 2x = 0$, $2x(x+1)(x-1) = 0$

$\therefore x = -1$ 또는 $x = 0$ 또는 $x = 1$

이때 점 A는 제1사분면의 점이므로 A$(1, 1)$이고,

두 곡선과 직선 $x = k$가 만나는 두 점 B, C의 좌표는

B(k, k^3), C$(k, -k^3 + 2k)$이므로

$\overline{BC} = (-k^3 + 2k) - k^3 = -2k^3 + 2k$

점 O와 직선 BC 사이의 거리는 k,

점 A와 직선 BC 사이의 거리는 $1 - k$이므로

사각형 OBAC의 넓이는

$\square OBAC = \triangle OBC + \triangle BAC$

$\qquad = \dfrac{1}{2}\overline{BC} \times k + \dfrac{1}{2}\overline{BC} \times (1-k)$

$\qquad = \dfrac{1}{2}\overline{BC}$

$\qquad = -k^3 + k$

$f(k) = -k^3 + k$라 하면

$f'(k) = -3k^2 + 1$

$\qquad = -3\left(k + \dfrac{\sqrt{3}}{3}\right)\left(k - \dfrac{\sqrt{3}}{3}\right)$

$f'(k) = 0$인 k의 값은 $k = \dfrac{\sqrt{3}}{3}$ $(\because 0 < k < 1)$

$0 < k < 1$에서 함수 $f(k)$의 증가, 감소를 표로 나타내면 다음과 같다.

k	0	$\cdots$	$\dfrac{\sqrt{3}}{3}$	$\cdots$	1
$f'(k)$		$+$	0	$-$	
$f(k)$		$\nearrow$	극대	$\searrow$	

따라서 함수 $f(k)$는 $k = \dfrac{\sqrt{3}}{3}$일 때 최대이므로 사각형 OBAC의 넓이가 최대가 되게 하는 실수 k의 값은 $\dfrac{\sqrt{3}}{3}$이다.

3 1263　답 ②

$x^2 > 0$, $\dfrac{1}{x^2} > 0$이므로 산술평균과 기하평균의 관계에 의하여

$g(x) = x^2 + \dfrac{1}{x^2} - 2 \geq 2\sqrt{x^2 \times \dfrac{1}{x^2}} - 2 = 0$

방정식 $(f \circ g)(x) = k$에서 $g(x) = t$로 놓으면

$t \geq 0$에서 방정식 $f(t) = k$, 즉 $t^4 - 6t^2 + 2 = k$의 실근이 존재해야 한다.

$f(t) = t^4 - 6t^2 + 2$에서

$f'(t) = 4t^3 - 12t = 4t(t+\sqrt{3})(t-\sqrt{3})$

$f'(t) = 0$인 t의 값은 $t = 0$ 또는 $t = \sqrt{3}$ $(\because t \geq 0)$

$t \geq 0$에서 함수 $f(t)$의 증가, 감소를 표로 나타내면 다음과 같다.

t	0	$\cdots$	$\sqrt{3}$	$\cdots$
$f'(t)$		$-$	0	$+$
$f(t)$	2	$\searrow$	-7 극소	$\nearrow$

함수 $y=f(t)$의 그래프는 그림과 같다.

$t\geq0$에서 방정식 $f(t)=k$의 실근이 존재하려면 $t\geq0$에서 함수 $y=f(t)$의 그래프와 직선 $y=k$의 교점이 존재해야 하므로

$k\geq-7$

따라서 실수 k의 최솟값은 -7이다.

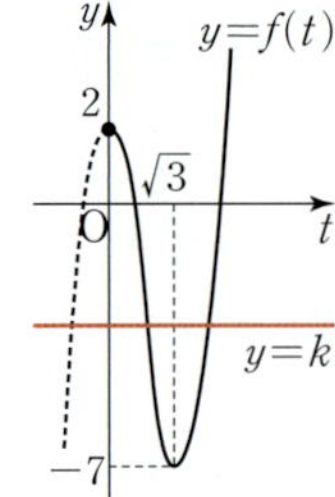

4 1264 답 ④

$f(x)=x^n-nx+n(n-3)-1$이라 하면

$$f'(x)=nx^{n-1}-n$$
$$\qquad=n(x^{n-1}-1)$$

$n\geq2$이므로 $0<x<1$일 때, $f'(x)<0$

함수 $f(x)$는 $0<x<1$에서 감소하므로 $0<x<1$일 때 $f(x)>0$이 성립하려면 $f(1)\geq0$이어야 한다.

즉, $1-n+n(n-3)-1\geq0$에서

$n^2-4n\geq0$, $n(n-4)\geq0$

$\therefore n\geq4$ ($\because n\geq2$)

따라서 자연수 n의 최솟값은 4이다.

5 1265 답 1

(i) $f(x)\leq x+k$, 즉 $f(x)-x-k\leq0$에서

$-x^4+2x^2-a-k\leq0$

$x^4-2x^2+a+k\geq0$

$h(x)=x^4-2x^2+a+k$라 하면

$h(x)=(x^2-1)^2+a+k-1$

이므로 함수 $h(x)$의 최솟값은

$h(-1)=h(1)=a+k-1$

모든 실수 x에 대하여 부등식 $h(x)\geq0$이 성립하려면

$a+k-1\geq0$

$\therefore k\geq-a+1$ ┄┄┄┄┄┄┄┄┄┄┄┄┄┄ ㉠

(ii) $x+k\leq g(x)$, 즉 $g(x)-x-k\geq0$에서

$3x^2-k+2\geq0$

$l(x)=3x^2-k+2$라 하면

함수 $l(x)$의 최솟값은 $-k+2$

모든 실수 x에 대하여 부등식 $l(x)\geq0$이 성립하려면

$-k+2\geq0$

$\therefore k\leq2$ ┄┄┄┄┄┄┄┄┄┄┄┄┄┄┄┄┄ ㉡

㉠, ㉡을 동시에 만족시키는 k의 값의 범위는

$-a+1\leq k\leq2$

이때 정수 k의 개수가 3이므로

$-1<-a+1\leq0,\ 0\leq a-1<1$

$\therefore 1\leq a<2$

따라서 정수 a의 값은 1이다.

> **참고** $-a+1\leq k\leq2$를 만족시키는
> 정수 k의 개수가 3이려면
> $-1<-a+1\leq0$이어야 한다.
> $\therefore 1\leq a<2$

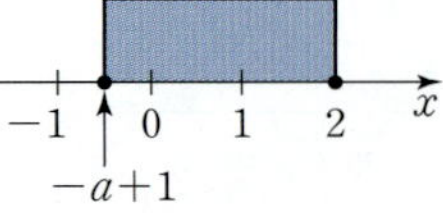

6 1266 답 ③

t초 후의 직육면체 모양의 가로, 세로의 길이는 각각 $(2+t)$ cm이고, 높이는 $(10-t)$ cm $(0\leq t<10)$이므로 직육면체 모양의 겉넓이를 $S(t)$ cm²라 하면

$$S(t)=2(2+t)^2+4(2+t)(10-t)$$
$$\quad\qquad\; \text{2×(밑면의 넓이)} \qquad \text{(옆면의 넓이)}$$
$$\qquad=-2t^2+40t+88$$
$$\therefore S'(t)=-4t+40$$

t초 후의 직육면체 모양의 부피를 $V(t)$ cm³라 하면

$$V(t)=(2+t)^2(10-t)=-t^3+6t^2+36t+40$$
$$V'(t)=-3t^2+12t+36=-3(t+2)(t-6)$$
$$V'(t)=0 인 t의 값은 t=6 \ (\because 0\leq t<10)$$

$0\leq t<10$에서 함수 $V(t)$의 증가, 감소를 표로 나타내면 다음과 같다.

t	0	$\cdots$	6	$\cdots$	10
$V'(t)$		$+$	0	$-$	
$V(t)$	40	↗	256 극대	↘	

따라서 $V(t)$는 $t=6$에서 최대이므로 이때의 직육면체 모양의 물체의 겉넓이의 변화율은

$-4\times6+40=16\ (\text{cm}^2/\text{s})$

Ⅲ. 적분

07 부정적분

1267 답 (1) x^3 (2) x^3+C

(1) $\dfrac{d}{dx}\left\{\displaystyle\int f(x)dx\right\}=f(x)$이므로

$\dfrac{d}{dx}\left(\displaystyle\int x^3dx\right)=x^3$

(2) $\displaystyle\int\left\{\dfrac{d}{dx}f(x)\right\}dx=f(x)+C$이므로

$\displaystyle\int\left(\dfrac{d}{dx}x^3\right)dx=x^3+C$

→ 적분상수만큼 차이가 있다.

1268 답 (1) x^2-2x (2) x^2-2x+C

(1) $\dfrac{d}{dx}\left\{\displaystyle\int f(x)dx\right\}=f(x)$이므로

$\dfrac{d}{dx}\left\{\displaystyle\int (x^2-2x)dx\right\}=x^2-2x$

(2) $\displaystyle\int\left\{\dfrac{d}{dx}f(x)\right\}dx=f(x)+C$이므로

$\displaystyle\int\left\{\dfrac{d}{dx}(x^2-2x)\right\}dx=x^2-2x+C$

→ 적분상수만큼 차이가 있다.

1269 답 $\dfrac{1}{3}x^3+x^2+x+C$

$\displaystyle\int (x+1)^2dx=\int (x^2+2x+1)dx$

$\qquad\qquad\quad =\dfrac{1}{3}x^3+x^2+x+C$

1270 답 $\dfrac{1}{3}x^3-\dfrac{1}{2}x^2+x+C$

$\displaystyle\int \dfrac{x^3}{x+1}dx+\int\dfrac{1}{x+1}dx=\int\dfrac{x^3+1}{x+1}dx$

$\qquad\qquad =\displaystyle\int\dfrac{(x+1)(x^2-x+1)}{x+1}dx$

$\qquad\qquad =\displaystyle\int (x^2-x+1)dx$

$\qquad\qquad =\dfrac{1}{3}x^3-\dfrac{1}{2}x^2+x+C$

 **기출 유형으로 실전 준비하기**   278쪽~293쪽

1271 답 ④ | 유형 1

등식 $\displaystyle\int (12x^2+ax-9)dx=bx^3+2x^2-cx+2$를 만족시키는 상수 a, b, c에 대하여 $a+b+c$의 값은? **단서 1**

① 11   ② 13   ③ 15

④ 17   ⑤ 19

단서 1 $12x^2+ax-9=(bx^3+2x^2-cx+2)'$

STEP 1 부정적분의 정의 이용하기

$\displaystyle\int (12x^2+ax-9)dx=bx^3+2x^2-cx+2$에서

$12x^2+ax-9=(bx^3+2x^2-cx+2)'$

$\qquad\qquad\qquad =3bx^2+4x-c$

STEP 2 항등식의 성질을 이용하여 상수 a, b, c의 값을 구하고, $a+b+c$의 값 구하기

$3b=12$에서 $b=4$이고, $a=4$, $c=9$이므로

$a+b+c=17$

1272 답 8

$\displaystyle\int f(x)dx=\dfrac{1}{3}x^3-x^2+C$에서

$f(x)=\left(\dfrac{1}{3}x^3-x^2+C\right)'=x^2-2x$

$\therefore f(4)=16-8=8$

1273 답 7

$\displaystyle\int f(x)dx=F(x)$에서 $f(x)=F'(x)$

이때 $F'(x)=x^2+a$이므로 $f(x)=x^2+a$

$f(1)=4$이므로 $1+a=4$ $\qquad \therefore a=3$

따라서 $f(x)=x^2+3$이므로 $f(2)=4+3=7$

1274 답 ⑤

$\displaystyle\int xf(x)dx=2x^3-2x^2+C$에서

$xf(x)=(2x^3-2x^2+C)'$

$\qquad\quad =6x^2-4x=x(6x-4)$

따라서 $f(x)=6x-4$이므로 $f(3)=18-4=14$

1275 답 ③

$\displaystyle\int (x-1)f(x)dx=2x^3-3x^2+1$에서

$(x-1)f(x)=(2x^3-3x^2+1)'$

$\qquad\qquad\quad =6x^2-6x=6x(x-1)$

따라서 $f(x)=6x$이므로 $f(1)=6$

1276 답 ②

$\displaystyle\int (2x+3)f(x)dx=\dfrac{1}{3}x^3-\dfrac{1}{4}x^2-3x+C$에서

$(2x+3)f(x)=\left(\dfrac{1}{3}x^3-\dfrac{1}{4}x^2-3x+C\right)'$

$\qquad\qquad\quad =x^2-\dfrac{1}{2}x-3$

$\qquad\qquad\quad =\dfrac{1}{2}(2x^2-x-6)$

$\qquad\qquad\quad =\dfrac{1}{2}(x-2)(2x+3)$

$\qquad\qquad\quad =\left(\dfrac{1}{2}x-1\right)(2x+3)$

따라서 $f(x)=\dfrac{1}{2}x-1$이므로 $f(6)=\dfrac{1}{2}\times 6-1=2$

1277 답 1

$f(x)=F'(x)=(x^3+ax^2+bx)'$
$\qquad =3x^2+2ax+b$

$f(0)=-1$이므로 $b=-1$

따라서 $f(x)=3x^2+2ax-1$이므로 $f'(x)=6x+2a$

$f'(0)=4$이므로 $2a=4$ $\quad\therefore a=2$

$\therefore a+b=2+(-1)=1$

1278 답 ④

$\displaystyle\int F(x)dx=f(x)g(x)$에서

$F(x)=\{f(x)g(x)\}'$
$\qquad =f'(x)g(x)+f(x)g'(x)$ $\quad$⟶ 함수의 곱의 미분법
$\qquad =2x(4x+7)+(x^2+1)\times 4$
$\qquad =12x^2+14x+4$

따라서 함수 $F(x)$의 상수항은 4이다.

> **개념 Check**
>
> **함수의 곱의 미분법**
> 두 함수 $f(x),\ g(x)$가 미분가능할 때
> $$y=f(x)g(x) \ \blacktriangleright\ y'=f'(x)g(x)+f(x)g'(x)$$

1279 답 -2

$\displaystyle\int g(x)dx=x^3f(x)+a$에서

$g(x)=\left\{x^3f(x)+a\right\}'$
$\qquad =3x^2f(x)+x^3f'(x)$ $\quad$⟶ 함수의 곱의 미분법

양변에 $x=-1$을 대입하면 $g(-1)=3f(-1)-f'(-1)$

이때 $f(-1)=1,\ f'(-1)=5$이므로

$g(-1)=3\times 1-5=-2$

1280 답 ⑤ $\qquad\qquad$ | 유형 **2**

> 다항함수 $f(x)$에 대하여
> $$\frac{d}{dx}\left\{\int(x-1)f(x)dx\right\}=2x^3-3x^2+k$$
> **단서1**
> 일 때, $f(2)$의 값은? (단, k는 상수이다.)
>
> ① 1 $\qquad\qquad$ ② 2 $\qquad\qquad$ ③ 3
> ④ 4 $\qquad\qquad$ ⑤ 5
>
> **단서1** $(x-1)f(x)$를 적분한 후 미분

STEP 1 $\dfrac{d}{dx}\left\{\displaystyle\int f(x)dx\right\}=f(x)$를 **이용하기**

$\dfrac{d}{dx}\left\{\displaystyle\int(x-1)f(x)dx\right\}=(x-1)f(x)$이므로

$(x-1)f(x)=2x^3-3x^2+k$

STEP 2 $f(x)$ **구하기**

위의 등식의 양변에 $x=1$을 대입하면

$0=2-3+k$ $\quad\therefore k=1$

즉, $(x-1)f(x)=2x^3-3x^2+1=(x-1)(2x^2-x-1)$이므로

$f(x)=2x^2-x-1$

STEP 3 $f(2)$**의 값 구하기**

$f(2)=8-2-1=5$

1281 답 ④

$\dfrac{d}{dx}\left\{\displaystyle\int(2x^2+6x+a)dx\right\}=2x^2+6x+a$이므로

$2x^2+6x+a=bx^2+cx+3$

위의 등식이 모든 실수 x에 대하여 성립하므로

$a=3,\ b=2,\ c=6$

$\therefore a+b+c=11$

1282 답 ③

$F(x)=\dfrac{d}{dx}\left\{\displaystyle\int xf(x)dx\right\}=xf(x)$
$\qquad =x(4x^3+x^2+x)$
$\qquad =4x^4+x^3+x^2$

따라서 $F(x)$의 모든 항의 계수의 합은

$4+1+1=6$ $\quad$⟶ $F(1)$의 값과 같다.

1283 답 ③

$f(x)=\dfrac{d}{dx}\left\{\displaystyle\int(x^2+4x+k)dx\right\}$
$\qquad =x^2+4x+k$
$\qquad =(x+2)^2+k-4$ $\quad$⟶ $x=-2$일 때, 최솟값이 $k-4$이다.

이때 함수 $f(x)$의 최솟값이 -1이므로

$k-4=-1$ $\quad\therefore k=3$

1284 답 ④

$\dfrac{d}{dx}\left(\displaystyle\int x^4dx\right)=x^4$이므로

$\log_x\left\{\dfrac{d}{dx}\left(\displaystyle\int x^4\,dx\right)\right\}=\log_x x^4=4$

즉, $4=x^2-6x-3$이므로

$x^2-6x-7=0,\ (x+1)(x-7)=0$

$\therefore x=-1$ 또는 $x=7$

이때 로그의 밑, 진수의 조건에 의하여 $x>0,\ x\neq 1$이어야 하므로

$x=7$

1285 답 ① $\qquad\qquad$ | 유형 **3**

> 함수 $F(x)=\displaystyle\int\left\{\dfrac{d}{dx}(x^2-x)\right\}dx$에 대하여 $F(1)=3$일 때,
> $F(-1)$의 값은? $\quad$**단서1**
>
> ① 5 $\qquad\qquad$ ② 7 $\qquad\qquad$ ③ 9
> ④ 11 $\qquad\qquad$ ⑤ 13
>
> **단서1** (x^2-x)를 미분한 후 적분

STEP 1 $\displaystyle\int\left\{\dfrac{d}{dx}f(x)\right\}dx=f(x)+C$를 **이용하기**

$F(x)=\displaystyle\int\left\{\dfrac{d}{dx}(x^2-x)\right\}dx$
$\qquad =x^2-x+C$ $\quad$⟶ 적분상수가 생긴다.

$F(1)=3$이므로

$1-1+C=3 \qquad \therefore C=3$

$\therefore F(x)=x^2-x+3$

STEP 3 $F(-1)$의 값 구하기

$F(-1)=1+1+3=5$

1286 답 ⑤

$$f(x)=\int\left\{\frac{d}{dx}(x^2-6x)\right\}dx$$
$$=x^2-6x+C$$
$$=(x-3)^2-9+C$$

이때 함수 $f(x)$의 최솟값이 8이므로

$-9+C=8 \qquad \therefore C=17$

따라서 $f(x)=x^2-6x+17$이므로

$f(1)=1-6+17=12$

1287 답 ②

$f(x)-3x^2+x$이므로

$$f_1(x)=\int\left\{\frac{d}{dx}f(x)\right\}dx=f(x)+C$$
$$=3x^2+x+C$$

이때 $f_1(1)=2$이므로

$3+1+C=2 \qquad \therefore C=-2$

$\therefore f_1(x)=3x^2+x-2$

$$f_2(x)=\frac{d}{dx}\left\{\int f(x)dx\right\}=f(x)$$
$$=3x^2+x$$

$\therefore f_1(2)+f_2(-1)=(12+2-2)+(3-1)$
$$=12+2=14$$

1288 답 65

$$F(x)=\int\left[\frac{d}{dx}\int\left\{\frac{d}{dx}f(x)\right\}dx\right]dx$$
$$=\int\left[\frac{d}{dx}\{f(x)+C_1\}\right]dx$$
$$=f(x)+C_2$$
$$=10x^{10}+9x^9+8x^8+\cdots+2x^2+x+C_2$$

$F(0)=10$이므로 $F(0)=C_2=10$

따라서 $F(x)=10x^{10}+9x^9+8x^8+\cdots+2x^2+x+10$이므로

$F(1)=10+9+8+\cdots+2+1+10$
$$=55+10=65$$

실수 Check

적분상수는 적분할 때마다 다를 수 있으므로 위의 풀이와 같이 C_1, C_2 로 구분하여 사용하도록 한다.

1289 답 ④

$$\frac{d}{dx}\int\{f(x)-x^2+4\}dx=f(x)-x^2+4$$

$$\int\frac{d}{dx}\{2f(x)-3x+1\}dx=2f(x)-3x+C$$

$f(x)-x^2+4=2f(x)-3x+C$에서

$f(x)=-x^2+3x+4-C$

이때 $f(1)=3$이므로

$-1+3+4-C=3 \qquad \therefore C=3$

따라서 $f(x)=-x^2+3x+1$이므로

$f(0)=1$

참고 $\int\frac{d}{dx}\{2f(x)-3x+1\}dx=2f(x)-3x+1+C_1$로 놓고 풀어도

결과는 같지만 $1+C_1=C$로 놓고 푸는 것이 계산이 더 간단하다.

1290 답 ③ | 유형 4

함수 $f(x)=\dfrac{\displaystyle\int\dfrac{x^3}{x-1}dx}{\displaystyle\int\dfrac{1}{x-1}dx}$에 대하여 $f(0)=2$일 때, $f(-1)$의 값은? **단서 1**

① $\dfrac{5}{6}$ ② 1 ③ $\dfrac{7}{6}$

④ $\dfrac{4}{3}$ ⑤ $\dfrac{3}{2}$

단서 1 $\int f(x)dx-\int g(x)dx=\int\{f(x)-g(x)\}dx$

STEP 1 부정적분의 성질 이용하기

$$f(x)=\int\frac{x^3}{x-1}dx-\int\frac{1}{x-1}dx$$
$$=\int\frac{x^3-1}{x-1}dx$$
$$=\int\frac{(x-1)(x^2+x+1)}{x-1}dx$$
$$=\int(x^2+x+1)dx$$
$$=\frac{1}{3}x^3+\frac{1}{2}x^2+x+C$$

분모, 분자의 공통인수 $x-1$로 약분한다.

STEP 2 $f(0)=2$를 이용하여 $f(x)$ 구하기

이때 $f(0)=2$이므로 $C=2$

$\therefore f(x)=\frac{1}{3}x^3+\frac{1}{2}x^2+x+2$

STEP 3 $f(-1)$의 값 구하기

$f(-1)=-\frac{1}{3}+\frac{1}{2}-1+2=\frac{7}{6}$

1291 답 41

$$f(x)=\int(4x^3+6x^2+2x+3)dx$$
$$=x^4+2x^3+x^2+3x+C$$

이때 $f(0)=-1$이므로 $C=-1$

따라서 $f(x)=x^4+2x^3+x^2+3x-1$이므로

$f(2)=16+16+4+6-1=41$

1292 답 ②

$$f(x)=\int(\sqrt{x}-1)^2dx+\int(\sqrt{x}+1)^2dx$$
$$=\int\{(\sqrt{x}-1)^2+(\sqrt{x}+1)^2\}dx$$
$$=\int(x-2\sqrt{x}+1+x+2\sqrt{x}+1)dx$$
$$=\int(2x+2)dx$$
$$=x^2+2x+C$$

이때 $f(0)=2$이므로 $C=2$
따라서 $f(x)=x^2+2x+2$이므로
$f(3)=9+6+2=17$

1293 답 $\dfrac{7}{12}$

$$f(x)=\int\left(\frac{1}{3}x+\frac{1}{4}x^2+\frac{1}{5}x^3+\cdots+\frac{1}{12}x^{10}\right)dx$$
$$=\frac{1}{2\times3}x^2+\frac{1}{3\times4}x^3+\frac{1}{4\times5}x^4+\cdots+\frac{1}{11\times12}x^{11}+C$$

이때 $f(1)=1$이므로
$$\frac{1}{2\times3}+\frac{1}{3\times4}+\frac{1}{4\times5}+\cdots+\frac{1}{11\times12}+C=1$$
$$C=1-\left(\frac{1}{2\times3}+\frac{1}{3\times4}+\frac{1}{4\times5}+\cdots+\frac{1}{11\times12}\right)$$
$$=1-\left\{\left(\frac{1}{2}-\frac{1}{3}\right)+\left(\frac{1}{3}-\frac{1}{4}\right)+\left(\frac{1}{4}-\frac{1}{5}\right)+\cdots+\left(\frac{1}{11}-\frac{1}{12}\right)\right\}$$
$$=1-\frac{1}{2}+\frac{1}{12}=\frac{7}{12}$$

따라서 $f(0)=C$이므로 $f(0)=\dfrac{7}{12}$

1294 답 2

$$g(x)=\int(x+2)f'(x)dx+\int f(x)dx$$
$$=\int\{(x+2)f'(x)+f(x)\}dx$$
$$=\int\left\{\frac{d}{dx}(x+2)f(x)\right\}dx$$
$$=(x+2)f(x)+C$$
$$=(x+2)\times\frac{x+5}{x+2}+C$$
$$=x+5+C$$

이때 $g(1)=0$이므로 $6+C=0$ $\quad\therefore C=-6$
따라서 $g(x)=x-1$이므로
$g(3)=3-1=2$

참고 곱의 미분법에 의하여
$$\{(x+2)f(x)\}'=(x+2)'f(x)+(x+2)f'(x)$$
$$=f(x)+(x+2)f'(x)$$
임을 이용한다.

1295 답 ④

$$f(x)=\int\left(\frac{1}{2}x^3+2x+1\right)dx-\int\left(\frac{1}{2}x^3+x\right)dx$$
$$=\int(x+1)dx=\frac{1}{2}x^2+x+C$$

이때 $f(0)=1$이므로 $C=1$
따라서 $f(x)=\dfrac{1}{2}x^2+x+1$이므로 $f(4)=8+4+1=13$

1296 답 ② | 유형 5

두 다항함수 $f(x)$, $g(x)$가
$$\frac{d}{dx}\{f(x)+g(x)\}=4,\ \frac{d}{dx}\{f(x)-g(x)\}=4x-2$$
단서1
를 만족시키고 $f(0)=-1$, $g(0)=3$일 때, $f(1)-g(-1)$의 값은?

① 1 　　② 2 　　③ 3
④ 4 　　⑤ 5

단서1 $\dfrac{d}{dx}f(x)=g(x)$ 꼴은 양변을 x에 대하여 적분

STEP 1 양변을 x에 대하여 적분하기

$\dfrac{d}{dx}\{f(x)+g(x)\}=4$에서
$$\int\left[\frac{d}{dx}\{f(x)+g(x)\}\right]dx=\int4\,dx$$
$$\therefore f(x)+g(x)=4x+C_1 \quad\cdots\cdots ㉠$$

$\dfrac{d}{dx}\{f(x)-g(x)\}=4x-2$에서
$$\int\left[\frac{d}{dx}\{f(x)-g(x)\}\right]dx=\int(4x-2)dx$$
$$\therefore f(x)-g(x)=2x^2-2x+C_2 \quad\cdots\cdots ㉡$$

STEP 2 $f(0)=-1$, $g(0)=3$을 이용하여 $f(x)$, $g(x)$ 구하기

이때 $f(0)=-1$, $g(0)=3$이므로
$f(0)+g(0)=C_1$에서 $C_1=2$
$f(0)-g(0)=C_2$에서 $C_2=-4$
$C_1=2$, $C_2=-4$를 ㉠, ㉡에 각각 대입하면
$$\begin{cases}f(x)+g(x)=4x+2 & \cdots\cdots ㉢\\ f(x)-g(x)=2x^2-2x-4 & \cdots\cdots ㉣\end{cases}$$
㉢+㉣을 하면 $2f(x)=2x^2+2x-2$
$$\therefore f(x)=x^2+x-1$$
㉢-㉣을 하면 $2g(x)=-2x^2+6x+6$
$$\therefore g(x)=-x^2+3x+3$$

STEP 3 $f(1)-g(-1)$의 값 구하기
$$f(1)-g(-1)=(1+1-1)-(-1-3+3)=2$$

1297 답 4

$\dfrac{d}{dx}\{f(x)g(x)\}=2x-5$에서
$$\int\left[\frac{d}{dx}\{f(x)g(x)\}\right]dx=\int(2x-5)dx$$
$$\therefore f(x)g(x)=x^2-5x+C$$
양변에 $x=0$을 대입하면 $f(0)g(0)=C$
이때 $f(0)=-1$, $g(0)=-4$이므로 $C=4$
$$\therefore f(x)g(x)=x^2-5x+4=(x-1)(x-4)$$
이때 $f(x)$, $g(x)$는 계수가 정수인 일차함수이고 $f(0)=-1$,
$g(0)=-4$이므로
$$f(x)=x-1,\ g(x)=x-4$$
$$\therefore f(5)=5-1=4$$

1298　답 ①

$\displaystyle\int (3x-2)f'(x)dx=x^3-\dfrac{5}{2}x^2+2x+3$의 양변을 x에 대하여
미분하면
$$(3x-2)f'(x)=3x^2-5x+2=(3x-2)(x-1)$$
$$\therefore f'(x)=x-1$$
$$\therefore f(x)=\int f'(x)dx=\int (x-1)dx$$
$$=\dfrac{1}{2}x^2-x+C$$
이때 $f(1)=\dfrac{1}{2}$이므로
$$\dfrac{1}{2}-1+C=\dfrac{1}{2}\qquad \therefore C=1$$
따라서 $f(x)=\dfrac{1}{2}x^2-x+1$이므로
$$f(2)=\dfrac{1}{2}\times 4-2+1=1$$

1299　답 ⑤

$\dfrac{d}{dx}\{f(x)+g(x)\}=2x+1$에서
$$\int \left[\dfrac{d}{dx}\{f(x)+g(x)\}\right]dx=\int (2x+1)dx$$
$$\therefore f(x)+g(x)=x^2+x+C_1$$
양변에 $x=0$을 대입하면 $f(0)+g(0)=C_1$
이때 $f(0)=2$, $g(0)=-1$이므로
$$C_1=2-1=1$$
$$\therefore f(x)+g(x)=x^2+x+1 \quad\cdots\cdots\cdots\quad \text{㉠}$$
$\dfrac{d}{dx}\{f(x)g(x)\}=3x^2-2x+2$에서
$$\int \left[\dfrac{d}{dx}\{f(x)g(x)\}\right]dx=\int (3x^2-2x+2)dx$$
$$\therefore f(x)g(x)=x^3-x^2+2x+C_2$$
양변에 $x=0$을 대입하면 $f(0)g(0)=C_2$
이때 $f(0)=2$, $g(0)=-1$이므로
$$C_2=2\times(-1)=-2$$
$$\therefore f(x)g(x)=x^3-x^2+2x-2$$
$$=(x-1)(x^2+2) \quad\cdots\cdots\cdots\quad \text{㉡}$$
㉠, ㉡을 만족시키는 다항함수 $f(x)$, $g(x)$는
$$\begin{cases} f(x)=x-1 \\ g(x)=x^2+2 \end{cases} \text{또는} \begin{cases} f(x)=x^2+2 \\ g(x)=x-1 \end{cases}$$
이때 $f(0)=2$, $g(0)=-1$이므로
$$f(x)=x^2+2,\ g(x)=x-1$$
$$\therefore f(-1)+g(3)=(1+2)+(3-1)=3+2=5$$

1300　답 7

$g(x)=\displaystyle\int \{x^2+f(x)\}dx$의 양변을 x에 대하여 미분하면
$$g'(x)=x^2+f(x)$$
$$\therefore f(x)=g'(x)-x^2 \quad\cdots\cdots\cdots\quad \text{㉠}$$
㉠을 $f(x)+g(x)=3x+2$에 대입하여 정리하면
$$g'(x)+g(x)=x^2+3x+2 \quad\cdots\cdots\cdots\quad \text{㉡}$$
$\;\;\llcorner g'(x)+g(x)$가 이차식이므로 $g(x)$는 이차식이다.

$g(x)=ax^2+bx+c$ $(a, b, c$는 상수, $a\neq 0)$로 놓으면
$$g'(x)=2ax+b$$이므로
$$g'(x)+g(x)=ax^2+(2a+b)x+(b+c) \quad\cdots\cdots\cdots\quad \text{㉢}$$
㉡, ㉢의 계수를 비교하면
$$a=1,\ 2a+b=3,\ b+c=2$$
$$\therefore a=1,\ b=1,\ c=1$$
따라서 $g(x)=x^2+x+1$이므로
$$g(2)=4+2+1=7$$

다른 풀이

$f(x)$는 이차함수이므로
$f(x)=ax^2+bx+c$ $(a, b, c$는 상수, $a\neq 0)$로 놓으면
$$g(x)=\int \{x^2+f(x)\}dx$$
$$=\int (x^2+ax^2+bx+c)dx$$
$$=\int \{(a+1)x^2+bx+c\}dx$$
$$=\dfrac{a+1}{3}x^3+\dfrac{b}{2}x^2+cx+C$$
이때 $f(x)+g(x)=3x+2$이므로
$$\dfrac{a+1}{3}x^3+\left(a+\dfrac{b}{2}\right)x^2+(b+c)x+c+C=3x+2$$
양변의 동류항의 계수를 비교하면
$$\dfrac{a+1}{3}=0,\ a+\dfrac{b}{2}=0,\ b+c=3,\ c+C=2$$
$$\therefore a=-1,\ b=2,\ c=1,\ C=1$$
따라서 $g(x)=x^2+x+1$이므로
$$g(2)=4+2+1=7$$

1301　답 ③　　　| 유형 6

함수 $f(x)$에 대하여 $f'(x)=3x^2-2x+a$이고 $f(0)=3$, $f(1)=4$일
단서1
때, $f(-1)$의 값은? (단, a는 상수이다.)

① -2　　　② -1　　　③ 0
④ 1　　　⑤ 2

단서1 $f(x)=\displaystyle\int f'(x)dx$

STEP 1 $f(x)=\displaystyle\int f'(x)dx$를 이용하여 $f(x)$를 적분상수를 포함한 식으로
나타내기
$$f(x)=\int f'(x)dx=\int (3x^2-2x+a)dx$$
$$=x^3-x^2+ax+C$$

STEP 2 $f(0)=3$, $f(1)=4$를 이용하여 $f(x)$ 구하기
$f(0)=3$이므로 $C=3$
따라서 $f(x)=x^3-x^2+ax+3$이므로 $f(1)=4$에서
$$1-1+a+3=4$$
$$\therefore a=1$$
$$\therefore f(x)=x^3-x^2+x+3$$

STEP 3 $f(-1)$의 값 구하기
$$f(-1)=-1-1-1+3=0$$

1302 답 ③

$$f'(x)=\frac{x^6-1}{x^2+x+1}=\frac{(x^3-1)(x^3+1)}{x^2+x+1}$$
$$=\frac{(x-1)(x^2+x+1)(x^3+1)}{x^2+x+1}$$
$$=(x-1)(x^3+1)=x^4-x^3+x-1$$
$$f(x)=\int f'(x)dx=\int(x^4-x^3+x-1)dx$$
$$=\frac{1}{5}x^5-\frac{1}{4}x^4+\frac{1}{2}x^2-x+C$$

이때 $f(0)=0$이므로 $C=0$

따라서 $f(x)=\frac{1}{5}x^5-\frac{1}{4}x^4+\frac{1}{2}x^2-x$이므로

$$20f(1)=20\times\left(\frac{1}{5}-\frac{1}{4}+\frac{1}{2}-1\right)=-11$$

1303 답 ①

$\lim\limits_{x\to2}\dfrac{f(x)}{x-2}=1$에서 $x\to2$일 때, 극한값이 존재하고 (분모) $\to0$이

므로 (분자) $\to0$이다.

즉, $\lim\limits_{x\to2}f(x)=0$이고 $f(x)$는 연속함수이므로 $\quad\longrightarrow\lim\limits_{x\to2}f(x)=f(2)$

$f(2)=0$ ·· ㉠

$\therefore \lim\limits_{x\to2}\dfrac{f(x)}{x-2}=\lim\limits_{x\to2}\dfrac{f(x)-f(2)}{x-2}=f'(2)$

즉, $f'(2)=1$이므로 $8+k=1$

$\therefore k=-7$

따라서 $f'(x)=4x-7$이므로

$$f(x)=\int f'(x)dx=\int(4x-7)dx$$
$$=2x^2-7x+C$$

㉠에서 $f(2)=0$이므로

$8-14+C=0 \qquad \therefore C=6$

따라서 $f(x)=2x^2-7x+6$이므로

$f(1)=2-7+6=1$

> 참고 함수 $f(x)$의 도함수가 존재하므로 함수 $f(x)$는 미분가능하다.
> 즉, 함수 $f(x)$는 연속함수이다.

1304 답 5

$\lim\limits_{h\to0}\dfrac{f(x+h)-f(x)}{h}=3x^2-2x$에서

$f'(x)=3x^2-2x$이므로

$$f(x)=\int f'(x)dx=\int(3x^2-2x)dx$$
$$=x^3-x^2+C$$

이때 $f(0)=1$이므로 $C=1$

따라서 $f(x)=x^3-x^2+1$이므로

$f(2)=8-4+1=5$

1305 답 2

$f'(x)=-12x^2+6x-2$이므로

$$f(x)=\int f'(x)dx=\int(-12x^2+6x-2)dx$$
$$=-4x^3+3x^2-2x+C$$

이때 $f(1)=0$이므로

$-4+3-2+C=0 \qquad \therefore C=3$

따라서 $f(x)=-4x^3+3x^2-2x+3$이므로

$$F(x)=\int(-4x^3+3x^2-2x+3)dx$$
$$=-x^4+x^3-x^2+3x+C_1$$
$$\therefore F(1)-F(0)=(-1+1-1+3+C_1)-C_1$$
$$=2$$

1306 답 ②

$$f(x)=\int f'(x)dx$$
$$=\int(6x^2-2x+a)dx$$
$$=2x^3-x^2+ax+C$$

$f(x)$가 x^2-3x+2, 즉 $(x-1)(x-2)$로 나누어떨어지므로

$f(1)=0$에서 $2-1+a+C=0$ ····················· ㉠

$f(2)=0$에서 $16-4+2a+C=0$ ··············· ㉡

㉡-㉠을 하면 $11+a=0$

$\therefore a=-11$

> **개념 Check**
>
> 다항식 $f(x)$가 일차식 $x-a$로 나누어떨어진다.
> ➡ $f(x)$는 $x-a$를 인수로 가진다.
> ➡ $f(a)=0$

1307 답 ③

두 점 $(0,0)$, $(-4,2)$를 지나는 직선의 기울기는 $-\dfrac{1}{2}$이다.

이때 수직인 두 직선의 기울기의 곱은 -1이므로 함수 $y=f'(x)$

의 그래프의 기울기는 2이다.

즉, $f'(x)=2x+a$ (a는 상수)라 하면 $\quad\longrightarrow$ 함수 $y=f'(x)$의 그래프가 직선이므로

$$f(x)=\int f'(x)dx=\int(2x+a)dx \qquad f'(x)\text{는 일차함수이다.}$$
$$=x^2+ax+C$$

이때 $f(0)=1$이므로 $C=1$

또, $f(1)=1$이므로

$1+a+C=1+a+1=1$

$\therefore a=-1$

따라서 $f(x)=x^2-x+1$이므로

$f(2)=4-2+1=3$

> 참고 $f'(x)=2x+a$에서 $f(x)$는 최고차항의 계수가 1인 이차함수이고
> $f(0)=f(1)=1$이므로 $f(x)=x(x-1)+1$로 $f(x)$를 구할 수도 있다.

1308 답 ③

$f(x)=2x-6$이므로

$$F(x)=\int f(x)dx=\int(2x-6)dx$$
$$=x^2-6x+C$$

이때 함수 $y=F(x)$의 그래프가 x축에 접하므로 이차방정식
$F(x)=0$, 즉 $x^2-6x+C=0$이 중근을 가진다.

이 이차방정식의 판별식을 D라 하면 $\dfrac{D}{4}=0$에서

$9-C=0$ $\therefore C=9$
따라서 $F(x)=x^2-6x+9$이므로
$F(1)=1-6+9=4$

1309 답 ①

$f(x)$가 최고차항의 계수가 1인 사차함수이므로 $f'(x)$는 최고차항의 계수가 4인 삼차함수이다.

㈎에서 $f'(0)=f'(1)=f'(3)=k$이므로
$x=0$, $x=1$, $x=3$은 삼차방정식 $f'(x)-k=0$의 서로 다른 세 근이다.

즉, $f'(x)-k=4x(x-1)(x-3)$이므로
$f'(x)=4x(x-1)(x-3)+k=4x^3-16x^2+12x+k$
또한 ㈏에서 함수 $y=f(x)$의 그래프가 $x=2$에서 x축에 접하므로
$f(2)=0$, $f'(2)=0$
$f'(2)=0$에서 $32-64+24+k=0$
$\therefore k=8$
즉, $f'(x)=4x^3-16x^2+12x+8$이므로
$f(x)=\int f'(x)dx$
$\qquad =\int (4x^3-16x^2+12x+8)dx$
$\qquad =x^4-\dfrac{16}{3}x^3+6x^2+8x+C$
$f(2)=0$에서 $16-\dfrac{128}{3}+24+16+C=0$
$\therefore C=-\dfrac{40}{3}$
따라서 $f(x)=x^4-\dfrac{16}{3}x^3+6x^2+8x-\dfrac{40}{3}$이므로
$f(1)=1-\dfrac{16}{3}+6+8-\dfrac{40}{3}=-\dfrac{11}{3}$

참고 $f(x)=x^4+ax^3+bx^2+cx+d$ $(a, b, c, d$는 상수$)$라 하면
$f'(x)=4x^3+3ax^2+2bx+c$이고, $f'(0)=f'(1)=f'(3)=k$이므로
$x=0$, $x=1$, $x=3$을 각각 대입하여 $f'(x)$를 구할 수도 있지만
$f'(x)=4x(x-1)(x-3)+k$로 식을 세우는 것이 더 효율적이다.

1310 답 9

$\{xf(x)\}'=f(x)+xf'(x)$이므로 ㈎에서
$\{f(x)+xf'(x)\}g(x)+xf(x)g'(x)$
$=\{xf(x)\}'g(x)+\{xf(x)\}g'(x)$
$=[\{xf(x)\}g(x)]'$
$=\{xf(x)g(x)\}'$

즉, $\{xf(x)g(x)\}'=4x^3+3x^2-4x$이므로
$xf(x)g(x)=\int (4x^3+3x^2-4x)dx$
$\qquad\qquad =x^4+x^3-2x^2+C_1$
양변에 $x=0$을 대입하면 $C_1=0$
즉, $xf(x)g(x)=x^4+x^3-2x^2$이므로
$f(x)g(x)=x^3+x^2-2x=x(x+2)(x-1)$ ·········· ㉠
또, ㈏에서 $f'(x)+g'(x)=2x+3$이므로
$f(x)+g(x)=\int (2x+3)dx=x^2+3x+C_2$ ·········· ㉡
㉠, ㉡을 만족시키는 다항함수 $f(x)$, $g(x)$는
$\begin{cases} f(x)=x(x+2) \\ g(x)=x-1 \end{cases}$ 또는 $\begin{cases} f(x)=x-1 \\ g(x)=x(x+2) \end{cases}$
$\therefore f(2)+g(2)=8+1=9$

1311 답 ③

$f(x)=\int f'(x)dx=\int (2x+4)dx=x^2+4x+C$
$f(-1)+f(1)=0$에서
$(-3+C)+(5+C)=0$, $2C=-2$ $\therefore C=-1$
따라서 $f(x)=x^2+4x-1$이므로
$f(2)=4+8-1=11$

1312 답 ⑤ | 유형 **7**

STEP1 구간별로 $f'(x)$의 부정적분 구하기

$f(x)=\int f'(x)dx$이므로
(i) $x>1$일 때
$f(x)=\int (2x+3)dx=x^2+3x+C_1$
(ii) $x<1$일 때
$f(x)=\int 3x^2dx=x^3+C_2$
(i), (ii)에서 $f(x)=\begin{cases} x^2+3x+C_1 & (x>1) \\ x^3+C_2 & (x<1) \end{cases}$
이때 $f(0)=-2$이므로 $C_2=-2$

함수 $f(x)$는 모든 실수 x에 대하여 연속이므로 $x=1$에서 연속이다.

$f(1)=\lim\limits_{x\to1+}f(x)=\lim\limits_{x\to1-}f(x)$에서

$4+C_1=1+C_2$ $\cdots\cdots$ ㉠

$C_2=-2$를 ㉠에 대입하면 $4+C_1=1-2$ $\quad\therefore C_1=-5$

$f(x)=\begin{cases} x^2+3x-5 & (x\geq1) \\ x^3-2 & (x<1) \end{cases}$ 이므로

$f(2)=4+6-5=5$

개념 Check

함수의 연속

함수 $f(x)$가 실수 a에 대하여 다음 조건을 모두 만족시킬 때, 함수 $f(x)$는 $x=a$에서 연속이라 한다.

(i) $x=a$에서 정의되어 있다.

(ii) 극한값 $\lim\limits_{x\to a}f(x)$가 존재한다.

(iii) $\lim\limits_{x\to a}f(x)=f(a)$

1313 답 -6

$f(x)=\int f'(x)dx$이므로

(i) $x\geq-1$일 때

$$f(x)=\int(4x^3-8x)dx=x^4-4x^2+C_1$$

(ii) $x<-1$일 때

$$f(x)=\int(-4x)dx=-2x^2+C_2$$

(i), (ii)에서 $f(x)=\begin{cases} x^4-4x^2+C_1 & (x\geq-1) \\ -2x^2+C_2 & (x<-1) \end{cases}$

이때 $f(0)=3$이므로 $C_1=3$

함수 $f(x)$는 $x=-1$에서 미분가능하므로 $x=-1$에서 연속이다.

$f(-1)=\lim\limits_{x\to-1+}f(x)=\lim\limits_{x\to-1-}f(x)$이므로

$1-4+3=-2+C_2$ $\quad\therefore C_2=2$

따라서 $f(x)=-2x^2+2\ (x<-1)$이므로

$f(-2)=-8+2=-6$

1314 답 2

$f(x)=\int f'(x)dx$이므로

(i) $x>-2$일 때

$$f(x)=\int(4x+3)dx=2x^2+3x+C_1$$

(ii) $x<-2$일 때

$$f(x)=\int(-2x+k)dx=-x^2+kx+C_2$$

(i), (ii)에서 $f(x)=\begin{cases} 2x^2+3x+C_1 & (x>-2) \\ -x^2+kx+C_2 & (x<-2) \end{cases}$

이때 $f(0)=2$이므로 $C_1=2$ $\cdots\cdots$ ㉠

또, $f(-3)=-3$이므로 $-9-3k+C_2=-3$

$\therefore C_2=3k+6$ $\cdots\cdots$ ㉡

이때 함수 $f(x)$가 $x=-2$에서 연속이려면

$f(-2)=\lim\limits_{x\to-2+}f(x)=\lim\limits_{x\to-2-}f(x)$이어야 하므로

$8-6+C_1=-4-2k+C_2$

위의 식에 ㉠, ㉡을 대입하면

$2+2=-4-2k+(3k+6)$ $\quad\therefore k=2$

1315 답 ③

$f'(x)=2|x|=\begin{cases} 2x & (x\geq0) \\ -2x & (x<0) \end{cases}$에서 $f(x)=\int f'(x)dx$이므로

(i) $x\geq0$일 때

$$f(x)=\int2x\,dx=x^2+C_1$$

(ii) $x<0$일 때

$$f(x)=\int(-2x)dx=-x^2+C_2$$

(i), (ii)에서 $f(x)=\begin{cases} x^2+C_1 & (x\geq0) \\ -x^2+C_2 & (x<0) \end{cases}$

이때 $f(1)=2$이므로 $1+C_1=2$ $\quad\therefore C_1=1$

함수 $f(x)$는 연속함수이므로 $x=0$에서 연속이다.

$f(0)=\lim\limits_{x\to0+}f(x)=\lim\limits_{x\to0-}f(x)$에서

$C_1=C_2$ $\quad\therefore C_2=1\,(\because C_1=1)$

따라서 $f(x)=\begin{cases} x^2+1 & (x\geq0) \\ -x^2+1 & (x<0) \end{cases}$ 이므로

$f(-1)=-(-1)^2+1=0$

1316 답 ①

$f'(x)=|x+2|-x=\begin{cases} 2 & (x\geq-2) \\ -2x-2 & (x<-2) \end{cases}$에서

$\to x\geq-2$일 때, $f'(x)=(x+2)-x=2$

$\to x<-2$일 때, $f'(x)=-(x+2)-x=-2x-2$

$f(x)=\int f'(x)dx$이므로

(i) $x\geq-2$일 때

$$f(x)=\int2\,dx=2x+C_1$$

(ii) $x<-2$일 때

$$f(x)=\int(-2x-2)dx=-x^2-2x+C_2$$

(i), (ii)에서 $f(x)=\begin{cases} 2x+C_1 & (x\geq-2) \\ -x^2-2x+C_2 & (x<-2) \end{cases}$

이때 $f(0)=1$이므로 $C_1=1$

함수 $f(x)$는 모든 실수 x에서 연속이므로 $x=-2$에서 연속이다.

$f(-2)=\lim\limits_{x\to-2+}f(x)=\lim\limits_{x\to-2-}f(x)$에서

$-4+C_1=-4+4+C_2$ $\quad\therefore C_2=-3\,(\because C_1=1)$

따라서 $f(x)=\begin{cases} 2x+1 & (x\geq-2) \\ -x^2-2x-3 & (x<-2) \end{cases}$ 이므로

$f(-3)+f(1)=(-9+6-3)+(2+1)=-3$

1317 답 9

$F(x)=\int f(x)dx$이므로

(i) $x<0$일 때

$$F(x)=\int(-2x)dx=-x^2+C_1$$

(ii) $x\geq0$일 때

$$F(x)=\int k(2x-x^2)dx=k\left(x^2-\frac{1}{3}x^3\right)+C_2$$

(i), (ii)에서 $F(x)=\begin{cases} -x^2+C_1 & (x<0) \\ k\left(x^2-\dfrac{1}{3}x^3\right)+C_2 & (x\geq0) \end{cases}$

함수 $F(x)$는 실수 전체의 집합에서 미분가능하므로 $x=0$에서 미분가능하고 $x=0$에서 연속이다.

$F(0)=\lim\limits_{x\to0+}F(x)=\lim\limits_{x\to0-}F(x)$에서 $C_1=C_2$

이때 $F(2)-F(-3)=21$이므로

$$\left(\frac{4}{3}k+C_2\right)-(-9+C_1)=21$$

$$\frac{4}{3}k+9=21\ (\because C_1=C_2)$$

$$\therefore k=9$$

1318 답 ①

| 유형8

점 $(1, 0)$을 지나는 곡선 $y=f(x)$ 위의 임의의 점 $(x, f(x))$에서의

단서2

접선의 기울기가 $6x^2-4x+1$일 때, $f(2)$의 값은?

단서1

① 9　　　② 10　　　③ 11

④ 12　　　⑤ 13

단서1 $f'(x)=6x^2-4x+1$
단서2 $f(1)=0$

STEP 1 접선의 기울기 $f'(x)$를 적분하여 $f(x)$를 식으로 나타내기

곡선 $y=f(x)$ 위의 임의의 점 $(x, f(x))$에서의 접선의 기울기가 $6x^2-4x+1$이므로

$$f'(x)=6x^2-4x+1$$

이때 $f(x)=\int f'(x)dx$이므로

$$f(x)=\int (6x^2-4x+1)dx=2x^3-2x^2+x+C$$

STEP 2 $f(1)=0$임을 이용하여 $f(x)$ 구하기

곡선 $y=f(x)$가 점 $(1, 0)$을 지나므로 $f(1)=0$에서

$$2-2+1+C=0 \qquad \therefore C=-1$$

$$\therefore f(x)=2x^3-2x^2+x-1$$

STEP 3 $f(2)$의 값 구하기

$$f(2)=16-8+2-1=9$$

1319 답 ⑤

$f'(x)=3x^2-1$이므로

$$f(x)=\int f'(x)dx=\int (3x^2-1)dx=x^3-x+C$$

이때 $f(1)=2$이므로 $1-1+C=2$　　$\therefore C=2$

따라서 $f(x)=x^3-x+2$이므로

$$f(-1)=-1+1+2=2 \qquad \therefore a=2$$

1320 답 11

$f'(x)=kx+1$이므로

$$f(x)=\int f'(x)dx=\int (kx+1)dx=\frac{k}{2}x^2+x+C$$

곡선 $y=f(x)$는 두 점 $(0, -1)$, $(2, 5)$를 지나므로

$f(0)=-1$에서 $C=-1$

$f(2)=5$에서 $2k+2-1=5$　　$\therefore k=2$

따라서 $f(x)=x^2+x-1$이므로

$$f(3)=9+3-1=11$$

1321 답 6

$f(x)=\int (ax-4)dx$의 양변을 x에 대하여 미분하면

$$f'(x)=ax-4$$

곡선 $y=f(x)$ 위의 점 $(1, -2)$에서의 접선의 기울기가 2이므로

$f'(1)=2$에서　→ $f(1)=-2,\ f'(1)=2$

$$a-4=2 \qquad \therefore a=6$$

즉, $f'(x)=6x-4$이므로

$$f(x)=\int f'(x)dx=\int (6x-4)dx=3x^2-4x+C$$

곡선 $y=f(x)$가 점 $(1, -2)$를 지나므로 $f(1)=-2$에서

$$3-4+C=-2 \qquad \therefore C=-1$$

따라서 $f(x)=3x^2-4x-1$이므로

$$f(-1)=3+4-1=6$$

1322 답 ②

$f'(x)=2x+k$이므로

$$f(x)=\int f'(x)dx=\int (2x+k)dx=x^2+kx+C$$

곡선 $y=f(x)$가 점 $(0, 4)$를 지나므로 $f(0)=4$에서 $C=4$

$$\therefore f(x)=x^2+kx+4$$

방정식 $f(x)=0$, 즉 $x^2+kx+4=0$의 실근이 존재하려면 이 이차방정식의 판별식을 D라 할 때, $D\geq0$이어야 한다.

$$k^2-4\times4\geq0,\ (k+4)(k-4)\geq0$$

$$\therefore k\leq-4 \text{ 또는 } k\geq4$$

따라서 구하는 양수 k의 최솟값은 4이다.

1323 답 21

곡선 $y=f(x)$가 직선 $y=-7x+1$에 접하므로 직선 $y=-7x+1$은 곡선 $y=f(x)$의 접선이다.

직선 $y=-7x+1$과 $y=f(x)$의 접점의 좌표를 (a, b)라 하면

$$f'(a)=-7$$

즉, $f'(a)=3a^2+12a+5=-7$에서

$$3(a+2)^2=0 \qquad \therefore a=-2$$

또, 점 (a, b)는 직선 $y=-7x+1$ 위의 점이므로

$$b=-7a+1=(-7)\times(-2)+1=15$$

$$f(x)=\int f'(x)dx$$이므로

$$f(x)=\int (3x^2+12x+5)dx=x^3+6x^2+5x+C$$

이때 곡선 $y=f(x)$가 점 $(-2, 15)$를 지나므로 $f(-2)=15$에서

$$-8+24-10+C=15 \qquad \therefore C=9$$

따라서 $f(x)=x^3+6x^2+5x+9$이므로

$$f(1)=1+6+5+9=21$$

1324 답 ①

곡선 $y=f(x)$ 위의 점 $(t, f(t))$에서의 접선의 방정식은

$y-f(t)=f'(t)(x-t)$

$\therefore y=f'(t)x-tf'(t)+f(t)$ ┈┈┈┈┈┈┈┈ ㉠

접선 ㉠의 방정식과 $y=(6t^2-2t+1)x+g(t)$가 일치해야 하므로

$f'(t)=6t^2-2t+1$, $g(t)=-tf'(t)+f(t)$

$f(t)=\displaystyle\int f'(t)dt$

$\qquad =\displaystyle\int (6t^2-2t+1)dt$

$\qquad =2t^3-t^2+t+C$

이므로

$g(t)=-tf'(t)+f(t)$

$\qquad =-t(6t^2-2t+1)+2t^3-t^2+t+C$

$\qquad =-4t^3+t^2+C$

$f(t)+g(t)=(2t^3-t^2+t+C)+(-4t^3+t^2+C)=-2t^3+t+2C$

이므로

$\displaystyle\lim_{t\to\infty}\frac{f(t)+g(t)}{t^3}=\lim_{t\to\infty}\frac{-2t^3+t+2C}{t^3}=-2$

$\quad\longrightarrow$ 최고차항의 계수의 비와 같다.

1325 답 7

$f'(x)=4x-1$이므로

$f(x)=\displaystyle\int f'(x)dx$

$\qquad =\displaystyle\int (4x-1)dx$

$\qquad =2x^2-x+C$

이때 $f(0)=1$이므로 $C=1$

따라서 $f(x)=2x^2-x+1$이므로

$f(2)=8-2+1=7$

1326 답 ④　　　　　　　　　　　　　　　　　| 유형 **9**

함수 $f(x)=\displaystyle\int (x^2+3x)dx$일 때, $\displaystyle\lim_{h\to0}\frac{f(2+h)-f(2-h)}{h}$의 값은?

　　단서1

① 14　　　　② 16　　　　③ 18

④ 20　　　　⑤ 22

단서1 미분계수의 정의를 이용하여 식을 정리

STEP 1 미분계수의 정의를 이용하여 식 정리하기

$\displaystyle\lim_{h\to0}\frac{f(2+h)-f(2-h)}{h}$

$=\displaystyle\lim_{h\to0}\frac{f(2+h)-f(2)-\{f(2-h)-f(2)\}}{h}$

$=\displaystyle\lim_{h\to0}\frac{f(2+h)-f(2)}{h}+\lim_{h\to0}\frac{f(2-h)-f(2)}{-h}$

$=f'(2)+f'(2)=2f'(2)$

STEP 2 주어진 식의 양변을 x에 대하여 미분하기

$f(x)=\displaystyle\int (x^2+3x)dx$의 양변을 x에 대하여 미분하면

$f'(x)=x^2+3x$

STEP 3 $2f'(2)$의 값 구하기

$2f'(2)=2\times(4+6)=20$

1327 답 3

$\displaystyle\lim_{x\to2}\frac{f(x)-f(2)}{x^2-4}=\lim_{x\to2}\left\{\frac{f(x)-f(2)}{x-2}\times\frac{1}{x+2}\right\}=\frac{1}{4}f'(2)$

$f(x)=\displaystyle\int (3x^2+2x-4)dx$의 양변을 x에 대하여 미분하면

$f'(x)=3x^2+2x-4$이므로

$\dfrac{1}{4}f'(2)=\dfrac{1}{4}\times(12+4-4)=3$

1328 답 ④

$\displaystyle\lim_{x\to3}\frac{F(x)-F(3)}{2x-6}=\frac{1}{2}\lim_{x\to3}\frac{F(x)-F(3)}{x-3}$

$\qquad\quad\downarrow$

$\quad 2(x-3)\qquad =\dfrac{1}{2}F'(3)=\dfrac{1}{2}f(3)\longrightarrow F'(x)=f(x)$

$\qquad\qquad\qquad\quad =\dfrac{1}{2}\times(9+3)=6$

1329 답 ②

$f(x)=\displaystyle\int (x^2-k)dx$의 양변을 x에 대하여 미분하면

$f'(x)=x^2-k$

이때 $f'(0)=-3$이므로 $k=3$

즉, $f'(x)=x^2-3$

$\therefore \displaystyle\lim_{x\to1}\frac{f(x^2)-f(1)}{x-1}=\lim_{x\to1}\left\{\frac{f(x^2)-f(1)}{x^2-1}\times(x+1)\right\}$

$\qquad\qquad\qquad\qquad =\displaystyle\lim_{x\to1}\frac{f(x^2)-f(1)}{x^2-1}\times\lim_{x\to1}(x+1)$

$\qquad\qquad\qquad\qquad =2f'(1)\quad\longrightarrow f'(1)$

$\qquad\qquad\qquad\qquad =2\times(1-3)=-4$

1330 답 ③

$f(x)=\displaystyle\int (x^2-2x+k)dx$의 양변을 x에 대하여 미분하면

$f'(x)=x^2-2x+k$

$\therefore \displaystyle\lim_{h\to0}\frac{f(1+h)-f(1-h)}{h}$

$=\displaystyle\lim_{h\to0}\frac{f(1+h)-f(1)-\{f(1-h)-f(1)\}}{h}$

$=\displaystyle\lim_{h\to0}\frac{f(1+h)-f(1)}{h}+\lim_{h\to0}\frac{f(1-h)-f(1)}{-h}$

$=f'(1)+f'(1)=2f'(1)$

즉, $2f'(1)=8$에서 $f'(1)=4$이므로

$1-2+k=4$　　$\therefore k=5$

따라서 $f'(x)=x^2-2x+5$이므로

$f'(2)=4-4+5=5$

1331 답 ①

$f(x)=\displaystyle\int (3x^2+2ax+a-2)dx$에서

$f(x)=x^3+ax^2+(a-2)x+C$

$f'(x)=3x^2+2ax+a-2$

$\displaystyle\lim_{x\to0}\frac{f(x)+f'(x)}{x}=-5$에서 $x\to0$일 때, 극한값이 존재하고

(분모)$\to0$이므로 (분자)$\to0$이다.

즉, $f(0)+f'(0)=0$이므로 $C+a-2=0$ ····················· ㉠

$$\lim_{x \to 0} \frac{f(x)+f'(x)}{x}=\lim_{x \to 0} \frac{x^3+(a+3)x^2+(3a-2)x}{x}$$
$$=\lim_{x \to 0} \{x^2+(a+3)x+(3a-2)\}$$
$$=3a-2$$

즉, $3a-2=-5$이므로 $a=-1$

$a=-1$을 ㉠에 대입하여 풀면 $C=3$

따라서 $f(x)=x^3-x^2-3x+3$이므로

$f(2)=8-4-6+3=1$

실수 Check

$C+a-2=0$이므로
$$f(x)+f'(x)=x^3+(a+3)x^2+(3a-2)x+(C+a-2)$$
$$=x^3+(a+3)x^2+(3a-2)x$$
임에 주의한다.

1332 답 ②

| 유형 10

함수 $f(x)$에 대하여 $f'(x)=3x^2-3x-6$이고 $f(x)$의 극솟값이 0일 때, $f(x)$의 극댓값은? **단서1**

① $\dfrac{25}{2}$ ② $\dfrac{27}{2}$ ③ $\dfrac{29}{2}$

④ $\dfrac{31}{2}$ ⑤ $\dfrac{33}{2}$

단서1 $x=k$에서 극소라 하면 $f(k)=0$, $f'(k)=0$

STEP 1 $f(x)=\int f'(x)dx$임을 이용하여 $f(x)$ 식 세우기

$$f(x)=\int f'(x)dx=\int (3x^2-3x-6)dx$$
$$=x^3-\frac{3}{2}x^2-6x+C$$

STEP 2 함수 $f(x)$가 극대, 극소가 되는 x의 값 구하기

$f'(x)=3x^2-3x-6=3(x+1)(x-2)$이므로

$f'(x)=0$인 x의 값은 $x=-1$ 또는 $x=2$

함수 $f(x)$의 증가, 감소를 표로 나타내면 다음과 같다.

x	$\cdots$	-1	$\cdots$	2	$\cdots$
$f'(x)$	$+$	0	$-$	0	$+$
$f(x)$	↗	극대	↘	극소	↗

STEP 3 극솟값을 이용하여 $f(x)$ 구하기

함수 $f(x)$는 $x=2$에서 극솟값 0을 가지므로 $f(2)=0$에서

$8-6-12+C=0$ $\therefore C=10$

$\therefore f(x)=x^3-\frac{3}{2}x^2-6x+10$

STEP 4 $f(x)$의 극댓값 구하기

함수 $f(x)$는 $x=-1$에서 극대이므로 극댓값은

$$f(-1)=-1-\frac{3}{2}+6+10=\frac{27}{2}$$

1333 답 ④

$$f(x)=\int f'(x)dx=\int 3x(x-4)dx$$
$$=\int (3x^2-12x)dx=x^3-6x^2+C$$

$f'(x)=3x(x-4)$이므로

$f'(x)=0$인 x의 값은 $x=0$ 또는 $x=4$

함수 $f(x)$의 증가, 감소를 표로 나타내면 다음과 같다.

x	$\cdots$	0	$\cdots$	4	$\cdots$
$f'(x)$	$+$	0	$-$	0	$+$
$f(x)$	↗	극대	↘	극소	↗

함수 $f(x)$는 $x=0$에서 극대이므로 극댓값은

$f(0)=C$

$x=4$에서 극소이므로 극솟값은

$f(4)=64-96+C=C-32$

따라서 극댓값과 극솟값의 차는

$|f(0)-f(4)|=|C-(C-32)|=32$

1334 답 1

$f(x)$가 최고차항의 계수가 1인 삼차함수이므로 $f'(x)$는 최고차항의 계수가 3인 이차함수이다.

이때 $f'(-1)=f'(1)=0$이므로

$f'(x)=3(x+1)(x-1)$ → $f'(x)$는 $x+1$, $x-1$을 인수로 가진다.

$\therefore f(x)=\int f'(x)dx=\int (3x^2-3)dx=x^3-3x+C$

$f'(x)=0$인 x의 값은 $x=-1$ 또는 $x=1$

함수 $f(x)$의 증가, 감소를 표로 나타내면 다음과 같다.

x	$\cdots$	-1	$\cdots$	1	$\cdots$
$f'(x)$	$+$	0	$-$	0	$+$
$f(x)$	↗	극대	↘	극소	↗

함수 $f(x)$는 $x=-1$에서 극댓값 5를 가지므로 $f(-1)=5$에서

$-1+3+C=5$ $\therefore C=3$

$\therefore f(x)=x^3-3x+3$

따라서 함수 $f(x)$는 $x=1$에서 극소이므로 극솟값은

$f(1)=1-3+3=1$

1335 답 ①

$f(x)=\int (6x^2+2ax-12)dx$의 양변을 x에 대하여 미분하면

$f'(x)=6x^2+2ax-12$

함수 $f(x)$가 $x=2$에서 극소이므로 $f'(2)=0$에서

$24+4a-12=0$ $\therefore a=-3$

즉, $f'(x)=6x^2-6x-12$

$$\therefore f(x)=\int (6x^2-6x-12)dx$$
$$=2x^3-3x^2-12x+C$$

$f'(x)=6x^2-6x-12=6(x+1)(x-2)$이므로

$f'(x)=0$인 x의 값은 $x=-1$ 또는 $x=2$

함수 $f(x)$의 증가, 감소를 표로 나타내면 다음과 같다.

x	$\cdots$	-1	$\cdots$	2	$\cdots$
$f'(x)$	$+$	0	$-$	0	$+$
$f(x)$	↗	극대	↘	극소	↗

함수 $f(x)$는 $x=2$에서 극솟값 -20을 가지므로 $f(2)=-20$에서

$16-12-24+C=-20$ $\therefore C=0$

$\therefore f(x)=2x^3-3x^2-12x$

따라서 함수 $f(x)$는 $x=-1$에서 극대이므로 극댓값은
$f(-1)=-2-3+12=7$

1336 답 ④

$f(x)=\int f'(x)dx=\int k(x^2-1)dx$
$\qquad =k\left(\dfrac{1}{3}x^3-x\right)+C$

$f'(x)=k(x^2-1)=k(x+1)(x-1)$이므로
$f'(x)=0$인 x의 값은 $x=-1$ 또는 $x=1$
$k<0$이므로 함수 $f(x)$의 증가, 감소를 표로 나타내면 다음과 같다.

x	$\cdots$	-1	$\cdots$	1	$\cdots$
$f'(x)$	$-$	0	$+$	0	$-$
$f(x)$	$\searrow$	극소	$\nearrow$	극대	$\searrow$

함수 $f(x)$는 $x=-1$에서 극솟값 -8을 가지므로
$f(-1)=-8$에서 $\dfrac{2}{3}k+C=-8$ $\cdots\cdots\cdots$ ㉠
함수 $f(x)$는 $x=1$에서 극댓값 4를 가지므로
$f(1)=4$에서 $-\dfrac{2}{3}k+C=4$ $\cdots\cdots\cdots$ ㉡
㉠, ㉡을 연립하여 풀면 $C=-2$, $k=-9$
따라서 $f(x)=-3x^3+9x-2$이므로
$f(2)=-24+18-2=-8$

1337 답 ②

㈎에서 삼차함수 $f(x)$가 극값을 가지지 않으려면 함수 $f(x)$가 항상 증가하거나 항상 감소해야 한다.
이때 삼차함수 $f(x)$의 최고차항의 계수가 1이므로 함수 $f(x)$는 항상 증가해야 한다.
$\therefore f'(x)\geq 0$
㈏에서 $f'(2)=0$이고 $f(x)$가 최고차항의 계수가 1인 삼차함수이므로 $f'(x)$는 최고차항의 계수가 3인 이차함수이다.
즉, $f'(x)=3(x-2)^2=3x^2-12x+12$이므로
$f(x)=\int f'(x)dx=\int (3x^2-12x+12)dx$
$\qquad =x^3-6x^2+12x+C$
또, ㈏에서 $f(2)=0$이므로
$8-24+24+C=0$ $\quad \therefore C=-8$
따라서 $f(x)=x^3-6x^2+12x-8$이므로
$f(1)=1-6+12-8=-1$

참고 · ㈏에서 $f'(2)=0$이므로 $f'(x)$는 $x-2$를 인수로 가지고, ㈎에서 $f'(x)\geq 0$이므로 $f'(x)=3(x-2)^2$이다.
· 최고차항의 계수가 1인 삼차함수 $f(x)$가 ㈎, ㈏를 만족시키려면 $x=2$에서 삼중근을 가져야 한다.
$\quad \therefore f(x)=(x-2)^3$

1338 답 ②

㈏에서 $f'(1)=0$이므로
㈎의 식 $f'(x)=f'(-x)$에 $x=1$을 대입하면
$f'(1)=f'(-1)=0$
$f'(x)$는 $x-1$, $x+1$을 인수로 가지고 $f(x)$가 최고차항의 계수가 1인 삼차함수이므로 $f'(x)$는 최고차항의 계수가 3인 이차함수이다.
즉, $f'(x)=3(x+1)(x-1)=3x^2-3$이므로
$f(x)=\int f'(x)dx=\int (3x^2-3)dx$
$\qquad =x^3-3x+C$
또, ㈏에서 $f(1)=-1$이므로
$1-3+C=-1$ $\quad \therefore C=1$
따라서 $f(x)=x^3-3x+1$이므로
$f(-2)=-8+6+1=-1$

참고 $f(x)$는 최고차항의 계수가 1인 삼차함수이고, ㈎에서 $f'(x)$는 그래프가 y축에 대하여 대칭인 함수(우함수)이므로 $f'(x)=3x^2+a$ (a는 상수)로 놓고 $f'(1)=0$임을 이용하여 $f'(x)=3x^2-3$을 구할 수도 있다.

1339 답 35

$f'(x)=3x^2-12$이므로
$f(x)=\int f'(x)dx=\int (3x^2-12)dx$
$\qquad =x^3-12x+C$
$f'(x)=3x^2-12=3(x+2)(x-2)$이므로
$f'(x)=0$인 x의 값은 $x=-2$ 또는 $x=2$
함수 $f(x)$의 증가, 감소를 표로 나타내면 다음과 같다.

x	$\cdots$	-2	$\cdots$	2	$\cdots$
$f'(x)$	$+$	0	$-$	0	$+$
$f(x)$	$\nearrow$	극대	$\searrow$	극소	$\nearrow$

함수 $f(x)$는 $x=2$에서 극솟값 3을 가지므로 $f(2)=3$에서
$8-24+C=3$ $\quad \therefore C=19$
$\therefore f(x)=x^3-12x+19$
따라서 함수 $f(x)$는 $x=-2$에서 극대이므로 극댓값은
$f(-2)=-8+24+19=35$

1340 답 ④

㈏에서 $f'(2)=0$이고 최고차항의 계수가 1인 삼차함수 $f(x)$에 대하여 ㈐에서 방정식 $f(x)=f(4)$, 즉 $f(x)-f(4)=0$이 서로 다른 두 실근을 가지는 경우는 다음과 같다.
(i) 함수 $y=f(x)-f(4)$의 그래프가 $x=2$에서 x축에 접하고 점 $(4, 0)$을 지나는 경우
$f(x)-f(4)=(x-2)^2(x-4)$
이므로
$f(x)=(x-2)^2(x-4)+f(4)$
$\therefore f'(x)=2(x-2)(x-4)+(x-2)^2$
$f'\left(\dfrac{11}{3}\right)=2\times\dfrac{5}{3}\times\left(-\dfrac{1}{3}\right)+\left(\dfrac{5}{3}\right)^2=\dfrac{5}{3}>0$이므로
㈎를 만족시키지 않는다.

(ii) 함수 $y=f(x)-f(4)$의 그래프가 $x=4$에서 x축에 접하는 경우

$x=4$에서 x축에 접하므로

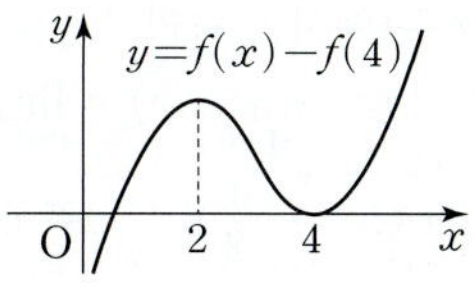

$f'(4)=0$

또, (나)에서 $f'(2)=0$이므로

$f'(x)=3(x-2)(x-4)$

$\quad=3x^2-18x+24$

$f'\left(\frac{11}{3}\right)=3\times\frac{5}{3}\times\left(-\frac{1}{3}\right)=-\frac{5}{3}<0$이므로

(가)를 만족시킨다.

$f(x)=\int f'(x)dx=\int(3x^2-18x+24)dx$

$\quad=x^3-9x^2+24x+C$

(나)에서 $f(2)=35$이므로

$f(2)=8-36+48+C=35 \qquad \therefore C=15$

$\therefore f(x)=x^3-9x^2+24x+15$

(i), (ii)에서 $f(x)=x^3-9x^2+24x+15$이므로

$f(0)=15$

1341 답 ② | 유형11

삼차함수 $f(x)$의 도함수 $y=f'(x)$의 그래프가 그림과 같다. 함수 $y=f(x)$의 그래프가 원점을 지날 때, 함수 $f(x)$의 극댓값은?

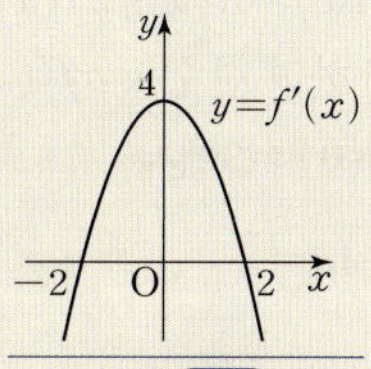

단서2

단서1

① $\frac{14}{3}$ ② $\frac{16}{3}$ ③ 6 ④ $\frac{20}{3}$ ⑤ $\frac{22}{3}$

단서1 그래프는 위로 볼록하고, x축과의 교점의 x좌표가 -2, 2

단서2 $f(0)=0$

STEP 1 그래프를 보고 $f'(x)$를 식으로 나타내기

$f'(x)=a(x+2)(x-2)\ (a<0)$라 하면 → 그래프는 위로 볼록하고, x축과의 교점의 x좌표가 -2, 2이다.

함수 $y=f'(x)$의 그래프가 점 (0, 4)를 지나므로 $f'(0)=4$에서

$-4a=4 \qquad \therefore a=-1$

$\therefore f'(x)=-(x+2)(x-2)=-x^2+4$

STEP 2 $f(x)=\int f'(x)dx$임을 이용하여 $f(x)$ 구하기

$f(x)=\int f'(x)dx=\int(-x^2+4)dx$

$\quad=-\frac{1}{3}x^3+4x+C$

함수 $y=f(x)$의 그래프가 원점을 지나므로 $f(0)=0$에서

$C=0$

$\therefore f(x)=-\frac{1}{3}x^3+4x$

STEP 3 $f(x)$의 극댓값 구하기

주어진 그래프에서 $f'(x)$의 부호를 조사하여 함수 $f(x)$의 증가, 감소를 표로 나타내면 다음과 같다.

x	$\cdots$	-2	$\cdots$	2	$\cdots$
$f'(x)$	$-$	0	$+$	0	$-$
$f(x)$	↘	극소	↗	극대	↘

따라서 함수 $f(x)$는 $x=2$에서 극대이므로 극댓값은

$f(2)=-\frac{8}{3}+8=\frac{16}{3}$

1342 답 $-\frac{31}{12}$

$f'(x)=a(x+3)(x-2)\ (a>0)$라 하면 → 그래프가 아래로 볼록하고, x축과의 교점의 x좌표가 -3, 2이다.

$y=f'(x)$의 그래프가 점 (0, -3)을 지나므로 $f'(0)=-3$에서

$-6a=-3 \qquad \therefore a=\frac{1}{2}$

즉, $f'(x)=\frac{1}{2}x^2+\frac{1}{2}x-3$이므로

$f(x)=\int f'(x)dx=\int\left(\frac{1}{2}x^2+\frac{1}{2}x-3\right)dx$

$\quad=\frac{1}{6}x^3+\frac{1}{4}x^2-3x+C$

함수 $y=f(x)$의 그래프가 원점을 지나므로 $f(0)=0$에서

$C=0$

따라서 $f(x)=\frac{1}{6}x^3+\frac{1}{4}x^2-3x$이므로

$f(1)=\frac{1}{6}+\frac{1}{4}-3=-\frac{31}{12}$

1343 답 2

$f'(x)=\begin{cases}1 & (x<0)\\ -x+1 & (x\ge0)\end{cases}$이므로

$f(x)=\begin{cases}x+C_1 & (x<0)\\ -\frac{x^2}{2}+x+C_2 & (x\ge0)\end{cases}$ → $f'(x)$를 구간별로 각각 적분한다.

함수 $y=f(x)$의 그래프가 원점을 지나므로 $f(0)=0$에서

$C_2=0$

함수 $f(x)$는 $x=0$에서 연속이므로

$f(0)=\lim_{x\to0-}f(x)=\lim_{x\to0-}(x+C_1)=0 \qquad \therefore C_1=0$

$\therefore f(x)=\begin{cases}x & (x<0)\\ -\frac{x^2}{2}+x & (x\ge0)\end{cases}$

이때 양수 a에 대하여 $f(a)+f(-a)=-2$이므로

$-\frac{a^2}{2}+a+(-a)=-2,\ a^2=4$

$\therefore a=2\ (\because a>0)$

1344 답 0

$f'(x)=ax(x+2)=ax^2+2ax\ (a<0)$라 하면

$f(x)=\int f'(x)dx=\int(ax^2+2ax)dx$

$\quad=\frac{a}{3}x^3+ax^2+C$

주어진 그래프에서 $f'(x)$의 부호를 조사하여 함수 $f(x)$의 증가, 감소를 표로 나타내면 다음과 같다.

x	$\cdots$	-2	$\cdots$	0	$\cdots$
$f'(x)$	$-$	0	$+$	0	$-$
$f(x)$	↘	극소	↗	극대	↘

함수 $f(x)$는 $x=-2$에서 극솟값 -4를 가지므로
$f(-2)=-4$에서
$-\dfrac{8}{3}a+4a+C=-4$ $\therefore a=-\dfrac{3}{4}C-3$ ·························· ㉠
함수 $f(x)$는 $x=0$에서 극댓값 0을 가지므로 $f(0)=0$에서
$C=0$
$C=0$을 ㉠에 대입하면 $a=-3$
따라서 $f(x)=-x^3-3x^2$이므로
$f(-3)=27-27=0$

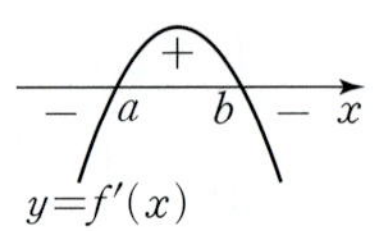

1345 답 ①

$f'(x)=\begin{cases}-x-2 & (x<-1)\\ -1 & (-1\le x<1)\\ x-2 & (x\ge 1)\end{cases}$ 이므로

$f(x)=\begin{cases}-\dfrac{1}{2}x^2-2x+C_1 & (x<-1)\\ -x+C_2 & (-1\le x<1)\\ \dfrac{1}{2}x^2-2x+C_3 & (x\ge 1)\end{cases}$

함수 $y=f(x)$의 그래프가 원점을 지나므로 $f(0)=0$에서
$C_2=0$
함수 $f(x)$가 실수 전체의 집합에서 미분가능하므로 실수 전체의 집합에서 연속이다.
따라서 함수 $f(x)$가 $x=1$, $x=-1$에서 연속이므로
$f(1)=\lim\limits_{x\to 1+}f(x)=\lim\limits_{x\to 1-}f(x)$에서
$\dfrac{1}{2}-2+C_3=-1$ $\therefore C_3=\dfrac{1}{2}$
$f(-1)=\lim\limits_{x\to-1+}f(x)=\lim\limits_{x\to-1-}f(x)$에서
$1=-\dfrac{1}{2}+2+C_1$ $\therefore C_1=-\dfrac{1}{2}$
$\therefore f(x)=\begin{cases}-\dfrac{1}{2}x^2-2x-\dfrac{1}{2} & (x<-1)\\ -x & (-1\le x<1)\\ \dfrac{1}{2}x^2-2x+\dfrac{1}{2} & (x\ge 1)\end{cases}$
$\therefore f(-2)+f(1)=\left(-2+4-\dfrac{1}{2}\right)+\left(\dfrac{1}{2}-2+\dfrac{1}{2}\right)=\dfrac{1}{2}$

1346 답 ①

$f'(x)=\begin{cases}-1 & (x<-1)\\ -x & (-1<x<1)\\ 1 & (x>1)\end{cases}$ 이므로

$f(x)=\begin{cases}-x+C_1 & (x<-1)\\ -\dfrac{1}{2}x^2+C_2 & (-1<x<1)\\ x+C_3 & (x>1)\end{cases}$

이때 함수 $f(x)$가 실수 전체의 집합에서 연속이므로 $x=-1$, $x=1$에서 연속이다.
$f(1)=\lim\limits_{x\to 1+}f(x)=\lim\limits_{x\to 1-}f(x)$에서
$1+C_3=-\dfrac{1}{2}+C_2$, 즉 $C_2=\dfrac{3}{2}+C_3$이므로
$C_2>C_3$
$f(-1)=\lim\limits_{x\to-1+}f(x)=\lim\limits_{x\to-1-}f(x)$에서
$-\dfrac{1}{2}+C_2=1+C_1$, 즉 $C_2=\dfrac{3}{2}+C_1$이므로
$C_2>C_1=C_3$
따라서 함수 $y=f(x)$의 그래프의 개형으로 가장 적절한 것은 ①이다.

$x=0$의 좌우에서 $f'(x)$의 부호가 양에서 음으로 바뀌므로 $f(x)$는 $x=0$에서 극대이고 $x=-1$, $x=1$에서 $f'(x)$의 값이 존재하지 않으므로 함수 $y=f(x)$의 그래프는 $x=-1$, $x=1$에서 뾰족점인 경우이다.
이를 만족시키는 함수 $y=f(x)$의 그래프의 개형은 ①이다.

1347 답 ③

$f'(x)=a(x+2)(x-2)$ $(a<0)$
라 하면 함수 $y=f'(x)$의 그래프가 점 $(0,\,3)$을 지나므로
$f'(0)=3$에서
$-4a=3$ $\therefore a=-\dfrac{3}{4}$
$\therefore f'(x)=-\dfrac{3}{4}(x+2)(x-2)=-\dfrac{3}{4}x^2+3$
$f(x)=\displaystyle\int f'(x)dx=\int\left(-\dfrac{3}{4}x^2+3\right)dx$
$=-\dfrac{1}{4}x^3+3x+C$
이때 $f(0)=0$이므로 $C=0$
$\therefore f(x)=-\dfrac{1}{4}x^3+3x$
방정식 $f(x)=kx$에서
$-\dfrac{1}{4}x^3+3x=kx$, $\dfrac{1}{4}x^3+(k-3)x=0$
$\dfrac{1}{4}x\{x^2+4(k-3)\}=0$
위의 방정식이 서로 다른 세 실근을 가지려면 이차방정식 $x^2+4(k-3)=0$이 0이 아닌 서로 다른 두 실근을 가져야 한다.
이차방정식 $x^2+4(k-3)=0$의 판별식을 D라 하면
$D=-16(k-3)>0$ $\therefore k<3$

1348 답 ③

| 유형 12

삼차함수 $f(x)$의 한 부정적분 $F(x)$에 대하여
$$\underline{F(x)=xf(x)+3x^4-8x^2+1}$$

이 성립하고 $f(0)=0$일 때, $f(2)$의 값은?

① -2 ② -1 ③ 0
④ 1 ⑤ 2

단서1 $F(x)$와 $f(x)$ 사이의 관계식의 양변을 x에 대하여 미분

STEP 1 양변을 미분하여 $f'(x)$ 구하기

$F(x)=xf(x)+3x^4-8x^2+1$의 양변을 x에 대하여 미분하면

$f(x)=f(x)+xf'(x)+12x^3-16x$

$xf'(x)=-12x^3+16x=x(-12x^2+16)$

$\therefore f'(x)=-12x^2+16$

STEP 2 $f(x)=\int f'(x)dx$임을 이용하여 $f(x)$ 구하기

$f(x)=\int f'(x)dx=\int(-12x^2+16)dx=-4x^3+16x+C$

이때 $f(0)=0$이므로 $C=0$

$\therefore f(x)=-4x^3+16x$

STEP 3 $f(2)$의 값 구하기

$f(2)=-32+32=0$

1349 답 -6

$\int f(x)dx=xf(x)-x^3+2x^2+C$의 양변을 x에 대하여 미분하면

$f(x)=f(x)+xf'(x)-3x^2+4x,\ xf'(x)=3x^2-4x=x(3x-4)$

$\therefore f'(x)=3x-4$

$f(x)=\int f'(x)dx=\int(3x-4)dx=\frac{3}{2}x^2-4x+C_1$

이때 $f(0)=-4$이므로 $C_1=-4$

따라서 $f(x)=\frac{3}{2}x^2-4x-4$이므로

$f(2)=6-8-4=-6$

1350 답 ③

$F(x)-\int(x+1)f(x)dx=4x^4+6x^3-2x^2$의 양변을 x에 대하여

미분하면

$f(x)-(x+1)f(x)=16x^3+18x^2-4x$

$-xf(x)=16x^3+18x^2-4x=x(16x^2+18x-4)$

$\therefore f(x)=-16x^2-18x+4$

따라서 방정식 $f(x)=0$, 즉 $-16x^2-18x+4=0$의 모든 근의 곱
은 이차방정식의 근과 계수의 관계에 의하여

$\frac{4}{-16}=-\frac{1}{4}$

1351 답 $-\frac{1}{2}$

$F(x)=xf(x)-3x^2(x-1)$에서

$F(x)=xf(x)-3x^3+3x^2$ ···················· ㉠

㉠의 양변을 x에 대하여 미분하면

$f(x)=f(x)+xf'(x)-9x^2+6x$

$xf'(x)=9x^2-6x=x(9x-6)$

$\therefore f'(x)=9x-6$

$f(x)=\int f'(x)dx=\int(9x-6)dx=\frac{9}{2}x^2-6x+C$

㉠의 양변에 $x=1$을 대입하면

$0=f(1)-3+3\,(\because F(1)=0)\quad \therefore f(1)=0$

$f(1)=0$에서 $\frac{9}{2}-6+C=0\quad \therefore C=\frac{3}{2}$

따라서 $f(x)=\frac{9}{2}x^2-6x+\frac{3}{2}=\frac{9}{2}\left(x-\frac{2}{3}\right)^2-\frac{1}{2}$이므로

함수 $f(x)$는 $x=\frac{2}{3}$에서 최솟값 $-\frac{1}{2}$을 가진다.

1352 답 30

$f(x)=\int f'(x)dx=\int g(x)dx\,(\because f'(x)=g(x))$

$\qquad =\int(4x^3-18x^2+24x+a)dx$

$\qquad =x^4-6x^3+12x^2+ax+C$

$h(x)=g'(x)=12x^2-36x+24=12(x-1)(x-2)$

이고 $f(x)$가 $h(x)$로 나누어떨어지므로 $f(x)$는 $h(x)$를 인수로

가진다.

즉, $f(x)$는 $x-1$, $x-2$를 인수로 가진다.

$f(1)=0$에서

$1-6+12+a+C=0\quad \therefore a+C=-7$ ············ ㉠

$f(2)=0$에서

$16-48+48+2a+C=0\quad \therefore 2a+C=-16$ ········ ㉡

㉠, ㉡을 연립하여 풀면 $a=-9$, $C=2$

따라서 $f(x)=x^4-6x^3+12x^2-9x+2$이므로

$f(-1)=1+6+12+9+2=30$

참고 $f(x)$가 $h(x)$로 나누어떨어지므로

$f(x)=h(x)Q(x)=12(x-1)(x-2)Q(x)$라 하면

$Q(x)$는 이차식이고, $f(x)=x^4-6x^3+12x^2+ax+C$와 동류항의 계수를

비교하여 $Q(x)$를 구하면 $Q(x)=\frac{1}{12}(x^2-3x+1)$이다.

1353 답 9

$F(x)=(x+2)f(x)-x^3+12x$ ···················· ㉠

㉠의 양변을 x에 대하여 미분하면

$f(x)=f(x)+(x+2)f'(x)-3x^2+12$

$(x+2)f'(x)=3(x+2)(x-2)$

$\therefore f'(x)=3(x-2)=3x-6$

$f(x)=\int f'(x)dx=\int(3x-6)dx=\frac{3}{2}x^2-6x+C$

㉠의 양변에 $x=0$을 대입하면

$30=2f(0)\,(\because F(0)=30)\quad \therefore f(0)=15$

$f(0)=15$에서 $C=15$

따라서 $f(x)=\frac{3}{2}x^2-6x+15$이므로

$f(2)=6-12+15=9$

1354 답 ③

| 유형 13

미분가능한 함수 $f(x)$가 임의의 실수 x, y에 대하여

$\underline{f(x+y)=f(x)+f(y)+2xy}$

단서1

를 만족시키고 $\underline{f'(1)=2}$일 때, $f(5)$의 값은?

단서2

① 21　　　　② 23　　　　③ 25

④ 27　　　　⑤ 29

단서1 $f(0+0)=f(0)+f(0)+0$

단서2 $f'(a)=\lim\limits_{h\to 0}\dfrac{f(a+h)-f(a)}{h}$

STEP 1 $x=0$, $y=0$을 대입하여 $f(0)$의 값 구하기

$f(x+y)=f(x)+f(y)+2xy$의 양변에 $x=0$, $y=0$을 대입하면

$f(0)=f(0)+f(0)+0$

$\therefore f(0)=0$

STEP 2 도함수의 정의를 이용하여 $f'(x)$ 구하기

도함수의 정의를 이용하여 $f'(x)$를 구하면

$$\begin{aligned} f'(x) &= \lim_{h \to 0} \frac{f(x+h)-f(x)}{h} \\ &= \lim_{h \to 0} \frac{f(x)+f(h)+2xh-f(x)}{h} \\ &= \lim_{h \to 0} \frac{f(h)+2xh}{h} \\ &= \lim_{h \to 0} \frac{f(0+h)-f(0)}{h}+2x \ (\because f(0)=0) \\ &= f'(0)+2x \end{aligned}$$

이때 $f'(1)=2$이므로 $f'(x)=f'(0)+2x$에 $x=1$을 대입하면

$2=f'(0)+2 \quad \therefore f'(0)=0$

$\therefore f'(x)=2x$

STEP 3 $f(x)=\int f'(x)dx$를 이용하여 $f(x)$를 구하고, $f(5)$의 값 구하기

$$f(x)=\int f'(x)dx=\int 2x\,dx=x^2+C$$

$f(0)=0$이므로 $C=0$

따라서 $f(x)=x^2$이므로 $f(5)=25$

1355 답 ②

(내)에서 $f(x+y)=f(x)+f(y)+xy-2$의 양변에 $x=0$, $y=0$을 대입하면

$f(0)=f(0)+f(0)+0-2$

$\therefore f(0)=2$

도함수의 정의를 이용하여 $f'(x)$를 구하면

$$\begin{aligned} f'(x) &= \lim_{h \to 0} \frac{f(x+h)-f(x)}{h} \\ &= \lim_{h \to 0} \frac{f(x)+f(h)+xh-2-f(x)}{h} \ (\because \text{(내)}) \\ &= \lim_{h \to 0} \frac{f(h)-2+xh}{h} \\ &= x+\lim_{h \to 0} \frac{f(h)-2}{h} \\ &= x+3 \ (\because \text{(가)}) \end{aligned}$$

$$\therefore f(x)=\int f'(x)dx=\int(x+3)dx$$
$$=\frac{1}{2}x^2+3x+C$$

$f(0)=2$이므로 $C=2$

따라서 $f(x)=\frac{1}{2}x^2+3x+2$이므로

$f(2)=2+6+2=10$

1356 답 ①

$f(a+b)=f(a)+f(b)+kab$의 양변에 $a=0$, $b=0$을 대입하면

$f(0)=f(0)+f(0)+0 \quad \therefore f(0)=0$

도함수의 정의를 이용하여 $f'(x)$를 구하면

$$\begin{aligned} f'(x) &= \lim_{h \to 0} \frac{f(x+h)-f(x)}{h} \\ &= \lim_{h \to 0} \frac{f(x)+f(h)+kxh-f(x)}{h} \\ &= \lim_{h \to 0} \frac{f(h)}{h}+kx \\ &= \lim_{h \to 0} \frac{f(0+h)-f(0)}{h}+kx \ (\because f(0)=0) \\ &= f'(0)+kx \end{aligned}$$

이때 $f'(1)=1$이므로 $f'(x)=f'(0)+kx$에 $x=1$을 대입하면

$1=f'(0)+k$

$\therefore f'(0)=-k+1$

즉, $f'(x)=kx-k+1$이므로

$$f(x)=\int(kx-k+1)dx$$
$$=\frac{k}{2}x^2+(-k+1)x+C$$

$f(0)=0$이므로 $C=0$

또, $f(1)=2$이므로 $\frac{k}{2}-k+1=2$

$-\frac{k}{2}=1 \quad \therefore k=-2$

1357 답 ②

(내)의 식의 양변에 $x=0$, $y=0$을 대입하면

$f(0)=f(0)+f(0)-0 \quad \therefore f(0)=0$

(가)에서

$$\begin{aligned} \lim_{h \to 0} \frac{f(3h)}{h} &= 3\lim_{h \to 0} \frac{f(3h)}{3h} \\ &= 3\lim_{h \to 0} \frac{f(0+3h)-f(0)}{3h} \ (\because f(0)=0) \\ &= 3f'(0) \end{aligned}$$

즉, $3f'(0)=3$이므로 $f'(0)=1$

도함수의 정의를 이용하여 $f'(x)$를 구하면

$$\begin{aligned} f'(x) &= \lim_{h \to 0} \frac{f(x+h)-f(x)}{h} \\ &= \lim_{h \to 0} \frac{f(x)+f(h)-4xh-f(x)}{h} \\ &= \lim_{h \to 0} \frac{f(h)}{h}-4x \\ &= \lim_{h \to 0} \frac{f(0+h)-f(0)}{h}-4x \ (\because f(0)=0) \\ &= f'(0)-4x=-4x+1 \end{aligned}$$

$$\therefore f(x)=\int f'(x)dx=\int(-4x+1)dx=-2x^2+x+C$$

$f(0)=0$이므로 $C=0$

따라서 $f(x)=-2x^2+x$이므로

$f(-1)=-2-1=-3$

1358 답 (1) 0   (2) 0   (3) -1 (4) $-\frac{1}{3}x^3+4x$

㈎에서 함수 $y=f(x)$의 그래프는 y축에 대하여 대칭이고 ㈐에서 $f(0)=0$이므로 함수 $y=f(x)$의 그래프는 원점에 대하여 대칭이다.

따라서 $f(x)=ax^3+bx$ (a, b는 상수, $a\neq0$)로 놓으면

$$f'(x)=3ax^2+b$$

㈏에서

$f'(-2)=0$이므로 $12a+b=0$ ⋯⋯⋯⋯⋯ ㉠

$f(-2)=-\dfrac{16}{3}$이므로 $-8a-2b=-\dfrac{16}{3}$ ⋯⋯⋯⋯⋯ ㉡

㉠, ㉡을 연립하여 풀면 $a=-\dfrac{1}{3}$, $b=4$

$$\therefore f(x)=-\dfrac{1}{3}x^3+4x$$

실제 답안 예시

삼차함수를 $f(x)=ax^3+bx^2+cx+d$ $(a\neq0)$로 놓으면

$f'(x)=3ax^2+2bx+c$

㈎에서 삼차함수 $f(x)$의 도함수가 우함수이므로 이차함수인 도함수의 그래프의 축은 $x=0$ $\therefore b=0$

㈏에서 함수 $f(x)$가 $x=-2$에서 극솟값 $-\dfrac{16}{3}$을 가지므로

$f'(-2)=0$, $f(-2)=-\dfrac{16}{3}$

$12a+c=0$ ⋯⋯⋯ ㉠

$-8a-2c+d=-\dfrac{16}{3}$ ⋯⋯⋯ ㉡

㈐에 의하여 $d=0$이므로 ㉠, ㉡을 연립하여 풀면 $a=-\dfrac{1}{3}$, $c=4$

$\therefore f(x)=-\dfrac{1}{3}x^3+4x$

1359 답 12

STEP 1 조건을 이용하여 $f'(x)$ 구하기 [3점]

$f(x)$가 최고차항의 계수가 1인 삼차함수이므로 $f'(x)$는 최고차항의 계수가 3인 이차함수이다.

㈎, ㈏에서 $f'(1)=f'(-1)=0$ ⋯⋯⋯ ⓐ

$\therefore f'(x)=3(x-1)(x+1)=3x^2-3$

STEP 2 부정적분을 이용하여 $f(x)$ 구하기 [3점]

$$f(x)=\int f'(x)dx=\int(3x^2-3)dx=x^3-3x+C$$

$f(1)=8$에서 $1-3+C=8$이므로 $C=10$

$$\therefore f(x)=x^3-3x+10$$

STEP 3 $f(2)$의 값 구하기 [1점]

$f(2)=8-6+10=12$

부분점수표	
ⓐ $f'(1)=f'(-1)=0$임을 아는 경우	1점

1360 답 $f(x)=x^3-12x$

STEP 1 조건을 이용하여 $f'(x)$ 식 세우기 [3점]

$f(x)$가 최고차항의 계수가 1인 삼차함수이므로 $f'(x)$는 최고차항의 계수가 3인 이차함수이다.

㈏에서 삼차함수 $f(x)$는 극댓값과 극솟값을 가지므로 이차방정식 $f'(x)=0$은 서로 다른 두 실근을 가진다.

한 실근을 a $(a>0)$라 하면 $f'(a)=0$이므로 ㈎에서

$$f'(a)=f'(-a)=0$$

$$\therefore f'(x)=3(x-a)(x+a)=3x^2-3a^2$$

STEP 2 부정적분을 이용하여 $f(x)$ 식 세우기 [2점]

$$f(x)=\int(3x^2-3a^2)dx=x^3-3a^2x+C$$

㈐에서 $f(0)=0$이므로 $C=0$

$$\therefore f(x)=x^3-3a^2x$$

STEP 3 곡선 $y=f(x)$와 직선 $y=16$의 교점의 개수를 이용하여 $f(x)$ 구하기 [4점]

㈏에서 삼차함수 $y=f(x)$의 그래프와 직선 $y=16$의 교점이 2개인 경우는 다음과 같다.

(i) $f(x)$의 극솟값이 16인 경우

$-a<0<a$이므로 $f(0)>16$

즉, ㈐를 만족시키지 않는다.

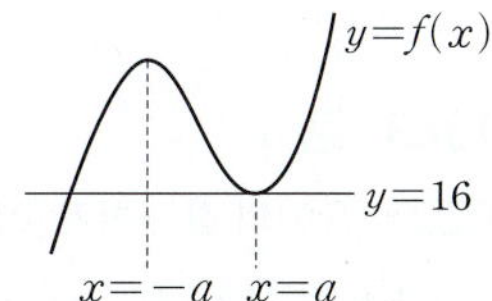

(ii) $f(x)$의 극댓값이 16인 경우

$f(-a)=16$이므로

$-a^3+3a^3=16$, $2a^3=16$

$a^3=8$ $\therefore a=2$

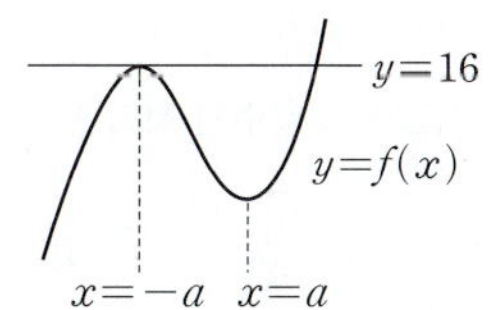

(i), (ii)에서 $f(x)=x^3-12x$

1361 답 (1) 0 (2) 1 (3) 0 (4) $\dfrac{3}{2}$

실제 답안 예시

$x=0$, $y=0$일 때 $f(0)=0$

$f'(x)=\lim\limits_{h\to0}\dfrac{f(x+h)-f(x)}{h}=\lim\limits_{h\to0}\dfrac{f(x)+f(h)+xh-f(x)}{h}$

$=\lim\limits_{h\to0}\dfrac{f(h)}{h}+x=\lim\limits_{h\to0}\dfrac{f(h)-f(0)}{h}+x$

$=f'(0)+x=x+1$ ($\because f'(0)=1$)

적분하면 $f(x)=\dfrac{1}{2}x^2+x$ ($\because f(0)=0$)이므로

$f(1)=\dfrac{1}{2}+1=\dfrac{3}{2}$

1362 답 $\dfrac{1}{3}$

STEP 1 $f(0)$의 값 구하기 [2점]

$f(x-y)=f(x)-f(y)-xy(x-y)$의 양변에 $x=0$, $y=0$을 대입하면

$f(0)=f(0)-f(0)-0$ $\therefore f(0)=0$

STEP 2 도함수의 정의를 이용하여 $f'(x)$ 구하기 [2점]

$f'(x)=\lim\limits_{h\to0}\dfrac{f(x-h)-f(x)}{-h}$

$=\lim\limits_{h\to0}\dfrac{f(x)-f(h)-xh(x-h)-f(x)}{-h}$

$=\lim\limits_{h\to0}\left\{\dfrac{f(h)}{h}+x(x-h)\right\}$

$=\lim\limits_{h\to0}\dfrac{f(h)}{h}+x^2$

$$=\lim_{h\to0}\frac{f(0+h)-f(0)}{h}+x^2\ (\because f(0)=0)$$
$$=f'(0)+x^2$$
$$=x^2\ (\because f'(0)=0)$$

STEP 3 부정적분을 이용하여 $f(x)$를 구하고, $f(1)$의 값 구하기 [3점]

$$f(x)=\int f'(x)dx=\int x^2dx=\frac{1}{3}x^3+C$$

이때 $f(0)=0$이므로 $C=0$

따라서 $f(x)=\frac{1}{3}x^3$이므로 $f(1)=\frac{1}{3}$

참고 x 대신 $x+y$를 대입하면
$f(x+y-y)=f(x+y)-f(y)-(x+y)y(x+y-y)$이므로
$f(x+y)=f(x)+f(y)+xy(x+y)$를 이용하여 풀 수도 있다.

1363 답 3

STEP 1 $f(0)$의 값 구하기 [2점]

$f(x+y)=f(x)+f(y)+kxy(x+y)$의 양변에 $x=0$, $y=0$을 대입하면

$$f(0)=f(0)+f(0)+0 \qquad \therefore f(0)=0$$

STEP 2 도함수의 정의를 이용하여 $f'(x)$ 구하기 [3점]

$$f'(x)=\lim_{h\to0}\frac{f(x+h)-f(x)}{h}$$
$$=\lim_{h\to0}\frac{f(x)+f(h)+kxh(x+h)-f(x)}{h}$$
$$=\lim_{h\to0}\left\{\frac{f(h)}{h}+kx(x+h)\right\}=\lim_{h\to0}\frac{f(h)}{h}+kx^2$$
$$=\lim_{h\to0}\frac{f(0+h)-f(0)}{h}+kx^2\ (\because f(0)=0)$$
$$=f'(0)+kx^2$$

$f'(1)=3$이므로 $f'(x)=f'(0)+kx^2$에 $x=1$을 대입하면
$3=f'(0)+k \qquad \therefore f'(0)=-k+3$
$\therefore f'(x)=kx^2-k+3$

STEP 3 부정적분을 이용하여 $f(x)$를 구하고 상수 k의 값 구하기 [3점]

$$f(x)=\int f'(x)dx=\int(kx^2-k+3)dx$$
$$=\frac{1}{3}kx^3+(-k+3)x+C$$

이때 $f(0)=0$이므로 $C=0$

$$\therefore f(x)=\frac{1}{3}kx^3+(-k+3)x$$

또, $f(1)=1$이므로
$$\frac{1}{3}k-k+3=1,\ \frac{2}{3}k=2 \qquad \therefore k=3$$

 **실전 마무리하기 1회** 296쪽~299쪽

1 1364 답 ①

유형 1

출제의도 | 부정적분의 정의를 알고 있는지 확인한다.

$$\int f(x)dx=F(x)+C에서 f(x)=F'(x)임을 이용해 보자.$$

$$\int f(x)dx=2x^3-3x^2+7에서$$
$$f(x)=(2x^3-3x^2+7)'=6x^2-6x$$
$$\therefore f(2)=24-12=12$$

2 1365 답 ①

유형 1

출제의도 | 부정적분의 정의를 알고 있는지 확인한다.

$$\int f(x)dx=F(x)+C에서 f(x)=F'(x)임을 이용해 보자.$$

$$\int(x+3)f(x)dx=x^3+3x^2-9x+C에서$$
$$(x+3)f(x)=(x^3+3x^2-9x+C)'$$
$$=3x^2+6x-9=3(x+3)(x-1)$$
따라서 $f(x)=3x-3$이므로 $f(5)=15-3=12$

3 1366 답 ②

유형 2

출제의도 | 부정적분과 미분의 관계를 알고 있는지 확인한다.

$$\frac{d}{dx}\left\{\int f(x)dx\right\}=f(x)임을 이용해 보자.$$

$$\frac{d}{dx}\left\{\int f(x)dx\right\}=-5x^3+3x^2+4x에서$$
$$f(x)=-5x^3+3x^2+4x$$
$$\therefore f(-1)=5+3-4=4$$

4 1367 답 ②

유형 4

출제의도 | x^n의 부정적분을 구할 수 있는지 확인한다.

$$\int x^ndx=\frac{1}{n+1}x^{n+1}+C임을 이용해 보자.$$

$$f(x)=\int(3x^2+2x+1)dx=x^3+x^2+x+C$$

이때 $f(1)=4$이므로 $3+C=4 \qquad \therefore C=1$
따라서 $f(x)=x^3+x^2+x+1$이므로
$$f(2)=8+4+2+1=15$$

5 1368 답 ④

유형 6

출제의도 | 도함수가 주어졌을 때 부정적분을 할 수 있는지 확인한다.

$$f(x)=\int f'(x)dx임을 이용해 보자.$$

$$f(x)=\int f'(x)dx=\int(3x^2-2x+3)dx=x^3-x^2+3x+C$$

이때 $f(0)=1$이므로 $C=1$
따라서 $f(x)=x^3-x^2+3x+1$이므로
$$f(1)=1-1+3+1=4$$

6 1369 답 ②

유형 4

출제의도 | x^n의 부정적분을 구할 수 있는지 확인한다.

$$\int f(x)dx+\int g(x)dx=\int\{f(x)+g(x)\}dx임을 이용해 보자.$$

$$f(x)=\int \frac{x^3}{x-2}dx+\int \frac{8}{2-x}dx$$

$$=\int \frac{x^3-8}{x-2}dx \qquad \longrightarrow =-\int \frac{8}{x-2}dx$$

$$=\int \frac{(x-2)(x^2+2x+4)}{x-2}dx$$

$$=\int (x^2+2x+4)dx$$

$$=\frac{1}{3}x^3+x^2+4x+C$$

이때 $f(1)=\dfrac{4}{3}$이므로

$$\frac{1}{3}+1+4+C=\frac{4}{3} \qquad \therefore C=-4$$

따라서 $f(x)=\dfrac{1}{3}x^3+x^2+4x-4$이므로

$$f(-1)=-\frac{1}{3}+1-4-4=-\frac{22}{3}$$

7 1370 답 ⑤   유형 2 + 유형 6

출제의도 │ 부정적분과 미분의 관계, 미분계수를 이용하여 함숫값을 구할 수 있는지 확인한다.

> ㈎에서 $f'(x)$를 구해 보자.

㈎에서 $f'(x)=4x+a$ ………………………………………… ㉠

㈏의 $\displaystyle\lim_{x\to 1}\dfrac{f(x)}{x-1}=2a+5$에서 $x\to 1$일 때, 극한값이 존재하고

(분모)$\to 0$이므로 (분자)$\to 0$이다.

즉, $\displaystyle\lim_{x\to 1}f(x)=0$이고 다항함수 $f(x)$는 연속함수이므로

$$f(1)=0$$

$$\lim_{x\to 1}\frac{f(x)}{x-1}=\lim_{x\to 1}\frac{f(x)-f(1)}{x-1}=f'(1)$$

$$\therefore f'(1)=2a+5$$

㉠에 $x=1$을 대입하면 $f'(1)=4+a$이므로

$$4+a=2a+5 \qquad \therefore a=-1$$

따라서 $f'(x)=4x-1$이므로

$$f(x)=\int f'(x)dx=\int (4x-1)dx$$

$$=2x^2-x+C$$

이때 $f(1)=0$이므로 $f(1)=1+C=0 \qquad \therefore C=-1$

따라서 $f(x)=2x^2-x-1$이므로

$$f(3)=18-3-1=14$$

8 1371 답 ④   유형 7

출제의도 │ 도함수의 구간이 나누어진 경우의 부정적분을 할 수 있는지 확인한다.

> $f'(x)$를 구간별로 각각 적분해 보자.

$$f'(x)=\begin{cases} 2x-1 & (x\geq 0) \\ 6x^2+4x-1 & (x<0) \end{cases}$$이므로

$$f(x)=\begin{cases} x^2-x+C_1 & (x\geq 0) \\ 2x^3+2x^2-x+C_2 & (x<0) \end{cases}$$

함수 $f(x)$가 모든 실수 x에서 미분가능하므로 $x=0$에서 미분가능하고 $x=0$에서 연속이다.

$f(0)=\displaystyle\lim_{x\to 0+}f(x)=\lim_{x\to 0-}f(x)$에서 $C_1=C_2$

이때 $f(-1)=3$이므로

$$-2+2+1+C_2=3 \qquad \therefore C_1=C_2=2$$

따라서 $f(x)=\begin{cases} x^2-x+2 & (x\geq 0) \\ 2x^3+2x^2-x+2 & (x<0) \end{cases}$이므로

$$f(2)=4-2+2=4$$

9 1372 답 ③   유형 7

출제의도 │ 도함수의 구간이 나누어진 경우의 부정적분을 할 수 있는지 확인한다.

> $f'(x)$에 절댓값 기호가 포함되어 있으니 절댓값 기호 안의 식의 값이 0이 되는 x의 값을 기준으로 구간을 나누어 보자.

$$f'(x)=x+|x-1|=\begin{cases} 2x-1 & (x\geq 1) \\ 1 & (x<1) \end{cases}$$이므로

$$f(x)=\begin{cases} x^2-x+C_1 & (x\geq 1) \\ x+C_2 & (x<1) \end{cases}$$

이때 $f(-1)=2$이므로

$$-1+C_2=2 \qquad \therefore C_2=3$$

함수 $f(x)$는 연속함수이므로 $x=1$에서 연속이다.

$f(1)=\displaystyle\lim_{x\to 1+}f(x)=\lim_{x\to 1-}f(x)$에서

$$1-1+C_1=1+C_2 \qquad \therefore C_1=4 \ (\because C_2=3)$$

따라서 $f(x)=\begin{cases} x^2-x+4 & (x\geq 1) \\ x+3 & (x<1) \end{cases}$이므로

$$f(2)=4-2+4=6$$

10 1373 답 ③   유형 8

출제의도 │ 접선의 기울기가 주어졌을 때 부정적분을 할 수 있는지 확인한다.

> 점 $(x,\ f(x))$에서의 접선의 기울기는 $f'(x)$이므로 $f(x)=\displaystyle\int f'(x)dx$임을 이용해 보자.

$f'(x)=4x-12$이므로

$$f(x)=\int f'(x)dx=\int (4x-12)dx=2x^2-12x+C$$

이때 $f(0)=-6$이므로 $C=-6$

따라서 $f(x)=2x^2-12x-6$이므로

$$f(-1)=2+12-6=8$$

11 1374 답 ④   유형 1 + 유형 3

출제의도 │ 부정적분의 정의를 알고 있는지 확인한다.

> $\displaystyle\int f(x)dx=F(x)+C$에서 $\{F(x)+C\}'=f(x)$임을 이용해 보자.

ㄱ. $F'(x)=f(x)$이므로

$$\{F(x)+x+C\}'=f(x)+1$$

$$\therefore \int \{f(x)+1\}dx=F(x)+x+C \ (참)$$

ㄴ. [반례] $f(x)=6x$, $F(x)=3x^2$이면

$$\int xf(x)dx=\int 6x^2dx=2x^3+C_1$$

$$xF(x)+C=3x^3+C$$

$$\therefore \int xf(x)dx\neq xF(x)+C \text{ (거짓)}$$

ㄷ. $\{F(x)\}^2=F(x)F(x)$이므로

$$[\{F(x)\}^2]'=F'(x)F(x)+F(x)F'(x)$$
$$=2F'(x)F(x)$$
$$=2f(x)F(x)$$

즉, $\left[\dfrac{1}{2}\{F(x)\}^2+C\right]'=F(x)f(x)$

$$\therefore \int F(x)f(x)dx=\dfrac{1}{2}\{F(x)\}^2+C \text{ (참)}$$

따라서 옳은 것은 ㄱ, ㄷ이다.

12 1375 답 ②

출제의도 | 도함수를 부정적분하여 원시함수를 구할 수 있는지 확인한다.

> $f'(-1)=f'(0)=f'(1)=a$라 하고
> $f'(x)=p(x+1)x(x-1)+a$로 식을 세워 보자.

(내)에서 $x \to 1$일 때, 극한값이 존재하고 (분모) $\to 0$이므로 (분자) $\to 0$이다.

즉, $\displaystyle\lim_{x\to 1}\{f(x)-2\}=0$이므로 $f(1)=2$ $\cdots\cdots$ ㉠

$$\lim_{x\to 1}\frac{f(x)-2}{x-1}=\lim_{x\to 1}\frac{f(x)-f(1)}{x-1}=f'(1)$$

$$\therefore f'(1)=1$$

$f(x)$는 최고차항의 계수가 1인 사차함수이므로 $f'(x)$는 최고차항의 계수가 4인 삼차함수이다.

㈎에서 $f'(-1)=f'(0)=f'(1)=a$ (a는 상수)라 하면

$f'(x)=4x(x+1)(x-1)+a$ $\quad\to$ $f'(x)-a$는 $x+1$, x, $x-1$을 인수로 가진다.

이때 $f'(1)=1$이므로 $a=1$

$$f'(x)=4x(x-1)(x+1)+1=4x^3-4x+1$$

$$\therefore f(x)=\int f'(x)dx=\int(4x^3-4x+1)dx$$
$$=x^4-2x^2+x+C$$

㉠에서 $f(1)=2$이므로

$$1-2+1+C=2 \qquad \therefore C=2$$

이때 $f(x)=x^4-2x^2+x+2$이므로

$$f(2)=16-8+2+2=12$$

13 1376 답 ①

출제의도 | 극값이 주어졌을 때 부정적분을 할 수 있는지 확인한다.

> 함수 $f(x)$가 $x=a$에서 극댓값 5를 가지면 $f'(a)=0$, $f(a)=5$임을 이용해 보자.

$$f(x)=\int f'(x)dx=\int x(x-3)dx$$
$$=\int(x^2-3x)dx=\frac{1}{3}x^3-\frac{3}{2}x^2+C$$

$f'(x)=x(x-3)$이므로

$f'(x)=0$인 x의 값은 $x=0$ 또는 $x=3$

함수 $f(x)$의 증가, 감소를 표로 나타내면 다음과 같다.

x	$\cdots$	0	$\cdots$	3	$\cdots$
$f'(x)$	$+$	0	$-$	0	$+$
$f(x)$	↗	극대	↘	극소	↗

함수 $f(x)$는 $x=0$에서 극댓값을 가지므로

$$f(0)=5 \qquad \therefore C=5$$

$$\therefore f(x)=\frac{1}{3}x^3-\frac{3}{2}x^2+5$$

함수 $f(x)$는 $x=3$에서 극소이므로 극솟값은

$$f(3)=9-\frac{27}{2}+5=\frac{1}{2}$$

따라서 $p=1$, $q=2$이므로

$$p+q=3$$

14 1377 답 ④

출제의도 | 도함수의 그래프를 보고 원시함수를 구할 수 있는지 확인한다.

> 도함수의 그래프를 보고 먼저 도함수의 식을 구해 보자.

$$f'(x)=\begin{cases} 2x+2 & (x<1) \\ -2x+6 & (x\geq 1) \end{cases}$$ 이므로

$$f(x)=\begin{cases} x^2+2x+C_1 & (x<1) \\ -x^2+6x+C_2 & (x\geq 1) \end{cases}$$

함수 $y=f(x)$의 그래프가 원점을 지나므로 $f(0)=0$에서

$$C_1=0$$

함수 $f(x)$가 모든 실수 x에서 연속이므로 $x=1$에서 연속이다.

$$f(1)=\lim_{x\to 1+}f(x)=\lim_{x\to 1-}f(x)$$에서

$$-1+6+C_2=1+2+C_1 \qquad \therefore C_2=-2 \ (\because C_1=0)$$

따라서 $f(x)=\begin{cases} x^2+2x & (x<1) \\ -x^2+6x-2 & (x\geq 1) \end{cases}$ 이므로

$$f(-1)+f(3)=(1-2)+(-9+18-2)=6$$

15 1378 답 ②

출제의도 | 주어진 관계식을 이용하여 $f'(x)$를 구한 후 $f(x)$를 구할 수 있는지 확인한다.

> 주어진 등식의 양변을 x에 대하여 미분해 보자.

$$F'(x)=f(x)+x^2 \qquad\cdots\cdots ㉠$$

이고, $F(x)=xf(x)-x^3+3x^2$의 양변을 x에 대하여 미분하면

$$F'(x)=f(x)+xf'(x)-3x^2+6x$$

위의 식에 ㉠을 대입하면

$$f(x)+x^2=f(x)+xf'(x)-3x^2+6x$$

$$xf'(x)=4x^2-6x$$

$$\therefore f'(x)=4x-6$$

$$f(x)=\int f'(x)dx=\int(4x-6)dx$$
$$=2x^2-6x+C$$

이때 $f(0)=0$이므로 $C=0$

따라서 $f(x)=2x^2-6x$이므로

$$f(2)=8-12=-4$$

16 1379 답 ① 유형 1 + 유형 5

출제의도 | 부정적분을 이용하여 함수를 결정할 수 있는지 확인한다.

> 다항함수를 미분하면 최고차항의 차수가 1만큼 감소하고, 적분하면 최고차항의 차수가 1만큼 증가함을 이용해 보자.

두 삼차함수 $f(x)$, $g(x)$에 대하여 $f(x)-g(x)$의 부정적분 중 하나가 $f(x)+g(x)$의 도함수와 같으므로

$$\int \{f(x)-g(x)\}dx=\{f(x)+g(x)\}'$$

즉, $f(x)-g(x)$는 일차식, $f(x)+g(x)$는 삼차식이다. ← $f(x)-g(x)$가 일차식

$g(x)=4x^3+3x^2+ax+b$ (a, b는 상수, $a\neq 2$)로 놓을 수 있다.

$f(x)-g(x)=(2-a)x+1-b$ ⋯⋯⋯⋯ ㉠

$f(x)+g(x)=8x^3+6x^2+(2+a)x+1+b$ ⋯⋯⋯⋯ ㉡

㉠의 부정적분 중 하나가 ㉡의 도함수와 같으므로

$$\int \{(2-a)x+1-b\}dx=\{8x^3+6x^2+(2+a)x+1+b\}'$$

$$\frac{2-a}{2}x^2+(1-b)x+C=24x^2+12x+2+a$$

양변의 동류항의 계수를 비교하면 ← x에 대한 항등식

$\dfrac{2-a}{2}=24$, $1-b=12$, $C=2+a$

$\therefore a=-46$, $b=-11$

따라서 $g(x)=4x^3+3x^2-46x-11$이므로

$g(2)=32+12-92-11=-59$

17 1380 답 ④ 유형 10 + 유형 12

출제의도 | 주어진 관계식을 이용하여 $f'(x)$를 구한 후 $f(x)$를 구할 수 있는지 확인한다.

> 주어진 등식의 양변을 x에 대하여 미분해 보자.

$2F(x)-x^2=2xf(x)-2x^3+x^2+4$의 양변을 x에 대하여 미분하면

$2f(x)-2x=2f(x)+2xf'(x)-6x^2+2x$

$2xf'(x)=6x^2-4x$ $\quad \therefore f'(x)=3x-2$

$F'(x)=f(x)=\displaystyle\int f'(x)dx$

$\qquad =\displaystyle\int (3x-2)dx=\dfrac{3}{2}x^2-2x+C$

이때 $f(1)=0$이므로

$\dfrac{3}{2}-2+C=0$ $\quad \therefore C=\dfrac{1}{2}$

$\therefore F'(x)=\dfrac{3}{2}x^2-2x+\dfrac{1}{2}=\dfrac{1}{2}(3x-1)(x-1)$

$F'(x)=0$인 x의 값은 $x=\dfrac{1}{3}$ 또는 $x=1$

함수 $F(x)$의 증가, 감소를 표로 나타내면 다음과 같다.

x	$\cdots$	$\dfrac{1}{3}$	$\cdots$	1	$\cdots$
$F'(x)$	$+$	0	$-$	0	$+$
$F(x)$	↗	극대	↘	극소	↗

즉, 함수 $F(x)$는 $x=\dfrac{1}{3}$에서 극댓값을 가지고, $x=1$에서 극솟값을 가진다.

따라서 $a=\dfrac{1}{3}$, $b=1$이므로

$3a+2b=3\times \dfrac{1}{3}+2\times 1=3$

18 1381 답 ⑤ 유형 13

출제의도 | 도함수의 정의를 이용하여 부정적분을 할 수 있는지 확인한다.

> $f'(x)=\displaystyle\lim_{h\to 0}\dfrac{f(x+h)-f(x)}{h}$임을 이용하여 $f'(x)$를 구해 보자.

㈏의 식 $f(x+y)=f(x)+f(y)-3xy(x+y)+1$의 양변에 $x=0$, $y=0$을 대입하면

$f(0)=f(0)+f(0)-0+1$ $\quad \therefore f(0)=-1$

도함수의 정의를 이용하여 $f'(x)$를 구하면

$f'(x)=\displaystyle\lim_{h\to 0}\dfrac{f(x+h)-f(x)}{h}$

$\qquad =\displaystyle\lim_{h\to 0}\dfrac{f(x)+f(h)-3xh(x+h)+1-f(x)}{h}$

$\qquad =\displaystyle\lim_{h\to 0}\left\{\dfrac{f(h)+1}{h}-3x(x+h)\right\}$

$\qquad =\displaystyle\lim_{h\to 0}\dfrac{f(0+h)-f(0)}{h}-3x^2$ ($\because f(0)=-1$)

$\qquad =f'(0)-3x^2$ ⋯⋯⋯⋯ ㉠

㈎에서 $f'(-1)=1$이므로 ㉠에 $x=-1$을 대입하면

$1=f'(0)-3$ $\quad \therefore f'(0)=4$

따라서 $f'(x)=-3x^2+4$이므로

$f(x)=\displaystyle\int f'(x)dx=\displaystyle\int (-3x^2+4)dx$

$\qquad =-x^3+4x+C$

이때 $f(0)=-1$이므로 $C=-1$

따라서 $f(x)=-x^3+4x-1$이므로

$f(1)=-1+4-1=2$

19 1382 답 $F(x)=\dfrac{1}{3}x^3-4x$ 유형 5

출제의도 | 부정적분을 이용하여 함수를 결정할 수 있는지 확인한다.

STEP 1 $f(x)$의 최고차항의 차수 구하기 [4점]

$f(x)=x^n+ax^{n-1}+\cdots$ (a는 상수)라 하면

$F(x)=\dfrac{1}{n+1}x^{n+1}+\dfrac{a}{n}x^n+\cdots$

이때 $3F(x)=x\{f(x)-8\}$이므로 x^{n+1}항의 계수를 비교하면

$\dfrac{3}{n+1}=1$ $\quad \therefore n=2$

STEP 2 $F(x)$ 구하기 [4점]

$f(x)=x^2+ax+b$ (b는 상수)라 하면

$F(x)=\dfrac{1}{3}x^3+\dfrac{a}{2}x^2+bx+C$

이므로 $3F(x)=x\{f(x)-8\}$에서

$3\left(\dfrac{1}{3}x^3+\dfrac{a}{2}x^2+bx+C\right)=x(x^2+ax+b-8)$

양변의 동류항의 계수를 비교하면

$\dfrac{3}{2}a=a$, $3b=b-8$, $C=0$

$\therefore a=0$, $b=-4$, $C=0$

$$\therefore F(x)=\frac{1}{3}x^3-4x$$

20 1383 답 8 유형 5

출제의도 | 부정적분을 이용하여 함수를 결정할 수 있는지 확인한다.

STEP 1 주어진 관계식을 이용하여 $g(x)$와 $g'(x)$ 사이의 관계식 구하기 [3점]

$g(x)=\displaystyle\int \{x^2+f(x)\}dx$의 양변을 x에 대하여 미분하면

$g'(x)=x^2+f(x) \qquad \therefore f(x)=g'(x)-x^2$ ·········· ㉠

㉠을 $f(x)g(x)=-2x^4+8x^3$에 대입하면

$\{g'(x)-x^2\}\times g(x)=-2x^4+8x^3$ ·········· ㉡

STEP 2 $g(x)$가 이차함수임을 알고 식 세우기 [2점]

$f(x)$가 이차함수이고 $f(x)g(x)=-2x^4+8x^3$이므로 $g(x)$도 이차함수이다.

즉, $g(x)=ax^2+bx+c$ (a, b, c는 상수, $a\neq 0$)라 하면

$g'(x)=2ax+b$ ·········· ㉢

STEP 3 $g(x)$의 미정계수 구하기 [2점]

㉢을 ㉡에 대입하면

$(2ax+b-x^2)(ax^2+bx+c)=-2x^4+8x^3$

x^4의 계수를 비교하면 $-a=-2 \qquad \therefore a=2$

x^3의 계수를 비교하면 $2a^2-b=8 \qquad \therefore b=0$

즉, $(-x^2+4x)(2x^2+c)=-2x^4+8x^3$이므로 $c=0$

STEP 4 $g(x)$의 식을 구하고, $g(2)$의 값 구하기 [1점]

$g(x)=2x^2$이므로 $g(2)=8$

다른 풀이

$f(x)=ax^2+bx+c$ (a, b, c는 상수, $a\neq 0$)라 하면

$g(x)=\displaystyle\int \{x^2+f(x)\}dx$

$\qquad =\displaystyle\int (x^2+ax^2+bx+c)dx$

$\qquad =\displaystyle\int \{(a+1)x^2+bx+c\}dx$

$\qquad =\dfrac{a+1}{3}x^3+\dfrac{b}{2}x^2+cx+C$ ·········· ㉠

이때 $f(x)g(x)=-2x^4+8x^3$ ·········· ㉡

이고 $f(x)$는 이차식이고 $g(x)$의 삼차항의 계수가 $\dfrac{a+1}{3}$이므로

㉡을 만족시키려면 $\dfrac{a+1}{3}=0$이어야 한다.

$\therefore a=-1$

㉠, ㉡에서

$(-x^2+bx+c)\left(\dfrac{b}{2}x^2+cx+C\right)=-2x^4+8x^3$

$-\dfrac{b}{2}x^4+\left(\dfrac{b^2}{2}-c\right)x^3+\left(-C+bc+\dfrac{bc}{2}\right)x^2+(bC+c^2)x+cC$

$=-2x^4+8x^3$

양변의 동류항의 계수를 비교하면

$-\dfrac{b}{2}=-2,\ \dfrac{b^2}{2}-c=8,$

$-C+bc+\dfrac{bc}{2}=0,\ bC+c^2=0,\ cC=0$

$\therefore b=4,\ c=0,\ C=0$

따라서 $g(x)=2x^2$이므로 $g(2)=8$

21 1384 답 -17 유형 6

출제의도 | 도함수가 주어졌을 때 부정적분을 할 수 있는지 확인한다.

STEP 1 $f(x)$ 식 세우기 [3점]

$f'(x)=6x^2+2x+a$이므로

$f(x)=\displaystyle\int f'(x)dx=\int (6x^2+2x+a)dx=2x^3+x^2+ax+C$

STEP 2 주어진 조건을 이용하여 $f(1)=f(2)=0$임을 알기 [2점]

$f(x)$가 $x^2-3x+2=(x-1)(x-2)$로 나누어떨어지므로 인수정리에 의하여

$f(1)=f(2)=0$

STEP 3 상수 a의 값 구하기 [3점]

$f(1)=3+a+C=0$에서 $a+C=-3$ ·········· ㉠

$f(2)=20+2a+C=0$에서 $2a+C=-20$ ·········· ㉡

㉠, ㉡을 연립하면 $a=-17$

22 1385 답 8 유형 8 + 유형 10

출제의도 | 도함수와 극값을 이용하여 부정적분을 구할 수 있는지 확인한다.

STEP 1 접선의 기울기 $f'(x)$의 부정적분 구하기 [4점]

㉮에서 $f'(x)=-3x^2+6x$

$\therefore f(x)=\displaystyle\int f'(x)dx$

$\qquad =\displaystyle\int (-3x^2+6x)dx$

$\qquad =-x^3+3x^2+C$

STEP 2 극값의 조건을 이용하여 $f(x)$ 완성하기 [4점]

$f'(x)=-3x^2+6x=-3x(x-2)$이므로

$f'(x)=0$인 x의 값은 $x=0$ 또는 $x=2$

함수 $f(x)$의 증가, 감소를 표로 나타내면 다음과 같다.

x	$\cdots$	0	$\cdots$	2	$\cdots$
$f'(x)$	$-$	0	$+$	0	$-$
$f(x)$	$\searrow$	극소	$\nearrow$	극대	$\searrow$

㉯에서 $f(x)$의 극솟값이 4이므로

$f(0)=4$에서 $C=4$

$\therefore f(x)=-x^3+3x^2+4$

STEP 3 함수 $f(x)$의 극댓값 구하기 [2점]

함수 $f(x)$는 $x=2$에서 극대이므로 극댓값은

$f(2)=-8+12+4=8$

---

check 실전 마무리하기 2회 300쪽~303쪽

1 1386 답 ⑤ 유형 1

출제의도 | 부정적분의 정의를 알고 있는지 확인한다.

> $\displaystyle\int f(x)dx=F(x)+C$에서 $f(x)=F'(x)$임을 이용해 보자.

함수 $f(x)$의 부정적분 중 하나를 $F(x)$라 하면

$F(x)=2x^2+6x+1$

양변을 x에 대하여 미분하면 $\rightarrow F'(x)=f(x)$

$f(x)=4x+6$

$\therefore f(1)=4+6=10$

2 1387 답 ③
유형 4

출제의도 │ x^n의 부정적분을 구할 수 있는지 확인한다.

$$\int x^n dx=\frac{1}{n+1}x^{n+1}+C임을 \ 이용해 \ 보자.$$

$$\int (3x^2+2x+1)dx=x^3+x^2+x+C$$

3 1388 답 ⑤
유형 6

출제의도 │ 도함수가 주어졌을 때 부정적분을 할 수 있는지 확인한다.

$$f(x)=\int f'(x)dx임을 \ 이용해 \ 보자.$$

$$f(x)=\int f'(x)dx=\int (3x^2-4x+3)dx=x^3-2x^2+3x+C$$

이때 $f(2)=12$이므로

$8-8+6+C=12 \qquad \therefore C=6$

따라서 $f(x)=x^3-2x^2+3x+6$이므로

$f(1)=1-2+3+6=8$

4 1389 답 ④
유형 9

출제의도 │ 부정적분과 미분계수를 이용하여 극한값을 구할 수 있는지 확인한다.

$$f'(a)=\lim_{h\to 0}\frac{f(a+h)-f(a)}{h}임을 \ 이용해 \ 보자.$$

$$\lim_{h\to 0}\frac{f(1+h)-f(1-h)}{h}$$

$$=\lim_{h\to 0}\frac{f(1+h)-f(1)-\{f(1-h)-f(1)\}}{h}$$

$$=\lim_{h\to 0}\frac{f(1+h)-f(1)}{h}+\lim_{h\to 0}\frac{f(1-h)-f(1)}{-h}$$

$$=f'(1)+f'(1)=2f'(1)$$

이때 $f'(x)=(x+1)(x^2+2x+2)$이므로

$2f'(1)=2\times 2\times (1+2+2)=20$

5 1390 답 ①
유형 2 + 유형 3

출제의도 │ 부정적분과 미분의 관계를 알고 있는지 확인한다.

$$\frac{d}{dx}\left\{\int f(x)dx\right\}=f(x), \ \int\left\{\frac{d}{dx}f(x)\right\}dx=f(x)+C임을 \ 이용해 \ 보자.$$

$$\frac{d}{dx}\left\{\int f(x)dx\right\}=f(x)이고,$$

$$\int\left\{\frac{d}{dx}g(x)\right\}dx=g(x)+C이므로$$

㈎에서 $f(x)=g(x)+C \qquad \therefore f(x)-g(x)=C$

㈏에서 $f(1)-g(1)=3-2=1=C$이므로

$f(x)-g(x)=1$

따라서 위의 식에 $x=2$를 대입하면 $f(2)-g(2)=1$

6 1391 답 ②
유형 1 + 유형 2 + 유형 3

출제의도 │ 부정적분의 정의와 부정적분과 미분의 관계를 알고 있는지 확인한다.

$$\frac{d}{dx}\int f(x)dx=f(x), \ \int\left\{\frac{d}{dx}f(x)\right\}dx=f(x)+C임을 \ 이용해 \ 보자.$$

ㄱ. $\dfrac{d}{dx}\left\{\int f(x)dx\right\}=f(x), \ \int\left\{\dfrac{d}{dx}f(x)\right\}dx=f(x)+C$

　　이므로 $C\neq 0$이면 성립하지 않는다. (거짓)

ㄴ. 두 함수가 서로 같으면 각각의 도함수도 서로 같다. (참)

ㄷ. [반례] $f(x)=2$, $g(x)=2x+1$이면 $f(x)=g'(x)$이지만

　　$\int f(x)dx=g(x)$에서 $2x+C=2x+1$이므로 $C\neq 1$이면 성립

　　하지 않는다. (거짓)

따라서 옳은 것은 ㄴ뿐이다.

7 1392 답 ①
유형 4

출제의도 │ 다항함수의 부정적분을 할 수 있는지 확인한다.

$$\int\{f(x)\pm g(x)\}dx=\int f(x)dx+\int g(x)dx을 \ 이용해 \ 보자.$$

$$f(x)=\int\frac{2x^2}{x-2}dx-\int\frac{x}{x-2}dx-\int\frac{6}{x-2}dx$$

$$=\int\frac{2x^2-x-6}{x-2}dx$$

$$=\int\frac{(x-2)(2x+3)}{x-2}dx$$

$$=\int(2x+3)dx$$

$$=x^2+3x+C$$

이때 $f(0)=-4$이므로 $C=-4$

즉, $f(x)=x^2+3x-4$이다.

따라서 방정식 $f(x)=0$의 모든 근의 곱은 이차방정식의 근과 계수의 관계에 의하여 -4이다.

8 1393 답 ③
유형 7

출제의도 │ 도함수의 구간이 나누어진 경우의 부정적분을 할 수 있는지 확인한다.

$$f'(x)를 \ 구간별로 \ 각각 \ 적분해 \ 보자.$$

$f(x)$가 모든 실수 x에서 미분가능하므로 $x=2$에서 미분가능하다.

즉, $f'(2)$가 존재한다.

㈏의 $f'(x)=\begin{cases} 2x+k & (x>2) \\ -3x+2 & (x<2) \end{cases}$에서

$f'(2)=\lim_{x\to 2+}f'(x)=\lim_{x\to 2-}f'(x)$이므로

$4+k=-6+2 \qquad \therefore k=-8$

$\therefore f(x)=\begin{cases} x^2-8x+C_1 & (x>2) \\ -\dfrac{3}{2}x^2+2x+C_2 & (x<2) \end{cases}$

함수 $f(x)$는 $x=2$에서 미분가능하므로 $x=2$에서 연속이다.

$f(2)=\lim_{x\to 2+}f(x)=\lim_{x\to 2-}f(x)$이고, ㈎에서 $f(2)=1$이므로

$1=4-16+C_1=-6+4+C_2 \qquad \therefore C_1=13, \ C_2=3$

따라서 $f(x)=\begin{cases} x^2-8x+13 & (x\geq2) \\ -\dfrac{3}{2}x^2+2x+3 & (x<2) \end{cases}$ 이므로

$f(-1)=-\dfrac{3}{2}-2+3=-\dfrac{1}{2}$

9 1394 답 ④ 유형 9

출제의도 | 부정적분과 미분계수를 이용하여 극한값을 구할 수 있는지 확인한다.

> $f'(a)=\lim\limits_{x\to a}\dfrac{f(x)-f(a)}{x-a}$ 임을 이용해 보자.

$$\lim_{x\to2}\frac{f(x^2)-f(4)}{x-2}=\lim_{x\to2}\left\{\frac{f(x^2)-f(4)}{x-2}\times\frac{x+2}{x+2}\right\}$$
$$=\lim_{x\to2}\frac{f(x^2)-f(4)}{x^2-4}\times\lim_{x\to2}(x+2)$$
$$=4f'(4)$$

$f(x)=\int(x^2-3x-2)dx$ 의 양변을 x 에 대하여 미분하면

$f'(x)=x^2-3x-2$

$\therefore 4f'(4)=4\times(16-12-2)=4\times2=8$

10 1395 답 ④ 유형 11

출제의도 | 도함수의 그래프를 이용하여 원시함수의 극대, 극소를 구할 수 있는지 확인한다.

> 주어진 그래프를 이용하여 도함수의 식을 세워 보자.

$f'(x)=px(x-2)\ (p>0)$ 라 하면

함수 $y=f'(x)$ 의 그래프가 점 $(1,\ -6)$ 을 지나므로 $f'(1)=-6$ 에서

$-p=-6 \qquad \therefore p=6$

$\therefore f'(x)=6x(x-2)=6x^2-12x$

$\therefore f(x)=\int f'(x)dx=\int(6x^2-12x)dx$
$$=2x^3-6x^2+C$$

주어진 그래프에서 $f'(x)$ 의 부호를 조사하여 함수 $f(x)$ 의 증가, 감소를 표로 나타내면 다음과 같다.

x	$\cdots$	0	$\cdots$	2	$\cdots$
$f'(x)$	$+$	0	$-$	0	$+$
$f(x)$	$\nearrow$	극대	$\searrow$	극소	$\nearrow$

함수 $f(x)$ 는 $x=0$ 에서 극대이므로 극댓값은

$f(0)=C$

함수 $f(x)$ 는 $x=2$ 에서 극소이므로 극솟값은

$f(2)=16-24+C=-8+C$

따라서 $a=C,\ b=-8+C$ 이므로

$a-b=C-(-8+C)=8$

11 1396 답 ③ 유형 1 + 유형 5 + 유형 12

출제의도 | 부정적분의 정의를 알고 있는지 확인한다.

> $\int f(x)dx=F(x)+C$ 에서 $f(x)=F'(x)$ 임을 이용해 보자.

$\int(x^2+x+1)f'(x)dx=x^4-4x$ 의 양변을 x 에 대하여 미분하면

$(x^2+x+1)f'(x)=4x^3-4$

$x^2+x+1>0$ 이므로 양변을 x^2+x+1 로 나누면

$f'(x)=\dfrac{4(x^3-1)}{x^2+x+1}=\dfrac{4(x-1)(x^2+x+1)}{x^2+x+1}=4x-4$

$\therefore f(x)=\int f'(x)dx=\int(4x-4)dx$
$$=2x^2-4x+C$$

이때 $f(0)=2$ 이므로 $C=2$

따라서 $f(x)=2x^2-4x+2$ 이므로

$f(1)=2-4+2=0$

12 1397 답 ③ 유형 5

출제의도 | 부정적분을 이용하여 함수를 결정할 수 있는지 확인한다.

> 두 등식의 양변을 적분해 보자.

$\dfrac{d}{dx}\{f(x)+g(x)\}=2$ 에서

$\int\left[\dfrac{d}{dx}\{f(x)+g(x)\}\right]dx=\int 2dx$

$\therefore f(x)+g(x)=2x+C_1$ ················· ㉠

$\dfrac{d}{dx}\{f(x)-g(x)\}=2x+2$ 에서

$\int\left[\dfrac{d}{dx}\{f(x)-g(x)\}\right]dx=\int(2x+2)dx$

$\therefore f(x)-g(x)=x^2+2x+C_2$ ················· ㉡

㉠+㉡을 하면 $2f(x)=x^2+4x+C_1+C_2$

위의 식에 $x=1$ 을 대입하면

$2f(1)=1+4+C_1+C_2$

$0=5+C_1+C_2\ (\because f(1)=0)$

$\therefore C_1+C_2=-5$

따라서 $f(x)=\dfrac{1}{2}x^2+2x-\dfrac{5}{2}$ 이므로

$f(2)=2+4-\dfrac{5}{2}=\dfrac{7}{2}$

㉠-㉡을 하면 $2g(x)=-x^2+C_1-C_2$

위의 식에 $x=1$ 을 대입하면

$2g(1)=-1+C_1-C_2$

$4=-1+C_1-C_2\ (\because g(1)=2)$

$\therefore C_1-C_2=5$

따라서 $g(x)=-\dfrac{1}{2}x^2+\dfrac{5}{2}$ 이므로

$g(3)=-\dfrac{9}{2}+\dfrac{5}{2}=-2$

$\therefore f(2)+g(3)=\dfrac{7}{2}+(-2)=\dfrac{3}{2}$

13 1398 답 ④ 유형 6 + 유형 9

출제의도 | 도함수를 부정적분하여 원시함수를 찾을 수 있는지 확인한다.

> $\lim\limits_{h\to0}\dfrac{f(x+h)-f(x-h)}{h}=2f'(x)$ 임을 이용해 보자.

$$\lim_{h \to 0} \frac{f(x+h)-f(x-h)}{h}$$

$$=\lim_{h \to 0} \frac{f(x+h)-f(x)-\{f(x-h)-f(x)\}}{h}$$

$$=\lim_{h \to 0} \frac{f(x+h)-f(x)}{h}+\lim_{h \to 0} \frac{f(x-h)-f(x)}{-h}$$

$$=f'(x)+f'(x)=2f'(x)$$

즉, $2f'(x)=2x^2+4x+6$이므로 $f'(x)=x^2+2x+3$

$$\therefore f(x)=\int f'(x)dx=\int(x^2+2x+3)dx$$
$$=\frac{1}{3}x^3+x^2+3x+C$$

이때 $f(1)=\dfrac{10}{3}$이므로

$$\frac{1}{3}+1+3+C=\frac{10}{3} \qquad \therefore C=-1$$

따라서 $f(x)=\dfrac{1}{3}x^3+x^2+3x-1$이므로

$$f(-1)=-\frac{1}{3}+1-3-1=-\frac{10}{3}$$

14 1399 답 ②　　유형 8 + 유형 10

출제의도 | 접선의 기울기와 극값이 주어졌을 때 무성석문을 할 수 있는지 확인한다.

> 곡선 $y=f(x)$ 위의 임의의 점 $(x, f(x))$에서의 접선의 기울기는 $f'(x)$임을 이용해 보자.

$f'(x)=3x^2-6x=3x(x-2)$

$f'(x)=0$인 x의 값은 $x=0$ 또는 $x=2$

함수 $f(x)$의 증가, 감소를 표로 나타내면 다음과 같다.

x	$\cdots$	0	$\cdots$	2	$\cdots$
$f'(x)$	$+$	0	$-$	0	$+$
$f(x)$	↗	극대	↘	극소	↗

함수 $f(x)$는 $x=0$에서 극댓값 3을 가지므로 $f(0)=3$

$$f(x)=\int f'(x)dx=\int(3x^2-6x)dx=x^3-3x^2+C$$

$f(0)=3$이므로 $C=3$

$$\therefore f(x)=x^3-3x^2+3$$

함수 $f(x)$는 $x=2$에서 극소이므로 극솟값은

$$f(2)=8-12+3=-1$$

15 1400 답 ②　　유형 13

출제의도 | 도함수의 정의를 이용하여 부정적분을 할 수 있는지 확인한다.

> $f'(x)=\lim\limits_{h \to 0} \dfrac{f(x+h)-f(x)}{h}$임을 이용하여 $f'(x)$를 구해 보자.

$f(x+y)=f(x)+f(y)+3$의 양변에 $x=0$, $y=0$을 대입하면

$f(0)=f(0)+f(0)+3 \qquad \therefore f(0)=-3$

$$f'(x)=\lim_{h \to 0} \frac{f(x+h)-f(x)}{h}$$
$$=\lim_{h \to 0} \frac{f(x)+f(h)+3-f(x)}{h}$$
$$=\lim_{h \to 0} \frac{f(h)+3}{h}=\lim_{h \to 0} \frac{f(0+h)-f(0)}{h} \quad (\because f(0)=-3)$$
$$=f'(0)=5$$

즉, $f'(x)=5$이므로

$$f(x)=\int f'(x)dx=\int 5\,dx=5x+C$$

이때 $f(0)=-3$이므로 $C=-3$

따라서 $f(x)=5x-3$이므로

$$f(1)=5-3=2$$

16 1401 답 ①　　유형 7

출제의도 | 도함수의 구간이 주어졌을 때 부정적분을 할 수 있는지 확인한다.

> $f'(x)$를 구간별로 각각 적분해 보자.

$$f'(x)=|2x-1|=\begin{cases} 2x-1 & \left(x \geq \dfrac{1}{2}\right) \\ -2x+1 & \left(x < \dfrac{1}{2}\right) \end{cases}$$에서

$$f(x)=\begin{cases} x^2-x+C_1 & \left(x \geq \dfrac{1}{2}\right) \\ -x^2+x+C_2 & \left(x < \dfrac{1}{2}\right) \end{cases}$$

이때 $f\left(\dfrac{1}{2}\right)=0$이므로

$$\frac{1}{4}-\frac{1}{2}+C_1=0 \qquad \therefore C_1=\frac{1}{4}$$

함수 $f(x)$는 모든 실수 x에서 연속이므로 $x=\dfrac{1}{2}$에서 연속이다.

$$f\left(\frac{1}{2}\right)=\lim_{x \to \frac{1}{2}+} f(x)=\lim_{x \to \frac{1}{2}-} f(x)$$에서

$$\frac{1}{4}-\frac{1}{2}+C_1=-\frac{1}{4}+\frac{1}{2}+C_2$$

$$\therefore C_2=-\frac{1}{4}\left(\because C_1=\frac{1}{4}\right)$$

따라서 $f(x)=\begin{cases} x^2-x+\dfrac{1}{4} & \left(x \geq \dfrac{1}{2}\right) \\ -x^2+x-\dfrac{1}{4} & \left(x < \dfrac{1}{2}\right) \end{cases}$이므로

$$f(-2)=-4-2-\frac{1}{4}=-\frac{25}{4}$$

17 1402 답 ④　　유형 11

출제의도 | 도함수의 그래프를 이용하여 원시함수를 구할 수 있는지 확인한다.

> 도함수의 그래프를 보고 먼저 도함수의 식을 세워보자.

$\lim\limits_{x \to \infty} \dfrac{f(x)}{x^3}=4$이므로 $f(x)$는 최고차항의 계수가 4인 삼차함수이다.

따라서 $f'(x)$는 최고차항의 계수가 12인 이차함수이다.

도함수 $y=f'(x)$의 그래프에서

$$f'(x)=12x(x-4)=12x^2-48x$$

$$\therefore f(x)=\int f'(x)dx$$
$$=\int(12x^2-48x)dx$$
$$=4x^3-24x^2+C$$

$$f(1)=4-24+C=-20+C$$
$$f(-1)=-4-24+C=-28+C$$
$$\therefore f(1)-f(-1)=-20+C-(-28+C)=8$$

18 1403 답 ③ 유형 13

출제의도 | 도함수의 정의를 이용하여 부정적분을 할 수 있는지 확인한다.

> $f'(x)=\lim\limits_{h\to 0}\dfrac{f(x+h)-f(x)}{h}$임을 이용하여 $f'(x)$를 구해 보자.

$f(x+y)=f(x)+f(y)+3xy(x+y)+1$의 양변에 $x=0$, $y=0$을 대입하면

$f(0)=f(0)+f(0)+1$

$\therefore\ f(0)=-1$ ·· ㉠

도함수의 정의를 이용하여 $f'(x)$를 구하면

$$f'(x)=\lim_{h\to 0}\frac{f(x+h)-f(x)}{h}$$
$$=\lim_{h\to 0}\frac{f(x)+f(h)+3xh(x+h)+1-f(x)}{h}$$
$$=\lim_{h\to 0}\left\{\frac{f(h)+1}{h}+3x(x+h)\right\}$$
$$=\lim_{h\to 0}\frac{f(h)+1}{h}+\lim_{h\to 0}3x(x+h)$$
$$=\lim_{h\to 0}\frac{f(0+h)-f(0)}{h}+3x^2\ (\because f(0)=-1)$$
$$=f'(0)+3x^2$$

즉, $f'(x)=3x^2+f'(0)$이므로

$$f(x)=\int f'(x)dx=\int\{3x^2+f'(0)\}dx=x^3+f'(0)x+C$$

㉠에서 $f(0)=-1$이므로 위의 식에 $x=0$을 대입하면

$f(0)=C=-1$

$\therefore\ f(x)=x^3+f'(0)x-1$ ···························· ㉡

ㄱ. ㉡에 $x=1$을 대입하면

　$f(1)=f'(0)$ (참)

ㄴ. ㉡에서 $f'(0)=0$이면 $f(x)=x^3-1$

　함수 $f(x)$는 극값을 가지지 않는다. (거짓)

ㄷ. 삼차함수 $f(x)$가 극값을 가지면 이차방정식 $f'(x)=0$, 즉

　$3x^2+f'(0)=0$은 서로 다른 두 실근을 가진다.

　이차방정식 $f'(x)=0$의 한 근을 $\alpha\ (\alpha>0)$라 하면

　$f'(\alpha)=f'(-\alpha)=0$이므로 극대인 점과 극소인 점의 x좌표는

　각각 $-\alpha$, α이다.

　즉, 함수 $f(x)=x^3+f'(0)x-1$의 극댓값과 극솟값의 합은

　$f(-\alpha)+f(\alpha)=\{-\alpha^3-f'(0)\alpha-1\}+\{\alpha^3+f'(0)\alpha-1\}$
　　　　　　　　　$=-2$ (참)

따라서 옳은 것은 ㄱ, ㄷ이다.

> **참고** ㄷ에서 방정식 $f'(x)=3x^2+f'(0)=0$의 한 근을 α라 하면
> $3\alpha^2+f'(0)=0$이고 $f'(-\alpha)=3\times(-\alpha)^2+f'(0)=3\alpha^2+f'(0)=0$
> 따라서 이차방정식 $f'(x)=0$의 두 근은 $x=-\alpha$, $x=\alpha$이다.

19 1404 답 -21 유형 8

출제의도 | 접선의 기울기가 주어질 때 함수를 구할 수 있는지 확인한다.

STEP 1 접선의 기울기를 이용하여 $f(x)$ 식 세우기 [3점]

$f'(x)=-3x^2+2$이므로

$$f(x)=\int f'(x)dx=\int(-3x^2+2)dx=-x^3+2x+C$$

STEP 2 곡선이 지나는 점의 좌표를 이용하여 $f(x)$ 구하기 [2점]

$f(1)=1$이므로 $-1+2+C=1$　　$\therefore\ C=0$

$\therefore\ f(x)=-x^3+2x$

STEP 3 $f(3)$의 값 구하기 [1점]

$f(3)=-27+6=-21$

20 1405 답 0 유형 10 + 유형 11

출제의도 | 도함수의 그래프를 이용하여 원시함수를 구할 수 있는지 확인한다.

STEP 1 함수 $y=f'(x)$의 그래프를 이용하여 $f(x)$ 식 세우기 [4점]

$f'(x)=ax(x-2)=ax^2-2ax\ (a>0)$라 하면

$$f(x)=\int f'(x)dx=\int(ax^2-2ax)dx$$
$$=\frac{a}{3}x^3-ax^2+C$$

> 함수 $f'(x)$의 그래프가 아래로 볼록하고, x축과의 교점의 x좌표가 0, 2이다.

STEP 2 $f(x)$ 구하기 [4점]

$f'(x)=0$인 x의 값은 $x=0$ 또는 $x=2$

함수 $f(x)$의 증가, 감소를 표로 나타내면 다음과 같다.

x	$\cdots$	0	$\cdots$	2	$\cdots$
$f'(x)$	$+$	0	$-$	0	$+$
$f(x)$	↗	극대	↘	극소	↗

함수 $f(x)$는 $x=0$에서 극댓값 2를 가지고, $x=2$에서 극솟값 -2를 가진다.

$\therefore\ f(0)=2,\ f(2)=-2$

$f(0)=2$에서 $C=2$

$f(2)=-2$에서 $\dfrac{8}{3}a-4a+2=-2$　　$\therefore\ a=3$

$\therefore\ f(x)=x^3-3x^2+2$

STEP 3 $f(1)$의 값 구하기 [1점]

$f(1)=1-3+2=0$

21 1406 답 x^3-4x^2+5x 유형 12

출제의도 | 함수와 그 부정적분 사이의 관계식을 활용하여 함수를 구할 수 있는지 확인한다.

STEP 1 주어진 식을 이용하여 $f'(x)$ 구하기 [3점]

$F(x)-x^2=xf(x)-2x^3+3$에서

$F(x)=xf(x)-2x^3+x^2+3$ ····························· ㉠

㉠의 양변을 x에 대하여 미분하면

$f(x)=f(x)+xf'(x)-6x^2+2x$

$xf'(x)=6x^2-2x$　　$\therefore\ f'(x)=6x-2$

STEP 2 $f(x)=\int f'(x)dx$임을 이용하여 $f(x)$ 구하기 [3점]

$$f(x)=\int f'(x)dx=\int(6x-2)dx=3x^2-2x+C$$

이때 $f(-1)=8$이므로

$3+2+C=8$　　$\therefore\ C=3$

$\therefore\ f(x)=3x^2-2x+3$

STEP 3 주어진 식에 $f(x)$를 대입하여 $F(x)-f(x)$ 구하기 [3점]

㉠에 $f(x)=3x^2-2x+3$을 대입하면

$F(x)=x(3x^2-2x+3)-2x^3+x^2+3$
　　　$=x^3-x^2+3x+3$

$$\therefore F(x)-f(x)=(x^3-x^2+3x+3)-(3x^2-2x+3)$$
$$=x^3-4x^2+5x$$

22 1407 답 -2

<유형 1> + <유형 10>

출제의도 | 주어진 조건을 이용하여 함수 식을 구하고 극댓값을 가질 때의 x의 값을 구할 수 있는지 확인한다.

STEP 1 이차함수 $f(x)$ 식 세우기 [1점]

$f(x)$가 이차함수이므로

$f(x)=ax^2+bx+c$ (a, b, c는 상수, $a\neq 0$)로 놓자.

STEP 2 주어진 조건을 이용하여 $f(x)$ 구하기 [5점]

(내)에서 $f(-x)=f(x)$이므로 $y=f(x)$의 그래프는 y축에 대하여 대칭이다.

즉, $f(x)=ax^2+c$

(개)에서 $f(0)=-2$이므로 $c=-2$

$\therefore f(x)=ax^2-2$

$f'(x)=2ax$이므로 (대)에서

$f(f'(x))=f(2ax)=a(2ax)^2-2=4a^3x^2-2$

$f'(f(x))=f'(ax^2-2)=2a(ax^2-2)=2a^2x^2-4a$

$\therefore 4a^3x^2-2=2a^2x^2-4a$

양변의 동류항의 계수를 비교하면

$4a^3=2a^2,\ -2=-4a\ (\because a\neq 0)$

$\therefore a=\dfrac{1}{2}$

즉, $f(x)=\dfrac{1}{2}x^2-2$

STEP 3 상수 k의 값 구하기 [4점]

$F(x)=\displaystyle\int f(x)dx$에서 $F'(x)=f(x)$이므로

$F'(x)=\dfrac{1}{2}x^2-2=\dfrac{1}{2}(x+2)(x-2)$

$F'(x)=0$인 x의 값은 $x=-2$ 또는 $x=2$

함수 $F(x)$의 증가, 감소를 표로 나타내면 다음과 같다.

x	$\cdots$	-2	$\cdots$	2	$\cdots$
$F'(x)$	$+$	0	$-$	0	$+$
$F(x)$	↗	극대	↘	극소	↗

따라서 함수 $F(x)$는 $x=-2$에서 극댓값을 가지므로 $k=-2$

고난도 ⊕ Plus 문제

304쪽

1 1408 답 4

$[\{f(x)\}^2]'=2f'(x)f(x)$이므로 (내)에서

$[\{f(x)\}^2]'=4x^3-6x^2+2x$

$\{f(x)\}^2=\displaystyle\int(4x^3-6x^2+2x)dx$

$=x^4-2x^3+x^2+C$

(개)에서 $f(0)=0$이므로 $C=0$

따라서 $\{f(x)\}^2=x^4-2x^3+x^2$이므로

$\{f(2)\}^2=16-16+4=4$

2 1409 답 ④

$f'(x)=x+|x-1|=\begin{cases} 1 & (x<1) \\ 2x-1 & (x\geq 1) \end{cases}$에서

$f(x)=\begin{cases} x+C_1 & (x<1) \\ x^2-x+C_2 & (x\geq 1) \end{cases}$

이때 $f(-1)=0$이므로

$-1+C_1=0$

$\therefore C_1=1$

함수 $f(x)$는 모든 실수 x에 대하여 연속이므로 $x=1$에서 연속이다.

$f(1)=\displaystyle\lim_{x\to 1+}f(x)=\lim_{x\to 1-}f(x)$에서

$1-1+C_2=1+C_1$

$\therefore C_2=2\ (\because C_1=1)$

따라서 $f(x)=\begin{cases} x+1 & (x<1) \\ x^2-x+2 & (x\geq 1) \end{cases}$이므로

$f(3)=9-3+2=8$

3 1410 답 -2

곡선 $y=f(x)$ 위의 점 $(t, f(t))$에서의 접선의 방정식은

$y-f(t)=f'(t)(x-t)$

$\therefore y=f'(t)x-tf'(t)+f(t)$ ……… ㉠

접선 ㉠의 방정식과 $y=(3t^2-8t+1)x+g(t)$가 일치해야 하므로

$f'(t)=3t^2-8t+1,\ g(t)=-tf'(t)+f(t)$

$f(t)=\displaystyle\int f'(t)dt$

$=\displaystyle\int(3t^2-8t+1)dt$

$=t^3-4t^2+t+C$

$g(t)=-tf'(t)+f(t)$

$=-t(3t^2-8t+1)+t^3-4t^2+t+C$

$=-2t^3+4t^2+C$

$\therefore \displaystyle\lim_{t\to\infty}\dfrac{g(t)}{t^3}=\lim_{t\to\infty}\dfrac{-2t^3+4t^2+C}{t^3}=-2$

4 1411 답 -7

(내)에서 $f'(-2)=0$이므로

(개)의 식 $f'(x)=f'(-x)$에 $x=2$를 대입하면

$f'(2)=f'(-2)=0$

$f'(x)$는 $x-2$, $x+2$를 인수로 가지고 $f(x)$가 최고차항의 계수가 1인 삼차함수이므로 $f'(x)$는 최고차항의 계수가 3인 이차함수이다.

즉, $f'(x)=3(x+2)(x-2)=3x^2-12$이므로

$f(x)=\displaystyle\int f'(x)dx$

$=\displaystyle\int(3x^2-12)dx$

$=x^3-12x+C$

또, (내)에서 $f(-2)=20$이므로

$-8+24+C=20 \quad \therefore C=4$

따라서 $f(x)=x^3-12x+4$이므로

$f(1)=1-12+4=-7$

5 1412 답 ①

$$f(x)=\int f'(x)dx=\int g(x)dx \;(\because f'(x)=g(x))$$

$$=\int\left(x^3-\frac{3}{2}x^2-6x+a\right)dx$$

$$=\frac{1}{4}x^4-\frac{1}{2}x^3-3x^2+ax+C$$

$$h(x)=g'(x)=3x^2-3x-6=3(x+1)(x-2)$$

이고 $f(x)$가 $h(x)$로 나누어떨어지므로 $f(x)$는 $h(x)$를 인수로 가진다.

즉, $f(x)$는 $x+1$, $x-2$를 인수로 가진다.

$f(-1)=0$에서

$$\frac{1}{4}+\frac{1}{2}-3-a+C=0$$

$$\therefore -a+C=\frac{9}{4} \quad\cdots\cdots\cdots\cdots\cdots\cdots\cdots\cdots \bigcirc$$

$f(2)=0$에서

$$4-4-12+2a+C=0$$

$$\therefore 2a+C=12 \quad\cdots\cdots\cdots\cdots\cdots\cdots\cdots\cdots \bigcirc\!\bigcirc$$

$\bigcirc$, $\bigcirc\!\bigcirc$을 연립하여 풀면

$$a=\frac{13}{4},\; C=\frac{11}{2}$$

따라서 $f(x)=\frac{1}{4}x^4-\frac{1}{2}x^3-3x^2+\frac{13}{4}x+\frac{11}{2}$이므로

$$f(-2)=4+4-12-\frac{13}{2}+\frac{11}{2}=-5$$

1413 답 (1) 17 (2) 48

(1) $\displaystyle\int_1^2 (8x^3-6x^2+1)dx$

$$=\int_1^2 8x^3 dx-\int_1^2 6x^2 dx+\int_1^2 1\,dx$$

$$=\Big[2x^4\Big]_1^2-\Big[2x^3\Big]_1^2+\Big[x\Big]_1^2$$

$$=2\times(16-1)-2\times(8-1)+(2-1)=17$$

(2) $\displaystyle\int_{-1}^3 (x+3)^2 dx-\int_{-1}^3 (y-3)^2 dy$

→ 정적분에서 변수를 다른 문자로 바꾸어도 그 값은 변하지 않는다.

$$=\int_{-1}^3 (x+3)^2 dx-\int_{-1}^3 (x-3)^2 dx$$

$$=\int_{-1}^3 \{(x+3)^2-(x-3)^2\}dx$$

$$=\int_{-1}^3 12x\,dx=\Big[6x^2\Big]_{-1}^3=54-6=48$$

1414 답 -6

$$\int_0^2 (x-1)^2 dx-\int_{-1}^2 (x+1)^2 dx+\int_{-1}^0 (x-1)^2 dx$$

교환법칙

$$=\int_{-1}^0 (x-1)^2 dx+\int_0^2 (x-1)^2 dx-\int_{-1}^2 (x+1)^2 dx$$

→ 피적분함수가 같으므로 하나의 정적분으로 나타낼 수 있다.

$$=\int_{-1}^2 (x-1)^2 dx-\int_{-1}^2 (x+1)^2 dx$$

$$=\int_{-1}^2 \{(x-1)^2-(x+1)^2\}dx$$

$$=\int_{-1}^2 (-4x)dx=\Big[-2x^2\Big]_{-1}^2=(-8)-(-2)=-6$$

1415 답 (1) $-\dfrac{14}{15}$ (2) 0

(1) $f(x)=x^4+x^2-1$이라 하면 $f(-x)=f(x)$이므로 $f(x)$는 우함수이다.

$$\therefore \int_{-1}^1 (x^4+x^2-1)dx=2\int_0^1 (x^4+x^2-1)dx$$

$$=2\Big[\frac{1}{5}x^5+\frac{1}{3}x^3-x\Big]_0^1=2\times\left(-\frac{7}{15}\right)=-\frac{14}{15}$$

(2) $f(x)=x^5+2x^3-6x$라 하면 $f(-x)=-f(x)$이므로 $f(x)$는 기함수이다.

$$\therefore \int_{-2}^2 (x^5+2x^3-6x)dx=0$$

1416 답 (1) 16 (2) 6

(1) $\displaystyle\int_{-2}^2 (x^3+3x^2-7x)dx=\int_{-2}^2 (x^3-7x)dx+\int_{-2}^2 3x^2 dx$

$$=0+2\int_0^2 3x^2 dx=2\Big[x^3\Big]_0^2=2\times8=16$$

(2) $\displaystyle\int_{-1}^1 (6x^5+5x^4+4x^3+3x^2+2x+1)dx$

$$=\int_{-1}^1 (6x^5+4x^3+2x)dx+\int_{-1}^1 (5x^4+3x^2+1)dx$$

$$=0+2\int_0^1 (5x^4+3x^2+1)dx$$

$$=2\Big[x^5+x^3+x\Big]_0^1=2\times3=6$$

1417 답 $f(x)=3x^2-4x-2$

$\displaystyle\int_{-1}^{1}f(t)dt=k\,(k$는 상수$)$라 하면 $f(x)=3x^2-4x+k$이므로

$\displaystyle\int_{-1}^{1}(3t^2-4t+k)dt=k$

$\Big[t^3-2t^2+kt\Big]_{-1}^{1}=k$

$(-1+k)-(-3-k)=k$

$2+2k=k$ $\quad\therefore k=-2$

$\therefore f(x)=3x^2-4x-2$

1418 답 -2

$\displaystyle\int_{0}^{2}f(t)dt=k\,(k$는 상수$)$라 하면 $f(x)=2x+k$이므로

$\displaystyle\int_{0}^{2}(2t+k)dt=k$

$\Big[t^2+kt\Big]_{0}^{2}=k$

$4+2k=k$ $\quad\therefore k=-4$

따라서 $f(x)=2x-4$이므로

$f(1)=-2$

1419 답 $f(x)=4x+5$

$\displaystyle\int_{-1}^{x}f(t)dt=2x^2+ax+3$의 양변에 $x=-1$을 대입하면

$0=2-a+3$ $\quad\therefore a=5$

$\displaystyle\int_{-1}^{x}f(t)dt=2x^2+5x+3$의 양변을 x에 대하여 미분하면

$f(x)=4x+5$

1420 답 3

$\displaystyle\int_{1}^{x}f(t)dt=x^3+x^2+2ax$의 양변에 $x=1$을 대입하면

$0=1+1+2a$ $\quad\therefore a=-1$

$\displaystyle\int_{1}^{x}f(t)dt=x^3+x^2-2x$의 양변을 x에 대하여 미분하면

$f(x)=3x^2+2x-2$

$\therefore f(1)=3$

1421 답 ④ | 유형 1

$-\displaystyle\int_{1}^{-2}2(x+3)(x-1)dx+\int_{1}^{1}(3y-1)(2y+5)dy$의 값은?

단서1   단서2

① 18   ② 12   ③ -12

④ -18 ⑤ -24

단서1 $\displaystyle\int_{a}^{b}f(x)dx=-\int_{b}^{a}f(x)dx$

단서2 $\displaystyle\int_{a}^{a}f(x)dx=0$

STEP 1 정적분 계산하기

$-\displaystyle\int_{1}^{-2}2(x+3)(x-1)dx+\int_{1}^{1}(3y-1)(2y+5)dy$

$\qquad\qquad\qquad\qquad\qquad\downarrow \displaystyle\int_{a}^{a}f(x)dx=0$

$=-\displaystyle\int_{1}^{-2}(2x^2+4x-6)dx+0$

$=\displaystyle\int_{-2}^{1}(2x^2+4x-6)dx$

$=\Big[\dfrac{2}{3}x^3+2x^2-6x\Big]_{-2}^{1}$

$=\Big(\dfrac{2}{3}+2-6\Big)-\Big(-\dfrac{16}{3}+8+12\Big)=-18$

1422 답 108

$\displaystyle\int_{-2}^{4}2(x-1)f(x)dx=\int_{-2}^{4}2(x-1)(x^2+x+1)dx$

$\qquad\qquad\qquad=\displaystyle\int_{-2}^{4}2(x^3-1)dx=\int_{-2}^{4}(2x^3-2)dx$

$\qquad\qquad\qquad=\Big[\dfrac{1}{2}x^4-2x\Big]_{-2}^{4}$

$\qquad\qquad\qquad=(128-8)-(8+4)=108$

1423 답 ②

$\displaystyle\int_{0}^{1}\Big(\dfrac{x^4}{x^2+1}-\dfrac{1}{x^2+1}\Big)dx-\int_{0}^{1}\dfrac{x^4-1}{x^2+1}dx$

$\qquad\qquad=\displaystyle\int_{0}^{1}\dfrac{(x^2+1)(x^2-1)}{x^2+1}dx$

$\qquad\qquad=\displaystyle\int_{0}^{1}(x^2-1)dx$

$\qquad\qquad=\Big[\dfrac{1}{3}x^3-x\Big]_{0}^{1}$

$\qquad\qquad=\Big(\dfrac{1}{3}-1\Big)-0=-\dfrac{2}{3}$

1424 답 ①

$\displaystyle\int_{0}^{1}f(x)dx=\int_{0}^{1}(6x^2+2ax)dx=\Big[2x^3+ax^2\Big]_{0}^{1}=2+a$

한편, $f(1)=6+2a$이므로 $2+a=6+2a$

$\therefore a=-4$ $\qquad\downarrow f(x)=6x^2+2ax$이다.

1425 답 $\dfrac{13}{24}$

$\displaystyle\int_{0}^{2}\{f(x)\}^2dx=\int_{0}^{2}(x+1)^2dx=\int_{0}^{2}(x^2+2x+1)dx$

$\qquad\qquad=\Big[\dfrac{1}{3}x^3+x^2+x\Big]_{0}^{2}$

$\qquad\qquad=\Big(\dfrac{8}{3}+4+2\Big)-0=\dfrac{26}{3}$

$k\Big\{\displaystyle\int_{0}^{2}f(x)dx\Big\}^2=k\Big\{\int_{0}^{2}(x+1)dx\Big\}^2=k\Big(\Big[\dfrac{1}{2}x^2+x\Big]_{0}^{2}\Big)^2$

$\qquad\qquad=k\{(2+2)-0\}^2=16k$

이므로 $\dfrac{26}{3}=16k$

$\therefore k=\dfrac{13}{24}$

1426　답 ④

$$\int_0^3 (x+1)^2 dx = \int_0^3 (x^2+2x+1)dx = \left[\frac{1}{3}x^3+x^2+x\right]_0^3$$
$$= (9+9+3)-0 = 21$$

1427　답 ②

| 유형 2

> $\int_1^k (4x+2)dx$ 의 값이 최소가 되도록 하는 상수 k의 값을 m, 그때
> **단서1**
> 의 정적분의 값을 n이라 할 때, $m+n$의 값은?
>
> ① -7　　　　② -5　　　　③ -3
> ④ 0　　　　⑤ 3
>
> **단서1** 정적분을 계산하여 k에 대한 식 만들기

STEP 1 정적분 계산하기

$$\int_1^k (4x+2)dx = \left[2x^2+2x\right]_1^k = (2k^2+2k)-(2+2)$$
$$= 2k^2+2k-4 = 2\left(k+\frac{1}{2}\right)^2-\frac{9}{2}$$

STEP 2 $m+n$의 값 구하기

주어진 정적분은 $k=-\dfrac{1}{2}$일 때, 최솟값 $-\dfrac{9}{2}$를 가진다.

따라서 $m=-\dfrac{1}{2}$, $n=-\dfrac{9}{2}$이므로

$$m+n = -5$$

> **개념 Check**
>
> **이차함수의 최대·최소**
> 이차함수 $y=a(x-p)^2+q$에서
> (1) $a>0$이면 최솟값은 $x=p$일 때 q이고, 최댓값은 없다.
> (2) $a<0$이면 최댓값은 $x=p$일 때 q이고, 최솟값은 없다.

1428　답 ①

$$\int_1^2 (3x^2-4kx+4)dx = \left[x^3-2kx^2+4x\right]_1^2$$
$$= (8-8k+8)-(1-2k+4)$$
$$= -6k+11$$

이므로 $-6k+11>3$에서 $k<\dfrac{4}{3}$

따라서 정수 k의 최댓값은 1이다.

1429　답 -1

$\lim\limits_{x\to 2}\dfrac{f(x)}{x-2}=1$에서 $x\to 2$일 때, 극한값이 존재하고 (분모) $\to 0$이

므로 (분자) $\to 0$이다.

즉, $\lim\limits_{x\to 2}f(x)=0$이므로 $f(2)=0$에서 $4+2a+b=0$ ·············· ㉠

또, $f(2)=0$이므로

$$\lim_{x\to 2}\frac{f(x)}{x-2} = \lim_{x\to 2}\frac{f(x)-f(2)}{x-2} = f'(2)$$

이때 $f'(x)=2x+a$이고, $f'(2)=1$이므로

$4+a=1$　∴ $a=-3$

$a=-3$을 ㉠에 대입하면 $4-6+b=0$　∴ $b=2$

즉, $f(x)=x^2-3x+2$이므로

$$\int_1^2 f(x)dx = \int_1^2 (x^2-3x+2)dx = \left[\frac{1}{3}x^3-\frac{3}{2}x^2+2x\right]_1^2$$
$$= \left(\frac{8}{3}-6+4\right)-\left(\frac{1}{3}-\frac{3}{2}+2\right) = -\frac{1}{6}$$

$$\therefore 6\int_1^2 f(x)dx = 6\times\left(-\frac{1}{6}\right) = -1$$

1430　답 25

㈎에서 $\displaystyle\int f(x)dx=\{f(x)\}^2$의 양변을 x에 대하여 미분하면

$$f(x)=2f(x)f'(x)$$

이때 $f(x)\neq 0$이므로 $f'(x)=\dfrac{1}{2}$

$\therefore f(x)=\dfrac{1}{2}x+C$　（$\int_{-1}^1 f(x)dx=50$이므로 $f(x)\neq 0$이다.）

이를 ㈏의 식에 대입하여 풀면

$$\int_{-1}^1 \left(\frac{1}{2}x+C\right)dx = \left[\frac{1}{4}x^2+Cx\right]_{-1}^1 = \left(\frac{1}{4}+C\right)-\left(\frac{1}{4}-C\right) = 2C$$

즉, $2C=50$이므로 $C=25$

따라서 $f(x)=\dfrac{1}{2}x+25$이므로 $f(0)=25$

> **개념 Check**
>
> **함수의 곱의 미분법**
> 두 함수 $f(x)$, $g(x)$가 미분가능할 때
> $$\{f(x)g(x)\}' = f'(x)g(x)+f(x)g'(x)$$

1431　답 ④

$$f(n) = \int_0^1 \frac{1}{n+1}x^{n+1}dx = \frac{1}{n+1}\int_0^1 x^{n+1}dx$$
$$= \frac{1}{n+1}\left[\frac{1}{n+2}x^{n+2}\right]_0^1 = \frac{1}{(n+1)(n+2)}$$
$$= \frac{1}{n+1}-\frac{1}{n+2}$$

$\therefore f(1)+f(2)+f(3)+\cdots+f(100)$
$$= \left(\frac{1}{2}-\frac{1}{3}\right)+\left(\frac{1}{3}-\frac{1}{4}\right)+\cdots+\left(\frac{1}{101}-\frac{1}{102}\right)$$
$$= \frac{1}{2}-\frac{1}{102} = \frac{25}{51}$$

차례로 소거한다.

1432　답 -12

㈎에서

$$\lim_{x\to 1}\frac{f(x)-f(1)}{x^2-1} = \lim_{x\to 1}\left\{\frac{f(x)-f(1)}{x-1}\times\frac{1}{x+1}\right\} = \frac{1}{2}f'(1)$$

즉, $\dfrac{1}{2}f'(1)=-3$이므로 $f'(1)=-6$

이때 $f'(x)=2ax+b$이고, $f'(1)=-6$이므로

$2a+b=-6$ ·············· ㉠

㈏에서

$$\int_0^1 f(x)dx = \int_0^1 (ax^2+bx)dx = \left[\frac{a}{3}x^3+\frac{b}{2}x^2\right]_0^1 = \frac{a}{3}+\frac{b}{2}$$

즉, $\dfrac{a}{3}+\dfrac{b}{2}=-\dfrac{11}{3}$이므로 $2a+3b=-22$ ·············· ㉡

㉠, ㉡을 연립하여 풀면 $a=1$, $b=-8$

따라서 $f(x)=x^2-8x$이므로
$f(2)=4-16=-12$

$\displaystyle\lim_{x\to1}\frac{f(x)-f(1)}{x-1}=f'(1)$임을 이용하는 문제이다.

$\displaystyle\lim_{x\to1}\frac{f(x)-f(1)}{x^2-1}$의 극한값을 직접 구하려 하지 말고 이 식을 변형하여 $f'(1)$을 포함한 식으로 나타낼 수 있어야 한다.

1433 답 ①
| 유형3

$\displaystyle\int_0^2(2x+k)^2dx-\int_0^2(2x-k)^2dx=16$을 만족시키는 상수 k의 값은? 단서1

① 1　　　　② 2　　　　③ 3
④ 4　　　　⑤ 5

단서1 위끝, 아래끝이 같은 정적분의 차

STEP 1 정적분의 성질을 이용하여 식 간단히 하기

$$\int_0^2(2x+k)^2dx-\int_0^2(2x-k)^2dx$$
$$=\int_0^2\{(2x+k)^2-(2x-k)^2\}dx$$
$$=\int_0^2 8kx\,dx=\left[4kx^2\right]_0^2=16k$$

STEP 2 상수 k의 값 구하기

$16k=16$이므로 $k=1$

1434 답 ②

$$\int_{-3}^0\frac{x^3}{x-2}dx-\int_{-3}^0\frac{8}{x-2}dx=\int_{-3}^0\frac{x^3-8}{x-2}dx$$
$$=\int_{-3}^0\frac{(x-2)(x^2+2x+4)}{x-2}dx$$
$$=\int_{-3}^0(x^2+2x+4)dx$$
$$=\left[\frac{1}{3}x^3+x^2+4x\right]_{-3}^0=12$$

1435 답 ①

$$\int_0^2\frac{x^2(x^2+x+1)}{x+1}dx+\int_2^0\frac{y^2+y+1}{y+1}dy$$
$$=\int_0^2\frac{x^2(x^2+x+1)}{x+1}dx-\int_0^2\frac{y^2+y+1}{y+1}dy$$
$$=\int_0^2\frac{x^2(x^2+x+1)}{x+1}dx-\int_0^2\frac{x^2+x+1}{x+1}dx$$
$$=\int_0^2\frac{(x^2-1)(x^2+x+1)}{x+1}dx$$
$$=\int_0^2\frac{(x+1)(x-1)(x^2+x+1)}{x+1}dx$$
$$=\int_0^2(x-1)(x^2+x+1)dx$$
$$=\int_0^2(x^3-1)dx$$
$$=\left[\frac{1}{4}x^4-x\right]_0^2=2$$

1436 답 -4

$$\int_{-1}^1\{f(x)+g(x)\}dx=12 \quad\cdots\cdots\text{㉠}$$
$$\int_{-1}^1\{f(x)-g(x)\}dx=4 \quad\cdots\cdots\text{㉡}$$

㉠$+$㉡을 하면 $\displaystyle\int_{-1}^1\{f(x)+g(x)+f(x)-g(x)\}dx=16$

$\displaystyle\int_{-1}^1 2f(x)dx=16$　　$\therefore\displaystyle\int_{-1}^1 f(x)dx=8$

㉠$-$㉡을 하면 $\displaystyle\int_{-1}^1\{f(x)+g(x)-f(x)+g(x)\}dx=8$

$\displaystyle\int_{-1}^1 2g(x)dx=8$　　$\therefore\displaystyle\int_{-1}^1 g(x)dx=4$

$$\therefore\int_{-1}^1\{f(x)-3g(x)\}dx=\int_{-1}^1 f(x)dx-3\int_{-1}^1 g(x)dx$$
$$=8-3\times4=-4$$

1437 답 ②

$$\int_0^1(2x-k)^2dx+\int_1^0(2x^2+2)dx$$
$$=\int_0^1(2x-k)^2dx-\int_0^1(2x^2+2)dx$$
$$=\int_0^1\{(2x-k)^2-(2x^2+2)\}dx$$
$$=\int_0^1(4x^2-4kx+k^2-2x^2-2)dx$$
$$=\int_0^1(2x^2-4kx+k^2-2)dx$$
$$=\left[\frac{2}{3}x^3-2kx^2+(k^2-2)x\right]_0^1$$
$$=k^2-2k-\frac{4}{3}$$
$$\therefore f(k)=k^2-2k-\frac{4}{3}=(k-1)^2-\frac{7}{3}$$

따라서 함수 $f(k)$의 최솟값은 $f(1)=-\dfrac{7}{3}$

1438 답 5

$\displaystyle\int_0^1(x-k)^2f(x)dx\longrightarrow\int_0^1 f(x)dx$와 $\displaystyle\int_0^1 xf(x)dx$의 값을 대입할 수 있도록 변형한다.

$$=\int_0^1(x^2-2kx+k^2)f(x)dx$$
$$=\int_0^1 x^2f(x)dx-2k\int_0^1 xf(x)dx+k^2\int_0^1 f(x)dx$$

이때 $\displaystyle\int_0^1 f(x)dx=1$, $\displaystyle\int_0^1 xf(x)dx=5$이므로

$$\int_0^1 x^2f(x)dx-2k\int_0^1 xf(x)dx+k^2\int_0^1 f(x)dx$$
$$=\int_0^1 x^2f(x)dx-10k+k^2$$
$$=(k-5)^2-25+\int_0^1 x^2f(x)dx$$

이때 정적분 $\displaystyle\int_0^1 x^2f(x)dx$의 값은 상수이므로 주어진 식은 $k=5$일 때 최소가 된다.

$\displaystyle\int_0^1(x-k)^2f(x)dx$를 $\displaystyle\int_0^1(x-k)^2dx\times\int_0^1 f(x)dx$로 계산하지 않도록 주의한다.

1439 답 ①

|유형 4

$$\int_0^1 (4x-3)dx + \int_1^k (4x-3)dx = 0$$일 때, 양수 k의 값은?

① $\dfrac{3}{2}$ 　　② 2 　　③ $\dfrac{5}{2}$

④ 3 　　⑤ $\dfrac{7}{2}$

단서1 피적분함수 동일

STEP 1 정적분의 성질을 이용하여 식 간단히 하기

$$\int_0^1 (4x-3)dx + \int_1^k (4x-3)dx = \int_0^k (4x-3)dx$$
$$= \Big[2x^2 - 3x \Big]_0^k = 2k^2 - 3k$$

STEP 2 양수 k의 값 구하기

$2k^2 - 3k = 0$이므로 $k(2k-3)=0$

$\therefore k = \dfrac{3}{2} \ (\because k > 0)$

1440 답 18

$$\int_0^3 (x+1)^2 dx - \int_{-1}^3 (x-1)^2 dx + \int_{-1}^0 (x-1)^2 dx$$

→ 피적분함수가 같다.

$$= \int_0^3 (x+1)^2 dx - \int_{-1}^3 (x-1)^2 dx - \int_0^{-1} (x-1)^2 dx$$
$$= \int_0^3 (x+1)^2 dx - \int_0^3 (x-1)^2 dx = \int_0^3 \{(x+1)^2 - (x-1)^2\} dx$$
$$= \int_0^3 4x\, dx = \Big[2x^2 \Big]_0^3 = 18$$

1441 답 ④

$$\int_1^a f(x)dx - \int_1^2 f(x)dx = \int_1^a f(x)dx + \int_2^1 f(x)dx$$
$$= \int_2^1 f(x)dx + \int_1^a f(x)dx$$
$$= \int_2^a f(x)dx$$

이므로 $\int_2^a f(x)dx = -4$

이때 $f(x) = -3x+7$이므로

$$\int_2^a (-3x+7)dx = \Big[-\dfrac{3}{2}x^2 + 7x \Big]_2^a = -\dfrac{3}{2}a^2 + 7a - 8$$

즉, $-\dfrac{3}{2}a^2 + 7a - 8 = -4$에서

$3a^2 - 14a + 8 = 0,\ (3a-2)(a-4)=0$

$\therefore a = \dfrac{2}{3}$ 또는 $a = 4$

따라서 모든 실수 a의 값의 곱은 $\dfrac{8}{3}$이다.

1442 답 ④

$$\int_0^1 f(x)dx + \int_1^2 f(x)dx + \int_2^3 f(x)dx + \cdots + \int_9^{10} f(x)dx$$
$$= \int_0^{10} f(x)dx$$

이때 $f(x) = 4x^3 + 2x$이므로

$$\int_0^{10} f(x)dx = \int_0^{10} (4x^3 + 2x)dx$$
$$= \Big[x^4 + x^2 \Big]_0^{10} = 10000 + 100 = 10100$$

1443 답 $A-B+C$

$$\int_{-3}^{-1} f(x)dx = A,\ \int_{-1}^5 f(x)dx = C$$에서

$$\int_{-3}^5 f(x)dx = \int_{-3}^{-1} f(x)dx + \int_{-1}^5 f(x)dx = A+C$$

$$\int_{-3}^3 f(x)dx = B$$에서 $\int_3^{-3} f(x)dx = -B$이므로

$$\int_3^5 f(x)dx = \int_3^{-3} f(x)dx + \int_{-3}^5 f(x)dx$$
$$= -B + A + C = A - B + C$$

1444 답 7

$$\int_{-1}^1 f(x)dx = 3,\ \int_3^0 f(x)dx = -2,\ \int_1^3 f(x)dx = 5$$에서

$$\int_1^0 f(x)dx = \int_1^3 f(x)dx + \int_3^0 f(x)dx = 5 + (-2) = 3$$

$$\int_{-1}^0 f(x)dx = \int_{-1}^1 f(x)dx + \int_1^0 f(x)dx = 3 + 3 = 6$$

$$\therefore \int_{-1}^0 \{f(x) - 2x\} dx = \int_{-1}^0 f(x)dx - \int_{-1}^0 2x\, dx$$
$$= 6 - \Big[x^2 \Big]_{-1}^0 = 6 - (-1) = 7$$

1445 답 2

$$\int_{-1}^1 f(x)dx = \int_{-1}^0 f(x)dx + \int_0^1 f(x)dx$$이고,

$$\int_{-1}^1 f(x)dx = \int_0^1 f(x)dx = \int_{-1}^0 f(x)dx$$이므로

$$\int_0^1 f(x)dx = \int_0^1 f(x)dx + \int_0^1 f(x)dx$$에서

$$\int_0^1 f(x)dx = 0$$

$$\therefore \int_{-1}^1 f(x)dx = 0,\ \int_0^1 f(x)dx = 0,\ \int_{-1}^0 f(x)dx = 0$$

$f(x) = ax^2 + bx + c\ (a,\ b,\ c$는 상수, $a \neq 0)$로 놓으면

$$\int_0^1 f(x)dx = \int_0^1 (ax^2 + bx + c)dx$$
$$= \Big[\dfrac{a}{3}x^3 + \dfrac{b}{2}x^2 + cx \Big]_0^1 = \dfrac{a}{3} + \dfrac{b}{2} + c$$

$\therefore \dfrac{a}{3} + \dfrac{b}{2} + c = 0$ ┈┈┈┈┈ ㉠

$$\int_{-1}^0 f(x)dx = \int_{-1}^0 (ax^2 + bx + c)dx$$
$$= \Big[\dfrac{a}{3}x^3 + \dfrac{b}{2}x^2 + cx \Big]_{-1}^0 = \dfrac{a}{3} - \dfrac{b}{2} + c$$

$\therefore \dfrac{a}{3} - \dfrac{b}{2} + c = 0$ ┈┈┈┈┈ ㉡

㉠, ㉡을 연립하여 풀면

$b = 0,\ a + 3c = 0$ 　　$\therefore a = -3c$

즉, $f(x) = -3cx^2 + c$이고 $f(x)$는 $x=0$에서 최솟값 c를 가지므

→ $f(x) = ax^2 + bx + c$에 $b=0,\ a=-3c$를 대입한다.

로 $c = -1$

따라서 $f(x) = 3x^2 - 1$이므로 $f(1) = 2$

실수 Check

이차함수 $f(x) = -3cx^2 + c$는 $x=0$에서 최대 또는 최소이다. 이때 $f(x)$의 최솟값이 -1이므로 $c < 0$이고, $c = -1$임에 주의한다.

1446 답 ⑤ | 유형 5

함수 $f(x)=\begin{cases} (x-1)^2 & (x\geq 0) \\ x+1 & (x<0) \end{cases}$ 에 대하여 $\displaystyle\int_{-1}^{1} f(x)dx$ 의 값은?

① $\dfrac{1}{6}$ ② $\dfrac{1}{3}$ ③ $\dfrac{1}{2}$

④ $\dfrac{2}{3}$ ⑤ $\dfrac{5}{6}$

단서 1 구간에 따라 다르게 정의된 함수

STEP 1 적분 구간을 나누어 식을 세우고, 정적분의 값 구하기

$$\int_{-1}^{1} f(x)dx=\int_{-1}^{0} f(x)dx+\int_{0}^{1} f(x)dx \longrightarrow x\geq 0\text{일 때와 } x<0\text{일 때로 나눈다.}$$

$$=\int_{-1}^{0}(x+1)dx+\int_{0}^{1}(x-1)^2 dx$$

$$=\int_{-1}^{0}(x+1)dx+\int_{0}^{1}(x^2-2x+1)dx$$

$$=\left[\frac{1}{2}x^2+x\right]_{-1}^{0}+\left[\frac{1}{3}x^3-x^2+x\right]_{0}^{1}$$

$$=-\left(\frac{1}{2}-1\right)+\left(\frac{1}{3}-1+1\right)=\frac{5}{6}$$

1447 답 $\dfrac{45}{2}$

$f(x)=\begin{cases} -x+3 & (x<0) \\ 3 & (x>0) \end{cases}$ 이므로 $\longrightarrow$ 주어진 그래프를 보고 구간에 따라 $f(x)$를 식으로 나타낸다.

$$\int_{-3}^{3} f(x)dx=\int_{-3}^{0} f(x)dx+\int_{0}^{3} f(x)dx$$

$$=\int_{-3}^{0}(-x+3)dx+\int_{0}^{3} 3\,dx$$

$$=\left[-\frac{1}{2}x^2+3x\right]_{-3}^{0}+\left[3x\right]_{0}^{3}$$

$$=-\left(-\frac{9}{2}-9\right)+9=\frac{45}{2}$$

1448 답 ①

$f(x)=\begin{cases} x+1 & (x<0) \\ 1 & (x\geq 0) \end{cases}$ 이므로 $xf(x)=\begin{cases} x^2+x & (x<0) \\ x & (x\geq 0) \end{cases}$

$$\therefore \int_{-1}^{1} xf(x)dx=\int_{-1}^{0} xf(x)dx+\int_{0}^{1} xf(x)dx$$

$$=\int_{-1}^{0}(x^2+x)dx+\int_{0}^{1} x\,dx$$

$$=\left[\frac{1}{3}x^3+\frac{1}{2}x^2\right]_{-1}^{0}+\left[\frac{1}{2}x^2\right]_{0}^{1}$$

$$=-\left(-\frac{1}{3}+\frac{1}{2}\right)+\frac{1}{2}=\frac{1}{3}$$

1449 답 ①

$$\int_{0}^{2} xf(x)dx=\int_{0}^{1} xf(x)dx+\int_{1}^{2} xf(x)dx$$

$$=\int_{0}^{1} 4x^3 dx+\int_{1}^{2}(-2x^2+6x)dx$$

$$=\left[x^4\right]_{0}^{1}+\left[-\frac{2}{3}x^3+3x^2\right]_{1}^{2}$$

$$=1+\left(\frac{20}{3}-\frac{7}{3}\right)=\frac{16}{3}$$

1450 답 ①

$f(x)=\begin{cases} x-2 & (x<2) \\ x^2-4x+4 & (x\geq 2) \end{cases}$ 에서 $f(x)=\begin{cases} x-2 & (x<2) \\ (x-2)^2 & (x\geq 2) \end{cases}$

이므로 $f(x+2)=\begin{cases} x+2-2 & (x+2<2) \\ (x+2-2)^2 & (x+2\geq 2) \end{cases}$ $\longrightarrow x$ 대신 $x+2$를 대입

즉, $f(x+2)=\begin{cases} x & (x<0) \\ x^2 & (x\geq 0) \end{cases}$

$$\therefore \int_{-2}^{2} f(x+2)dx=\int_{-2}^{0} x\,dx+\int_{0}^{2} x^2 dx$$

$$=\left[\frac{1}{2}x^2\right]_{-2}^{0}+\left[\frac{1}{3}x^3\right]_{0}^{2}$$

$$=-2+\frac{8}{3}$$

$$=\frac{2}{3}$$

1451 답 ⑤

$f(x)=\begin{cases} x+3 & (x<-1) \\ 2 & (-1\leq x<1) \\ -x+3 & (x\geq 1) \end{cases}$ 이므로

$$\int_{-3}^{3} f(x)dx=\int_{-3}^{-1} f(x)dx+\int_{-1}^{1} f(x)dx+\int_{1}^{3} f(x)dx$$

$$=\int_{-3}^{-1}(x+3)dx+\int_{-1}^{1} 2\,dx+\int_{1}^{3}(-x+3)dx$$

$$=\left[\frac{1}{2}x^2+3x\right]_{-3}^{-1}+\left[2x\right]_{-1}^{1}+\left[-\frac{1}{2}x^2+3x\right]_{1}^{3}$$

$$=2+4+2=8$$

다른 풀이

정적분의 활용 단원에서 배우는 내용을 이용하여 해결할 수도 있다.

$\displaystyle\int_{-3}^{3} |f(x)|dx$의 값은 함수 $y=f(x)$의 그래프와 x축 및 두 직선 $x=-3$, $x=3$으로 둘러싸인 도형의 넓이와 같으므로 $\displaystyle\int_{-3}^{3} f(x)dx$의 값은 사다리꼴의 넓이와 같다.

$$\therefore \int_{-3}^{3} f(x)dx=\frac{1}{2}\times(2+6)\times 2=8$$

1452 답 ③

$a>0$이므로

$$\int_{-a}^{a} f(x)dx=\int_{-a}^{0} f(x)dx+\int_{0}^{a} f(x)dx$$

$$=\int_{-a}^{0}(-x^2+x+2)dx+\int_{0}^{a}(x+2)dx$$

$$=\left[-\frac{1}{3}x^3+\frac{1}{2}x^2+2x\right]_{-a}^{0}+\left[\frac{1}{2}x^2+2x\right]_{0}^{a}$$

$$=\left(-\frac{a^3}{3}-\frac{a^2}{2}+2a\right)+\left(\frac{a^2}{2}+2a\right)$$

$$=-\frac{a^3}{3}+4a$$

즉, $-\dfrac{a^3}{3}+4a=-\dfrac{4a}{3}$이므로

$a^3-16a=0$

$a(a+4)(a-4)=0$

$\therefore a=4\ (\because a>0)$

1453 답 ②

$g(a)=\displaystyle\int_{-a}^{a}f(x)dx$라 하면

$g(a)=\displaystyle\int_{-a}^{0}(2x+2)dx+\int_{0}^{a}(-x^2+2x+2)dx$

$\qquad=\Big[\,x^2+2x\,\Big]_{-a}^{0}+\Big[-\dfrac{1}{3}x^3+x^2+2x\Big]_{0}^{a}$

$\qquad=(-a^2+2a)+\Big(-\dfrac{1}{3}a^3+a^2+2a\Big)$

$\qquad=-\dfrac{1}{3}a^3+4a$

$g'(a)=-a^2+4=-(a+2)(a-2)$

$g'(a)=0$인 a의 값은 $a=2\ (\because a>0)$

$a>0$에서 함수 $g(a)$의 증가, 감소를 표로 나타내면 다음과 같다.

a	0	$\cdots$	2	$\cdots$
$g'(a)$		$+$	0	$-$
$g(a)$		$\nearrow$	$\dfrac{16}{3}$ 극대	$\searrow$

따라서 함수 $g(a)$는 $a=2$에서 최댓값 $\dfrac{16}{3}$ 을 가진다.

1454 답 110

(나)에서 $f(x+1)-xf(x)=ax+b$의 양변에 $x=0$을 대입하면

$f(1)=b$

닫힌구간 $[0,\ 1]$에서 $f(x)=x$이므로 $b=1$

즉, $f(x+1)-xf(x)=ax+1$이므로 $0\le x\le1$에서

$f(x+1)=xf(x)+ax+1=x^2+ax+1$

이때 $x+1=t$로 놓으면

$f(t)=(t-1)^2+a(t-1)+1=t^2+(a-2)t+2-a$

$f'(t)=2t+(a-2)$이므로

$f'(1)=2+a-2=a$

한편, 함수 $f(x)$가 실수 전체의 집합에서 미분가능한 함수이므로

$f'(1)=1 \qquad \therefore a=1$

따라서 $0\le x\le1$에서 $1\le t\le2$이고, $f(t)=t^2-t+1$

즉, $1\le x\le2$에서 $f(x)=x^2-x+1$이므로

$\displaystyle\int_{1}^{2}f(x)dx=\int_{1}^{2}(x^2-x+1)dx=\Big[\dfrac{1}{3}x^3-\dfrac{1}{2}x^2+x\Big]_{1}^{2}$

$\qquad\qquad=\dfrac{8}{3}-\dfrac{5}{6}=\dfrac{11}{6}$

$\therefore 60\times\displaystyle\int_{1}^{2}f(x)dx=60\times\dfrac{11}{6}=110$

참고 함수 $f(x)$가 실수 전체의 집합에서 미분가능한 함수이므로 $x=1$에서도 미분가능하다. 즉, $f'(1)$의 값이 존재한다.

1455 답 ①

| 유형 6

$\displaystyle\int_{-2}^{4}|x^2-2x|dx$의 값은?

단서1

① $\dfrac{44}{3}$ ② 15 ③ $\dfrac{46}{3}$

④ $\dfrac{47}{3}$ ⑤ 16

단서1 피적분함수에 절댓값 기호

STEP 1 절댓값 기호 안의 식의 값이 0이 되게 하는 x의 값을 기준으로 함수식 나누기

$|x^2-2x|=\begin{cases} x^2-2x & (x\le0\ \text{또는}\ x\ge2) \\ -x^2+2x & (0<x<2) \end{cases}$

STEP 2 정적분의 값 구하기

$\displaystyle\int_{-2}^{4}|x^2-2x|dx$

$=\displaystyle\int_{-2}^{0}(x^2-2x)dx+\int_{0}^{2}(-x^2+2x)dx+\int_{2}^{4}(x^2-2x)dx$

$=\Big[\dfrac{1}{3}x^3-x^2\Big]_{-2}^{0}+\Big[-\dfrac{1}{3}x^3+x^2\Big]_{0}^{2}+\Big[\dfrac{1}{3}x^3-x^2\Big]_{2}^{4}$

$=\dfrac{20}{3}+\dfrac{4}{3}+\dfrac{20}{3}=\dfrac{44}{3}$

1456 답 ①

$|x^2(x-1)|=|x^2|\,|x-1|=x^2|x-1|$

$x^2\ge0$이므로 $|x^2(x-1)|=\begin{cases} -x^2(x-1) & (x<1) \\ x^2(x-1) & (x\ge1) \end{cases}$

$\displaystyle\int_{0}^{2}|x^2(x-1)|dx=\int_{0}^{1}\{-x^2(x-1)\}dx+\int_{1}^{2}x^2(x-1)dx$

$\qquad=\displaystyle\int_{0}^{1}(-x^3+x^2)dx+\int_{1}^{2}(x^3-x^2)dx$

$\qquad=\Big[-\dfrac{1}{4}x^4+\dfrac{1}{3}x^3\Big]_{0}^{1}+\Big[\dfrac{1}{4}x^4-\dfrac{1}{3}x^3\Big]_{1}^{2}$

$\qquad=\Big(-\dfrac{1}{4}+\dfrac{1}{3}\Big)+\Big\{\Big(4-\dfrac{8}{3}\Big)-\Big(\dfrac{1}{4}-\dfrac{1}{3}\Big)\Big\}$

$\qquad=\dfrac{3}{2}$

1457 답 ②

$|x^2-1|=\begin{cases} x^2-1 & (x<-1\ \text{또는}\ x>1) \\ -x^2+1 & (-1\le x\le1) \end{cases}$ 이므로

$\displaystyle\int_{0}^{a}|x^2-1|dx=\int_{0}^{1}(-x^2+1)dx+\int_{1}^{a}(x^2-1)dx$

$\qquad=\Big[-\dfrac{1}{3}x^3+x\Big]_{0}^{1}+\Big[\dfrac{1}{3}x^3-x\Big]_{1}^{a}$

$\qquad=\Big(-\dfrac{1}{3}+1\Big)+\Big\{\Big(\dfrac{1}{3}a^3-a\Big)-\Big(\dfrac{1}{3}-1\Big)\Big\}$

$\qquad=\dfrac{1}{3}a^3-a+\dfrac{4}{3}$

즉, $\dfrac{1}{3}a^3-a+\dfrac{4}{3}=2$이므로

$a^3-3a-2=0,\ (a-2)(a+1)^2=0$

$\therefore a=2\ (\because a>1)$

1458 답 ②

$|x|=\begin{cases} x & (x\ge0) \\ -x & (x<0) \end{cases}$

$\therefore \displaystyle\int_{-1}^{2}(|x|-k)dx=\int_{-1}^{0}(-x-k)dx+\int_{0}^{2}(x-k)dx$

$\qquad=\Big[-\dfrac{1}{2}x^2-kx\Big]_{-1}^{0}+\Big[\dfrac{1}{2}x^2-kx\Big]_{0}^{2}$

$\qquad=\Big(\dfrac{1}{2}-k\Big)+(2-2k)=-3k+\dfrac{5}{2}$

즉, $-3k+\dfrac{5}{2}=-\dfrac{1}{2}$이므로 $k=1$

1459 답 ⑤

$$|x-1|+|x+1|=\begin{cases} -2x & (x<-1) \\ 2 & (-1\leq x\leq 1) \\ 2x & (x>1)\end{cases}\text{이므로}$$

$$\int_{-2}^{2}(|x-1|+|x+1|)dx$$

$$=\int_{-2}^{-1}(-2x)dx+\int_{-1}^{1}2\,dx+\int_{1}^{2}2x\,dx$$

$$=\Big[-x^2\Big]_{-2}^{-1}+\Big[2x\Big]_{-1}^{1}+\Big[x^2\Big]_{1}^{2}$$

$$=3+4+3=10$$

1460 답 ②

$$f(x)=\begin{cases} -2x+1 & (x<0) \\ 1 & (0\leq x\leq 1) \\ 2x-1 & (x>1)\end{cases}\text{이므로}$$

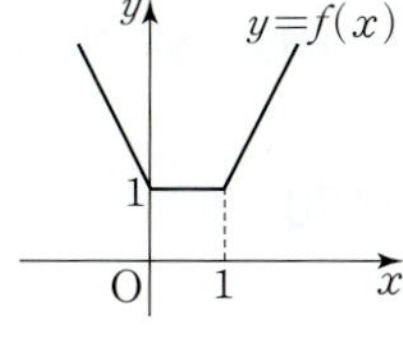

함수 $y=f(x)$의 그래프는 그림과 같고
$0\leq x\leq 1$에서 최솟값 1을 가지므로
$a=1$

$$\therefore \int_{-1}^{1}f(x)dx=\int_{-1}^{0}(-2x+1)dx+\int_{0}^{1}1\,dx$$

$$=\Big[-x^2+x\Big]_{-1}^{0}+\Big[x\Big]_{0}^{1}=2+1=3$$

1461 답 ③

$f(x)=|x-2|$, $g(x)=x^2+1$이므로
$(f\circ g)(x)=f(g(x))=f(x^2+1)=|x^2-1|$

$$=\begin{cases} x^2-1 & (x\leq-1 \text{ 또는 } x\geq 1) \\ -x^2+1 & (-1<x<1)\end{cases}$$

$$\therefore \int_{0}^{2}(f\circ g)(x)dx=\int_{0}^{1}(-x^2+1)dx+\int_{1}^{2}(x^2-1)dx$$

$$=\Big[-\frac{1}{3}x^3+x\Big]_{0}^{1}+\Big[\frac{1}{3}x^3-x\Big]_{1}^{2}$$

$$=\left(-\frac{1}{3}+1\right)+\left\{\left(\frac{8}{3}-2\right)-\left(\frac{1}{3}-1\right)\right\}=2$$

$(f\circ g)(x)\neq(g\circ f)(x)$임에 주의한다.
$(f\circ g)(x)=f(g(x))=|x^2-1|$
$(g\circ f)(x)=g(f(x))=|x-2|^2+1$

1462 답 17

$f(x)=x^3-3x-1$에서 $f'(x)=3x^2-3=3(x+1)(x-1)$
$f'(x)=0$인 x의 값은 $x=-1$ 또는 $x=1$
$f(-1)=1$, $f(1)=-3$이므로
$y=|f(x)|$의 그래프는 그림과 같다.
이때 $-1\leq x\leq t$에서 $|f(x)|$의 최댓값
$g(t)$는 $-1\leq t\leq 1$에서

$$g(t)=\begin{cases} 1 & (-1\leq t<0) \\ -t^3+3t+1 & (0\leq t\leq 1)\end{cases}\text{이므로}$$

$$\int_{-1}^{1}g(t)dt$$

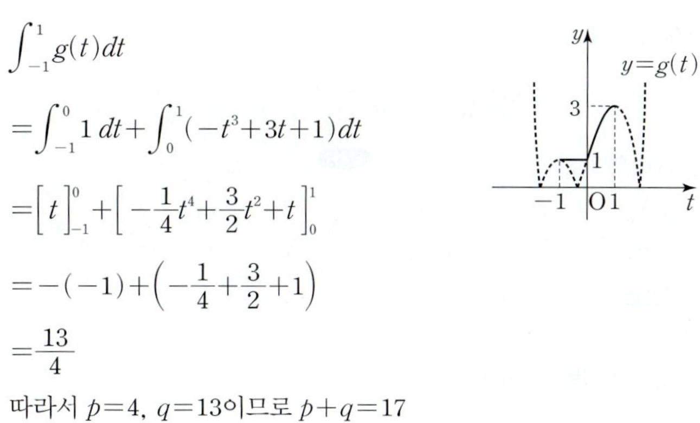

$$=\int_{-1}^{0}1\,dt+\int_{0}^{1}(-t^3+3t+1)dt$$

$$=\Big[t\Big]_{-1}^{0}+\Big[-\frac{1}{4}t^4+\frac{3}{2}t^2+t\Big]_{0}^{1}$$

$$=-(-1)+\left(-\frac{1}{4}+\frac{3}{2}+1\right)$$

$$=\frac{13}{4}$$

따라서 $p=4$, $q=13$이므로 $p+q=17$

$y=f(x)$의 그래프에서 $y\leq 0$인 부분을 x축에 대하여 대칭이동하면
$y=|f(x)|$의 그래프를 그릴 수 있다.

$\int_{-1}^{1}g(t)dt$의 값을 구해야 하므로 그래프의 개형을 그릴 때, 두 점
$(-1, f(-1))$, $(1, f(1))$은 반드시 표시하도록 하자.

1463 답 10

$$|x-3|=\begin{cases} -x+3 & (x<3) \\ x-3 & (x\geq 3)\end{cases}$$

$$\int_{1}^{4}(x+|x-3|)dx$$

$$=\int_{1}^{3}\{x+(-x+3)\}dx+\int_{3}^{4}\{x+(x-3)\}dx$$

$$=\int_{1}^{3}3\,dx+\int_{3}^{4}(2x-3)dx=\Big[3x\Big]_{1}^{3}+\Big[x^2-3x\Big]_{3}^{4}$$

$$=6+4=10$$

1464 답 24

$$\int_{-3}^{2}(2x^3+6|x|)dx-\int_{-3}^{-2}(2x^3-6x)dx$$

$$=\int_{-3}^{-2}(2x^3+6|x|)dx+\int_{-2}^{2}(2x^3+6|x|)dx-\int_{-3}^{-2}(2x^3-6x)dx$$

$$=\int_{-3}^{-2}(2x^3-6x)dx+\int_{-2}^{2}(2x^3+6|x|)dx-\int_{-3}^{-2}(2x^3-6x)dx$$

$$=\int_{-2}^{2}(2x^3+6|x|)dx=\int_{-2}^{0}(2x^3-6x)dx+\int_{0}^{2}(2x^3+6x)dx$$

$$=\Big[\frac{1}{2}x^4-3x^2\Big]_{-2}^{0}+\Big[\frac{1}{2}x^4+3x^2\Big]_{0}^{2}$$

$$=4+20=24$$

$$\int_{-3}^{2}(2x^3+6|x|)dx-\int_{-3}^{-2}(2x^3-6x)dx$$

$$=\int_{-3}^{0}(2x^3-6x)dx+\int_{0}^{2}(2x^3+6x)dx+\int_{-2}^{-3}(2x^3-6x)dx$$

$$=\int_{-2}^{-3}(2x^3-6x)dx+\int_{-3}^{0}(2x^3-6x)dx+\int_{0}^{2}(2x^3+6x)dx$$

$$=\int_{-2}^{0}(2x^3-6x)dx+\int_{0}^{2}(2x^3+6x)dx$$

$$=\Big[\frac{1}{2}x^4-3x^2\Big]_{-2}^{0}+\Big[\frac{1}{2}x^4+3x^2\Big]_{0}^{2}=4+20=24$$

 우함수 · 기함수의 정적분을 이용하여

$$\int_{-2}^{2}(2x^3+6|x|)dx=2\int_{0}^{2}6x\,dx=2\Big[3x^2\Big]_{0}^{2}=24$$

와 같이 계산할 수도 있다.

1465 답 ⑤

다항함수 $f(x)$에 대하여 $\int_1^5 \{f'(x)-2x\}dx=3$, $f(1)=-4$일 때, $f(5)$의 값은?

단서1

① 15   ② 17   ③ 19
④ 21   ⑤ 23

단서1 $\int_a^b f'(x)dx=f(b)-f(a)$

STEP 1 정적분 계산하기

$$\int_1^5 \{f'(x)-2x\}dx=\Big[f(x)-x^2\Big]_1^5$$
$$=\{f(5)-25\}-\{f(1)-1\}$$
$$=f(5)-20 \ (\because f(1)=-4)$$

STEP 2 $f(5)$의 값 구하기

$\int_1^5 \{f'(x)-2x\}dx=3$이므로

$f(5)-20=3 \qquad \therefore f(5)=23$

1466 답 ④

$$\int_{-2}^0 f'(x)dx=\Big[f(x)\Big]_{-2}^0$$
$$=f(0)-f(-2)$$
$$=4-0=4$$

1467 답 ③

$f'(1)=k$ (k는 상수)라 하면 직선 $y=k(x-1)+4$가 점 $(-1,-12)$를 지나므로

→ 기울기가 $f'(1)=k$이고 점 $(1,4)$를 지나는 직선이다.

$-12=-2k+4$, $2k=16 \qquad \therefore k=8$

$$\therefore \int_{-1}^1 f'(1)dx=\int_{-1}^1 8\,dx=\Big[8x\Big]_{-1}^1$$
$$=8-(-8)=16$$

1468 답 ①

함수 $f(x)$가 $x=1$에서 극대, $x=3$에서 극소이므로 $f'(1)=f'(3)=0$
따라서 도함수 $y=|f'(x)|$의 그래프는 그림과 같다.

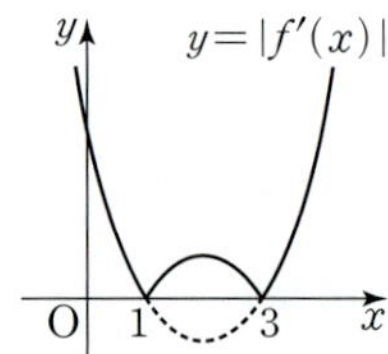

$$|f'(x)|=\begin{cases} f'(x) & (x\leq 1 \text{ 또는 } x\geq 3) \\ -f'(x) & (1<x<3) \end{cases}$$

$$\therefore \int_0^3 |f'(x)|dx=\int_0^1 f'(x)dx+\int_1^3 \{-f'(x)\}dx$$
$$=\Big[f(x)\Big]_0^1+\Big[-f(x)\Big]_1^3$$
$$=f(1)-f(0)-f(3)+f(1)$$
$$=1-(-2)-(-2)+1=6$$

1469 답 ④

$\dfrac{d}{dx}\{x^2f(x)\}=2xf(x)+x^2f'(x)$이므로

$$\int_{-1}^1 2xf(x)dx+\int_{-1}^1 x^2f'(x)dx$$
$$=\int_{-1}^1 \{2xf(x)+x^2f'(x)\}dx$$
$$=\int_{-1}^1 \Big[\frac{d}{dx}\{x^2f(x)\}\Big]dx$$

→ $\dfrac{d}{dx}\{x^2f(x)\}$
$=2xf(x)+x^2f'(x)$

$$=\Big[x^2f(x)\Big]_{-1}^1$$
$$=f(1)-(-1)^2f(-1)$$
$$=f(1)-f(-1)$$

즉, $f(1)-f(-1)=20$이고 $f(-1)=2$이므로

$f(1)=20+2=22$

참고 곱의 미분법 $\{f(x)g(x)\}'=f'(x)g(x)+f(x)g'(x)$를 이용하는 문제이다.
$2xf(x)+x^2f'(x)$는 $f(x)$를 미분한 $f'(x)$, x^2을 미분한 $2x$가 서로 곱해진 형태임을 알아야 한다.

1470 답 ④

$\int_0^1 f'(x)dx=\int_0^2 f'(x)dx=0$에서

$f(1)-f(0)=f(2)-f(0)=0$이므로

$f(0)=f(1)=f(2)=k$ (k는 상수)로 놓으면

$f(x)=x(x-1)(x-2)+k=x^3-3x^2+2x+k$

따라서 $f'(x)=3x^2-6x+2$이므로

$f'(1)=-1$

1471 답 25

실수 a에 대하여 $\int_{-a}^a (3x^2+2x)dx=\dfrac{1}{4}$일 때, $50a$의 값을 구하시오.

단서1

단서1 위끝, 아래끝의 절댓값이 같고 부호가 반대

STEP 1 홀수 차수의 항과 짝수 차수의 항을 나누어 정적분 계산하기

$$\int_{-a}^a (3x^2+2x)dx=\int_{-a}^a 3x^2 dx+\int_{-a}^a 2x\,dx$$

차수가 2   차수가 1 $=0$

$$=2\int_0^a 3x^2 dx$$
$$=2\Big[x^3\Big]_0^a=2a^3$$

STEP 2 $50a$의 값 구하기

$2a^3=\dfrac{1}{4}$에서 $a=\dfrac{1}{2}$

$\therefore 50a=50\times\dfrac{1}{2}=25$

1472 답 ②

$$\int_{-1}^0 (4x^3+3x^2+2x)dx-\int_1^0 (4x^3+3x^2+2x)dx$$
$$=\int_{-1}^0 (4x^3+3x^2+2x)dx+\int_0^1 (4x^3+3x^2+2x)dx$$
$$=\int_{-1}^1 (4x^3+3x^2+2x)dx$$
$$=\int_{-1}^1 (4x^3+2x)dx+\int_{-1}^1 3x^2 dx$$

홀수 차수의 항   짝수 차수의 항

$$=2\int_0^1 3x^2 dx=2\Big[x^3\Big]_0^1=2$$

1473 답 $\dfrac{2}{3}$

$$\int_{-1}^{1}\left(4x^3+x^2-\frac{1}{2}x+a\right)dx$$
$$=\int_{-1}^{1}\left(4x^3-\frac{1}{2}x\right)dx+\int_{-1}^{1}(x^2+a)dx$$
$$=2\int_{0}^{1}(x^2+a)dx$$
$$=2\left[\frac{1}{3}x^3+ax\right]_{0}^{1}=\frac{2}{3}+2a$$

즉, $\dfrac{2}{3}+2a=2$에서 $a=\dfrac{2}{3}$

1474 답 ②

$$\int_{-a}^{a}(5x^3+3x^2+4x+a)dx$$
$$=\int_{-a}^{a}(5x^3+4x)dx+\int_{-a}^{a}(3x^2+a)dx$$
$$=2\int_{0}^{a}(3x^2+a)dx$$
$$=2\left[x^3+ax\right]_{0}^{a}=2a^3+2a^2$$

즉, $2a^3+2a^2=(a+1)^2$에서
$2a^3+a^2-2a-1=0$, $(2a+1)(a+1)(a-1)=0$
$\therefore a=-\dfrac{1}{2}$ 또는 $a=-1$ 또는 $a=1$

따라서 모든 실수 a의 값의 합은 $-\dfrac{1}{2}$이다.

1475 답 6

㈎에서 함수 $f(x)$는 차수가 짝수인 항과 상수항으로만 이루어져 있으므로
$f(x)=x^4+bx^2+10$
$f'(x)=4x^3+2bx$이므로 $f'(1)=4+2b$
㈏에서 $-6<f'(1)<-2$이므로
$-6<4+2b<-2$, $-10<2b<-6$
$\therefore -5<b<-3$
이때 b는 정수이므로 $b=-4$
즉, $f(x)=x^4-4x^2+10$이고
$f'(x)=4x^3-8x=4x(x+\sqrt{2})(x-\sqrt{2})$
$f'(x)=0$인 x의 값은 $x=-\sqrt{2}$ 또는 $x=0$ 또는 $x=\sqrt{2}$
함수 $f(x)$의 증가, 감소를 표로 나타내면 다음과 같다.

x	$\cdots$	$-\sqrt{2}$	$\cdots$	0	$\cdots$	$\sqrt{2}$	$\cdots$
$f'(x)$	$-$	0	$+$	0	$-$	0	$+$
$f(x)$	$\searrow$	6 극소	$\nearrow$	10 극대	$\searrow$	6 극소	$\nearrow$

따라서 함수 $f(x)$의 극솟값은
$f(-\sqrt{2})=f(\sqrt{2})=6$

참고 $\displaystyle\int_{-a}^{a}(x^4+ax^3+bx^2+cx+10)dx$
$$=\left[\frac{1}{5}x^5+\frac{a}{4}x^4+\frac{b}{3}x^3+\frac{c}{2}x^2+10x\right]_{-a}^{a}$$
$$=\frac{2}{5}a^5+\frac{2b}{3}a^3+20a \quad\cdots\cdots\cdots\; ㉠$$

$$2\int_{0}^{a}f(x)dx$$
$$=2\int_{0}^{a}(x^4+ax^3+bx^2+cx+10)dx$$
$$=2\left[\frac{1}{5}x^5+\frac{a}{4}x^4+\frac{b}{3}x^3+\frac{c}{2}x^2+10x\right]_{0}^{a}$$
$$=\frac{2}{5}a^5+\frac{a}{2}a^4+\frac{2b}{3}a^3+ca^2+20a \quad\cdots\cdots\; ㉡$$

㉠$=$㉡이므로 $\dfrac{a}{2}a^4+ca^2=0$

위 식이 a에 대한 항등식이므로 $\dfrac{a}{2}=0$, $c=0$
$\therefore f(x)=x^4+bx^2+10$

위와 같이 문제의 조건을 그대로 대입해도 같은 결과가 나오지만, 차수가 짝수인 항과 상수항으로 이루어져 있다는 사실을 바로 이용하는 것이 효율적이다.

1476 답 ②

$xf(x)-f(x)=3x^4-3x$에서
$(x-1)f(x)=3x(x-1)(x^2+x+1)\quad\cdots\cdots\; ㉠$
$f(x)$가 삼차함수이고 ㉠이 x에 대한 항등식이므로
$f(x)=3x(x^2+x+1)$
$$\therefore \int_{-2}^{2}f(x)dx=\int_{-2}^{2}3x(x^2+x+1)dx$$
$$=\int_{-2}^{2}(3x^3+3x^2+3x)dx$$
$$=2\int_{0}^{2}3x^2dx$$
$$=2\left[x^3\right]_{0}^{2}$$
$$=2\times 8=16$$

1477 답 ①

| 유형 9

다항함수 $f(x)$가 모든 실수 x에 대하여 $f(-x)=f(x)$,
단서1
$\displaystyle\int_{0}^{2}f(x)dx=1$일 때, $\displaystyle\int_{-2}^{2}(x^3-x+1)f(x)dx$의 값은?

① 2   ② 4   ③ 6
④ 8   ⑤ 10

단서1 $f(x)$는 우함수

STEP 1 $f(x)$, $xf(x)$, $x^3f(x)$가 우함수인지, 기함수인지 판별하기

$f(-x)=f(x)$에서 $f(x)$는 우함수이므로 $x^3f(x)$, $xf(x)$는 기함수이다.

차수가 짝수인 항과 상수항만 있다.

차수가 홀수인 항만 있다.

STEP 2 정적분의 값 구하기

$$\int_{-2}^{2}(x^3-x+1)f(x)dx$$
$$=\int_{-2}^{2}x^3f(x)dx-\int_{-2}^{2}xf(x)dx+\int_{-2}^{2}f(x)dx$$
$$=0-0+2\int_{0}^{2}f(x)dx=2\times 1=2$$

조건에서 $\displaystyle\int_{0}^{2}f(x)dx=1$이다.

개념 Check

우함수, 기함수의 곱

(1) (우함수)$\times$(우함수) ➡ (우함수)

(2) (우함수)$\times$(기함수) ➡ (기함수)

(3) (기함수)$\times$(기함수) ➡ (우함수)

1478 답 ③

$f(-x)=f(x)$에서 $f(x)$는 우함수이므로 <u>우함수를 미분한 함수</u>
$f'(x)$는 기함수이다.

$\therefore \int_{-2}^{2} f'(x)dx = 0$

→ 차수가 짝수인 항으로만 이루어진 함수를 미분하면
차수가 홀수인 항으로만 이루어진 함수가 된다.

다른 풀이

$\int_{-2}^{2} f'(x)dx = f(2)-f(-2)$ ⋯⋯⋯⋯⋯⋯⋯⋯⋯⋯⋯ ㉠

$f(x)=f(-x)$에 $x=2$를 대입하면

$f(2)=f(-2)=2$

따라서 ㉠에서 $f(2)-f(-2)=0$이므로

$\int_{-2}^{2} f'(x)dx = 0$

개념 Check

(1) 다항함수 $f(x)$가 우함수일 때

$f(x)=a_{2n}x^{2n}+a_{2n-2}x^{2n-2}+\cdots+a_0$ (n은 자연수)

➡ $f'(x)=2na_{2n}x^{2n-1}+(2n-2)a_{2n-2}x^{2n-3}+\cdots+2a_2x$

즉, $f'(x)$는 기함수이다.

(2) 다항함수 $f(x)$가 기함수일 때

$f(x)=a_{2n+1}x^{2n+1}+a_{2n-1}x^{2n-1}+\cdots+a_1x$

➡ $f'(x)=(2n+1)a_{2n+1}x^{2n}+(2n-1)a_{2n-1}x^{2n-2}+\cdots+a_1$

즉, $f'(x)$는 우함수이다.

1479 답 ④

$f(-x)=f(x)$에서 $f(x)$는 우함수이므로 $f'(x)$는 기함수,
$xf'(x)$는 우함수이다.

$$\therefore \int_{-1}^{1} (x+1)f'(x)dx = \int_{-1}^{1} xf'(x)dx + \int_{-1}^{1} f'(x)dx$$

$$= 2\int_{0}^{1} xf'(x)dx + 0$$

$$= 2 \times 1 = 2$$

1480 답 12

$f(-x)=f(x)$에서 $f(x)$는 우함수이므로

$$\int_{0}^{2} f(x)dx = \int_{-2}^{0} f(x)dx = 2$$

$$\therefore \int_{-3}^{3} f(x)dx = 2\int_{0}^{3} f(x)dx$$

$$= 2\left\{\int_{0}^{2} f(x)dx + \int_{2}^{3} f(x)dx\right\}$$

$$= 2 \times (2+4) = 12$$

1481 답 ④

$f(-x)=-f(x)$에서 $f(x)$는 기함수이므로 $\int_{-1}^{1} f(x)dx = 0$이다.

㈏에서 $\int_{-1}^{0} f(x)dx = -1$이므로

$\int_{-1}^{1} f(x)dx = \int_{-1}^{0} f(x)dx + \int_{0}^{1} f(x)dx$에서

$0 = -1 + \int_{0}^{1} f(x)dx$ ∴ $\int_{0}^{1} f(x)dx = 1$

$$\therefore \int_{0}^{4} f(x)dx = \int_{0}^{1} f(x)dx + \int_{1}^{4} f(x)dx$$

$$= 1+2 = 3$$

1482 답 ③

$f(-x)=f(x)$에서 $f(x)$는 우함수이므로 $x^3f(x)$, $xf(x)$는
기함수이다.

(기함수)×(우함수)=(기함수) ←

$$\therefore \int_{-1}^{1} (2x^3-3x+3)f(x)dx$$

$$= 2\int_{-1}^{1} x^3f(x)dx - 3\int_{-1}^{1} xf(x)dx + 3\int_{-1}^{1} f(x)dx$$

$$= 0-0+6\int_{0}^{1} f(x)dx$$

$$= 6 \times 5 = 30$$

1483 답 ②

$f(-x)=-f(x)$에서 $f(x)$는 기함수이므로 $f'(x)$는 우함수이고,
$xf'(x)$, $x^3f'(x)$는 기함수이다.

$$\therefore \int_{-1}^{1} f'(x)(x^3-2x+2)dx$$

$$= \int_{-1}^{1} x^3f'(x)dx - 2\int_{-1}^{1} xf'(x)dx + 2\int_{-1}^{1} f'(x)dx$$

$$= 0-0+4\int_{0}^{1} f'(x)dx$$

$$= 4f(1)-4f(0)$$

$f(-x)=-f(x)$에 $x=0$을 대입하면 $f(0)=0$이고, $f(1)=2$이
므로

$4f(1)-4f(0)=4 \times 2 = 8$

1484 답 ①

$f(-x)=-f(x)$에서 $f(x)$는 기함수이므로 $xf(x)$는 우함수,
$x^2f(x)$는 기함수이다.

$$\therefore \int_{-1}^{1} (x^2+x-2)f(x)dx$$

$$= \int_{-1}^{1} x^2f(x)dx + \int_{-1}^{1} xf(x)dx - 2\int_{-1}^{1} f(x)dx$$

$$= 0+2\int_{0}^{1} xf(x)dx - 0$$

$$= 2 \times 5 = 10$$

1485 답 ①

$h(-x)=f(-x)g(-x)=-f(x)g(x)=-h(x)$이므로 $h(x)$
는 기함수이고, $h(0)=0$이다.

또, $h'(x)$는 우함수이므로 $xh'(x)$는 기함수이다.

$$\therefore \int_{-3}^{3} (x+5)h'(x)dx = \int_{-3}^{3} xh'(x)dx + 5\int_{-3}^{3} h'(x)dx$$

$$= 0+5 \times 2\int_{0}^{3} h'(x)dx$$

$$= 10 \times \{h(3)-h(0)\}$$

$$= 10h(3)$$

즉, $10h(3)=10$이므로 $h(3)=1$

1486　답 ④

| 유형 10

연속함수 $f(x)$가 모든 실수 x에 대하여 $\underline{f(x+3)=f(x)}$,
$\qquad\qquad\qquad\qquad\qquad\qquad$ 단서 1
$\displaystyle\int_1^4 f(x)dx=4$를 만족시킬 때, $\displaystyle\int_4^{10} f(x)dx$의 값은?

① 2　　　　　② 4　　　　　③ 6
④ 8　　　　　⑤ 10

단서 1　주기가 3인 주기함수

STEP 1 $f(x+3)=f(x)$임을 이용하기

$f(x+3)=f(x)$이므로

$$\int_1^4 f(x)dx=\int_4^7 f(x)dx=\int_7^{10} f(x)dx=4$$

STEP 2 정적분의 값 구하기

$$\int_4^{10} f(x)dx=\int_4^7 f(x)dx+\int_7^{10} f(x)dx$$
$$=4+4=8$$

1487　답 ③

$f(x)=f(x+2)$이므로

$$\int_{-3}^{-1} f(x)dx=\int_{-1}^1 f(x)dx=\int_1^3 f(x)dx=\int_3^5 f(x)dx$$

$$\therefore \int_{-3}^5 f(x)dx$$
$$=\int_{-3}^{-1} f(x)dx+\int_{-1}^1 f(x)dx+\int_1^3 f(x)dx+\int_3^5 f(x)dx$$
$$=4\int_{-1}^1 f(x)dx=4\int_{-1}^1 x^2 dx \quad\longrightarrow 우함수$$
$$=8\int_0^1 x^2 dx=8\left[\frac{1}{3}x^3\right]_0^1$$
$$=8\times\frac{1}{3}=\frac{8}{3}$$

1488　답 24

(개)에서 $f(-x)=f(x)$이므로 $f(x)$는 우함수이고,
(내)에서 $f(x)=f(x+2)$이므로

$$\int_0^1 f(x)dx=\int_{-1}^0 f(x)dx=\int_1^2 f(x)dx=4$$

$$\therefore \int_{-2}^4 f(x)dx=\int_{-2}^0 f(x)dx+\int_0^2 f(x)dx+\int_2^4 f(x)dx$$
$$=3\int_0^2 f(x)dx$$
$$=3\left\{\int_0^1 f(x)dx+\int_1^2 f(x)dx\right\}$$
$$=3\times(4+4)=24$$

1489　답 $\dfrac{1}{2}$

(내)에서 $f(x+2)=f(x)$이므로

$$\int_2^3 f(x)dx=\int_0^1 f(x)dx$$

$$\therefore \int_0^1 f(x)dx+\int_2^3 f(x)dx=2\int_0^1 f(x)dx$$
$$=2\int_0^1 x^3 dx=2\left[\frac{1}{4}x^4\right]_0^1=\frac{1}{2}$$

1490　답 ④

(내)에서 $f(x)=f(x+4)$이므로

$$\int_{2026}^{2028} f(x)dx=\int_{2022}^{2024} f(x)dx=\int_{2018}^{2020} f(x)dx$$
$$=\int_{2014}^{2016} f(x)dx=\cdots=\int_2^4 f(x)dx=\int_{-2}^0 f(x)dx$$

(개)에서 $-2\leq x\leq2$일 때, $f(x)=x^3-4x+2$이므로

$$\int_{2026}^{2028} f(x)dx=\int_{-2}^0 f(x)dx=\int_{-2}^0 (x^3-4x+2)dx$$
$$=\left[\frac{1}{4}x^4-2x^2+2x\right]_{-2}^0=8$$

1491　답 10

$$\int_0^3 f(x)dx=\int_0^1 x\,dx+\int_1^2 1\,dx+\int_2^3 (-x+3)dx$$
$$=\left[\frac{1}{2}x^2\right]_0^1+\left[x\right]_1^2+\left[-\frac{1}{2}x^2+3x\right]_2^3$$
$$=\frac{1}{2}+1+\frac{1}{2}=2 \cdots\cdots ㉠$$

$y=f(x)$의 그래프는 y축에 대하여 대칭이므로
$\qquad\qquad\qquad\qquad\qquad\longrightarrow 우함수$

$$\int_{-a}^a f(x)dx=2\int_0^a f(x)dx=13$$

$$\therefore \int_0^a f(x)dx=\frac{13}{2}=6+\frac{1}{2}=3\times2+\frac{1}{2}$$
$$=3\int_0^3 f(x)dx+\frac{1}{2}\ (\because ㉠)$$
$$=\int_0^9 f(x)dx+\int_9^{10} f(x)dx$$
$$=\int_0^{10} f(x)dx$$

$$\therefore a=10$$

참고 정적분의 활용 단원에서 배우는 내용을 이용하면

함수 $y=f(x)$의 그래프에서 $\displaystyle\int_0^3 f(x)dx$의 값은 밑변의 길이가 3, 윗변의
길이가 1, 높이가 1인 사다리꼴의 넓이와 같으므로

$$\int_0^3 f(x)dx=\frac{1}{2}\times(1+3)\times1=2$$

1492　답 12

모든 실수 x에 대하여 $\{f(x)+x^2-1\}^2\geq0$, $f(x)\geq0$이므로

$\displaystyle\int_{-1}^2 \{f(x)+x^2-1\}^2 dx$의 값이 최소가 되기 위해서는

(i) $-1\leq x\leq1$에서 $x^2-1\leq0$이므로
$\qquad f(x)+x^2-1=0 \qquad \therefore f(x)=-(x^2-1)=-x^2+1$

(ii) $1<x\leq2$에서 $x^2-1>0$이므로 $f(x)=0$

또, $f(x+3)=f(x)$이므로 (i), (ii)에서 함수 $y=f(x)$의 그래프의
개형은 그림과 같다.

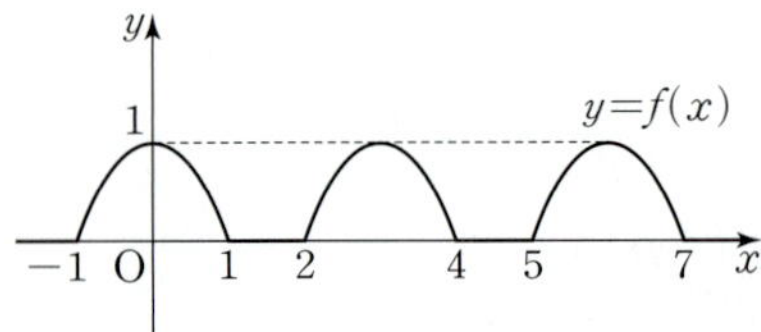

$$\int_{-1}^{2}f(x)dx=\int_{2}^{5}f(x)dx=\int_{5}^{8}f(x)dx=\cdots=\int_{23}^{26}f(x)dx$$

$$\therefore \int_{-1}^{26}f(x)dx=9\int_{-1}^{2}f(x)dx=9\int_{-1}^{1}(-x^2+1)dx$$

→ 우함수

$$=9\times2\int_{0}^{1}(-x^2+1)dx$$

$$=18\left[-\frac{1}{3}x^3+x\right]_{0}^{1}=18\times\frac{2}{3}=12$$

실수 Check

$\int_{a}^{b}\{g(x)\}^2dx$의 값은 $g(x)=0$일 때 최소이다.

1493　답 ②

함수 $y=-f(x+1)+1$의 그래프는 함수 $y=f(x)$의 그래프를 x축에 대하여 대칭이동시킨 후, x축의 방향으로 -1만큼, y축의 방향으로 1만큼 평행이동시킨 것이다.

㈎에서

$$\int_{-1}^{0}g(x)dx=\int_{-1}^{0}\{-f(x+1)+1\}dx$$

$$=-\int_{-1}^{0}f(x+1)dx+\int_{-1}^{0}1\,dx$$

$$=-\int_{0}^{1}f(x)dx+\left[x\right]_{-1}^{0}=-\frac{1}{6}+1=\frac{5}{6}$$

$$\int_{0}^{1}g(x)dx=\int_{0}^{1}f(x)dx=\frac{1}{6}$$

$$\int_{-1}^{1}g(x)dx=\int_{-1}^{0}g(x)dx+\int_{0}^{1}g(x)dx=\frac{5}{6}+\frac{1}{6}=1$$

㈏에서 $g(x+2)=g(x)$이므로

$$\int_{-3}^{2}g(x)dx=\int_{-3}^{-1}g(x)dx+\int_{-1}^{1}g(x)dx+\int_{1}^{2}g(x)dx$$

$$=2\int_{-1}^{1}g(x)dx+\int_{-1}^{0}g(x)dx$$

$$=2\times1+\frac{5}{6}=\frac{17}{6}$$

1494　답 ④

| 유형 11

최고차항의 계수가 1인 이차함수 $f(x)$에 대하여 $f(1)=f(2)=2$일

　　　　　　　　　단서1　　　　　　　　　　단서2

때, $\int_{0}^{2}f(x)dx$의 값은?

① $\dfrac{8}{3}$　　　　② $\dfrac{10}{3}$　　　　③ 4

④ $\dfrac{14}{3}$　　　　⑤ $\dfrac{16}{3}$

단서1 $f(x)=x^2+ax+b$ 꼴

단서2 $f(x)-2$는 $x-1$과 $x-2$를 인수로 가짐

STEP 1 　주어진 조건을 이용하여 $f(x)$ 구하기

$f(1)=f(2)=2$이므로 $f(x)-2$는 $x-1$과 $x-2$를 인수로 가진다. 최고차항의 계수가 1이면서 $f(1)=f(2)=2$를 만족시키는 이차함수는

$f(x)-2=(x-1)(x-2)$에서 $f(x)=x^2-3x+4$

STEP 2 　정적분의 값 구하기

$$\int_{0}^{2}f(x)dx=\int_{0}^{2}(x^2-3x+4)dx$$

$$=\left[\frac{1}{3}x^3-\frac{3}{2}x^2+4x\right]_{0}^{2}=\frac{8}{3}-6+8=\frac{14}{3}$$

1495　답 1

$y=g(x)$는 두 점 $(0,\,0)$, $(1,\,a)$를 지나는 직선이므로 $g(x)=ax$

→ (기울기) $=\dfrac{a-0}{1-0}=a$

$h(x)=f(x)-g(x)$라 하면

두 함수 $y=f(x)$, $y=g(x)$의 그래프가 $x=0$, $x=1$에서 만나므로

$h(0)=h(1)=0$

즉, $h(x)=x(x-1)$이므로

$f(x)-ax=x(x-1)$에서

$f(x)=x(x-1)+ax=x^2+(a-1)x$

$$\therefore \int_{0}^{1}f(x)dx=\int_{0}^{1}\{x^2+(a-1)x\}dx$$

$$=\left[\frac{1}{3}x^3+\frac{1}{2}(a-1)x^2\right]_{0}^{1}$$

$$=\frac{1}{3}+\frac{1}{2}(a-1)$$

이때 $\dfrac{1}{3}+\dfrac{1}{2}(a-1)=\dfrac{1}{3}$이므로

$a-1=0$

$\therefore a=1$

1496　답 ①

$h(x)=f(x)-g(x)$라 하면 두 함수 $y=f(x)$, $y=g(x)$의 그래프가 원점에서 접하고, $x=2$에서 만나므로 $h(x)$는 x^2과 $x-2$를 인수로 가진다.

또, $f(x)$가 최고차항의 계수가 1인 삼차함수이므로

$h(x)=f(x)-g(x)=x^2(x-2)$

즉, $f(x)=x^2(x-2)+g(x)$이므로

$$\int_{0}^{2}f(x)dx=\int_{0}^{2}x^2(x-2)dx+\int_{0}^{2}g(x)dx$$

이때

$$\int_{0}^{2}x^2(x-2)dx=\int_{0}^{2}(x^3-2x^2)dx$$

$$=\left[\frac{1}{4}x^4-\frac{2}{3}x^3\right]_{0}^{2}$$

$$=4-\frac{16}{3}=-\frac{4}{3}$$

이고, $\int_{0}^{2}g(x)dx=\dfrac{2}{3}$이므로

$$\int_{0}^{2}f(x)dx=\int_{0}^{2}x^2(x-2)dx+\int_{0}^{2}g(x)dx$$

$$=-\frac{4}{3}+\frac{2}{3}=-\frac{2}{3}$$

1497　답 36

㈎에서 최고차항의 계수가 1인 두 사차함수 $y=f(x)$, $y=g(x)$의 그래프가 만나는 세 점의 x좌표가 -1, 0, 2이므로

$f(x)-g(x)=ax(x+1)(x-2)\ (a\neq0)$라 하자.

㈏에서 $\int_{0}^{2}\{f(x)-g(x)\}dx=4-12=-8$이므로

$$\int_0^2 \{f(x)-g(x)\}dx=\int_0^2 \{ax(x+1)(x-2)\}dx$$
$$=a\int_0^2 (x^3-x^2-2x)dx$$
$$=a\left[\frac{1}{4}x^4-\frac{1}{3}x^3-x^2\right]_0^2$$
$$=a\left(4-\frac{8}{3}-4\right)=-\frac{8}{3}a$$

즉, $-\dfrac{8}{3}a=-8$이므로 $a=3$

따라서 $f(x)-g(x)=3x(x+1)(x-2)$이므로

$f(3)-g(3)=3\times3\times4\times1=36$

1498 답 ②

㈎와 ㈏를 만족시키는 함수 $y=f(x)$의
그래프는 그림과 같다.

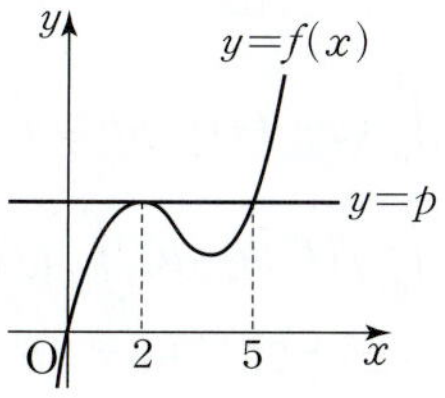

$y=f(x)$의 그래프와 직선 $y=p$가 $x=2$
에서 접하고, $x=5$에서 만나므로

$f(x)-p=(x-2)^2(x-5)$ ············· ㉠

$f(0)=0$이므로 ㉠에 $x=0$을 대입하면

$p=20$

따라서 $f(x)=(x-2)^2(x-5)+20=x^3-9x^2+24x$이므로

$$\int_0^2 f(x)dx=\int_0^2 (x^3-9x^2+24x)dx$$
$$=\left[\frac{1}{4}x^4-3x^3+12x^2\right]_0^2=28$$

1499 답 ①

$f(1+x)+f(1-x)=0$에 $x=0$을 대입하면 $f(1)=0$이므로

$f(x)=(x-1)(x^2+ax+b)$ ($a,\,b$는 상수)로 놓자.

㈏에서

$$\int_{-1}^3 f'(x)dx=f(3)-f(-1)=12$$ ············· ㉠

$f(1+x)+f(1-x)=0$에 $x=2$를 대입하면

$f(3)+f(-1)=0$ ············· ㉡

㉠, ㉡을 연립하여 풀면

$f(3)=6,\ f(-1)=-6$

$f(3)=2(9+3a+b)=6$에서 $3a+b=-6$ ············· ㉢

$f(-1)=-2(1-a+b)=-6$에서 $a-b=-2$ ············· ㉣

㉢, ㉣을 연립하여 풀면 $a=-2,\ b=0$

따라서 $f(x)=(x-1)(x^2-2x)$이므로

$f(4)=3\times8=24$

1500 답 ②
│ 유형 12

다항함수 $f(x)$가
$$f(x)=3x^2-4x+\int_0^3 f(t)dt$$
를 만족시킬 때, $f(0)$의 값은?

① $-\dfrac{7}{2}$ ② $-\dfrac{9}{2}$ ③ $-\dfrac{11}{2}$

④ $-\dfrac{13}{2}$ ⑤ $-\dfrac{15}{2}$

단서1 $\displaystyle\int_0^3 f(t)dt$의 값은 상수

STEP 1 $\displaystyle\int_0^3 f(t)dt=k$ (k는 상수)로 놓고 $f(x)$의 식 세우기

$f(x)=3x^2-4x+\displaystyle\int_0^3 f(t)dt$에서

$\displaystyle\int_0^3 f(t)dt=k$ (k는 상수) ············· ㉠

로 놓으면 $f(x)=3x^2-4x+k$ ············· ㉡

STEP 2 $f(x)$를 $\displaystyle\int_0^3 f(t)dt=k$에 대입하여 상수 k의 값 구하기

㉡을 ㉠에 대입하면

$$\int_0^3 (3t^2-4t+k)dt=\left[t^3-2t^2+kt\right]_0^3=9+3k$$

즉, $k=9+3k$이므로 $k=-\dfrac{9}{2}$ → $f(x)=3x^2-4x+k$이므로 $f(t)=3t^2-4t+k$이다.

STEP 3 $f(0)$의 값 구하기

$f(x)=3x^2-4x-\dfrac{9}{2}$이므로 $f(0)=-\dfrac{9}{2}$

1501 답 18

$f(x)=12x+\displaystyle\int_0^3 tf'(t)dt$에서

$\displaystyle\int_0^3 tf'(t)dt=k$ (k는 상수) ············· ㉠

로 놓으면

$f(x)=12x+k$이므로 $f'(x)=12$ ············· ㉡

㉡을 ㉠에 대입하면

$$\int_0^3 12t\,dt=\left[6t^2\right]_0^3=54 \qquad \therefore\ k=54$$

따라서 $f(x)=12x+54$이므로 $f(-3)=-36+54=18$

1502 답 ③

$f(x)=x^3+x+\displaystyle\int_0^2 f'(t)dt$에서

$\displaystyle\int_0^2 f'(t)dt=k$ (k는 상수) ············· ㉠

로 놓으면

$f(x)=x^3+x+k$이므로 $f'(x)=3x^2+1$ ············· ㉡

㉡을 ㉠에 대입하면

$$\int_0^2 (3t^2+1)dt=\left[t^3+t\right]_0^2=8+2=10 \qquad \therefore\ k=10$$

따라서 $f(x)=x^3+x+10$이므로

$f(2)=8+2+10=20$

1503 답 ①

$f(x)=x^2-2x+\displaystyle\int_0^1 tf(t)dt$에서

$\displaystyle\int_0^1 tf(t)dt=k$ (k는 상수) ············· ㉠

로 놓으면

$f(x)=x^2-2x+k$ ············· ㉡

㉡을 ㉠에 대입하면

$$\int_0^1 t(t^2-2t+k)dt=\int_0^1 (t^3-2t^2+kt)dt$$
$$=\left[\frac{1}{4}t^4-\frac{2}{3}t^3+\frac{1}{2}kt^2\right]_0^1=-\frac{5}{12}+\frac{k}{2}$$

즉, $k=-\dfrac{5}{12}+\dfrac{k}{2}$이므로 $k=-\dfrac{5}{6}$

따라서 $f(x)=x^2-2x-\dfrac{5}{6}$이므로

$f(3)=9-6-\dfrac{5}{6}=\dfrac{13}{6}$

1504 답 20

$f(x)=\dfrac{12}{7}x^2-2x\displaystyle\int_1^2 f(t)dt+\left\{\displaystyle\int_1^2 f(t)dt\right\}^2$에서

$\displaystyle\int_1^2 f(t)dt=k\ (k$는 상수$)$ ················ ㉠

로 놓으면

$f(x)=\dfrac{12}{7}x^2-2kx+k^2$ ················ ㉡

㉡을 ㉠에 대입하면

$\displaystyle\int_1^2\left(\dfrac{12}{7}t^2-2kt+k^2\right)dt=\left[\dfrac{4}{7}t^3-kt^2+k^2t\right]_1^2$
$$=4-3k+k^2$$

즉, $k=4-3k+k^2$이므로 $k^2-4k+4=0$에서

$(k-2)^2=0$ $\quad\therefore\ k=2$

$\therefore\ 10\displaystyle\int_1^2 f(x)dx=10k=10\times 2=20$

1505 답 ③

$g(x)=2x\displaystyle\int_0^1 f(t)dt$이므로

$\displaystyle\int_0^1 g'(t)dt=g(1)-g(0)$
$$=2\displaystyle\int_0^1 f(t)dt-0$$
$$=2\displaystyle\int_0^1 f(t)dt$$ ················ ㉠

$g(x)=2x\displaystyle\int_0^1 f(t)dt$에 $x=1,\ x=0$을 대입

$f(x)=3x^2+\displaystyle\int_0^1 g'(t)dt$에 ㉠을 대입하면

$f(x)=3x^2+2\displaystyle\int_0^1 f(t)dt$이므로

$\displaystyle\int_0^1 f(t)dt=k\ (k$는 상수$)$ ················ ㉡

로 놓으면

$f(x)=3x^2+2k$ ················ ㉢

㉢을 ㉡에 대입하면

$\displaystyle\int_0^1(3t^2+2k)dt=\left[t^3+2kt\right]_0^1=1+2k$

즉, $k=1+2k$이므로 $k=-1$

따라서 $f(x)=3x^2-2$이므로 $f(1)=3-2=1$

다른 풀이

$f(x)=3x^2+\displaystyle\int_0^1 g'(t)dt$에서

$\displaystyle\int_0^1 g'(t)dt=k\ (k$는 상수$)$ ················ ㉠

로 놓으면

$f(x)=3x^2+k$ ················ ㉡

㉡을 $g(x)=2x\displaystyle\int_0^1 f(t)dt$에 대입하면

$g(x)=2x\displaystyle\int_0^1(3t^2+k)dt$
$$=2x\left[t^3+kt\right]_0^1=2(k+1)x$$

이므로 $g'(x)=2(k+1)$ ················ ㉢

㉢을 ㉠에 대입하면

$\displaystyle\int_0^1 2(k+1)dt=\left[2(k+1)t\right]_0^1=2(k+1)$

즉, $k=2(k+1)$이므로 $k=-2$

따라서 ㉡에서 $f(x)=3x^2-2$이므로 $f(1)=3-2=1$

1506 답 ③

$f(x)=20x^3+\displaystyle\int_0^1(x+t)f(t)dt$에서

$\displaystyle\int_0^1(x+t)f(t)dt=x\displaystyle\int_0^1 f(t)dt+\displaystyle\int_0^1 tf(t)dt$이므로

$\displaystyle\int_0^1 f(t)dt=a,\ \displaystyle\int_0^1 tf(t)dt=b\ (a,\ b$는 상수$)$로 놓으면

$f(x)=20x^3+ax+b$ ················ ㉠

$\displaystyle\int_0^1 f(t)dt=a$에 ㉠을 대입하면

$\displaystyle\int_0^1(20t^3+at+b)dt=\left[5t^4+\dfrac{a}{2}t^2+bt\right]_0^1=5+\dfrac{a}{2}+b$

즉, $a=5+\dfrac{a}{2}+b$이므로 $a-2b=10$ ················ ㉡

$\displaystyle\int_0^1 tf(t)dt=b$에 ㉠을 대입하면

$\displaystyle\int_0^1(20t^4+at^2+bt)dt=\left[4t^5+\dfrac{a}{3}t^3+\dfrac{b}{2}t^2\right]_0^1=4+\dfrac{a}{3}+\dfrac{b}{2}$

즉, $b=4+\dfrac{a}{3}+\dfrac{b}{2}$이므로 $2a-3b=-24$ ················ ㉢

㉡, ㉢을 연립하여 풀면

$a=-78,\ b=-44$

따라서 $f(x)=20x^3-78x-44$이므로

$f(-1)=-20+78-44=14$

> **실수 Check**
>
> $\displaystyle\int_0^1(x+t)f(t)dt$에 적분변수 t가 아닌 x가 포함되어 있으므로
> $\displaystyle\int_0^1(x+t)f(t)dt=x\displaystyle\int_0^1 f(t)dt+\displaystyle\int_0^1 tf(t)dt$로 분리한 후 대입해야
> 함에 주의한다.

1507 답 ①

$f(x)=4x^3+x\displaystyle\int_0^1 f(t)dt$에서

$\displaystyle\int_0^1 f(t)dt=k\ (k$는 상수$)$ ················ ㉠

로 놓으면

$f(x)=4x^3+kx$ ················ ㉡

㉡을 ㉠에 대입하면

$\displaystyle\int_0^1(4t^3+kt)dt=\left[t^4+\dfrac{k}{2}t^2\right]_0^1=1+\dfrac{k}{2}$

즉, $k=1+\dfrac{k}{2}$이므로 $k=2$

따라서 $f(x)=4x^3+2x$이므로 $f(1)=4+2=6$

1508　답 ③

㈎에서 $\displaystyle\int_0^1 g(t)dt=k\ (k$는 상수)로 놓으면 $f(x)=2x+2k$

$g(x)$는 $f(x)$의 한 부정적분이므로

$g(x)=\displaystyle\int f(x)dx=\int(2x+2k)dx=x^2+2kx+C$

㈏에서 $C-\displaystyle\int_0^1(t^2+2kt+C)dt=\dfrac{2}{3}$이므로

$C-\left[\dfrac{1}{3}t^3+kt^2+Ct\right]_0^1=\dfrac{2}{3}$, $C-\left(\dfrac{1}{3}+k+C\right)=\dfrac{2}{3}$

$\therefore k=-1$

이때 $\displaystyle\int_0^1 g(t)dt=k$에서 $\displaystyle\int_0^1(t^2-2t+C)dt=-1$이므로

$\left[\dfrac{1}{3}t^3-t^2+Ct\right]_0^1=-1$, $\dfrac{1}{3}-1+C=-1$　$\therefore C=-\dfrac{1}{3}$

따라서 $g(x)=x^2-2x-\dfrac{1}{3}$이므로 $g(1)=1-2-\dfrac{1}{3}=-\dfrac{4}{3}$

1509　답 ⑤　　　|유형 13

다항함수 $f(x)$가 모든 실수 x에 대하여

$$\int_1^x f(t)dt=x^3+ax^2-3x+1$$

단서1

을 만족시킬 때, $f(a)$의 값은? (단, a는 상수이다.)

① -2　　　　② -1　　　　③ 0

④ 1　　　　⑤ 2

단서1 정적분의 위끝이 x

STEP 1 $\displaystyle\int_a^a f(t)dt=0$임을 이용하여 상수 a의 값 구하기

$\displaystyle\int_1^x f(t)dt=x^3+ax^2-3x+1$의 양변에 $x=1$을 대입하면

$0=1+a-3+1$　　$\therefore a=1$

STEP 2 주어진 등식의 양변을 x에 대하여 미분하여 $f(x)$ 구하기

$\displaystyle\int_1^x f(t)dt=x^3+x^2-3x+1$의 양변을 x에 대하여 미분하면

$f(x)=3x^2+2x-3$

STEP 3 $f(a)$의 값 구하기

$f(a)=f(1)=3+2-3=2$

1510　답 ④

$\displaystyle\int_{a+2}^x f(t)dt=x^3-x$의 양변에 $x=a+2$를 대입하면

$0=(a+2)^3-(a+2)$, $(a+2)(a^2+4a+3)=0$

$(a+1)(a+2)(a+3)=0$

$\therefore a=-1$ 또는 $a=-2$ 또는 $a=-3$

따라서 모든 실수 a의 값의 합은 -6이다.

1511　답 4

$f(x)=\displaystyle\int_0^x(2at+1)dt$의 양변을 x에 대하여 미분하면

$f'(x)=2ax+1$

$f'(2)=17$이므로 $4a+1=17$

$4a=16$　　$\therefore a=4$

1512　답 ①

$$\int_1^x f(t)dt=\{f(x)\}^2\ \cdots\cdots\cdots\cdots\cdots\cdots ㉠$$

㉠의 양변을 x에 대하여 미분하면

$f(x)=f'(x)f(x)+f(x)f'(x)$이므로

$\underline{f(x)\{1-2f'(x)\}=0}$　→ $f(x)=0$ 또는 $1-2f'(x)=0$

이때 함수 $f(x)$는 상수함수가 아닌 다항함수이므로 $f'(x)=\dfrac{1}{2}$

$\therefore f(x)=\displaystyle\int f'(x)dx=\int\dfrac{1}{2}dx=\dfrac{1}{2}x+C$

㉠의 양변에 $x=1$을 대입하면 $f(1)=0$이므로

$\dfrac{1}{2}+C=0$　　$\therefore C=-\dfrac{1}{2}$

따라서 $f(x)=\dfrac{1}{2}x-\dfrac{1}{2}$이므로 $f(-1)=-\dfrac{1}{2}-\dfrac{1}{2}=-1$

1513　답 40

$\displaystyle\int_0^x f(t)dt=x^3-2x^2-2\int_0^1 f(t)dt$의 양변에 $x=1$을 대입하면

$\displaystyle\int_0^1 f(t)dt=1-2-2\int_0^1 f(t)dt$, $3\displaystyle\int_0^1 f(t)dt=-1$

즉, $\displaystyle\int_0^1 f(t)dt=-\dfrac{1}{3}$이므로

$\displaystyle\int_0^x f(t)dt=x^3-2x^2+\dfrac{2}{3}x$

이 식의 양변을 x에 대하여 미분하면

$f(x)=3x^2-4x+\dfrac{2}{3}$

$f(0)=\dfrac{2}{3}$이므로 $a=\dfrac{2}{3}$

$\therefore 60a=60\times\dfrac{2}{3}=40$

1514　답 ①

$$\int_1^x f(t)dt=xf(x)-3x^4+2x^2\ \cdots\cdots\cdots\cdots ㉠$$

㉠의 양변을 x에 대하여 미분하면

$f(x)=f(x)+xf'(x)-12x^3+4x$

$xf'(x)=12x^3-4x$, $f'(x)=12x^2-4$

$\therefore f(x)=\displaystyle\int(12x^2-4)dx=4x^3-4x+C\ \cdots\cdots ㉡$

㉠의 양변에 $x=1$을 대입하면

$0=f(1)-3+2$　　$\therefore f(1)=1$

㉡에서 $f(1)=C$이므로 $C=1$

따라서 $f(x)=4x^3-4x+1$이므로 $f(0)=1$

1515　답 17

$f(x)=\displaystyle\int_0^x(3t^2+5)dt$의 양변을 x에 대하여 미분하면

$f'(x)=3x^2+5$

$\therefore \displaystyle\lim_{x\to2}\dfrac{f(x)-f(2)}{x-2}=f'(2)=12+5=17$

1516　답 ③

$f(x)=\displaystyle\int_2^x(t^2-3t+2)dt$의 양변을 x에 대하여 미분하면

$f'(x)=x^2-3x+2=(x-1)(x-2)$이므로

$$\frac{|f'(x)|}{x-1}=\frac{|(x-1)(x-2)|}{x-1}$$

$1<x<2$일 때 $(x-1)(x-2)<0$이므로

$$\frac{|f'(x)|}{x-1}=\frac{|(x-1)(x-2)|}{x-1}=\frac{-(x-1)(x-2)}{x-1}$$
$$=-(x-2)=-x+2$$

$$\therefore \lim_{x\to 1+}\frac{|f'(x)|}{x-1}=\lim_{x\to 1+}(-x+2)=1$$

실수 Check

절댓값 기호 안의 식의 값의 부호에 주의한다.

$$|f(x)|=\begin{cases} f(x) & (f(x)\geq 0) \\ -f(x) & (f(x)<0) \end{cases}$$

1517 답 ④

$$xf(x)=2x^3+ax^2+3a+\int_1^x f(t)dt \quad\cdots\cdots\cdots ㉠$$

㉠의 양변에 $x=1$을 대입하면

$$f(1)=2+4a \quad\cdots\cdots\cdots ㉡$$

㉠의 양변에 $x=0$을 대입하면

$$0=3a+\int_1^0 f(t)dt$$
$$0=3a-\int_0^1 f(t)dt$$
$$\therefore \int_0^1 f(t)dt=3a \quad\cdots\cdots\cdots ㉢$$

$f(1)=\int_0^1 f(t)dt$이므로 ㉡, ㉢에서

$2+4a=3a$ $\therefore a=-2$

㉠의 양변을 x에 대하여 미분하면

$$f(x)+xf'(x)=6x^2+2ax+f(x)$$
$$f'(x)=6x+2a=6x-4$$
$$\therefore f(x)=\int f'(x)dx=\int(6x-4)dx$$
$$=3x^2-4x+C$$

㉡에서 $f(1)=-6$이므로

$$f(1)=3-4+C=-6$$
$$\therefore C=-5$$

즉, $f(x)=3x^2-4x-5$이므로

$$f(3)=27-12-5=10$$
$$\therefore a+f(3)=-2+10=8$$

1518 답 ①

| 유형 14

다항함수 $f(x)$에 대하여 $f(x)+x^2+\int_1^x f(t)dt$가 $(x-1)^2$으로 나 **단서1**

누어떨어질 때, $f'(x)$를 $x-1$로 나누었을 때의 나머지는? **단서2**

① -1 ② -2 ③ -3

④ -4 ⑤ -5

단서1 $(x-1)^2$을 인수로 가짐
단서2 $f'(1)$의 값

STEP 1 나머지정리를 이용하여 등식 세우기

$f(x)+x^2+\int_1^x f(t)dt$를 $(x-1)^2$으로 나누었을 때의 몫을 $Q(x)$라 하면 나머지정리에 의하여

$$f(x)+x^2+\int_1^x f(t)dt=(x-1)^2Q(x) \quad\cdots\cdots\cdots ㉠$$

STEP 2 $f(1)$의 값과 $f'(x)$ 구하기

㉠의 양변에 $x=1$을 대입하면

$$f(1)+1+\int_1^1 f(t)dt=0$$
$$\therefore f(1)=-1$$

㉠의 양변을 x에 대하여 미분하면

$$f'(x)+2x+f(x)=2(x-1)Q(x)+(x-1)^2Q'(x) \quad\cdots\cdots ㉡$$

STEP 3 $f'(1)$의 값 구하기

㉡의 양변에 $x=1$을 대입하면

$$f'(1)+2+f(1)=0$$

$f(1)=-1$이므로 $f'(1)+2-1=0$ $\therefore f'(1)=-1$

따라서 나머지정리에 의하여 $f'(x)$를 $x-1$로 나누었을 때의 나머지는 $f'(1)=-1$

개념 Check

나머지정리
다항식 $f(x)$를 일차식 $x-a$로 나누었을 때의 나머지를 R이라 하면
$$R=f(a)$$

1519 답 -1

$f(x)+2x+1+\int_0^x f(t)dt$를 x^2으로 나누었을 때의 몫을 $Q(x)$라 하면 나머지정리에 의하여

$$f(x)+2x+1+\int_0^x f(t)dt=x^2Q(x) \quad\cdots\cdots\cdots ㉠$$

㉠의 양변에 $x=0$을 대입하면

$$f(0)+1=0 \quad\therefore f(0)=-1$$

㉠의 양변을 x에 대하여 미분하면

$$f'(x)+2+f(x)=2xQ(x)+x^2Q'(x)$$

이 식의 양변에 $x=0$을 대입하면

$$f'(0)+2+f(0)=0$$

$f(0)=-1$이므로 $f'(0)=-1$

따라서 나머지정리에 의하여 $f'(x)$를 x로 나누었을 때의 나머지는 $f'(0)=-1$

1520 답 27

㈎에서 $f(x)g(x)=(x-1)(x+1)(x+3)$

㈏에서 $f'(x)=1$이므로 $f(x)=x+a$ (a는 상수) 꼴이다.

㈐에서 $g(x)=2\int_1^x f(t)dt \quad\cdots\cdots\cdots ㉠$

㉠의 양변을 x에 대하여 미분하면

$$g'(x)=2f(x) \quad\cdots\cdots\cdots ㉡$$

㉠의 양변에 $x=1$을 대입하면 $g(1)=0 \quad\cdots\cdots\cdots ㉢$

㉡, ㉢을 만족시키는 두 함수 $f(x)$, $g(x)$는

$$f(x)=x+1,\ g(x)=(x-1)(x+3)$$

$$\therefore \int_0^3 3g(x)dx = 3\int_0^3 (x^2+2x-3)dx$$
$$= 3\left[\frac{1}{3}x^3+x^2-3x\right]_0^3 = 27$$

1521 답 ㄱ, ㄷ

ㄱ. $g(x)=\int_1^x f(t)dt$의 양변을 x에 대하여 미분하면

$g'(x)=f(x)$

이때 $g(x)=x^2-3x+2$이면

$f(x)=g'(x)=2x-3$ (참)

ㄴ. $\displaystyle\lim_{x\to 1}\frac{g(x^2)}{x-1}=\lim_{x\to 1}\frac{g(x^2)-g(1)}{x-1}$ $(\because g(1)=0)$

$=\displaystyle\lim_{x\to 1}\left\{\frac{g(x^2)-g(1)}{x^2-1}\times(x+1)\right\}$

$=2g'(1)=2f(1)=2\times(4-3+1)=4$ (거짓)

ㄷ. $f(x)=3x^2+2g(2)$에서

$f(x)=3x^2+2\displaystyle\int_1^2 f(t)dt$

$\displaystyle\int_1^2 f(t)dt=k$ (k는 상수) $\cdots\cdots$ ㉠

로 놓으면 $f(x)=3x^2+2k$ $\cdots\cdots$ ㉡

㉡을 ㉠에 대입하면

$\displaystyle\int_1^2 (3t^2+2k)dt=\left[t^3+2kt\right]_1^2=7+2k$

즉, $7+2k=k$이므로 $k=-7$

$f(x)=3x^2-14$이므로 $f(4)=48-14=34$ (참)

따라서 옳은 것은 ㄱ, ㄷ이다.

1522 답 -2

$\displaystyle\lim_{x\to -1}\frac{g(x)}{x+1}=4$에서 $x\longrightarrow -1$일 때, 극한값이 존재하고

(분모) $\longrightarrow 0$이므로 (분자) $\longrightarrow 0$이다. $\quad\lim_{x\to -1}g(x)=0$

즉, $g(-1)=0$이므로

$\displaystyle\lim_{x\to -1}\frac{g(x)-g(-1)}{x-(-1)}=g'(-1)=4$

(가)에서 $g(x)=\displaystyle\int_1^x \{f'(t)f(t)\}dt$의 양변을 x에 대하여 미분하면

$g'(x)=f'(x)f(x)$

(나)에서 $\displaystyle\int_{-k}^k g(x)dx=2\int_0^k g(x)dx$이므로 $g(x)$는 우함수이고

우함수를 미분한 함수 $g'(x)$는 기함수이다.

$f(x)$는 최고차항의 계수가 1인 이차함수이므로

$f(x)=x^2+ax+b$ (a, b는 상수)로 놓으면 $f'(x)=2x+a$

$g'(x)=(2x+a)(x^2+ax+b)=2x^3+3ax^2+(a^2+2b)x+ab$

이때 함수 $g'(x)$는 기함수이므로 짝수 차수의 항의 계수와 상수항은 모두 0이다. $\quad$ 차수가 홀수인 항만 있다.

즉, $a=0$이므로 $g'(x)=2x^3+2bx$

$g'(-1)=4$에서 $-2-2b=4$ $\quad\therefore b=-3$

따라서 $f(x)=x^2-3$이므로

$f(1)=1-3=-2$

1523 답 ⑤

$\displaystyle\int_1^x \left\{\frac{d}{dt}f(t)\right\}dt=x^3+ax^2-2$의 양변에 $x=1$을 대입하면

$0=1+a-2$ $\quad\therefore a=1$

한편, $\dfrac{d}{dt}f(t)=f'(t)$이므로

$\displaystyle\int_1^x \left\{\frac{d}{dt}f(t)\right\}dt=\int_1^x f'(t)dt=\left[f(t)\right]_1^x=f(x)-f(1)$

이때 $\displaystyle\int_1^x \left\{\frac{d}{dt}f(t)\right\}dt=x^3+x^2-2$에서

$f(x)-f(1)=x^3+x^2-2$

$f(x)=x^3+x^2-2+f(1)$ $\longrightarrow$ 상수

따라서 $f'(x)=3x^2+2x$이므로

$f'(a)=f'(1)=3+2=5$

1524 답 ④ | 유형 15

STEP 1 주어진 식의 양변을 x에 대하여 미분하기

$f(x)=\displaystyle\int_{x-1}^x (t^3-t)dt$의 양변을 x에 대하여 미분하면

$f'(x)=(x^3-x)-\{(x-1)^3-(x-1)\}=3x^2-3x$

STEP 2 $\displaystyle\int_0^2 f'(x)dx$의 값 구하기

$\displaystyle\int_0^2 f'(x)dx=\int_0^2 (3x^2-3x)dx=\left[x^3-\frac{3}{2}x^2\right]_0^2=8-6=2$

1525 답 ③

$f(x)=\displaystyle\int_x^{x+1} t^2 dt$의 양변을 x에 대하여 미분하면

$f'(x)=(x+1)^2-x^2=2x+1$

$\therefore f'(1)=2+1=3$

1526 답 ⑤

$f(x)=\displaystyle\int_{x-1}^{x+1} (t^2-t)dt$의 양변을 x에 대하여 미분하면

$f'(x)=\{(x+1)^2-(x+1)\}-\{(x-1)^2-(x-1)\}$

$=x^2+x-(x^2-3x+2)=4x-2$

따라서 곡선 $y=f(x)$ 위의 점 $(2, f(2))$에서의 접선의 기울기는

$f'(2)$이므로

$f'(2)=8-2=6$

1527 답 ②

$F(x)=\displaystyle\int_{x-2}^x t^3 dt$의 양변을 x에 대하여 미분하면

$f(x)=x^3-(x-2)^3$

$=x^3-(x^3-6x^2+12x-8)$

$=6x^2-12x+8=6(x-1)^2+2$

따라서 함수 $f(x)$는 $x=1$일 때 최솟값 2를 가진다.

1528 답 ②

$f(x)=\displaystyle\int_{x-1}^{x}(t^3-kt)dt$의 양변을 x에 대하여 미분하면

$$f'(x)=(x^3-kx)-\{(x-1)^3-k(x-1)\}$$
$$=x^3-kx-(x^3-3x^2+3x-1-kx+k)$$
$$=3x^2-3x+1-k$$

곡선 $y=f(x)$ 위의 점 $(t, f(t))$에서의 접선의 기울기는 $f'(t)$이

므로 $f'(t)$의 최솟값이 $-\dfrac{3}{4}$이다.

즉, $f'(t)=3t^2-3t+1-k=3\left(t-\dfrac{1}{2}\right)^2+\dfrac{1}{4}-k$에서 $f'(t)$는

$t=\dfrac{1}{2}$일 때 최솟값 $\dfrac{1}{4}-k$를 가지므로

$$\dfrac{1}{4}-k=-\dfrac{3}{4} \qquad \therefore k=1$$

1529 답 ③

$f(x)=\displaystyle\int_{x-1}^{x+1}t^4dt$의 양변을 x에 대하여 미분하면

$$f'(x)=(x+1)^4-(x-1)^4$$
$$=(x^4+4x^3+6x^2+4x+1)-(x^4-4x^3+6x^2-4x+1)$$
$$=8x^3+8x$$

곡선 $y=f(x)$ 위의 점 $(1, f(1))$에서의 접선의 기울기는 $f'(1)$이

므로 $f'(1)=8+8=16$

$f(1)=\displaystyle\int_{0}^{2}t^4dt=\left[\dfrac{1}{5}t^5\right]_0^2=\dfrac{32}{5}$이므로 점 $(1, f(1))$에서의 접선의

방정식은

$$y-\dfrac{32}{5}=16(x-1)$$

따라서 이 직선과 x축의 교점의 x좌표를 구하기 위하여 $y=0$을

대입하면

$$-\dfrac{32}{5}=16x-16, \ 16x=\dfrac{48}{5}$$

$$\therefore x=\dfrac{3}{5}$$

개념 Check

접선의 방정식

곡선 $y=f(x)$ 위의 점 $(a, f(a))$에서의 접선의 방정식은

$$y-f(a)=f'(a)(x-a)$$

1530 답 ②　　　｜유형 **16**

다항함수 $f(x)$가 임의의 실수 x에 대하여

$$\int_{1}^{x}(x-t)f(t)dt=2x^3-10x^2+14x-6$$

단서1

을 만족시킬 때, $f(0)$의 값은?

① -10　　　　② -20　　　　③ -30

④ -40　　　　⑤ -50

단서1 위끝과 피적분함수에 변수

STEP1 **식을 변형하여 미분하기**

$\displaystyle\int_{1}^{x}(x-t)f(t)dt=2x^3-10x^2+14x-6$에서

$$x\int_{1}^{x}f(t)dt-\int_{1}^{x}tf(t)dt=2x^3-10x^2+14x-6$$

양변을 x에 대하여 미분하면

$$\int_{1}^{x}f(t)dt+xf(x)-xf(x)=6x^2-20x+14$$

$$\therefore \int_{1}^{x}f(t)dt=6x^2-20x+14$$

STEP2 $f(0)$**의 값 구하기**

양변을 다시 x에 대하여 미분하면

$$f(x)=12x-20 \qquad \therefore f(0)=-20$$

1531 답 7

$\displaystyle\int_{0}^{x}(x-t)f'(t)dt=x^3+x^2$에서

$$x\int_{0}^{x}f'(t)dt-\int_{0}^{x}tf'(t)dt=x^3+x^2$$

양변을 x에 대하여 미분하면

$$\int_{0}^{x}f'(t)dt+xf'(x)-xf'(x)=3x^2+2x$$

$$\therefore \int_{0}^{x}f'(t)dt=3x^2+2x$$

양변을 다시 x에 대하여 미분하면

$$f'(x)=6x+2$$

$$\therefore f(x)=\int f'(x)dx=\int(6x+2)dx=3x^2+2x+C$$

이때 $f(0)=2$이므로 $C=2$

따라서 $f(x)=3x^2+2x+2$이므로

$$f(1)=3+2+2=7$$

1532 답 ①

$3xf(x)=7\displaystyle\int_{1}^{x}(x-t)f(t)dt-6x^2$에서

$$3xf(x)=7x\int_{1}^{x}f(t)dt-7\int_{1}^{x}tf(t)dt-6x^2 \quad\cdots\cdots\cdots\cdots\text{㉠}$$

㉠의 양변에 $x=1$을 대입하면

$$3f(1)=-6 \qquad \therefore f(1)=-2$$

㉠의 양변을 x에 대하여 미분하면

$$3f(x)+3xf'(x)=7\int_{1}^{x}f(t)dt+7xf(x)-7xf(x)-12x$$

$$3f(x)+3xf'(x)=7\int_{1}^{x}f(t)dt-12x$$

양변에 $x=1$을 대입하면

$$3f(1)+3f'(1)=-12$$

$f(1)=-2$이므로 $-6+3f'(1)=-12$

$$\therefore f'(1)=-2$$

1533 답 ①

$\displaystyle\int_{1}^{x}(x-t)f(t)dt=x^3-2ax^2+bx$의 양변에 $x=1$을 대입하면

$$0=1-2a+b \qquad \therefore 2a-b=1 \quad\cdots\cdots\cdots\cdots\text{㉠}$$

$\displaystyle\int_{1}^{x}(x-t)f(t)dt=x^3-2ax^2+bx$에서

$$x\int_{1}^{x}f(t)dt-\int_{1}^{x}tf(t)dt=x^3-2ax^2+bx$$

양변을 x에 대하여 미분하면

$$\int_1^x f(t)dt + xf(x) - xf(x) = 3x^2 - 4ax + b$$

$$\therefore \int_1^x f(t)dt = 3x^2 - 4ax + b$$

양변에 $x=1$을 대입하면

$$0 = 3 - 4a + b \qquad \therefore 4a - b = 3 \quad \cdots\cdots\cdots \text{ⓛ}$$

㉠, ㉡을 연립하여 풀면 $a=1$, $b=1$

$$\therefore \int_1^x f(t)dt = 3x^2 - 4x + 1$$

양변을 다시 x에 대하여 미분하면

$$f(x) = 6x - 4 \qquad \therefore f(1) = 6 - 4 = 2$$

1534 🔲 88

㈏에서 $g(x) = \int_0^x (x-t)f(t)dt$ $\quad\cdots\cdots\cdots$ ㉠

이므로 $g(x) = x\int_0^x f(t)dt - \int_0^x tf(t)dt$

양변을 x에 대하여 미분하면

$$g'(x) = \int_0^x f(t)dt + xf(x) - xf(x)$$

$$\therefore g'(x) = \int_0^x f(t)dt \quad\cdots\cdots\cdots ㉡$$

㉠, ㉡의 양변에 각각 $x=0$을 대입하면

$$g(0) = 0, \ g'(0) = 0$$

즉, $g(x)$는 x^2을 인수로 가지고, ㈐에서 $g(x)$는 삼차함수이므로

$g(x) = x^2(ax+b) = ax^3 + bx^2$ (a, b는 상수, $a \neq 0$)으로 놓으면

$$g'(x) = 3ax^2 + 2bx$$

이 식을 ㉡에 대입하면

$$\int_0^x f(t)dt = 3ax^2 + 2bx$$

양변을 x에 대하여 미분하면

$$f(x) = 6ax + 2b$$

$$\therefore f'(x) = 6a$$

㈎에서 $f'(1) = g'(1) = 6$이므로

$f'(1) = 6a = 6$에서 $a = 1$

$g'(1) = 3 + 2b = 6$에서 $b = \dfrac{3}{2}$

따라서 $g(x) = x^3 + \dfrac{3}{2}x^2$이므로

$$g(4) = 64 + 24 = 88$$

1535 🔲 24

$2x^2 f(x) = 3\int_0^x (x-t)\{f(x) + f(t)\}dt$에서

$$2x^2 f(x) = 3\int_0^x (x-t)f(x)dt + 3\int_0^x (x-t)f(t)dt$$

$$= 3f(x)\int_0^x (x-t)dt + 3\int_0^x (x-t)f(t)dt$$

$$= 3f(x)\left[xt - \frac{1}{2}t^2 \right]_0^x + 3\int_0^x (x-t)f(t)dt$$

$$= \frac{3}{2}x^2 f(x) + 3\int_0^x (x-t)f(t)dt$$

$$x^2 f(x) = 6\int_0^x (x-t)f(t)dt$$

$$x^2 f(x) = 6x\int_0^x f(t)dt - 6\int_0^x tf(t)dt \quad\cdots\cdots\cdots ㉠$$

㉠의 양변에 x에 대하여 미분하면

$$2xf(x) + x^2 f'(x) = 6\int_0^x f(t)dt \quad\cdots\cdots\cdots ㉡$$

$f'(2) = 4$이므로 다항함수 $f(x)$의 차수는 1 이상이다. 함수 $f(x)$의 차수를 n이라 하고, 최고차항의 계수를 a $(a \neq 0)$라 하자.

㉡의 양변의 최고차항의 계수를 비교하면

$$a(2+n) = \frac{6a}{n+1}$$

$$(n+1)(n+2) = 6, \ (n-1)(n+4) = 0$$

n은 자연수이므로 $n = 1$

함수 $f(x)$가 일차함수이고 $f'(2) = 4$이므로 $a = 4$

$f(x) = 4x + b$ (b는 상수)로 놓으면 ㉡에서

$$2x(4x+b) + 4x^2 = 6\left[2t^2 + bt \right]_0^x$$

$$12x^2 + 2bx = 12x^2 + 6bx$$

위 식은 모든 실수 x에 대하여 성립하므로 $b = 0$

따라서 $f(x) = 4x$이므로 $f(6) = 24$

1536 🔲 ④   │ 유형 **17**

함수 $f(x) = \displaystyle\int_x^{x+1} (t^3 - t)dt$의 극댓값은?

단서1   단서2

① $-\dfrac{3}{4}$ ② $-\dfrac{1}{4}$ ③ 0

④ $\dfrac{1}{4}$ ⑤ $\dfrac{3}{4}$

단서1 정적분으로 정의된 함수

단서2 $f'(a) = 0$이고, $x = a$의 좌우에서 $f'(x)$의 부호가 양에서 음으로 바뀌면 $x = a$에서 $f(x)$의 극댓값은 $f(a)$

STEP 1 주어진 식의 양변을 x에 대하여 미분하여 $f'(x)$ 구하기

$f(x) = \displaystyle\int_x^{x+1} (t^3 - t)dt$의 양변을 x에 대하여 미분하면

$$f'(x) = \{(x+1)^3 - (x+1)\} - (x^3 - x)$$

$$= 3x^2 + 3x = 3x(x+1)$$

STEP 2 $f(x)$의 증가, 감소 조사하기

$f'(x) = 0$인 x의 값은 $x = -1$ 또는 $x = 0$

함수 $f(x)$의 증가, 감소를 표로 나타내면 다음과 같다.

x	$\cdots$	-1	$\cdots$	0	$\cdots$
$f'(x)$	$+$	0	$-$	0	$+$
$f(x)$	↗	극대	↘	극소	↗

따라서 함수 $f(x)$는 $x = -1$에서 극댓값, $x = 0$에서 극솟값을 가진다.

STEP 3 함수 $f(x)$의 극댓값 구하기

$$f(-1) = \int_{-1}^0 (t^3 - t)dt = \left[\frac{1}{4}t^4 - \frac{1}{2}t^2 \right]_{-1}^0 = \frac{1}{4}$$

1537 답 ③

$f(x)=\displaystyle\int_0^x (t^2-t+a)dt$의 양변을 x에 대하여 미분하면

$f'(x)=x^2-x+a$

이때 함수 $f(x)$가 $x=3$에서 극솟값을 가지므로 $f'(3)=0$에서

$9-3+a=0$ $\qquad\therefore a=-6$

1538 답 ②

$f(x)=\displaystyle\int_x^{x+a} (t^2-2t)dt$의 양변을 x에 대하여 미분하면

$f'(x)=\{(x+a)^2-2(x+a)\}-(x^2-2x)=2ax+a^2-2a$

이때 함수 $f(x)$는 $x=0$에서 극솟값을 가지므로 $f'(0)=0$에서

$a^2-2a=0$, $a(a-2)=0$ $\quad\therefore a=0$ 또는 $a=2$

이때 a는 양수이므로 $a=2$

1539 답 ④

$f(x)=\displaystyle\int_0^x (3t^2+2at+b)dt$의 양변을 x에 대하여 미분하면

$f'(x)=3x^2+2ax+b$

이때 함수 $f(x)$가 $x=2$에서 극댓값 0을 가지므로

$f'(2)=0$, $f(2)=0$

$f'(2)=0$에서 $f'(2)=12+4a+b=0$

$\therefore 4a+b=-12$ ┄┄┄┄┄┄┄┄┄┄ ㉠

$f(2)=0$에서

$f(2)=\displaystyle\int_0^2 (3t^2+2at+b)dt$

$\qquad=\Big[t^3+at^2+bt\Big]_0^2=8+4a+2b=0$

$\therefore 2a+b=-4$ ┄┄┄┄┄┄┄┄┄┄ ㉡

㉠, ㉡을 연립하여 풀면 $a=-4$, $b=4$

$\therefore a-b=-8$

1540 답 ⑤

$g(x)=\displaystyle\int_2^x (t-2)f'(t)dt$의 양변을 x에 대하여 미분하면

$g'(x)=(x-2)f'(x)$

함수 $g(x)$가 $x=0$에서만 극값을 가지므로 $x=2$에서 극값을 가지지 않는다. 즉, $g'(x)$는 $(x-2)^2$을 인수로 가져야 하므로

$g'(x)=(x-2)\times ax(x-2)$ (a는 상수)로 놓으면

$f'(x)=ax(x-2)$

이때 함수 $f(x)$의 최고차항이 x^3이므로 $a=3$

따라서 $f'(x)=3x(x-2)$이므로

$g(0)=\displaystyle\int_2^0 3t(t-2)^2 dt=\int_2^0 (3t^3-12t^2+12t)dt$

$\qquad=\Big[\dfrac{3}{4}t^4-4t^3+6t^2\Big]_2^0=-(12-32+24)=-4$

1541 답 ②

$f(x)=\displaystyle\int_0^x (t-a)(t-b)dt$의 양변을 x에 대하여 미분하면

$f'(x)=(x-a)(x-b)$

$f'(x)=0$인 x의 값은 $x=a$ 또는 $x=b$

㈎에서 $f(x)$가 $x=\dfrac{1}{2}$에서 극값을 가지므로 $a=\dfrac{1}{2}$ 또는 $b=\dfrac{1}{2}$

㈏에서 $f(a)-f(b)=\dfrac{1}{6}$이므로

$f(a)-f(b)=\displaystyle\int_0^a (t-a)(t-b)dt-\int_0^b (t-a)(t-b)dt$

$\qquad=\displaystyle\int_0^a (t-a)(t-b)dt+\int_b^0 (t-a)(t-b)dt$

$\qquad=\displaystyle\int_b^a (t-a)(t-b)dt$

$\qquad=\displaystyle\int_b^a \{t^2-(a+b)t+ab\}dt$

$\qquad=\Big[\dfrac{1}{3}t^3-\dfrac{a+b}{2}t^2+abt\Big]_b^a=-\dfrac{(a-b)^3}{6}$

즉, $-\dfrac{(a-b)^3}{6}=\dfrac{1}{6}$이므로 $(a-b)^3=-1$ $\quad\therefore a-b=-1$

한편, $b=\dfrac{1}{2}$이면 $a=-\dfrac{1}{2}$이므로 a가 양수라는 조건에 맞지 않는다.

따라서 $a=\dfrac{1}{2}$, $b=\dfrac{3}{2}$이므로 $a+b=2$

실수 Check

> a, b가 양수라는 조건에 주의하자.

1542 답 2

$F(x)=\displaystyle\int_0^x f(t)dt$이므로 $F'(x)=f(x)$

사차함수 $F(x)$가 오직 하나의 극값을 가지려면 $F'(x)$, 즉 삼차함수 $f(x)$의 부호가 오직 한 번만 바뀌어야 하므로 $f(x)=0$은 중근과 실근 1개를 가지거나 오직 하나의 실근을 가져야 한다.

즉, 함수 $f(x)$에서 (극댓값)$\times$(극솟값)≥ 0이어야 한다.

$f(x)=x^3-3x+a$에서

$f'(x)=3x^2-3=3(x+1)(x-1)$

$f'(x)=0$인 x의 값은 $x=-1$ 또는 $x=1$

함수 $f(x)$의 증가, 감소를 표로 나타내면 다음과 같다.

x	$\cdots$	-1	$\cdots$	1	$\cdots$
$f'(x)$	$+$	0	$-$	0	$+$
$f(x)$	↗	극대	↘	극소	↗

함수 $f(x)$는 $x=-1$에서 극댓값, $x=1$에서 극솟값을 가지므로

$f(1)\times f(-1)\geq 0$

$(-2+a)(2+a)\geq 0$에서 $a\leq -2$ 또는 $a\geq 2$

따라서 양수 a의 최솟값은 2이다.

참고 $F(x)=\displaystyle\int_0^x f(t)dt=\int_0^x (t^3-3t+a)dt$

$\qquad=\Big[\dfrac{1}{4}t^4-\dfrac{3}{2}t^2+at\Big]_0^x=\dfrac{1}{4}x^4-\dfrac{3}{2}x^2+ax$

이므로 $F(x)$는 사차함수임을 이용한다.

다른 풀이

$f(x)=x^3-3x+a$에 대하여 $F(x)=\displaystyle\int_0^x f(t)dt$이므로

$F'(x)=f(x)$, $F(0)=0$

이때 $f'(x)=3x^2-3=3(x+1)(x-1)$이므로

$f'(x)=0$인 x의 값은 $x=-1$ 또는 $x=1$

즉, 함수 $f(x)$는 $x=-1$, $x=1$일 때 극값을 가진다.

한편, 함수 $F(x)$가 오직 하나의 극값을 가지려면 $y=F(x)$의 그래프의 개형이 다음 두 그래프 중 하나와 같아야 한다.

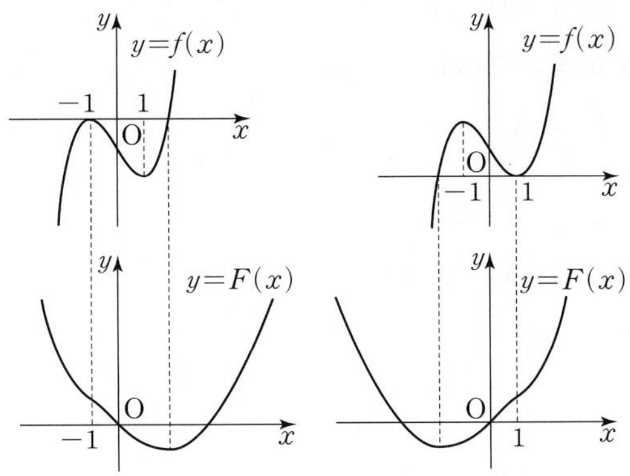

따라서 함수 $F(x)$가 오직 하나의 극값을 가지려면
$f(-1)\leq0$ 또는 $f(1)\geq0$이어야 한다.
$f(-1)\leq0$에서 $2+a\leq0$ $\quad\therefore a\leq-2$
$f(1)\geq0$에서 $-2+a\geq0$ $\quad\therefore a\geq2$
따라서 양수 a의 최솟값은 2이다.

1543 달 ②

$g(x)=\int_0^x f(t)dt-xf(x)$의 양변을 x에 대하여 미분하면
$g'(x)=f(x)-\{f(x)+xf'(x)\}=-xf'(x)$
이때 삼차함수 $f(x)$의 최고차항의 계수가 4이므로 $f'(x)$는 이차항의 계수가 12인 이차함수이다. ← $f(x)=4x^3+ax^2+bx+c$이므로 $f'(x)=12x^2+\cdots$
$g'(x)=-xf'(x)$에서 $g'(x)$는 최고차항의 계수가 -12인 삼차함수이다.
모든 실수 x에 대하여 $g(x)\leq g(3)$이므로 함수 $g(x)$는 $x=3$에서 최댓값을 가지고, $x=3$에서 극값을 가진다.
즉, $g'(3)=0$이므로 $g'(x)=-xf'(x)$에서 $f'(3)=0$
따라서 $g'(x)=-12x(x-3)(x-k)$ (k는 상수)로 놓으면 사차함수 $g(x)$가 오직 1개의 극값만 가지므로 함수 $g(x)$는 $x=0$에서 극값을 가질 수 없다.
즉, $g'(x)$는 x^2을 인수로 가져야 하므로 $k=0$
$g'(x)=-12x^2(x-3)=-12x^3+36x^2$
$\therefore \int_0^1 g'(x)dx=\int_0^1(-12x^3+36x^2)dx$
$$=\left[-3x^4+12x^3\right]_0^1=9$$

참고 모든 실수 x에 대하여 $g(x)\leq g(3)$이므로 $g(3)$은 함수 $g(x)$의 최댓값이면서 극댓값이다.
$g(3)$이 유일한 극값임을 이용하여 k의 값을 정하자.

1544 달 ④ | 유형 18

$0\leq x\leq3$에서 함수 $f(x)=\int_0^x(t-2)(t-4)dt$의 최댓값은?

단서1　　　　　　　　　　단서2

① $\dfrac{14}{3}$　　　　② $\dfrac{16}{3}$　　　　③ 6

④ $\dfrac{20}{3}$　　　　⑤ $\dfrac{22}{3}$

단서1 x의 값의 범위가 주어짐
단서2 정적분으로 정의된 함수

STEP 1 주어진 식의 양변을 x에 대하여 미분하여 $f'(x)$ 구하기
$f(x)=\int_0^x(t-2)(t-4)dt$의 양변을 x에 대하여 미분하면
$f'(x)=(x-2)(x-4)$

STEP 2 주어진 구간에서 함수 $f(x)$의 증가, 감소 조사하기
$f'(x)=0$에서 $x=2$ $(\because 0\leq x\leq3)$
$0\leq x\leq3$에서 함수 $f(x)$의 증가, 감소를 표로 나타내면 다음과 같다.

x	0	$\cdots$	2	$\cdots$	3
$f'(x)$		$+$	0	$-$	
$f(x)$		↗	극대	↘	

STEP 3 함수 $f(x)$의 최댓값 구하기
$0\leq x\leq3$일 때, 함수 $f(x)$는 $x=2$에서 극대이면서 최대이므로 구하는 최댓값은
$f(2)=\int_0^2(t-2)(t-4)dt=\int_0^2(t^2-6t+8)dt$
$$=\left[\frac{1}{3}t^3-3t^2+8t\right]_0^2=\frac{8}{3}-12+16=\frac{20}{3}$$

1545 달 ⑤

$f(x)=\int_1^x 3t(t-2)dt$의 양변을 x에 대하여 미분하면
$f'(x)=3x(x-2)$
$f'(x)=0$에서 $x=0$ 또는 $x=2$
$0\leq x\leq4$에서 함수 $f(x)$의 증가, 감소를 표로 나타내면 다음과 같다.

x	0	$\cdots$	2	$\cdots$	4
$f'(x)$	0	$-$	0	$+$	
$f(x)$	$f(0)$	↘	극소	↗	$f(4)$

$f(0)=\int_1^0(3t^2-6t)dt=\left[t^3-3t^2\right]_1^0=-(1-3)=2$
$f(2)=\int_1^2(3t^2-6t)dt=\left[t^3-3t^2\right]_1^2=(8-12)-(1-3)=-2$
$f(4)=\int_1^4(3t^2-6t)dt=\left[t^3-3t^2\right]_1^4=(64-48)-(1-3)=18$
따라서 함수 $f(x)$의 최댓값은 18, 최솟값은 -2이므로 구하는 합은 16이다.

1546 달 ②

$f(x)=\int_x^{x+1}(t^2+t)dt$의 양변을 x에 대하여 미분하면
$f'(x)=\{(x+1)^2+(x+1)\}-(x^2+x)=2x+2=2(x+1)$
$f'(x)=0$에서 $x=-1$
$-2\leq x\leq1$에서 함수 $f(x)$의 증가, 감소를 표로 나타내면 다음과 같다.

x	-2	$\cdots$	-1	$\cdots$	1
$f'(x)$		$-$	0	$+$	
$f(x)$	$f(-2)$	↘	극소	↗	$f(1)$

즉, 함수 $f(x)$는 $x=-1$에서 극소이면서 최소이므로 구하는 최솟값은
$f(-1)=\int_{-1}^0(t^2+t)dt=\left[\frac{1}{3}t^3+\frac{1}{2}t^2\right]_{-1}^0$
$$=-\left(-\frac{1}{3}+\frac{1}{2}\right)=-\frac{1}{6}$$

또한
$$f(-2)=\int_{-2}^{-1}(t^2+t)dt=\left[\frac{1}{3}t^3+\frac{1}{2}t^2\right]_{-2}^{-1}$$
$$=\left(-\frac{1}{3}+\frac{1}{2}\right)-\left(-\frac{8}{3}+2\right)=\frac{5}{6}$$
$$f(1)=\int_{1}^{2}(t^2+t)dt=\left[\frac{1}{3}t^3+\frac{1}{2}t^2\right]_{1}^{2}$$
$$=\left(\frac{8}{3}+2\right)-\left(\frac{1}{3}+\frac{1}{2}\right)=\frac{23}{6}$$

이므로 $-2\leq x\leq1$에서 함수 $f(x)$의 최댓값은 $\frac{23}{6}$이다.

따라서 $M=\frac{23}{6}$, $m=-\frac{1}{6}$이므로 $M-m=4$

1547 답 ②

$f(x)=6x^2-2\int_{0}^{1}xf(t)dt=6x^2-2x\int_{0}^{1}f(t)dt$에서

$$\int_{0}^{1}f(t)dt=k\ (k는\ 상수)\ \cdots\cdots\ \text{ⓐ}$$

로 놓으면

$$f(x)=6x^2-2kx\ \cdots\cdots\ \text{ⓑ}$$

ⓑ을 ⓐ에 대입하면

$$\int_{0}^{1}(6t^2-2kt)dt=\left[2t^3-kt^2\right]_{0}^{1}=2-k$$

즉, $k=2-k$이므로 $2k=2$ $\quad\therefore k=1$

따라서 $f(x)=6x^2-2x=6\left(x-\frac{1}{6}\right)^2-\frac{1}{6}$이므로 함수 $f(x)$는

$x=\frac{1}{6}$일 때, 최솟값 $-\frac{1}{6}$을 가진다.

1548 답 ⑤

$\int_{0}^{x}(t-x)f(t)dt=x^4-x^3+3x^2$에서

$$\int_{0}^{x}tf(t)dt-x\int_{0}^{x}f(t)dt=x^4-x^3+3x^2$$

양변을 x에 대하여 미분하면

$$xf(x)-\int_{0}^{x}f(t)dt-xf(x)=4x^3-3x^2+6x$$

$$\int_{0}^{x}f(t)dt=-4x^3+3x^2-6x$$

양변을 다시 x에 대하여 미분하면

$$f(x)=-12x^2+6x-6$$

따라서 $f(x)=-12\left(x-\frac{1}{4}\right)^2-\frac{21}{4}$이므로 함수 $f(x)$는 $x=\frac{1}{4}$일

때 최댓값 $-\frac{21}{4}$을 가진다.

1549 답 2

| 유형19

다항함수 $f(x)$에 대하여

$F(x)=\int_{2}^{x}f(t)dt$이고 이차함수 [단서2]

$y=F(x)$의 그래프가 그림과 같다. 함수 $y=f(x)$의 그래프가 점 $(2,\,-2)$를 지날 [단서3] 때, $f(0)$의 값을 구하시오.

단서1 $y=F(x)$의 그래프와 x축의 교점의 좌표 ➔ $(0,0)$, $(2,0)$
단서2 $F'(x)=f(x)$
단서3 $f(2)=-2$

STEP1 그래프에서 함수 $F(x)$의 식 세우기

$y=F(x)$의 그래프가 두 점 $(0,0)$, $(2,0)$을 지나므로

$F(x)=kx(x-2)=k(x^2-2x)\ (k<0)$로 놓자.

STEP2 $f(0)$의 값 구하기

$F(x)=\int_{2}^{x}f(t)dt$에서

$$\int_{2}^{x}f(t)dt=k(x^2-2x)$$

양변을 x에 대하여 미분하면

$$f(x)=k(2x-2)$$

이때 $y=f(x)$의 그래프가 점 $(2,-2)$를 지나므로

$-2=k(4-2)$ $\quad\therefore k=-1$

따라서 $f(x)=-2x+2$이므로 $f(0)=2$

1550 답 -1

$y=F(x)$의 그래프가 점 $(0,0)$에서 극댓값을 가지고 점 $(3,0)$을 지나므로 ➔ $F(x)$는 x^2을 인수로 가진다.

$F(x)=kx^2(x-3)=k(x^3-3x^2)\ (k>0)$으로 놓자.

$F(x)=\int_{0}^{x}f(t)dt$에서

$$\int_{0}^{x}f(t)dt=k(x^3-3x^2)$$

양변을 x에 대하여 미분하면

$$f(x)=k(3x^2-6x)$$

이때 $y=f(x)$의 그래프가 점 $(1,-1)$을 지나므로

$-1=k(3-6)$ $\quad\therefore k=\frac{1}{3}$

따라서 $f(x)=x^2-2x=(x-1)^2-1$이므로

함수 $f(x)$는 $x=1$일 때, 최솟값 -1을 가진다.

1551 답 ③

$g(x)=\int_{1}^{x}f(t)dt$의 양변을 x에 대하여 미분하면

$$g'(x)=f(x)$$

주어진 그래프에서 $f(x)=0$인 x의 값은 $x=1$ 또는 $x=3$

함수 $g(x)$의 증가, 감소를 표로 나타내면 다음과 같다.

x	$\cdots$	1	$\cdots$	3	$\cdots$
$g'(x)$	$+$	0	$-$	0	$+$
$g(x)$	↗	극대	↘	극소	↗

따라서 함수 $g(x)$는 $x=3$에서 극솟값 $g(3)$을 가진다.

참고 정적분의 활용 단원에서 배우는 내용을 이용하면

$1\leq x\leq3$일 때 $f(x)\leq0$이므로 $\int_{1}^{x}f(t)dt\leq0$

$x\geq3$일 때 $f(x)\geq0$이므로 $\int_{3}^{x}f(t)dt\geq0$

그림에서 색칠한 두 부분의 넓이를 각각 S_1, S_2라 하면

$$g(x)=\int_{1}^{x}f(t)dt=\int_{1}^{3}f(t)dt+\int_{3}^{x}f(t)dt$$
$$=-S_1+S_2$$

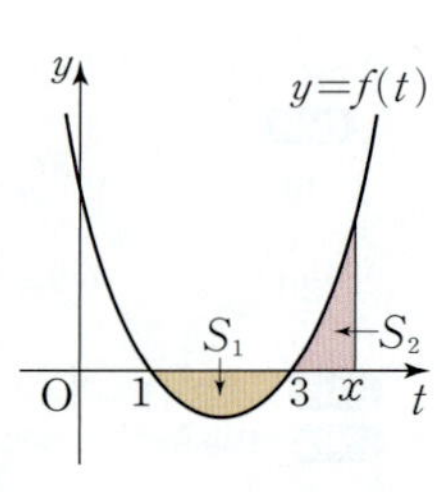

함수 $g(x)=\int_{1}^{x}f(t)dt$는 $1\leq x\leq3$까지 감소하고 $x\geq3$에서 증가하므로 극솟값은 $g(3)$이다.

1552 답 ⑤

$y=f(x)$의 그래프가 세 점 $(-4, 0)$, $(-2, 0)$, $(0, 0)$을 지나므로
$f(x)=x(x+2)(x+4)$

$g(x)=\int_2^x f(t)dt$의 양변을 x에 대하여 미분하면

$g'(x)=f(x)$

$g'(x)=f(x)=0$, 즉 $x(x+2)(x+4)=0$에서

$x=-4$ 또는 $x=-2$ 또는 $x=0$

함수 $g(x)$의 증가, 감소를 표로 나타내면 다음과 같다.

x	$\cdots$	-4	$\cdots$	-2	$\cdots$	0	$\cdots$
$g'(x)$	$-$	0	$+$	0	$-$	0	$+$
$g(x)$	$\searrow$	극소	$\nearrow$	극대	$\searrow$	극소	$\nearrow$

함수 $g(x)$는 $x=-2$에서 극댓값을 가지므로

$$g(-2)=\int_2^{-2} f(t)dt=\int_2^{-2}(t^3+6t^2+8t)dt$$
$$=\int_2^{-2}(t^3+8t)dt+\int_2^{-2}6t^2\,dt=-2\int_0^2 6t^2\,dt$$
$$=-2\left[2t^3\right]_0^2=-32$$

1553 답 ②

$y=f(x)$의 그래프가 두 점 $(1, 0)$, $(4, 0)$을 지나므로
$f(x)=a(x-1)(x-4)=a(x^2-5x+4)$ $(a>0)$로 놓자.

$g(x)=\int_x^{x+1} f(t)dt$의 양변을 x에 대하여 미분하면

$g'(x)=f(x+1)-f(x)$
$\quad=a\{(x+1)^2-5(x+1)+4\}-a(x^2-5x+4)$
$\quad=2a(x-2)$

$g'(x)=0$에서 $x=2$

함수 $g(x)$의 증가, 감소를 표로 나타내면 다음과 같다.

x	$\cdots$	2	$\cdots$
$g'(x)$	$-$	0	$+$
$g(x)$	$\searrow$	극소	$\nearrow$

따라서 함수 $g(x)$는 $x=2$에서 극소이면서 최소이다.

$\therefore a=2$

참고 정적분의 활용 단원에서 배우는 내용을
이용하면 이차함수 $y=f(x)$의 그래프에서
축이 $x=\dfrac{5}{2}$이므로 그림과 같이 $x=2$일 때

$g(x)=\int_x^{x+1} f(t)dt$의 값이 최소가

됨을 알 수 있다.

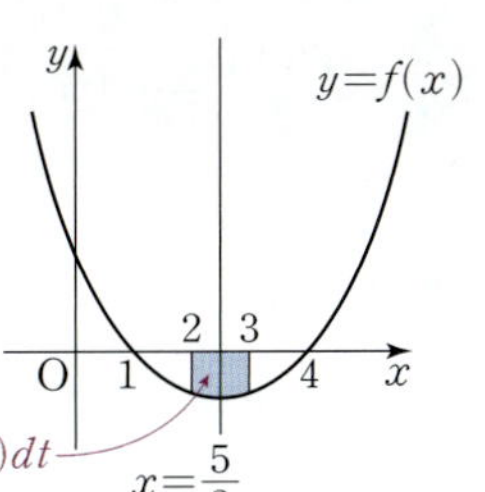

1554 답 ①

주어진 그래프에서 함수 $f(x)$는 $x=-1$과 $x=1$에서 각각 극솟값
과 극댓값을 가지므로

$f'(x)=a(x+1)(x-1)=ax^2-a$ $(a<0)$라 하면

$f(x)=\int f'(x)dx=\int (ax^2-a)dx=\dfrac{1}{3}ax^3-ax+C$

이때 삼차함수 $f(x)$의 최고차항의 계수가 -1이므로

$\dfrac{1}{3}a=-1$에서 $a=-3$

함수 $y=f(x)$의 그래프가 원점을 지나므로

$f(0)=0$에서 $C=0$

$\therefore f(x)=-x^3+3x$

$F(x)=\int_0^x f(t)dt=\int_0^x (-t^3+3t)dt$

양변을 x에 대하여 미분하면

$F'(x)=-x^3+3x=-x(x+\sqrt{3})(x-\sqrt{3})$

$F'(x)=0$에서 $x=-\sqrt{3}$ 또는 $x=0$ 또는 $x=\sqrt{3}$

구간 $[-2, 2]$에서 함수 $F(x)$의 증가, 감소를 표로 나타내면 다
음과 같다.

x	-2	$\cdots$	$-\sqrt{3}$	$\cdots$	0	$\cdots$	$\sqrt{3}$	$\cdots$	2
$F'(x)$		$+$	0	$-$	0	$+$	0	$-$	
$F(x)$	$F(-2)$	$\nearrow$	극대	$\searrow$	극소	$\nearrow$	극대	$\searrow$	$F(2)$

함수 $F(x)$는 $x=0$에서 극소이므로 극솟값은

$F(0)=\int_0^0 (-t^3+3t)dt=0$

또한 $F(-2)$, $F(2)$의 값은

$F(-2)=\int_0^{-2}(-t^3+3t)dt=\left[-\dfrac{1}{4}t^4+\dfrac{3}{2}t^2\right]_0^{-2}=-4+6=2$

$F(2)=\int_0^2 (-t^3+3t)dt=\left[-\dfrac{1}{4}t^4+\dfrac{3}{2}t^2\right]_0^2=-4+6=2$

따라서 함수 $F(x)$의 최솟값은 0이다.

1555 답 ②　　　　　　　　　유형 20

함수 $f(x)=4x^2-x+a$에 대하여 $\displaystyle\lim_{h\to 0}\dfrac{1}{h}\int_{1-h}^{1+3h} f(x)dx=8$일 때,
상수 a의 값은?　단서1

① -2　　　　　② -1　　　　　③ 0
④ 1　　　　　⑤ 2

단서1 정적분으로 정의된 함수의 극한

STEP 1 미분계수의 정의를 이용하여 극한값 구하기

함수 $f(x)$의 한 부정적분을 $F(x)$라 하면

$\displaystyle\lim_{h\to 0}\dfrac{1}{h}\int_{1-h}^{1+3h} f(x)dx$

$\displaystyle=\lim_{h\to 0}\dfrac{1}{h}\left[F(x)\right]_{1-h}^{1+3h}$

$\displaystyle=\lim_{h\to 0}\dfrac{F(1+3h)-F(1-h)}{h}$

$\displaystyle=\lim_{h\to 0}\dfrac{F(1+3h)-F(1)+F(1)-F(1-h)}{h}$

$\displaystyle=\lim_{h\to 0}\dfrac{F(1+3h)-F(1)}{h}-\lim_{h\to 0}\dfrac{F(1-h)-F(1)}{h}$

$\displaystyle=3\lim_{h\to 0}\dfrac{F(1+3h)-F(1)}{3h}+\lim_{h\to 0}\dfrac{F(1-h)-F(1)}{-h}$

$=3F'(1)+F'(1)=4F'(1)=4f(1)$

STEP 2 상수 a의 값 구하기

$4f(1)=8$에서 $f(1)=2$이고 $f(x)=4x^2-x+a$이므로

$4-1+a=2$　　　$\therefore a=-1$

1556 답 12

$f(t)=|1-t^2|$이라 하고 함수 $f(t)$의 한 부정적분을 $F(t)$라 하면

$$\lim_{x \to 0} \frac{1}{x} \int_{2-2x}^{2+2x} |1-t^2|\,dt$$

$$=\lim_{x \to 0} \frac{1}{x} \Big[F(t) \Big]_{2-2x}^{2+2x}$$

$$=\lim_{x \to 0} \frac{F(2+2x)-F(2-2x)}{x}$$

$$=\lim_{x \to 0} \frac{F(2+2x)-F(2)+F(2)-F(2-2x)}{x}$$

$$=2\lim_{x \to 0} \frac{F(2+2x)-F(2)}{2x}+2\lim_{x \to 0} \frac{F(2-2x)-F(2)}{-2x}$$

$$=2F'(2)+2F'(2)=4F'(2)$$

$$=4f(2)=4 \times |-3|=12$$

1557 📖 ①

$$f(x)=\int f'(x)dx=\int (3x^2-4x+1)dx=x^3-2x^2+x+C$$

함수 $f(t)$의 한 부정적분을 $F(t)$라 하면

$$\lim_{x \to 0} \frac{1}{x} \int_0^x f(t)dt=\lim_{x \to 0} \frac{1}{x} \Big[F(t) \Big]_0^x=\lim_{x \to 0} \frac{F(x)-F(0)}{x}$$

$$=F'(0)=f(0)$$

즉, $f(0)=1$이므로 $C=1$

따라서 $f(x)=x^3-2x^2+x+1$이므로

$$f(2)=8-8+2+1=3$$

1558 📖 ⑤ | 유형 21

함수 $f(x)=x^3+3x^2-2x-1$에 대하여 $\displaystyle\lim_{x \to 2} \frac{1}{x-2} \int_2^x f(t)dt$의 값은?

   단서1

① 7   ② 9   ③ 11

④ 13   ⑤ 15

단서1 정적분으로 정의된 함수의 극한

STEP 1 미분계수의 정의를 이용하여 극한값 구하기

함수 $f(t)$의 한 부정적분을 $F(t)$라 하면

$$\lim_{x \to 2} \frac{1}{x-2} \int_2^x f(t)dt=\lim_{x \to 2} \frac{1}{x-2} \Big[F(t) \Big]_2^x$$

$$=\lim_{x \to 2} \frac{F(x)-F(2)}{x-2}$$

$$=F'(2)=f(2)$$

STEP 2 $f(2)$의 값 구하기

$f(x)=x^3+3x^2-2x-1$이므로

$$f(2)=8+12-4-1=15$$

1559 📖 ③

함수 $f(t)$의 한 부정적분을 $F(t)$라 하면

$$\lim_{x \to 2} \frac{1}{x^2-4} \int_2^x f(t)dt=\lim_{x \to 2} \frac{1}{x^2-4} \Big[F(t) \Big]_2^x$$

$$=\lim_{x \to 2} \frac{F(x)-F(2)}{(x+2)(x-2)}$$

$$=\lim_{x \to 2} \left\{ \frac{F(x)-F(2)}{x-2} \times \frac{1}{x+2} \right\}$$

$$=\lim_{x \to 2} \frac{F(x)-F(2)}{x-2} \times \lim_{x \to 2} \frac{1}{x+2}$$

$$=\frac{1}{4}F'(2)=\frac{1}{4}f(2)$$

$f(x)=3x^2-4x+1$이므로

$$\frac{1}{4}f(2)=\frac{1}{4} \times (12-8+1)=\frac{5}{4}$$

1560 📖 ②

함수 $f(t)$의 한 부정적분을 $F(t)$라 하면

$$\lim_{x \to 1} \frac{1}{x-1} \int_1^x f(t)dt=\lim_{x \to 1} \frac{1}{x-1} \Big[F(t) \Big]_1^x$$

$$=\lim_{x \to 1} \frac{F(x^2)-F(1)}{x-1}$$

$$=\lim_{x \to 1} \left\{ \frac{F(x^2)-F(1)}{(x-1)(x+1)} \times (x+1) \right\}$$

$$=\lim_{x \to 1} \frac{F(x^2)-F(1)}{x^2-1} \times \lim_{x \to 1} (x+1)$$

$$=2F'(1)=2f(1)$$

$f(x)=3x^4-3x^2+x$이므로

$$2f(1)=2 \times (3-3+1)=2$$

1561 📖 -4

$$\lim_{x \to 1} \frac{\int_1^x f(t)dt-f(x)}{x^2-1}=2$$에서 $x \to 1$일 때, 극한값이 존재하고

(분모) $\to 0$이므로 (분자) $\to 0$이다.

즉, $\int_1^1 f(t)dt-f(1)=0$이므로 $f(1)=0$

함수 $f(t)$의 한 부정적분을 $F(t)$라 하면

$$\lim_{x \to 1} \frac{\int_1^x f(t)dt-f(x)}{x^2-1}$$

$$=\lim_{x \to 1} \frac{\int_1^x f(t)dt}{x^2-1} -\lim_{x \to 1} \frac{f(x)}{x^2-1}$$

$$=\lim_{x \to 1} \frac{F(x)-F(1)}{x^2-1} -\lim_{x \to 1} \frac{f(x)-f(1)}{x^2-1} \quad \longrightarrow f(1)=0$$

$$=\lim_{x \to 1} \left\{ \frac{F(x)-F(1)}{x-1} \times \frac{1}{x+1} \right\}-\lim_{x \to 1} \left\{ \frac{f(x)-f(1)}{x-1} \times \frac{1}{x+1} \right\}$$

$$=\frac{F'(1)}{2}-\frac{f'(1)}{2}=-\frac{f'(1)}{2} \quad \longrightarrow \frac{F'(1)}{2}=\frac{f(1)}{2}=0$$

즉, $-\dfrac{f'(1)}{2}=2$이므로 $f'(1)=-4$

1562 📖 7

$f(x)=x^3+2x^2+2$에서 $f'(x)=3x^2+4x$

$$\lim_{x \to 1} \frac{1}{x-1} \int_1^x f'(t)dt=\lim_{x \to 1} \frac{f(x)-f(1)}{x-1}$$

$$=f'(1)=3+4=7$$

1563 📖 ⑤

$$G(x)=\int_1^x (x-t)f(t)dt$$라 하자.

함수 $G(x)$는 실수 전체의 집합에서 미분가능하므로

$$\lim_{x \to 2} \frac{1}{x-2} \int_1^x (x-t)f(t)dt=\lim_{x \to 2} \frac{G(x)}{x-2}=3$$에서

$x \to 2$일 때, 극한값이 존재하고 (분모) $\to 0$이므로 (분자) $\to 0$이다.

즉, $\lim\limits_{x\to 2} G(x)=0$이므로 $G(2)=0$

$\lim\limits_{x\to 2}\dfrac{G(x)}{x-2}=\lim\limits_{x\to 2}\dfrac{G(x)-G(0)}{x-2}=G'(2)$

$\therefore\ G'(2)=3$

$G(x)=x\displaystyle\int_1^x f(t)dt-\int_1^x tf(t)dt$의 양변을 x에 대하여 미분하면

$G'(x)=\displaystyle\int_1^x f(t)dt+xf(x)-xf(x)=\int_1^x f(t)dt$

이때 $G'(2)=\displaystyle\int_1^2 f(t)dt=3$이므로

$G(2)=2\displaystyle\int_1^2 f(t)dt-\int_1^2 tf(t)dt=6-\int_1^2 tf(t)dt=0$

즉, $\displaystyle\int_1^2 tf(t)dt=6$이므로

$\displaystyle\int_1^2 (4x+1)f(x)dx=4\int_1^2 xf(x)dx+\int_1^2 f(x)dx$
$=4\times 6+3=27$

1564 답 (1) k　(2) $3x^2+2$　(3) $3t^2+2$　(4) 12　(5) 12　(6) 15

실제 답안 예시

정적분의 값은 상수이므로 $\displaystyle\int_0^2 f'(t)dt=k$로 놓으면

$\displaystyle\int_0^2 f'(t)dt=f(2)-f(0)=k$

또, $f(x)=x^3+2x+k$에서 $f(2)=12+k$, $f(0)=k$이므로

$f(2)-f(0)=(12+k)-k=12$

즉, $k=12$이므로 $f(x)=x^3+2x+12$

$f(1)=1+2+12=15$

▶ 미적분의 기본 정리를 이용하여 k의 값을 구해도 정답으로 인정한다.

1565 답 -11

STEP 1 $\displaystyle\int_0^2 f(t)dt=k$ (k는 상수)로 놓고 $f(x)$의 식 세우기 [2점]

$f(x)=3x^2+2x+\displaystyle\int_0^2 f(t)dt$에서

$\displaystyle\int_0^2 f(t)dt=k$ (k는 상수) $\cdots\cdots\cdots$ ㉠

로 놓으면

$f(x)=3x^2+2x+k$ $\cdots\cdots\cdots$ ㉡

STEP 2 $f(x)$를 $\displaystyle\int_0^2 f(t)dt=k$에 대입하여 상수 k의 값 구하기 [3점]

㉡을 ㉠에 대입하면

$\displaystyle\int_0^2 (3t^2+2t+k)dt=\Big[t^3+t^2+kt\Big]_0^2=12+2k$

즉, $12+2k=k$이므로 $k=-12$

STEP 3 $f(-1)$의 값 구하기 [2점]

$f(x)=3x^2+2x-12$이므로

$f(-1)=3-2-12=-11$

1566 답 9

STEP 1 $\displaystyle\int_0^1 f(t)dt=k$ (k는 상수)로 놓고 $f(x)$의 식 세우기 [2점]

$f(x)=3x^2-2x\displaystyle\int_0^1 f(t)dt+\Big\{\int_0^1 f(t)dt\Big\}^2$에서

$\displaystyle\int_0^1 f(t)dt=k$ (k는 상수) $\cdots\cdots\cdots$ ㉠

로 놓으면

$f(x)=3x^2-2kx+k^2$ $\cdots\cdots\cdots$ ㉡

STEP 2 $f(x)$를 $\displaystyle\int_0^1 f(t)dt=k$에 대입하여 상수 k의 값 구하기 [4점]

㉡을 ㉠에 대입하면

$\displaystyle\int_0^1 (3t^2-2kt+k^2)dt=\Big[t^3-kt^2+k^2t\Big]_0^1=1-k+k^2$

즉, $1-k+k^2=k$이므로 $k^2-2k+1=0$

$(k-1)^2=0$　　$\therefore\ k=1$

STEP 3 $f(x)$를 구하고, $f(2)$의 값 구하기 [2점]

$f(x)=3x^2-2x+1$이므로

$f(2)=12-4+1=9$

1567 답 (1) x^3-3x^2-4x　(2) -1　(3) 0　(4) 4　(5) 0　(6) 0
　　　(7) 0

실제 답안 예시

$f(x)=\displaystyle\int_0^x (t^3-3t^2-4t)dt$

$f'(x)=x^3-3x^2-4x$
$\quad\quad=x(x^2-3x-4)$
$\quad\quad=x(x+1)(x-4)$

$y=f'(x)$의 그래프에서

$f(x)$는 $x=0$에서 극대이므로

$f(0)=\displaystyle\int_0^0 (t^3-3t^2-4t)dt=0$

따라서 극댓값은 0이다.

▶ 증감표를 그리지 않고 그래프의 개형을 그려도 정답으로 인정한다.

1568 답 -2

STEP 1 $f'(x)$ 구하기 [2점]

$f(x)=\displaystyle\int_a^x (3t^2-2t-1)dt$의 양변을 x에 대하여 미분하면

$f'(x)=3x^2-2x-1=(3x+1)(x-1)$

STEP 2 $f(x)$가 극솟값을 가지는 x의 값 구하기 [3점]

$f'(x)=0$인 x의 값은 $x=-\dfrac{1}{3}$ 또는 $x=1$

함수 $f(x)$의 증가, 감소를 표로 나타내면 다음과 같다.

x	$\cdots$	$-\dfrac{1}{3}$	$\cdots$	1	$\cdots$
$f'(x)$	$+$	0	$-$	0	$+$
$f(x)$	↗	극대	↘	극소	↗

즉, 함수 $f(x)$는 $x=1$에서 극솟값을 가진다.

$$f(1)=\int_a^1 (3t^2-2t-1)dt=\left[t^3-t^2-t\right]_a^1=-1-a^3+a^2+a$$

$$\cdots\cdots\ \text{ⓐ}$$

이때 극솟값이 9이므로 $-1-a^3+a^2+a=9$

$a^3-a^2-a+10=0,\ (a+2)(a^2-3a+5)=0$

$\therefore a=-2$

부분점수표	
ⓐ $f(1)$의 값을 a에 대한 식으로 바르게 나타낸 경우	1점

1569 답 $\dfrac{4}{3}$

STEP 1 $f'(x)$ 구하기 [2점]

$f(x)=\int_x^{x+4}(t^2-2t)dt$의 양변을 x에 대하여 미분하면

$f'(x)=\{(x+4)^2-2(x+4)\}-(x^2-2x)$
$\qquad\ =8x+8=8(x+1)$

STEP 2 $f(x)$가 최솟값을 가지는 x의 값 구하기 [3점]

$f'(x)=0$인 x의 값은 $x=-1$

함수 $f(x)$의 증가, 감소를 표로 나타내면 다음과 같다.

x	$\cdots$	-1	$\cdots$
$f'(x)$	$-$	0	$+$
$f(x)$	$\searrow$	극소	$\nearrow$

즉, 함수 $f(x)$는 $x=-1$에서 극소이면서 최소이므로 최솟값을 가진다.

STEP 3 $f(x)$의 최솟값 구하기 [2점]

$$f(-1)=\int_{-1}^{3}(t^2-2t)dt=\left[\frac{1}{3}t^3-t^2\right]_{-1}^{3}$$
$$=(9-9)-\left(-\frac{1}{3}-1\right)=\frac{4}{3}$$

✓check 실전 마무리하기 1회
336쪽~340쪽

1 1570 답 ① 유형 1

출제의도 │ 정적분을 구할 수 있는지 확인한다.

$f(x)$의 한 부정적분을 $F(x)$라 하면
$\displaystyle\int_a^b f(x)dx=\left[F(x)\right]_a^b=F(b)-F(a)$임을 이용해 보자.

$$\int_1^2 5(x-1)(x+1)(x^2+1)dx$$
$$=\int_1^2 5(x^2-1)(x^2+1)dx=\int_1^2(5x^4-5)dx$$
$$=\left[x^5-5x\right]_1^2=(32-10)-(1-5)=26$$

2 1571 답 ① 유형 2

출제의도 │ 정적분의 계산 결과를 부등식에 적용할 수 있는지 확인한다.

$f(x)$의 한 부정적분을 $F(x)$라 하면
$\displaystyle\int_a^b f(x)dx=F(b)-F(a)$임을 이용해 보자.

$$\int_0^1(4x^3+kx+1)dx=\left[x^4+\frac{k}{2}x^2+x\right]_0^1$$
$$=2+\frac{k}{2}$$

즉, $2+\dfrac{k}{2}\geq0$에서 $k\geq-4$

따라서 실수 k의 최솟값은 -4이다.

3 1572 답 ② 유형 3

출제의도 │ 정적분의 성질을 아는지 확인한다.

$\displaystyle\int_a^b f(x)dx-\int_a^b g(x)dx=\int_a^b\{f(x)-g(x)\}dx$임을 이용해 보자.

$$\int_0^1\frac{x^3}{x-2}dx+\int_1^0\frac{8}{y-2}dy$$
$$=\int_0^1\frac{x^3}{x-2}dx-\int_0^1\frac{8}{x-2}dx$$
$$=\int_0^1\frac{x^3-8}{x-2}dx$$
$$=\int_0^1\frac{(x-2)(x^2+2x+4)}{x-2}dx$$
$$=\int_0^1(x^2+2x+4)dx$$
$$=\left[\frac{1}{3}x^3+x^2+4x\right]_0^1=\frac{16}{3}$$

4 1573 답 ② 유형 4

출제의도 │ $\displaystyle\int_a^c f(x)dx+\int_c^b f(x)dx=\int_a^b f(x)dx$를 적용할 수 있는지 확인한다.

$\displaystyle\int_0^k(3x^2+1)dx+\int_{-2}^0(3x^2+1)dx=\int_{-2}^k(3x^2+1)dx$임을 이용해 보자.

$$\int_0^k(3x^2+1)dx+\int_{-2}^0(3x^2+1)dx$$
$$=\int_{-2}^k(3x^2+1)dx$$
$$=\left[x^3+x\right]_{-2}^k=k^3+k+10$$

즉, $k^3+k+10=20$이므로

$k^3+k-10=0,\ (k-2)(k^2+2k+5)=0$

$\therefore k=2\ (\because k^2+2k+5>0)$
$\qquad\qquad \longrightarrow k^2+2k+5=(k+1)^2+4>0$

5 1574 답 ③ 유형 4 + 유형 8

출제의도 │ 정적분의 성질을 아는지 확인한다.

$\displaystyle\int_a^c f(x)dx+\int_c^b f(x)dx=\int_a^b f(x)dx$임을 이용해 보자.

$$\int_{-1}^{3}(5x^3+x^2-7x)dx-\int_{2}^{3}(5x^3+x^2-7x)dx$$
$$+\int_{2}^{1}(5x^3+x^2-7x)dx$$
$$=\int_{-1}^{3}(5x^3+x^2-7x)dx+\int_{3}^{2}(5x^3+x^2-7x)dx$$
$$+\int_{2}^{1}(5x^3+x^2-7x)dx$$
$$=\int_{-1}^{1}(5x^3+x^2-7x)dx=\int_{-1}^{1}(5x^3-7x)dx+\int_{-1}^{1}x^2dx$$
$$=0+2\int_{0}^{1}x^2dx=2\left[\frac{1}{3}x^3\right]_{0}^{1}=\frac{2}{3}$$

6 1575 답 ② 유형 6

출제의도 | 절댓값 기호를 포함한 함수의 정적분을 계산할 수 있는지 확인한다.

> (ⅰ) $x<3$일 때, $|x-3|=-x+3$
> (ⅱ) $x\geq3$일 때, $|x-3|=x-3$
> 으로 구간을 나눠서 적분을 해야 해.

$$|x-3|=\begin{cases} x-3 & (x\geq3) \\ -x+3 & (x<3) \end{cases}\text{이므로}$$
$$\int_{0}^{a}|x-3|dx=\int_{0}^{3}(-x+3)dx+\int_{3}^{a}(x-3)dx$$
$$=\left[-\frac{1}{2}x^2+3x\right]_{0}^{3}+\left[\frac{1}{2}x^2-3x\right]_{3}^{a}$$
$$=\left(-\frac{9}{2}+9\right)+\left\{\left(\frac{1}{2}a^2-3a\right)-\left(\frac{9}{2}-9\right)\right\}$$
$$=\frac{1}{2}a^2-3a+9$$

즉, $\dfrac{1}{2}a^2-3a+9=17$이므로
$$a^2-6a-16=0,\ (a+2)(a-8)=0$$
$$\therefore a=8\ (\because a>3)$$

7 1576 답 ④ 유형 20 + 유형 21

출제의도 | 정적분으로 정의된 함수의 극한값을 구할 수 있는지 확인한다.

> $$\lim_{x\to a}\frac{1}{x-a}\int_{a}^{x}f(x)dx=f(a)$$임을 이용해 보자.

함수 $f(x)$의 한 부정적분을 $F(x)$라 하면
$$\lim_{x\to2}\frac{1}{x-2}\int_{2}^{x}f(t)dt+\lim_{h\to0}\frac{1}{h}\int_{3}^{3+h}f(x)dx$$
$$=\lim_{x\to2}\frac{F(x)-F(2)}{x-2}+\lim_{h\to0}\frac{F(3+h)-F(3)}{h}$$
$$=F'(2)+F'(3)=f(2)+f(3)$$
이때 $f(x)=x^3+2x-4$이므로
$$f(2)+f(3)=8+29=37$$

8 1577 답 ⑤ 유형 5 + 유형 10

출제의도 | 주기함수의 정적분을 계산할 수 있는지 확인한다.

> $f(x+4)=f(x)$이면 $f(x)$는 주기가 4인 주기함수야.

08

$f(x+4)=f(x)$이므로
$$\int_{1}^{5}f(x)dx=\int_{5}^{9}f(x)dx=\int_{-3}^{1}f(x)dx\text{이고}$$
$$\int_{-3}^{1}f(x)dx=\int_{-3}^{0}f(x)dx+\int_{0}^{1}f(x)dx$$
$$=\int_{-3}^{0}(x+3)dx+\int_{0}^{1}(3-3x^2)dx$$
$$=\left[\frac{1}{2}x^2+3x\right]_{-3}^{0}+\left[3x-x^3\right]_{0}^{1}$$
$$=\frac{9}{2}+2=\frac{13}{2}$$
$$\therefore \int_{0}^{9}f(x)dx=\int_{0}^{1}f(x)dx+\int_{1}^{5}f(x)dx+\int_{5}^{9}f(x)dx$$
$$=2+\frac{13}{2}+\frac{13}{2}$$
$$=15$$

9 1578 답 ⑤ 유형 11

출제의도 | 조건을 만족시키는 함수를 식으로 나타내어 정적분의 계산을 할 수 있는지 확인한다.

> 최고차항의 계수가 4이고 $f(1)=f(2)=f(3)=k$이면 $f(x)=4(x-1)(x-2)(x-3)+k$야.

최고차항의 계수가 4인 삼차함수 $f(x)$가
$f(1)=f(2)=f(3)=k$를 만족시키므로
$$f(x)=4(x-1)(x-2)(x-3)+k$$
$$=4x^3-24x^2+44x-24+k$$
$$\therefore \int_{0}^{1}f(x)dx=\int_{0}^{1}(4x^3-24x^2+44x-24+k)dx$$
$$=\left[x^4-8x^3+22x^2-24x+kx\right]_{0}^{1}$$
$$=k-9$$
즉, $k-9=4$이므로 $k=13$

10 1579 답 ③ 유형 12

출제의도 | 정적분을 포함한 등식이 있을 때 문제를 해결할 수 있는지 확인한다.

> $$\int_{a}^{b}f(t)dt=k\ (k는 상수)$$로 놓고 $f(x)$의 식을 세워 보자.

$$\int_{0}^{2}f(t)dt=k\ (k는 상수)\ \cdots\cdots\cdots ㉠$$
로 놓으면
$$f(x)=x^2-2x+k\ \cdots\cdots\cdots ㉡$$
㉡을 ㉠에 대입하면
$$\int_{0}^{2}(t^2-2t+k)dt=\left[\frac{1}{3}t^3-t^2+kt\right]_{0}^{2}$$
$$=2k-\frac{4}{3}$$
즉, $k=2k-\dfrac{4}{3}$이므로 $k=\dfrac{4}{3}$
따라서 $f(x)=x^2-2x+\dfrac{4}{3}$이므로
$$f(3)=9-6+\frac{4}{3}=\frac{13}{3}$$

11 1580 답 ② 유형 13

출제의도 | 정적분을 포함한 등식이 있을 때 문제를 해결할 수 있는지 확인한다.

> $\int_2^x f(t)dt=g(x)$이면 $f(x)=g'(x)$임을 이용해 보자.

$\int_2^x f(t)dt=x^4-x^3+ax$의 양변에 $x=2$를 대입하면

$0=16-8+2a,\ 2a=-8$ $\therefore a=-4$

$\int_2^x f(t)dt=x^4-x^3-4x$의 양변을 x에 대하여 미분하면

$f(x)=4x^3-3x^2-4$

$\therefore \int_{-1}^1 f(x)dx=\int_{-1}^1 (4x^3-3x^2-4)dx$ $\left(\int_{-1}^1 4x^3\,dx=0\right)$

$\qquad =2\int_0^1 (-3x^2-4)dx$

$\qquad =2\Big[-x^3-4x\Big]_0^1=-10$

12 1581 답 ③ 유형 16

출제의도 | 정적분을 포함한 등식이 있을 때 문제를 해결할 수 있는지 확인한다.

> $\int_0^x (x-t)f(t)dt=x\int_0^x f(t)dt-\int_0^x tf(t)dt$로 식을 변형해 보자.

$\int_0^x (x-t)f(t)dt=x\int_0^x f(t)dt-\int_0^x tf(t)dt$이므로

$x\int_0^x f(t)dt-\int_0^x tf(t)dt=2x^3-4x^2$에서

양변을 x에 대하여 미분하면

$\int_0^x f(t)dt+xf(x)-xf(x)=6x^2-8x$

$\therefore \int_0^x f(t)dt=6x^2-8x$

양변을 다시 x에 대하여 미분하면

$f(x)=12x-8$

$\therefore f(1)=4$

13 1582 답 ① 유형 17

출제의도 | 주어진 조건으로 구한 $f'(x)$의 정적분을 계산할 수 있는지 확인한다.

> 함수 $f(x)$가 $x=1,\ x=3$에서 극값을 가지면 $f'(x)$는 $x-1,\ x-3$을 인수로 가짐을 이용해 보자.

삼차함수 $f(x)$의 최고차항의 계수가 1이므로 $f'(x)$는 이차함수이고 최고차항의 계수는 3이다.

$f(x)$는 $x=1,\ x=3$에서 극값을 가지므로 $f'(1)=0,\ f'(3)=0$

$f'(x)=3(x-1)(x-3)=3x^2-12x+9$

$\therefore \int_3^1 f'(x)dx=\int_3^1 (3x^2-12x+9)dx$

$\qquad =-\int_1^3 (3x^2-12x+9)dx$

$\qquad =-\Big[x^3-6x^2+9x\Big]_1^3$

$\qquad =-(0-4)=4$

14 1583 답 ③ 유형 18

출제의도 | 정적분으로 정의된 함수의 최솟값을 구할 수 있는지 확인한다.

> 양변을 x에 대하여 미분하면 $f'(x)=4x^2(x-3)$이야.

$f(x)=\int_{-1}^x 4t^2(t-3)dt$의 양변을 x에 대하여 미분하면

$f'(x)=4x^2(x-3)$

$f'(x)=0$인 x의 값은 $x=0$ 또는 $x=3$

함수 $f(x)$의 증가, 감소를 표로 나타내면 다음과 같다.

x	$\cdots$	0	$\cdots$	3	$\cdots$
$f'(x)$	$-$	0	$-$	0	$+$
$f(x)$	$\searrow$		$\searrow$	극소	$\nearrow$

따라서 함수 $f(x)$는 $x=3$에서 극소이면서 최소이므로 최솟값은

$f(3)=\int_{-1}^3 4t^2(t-3)dt=\int_{-1}^3 (4t^3-12t^2)dt$

$\qquad =\Big[t^4-4t^3\Big]_{-1}^3=-27-5=-32$

15 1584 답 ⑤ 유형 19

출제의도 | 정적분으로 정의된 함수의 극대, 극소를 구할 수 있는지 확인한다.

> $g(x)=\int_{-1}^x f(t)dt$이면 $g'(x)=f(x)$야.

$g(x)=\int_{-1}^x f(t)dt$의 양변을 x에 대하여 미분하면

$g'(x)=f(x)$

$y=f(x)$의 그래프가 x축과 만나는 점의 x좌표가 $-1,\ 3$이므로

$f(x)=a(x+1)(x-3)\ (a<0)$으로 놓으면

$g'(x)=a(x+1)(x-3)$

$g'(x)=0$인 x의 값은 $x=-1$ 또는 $x=3$

함수 $g(x)$의 증가, 감소를 표로 나타내면 다음과 같다.

x	$\cdots$	-1	$\cdots$	3	$\cdots$
$g'(x)$	$-$	0	$+$	0	$-$
$g(x)$	$\searrow$	극소	$\nearrow$	극대	$\searrow$

함수 $g(x)$는 $x=3$에서 극대, $x=-1$에서 극소이므로

$a=3,\ b=-1$

$\therefore a-b=3-(-1)=4$

16 1585 답 ③ 유형 9

출제의도 | 우함수, 기함수의 정적분을 계산할 수 있는지 확인한다.

> $f(-x)=f(x)$이면 $f(x)$는 우함수야.

$f(-x)=f(x)$이면 $f(x)$는 우함수이므로

$\int_{-1}^1 f(x)dx=2\int_0^1 f(x)dx=6$

$\therefore \int_0^1 f(x)dx=3$

$\int_{-2}^0 f(x)dx=\int_0^2 f(x)dx=\int_0^1 f(x)dx+\int_1^2 f(x)dx$

$\qquad =3+4=7$

$f(x)$가 우함수이므로 $xf(x)$는 기함수이다.

$\int_0^2 xf(x)dx=5$이므로 $\int_{-2}^0 xf(x)dx=-5$

$\therefore \int_{-2}^0 (x+3)f(x)dx=\int_{-2}^0 xf(x)dx+3\int_{-2}^0 f(x)dx$
$$=-5+3\times 7=16$$

17 1586 답 ① 유형 12

출제의도 | 정적분을 포함한 등식이 있을 때 문제를 해결할 수 있는지 확인한다.

> 적분 구간의 위끝, 아래끝이 상수이면 정적분의 값은 상수야.

$$f(x)=\int_{-1}^1 (x+t)f(t)dt+x^3$$
$$=x\int_{-1}^1 f(t)dt+\int_{-1}^1 tf(t)dt+x^3$$

$\int_{-1}^1 f(t)dt=a,\ \int_{-1}^1 tf(t)dt=b\ (a,\ b$는 상수$)$로 놓으면

$f(x)=x^3+ax+b$ ·········· ㉠

$\int_{-1}^1 f(t)dt=a$에 ㉠을 대입하면

$\int_{-1}^1 (t^3+at+b)dt=2\int_0^1 bdt=2\Big[bt\Big]_0^1=2b$

즉, $a=2b$ ·········· ㉡

$\int_{-1}^1 tf(t)dt=b$에 ㉠을 대입하면

$\int_{-1}^1 (t^4+at^2+bt)dt=2\int_0^1 (t^4+at^2)dt$
$$=2\Big[\frac{1}{5}t^5+\frac{a}{3}t^3\Big]_0^1=2\Big(\frac{1}{5}+\frac{a}{3}\Big)$$

즉, $b=\frac{2}{5}+\frac{2}{3}a$ ·········· ㉢

㉡, ㉢을 연립하여 풀면

$a=-\frac{12}{5},\ b=-\frac{6}{5}$

따라서 $f(x)=x^3-\frac{12}{5}x-\frac{6}{5}$이므로 $f(-1)=\frac{1}{5}$

다른 풀이

㉠을 $f(x)=\int_{-1}^1 (x+t)f(t)dt+x^3$에 대입하면

$x^3+ax+b=\int_{-1}^1 (x+t)(t^3+at+b)dt+x^3$
$$=2\int_0^1 (bx+t^4+at^2)dt+x^3$$
$$=2\Big[bxt+\frac{1}{5}t^5+\frac{a}{3}t^3\Big]_0^1+x^3$$
$$=2\Big(bx+\frac{1}{5}+\frac{1}{3}a\Big)+x^3$$

이므로 양변의 계수를 비교하면

$a=2b,\ \frac{2}{5}+\frac{2}{3}a=b\quad \therefore a=-\frac{12}{5},\ b=-\frac{6}{5}$

따라서 $f(x)=x^3-\frac{12}{5}x-\frac{6}{5}$이므로 $f(-1)=\frac{1}{5}$

18 1587 답 ⑤ 유형 14

출제의도 | 정적분을 포함한 등식이 있을 때 문제를 해결할 수 있는지 확인한다.

> $\int_a^x f(t)dt=g(x)$에서 $g(a)=0,\ f(x)=g'(x)$야.

$\int_1^x f(t)dt=x^3+f(x)-8x$ ·········· ㉠

㉠의 양변에 $x=1$을 대입하면

$0=1+f(1)-8\qquad \therefore f(1)=7$

㉠의 양변을 x에 대하여 미분하면

$f(x)=3x^2+f'(x)-8$

위 식에 $x=1$을 대입하면

$7=3+f'(1)-8\qquad \therefore f'(1)=12$

이때 $f(x)+f'(x)$를 $x-1$로 나누었을 때의 나머지는

$f(1)+f'(1)=7+12=19$

19 1588 답 ② 유형 17

출제의도 | $f(x)=\int_{x-a}^{x+b} g(t)dt$ 꼴에서 도함수 $f'(x)$를 구할 수 있는지 확인한다.

> $f(x)=\int_{x-a}^{x+b} g(t)dt$이면 $f'(x)=g(x+b)-g(x-a)$야.

ㄱ. $f(0)=\int_{-1}^0 t^2 dt=\Big[\frac{1}{3}t^3\Big]_{-1}^0=\frac{1}{3}$

$\quad f(1)=\int_0^1 t^2 dt=\Big[\frac{1}{3}t^3\Big]_0^1=\frac{1}{3}$

$\quad \therefore f(0)=f(1)$ (참)

ㄴ. $f(1-x)=\int_{-x}^{1-x} t^2 dt=\int_{x-1}^x t^2 dt=f(x)$

$\quad$이므로 $f(1-x)=f(x)$

$\quad$즉, 함수 $y=f(x)$의 그래프는 직선 $x=\frac{1}{2}$에 대하여 대칭이다.
$\quad\quad\quad\quad\quad\quad\quad\quad\quad\quad\quad\quad\quad\quad\quad\quad$(참)

ㄷ. $f(x)=\int_{x-1}^x t^2 dt$의 양변을 x에 대하여 미분하면

$\quad f'(x)=x^2-(x-1)^2=2x-1$

$\quad f'(x)=0$인 x의 값은 $x=\frac{1}{2}$

$\quad$즉, 함수 $f(x)$의 극솟값은

$\quad f\Big(\frac{1}{2}\Big)=\int_{-\frac{1}{2}}^{\frac{1}{2}} t^2 dt=2\int_0^{\frac{1}{2}} t^2 dt=2\Big[\frac{1}{3}t^3\Big]_0^{\frac{1}{2}}=\frac{1}{12}$ (거짓)

따라서 옳은 것은 ㄱ, ㄴ이다.

다른 풀이

ㄴ. ㄷ에서 $f'(x)=2x-1$이므로

$\quad f(x)=\int f'(x)dx=\int (2x-1)dx=x^2-x+C$

$\quad$ㄱ에서 $f(0)=\frac{1}{3}$이므로 $C=\frac{1}{3}$

$\quad \therefore f(x)=x^2-x+\frac{1}{3}=\Big(x-\frac{1}{2}\Big)^2+\frac{1}{12}$

$\quad$즉, 함수 $y=f(x)$의 그래프는 직선 $x=\frac{1}{2}$에 대하여 대칭이다.
$\quad\quad\quad\quad\quad\quad\quad\quad\quad\quad\quad\quad\quad\quad\quad\quad$(참)

20 1589 답 ④ 유형 16

출제의도 | 정적분을 포함한 등식이 있을 때 문제를 해결할 수 있는지 확인한다.

주어진 식을 변형한 후 $\int_1^x f(t)dt=g(x)$의 양변을 x에 대하여 미분하면 $f(x)=g'(x)$야.

$$\int_1^x (t-x)(t+x)f(t)dt=\int_1^x (t^2-x^2)f(t)dt$$
$$=\int_1^x t^2 f(t)dt-x^2\int_1^x f(t)dt$$

즉, $\int_1^x t^2 f(t)dt-x^2\int_1^x f(t)dt=-x^4+ax^3+bx^2+c$

위 식의 양변을 x에 대하여 미분하면

$$x^2 f(x)-2x\int_1^x f(t)dt-x^2 f(x)=-4x^3+3ax^2+2bx$$

$$\int_1^x f(t)dt=2x^2-\frac{3}{2}ax-b$$

위 식의 양변을 x에 대하여 미분하면

$$f(x)=4x-\frac{3}{2}a$$

$f(0)=3$이므로 $-\frac{3}{2}a=3$

$\therefore a=-2$

$\therefore f(x)=4x+3$

$\int_1^x f(t)dt=2x^2+3x-b$의 양변에 $x=1$을 대입하면

$0=5-b$ $\quad \therefore b=5$

또한 $\int_1^x t^2 f(t)dt-x^2\int_1^x f(t)dt=-x^4-2x^3+5x^2+c$의 양변에

$x=1$을 대입하면

$0=-1-2+5+c$

$\therefore c=-2$

$\therefore f(b-ac)=f(1)=4+3=7$

21 1590 답 ①

출제의도 | 정적분으로 정의된 함수의 극값 조건을 활용할 수 있는지 확인한다.

$f(x)$가 극값을 가지지 않으려면 $f'(x)\geq0$이거나 $f'(x)\leq0$이어야 해.

$f(x)=\int_0^x (3at^2+2bt+a)dt$의 양변을 x에 대하여 미분하면

$f'(x)=3ax^2+2bx+a$

함수 $f(x)$가 극값을 가지지 않으려면

모든 실수 x에 대하여 $f'(x)\geq0$ 또는 $f'(x)\leq0$이다.

이차방정식 $f'(x)=0$, 즉 $3ax^2+2bx+a=0$의 판별식을 D라 할 때

$$\frac{D}{4}=b^2-3a^2\leq0 \quad\cdots\cdots\cdots ㉠$$

이때 $f(1)=1$이므로

$$f(1)=\int_0^1 (3at^2+2bt+a)dt=\Big[at^3+bt^2+at\Big]_0^1=2a+b=1$$

$\therefore b=1-2a \quad\cdots\cdots\cdots ㉡$

㉡을 ㉠에 대입하면

$(1-2a)^2-3a^2\leq0$, $a^2-4a+1\leq0$

$\therefore 2-\sqrt{3}\leq a\leq2+\sqrt{3}$

따라서 정수 a의 최댓값은 3이다.

22 1591 답 -4

출제의도 | 미적분의 기본 정리를 이용하여 문제를 해결할 수 있는지 확인한다.

STEP 1 그래프를 보고 함수 $f(x)$ 구하기 [2점]

그래프에서 $f(-2)=f(2)=f(6)=0$이므로

$f(x)=k(x+2)(x-2)(x-6)$ $(k>0)$

으로 놓으면 $f(0)=8$에서

$k\times2\times(-2)\times(-6)=8$, $24k=8$ $\quad\therefore k=\frac{1}{3}$

$\therefore f(x)=\frac{1}{3}(x+2)(x-2)(x-6)$

STEP 2 $\int_a^{a+4} f'(x)dx=0$을 만족시키는 실수 a의 값 구하기 [3점]

$\int_a^{a+4} f'(x)dx=f(a+4)-f(a)$이므로

$f(a+4)-f(a)=0$에서

$\frac{1}{3}(a+6)(a+2)(a-2)-\frac{1}{3}(a+2)(a-2)(a-6)=0$

$4(a+2)(a-2)=0$

$\therefore a=-2$ 또는 $a=2$

$\rightarrow \frac{1}{3}(a+2)(a-2)\{(a+6)-(a-6)\}=0$

$4(a+2)(a-2)=0$

STEP 3 모든 실수 a의 값의 곱 구하기 [1점]

모든 실수 a의 값의 곱은

$(-2)\times2=-4$

23 1592 답 8

출제의도 | 정적분을 포함한 등식이 있을 때 문제를 해결할 수 있는지 확인한다.

STEP 1 $\int_a^a f(x)dx=0$임을 이용하여 $f(1)$의 값 구하기 [1점]

$$xf(x)=x^3-x^2+\int_1^x f(t)dt \quad\cdots\cdots\cdots ㉠$$

㉠의 양변에 $x=1$을 대입하면

$f(1)=1-1+0=0$

STEP 2 주어진 식의 양변을 x에 대하여 미분하여 $f'(x)$ 구하기 [2점]

㉠의 양변을 x에 대하여 미분하면

$f(x)+xf'(x)=3x^2-2x+f(x)$

$xf'(x)=3x^2-2x$

$\therefore f'(x)=3x-2$

STEP 3 $f(x)$를 구하고, $f(3)$의 값 구하기 [3점]

$$f(x)=\int f'(x)dx=\int(3x-2)dx=\frac{3}{2}x^2-2x+C$$

이때 $f(1)=0$이므로

$\frac{3}{2}-2+C=0 \quad\therefore C=\frac{1}{2}$

따라서 $f(x)=\frac{3}{2}x^2-2x+\frac{1}{2}$이므로

$f(3)=\frac{27}{2}-6+\frac{1}{2}=8$

24 1593 답 12

출제의도 | 우함수, 기함수의 정적분을 계산할 수 있는지 확인한다.

STEP 1 $f(x)$가 기함수임을 이용하여 $f(x)$와 $f'(x)$의 식 세우기 [2점]

㈎에서 $f(-x)=-f(x)$이므로 $f(x)$는 홀수 차수의 항으로 이루어져 있다.

$f(x)=ax^3+bx$ $(a, b$는 상수, $a\neq0)$로 놓으면
$f'(x)=3ax^2+b$

STEP 2 $f'(1)=0$, $f(1)=-3$을 이용하여 $f'(x)$ 구하기 [2점]

㈏에서 함수 $f(x)$는 $x=1$에서 극솟값 -3을 가지므로
$f'(1)=0$, $f(1)=-3$
즉, $3a+b=0$, $a+b=-3$
두 식을 연립하여 풀면
$a=\dfrac{3}{2}$, $b=-\dfrac{9}{2}$
$\therefore f'(x)=\dfrac{9}{2}x^2-\dfrac{9}{2}=\dfrac{9}{2}(x^2-1)$

STEP 3 $\displaystyle\int_{-1}^{1}(x+2)|f'(x)|dx$의 값 구하기 [3점]

$\displaystyle\int_{-1}^{1}(x+2)|f'(x)|dx=\int_{-1}^{1}\left\{-\dfrac{9}{2}(x^2-1)(x+2)\right\}dx$

$-1\leq x\leq1$일 때
$|f'(x)|=\left|\dfrac{9}{2}(x^2-1)\right|$ $\qquad =-\dfrac{9}{2}\times2\displaystyle\int_{0}^{1}(2x^2-2)dx$
$\qquad\qquad =-\dfrac{9}{2}(x^2-1)$ $\qquad =-9\left[\dfrac{2}{3}x^3-2x\right]_{0}^{1}=12$

25 1594 답 2 유형 21

출제의도 | 정적분으로 정의된 함수의 극한값을 구할 수 있는지 확인한다.

STEP 1 주어진 식의 양변을 미분하고 조건을 이용하여 함수 $f(x)$ 구하기 [3점]

$\displaystyle\int_{0}^{x}f(t)dt=x^3+nx$의 양변을 x에 대하여 미분하면
$f(x)=3x^2+n$
이때 $f(0)=1$에서 $n=1$
$\therefore f(x)=3x^2+1$

STEP 2 미분계수의 정의를 이용하여 극한값 구하기 [4점]

$F'(t)=t^2f(t)$로 놓으면

$\displaystyle\lim_{x\to1}\dfrac{1}{x^2-1}\int_{1}^{x}t^2f(t)dt=\lim_{x\to1}\dfrac{1}{x^2-1}\Big[F(t)\Big]_{1}^{x}$

$\qquad =\displaystyle\lim_{x\to1}\dfrac{F(x)-F(1)}{x^2-1}$

$\qquad =\displaystyle\lim_{x\to1}\left\{\dfrac{F(x)-F(1)}{x-1}\times\dfrac{1}{x+1}\right\}$

$\qquad =\dfrac{1}{2}F'(1)=\dfrac{1}{2}f(1)$

$\qquad =\dfrac{1}{2}\times4=2$

 **check 실전 마무리**하기 **2회** 341쪽~345쪽

1 1595 답 ③ 유형 1

출제의도 | 정적분을 구할 수 있는지 확인한다.

$f(x)$의 한 부정적분을 $F(x)$라 하면
$\displaystyle\int_{a}^{b}f(x)dx=\Big[F(x)\Big]_{a}^{b}=F(b)-F(a)$를 이용해 보자.

$\displaystyle\int_{-1}^{3}(kx^2+1)dx=\left[\dfrac{1}{3}kx^3+x\right]_{-1}^{3}$

$\qquad =(9k+3)-\left(-\dfrac{1}{3}k-1\right)$

$\qquad =\dfrac{28}{3}k+4$

즉, $\dfrac{28}{3}k+4=-24$이므로

$\dfrac{28}{3}k=-28$ $\qquad \therefore k=-3$

2 1596 답 ① 유형 3

출제의도 | 정적분의 성질을 아는지 확인한다.

$\displaystyle\int_{a}^{b}f(x)dx=-\int_{b}^{a}f(x)dx$야.

$\displaystyle\int_{1}^{3}(2x+1)^2dx+\int_{3}^{1}(2x-1)^2dx$

$=\displaystyle\int_{1}^{3}(2x+1)^2dx-\int_{1}^{3}(2x-1)^2dx$

$=\displaystyle\int_{1}^{3}(4x^2+4x+1-4x^2+4x-1)dx$

$=\displaystyle\int_{1}^{3}8x\,dx=\Big[4x^2\Big]_{1}^{3}$

$=36-4=32$

3 1597 답 ① 유형 4

출제의도 | 정적분의 성질을 아는지 확인한다.

$\displaystyle\int_{a}^{c}f(x)dx+\int_{c}^{b}f(x)dx=\int_{a}^{b}f(x)dx$임을 이용해 보자.

$\displaystyle\int_{0}^{3}f(x)dx-\int_{2}^{6}f(x)dx+\int_{3}^{6}f(x)dx$

$=\displaystyle\int_{0}^{3}f(x)dx+\int_{3}^{6}f(x)dx-\int_{2}^{6}f(x)dx$

$=\displaystyle\int_{0}^{6}f(x)dx+\int_{6}^{2}f(x)dx$

$=\displaystyle\int_{0}^{2}f(x)dx$

$=\displaystyle\int_{0}^{2}(2x^3-6x^2-1)dx=\left[\dfrac{1}{2}x^4-2x^3-x\right]_{0}^{2}$

$=8-16-2=-10$

4 1598 답 ④ 유형 4

출제의도 | 정적분의 성질을 아는지 확인한다.

$\displaystyle\int_{a}^{c}f(x)dx+\int_{c}^{b}f(x)dx=\int_{a}^{b}f(x)dx$임을 이용해 보자.

$\displaystyle\int_{1}^{2}f(x)dx=\int_{1}^{4}f(x)dx+\int_{4}^{5}f(x)dx+\int_{5}^{2}f(x)dx$

$\qquad =\displaystyle\int_{1}^{4}f(x)dx+\int_{4}^{5}f(x)dx-\int_{2}^{5}f(x)dx$

$\qquad =a+c-b=a-b+c$

5 1599 답 ⑤ 유형 6

출제의도 | 절댓값 기호를 포함한 함수의 정적분을 계산할 수 있는지 확인한다.

절댓값 기호 안의 식의 값이 0이 되게 하는 x의 값을 경계로 적분 구간을 나눠 보자.

$$|x^2-4|=\begin{cases} x^2-4 & (x\le -2 \text{ 또는 } x\ge 2) \\ -x^2+4 & (-2<x<2) \end{cases}\text{이므로}$$

$$\int_0^3 |x^2-4|\,dx=\int_0^2 (-x^2+4)\,dx+\int_2^3 (x^2-4)\,dx$$
$$=\left[-\frac{1}{3}x^3+4x\right]_0^2+\left[\frac{1}{3}x^3-4x\right]_2^3$$
$$=\frac{16}{3}+\frac{7}{3}=\frac{23}{3}$$

6 1600 답 ① 유형 7

출제의도 | $\int_a^b f'(x)dx$를 계산할 수 있는지 확인한다.

$$\int_a^b f'(x)dx=\left[f(x)\right]_a^b=f(b)-f(a)\text{야.}$$

$$\int_0^2 f'(x)dx=\left[f(x)\right]_0^2=f(2)-f(0)=0-2=-2$$

다른 풀이

$f(x)=a(x+1)(x-1)(x-2)\ (a\ne 0)$로 놓으면
$f(0)=2$이므로 $2a=2$ $\therefore a=1$
따라서 $f(x)=(x+1)(x-1)(x-2)=x^3-2x^2-x+2$이므로
$f'(x)=3x^2-4x-1$
$$\therefore \int_0^2 f'(x)dx=\int_0^2 (3x^2-4x-1)dx$$
$$=\left[x^3-2x^2-x\right]_0^2=-2$$

7 1601 답 ③ 유형 8

출제의도 | $\int_{-a}^a x^n dx$ (n은 자연수)를 계산할 수 있는지 확인한다.

$y=|x|$의 그래프는 y축에 대하여 대칭이야.

$y=|x|$의 그래프는 y축에 대하여 대칭이므로
$$\int_{-2}^2 (4x^3+3x^2+2x+1+2|x|)dx \qquad \xrightarrow{\text{우함수}}$$
$$=\int_{-2}^2 (4x^3+2x)dx+\int_{-2}^2 (3x^2+1+2|x|)dx$$
$$=0+2\int_0^2 (3x^2+1+2x)dx$$
$$=2\left[x^3+x^2+x\right]_0^2=2\times(8+4+2)=28$$

8 1602 답 ② 유형 9

출제의도 | 기함수의 성질을 이용한 정적분을 계산할 수 있는지 확인한다.

$f(-x)=-f(x)$이므로 $f(0)=0$이야.

$$\int_{-3}^0 f'(x)dx=\left[f(x)\right]_{-3}^0=f(0)-f(-3)$$
$f(-x)=-f(x)$에 $x=0$을 대입하면
$f(0)=-f(0)$ $\therefore f(0)=0$

$f(-x)=-f(x)$에 $x=3$을 대입하면
$f(-3)=-f(3)=-1\ (\because f(3)=1)$
$$\therefore \int_{-3}^0 f'(x)dx=f(0)-f(-3)=0-(-1)=1$$

9 1603 답 ⑤ 유형 2

출제의도 | 주어진 조건을 활용하여 정적분을 계산할 수 있는지 확인한다.

$f(x)$가 일차함수이면 $f(x)=ax+b\ (a,\ b$는 상수, $a\ne 0)$로 놓을 수 있어.

$f(x)$가 일차함수이므로
$f(x)=ax+b\ (a,\ b$는 상수, $a\ne 0)$로 놓으면
$$\int_{-1}^1 \left[\frac{d}{dx}\{xf(x)\}\right]dx=\int_{-1}^1 \left\{\frac{d}{dx}(ax^2+bx)\right\}dx$$
$$=\left[ax^2+bx\right]_{-1}^1=2b=4$$
$\therefore b=2$
$$\int_{-1}^1 xf(x)dx=\int_{-1}^1 (ax^2+2x)dx=\left[\frac{a}{3}x^3+x^2\right]_{-1}^1=\frac{2}{3}a=6$$
$\therefore a=9$
따라서 $f(x)=9x+2$이므로 $f(2)=20$

10 1604 답 ② 유형 10

출제의도 | 주기함수의 정적분을 계산할 수 있는지 확인한다.

$f(x+2)=f(x)$이면 $f(x)$는 주기가 2인 주기함수야.

$$\int_0^{10} f(x)dx=\int_0^1 f(x)dx+\int_1^3 f(x)dx+\int_3^5 f(x)dx$$
$$+\int_5^7 f(x)dx+\int_7^9 f(x)dx+\int_9^{10} f(x)dx$$
㈎에서 $f(x)=f(x+2)$이므로
$$\int_1^3 f(x)dx=\int_3^5 f(x)dx=\int_5^7 f(x)dx=\int_7^9 f(x)dx=2$$
이고
$$\int_0^1 f(x)dx=\int_2^3 f(x)dx,\ \int_9^{10} f(x)dx=\int_1^2 f(x)dx\text{이므로}$$
$$\int_0^1 f(x)dx+\int_9^{10} f(x)dx=\int_2^3 f(x)dx+\int_1^2 f(x)dx$$
$$=\int_1^3 f(x)dx$$
$$\therefore \int_0^{10} f(x)dx=5\int_1^3 f(x)dx=5\times 2=10$$

11 1605 답 ② 유형 12

출제의도 | 적분 구간이 상수인 정적분을 포함한 등식에서 $f(x)$를 구할 수 있는지 확인한다.

$\int_0^2 f(t)dt=k\ (k$는 상수)로 놓으면 $f(x)=3x^2+x+k$야.

$f(x)=3x^2+x+\int_0^2 f(t)dt$에서
$\int_0^2 f(t)dt=k\ (k$는 상수)로 놓으면 $f(x)=3x^2+x+k$이므로

$$\int_0^2 f(t)dt=\int_0^2 (3t^2+t+k)dt$$
$$=\left[t^3+\frac{1}{2}t^2+kt\right]_0^2=10+2k$$

즉, $10+2k=k$이므로 $k=-10$
따라서 $f(x)=3x^2+x-10$이므로
$f(2)=12+2-10=4$

12 1606 답 ① 유형 13

출제의도 │ 정적분을 포함한 등식이 있을 때 문제를 해결할 수 있는지 확인한다.

$\displaystyle\int_1^x f(t)dt=g(x)$의 양변을 x에 대하여 미분하면 $f(x)=g'(x)$야.

$\displaystyle\int_1^x f(t)dt=x^2+x+a$의 양변에 $x=1$을 대입하면
$0=1+1+a$ $\quad\therefore a=-2$
$\displaystyle\int_1^x f(t)dt=x^2+x-2$의 양변을 x에 대하여 미분하면
$f(x)=2x+1$ $\quad\therefore f(1)=2+1=3$
$\therefore af(1)=-2\times3=-6$

13 1607 답 ③ 유형 13

출제의도 │ 적분 구간에 변수가 있는 정적분을 포함한 등식에서 $f(x)$를 구할 수 있는지 확인한다.

양변에 $x=12$를 대입하면 $\displaystyle\int_0^1 f(t)dt$의 값을 구할 수 있어.

$\displaystyle\int_{12}^x f(t)dt=-x^3+x^2+\int_0^1 xf(t)dt$의 양변에 $x=12$를 대입하면
$0=-12^3+12^2+\displaystyle\int_0^1 12f(t)dt$
$12\displaystyle\int_0^1 f(t)dt=12^2\times(12-1)$
$\therefore \displaystyle\int_0^1 f(t)dt=12\times11=132$
$\therefore \displaystyle\int_0^1 f(x)dx=132$

다른 풀이

$\displaystyle\int_{12}^x f(t)dt=-x^3+x^2+\int_0^1 xf(t)dt$
$=-x^3+x^2+x\displaystyle\int_0^1 f(t)dt$

에서 $\displaystyle\int_0^1 f(t)dt=k$ (k는 상수)로 놓으면
$\displaystyle\int_{12}^x f(t)dt=-x^3+x^2+kx$
양변을 x에 대하여 미분하면 $f(x)=-3x^2+2x+k$이므로
$\displaystyle\int_{12}^x f(t)dt=\int_{12}^x(-3t^2+2t+k)dt$
$=\left[-t^3+t^2+kt\right]_{12}^x$
$=-x^3+x^2+kx-(-12^3+12^2+12k)$
즉, $-x^3+x^2+kx-12(-132+k)=-x^3+x^2+kx$이므로
$-12(-132+k)=0$ $\quad\therefore k=132$ → x에 대한 항등식
$\therefore \displaystyle\int_0^1 f(x)dx=\int_0^1 f(t)dt=132$

14 1608 답 ① 유형 20

출제의도 │ 정적분으로 정의된 함수의 극한값을 구할 수 있는지 확인한다.

$\displaystyle\lim_{h\to0}\frac{1}{h}\int_2^{2+h}f(t)dt=f(2)$임을 이용해 보자.

$f(x)=x(1-x)$라 하고, 함수 $f(x)$의 한 부정적분을 $F(x)$라 하면
$\displaystyle\lim_{h\to0}\frac{1}{h}\int_2^{2+h}f(x)dx=\lim_{h\to0}\frac{F(2+h)-F(2)}{h}$
$=F'(2)=f(2)=-2$

15 1609 답 ③ 유형 6

출제의도 │ 절댓값 기호를 포함한 함수의 정적분을 계산할 수 있는지 확인한다.

절댓값 기호 안의 식의 값이 0이 되게 하는 x의 값을 경계로 적분 구간을 나누어야 해.

(i) $x<1$일 때
$\displaystyle\int_0^x |t-1|dt=\int_0^x\{-(t-1)\}dt=\int_0^x(-t+1)dt$
$=\left[-\frac{1}{2}t^2+t\right]_0^x=-\frac{1}{2}x^2+x$
즉, $-\dfrac{1}{2}x^2+x=x$이므로 $x^2=0$ $\quad\therefore x=0$

(ii) $x\geq1$일 때
$\displaystyle\int_0^x |t-1|dt=\int_0^1\{-(t-1)\}dt+\int_1^x(t-1)dt$
$=\left[-\frac{1}{2}t^2+t\right]_0^1+\left[\frac{1}{2}t^2-t\right]_1^x=x$
$=\frac{1}{2}+\frac{1}{2}x^2-x+\frac{1}{2}=\frac{1}{2}x^2-x+1$
즉, $\dfrac{1}{2}x^2-x+1=x$이므로 $\dfrac{1}{2}x^2-2x+1=0$, $x^2-4x+2=0$
$\therefore x=2+\sqrt{2}$ $(\because x\geq1)$

(i), (ii)에서 $\alpha^2+\beta^2=0^2+(2+\sqrt{2})^2=6+4\sqrt{2}$

16 1610 답 ④ 유형 10

출제의도 │ $f(x+p)=f(x)$를 만족시키는 함수의 정적분을 구할 수 있는지 확인한다.

모든 정수 m에 대하여 $\displaystyle\int_m^{m+2}f(x)dx=4$이므로
$\displaystyle\int_0^2 f(x)dx=\int_2^4 f(x)dx=\cdots=4$임을 이용해 보자.

㈎에서 모든 정수 m에 대하여 $\displaystyle\int_m^{m+2}f(x)dx=4$이므로
$\displaystyle\int_1^{10}f(x)dx$
$=\displaystyle\int_0^{10}f(x)dx-\int_0^1 f(x)dx$
$=\displaystyle\int_0^2 f(x)dx+\int_2^4 f(x)dx+\int_4^6 f(x)dx+\int_6^8 f(x)dx$
$\displaystyle\qquad+\int_8^{10}f(x)dx-\int_0^1 f(x)dx$
$=5\times4-\displaystyle\int_0^1 f(x)dx$ ⋯⋯⋯⋯⋯⋯ ㉠

이때 ㈏에서 $0 \le x \le 2$일 때, $f(x)=x^3-6x^2+8x$이므로

$$\int_0^1 f(x)dx=\int_0^1 (x^3-6x^2+8x)dx$$
$$=\left[\frac{1}{4}x^4-2x^3+4x^2\right]_0^1=\frac{9}{4}$$

따라서 ㉠에서 $\int_1^{10} f(x)dx=20-\frac{9}{4}=\frac{71}{4}$

17 1611 답 ④ 유형 16

출제의도 | 정적분을 포함한 등식이 있을 때 문제를 해결할 수 있는지 확인한다.

$\int_1^x (x-t)f(t)dt=x\int_1^x f(t)dt-\int_1^x tf(t)dt$로 식을 변형해야 해.

$$\int_1^x (x-t)f(t)dt=x^3+ax^2-x+b \quad \cdots\cdots ㉠$$

㉠의 양변에 $x=1$을 대입하면

$0=1+a-1+b$ $\quad \therefore b=-a$

$\int_1^x (x-t)f(t)dt=x\int_1^x f(t)dt-\int_1^x tf(t)dt$이므로 ㉠에서

$x\int_1^x f(t)dt-\int_1^x tf(t)dt=x^3+ax^2-x+b$

양변을 x에 대하여 미분하면

$\int_1^x f(t)dt+xf(x)-xf(x)=3x^2+2ax-1$

$\therefore \int_1^x f(t)dt=3x^2+2ax-1$

양변에 $x=1$을 대입하면

$0=3+2a-1$ $\quad \therefore a=-1$

$a=-1$을 $b=-a$에 대입하면 $b=1$

$\int_1^x f(t)dt=3x^2-2x-1$의 양변을 x에 대하여 미분하면

$f(x)=6x-2$

따라서 $f(1)=4$이므로

$b+f(1)=1+4=5$

18 1612 답 ② 유형 17

출제의도 | 정적분으로 정의된 함수의 극값 조건을 활용할 수 있는지 확인한다.

함수 $F(x)$가 오직 하나의 극값을 가지려면 $F'(x)$의 부호가 단 한 번만 바뀌어야 해.

$F(x)=\int_0^x f(t)dt$의 양변을 x에 대하여 미분하면

$F'(x)=f(x)$

이때 함수 $F(x)$가 오직 하나의 극값을 가지면 $F'(x)$, 즉 $f(x)$의 부호가 오직 한 번만 바뀐다.

$f(x)=\frac{1}{3}x^3-4x+a$에서

$f'(x)=x^2-4=(x+2)(x-2)$

$f'(x)=0$에서 $x=-2$ 또는 $x=2$

즉, 함수 $f(x)$는 $x=-2$에서 극댓값, $x=2$에서 극솟값을 가진다.

이때 a는 자연수이므로 극솟값은

$f(2)=a-\frac{16}{3}$이고 이 극솟값이 0 이상이어야 $F'(x)=f(x)$의 부호가 오직 한 번만 바뀐다.

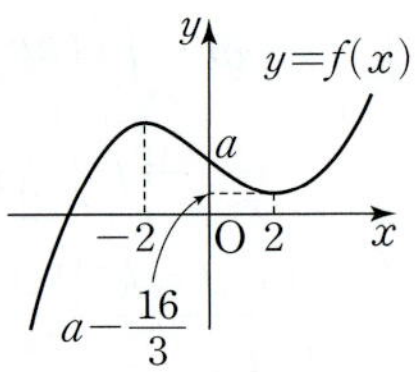

즉, $a-\frac{16}{3}\ge 0$이므로 $a\ge\frac{16}{3}$

따라서 자연수 a의 최솟값은 6이다.

19 1613 답 ① 유형 21

출제의도 | 정적분으로 정의된 함수의 극한값을 구할 수 있는지 확인한다.

$\lim_{x\to a}\frac{1}{x-a}\int_a^x f(t)dt=f(a)$임을 이용해 보자.

함수 $f(x)$의 한 부정적분을 $F(x)$라 하면

㈎에서 $\lim_{x\to 1}\dfrac{\displaystyle\int_1^{x^2} f(t)dt}{x-1}=4$이므로

$\lim_{x\to 1}\dfrac{\displaystyle\int_1^{x^2} f(t)dt}{x-1}=\lim_{x\to 1}\left\{\frac{F(x^2)-F(1)}{x^2-1}\times(x+1)\right\}$

$\qquad\qquad =2F'(1)=2f(1)$

즉, $2f(1)=4$에서 $f(1)=2$

이때 $f(x)=3x^2+ax+b$이므로

$f(1)=3+a+b=2$

$\therefore a+b=-1 \quad \cdots\cdots ㉠$

㈏에서 $\int_0^1 f'(x)dx=5$이므로

$\int_0^1 f'(x)dx=\left[f(x)\right]_0^1=f(1)-f(0)=2-b$

즉, $2-b=5$에서 $b=-3$

$b=-3$을 ㉠에 대입하면 $a=2$

$\therefore ab=2\times(-3)=-6$

20 1614 답 ④ 유형 14

출제의도 | 정적분을 포함한 등식에서 $f(x)$를 구할 수 있는지 확인한다.

함수 $f(x)$의 최고차항을 ax^n이라 하고 n의 값을 찾아야 해.

㈎에서 $\int_1^x f(t)dt=\dfrac{x-1}{2}\{f(x)+f(1)\}$의 양변을 x에 대하여 미분하면

$f(x)=\frac{1}{2}f(x)+\frac{1}{2}f(1)+\frac{x-1}{2}f'(x)$

$\frac{1}{2}f(x)=\frac{1}{2}f(1)+\frac{x-1}{2}f'(x)$

$\therefore f(x)=f(1)+(x-1)f'(x)$

$f(x)$의 최고차항을 ax^n $(a\ne 0,\ n$은 자연수$)$이라 하면

$(x-1)f'(x)$의 최고차항은 $x\times anx^{n-1}=anx^n$이므로

$ax^n=anx^n$ $\quad \therefore n=1\ (\because a\ne 0)$

즉, $f(x)$는 일차함수이고, $f(0)=1$이므로

$f(x)=ax+1$

(나)에서 $\int_0^2 f(x)dx=5\int_{-1}^1 xf(x)dx$이고

$$\int_0^2 f(x)dx=\int_0^2 (ax+1)dx=\left[\frac{a}{2}x^2+x\right]_0^2=2a+2$$

$$\int_{-1}^1 xf(x)dx=\int_{-1}^1 (ax^2+x)dx \xrightarrow{\ \int_{-1}^1 xdx=0\ }$$
$$=2\int_0^1 ax^2 dx=2\left[\frac{a}{3}x^3\right]_0^1=\frac{2}{3}a$$

이므로

$$2a+2=5\times\frac{2}{3}a,\ \frac{4}{3}a=2 \qquad \therefore a=\frac{3}{2}$$

따라서 $f(x)=\frac{3}{2}x+1$이므로

$$f(4)=\frac{3}{2}\times 4+1=7$$

21 1615 답 ② 유형 17 + 유형 18

출제의도 | 정적분을 포함한 등식에서 $g'(x)$를 구할 수 있는지 확인한다.

> $g(x)\leq g(3)$이므로 함수 $g(x)$는 $x=3$에서 극대야.

$g(x)=\int_0^x f(t)dt-xf(x)$의 양변을 x에 대하여 미분하면

$$g'(x)=f(x)-\{f(x)+xf'(x)\}$$
$$\therefore g'(x)=-xf'(x)$$

삼차함수 $f(x)$의 최고차항의 계수가 4이므로 $f'(x)$는 이차항의 계수가 12인 이차함수이고, $g'(x)$는 최고차항의 계수가 -12인 삼차함수이다.

모든 실수 x에 대하여 $g(x)\leq g(3)$이므로 함수 $g(x)$는 $x=3$에서 최대이고 극대이다.

즉, $g'(3)=0$

이때 사차함수 $g(x)$가 $x=3$에서 오직 하나의 극값만 가지므로

$$g'(x)=-12x^2(x-3)$$

$$\therefore \int_1^2 g'(x)dx=\int_1^2 \{-12x^2(x-3)\}dx$$
$$=\int_1^2 (-12x^3+36x^2)dx$$
$$=\left[-3x^4+12x^3\right]_1^2=39$$

22 1616 답 8 유형 1

출제의도 | 정적분을 계산할 수 있는지 확인한다.

STEP 1 상수 a, b의 값 구하기 [4점]

$f(x)=x^2+ax+b$이고 $f(-2)=0$이므로

$$4-2a+b=0$$
$$\therefore 2a-b=4 \quad\cdots\cdots\ \bigcirc$$

$\int_0^1 f(x)dx=\frac{4}{3}$이므로

$$\int_0^1 (x^2+ax+b)dx=\left[\frac{1}{3}x^3+\frac{a}{2}x^2+bx\right]_0^1$$
$$=\frac{1}{3}+\frac{a}{2}+b=\frac{4}{3}$$

$$\therefore a+2b=2 \quad\cdots\cdots\ \bigcirc$$

$\bigcirc$, $\bigcirc$을 연립하여 풀면

$$a=2,\ b=0$$

STEP 2 $f(2)$의 값 구하기 [2점]

$f(x)=x^2+2x$이므로

$$f(2)=4+4=8$$

23 1617 답 1 유형 13

출제의도 | 정적분을 포함한 등식 문제를 해결할 수 있는지 확인한다.

STEP 1 $f(-1)$의 값 구하기 [2점]

$$x^2 f(x)=-2x^6+3x^4+2\int_{-1}^x tf(t)dt \quad\cdots\cdots\ \bigcirc$$

$\bigcirc$의 양변에 $x=-1$을 대입하면

$$f(-1)=1$$

STEP 2 $f(x)$ 구하기 [3점]

$\bigcirc$의 양변을 x에 대하여 미분하면

$$2xf(x)+x^2 f'(x)=-12x^5+12x^3+2xf(x)$$
$$x^2 f'(x)=-12x^5+12x^3$$

즉, $f'(x)=-12x^3+12x$이므로

$$f(x)=\int f'(x)dx=\int(-12x^3+12x)dx=-3x^4+6x^2+C$$

$f(-1)=3+C=1$에서 $C=-2$

$$\therefore f(x)=-3x^4+6x^2-2$$

STEP 3 $f(1)+f'(-1)$의 값 구하기 [1점]

$f(1)=1$, $f'(-1)=0$이므로

$$f(1)+f'(-1)=1$$

24 1618 답 13 유형 11

출제의도 | 주어진 조건을 활용하여 문제를 해결할 수 있는지 확인한다.

STEP 1 $\int_n^{n+1} 4x\,dx$ 계산하기 [2점]

(나)에서

$$\int_n^{n+2} f(x)dx=\int_n^{n+1} 4x\,dx=\left[2x^2\right]_n^{n+1}$$
$$=2\{(n+1)^2-n^2\}$$
$$=4n+2 \ (단,\ n=0,\ 1,\ 2,\ \cdots) \quad\cdots\cdots\ \bigcirc$$

STEP 2 $\int_0^7 f(x)dx$, $\int_0^6 f(x)dx$의 값 구하기 [3점]

(가)에서 $\int_0^1 f(x)dx=1$이고,

$\bigcirc$에 $n=1$, 3, 5를 대입하면

$$\int_1^3 f(x)dx=6,\ \int_3^5 f(x)dx=14,\ \int_5^7 f(x)dx=22$$이므로

$$\int_0^7 f(x)dx$$
$$=\int_0^1 f(x)dx+\int_1^3 f(x)dx+\int_3^5 f(x)dx+\int_5^7 f(x)dx$$
$$=1+6+14+22=43$$

$\bigcirc$에 $n=0$, 2, 4를 대입하면

$$\int_0^2 f(x)dx=2,\ \int_2^4 f(x)dx=10,\ \int_4^6 f(x)dx=18$$이므로

$$\int_0^6 f(x)dx=\int_0^2 f(x)dx+\int_2^4 f(x)dx+\int_4^6 f(x)dx$$
$$=2+10+18=30$$

$\int_0^7 f(x)dx=\int_0^6 f(x)dx+\int_6^7 f(x)dx$이므로

$43=30+\int_6^7 f(x)dx$

$\therefore \int_6^7 f(x)dx=13$

25 1619 답 $\dfrac{512}{15}$ 유형 12

출제의도 | 정적분을 포함한 등식 문제를 해결할 수 있는지 확인한다.

STEP 1 조건을 이용하여 함수 $f(x)$ 구하기 [4점]

(나)에서 $f'(0)=f(0)=0$이므로 $f(x)$는 x^2을 인수로 가진다.

(가)에서 $f(2-x)=f(2+x)$이므로 $y=f(x)$의 그래프는 직선 $x=2$에 대하여 대칭이다.

따라서 $f'(4)=f(4)=0$, 즉 $f(x)$는 $(x-4)^2$을 인수로 가진다.

그런데 $f(x)$는 최고차항의 계수가 1인 사차함수이므로

$f(x)=x^2(x-4)^2$

STEP 2 $\int_0^4 f(x)dx$의 값 구하기 [3점]

$$\int_0^4 f(x)dx=\int_0^4 x^2(x-4)^2 dx$$
$$=\int_0^4 (x^4-8x^3+16x^2)dx$$
$$=\left[\frac{1}{5}x^5-2x^4+\frac{16}{3}x^3\right]_0^4$$
$$=\frac{1024}{5}-512+\frac{1024}{3}=\frac{512}{15}$$

고난도 ⊕ Plus 문제 346쪽

1 1620 답 10

$\lim\limits_{x\to 0}\dfrac{f(x)}{x}=6$에서 $x\to 0$일 때, 극한값이 존재하고

(분모) $\to 0$이므로 (분자) $\to 0$이다.

즉, $\lim\limits_{x\to 0}f(x)=0$이므로 $f(0)=0$

$f(x)=x(x^2+ax+b)$ $(a,\ b$는 상수$)$라 하면

$\lim\limits_{x\to 0}\dfrac{f(x)}{x}=\lim\limits_{x\to 0}\dfrac{x(x^2+ax+b)}{x}$
$=\lim\limits_{x\to 0}(x^2+ax+b)=b$

$\therefore b=6$

(나)에서

$\int_0^1 f(x)dx=\int_0^1 (x^3+ax^2+6x)dx$
$$=\left[\frac{1}{4}x^4+\frac{a}{3}x^3+3x^2\right]_0^1$$
$$=\frac{a}{3}+\frac{13}{4}$$

즉, $\dfrac{a}{3}+\dfrac{13}{4}=\dfrac{17}{4}$이므로 $a=3$

따라서 $f(x)=x(x^2+3x+6)$이므로

$f(1)=1\times(1+3+6)=10$

2 1621 답 ④

$\int_{-1}^1 (x-k)^2 f(x)dx$

$=\int_{-1}^1 (x^2-2kx+k^2)f(x)dx$

$=\int_{-1}^1 x^2 f(x)dx-2k\int_{-1}^1 xf(x)dx+k^2\int_{-1}^1 f(x)dx$

$=10-2k\times 8+k^2\times 2$

$=2k^2-16k+10$

즉, $2k^2-16k+10=28$이므로

$2k^2-16k-18=0,\ 2(k+1)(k-9)=0$

$\therefore k=9\ (\because k>0)$

3 1622 답 2

$a>0$이므로

$\int_{-a}^a f(x)dx=\int_{-a}^0 f(x)dx+\int_0^a f(x)dx$
$$=\int_{-a}^0 (-2x+1)dx+\int_0^a (3x^2+2x+1)dx$$
$$=\left[-x^2+x\right]_{-a}^0+\left[x^3+x^2+x\right]_0^a$$
$$=(a^2+a)+(a^3+a^2+a)$$
$$=a^3+2a^2+2a$$

즉, $a^3+2a^2+2a=20$이므로

$a^3+2a^2+2a-20=0,\ (a-2)(a^2+4a+10)=0$

$\therefore a=2\ (\because a$는 실수$)$ $\longrightarrow a^2+4a+10=(a+2)^2+6>0$

4 1623 답 $\dfrac{19}{3}$

$(f\circ g)(x)=f(g(x))=f(x^2-x)=|x^2-x-2|$

$|x^2-x-2|=\begin{cases} x^2-x-2 & (x\leq-1\ \text{또는}\ x\geq 2) \\ -x^2+x+2 & (-1<x<2) \end{cases}$

이므로

$\int_{-2}^2 (f\circ g)(x)dx$

$=\int_{-2}^{-1} (x^2-x-2)dx+\int_{-1}^2 (-x^2+x+2)dx$

$=\left[\dfrac{1}{3}x^3-\dfrac{1}{2}x^2-2x\right]_{-2}^{-1}+\left[-\dfrac{1}{3}x^3+\dfrac{1}{2}x^2+2x\right]_{-1}^2$

$=\left\{\left(-\dfrac{1}{3}-\dfrac{1}{2}+2\right)-\left(-\dfrac{8}{3}-2+4\right)\right\}$
$\qquad\qquad +\left\{\left(-\dfrac{8}{3}+2+4\right)-\left(\dfrac{1}{3}+\dfrac{1}{2}-2\right)\right\}$

$=\dfrac{19}{3}$

5 1624 답 3

$$\lim_{x \to 1} \frac{f(x) - \int_1^x f(t)dt}{x^3 - 1} = 1$$에서 $x \to 1$일 때, 극한값이 존재하고 (분모) $\to 0$이므로 (분자) $\to 0$이다.

즉, $f(1) - \int_1^1 f(t)dt = 0$이므로

$f(1) = 0$

함수 $f(t)$의 한 부정적분을 $F(t)$라 하면

$$\lim_{x \to 1} \frac{f(x) - \int_1^x f(t)dt}{x^3 - 1}$$

$$= \lim_{x \to 1} \left\{ \frac{f(x)}{x^3 - 1} - \frac{\int_1^x f(t)dt}{x^3 - 1} \right\}$$

$$= \lim_{x \to 1} \left\{ \frac{f(x) - f(1)}{x^3 - 1} - \frac{F(x) - F(1)}{x^3 - 1} \right\}$$

$$= \lim_{x \to 1} \left\{ \frac{f(x) - f(1)}{(x-1)(x^2+x+1)} - \frac{F(x) - F(1)}{(x-1)(x^2+x+1)} \right\}$$

$$= \lim_{x \to 1} \left\{ \frac{f(x) - f(1)}{x - 1} \times \frac{1}{x^2+x+1} \right\}$$

$$\qquad - \lim_{x \to 1} \left\{ \frac{F(x) - F(1)}{x - 1} \times \frac{1}{x^2+x+1} \right\}$$

$$= \frac{1}{3} f'(1) - \frac{1}{3} F'(1)$$

$$= \frac{1}{3} f'(1) - \frac{1}{3} f(1)$$

$$= \frac{1}{3} f'(1)$$

즉, $\dfrac{1}{3} f'(1) = 1$이므로

$f'(1) = 3$

09 정적분의 활용

1625 답 $\dfrac{8}{3}$

곡선 $y = x^2 - 2x$와 x축의 교점의 x좌표는
$x^2 - 2x = 0$에서
$x(x - 2) = 0$
$\therefore x = 0$ 또는 $x = 2$
구간 $[0, 2]$에서 $x^2 - 2x \leq 0$
구간 $[2, 3]$에서 $x^2 - 2x \geq 0$
따라서 구하는 도형의 넓이는

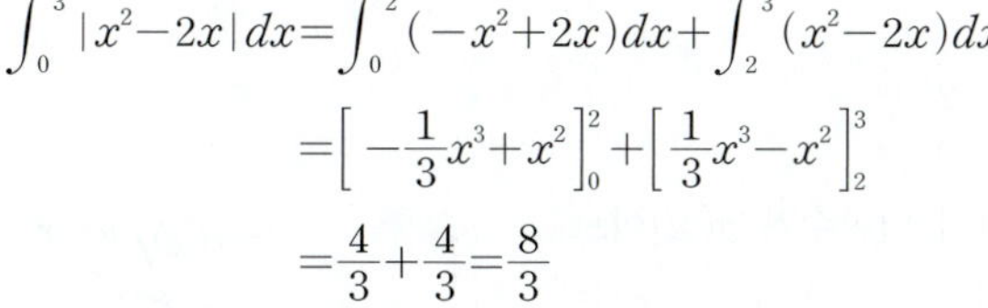

$$\int_0^3 |x^2 - 2x| dx = \int_0^2 (-x^2 + 2x)dx + \int_2^3 (x^2 - 2x)dx$$

$$= \left[-\frac{1}{3}x^3 + x^2 \right]_0^2 + \left[\frac{1}{3}x^3 - x^2 \right]_2^3$$

$$= \frac{4}{3} + \frac{4}{3} = \frac{8}{3}$$

1626 답 $\dfrac{4}{3}$

곡선 $y = x^2 - 1$과 x축의 교점의
x좌표는 $x^2 - 1 = 0$에서
$(x+1)(x-1) = 0$
$\therefore x = -1$ 또는 $x = 1$
구간 $[0, 1]$에서 $x^2 - 1 \leq 0$
구간 $[1, \sqrt{3}]$에서 $x^2 - 1 \geq 0$
따라서 구하는 도형의 넓이는

$$\int_0^{\sqrt{3}} |x^2 - 1| dx$$

$$= \int_0^1 (-x^2 + 1)dx + \int_1^{\sqrt{3}} (x^2 - 1)dx$$

$$= \left[-\frac{1}{3}x^3 + x \right]_0^1 + \left[\frac{1}{3}x^3 - x \right]_1^{\sqrt{3}}$$

$$= \frac{2}{3} + \frac{2}{3} = \frac{4}{3}$$

1627 답 $\dfrac{16}{15}$

두 곡선 $y = x^4 + 1$, $y = 2x^2$의 교점의 x좌
표는 $x^4 + 1 = 2x^2$에서
$x^4 - 2x^2 + 1 = 0$, $(x^2 - 1)^2 = 0$
$(x+1)^2(x-1)^2 = 0$
$\therefore x = -1$ 또는 $x = 1$
구간 $[-1, 1]$에서 $x^4 + 1 \geq 2x^2$
따라서 구하는 도형의 넓이는

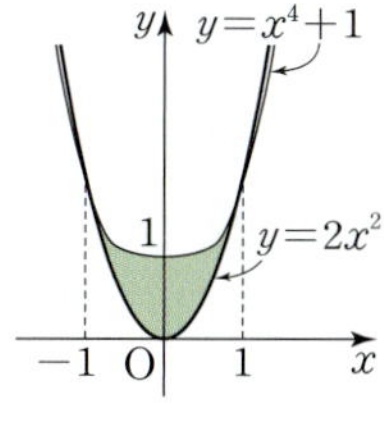

$$\int_{-1}^1 \{(x^4 + 1) - 2x^2\} dx = \int_{-1}^1 (x^4 - 2x^2 + 1)dx$$

$$= \left[\frac{1}{5}x^5 - \frac{2}{3}x^3 + x \right]_{-1}^1 = \frac{16}{15}$$

참고 $\int_{-1}^1 (x^4 - 2x^2 + 1)dx = 2\int_0^1 (x^4 - 2x^2 + 1)dx$를 이용하면 정적분의 값

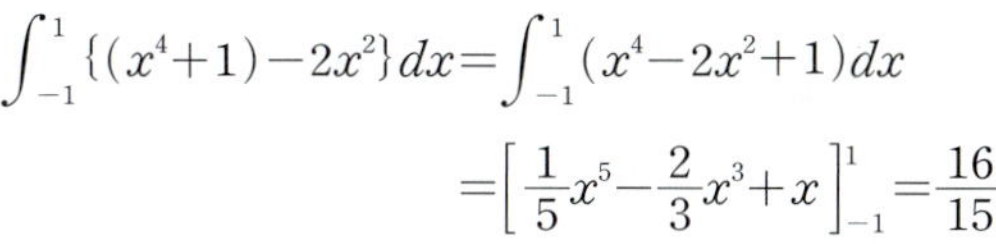

을 더 쉽게 구할 수 있다.

1628 답 36

곡선 $y=x^2-7x+6$과 직선 $y=-x+6$의
교점의 x좌표는
$x^2-7x+6=-x+6$에서
$x^2-6x=0$, $x(x-6)=0$
$\therefore x=0$ 또는 $x=6$
구간 $[0, 6]$에서 $-x+6\geq x^2-7x+6$
따라서 구하는 도형의 넓이는

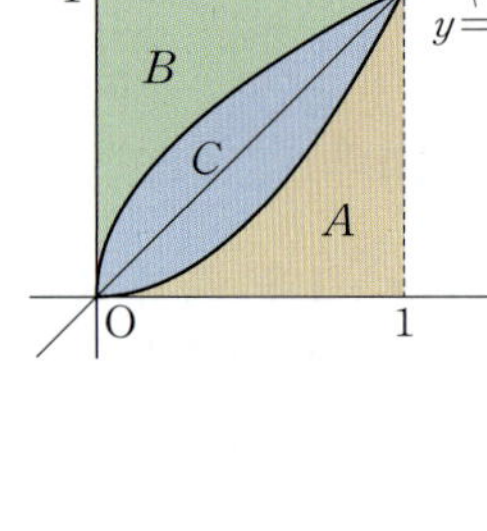

$$\int_0^6 \{(-x+6)-(x^2-7x+6)\}dx=\int_0^6 (-x^2+6x)dx$$
$$=\left[-\frac{1}{3}x^3+3x^2\right]_0^6$$
$$=36$$

1629 답 $\dfrac{2}{3}$

함수 $f(x)$의 역함수가 $g(x)$이므
로 두 곡선 $y=f(x)$, $y=g(x)$는
직선 $y=x$에 대하여 대칭이다.
즉, 그림에서
(A의 넓이)$=$(B의 넓이)이므로
$$\int_0^1 g(x)dx$$
$$=(A의 넓이)+(C의 넓이)$$
$$=1\times 1-(B의 넓이)$$
$$=1-(A의 넓이)$$
$$=1-\int_0^1 f(x)dx$$
$$=1-\frac{1}{3}=\frac{2}{3}$$

1630 답 7

함수 $f(x)$의 역함수가 $g(x)$이므로 두
곡선 $y=f(x)$, $y=g(x)$는 직선 $y=x$
에 대하여 대칭이다.
즉, 그림에서
(A의 넓이)$=$(B의 넓이)
이므로
$$\int_1^2 f(x)dx+\int_1^4 g(x)dx$$
$$=(C의 넓이)+(B의 넓이)$$
$$=(C의 넓이)+(A의 넓이)$$
$$=2\times 4-1\times 1=7$$

1631 답 (1) 0 (2) $\dfrac{8}{3}$

(1) $t=3$에서 점 P의 위치는
$$0+\int_0^3 v(t)dt=\int_0^3 (-t^2+2t)dt$$
$$=\left[-\frac{1}{3}t^3+t^2\right]_0^3$$
$$=0$$

(2) $t=0$에서 $t=3$까지 점 P가 움직인 거리는
$$\int_0^3 |v(t)|dt=\int_0^3 |-t^2+2t|dt$$
$$=\int_0^2 (-t^2+2t)dt+\int_2^3 (t^2-2t)dt$$
$$=\left[-\frac{1}{3}t^3+t^2\right]_0^2+\left[\frac{1}{3}t^3-t^2\right]_2^3$$
$$=\frac{4}{3}+\frac{4}{3}=\frac{8}{3}$$

1632 답 3

$t=0$에서 $t=3$까지 점 P가 움직인 거리는
$$\int_0^3 |v(t)|dt=\int_0^2 |v(t)|dt+\int_2^3 |v(t)|dt$$
$$=\frac{1}{2}\times 2\times 2+\frac{1}{2}\times 1\times 2=2+1=3$$

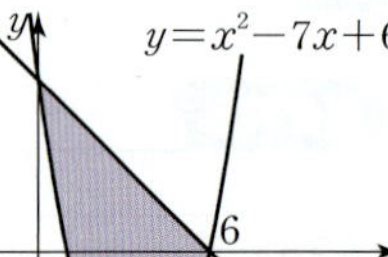

1633 답 ②　　　유형 1

곡선 $y=3(x+1)(x-5)$와 x축 및 두 직선 $x=1$, $x=3$으로 둘러싸 _{단서1}　_{단서2}
인 도형의 넓이는?

① 49　　② 52　　③ 55
④ 58　　⑤ 61

단서1 곡선과 x축의 교점
단서2 $[1, 3]$에서 정적분 이용

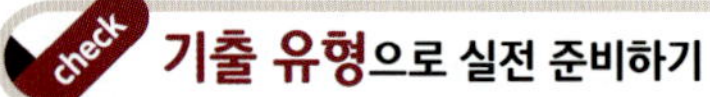

STEP 1 곡선과 x축의 교점의 x좌표를 구하여 그래프 그리기

곡선 $y=3(x+1)(x-5)$와 x축의
교점의 x좌표는
$3(x+1)(x-5)=0$에서
$x=-1$ 또는 $x=5$

STEP 2 정적분을 이용하여 도형의 넓이
구하기

닫힌구간 $[1, 3]$에서 $3(x+1)(x-5)\leq 0$이므로
구하는 도형의 넓이는

$$\int_1^3 |3(x+1)(x-5)|dx=\int_1^3 (-3x^2+12x+15)dx$$
$$=\left[-x^3+6x^2+15x\right]_1^3=52$$

1634 답 ④

$|x(x-2)|$이므로
$x\leq 0$에서 $x^2-2x\geq 0$
$0\leq x\leq 2$에서 $x^2-2x\leq 0$

$$S=\int_{-1}^2 |x^2-2x|dx$$
$$=\int_{-1}^0 (x^2-2x)dx+\int_0^2 (-x^2+2x)dx$$
$$=\left[\frac{1}{3}x^3-x^2\right]_{-1}^0+\left[-\frac{1}{3}x^3+x^2\right]_0^2$$
$$=\frac{4}{3}+\frac{4}{3}=\frac{8}{3}$$

따라서 ㈎ : 0, ㈏ : 0, ㈐ : $\dfrac{8}{3}$이므로 세 수의 합은
$$0+0+\frac{8}{3}=\frac{8}{3}$$

1635 답 2

곡선 $y=4x^3-12x^2+8x$와 x축의
교점의 x좌표는
$4x^3-12x^2+8x=0$에서
$4x(x-1)(x-2)=0$
$\therefore x=0$ 또는 $x=1$ 또는 $x=2$
따라서 구하는 도형의 넓이는

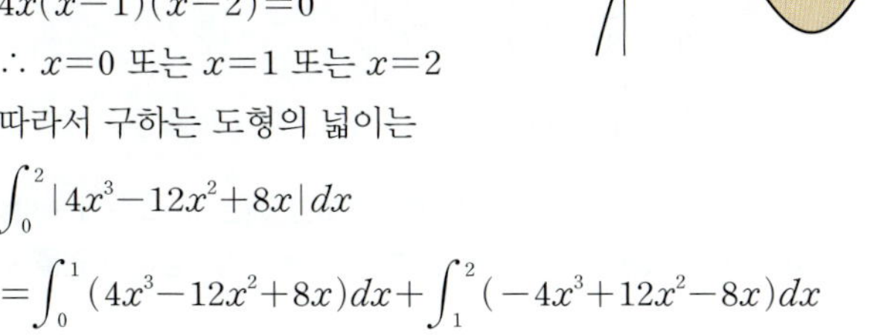

$$\int_0^2 |4x^3-12x^2+8x|\,dx$$
$$=\int_0^1 (4x^3-12x^2+8x)dx+\int_1^2 (-4x^3+12x^2-8x)dx$$
$$=\Big[x^4-4x^3+4x^2\Big]_0^1+\Big[-x^4+4x^3-4x^2\Big]_1^2$$
$$=1+1=2$$

1636 답 ④

곡선 $y=ax^3$과 x축 및 두 직선 $x=-1$,
$x=2$로 둘러싸인 도형의 넓이는

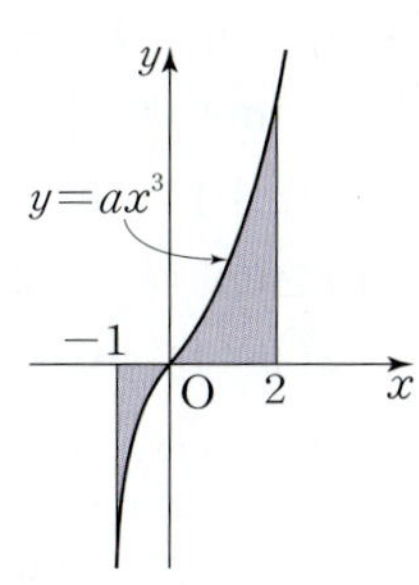

$$\int_{-1}^2 |ax^3|\,dx=\int_{-1}^0 (-ax^3)dx+\int_0^2 ax^3\,dx$$
$$=\Big[-\frac{a}{4}x^4\Big]_{-1}^0+\Big[\frac{a}{4}x^4\Big]_0^2$$
$$=\frac{a}{4}+4a=\frac{17}{4}a$$

따라서 $\dfrac{17}{4}a=34$이므로 $a=8$

1637 답 2

곡선 $y=-3x^2+8x$와 x축 및 두 직선 $x=1$,
$x=a$로 둘러싸인 도형의 넓이는

$$\int_1^a (-3x^2+8x)dx=\Big[-x^3+4x^2\Big]_1^a$$
$$=-a^3+4a^2-3$$

$-a^3+4a^2-3=5$이므로 $a^3-4a^2+8=0$
$(a-2)(a^2-2a-4)=0$
$\therefore a=2 \left(\because 1<a<\dfrac{8}{3}\right)$

1638 답 43

함수 $f(x)=\begin{cases} -x^2+2x+3 & (x\leq 1) \\ -x+5 & (x\geq 1) \end{cases}$ 의 그래프와 x축의 교점의

x좌표는
(i) $x\leq 1$일 때, $-x^2+2x+3=0$에서
$\quad (x+1)(x-3)=0 \qquad \therefore x=-1$
(ii) $x\geq 1$일 때, $-x+5=0$에서 $x=5$
함수 $y=f(x)$의 그래프와 x축으로 둘러
싸인 도형의 넓이는

$$\int_{-1}^5 |f(x)|\,dx=\int_{-1}^1 (-x^2+2x+3)dx+\int_1^5 (-x+5)dx$$
$$=\Big[-\frac{1}{3}x^3+x^2+3x\Big]_{-1}^1+\Big[-\frac{1}{2}x^2+5x\Big]_1^5$$
$$=\frac{16}{3}+8=\frac{40}{3}$$

따라서 $p=3$, $q=40$이므로
$p+q=43$

1639 답 $\dfrac{3}{2}$

$$f(x)=\int f'(x)dx=\int (x^2-1)dx=\frac{1}{3}x^3-x+C$$

$f(0)=0$이므로 $C=0$
$\therefore f(x)=\dfrac{1}{3}x^3-x$

곡선 $y=f(x)$와 x축의 교점의 x좌표는
$\dfrac{1}{3}x^3-x=0$에서
$\dfrac{1}{3}x(x^2-3)=0$
$\dfrac{1}{3}x(x+\sqrt{3})(x-\sqrt{3})=0$

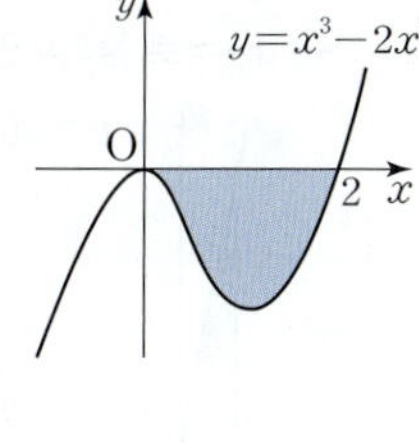

$\therefore x=-\sqrt{3}$ 또는 $x=0$ 또는 $x=\sqrt{3}$
따라서 구하는 도형의 넓이는

$$\int_{-\sqrt{3}}^{\sqrt{3}} \Big|\frac{1}{3}x^3-x\Big|\,dx$$
$$=\int_{-\sqrt{3}}^0 \Big(\frac{1}{3}x^3-x\Big)dx+\int_0^{\sqrt{3}} \Big(-\frac{1}{3}x^3+x\Big)dx$$
$$=\Big[\frac{1}{12}x^4-\frac{1}{2}x^2\Big]_{-\sqrt{3}}^0+\Big[-\frac{1}{12}x^4+\frac{1}{2}x^2\Big]_0^{\sqrt{3}}$$
$$=\frac{3}{4}+\frac{3}{4}=\frac{3}{2}$$

1640 답 ②

곡선 $y=x^3-2x^2$과 x축의 교점의 x좌표는
$x^3-2x^2=0$에서 $x^2(x-2)=0$
$\therefore x=0$ 또는 $x=2$
따라서 구하는 도형의 넓이는

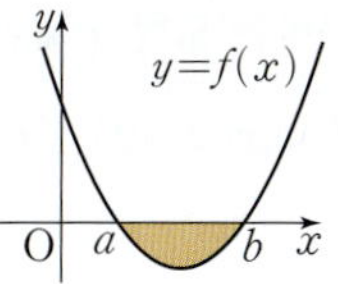

$$\int_0^2 |x^3-2x^2|\,dx=\int_0^2 (-x^3+2x^2)dx$$
$$=\Big[-\frac{1}{4}x^4+\frac{2}{3}x^3\Big]_0^2$$
$$=\frac{4}{3}$$

1641 답 ②

함수 $f(x)=(x-a)(x-b)$에 대하여
곡선 $y=f(x)$와 x축으로 둘러싸인 부분의
넓이는

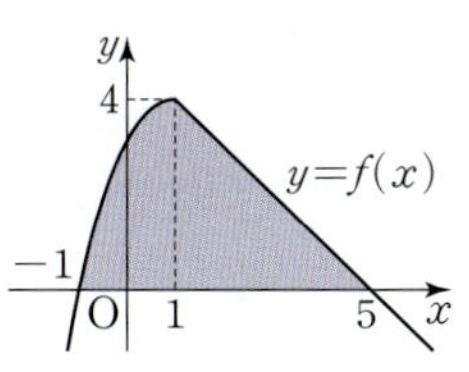

$$\int_a^b |f(x)|\,dx=-\int_a^b f(x)dx$$
$$=-\Big(\int_0^b f(x)dx-\int_0^a f(x)dx\Big)$$
$$=-\Big(-\frac{8}{3}-\frac{11}{6}\Big)=\frac{9}{2}$$

1642 답 $\dfrac{49}{6}$

| 유형 **2**

곡선 $y=|x(x-3)|$과 x축 및 두 직선 $x=-1$, $x=4$로 둘러싸인 도 단서1 단서2
형의 넓이를 구하시오.

단서1 곡선 $y=x(x-3)$에서 $y<0$인 부분을 x축에 대하여 대칭이동한 곡선
단서2 정적분을 이용

곡선 $y=x(x-3)$과 x축의 교점의 x좌표는 $x(x-3)=0$에서

$x=0$ 또는 $x=3$

곡선 $y=x(x-3)$에서 $y<0$인 부분을 x축에 대하여 대칭이동하여

함수 $y=|x(x-3)|$의 그래프를 그리면 그림과 같다.

$\longrightarrow x(x-3)<0$에서 $0<x<3$인 부분이다.

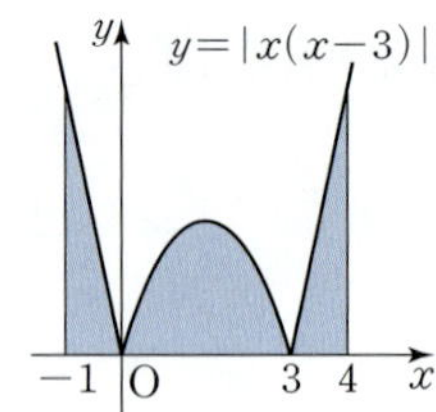

구하는 도형의 넓이는

$$\int_{-1}^{4}|x(x-3)|\,dx$$

$$=\int_{-1}^{0}(x^2-3x)dx+\int_{0}^{3}(-x^2+3x)dx+\int_{3}^{4}(x^2-3x)dx$$

$$=\left[\frac{1}{3}x^3-\frac{3}{2}x^2\right]_{-1}^{0}+\left[-\frac{1}{3}x^3+\frac{3}{2}x^2\right]_{0}^{3}+\left[\frac{1}{3}x^3-\frac{3}{2}x^2\right]_{3}^{4}$$

$$=\frac{11}{6}+\frac{9}{2}+\frac{11}{6}=\frac{49}{6}$$

참고 곡선 $y=x(x-3)$과 x축 및 두 직선 $x=-1$, $x=4$로 둘러싸인 도형의 넓이는 $\int_{-1}^{4}|x(x-3)|\,dx$이므로 곡선 $y=|x(x-3)|$과 x축 및 두 직선 $x=-1$, $x=4$로 둘러싸인 도형의 넓이와 같다.

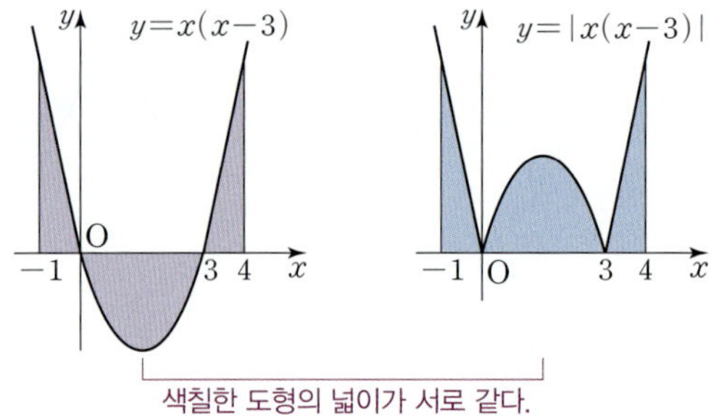

1643 답 ④

구하는 도형의 넓이는

$$\int_{0}^{4}|x(x-2)|\,dx=\int_{0}^{2}(-x^2+2x)dx+\int_{2}^{4}(x^2-2x)dx$$

$$=\left[-\frac{1}{3}x^3+x^2\right]_{0}^{2}+\left[\frac{1}{3}x^3-x^2\right]_{2}^{4}$$

$$=\frac{4}{3}+\frac{20}{3}=8$$

1644 답 ③

$f(x)=x^2-|x|-6$이라 하면

$$f(x)=\begin{cases}x^2+x-6 & (x<0)\\ x^2-x-6 & (x\geq 0)\end{cases}$$

곡선 $y=f(x)$와 x축의 교점의 x좌표는

(i) $x<0$일 때 $x^2+x-6=0$에서

$\qquad (x+3)(x-2)=0 \qquad \therefore x=-3$

(ii) $x\geq 0$일 때 $x^2-x-6=0$에서

$\qquad (x+2)(x-3)=0 \qquad \therefore x=3$

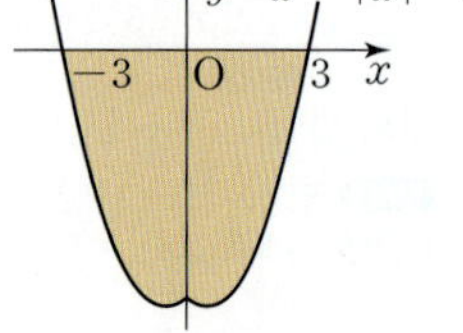

따라서 구하는 도형의 넓이는

$$\int_{-3}^{3}|f(x)|\,dx=2\int_{0}^{3}|f(x)|\,dx$$

$$=2\int_{0}^{3}(-x^2+x+6)dx$$

$$=2\left[-\frac{1}{3}x^3+\frac{1}{2}x^2+6x\right]_{0}^{3}$$

$$=2\times\frac{27}{2}=27$$

참고 $x^2-|x|-6=|x|^2-|x|-6$이므로 $x\geq 0$일 때는 $y=x^2-x-6$을 그리고 $x<0$일 때는 $x\geq 0$인 그래프를 y축에 대하여 대칭이동하여 얻을 수 있다.

1645 답 $\frac{1}{6}$

$f(x)=x^3-2x|x|+x$라 하면 $f(x)=\begin{cases}x^3+2x^2+x & (x<0)\\ x^3-2x^2+x & (x\geq 0)\end{cases}$

곡선 $y=f(x)$와 x축의 교점의 x좌표는

(i) $x<0$일 때 $x^3+2x^2+x=0$에서

$\qquad x(x+1)^2=0 \qquad \therefore x=-1$

(ii) $x\geq 0$일 때 $x^3-2x^2+x=0$에서

$\qquad x(x-1)^2=0 \qquad \therefore x=0$ 또는 $x=1$

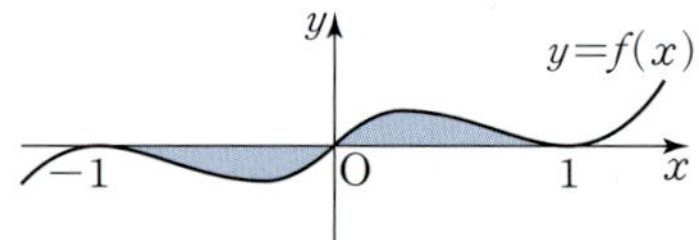

따라서 구하는 도형의 넓이는

$$\int_{-1}^{1}|f(x)|\,dx$$

$$=\int_{-1}^{0}(-x^3-2x^2-x)dx+\int_{0}^{1}(x^3-2x^2+x)dx$$

$$=\left[-\frac{1}{4}x^4-\frac{2}{3}x^3-\frac{1}{2}x^2\right]_{-1}^{0}+\left[\frac{1}{4}x^4-\frac{2}{3}x^3+\frac{1}{2}x^2\right]_{0}^{1}$$

$$=\frac{1}{12}+\frac{1}{12}=\frac{1}{6}$$

참고 $f(-x)=-x^3+2x|x|-x=-(x^3-2x|x|+x)=-f(x)$이므로 $f(x)$는 원점에 대칭인 함수이다.

1646 답 ④

$f(x)=2x^3-8x^2+8x$의 그래프와 x축의 교점의 x좌표는

$2x^3-8x^2+8x=0$에서

$2x(x^2-4x+4)=0$, $2x(x-2)^2=0$

$\therefore x=0$ 또는 $x=2$

함수 $y=f(x)$의 그래프를 이용하여 함수 $y=f(|x|)$의 그래프를 그리면 그림과 같다.

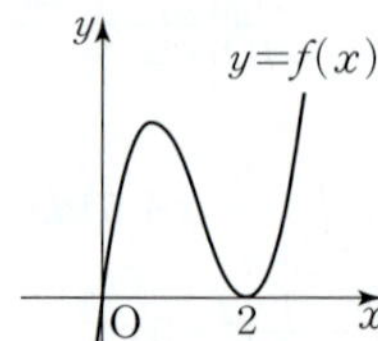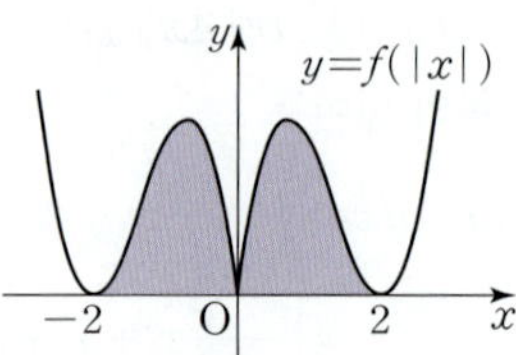

따라서 구하는 도형의 넓이는

$$2\int_{0}^{2}(2x^3-8x^2+8x)dx=2\left[\frac{1}{2}x^4-\frac{8}{3}x^3+4x^2\right]_{0}^{2}$$

$$=2\times\frac{8}{3}=\frac{16}{3}$$

 함수 $y=f(|x|)$의 그래프 그리기

(i) $x\geq0$인 경우

$f(|x|)=f(x)$이므로 함수 $y=f(|x|)$의 그래프는 함수 $y=f(x)$의 그래프와 같다.

(ii) $x<0$인 경우

$f(|x|)=f(-x)$이므로 함수 $y=f(|x|)$의 그래프는 함수 $y=f(x)$의 그래프의 $x\geq0$인 부분을 y축에 대하여 대칭이동한 그래프와 같다.

따라서 함수 $y=f(|x|)$의 그래프는 함수 $y=f(x)$의 그래프에서 $x\geq0$인 부분만 남기고 $x\geq0$인 부분을 y축에 대하여 대칭이동하여 그릴 수 있다.

1647 답 ③

$$y=\begin{cases} x^2-2x+1 & (x\leq0 \text{ 또는 } x\geq2) \\ -x^2+2x+1 & (0<x<2) \end{cases}$$

이므로 구하는 도형의 넓이는

$$\int_0^2(-x^2+2x+1)dx=\left[-\frac{1}{3}x^3+x^2+x\right]_0^2=\frac{10}{3}$$

1648 답 $\frac{9}{2}$

| 유형 3

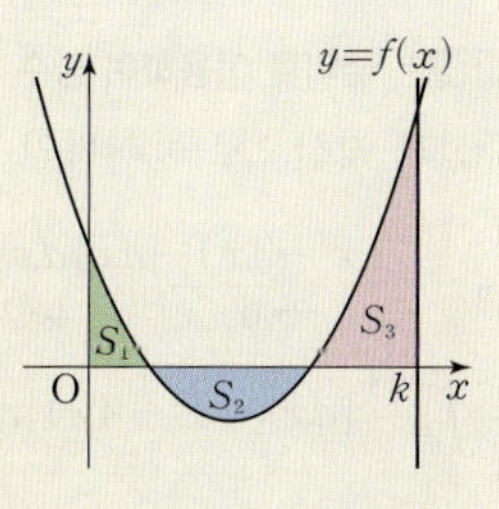

함수 $f(x)=x^2-5x+4$에 대하여 그림과 같이 곡선 $y=f(x)$와 x축 및 y축으로 둘러싸인 도형의 넓이를 S_1, 곡선 $y=f(x)$와 x축으로 둘러싸인 도형의 넓이를 S_2, 곡선 $y=f(x)$와 x축 및 직선 $x=k$ $(k>4)$로 둘러싸인 도형의 넓이를 S_3이라 할 때, $2S_2=S_1+S_3$이다.

이때 $\int_0^k f(x)dx$의 값을 구하시오. (단, k는 상수이다.)

단서1 $f(x)\geq0$, $f(x)\leq0$이 되게 하는 x의 값을 알 수 있음

단서2 $\int_0^k f(x)dx=S_1-S_2+S_3$

STEP 1 곡선과 x축의 교점의 x좌표 구하기

곡선 $y=f(x)$와 x축의 교점의 x좌표는 $x^2-5x+4=0$에서

$(x-1)(x-4)=0$ ∴ $x=1$ 또는 $x=4$

STEP 2 $\int_0^k f(x)dx$를 간단히 나타내기

$2S_2=S_1+S_3$이므로

$$\int_0^k f(x)dx=S_1-S_2+S_3=2S_2-S_2=S_2$$

STEP 3 $\int_0^k f(x)dx$의 값 구하기

구하는 값은

$$S_2=\int_1^4|f(x)|dx=\int_1^4(-x^2+5x-4)dx$$
$$=\left[-\frac{1}{3}x^3+\frac{5}{2}x^2-4x\right]_1^4=\frac{9}{2}$$

1649 답 ④

$P_1(1,1)$, $P_2(2,3)$, $P_3(3,5)$, $P_4(4,7)$

이므로 $\int_1^4 f(x)dx$의 값은 그림에서 색칠한 사다리꼴의 넓이와 같다.

∴ $\int_1^4 f(x)dx=\frac{1}{2}\times(1+7)\times3=12$

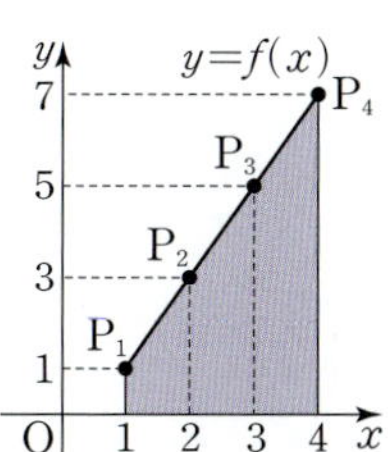

1650 답 $\frac{4}{3}$

$f(x)$는 최고차항의 계수가 1이고 $f(3)=0$인 이차함수이므로

$f(x)=(x-3)(x-a)=x^2-(a+3)x+3a$ (a는 상수)라 하자.

$\int_0^{200}f(x)dx=\int_0^3 f(x)dx+\int_3^{200}f(x)dx=\int_3^{200}f(x)dx$에서

$\int_0^3 f(x)dx=0$이므로

$$\int_0^3\{x^2-(a+3)x+3a\}dx=\left[\frac{1}{3}x^3-\frac{a+3}{2}x^2+3ax\right]_0^3$$
$$=\frac{9}{2}a-\frac{9}{2}$$

즉, $\frac{9}{2}a-\frac{9}{2}=0$이므로 $a=1$

∴ $f(x)=x^2-4x+3$

곡선 $y=f(x)$와 x축의 교점의 x좌표는

$x^2-4x+3=0$에서 $(x-1)(x-3)=0$

∴ $x=1$ 또는 $x=3$

따라서 구하는 도형의 넓이는

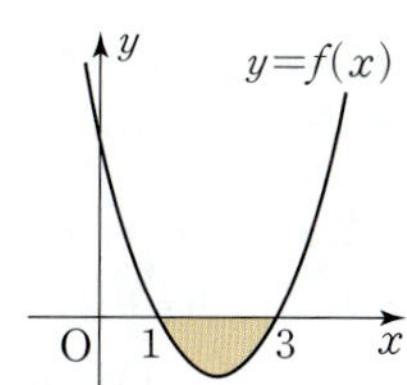

$$\int_1^3|x^2-4x+3|dx$$
$$=\int_1^3(-x^2+4x-3)dx$$
$$=\left[-\frac{1}{3}x^3+2x^2-3x\right]_1^3=\frac{4}{3}$$

1651 답 ⑤

㈎에서 $f(x)$는 최고차항의 계수가 -3인 이차함수이므로

$f(x)=-3x^2+ax+b$ (a, b는 상수)라 하자.

㈏에서 $x\to2$일 때, 극한값이 존재하고 (분모) $\to0$이므로 (분자) $\to0$이다.

즉, $\lim_{x\to2}f(x)=0$에서 $f(2)=0$이므로

$-12+2a+b=0$ ∴ $b=-2a+12$ ┄┄┄ ㉠

$$\therefore \lim_{x\to2}\frac{f(x)}{x-2}=\lim_{x\to2}\frac{-3x^2+ax+b}{x-2}$$

($b=-2a+12$를 대입한다.)

$$=\lim_{x\to2}\frac{-3x^2+ax-2a+12}{x-2}$$
$$=\lim_{x\to2}\frac{(x-2)(-3x+a-6)}{x-2}$$
$$=\lim_{x\to2}(-3x+a-6)$$
$$=a-12$$

$a-12=-10$에서 $a=2$

$a=2$를 ㉠에 대입하면

$b=-2\times2+12=8$

∴ $f(x)=-3x^2+2x+8$

곡선 $y=f(x)$와 x축의 교점의 x좌표는

$-3x^2+2x+8=0$에서

$-(3x+4)(x-2)=0$

∴ $x=-\frac{4}{3}$ 또는 $x=2$

따라서 구하는 도형의 넓이는

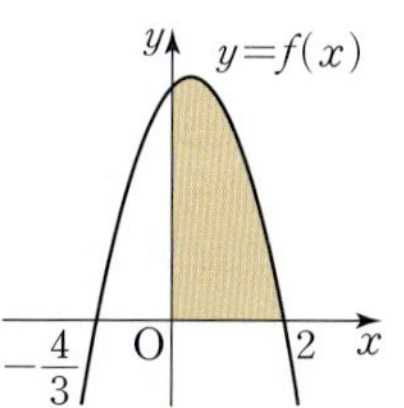

$$\int_0^2|f(x)|dx=\int_0^2(-3x^2+2x+8)dx$$
$$=\left[-x^3+x^2+8x\right]_0^2=12$$

1652 답 108

$f'(x)=3x^2+6x-9$이므로

$f(x)=\displaystyle\int(3x^2+6x-9)dx=x^3+3x^2-9x+C$

$f'(x)=0$인 x의 값은 $3x^2+6x-9=0$에서

$3(x+3)(x-1)=0$ $\quad\therefore x=-3$ 또는 $x=1$

함수 $f(x)$의 증가, 감소를 표로 나타내면 다음과 같다.

x	$\cdots$	-3	$\cdots$	1	$\cdots$
$f'(x)$	$+$	0	$-$	0	$+$
$f(x)$	$\nearrow$	$C+27$ 극대	$\searrow$	$C-5$ 극소	$\nearrow$

함수 $f(x)$의 극댓값은 $f(-3)=C+27$, 극솟값은 $f(1)=C-5$

이고 극댓값과 극솟값의 합이 32이므로

$(C+27)+(C-5)=32,\ 2C=10$ $\quad\therefore C=5$

$\therefore f(x)=x^3+3x^2-9x+5$

곡선 $y=f(x)$와 x축의 교점의 x좌표는

$x^3+3x^2-9x+5=0$에서

$(x+5)(x-1)^2=0$

$\therefore x=-5$ 또는 $x=1$

따라서 구하는 도형의 넓이는

$\displaystyle\int_{-5}^{1}|f(x)|dx=\int_{-5}^{1}(x^3+3x^2-9x+5)dx$

$\qquad=\left[\dfrac{1}{4}x^4+x^3-\dfrac{9}{2}x^2+5x\right]_{-5}^{1}=108$

1653 답 ④

$f(x)=\displaystyle\int_{0}^{x}(-6t^2+6t)dt=\left[-2t^3+3t^2\right]_{0}^{x}=-2x^3+3x^2$

곡선 $y=f(x)$와 x축의 교점의 x좌표는

$-2x^3+3x^2=0$에서 $-x^2(2x-3)=0$

$\therefore x=0$ 또는 $x=\dfrac{3}{2}$

따라서 구하는 도형의 넓이는

$\displaystyle\int_{0}^{\frac{3}{2}}|f(x)|dx=\int_{0}^{\frac{3}{2}}(-2x^3+3x^2)dx$

$\qquad=\left[-\dfrac{1}{2}x^4+x^3\right]_{0}^{\frac{3}{2}}=\dfrac{27}{32}$

1654 답 ②

$f(x)=kx(x-2)(x-3)=0$에서 $x=0$ 또는 $x=2$ 또는 $x=3$이

므로 두 점 P, Q의 좌표는 각각 $(2,\ 0)$, $(3,\ 0)$이다.

이때 $(A$의 넓이$)=\displaystyle\int_{0}^{2}f(x)dx$, $(B$의 넓이$)=\displaystyle\int_{2}^{3}\{-f(x)\}dx$이

므로

$(A$의 넓이$)-(B$의 넓이$)$

$=\displaystyle\int_{0}^{2}f(x)dx-\int_{2}^{3}\{-f(x)\}dx$

$=\displaystyle\int_{0}^{2}f(x)dx+\int_{2}^{3}f(x)dx$

$=\displaystyle\int_{0}^{3}f(x)dx$

$=k\displaystyle\int_{0}^{3}(x^3-5x^2+6x)dx$

$=k\left[\dfrac{1}{4}x^4-\dfrac{5}{3}x^3+3x^2\right]_{0}^{3}=\dfrac{9}{4}k$

즉, $\dfrac{9}{4}k=3$이므로 $k=\dfrac{4}{3}$

1655 답 ① | 유형 **4**

STEP 1 곡선과 직선의 교점의 x좌표 구하기

곡선 $y=x^2-4x$와 직선 $y=ax$의 교점의 x좌표는

$x^2-4x=ax$에서 $x^2-(a+4)x=0$

$x\{x-(a+4)\}=0$

$\therefore x=0$ 또는 $x=a+4$ $\quad\longrightarrow a$는 양수이므로 $a+4>0$이다.

STEP 2 넓이를 이용하여 양수 a의 값 구하기

곡선과 직선으로 둘러싸인 도형의 넓이는

$\displaystyle\int_{0}^{a+4}|(x^2-4x)-ax|dx$ $\quad\longrightarrow 0\le x\le a+4$에서 $ax\ge x^2-4x$이다.

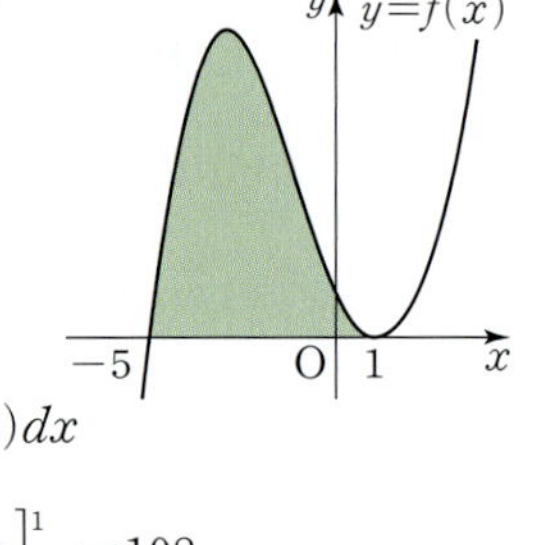

$=\displaystyle\int_{0}^{a+4}\{ax-(x^2-4x)\}dx$

$=\displaystyle\int_{0}^{a+4}\{-x^2+(a+4)x\}dx$

$=\left[-\dfrac{1}{3}x^3+\dfrac{1}{2}(a+4)x^2\right]_{0}^{a+4}$

$=\dfrac{1}{6}(a+4)^3$

즉, $\dfrac{1}{6}(a+4)^3=36$이므로

$(a+4)^3=216,\ a+4=6$

$\therefore a=2$

1656 답 ④

곡선 $y=x^3-3x+3$과 직선 $y=x+3$

의 교점의 x좌표는

$x^3-3x+3=x+3$에서

$x^3-4x=0$

$x(x+2)(x-2)=0$

$\therefore x=-2$ 또는 $x=0$ 또는 $x=2$

따라서 구하는 도형의 넓이는

$\displaystyle\int_{-2}^{2}|(x^3-3x+3)-(x+3)|dx$

$=\displaystyle\int_{-2}^{0}\{(x^3-3x+3)-(x+3)\}dx$

$\qquad\qquad+\displaystyle\int_{0}^{2}\{(x+3)-(x^3-3x+3)\}dx$

$=\displaystyle\int_{-2}^{0}(x^3-4x)dx+\int_{0}^{2}(-x^3+4x)dx$

$=\left[\dfrac{1}{4}x^4-2x^2\right]_{-2}^{0}+\left[-\dfrac{1}{4}x^4+2x^2\right]_{0}^{2}$

$=4+4=8$

1657 답 $\dfrac{4}{3}$

곡선 $y=x^3-2x^2+k$와 직선 $y=k$의 교
점의 x좌표는 $x^3-2x^2+k=k$에서
$x^3-2x^2=0$, $x^2(x-2)=0$
$\therefore x=0$ 또는 $x=2$
따라서 구하는 도형의 넓이는

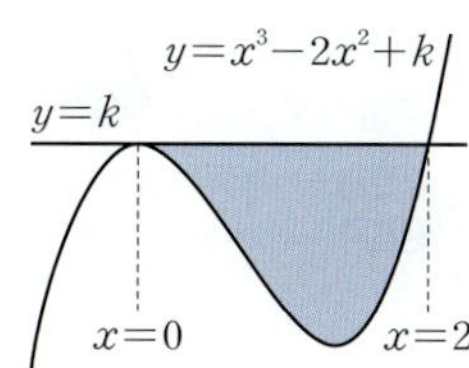

$$\int_0^2 |(x^3-2x^2+k)-k|\,dx=\int_0^2 \{k-(x^3-2x^2+k)\}\,dx$$
$$=\int_0^2 (-x^3+2x^2)\,dx$$
$$=\left[-\frac{1}{4}x^4+\frac{2}{3}x^3\right]_0^2=\frac{4}{3}$$

1658 답 ④

곡선 $y=2(x+1)(x^2-4x+2)$와
직선 $y=-2x-2$의 교점의 x좌표는
$2(x+1)(x^2-4x+2)=-2x-2$에서
$2(x+1)(x^2-4x+2)+2x+2=0$
$2(x+1)(x^2-4x+3)=0$
$2(x+1)(x-1)(x-3)=0$
$\therefore x=-1$ 또는 $x=1$ 또는 $x=3$
따라서 구하는 도형의 넓이는

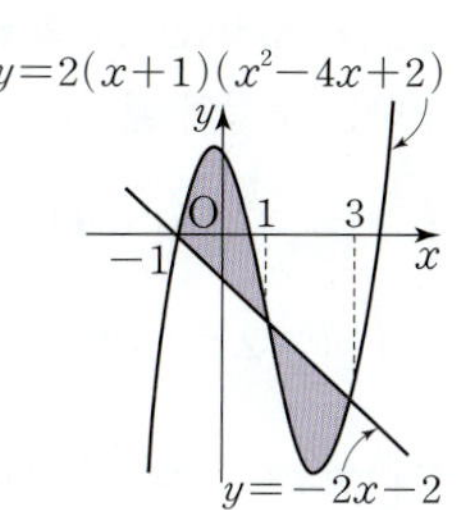

$$\int_{-1}^3 |2(x+1)(x^2-4x+2)-(-2x-2)|\,dx$$
$$=\int_{-1}^1 2(x^3-3x^2-x+3)\,dx+\int_1^3 -2(x^3-3x^2-x+3)\,dx$$
$$=2\left[\frac{1}{4}x^4-x^3-\frac{1}{2}x^2+3x\right]_{-1}^1-2\left[\frac{1}{4}x^4-x^3-\frac{1}{2}x^2+3x\right]_1^3$$
$$=8+8=16$$

1659 답 ③

$f(x)=x^3-6x^2+16$에서
$f'(x)=3x^2-12x=3x(x-4)$
$f'(x)=0$인 x의 값은 $x=0$ 또는 $x=4$
함수 $f(x)$의 극댓값은 $f(0)=16$이므로 $M=16$
곡선 $y=x^3-6x^2+16$과 직선 $y=16$의
교점의 x좌표는
$x^3-6x^2+16=16$에서
$x^3-6x^2=0$, $x^2(x-6)=0$
$\therefore x=0$ 또는 $x=6$
따라서 구하는 도형의 넓이는

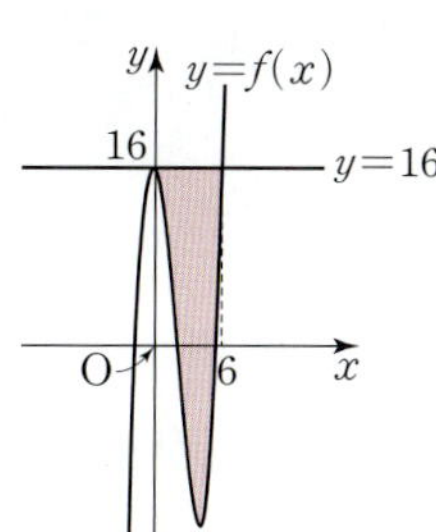

$$\int_0^6 \{16-(x^3-6x^2+16)\}\,dx$$
$$=\int_0^6 (-x^3+6x^2)\,dx$$
$$=\left[-\frac{1}{4}x^4+2x^3\right]_0^6=108$$

1660 답 ③

$x^2-1=(x+1)(x-1)$이므로
$$|x^2-1|=\begin{cases} x^2-1 & (x<-1 \text{ 또는 } x>1) \\ -x^2+1 & (-1\le x\le 1) \end{cases}$$

(i) $x<-1$ 또는 $x>1$일 때
곡선 $y=x^2-1$과 직선 $y=x+5$의
교점의 x좌표는 $x^2-1=x+5$에서
$x^2-x-6=0$
$(x+2)(x-3)=0$
$\therefore x=-2$ 또는 $x=3$

(ii) $-1\le x\le 1$일 때
곡선 $y=-x^2+1$과 x축의 교점의 x좌표는 $-x^2+1=0$에서
$x^2-1=0$
$(x+1)(x-1)=0$
$\therefore x=-1$ 또는 $x=1$
따라서 구하는 도형의 넓이는

$$\int_{-2}^3 \{(x+5)-(x^2-1)\}\,dx-2\int_{-1}^1 (-x^2+1)\,dx$$
$$=\left[-\frac{1}{3}x^3+\frac{1}{2}x^2+6x\right]_{-2}^3-2\left[-\frac{1}{3}x^3+x\right]_{-1}^1$$
$$=\frac{125}{6}-2\times\frac{4}{3}=\frac{109}{6}$$

참고 구하는 넓이는 곡선 $y=x^2-1$과 직선 $y=x+5$로 둘러싸인 도형의 넓이에서 곡선 $y=-x^2+1$과 x축으로 둘러싸인 도형의 넓이의 2배를 뺀 것과 같다.

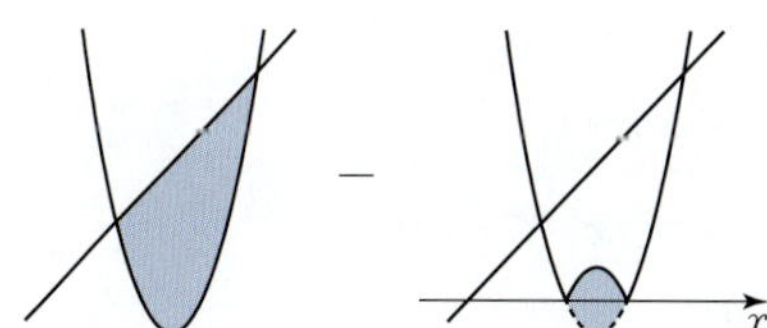

1661 답 $\dfrac{10}{9}$

점 $P_1\left(1, \dfrac{1}{3}\right)$은 곡선 $y=ax^2$ 위의 점이므로 $a=\dfrac{1}{3}$
직선 P_1P_2의 방정식은
$$y=-\frac{1}{3}\times 1\times x+2\times\frac{1}{3}\times 1^2$$
$$\therefore y=-\frac{1}{3}x+\frac{2}{3}$$

점 P_2는 직선 P_1P_2와 곡선 $y=\dfrac{1}{3}x^2$이
만나는 점 중 점 P_1이 아닌 점이므로
점 P_2의 x좌표는
$-\dfrac{1}{3}x+\dfrac{2}{3}=\dfrac{1}{3}x^2$에서
$x^2+x-2=0$, $(x+2)(x-1)=0$
$\therefore x=-2 \; (\because x\ne 1)$
따라서 구하는 도형의 넓이는

$$\int_{-2}^0 \left\{\left(-\frac{1}{3}x+\frac{2}{3}\right)-\frac{1}{3}x^2\right\}dx=\left[-\frac{1}{9}x^3-\frac{1}{6}x^2+\frac{2}{3}x\right]_{-2}^0$$
$$=\frac{10}{9}$$

실수 Check

(나)에 $n=1$을 대입하면 점 P_2는 점 $P_1(x_1, ax_1^2)$을 지나는 직선
$y=-ax_1x+2ax_1^2$과 곡선 $y=ax^2$이 만나는 점 중에서 점 P_1이 아닌
점이다. x_1과 a의 값을 구하여 문제를 해결할 수 있다.

1662 답 ④

곡선 $y=x^3-3x^2+x$와 직선 $y=x-4$의

교점의 x좌표는

$x^3-3x^2+x=x-4$에서

$x^3-3x^2+4=0$

$(x+1)(x-2)^2=0$

$\therefore x=-1$ 또는 $x=2$

따라서 구하는 부분의 넓이는

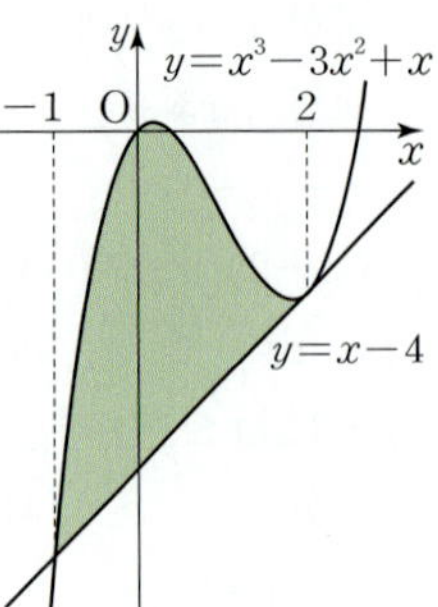

$$\int_{-1}^{2}\{(x^3-3x^2+x)-(x-4)\}dx$$

$$=\int_{-1}^{2}(x^3-3x^2+4)dx$$

$$=\left[\frac{1}{4}x^4-x^3+4x\right]_{-1}^{2}$$

$$=\frac{27}{4}$$

1663 답 14

두 함수 $f(x)=\frac{1}{3}x(4-x)$, $g(x)=|x-1|-1$의 그래프의

교점의 x좌표는

(i) $x<1$일 때

$\quad g(x)=-(x-1)-1=-x$이므로

$\quad \frac{1}{3}x(4-x)=-x$에서

$\quad x(4-x)=-3x,\ x^2-7x=0$

$\quad x(x-7)=0$

$\quad \therefore x=0\ (\because x<1)$

(ii) $x\geq1$일 때

$\quad g(x)=x-1-1=x-2$이므로

$\quad \frac{1}{3}x(4-x)=x-2$에서

$\quad x(4-x)=3x-6,\ x^2-x-6=0$

$\quad (x+2)(x-3)=0$

$\quad \therefore x=3\ (\because x\geq1)$

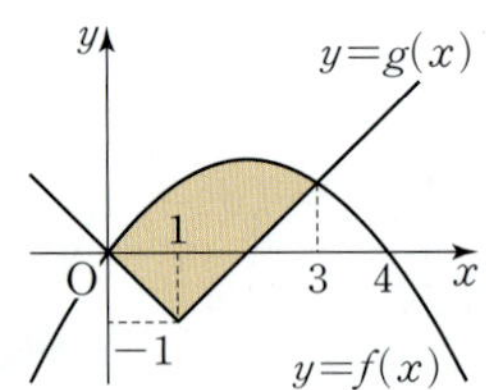

따라서 두 그래프로 둘러싸인 부분의 넓이 S는

$$S=\int_{0}^{3}|f(x)-g(x)|dx$$

$$=\int_{0}^{1}\left\{\left(-\frac{1}{3}x^2+\frac{4}{3}x\right)-(-x)\right\}dx$$

$$\qquad+\int_{1}^{3}\left\{\left(-\frac{1}{3}x^2+\frac{4}{3}x\right)-(x-2)\right\}dx$$

$$=\int_{0}^{1}\left(-\frac{1}{3}x^2+\frac{7}{3}x\right)dx+\int_{1}^{3}\left(-\frac{1}{3}x^2+\frac{1}{3}x+2\right)dx$$

$$=\left[-\frac{1}{9}x^3+\frac{7}{6}x^2\right]_{0}^{1}+\left[-\frac{1}{9}x^3+\frac{1}{6}x^2+2x\right]_{1}^{3}$$

$$=\frac{19}{18}+\frac{22}{9}=\frac{7}{2}$$

$$\therefore 4S=4\times\frac{7}{2}=14$$

1664 답 9

두 곡선 $y=x^2-4x+4$, $y=-x^2+6x-4$로 둘러싸인 도형의 넓이를 구하시오.
단서1 단서2

단서1 두 곡선의 교점의 x좌표는 방정식 $x^2-4x+4=-x^2+6x-4$의 해

단서2 어떤 그래프가 위에 있는지 파악하기

유형 5

STEP 1 두 곡선의 교점의 x좌표 구하기

두 곡선 $y=x^2-4x+4$, $y=-x^2+6x-4$

의 교점의 x좌표는

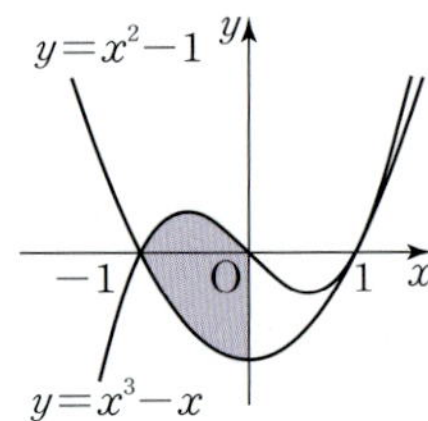

$x^2-4x+4=-x^2+6x-4$에서

$2x^2-10x+8=0,\ 2(x-1)(x-4)=0$

$\therefore x=1$ 또는 $x=4$

STEP 2 둘러싸인 도형의 넓이 구하기

구하는 도형의 넓이는

$$\int_{1}^{4}\{(-x^2+6x-4)-(x^2-4x+4)\}dx$$

$$=\int_{1}^{4}(-2x^2+10x-8)dx$$

$$=\left[-\frac{2}{3}x^3+5x^2-8x\right]_{1}^{4}=9$$

1665 답 $\frac{11}{12}$

두 곡선 $y=x^3-x$, $y=x^2-1$의 교점의

x좌표는 $x^3-x=x^2-1$에서

$x^3-x^2-x+1=0$

$x^2(x-1)-(x-1)=0$

$(x+1)(x-1)^2=0$

$\therefore x=-1$ 또는 $x=1$

따라서 구하는 도형의 넓이는

$$\int_{-1}^{0}\{(x^3-x)-(x^2-1)\}dx=\int_{-1}^{0}(x^3-x^2-x+1)dx$$

$$=\left[\frac{1}{4}x^4-\frac{1}{3}x^3-\frac{1}{2}x^2+x\right]_{-1}^{0}$$

$$=\frac{11}{12}$$

1666 답 ③

두 이차함수 $f(x)$, $g(x)$의 최고차항의 계수가 1, -1이고 두 이차함수 $y=f(x)$, $y=g(x)$의 그래프의 교점의 x좌표가 $x=0$, $x=a$이므로

$$g(x)-f(x)=-2x(x-a) \quad\cdots\cdots\cdots\quad \text{㉠}$$

따라서 두 곡선으로 둘러싸인 도형의 넓이는

$$\int_{0}^{a}\{g(x)-f(x)\}dx=\int_{0}^{a}-2x(x-a)dx$$

$$=\int_{0}^{a}(-2x^2+2ax)dx$$

$$=\left[-\frac{2}{3}x^3+ax^2\right]_{0}^{a}=\frac{1}{3}a^3$$

즉, $\frac{1}{3}a^3=9$이므로 $a^3=27$ $\quad\therefore a=3$

이때 $g(x)=-x(x-4)$이므로 ㉠에서

$$f(x)=g(x)+2x(x-3)$$
$$=-x(x-4)+2x(x-3)$$
$$=x^2-2x$$
$$\therefore f(5)=25-10=15$$

1667 답 -96

두 곡선 $y=f(x)$, $y=g(x)$의 교점의 x좌표가 0, 1, 2이므로
$f(x)-g(x)=ax(x-1)(x-2)$ (a는 상수)
라 하면 $1\leq x\leq 2$에서 두 곡선으로 둘러싸인 도형의 넓이는

$$\int_1^2 \{f(x)-g(x)\}dx=\int_1^2 ax(x-1)(x-2)dx$$
$$=a\int_1^2 (x^3-3x^2+2x)dx$$
$$=a\left[\frac{1}{4}x^4-x^3+x^2\right]_1^2$$
$$=-\frac{1}{4}a$$

즉, $-\frac{1}{4}a=1$이므로 $a=-4$
따라서 $f(x)-g(x)=-4x(x-1)(x-2)$이므로
$f(4)-g(4)=(-4)\times 4\times 3\times 2=-96$

1668 답 $\dfrac{\pi}{4}-\dfrac{1}{3}$

원 $(x-1)^2+y^2=1$과 곡선 $y=x^2$의 교점의 x좌표는
$(x-1)^2+(x^2)^2=1$에서 $x^4+x^2-2x=0$
$x(x^3+x-2)=0$, $x(x-1)(x^2+x+2)=0$
$\therefore x=0$ 또는 $x=1$ ($\because x^2+x+2>0$)
색칠한 부분의 넓이는 반지름의 길이가
1인 사분원에서 곡선 $y=x^2$과 x축 및 직
선 $x=1$로 둘러싸인 도형의 넓이를 뺀
것과 같다.
따라서 구하는 도형의 넓이는

$$\frac{1}{4}\times\pi\times 1^2-\int_0^1 x^2 dx=\frac{\pi}{4}-\left[\frac{1}{3}x^3\right]_0^1=\frac{\pi}{4}-\frac{1}{3}$$

1669 답 $\dfrac{2}{3}$

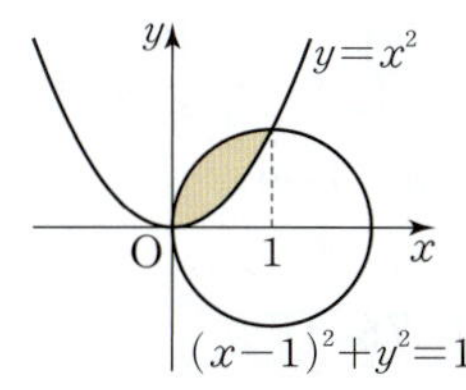

두 곡선 $y=x^2$, $y=x^2-4nx+4n^2$
의 교점의 x좌표는
$x^2=x^2-4nx+4n^2$에서
$4nx=4n^2$ $\therefore x=n$
두 곡선 $y=x^2$, $y=x^2-4nx+4n^2$
과 x축으로 둘러싸인 도형은 직선
$x=n$에 대하여 대칭이므로

$$S_n=2\int_0^n x^2 dx$$
$$=2\left[\frac{1}{3}x^3\right]_0^n=\frac{2}{3}n^3$$
$$\therefore \frac{S_n}{n^3}=\frac{\frac{2}{3}n^3}{n^3}=\frac{2}{3}$$

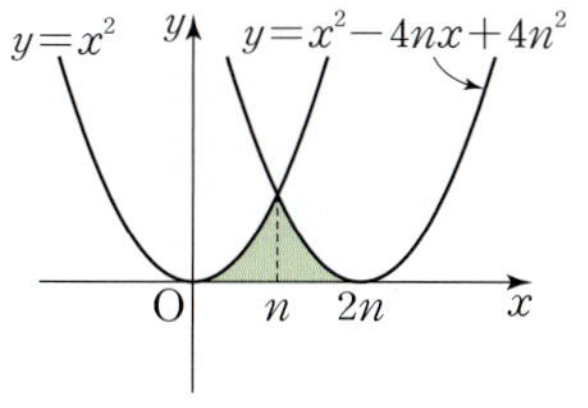

참고 두 곡선 $y=x^2$, $y=x^2-4nx+4n^2=(x-2n)^2$과 x축으로 둘러싸인
도형은 직선 $x=n$에 대하여 대칭이므로

$$\int_0^n x^2 dx=\int_n^{2n}(x^2-4nx+4n^2)dx$$
$$\therefore S_n=\int_0^n x^2 dx+\int_n^{2n}(x^2-4nx+4n^2)dx=2\int_0^n x^2 dx$$

1670 답 32

㈎의 양변을 x에 대하여 미분하면
$$f(x)+g(x)=5x^2+3 \quad\cdots\cdots ㉠$$
㈏의 양변을 x에 대하여 미분하면
$$f(x)-g(x)=3x^2-6x-9 \quad\cdots\cdots ㉡$$
㉠$+$㉡에서 $2f(x)=8x^2-6x-6$이므로
$f(x)=4x^2-3x-3$
㉠$-$㉡에서 $2g(x)=2x^2+6x+12$이므로
$g(x)=x^2+3x+6$
두 곡선 $y=f(x)$, $y=g(x)$의 교점의
x좌표는
$4x^2-3x-3=x^2+3x+6$에서
$3x^2-6x-9=0$
$3(x+1)(x-3)=0$
$\therefore x=-1$ 또는 $x=3$
따라서 구하는 도형의 넓이는

$$\int_{-1}^3 \{g(x)-f(x)\}dx=\int_{-1}^3 \{(x^2+3x+6)-(4x^2-3x-3)\}dx$$
$$=\int_{-1}^3 (-3x^2+6x+9)dx$$
$$=\left[-x^3+3x^2+9x\right]_{-1}^3=32$$

다른 풀이

㈎, ㈏의 두 식을 더하면 $\displaystyle\int_0^x 2f(t)dt=\frac{8}{3}x^3-3x^2-6x$

위의 식의 양변을 x에 대하여 미분하면
$2f(x)=8x^2-6x-6$ $\therefore f(x)=4x^2-3x-3$
마찬가지로 ㈎, ㈏의 두 식을 뺀 식의 양변을 x에 대하여 미분해서
$g(x)$를 구할 수도 있다.

실수 Check

두 곡선으로 둘러싸인 도형의 넓이를 구할 때, 두 함수 $y=f(x)$,
$y=g(x)$의 그래프를 정확히 그리지 않아도 된다.
교점의 x좌표를 먼저 구한 후 그래프의 개형을 간단히 그려 어느 그래
프가 위에 있는지만 확인한다.

1671 답 4

두 곡선 $y=3x^3-7x^2$, $y=-x^2$의
교점의 x좌표는
$3x^3-7x^2=-x^2$에서 $3x^2(x-2)=0$
$\therefore x=0$ 또는 $x=2$
따라서 구하는 부분의 넓이는

$$\int_0^2 \{-x^2-(3x^3-7x^2)\}dx=\int_0^2 (-3x^3+6x^2)dx$$
$$=\left[-\frac{3}{4}x^4+2x^3\right]_0^2=4$$

1672 답 ①

두 함수 $y=f(x)$, $y=g(x)$의 그래프로 둘러싸인 부분이 직선 $x=2$에 대하여 대칭이므로 구하는 부분의 넓이는

$$\int_0^4 \{g(x)-f(x)\}\,dx = 2\int_0^2 \{(-x^2+2x)-(x^2-4x)\}\,dx$$
$$= 2\int_0^2 (-2x^2+6x)\,dx$$
$$= 2\left[-\frac{2}{3}x^3+3x^2\right]_0^2$$
$$= \frac{40}{3}$$

1673 답 ② | 유형 6

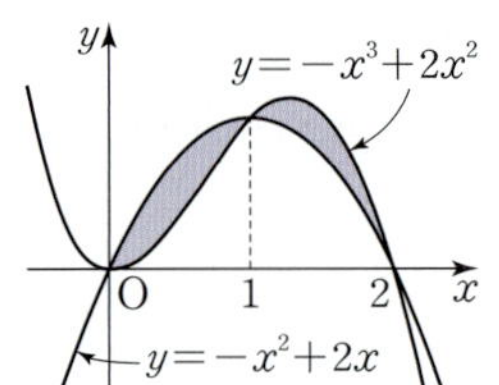

STEP 1 두 곡선의 교점의 x좌표 구하기

두 곡선 $y=-x^3+2x^2$, $y=-x^2+2x$
의 교점의 x좌표는
$-x^3+2x^2=-x^2+2x$에서
$x^3-3x^2+2x=0$
$x(x-1)(x-2)=0$
$\therefore x=0$ 또는 $x=1$ 또는 $x=2$

STEP 2 둘러싸인 도형의 넓이 구하기

구하는 도형의 넓이는

$$\int_0^2 |(-x^3+2x^2)-(-x^2+2x)|\,dx$$
$$= \int_0^1 \{(-x^2+2x)-(-x^3+2x^2)\}\,dx$$
$$\qquad\qquad + \int_1^2 \{(-x^3+2x^2)-(-x^2+2x)\}\,dx$$
$$= \int_0^1 (x^3-3x^2+2x)\,dx + \int_1^2 (-x^3+3x^2-2x)\,dx$$
$$= \left[\frac{1}{4}x^4-x^3+x^2\right]_0^1 + \left[-\frac{1}{4}x^4+x^3-x^2\right]_1^2$$
$$= \frac{1}{4}+\frac{1}{4}=\frac{1}{2}$$

1674 답 ⑤

두 곡선 $y=2x^3-6x^2+4$,
$y=-x^2+2x-1$의 교점의 x좌표는
$2x^3-6x^2+4=-x^2+2x-1$에서
$2x^3-5x^2-2x+5=0$
$x^2(2x-5)-(2x-5)=0$
$(x+1)(x-1)(2x-5)=0$
$\therefore x=-1$ 또는 $x=1$ 또는 $x=\frac{5}{2}$

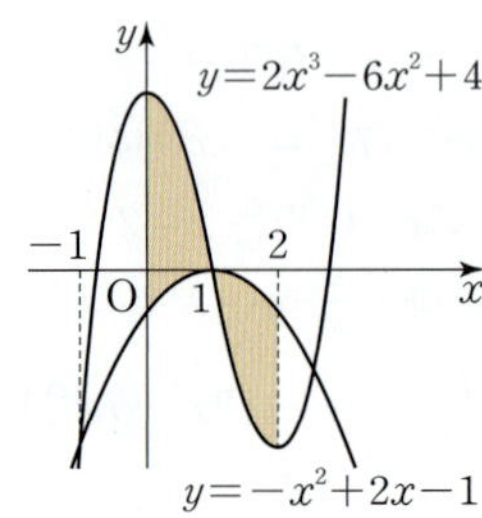

따라서 닫힌구간 $[0,\ 2]$에서 구하는 도형의 넓이는

$$\int_0^2 |(2x^3-6x^2+4)-(-x^2+2x-1)|\,dx$$
$$= \int_0^1 \{(2x^3-6x^2+4)-(-x^2+2x-1)\}\,dx$$
$$\qquad\qquad + \int_1^2 \{(-x^2+2x-1)-(2x^3-6x^2+4)\}\,dx$$
$$= \int_0^1 (2x^3-5x^2-2x+5)\,dx + \int_1^2 (-2x^3+5x^2+2x-5)\,dx$$
$$= \left[\frac{1}{2}x^4-\frac{5}{3}x^3-x^2+5x\right]_0^1 + \left[-\frac{1}{2}x^4+\frac{5}{3}x^3+x^2-5x\right]_1^2$$
$$= \frac{17}{6}+\frac{13}{6}=5$$

1675 답 ⑤

$f(x)=\frac{1}{3}x^3+x^2$에서 $f'(x)=x^2+2x$

두 함수 $y=f(x)$, $y=f'(x)$의 그래프의
교점의 x좌표는 $\frac{1}{3}x^3+x^2=x^2+2x$에서
$\frac{1}{3}x^3-2x=0$, $x^3-6x=0$
$x(x+\sqrt6)(x-\sqrt6)=0$
$\therefore x=-\sqrt6$ 또는 $x=0$ 또는 $x=\sqrt6$

따라서 구하는 도형의 넓이는

$$\int_{-\sqrt6}^{\sqrt6} \left|\left(\frac{1}{3}x^3+x^2\right)-(x^2+2x)\right|\,dx$$
$$= \int_{-\sqrt6}^{0}\left\{\left(\frac{1}{3}x^3+x^2\right)-(x^2+2x)\right\}dx$$
$$\qquad\qquad + \int_0^{\sqrt6}\left\{(x^2+2x)-\left(\frac{1}{3}x^3+x^2\right)\right\}dx$$
$$= \int_{-\sqrt6}^{0}\left(\frac{1}{3}x^3-2x\right)dx + \int_0^{\sqrt6}\left(-\frac{1}{3}x^3+2x\right)dx$$
$$= \left[\frac{1}{12}x^4-x^2\right]_{-\sqrt6}^{0} + \left[-\frac{1}{12}x^4+x^2\right]_0^{\sqrt6}$$
$$= 3+3=6$$

1676 답 ③

A, B의 넓이가 각각 10, 5이므로

$$\int_{-2}^{1} \{g(x)-f(x)\}\,dx=10, \quad \int_1^3 \{f(x)-g(x)\}\,dx=5$$
$$\therefore \int_{-2}^{3} \{f(x)-g(x)\}\,dx$$
$$= \int_{-2}^{1} \{f(x)-g(x)\}\,dx + \int_1^3 \{f(x)-g(x)\}\,dx$$
$$= -\int_{-2}^{1} \{g(x)-f(x)\}\,dx + \int_1^3 \{f(x)-g(x)\}\,dx$$
$$= -10+5=-5$$

1677 답 3

두 곡선 $y=f(x)$, $y=g(x)$의 교점의 x좌표 중 $x=2$, $x=4$가 아닌 것을 $x=a$, $x=b$ $(a<b)$라 하면

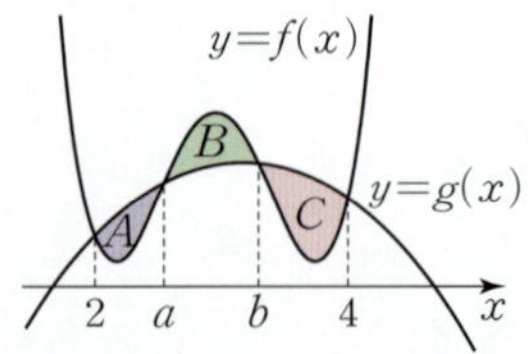

$$\int_2^4 \{f(x)-g(x)\}dx$$

$$=\int_2^a \{f(x)-g(x)\}dx+\int_a^b \{f(x)-g(x)\}dx$$

$$+\int_b^4 \{f(x)-g(x)\}dx$$

$$=-\int_2^a \{g(x)-f(x)\}dx+\int_a^b \{f(x)-g(x)\}dx$$

$$-\int_b^4 \{g(x)-f(x)\}dx$$

$$=-A+B-C$$

즉, $-A+B-C=-3$이므로

$A+C=B+3$ ┄┄┄┄┄┄┄┄┄┄┄┄┄┄┄┄ ㉠

이때 $A+C=2B$이므로 이 식을 ㉠에 대입하면

$B+3=2B$ $\quad\therefore B=3$

1678 답 ④ | 유형 7

STEP 1 곡선 위의 점에서의 접선의 방정식 구하기

$f(x)=2x^2+1$이라 하면 $f'(x)=4x$

점 $(1,\ 3)$에서의 접선의 기울기는 $f'(1)=4$이므로 접선의 방정식은

$y-3=4(x-1)$ $\quad\therefore y=4x-1$

STEP 2 둘러싸인 도형의 넓이 구하여 $3S$의 값 구하기

곡선과 접선 및 y축으로 둘러싸인 도형의
넓이 S는

$$S=\int_0^1 \{(2x^2+1)-(4x-1)\}dx$$

$$=\int_0^1 (2x^2-4x+2)dx$$

$$=\left[\frac{2}{3}x^3-2x^2+2x\right]_0^1=\frac{2}{3}$$

$$\therefore 3S=3\times\frac{2}{3}=2$$

1679 답 $\dfrac{3}{4}$

$f(x)=ax^2+2$라 하면 $f'(x)=2ax$

곡선 위의 점 $(1,\ a+2)$에서의 접선의 기울기는 $f'(1)=2a$이므
로 접선의 방정식은

$y-(a+2)=2a(x-1)$ $\quad\therefore y=2ax-a+2$

이때 $a>0$이므로 곡선 $y=ax^2+2$와 직선
$y=2ax-a+2$ 및 직선 $x=3$으로 둘러싸
인 도형의 넓이는

$$\int_1^3 \{(ax^2+2)-(2ax-a+2)\}dx$$

$$=\int_1^3 (ax^2-2ax+a)dx$$

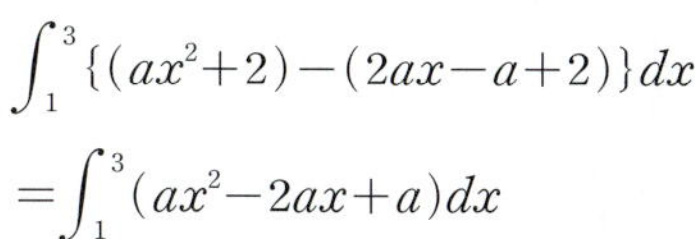

$$=\left[\frac{a}{3}x^3-ax^2+ax\right]_1^3$$

$$=\frac{8}{3}a$$

즉, $\dfrac{8}{3}a=2$이므로 $a=\dfrac{3}{4}$

1680 답 ②

$f(x)=-x^2-1$이라 하면 $f'(x)=-2x$

접점의 좌표를 $(t,\ -t^2-1)$이라 하면 이 점에서의 접선의 기울기
는 $f'(t)=-2t$이므로 접선의 방정식은

$y-(-t^2-1)=-2t(x-t)$

$\therefore y=-2tx+t^2-1$

이 직선이 점 $(0,\ 2)$를 지나므로

$2=t^2-1,\ t^2=3$

$\therefore t=-\sqrt{3}$ 또는 $t=\sqrt{3}$

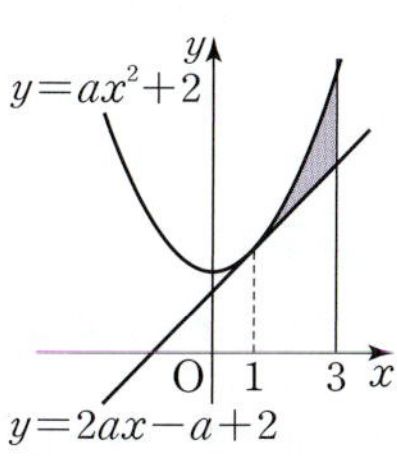

즉, 접선의 방정식은

$y=-2\sqrt{3}x+2$ 또는 $y=2\sqrt{3}x+2$

따라서 구하는 도형의 넓이는

$$\int_{-\sqrt{3}}^{0} \{(2\sqrt{3}x+2)-(-x^2-1)\}dx$$

$$+\int_0^{\sqrt{3}} \{(-2\sqrt{3}x+2)-(-x^2-1)\}dx$$

$$=2\int_0^{\sqrt{3}} \{(-2\sqrt{3}x+2)-(-x^2-1)\}dx$$

$$=2\int_0^{\sqrt{3}} (x^2-2\sqrt{3}x+3)dx$$

$$=2\left[\frac{1}{3}x^3-\sqrt{3}x^2+3x\right]_0^{\sqrt{3}}$$

$$=2\sqrt{3}$$

1681 답 ④

$f(x)=2x^4-4px^2+10p^2$이라 하면

$f'(x)=8x^3-8px$

곡선 위의 점 $(1,\ 2-4p+10p^2)$에서의 접선의 기울기는

$f'(1)=8-8p$이므로 접선의 방정식은

$y-(2-4p+10p^2)=(8-8p)(x-1)$

$\therefore y=(8-8p)x+10p^2+4p-6$ ┄┄┄┄┄┄ ㉠

또, 곡선 위의 점 $(-1,\ 2-4p+10p^2)$에서의 접선의 기울기는

$f'(-1)=-8+8p$이므로 접선의 방정식은

$y-(2-4p+10p^2)=(-8+8p)(x+1)$

$\therefore y=(-8+8p)x+10p^2+4p-6$ ┄┄┄┄┄ ㉡

두 직선 ㉠, ㉡이 모두 원점을
지나므로 $x=0$, $y=0$을 대입
하면

$10p^2+4p-6=0$

$2(p+1)(5p-3)=0$

$\therefore p=\dfrac{3}{5}\ (\because p>0)$

따라서 곡선 $y=2x^4-\dfrac{12}{5}x^2+\dfrac{18}{5}$과 두 접선 $y=-\dfrac{16}{5}x$,

$y=\dfrac{16}{5}x$로 둘러싸인 도형의 넓이는

$$\int_{-1}^{0}\left\{\left(2x^4-\frac{12}{5}x^2+\frac{18}{5}\right)-\left(-\frac{16}{5}x\right)\right\}dx$$
$$+\int_{0}^{1}\left\{\left(2x^4-\frac{12}{5}x^2+\frac{18}{5}\right)-\frac{16}{5}x\right\}dx$$
$$=2\int_{0}^{1}\left\{\left(2x^4-\frac{12}{5}x^2+\frac{18}{5}\right)-\frac{16}{5}x\right\}dx$$
$$=2\int_{0}^{1}\left(2x^4-\frac{12}{5}x^2-\frac{16}{5}x+\frac{18}{5}\right)dx$$
$$=2\left[\frac{2}{5}x^5-\frac{4}{5}x^3-\frac{8}{5}x^2+\frac{18}{5}x\right]_{0}^{1}$$
$$=2\times\frac{8}{5}=\frac{16}{5}$$

실수 Check

곡선과 두 접선으로 둘러싸인 도형의 넓이이므로 접선에 따라 구간을 둘로 나눠야 함을 잊지 않도록 한다.
이때 곡선을 나타내는 식의 x항의 차수가 모두 짝수이므로 곡선은 y축에 대하여 대칭이다. 즉, 구간 $[-1, 0]$, $[0, 1]$로 나누어진다.

1682 답 1

$f(x)=x^2-4$라 하면 $f'(x)=2x$
곡선 $y=x^2-4$ 위의 점 (t, t^2-4)에서의 접선의 기울기는
$f'(t)=2t$이므로 접선의 방정식은
$y-(t^2-4)=2t(x-t)$ $\qquad \therefore y=2tx-t^2-4$
곡선 $y=x^2-4$ 위의 한 점 (t, t^2-4)에서의 접선과 이 곡선 및 y축, 직선 $x=2$로 둘러싸인 두 부분의 넓이를 각각 S_1, S_2라 하면

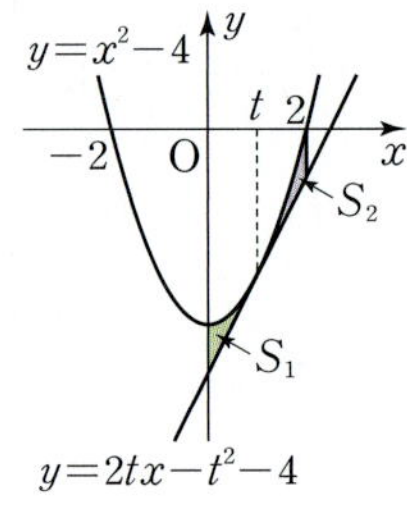

$$S_1=\int_{0}^{t}\left\{(x^2-4)-(2tx-t^2-4)\right\}dx$$
$$=\int_{0}^{t}(x^2-2tx+t^2)dx$$
$$=\left[\frac{1}{3}x^3-tx^2+t^2x\right]_{0}^{t}=\frac{1}{3}t^3$$
$$S_2=\int_{t}^{2}\left\{(x^2-4)-(2tx-t^2-4)\right\}dx$$
$$=\int_{t}^{2}(x^2-2tx+t^2)dx$$
$$=\left[\frac{1}{3}x^3-tx^2+t^2x\right]_{t}^{2}$$
$$=-\frac{1}{3}t^3+2t^2-4t+\frac{8}{3}$$
이때 $S_1=S_2$이므로
$$\frac{1}{3}t^3=-\frac{1}{3}t^3+2t^2-4t+\frac{8}{3}$$
$$\frac{2}{3}t^3-2t^2+4t-\frac{8}{3}=0, \ t^3-3t^2+6t-4=0$$
$$(t-1)(t^2-2t+4)=0 \qquad \therefore t=1 \ (\because t^2-2t+4>0)$$

1683 답 ④

$x>0$에서 곡선 $y=ax^2+2$와 직선 $y=2x$가 접하므로 이차방정식 $ax^2+2=2x$가 중근을 가진다.
이차방정식 $ax^2+2=2x$, 즉 $ax^2-2x+2=0$의 판별식을 D라 하면
$$\frac{D}{4}=0$$에서
→ 주어진 그래프에서 $a\neq0$임을 알 수 있다.
$$1-2a=0 \qquad \therefore a=\frac{1}{2}$$

곡선 $y=\frac{1}{2}x^2+2$와 직선 $y=2x$의 교점의 x좌표는 $\frac{1}{2}x^2+2=2x$에서

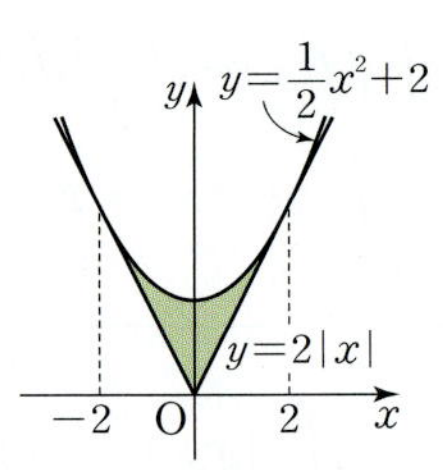

$$x^2-4x+4=0$$
$$(x-2)^2=0 \qquad \therefore x=2$$
따라서 구하는 도형의 넓이는
$$\int_{-2}^{0}\left\{\left(\frac{1}{2}x^2+2\right)-(-2x)\right\}dx+\int_{0}^{2}\left\{\left(\frac{1}{2}x^2+2\right)-2x\right\}dx$$
$$=2\int_{0}^{2}\left\{\left(\frac{1}{2}x^2+2\right)-2x\right\}dx$$
$$=2\int_{0}^{2}\left(\frac{1}{2}x^2-2x+2\right)dx$$
$$=2\left[\frac{1}{6}x^3-x^2+2x\right]_{0}^{2}$$
$$=2\times\frac{4}{3}=\frac{8}{3}$$

1684 답 ③

$g(x)-f(x)$는 최고차항의 계수가 3인 삼차식이고
삼차방정식 $g(x)-f(x)=0$은 한 실근 0과 중근 2를 가지므로
$$g(x)-f(x)=3x(x-2)^2$$
따라서 구하는 도형의 넓이는
$$\int_{0}^{2}|f(x)-g(x)|dx=\int_{0}^{2}\{g(x)-f(x)\}dx$$
$$=\int_{0}^{2}3x(x-2)^2dx$$
$$=\int_{0}^{2}(3x^3-12x^2+12x)dx$$
$$=\left[\frac{3}{4}x^4-4x^3+6x^2\right]_{0}^{2}=4$$

1685 답 $\frac{1}{6}$ | 유형 **8**

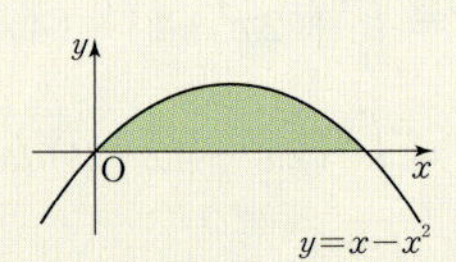

곡선 $y=x-x^2$과 x축으로 둘러싸인 도형
단서1 단서2
의 넓이를 구하시오.

단서1 곡선과 x축의 교점의 x좌표는 방정식 $x-x^2=0$의 해
단서2 이차함수의 그래프와 x축 사이의 넓이 공식 $\dfrac{|a|}{6}(\beta-\alpha)^3$을 이용

STEP 1 곡선과 x축의 교점의 x좌표 구하기

곡선 $y=x-x^2$과 x축의 교점의 x좌표는
$x-x^2=0$에서 $x(1-x)=0$
$\therefore x=0$ 또는 $x=1$

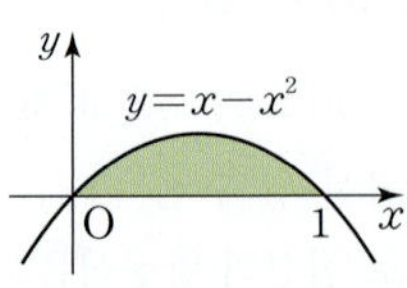

STEP 2 공식을 이용하여 도형의 넓이 구하기

구하는 도형의 넓이는
$$\int_{0}^{1}|x-x^2|dx=\frac{|-1|}{6}(1-0)^3=\frac{1}{6}$$

다른 풀이

곡선 $y=x-x^2$과 x축으로 둘러싸인 도형의 넓이는
$$\int_{0}^{1}(x-x^2)dx=\left[\frac{1}{2}x^2-\frac{1}{3}x^3\right]_{0}^{1}=\frac{1}{6}$$

참고 포물선과 x축 사이의 넓이 공식의 증명

이차방정식 $ax^2+bx+c=0$의 두 실근이 α, β $(\alpha<\beta)$이므로

$$ax^2+bx+c=a(x-\alpha)(x-\beta)$$

따라서 포물선과 x축(직선 $y=0$)으로 둘러싸인 도형의 넓이 S는

$$S=\int_\alpha^\beta |ax^2+bx+c|\,dx$$

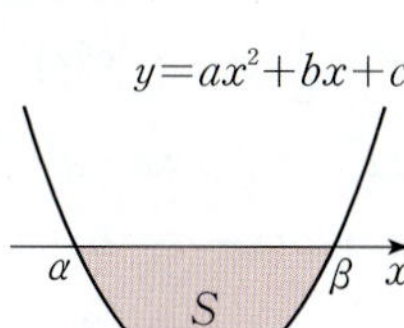

$$=\int_\alpha^\beta |a(x-\alpha)(x-\beta)|\,dx$$

$$=|a|\int_\alpha^\beta |(x-\alpha)(x-\beta)|\,dx$$

$$=|a|\int_\alpha^\beta \{-(x-\alpha)(x-\beta)\}\,dx$$

$$=-|a|\int_\alpha^\beta \{x^2-(\alpha+\beta)x+\alpha\beta\}\,dx$$

$$=-|a|\left[\frac{1}{3}x^3-\frac{1}{2}(\alpha+\beta)x^2+\alpha\beta x\right]_\alpha^\beta$$

$$=-|a|\left\{\frac{1}{3}(\beta^3-\alpha^3)-\frac{1}{2}(\alpha+\beta)(\beta^2-\alpha^2)+\alpha\beta(\beta-\alpha)\right\}$$

$$=-\frac{|a|}{6}(\beta-\alpha)\{2(\beta^2+\alpha\beta+\alpha^2)-3(\alpha+\beta)^2+6\alpha\beta\}$$

$$=-\frac{|a|}{6}(\beta-\alpha)(\beta^2-2\alpha\beta+\alpha^2)$$

$$=-\frac{|a|}{6}(\beta-\alpha)^3$$

1686 답 $\dfrac{3}{2}$

곡선 $y=2ax-x^2$과 x축이 교점의 x좌표는

$2ax-x^2=0$에서

$x(2a-x)=0$

$\therefore x=0$ 또는 $x=2a$ $(\because a>0)$

곡선 $y=2ax-x^2$과 x축으로 둘러싸인 도형의 넓이는

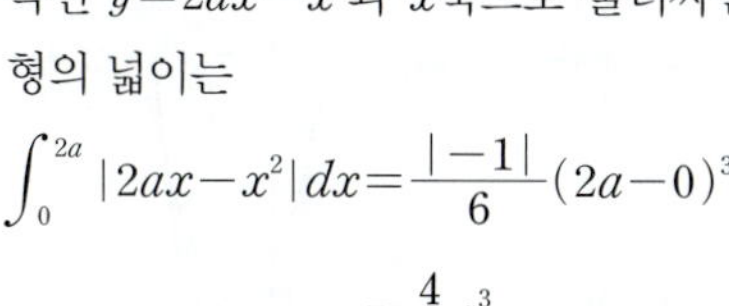

$$\int_0^{2a} |2ax-x^2|\,dx=\frac{|-1|}{6}(2a-0)^3$$

$$=\frac{4}{3}a^3$$

즉, $\dfrac{4}{3}a^3=\dfrac{9}{2}$이므로 $a^3=\dfrac{27}{8}$

$$\therefore a=\frac{3}{2}$$

1687 답 $a=-1$, $b=-4$

이차함수 $f(x)=ax^2-bx$가 $x=2$에서 최댓값을 가지므로

$a<0$이고 $ax^2-bx=a(x-2)^2-4a$

양변의 계수를 비교하면 $b=4a$

즉, $f(x)=ax^2-4ax=ax(x-4)$이므로

곡선 $y=f(x)$와 x축의 교점의 x좌표는

0, 4이다.

곡선 $y=f(x)$와 x축으로 둘러싸인 도형의 넓이는

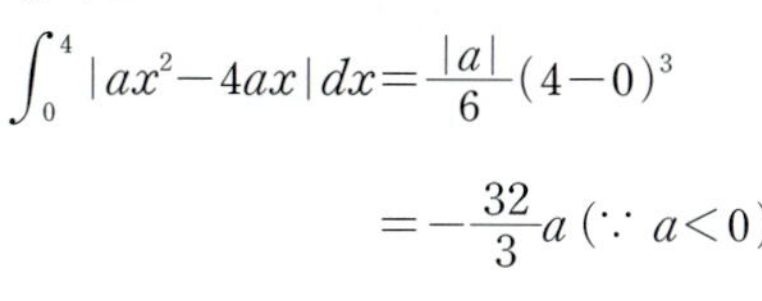

$$\int_0^4 |ax^2-4ax|\,dx=\frac{|a|}{6}(4-0)^3$$

$$=-\frac{32}{3}a\ (\because a<0)$$

즉, $-\dfrac{32}{3}a=\dfrac{32}{3}$이므로 $a=-1$

$$\therefore b=4a=-4$$

1688 답 3

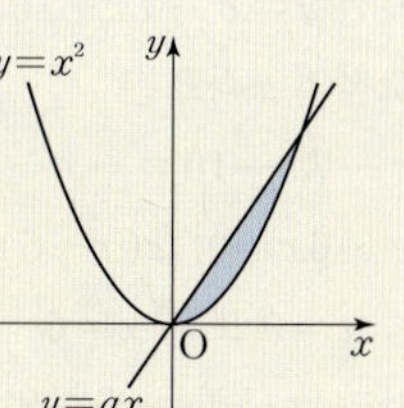

단서1 곡선과 직선의 교점의 x좌표는 방정식 $x^2=ax$의 해

STEP1 곡선과 직선의 교점의 x좌표 구하기

곡선 $y=x^2$과 직선 $y=ax$의 교점의 x좌표는

$x^2=ax$에서

$x^2-ax=0$, $x(x-a)=0$

$\therefore x=0$ 또는 $x=a$

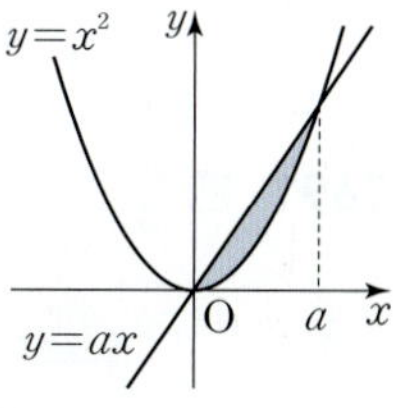

STEP2 공식을 이용하여 도형의 넓이를 식으로 나타내기

곡선 $y=x^2$과 직선 $y=ax$로 둘러싸인 도형의 넓이는

$$\int_0^a |ax-x^2|\,dx=\frac{|1|}{6}(a-0)^3=\frac{1}{6}a^3$$

STEP3 양수 a의 값 구하기

둘러싸인 도형의 넓이가 $\dfrac{9}{2}$이므로

$$\frac{1}{6}a^3=\frac{9}{2},\ a^3=27 \qquad \therefore a=3$$

다른 풀이

곡선 $y=x^2$과 직선 $y=ax$로 둘러싸인 도형의 넓이는

$$\int_0^a (ax-x^2)\,dx=\left[\frac{a}{2}x^2-\frac{1}{3}x^3\right]_0^a=\frac{1}{6}a^3$$

참고 포물선과 직선 사이의 넓이 공식의 증명

이차방정식 $ax^2+bx+c=mx+n$의 두

실근이 α, β $(\alpha<\beta)$이므로

$ax^2+(b-m)x+c-n$

$=a(x-\alpha)(x-\beta)$

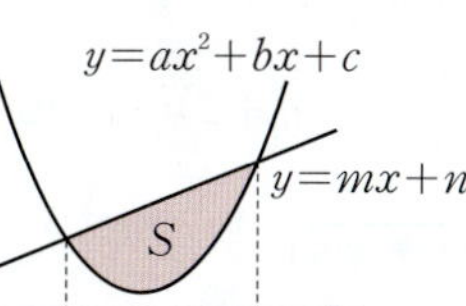
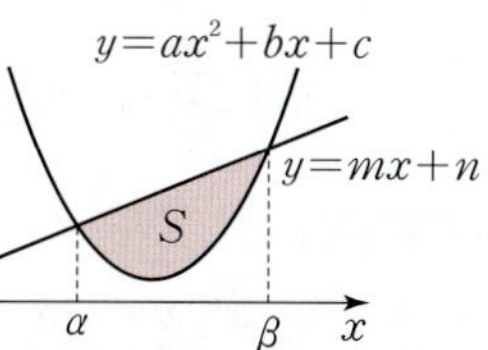

따라서 포물선과 직선 $y=mx+n$으로 둘러싸인 도형의 넓이 S는

$$S=\int_\alpha^\beta |ax^2+(b-m)x+c-n|\,dx$$

$$=\int_\alpha^\beta |a(x-\alpha)(x-\beta)|\,dx$$

$$\vdots$$

$$=\frac{|a|}{6}(\beta-\alpha)^3$$

1685번 참고 의 「포물선과 x축 사이의 넓이 공식의 증명」 과 동일하다.

1689 답 $\dfrac{8}{3}$

곡선 $y=-2x^2+3x$와 직선 $y=-x$의

교점의 x좌표는 $-2x^2+3x=-x$에서

$2x^2-4x=0$, $2x(x-2)=0$

$\therefore x=0$ 또는 $x=2$

따라서 구하는 도형의 넓이는

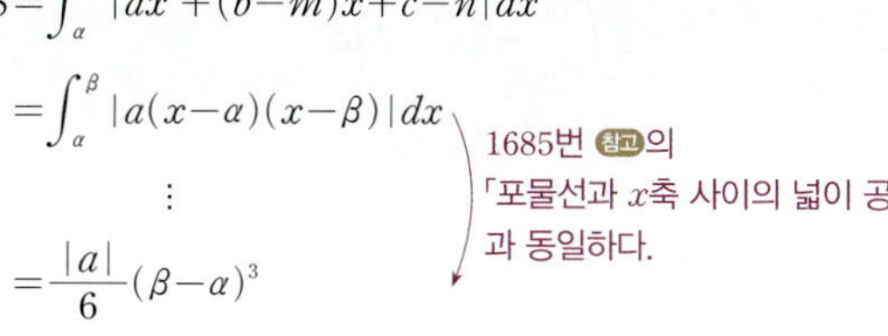

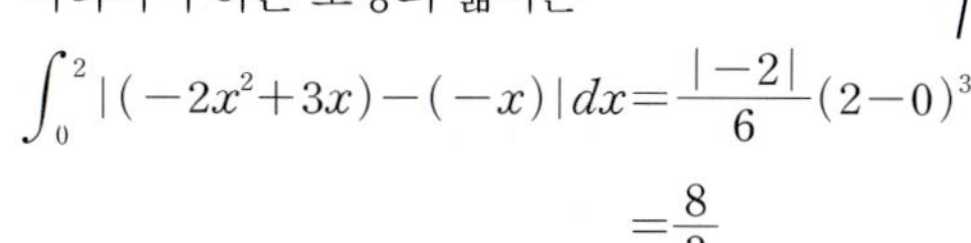

$$\int_0^2 |(-2x^2+3x)-(-x)|\,dx=\frac{|-2|}{6}(2-0)^3$$

$$=\frac{8}{3}$$

1690 답 36

곡선 $y=x^2-7x+10$과 직선 $y=-x+10$의
교점의 x좌표는
$x^2-7x+10=-x+10$에서
$x^2-6x=0$, $x(x-6)=0$
$\therefore x=0$ 또는 $x=6$
따라서 구하는 도형의 넓이는

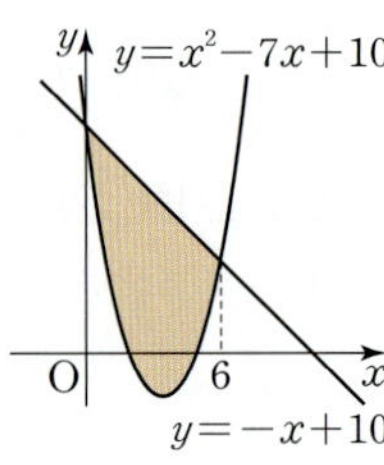

$$\int_0^6 |(-x+10)-(x^2-7x+10)|\,dx$$
$$=\frac{|1|}{6}(6-0)^3=36$$

1691 답 $\dfrac{8}{3}$

| 유형 10

두 곡선 $y=x^2$, $y=-x^2+2$로 둘러싸인 **단서1** 도형의 넓이를 구하시오.

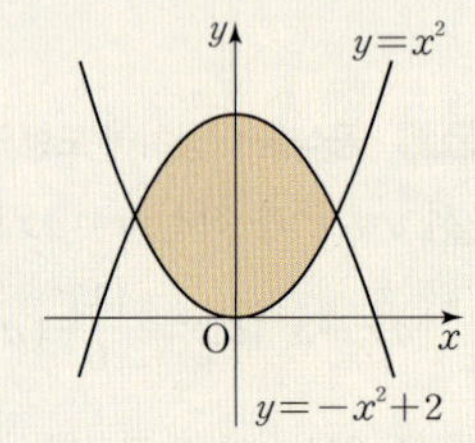

단서1 두 곡선의 교점의 x좌표는 방정식 $x^2=-x^2+2$의 해

STEP 1 두 곡선의 교점의 x좌표 구하기

두 곡선 $y=x^2$, $y=-x^2+2$의 교점의
x좌표는 $x^2=-x^2+2$에서
$2x^2-2=0$, $2(x+1)(x-1)=0$
$\therefore x=-1$ 또는 $x=1$

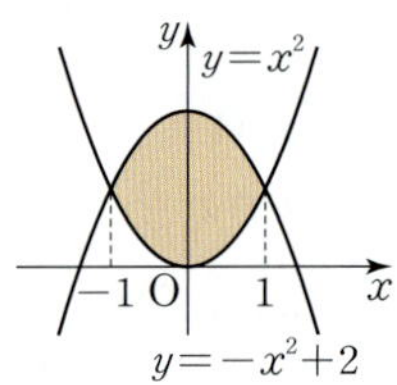

STEP 2 공식을 이용하여 도형의 넓이 구하기

구하는 도형의 넓이는
$$\int_{-1}^1 |(-x^2+2)-x^2|\,dx=\frac{|-1-1|}{6}\{1-(-1)\}^3=\frac{8}{3}$$

다른 풀이

두 곡선 $y=x^2$, $y=-x^2+2$로 둘러싸인 도형의 넓이는
$$\int_{-1}^1 \{(-x^2+2)-x^2\}\,dx=\int_{-1}^1 (-2x^2+2)\,dx$$
$$=2\int_0^1 (-2x^2+2)\,dx$$
$$=2\left[-\frac{2}{3}x^3+2x\right]_0^1$$
$$=2\times\frac{4}{3}=\frac{8}{3}$$

참고 두 포물선 사이의 넓이 공식의 증명

이차방정식 $ax^2+bx+c=a'x^2+b'x+c'$의
두 실근이 α, β $(\alpha<\beta)$이므로
$(a-a')x^2+(b-b')x+c-c'$
$=(a-a')(x-\alpha)(x-\beta)$
따라서 두 포물선으로 둘러싸인 도형의 넓이 S는

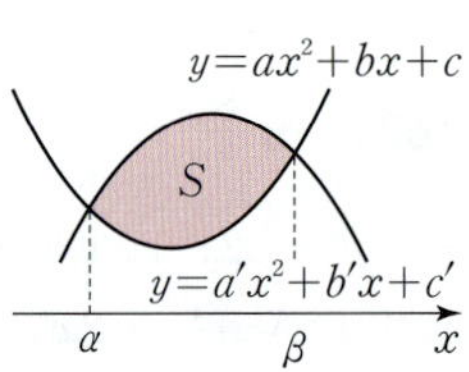

$$S=\int_\alpha^\beta |(ax^2+bx+c)-(a'x^2+b'x+c')|\,dx$$
$$=\int_\alpha^\beta |(a-a')(x-\alpha)(x-\beta)|\,dx$$
$$\vdots$$
$$=\frac{|a-a'|}{6}(\beta-\alpha)^3$$

1685번 **참고** 의
「포물선과 x축 사이의 넓이 공식의 증명」
과 동일하다.

1692 답 2

두 곡선 $y=x^2$, $y=\dfrac{1}{2}(x-a)^2$의
교점의 x좌표는
$x^2=\dfrac{1}{2}(x-a)^2$에서
$2x^2=x^2-2ax+a^2$
$x^2+2ax-a^2=0$
$\therefore x=-a-a\sqrt{2}$ 또는 $x=-a+a\sqrt{2}$
두 곡선 $y=x^2$, $y=\dfrac{1}{2}(x-a)^2$으로 둘러싸인 도형의 넓이는

$$\int_{-a-a\sqrt{2}}^{-a+a\sqrt{2}} \left|\frac{1}{2}(x-a)^2-x^2\right|\,dx$$
$$=\frac{\left|\dfrac{1}{2}-1\right|}{6}\{(-a+a\sqrt{2})-(-a-a\sqrt{2})\}^3$$
$$=\frac{4\sqrt{2}}{3}a^3$$

즉, $\dfrac{4\sqrt{2}}{3}a^3=\dfrac{32\sqrt{2}}{3}$이므로 $a^3=8$
$\therefore a=2$

참고 a가 양수라는 조건이 있으므로
$-a-a\sqrt{2}<-a+a\sqrt{2}$
따라서 두 곡선 $y=x^2$, $y=\dfrac{1}{2}(x-a)^2$으로 둘러싸인 도형의 넓이는
$$\int_{-a-a\sqrt{2}}^{-a+a\sqrt{2}} \left|\frac{1}{2}(x-a)^2-x^2\right|\,dx \text{이다.}$$

1693 답 35

두 곡선 $y=2x^2-4x$, $y=x^2-2x+3$의
교점의 x좌표는
$2x^2-4x=x^2-2x+3$에서
$x^2-2x-3=0$, $(x+1)(x-3)=0$
$\therefore x=-1$ 또는 $x=3$
두 곡선으로 둘러싸인 도형의 넓이는

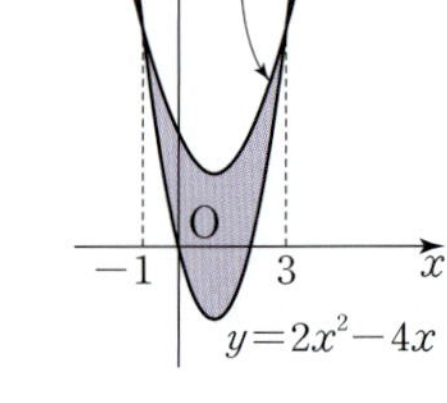

$$\int_{-1}^3 |(x^2-2x+3)-(2x^2-4x)|\,dx$$
$$=\frac{|1-2|}{6}\{3-(-1)\}^3=\frac{32}{3}$$

따라서 $p=3$, $q=32$이므로
$p+q=35$

1694 답 $\dfrac{4}{3}$

| 유형 11

곡선 $y=\dfrac{1}{2}x^2-2x+2$ 위의 점 $(0,\,2)$에 **단서1** 서의 접선과 이 곡선 및 직선 $x=2$로 둘러싸인 도형의 넓이를 구하시오. **단서2**

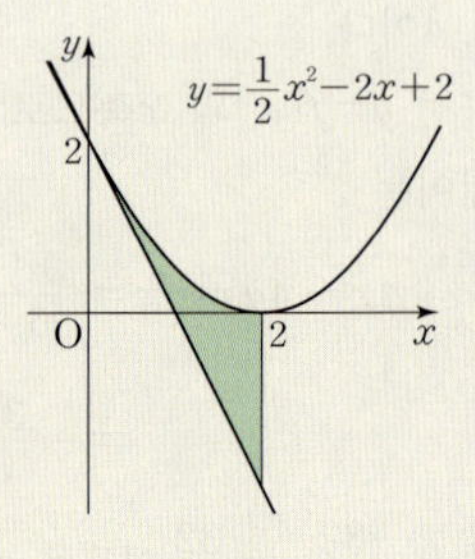

단서1 $x=0$에서 접함
단서2 적분 구간은 $[0,\,2]$

곡선 $y=\dfrac{1}{2}x^2-2x+2$와 점 $(0,\ 2)$에서의 접선 및 직선 $x=2$로 둘러싸인 도형의 넓이는

$$\dfrac{\left|\dfrac{1}{2}\right|}{3}(2-0)^3=\dfrac{4}{3}$$

$f(x)=\dfrac{1}{2}x^2-2x+2$라 하면 $f'(x)=x-2$

곡선 $y=f(x)$ 위의 점 $(0,\ 2)$에서의 접선의 기울기는
$f'(0)=-2$이므로 접선의 방정식은
$y=-2x+2$

따라서 구하는 도형의 넓이는

$$\int_0^2\left|\left(\dfrac{1}{2}x^2-2x+2\right)-(-2x+2)\right|dx=\int_0^2\dfrac{1}{2}x^2\,dx$$
$$=\left[\dfrac{1}{6}x^3\right]_0^2=\dfrac{4}{3}$$

참고 포물선과 접선 사이의 넓이 공식의 증명

이차방정식 $ax^2+bx+c=mx+n$, 즉
$(ax^2+bx+c)-(mx+n)=0$이 중근
$x=\alpha$를 가지므로
$(ax^2+bx+c)-(mx+n)=a(x-\alpha)^2$

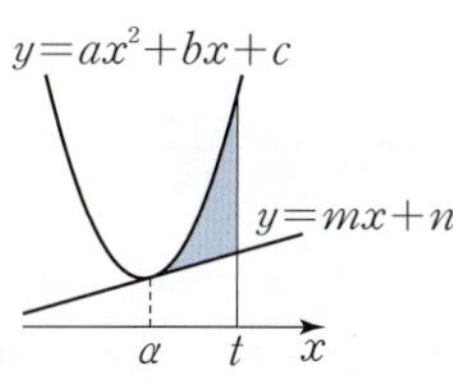

따라서 곡선과 접선 및 직선 $x=t$로 둘러싸인
도형의 넓이 S는

$$S=\int_\alpha^t|(ax^2+bx+c)-(mx+n)|dx$$
$$=\int_\alpha^t|a(x-\alpha)^2|dx$$
$$=|a|\int_\alpha^t(x-\alpha)^2dx$$
$$=|a|\left[\dfrac{1}{3}(x-\alpha)^3\right]_\alpha^t$$
$$=\dfrac{|a|}{3}(t-\alpha)^3$$

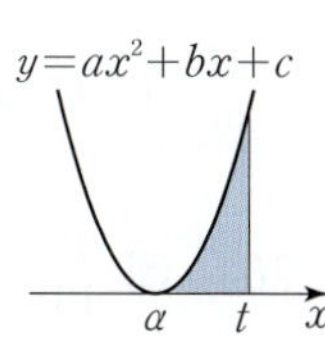

이 공식은 포물선이 x축에 접할 때, 즉 접선이 $y=0$일
때에도 사용할 수 있다.

1695 답 $\dfrac{8}{3}$

곡선 $y=(x-1)^2$은 x축과 접하고 x축과의
교점의 x좌표는 1이다.
따라서 구하는 도형의 넓이는

$$\int_1^3(x-1)^2dx=\dfrac{|1|}{3}(3-1)^3=\dfrac{8}{3}$$

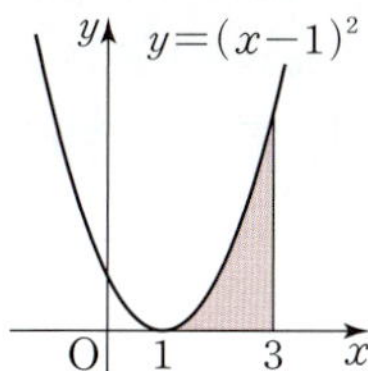

$$\int_1^3(x-1)^2dx=\int_1^3(x^2-2x+1)dx=\left[\dfrac{1}{3}x^3-x^2+x\right]_1^3$$
$$=3-\dfrac{1}{3}=\dfrac{8}{3}$$

1696 답 $\dfrac{64}{3}$

곡선 $y=-x^2+9x-18$과 곡선 위의 점 $(4,\ 2)$에서의 접선 및
y축으로 둘러싸인 도형의 넓이는

$$\dfrac{|-1|}{3}(4-0)^3=\dfrac{64}{3}$$

$f(x)=-x^2+9x-18$이라 하면
$f'(x)=-2x+9$
곡선 $y=f(x)$ 위의 점 $(4,\ 2)$에서의
접선의 기울기는 $f'(4)=1$이므로 접선의
방정식은
$y-2=x-4$ $\therefore\ y=x-2$
따라서 구하는 도형의 넓이는

$$\int_0^4|(x-2)-(-x^2+9x-18)|dx$$
$$=\int_0^4(x^2-8x+16)dx$$
$$=\left[\dfrac{1}{3}x^3-4x^2+16x\right]_0^4=\dfrac{64}{3}$$

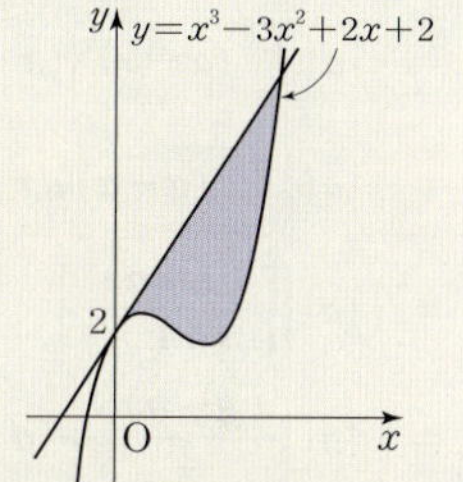

1697 답 $\dfrac{27}{4}$

곡선 $y=x^3-3x^2+2x+2$와 곡선 위의 점
단서1   단서2
$(0,\ 2)$에서의 접선으로 둘러싸인 도형의
단서3
넓이를 구하시오.

단서1 $f(x)=x^3-3x^2+2x+2$라 하면 $f'(x)=3x^2-6x+2$
단서2 접선의 방정식은 $y-2=f'(0)(x-0)$
단서3 적분 구간을 알기 위해 접선이 곡선과 만나는 점 구하기

STEP 1 접선의 방정식 구하기

$f(x)=x^3-3x^2+2x+2$라 하면
$f'(x)=3x^2-6x+2$

곡선 $y=f(x)$ 위의 점 $(0,\ 2)$에서의 접선의 기울기는 $f'(0)=2$
이므로 접선의 방정식은

$y-2=2x$ $\therefore\ y=2x+2$

STEP 2 접선과 곡선이 만나는 점 구하기

직선 $y=2x+2$와 곡선 $y=x^3-3x^2+2x+2$
의 교점의 x좌표는
$x^3-3x^2+2x+2=2x+2$에서
$x^3-3x^2=0,\ x^2(x-3)=0$
$\therefore\ x=0$ 또는 $x=3$

STEP 3 공식을 이용하여 도형의 넓이 구하기

구하는 도형의 넓이는

$$\int_0^3|(2x+2)-(x^3-3x^2+2x+2)|dx$$
$$=\dfrac{|1|}{12}(3-0)^4=\dfrac{27}{4}$$

구하는 도형의 넓이는

$$\int_0^3|(2x+2)-(x^3-3x^2+2x+2)|dx$$
$$=\int_0^3(-x^3+3x^2)dx$$
$$=\left[-\dfrac{1}{4}x^4+x^3\right]_0^3=\dfrac{27}{4}$$

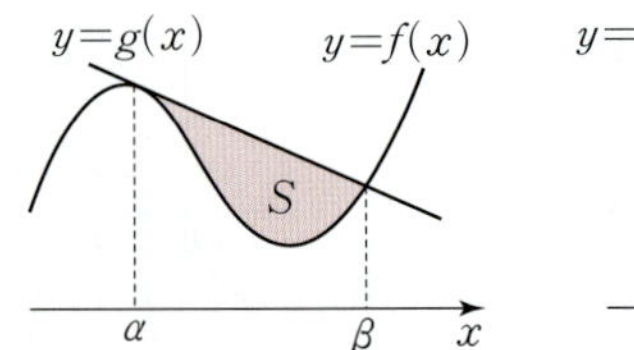
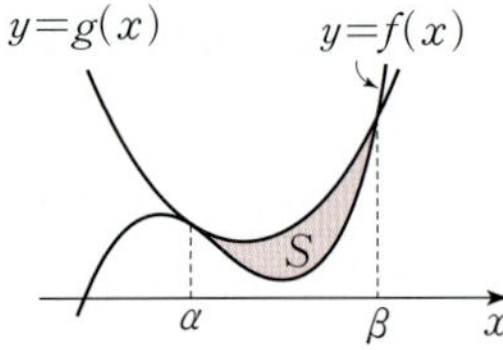

삼차함수 $f(x)$와 이차 이하의 함수 $g(x)$에 대하여 두 함수
$y=f(x)$, $y=g(x)$의 그래프가 $x=\alpha$인 점에서 접하고, $x=\beta$인 점에서
만나면 방정식 $f(x)=g(x)$, 즉 $f(x)-g(x)=0$은 중근 $x=\alpha$와 또 다른 근
$x=\beta$를 가지므로

$$f(x)-g(x)=a(x-\alpha)^2(x-\beta)$$

따라서 두 그래프로 둘러싸인 도형의 넓이 S는

$$S=\int_\alpha^\beta |f(x)-g(x)|\,dx$$

$$=\int_\alpha^\beta |a(x-\alpha)^2(x-\beta)|\,dx$$

$$=-|a|\int_\alpha^\beta (x-\alpha)^2(x-\beta)\,dx$$

$$=-|a|\int_\alpha^\beta (x-\alpha)^2\{(x-\alpha)+(\alpha-\beta)\}\,dx$$

$$=-|a|\left\{\int_\alpha^\beta (x-\alpha)^3\,dx+(\alpha-\beta)\int_\alpha^\beta (x-\alpha)^2\,dx\right\}$$

$$=-|a|\left\{\left[\frac{(x-\alpha)^4}{4}\right]_\alpha^\beta+(\alpha-\beta)\left[\frac{(x-\alpha)^3}{3}\right]_\alpha^\beta\right\}$$

$$=-|a|\left\{\frac{(\beta-\alpha)^4}{4}+(\alpha-\beta)\frac{(\beta-\alpha)^3}{3}\right\}$$

$$=\frac{|a|}{12}(\beta-\alpha)^4$$

1698 답 ②

$y=4x^3-12x^2=4x^2(x-3)$이므로 곡선 $y=4x^3-12x^2$은 x축에
접한다.
곡선 $y=4x^3-12x^2$과 x축의 교점의 x좌표는
$4x^2(x-3)=0$에서
$x=0$ 또는 $x=3$
따라서 구하는 도형의 넓이는

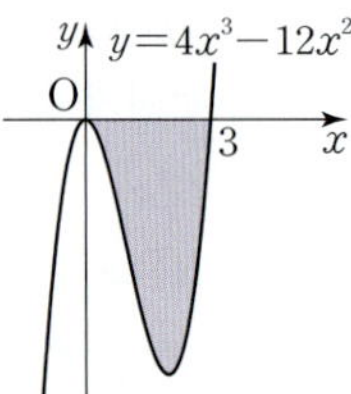

$$\frac{|4|}{12}(3-0)^4=27$$

참고 공식 $\dfrac{|a|}{12}(\beta-\alpha)^4$에서 최고차항의 계수 a는 절댓값 기호 안에 있으
므로 a의 부호는 신경쓰지 않아도 된다.
마찬가지로 $(\beta-\alpha)^4=(\alpha-\beta)^4$이므로 α, β의 순서도 신경쓰지 않아도 된
다.

1699 답 ②　　　　　　　　　　　| 유형 13

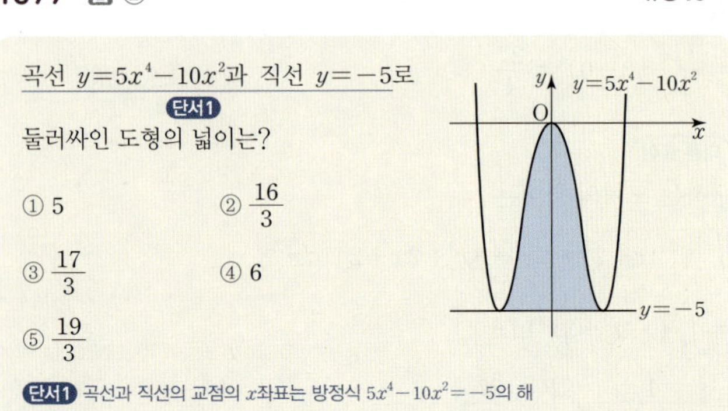

STEP 1 곡선과 직선의 교점의 x좌표 구하기

곡선 $y=5x^4-10x^2$과 직선 $y=-5$의 교점의 x좌표는
$5x^4-10x^2=-5$에서
$5(x^4-2x^2+1)=0$, $5(x^2-1)^2=0$
$5(x+1)^2(x-1)^2=0$　　　∴ $x=-1$ 또는 $x=1$

STEP 2 공식을 이용하여 도형의 넓이 구하기

구하는 도형의 넓이는

$$\int_{-1}^1 |(5x^4-10x^2)-(-5)|\,dx=\frac{|5|}{30}\{1-(-1)\}^5=\frac{16}{3}$$

다른 풀이

구하는 도형의 넓이는

$$\int_{-1}^1 \{(5x^4-10x^2)-(-5)\}\,dx=\int_{-1}^1 (5x^4-10x^2+5)\,dx$$

$$=2\int_0^1 (5x^4-10x^2+5)\,dx$$

$$=2\left[x^5-\frac{10}{3}x^3+5x\right]_0^1$$

$$=2\times\frac{8}{3}=\frac{16}{3}$$

1700 답 $\dfrac{512}{15}$

곡선 $y=x^4+4x^3-2x^2-10x+8$과 직선 $y=2x-1$의 교점의 x좌
표는 $x^4+4x^3-2x^2-10x+8=2x-1$에서
$x^4+4x^3-2x^2-12x+9=0$, $(x+3)^2(x-1)^2=0$
∴ $x=-3$ 또는 $x=1$
이때 곡선과 직선은 $x=-3$, $x=1$에서 접하므로 구하는 도형의
넓이는

$$\int_{-3}^1 |(x^4+4x^3-2x^2-10x+8)-(2x-1)|\,dx$$

$$=\frac{|1|}{30}\{1-(-3)\}^5=\frac{512}{15}$$

1701 답 $\dfrac{81}{10}$

두 곡선 $y=x^4-2x^3+4x+5$, $y=3x^2+1$의 교점의 x좌표는
$x^4-2x^3+4x+5=3x^2+1$에서
$x^4-2x^3-3x^2+4x+4=0$, $(x+1)^2(x-2)^2=0$
∴ $x=-1$ 또는 $x=2$
이때 두 곡선은 $x=-1$, $x=2$에서 접하므로 구하는 도형의 넓이는

$$\int_{-1}^2 |(x^4-2x^3+4x+5)-(3x^2+1)|\,dx$$

$$=\frac{|1|}{30}\{2-(-1)\}^5=\frac{81}{10}$$

1702 답 4　　　　　　　　　　　| 유형 14

STEP 1 곡선과 x축의 교점의 x좌표 구하기

곡선 $y=x(x-2)(x-a)$와 x축의 교점의 x좌표는 0, 2, a이다.

곡선 $y=x(x-2)(x-a)$와 x축으로 둘러싸인 두 도형의 넓이가 서로 같으므로

$$\int_0^a x(x-2)(x-a)\,dx=0$$

$$\int_0^a \{x^3-(a+2)x^2+2ax\}\,dx=0$$

$$\left[\frac{1}{4}x^4-\frac{a+2}{3}x^3+ax^2\right]_0^a=0$$

$$\frac{1}{4}a^4-\frac{1}{3}a^4-\frac{2}{3}a^3+a^3=0$$

$$-\frac{1}{12}a^4+\frac{1}{3}a^3=0,\quad a^3(a-4)=0$$

$$\therefore a=4\ (\because a>2)$$

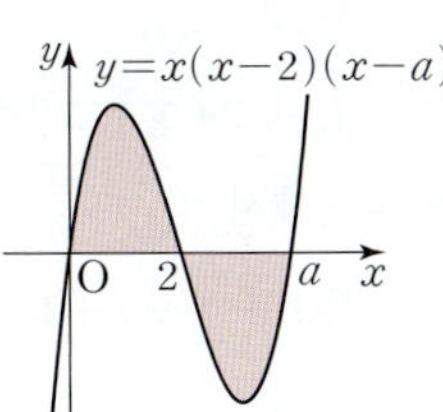

1703 답 8

두 도형의 넓이가 서로 같으므로

$$\int_0^2 \{(12-3x^2)-k\}\,dx=0$$

$$\int_0^2 (-3x^2+12-k)\,dx=0$$

$$\left[-x^3+(12-k)x\right]_0^2=0$$

$$-8+24-2k=0$$

$$\therefore k=8$$

1704 답 -1

두 도형의 넓이가 서로 같으므로

$$\int_0^2 \{-x^2(x-2)-ax(x-2)\}\,dx=0$$

$$\int_0^2 \{-x^3+(2-a)x^2+2ax\}\,dx=0$$

$$\left[-\frac{1}{4}x^4+\frac{2-a}{3}x^3+ax^2\right]_0^2=0$$

$$-4+\frac{16-8a}{3}+4a=0$$

$$\therefore a=-1$$

1705 답 2

곡선 $y=x^2(a+1-x)$와 직선 $y=ax$의 교점의 x좌표는

$x^2(a+1-x)=ax$에서

$$-x^3+(a+1)x^2-ax=0,\quad -x\{x^2-(a+1)x+a\}=0$$

$$-x(x-1)(x-a)=0$$

$$\therefore x=0\ \text{또는}\ x=1\ \text{또는}\ x=a$$

$a>1$이고 두 도형의 넓이가 같으므로

$$\int_0^a \{x^2(a+1-x)-ax\}\,dx=0$$

$$\int_0^a \{-x^3+(a+1)x^2-ax\}\,dx=0$$

$$\left[-\frac{1}{4}x^4+\frac{a+1}{3}x^3-\frac{a}{2}x^2\right]_0^a=0$$

$$-\frac{1}{4}a^4+\frac{1}{3}a^4+\frac{1}{3}a^3-\frac{1}{2}a^3=0$$

$$-3a^4+4a^4+4a^3-6a^3=0$$

$$a^4-2a^3=0,\quad a^3(a-2)=0$$

$$\therefore a=2\ (\because a>1)$$

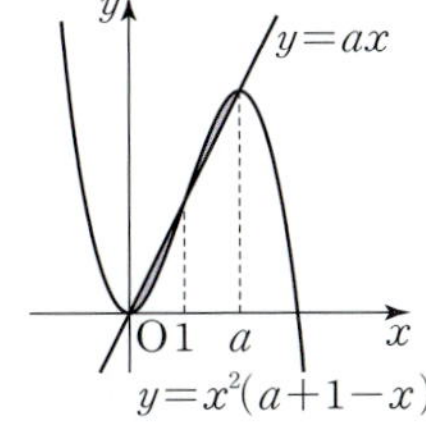

1706 답 ②

$$y=-x^2+2x+a$$
$$=-(x-1)^2+a+1$$

이므로 곡선 $y=-x^2+2x+a$는 직선 $x=1$에 대하여 대칭이다.

이때 $A:B=1:2$이므로 그림에서 빗금 친 도형의 넓이는 A와 같다.

따라서 구간 $[0,\ 1]$에서 곡선 $y=-x^2+2x+a$와 x축, y축 및 직선 $x=1$로 둘러싸인 두 도형의 넓이가 서로 같으므로

$$\int_0^1 (-x^2+2x+a)\,dx=0$$

$$\left[-\frac{1}{3}x^3+x^2+ax\right]_0^1=0$$

$$-\frac{1}{3}+1+a=0$$

$$\therefore a=-\frac{2}{3}$$

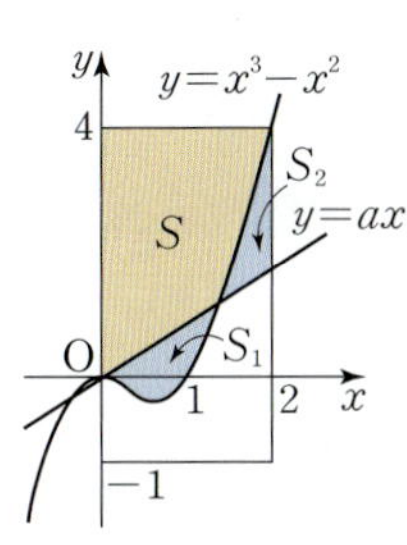

1707 답 ⑤

방정식 $-x^3+3x^2+k=0$의 근 중에서 가장 큰 값을 α라 하면

→ 주어진 그래프에서 $\alpha>0$이다.

$$-\alpha^3+3\alpha^2+k=0$$

$$\therefore k=\alpha^3-3\alpha^2 \quad\cdots\cdots\ \unicode{x1F110}$$

이때 두 도형의 넓이가 서로 같으므로

$$\int_0^\alpha (-x^3+3x^2+k)\,dx=0$$

$$\left[-\frac{1}{4}x^4+x^3+kx\right]_0^\alpha=0$$

$$-\frac{1}{4}\alpha^4+\alpha^3+k\alpha=0,\quad \alpha^4-4\alpha^3-4k\alpha=0$$

$\alpha>0$이므로 양변을 α로 나누면

$$\alpha^3-4\alpha^2-4k=0 \quad\cdots\cdots\ \unicode{x1F111}$$

㉠을 ㉡에 대입하면

$$\alpha^3-4\alpha^2-4(\alpha^3-3\alpha^2)=0$$

$$-3\alpha^3+8\alpha^2=0,\quad -\alpha^2(3\alpha-8)=0$$

$$\therefore \alpha=\frac{8}{3}\ (\because \alpha>0)$$

$\alpha=\frac{8}{3}$을 ㉠에 대입하여 풀면

$$k=-\frac{64}{27}$$

1708 답 $\dfrac{2}{3}$

그림과 같이 두 그림을 겹쳤을 때, A의 넓이를 $S+S_1$, C의 넓이를 $S+S_2$라 하면 A와 C의 넓이가 같으므로

$$S+S_1=S+S_2$$

$$\therefore S_1=S_2$$

즉, $\int_0^2 \{(x^3-x^2)-ax\}\,dx=0$이므로

$$\left[\frac{1}{4}x^4-\frac{1}{3}x^3-\frac{a}{2}x^2\right]_0^2=0$$

$$4-\frac{8}{3}-2a=0,\quad 2a=\frac{4}{3}$$

$$\therefore a=\frac{2}{3}$$

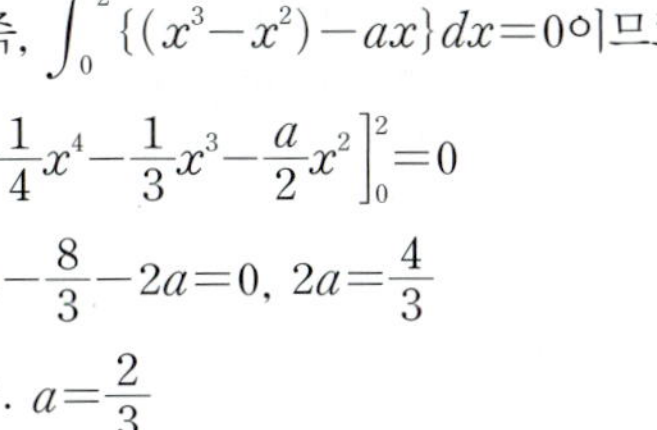

A의 넓이는

$$\int_0^2 (4-x^3+x^2)dx=\left[4x-\frac{1}{4}x^4+\frac{1}{3}x^3\right]_0^2=\frac{20}{3}$$

C의 넓이는

$$\int_0^2 (4-ax)dx=\left[4x-\frac{a}{2}x^2\right]_0^2=8-2a$$

A와 C의 넓이가 같으므로

$$\frac{20}{3}=8-2a \qquad \therefore a=\frac{2}{3}$$

1709 답 $(3,\ -18)$

$f(x)=x^3-6x^2=x^2(x-6)$이므로 곡선 $y=f(x)$는 원점에서 x축에 접하고 점 C$(6,\ 0)$을 지난다.

그림과 같이 곡선 $y=f(x)$와 x축으로 둘러싸인 도형의 넓이를 $S+S_1$, 사다리꼴 OABC의 넓이를 $S+S_2$라 하면 두 도형의 넓이가 같으므로

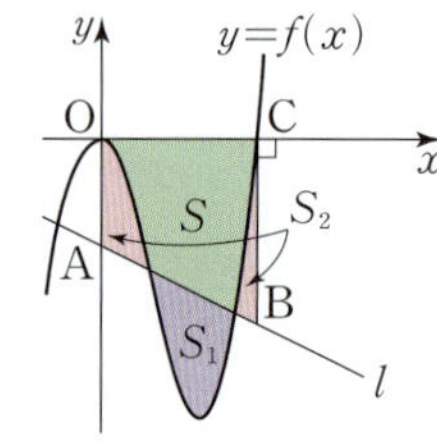

$$S+S_1=S+S_2 \qquad \therefore S_1=S_2$$

직선 l의 방정식을

$$y=mx+n \ (m,\ n은 상수)$$

이라 하면

$$\int_0^6 \{(x^3-6x^2)-(mx+n)\}dx=0$$이므로

$$\left[\frac{1}{4}x^4-2x^3-\frac{m}{2}x^2-nx\right]_0^6=0$$

$$-108-18m-6n=0 \qquad \therefore n=-3m-18$$

직선 l의 방정식은

$$y=mx-3m-18 \qquad \therefore y+18=m(x-3)$$

따라서 직선 l은 항상 점 $(3,\ -18)$을 지난다. → $x=3$이면 m의 값에 관계없이 $y=-18$이다.

참고 문제에 '항상 일정한 점을 지난다.', '~의 값에 관계없이'라는 표현이 있을 때는 항등식을 이용하여 풀 수 있다.

1710 답 ④

$A=B$이므로

$$\int_0^2 \{(x^3+x^2)-(-x^2+k)\}dx=0$$

$$\int_0^2 (x^3+2x^2-k)dx=0$$

$$\left[\frac{1}{4}x^4+\frac{2}{3}x^3-kx\right]_0^2=0$$

$$4+\frac{16}{3}-2k=0,\ \frac{28}{3}-2k=0 \qquad \therefore k=\frac{14}{3}$$

1711 답 ②

$f(x)=x^3-6x^2+8x+1$에서 $f'(x)=3x^2-12x+8$

곡선 $y=f(x)$ 위의 점 B$(k,\ f(k))$에서의 접선의 방정식은

$$y-(k^3-6k^2+8k+1)=(3k^2-12k+8)(x-k)$$

이 직선이 점 A$(0,\ 1)$을 지나므로

$$1-(k^3-6k^2+8k+1)=-3k^3+12k^2-8k$$

$$2k^3-6k^2=0,\ 2k^2(k-3)=0$$

이때 $k>0$이므로 $k=3$

즉, 직선 AB의 방정식은 $y=-x+1$이다.

$$S_1=\int_0^3 \{f(x)-(-x+1)\}dx$$

$$S_2=\int_0^3 \{-x+1-g(x)\}dx$$

$S_1=S_2$에서

$$\int_0^3 \{f(x)-(-x+1)\}dx=\int_0^3 \{-x+1-g(x)\}dx$$

$$\therefore \int_0^3 g(x)dx=\int_0^3 \{-f(x)-2x+2\}dx$$

$$=\int_0^3 (-x^3+6x^2-10x+1)dx$$

$$=\left[-\frac{1}{4}x^4+2x^3-5x^2+x\right]_0^3$$

$$=-\frac{33}{4}$$

1712 답 32 | 유형 15

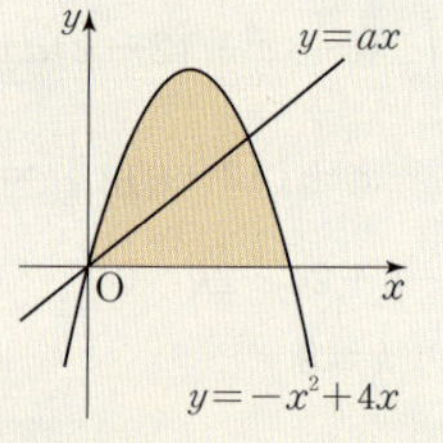

STEP 1 곡선과 직선의 교점의 x좌표 구하기

곡선 $y=-x^2+4x$와 직선 $y=ax$의 교점의 x좌표는 $-x^2+4x=ax$에서

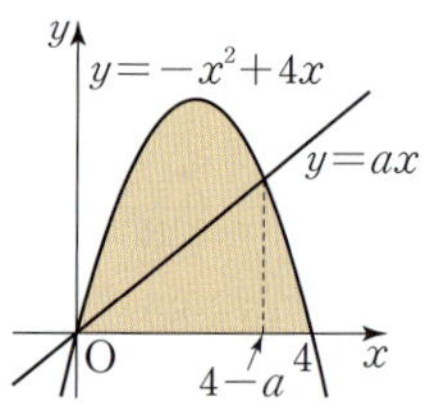

$$x^2+(a-4)x=0$$

$$x(x+a-4)=0$$

$$\therefore x=0 \text{ 또는 } x=4-a$$

STEP 2 곡선과 x축으로 둘러싸인 도형의 넓이 구하기

곡선 $y=-x^2+4x$와 x축의 교점의 x좌표는 $-x^2+4x=0$에서

$$-x(x-4)=0$$

$$\therefore x=0 \text{ 또는 } x=4$$

곡선 $y=-x^2+4x$와 x축으로 둘러싸인 도형의 넓이를 S라 하면

$$S=\int_0^4 (-x^2+4x)dx=\left[-\frac{1}{3}x^3+2x^2\right]_0^4=\frac{32}{3}$$

STEP 3 양수 a에 대하여 $(4-a)^3$의 값 구하기

곡선 $y=-x^2+4x$와 직선 $y=ax$로 둘러싸인 도형의 넓이를 S_1이라 하면

$$S_1=\int_0^{4-a} \{(-x^2+4x)-ax\}dx$$ → 포물선과 직선 사이의 넓이 공식을 이용하여

$$=\int_0^{4-a} \{-x^2+(4-a)x\}dx$$ $\frac{|-1|}{6}(4-a-0)^3$

$$=\left[-\frac{1}{3}x^3+\frac{4-a}{2}x^2\right]_0^{4-a}$$ 으로 구할 수도 있다.

$$=\frac{1}{6}(4-a)^3$$

이때 $S_1=\frac{1}{2}S$이므로 $\frac{1}{6}(4-a)^3=\frac{1}{2}\times\frac{32}{3}$

$$\therefore (4-a)^3=32$$

1713 답 ①

두 곡선 $y=-x^2+2x$, $y=ax^2$의 교점의 x좌표는

$-x^2+2x=ax^2$에서 $(a+1)x^2-2x=0$

$x\{(a+1)x-2\}=0$

$\therefore x=0$ 또는 $x=\dfrac{2}{a+1}$

곡선 $y=-x^2+2x$와 x축의 교점의 x좌 표는 $-x^2+2x=0$에서

$-x(x-2)=0$ $\therefore x=0$ 또는 $x=2$

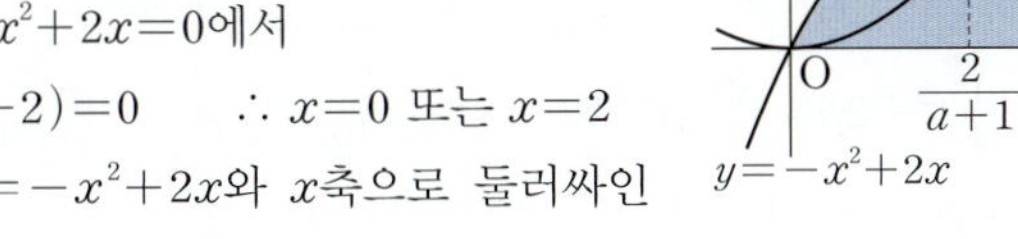

곡선 $y=-x^2+2x$와 x축으로 둘러싸인

도형의 넓이를 S라 하면

$S=\displaystyle\int_0^2(-x^2+2x)dx=\left[-\dfrac{1}{3}x^3+x^2\right]_0^2=\dfrac{4}{3}$

또, 두 곡선 $y=-x^2+2x$, $y=ax^2$으로 둘러싸인 도형의 넓이를 S_1이라 하면

$S_1=\displaystyle\int_0^{\frac{2}{a+1}}\{(-x^2+2x)-ax^2\}dx$ → 두 포물선 사이의 넓이 공식을 이용하여

$\quad=\displaystyle\int_0^{\frac{2}{a+1}}\{-(a+1)x^2+2x\}dx$ $\dfrac{|-1-a|}{6}\left(\dfrac{2}{a+1}-0\right)^3$

$\quad=\left[-\dfrac{a+1}{3}x^3+x^2\right]_0^{\frac{2}{a+1}}$ 으로 구할 수도 있다.

$\quad=\dfrac{4}{3(a+1)^2}$

이때 $S_1=\dfrac{1}{2}S$이므로

$\dfrac{4}{3(a+1)^2}=\dfrac{1}{2}\times\dfrac{4}{3}$ $\therefore (a+1)^2=2$

1714 답 ③

곡선 $y=x^2-3x$와 직선 $y=ax$의 교점의

x좌표는 $x^2-3x=ax$에서

$x^2-(a+3)x=0$, $x(x-a-3)=0$

$\therefore x=0$ 또는 $x=a+3$

곡선 $y=x^2-3x$와 x축의 교점의 x좌표는

$x^2-3x=0$에서

$x(x-3)=0$

$\therefore x=0$ 또는 $x=3$

곡선 $y=x^2-3x$와 직선 $y=ax$로 둘러싸인 도형의 넓이를 S라 하면

$S=\displaystyle\int_0^{a+3}\{ax-(x^2-3x)\}dx$

$\quad=\displaystyle\int_0^{a+3}\{-x^2+(a+3)x\}dx$

$\quad=\left[-\dfrac{1}{3}x^3+\dfrac{a+3}{2}x^2\right]_0^{a+3}$

$\quad=\dfrac{1}{6}(a+3)^3$

또, 곡선 $y=x^2-3x$와 x축으로 둘러싸인 도형의 넓이를 S_1이라 하면

$S_1=-\displaystyle\int_0^3(x^2-3x)dx$ → $0\le x\le 3$에서 $x^2-3x\le 0$이다.

$\quad=\displaystyle\int_0^3(-x^2+3x)dx$

$\quad=\left[-\dfrac{1}{3}x^3+\dfrac{3}{2}x^2\right]_0^3=\dfrac{9}{2}$

이때 $S_1=\dfrac{1}{2}S$이므로

$\dfrac{9}{2}=\dfrac{1}{2}\times\dfrac{1}{6}(a+3)^3$

$(a+3)^3=54$ $\therefore a=-3+3\sqrt[3]{2}$

1715 답 ④

두 곡선 $y=-x^4+x$, $y=x^4-x^3$으로 둘러싸인 도형의 넓이를 S 라 하면

$S=\displaystyle\int_0^1\{(-x^4+x)-(x^4-x^3)\}dx$

$\quad=\displaystyle\int_0^1(-2x^4+x^3+x)dx$

$\quad=\left[-\dfrac{2}{5}x^5+\dfrac{1}{4}x^4+\dfrac{1}{2}x^2\right]_0^1$

$\quad=\dfrac{7}{20}$

두 곡선 $y=-x^4+x$, $y=ax(1-x)$로 둘러싸인 도형의 넓이를 S_1이라 하면

$S_1=\displaystyle\int_0^1\{(-x^4+x)-(ax-ax^2)\}dx$

$\quad=\displaystyle\int_0^1\{-x^4+ax^2+(1-a)x\}dx$

$\quad=\left[-\dfrac{1}{5}x^5+\dfrac{a}{3}x^3+\dfrac{1-a}{2}x^2\right]_0^1$

$\quad=-\dfrac{a}{6}+\dfrac{3}{10}$

이때 $S_1=\dfrac{1}{2}S$이므로

$-\dfrac{a}{6}+\dfrac{3}{10}=\dfrac{1}{2}\times\dfrac{7}{20}$

$\therefore a=\dfrac{3}{4}$

참고 두 부분의 넓이가 서로 같으므로

$\displaystyle\int_0^1\{(-x^4+x)-ax(1-x)\}dx=\int_0^1\{ax(1-x)-(x^4-x^3)\}dx$

를 이용하여 a의 값을 구할 수도 있다.

1716 답 3

$S_1=\displaystyle\int_0^2\dfrac{1}{2}x^2dx=\left[\dfrac{1}{6}x^3\right]_0^2=\dfrac{4}{3}$

곡선 $y=\dfrac{1}{2}x^2$과 직선 $y=ax$의 교점의

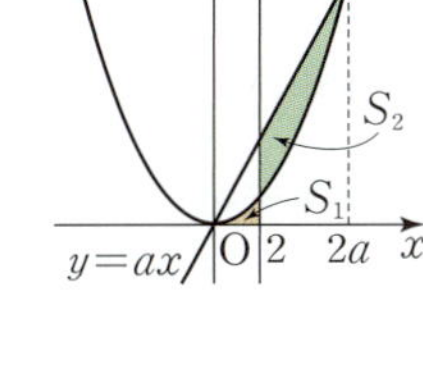

x좌표는 $\dfrac{1}{2}x^2=ax$에서

$x^2-2ax=0$, $x(x-2a)=0$

$\therefore x=0$ 또는 $x=2a$

$\therefore S_2=\displaystyle\int_2^{2a}\left(ax-\dfrac{1}{2}x^2\right)dx$

$\quad=\left[\dfrac{a}{2}x^2-\dfrac{1}{6}x^3\right]_2^{2a}$

$\quad=\dfrac{2}{3}a^3-2a+\dfrac{4}{3}$

이때 $S_2=10S_1$이므로

$\dfrac{2}{3}a^3-2a+\dfrac{4}{3}=10\times\dfrac{4}{3}$

$a^3-3a-18=0$, $(a-3)(a^2+3a+6)=0$

$\therefore a=3\ (\because a>1)$

1717 답 $\dfrac{4}{3}$

그림과 같이 함수 $y=f(x)$의 그래프와 직선 $y=\dfrac{1}{2}k^2$으로 둘러싸인 도형에서 $x<0$인 부분을 A, $x\geq0$인 부분을 B라 하자.

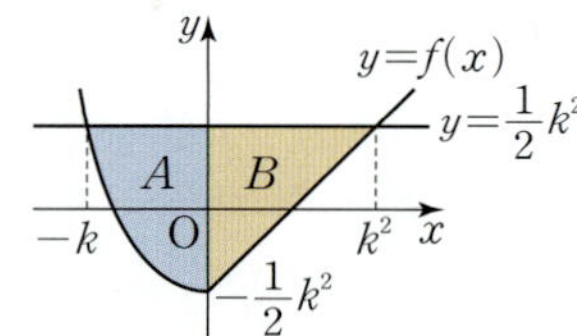

(i) $x<0$일 때

곡선 $y=x^2-\dfrac{1}{2}k^2$과 직선 $y=\dfrac{1}{2}k^2$의 교점의 x좌표는

$x^2-\dfrac{1}{2}k^2=\dfrac{1}{2}k^2$에서 $x<0$일 때, $f(x)=x^2-\dfrac{1}{2}k^2$

$x^2=k^2$ $\therefore x=-k\ (\because k>0,\ x<0)$

즉, A의 넓이는

$$\int_{-k}^{0}\left\{\dfrac{1}{2}k^2-\left(x^2-\dfrac{1}{2}k^2\right)\right\}dx=\int_{-k}^{0}(-x^2+k^2)dx$$
$$=\left[-\dfrac{1}{3}x^3+k^2x\right]_{-k}^{0}$$
$$=\dfrac{2}{3}k^3$$

(ii) $x\geq0$일 때

두 직선 $y=x-\dfrac{1}{2}k^2$, $y=\dfrac{1}{2}k^2$의 교점의 x좌표는

$x-\dfrac{1}{2}k^2=\dfrac{1}{2}k^2$에서 $x=k^2$ $x\geq0$일 때, $f(x)=x-\dfrac{1}{2}k^2$

즉, B의 넓이는

$$\dfrac{1}{2}\times k^2\times k^2=\dfrac{1}{2}k^4$$

이때 A와 B의 넓이가 같으므로

$\dfrac{2}{3}k^3=\dfrac{1}{2}k^4$ $\therefore k=\dfrac{4}{3}\ (\because k>0)$

실수 Check

> B의 넓이를 구할 때,
>
> $\int_{0}^{k^2}\left\{\dfrac{1}{2}k^2-\left(x-\dfrac{1}{2}k^2\right)\right\}dx$의 값을 구해도 되지만, 삼각형의 넓이는
>
> $\dfrac{1}{2}\times(밑변의\ 길이)\times(높이)$로 구해야 계산 실수를 줄일 수 있다.

1718 답 $\dfrac{1}{3}$

삼각형 OAB의 넓이는 $\dfrac{1}{2}\times2\times3=3$이므로

$S_1+S_2=3$

이때 $S_1:S_2=13:3$이므로

$S_1=3\times\dfrac{13}{13+3}=\dfrac{39}{16}$

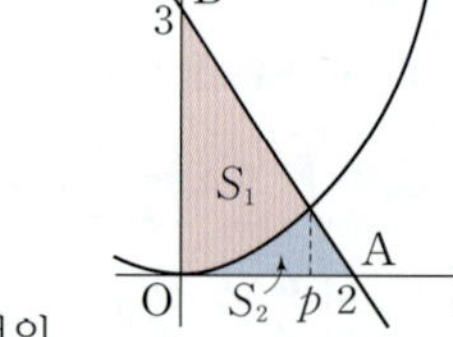

두 점 A(2, 0), B(0, 3)을 지나는 직선의 방정식은

$y=-\dfrac{3}{2}x+3$

이 직선과 함수 $y=ax^2$의 그래프의 교점의 x좌표를 $p\ (0<p<2)$라 하면

$$-\dfrac{3}{2}p+3=ap^2 \quad\cdots\cdots\cdots\cdots\cdots ㉠$$

$$S_1=\int_{0}^{p}\left\{\left(-\dfrac{3}{2}x+3\right)-ax^2\right\}dx$$
$$=\left[-\dfrac{3}{4}x^2+3x-\dfrac{1}{3}ax^3\right]_{0}^{p}$$
$$=-\dfrac{3}{4}p^2+3p-\dfrac{1}{3}ap^3$$
$$=-\dfrac{3}{4}p^2+3p-\dfrac{1}{3}p\left(-\dfrac{3}{2}p+3\right)\ (\because ㉠)$$
$$=-\dfrac{1}{4}p^2+2p$$

즉, $-\dfrac{1}{4}p^2+2p=\dfrac{39}{16}$이므로

$4p^2-32p+39=0,\ (2p-3)(2p-13)=0$

$\therefore p=\dfrac{3}{2}\ (\because 0<p<2)$

$p=\dfrac{3}{2}$을 ㉠에 대입하면

$-\dfrac{9}{4}+3=\dfrac{9}{4}a$ $\therefore a=\dfrac{1}{3}$

1719 답 ①

곡선 $y=x^2-5x$와 직선 $y=x$의 교점의 x좌표는 $x^2-5x=x$에서

$x(x-6)=0$ $\therefore x=0$ 또는 $x=6$

곡선 $y=x^2-5x$와 직선 $y=x$로 둘러싸인 부분의 넓이를 S라 하면

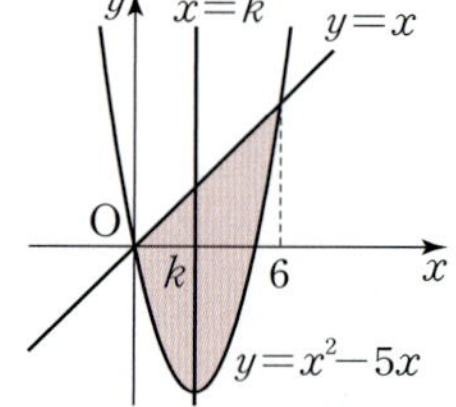

$$S=\int_{0}^{6}\{x-(x^2-5x)\}dx$$
$$=\int_{0}^{6}(6x-x^2)dx$$
$$=\left[3x^2-\dfrac{1}{3}x^3\right]_{0}^{6}=36$$

구간 $[0,\ k]$에서 곡선 $y=x^2-5x$와 직선 $y=x$로 둘러싸인 부분의 넓이를 S_1이라 하면

$$S_1=\int_{0}^{k}\{x-(x^2-5x)\}dx=\int_{0}^{k}(6x-x^2)dx$$
$$=\left[3x^2-\dfrac{1}{3}x^3\right]_{0}^{k}=3k^2-\dfrac{1}{3}k^3$$

이때 $S_1=\dfrac{1}{2}S$이므로 $3k^2-\dfrac{1}{3}k^3=\dfrac{1}{2}\times36$

$k^3-9k^2+54=0,\ (k-3)(k^2-6k-18)=0$

$\therefore k=3$ 또는 $k=3-3\sqrt{3}$ 또는 $k=3+3\sqrt{3}$

이때 $0<k<6$이므로 $k=3$

1720 답 $2\sqrt{2}$

| 유형 16

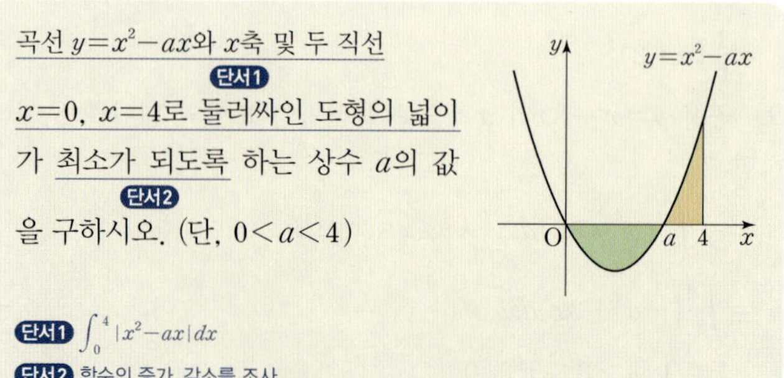

곡선 $y=x^2-ax$와 x축 및 두 직선 $x=0$, $x=4$로 둘러싸인 도형의 넓이는

$$\int_0^4 |x^2-ax|\,dx = \int_0^a (-x^2+ax)dx + \int_a^4 (x^2-ax)dx$$
$$= \left[-\frac{1}{3}x^3+\frac{a}{2}x^2\right]_0^a + \left[\frac{1}{3}x^3-\frac{a}{2}x^2\right]_a^4$$
$$= \frac{1}{6}a^3 + \left(\frac{1}{6}a^3-8a+\frac{64}{3}\right)$$
$$= \frac{1}{3}a^3-8a+\frac{64}{3}$$

$S(a)=\dfrac{1}{3}a^3-8a+\dfrac{64}{3}$라 하면

$S'(a)=a^2-8=(a+2\sqrt{2})(a-2\sqrt{2})$

$S'(a)=0$인 a의 값은 $a=2\sqrt{2}$ $(\because 0<a<4)$

$0<a<4$에서 함수 $S(a)$의 증가, 감소를 표로 나타내면 다음과 같다.

a	0	$\cdots$	$2\sqrt{2}$	$\cdots$	4
$S'(a)$		$-$	0	$+$	
$S(a)$		$\searrow$	극소	$\nearrow$	

함수 $S(a)$는 $a=2\sqrt{2}$일 때 최소이므로 둘러싸인 도형의 넓이는 $a=2\sqrt{2}$일 때 최소이다.

1721 답 4

곡선 $y=-3x^2+7nx$와 직선 $y=nx$의 교점의 x좌표는

$-3x^2+7nx=nx$에서

$3x^2-6nx=0$, $3x(x-2n)=0$

$\therefore x=0$ 또는 $x=2n$

곡선과 직선으로 둘러싸인 도형의 넓이를 $S(n)$이라 하면

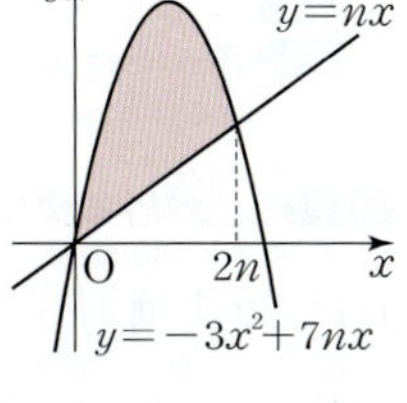

$$S(n)=\int_0^{2n}\{(-3x^2+7nx)-nx\}dx$$
$$= \int_0^{2n}(-3x^2+6nx)dx$$
$$= \left[-x^3+3nx^2\right]_0^{2n}$$
$$= 4n^3$$

즉, $S(n)\geq 240$에서

$4n^3\geq 240$, $n^3\geq 60$

이때 $3^3=27$, $4^3=64$이므로 자연수 n의 최솟값은 4이다.

참고 넓이 공식을 이용하면 $S(n)=\dfrac{|-3|}{6}(2n-0)^3=4n^3$이다.

1722 답 ③

점 $(0, 2)$를 지나는 직선의 기울기를 m이라 하면 직선의 방정식은

$y=mx+2$

곡선 $y=x^2$과 직선 $y=mx+2$의 교점의 x좌표를 α, β $(\alpha<\beta)$라 하면 α, β는 방정식 $x^2=mx+2$, 즉 $x^2-mx-2=0$의 두 근이므로 이차방정식의 근과 계수의 관계에 의하여

$\alpha+\beta=m$, $\alpha\beta=-2$ $\cdots\cdots\cdots\cdots\cdots$ ㉠

곡선 $y=x^2$과 직선 $y=mx+2$로 둘러싸인 도형의 넓이를 $S(m)$이라 하면

$$S(m)=\int_\alpha^\beta \{(mx+2)-x^2\}dx$$
$$= \int_\alpha^\beta (-x^2+mx+2)dx$$
$$= \left[-\frac{1}{3}x^3+\frac{m}{2}x^2+2x\right]_\alpha^\beta$$
$$= -\frac{1}{3}(\beta^3-\alpha^3)+\frac{m}{2}(\beta^2-\alpha^2)+2(\beta-\alpha)$$
$$= (\beta-\alpha)\left\{-\frac{1}{3}(\beta^2+\alpha\beta+\alpha^2)+\frac{m}{2}(\beta+\alpha)+2\right\}$$

㉠에서 $(\beta-\alpha)^2=(\beta+\alpha)^2-4\alpha\beta=m^2+8$이므로

$\beta-\alpha=\sqrt{m^2+8}$ $(\because \alpha<\beta)$

$$\therefore S(m)=\sqrt{m^2+8}\left\{-\frac{1}{3}(m^2+2)+\frac{1}{2}m^2+2\right\}$$
$$= \sqrt{m^2+8}\left(\frac{1}{6}m^2+\frac{4}{3}\right)$$
$$= \frac{1}{6}\sqrt{m^2+8}\,(m^2+8)$$
$$= \frac{1}{6}\sqrt{(m^2+8)^3}$$

이때 $m^2+8\geq 8$이므로 둘러싸인 도형의 넓이 $S(m)$의 최솟값은

$$S(0)=\frac{1}{6}\sqrt{8^3}=\frac{8\sqrt{2}}{3}$$
$$\rightarrow \sqrt{8^3}=\sqrt{(2^3)^3}=\sqrt{2^9}=2^4\sqrt{2}=16\sqrt{2}$$

참고 곡선 $y=x^2$과 직선 $y=mx+2$의 교점의 x좌표를 α, β라 할 때, 곡선과 직선으로 둘러싸인 도형의 넓이는 공식을 이용하면 $\dfrac{1}{6}(\beta-\alpha)^3$이므로

$S(m)=\dfrac{1}{6}(\beta-\alpha)^3=\dfrac{1}{6}\sqrt{(m^2+8)^3}$임을 이용할 수도 있다.

1723 답 1

$f(x)=x^2+1$이라 하면

$f'(x)=2x$

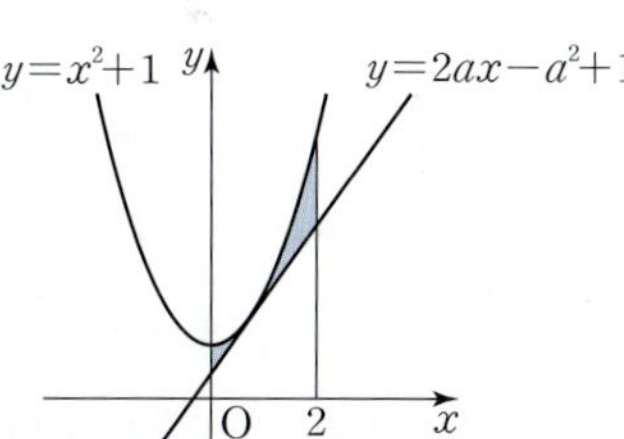

곡선 $y=f(x)$ 위의 점 (a, a^2+1)에서의 접선의 기울기는 $f'(a)=2a$이므로 접선의 방정식은

$y-(a^2+1)=2a(x-a)$

$\therefore y=2ax-a^2+1$

둘러싸인 도형의 넓이를 $S(a)$라 하면

$$S(a)=\int_0^2 \{(x^2+1)-(2ax-a^2+1)\}dx$$
$$= \int_0^2 (x^2-2ax+a^2)dx$$
$$= \left[\frac{1}{3}x^3-ax^2+a^2x\right]_0^2$$
$$= \frac{8}{3}-4a+2a^2$$
$$= 2(a-1)^2+\frac{2}{3}$$

따라서 둘러싸인 도형의 넓이 $S(a)$의 최솟값은 $S(1)=\dfrac{2}{3}$이므로 넓이가 최소가 되도록 하는 a의 값은 1이다.

참고 넓이 공식을 이용하면

$$S(a)=\frac{|1|}{3}(a-0)^3+\frac{|1|}{3}(2-a)^3=\frac{8}{3}-4a+2a^2$$

1724　답 ④

곡선 $y=(x+2)(x-a)(x-2)$와 x축 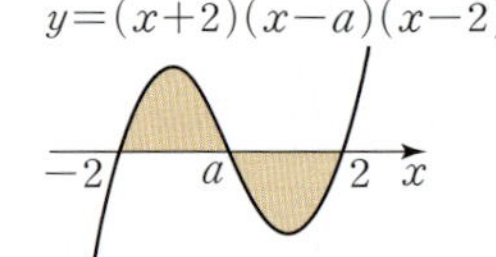
으로 둘러싸인 도형의 넓이를 $S(a)$라
하면

$$S(a)=\int_{-2}^{a}(x+2)(x-a)(x-2)dx$$
$$+\int_{a}^{2}\{-(x+2)(x-a)(x-2)\}dx$$
$$=\int_{-2}^{a}(x^3-ax^2-4x+4a)dx-\int_{a}^{2}(x^3-ax^2-4x+4a)dx$$
$$=\left[\frac{1}{4}x^4-\frac{a}{3}x^3-2x^2+4ax\right]_{-2}^{a}-\left[\frac{1}{4}x^4-\frac{a}{3}x^3-2x^2+4ax\right]_{a}^{2}$$
$$=\left(-\frac{1}{12}a^4+2a^2+\frac{16}{3}a+4\right)-\left(\frac{1}{12}a^4-2a^2+\frac{16}{3}a-4\right)$$
$$=-\frac{1}{6}a^4+4a^2+8$$
$$\therefore\ S'(a)=-\frac{2}{3}a^3+8a=-\frac{2}{3}a(a^2-12)$$

$S'(a)=0$인 a의 값은 $a=0\ (\because\ -2<a<2)$

$-2<a<2$에서 함수 $S(a)$의 증가, 감소를 표로 나타내면 다음과
같다.

a	-2	$\cdots$	0	$\cdots$	2
$S'(a)$		$-$	0	$+$	
$S(a)$		$\searrow$	8 극소	$\nearrow$	

따라서 둘러싸인 도형의 넓이 $S(a)$의 최솟값은
$S(0)=8$

1725　답 ②

두 곡선 $y=2ax^3$, $y=-\dfrac{1}{8a}x^3$의 교점의 x좌표는

$2ax^3=-\dfrac{1}{8a}x^3$에서 $x=0$　$\left(2a+\dfrac{1}{8a}\right)x^3=0$에서 $a>0$이므로 $x^3=0$

$a>0$이므로 두 곡선과 직선 $x=1$로 둘
러싸인 도형의 넓이를 $S(a)$라 하면

$$S(a)=\int_{0}^{1}\left\{2ax^3-\left(-\frac{1}{8a}x^3\right)\right\}dx$$
$$=\int_{0}^{1}\left(2ax^3+\frac{1}{8a}x^3\right)dx$$
$$=\left(2a+\frac{1}{8a}\right)\int_{0}^{1}x^3dx$$
$$=\left(2a+\frac{1}{8a}\right)\left[\frac{1}{4}x^4\right]_{0}^{1}$$
$$=\left(2a+\frac{1}{8a}\right)\times\frac{1}{4}$$
$$=\frac{1}{2}a+\frac{1}{32a}$$

이때 $\dfrac{1}{2}a>0$, $\dfrac{1}{32a}>0$이므로 산술평균과 기하평균의 관계에 의
하여

$$S(a)=\frac{1}{2}a+\frac{1}{32a}\geq 2\sqrt{\frac{1}{2}a\times\frac{1}{32a}}=2\times\frac{1}{8}=\frac{1}{4}$$

$$\left(\text{단, 등호는 }\frac{1}{2}a=\frac{1}{32a}\text{일 때 성립}\right)$$

즉, $S(a)$의 최솟값은 $\dfrac{1}{4}$이고, 그때의 a의 값은

$$\frac{1}{2}a=\frac{1}{32a},\ a^2=\frac{1}{16}$$

$$\therefore\ a=\frac{1}{4}\ (\because\ a>0)$$

따라서 $p=\dfrac{1}{4}$, $q=\dfrac{1}{4}$이므로

$$pq=\frac{1}{4}\times\frac{1}{4}=\frac{1}{16}$$

> **개념 Check**
>
> **산술평균과 기하평균의 관계**
>
> $a>0$, $b>0$일 때, $\dfrac{a+b}{2}\geq\sqrt{ab}$ (단, 등호는 $a=b$일 때 성립)

> **실수 Check**
>
> $S(a)=\int_{0}^{1}\left(2ax^3+\dfrac{1}{8a}x^3\right)dx=\left[\dfrac{a}{2}x^4+\dfrac{1}{32a}x^4\right]_{0}^{1}$으로 계산하는 것
> 보다 $\int_{0}^{1}\left(2ax^3+\dfrac{1}{8a}x^3\right)dx=\left(2a+\dfrac{1}{8a}\right)\int_{0}^{1}x^3dx$와 같이 적분변수 x
> 와 관계없는 a를 밖으로 빼서 계산하면 실수를 줄일 수 있다.

1726　답 ③　｜유형 17

> 이차함수 $y=f(x)$의 그래프가 그림과 같 〔단서1〕
> 을 때, 함수 $g(x)=\int_{x}^{x+2}f(t)dt$의 최댓 〔단서2〕
> 값은?
>
> ① $g(-2)$　　② $g(-1)$
> ③ $g(0)$　　④ $g(1)$
> ⑤ $g(2)$
>
> 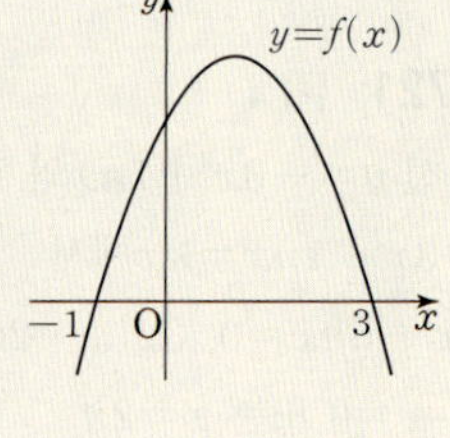
>
> 〔단서1〕 $y=f(x)$의 그래프와 x축의 교점의 x좌표는 $-1,3$
> 〔단서2〕 $f(t)\geq 0$이면 $g(x)$의 값은 넓이

STEP 1　$g(x)$의 최댓값 구하기

$f(t)\geq 0$일 때 $\int_{x}^{x+2}f(t)dt$의 값은 함수 $y=f(t)$의 그래프와 두

직선 $t=x$, $t=x+2$ 및 t축으로 둘러싸인 도형의 넓이와 같으므로

함수 $g(x)=\int_{x}^{x+2}f(t)dt$가 최대일 때는 둘러싸인 도형의 넓이가

최대일 때이다.

이때 이차함수 $y=f(t)$의 그래프는 직선
$t=1$에 대하여 대칭이므로 두 직선 $t=x$,
$t=x+2$가 직선 $t=1$에 대하여 대칭일 때
둘러싸인 도형의 넓이가 최대이다.

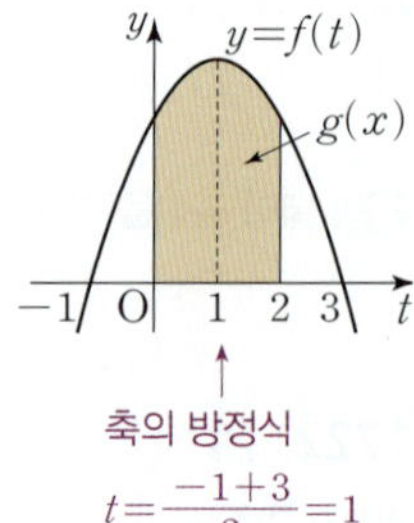

즉, $\dfrac{x+x+2}{2}=1$에서 $x=0$

따라서 함수 $g(x)$의 최댓값은 $g(0)$이다.

축의 방정식

$t=\dfrac{-1+3}{2}=1$

1727　답 $\dfrac{47}{12}$

$\int_{x}^{x+1}|t^2-4|dt$의 값은 함수 $y=|t^2-4|$의 그래프와 두 직선 $t=x$,

$t=x+1$ 및 t축으로 둘러싸인 도형의 넓이와 같다.

함수 $y=|t^2-4|$의 그래프는 직선 $t=0$에 대하여 대칭이므로 두 직선 $t=x$, $t=x+1$이 직선 $t=0$에 대하여 대칭일 때 둘러싸인 도형의 넓이가 최대이다.

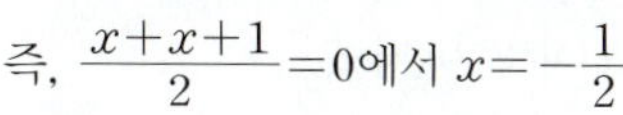

즉, $\dfrac{x+x+1}{2}=0$에서 $x=-\dfrac{1}{2}$

따라서 함수 $f(x)$의 최댓값은

$$f\left(-\frac{1}{2}\right)=\int_{-\frac{1}{2}}^{\frac{1}{2}}|t^2-4|\,dt$$
$$=2\int_0^{\frac{1}{2}}(-t^2+4)\,dt$$
$$=2\left[-\frac{1}{3}t^3+4t\right]_0^{\frac{1}{2}}$$
$$=2\times\frac{47}{24}=\frac{47}{12}$$

1728 답 $\dfrac{4}{3}$

$f(x)=a(x+1)(x-1)(x-2)$ $(a<0)$라 하면
$f(x)=a(x^3-2x^2-x+2)$이므로
$f'(x)=a(3x^2-4x-1)$

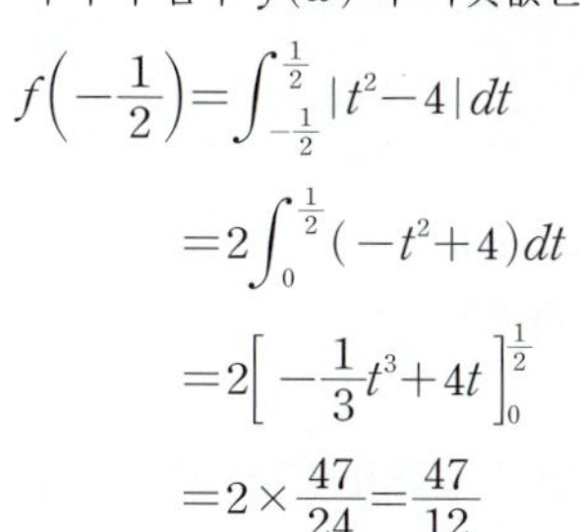

$f(-1)=f(1)=f(2)=0$이므로 $f(x)$는 $x+1$, $x-1$, $x-2$를 인수로 가진다.

$\displaystyle\int_m^n f'(x)\,dx$의 값이 최대가 되려면 적분 구간 $[m, n]$이 $f'(x)\geq 0$인 구간과 일치해야 한다.
즉, 방정식 $f'(x)=0$의 두 근을 α, β $(\alpha<\beta)$라 할 때, $m=\alpha$, $n=\beta$이어야 한다.
이차방정식 $a(3x^2-4x-1)=0$에서 이차방정식의 근과 계수의 관계에 의하여
$\alpha+\beta=\dfrac{4}{3}$이므로 $m+n=\dfrac{4}{3}$

1729 답 ③ | 유형 18

연속함수 $f(x)$가 모든 실수 x에 대하여 $f(x+3)=f(x)$를 만족시킨 [단서1]
다. $\displaystyle\int_1^4|f(x)|dx=6$일 때, 함수 $y=f(x)$의 그래프와 x축 및 두 직선 $x=1$, $x=10$으로 둘러싸인 도형의 넓이는? [단서2]

① 6 ② 12 ③ 18
④ 24 ⑤ 30

[단서1] 그래프가 반복
[단서2] $\displaystyle\int_1^{10}|f(x)|dx$

STEP 1 구하는 도형의 넓이를 정적분으로 나타내기

함수 $y=f(x)$의 그래프와 x축 및 두 직선 $x=1$, $x=10$으로 둘러싸인 도형의 넓이는

$$\int_1^{10}|f(x)|\,dx$$

STEP 2 주기함수의 성질을 이용하여 구하는 도형의 넓이 구하기

$f(x+3)=f(x)$이므로

$$\int_1^4|f(x)|dx=\int_4^7|f(x)|dx=\int_7^{10}|f(x)|dx=6$$

따라서 구하는 도형의 넓이는

$$\int_1^{10}|f(x)|dx$$
$$=\int_1^4|f(x)|dx+\int_4^7|f(x)|dx+\int_7^{10}|f(x)|dx$$
$$=3\int_1^4|f(x)|dx$$
$$=3\times 6=18$$

1730 답 ④

함수 $y=f(x)$의 그래프와 x축, y축 및 직선 $x=6$으로 둘러싸인 도형의 넓이는

$$\int_0^6|f(x)|\,dx$$

(가)에서 $-1\leq x\leq 1$일 때 $f(x)=x^2$이므로

$$\int_{-1}^1|f(x)|dx=\int_{-1}^1 x^2\,dx=2\int_0^1 x^2\,dx=2\left[\frac{1}{3}x^3\right]_0^1=\frac{2}{3}$$

또, $\displaystyle\int_{-1}^0 f(x)dx=\int_0^1 f(x)dx=\int_0^1 x^2\,dx=\frac{1}{3}$

함수 $y=f(x)$의 그래프는 y축에 대하여 대칭이다.

(나)에서 $f(x)=f(x+2)$이므로

$$\int_{-1}^1|f(x)|dx=\int_1^3|f(x)|dx=\int_3^5|f(x)|dx=\frac{5}{3}$$

따라서 구하는 도형의 넓이는

$$\int_0^6|f(x)|dx$$
$$=\int_0^1 f(x)dx+\int_1^3 f(x)dx+\int_3^5 f(x)dx+\int_5^6 f(x)dx$$
$$=\frac{1}{3}+\frac{2}{3}+\frac{2}{3}+\frac{1}{3}=2$$

$\displaystyle\int_5^6 f(x)dx=\int_3^4 f(x)dx=\int_1^2 f(x)dx=\int_{-1}^0 f(x)dx=\frac{1}{3}$

1731 답 2

(가)에서 $f(x+2)=f(x)$이므로

$$g(a+4)-g(a)=\int_{-2}^{a+4}f(t)dt-\int_{-2}^{a}f(t)dt$$
$$=\int_{-2}^{a+4}f(t)dt+\int_{a}^{-2}f(t)dt$$
$$=\int_{a}^{a+4}f(t)dt$$
$$=\int_{a}^{a+2}f(t)dt+\int_{a+2}^{a+4}f(t)dt$$
$$=\int_{0}^{2}f(t)dt+\int_{0}^{2}f(t)dt$$
$$=2\int_{0}^{2}f(t)dt$$

이때 함수 $y=f(x)$의 그래프에서

$$\int_0^2 f(t)dt=\frac{1}{2}\times 2\times 1=1$$

이므로

밑변의 길이가 2, 높이가 1인 삼각형의 넓이와 같다.

$$g(a+4)-g(a)=2\int_0^2 f(t)dt=2\times 1=2$$

1732 답 12

$f(-x)=f(x)$이므로 함수 $y=f(x)$의 그래프는 y축에 대하여 대칭이고, $f(2-x)=f(2+x)$이므로 함수 $y=f(x)$의 그래프는 직선 $x=2$에 대하여 대칭이다.

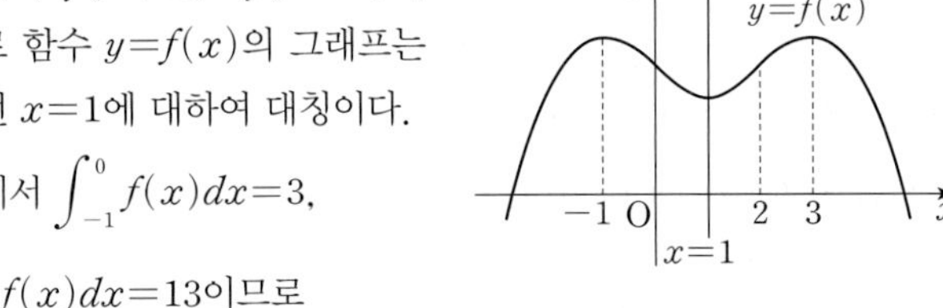

함수 $y=f(x)$의 그래프는 그림과 같으므로 실수 p에 대하여

$\displaystyle\int_0^4 f(x)dx=\int_p^{p+4} f(x)dx$를 만족시킨다.

$\displaystyle\int_{-a}^a f(x)dx=2\int_0^a f(x)dx=10$에서

$\displaystyle\int_0^a f(x)dx=5$ ← 함수 $y=f(x)$의 그래프가 y축에 대하여 대칭

이때

$$\int_0^2 f(x)dx=\int_0^1 x\,dx+\int_1^2 (x^2-4x+4)dx$$
$$=\left[\frac{1}{2}x^2\right]_0^1+\left[\frac{1}{3}x^3-2x^2+4x\right]_1^2$$
$$=\frac{1}{2}+\frac{1}{3}=\frac{5}{6}$$

$\therefore \displaystyle\int_0^4 f(x)dx=2\int_0^2 f(x)dx=2\times\frac{5}{6}=\frac{5}{3}$

즉, $\displaystyle\int_0^{12} f(x)dx=3\int_0^4 f(x)dx=3\times\frac{5}{3}=5$

따라서 $\displaystyle\int_0^a f(x)dx=\int_0^{12} f(x)dx$이므로

$a=12$

참고 위의 그림과 같이 $f(2-x)=f(2+x)$, $f(-x)=f(x)$를 모두 만족시키는 함수 $f(x)$는 주기가 4인 주기함수이다.

1733 답 ①

㈎에서 $f(1+x)=f(1-x)$이므로 함수 $y=f(x)$의 그래프는 직선 $x=1$에 대하여 대칭이다.

㈏에서 $\displaystyle\int_{-1}^0 f(x)dx=3$,

$\displaystyle\int_0^3 f(x)dx=13$이므로

$$\int_0^1 f(x)dx=\int_0^3 f(x)dx-\int_1^3 f(x)dx$$
$$=\int_0^3 f(x)dx-\left(\int_1^2 f(x)dx+\int_2^3 f(x)dx\right)$$
$$=\int_0^3 f(x)dx-\left(\int_0^1 f(x)dx+\int_{-1}^0 f(x)dx\right)\ (\because \text{㈎})$$
$$=13-\int_0^1 f(x)dx-3\ (\because \text{㈏})$$
$$=10-\int_0^1 f(x)dx$$

즉, $\displaystyle\int_0^1 f(x)dx=10-\int_0^1 f(x)dx$이므로

$2\displaystyle\int_0^1 f(x)dx=10$ $\therefore \displaystyle\int_0^1 f(x)dx=5$

참고 $\displaystyle\int_0^3 f(x)dx=13$이고

$\displaystyle\int_{-1}^0 f(x)dx=\int_2^3 f(x)dx$이므로 $\displaystyle\int_0^2 f(x)dx=10$

$\displaystyle\int_0^2 f(x)dx=\int_0^1 f(x)dx+\int_1^2 f(x)dx$이고

$\displaystyle\int_0^1 f(x)dx=\int_1^2 f(x)dx$이므로 $\displaystyle\int_0^1 f(x)dx=5$

1734 답 $\dfrac{64}{3}$

곡선 $y=x^2$을 x축에 대하여 대칭이동한 후 x축의 방향으로 -2만큼, **단서1** y축의 방향으로 10만큼 평행이동한 곡선을 $y=f(x)$라 하자. 두 곡선 **단서2** $y=x^2$, $y=f(x)$로 둘러싸인 도형의 넓이를 구하시오. **단서3**

단서1 y 대신 $-y$ 대입

단서2 x 대신 $x-(-2)$, y 대신 $y-10$ 대입

단서3 두 곡선의 교점의 x좌표를 α, $\beta\ (\alpha<\beta)$라 하면 $\displaystyle\int_\alpha^\beta |x^2-f(x)|\,dx$

STEP 1 대칭이동, 평행이동한 곡선의 방정식 구하기

곡선 $y=x^2$을 x축에 대하여 대칭이동하면

$-y=x^2$ $\therefore y=-x^2$

곡선 $y=-x^2$을 x축의 방향으로 -2만큼, y축의 방향으로 10만큼 평행이동하면

$y-10=-\{x-(-2)\}^2$ $\therefore y=-(x+2)^2+10$

$\therefore f(x)=-(x+2)^2+10=-x^2-4x+6$

STEP 2 두 곡선의 교점의 x좌표 구하기

두 곡선 $y=x^2$, $y=-x^2-4x+6$의 교점의 x좌표는

$x^2=-x^2-4x+6$에서

$2x^2+4x-6=0$

$2(x+3)(x-1)=0$

$\therefore x=-3$ 또는 $x=1$

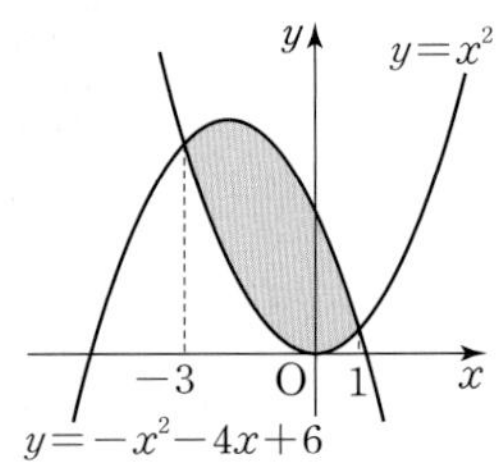

STEP 3 두 곡선으로 둘러싸인 도형의 넓이 구하기

구하는 도형의 넓이는

$$\int_{-3}^1 \{(-x^2-4x+6)-x^2\}dx=\int_{-3}^1 (-2x^2-4x+6)dx$$
$$=\left[-\frac{2}{3}x^3-2x^2+6x\right]_{-3}^1$$
$$=\frac{64}{3}$$

1735 답 ⑤

곡선 $y=4x^3-12x^2$을 y축의 방향으로 k만큼 평행이동하면

$y=4x^3-12x^2+k$

$f(x)=4x^3-12x^2+k$이므로

$$\int_0^3 f(x)dx=\int_0^3 (4x^3-12x^2+k)dx$$
$$=\left[x^4-4x^3+kx\right]_0^3$$
$$=-27+3k$$

즉, $-27+3k=0$에서 $k=9$

1736 답 $\dfrac{2}{3}$

$f(x)=x^2+2x+2$이므로

$$f(x-2)=(x-2)^2+2(x-2)+2$$
$$=x^2-2x+2$$

두 곡선 $y=f(x)$, $y=f(x-2)$의 교점의 x좌표는

$x^2+2x+2=x^2-2x+2$에서

$4x=0$ $\therefore x=0$

또, 두 곡선 $y=f(x)$, $y=f(x-2)$와 직선 $y=1$의 교점의 x좌표는 각각 -1, 1이다.

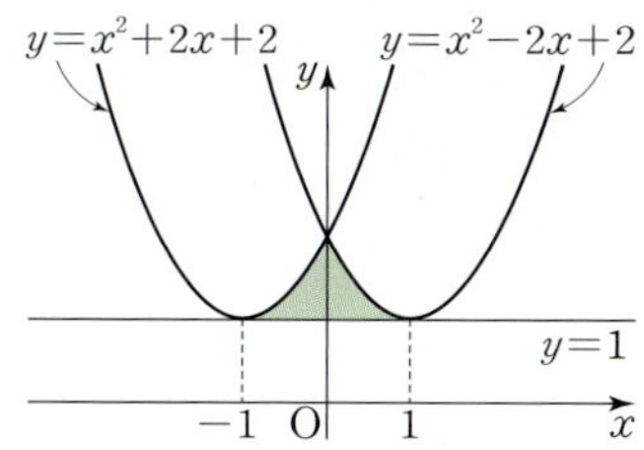

따라서 구하는 도형의 넓이는
$$2\int_0^1\{(x^2-2x+2)-1\}dx=2\int_0^1(x^2-2x+1)dx$$
$$=2\left[\frac{1}{3}x^3-x^2+x\right]_0^1$$
$$=2\times\frac{1}{3}=\frac{2}{3}$$

참고 곡선 $y=f(x-2)$는 곡선 $y=f(x)$를 x축의 방향으로 2만큼 평행이동한 것이고, 두 곡선의 대칭축은 각각 직선 $x=-1$, $x=1$이므로 두 곡선 $y=f(x-2)$, $y=f(x)$는 y축에 대하여 대칭이다.
따라서 구하는 도형의 넓이는
$$\int_{-1}^0\{(x^2+2x+2)-1\}dx+\int_0^1\{(x^2-2x+2)-1\}dx$$
$$=2\int_0^1\{(x^2-2x+2)-1\}dx$$

1737 답 ②

모든 실수 x에 대하여 $f(-x)=-f(x)$이므로 함수 $y=f(x)$의 그래프는 원점에 대하여 대칭이다.
그림과 같이 함수 $y=f(x)$의 그래프와 x축 및 직선 $x=-1$로 둘러싸인 도형의 넓이를 S_1, 함수 $y=f(x)$의 그래프와 x축 및 직선 $x=1$로 둘러싸인 도형의 넓이를 S_2라 하면
$$S_1=S_2$$

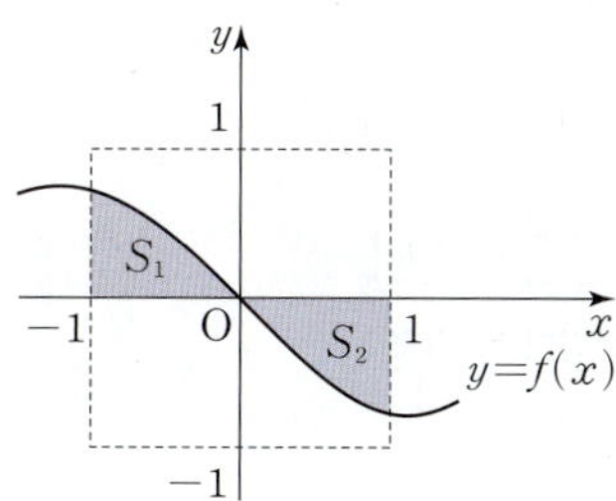

함수 $y=g(x)$의 그래프는 함수 $y=f(x)$의 그래프를 x축의 방향으로 1만큼, y축의 방향으로 1만큼 평행이동한 것이므로 함수 $y=g(x)$의 그래프와 y축 및 직선 $y=1$로 둘러싸인 도형의 넓이는 S_1과 같고, 함수 $y=g(x)$의 그래프와 두 직선 $y=1$, $x=2$로 둘러싸인 도형의 넓이는 S_2와 같다.

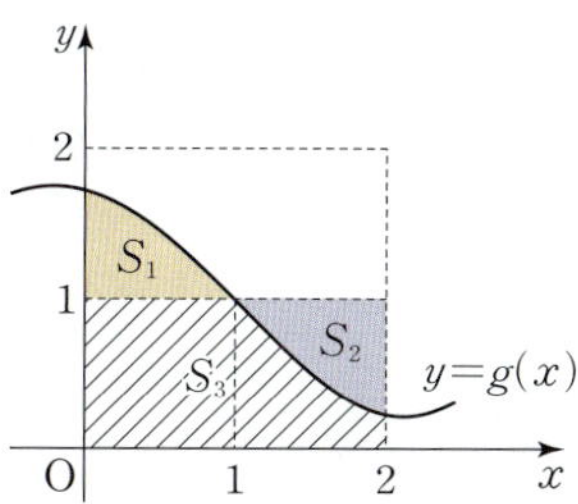

위 그림에서 빗금 친 도형의 넓이를 S_3이라 하면

$$\int_0^2 g(x)dx=S_1+S_3$$
이고 $S_1=S_2$이므로
$$\int_0^2 g(x)dx=S_2+S_3=2\times1=2$$

1738 답 ④

㈎에서 함수 $y=f(x)$의 그래프는 함수 $y=f(x)$의 그래프를 x축의 방향으로 3만큼, y축의 방향으로 4만큼 평행이동한 그래프와 일치한다.
$\rightarrow y=f(x-3)+4$
㈏에서 $\int_0^6 f(x)dx=0$이므로

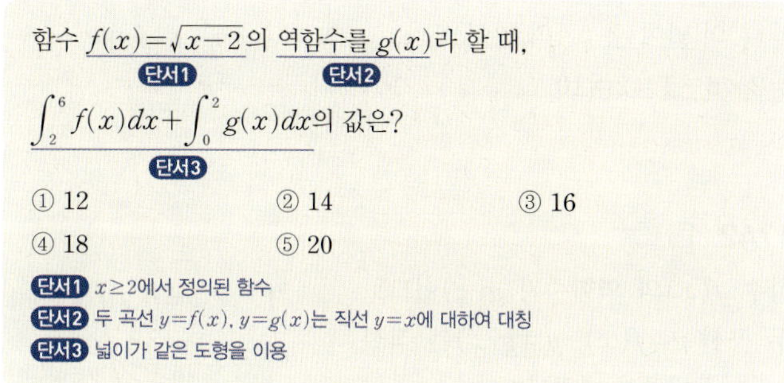

$$\int_0^6 f(x)dx$$
$$=\int_0^3 f(x)dx+\int_3^6 f(x)dx$$
$$=\int_0^3 f(x)dx+\int_3^6\{f(x-3)+4\}dx\ (\because ㈎)$$
$$=\int_0^3 f(x)dx+\int_0^3\{f(x)+4\}dx$$
$$=2\int_0^3 f(x)dx+12 \quad \rightarrow \int_0^3 4dx=\left[4x\right]_0^3=4\times3=12$$
즉, $2\int_0^3 f(x)dx+12=0$에서 $\int_0^3 f(x)dx=-6$
$$\therefore \int_3^6 f(x)dx=6$$
구하는 부분의 넓이는 그림에서 빗금 친 부분의 넓이와 같으므로
$$\int_6^9 f(x)dx=\int_3^6 f(x)dx+12=6+12=18$$

실수 Check

$f(x)=f(x-3)+4$이므로 $0\leq x\leq3$에서의 함수 $y=f(x)$의 그래프를 x축의 방향으로 3만큼, y축의 방향으로 4만큼 반복하여 평행이동했다고 생각할 수 있다.

이때 $\int_0^6 f(x)dx=0$이므로 $\int_0^3 f(x)dx\neq\int_3^6 f(x)dx$이고, $\int_0^3|f(x)|dx=\int_3^6|f(x)|dx$임에 주의한다.

1739 답 ①　　　　　　　　│ 유형 20

함수 $f(x)=\sqrt{x-2}$의 역함수를 $g(x)$라 할 때,
단서1　단서2
$\int_2^6 f(x)dx+\int_0^2 g(x)dx$의 값은?
단서3

① 12　　　　　② 14　　　　　③ 16
④ 18　　　　　⑤ 20

단서1 $x\geq2$에서 정의된 함수
단서2 두 곡선 $y=f(x)$, $y=g(x)$는 직선 $y=x$에 대하여 대칭
단서3 넓이가 같은 도형을 이용

STEP 1 함수 $y=f(x)$와 역함수 $y=g(x)$의 그래프 그리기

함수 $f(x)=\sqrt{x-2}\ (x\geq2)$의 역함수가 $g(x)$이므로 두 곡선 $y=f(x)$, $y=g(x)$는 직선 $y=x$에 대하여 대칭이다.

STEP 2 넓이가 같은 도형을 이용하여 주어진 정적분의 값 구하기

그림에서 (A의 넓이)$=$(B의 넓이)이므로

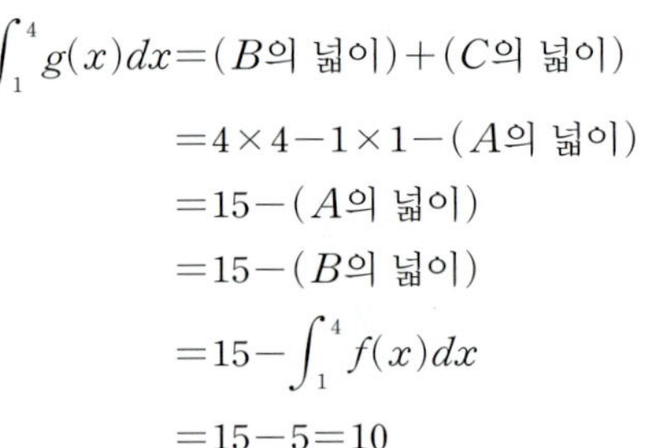

$\int_2^6 f(x)dx+\int_0^2 g(x)dx$

$=$(A의 넓이)$+$(C의 넓이)

$=$(B의 넓이)$+$(C의 넓이)

$=2\times6=12$ → 직사각형의 넓이

1740 답 ②

함수 $f(x)=x^3+1$의 역함수가 $g(x)$이므로 두 곡선 $y=f(x)$, $y=g(x)$는 직선 $y=x$에 대하여 대칭이다.

즉, 그림에서

(A의 넓이)$=$(B의 넓이)이므로

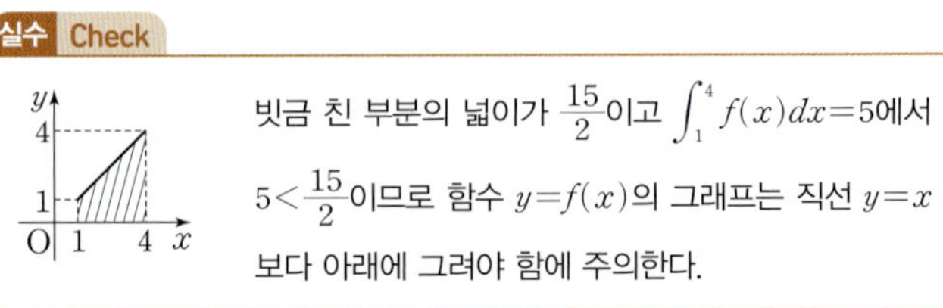

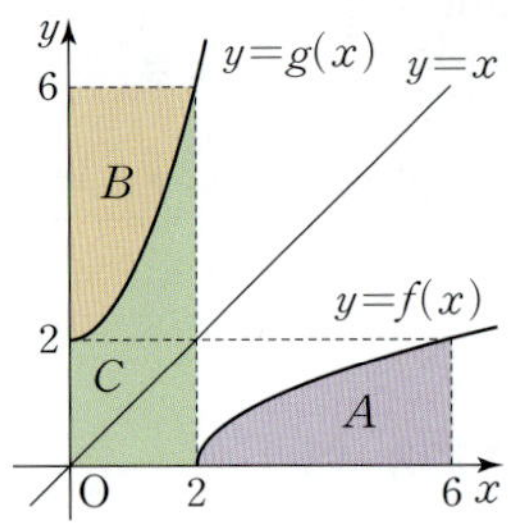

$\int_0^1 f(x)dx+\int_{f(0)}^{f(1)} g(x)dx$

$=\int_0^1 f(x)dx+\int_1^2 g(x)dx$

$=$(C의 넓이)$+$(B의 넓이)

$=$(C의 넓이)$+$(A의 넓이)

$=1\times2=2$

참고 $f(x)=x^3+1$에서 $f'(x)=3x^2\geq0$이므로 함수 $f(x)$는 항상 증가한다. 또, 방정식 $x^3+1=x$는 $x\geq0$에서 해를 가지지 않으므로 함수 $y=f(x)$의 그래프가 직선 $y=x$와 만나지 않는 것을 이용하여 함수 $y=f(x)$의 그래프를 그린다.

1741 답 10

함수 $f(x)=x^3-2x^2+3x$의 역함수가 $g(x)$이므로 두 곡선 $y=f(x)$, $y=g(x)$는 직선 $y=x$에 대하여 대칭이다.

즉, 그림에서

(A의 넓이)$=$(B의 넓이)이므로

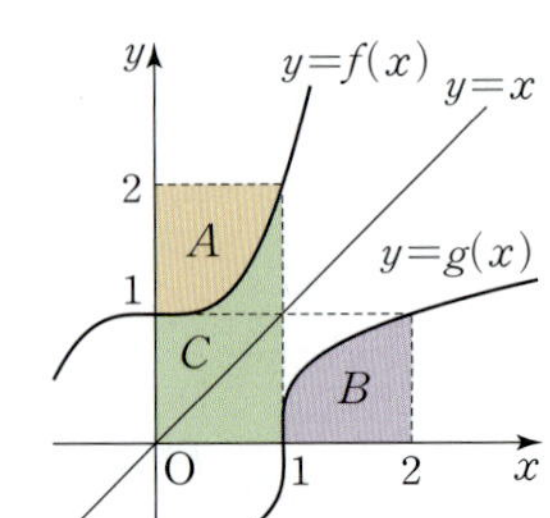

$\int_1^2 f(x)dx+\int_2^6 g(x)dx$

$=$(C의 넓이)$+$(B의 넓이)

$=$(C의 넓이)$+$(A의 넓이)

$=2\times6-1\times2=10$

1742 답 ③

함수 $f(x)$의 역함수가 $g(x)$이므로 두 곡선 $y=f(x)$, $y=g(x)$는 직선 $y=x$에 대하여 대칭이다.

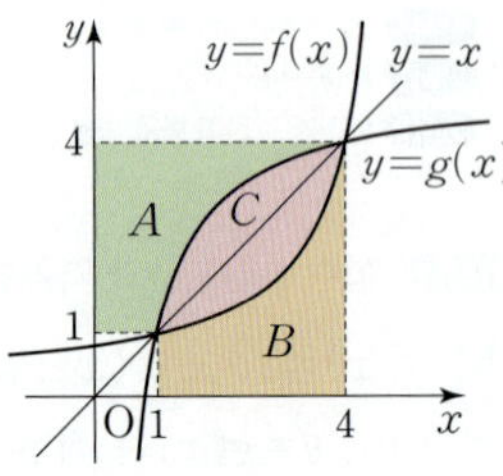

$f(1)=1$, $f(4)=4$이므로 곡선 $y=f(x)$를 그림과 같이 그리면

(A의 넓이)$=$(B의 넓이)이므로

$\int_1^4 g(x)dx=$(B의 넓이)$+$(C의 넓이)

$=4\times4-1\times1-$(A의 넓이)

$=15-$(A의 넓이)

$=15-$(B의 넓이)

$=15-\int_1^4 f(x)dx$

$=15-5=10$

참고 $\int_1^4 g(x)dx$의 값은 한 변의 길이가 4인 정사각형의 넓이에서 한 변의 길이가 1인 정사각형의 넓이와 $\int_1^4 f(x)dx$의 값을 뺀 것과 같다.

실수 Check

빗금 친 부분의 넓이가 $\frac{15}{2}$이고 $\int_1^4 f(x)dx=5$에서 $5<\frac{15}{2}$이므로 함수 $y=f(x)$의 그래프는 직선 $y=x$보다 아래에 그려야 함에 주의한다.

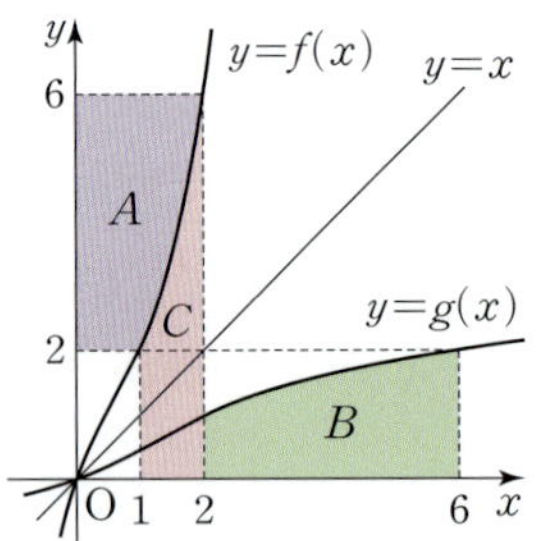

1743 답 ④

함수 $f(x)=2x^2+1$ $(x\geq0)$의 역함수가 $g(x)$이므로 두 곡선 $y=f(x)$, $y=g(x)$는 직선 $y=x$에 대하여 대칭이다.

이때 곡선 $y=2x^2+1$과 직선 $y=9$의 교점의 x좌표는 $2x^2+1=9$에서

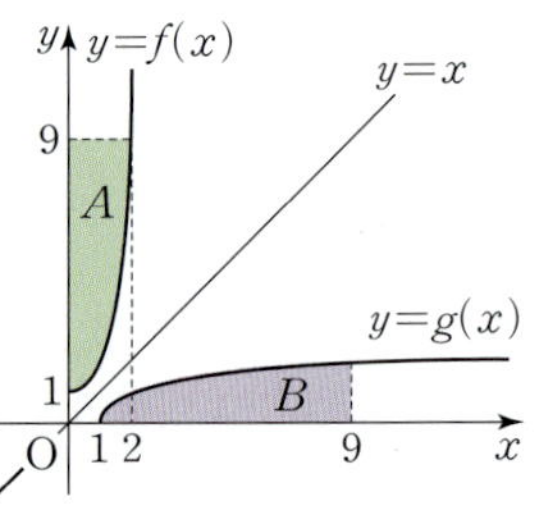

$x^2=4$ $\quad\therefore x=2$ ($\because x\geq0$)

따라서 구하는 도형의 넓이는 그림에서 B의 넓이이므로

(B의 넓이)$=$(A의 넓이)

$=2\times9-\int_0^2 f(x)dx$

$=18-\int_0^2 (2x^2+1)dx$

$=18-\left[\frac{2}{3}x^3+x\right]_0^2$

$=18-\frac{22}{3}=\frac{32}{3}$

1744 답 ③

함수 $f(x)$의 역함수가 $g(x)$이므로 두 곡선 $y=f(x)$, $y=g(x)$는 직선 $y=x$에 대하여 대칭이다.

이때 함수 $f(x)=x^3+x-1$의 그래프와 직선 $y=x$의 교점의 좌표는

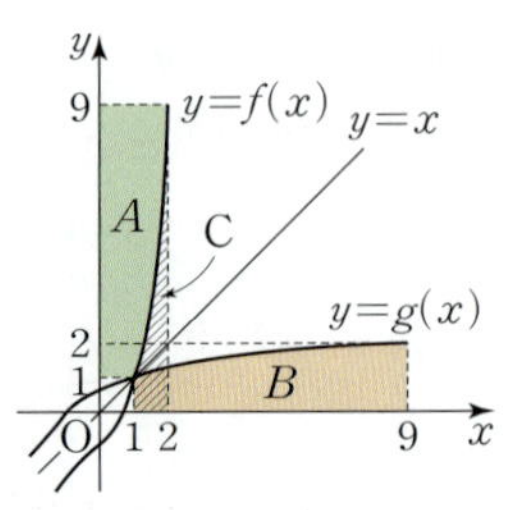

$x^3+x-1=x$에서

$x^3-1=0$

$(x-1)(x^2+x+1)=0$

$\therefore x=1$

그림에서 (A의 넓이)$=$(B의 넓이)이므로

$$\int_1^9 g(x)dx=(B\text{의 넓이})$$
$$=(A\text{의 넓이})$$
$$=2\times9-1\times1-(C\text{의 넓이})$$
$$=17-\int_1^2 f(x)dx$$
$$=17-\int_1^2 (x^3+x-1)dx$$
$$=17-\left[\frac{1}{4}x^4+\frac{1}{2}x^2-x\right]_1^2$$
$$=17-\frac{17}{4}=\frac{51}{4}$$

1745 답 2 유형 21

함수 $f(x)=\dfrac{1}{4}x^3\,(x\geq0)$의 역함수를 $g(x)$라 할 때, 두 곡선 [단서1] [단서2]
$y=f(x),\ y=g(x)$로 둘러싸인 도형의 넓이를 구하시오. [단서3]

단서1 $x\geq0$에서만 그래프 그리기
단서2 두 곡선 $y=f(x),\ y=g(x)$는 직선 $y=x$에 대하여 대칭
단서3 두 곡선의 교점의 x좌표는 곡선 $y=f(x)$와 직선 $y=x$의 교점의 x좌표와 같음

STEP 1 두 곡선의 교점의 x좌표 구하기

함수 $f(x)=\dfrac{1}{4}x^3\,(x\geq0)$의 역함수가 $g(x)$이므로 두 곡선 $y=f(x)$, $y=g(x)$는 직선 $y=x$에 대하여 대칭이다.

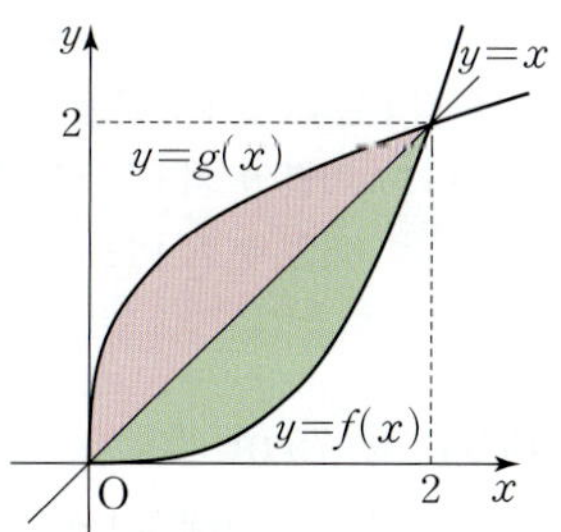

두 곡선 $y=f(x),\ y=g(x)$의 교점의 x좌표는 곡선 $y=f(x)$와 직선 $y=x$의 교점의 x좌표와 같으므로
$\dfrac{1}{4}x^3=x$에서
$x^3-4x=0,\ x(x+2)(x-2)=0$
$\therefore x=0$ 또는 $x=2\ (\because x\geq0)$

STEP 2 두 곡선 $y=f(x),y=g(x)$로 둘러싸인 도형의 넓이 구하기

두 곡선 $y=f(x),\ y=g(x)$로 둘러싸인 도형의 넓이는 곡선 $y=f(x)$와 직선 $y=x$로 둘러싸인 도형의 넓이의 2배와 같으므로 구하는 넓이는
$$2\int_0^2 \{x-f(x)\}dx=2\int_0^2\left(x-\frac{1}{4}x^3\right)dx$$
$0\leq x\leq2$에서 $x\geq f(x)$이다.
$$=2\left[\frac{1}{2}x^2-\frac{1}{16}x^4\right]_0^2$$
$$=2\times1=2$$

참고 $f(x)=\dfrac{1}{4}x^3$의 역함수 $g(x)$는 직접 구하기 힘들기 때문에 곡선 $y=f(x)$와 직선 $y=x$로 둘러싸인 도형의 넓이를 구하도록 한다.

1746 답 45

함수 $f(x)$의 역함수가 $g(x)$이므로 두 곡선 $y=f(x),\ y=g(x)$는 직선 $y=x$에 대하여 대칭이다.
즉, 그림에서
$(A\text{의 넓이})=(B\text{의 넓이})$
이다.

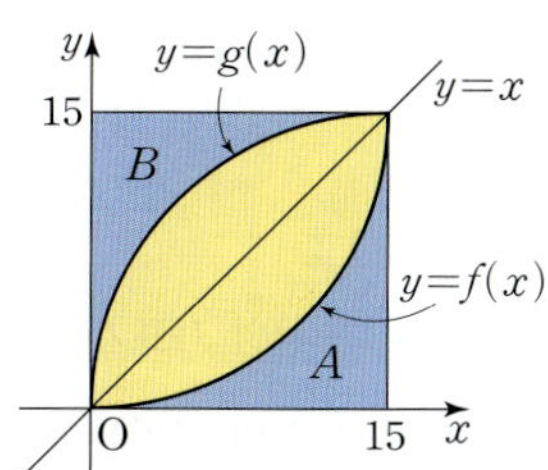

정사각형 모양의 타일 전체의 넓이는 가로의 길이, 세로의 길이가 15인 정사각형의 넓이이므로
$15\times15=225$
파란색과 노란색 부분의 넓이의 비가 $2:3$이므로 파란색 부분의 넓이는
$$225\times\frac{2}{5}=90$$
이때 $(A\text{의 넓이})=(B\text{의 넓이})$이므로 A의 넓이는 파란색 부분의 넓이의 $\dfrac{1}{2}$이다.
$$\therefore \int_0^{15} f(x)dx=(A\text{의 넓이})=90\times\frac{1}{2}=45$$

1747 답 ③

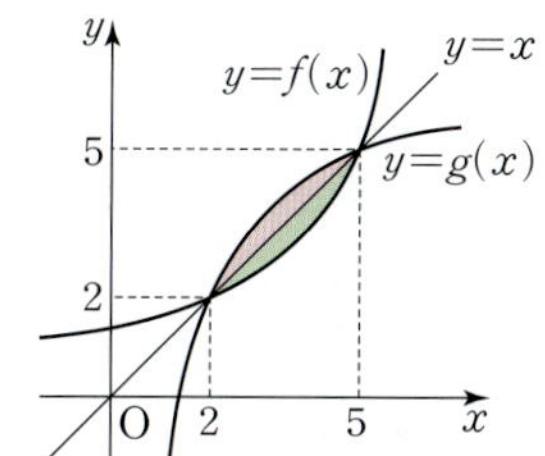

두 곡선 $y=f(x),\ y=g(x)$로 둘러싸인 도형의 넓이는 곡선 $y=f(x)$와 직선 $y=x$로 둘러싸인 도형의 넓이의 2배와 같으므로 구하는 도형의 넓이는
$$2\int_2^5 \{x-f(x)\}dx$$
$$=2\int_2^5 xdx-2\int_2^5 f(x)dx$$
$\longrightarrow \int_2^5 f(x)dx=9$를 이용할 수 있도록 식을 변형해야 한다.
$$=2\left[\frac{1}{2}x^2\right]_2^5-2\times9$$
$$=21-18=3$$

다른 풀이

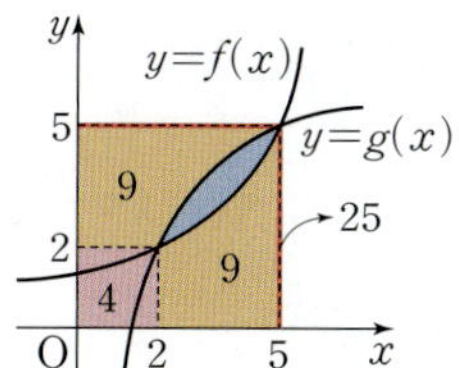

그림과 같이 구하는 도형의 넓이는
$25-9-9-4=3$
으로 구할 수 있다.

1748 답 ④

함수 $f(x)$의 역함수를 $g(x)$라 하면 두 곡선 $y=f(x),\ y=g(x)$는 직선 $y=x$에 대하여 대칭이다.

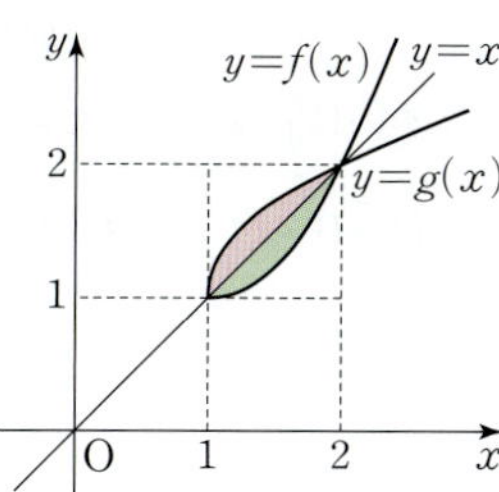

두 곡선 $y=f(x),\ y=g(x)$의 교점의 x좌표는 곡선 $y=f(x)$와 직선 $y=x$의 교점의 x좌표와 같으므로
$(x-1)^2+1=x$에서
$x^2-3x+2=0,\ (x-1)(x-2)=0$
$\therefore x=1$ 또는 $x=2$

두 곡선 $y=f(x),\ y=g(x)$로 둘러싸인 도형의 넓이는 곡선 $y=f(x)$와 직선 $y=x$로 둘러싸인 도형의 넓이의 2배와 같으므로 구하는 넓이는
$$2\int_1^2 \{x-f(x)\}dx=2\int_1^2(-x^2+3x-2)dx$$
$1\leq x\leq2$에서 $f(x)\leq x$이다.
$$=2\left[-\frac{1}{3}x^3+\frac{3}{2}x^2-2x\right]_1^2$$
$$=2\times\frac{1}{6}=\frac{1}{3}$$

1749　답 ②

함수 $f(x)$의 역함수가 $g(x)$이므로 두 곡선 $y=f(x)$, $y=g(x)$는
직선 $y=x$에 대하여 대칭이다.

(i) 두 곡선 $y=f(x)$, $y=g(x)$의
교점의 x좌표는 곡선 $y=f(x)$
와 직선 $y=x$의 교점의 x좌표
와 같으므로 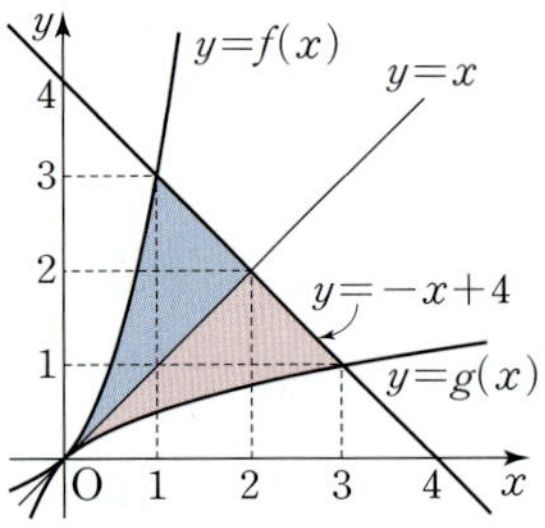
$x^3+x^2+x=x$에서
$x^3+x^2=0$, $x^2(x+1)=0$
$\therefore x=0\ (\because x\geq0)$

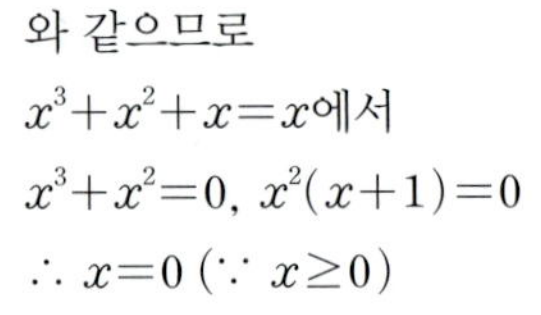

(ii) 곡선 $y=f(x)$와 직선 $y=-x+4$의 교점의 x좌표는
$x^3+x^2+x=-x+4$에서
$x^3+x^2+2x-4=0$
$(x-1)(x^2+2x+4)=0$
$\therefore x=1$

(iii) 두 직선 $y=-x+4$, $y=x$의 교점의 x좌표는
$-x+4=x$에서
$2x=4$
$\therefore x=2$

두 곡선 $y=f(x)$, $y=g(x)$와 직선 $y=-x+4$로 둘러싸인 도형
의 넓이는 곡선 $y=f(x)$와 두 직선 $y=x$, $y=-x+4$로 둘러싸인
도형의 넓이의 2배와 같으므로 구하는 넓이는

$$2\int_0^1\{f(x)-x\}dx+2\int_1^2\{(-x+4)-x\}dx$$
$$=2\int_0^1(x^3+x^2)dx+2\int_1^2(-2x+4)dx$$
$$=2\left[\frac{1}{4}x^4+\frac{1}{3}x^3\right]_0^1+2\left[-x^2+4x\right]_1^2$$
$$=2\times\frac{7}{12}+2\times1=\frac{19}{6}$$

다른 풀이

그림에서 (A의 넓이)$=$(B의 넓이)
이므로 구하는 도형의 넓이는
(A의 넓이)$+$(B의 넓이)
　　　　　　　$+$(C의 넓이)
$=2\times$(A의 넓이)$+$(C의 넓이)
$=2\int_0^1\{f(x)-x\}dx+$(C의 넓이)
$=2\int_0^1(x^3+x^2)dx+\frac{1}{2}\times2\times2$
$=2\times\frac{7}{12}+2=\frac{19}{6}$
로 계산할 수도 있다.

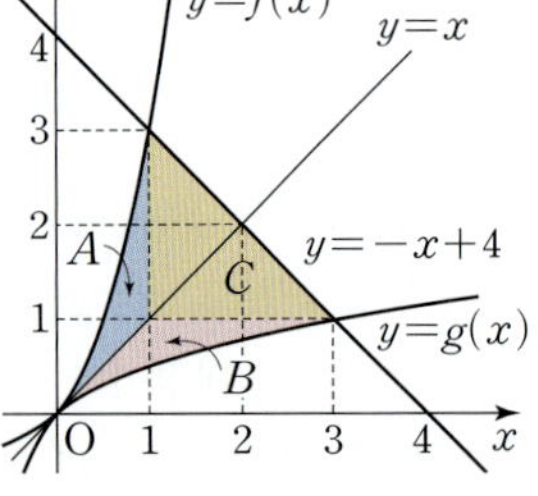

실수 Check

$f(x)=x^3+x^2+x$의 그래프는 $x\geq0$
일 때, 직선 $y=x$와 만나지 않지만,
$x<0$에서는 그림과 같이 교점이 존재
한다.
$x\geq0$인 부분에서 넓이를 구하라는 조
건이 있으므로 $x<0$인 부분은 생각하
지 않는다.

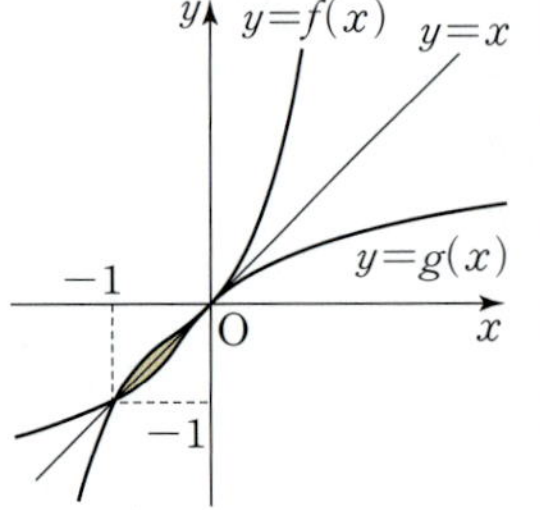

1750　답 ③

원점을 출발하여 수직선 위를 움직이는 점 P의 t초 후의 속도가 **단서1**
$v(t)=6-3t$일 때, 점 P가 운동 방향을 바꾸는 시각에서의 점 P의 **단서2**
위치는? **단서3**

① 2　　　　② 4　　　　③ 6
④ 8　　　　⑤ 10

단서1 $t=0$일 때의 위치는 0
단서2 속도를 적분하면 위치
단서3 $v(t)$의 부호가 바뀔 때의 위치

STEP 1 운동 방향을 바꾸는 시각 구하기

점 P가 운동 방향을 바꾸는 순간의 속도는 0이므로 $v(t)=0$에서
$6-3t=0$
$\therefore t=2$ ⟶ $t=2$의 좌우에서 $v(t)$의 부호가 바뀐다.

STEP 2 운동 방향을 바꾸는 시각에서의 점 P의 위치 구하기

$t=0$에서 점 P의 좌표가 0이므로
$t=2$에서 점 P의 위치는
$$0+\int_0^2(6-3t)dt=\left[6t-\frac{3}{2}t^2\right]_0^2=6$$

참고 수직선 위를 움직이는 점 P의 시각 t에서의 속도를 $v(t)$라 할 때
(1) $v(a)=0$이고, $t=a$의 좌우에서 $v(t)$의 부호가 바뀌면
　　➜ 점 P는 $t=a$에서 운동 방향을 바꾼다.
(2) $v(t)>0$이면 ➜ 점 P는 양의 방향으로 움직인다.
(3) $v(t)<0$이면 ➜ 점 P는 음의 방향으로 움직인다.

1751　답 75 m

물체가 최고 높이에 도달할 때의 속도는 0이므로 $v(t)=0$에서
$30-10t=0$
$\therefore t=3$
지면으로부터 30 m의 높이에서 쏘아 올렸으므로 $t=3$에서 물체의
지면으로부터의 높이는
　　　　　　　　　　　　　　➝ $t=0$일 때의 높이가 30 m이다.
$$30+\int_0^3(30-10t)dt=30+\left[30t-5t^2\right]_0^3$$
$$=30+45=75\text{(m)}$$

1752　답 2

공이 운동 방향을 바꾸는 순간의 속도는 0이므로 $v(t)=0$에서
$20a-10t=0$　　$\therefore t=2a$
$t=2a$일 때 지면으로부터의 공의 높이가 80 m이므로
$$\int_0^{2a}(20a-10t)dt=80$$에서
$$\left[20at-5t^2\right]_0^{2a}=80, \ 40a^2-20a^2=80$$
$$20a^2=80, \ a^2=4$$
$$\therefore a=2\ (\because a>0)$$

1753　답 ②

$t=0$에서 점 P의 좌표가 0이므로
$t=a$에서 점 P의 위치는 $0+\int_0^a(-3t^2-4t+8)dt$

점 P가 $t=a$ $(a>0)$일 때 원점으로 다시 돌아오므로

$$\int_0^a (-3t^2-4t+8)dt=0$$에서

$$\Big[-t^3-2t^2+8t\Big]_0^a=0, \quad -a^3-2a^2+8a=0$$

$$a(a+4)(a-2)=0 \quad \therefore a=2 \ (\because a>0)$$

1754 답 ①

$t=0$에서 점 P의 좌표가 0이므로

$t=4$에서 점 P의 위치는

$$0+\int_0^4 v(t)dt=\int_0^2 (-t^2+2t+1)dt+\int_2^4 (t^2-6t+9)dt$$

$$=\Big[-\frac{1}{3}t^3+t^2+t\Big]_0^2+\Big[\frac{1}{3}t^3-3t^2+9t\Big]_2^4$$

$$=\frac{10}{3}+\frac{2}{3}=4$$

1755 답 35

시각 t에서의 속도 $v(t)$의 그래프는 그림과 같다.

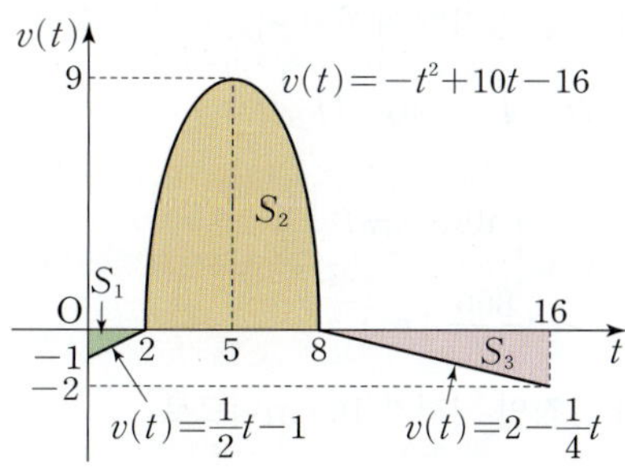

이때 $\int_a^b v(t)dt$의 값은 $t=a$에서 $t=b$까지 점 P의 위치의 변화량과 같다.

$\int_0^2 v(t)dt=S_1$, $\int_2^8 v(t)dt=S_2$, $\int_8^{16} v(t)dt=S_3$이라 하면

$$S_1=\int_0^2 \Big(\frac{1}{2}t-1\Big)dt=\Big[\frac{1}{4}t^2-t\Big]_0^2=-1$$

$$S_2=\int_2^8 (-t^2+10t-16)dt=\Big[-\frac{1}{3}t^3+5t^2-16t\Big]_2^8=36$$

$$S_3=\int_8^{16}\Big(2-\frac{1}{4}t\Big)dt=\Big[2t-\frac{1}{8}t^2\Big]_8^{16}=-8$$

위의 그래프에서 $t=8$일 때, 선분 OP의 길이가 최대이므로 선분 OP의 길이의 최댓값은

$$-1+36=35$$

실수 Check

점 P의 시각 $t=a$에서의 위치를 직접 구해서 풀 수도 있다.

$0\le a<2$에서 위치는

$$\int_0^a \Big(\frac{1}{2}t-1\Big)dt$$

$2\le a<8$에서 위치는

$$\int_0^2 \Big(\frac{1}{2}t-1\Big)dt+\int_2^a (-t^2+10t-16)dt$$

$8\le a\le 16$에서 위치는

$$\int_0^2 \Big(\frac{1}{2}t-1\Big)dt+\int_2^8 (-t^2+10t-16)dt+\int_8^a \Big(2-\frac{1}{4}t\Big)dt$$

이때 $2\le a<8$에서의 위치는 $\int_0^a (-t^2+10t-16)dt$가 아님에 주의한다.

1756 답 16

$t=0$에서 점 P의 좌표가 0이므로

$t=3$에서 점 P의 위치는

$$0+\int_0^3 v(t)dt=\int_0^3 (3t^2+6t-a)dt$$

$$=\Big[t^3+3t^2-at\Big]_0^3$$

$$=54-3a$$

즉, $54-3a=6$이므로 $a=16$

1757 답 ②

점 P의 시각 t $(t\ge 0)$에서의 위치를 $x(t)$라 하면 점 P의 시각 $t=0$에서 위치는 0이므로 $x(0)=0$

$$x(t)=x(0)+\int_0^t v(t)dt$$

$$=\int_0^t 3(t-2)(t-a)dt$$

$$=\int_0^t \{3t^2-3(a+2)t+6a\}dt$$

$$=t^3-\frac{3}{2}(a+2)t^2+6at$$

$v(t)=3(t-2)(t-a)>0$, 즉 $0<t<2$, $t>a$에서 점 P가 양의 방향으로, $v(t)=3(t-2)(t-a)<0$, 즉 $2<t<a$에서 점 P가 음의 방향으로 움직인다.

이때 $t>0$에서 점 P의 위치가 0이 되는 순간이 한 번뿐이므로

$$x(a)=0$$

$$a^3-\frac{3}{2}(a+2)a^2+6a^2=0$$에서

$$-\frac{1}{2}a^3+3a^2=0, \ a^2(a-6)=0 \quad \therefore a=6 \ (\because a>2)$$

따라서 $v(t)=3(t-2)(t-6)$이므로

$$v(8)=3\times 6\times 2=36$$

1758 답 18　　　　　　　　　　　　　　　| 유형 23

수직선 위를 움직이는 점 P의 시각 t에서의 속도 $v(t)$가 $v(t)=6-at$이다. $t=3$에서 점 P의 운동 방향이 바뀌었을 때, $t=0$ **단서1**　　　　　　　　　**단서2**
에서 $t=6$까지 점 P가 움직인 거리를 구하시오. (단, a는 상수이다.) **단서3**

단서1 $a>0$이면 속도는 6에서 시작해서 점점 줄어든다.

단서2 $t=3$의 좌우에서 $v(t)$의 부호가 바뀐다.

단서3 $\int_0^6 |v(t)|dt$

STEP 1 운동 방향이 바뀌는 시각을 이용하여 $v(t)$ 구하기

$t=3$에서 점 P의 운동 방향이 바뀌므로

$$v(3)=0$$에서 $6-3a=0 \quad \therefore a=2$

STEP 2 점 P가 움직인 거리 구하기

$v(t)=6-2t$이므로 $t=0$에서 $t=6$까지 점 P가 움직인 거리는

$$\int_0^6 |v(t)|dt=\int_0^6 |6-2t|dt \quad \longrightarrow \text{함수 } y=|6-2x| \text{의 그래프를 그려 넓이를 구해도 된다.}$$

$$=\int_0^3 (6-2t)dt+\int_3^6 (-6+2t)dt$$

$$=\Big[6t-t^2\Big]_0^3+\Big[-6t+t^2\Big]_3^6$$

$$=9+9=18$$

1759 답 ③

운동 방향이 바뀌는 시각에서의 속도는 0이므로 $v(t)=0$에서
$-3t^2+6t+9=0$, $-3(t+1)(t-3)=0$
$\therefore t=3 \ (\because t\geq 0)$
따라서 $t=0$에서 $t=3$까지 점 P가 움직인 거리는
$$\int_0^3 |v(t)|\,dt=\int_0^3 (-3t^2+6t+9)\,dt$$
$$=\Big[-t^3+3t^2+9t\Big]_0^3$$
$$=27$$

$0\leq t\leq 3$에서
$-3t^2+6t+9\geq 0$

1760 답 5

$v(t)=3t^2-6t=3t(t-2)$이므로
$t=0$에서 $t=a$까지 점 P가 움직인 거리는
$$\int_0^a |3t^2-6t|\,dt$$
$$=\int_0^2 (-3t^2+6t)\,dt+\int_2^a (3t^2-6t)\,dt \ (\because a>2)$$
$$=\Big[-t^3+3t^2\Big]_0^2+\Big[t^3-3t^2\Big]_2^a$$
$$=4+(a^3-3a^2+4)=a^3-3a^2+8$$
즉, $a^3-3a^2+8=58$에서
$a^3-3a^2-50=0$, $(a-5)(a^2+2a+10)=0$
$\therefore a=5 \ (\because a^2+2a+10>0)$

실수 Check

문제에 $a>2$인 조건이 없다면 $t=0$부터 $t=a$까지 점 P가 움직인 거리는 아래와 같이 a의 값의 범위를 나누어 계산해야 한다.
(ⅰ) $0<a<2$일 때
$$\int_0^a |3t^2-6t|\,dt=\int_0^a (-3t^2+6t)\,dt$$
$$=\Big[-t^3+3t^2\Big]_0^a$$
$$=-a^3+3a^2$$
이때 $0<a<2$에서 $-a^3+3a^2=58$을 만족시키는 a가 존재하지 않는다.
(ⅱ) $a>2$일 때
$$\int_0^a |3t^2-6t|\,dt=\int_0^2 (-3t^2+6t)\,dt+\int_2^a (3t^2-6t)\,dt$$
$$=\Big[-t^3+3t^2\Big]_0^2+\Big[t^3-3t^2\Big]_2^a$$
$$=a^3-3a^2+8$$

1761 답 4

운동 방향이 바뀌는 시각에서의 속도는 0이므로 $v(t)=0$에서
$t^2-at=0$, $t(t-a)=0$
$\therefore t=a \ (\because t>0)$
$t=0$에서 $t=a$까지 점 P가 움직인 거리는
$$\int_0^a |t^2-at|\,dt=\int_0^a (-t^2+at)\,dt$$
$$=\Big[-\frac{1}{3}t^3+\frac{1}{2}at^2\Big]_0^a$$
$$=\frac{1}{6}a^3$$

넓이 공식을 이용하면
$\dfrac{|1|}{6}(a-0)^3$이다.

즉, $\dfrac{1}{6}a^3=\dfrac{32}{3}$에서 $a^3=64$
$\therefore a=4$

1762 답 $72\pi \text{ cm}^3$

물이 멈추는 시각은 $v(t)=0$에서
$12t-t^2=0$, $t(12-t)=0$
$\therefore t=12 \ (\because t>0)$
따라서 물이 흐르기 시작하여 멈출 때까지 흘러 나온 물의 양은
$$\pi\times\left(\frac{1}{2}\right)^2\times\int_0^{12}(12t-t^2)\,dt=\pi\times\left(\frac{1}{2}\right)^2\times\Big[6t^2-\frac{1}{3}t^3\Big]_0^{12}$$
$$=\pi\times\left(\frac{1}{2}\right)^2\times 288$$
$$=72\pi\,(\text{cm}^3)$$

1763 답 8초

속도가 일정한 비율로 감소하였으므로 브레이크를 밟은 지 t초 후의 속도를 $v(t)$라 하면
$v(t)=40-kt \ (\text{m/s}) \ (\text{단, } k\text{는 상수})$
정지할 때의 속도는 0이므로 정지할 때까지 걸린 시간은
$v(t)=0$에서 $40-kt=0$
$\therefore t=\dfrac{40}{k}$
브레이크를 밟은 후 정지할 때까지 자동차가 움직인 거리는
$$\int_0^{\frac{40}{k}} |40-kt|\,dt=\int_0^{\frac{40}{k}} (40-kt)\,dt$$
$$=\Big[40t-\frac{1}{2}kt^2\Big]_0^{\frac{40}{k}}$$
$$=\frac{800}{k}\,(\text{m})$$
정지할 때까지 움직인 거리가 160 m이므로
$\dfrac{800}{k}=160$에서 $k=5$
따라서 브레이크를 밟은 후 정지할 때까지 걸린 시간은
$t=\dfrac{40}{k}=\dfrac{40}{5}=8(\text{초})$

1764 답 ③

점 P가 $t=3$에서 $t=k \ (k>3)$까지 움직인 거리는
$$\int_3^k |2t-6|\,dt=\int_3^k (2t-6)\,dt$$
$$=\Big[t^2-6t\Big]_3^k=k^2-6k+9$$
즉, $k^2-6k+9=25$에서 $k^2-6k-16=0$
$(k+2)(k-8)=0$ $\therefore k=8 \ (\because k>3)$

1765 답 8

점 P가 운동 방향을 바꿀 때의 속도는 0이므로 $v(t)=0$에서
$3t^2-12t+9=0$, $3(t-1)(t-3)=0$
$\therefore t=1$ 또는 $t=3$
$t=1$과 $t=3$의 좌우에서 $v(t)$의 부호가 바뀌므로 점 P는 $t=1$일 때 처음으로 운동 방향을 바꾸고 $t=3$일 때 다시 운동 방향을 바꾼다.
이때 점 P가 A에서 방향을 바꾼 순간부터 다시 A로 돌아올 때까지 움직인 거리는 점 P가 $t=1$에서 $t=3$까지 이동한 거리의 2배이다.

따라서 구하는 거리는

$$2\int_1^3 |v(t)|\,dt = 2\int_1^3 (-3t^2+12t-9)\,dt$$
$$= 2\Big[-t^3+6t^2-9t\Big]_1^3$$
$$= 2\times 4 = 8$$

다른 풀이

점 P가 다시 A로 돌아올 때의 시각을 $t=a\,(a>1)$라 하면 $t=1$에서 $t=a$까지 점 P의 위치의 변화량이 0이므로

$$\int_1^a v(t)\,dt=0 \text{에서} \int_1^a (3t^2-12t+9)\,dt=0$$
$$\Big[t^3-6t^2+9t\Big]_1^a=0,\ a^3-6a^2+9a-4=0$$
$$(a-1)^2(a-4)=0 \quad \therefore a=4\,(\because a>1)$$

즉, $t=4$일 때 점 P가 다시 A로 돌아오므로 구하는 거리는

$$\int_1^4 |v(t)|\,dt = -\int_1^3 v(t)\,dt + \int_3^4 v(t)\,dt$$
$$= -\int_1^3 (3t^2-12t+9)\,dt + \int_3^4 (3t^2-12t+9)\,dt$$
$$= -\Big[t^3-6t^2+9t\Big]_1^3 + \Big[t^3-6t^2+9t\Big]_3^4$$
$$= 4+4 = 8$$

1766 답 ①

시각 $t=0$에서의 점 P의 위치와 시각 $t=6$에서의 점 P의 위치가 서로 같으므로 시각 $t=0$에서 $t=6$까지 점 P의 위치의 변화량이 0이다.

즉, $\displaystyle\int_0^6 v(t)\,dt = \int_0^6 (3t^2+at)\,dt = \Big[t^3+\frac{a}{2}t^2\Big]_0^6 = 18a+216 = 0$

$$\therefore a=-12$$

따라서 $v(t)=3t^2-12t$이므로 점 P가 시각 $t=0$에서 $t=6$까지 움직인 거리는

$$\int_0^6 |v(t)|\,dt = \int_0^6 |3t^2-12t|\,dt$$
$$= \int_0^4 (-3t^2+12t)\,dt + \int_4^6 (3t^2-12t)\,dt$$
$$= \Big[-t^3+6t^2\Big]_0^4 + \Big[t^3-6t^2\Big]_4^6$$
$$= 32+32 = 64$$

1767 답 ③

ㄱ. $x(t)=t(t-1)(at+b)\,(a\neq0)$에서 $x(0)=x(1)=0$이므로 점 P는 $t=0,\ t=1$에서 원점에 위치해 있다.

즉, $t=0$에서 $t=1$까지 점 P의 위치의 변화량이 0이므로

$$\int_0^1 v(t)\,dt = 0 \text{ (참)}$$

ㄴ. $\displaystyle\int_0^1 |v(t)|\,dt=2$이므로 $t=0$에서 $t=1$까지 점 P가 이동한 거리는 2이다.

만약 열린구간 $(0,\,1)$에 $|x(t_1)|>1$인 t_1이 존재하면 $t=0$과 $t=1$ 사이에 점 P와 원점 사이의 거리가 1보다 큰 시각 t_1이 존재한다.

이때 점 P가 $t=1$에 다시 원점으로 돌아왔을 때 이동한 거리

는 2보다 커지므로 $\displaystyle\int_0^1 |v(t)|\,dt>2$가 된다. (거짓)

ㄷ. 삼차함수 $x(t)=t(t-1)(at+b)\,(a\neq0)$의 그래프와 t축의 교점의 t좌표는 $t(t-1)(at+b)=0$에서

$$t=0 \text{ 또는 } t=1 \text{ 또는 } t=-\frac{b}{a}$$

함수 $y=x(t)$의 그래프는 $-\dfrac{b}{a}$의 값의 범위에 따라 다음과 같다.

(i) $-\dfrac{b}{a}>1$인 경우

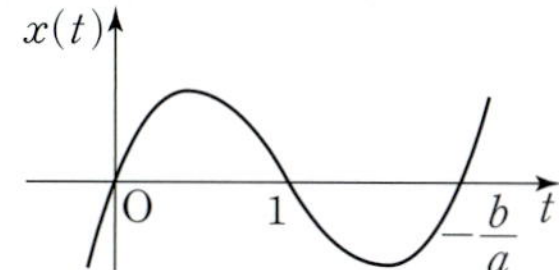

(ii) $-\dfrac{b}{a}<0$인 경우

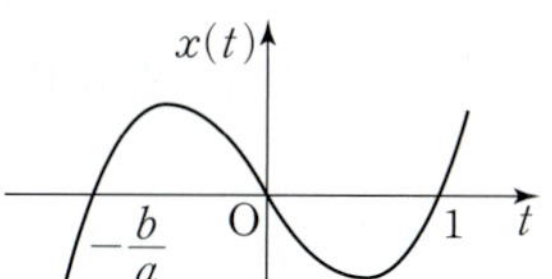

(iii) $0<-\dfrac{b}{a}<1$인 경우

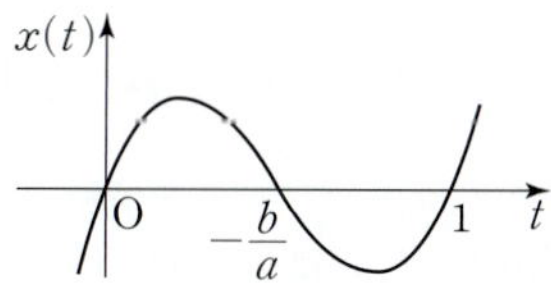

이때 $0\le t\le 1$인 모든 t에 대하여 $|x(t)|<1$이므로 (i), (ii)의 경우에는 $t=0$에서 $t=1$까지 움직인 거리가 2보다 작게 된다.

즉, (iii)의 경우이므로 점 P는 $0<t<1$에서 적어도 한 번 원점을 지난다. (참)

따라서 옳은 것은 ㄱ, ㄷ이다.

실수 Check

> ㄷ. $t=0$에서 $t=1$까지 점 P가 이동한 거리가 2이므로
> $0\le t\le 1$에서 $|x(t)|=1$인 t가 존재하면 (i), (ii)의 경우이다.

1768 답 4 　　　　　| 유형 24

원점을 출발하여 수직선 위를 움직이는 점 P의 시각 t에서의 속도 $v(t)$의 **[단서1]** 그래프가 그림과 같다. 점 P가 출발한 후 처음으로 방향을 바꿀 때까지의 **[단서2]** 움직인 거리를 구하시오.

[단서1] $t=0$에서 $t=a$까지 움직인 거리는 $\displaystyle\int_0^a |v(t)|\,dt$
[단서2] $v(t)$의 부호가 처음 바뀌는 시각까지 움직인 거리

STEP 1 점 P가 방향을 바꾼 시각 구하기

$v(t)=0$이고 그 좌우에서 $v(t)$의 부호가 바뀔 때 운동 방향이 바뀌므로 점 P가 처음으로 운동 방향을 바꾸는 시각은

$$t=4$$

STEP 2 점 P가 출발한 후 처음으로 방향을 바꿀 때까지의 움직인 거리 구하기

$t=0$에서 $t=4$까지 점 P가 움직인 거리는

$\int_0^4 |v(t)|dt=\frac{1}{2}\times4\times2=4$

1769 답 ⑤

$t=7$에서 점 P의 위치는

$0+\int_0^7 v(t)dt=\int_0^3 v(t)dt+\int_3^5 v(t)dt+\int_5^7 v(t)dt$

$=\frac{1}{2}\times3\times2-\frac{1}{2}\times2\times2+\frac{1}{2}\times2\times4$

$=3-2+4=5$

1770 답 $\frac{4}{3}$

위치 $f(t)$에 대하여 $f'(t)$는 시각 t에서의 점 P의 속도를 나타낸다.
$0<t<1$ 또는 $t>3$에서 $f'(t)>0$이므로 점 P는 양의 방향으로 움직이고, $1<t<3$에서 $f'(t)<0$이므로 점 P는 음의 방향으로 움직인다.

$f'(1)=f'(3)=0$이므로 이차함수 $f'(t)$를

$f'(t)=a(t-1)(t-3)$ (a는 상수)

이라 하면 $f'(0)=3$이므로 → $a\times(-1)\times(-3)=3$ $\therefore a=1$

$f'(t)=(t-1)(t-3)=t^2-4t+3$

따라서 점 P가 출발할 때의 운동 방향과 반대 방향으로 움직인 거리는

$\int_1^3 |f'(t)|dt=\int_1^3(-t^2+4t-3)dt$

$=\left[-\frac{1}{3}t^3+2t^2-3t\right]_1^3=\frac{4}{3}$

1771 답 ①

속도 $v(t)$의 그래프에서

$\int_0^2 v(t)dt=-\left(\frac{1}{2}\times2\times2\right)=-2$

$\int_2^6 v(t)dt=\frac{1}{2}\times(2+4)\times k=3k$

$\int_6^8 v(t)dt=-\left(\frac{1}{2}\times2\times2\right)=-2$

ㄱ. 물체는 $t=2$, $t=6$일 때 운동 방향을 바꾸므로 출발한 후 운동 방향을 두 번 바꾼다. (참)

ㄴ. $t=6$에서의 위치는

$\int_0^6 v(t)dt=\int_0^2 v(t)dt+\int_2^6 v(t)dt=-2+3k$

$k=1$이면 $t=6$에서의 위치는 $-2+3=1$이다. (거짓)

ㄷ. $\int_0^2 v(t)dt=-2$이므로

$\int_0^2 |v(t)|dt\le\int_2^6 |v(t)|dt$이면 물체는 $2<t\le6$에서 원점을 한 번 지나므로

$2\le3k$ $\quad\therefore k\ge\frac{2}{3}$ ······ ㉠

또, $\int_2^6 |v(t)|dt\le\int_0^2 |v(t)|dt+\int_6^8 |v(t)|dt$이면 물체는 $6<t\le8$에서 원점을 한 번 더 지나므로

$3k\le2+2$ $\quad\therefore k\le\frac{4}{3}$ ······ ㉡

㉠, ㉡에서 원점을 두 번 지나기 위한 k의 값의 범위는

$\frac{2}{3}\le k\le\frac{4}{3}$ (거짓)

따라서 옳은 것은 ㄱ뿐이다.

1772 답 ⑤

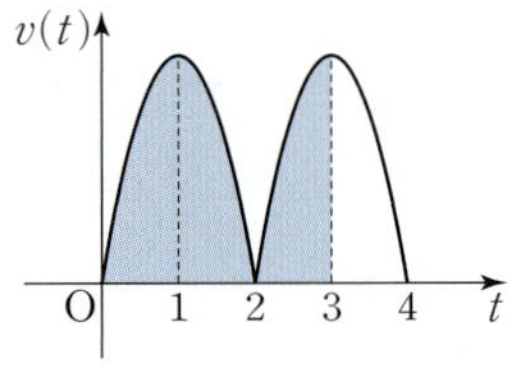

(나)에서 $v(t)=v(2-t)$이므로 속도 $v(t)$의 그래프는 $0\le t\le2$에서 직선 $t=1$에 대하여 대칭이다.
또, (가)에서 $v(t)=v(t+2)$이므로 그래프가 그림과 같이 반복된다.
이때 $t=3$에서 점 P의 위치가 6이므로

$\int_0^3 v(t)dt=6$에서 $3\int_0^1 v(t)dt=6$

$\therefore \int_0^1 v(t)dt=2$

따라서 $t=10$에서의 점 P의 위치는

$\int_0^{10} v(t)dt=5\int_0^2 v(t)dt=10\int_0^1 v(t)dt=20$

1773 답 ③

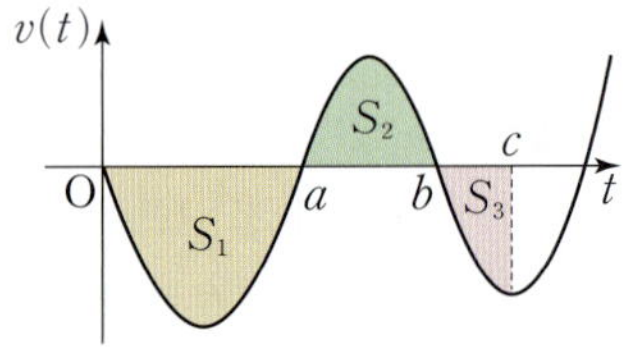

그림과 같이

$\int_0^a |v(t)|dt=S_1$,

$\int_a^b |v(t)|dt=S_2$,

$\int_b^c |v(t)|dt=S_3$이라 하자.

점 P는 출발한 후 $t=a$에서 처음으로 운동 방향을 바꾸므로

$\int_0^a v(t)dt=-8$에서 $S_1=8$

점 P의 $t=c$에서의 위치가 -6이므로

$\int_0^c v(t)dt=-6$에서

$(-8)+S_2-S_3=-6$ $\quad\therefore S_2-S_3=2$ ······ ㉠

또, $\int_0^b v(t)dt=\int_b^c v(t)dt$이므로

$(-8)+S_2=-S_3$ $\quad\therefore S_2+S_3=8$ ······ ㉡

㉠, ㉡을 연립하여 풀면 $S_2=5$, $S_3=3$

따라서 점 P가 $t=a$부터 $t=b$까지 움직인 거리는

$S_2=5$

1774 답 ④ | 유형 25

원점을 동시에 출발하여 수직선 위를 움직이는 두 점 P, Q의 시각 t에서의 속도가 각각 $v_1(t)=2t^2-t$, $v_2(t)=t^2+t$이다. 출발한 후 두 점 P, Q의 속도가 같아질 때의 두 점 P, Q 사이의 거리는?

단서1 단서2 단서3

① $\frac{1}{3}$ ② $\frac{2}{3}$ ③ 1

④ $\frac{4}{3}$ ⑤ $\frac{5}{3}$

단서1 시각 $t=a$에서 두 점 P, Q의 위치는 각각 $\int_0^a v_1(t)dt$, $\int_0^a v_2(t)dt$

단서2 $v_1(t)=v_2(t)$인 시각 t

단서3 |(P의 위치)−(Q의 위치)|

출발한 후 두 점 P, Q의 속도가 같아지는 시각은 $2t^2-t=t^2+t$에서
$t^2-2t=0$, $t(t-2)=0$
$\therefore t=2 \ (\because t>0)$

$t=2$에서 두 점 P, Q의 위치는 각각

$$\int_0^2 v_1(t)dt = \int_0^2 (2t^2-t)dt = \left[\frac{2}{3}t^3-\frac{1}{2}t^2\right]_0^2 = \frac{10}{3}$$

$$\int_0^2 v_2(t)dt = \int_0^2 (t^2+t)dt = \left[\frac{1}{3}t^3+\frac{1}{2}t^2\right]_0^2 = \frac{14}{3}$$

속도가 같아질 때의 두 점 P, Q 사이의 거리는

$$\left|\frac{10}{3}-\frac{14}{3}\right|=\frac{4}{3}$$

참고 정적분의 성질을 이용하여 다음과 같이 풀 수도 있다.
$t=2$에서 두 점 P, Q의 위치를 각각 $x_P(2)$, $x_Q(2)$라 하면
두 점 P, Q 사이의 거리는

$$|x_P(2)-x_Q(2)| = \left|\int_0^2 v_1(t)dt - \int_0^2 v_2(t)dt\right|$$
$$= \left|\int_0^2 \{v_1(t)-v_2(t)\}dt\right|$$
$$= \left|\int_0^2 \{(2t^2-t)-(t^2+t)\}dt\right|$$
$$= \left|\int_0^2 (t^2-2t)dt\right|$$
$$= \left|\left[\frac{1}{3}t^3-t^2\right]_0^2\right|$$
$$= \left|\frac{8}{3}-4\right|=\frac{4}{3}$$

1775 **답** 1

시각 t에서의 두 점 P, Q의 위치를 각각 $x_P(t)$, $x_Q(t)$라 하면
$$x_P(t)=2+\int_0^t (-2t+1)dt=2+\left[-t^2+t\right]_0^t=-t^2+t+2$$
$$x_Q(t)=6+\int_0^t (4t-5)dt=6+\left[2t^2-5t\right]_0^t=2t^2-5t+6$$
두 점 P, Q 사이의 거리는
$$|x_P(t)-x_Q(t)|=|(-t^2+t+2)-(2t^2-5t+6)|$$
$$=|-3t^2+6t-4|$$
$$=|-3(t-1)^2-1|$$
따라서 두 점 P, Q가 가장 가까울 때의 시각은 1이다.

실수 Check

시각 t에서의 점의 위치를 식으로 나타낼 때, 점이 출발한 위치를 반드시 확인해야 한다.
두 점 P, Q는 원점에서 출발하지 않았으므로
$$x_P(t)\neq\int_0^t (-2t+1)dt$$
$$x_Q(t)\neq\int_0^t (4t-5)dt$$
임에 주의한다.

1776 **답** ②

시각 t에서의 두 점 P, Q의 위치를 각각 $x_P(t)$, $x_Q(t)$라 하면

$$x_P(t)=5+\int_0^t (3t^2-2)dt=5+\left[t^3-2t\right]_0^t=t^3-2t+5$$
$$x_Q(t)=k+\int_0^t 1\,dt=k+\left[t\right]_0^t=t+k$$
두 점 P, Q가 만날 때의 위치는 같으므로 $x_P(t)=x_Q(t)$에서
$t^3-2t+5=t+k$, $t^3-3t+5=k$
$f(t)=t^3-3t+5$라 하면
$f'(t)=3t^2-3=3(t+1)(t-1)$
$f'(t)=0$인 t의 값은 $t=1 \ (\because t\geq 0)$
$t\geq 0$에서 함수 $f(t)$의 증가, 감소를 표로 나타내면 다음과 같다.

t	0	$\cdots$	1	$\cdots$
$f'(t)$		$-$	0	$+$
$f(t)$	5	$\searrow$	3 극소	$\nearrow$

함수 $y=f(t)$의 그래프는 그림과 같다.
직선 $y=k$와 곡선 $y=f(t)$가 서로 다른 두 점에서 만나도록 하는 k의 값의 범위는

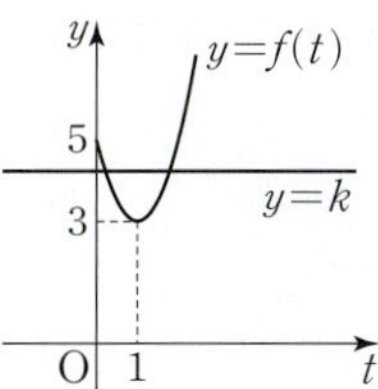

$3<k<5 \ (\because k\neq 5)$
따라서 정수 k의 값은 4이다.

1777 **답** ㄱ, ㄴ, ㄷ

출발 지점의 높이를 0이라 하면 시각 t에서의 두 물체 A, B의 높이는 각각 $\int_0^t f(t)dt$, $\int_0^t g(t)dt$이다.

ㄱ. $t=a$에서 A의 높이는 $\int_0^a f(t)dt$이고,

  B의 높이는 $\int_0^a g(t)dt$이다.

  이때 그림에서 $\int_0^a f(t)dt>\int_0^a g(t)dt$이므로 A가 B보다 높은 위치에 있다. (참)

ㄴ. $0\leq t\leq b$일 때, $f(t)-g(t)\geq 0$이므로 A, B의 높이의 차는 $t=b$까지 점점 커지고, $b<t\leq c$일 때, $f(t)-g(t)<0$이므로 A, B의 높이의 차는 점점 줄어들어 $t=c$일 때, 높이가 같게 된다. $\longrightarrow \int_0^c f(t)dt=\int_0^c g(t)dt$
  즉, $t=b$일 때, A, B의 높이의 차가 최대이다. (참)

ㄷ. $\int_0^c f(t)dt=\int_0^c g(t)dt$이므로 $t=c$에서 A, B는 같은 높이에 있다. (참)

따라서 옳은 것은 ㄱ, ㄴ, ㄷ이다.

1778 **답** 64

시각 t에서의 두 점 P, Q의 위치를 각각 $x_P(t)$, $x_Q(t)$라 하면
$$x_P(t)=\int_0^t v_P(t)dt$$
$$=\int_0^t (2t^2-8t)dt$$
$$=\left[\frac{2}{3}t^3-4t^2\right]_0^t=\frac{2}{3}t^3-4t^2$$

$$x_Q(t)=\int_0^t v_Q(t)dt=\int_0^t (t^3-10t^2+24t)dt$$
$$=\left[\frac{1}{4}t^4-\frac{10}{3}t^3+12t^2\right]_0^t$$
$$=\frac{1}{4}t^4-\frac{10}{3}t^3+12t^2$$

이므로 두 점 P, Q 사이의 거리는

$$|x_P(t)-x_Q(t)|$$
$$=\left|\left(\frac{2}{3}t^3-4t^2\right)-\left(\frac{1}{4}t^4-\frac{10}{3}t^3+12t^2\right)\right|$$
$$=\left|-\frac{1}{4}t^4+4t^3-16t^2\right|$$

$f(t)=-\frac{1}{4}t^4+4t^3-16t^2$이라 하면

$$f'(t)=-t^3+12t^2-32t=-t(t-4)(t-8)$$
$f'(t)=0$인 t의 값은 $t=0$ 또는 $t=4$ 또는 $t=8$

$0\leq t\leq 8$에서 함수 $f(t)$의 증가, 감소를 표로 나타내면 다음과 같다.

t	0	$\cdots$	4	$\cdots$	8
$f'(t)$	0	$-$	0	$+$	0
$f(t)$	0	$\searrow$	-64 극소	$\nearrow$	0

즉, $|f(t)|$의 최댓값은 $t=4$일 때 64이므로 두 점 P, Q 사이의 거리의 최댓값은 64이다.

실수 Check

두 점 P, Q 사이의 거리 $|x_P(t)-x_Q(t)|$는 항상 양수임에 주의한다.

$0\leq t\leq 8$에서 $f(t)=-\frac{1}{4}t^4+4t^3-16t^2$의 최솟값은 $f(4)=-64$이므로 두 점 사이의 거리의 최댓값은 64이다.

또, $x_Q(t)-x_P(t)$를 이용하여 $g(t)=\frac{1}{4}t^4-4t^3+16t^2$으로 계산한 경우 $g(t)$의 극댓값이자 최댓값은 $g(4)=64$이고, 이때에도 두 점 사이의 거리의 최댓값은 64로 동일하다.

1779 답 102

시각 k에서 두 점 P, Q의 위치를 각각 $x_P(k)$, $x_Q(k)$라 하면

$$x_P(k)=\int_0^k (12t-12)dt=\left[6t^2-12t\right]_0^k=6k^2-12k$$
$$x_Q(k)=\int_0^k (3t^2+2t-12)dt=\left[t^3+t^2-12t\right]_0^k=k^3+k^2-12k$$

시각 $t=k$에서 두 점 P, Q의 위치가 같으므로

$$6k^2-12k=k^3+k^2-12k, \quad k^2(k-5)=0$$
$$\therefore k=5 \; (\because k>0)$$

따라서 시각 $t=0$에서 $t=5$까지 점 P가 움직인 거리는

$$\int_0^5 |12t-12|=\int_0^1 (12-12t)dt+\int_1^5 (12t-12)dt$$
$$=\left[12t-6t^2\right]_0^1+\left[6t^2-12t\right]_1^5$$
$$=6+96=102$$

1780 답 (1) $-x^3$　(2) $\frac{1}{4}a^4$　(3) x^3　(4) $\frac{1}{4}b^4$　(5) 256

실제 답안 예시

$$S_1=-\int_a^0 x^3 dx=-\left[\frac{1}{4}x^4\right]_a^0=\frac{1}{4}a^4, \quad S_2=\int_0^b x^3 dx=\left[\frac{1}{4}x^4\right]_0^b=\frac{1}{4}b^4$$

이고 $a+4b=0$에서 $a=-4b$이므로 $S_1=\frac{1}{4}(-4b)^4=64b^4$

$$\therefore \frac{S_1}{S_2}=\frac{64b^4}{\frac{1}{4}b^4}=256$$

1781 답 4

STEP 1 S_1의 값 구하기 [2점]

닫힌구간 $[-2, 0]$에서 $2x^3\leq 0$이므로

$$S_1=\int_{-2}^0 (-2x^3)dx=\left[-\frac{1}{2}x^4\right]_{-2}^0=8$$

STEP 2 S_2의 값 구하기 [2점]

닫힌구간 $[0, a]$에서 $2x^3\geq 0$이므로

$$S_2=\int_0^a 2x^3 dx=\left[\frac{1}{2}x^4\right]_0^a=\frac{1}{2}a^4$$

STEP 3 양수 a의 값 구하기 [2점]

$\frac{S_2}{S_1}=16$에서 $S_2=16S_1$이므로 $\frac{1}{2}a^4=16\times 8$, $a^4=256$

이때 $a>0$이므로 $a=4$

1782 답 3

STEP 1 곡선과 직선의 교점의 x좌표 정하기 [1점]

곡선 $y=ax^2$과 직선 $y=-x+4$의 교점의 x좌표를 $p \; (0<p<4)$라 하면

$$ap^2=-p+4 \quad \cdots\cdots \; \bigcirc$$

STEP 2 S_1의 값 구하기 [4점]

$$S_1=\int_0^p \{(-x+4)-ax^2\}dx$$
$$=\int_0^p \{-ax^2-x+4\}dx$$
$$=\left[-\frac{1}{3}ax^3-\frac{1}{2}x^2+4x\right]_0^p$$
$$=-\frac{1}{3}ap^3-\frac{1}{2}p^2+4p$$
$$=-\frac{1}{3}p(-p+4)-\frac{1}{2}p^2+4p \; (\because \bigcirc)$$
$$=-\frac{1}{6}p^2+\frac{8}{3}p \quad \cdots\cdots \; \bigcirc\!\bigcirc$$

이때 $S_1+S_2=\frac{1}{2}\times 4\times 4=8$이고 $S_1:S_2=5:11$이므로

$$S_1=8\times \frac{5}{16}=\frac{5}{2} \quad \cdots\cdots \; \bigcirc\!\bigcirc\!\bigcirc$$

STEP 3 p의 값을 구하여 a의 값 구하기 [3점]

$\bigcirc\!\bigcirc=\bigcirc\!\bigcirc\!\bigcirc$에서

$$-\frac{1}{6}p^2+\frac{8}{3}p=\frac{5}{2}, \quad p^2-16p+15=0$$
$$(p-1)(p-15)=0 \qquad \therefore p=1 \; (\because 0<p<4)$$

$p=1$을 $\bigcirc$에 대입하면

$$a=-1+4=3$$

1783 답 (1) x　(2) 1　(3) 2　(4) 1　(5) $\frac{1}{3}$

1784 답 1

STEP 1 두 곡선의 교점의 x좌표 구하기 [3점]

함수 $f(x)$의 역함수가 $g(x)$이므로 두
곡선 $y=f(x)$, $y=g(x)$는 직선 $y=x$
에 대하여 대칭이다.
두 곡선 $y=f(x)$, $y=g(x)$의 교점의
x좌표는 곡선 $y=f(x)$와 직선 $y=x$의
교점의 x좌표와 같으므로

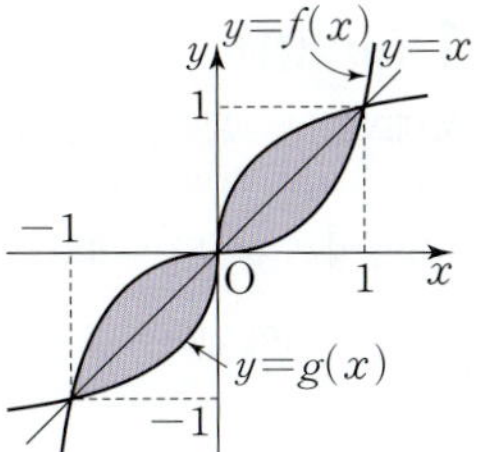

$x^3=x$에서
$x^3-x=0$, $x(x+1)(x-1)=0$
$\therefore x=-1$ 또는 $x=0$ 또는 $x=1$ ······ ⓐ

STEP 2 두 곡선 $y=f(x)$, $y=g(x)$로 둘러싸인 도형의 넓이 구하기 [4점]

두 곡선 $y=f(x)$, $y=g(x)$로 둘러싸인 도형의 넓이는 곡선
$y=f(x)$와 직선 $y=x$로 둘러싸인 도형의 넓이의 2배와 같으므로
구하는 도형의 넓이는

$$2\int_{-1}^{1}|f(x)-x|\,dx \qquad ······ ⓑ$$

$$=2\int_{-1}^{0}(x^3-x)dx+2\int_{0}^{1}(x-x^3)dx$$

$$=2\left[\frac{1}{4}x^4-\frac{1}{2}x^2\right]_{-1}^{0}+2\left[\frac{1}{2}x^2-\frac{1}{4}x^4\right]_{0}^{1}$$

$$=2\times\frac{1}{4}+2\times\frac{1}{4}$$

$$=1$$

실수 Check

함수 $y=x^2$은 $x\geq0$에서 정의되어야 역함수가 존재하지만 함수 $y=x^3$
은 실수 전체의 집합에서 정의되어도 역함수가 존재한다.
문제에 정의역이 특별히 주어지지 않았으므로 넓이를 구할 때 $x\geq0$인
부분만 생각하지 않도록 주의한다.

부분점수표	
ⓐ 교점의 x좌표로 $x=0$, $x=1$만 구한 경우	2점
ⓑ $\int_{-1}^{1}|f(x)-x|\,dx$를 구하고 2배 하지 않은 경우	2점

1785 답 1

STEP 1 두 함수 $f(x)=x^2\ (x\geq0)$, $g(x)=\sqrt{x}$가 서로 역함수 관계임을 보이기 [2점]

$y=x^2\ (x\geq0)$의 역함수는 $x=y^2\ (y\geq0)$에서 $y=\sqrt{x}$이므로
$f(x)=x^2$, $g(x)=\sqrt{x}$라 하면 두 함수 $f(x)$, $g(x)$는 서로 역함수
관계이다.

STEP 2 넓이가 같은 도형을 이용하여 정적분의 값 구하기 [4점]

두 곡선 $y=f(x)$, $y=g(x)$는 직선
$y=x$에 대하여 대칭이다.
즉, 그림에서
(A의 넓이)$=$(B의 넓이)
이므로

$$\int_{0}^{1}\sqrt{x}\,dx+\int_{0}^{1}x^2\,dx$$

$$=\{(A의 넓이)+(C의 넓이)\}+(A의 넓이)$$

$$=\{(A의 넓이)+(C의 넓이)\}+(B의 넓이)$$

따라서 구하는 정적분의 값은 한 변의 길이가 1인 정사각형의 넓이
와 같다.

$$\therefore \int_{0}^{1}\sqrt{x}\,dx+\int_{0}^{1}x^2\,dx=1\times1=1$$

오답 분석

$y=x^2$에서 x, y를 서로 바꾸면
$x=y^2$이므로 $y=\sqrt{x}$
따라서 함수 $y=x^2$과 $y=\sqrt{x}$는 역함수 관계이므로
두 곡선 $y=x^2$, $y=\sqrt{x}$는 $y=x$에 대하여 대칭이다. ——— 2점

$$\int_{0}^{1}\sqrt{x}\,dx+\int_{0}^{1}x^2\,dx=2\int_{0}^{1}x^2\,dx \longrightarrow 대칭이라고 2배가 아님$$

$$=2\left[\frac{1}{3}x^3\right]_{0}^{1}=\frac{2}{3}$$

▶ 6점 중 2점 얻음.

$\int_{0}^{1}\sqrt{x}\,dx$와 $\int_{0}^{1}x^2\,dx$의 값이 같지 않다. 두 함수 $y=x^2$, $y=\sqrt{x}$의
그래프를 그리고, 역함수의 그래프의 성질을 이용하여 넓이를 살펴봐
야 한다.

1786 답 (1) 1 (2) $\frac{3}{2}$ (3) $\frac{5}{6}$ (4) $\frac{2}{3}$

실제 답안 예시

두 점 P, Q의 속도가 같아지는 순간은
$3t=t^2+3t-1$, $t^2-1=0$
$(t+1)(t-1)=0$ $\therefore t=1$
따라서 $t=1$에서 두 점 P, Q의 속도가 같아지므로
두 점 사이의 거리는

$$\left|\int_{0}^{1}v_P(t)dt-\int_{0}^{1}v_Q(t)dt\right|$$

$$=\left|\int_{0}^{1}\{v_P(t)-v_Q(t)\}dt\right|$$

$$=\left|\int_{0}^{1}(t^2-1)dt\right|=\left|\left[\frac{1}{3}t^3-t\right]_{0}^{1}\right|=\frac{2}{3}$$

1787 답 1

STEP 1 두 점 P, Q의 속도가 같아지는 시각 구하기 [2점]

두 점 P, Q의 속도가 같아지는 시각은 $v_P(t)=v_Q(t)$에서
$t^2+5t=2t^2+3t-3$, $t^2-2t-3=0$
$(t+1)(t-3)=0$ $\therefore t=3\ (\because t>0)$

STEP 2 속도가 같아지는 순간 두 점 P, Q의 위치 각각 구하기 [4점]

시각 $t=3$에서 두 점 P, Q의 위치는 각각

$$-5+\int_{0}^{3}v_P(t)dt=-5+\int_{0}^{3}(t^2+5t)dt$$

$$=-5+\left[\frac{1}{3}t^3+\frac{5}{2}t^2\right]_{0}^{3}$$

$$=-5+\frac{63}{2}=\frac{53}{2} \qquad ······ ⓐ$$

$$3+\int_{0}^{3}v_Q(t)dt=3+\int_{0}^{3}(2t^2+3t-3)dt$$

$$=3+\left[\frac{2}{3}t^3+\frac{3}{2}t^2-3t\right]_{0}^{3}$$

$$=3+\frac{45}{2}=\frac{51}{2} \qquad ······ ⓐ$$

시각 $t=3$에서 두 점 P, Q 사이의 거리는

$$\left|\left\{-5+\int_0^3 v_{\mathrm P}(t)dt\right\}-\left\{3+\int_0^3 v_{\mathrm Q}(t)dt\right\}\right|$$

$$=\left|\frac{53}{2}-\frac{51}{2}\right|=1$$

부분점수표	
ⓐ 두 점 P, Q의 위치 중 한 개만 구한 경우	각 2점

1788 답 $\dfrac{64}{3}$

STEP 1 시각 t에서의 두 점 P, Q의 위치 구하기 [3점]

시각 t에서의 두 점 P, Q의 위치를 각각 $x_{\mathrm P}(t)$, $x_{\mathrm Q}(t)$라 하면

$$x_{\mathrm P}(t)=\int_0^t(-t^2+6t)dt$$

$$=\left[-\frac{1}{3}t^3+3t^2\right]_0^t$$

$$=-\frac{1}{3}t^3+3t^2 \qquad\cdots\cdots ⓐ$$

$$x_{\mathrm Q}(t)=\int_0^t(t^2-2t)dt$$

$$=\left[\frac{1}{3}t^3-t^2\right]_0^t$$

$$=\frac{1}{3}t^3-t^2 \qquad\cdots\cdots ⓐ$$

STEP 2 두 점 P, Q가 다시 만나는 시각 구하기 [3점]

두 점 P, Q가 만날 때의 위치는 서로 같으므로 $x_{\mathrm P}(t)=x_{\mathrm Q}(t)$에서

$$-\frac{1}{3}t^3+3t^2=\frac{1}{3}t^3-t^2$$

$$-\frac{2}{3}t^3+4t^2=0, \quad -\frac{2}{3}t^2(t-6)=0$$

$$\therefore t=6 \ (\because t>0)$$

STEP 3 시각 t에서의 두 점 P, Q 사이의 거리 구하기 [1점]

시각 t에서의 두 점 P, Q 사이의 거리는

$$|x_{\mathrm P}(t)-x_{\mathrm Q}(t)|=\left|\left(-\frac{1}{3}t^3+3t^2\right)-\left(\frac{1}{3}t^3-t^2\right)\right|$$

$$=\left|-\frac{2}{3}t^3+4t^2\right|$$

STEP 4 시각 t에서의 두 점 P, Q 사이의 거리의 최댓값 구하기 [3점]

$f(t)=-\dfrac{2}{3}t^3+4t^2$이라 하면

$$f'(t)=-2t^2+8t=-2t(t-4)$$

$f'(t)=0$인 t의 값은 $t=4 \ (\because t>0)$

$0<t\le 6$에서 함수 $f(t)$의 증가, 감소를 표로 나타내면 다음과 같다.

t	0	$\cdots$	4	$\cdots$	6
$f'(t)$		$+$	0	$-$	
$f(t)$		↗	$\dfrac{64}{3}$ 극대	↘	0

따라서 두 점 P, Q 사이의 거리 $|f(t)|$의 최댓값은

$$|f(4)|=\frac{64}{3}$$

→ $t=4$에서 극대이자 최대이다.

부분점수표	
ⓐ 두 점 P, Q의 위치 중 한 개만 구한 경우	각 1점

1 1789 답 ① 유형 1

출제의도 | 곡선과 x축으로 둘러싸인 도형의 넓이를 구할 수 있는지 확인한다.

> 방정식 $-x^2+x=0$의 실근이 $x=0$, $x=1$이니까 곡선 $y=-x^2+x$와 x축 사이의 넓이는 $\int_0^1|-x^2+x|\,dx$야.

곡선 $y=-x^2+x$와 x축의 교점의 x좌표는

$-x^2+x=0$에서

$-x(x-1)=0$

$\therefore x=0$ 또는 $x=1$

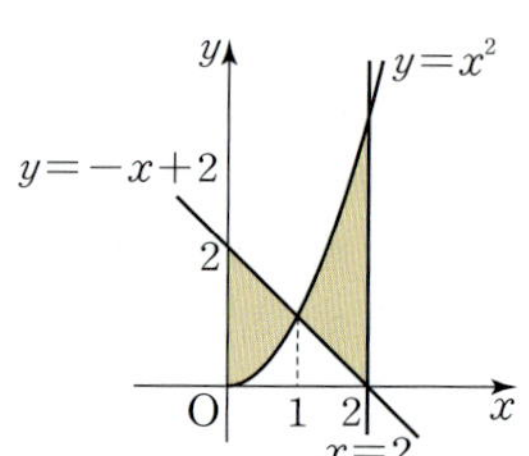

따라서 구하는 도형의 넓이는

$$\int_0^1|-x^2+x|\,dx=\int_0^1(-x^2+x)dx$$

$$=\left[-\frac{1}{3}x^3+\frac{1}{2}x^2\right]_0^1=\frac{1}{6}$$

2 1790 답 ③ 유형 4

출제의도 | 곡선과 직선으로 둘러싸인 도형의 넓이를 구할 수 있는지 확인한다.

> 구간 $[0, 2]$에서 직선과 곡선 중 어느 것이 위에 있는지 확인해 보자.

곡선 $y=x^2$과 직선 $y=-x+2$의 교점의 x좌표는 $x^2=-x+2$에서

$x^2+x-2=0$

$(x+2)(x-1)=0$

$\therefore x=1 \ (\because x\ge 0)$

따라서 구하는 도형의 넓이는

$$\int_0^2|x^2-(-x+2)|\,dx$$

$$=\int_0^1\{(-x+2)-x^2\}dx+\int_1^2(x^2+x-2)dx$$

$$=\left[-\frac{1}{3}x^3-\frac{1}{2}x^2+2x\right]_0^1+\left[\frac{1}{3}x^3+\frac{1}{2}x^2-2x\right]_1^2$$

$$=\frac{7}{6}+\frac{11}{6}=3$$

3 1791 답 ③ 유형 5

출제의도 | 두 곡선으로 둘러싸인 도형의 넓이를 구할 수 있는지 확인한다.

> 두 곡선의 교점의 x좌표가 $x=-1$, $x=3$이니까 두 곡선으로 둘러싸인 도형의 넓이는 $\int_{-1}^3|(x^2-1)-(-x^2+4x+5)|\,dx$야.

두 곡선 $y=x^2-1$, $y=-x^2+4x+5$의 교점의 x좌표는

$x^2-1=-x^2+4x+5$에서

$2x^2-4x-6=0$

$2(x+1)(x-3)=0$

$\therefore x=-1$ 또는 $x=3$

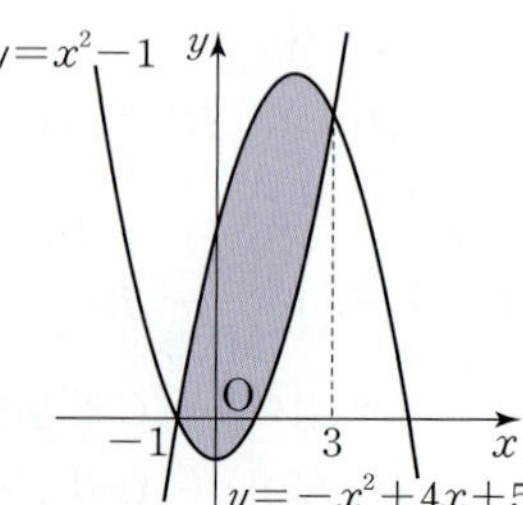

따라서 구하는 도형의 넓이는

$$\int_{-1}^{3}\{(-x^2+4x+5)-(x^2-1)\}dx=\int_{-1}^{3}(-2x^2+4x+6)dx$$
$$=\left[-\frac{2}{3}x^3+2x^2+6x\right]_{-1}^{3}$$
$$=\frac{64}{3}$$

4 1792 답 ④   유형 5 + 유형 6

출제의도 | 두 곡선으로 둘러싸인 도형의 넓이를 구할 수 있는지 확인한다.

> $|A-B|$의 값은 넓이를 직접 구하지 않아도 구할 수 있어.

두 곡선 $y=x^3$, $y=-x^3+2x^2+4x$의
교점의 x좌표는 $x^3=-x^3+2x^2+4x$
에서

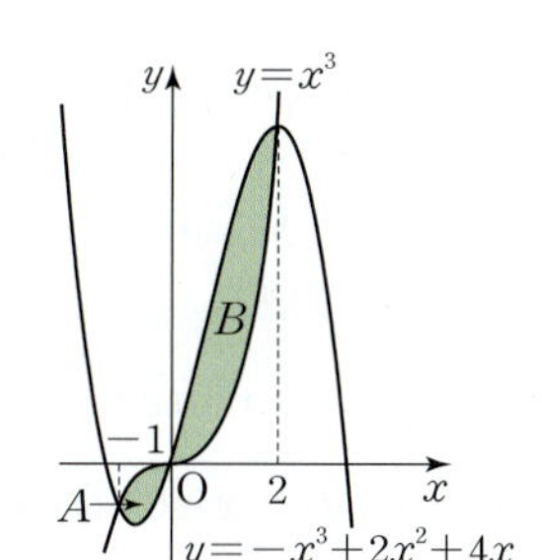

$2x^3-2x^2-4x=0$

$2x(x+1)(x-2)=0$

$\therefore x=-1$ 또는 $x=0$ 또는 $x=2$

$\therefore |A-B|$
$$=\left|\int_{-1}^{2}\{x^3-(-x^3+2x^2+4x)\}dx\right|$$
$$=\left|\int_{-1}^{2}(2x^3-2x^2-4x)dx\right|$$
$$=\left|\left[\frac{1}{2}x^4-\frac{2}{3}x^3-2x^2\right]_{-1}^{2}\right|$$
$$=\frac{9}{2}$$

참고 두 곡선으로 둘러싸인 도형의 넓이는 각각

$$\int_{-1}^{0}|2x^3-2x^2-4x|dx=\frac{5}{6}$$
$$\int_{0}^{2}|2x^3-2x^2-4x|dx=\frac{16}{3}$$

이므로 $|A-B|=\left|\frac{5}{6}-\frac{16}{3}\right|=\frac{9}{2}$

5 1793 답 ③   유형 14

출제의도 | 둘러싸인 두 도형의 넓이가 같을 조건을 아는지 확인한다.

> 곡선 $f(x)=x(x-\alpha)(x-\beta)$ $(\alpha<0<\beta)$와 x축으로 둘러싸인 두 도형의 넓이가 서로 같으면 $\int_{\alpha}^{\beta}f(x)dx=0$이야.

곡선 $y=x^3-(a+2)x^2+2ax$와 x축의 교점의 x좌표는

$x^3-(a+2)x^2+2ax=0$에서

$x(x-a)(x-2)=0$

$\therefore x=0$ 또는 $x=a$ 또는 $x=2$

$0<a<2$이고 두 도형의 넓이가 서로 같으므로

$$\int_{0}^{2}\{x^3-(a+2)x^2+2ax\}dx=0$$
$$\left[\frac{1}{4}x^4-\frac{a+2}{3}x^3+ax^2\right]_{0}^{2}=0$$
$$\frac{4}{3}a-\frac{4}{3}=0 \qquad \therefore a=1$$

6 1794 답 ②   유형 17

출제의도 | 정적분으로 정의된 함수의 최댓값과 최솟값을 구할 수 있는지 확인한다.

> $S(4)=\int_{0}^{4}f(t)dt=\int_{0}^{1}f(t)dt+\int_{1}^{4}f(t)dt$임을 이용해 보자.

닫힌구간 $[0,\ 4]$에서 $S(x)=\int_{0}^{x}f(t)dt$의 최댓값은

$$S(1)=\int_{0}^{1}f(t)dt=1$$

또, 최솟값은

$$S(4)=\int_{0}^{4}f(t)dt=\int_{0}^{1}f(t)dt+\int_{1}^{4}f(t)dt$$
$$=1+(-3)=-2$$

따라서 $M=1$, $m=-2$이므로

$M+m=1+(-2)=-1$

7 1795 답 ⑤   유형 22

출제의도 | 정적분을 활용하여 속도와 높이에 대한 문제를 해결할 수 있는지 확인한다.

> 최고 높이에 도달하면 물체의 속도는 0이야.

물체가 최고 높이에 도달할 때의 속도는 0이므로

$v(t)=0$에서 $-10t+20=0$ $\therefore t=2$

지면으로부터 25 m의 높이에서 쏘아 올렸으므로 $t=2$에서 물체의 지면으로부터의 높이는

$$25+\int_{0}^{2}(-10t+20)dt=25+\left[-5t^2+20t\right]_{0}^{2}$$
$$=25+20=45(\text{m})$$

따라서 물체의 최고 높이는 45 m이다.

8 1796 답 ③   유형 22

출제의도 | 정적분을 활용하여 속도와 거리에 대한 문제를 해결할 수 있는지 확인한다.

> 시각 t에서의 점 P의 위치는 $\int_{0}^{t}v(t)dt$야.

점 P의 시각 t에서의 위치는

$$\int_{0}^{t}v(t)dt=\int_{0}^{t}(3t^2-8t+3)dt$$
$$=\left[t^3-4t^2+3t\right]_{0}^{t}=t^3-4t^2+3t$$

점 P가 원점을 지나는 시각은 $t^3-4t^2+3t=0$에서

$t(t-1)(t-3)=0$

$\therefore t=1$ 또는 $t=3$ $(\because t>0)$

따라서 점 P가 마지막으로 원점을 지나는 시각은 $t=3$이다.

9 1797 답 ②   유형 23

출제의도 | 정적분을 활용하여 속도와 거리에 대한 문제를 해결할 수 있는지 확인한다.

속도가 $v(t)$일 때, 점 P가 $t=0$에서 $t=4$까지 움직인 거리는
$\int_0^4 |v(t)|dt$야.

$v(t)=\dfrac{3}{2}t^2+t$이므로 $t=0$에서 $t=4$까지 점 P가 움직인 거리는

$$\int_0^4 \left|\frac{3}{2}t^2+t\right|dt=\int_0^4 \left(\frac{3}{2}t^2+t\right)dt$$
$$=\left[\frac{1}{2}t^3+\frac{1}{2}t^2\right]_0^4$$
$$=40$$

10   1798   답 ②   유형 2

출제의도 | 절댓값 기호를 포함한 함수의 그래프와 x축 사이의 넓이를 구할 수 있는지 확인한다.

함수 $y=f(x)$의 그래프를 먼저 그려 보자.

함수 $f(x)=x(x+1)(x-1)$의 그래프와 x축의 교점의 x좌표는 $x(x+1)(x-1)=0$에서
$x=-1$ 또는 $x=0$ 또는 $x=1$
함수 $y=f(|x|)$의 그래프는 함수 $y=f(x)$의 그래프에서 $x\geq0$인 부분을 y축에 대하여 대칭이동한 것이므로 그림과 같다.

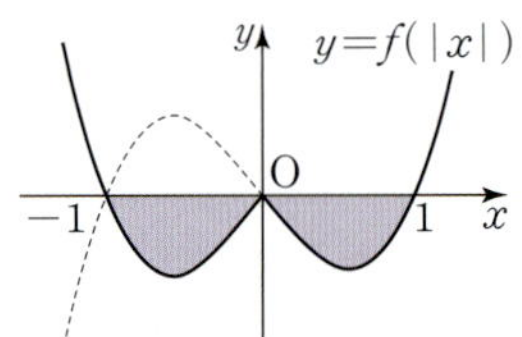

따라서 구하는 도형의 넓이는

$$2\int_0^1 |x(x+1)(x-1)|dx=2\int_0^1 (-x^3+x)dx$$
$$=2\left[-\frac{1}{4}x^4+\frac{1}{2}x^2\right]_0^1$$
$$=2\times\frac{1}{4}=\frac{1}{2}$$

11   1799   답 ①   유형 14

출제의도 | 둘러싸인 두 도형의 넓이가 같을 조건을 아는지 확인한다.

곡선 $y=x^2-2x+a=(x-1)^2+a-1$은 직선 $x=1$에 대하여 대칭임을 이용해 보자.

$y=x^2-2x+a=(x-1)^2+a-1$
이므로 곡선 $y=x^2-2x+a$는 직선 $x=1$에 대하여 대칭이다.
이때 $A:B=2:1$이므로 그림에서 빗금 친 도형의 넓이는 B와 같다.
따라서 구간 $[1,\ 2]$에서 곡선
$y=x^2-2x+a$와 x축 및 두 직선 $x=1$, $x=2$로 둘러싸인 두 도형의 넓이가 서로 같으므로

$$\int_1^2 (x^2-2x+a)dx=0$$
$$\left[\frac{1}{3}x^3-x^2+ax\right]_1^2=0,\ \left(2a-\frac{4}{3}\right)-\left(a-\frac{2}{3}\right)=0$$
$$a-\frac{2}{3}=0$$
$$\therefore a=\frac{2}{3}$$

12   1800   답 ③   유형 15

출제의도 | 도형의 넓이를 이등분할 조건을 아는지 확인한다.

곡선과 y축 및 직선 $y=1$로 둘러싸인 도형의 넓이를 각각 구해 보자.

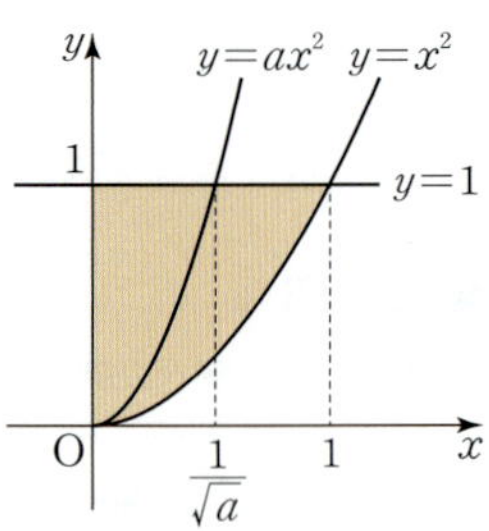

곡선 $y=x^2\ (x\geq0)$과 직선 $y=1$의 교점의 x좌표는 $x^2=1$에서
$x^2-1=0$, $(x+1)(x-1)=0$
$\therefore x=1\ (\because x\geq0)$
곡선 $y=ax^2\ (x\geq0)$과 직선 $y=1$의 교점의 x좌표는 $ax^2=1$에서
$ax^2-1=0$, $a\left(x^2-\dfrac{1}{a}\right)=0$
$\therefore x=\dfrac{1}{\sqrt{a}}\ (\because x\geq0)$
곡선 $y=x^2\ (x\geq0)$과 y축 및 직선 $y=1$로 둘러싸인 도형의 넓이를 S_1이라 하면

$$S_1=\int_0^1 (1-x^2)dx=\left[x-\frac{1}{3}x^3\right]_0^1=\frac{2}{3}$$

곡선 $y=ax^2\ (x\geq0)$과 y축 및 직선 $y=1$로 둘러싸인 도형의 넓이를 S_2라 하면

$$S_2=\int_0^{\frac{1}{\sqrt{a}}} (1-ax^2)dx=\left[x-\frac{a}{3}x^3\right]_0^{\frac{1}{\sqrt{a}}}=\frac{2}{3\sqrt{a}}$$

이때 $S_1=2S_2$이므로

$$\frac{2}{3}=2\times\frac{2}{3\sqrt{a}},\ \sqrt{a}=2$$
$$\therefore a=4$$

13   1801   답 ②   유형 20

출제의도 | 역함수의 그래프를 활용하여 도형의 넓이를 구할 수 있는지 확인한다.

두 곡선 $y=f(x)$, $y=g(x)$는 직선 $y=x$에 대하여 대칭이야.

함수 $f(x)=x^3+2$의 역함수가 $g(x)$이므로 두 곡선 $y=f(x)$, $y=g(x)$는 직선 $y=x$에 대하여 대칭이다.
즉, 그림에서
$(A$의 넓이$)=(B$의 넓이$)$이므로

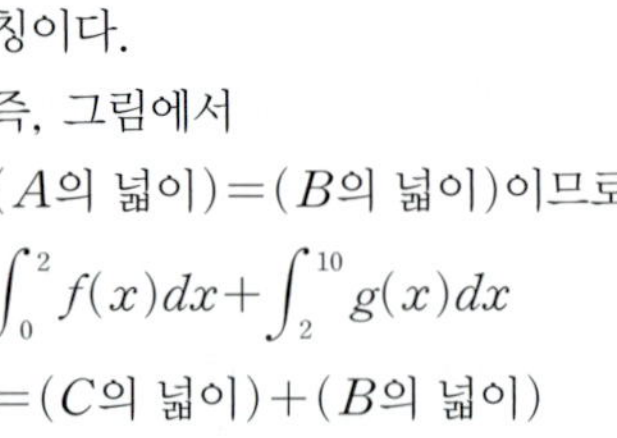

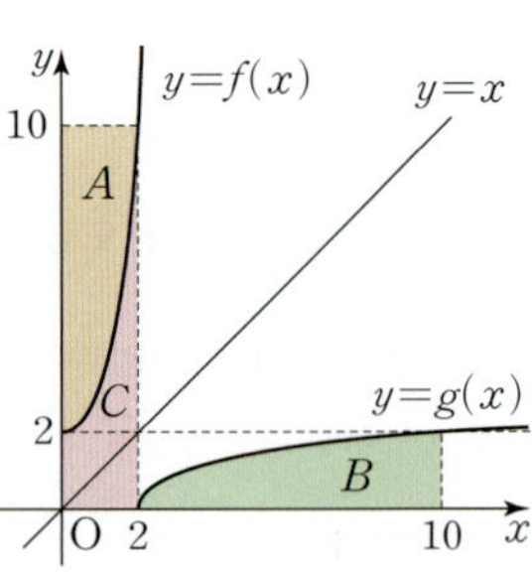

$$\int_0^2 f(x)dx+\int_2^{10} g(x)dx$$
$$=(C\text{의 넓이})+(B\text{의 넓이})$$
$$=(C\text{의 넓이})+(A\text{의 넓이})$$
$$=2\times10=20$$

14   1802   답 ③   유형 24

출제의도 | 속도를 나타낸 그래프에서 위치를 알 수 있는지 확인한다.

속도 $v(t)$의 그래프에서 $\int_0^t v(t)dt$는 점 P의 위치, $\int_0^t |v(t)|dt$는 점 P가 이동한 거리를 나타내.

$v(t)$의 그래프에서

$$\int_0^2 v(t)dt=\frac{1}{2}\times2\times1=1$$

$$\int_2^3 v(t)dt=0$$

$$\int_3^5 v(t)dt=-\left(\frac{1}{2}\times2\times1\right)=-1$$

$$\int_5^6 v(t)dt=0$$

ㄱ. $\int_0^5 v(t)dt=1+0+(-1)=0$이므로 점 P는 출발하고 나서 5초 후 원점에 위치한다. (참) → 점 P는 원점에서 출발했다.

ㄴ. $t=2$에서 $t=3$까지, $t=5$에서 $t=6$까지 점 P의 속도가 0이므로 2초 동안 정지해 있었다. (참)

ㄷ. $0<t<2$에서 $v(t)>0$이고, $3<t<5$에서 $v(t)<0$이므로 점 P는 운동 방향을 한 번 바꿨다. (거짓)

따라서 옳은 것은 ㄱ, ㄴ이다.

15 1803 답 ④ 유형 25

출제의도 | 정적분을 활용하여 속도와 거리에 대한 문제를 해결할 수 있는지 확인한다.

> 두 물체의 속도가 같다면 $v_A(t)=v_B(t)$인 t를 구해야 해.

두 점 A, B의 속도가 같아지는 시각은 $t^2+2t-3=2t+1$에서

$t^2-4=0$, $(t+2)(t-2)=0$

$\therefore t=2$ $(\because t>0)$

$t=2$에서 두 점 A, B의 위치는

$$\int_0^2 v_A(t)dt=\int_0^2 (t^2+2t-3)dt$$
$$=\left[\frac{1}{3}t^3+t^2-3t\right]_0^2$$
$$=\frac{2}{3}$$

$$\int_0^2 v_B(t)dt=\int_0^2 (2t+1)dt$$
$$=\left[t^2+t\right]_0^2=6$$

따라서 속도가 같아지는 순간 두 점 A, B 사이의 거리는

$$\left|\frac{2}{3}-6\right|=\frac{16}{3}$$

16 1804 답 ③ 유형 3

출제의도 | 정적분의 성질을 활용하여 곡선과 x축으로 둘러싸인 도형의 넓이를 구할 수 있는지 확인한다.

> $\int_0^7 f(x)dx=\int_0^1 f(x)dx+\int_1^7 f(x)dx$야.

$f(x)$는 최고차항의 계수가 1이고 $f(1)=0$인 이차함수이므로

$f(x)=(x-a)(x-1)$ (a는 상수)라 하자.

$\int_0^7 f(x)dx=\int_0^1 f(x)dx+\int_1^7 f(x)dx=\int_1^7 f(x)dx$에서

$$\int_0^1 f(x)dx=0$$

즉, $\int_0^1 \{x^2-(a+1)x+a\}dx=0$이므로

$$\left[\frac{1}{3}x^3-\frac{a+1}{2}x^2+ax\right]_0^1=0$$

$$\frac{1}{3}-\frac{a+1}{2}+a=0$$

$$\frac{a}{2}=\frac{1}{6}\qquad \therefore a=\frac{1}{3}$$

$$\therefore f(x)=\left(x-\frac{1}{3}\right)(x-1)=x^2-\frac{4}{3}x+\frac{1}{3}$$

곡선 $y=f(x)$와 x축으로 둘러싸인 도형의 넓이는

$$\int_{\frac{1}{3}}^1 \left(-x^2+\frac{4}{3}x-\frac{1}{3}\right)dx$$
$$=\left[-\frac{1}{3}x^3+\frac{2}{3}x^2-\frac{1}{3}x\right]_{\frac{1}{3}}^1$$
$$=\frac{4}{81}$$

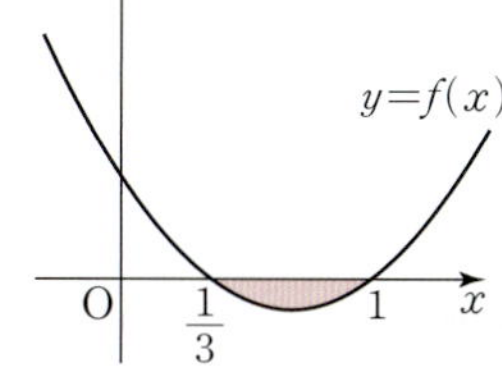

17 1805 답 ② 유형 7

출제의도 | 곡선과 접선으로 둘러싸인 도형의 넓이를 구할 수 있는지 확인한다.

> 두 함수 $f(x)=x^2+1$, $g(x)=a|x|$의 그래프가 두 점에서 접하므로 방정식 $x^2+1=a|x|$가 서로 다른 두 실근을 가진다.

두 함수 $f(x)=x^2+1$, $g(x)=a|x|$의 그래프가 두 점에서 접하므로 방정식 $x^2+1=a|x|$가 서로 다른 두 실근을 가진다.

이때 두 함수 $y=f(x)$, $y=g(x)$의 그래프는 모두 y축에 대하여 대칭이므로 $x>0$에서 방정식 $x^2+1=a|x|$가 중근을 가진다.

이차방정식 $x^2+1=ax$, 즉 $x^2-ax+1=0$의 판별식을 D라 하면 $D=0$에서

$a^2-4=0$, $(a+2)(a-2)=0$

$\therefore a=2$ $(\because a>0)$ → $g(x)$의 그래프가 y축에 대하여 대칭이므로 $x<0$에서 $g(x)=-2x$이다.

즉, $x>0$에서 $g(x)=2x$

$x>0$에서 두 함수 $y=f(x)$, $y=g(x)$의 그래프의 교점의 x좌표는 $x^2+1=2x$에서

$x^2-2x+1=0$, $(x-1)^2=0$

$\therefore x=1$

따라서 구하는 도형의 넓이는 → $g(x)$의 그래프가 y축에 대하여 대칭이므로 $x<0$에서 두 그래프의 교점의 x좌표는 -1이다.

$$\int_{-1}^0 \{(x^2+1)-(-2x)\}dx+\int_0^1 \{(x^2+1)-2x\}dx$$
$$=2\int_0^1 (x^2-2x+1)dx$$
$$=2\left[\frac{1}{3}x^3-x^2+x\right]_0^1$$
$$=2\times\frac{1}{3}=\frac{2}{3}$$

18 1806 답 ③ 유형 18

출제의도 | 주기함수의 성질을 이용하여 정적분의 값을 구할 수 있는지 확인한다.

> $f(-x)=f(x)$이면 함수 $y=f(x)$의 그래프는 y축에 대하여 대칭이고, $f(x)=f(x+2)$이면 함수 $y=f(x)$의 그래프는 반복돼.

$$\int_{-10}^{10}(x^3-x+2)f(x)dx$$

$$=\int_{-10}^{10}x^3f(x)dx-\int_{-10}^{10}xf(x)dx+\int_{-10}^{10}2f(x)dx$$

$$=0-0+2\int_{-10}^{10}f(x)dx\ (\because \text{㉮})\qquad\longrightarrow\ (\text{기함수})\times(\text{우함수})=(\text{기함수})$$

$$=2\times2\int_{0}^{10}f(x)dx$$

$$=2\times2\left\{5\times\int_{0}^{2}f(x)dx\right\}\ (\because \text{㉯})$$

$$=2\times2\times5\times2\ (\because \text{㉰})$$

$$=40$$

19 1807 답 ①   유형 21

출제의도 | 역함수의 그래프를 활용하여 도형의 넓이를 구할 수 있는지 확인한다.

> 두 곡선 $y=f(x)$, $y=g(x)$는 직선 $y=x$에 대칭이야.

함수 $f(x)$의 역함수가 $g(x)$이므로 두 곡선 $y=f(x)$, $y=g(x)$는 직선 $y=x$에 대하여 대칭이다.
두 곡선 $y=f(x)$, $y=g(x)$의 교점의 x좌표는 곡선 $y=f(x)$와 직선 $y=x$의 교점의 x좌표와 같으므로

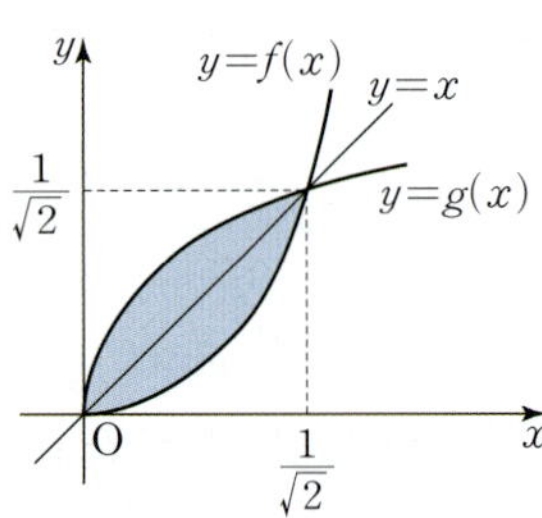

$x^3+\dfrac{1}{2}x=x$에서

$$x^3-\dfrac{1}{2}x=0,\ x\left(x+\dfrac{1}{\sqrt{2}}\right)\left(x-\dfrac{1}{\sqrt{2}}\right)=0$$

$$\therefore x=0 \text{ 또는 } x=\dfrac{1}{\sqrt{2}}\ (\because x\geq0)$$

두 곡선 $y=f(x)$, $y=g(x)$로 둘러싸인 도형의 넓이는 곡선 $y=f(x)$와 직선 $y=x$로 둘러싸인 도형의 넓이의 2배와 같으므로 구하는 도형의 넓이는

$$2\int_{0}^{\frac{1}{\sqrt{2}}}\left\{x-\left(x^3+\dfrac{1}{2}x\right)\right\}dx=2\int_{0}^{\frac{1}{\sqrt{2}}}\left(-x^3+\dfrac{1}{2}x\right)dx$$

$$=2\left[-\dfrac{1}{4}x^4+\dfrac{1}{4}x^2\right]_{0}^{\frac{1}{\sqrt{2}}}$$

$$=2\times\dfrac{1}{16}=\dfrac{1}{8}$$

20 1808 답 ①   유형 2 + 유형 3

출제의도 | 주어진 조건을 만족시키는 함수를 결정하고 도형의 넓이를 활용하여 정적분 값을 구할 수 있는지 확인한다.

> a의 위치를 알 수 없으니 a의 값의 범위를 나누어야 해.

$$f(x)=\begin{cases}(x-1)(x-a) & (x\geq a)\\ -(x-1)(x-a) & (x<a)\end{cases}\ \text{이므로}$$

함수 $y=f(x)$의 그래프는 a의 값에 따라 다음과 같다.

(i) $a<1$일 때
극댓값은 $f(a)$이다.
그런데 $f(a)=0$이므로 극댓값이 1이라는 조건에 모순이다.

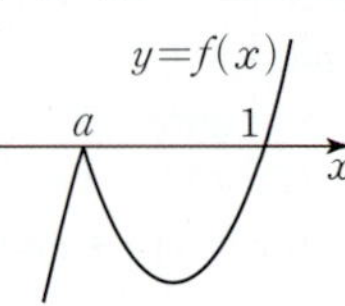

(ii) $a=1$일 때
극댓값이 존재하지 않으므로 조건에 모순이다.

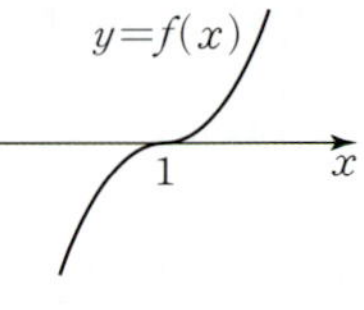

(iii) $a>1$일 때
극댓값은 $f\left(\dfrac{a+1}{2}\right)$이다.
함수 $f(x)$의 극댓값이 1이므로

$f\left(\dfrac{a+1}{2}\right)=1$에서

$$-\left(\dfrac{a+1}{2}-1\right)\left(\dfrac{a+1}{2}-a\right)=1$$

$$\dfrac{(a-1)^2}{4}=1$$

$$(a-1)^2=4$$

$$\therefore a=3\ (\because a>1)$$

(i), (ii), (iii)에서 함수
$f(x)=(x-1)|x-3|$의 그래프에서
S_1의 넓이와 S_2의 넓이가 같으므로

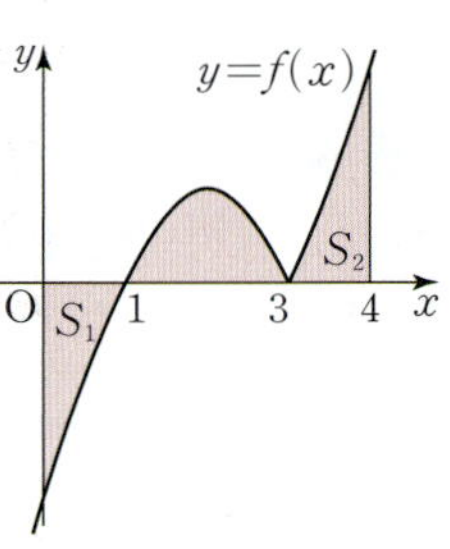

$$\int_{0}^{4}f(x)dx$$

$$=\int_{1}^{3}f(x)dx$$

$$=\int_{1}^{3}\{-(x-1)(x-3)\}dx$$

$$=\int_{1}^{3}(-x^2+4x-3)dx$$

$$=\left[-\dfrac{1}{3}x^3+2x^2-3x\right]_{1}^{3}$$

$$=\dfrac{4}{3}$$

21 1809 답 ③   유형 14

출제의도 | 두 도형의 넓이가 같을 조건을 이용하여 미정계수를 구할 수 있는지 확인한다.

> k의 값의 범위를 나누어서 생각해 보자.

곡선 $y=x(x-k)(x-2)$와 x축의 교점의 x좌표는 0, k, 2이다.
(i) $k<0$인 경우

$$\int_{k}^{2}x(x-k)(x-2)dx=0\text{에서}$$

$$\int_{k}^{2}\{x^3-(k+2)x^2+2kx\}dx$$

$$=\left[\dfrac{1}{4}x^4-\dfrac{k+2}{3}x^3+kx^2\right]_{k}^{2}$$

$$=4-\dfrac{8}{3}k-\dfrac{16}{3}+4k-\left(\dfrac{1}{4}k^4-\dfrac{1}{3}k^4-\dfrac{2}{3}k^3+k^3\right)$$

$$=\dfrac{1}{12}k^4-\dfrac{1}{3}k^3+\dfrac{4}{3}k-\dfrac{4}{3}$$

$$=\dfrac{1}{12}(k-2)^3(k+2)$$

즉, $\dfrac{1}{12}(k-2)^3(k+2)=0$이므로

$$k=-2\ (\because k<0)$$

(ii) $0<k<2$인 경우

$$\int_0^2 x(x-k)(x-2)dx=0에서$$

$$\int_0^2 \{x^3-(k+2)x^2+2kx\}dx$$

$$=\left[\frac{1}{4}x^4-\frac{k+2}{3}x^3+kx^2\right]_0^2$$

$$=4-\frac{8}{3}k-\frac{16}{3}+4k$$

$$=\frac{4}{3}k-\frac{4}{3}$$

즉, $\frac{4}{3}k-\frac{4}{3}=0$이므로

$$k=1$$

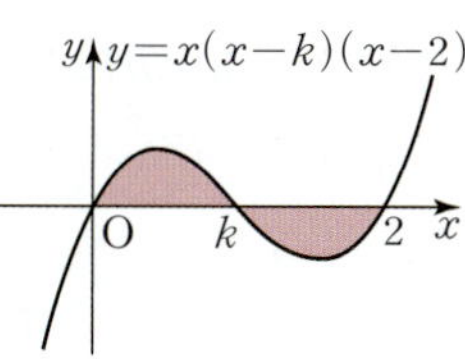

(iii) $k>2$인 경우

$$\int_0^k x(x-2)(x-k)dx=0에서$$

$$\int_0^k \{x^3-(k+2)x^2+2kx\}dx$$

$$=\left[\frac{1}{4}x^4-\frac{k+2}{3}x^3+kx^2\right]_0^k$$

$$=\frac{1}{4}k^4-\frac{1}{3}k^4-\frac{2}{3}k^3+k^3$$

$$=-\frac{1}{12}k^4+\frac{1}{3}k^3$$

$$=-\frac{1}{12}k^3(k-4)$$

즉, $-\frac{1}{12}k^3(k-4)=0$이므로

$$k=4 \ (\because \ k>2)$$

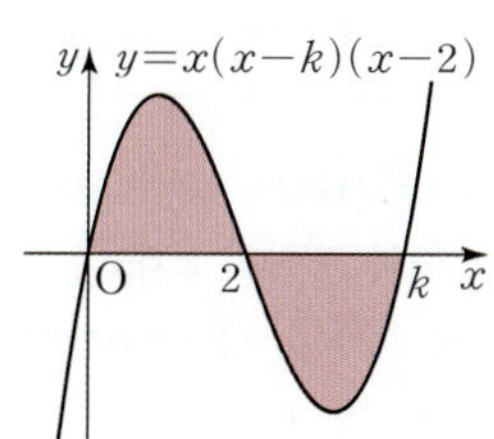

(i), (ii), (iii)에서 모든 상수 k의 값의 합은

$$-2+1+4=3$$

22 1810 답 $\frac{8}{3}$ 유형 7

출제의도 | 곡선과 접선으로 둘러싸인 도형의 넓이를 구할 수 있는지 확인한다.

STEP 1 접선의 방정식 구하기 [2점]

$f(x)=\frac{1}{2}x^2$이라 하면 $f'(x)=x$

곡선 $y=f(x)$ 위의 점 $(4, 8)$에서의 접선의 기울기는 $f'(4)=4$이므로 접선의 방정식은

$$y-8=4(x-4) \quad \therefore \ y=4x-8$$

STEP 2 곡선과 접선 및 x축으로 둘러싸인 도형 그리기 [2점]

직선 $y=4x-8$과 x축의 교점의 x좌표는 2이다.

구하는 도형의 넓이는 그림에서 색칠한 부분과 같다.

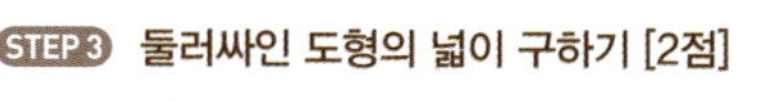
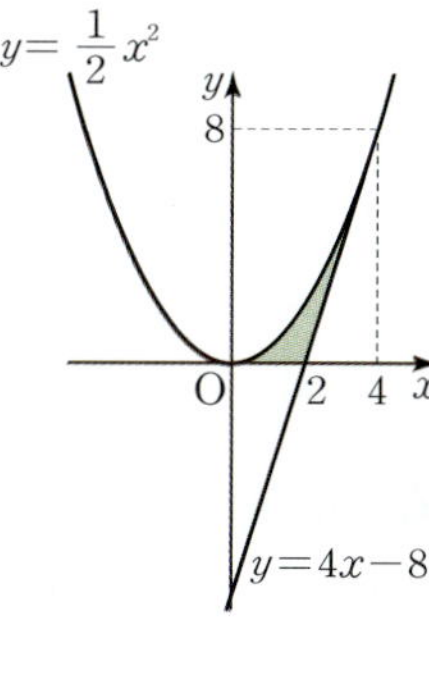

STEP 3 둘러싸인 도형의 넓이 구하기 [2점]

구하는 도형의 넓이는

$$\int_0^4 \frac{1}{2}x^2dx-\frac{1}{2}\times 2\times 8=\left[\frac{1}{6}x^3\right]_0^4-8$$

$$=\frac{32}{3}-8$$

$$=\frac{8}{3}$$

23 1811 답 $\frac{3}{5}$ 유형 14

출제의도 | 두 도형의 넓이가 서로 같을 조건을 이용하여 미정계수를 구할 수 있는지 확인한다.

STEP 1 곡선의 개형 파악하기 [2점]

$0<a<b$이므로

곡선 $y=x^2(x-a)(x-b)$의 개형은 그림과 같다.

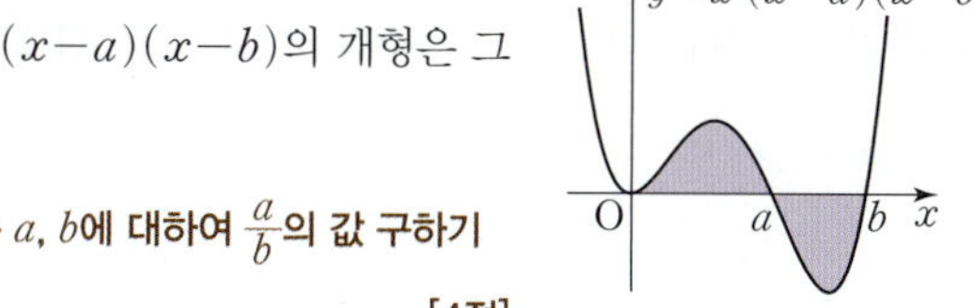

STEP 2 상수 a, b에 대하여 $\frac{a}{b}$의 값 구하기 [4점]

곡선과 x축으로 둘러싸인 두 도형의 넓이가 서로 같으므로

$$\int_0^b x^2(x-a)(x-b)dx=0$$

$$\int_0^b \{x^4-(a+b)x^3+abx^2\}dx=0$$

$$\left[\frac{1}{5}x^5-\frac{a+b}{4}x^4+\frac{ab}{3}x^3\right]_0^b=0$$

$$\frac{1}{5}b^5-\frac{a}{4}b^4-\frac{1}{4}b^5+\frac{a}{3}b^4=0$$

위 식의 양변에 $\frac{60}{b^4}$을 곱하여 정리하면

$$12b-15a-15b+20a=0, \ 5a-3b=0$$

따라서 $a=\frac{3}{5}b$이므로 $\frac{a}{b}=\frac{3}{5}$

24 1812 답 36 유형 25

출제의도 | 정적분을 활용하여 수직선 위의 점이 움직인 거리를 구할 수 있는지 확인한다.

STEP 1 두 점 P, Q가 같은 방향으로 움직이는 시간 구하기 [3점]

두 점 P, Q가 서로 같은 방향으로 움직이면 속도의 부호가 같아야 하므로 $v_P(t)v_Q(t)>0$에서

$$(3t^2-12t)(-3t^2+6t)>0, \ 9t^2(t-4)(-t+2)>0$$

$$(t-4)(t-2)<0$$

$$\therefore \ 2<t<4$$

STEP 2 두 점 P, Q가 서로 같은 방향으로 움직인 거리의 합 구하기 [4점]

두 점 P, Q가 서로 같은 방향으로 움직이는 동안 움직인 거리의 합은

$$\int_2^4 |v_P(t)|dt+\int_2^4 |v_Q(t)|dt$$

$$=\int_2^4 (-3t^2+12t)dt+\int_2^4 (3t^2-6t)dt$$

($2<t<4$에서 $v_Q(t)=-3t^2+6t<0$)

($2<t<4$에서 $v_P(t)=3t^2-12t<0$)

$$=\int_2^4 6t \, dt$$

$$=\left[3t^2\right]_2^4=36$$

25 1813 답 $\frac{5}{3}-\frac{\pi}{2}$ 유형 7

출제의도 | 곡선과 접선 사이의 넓이를 구할 수 있는지 확인한다.

STEP 1 원 C의 반지름의 길이 구하기 [5점]

원 C와 곡선 $y=\frac{1}{2}x^2$은 y축에 대하여 대칭이므로 원과 곡선의 교점의 좌표를 각각 $P\left(\alpha, \frac{1}{2}\alpha^2\right)$, $Q\left(-\alpha, \frac{1}{2}\alpha^2\right)(\alpha>0)$이라 하자.

$f(x)=\dfrac{1}{2}x^2$이라 하면 $f'(x)=x$

곡선 $y=\dfrac{1}{2}x^2$ 위의 점 P에서의 접

선의 기울기는 $f'(\alpha)=\alpha$이고, 점

P에서의 접선은 원 C의 중심

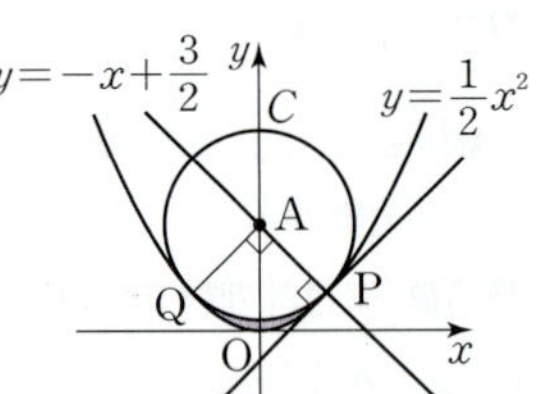

$A\left(0,\dfrac{3}{2}\right)$을 지나는 직선 AP와 수직이므로 직선 AP의 기울기가

$-\dfrac{1}{\alpha}$이다. 즉,

$$\dfrac{\dfrac{1}{2}\alpha^2-\dfrac{3}{2}}{\alpha-0}=-\dfrac{1}{\alpha}, \ \dfrac{1}{2}\alpha^2-\dfrac{3}{2}=-1$$

$\alpha^2=1 \qquad \therefore \alpha=1 \ (\because \alpha>0)$

즉, $P\left(1,\dfrac{1}{2}\right)$이므로 직선 AP의 방정식은

$$y=-x+\dfrac{3}{2}$$

따라서 원 C의 반지름의 길이는

$$\overline{AP}=\sqrt{(1-0)^2+\left(\dfrac{1}{2}-\dfrac{3}{2}\right)^2}=\sqrt{2}$$

STEP 2 원 C와 곡선 $y=\dfrac{1}{2}x^2$으로 둘러싸인 도형의 넓이 구하기 [3점]

$\angle PAQ=90°$이므로 구하는 도형의 넓이는

$$2\int_0^1\left\{\left(-x+\dfrac{3}{2}\right)-\dfrac{1}{2}x^2\right\}dx-\dfrac{1}{4}\times\pi\times(\sqrt{2})^2$$
$$=2\int_0^1\left(-\dfrac{1}{2}x^2-x+\dfrac{3}{2}\right)dx-\dfrac{\pi}{2}$$
$$=2\left[-\dfrac{1}{6}x^3-\dfrac{1}{2}x^2+\dfrac{3}{2}x\right]_0^1-\dfrac{\pi}{2}$$
$$=2\times\dfrac{5}{6}-\dfrac{\pi}{2}=\dfrac{5}{3}-\dfrac{\pi}{2}$$

실수 Check

원의 방정식 $x^2+\left(y-\dfrac{3}{2}\right)^2=2$를 알더라도 원의 방정식을 가지고는 정적분으로 넓이를 구할 수 없으므로 사분원의 넓이를 이용하자.

 **실전 마무리**하기 **2회** 387쪽~391쪽

1 1814 답 ① 유형 1

출제의도 | 곡선과 x축으로 둘러싸인 도형의 넓이 조건을 이용하여 미정계수를 구할 수 있는지 확인한다.

곡선과 x축으로 둘러싸인 도형의 넓이를 식으로 나타내 봐.

곡선 $y=x^2-ax$와 x축의 교점의 x좌표는

$x^2-ax=0$에서

$x(x-a)=0$

$\therefore x=0$ 또는 $x=a$

곡선 $y=x^2-ax$와 x축으로 둘러싸인

도형의 넓이는

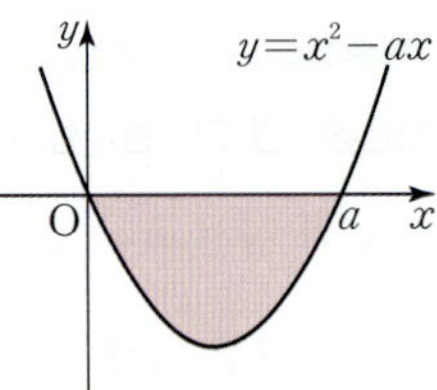

$$\int_0^a(-x^2+ax)dx=\left[-\dfrac{1}{3}x^3+\dfrac{1}{2}ax^2\right]_0^a$$
$$=-\dfrac{1}{3}a^3+\dfrac{1}{2}a^3$$
$$=\dfrac{1}{6}a^3$$

즉, $\dfrac{1}{6}a^3=\dfrac{1}{6}$이므로 $a=1$

2 1815 답 ⑤ 유형 2

출제의도 | 절댓값 기호를 포함한 함수의 그래프와 x축 사이의 넓이를 구할 수 있는지 확인한다.

함수 $y=|f(x)|$의 그래프는 함수 $y=f(x)$의 그래프에서 $y\leq0$인 부분을 x축에 대하여 대칭이동하여 그려 보자.

함수 $f(x)=(x+2)(x-3)$의 그래프와

x축의 교점의 x좌표는

$(x+2)(x-3)=0$에서

$x=-2$ 또는 $x=3$

함수 $y=f(x)$의 그래프를 이용하여 함수

$y=|f(x)|$의 그래프를 그리면 그림과

같다.

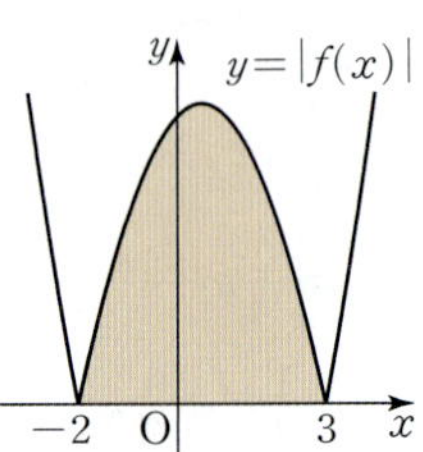

따라서 구하는 도형의 넓이는

$$\int_{-2}^{3}|(x+2)(x-3)|dx=\int_{-2}^{3}(-x^2+x+6)dx$$
$$=\left[-\dfrac{1}{3}x^3+\dfrac{1}{2}x^2+6x\right]_{-2}^{3}$$
$$=\dfrac{125}{6}$$

3 1816 답 ① 유형 4

출제의도 | 곡선과 직선으로 둘러싸인 도형의 넓이를 구할 수 있는지 확인한다.

곡선과 직선의 교점의 x좌표가 $x=0$, $x=1$이면 곡선과 직선으로 둘러싸인 도형의 넓이는 $\int_0^1|(-2x^2+3x)-x|dx$야.

곡선 $y=-2x^2+3x$와 직선 $y=x$의 교

점의 x좌표는 $-2x^2+3x=x$에서

$2x^2-2x=0, \ 2x(x-1)=0$

$\therefore x=0$ 또는 $x=1$

따라서 구하는 도형의 넓이는

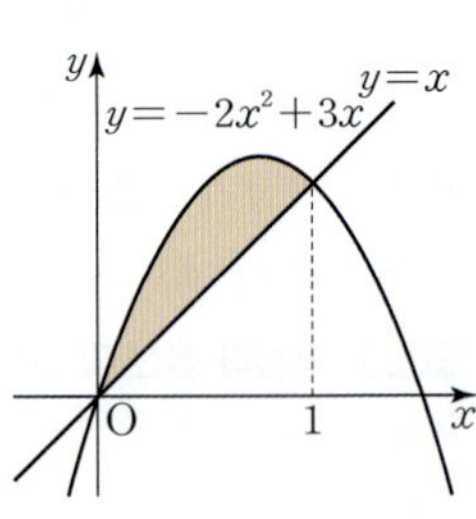

$$\int_0^1(-2x^2+3x-x)dx$$
$$=\int_0^1(-2x^2+2x)dx$$
$$=\left[-\dfrac{2}{3}x^3+x^2\right]_0^1=\dfrac{1}{3}$$

4 1817 답 ④ 유형 5

출제의도 | 두 곡선으로 둘러싸인 도형의 넓이를 구할 수 있는지 확인한다.

두 곡선의 교점의 x좌표가 $x=-1$, $x=2$이면 두 곡선으로 둘러싸인 도형의 넓이는 $\int_{-1}^{2}|(-x^2+2x+3)-(x^2-1)|dx$야.

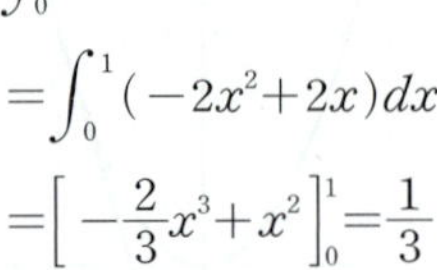

두 곡선 $y=x^2-1$, $y=-x^2+2x+3$의
교점의 x좌표는 $x^2-1=-x^2+2x+3$
에서
$2x^2-2x-4=0$, $2(x+1)(x-2)=0$
$\therefore x=-1$ 또는 $x=2$
따라서 구하는 도형의 넓이는

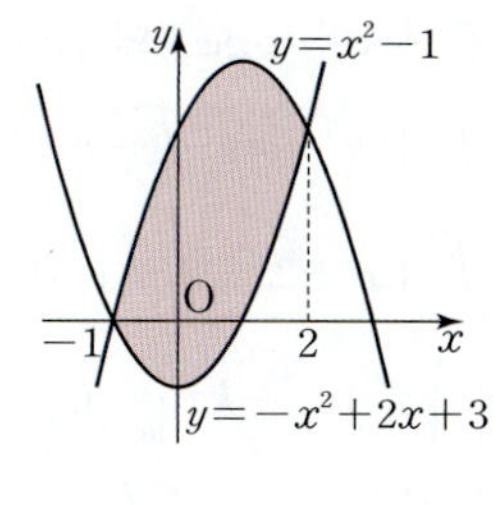

$$\int_{-1}^{2}\{(-x^2+2x+3)-(x^2-1)\}dx$$

$$=\int_{-1}^{2}(-2x^2+2x+4)dx$$

$$=\left[-\frac{2}{3}x^3+x^2+4x\right]_{-1}^{2}=9$$

5 1818 답 ④   유형 7

출제의도 | 곡선과 접선으로 둘러싸인 도형의 넓이를 구할 수 있는지 확인
한다.

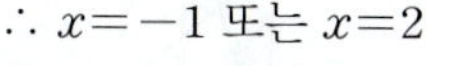

$f(x)=x^3$이라 하면 $f'(x)=3x^2$
곡선 $y=f(x)$ 위의 점 $(1,\ 1)$에서의 접선의 기울기는 $f'(1)=3$
이므로 접선의 방정식은
$y-1=3(x-1)$ $\quad\therefore y=3x-2$
곡선 $y=x^3$과 직선 $y=3x-2$의 교점의
x좌표는 $x^3=3x-2$에서
$x^3-3x+2=0$, $(x+2)(x-1)^2=0$
$\therefore x=-2$ 또는 $x=1$
따라서 구하는 도형의 넓이는

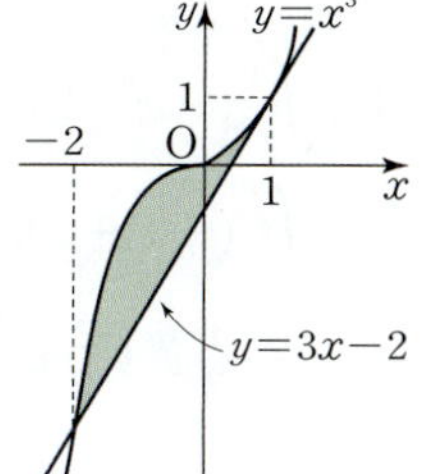

$$\int_{-2}^{1}\{x^3-(3x-2)\}dx$$

$$=\int_{-2}^{1}(x^3-3x+2)dx$$

$$=\left[\frac{1}{4}x^4-\frac{3}{2}x^2+2x\right]_{-2}^{1}=\frac{27}{4}$$

6 1819 답 ①   유형 14

출제의도 | 곡선과 직선으로 둘러싸인 도형의 넓이 조건을 이용하여 미정계
수를 구할 수 있는지 확인한다.

곡선 $y=x(x+1)(x-a)\ (a>0)$와 x축의 교점의 x좌표는
$x(x+1)(x-a)=0$에서
$x=-1$ 또는 $x=0$ 또는 $x=a$

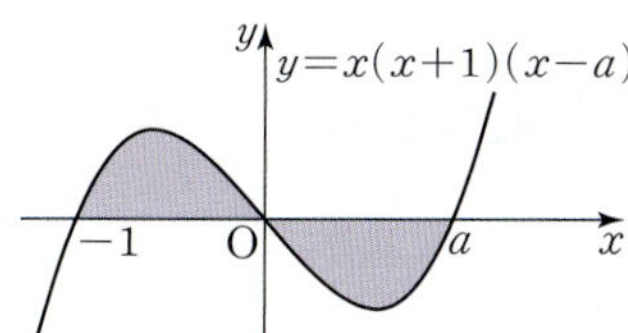

곡선 $y=x(x+1)(x-a)$와 x축으로 둘러싸인 두 도형의 넓이가
서로 같으므로

$$\int_{-1}^{a}x(x+1)(x-a)dx=0$$

$$\int_{-1}^{a}\{x^3+(1-a)x^2-ax\}dx=0$$

$$\left[\frac{1}{4}x^4+\frac{1-a}{3}x^3-\frac{a}{2}x^2\right]_{-1}^{a}=0$$

$$-\frac{1}{12}a^4-\frac{1}{6}a^3+\frac{1}{6}a+\frac{1}{12}=0, \quad -\frac{1}{12}(a+1)^3(a-1)=0$$

$\therefore a=1\ (\because a>0)$

7 1820 답 ②   유형 22

출제의도 | 정적분을 활용하여 속도와 높이에 대한 문제를 해결할 수 있는지
확인한다.

물체가 최고 높이에 도달할 때의 속도는 0이므로 $v(t)=0$에서
$a-10t=0$ $\quad\therefore t=\dfrac{a}{10}$

$t=\dfrac{a}{10}$에서 물체의 지면으로부터의 높이는

$$\int_{0}^{\frac{a}{10}}(a-10t)dt=\left[at-5t^2\right]_{0}^{\frac{a}{10}}$$

$$=a\times\frac{a}{10}-5\times\left(\frac{a}{10}\right)^2$$

$$=\frac{a^2}{20}\ (\mathrm{m})$$

$\dfrac{a}{10}$초 후 물체의 지면으로부터의 높이가 $20\,\mathrm{m}$이므로

$$\frac{a^2}{20}=20, \quad a^2=400$$

$\therefore a=20\ (\because a>0)$

8 1821 답 ⑤   유형 23

출제의도 | 지면과 수직으로 쏘아 올린 물체가 움직인 거리를 구할 수 있는지
확인한다.

물체가 최고 높이에 도달할 때의 속도는 0이므로 $v(t)=0$에서
$20-10t=0$ $\quad\therefore t=2$
최고 높이에 도달할 때까지 물체가 움직인 거리는

$$\int_{0}^{2}|v(t)|dt=\int_{0}^{2}(20-10t)dt$$

$$=\left[20t-5t^2\right]_{0}^{2}=20\ (\mathrm{m})$$

이때 지상 $35\,\mathrm{m}$ 높이에서 쏘아 올렸으므로 물체가 최고 높이에서
지면에 떨어질 때까지 움직인 거리는
$35+20=55\ (\mathrm{m})$
따라서 물체가 움직인 거리는
$20+55=75\ (\mathrm{m})$

9 1822 답 ③   유형 5

출제의도 | 두 곡선 사이의 넓이를 구할 수 있는지 확인한다.

원 $x^2+y^2=1$과 곡선 $y=(x+1)^2$의 교점의 x좌표는

$x^2+(x+1)^4=1$에서

$x(x+1)(x^2+3x+4)=0$

$\therefore x=-1$ 또는 $x=0$

색칠한 부분의 넓이는 반지름의 길이
가 1인 사분원에서 곡선
$y=(x+1)^2$과 x축, y축으로 둘러싸
인 도형의 넓이를 뺀 것과 같다.

따라서 구하는 도형의 넓이는

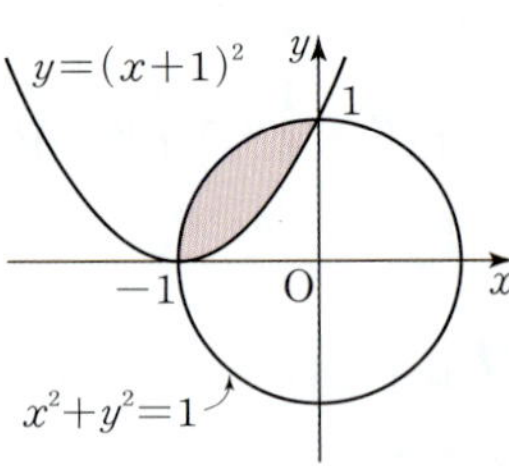

$\dfrac{1}{4}\times\pi\times1^2-\displaystyle\int_{-1}^{0}(x+1)^2dx$

$=\dfrac{\pi}{4}-\displaystyle\int_{-1}^{0}(x^2+2x+1)dx$

$=\dfrac{\pi}{4}-\left[\dfrac{1}{3}x^3+x^2+x\right]_{-1}^{0}$

$=\dfrac{\pi}{4}-\dfrac{1}{3}$

10 1823　답 ②　　유형 7

출제의도 ｜ 곡선 밖의 점에서 그은 두 접선과 곡선으로 둘러싸인 도형의 넓이
를 구할 수 있는지 확인한다.

> 곡선 위의 접점의 좌표를 $(t,\ t^2+1)$이라 하고 접선의 방정식을 구해 보자.

$f(x)=x^2+1$이라 하면 $f'(x)=2x$

접점의 좌표를 $(t,\ t^2+1)$이라 하면 이 점에서의 접선의 기울기는
$f'(t)=2t$이므로 접선의 방정식은

$y-(t^2+1)=2t(x-t)$　　$\therefore y=2tx-t^2+1$

이 직선이 점 $(1,\ -2)$를 지나므로

$-2=2t-t^2+1,\ t^2-2t-3=0$

$(t+1)(t-3)=0$

$\therefore t=-1$ 또는 $t=3$

즉, 접선의 방정식은

$y=-2x,\ y=6x-8$

두 직선 $y=-2x,\ y=6x-8$의 교점의

x좌표는

$-2x=6x-8$에서 $8x=8$　　$\therefore x=1$

따라서 구하는 도형의 넓이는

$\displaystyle\int_{-1}^{1}\{(x^2+1)-(-2x)\}dx+\int_{1}^{3}\{(x^2+1)-(6x-8)\}dx$

$=\displaystyle\int_{-1}^{1}(x^2+2x+1)dx+\int_{1}^{3}(x^2-6x+9)dx$

$=\left[\dfrac{1}{3}x^3+x^2+x\right]_{-1}^{1}+\left[\dfrac{1}{3}x^3-3x^2+9x\right]_{1}^{3}$

$=\dfrac{8}{3}+\dfrac{8}{3}=\dfrac{16}{3}$

11 1824　답 ②　　유형 14

출제의도 ｜ 두 곡선으로 둘러싸인 두 도형의 넓이가 같을 조건을 이해하는지
확인한다.

> 두 도형의 넓이가 같으니까 $\displaystyle\int_{0}^{2}\{f(x)-g(x)\}dx=0$이야.

둘러싸인 두 도형의 넓이가 서로 같으므로

$\displaystyle\int_{0}^{2}\{(x^3+x)-(-x+k)\}dx=0$에서

$\displaystyle\int_{0}^{2}(x^3+2x-k)dx=0$

$\left[\dfrac{1}{4}x^4+x^2-kx\right]_{0}^{2}=0$

$8-2k=0$　　$\therefore k=4$

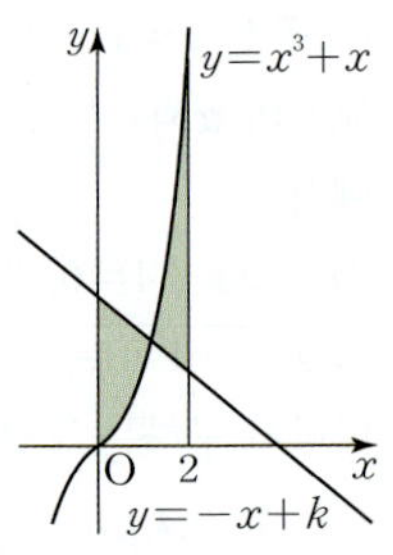

12 1825　답 ③　　유형 15

출제의도 ｜ 직선에 의하여 나누어지는 두 도형의 넓이의 비를 구할 수 있는지
확인한다.

> $S_1,\ S_1+S_2$를 차례로 구해서 S_2를 구해 보자.

곡선 $y=-x^2+2x$와 x축의 교점의

x좌표는 $-x^2+2x=0$에서

$-x(x-2)=0$

$\therefore x=0$ 또는 $x=2$

곡선 $y=-x^2+2x$와 직선 $y=x$의

교점의 x좌표는 $-x^2+2x=x$에서

$x^2-x=0,\ x(x-1)=0$

$\therefore x=0$ 또는 $x=1$

$S_1+S_2=\displaystyle\int_{0}^{2}(-x^2+2x)dx=\left[-\dfrac{1}{3}x^3+x^2\right]_{0}^{2}=\dfrac{4}{3}$

$S_1=\displaystyle\int_{0}^{1}(-x^2+2x-x)dx$

$=\displaystyle\int_{0}^{1}(-x^2+x)dx$

$=\left[-\dfrac{1}{3}x^3+\dfrac{1}{2}x^2\right]_{0}^{1}=\dfrac{1}{6}$

$\therefore S_2=\dfrac{4}{3}-\dfrac{1}{6}=\dfrac{7}{6}$

따라서 $S_1:S_2=\dfrac{1}{6}:\dfrac{7}{6}=1:7$이므로

$k=7$

13 1826　답 ④　　유형 18

출제의도 ｜ 주기함수의 성질을 이용하여 도형의 넓이를 구할 수 있는지 확인
한다.

> $-1\le x\le1$에서 $f(x)=3x^2+1$이고, $f(x)=f(x+2)$이므로
> $f(x)$는 주기가 2인 주기함수야.

곡선 $y=f(x)$와 x축 및 두 직선 $x=-10,\ x=10$으로 둘러싸인
도형의 넓이는

$\displaystyle\int_{-10}^{10}|f(x)|dx$

(나)에서 $-1\le x\le1$일 때, $f(x)=3x^2+1\ge0$이므로

$\displaystyle\int_{-1}^{1}|f(x)|dx=\int_{-1}^{1}(3x^2+1)dx$

$=2\displaystyle\int_{0}^{1}(3x^2+1)dx$

$=2\left[x^3+x\right]_{0}^{1}$

$=2\times2=4$

㈎에서 $f(x+2)=f(x)$이므로 함수 $f(x)$는 주기가 2인 주기함수이다.

따라서 구하는 도형의 넓이는

$$\int_{-10}^{10}|f(x)|dx=\int_{-10}^{10}f(x)dx$$
$$=10\int_{-1}^{1}f(x)dx$$
$$=10\times4=40$$

14 1827 답 ③   유형 19

출제의도 | 평행이동한 곡선으로 둘러싸인 도형의 넓이를 구할 수 있는지 확인한다.

> 곡선 $y=f(x-4)$는 곡선 $y=f(x)$를 x축의 방향으로 4만큼 평행이동한 곡선이야.

$f(x)=\dfrac{1}{2}x^2-2x+2$이므로

$$f(x-4)=\dfrac{1}{2}(x-4)^2-2(x-4)+2$$
$$=\dfrac{1}{2}x^2-6x+18$$

두 곡선 $y=f(x)$, $y=f(x-4)$의 교점의 x좌표는

$\dfrac{1}{2}x^2-2x+2=\dfrac{1}{2}x^2-6x+18$에서

$4x=16$ $\therefore x=4$

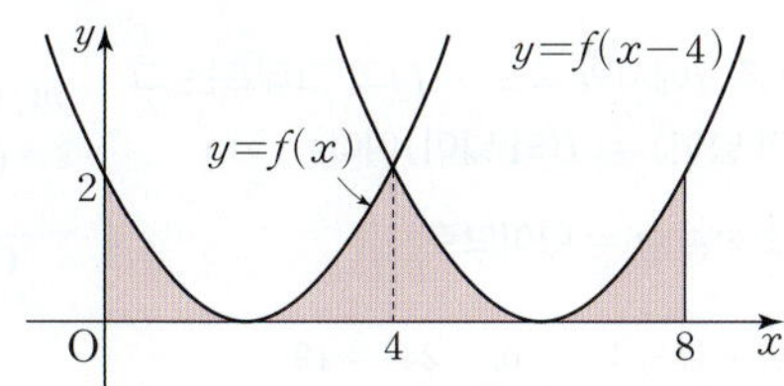

두 곡선 $y=f(x)$, $y=f(x-4)$와 x축, y축 및 직선 $x=8$로 둘러싸인 도형의 넓이는 곡선 $y=f(x)$와 x축, y축 및 직선 $x=4$로 둘러싸인 도형의 넓이의 2배와 같다.

따라서 구하는 도형의 넓이는

$$2\int_{0}^{4}f(x)dx=2\int_{0}^{4}\left(\dfrac{1}{2}x^2-2x+2\right)dx$$
$$=2\left[\dfrac{1}{6}x^3-x^2+2x\right]_{0}^{4}$$
$$=2\times\dfrac{8}{3}=\dfrac{16}{3}$$

15 1828 답 ④   유형 23

출제의도 | 정적분을 활용하여 속도와 거리에 대한 문제를 해결할 수 있는지 확인한다.

> 수직선 위를 움직이는 물체의 속도가 0이 될 때까지 움직인 거리를 구해 보자.

점 P가 정지할 때의 속도는 0이므로 $v(t)=0$에서

$-t^2+2t=0$, $-t(t-2)=0$

$\therefore t=2\ (\because t>0)$

따라서 $t=0$에서 $t=2$까지 점 P가 움직인 거리는

$$\int_{0}^{2}|-t^2+2t|dt=\int_{0}^{2}(-t^2+2t)dt$$
$$=\left[-\dfrac{1}{3}t^3+t^2\right]_{0}^{2}$$
$$=\dfrac{4}{3}$$

16 1829 답 ③   유형 6

출제의도 | 두 곡선으로 둘러싸인 도형의 넓이를 구할 수 있는지 확인한다.

> 점 P에서의 접선에 수직이고 점 P를 지나는 직선의 방정식을 먼저 구해 보자.

$f(x)=2x^3-6x^2+5x+1$이라 하면

$f'(x)=6x^2-12x+5$

곡선 위의 점 P$(1, 2)$에서의 접선의 기울기는 $f'(1)=-1$이므로 이 접선에 수직인 직선의 기울기는 1이다.

즉, 점 P에서의 접선에 수직이고 점 P를 지나는 직선의 방정식은

$y-2=x-1$ $\therefore y=x+1$

이 직선과 곡선의 교점의 x좌표는

$2x^3-6x^2+5x+1=x+1$에서

$2x^3-6x^2+4x=0$

$2x(x-1)(x-2)=0$

$\therefore x=0$ 또는 $x=1$ 또는 $x=2$

따라서 구하는 도형의 넓이는

$$\int_{0}^{1}\{(2x^3-6x^2+5x+1)-(x+1)\}dx$$
$$+\int_{1}^{2}\{(x+1)-(2x^3-6x^2+5x+1)\}dx$$
$$=\int_{0}^{1}(2x^3-6x^2+4x)dx+\int_{1}^{2}(-2x^3+6x^2-4x)dx$$
$$=\left[\dfrac{1}{2}x^4-2x^3+2x^2\right]_{0}^{1}+\left[-\dfrac{1}{2}x^4+2x^3-2x^2\right]_{1}^{2}$$
$$=\dfrac{1}{2}+\dfrac{1}{2}=1$$

17 1830 답 ④   유형 16

출제의도 | 두 곡선 사이의 넓이의 최솟값을 구할 수 있는지 확인한다.

> 둘러싸인 도형의 넓이를 식으로 나타내 보자.

두 곡선 $y=ax^3$, $y=-\dfrac{1}{a}x^3$의 교점의

x좌표는 $ax^3=-\dfrac{1}{a}x^3$에서

$x=0$

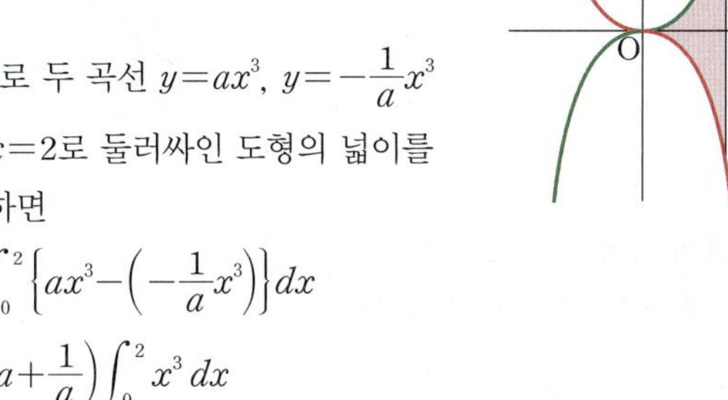

$a>0$이므로 두 곡선 $y=ax^3$, $y=-\dfrac{1}{a}x^3$

과 직선 $x=2$로 둘러싸인 도형의 넓이를

$S(a)$라 하면

$$S(a)=\int_{0}^{2}\left\{ax^3-\left(-\dfrac{1}{a}x^3\right)\right\}dx$$
$$=\left(a+\dfrac{1}{a}\right)\int_{0}^{2}x^3dx$$
$$=\left(a+\dfrac{1}{a}\right)\left[\dfrac{1}{4}x^4\right]_{0}^{2}$$
$$=4\left(a+\dfrac{1}{a}\right)$$

$a>0$, $\dfrac{1}{a}>0$이므로 산술평균과 기하평균의 관계에 의하여

$$S(a)=4\left(a+\frac{1}{a}\right)\geq 4\times 2\sqrt{a\times\frac{1}{a}}=4\times 2=8$$

$$\left(\text{단, 등호는 } a=\frac{1}{a}\text{일 때 성립}\right)$$

따라서 $S(a)$의 최솟값은 8이다.

18 1831 답 ② 유형 18

출제의도 | 직선에 대하여 대칭인 함수의 성질을 이용하여 도형의 넓이를 구할 수 있는지 확인한다.

> 함수 $y=f(x)$의 그래프가 직선 $x=3$에 대칭이면
> $$\int_{3-p}^{3}f(x)dx=\int_{3}^{3+p}f(x)dx\text{야.}$$

㈎에서 함수 $y=f(x)$의 그래프는 직선 $x=3$에 대하여 대칭이므로

$$\int_{1}^{3}f(x)dx=\int_{3}^{5}f(x)dx$$

$$\int_{-1}^{1}f(x)dx=\int_{5}^{7}f(x)dx$$

또, ㈏에서 $\int_{-1}^{1}f(x)dx=4$, $\int_{1}^{7}f(x)dx=10$이므로

$$\int_{1}^{7}f(x)dx=\int_{1}^{3}f(x)dx+\int_{3}^{5}f(x)dx+\int_{5}^{7}f(x)dx$$
$$=2\int_{3}^{5}f(x)dx+\int_{-1}^{1}f(x)dx$$

즉, $10=2\int_{3}^{5}f(x)dx+4$

$$\therefore \int_{3}^{5}f(x)dx=3$$

19 1832 답 ③ 유형 20

출제의도 | 역함수의 그래프를 활용하여 도형의 넓이를 구할 수 있는지 확인한다.

> 두 곡선 $y=f(x)$, $y=g(x)$는 직선 $y=x$에 대하여 대칭이므로 교점은 곡선 $y=f(x)$와 직선 $y=x$의 교점으로 찾아봐.

함수 $f(x)=x^3+x^2$의 역함수가 $g(x)$이므로 두 곡선 $y=f(x)$, $y=g(x)$는 직선 $y=x$에 대하여 대칭이다.

즉, 그림에서

(A의 넓이)=(B의 넓이)이므로

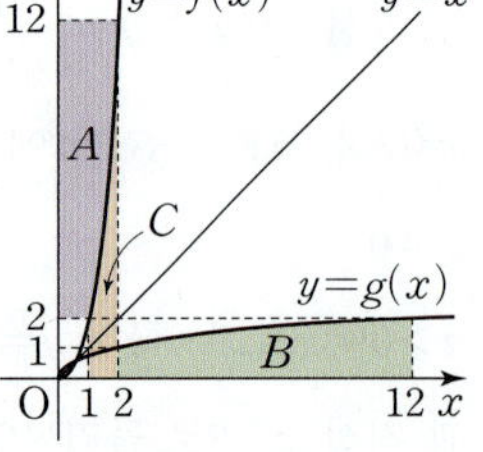

$$\int_{2}^{12}g(x)dx$$
$$=(B\text{의 넓이})$$
$$=(A\text{의 넓이})$$
$$=2\times 12-2\times 1-(C\text{의 넓이})$$
$$=24-2-\int_{1}^{2}(x^3+x^2)dx$$
$$=22-\left[\frac{1}{4}x^4+\frac{1}{3}x^3\right]_{1}^{2}$$
$$=22-\frac{73}{12}=\frac{191}{12}$$

따라서 $a=12$, $b=191$이므로
$$a+b=203$$

20 1833 답 ③ 유형 22

출제의도 | 정적분을 활용하여 속도와 위치에 대한 문제를 해결할 수 있는지 확인한다.

> 시각 t에서의 위치는 $\int_{0}^{t}v(t)dt$야.

점 P의 시각 t에서의 위치를 $x(t)$라 하면

(ⅰ) $0\leq t\leq 3$일 때

$$x(t)=\int_{0}^{t}2t\,dt=\left[t^2\right]_{0}^{t}=t^2$$

(ⅱ) $t>3$일 때

$$x(t)=\int_{0}^{3}2t\,dt+\int_{3}^{t}(-6t+24)dt$$
$$=\left[t^2\right]_{0}^{3}+\left[-3t^2+24t\right]_{3}^{t}$$
$$=9+(-3t^2+24t-45)$$
$$=-3t^2+24t-36$$
$$=-3(t-2)(t-6)$$

점 P가 원점을 지날 때의 위치는 0이므로 $x(t)=0$에서

$$-3(t-2)(t-6)=0$$
$$\therefore t=6\ (\because t>3)$$

(ⅰ), (ⅱ)에서 점 P가 다시 원점으로 돌아오는 시각은 $t=6$이다.

참고 점 P의 시각 t에서의 속도 $v(t)$의 그래프는 그림과 같고, (A의 넓이)=(B의 넓이)이다.

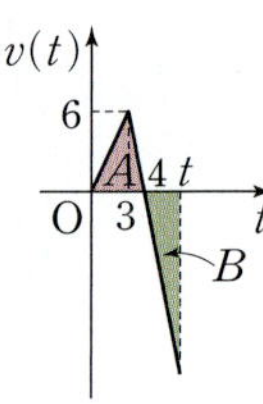

(A의 넓이)$=\dfrac{1}{2}\times 4\times 6=12$이므로

(B의 넓이)$=\dfrac{1}{2}\times(t-4)\times(6t-24)=12$

$3(t-4)^2=12$ $\therefore t=6$

21 1834 답 ③ 유형 15

출제의도 | 곡선과 x축으로 둘러싸인 도형의 넓이를 삼등분하는 직선의 방정식을 구할 수 있는지 확인한다.

> 전체 도형의 넓이가 $\dfrac{4}{3}$이니까 삼등분 된 부분 중 하나의 넓이는 $\dfrac{4}{9}$야.

곡선 $y=-x^2+2x$와 x축의 교점의 x좌표는 $-x^2+2x=0$에서

$$-x(x-2)=0$$
$$\therefore x=0 \text{ 또는 } x=2$$

또, 곡선 $y=-x^2+2x$와 직선 $y=2(1-\alpha)x$의 교점의 x좌표는

$$-x^2+2x=2(1-\alpha)x$$에서
$$x^2-2\alpha x=0,\ x(x-2\alpha)=0$$
$$\therefore x=0 \text{ 또는 } x=2\alpha$$

곡선 $y=-x^2+2x$와 직선 $y=2(1-\beta)x$의 교점의 x좌표는

$$-x^2+2x=2(1-\beta)x$$에서
$$x^2-2\beta x=0,\ x(x-2\beta)=0$$
$$\therefore x=0 \text{ 또는 } x=2\beta$$

이때 곡선 $y=-x^2+2x$와 x축으로 둘러싸인 도형의 넓이는

$$\int_0^2(-x^2+2x)dx=\left[-\frac{1}{3}x^3+x^2\right]_0^2=\frac{4}{3}$$

이므로 삼등분된 부분 중 한 부분의 넓이는 $\frac{4}{3}\times\frac{1}{3}=\frac{4}{9}$이다.

(i) 곡선 $y=-x^2+2x$와 직선 $y=2(1-\alpha)x$로 둘러싸인 도형의 넓이는

$$\int_0^{2\alpha}\{(-x^2+2x)-2(1-\alpha)x\}dx$$
$$=\int_0^{2\alpha}(-x^2+2\alpha x)dx$$
$$=\left[-\frac{1}{3}x^3+\alpha x^2\right]_0^{2\alpha}=\frac{4}{3}\alpha^3$$

즉, $\frac{4}{3}\alpha^3=\frac{4}{9}$이므로 $\alpha^3=\frac{1}{3}$

(ii) 곡선 $y=-x^2+2x$와 직선 $y=2(1-\beta)x$ 및 x축으로 둘러싸인 도형의 넓이는

$$\frac{1}{2}\times2\beta\times2(1-\beta)\times2\beta+\int_{2\beta}^2(-x^2+2x)dx$$
$$=4\beta^2(1-\beta)+\left[-\frac{1}{3}x^3+x^2\right]_{2\beta}^2$$
$$=-\frac{4}{3}\beta^3+\frac{4}{3}$$

즉, $-\frac{4}{3}\beta^3+\frac{4}{3}=\frac{4}{9}$이므로 $\beta^3=\frac{2}{3}$

(i), (ii)에서 $\alpha^3+\beta^3=\frac{1}{3}+\frac{2}{3}=1$

22 1835 📖 $\frac{1}{3}$ 유형 21

출제의도 | 함수의 그래프와 그 역함수의 그래프로 둘러싸인 도형의 넓이를 구할 수 있는지 확인한다.

STEP1 $f(x)$의 역함수 $g(x)$ 구하기 [1점]

$y=\sqrt{x}$의 역함수는 $x=\sqrt{y}$에서
$y=x^2\ (x\geq0)$
즉, $f(x)=\sqrt{x}$의 역함수는 $g(x)=x^2\ (x\geq0)$이다.

STEP2 두 곡선 $y=f(x)$, $y=g(x)$의 교점의 x좌표 구하기 [2점]

두 곡선 $y=f(x)$, $y=g(x)$는 직선 $y=x$에 대하여 대칭이다.

즉, 두 곡선 $y=f(x)$, $y=g(x)$의 교점의 x좌표는 곡선 $y=g(x)$와 직선 $y=x$의 교점의 x좌표와 같으므로
$x^2=x$에서
$x^2-x=0,\ x(x-1)=0$
$\therefore\ x=0$ 또는 $x=1$

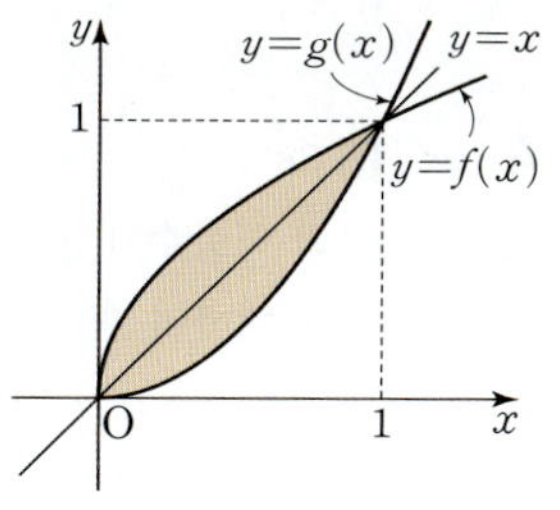

STEP3 두 곡선으로 둘러싸인 도형의 넓이 구하기 [3점]

두 곡선 $y=f(x)$, $y=g(x)$로 둘러싸인 도형의 넓이는 곡선 $y=g(x)$와 직선 $y=x$로 둘러싸인 도형의 넓이의 2배와 같으므로 구하는 도형의 넓이는

$$\int_0^1\{f(x)-g(x)\}dx=2\int_0^1(x-x^2)dx$$
$$=2\left[\frac{1}{2}x^2-\frac{1}{3}x^3\right]_0^1$$
$$=2\times\frac{1}{6}=\frac{1}{3}$$

23 1836 📖 55   유형 24

출제의도 | 속도를 나타낸 그래프에서 움직인 거리를 구할 수 있는지 확인한다.

STEP1 a의 값 구하기 [3점]

$t=3$에서 점 P의 위치가 5이므로

$$\int_0^3 v(t)dt=\int_0^1 v(t)dt+\int_1^3 v(t)dt$$
$$=\frac{1}{2}\times1\times3a-\frac{1}{2}\times2\times a$$
$$=\frac{a}{2}$$

에서 $\frac{a}{2}=5$ $\therefore\ a=10$

STEP2 $t=0$에서 $t=5$까지 점 P가 움직인 거리 구하기 [3점]

$t=0$에서 $t=5$까지 점 P가 움직인 거리는

$$\int_0^5|v(t)|dt$$
$$=\int_0^1 v(t)dt-\int_1^3 v(t)dt+\int_3^5 v(t)dt$$
$$=\frac{1}{2}\times1\times30+\frac{1}{2}\times2\times10+\frac{1}{2}\times2\times30$$
$$=15+10+30=55$$

24 1837 📖 $\frac{31}{3}$ 유형 3

출제의도 | 곡선과 직선으로 둘러싸이 도형의 넓이를 구할 수 있는지 확인한다.

STEP1 k의 값 구하기 [1점]

함수 $f(x)$는 모든 실수 x에 대하여 미분가능하므로 $x=1$에서도 미분가능하다.

즉, $2+k=4$이므로 $k=2$

STEP2 $f(x)$ 구하기 [2점]

$$f(x)=\begin{cases}x^2+2x+C_1 & (x\geq1)\\ 4x+C_2 & (x<1)\end{cases}\ (C_1,\ C_2\text{는 적분상수})$$

이고, $f(1)=5$이므로
$1+2+C_1=5,\ 4+C_2=5\ \longrightarrow f(x)$는 $x=1$에서 연속이다.
$\therefore\ C_1=2,\ C_2=1$

$$\therefore\ f(x)=\begin{cases}x^2+2x+2 & (x\geq1)\\ 4x+1 & (x<1)\end{cases}$$

STEP3 둘러싸인 도형의 넓이 구하기 [4점]

곡선 $y=f(x)$와 x축 및 두 직선 $x=0$, $x=2$로 둘러싸인 도형의 넓이는

$$\int_0^2|f(x)|dx=\int_0^1(4x+1)dx+\int_1^2(x^2+2x+2)dx$$
$$=\left[2x^2+x\right]_0^1+\left[\frac{1}{3}x^3+x^2+2x\right]_1^2$$
$$=3+\frac{22}{3}=\frac{31}{3}$$

25 1838 📖 3초   유형 25

출제의도 | 정적분을 활용하여 속도와 위치에 대한 문제를 해결할 수 있는지 확인한다.

STEP1 시각 t에서의 두 점 P, Q의 위치 구하기 [4점]

시각 $t\ (t>3)$에서의 두 점 P, Q의 위치를 각각 $x_P(t)$, $x_Q(t)$라 하면

$$x_\mathrm{P}(t)=\int_0^t v_\mathrm{P}(t)\,dt=\int_0^t\left(\frac{1}{2}t^2-t\right)dt$$
$$=\left[\frac{1}{6}t^3-\frac{1}{2}t^2\right]_0^t=\frac{1}{6}t^3-\frac{1}{2}t^2$$

점 Q는 점 P가 출발한 지 3초 후에 출발하므로
$$x_\mathrm{Q}(t)=\int_0^{t-3}v_\mathrm{Q}(t)\,dt=\int_0^{t-3}6\,dt$$
$$=\Big[6t\Big]_0^{t-3}=6(t-3)$$

STEP 2 두 점 P, Q가 만나는 시각 구하기 [3점]

두 점 P, Q가 만나는 시각은 $x_\mathrm{P}(t)=x_\mathrm{Q}(t)$에서
$$\frac{1}{6}t^3-\frac{1}{2}t^2=6(t-3),\ t^3-3t^2-36t+108=0$$
$$(t+6)(t-3)(t-6)=0$$
$$\therefore t=6\ (\because t>3)$$

STEP 3 두 점 P, Q가 만나는 것은 점 Q가 출발한 지 몇 초 후인지 구하기 [1점]

두 점 P, Q가 만나는 것은 점 Q가 출발한 지 $6-3=3$(초) 후이다.

고난도 ⊕ Plus 문제

392쪽

1 1839　目 4

㈎의 양변을 x에 대하여 미분하면
$$f(x)+g(x)=x^2-1\ \cdots\cdots\ \bigcirc$$
㈏의 양변을 x에 대하여 미분하면
$$f(x)+2g(x)=6x-6\ \cdots\cdots\ \bigcirc\!\bigcirc$$
$\bigcirc\!\bigcirc-\bigcirc$에서 $g(x)=-x^2+6x-5$

이 식을 $\bigcirc$에 대입하여 정리하면
$$f(x)=2x^2-6x+4$$
두 곡선 $y=f(x)$, $y=g(x)$의 교점의
x좌표는

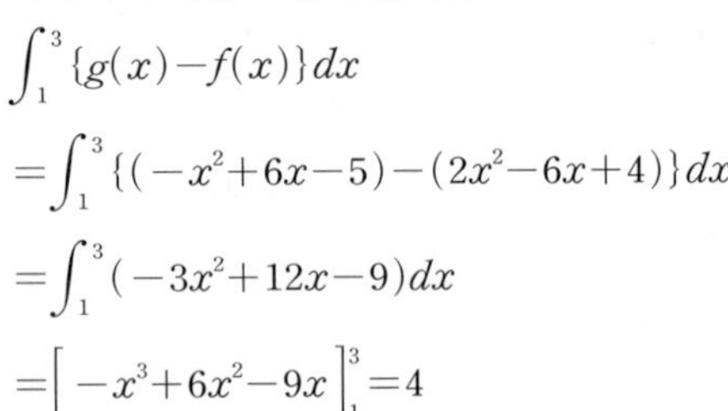

$$2x^2-6x+4=-x^2+6x-5에서$$
$$3x^2-12x+9=0$$
$$3(x-1)(x-3)=0$$
$$\therefore x=1\ 또는\ x=3$$
따라서 구하는 도형의 넓이는
$$\int_1^3\{g(x)-f(x)\}dx$$
$$=\int_1^3\{(-x^2+6x-5)-(2x^2-6x+4)\}dx$$
$$=\int_1^3(-3x^2+12x-9)dx$$
$$=\Big[-x^3+6x^2-9x\Big]_1^3=4$$

2 1840　目 $\dfrac{2}{3}$

$f(x)=x^2-4$라 하면 $f'(x)=2x$

곡선 $y=x^2-4$ 위의 점 $(1,\,-3)$에서의 접선의 기울기는

$f'(1)=2$이므로 접선의 방정식은
$$y-(-3)=2(x-1)\qquad\therefore y=2x-5$$

따라서 구하는 도형의 넓이는
$$\int_0^2\{(x^2-4)-(2x-5)\}dx$$
$$=\int_0^2(x^2-2x+1)dx$$
$$=\Big[\frac{1}{3}x^3-x^2+x\Big]_0^2=\frac{2}{3}$$

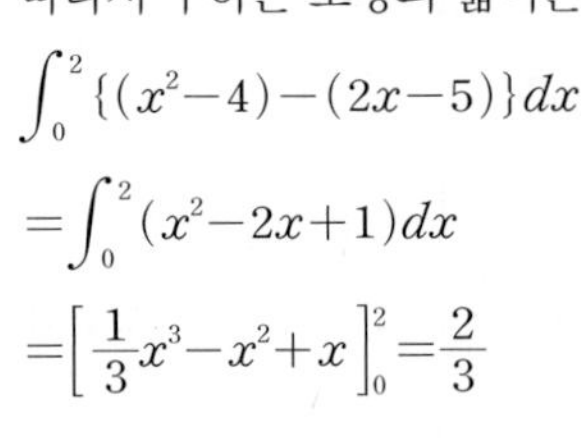
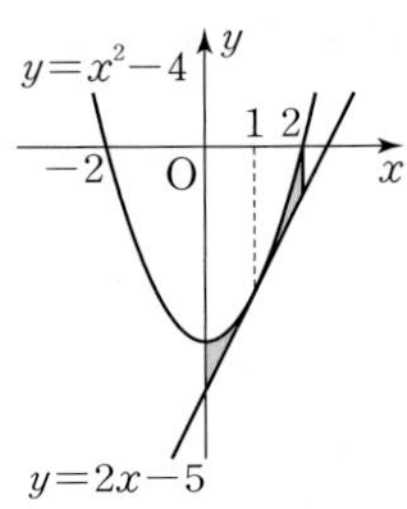

3 1841　目 16, $\dfrac{1}{4}$

두 곡선 $y=\dfrac{1}{2a}x^3$, $y=-8ax^3$의 교점의 x좌표는
$$\frac{1}{2a}x^3=-8ax^3에서\ x=0$$

$a>0$이므로

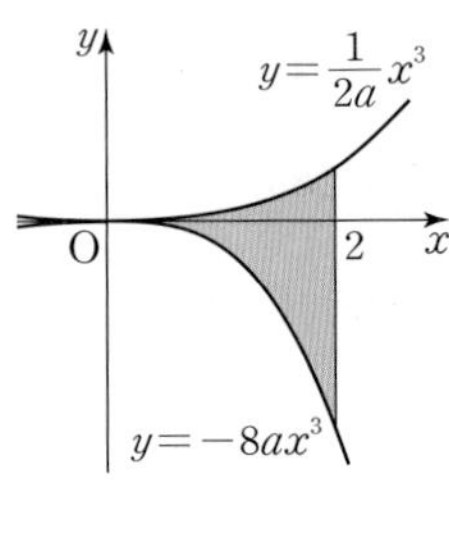

$$S(a)=\int_0^2\left\{\frac{1}{2a}x^3-(-8ax^3)\right\}dx$$
$$=\int_0^2\left(\frac{1}{2a}x^3+8ax^3\right)dx$$
$$=\left(\frac{1}{2a}+8a\right)\int_0^2 x^3\,dx$$
$$=\left(\frac{1}{2a}+8a\right)\left[\frac{1}{4}x^4\right]_0^2$$
$$=\left(\frac{1}{2a}+8a\right)\times4=\frac{2}{a}+32a$$

이때 $\dfrac{2}{a}>0$, $32a>0$이므로 산술평균과 기하평균의 관계에 의하여
$$S(a)=\frac{2}{a}+32a\geq2\sqrt{\frac{2}{a}\times32a}=2\times8=16$$
$$\left(단,\ 등호는\ \frac{2}{a}=32a일\ 때\ 성립\right)$$

즉, $S(a)$의 최솟값은 16이고, 그때의 a의 값은
$$\frac{2}{a}=32a,\ 32a^2=2$$
$$a^2=\frac{1}{16}$$
$$\therefore a=\frac{1}{4}\ (\because a>0)$$

4 1842　目 38

함수 $f(x)$의 역함수가 $g(x)$이므로 두 곡선 $y=f(x)$, $y=g(x)$는 직선 $y=x$에 대하여 대칭이다.

(i) 두 곡선 $y=f(x)$, $y=g(x)$의 교점의 x좌표는 곡선 $y=f(x)$와 직선 $y=x$의 교점의 x좌표와 같으므로
$$x^3-6=x에서$$
$$x^3-x-6=0,\ (x-2)(x^2+2x+3)=0$$
$$\therefore x=2\ (\because x^2+2x+3>0)$$

(ii) 곡선 $y=f(x)$와 직선 $y=-x-6$의 교점의 x좌표는
$$x^3-6=-x-6에서$$
$$x^3+x=0,\ x(x^2+1)=0$$
$$\therefore x=0$$

(iii) 두 직선 $y=-x-6$, $y=x$의 교점의 x좌표는
$$-x-6=x에서\ 2x=-6$$
$$\therefore x=-3$$

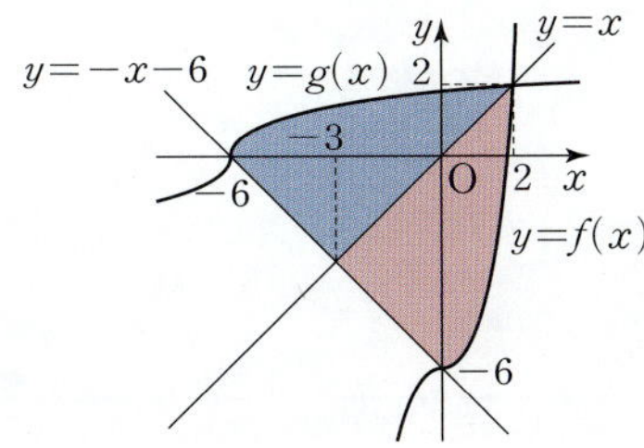

두 곡선 $y=f(x)$, $y=g(x)$와 직선 $y=-x-6$으로 둘러싸인 도형의 넓이는 곡선 $y=f(x)$와 두 직선 $y=x$, $y=-x-6$으로 둘러싸인 도형의 넓이의 2배와 같으므로 구하는 넓이는

$$2\int_{-3}^{0}\{x-(-x-6)\}dx+2\int_{0}^{2}\{x-f(x)\}dx$$

$$=2\int_{-3}^{0}(2x+6)dx+2\int_{0}^{2}(-x^3+x+6)dx$$

$$=2\Big[x^2+6x\Big]_{-3}^{0}+2\Big[-\frac{1}{4}x^4+\frac{1}{2}x^2+6x\Big]_{0}^{2}$$

$$=2\times9+2\times10=38$$

5 1843 답 ③

시각 t에서의 두 점 P, Q의 위치를 각각 $x_{\mathrm{P}}(t)$, $x_{\mathrm{Q}}(t)$라 하면

$$x_{\mathrm{P}}(t)=\int_{0}^{t}v_{\mathrm{P}}(t)dt=\int_{0}^{t}(4t-8)dt$$

$$=\Big[2t^2-8t\Big]_{0}^{t}=2t^2-8t$$

$$x_{\mathrm{Q}}(t)=\int_{0}^{t}v_{\mathrm{Q}}(t)dt=\int_{0}^{t}(-2t+10)dt$$

$$=\Big[-t^2+10t\Big]_{0}^{t}=-t^2+10t$$

두 점 P, Q가 만날 때의 위치는 같으므로 $x_{\mathrm{P}}(t)=x_{\mathrm{Q}}(t)$에서
$2t^2-8t=-t^2+10t$, $3t^2-18t=0$
$3t(t-6)=0$　　$\therefore t=6\,(\because t>0)$
두 점 P, Q 사이의 거리는

$$|x_{\mathrm{P}}(t)-x_{\mathrm{Q}}(t)|=|(2t^2-8t)-(-t^2+10t)|$$

$$=|3t^2-18t|$$

$$=|3(t-3)^2-27|$$

따라서 $0\leq t\leq6$에서 두 점 사이의 거리의 최댓값은 $t=3$일 때 27이다.

MEMO

MEMO

MEMO